国家出版基金项目
NATIONAL PUBLICATION FOUNDATION

动物疫病防控出版工程
世界兽医经典著作译丛

猫　病　学

第 4 版

The Feline Patient

［美］GARY D. NORSWORTHY　SHARON FOOSHEE GRACE
MITCHELL A. CRYSTAL　LARRY P. TILLEY　｜　主编
赵兴绪　｜　主译
施振声　｜　主审

中国农业出版社

图书在版编目（CIP）数据

猫病学/(美)诺斯乌斯（Norsworth,G.D.）等主编；赵兴绪主译．— 北京：中国农业出版社，2015.9
（世界兽医经典著作译丛）
ISBN 978-7-109-19038-2

Ⅰ.①猫… Ⅱ.①诺… ②赵… Ⅲ.①猫病－诊疗 Ⅳ.①S858.293

中国版本图书馆CIP数据核字(2014)第064038号

中国农业出版社出版
（北京市朝阳区麦子店街18号楼）
（邮政编码100125）
责任编辑 邱利伟 黄向阳

北京通州皇家印刷厂印刷 新华书店北京发行所发行
2015年12月第4版 2015年12月北京第1次印刷

开本：880mm × 1230mm 1/16 印张：76
字数：1800千字
定价：800.00元
（凡本版图书出现印刷、装订错误，请向出版社发行部调换）

本书译者

主　译　赵兴绪

翻译人员　（以姓氏笔画为序）

马友记　李鸿岩　杨永新　张　勇　赵　忞

赵兴绪　胡俊杰　曹随忠　魏锁成

主　审　施振声

原书作者

Gary D. Norsworthy, DVM, DABVP (Feline)

Chief of Staff

Alamo Feline Health Center

San Antonio, TX

Adjunct Professor

College of Veterinary Medicine

Mississippi State University

Sharon Fooshee Grace, MAgric, MS, DVM, DABVP (Canine - Feline), DACVIM (Internal Medicine)

Mississippi State University

College of Veterinary Medicine

Mississippi State, MS

Mitchell A. Crystal, DVM, DACVIM (Internal Medicine)

North Florida Veterinary Specialists, P.A.

Jacksonville, FL

Larry P. Tilley, DVM, DACVIM (Internal Medicine)

President, VetMed Consultants

Consultant, New Mexico Veterinary Referral Center

Santa Fe, NM

原书主编简介

加里·诺斯乌斯博士（Gary D. Norsworthy），1972年毕业于美国得克萨斯农工大学（Texas A&M University），之后在华盛顿西雅图猫病诊所实习2年（1972—1974），1974—1999年在得克萨斯州圣安东尼奥市从事小动物疾病的诊疗，于2000年在圣安东尼奥市开设了一家猫病专科医院，1993年主编了由J.B. Lippincott Company出版的《Feline Practice》，由他主编的《The Feline Patient: Essentials of Diagnosis and Treatment》1997年由Williams and Wilkins公司出版，先后被翻译为意大利语、西班牙语和日语；第2版被翻译为葡萄牙语、韩语和日语出版；第3版出版于2007年，被翻译成西班牙语、葡萄牙语、日语、意大利语和韩语出版。他于1992年当选年度宠物医生人物，1997年被授予得克萨斯农工大学兽医学院小动物医学杰出校友，1998年获美国兽医协会专科医生成就奖，为密西西比州立大学兽医学院兼职教授、巴西猫医学学会国际主任。2009年当选年度最佳专科医生。他开设的Alamo Feline Health Center被《兽医经济学》杂志授予最佳从业奖，接受来自美国、加拿大、日本、芬兰及巴西的大量学生和专业人士访问。

《动物疫病防控出版工程》编委会

《世界兽医经典著作译丛》译审委员会

支持单位

农业部兽医局
中国动物卫生与流行病学中心
中国农业科学院哈尔滨兽医研究所
青岛易邦生物工程有限公司
中农威特生物科技股份有限公司
中国牧工商（集团）总公司
中国动物疫病预防控制中心
中国农业科学院兰州兽医研究所
中国兽医协会
哈尔滨维科生物技术开发公司
大连三仪集团

《动物疫病防控出版工程》总序

近年来，我国动物疫病防控工作取得重要成效，动物源性食品安全水平得到明显提升，公共卫生安全保障水平进一步提高。这得益于国家政策的大力支持，得益于广大动物防疫人员的辛勤工作，更得益于我国兽医科技不断进步所提供的强大支撑。

当前，我国正处于加快建设现代养殖业的历史新阶段，人民生活水平的提高，不仅要求我国保持世界最大规模的养殖总量，以满足动物产品供给；还要求我们不断提高养殖业的整体质量效益，不断提高动物产品的安全水平；更要求我们最大限度地减少养殖业给人类带来的疫病风险和环境压力。要解决这些问题，最根本的出路还是要依靠科技进步。

2012年5月，国务院审议通过了《国家中长期动物疫病防治规划（2012—2020年）》，这是新中国成立以来，国务院发布的第一个指导全国动物疫病防治工作的综合性规划，具有重要的标志性意义。为配合此规划的实施，及时总结、推广我国最新兽医科技创新成果，同时借鉴国外先进的研究成果和防控经验，我们通过顶层设计规划了《动物疫病防控出版工程》，以期通过系列专著出版，及时将研究成果转化和传播到疫病防控一线，全面提高从业人员素质，提高我国动物疫病防控能力和水平。

本出版工程站在我国动物疫病防控全局的高度，力求权威性、科学性、指导性和实用性相兼容，致力于将动物疫病防控成果整体规划实施，重点把国家优先防治和重点防范的动物疫病、人兽共患病和重大外来动物疫病纳入项目中。全套书共31分册，其中原创专著21部，是根据我国当前动物疫病防控工作的实际需要而规划，每本书的主编都是编委会反复酝酿选定的、有一定行业公认度的、长期在单个疫病研究领域有较高造诣的专家；同时引进世界兽医名著10本，以借鉴世界同行的先进技术，弥补我国在某些领域的不足。

本套出版工程得到国家出版基金的大力支持。相信这些专著的出版，将会有力地促进我国动物疫病防控水平的提升，推动我国兽医卫生事业的发展，并对兽医人才培养和兽医学科建设起到积极作用。

农业部副部长 

《世界兽医经典著作译丛》总序

引进翻译一套经典兽医著作是很多兽医工作者的一个长期愿望。我们倡导、发起这项工作的目的很简单，也很明确，概括起来主要有三点：一是促进兽医基础教育；二是推动兽医科学研究；三是加快兽医人才培养。对这项工作的热情和动力，我想这套译丛的很多组织者和参与者与我一样，来源于“见贤思齐”。正因为了解我们在一些兽医学科、工作领域尚存在不足，所以希望多做些基础工作，促进国内兽医工作与国际兽医发展保持同步。

回顾近年来我国的兽医工作，我们取得了很多成绩。但是，对照国际相关规则标准，与很多国家相比，我国兽医事业发展水平仍然不高，需要我们博采众长、学习借鉴，积极引进、消化吸收世界兽医发展文明成果，加强基础教育、科学技术研究，进一步提高保障养殖业健康发展、保障动物卫生和兽医公共卫生安全的能力和水平。为此，农业部兽医局着眼长远、统筹规划，委托中国农业出版社组织相关专家，本着“权威、经典、系统、适用”的原则，从世界范围遴选出兽医领域优秀教科书、工具书和参考书50余部，集合形成《世界兽医经典著作译丛》，以期为我国兽医学科发展、技术进步和产业升级提供技术支撑和智力支持。

我们深知，优秀的兽医科技、学术专著需要智慧积淀和时间积累，需要实践检验和读者认可，也需要具有稳定性和连续性。为了在浩如烟海、林林总总的著作中选择出真正的经典，我们在设计《世界兽医经典著作译丛》过程中，广泛征求、听取行业专家和读者意见，从促进兽医学科发展、提高兽医服务水平的需要出发，对书目进行了严格挑选。总的来看，所选书目除了涵盖基础兽医学、预防兽医学、临床兽医学等领域以外，还包括动物福利等当前国际热点问题，基本囊括了国外兽医著作的精华。

目前，《世界兽医经典著作译丛》已被列入“十二五”国家重点图书出版规划项目，成为我国文化出版领域的重点工程。为高质量完成翻译和出版工作，我们专门组织成立了高规格的译审委员会，协调组织翻译出版工作。每部专著的翻译工作都由兽医各学科的权威专家、学者担纲，翻译稿件需经翻译质量委员会审查合格后才能定稿付梓。尽管如此，由于很多书籍涉及的知识点多、面广，难免存在理解不透彻、翻译不准确的问题。对此，译者和审校人员真诚希望广大读者予以批评指正。

我们真诚地希望这套丛书能够成为兽医科技文化建设的一个重要载体，成为兽医领域和相关行业广大学生及从业人员的有益工具，为推动兽医教育发展、技术进步和兽医人才培养发挥积极、长远的作用。

国家首席兽医师

《世界兽医经典著作译丛》主任委员 

献词

Gary D. Norsworthy

本书的前一版敬献给我的家人，他们是我的后盾；献给为病猫提供初级护理的基层兽医，献给为病猫进行二级诊疗工作的兽医；献给探索未来诊疗技术的研究人员；献给将来开业诊疗的兽医学生。

本书再版，我仍很感激上述人员，同时也感谢在我的兽医实践中跟随我的研究生，他们对猫医学的热情使我感觉精力充沛。同时我还要感谢我的员工：Anderson、Macdonald、Amanda、Linda、Emily、Stephanie、Rachel、Lorenzo、Lewis、Stacey、Veronica、Laura、Melody及 Kelsey等，也许他们自己并未意识到，但他们均对本书的出版做出了很大贡献。

Sharon Fooshee Grace

谨以本书献给上帝，献给家人 Pete、Branion和 Mary；以此纪念我的父母Joel和Janie Fooshee；也献给经常鼓舞我的小猫 Cleopatra。

Mitchell A. Crystal

谨以本书献给从事兽医职业、热心帮助我的所有人员。本书献给我的家人Sue、Samantha、Matthew、Bunny、Kacy 及 Heidi，谢谢他们让我热爱生活，让我努力成为一个堂堂正正的人。本书献给 Gary Norsworthy，他使我们每一个人时刻保持良好的精神状态，是他认真做好每一个标记，他是《猫病学》的象征、心脏和灵魂。

Larry P. Tilley

谨以此书献给我的妻子Jeri和儿子Kyle，感谢我们之间那种神圣的心灵感应；也献给我象征生命之纯洁的小孙子Tucker。

译者序

猫不仅是人类最为重要的宠物，而且在生物学及医学研究中也占有极为重要的地位，可作为动物模型供研究人和动物的多种疾病。猫病的诊断治疗是兽医临床中极为重要的组成部分，在小动物临床疾病的诊疗中占有较大比重，但国内关于猫病的诊断及治疗的专业著作屈指可数，因此，为了满足广大临床兽医对猫病诊断治疗的需要，在中国农业出版社邱利伟先生的倡导下，我们翻译了《猫病学》(The Feline Patient)第4版。

《猫病学》是当今国际上影响最大的一部专门介绍猫病诊断和治疗的学术著作。其第1版出版于1998年，书名为《猫病诊断及治疗精要》（The Feline Patient: Essentials of Diagnosis and Treatment），全书共559页，提供了高质量的临床信息及准确的药物使用资料，介绍了临床上最常见的50多种猫的内外科疾病，详细介绍了其诊断、鉴别诊断、治疗。该书出版后引起了极大反响，先后被翻译成意大利语、西班牙语和日语出版，被认为是当时猫病诊断及治疗的百科全书。第2版仍以第1版相同书名于2003年出版，增加到705页，全书仍以详尽但极为简明的方式介绍了猫病诊断及治疗的临床资料，被看作为临床兽医及兽医学生临床实习时一本极为理想的参考书，特别是书中的表格总结了文本及插图的相关重要信息，同时提供了详尽的药理学资料及鉴别诊断等临床。全书极为鲜明的特点是涵盖了猫的各种病症，书中所列出的疾病与有关问题以字母顺序排列，便于读者查阅及现场参考。第2版曾被翻译成葡萄牙语、韩语和日语出版。第3版改名为《猫病学》（The Feline Patient），出版于2006年，全书776页，被认为是繁忙的小动物临诊中快速查找准确信息的理想参考书，新版增加了皮肤病、眼科、行为及牙科的章节，扩写了药物处方及手术部分，介绍了大量关于猫病诊断的X线拍片及超声图片。全书仍以字母顺序排列，以便于及时获得有关诊断、治疗及预后的信息。由于本书的主编就是临床兽医，因此全书根据病猫的特点及猫主的需求设计，以尽可能满足全球临诊兽医的需求，因此是临床兽医必不可少的参考书。本次翻译的第4版与第3版书名相同，出版于2011年，全书 1072 页。新版保留了其综合性及易于查找的特点，各篇中的主题仍以字母顺序排列，因此使临床兽医能快速查找相关的诊断和治疗信息，用户界面更为友好，为一本可靠的最新猫病诊断治疗的参考书。另外，新增了500多幅图片，对行为学、临床方法及手术的篇章作了大量修改，补充了大量X线、B超、CT及MRI 影像诊断技术和病例。新版的修订由全球范围内许多著名专家共同完成。

虽然原书未按疾病所发生的系统排列，按疾病字母顺序排列，但为保持原书的风貌，仍保留了原书的格式，并在书后按汉语拼音对疾病做了索引便于查找。在翻译过程中，我们反复推敲，再三斟酌。对原文中明显的错误进行了改正，同时对原书中有些概念添加了译注。书后补充了英汉名词对照，以便中文读者能更准确地把握原著的信息。为了提高读者专业英语，在书中保留了大量的中英文对照词汇。书中涉及的英制单位等尽可能换算成国际单位，但涉及mmHg等行业公认的单位仍予保留。在翻译中力争忠实于原文，注重对读者负责，力求文字通顺流畅。但由于译者学术水平所限，疏漏谬误之处恳请同行专家和读者批评指正。

赵兴绪
甘肃农业大学

前言

在现实的兽医临床实践中，猫病的诊断和治疗通常都是以较快的速度进行的。本书的主要目的就是解决临床兽医快速获取准确的猫病诊疗知识。希望《猫病学》第4版会成为全世界成千上万的临床兽医案头有价值的工具书，并帮助提升猫的健康水平。

Gary D. Norsworthy

本书有关用药的声明

兽医学科是一门不断发展的学问。用药安全注意事项必须遵守，但随着最新研究及临床经验的发展，知识也不断更新，因此治疗方法及用药也必须或有必要做相应的调整。建议读者在使用每一种药物之前，要参阅厂家提供的产品说明以确认推荐的药物用量、用药方法、所需用药的时间及禁忌等。本书为翻译国外专著，国内外的药物或治疗方案存在差别，书中涉及的药品、器械以及治疗方案等仅供参考。医生有责任根据经验和对患病动物的了解决定用药量及选择最佳治疗方案，出版社和作者对在治疗中所发生的对患病动物和/或财产所造成的损害不承担任何责任。

Fernanda Vieira Amorim da Costa, DVM, MSc, PhD
Founder and President, Brazilian Academy of Feline Practice
Florianopolis, Brazil

Clay Anderson, DVM
Alamo Feline Health Center
San Antonio, TX

Tara Arndt, DVM, DACVP
Ontario Veterinary College
Department of Pathobiology
Guelph, ON, Canada

Bonnie. C. Bloom, DVM
Fellow, Academy of Veterinary Dentistry
Dallas Dental Service Animal Clinic
Dallas, TX

Barbara Bockstahler, DVM, CCRP
Specialized Veterinarian in Physiotherapy and Rehabilitation
University of Veterinary Medicine
Vienna, Austria

Karen R. Brantman, DVM
Michigan Veterinary Specialists
Grand Rapids, MI

Jane E. Brunt, DVM
Owner and Founder
Cat Hospital at Towson
Cat Hospital Eastern Shore
Baltimore, MD

Anthony P. Carr, DVM, DACVIM (Internal Medicine)
Professor
Small Animal Clinical Sciences
Western College of Veterinary Medicine
University of Saskatchewan
Saskatoon, SK, Canada

Rick L. Cowell, DVM, MS, MRCVS, DACVP
IDEXX Laboratories
Stillwater, OK

Harriet J. Davidson, DVM, DACVO
Michigan Veterinary Specialists
Grand Rapids, MI

Daniel A. Degner, DVM, DACVS
Michigan Veterinary Specialists
Auburn Hills, MI

Beate Inge Egner, Doctor med. vet., Board Certified
Freelance specialist for cardiovascular disease
Kleintierzentrum Hörstein (Clinical Center for Small Animals)
Hoerstein, Germany

Michele Fradin – Ferm é , DVM
Vincennes, France

Stephanie G. Gandy – Moody, DVM
The Cat Hospital of Madison
Madison, AL

John C. Godbold, Jr. DVM
Stonehaven Park Veterinary Hospital
Laser Surgery Center
Jackson, TN

Merrilee Holland, DVM, DACVR
Associate Professor, Radiology Section
Department of Clinical Science
College of Veterinary Medicine
Auburn University
Auburn, AL

Debra F. Horwitz, DVM, Diplomate, ACVB
Owner, Veterinary Behavior Consultations
St. Louis, MO

Judith Hudson, DVM, DACVR
Professor, Radiology Section
Department of Clinical Sciences
College of Veterinary Medicine
Auburn University
Auburn, AL

Kacee Junco, BS QMHP – CS, M.S., LPC – I
Texana Center
Brookshire, TX

Heloisa Justen Moreira de Souza, DVM, PhD
Professor Feline Medicine and Surgery
Department of Medicine and Surgery
Institute of Veterinary Medicine
University Federal Rural of Rio de Janeiro
Rio de Janeiro, RJ, Brazil

Otto Lanz, DVM, DACVS
Associate Professor, Surgery
Department of Small Animal Clinical Sciences
Virginia – Maryland Regional College of Veterinary Medicine
Virginia Tech
Blacksburg, VA

Christian M. Leutenegger, Dr. Vet. Med., PhD, FVH
Regional Head of Molecular Diagnostics (MDx)
IDEXX Reference Laboratories
West Sacramento, CA

David Levine, PT, PhD, DPT, OCS, CCRP
Walter M. Cline Chair of Excellence in Physical Therapy
Department of Physical Therapy
The University of Tennessee at Chattanooga
Chattanooga, TN

Paula B. Levine, DVM, DACVIM (Internal Medicine)
North Florida Veterinary Specialists, P.A.
Jacksonville, FL

Karen M. Lovelace, DVM
The Cat Doctor (Thousand Oaks)
Thousand Oaks, CA

Amanda L. Lumsden, DVM
Cat and Bird Clinic
Santa Barbara, CA

Elizabeth Macdonald, DVM
Alamo Feline Health Center
San Antonio, TX

Richard Malik, DVSc DipVetAn, MVetClinStud, PhD, FACVSc, FASM
Centre for Veterinary Education
Veterinary Science Conference Centre
The University of Sydney
Sydney, NSW, Australia

Rhett Marshall, BVSc, MACVSc (Small Animal Surgery)
Member, Australian College of Veterinary Scientists in Small Animal Surgery
Senior Feline Practitioner and Principle
The Cat Clinic, Mt. Gravatt, QLD, Australia

Mac Maxwell, DVM, DACVS
Medvet Veterinary Specialists
Cordova, TN

Larry A. Norsworthy, PhD
Professor of Psychology
Licensed Clinical Psychologist
Department of Psychology
Abilene Christian University
Abilene, TX

James K. Olson, DVM, DABVP (Feline)
Cat Specialist, PC
Castle Rock, CO

Philip Padrid, DVM
Southwest Regional Medical Director

VCA
Associate Professor of Molecular Medicine (Adjunct)
University of Chicago Pritzker School of Medicine
Associate Professor of Small Animal Medicine (Adjunct)
The Ohio State University School of Veterinary Medicine
Corrales, NM

Ludovic Pelligand, Dr. Med. Vet., MRCVS, Dipl. ECVAA
Royal Veterinary College
North Mymms, Hatfi eld
Hertfordshire, UK (England)

Vanessa Pimentel de Faria, DVM, MSc
Specialized in Feline Medicine
Owner, Só Gatos
Brasilia–DF, Brazil

Arnold Plotnick MS, DVM, DACVIM (IM)
Manhattan Cat Specialists
New York, NY

Suvi Pohjola – Stenroos, DVM, PhD, DABVP (Feline)
Clinivet Oy, Cat Clinic Felina
Founder, Practitioner
Helsinki, Finland

Jacquie Rand, BVSc, DVSc, Diplomate ACVIM (Internal Medicine)
Professor of Companion Animal Health
Director, Centre for Companion Animal Health
School of Veterinary Science
The University of Queensland
St. Lucia, QLD, Australia

Christine A. Rees, DVM, DACVD
Veterinary Specialists of North Texas
Dallas, TX

Shelby L. Reinstein, DVM, MS
Research Veterinarian
Retinal Disease Studies Facility
School of Veterinary Medicine
University of Pennsylvania/NBC
Kennett Square, PA

Ronald J. Riegel, DVM
Independent Consultant, Author, Manufacturer
Marysville, OH

Mark Robson, BVSc (Distinction), DACVIM, Registered Veterinary Specialist
Veterinary Specialist Group
Auckland, New Zealand

Sunny L. Ruth, DVM
Dallas Dental Service Animal Clinic
Dallas, TX

Linda Schmeltzer, RVT
Head Technician
Alamo Feline Health Center
San Antonio, TX

Bradley R. Schmidt, DVM, Diplomate ACVIM (Oncology)
Staff Oncologist
North Florida Veterinary Specialists, P.A.
Jacksonville, FL

Paula A. Schuerer, DVM, MBA
Animal Ark Animal Hospital, LLC
Franklin, TN

Gwen H. Sila, DVM
Michigan Veterinary Specialists
Southfi eld, MI

Andrew H. Sparkes, BVetMed, PhD, DECVIM, MRCVS
Head of Small Animal Studies
Animal Health Trust
Lanwades Park
Kentford
Newmarket
Suffolk
United Kingdom (England)

James E. Smallwood, DVM, MS

Alumni Distinguished Professor of Anatomy
Director of CVM Alumni Relations
Department of Molecular Biomedical Sciences
North Carolina State College of Veterinary Medicine
Raleigh, NC

Francis W.K. Smith, Jr., DVM, DACVIM (Cardiology and Small Animal Internal Medicine)
Lexington, MA
Vice – President, VetMed Consultants, Inc.
Clinical Assistant Professor
Tufts University
Cummings School of Veterinary Medicine
North Grafton, MA

Jörg M. Steiner, DVM, PhD, Dipl. ACVIM, Dipl. ECVIM – CA
Associate Professor and Director of Gastrointestinal Laboratory
Department of Small Animal Clinical Sciences
College of Veterinary Medicine and Biomedical Sciences
Texas A & M University
College Station, TX

PD Dr. Sabine Tacke
Anesthesia, Pain Therapy, Perioperative Intensive Care
Animal Protection Officer of the Department of Veterinary Clinical Sciences
Consultant Veterinary Anesthetist
Consultant Veterinary Surgeon
Treasurer EVECCS
Department of Veterinary Clinical Sciences
Clinic for Small Animals, Surgery
Justus – Liebig – University Giessen
Giessen, Germany

Amy C. Valenciano, DVM, MS, DACVP
IDEXX Reference Laboratories
Veterinary Clinical Pathologist
Dallas, TX

Teija Kaarina Viita – aho, DVM
Helsinki, Finland

Don Waldron, DVM, DACVS
Director of Specialty Services
VCA Veterinary Care Animal Hospital and Referral Center
Albuquerque, NM

Mark C. Walker, BVSc, DACVIM (Internal Medicine)
North Florida Veterinary Specialists, P.A.
Jacksonville, FL

Sarah M. Webb, BVSc, MACVSc
Specialist Small Animal Surgeon
Surgical Referral Services
Gungahlin, ACT Australia

Tatiana Weissova, DVM, PhD
The Small Animal Clinic
Department of Internal Diseases
University of Veterinary Medicine
Slovak Republic

R. B. Wiggs, DVM, DAVDC, deceased
Fellow, Academy of Veterinary Dentistry
Adjunct Professor, Baylor College of Dentistry
Texas A & M University Systems
Dallas Dental Service Animal Clinic
Dallas, TX

Christine L. Wilford, DVM
Cats Exclusive Veterinary Center
Shoreline, WA

Brooke Woodrow, M.S., LPC – I
Academic Counselor
Academic Development Center
Abilene Christian University
Abilene, TX

Debra L. Zoran, DVM, PhD, DACVIM – SAIM
Associate Professor and Chief of Medicine
Department of Small Animal Clinical Sciences
College of Veterinary Medicine and Biomedical Sciences
Texas A & M University

目　录

第2篇 行为 / 657

第3篇 牙科 / 693

第4篇 手术 / 713

第5篇 细胞学 / 823

第1篇

病 与 症

Diseases and Conditions

第1章
对乙酰氨基酚（扑热息痛）中毒
Acetaminophen Toxicosis

Sharon Fooshee Grace

概述

对乙酰氨基酚（扑热息痛）中毒（acetaminophen toxicosis）通常发生在猫主不清楚该药物对猫具有明显的毒性，出于各种原因而有意地给猫用药的情况下。报道的大多数病例是由于猫主将对乙酰氨基酚用于缓解猫的疼痛时。猫在摄入10mg/kg对乙酰氨基酚时即可致死，这一剂量对 4～5kg的猫来说远小于一般药片（325mg）大小。曾有一例报道猫在玩装过对乙酰氨基酚的空药瓶时发生中毒而死亡。

对乙酰氨基酚影响猫的多种代谢特性，一旦其浓度超过了猫通过硫酸盐化和葡萄糖苷酸结合物产生无毒药物代谢产物的有限能力时，则肝脏细胞色素P450 氧化酶系统就将对乙酰氨基酚转变为具有亲电子活性的中间体（reactive electrophilic intermediate）对乙酰苯醌亚胺（N－acetyl－para－benzoquinoneimine，NAPQ1）。对乙酰氨基酚的毒性作用是NAPQ1形成的直接结果，其能攻击细胞大分子物质。葡萄糖苷酸及硫酸盐耗竭后，另外一个可发挥作用的防线是细胞抗氧化剂谷胱甘肽（glutathione），但其也可由NAPQ1水平的升高而耗竭。随着NAPQ1的持续积累，血红素从正常的亚铁（+2）状态氧化为正铁（+3）（methemoglobin）状态，有效地将氧释放到组织，由此造成灾难性后果。显然，即使在正常情况下，猫的红细胞对氧化状态也极为敏感，这是因为猫的血红蛋白存在相对大量的巯基基团所致。此外，受损的血红蛋白沉积于红细胞膜，导致另外一种极为重要的事件，即出现海因茨体（Heinz body）溶血性贫血。由于猫的脾脏除去红细胞膜上的海因茨体效率相对较低，因此其存在的净结果是红细胞膜的脆性增加，可塑性降低，出现溶血性贫血。虽然高铁血红蛋白血症（methemoglobinemia）可以逆转，但海因茨体的形成（以及对红细胞膜的损伤）则不可逆转。最后，对乙酰氨基酚中毒可通过对肝细胞膜的氧化损伤及与肝细胞蛋白的反应引起肝脏坏死，但与犬的典型症状相比，猫肝脏的损伤通常轻微。

中毒出现的最早症状包括厌食、呕吐及流涎（ptyalism）。黏膜出现发绀或呈棕色（通常在摄入药物后24h之内）标志着开始出现明显的高铁血红蛋白血症。面部及爪部出现水肿较为常见，但对引起这些变化的确切原因还不清楚。由于海因茨体溶血性贫血（Heinz body hemolytic anemia）出现在药物摄入后数小时到数天内，因此可出现黏膜苍白及有时呈黄疸。

诊断

主要诊断

- 病史：由于临床症状并非总是很明显，因此摄入对乙酰氨基酚或可能暴露对乙酰氨基酚的病史对确诊极为重要。
- 临床症状：应注意是否出现黏膜发绀或棕色，面部及爪部水肿。其他症状还有鸣叫、心动过速、呼吸困难、沉郁及孱弱。摄入药物后24～48h可出现黄疸。
- 血常规（Complete Blood Count，CBC）：血样常呈暗紫色（参见“诊断注意事项”）。典型特征包括贫血及红细胞膜出现海因茨体（见图1－1）。如果患猫能够生存，则在数天后可见到网织红细胞。将血液涂

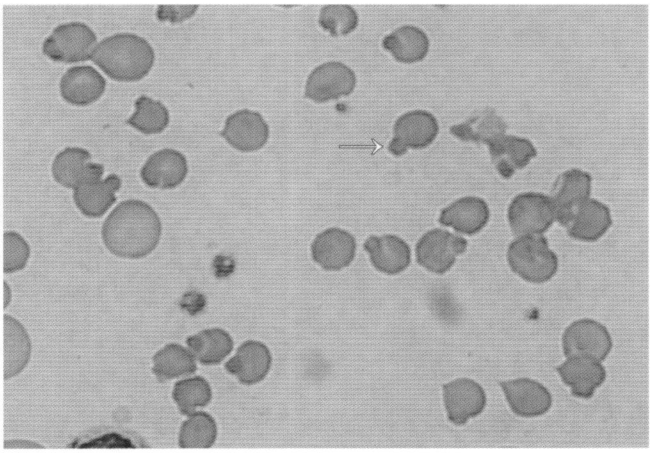

图1－1　对乙酰氨基酚中毒时红细胞海因茨体的形成（箭头）为诊断特征之一

片风干后滴一滴新鲜的亚甲基蓝染料，盖上盖玻片显微镜检查，则易于见到海因茨体和网织红细胞。参见图89–2及第311章。

- 生化检查：肝细胞裂解酶（hepatocellular leakage enzymes）[血清丙氨酸转氨酶（serum alanine aminotransferase）及血清天冬氨酸转氨酶（serum aspartate aminotransferase）]呈中度到重度升高。由于对乙酰氨基酚通常不引起猫发生严重的肝脏坏死，这些酶的升高可能是由于肝细胞组织缺氧所造成。有时可见血清胆红素升高。
- 尿液分析：由于高铁血红蛋白尿症（methemoglobinuria）或血尿症（hematuria），尿液可呈巧克力色或红色。

诊断注意事项

- 健康而未发生贫血的猫，5%以上的红细胞可能含有海因茨体，因此，偶尔检查到海因茨体时应考虑到猫可能是正常的。
- 高铁血红蛋白症是猫死亡的常见原因，如果20%～30%以上的血红蛋白为高铁血红蛋白，则可发生死亡。
- 由于静脉血通常色暗，有时难以判定高铁血红蛋白症。作为一种临床筛选试验，可将一滴血样置于白色的纸巾或滤纸上，旁边滴加一滴正常的对照血样。如果样品中高铁血红蛋白含量超过10%，与对照的亮红色血样相比，病猫的血液明显呈棕色。
- 可测定血清对乙酰氨基酚含量，摄入药物后2～3h，其含量增加达到最高。但大多数情况下，测定血液药物水平没有必要也不实际。

治疗

主要疗法

- 消除毒素：对乙酰氨基酚能从胃肠道快速吸收，因此在摄入药物后的1～2h内诱导动物呕吐，可用阿扑吗啡或甲苯噻嗪诱吐。活性炭只有在摄入对乙酰氨基酚后2h内才可使用，因此能否采用这种药物仍有争议。由于具有引发吸入性肺炎的风险，因此如果猫呕吐或诱吐，则应慎用活性炭。如果口服乙酰半胱氨酸，则活性炭可能会与该药物结合。
- 乙酰半胱氨酸（acetylcysteine，Mucomyst®）：为一种特异性的解毒药物，可作为前体补充谷胱甘肽内储，可将10%及20%的溶液用5%葡萄糖稀释成5%溶液后使用。第一次口服或静注剂量为130～140 mg/kg，之后为70mg/kg，每6h用药一次，PO或IV，共5～7次。建议静注（静脉注射，后文简称“静注”）时通过采用0.2 μm的微孔过滤器在60min内用药。有人认为口服效果比静注好，这是因为经过门脉循环后肝脏可获得高浓度的药物。研究发现，如果在摄入对乙酰氨基酚8h以上时治疗，则疗效不佳，但在摄入后80h以上进行治疗，仍具有一定的疗效。

辅助疗法

- 甲氰咪胍（西米替叮）（cimetidine）：能抑制细胞色素P450氧化酶系统，限制有毒代谢产物的形成及限制其肝毒性，因此与N–乙酰半胱氨酸具有累加效应，该药物只能用于辅助治疗。甲氰咪胍治疗对乙酰氨基酚中毒的真实疗效仍不清楚，剂量为5mg/kg，每6～8h静注一次，共48h。
- 抗坏血酸（维生素C）：维生素C为一种抗氧化剂，通过非酶方式，协助高铁血红蛋白还原为血红蛋白，但该过程比较缓慢。采用维生素C的治疗为辅助疗法，不能替代注射乙酰半胱氨酸。用药剂量为30mg/kg q6h IV，直到高铁血红蛋白解离。由于具有很高的不相容性，因此在将维生素C与其他溶液混合前应参阅有关处方。如果没有可供静注的维生素C，则可口服，剂量为125mg/kg，q6h，连续6次。
- S–腺苷甲硫氨酸（S–adenosylmethionine，SAMe）：SAMe的现商品名为Denosyl®和Denamarin®，其具有保护肝脏及全身抗氧化特性，能增加猫对氧化应激的抵抗力，因此可作为辅助疗法治疗对乙酰氨基酚中毒。在采用安慰剂对照实验中对乙酰氨基酚引起的氧化损伤进行研究发现，猫用SAMe治疗后与只接受对乙酰氨基酚相比，海因茨体形成减少，红细胞破坏减少，但仍需进行研究，特别是其对高铁血红蛋白的影响进行研究，在上述研究中SAMe 治疗似乎不能改善。目前只能将这种治疗方法作为辅助疗法，因为N–乙酰半胱氨酸是一种已经得到证实的治疗方法。
- 输血或输入血红蛋白溶液：输入全血或人造血Oxyglobin®（5～15mL/kg IV）对患有严重的溶血性贫血的猫具有一定的疗效，因此如果红细胞容积低于20%时应考虑采用这种疗法。即使红细胞容积正常，出现贫血征兆时也可考虑输血，这是因为红细胞容积并非真正反映了血液的携氧能力。目前人造血液（Oxyglobin）的使用仍然有限，而且在发生本病时其效果仍不明确。输血时在猫可引起血容量过大，因此建议的输入速度为每小时0.5～5mL/kg。

- 支持疗法：包括静脉输液、输入电解质及限制病猫活动。

治疗注意事项

- 皮质类固醇在治疗对乙酰氨基酚中毒中没有多少价值。
- 由于高铁血红蛋白不能结合氧气，因此文献资料中关于采用氧气治疗的观点各异，但有理由考虑采用氧气疗法，应注意使用氧气治疗可能会进一步对病猫造成应激。
- 虽然观点各异，但由于可能会使溶血性贫血加剧，因此大多数人认为应禁用亚甲蓝。
- 对治疗有反应时，在48h内病情得到改善。

预后

高铁血红蛋白血症及海因茨体溶血性贫血严重，对治疗没有反应时，预后不良。对恢复的病猫未发现有长期影响。

参考文献

Allen AL. 2003. The diagnosis of acetaminophen toxicosis in a cat. *Can Vet J*. 44(6):509–510.

El Bahri L, Lariviere N. 2003. Pharm profile: N-Acetylcysteine. *Compend Contin Educ Pract Vet*. 25(4):276–278.

Savigny M, Macintire DK. 2005. Acetaminophen toxicity in cats. *Compend Contin Educ Pract Vet*. 7(3):8–11.

Webb CB, Twedt DC, Fettman MJ, et al. 2003. S-adenosylmethionine (SAMe) in a feline acetaminophen model of oxidative injury. *J Fel Med Surg*. 5(2):69–75.

第2章
痤疮
Acne

Christine A. Rees

概述

痤疮（acne）为猫常见的一种皮肤病。猫的痤疮为下颌组织及腺体的囊泡性角化及腺体性增生，其他可患病的区域包括下唇及上唇，开始患病的年龄为 6月龄至 14岁 (中值年龄为4岁)。对22例患痤疮的猫进行分析发现，发生痤疮时可出现各种皮肤损伤，最常见的皮肤病变包括黑头粉刺（comedones）（73%）（见图2–1）、脱毛症（alopecia）（68%）、皮屑（crusts）（55%）、丘疹（papule）（45%）及红疹（erythema）（41%）。严重病例可发生水肿、囊肿及疤痕。痤疮最常发生的躯体部位为下颌。发病时不常发生皮肤瘙痒(22例中35%)，病猫也不常见有厚皮马拉色菌（*Malassezia pachydermatitis*）感染（18%）。病例中一半左右（45%）存在细菌，分离到的细菌包括凝固酶阳性的葡萄球菌及 α 溶血性链球菌。组织学检查发现，患有痤疮的病猫病变主要包括淋巴浆细胞性管周炎（lymphoplasmacytic periductal inflammation）、皮脂腺管扩张、毛囊角化并有堵塞及扩张、毛囊炎、脓性肉芽肿性淋巴腺炎（pyogranulomatous adenitis）及疖病（furunculosis）等（见图2–2）。

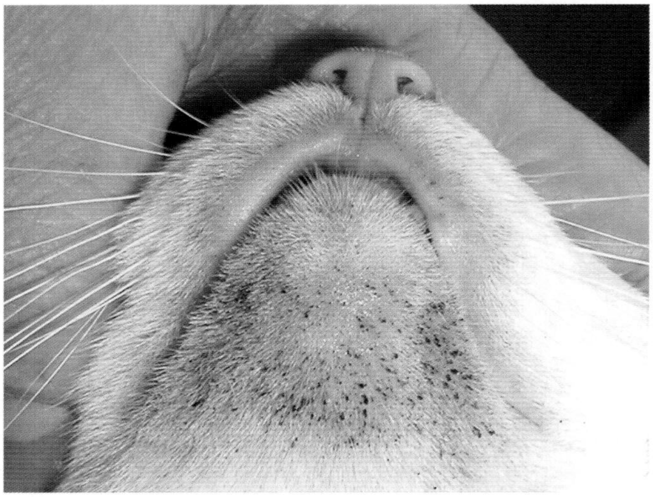

图2–1 早期痤疮的主要特点是出现黑头粉刺（图片由 Gary D. Norsworthy博士提供）

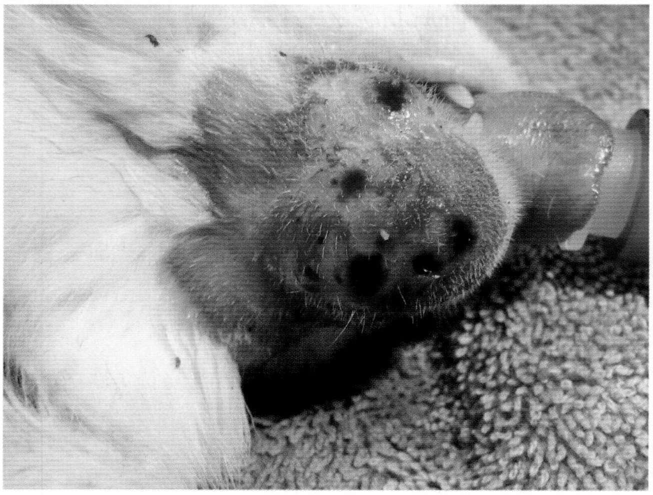

图2–2 晚期痤疮可导致严重的毛囊炎、脓性肉芽肿性淋巴结炎及疖病。此阶段可在麻醉下进行大面积清除，同时用抗生素治疗（图片由 Gary D. Norsworthy博士提供）

诊断

主要诊断

- 病史与临床症状：极为明显，因此通常用于做出诊断。
- 组织病理学：猫痤疮的组织学变化很典型（参见正文介绍）。

治疗

主要疗法

- 继发感染时可全身用抗生素治疗3周，或者皮肤正常后再治疗1周。
- 治疗猫的痤疮时局部用药非常有效。治疗时可将下巴皮肤剪开，清洁后局部用药治疗。可采用的局部用药包括水杨酸药棉块（salicylic acid pads）（即Stridex® pads）、5%过氧化苯甲酰胶（5%benzoyl peroxide gel）、0.01%～0.025%维甲酸乳剂或洗涤剂、0.75%灭滴灵胶、克林霉素膏及莫匹罗星（mupiricin）药膏。

治疗注意事项

- 治疗之前热敷下颌常可使治疗更为有效。可将温湿的布片置于下巴30s促使毛孔开放，促进药物吸收。

预后

猫的痤疮预后良好，但常需间歇性地终身对症治疗。猫的痤疮主要影响到美观，发生继发感染时则除外。发生皮肤细菌性感染时常常需要全身治疗以控制感染。

参考文献

Jazic E, Coyner KS, Loeffler DG, et al. 2006. An evaluation of the clinical, cytological, infectious and histopathological features of feline acne. *Vet Derm*. 17(2):134–140.

第3章

肢端肥大症
Acromegaly

Sharon Fooshee Grace

概述

虽然肢端肥大症（acromegaly）是一种公认的由垂体前叶具有分泌生长激素（GH）机能的肿瘤引起的猫病，但很少发生。本病的主要特点是骨、内脏及软组织过度生长及发生胰岛素抗性糖尿病。大多数肢端肥大症病猫为中年到老龄的雄性猫，尚未见本病的发生具有品种特异性。

严重的胰岛素抗性糖尿病是本病最常见也最为重要的临床症状。GH 能产生外周胰岛素抗性，因此具有明显的致糖尿病作用。有些肢端肥大症病猫每天需要30 ~ 130U（单位）的胰岛素才能控制并发的糖尿病。组织学及临床检查发现病猫虽然发生难以控制的糖尿病，也可发生多食症（polyphagia）、多尿症（polyuria）、多饮症（polydipsia），以及体重增加、头部增大、齿间隙增宽、下颌前凸（inferior prognathism）、爪增大、指（趾）甲快速生长、皮肤增厚、变性关节炎、咽部组织增厚及脏器肿大（organomegaly）（特别是心脏、肝脏和肾脏）。病程后期可出现心脏病或心衰[即心缩杂音（systolic murmur）、肺水肿及胸腔积液]和慢性肾衰的症状。

诊断

主要诊断

- 外表变化：猫主常常不能注意到猫的外表逐渐发生的变化，如有可能，可将猫的外观与出现症状前数年的照片比较，有助于评估符合肢端肥大症的变化。
- 基础检查（minimum database）（血常规、生化检查及尿液分析）：经常可见高血糖及尿糖症，其他常见症状包括高磷血症（hyperphosphatemia）、高蛋白血症（hyperproteinemia）、高胆固醇血症（hypercholesterolemia）及肝脏酶中等程度的增加。蛋白尿可出现在氮血症之前，而氮血症通常发生于病程的后期。
- 胰岛素样生长因子－Ⅰ（生长调节素C，somatomedin C）水平测定：为一种商用试验，可间接评估GH水平，目前可在密歇根州立大学（Michigan State University）内分泌实验室进行（电话1－517－353－ 1683）。实验室报道的灵敏度为84%，特异性为 92%。正常范围为 12 ~ 92nmol/L；如果大于200nmol/L则表明为肢端肥大症（关于胰岛素样生长因子的测定，原文无单位，为译者查询后添加）。
- 生长激素分析：测定血清GH浓度可确定诊断。这种测定可在明尼苏达大学兽医诊断实验室（University of Minnesota Veterinary Diagnostic Lab）进行，参见www.vdl.umn.edu。
- 计算机断层扫描（computed tomography，CT）或磁共振成像（magnetic resonance imaging，MRI）：目前先进的成像技术是最为可靠的检查垂体的方法。垂体成像也有助于确定肿瘤的大小及进展（见图3－1）。组织肿块的存在并不能诊断分泌GH的肿瘤，因为猫也可发生其他类型的垂体肿瘤[如分泌促肾上腺皮质激素（ACTH）的垂体肿瘤]。但如果出现肢端肥大症的临床症状，则发生分泌GH的垂体肿瘤的可能性很大，如果根据缺乏肢端肥大症的临床症状及肾上腺机能试验的结果，则可排除肾上腺皮质机能亢进。参见第101章。

辅助诊断

- X线检查：胸腔、腹腔及骨的X线检查可发现心脏肥大、肺水肿、胸腔积液、肝肿大、脾肿大、肾肿大、变性性萎缩及关节周骨膜变化（periarticular periosteal reaction）。
- 超声心动图（echocardiography）：可发现在膈膜及左心室游离壁肥厚性增大。
- 肾上腺机能试验（adrenal function testing）：应该检查肾上腺机能以排除肾上腺皮质机能亢进引起胰岛素抗性糖尿病的原因。可采用的试验方法包括ACTH刺激

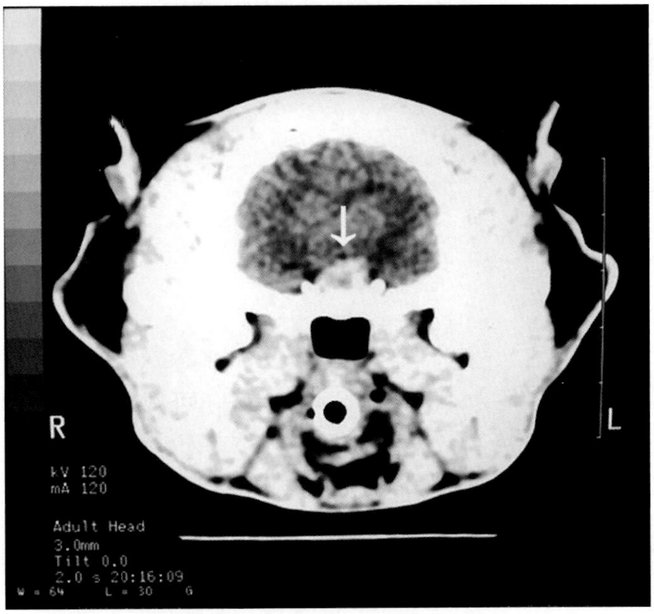

图3-1 位于箭头顶端的垂体大肿块，这种计算机断层扫描结果在患有肢端肥大症的猫很典型（图片由澳大利亚墨尔本大学Linda Abraham BSc，BVetMed，MRCVS，PhD，FACVSc 及 Steven Holloway，BVSc，DACVIM，PhD提供）

试验、地塞米松抑制试验、内源性血浆ACTH浓度测定及尿液皮质醇与肌酐比率测定。详见第101章。

- 甲状腺机能试验（thyroid testing）：甲状腺机能亢进在老龄猫较为常见，可能会成为猫自然发生的糖尿病对胰岛素出现抗性的原因。所有老龄猫均应测定总T_4进行评估，在发生难以控制的糖尿病时常常导致总T_4值降低。

诊断注意事项

- 为病人设计的GH分析方法不能准确测定猫的GH水平。
- 肢端肥大症病人高血压是常见问题，但在病猫尚未见有报道。

治疗

主要疗法

- 放射治疗：放射治疗可为控制本病提供最佳的机会。治疗结果差别很大，有些肿瘤减小程度不大，有些则急剧减小。但在停止治疗后（6～18个月）肿瘤会再度生长，再次出现症状。
- 药物治疗：可试用降低血循 GH水平的药物（如多巴胺颉颃剂或生长激素抑制素类似物），但结果各异，大多数病猫不出现阳性反应。除非已经试用了其他方法治疗（如大剂量胰岛素、治疗其他继发性疾病，或放射疗法）而效果不佳，否则不建议采用这种方法治疗。

辅助疗法

- 胰岛素：需要增加胰岛素的剂量以治疗对胰岛素有抗性的糖尿病。

治疗注意事项

- 监测继发性疾病（如肾脏疾病或心脏疾病），在大多数猫的肢端肥大症中必须要进行适当的治疗。
- 有报道两例猫冷冻手术消除垂体，一例康复而另外一例数月后安乐死。

预后

如果能有效控制糖尿病，许多病猫可生存1～2年而无需对肢端肥大症进行特殊治疗。对14例肢端肥大症进行研究发现，平均生存时间为22个月，中值生存时间为21个月。绝大多数病猫最终因继发病（即充血性心衰、肾病等）死亡或安乐死。

参考文献

Berg RIM, Nelson RW, Feldman EC, et al. 2007. Serum insulin-like growth factor-I concentration in cats with diabetes mellitus and acromegaly. *J Vet Intern Med*. 21(5);892–898.

Dunning MD, Lowrie, CS, Bexfield NH, et al. 2009. Exogenous insulin treatment after hypofractionated radiotherapy in cats with diabetes mellitus. *J Vet Intern Med*. 23(2):243–249.

Hurty CA, Flatland B. 2005. Feline acromegaly: A review of the syndrome. *J Vet Intern Med*. 41(5):292–297.

Mayer M, Greco DS, LaRue SM. 2006. Outcomes of pituitary tumor irradiation in cats. *J Vet Intern Med*. 20(5):1151–1154.

Niessen SJM, Petrie G, Gaudiano F, et al. 2007. Feline acromegaly: An underdiagnosed endocrinopathy. *J Vet Intern Med*. 21(5):899–905.

Peterson ME, Taylor RS, Greco DS, et al. 1990. Acromegaly in 14 cats. *J Vet Intern Med*. 4(4):192–201.

第4章 放线菌病 Actinomycosis

Sharon Fooshee Grace

概述

猫放线菌病（actinomycosis）为纤丝状革兰氏阳性非抗酸细菌放线菌（*Actinomyces* spp.）引起的一种从化脓性到脓性肉芽肿性疾病。病原菌为厌氧或兼性厌氧微生物，为黏膜特别是口腔黏膜的一种腐生性寄居菌。内生菌正常情况下不具高致病性。典型病例是在病菌与其他细菌一同侵入伤口后发生，一同侵入的其他细菌多为口腔的共生菌。

本病偶见于猫，所以文献中详细报道的病例极少，而且从病猫分离到多种不同的细菌。猫的感染最常见是通过咬伤而发生，但也可通过其他方式。感染可通过组织面的分解而在局部扩散，血源性传播罕见。

本病可有各种表现，临床上难以与其他传染病区分，特别是易与诺卡氏菌病混淆。感染猫常在皮肤/皮下及胸廓患病［即积脓症（empyema）或胸膜腔积脓（pyothorax）］。皮肤/皮下病变可呈急性或超急性，常出现在头部或颈部周围。曾报道有一病例皮下脓肿延伸到脊椎管。伤口常为非愈合性，可形成脓肿或含有血液浆液性到脓性渗出物的瘘管，渗出液的颜色为黄色到红棕色（见图4-1）。脓肿有恶臭味，表明发生了厌氧菌感染。排出物有时含有非常明显的细菌大菌落，称为“硫黄颗粒”（sulfur granules）。偶尔可见皮肤病变，外观呈结节状，没有流出物。肺脏及胸膜腔可由于吸气或吸入感染物而受到影响，因此从更为表面的病变直接延伸，或通过伤口延伸到胸腔。呼吸道感染可侵及肺脏本身或只是胸膜腔，临床症状与肺脏或胸膜腔疾病一致。

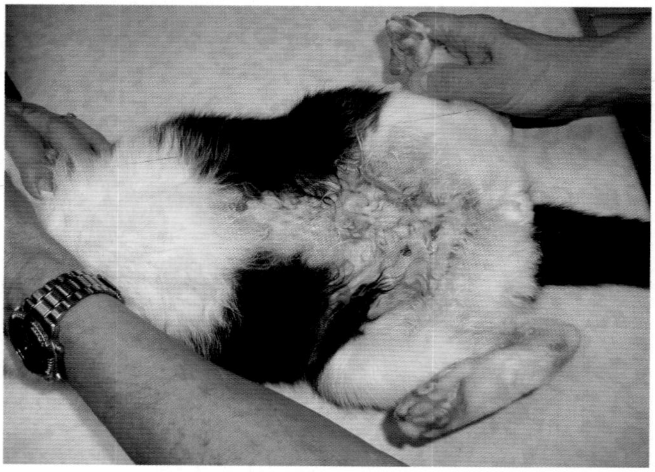

图4-1 猫患放线菌病时可从其腹腔底部见到有多个排出分泌物的瘘管（图片由Gary D. Norsworthy博士提供）

放线菌病重要的鉴别诊断包括但并不完全限于诺卡氏菌病（nocardiosis，第152章）、分支杆菌病（mycobacteriosis，第144章）、麻风病（leprosy，第127章）、瘟疫（plague，第169章）、孢子丝菌病（sporotrichosis，第202章）、皮真菌病（dermatophytosis，第48章）及脂膜炎（panniculitis，第162章）等。

未见人与感染病猫直接接触而患放线菌病的报道，但本病很容易通过动物伤口传播。

诊断

主要诊断

- 细胞学及革兰氏染色：用于细胞学检查的样品可通过抽吸脓肿、结节或体腔液体采集；可从引流管分泌物制备压片。病原菌在显微镜下易于观察，为纤丝状，偶有分支；存在中性粒细胞，但巨噬细胞可存在或不存在（参见第282章）。常可见到有多种微生物感染。相反，诺卡氏菌病病变的渗出物中一般不含有混合菌群。没有排出物的纤维性团块通常难以获得具有诊断价值的材料。革兰氏染色时病原菌为革兰氏阳性。
- 细菌培养：由于放线菌病（厌氧或兼性厌氧）在临床上难以与诺卡氏菌病区分，而诺卡氏菌为需氧菌（参见第152章），因此应进行需氧及厌氧培养。大多数诊断实验室可提供样品厌氧培养用品。由于厌氧菌在培养中难以生长，因此放线菌病的细菌培养价值不大，但有些病原为兼性厌氧，可在有氧条件下生长。除放线菌外其他微生物也可生长，因为其通常与其他细菌发生混合感染。由于其他这些微生物的存在，因此使得分离放线菌更为困难。

- 活组织检查/组织病理学检查：进行组织学检查可发现化脓性到脓性肉芽肿性反应（pyogranulomatous reaction）。可见到以中性粒细胞为核心，周围包含有巨噬细胞、浆细胞及淋巴细胞的肉芽肿组织。常规苏木紫/伊红染色常常难以见到病原菌，需要进行特殊染色。
- 快酸染色：取少量渗出液制成涂片，用奇—尼氏（Ziehl–Niessen）染液进行快酸染色。放线菌为非快酸染色的微生物。

辅助诊断

- 血常规、生化检查及尿液分析：放线菌病实验室检查无特定的异常，但检查结果对评价猫的整体健康水平具有帮助意义。
- 逆转录病毒试验：所有患有非痊愈性伤口或脓胸的猫应检查猫白血病病毒及猫免疫缺陷病毒。
- 影像诊断：如果怀疑胸膜及腹膜患病，应进行X线检查。也可采用腹部超声检查可能的腹部脓肿。

诊断注意事项

- 重要的是将放线菌病与诺卡氏病进行鉴别诊断，因为治疗这两种疾病需要的抗生素不同。

治疗

主要疗法

- 抗生素：本病临床康复后仍需采用抗生素治疗数周或数月，以防复发。可采用的治疗方案包括阿莫西林（20～40mg/kg q6h IM、SC或PO）或克林霉素（5mg/kg q12h PO或SC）。如果病猫不发生厌食或呕吐，可口服给药，给药时应空腹。报道具有疗效的其他药物包括强力霉素、四环素、红霉素及第一代头孢菌素。抗生素疗法不能代替对游离液体及脓肿的引流。
- 手术：条件允许时，可用手术祛除局部病变，并建立充分的引流。
- 胸部或腹部引流：发生脓胸时应采用胸部引流系统，每天用生理盐水灌洗两次。这种治疗应一直持续到胸腔液体清亮，细胞学检查到流出液体未见有微生物为止。这种治疗方法通常需要4～10d。有人建议采用含青霉素钠（不是青霉素钾）的液体进行胸腔灌洗。腹腔感染时可采用手术进行腹腔探查。

治疗注意事项

- 青霉素为首选药物，但吸收差，因此效果比预期差。
- 药物可能难以透入肉芽组织。
- 有些病例的疗程可超过1年。

预后

患放线菌病的猫，其预后从谨慎到良好差别较大。

参考文献

Edwards DF. 2006. Actinomycosis and nocardiosis. In C Greene, ed., *Infectious Diseases of the Dog and Cat*, 3rd ed., pp. 451–456. Philadelphia: Saunders Elsevier.

Thomovsky E, Kerl ME. 2008. Actinomycosis and nocardiosis. *Compend Contin Educ.* 10(3):4–10.

第5章
腺癌与癌
Adenocarcinoma and Carcinoma

Mark Robson

概述

癌（carcinomas）是指来源于上皮的恶性肿瘤。如果肿瘤起自腺体组织，形成腺体和腺管，则称为腺癌（adenocarcinoma，AC）。因此恶性肿瘤可起自机体任何部位的任何上皮或腺组织，这些肿瘤的细胞学特点参见第281章和第288章。

与犬和人大量的研究资料相比，除少数病例外，文献中关于猫的癌和腺癌的报道相对较少，因此关于猫肿瘤的相关知识是来自对犬及一定程度上人的类似病变的推断。

猫的常见肿瘤包括鳞状细胞癌（squamous cell carcinoma，SCC；参见第203章）及移行细胞癌（transitional cell carcinoma，TCC）。AC常见于鼻腔、肺脏、胃肠道、胰腺、肝脏和乳腺（参见第132章）。癌和腺癌的临床症状差别很大，主要与病变部位有关。

猫的鼻腔可发生SCC、AC及未分化癌。对320例猫的鼻腔肿瘤进行的研究发现，其中60%为各类癌，而且雄性比雌性更易发生。鼻腔 SCC或AC可引起病猫喷嚏、鼻腔出现分泌物及呼吸音异常。

肺部肿瘤在猫罕见，但其中70%～85%为腺癌，根据癌的起源位点（许多情况下难以确定）或分类所采用的细胞学方法的不同，对这些肿瘤的命名也有一定的差别，因此可称为AC、未分化癌、SCC或支气管肺泡癌。也有人采用类似的其他命名。这些肿瘤在出现任何临床症状之前可能已经发展到后期。猫不像犬和人那样易于咳嗽，因此症状差别很大。体重下降、食欲降低及嗜睡是最有可能发生的症状，但并无特异性。偶尔可见哮喘、发绀、发热及咯血，如果发生肌肉、骨骼转移，还可发生跛行。猫肺部的肿瘤常常在由于其他原因采用X线检查时偶尔发现。肿瘤转移到足趾的情况在第55章和第163章专门介绍。

胰腺的上皮细胞瘤如果来自管上皮就称为癌，如果来自腺泡细胞，则称为腺癌。这种肿瘤的转移及局部扩散较为常见，肝脏常常最先受到影响。胃肠道及胰腺的所有癌或 AC均可引起厌食、体重减轻、呕吐、腹泻、嗜睡及排便困难，但这些均为非特异性症状；出现症状之前癌症可能已经到了晚期。有时在超声检查其他器官时可意外地发现这些肿瘤。

肝脏的主要肿瘤在猫罕见，但有报道胆管细胞癌（cholangiocellularcarcinoma）和肝细胞癌（hepatocellular carcinoma），诊断出这些癌症的平均年龄为11岁。临床症状包括能检查到腹部肿块、多尿症/烦渴、厌食和呕吐。发生黄疸的情况并不常见。

肠道腺癌在猫的研究较为详细，但没有淋巴瘤那样常见。与犬不同的是，这些肿瘤大多数发生在回肠和空肠，很少发生在结肠。诊断出这些肿瘤的平均年龄为11岁，大多数病例在手术时已发生转移。尽管如此，病猫的生存时间较长，在对32例病猫调查中，发现其中11例在手术后生存超过2周，手术后平均生存时间为15个月。

猫的前列腺肿瘤罕见，与犬一样，可依细胞的精确外观而分为AC或TCC。母猫生殖道的上皮肿瘤极为罕见。

猫的肾癌及腺癌罕见，与犬不同，淋巴瘤是猫最为常见的肾脏肿瘤。此病的报道较少，诊断出本病的平均年龄为9.3岁，肿瘤广泛转移，其临床症状多种多样，而且无特异性。有一病例报告阐述了两例病猫在手术摘除肾脏腺癌后发生并发红细胞增多症（paraneoplasticpolycythemia）康复的情况，但这一例病猫在8个月后由于肿瘤转移病变而死亡。

就转移而言，癌或腺癌的生物学行为差别很大，但均表现局部侵入。鼻癌及腺癌通常在癌症后期发生转移，而胰腺、肝脏及肠道肿瘤常常发生转移，许多病例在诊断时就已发生了转移。胰腺肿瘤常常转移到肝脏，因此在侵及肝脏时临床症状要比此前只有胰腺发病时更为明显。

腹腔癌或腺癌可通过腹腔结构及腹膜进行局部扩散，导致癌扩散现象（参见第29章），在这些情况下癌症的真正起源组织难以确定。

任何癌或腺癌的鉴别诊断主要取决于癌症的发病部位。例如，在鼻腔，腺癌的存在方式可能与淋巴瘤、深部真菌感染或异物类似。在胃肠道，腺癌应与淋巴瘤、异物或平滑肌肉瘤进行鉴别诊断。

诊断

主要诊断

- 细胞学及组织学：细胞学及组织学检查是诊断的基础。可见或可以触诊到的病变在采样时尤应注意，但对腹腔损伤可能需要采用超声指导的抽吸/活检、腹腔镜检查或剖腹探查。参见第 281章。
- 影像学诊断：X线检查常常是诊断肺脏肿瘤的第一步，超声检查是腹腔检查的主要方法。有些病例可采用计算机断层扫描（computerized tomography，CT）。如果考虑采用手术方法治疗，应采用超声检查、X线拍片、先进影像检查及导引抽吸，检查肿瘤在局部淋巴结、远端淋巴结、肺脏及肝脏的转移。
- 胰腺肿瘤：胰腺肿瘤难以与胰腺炎引起的病变相区别。超声变化、血液变化[包括胰腺脂肪酶免疫活性（pancreatic lipase immunoreactivity，PLI）]及细胞学特点在这两类疾病中都可能相似，因此常常需要在超声引导下进行活检、腹腔镜检查或剖腹探查进行确诊。有研究对猫胰腺肿瘤与结节性增生进行了比较，认为任何肿块如果超过2cm均预示可能发生肿瘤。
- 肺脏肿瘤：肺脏肿瘤的诊断需要进行支气管镜检，同时进行支气管肺泡灌洗、肺脏活组织抽吸或通过胸腔镜检查或胸廓切开进行（部分或全部）肺叶切除。但所有上述肺脏诊断方法在猫风险均高，因此应与猫主商量。
- 前列腺肿瘤：这种罕见的肿瘤可分为癌和腺癌，病变部可能没有分化而在病理检查时难以确定。尿道细胞难以准确进行细胞学诊断，发育不良及肿瘤在外观上极为相似。确诊时必须进行组织病理学检查。

诊断注意事项

- 在对腹腔结构通过超声引导进行抽吸或活检时，必须考虑有可能会将肿瘤细胞植入腹腔或针孔部位。

治疗

主要疗法

- 手术可行性决策：临床医生首先必须要考虑手术的可行性。如果发生肿瘤转移，则不应选择手术治疗。但在有些病例，即使已知发生了转移，切除肿瘤仍可明显改善临床症状。例如在发生小肠腺癌时，手术方法可以解除机能性阻塞，即使检查到肿瘤已经转移到淋巴结，病猫仍可保持数月高质量的生活。
- 胰腺肿瘤：一般认为胰腺肿瘤对治疗有耐受性，即便在人也是如此。有报道认为，在剖腹手术偶然诊断到胰腺肿瘤时，采用手术治疗之后仍能存活较长时间。就作者的实践经验来看，采用卡铂（carboplatin）及吡罗昔康（piroxicam）可部分消除活检证实的胰腺癌，生存时间可达 10个月之久。
- 放射治疗：特别适合易于接近的部位，如鼻腔。采用这种方法治疗时，建议与放射肿瘤专家会诊磋商。
- 鼻腔腺癌：见有报道的一例鼻腔腺癌长期用口服吡罗昔康治疗，之后用卡铂化疗血栓，病猫在初次诊断后存活了744d。

治疗注意事项

- 由于癌症的手术疗法充满各种困境，因此应考虑咨询手术专家。
- 文献资料中除了TCC和乳腺癌外，猫的癌症及腺癌的药物治疗资料相对很少见到，据说部分内科医生试用将卡铂与非甾体激素类抗炎药物（nonsteroidal anti-inflammatory drug，NSAID）如吡罗昔康或美洛昔康（meloxicam）合用进行治疗，这种情况下使用NSAIDs主要是从最初在犬的TCC的应用而推测的。

预后

猫患癌及腺癌后的前景总体是谨慎，但差异很大，并且取决于肿瘤发生部位的组织起源。易于进行手术切除病变的部分所发生的病变预后较好。

参考文献

Kosovsky JE, Matthiesen DT, Patnaik AK. 1988. Small intestinal adenocarcinoma in cats: 32 cases. *J Am Vet Med Assoc.* 192:233–235.

第6章 淀粉样变病 Amyloidosis

Andrew Sparkes

概述

淀粉样变病（amyloidosis）是以三维结构构型明显不同的惰性非溶解性细胞外蛋白纤维（amyloid，淀粉体）沉积为特征的一种疾病。虽然在人和动物已鉴别出25种以上的淀粉体，但这些淀粉体共有相同的形态，由不分支的小纤维组成，厚度为7～10nm，长度各不相同。在组织学上，组织中的淀粉沉积无定型，用刚果红染色时呈苹果绿双折射。

当淀粉体生成蛋白（amyloidogenic protein）蓄积（合成增加或降解减少）时可形成淀粉体小纤维。有些正常蛋白如果浓度足够高时也可形成淀粉体小纤维；其他蛋白由于基因突变（导致产生异常的淀粉体生成蛋白）或转录后的事件影响到该蛋白时也形成淀粉体生成蛋白。在一定时间内淀粉体在组织内蓄积可影响其结构及机能，因此导致疾病的发生。

目前发现的与淀粉相关的疾病各种各样，在猫报道的重要疾病包括：

- 糖尿病：虽然并非全部，但许多糖尿病患猫的胰腺有淀粉体蓄积，淀粉体是由激素糊精所产生，糊精则是与胰岛素由B细胞共分泌而产生。糊精在人和猫等有些动物体内是一种淀粉体生成蛋白，胰腺的淀粉样变则是人2型糖尿病及许多猫患糖尿病时发病机制的重要组成部分。
- 老龄猫大脑老年痴呆性病变（Alzheimer-like pathology in the brains of aging cats）：研究表明，老龄猫大脑淀粉体斑（amyloid plaques）和人老年痴呆症及相关疾病的病变非常相似。虽然对猫这种临床变化的意义还不清楚，但可能与认知机能异常有关。
- 朊病毒病（prion diseases）：为淀粉样变的一种形式，虽然发现这种情况时间较短，但牛海绵状脑病的出现使其扩散到猫而表现为猫的海绵状脑病。
- 免疫球蛋白轻链相关淀粉样变（immunoglobulin light-chain associated amyloidosis）：与其他动物一样，患浆细胞瘤的猫可产生过量的免疫球蛋白轻链片段，这些片段可能具有淀粉体生成活性。一般来说，淀粉体可在局部沉积，而且主要是位于肿瘤组织内。
- 反应性淀粉样变（reactive amyloidosis，AA-amyloid）：AA-淀粉体是兽医学中介绍最多的淀粉体，在猫也得到普遍公认。这种淀粉体来自血清淀粉体-A（血清淀粉样蛋白-A）（serum amyloid-A，SAA），而SAA为一种急性期蛋白，由肝脏炎性过程而产生。发生这种淀粉样变时，淀粉体沉积于肝脏、脾脏、肾上腺、小肠、胃、内分泌腺及外分泌腺、甲状腺、心脏、舌及肾脏。虽然这种沉积具有普遍特性，但最严重的沉积通常发生于肝脏（导致自发性肝破裂）或肾脏（由于沉积主要是在髓质间隙而导致慢性肾病）。

反应性淀粉样变可零星继发于炎症或肿瘤，可发生于任何品种的猫，阿比尼西亚猫和东方短毛猫最易发病。阿比尼西亚猫的家族性淀粉样变在美国研究较多，发现AA-淀粉体蓄积于许多组织，但临床症状主要与肾髓质的蓄积导致慢性肾病有关。病猫在1～5岁（平均3岁）时表现典型的肾病症状，但一些老龄猫因其他原因死亡时可发现出具有亚临床肾脏淀粉样变。研究表明，这种情况可能是由于常染色体显性性状不完全穿透而导致的遗传性变化。

许多文献报道都鉴定到暹罗猫和亚洲猫全身性淀粉样变。与阿比尼西亚猫不同的是，这些猫中的许多患猫肝脏受到严重影响，但普遍的淀粉体沉积很典型，包括肾脏淀粉样变，因此同时出现慢性肾病。肝脏重度淀粉体蓄积可导致肝脏特别易碎，可自发性或诱导性出现肝脏破裂，因而出现周期性或灾难性的腹腔内大出血。

目前的研究表明，患病的暹罗猫和亚洲短毛猫因遗传突变导致血清AA蛋白发生氨基酸替换，使其更易生成淀粉体，但是与阿比尼西亚猫的情况相似，因为在大多数的病例中本病的发生可能也需要炎症过程增加SAA的产生。阐明本病在这些品种的遗传性仍需进行深入研究。

诊断

主要诊断

- 组织病理学：活检样品用刚果红染色进行检查通常就足以进行诊断，但仍需采用其他方法，包括免疫染色对淀粉体的性质进行确定。由于肝脏易碎，因此如果计划活检且怀疑发生淀粉样变时，最好通过剖腹手术进行手术活检，而不是盲目采用超声引导的针头采样活检，否则发生急性出血的风险很高。

辅助诊断

- 临床症状：猫发生全身性淀粉样变时临床症状差异很大，有些表现为进行性慢性肾病（可出现于年龄相对较小的猫），但进展速度差别很大。如果主要为肝脏淀粉样变，则可出现中度到重度肝脏酶升高，病猫常表现周期性发作的昏睡，出现急性贫血（由于腹腔出血）或急性死亡，或者由于灾难性出血而出现危及生命的贫血。有些病例凝血时间也会明显延长。
- X线检查：腹部X线检查可发现肝脏不规则性肿大（见图6–1）。
- 超声检查：肝实质表现弥散性回声增强，呈现斑点状或发光样外观（见图6–2）。在暴发急性出血后超声检查可发现腹水（腹腔积血，hemoperitoneum）。

诊断注意事项

- 虽然确诊最好采用活检材料，但在有些病例可采用细针穿刺病变组织诊断淀粉样变。

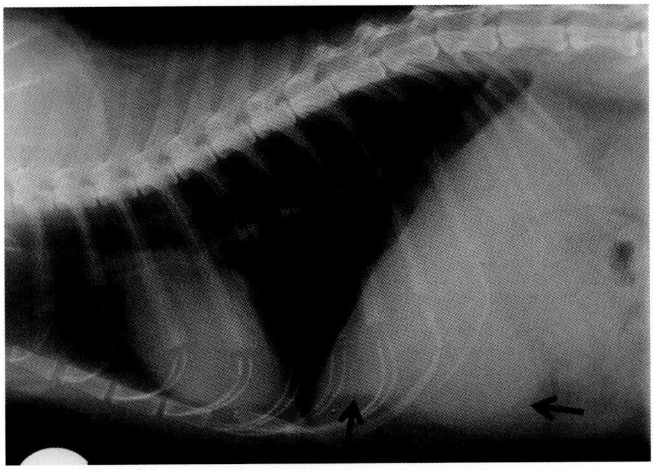

图6–1 肝脏严重淀粉样变时猫的侧面X照片，肝脏出现明显的不规则肿大

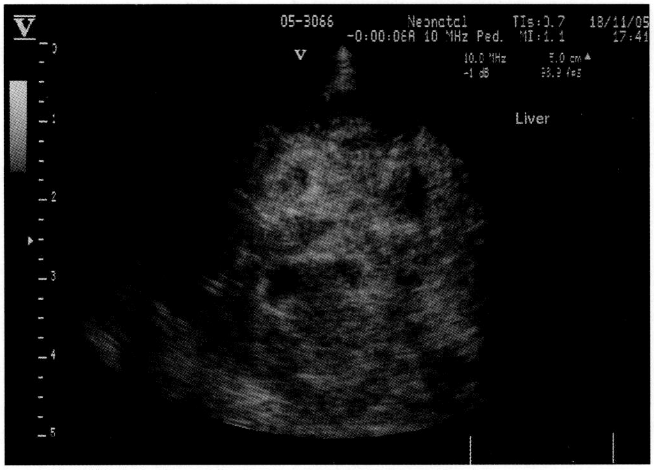

图6–2 同一病猫的肝脏超声检查图像，表现出正常均质性回声被混合回声代替的变化

治疗

主要疗法

- 淀粉样变不可能治愈。
- 应鉴别及治疗其他可能诱发淀粉体沉积的并发症（如感染性/炎性疾病）或淀粉样变引起的并发症。

辅助疗法

- 药物治疗：可使用的治疗方法包括维生素K疗法（如每只猫10mg q7d PO），特别是有迹象表明凝血时间延长时，或用抗炎剂量的脱氢皮质醇（1～2mg/kg q24～48h PO）进行治疗。但尚不清楚上述两种药物治疗能否产生真实的临床效果。由于秋水仙碱能减少有些动物产生SAA，从而降低淀粉体的蓄积，所以有人建议采用秋水仙碱（0.03mg/kg q24～48h PO）进行治疗，但其在猫的疗效仍不清楚。
- 支持疗法：这种治疗方法在猫的淀粉样变时尤为重要。当发生慢性肾病时，应考虑采用常规支持疗法。参见第190章和第191章。发生肝脏出血时，应考虑输血，病猫在生活中应最大可能地降低损伤腹腔的风险。

治疗注意事项

- 选育可降低全身性淀粉样变的发生。由于患有全身性淀粉样变的许多猫可在年龄很小时发病，因此应从老龄健康猫进行选育。对患病品种/品系应进一步研究鉴定其遗传异常（以及相应的诊断方法）。

预后

临床型全身性淀粉样变病猫预后不良。目前尚无有效的治疗方法，而且本病呈渐进性，通常可因肾病或肝脏破裂而导致死亡。

参考文献

Beatty JA, Barrs VR, Martin PA, et al. 2002. Spontaneous hepatic rupture in six cats with systemic amyloidosis. *J Small Anim Pract.* 43(8): 355–363.

Godfrey DR, Day MJ. 1998. Generalised amyloidosis in two Siamese cats: spontaneous liver haemorrhage and chronic renal failure. *J Small Anim Pract.* 39(9):442–447.

Gunn-Moore DA, McVee J, Bradshaw JM, et al. 2006. Ageing changes in cat brains demonstrated by beta-amyloid and AT8-immunoreactive phosphorylated tau deposits. *J Fel Med Surg.* 8(4):234–242.

Rand J. 1999. Current understanding of feline diabetes: part 1, pathogenesis. *J Fel Med Surg.* 1(3):143–153.

第7章 肛囊疾病

Anal Sac Disease

Gary D. Norsworthy

概述

肛囊（anal sac）位于肛门侧面4–5点钟及7–8点钟位置，位于肛门内外括约肌之间，含有皮下腺及顶浆分泌管状肛腺（apocrine tubularanal glands），顶浆分泌管状肛腺分泌的恶臭物质用于气味标记（scentmarking）、个体识别及防卫。这种分泌物暂时性地储存于成对的肛囊（paranal sinuses）内，在猫感到受到威胁时或在排便时偶然自主性排空。如果肛囊不能周期性排空，则肛囊腺分泌物变干变稠（见图7–1）。此时，肛囊嵌塞，猫在排便时出现疼痛、里急后重。猫可舔或撕咬尾根部。如果肛囊内发生感染，则疼痛增加，之后可形成脓肿，在一侧或双侧肛囊可通过瘘道流出脓样物质（见图7–2）。因此，肛囊病的三个阶段为嵌塞、感染及脓肿形成。

另外一种肛囊病为肛囊括约肌机能不全。患病时，猫可偶然自主性释放肛囊分泌物。虽然这种情况不太常见且对猫的生命不构成威胁，但猫主常常难以忍受。

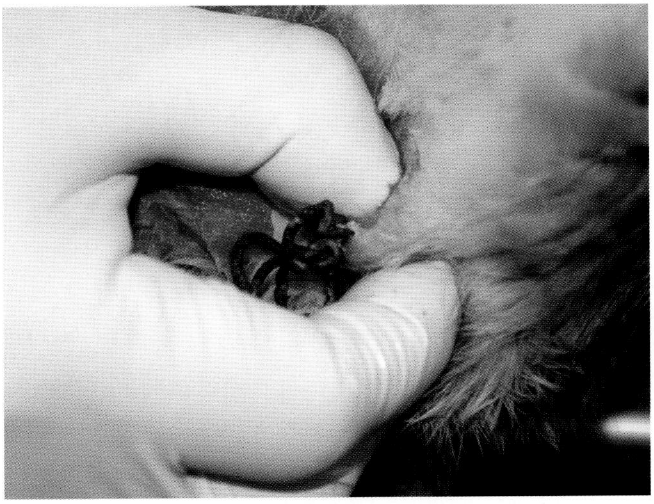

图7–1 图7–2中猫右侧肛囊暴露出干厚的肛囊内容物。此为肛囊脓肿形成的诱因

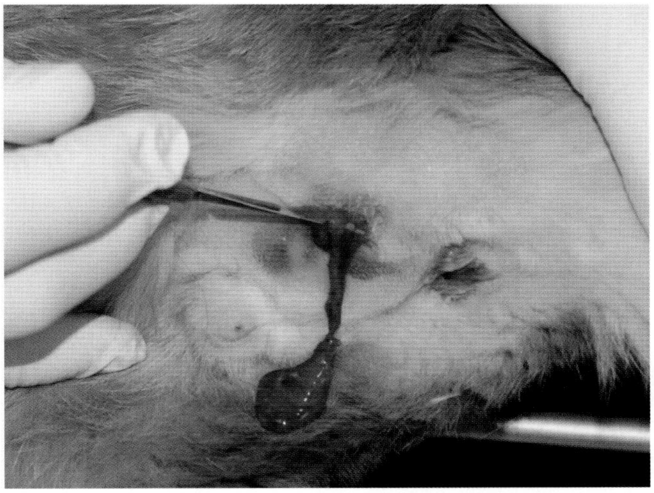

图7–2 图7–1中猫的左侧肛囊形成脓肿，在脓肿顶部手术切开。染血的脓样物质自流

诊断

主要诊断

- 临床症状：里急后重、舔闻会阴部及瘘管形成是肛囊病的典型症状。自发性排出肛囊分泌物是肛囊括约肌机能不全的典型表现。

诊断注意事项

- 犬患肛囊病时通常表现疾走，但患肛囊病的猫不常见有这种情况。
- 有些患肛囊炎（anal sacculitis）的病猫可舔会阴部及后腿尾根部，出现对称性脱毛。

治疗

主要疗法

- 徒手挤压：采用这种方法可除去浓稠的分泌物。由于猫的肛门括约肌紧张及肛门较小，因此许多病猫需要采用麻醉或镇静。治疗时，术者将食指的第一指节插入肛门，用插入的食指和拇指挤压肛囊（见图7–1）。
- 灌洗：使用消毒剂，如稀释的洗必泰冲洗肛囊中残留的干碎屑。通常需要使用镇静剂。

- 滴注抗生素：可局部采用抗生素治疗，特别是针对大肠杆菌、粪链球菌（*Streptococcusfecalis*）和梭菌（*Clostridium* spp.）有效的药物。
- 全身抗生素疗法：采用上述抗生素进行全身治疗可加速康复，应治疗7～14d。

次要疗法

- 手术引流：不能自发性排出的肛囊脓肿应该用手术方法打开肛囊，通过皮肤建立引流。
- 肛囊全摘除（anal sacculectomy）：对周期性发作的病例应该考虑采用这种方法治疗，但在感染康复之前不应采用。对肛门括约肌机能不全的疾病，这种方法是首选的治疗方法。采用这种方法治疗之后可能会出现大便失禁，但如果手术中小心切开一般不会经常发生这种情况，如有发生，通常可在7～21d内自行康复。

预后

本病预后良好，但应采用上述方法进行积极治疗。

参考文献

Zoran DL. 2005. Rectoanal Disease. In SJ Ettinger, EC Feldman, eds., *Textbook of Veterinary Internal Medicine*, 6th ed., pp. 1408–1420. St. Louis: Elsevier Saunders.

第8章
无形体病
Anaplasmosis

Sharon Fooshee Grace

概述

随着分子生物学技术的进展，近年来对细菌性微生物的研究不断加深，但由于对许多细菌的重新分类和命名，也造成了一定的混乱。2001年，对立克次氏体目（Rickettsiales）的两个科立克次氏体科（Rickettsiaceae）和无形小体科（Anaplasmataceae）重新进行了分类。埃利希体属（*Ehrlichia*）和沃尔巴克氏体属（*Wolbachia*）从立克次氏体科移到无形小体科。立克次氏体属（*Rickettsia*）则保留在立克次氏体科中。此外，埃利希体属又重新进行了分类：嗜噬胞埃利希体（*E. phagocytophila*）、马埃利希体（*E. equi*）和扁平埃利希体（*E. platys*）目前仍保留在无形体属（*Anaplasma*）中；而立氏埃利希体（*E. risticii*）和腺热埃利希体（*E. sennetsu*）则移到新立克次氏体属（*Neorickettsia*）中。犬的埃利希体病（ehrlichiosis）仍为很活跃的研究领域，但对猫的这种疾病则了解不多。

无形小体科包括革兰氏阴性的专性细胞内寄生菌，它们寄生在白细胞、红细胞、血小板和内皮细胞中。嗜噬胞埃利希体（*Ehrlichia phagocytophila*）为寄生于粒细胞中的埃利希体，重新命名为嗜噬胞无形体（*Anaplasma phagocytophilum*）。这种蜱传寄生菌发现于包括美国在内的世界各地。猫感染蜱传病的情况少于犬，这可能与猫比较挑剔的整梳行为有关，大多数蜱传病的传播需要24～48h，在此时间之前猫可能已将蜱清除。

嗜噬胞无形体是以三合体（transtadially）方式由肩突硬蜱（*Ixodes scapularis*）（鹿蜱或黑腿蜱，deer tick，black-legged tick），或由太平洋硬蜱（*Ixodes pacificus*）（西方黑腿蜱，western black-legged tick）的蛹和成体传播。鹿蜱常见于美国东部、东南部及中西部，依地理位置不同，其主要在哺乳动物、鸟类或蜥蜴采食。西部黑腿蜱主要见于美国西部，幼虫主要在白蹄小鼠（white-footed mouse）和其他小型啮齿类动物采食，蛹和成虫的宿主范围则比较广泛，包括白尾鹿（white-tailed deer）、犬、猫和人等。

本病以前曾称为埃利希体病（ehrlichiosis），现称为猫粒细胞无形体病（feline granulocytotro-picanaplasmosis）或简称无形体病。关于本病的发病机制目前仍知之甚少，但可能与其他动物的感染类似。在报道病例不多的资料中，临床症状包括急性发热、嗜睡、失重、呕吐、跛行（多关节炎，polyarthritis）及眼分泌物增加。大多数病猫临床症状模糊不清而不具特异性。

已知人对本病病原体易感，本病的病原体具有公共卫生意义。但尚无证据表明人的感染是由于与猫接触所引起。

诊断

主要诊断

- 病史：报道的病猫有室外活动的历史。
- 血常规、生化及尿液分析：感染猫出现血小板减少（thrombocytopenia）、中性粒细胞有桑椹状包含体，中度高血糖及高球蛋白血症，病原体很少感染嗜酸性粒细胞。

辅助诊断

- 血清学诊断：见有采用免疫荧光分析及酶联免疫吸附试验（enzyme-linked immunosorbent assay，ELISA）监测针对病原的抗体的报道。
- 聚合酶链反应（polymerase chain reaction，PCR）试验：PCR 试验可在多个兽医实验室进行。关于采样及样品提交的详细情况，请在采样前咨询诊断实验室。

诊断注意事项

- 血清转阳之前即可出现临床症状，因此一次血清抗体试验呈阴性并不能排除其感染。

治疗

主要疗法

- 抗生素：据报道，用强力霉素（5~10mg/kg q24h PO）治疗28～30d后病情明显改善。

治疗注意事项

- 疗程不完整或选择的抗生素对嗜噬胞无形体（*A. phagocytophilum*）无效，可出现对治疗反应不完全或复发。
- 治疗结束后抗体仍可持续存在，在有些情况下可存在数月。

预防

采用控蜱措施可防止本病的发生。户外活动的猫应外用猫用杀蜱药物（acaricidal products）预防。

预后

目前关于猫的本病研究不多，基于目前报道的病例，如果采用强力霉素治疗，预后通常良好。

参考文献

Billeter SA, Spencer JA, Griffin B, et al. 2007. Prevalence of *Anaplasma phagocytophilum* in domestic felines in the United States. *Vet Parasitol*. 147(1–2):194–198.

Lappin MR, Bjoersdorff, Breitschwerdt EB. 2006. Feline granulocytic ehrlichiosis. In C Greene, ed., *Infectious Diseases of the Dog and Cat*, 3rd ed., pp. 227–229. Philadelphia: Saunders Elsevier.

Lappin MR, Breitschwerdt EB, Jensen WA, et al. 2004. Molecular and serologic evidence of *Anaplasma phagocytophilum* infection in cats in North America. *J Am Vet Med Assoc*. 225(6):893–896.

Magnarelli LA, Bushmich SL, Ijdo JW, et al. 2005. Seroprevalence of antibodies against *Borrelia burgdorferi* and *Anaplasma phagocytophilum* in cats. *Am J Vet Res*. 66(11):1895–1899.

Stuen S. 2007. *Anaplasma phagocytophilum*—the most widespread tick-borne infection in animals in Europe. *Vet Res Comm*. 31(1):79–84.

第9章

贫血

Anemia

Sharon Fooshee Grace

概述

贫血是指血循中红细胞（RBCs）及血红蛋白低于正常。需要提示的是，正常的猫RBC计数就比犬的低，因此猫对贫血的耐受反应范围比较低。

引起猫贫血的原因很多，病史检查主要依赖于慢性贫血的进展，急性而进展快速的贫血比慢性而进展缓慢的贫血引起更为严重的症状。病猫可表现中度到明显的活动减少或对运动的耐受性降低，或为中度或严重的呼吸次数增加，常表现异嗜癖。查体常见黏膜苍白，呼吸加快（特别是应激时），可闻及轻微的心脏收缩杂音，心动过速及孱弱。检查患贫血症的病猫时，应特别注意外周淋巴结和脾脏的大小，因为引起贫血的肿瘤、感染及免疫性疾病常常可导致这些器官肿大。

检查贫血症的第一步是确定贫血是再生性或非再生性。如果血细胞容积低于20%，则应计数血循网织红细胞（reticulocytes）（未成熟RBCs），以评价骨髓反应性（bone marrow responsiveness）。猫的独特之处是具有两类网织红细胞。聚集网织红细胞（aggregate reticulocytes）更能反映最近发生的再生性反应，其含有大量暗染的核糖体簇，而点状网织红细胞（punctate reticulocytes）核糖体呈小簇状或斑点状。存在聚集网织红细胞则是最为可靠的再生性反应的标志。

引起再生性贫血的原因包括三类：失血、溶血及局部血管内血量增加（sequestration）。非再生性贫血主要由红细胞的产生减少所致，其原因包括骨髓疾病或继发于髓外疾病。

诊断

鉴别诊断

许多疾病可引起猫的贫血，这些疾病的分类见表9-1。

表9-1　已知引起猫贫血症的原因

再生性贫血	溶血
	红细胞寄生虫：猫嗜血支原体（*Mycoplasma hemofelis*）及微血支原体暂定种（*Candidatus Mycoplasma hemominutum*）（以前称为猫血巴尔通体，*Hemobartonellafelis*）、猫胞裂虫（*Cytauxzoon felis*）及巴贝西虫（*Babesia* spp.）
	免疫介导性破坏［如药物诱导、特发（idiopathic）、癌旁（paraneoplastic）性或中毒］
	微血管病性溶血（microangiopathic hemolysis，DIC）
	新生猫溶血性贫血（neonatal isoerythrolysis）
	失血
	肿瘤或手术失血
	凝血障碍（coagulopathy）
	外部失血（即尿道出血、损伤或鼻出血）
	内失血或不可见失血（即胃肠道、腹膜或胸膜）
	局部血管内血量增加
	引起脾肿增大的脾脏疾病
非再生性贫血	髓质内
	伴发或不伴发猫白血病病毒或猫免疫缺陷性病毒感染的造血器官肿瘤
	骨髓发育不良（myelodysplasia）
	骨髓及外骨髓增殖性肿瘤（myeloproliferative neoplasia）
	红细胞生成不良（red blood cell aplasia）
	髓质外
	慢性炎症性疾病（如真菌病、猫传染性腹膜炎等）
	慢性肾病
	肿瘤
	营养不良或饥饿

主要诊断

- 血常规（complete blood count，CBC）：如果怀疑发生贫血，应进行血常规检查。诊断贫血时，如果红细胞数或血细胞容积低于正常，则可得出诊断。应检查血液涂片中是否有幼稚型 RBC（见图9-1）、RBC寄生虫、海因茨体及其他形态变化和红细胞减少。由于猫的红细胞较小，因此在猫的血涂片上难以检查到球形红细胞症（spherocytosis）（表明存在有免疫介导的破坏）。

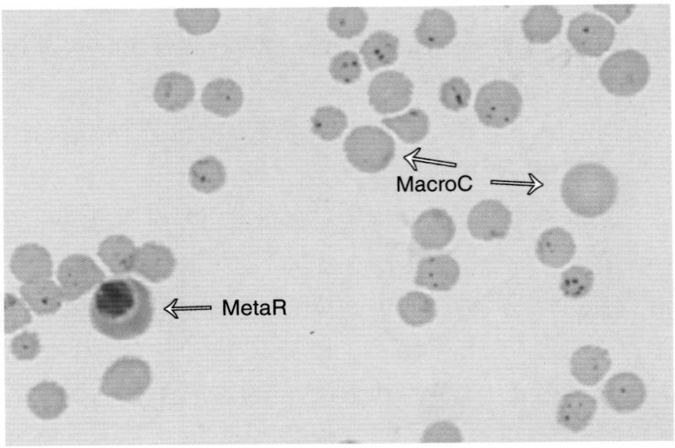

图9-1 再生性贫血的症状包括存在核红细胞和网织红细胞。图示为一个晚幼红细胞（MetaR）及数个巨红细胞（MacroC）。巨红细胞为用改良瑞氏染色的网织红细胞，表现为红细胞直径增加，但没有内质网。红细胞上的病原体为猫血支原体（*Mycoplasma haemofelis*）

- 网织红细胞计数（reticulocyte count）：等量乙二胺四丙酸-乙酸（ethylenediaminetetra-acetic acid，EDTA）抗凝血与新鲜亚甲蓝染液轻轻混合后室温下孵育10～15min，制备血液涂片，然后检查500～1000个红细胞，记录聚集网织红细胞的百分比（见图9-2）。5～6d后由于贫血足以刺激红细胞产生，聚集网织红细胞的百分比应为1%～5%。猫与犬的类似贫血相比，其再生反应更为精细。此外，由于猫的红细胞系统的特殊性，有时难以解释反应的意义；应该根据需要咨询临床兽医病理学家。应将网织红细胞计数纠正为血细胞比容（hematocrit，HCT）：

纠正网织红细胞计数=网织红细胞百分比×（病猫的HCT/正常 HCT*）

*正常血液红细胞压积=37.5%

- 猫逆转录病毒筛选：可采用抗原试验检查猫白血病病毒（feline leukemia virus，FeLV）及抗体试验检查猫免疫缺陷病毒（feline immunodeficiency virus，FIV）。

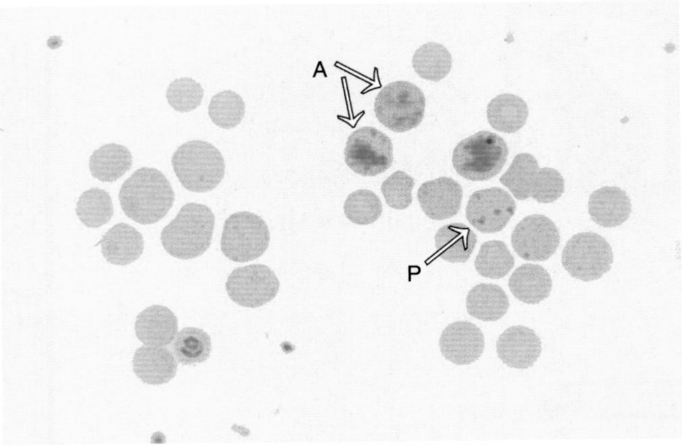

图9-2 用新鲜亚甲蓝染色时，网织红细胞的内质网或为幼稚型聚集网织红细胞（A），或为更成熟的点状网织红细胞（P）。可计数聚集网织红细胞以计数网织红细胞

辅助诊断

- 生化检查（serum chemistry profile）：血清生化检查可以检测潜在的疾病，特别是发生非再生性贫血时。特别应注意血清颜色（检查溶血或黄疸）、血液尿素氮（blood urea nitrogen，BUN）、肌酐、丙氨酸转氨酶（alanine aminotransferase，ALT）、碱性磷酸酶（alkaline phosphatase，ALP）、总胆红素及总蛋白的检查。
- 骨髓检查：对难以说明的非再生性贫血，建议抽吸骨髓进行细胞学检查。抽吸骨髓的位点有多个可供选择，常用位点包括肱骨头、股骨大转子（femoral shaft）或髂骨翼（wing of the ilium），参见第 296 章。将骨髓涂片送兽医临床病理学检查，同时还应提供骨髓抽吸时采集的EDTA抗凝血。有时还需对骨髓核心进行活检。
- 库姆氏试验（Coombs' test）：怀疑贫血为免疫介导性原因时应进行库姆氏试验。应注意阳性结果并不能诊断出免疫介导性溶血；许多疾病均可导致库姆氏试验呈阳性。应将EDTA抗凝血送交兽医诊断实验室检查。参见第119章。
- X线拍片：患原因不明贫血的猫，胸部及腹部X线拍片可提供具有一定价值的基础数据。
- 血凝试验：如果怀疑为凝血障碍，应进行血凝试验及手工血小板计数。

诊断注意事项

- 黏膜颜色难以诊断猫的贫血，因为猫的正常黏膜就相对苍白，特别是与犬相比更是如此，兴奋或应激可引起血压升高，使得黏膜颜色变深。
- 血循中有核 RBCs不能表明非再生性反应，除非同时伴随有网织红细胞增加。未发生再生性贫血时血循有核红细胞增加的原因包括肿瘤、缺氧或中毒性骨髓损伤、铅中毒及脾脏疾病。
- 再生性贫血可能需要5～6d才能对适宜的外周网织红细胞增多发生反应，因此最初的血象及网织红细胞计数与非再生性贫血的结果一致，在有可能发生失血、溶血或局部血管血量增加时应考虑这一反应的时间。
- 猫血支原体（*Mycoplasma haemofelis*）及微血支原体暂定种（*Candidatus Mycoplasma haemominutum*）（以前曾称为猫血巴尔通体，*Hemobartonella felis*）在EDTA抗凝剂中孵育一段时间后可与红细胞脱离。因此在怀疑发生嗜血性支原体（*Hemotrophic Mycoplasma* spp.）感染时应在采集抗凝血的同时用新鲜血液制备涂片。
- 可采用全血或骨髓 PCR 检测猫血支原体（*Mycoplasma haemofelis*）和微血支原体暂定种循环DNA。采集样品所需要的条件应咨询送检实验室。
- 如在网织红细胞计数中所介绍的，新鲜亚甲蓝染色比较容易鉴别海因茨体。
- 海因茨体数量的增加可能与甲状腺机能亢进、淋巴瘤和糖尿病有关。

治疗

主要疗法

- 输血或血红蛋白溶液：输入全血或血红蛋白溶液（如Oxyglobin®）可用于治疗严重贫血的病猫（参见第 295章）；但血细胞比容（Hct）单独并不能说明需要输血，这是因为患有慢性严重贫血的猫（压积细胞可降低至10%）可能常常相对较为稳定。急性溶血或出血时，如果Hct降低到20%以下，则应考虑输血。患慢性贫血的猫是否需要输血应根据个例进行评判，但如果血细胞比容低于12%则通常需要输血。人造血（Oxyglobin）（最大剂量5～15mL/kg）为一种基于氧气载体溶液的血红蛋白，来自牛血红蛋白，可使猫的血容量增加，建议按每小时0.5～5mL/kg的速度输入。但这种人造血较为昂贵。

辅助疗法

- 红细胞生成素：目前尚无商用猫重组红细胞生成素用于兽医临床。人重组红细胞生成素可用于肾衰引起的再生性贫血。参见第190章。对其他原因的贫血，由于血清红细胞生成素的水平已经升高，不建议采用这种治疗方法。

治疗注意事项

- 特别应强调的是在追查潜在的疾病进展时，应注意稳定病情。
- 进行诊断试验的血样应在输血前采集。
- 应参照标准的参考值进行供体猫的管理、血型鉴定及匹配试验以及特定的输血方法。参见第 295章。
- 因慢性病引起的贫血，尚未见有特定的治疗方法，应注重潜在的原因鉴定及处理。如果这种治疗方法能获成功，则贫血能够治愈。

预后

本病的预后取决于贫血原因的鉴别及管理。一般来说，急性再生性贫血的预后比慢性非再生性贫血好。

参考文献

Cotter SM. 2003. A diagnostic approach to anemic patients. *Vet Med*. 98(5):420–430.

Haldane S, Roberts J, Marks S, et al. 2004. Transfusion medicine. *Compend Contin Educ Pract Vet*. 26(7):502–518.

Loar AS. 1994. Anemia: Diagnosis and treatment. In JR August, ed., *Consultations in Feline Internal Medicine*, 2nd ed., pp. 469–487. Philadelphia: WB Saunders.

Webb CB, Twedt DC, Fettman MJ, Mason G. 2003. S-adenosylmethionine (SAMe) in a feline acetaminophen model of oxidative injury. *J Fel Med Surg*. 5(2):69–75.

第10章 厌食 Anorexia

Mitchell A. Crystal

概述

厌食是食欲丧失，可因多种疾病或非病理性情况引起，包括代谢、胃肠道、口咽、心肺或神经性疾病、炎症/传染病、对药物/毒物的反应、肿瘤、发热、疼痛、环境性应激及猫粮的可口性低等。由于如此众多的原因可引起厌食，因此其伴随的临床症状多种多样，有些猫表现为厌食，厌食/嗜睡/失重为某种疾病过程的唯一示病症状。与其他许多动物不同的是，猫为专性食肉动物，具有其特殊的营养需要，因此厌食是由于猫长期食用某种猫粮及有些营养物质的丧失和其他一些营养物质的合成不足所造成的（见表10-1）。因此，持续或长期厌食可导致严重的代谢紊乱，而且会使此前存在的状况更为复杂。另外一点需要注意的是，猫可发生肝脏脂肪沉积症（hepatic lipidosis）。参见第93章。因此猫的厌食需要及早进行诊断治疗。

诊断

主要诊断

- 病史：应询问猫主关于猫的生活环境（即室内或户外，任何新近的搬迁、任何新引入或离去的宠物或同舍成员）、旅行史（即是否到地方传染病流行的地区）、近来的药物治疗史（即处方、非处方、耳部、眼部及局部用药情况），暴露毒物、异物或其他动物的情况，其他疾病过程的症状（如多尿症/多饮症、呕吐、腹泻），或日粮的改变。应检查猫使用疫苗的情况。
- 临床检查：仔细检查伤口及脓肿、内外肿块、器官增大或缩小、淋巴结疾病、腹腔心肺听诊及疼痛。应详细进行口腔检查，检查是否存在齿龈及牙齿疾病，检查舌下是否有线性异物。完整的眼科检查（眼前房及视网膜）有时可发现炎性/感染性疾病的存在，或存在淋巴肿瘤。参见第299章。
- 基础化验（血常规，生化及尿液分析）：如果表现异常则表明可能发生了代谢病、炎性/感染性疾病或肿瘤。
- 逆转录病毒试验：阳性结果虽不能证实，但却强烈表明与猫白血病病毒（FeLV）或猫免疫缺陷病毒（FIV）感染相关的疾病是厌食的原因。

表10-1　猫的特殊营养需要

营养	缺乏时的临床症状
精氨酸	流涎，感觉过敏，呕吐，颤抖及运动失调；症状可在数小时或数天内出现
牛磺酸	视网膜变性，扩张性心肌病，繁殖障碍及仔猫生长缓慢；症状可在数周到数月内出现
花生四烯酸	皮炎，被毛干燥，贫血，繁殖障碍及仔猫生长缓慢；症状可出现数周或数月
维生素 A	视网膜变性，孱弱，被毛干乱，仔猫生长迟缓；症状可出现数周到数月

辅助诊断

- 胸部X线检查或超声检查：如有异常则表明发生了炎性/感染性疾病、肿瘤及心肺疾病。
- 腹部X线检查或超声检查：图像异常则表明器官大小及构造异常、胃肠道阻塞或肿瘤。

诊断注意事项

- 除非发生疼痛性再吸收性病变，牙齿疾病很少会成为厌食的原因。在有牙石的情况下，麻醉及进行牙病预防之前，应仔细检查所有患有厌食的病猫。这种检查可排除常见厌食的原因，并且确定麻醉是否安全。
- 如果怀疑有异物，在猫清醒的情况下很难完成完整的口腔（包括舌下）检查，因此建议检查前先镇静。

治疗

主要疗法

- 治疗潜在疾病：这对恢复食欲是必需的。
- 液体支持疗法：如果需要纠正或维持水合作用，可采用口服或非胃肠给药的方法给予液体。参见第302章。

- 营养支持疗法：营养支持疗法的适应证包括失重达体重的10%以上（仔猫超过5%），厌食超过3～5d（仔猫超过1~2d），低白蛋白血症（hypoalbuminemia）、淋巴细胞减少（lymphopenia）、贫血、营养损失增加［即呕吐、腹泻、烧伤、大伤口、肠同化不良（intestinal malassimilation）、蛋白损失性肾病（protein–losing nephropathies）、腹膜炎、胸膜炎］、与高代谢需要有关的疾病（如肿瘤）及由于疾病或治疗不能采食（如口咽部疾病、化疗）。在决定是否存在上述一种或数种情况而采用营养支持疗法之前，必须对每只病猫进行仔细检查。可通过肠管（enteral tube）［即胃造口术（gastrostomy）、食管造口术（esophagostomy）、空肠造口术（jejunostomy）、鼻咽管插管（nasoesophageal tube placement）或间歇性口咽管插管（intermittent orogastric intubation）］、强制性徒手饲喂或非肠道途径（部分或全部不经胃肠道）提供营养。参见第253、255、256和308章。
- 治疗恶心：如果有呕吐或怀疑有呕吐时可使用这种方法治疗［如多拉司琼（dolacetron）、胃复安（metoclopramide）、马罗匹坦（maropitant）等］，参见第 229章。

辅助疗法

- 刺激食欲：刺激食欲的治疗方法只能用于已经获得诊断，开始采用特定方法治疗，但难以立即满足营养需要时协助促进自主采食的情况。采用药物治疗之前可采用各种不同风味、气味及材质的食物，或加热食物，或将食物置于宽浅的食碗中以免食碗的侧面与猫的胡须接触，在饲喂时爱抚猫（或为受到应激的猫提供安静的采食环境，如覆盖猫笼或用纸箱等）等方法刺激食欲。据报道对猫具有刺激食欲作用的药物包括米氮平（mirtazapine）（每只猫3.75mg，可达q48～72h PO）、维生素B_{12}（每只猫2000 μg，SC）、赛庚啶（cyproheptadine）（采食前5～20min，每只猫1～2mg，可达q12h PO）、安定（采食前立即以0.1～0.2mg/kg给药，可达q12h IV）及去甲羟基安定（oxazepam）（采食前5～20min每只猫以1.25～2.5mg给药，可达q12h PO）等。

治疗注意事项

- 最好经肠道途径提供营养，这样可维持胃肠道黏膜健康，这种方法不太昂贵，可为病猫提供一种更为自然的营养摄入和利用的方式。如果胃肠道不能消化及吸收食物，可采用部分或全部非肠道途径提供营养。
- 强制性饲喂由于会增加对病猫的应激，通常也不能提供满足病猫营养需要的食物量，因此这种方法不如肠道途径提供营养的方式好。
- 如果以维持或略高于维持的速度静注2.5%或5% 葡萄糖给药，因为不能提供足够的热量，只能用于患有低血糖的病猫或需要低渗液体的病猫（如心脏病）。5%葡萄糖溶液每毫升含有0.71kJ热量，如果以维持剂量用药，在5kg的猫用药24h，则只能提供209kJ热量或每日需要热量的1/5。通过碳水化合物提供一部分需要热量，可通过促进蛋白分解代谢而不是脂肪分解代谢用于肌肉的消耗。
- 糖皮质激素［泼尼松（prednisone）或脱氢皮质醇（prednisolone）1～2mg/kg，q12h PO；或地塞米松0.1～0.2mg/kg，q12h PO］有助于刺激有些猫的食欲，但可发生非期望的分解代谢及免疫抑制等不良反应。
- 如果使用食欲刺激剂药物24h后食欲没有明显改善，则不应再使用，而应采用营养支持疗法。
- 患有肝脏疾病的病猫米氮平的剂量应该降低50%。

预后

本病的预后因引起厌食的潜在疾病的不同而异。

参考文献

Case LP, Carey DP, Hirakawa DA, Daristotle D. 2000. *Canine and Feline Nutrition. A Resource for Companion Animal Professionals*, 2nd ed. St. Louis: Mosby.

Marks SL. 1998. Demystifying the anorectic cat. In *Proceedings of the Sixteenth Annual Veterinary Medical Forum*, pp. 62–64.

Sanderson S, Bartges JW. Management of anorexia. 2000. In JD Bonagura, ed., *Kirk's Current Veterinary Therapy XIII. Small Animal Practice*, pp. 69–74. Philadelphia: WB Saunders Company.

Streeter EM. 2007. Anorexia. In LP Tilley, FWK Smith, Jr., eds., *Blackwell's 5-Minute Veterinary Consult: Canine and Feline*, 3rd ed., pp. 86–87. Ames, IA: Blackwell Publishing Professional.

第11章 主动脉瓣狭窄 Aortic Stenosis

Larry P. Tilley

概述

猫科动物左心室输出通道主动脉瓣（aortic valves）或主动脉上瓣（supravalvular aorta）的先天性狭窄见有报道，虽然多种活动性异常可引起左心室输出管道阻塞（left ventricular outflow obstruction），但大多数明显的肥厚性心肌病及主动脉瓣狭窄在猫罕见。在猫所见到的各类主动脉瓣狭窄中，上瓣狭窄（supravalvular stenosis）是最常见的病变。主动脉瓣狭窄还可见于其他先天性异常，如同时发生二尖瓣发育不良（mitral valve dysplasia）。

如果发生明显的输出阻塞，可发生左心室同心性肥大（left ventricular concentric hypertrophy）。在患病严重的猫，左心室内压增高最终可导致左侧充血性心力衰竭（congestive heart failure）。

查体可发现左心底心脏收缩喷射样杂音（left basilar systolic ejection–type murmur），后期可在大腿部感觉到脉动增加，但在心率快时难以检测到。

诊断

主要诊断

- 超声心动图：光谱或彩色多普勒超声心动图检测可发现左心室同轴性肥大、左心房增大、左心室输出管内出现高速紊乱的心脏收缩血流（high–velocity turbulent systolic flow），可能存在有前二尖瓣小叶（anteriormitral valve leaflet）的心脏收缩前运动（systolic anterior movement）、二尖瓣回流（mitral regurgitation）、主动脉回流（aortic regurgitation）及主动脉瓣早闭。可根据血流速度估计压力梯度（pressuregradient）（压力梯度=4×血流速度^2），但准确性有一定差别。

辅助诊断

- 心电图：R–波振幅增加，QRS波群变宽，说明左心室增大；P－波变宽，说明左心房增大；可存在心房及心室性心动过速（tachyarrhythmias）。
- 胸部X线检查：可能存在左心房及心室增大，主动脉扩张，以及与左侧充血性心衰一致的症状，如肺水肿。由于压力增高引起的心肌肥厚通常不会使心廓（cardiac silhouette）增大（向心性肥大，concentric hypertrophy），因此心脏增大的情况通常观察不到。
- 高级影像检查：如果必要，可采用心脏插管（cardiac cathe-terization）及选择性心血管造影（selective angio-cardiography）确诊，但通常不必要（见图11–1）。

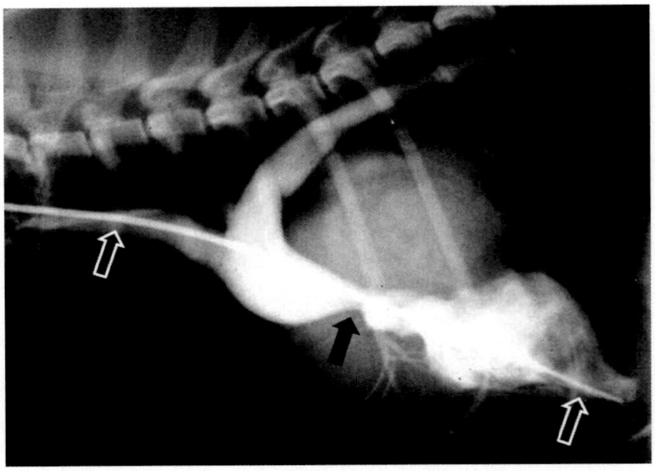

图11–1 血管造影诊断主动脉瓣狭窄。导管（空心箭头）通过颈动脉插入左心室。注射造影剂（Contrast material），胸侧X线检查。造影剂从左心室流入主动脉时可见上瓣狭窄区（实心箭头）

诊断注意事项

- 猫罕见这种先天性异常。

治疗

主要疗法

- 左侧充血性心衰的药物治疗可采用利尿剂、血管扩张药物［如血管紧张素转化酶（angiotensin-convertingenzyme，ACE）抑制因子］及中度日粮摄盐限制。
- 不建议对患猫采用狭窄病变部位的手术或球囊瓣膜成形术（balloon valvuloplasty）。

辅助疗法

- 安替洛尔（atenolol）：6.25mg q12～24h PO，可有效减少心室及室上性心律不齐（ventricular and supraventricular arrhythmias），降低心率，限制心肌对氧的需要。
- 地尔硫卓（diltiazem）：1.75～2.4mg/kg q8h PO，在安替洛尔无效的情况下对本病有一定的治疗效果。

治疗注意事项

- 当患猫有明显的主动脉返流时，一般不用药物治疗。
- 如果可能发生菌血症（如在牙科处治）时，由于病猫（即使患有中度狭窄）易于发生瓣膜性心内膜炎（valvular endocarditis），因此应采用抗生素进行预防性治疗。

预后

主动脉瓣狭窄的预后与其阻塞的严重程度有直接关系。输出压力梯度大（即75～100mmHg）的病猫预后谨慎或差。与其他心室向心性肥大一样，本病发生心脏性猝死的风险增加。考虑到本病的发生具有遗传可能性，因此不建议用患此病的猫进行繁殖。

参考文献

Brown DJ. 2007. Aortic Stenosis. In LP Tilley, FWK Smith, Jr., eds., *Blackwell's 5 Minute Veterinary Consult*, 4th ed., pp. 96–97. Ames: Blackwell Publishing.

Oyama MA, Sleeper MM, Strickland K. 2008. Congenital Heart Disease. In LP Tilley, ed., *Manual of Canine and Feline Cardiology*, 4th ed., pp. 223–227. St. Louis: Elsevier.

第12章

心律不齐
Arrhythmias

Larry P. Tilley 和 Francis W. K. Smith, Jr.

概述

心电图检测的要素包括检查心率、心律及P-QRS-T波型。由于心电图（electrocardiogram，ECG）诊断极为灵敏，对准确诊断心律不齐是必不可少的。ECG应作为全身性疾病检查的必备部分，同时也是怀疑患有心脏病的猫的基础检查所必需。心律不齐是指：（a）搏动的速率、规律性或搏动的起源位点异常；（b）心搏传导紊乱，结果导致心房和心室激活的正常顺序发生改变。对本病重要的是了解心律不齐的原因，因为这种信息影响预后和治疗。犬和猫心律不齐的可能原因基本可分为三类：（a）自主神经系统；（b）心源性；（c）心外性。心律不齐的分类列于表12-1。窦房结猫产生的各种心律见图12-1。

表12-1　心律不齐的分类

窦性心律	正常窦性心律 窦性心动过速（sinus tachycardia） 窦性心动过缓（sinus bradycardia） 窦性心律不齐（sinus arrhythmia） 游走心律（wandering pacemaker）
脉搏形成异常	窦上性 窦性停搏（sinus arrest） 心房早搏（atrial premature complexes，APC） 心房性心动过速（atrial tachycardia） 心房扑动（atrial flutter） 心房颤动（atrial fibrillation） 房室交界性逸搏节律（AV junctional escape rhythm）（继发性心律不齐） 心室性 心室早博（ventricular premature complexes，VPCs） 心室性心动过速（ventricular tachycardia） 心室扑动、心室颤动 心室停搏（ventricular asystole） 室性逸搏心律（ventricular escape rhythm）（继发性心律不齐）
脉搏传导异常	窦房阻滞［sinoatrial（SA）block］ 心房停顿（atrial standstill）（如高钾血症状或窦室传导所引起） 房室传导阻滞（AV block）：一度、二度或三度（完全心传导阻滞）
脉搏形成及传导两者均异常	预激综合征*[pre-excitation（沃尔夫-帕金森-怀特综合征，Wolff-Parkinson-White syndrome）及反复节律（reciprocal rhythm）（re-entry）] 并行心律（parasystole）

*Wolff-Parkinson-White syndrome：沃尔夫-帕金森-怀特综合征，即心脏机能缺陷预激综合征——译注。

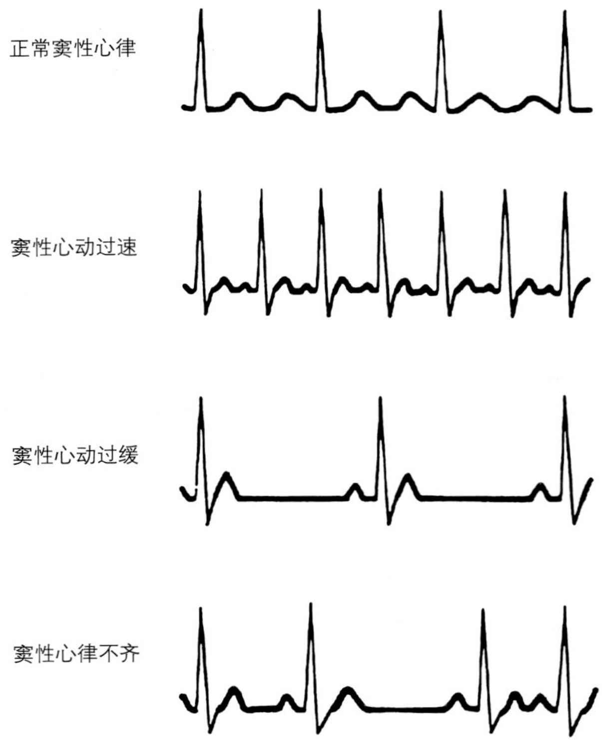

图12-1　窦房结产生的各种心律

诊断

鉴别诊断

必须要考虑的多种生理及病理情况见表12-2。

表12-2　猫心律不齐的鉴别诊断

自主神经系统	兴奋、运动或发热（交感神经的影响） 呼吸对迷走神经张力的影响（猫没有犬明显） 刺激交感或副交感神经的脑组织疾病
心源性	遗传性（罕见） 传导系统获得性损伤，肥厚型心肌病或肿瘤 心房和心室疾病，肿瘤、肥厚型心肌病及心肌炎（许多原因）引起的心律失常
心外性	缺氧 酸碱平衡紊乱 电解质失衡 药物 内分泌疾病：甲状腺机能亢进，糖尿病

主要诊断

- 胸部听诊：听诊有明显无规律的心搏音，脉搏缺失（arterial pulse deficit）说明发生了心律不齐，如心房早搏（ventricular premature complexes）及心房颤动，但仍需采用 ECG 进行鉴别。
- 心电图描记：采用全身法可用准确的ECG分析心律节奏（rhythm strip）（通常为导联 II）。通常应包括下列步骤：（a）对心律节奏进行整体检查；（b）鉴别 P–波段；（c）识别QRS波群；（d）研究P－波段与QRS波群之间的关系；（e）总结检查结果，对心律不齐进行分类。

辅助诊断

- 刺激迷走神经（vagal stimulation）：包括对引起迷走神经反射增加的受体施加机械压力（眼睛施压或颈动脉窦按摩）。迷走神经张力增加引起的效果主要为室上性的，可引起心率减缓及心房心室连接[atrioventricular（AV）junction]的传导减少。
- 长时间移动型记录系统（long–term ambulatory recordings）：Holter™监视器可长时间记录ECG。长期ECG记录技术是最为灵敏的记录短暂心律失常的非侵害性检查方法。
- 超声心动描记术：超声检查时常常可检测到偶发性的心律不齐，在有些情况下可影响血液动力学变化（hemodynamics）。

诊断注意事项

- 犬在正常情况下就能听诊到严重的窦性心律不齐，但这种情况在猫罕见。因此如果在猫听诊到心率无规律，则通常表现为异常。
- 应该强调的是，严重的危及生命的心律不齐，如心室性心动过速或心房性心动过速，在听诊时由于心律常常有规律，因此可能会被错过。ECG是这种情况下唯一可进行准确诊断的方法。

治疗

主要疗法

- 抗心律失常药物：β–阻断剂（即阿替洛尔、心得安）和钙通道阻断剂（即地尔硫卓）是用于治疗猫心律不齐的两类药物。地尔硫卓（1.75～2.4 mg/kg q 98h PO）和心得安（每只猫6.25 mg q12～ 24h PO）由于具有广泛的抗心律失常效果，因此是猫治疗本病的首选药物。

次要疗法

- 治疗潜在疾病：猫的心律不齐在许多情况下无需进行特定治疗。在大多数病例，潜在疾病得到控制之后心律不齐会消失。例如，通过减轻阻塞及恢复正常的酸碱状态和体液，纠正由于尿道阻塞引起的高钾血症，可消除由其引起的心律不齐。参见第106章和220章。
- 地高辛：由于近年来采用血管紧张素转换酶（angiotensin–converting enzyme，ACE）抑制因子以及由于地高辛的不良反应，地高辛已不再常用。地高辛［0.008~0.01 mg/kg（约为0.125mg片剂的1/4）q48～72h PO］主要用于控制心房性心律不齐时的心房节律以及其对肌肉收缩效果的影响，用于扩张型心肌病时有改进心脏的效能。

治疗注意事项

- 其他抗心律失常的药物，包括奎尼丁（quinidine）、普鲁卡因酰胺（procainamide）及利多卡因（lidocaine）对猫均具有危险性。这些药物由于其反应的高风险性及由于在猫不太常见心室性心律不齐，因此对猫的应用不多。利多卡因可用于猫的急性心室性心律不齐，但应采用很低的剂量，而且只能针对治疗潜在病因后没达到效果的心律不齐时才使用。

预后

本病的预后依发生心律不齐的真正原因而有差别。在大多数病例，当潜在疾病得到控制后心律不齐才会消失。

参考文献

Tilley LP. 1992. *Essentials of Canine and Feline Electrocardiography. Interpretation and Treatment*, 3rd ed. Ames, IA: Blackwell Publishing.

Tilley LP, Smith FWK, Jr., Oyama MA, Sleeper MM. 2008. *Manual of Canine and Feline Cardiology*, 4th ed. St. Louis: Elsevier.

第13章
腹水
Ascites

Larry P. Tilley

概述

腹水（ascites）是指液体在腹膜腔内的蓄积，表明发生潜在的疾病过程（注入大量液体等情况除外）。如果液体蓄积限制了横膈膜运动，并干扰呼吸，则具有临床意义。

诊断

鉴别诊断

猫腹水最常见的原因见表13-1。

表13-1　猫腹水的鉴别诊断

腹腔肿瘤（为成年猫腹水最常见的原因）	癌症扩散；腹腔器官的癌及腺癌
腹膜炎	猫传染性腹膜炎（为1岁以下的猫腹水最常见的原因） 乳糜性腹膜炎 细菌性腹膜炎
充血性心衰	扩张型心肌病 肥厚型心肌病 先天性心脏异常［即三尖瓣发育不良或右侧三房心（cor triatriatum dexter）］ 心包积液
低白蛋白血症	慢性肝脏疾病 尿液损失（肾小球肾炎） 蛋白损失性肠下垂 营养不良（寄生虫性或日粮性）
出血	抗凝剂（即华法林等）中毒 创伤 手术

主要诊断

- 黏膜颜色及毛细血管再充盈时间（capillary refill time，CRT）：黏膜颜色苍白及CRT延缓可见于充血性心衰或出血时。
- 胸部听诊：在大多数心肌病，可闻杂音或奔马律。发生心包积液时，心音低沉。
- 腹部触诊：这种诊断方法有助于证实是否有腹水及判断其严重程度。触诊发现器官肿大则表明有充血性心衰或肿瘤。触诊最重要的是要排除妊娠、膀胱充盈及肥胖。
- 腹水化验：应分析确定腹水是否为渗出液、漏出液（exudate）、出血或乳糜。如为渗出液，则表明可能发生了充血性心衰或低白蛋白血症。渗出液成分发生改变则表明可能为猫传染性腹膜炎或其他感染性疾病或肿瘤。
- 血常规（complete blood count，CBC）：检查是否发生贫血。
- 生化检查：这些分析方法可检查是否发生低白蛋白血症、肝脏酶活性升高或血尿素氮（blood urea nitrogen，BUN）降低，这些指标可说明是否发生了肝功能不全。
- X线检查：出现腹水时一般不采用这种诊断方法，但可用于证实是否存在有腹水（见图292-1）。

辅助诊断

- 胆酸：餐前及餐后胆酸升高说明可能有慢性肝脏疾病。
- 腹部超声诊断：如果怀疑发生腹腔疾病则可进行超声诊断，其对腹水的诊断价值比X线检查更大（见图292-4）。
- 超声波心动描记：如果怀疑发生心脏病，则应进行超声波心动描记。
- 冠状病毒检测：怀疑发生猫传染性腹膜炎（feline infectious peritonitis，FIP）时应进行这种检测。参见第76章。2岁以上猫不太常见FIP，即使是老龄猫患腹水时也不大可能发生此病。
- 尿液分析：用于检测蛋白尿。

诊断注意事项

- 2岁以下的猫发生腹水时需要排除的第一种疾病是

FIP；老龄猫更应怀疑是否有肿瘤发生。
- 存在腹水时应对腹水进行分析。
- 与腹水类似的疾病还包括肝肿大、脾肿大、肥胖、大的肿瘤、子宫积脓、子宫积液、妊娠及严重的顽固性便秘。

治疗

主要疗法

- 治疗基本病：诊断的主要目的是确诊腹水及诊断潜在疾病。潜在疾病的成功治疗对成功康复极为重要。
- 腹腔穿刺（abdominocentesis）：如果渗出液干扰呼吸时必须进行腹腔穿刺。50%～75%的腹水可采用中等大小（18～22号）的套管针排出，一般风险不大。

辅助疗法

- 呋喃苯胺酸（furosemide）：如果腹水是继发于充血性心衰，则可采用这种药物治疗。剂量为0.25～0.50 mg/kg q24h IV、IM、SC及PO，用药后通常就能奏效，也可根据疾病程度增加用药剂量。对非心源性腹水，采用呋喃苯胺酸对消除腹水没有多少作用，而且还可引起病猫脱水。

治疗注意事项

- 猫对周期性腹腔穿刺的耐受性要比长期大量使用利尿剂更好。

预后

本病的预后因引起腹水的确切原因而不同。大多数病猫如果有呼吸困难则可采用腹腔穿刺稳定病情。

参考文献

Thornhill JA. 2007. Ascites. In LP Tilley, FWK Smith, Jr., eds., *Blackwell's 5 Minute Veterinary Consult*, 4th ed., pp. 108–109. Ames, IA: Blackwell Publishing.

第14章
曲霉菌病
Aspergillosis

Sharon Fooshee Grace

概述

曲霉菌病（aspergillosis）是猫的一种不太常见的真菌病。文献资料中关于猫的传染性疾病的资料很多，但直到近年来对涉及鼻、窦或眼眶的局部感染的报道才逐渐增多，但局部感染报道增加的原因目前还不清楚。

曲霉菌病是由腐生真菌引起的疾病，这种真菌遍布于环境中。小动物医学中最为重要的真菌为烟曲霉（*Aspergillus fumigatus*）和土曲霉（*Aspergillus terreus*），其中以前者更为常见。感染主要通过吸入气传分生孢子而建立，而分生孢子为病原自由生活的无性型释放。曲霉菌为机会性入侵生物，一旦侵入宿主，就可黏附及穿入呼吸道上皮。宿主因子（即免疫能力、并发症）及真菌的特性（即侵入真菌的毒力和接种体的大小）决定了是否能够建立感染。免疫抑制状况在促进感染建立中的作用还不清楚，但患有传染病的猫对这种情况可能更为普遍。

回顾性研究发现，曲霉菌病在年轻猫更为常见，还有研究表明在中年到老龄猫发病率更高。猫主报道所观察到的病程为数周到数月，未发现本病的发生具有性别或品种倾向，但短头品种（波斯猫）与其他品种相比，鼻窦感染（sino-nasal infection）的发病率略高，有研究推测这可能是由于波斯猫鼻腔气流受到污染及黏膜纤毛清除能力异常所致。虽然并非为所有病例的共有特性，但有报道发现许多猫各种疾病及与曲霉菌病并发的感染包括糖尿病、猫传染性腹膜炎（feline infectious peritonitis，FIP）、猫白血病病毒（feline leukemia virus，FeLV）及猫传染性粒细胞缺乏症（panleukopenia）。对40例病例进行分析发现本病的发生与注射糖皮质激素、长期使用抗生素或两者并用有关。

猫的曲霉菌病主要有局部鼻窦/眼眶（sino-nasal/orbital）疾病和传播性疾病两种类型。局部感染比传播性更为少见，主要与鼻腔和额窦（frontal sinus）的感染有关。感染从局部延伸到眼眶可引起眼球突出（exophthalmos），但眼眶感染见于一例无鼻窦感染或传播性感染迹象的病猫。鼻窦感染可引起广泛及不可逆的鼻甲骨损毁（turbinatedestruction）。鼻腔和鼻窦感染的临床症状包括吸入性呼吸困难（inspiratorydyspnea）和打鼾、喷嚏、慢性黏脓性鼻腔分泌物、鼻出血、面部肿大及下颌淋巴结肿大等。

鼻腔内可见到大的损伤。另外，在一例患有膀胱炎的猫见到有膀胱的局部感染。患传播性感染的猫具有非特异性的昏睡、发热、厌食及沉郁等症状，有些病猫可见呕吐及腹泻。对患传播性感染的猫进行尸体剖检可在肺脏、心脏、膀胱、肾脏、肝脏及大脑发现有真菌菌丝。

诊断

主要诊断

- 诊断性影像检查：鼻腔及鼻旁窦（paranasal sinues）的X线检查可发现软组织密度增加（有时可发现钙化区）及骨质破坏（见图14-1）。计算机断层扫描（computerized tomography，CT）在确定病变的范围及骨质破坏的程度（包括鼻甲）时因为可提供切面图像，因此要比X线检查更好（见图14-2）。胸部X线检查可用于评估病猫是否发生肺部感染。
- 鼻镜检查（rhinoscopy）：鼻镜检查可用于获得进行组织病理学检查、细胞学检查及培养的样品。白色到黄色的肿块、大量白色到灰色的分泌物、黏膜红斑及鼻甲骨破坏等均见于鼻部感染的病猫。
- 组织病理学检查：可将活检样品置于10%福尔马林中送检。细胞性渗出液中含有淋巴细胞、浆细胞及中性粒细胞。显微镜检查可发现分支且有隔膜的真菌菌丝形成的团块（mats），这与曲霉菌（*Aspergillus*）完全一致。但表面活检可能难以获得结论。

辅助诊断

- 血常规、生化检查、尿液分析及反转录病毒检测：曲

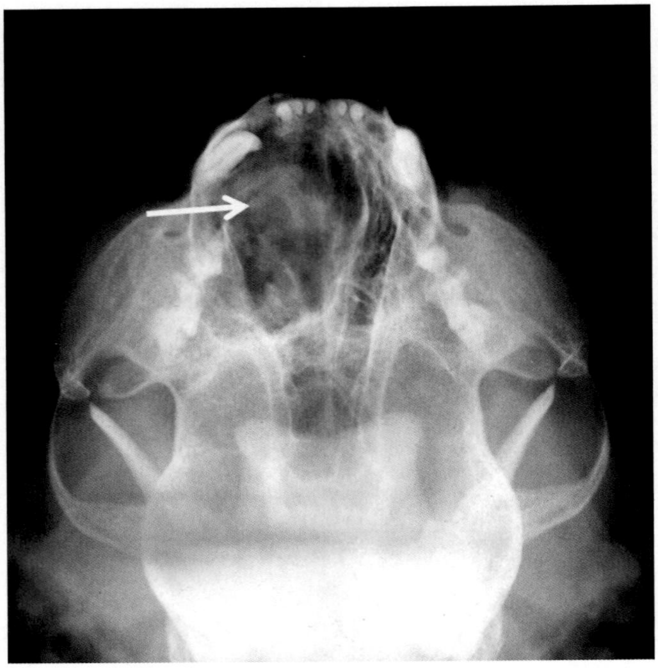

图14-1 X线片上的（箭头）曲霉菌在鼻腔引起的骨质破坏

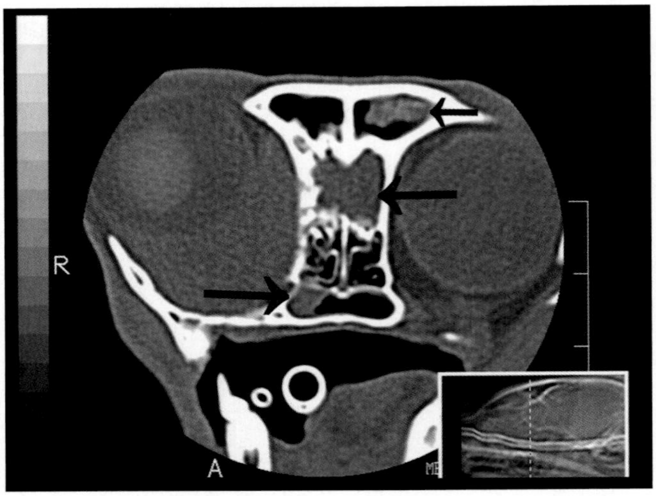

图14-2 曲霉菌感染额窦（小箭头）和鼻腔（大箭头）时的计算机断层图像［图片由澳大利亚墨尔本猫病诊所（The Cat Clinic，Melbourne，AU）Carolyn O' Brien博士提供］

霉菌病并不产生任何示病性的常规血液检查变化，但由此获得的信息有助于评价猫的整体健康状态及可能的并发病。所有衰弱的猫均应进行猫免疫缺陷性病毒（feline immunodefi ciency virus，FIV）及FeLV检测。参见第75章及第77章。

- 真菌培养：应该直接从呼吸道的真菌菌落采集培养材料。由于真菌培养可产生假阳性或假阴性结果，因此以其作为唯一的诊断依据是不可靠的，应该与其他试验结合使用。据报道尿液培养在传播性感染时诊断的准确率较高。
- 血清学检验：可采用多种血清学试验方法检测曲霉菌特异性抗体，但这种方法不应作为建立或排除诊断的唯一方法。目前也不清楚这些抗体在未感染健康猫种群中的流行情况。
- 聚合酶链式反应（polymerase chain reaction，PCR）试验：虽然已经建立了PCR试验，但在猫患此病时的诊断价值仍在研究之中。

诊断注意事项

- 曲霉菌（*Aspergillus*）及青霉菌（*Penicillium*）大体形态及组织学特性相似，必须通过培养才能将两种微生物区别。

治疗

主要疗法

- 全身治疗：目前对曲霉菌病的有效治疗方法还不清楚。有人采用伊曲康唑（itraconazole）（10mg/kg q 24h PO）治疗，但并非在所有病例都有效。在许多病猫采用该药物治疗后有所改进，但难以康复。采用泊沙康唑（posaconazole）（5mg/kg q 24h PO，40mg/mL悬浮液）曾治愈一例病猫，治疗结束后20个月仍未见复发。有人采用氟康唑（fluconazole）成功治疗了曲霉菌在膀胱的感染（7.5mg/kg q 12h PO）。伏立康唑（voriconazole）为另外一种抗真菌药物，具有一定的治疗价值，但目前尚无药代动力学研究数据，使用过的剂量为10mg/kg q 24h PO。目前还不清楚治疗应该持续多长时间，但有人建议至少应为6个月。
- 局部治疗：通过鼻腔非侵入性灌注克霉唑1h是治疗犬鼻曲霉菌病的首选治疗方法，而且结果也较好。1h的接触似乎对药物破坏真菌细胞膜提供了足够的时间，也极为关键。这种方法在猫的应用不多，但结果较好，更多信息读者可参阅“参考文献”（Tomsa等，2003）。可能的并发症包括吸入克霉唑而致命、喉水肿、药物通过破坏的筛状板（cribriform plate）渗漏及神经缺陷（neurologicdeficits）和死亡。局部使用恩康唑治疗曾用于犬，但需要采用留置导管及重复用药长达1～2周。

辅助疗法

- 营养支持疗法：如果不需要营养支持疗法，可在麻醉情况下将饲喂管置入。食道造口术插入胃管的方法参见第253章。

治疗注意事项

- 高压局部灌注药物时应避免对筛状板的腐蚀。
- 过去曾采用鼻切开术（rhinotomy）及鼻甲切开术（turbinectomy），但在目前治疗曲霉菌病时已不再考虑采用这些方法，而且会增加患病猫的疼痛和应激，也不能提高成功率。

预后

无论是否为传播性或局部感染，曲霉菌病的预后一般较差。

参考文献

Adamama-Moraitou KK, Paitaki CG, Rallis TS, et al. 2001. *Aspergillus* species cystitis in a cat. *J Fel Med Surg.* 3(1):3–34.

Day MJ. 2006. Feline disseminated aspergillosis. In C Greene, ed., *Infectious Diseases of the Dog and Cat*, 3rd ed., pp. 626–627. Philadelphia: Saunders Elsevier.

Furrow E, Groman RP. 2009. Intranasal infusion of clotrimazole for the treatment of nasal aspergillosis in two cats. *J Amer Vet Med Assoc.* 235(10):1188–1193.

Hamilton HL, Whitley RD, McLaughlin SA. 2000. Exophthalmos secondary to aspergillosis in a cat. *J Amer Anim Hosp.* 36(4):343–347.

Mathews KG, Sharp NJH. 2006. Feline nasal aspergillosis-penicilliosis. In C Greene, ed., *Infectious Diseases of the Dog and Cat*, 3rd ed., p. 620. Philadelphia: Saunders Elsevier.

McLellan GJ, Aquino SM, Mason DR, et al. 2006. Use of posaconazole in the management of invasive orbital aspergillosis in a cat. *J Amer Anim Hosp.* 42(4):302–307.

Tomsa K, Glaus TM, Zimmer C, et al. 2003. Fungal rhinitis and sinusitis in three cats. *J Am Vet Med Assoc.* 222(10):1380–1384.

Whitney BL, Broussard J, Stefanacci JD. 2005. Four cats with fungal rhinitis. *J Fel Med Surg.* 7(1):53–58.

第15章

阿司匹林中毒

Aspirin Toxicosis

Sharon Fooshee Grace

概述

与其他动物相比，猫对药物结合及排出极为重要的肝脏葡萄糖醛酸基转移酶（hepatic glucuronyl transferases）相对缺乏，因此药物代谢速度缓慢。这类酶参与大多数药物代谢的Ⅱ期反应——葡萄糖醛酸化（glucuronidation）。葡萄糖醛酸化将一水溶性葡糖苷酸分子加入到母药或Ⅰ期代谢产物，因而促进肾脏排出。延缓药物的结合可使猫对许多药物的敏感性增加，包括酚类和酚醛类、胺类及芳香酸类（aromaticacids）药物等。

阿司匹林为酚类药物，在猫为清除延缓的药物。阿司匹林的安全剂量为10～20mg/kg，安全给药间隔为48～72h。由于阿司匹林的半衰期在猫约为40h，而在犬为7.5h，因此有时需要延长给药的间隔时间。如果不按建议的给药剂量及间隔时间用药，在猫可导致水杨酸盐中毒。另外，由于阿司匹林具有很高的蛋白结合特性，因此患有低白蛋白血症的猫发生阿司匹林中毒的风险可能更高。

阿司匹林中毒时，开始可表现一些非特异性症状，如厌食、沉郁、呕吐、呼吸急促及体温过高。如果不清楚阿司匹林的摄入史，则特异性诊断为阿司匹林中毒很困难。随着重复使用阿司匹林，发生呼吸困难、酸碱失衡、痉挛及普遍出血倾向和胃肠道出血（可能会发生穿孔）的可能性增加。药物诱导的肝炎可导致黄疸。数天内可发生肌肉孱弱、共济失调、痉挛、昏迷及死亡。

诊断

主要诊断

- 病史：由于临床症状不具特异性，因此重要的是询问猫主有无摄入阿司匹林的病史。如果猫患有需要采用止痛或抗血栓类药物治疗的疾病，则临床医生可以怀疑发生了阿司匹林中毒。
- 血常规（complete blood count，CBC）：进行CBC检查时，偶尔可见因骨髓抑制引起的贫血及存在海因茨体，特别是在慢性暴露时更是如此；也见有血小板减少症及左移性白细胞增多的报道。
- 酸碱值测定（acid-base evaluation）：可见到开始时为呼吸性碱中毒，随后为高阴离子间隙代谢性酸中毒（high anion gap metabolic acidosis）。

辅助诊断

- 血清水杨酸水平测定：商业诊断实验室可配备设备检测血液中水杨酸水平，但在犬和猫尚未建立中毒浓度。
- 乙烯乙二醇中毒（汽车冷冻液）（ethylene glycol toxicity）应为重要的鉴别诊断。

治疗

主要疗法

- 消除阿司匹林：如果能进行早期干预，可采用诱吐或灌洗排出胃内容物的方法消除阿司匹林。可采用合适的导管或按产品标签口服活性炭（2g/kg）。有些活性炭产品中含有泻剂。
- 胃肠溃疡：应采用合适的保护剂［如硫糖铝（sucralfate），0.25g（1g片剂的1/4）q 8～12h PO，或H_2受体颉颃剂］进行治疗。

辅助疗法

- 支持性护理：包括根据需要采用液体及电解质疗法，但应注意病猫的体温。
- 调节酸碱平衡：应检测及治疗病猫的酸碱紊乱。碳酸氢钠治疗（基于血气分析结果，或如果未进行血气分析，可根据实验室分析结果的严重程度及症状，按0.5～1.0mmol/kg总剂量，在30min到数小时内给药）可改善代谢性酸中毒及促进药物排出。

治疗注意事项

- 阿司匹林中毒尚无特异性解毒药物。
- 用碳酸氢钠治疗可加剧或导致低钾血症。
- 在年轻、老龄猫以及患有肾脏或肝脏机能紊乱、哮喘、凝血障碍、胃肠溃疡或低白蛋白血症的猫使用阿司匹林时一定要谨慎。由于可延迟分娩，因此在妊娠后期不应使用。由于可对出血时间产生影响，因此在非急需手术前1周不应再使用阿司匹林。

预后

早期干预和及时停止使用阿司匹林对本病的预后良好。猫慢性使用阿司匹林可导致骨髓抑制，并危及生命。

参考文献

Groff RM, Miller JM, Stair EL, et al. 1993. Toxicoses and Toxins. In GD Norsworthy, ed., *Feline Practice*, pp. 551–569. Philadelphia: JB Lippincott.

Kore AM. 1997. Over-the-counter analgesic drug toxicosis in small animals. *Vet Med*. 92(2):158–165.

Rumbeiha WK, Oehme FW, Reid FM. 1994. Toxicoses. In RG Sherding, ed., *The Cat: Diseases and Clinical Management*, pp. 215–249. Philadelphia: WB Saunders.

第16章 特应性皮炎 Atopic Dermatitis

Christine A. Rees

概述

特应性皮炎（atopic dermatitis）或特应性（atopy）是指对一种或数种环境性过敏原的强化反应，这些过敏原可经吸入或经皮吸收后到达皮肤。这种过敏反应为快速或免疫球蛋白E–介导的疾病，据认为具有遗传性。虽然对猫特应性的遗传学特点还不清楚，但其家族发病倾向表明猫的特应性能够遗传。目前认为猫的特应性是猫第二种常见的变态反应。关于本病的发病机制目前还不清楚，但T辅助细胞–2型反应不当最终可导致皮肤发生过敏性炎症，这是目前最普遍接受的理论。近来发现朗罕氏（Langerhans）细胞对猫特应性的发生极为重要，这些细胞为皮肤中的抗原提呈细胞，因此过敏原经皮吸收可能要比以前认为的更为重要。

诊断

主要诊断

- 皮肤病史（dermatologic history）：病史对诊断极为重要。开始诊断时应排除其他引起瘙痒的疾病，如其他超敏反应性疾病（hypersensitivities）、寄生虫感染、皮真菌病（dermatophytosis）、肿瘤性疾病及免疫介导性疾病。
- 临床症状：猫患特应性皮炎时的临床症状差别很大，典型的临床症状包括周期性复发的外耳炎（otitis externa）、瘙痒症（pruritus）、粟粒状皮炎（miliary dermatitis）、嗜酸性斑（eosinophilic plaque）及其他类型的嗜酸性粒细胞肉芽肿复合症（eosinophilic granuloma complex）、整梳过度（excessivegrooming）以及季节性盛衰性皮炎（seasonal waxing and waning dermatitis）等，见图16–1。虽然并非常见，但有些病猫可表现非季节性的特应性或与其变态反应相关的呼吸症状。
- 病程进展：随着病程的进展，许多病猫的症状呈四季不间断性发生。

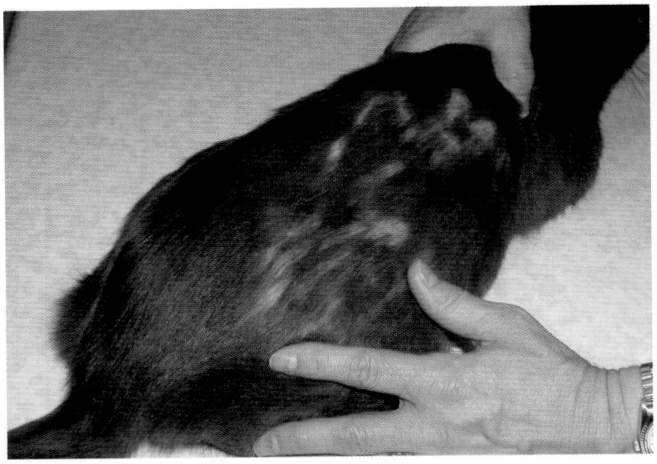

图16–1 特应性皮炎。图中的病猫由于舔闻及撕扯而出现斑块状脱毛（图片由Gary D. Norsworthy博士提供）

- 皮内过敏原试验：大多数兽医皮肤病专家认为皮内过敏原试验是诊断的可选方法。
- 诊断继发感染：可能会发生继发感染，因此必须进行诊断治疗，以便弄清潜在的基础过敏反应症状。可采用细胞学方法检测是否存在有继发性的细菌或马拉色菌（*Malassezia* spp.）感染。必须直接检查被毛或采用皮肤真菌检验培养液（dermatophyte test media）（DTM®）培养排除皮肤真菌病（dermatophytosis）。

辅助诊断

- 血清学方法：这种情况下是否能采用体外血清学方法诊断尚有争论。

治疗

主要疗法

- 免疫疗法：目前唯一可采用的特异性治疗方法是基于皮内变态反应或体外血清学试验的过敏原特异性免疫疗法。皮肤病专家选用这种疗法用于治疗中度到严重患病的病猫，主要是由于治疗的风险低，而且能够中断致敏及特应状态的诱发期（elicitation phases），因此能更完整地控制过敏反应。

- 方法：采用皮内或体外方法进行过敏反应试验，选择对病猫具有引起过敏反应的特异性过敏原，制备基于这种过敏原的血清，根据不同的方法皮下注射。如果病猫能够发生反应，则应终身注射。
- 缺点：主要缺点是疗效反应延迟（1～3个月，范围为 1～12个月）。在免疫治疗的头3个月可能需要对症治疗。可能的风险包括症状恶化，这种情况可通过改进注射程序而控制；此外，还可立即出现注射血清后的不良反应，急剧表现为腹泻、呕吐、孱弱或崩溃。如果免疫疗法使用适当，严重的不良反应罕见。

辅助疗法

- 治疗继发性瘙痒症：对皮肤或耳部的继发感染需要进行治疗。此外，暴露外寄生虫，如跳蚤（fleas）也可引起瘙痒加剧。因此病猫在进行免疫疗法时可采用控制跳蚤的药物治疗。
- 药理学方法控制瘙痒。
  - 皮质激素：皮质激素能有效减缓特应性瘙痒，但应注意长期使用的不良反应。可选用强的松龙（prednisolone）以抗炎剂量给药（2.2～4.4 mg/kg q12h PO，治疗1周后减量），但有些猫难以将泼尼松（prednisone）代谢为脱氢皮质醇。有人将去炎松（0.15%；Genesis Spray®）以标签外用药（an extra-labeladjunct）用于病猫，发现这种治疗方法全身吸收很低，对有些病猫具有治疗作用，但并非完全没有甾体激素的不良反应。此外，喷雾使用时因含有乙醇，有些猫可能反感（objectionable）。
  - 改良环孢霉素治疗［modified cyclosporine（Atopica®）］：改良的环孢霉素虽标明不能用于猫，但在患特应性的猫可用于对症治疗。药物间的互作在临床上具有重要意义，许多药物可能会升高或降低血液中环孢霉素的水平，因此在用药之前应针对每个病例进行药物互作的双检查。本药能最大限度地抑制 T细胞机能，因此可中断特应性皮炎的症状，目前本药物尚未标明用于猫的适应证，但在皮肤病治疗中开始时按4～7mg/kg q 24h PO使用，之后逐渐减少最小用药频率的有效剂量。在注意到瘙痒症状减轻之前常常会出现一迟滞期（2~3周）。环孢霉素可抑制免疫系统，可能会使病猫发生机会性感染及肿瘤，因此其应用在具有恶性肿瘤的病猫或感染逆转录病毒的病猫是严格禁忌的，使用之前应认真考虑。此外，曾报道有一例猫使用环孢霉素后发生致死性弓形虫病。因此对猫患有弓形虫病而且出现呼吸症状时，采用环孢霉素治疗时应检查弓形虫的血清状态。胃肠机能紊乱是治疗后所见到的主要临床不良反应，根据作者的经验，大约25%～30%的病猫在治疗后的头1～2周会表现暂时性的胃肠机能紊乱（即食欲降低、呕吐、便溏或腹泻）。关于猫环孢霉素的有效血液水平还不很清楚。
- 预防继发性瘙痒：抗组胺药物与大剂量Ω－3脂肪酸（omega-3 fatty acids）［基于十二碳五烯酸（eicosapentaenoic acid，EPA®）含量，5~10mg/kg］合用具有一定疗效而降低强烈瘙痒。这些药物更适合于防止过敏性瘙痒而不是彻底阻止瘙痒。治疗时最好从抗组胺剂量的最高剂量及用药频率开始，观察猫是否有反应，这是因为难以让猫主重复以前曾试用但成功率不高的抗组胺药物（见表16-1）。

表16-1　猫用抗组胺药物

药物	剂量
氯苯吡胺（扑尔敏，chlorpheniramine）	0.4～0.6mg/kg q12h PO
克立马丁（clemastine）	0.05～0.1mg/kg q12h PO
阿米替林（amitriptyline）	每只猫每天3.5～10mg q24h，或分为q12h PO；开始时试治3周。注意：本药物为三环抗抑郁药物，在有些猫具有抗组胺剂活性
赛庚啶（cyproheptadine）	0.5～1.0mg/kg q8～12h PO
羟嗪（hydroxyzine）	1～2mg/kg q8～12h PO
苯海拉明（diphenhydramine）	2.2mg/kg q8～12h PO
西替利嗪（cetrizine）	5mg q24h

预后

患特应性皮炎的大多数猫可用皮质激素控制，长期预后取决于能否限制病猫与过敏原的接触及能否使病猫脱敏。

参考文献

Barrs VR, Martin P, Beatty JA. 2006. Antemortem diagnosis and treatment of toxoplasmosis in two cats on cyclosporine therapy. *Aust Veter J*. 84(1):30–35.
Roosje PJ, van Kooten PJ, Thepen T, et al. 1998. Increased numbers of

CD4+ and CD 8+ T cells in lesional skin of cats with allergic dermatitis. *Vet Pathol.* 25(4):268–273.
Moriello KA. 2001. Feline Atopy in Three Littermates. *Vet Dermat.* 12(3):177–181.
Last RD, Suzuki Y, Manning T, et al. 2005. *Veterinary Drug Handbook*, 5th ed. Ames, IA: Blackwell.
Reedy LM, Miller WH, Willemse T. 1997. Atopy. In LM Reedy, ed., *Allergic skin diseases of dogs and cats*. 2nd ed., pp. 116–149. Philadelphia: WB Saunders.
Last RD, Suzuki Y, Manning T, et al. 2004. A case of fatal systemic toxoplasmosis in a cat being treated with cyclosporin A for feline atopy. *Vet Dermat.* 15(3):194–198.

第17章
巴尔通体病
Bartonellosis

Mark Robson 和 Mitchell A. Crystal

概述

巴尔通体（*Bartonella* spp.）（以前曾称为罗卡利马体，*Rochalimaea* spp.）是由需要复杂营养的节肢动物传播的亲红细胞内兼性革兰氏阴性细菌。这种球杆状或杆状微生物长1～2μm，形状略有弯曲，银染呈阳性。虽然众所周知巴尔通体是人的猫抓病（human ailment cat-scratch disease，CSD）的病原体，但也与人细菌性血管瘤（bacillary angiomatosis ）（血管增生，proliferations of bloodvessels）、内脏杆状菌紫癜（visceral bacillary peliosis）[血液溢出（血液外渗），extravasation of blood]、败血症、肉芽肿性肝炎或脾炎、脑膜炎、脑炎、心内膜炎、视网膜炎及视神经肿胀、骨质溶解（osteolysis）及肉芽肿性肺炎等有密切关系。具有免疫能力的个体局部或局部淋巴结可能会发生感染，导致脓性肉芽肿性淋巴腺炎（pyogranulomatous lymphadenitis）的情况；免疫机能不全的个体常常可发生菌血症及传播性疾病。

虽然目前已发现了20多种巴尔通体，但在猫只鉴定到了4种：汉赛巴尔通体（*B. henselae*）、克氏巴尔通体（*B. clarridgeiae*）、*B.koehlerae*及牛巴尔通体（*B. bovis*）（以前称为文氏巴尔通体，*B. weissii*）；目前只有汉赛巴尔通体和克氏巴尔通体具有临床或动物传染病意义。汉赛巴尔通体具有两种主要的基因型，其中Marseille 基因型在美国西部、澳大利亚及西欧最为常见，而在美国东部Houston-1 基因型同样流行。节肢动物传媒，特别是猫蚤（猫栉首蚤）（*Ctenocephalides felis*），巴尔通体在猫与猫之间的传播中发挥主要作用。本病的传播可发生在与跳蚤的接触而不是被跳蚤叮咬时。尚未发现在无跳蚤的环境中猫与猫之间的传播及从母猫向仔猫的垂直传播。巴尔通体从猫向人的传播主要是通过人与猫的接触而发生（即被猫抓或咬伤）。有些人的巴尔通体病例（5%）并没有暴露猫的病史，说明昆虫传播在人的传播中可能发挥作用。猫的唾液/咬伤与抓伤相比在传播巴尔通体中不太常见。猫巴尔通体抗体的流行情况在地区间明显不同，在北美总的流行率为28%。有利于跳蚤生活周期的天气条件下流行率比跳蚤不太常见时低（即在东南部为 60%，夏威夷为53%，太平洋海岸 40%，中西部 7%，落基山地区为 4%）。日本的流行率为 6%～22%。仔猫及野猫的流行率比成年猫高。猫白血病病毒（feline leukemia virus，FeLV）的流行情况不影响巴尔通体的流行。巴尔通体作为疾病的病原作用在猫仍不确定。猫的实验性感染可引起接种部位肿胀、淋巴结肿大、持续2d到数周的急性发热及繁殖障碍 （即不育和死胎）以及脾脏增大。在慢性感染猫的肝脏、脾脏、心肌及肾脏可见到炎性损伤。有人认为自然感染的猫（基于血清学检查）口腔炎/齿龈炎及泌尿道疾病的发病率升高。在一些发生特发性外周淋巴结肿大的猫可见到细胞内巴尔通体样微生物。近来的研究也未能证明巴尔通体感染与猫的一些疾病如贫血、眼色素层炎及神经病等之间具有联系。在日本进行的研究表明，猫免疫缺陷病毒（FIV）与巴尔通体共同感染可能引起齿龈炎或淋巴结病，但两者单独感染均不能致病。曾有报道在一例猫因心内膜炎引起的主动脉瓣损伤中检测到汉赛巴尔通体DNA，但并未证实其间有因果联系。Lappin及其同事近来进行的研究中发现，不发热的对照猫（afebrile control cats）比发热而具有临床疾病的猫更有可能呈抗体阳性。发热及不发热的猫检测到巴尔通体DNA的频率没有明显差别，因此作者认为：“猫巴尔通体抗体试验不能预测是否会因巴尔通体感染而出现发热，因此不能用于确定巴尔通体的感染状态”。文氏巴尔通体（*Bartonella weissii*）亚型*berkhoffii* 曾被鉴定为犬心内膜炎、心肌炎、肉芽肿淋巴腺炎及肉芽肿鼻炎的病原。

应该强调的是，虽然多数猫在暴露于巴尔通体后可能血清学检查、PCR甚至培养检查呈阳性，但尚无证据表明会发生临床疾病。巴尔通体阳性的病猫更有可能是由于其他疾病所引起，因此许多临床医生对检查巴尔通体是否值得持怀疑态度。

人的 CSD的临床症状包括淋巴结肿大、发热、全身乏力、肌肉疼痛、厌食、失重及头痛。巴尔通体无论人的免疫状态如何，均对人具有人兽共患意义。任何表现CSD或其他巴尔通体诱导疾病临床症状的人应该进行身体检查证实有无巴尔通体。如果证实有巴尔通体，则建议不能暴露至感染动物或与感染动物接触。

诊断

主要诊断

- PCR：从全血、新鲜组织及冷冻组织经PCR扩增巴尔通体DNA的灵敏度及特异性均很高。进行这种检测的实验室见表17–1。
- 血液或组织细菌培养和敏感性测定：可采用血琼脂在5%CO_2及高湿度下35℃培养血液或组织样品，培养长达56d才能生长出可见菌落。

表17–1　可进行巴尔通体PCR检查的实验室

Antech诊断实验室	VCA ANTECH，12401 West Olympic Blvd.，Los Angeles，CA90064；电话：1-800-745-4725；www.antechdiagnostics.com
克罗拉多大学	兽医诊断室，300 West Drake，Fort Collins，CO 80523. 电话：1-970-297-1281；传真：1-970-297-0320，www.dlab.colostate.edu
爱德士临床参考实验室	2825 KOVR Drive，West Sacramento，CA 95605；电话：1-916-267-2454；传真：1-916-267-2413；www.idexx.com/animalhealth/laboratory/realpcr/tests/vectorbornedisease.jsp
加州大学戴维斯分校	Lucy Whittier，Molecular and Diagnostic Core Facility，Department of Medicine and Epidemiology，School of Veterinary Medicine，2108 Tupper Hall，University of California，Davis，CA 95616. 电话：1-530-752-7991；传真：1-530-754-6862 www.vetmed.ucdavis.edu/vme/taqmanservice/diag_home
Galaxy诊断实验室	Animal Health Division，2 Davis Drive，Durham，NC 27709；电话：1-919-354 -1056；传真：1-919-287-2476；www.galaxydx.com

辅助诊断

- Western blot（免疫印迹技术）、间接免疫荧光抗体（IFA）或酶联免疫吸附测定（ELISA）检测巴尔通体抗体：这些诊断方法可帮助筛查发生免疫机能不全的猫。血清学检查可提供有用的流行病学信息，但对鉴别主动感染的猫没有多少临床实用价值。血清学试验可用于证实人的猫抓病。
- 其他疾病检测：由于猫的患病由巴尔通体感染所引起的可能性不大，因此应检测很有可能是病因的疾病，应包括猫白血病病毒（FeLV）、FIV、弓形虫及组织胞浆菌（*Histoplasma*）等。

诊断注意事项

- 由于猫可能为血清学阳性而培养为阴性，因此采用血清学方法难以证实猫可能的传染性，但高的抗体效价常常与菌血症有关。阴性IFA抗体效价具有较高的预测价值，在评估猫感染免疫机能不全的猫主的风险性时具有一定价值。
- 培养在猫较准确，但菌血症可能为间歇性的，需要重复培养，因此阴性结果没有决定性意义。采用特殊的采样试管及至少采集1.5mL血液有助于回收到病原菌，建议就提交样品的条件与相关实验室磋商。
- 人和犬的巴尔通体培养几乎都难以成功；研究表明在这些动物 PCR的检出率更高。

治疗

主要疗法

- 抗生素：猫的抗生素疗法可减少菌血症的发生，但不可能消除感染。除非发生严重的疾病，否则不建议采用这种方法治疗。尚未有证据表明何种药物有效，但报道中在猫有一定作用的抗生素包括阿奇霉素（azithromycin）（10mg/kg q24h PO，7d，之后q48h 5周）、强力霉素（doxycycline）（10mg/kg q12h PO）、利福平（rifampin）（10mg/kg q24h PO）和恩诺沙星（5mg/kg q24h PO；应注意可能有肾脏损害，特别是在大剂量时）等治疗2～4周。治疗后3周应进行随访检查。

在人，建议采用阿奇霉素、利福平、环丙沙星及甲氧苄胺嘧啶－磺胺噁唑。具有免疫能力的病人治疗

2周，免疫机能不全的病人至少治疗6周。

- 控制外寄生虫：有助于防止巴尔通体病。

治疗注意事项

- 由于临床研究不多，因此对人选择治疗方法仍有争议。

预后

感染巴尔通体的猫可能会发生隐性感染，因此预后良好。这些猫很少能因感染而发生任何严重的疾病。人的CSD通常具有自限作用或对抗生素疗法反应良好，但在免疫机能不全的个体可能复发，此时需要长期治疗。

参考文献

L Guptill-Yoran. Bartonellosis. 2006. In C Greene, ed., *Infectious Diseases of the Dog and Cat*, 3rd ed., pp. 510–524. St Louis: Saunders-Elsevier.

Lappin MR, Breitschwerdt E, Brewer M, Hawley J, Hegarty B, Radecki S. 2009. Prevalence of *Bartonella* species antibodies in the blood of cats with and without fever. *J Fel Med Surg*. 11:141–148.

第18章 基底细胞瘤
Basal Cell Tumors

Bradley R. Schmidt 和 Mitchell A. Crystal

概述

基底细胞瘤（basal cell tumors）较为常见，占猫皮肤肿瘤的11%～30%，多见于老龄猫（平均年龄为10～11岁），可为良性［即良性基底细胞瘤、基底细胞上皮瘤、基底细胞样瘤（basaloid tumor）及基底细胞瘤（basaloma）］，或为恶性（基底细胞癌）。由于大多数基底细胞瘤为良性（>90%），癌症恶性化程度通常较低，转移的可能性不大，因此良性及恶性基底细胞瘤的命名最好称为“基底细胞瘤”（basal cell tumor）。基底细胞瘤在猫比犬更为常见。这种肿瘤起自表皮的基底细胞，通常影响头部、颈部、四肢及胸腔，见图18-1（A）。基底细胞癌更常起自鼻甲骨（nasal planum）和眼睑，见图18-1（B）。这些肿瘤通常表现为局限性（circumscribed）单个大小为 0.5～10.0cm的突起，出现溃疡、脱毛等病变，偶尔可发生黑变或囊肿。偶尔可在同一病例发现多个肿瘤。典型病例肿瘤位于皮肤表面，能自由移动。肿瘤的生长通常较为缓慢，在诊断前可存在数月。所有品种的猫均可患病，但暹罗猫（癌）、喜马拉雅猫和波斯猫（良性基底细胞瘤）更易发生基底细胞瘤。目前关于本病的病因学还不清楚，但人接触紫外线与肿瘤形成之间具有密切的关系。临床症状只限于存在肿块。鉴别诊断包括鳞状细胞癌、黑色素瘤、肥大细胞瘤、皮肤血管瘤或血管肉瘤、毛囊肿瘤及皮脂腺瘤等。

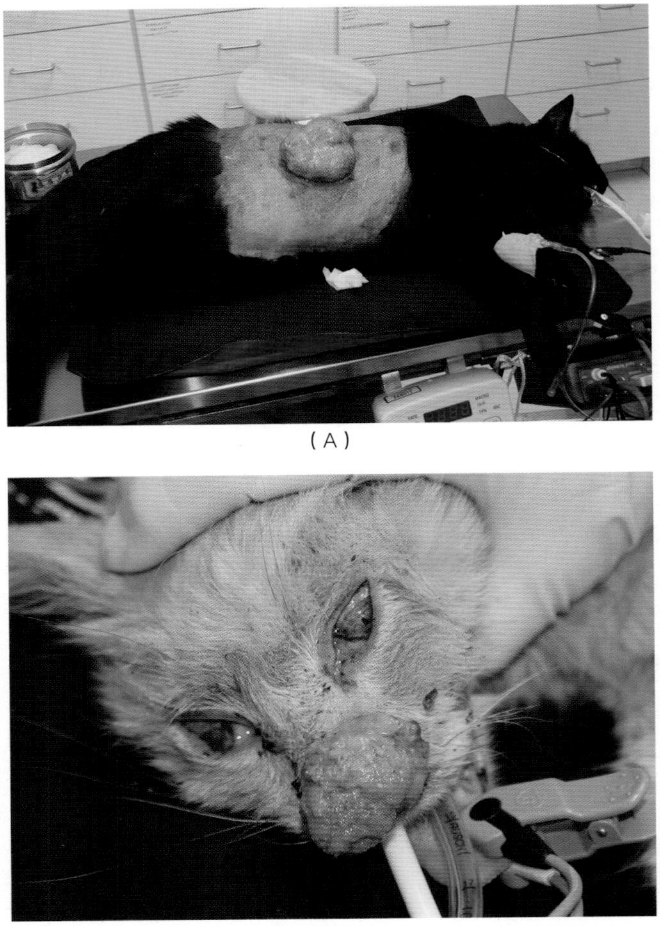

（A）

（B）

图18-1 虽然基底细胞瘤可为良性，但肿瘤可能很大（A）或位于难以施行手术的部位（B）（图片由Gary D. Norsworthy博士提供）

诊断

主要诊断

- 手术摘除或活检/组织病理学检查：为最为准确的诊断方法。

辅助诊断

- 细针抽吸/细胞学检查：可在手术前进行诊断。
- 局部淋巴结细针抽吸/细胞学检查：怀疑发生基底细胞癌时可采用这种诊断方法，但肿瘤转移的情况罕见。
- 胸部X线拍片：肿瘤的转移极为罕见，但在发生基底细胞癌时可采用胸部X线检查，也可用于诊断其他心肺疾病。
- 基础检查（minimum data base）：血常规、血清生化检查、尿液分析、逆转录病毒试验等通常没有多少意义，但可用于评估病猫的整体健康状况。

诊断注意事项

- 即使通过组织病理学或细胞学检查发现为癌，但基底细胞瘤通常的表现为良性。

治疗

主要疗法

- 手术摘除：在大多数良性及恶性肿瘤，手术完全摘除是有效的治疗方法。

辅助疗法

- 激光消除、冷冻疗法及电手术：这些方法均成功用于治疗小的病变。
- 放射治疗：可用于不能完全切除的恶性基底细胞瘤。
- 化疗：化疗的效果尚不肯定，但在罕见的肿瘤转移时可考虑采用这种方法治疗。

预后

无论肿瘤为恶性或良性，几乎所有病例在完全手术摘除的情况下预后均良好。在罕见的肿瘤转移时，预后为谨慎或差。化疗治疗肿瘤转移性病变的效果尚不清楚。

参考文献

Elmslie RE. 2004. Basal cell tumor. In LP Tilley, FWK Smith, Jr., eds., *Blackwell's 5-Minute Veterinary Consult*, 3rd ed., p. 147. Baltimore: Williams & Wilkins.

Moore AS, Ogilvie GK. 2001. Skin Tumors. In Moore AS, Ogilvie GK, eds., *Feline Oncology*, pp. 398–428. Trenton: Veterinary Learning Systems.

Scott DW, Miller WH, Griffin CE. 2001. *Miller & Kirk's Small Animal Dermatology*, 6th ed., pp. 1260–1263. Philadelphia: WB Saunders.

Vail DM, Withrow SJ. 2007. Tumors of the skin and subcutaneous tissues. In SJ Withrow, DM Vail, eds., *Small Animal Clinical Oncology*, 4th ed., pp. 375–401. Philadelphia: Elsevier Saunders.

第19章 胆囊囊肿
Biliary Cysts

Michele Fradin-Fermé

概述

胆囊囊肿（biliary cysts）是由薄壁包裹，充满浆液或黏液的囊肿性病变，可见于肝脏表面或位于肝实质内。这些囊肿起自原胆管（primitive bileducts）（胆内或胆外胆管，intra-or extrabiliary ducts），但可发育成潴留性囊肿（retention cysts）而与胆管树没有联系。这些囊肿可通过扩张生长而突出于肝脏表面，但也可位于肝内。囊肿的数量、颜色、分叶程度及大小差别很大。囊肿壁由结缔组织组成，衬有扁平或立方状的胆管上皮。胆囊囊肿可为获得性或先天性。获得性囊肿通常呈孤立发生，含有胆汁或血液。这些囊肿开始时为炎症过程，如损伤、慢性胆管肝炎（chronic cholangiohepatitis）或肿瘤。先天性囊肿通常为多个，可与其他器官的囊肿发生联系（即胰腺、肾脏等）。先天性囊肿常见于波斯猫和喜马拉雅猫，但并非总是与多囊性肾病（polycystic kidney disease，PKD）有关。囊肿内容物通常清亮而无细胞，但随着其发展可压迫邻近的实质器官，导致继发性炎症及纤维化。

许多胆囊囊肿不表现临床症状，偶尔可在超声检查或剖检时发现。有些病例囊肿可能很大，对腹腔器官的压力增加，导致食欲降低及呕吐，见图19-1。获得性囊肿如果伴发有胆管肝炎可产生与受影响的实质器官有关的症状而不表现囊肿的症状。先天性囊肿多为多个，因此广泛的纤维化可导致门静脉血压过高及肝机能异常，出现脑病和腹水。

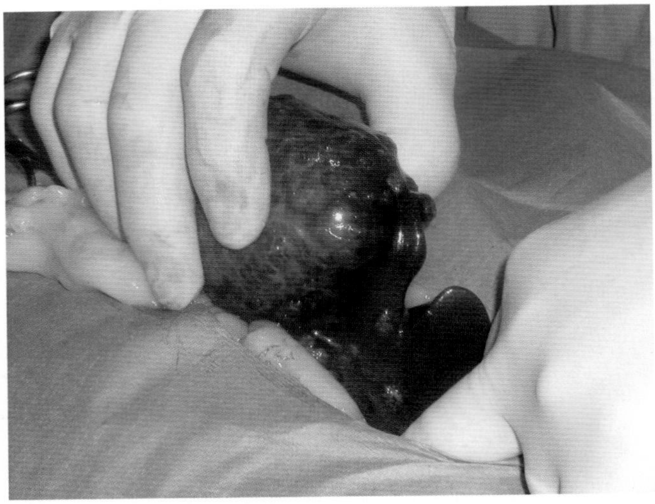

图19-1 大而孤立的胆囊囊肿附着于肝脏一叶的外周。这种大小的胆囊囊肿可压迫邻近的内脏器官。囊肿用手术方法摘除（图片由Gary D. Norsworthy博士提供）

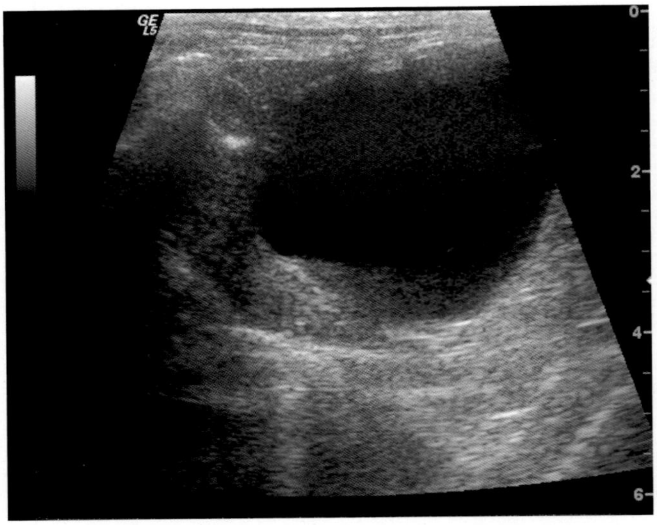

图19-2 大的胆囊囊肿见于肝实质（图片由Gary D. Norsworthy博士提供）

诊断

主要诊断

- 超声诊断：用于鉴别、判断及证实囊肿与肝脏的联系。胆囊囊肿通常有薄壁限制，内容物无回声，引起末端回声增加，见图19-2。如果囊肿壁厚且无规则，则内部回声通常具有临床意义。可在超声指导下经皮抽吸囊肿进行细胞学检查及细菌培养。系列超声检查有助于在一段时间内对囊肿的进展进行检查；一般来说良性囊肿在一段时间内不发生明显变化。胆总管可能受到压迫，但即便发生扭曲，其仍能畅通。
- X线检查：胆囊囊肿可透过射线，但如果囊肿较大，可见到腹腔器官由于呈液体密度的肿块而引起移位。

辅助诊断

- 血常规及生化检查：除非囊肿与慢性胆管肝炎发生联系，或者囊肿的数量很多引起广泛纤维化，否则这些诊断方法没有多少意义。
- 囊肿内容物分析：先天性囊肿通常具有清澈的无细胞内容物；获得性囊肿常常含有血液或胆汁。
- 计算机断层扫描（computerized tomography，CT）：这种影像检查有助于确诊囊肿与肝脏的联系，也可在手术前评价囊肿的数量及大小。
- 组织病理学检查：组织学检查可以鉴别病变，区分囊肿与恶性肿瘤，但对病理学有一定的难度。如果炎症与囊肿有关，则应确定炎症是否为主要的病因，如在发生胆管肝炎时，或者炎症为继发于邻近器官受到囊肿的影响所致。大的胆囊囊肿压迫肝实质，可引起周围实质发生炎症。进行病理学诊断时必须要区分胆囊囊肿及囊腺瘤、良性肿瘤等。但即使采用组织病理学诊断，也难以对两者进行肯定鉴别，主要差别是病变周围的支持基质量的多少。胆囊囊肿基质少，而囊腺瘤周围的基质较多。囊腺瘤上皮周围的维管基质（fibrovascularstroma）常含有内陷的肝细胞岛，偶尔也含有肌纤维和炎性细胞。这种良性肿瘤主要发生于10岁以上的猫，为一种生长缓慢的肿瘤，如有可能，需要手术摘除。在人，这种肿瘤可发生恶变，但在猫未见报道。组织学检查也可将胆囊囊肿与脓肿、寄生虫性囊肿、囊腺瘤及血管肉瘤相区别。
- 肝脏活检：在施行手术时应进行肝脏活检，以证实胆管肝炎或淋巴瘤。如果怀疑为胆管肝炎，建议进行小肠活检，检查是否有并发的炎性肠道疾病。

治疗

主要疗法

- 不需治疗：适用于不表现症状的胆囊囊肿。
- 引流：在大的囊肿压迫其他器官及引起呕吐时，可在超声指导下抽空囊肿。但如果囊肿含有胆汁，应在剖腹时抽吸胆囊，以避免胆汁溢入腹腔（如果发生这种情况，应进行腹腔灌洗）。在超声指导的引流之后进行酒精饱和（alcoholization）疗法，也能成功治疗。

辅助疗法

- 囊肿切除术（cystectomy）：如果囊肿引流之后液体又很快充盈，应考虑剖腹及手术除去囊肿。如果不能完全除去囊肿，可在部分摘除后施行袋形缝合术（marsupialization），也可考虑采用网膜化（omentalization）。
- 肝叶切除术（lobectomy）：如果大量的囊肿位于同一肝叶，可采用部分肝叶切除术。
- 胆囊分流术（biliary diversion surgery）：如果胆囊囊肿妨碍肝外胆管胆汁流出，可考虑采用胆囊偏移手术。

预后

先天性胆囊囊肿由于大多数不表现症状，因此预后较好。获得性囊肿由于常常与胆管肝炎或肿瘤有关，因此预后谨慎。

参考文献

Maxie MG. 2007. The Liver and Biliary System. In MG Maxie, ed., *Jubb, Kennedy, Palmer's Pathology of Domestic Animals*, 5th ed., pp. 301–302. Philadelphia: Saunders Elsevier.

Zatelli A, D'Ipollito P, Bonfanti U, et al. 2007. Ultrasound-assisted drainage and alcoholization of hepatic and renal cysts: 22 cases. *J Am Anim Hosp Assoc.* 43(2):112–116.

Laurence HJ, Erb HN, Harvey HJ. Nonlymphomatous Hepatobiliary Masses in Cats: 41 Cases (1972–1991). *Vet Surg.* 23:365–368.

第20章
犬咬伤
Bite Wounds：Canine

Gary D. Norsworthy

概述

猫常常会被犬咬伤，大多数猫是被流浪犬或游荡的犬攻击，而且常常被一只以上的犬攻击。偶尔猫可流浪到有犬的围栏中，被犬攻击。虽然犬和猫常常共同生活且关系密切，但如果猫突然跑离犬，犬的追逐本能可能会超越其间的友好关系，导致表面上看来不合情理的攻击。

猫咬伤犬时，在皮肤上可形成相对较小的孔道。但犬在捕获猫后常常抓住而摇摆头部，因此对皮下组织造成更为严重的损伤，甚至可伤及骨头及胸壁或腹壁。犬的下颌可施加巨大的撕扯力量，因此常常发生穿透胸腔或腹腔脏器的伤口。除了发生物理创伤外，还常常发生犬的口腔细菌及环境污染伤口，污物或植物碎屑可污染伤口表面或深部。

伤口愈合包括四个阶段：（a）炎性期，持续约5d。除了出血和凝血外，炎性介质，包括组胺、5-羟色胺、蛋白水解酶、激肽（kinins）及前列腺素等也与炎症的发生有关。（b）在炎症清除期，渗出物中含有白细胞、死亡组织，形成创伤液。中性粒细胞浸润，释放酶类促进细胞外碎片及坏死组织裂解。单核细胞进入组织，转化为巨噬细胞清除坏死细胞、细菌及异物。淋巴细胞刺激或抑制蛋白合成及其他细胞的迁移。（c）修复阶段开始于损伤后的第3天至第5天。成纤维细胞沿着纤维蛋白带迁移，合成及沉积胶原、弹性蛋白及蛋白聚糖，成熟后形成纤维组织。微血管侵入伤口，增加氧张力及促进纤维组织形成。损伤后第3天至第5天开始在伤口边缘形成肉芽组织。健康肉芽组织对细菌定植抗性很高。随着伤口开始收缩，肉芽组织增生及成熟。（d）成熟期之后瘢痕组织形成及最后愈合。

猫被犬咬伤后可形成广泛的组织坏死，因此妨碍伤口一期愈合，这些伤口必须通过二期愈合闭合，而二期愈合可发生上述愈合期的变化。

诊断

主要诊断

- 病史：猫主常常目击到猫受到攻击及犬的摇头动作，并注意到猫的伤口。有时虽然猫已受伤，但可自行回家；但有时会发现猫仍在受攻击的地点附近。
- 临床检查：猫常常不愿走动且有疼痛；常不敏感。猫的被毛常因犬的唾液和猫的血液而湿润。开放创虽然没有深部伤口严重，但常常可见到。

治疗

主要疗法

- 稳定：猫必须先要稳定，采用的方法依创伤程度而不同。有些猫需要静脉输液以防止休克。如果胸部有穿透创或气管损伤，则需要采用氧气疗法。
- 急诊手术：如果发生胸壁穿透创或气管创伤，则应紧急施行手术。如果发生腹壁裂开，则需要立即施行手术修复或除去受损的腹腔器官。也可能需要采用手术控制出血。关于闭合受到污染的伤口，可参阅下列介绍。
- 镇静：镇静剂如丁丙诺啡，以0.005~0.01mg/kg IV，q4 ~ 8h IM或 SC，应在开始治疗时就给药。
- 抗生素：一开始就应注射广谱抗生素（头孢维星，cefovecin）或抗生素合用（氟喹诺酮加阿莫西林或氨苄青霉素加阿莫西林），一直用药到出院。
- 循环评估：四肢末梢的伤口可能会影响或破坏循环，必须要摘除。在足部水平测定血压可有助于评估循环活力。
- 清创：如果胸部或腹部损伤不需要立即施行手术的则应将猫稳定后清创，这可在猫入院时或第二天进行，通常需要镇静或施行全身麻醉。应除去伤口处的毛发，剪除伤口周围的被毛，用盐水或自来水反复冲洗除去环境污染的碎屑、犬的唾液及污染物。由于其广谱活性及残余活性，建议用稀的（0.05%）洗必泰溶液（chlorhexadine solution）冲洗；也可用1%或0.1%聚维酮–碘溶液冲洗。深部及污染的伤口不应缝合或采用假缝合与对应的皮肤闭合。如果闭合皮肤伤口，应考虑留置引流管。

辅助疗法

- 组织活力评估：5d左右皮血液肤循环可能恶化。如果在5d前闭合皮肤伤口，应告知猫主可能会发生皮肤脱落而需要再次施行手术。在这5d内没有活力的皮肤变为黑色、带蓝色的黑色或白色，之后发生脱落。
- 开放性创伤期（open wound phase）：损伤后3～5d开始形成肉芽组织。依伤口大小，所有无活力的组织脱落还需要数天或数周，此前不会发生最终的闭合，见图20–1（A）、图20–1（B）及图20–1（C）。
- 最终创伤闭合（final wound closure）：可通过临床判断确定开放创伤期完成的时间。伤口应该充满粉红色的肉芽组织而没有或很少有无活力的皮肤或深层组织。伤口很深或广泛时，即使仍然需要采用引流管防止血肿形成（seroma formation），但仍需采用手术闭合。闭合之前应清除所有无活力的组织，见图20–1（D）。
- 植皮：广泛的创伤可能需要用各种再造技术闭合，如VY成形术（V–to–Y plasty）、Z成形术（Z plasty）及有蒂皮瓣（pedicleflaps）等。
- 丁丙诺啡（buprenorphine）（剂量为0.01～0.02 mg/kg q8～12h PO）或美洛昔康（meloxicam）（0.05～0.1mg/kg q24～48h PO）应配发给猫主，用药3～7d。
- 抗生素：应在家给予广谱抗生素直到不进行伤口引流的初级愈合发生。

治疗注意事项

- 许多猫在大多数坏死组织脱落之前不愿采食。厌食可持续2周或更长。可能需要通过食管造口或胃造口插管饲喂以防止伤口不能愈合及开始发生肝脏脂肪沉积症。参见第253章和255章。

预后

依损伤的程度，猫被犬咬伤后可能会致命。如果能将猫成功地稳定，能生存数天，则预后良好，见图20–1（E）。猫主应对持续数周的愈合期有所准备，因此可能会需要2次以上的手术。

参考文献

Fossum TW. 1997. Surgery of the Integumentary System. In TW Fossum, ed., *Small Animal Surgery*, pp. 91–152. St. Louis: Mosby.

Griffin GM, Hold DE. 2001. Dog-Bite Wounds: Bacteriology and Treatment Outcome in 37 cases. *J Am Anim Hosp Assoc.* 37:453–460.

Waldron DR, Zimmerman-Pope N. 2003. Superficial Skin Wounds. In D Slatter, ed., *Textbook of Small Animal Surgery*, 3rd ed., pp. 259–273. Philadelphia: Saunders Elsevier.

Trout NJ. 2003. Principles of Plastic and Reconstructive Surgery. In D. Slatter, ed., *Textbook of Small Animal Surgery*, 3rd ed., pp. 274–292. Philadelphia: Saunders Elsevier.

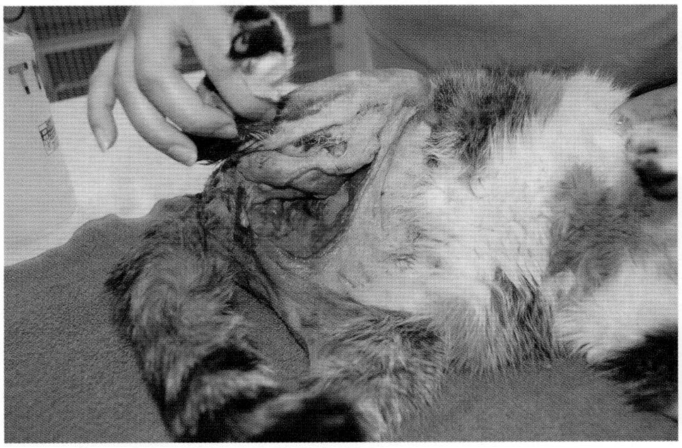

（A）

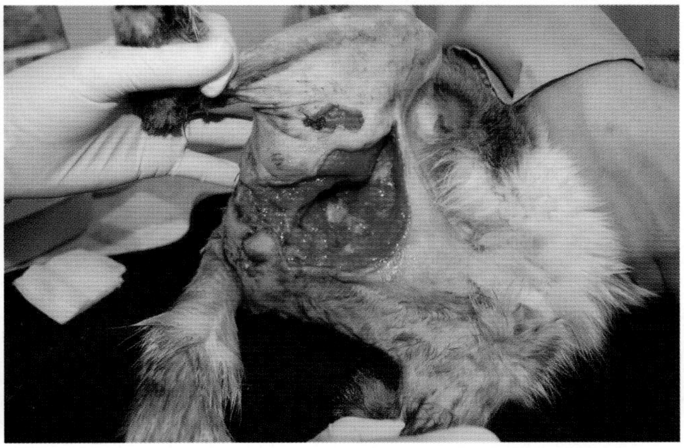

（B）

图20–1 7岁绝育的短毛猫，在其试图逃离时被2只犬从树中拉出。腹壁底部发生广泛咬伤。（A）创伤后第7天，皮肤脱落及肉芽组织形成。（B）第9天时大多数坏死组织已经脱落。

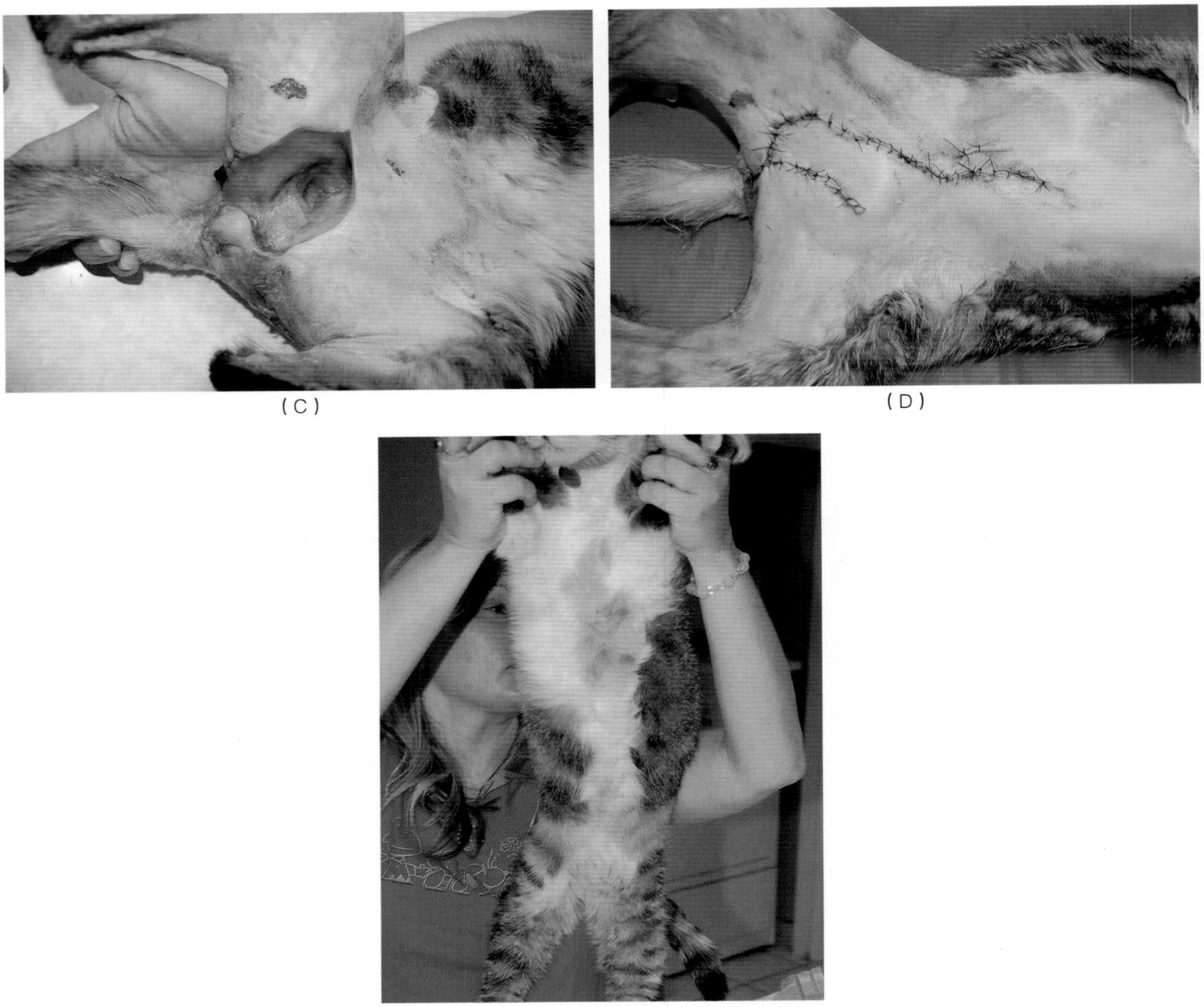

（C）　　（D）

（E）

图20-1（续）　（C）第16天时存在清洁的肉芽组织床，伤口可进行初步闭合。（D）手术闭合在第2天进行。（E）创伤后3个月，伤口愈合完成，被毛重新生长，猫表现为临床正常

第21章
猫咬伤
Bite Wounds：Felines

Gary D. Norsworthy

概述

无论猫是进攻者或是领地保卫者，其领地占有在很大程度上与其争斗行为有关。典型的猫咬伤是由于牙齿穿入皮肤及皮下组织所引起，留下直径很小，但具有一定深度的伤口。在咬伤后数小时内，皮肤刺穿伤口闭合，来自猫口腔及进入伤口的碎屑包埋在伤口内，因此常发生需氧菌及厌氧菌感染。形成脓肿的三个阶段包括脓肿前阶段（肿胀及疼痛）、脓肿形成（局部形成脓囊）及脓肿后阶段（脓液自发性通过皮肤流出）。脓肿形成发生在咬伤后3～5d。如果手术打开脓肿，则其通常会破裂，5～7d时脓液自发性流出（见图21-1）。有些猫可由于抗药菌、支原体、分支杆菌或真菌感染，或由于伤口内存在异物、死骨片，或由于猫免疫缺陷病毒（FIV）或猫白细胞病毒（FeLV）等免疫抑制状态而发生慢性瘘道（chronic draining tracts）。

蜂窝织炎（cellulitis）为上述过程的另外一种形式（见图21-2）。如果咬伤发生是在皮肤不松弛的部位，如远端肢端，感染会通过筋膜及肌面扩散，导致弥散性肿胀而不发生脓肿。昏睡、食欲不振、发热及跛行为早期症状。

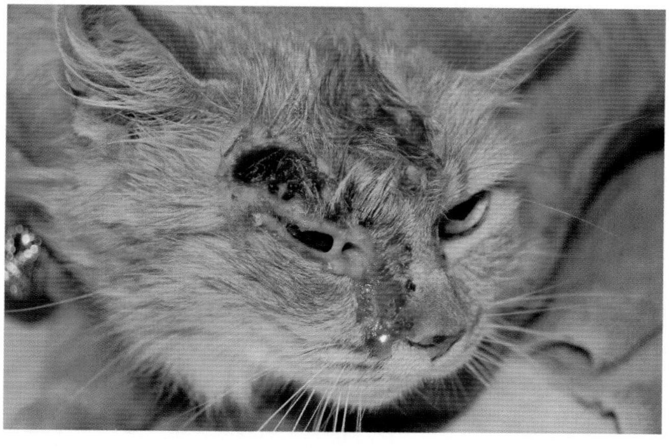

图21-1 猫的头部在5d前发生的两处咬伤。脓肿已经破裂，在诊治时已有脓液流出

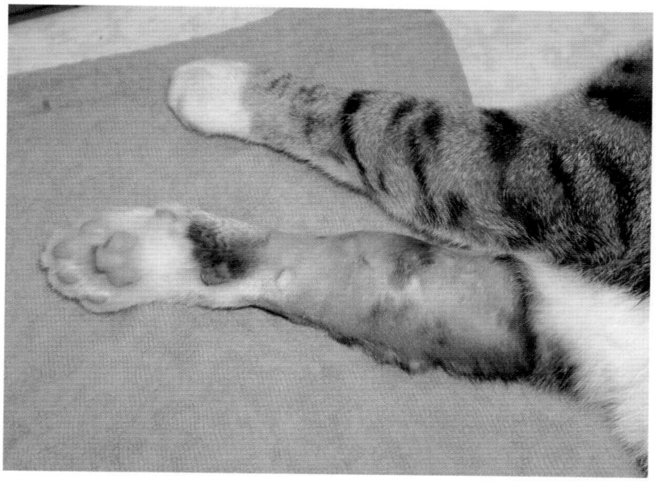

图21-2 猫的右前腿被另一只猫咬伤，由于该部位松弛的皮肤不多，因此发生蜂窝织炎

诊断

根据猫是进攻者或是防卫者，身体特定部位更有可能会发生咬伤（见图21-3）。如果在猫身体的任何部位发生肿胀而出现临床症状，就应怀疑是否发生了咬伤性脓肿。瘘道，特别是如果流出物恶臭，则说明病程已经发展到晚期阶段，通常存在厌氧菌感染。

主要诊断

- 病史：户外活动的猫或多只猫一同圈养时如果有争斗的历史则发生咬伤的风险较高。
- 临床症状：存在肿胀的疼痛区或瘘道，同时有发热时，应该怀疑发生咬伤性脓肿。

辅助诊断

- 培养及药敏试验（culture and sensitivity）：由于大多数感染是由于败血性巴氏杆菌（*Pasturella multocida*）所引起，因此通常无需进行培养及药敏试验；但对慢性引流性伤口应培养需氧菌、厌氧菌、真菌及分支

图21-3 身体的某些部位更有可能因争斗而被咬伤，这在很大程度上取决于猫是进攻者还是防卫者（绘图由《Journal Feline Medicine and Surgery》及Richard Malik博士提供）

杆菌。除巴氏杆菌外，最常分离到的微生物包括梭杆菌、拟杆菌、真杆菌（*Eubacterium*）、消化球菌（*Peptococcus*）、消化链球菌（*Peptostreptococcus*）、棒状杆菌（*Corynebacterium*）、放线菌（*Actinomyces*）及微球菌（*Micrococcus*）。

- 血常规：明显的中性粒细胞增多，典型的核左移。
- 逆转录病毒试验：复发及无反应性脓肿应该进行FeLV 和 FIV检查。虽然在猫咬伤后数天内通常 FeLV抗原试验为阳性，对FIV 抗体试验可能需要8周才能转阳。建议在就诊后8周进行检查，这样就不可能错过潜伏期的感染。但也有人建议在开始就诊时就进行检测，这主要是由于猫主对8周的检验时间有抱怨。如果两次检验都为阴性，则建议在第8周再进行检验。

诊断注意事项

- 由于本病的发病率高，因此如果存在瘘道时，特别是如果有发热及有户外活动的历史时，应怀疑发生了咬伤。

治疗

主要疗法

- 抗生素：由于败血性巴氏杆菌（*Pasturella multocida*）感染的发病率高，因此青霉素和头孢菌素为可选的治疗药物。如果在咬伤后头24h就开始治疗，可避免脓肿形成而治愈。抗生素疗法也是蜂窝织炎的首选疗法。
- 手术引流：手术打开脓肿可促进治愈。可在脓肿中央制备引流孔以促进脓性物质的排出，可用抗菌溶液冲洗或擦洗脓肿。也可置放引流管。如果采用引流管，最好将其留置于脓肿中央的皮肤作为出口，3～4d后再进行缝合，但脓肿通常在不缝合的2～5d内发生肉芽肿及闭合。蜂窝织炎时不适合采用手术引流。

辅助疗法

- 手术探查及切除：不能及早痊愈的脓肿应该用手术探查确定及除去异物。如果易于施行，则可采用手术方法除去慢性瘘管。
- 选择性抗生素疗法：对青霉素治疗无反应的咬伤感

染可能是由于其他微生物所引起，包括分支杆菌或L型细菌（bacterial L-forms）。建议对损伤部位进行培养及进行药敏试验。强力霉素或恩诺沙星（enrofloxacin）可对其他抗生素有抗性的脓肿有效，在不能进行培养或尚未得到药敏试验结果时可试用这些抗生素治疗。

- 头孢维星（cefovecin）：第三代头孢菌素头孢维星（Convenia®，Pfizer）对脓肿及蜂窝织炎有效，也可避免使用口服抗生素，其剂量为8mg/kg q14d SC。注射一次药效可持续2周，这一时间足以控制感染。这种治疗方法在猫对口服药物有抵抗时猫主能普遍接受。

治疗注意事项

- 由于公猫更倾向于通过争斗扩大其领地，因此建议去势。争斗常常导致脓肿及 FeLV 或 FIV 感染。
- 如果仍有可能发生争斗，建议使用 FeLV 及FIV疫苗免疫接种。

预后

如果及早诊断并采用抗生素治疗，争斗伤口感染的预后良好。对非愈合性伤口应对伤口渗出物进行培养，检查FeLV及FIV。这些病毒使得猫对重复及有抗性的感染更为敏感。

参考文献

Dowers KL, Lappin MR. 2006. The pyrexic cat. In R. Jacquie, ed., *Problem-Based Feline Medicine*, pp. 364–392. Philadelphia: Elsevier Saunders.

Greene CE. Feline abscesses. 2006. In CE Greene, ed., *Infectious diseases of the dog and cat*, 2nd ed. pp. 328–330. Philadelphia: WB Saunders.

第22章 芽生菌病 Blastomycosis

Sharon Fooshee Grace

概述

皮炎芽生菌（*Blastomyces dermatitidis*）为猫芽生菌病（blastomycosis）的病原，是一种二态性腐生真菌。本病在猫不太常见，大多数报告认为本病的发生无品种、年龄或性别趋势，但有报告发现本病在年轻的成年公猫更为多发。迄今尚未证明猫的芽生菌病与猫逆转录病毒感染之间具有相关性。

本病的病原分布广泛，在北美，本病在密西西比、俄亥俄及近五大湖（Great Lakes）的密苏里河谷（Missouri River valleys）和安大略、曼尼托巴（Manitoba）及南萨斯喀彻温（Southern Saskatchewan）呈地方流行性。有人试图从土壤中分离本菌，但成功的不多。生活在近水域的犬，如果生活区土壤湿润、呈酸性及富有有机质时发病的风险升高。本病曾在局限于室内活动的猫检查到。

吸入感染性分生孢子是引起感染的主要方式。一旦在肺脏引起感染，分生孢子转化为厚壁的酵母菌，其可通过血原性或淋巴途径传播。本菌通过从亲本生物芽殖的方式在宿主体内无性繁殖。

在猫的病例报告中本病呈散播性的方式较为常见，病程从数周到数月不等。可出现一些不明确的症状，如厌食、发热、失重及沉郁等。如果感染涉及肺脏，可产生最具器官特异性的症状（即咳嗽、呼吸困难、呼吸急促及肺脏呼吸音增强）。此外报道的症状还有炎性眼睛损伤［即前眼色素层炎（anterioruveitis）及脉络膜视网膜炎（chorioretinitis）］、中枢神经系统（CNS）症状（即共济失调和转圈）、淋巴结肿大、瘘道、结节及骨髓炎等。

一般认为本菌在酵母（组织）期［yeast （tissue） phase］对人或其他宠物没有感染性，但对开放瘘道必须要小心。由于可能会暴露到环境，因此应注意其公共卫生风险。

诊断

主要诊断

- 临床症状：居住或旅行到本病呈地方流行性地区的猫如果出现呼吸道症状、眼睛疾病［特别是眼后房（posteriorchamber）］、瘘道及结节和全身性疾病的症状，应怀疑发生了芽生菌病。
- 细胞学检查：确诊必须要鉴定病原微生物。本病的病原在渗出性病变及感染器官采集样品制成压片或用小针抽吸采集的样品。病原容易识别，采用瑞氏型染色时，病原呈中等到大的（5～20 μm） 嗜碱性酵母菌，具有特征性的厚度且有折射的波状壁。正在发芽的病菌以很宽的基部附着在亲本上。由其引起的炎性反应通常为脓性肉芽肿性（见图289-5）。

辅助诊断

- 血常规（CBC）、生化检查、尿液分析及逆转录病毒试验：曾报道有非再生性贫血，也可见到其他反映出特定器官感染的变化。
- X线检查：最常见的X线检查变化是弥散性粟粒状或结节状间隙性肺脏变化，也有报道发生胸膜及腹膜渗出及肝门淋巴结肿大（perihilar lymphadenopathy）的情况。参见图291-39 。
- 尿液抗原分析：MiraVista Labs（Indianapolis，IN，www.miravistalabs.com）建立了诊断人的芽生菌的尿液抗原分析方法，对诊断犬的芽生菌病也很灵敏。由于在猫报道的病例不多，因此本方法的应用也不多见，但结果仍很有希望。
- 血清学及皮内试验：这些方法诊断猫的芽生菌病并不可靠。

诊断注意事项

- 病菌在繁殖过程中出现的基部很宽的生芽附着对区分芽生菌及新型隐球菌（*Cryptococcus neoformans*）很

有帮助。

- 呼吸道症状并不能可靠诊断肺部病变，因此应在治疗前拍摄胸部X线片。如果肺脏病变严重，在开始治疗后应能预计呼吸症状的加剧，这种情况下可能需要支持性护理。
- 常规组织病理学染色可能难以可靠地染色芽生菌。如果怀疑为芽生菌病，应建议病理学采用其他染色方法［如过碘酸–希夫反应（periodic acid–Schiff reaction，PAS）、六胺银染色方法（Gomori’smethenamine silver）或Gridley氏染色］染色。
- 所有病猫均应收集其旅行史以及其以前居住地的地理位置信息。一直在室内圈养的猫感染的风险也很高。

治疗

主要疗法

- 伊曲康唑（itraconazole）：目前这是抗真菌的首选药物，但氟康唑的应用逐渐增加。伊曲康唑的用药剂量为5mg/kg q12h PO，可随同进餐给药以促进药物吸收。用药时可打开胶囊，将药物分装在明胶胶囊中或与罐装食品混合。口服液的生物可利用性比胶囊好。治疗的持续时间至少应达60d。如果仍存在临床症状，则疗程至少应在症状消失后再用药2个月。
- 氟康唑（fluconazole）：这种新的唑类药物与伊曲康唑相比具有较好的穿透眼睛和CNS组织的能力，因此在其通用型投放市场后应用逐渐增多。近来的研究报道表明多只猫在以5mg/kg q12h PO治疗3～5个月后康复。
- 需要时留置饲管，这样可使猫主能在家里为病猫提供合适的营养支持。

辅助疗法

- 如果病猫对伊曲康唑治疗没有反应，可选用氟康唑及两性霉素B进行治疗。两性霉素B可采用皮下给药，这种给药方法可减少药物的肾毒性。用药方法参见第43章。
- 治疗停止后应定期检查病猫是否会复发。

治疗注意事项

- 虽然猫一般对伊曲康唑具有耐受性，但在伊曲康唑治疗期间应定期进行血清生化检查，以检查是否会发生肝毒性。对具有肝毒性临床迹象的猫（即发生厌食和黄疸），应至少暂时性停止用药。无症状猫如果肝脏酶增加，则无需停止用药，但应注意观察。

预后

一般来说感染猫的预后随着采用伊曲康唑及氟康唑治疗而明显改进，对CNS受到影响的猫或由于非疾病而严重衰弱的猫，其预后谨慎。

参考文献

Bromel C, Sykes JE. 2005. Epidemiology, diagnosis, and treatment of blastomycosis in dogs and cats. *J Small Anim Pract*. 20(4):233–239.

Gilor C, Graves TK, Barger AM, et al. 2006. Clinical aspects of natural infection with *Blastomyces dermatitidis* in cats: 8 cases (1991–2005). *J Am Vet Med Assoc*. 229(1):96–99.

Legendre A. 2006. Blastomycosis. In CE Greene, ed., *Infectious Diseases of the Dog and Cat*, 3rd ed., pp. 569–576. Philadelphia: Saunders Elsevier.

第23章 失明
Blindness

Karen R. Brantman 和 Harriet J. Davidson

概述

视力丧失可因各种侵及眼睛及大脑的疾病所引起，因此重要的是确定致盲的原因，以治疗各种严重的或疼痛性疾病。在有些病例，视力可以恢复，但在有些病例猫和猫主必须要学会适应。猫主可能要求检查猫是急性失明或视力逐渐丧失。视力逐渐丧失的猫常常学会了代偿，因此猫主可能尚不清楚所发生的变化，因此兽医可能是进行常规检查时第一个知道猫的视力丧失的人员。视力受损或失明的猫仍可为良好的伴侣动物，但对环境应做出一些调整。

诊断

主要诊断

- 病史：完整的病史极为重要，应包括现发病、猫近来使用的所有药物及病猫在家时的整体状态。由于猫主常常让多个兽医就诊，因此应搜集每次就诊时的资料。关于视力的直接问题应集中在对病猫的行为、对周围事物的探查以及眼睛的一般外观等方面。猫主最早注意到的猫的视力情况、问题持续的时间、这段时间内所发生的变化以及猫对周围环境，如新的猫舍、新家具或家具的重新布置等发生的变化等，均应引起注意。开始时，以开放性的方式向猫主提问，以防止诱导猫主出现特定的答案。直接询问结束时应能证实或否定特定的结果。
- 视力检查，观察：猫的视力测定比较困难，即使最佳状态也只是一种主观测验。测定视力的最好方法是观察行为、对猫进行操控及眼科检查等综合考虑。开始时可简单观察猫如何把握自己，不操控时其眼睛的外观、在检查室其行为表现等。将猫置于新的环境中可帮助检查。失明的猫常不愿行走，会碰到物体，不能跳跃到升高的物体上，有时用前腿重步行走，就像用前爪探视物体一样。应记住的是，如果猫不能行走，则并不一定意味着其失明。可摇动物体，如棉球等，检查猫看见及追踪物体的能力。另外应该注意的是，虽然猫的视力完好，但其可能只是无视某物，其眼睛和头部并不移动。同样，如果猫不愿走动，迷宫试验（maze testing）也是另外一种很难进行的检查方法。
- 手动视力检查（vision assessment，hands on）：检查猫的视力时，可将猫的胸部抬起，置于一平面上，如果视力正常，本体感受能力正常（normal proprioception），则猫会伸出爪子准备站立。如果失明，则其在触到表面之前不会伸出爪子。随后再检查猫对恐吓的反应及眼睑反应。恐吓反应是一种学习获得的反应能力，一直到10～16周龄时才完全发育。重要的是应该注意，猫能克服恐吓反应；即使它们看见某物体迎面而来也不会眨眼或发生反应。此外还必须要注意，进行恐吓反应试验时，不能在角膜表面引起气流移动。气流感觉（air current sensation）测试角膜–眼睑反射（corneal–palpebral reflex），并不一定能反映视力的变化。如果恐吓反应为阴性，应触诊近眼睑部的脸面，确定猫是否能眨眼（眼睑反射）。如果不出现眼睑反射，则面神经可能受到影响。如果面神经没有机能，则出现阳性恐吓反应很微妙，例如眼球回缩（retraction of the globe）或将脸转开。
- 眼科检查：由于引起视力丧失的眼睛疾病各种各样，因此应进行全面的眼科检查，包括瞳孔光反射及眩光反射（pupillary light and dazzle reflexes），测定眼内压及扩瞳进行全面的晶状体及眼底检查。刺激眩光反射可采用强光照射眼睛，观察眨眼、睑裂缩小或将头转开等反应。瞳孔光和眩光反射为皮层下反应（subcortical responses），单独并不能确定视力。猫可能会因大脑皮质受损而失明，但对瞳孔光反射（pupillary lightreflex，PLR）及眩光反应（dazzle response）呈阳性。在这种情况下，也有可能患有其他神经损伤，因此应在PLR、眩光反射及恐吓反应之后对所有脑神经进行检查。

辅助诊断

- 视网膜电图（electroretinogram）：测定视网膜的电活动可用于确定视网膜的机能，这是眼科进行的一种特殊试验。试验可在动物清醒状态下进行，以确定视网膜占位病变（mass retinal effect）。对一些细微变化的特殊测定常常需要进行全身麻醉。
- 视觉诱发电位（visual-evoked Potentials）：这是另外一种电诊断法（electrodiagnostics），检查视神经、视束及枕叶皮质区的完整性。
- 大脑影像检查：磁共振成像（magnetic resonance imaging，MRI）是评价眼睛软组织、视神经、视束及大脑的最好方法。如果未能诊断出特定的眼睛疾病，可考虑采用这种方法。

治疗

主要疗法

- 特殊治疗：治疗的方式依特定疾病而定。眼色素层炎、青光眼、白内障及视网膜疾病可导致失明，在许多情况下是可以治愈的。参见第31章、85章及223章。

辅助疗法

- 适应：如果不能恢复视力，猫主应该清楚可能病猫需要特殊关照及对环境做出一些调整。
- 环境：失明的猫置于新的环境中时，其行为可发生暂时性变化。如果不熟悉其周围的环境，病猫可表现攻击、特别胆小及表现藏匿。失明的猫需要一定的时间来调整其对周围环境的适应。为了防止发生问题，猫的饲料、水碗以及猫沙盆应置于相同位点且置于房间的地面上。大多数失明的猫会逐渐习惯周围环境，可适应及记住这些物体放置的地点。对周围环境已经熟悉的猫如果这些物体不是新近移动，则很少能碰到。由于猫的特殊感觉能力，可学会跳跃及攀爬，但这种能力在个体之间差别很大。
- 游玩时间：采用带声音或气味的物体让失明的猫游玩可提高其生活质量，但不一定非要用这类物体玩耍。有些猫能补偿其视力的丧失而恢复正常活动，如在家具上跳跃及追逐某些物体。曾观察到失明的猫从窗口向外凝望。
- 户外活动：虽然失明猫其他感知仍很机警，甚至比正常时还高，使其能感知周围环境，但失明的猫不应无限制地在户外活动。它可轻易地被气味或声音引入歧途，而且不能找到回家的路。
- 眼球摘除：眼球损伤的猫可能会发生晶状体破裂，有些可能发生眼内肿瘤或难以治疗的青光眼，在这些情况下可施行眼球摘除术。发生的肉瘤通常为恶性，可沿着视神经发生局部浸润。参见第122章。

参考文献

Martin CL. 2001. Evaluation of patients with decreased vision or blindness. *Clin Tech Small Animal Pract*. 16(1):62–70.

第24章 博德特氏菌感染 Bordetella Infection

Teija Kaarina Viita-aho

概述

支气管炎博德特氏菌（*Bordetella bronchiseptica*）又称博代氏菌是一种需氧革兰氏阴性杆菌，可引起许多哺乳动物的呼吸道感染。在犬，本菌可引起传染性气管支气管炎（infectious tracheobronchitis），也称为犬窝咳（kennel cough）。支气管炎博代氏菌可能是猫的主要病原，但也可继发感染或与其他呼吸道病原如猫疱疹病毒（feline herpesvirus，FHV-1）、猫杯状病毒（猫流感病毒/猫嵌杯样病毒/猫杯状病毒，feline calicivirus）及猫披衣菌（猫亲衣原体，*Chlamydophila felis*）共同作为病原而感染猫。

暴露本病原的情况极为普遍，因此在猫种群中的感染广泛存在。具有呼吸道疾病的猫，支气管炎博德特氏菌的流行率为3%～14%，临床健康的猫流行率为1%～10%。具有呼吸道病史的猫，分离到本菌的占21%。血清阳性率据报道可能更高，患病猫可高达60%，临床健康猫达40%。如果猫的密度更高，如救助动物所及多只猫共居时，血清阳性率最高。过度拥挤、应激及卫生状况不良可诱发感染。

病原菌可经口腔及鼻腔分泌物排出。主要感染途径为口鼻腔。本病主要通过直接接触传播，病原菌在宿主体外生存时间不长。但在高度污染的环境中病原菌可在宿主体外生存很长时间而使其能随着感染的口腔和鼻腔分泌物间接传播。许多常用的消毒剂及极端条件下的pH及温度即可轻易杀灭本菌。

本病的潜伏期为2～5d。最常见的临床症状为打喷嚏、眼睛及鼻腔出现分泌物及咳嗽，但咳嗽在猫不如在患有本病的犬常见。不过如果猫表现咳嗽，则应怀疑发生本病，参见第42章。其他临床症状包括肺脏呼吸音增强、发热及淋巴结肿大。临床症状通常在10d后缓解。卫生条件不良及过度拥挤可引起感染的发生，也可增加临床症状的严重程度。偶尔可发生严重的临床症状，如肺炎、呼吸困难及紫绀等。肺炎可为全身性或局部性，通常见于10周龄以下的仔猫，但老龄猫也可发生。猫感染支气管炎博德特氏菌的许多临床症状与其他呼吸道病原感染（除咳嗽外）相似，因此本病只依靠视诊或查体难以确定。

与犬邻近生活的猫支气管炎博德特氏菌感染的流行升高，因此感染可在犬和猫之间传播。此外，感染支气管炎博代氏菌的猫可作为犬感染的宿主（reservoirs），特别是在动物救助所更是如此。

由于支气管炎博德特氏菌也是人的病原，因此支气管炎博德特氏菌也可在猫和猫主之间传播。免疫机能不全的人发生动物传染病感染的风险最高。

有些猫可在急性感染后成为支气管炎博德特氏菌的带菌者，感染后持续排出病原菌长达数周。感染后也可能在临床上不表现症状。长期无症状带菌的情况也见有报道，带菌猫只在应激时排出病菌。

诊断

主要诊断

- 聚合酶链式反应（polymerase chain reaction，PCR）试验：有些实验室可通过PCR试验诊断支气管炎博德特氏菌。PCR为一种快速的诊断方法，灵敏度及特异性高。采样时可从口咽部或鼻腔用无菌棉球采集。
- 细菌分离：分离细菌的样品可从口咽部用灭菌棉花拭子或通过冲洗支气管或支气管肺泡灌洗采集。如果鼻腔有分泌物，则可用鼻腔拭子采集样品。采样后将拭子立即置于活性炭转移培养液（charcoal transport medium）中，在选择性活性炭－头孢氨苄琼脂培养基（selectivecharcoal– cephalexin agar）上培养。

诊断注意事项

- 由于猫群中血清阳性率高，因此血清学方法没有多少诊断价值。
- 因为许多猫为无症状带菌者，即使口咽部分离到支气管炎博德特氏菌的结果时也应慎重。但呼吸道后部有症状的猫，从其支气管肺泡灌洗样品中鉴定到支气管炎博德特氏菌时则具有诊断意义。

- 慢性带菌者排出的病原通常较少，可能需要对口咽部样品重复进行培养。此外，分离培养并不能证实分离到的细菌就是呼吸道疾病的病原。

治疗

主要疗法

- 强力霉素：为首选治疗药物，剂量为5mg/kg q12h PO或10mg/kg q24h PO，治疗4周。据报道强力霉素可引起食管狭窄及食管炎。为了降低危险，最好使用强力霉素悬浮液而不用片剂。此外，应将水注入猫的口腔或将片剂用黄油润滑。强力霉素及其他四环素类药物如果在妊娠母猫或仔猫应用，可引起牙齿变色，不过强力霉素要比四环素安全。作者曾在4～5月龄的仔猫使用强力霉素，未发现引起牙齿问题。

辅助疗法

- 氟喹诺酮类药物：这类药物也有效。恩诺沙星以5mg/kg q24h PO剂量用药。由于大剂量使用恩诺沙星可引起失明，因此应避免剂量过大。与犬相反，猫用恩诺沙星治疗之后不易诱发软骨毒性不良反应（chondrotoxic side effects）。未发现麻氟沙星（Marbofloxacin）具有引起眼睛疾病的不良反应，其剂量为2.75～5.55mg/kg q24h PO。
- 克拉维酸强化阿莫西林（clavulanic acid –potentiated amoxicillin）：以20mg/kg q12h PO给药4周，可安全用于仔猫及妊娠母猫，但支气管炎博德特氏菌对其敏感性不如强力霉素，因此在后期可能还需要采用强力霉素进行治疗，以确保病原菌能从体内消除。
- 具有严重症状的猫可能需要采用支持疗法，如静注液体以纠正脱水及恢复电解质和酸碱平衡。

治疗注意事项

- 无症状或中度患病时通常不需要采用抗菌药物治疗，但在猫表现更为严重的症状或症状持续时间长时则需要治疗。有人建议即使在中度病例，由于支气管炎博德特氏菌可定植于呼吸道后段而引起更为严重的疾病，因此应采用抗菌药物进行治疗。

预防

- 有些欧洲国家及美国有支气管炎博德特氏菌灭活鼻内活疫苗。由于感染通常不严重，因此这种疫苗并不是必须免疫的疫苗（core vaccine）。如果猫要生活或移动到曾患博德特氏菌病的高密度猫群，如发生地方流行性支气管炎博德特氏菌的庇护所时，应考虑免疫接种。鼻内免疫接种易于实施，猫也可忍受。免疫接种后猫可能会表现中度的暂时性打喷嚏或流出清亮的眼分泌物。
- 免疫接种不能阻止感染，但可明显减轻临床症状。免疫保护可在接种疫苗后 72h内开始，这种快速诱导的保护作用在暴发本病时极为有用。免疫力可至少持续1年，因此每年进行免疫接种可提供持续保护作用。
- 注射活疫苗的猫可排菌达4～5d。因此，如果猫主免疫机能不全，由于支气管炎博德特氏菌可传染给人，因此应避免免疫接种。另外，如果需要免疫接种，可在注射疫苗后将猫隔离1周，防止其向易感个体的传播。此外，免疫机能不全的猫不应进行免疫接种。

预后

对于轻微病例，本病的预后良好，但如果发生严重的肺炎，并且是仔猫发生时，则预后不良。

参考文献

Binns SH, Dawson S, Speakman AJ, et al. 1999. Prevalence and risk factors for feline *Bordetella bronchiseptica* infection. *Vet Record*. 144:575–580.

Egberink H, Addie D, Belák S, et al. 2009. *Bordetella bronchiseptica* infection in cats ABCD guidelines on prevention and management. *J Fel Med Surg*. 11:610–614.

Helps CR, Lait P, Damhuis A, et al. 2005. Factors associated with upper respiratory tract disease caused by feline herpesvirus, feline calicivirus, *Chlamydophila felis*, and *Bordetella bronchiseptica* in cats: experience from 218 European catteries. *Vet Record*. 156:669–673.

Speakman AJ, Dawson S, Binns SH, et al. 1999. *Bordetella bronchiseptica* infection in the cat. *J Small Anim Pract*. 40:252–256.

Williams J, Laris R, Gray AW, et al. 2002. Studies of the efficacy of a novel intranasal vaccine against feline bordetellosis. *Vet Record*. 150:439–442.

第25章 臂神经丛神经病 Brachial Plexus Neuropathy

Gary D. Norsworthy

概述

臂神经丛神经障碍（brachial plexus neuropathy）为影响运动及在一定程度上影响臂神经丛感觉神经的疾病。对本病的病因尚不清楚，有人认为直接针对来自臂神经丛的神经特异性表位而发生的免疫介导反应发挥了一定作用。本病典型的临床症状是只有前肢轻瘫或麻痹，脊反射（spinal reflexes）抑制。前肢意识本体感受（conscious proprioception，CP）消失，但后肢正常（见图25-1）。如果病程长，则可发生前肢肌肉萎缩。虽然受影响的神经和肌肉似乎只是在前肢，但其他外周神经也可能受损，只是在临床上不太严重。曾报道过2例病猫及3例病犬在7～14d内自然康复，1例为作者治愈。在报道的猫的病例中，1例在13个月后复发，但再次自然康复。

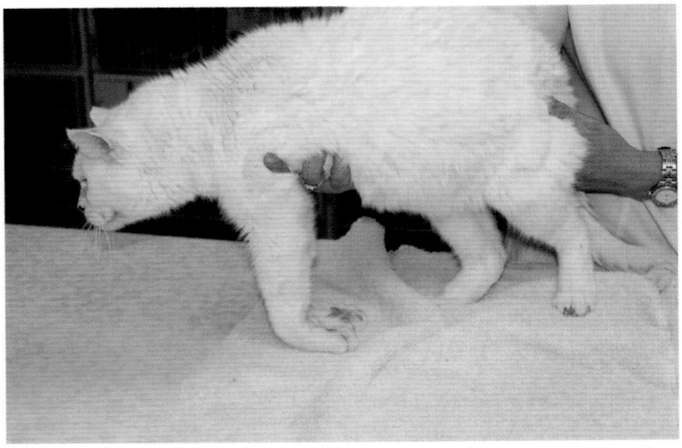

图25-1 臂神经丛神经病障碍的主要特点是神经机能缺失（neurological deficits），包括前肢的意识本体感受消失，但后肢的意识本体感受正常

诊断

主要诊断

- 临床症状：病猫表现前肢轻瘫或麻痹。在研究过的少数病例中，这是唯一能观察到的临床症状。
- 肌电图测试（electromyographic testing）：受影响的外周神经传导异常。采用这种诊断方法可以鉴别受影响但与临床症状无关的神经。

诊断注意事项

- 根据临床症状可提出假定诊断。未见报道有其他引起前肢轻瘫但不影响后肢的非创伤性疾病。

治疗

主要疗法

- 在观察到的病例可发生自然康复。7d内症状改善明显，14d内猫可表现正常。

辅助疗法

- 如果有疼痛可采用镇痛疗法。

治疗注意事项

- 未见报道有其他治疗方法。

预后

本病预后良好，但有复发及再次康复的可能。

参考文献

Freeman PM, Harcourt-Brown TR, Jeffery ND, et al. 2009. Electrophysiologic evidence of polyneuropathy in a cat with signs of bilateral brachial plexus neuropathy. *J Am Vet Med Assoc.* 234(2):240–244.

第26章 短头综合征 Brachycephalic Syndrome

Mac Maxwell 和 Gary D. Norsworthy

概述

犬的短头综合征（brachycephalic syndrome）是直接与鼻腔和口腔缩短有关的一类症候群，其中一种或数种症候可见于短头品种的犬，特别是英格兰牧羊犬最为明显且影响最严重。犬发病时主要表现为鼻孔狭窄、软腭延长及气管发育不全。可能发生的继发性变化包括喉水肿（laryngeal edema）、气管塌陷、扁桃体外翻（tonsillar eversion）、气管塌陷及喉小囊外翻（laryngeal saccule eversion）。呼吸系统受到影响是最为明显的结果。临床症状可表现多样，从喘鸣式呼吸（stridorous breathing）或体力不支（exercise intolerance）到紫绀及崩溃不等。

猫的短头综合征并不只表现为呼吸综合征，包括呼吸道疾病（即鼻腔狭窄、软腭延长），也可影响舌、眼和齿。扁桃体、喉和气管等引起的呼吸道病变在猫罕见。波斯猫和喜马拉雅猫是最常受影响的品种。在瑞典进行的研究表明，波斯猫的寿命要明显比其他8个品种的短，因此本章介绍的疾病可能与此有关。

短头角膜疾病

概述

猫的角膜包围约30%的眼球，短头畸形可引起眼球喙状突出（rostral protrusion of the eyeball），导致更多的角膜与环境因子接触，可引起复发性或慢性角膜炎、角膜溃疡、角膜瘢痕形成及角膜腐片（corneal sequestra）。这些疾病详见第41章和第124章。

诊断

主要诊断

- 眼科检查：应采用第299章介绍的眼科检查中检查角膜的方法进行检查。鉴定进行性角膜溃疡时必须采用荧光染色检查。角膜死片为局部性的黑色硬瘢痕，位于近角膜中心（见图124-2）。

诊断注意事项

- 角膜炎、角膜瘢痕形成及角膜溃疡形成的慢性或复发的特性为猫短头畸形的特征性表现。

治疗

主要疗法

- 参见第41章和第124章。

预后

经治疗短头畸形角膜疾病的猫预后良好，但由于发生本病时的面部构造难以发生改变，因此可能需要重复治疗。由于复发，常常可在角膜上造成大面积永久性的瘢痕。

波斯猫的特发性面部皮炎

概述

波斯猫特发性面部皮炎（idiopathic facial dermatitis of Persians）见于波斯猫和喜马拉雅猫，也称为波斯猫脏脸综合征（Persian dirty-face Syndrome）。由于本病具有强烈的品种倾向，因此有人认为短头畸形或其他与品种有关的遗传因子可能与发病有关。但短头品种的猫其鼻泪管系统通常不能发挥作用，因此常常会因泪漏（epiphora）而导致面部潮湿。特征性的检查结果是黑色的蜡样碎屑蓄积于眼睛周围的皮毛上，有时也可蓄积于嘴巴和下颌周围（见图26-1），也常见外耳炎。最初时并不瘙痒，但如果发生炎性变化，则可出现瘙痒，可出现渗出物，面部出现红斑褶及眼睛出现黏液性分泌物。耳前皮肤出现红疹或耳道内有黑色蜡样碎屑而发生耵聍性外耳炎。有时可发生继发性细菌感染及马拉色菌性皮炎，即使能成功治疗，症状仍可持续存在。

图26-1 眼下出现黑色蜡样物质是波斯猫特征性面部皮炎的典型症状

诊断

主要诊断

- 临床症状：波斯猫及喜马拉雅猫发生前述损伤具有诊断意义，但在喜马拉雅猫由于其患病部位的皮毛呈黑色而更难诊断。

辅助诊断

- 培养及细胞学检查：真菌和细菌培养以及细胞学检查可以确定是否发生需要治疗的继发性感染。

治疗

主要疗法

- 尚未见有成功治疗本病的报道，且目前难以治愈。

辅助疗法

- 皮脂溢（seborrhea）：采用抗皮脂溢的药物在减少蜡样物质的分泌上具有一定作用。洗必泰（3%）擦洗垫（Douxo，chlorhexadine 3% PS Pads；Sogeval，Coppell，TX）在有些猫具有作用，但使用时应注意不要让洗必泰渗入眼睛。
- 抗真菌药物：唑类抗真菌药物（伊曲康唑，氟康唑）可用于马拉色菌感染。
- 其他：有研究采用口服环孢霉素治疗获得了较好的疗效。甾体激素、强力霉素、消除过敏及食物疗法等在有些病例具有一定的效果。

鼻孔狭窄

概述

鼻孔狭窄（stenotic nares）是猫最常见的短头综合征的一种呼吸道形式，其可导致鼻腔在呼气时开孔很小，在吸气时几乎关闭，见图26-2（A）。如果运动，则猫可出现强制性的开口呼吸。

诊断

主要诊断

- 查体：如果观察到鼻腔开口狭窄即可诊断。当呼吸的速度和深度增加时，鼻腔狭窄可能更为严重。

治疗

主要疗法

- 手术治疗：这种疾病的治疗应采用手术改造鼻腔的方法。可采用CO_2激光清理鼻腔，见图26-2（B）。另外一种方法是在每个鼻孔的侧面按照下述方法手术除去一块楔形组织。

手术过程

- 见图26-2（C）。用钳子抓住鼻孔，用11号刀片做一垂直楔形切口，先切开中间，之后切开侧面。
- 用3-0或4-0缝合线（polydiaxanone）对合鼻孔切缘。
- 在对侧鼻孔重复同样手术，应注意做出同样形状的楔形切口。

咬合不正

概述

咬合不正（malocclusion）是指颌关节闭合时上下齿接触不正常。发生短头畸形时，牙齿常由于拥挤而向背面旋转及移位。所有牙齿均可受影响，但最常影响犬齿。

诊断

主要诊断

- 口腔检查：检查口腔可较易发现存在有咬合不正，见图26-2（A）和图26-3 。

治疗

- 不需治疗：在大多数病例，由于口腔仍能发挥机能，

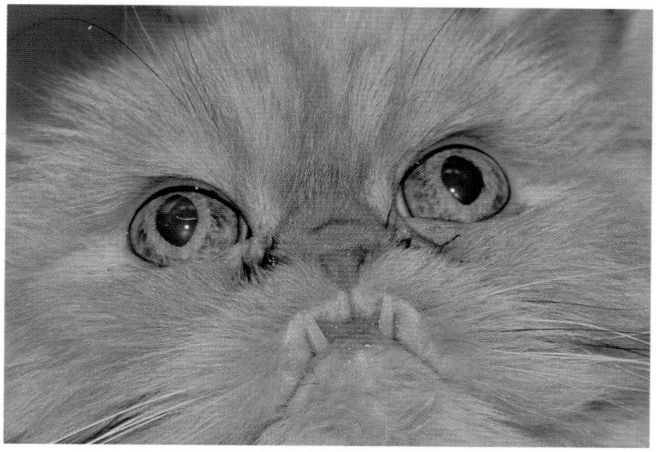

（A）

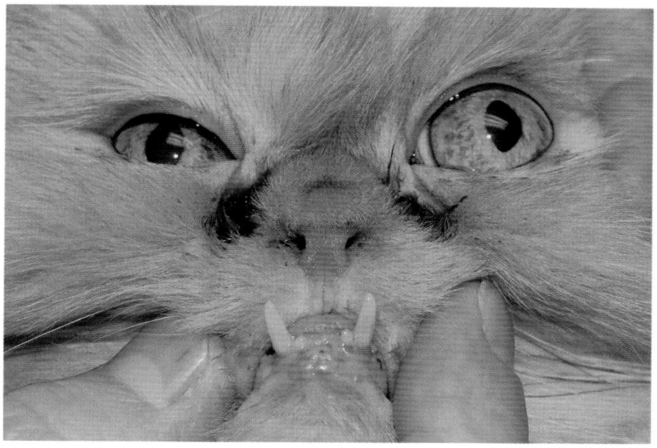

（B）

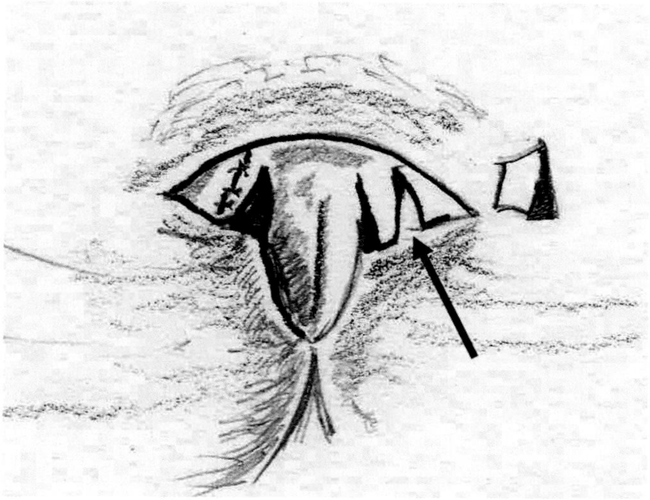

（C）

图26-2 猫的鼻孔狭窄。（A）鼻孔明显狭窄，在吸气时几乎完全闭合。（B）鼻腔开放，因此手术后2个月气道损伤已不成问题。采用CO_2激光清理鼻腔。注意该猫也患有分散性斜视。（C）也可采用这种手术方法对狭窄的鼻腔进行纠正。可做一垂直向的楔形切口（箭头）以除去部分组织。缝合闭合楔形切口，牵拉开鼻腔

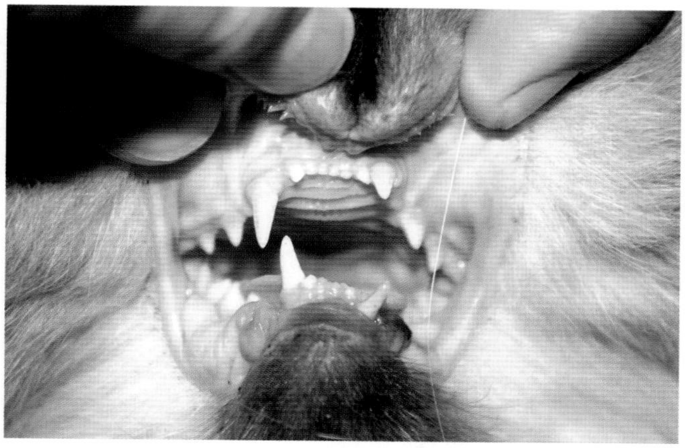

图26-3 咬合不正，通常与犬齿异常有关，常见于短头畸形的猫

因此无需治疗。在这些情况下，病情只是影响美观而已。

- 畸齿矫正（orthodontics）：在有些病例，牙齿的方向不正可采用牙齿矫正使其恢复到正常位置。可参阅有关兽医牙科的教材或咨询兽医牙科医生。
- 拔牙（extractions）：影响咀嚼或口腔闭合的牙齿或引起猫主极为关注的牙齿可施行拔牙。参见第243章。

预后

一般来说，由于大多数病猫采食不会出现问题，因此本病的预后良好。如果采用拔牙或牙齿矫正，则预后也良好。

发散性斜视

概述

斜视为由于单眼或双眼正常方向偏离，因此不能同时瞄准同一物体的视力障碍。发散性斜视（diverging strabismus）可作为一种聚焦异常（converging abnormality，crosseyes）或一种分散异常（diverging abnormality，walleyed）而发生。

诊断

主要诊断

- 查体：查体时双眼视力分散，见图26-2（A）及图26-2（B）。

治疗

主要疗法

- 不治疗：本病没有治疗方法。

预后

由于发生本病时眼球感知不会受到明显损害，因此预后较好。

舌引伸

概述

偶尔情况下舌不能缩短到下颌和上颌那样的程度，由此导致舌从口腔伸出，形成舌引伸（elongated tongue）。这种情况常见于短头畸形的猫，但通常不足以严重到需要治疗。严重时舌头很长，可以突出1cm以上，而且不能缩回口腔，由此导致舌尖干燥。见图26-4（A）。舌头可发生感染或溃疡。

诊断

主要诊断

- 查体：口腔闭合的情况下观察舌的状况具有诊断意义。如果舌尖持续表现干燥，则建议进行治疗。

治疗

主要疗法

- 手术治疗：手术摘除舌头的喙状部1～2cm（部分舌截除术，partial glossectomy）具有疗效。

手术步骤

- 全身麻醉，将舌的喙状部拉伸到门齿处。
- 将非压迫性夹钳（noncrushing clamp）（如Doyen夹钳）靠近将要切除的部分夹住舌的喙状部，见图26-4（B）。
- 用10号外科手术刀片切除舌的喙状部，见图26-4（B）。
- 根据需要用电烙术、手指压迫或结扎血管止血。
- 用4-0或3-0缝合线简单结节缝合上皮缘。
- 康复通常需要10～14d，见图26-4（C）。

软腭延长

概述

短头畸形犬软腭延长（elongated soft palate）可能很严重而足以明显影响到呼吸。短头畸形的猫其软腭也可延长而引起打鼾，特别是在睡眠时，或与犬一样影响呼吸。是否对这种情况进行治疗应根据临床症状的严重程度决定。

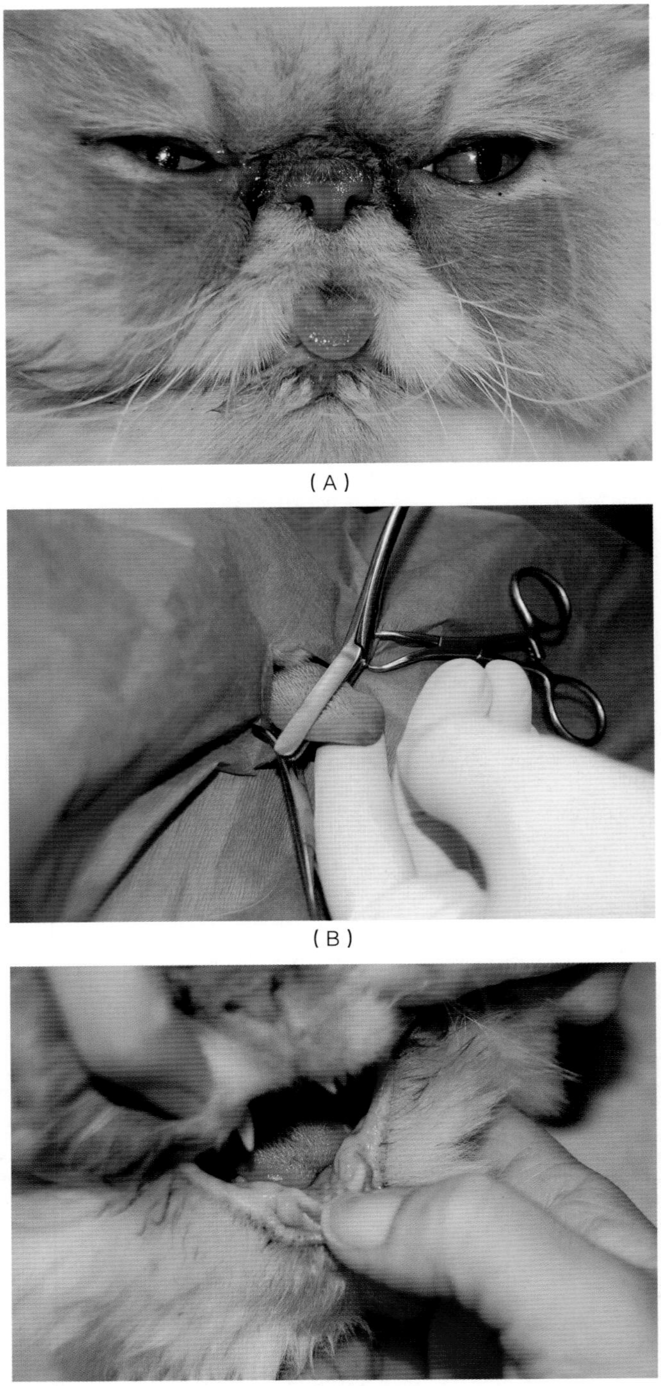

（A）（B）（C）

图26-4 猫的舌引伸。（A）延长的舌头1 cm以上从口腔突出。舌尖经常表现干燥。（B）采用Doyen夹钳在切除舌尖时控制出血。（C）手术后1个月舌部痊愈，正常缩回口腔

诊断

主要诊断

- 病史及临床检查：如果猫主主诉猫打鼾，则应检查确定是否软腭为主要原因。
- 麻醉后检查：喉镜检查可查看软腭后部是否在呼吸时

与会厌软骨接触。

- X线检查：颈部侧面用高质量的X线片可观察软腭后部的延长程度（见图26-5）。

治疗

主要疗法

- 不需治疗：如果临床症状不严重（打鼾），猫主能够忍耐猫的鼾声，则无需治疗。
- 手术治疗：如果软腭很长而干扰空气顺利地进入喉头，或者猫主难以忍受鼾声，则可施行手术。可用CO_2激光同时切除及烧灼软腭延长的后部，或者用常规手术方法，但手术范围会受到限制。

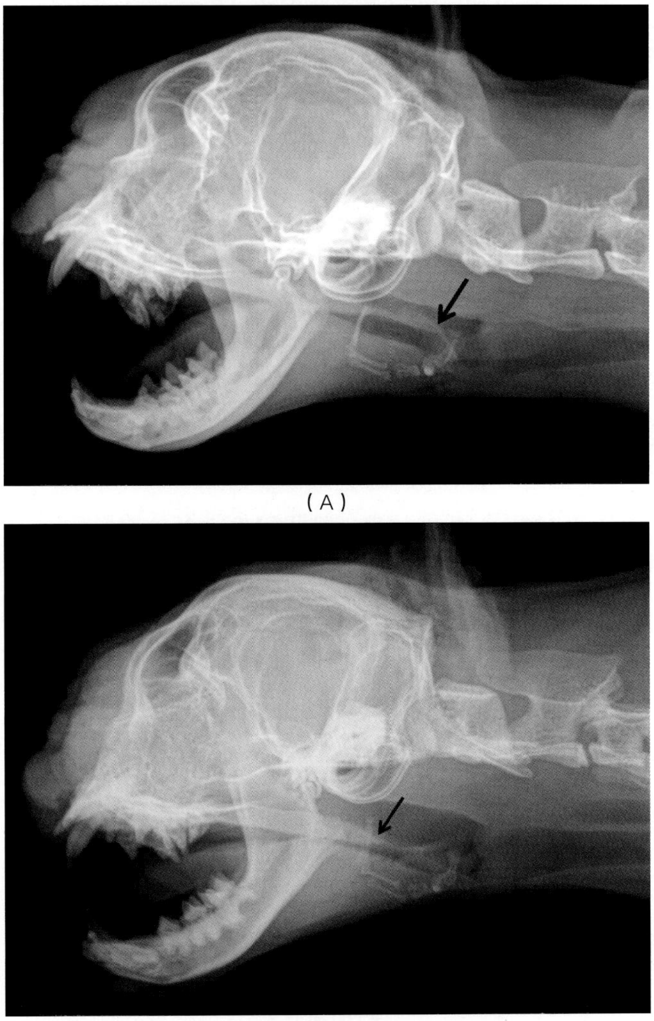

（A）

（B）

图26-5 猫的软腭延长。（A）侧面X线片显示会厌软骨上的软腭后部（箭头）。（B）注意另外一例短头畸形猫正常软腭的长度（箭头）

手术方法：软腭切除术

- 病猫伏卧，抬高头部。将气管内导管固定到下颌以观察软腭。
- 确定切除的界标：会厌的喙状尖及扁桃体隐窝（tonsillar crypts）的后缘。
- 将牵引缝线（stay sutures）置于切除位点嘴侧的软腭侧面。
- 用密氏（Metzenbaum）剪在软腭与会厌接触的尖端横断软腭。
- 用3-0或4-0缝合线以单纯连续缝合的方式缝合黏膜的背面和腹面。此外，也可将软腭部分横断并进行缝合，以减少出血。

预后

在引起打鼾的轻度病例，只要猫主能够耐受鼾声且不严重影响呼吸，则本病的预后良好。在严重病例，如果手术切除软腭，则预后良好。

参考文献

Bond R, Curtis CF, Ferguson EA, et al. 2000. An idiopathic facial dermatitis of Persian cats. *Vet Dermatol*. 11:35–41.

Egenvall A, Nodtvedt A, Haggstrom J, et al. 2009. Mortality of life-insured Swedish cats during 1999–2006: Age, breed, sex, and diagnosis. *J Vet Intern Med*. 23:1175–1183.

Fontaine J, Heimann M. 2004. Idiopathic facial dermatitis of the Persian cat: three cases controlled with cyclosporine. *Vet Dermatol*. 15:64.

Griffon DJ. 2000. Upper airway obstruction in cats: Pathogenesis and clinical signs. *Compendium*. 22(9):822–829.

Griffon DJ. 2000. Upper airway obstruction in cats: Diagnosis and treatment. *Compendium*. 22(9):897–906.

Malik R, Sparkes A, Bessant C. 2009. Brachycephalia—a bastardisation of what makes cats special (editorial). *J Fel Med Surg*. 11:889–890.

Ordeix L, Galeotti, F, Scarampella F, et al. 2007. *Malassezia* spp overgrowth in allergic cats. *Vet Dermatol*. 18(5):316–323.

Schlueter C, Budras KD, Ludewig E, et al. 2009. Brachycephalic Feline Noses: CT and anatomical study of the relationship between head conformation and the nasolacrimal drainage system. *J Fel Med Surg*. 11:891–900.

第27章
慢性支气管疾病
Bronchial Disease，Chronic

Philip Padrid

概述

猫的慢性支气管疾病最常以两种方式发生，即慢性支气管炎和哮喘。慢性支气管炎是指气道下段引起日常咳嗽的炎症性疾病，但不包括引起咳嗽的其他疾病（即犬心丝虫病、肺炎、肺线虫病及肿瘤等）。哮喘可更为宽松地定义为引起气流受限，但能自行康复或药物治疗后能康复的气道后段的疾病。气流受限常常是有些气道炎症及气道平滑肌收缩的综合结果。哮喘的症状可能很严重，包括急性喘息及呼吸窘迫。但有时哮喘引起的气流受限的唯一症状是日常的咳嗽，这在人称为咳嗽变异性哮喘（“cough-variant” asthma）。

临床症状差别很大。患支气管炎的猫每天咳嗽，但在咳嗽暴发之间可能完全无任何症状；而有些患支气管炎的猫在休息时可表现呼吸急促。发生哮喘的猫可表现咳嗽、喘息及每天要尽力呼吸。在轻度病例，症状可能只是偶尔发生的简短咳嗽。有些患有哮喘的猫可能在偶尔暴发急性气道阻塞之间无任何症状。发病严重的猫可能表现持续性咳嗽，会发生多次危及生命的急性支气管狭窄（bronchoconstriction）。

哮喘性呼吸道炎症及高敏性（hyperreactivity）的发病机制显然是多因素性的。大量的研究表明T淋巴细胞与嗜酸性粒细胞在气道内的互作可能在人的气道炎症和气道高敏性的产生中发挥重要作用。近来在哮喘发病机制方面进行的大多数研究表明，效应淋巴细胞可能广泛参与，以细胞因子分泌范型的方式，Th2淋巴细胞亚型产生细胞因子，促使哮喘性炎症的发生。重要的是，在猫建立的模型中证明，在抗原诱导的哮喘模型中，Th2驱动的细胞因子发生变化。

除了哮喘外，没有其他疾病能引起急性可逆性非进行性喘息及呼吸急促。引起猫咳嗽及呼吸急促的其他原因包括：

- 慢性非传染性支气管炎。
- 寄生虫性气管支气管炎，包括猫圆线虫（*Aelurostrongylus*）。
- 病毒或细菌性气管支气管炎。
- 传染性肺炎（即细菌性、病毒性及寄生虫性）。
- 间质性肺病（通常为特应性）。
- 心脏病（即肥厚型及充血型心肌病）；有些猫患有心源性咳嗽，这与犬不同。
- 原发性或转移性肺脏肿瘤；气管支气管肿瘤不太常见。
- 犬心丝虫侵染。

哮喘的确诊通常根据特征性的肺脏机能进行检查，这需要病猫的配合。由于支气管炎和哮喘两种疾病均可引起每天的咳嗽，这也是唯一的临床症状，因此在许多情况下不可能将病猫支气管炎与哮喘相区别。不过，两种疾病的诊断、预后及治疗在很大程度上有重合。

诊断

主要诊断

- 病史：收集猫的病史时应包括下述临床症状：咳嗽（持续性的）、急性喘息、呼吸急促或呼吸窘迫，包括费力呼吸、张嘴呼吸等。这些症状通常在合并用氧、支气管扩张药物及皮质激素后很快减轻。
- X线检查：X线检查中发现支气管壁变厚，通常称为“甜甜圈”（“doughnuts”）及“电车轨道”（“tramlines”），见图 291-23。如果肺脏高度充气，则可能发生了空气滞留，这种情况主要见于侧面透视，如果能在大约相当于L1-L2的水平观察到膈脚（diaphragmatic crus）的位置，则可以得出诊断（见图27-1）。X线检查也可见到肺膨胀不全，这种情况最常见于右侧中间肺叶，由于在侧面透视时右侧中间肺叶与心脏轮廓形成阴影，因此通常在背部－腹部或腹部－背部曝光时更易观察到。肺张不全（atelectasis）由于黏液在支气管内蓄积，因此最常见于右侧中间肺叶，右侧中间肺叶由于在支气管树内是唯一具有背部-腹部朝向，易于受重力影响的部位，因此这一气道通常会发生损伤（见图27–2）。在更为严重的病例，可在多个肺叶观察到蓬松而边界不清晰的严重的间质浸润。在猫的后部气道疾病发生这些变化的原因可能是由于多处弥散性小黏液栓，导致多个肺叶发生多处小面积的肺膨胀不全所致。由于这些X线检查变化与许多其他疾病，如肿瘤和间质性肺炎引起的变化相同，因此使得诊断更为困难。胸部X线片可以排除其他引起咳嗽及呼吸急促的原因，见图291–22。

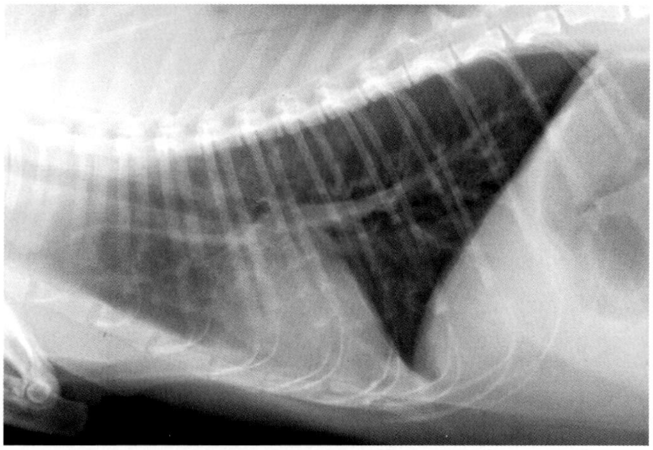

图27–1　如果肺脏充气过度则可怀疑发生空气滞留，这种情况最常见于侧面透视，如果在大约L1–L2的水平观察到膈脚则可确诊

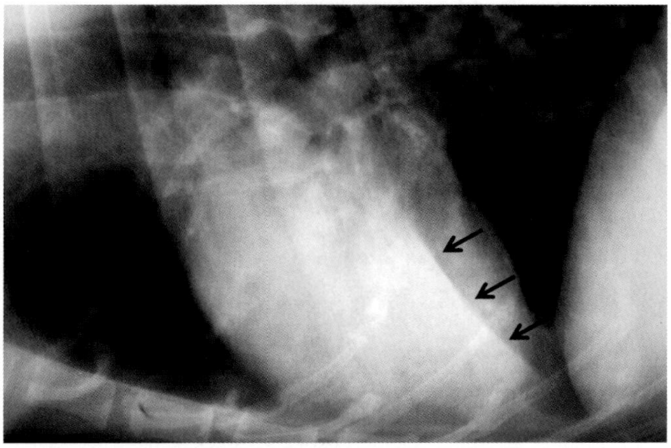

图27–2　猫患哮喘时的侧面透视，表现为右侧肺叶塌陷。肺膨胀不全的肺叶密度增加不很明显，主要是由于肺脏（箭头）阴影投在心脏阴影之上

- 对治疗的反应：患有哮喘的猫在用支气管扩张药物［特布他林（terbutaline），0.01mg/kg IM，SC；或沙丁胺醇（albuterol），2次吹气之后以垫片及面罩吸气7～10次］治疗10min后可停止咳嗽及气喘。绝大多数患支气管炎或哮喘的猫可在5～7d内对大剂量皮质激素治疗发生反应，对治疗反应不良的病猫应再进行检查及诊断评估。

辅助诊断

- 犬心丝虫试验：可对一些地域性的病例进行抗体试验。如果抗体试验为阳性，则应接着进行抗原试验及超声波心动描记。
- 超声心动图：采用这种方法诊断可以排除心肌病或在地方流行性地区诊断出成年猫的犬心丝虫病。应该注意的是许多患有心肌病的猫咳嗽并非主要的临床症状。参见第88章和第110章。
- 支气管肺泡灌洗（bronchoalveolar lavage，BAL）进行细胞学检查及培养检查：常见的细胞学检查结果包括在哮喘病猫的气道采集的气管支气管分泌物中含有大量的嗜酸性粒细胞，在有些支气管炎病猫的气道可见到非特异性的中性粒细胞。虽然经常出现BAL嗜酸性粒细胞，但并非为哮喘的良好标志，这是因为在肺脏机能正常及气道静止的猫采集的液体中也含有大量的嗜酸性粒细胞。在采用皮质激素治疗7～10d后如果临床症状没有停止或减轻，则应进行支气管镜检。

诊断注意事项

- 准确诊断猫的哮喘很少需要支气管镜检查。健康猫的支气管镜检查也没有多少意义。在猫出现咳嗽及呼吸受损时，采用支气管镜检查可能会危及生命，应该由受过专门训练的人员实施。
- 发生哮喘的猫一般其气道未受到细菌感染。在精细设计的研究中发现，具有支气管疾病症状的猫与健康猫群相比，气道细菌培养呈阳性的情况更少。因此，生存有细菌的BAL液体本身并不能证实气道感染。如果阳性培养确实反映了感染，则可在细胞内发现细菌，或细菌在原始培养平板上就能生长而无需富营养培养基，细菌学检验报告可证明这种特性。

治疗

主要疗法

急诊治疗

- 氧气：对病猫而言，具有100%氧气的氧气笼可释放不到40%的激活氧，但这是一种更为有效、安全，对不稳定病猫应激更少的输氧方法。
- 非口服皮质激素疗法：地塞米松磷酸钠在较大的剂量范围内有效，作者建议的剂量为0.2～0.5mg/kg IV。地塞米松治疗哮喘的主要作用是在mRNA转录水平抑制细胞因子及炎性蛋白的表达。这一过程需要数小时或数天。显然，目前对静注皮质激素能快速发挥作用的机制还不清楚，但这种治疗方法确能发挥作用。

- 吸入性支气管扩张药物：硫酸沙丁胺醇（Albuterol sulfate）（Ventolin™，Pro ventil™）为首选药物，在垫片中吹入2次之后通过连接到垫片的面罩吸气7～10次。在紧急情况下，沙丁胺醇可按每隔半小时用药达6 h而没有严重的不良反应，药效可持续2～4h。
- 全身支气管扩张药物治疗：如果没有或不能使用吸入性支气管扩张药物，则可用特布他林（terbutaline）（0.01mg/kg IM）。特布他林为选择性 β_2-受体兴奋剂，可引起支气管平滑肌松弛。其剂型为1mg/mL悬浮液，5kg体重的猫，可将特布他林用灭菌生理盐水按1：9稀释成含特布他林0.1mg/mL，按此浓度注射0.5mL（0.05mg），达到的剂量大约为0.01mg/kg。

稳定哮喘病猫

- 口服皮质类固醇激素：对新近诊断的病例可用脱氢皮质醇1.0mg/kg q12h PO治疗5d。如果治疗结果出现阳性，则应开始降低到能控制75%以上临床症状的最低有效剂量。
- 吸入型皮质类固醇激素：氟替卡松（fluticasone）（Flovent™）按110 μg剂量吸入用药。垫片吹入2次后吸7～10次。一旦采用口服给药且发现有效，可用这种治疗方法完全替代口服皮质类固醇激素。由于吸入氟替卡松可能需要10d才能达到峰值效果，因此可在病猫口服皮质类固醇激素且用药10～14d后开始采用吸入型类固醇激素治疗（见图27-3）。
- 口服支气管扩张药物：特布他林可按0.1～0.2mg/kg PO q8～12h给药。

图27-3 哮喘病猫投放吸入性药物时连接垫片的正确位置

- 注射长效皮质类固醇激素：胃肠外长效皮质类固醇激素给药只限于不能采用其他给药方法的病猫。在这种情况下，每2～8周注射一次Depo-Medrol™（总剂量为10～20mg IM）可能具有效果，但这种治疗方法可产生严重的不良反应，包括增重、糖尿病及免疫能力降低，因此是治疗的最后备选手段。

治疗注意事项

- 沙丁胺醇（Albuterol），只有一种浓度（每次喷药剂量为90 μg）。沙丁胺醇通常在1～5min内引起气道平滑肌松弛，因此作用快速。该药物应用于支气管狭窄的病猫。支气管狭窄的症状包括喘息、后段气道呼吸杂音、呼气期延长及咳嗽。沙丁胺醇在使用氟替卡松之前可每天用药1～2次，或者根据急性咳嗽及喘气的需要用药。
- 氟替卡松（flovent），每次喷药的浓度有44 μg、110 μg及220μg三种。采用44μg q12h的剂量并不总能产生可接受的临床反应。病情温和或中等的病猫采用110 μg q12h的剂量常常能产生与采用5mg强的松q12h PO治疗相当的临床反应。病情更为严重的猫可能需要以220μg q12h吸入的方法治疗。根据作者的经验，每天使用氟替卡松超过2次在临床上并不具有明显的优势。
- 吸入性药物的使用需要专门的技术。氟替卡松及沙丁胺醇可用小的装有喷雾器的气室（aerosol -holding chamber）（垫片；AeroKat™，Trudell Medical，Ontario CA），将其一端连接到定量剂量吸入器（metered dose inhaler，MDI），另外一端连接到面罩上给药。这种垫片的大小与厕所用纸片内硬纸滚筒的大小相当。MDI可精确控制喷雾药物的剂量，而控制室（holding chamber）含有喷雾器，因此在病猫呼吸时可吸入。面罩的设计是为了能覆盖猫的鼻子。选择垫片时应考虑猫每磅体重吸气时的潮汐量为5～10 mL。目前只有AeroKat 牌子的垫片是根据猫特征性的潮汐量专门设计的。采用这种垫片装置时，猫可通过7～10次的吸气，在MDI启动后从垫片-面罩连接获得大部分药物。重要的是应该培训猫主观察病猫的实际呼吸情况，这是因为许多猫在采用这种方法治疗时，开始时仍可保持呼吸。
- 给药过程并不费时，但应使猫适应口罩。采用吸入疗法时，首先摇动MDI以打开面具过滤罐内的内阀门，然后将其连接到垫片上。将连接于垫片一端的面罩紧紧附着于病猫的口鼻部，压迫MDI以将药物释放到垫片。

- 患哮喘的病猫可每月、每周一次或每天多次表现临床症状，症状发生的频率可能在数月内很稳定，之后突然没有明显的原因而恶化。但这不一定就反映了疾病不可逆的恶化。相反，哮喘病猫可在多年具有症状的过程中反复，但其表现类型难以预测。因此，药物的剂量及用药的频率必须要根据个体进行调整。治疗的目的是使得病猫不再表现症状。实际上，治疗的目的是使病猫尽可能不要每天都咳嗽，在每月中的大多数周及每年的大多数月份基本不受其疾病的影响。
- 极为重要的是，应该清楚地了解无论病猫是否有症状，人（以及可能还有猫）的哮喘及支气管气道均可具有慢性炎症的迹象。因此，针对减少疾病潜在的炎性成分以及针对咳嗽、喘息及呼吸的努力使得进行治疗的策略更有可能获得成功。
- 如果病猫表现症状（不采用药物）每周不足一次，则一般不认为其气道具有慢性炎症，这些病猫必要时可安全地采用支气管扩张剂进行治疗。

辅助疗法

- 抗生素：可采用氟化喹诺酮类，如恩诺沙星（3～5mg q24h PO，10d）用于鉴定到的细菌感染或以前稳定的哮喘病猫突然不稳定时。由于具有下段气道疾病的猫 25%感染有支原体（*Mycoplasma* spp.），因此恩诺沙星、强力霉素及阿奇霉素为最好选用的抗生素。
- 赛庚啶：这种药物有片剂和液体两种剂型，剂量为 2～4mg q12h PO。该药主要的适应证为用于试治有症状的哮喘猫已经接受最大剂量的支气管扩张剂及皮质激素时。该药具有抗5-羟色胺特性，而5-羟色胺是由激活的肥大细胞释放到猫的气道，引起猫但不引起人急性平滑肌收缩（支气管狭窄）的主要调节因子。治疗后4～7d内可能观察不到有效的治疗反应，但沉郁是本药物主要的不良反应，这可在用药后24h内观察到。沉郁不会危及生命，但可引起猫主不愿再继续使用赛庚啶治疗。
- 抗白三烯类药物：有人建议采用扎鲁司特（zafirlukast）、孟鲁司特（montelukast）及齐留通（zileuton），但尚无证据表明这类影响白三烯合成或受体连接反应的药物在治疗猫或犬的呼吸疾病中具有重要作用。据报道至少有研究表明，采用扎鲁司特（1～2mg/kg q12h PO）或孟鲁司特（0.5～1.0 mg/kg q24h PO）治疗猫的哮喘具有一定效果。
- 甲黄嘌呤（methylxanthines）：据说茶碱及氨茶碱（5～6mg/kg q12h PO；持续释放：25mg/kg q24h PO）能松弛平滑肌，特别是支气管平滑肌，也能刺激中枢神经系统，同时也具有微弱的心脏及膈膜刺激和利尿作用，但作者不采用这类药物治疗患有哮喘的病猫，吸入性沙丁胺醇和口服或注射的特布他林在猫为更为有效的支气管扩张剂。

预后

慢性支气管炎及哮喘可在病猫集中表现出各种症状，包括咳嗽、喘息及休息时不同程度的不能呼吸。其他气道疾病也可引起这些病猫表现类似的症状，但只有少数几种诊断方法能够将某种疾病与其他疾病相鉴别，因此临床医生必须要依靠仔细的病史收集、查体技术及准确解释胸腔X线检查结果来确定能够获得恰当的诊断。哮喘可自行康复，或成为一种具有不同临床症状的终生疾病。一般来说，患哮喘的猫可采取积极的治疗进行控制。采用吸入性药物治疗哮喘及支气管炎是人医临床护理的标准方法，目前也广泛建议用于慢性支气管疾病的猫，这种方法可避免许多在病猫采用全身药物治疗时所见到的不良反应。

参考文献

Boothe DM. 2006. Drugs affecting the respiratory system. In LG King, ed., *Textbook of Respiratory Disease in Dogs and Cats*, pp. 236–245. St. Louis: Elsevier.

Chandler1 JC, Lappin MR. 2002. Mycoplasma respiratory infections in small animals: 17 cases (1988–1999). *J Am Anim Hosp Assoc.* 38(2):111–119.

Johnson LR, Drazenovich, TL. 2007. Flexible bronchoscopy and bronchoalveolar lavage in 68 cats (2001–2006). *J Vet Intern Med.* 21(2): 219–225.

Kirchvink N, Leemans J, Delvauz F, et al. 2006. Inhaled fluticasone reduces bronchial responsiveness and airway inflammation in cats with mild chronic bronchitis. *J Fel Med Surg.* 8(1):45–54.

Norris CR, Decile KC, Berghaus LJ, et al. 2003. Concentrations of cysteinyl leukotrienes in urine and bronchoalveolar lavage fluid of cats with experimentally induced asthma. *Am J Vet Res.* 64(11):1449–1453.

Padrid PA. 2000. Feline Asthma. Diagnosis and Treatment. *Vet Clin North Am Small Anim Pract.* 30(6):1279–1293.

Reinero CR, Byerly JR, Berghaus RD, et al. 2005. Effects of drug treatment on inflammation and hyperreactivity of airways and on immune variables in cats with experimentally induced asthma. *Am J Vet Res.* 66(7):1121–1127.

第28章 杯状病毒感染
Calicivirus Infection

Gary D. Norsworthy

概述

猫上呼吸道感染（upper respiratory infections，URIs）的病原包括细菌、真菌及病毒。本章主要介绍由猫杯状病毒（feline calicivirus，FCV）不同株引起的这类疾病。猫杯状病毒为一种小的无膜单股RNA病毒，病毒间具有广泛的抗原性差异，但目前仍将所有的病毒株分类为单一的血清型。

FCV 及猫疱疹病毒-1（feline herpesvirus-1，FHV-1）感染约占所有猫上呼吸道疾病（URIs）的80%，这些病毒具有传染性，在多猫居住地常呈地方流行性。两种病毒均可产生带毒状态，包括间歇性排毒（FHV-1）或连续性排毒（FCV）。母体抗体在5～7周龄时消退，因此处于这些环境中的仔猫通常在疫苗诱导的免疫发生之前暴露病毒。

本病发生的临床症状主要是由于FCV在上呼吸道、结膜、舌的上皮细胞内及肺泡的肺细胞内复制所引起。FCV感染后最常见的临床症状是打喷嚏，其他常见症状包括发热、鼻腔分泌物增多、口腔溃疡及大量流涎，见图28-1。由于发热、口腔溃疡及鼻腔充血可导致厌食，引起脱水及死亡。有时不同株的 FCV可引起多发性关节炎、鼻甲溃疡或间质性肺炎。患有淋巴浆细胞性口腔炎-齿龈炎（lymphoplasmacytic stomatitis-gingivitis）的猫大多数可从口腔分离到 FCV ，如果其参与发病，则可能是由于对病毒的免疫反应所致，而不是由病毒本身所引起。

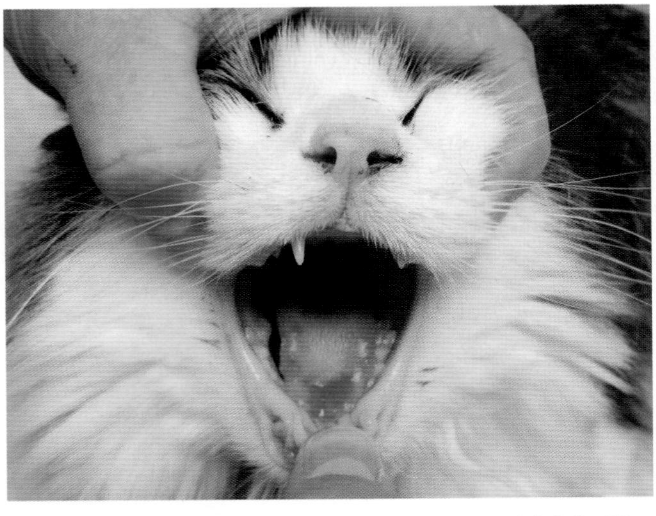

图28-1 猫杯状病毒感染的示病症状为舌部溃疡。这种溃疡典型情况下可影响舌的前缘和侧缘

本病的传播主要是通过猫接触口腔及鼻腔分泌物所引起，也可通过感染性分泌物及污染物发生间接传播。感染可经鼻腔、口腔或结膜途径发生。打喷嚏形成的液滴（macrodroplets）在2m外不大可能发生传染，但可持续存在于环境中长达1个月。潜伏期典型的为3～4d，在此期间可发生短暂的病毒血症。FCV 对人没有传染性。

近来报道了一种 FCV强毒株，称为强毒性全身性猫杯状病毒（virulent systemic feline calicivirus，VS-FCV），能引起严重的疾病，死亡率在感染猫超过40%，可引起高热、面部及爪部水肿，面部、足部及耳部溃疡及脱毛，鼻部及排泄物黄疸及出血，以及更为典型的呼吸道症状（见图28-2）。本病在成年猫比仔猫更为多发，患病猫可在开始出现临床症状的24h内死亡。当病猫进入猫舍、医院或庇护所时，本病可直接在猫间或经污染物蔓延，引起大量患病猫死亡。新研制的疫苗可控制这种病毒株。

诊断

主要诊断

- 病史及临床症状：虽然引起猫喷嚏的病因很多，但喷嚏超过48h很有可能说明就是URI，通常存在一些或许多上述临床症状。

辅助诊断

- 病毒分离：许多兽医参考实验室可通过口咽部或结膜拭子进行细胞培养分离及鉴定FCV，但由于无症状带毒状态，就活跃感染或带毒状态而言，解释病毒分离

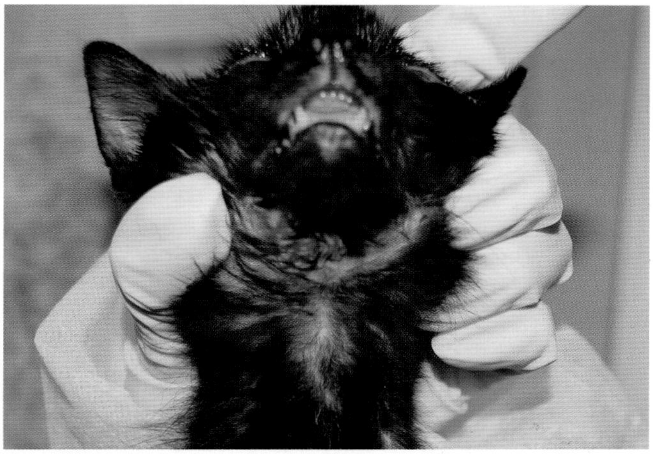

（A）

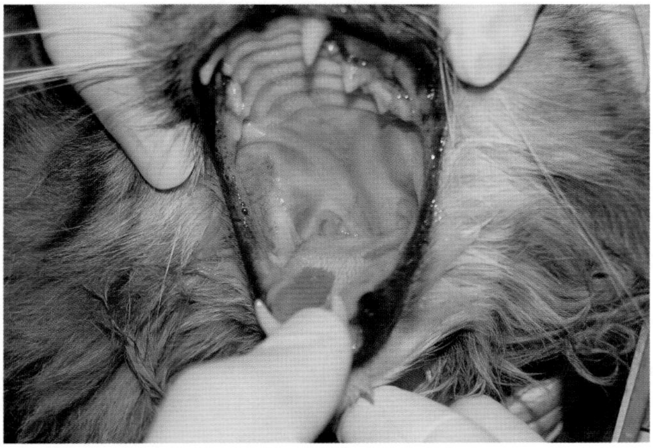

（B）

图28-2　强毒性全身性猫杯状病毒（VS-FCV）感染。（A）VS-FCV 引起血管炎，导致肿胀、水肿和局部脱毛及溃疡性皮炎。图中患病猫为10周龄的仔猫。（B）VS-FCV的其他症状包括黄疸和舌溃疡，图中病猫为6岁，死于本病

结果时不应产生误解。病毒的存在与临床症状之间的关系并不密切。假阴性结果是主要问题。

- 聚合酶链式反应（Polymerase Chain Reaction，PCR）试验：可采用PCR试验鉴定 FCV，但与病毒分离一样对结果的解释也存在问题。假阴性结果也是主要问题。

诊断注意事项

- 所有病毒性URIs的临床症状相似。当发生继发性细菌感染时，除了在VS-FCV引起严重症状时，这些疾病难以根据临床症状区分。
- 由于自然感染及免疫接种，病毒中和抗体诊断活跃的呼吸道病毒感染时并不可靠。

治疗

主要疗法

- 抗生素：细菌感染可使FCV感染更为复杂。虽然大多数 FCV毒株可产生持续数天的自限性疾病，细菌感染时如不及时治疗，可危及生命。轻微到中等程度疾病的首选药物为阿莫西林（12.5mg/kg q12h PO）或阿莫西林-克拉维酸（15mg/kg q12h PO）。如果病情严重，对门诊病例可选用阿奇霉素（10mg/kg q24h PO，治疗10d）或克拉维酸/阿莫西林加氟喹诺酮；　如果猫难以口服药物，则可采用头孢维星注射剂（8mg/kg q24h SC）。住院病例最好使用阿莫西林（12.5mg/kg q12h SC）或阿莫西林（10～20mg/kg q12h SC）加恩诺沙星（2mg/kg q12h SC）。
- 水化：发生脱水时，鼻腔及口腔分泌物黏稠，为防止这种不适，可对病猫进行再水化治疗，使用维持剂量的平衡电解质溶液，IV或SC。
- 营养支持疗法：厌食常见，也是URIs最为常见的并发症，应尽早采用口胃管或鼻胃管进行营养支持治疗。这种治疗方法的禁忌证包括呼吸困难及严重的沉郁。由于鼻腔阻塞的猫在插入口胃管时发生恐慌，因此在插管前应将鼻腔分泌物用水软化并除去。严重的鼻腔充血及刺激应禁止使用鼻胃管。参见第253章和第308章。

辅助疗法

- 眼科抗生素疗法：存在有结膜炎时可采用这种治疗方法，但如有角膜溃疡，则不能使用皮质类固醇激素类药物。
- 解除鼻腔充血药物（nasal decongestants）：有人建议使用盐酸羟甲唑啉（oxymetazoline hydrochloride）（Afrin PediatricNasal Drops®），可每天将一滴药液滴入一侧鼻孔，但大多数猫抵抗鼻腔滴药，可发生用药后充血（after-congestion）[也称为回弹性充血（rebound congestion）]，用药后的效果也未完全证实。

治疗注意事项

- 目前使用的抗病毒药物只对DNA病毒及逆转录病毒有效，尚未有证实效果的抗病毒药物对FCV有效且安全。病毒唑能在体外抑制RNA病毒，但对猫有毒性。
- 发生厌食或为了阻止暴露给其他猫，病猫应在医院隔

离治疗。如果病猫在家中治疗，如有可能应与其他猫隔离。

- 猫感染VS–FCV 时应用静脉内输液、胃肠外抗生素及营养支持疗法积极治疗，严格与其他猫隔离。
- 慢性齿龈炎/口腔炎的治疗见第84章。

预防

- 含FHV–1及FCV的疫苗应作为核心疫苗用于所有的猫，但两种抗原均不能产生消灭病毒的免疫力，只能减弱临床症状的严重程度而不能防止感染、发病及排毒。就所期望的疫苗接种效果而言，必须要确定免疫力持续的时间。美国的大多数含FCV的疫苗只含有一株30多年前选择的FCV毒株。由于经常发生突变，因此在猫存在有许多抗疫苗株。
- 新疫苗含有常见FCV毒株和VS–FCV毒株。双毒株疫苗可对更多的PCV毒株产生交叉保护作用。
- 仔猫应从8周龄开始，每3～4周进行免疫接种。最后一次免疫接种应在16周龄后进行。繁育群的仔猫及在FCV呈地方流行性的地区应在4周龄时开始接种，一直到12周龄，然后在16周龄接种。
- 鼻腔内免疫接种不能减少临床感染或终止带毒状态，但鼻腔内接种与注射接种相比，免疫力的出现更快，因此在有可能发生暴露的情况下应采用这种方法。鼻腔内疫苗接种可防止带毒状态出现，有些猫在鼻腔接种后可出现慢性打喷嚏。
- 在饲养多只猫的情况下，猫舍的消毒极为重要。有效的消毒剂包括次氯酸钠（sodium hypochlorite）（5% 漂白剂按1∶32稀释）、过硫酸钾（potassium peroxymonosulfate）、二氧化氯（chlorine dioxide）及使FCV失活的商用产品。注意漂白剂在稀释后24h内有效。
- 在猫舍，母猫应在配种前强化免疫。不建议在妊娠期进行免疫接种。
- 对猫免疫缺陷病毒感染、猫白血病病毒感染及慢性疾病的猫的免疫接种，只要猫未表现发热或表现免疫抑制症状时就应进行，但免疫力的出现可能延迟，而且比正常猫弱，因此应考虑更为频繁的免疫接种。灭活疫苗比改良活疫苗更好。

预后

除感染VS–FCV的猫外，如果未发生厌食及脱水，或对病猫积极治疗，预后一般较好。在治疗4～6d内对治疗未发生反应的猫应该检测FeLV及FIV，这两种病毒可引起免疫抑制，阻止对治疗发生反应。感染VS–FCV的猫由于病毒的攻击能力更强，因此预后谨慎。

参考文献

Gaskell RM, Dawson S. 2006. Other Feline Viral Diseases. In SJ Ettinger, EC Feldman, eds., *Textbook of Veterinary Internal Medicine*, 5th ed., pp. 667–671. St. Louis: Elsevier Saunders.

Pedersen NC, Elliot JB, Glasgow A, et al. 2000. An isolated epizootic of hemorrhagic-like fever in cats caused by a novel and highly virulent strain of feline calicivirus. *Vet Microbiol*. 73:281–300.

Radford D, Addie D, Belak S, et al. 2009. Feline calicivirus infection: ABCD guidelines on prevention and management. *J Fel Med Surg*. 11:556–564.

Sykes JE. 2001. Feline upper respiratory tract pathogens. Herpesvirus-1 and calicivirus. *Compend Contin Educ*. 23:166–167.

第29章 癌扩散
Carcinomatosis

Bradley R. Schmidt

概述

癌扩散或癌病（症）（carcinomatosis）（含有恶性上皮细胞的渗出，effusions containing malignant epithelial cells）通常与胸腔或腹腔任何器官存在癌有关，在细胞学上难以与间皮瘤区分。与间皮瘤一样，恶性上皮细胞渗出可继发于原发性肿瘤、与原发性肿瘤有关的炎症及弥散性淋巴转移/阻塞（diffuse lymphatic metastasis/obstruction）。恶性渗出通常存在于原发性肿瘤存在的体腔，但也可继发于淋巴转移的其他体腔，也可见到固体肿瘤转移到其他器官，见图29-1（A）及图29-1（B）。猫见有报道与癌扩散有关的癌症包括但不限于肺脏、胰腺、小肠、肝脏的癌症及主动脉体瘤（aortic body turmors）。猫各种肿瘤的主要特点见第5章。胸膜及心包渗出的临床症状与呼吸受损及心包填塞（cardiac tamponade）有关，包括呼吸困难、咳嗽及由于右侧心衰引起的渐进性渗出。任何体腔产生的恶性渗出的非特异性症状包括昏睡、厌食及间歇性呕吐。除了这些临床症状外，也可见到与主要肿瘤及转移肿瘤有关的临床症状。

癌转移的鉴别诊断包括淋巴瘤、继发于肉瘤的恶性渗出以及继发于心脏疾病、失蛋白性肠下垂及肾病、肝脏疾病、犬心丝虫病、猫传染性腹膜炎（FIP）及其他传染过程的疾病的良性渗出。

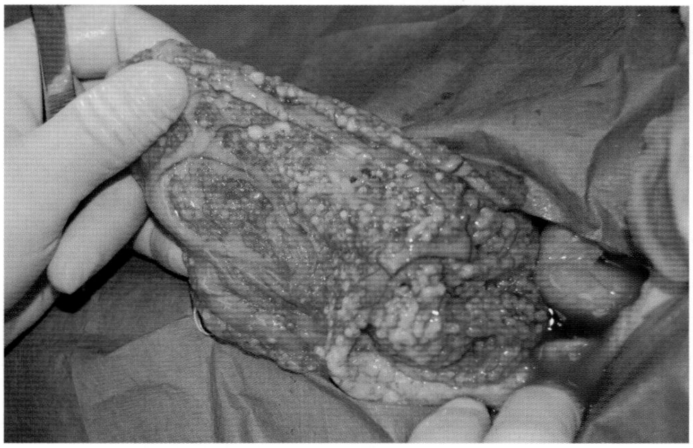

（A）

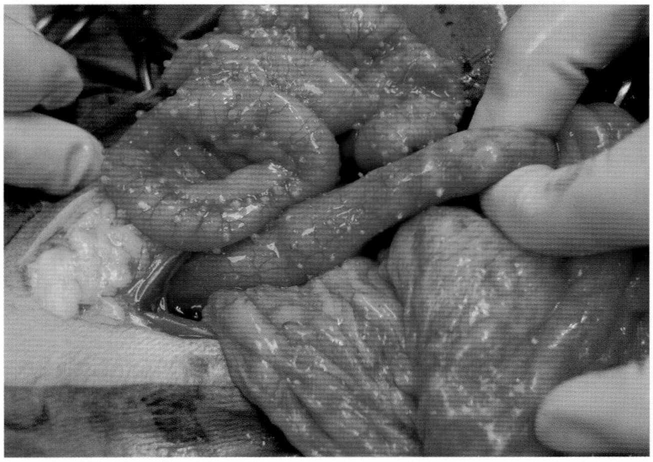

（B）

图29-1　癌症转移常常产生实质转移（solid metastasis）到肠系膜（A）及其他器官（B）（图片由Gary D. Norsworthy博士提供）

诊断

主要诊断

- 体液分析及细胞学检查：　体液分析及细胞学检查有助于诊断恶性渗出，在细胞学上确诊及鉴别癌症转移或间皮瘤可能很困难，因为具有反应的与良性渗出有关的间皮瘤细胞也具有明显的非典型性（atypia）。此外，间皮瘤及恶性上皮细胞在细胞学上也可能相似，因此使得诊断更为困难。
- 细针抽吸及细胞学检查：　细针抽吸肿块或增大的器官有助于确定恶性胸腔积液的来源。
- 组织活检及组织病理学检查：　如果细针头抽吸的结果为阴性，通过手术或腹腔镜检查进行肿块或增大器官的活检可以确定恶性胸腔积液的来源。

辅助诊断

- 免疫组织化学：免疫组化染色有助于诊断癌转移，这是因为这些肿瘤通常细胞角蛋白（cytokeratin）染色为阳性，而大多数肉瘤则不是。
- 纤连蛋白（fibronectin）：据报道，体液中纤连蛋白水平升高是一种敏感但不特异性的诊断方法，可用于犬和猫恶性渗出的诊断。渗出液中如果纤连蛋白水平正常则有助于排除间皮瘤。

- 胸部成像：胸部X线拍片或胸部计算机断层扫描（CT）可用于检查是否存在胸膜增厚或肿块以及肺脏或纵隔肿块。在胸部X线拍片或CT之前进行胸腔穿刺（thoracocentesis）有助于对结果的解释。
- 超声检查：在所有腹部渗出的病例可进行腹部超声检查，发生恶性胸腔积液的病例也可进行这种检查，以评价已经转移到胸腔的肿瘤。虽然X线检查或CT检查是胸腔诊断的首选方法，但胸腔超声检查也可在存在胸腔积液时进行。癌转移通常表现为弥散的高回声增厚或胸膜或腹膜的结节状增厚。
- 淋巴结细针抽吸及细胞学检查：如果存在有颗粒细胞肿大的淋巴结病（lymphadenopathy），可用细针头抽吸进行活检。良性间皮细胞可见于患良性心包积液犬的淋巴结内，因此对结果解释时应慎重。
- 超声心动图、心电图（ECG）及甲状腺机能试验：在所有怀疑甲亢或心脏疾病是渗出的原因，特别是心包积液时，应对所有的猫心脏机能及甲状腺机能进行评价。
- 基础化验（minimum data base）：血常规、血清生化检查、尿液分析及猫白血病病毒（FeLV）和猫免疫缺陷病毒（FIV）血清学检查以及犬心丝虫抗原及抗体试验均可用于评价病猫的整体健康状况及发生渗出的非肿瘤性原因。
- 体液培养及药敏试验：如果细胞学检查怀疑发生原发性或并发的败血症时应进行液体培养及药敏试验。

诊断注意事项

- 胸腔及腹腔器官鉴定到肿块性病变，以及组织病理学或细胞学检查将其确定为主要肿瘤时，更应考虑癌扩散而不是间皮瘤。
- 渗出物的pH：有研究表明，渗出物的pH有助于区分良性及恶性心包积液，但随后进行的研究表明，pH受很多因素影响而没有多少临床应用意义。

治疗

主要疗法

- 穿刺：为了减轻可能危及生命的临床症状及由于液体蓄积引起的不适，可采用胸腔穿刺、心包穿刺或腹腔穿刺。可用21号或23号头皮针（butterfly catheter），或20号或22号留置针（over-the-needle catheter）连接到延长管及三通开关。在有些病猫可使用镇静剂，但如果呼吸或心脏机能受损时必须小心。
- 腔内化疗（intracavitary chemotherapy）：腔内化疗（只限于胸膜腔和腹膜腔）时可将高浓度的化疗药物注入肿瘤而对全身的影响最小，也可缓解由于淋巴阻塞导致的液体蓄积。常用药物包括卡铂（225～240mg/m^2）及米托蒽醌（mitoxantrone）（6.0～6.5mg/m^2）。依穿刺后体腔中残留液的量，卡铂可用5%葡萄糖在水或灭菌水中进一步稀释；米托蒽醌用 0.9%氯化钠稀释到15～30mL，以协助药物扩散到体腔。用21号或23号头皮针或20号或22号留置针，连接到延长管及三通管接头的带针头导管，将化疗药物灌注到体腔。如果胸腔积液，可将药物分别注射到右侧及左侧胸膜腔。药物灌注完成后，将病猫轻轻翻转以帮助化疗药物的扩散。有时需要采用轻微的镇静。据报道，这些药物的全身吸收或更低，因此常常见不到中性粒细胞增多及其他不良反应，但应监测白细胞计数。此外，卡铂由肾脏排出，因此在肾机能受损的猫使用该药物时应谨慎。由于卡铂及米托蒽醌的穿透只有2～3mm，而且这些药物的全身吸收很少，因此发现有大的肿瘤性病变时，不应单独采用这些药物进行腔内化疗。

辅助疗法

- 静注化疗：存在大的肿瘤或结节时，或存在淋巴结或器官的肿瘤转移时，可采用静注化疗。大多数病例对静注化疗的反应性有限且持续时间短。常用的化疗药物包括阿霉素（doxorubicin）（1mg/kg或25mg/m^2 q3w IV）、米托蒽醌（6.0～6.5mg/m^2 q3w IV）及卡铂（225～240mg/m^2 q3～4w IV），建议用药时仔细监测白细胞计数。卡铂经肾脏排出，因此在肾机能受损的猫使用时应小心。
- 心包积液时的心包切除术（pericardectomy for pericardial effusion）：在罕见的恶性心包积液时，可施行心包切除术以缓解与心脏填塞有关的症状，同时也可考虑上述的静脉化疗作为辅助疗法。
- 手术治疗：手术除去主要肿瘤（如原发性肺脏肿瘤或小肠肿瘤）可缓解症状，但如果存在恶性渗出或肿瘤转移，则生存时间通常较短。
- COX-1/COX-2抑制因子或 COX-2抑制因子：据

报道，这些药物可用于治疗猫的鳞状细胞癌及其他肿瘤。虽然这些药物单用或与卡铂合用均见有报道，但关于它们在治疗癌症扩散中的作用尚未见报道。
- 强的松/强的松龙：皮质类固醇激素可用于缓解临床症状。

治疗注意事项

- 对放疗在治疗猫的恶性渗出中的效果尚未进行过评估。
- 当不存在大的结节性或肿块时可考虑使用腔内化疗；如果存在有大的肿瘤，治疗中应考虑使用手术和静注化疗。有人建议在治疗恶性渗出同时患有大的肿瘤时，可将化疗分开使用，50%静注化疗，50%腔内化疗。
- 胸膜固定术（pleurodesis）：用强力霉素或滑石粉进行胸膜固定一般难以获得成功。

预后

大多数发生癌扩散的猫由于大多数肿瘤的转移性质及不能通过腔内化疗或静注化疗产生持久的缓解结果，因此预后一般较差。除去渗出物或使用强的松可发挥缓解作用达1～5个月。

参考文献

Fine DM, Tobias AH, Jacob KA. 2003. Use of pericardial fluid pH to distinguish between idiopathic and neoplastic effusions. *J Vet Intern Med.* 17:525–529.

Hirschberger J, Pusch S. 1996. Fibronectin concentrations in pleural and abdominal effusions in dogs and cats. *J Vet Intern Med.* 10:321–325.

Monteiro CB, O'Brien RT. 2004. A retrospective study on the sonographic findings of abdominal carcinomatosis in 14 cats. *Vet Radiol Ultrasound.* 6:559–564.

第30章 心搏呼吸骤停

Cardiopulmonary Arrest

Larry P. Tilley

概述

心搏呼吸骤停（cardiopulmonary arrest，CPA）是一种直接危及生命，需要及时诊断及干预以恢复循环机能的疾病。发生CPA时，心脏的有效收缩及通气停止很快导致广泛的组织缺氧，往往在4～5min内发生脑死亡。CPA通常为一种重症，即使采用最佳的治疗方法，生存率也只有2%～5%。因此，临床上应特别关注对可能将会发生的CPA的检测。将处于CPA发生风险中的猫的异常情况进行纠正，要比心肺复苏术（cardiopulmonary resuscitation）更易获得成功。

CPA的主要症状包括意识丧失、瞳孔散大、濒死或呼吸消失、心音及动脉脉搏缺失、黏膜发绀，且往往发生角弓反张。这些症状可在曾经健康的猫突然急剧发生，也可发生于垂死的病例。

诊断

鉴别诊断

事实上，几乎所有的病例变化状态均可发展为CPA。诱发猫发生CPA的最为常见的临床疾病见表30–1。

表30–1　心肺骤停的鉴别诊断

心肺疾病	充血性心衰（继发于心肌病或其他原发性心脏病）
	阻塞性气道疾病
	犬心丝虫病
	创伤（即心肌挫伤及创伤性心肌炎）
	胸腔积液
	肿瘤
	出血
	创伤、手术
全身性异常	严重的酸碱平衡紊乱
	严重的电解质紊乱（如继发于尿道阻塞的高血钾）
	严重的败血症或内毒素血症
其他	药物，特别是麻醉剂
	副交感神经紧张性剧增（Surges in parasympathetic tone）（如发生于支气管插管及操控眼球、喉或咽部区域）

诊断

主要诊断

- 黏膜颜色及毛细血管再充盈时间（capillary refill time，CRT）：检查黏膜苍白或发绀。CRT可能延缓。
- 胸部听诊：听诊是否存在呼吸及心跳音，有时可听诊到极度的心动过缓。
- 心电图：查找心搏停止（asystole）（复合波缺失，absence of complexes）、心室脱逸律（ventricular escape rhythm）（室性逸搏心律）减缓及自发性自身节律（idioventricular rhythm）（室性逸搏节律）。

辅助诊断

- 血气分析：检查严重的血氧不足、高尿酸血症及酸中毒。

诊断注意事项

- 必须对可能诱发CPA的病猫及麻醉过程中的病例加强监测（即生命特征、黏膜颜色及心电图）。

预防

- 纠正血氧不足：对于麻醉的猫，不再使用麻醉剂，增加氧气流量，确认气管内导管放置正确。对肺水肿的猫，使用抗利尿剂及补充氧气。
- 胸腔穿刺：如果有明显的胸腔积液可采用这种方法预防。
- 血管内异常：纠正脱水或电解质及酸碱紊乱。
- 纠正心律不齐：参见第12章。

治疗

心肺复苏术作为主要疗法按ABCD进行（见图 30–1）

- A =气道：清除气道中的所有阻塞物。应采用气管插管，如果完全阻塞可考虑气管造口术。

心肺骤停

开始基本生命维持

气道　检查气道阻塞，评估呼吸，采用插管

呼吸　100%氧气人工换气，避免换气过度
每分钟换气10～24次

循环　检查心脏脉搏，如果缺失，则实施胸部按压，
每分钟按压100～120次
减少干扰

开始后期生命维持

进行ECG，检查心律停止，准备药物治疗

VF/无脉VT

除颤　2～10J/kg（外部）
0.2～1J/kg（内部）
恢复CPR1～2min前可连续3次电击

药物治疗　肾上腺素（0.01～0.1mg/kg IV）
或
加压素（0.8U/kg IV）
利多卡因（2mg/kg IV）
或
胺碘酮（5mg/kg IV）

重复除颤（逐渐增加剂量）

心搏停止/心动过缓/PEA

药物治疗　阿托品（0.04mg/kg IV）
如可触及脉搏或怀疑为迷走神经性停止时采用小剂量
肾上腺素（0.01～0.1mg/kg IV）
可间隔3～5min重复
或
加压素（0.8U/kg IV），只给药一次

麻醉相关停止

关闭麻醉机，冲洗麻醉管
采用特异性逆转药物
明确时可采用小剂量肾上腺素（0.01mg/kg）

CPR期间的操作

考虑间歇性腹部压迫
考虑开胸CPR，特别是在停止时间较长及体格较大的病例。剖腹后可采用经横膈膜的通路
考虑采用碳酸氢钠（1～2mmol/kg IV）。用于已有明显的代谢性酸中毒、高钾血症及CPA延长（10min）以上的病例
考虑葡萄糖酸钙（50～100mg/kg IV）。用于高钾血症或离子化低钙血症的病例
考虑硫酸镁（30mg/kg IV）。用于低镁血症的病例
监测复苏情况。监测CO_2的变化
查找心肺骤停的潜在原因。全面检查血液变化（PCV/BG/血气/电解质）

图30-1　病猫施行心肺复苏术时的流程图示

- B =呼吸：如果自主呼吸缺乏或不足时应提供呼吸支持。通过麻醉机存气袋（reservoir bag）或通过呼吸机用Ambu®袋提供100%氧气，开始人工换气；2次每次持续2s短的呼吸，之后再次评估，如仍不发生自主呼吸，则采用合适的速度连续换气（正常呼吸率为每分钟10～24次）。气道峰值压力不应超过20cm H_2O。
- C =循环：外部心脏按摩最多能提供正常心输出量的30%；内部心脏按摩在改进脑及冠状动脉灌注时效率可提高2～3倍。可快速施行胸部按压，速度为每分钟胸部按压80～100次；胸部应该移位约30%。病猫右侧卧，这样可在心脏上（第3～5肋间隙）直接施行胸部按压；按压可用单手进行。文献报道的胸部按压及换气方式各种各样，但其主要目的是：（a）提供适合的胸部按压（每分钟80～100次）；（b）提供合适的换气（每分钟10～24次），不能为了换气而停止按压，应该换气与按压不同步。
- D=药物：如果发生心搏停止或严重的心动过缓，可用阿托品［0.02～0.05mg/kg IV或0.2～0.5mg/kg气管内给药（intratracheally，IT）］，用肾上腺素［0.01～0.1mg/kg IV（1：1000溶液，每5kg体重1mL，或每5kg体重2mL）］，可每3～5min重复用药一次。如果有酸中毒或严重的高钾血症，或心肺骤停时间超过10min，可使用碳酸氢钠（1~2mmol/kg IV）。其他可考虑使用的药物包括加压素［0.8mg/kg IV（或0.8u/kg IV）；可间隔5min重复用药］。

治疗注意事项

- 不建议采用心脏内注射紧急药物。如果没有中央静脉导管，可在气管内灌注药物（阿托品、肾上腺素或利多卡因），可将药物用 5～10mL灭菌生理盐水稀释，然后通过置于气管内的导管给药。导管的尖端应能达到胸骨嵴的水平。紧急药物的IT剂量为IV剂量的2倍。
- 药物很难获得去心脏纤颤。CPR，特别是特级护理或急诊门诊应该配备除颤仪（defibrillator）。
- 手术室及重症特别护理区应配备ABCD流程图。应进行有组织的努力，技术人员应模拟骤停情况进行训练。所有技术人员均应熟悉基本的心肺复苏术。应配备CPR所需要的流动救护车及药物。

预后

如果CPA不是意外发生（如在非紧急麻醉，elective anesthesia），与明显的潜在疾病无关，且能及时诊断，则预后良好，否则预后较差。

参考文献

Mark SL. 2007. Cardiopulmonary Arrest. In CE Greene, FWK Smith, Jr., eds., *Blackwell's 5 Minute Veterinary Consult*. 4th ed., pp. 218–219. Ames, IA: Blackwell Publishing.

Cole SG, Drobatz KJ. 2008. Cardiopulmonary resuscitation. In LP Tilley, ed., *Manual of Canine and Feline Cardiology*. 4th ed., pp. 333–341. St. Louis: Elsevier Saunders.

第31章 白内障 Cataracts

Shelby L. Reinstein 和 Harriet J. Davidson

概述

晶状体为无血管的透明组织，主要机能是将光线折射到视网膜。如果晶状体患病，透明性能差，则晶状体常表现为不透明或白内障。核硬化（nuclear sclerosis）为随着年龄增长而发生的正常变化，应与白内障区分开。核硬化可因随着年龄增长而发生的晶状体中央部位密度增加而发生，可在晶状体中央呈淡蓝色的不透明状。核硬化除非很严重，一般不影响视力，但白内障可进一步发展而引起失明。此外，白内障常常可引起继发性眼色素层炎（参见第223章），从而引起青光眼（参见第85章）。

对白内障进行分类的方法很多，这些方法有助于确定其发生的年龄、发展的阶段、位置及白内障的病程等。

诊断

主要诊断

- 检查：可在完全散瞳后在暗室检查晶状体，也可采用透照器（transilluminator）放大或不放大检查，或直接用检眼镜检查。透照器可置于距猫脸约30cm的地方。可观察到正常的毯层反射（tapetal reflex），其可产生晶状体的逆光或后部反光（back lighting, or retroillumination），这有助于鉴别晶状体的浊斑（opacities），其在毯层反射上呈黑点。如果整个晶状体均不透明（内障性，cataractous），则看不到反射。放大后仔细检查晶状体可确定白内障的位置、大小及发展阶段。可用交叉光束（slit beam of Light）检查白内障，确定其大小及位置。当交叉光束投射到眼睛时，可见到三束光，称为浦金耶氏反射（pyrkinje reflexes）。第一束光由角膜凸面反射而产生，第二束凸面反射光是前晶状体面（anterior lens surface）反射而形成，第三束凹面光是由晶状体的后晶状体面（posterior lens surface）反射而成。通过晶状体移动交叉光束，则反射光也会移动，这样可鉴别白内障的位置及大小。
- 分类：白内障的分类方法很多，常常需要采用多种方案才能准确对白内障进行分类。
- 发病年龄：白内障可分为先天性、幼年性及老年性。依发病开始的年龄鉴别诊断也不相同，而且可以说明发病的病因。
- 进展阶段：根据白内障占据晶状体的百分比，可说明白内障的大小。早期白内障（incipient cataract）占据不到晶状体的10%～15%，未成熟白内障（immature cataract）占据晶状体的15%～99%（见图31-1），成熟白内障（mature cataract）占据晶状体的 100%，完全遮盖了基底反射（fundic reflection）。成熟白内障可进展为过熟期白内障（hypermature），此时晶状体开始再吸收而清澈。莫尔加尼氏白内障（Morgagnian cataract）为晚期变化，只留下晶状体核，缩入晶状体囊的里面。
- 位置：常用来表述白内障位置的术语包括前囊或后囊（anterior or posterior capsular）、前皮层或后皮层（anterior or posterior cortical）、核（nuclear）、轴（axial）及赤道（equatorial）部等。
- 原因：依据发病原因，白内障可分为原发性和继发

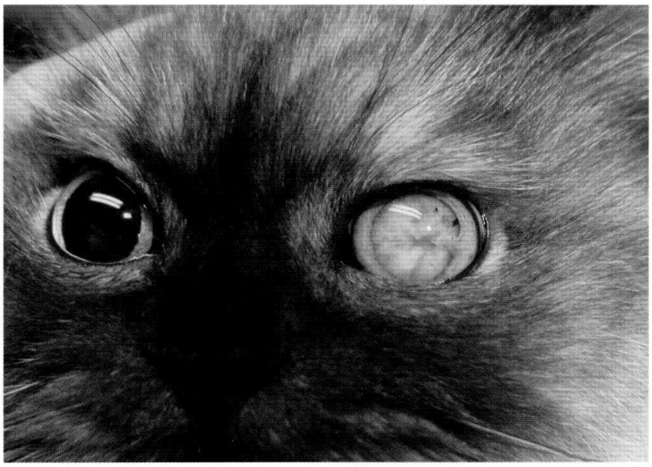

图31-1 在猫常见继发于创伤的白内障，常为单侧性。本例为未成熟白内障（图片由Gary D. Norsworthy博士提供）

性。与犬不同的是，原发性及遗传性白内障在猫罕见。大多数白内障继发于前眼色素层炎（或前葡萄膜炎，anterior uveitis）、创伤、青光眼或晶状体脱位（lens luxation）。

- 猫继发性白内障最常见的原因是前眼色素层炎。眼睛前段（anterior segment）的炎症影响晶状体的营养健康，导致白内障性变化。眼色素层炎最常引起白内障形成，但急性或亚急性眼色素层炎也可导致白内障。这些白内障进展缓慢，常常与慢性炎症有关。
- 外伤性白内障通常是由眼睛的穿透创引起，这些白内障通常为局灶性，与局部炎症[即纤维蛋白带或虹膜后粘连（posterior synechia）]有关。重要的是应该注意，猫眼内肿瘤的发生也与严重的晶状体损伤有关。参见第122章。
- 晶状体小带纤维（zonular lens fibers）断裂，可引起晶状体脱位（lens luxation）。晶状体脱位也可因伴随水眼（遗传性青光眼）的慢性青光眼［chronic glaucoma with buphthalmous（hydrophthalmos）］而发生。晶状体脱位的继发性白内障可能是因晶状体代谢异常所引起。这些白内障常常为弥散性的。

辅助诊断

- 视网膜电图（electroretinogram）：这种方法可监测视网膜对光刺激发生反应而出现的电活动变化，如果视网膜在施行白内障手术前不能看得很清楚，为了获得良好的术后视力，关键是要确保视网膜机能正常。
- 眼睛超声波检查：实施白内障手术前，如果白内障遮掩了基底反射，应采用眼睛超声检查，检查是否有视网膜剥离或眼睛内有其他损伤。

诊断注意事项

- 前葡萄膜炎（anterior uveitis）是猫白内障最常见的原因，因此应注意彻底检查眼睛是否有任何炎症的迹象。参见第223章。
- 有研究发现，精氨酸缺乏是饲喂代乳品的仔猫发生白内障的原因，但由于采用现代日粮，因此这种情况罕见。
- 头部或面部的放疗可引起局灶性或普遍性白内障。
- 与犬相反，糖尿病并不引起猫发生白内障。

治疗

主要疗法

- 晶状体乳化术（phacoemulsification）：除去白内障是成熟白内障形成后恢复视力的唯一可选治疗方法。兽医眼科专家可施行晶状体乳化术，这种方法采用眼内超声器械打碎晶状体，抽吸出晶状体碎片，除去整个晶状体皮层及核，只留下完整晶状体囊。在晶状体囊袋中放置人工晶状体（intraocular lens，IOL）可改进猫看近物的能力，但目前还没有充足的证据表明猫不替换晶状体会产生严重的影响。白内障手术成功率高，能提高猫的生活质量。并发症包括严重的眼色素层炎、青光眼、视网膜脱落及眼内炎（endophthalmitis）。

辅助疗法

- 眼色素层炎常常与白内障有关。前葡萄膜炎可引起白内障形成，白内障可诱导继发性眼色素层炎。参见第223章。治疗并发的眼色素层炎极为关键，可限制继发性变化引起的视力丧失。

治疗注意事项

- 白内障手术为一种昂贵的非急需手术方法，并非所有的猫主都能在资金及人力上承担这种手术。
- 对与眼色素层炎有关的白内障应有规律地进行监测（每2~6个月），如果有临床症状应调整治疗方案。
- 由于白内障引起的眼色素层炎未进行治疗时可发展为青光眼及失明。参见第85章。

预后

视力的预后在一定程度上是由白内障的类型决定的，如果存在眼色素层炎，依对治疗的反应可影响视力的预后。白内障手术的效果一般都较好。

参考文献

Gelatt KN, Gelatt JP. 2001. Surgical Procedures for the Lens and Cataracts. In KN Gelatt, JP Gelatt, eds., *Small Animal Ophthalmic Surgery: Practical Techniques for the Veterinarian*, pp. 286–335. Philadelphia: Elsevier Health Sciences.

Zeiss CJ, Johnson EM, Dubielzig RR. 2003. Feline Intraocular Tumors May Arise from Transformation of Lens Epithelium. *Vet Pathol.* 40: 355–362.

第32章
耵聍腺疾病
Ceruminous Gland Disease

Mark Robson

概述

耵聍腺（ceruminous glands）为改变了的顶分泌腺体，存在于外耳道整个深层结缔组织，并延伸到耳廓。耵聍腺的油状分泌物与皮脂腺分泌物结合，形成耵聍。

耵聍腺的腺管开口于毛囊的漏斗，但也可直接开口于表皮表面，这种特点并不见于其他顶分泌腺体。

耵聍腺疾病包括增生、囊肿或肿瘤等。耵聍腺肿瘤（良性或恶性）虽在猫不常见，但却是猫耳道最为常见的肿瘤，见图32-1和图32-2。在一项对176例肿瘤的研究中发现，腺癌与癌的比例为 45：55。肿瘤形成在猫较犬更为常见，而且如果发生，其侵入性更强。

外耳炎（otitis externa）常常被认为是耵聍腺疾病的原因之一，特别是发生增生和囊肿性变化时。外耳炎的发生与耵聍腺增生或囊肿形成及随后发生肿瘤转移之间可能有一定的联系，但这种联系尚未得到证实。参见第157章。

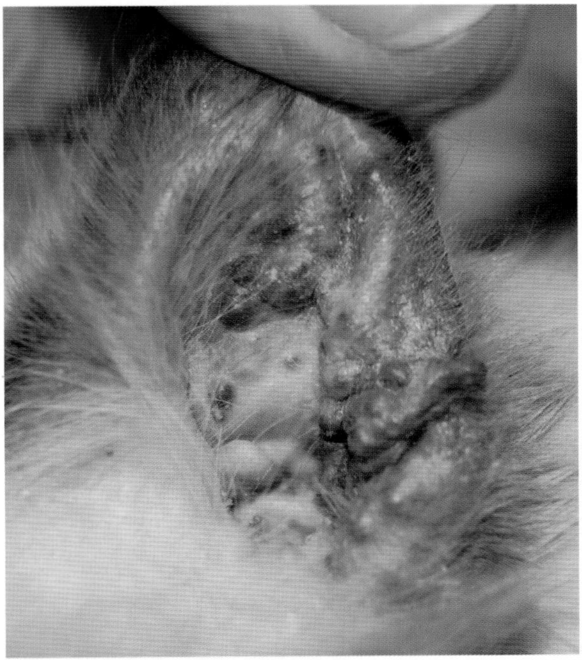

图32-1 耳廓凸面发现有多个耵聍腺腺癌

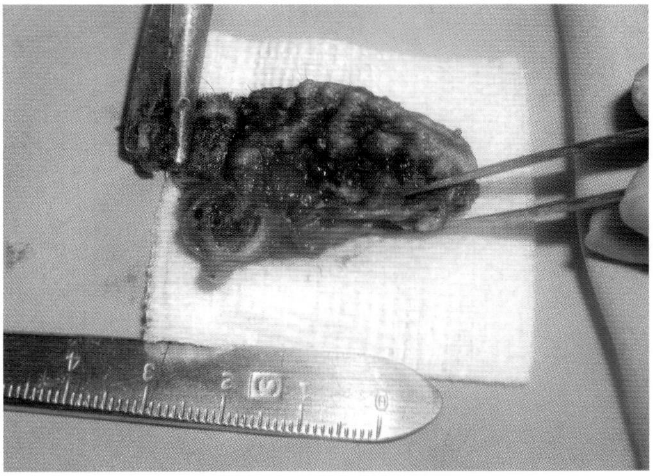

图32-2 腺癌可向下延伸进入外耳道，这需要完全切除耳道

视诊检查时，不能或难以区分不同类型的耵聍腺疾病，也不能确定病变是否来自耵聍腺，或者是其他病变如炎症性息肉、黑素瘤或鳞状细胞癌等引起的损伤。耵聍腺病变可表现为单个或多个肿块，可有黑色的色素沉着。耵聍腺疾病可发生于耳道的任何部位，可穿过鼓室（tympanum）而进入中耳。

猫患外耳炎时应怀疑其是否发生了肿瘤，因此应彻底检查整个耳道和鼓室。由于渗出物、组织肿胀、增生及疼痛，检查猫的耳道可能很困难，因此要彻底检查就需要进行全身麻醉。首先治疗感染可无需麻醉而直接进行检查。

仅用耳拭子并非诊断肿块的良好方法，因为细胞学检查可发现主要为炎症及感染。细针抽吸（fine-needle aspiration，FNA）在区分炎症性息肉及肿瘤变化上十分准确，但在区分耵聍腺腺癌与癌或其他形式的耵聍腺肿瘤时则不太准确。组织病理学检查仍是最为准确的诊断方法，在决定采用广泛的切除术及可能的耳道切除术时，可通过组织片活组织检查（incisional biopsy）进行。

耵聍腺疾病的临床症状与其他炎症、感染或肿瘤综合征的症状相似，包括：摇头，抓耳或划伤耳朵，耳部有臭味、疼痛、瘙痒，头部倾斜，耳廓折叠，心神不安及厌食等。

诊断

主要诊断

- 耳镜检查（otoscopic examination）：必须彻底检查双侧整个耳道，这种检查可能需要深度镇静或全身麻醉。采用耳镜视频辅助检查，特别是如果能利用工作通道进行冲洗、抽吸及活检时，这种诊断方法极为有用。
- 细胞学检查及培养：在诊断及治疗原发性或继发性外耳炎时，采集耳朵拭子进行细胞学检查或培养对诊断极为有用。诊断损伤时需要采用FNA或更为可靠的活检方法。
- 活检与组织病理学检查：对增生性病变可采用切口法或皮肤钻取活组织检查（skin punch biopsy）采集样品。耳道深部的病变可能难以采样，特别是如果这种病变为外生型时更为困难。视频耳镜是最为理想的活检手段。此外，可以根据最初的活检结果，用于决定是否采用更为积极的手术方法，因此应积极与细胞学家研究模糊不清的诊断结果，这对诊断极为有用。抓钳（grasping forceps）可从深部病变采取足量的组织样品。
- 头颅X线拍片：头颅X线检查时，重点是观察耳骨泡，以评判中耳受损的程度。

辅助诊断

- 胸腔X线拍片：耵聍腺肿瘤发生转移的情况罕见，但由于许多病猫为老龄猫，因此胸部X线拍片可用于评估继发性疾病。
- 高级影像检查：在有些病例，特别是进行活检表明为恶性时，高级影像检查系统如计算机断层扫描（computerized tomography，CT）有助于确定手术计划。
- 基础化验（minimum data base）：应进行猫免疫缺陷病毒（FIV）、猫白血病病毒（FeLV）状态及血常规（CBC）、血液生化及尿液分析等常规检查，特别是老龄猫在进行全身麻醉之前更应进行这种检查。

治疗

主要疗法

- 肿瘤手术：考虑了缓解疼痛及局部炎症及感染后，对耵聍腺疾病的主要治疗方法是手术。可参阅相关的教科书及参考文献（建议阅读文献），手术方法包括良性病变时采用简单的边缘切除，大的恶性肿块可采用外耳道全切除术。参见第274章。
- 中耳手术：如果损伤已经进入中耳，或慢性感染或炎症引起中耳发生变化，则需要进行侧面或腹面耳骨泡骨切除术（lateral or ventral bulla osteotomy），同时应结合对软组织变化进行处理。参见第248章和第274章。

辅助疗法

- 化疗：尚未见用于恶性耵聍腺疾病的报道。
- 放疗：采用放疗治疗耵聍腺疾病见有报道，但病例数量很少，因此难以获得治疗效果的结论。

预后

良性损伤如果治疗适当则预后良好。恶性肿瘤的生存时间不到1年。

参考文献

Fossum TW. 2002. Surgery of the Ear. In TW Fossum, MD Willard, CS Hedlund, et al., eds., *Small Animal Surgery*, 2nd ed., pp. 229–253. St. Louis: Mosby Elsevier.

Krahwinkel DJ. 2003. External Ear Canal. In TW Fossum, CS Hedlund, AL Johnson, eds., *Small Animal Surgery*, 3rd ed., pp. 1746–1756. St. Louis: Mosby Elsevier.

White RAS. 2003. Middle Ear. In TW Fossum, CS Hedlund, AL Johnson, eds., *Textbook of Small Animal Surgery*, 3rd ed., pp. 1757–1766. St. Louis: Mosby Elsevier.

第33章
颈部屈曲
Cervical Ventrofl exion

Mitchell A. Crystal 和 Paula B. Levine

概述

颈部屈曲（cervical ventroflexion）是一种以颈部肌肉孱弱或僵硬引起的头部不能抬起的综合征，见图33-1。颈部可严重向腹面弯曲，以至于头顶可靠近或歇在地面，下颌贴近胸口。身体的其他肌肉也可表现孱弱。临床症状在性质上常为急性。颈部下弯的发病机制因病因而不同，目前尚不清楚在发生本病时颈部肌肉比其他肌肉明显孱弱的原因，据推测可能与头部的重量有关。

图33-1 肌肉孱弱导致猫发生颈部下弯或不能抬头

本病的鉴别诊断包括低钾血症、甲亢、慢性有机磷酸酯中毒、硫胺素反应性肌病（thiamine-responsive myopathy）、糖尿病、特发性多肌炎（idiopathic polymyositis）（免疫介导性）、重症肌无力（myasthenia gravis）、高钠血症性多肌病（hypernatremia polymyopathy）、门体静脉短路（portosystemic shunt）及脑病和氯化铵中毒（其可引起酸中毒，导致细胞内钾耗竭）等。低钾血症是颈部下弯最常见的原因。有机磷酸酯中毒、硫胺素反应性疾病及甲亢也是本病较为常见的原因。

诊断

主要诊断

- 病史：调查是否暴露氯化铵（如尿液酸化剂）或有机磷酸酯；调查是否有其他可表明发病原因的临床症状，如多尿及多饮（即糖尿病、甲亢、低血钾或门体静脉短路）；是否有食欲增加且同时失重（即糖尿病或甲亢）；是否有神经症状（即高钠血症、有机磷酸酯中毒、门体静脉短路或硫胺素反应性疾病）、流涎（即门体静脉短路）以及肌肉疼痛或僵直（即低钾血症、特发性多肌炎或硫胺素缺乏）。
- 生化检查：分析葡萄糖（即糖尿病）、钠（即高钠血症）、钾（即氯化铵中毒或低钾血症）、肝脏酶（即甲亢或门体静脉短路）、白蛋白（即门体静脉短路）、肌酸激酶（creatine kinase）（即高钠血症、低钾血症或特发性多肌炎）及血液尿酸氮和肌酐（继发于肾脏疾病的低钾血症）是否有异常。
- 尿液分析：分析糖尿（即糖尿病）及相对密度是否降低（即肾病、糖尿病、甲亢、低钾血症或门体静脉短路）。
- 总T_4测定：甲亢时T_4增加。

辅助诊断

- 胸部X线拍片：患重症肌无力的猫偶尔可见巨食道症（Megaesophagus）或纵隔前端肿块（cranial mediastinal masses）。参见第143章。
- 注射硫胺素：硫胺素治疗（硫胺素每只猫25～50mg，q24h治疗3d，IM）后的临床反应，特别是2d内的典型反应以及非确定性的诊断评价可支持硫胺素反应性颈部下弯的诊断。参见第210 章及本章的主要疗法。
- 氯化滕喜龙刺激试验（edrophonium chloride challenge）：0.25～0.5mg IV可治疗大多数患有重症肌无力猫的颈部下弯及肌肉孱弱。参见第143章。
- 乙酰胆碱受体抗体效价测定（acetylcholine receptor

antibody titer）：其效价增加对获得性重症肌无力具有诊断价值。参见第143章。

- 血清胆碱酯酶活性测定（serum cholinesterase activity）：患无机磷酸酯类中毒的猫下降超过50%。参见第155章。
- 禁食及餐后血清胆酸测定（fasting and postprandial serum bile acids）：门体静脉短路的猫这些指标明显增加 （餐后2h的样品显著高于100mmol/L）。参见第178章。
- 腹部影像：探查性射线照相及腹部超声诊断可发现肾脏（即肾病）、肾上腺［即引起高醛固酮病及随后发生低钾血症的肾上腺肿瘤，也称为康恩氏综合征（Conn's syndrome）；参见第102章］或肝脏 （即门体静脉短路）疾病。直肠锝闪烁扫描术（rectal technetium scintigraphy）（99mTc pertechnetate）及阳性对照门静脉造影术（positive contrast portography）常常能发现门体静脉短路病猫的异常。
- 肌电描记术及重复性神经刺激（repetitive nerve stimulation）：患低钾血症、特发性多肌炎、重症肌无力、有机磷酸酯中毒及氯化铵中毒时可见到异常。

诊断注意事项

- 所有患颈部下弯的猫应进行主要诊断试验，同时对7岁以上的猫应进行总T_4测定。
- 如果根据病史、临床症状、生化检查所发现的异常或主要诊断试验未能得到诊断时，应进行辅助诊断试验。

治疗

主要疗法

- 治疗潜在疾病：是解决问题的关键。
- 注射硫胺素（硫胺素每只猫25～50mg，q24h治疗3d，IM）：所有颈部下弯的病猫难以获得确诊，由于目前尚无硫胺素缺乏的诊断方法，而且该药没有不良反应，饲喂正常日粮的猫偶尔可发生硫胺素反应性颈部下弯，因此应给予硫胺素，通常在用药后2d内可观察到症状改善（参见第 210章）。
- 液体支持疗法：如果有脱水或有肾脏疾病，或者可能长期不能摄取液体，则可采用液体疗法。参见第302章。如果存在低钾血症，应该在液体疗法中按40~60mEq/L（如果液体中不含钾）加入氯化钾，因为未添加钾的液体疗法可能会加重低钾血症。参见第114章。
- 营养支持：如可能会长期发生厌食，采用营养疗法。

治疗注意事项

- 任何肌内用药之前都应对肌酸激酶进行检查。
- 静注钾时不应超过每小时0.5mmol/kg。
- 口服补钾在纠正低钾血症时效果比含钾液体的静注效果更好。参见第114章。

预后

如果潜在疾病能及时得到诊断治疗则本病的预后良好。特发性多肌炎及重症肌无力则预后不良，因为这些疾病的治疗很困难，可能对治疗没有反应。严重的高钠血症［>180 mEq/L（180mmol/L）］ 常与神经性损伤有关，这种损伤可遗留或可导致昏迷或死亡。

参考文献

Gaschen FP, Jones BR. 2005. Feline Myopathies. In SJ Ettinger, EC Feldman, eds., *Textbook of Veterinary Internal Medicine*, 6th ed., pp. 906–912. St. Louis: Elsevier Saunders.

Joseph RJ, Carrillo JM, Lennon VA. 1988. Myasthenia gravis in the cat. *J Vet Intern Med*. 2(2):75–79.

Podell M. 2000. Neurologic Manifestations of Systemic Disease. In SJ Ettinger, EC Feldman, eds., *Textbook of Veterinary Internal Medicine*, 5th ed., pp. 548–552. Philadelphia: WB Saunders.

Shelton D. 2007. Myasthenia gravis. In LP Tilley, FWK Smith, Jr., eds., *Blackwell's 5-Minute Veterinary Consult. Canine and Feline*, 4th ed., pp. 908–909. Ames, IA: Blackwell Publishing.

第34章
淋巴瘤化疗
Chemotherapy for Lymphoma

Mitchell A. Crystal 和 Bradley R. Schmidt

概述

根据行为及对化疗的反应，猫的淋巴瘤可大致分为两类病理组织学变化：较为常见的大细胞（成淋巴细胞，lymphoblastic）淋巴瘤，起自任何解剖位点，通常与疾病快速恶化有关；不太常见的小细胞（淋巴细胞，lymphocytic）或中等细胞淋巴瘤，见于小肠壁及其他器官，可能与更为缓慢的病程进展有关。虽然一般认为淋巴瘤是对化疗敏感的恶性肿瘤，但通过各种遗传及细胞途径在临床上诊断出肿瘤时其实已可产生药物抗性。因此采用组合化疗可克服其对化疗的抗性，采用具有不同作用机制的药物使得药物杀灭的肿瘤细胞达到最大。由于避免了使用具有重叠毒性的药物，使得治疗时的不良反应达到最小化。化疗药物可根据临诊病例注射或口服，或者在家口服。在每次治疗之前及治疗后1周一直到能说明每种药物是安全及能够耐受时为止，至少要进行血常规（CBC）评估及彻底的身体检查。如果发现严重的不良反应，则应降低剂量，延缓治疗，或者更换使用的化疗药物。

组合化疗及作用的说明

- 组合化疗（combination protocols）是治疗猫淋巴瘤的支柱，与一般的单种药物治疗相比，其主要特点是缓解率高，缓解时间长。成功用于治疗猫淋巴瘤的4种组合化疗方法见表34-1至表34-4，表中也列出了总缓解率、缓解持续时间及生存时间。同时也对上述各种治疗方法改变后获得类似的反应率和生存时间的方法进行了介绍。
- 通常采用下述方法治疗不同解剖部位的大细胞（lymphoblastic）及一些中等细胞淋巴瘤。
- 环磷酰胺、Oncovin®（长春新碱，vincristine）、强的松（COP）。
- L-天门冬酰胺酶、Oncovin®（长春新碱）、环磷酰胺、苯丁酸氮芥、Adriamycin®（阿霉素，亚德里亚霉素，doxorubicin）、强的松（CHOP）。
- 环磷酰胺、Oncovin®（长春新碱）、强的松、Adriamycin®（阿霉素）（COPA）。
- 虽然反应可能有差别，但这些方法治疗后的缓解率通常较高，但生存时间典型的不超过1年。
- 瘤可宁/强的松疗法一般用于治疗猫小肠小到中等细胞淋巴瘤、其他解剖位点的小细胞淋巴瘤以及慢性淋巴细胞性白血病。采用这种攻击性较弱的治疗方案后病猫的生存时间延长（11个月以上）。
- L-天冬酰胺酶可用于许多组合疗法中第1周的治疗，但在与长春新碱同时用药时据说可引起骨髓抑制（myelosuppression）。有人认为，L-天冬酰胺酶只能用于危重病例，或者作为解救疗法的一部分而使用。L-天冬酰胺酶在这方面对猫的效果仍有疑问，因为近来的研究发现对于猫的淋巴细胞瘤反应率只有30%。
- 长春新碱及环磷酰胺在组合疗法中的剂量可引起患猫难以接受的毒性。因此在治疗开始时可减小剂量，如果病猫能够耐受治疗，可随后增加剂量。参见本章所

表34-1　环磷酰胺、长春新碱及强的松（COP）疗法

第 0 周	长春新碱0.75mg/m² IV及环磷酰胺300mg/m² PO
第 1 周	长春新碱0.75mg/m² IV
第 2 周	长春新碱0.75mg/m² IV
第 3 周	长春新碱0.75mg/m² IV 及环磷酰胺300mg/m² PO
第 6 周	长春新碱0.75mg/m² IV及环磷酰胺300mg/m² PO 强的松：每天2mg/kg，PO，从第0周开始连续给药1年 用长春新碱及环磷酰胺以3周间隔用药，连续治疗1年
报道的首次缓解率	79%～100%
报道的平均首次缓解持续时间	84～180d
平均生存时间	未见报道

表34-2　改良的Wisconsin — L-天冬酰胺酶，长春新碱，环磷酰胺，瘤可宁，阿霉素，强的松治疗方案（改良 CHOP方案）

第 0 周	长春新碱0.5～0.7mg/m² IV 及L-天冬酰胺酶 400U/kg SC
第 1 周	环磷酰胺200mg/m² PO 或IV
第 2 周	长春新碱0.5～0.7mg/m² IV
第 3 周	阿霉素25mg/m² IV
第 5 周	长春新碱0.5～0.7mg/m² IV
第 6 周	环磷酰胺200mg/m² PO
第 7 周	长春新碱0.5～0.7mg/m² IV
第 8 周	阿霉素25mg/m² IV
第 10 周	长春新碱0.5～0.7mg/m² IV
第 12 周	环磷酰胺200mg/m² PO或IV
第 14 周	长春新碱0.5～0.7mg/m² IV
第 16 周	阿霉素25mg/m² IV
第 18 周	长春新碱0.5～0.7mg/m² IV
第 20 周	环磷酰胺200mg/m² PO或IV
第 22 周	长春新碱0.5～0.7mg/m² IV
第 24 周	阿霉素25mg/m² IV
	强的松：第0及第1周每天2mg/kg PO，第2周及第3周每天1mg/kg PO，之后如非临床需要则停药。如果发生无菌性出血性膀胱炎，以1.4mg/kg PO剂量换用瘤可宁
	对肾脏或中枢神经系统淋巴瘤，换用阿拉伯糖苷胞核嘧啶（cytosine arabinoside）（Cytosar®，600mg/m² SC），从第6周开始，每8周用药一次
首次缓解率	68%
平均首次缓解持续时间	273d
平均生存时间	225d

列的淋巴瘤治疗常用药物。

单药物治疗方案

- 阿霉素：与犬不同，研究表明阿霉素如果单独用于治疗猫的淋巴瘤，其效果很差（26% 的完全反应，平均首次缓解持续时间92d，平均生存时间84d）。但研究表明，组合化疗方法如COP中加入阿霉素可显著延长缓解时间。阿霉素一般按1mg/kg或用生理盐水稀释后以25mg/m²用药，每21d IV给药。近来对两种用药剂量进行比较发现，后一种剂量可引起治疗后中性粒细胞计数减少，但与严重的临床毒性无关。但尚不清楚肿瘤对两种剂量的反应有何不同。在猫，肾脏毒性比心肌病更令人关注。每次用药前应监测血液尿素氮（BUN）及肌酐的变化，以监测是否有发生肾病的迹象。

表34-3　环磷酰胺、长春新碱、强的松、阿霉素（COP 诱导+阿霉素维持；COPA）

第 0 周	长春新碱0.75mg/m² IV 及环磷酰胺 300mg/m² PO
第 1 周	长春新碱0.75mg/m² IV
第 2 周	长春新碱0.75mg/m² IV
第 3 周	阿霉素25mg/m² IV
第 6 周	阿霉素25mg/m² IV
第 9 周	阿霉素25mg/m² IV
第 12 周	阿霉素25mg/m² IV
第 15 周	阿霉素25mg/m² IV
第 18 周	阿霉素25mg/m² IV
第 21 周	阿霉素25mg/m² IV
第 24 周	阿霉素25mg/m² IV
	强的松：从第0周开始，每天2mg/kg PO，第3周开始时结束用药
	第24周治疗结束
首次缓解率	47%
平均首次缓解持续时间	281d
平均生存时间	未见报道

表34-4　瘤可宁+强的松治疗淋巴细胞性消化道淋巴瘤（瘤可宁、强的松）

第 0 天	瘤可宁15mg/m² PO
第 1 天	瘤可宁15mg/m² PO
第 2 天	瘤可宁15mg/m² PO
第 3 天	瘤可宁15mg/m² PO
强的松	每只猫每天10mg，PO，第0天开始
瘤可宁	每3周重复一次，4天的脉冲式治疗
治疗的结果未见报道	
首次缓解率	69%
平均首次缓解时间	615d
平均生存时间	510d

- 去甲氧正定霉素（idarubicin）：去甲氧正定霉素为一种口服的蒽环类抗生素（anthracycline），对治疗猫的淋巴瘤具有疗效（2mg q24h PO，连续3d，每21d重复一次）。此外，在18例用COP诱导获得缓解的猫以去甲氧正定霉素进行治疗，平均缓解时间为183d。
- CCNU（Cee NU®，Lomustine®）：为口服烷基化药物，对其治疗猫淋巴瘤的效果正在研究之中。该药物经过肾脏及肝脏代谢，能通过血脑屏障。关于CCNU在猫的应用所见资料不多。犬患具有抵抗力的淋巴瘤时对CCNU的反应率为20%。CCNU可看作为一种治疗有抵抗力的淋巴瘤的挽救性药物，剂量为50～60 mg/m²（典型情况下体格中等或较大的猫为10mg）q 4～6周 PO。急性剂量限制性毒

性（acute dose limiting toxicity）为中性粒细胞数量减少，这可发生在治疗后的7～28d；也可发生胃肠道毒性。蓄积剂量限制性毒性（cumulative dose limiting toxicity）为血小板减少，这发生在治疗后的14～21d。对CCNU在猫的其他慢性作用还未进行过评价；延缓性肝损伤见于犬（慢性治疗的228例中9例）。如果使用CCNU，则应监测CBC（每次治疗前及治疗后7～10d）。

- 综合注意事项：据说环磷酰胺、瘤可宁、长春新碱、长春碱、L-天冬酰胺酶及强的松单种药物用药可使生存时间延长，但这些药物一般用于组合治疗方案。

治疗淋巴瘤的常用药物

瘤可宁（chlorambucil）

- 为2mg 片剂。
- 药物类型：烷化剂。
- 剂量：0.1mg/kg q 24h PO或6～8mg/m^2 q 24h PO。由于片剂不能分割，因此通常可依猫的体重换算为2mg q 24h PO到q 3d PO。同样本药可根据组合化疗方法的需要用药。如果发生出血性膀胱炎，或治疗小细胞性淋巴瘤或慢性淋巴细胞性白血病时，本药可用于替代环磷酰胺。
- 毒性：一般来说猫有较好的耐受性，但可发生胃肠道不良反应及骨髓抑制。

环磷酰胺

- 剂型：25mg及50mg片剂；100mg、200mg、500mg和1g、2g瓶装剂。
- 药物类型：烷化剂。
- 剂量：50mg/m^2早晨口服，q 48h PO或200～300mg/m^2 q 21d PO。勿分割片剂，根据片剂大小调整实际剂量。例如，如果计算出的剂量为12mg q 48h，累计2周的剂量为84mg，分为7次剂量，则可将25mg片剂等分为3次的剂量，在2周的间隔内用药。静注剂量为200～300mg/m^2，可与0.9%盐水以任何剂量混合后在20～30min用药。环磷酰胺由肾脏排出，如果有肾病应减小剂量。
- 毒性：厌食、呕吐或腹泻在静注用药时更为常见。中性粒细胞减少症（neutropenia）罕见或偶有发生，最低点出现在治疗后7～14d，通常可很快恢复到正常。如果不发生感染或败血症，低的计数通常不引起疾病症状。如果发生严重的中性粒细胞减少症（＜1000个/μL），可将剂量减小20%。环磷酰胺极少能对膀胱引起化学刺激，导致无菌性出血性膀胱炎。这种炎症并非由感染所引起，应采用尿液培养方法与感染性膀胱炎相区别。在有些情况下通过在早晨用药，这样可增加在白天排出尿液的机会，因此必须维持充足的液体摄入，从而防止环磷酰胺引起的膀胱炎。强的松也有助于防止这种情况的发生。如果发生无菌性出血性膀胱炎，应立即停止用药，在治疗方案中用瘤可宁替换。由于猫的毛发并不在整个生命过程中持续生长（如人），因此猫的脱毛不太常见，但剃毛之后则生长缓慢。此外，有时可出现脱胡须。过敏、肺脏纤维化或浸润及低钠血症罕见有报道。

阿霉素

- 剂型：10mg、20mg、50mg、150mg及200mg，玻璃瓶装。
- 药物类型：蒽环霉素类抗生素。
- 剂量：25mg/m^2或1mg/m^2 IV，用30mL0.9%盐水稀释，15～30min内用药。由于肝素可引起本药沉淀，因此勿使用肝素。阿霉素在肝脏代谢，由胆汁排出，因此如果血清胆红素高于2mg/dL时可减小剂量 50%。
- 毒性：可发生厌食，呕吐或腹泻则不太常见。可发生中性粒细胞减少症（neutropenia），最低点出现在治疗后7～10d，但很快可恢复到正常。如不发生感染或败血症，中性粒细胞增多并不引起明显的疾病症状。如果发生严重的中性粒细胞减少（＜1000个/μL），可将剂量减小20%。可在注射位点发生严重的组织坏死（本药物任何量的血管外用药可100% 发生这种情况）；可采用有安全装置的静脉留置针（via a secure，cleanly placed over-the-needle intravenous catheter）防止这种情况的发生。肾毒性（nephrotoxicity）为猫的剂量限制性毒性（与犬的心脏毒性不同），因此应避免蓄积剂量超过200mg/m^2。猫在用药之前应监测尿液相对密度、肌酐及BUN。在给药时，有些猫可发生瘙痒或出现麻疹，这是一种暂时的现象，应停止用药15～30min，之后再缓慢给药。给药后可见尿液变红，这种情况并非异常，只是由于药物的颜色所引起。有时可发生中等程度的脱毛，包括胡须脱落（更为常见）。

L-天冬酰胺酶（L-asparaginase）

- 剂型：10000U，玻璃瓶装。

- 药物类型：酶类。
- 剂量：10000U/m²或400U/kg q7d，或低频SC、IM。
- 毒性：可发生过敏反应，特别是如果多次剂量用药。由于过敏反应的风险高，因此勿 IV给药。以前曾接受过该药物的猫应该在注射后待在家、或在医院观察。过敏反应通常立即发生，但也可发生迟缓型过敏反应。其他不太常见的不良反应包括呕吐及发热。如果同时使用长春新碱，可发生骨髓抑制。

甲氨蝶呤

- 剂型：2.5mg片剂；5mg、20mg、50mg、100mg、200mg及250mg和1g瓶装剂量。
- 药物类型：抗代谢药物。
- 剂量：2.5mg/m² q24h 或根据组合治疗方案用药。甲氨蝶呤经尿液排出，氮血症的病例应减小剂量。
- 毒性：可见厌食、呕吐及腹泻，也是最常见的不良反应。猫不常见有中性粒细胞减少症。治疗淋巴瘤时可使用大剂量，之后用亚叶酸（leucovorin）补救；但在治疗猫的淋巴瘤时极少采用这种方法治疗。

强的松或强的松龙

- 剂型：1mg、2.5mg、5mg、10mg及20mg片剂；1mg/mL 糖浆（香草味，vanillaflavor）；50 mg/mL注射剂。
- 药物类型：皮质类固醇。
- 剂量：1～2mg/kg q24h或按组合疗法用药。
- 毒性：给猫使用强的松治疗时不良反应很小，但有发生糖尿病的风险。增重、糖尿病调节障碍（diabetes mellitus dysregulation）、医源性肾上腺皮质机能亢进（iatrogenic hyperadrenocorticism）在犬常见。有人建议应使用强的松龙而不用强的松，因为研究表明强的松不能由肝脏有效转变为强的松龙。根据肿瘤对这两种药物的反应，强的松和强的松龙基本等效。

长春新碱

- 剂型：1mg、2mg及5mg 瓶装剂。
- 药物类型：植物性长春花生物碱。
- 剂量：0.5～0.75mg/m² q7d IV。大剂量可导致中毒风险增加。长春新碱经胆汁排出，因此如果胆红素超过2mg/dL时剂量应减小50%。
- 毒性：本药物可引起神经毒性，导致感觉异常，但更常见的是便秘及麻痹性肠梗阻。可发生厌食及呕吐，有些猫可长时间表现严重厌食；这些症状可能是由于麻痹性肠梗阻所引起。中性粒细胞减少症不常见，但在大剂量用药或同时使用L-天冬酰胺酶时可发生本病。如果血管外用药，可在注射部位发生严重的组织坏死。由于用药剂量小（典型情况下0.1～0.3mL）及可以快速给药，因此如果能将猫妥善保定，可采用蝴蝶导管；否则应采用更为安全的导管给药。还可发生血小板增多，但临床意义不大。

长春碱

- 剂型：10mg瓶装剂。
- 药物类型：植物性长春花生物碱。
- 剂量：1.5～2.0mg/m² q2～3w。长春碱由胆汁排出，因此如果胆红素高于2mg/dL时剂量应减小50%。
- 毒性：与长春新碱不同，长春碱可引起严重的中性粒细胞减少症，最低点出现在用药后4～7d。与长春新碱一样，长春碱可引起麻痹性肠梗阻、呕吐及便秘，但这些作用在长春新碱更为严重。如果发生严重的厌食，可用长春碱代替长春新碱，但由于使用长春碱时常可发生中性粒细胞减少症，因此如果同时使用其他骨髓抑制性药物时应谨慎。与使用长春新碱时一样，使用长春碱可发生严重的注射部位组织坏死。

常见化疗不良反应的处理方法

文献资料及药物说明中列出了许多化疗反应，明显的不良反应包括三类。

- 败血症：可危及生命且最为严重。
- 胃肠炎：支持性护理时为自限性。
- 无白血病的中性粒细胞减少症：在临床上不太关注的一个问题。

败血症

临床特点

- 开始：化疗给药后6～14d。
- 临床症状：厌食、嗜睡、呕吐、腹泻、崩溃、发热或体温降低。
- 诊断：临床症状、症状出现的时间、CBC检测时发现中性粒细胞减少，可能有低血糖症。
- 治疗：静脉内导管；静脉内输液［通常在开始时用治疗休克的液体（每小时50mL/kg），然后用1.5倍的维持液体剂量治疗1～3d］；静注抗生素（广谱抗生素，如头孢菌素或氨苄青霉素与氟康喹诺酮合用），可加用氨基糖苷类抗生素，但只能在脱水或休克得到治疗后才能使用；如果呕吐则禁水禁食［nothing by mouth（NPO） if vomiting］，如果腹泻但不发生呕吐，则虽然可以进食，却不能给水分。G-CSF（Filgrastim，3～5μg/kg q24h SC）为一种细胞因子，能引起中性粒细胞的产生及分化，有利于中性粒细胞减少症病猫中性粒细胞的增加，但由于可产生针对G-CSF的抗体，因此能阻止该药物再次使用时发挥作用。

- 预后：如果诊断及治疗早则预后较好；如果严重则预后谨慎或较差。
- 预防：如果治疗前CBC表明中性粒细胞减少到低于2000个/μL，则应延缓/不采用任何化疗；如果发生中性粒细胞减少症，则在随后的用药中应将引起中性粒细胞减少症的药物剂量降低20%。

客户交流及病猫管理

- 如果猫主在化疗后6～10d的窗口期要求救治病猫，则通知猫主立即将病猫带来检查，这种情况可能危及生命。
- 如果猫住院，可采集血液进行CBC、生化检查及尿液分析。
- 放置静脉导管，采用静脉内液体疗法及静脉内抗生素疗法。
- 如有需要则应调整液体纠正电解质异常；静注疗法的时间长短应根据脱水情况、整体体况、中性粒细胞减少症及是否存在发热来确定。如果怀疑发生中性粒细胞减少症或胃肠道黏膜受损，则可口服抗生素。

胃肠炎

临床特点

- 发作：化疗用药后2～5d。
- 临床症状：厌食、嗜睡、呕吐、腹泻及中度发热。
- 诊断：基于临床症状、症状开始时间、中性粒细胞减少症。
- 治疗：如果呕吐不能给水和进食（NPO if vomiting）（如果猫腹泻但不发生呕吐，则不能给其以食物但应给水）；如果怀疑发生脱水（严重的呕吐/腹泻），门诊病例可皮下液体治疗，住院病例可静脉输液，如有需要可使用止吐剂。
- 预后：较好。
- 预防：除非发生严重疾病或以前因采用同样药物引起严重疾病，否则无需减少引起胃肠炎的化疗药物的剂量。建议用抗催吐的药物预先治疗，以减少临床症状的发生，并降低其严重程度。

客户交流及病猫管理

- 如果猫主在化疗后2～5d的窗口期要求救治病猫，应确定疾病的严重程度（即呕吐/腹泻的严重程度。病猫的姿势及食欲等）；如果担心病猫的水合作用状态，可要求将病猫带来检查。
- 如果病猫没有脱水（根据电话询问或根据检查结果），却有呕吐现象，则建议猫主不要口服给药。如果病猫腹泻但不呕吐，则不能给其以食物，但应给水。
- 缓慢（少量多次）补充水分及易于消化的食物。
- 1～2d内逐渐恢复到正常食物。
- 对非典型病例（4~7d）可考虑是否发生败血症，因此在猫主要求救治时，先让猫主测量病猫的体温。如果猫发热或低体温，应立即就诊。如果体温正常，且病情不太严重，在这些情况下可口服抗生素，同时采用保守疗法。

无病状中性粒细胞减少

临床特点

- 发病：化疗用药后6～10d。
- 临床症状：除非发生败血症否则一般无症状。
- 诊断：中性粒细胞减少。
- 治疗：如果WBC＞2000个/μL则无需治疗，如果WBC＜2000个/μL则口服抗生素治疗。
- 预后：不发生败血症时预后良好。

客户交流及病猫管理

- 评估中性粒细胞减少的程度，如有需要则抗生素治疗。
- 随后的用药中降低引起中性粒细胞减少的药物剂量10%～15%。

参考文献

Carreras JK, Goldschmidt M, Lamb M, et al. 2003. Feline epitheliotropic intestinal malignant lymphoma: 10 cases (1997–2000). *J Vet Intern Med.* 17:326–331.

LeBlanc AK, Cox SK, Kirk CA, et al. 2007. Effects of L-aparaginase on plasma amino acid profiles and tumor burden in cats with lymphoma. *J Vet Intern Med.* 12(4):760–763.

Moore AS, Cotter SM, Frimberger AE, et al. 1996. A comparison of doxorubicin and COP for maintenance of remission in cats with lymphoma. *J Vet Intern Med.* 10:372–375.

Moore AS, Ogilvie GK. Lymphoma. 2001. In AS Moore, CK Ogilvie, eds., *Feline oncology: a comprehensive guide to compassionate care.* pp. 191–219, 423–428. Philadelphia: Veterinary Learning Systems.

Pohlam LM, Higginbotham ML, Welles EG, et al. 2009. Immunophenotypic and histological classification of 50 cases of feline gastrointestinal lymphoma. *Vet Pathol.* 46(2):259–268.

Reiman RA, Mauldin GE, Mauldin GN. 2008. A comparison of toxicity of two dosing schemes for doxorubicin in the cat. *J Fel Med Surg.* 10(4):324–331.

Simon D, Eberle N, Laacke-Singer L, et al. 2008. Combination chemotherapy in feline lymphoma: Treatment outcome, tolerability, and duration in 23 cats. *J Vet Intern Med.* 22(2):394–400.

Vail DM, Moore AS, Ogilvie GK, et al. 1998. Feline lymphoma (145 cases): Proliferation indices, cluster of differentiation 3 immunoreactivity, and their association with prognosis in 90 cats. *J Vet Intern Med.* 12:349–354.

Vail DM, Withrow SJ. 2007. Feline Lymphoma and Leukemia. In SJ Withrow, DM Vail, eds., *Small Animal Clinical Oncology*, 4th ed., pp. 773–756. Philadelphia: Elsevier Saunders.

第35章
亲衣原体感染
Chlamydophila Infection

Teija Kaarina Viita-aho

概述

猫亲衣原体（*Chlamydophila felis*）［以前曾称为鹦鹉热衣原体猫变种（*Chlamydia psittaci* var. *felis*）］为一种细胞内革兰氏阴性菌，主要引起眼睛感染，也可引起猫的上呼吸道感染。血清型研究表明猫亲衣原体存在多个株，它们之间毒力明显不同。病原体在体外相对不稳定，在室温下的生存不超过48h，脂类溶剂及洗涤剂容易使其灭活。

猫亲衣原体感染的流行在5周龄至9月龄的猫最高，最常见于多猫密切接触的环境，特别是在猫配种和在动物庇护所时发病率最高。一项研究发现，公猫及缅甸猫易于感染。5%～10%的免疫接种猫可产生抗猫亲衣原体抗体。眼睛和上呼吸道感染猫亲衣原体的发病率为11%～32%。在临床健康的猫，猫亲衣原体的流行率据报道可达13%。猫可成为无症状感染带菌者，但由于应激或免疫抑制，潜伏感染可被激活而出现临床症状。感染的传播需要与感染猫或其喷出的气雾（aerosols）接触，但感染也可通过污染物发生。眼睛分泌物可能是引发感染最为重要的体液。结膜排菌通常在感染后大约60d停止，但持续感染的猫可排出具有感染能力的病菌长达8个月。

猫亲衣原体可与其他上呼吸道病原，如猫疱疹病毒（FHV-1）及猫杯状病毒（feline calicivirus，FCV）感染同时发生。猫支原体（*Mycoplasma felis*）和支气管炎博德特杆菌（*Bordetella bronchiseptica*）感染可使猫亲衣原体感染更为复杂。

猫亲衣原体并不是唯一感染眼睛和呼吸道的病原，其可成为全身感染的病原，已从猫的直肠和阴道分离到这种病原，因此肠道和生殖道也可能是持续感染的部位。

感染之后，猫的免疫力通常微弱且持续时间短。猫对亲衣原体感染的抵抗力与年龄有关，表明可能会出现某种形式的保护免疫力。猫在最初的1～2年内容易复发感染。2岁以上的猫对复发感染的抵抗力更强。复发感染很少能与初次感染一样严重，持续时间通常不到5～10d。复发感染可能是由于无症状持续感染再激活或重新感染所引起。

临床病例最常见于不到1岁的猫及成群饲养的猫，潜伏期为2～5d。原发病的病程在小猫为2～6周，老龄猫为2周以下。眼睛症状占主要优势，呼吸道症状除温和的鼻炎和喷嚏外不太明显。具有呼吸道症状但无眼睛症状的猫不大可能发生猫亲衣原体感染。表35-1列出了猫亲衣原体感染时的主要临床症状。

眼睛的症状通常从一只眼睛开始，5～7d后另外一只眼睛表现症状（见图35-1）。眼睛分泌物开始时呈水

表35-1　亲衣原体感染的临床症状

眼睛症状	非眼睛症状
结膜炎	鼻炎及鼻分泌物
结膜充血	喷嚏
球结膜水肿	淋巴结肿大
眼睑痉挛	沉郁或昏睡
第3眼睑脱垂	短暂发热
第3眼睑充血	食欲不振
眼睑分泌物	失重
眼睛不适	
眼睑水肿	
小疱性结膜炎（conjunctival follicles）	

图35-1　病的早期一只眼睛受到感染，眼睛分泌物开始呈水样，但后来呈黏液样或黏脓性（图片由Gary D. Norsworthy博士提供）

样，但后来呈黏液状或黏脓状。感染后很快可出现暂时性发热、食欲不振及失重，但通常情况下猫的体况良好而能继续采食。

慢性感染时，临床症状可持续长达2个月。慢性感染通常在单眼或双眼表现温和症状，包括结膜充血、眼睛浆液性分泌物及轻微的眼睑痉挛。有些猫在眼睑症状开始出现后数周内发生跛行。猫亲衣原体感染也与生殖疾病如流产、不育及新生猫的死亡有关。这也可感染新生仔猫，在关闭的眼睑后引起结膜炎。新生仔猫结膜炎最早可见到的症状是其正常发生于7～10日龄的眼睑开放延迟，常见关闭的眼睑膨胀，这是由于渗出液蓄积所引起。感染的仔猫其他方面表现正常，生长速度也正常。

其他引起喷嚏、鼻炎及结膜炎的病原还包括一种引起结膜炎的病原菌，猫亲衣原体不大可能是表现上呼吸道症状而不发生结膜炎的主要病原。角膜炎及角膜溃疡通常与猫亲衣原体无关，但很常见于FHV-1感染。眼睛溃疡是FCV感染的典型症状。只依靠临床症状难以确诊，需要进行许多诊断试验。

诊断

主要诊断

- 聚合酶链式反应（polymerase chain reaction，PCR）试验：许多实验室可采用PCR试验诊断猫亲衣原体感染。PCR快捷，具有很高的灵敏度和特异性。样品可采用棉拭子从结膜囊采集。由于病原菌为细胞内寄生，因此良好的拭子采样技术对获得足量的细胞极为重要。在发生明显的结膜炎的病例，感染眼睛的拭子就足以进行诊断，但在慢性病例及临床症状轻微的病例，应采集双眼的拭子样品。

辅助诊断

- 病原分离：虽然细胞培养广泛用于诊断本病，但由于技术要求高、时间长和成本高，特别是由于PCR技术的使用，细胞培养应用已经减少。
- 血清学：未免疫接种的猫的抗体检测可证实诊断。抗体效价低一般可认为是阴性。主动免疫或新近发生感染常常可导致抗体效价升高。血清学诊断的主要缺点是能说明暴露了该病原，但不能说明是否存在活动的感染。

诊断注意事项

- 结膜涂片：可以采用结膜涂片进行姬姆萨染色检查猫亲衣原体，但不建议作为一种可靠的诊断方法使用。在急性感染后最初的几天内可观察到胞浆内包涵体，但在慢性病例则不可能看到。此外，猫亲衣原体包涵体易于和其他嗜碱性包涵体混淆。

治疗

主要疗法

- 强力霉素：为首选药物（5mg/kg q12h PO或10mg/kg q24h PO治疗4周）。强力霉素可在眼泪和唾液中达到很高的局部浓度，反应快速。据报道强力霉素可引起食道狭窄及食管炎。为了降低风险，可选用强力霉素悬浮液而不选用片剂。另外，应将水注入猫的口腔，或者用黄油润滑片剂。强力霉素与其他四环素一样，如果在妊娠猫或仔猫使用可引起牙齿变色。但强力霉素要比其他四环素安全。强力霉素在4～5月龄的仔猫使用未发现任何问题。

辅助疗法

- 克拉维酸强化阿莫西林（clavulanic acid–potentiated amoxicillin）：可安全用于新生仔猫和妊娠母猫（20 mg/kg q12h PO治疗4周）。但在后期需要采用强力霉素治疗以确保病原体从体内排出。
- 氟喹诺酮类药物：这类药物也很有效，已成功用于人的沙眼衣原体（*C. trachomantis*）和鹦鹉热衣原体（*C. psittaci*）感染。恩诺沙星的剂量为5mg/kg q24h PO，应避免剂量过大，因为恩诺沙星大剂量使用可引起失明。与犬相反，猫用恩诺沙星治疗后不会诱导发生软骨毒性不良反应（chondrotoxic side effects）。麻氟沙星未发现具有眼科不良反应，其剂量为 2.75～5.55 mg/kg q24h PO。
- 阿奇霉素：已用于猫亲衣原体感染，但不能清除感染，其优点是半衰期长，因此可减少用药频次。治疗时可使用不同的剂量，包括5mg/kg q24h PO治疗5d，之后5mg/kg q72h PO 治疗5次；或10mg/kg q24h 治疗3d，之后10mg/kg q48h治疗3～4周。
- 外用抗生素软膏或人工泪液（artificial tear supplements）：对眼睛可发挥润滑及表面保护作用，也可缓解眼睛的不适。

治疗注意事项

- 由于猫亲衣原体感染后的全身性感染特性，单独的局部治疗往往无效。为了从机体消除病原，应采用全身治疗。

- 由于无症状带菌率很高，因此舍饲的所有猫均应同时治疗。
- 感染猫在强力霉素治疗之后，在治疗开始之后10d仍能继续排出病原，因此对其他的猫在治疗的2周内仍有危险性。
- 对猫舍饲喂的猫，建议至少治疗8周以上。

预防

- 可采用猫亲衣原体疫苗，但由于本病不太严重，因此这种疫苗并非必需免疫疫苗。但对处于感染风险的猫，如生活在庇护所的猫及猫舍具有猫亲衣原体地方流行时，应考虑采用疫苗预防。在这些情况下，所有的猫均应采用强力霉素治疗4周后再进行免疫接种。
- 可采用改良活疫苗及灭活细胞培养疫苗。通常在8～10周龄开始免疫接种，3～4周后进行第二次接种，之后每年强化免疫。在有些猫，猫亲衣原体疫苗免疫接种后7～21d可引起不良反应，包括发热、嗜睡、厌食和跛行。

参考文献

Gruffydd-Jones T, Addie D, Belák S, et al. 2009. Chlamydophila felis infection ABCD guidelines on prevention and management. *J Fel Med Surg*. 11:605–609.

Sparkes AH, Caney SMA, Sturgess CP, et al. 1999. The clinical efficacy of topical and systemic therapy for the treatment of feline ocular chlamydiosis. *J Fel Med Surg*. 1:31–35.

Sykes JE, 2005. Feline Chlamydiosis. *Clin Tech Small Anim Pract*. 20: 129–134.

Sturgess CP, Gruffydd-Jones TJ, Harbour DA, et al. 2001. Controlled study of the efficacy of clavulanic acid-potentiated amoxicillin in the treatment of Chlamydia psittaci in cats. *Vet Record*. 149:73–76.

第36章 乳糜胸 Chylothorax

Gary D. Norsworthy

概述

乳糜通过淋巴系统转运到乳糜池（cysterna chili），再通过胸导管转运，直至淋巴静脉连接部（lymphaticovenous junction），然后进入血液循环。胸导管（thoracic drainage）的破裂或漏出可引起乳糜液在胸膜间蓄积，导致乳糜胸（chylothorax）。乳糜胸可由外伤引起，但这种情况只占猫病例的很少部分，大多数猫的乳糜胸病例没有确定的原因，在进行彻底的诊断检查之后多被认为其在起源上为自发性的。有些病例与前腔静脉（cranial vena cava）或胸导管本身的机械性或机能性（相对）阻塞有关。阻塞后可出现淋巴管压力过高（lymphatic hypertension）、淋巴管扩张及扭曲（淋巴管扩张，lymphangiectasia）。因此，乳糜从扩张但完整的淋巴管渗出。有些情况下，淋巴流或量增加也与发病有关。开始时，乳糜渗出可通过胸膜再吸收，但对胸膜是一种刺激。暴露乳糜数天或数周后，胸膜表面不再允许再吸收，渗出物积聚在胸膜间隙。最为常见的潜在原因是右侧心衰（即犬心丝虫病、心包积液及心肌病）及纵隔肿瘤（特别是淋巴瘤，但也可能与真菌性肉芽肿及胸腺瘤有关）。有报道表明本病也可继发于插入的静脉导管。

患乳糜胸的猫常表现为突然发生呼吸困难，出现嗜睡，常常表现厌食及咳嗽。由于只有少数疾病可引起咳嗽，因此出现咳嗽时应引起注意。病猫通常勉强侧卧或伏卧，心脏听诊通常有心杂音。

诊断

主要诊断

- 临床症状：可发生呼吸困难及全身症状，也可发生咳嗽。患病猫典型表现为强力吸气，呼气延缓，仿佛是在忍住呼吸。
- 听诊：可见心脏杂音及肺脏杂音。
- X线拍片：胸腔积液的X线症状包括肺叶间隙线影（pleural fissure lines）可见其肺脏边界呈扇形。不应将具萎缩的肺叶（atelectic lung lobes）误认为胸腔肿瘤。胸腔穿刺后的X线拍片更有诊断意义，应注意肺动脉（caudal pulmonary arteries）可表明有犬心丝虫病，应注意观察有无纵隔前肿块（anterior mediastinal mass）。另外，还应注意圆形肺叶，有可能发生了纤维化胸膜炎。
- 超声检查：如果猫的呼吸状态允许，应在除去胸膜间隙的液体之后进行超声检查，这种检查在建立是否存在纵隔前肿块或确定心包或心脏疾病时具有帮助意义。有些情况下，犬心丝虫病可见于右侧心脏或肺动脉干。
- 胸腔穿刺：可吸取数毫升液体证实是否存在有胸腔积液，并可采集液体送实验室进行分析。
- 胸水分析：胸水通常呈乳白色，如果发生出血，则颜色为粉红色。胸水的颜色及透明度受营养状况的影响。猫在厌食时胸水可能没有乳糜特征性的乳白色。典型情况下有核细胞计数通常低于10000个/mL。由于胸水中脂类含量高而干扰折光率，因此蛋白含量用于诊断并不可靠。采集的胸水应置于红盖及紫盖试管中进行这些检测。参见第288章。
- 胸水细胞学检查：80%以上的细胞为小的成熟淋巴细胞，其直径大小与红细胞类似（见图36-1及第288章）。如果疾病为慢性，则含有大量的非变性中性粒细胞和巨噬细胞。如果未发生细菌继发感染，则检查不到细菌；如果有细菌，则通常为胸腔穿刺时未采用恰当的无菌技术所造成。
- 胸水生化检查：乳糜液体甘油三酯含量比血清高，胆固醇含量比血清低。假乳糜液（pseudochylous fluid）胆固醇含量比血清高，甘油三酯含量比血清低或相当。虽然在文献资料中有所提及，猫的假乳糜液可能不存在，因此除非采用其他方法证实，任何乳白色胸腔积液都应考虑为乳糜。
- 犬心丝虫检查：阳性抗体试验表明发生了犬心丝虫感

染，阳性抗原试验具有确诊价值。但犬心丝虫抗原及抗体试验敏感性较低。参见第88章。

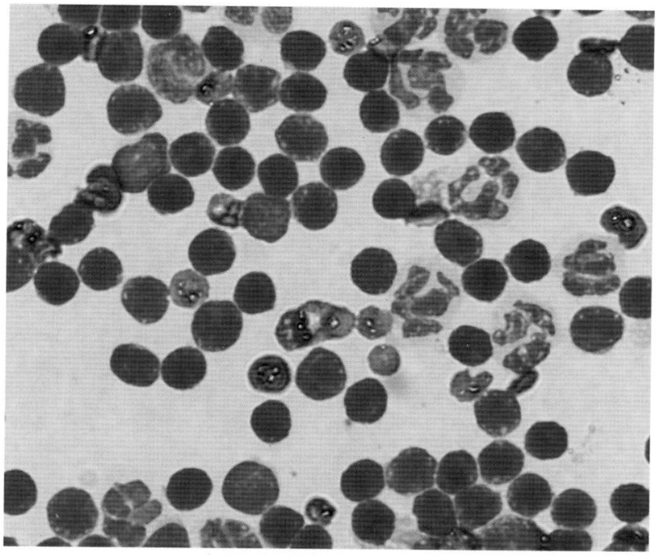

图36-1 小淋巴细胞（深色细胞），大小与红细胞类似（浅色细胞），是乳糜液中的主要细胞。中性粒细胞的存在表明发生了慢性疾病，不应存在细菌

辅助诊断

- 血常规（complete blood count，CBC）及血清生化检查：这些指标通常正常，但慢性疾病时的贫血及淋巴细胞减少症则为意外发现。
- 需氧及厌氧菌培养：虽然大多数乳糜液是无菌的，但有些在培养时有细菌生长，感染可能是由于胸腔穿刺时引入。

诊断注意事项

- 呼吸困难的猫应小心处置，因为增加应激可能会致命。进行查体、X线拍片及胸腔穿刺时必须要特别小心，可在诊断检查前及采用两种方法诊断之间将猫置于氧气箱中数分钟，如果难以成功，则胸腔穿刺抽取30～90mL液体可明显改善通气能力。X线拍片应激最小，通常采用背腹侧面观察，这在有些病例可能是唯一可行的观察面，通常足以诊断胸腔积液的存在。对于有些猫，侧面观察较好。
- 乳糜对胸膜有刺激作用，慢性病例乳糜胸可引起纤维性胸膜炎，胸膜可因纤维性结缔组织（fibrous connective tissue，FCT）而增厚。胸腔器官之间可形成FCT套。X线拍片可发现肺叶呈圆形或萎缩，渗出液中可存在变性的中性粒细胞和巨噬细胞（见图36-2）。由于肺脏机能降低，因此通气受损。如果乳糜胸康复，可引起肺容积缩小，但户内饲养的猫能完全耐受。脓胸及猫传染性腹膜炎也可引起纤维化胸膜炎。

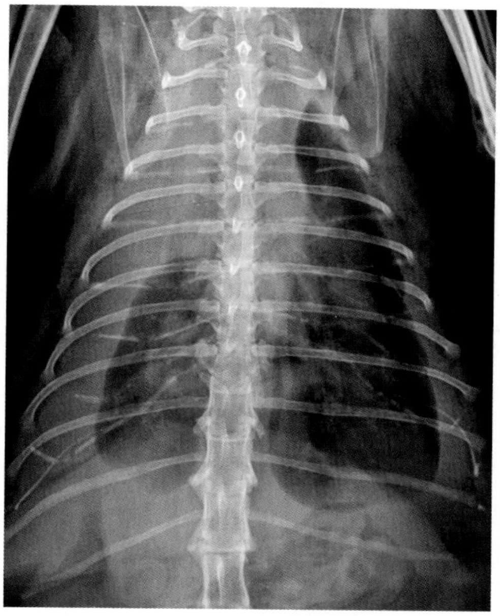

图36-2 肺叶呈圆形，如本张X线片所示，是纤维性胸膜炎的典型病变

治疗

主要疗法

- 胸腔穿刺：应采用最小剂量的药物镇静。由于随着纤维性胸膜炎的发生可形成液体囊，因此应抽吸两侧胸腔。抽吸时猫伏卧，从第4～6肋间隙开始，在肋骨软骨结合部（costochondral junction）下多点抽吸，如有需要可重复抽吸。
- 芸香苷（rutin）：该药物属于苯并吡喃（benzopyrone）家族，为一种生物类黄酮及维生素C的衍生物，研究发现患有乳糜胸的猫至少25%在用这种药物治疗2个月后渗出可康复。该药的剂量为50～100mg/kg q8h PO，制剂为500mg片剂，无味，可碾碎后与食物混合给药。
- 奥曲肽（octreotide）（Sandostatin™）：为能抑制胃、胰腺及胆囊分泌，延缓胃肠转运时间的天然药物，用药剂量为10 μg/kg q8h SC，用药2～3周，可治愈胸腔积液。

辅助疗法

- 胸廓造口术插管（thoracostomy tube）：采用这种

方法可进行连续或间断性的胸腔引流，因此减少了引起充血的保定应激和胸腔穿刺时针头反复插入胸腔所引起的疼痛应激。一般来说，一条引流管可引流双侧胸腔，但在有些情况下需要双侧插管。胸腔应q12～24h抽吸一次，直到每天抽吸的液体量少于1～2 mL/kg（这种液体量通常是由于插管所引起）。有人不建议采用胸廓造口术插管，但作者更喜欢采用这种方法以减少重复胸腔穿刺引起的创伤，而且在存在纤维性胸膜炎时可获得更好的引流效果。

- 静注液体治疗：由于可造成应激，不应在胸腔穿刺之前进行静脉插管及注射液体。
- 胸廓切开术：对1～2个月胸腔引流及药物治疗后没有效果的猫应进行手术结扎胸导管，或施行胸膜腹膜或胸膜静脉旁路（pleuroperitoneal or pleurovenous shunts），或施行心包切除术（pericardectomy）。之所以建议采用心包切除术是因为增厚的心瓣膜可阻止淋巴静脉交通（lymphaticovenous communications）的形成，据报道成功率可达25%～50%。
- 如果由于费用原因限制了采用其他更为常规的治疗方法时，可单独采用芸香苷治疗，但其对纤维性胸膜炎无效。

治疗注意事项

- 有人采用脂类黏结剂如几丁质和壳聚糖（chitosan）减少脂肪诱导的乳糜流，但效果尚未证实。
- 有人采用低脂肪日粮及中链甘油三酯（medium chain triglycerides，MCT）试图减少乳糜形成，前者具有一定的效果，其应用也得到了验证。对MCT油剂的效果仍有疑问，目前也不再建议采用。大多数猫在接受MCT油剂后由于苦味会拒绝采食。

预后

本病为一种严重的可能致死的疾病，但如果采取积极的诊断和治疗，许多病猫只要出现下述情况就会康复：（a）潜在疾病得到诊断治疗；（b）采用适当的治疗方法后本病会特发性康复；（c）未发生纤维性胸膜炎。纤维性胸膜炎的存在可明显降低出现良好结局的机会。

参考文献

Fossum TW. 2006. Chylothorax. In JR August, ed., *Consultations in Feline Internal Medicine*, 5th ed., pp. 369–375. St. Louis: Elsevier Saunders.

Fossum TW. 2007. Chylothorax. In LP Tilley, FWK Smith, Jr., eds., *Blackwell's 5-Minute Veterinary Consult*, 4th ed., pp. 250–251. Ames, IA: Blackwell Publishing.

Mason, RA. 2006. The cat with hydrothorax. In J Rand, ed., *Problem-Based Feline Medicine*, pp. 71–89. Philadelphia: Elsevier Saunders.

第37章
钴胺素缺乏
Cobalamin Deficiency

Jörg M. Steiner

概述

钴胺素（cobalamin）（维生素B_{12}）为一种水溶性维生素，猫的大多数商品猫粮中都含量丰富。另外，钴胺素来自细菌，但在动物胃肠道近端（牛）细菌性微生物中含量很高，细菌性钴胺素可得到吸收并储存在体内。相反，细菌性微生物在猫的胃肠道近端含量很低，钴胺素必须要通过给予肉类的蛋白饲料提供。日粮钴胺素与日粮蛋白紧密结合，不能以结合形式吸收。在胃内，日粮蛋白由胃蛋白酶消化，释放出盐酸和钴胺素。游离钴胺素立即被R蛋白［也称为结合咕啉（haptocorrin）］结合，这种蛋白主要由肠道分泌物及唾液分泌。钴胺素与R-蛋白结合后也不能用于吸收。在小肠，R蛋白被胰腺蛋白酶消化，释放的钴胺素由内在因子结合。据估计，在猫99%的内在因子（intrinsic factor）是由胰腺外分泌腺产生，这与人不同，人的内在因子大多数是由胃产生。内在因子-钴胺素复合物由回肠的特异性受体（也称为cubilin）吸收（内在因子是由胃腺壁细胞分泌的一种糖蛋白，与吸收维生素B_{12}有关——译注）。

小肠末端的疾病如果严重，可导致回肠钴胺素受体遭到破坏，引起钴胺素吸收异常。如果钴胺素吸收异常持续时间长，则钴胺素储存耗竭，发生钴胺素缺乏。在一项对表现出慢性胃肠道疾病临床症状的80例病猫的研究中，发现49例血清钴胺素浓度降低，而且与正常猫相比，这些猫钴胺素的半衰期明显缩短。弥散性小肠疾病只在发病过程中涉及回肠，也可导致钴胺素吸收异常。最后，胰腺外分泌不足也会导致猫发生钴胺素缺乏，主要是由于猫大多数的内在因子是胰腺的外分泌部合成的。钴胺素吸收异常本身不会导致钴胺素本身缺乏，只有长时间的钴胺素吸收异常，才可导致体内储存的钴胺素耗竭，最终导致钴胺素缺乏。

钴胺素是多个与能量产生、脂肪酸代谢及氨基酸代谢、蛋白合成及细胞分裂有关的关键生化反应所必需的维生素。事实上，所有组织机能的正常发挥均需要钴胺素，因此钴胺素缺乏的临床症状多种多样。有些猫只表现嗜睡、厌食和失重，有些则表现腹泻、间歇性败血症发作或出现严重的神经症状，这些神经症状与肝性脑病类似。猫实验性诱导的钴胺素缺乏可引起渐进性厌食、失重及被毛粗乱，据报道有些猫可发生异嗜癖。此外，人缺乏钴胺素时可发生小肠异常，如绒毛萎缩、小肠黏膜被炎性细胞浸润。如钴胺素吸收进一步发生异常，其他营养素的吸收也会出现异常。在发生钴胺素缺乏的猫当中尚未发现类似症状，但作者认为有强力的证据表明也可发生这些症状。猫患小肠疾病或胰腺外分泌机能不足及并发钴胺素缺乏时可能对治疗不会产生积极的反应，除非添加钴胺素进行补饲。

诊断

主要诊断

- 血清钴胺素浓度：测定血清钴胺素对大多数情况下的钴胺素缺乏具有诊断意义。得克萨斯农工大学的GI实验室目前采用的血清钴胺素参考范围为290～1500ng/L。检测不到血清钴胺素表明发生了钴胺素缺乏，但在能检测到只是浓度低于正常时的猫也可发生钴胺素缺乏，应该预先添加钴胺素补饲以免使钴胺素缺乏进一步加重。

辅助诊断

- 血清或尿液甲基丙二酸浓度（serum or urinary methylmalonic acid concentration）：在细胞水平测定钴胺素浓度基本可以确定是否发生了钴胺素缺乏。血清或尿液甲基丙二酸浓度是由于细胞水平钴胺素缺乏导致代谢紊乱的指标，但测定血清或尿液中甲基丙二酸需要复杂的技术，目前尚未用于日常检验。

诊断注意事项

- 近来对表现慢性胃肠道疾病的猫进行的研究发现，80

例中49例血清钴胺素浓度降低。此外，胰腺外分泌机能不全（exocrine pancreatic insufficiency，EPI）的猫通常会出现钴胺素缺乏，由此表明评价低钴胺素对EPI及胃肠道疾病的诊断，特别是如果对胃肠外钴胺素单独补充没有反应时，具有重要意义。相反，应对所有表现慢性胃肠道症状的猫检测血清钴胺素浓度。

治疗

主要疗法

- 补充钴胺素：补充钴胺素是治疗钴胺素缺乏的基础。由于钴胺素缺乏可导致慢性胃肠道疾病的临床症状及钴胺素吸收进一步发生障碍，由此可造成恶性循环，即使原发性胃肠道疾病的原因得到消除，仍会发生钴胺素缺乏。因此，如果猫没有发生EPI［即猫血清胰蛋白酶类似物免疫反应性（feline trypsin-like immunoreactivity，fTLI）的浓度 > 12 μg/L］，单独补充钴胺素或同时采用日粮试验，是患钴胺素缺乏的猫首选的治疗方法。依猫的体格大小，每只猫可将100 ~ 250 μg钴胺素（最常用的为氰钴胺素，cyanocobalamin）皮下注射，q7d 6周，之后每只猫100 ~ 250 μg q14d SC 6周，随后再按同样剂量注射4周。在最后一直注射钴胺素后4周再次检查血清钴胺素浓度，以评价病猫是否需要进一步补充钴胺素。

治疗注意事项

- 如果猫对单独补充钴胺素没有反应，关键是要仔细分析和评估病猫是否存在潜在的钴胺素缺乏的原因。这种评估包括检查猫是否有慢性小肠疾病，可能还应包括粪便检查小肠寄生虫及用广谱驱虫药治疗、饲喂试验、腹腔超声检查、腹腔内镜或手术活检进行病理组织学检查，以及在特定情况下采用其他的诊断方法。因此在补充钴胺素的同时，可从治疗的角度对钴胺素缺乏的潜在原因进行分析。
- 有人推测钴胺素对食欲可能具有直接的药理学作用。许多患钴胺素缺乏的猫食欲不振，在补充钴胺素后食欲开始恢复。在有些病猫，在补充钴胺素停止后即使血清钴胺素浓度可能处于参考范围之内，但仍会复发食欲不振。对这些病猫应恢复补充钴胺素，而且可能还需要持续较长时间。

预后

猫钴胺素缺乏总的预后取决于潜在的病因。但只要钴胺素缺乏得到及时的诊断治疗，钴胺素缺乏就不会引起病猫的发病率和死亡率升高。

参考文献

Ruaux CG, Steiner JM, Williams DA. 2001. Metabolism of amino acids in cats with severe cobalamin deficiency. *Am J Vet Res*. 62:1852–1858.

Ruaux CG, Steiner JM, Williams DA. 2005. Early biochemical and clinical responses to cobalamin supplementation in cats with signs of gastrointestinal disease and severe hypocobalaminemia. *J Vet Int Med*. 19:155–160.

Ruaux CG, Steiner JM, Williams DA. 2009. Relationships between low serum cobalamin concentrations and methlymalonic acidemia in cats. *J Vet Int Med*. 23:472–475.

Simpson KW, Fyfe J, Cornetta A, et al. 2001. Subnormal concentrations of serum cobalamin (Vitamin B_{12}) in cats with gastrointestinal disease. *J Vet Int Med*. 15:26–32.

Thompson KA, Parnell NK, Hohenhaus AE, et al. 2009. Feline exocrine pancreatic insufficiency: 16 cases (1992–2007). *J Fel Med Surg*. 11(12): 935–940.

第38章

球孢子菌病

Coccidioidomycosis

Sharon Fooshee Grace

概述

在所有深部（全身）霉菌病原中，球孢子菌（*Coccidioides*）的地理分布范围最为严格。猫和犬在干燥的美国西南部、墨西哥及美洲中部和南部外的地方流行性区域以外不常发生感染。下游的北美生物带（Lower Sonoran life zone）生境很适合于支持这种微生物的生长。粗球孢子菌（*C.immitis*）（也称粗球芽生菌——译注）见于圣华金河谷（San Joaquin Valley），而*C. posadasii*则见于其他地区。地方流行性区域的主要特点是沙地碱性土壤、降水量小，夏季温度高。在高温期间及降水稀少时，这类微生物在土壤表面下生存。在大雨过后发生干旱期时，这类微生物在土壤表面复制形成孢子，有感染性的分节孢子（arthrospores）通过风及其他引起灰尘的活动在环境中传播。在地方流行区人感染的数量在沙尘暴及地震后明显增加。

与犬相比，猫似乎对本病具有一定的免疫力，但猫在开始发病时常常比犬更为衰弱。虽然在猫见到报道的病例不多，但主要的感染途径可能是吸入气传性分节孢子，这与其他动物相同。猫通过直接接种病原而感染的情况罕有报道。本病的传播主要通过血源性及淋巴途径。感受态细胞介导的免疫反应（competent cell-mediated immune response）可能对限制感染极为重要。感染猫白血病病毒（FeLV）及猫免疫缺陷性病毒（FIV）似乎并不诱发猫发生球孢子菌病。在传统上一般认为，人与感染猫接触后发生本病的风险并不大，但可由于暴露环境污染物而发病。近来报道了一例极为少见的通过咬伤伤口而发生的从猫到人的传播病例，说明本病可以一种不常见的形式传播疾病。

猫从吸入病原微生物到出现呼吸症状的潜伏期为数周，这与犬相同。非特异性症状包括发热、厌食和失重等常见症状。皮肤病病变，如引流管及脓肿、局部淋巴结肿大等是猫感染后最为常见的症状。虽然肺脏常常发生亚临床感染，但通常见不到明显的下呼吸道症状（即咳嗽或呼吸困难）。由于感染可能涉及骨组织，因此见有报道发生眼睛炎症及失明的症状。一例研究在剖检时发现在感染的病例有26%发生心包感染，但死前未见有心脏病的症状。感觉过敏、痉挛、行为改变及共济失调等症状见有报道，但感染涉及神经系统的情况不多见。

诊断

主要诊断

- 临床症状：临床症状不具特异性，但在地方流行性地区的猫如果表现全身症状时应怀疑感染本病。
- 细胞学：本病在典型情况下病变部位病原微生物数量较少，因此难以进行细胞学诊断。阴性检查结果不能排除本病，但发现病原微生物则可证实诊断。采样时可通过抽吸皮下结节、肺脏实质或淋巴结采集；也可从支气管灌洗样品制备抹片，但一般认为气道冲洗获得的病原不多（参见第289章）。感染引起的炎性反应通常为脓性肉芽肿性。常规实验室染色有时难以使病原着染。病原菌嗜碱性，具有较厚的细胞壁，固定时细胞壁皱缩，出现折叠的外观。
- 组织病理学：组织病理学检查病原可确诊。常规苏木精伊红染色可检查到病原菌，但有时需要进行特殊染色，常用Grocott-Gomori乌洛托品银染（methenamine silver）及过碘酸希夫染色法［periodic acid-Schiff（PAS）］染色。当需要鉴别诊断球孢子菌病时应告知病理专家。

辅助诊断

- 基础化验：依靠基础化验难以获得诊断，但对评估病猫的整体健康状况很有帮助。曾报道有些病例有非再生性贫血及高蛋白血症。
- X线拍片：可能存在门淋巴结肿大、间质性肺病及胸膜疾病（见图291-39）。肺门淋巴结肿大对地方流行性地区犬发生本病具有指征意义，但关于猫对其间的关系还不清楚。骨损伤不常见，但可见有骨生成

（osteoproductive）和骨溶解性病变的混合变化。

- 血清学检测：虽然在猫进行的血清学检测不多，但越来越多的研究表明血清学方法要比以往所认识的价值更高。一项研究表明，在检查过的大多数感染猫存在有沉淀素抗体（precipitin antibodies）及补体结合抗体，而且两种抗体均存在较长时间。虽然对这两类抗体在诊断上的应用仍需进行研究，但目前的研究表明血清学检测阳性与猫的本病的发生具有良好的相关性。但对诊断本病的进展及对治疗的反应而言，血清学检查也不是一种完美的检测方法。

诊断注意事项

- 病原体存在的数量并非总是很大，因此细胞学鉴定有时需要长时间的显微镜下检查。
- 应对所有病猫的旅行史进行详细调查。
- 临床上不应尝试进行细菌培养。感染性分节孢子（infectious arthroconidia）易于雾化，易使人发生感染。在地方流行性地区，在对任何引流性损伤进行培养时，均应联系兽医诊断实验室。

治疗

主要疗法

- 唑类药物：伊曲康唑及氟康唑均用于治疗本病。伊曲康唑的安全剂量为5mg/kg q12h PO，应与食物一同给药；胃的酸性环境有利于药物吸收。给药时可将胶囊打开，药物分装在明胶胶囊中或与罐装食物混合。药物也有口服液，而且生物可利用性比胶囊剂高。伊曲康唑可浓缩于皮肤，因此对皮肤感染极为有用。氟康唑能更好地穿入CNS和眼睛，目前以相对较为便宜的剂型供应。近来的文献资料中报道有多种给药方法，建议的给药为每只猫25～50mg q12～24h PO。与伊曲康唑不同的是，氟康唑不需要与食物混合给药来促进吸收。

辅助疗法

- 咪唑类药物具有抑制真菌作用，但无杀灭真菌的作用。采用这类药物治疗时应长期用药（即临床症状康复后仍需用药2个月）。
- 两性霉素B是猫对伊曲康唑或氟康唑没有反应时的一种治疗方法。两性霉素B可采用皮下给药，这样可明显降低本药可能的肾脏毒性。用药方法参见第43章。
- 诊断时许多猫由于长期厌食而衰弱。这种情况下胃管饲喂可由猫主为病猫提供适当的营养支持。

治疗注意事项

- 停止治疗后复发较为常见，即使长期治疗也是如此。
- 康复后在人可为终身免疫，但是否康复的动物也具有同样的免疫能力还不清楚。
- 虽然猫对伊曲康唑有较好的耐受性，但在治疗过程中应定期进行血清化学检查，以评估肝脏毒性。表现肝中毒临床症状（即厌食和黄疸）的猫不应再继续用药，至少暂时不应再用药。肝脏酶活性升高的无症状猫没有必要停止用药，应继续密切观察。

预后

猫患球孢子菌病的长期预后谨慎。

参考文献

Gaidici A, Saubolle MA. 2009. Transmission of coccidioidomycosis to a human via a cat bite. *J Clin Microbiol.* 47(2):505–506.

Graupmann-Kuzma A, Valentine B, Shubitz LF, et al. 2008. Coccidioidomycosis in dogs and cats: A Review. *J Am Anim Hosp Assoc.* 44(5):226–235.

Greene RT, Troy GC. 1995. Coccidioidomycosis in 48 cats: A retrospective study (1984–1993). *J Vet Intern Med.* 9(2):86–91.

Shubitz LF. 2007. Comparative aspects of coccidioidomycosis in animals and humans. *Ann NY Acac Sci.* 111(10):395–403.

第39章
球虫病
Coccidiosis

Mark Robson 和 Mitchell A. Crystal

概述

球虫为严格的细胞内寄生原虫，通常见于小肠。感染猫的球虫包括几个属，最常见的为等孢子球虫属（*Isospora*）［见表39-1；关于刚地弓形虫（*Toxoplasma gondii*），参见第 214章；关于隐孢子虫（*Cryptosporidium* spp.），参见第44章］。球虫通过摄入中间宿主组织的单卵卵囊（monozoiccysts）或污染粪便中的形成孢子化卵囊（sporulated oocysts）进入体内，猫的感染通常不涉及小肠以外的其他器官，也不发生跨胎盘及进入乳房的感染。

表39-1　猫的球虫

球虫	中间宿主
贝斯诺孢子虫（*Besnoitia* spp.）	啮齿类。负鼠、兔及蜥蜴
隐孢子虫（*Cryptosporidium* spp.）	无
哈氏孢子虫（*Hammondia hammondi*）	山羊和啮齿类
猫等孢子虫（*Isospora felis*） 犬等孢子虫（*Isospora rivolta*）	各种哺乳动物
肉孢子虫（*Sarcocystis* spp.）	猫和各种哺乳动物
刚地弓形虫（*Toxoplasma gondii*）	各种哺乳动物

猫为猫等孢子虫（*Isospora felis*）和犬等孢子虫（*Isospora rivolta*）的终末宿主，但感染这些球虫很少能引起发病。1月龄以下的仔猫及应激刺激、免疫抑制或处于拥挤（猫笼）或卫生条件不良的猫出现临床症状的风险很高。查体时猫可正常，或表现腹泻、便血、失重及脱水等症状。严重感染的动物可发生死亡。

猫也是哈蒙氏孢子虫（*Hammondia hammondi*）、华氏贝斯诺孢子虫（*Besnoitia wallacei*）、达林贝斯诺孢子虫（*B. darlingi*）及*B. oryctofelisi*的终末宿主。猫可通过摄入啮齿类动物的中间宿主的组织包囊而感染，感染通常限于胃肠道，但贝斯诺孢子虫（*Besnoitia*）可见于小肠外器官。这些球虫一般认为无致病性。

猫是新型肉孢子虫（*Sarcocystis neurona*）的中间宿主，这种球虫的终末宿主为负鼠。感染通过直接摄入负鼠粪便中的孢囊而获得。新型肉孢子虫（*S. neurona*）可引起仔猫发生致死性脑脊髓炎，但有限的研究发现5%的家猫及13%的流浪猫具有血清抗体，说明暴露并非不常见。猫的小肠还发现有许多其他肉孢子虫（*Sarcocystis* spp.），偶尔也可见于骨骼肌及心肌，这些球虫似乎无致病性。

诊断

主要诊断

- 粪便浮集法（fecal flotation）：显微镜检查可发现卵囊（不离心时可出现51%的假阴性，离心时可出现6%的假阴性），见图39-1。
- 组织病理学及免疫组织化学检查：新型肉孢子虫（*S. neurona*）裂殖体及裂殖子可见于大脑和脊髓。

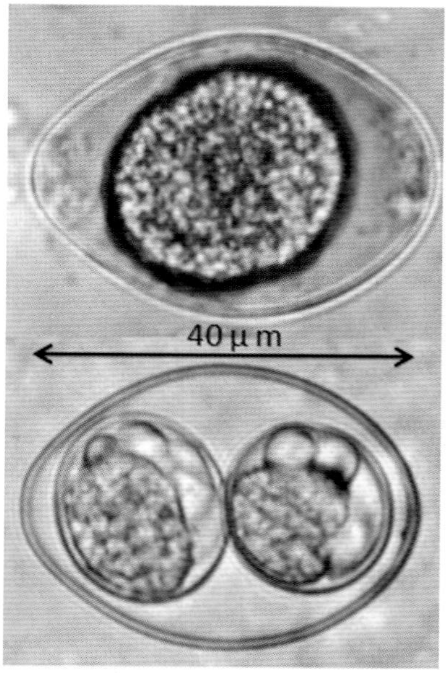

图39-1　球虫病：上图为猫等孢子虫卵囊，下图为形成孢子的卵囊。两者均见于粪便浮集样本，长为40μm。为比较起见，犬弓蛔虫（*Toxicara cati*）（蛔虫）卵大小为直径约75μm

辅助诊断

- 直接生理盐水涂片：显微镜检查有时可见卵囊（95%假阴性）。

诊断注意事项

- 猫未发生腹泻而检查到卵囊很有可能为偶然发现。
- 具有免疫机能且发生腹泻的猫检查到卵囊可能为偶然发现，或说明有其他并发病。
- 卵囊可能间歇性排出，因此在发生腹泻的猫建议多次采集粪便样品进行检查。

治疗

主要疗法

- 甲氧苄氨嘧啶－磺胺：4kg体重以下的猫剂量为15～30mg/kg PO。4kg以上的猫剂量为30～60mg/kg q24h PO，连用6d。
- 磺胺二甲嘧啶：50～60mg/kg PO，SC，一次用药后减量至27.5mg/kg q24h PO，治疗14～21d。
- 帕托珠利（ponazuril）：50mg/kg q24h PO1～5d，如需要可重复用药10d。本药在猫为标签外用药（extra -label for use），但对仔猫是安全的。有人认为其效果比磺胺类药物更为有效［10mL（10g）糊剂加入到20mL水中，制成50mg/mL溶液］。

辅助疗法

- 呋喃唑酮：8～20mg/kg q24h PO，7～10d。
- 托曲珠利：15mg/kg q24h PO，3～6d。
- 呋喃西林：4.59%可溶性粉剂，可加到饮水中（达到1g/2L）用药7d。
- 安普罗铵（amproliam）：每只猫60～100mg q24h PO，7～12d。
- 维持疗法：如果发生脱水、电解质紊乱或由于胃肠道出血而贫血时可采用液体、电解质及血液产品进行治疗。应注意满足病猫的营养需要。

治疗注意事项

- 感染常常为自限性的，应根据临床症状决定治疗方法。
- 对复发及持续感染应进一步检查潜在病或再次对环境情况进行评估。
- 通过阻止捕食，维持适宜的卫生条件，避免应激、拥挤，昆虫控制及烹调肉类饲料也要避免发生感染。
- 通道、猫笼及餐具应采用10%氨水或沸水消毒。
- 母猫在分娩前应治疗球虫病。
- 肉孢子虫相关的脑脊髓液只是在死后检查时能够诊断，因此未试行过治疗。帕托珠利在治疗马的脑脊髓炎肉孢子虫（*S. encephalomyelitis*）感染时具有效果。

预后

对大多数感染猫球虫病的预后良好。肉孢子虫引起的脑脊髓炎的预后严重。

参考文献

De Santis-Kerr AC, Raghavan M, Glickman NW, et al. 2006. Prevalence and risk factors for Giardia and coccidia species of pet cats in 2003-2004. *J Fel Med Surg*. 8(5):292–301.

Dubey JP, Greene CE. 2006. Enteric coccidiosis. In CE Greene, ed., *Infectious Diseases of the Dog and Cat*, 3rd ed., pp. 775–784. St. Louis: Saunders-Elsevier.

Dubey JP, Higgins RJ, Barr BC, et al. 1994. *Sarcocystis*-associated meningoencephalomyelitis in a cat. *J Diagnos Investig*. 6:118–120.

第40章
便秘及顽固性便秘
Constipation and Obstipation

Sharon Fooshee Grace 和 Mitchell A. Crystal

概述

便秘是指不常发生的难以排出干硬的粪便，可为急性或慢性，主要特点是排便时强力努责，同时排出的粪便量减少。顽固性便秘（obstipation）是指难以救治的因粪便滞留时间延长而引起的便秘，这种情况比便秘更难救治。引起便秘及顽固性便秘的原因很多，见表40-1。便秘及顽固性便秘最后可导致发生获得性巨结肠症（megacolon），这种情况为结肠极度扩张，结肠平滑肌肌机能异常。参见第136章。

应该注意的是，猫主可能将便秘与猫在猫沙盆中的排尿困难相混淆，应考虑与排尿困难的区别。参见第61章。

诊断

主要诊断

- 病史：详细的病史可提供排便习惯（常常在猫沙盆外）、药物使用情况（非处方用药或无处方用药，over-the-counter or prescription medications）、新近或过去的创伤、异嗜癖、参与斗殴的癖好、近来的失重或全身疾病的迹象以及食欲变化等信息。
- 查体：应特别注意检查会阴部及肛囊的情况，同时应对腰部及荐部脊髓进行神经病学评估。抬尾时疼痛、易于检查到膀胱、肛门张力低下等可能说明发生了腰荐部的神经性疾病。家族性自主性神经异常（dysautonomia）可表现为弥散性自主机能异常（即流泪减少、瞳孔散大、回流反胃或呕吐、巨食道（megaesophagus）或瞬膜脱出（nictitans prolapse）。参见第58章。腹腔触诊时可检查到巨结肠为结肠增大，由坚硬的粪便扩张所引起。
- 腹部、骨盆及后肢X线拍片：有助于证实便秘、判断结肠扩张的严重程度及鉴别可能的诱发因素，如骨盆或四肢骨折、脱臼或关节炎、肿块损伤、直肠异物及脊柱畸形及损伤等，见图40-1及图136-1 。巨结肠为结肠直径增大到等于或大于L7体长的2倍以上，见

表40-1　便秘及顽固性便秘的原因

环境性	缺乏运动 无猫沙盆、小猫沙盆或改变标记 对环境不熟悉
疼痛诱导性	肛门直肠疾病或狭窄 骨盆或后肢骨折、错位，关节炎或其他关节疾病[即前十字韧带（anterior cruciate ligament，ACL）撕裂及类似疾病] 肛周咬伤或脓肿 直肠异物
肠腔外结肠阻塞（extraluminal colonic obstruction）	肿瘤 骨盆骨折 假性便秘症（pseudocoprostasis）（即会阴部毛密集胶结，通常其中有粪便，因此粪便不能通过）
肠腔内结肠阻塞（intraluminal colonic obstruction）	肛门闭锁 毛、骨、植物或异物 肿瘤 会阴疝
神经肌肉疾病（neuromuscular disease）	结肠平滑肌疾病；特发性巨结肠 脊髓疾病：脊髓圆锥（cauda equina，或称马尾，荐神经及尾神经的合称），荐椎畸形（sacral spinal cord deformations）（马恩品种，Manx breed），腰荐部疾病，家族性自主性神经异常，或荐神经疾病（即尾部损伤等）
药物	抗酸药 抗胆碱能药物 抗组胺药 硫酸钡 利尿药 麻醉性镇痛药 硫糖铝 长春新碱
代谢及内分泌	脱水 全身性肌肉衰弱 高钙血症 低钾血症 甲状腺机能减退（罕见） 肥胖

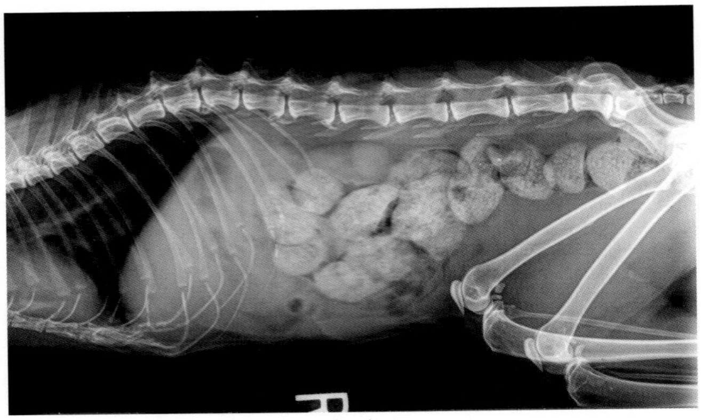

（A）

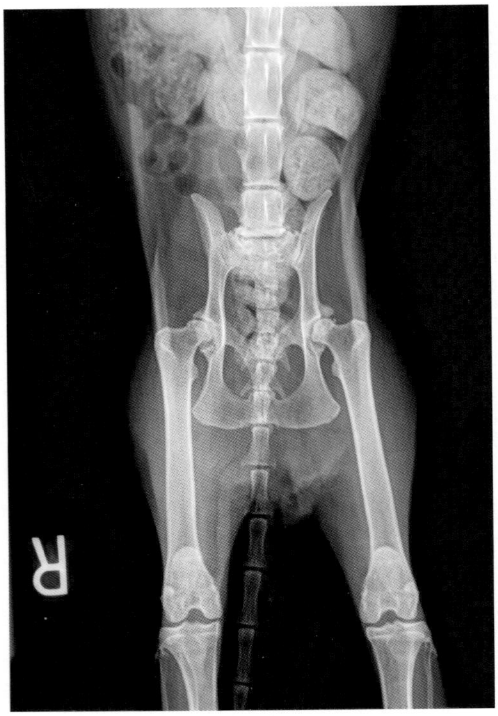

（B）

图40-1 便秘时的X线照片。（A）在这张X线拍片上由于在结肠中存在有成段的粪球而确诊发生了便秘，也表明排粪时可能发生疼痛的原因。在T12–T13、L1–L2、L2–L3和L7–S1发生椎关节强硬。（B）骨盆及后肢的腹背观也表明在髋股关节发生了变性关节病。由于猫在排便时疼痛的另外一个原因，因此应对膝关节进行X线拍片检查。（图片由Gary D. Norsworthy博士提供）

图136-2及图292-36。腰荐部的X线拍片（进行或不进行硬膜外成像，epidurogram）、计算机断层扫描或磁共振成像（MRI）有助于进一步确诊脊柱引起的神经病变或脊髓异常。

- 基础检查[血常规（CBC）、生化检查、尿液分析]：这些基础检查可有助于评价猫的整体健康状况，CBC可表明是否发生炎症或感染（如肛囊炎或脓肿），是否发生脱水（血细胞比容升高）。生化检查可发现引起活力受损的各种异常（如低钾血症、高钙血症、脱水及其他诱发脱水疾病的迹象）。

辅助诊断

- 高级影像分析：有些情况下可采用高级影像分析（CT或MRI）对脊髓及脊柱进行检查。
- 手指直肠检查：可在全身麻醉下小心检查，鉴别骨盆骨折、肿块、会阴疝及肛囊疾病及狭窄。
- 结肠镜检查（colonoscopy）：窥镜检查（fiberoptic examination）直肠及结肠有助于鉴别息肉、肿块、异物及狭窄。为了便于观察，可促使结肠排空，同时口服泻剂［结肠镜检查前18～24h及8~12h经口胃管或鼻胃管投服聚乙烯–乙二醇（polyethylene-glycol）溶液（GoLYTELY，Colyte），剂量为30mL/kg PO］。
- 总甲状腺素（TT_4）测定：猫罕见发生甲状腺机能低下，但与顽固性便秘及巨结肠症的发生有一定关系。

诊断注意事项

- 有时钡灌肠（Barium enemas）有助于鉴别肠壁/肠腔肿块，但结肠镜检查比这种方法更好，主要是由于采用结肠镜检查可以获得更多的信息（即可以直接观察到病变、可进行组织活检及采集样品进行组织病理学检查）。

治疗

主要疗法

- 液体疗法：液体疗法对软化猫脱水时的粪便是必需的。静注及皮下注射效果比口服水化治疗效果更好。参见第302章。
- 灌肠：这种治疗方法是药物治疗便秘/顽固性便秘的开始步骤，可在注射液体及猫在麻醉的情况下进行。灌肠剂可采用15～20 mL/kg温水不加入肥皂或加入其他药物（降低对黏膜的刺激及损伤）。应该重复使用灌肠剂以完全清空结肠。可通过腹壁触诊及直肠指诊等方法与灌肠相结合手工促进排便，这样可最大限度促进结肠排空。采用少量的水溶性融化剂有助于清空粪便。在猫患有轻微便秘时，磺基丁二酸钠二辛酯（dioctyl sodium sulfosuccinate）灌肠就足以发挥作用。
- 促动力药（prokinetics）：西沙必利（Cisapride）在治疗猫的便秘中具有疗效，这种药由于其不良反应已在人医上禁用，但在兽医药房中仍在使用。

在体重4.536kg的猫，可在饲喂前30min以每只猫2.5mg q8h PO用药。4.536kg以上猫的剂量可增加到每只猫5mg q8h PO，饲喂前30min给药。

- 日粮：应采用易于消化的小体积日粮。补充少量的纤维［如车前草（psyllium）；Vetasyl，Metamucil］，剂量为2.5~5mL（1.7~3.4g）q12～24h PO，与饲料混合，或罐装南瓜2.5~5mL q12~24h PO加入饲料，有助于软化粪便及促进排粪，但纤维含量高的日粮常常可产生大量的粪便，因此使得结肠扩张更为复杂严重。
- 乳果糖：为一种渗透性粪便软化剂，与西沙必利合用有助于治疗便秘。剂量为0.5～1.0mL/kg q8～12h PO。

辅助疗法

- 结肠部分切除术（subtotal colectomy）：这是有效治疗巨结肠的方法，如果便秘已经超过2～3次，而且药物及日粮处理的治疗方法或药物及日粮治疗方法不可能时建议采用这种方法。参见第136章及第249章。

治疗注意事项

- 含磷酸盐的灌肠剂不应用于猫。严重的高磷酸盐血症可导致严重的低钙血症及痉挛，或死亡快速发生。
- 灌肠太快可引起恶心及呕吐。接受灌肠排出结肠粪便时应该进行麻醉，且应放置有折口的气管内导管。

预后

便秘比顽固性便秘及巨结肠的预后良好，但所有这些疾病均可治疗。

参考文献

Jergens AE. 2007. Constipation and obstipation. In LP Tilley, FWK Smith, Jr., eds., *Blackwell's 5-Minute Veterinary Consult. Canine and Feline*, 4th ed., pp. 294–295. Ames, IA: Blackwell Publishing.

Washabau RJ, Hasler AH. 1997. Constipation, obstipation, and megacolon. In JR August, ed., *Consultations in Feline Internal Medicine*, 3rd ed., pp. 104–112. Philadelphia: WB Saunders.

第41章 角膜溃疡
Corneal Ulcer

Gwen H. Sila 和 Harriet J. Davidson

概述

角膜溃疡（corneal ulcer）是指由于瞬时或逐渐性的组织侵蚀或坏死导致角膜表面上皮组织丧失。角膜表面的任何创伤均可引起溃疡。正常猫，简单的表面溃疡可很快痊愈。在愈合的开始阶段，上皮细胞扩散，滑过溃疡面而迅速覆盖溃疡，在随后的阶段这些细胞复制及成熟，上皮层增厚填充损伤。最后，基膜被取代而完成康复过程。如果溃疡较深而且基质受到影响，则溃疡需要较长时间才能痊愈，这主要是由于基质的角膜细胞（keratocytes）必须要复制新的胶原。眼泪及上皮细胞是健康眼睛防止感染微生物的主要屏障。一旦角膜上皮受损，其下的基质就有被机会性细菌感染的风险。一旦细菌开始定植，基质可被酶降解胶原纤维而发生变性。引起感染的最常见的细菌有葡萄球菌（*Staphylococcus* spp.）、链球菌（*Streptococcus* spp.）、棒状杆菌（*Corynebacterium* spp.）及假单胞菌（*Pseudomonas* spp.）等。角膜的真菌感染在猫不常见。

角膜创伤可因猫的外部或继发于面部变形或眼睑异常所引起。外伤可能很简单，如草茎或杂草刺伤眼睛，或严重的损伤如猫的争斗。虽然正常情况下眼睛反射很快，但仍可损伤角膜。眼睑内翻、双行睫（distichia）、倒睫（trichiasis）及异位睫毛（ectopic cilia）在猫不太常见，但在进行治疗之前应该排除。未治疗的慢性刺激性情况可阻止角膜溃疡的痊愈。鼻腔皱褶（nasal folds）及睑裂闭合不全（lagophthalmos）（眼睑闭合不完全）及暴露角膜炎见于有些短头品种。这些情况更常导致结膜炎及角膜炎，而不仅仅是直接引起角膜溃疡。如果猫由于其他原因而引起溃疡，这些并发症可减缓痊愈及易于诱发感染。干性角膜结膜炎（keratoconjunctivitis sicca）可能会诱发角膜发生溃疡，阻碍正常痊愈。这些情况需要与角膜溃疡一同进行治疗。

猫疱疹病毒-1（FHV-1）是猫眼睛疾病极为常见的原因。猫在出生时常常会暴露到病毒。虽然针对疱疹病毒的免疫接种很常见，但疫苗不能产生杀灭性的免疫力。因此，免疫接种的猫仍可发生感染及眼睛疾病。该病毒易于感染角膜上皮，但也可在结膜内复制。该病毒可进入潜伏期而在三叉神经节内定植。在发生角膜感染后，近80%的猫会发生潜伏性感染，这些猫45%以上会再次发生临床疾病。猫可在生活周期的任何时间发生角膜炎，但仔猫及老龄猫由于免疫防御能力低下而最有可能出现症状。发生潜伏性感染的猫易于在青年期开始发情及受到应激时再次发生溃疡。各种类型的应激及全身注射甾体激素可使病毒感染复发而导致临床症状。

诊断

主要诊断

- 临床症状：角膜溃疡通常可引起眼睑痉挛（blepharospasm）、泪溢（epiphora）及同时发生结膜炎。将检眼光源（transilluminator）接近眼睛检查角膜表面有助于观察溃疡的深度。应检查周围的角膜是否发生细胞浸润、明显水肿或胶原溶解。如果出现有上述任何变化，则说明可能发生角膜感染。检查整个眼睛，包括眼睑、结膜及眼前房以确保没有其他异常或存在引起损伤的原因。
  - 泪液分泌试验（Schirmer tear test）：染色检查之前进行这种试验以确保能正常产生眼泪。
  - 荧光素染色：用于证实是否存在溃疡。应将染液置于能够达到溃疡的大小及深度后检查角膜，呈树枝状的溃疡可认为是能确定为疱疹病毒感染，见图41-1和图124-4。如果发生表面溃疡或溃疡重复发生，则可怀疑为疱疹病毒感染。
- 实验室检测：PCR、ELISA、病毒分离等可用于确诊FHV-1感染，但这些诊断方法对预测临床疾病均不敏感也不特异。由于检测中的变异，许多兽医眼科专家建议，对怀疑为FHV-1感染的猫虽然检测结

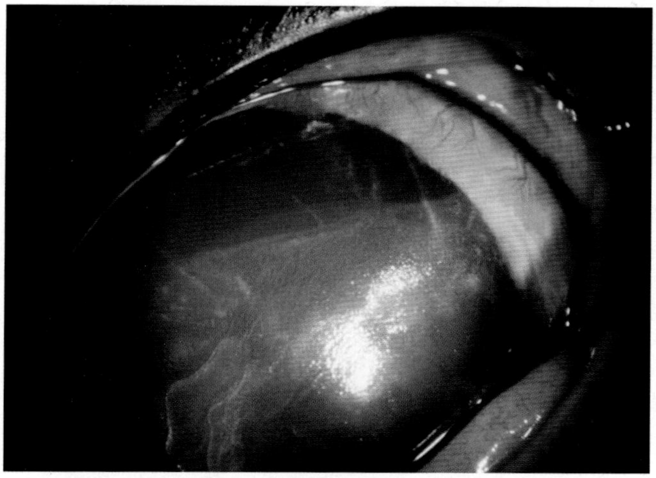

图41-1 猫的角膜：注意角膜表面的白线为典型的猫疱疹病毒引起的病变

果为阴性，但应进行治疗。

辅助诊断

- 细菌培养及药敏试验：开始就很严重或复杂的溃疡或对标准疗法没有反应的溃疡应采集需氧拭子进行细菌培养。样品应从溃疡边缘采集，不应从结膜采样。采样时应注意拭子只能接触到角膜，如果溃疡深的话不能弄破眼睛。
- 细胞学/革兰氏染色：可用于辅助鉴别细菌的存在。
- 局部麻醉：为诊断过程的重要方法，但由于可改变泪液试验结果，因此在进行泪液分泌试验（Schirmer tear test）之前不应采用。局部使用麻醉剂可作为一种诊断方法，从而为采用细胞学方法检查提供方向。外部刺激，如异物引起的角膜疼痛在采用局部麻醉时可减轻。如果在局部麻醉后猫的症状得到明显改善，应检查眼睛和眼睑是否为角膜刺激的原因。角膜溃疡性疼痛是直接刺激角膜神经和轴突反射的综合结果。角膜神经刺激可引起睫状体内前列腺素的释放。局部麻醉并不能消除这种眼内炎症反应，因此眼睛仍可表现疼痛。

诊断注意事项

- 在采集样品进行PCR检查FHV-1之前应与诊断实验室联系以获得采集样品的指导性意见。通常采用涤纶（Dacron）拭子采集角膜及结膜样品。未免疫接种而临床正常的猫可能为病毒试验阳性，改良的活FHV-1疫苗可产生假阳性结果。已知感染的猫可能为试验阴性。
- 大多数猫可能出现ELISA或血清效价。近来的研究发现，FHV-1疾病状态（即急性、慢性及无症状）与FHV-1效价的范围之间没有相关性。
- 样品的采集对成功分离FHV-1病毒极为关键，采样前应联系参考实验室寻求指导。

治疗

主要疗法

- 眼科抗生素疗法：是治疗方案必不可少的部分，如果用于防止感染，应每6～8h给药，如果用于消除感染，至少应每6h用药，在治疗的开始期间可能需要每2h用药。眼科用抗生素包括抗生素合剂（即多黏菌素、短杆菌肽或杆菌肽）、四环素、红霉素、庆大霉素、妥布霉素、环丙沙星、氧氟沙星及左氧氟沙星等。口服抗生素不应用于局部治疗用药，口服抗生素只有在存在广泛的角膜血管化或角膜穿孔时才具有一定的作用。
- 眼用阿托品：每天1～2次控制由于轴突反射引起的睫状肌痉挛（ciliary spasm），还具有防止严重溃疡时虹膜粘连（synechia）（虹膜黏附到晶状体或角膜）的作用。由于药膏不易向下进入泪管及猫的口腔，因此药膏比药液引起的唾液分泌少。但在将要发生的角膜穿孔，应避免使用药膏，因为其对眼睛内的组织有毒性。
- 其他镇痛药物：全身使用非甾体激素类抗炎药物可有助于减少由于轴突反射引起的疼痛及眼色素层炎症。如果没有潜在的肾机能不全或脱水，建议采用美洛昔康（0.1mg/kg q24h PO）进行短期治疗（<1～2周）。
- 抗病毒药物：证实或怀疑为FHV-1感染时，最好用一些抗病毒类药物再加上其他方法治疗。
- 眼用抗病毒药物：包括三氟胸苷（trifluoro- thymidine）（Viroptic®）及碘苷（idoxuridine）。开始时这些药物按q2～4h用药；随着临床症状减轻可降低用药频率。所有临床症状消失后仍应至少治疗1周。在某些情况下，这些药物可由药剂师制成合剂。在猫局部使用0.5%西多福韦（cidofovir）具有一定的抗病毒作用。近来进行的一项研究表明，疱疹病毒引起的疾病在每12h用这种药物治疗之后临床症状明显改善。由于用药频次低，因此这种药物治疗对猫主来说更为现实。但目前采用本药物治疗要比其他旧药物昂贵，而且20%以上的猫在用药后表现疼痛。

- 口服抗病毒药物包括阿昔洛韦（acyclovir）（Zovirax®，每只猫200mg，q12h PO）：使用阿昔洛韦时必须要慎重，因为据报道本药物具有肝脏毒性及骨髓抑制作用。重复进行血液化验可及早发现问题。泛昔洛韦（famciclovir）（Famvir®）为目前采用的另外一种口服抗病毒药物，体外试验表明其针对FHV-1的效果比阿昔洛韦好。目前尚未见报道猫用剂量，但兽医药理学家使用的剂量范围为每只猫31.25mg q12h PO至每只猫125mg q24h PO。这一剂量为经验剂量，仍应根据猫的体格大小进行调整。泛昔洛韦的安全性比阿昔洛韦好，但关于其长期应用尚未见有报道。近来的一项研究发现，该药物以62.5mg的剂量间隔24h、12h和8h给药后吸收及血清药物浓度在猫之间有明显差别，表明即使采用高频用药（q8h），血清泛昔洛韦浓度也不能达到体外试验预计的有效浓度，这与许多眼科医生认为泛昔洛韦确实能改进FHV-1感染后的临床症状的印象是矛盾的。在用药期间应仔细检测，以避免严重的全身作用。应在临床症状消失后再用药治疗1周。
- L-赖氨酸：以250～500mg q12～24h PO的剂量用于阻止病毒复制。L-赖氨酸在猫是安全的，体外试验表明其能阻止病毒复制。有研究发现猫用L-赖氨酸治疗之后由FHV-1引起的结膜炎明显减少，但最近在庇护所进行的研究并不支持这种观点。在人，建议病人在感觉到有溃疡症状时开始采用L-赖氨酸治疗。由于几乎不可能确定猫在什么时候表现症状，因此建议猫应采用赖氨酸终身治疗以防止复发。在兽医药物市场，赖氨酸的剂型为可口的膏剂或坚硬的耐咀嚼物。

治疗计划

下面介绍的为通用的治疗计划，应根据个体及临床情况适当调整。

表皮非感染性溃疡

- 临床症状：表皮性溃疡见于角膜表皮，周围为清亮或轻度水肿的角膜。瞳孔正常或缩小。这种情况常感觉疼痛，通常为急性开始。
- 治疗：如能鉴定出病因，则应除去病因。采用广谱眼科用抗生素（参见治疗注意事项）针对细菌感染进行预防性治疗，眼科用阿托品q12～24h，如有可能，全身用抗炎药物如美洛昔康（meloxicam）治疗，以便使得眼睛感觉舒服。应在5～7d时重复检查，判断痊愈程度。

严重的可疑性或证实的细菌感染性溃疡

- 临床症状：存在大的或深部角膜溃疡；周围角膜可呈发白或发黄的外观。角膜可肿胀而迅速溶解或退化。深部或表皮血管可从角膜缘开始向溃疡部延伸。瞳孔通常缩小。可能并发眼色素层炎。如果角膜破裂，则虹膜可通过破裂孔塌陷。
- 诊断：诊断时应包括细胞学方法及细菌培养和药敏试验。
- 治疗：治疗的目的是鉴别感染微生物并杀灭之。应除去所有刺激性的病因。开始时应每2h用眼用抗生素进行治疗，选用药物包括氨基糖苷类或氟喹诺酮类。眼科用阿托品应每12h用药一次。采用全身性抗炎药物如美洛昔康有助于治疗并发的眼色素层炎，使病猫感觉更好。如果角膜破裂或将要发生破裂，则应采用广谱抗生素全身治疗。应间隔1～2d重复检查。如果溃疡超过厚度的一半以上或在药物治疗后没有改进，则可考虑施行手术修复。手术方法包括表面角膜切除术（keratectomy）、结膜瓣覆盖（conjunctivalgrafts）、角膜前移植（corneal advancement grafts）、人工角膜（artificial corneal materials）或角膜移植等。

疱疹状溃疡

- 临床症状：这类溃疡通常为慢性或多复发性。复发率并不受时间限制。树枝状（dendritic）（即表皮性分支性的，像地图一样）溃疡为FHV-1感染的示病症状。发生结膜炎而有或无并发角膜溃疡的猫应怀疑其为FHV-1感染。具有上呼吸道疾病病史，复发结膜炎的猫可疑性更高。
- 诊断：临床症状与特定疾病不一致时应考虑进行FHV-1检测。实验室检测采用的方法影响检测结果。为了获得最好的结果，采样之前应咨询检测实验室寻求采样方面的指导。
- 治疗：三氟胸苷（trifluorothymidine）（Viroptic®，q4h）或泛昔洛韦（Famvir®，31mg q12h PO）及L-赖氨酸（500mg q24h PO）治疗，1～2周再次检查，如果没有改进，可考虑增加用药频次及浓度，或换用其他抗病毒药物进行治疗。如果溃疡严重，则应再采用眼科抗生素局部每6h治疗一次，局部用眼科阿托品每12h治疗一次，同时全身用非甾体激素类抗炎药物治疗。应告知猫主不应再让猫受到应激，但确定引起猫应激的原因比较困难。如果可行应进行去势，以避免生殖应激。

治疗注意事项

- 据报道，在猫采用三重抗生素膏剂局部治疗后可引起严重的过敏反应及死亡。目前认为过敏反应可能与处方中的新霉素成分有关。由于这种风险，因此在猫应避免采用三重抗生素（triple antibiotic）进行治疗。
- 不能用甾体激素类药物或麻醉剂进行局部治疗，因为这种治疗可能会促进感染及减缓痊愈过程。
- 不可划伤猫的溃疡，因为这样可引起很高比例的死片形成。
- 眼科用阿托品溶液可能会流入猫的口腔，苦味可引起唾液过量分泌。软膏不可能会引起这些问题。

参考文献

Galle LE. 2004. Antiviral therapy for ocular viral disease. *Vet Clin N Amer*. 34(3):639–654.

Fontenelle JP, Powell CC, Veir JK, et al. 2008. Effect of topical ophthalmic application of cidofovir on experimentally induced primary ocular feline herpesvirus-1 infection in cats. *Am J Vet Res*. 69(2):289–293.

Kern TJ. 2004. Antibacterial agents for ocular therapeutics. *Vet Clin N Amer*. 34(3):655–668.

Maggs DJ, Lappin MR, Reif JS, et al. 1999. Evaluation of serologic and viral detection methods for diagnosing feline herpesvirus-1 infection in cats with acute respiratory tract or chronic ocular disease. *J Am Vet Med Assoc*. 214(4):502–507.

Townsend WM, Stiles J, Guptill-Yoran L, et al. 2004. Development of a reverse transcriptase-polymerase chain reaction assay to detect feline herpesvirus-1 latency-associated transcripts in the trigeminal ganglia and corneas of cats that did not have clinical signs of ocular disease. *Am J Vet Res*. 65:314–319.

第42章
咳嗽
Coughing

Gary D. Norsworthy

概述

咳嗽（coughing）是清除气道异物的一种活动，其可由咽部、喉、气管、支气管或小气道所引起，但与犬不同，猫不常发生咳嗽，因为其并不与猫的心脏病有关。咳嗽时，猫常常表现一种特征性的蹲伏姿势，颈部伸直（见图42-1）。

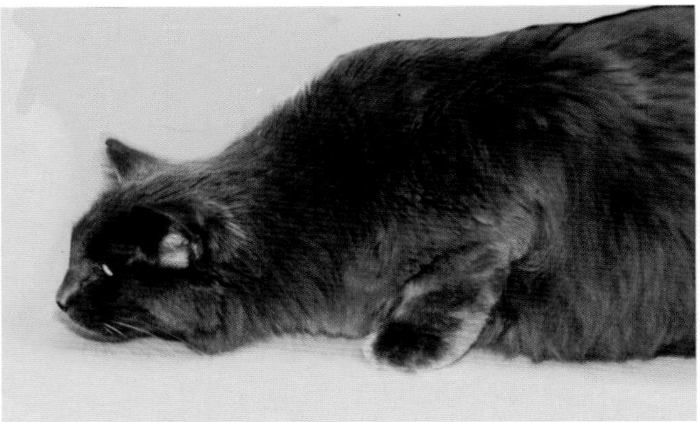

图42-1 当猫表现这种颈部伸直的姿势时，咳嗽通常是在肺脏水平引起的

诊断

鉴别诊断：常见

- 哮喘。参见第27章。
- 犬心丝虫病。参见第88章。
- 乳糜胸。参见第36章。
- 博代氏杆菌性支气管炎（*Bordetella* tracheo bronchitis）。参见第24章。

鉴别诊断：少见及罕见

- 肺脏蛔虫幼虫移行（pulmonary roundworm larval migration）。参见第195章。
- 肺线虫病（在地方流行性地区可能常见）。参见第129章。
- 气管疾病，气管塌陷或气管内异物。
- 特发性肺脏纤维化（idiopathic pulmonary fibrosis）。参见第179章。
- 吸入液体或浓稠液体（食物）。
- 吸入有毒烟雾。

主要诊断

- 胸部X线拍片：这种诊断方法是首选的检测是否存在哮喘、胸腔积液（包括乳糜胸）、犬心丝虫病［（注意肺动脉（caudalpulmonary arteries）及肺脏实质（lung parenchyma）］、肺丝虫及气管疾病的方法。
- 犬心丝虫病抗体及抗原检测：当胸部X线拍片发现肺动脉增大或屈曲时应进行这种检测；所有咳嗽病例均应考虑这种情况。虽然这类检测方法对犬心丝虫幼虫或成虫均具有特异性，但均不能灵敏到足以排除犬心丝虫。参见第88章。

辅助诊断

- 血常规（CBC）：许多患哮喘的猫及一些患犬心丝虫病及肺脏寄生虫病的猫外周嗜酸性粒细胞增多。
- 支气管肺泡灌洗：为有效采集样品进行细胞学检查的方法，但正常猫的气道就可发现存在大量的嗜酸性粒细胞。
- 超声波心动描记：偶尔可见犬心丝虫成虫呈两条平行线位于心脏右侧及肺动脉（outflow tract）中。
- 肺脏穿刺：可发现有大量的嗜酸性粒细胞，强烈表明发生哮喘。犬心丝虫病也可产生过渡性的肺脏嗜酸性粒细胞增多。这种诊断方法并非没有引起肺脏裂伤及气胸（pneumothorax）的风险。参见第304章。.
- 胸腔液分析：如果存在有胸腔积液，这种方法是极为重要的检测方法。
- 粪便漂浮及漏斗沉淀试验（fecal flotation and baermann sedimentation）：这些方法可确定是否

存在有后圆线虫（*metastrongyle*）［奥妙猫圆线虫，隐蔽猫圆线虫（*Aelurostrongylus abstrusus*）］、幼虫和鞭虫（trichurid）［嗜气优鞘线虫（*Eucoleus aerophila*），有时称为嗜气毛细线虫（*Capillaria aerophila*）］及蛔虫卵（ascarid ova）和猫肺并殖吸虫（*Paragonimus kellicotti*）虫卵，但阴性结果并非总是能排除这些寄生虫的存在。

- 气管内镜检查（tracheal endoscopy）：这种检查方法可评价气管是否存在异常分泌物、狭窄或塌陷。采用刷子可获得更有意义的细胞学检查样品。

治疗

治疗注意事项

- 典型意义上咳嗽在猫并非为一种危及生命或耗竭性的疾病，但可作为严重疾病的一种症状。
- 一般情况下，没有必要抑制猫的咳嗽，而应努力确定及治疗潜在的原因或疾病。咳嗽的猫对甾体激素的反应可用于间接诊断哮喘。但猫在患犬心丝虫病时也能对甾体激素发生反应而咳嗽，而且比犬心丝虫病流行地区的哮喘更为常见。

预后

咳嗽的预后因潜在疾病而有很大差异。

参考文献

Ettinger SJ. 2000. Coughing. In SJ Ettinger, EC Feldman, eds., *Textbook of Veterinary Internal Medicine*, 6th ed. 162–166. Philadelphia: Saunders.

Mason RA, Rand J. 2006. The coughing cat. In J. Rand, ed., *Problem-Based Feline Medicine*, pp. 90–108. Philadelphia: Elsevier Saunders.

第43章 隐球菌病 Cryptococcosis

Sharon Fooshee Grace

概述

猫感染隐球菌很常见。目前隐球菌属包括两种在兽医上重要的微生物，即：新型隐球菌（*C. neoformans*），其呈全球分布；加特隐球酵母菌（*C. gattii*），其分布地区明确，与澳大利亚、美国不列颠哥伦比亚及太平洋西北部报道的病例有关。

隐球菌病是唯一在猫比犬多见的全身性真菌感染。新型隐球菌与腐烂的鸟类排泄物（特别是鸽子碱性而富含氮的粪便）有关，但许多感染猫并未见有和鸽子的粪便接触的病史。鸟类由于体温较高而罕见感染。对感染加特隐球酵母菌的环境暴露及其危险因子还不清楚，但患病风险似乎与存在树木（两种桉属植物及其他树类）或临近商业土壤分解或堆积区域有关。精确的感染方式目前也不清楚，但引入气传微生物时由于上呼吸道是最为常见的感染部位，因此动物可感染发病。猫感染的年龄范围较宽，有研究发现公猫患病的风险更高，但也有研究未能支持这种观察结果。有人认为暹罗猫、缅甸猫和布偶猫（ragdoll）品种可能患病更多。

已经鉴定到的隐球菌的毒力因子有多种，其中许多与其较厚的黏多糖包囊有关，这种包囊在宿主猫可引起一定程度的免疫抑制作用。此外，包囊下隐藏的抗原也可通过刺激免疫系统而逃避识别。

文献资料中报道，人在患免疫缺陷病毒（HIV）感染或其他免疫缺陷状态时，病人可发生新型隐球菌的机会性感染；相反，多个研究报告发现加特隐球酵母菌感染并不需要免疫抑制。这些研究结果表明，至少在人，加特隐球酵母菌应该为原发性病原体，因为其可感染具有免疫机能的宿主。

虽然猫在感染猫白血病病毒（feline leukemia virus，FeLV）及猫免疫缺陷病毒（feline immunodeficiency virus，FIV）时代表了与HIV类似的细胞介导免疫缺陷状态，其可能储存病毒而诱发新型隐球菌或加特隐球酵母感染，但这种情况尚未清楚证实。大多数发表的研究报告只是评价了新型隐球菌感染的情况，虽然结果并不一致，但研究表明FeLV－感染的猫可能对治疗不能像健康的猫那样发生良好的反应而更易发生崩溃。关于风险因子及潜在疾病在猫隐球菌病中发生的作用仍需要深入进行研究。

本病的病原菌对上呼吸道的亲和力最高，神经系统及皮肤系统通常也受到侵染。与人不同的是，猫的气道下段通常在临床上表现正常，但剖检时常在肺脏见到很大的损伤。常见打喷嚏、鼻塞及渐进性呼吸窘迫等症状，总是存在鼻腔分泌物增多。有些猫可从一侧或双侧鼻腔突出肉样肿块，肿大沿着鼻梁发生（见图43-1），或者发生面部变形。有些猫在鼻腔或鼻咽部存在真菌团块时可表现呼吸喘鸣音（见图43-2）。下颌淋巴结通常肿大。在发生中枢神经系统（CNS）隐球菌病的许多病例中，呼吸症状出现在神经症状之前。神经系统异常包括行为发生改变、共济失调、轻瘫、痉挛、转圈或低头。皮肤及皮下组织感染可认为是发生了传播性疾病。症状包括单个或多个淋巴结发生溃疡或流出胶样物质，开放性损伤难以痊愈（见图43-3）。

图43-1　细胞学方法诊断发现为隐球菌引起的鼻腔及左耳的流出性损伤（图片由Richard Malik博士提供）

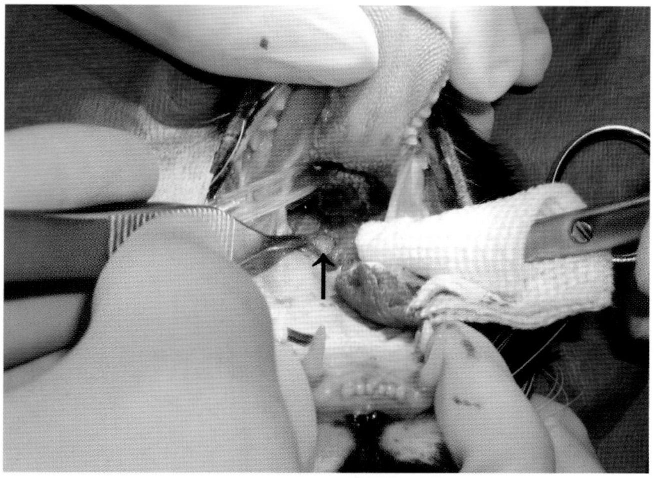

图43-2 鼻咽部存在隐球菌引起的肿块，可在X线拍片时观察到。猫表现逆向性喷嚏（reverse sneeze）。可通过中线上的腭切口接近肿块（箭头），切口中可见到肿块。手术后用伊曲康唑治疗8个月后康复（图片由Gary D. Norsworthy博士提供）

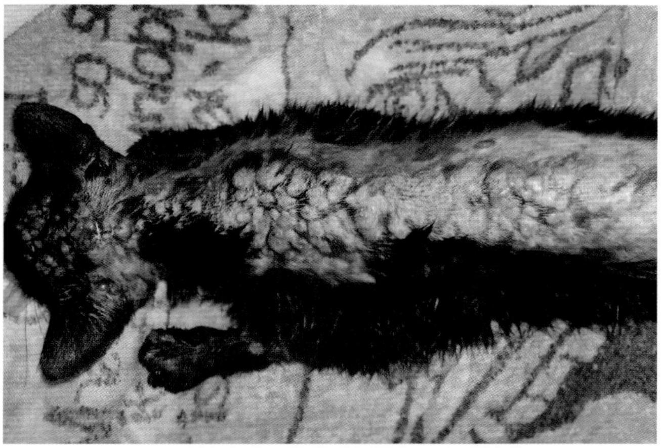

图43-3 本例的多溃疡结节是由新型隐球菌（*Cryptococcus neoformans*）所引起（图片由Richard Malik博士提供）

眼前房及眼后房的炎性损伤也很常见，可侵及一侧或双侧眼睛，据报道可发生瞳孔扩大或无反应，脉络膜视网膜炎（chorioretinitis）、视网膜出血及视神经炎（optic neuritis）等，有些猫可发生前葡萄膜炎（anterior uveitis）。发热不太常见，如有发热，则通常比较轻微。感染猫通常不会对人或其他宠物的健康造成危害，但可造成环境中存在这种微生物。

诊断

主要诊断

- 临床症状：呼吸困难、鼻腔有肿块或分泌物，或者面部有肿块或肿胀变形时，应特别关注隐球菌病。其他临床症状在前面已有介绍。
- 细胞学检查：对抽出物、拭子或渗出物进行细胞学检查通常足以诊断（见图289-2）。采用改良的瑞氏或新近配制的亚甲蓝染色，可见病原微生物为小的（3.5~7μm）或亮或暗的蓝色酵母菌，外面具有厚而清澈的包囊；姬姆萨染色时，病原微生物为水晶状紫色（crystal violet），包囊呈亮红色，常见到一两个基部狭窄的生芽（budding）。有时也可采用墨汁（India ink）制剂染色，此时病原微生物在黑色的背景下不着染，但这种情况下病原易于和脂滴或淋巴细胞混淆，特别是在存在生芽时更易混淆。
- 血清学检查：明胶凝集试验（latex agglutination test，LAT）是一种灵敏而高度特异性的检查真菌包囊相关抗原的方法。如果这种方法能正确进行，即使效价为1：2时，阳性结果通常仍可诊断隐球菌病。猫在发生过渡性或局部感染时，或者在抗原量很大时（前带效应，prozone effect）（免疫扩散试验时血清稀释度过低可造成的影响——译注），偶尔可观察到假阴性反应。当怀疑CNS发生感染时，可对脑脊液进行LAT检测。注意要点参见诊断注意事项。

辅助诊断

- 血常规、生化检查及尿液分析和FeLV、FIV检测：基础检查虽然不能作出诊断，但对评价猫的整体健康状态及帮助确定诊断仍具有帮助作用。
- X线拍片：头部及胸部的X线拍片有助于确定是否侵及呼吸道，但不能进行确定诊断。

诊断注意事项

- 繁殖过程中存在基部狭窄的生芽对鉴别新型隐球菌和芽生菌（*Blastomyces*）很有帮助。
- 通常情况下不需要组织病理学检查进行诊断，常规苏木精-伊红（hematoxylin-eosin）染色也不能证明包囊的存在。
- 极少需要进行细菌培养，但要鉴定罕见的菌株时仍可进行细菌培养。
- 如果怀疑发生中枢神经隐球菌病，应在麻醉进行影像检查或采集脑脊液（cerebrospinal fluid，CSF）之前进行血清学检查隐球菌抗原。全身麻醉及采集CSF可对患CNS疾病的病猫造成致命的损伤。真菌团块引起的颅内压力增加可在采集CSF之后形成脑疝。
- 以前已阻止的感染可被再次激活。

治疗

主要疗法

- 开始治疗时应采用手术方法用斑块切除术（debulking）

消除大的真菌团块或真菌感染组织（暴露淋巴结），以提高成功治愈的机会。

- 伊曲康唑（itraconazole）：以前曾认为伊曲康唑是患有轻微到严重疾病而没有CNS感染的猫抗真菌的首选药物，其剂量为5mg/kg q12h PO，与饲料一同用药；胃部的酸性环境可促进本药物的吸收。可打开胶囊，将其内的药物分配到明胶胶囊或与罐装食品混合。Malik建议，采用胶囊剂时，中等到大体格的猫可用药100mg（1个胶囊）q24h，如果猫的体重小于3.5kg，可按50mg（一半胶囊）q24h或100mg q48h PO用药。本药有口服液，其生物可利用性比胶囊剂大许多。虽然猫对伊曲康唑有很好的耐受性，但在治疗期间应定期进行血清检查，评价是否发生肝脏毒性。在具有肝脏毒性临床迹象的猫（即厌食和黄疸），应停止用药，或至少是暂时停药。无症状而只是丙氨酸转氨酶（alanineaminotransferase，ALT）升高的猫则不需要停止治疗，还应在临床上及生化上密切监测。
- 氟康唑（fluconazole）：目前可供采用的氟康唑剂型较多，其作为伊曲康唑的替代药物的应用也逐渐增多。该药物在眼睛、CNS及泌尿道的穿透能力也比伊曲康唑和酮康唑（ketoconazole）更高，而且肝脏毒性也比伊曲康唑和酮康唑更小。一般认为其疗效也更高，但对中枢神经系统的隐球菌病的治疗效果仍有待评价。该药物确实能在CNS和CSF达到治疗浓度，但即使在没有炎症的情况下，中枢神经感染及患有传播性疾病的猫对两性霉素B（amphotericin-B，AMB）的反应可能更为快速。本药物的剂量在体格小到中等的猫每只为30～50mg q12～24h PO，应在症状消失后至少用药1个月以上。
- AMB或AMB与5-氟胞康唑（5-fluorocytosine）（5FC）合用：AMB为抗真菌药物，也是最为有效的抗隐球菌药物。与氟康唑一样，AMB及5FC均能穿入血脑屏障。AMB或AMB-5FC应用于严重的传播性疾病，以及CNS感染或对唑类药物无反应的病例。通过静脉途径使用AMB发生肾脏毒性的可能性比皮下用药更高（见表43-1）。如果同时使用氟胞嘧啶，则对传播性病例的疗效会明显改善。氟胞嘧啶的剂量在小到中等大小的猫为每只猫250mg（半片）q8h PO 。猫对本药具有较好的耐受性，但肾机能受损的猫耐受性降低。用药治疗的持续时间为1～9个月。

治疗注意事项

- 在免疫抑制的猫，有研究表明治疗相对难以获得成功；但也有研究并不支持这种观察结果。但由于以前的研究不能区分新型隐球菌和加特隐球酵母菌感染，因此仍需对不同的隐球菌与免疫抑制及对治疗的反应之间的关系进行研究。
- 病猫在治疗期间应定期采用LAT进行检查。如果效价降低则表明对治疗有较好的反应。许多猫在临床症状消失后仍可维持阳性效价达到数月。虽然尚不清楚LAT能否继续监测到死的病原微生物，但在临床症状消失后或确定为LAT结果阴性（无论何者持续时间较长）时，均建议再连续治疗1～2个月。
- 研制的基于脂类的AMB制剂试图降低其毒性，虽然这种制剂的肾毒性较小，但并非更为有效。但在大多数情况下，这种药物的价格限制了其应用。

表43-1　皮下注射两性霉素B的治疗方案

1. 配制悬浮液：加10mL灭菌蒸馏水到50mg两性霉素B脱氧胆酸的玻璃瓶中（Fungizone，Bristol Myers Squibb，Princeton，NJ），配制成5mg/mL胶体悬浮液
2. 保存：玻璃瓶可冷冻保存长达4周，在用药时，将玻璃瓶解冻，从瓶中抽取需要的药量，剩余药物再次冷冻保存
3. 配制皮下注射液：取500mL含2.5%葡萄糖的0.45%氯化钠溶液，微波炉加热到40℃，然后连接到注射器。弃掉袋中药液50～100mL，经注射袋的注射口加入计算好的两性霉素B悬浮液母液。计算好的剂量为0.5～0.8mg/kg（典型情况下，0.4～0.8mL）。将药液吸入注射器中，注入注射袋
4. 药物使用：将19号或21号针头连接到注射装置，将针头插入肩胛骨（大致在中线上）间的皮下。以重力允许的最快速度使药物流出，抬高注射袋可促进药物流出。通常需要10～15min就可将所有药液（350～400mL）用完。除非猫在用药一半后明显表现不适，所有药液均在一个位点注射。药液可在整个皮下间隙移动。用药后数小时可在腹下蓄积
5. 治疗计划：这种治疗方法通常每周用药治疗2～3次
6. 累积剂量：累积剂量似乎比治疗的持续时间更为重要。能够改进治疗效果的典型累积剂量为10～20mg/kg。每周的累积剂量不能超过1.6mg/kg
7. 注意事项：（a）不要用其他液体替换建议的液体，因为盐水对肾脏有保护作用。饲料中加入少量的盐可能对肾脏有保护作用。（b）密切监测血液尿素氮（BUN）及肌酐，如果发生氮血症（azotemia）则暂时停止用药

- 放置饲喂管可使猫主能够在家为病猫提供适当的营养支持。在诊断时就应考虑通过食管造口术（esophagostomy）或胃造口术（gastrostomy）放置胃管。

预后

一般来说，感染猫在用伊曲康唑、氟康唑、 AMB或AMB-5FC治疗后预后较好，但严重衰弱的猫如果全身症状严重，或猫患有CNS感染时则预后谨慎。

参考文献

Duncan CG, Stephen C, Campbell J. 2006. Evaluation of risk factors for *Cryptococcus gattii* infection in dogs and cats. *J Am Vet Med Assoc.* 228(3):377–382.

Hector RF. 2005. An overview of antifungal drugs and their use for treatment of deep and superficial mycoses in animals. *Clin Tech Small Anim Pract.* 20(4):240–249.

Lester SJ, Kowalewich NJ, Bartlett KH, et al. 2004. Clinicopathologic features of an unusual outbreak of cryptococcosis in dogs, cats, ferrets, and a bird: 38 cases (January to July 2003). *J Am Vet Med Assoc.* 225(11):1716–1722.

Malik R, Jacobs GJ, Love DN. 2001. Cryptococcosis: New perspectives on etiology, pathogenesis, diagnosis and clinical management. In JR August, ed., *Consultations in Feline Internal Medicine*, 4th ed., pp. 39–50. Philadelphia: WB Saunders.

Malik R, Krockenberger M, O'Brien C, et al. 2006. Cryptococcosis. In CE Greene, ed., *Infectious Diseases of the Dog and Cat*, 3rd ed., pp. 584–598. Philadelphia: Saunders Elsevier.

第44章 隐孢子虫病 Cryptosporidiosis

Mark Robson 和 Mitchell A. Crystal

概述

隐孢子虫病（cryptosporidiosis）为一种由广泛分布的寄生虫球虫定植在许多哺乳动物小肠上皮细胞的微绒毛边缘而引起的一种疾病。虽然微小隐孢子虫（*Cryptosporidium parvum*）是最为常见的病原，但也存在其他生物学及遗传上不同的病原，猫隐孢子虫（*C. felis*）主要见于猫，犬隐孢子虫（*C. canis*）见于犬，人隐孢子虫（*C. hominis*）见于人。猫通过粪–口途径感染，最为常见的是摄入粪便或污染食物或水中形成孢子的卵囊。病原可穿入小肠微绒毛而发生有性及无性繁殖，最终产生薄壁（自体再感染，autogenous re-infection）或厚壁（在粪便中排出）的卵囊。一般不发生小肠以外组织的感染，不发生跨胎盘及跨乳腺的感染。猫的潜伏期为5～10d。随粪便排出的卵囊对环境损害、氯化作用及标准的清洁程序具有抵抗力。极端温度及延长与氨接触的时间可破坏隐孢子虫的卵囊。

大多数可排出隐孢子虫（*Cryptosporidium* spp.）卵囊的猫不表现临床症状。采用PCR、免疫荧光抗体（IFA）及基于粪便的试验进行调查发现，38.5%以上的猫曾经暴露或排出隐孢子虫。PCR的灵敏度比IFA更高，在晚秋及早冬检出隐孢子虫明显增加。常见的临床症状包括腹泻（慢性或间歇性）、厌食、失重、脱水及衰弱。青年猫及免疫机能不全的猫［即患有消化道淋巴瘤、炎性肠道病或感染猫白血病病毒（FeLV）或猫免疫缺陷病毒（FIV）等］感染及发病的风险更高。本病的发生没有性别及品种倾向。与小肠其他寄生虫如贾第鞭毛虫（参见第83章）及胎三毛滴虫（*Tritrichomonas foetus*）（参见第218章）的共同感染可导致更为严重的临床疾病。查体时可发现正常或具有腹泻、失重或脱水的迹象。

隐孢子虫病可能具有地方流行性特点。猫隐孢子虫（*C. felis*）相对具有宿主特异性，除非发生人免疫缺陷病毒（HIV）感染或其他免疫抑制情况，其感染人的情况罕见。人的感染大多数是由于微小隐孢子虫或人隐孢子虫所引起。顾客饲养有证实感染隐孢子虫的宠物时，应建议妥善处理宠物的粪便，告知本病的发生可能具有地方流行性的特点。美国公共卫生部及传染病协会（U.S. Public Health Service and Infectious Disease Society of America State）建议，感染HIV的人不应将流浪的犬和猫及发生腹泻的动物或6月龄以下的犬和猫带入家中；如果感染HIV的人饲养6月龄以下的犬或猫，则应检查是否发生隐孢子虫感染。

诊断

主要诊断

- 粪便PCR：这种方法可监测粪便样品中隐孢子虫DNA，其灵敏度比免疫荧光试验高10～100倍。
- 粪便直接酶联免疫吸附测定（ELISA）或IFA试验：这些方法可检测粪便中的隐孢子虫（*Cryptosporidium*）卵囊。据报道，IFA的灵敏度为11.3%，特异性为100%。
- 粪便特殊染色：齐–尼（Ziehl–Neelsen）抗酸染色及其他特殊染色技术可在诊断实验室用于鉴定隐孢子虫卵囊。

辅助诊断

- 粪便漂浮试验：在希塞糖溶液（Sheather's sugar solution）进行粪便漂浮试验检查，有时在高倍显微镜下可观察到卵囊。卵囊通常为圆形，有时在盖玻片下呈凸起的盘状。
- 血清学试验：可采用ELISA试验鉴定猫抗隐孢子虫免疫球蛋白G，这种检查方法可鉴定暴露，但不一定能检查出感染或排出卵囊，因此用于流行情况的调查时比证实临床病例更好。应注意感染隐孢子虫的猫具有阳性的循环抗体效价。
- 组织活检：小肠黏膜固有层（mucosal laminapropria）可见到绒毛萎缩、反应性淋巴组织及炎性浸润。在微绒毛边界可见到病原。远端小肠感染最为严重。

诊断注意事项

- 常规粪便漂浮检查时常常难以见到隐孢子虫，主要是由于这些病原透明且很小［略小于红细胞，约为等孢子球虫（*Isospora* spp.）的1/10］。
- 组织病理学检查可出现假阴性结果。

治疗

主要疗法

- 不需治疗：大多数感染为自限性的，无需治疗。
- 阿奇霉素（azithromycin）：7～15mg/kg q12h PO，用药5～7d。有人建议至少应治疗14d。
- 泰乐菌素（tylosin）：11mg/kg q12h PO，治疗28d。
- 巴龙霉素（paromomycin）：125～165mg/kg q12h PO，用药5d。

辅助疗法

- 支持护理疗法：需要时采用液体疗法、电解质及营养供应治疗潜在疾病。
- 硝唑尼特（nitazoxanide）：25mg/kg q12h PO，治疗28d。

治疗注意事项

- 通过适当的卫生措施防止感染。
- 在猫采用巴龙霉素时，由于可能会发生黏膜受损，可发生肾衰及由于氨基糖苷类中毒而发生耳聋，因此应慎重。
- 硝唑尼特治疗时可引起呕吐及黑棕色或黑色恶臭的腹泻。

预后

免疫机能正常的猫（及人）预后较好，因为感染通常无症状或为自限性的。免疫机能不全的猫（及人）如果诱发疾病或免疫抑制的原因能够得到鉴定及治疗，则预后也较好。

参考文献

Barr SC. 2006. Cryptosporidiosis and cyclosporiasis. In JR August, ed., *Infectious Diseases of the Dog and Cat*, 3rd ed., 518–524. St. Louis: Saunders Elsevier.

Kaplan JE, Masur H, Holmes KK. 2002. Guidelines for preventing opportunistic infections among HIV-infected persons. *MMWR* 51(RR08): 1–46. (www.cdc.gov/mmwr/preview/mmwrhtml/rr5108a1.htm)

Lindsay DS, Zajac AM. 2004. Cryptosporidium infections in cats and dogs. *Compend Contin Ed Pract Vet*. 26(11):864–874.

Tzannes S, Batchelor DA, Graham PA, et al. 2008. Prevalence of *Cryptosporidium*, *Giardia* and *Isospora* species infections in pet cats with clinical signs of gastrointestinal disease. *J Fel Med Surg*. 10(1):1–8.

第45章 内科疾病的皮肤标志
Cutaneous Markers of Internal Disease

Christine A. Rees

概述

猫的皮肤反应类型可提供其内科疾病的极为有用的线索，这些反应类型中最为突出的是脱屑性皮肤病（exfoliative skin disease），这是一种特殊的表面闪亮的脱毛症，而且皮肤变脆易碎。引起猫发生这种现象的皮肤病包括三类，即与胸腺瘤有关的表皮脱屑性皮炎（exfoliative dermatitis associated with thymoma）、与胰腺癌有关的副肿瘤综合征（paraneoplastic syndrome associated with pancreatic carcinoma）及肾上腺皮质机能亢进（hyperadrenocorticism）（自发性或医源性，有或无糖尿病）。下面分别介绍这些情况。

与胸腺瘤有关的表皮脱落性皮炎

概述

与胸腺瘤有关的表皮脱落性皮炎最常发生于老龄猫。本病无瘙痒，具有白色或类似于头皮屑的鳞片脱落，脱落通常开始于头部及耳廓，最后延伸到身体其他部位。主要的鉴别诊断包括由于老龄或肥胖而引起的整饰不良、甲状腺机能亢进、皮肤真菌病、嗜上皮性T细胞淋巴瘤（epitheliotropicT-cell lymphoma）（蕈样霉菌病，mycosis fungoides）及莎拉堤拉恙虫病（姬螯螨皮炎，cheyletiellosis）等。

诊断

主要诊断

- 临床症状：虽然不具诊断意义，但非瘙痒性皮炎同时在头部和耳廓出现白色鳞片或头皮屑样脱落时应怀疑发生本病。
- 细胞学检查：可采用皮肤压片进行细胞学检查以确定是否发生继发性感染（即细菌或马拉色菌感染）。透明胶带压片（scotchtape preps）或特定的玻片（Durotak® Adhesive Slides，Delasco，Council Bluffs，IA）是有效检测酵母菌的最好方法。此外，直接用氢氧化钠或氯酚（chlorphenolac）溶液检查毛发及培养皮肤真菌可用于排除皮肤真菌病。
- 组织病理学检查：皮肤活检进行皮肤组织病理学（dermatohistopathology）检查具有诊断意义。组织病理学检查可发现一种泛细胞界面皮炎（cell-poor interface dermatitis），且具有水肿性变化及不同程度的角化过度（hyperkeratosis）。
- 胸腔X线拍片：确定皮炎的潜在病因必须要进行胸部X线拍片检查。X线拍片可发现存在纵隔肿块。
- 胸腔肿块的组织病理学检查：确诊胸腺瘤时必须要采用组织病理学方法对纵隔肿块进行活检。

治疗

主要疗法

- 化疗或手术摘除胸腺瘤可消除早期病例的症状。参见第213章。

预后

胸腺瘤引起的表皮脱落性皮炎的预后通常谨慎，极罕见胸腺瘤可以成功治愈。

与胰腺癌有关的副肿瘤综合征

概述

患副肿瘤综合征（paraneoplastic syndrome）的病猫绝大多数为老龄猫，这些猫典型情况下可发生失重、食欲不振、嗜睡及脱毛。脱毛症会急性发作，最常见于腿部及腹侧。脱毛区出现不同寻常的发亮外观，可能具有多局灶性的红斑或脱鳞。

诊断

主要诊断

- 临床症状及病史：临床症状不具诊断意义，但如果观察到上述症状，则应怀疑本病。
- 组织病理学：皮肤组织病理学检查可发现严重的

毛囊萎缩及微型化（miniaturization）。增生的局部通常可表现正角化（orthokeratosis）及角化不全（parakeratosis）等变化。此外，角化不良（hypokeratosis）局域很明显。真皮出现中等程度的表皮淋巴细胞血管周浸润，出现严重的肾上腺萎缩。
- 腹腔X线拍片检查：可检查到腹腔肿块（特别是如果发生肿瘤转移时）。
- 腹腔超声检查：这种诊断方法可发现在胰腺周围由于炎症而出现低回声区（hypoechogenicity）。可能发生肿瘤转移到肝脏及肠系膜，采用超声检查可发现这种情况。
- 猫胰腺脂肪酶免疫活性（feline pancreatic lipase immunoreactivity）检测：由于炎症，该酶活性升高。酶的升高也可继发于胰腺肿瘤。参见第159章。

辅助诊断

- 开腹检查（exploratory celiotomy）：证实胰腺肿瘤时需要采用这种方法。

治疗

主要疗法

- 胰腺癌目前尚无成功的治疗方法。

预后

副肿瘤综合征的预后谨慎。这种胰腺肿瘤具有侵入性，而且易于在病程早期转移。

获得性皮肤易碎综合征

概述

获得性皮肤易碎综合征（acquired fragile skin syndrome）倾向于发生在老龄猫，这些猫可能患有肝脏肿瘤、肾上腺皮质机能亢进（自发性或医源性），患有或不患有糖尿病，或患有肝脏脂肪沉积症（hepatic lipidosis）。皮肤极度变薄易碎。这类皮肤即使进行微小的操作（即抓住颈背控制猫时）也会发生撕裂。伤口缝合之后难以愈合且常发生开裂（见图45-1）。由于皮肤易于撕裂，因此强烈建议对这种猫不能抓其颈背。

诊断

主要诊断

- 临床症状：典型变化为在皮肤薄的部位有一两处大的撕裂。

图45-1 该猫患有糖尿病及肾上腺皮质机能亢进，可见皮肤多处撕裂（皮肤易碎综合征）（图片由Gary D. Norsworthy博士提供）

- 糖尿病及肾上腺皮质机能亢进的临床症状：常常可见到肾上腺皮质机能亢进、糖尿病及常常出现肝脏脂肪沉积症的症状。参见第50章、第51章、第93章及第101章。

辅助诊断

- 皮肤活体检查：皮肤组织病理学检查可发现表皮明显变薄，出现严重萎缩。

诊断注意事项

- 醋酸甲地孕酮（megestrol acetate）及甲基强的松龙注射液由于具有颉颃胰岛素的特性而与这种综合征的发生有关。
- 这种综合征与埃-当综合征（Ehler-Danlos syndrome）完全不同，其为遗传性/先天性胶原异常，见于青年猫。［埃-当综合征（Ehler-Danlos syndrome）即以关节松弛、皮肤弹性增加、皮脆弱、外伤后形成假性肿瘤为特征的四联症，有先天遗传性——译注］

治疗

主要疗法

- 肾上腺机能亢进：参见第101章。可采用药物及手术治疗。
- 糖尿病：参见第52章。

辅助疗法

- 手术伤口管理：发生皮肤撕裂时最好采用一期闭合（primary closure），但经常不可能。缝合受损的皮肤极为困难，因此组织黏合更为有效。

预后

本病如果原发性疾病不能得到鉴别及诊断则预后谨慎，潜在原因得到救治后，可能需要数月皮肤才能基本恢复到正常。

参考文献

Angarano DW. 1995. Erosive and ulcerative skin disease. *Veter Clin N Amer. Sm Anim Pract*. 25:871–885.
Neiger R, Witt AL, Noble A, et al. 2004. Trilostane Therapy for treatment of pituitary-dependent hyperadrenocorticism in 5 cats. *J Vet Int Med*. 18(2):160–164.
Rottenberg S, VonTscharner C, Roosje PJ. 2004. Thymoma-associated exfoliative dermatitis in cats. *Vet Path*. 41:429–433.
Turek MM. 2003. Cutaneous paraneoplastic syndromes in dogs and cats: a review of the literature. *Vet Derm*. 14:279–296.

第46章 疽蝇病
Cuterebriasis

Sharon Fooshee Grace

概述

蝇蛆病（myiasis）或蝇幼虫侵入机体，在猫的临床上很常见。疽蝇病（cuterebriasis）为一种由蛆蝇（*Cuterebra* spp.）幼虫引起的兼性蝇蛆病，犬可偶尔受到感染。黄蝇幼虫有时称为皮蝇（wolves或warbles）。另外一种蝇蛆病是由于丽蝇（*Calli-phora* spp.）幼虫所引起。

户外活动的猫，大多数疽蝇病病例常常是在农村环境下，发生于夏季及早秋。衰弱的幼猫、青年猫及老龄猫最易感染发病。本病在墨西哥湾岸地区（Gulf Coast）及东海岸地区（Eastern Seaboard）较为常见，但也见于其他地区。

蛆蝇成虫由于缺少机能性口腔，因此不寄生于动物。蛆蝇大，蜜蜂样，寿命短。雌性蛆蝇可在兔及啮齿类洞穴周围的植被上产下数百个卵子。环境条件适宜时，卵子孵化成具有侵袭性的一期幼虫。遇到宿主后，幼虫附着于动物，寻找合适的位点打洞。幼虫可直接穿入皮下组织（由于其含有消化组织的蛋白酶而成为可能），也可寻找黏膜上天然的孔道，如鼻腔，从而进入。一旦幼虫进入黏膜，其可发育到第三阶段，后来进入孔道，掉到地面上，在整个冬天化蛹，春天形成成熟的蛆蝇。

在宿主组织内，幼虫产生酶类，引起局部组织坏死发炎，最后形成瘘管或疖（见图46-1）。病变在夏末典型见于头部、颈部及躯干。鼻腔内存在的幼虫常常引起上呼吸道症状（特别是长期出现打喷嚏及鼻腔分泌物），有时可阻塞呼吸。偶尔可在副鼻窦见到幼虫。除了局部组织损伤外，变异的幼虫在迁移到一些部位（如大脑、气管、胸腔、咽喉或眼）可引起危及生命的并发症。在报道患有中枢神经系统（CNS）疽蝇病的病例，许多在发生神经症状之前出现上呼吸道症状。幼虫进入CNS可能是通过侵入筛状板而引起。疽蝇病引起的CNS症状常常为侧面性的，包括快速出现CNS机能异常［即

图46-1 疽蝇幼虫见于猫面部的开放性病变

定向障碍（disorientation）、痉挛、歇斯底里症或沉郁、表现攻击行为或明显的行为变化］、失明及昏迷。

猫缺血性脑病（feline ischemic encephalopathy，FIE）可能与中枢神经系统内幼虫的迁移有关，其可能引起血管痉挛，最终引起脑血管梗死（显然FIE不会发生于没有双翅类寄生虫蛆蝇的国家）。曾经见有胸腔内幼虫引起致死的病例。疽蝇幼虫也见于眼睑、结膜或眼房，引起严重的结膜炎、前后眼色素层炎、视网膜出血、脉络膜视网膜炎及视神经炎。

对11例CNS中疽蝇幼虫病的分析表明，猫的特发性前庭综合征（feline idiopathic vestibular syndrome）可能与幼虫通过耳道迁移到外周的前庭器官有关。虽然症状与CNS疽蝇病完全不同，但特发性前庭综合征典型情况下发生于夏季户外活动的猫。

诊断

主要诊断

- 临床症状：如果头部、颈部或躯干形成瘘管的非疼痛性淋巴结肿大，可怀疑发生本病。其他症状可能与变异幼虫影响的器官有关。

辅助诊断

- 鼻镜检查有助于鉴别诊断鼻腔幼虫。

诊断注意事项

- 出现上呼吸道症状1～2周后突然发生CNS变化，特别是在夏季时出现这些情况尤为重要。

治疗

主要疗法

- 除去幼虫：除去能接触到的幼虫具有治疗效果。可将虫道适当扩大，小心拉出幼虫，但不要弄破幼虫。弄破幼虫后可引起炎性反应或过敏反应。如果在伤口中留下幼虫，则可产生引流创而需要手术修复。
- 药物治疗CNS疽蝇病：伊维菌素（ivermectin）对蛆蝇有效，剂量为0.1mg/kg，即使剂量达到0.3mg/kg也有较好的耐受性。一种治疗方案是先采用苯海拉明（diphenhydramine）（4mg/kg IM），之后1～2h用伊维菌素（0.3mg/kg SC）及地塞米松（0.1mgkg IV）治疗；另外一种治疗方法是用伊维菌素（0.3mg/kg SC）隔天用药，连用3d，同时采用糖皮质激素治疗。但在CNS受损后尚未见有效的治疗方法。广谱抗生素可用于辅助疗法。

治疗注意事项

- 夏末或早秋如果怀疑鼻腔有幼虫但并未见到或排出时可采用伊维菌素治疗以挽救猫的生命，这样也可防止CNS通过筛状板发生侵染。

预后

如果能安全除去皮下幼虫，蛆蝇引起的蝇蛆病预后较好，但异常迁移则难以有效治疗。

参考文献

Glass EN, Cornetta AM, deLahunta A, et al. 1998. Clinical and clinicopathologic features in 11 cats with *Cuterebra* larvae myiasis of the central nervous system. *J Vet Intern Med*. 12:3624–368.

Harris BP, Miller PE, Bloss JR, Pellitteri PJ. 2000. Ophthalmomyiasis interna anterior associated with *Cuterebra* spp. in a cat. *J Am Vet Med Assoc*. 216(3):352–355.

第47章 胞裂虫病
Cytauxzoonosis

Mark Robson 和 Mitchell A. Crystal

概述

胞裂虫病（cytauxzoonosis）由小型血液寄生原虫猫胞裂虫（*Cytauxzoon felis*）所引起。在组织期或裂殖期时裂殖体（schizont）在组织巨噬细胞内复制，导致血管阻塞及严重的临床疾病或死亡。在红细胞期，梨形体（pyriform）或单环状体（signet ring-like bodies）（裂殖子，也称为梨浆虫，piroplasms）由裂殖体裂变，感染的巨噬细胞破裂而释放，导致红细胞感染而常常引起溶血性贫血。胞裂虫感染最常见于美国中南部及东南部，但有研究表明该病原已扩散到其他地区。本病的感染是以变异革蜱（*Dermacentor variabilis*）为媒介传播的，在实验室也可通过美洲钝眼蜱（*Amblyomma americanum*）和其他蜱为媒介传播。夏洛特山猫（Bobcats）为无症状储虫宿主。猫在户外活动时接触到蜱媒后发病的风险增加。本病的感染在春节及夏初蜱媒最为活跃时最为常见。裂虫病的临床症状包括沉郁、厌食、发热、黏膜苍白、黄疸、脱水、呼吸急促或呼吸困难及死亡前1～2d体温降低。有些猫表现为精神状态发生改变、鸣叫、痉挛或在病的后期昏迷。组织期（裂殖体期）可引起最为严重的临床症状，在很大程度上也与猫的死亡有关。查体可发现肝脾肿大（hepatosplenomegaly）及淋巴结肿大，可闻贫血性杂音（anemic murmur）。未治疗的猫通常在表现临床症状后1周内死亡。

有些病例，病猫不表现明显的临床症状，但具有红细胞梨浆体，这可能表明这些猫不用治疗而能耐受感染而生存。这些猫，如动物园捕获的猫类，可成为储虫宿主，感染幼蜱。近来的研究发现猫胞裂虫有不同的基因型，其中有些致病性不强，这些变异可能与地域分布有关，也可说明有些感染猫明显健康，而且对治疗的反应性也不相同。

本病的鉴别诊断包括猫血支原体（*Mycoplasma haemofelis*），其他传染性病原引起的疾病如组织胞浆虫病（histoplasmosis）、免疫介导性溶血性贫血（immune-mediated hemolytic anemia）及肿瘤如淋巴瘤等。

诊断

主要诊断

- 血常规（complete blood c ount，CBC）：可见异常包括轻微到严重的贫血，这类贫血可为再生性或非再生性。白细胞计数有一定差异，但更常见的为数量减少且伴随有偶然出现的核左移及血小板减少症。红细胞内可见胞裂虫梨浆体（*Cytauxzoon piroplasms*），可呈图章环状、两极椭圆的别针状（bipolar oval safety pin-shaped）或无形体样圆点状（anaplasmoid rounddot-shaped）（见图47-1）。梨浆体出现在动物表现发热症状时，但在临近死亡前只有1%～5%的红细胞受到感染，死亡时25%以上的红细胞含有梨浆体。通常每个红细胞中只有一个梨浆体，但偶尔可见多个或呈串状的梨浆体。罕见情况下可见到大的单核巨噬细胞含有正在发育的裂殖子的裂殖体。

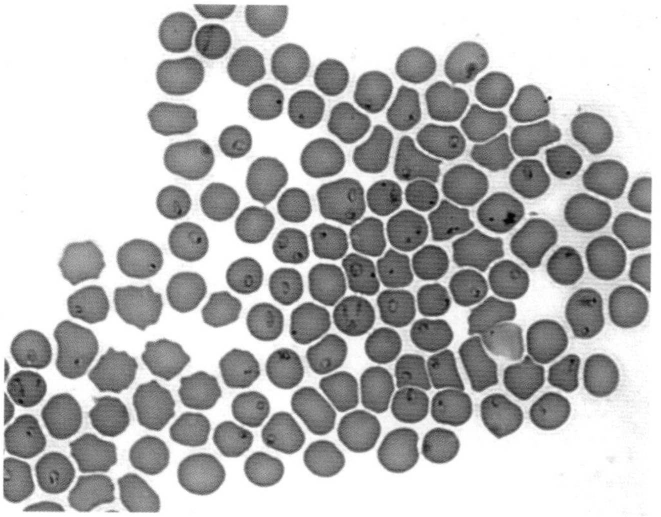

图47-1 红细胞内可见胞裂虫，表现为图章环状或两极椭圆的别针状或无形体样圆点状体。在本样品中病原体的数量很大

辅助诊断

- 生化及尿液分析：可发现胆红素或肝脏转氨酶水平升高及肾前氮血症。有时存在低钾血症、高血糖及低白蛋白血症。
- 脾脏、淋巴结、肝脏及骨髓穿刺及细胞学检查：常常可发现大的单核巨噬细胞中含有不同发育阶段的裂殖体。
- 聚合酶链式反应（PCR）试验：许多诊断实验室尚不能进行这种检查。由于本病进展迅速，因此样品的传送及报告的速度极为关键。

诊断注意事项

- 猫胞裂虫必须要与猫血支原体鉴别诊断。猫胞裂虫病原为单个，通常为印章环状，位于红细胞内，而猫血支原体通常为球菌状或杆状，位于红细胞外周。患胞裂虫病时贫血的程度较为轻微，更有可能呈正常色素（normochromic）、正常红细胞及轻微或不再生性。猫的病情可能要比所表现的贫血程度更为严重。猫血支原体感染时贫血更为严重，表现为强的再生性。参见第 92章。
- 如果怀疑为胞裂虫病应重复进行CBC，因为虫血症可能在某天检测不到，而第二天可能就能检测到大量的病原体。
- 如果猫死亡，采集组织样品，可观察到裂殖体，从而可确诊。

治疗

主要疗法

- 近来的研究表明，抗原虫药物阿托伐醌（atovaquone）（Mepron®，GlaxoSmithKline）以15mg/kg q8h PO治疗10d与抗生素阿奇霉素（Zithromax®，Pfizer）以10mg/kg q24h PO剂量治疗10d合用可明显提高感染猫的生存率。在对22例猫进行的治疗中，14例生存到出院，8例死亡，其中6例在用药后数小时内明显改善。这些结果似乎并不受病原体不同基因型的影响，因为治疗后的生存率比同一地区以前的生存率明显较高。
- 支持性护理：可根据需要采用液体、营养支持或血液产品和/或预防性抗生素疗法。由于常发性并发症为弥散性血管内凝血，因此采用血浆及肝素治疗可能具有一定意义。目前对采用非甾体激素类抗炎药物（nonsteroidal anti-inflammatory drugs，NSAIDs）及皮质类固醇药物的安全性及效果尚未进行过评估。

辅助疗法

- 以前的报道中曾建议采用抗原虫治疗，三氮脒（diminazeneaceturate）以2mg/kg IM，重复3～7d具有一定的治疗效果［或依咪多卡（imidocarb dipropionate，双脒苯脲二丙酸酯）用0.05mg/kg SC硫酸阿托品预治疗以减少药物反应，然后以2mg/kg IM治疗，重复3～7d］。

治疗注意事项

- 尽管治疗之后猫仍会死亡，但阿托伐醌与阿奇霉素合用进行治疗似乎比以往采用的治疗方法效果更好。如果猫能生存，这种治疗方法似乎无长期的后遗症。
- 控制蜱对预防极为重要，但大多数控蜱药物不能立即杀灭蜱，因此在猫用防治蜱的药物治疗之后仍可传播猫胞裂虫。

预后

以前认为本病在猫的预后为谨慎到严重，但目前有所改善，但有些病猫在要求救治时已经病得很严重，治疗也难以获得成功。

参考文献

Birkenheuer AJ, Le JA, Valenzisi AM, et al. 2006. *Cytauxzoon felis* infection in cats in the mid-Atlantic states: 34 cases (1998–2004). *J Am Vet Med Assoc*. 228(4):568–571.

Birkenheuer AJ, Cohn LA, Levy MG, et al. 2008. Atovaquone and azithromycin for the treatment of Cytauxzoon felis (abstract). *Proceedings of the ACVIM Forum*, San Antonio; p. 774.

Brown HM, Berghaus RD, Latimer KS, et al. 2009. Genetic variability of *Cytauxzoon felis* from 88 infected domestic cats in Arkansas and Georgia. *J Vet Diagn Invest*. 21(1):59–63.

Greene CE, Meinkoth J, Kocan AA. 2006. Cytauxzoonosis. In CE Greene, ed., *Infectious Diseases of the Dog and Cat*, pp. 716–722. St Louis: Saunders-Elsevier.

第48章 皮肤真菌病 Dermatophytosis

Christine A. Rees

概述

皮肤真菌（dermatophytes）为嗜角质性真菌，可侵入毛、皮肤及指甲。皮真菌常根据其偏好的宿主或栖息地而分类，影响家畜的两类最为常见的皮真菌为小孢子菌属（*Microsporum*）和毛癣菌属（*Trichophyton*）。这些真菌可根据天然栖息地再分为三组，即嗜地域性（geophilic）、嗜动物血性（zoophilic）及嗜人性（anthropophilic）。嗜地域性皮真菌栖息在土壤中，在猫最常见的为石膏样小孢子菌（*Microsporum gypseum*）。嗜动物血性皮肤真菌适应于动物，极罕见于土壤，在猫最常见的为犬小孢子菌（*Microsporum canis*），也是在猫最常分离到的皮肤真菌。嗜人性真菌（即微小孢子菌，*Microsporum audouinii*）适应于人，未见于土壤，这些真菌通常不感染猫。

皮真菌通过直接接触、染菌杂物或污染的环境而传播，这种传播可以各种方式发生，如动物与动物、人与动物、环境与动物的接触等。皮真菌感染的来源依真菌的种类而不同。须毛癣菌（*Trichophyton mentagrophytes*）与暴露感染的啮齿类动物或直接接触环境有关。石膏样小孢子菌（*M. gypseum*）为一种土壤传播性真菌，因此感染与暴露污染的土壤有关。犬小孢子菌（*M. canis*）适合于以猫为宿主的皮真菌。猫感染皮真菌时，通常有一定程度的皮肤损伤，如刷毛、整饰、浸渍及皮肤并发症或外寄生虫等。猫发生皮真菌病的其他诱发因素见表48–1。

表48–1　可能诱发猫发生皮真菌感染的因素

1. 以前未暴露，通常说明猫的年龄小
2. 皮肤外伤性病变（即使很轻微）或并发皮肤病
3. 营养不良或总体健康不良
4. 环境条件差
5. 气候湿热
6. 细胞介导免疫力受到抑制（即逆转录病毒感染，化疗或皮质类固醇激素治疗）

皮真菌可侵及生长的毛发（即毛发生长周期的生长期）并引起损伤。毛脱落引起脱毛症，真菌迁移到周围毛发，由此导致环状脱毛性损伤，因此常常称为“癣”（ringworm）。

据报道，皮真菌可在环境中生存长达12～24个月。如果未发现感染源，要治疗皮真菌病更为困难。

诊断

主要诊断

- 临床症状：临床症状差别很大，而且也反映了宿主对真菌的免疫反应。在宿主适应性皮真菌感染时，如许多猫在感染犬小孢子菌时，几乎不发生炎性反应（见图48–1）。如果很少发生宿主反应，病变可能很轻或没有，这些宿主可作为无症状带菌者。另一方面，宿主不能适应的皮真菌可激发明显的炎性反应，有时可将这种炎性反应误认为是肿瘤。皮真菌可产生毒素及变应原，由此损害皮肤及激发炎性反应。可继发于表皮及毛囊的炎症而发生红疹及毛囊丘疹或脓疱（见图48–2）。真菌菌丝可侵入毛干，引起毛发断裂及脱毛。随着炎性反应将真菌从感染的毛囊消除，感染向外周扩散侵及未受感染的毛发，出现环状脱毛的典

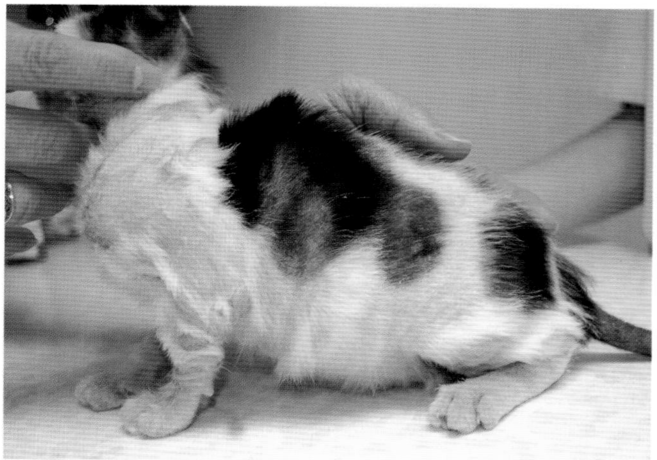

图48–1　虽然本病例的皮真菌病很广泛，但很少有皮肤反应，脱毛及轻度的结痂是主要的临床症状

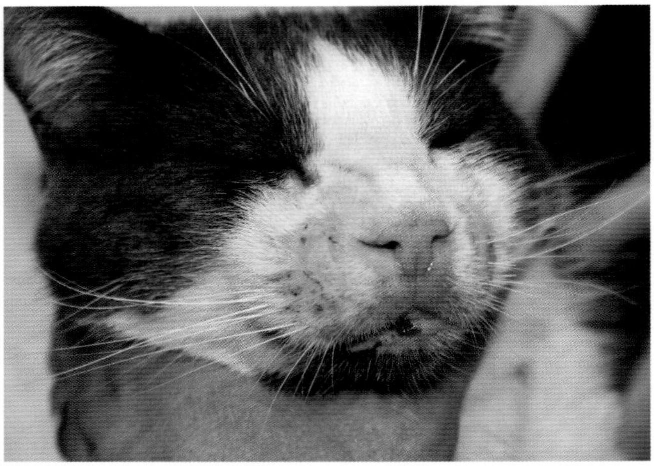

图48-2 如果猫的免疫系统机能强健，可发生明显的炎性反应，导致出现红疹及毛囊炎症。如本例所示

型病变，毛发断裂、短而粗硬、呈鳞片状及结痂，发生毛囊中心丘疹（folliculocentric papules）及脓疱。因此，如果猫患皮肤病时应将皮真菌病列入鉴别诊断。见表48-2。

- 伍氏灯检查（Wood' s lamp examination）：伍德氏灯（Wood's lamp，也称黑光灯）为一种紫外光通过镍或钴过滤的灯光。犬小孢子菌（*M. canis*）是在兽医临床上具有重要意义的唯一能在侵入毛干时产生可发出荧光的色氨酸代谢产物的真菌。检查时，可先将灯加热3min，然后用其照射可疑的损伤部位至少3min，这是因为有些真菌对荧光的反应缓慢。可沿着毛干见到荧光呈苹果绿色。鳞片及痂片的荧光不具诊断意义。伍氏灯荧光检查呈阳性说明发生了皮肤真菌感染，必须要通过皮肤真菌培养来验证。
- 真菌培养：这是唯一可靠及鉴定皮真菌感染原因的方法。皮真菌培养基（dermatophyte test media）（DTM™）及沙氏（Sabouraud's）葡萄糖琼脂是最常用的培养基。皮真菌首先利用DTM培养基中的蛋白，产生碱性代谢产物，随着菌落的生长而颜色变红（见图48-3）。腐生菌先利用葡萄糖，然后利用蛋白，在菌落生长数天后才变红。DTM培养基颜色的变化表明有皮真菌存在，但对存在有大孢子的培养板直接进行显微镜检查是唯一能证实诊断的方法。

表48-2　猫患皮真菌病时关于宿主的特别注意事项

1. 最常见的临床症状是斑块状脱毛，出现鳞片；主要发生于头部、耳朵及面部
2. 从轻微到强烈程度不等的瘙痒
3. 犬小孢子菌感染约占猫感染的90%以上，这是一种嗜动物性的皮肤真菌，猫可能为储菌宿主。本菌也是一种重要的动物共患传染性病原。在许多养猫处，特别是在波斯猫和喜马拉雅猫养殖处，本病呈地方流行性
4. 养殖处感染的仔猫可能表现临床症状，但许多成年猫为无症状带菌者
5. 皮真菌性假分支菌（dermatophytic pseudomycetomas），为皮下或皮肤形成结节，是在真皮内对真菌菌丝发生明显的炎性反应所引起，不太常见，最常见于波斯猫，可见并发于典型的损伤。据报道犬小孢子菌及毛癣菌（*Trichophyton* spp.）可引起这些变化。药物单独治疗时这种情况的预后不良，建议采用手术治疗

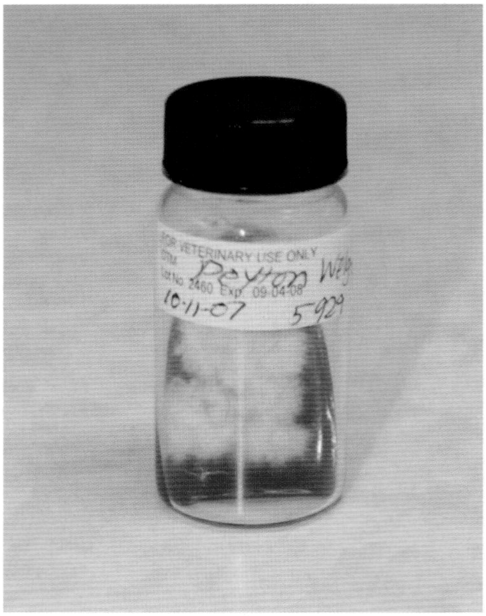

图48-3 阳性真菌培养导致培养液颜色变红，同时出现白色的絮状生长

辅助诊断

- 直接检查毛发及鳞屑：可检查是否有皮真菌分节孢子侵入毛干。可从活跃的损伤部位采集毛干及鳞片，置于矿物油中直接进行显微镜检查。可采用10%～20%清澈的KOH溶液帮助破坏毛发及角蛋白，使得菌丝和分节孢子更容易看到。这种方法虽然很好，但具有很高的学习曲线，而且结果与操作人员关系很大。没有经验的操作人员直接检查难以对结果进行解释。皮真菌感染的毛发通常断裂，表现肿大、磨损及不规则。菌丝直径通常不规则，被隔膜分开，长度不等。节孢子（arthroconidia）常呈圆形细胞附着于毛干而呈串珠状（见图48-4）。皮真菌不在组织中形成大孢子；所观察到的所有大孢子均代表腐生菌，没有临床意义。阳性检查结果具有诊断价值，之后应进行DTM培养。

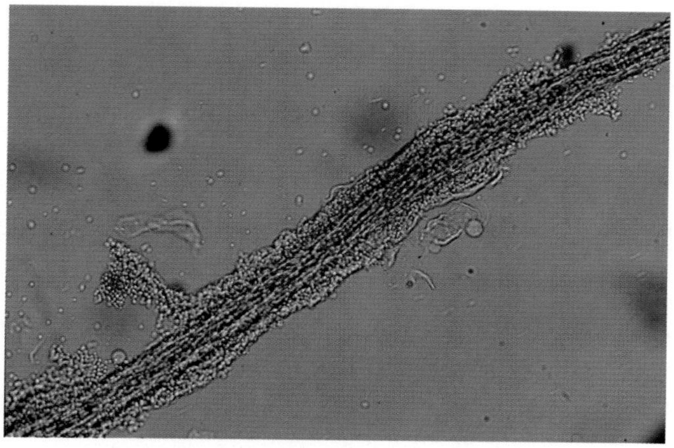

图48-4 直接显微镜检查是否存在皮肤真菌分节孢子侵入到毛干。节孢子表现为呈串珠状的圆形细胞附着于毛干

治疗

主要疗法

从宿主消除感染

- 全身抗真菌药物治疗：常常需要采用全身抗真菌药物治疗以从持续感染个体或疾病扩散个体消除感染。灰黄霉素（griseofulvin）及伊曲康唑为最常用的全身抗真菌药物。灰黄霉素（小型，microsize）的剂量为30～60mg/kg q12h PO，与脂肪含量高的饲料一同给药。由于该药物具有致畸作用，在感染FIV的猫可引起严重的白血病，因此在用药之前应检查妊娠及猫免疫缺陷病毒（FIV）状态。灰黄霉素也可具有肝脏及骨髓毒性，因此治疗期间最好有规律地进行血常规及生化检查。伊曲康唑的剂量为10mg/kg q24h PO，其可具有肝脏毒性，也具有致畸作用。一直到间隔3周连续两次DTM培养为阴性之前应持续治疗。

防止真菌孢子扩散

- 防止真菌孢子进一步扩散时可采用剪毛（长毛猫）及局部处理，如石灰（limesulfur）浸渍或恩康唑（enilconazole）治疗以减少毛发分节孢子的传染状态，防止扩散及再度感染。有些病猫在局部处理后由于损伤皮肤及感染扩散而在临床上病状恶化。培养为阴性的舍饲猫应与感染猫隔离。污染物，如衣服或整饰材料等也可扩散感染孢子。

环境净化（environmental decontamination）

- 可通过将所有暴露区域吸尘处理而从环境中消除感染性孢子。漂白剂及水溶液（1：10～1：30稀释）可用于清洁及消毒所有可漂白处理的表面，也应经常清洗用于覆盖寝具的被单或毛巾。

治疗注意事项

- 对大多数猫的皮肤真菌病而言，遗漏上述三个步骤的任一步骤均可导致治疗失败。
- 氯芬奴隆（lufenuron）疗法及真菌疫苗并非治疗猫皮真菌病的有效方法。

预后

治疗得当的话本病预后良好。但临床康复在多猫舍饲及养殖的猫舍极为困难，因此预后依情况而不同。

参考文献

Moriello KA, DeBoer DJ, Schenker R, et al. 2004. Efficacy of pre-treatment with lufenuron for the prevention of Microsporum canis infection in a feline direct topical challenge model. *Vet Derm.* 15:357–362.

Moreillo KA. 2004. Treatment of dermatophytosis in dogs and cats: review of published studies. *Vet Derm.* 15:99–107.

Plumb DC. 2005. *Plumb's veterinary drug handbook*, 5th ed. Ames, IA: Blackwell.

Scott DW, Miller WH, Griffin CE. 2001. Dermatophytosis. In DW Scott, WH Miller, CE Griffin, eds., *Small Animal Dermatology*, 6th ed., pp. 5–9. Philadelphia: WB Saunders.

第49章

尿崩症

Diabetes Insipidus

Andrew Sparkes

概述

尿崩症（diabetes insipidus，DI）是一种以严重多尿（polyuria，PU），出现代偿性多饮（polydipsia，PD），产生低渗尿液及由于精氨酸加压素（arginine vasopressin，AVP）合成绝对缺乏或不能从垂体分泌该激素（中枢或神经性DI，central or neurogenic DI），或肾小管水平不能对加压素发生反应（肾性或肾原性DI，renal ornephrogenic DI），肾脏不能浓缩尿液为特征的疾病。这些异常可为部分性的或完全性的。

DI在猫为一种严重的疾病，但在文献资料中只有数例报道。中枢性DI可为原发性的（特发性或先天性），或为继发性（通常为头部创伤或垂体肿瘤所引起）。在猫，原发性及继发性中枢性DI均见有报道。原发性肾原性DI（缺乏加压素受体或缺乏受体后信号传导）在猫尚未见有报道，但继发性部分肾原性DI相对较为常见，可引起或与许多各种肾脏疾病（如肾衰）、代谢性疾病（如高钙血症、低钾血症、肝脏疾病及甲状腺机能亢进）及药物治疗时的PU及PD有关。继发性（获得性）DI是文献资料中报道最多的一种尿崩症。

原发性中枢性DI通常发生于仔猫（一般在2～6月龄发病），其发生未见有明显的性别倾向。主要临床症状为严重的PU/PD，通常超过每24h 100mL/kg（经常超过每24h 200mL/kg），这种特点极为稳定。PU/PD的严重程度取决于异常为部分性或是完全性。如果出现继发性食欲不振，则可出现失重，可由于不可避免的PU而出现脱水。

在老龄猫本病的开始通常说明可能存在继发性原因，如头部损伤或垂体肿瘤。病史、查体及常规实验室检查通常可查明大多数引起猫发生PU/PD的其他原因（即糖尿病、甲状腺机能亢进、慢性肾衰、肾上腺皮质机能亢进或肾上腺皮质机能低下、子宫积脓、肝脏疾病等）。与犬不同的是，在猫尚未见有精神性多饮（psychogenic PD）的可靠报道，因此这种情况并非为主要的鉴别诊断疾病。发生DI时，常规血液检查通常表现正常，或只是反映出脱水［即肾性前氮血症（prerenal azotemia）、高钠血症、血小板压积升高］。尿液检查可发现依DI的严重程度而出现持续性的低渗尿到等渗尿；尿液的相对密度通常范围为1.003～1.012。

诊断

主要诊断

- 排除法（rule out）：排除引起PU/PD的其他主要的鉴别诊断。
- 禁水试验（water deprivation test）：本试验可证实DI。
- 加压素反应试验（vasopressin response test）：本试验可鉴别中枢性及肾源性疾病。

试验方法：禁水试验

- 本试验禁用于已存在氮血症的情况。
- 将猫准确称重，保定于笼中，不提供水及食物。
- 开始时采集血液及尿液样品，通过膀胱穿刺[cystocentesis（punctio vesicae）]或导尿管插入（catheterization）清空膀胱。
- 间隔1～2h准确称重猫，并密切观察。如果放置导尿管，在每个监测的时间点上都清空膀胱。如果采用膀胱穿刺，则应每4h小心进行膀胱穿刺，以降低膀胱发生医源性损伤的风险。
- 如果在脱水过程中发生身体或神经状况恶化的症状，或者如果采集的尿样尿液相对密度（urine specific gravity，USG）大于1.030时，试验的终点为体重降低5%（即严重脱水）。

结果说明

- 如果能达到5%的失重，可在此时间点重复采集尿样。尿液USG＞1.030（或渗透压＞1000mOsm/L），则可看作肾脏有充分反应；如果达不到，则在鉴定不到其他任何原因的情况下可证实发生了DI。在施行禁水试验时，由于可发生危及生命的脱水，因此重要的是必须要细心观察病猫。

- 加压素反应试验：这种改良的禁水试验只是评估脱水试验时，是否有加压素产生或能否发生反应。

试验方法：加压素反应试验

- 在禁水试验之后立即进行加压素反应试验。
- 测定尿液相对密度，从膀胱中清空尿液。
- 肌内注射加压素水溶液（DDAVP®，desmopressin）（剂量为 0.5~1.0 μg/kg）。
- 注射后1～2h测定尿液相对密度。
- 试验后逐渐补充水分（每次少量）。

结果说明

- 注射加压素后USG适度增加（＞1.015）表明是中枢性DI。
- 不能浓缩尿液表明是肾源性DI。
- 由于存在部分疾病及肾髓质冲洗（renal medullary washout），对试验结果的解释并非总是清楚明了。在有些病例可在2～5d的时间内重复注射DDAVP，这样才能获得良好的反应。

辅助诊断

- 逐渐性禁水试验（gradual water deprivation test）：有些临床医生喜好在采用这种试验时先采用逐渐性禁水试验，将摄水在2～3d内从150mL/kg逐渐下降到70mL/kg，之后突然停止水的供应。这种试验所依据的理论是严重的PU/PD可能引起肾脏髓质冲洗，逐渐性禁水可逆转这种情况，从而可以对突然的禁水发生适宜的反应。但这种试验的缺点是，如果发生不可避免的PU，则会在突然开始禁水试验前发生严重脱水。
- 治疗性试验：为了避免禁水试验的危险，或获得的结果含糊不清，则可采用加压素进行治疗性试验，同时应首先排除其他疾病（影响对DI或肾源性PD的诊断），注射DDAVP 3～5d，通过测定水分的摄取及USG仔细监测反应。从理论上来说，因为不会出现特异性反应，这种试验不如禁水试验可获得令人满意的结果，但在某些情况下这可能是最为合适的行动步骤，如果反应良好，则能充分说明发生了DI。

治疗

- 噻嗪类利尿剂（thiazide diuretics）：在DI病例，双氢克尿噻（hydrochlorothiazide）或氯噻嗪（chlorothiazide）可通过减少近端肾小管钠和水分的重吸收，减少到达肾小管远端的尿液量而有效减少多尿（因此多饮）达30%～50%。这是唯一一种适合于肾源性病例的治疗方法。噻嗪类药物的剂量应根据个体确定，为确保不发生低血钾症，治疗过程中应仔细观察。建议的开始剂量为，双氢克尿噻，1～2mg/kg q12h PO；氯噻嗪，10～20mg/kg q12h PO。
- DDAVP：DDAVP为一种合成的 AVP类似物，半衰期更长。该药物可用于人，可注射、结膜滴用或口服片剂，治疗完全或部分中枢性DI。DDAVP注射通常采用的剂量为每只猫2～5μg q12～24h SC。鼻腔喷雾用药（100 μg/mL） 也可与结膜滴用一样用药，用药剂量为1～4滴 q12～24h。由于可发生结膜反应，因此限制了这种用药途径的价值。口服DDAVP也可吸收，但吸收率相对较低。可服用片剂而成功用于猫的治疗，建议的开始剂量为每只猫25～50μg q8~12h PO，而且应根据反应调整剂量，有些猫可能需要更大的剂量。
- 氯磺丙脲（Chlorpropamide）：该药能加强加压素在肾小管的作用，只是在治疗部分中枢性DI时具有治疗作用，但至少在报道的1例病猫以40mg q24h PO给药治疗获得成功。由于该药为磺酰脲类药物，可引起低血糖及肝脏毒性，因此用药必须谨慎。

预后

大多数病例预后较好，通常可有效控制临床症状而有效控制病情。在患有某些潜在疾病，如垂体肿瘤的病例，预后等级降低。

参考文献

Aroch I, Mazaki-Tovi M, Shemesh O, et al. 2005. Central diabetes insipidus in five cats: clinical presentation, diagnosis and oral desmopressin therapy. *J Feline Med Surg*. 7(6):333–339.

Campbell FE, Bredhauer B. 2008. Trauma-induced central diabetes insipidus in a cat. *Aust Vet J*. 86(3):102–105.

Campbell FE, Bredhauer B. 2005. Trauma-induced central diabetes insipidus in a cat. *Aust Vet J*. 83(12):732–735.

Court MH, Watson AD. 1983. Idiopathic neurogenic diabetes insipidus in a cat. *Aust Vet J*. 60(8):245–247.

第50章
糖尿病：慢性并发症
Diabetes Mellitus：Chronic Complications

Gary D. Norsworthy

概述

猫较少发生糖尿病时的慢性并发症。与犬不同，猫不发生糖尿病性白内障（diabetic cataracts）及后遗症晶状体引起的眼色素层炎，不发生类似于人的引起四肢坏死及脱皮的外周性血管疾病（peripheral vascular disease）。但猫可发生三种慢性并发症：（a）10%的糖尿病病猫可发生糖尿病性神经障碍（Diabetic neuropathy）；（b）糖尿病病猫不经常性地发生糖尿病性肾病（diabetic nephropathy）；（c）不经常性地发生特异性肢端疾病（specific foot diseases）。

糖尿病性神经病

概述

糖尿病性神经障碍是由于雪旺氏细胞内富集过量的多元醇（polyols）（山梨醇及果糖）所引起。患糖尿病的病猫及正常猫的神经系统有许多不同之处，病猫与正常猫相比，神经水分含量、葡萄糖（增加8倍）及果糖（增加12倍）均明显增加，神经肌醇降低，由此导致神经传导速度减缓。

诊断

主要诊断

- 临床症状：由于后肢衰弱，病猫常常不能跳跃，采取跗行姿势（plantigrade posture），后肢肌肉萎缩，四肢反射及姿势反应试验降低。病猫通常以飞节触地姿势行走（见图50-1），罕见情况下衰弱可延伸到前肢。

辅助诊断

- 电刺激诊断法（electrodiagnostics）：电生理学试验可发现运动及感觉神经传导发生典型的髓鞘脱失（demyelination）变化。肌电描记试验正常或表现为与丧失神经支配（denervation）性异常。
- 组织病理学检查：可发现雪旺氏细胞损伤（Schwann cell injury）及轴突变性（axonaldegeneration）。

图50-1　病猫表现蹠行姿势，站立或行走时飞节触地，这是糖尿病性神经病的典型特征

治疗

主要疗法

- 尚无特异性疗法。
- 数周或数月有效控制高血糖通常可改进或恢复到接近正常的状态，但由于永久性外周神经受损，因此并非所有病猫都能发生反应。

辅助疗法

- 据报道，采用维生素B_{12}可促进康复，可注射250μg q3～4d SC。

治疗注意事项

- 口服磺酰脲类药物，如格列吡嗪（glipizide）或格列本脲（glyburide）常常难以控制高血糖，但可控制临床症状。采用这种药物通常可延缓或阻止糖尿病性神经障碍的发展。

预后

糖尿病性神经障碍猫病的预后差别很大，有些猫后肢机能可恢复正常，有些则即使能有效控制糖尿病但后肢机能几乎无任何反应。

糖尿病性肾病

概述

糖尿病性肾病见于患糖尿病的猫，但由于大多数糖尿病病猫为老龄猫，大多数老龄猫患有慢性肾机能衰退（chronic renal deterioration），因此其诊断检查极为复杂。糖尿病性肾病可引起膜性肾小球肾病（membranous glomerulonephropathy）、肾小球及肾小管基膜增厚及肾小球膜基质（mesangial matrix material）增加，内皮下沉积物增加，肾小球纤维化及肾小球硬化症（glomerulosclerosis）。这些变化有些与老年性肾机能恶化的变化重叠。在人，糖尿病性肾病发生及在临床上发生明显变化需要数十年。糖尿病病猫在确诊后很少生存超过10年，主要是由于在诊断时多处于老年，因此糖尿病病猫的寿命相对较短，没有足够的时间发生或至少能鉴别出糖尿病性肾病。

诊断

主要诊断

- 生化检查及尿液分析：糖尿病性肾病可导致氮血症，之后发生尿毒症。实验室检查结果的变化与慢性肾机能不全及肾衰没有明显不同。血清肌酐及血液尿素氮（BUN）高于正常，尿液相对密度降低到1.020以下。高磷血症（hyperphosphatemia）及低钾血症为常见后遗症。

诊断注意事项

- 如果不进行活组织检查，不可能将糖尿病性肾病与老年性慢性肾病相区别，而且两者之间具有许多重叠的特点，使得诊断更为不可信。因此不建议进行肾脏活检。

治疗

主要疗法

- 肾脏疗法：依肾机能障碍的水平，可采用治疗慢性肾机能不全（参见第191章）或慢性肾衰（参见第190章）的方法治疗。
- 糖尿病控制：有效控制猫的糖尿病极为重要。

辅助疗法

- 控制高血压：应检查全身性高血压。高血压未加控制可进一步增加对肾脏的有害作用。参见第107章。

预后

只要能控制氮血症，糖尿病性肾病患猫的预后较好。

糖尿病性蹄病

概述

糖尿病病猫指甲过度生长及皮肤黄瘤病（cutaneous xanthomatosis），近来这两种糖尿病性肢端疾病（diabetic foot disease）的发病率增加。指甲过度生长见于老龄猫及不能磨尖指甲的病猫。由于糖尿病病猫通常在10岁以上，由于患病后易于发生指甲生长过度，应根据需要修剪指甲。皮肤黄瘤病为足部皮肤出现的白色蜡样结节，据推断其与糖尿病有一定关系，糖尿病得到控制后其一般可恢复。

参考文献

Bagley RS, Rand J, King T, et al. 2006. The cat with generalized weakness. In J Rand, ed., *Problem-Based Feline Medicine*, pp. 941–975. Philadelphia: Elsevier Saunders.

Nelson RW. 2005. Diabetes Mellitus. In SJ Ettinger, EC Feldman, eds., *Textbook of Veterinary Internal Medicine*, 6th ed., pp. 1563–1591. St. Louis: Elsevier Saunders.

第51章
糖尿病性酮病
Diabetic Ketoacidosis

Jacquie Rand

概述

糖尿病性酮病（diabetic ketoacidosis，DKA）如为严重的临床型时为一种急诊病例，需要及时治疗以纠正脱水、电解质紊乱及酸中毒。病情轻微时患DKA的猫表现为“健康”状态的糖尿病。DKA为胰岛素严重缺乏的结果，如果不并发紧急疾病，可在12～16d胰岛素浓度降低到禁食水平时发生酮血症（ketonemia）及酮病（ketoacidosis）。在血糖浓度达到30 mmol/L（540 mg/dL）后平均4d左右可发生明显的胰岛素抑制，但许多患 DKA的猫可能患有其他间发性紧急疾病，如感染、胰腺炎或肾机能不全等。严重缺乏胰岛素分泌可引起脂肪分解加速，释放游离脂肪酸进入血循。游离脂肪酸在肝脏氧化形成酮体，由许多组织代替葡萄糖作为能源利用，这一过程发生在由于严重的胰岛素不足，细胞内葡萄糖浓度不足以进行能量代谢时。在肝脏，胰岛素不足时，游离脂肪酸不能转化为甘油三酯，而是氧化为乙酰乙酸，其再转化为β-羟丁酸或丙酮。丙酮为酸性，能引起中枢神经系统（CNS）抑制及在化学受体启动区（chemoreceptor trigger zone）发挥作用，引起恶心、呕吐及厌食，也可加速尿液渗透性水分丧失。由于继发于糖尿及酮尿引起水分丧失增加，从肠道中液体摄取不足，从而导致脱水。脱水及随后发生的组织灌注减少合并通过产生乳酸而引起酸中毒。在严重病例，患DKA的猫发生明显脱水、血容量减少、代谢性酸中毒及休克。全部电解质，包括钠、钾、镁及磷等丧失，而且由于胰岛素治疗后电解质在细胞内的再分布可导致血浆中这些电解质的丧失。患严重DKA的病猫可伏卧及表现黏滞性过高、血栓栓塞、严重的代谢性酸中毒及肾衰而导致死亡。

本病的鉴别诊断包括三类：（a）患有其他间发病的糖尿病。例如，猫患有急性坏死性胰腺炎、败血症及肾衰时需要与患 DKA但不伴发其他危及生命的疾病加以区别。患 DKA但对液体、电解质及胰岛素疗法在1～2d内无反应时应怀疑其发生有潜在疾病。急性坏死性胰腺炎是死亡的常见原因。（b）非酮病性高渗透压性糖尿病（nonketotic hyperosmolar diabetes）。这些猫患有极度高血糖［>600mmol/L（10900mg/dL）］，高渗透压（hyperosmolality）（>350mOsm/L）、严重脱水及严重的沉郁，但不发生酮病或酸中毒。（c）所有导致严重沉郁、伏卧及脱水的疾病，特别是这些病发生于多尿及多饮之前时，例如急性肾衰叠加于已经存在的慢性肾衰时。这些猫根据存在有酮尿、糖尿及明显的高血糖可与患DKA的猫鉴别诊断。

诊断

主要诊断

- 临床症状：急性患病的猫可在救治前发生多尿、多饮及失重达数周，但在有些病例，猫主未报道发生有多尿及多饮症状。呼吸时酮味可能很明显。患有轻度DKA的猫可能具有一些病前史，但就诊时可能仍表现欢愉及机警。
- 生化及尿液分析：明显的高血糖［通常>24mmol/L（436mg/dL），常超过30mmol/L（540mg/dL）］、糖尿及酮尿。有些猫发生酮血症但没有明显的酸中毒，通常表现为“健康的”糖尿病。在血糖浓度为30mmol/L（540mg/dL）的猫，在尿液中检测到β-羟基丁酸后5d及β-羟基丁酸达到血浆参考范围（0.5mmol/L）以上水平11d时，尿液酮体能达到足以引起阳性检测反应的水平。这是由于猫血浆和尿液中的酮体主要为β-羟基丁酸，但尿液检测主要测定的是乙酰乙酸。目前可以采用测定β-羟基丁酸的检测棒及便携式测定仪，而且检测酮病时更为灵敏。但具有临床症状的DKA患猫则表现为酮尿病。
- 脂血症（lipemia）：在酮尿明显的前一周可见这种情况。

辅助诊断

- 其他血液指标：开始时可测定血细胞压积、总蛋白、钾、磷、总二氧化碳、血液尿素氮（BUN）、肌酐及钙等基础数据以指导诊断。必须要测定血清电解质浓度，特别是钾和磷及碳酸氢盐的浓度，在开始1～2d至少应测定2～3次。虽然钾和磷酸盐的浓度开始时可能升高或正常（或略低），但由于这些电解质的血浆浓度在开始采用液体及胰岛素疗法后很快将下降，因此应该在开始24～48h内每天检测2～3次。

- 超声检查：依其他间发病的症状，可采用X线拍片及超声检查，例如辅助诊断胰腺炎。
- 尿液分析：应检查尿液沉淀以判断是否发生感染。

诊断注意事项

- 在严重DKA病例，诊断极少会成为问题。
- 以1.5mmol/L尿液酮体为临界点，尿液测量计诊断猫DKA的灵敏度和特异性据报道可分别达到82%和95%；如果在血浆以4mmol/L为临界值，则诊断DKA的灵敏度和特异性分别为 100% 和 88%。
- 尿液中加入过氧化氢不能提高尿液测量计诊断尿液酮体的灵敏度。

治疗

主要疗法

- 液体疗法：液体为必须疗法且可挽救生命。大多数猫在开始就诊时就表现中度到严重（7%～12%）脱水。
  - 液体类型：可采用0.9%或0.45%生理盐水，但0.9%的更为常用。由于血浆的超高渗透压，因此有人建议采用低渗液（0.45%），但仍有矛盾。有人在采用液体疗法时首选乳酸林格氏液（lactated Ringer's solution）或中性溶液（Normosol-R）。
  - 液体量：典型的液体异常可在12～18h内以每24h 60～150mL/kg的液体流速得到纠正。在发生严重脱水及灌注不良的猫，可采用相当于治疗休克的剂量进行治疗；但如果沉郁恶化，可怀疑发生脑水肿，此时应减小剂量。在一项研究中发现，患糖尿病的猫有1/3出现高渗（＞350mOsm/kg）。虽然钠是影响渗透压的主要因子，但全身低渗有助于保护许多患DKA的猫发生明显的超高渗，葡萄糖升高的幅度要比钠降低的幅度更高，这可从公式：渗透压（osmolality）=2（Na+K mmol/L）+0.05（葡萄糖mg/dL）+0.33（BUN mg/dL）中看出。正常范围为290～310mOsm/kg。
  - 监测：在尿葡萄糖和酮体丧失明显降低前，糖尿病猫持续出现液体高损失；因此其维持液体的需要较高，对这类猫必须要细心监测以准确评估其水合作用和尿液输出；对猫进行称重可准确对住院期间猫的过度或过低水化状态进行评估（以就诊时脱水的百分比作为计算目标体重的指标，计算每天禁食失重0.5%～1%）。
  - 非酮病性低渗性糖尿病（nonketotic hyperosmolar diabetes）：猫发生这种疾病时应采用连续液体替换疗法，可在24h内替换60%～80%的液体，应避免采用0.5～1.0 Osm/h的速度输液而降低血清渗透压。
- 电解质：无论钠正常或降低，均可补充含有钾的液体。如果升高，应仔细监测，尽快按照正常范围补充。如果在开始时未能获得钾浓度，则以30～40mmol/L补充；或者采用标准剂量方式补充液体。参见第114章。依钾的浓度及其降低的速度，可能需要40～80mmol/L或更高的剂量。
- 磷：就诊时组织磷通常被耗竭而血浆磷水平可正常、降低或升高。低磷血症（hypophosphatemia）可引起海因茨体形成，发生溶血性贫血，从而可危及生命。如果磷正常或偏低，可补充磷酸盐及磷酸钾，监测血清是否出现溶血。由于钾也耗竭，因此可采用的一种方法是将钾等分为氯化钾和磷酸钾进行补充，此外，也可将磷加入无钙的溶液中，以每千克体重每小时 0.01～0.03mmol/L纠正磷。如果溶血明显且血细胞压积降低，可进行匹配输血。
- 酸中毒：补充液体、以含有氯化钠的液体输液及用胰岛素治疗可快速纠正酸中毒。一般来说，轻微到适度严重的酸中毒（HCO_3^-≥7mmol/L）可在液体及胰岛素治疗后很快得到纠正，当HCO_3^-低于7mmol/L时唯一的建议是注射碳酸氢盐。虽然严重的酸中毒可伴发沉郁、心脏收缩性降低及外周血管扩张，但碳酸氢盐疗法的缺点仍比优点明显，包括加速低钾血症及低磷血症的发生等。如果注射碳酸氢盐，则以HCO_3^-（mmol）=体重（kg）×0.4×（12−病猫的HCO_3^-水平）×0.5的速度加入。如果不知道病猫的 HCO_3^-或总CO_2浓度，可以10作为公式中病猫的 HCO_3^-值。
- 胰岛素：需要采用胰岛素疗法来中止过度的酮体形成，为胰岛素敏感组织提供葡萄糖用于能量代谢。由于胰岛素治疗可加剧低钾血症及低磷血症，有时先应开始液体及电解质替换疗法，这是因为电解质紊乱可能为致命性的。在开始采用胰岛素治疗前可等待

1～2h。如果采用液体及电解质疗法后2h钾浓度处于正常范围之内，可开始用胰岛素治疗。如果钾浓度仍低于3.5mmol/L，可再延缓1～2h进行胰岛素疗法，但不应延缓至开始液体疗法后4h才用胰岛素治疗。胰岛素治疗的主要目的是刺激细胞摄取葡萄糖用于能量代谢，逐渐将血葡萄糖浓度以4mmol/（L·h）（每小时75mg/dL）的速度降到12～14mmol/L（216～250 mg/dL）。采用胰岛素治疗有几种方法，大多数专门护理的医院采用连续静脉内注射的方法，而对许多从业兽医而言，肌内注射的方法更易于施行。一旦葡萄糖达到10～14mmol/L（180～250mg/dL），猫发现再度水合，则可转变为每6～8h皮下注射胰岛素，或皮下用胰岛素维持，这种方法更好［甘精胰岛素（glargine）、地特胰岛素（detemir）或胰岛素锌悬浮液（PZI）］；或者如果法律许可，可采用猪胰岛素锌悬浮液（Lente insulin），或肌内注射胰岛素（q4 ～ 6h）维持，直到猫开始采食。

- 静脉治疗方案（intravenous protocol）：加入25U可溶性胰岛素［常规或纯品胰岛素，不能采用猪胰岛素锌悬浮液（protamine zine insulin）或NPH］到500mL输液袋中，浓度可达50mU/mL，以1mL/（kg·h）的速度输入，根据每小时测定的血糖浓度可调高或调低浓度，以使血糖浓度按2.8～4.2mmol/（L·h）［50～75mg/（dL·h）］的速度降低。另外也可按1.1U/kg体重加到250mL盐水输液袋中，以10mL/h的速度输入以达到每24h大约0.05U/kg的浓度，并根据血液葡萄糖浓度测定结果进行调整。注射胰岛素时，可采用滴注或输液泵，第二个灌注管连接到维持液体的Y形管上，或者用两条导管输入，这样可同时提供胰岛素及充足的液体。输液时先流出50mL液体并废弃，这是因为胰岛素可与塑料结合。灌注胰岛素一直到血液葡萄糖降低到12～14mmol/L（216～250mg/dL），然后将液流速度减半，或者调整到采用常规肌内每4~6h注射胰岛素给药。另外，如果水合状态较好，可调整为每6～8h胰岛素SC给药，或采用标准的维持胰岛素SC给药。可在液体中加入葡萄糖以免血液葡萄糖浓度进一步降低，或者促使能维持胰岛素治疗效果以逆转酮体产生。可在液体中加入50%葡萄糖使其浓度达到5% （即1L液体中含有100mL50%葡萄糖）。
- 肌内注射：可采用各种方法，包括每小时或每4h注射一次胰岛素及采用甘精胰岛素。间隔4h用药一次的治疗方案的主要优点是需要的时间少，但可能由于胰岛素从以前灌注不良的肌肉吸收造成的蓄积而导致葡萄糖浓度降低。
- 定期胰岛素疗法：每小时肌内注射法（常规胰岛素，每小时肌内注射方案），注入剂量为0.2U/kg，之后为每小时0.1U/kg，一旦血葡萄糖浓度达到12～14mmol/L（216～250mg/dL），则改用皮下胰岛素疗法（每6～8h定期用药或每12h标准胰岛素维持用药）。可在液体中加入葡萄糖以在开始24h内维持血液葡萄糖浓度达到12～14mmol/L（216~250mg/dL） 的范围内。
- 4h肌内注射法（four-hour intramuscular protocol）：可每隔4h肌内注射胰岛素或甘精胰岛素。
- 甘精胰岛素治疗方案（Glargine Protocol）：静注或肌注甘精胰岛素具有和定时胰岛素治疗相同的药效学及药代动力学（pharmacodynamic and pharmokinetic）效果。在猫，简单有效的方法是无论体重，开始以每只猫2U的剂量皮下给药，然后以每只猫1U的剂量肌内注射给药，再在4h之后如果血糖浓度仍高于14～16mmol/L（250~290mg/dL）可重复肌内注射；每隔12h重复皮下注射。就诊后24h时约有一半以上的猫仍采用皮下胰岛素疗法。如果血液葡萄糖浓度为12～14mmol/L（216～250mg/dL）时在液体中加入葡萄糖。这种方法简单省时且较为便宜。如果没有其他间发病，大多数病猫可在1～2d内采食。近来的研究表明，在患有DKA的猫，每天2次皮下甘精胰岛素治疗及简化肌内胰岛素定期治疗可使代谢性酸中毒比恒速滴注（constant rate infusion，CRI）定期胰岛素治疗能更快地解除。
- 非酮病性高渗性糖尿病（nonketotic hyperosmolar diabetes）：逆转高血糖（reverse hyperglycemia）可缓慢（如常规胰岛素以每24h1.1U/kg给药）及在采用液体疗法后延缓2～4h用胰岛素治疗。
- 食物：应鼓励猫采食可口的食物或强制喂食，最好采用低碳水化合物的食物，但摄取食物比食物的种类更为重要。

治疗注意事项

- 液体疗法是最值得优先考虑的治疗方案，同时应补充钾和磷。治疗过程中必须仔细监测电解质的变化。
- 在开始液体和电解质治疗后1～2h开始采用胰岛素治疗（如果猫发生严重的低血钾，偶尔可在3～4h后治疗）。

- 常常存在有其他并发症，需要准确诊断及制定治疗计划。

预后

从患DKA到从病院出院的预后据报道为75%～82%，而且依同时存在的疾病而不同。潜在病、治疗延迟及不能提供细心的护理均可影响生存率。有研究表明，猫患 DKA时缓解的可能性并不比不患DKA时低。还有研究发现猫患 DKA 时更有可能缓解而不会因DKA而死亡。

参考文献

DiBartola S, Panciera DL. 2006. Fluid therapy in endocrine and metabolic disorders. In S DiBartola, ed., *Fluid, Electrolyte, and Acid-Base Disorders in Small Animal Practice*, 3rd ed., pp. 478–489.

Nelson R. 2005. Diabetes Mellitus. In SJ Ettinger, EC Feldman, eds., *Textbook of Veterinary Internal Medicine*, 6th ed., pp. 1563–1591. St. Louis, MO: Elsevier Saunders.

Feldman EC, Nelson RW. 2004. Diabetic Ketoacidosis. In EC Feldman, RW Nelson, eds., *Canine and Feline Endocrinology and Reproduction*, 3rd ed., pp. 580–615. Philadelphia: Elsevier Saunders.

Hume DZ, Drobatz KJ, Hess RS, et al. 2006. *J Vet Intern Med.* 20: 547–555.

Koenig A, Drobatz KJ, Beale AB, et al. 2004. Hyperglycemic, hyperosmolar syndrome in feline diabetics: 17 cases (1995–2001). *J Vet Emerg Med Crit Care.* 14:30–40.

www.uq.edu.au/ccah. Maintenance protocols for insulin administration are available.

第52章 糖尿病：单纯性病例 Diabetes：Uncomplicated

Jacquie Rand

概述

糖尿病（diabetes mellitus）是指无论何种原因而引起的持续性高血糖。在大约每200例中有1例猫患有糖尿病，其中短毛家猫更常发病。在美国，缅因猫（Maine coon）、家养长毛猫（domestic longhair）、俄罗斯蓝猫（russian blue）及暹罗猫（Siamese）发病最多，而缅甸猫（Burmese）在英国和澳大利亚发病的风险升高。发病开始的峰值年龄为10～13岁，公猫与母猫的发病比例为2 ：1。风险因子包括肥胖、限制于户内活动及使用糖皮质激素类药物或孕激素等。

引起猫发生糖尿病的病因很多，相对频率依是否为基本兽医实践或住院病例获得的结果而不同。在基本兽医临床实践中，85%～95%的糖尿病患猫可能为2型糖尿病，即以前所谓的成年型糖尿病（adult-onset diabetes）或非胰岛素依赖性糖尿病（noninsulin dependent diabetes）。2型糖尿病的主要特点是胰岛素分泌减少、胰岛素抗性及胰岛淀粉体沉积（amyloid deposition）。在基本兽医临床实践中，其他类型的糖尿病占病例的5%～15%，而在住院病例中则占大多数。其他特定类型的糖尿病可因导致或胰岛素分泌减少，或胰岛素机能受损（胰岛素抗性）的疾病所引致。肢端肥大症（acromegaly）可引起明显的胰岛素抗性，也是猫最常见的其他特异性的糖尿病类型（在英国和美国占住院病例的25%～30%）。参见第3章。不太常见的特异性糖尿病类型包括肾上腺皮质机能亢进（hyperadrenocorticism）、慢性末期胰腺炎（chronic end-stage pancreatitis）及胰腺癌（pancreaticadenocarcinoma）（据报道在美国的住院病例可占到18%）。

无论糖尿病的原因如何，在诊断时内源性胰岛素分泌通常很低，这可能是由于潜在的糖尿病的原因致使B细胞不能发挥作用，同时由于葡萄糖的毒性而抑制了胰岛素分泌。葡萄糖毒性（glucose toxicity）是指由于持续存在的血液葡萄糖高浓度超过24h，从而抑制了胰岛素的分泌。血液葡萄糖浓度超过30mmol/L（大约540mg/dL）后3～7d，胰岛素的分泌抑制到最低浓度；其抑制的严重程度呈剂量依赖性。有效控制血糖对逆转葡萄糖毒性是必不可少的。葡萄糖毒性抑制胰岛素的分泌开始时为机能性的，而且可逆，但数周或数月的高葡萄糖则可对B细胞造成不可逆的损伤及B细胞丧失，因此不能有效控制猫的糖尿病达6周以上时，即使能有效控制高葡萄糖，缓解的可能性也明显下降。

诊断

主要诊断

- 临床症状：典型的临床症状为多尿、多饮及失重。这些症状常合并出现，特别是在开始时，可表现为多食症（polyphagia）；但在诊断时，许多猫食欲降低。虽然症状常可持续数周或数月，但猫主有时可能注意不到。开始时猫可能过重，之后则由于继发本病而失重。常见报道患病后肌肉消瘦及弥散性外周神经病变，由此导致衰弱、难以跳跃及步态摇摆。跖行步态（plantigrade stance）不太常见，但如发生则表明病程持续时间更长。参见第50章。有50%的病例可发生沉郁、厌食及脱水，其他病例在开始检查时可能还表现正常。
- 实验室诊断结果：持续性高血糖是糖尿病的标志性症状。只要葡萄糖浓度超过肾脏阈值（renal threshold）[14～16mmol/L（250～290mg/dL）]就会出现临床症状。在急性应激时，特别是如果发生争斗，可使血糖浓度增加10mmol/L（180mg/dL），但通常可在3～4h内恢复。短暂性疾病相关的高血糖可持续数天。如果血液葡萄糖＜20mmol/L（＜360mg/dL）而不表现或表现轻微的糖尿，一般不出现典型的临床症状，因此应在4h之后再次测定血糖浓度，以确定诊断。
- 尿液分析：持续性高血糖时出现糖尿可诊断为糖

尿病。

辅助诊断

- 患病而脱水的糖尿病猫常发生肾前性氮血症，可发生电解质紊乱，包括钾及磷的浓度升高或降低。参见第51章。
- 尿液培养：由于许多病猫患有继发性尿道感染，因此建议进行尿液培养。
- 果糖胺（fructosamine）：果糖胺浓度也可依葡萄糖浓度的不同而变化为进行诊断提供其他信息，但如果增加，则可能与至少达到20mmol/L（360mg/dL）、持续至少4d的高血糖是一致的。
- 其他筛查试验：典型的糖尿病病猫为8岁或以上，因此应检查肾病或甲状腺机能亢进。参见第109章、第190章和191章。

诊断注意事项

- 鉴别其他类型的糖尿病的各种试验方法，如肢端肥大症、肾上腺皮质机能亢进及胰腺肿瘤等，除非临床症状很有说明意义，对治疗没有良好的反应，或有证据表明对胰岛素有抗性，一般不进行这类试验。
- 应激性高血糖（stress hyperglycemia）极少能使血液葡萄糖浓度超过16mmol/L（＞290mg/dL），葡萄糖浓度范围常常为7～12 mmol/L （126～ 216 mg/dL）。猫在血液葡萄糖浓度≥20 mmol/L（≥360mg/dL）时，除非另有诊断，应按糖尿病进行治疗，即使猫主未报道任何症状时也应如此。
- 果糖胺浓度不足以灵敏到能对猫的应激性高血糖与糖尿病进行鉴别诊断。
- 虽然60%～80%的糖尿病患猫根据β-羟基丁酸测定诊断为酮病，但酮尿仅占病例的少部分。
- 所有患明显脂血症的糖尿病病猫应考虑为酮病，应采用胰岛素治疗，这是因为可在数天内发生糖尿病酮症酸中毒（diabetic ketoacidosis）。

治疗

主要疗法

- 猫发生严重沉郁及脱水，表现或不表现酮症酸中毒时均应按糖尿病酮症酸中毒治疗，直到病情稳定。参见第51章。
- 在新诊断的病例，如果为2型糖尿病，而且对其他特异型糖尿病的原因可以纠正，则治疗的主要目的应该是缓解糖尿病或非胰岛素依赖性治疗。对长期糖尿病（＞12个月）及其他特异型糖尿病的原因难以纠正时，治疗的主要目的是控制临床症状及避免发生临床型高血糖。
- 糖尿病的缓解是指血糖正常（euglycemia）而无需采用胰岛素或口服降血糖（hypoglycemic）药物。缓解最重要的预示因子是及早精确控制血糖（延缓精确控制血液葡萄糖浓度可明显降低缓解的可能性）及早期应用糖皮质激素药物治疗。阴性预示因子包括出现神经病变，包括衰弱、不能跳跃以及需要最高的胰岛素剂量来控制血糖。
- 胰岛素疗法：胰岛素疗法的目的是全天将血液葡萄糖浓度控制在4～11mmol/L（72～200mg/dL）。在新诊断的糖尿病病猫，采用甘精胰岛素或地特胰岛素（detemir）严格控制血糖、精确监测、适当调整药物剂量及采用极低碳水化合物饲料，则可获得≥85%的缓解率。由于胰岛素锌悬浮液作用持续时间短，每次注射胰岛素之前几乎没有外源性胰岛素发挥作用，因此，典型情况下胰岛素治疗之前的血液葡萄糖浓度≥20mmol/L（≥360mg/dL），在全天除非正在恢复的猫，通常难以将血液葡萄糖浓度控制在4～11 mmol/L（72～200mg/dL）。胰岛素锌悬浮液的恢复率一般只有25%～30%。文献报道的鱼精蛋白锌胰岛素的恢复率低于地特胰岛素及甘精胰岛素。
- 胰岛素剂量的调整有三个阶段。开始时依采用低剂量（＜3U）或高剂量（＞3U）及高血糖的程度，可在每5～7d将剂量增加（0.25）0.5～1U，其目的是通过增加剂量直到全天血液葡萄糖浓度处于4～11 mmol/L（72～200mg/dL）的范围内。之后如果全天血液葡萄糖浓度处于4～11mmol/L（72～200mg/dL）的范围内就维持该剂量。当胰岛素治疗前血液葡萄糖浓度＜10mmol/L（＜180mg/dL）时，或最低葡萄糖浓度＜4mmol/L（＜72mg/dL），则降低剂量。为了确定是否正在恢复，可在猫用最低剂量（即每天0.5U，1次或2次）治疗时，在用胰岛素治疗前血液葡萄糖＜10mmol/L（＜180mg/dL）时可停用胰岛素，12h后再检查，如果葡萄糖浓度＜10mmol/L（＜180mg/dL），则在1周后再次检查（由猫主在家检查血糖或尿液葡萄糖）。如果停用胰岛素后12h葡萄糖浓度增加到≥10mmol/L（≥180mg/dL），则应立即用胰岛素进行治疗。重要的是，处于恢复期的猫只要长时间葡萄糖浓度高于10mmol/L（180mg/dL），就应立即恢复胰岛素治疗。

- 口服降血糖药物：口服能刺激胰岛素分泌的降血糖药物在治疗糖尿病猫时用处不大。如果只用这种药物而不用胰岛素治疗，则可使恢复的可能性降低。但如果猫主宁可选择安乐死而不选择注射胰岛素时，采用口服降血糖药物可挽救猫的生命，还可作为最终采用胰岛素治疗前的一种治疗办法。α－葡糖苷酶抑制剂（如阿卡波糖，acarbose）可减少或消除葡萄糖吸收，如果单独使用，一般对治疗猫的糖尿病无效。阿卡波糖最常用于猫在饲喂高碳水化合物饲料，而且能吃完每天的饲料时，还可用于每天多次饲喂的猫。饲喂超低碳水化合物饲料（6%ME）与阿卡波糖一样具有降低餐后血液葡萄糖浓度的效果，但没有不良反应。
- 日粮管理（dietary management）：糖尿病猫及需要降低体重的猫应采用完全及平衡的低能（＜15%代谢能，metabolizable energy，ME）或超低碳水化合物日粮（＜6%ME）。低碳水化合物日粮可提高恢复率及降低对B细胞分泌胰岛素的需要，这对管理糖尿病猫极为关键。一般建议，猫可每天饲喂两次，同时注射胰岛素治疗。
- 监测对治疗的反应：准确监测及适当调整剂量是有效控制血糖的重要基础。首先及最为重要的是，准确监测时应准确观察猫并与猫主交流。水的消耗、尿液量的多少（即在猫的猫沙盆中聚集的量）及体重是必须要监测的项目，同时应监测神经病及低血糖的症状。在家监测葡萄糖浓度可提供更为准确的血液葡萄糖水平。可根据每天在家监测提供的数据，更为准确地调整胰岛素的剂量，这是因为及早使血液葡萄糖浓度达到优化可增加恢复的可能性。在家监测时也可在明显的不确定症状表明发生了低血糖症时由猫主及时评价血液葡萄糖浓度。兽医仍需经常随访猫主，以便及时对在家测定的葡萄糖浓度及使用的胰岛素剂量进行评估，检查猫的状况。
- 血液葡萄糖测定：便携式糖测定仪对临诊及在家测定血液葡萄糖浓度最为理想。采用人用测定仪测定猫的血液时，准确率有一定的降低；在正常血糖范围内通常要比实际的血糖水平低1～2mmol/L（18～36mg/dL），因此应采用按照猫血液纠正的测定仪，这种纠正只需要0.3μL血液。这种测定方法只需要从爪或耳朵就可获得足够的样品进行葡萄糖测定。关键的是工作人员和猫主必须要清楚人用的纠正测定仪与猫的血液间会有一定的差别，特别是解释低于或处于正常范围内的测定读数时更是如此。葡萄糖的目标浓度依赖于所采用的测定仪，典型情况下血液从耳或爪用划口装置（lancing device）采集。有人喜欢用刺血针针头（lancet needle）或注射器针头从前额采集血样。
- 果糖胺：有时，特别是临床症状及血样葡萄糖浓度有矛盾时，这种监测具有一定意义；例如，如果在医院测定的血糖浓度高，但猫主报告在家能有效控制时。果糖胺浓度的变化滞后于葡萄糖浓度变化一周左右，因此在早期阶段如果主要目的是恢复，则在家监测果糖胺浓度的变化没有多少意义。只要病猫稳定，只是每3～6个月进行临床就诊时这种测定更有意义。

治疗注意事项

- 对新近诊断的糖尿病猫来说，获得高的恢复率，三个因素极为关键：（a）采用长效胰岛素（即甘精胰岛素或地特胰岛素）；（b）密切监测血糖浓度，及时调整胰岛素剂量；（c）饲喂低或超低碳水化合物饲料。

预后

糖尿病能恢复的猫其预后与年龄相当的健康猫相似，不能恢复的猫，预后依糖尿病的潜在病因而不同。

编者注：编者强烈赞同在猫采用长效胰岛素，建议采用鱼精蛋白锌胰岛素（protamine zinc insulin），编者广泛使用了这种药物30年以上。本章作者也赞同采用长效胰岛素，但他喜欢采用甘精胰岛素或地特胰岛素，未使用过鱼精蛋白锌胰岛素。鱼精蛋白锌胰岛素在他的家乡澳大利亚及欧洲大多数国家尚未使用。

参考文献

Marshall R, Rand JR, Morton JM. 2009. Treatment with glargine insulin improves glycemic control and results in a higher rate of non-insulin dependence than protamine zinc or lente insulins in newly-diagnosed diabetic cats. *J Fel Med Surg*. 11(4):683–691.

Nelson RW. 2000. Diabetes mellitus. In SJ Ettinger, EC Feldman, eds., *Textbook of Veterinary Internal Medicine*, 5th ed. pp. 1438–1489. Philadelphia: Saunders.

Roomp K, Rand J. 2009. Intensive blood glucose control is safe and effective in diabetic cats using home monitoring and treatment with glargine. *J Fel Med Surg*. 11(4):668–682.

www.uq.edu.au/ccah. Maintenance protocols for insulin administration and information on home monitoring are available.

第53章

膈疝

Diaphragmatic Hernia

Gary D. Norsworthy

概述

膈疝（diaphragmatic hernia，DH）是指一个或多个腹腔器官通过膈形成的疝，最常见的原因是创伤，通常与交通事故等引起的创伤或从楼梯跌落引起的创伤有关。腹内压向前突然增加可引起膈肌在任何位点撕裂。DH可为先天性的，由此造成腹腔与胸膜腔或腹腔与心包通联。先天性DH时也可发生其他影响到心脏的先天性异常。DH的临床症状包括呼吸急促和端坐呼吸（orthopnea），特别是如果伴随有肺脏挫伤、出血或明显的肺脏压缩及疼痛时，尤其是伴随有肋骨骨折时，这些症状尤为明显。随着更多的内脏进入胸膜腔，猫可立即或数小时后表现为呼吸困难。如不治疗，有些猫可随着内脏及膈肌之间形成粘连而在数天内逐渐稳定，临床症状只是在活动增加时才明显，这是DH的慢性型。这些猫常常表现静坐，不进行手术治疗也可存活多年。急性创伤性DH可引起呼吸困难，随着更多的腹腔器官进入胸腔，1～2d内这种症状明显增强。先天性DH常为偶尔诊断发现 （见图53-1 ），但心包内器官的气体臌胀可产生急性呼吸困难症状。慢性型可只引起明显的昏睡及运动时呼吸短促。

诊断

主要诊断

- 临床症状：如果出现呼吸困难及呼吸急促的症状，特别是还具有创伤的其他症状及病史时，应考虑 DH。
- 听诊：单侧或双侧胸腔可闻及肺和心脏杂音。
- X线拍片：典型所见为膈线（diaphragmatic line）消失及在胸腔内存在腹腔器官，包括胃肠道的气体图像（见图53-2）。如果多个器官进入胸腔，可见腹腔缩小（见图291-15及图291-16）。

辅助诊断

- 腹壁触诊：由于器官移位，因此触诊可感觉腹腔空虚。
- 超声检查：可见腹腔器官位于胸腔内或心包内，见图53-1（C）。
- 腹腔造影（celiogram）：将阳性造影剂有机碘溶液注射到腹腔，将猫轻轻抬起，以促使造影剂进入胸腔。如果在胸腔侧面X线检查时可发现造影剂，则说明发生了DH（见图 59-1）。这种方法对慢性或心包囊横膈疝（peritoneopericardial）没有诊断价值。
- 胃肠道阳性造影剂检查（positive contrast study of the gastrointestinal tract）：将钡灌注到胃，然后用X线系列照相，如果发生先天性心包囊横膈疝（peritoneopericardial DH），胃或肠袢可见于心包内（见图53-3）。如果肝脏而不是胃成疝，则可发现胃接近于膈。
- 心电图：心肌创伤常常可引起心律不齐，特别是心室性心律加快（室性心搏过快性心律不齐，ventricular tachyarrhythmias）。
- 胸腔穿刺：慢性DH可引起胸腔积液，可分为变性漏出液（modified transudate）或无菌性渗出液（nonseptic exudate）。典型情况下液体中可含有25～60 g/L（2.5～6.0 g/dL）蛋白、纤维蛋白、未变性中性粒细胞（nondegenerate neutrophils）、巨噬细胞及间皮细胞（mesothelial cells）。这类液体可能与猫传染性胸膜炎或慢性心衰时的液体混淆。参见第288章。

诊断注意事项

- 创伤后立即进行X线拍片检查时，除非发生腹腔器官进入胸腔，一般对诊断DH没有多少价值。如果怀疑发生了DH，则应在12～24h后再次进行X线拍片检查。应告知猫主发生腹腔创伤后猫可能会在创伤发生后24h内发生呼吸困难。
- 对发生呼吸困难的猫应该小心处治，增加应激可能会致死。进行查体、X线拍片及胸腔穿刺时尤其要特别

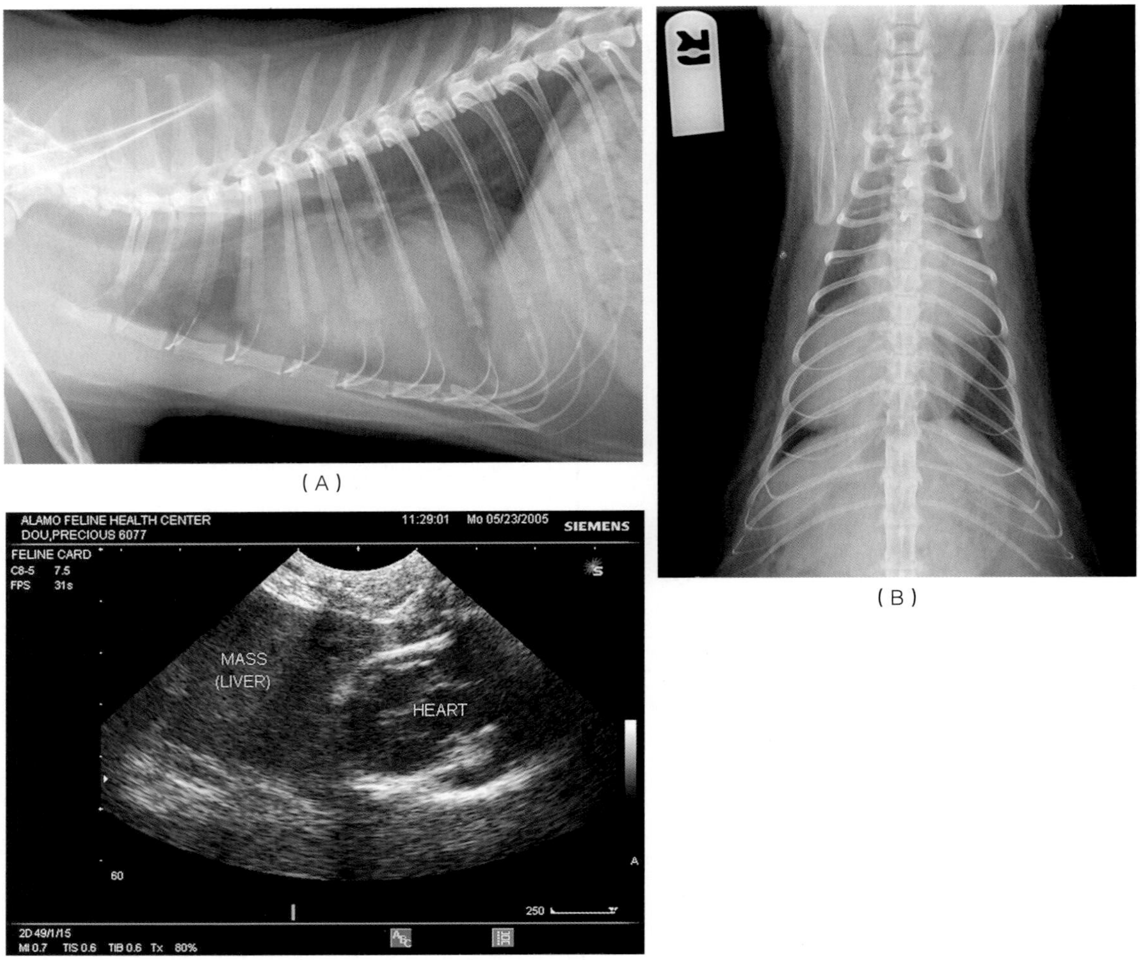

图53-1 心包囊横膈疝的胸部X线影像。（A）大的心影，常常为球形；但可依存在的器官及其如在（B）中所见到的不同位置而表现不规则。可采用超声诊断鉴别进入心包囊成疝的器官，最为常见的是肝脏，如（C）所示

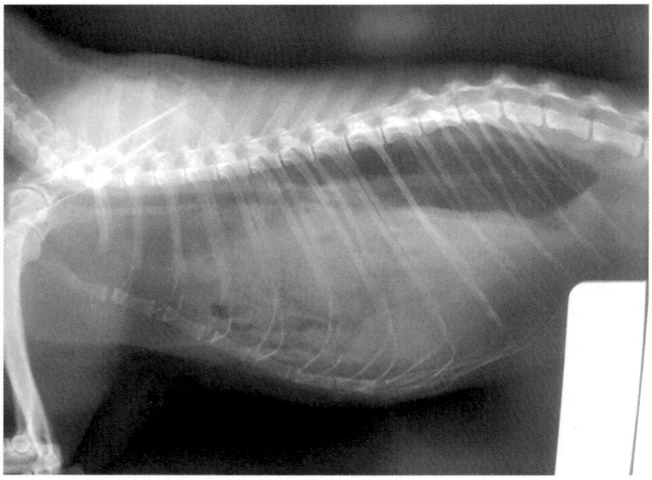

图53-2 膈疝两个最为常见的X线检查症状是缺乏完整的膈线及在胸腔中存在气体（胸骨之上）。两者均见于这张侧面X线图像上

小心。诊断前或两次诊断间可将猫置于氧气箱或氧气罩中数分钟。应激最小的X线拍片检查是取背–腹（dorsal–ventral，DV）位，这在某些病例可能是唯一可行的观察部位，常常足以诊断是否存在DH。另外，有些猫可配合进行侧面位。

治疗

主要疗法

- 稳定病情：如果病例为创伤所引起，应治疗休克，改善心脏输出及呼吸，同时治疗并发的损伤。如果术前不能采取这些治疗措施，可能会引起麻醉性死亡。稳定病情时，可将病猫置于盒子中，特别是富有氧气的盒子极为有用。
- 手术疗法：病猫在稳定后，如果不发生以下更为严重的情况，可试行手术修复膈肌：（a）虽然进行静脉注射治疗，但仍持续存在低血压；（b）严重的肺脏挤压；（c）由于小血管受周围组织压迫引起肝机能衰退；（d）由于气体闭塞引起胃及小肠增大。如果

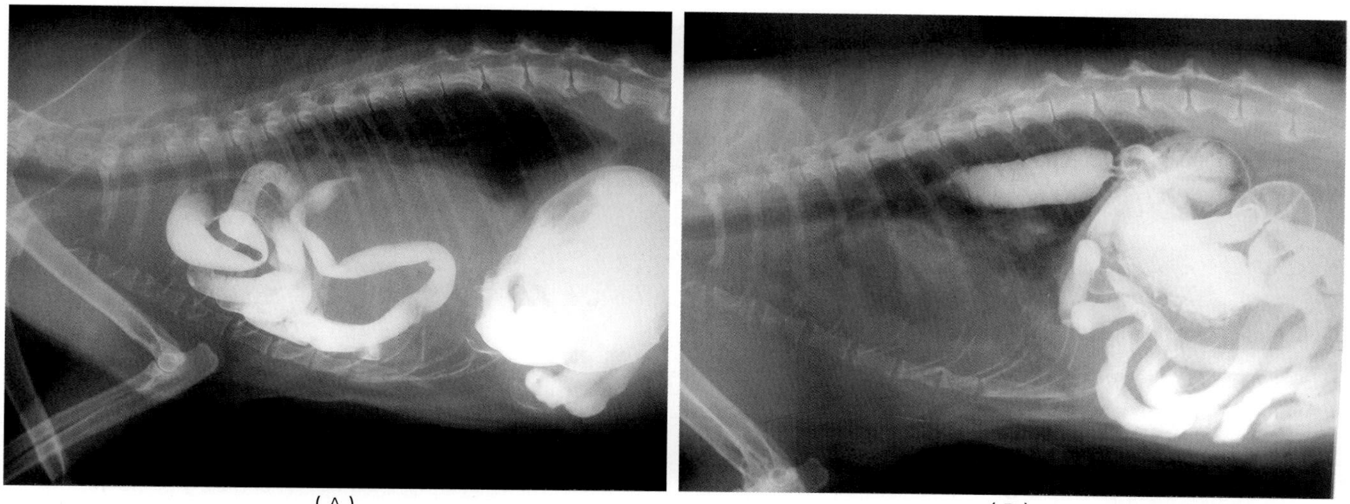

(A) (B)

图53-3 膈疝时胃肠道阳性造影剂检查。（A）另外一种常见的X线检查结果是胸腔中存在小肠。可将钡灌入胃中，使其通过小肠时能更加容易地检查到小肠。（B）如果肝脏在胸腔成疝，但没有胃和小肠成疝，则胃和小肠可能向前部移位，但仍位于膈膜之后

在创伤后头24h内进行手术修复，则死亡率较高。因此手术最好是在头2～4d内进行，此后会发生粘连，使得手术更为困难。

辅助疗法

- 胸腔穿刺：这种治疗方法可改进呼吸，特别是在发生脓胸时的气胸（pneumothorax）时。应将猫的前腿抬高，在胸腔背部的2/3处，第7及第9肋间隙之间穿刺胸腔。针头深深插入，以足够进入胸膜腔，避免穿入肺脏或移位的腹腔器官。

治疗注意事项

- DH引起的心律失常通常可见于创伤后的24～72h，且用抗心律失常药物难以控制，通常在5d后可自行康复。
- 手术修复先天性及慢性 DH可能很困难，主要是由于嵌入的器官与膈肌或心包之间发生粘连。

预后

各种类型的DH只要休克及心律失常能够解决及能成功进行手术修复，则预后均较好。但创伤性DH的猫可能手术的风险较大，特别是如果存在创伤性损伤时更是如此。

参考文献

Gibson TW, Brisson BA, Sears W. 2005. Perioperative survival rates after surgery for diaphragmatic hernia in dogs and cats: 92 cases. *J Am Vet Med Assoc.* 224:105–109.

Mertens MM, Fossum TW, MacDonald KA. 2005. Pleural and Extrapleural Diseases. In SJ Ettinger, EC Feldman, eds., *Textbook of Veterinary Internal Medicine*, 6th ed. pp. 1272–1283. St. Louis: Elsevier Saunders.

Williams J, Leveille R, Myer CW. 1998. Imaging modalities used to confirm diaphragmatic hernia in small animals. *Compend Cont Ed.* 20:1199–1210.

第54章 腹泻
Diarrhea

Mitchell A. Crystal 和 Mark C. Walker

概述

腹泻的最佳定义为粪便的流动性增加或黏稠度降低，通常可观察到液体异常或粪便未成形而通过的频率增加。腹泻从病理生理学上可分为4种类型，即渗透压型、分泌型、通透性改变型（渗出性，exudative）及活力改变型。渗透压型腹泻是由于未吸收的具有渗透压活性的溶质存在于胃肠腔所引起。未吸收溶质的增加是由于日粮、消化不良或吸收不良［如胰腺外分泌机能不全（exocrine pancreatic insufficiency，EPI）］、淋巴管扩张（lymphangiectasia）及小肠黏膜疾病［如炎性肠病（inflammatory boweldisease，IBD）］等所引起。分泌型腹泻是由于小肠上皮细胞离子转运异常，导致液体过量分泌进入胃肠腔。主要原因包括产肠毒素细菌（enterotoxigenic bacteria）、真菌及寄生虫病、IBD、胆碱类激动剂以及脂肪酸和胆酸吸收异常。通透性改变型腹泻是由于炎症或溃疡破坏了小肠黏膜的完整性，导致血清蛋白、血液或黏液丢失进入肠腔所引起，引起的原因包括非甾体激素类抗炎药物、肝脏疾病、传染性肠炎、IBD及淋巴瘤。肠道活力改变型导致的腹泻，是由于肠道吸收上皮与肠腔内容物的接触时间减少（胃肠通过时间缩短），从而引起液体的吸收减少。在病猫难以鉴定或证实 GI的运动性降低，因为对通过时间的估计很难获得准确结论。引起这种腹泻的原因常常是节律性分段减少，另外一种不太常见的情况是蠕动增加。肠道运动性的改变可能与腹泻的其他机制有关，是引起腹泻的不太常见的原发性异常，如肠道易激综合征（irritable bowel syndrome）及家族性自主神经异常（dysautonomia）。确定引起腹泻的病理生理学机制有助于确定对病猫尽早进行支持疗法。

根据长期性、严重程度及解剖位点对腹泻进行分类，在临床上有助于确定腹泻的病因和特异性原因，指导开始时的诊断步骤，也有助于选择开始时的治疗方法。腹泻可分为急性、持续性或慢性，或为严重性、非严重性，或为小肠性或大肠性等。如果腹泻持续不到2周，可看作为急性；如果持续2～4周，可看作为持续性；如果持续在4周以上，可看作为慢性。判断为严重腹泻的参数包括失重达 10%或以上、脱水、精神沉郁、黏膜有明显受损的迹象（即出血性腹泻）、电解质平衡严重紊乱、中性粒细胞增多症或中性粒细胞减少症或体温变化［即体温过低（hypothermia），或发热（pyrexia）］。小肠性及大肠性腹泻（large bowel diarrhea）的基本特点见表54–1。应该注意的是，患腹泻的猫通常具有大肠疾病或明显的小肠疾病，因此慢性呕吐是患IBD猫最常见的前兆性症状。其他需要对腹泻病猫进行的评估还包括根据上述标准所列出的特异性疾病。应该包括 GI及 GI外的疾病，因为许多代谢、肿瘤及感染性、炎性疾病也可表现GI症状，即使不影响主要的GI也是如此。腹泻的鉴别诊断参见“诊断”部分。

表54–1　小肠性及大肠性腹泻的主要鉴别特点

特点	小肠性腹泻	大肠性腹泻
频率	比正常高2～3倍	比正常高5倍以上
数量	增加	正常到减少
如果有血液时血液的类型	黑粪症（melena）	明显
是否存在黏液	无	可能或不存在
排便困难（Dyschezia）	无	存在
急迫性	正常到轻微增加	增加
失重	正常	偶尔

在进行鉴别诊断时必须要考虑胃肠道及胃肠道外疾病。鉴别诊断见表54–2。

诊断

主要诊断

- 基础化验（血常规、生化检查及尿液分析）：应根据基础化验评价肝脏疾病[即高胆红素血症、血液尿

表54-2　腹泻的鉴别诊断

胃肠外
- 胰腺外分泌机能不全
- 胃肠外肿瘤
- 与猫白血病病毒或猫免疫缺陷病毒感染有关的疾病
- 肝脏疾病
- 甲状腺机能亢进
- 肾衰
胃肠道
- 食物过敏反应
- 食物不耐受（food intolerance）
- 传染病（即沙门氏菌或弯曲杆菌）
- 炎性肠病
- 运动性异常（即家族性自主性神经异常或肠道易激综合征）
- 肿瘤（淋巴瘤、癌、肥大细胞瘤等）
- 非特异性小肠结肠炎
- 寄生虫病（即线虫、贾第鞭毛虫、隐孢子虫或三毛滴虫）
- 毒物及药物

素氮（BUN）降低、肝脏酶升高、胆红素尿]、肾脏疾病（BUN和肌酐升高，尿液相对密度降低）、甲状腺机能亢进的症状（肝脏酶升高、血细胞压积增加、尿液相对密度低）、淋巴瘤的症状（偶尔猫表现循环成淋巴细胞及贫血）。由各种原因引起的失蛋白性肠下垂（protein-losing enteropathy）在腹泻的猫不太常见［低白蛋白血症（hypoalbuminemia）、低球蛋白血症（hypoglobulinemia）］。嗜酸性粒细胞增多症（eosinophilia）有时可见于寄生虫感染（parasitism）、嗜酸性粒细胞性小肠结肠炎（eosinophilic enterocolitis）、高嗜酸性粒细胞综合征（hypereosinophilic syndrome）及肥大细胞瘤（mastcell tumors）等。中性粒细胞增多症或猫传染性粒细胞缺乏症（panleukopenia）可见于患猫传染性粒细胞缺乏症（猫肠炎）的年轻猫及逆转录病毒感染的猫和患沙门氏菌病的猫。

- 粪便检验：应采用硫酸锌漂浮试验检查线虫和球虫。参见第311章。应采用硫酸锌漂浮试验或SNAP®Giardia 试验检查贾第鞭毛虫（*Giardia*）。应采用新鲜粪便涂片检查球虫、贾第鞭毛虫和毛滴虫（*Tritrichomonas*）。
- 总T_4测定：对10岁以上猫患腹泻时均应通过这种测定评估是否患有甲亢。
- 猫白血病病毒及猫免疫缺陷病毒检验：这些检查方法对特定的疾病并无确诊意义，但能很好地说明可能存在的继发性疾病。

辅助诊断

- 粪便或直肠黏膜细胞学检查：可将湿的棉签插入直肠，对着直肠黏膜转动拭子，抽出拭子后在玻片上滚动，制备粪便或直肠黏膜涂片。粪便或直肠黏膜涂片染色（Diff-Quick®或其他瑞氏染料）后进行细胞学检查，检查是否有白细胞或同质性细菌菌群（homogenous bacterial population）（如存在则表明发生了感染或炎性 GI疾病，应考虑进行粪便培养）或肿瘤细胞。偶尔可见到特异性病原，如梭菌（*Clostridium* spp.）[每个高倍油镜视野中有5个以上孢子时可以确诊；孢子类似于曲别针（safety pins），呈椭圆形，一端为致密小体（dense body）]或组织胞浆菌（第 97章）。
- 猫特异性胰蛋白酶样免疫活性（feline-specific trypsin-like immunoreactivity，fTLI）：发生慢性腹泻时可采集禁食12h的血清样品检查 EPI。参见第71章。
- 血清氰钴胺素（serum cobalamin（维生素B_{12}）：低氰钴胺素（hypocobalaminemia）是GI疾病的标志，这是因为末端小肠疾病降低了氰钴胺素的吸收能力，而且氰钴胺素的半衰期在GI疾病时缩短。参见第37章。
- 粪便培养沙门氏菌和弯曲杆菌：可采集粪便样品培养检查沙门氏菌和弯曲杆菌并进行药敏试验。样品的送检标准依实验室而不同，由于粪便中存在大量的正常肠道菌群可能会过度生长而掩盖沙门氏菌和弯曲杆菌的生长，因此采样需要特殊培养基（沙门氏菌为亚硒酸盐或连四硫酸盐；弯曲杆菌可采用弯曲杆菌培养基；采样送检前应咨询相关实验室）。如果没有其他疾病过程的证据，则阳性培养结果可支持诊断，阴性培养结果并不一定能排除感染的可能性。参见第196章。
- 粪便PCR分析：可采用PCR分析检查是否有贾第鞭毛虫（*Giardia* spp.）、隐孢子虫（*Cryptosporidium* spp.）、产气荚膜梭菌肠毒素A基因（*Clostridium perfringens* enterotoxin A gene）、猫冠状病毒（feline coronavirus）、猫传染性粒细胞缺乏症病毒（feline panleukopenia virus）、刚地弓形虫（*Toxoplasmosis gondii*）、沙门氏菌（*salmonella* spp.）及胎儿毛滴虫（*Tritrichomonas foetus*）等。胎

毛滴虫可采用商用的胎儿毛滴虫培养系统进行培养。参见第44章、第83章、第161章、第196章、第214章和第219章。

- 小肠活检或组织病理学检查：发生慢性腹泻时，可在其他非侵入性方法检查之后采用这种诊断方法，检查原发性小肠疾病。活检样品可采用内镜、剖腹探查；或在弥散性或局灶性小肠增厚超过2~3cm时采用超声指导的方法采集样品。

诊断注意事项

- 在猫患有慢性腹泻及发生急性或持续性严重腹泻时应采用完整的诊断检查。患急性或持续性不严重性腹泻的猫可采用支持疗法治疗，如果粪便及快速检查（及血细胞压积、总蛋白、葡萄糖试纸检查、BUN试纸检查、尿液测量尺检查及相对密度检查）结果均不明显时，无需进行大量的其他检查。

治疗

主要疗法

- 治疗潜在疾病：是长期治愈的关键。
- 驱虫：在户内/户外活动的猫均可采用驱除肠内寄生虫疗法，即使粪便检查为阴性时也应如此。氟苯达唑以25mg/kg PO q24h剂量治疗3d，2~3周内重复用药，由于其能有效驱除线虫及贾第鞭毛虫，因此是首选的治疗方法。
- 只给水24~48h：可解决渗透性腹泻，通透性改变会使病情得以改进。除去食物对分泌性腹泻无影响。
- 口服等渗葡萄糖、氨基酸及电解质溶液：这些溶液可改进分泌性腹泻，有助于治疗其他类型的腹泻。

辅助疗法

- 运动性改良剂（motility modifiers）：明显因机能异常导致的腹泻可通过采用阿片类运动性改良剂，如洛哌丁胺（loperamide）（0.08~0.16mg/kg q12h PO）、地芬诺酯（diphenoxylate）（0.05~0.1mg/kg q12h PO），或含有止痛剂的溶液（0.05~0.06mg/kg q12h PO）等进行治疗。
- 液体及电解质疗法：可根据脱水的程度及粪便中丧失的液体的量采用液体及电解质以IV、SC或PO治疗。
- 益生菌疗法（probiotic therapy）：在饲料中采用活菌治疗腹泻。通常采用肠球菌（*Enterococcus*）（FortiFlora®，Purina）、乳杆菌（*Lactobacillus*）及双歧杆菌（*Bifidobacterium*）。传说的资料表明可获得有益的结果。
- 益生素治疗（prebiotic therapy）：饲喂复合碳水化合物［如低聚果糖及低聚木糖（xylooligosaccharides）］可选择性改变胃肠道菌群，刺激有益菌［如乳杆菌（*Lactobaccilli*）］及抑制有害菌［如梭菌（*Clostridium*）］等。低聚果糖在某些商用猫粮中采用。
- 氰钴胺素（维生素B_{12}）：可用于治疗猫的慢性腹泻或用于纠正氰钴胺素缺乏。补充氰钴胺素可增加增重及减少腹泻，其剂量为250 μg q7d SC，治疗6周后以250μg q14d SC 再治疗6周。1个月后监测血清水平。参见第37章。

预后

本病的预后依腹泻的原因而不同。

参考文献

Grooters AM. 2007. Diarrhea, chronic–cats. In LP Tilley, FWK Smith, Jr., *Blackwell's 5-Minute Veterinary Consult. Canine and Feline*, 4th ed., pp. 384–385. Ames, IA: Blackwell.

Guilford WG, Strombeck DR. 1996. Classification, pathophysiology, and symptomatic treatment of diarrheal diseases. In WG Guilford, SA Center, DR Strombeck, et al., eds., *Strombeck's Small Animal Gastroenterology*, 3rd ed., pp. 351–366. Philadelphia: WB Saunders.

Hall EJ, German AJ. 2005. Diseases of the small intestine. In SJ Ettinger, EC Feldman, eds., *Textbook of Veterinary Internal Medicine*, 6th ed., pp. 1332–1378. St. Louis: Elsevier Saunders.

Washabau RJ, Holt DE. 2005. Diseases of the large intestine. In SJ Ettinger, EC Feldman, eds., *Textbook of Veterinary Internal Medicine*, 6th ed., pp. 1379–1408. St. Louis: Elsevier Saunders.

第55章
趾病
Digital Diseases

Mitchell A. Crystal 和 Paula B. Levine

概述

猫趾部的疾病不太常见，其可能的原因（见表55-1）包括创伤（如指甲断裂、骨折或创伤）、传染性疾病［即细菌感染、真菌感染、猫白血病病毒（FeLV）/猫免疫缺陷病毒（FIV）相关感染］、心血管系统疾病（导致血栓栓塞）、免疫介导性疾病、肿瘤（原发性或转移性），或代谢性疾病［如甲状腺机能亢进、肝性皮肤综合征（hepatic skin syndrome）（hepatocutaneous syndrome），也称为坏死松解性游走红斑（necrolytic migratory erythema）、表皮坏死松解性皮炎（superficial necrolytic dermatitis）及代谢性表皮坏死（metabolic epidermal necrosis）］。患病猫的品种、年龄及性别依特异性疾病病程而不同，猫可表现为一个或多个爪的单个或多个趾的患病。患趾病的猫主要临床症状包括跛行、过度整梳蹄爪、明显的分泌物或伤口、趾肿胀、结痂性损伤、指甲畸形或消失，或爪部畸形。患潜在性全身疾病的猫［即肺脏肿瘤、心血管疾病、甲亢或肝性皮肤综合征（hepatocutaneous syndrome）］可能只表现趾疾病症状，而不表现猫主所观察到的其他症状。

表55-1　趾病的病因

炎症或感染性疾病	伤口或化脓 皮肤真菌病或其他真菌病 去爪并发症（declaw complications） 猫白血病病毒或猫免疫缺陷病毒相关感染
外伤	骨折 脱臼
遗传性疾病	并趾畸形（syndactyly） 多趾畸形（polydactyly）
免疫介导性疾病	浆细胞性爪部皮炎（plasma cell pododermatitis） 天疱疮（Pemphigus）（可能为一种免疫缺陷病——译注）
心血管系统疾病	血栓栓塞
代谢性疾病	甲亢 肝性皮肤综合征
整梳习惯不良（poor grooming habits）	趾甲生长过度
肿瘤	转移性肿瘤（肺指综合征） 原发性肿瘤
其他	药物性出疹（drug eruption） 嗜酸性粒细胞肉芽肿综合征（eosinophilic granuloma complex）

有些情况需要特别注意，趾肿胀、溃疡、分泌物、趾甲丧失或剥离，或由于肿瘤从原发性肺癌转移到趾部的跛行（肺指综合征，lung-digit syndrome）偶尔见于老龄猫（平均年龄12.7岁，范围为5～20岁）（见图55-1）。在这些病猫缺少典型的呼吸道症状，这些病变常常误诊为感染性或不愈合性创伤。

患甲亢的猫常常表现指甲长而卷曲，这是由于指甲过度生长所致。老年猫不能削尖其指甲，也可发生类似情况（见图55-2）。浆细胞性足皮炎（Plasma cell pododermatitis）不太常见，发生本病时大量浆细胞浸润到爪组织，导致爪部足垫变软，出现非疼痛性肿大，逐渐发展为溃疡和肉芽肿。

本病的后期阶段可发生跛行及发热，这可能是由于其免疫介导的性质所引起。参见第173章。

诊断

主要诊断

- 抗生素试验（antibiotic trial）：如果已知或怀疑伤口是由原发性细菌感染所引起或为继发性趾细菌感染时，可采用抗生素进行治疗性试验。
- 胸部X线拍片（thoracic radiographs）：中年到老年的猫如果患有趾病时可采用X线拍片检查原发性肺脏癌症，这种检查方法也可用于检查心脏疾病（引起继发性血栓栓塞性趾疾病）。
- 活检进行组织病理学检查，进行或不进行培养：组织病理学检查可确定除了血栓栓塞或心脏病的原因以外发生本病的其他原因以及罕见的肝性皮肤综合征和药物性出疹时检查到继发性损伤时，这些继发性损伤可能说明发生本病的原因。

- FeLV/FIV 试验：在猫患有咬伤或争斗引起的指（趾）疾病，或患有不是由于原发性肺脏癌症引起的愈合困难的指（趾）伤口时，应进行这两种病毒的检查。

辅助诊断

- 渗出液细胞学检查/伤口印痕（cytology of exudates/wound imprints）：这种试验是评价细菌、炎症或肿瘤的简单方法，但足部损伤常常可继发感染，肿瘤及真菌性疾病可能会被忽视。
- 基础化验（minimum data base）［血常规（CBC），生化检查及尿液分析］：如果局部基本检查未获得诊断，如果对局部疾病的治疗未能解决问题，或者怀疑发生全身性疾病时（如多个足部患病或病猫具有全身性疾病时），建议筛查全身性疾病。
- 足部X线拍片检查（digit radiographs）：X线拍片有助于检查判断指（趾）部损伤。如果对局部疾病的治疗不能解决问题，或怀疑为肿瘤性疾病，则应进行指（趾）部的X线拍片检查以判断是否有骨头损伤，因为指（趾）部的肿瘤通常为转移性的。
- 真菌培养：如果预先检查局部疾病没有得出诊断，如果用抗生素治疗没有解决问题，只要排除了原发性的肺脏肿瘤，则应检查指（趾）部的皮肤真菌病。
- 总T_4测定：在老龄猫建议进行甲状腺机能监测以评价指甲过度生长或卷曲的原因。
- 超声心动图：如果检查局部疾病没有得到诊断，如果局部疾病的治疗没有解决问题，或怀疑发生了心脏病（检查时存在心脏听诊异常），则应检查心脏以评估

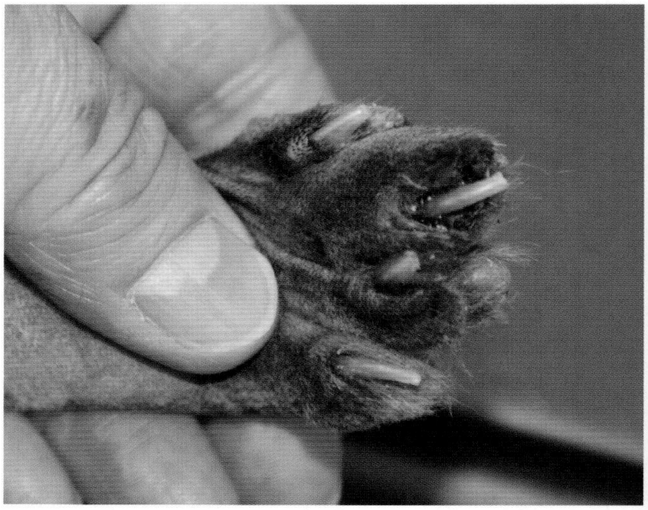

（A）

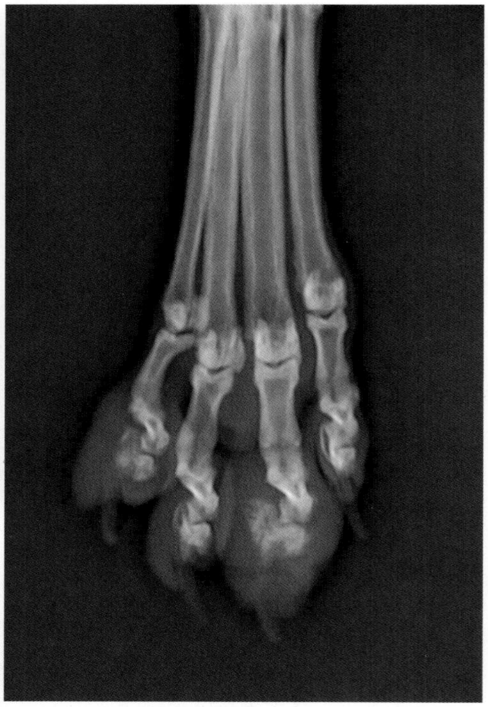

（B）

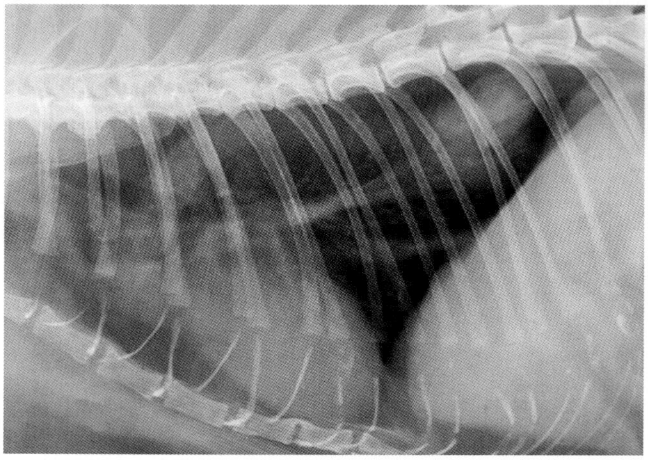

（C）

图55-1 由于趾部的微循环不可滤过血循中的肿瘤细胞导致肿瘤转移到脚趾末端，从而发生肺脏-指（趾）综合征。（A）指（趾）损伤为指（趾）末端的开放创或瘘道，常常从甲床开始。（B）X线拍片检查通常可发现骨头受损。（C）胸腔X线拍片检查可发现肺脏肿块，通常是由于肺脏癌症所致

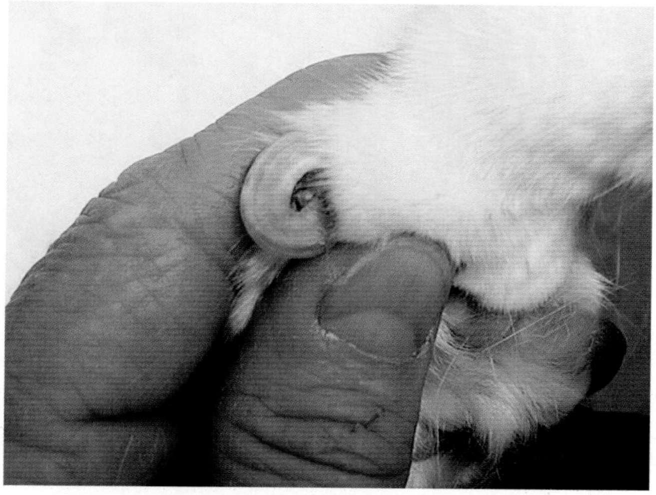

图55-2 甲状腺机能亢进的猫由于代谢增加及在老龄猫由于整梳习惯不良而引起指甲生长过度。这些指甲常常生长到邻近的趾垫（toe pad），引起跛行和感染

是否发生心脏病或血栓栓塞性疾病。

诊断注意事项

- 所有中年到老龄猫如果患有指（趾）病，应考虑原发性肺癌。
- 在有些病例，可能需要指（趾）截除以获得具有代表性的活检样品。这种方法可排除进一步手术治疗的必要。

治疗

主要疗法

- 抗生素治疗：原发性或继发性指（趾）细菌感染时应采用这种方法治疗。

辅助疗法

- 指（趾）截除：除去患病的指（趾）有助于缓解猫由肺癌转移到指（趾）部的肿瘤发生转移时的疼痛及继发感染，但生存时间不会延长，其他指（趾）的损伤仍可发展。截除指（趾）也可用于治疗其他原因引起的非愈合性指（趾）创伤。
- 抗真菌疗法：在发生皮真菌病或其他指（趾）真菌感染时，应采用抗真菌疗法。可采用伊曲康唑（5mg/kg q12～24h PO）、氟康唑（每只猫50mg q24h PO）、酮康唑（5mg/kg q12h PO）或灰黄霉素（griseofulvin）（25～50mg/kg q12h PO）等治疗。参见第48章。
- 免疫抑制疗法：免疫介导性疾病，如天疱疮（第166章）、嗜酸性粒细胞肉芽肿复合症（第66章）及浆细胞爪部皮炎（第173章）等，均需要采用免疫抑制疗法。强的松开始时的剂量为1～2mg/kg q12h PO，之后逐渐减小剂量，4～6个月后降低到最低有效剂量。如果难以进行口服治疗，则可使用醋酸甲基强的松龙（methylprednisolone acetate），剂量为2～5mg/kg q14d IM，SC，一直到观察有反应，然后根据需要降低到q4～8w。如果皮质类固醇激素没有效果，则可以考虑其他药物，包括硫唑嘌呤（azathioprine）（0.3mg/kg q48h PO，直到观察到反应，然后每3d用药一次）、瘤可宁（chlorambucil）（0.1~0.2mg/kg q24h PO，直到观察到反应，然后 q48h）、环磷酰胺（重复4d一次的用药周期。剂量为50mg/kg PO，之后休息3d）；或金硫葡糖（aurothioglucose）或硫代苹果酸金钠（gold sodium thiomalate）［金盐（gold salts），金疗法，chrysotherapy］；1mg/kg q7d IM，使用16～20周，直到观察到反应，然后降低剂量到q14d，用药2个月，然后每月一次，用药8个月，之后停止治疗。
- 治疗潜在的全身性疾病：如果鉴定到潜在性病因（如心脏病、肝脏疾病、甲亢、FeLV/FIV），则应根据情况采用合适的方法治疗。

预后

患大多数类型的指（趾）病时，猫通常可出现完全康复的愈合。患肿瘤性疾病或全身疾病时预后依病况的不同而异。猫患肺癌及指（趾）部肿瘤转移时平均生存时间为67d（范围为6~122d）。患浆细胞爪部皮炎的猫，对治疗的反应不同。肝性皮肤综合征罕见于猫，预后较差。血栓栓塞/心脏病诱导的损伤通常能痊愈，但心脏病通常处于后期，长期生存率较低。

参考文献

Gottfried SD, Popovitch CA, Goldschmidt MH, et al. 2000. Metastatic digital carcinoma in the cat: A retrospective study of 36 cats (1992–1998). *J Am Anim Hosp Assoc.* 36:501–509.

Murphy KM. 2007. Pododermatitis. In LP Tilley, FWK Smith, Jr., eds., *Blackwell's 5-Minute Veterinary Consult. Canine and Feline*, 4th ed., pp. 1094–1095. Ames, IA: Blackwell Publishing.

Rosychuk RAW. 1995. Diseases of the claw and claw fold. In JD Bonagura, ed., *Kirk's Current Veterinary Therapy XII, Small Animal Practice.* pp. 641–647. Philadelphia: WB Saunders.

第56章 扩张型心肌病
Dilated Cardiomyopathy

Larry P. Tilley

概述

扩张型心肌病（dilated cardiomyopathy，DCM）是以严重的左心室和右心室扩张及心脏收缩机能不足，导致输入性（backward）（即肺脏水肿、胸腔积液及腹水）和输出性（forward）（心脏输出减少）心衰为特征的疾病。自从1987年发现牛磺酸缺乏显然是DCM的原因之后，通过在商用饲料中补充足量的牛磺酸，使得本病的发病率明显降低。日粮中能够补充牛磺酸时，如果心肌扩张是继发于牛磺酸缺乏，则可逆转病理变化。

目前大多数猫的DCM病例是继发于先天性疾病。暹罗猫、阿比西亚猫（Abyssinian）和缅甸猫据报道发病率较高。在有些猫的家族发现，本病的发生具有家族遗传性。只有排除了其他引起心肌衰弱的原因［如营养性或牛磺酸缺乏、长期的先天性或获得性左心室容量负荷过重（volume overload）、中毒、缺血或代谢诱导性心肌衰弱］后才能诊断出特发性DCM 。DCM可因继发于严重的左心室及右心室心室容量负荷过重及心肌收缩机能不足而导致心衰。查体时的典型异常包括股动脉脉搏微弱、心源性休克（cardiogenic shock）、呼吸音增强、心脏杂音、奔马律（gallop rhythms）、颈静脉膨胀或出现搏动或腹水等。

诊断

主要诊断

- 超声心动描记：典型所见包括严重的左心室及右心室扩张、左心房及右心房扩张、左心室收缩机能不足等，检查可发现由于左心房壁变薄，因此短轴缩短（reduced fractional shortening），见图56-1。
- 胸部X线拍片检查：可能会观察到中等到严重的心肌肥大、间质-肺泡纹理混合而不协调，出现斑块性混合型间质肺泡肺纹理（patchy mixed interstitial-alveolar pulmonary patterns）、肺静脉充血，见图56-2（A）和56-2（B）。

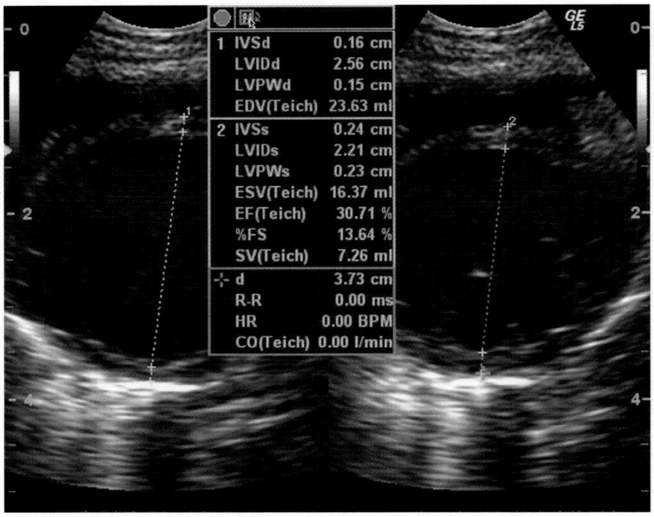

图56-1 左心室壁变薄，舒张时左心室直径增加和短轴缩短（fractional shortening），这些为扩张型心肌肥大的典型变化，所有这些变化均见于这个短轴超声心动图（图片由Gary D. Norsworthy博士提供）

- 心电图：可发现 R-波幅增加，说明左心室增大，心律不齐，如窦性心动过速、心房早搏（atrial premature complexes）及心室性心动过速、心律不齐（ventricular tachyarrhythmias）。

辅助诊断

- 牛磺酸分析：可见血浆及全血牛磺酸水平降低。血浆牛磺酸如果低于40nmol/L或全血牛磺酸浓度低于250nmol/L则说明水平较低，表明可能为牛磺酸缺乏性扩张型心肌肥大。
- 生化检查及尿液分析：在开始进行药物治疗之前必须要排除并发的肾脏及肝脏机能不全。
- 眼底检查（fundic examination）：可发现中央视网膜萎缩及其他牛磺酸缺乏所引起的变化。

诊断注意事项

- 发生DCM时腹水要比发生其他心肌病更为常见。
- 猫患有DCM时应排除甲亢，即使这种情况不太常见。

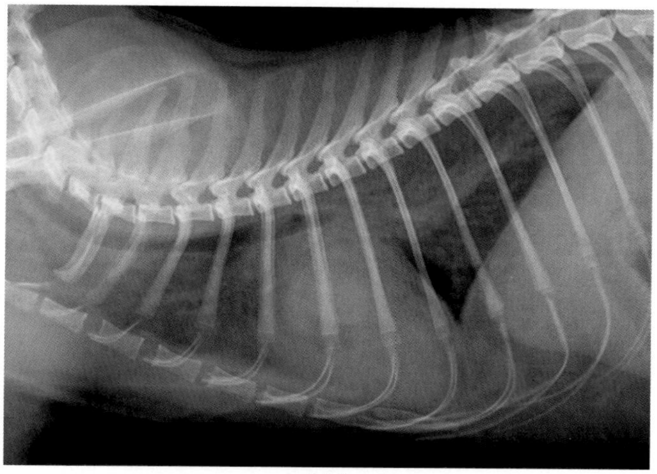

（A）

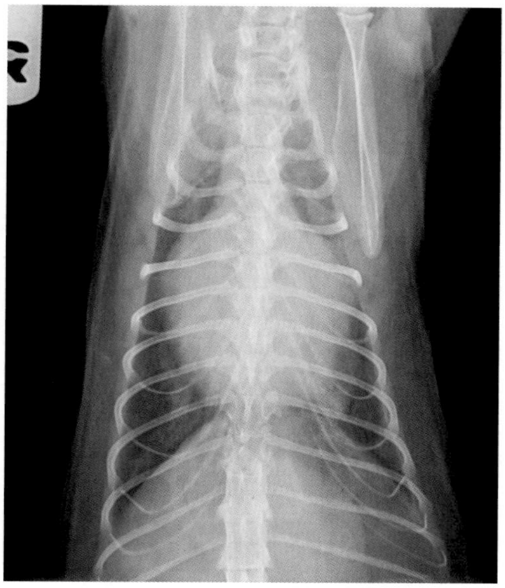

（B）

图56-2 图56-1中病猫伴随有肺水肿的心肌病的X线拍片检查，其表现为呼吸困难、发绀及体温降低。（A）侧面观；（B）背腹位观（图片由Gary D. Norsworthy博士提供）

- 患严重左心房肥大的猫更有可能形成血栓，导致血栓栓塞。

治疗

主要疗法

- 利尿疗法：速尿（furosemide），根据需要，剂量为1～4mg/kg q1h IV，或根据需要治疗肺水肿时为q2h IM。如果肺水肿得以解决，可继续用药以1～2mg/kg q12～24h PO治疗1～2周，之后如果仍需利尿，可减小剂量进一步治疗。
- 胸腔穿刺：如果胸腔积液，应考虑采用这种方法。
- 氧气：根据需要补充。
- 应激：提供低应激环境。
- 心包穿刺术（pericardiocentesis）：如果有明显的心包积液（罕见），则可采用这种方法治疗。

辅助疗法

- 扩张血管疗法：（a）在严重的急性充血性心衰时采用外用硝化甘油（topical nitroglycerin）［3～5mgq6～8h治疗24～36h］治疗；（b）血管紧张素转化酶抑制剂疗法（angiotensin-converting enzyme inhibitor therapy）［依那普利（enalapril），0.25～0.50mg/kg q24h PO或苯那普利（benazepril），0.2～0.5mg/kg q24h PO］。
- 正性心力作用药物（positive inotropic agents）：可考虑静脉注射药物如多巴酚丁胺（dobutamine）（每分钟0.5～2.0 μg/kg，静脉内注射），根据需要治疗心源性休克。
- 匹莫苯丹（pimobendan）：建议采用这种纤维扩血管药物（inodilator）以增强收缩及改进血管舒张。建议剂量为0.1～0.3mg/kg q12h PO。目前匹莫苯丹尚未在美国允许使用。
- 补充牛磺酸：用于补充血浆牛磺酸水平达到正常（60～120 μmol/L）。正常剂量为250～500mg q24h。
- 抗凝血：采用阿司匹林治疗（10mg/kg PO，每周2次）以防止可能会发生的血液凝固。有一项研究表明，猫在采用传统剂量的阿司匹林及低剂量阿司匹林（5mg q72h）治疗后生存时间及复发率之间没有明显差别。即使采用抗凝血治疗，血栓的复发率（43.5%）仍然很高。左心房增大的猫，特别是直径大于20mm时，发生大动脉血栓栓塞的风险最高。也可考虑采用其他抗血栓形成药物，如氯吡格雷（clopidogrel）［18.75mg（75mg片剂的1/4）］q24h PO；未进行分部处理的肝素（unfractionated heparin）（200 μg/kg q8h SC）；小分子量肝素（daltaperin）（100 μg/kg q12～24h SC）或依诺肝素（enoxaparin）（1mg/kg q12～24h SC）。
- 安体舒通（spironolactone）：可以低于利尿剂量将该药物用于治疗充血性心衰，剂量为0.5～1.0mg/kg q12～24h PO。

治疗注意事项

- 可采用强烈的利尿药物治疗，一直到呼吸窘迫结束，之后降低剂量以维持正常的呼吸速率（通常为每分钟少于40次）。
- 速尿的维持剂量通常为6.25mg q24h PO至12.5mg q8h PO。
- 如果存在明显的心包积液，在心包穿刺之前不能用利尿药物治疗。
- 只要超声心动图指标恢复到正常范围，就应停止补充牛磺酸，日粮中的牛磺酸就能满足需要。但在停止补充牛磺酸之后30～60d，应再次检查血清牛磺酸水平。

预后

牛磺酸缺乏诱导的猫 DCM 如果在补充牛磺酸后能耐受充血性心衰，则预后较好或良好。继发于特异性DCM的猫发生充血性心衰时预后较差，可生存1～3个月，因此应该稳定病情，但可能难以改变心衰的进展。近来有人采用血管紧张肽转变酶抑制因子及安体疏通治疗可延长生存时间。对最佳治疗方法仍需要进一步进行研究。

参考文献

DeFrancisco TC. 2003. Dilated Cardiomyopathy, Feline. In LP Tilley, FWK Smith, Jr., eds., *Blackwell's 5-Minute Veterinary Consult*, 4th ed., pp. 208–209. Ames, IA: Blackwell Publishing.

Kienle RD. 2001. Feline cardiomyopathy. In LP Tilley, FWK Smith, Jr., M Oyama, et al., eds., *Manual of Canine and Feline Cardiology*, 4th ed., pp. 161–163. St. Louis: Elsevier Saunders.

第57章

瘘道及包块病变

Draining Tracts and Nodules

Christine A. Rees

概述

结节（nodules）为小的局部性细胞聚集，形态上为圆形或不规则形。淋巴结可在皮肤上触摸到，感觉像绳结状或小块状。局部聚集的细胞可为肿瘤细胞、正常细胞的良性蓄积或与炎症或感染有关的细胞的聚集。

能发生溃疡及渗出的更为常见的皮肤肿瘤有鳞状细胞癌（squamous cell carcinoma，SCC）、皮肤淋巴瘤（cutaneous lymphoma）及肥大细胞瘤（mast cell tumor，MCT）。这些肿瘤都有其各自独特的特点，将分别在第130章、第135章和第203章讨论。黑色素瘤不常见，但可见于老龄猫，平均发病年龄为10～11岁，其发生没有性别或品种趋向。猫的黑色素瘤常常为单个发生的病变，更倾向于发生在头部（特别是在耳廓、眼睑及嘴唇）和颈部。黑色素瘤的边界及形状有很大差异（如息肉状、圆顶状及斑块状），颜色为棕色或黑色。猫发生黑色素瘤时常发生溃疡。皮肤淋巴瘤可发生于老龄猫，平均年龄为9～11岁，未见本病的发生有性别及品种趋向。这种肿瘤看起来与其他皮肤病变很相似，可孤立或呈多个结节或斑块状，可发生溃疡，有些溃疡可呈束状病变。皮肤淋巴瘤通常与猫白血病病毒（FeLV）的感染无关。

由于感染引起的皮下包块最常见继发于咬伤、创伤或刮伤。皮肤下的感染可导致发生蜂窝织炎或皮下脓肿，这些感染性包块如果发生肿大、局部疼痛、不适或一肢跛行或身体其他部位不适，则更有可能为咬伤感染。参见第21章。瘘道（draining tracts）通常继发于这些感染，但其他身体状况也可引发瘘道。对愈合不良及复发的皮下脓肿的鉴别应该包括非典型性细菌如马红球菌（*Rhodococcus equi*）、生长快速的分支杆菌（*Mycobacteria* spp.）、放线菌（*Actinomyces* spp.）、诺卡氏菌（*Nocardia* spp.）及全身机会性真菌如申克孢子丝菌（*Sporothrix schenckii*）、荚膜组织胞浆菌（*Histoplasma capsulatum*）或新型隐球菌（*Cryptococcus neoformans*）等引起的感染。引发瘘道的其他原因还包括肿瘤或免疫介导的疾病。

猫的包块及瘘道型病变可与潜在感染有关。脓肿可能是由于多杀性巴氏杆菌（*Pasturella multicocida*）、葡萄球菌（*Staphylococcus* spp.）、拟杆菌（*Bacteroides* spp.）、梭杆菌（*Fusobacterium* spp.）及消化链球菌（*Peptostreptococcus* spp.）等感染所引起。感染这些细菌的伤口在典型情况下可引流、冲洗及用适宜的抗生素治疗。

包块及瘘道型病变也可由高等细菌（higher bacteria）及真菌引起，这些微生物所引起的感染常常难以成功治疗。细菌性肉芽肿的临床症状各种各样，见图57-1。最常见的引起引流管的四种细菌为非典型性分支杆菌、诺卡氏菌、放线菌及L-型细菌，这些细菌的来源及引起的临床症状不同，因此将分别进行介绍。

非典型性分支杆菌（atypical mycobacteria）为抗酸性棒状机会性细菌，见于土壤和水（即水槽或池塘、游泳池、溪流、河流等），细菌可从小伤口进入，导致在皮下形成肉芽肿或结节性肿大（通常为多个，也可呈单个），开放后会发生引流，随着伤口变为慢性而出现溃疡及瘘管。虽然皮肤损伤可发生于身体各部，但最常见的损伤位点是在腹股沟及腰部，感染猫可表现为局部淋巴结肿大，感染区域疼痛。参见第144章和第282章。

放线菌也可引起包块及瘘道，这种细菌为口腔及肠道的革兰氏阳性非抗酸过氧化氢酶阳性纤丝状厌氧的共生机会性棒状菌，猫可经咬伤、异物或其他类型的穿入创引起感染，伤口部位可出现肿大、包块或瘘道。最常见的病变部位是在头部、颈部、腰椎旁及腹部。参见第4章。

诺卡氏菌为另外一种可引起包块而出现或不出现瘘道的细菌，这种细菌最常见于土壤，其传播方式包括伤口感染、吸入及摄入。诺卡氏菌感染后的临床特点与放线菌难以区别。参见第152章和第282章。

L-型细菌为部分缺少细胞壁的细菌，与支原体

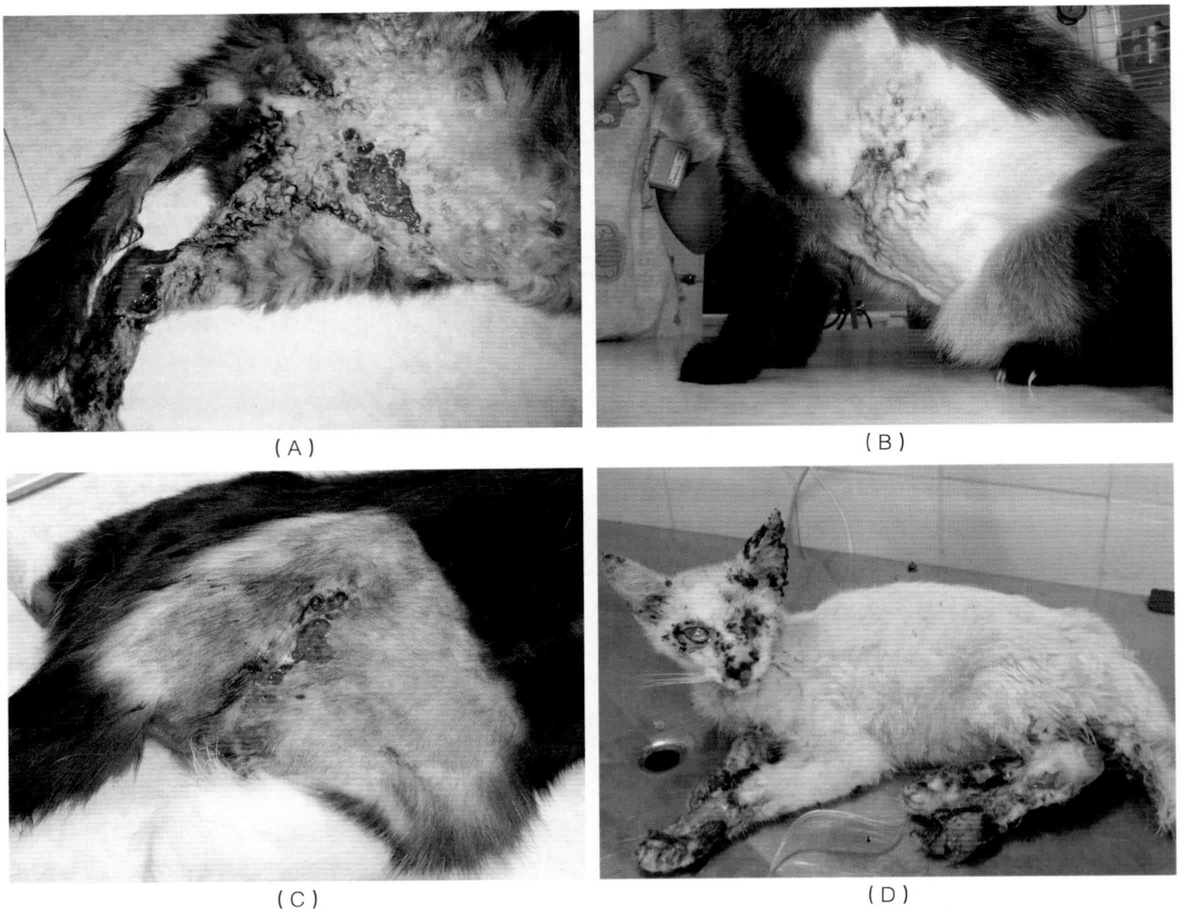

图57-1 皮下包块通常可形成瘘道，虽然部位不同，但均可在皮肤形成湿润及不规则的引流性病变。（A）分支杆菌引起的损伤；（B）放线菌引起的损伤；（C）诺卡氏菌引起的损伤；（D）扩散性孢子丝菌病（图片A、B及C由Gary D. Norsworthy博士提供，图片D由Vanessa Pimentel博士提供）

（*Mycoplasma* spp.）相似，猫感染这类细菌后通常发生脓肿及发热。此外，感染猫可表现沉郁，可出现一个或数个瘘道。关节周围区域最常感染。

猫可感染许多真菌，最常引起包块及瘘道的三种真菌为孢子丝菌（*Sporothrix*）、隐球菌（*Cryptococcus*）及组织胞浆菌（*Histoplasma*）。申克孢子丝菌（*S. schenckii*）为见于土壤和有机碎片的一种腐生真菌，这种真菌通过伤口进入体内，但在美国不常引起问题。这种真菌可引起脓肿、瘘道、蜂窝织炎、常结痂的包块（crusted nodules）、溃疡及组织坏死。最常见的感染部位为头部、四肢末梢及尾部，可见到嗜睡、沉郁、厌食及发热等全身症状。这种皮肤病具有动物传染性。如果怀疑发生孢子丝菌病（sporotrichosis），在处治病猫时应该戴上手套。参见第202章。

新型隐球菌（*Cryptococcus neoformis*）为一种腐生性酵母菌样真菌，与鸽子和鸟类的粪便关系密切，公猫的感染较多。阿比尼西亚猫和暹罗猫发生隐球菌感染的风险较高，感染后可表现各种临床症状，见有报道的包括上呼吸道、皮肤、中枢神经系统及眼睛的异常。最常见的皮肤病变为多个丘疹、包块、脓肿及瘘道。最常见的病变是在面部、耳廓及爪部。参见第43章。

组织胞浆菌病（histoplasmosis）由荚膜组织胞浆菌（*H. capsulatum*）引起，本菌为一种二形的腐生性土壤真菌，最常见于鸟类和蝙蝠的排泄物。组织胞浆菌病最常见于俄亥俄、密苏里和得克萨斯的密西西比河谷。感染组织胞浆菌病的猫大多数在4岁以下，最常见的临床症状包括厌食、发热、失重、黄疸、咳嗽、呼吸困难、眼睛疾病、胃肠疾病及皮肤病。皮肤病变为包块、溃疡、瘘道及丘疹，最常见的感染部位为面部、鼻子及耳廓，但也可发生于身体任何部位。参见第97章。

诊断

主要诊断

- 抗生素治疗：如果早期治疗或发生蜂窝织炎时，通常对适宜的抗生素治疗反应良好。如果进行推定诊断，可选用对多杀性巴氏杆菌或葡萄球菌有效的药物进行治疗。如果未进行培养及药敏试验，建议采用阿莫西林、阿莫西林克拉维酸或头孢菌素进行治疗。参见第21章。

- 引流：对怀疑的脓肿进行手术引流可确诊。
- 细胞学检查：穿刺进行细胞学检查有助于确定损伤是否为化脓性、脓性肉芽肿性（pyogranulomatous）、无菌性或败血性。需要采用特殊染色，如革兰氏染色或Brown-Brenn 染色来观察诺卡氏菌及放线菌。诺卡氏菌的外观呈纤细的棒状，以直角分支（即像汉字， Chinese letters）。细胞学检查时也可观察到真菌，在发生孢子丝菌病时，细胞学检查可观察到病原（在犬极为罕见）。孢子丝菌为多形酵母样真菌，外观为圆形、椭圆形或雪茄样，长2～10 μm。隐球菌除了较大（直径为2～20 μm）、芽基（budding base）狭窄及厚度不一的黏蛋白荚膜外与此类似。荚膜清晰，或具有一强烈的晕轮外观样。组织胞浆菌要小得多，直径 2～4 μm，圆形，具有嗜碱性中心及亮的晕轮。参见第289章。
- 培养：通常不需要进行细菌培养，但如果抗生素疗法难以奏效时建议进行细菌培养。建议进行需氧及厌氧菌培养。如果怀疑为非典型性分支杆菌、诺卡氏菌或放线菌感染时，由于这些微生物具有特殊的生长需氧，因此在采样前应咨询相关实验室。
- 组织病理学检查：对抗生素治疗没有反应或培养不能明显生长时，建议采取活组织样品，通过特殊染色进行组织病理学检查。怀疑的微生物包括真菌或抗酸微生物，鉴定诺卡氏菌的一种特殊染色方法为改良的Fite-Faraco抗酸染色。果莫里氏银染（Gomori' smethamine silver stain）可辅助鉴别出样品中放线菌50%的硫黄颗粒，也可用于鉴别真菌性微生物。申克孢子丝菌为多形酵母菌，圆形、椭圆形或雪茄状。迈尔黏蛋白卡红染色（Mayer' smucicarmine stain）可用于观察隐球菌的大荚膜。

辅助诊断

- 真菌血清学检查：真菌血清学检查可用于辅助其他诊断方法。参见第22章、第38章、第43章及第97章。
- 拟转录病毒血清学检查：对非愈合性或愈合不良伤口及引流管，建议采用FeLV抗原试验及猫免疫缺陷病毒（FIV）抗体试验。

治疗

主要疗法

- 抗菌药物疗法：如果主要的抗生素疗法不能获得成功，应根据培养结果及药敏试验选用合适的抗微生物药物进行治疗。在怀疑发生细菌感染，但尚无培养及药敏试验结果时，可根据以前的报道及对治疗的反应选用抗生素。据报道，对诺卡氏菌有效的抗生素包括磺胺类抗生素、阿奇霉素、丁胺卡那霉素、恩诺沙星、氯霉素、四环素及克拉霉素。使用磺胺类药物时应在猫的饲料中补充叶酸。放线菌通常对大剂量的青霉素有反应。其他治疗放线菌有效的抗生素包括克林霉素、红霉素、头孢菌素、氯霉素及四环素等。如有可能，非典型分支杆菌可用手术法消除或减小其体积（减积手术，debulked）。据报道，对非典型分支杆菌有效的抗生素包括强力霉素、恩诺沙星及氯法齐明（clofazimine）等。猫在皮肤恢复正常后（即没有可触摸到的包块或瘘道）仍应再治疗4～8周。
- 抗真菌疗法：抗真菌疗法依存在的真菌不同而不同。孢子丝菌病对碘化钾过饱和溶液具有很好的反应。隐球菌病对氟康唑及伊曲康唑具有良好的反应性，组织胞浆菌病也对两性霉素 B 、伊曲康唑及氟康唑有良好的反应性。参见第22章、第38章、第43章及第97章。

预后

咬伤及蜂窝织炎引起的脓肿预后较好，瘘道的预后依鉴别病原菌的能力、病原菌的致病性、感染的程度及持续时间及猫对特异性治疗的反应性而不同。高等细菌感染的预后谨慎。

参考文献

Scott DW, Miller WH, Griffin C. 2001. *Small animal dermatology*, 6th ed. Philadelphia: WB Saunders.

Greene CE. 2006. *Infectious diseases of the dog and cat*, 4th ed. Philadelphia: WB Saunders.

Love DN, Jones RF, Bailey M, et al. 1979. Isolation and characterization of bacteria from abscesses in the subcutis of cats. *J Med Microbio*. 12:207–212.

第58章
植物神经机能障碍
Dysautonomia

Karen M. Lovelace

概述

植物神经机能障碍（dysautonomia）也称为Key-Gaskell综合征（Key-Gaskell syndrome，巨食道综合征，病因尚不明确——译注），最初是1982年由Key和Gaskell在英国报道的，最早报道于欧洲，目前这种综合征在全球均有发生，但病例主要见于英国和斯堪的纳维亚半岛。在美国，本病主要流行于堪萨斯和密西西比，但在俄克拉何马、印第安纳及加利福尼亚也有报道。本病为一种罕见疾病，这种植物多神经病变在牛报道的病例发病率从20世纪80年代后开始降低。这种综合征的特点是弥散性神经机能异常，可影响5岁及其以下的猫，发病没有明显的性别倾向。本病在临床上突然开始，症状发展2～3d。罕见情况下，临床症状的开始需要1周或更长。临床症状通常没有特异性，如嗜睡、沉郁、厌食及罕见的发热。通常随后发生与胃肠道有关的症状，包括呕吐及返流、腹泻及便秘。呕吐后可继发肺脏吸入。其他症状还包括排尿困难、膀胱扩张、黏膜干燥、鼻子干燥、瞳孔散大及瞳孔反射降低、干性角膜结膜炎（keratoconjunctivitis sicca，KCS）、第三眼睑脱垂及咽下困难，对运动及应激无反应的心动过缓及失重（见图58-1）。不太常见的症状还有肛门张力丧失及轻度的姿势反应异常，特别是在后肢更为严重。

尚未发现猫的植物神经机能障碍的病例。本病的流行史使得研究人员对感染性或中毒性因素进行了研究。由于本病主要集中在英国和堪萨斯及密西西比，因此有人怀疑与环境因素有关。在患有本病的犬证明其存在神经节乙酰胆碱受体的自身抗体，但尚不清楚这一结果是否为本病的病理生理学原因或是其结果。曾在英国8只猫的一个小群落里患病猫的粪便、回肠内容物、血清及干燥的猫食中分离到了肉毒梭状芽孢杆菌（*Clostridium botulinum*）C型神经毒素，但对确切的原因还不清楚。

图58-1　该猫表现典型的自主神经机能障碍的症状，包括瞳孔放大、羞明、瞬膜脱垂及口腔干燥，干燥而生表皮的鼻腔分泌物（图片由Andrew Sparkes博士提供）

诊断

主要诊断

- 临床症状：临床症状主要包括呕吐、腹泻、便秘、肠阻塞、GI运动降低、干性角膜结膜炎、瞳孔光反射降低的瞳孔散大、第三眼睑脱垂、失重、排尿困难或尿滴淋、膀胱扩张以及可能还有心动过缓、肛门括约肌松弛或脊髓反射降低或消失等，出现这些症状时应怀疑发生了植物神经机能障碍异常。
- 毛果芸香碱试验（pilocarpine test）：去虹膜肌神经（denervation of the iris muscle）可使其对胆碱类药物超敏感。在正常动物，采用稀释的（0.05%～0.1%）毛果芸香碱溶液可引起瞳孔缩小（eventual miosis）（大约30min内）。有症状的动物可表现为快速的视乳头收缩（papillary constriction）。
- 泪液分泌试验（Schirmer tear test）：患病猫明显降低，眼泪的产生＜5mm/min。
- 皮肤丘疹及潮红试验（wheal and flare test）：组胺浓度为1：1000，皮内给药，同时在旁边用盐水进行对照。正常动物在数分钟内会出现皮肤丘疹和潮红，病猫不出现反应或只出现轻微的皮肤丘疹而无潮红。

- 阿托品刺激试验（atropine challenge test）：阿托品（0.04mg/kg SC）用药后可引起正常动物发生心动过速，患有植物神经机能障碍的猫心率不增加。

辅助诊断

- X线拍片检查：巨食道症（megaesophagus）（有或无吸入性肺炎）、膀胱扩张、普遍性肠阻塞及钡餐灌入后通过时间延缓或胃肠清空时间延缓均可支持植物神经机能障碍的诊断。
- 酶联免疫吸附测定（ELISA）：可采集粪便用ELISA检查免疫球蛋白，诊断是否最近接触肉毒梭状芽孢杆菌C型神经毒素。
- 组织病理学检查：可采用组织样品，检查是否有交感神经及副交感神经神经节轴突或神经细胞体的变性病变。建议采集多种样品。

诊断注意事项

- 可测定血压验证诊断，但这些方法在病猫危险，难以施行或不可靠，因此日常不用。
- 堪萨斯、密西西比及英国发生的植物神经机能障碍应怀疑为植物神经机能障碍。
- 植物神经机能障碍的病例没有完全一致的临床病理变化。

治疗

主要疗法

- 支持疗法：对本病的治疗在很大程度上是支持性的，其主要目的是支持身体机能的恢复。应根据症状采用不同的支持疗法。
- 胃复安（metoclopramide）：胃复安（0.5mg/kg q8h SC或PO）可促进乙酰胆碱在毒蕈碱受体的活性。西沙必利（每只猫2.5～5.0mg q8~12h PO）在改进胃肠道活动及胃的清空中也有作用。
- 甲酰胺甲基胆碱（bethanechol）：甲酰胺甲基胆碱（1.25～5.0mg/kg q8h PO）可用于刺激膀胱收缩及刺激胃和小肠活动。
- 毛果芸香碱：毛果芸香碱1% 滴眼液可用于刺激流泪及唾液分泌，可改进瞳孔放大。
- 人工泪液（artificial tears）：人工泪液或含有羟丙基甲基纤维素（hydroxymethyl cellulose）的药物可用于防止角膜溃疡及改进猫的舒适程度。

辅助疗法

- 经常用手刺激膀胱或间歇性地插入膀胱导管有助于维持膀胱排空。尿液培养及抗生素可用于防止及治疗尿路感染。
- 在发生巨食道症时，如果怀疑发生了吸入性肺炎，应采用抗生素进行治疗。

治疗注意事项

- 毒蕈碱受体的药理学作用可能为暂时性的。

预后

自主神经机能障碍预后较差，通常会持续出现临床症状。不到25%的病猫能生存，能生存的猫通常需要1年以上的时间恢复。

参考文献

Ettinger SJ. 2005. Peripheral Nerve Disorders. In SJ Ettinger, EC Feldman, eds., *Textbook of Veterinary Internal Medicine*, 6th ed. p. 899. St. Louis: Saunders.

Kidder AC, Johannes C, O'Brien DP, et al. 2008. Feline dysautonomia in the Midwestern United States: A retrospective study of nine cases. *J Fel Med Surg.* 10(2):130–136.

Nunn F, Cave TA, Knottenbelt C, et al. 2004. Association between Key-Gaskell Syndrome and infection by *Clostridium botulinum* Type C/D. *Vet Rec.* 155:111–115.

第59章

呼吸困难

Dyspnea

Gary D. Norsworthy

概述

呼吸困难（dyspnea）是指难以呼吸，这一术语常用于描述呼吸频促（polypnea， tachypnea），而呼吸频促是指呼吸快速，在猫要比真正的呼吸困难更为常见。虽然猫的正常呼吸频率为20～60次/min，但超过50次/min时可怀疑发生了疾病。引起呼吸困难的原因很多，可根据其发病机制中受影响的呼吸系统进行分类。

本病的临床症状差别很大，是由发生异常的部位决定的，包括喘息、腹壁收缩增加、鼻翼煽动（nasal flaring）、颈部伸直、肘部外展（elbow abduction）、鼻腔鼾声、上部气道喘鸣（upper airway stridor）、咳嗽、呼气喘息（expiratory wheezing）、肺泡音（pulmonary crackles）及高热（hyperthermia）等。

由于许多呼吸困难的猫极为脆弱，因此护理及检查必须要迅速而小心。

诊断

鉴别诊断

引起呼吸困难的疾病及分类列于表59–1 。

主要诊断

- 黏膜及舌的颜色： 如果颜色发绀或苍白则说明存在呼吸窘迫，表明在考虑进一步检查之前应采取紧急治疗。
- 听诊：应检查呼吸的频率及深度。也应检查肺脏和心脏音。
- X线拍片：最有意义的诊断方法是一套高解析度的胸腔X线拍片，最好包括颈部或头颅，但在危及情况下通常没有必要。由于呼吸困难的猫常存在胸腔积液，因此应检查是否有这种情况。如果可能发生上部气道障碍时应进行头部的X线拍片检查。
- 胸腔穿刺：胸腔穿刺可确定是否存在空气或液体，最常见的变化包括呼吸音不清（dull lungsounds）、杂音、心动过速及心音加强。
- 胸膜液体分析：如果能从胸膜腔回收到液体，则至少应进行下列试验：（a）总蛋白含量或相对密度；（b） 白细胞计数；（c）细胞学检查。如果细胞学检查时发现细菌，则应进行需氧及厌氧培养。参见第171章和第288章。

辅助诊断

- 喉镜检查（laryngopharyngoscopy）：可用喉镜或内

表59–1 呼吸困难原因的分类

缺氧	贫血
	高铁血红蛋白症
	中枢神经系统疾病及休克
	充血性心衰
上呼吸道疾病	喉麻痹或阻塞
	阻塞性鼻炎
	鼻腔通气管阻塞
	鼻咽肿块或狭窄
	气管阻塞、塌陷或压迫
	吸入刺激物
下呼吸道疾病	肺水肿（即心脏或肺脏疾病）
	肺炎（即病毒性、真菌性、异物性或寄生虫性）
	肺脏创伤（即挫伤、扭转或囊肿）
	胸壁创伤［即开放性气胸或胸壁浮动范围（flail segment）］
	犬心丝虫病或犬心丝虫相关呼吸疾病
	支气管哮喘
	肺气肿
	肺脏肿瘤（原发性或转移性）
	由于肥胖、腹水或腹腔器官肿大而压迫肺脏
	肺脏血栓栓塞
胸膜腔疾病	乳糜胸（原发性或继发性）
	化脓性胸膜炎
	胸腔积血［即创伤、凝血紊乱（coagulopathy）、出血性疾病或扭转］
	气胸（即创伤、寄生虫或医源性）
	膈疝（即创伤性或先天性）
	肿瘤（即淋巴肉瘤、间皮瘤、胸腺瘤或肺脏肿瘤）
	胸膜积水（即心源性、心包疾病、纵隔肿块、猫传染性腹膜炎、膈疝或肺叶扭转）

镜观察喉咽部是否有肿块或其他气道阻塞，可观察喉头的机能。参见第126章。

- 鼻咽镜检查（nasopharyngoscopy）：直径2mm以下能弯曲160° 以上的内镜可从口腔插入翻转到鼻咽部，观察是否有肿块、狭窄及分泌物。
- 腹腔造影（celiogram）：如果怀疑发生膈疝，但胸腔X线检查不能确定诊断，可将5mL静脉内造影剂注射到腹腔，观察其能否扩散到胸腔（见图59-1）。
- 猫白血病病毒（FeLV）抗原试验：如果细胞学检查表明为淋巴瘤，则可采用这种方法，虽然不能确定为这种疾病，但可表明其是否处于感染状态。
- 血常规（CBC）：支气管哮喘及犬心丝虫病时有时可观察到嗜酸性粒细胞增多症。
- 犬心丝虫抗体及抗原试验：这些试验对确定诊断有用，但假阴性率高。如果怀疑犬心丝虫时建议采用其他试验，这些试验为阴性。参见第88章。
- 支气管肺泡灌洗及经气管冲洗（bronchoalveolar lavage and transtracheal wash）：有助于确定是否存在哮喘、寄生虫及肺炎。
- 超声波心动图：如果怀疑发生心脏病、犬心丝虫病或胸内肿块时应进行这项检查。
- 冠状病毒效价测定（corona virus titer）：怀疑发生猫传染性腹膜炎（FIP）时应进行这项检查。结果的解释参见第76章。

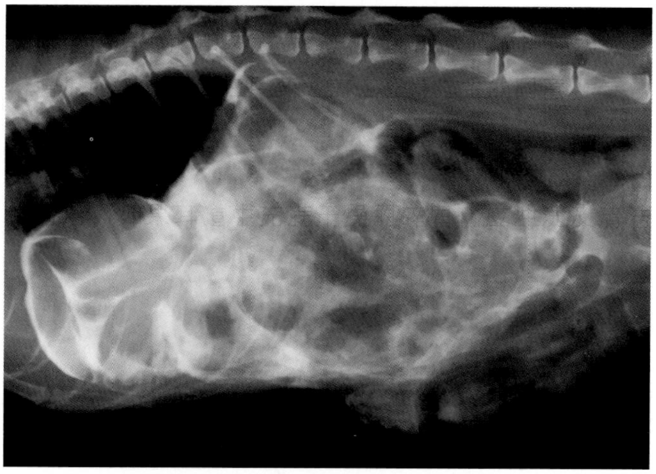

图59-1 为了证实是否有膈疝的存在，可注射5 mL 造影剂到腹腔（腹腔造影，celiogram）。如果造影剂可通过疝渗入胸腔，则说明存在膈疝。注意膈线不完整。在进行X线拍片检查之前，小心抬高猫的后躯，以促进造影剂的渗入

诊断注意事项

- 由于猫的情况危急或由于费用限制，难以进行X线拍片检查时，可通过胸腔穿刺除去液体或气体以使病情稳定；如果能获得液体，可对其进行分析。
- 在4kg的猫，X线拍片能够检查到的胸腔积液至少要达到50mL，但如此体格的猫胸腔积液可达150mL而不表现明显的呼吸困难。
- 重要是应区分呼吸窘迫是否与吸气或呼气关系更为密切。呼气性呼吸困难（expiratory dyspnea）（呼气延长或难以呼气）通常与后段气道疾病有关，而吸气性呼吸窘迫（inspiratory distress）（吸气延长或难以吸气）则更有可能与上段气道或胸膜腔疾病有关。

治疗

主要疗法

- 氧气：将猫置于氧气箱或氧气罩可挽救猫的生命。
- 猫笼限制活动（cage confinement）：如果没有氧气箱，可将猫置于远离犬或其他猫的视线或声音范围，有助于稳定病情，这种限制措施在采用各种诊断方法之间可能是必需的。
- 胸腔穿刺：抽出60mL空气或液体可稳定病情，常常可抽出200mL 。
- 体温：呼吸困难的猫易于发生高热，因此应密切监测体温的变化，采用适宜的方法维持体温正常。

辅助疗法

- 急诊治疗：采用下列三种药物治疗可挽救患有心衰、犬心丝虫病或严重支气管哮喘的猫的生命。每种药物的一次剂量对患任何类型引起呼吸困难疾病的猫没有害处，在猫呼吸困难极为严重，诊断可能会致命时可这种治疗方法。
- 速尿：3mg/kg一次静脉内剂量，使用禁忌证包括脱水和肾衰。如果静脉内用药不可行，如有可能可采用肌注。
- 皮质类固醇：一次短效类固醇剂量［即1mg/kg地塞米松（dexamethasone sodium phosphate）］对支气管哮喘、犬心丝虫病及喉水肿的猫具有帮助作用。由于支气管哮喘时猫可能会继发细菌性肺炎，因此在抗生素治疗之前不应重复使用甾体激素。
- 硝酸甘油：外用2～4mg（将约0.6cm药膏用于耳廓

侧）。使用这种药物时应戴手套。

治疗注意事项

- 插入导管应激太大时静脉内液体注射应小心或停止。液体过多对患有肺水肿或其他严重肺脏疾病的猫可能会致死。
- 呼吸困难的猫在腹背面或侧卧时呼吸窘迫可能会加重，因此应使猫背腹位卧下。
- 气道阻塞危及生命时，应采用插管或暂时性气管造口术。
- 吸出100mL腹腔液体可有助于缓解对膈肌的压力及有助于呼吸。
- 手术修复创伤性膈疝。在有些情况下，如果手术在12～24h后进行，猫的生存较好。参见第 53 章。

预后

预后依救治时的状况、对急诊治疗的反应及原发性疾病的不同而不同。

参考文献

Hopper K. 2007. Dyspnea, tachypnea, and panting. In LP Tilley, FWK Smith, Jr., eds., *Blackwell's 5-Minute Veterinary Consult*, 4th ed., pp. 402–403. Ames, IA: Blackwell Publishing.

Mason RA, Rand J. 2006. Cat with lower respiratory tract or cardiac signs. In J Rand, ed., *Problem-Based Feline Medicine*, pp. 47–69. Philadelphia: Elsevier Saunders.

第60章 难产

Dystocia

Gary D. Norsworthy

概述

难产（dystocia）是指分娩发生困难，其原因可基本分为母体性及胎儿性两类。分娩包括三个阶段：（a）子宫开始收缩及子宫颈扩张；（b）胎儿产出（持续 4 ～ 24 h）；（c）胎膜排出。难产发生于分娩过程的第二阶段，但在多胎时，第二及第三阶段之间可发生变化，因此可出现间断性难产。

诊断

鉴别诊断

诊断难产时必须要考虑多种疾病，见表 60-1。

表60-1　难产的原因

母体性	老年病
	分娩或临近分娩时环境突然改变
	肥胖
	由于旧的骨折或其他异常导致产道狭窄
	宫颈扩张不足
	子宫迟缓
	低血钙
	低血糖
	催产素产生不足
	胎盘炎、子宫内膜炎
	腹压无效（ineffective abdominal pressure）
	耗竭
	膈疝
	慢性或急性疼痛
	恐惧
	子宫捻转
	子宫破裂
	子宫肿瘤
	阴道顶部异常
	狭窄
	囊肿或肿瘤
	阴道开口小或狭窄
	异位妊娠
胎儿性	胎儿过大（特别是每窝只产一两个胎儿时）
	胎儿头部过大（特别是短头品种）
	胎儿死亡
	胎儿形态异常
	产道中胎向、胎位及胎势异常

主要诊断

- 临床症状：如果发生以下现象，则应怀疑发生了难产：（a）排出绿色-黑色分泌物（子宫绿素，uteroverdin）与胎儿产出之间的时间超过了2h；（b）弗格森（Ferguson）反射（轻轻刺激阴道背壁）减弱或缺失；（c）腹壁连续强烈收缩超过30min而不能产出胎儿；（d）腹壁间歇性收缩超过4h而不能产出胎儿；（e）连续收缩超过10min，而胎儿仍在产道内；（f）产出两个胎儿之间的时间超过2h；（g）腹壁收缩时母猫鸣叫并舔闻阴门；（h）在第二产程时发生急性沉郁（通常与子宫破裂有关）；（i）阴道新鲜出血持续时间超过10min；（j）从配种之日开始计算，妊娠期超过68d。
- 触诊：这是最不准确的方法，但可对胎儿体格大小作出评判。
- X线拍片检查：可判断胎儿体格大小、胎儿数量及胎位。在有些情况下，如果子宫内有气体或者胎儿颅骨塌陷或者其他骨头的位置出现异常，则说明发生了胎儿死亡（见图60-1）。也可判断产道的大小与形状（见图60-2）。

辅助诊断

- 超声检查：观察胎儿的运动及心脏收缩可以最为准确

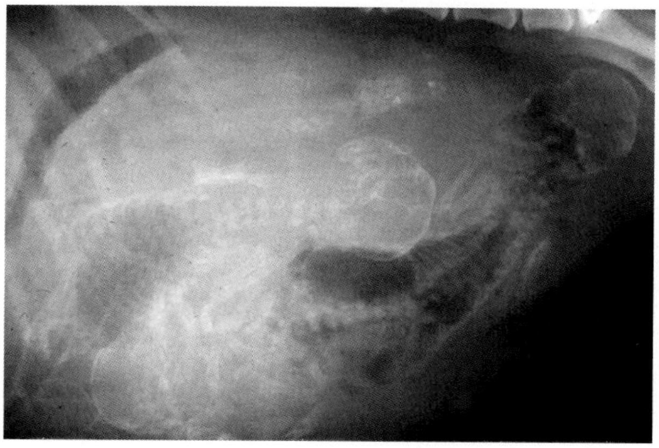

图60-1　临产时子宫内气体是胎儿死亡的迹象

地判断胎儿活力。如果胎儿心率超过每分钟小于195次或大于260次，则可判断为胎儿应激。也可采用这种诊断方法确定子宫乏力时对催产素疗法的反应。

诊断注意事项

- 采用X线拍片及超声检查时常常低估胎儿大小。两种方法中X线拍片更为准确。

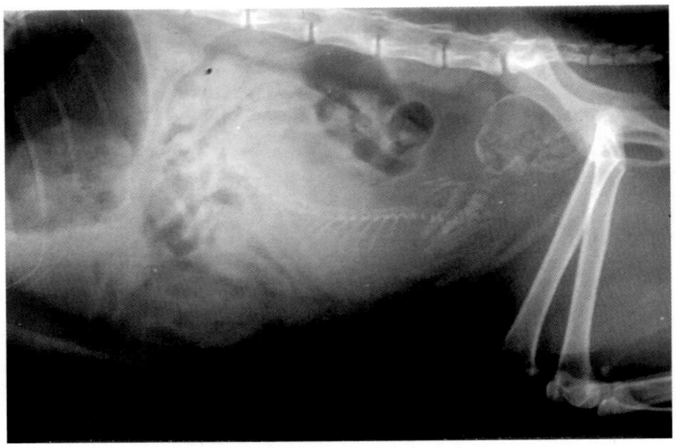

图60-2　胎儿头部直径超过骨盆腔直径时可发生头部嵌顿，可立即施行剖宫产以挽救胎儿性命

治疗

主要疗法

- 钙：低血钙时可采用10%葡萄糖酸钙［0.5~1.5mL/kg（5~15mg/kg）或0.5~1.0mL，缓慢IV］，同时监测是否有心律不齐，特别是心动过缓。
- 催产素：以0.5~5.0U IM q20~30min的剂量连续注射2～3次。不建议采用其他剂量，胎儿产出60min以后可以重复用药。
- 剖宫产：发生下列情况时可采用手术方法除去胎儿：（a）催产素及钙治疗无效；（b）存在子宫疾病（即宫缩乏力、子宫捻转或子宫破裂）；（c）骨盆与胎儿大小相比限制了胎儿通过。建议在手术前用药，包括胃长宁（glycopyrrolate）（10μg/kg IM）或阿托品（0.04mg/kg IM）。胎儿心动过缓时建议使用阿托品。对母猫和胎儿而言，建议使用能快速排出的麻醉剂[诱导麻醉采用异丙嗪（propofol）（4～6mg/kg IV），维持麻醉采用七氟烷（sevoflurane）或异氟烷（isoflurane）。

治疗注意事项

- 对母猫和仔猫而言，剖宫产可挽救其生命，因此不应无必要地延误进行手术。
- 母猫能自主控制分娩，因此环境应激可延长或延缓分娩的开始。

预后

如能及时进行药物和手术干预，则对母猫和仔猫的预后均良好。

参考文献

Johnson SD, Root Kustritz MV, Olson PNS. 2001. Female parturition. In SD Johnson, MVR Kustritz, PNS Olson, eds., *Canine and Feline Theriogenology*, 2nd ed., pp. 431–437. Philadelphia: WB Saunders.

Lopate C, Archbald LF. Dystocia. In LP Tilley, FWK Smith, Jr., eds., *Blackwell's 5-Minute Veterinary Consult*, 4th ed., pp. 404–405. Ames, IA: Blackwell Publishing.

第61章
排尿困难、尿频及痛性尿淋漓
Dysuria，Pollakiuria and Stranguria

Gary D. Norsworthy

概述

下泌尿道疾病（即膀胱和尿道）在公猫及母猫均很常见，其基本的机制是膀胱壁损伤及对膀胱或尿道的感觉神经末端的刺激，两者均可导致对尿流的阻抗增加或下泌尿道疼痛或炎症。病猫表现为排尿困难（dysuria）（difficulty urinating）、尿频（pollakiuria）（少量排尿，但排尿频率增加）及痛性尿淋漓（stranguria）（缓慢而疼痛性排尿，尿液流出细小）。这些症状常常伴随有血尿（hematuria）或尿出猫沙盆外（不当排尿，inappropriate urination）。这些症状可存在于不同的疾病状态，也并非是任何疾病所特有的症状，这是因为任何原因引起的尿路疾病均可表现一定程度的临床症状，因此，存在这种症状时并不能立即得出诊断而只能是鉴别诊断（diagnostic workup）。多尿症（polyuria）及尿喷涂或标记（urinespraying or marking）所产生的行为可使某些猫主误认为是发生了排尿困难。

明显可见的膀胱脐尿管憩室（vesicourachal diverticula）也与排尿困难及尿频有关，但一般认为这是疾病的后果而不是原因。

鉴别诊断包括：

- 猫特发性（无菌性）膀胱炎［feline idiopathic（sterile）cystitis］；
- 细菌性或真菌性膀胱炎；
- 尿道阻塞（urethral obstruction）；
- 尿结石（urolithiasis）（膀胱或尿道）；
- 膀胱或尿道肿瘤（良性或新生性）（见图61-1）；
- 膀胱颈部或尿道软组织狭窄（见图61-2）；
- 神经性膀胱机能障碍（neurogenic bladder）；
- 环磷酰胺性膀胱炎（cyclophosphamide cystitis）；
- 尿道炎症或狭窄；
- 创伤性膀胱炎或尿道炎；
- 医源性膀胱或尿道损伤［插管、触诊、反向冲洗、尿路冲洗术（urohydropropulsion）、等］（见图61-3）；
- 正常公猫的前列腺炎。

应注意的是，猫主可能会根据猫沙盆中的位置而混淆便秘和排尿困难，因此应对便秘进行鉴别诊断。参见第40章。

诊断

主要诊断

- 尿液分析：应注意是否存在结晶，并注意其类型和数量。分析用样品最好采用22号针头通过膀胱穿刺采集，但这种采样方法可能会引发或加重血尿，尤其是在膀胱发生炎症时。
- 膀胱超声检查：可在膀胱、肾脏及有时在尿道检查到尿结石，膀胱肿块也易于检查到（见图61-1、图292-60、图292-72及图292-75至图292-78）。
- 膀胱及尿道X线检查筛查：X线拍片检查时可见到不透光的肾脏、输尿管、膀胱及尿道尿结石。参见第222章。
- 尿液培养：8岁以下的猫细菌性膀胱炎不太常见；8岁以下的猫发生膀胱炎时只有不到2%的病例尿液培养呈阳性结果。10岁及以上的猫发生排尿困难时可进行尿液培养，有些猫的尿沉渣在进行尿液培养时可发现细菌。

辅助诊断

- 膀胱双对照X线拍片检查：探查性检查时不能透过射线的尿结石可采用这种方法检查到，超声检查时也可发现这种结石（见图292-76）。
- 阳性尿道造影照片（positive urethrogram）：由于软组织损伤或尿结石引起的尿道狭窄常常可采用这种方法检查到（见图61-2、图61-3和图292-80）。
- 膀胱内镜检查及活检：这种诊断方法有助于在怀疑发生肿瘤时的检查，但由于设备的限制使得这种方法的

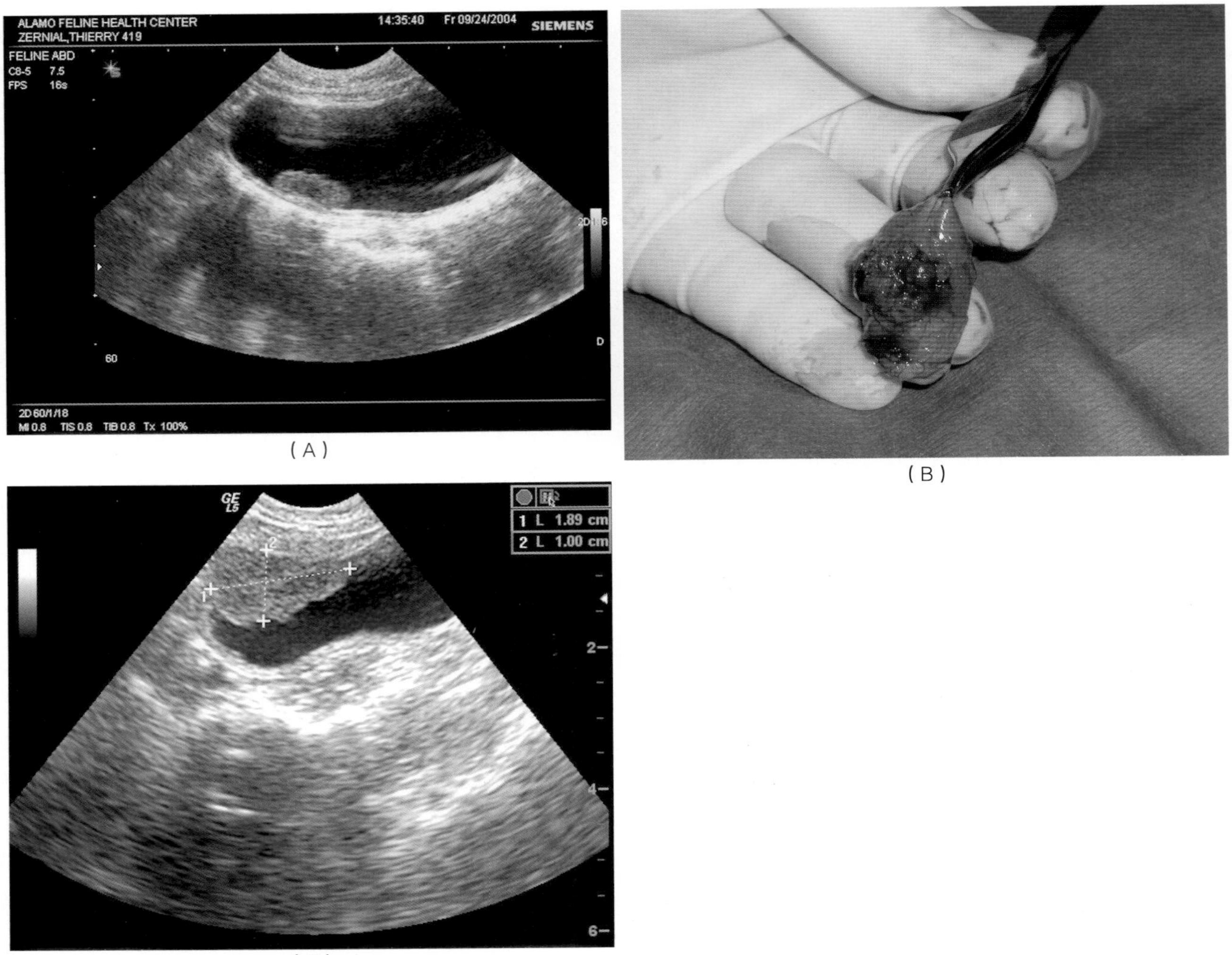

（A）　（B）　（C）

图61-1　（A）在膀胱横断面上可观察到肿块附着于背部，猫因血尿及排尿困难而就诊。（B）切开后的肿块，经过组织学鉴定为移行细胞癌（transitional cell carcinoma，TCC）。（C）另一移行细胞癌呈肿块状附着于膀胱的前腹壁。与犬不同，猫的TCC通常不发生于膀胱颈

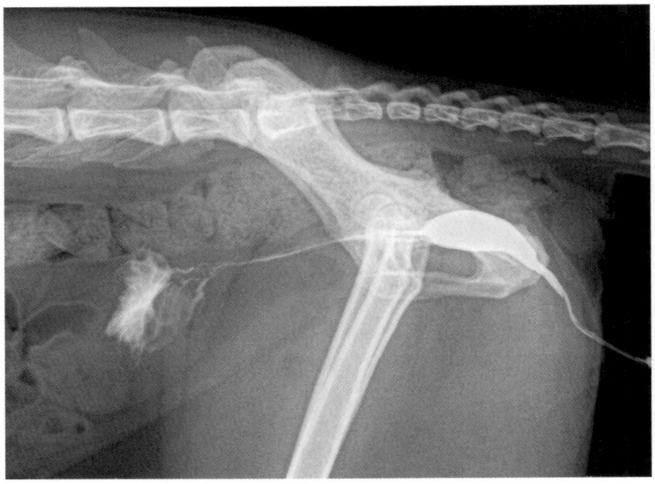

图61-2　发生多处尿路阻塞。重复插管导致狭窄，这可从这张逆行性尿路造影（retrograde urethrogram）中观察到

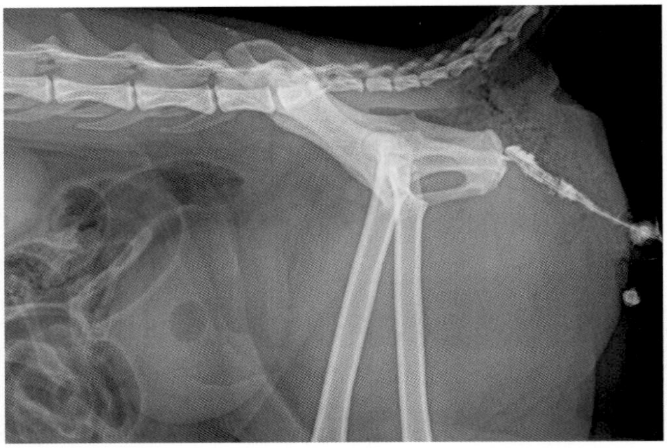

图61-3　由于草酸钙导致的尿路阻塞。过度试图插管导致尿路裂伤，进一步加重了阻塞，这可在这张逆行性尿路造影中观察到。膀胱中充盈缺损的为气泡

应用价值受限。

诊断注意事项

- 尿液培养时检查到的细菌可能来自于肾脏。青年猫的肾盂肾炎（pyelonephritis）发病率可能比细菌性膀胱炎更高。
- 猫特发性膀胱炎（feline idiopathic cystitis）是最常见的排尿困难及尿频的原因。虽然这是一种排除诊断法，但这种疾病只要不导致尿道阻塞，一般不会危及生命，而且在大多数为持续7～14d的自限性疾病。因此在临床实践中通常单独根据临床症状进行诊断，可一直到症状持续超过14d后再仔细进行检查。参见第74章。
- 触诊检查扩张的膀胱时应小心，触诊时指部用力过度可引起膀胱破裂。
- 对第一次发生排尿困难的青年猫应该做的基础检查包括尿液分析及膀胱超声检查。如果是10岁以上，应增加尿液培养。

治疗

主要疗法

- 解决排尿困难及尿频的关键是诊断及治疗潜在疾病。

辅助疗法

- 研究发现多种药物能缓解排尿困难的症状，包括解痉药物黄酮哌酯（flavoxate）和丹曲林（dantrolene）；抗炎药物阿米替林（amitriptyline）、Dasuquin®（Nutramax Laboratories，Edgewood，MD）及美洛昔康（meloxicam）；孕激素类药物醋酸甲地孕酮（megestrol acetate）；治疗移行细胞癌的吡罗昔康（piroxicam）；以及治疗急性尿失禁（urge incontinence）的丙胺太林（propantheline）、托特罗定（tolterodine）及奥昔布宁（oxybutynin）等。特发性膀胱炎的自限性使得对这些药物的效果进行评价很困难。参见第74章。

预后

预后取决于潜在疾病。引起排尿困难和尿频的常见疾病大多数预后较好。

参考文献

Filippich LJ. 2006. Cat with Urinary Tract Signs. In J Rand, ed., *Problem-Based Feline Medicine*, pp. 173–192. Philadelphia: Elsevier Saunders.

Kruger JM, Osborne CA. 2007. Dysuria and Pollakiuria. In LP Tilley, FWK Smith, Jr., eds., *Blackwell's 5-Minute Veterinary Consult*, 4th ed., pp. 406–407. Ames, IA: Blackwell Publishing.

Westrop JL, Buffington CA, Chew D. 2005. Feline Lower Urinary Tract Diseases. In SJ Ettinger, EC Feldman, eds., *Textbook of Veterinary Internal Medicine*, 6th ed., pp 1828–1850. St. Louis: Elsevier Saunders.

第62章 耳螨 Ear Mites

Sharon Fooshee Grace

概述

耳螨（otoacariasis）是由犬耳螨（*Otodectes cynotis*）侵袭所引起，常见于猫。猫外耳炎（feline otitis externa）至少一半以上是由其引起的。仔猫常常因与母猫或其他感染仔猫的接触而感染发病。病原为高度传染性的螨类，其生活于皮肤表面，无钻洞行为，刺激耳朵的耵聍腺，引起耳道充满耵聍、血液及螨类排泄物。随着螨类采食宿主的表皮残渣及组织液，猫接触螨的唾液腺抗原，有些猫最后发生致敏。在一项研究中发现，随机观察的猫在接触螨抗原后出现皮肤小肿块及潮红反应（wheal and flare reactions）（Ⅰ型过敏症）和阿图斯（Arthus）型反应（Ⅲ型过敏反应）（局部过敏坏死现象——译注）。致敏的猫虽然仅染有少量的螨，可发生广泛性的耳部瘙痒，但在健康正常猫，其免疫系统正常能够限制侵染的严重程度。

螨不具有宿主特异性，而且由于人偶尔可发生感染，因此必须要清楚的是犬耳螨（*O. cynotis*）可能为一种动物传染性外寄生虫。

如果检查发现褐色或黑色的耳分泌物，猫表现摇头及耳有抓伤，则高度提示有本病发生（见图62-1）。

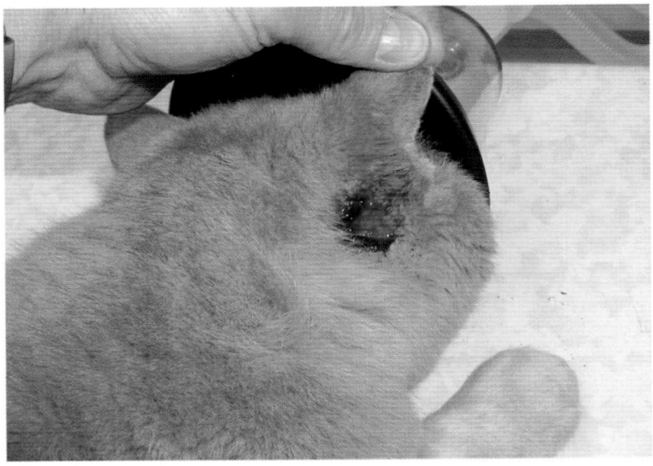

图62-1 耳螨可引起外耳道剧烈瘙痒，引起抓伤，导致耳廓后出现创面（图片由Gary D. Norsworthy博士提供）

有些猫有大量的耳碎屑但不表现明显的症状。异位螨（ectopoc mites）可定植于耳部周围、颈部、臀部及尾部周围区域。过敏的猫可对螨发生反应出现粟状或嗜酸性粒细胞性肉芽肿复合体损伤，而且由于头颈部的广泛性瘙痒可发生自损伤性行为，可由这种损伤造成耳部血肿（见图62-2）。

耳螨病的鉴别诊断应该包括跳蚤过敏反应、食物过敏、特异性反应（atopy）、疥疮、猫蠕螨病（otodemodicosis）（猫蠕螨，*Demodex cati*）、虱病（pediculosis）及恙螨（chiggers）。

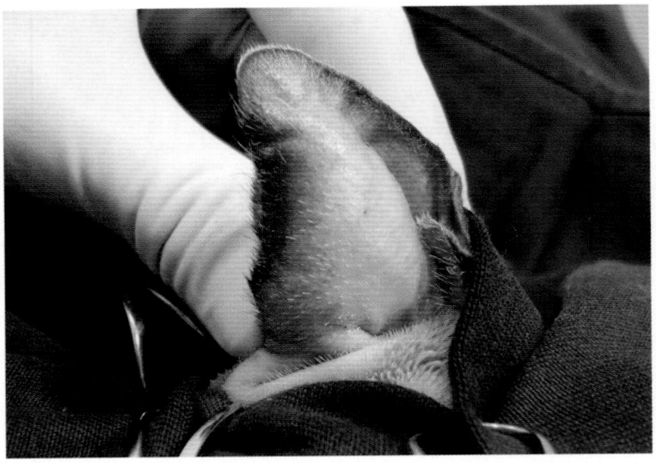

图62-2 摇头引起的扇动可引起耳部发生血肿（图片由Gary D. Norsworthy博士提供）

诊断

主要诊断

- 临床症状：临床症状见“概述”。
- 耳部检查：白色的耳螨可对耳镜检查时光的温暖发生反应而出现可见到的移动。虽然与其他螨相比耳螨较大，但如不放大则在耳道中通常观察不到。应彻底检查耳道，应检查鼓膜是否完整。
- 细胞学检查：可将耳道的碎屑用棉拭子在两个玻片上滚动，第一个玻片上滴入2～3滴矿物油，镜检［（4×）或（10×）］时可发现螨在油中泳动，有时可见到螨卵，即使未见到成年螨时也能观察到卵。第二张玻片可用改良瑞氏染色以确定是否有真菌或细菌存在。

诊断注意事项

- 虽然有些猫对耳螨的存在会发生强烈反应，但有些猫则不表现症状。
- 耳道分泌物颜色发暗也常见于酵母菌感染，因此需要采用细胞学方法区分耳螨病与酵母菌性耳炎。

治疗

主要疗法

- 局部治疗：多种外用杀虫药可用于治疗耳螨，有些药物可直接用于耳道，有些可用于颈部背侧皮肤。已经证明有效的药物中含有伊维菌素、塞拉菌素（selamectin）、美倍霉素（milbemycin）或除虫菊酯（pyrethrins）；也可将硫酸新霉素、地塞米松、噻苯咪唑或吡虫啉（imidacloprid）、莫昔克丁（moxidectin）合用。依采用的药物不同，可能需要重复治疗。虽然尚未证实，但有研究发现10% 氟虫清（fipronil）溶液2～3滴置于耳道，用于颈部背侧皮肤具有治疗效果。2～4周后应进行第二次治疗。
- 全身治疗：可全身用伊维菌素（1%注射液等于10mg/mL）治疗，但尚未批准用于猫，其剂量为0.2~0.3mg/kg，每7d口服一次，重复3～4次。此外，也可以同样剂量每14d皮下用药一次，重复2~3次。对具有攻击性、不愿配合的猫或野猫，这些途径可能是唯一的用药方式。治愈的可能性随用药次数的增加而增加，但在用药之前应征得猫主的同意。

辅助疗法

- 清洁：如果耳道中充满干燥的碎屑，应冲洗及清洁外耳道，这样可促进局部用药时药物的穿入。新型的驱虫剂及全身用药治疗通常难以除去耳道中的蜡样碎屑。蜡质溶剂（Wax-O-Sol™，Jorgensen Laboratories，Loveland，CO）可用于这种目的。
- 猫舍清洁（premises）：由于螨可离开宿主生存至少12d，因此应对猫舍进行清洁及杀虫处理。

治疗注意事项

- 由于耳螨可寄居于体表不同部位，因此建议尽可能采用全身疗法，特别是在难以治愈的病例更应如此。
- 耳螨具有传染性，应鉴别暴露的动物，无论其是否有临床症状，均应及时进行治疗。
- 耳螨的生活周期为21d，寿命为2个月。近来的研究表明其离开宿主后可生存12d，因此在制订适宜的治疗计划时应考虑这些因素。
- 在防止耳螨感染时，具有杀虫作用的衣套没有多少作用。
- 在所有螨虫消除之后，红疹及抓伤可持续存在达2周。

预后

采用适当的治疗方法，本病的预后较好，大多数治愈的猫不会再次发生感染。

参考文献

Merchant SR. 1993. The skin: parasitic diseases. In GD Norsworthy, ed., *Feline Practice*, pp. 511–517. Philadelphia: JB Lippincott.

Otranto O, Milillo P, Mesto P, et al. 2004. *Otodectes cynotis* (Acari: Psoroptidae): Examination of survival off-the-host under natural and laboratory conditions. *Exp App Acarol*. 32(3): 171–179.

Scott DW, Miller WH, Griffin CE. 2001. *Muller and Kirk's Small Animal Dermatology*, 6th ed., pp. 450–452. Philadelphia: WB Saunders.

第63章 蛛形纲动物毒素中毒
Envenomization: Arachnids

Tatiana Weissova

概述

蜘蛛的主要特点是具有由头、胸部和腹部组成的两分段的身体，有8个分节的腿。蜘蛛毒液储存在两个腺体中，由位于头部喙端的毒牙（螯角，chelicera）排空。蜘蛛至少有30 000种，分布于全世界，但只有不到100种可造成具有医学意义的咬伤。所有蜘蛛均可造成能注入毒液的咬伤，但通常只引起局部肿胀和疼痛。

黑寡妇蜘蛛

概述

黑寡妇蜘蛛（black widow spiders）属于球腹蛛科寇蛛属（或红斑蛛属，*Latrodectus*），分布于全世界，雌性腹侧具有红色、黄色或橙色沙漏样斑记（hourglass-shaped marking），雄性及未成年雌性为褐色。雌性体格比雄性大20倍，能引起致死性的蛛形纲动物毒素中毒（envenomizations）。雄性的口器由于不能穿入哺乳动物的皮肤，因此医学意义不大。未成年雌性完全能够引起毒素中毒。孵化时这些蜘蛛呈红色。除了在保护卵囊时，这些蜘蛛通常没用攻击性，只是在蛛网受到干扰时可防御性地叮咬。黑寡妇蜘蛛喜欢外部或内部黑暗、极少受到干扰的环境。成年蜘蛛在温暖的月份最为活跃，在寒冷的月份如果环境温度不高则会死亡。

在美国，黑寡妇蜘蛛主要有5种：黑寡妇（*Latrodectus mactans*）（分布于整个美国，特别是南部各州）、*Latrodectus hesperus*（西部各州）、*Latrodectus variolus*（分布于北部各州）、*Latrodectus bishopi*（红色、红腿，中部及南部各州，佛罗里达州）及几何寇蛛（*Latrodectus geometricus*）（褐色，沙漏状斑记呈橙色，主要分布于佛罗里达州）。

黑寡妇的毒液毒力很强，由约6种刺激神经组织的蛋白形成复合物；引起哺乳动物中毒的主要毒素是多肽α-蛛毒素（α-latrotoxin），大量释放后可耗竭节后交感神经突触乙酰胆碱及去甲肾上腺素。乙酰胆碱、多巴胺、去甲肾上腺素、谷氨酸及脑啡肽系统均对这种毒素敏感。几何寇蛛的毒液是5种蜘蛛中毒性最强的，其 LD_{50}为0.43mg/kg，黑寡妇毒液的 LD_{50}为1.39mg/kg。虽然毒液的毒性成分可能相同，但其抗原性不同。寇蛛属的蜘蛛叮咬并不一定能引起毒素中毒（即出现所谓的毒蛛中毒，latrodectism），这是因为黑寡妇蜘蛛能控制释放毒液的量。另一方面，蜘蛛一次叮咬就能完全释放致死剂量的毒液。生活在高温地区的蜘蛛其毒液活性增加，活性最高出现在秋季，最低是在春季。黑寡妇蜘蛛叮咬后毒素由淋巴摄取，之后进入血流。

猫对寇蛛属蜘蛛的毒液极为敏感。小的刺入性伤口可出现轻微的红斑，但由于其皮肤色素及被毛常难以发现。全身症状取决于蜘蛛的大小、活力及其决定释放的毒液量。年度中的时间也是重要影响因素。其他相关因素还与猫的大小及年龄、叮咬部位及潜在的健康问题等有关。中等到严重程度的毒素中毒通常很疼，中毒的早期可发生麻痹，而且很明显，由于疼痛严重，因此猫常常高声鸣叫。常见多涎、不安及呕吐，有时可发生腹泻。猫常常可吐出蜘蛛。完全麻痹之前可出现肌肉震颤、共济失调及无力站立，常表现衰弱无力。死亡之前可出现陈-施（Cheyne-Stokes）呼吸（潮式呼吸）。很小、老龄及具有全身性高血压的猫患病风险更高。鉴别诊断包括急性腹痛及椎间盘疾病（disk disease）引起的背痛和狂犬病。

诊断

主要诊断

- 病史：在有危险的地区（即花园、地下室及草丛垫等）与这类蜘蛛接触的病史对诊断极为重要，如果猫主能鉴定到蜘蛛，或是能在猫的呕吐物中鉴定到蜘蛛，则对诊断极具帮助。
- 临床症状：典型情况下突然开始出现疼痛及神经症状。
- 基础化验：无特异性变化，可能性包括白细胞增多症、高血糖（应激性）、高肌酸激酶（严重的肌肉痉挛）；尿量的产生可能减少，相对密度升高，出现蛋白尿。

治疗

主要疗法

- 应积极主动治疗，病猫至少应住院48h。
- 抗毒素（Lyovac® Antivenin）（寇蛛，*Latrodectus*）：这种来自马的特异性抗毒素目前有商品可以采用。将一瓶药品与100mL生理盐水混合，30min内缓慢静注。
- 镇痛药：用于镇痛。
- 安定：静注控制肌肉痉挛。
- 抗组胺药物：苯海拉明（2~4mg/kg SC）有助于控制过敏反应。
- 硝普盐（nitroprusside）：明显高血压时可以每分钟1～10 μg/kg恒速静脉注射。
- 冰块或冷压疗法（ice or cold compresses）：如果能找到伤口，可用于快速缓解疼痛及肿胀。

辅助疗法

- 对抗毒素的过敏反应：检查耳廓，如果出现充血，应停止注射，再次注射苯海拉明；5～10min后再开始以低速注射抗毒素。
- 强心：如果发生高血压，静脉内给药时必须小心以免发生心衰。
- 呼吸系统：呼吸窘迫时可能必须要使用插管、给氧及通气等支持疗法。
- 伤口：如果可见，应一直进行局部治疗直到痊愈。
- 迟缓型过敏反应（delayed allergic reactions）：罕见，但可能发生。

预后

数天内预后谨慎，衰弱、疲乏及失眠等症状可持续数月。进行抗毒素治疗中猫死亡很常见。

褐蜘蛛

概述

棕花蛛属（*Loxesceles*）的50多个种中只有5种能够引起毒素中毒，称为棕花蛛咬中毒（loxoscelism）。在美国只有一种具有医学意义的棕花蜘蛛为褐隐毒蛛（brown recluse spider）[1]（*Loxesceles reclusa*），见于南部的海湾各州及南大西洋各州到印第安纳及伊利诺伊州等。*Loxesceles laeta*与*Loxesceles gaucho*与巴西、智利、阿根廷、秘鲁及乌拉圭等国的棕花蛛咬中毒有关。*Loxesceles laeta*也见于加利福尼亚的洛杉矶地区。褐隐毒蛛夜间活动，无攻击性，主要从春天到秋天活动，常见于人栖息地及其周围环境，喜欢温暖而不受干扰的区域生活，只是在受到威胁时才叮咬。这些蜘蛛的主要特点是头胸部的背部有小提琴样斑记。毒液含有多种引起坏死的酶类，包括透明质酸酶、酯酶及碱性磷酸酶，毒液中最为重要的成分是鞘磷脂酶D（sphingomyelinase D）（一种磷脂酶），其能与细胞膜结合，引起多形核粒细胞迁移和激活。毒性可消耗溶血成分，延长活化部分凝血活酶时间（activated partial tromboplastin time），耗竭凝血因子 Ⅷ、Ⅸ、Ⅺ和Ⅻ。毒素可引起快速的静脉内凝血及小血管闭塞，导致组织坏死。存在钙及C-反应蛋白（C-reactive protein）时，鞘磷脂酶D可引起溶血，可发生依赖于钙的血小板聚集。脂酶可游离血液中的脂类，脂类可作为炎性介质或引起栓塞。

褐隐毒蛛叮咬一次可引起致死性毒素中毒，开始时，叮咬可引起些许疼痛或局部反应。3～8h后叮咬部位红肿脆弱，这种反应称为牛眼样损伤（bull’s-eye lesion）。24~72h内可发生血疱（hemorrhagic bulla），其下出现焦痂，2～5周后焦痂脱落，留下无痛性溃疡，这种溃疡通常不会穿入皮肤。愈合缓慢，可能需要数月，常留下大的瘢痕。全身症状不太常见于中毒后24h之内，主要症状包括引起贫血和血红素尿的溶血，血红素尿可引起肾衰。可能的后遗症为弥散性血管内凝血（disseminated intravascular coagulation，DIC）及血小板减少（thrombocytopenia）。其他临床症状包括发热、呕吐、衰弱、心动过速、呼吸困难、肌肉疼痛（myalgia）、斑丘皮疹（maculopapularrash）、白细胞增多及昏迷。

鉴别诊断包括细菌或分支杆菌感染、褥疮性溃疡、三度烧伤、溶血性贫血、黄疸、血小板减少症及红细胞内寄生虫等。

诊断

主要诊断

- 病史：可能与蜘蛛接触的病史对诊断极为重要。
- 临床症状：典型症状为牛眼样损伤、非痊愈性溃疡、黑痂及焦痂。
- 基础化验：可能的异常包括白细胞增多、贫血、血凝值异常、肌酐升高及血红素尿。

诊断注意事项

- 实验室诊断：尚无特异性诊断方法。
- 贫血通常呈现库姆氏试验（抗球蛋白试验）（Coomb's test）阴性。

治疗

主要疗法

- 解毒：有特异性解毒药[1]，对症及支持疗法也极为重要，特别是在没有抗毒素可用时更应如此。
- 局部伤口治疗：每天用布罗夫液（Burrow's solution，即醋酸铝溶液，aluminum acetate solution）或过氧化氢清洗数次有助于防止感染。
- 抗组胺：苯海拉明可用于控制瘙痒。
- 镇痛：中度疼痛时可采用非甾体激素类抗炎药物；严重疼痛时可采用类阿片类药物。
- 抗生素：用于防止继发感染。
- 冷敷法（cool compresses）：用于缓解疼痛。

辅助疗法

- 清创：发生局部组织坏死时很有必要。
- 输血：贫血严重时应考虑输血。
- 皮质类固醇：只能在最初数天用于辅助减少溶血。
- 伤口：每周监测直到愈合，特别应注意有无感染及是否需要清创。
- 血液学指标：由于可能会发生溶血或血红素尿，说明了本病的进程，应经常监测。

治疗注意事项

- 南美*Loxesceles* spp.[1] 已有抗毒素，目前也研制了*L. reclusa*的实验性抗毒素，但尚未在商业上应用。
- 局部勿使用高温，因为其可使病情恶化。
- 避免使用影响凝血的药物。
- 早期手术切除的缺点要比单独采用支持疗法更大。
- 以前曾采用氨苯砜（Dapsone）、高压氧及电休克治疗，但目前认为这些治疗方法没有效果。

预后

预后谨慎。

赤背蜘蛛

赤背寡妇蛛（*Latrodectus hasselti*）[1]为澳大利亚引起猫毒素中毒的主要蜘蛛。临床症状主要是自主神经系统受到影响及肌肉麻痹，包括过度兴奋、黏液样或多泡的流涎、肌肉自发性收缩、舌头偶尔伸出及共济失调。本病的诊断困难，目前也没有可靠的诊断方法。中毒的急性阶段用抗毒素治疗能有效消除临床症状。猫可不采用抗毒素而康复，但康复可能需要数周。

漏斗网蛛

长尾蛛科（Dipiuridae）漏斗蛛属（*Atrax*）及南山漏斗网蛛属（*Hadronyche*）的蜘蛛见于澳大利亚。最危险的是悉尼漏斗网蛛（Sydney funnel web spider[1]，*Atrax robustus*），为一种体格较大、具有攻击性的黑色蜘蛛，其毒液的毒性成分为神经毒素澳毒蛛毒素（robustoxin，δ-ACTX-Ar1），其能与突触前神经元结合，抑制中枢神经系统介导的神经递质的释放。毒素影响自主神经系统及骨骼肌。猫不受雌性蜘蛛叮咬的影响，但雄性漏斗蛛的毒液其活力强度比雌性的高4～6倍，可引起温和的暂时性影响。治疗可针对症状进行，阿托品和安定（diazepam）可降低毒液的毒素作用。

狼蛛

十二个属的狼蛛（tarantulas）叮咬时可能会危及生命，这些蜘蛛见于南美洲、非洲和澳大利亚的热带地区。毒液含有神经毒素，也可能含有坏死毒素及溶血性毒素。这些蜘蛛对猫有高度的毒性，中毒之后可发生肌肉痉挛、水肿、血红蛋白尿、黄疸、循环性休克、窒息、心律失常及死亡。生活在美国的狼蛛不引起严重的毒素中毒，但受到威胁时这些蜘蛛可在攻击者身上轻打其螯毛，这种螯毛可引起皮肤、眼睛、口腔及呼吸道严重的炎症，但由于没有相关的毒素，因此作用仅仅是机械性的。皮肤可发生荨麻疹、水肿及血管舒张。眼睑肿胀及角膜损伤也很常见。猫摄入狼蛛可引起窒息或呕吐。治疗可针对症状进行，也可采用镇痛药物、局部甾体激素治疗及抗组胺药物进行支持性治疗。

参考文献

Gwaltney-Brant SM, Dunayer EK, Youssef HY. 2007. Terrestrial zootoxins. In RC Gupta, ed., *Veterinary Toxicology: Basic and Clinical Principles*, pp. 785–807. New York: Academic Press/Elsevier.

Peterson ME. 2006. Black widow spider envenomization. *Clin Tech Small*

Anim Pract. 21(4):187–190.
Peterson ME. 2006. Brown spider envenomization. *Clin Tech Small Anim Pract.* 21(4):191–193.
Peterson ME. 2007. Spider venom toxicosis. In LP Tilley, FWK Smith, Jr., eds., *Blackwell's 5-Minute Veterinary Consult*. 4th ed., pp. 454–455. Ames, IA: Blackwell Publishing.

1. 抗毒素提供：Miami-Dade Fire Rescue, Venom Response Unit, 9300 N.W. 41st Street, Miami, Florida 33178-2414, Envenomation Emergency Phone number: 1-786-336-6600.

第64章 昆虫毒素中毒

Envenomization：Insects

Tatiana Weissova

概述

膜翅目（Hymenoptera）蜜蜂总科（Apoidea superfamily）[蜜蜂（bees）及大黄蜂（bumblebees）]、胡蜂总科（Vespoidea）[黄蜂（wasps）、大黄蜂（hornets）及胡蜂（yellow jackets）]和蚁科（Formicidae）（蚂蚁）为三类在医学上极为重要的昆虫，这些昆虫通过叮刺受害者而注入其毒液。蜜蜂只能叮刺一次，之后失去针刺而死亡。黄蜂、大黄蜂及胡蜂的针刺没有倒钩，它们可多次注入毒素而不会死亡。胡蜂的攻击性比蜜蜂强许多，但非洲化的蜜蜂（Africanized honeybees）其攻击行为增加了多次叮刺的可能性。蜜蜂停歇在猫身上或因猫玩耍或捕猎受到打扰时猫可被叮刺。

临床症状从局部反应到死亡可表现不同。过敏反应与毒素的多少无关，一次叮刺即可引起死亡。膜翅目（即蜜蜂、黄蜂和蚂蚁）的毒液螯入可引起四种主要的反应。第一，最为常见的是局部反应，其由叮刺部位的肿胀、水肿样及红斑块组成，疼痛明显。小的局部反应可在24h内自行康复。第二，大的局部反应，常常引起口咽部肿胀。口腔内的叮刺可引起气道阻塞而导致死亡。第三，为更为严重的反应，过敏反应时发生荨麻疹、血管性水肿（angioedema）、恶心、呕吐、腹泻、低血压及速发型过敏反应引起的呼吸困难；叮刺后数分钟内可发生呼吸困难。猫的过敏性反应是由免疫球蛋白E（IgE）介导的，可表现为瘙痒、流涎、不协调及崩溃。叮刺与症状开始间隔的时间越短，过敏反应会越严重。死亡大多数是由严重的呼吸道损伤所引起。第四，为不太常见的迟发型过敏反应，由血循中的免疫复合物引起。症状可出现在毒液螯入后的3d至2周，主要表现为皮肤皮疹及血清病样症状［即血管炎、肾小球性肾炎、肾病、关节炎及弥散性血管内凝血（disseminated intravascular coagulation，DIC）等］。在发生大量毒液螯入（多次叮刺）的猫常常出现发热及明显沉郁，表现神经症状，如面部麻痹、共济失调或抽搐，可见尿液暗黑、粪便带血或呕吐物带血或暗黑。

昆虫叮刺的鉴别诊断包括感染、创伤、猫争斗性脓肿、肿瘤、过敏反应、异物及齿脓肿（abscessed tooth）。

蜜蜂及胡蜂（黄蜂、大黄蜂及胡蜂）刺螫

概述

蜜蜂毒液为过敏反应性蛋白、多肽及小的有机分子组成的复合混合物，主要成分为蜂毒肽（melittin），为一种能水解细胞膜，改变细胞通透性及引起组胺释放的蛋白，常与局部疼痛及启动血管内溶血（intravascular hemolysis，即DIC）及增加毛细血管血流有关。磷脂酶A2是蜂毒中主要的过敏原或抗原。具有磷脂酶及多肽401（肥大细胞脱粒肽，mast cell degranulating peptide）的蜂毒肽可启动组胺及色胺的释放。透明质酸酶（扩散因子，spreading factor）可引起细胞通透性发生改变及分解胶原，使蜂毒成分能进入组织，同时也是一种致敏因子。蜂毒也含有血管活性胺类，如组胺、多巴胺及去甲肾上腺素和其他尚不清楚的蛋白。神经毒素蜂毒明肽（apamin）作用于脊髓，安度拉平（Adolapin）能抑制前列腺素合成，具有抗炎作用。在猫，蜂毒可引起细支气管肌收缩，大黄蜂蜂毒可引起肝脏损伤。

胡蜂蜂毒含有肽类、酶类及胺类。广泛性疼痛是由激肽、乙酰胆碱及色胺所引起。主要过敏原称为抗原5（antigen 5）。有些胡蜂蜂毒含有神经毒素或预警性外激素，可提醒蜂群有侵入者。估计的致死剂量在大多数哺乳动物为每千克20次刺螫。欧洲蜜蜂每次刺螫可螫入147μg蜂毒，大多数黄蜂每次刺螫可螫入约17μg蜂毒。

诊断

主要诊断

- 病史：猫可能有与刺螫性昆虫接触的病史（即在花园或阳台暴露、室内饲养时有开花的植物，或接触垃圾）对诊断极为重要，如果猫主能鉴别昆虫则对诊断很有帮助。
- 临床症状：大多数病猫表现为面部、眶周或耳部水肿、疼痛及严重瘙痒。大多数刺螫发生在无毛或短毛部位。蜜蜂刺螫时应仔细检查刺螫位点，确定是否有螫刺残留。
- 基础化验：无特异性变化，可能的变化包括白细胞增多、血小板减少、肌红蛋白尿、颗粒管型（granularcasts）［由于大量的刺螫中毒、DIC或肾小管受损（tubular damage）引起］、继发于免疫介导性溶血性贫血的再生性贫血、血液尿素氮（BUN）及丙氨酸转氨酶（ALT）升高等。

辅助诊断

- 其他辅助诊断方法：这些方法包括分离特异性 IgE或IgG抗体、皮肤试验、分析组胺释放及检查实际有无刺螫等。

治疗

主要疗法

单次刺螫

- 尚无特异性治疗方法，可采用支持疗法。
- 残留的螫刺可轻轻用信用卡等刮除，这种方法要比小镊子好，用小镊子时可能会挤压毒囊，从而将更多的蜂毒注入体内。
- 冷疗：可用冰块或冷压快速缓解疼痛及肿胀。
- 抗组胺药物具有一定效果，苯海拉明可以2～4mg/kg q6～12h IM、SC或PO用药。

局部反应

- 冷疗：可采用冰块或冷压镇痛。
- 皮质类固醇：琥珀酸钠脱氢皮质醇（prednisolone sodium succinate）以10mg/kgIV给药，之后为1mg/kg q12h PO治疗2d，然后降低剂量再治疗3～5d。
- 生理盐水：如果有低血压可IV 。
- 其他液体及电解质：用于纠正血容量减少（hypovolemia）。

多次刺螫

- 早期积极稳定病情：可静脉内注射液体及皮质类固醇，局部皮质类固醇治疗也有一定作用。

治疗过敏反应

- 肾上腺素：使用浓度为1：1000，0.1～0.5mL立即SC给药；可每10～20min重复一次。静注肾上腺素时必须要稀释到1：10 000；连续缓慢灌注0.5～1mL。
- 类晶体溶液（crystalloid solutions）：以60mL/kg用药防止血管塌陷，对发生过敏反应的病猫应快速给药。
- 皮质类固醇及抗组胺药物：可能需要采用这些药物治疗。

辅助疗法

- 监测：连续数天监测心脏、呼吸、血液学及肾脏参数。
- 呼吸：插管、给氧及通气等支持疗法可能很有必要。
- 安定：IV给药以治疗抽搐。
- 广谱抗生素：如果大量刺螫中毒后可能发生败血症（由于擦伤而继发感染）时可采用这些药物治疗。

预后

大多数没有并发症的蜜蜂及胡蜂刺螫预后良好，其中大多数为自限性的，可在24h内恢复。如果过敏反应的症状在刺螫后30min内仍不明显，则不可能会发生。在发生过敏反应时，预后谨慎。

火蚁

概述

具有重要医学意义的火蚁（fire ants）引入美国的有黑火蚁（*Solenopsis richteri*）和红火蚁（*Solenopsis invicta*）两种，前者原生存于阿根廷和乌拉圭，现生活在亚拉巴马州和密西西比州的小范围内；后者原生活在巴西，现生活于12个南方州。红色引进火蚁（Red imported fire ants，RIFA）现生活于澳大利亚、菲律宾和中国大陆及台湾地区。两种火蚁均具有进攻性且有毒。第一次刺螫后，由于火蚁嘴的上部支撑在受害者身体上，但在其撤出螫刺时向侧面旋转，因此可再次发生刺螫。典型情况下火蚁以环形刺螫6～7次，缓慢（20～30s）注入其毒液（见图64-1）。每次刺螫含有约0.11μL 毒液；疼痛开始可能延缓。火蚁毒液

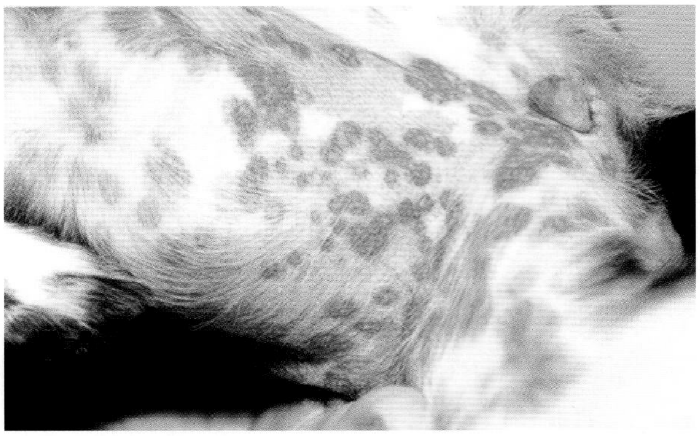

图64-1　火蚁刺螯为环状，能引起强烈瘙痒。常常同时发生多次刺螯

与蜂毒不同，其含有水溶性生物碱（95%）、火蚁素（solenopsins）及哌啶（piperidines），可引起真皮坏死，具有细胞毒性、溶血性、抗菌及杀虫活性，与引起疼痛有关，但不能引起 IgE反应。火蚁毒物的水相含有四种主要的过敏反应蛋白，与过敏动物特异性IgE反应有关。少量的蛋白组成（不到1%）含有透明质酸酶及磷脂酶；火蚁毒物与胡蜂，特别是胡蜂的毒物之间可能存在抗原交叉反应性。

火蚁刺螯引起的反应包括局部脓疱、过敏反应以及死亡。刺螯后1min内形成疹块，2h内形成丘疹，4h内形成囊泡。开始时囊泡内容物清亮，8h后呈云雾状，24h后囊泡发展成无菌性脓疱。这些变化基本为引入火蚁刺螯的示病症状。表面的脓疱由激活的中性粒细胞及血小板侵入，24h时在其基部形成坏死。疹块流液之后很快就出现疼痛及强烈瘙痒，但通常在30～60min内消失。无菌性脓疱可持续长达 2～3周，偶尔可继发感染，这种感染通常由擦伤引起，可从蜂窝织炎发展为败血症。局部反应罕见，主要表现为红斑、水肿、硬化及剧烈瘙痒为特征的局部损伤，也可导致大量组织水肿，压迫流向四肢末端的血流。全身性反应或过敏反应由 IgE介导，症状包括荨麻疹、皮肤或咽喉水肿、支气管痉挛及血管塌陷。一般情况下由过敏反应引起的死亡可发生于刺螯后的短时间内，但由于毒物引起的死亡发生在刺螯24h以后。

鉴别诊断包括创伤、感染、过敏、肿瘤、自伤及其他原因引起的过敏反应。

诊断

主要诊断

- 病史：可能与引入火蚁接触、实际鉴定到刺螯的火蚁及存在有火蚁嘴是病史中极为重要的内容。
- 临床症状：火蚁引起的损伤典型情况下呈环形，出现疹块及流液，刺螯部位立即出现疼痛，严重、强烈瘙痒及24h后出现脓疱。

诊断注意事项

- 实验室诊断：目前尚无特异性诊断方法。

治疗

主要疗法

- 只能针对症状治疗及采用支持疗法。
- 冷疗：冰块或冷敷（水或乙醇）具有镇痛作用。
- 抗组胺药物：口服或局部用药，可与皮质类固醇、利多卡因、樟脑油及薄荷醇（Sarna lotion洗液）合用。
- 过敏反应性休克及严重的局部反应参见“概述”。

预后

单纯的刺螯局部反应采用支持疗法会随着时间而痊愈，引起的局部反应需要更为积极的治疗，但通常能痊愈。火蚁刺螯引起的过敏反应如不治疗可能致死。老龄、衰弱及很小的猫可能风险更高。

参考文献

Fitzgerald KT, Flood AA. 2006. Hymenoptera stings. *Clin Tech Small Anim Pract.* 21(4):194–204.

Fitzgerald KT, Vera R. 2006. Insects—Hymenoptera. In ME Peterson, PA Talcott, eds., *Small Animal Toxicology*, 2nd.ed., pp. 744–767. St. Louis: Saunders.

Gfeller RW, Messonnier SP. 1998. *Handbook of Small Animal Toxicology & Poisonings*. pp. 154–156. St. Louis: Mosby.

Gwaltney-Brant SM, Dunayer EK, Youssef HY. 2007. Terrestrial zootoxins. In RC Gupta, ed., *Veterinary Toxicology: Basic and Clinical Principles*, pp. 785–807. New York: Academic Press/Elsevier.

第65章
蛇毒中毒
Envenomation：Snakes

Tatiana Weissova

概述

毒蛇约有400种，广泛分布于全世界（一些岛屿，如夏威夷、爱尔兰及新西兰等除外），主要为游蛇超科（Colubroidea）的Atractaspidae 科（非洲）、游蛇科（Colubridae）（非洲、亚洲及中南美洲）、眼镜蛇科（Elapidae）（除阿拉斯加和南极洲外全球均有分布）及蝮蛇科（蝰蛇科）（Viperidae[1]）（除澳大利亚、阿拉斯加及南极洲外全球均有分布）的各种毒蛇。

眼镜蛇科——珊瑚蛇

概述

北美的眼镜蛇科（Elapidae）毒蛇有两种：索诺兰珊瑚蛇（Sonoran coral snake）（西部珊瑚蛇，*Micruroides euryxanthus*（western coral snake）[1]，分布于亚利桑那州中部及东南部和新墨西哥州西南部）；金黄珊瑚蛇（*Micrurus fulvius*）的几个亚种，包括得克萨斯珊瑚蛇（Texas coral snake）（*Micrurus fulvius tenere*[1]，分布于阿肯色州和路易斯安那州南部，得克萨斯整个东部及中西部）、东部珊瑚蛇（eastern coral snake）（*M. f. fulvius*[1]，分布于东到北卡罗来纳州，南到佛罗里达中部，西部到整个亚拉巴马州和密西西比州的区域）、南佛罗里达珊瑚蛇（south Florida coral snake）（*Micrurus fulvius barbouri*，分布于南到佛罗里达，北到佛罗里达群岛的整个区域）。这些珊瑚蛇为夜行，不具进攻性，胆小；颜色光亮，可改变黑色、红色及黄色的斑纹。头部小，口吻呈黑色，瞳孔圆形。珊瑚蛇具有短而固定的前毒牙，毒牙上部分由膜覆盖。咬入时膜被推开，蛇紧紧抓住受害者咀嚼，将毒液释放到伤口。珊瑚蛇咬伤相对罕见；偶尔可见蛇仍附着于受害者。大约60%的珊瑚蛇咬伤不引起蛇毒中毒。珊瑚蛇蛇毒为神经毒素，咬入部位很少发生组织反应及疼痛。蛇毒主要由小肽和酶类组成，可引起与箭毒作用相似的非去极化突触后神经肌肉阻滞（nondepolarizing postsynaptic neuromuscular blockade），这种结合可能为不可逆的。蛇毒可引起中枢神经系统（CNS）抑制，肌肉麻痹及血管舒张不稳定。其他蛇毒成分也可引起局部组织破坏。注入的蛇毒量取决于咬入持续的时间、咀嚼的强度及咬入的原因 （进攻性或防御性）。临床症状的出现可延缓12h。猫在就诊时可表现多种临床症状，因为它们通常会在咬伤后奔跑及藏匿。临床症状主要表现为神经性，出现渐进性上行性迟缓性麻痹（progressive ascendingflaccid paralysis），伤害性知觉（nociperception）降低，CNS抑制，脊髓反射减弱。肛门张力及排尿一般正常。如果头部运动神经受损，则可出现延髓机能紊乱（bulbar dysfunction），可见眼睑反射减退。其他症状包括低血压、瞳孔大小不等（anisocoria）、呼吸抑制及体温过低。可能的并发症如吞咽困难、流涎过多、牙关紧闭及咽头麻痹，可导致吸入性肺炎。由于呼吸麻痹可引起死亡。鉴别诊断包括重症肌无力、肉毒中毒、多神经根神经炎（polyradiculoneuritis）、创伤、蜱麻痹（tick paralysis）等。

诊断

主要诊断

- 病史：可能与珊瑚蛇接触的病史具有提示作用，猫主观察到咬伤、听到蛇的嘶嘶声或见到过死蛇对诊断很有帮助。
- 临床症状：存在刺伤、神经症状或呼吸窘迫等迹象。
- 基础化验：无特异性变化，可能的变化包括中度的白细胞增多，肌酸磷酸激酶（原文为phospokinase，有误，应为phosphokinase）升高，高纤维蛋白原血症（hyperfibrinogenemia）及伴随肌红蛋白尿（myoglobinuria）的肌红蛋白血症（myoglobinemia）。

辅助诊断

- 胸部X线拍片检查：查找吸入性肺炎的症状。

治疗

主要疗法

- 急诊治疗：如果怀疑发生珊瑚虫咬伤，则不应等待临床症状出现后再进行治疗而应及时治疗。病猫必须住院密切监护至少48h。
- 通气支持疗法：如果没有抗毒素或其使用延缓，则可采用通气支持疗法，其主要目的是防止发生吸入性肺炎。
- 珊瑚蛇特异性抗毒素[1]：这种抗毒素对除了索诺兰珊瑚蛇外的所有北美珊瑚蛇蛇毒均有效果[1]。注射抗毒素越早其效果越好。将一瓶抗毒素与100mL类晶体液混合，20～30min内IV给药。内耳廓充血可能表明发生过敏反应。如发生过敏反应，应停止注射抗毒素，给予苯海拉明（2～4mg/kg IV或SC），等待5～10min，然后再开始以慢速注射抗毒素。根据反应判断是否需要重复用药。

辅助疗法

- 生理盐水溶液：如发生低血压，IV给予。
- 其他液体及电解质疗法：用于防止可能出现的肾小管坏死（tubular necrosis）和继发于血氧不足及肌红蛋白尿的肾衰。如果发生肌红蛋白血症（myoglobinemia）或肌红蛋白尿症，应积极治疗以防止急性肾衰。参见第189章。
- 伤口治疗：对症治疗。
- 抗生素：发生吸入性肺炎或伤口感染时可采用抗生素治疗。

治疗注意事项

- 监测呼吸机能及肾脏生化参数数天。
- 避免伤口裂开，可采用冰块或热敷、电休克治疗及抽吸伤口等方法治疗。
- 皮质类固醇激素没有效果。
- 由于二甲亚砜（DMSO）能促进摄取及扩散蛇毒，因此禁用。
- 由于使用β–阻断剂后可能掩盖过敏反应的开始，因此不建议使用。

预后

珊瑚蛇咬伤后如果及时积极治疗，一般预后较好。无论是否采用抗毒素治疗，期望的恢复期为7～10d。

海蛇亚科

概述

海蛇亚科（subfamily Hydrophiinae）包括6种在世界范围内毒性最强的蛇类，它们均生活在澳大利亚，通常分为三类：褐蛇（Brown snakes）、黑蛇（Black snakes）和其他。最为重要的褐蛇为拟眼镜蛇属（*Pseudonaja*）的蛇类，包括普通棕蛇（common brown snake）（东部拟眼镜蛇，*Pseudonaja textilis*）[1]和西部褐蛇（western brown snake）[1]或Gwardar1（西部拟眼镜蛇，*Pseudonaja nuchalis*）。黑蛇属于伊澳蛇属（*Pseudechis*），最为重要的是玛珈蛇（Mulga）[1]或棕色王蛇（king brown snake）[1]（棕伊澳蛇，*Pseudechis australis*），其为澳大利亚毒蛇中最大的毒蛇，也是所有蛇类中毒液产量最大的蛇类。以前曾误将其称为棕色王蛇（king brown snake），因此许多人误用褐蛇抗毒素。这种蛇在晚上活跃，大多是在炎热天气活动，具有进攻性，可反复发动攻击。

澳大利亚的其他毒蛇属于太攀蛇属（*Oxyuranus*）、虎蛇属（*Notechis*）和蝻属（*Acantophis*），这些蛇类均很危险，包括内陆太攀蛇（inland Taipan）（太攀蛇，*Oxyuranus microlepidotus*）、Taipan[1]（太攀蛇，*Oxyuranus scutellatus*）、虎蛇（tiger snake）[1]（*Notechis scutatus*）和棘蛇（death adder）[1]（*Acantophis antarcticus*）等。这些蛇类的蛇毒由突触前及突触后神经毒素、促凝血因子、溶血素、毒枝毒素或细胞毒素等组成细胞毒素。神经毒素引起麻痹，可由于呼吸衰竭而引起死亡。促凝血因子的作用是引起消耗性凝血障碍（consumptive coagulopathy）。溶血素的作用不太重要。出现临床症状可能需要24h以上。开始时猫常常表现衰弱及共济失调。其他症状常常不稳定或短暂，包括间隙性虚弱的挣扎、嗜睡、瞳孔放大、瞳孔光反射消失、血尿、后躯轻瘫（posterior paresis）、全身轻瘫、共济失调、流涎、咬伤伤口出血及昏迷。虽然出现麻痹，但尾巴通常能够活动。

诊断

- 参见珊瑚蛇咬伤的诊断。

治疗

主要疗法

- 抗蛇毒素：AVSL Multi Brown Snake Antivenom™棕蛇抗毒素（拟眼镜蛇，*Pseudonaja* spp.），或Summerland Serums' Multi–Brown Snake Antivenom（拟眼镜蛇，*Pseudonaja* spp.）。采用这些抗蛇毒素治疗的原理与珊瑚蛇相同。这些抗蛇毒素不应用于治疗棕伊澳蛇（*P. australis*）咬伤，其为黑蛇属的成员。应将抗蛇毒素轻轻加温到室温。
- Summerland Serums' Tiger/Multi–Brown Snake Antivenom™：这类产品包括针对虎蛇（*N. scutatus*）；3种褐蛇（拟眼镜蛇，*Pseudonaja* spp.）；黑蛇（伊澳蛇，*Pseudechis* spp.），包括玛珈蛇或棕色王蛇（棕伊澳蛇，*P. australis*）及红腹黑蛇（Red–bellied Black Snake）（红腹伊澳蛇，*Pseudechis porphyriaceus*）；其他蛇类，如铜头蛇（copperhead snake，*Austrelaps superbus*），Rough Scaled 或克拉伦斯河蛇（Clarence river snake）（*Tropidechis carinatus*），小眼蛇（small–eyed snake）（*Cryptophis nigresens*），鞭蛇（whip snake）（*Demansia* spp.），Tasmanian and Chappell Isl及黑虎蛇（Black Tiger Snake）（*Notechis ater*）等毒蛇的蛇毒。
- 安定：如果病猫焦虑易激动，以及需要固定时可以小剂量用药，这种药物有助于延缓蛇毒的全身性吸收。不能使用吗啡、派替啶（pethedine）或其他镇静剂。

预后

参见珊瑚蛇咬伤的预后。

响尾蛇科（Crotalidae）——响尾蛇

概述

响尾蛇（rattlesnakes）也称为蝮蛇（pit vipers），是因为其鼻孔与眼睛之间有热感的凹面（heat–sensing pits）。响尾蛇的头部呈三角状，瞳孔椭圆，有可伸缩的中空前毒牙，这一科的蛇类在其尾端具有特殊的角质发声器（keratin " rattles" ）。北美的响尾蛇为响尾蛇属（*Crotalus*、*Sistrulus*，两类均为响尾蛇）和蕲蛇属（*Agkistrodon*无响尾）的成员，美国动物和人的毒蛇咬伤大多数是由这些蛇类所引起。响尾蛇至少包括 29个亚种，包括东部及西部菱斑响尾蛇（eastern and western diamondback rattlesnake）[1]（菱斑响尾蛇，*Crotalus adamanteus, Cotalus atrox*）、Mojave rattlesnake[1]（*Crotalus scutulatus*）、Massasauga[1]（*Sistrurus catenatus*）和Pygma snake[1]（*Sistrurus miliarius barbouri*）。其他响尾蛇包括棉口蝮蛇（cottonmouth water moccasins）[1]（*Agkistrodon piscivorus*）和铜头蛇（copperheads）[1]（*Agkistrodon contortrix*）。响尾蛇蛇毒为由酶类、细胞毒素、神经毒素、溶血素、凝血/抗凝血因子、脂类和其他成分组成的复合体。在北美，响尾蛇蛇毒基本可分为三类：（a）经典蛇毒（菱斑蛇毒，diamondback venom），可引起明显的组织破坏、凝血障碍及低血压；（b）神经毒等（Mojave A venom），引起严重的神经中毒症（neurotoxicosis）；（c）上述两类的混合。透明质酸酶及胶原酶有助于将蛇毒扩散到间隙组织；蛋白酶导致凝血障碍（凝血不良后凝血过度，hypo–or hyper coagulation）及坏死。磷脂酶引起细胞毒性作用，导致炎症及内皮细胞损伤，引起肺脏、肾脏、心肌、腹膜及偶尔引起中枢神经系统水肿及瘀斑，引起低血压、低血容量性休克（hypovolemic shock）和乳酸酸中毒。毒枝毒素引起细胞内钙增加，导致肌肉坏死（myonecrosis）。有些菱斑响尾蛇的蛇毒含有心脏毒性因子（cardiotoxic agents），可引起严重的低血压，而且对液体疗法无反应。神经毒性成分可引起麻痹。

凝血障碍的机制是纯粹的脱纤维化作用（defibrination），不发生弥散性血管内凝血（disseminated intravascular coagulation，DIC）。凝血时间延长是由于脱纤维化作用及存在凝血酶类似酶（thrombin–like enzymes）所引起，不能激活凝血因子 Ⅷ。这就是标准的治疗凝血障碍的方法 （即肝脏及输血）无效而且常常有害的原因。蛇咬伤的毒性与蛇本身（即种类、大小、年龄、年度中的时间、防御性或进攻性咬伤）及受害者 （体格大小、年龄、咬伤位点、咬伤前的健康状况）两者关系极为密切。毒性大小按严重程度依次为响尾蛇、棉口蛇和铜头蛇。

临床症状为开始时在咬伤后30 ~ 60min内局部出现疼痛及肿胀，之后发生组织坏死。猫在就诊时常常由于在咬伤后藏匿而延误治疗，因此症状严重。咬伤部位常常位于胸部或腹部，这些部位的咬伤要比头部和四肢更为严重。全身症状包括昏睡、低血压、高热、共济失调、心律不齐、出血、呕吐、腹泻、呼吸窘迫及休克。鉴别诊断包括继发于昆虫或蜘蛛叮咬中毒的血管性水肿

（angioedema）、动物咬伤、穿入创、钝创、脓肿引流（draining abscess）及异物穿入等。

诊断

主要诊断

- 病史：可能与蛇有接触。
- 临床症状：可在咬伤中毒后8h以后出现症状。被毛或肿胀可能会掩盖咬伤的伤口，因此必须仔细检查病猫。如果有刺入性伤口、疼痛、局部组织肿胀、挫伤、组织或黏膜出现瘀血和瘀斑则是极为重要的症状。
- 基础检查：这些数据有助于检查贫血、血小板减少、白细胞增多、棘状红细胞（echinocytes）（burr cells；48h内溶解）、凝血时间延长、低蛋白血症、低白蛋白血症、低纤维蛋白原血症、低钾血症、氮血症、纤维蛋白降解产物升高、肌酸激酶升高、肝脏酶活性升高、肌红蛋白尿以及可能还有血尿。

辅助诊断

- 心电图：可检查心室性心律失常。

治疗

主要疗法

- 抗蛇毒素：抗蛇毒素［Crotalidae，Polyvalent（ACP™）Fort Dodge Animal Health］可中和北美、中美及南美洲响尾蛇的毒素，这种抗蛇毒素常常对治疗蛇毒诱导的神经中毒没有效果。
- 抗蛇毒素：CroFab（Crotalidae，Polyvalent Immune Fab-ovine™，Fort Dodge Animal Health）其效果要比ACP™强5倍，能有效治疗响尾蛇诱导的神经中毒。在出现恶化的局部损伤、临床上明显的凝血障碍或全身症状出现时建议使用这种抗蛇毒素。理想状态下，应在咬伤后头4h内用药，但在蛇毒中毒后24h内这种抗蛇毒素仍然具有明显的临床效果。采用这种抗蛇毒素仍难以阻止局部坏死。使用本抗蛇毒素的原理基本与珊瑚蛇抗蛇毒素相同。如果局部肿胀继续恶化，可考虑再注射一瓶抗蛇毒素。

辅助疗法

- 伤口治疗：轻轻拨开周围被毛，用防腐剂清洗伤口后使其干燥。应标明肿胀的程度，每15min测量一次，以判断局部组织受影响的程度。对受影响的局部应按开放创治疗，直到痊愈。
- 类晶体与胶体（crystalloids and colloids）：用于纠正血容量减少和胶体渗透压（oncotic pressure）。
- 苯海拉明：发生过敏反应时使用。
- 镇痛药：用于镇痛。有神经症状时不应使用镇痛药物治疗。
- 抗生素：一般来说，由于蛇毒具有抗菌活性，因此无需用抗生素治疗；如果发生继发感染，则应采用抗生素治疗。
- 监测：应注意监测呼吸、心脏机能、血液学及生化参数的变化；应连续数天监测尿液的排出。

治疗注意事项

参见“珊瑚蛇咬伤治疗注意事项”。

预后

蛇毒中毒的预后取决于蛇的类型、中毒的严重程度及临床干预的迅速程度及积极性。如果在咬伤后2h内未发生死亡，未治疗的动物未发生休克或沉郁，则预后通常较好。

参考文献

Gwaltney-Brant SM, Dunayer EK, Youssef HY. 2007. Terrestrial zootoxins. In RC Gupta, ed., *Veterinary Toxicology: Basic and Clinical Principles*, pp. 785–807. New York: Academic Press/Elsevier.

Najman L., Seshadri R. 2007. Rattlesnake envenomation. *Comped Contin Educ Pract Vet*. 29(3):166–175.

Peterson ME. 2007. Snake venom toxicosis. In LP Tilley, FWK Smith, Jr., eds.,*Blackwell's 5-Minute Veterinary Consult*. 4th ed., pp. 1273–1275. Ames, IA: Blackwell Publishing.

Peterson ME. 2006. Snake bite: Coral snakes. *Clin Tech Small Anim Pract*. 21(4):183–186.

Valenta J. 2008. *Jedovati hadi. Intoxikace, terapie* [The venomous snakes. Intoxication, Therapy], p. 401. Galen: Praha.

1. 抗毒素供应：Miami-Dade Fire Rescue, Venom Response Unit, 9300 N.W. 41st Street, Miami, Florida 33178-2414, Envenomation 中毒急救电话：1-786-336-6600.

第66章 嗜酸细胞性肉芽肿复合征

Eosinophilic Granuloma Complex

Christine A. Rees

概述

嗜酸细胞性肉芽肿复合征（eosinophilic granuloma complex，EGC）为一种皮肤反应，引起的潜在原因很多。发生EGC时引起的皮肤病变包括：嗜酸细胞性溃疡（eosinophilic ulcer）、嗜酸细胞性斑（eosinophilic plaque）及线性肉芽肿（linear granu-loma）。嗜酸细胞性斑可发生强烈瘙痒。引起本病最常见的潜在病因为过敏反应（即昆虫性过敏反应、特发性过敏反应、食物过敏反应及接触性过敏反应），但也可发生特发性过敏反应，只有在诊断时排除了其他引起过敏反应的原因之后才可诊断为特发性 ECG。有研究认为，发生这些特发性 ECG 的猫可能在遗传上更倾向于发生这类皮肤病变。损伤部位及临床症状依皮肤病变的类型而有很大差别（见表 66-1）。

无论发生何种类型的皮肤病变， EGC 皮肤病变均可继发感染。如果发生感染，则必须进行治疗。

表66-1 猫嗜酸细胞性肉芽肿复合征的病变类型及最常见的病变部位

皮肤病变类型	损伤部位
嗜酸细胞性溃疡	上唇
嗜酸细胞性斑	下腹部及腹胁部
线性肉芽肿	后腿近尾部

诊断

主要诊断

- 过敏性检查（allergy work-up）：过敏反应最常与猫发生EGC有关。引起 EGC的过敏反应包括蚤咬过敏性皮炎（flea allergy dermatitis）、食物过敏反应、特发性皮炎（atopic dermatitis）及接触性皮炎。梳毛检查跳蚤或蚊子抗原皮内试验（flea or mosquito antigen intradermal skin tests）或对控制跳蚤计划的反应有助于判断是否蚤咬过敏性皮炎是潜在的病因［见图66-1（A）、图66-1（B）及图66-1（C）］。8～12周的食物消除日粮（food elimination diet）之后再用食物饲喂，以证实或排除食物过敏反应是否存在对诊断也是极为有用的工具。参见第82章。皮内过敏反应试验是一种很敏感而且实用的诊断特发性皮炎的方法。接触性过敏反应很少能引起EGC，而且也难以诊断。诊断接触性过敏反应最常根据病史及分布范围进行。虽然有皮肤过敏斑贴试验（patch testing）方法，但必须要筛选环境中可能

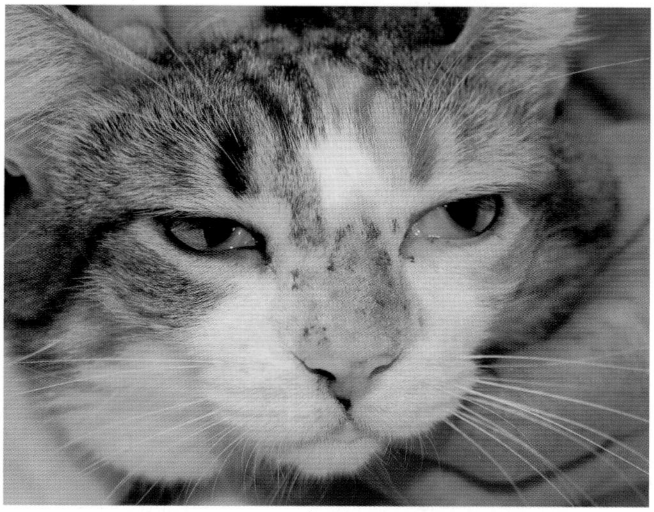

（A）

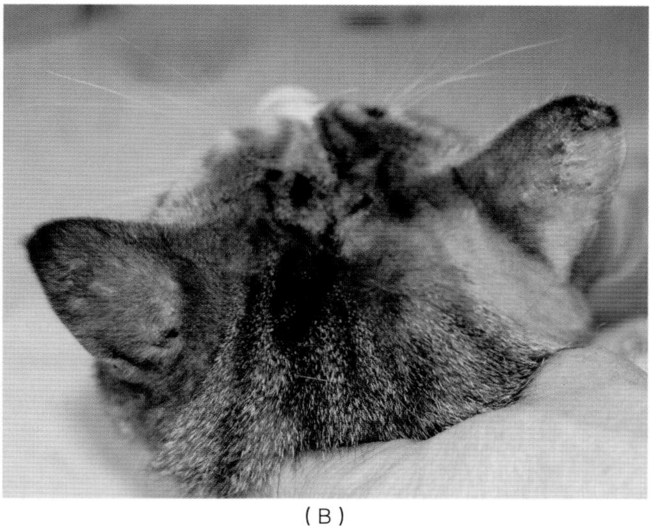

（B）

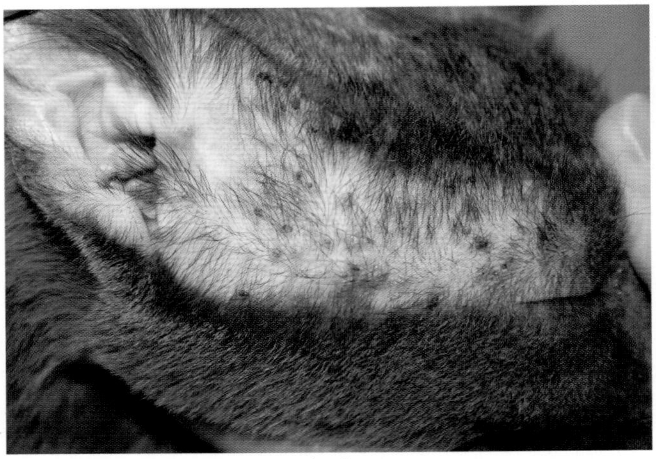

（C）

图66-1 蚊子叮咬性超敏反应（mosquito bite hypersensitivity）是嗜酸细胞性肉芽肿的潜在原因之一。毛薄的部位，如鼻子背部（A）、耳廓（B）、耳前区（C）是最常见的蚊子叮咬部位（图片由Gary D. Norsworthy博士提供）

引起这一问题的接触性过敏原。斑贴试验目前尚无预先确定的接触过敏试验方法。

- 活检：病变部位的皮肤活检可用于诊断EGC。如果存在溃疡性病变，应在正常及溃疡皮肤交界处采集活检样品。如果存在结节或斑块，采样时的活检穿刺应刺入损伤的中心部位。嗜酸细胞性溃疡［即猫的无痛性溃疡（feline indolent ulcer）、"侵蚀性溃疡"（rodent ulcer），见图66-2］可表现为增生性、溃疡性、表皮血管周到间质组织的皮炎，也可见到纤维化。猫的嗜酸细胞性斑病变（feline eosinophilic plaque lesions）可表现为表皮增生嗜酸性粒细胞过多的深部血管周皮炎，见图66-3（A）、图66-3（B）及图66-3（C）。有时也可见到皮肤潮红。毛囊的外根鞘也可见到弥散性海绵状组织。嗜酸细胞性肉芽肿损伤的组织病理学变化要比其他两类皮肤病变更为严重（见图66-4）。嗜酸细胞性肉芽肿损伤可表现为结节性到弥散性的肉芽肿性皮炎，皮肤潮红。活检时也常常可见到嗜酸性粒细胞和多核组织细胞巨细胞（multinucleated histiocytic giant cells）。
- 压片细胞学检查：嗜酸细胞性斑易于脱落。样本中可见嗜酸性细胞占绝对优势（见图66-5）。通过压片检查嗜酸性细胞增多并非为嗜酸细胞性溃疡或线性肉芽肿的典型病变。

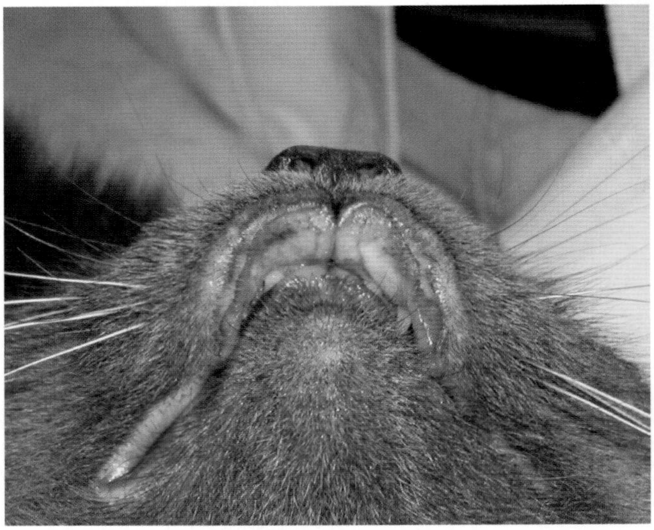

图66-2 位于上唇的嗜酸性粒细胞溃疡（侵蚀性溃疡，rodent ulcer），通常位于上犬齿之间，多为双侧性。本例的溃疡很大，延伸到犬齿后（图片由Gary D. Norsworthy博士提供）

辅助诊断

- 血常规：发生嗜酸细胞性斑（一致性结果）及嗜酸细胞性肉芽肿（有一定变化）可见到外周嗜酸性细胞增多。

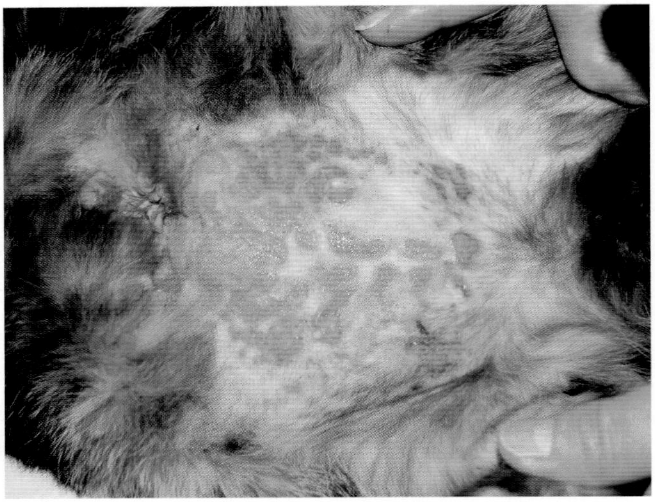

（A）

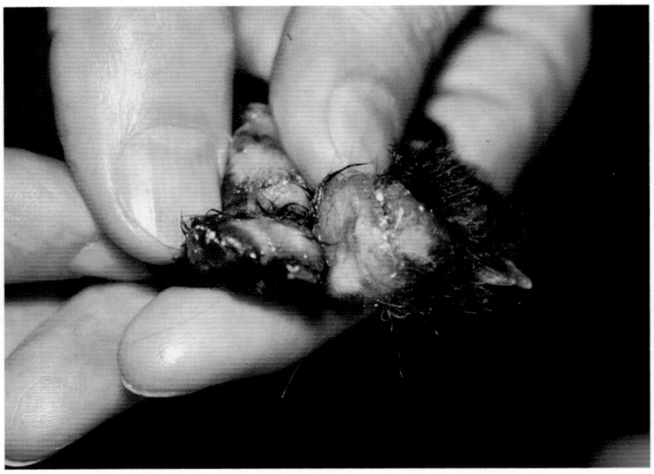

（B）

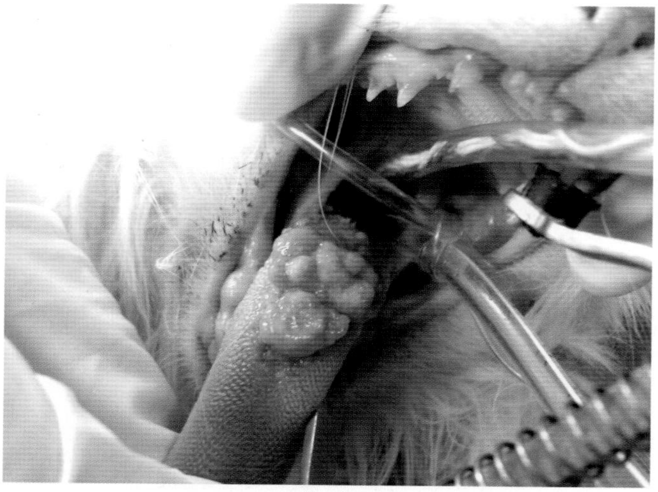

（C）

图66-3 嗜酸细胞性斑通常位于下腹部（A）（猫的头部在左侧）。如果有其他病变，则常位于趾间（B）及舌基部（C）（图片由 Gary D. Norsworthy博士提供）

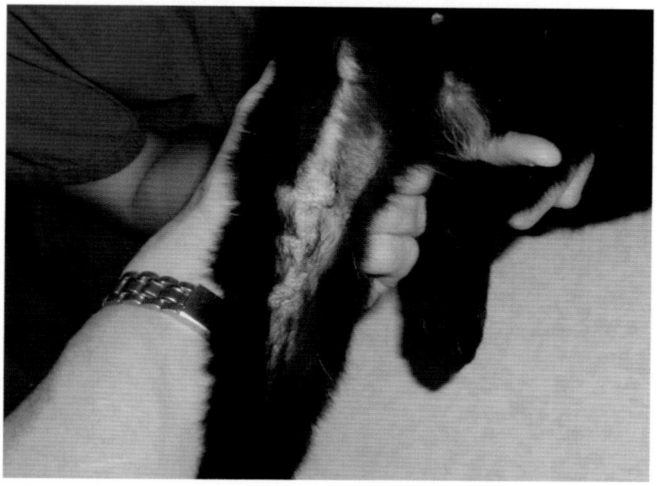

图66-4 线性肉芽肿位于后腿的后段，通常为双侧性。在有些猫，损伤常位于组织的破损边缘；其他猫的线性溃疡性病变与嗜酸细胞性斑相似。本例猫为两种情况均发生（图片由Gary D. Norsworthy博士提供）

治疗

主要疗法

- 主要治疗方法：如有可能，应鉴别及处理潜在的过敏原。
- 皮质激素：EGC对注射及口服甾体激素具有很好的反应性。
- 虽然尚未证实在猫采用，但环孢霉素在治疗EGC难以治愈的病例时很有效。

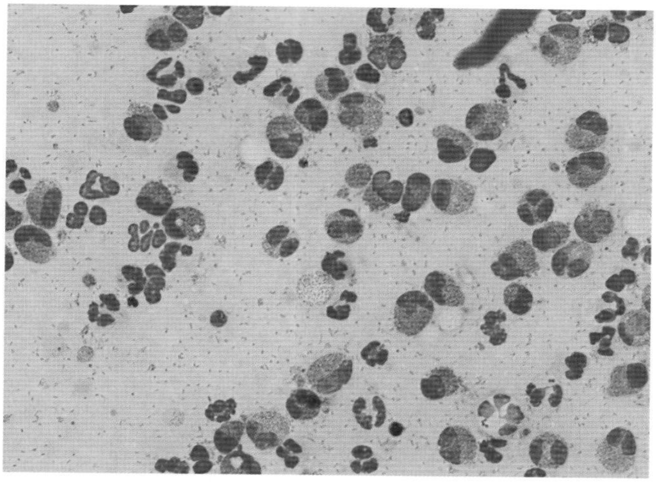

图66-5 嗜酸细胞性斑的压片细胞学检查结果。嗜酸性细胞为主要细胞。压片中嗜酸性细胞增多并非为嗜酸性细胞性溃疡或线性肉芽肿的典型变化（图片由Gary D. Norsworthy博士提供）

预后

如能鉴定及处理过敏原，则预后较好。如果不能鉴定潜在的过敏原，则病猫可需要长期采用甾体激素或环孢霉素治疗。

参考文献

O'Dair H. 1996. An open prospective investigation into aetiology in a group of cats with suspected allergic skin disease. *Vet Derm.* 7:193–196.

Power HT. 1990. Eosinophilic granuloma in a family of pathogen-free cats. *Proc Ann Memb Meet Am Acad Vet Derm/Am Col Vet Derm.* 6: 45–46.

Prost C. 1998. Diagnosis of feline allergic diseases: A study of 90 cats. In KW Kwochka, T Willemse, C Von Tscharner, eds., *Advances in Veterinary Dermatology III*, pp. 516–518. Boston: Butterworth-Heinemann.

Song MD. 1994. Diagnosing and treating feline eosinophilic granuloma complex. *Vet Med.* 89:1141.

第67章
嗜酸细胞性角膜炎
Eosinophilic Keratitis

Gwen H. Sila 和 Harriet J. Davidson

概述

嗜酸细胞性角膜炎（eosinophilic keratitis）是猫的一种最常呈双侧性的独特的角膜炎症疾病，偶尔也有报道这种情况见于马，但从未见在犬有发生的报道。有时该病也称为增生性角膜结膜炎（proliferative keratoconjunctivitis），因为其除影响结膜外也影响角膜。本病的病因目前尚不完全清楚，但猫疱疹病毒-1（feline herpesvirus，FHV-1）可能与本病的发生有关。在一项研究中发现，76%的嗜酸细胞性角膜炎为FHV-1检测阳性，虽然这种检出率很高，但可能也证明了正常猫的眼睛中FHV-1的阳性率就高达46%。这一结果及长期使用甾体激素治疗猫的嗜酸细胞性角膜炎并不支持其病因及其发病与FHV-1之间存在联系。如果同时发生两种疾病，则治疗可能更为复杂，但有研究发现猫在FHV-1检测结果为阳性时，嗜酸细胞性结膜炎对治疗发生反应及复发率没有明显差别。嗜酸性粒细胞性结膜炎更有可能是由Ⅰ型（IgE介导型）或Ⅳ型（T-细胞介导型）过敏症引起的过敏反应异常所引致。眼睛的病变与真皮的嗜酸细胞性病变无关。嗜酸细胞性结膜炎具有典型的外观，但必须要采用细胞学检查确诊。

诊断

主要诊断

- 表现：角膜是主要的病变位点。病变凸起于角膜表面，白色、粉红或黄色，颗粒状或角膜表面血管性斑块（见图67-1）。病变最常开始于外眼角（temporal limbus），但也可以通常方式开始。如果不进行及时适宜的治疗，斑块可能逐渐扩展到角膜中央。在大多数病例，这种疾病不表现疼痛，但有些猫可表现眼睛受刺激的症状（即眼睑痉挛，blepharospasm，眼睛出现分泌物或第三眼睑抬高）。病变并不引起着色污点，但可在病变内部或其边缘汇合，因此必须要小心不能将其误诊为溃疡。但是，本病12%～28%的病例可同时发生溃疡。如果病变影响到结膜，则表面可发生充血及增生。有时结膜可能是眼睛中唯一受损的部位，但不太常见。

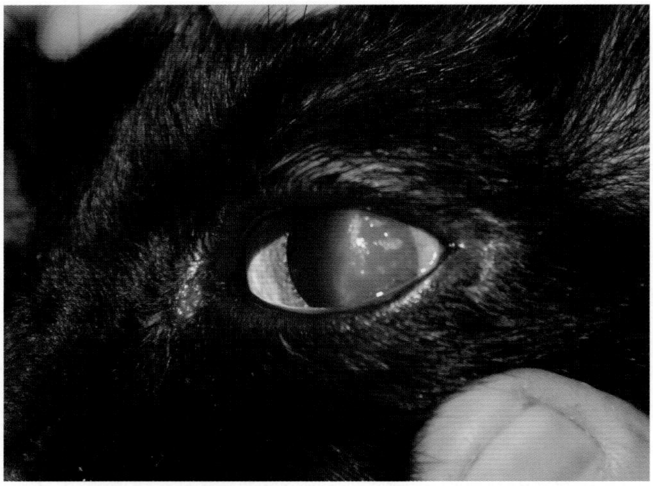

图67-1　嗜酸细胞性角膜炎的病变开始于颞骨缘，生长到覆盖几乎40%的角膜（图片由Gary D. Norsworthy博士提供）

- 细胞学：毛刷细胞学检查（brush cytology）是采集隆起的病变部位样品的最好方法。参见第299章。在正常的角膜组织学样品中一般含有上皮细胞，偶尔含有细胞沉渣。如果在细胞学样品中观察到嗜酸性细胞及肥大细胞，则是诊断本病的标志。正常情况下猫的结膜或角膜中均不存在这两类细胞。存在单个的嗜酸细胞就可看作异常，就足以作出嗜酸细胞性结膜炎的假定诊断。但外周血液也可能会存在于玻片上，因此如果嗜酸性粒细胞大量存在，其量要比正常情况下血液图片中的还多，则仍可支持诊断。

治疗

本病常常难以治愈，但可通过药物治疗及检测有效控制。

主要疗法

- 甾体激素：根据疾病的严重程度可局部采用眼科用地

塞米松或醋酸强的松龙剂量q4～12h治疗，这是治疗的首选方法。如果怀疑猫可能为FHV–1阳性，则可同时采用抗病毒治疗以降低治疗过程中病毒感染的复发。参见第41章。开始治疗后最少应间隔2～4周再次进行检查。如果治疗后有明显改进，则滴眼的频率应在4～6个月的时间内缓慢降低，最后停用。治疗期间应检查是否有复发，如果病变开始增大，则应再次用甾体激素治疗，逐渐降低到能控制病情的水平，即每隔7d左右用药一次。如果开始用甾体激素治疗后病情没有改进，则应重复进行细胞学检查以确定诊断。局部采用甾体激素时应该更换药物种类并增加用药频率，间隔2～4周后再次进行检查。对严重病例或不能用眼科给药进行治疗的猫应采用结膜下注射长效甾体激素的方法治疗，这种治疗方法的优点为只进行一次治疗，但有时可能需要重复。重复进行结膜下注射治疗可能会导致发生肉芽肿形成。也可在开始时就采用结膜下注射治疗以引起病变退化，之后再采用局部眼科药物以低频治疗。另外一种治疗方案是用强的松龙（每只猫5～10mg q24h PO）治疗1～2周。口服甾体激素易于给药，但全身性不良反应的发生较多。

辅助疗法

- 孕酮：合成孕激素醋酸甲地孕酮是一种很有争议的治疗方法，由于药效可能持续时间长，因此可在难以治愈的嗜酸细胞性结膜炎或同时发生活跃的溃疡时用这种药物治疗。开始剂量为0.5～1.0mg/kg q24h PO，治疗1～2周，之后逐渐降低剂量，直到用2.5～5.0mg/kg q7d PO的剂量维持治疗；但对大多数猫可在用甲地孕酮控制病情之后换用皮质激素进行治疗。由于已知合成孕酮能诱导潜在性糖尿病患者（borderline diabetic）发生临床型糖尿病，能使乳腺肿瘤的发生增加，因此使用时必须要谨慎。
- 抗病毒药物治疗：如果怀疑或证实发生疱疹病毒感染，应采用抗病毒药物进行治疗。参见第41章。
- 1.5%环孢霉素A：近来有人成功地局部用环孢霉素（玉米油稀释）每隔8～12h治疗一次，治愈了嗜酸细胞性结膜炎。大多数病例（88%）在治疗后第一次再检查时病变明显改善，所有复发病例均与治疗的停止有关。对环孢霉素治疗无反应的所有病例（11%）均对局部甾体激素治疗有反应。因此，对同时发生角膜溃疡的猫环孢霉素是首选的治疗方法，这是因为环孢霉素不大可能会延缓角膜伤口的愈合。

参考文献

Andrew SA. Immune-mediated canine and feline keratitis. 1991. In *Vet Clin North Am Small Anim Pract.* 38(2):269–290.

Pentlarge VW. 1991. Eosinophilic conjunctivitis in five cats. *J Am Anim Hosp Assoc.* 27:21–28.

Speiss AK, Sapienza JS, Mayordomo A. 2009. Treatment of proliferative feline eosinophilic keratitis with topical 1.5% cyclosporine 35 cases. *Vet Ophthalmol.* 12(2):132–137.

第68章
癫痫
Epilepsy

Teija Kaarina Viita-aho

概述

癫痫（epilepsy）是一种间歇性发作的以痉挛为特征的起自大脑的疾病。典型情况下癫痫性痉挛是猫在安静、睡眠或唤醒时由于大脑的兴奋性阈值最低而发生。发生癫痫的猫，外部因素如兴奋或闪电可启动痉挛。

癫痫发作（epileptic seizures）有四种类型：（a）继发于代谢或中毒等的反应性疾病（reactive seizures）。代谢性疾病包括肝性脑病（hepatic encep-halopathy）、尿毒症、低血糖、甲状腺机能亢进及甲状旁腺机能亢进等。中毒性疾病包括铅中毒、有机磷类中毒、乙二醇中毒及除虫菊酯/拟除虫菊酯中毒等。（b）颅内疾病如肿瘤、炎症或感染、创伤、先天性或变性性或血管疾病等引起的症状性癫痫（symptomatic epilepsy）。症状性癫痫是猫常见的癫痫类型，颅内疾病也是引起其发作最常见的原因。（c）可能为症候性癫痫（probable symptomatic seizures），其发作是由于可能的有症状的原因（即以前发生的头部创伤或感染），但其真实的原因还不清楚。（d）特发性癫痫（idiopathic seizures），尚未发现其确定性原因，这种情况称为特发性癫痫。特发性癫痫发作的痉挛经常发生于1～4岁时。

癫痫的发作过程中有四个要素。（a）前驱期（prodrome）为发作前的时期，此阶段可发生在发作活动前数小时或数分钟，猫的行为可表现异常、不安或每天的行为类型，如吃或睡眠发生改变。（b）预兆（aura），是指发作的开始，可见到脑电图（electroencephalography）发生改变。（c）发作（ictus）是真正的癫痫发作，在此阶段依发作是否为部分性的或整体性的，猫可表现许多异常行为。（d）发作后期（postictal period），发生在发作之后，此阶段可持续数分钟到数小时，在有些情况下可长达数天。行为的异常很有特征性，典型情况下，动物表现疲倦、分不清方向或目标、共济失调、饥饿、口渴及有攻击性。在此期间进行神经学检查时也可发现局灶性异常。

发作可以三种不同的类型发生，但在表现形式上与犬相比则有很大的差异。癫痫性发作（epileptic seizures）可分为原发性全身性发作（primary generalized seizures）、局灶性发作（focal seizures）（也称为部分性发作）或具有继发性普遍性的局灶性发作。

局灶性发作可简单或复杂。在原发性普遍性发作，整个大脑半球会出现异常的电活动。癫痫发作可为张力性（tonic）、阵挛性（clonic）或张力-阵挛性（tonic-clonic），通常会出现自发性排泄（autonomic release）（排尿、排便及流涎）。症状通常为对称性、双侧性及全身性，病猫通常失去知觉。全身性癫痫发作也可以小病发作。单次的全身性癫痫发作可持续只有30～90秒。猫的全身性张力性-阵挛性癫痫发作可能很猛烈。局灶性癫痫发作是由于大脑的癫痫灶所引起的电活动异常所引起，临床症状反映了受影响的局域机能的变化。局灶性癫痫发作可简单或复杂。在简单的局灶性癫痫发作，可见到部分抽搐活动，包括脸部或腮部抽搐、一肢夹紧或反常的节律性眨眼。单纯的局灶性抽搐，精神状态可能保持正常；复杂的局灶性抽搐，可见到所有单纯的局灶性抽搐的症状，但精神状态则发生改变，行为发生变化，通常可出现自主性排放。继发于全身性抽搐的局灶性抽搐可扩散到影响整个大脑。最初的抽搐症状可能会局限化，但之后会发生张力性、阵发性或张力性-阵发性的抽搐。

癫痫持续状态（status epilepticus，SE）是一种连续发作活动的状态，可持续至少5min，或者持续到两次或更多次的发作而在其间并不发生完整的康复。迄今为止，尚不清楚SE发生的病因。据报道这种情况在表现症状或反应性发作的猫比特发性发作的猫更为常见。在猫，局灶性连续性发作在发生SE时比在犬更为常见。SE为发作活动的一种类型，可能会很快危及生命，应作为急诊进行处治。未治疗的SE可导致高热、低氧、酸中毒、低血压、低血糖、高血钾、肾衰、弥散性血管内凝血（DIC）及不可逆的神经病变。

癫痫的鉴别诊断包括晕厥（syncope）、发作性嗜睡症（narcolepsy）、猝倒症（cataplexy）、行为性疾病、孱弱发作、前庭病（vestibular disorders）、痛性痉挛综合征（cramping syndromes）（可能与遗传有关——译注）、震颤（tremors）及其他阵发性运动障碍疾病（episodic movement disorders）。通过详细全面地与猫主交流及仔细的临床及神经检查，通常可排除这些疾病。

诊断

主要诊断

- 排除法：通过排除所有其他引起发作的原因后可诊断出特发性癫痫。
- 神经检查：特发性癫痫除非癫痫发作严重或持续存在，通常与发作间期神经异常（interictal neurological deficits）无关，但在癫痫发作后24h神经状态可能仍有异常，因此最好在第二天再进行检查。在有症候群及反应性癫痫，神经病变常为对称性的，如果神经病变不对称（如转圈），则应检查大脑的结构性病变。在发作间期，猫也可能不出现任何明显的神经症状。
- 基础检查：对代谢及感染性异常的检查应包括完整的身体检查、血常规（CBC）、血清生化检查、尿液分析、粪便检查、胸部及腹部X线检查、检查猫白血病病毒（FeLV）及猫免疫缺陷病毒（FIV）、测定血压及进行心电图检测等。在怀疑肝脏发生问题时，还应进行胆酸试验或其他肝机能试验。
- 脑脊液检查（cerebrospinal fluid，CSF）：检查中枢神经系统是否存在炎症、感染、出血或肿瘤等情况时，应采集CSF并进行分析。猫患肿瘤时CSF的典型结果为蛋白含量增加但细胞计数正常，但也可能结果正常。CSF中罕见肿瘤细胞。采集CSF时应仔细小心，由于在发生肿瘤时颅内压可能增加，除去CSF后可形成脑疝。

辅助诊断

- 影像学检查：对颅内的结构性异常进行检查应包括计算机断层扫描（CT）或磁共振影像检查（magnetic resonance imaging，MRI）等方法。
- 脑电图（EEG）：用于检查癫痫病猫异常的电活动，但在日常的兽医临床检查中一般不采用这种方法。在所有发生癫痫的病猫，EEG读数并非总是异常，但EEG正常也不能排除癫痫。

治疗

主要疗法：癫痫发作

- 应对引起癫痫发作的潜在疾病进行适宜的治疗。
- 治疗目的：解痉疗法的主要目的是尽可能减少癫痫发作的频率，但应避免过度的药物诱导的不良反应。病猫不应完全消除癫痫发作，但应具有正常生活。患特发性癫痫的病猫即使采用适宜的抗癫痫药物治疗也仍很有可能持续发生数次抽搐。
- 苯巴比妥：开始剂量为1.5～3.0mg/kg q12h PO。血清苯巴比妥的浓度在猫的个体之间差异很大，因此必须要进行监测。治疗时的血清浓度为15～45μg/mL（65～150μmol/L）。血清药物浓度应在开始治疗后2～3周监测，或在剂量改变时进行检测。采集血清进行苯巴比妥水平测定时不能使用血清分离试管。硅胶也可与苯巴比妥结合，因此可造成低浓度的假性结果。

辅助疗法：癫痫发作

- 安定：为实际治疗癫痫时有效的解痉药物，但据报道其可引起猫的肝脏坏死，因此不能用于长期治疗。急诊治疗时安定的剂量为0.5～1.0mg/kg IV，如果不能进行血管内给药，可在紧急情况下直肠内给药。
- 加巴喷丁（gabapentin）：在猫曾被用作解痉药物，开始的剂量为5～10mg/kg q24h PO，3～5d的治疗之后剂量增加到同样剂量，每隔12h用药。可能会引起镇静过度，特别是在开始治疗时，因此建议逐渐增加剂量以避免这些不良反应。
- 左乙拉西坦（levetiracetam）：可作为苯巴比妥的辅助疗法或单独使用，为一种有效的解痉药物，剂量为20mg/kg q8h PO。肾脏机能受损的猫应降低剂量，但在患有肝脏疾病的猫，本药相对较为安全。
- 唑尼沙胺（zonisamide）：可以5～10mg/kg q12h PO剂量用药，但不良反应，包括厌食、腹泻、呕吐、困倦及运动性共济失调等见有报道。
- 普瑞巴林（pregabalin）：可以2～4mg/kg q8～12h PO用药。

治疗注意事项：癫痫发作

- 如果癫痫发作发生的频率在每隔6周一次以上，或抽搐呈集群状发作，或每次抽搐持续的时间超过5 min，或在SE时，应采用解痉治疗。
- 癫痫病猫可能存在有兴奋现象。抽搐活动可能长期存在或再次导致新的抽搐。因此，最好在早期就开始采用解痉治疗。

- 苯巴比妥的不良反应包括镇静、多尿、多饮及多食等，重要的是应将这些情况告知猫主，镇静通常持续只有 3～5d，其他不良反应通常在治疗后第一周内消退。在理论上人们对该药物的肝损害十分关注。肝毒症（hepatotoxicosis）在犬是一种常见的并发症，但在猫尚未见有报道。
- 采用苯巴比妥治疗时，血液学及临床生化检测应每隔6个月进行一次。由于见有报道可发生免疫介导性中性粒细胞减少症及血小板减少症，因此建议进行检测。在长期治疗时偶尔可见到丙氨酸转氨酶（ALT）及碱性磷酸酶（AP）活性由于酶的诱导而升高。
- 文献资料中关于溴化钾（potassium bromide，KBr）在猫的治疗效果报道极少，许多猫可发生不可逆的慢性支气管炎，因此不建议在猫使用这种药物。
- 曾经使用过的其他解痉药物如扑米酮（primi-done）和苯妥英（phenytoin）可能对猫有毒性，应避免使用。
- 癫痫的治疗没必要长期用药，可发生自愈性康复，因此在前一年内如果没有发作，可尝试停止治疗。停药时应在长时间内（6～8个月内）逐渐减小剂量。由于快速降低剂量可增加癫痫复发的风险，在使用苯巴比妥时药物会成瘾，因此应避免快速减小剂量。

主要疗法：癫痫持续状态

- 治疗目标：治疗的目标是快速终止癫痫发作活动，确定SE的原因及治疗所有相关的由发作活动引起的全身性或颅内后遗症。
- 优先顺序：终止发作活动，注意气道、呼吸及循环（airway，breathing，and circulation，ABC）。
- 安定：以0.5～1.0mg/kg IV给药，可以间隔5～10min重复用药2～3次。如果不能进行静脉内给药，可直肠内给药。如果没有安定，可采用另外一种苯二氮䓬类（benzodiazepine）咪达唑仑（midazolam），以0.2mg/kg IV给药。
- 苯巴比妥：以3mg/kg IV给药；这种药物作用时间比安定长。应注意其效果并非立即出现，而是需要15～25min，因此应避免剂量过度，可在抽搐停止后每隔20～30min重复用药。苯巴比妥也可以恒速静注（constant rate infusion，CRI），以每小时2～4mg/kg给药。

辅助疗法：癫痫持续状态

- 异丙酚（propofol）：如果抽搐活动持续，可采用异丙酚治疗，开始剂量为1～6mg/kg以发挥作用，之后可以CRI 按照每小时0.1～0.6mg/kg用药。如果以CRI以异丙酚进行治疗，每隔6h应将剂量减少25%。
- 美托咪定（medetomidine）或右美托咪定（dexmedetomidine）：这两种药物可IV或 IM给药以终止发作活动。美托咪定的剂量为20～40 μg/kg，右美托咪定的剂量为10～20 μg/kg。这些都是按经验用药，目前尚未见有研究结果发表。
- 左乙拉西坦（levetiracetam）：可作为一种急诊治疗IV给药，剂量为20mg/kg，该药的解痉效果快速，可维持数小时。此外，用药后猫不会发生镇静作用，而且能更为快速地从发作中恢复，速度要比采用安定更快。之后可用左乙拉西坦维持治疗或换用苯巴比妥治疗。

癫痫持续状态的治疗注意事项

- 只要可行就应静脉留置针，采集血液至少进行 CBC、电解质、葡萄糖、肝脏及肾脏机能检测。
- 为纠正及维持机体稳态，可以每小时10mL/kg的剂量静注液体。
- 控制体温，如有必要可冷却病猫。
- 开始维持治疗以避免进一步的抽搐。
- 必须仔细监测病猫直到其恢复正常状态。一些基本参数，如血压、呼吸速率、心率、P_{O_2}、外周脉搏及体温等均应监测，也应进行神经病学检查。

预后

癫痫猫的预后主要取决于潜在疾病及是否病猫对治疗有反应。与反应性或有症候群的癫痫相比，特发性癫痫的预后较好，患反应性癫痫的猫据报道其生存时间要比具有症状的癫痫长一年。据报道，SE的发生与生存时间成反比，患有SE的猫约25%发生死亡或实施安乐死。

参考文献

Bagley RS. 2005. Clinical Evaluation and Management of Animals with Seizures. In RS Bagley, ed., *Fundamentals of Veterinary Clinical Neurology*, pp. 363–376. Ames, IA: Blackwell Publishing, Iowa.

Bailey KS. 2008. Levetiracetam as an adjunct to phenobarbital treatment in cats with suspected idiopathic epilepsy. *J Am Vet Med Assoc.* 232(6):867–872.

Berendt M. 2008. Epilepsy in the dog and cat: Clinical presentation, diagnosis, and therapy. *Eur J Compan Anim Pract.* 18(1):37–45.
Kline KL. 1998. Feline epilepsy. *Clin Tech Sm Anim Pract.* 13(3):152–158.
Schriefl S. 2008. Etiologic classification of seizures, signalment, clinical signs, and outcome in cats with seizure disorders: 91 cases (2000–2004). *J Am Vet Med Assoc.* 233(10):1591–1597.

第69章 食道疾病 Esophageal Disease

Andrew Sparkes

概述

猫的食道疾病（esophageal disease）相对较为少见，但却有许多特点明显的疾病。广义地可将食道疾病的原因分为以下几类：

- 阻塞性：食道腔（如异物）、食道壁（如肿瘤、狭窄）及食道外（如纵隔前部肿块或血管环异常）。
- 炎症：食道炎。
- 蠕动机能障碍：巨食道（megaesophagus）及食道运动减弱。吞咽困难（dysphagia）及返流（regurgitation）是食道疾病的常见症状，但有些猫可表现迟钝、食欲不振、疼痛、厌食及流涎（ptyalism）等症状。根据病史或甚至临床检查可以可靠地区分呕吐与返流，但在有些情况下可能比较困难。

如果怀疑发生返流或食道疾病时，需要考虑的其他肿瘤的临床及病史特点还应包括猫的年龄及是否疾病在开始时为急性的（如异物）、疾病进展情况（如肿瘤或狭窄），或是否与新近的麻醉或使用能引起溃疡的药物有关。此外，其他有关神经肌肉症状、继发性肺炎的症状及不能吞咽液体的症状等均是病史和检查时极为重要的方面。

口腔检查有时可发现存在感染所引起的口咽炎症或溃疡[即猫杯状病毒（feline calici virus，FCV）]或摄入腐蚀剂等；有时偶尔可见到摄入异物的迹象。仔细触诊颈部可发现疼痛（即异物或食道炎）、食道扩张或可触及异物或肿块性损伤。肋骨弹力（rib spring）为一种评估前胸压缩性（anterior thoracic compressibility）的方法，通过这种方法检查是否前部胸腔发生肿块，应进行胸腔听诊及叩诊以检查胸廓内的疾病及继发的并发病，如吸入性肺炎等。

诊断

主要诊断

- 直接观察：诊断可能需要住院治疗以观察猫的采食，以每只猫0.1～0.2mg IV静注安定或米氮平（mirtazapine）（每只猫3.25mg q2～3d）有助于进行这种检查。
- 内镜检查：存在黏膜或肿块病变时，包括食道炎、肿瘤性异物、狭窄及穿孔时内镜检查具有重要意义。
- X线拍片检查：普通X线拍片极为有用，应在病猫意识清醒或轻度镇静足以维持食道张力的情况下进行。采用钡造影剂（如钡膏或钡与食物混合）有助于检查损伤或证实是否发生巨食道。但如可能发生食道穿孔，应采用基于碘的造影剂，如果要施行内镜检查，则应在吞食钡后至少等待24h再进行。
- 荧光镜检查：虽然施行荧光镜检查的设施更受限制，但极有价值，对诊断有些疾病，特别是运动能力改变的疾病极为关键。

食道异物

概述

许多异物可楔入食道中而形成食道异物（esophageal foreign bodies），其中线性异物及骨片可能是猫最为常见的揳入食道的异物，而玩具、钓鱼钩、毛球等也可见到。异物截留在食道中最常见的位点是最为狭窄或有弯曲的部位，包括胸腔入口、心基之前及贲门之前的食道末端。

诊断

典型情况下异物可引起部分食道阻塞（偶尔可引起完全阻塞）及临床症状急性开始的食道炎、疼痛、流涎及厌食。可根据病史、临床症状及X线拍片和内镜检查结果进行诊断。

治疗

治疗时可采用内镜或手术方法摘除异物。同时病猫也应按食道炎治疗。大多数情况下预后较好。

食道炎

概述

食道炎（esophagitis）可为一种原发性疾病，或为许多其他食道疾病的一部分。引起食道炎的重要原因包括：

- 麻醉引起的胃食道返流（anesthesia-associated gastroesophageal reflux）：是猫严重食道炎最常见的病因。诱发因素包括降低食道张力的药物（如阿托品或甲苯噻嗪）、手术过程中增加腹腔或胃部压力的药物、手术时胃内的食物以及体位改变，使得在手术过程中或复苏时头部比腹部低。
- 药物引起的食道炎（drug-associated esophagitis）：有些病例与严重的食道狭窄有关。早期的研究认为强力霉素可引起食道炎，但许多药物会引发食道炎，包括克林霉素、钾盐、心得安、非甾体类抗炎药物及维生素C等。研究表明，片剂及胶囊剂在口服后进入胃时，如果在用药时不灌服大量的水或食物，或不对片剂或胶囊剂进行润滑，则常可使药物滞留在食道中。如果采用这些措施可极大地降低药物诱导食道炎的风险。
- FCV 感染。
- 异物。
- 摄入腐蚀剂。
- 胃食道返流（gastroesophageal reflux）与进入胃的食道造口插管有关。
- 持续呕吐。
- 食道裂孔疝（hiatal hernia）及胃食管套叠（gastroesophageal intussusception）。
- 肿瘤。
- 食道下端括约肌机能不全（lower esophageal sphincter incompetence）。

食道炎的严重程度差别很大，轻微病例只涉及黏膜表面，如果采用适当的治疗，通常可痊愈而没有长期的并发症。更为严重的病例可能会延伸到肌肉层，更有可能会导致形成狭窄。轻微病例症状不明显（即轻微疼痛/不适，吞咽困难、偶尔返流、食欲不振），而在更为严重的病例可出现明显的返流（返流的食物中可能还有血液）、疼痛、流涎、厌食及吞咽困难。

诊断

- 造影剂检查或透视检查（contrast studies or fluoroscopy）：可发现黏膜异常或运动能力改变。
- 内镜检查：确定诊断时需要进行内镜检查，采用这种方法较易证明是否有食道炎，并对其严重程度以及损伤的范围进行判断。
- 普通X线拍片检查：很少能检查到异常。

治疗

- 轻微/浅层病例：禁食24～48h后再次进食，可采用软而低脂肪高蛋白的食物。这种组成的食物可改进下端食道的张力，减少胃排空的延缓。如果结合短期使用黏膜保护药物及抗酸药物，则可治愈。
- 中等到严重病例：需要采用更为积极的治疗方法，而且治疗可能会持续数周。如果让食道休息（esophageal "rest"）有利于充分痊愈，则应考虑通过胃造口术放置胃管（gastrostomy tube），这在开始痊愈过程的5～10d内具有积极作用，但在此期间不应禁止口服黏膜保护剂。
- 黏膜保护剂：硫酸铝混悬液（sucralfate suspension）（100~200mg/kg q8~12h PO）可在溃疡的黏膜表面形成一保护层。胃部抗酸药可降低胃的酸度，有助于防止返流时进一步造成损伤。适宜的药物包括雷尼替丁（ranitidine）（1~2mg/kg q8~12h PO）、法莫替丁（famotidine）（0.5mg/kg q12~24h PO）及奥美拉唑（omeprazole）（0.7mg/kg q24h PO）。抗炎药物（强的松龙，1~2mg/kg q24h治疗2~4周）有助于限制进一步发生炎症及纤维化。如果存在有明显的深度炎症变化，可在用强的松龙治疗期间用抗生素治疗。如果有严重疼痛，口服利多卡因有一定的价值。

预后

应通过系列内镜检查对治疗的反应，同时如果发生狭窄也可在早期进行治疗。在许多情况下，早期积极治疗可产生很好的结局。

食道狭窄

概述

狭窄形成（stricture formation）（纤维化及瘢痕组织）通常为严重的食道损伤或食道炎的最终结果。狭窄的位点差异很大，虽然有些为局部性质的，但有些则极为广泛。典型的病因包括麻醉后食道炎，这种情况典型地发生于麻醉后的1～3周内；异物损伤、食道手术后摄入腐蚀剂、药物以及罕见的肿瘤。

主要临床特点为严重的吞咽困难及返流，通常发生在采食之后。症状依狭窄的严重程度而不同，大多数病例具有很明显的临床症状。开始时返流出固体食物，之后则返流出半液体食物及液体。

诊断

- 造影：通常可根据钡餐后进行X线检查、透视镜及内镜进行诊断（见图69-1及图69-2）。

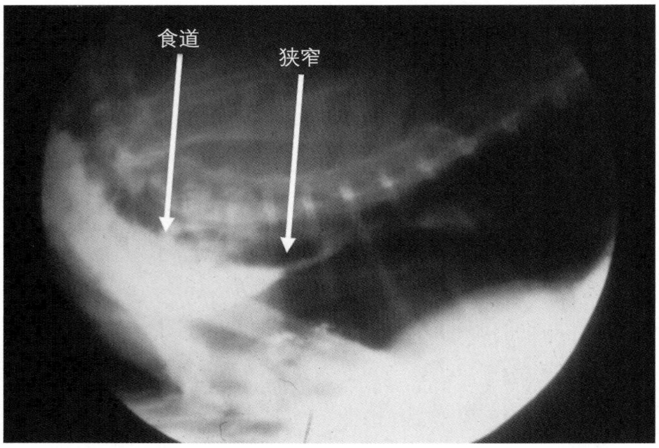

图69-1 透视检查时食道狭窄的外观

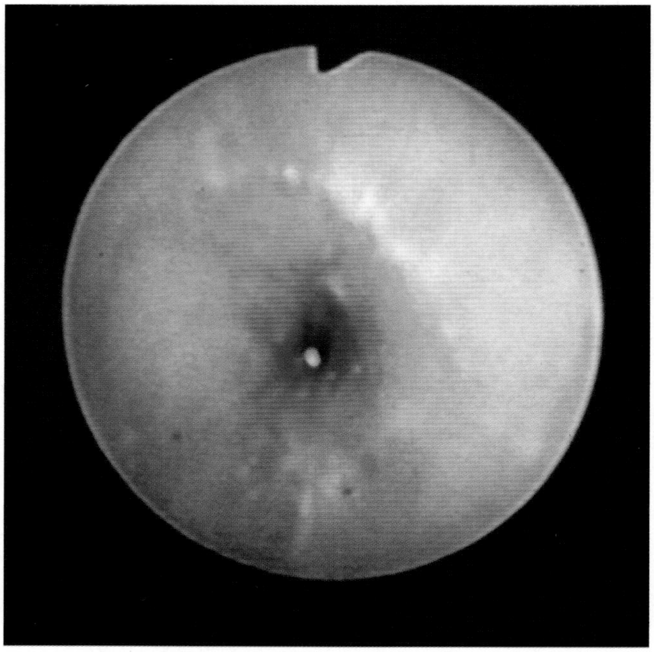

图69-2 食道狭窄的内镜检查外观

治疗

- 气囊导管扩张法（balloon catheter dilatation）：见图69-3，这样可产生辐射状的扩张力量，与使用探针扩张术（bouginage）所产生的剪切力（shearing forces）相反。依狭窄的大小，可需要直径为10～20mm的气球，随着狭窄的扩张，可采用直径较大的气球。将气球通入食道，在内镜指导下使狭窄部置于气球长度的中间，然后将气球充气达到206.7～344.5kPa的压力，保持此压力45～60s后放气。放气后再用内镜检查食道，如果由此引发很小的损伤或黏膜撕裂，则该过程仍可立即重复1～2次。依狭窄的严重程度，气球扩张过程中损伤的程度及临床反应，可间隔2～7d重复采用气球扩张。在一项回顾性研究中发现，发生典型反应的猫需要1～8次扩张才能产生良好的临床反应，而有些猫可能需要20次以上的扩张。
- 扩张后支持疗法：可采用硫糖铝、抗酸药，可能还需使用抗生素。虽然尚未证实其效果，但强的松龙疗法也是有理由的选择。如有可能，应在扩张后24h让病猫采食软的食物，如有必要，可采用体位性饲喂（postural feeding）。

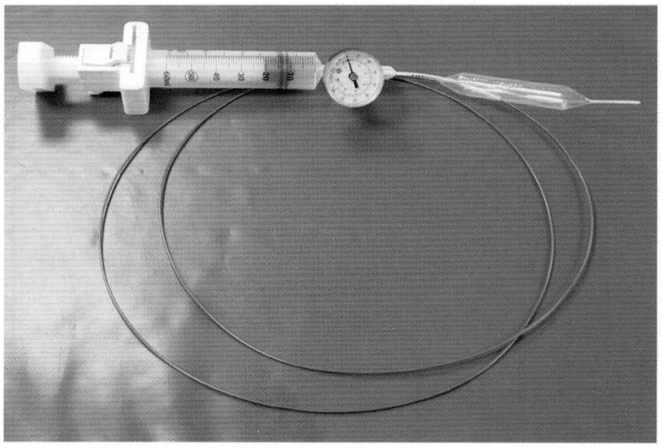

图69-3 治疗食道狭窄的气球扩张器

预后

虽然有些严重病例可能需要较长时间的治疗，但大多数病例可获得较好及可接受的临床反应，有些猫食道狭窄可完全康复而不再表现临床症状，但在许多病例对治疗的反应为部分性的，有些狭窄会仍然残留。

血管环异常

概述

最常见的血管环异常（vascular ring anomaly），

也称为主动脉先天性畸形，是在右侧主动脉弓。血管环在右侧为主动脉，左侧为肺动脉干（pulmonary trunk）、腹面为心基、主动脉与肺动脉之间的动脉韧带（ligamen-tum arteriosum），包围着食道，阻止了其扩张（见图69-4）。有人认为这种情况更常见于暹罗猫，但其实为一种罕见情况。

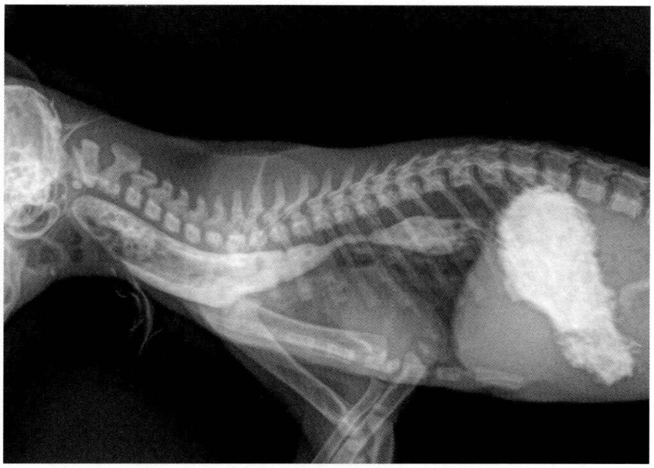

（A）

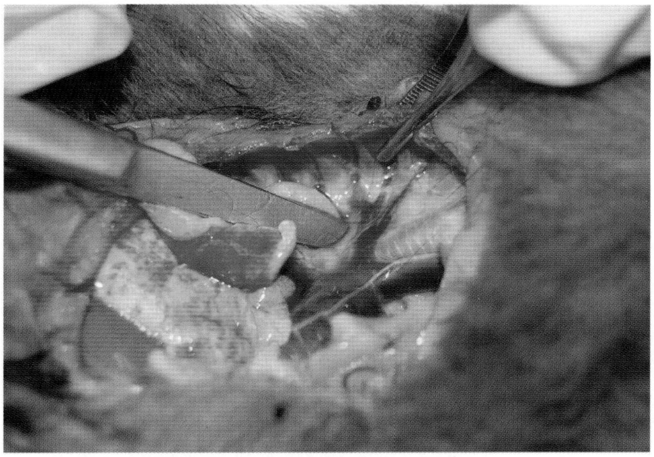

（B）

图69-4　（A）吞食钡餐后血管环异常时的X线影像；（B）在剪刀末端可见到血管环（图片由 Gary D. Norsworthy博士提供）

诊断

- 临床症状：就诊时所见到的临床症状通常严重而突然，断奶后即可发生返流。猫主有时可见到近端（颈部）食道扩张，食物倾向于蓄积在阻塞部的近端。关于后期开始出现的临床症状所见报道不多，可能是由于食道阻塞不太严重所造成。
- 影像检查：普通X线拍片很有诊断意义，特别是如果能获得相关的病史，心基近端食管扩张，则可诊断。但在有些病例可能需要造影剂比对检查或荧光镜检查（见图292–32）。

治疗

- 手术：如果及早切除肺动脉韧带（ligamentum arte-riosum）则成功率很高，但延迟手术可导致持续性食道扩张。

预后

早期采用手术修复时预后较好，如果不施行手术治疗则预后较差。

食管裂孔疝

概述

食管裂孔疝（hiatal hernia）是指腹腔内容物（通常为腹腔部分的食道，可能是贲门，可能是近端的胃）通过膈肌的食道裂突出。有些尚未证实的报道认为，本病在暹罗猫更为常见。大多数病例为先天性异常，但食管裂孔疝也可发生于创伤之后（见图69-5）。

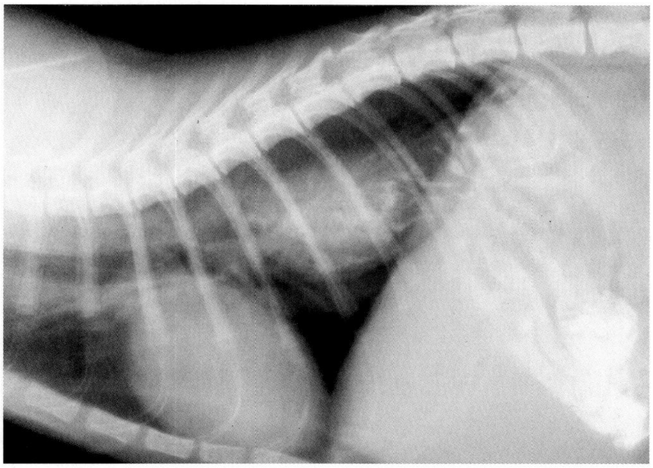

图69-5　食管裂孔疝在注射钡后的X线拍片外观，食道前可清楚见到一些皱襞

主要的临床症状为间歇性返流，远端有由胃食管返流引起的食道炎，但这种情况罕见，可引起所谓的“滑动性”食管裂孔疝（“sliding” hiatal hernias），即疝的形成是间歇性的而不是永久性的。

诊断

- 影像检查：食管裂孔疝的诊断较为困难，普通X线拍片可能具有诊断意义，可采用造影剂X线拍片或内镜证实诊断（见图69–2）。下端食道括约肌在前部移位通常很明显，有时也可能有一定程度的巨食道，但滑动性食管裂孔疝可能更难以诊断。

治疗

- 保守疗法：据报道大约50%的病例能对单独的保守疗法发生反应，这种保守疗法可采用硫糖铝、抗酸药、少量多次喂食及体位性饲喂。
- 手术治疗：如果症状难以解除，可考虑施行食道固定术（esophagopexy）。

食道憩室

食道憩室（esophageal diverticula）为先天性或获得性（继发于其他食道疾病）的外生性囊（out pouchings），如果大而严重时可导致出现临床症状（如返流）。本病需要采用造影剂X线拍片或内镜检查进行诊断，通常采用保守疗法（即体位性饲喂、流体或半流体食物等）或手术切除难以对治疗发生反应的病例。

食道肿瘤

原发性食道肿瘤（esophageal neoplasia）不太常见，鳞状细胞癌是报道中最为常见的肿瘤（见图69-6）。食道周围肿瘤（periesophageal neoplasia）（如纵隔淋巴瘤，mediastinal lymphoma）则更为常见。所能观察到的主要症状是由于食道机械性阻塞所致。原发性食道肿瘤的预后较差。

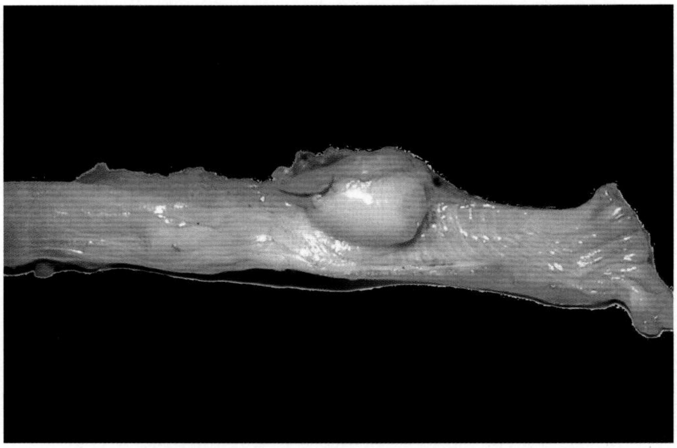

图69-6　食道鳞状细胞癌，这种肿瘤发生于食道的有横纹（纵褶）与平滑（herringbone pattern）肌部分之间（图片由Gary D. Norsworthy博士提供）

巨食道症

概述

巨食道症（megaesophagus）是指食道普遍性扩张，食道缺乏运动活力。在未发生巨食道时食道运动机能不足也见于某些猫。巨食道是一种不常见的情况，但有许多极为重要的鉴别诊断需要考虑，包括特发性先天性病例（最常见于暹罗猫，常常并发胃运动机能障碍）、特发性获得性及有些病例继发于多肌病（polymyopathies）、多神经病（polyneuropathies）、连接病（junctionopathies，神经肌肉接头处的病变）及自主神经机能障碍（dysautonomia）（参见第58章）、食道阻塞、食道炎等。

主要特点为返流，可发生于采食后不同时间。尽管巨食道在患有重症肌无力的猫不如在犬常见（犬的食道条纹肌部分所占比例更高），但有时可见于肌无力的猫。参见第143章。和犬一样，如果症状明显或广泛影响到食道时，可发生所谓的局部性肌无力。

诊断

- 影像检查：开始诊断时可采用X线拍片或荧光镜检查（见图69-7）。也可采用其他方法进行诊断，如果适当，可调查可能的潜在疾病，这些方法包括自动机能评价（autonomic function assessment）、抗乙酰胆碱受体抗体效价测定、血液铅水平测定、肌电图、肌肉及神经活检以及评价胃清空等，这在暹罗猫特别重要，这种猫可发生更为普遍的胃食管运动障碍性疾病。原发性特发性巨食道症可能与犬的情况相似，其发生可能与缺乏对大脑的传入性刺激有关，因此不能识别位于食道近端的食团。但这种情况尚未在猫进行过详细的研究。

治疗

- 少量多次体位性饲喂：如果不能进行体位性饲喂，可在饲喂后抬高猫的头部，头部应比身体高，抬高持续5～15min可能就能奏效。
- 食物类型：应饲喂不同组分的食物以找到猫最能耐受的食物。虽然饲喂液体或半液体食物似乎很有道理，但一些猫更能耐受干的食物，这可能只有通过试验或错误来判断，但应饲喂高质量的高热能食物。
- 提高活力的药物（Pro-Motility Agents）：可试用提高活力的药物（即胃复安，metoclopramide，或西沙必利，cisapride），但一般来说患巨食道症的猫对这些药物的反应较差。
- 自发性康复：偶尔可见特发性巨食道症自发性康复的情况，但对这些病猫疾病及其康复的机制还不清楚。如果伴发食道炎或吸入性肺炎，可根据情况采用适当的方法治疗。

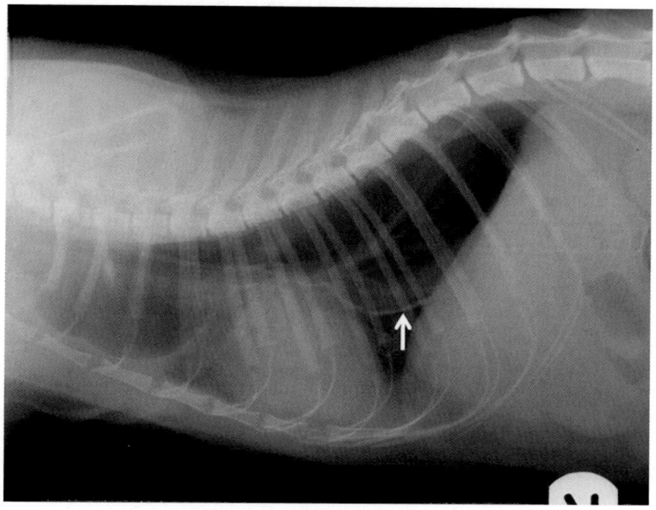

（A）

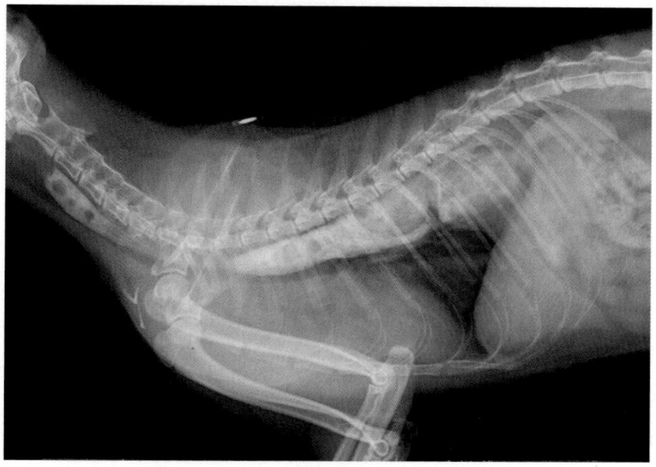

（B）

图69-7 巨食道症的影像检查。（A）普遍性巨食道的X线拍片外观，箭头所指为食道腹侧壁，其之所以能够观察到是因为食道中的空气。（B）钡及食团进入食道后巨食道的X线拍片外观

参考文献

Adamama-Moraitou KK, Rallis TS, Prassinos NN, et al. 2002. Benign esophageal stricture in the dog and cat: a retrospective study of 20 cases. *Can J Vet Res.* 66(1):55–59.

German AJ, Cannon MJ, Dye C, et al. 2005. Esophageal strictures in cats associated with doxycycline therapy. *J Fel Med Surg.* 7(1):33–41.

Glazer A, Walters P. 2008. Esophagitis and esophageal strictures. *Compend Contin Educ Vet.* 30(5):281–292.

Graham JP, Lipman AH, Newell SM, et al. 2000. Esophageal transit of capsules in clinically normal cats. *Am J Vet Res.* 61(6):655–657.

Han E, Broussard J, Baer KE. 2003. Feline esophagitis secondary to gastroesophageal reflux disease: clinical signs and radiographic, endoscopic, and histopathological findings. *J Am Anim Hosp Assoc.* 39(2):161–167.

Leib MS, Dinnel H, Ward DL, et al. 2001. Endoscopic balloon dilation of benign esophageal strictures in dogs and cats. *J Vet Intern Med.* 15(6): 547–552.

Trumble C. 2005. Esophageal stricture in cats associated with use of the hyclate (hydrochloride) salt of doxycycline. *J Fel Med Surg.* 7(4): 241–242.

Westfall DS, Twedt DC, Steyn PF, et al. 2001. Evaluation of esophageal transit of tablets and capsules in 30 cats. *J Vet Intern Med.* 15(5): 467–470.

第70章 乙二醇中毒（汽车冷冻液中毒）
Ethylene Glycol Toxicosis

Tatiana Weissova 和 Gary D. Norsworthy

概述

乙二醇中毒（ethylene glycol，EG，toxicosis）为一种危及生命的中毒病。EG 主要用作冷冻液及挡风玻璃除冰剂，也可用作摄影显影液、液压制动液、车用机油、墨水、木材着色剂及一些化妆品的成分。EG 中毒也可发生于摄入含有草酸的植物之后。抗冻液含有大约95% EG。EG具有甜味，猫很易采食。EG 本身无毒，但其代谢产物则有毒性。EG在摄入后很快被吸收，但胃中的食物可延缓其吸收。吸收后的代谢主要发生在肝脏，被乙醇脱氢酶（ADH）氧化形成多种代谢产物，包括羟乙醛（glycoaldehyde）、羟基乙酸［glycolid acid（glycolic acid）］、水合乙醛酸（glyoxylic acid）及草酸。草酸与钙结合形成草酸钙结晶，沉积在肾小管，可引起肾脏上皮及间质组织受损（坏死），可形成阻塞性尿路病变及低钙血症，导致痉挛。EG主要通过肾脏排出，50%以未变化的形式排出。EG的中毒剂量还不清楚，未稀释的抗冻剂（按体积95%～97%）的致死剂量为1.4mL/kg，或在5kg的猫为8mL。临床症状依赖于剂量，可分为三个阶段：（a）早期阶段：主要表现为神经症状；（b）中间阶段：表现为心肺及代谢异常（即心脏和呼吸因严重的酸中毒及电解质紊乱而出现异常）；（c）后期：肾脏机能异常（即少尿型肾衰，oliguric renal failure）。早期症状出现在30min～12h，主要包括恶心、呕吐、流涎、中枢神经系统（CNS）抑制、共济失调、迷失方向、抽搐、体温过低、反射减弱、昏迷及可能会死亡。中间期的症状可发生在其后的12～24h，包括呼吸急促、肺水肿、心动过速、高血压、沉郁、严重的代谢性酸中毒等；猫不表现烦渴。后期症状（12～72h）包括沉郁增强、厌食、呕吐、氮血症、腹部疼痛、少尿（oliguria）演变为无尿（anuria）、肾脏肿大及疼痛。EG是所有猫的中毒性疾病中致死率最高的。因此诊断及适时的积极治疗对扭转这种可能致死的中毒极为重要。积极的治疗必须要在摄入后6h内开始才有可能获得成功。

鉴别诊断依EG中毒的阶段而不同。在CNS及胃肠症状的急性期，必须要考虑引起阴离子间隙（anion gap）增加的其他原因，包括酮酸中毒性糖尿病（ketoacidotic diabetes mellitus）、胰腺炎、肠胃炎、低血钙、低血镁、低血钾；水杨酸、乙醇、甲醇及大麻中毒等。在肾衰的后期，还必须要考虑急性肾衰及代谢性酸中毒的其他原因，包括慢性肾衰的急性代偿失调、肾小球性肾炎、肾毒性抗生素、尿路阻塞、非甾体类抗炎药物（NSAIDs）或阿司匹林中毒、维生素D过多症（hypervitaminosis D）、重金属中毒（即铅、水银、砷、镉或锌）、摄入植物中毒［包括百合（*Lilium* spp.）、萱草（*Hemerocallis* spp.）、酢浆草（*Oxalis* spp.）及大黄叶（rhubarb leaves）］、聚乙醛中毒（metaldehyde intoxication）、败血性休克及血容量过低等。

诊断

主要诊断

- 病史：暴露、可能暴露或有暴露的迹象，特别是在秋季人们在为车准备防冻液时有可能发生中毒。户外活动的猫中毒的风险更高，只在户内活动的猫不应有中毒的风险。
- 临床症状：猫发生呕吐、昏睡、共济失调、体温低或急性肾衰时应怀疑EG中毒。触诊肾脏可发现肿大及疼痛。
- EG血清浓度测定：摄入后1～6h达到峰值，72h后检测不到，可采用测定全血EG的试剂盒（Ethylene Glycol Test Kit®，PRN Pharmacal Inc.，Pensacola，FL）进行测定，这种试剂盒可测定＞50mg/dL的EG浓度；但猫可被致死剂量的EG中毒，而血清浓度却低于检测水平。因此，在猫出现阳性结果具有重要意义，但阴性结果并不能排除中毒。假阳性结果可由于某些活性炭溶液或注射液中存在丙二醇而引起，如戊巴比妥及安定，或多聚乙醛、其他乙二醇类或甲醛等引起。其他醇类（即乙醇、甲醇或异丙醇）不干扰测定。

- 血像：由于脱水而常常使血细胞压积增高，常见应激性白血病像。
- 酸-碱平衡检测：摄入后3h血液pH、血浆碳酸氢盐浓度及总CO_2降低，12h后明显降低；阴离子间隙（＞25mmol/L）及血清渗透压（＞20mOsm/kg）在摄入后1h较高，维持高水平可达18h。
- 生化检查：摄入后12h肌酐及血液尿素氮升高。肌酐值常常超过 1325 μmol/L（15mg/dL）。防冻液中的磷酸盐抗腐蚀添加剂（phosphate rust inhibitors）可导致暂时性（摄入后3～6h）高磷酸盐血症。如果猫发生少尿或无尿，则可出现高钾血症。约一半以上的病例发生低血钙；由于醛类抑制了葡萄糖的代谢，因此一半以上病例会发生高血糖，肾上腺素及内源性皮质激素浓度升高及出现尿毒症。
- 尿液分析：摄入后3h pH及相对密度降低，但相对密度仍高于等渗尿（isosthenuria range）的范围。早在摄入后3h即可观察到草酸钙晶尿症（calcium oxalate crystalluria）；单水化合物型（monohydrate form）要比脱水型更为常见。

辅助诊断

- 影像检查：超声检查时典型情况下可发现由于草酸钙结晶而使肾脏呈亮色（高回声，hyperechoic），见图70-1。随后可出现轮圈征（rim sign）（图70-2）及月晕征（halo sign）。此时，治疗不可能会获得成功。
- 伍德氏灯光（Wood's Lamp）检查：可采用伍德氏灯检查口腔、面部、爪、呕吐物及尿液，以确定是否有荧光，因为许多防冻液含有荧光素钠（sodium fluorescein）；阴性结果并不能排除摄入 EG的可能。
- 肾脏穿刺：不能采用其他方法时可考虑采用这种方法检查。存在草酸钙结晶则说明发生 EG 中毒，特别是肾脏肿大且疼痛时。

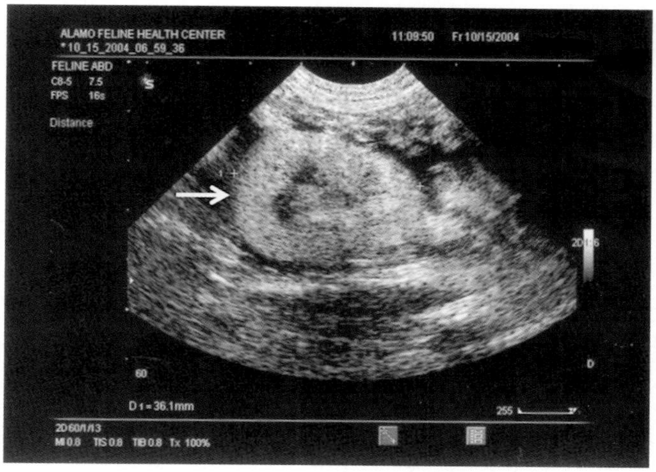

图70-1 乙二醇中毒引起在肾脏皮质和髓质形成草酸钙结晶，导致出现这种回声很高的结构（箭头）

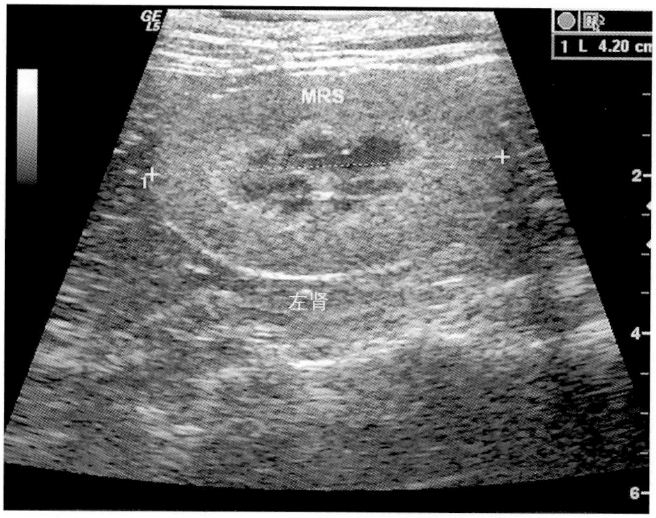

图70-2 乙二醇中毒时可发生髓质变化，为髓质外带与皮质髓质交界处平行出现的一种线性回声反射增加的区域

治疗

主要疗法

- 胃排空：在摄入后1h内且猫在清醒时诱导呕吐或洗胃具有帮助。可用3%过氧化氢（每2.25kg体重5mL PO，勿超过15mL），可以该剂量重复一次。
- 活性炭治疗：由于很难吸附脂肪醇，因此这种疗法尚有争议。
- 甲吡唑（fomepizole）（4-甲基吡唑，4-methylpyrazole，Antizol-Vet®）：为有效的非肝脏毒性ADH抑制因子，开始时，可在摄入后1～3h内以125mg/kg IV给药；之后在开始剂量后12h、24h和36h以31.25mg/kg IV重复给药。应注意的是该剂量要比犬的高许多，犬用剂量在这种情况下无效。
- 20%乙醇：如果没有甲吡唑，可采用20%的乙醇，应在摄入后尽快给药，但必须要在摄入后6h之内。配制20%溶液时，可从500mL正常生理盐水输液包中抽取105mL后加入105mL95%酒精

（Everclear®），之后按5.0mL/kg q6h 的剂量腹腔内给药（intraperitoneally，IP），治疗5次，之后改为q8h IP再治疗4次。或者用静注液体稀释后静注给药，以间隔6～8h重复治疗。乙醇治疗有两个主要的缺点，可使代谢性酸中毒恶化及引起CNS抑制。

- 碳酸氢钠：根据每隔4～6h监测的血浆碳酸氢盐及碱的缺额，用于纠正代谢性酸中毒。如果不能密切监测，可以每小时5mEq/kg的剂量给药。
- 液体疗法：纠正脱水、电解质失衡、代谢性酸中毒时应采用积极的静脉内液体疗法以增加组织灌注及促进利尿。

辅助疗法

- 腹膜透析（peritoneal dialysis）：只有熟练掌握这种技术的人才应进行这种治疗。转诊中心（referral centers）通常具有这种治疗的设备。
- 渗透性利尿（osmotic diuresis）：重新建立肾脏输出及存在少尿或无尿时，可用20％葡萄糖（20mL/kg q6~8h IV）或20％甘露糖（1.25～2.5mL/kg q6～8h IV）利尿。
- 肾脏移植（renal transplantation）：如果猫的年龄相对较小，其他方面表现正常，可采用这种方法治疗。参见第327章。

预后

预后一般谨慎，如果在摄入后6h以上才开始治疗，猫的死亡率一般会接近100%。

参考文献

Connally HE, Thrall MA, Hamar DW. 2002. Safety and efficacy of high dose fomepizole as therapy for ethylene glycol intoxication in cats [abstract]. *J Vet Emerg Crit Care.* 12:191.

Richardson JA, Gwaltney-Brant SM. 2003. Ethylene glycol toxicosis in dogs and cats. *NAVC Clinician's Brief.* 1:13–18.

Thrall MA, Connally HE, Grauer GF, et al. 2006. Ethylene glycol. In ME Peterson, PA Talcott, eds., *Small Animal Toxicology.* pp. 702–726. St. Louis: Elsevier Saunders.

Thrall MA, Grauer GF, Connally HE, et al. 2007. Ethylene glycol poisoning. In LP Tilley, FWK Smith, Jr., eds., *Blackwell's 5-Minute Veterinary Consult*, 4th ed., pp. 454–455. Ames, IA: Blackwell Publishing.

Thrall MA, Hamar DW. 2007. Alcohols and glycols. In RC Gupta, ed., *Veterinary Toxicology: Basic and Clinical Principles*, pp. 608–614. New York: Academic Press/Elsevier.

第71章
胰腺外分泌机能不足
Exocrine Pancreatic Insufficiency

Jörg M. Steiner

概述

以前曾认为，胰腺外分泌机能不足（exocrine pancreatic insufficiency，EPI）在猫是一种罕见的疾病，但自从1995年建立了一种新的监测胰腺外分泌机能的方法，提出了猫胰蛋白酶样免疫反应性（feline trypsin-like immunoreactivity，fTLI）的概念后，诊断出猫的EPI 的频率明显增加。在最近5年期间（2004—2008），根据严重的血清fTLI浓度降低，诊断出1342例猫患有EPI。与犬相反但与人相似的是，猫的EPI 几乎在所有病例都是由慢性胰腺炎所引起。胰腺的外分泌部具有超常的储备机能，据估计胰腺外分泌贮备机能90%以上在发生临床症状时消失。虽然消化酶还有其他来源，如唾液淀粉酶、胃脂肪酶或胃蛋白酶原等，但胰腺消化酶在所有食物成分的消化中发挥关键作用。胰腺消化酶的缺乏可导致同化不全（malassimilation），反过来会导致出现 EPI的临床症状，如失重、便溏、脂肪痢（见图71-1）及被毛有油腻的污物。临床病理学及诊断影像检查结果常常在正常范围之内，但猫可能会出现其他导致异常的并发症，如并发糖尿病的猫会出现高血糖，血清碱性磷酸酶中度升高；并发炎性肠病的猫会在腹腔超声检查时表现为肠袢增厚。

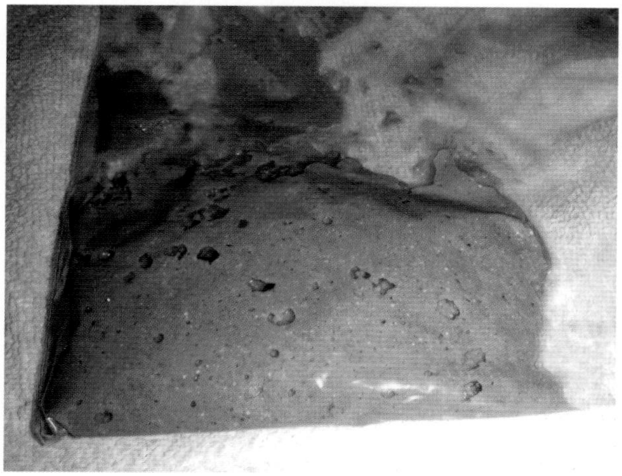

图71-1 胰腺外分泌机能不足（EPI）时的粪便：图中的粪便样品采自EPI病猫，注意其典型的稠度降低，颜色呈淡的棕色，外观油腻。另外，粪便样品中含有许多未消化的食物颗粒（图片由 Dr. Kenneth Jones，Jones Animal Hospital，Santa Monica，CA提供）

诊断

主要诊断

- 血清 fTLI浓度：fTLI≤8 μg/L（参考范围12～82μg/L）在患EPI的猫有诊断价值。在生理情况下，胰腺外分泌部可释放大量的消化酶进入胰腺管道系统，但少量胰蛋白酶原则释放进入血管间隙。分析fTLI时测定的是血清中的胰蛋白酶原的量。血清fTLI 浓度对猫的EPI具有很高的特异性（特异性为85%～100%），而且血清fTLI浓度的灵敏度在诊断EPI时也很高。建议在采集血样进行测定前，为了保证测定结果的正确，应至少禁食6h。此外，由于脂血症可干扰放射免疫分析，因此血清样品不应采自患脂血症的猫。

辅助诊断

- 排泄物蛋白水解酶活性（fecal proteolytic activity）：在引入fTLI分析方法之前，测定排泄物蛋白水解酶活性是诊断猫EPI的首选方法，但此后证明其效果不如测定血清 fTLI浓度。这种检测方法的基础是采用多种不同的方法测定粪便总蛋白水解酶活性。X线胶片消化法（X-ray film digestion）是最常用的方法，但不十分可靠，因此已不再使用。采用合适的底物，如酪蛋白进行放射酶扩散试验（Radial enzyme diffusion）虽然认为可靠性更高，但由于在粪便中蛋白水解酶活性高度不稳定，因此可出现假阳性结果，也见有报道可出现假阴性结果。应分析连续3d的粪便样品，样品必须在采集后立即冷冻，冰冻条件运送以保护粪便蛋白水解酶活性。
- 血清氰钴胺素浓度：血清氰钴胺素浓度在几乎所有的EPI病猫均降低，主要是由于在猫胰腺外分泌部可分泌99%以上的内在因子（intrinsic factor），内在因子与氰钴胺素结合，氰钴胺素/内在因子复合物由回肠的特异性受体吸收（内在因子为胃腺壁细胞分泌的一种糖蛋白，与维生素B_{12}的吸收有关——译注）。但血清氰钴胺素浓度低并非EPI所特有，猫患除EPI外的其他慢性胃肠道疾病时通常血清氰钴胺素浓度也出现降低。

治疗

主要疗法

- 补充胰腺酶：最好采用粉剂而不用肠衣胶囊或片剂。开始时，每餐可补充一勺胰腺酶。将添加的胰腺酶与食物充分混合。如果猫饲喂以干食物，则应将食物用水加湿，然后与补充的酶混合。
- 其他酶类：补充胰腺酶时如果猫拒绝采食，可给其饲喂猪、牛或其他动物的生胰腺。在进餐时，可给予28～85g切碎的胰腺。胰腺组织可从肉品包装车间获得，可冷冻保存数月而不失去其酶活性。参见“治疗注意事项”。

辅助疗法

- 氰钴胺素：如前所述，大多数患EPI的猫表现氰钴胺素缺乏。参见第37章。这些猫对补充胰腺酶没有反应，只能用氰钴胺素治疗。猫在氰钴胺素缺乏时，必须补充氰钴胺素（维生素B_{12}）。开始时可根据猫的体格大小，以100～250μg氰钴胺素以q7d SC给药6周，之后改为每只猫100～250μg q14d SC再给药6周，4周后再注射一次，再后4周重新检查血清氰钴胺素浓度，确定是否仍需补充氰钴胺素。虽然在有些猫可能只需暂时性补充氰钴胺素，但有些猫需要终身治疗。

治疗注意事项

- 饲喂生胰腺时可能有感染的风险。牛的胰腺可能会传播牛海绵状脑病（bovine spongiform encephalitis，BSE），伪狂犬病猪的胰腺及野生动物的胰腺也可感染内寄生虫，特别是多房棘球绦虫（*Echinococcus multilocularis*）。
- 如果不能采用所有上述方法为猫补充胰腺酶，可用胰腺替代酶类配制鱼油悬浮液，大多数猫会很喜欢采食。临床症状完全消失后胰腺酶应降低到最小有效剂量，可在一段时间内改变剂量，或在开始使用一罐新的胰腺酶时再行调整。
- 不能对补充酶及氰钴胺素发生反应的猫应检查其是否有其他并发病。最常见的是，猫患 EPI时可并发炎性肠病或糖尿病，但也可发生其他疾病。如果不能诊断出并发病，可试用H_2颉颃剂或质子泵抑制因子（proton pump inhibitors）降低胃对口服胰腺脂肪酶的破坏。但是，虽然升高胃 pH可减少对外源性胰腺脂肪酶的破坏，但可增加胃脂肪酶的活性，因此可能会导致脂肪消化并不净增加。如果抗酸药无效，可试用抗生素治疗。犬患EPI时，常见并发症为小肠细菌过度生长（ intestinal bacterial overgrowth，SIBO）。但SIBO尚未在猫见有报道。猫患EPI而不能对治疗发生反应时，应试用抗生素，如泰乐菌素或甲硝唑治疗。另外一种试治猫的EPI的方法是减低这些病猫日粮中的脂肪含量，但这种方法可进一步降低脂肪的吸收，导致必需脂肪酸或脂溶性维生素缺乏。
- 见有一例报道，在猫患EPI的同时患有维生素K–反应性凝血障碍，因此，如果在猫患EPI时观察到出血素质，应检查其凝血系统，并补充维生素 K 进行治疗。

预后

一般认为EPI是不可逆的。但有些传说报道认为在犬有些罕见病例可自行康复，但在猫尚未见有报道。但是猫在患有EPI 后如果治疗适当，则可具有正常的预期寿命及生活质量不发生明显改变。

参考文献

Steiner JM. 2009. Exocrine pancreatic insufficiency. In JR August, ed., *Consultations in Feline Internal Medicine*, pp. 225–231. St. Louis: Elsevier Saunders.

Steiner JM, Williams DA. 2000. Serum feline trypsin-like immunoreactivity in cats with exocrine pancreatic insufficiency. *J Vet Intern Med*. 14:627–629.

Thompson KA, Parnell NK, Hohenhaus AE, et al. 2009. Feline exocrine pancreatic insufficiency: 16 cases (1992–2007). *J Fel Med Surg*. 11(12): 935–940.

Westermarck E, Wiberg M, Steiner JM, et al. 2005. Exocrine pancreatic insufficiency in dogs and cats. In SJ Ettinger, EC Feldman, eds., *Textbook of Veterinary Internal Medicine*, 6th ed., pp. 1492–1495. St. Louis: Elsevier Saunders.

第72章
眼睑疾病与手术
Eyelid Diseases and Surgery

Gwen H. Sila 和 Harriet J. Davidson

概述

猫的眼皮或眼睑由四层基本组织组成，从深层到表皮分别为：结膜、睑板（tarsal plate）、肌肉及皮肤。结膜覆盖巩膜，然后在上下眼睑的结膜穹隆（conjunctival fornix）处折转，覆盖其内面。眼睑软骨板为一增厚的结缔组织带，将结膜与肌肉层分开，有助于维持眼睑的形状。眼睑具有重要意义的主要肌肉是提上睑肌（levator palpebrae superioris muscle），其主要作用是提升上眼睑；眼轮匝肌（orbicularis oculi muscle）包围眼裂（palpebral fissure），收缩时引起眼睑闭合。这些肌肉分别受脑神经（CN）Ⅲ和 CN Ⅶ支配。与许多其他动物不同的是，猫具有真正的上下睫毛，大多数猫具有一圈毛接近于眼睑边缘，其机能相当于真正的睫毛。衬在眼睑边缘的是睑板腺体的管状开口，该腺体分泌眼泪泪膜（tear film）的油状成分，小的莫耳腺（Glands of Moll）（睑睫状腺）和蔡氏腺（Glands of Zeis）（睑缘腺）与沿着眼睑边缘的毛囊有密切关系。与犬相比，猫相对不太受眼睑疾病的影响，但眼睑疾病对眼睛及全身健康状况可能都有明显的影响。

先天性及遗传性疾病

眼睑发育不全

眼睑发育不全（eyelid agenesis）偶有发生，是猫眼睑最常见的先天性异常。在大多数病例，上眼睑及颞缘受到影响，但眼睑消失的组织量则有明显差别（见图72-1）。通常这种情况为双侧性。诊断可依据损伤的外观而进行。患病猫没有连续的眼睑边缘，似乎眼睑从中间向侧面产生。本病也可能与先天性眼内异常有关。后遗症包括暴露角膜炎及由于面部毛发引起的机械刺激，而面部毛可在眼睑不完整时能够接触到角膜。这些情况可导致严重的瘢痕形成、不适，如果引起深度的角膜溃疡，可引起眼球丧失。通常可采用手术方法治疗，采用的方法取决于受损部位的大小。小的缺陷（不到眼睑边

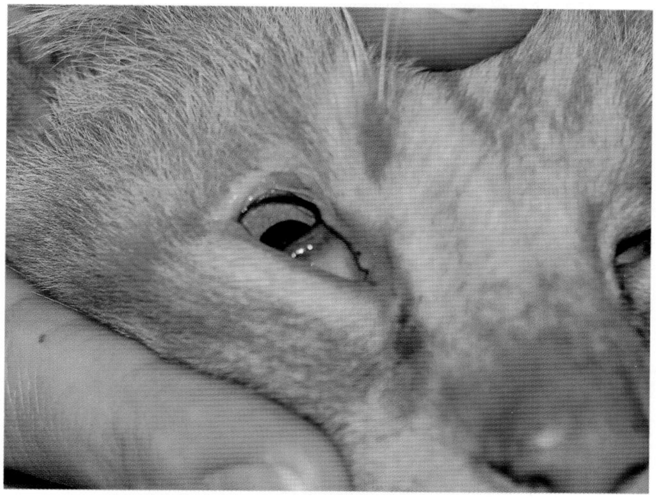

图72-1　猫的上眼睑由于发育不全而出现大的缺陷（图片由Gary D. Norsworthy博士提供）

缘的1/4）可直接通过切开缺失的眼睑边缘部分，仔细并对眼睑边缘，然后缝合缺陷部位而闭合。如果缺陷不大，采用冷冻疗法（cryotherapy）破坏刺激毛发的毛囊也足以减少不适及角膜疾病。采用3次60秒的冷冻，冷冻之间完全融解毛囊可具有一定的治疗效果。大的缺陷或引起暴露相关角膜疾病的缺陷则需要更为复杂的方法来修复。

睑内翻

眼睑边缘内翻（entropion）是猫不太常见的一种疾病（见图72-2）。许多睑内翻的病例是继发于眼睛表面的刺激，导致眼睑痉挛（blepharospasm）及随后发生痉挛性眼睑内翻（spastic entropion）。在进行手术治疗眼睑内翻前应该排除眼睑刺激及痉挛性眼睑内翻。痉挛性眼睑内翻在采用局部麻醉剂滴注后会有所改善。如果怀疑发生痉挛性眼睑内翻，可采用暂时性睑缘缝合术防止眼睑内翻，这样可解决对眼球的刺激。眼球的刺激解除之后可检查眼睑对位，如有必要可再进行纠正。原发性眼睑内翻常出现在生后早期，通常在1～2岁年龄，最常见于短头品种，包括波斯猫及缅因库恩猫（Maine

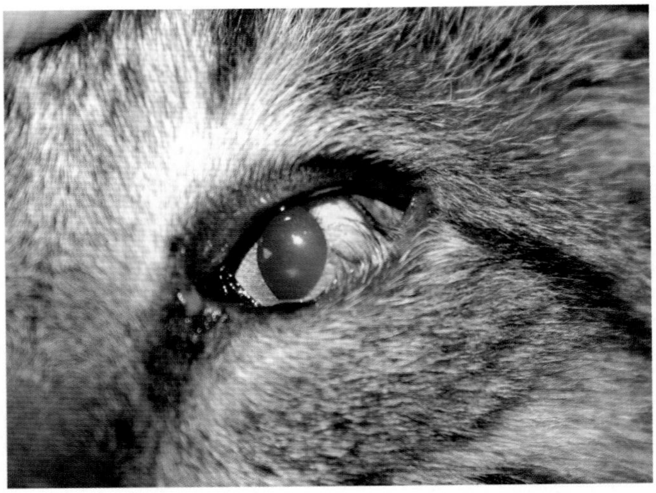

图72-2 慢性眼睑内翻导致眼睑毛（lid hair）（不是睫毛，eyelashes）摩擦角膜，引起慢性角膜炎（图片由Gary D. Norsworthy博士提供）

coon），但也可见于其他任何品种。在短头品种，眼睑内翻常常影响到下眼睑中部。老龄猫也可因老化过程而丧失眼窝脂肪，由此继发眼睑内翻。

猫的多数眼睑内翻可采用改良的睑板部分切除术进行纠正。可在猫清醒状态下及局部麻醉状态下检查眼睑对位，由此可减小任何痉挛性变化，以确定应该除去多少组织。

睫毛异位

异位睫毛（ectopic cilia）罕见报道于猫。睫毛可从睑结膜沿着后眼睑（posterior lid）生长，接触到角膜，引起刺激及溃疡。与这种情况有关的角膜溃疡常常为线状，呈背腹方向。可采用手术方法切除毛囊，之后可采用冷冻疗法进行治疗。

获得性疾病

眼睑炎

眼睑炎（blepharitis）表现为眼睑肿大及充血，同时对结膜也具有不同程度的影响。依病程长短，眼周皮肤可出现脱毛。由于其能引起创伤，而且发病或表现疼痛或瘙痒，因此可存在皮肤擦伤或溃疡。

药物反应

全身及局部用药可引起过敏反应，导致眼睑炎，这种情况在猫常见多个部位对有些常用眼科药物出现反应，这些药物包括新霉素、多黏菌素B、杆菌肽、庆大霉素及土霉素（Terramycin™）。如果结膜及眼睑在开始试用新药物后24～48h内发生急性肿胀，则应怀疑为药物反应。这种情况下应立即停止试用药物，如果未发生角膜溃疡，可局部试用皮质激素每天治疗2～4次，直到肿胀消退。如果出现全身药物反应，则还必须要采用全身抗炎药物进行治疗。

皮真菌病

皮肤病变的外观可多种多样，但常常存在于包括眼周皮肤在内的头部。病变通常表现为脱毛及不同程度的瘙痒。诊断可基于显微镜检查观察毛干的真菌菌丝或孢子，或从可疑部位采集毛发进行真菌培养。参见第48章。

蠕形螨病

蠕形螨病（demodicosis）是猫的一种少见疾病，其分布具有一定的地区性（在得克萨斯最为普遍），其病原为戈托伊蠕形螨（*Demodex gatoi*）和猫蠕形螨（*Demodex cati*）。前者具有很高的传染性，可引起强烈瘙痒，见于皮肤的表皮角质层（superficial stratum corneum）；后者为一种毛囊螨，与免疫抑制性疾病有关。两种螨均可引起眼周脱毛及炎症。诊断可通过皮肤刮屑进行，在发生猫蠕形螨应采集深部皮肤。参见第201章。

眼睑肿瘤

在猫诊断为眼睑肿瘤的情况罕见。其实眼睛和眼眶肿瘤只占所有猫肿瘤的2%。虽然不常见到，但猫的眼睑肿瘤可能为恶性，常常为鳞状细胞癌（见图72-3）。可通过细针穿刺进行细胞学检查或通过楔形手术摘除肿瘤后进行组织病理学检查。为了确保能最佳切除肿瘤边缘及治疗效果，最好在试图切除之前弄清肿瘤的类型。由于采用楔形切除术时最多只能切除眼睑的1/3，因此如果需要其他切除手术获得更为合适的手术边缘，这种手术位点不太便利。

鳞状细胞癌

鳞状细胞癌（squamous cell carcinoma，SCC）是最常见的眼睑肿瘤。猫的眼睑如果没有或色素沉着不良时最易患病，太阳辐射在SCC的发生中也有重要作用。该病常常表现为一粉红色的病变，可凸起或凹陷，常发生溃疡。这些肿瘤典型情况下常不发生转移，但可扩散到局部淋巴结。其组织学分级Ⅰ～Ⅳ（布罗德氏癌

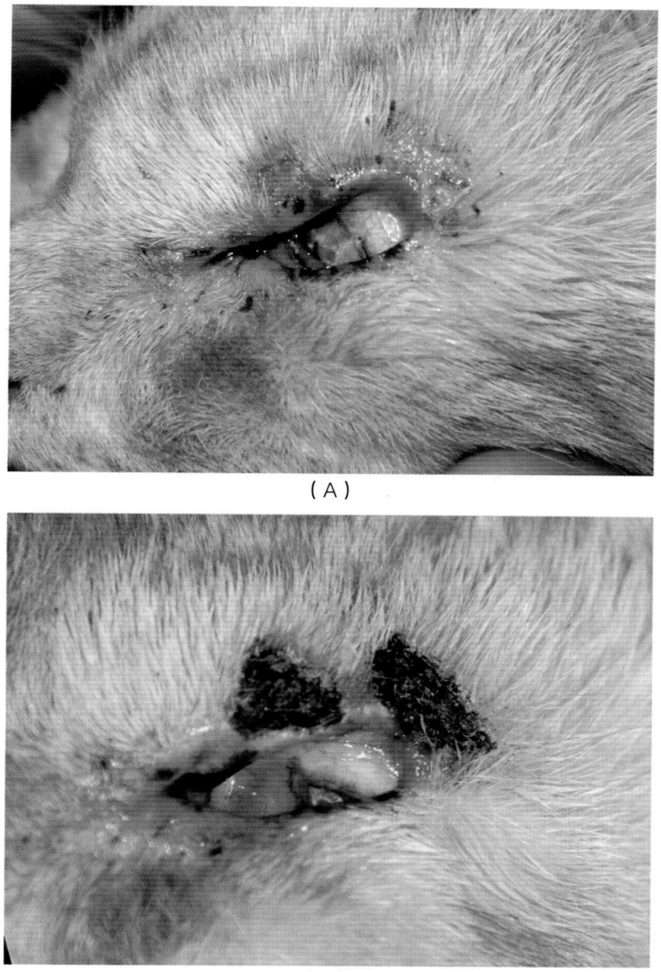

（A）

（B）

图72-3 猫眼睑鳞状细胞癌。（A）鳞状细胞癌常常影响眼睑。本例猫有两处邻近的病变。（B）可用CO_2激光清除肿瘤，而且可能需要一次以上的治疗（图片由Gary D. Norsworthy博士提供）

分级指数，Broder's classifi cation grades Ⅰ to Ⅳ）与预后关系很大。本病有多种治疗方法。楔形切除术（wide surgical excision）可治愈，但SCC常为侵入性，因此难以确定肿瘤的程度，使得切除很困难。切除后常常需要进行复杂的植皮以代替切除肿瘤后的组织。放疗、冷疗及光能疗法（photodynamic therapy）、CO_2激光及高温（hyperthermia）均在某些病例为有效的治疗方法。参见第203章。

基底细胞瘤

基底细胞瘤（basal cell tumors）占猫眼睑肿瘤的2%～6%，这种肿瘤典型情况下为圆形，边界清楚，但可发生溃疡。因此难以根据外观与SCC鉴别诊断。在组织学上，这些肿瘤可表现为恶性，但典型情况下均为良性。经简单的楔形手术摘除术（见图72-4）进行手术摘除或冷疗均可治愈。参见第18章。

肥大细胞瘤

近来对文献资料进行回顾分析发现，肥大细胞瘤占猫眼睑肿瘤的25%，以前的研究报道发病率为3%～12%。患眼睑肥大细胞瘤的猫年龄明显比其他类型眼睑肿瘤的病猫小。肥大细胞瘤可肿起或发生溃疡，其边界可能很明显，或者弥散到周围组织。猫在患单个、孤立的皮肤型肿瘤时，与患多个皮下肿块及淋巴结或内脏（即肝脏、脾脏及小肠）也有侵入时相比平均生存时间要长。此外，不完全切除孤立的皮下肿瘤也似乎不影响生存时间或这些肿瘤的复发率。对孤立的肿瘤，建议采用手术摘除或皮质激素治疗。

纤维肉瘤（fibrosarcoma）

纤维肉瘤占猫眼睑肿瘤的5%～9%。这类肿瘤的行为与在身体其他组织相似，倾向于局部侵入及具有侵袭性，但很少转移，常引起脱毛，有时可发生溃疡。细胞有丝分裂指数（mitotic index）与预后有关。建议采用楔形手术摘除术治疗，但由于肿瘤侵入的程度常难以进行。对手术不完全摘除的边缘随后进行放疗可降低复发率。参见第 198章。

顶分泌腺汗腺囊瘤

顶分泌腺汗腺囊瘤（apocrine hidrocystoma）的病因还不清楚，是否为莫尔腺的囊肿性或是良性肿瘤性损伤，目前仍有争论。大多数报道的病例是在波斯猫。肿瘤通常呈暗色，有时呈红色，呈离散的结节状，常含有清亮到红棕色液体。可供选择的治疗方法包括完全切除、引流及手术清创后用三氯乙酸治疗。在许多病例可在8～12个月内发生新的损伤。

转移性肿瘤

影响眼睑的最常见的转移性肿瘤（metastatic neoplasms）包括淋巴肉瘤（lymphosarcoma）（6%～12%）和血管肉瘤（hemangiosarcoma）（2.3%）。

眼睑手术

暂时性睑缘缝合术

- 暂时性睑缘缝合术（temporary tarsorrhaphy）：用于抓住眼睑对合以防止内翻及刺激角膜或作为保护性覆盖/绷带保护角膜的手术方法。

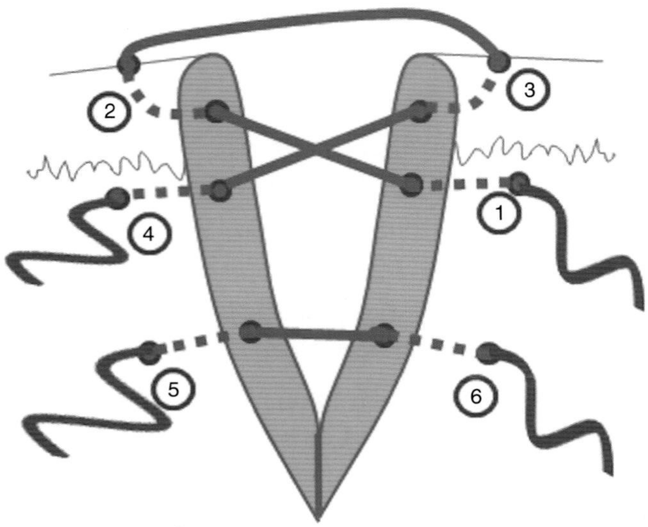

图72-4 图示为楔形切除术后的眼睑边缘。数字1～4为在眼睑边缘进行“8”字缝合时的伤口。更接近于切口的结节缝合标示为5和6

- 所需设备：4-0～6-0非吸收缝线，如非吸收性聚丙烯（nonabsorbablepolypropylene）缝线（Prolene™）、持针器、手术钳、放大镜（备选）。
- 手术方法：通过眼睑边缘进行简单褥式缝合（见图72-5），闭合其大约1/3。如果缝合正确，则缝合应非常接近睑板腺处眼睑边缘。如果需要更多闭合，则还应进行其他缝合。
- 并发症：缝合提早开裂可导致眼睑开口，应建议猫主除去所有残留在眼睑边缘的缝合，以防止其刺激角膜。缝合不能完全对齐（位于眼睑腺后）可能会刺激角膜，引起深部溃疡。

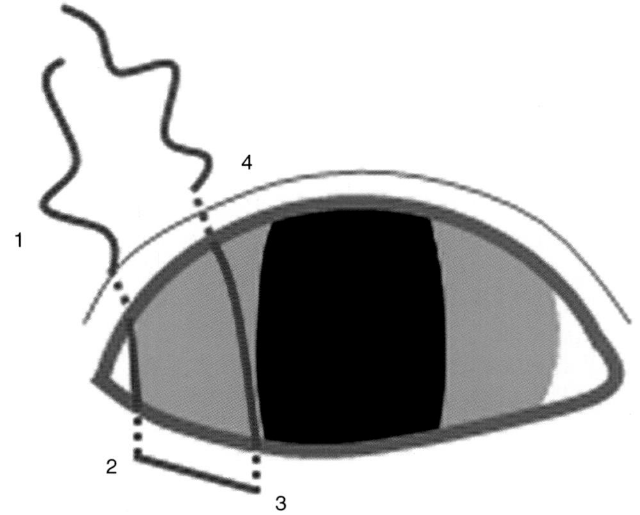

图72-5 暂时性睑缘缝合术时的4个伤口

改良睑板部分切除术

改良睑板部分切除术（modified Hotz-Celsus）通过除去眼睑上或下的皮肤和肌肉，用于纠正眼睑内翻及引起眼睑外翻。

- 所需设备：11号或15号外科手术刀、肌腱切断剪（tenotomy scissors）或其他小剪刀，4-0～6-0缝线，小镊子如Bishop-Harmon，持针器等。
- 手术方法：从眼睑边缘2mm处沿着病变区域做一皮肤切口，见图72-6。然后在上述切口的腹面做一半月形切口，连接到第一个手术切口的两端，这样就可确定出一个宽度与眼睑内翻相当的楔形组织。最好除去少量组织而在后期采用其他方法治疗，而不是除去太多组织而引起眼睑外翻。用剪刀完全破坏楔形组织，用钝/利刀切割到睑板水平并除去。切口用5-0～6-0 缝线单纯间断缝合。开始缝合时应在切口中央进行，之后在这些缝合之间再进行缝合（半闭合，closed by halving），以防止在伤口末端形成“犬耳”（“ dog ears ”）状。
- 并发症：由于猫的自身损伤可发生缝合裂开，因此猫应用E-颈圈。在纠正眼睑内翻时，如果纠正过度可引起眼睑外翻。由于眼睑的脉管特性，罕见发生感染。

楔形切除术

楔形切除术（wedge resection）用于摘除占眼睑1/4

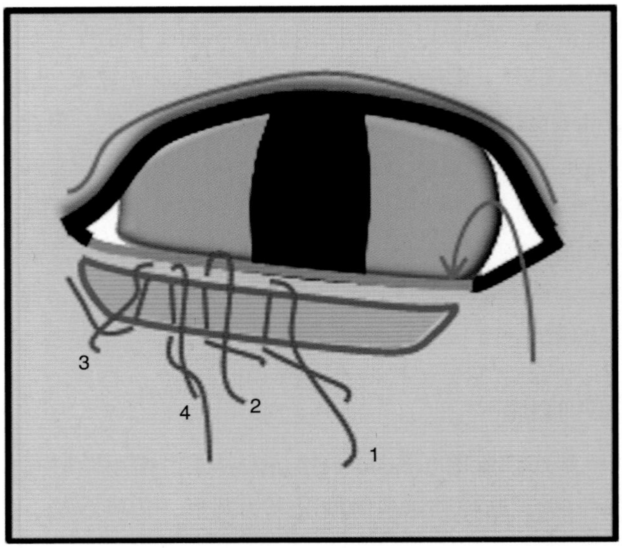

图72-6 沿着眼睑的淡蓝色线表示眼睑外翻区，图示为改良睑板部分切除术，中间已经切开的皮肤位于内翻的眼睑边缘之下。结节缝合按缝合顺序用数字表示，伤口通过重复对分切口而闭合

长度的小肿块。

- 所需设备：眼睑板（Jaeger lid plate）或平滑器械（flat smooth instrument）、15号手术刀、腱切断剪或其他小剪刀。5-0～6-0缝线、持针器，小镊子如Bishop-Harmon等。
- 手术方法：楔形或三角形切除时高度应为底部的两倍，以便于闭合伤口。将睑板置于要切除的肿块之下，眼睑与眼球之间，然后将眼睑轻轻拉上到睑板，用手术刀垂直切到肿块两侧的眼睑边缘。切口向近端延伸，连接形成楔形（见图72-3）。采用手术刀切开时可能不能切开睑结膜，因此应用腱切断剪切开结膜而完全切除肿块。应用“8”字形缝合闭合眼睑边缘，这种缝合方法可最大限度降低张力，使眼睑边缘整齐，指导缝合端远离角膜。然后在切口进行单纯间断缝合，从近眼睑边缘开始到更为近端进行缝合。所有缝线端均应留长，然后合并到最后最靠近的第二个缝合，以免刮伤角膜。
- 并发症：缝合不当可刺激角膜及引起溃疡。如果眼睑边缘对合不正确，可造成刺激及溃疡。感染罕见，病猫由于自伤可引起缝合断裂或脱开，因此应戴上E-颈圈送回家。
- 依眼睑发育不全损伤范围的大小，最好能征询兽医眼科医生的意见。损伤大于眼睑边缘的1/4时需要采用移植手术。
- 猫的眼睑肿瘤可能为恶性，因此任何眼睑肿块均应采用小针头穿刺或组织病理学进行检查。猫的眼睑如果皮肤色素沉着不良则易于发生鳞状细胞癌，这也是猫最常见的眼睑肿瘤。

参考文献

Aquino SM. 2008. Surgery of the eyelids. *Top Companion Anim Med.* 23(1):10–22.

Aquino SM. 2007. Management of eyelid neoplasms in the dog and cat. *Clin Tech Small Anim Pract.* 22(2):46–54.

Martin, CL. 2005. Eyelids. In CL Martin, ed., *Ophthalmic Disease in Veterinary Medicine*, pp. 145–178. London: Manson Publishing.

Williams DL, Kim JY. 2009. Feline entropion: a case series of 50 affected animals (2003–2008). *Vet Ophthalmol.* 12(4):221–226.

第73章 猫肠道冠状病毒感染

Feline Enteric Coronavirus Infection

Amanda L. Lumsden 和 Gary D. Norsworthy

概述

猫冠状病毒（feline coronavirus group）为一大属病毒，包括许多株、血清型及生物型（biotypes）（肠道或感染性腹膜炎病毒，enteric or infectious peritonitisviruses）。猫肠道冠状病毒（feline enteric coronavirus，FECV）为一种全球广泛分布的肠道病毒，可感染家养及其他猫，其对小肠绒毛成熟的顶上皮具有亲嗜性。感染在典型情况下为亚临床型，可表现为中度、暂时性肠胃炎，通常可导致腹泻。除非病毒发生突变形成致死性猫传染性腹膜炎病毒（fatal feline infectious peritonitisvirus，FIPV），而且这种突变的频率差异很大，该病毒一般不会造成危及生命的感染［猫传染性腹膜炎（feline infectious peritonitis，FIP），参见第76章］。还有人认为突变率可高达 20%，但很少能造成FIP。

FECV很易通过污染物传播，包括衣物，因此在饲养多只猫的环境下本病的传播可造成严重问题，即使母猫和仔猫与其他猫隔离饲养，也可造成传播。

原发性感染可持续7～18个月，在此期间病毒的排出达到最高。原发感染之后可能会有三种结局：（a）康复；（b）持续排毒；（c）复发或间歇性排毒。由于许多感染的猫与其他感染猫共同饲养，因此常常发生重复感染。重复感染的程度及持续时间与原发性感染相似。

在实验室及猫养殖场所，分娩及泌乳不影响排毒，甲基强的松龙处理也不影响排毒。但猫冠状病毒（feline coronavirus，FCoV）效价与排毒之间却存在一定的关系。效价在1：100或以上的猫能典型地排出病毒，效价在1：25或以下的猫不大可能会排毒。

开始感染或再次感染之后，仔猫比成猫以更高水平排毒，这是由于FECV突变为FIPV及FIP的开始更有可能发生在1岁以下的猫。猫免疫缺陷病毒（feline immunodefi ciency virus，FIV）诱导的免疫抑制以及其他类型的免疫抑制可引起FECV感染的猫排出10～100倍甚至更多的 FECV，随后可导致猫发生FIP的可能性增加。

感染FECV的母猫所产仔猫不大可能会在9周龄前排出病毒，因此不大可能在子宫内发生病毒传播，但在产后与母猫接触则有可能引起病毒的传播。根据这种观察结果，可在6周龄前的早期断奶控制本病的发生，但偶尔可早在3周龄时就发生感染。

诊断

主要诊断

- 聚合酶链式反应（PCR）检测：这种检测方法可扩增FECV。排泄物中FECV水平高，血液中的水平低。采用血样进行检测FECV的灵敏度及特异性均低。检测排泄物的灵敏度及特异性均高。
- FCoV 效价：这种方法检测 FECV和FIPV抗体。感染这两种病毒的猫通常均表现阳性抗体效价，因此这种方法对FECV缺乏特异性。

诊断注意事项

- 解释FCoV抗体检测效价时应慎重，猫感染FECV和FIPV时抗体效价可均为阳性，猫发生临床型FIP时抗体效价可为阳性或阴性。如果临床健康的猫抗体效价为阳性，则对是否发生FIP无预测价值。虽然PCR检测对FECV感染特异性更强，但对预测FIPV突变仍没有多少意义。

治疗

主要疗法

- 目前尚未见有根除猫感染这种病毒的方法。

治疗注意事项

- 大多数感染FECV的猫可能终身携带病毒，但一般只发生短暂的腹泻现象。

预后

绝大多数猫感染 FECV后预后较好。只要能解决短暂的腹泻，如不再次发生感染，则一般无其他临床症状。随后只有病毒突变为FIPV时才可发生疾病。但这些猫中大多数只为其他猫的感染提供 FECV感染的病毒。FECV感染为自限性的，不会持续再暴露到其他感染猫和新猫，特别是仔猫。因此，成年猫密闭的舍饲环境下罕见突变为FIPV的情况。

参考文献

Pedersen NC. 2009. A review of feline infectious virus infection: 1963–2008. *J Fel Med Surg*. 11:225–258.

Pedersen NC, Allen CE, Lyons LA. 2008. Pathogenesis of feline enteric coronavirus infection. *J Fel Med Surg*. 10:529–541.

第74章
猫特发性膀胱炎
Feline Idiopathic Cystitis

Tatiana Weissova 和 Gary D. Norsworthy

概述

猫下泌尿道疾病（feline lower urinary tract disease，FLUTD）是由许多原因引起的一组疾病，包括尿结石（urolithiasis）、尿道栓塞（urethral plugs）、肿瘤、细菌、病毒或真菌感染、神经疾病［如反射协同失调（reflex dyssynergia）、尿道痉挛、低渗或膀胱迟缓］、解剖性异常（脐尿管异常，urachal anomalies）及猫特发性膀胱炎（feline idiopathic cystitis，FIC）等。其发生可为阻塞性或非阻塞性。FIC是青年猫患FLUTD最为常见的诊断，其发生占总病例的50%～60%。目前对发生FIC的原因还不清楚。人们提出的各种理论包括应激、膀胱上皮异常（urothelium abnormalities）［膀胱保护性黏多糖层（protective glycosaminoglycan，GAG layer）异常或膀胱扩张后膀胱壁通透性增加］、神经内分泌异常、病毒感染［猫杯状病毒（feline calicivirus）、猫疱疹病毒、猫合胞体形成病毒（feline syncytial-forming virus）］、饲料灰分含量、饲料过干以及鱼腥味饲料等。FIC的病理生理学可能与机体多系统之间的互作（即神经、内分泌，甚至心血管）有关，因此本病不仅仅是膀胱的疾病。目前关于本病仍不清楚的是下泌尿道所有非阻塞性疾病均可引起一种或多种下述临床症状，包括排尿行为不当（periuria）（inappropriateurination）、尿频（pollakiuria）、尿涩痛（stranguria）、排尿困难（dysuria）及血尿（hematuria）。此外，这些症状大多数可出现在本病发生阻塞型之前。

本病的阻塞型可危及生命，猫如果24～48h不能恢复尿流，则很可能会发生死亡。猫发生FIC时的尿路阻塞可能为下述一种或几种原因所引起：尿道炎性肿胀、尿道肌肉痉挛、反射协同失调（reflex dyssynergia）、脱落组织在管腔内蓄积以及形成基质-结晶尿路栓塞（matrix-crystalline urethral plugs）。参见第 220章。尿道阻塞（obstructive uropathy）在母猫罕见。患FIC的猫大多数在2～6岁；1岁以下或10岁以上的猫患本病的情况不太常见。许多猫（60%～85%）如果不治疗则在5～7d内症状不明显，但在最初发病后的数周、数月或1～2年内可再次出现症状。急性FIC的复发随着猫的年龄增大而增加；切除卵巢或阉割的猫、户内活动的猫、肥胖的猫以及只饲喂干饲料的猫和摄水减少的猫发病的风险较高。其他风险因子包括应激、多猫或多种动物共同饲养以及每天日常活动发生改变等。患FIC的猫脑干酪氨酸水解酶免疫活性增加，在开始的应激阶段，去甲肾上腺素、多巴胺及其他儿茶酚胺明显升高。有少数猫由于慢性特发性膀胱炎临床症状可持续数周或数月；超声检查可发现膀胱壁明显增厚。见图292-75（B）。有些猫本病可经常复发。鉴别诊断包括其他引起FLUTD的疾病。

诊断

主要诊断

- 特异性诊断试验：FIC的诊断为一种排除性诊断，当所有诊断不能证实有其他尿路后端疾病时可诊断为FIC。
- 病史：典型病史包括排尿时疼痛（鸣叫或咆哮）、尿频、舔闻生殖器、排出少量尿液、血尿及排尿行为不当。患阻塞性疾病的猫常常走到排猫沙盆但不能排出尿液（猫主常主诉为便秘）及触诊时腹痛；随着膀胱增大及肾机能降低，可发生沉郁、厌食及呕吐。
- 临床检查结果：在非阻塞性病例，膀胱壁增厚，对直接刺激的敏感性增加，但也可能膀胱壁及对触诊的反应正常。就诊时膀胱通常小或空虚。在阻塞性病例，猫的腹部坚硬，即使轻微触诊也感觉疼痛，这类猫常因疼痛而喊叫。膀胱大而坚硬，膀胱破裂及随后发生尿因性腹膜炎（uroperitoneum）的可能性不大。患阻塞性病的猫常常脱水、沉郁及厌食。
- 尿液检验：尿液分析（UA）可发现严重或轻微的血尿，偶尔可发现蛋白尿。尿沉渣多种多样，可有或无晶尿症（crystalluria）。如有结晶则典型的为鸟粪石

（struvite），但10～15岁前发生结晶的不多；草酸钙结晶发生的频率逐渐增加。典型情况下如不发生继发性细菌感染，尿液培养则为阴性。约20%的猫尿液分析正常。

辅助诊断

- 血常规（CBC）及血液生化检查：在非阻塞性病例典型情况下这些参数均正常。尿道阻塞的猫可出现急性肾衰或阻塞性尿道病的典型变化，包括血液尿素氮（BUN）、肌酐、磷、钾等升高及代谢性酸中毒。
- 心电图（ECG）：心电图异常是由于高钾血症所引起。参见第106和第220章。
- 影像检查：可采用腹腔X线拍片检查，包括腹腔后部及阴茎尿道部（penile urethra）。高质量的X线拍片可检测到不透光的小到1mm的结石，这也常见于尿道（参见图292–77及图292–79）。在表现复发症状的猫，试用对照X线拍片，包括双造影剂膀胱造影术及尿道造影术（doublecontrast cystography and urethrography）有助于观察小的结石、射线可透过的结石、脐尿管憩室（urachal diverticula）、肿瘤及确定膀胱壁的厚度。超声检查可以检测小的结石、射线可透过的结石及膀胱肿块，在评估膀胱壁厚度时其灵敏度要比X线拍片更高。
- 内镜检查：在反复发作或持续出现临床症状的猫，采用内镜检查有助于评估尿道和膀胱黏膜表面的状况。猫患FIC时可发生黏膜下斑点状出血、出血点（glomerulations）、壁层水肿、血管通透性增加、膀胱腔内出现沉渣或小的结石。可见到脐尿管残迹（urachal remnants）及小的结石。但由于尿道的大小限制了内镜的大小，因此通常不能安置工作（活检）通道及可控制的弯曲。

诊断注意事项

- 存在血尿或晶尿不能排除诊断为FIC。
- 在许多健康猫常常可见到轻度的晶尿。
- 因为布朗运动及相似的形态，常常会将细胞碎片误认为是细菌。可通过尿液培养进行鉴别。
- 猫最常见的行为问题是藏匿遗粪（house soiling）（排尿行为不当，inappropriate elimination）。在这些猫，就诊时膀胱可能充满，但在患非阻塞性FIC的猫膀胱总是空虚。在藏匿遗粪时没有血尿、排尿困难或排尿涩痛；这些症状通常较为稳定，不会间断发生，与发生FIC时一样。如果能排除其他疾病，则可诊断为藏匿遗粪。参见第234章。
- 非阻塞性FIC为自限性的，症状通常会在5～7d内消失。如果排尿困难或血尿连续发生超过14d（有或无治疗），则应进一步进行诊断。可采用尿液分析、尿液培养、腹腔超声检查、双造影膀胱尿道（cystourethrogram）或膀胱镜检查确定在尿道后端再无其他损伤。
- 尿道后端通常对感染有一定的抵抗力，这是因为其能产生浓缩的酸性尿液，尿液中尿素含量高。

治疗

非阻塞性：主要疗法

- 由于FIC的病因尚不清楚，因此只能对症进行治疗。这种疾病并非细菌性疾病，因此除非尿液培养呈阳性，没有必要采用抗生素疗法来治疗。
- FIC主要为青年猫的一种疾病，老龄猫如果表现尿道后端的疾病则应该检查其是否有菌尿（bacturia）、尿石及膀胱肿瘤和全身性疾病，如肾脏疾病、糖尿病及甲状腺机能亢进。
- 镇痛药物：布托啡诺（butorphanol）（0.2～0.4 mg/kg q8～12h PO、SC）、丁丙诺啡（buprenorphine）（0.01～0.02mg/kg q8～12h PO）或美洛昔康（meloxicam）（0.05～0.1mg/kg q24h PO）等可用于急性膀胱疼痛。
- 药物合用：有人建议丁丙诺啡（5～20 μg/kg q6～12h PO，治疗3～5d）及乙酰丙嗪（acepromazine）[2.5mg q8～12h PO 注射液或2.5mg（10mg片剂的1/4）q8～12h PO，治疗3～5d]合用。如果试用乙酰丙嗪片剂，则只能口服，以咀嚼或压碎制成悬浮液喷洒口腔。
- 多模式环境改变（multimodal environmental modification，MEMO）：包括改变猫的环境以减少应激、恐惧及神经过敏。其核心是改进猫与其他同舍成员或宠物之间的互作，提供足够数量的猫沙盆置于不受干扰的地方，猫主与猫之间积极地玩耍，以及采用罐装食品或流水饮水器增加液体摄入，采用猫面部外激素Feliway®（ceva animal health，phoenix，AZ）等。MEMO是舍内饲养而表现尿道下端疾病的一种有些辅助作用的处置方法。
- 缓解应激的药物：如果上述方法难以奏效，由于阿米替林（amitriptyline）（每只猫2.5～5mg，q24h PO）可通过抑制去甲肾上腺素而发挥止痛作用，可用于治疗。但由于可能需要数周才能产生临床反应，因此这种药物只能用于长期治疗。这种药物只在治疗复发性或慢性FIC时才能奏效，不能用于急性FIC的病猫。其他抗抑郁药物如氯丙咪嗪（clomipramine）、氟康西汀（fluoxetine）或丁螺环酮（buspirone）也有一定效果。

- 猫面部外激素（feline facial pheromone）：Feliway为一种合成的类似物，用于减少猫在不熟悉的环境下所产生的焦虑。
- 罐装食品：由于只采食干猫粮的猫通常摄水要比饲喂罐装食品的猫少50%，因此强烈建议在患FIC的猫采用这种罐装食物。猫应在白天少量多次饲喂，应能接触到清洁的新鲜水。明显表现粪石（struvite）或草酸结晶尿的猫建议饲喂处方猫粮。

非阻塞性：辅助疗法

- 丙胺太林（propantheline）：用于降低膀胱逼尿肌（bladder detrusor muscle）兴奋过度及急迫性尿失禁（urge incontinence），剂量为0.25～0.5mg/kg q12～24h PO。
- GAG替换药品（GAG replacers）：木聚硫钠（pentosan polysulfate sodium）及葡萄糖胺-硫酸软骨素（glucosamine –chondroitin sulfate）复合产品（Cosequin™ andDasuquin™，Nutramax Laboratories，Edgewood，MD）在临床上使用获得一定的成功，但其在对照研究中的效果还未得到证实。根据近来的研究结果，两种GAG替代药物似乎在治疗急性FIC中均没有效果。

非阻塞性：治疗注意事项

- 并非所有患 FIC的猫均需要强烈治疗及改进环境。
- 由于解痉药物可能的不良反应，因此已不再建议使用。
- 皮质激素并不总能在发生FIC时产生明显的抗炎效果。

阻塞性：主要疗法

- 详细可参见第 220章。

预防

- 改变尿液pH具有一定的预防作用。尿液酸化可防止磷酸氨镁（鸟粪石）结晶尿（struvite crystalluria），但如果存在草酸钙结晶或尿石时则禁止进行这种处理。低碳水化合物-高蛋白饲料可明显使尿液酸化。酸化药物及酸化日粮极少同时使用。如果不监测尿液 pH则不应进行这种处理。
- 罐装食物：罐装食物的高水分含量对患FIC的猫有益。
- 其他食物：有些食物是设计用于诱导多尿，有些食物可通过减少尿结晶或尿石形成的基础，防止下泌尿道疾病。
- MEMO：可用于减少猫所处环境中的应激作用。

预后

非阻塞性病例即使不进行治疗，预后也较好，但复发常见。阻塞性病例如果发生血尿则预后谨慎，但如果能完全恢复肾脏机能，建立尿流，则有可能完全康复。

参考文献

Chew D, Buffington T. 2009. Managing cats with non obstructive idiopathic interstitial cystitis. *Vet Med.* 104(12):568–569.

Hostutler RA, Chew DJ, DiBartola SP. 2005. Recent concepts in feline lower urinary tract disease. *Vet Clin North Am Small An Pract.* 35:147–170.

Kruger JM, Osborne CA, Lulich JP. 2008. Changing paradigms of feline idiopathic cystitis. *Vet Clin North Am Small An Pract.* 39:15–40.

Osborne CA, Kruger JM, Lulich JP, et al. 2007. Feline idiopathic lower urinary tract disease. In LP Tilley, FWK Smith, Jr., eds., *Blackwell's 5-Minute Veterinary Consult*, 4th ed., pp. 482–483. Ames, IA: Blackwell Publishing.

Westropp JL. 2006. Feline idiopathic cystitis—Demystifying the syndrome. *Hill's Symposium on Advances in Feline Medicine, Symposium proceedings, Brussels*, pp. 64–69.

Westropp JL. 2008. Feline idiopathic cystitis: Pathophysiology and management. *33rd WSAVA and 14th Fecava World Congress Proceedings, Dublin. Ireland.*

第75章
猫免疫缺陷病毒感染
Feline Immunodeficiency Virus Infection

Sharon Fooshee Grace

概述

猫免疫缺陷病毒（feline immunodefi ciency virus，FIV）为逆转录病毒的慢病毒（lentivirus）属成员，对6个亚型（A-F）进行的研究较多；在新西兰又发现了第七个亚型（U）。美国和加拿大最常见的病毒亚型为A型及B型，C型及F型不太常见。在北美家养猫及野猫的一般种群中 FIV的流行率不到5%。虽然在最近20多年猫白血病病毒感染（felineleukemia virus infection，FeLV）的流行率降低，但 FIV的流行率一直未发生明显改变。

与其他慢病毒一样， FIV具有种特异性，不具明显的公共卫生危害。由于这种病毒最早是1986年在加利福尼亚北部的猫舍分离到的，因此其一直就是研究的重点。

咬伤可能为本病的主要传播方式，但有研究表明，本病偶尔可在长时间内密切生活的猫之间传播，这与早期研究发现，偶尔接触不大可能导致本病传播的结果是矛盾的。妊娠期感染的母猫可能在子宫内传播病毒或后来在初乳或唾液中传播病毒，但在自然发生的感染这种情况不常出现。老龄的性机能完整的户外活动的公猫，由于其争斗行为而感染的风险最高。仔猫不常感染，这与其他传染病不同，仔猫对FIV的易感性不比成猫高。

感染FIV后临床阶段的数量在研究者之间有一定差别，但进行简单分类可将其划分为三个阶段：急性期、持续时间长短不等的无症状期及末期。在急性期，症状通常没有特异性，可持续数天到数周，主要症状包括发热、沉郁、胃肠机能异常及肠炎、胃炎、呼吸道疾病及外周淋巴结病。在有些猫急性期可难以发现。作为无症状带毒者，猫常常不表现临床疾病。这一阶段已知可持续许多年。在后期阶段，症状常常为机会性感染、肿瘤、神经机能异常的反应，或表现为全身衰竭综合征（general wasting syndrome）。末期症状包括失重、持续性腹泻、齿龈炎或胃炎、慢性呼吸系统疾病、淋巴结病及慢性皮肤病。在FIV的后期阶段常常见到严重的口腔及牙齿疾病； 在有些病例，黏膜发生溃疡及坏死。末期的许多猫就诊时可发现肿瘤性疾病，如淋巴瘤或各种白血病。少量感染猫可见到神经机能异常；最常报道的为行为发生变化，也可见到炎症性眼睛疾病及非特异性肾脏疾病。

据报道，感染FIV时可并发各种传染性疾病，但对这些传染性疾病的流行情况还不清楚。有研究发现慢性感染FIV时引起的免疫抑制可增加肠道冠状病毒的复制，因选择突变而形成毒力更强的冠状病毒［猫传染性腹膜炎，feline infectious peritonitis，（FIP）］。

诊断

主要诊断

- 临床症状：慢性病状态、齿龈炎或胃炎以及对治疗反应不好的类似的微小感染（特别是上呼吸道）应提示可能感染有FIV。
- 抗体检测：商用酶联免疫吸附测定（ELISA）试剂盒可检测是否存在FIV特异性抗体。Western Blot及免疫荧光抗体（IFA）检测在传统上曾建议用于验证阳性ELISA检测，但有研究表明这些检测方法的灵敏度及特异性并不比临床中采用ELISA试剂盒检测高。采用的抗体检测方法（即ELISA、Western Blot或IFA）均不能区分FIV免疫接种诱导的抗体与自然感染形成的抗体。
- 聚合酶链式反应（PCR）分析：一家商用兽医实验室（IDEXX Laboratories，Westbrook，ME）可进行FIV的PCR检测，这种方法只能用于抗体效价阳性的猫的验证试验，据报道其灵敏度为 100%，特异性为80%。

辅助诊断

- 血常规（CBC）：血液异常虽没有特异性，但很常见。白细胞减少症（leukopenia）、中性粒细胞减少症（neutropenia）及淋巴细胞减少症（lymphopenia）在急性阶段很常见，在末期会重新出现，同时发生非再生性贫血。偶尔可见到中性粒细胞增多症（neutrophilia）或血小板减少症。

- 生化检查：常见高丙球蛋白血症（hypergammaglobulinemia）。虽然FIV在引起肾脏疾病中的作用尚不清楚，但可见到氮血症。

诊断注意事项

- 正在研制的检测方法（test in development）：目前研制的一种判断式 ELISA试验对区分疫苗接种和真正的感染已获得了很大的进展，这种试验方法目前尚未在美国商用，但在日本已经上市。
- 疫苗诱导的抗体在有些猫可持续存在2～3年以上。
- 从血细胞和体液中获得病毒的难易程度随着感染阶段会发生变化。测定分析病毒抗原时，由于感染不能产生足够的循环抗原，大多数抗原检测方法难以诊断，因此抗原分析诊断FIV并不可靠。
- 大多数猫在感染后60d内可表现血清学阳性，但有些罕见病例则需要6个月或以上。如果抗体试验为阴性，但可能发生新近感染，则应在最后一次暴露后60d再重复检测。感染进展快速时可不发生血清转化。感染末期的猫抗体水平可能检测不到。
- 虽然可从母猫传播给仔猫，但仔猫感染 FIV的情况不常见。如任何年龄检测的仔猫绝大多数可能为阴性，可认为其未感染本病。
- 无症状仔猫及成猫暴露风险低，检测结果很有可能为阴性，这是因为检测方法的灵敏度高，而且大多数猫群中感染的流行率低。由于在猫发生感染，但在开始检测时未发生血清转化，这种情况会发生一定的改变，因此检测应间隔8～12周重复进行。如果检测结果仍为血清阴性，则说明不大可能发生感染。
- 抗体阳性的猫很有可能从感染或免疫接种的母猫获得初乳抗体，可在数周或数月内出现ELISA检测抗体阳性。由于仔猫不会从其母亲或其他猫获得感染，因此在解释仔猫出现阳性ELISA检测结果时应谨慎。对反应阳性的仔猫应在6月龄后再次检测。具有母体抗体的未感染仔猫会恢复为血清阴性状态。6个月后仍呈血清阳性状态的仔猫很有可能发生感染，因此应小心将这些血清阳性的仔猫与其他猫隔离，直到检验结果呈阴性。另外，抗体阳性的仔猫可再采用 PCR 法进行检测，根据检测结果，可确证是否发生感染，阴性结果表明未感染的可能性为80%。
- 如果从FIV免疫接种的猫获得输血，则受血猫表现为抗体阳性可长达数周或数月。
- FIV感染猫在用灰黄霉素治疗时常常表现明显的白细胞减少症。因此对以前可能暴露过FIV的猫在采用这种药物治疗之前应检测FIV。
- 机会性感染也与后期阶段的 FIV感染有关，因此应该预计到这种感染。可能会出现的问题包括病毒性及细菌性呼吸道感染、弓形虫病、分支杆菌病及血原体病（hemoplasmosis）。

治疗

主要疗法

- 支持疗法：对 FIV 感染可采用支持疗法，主要是对相关并发症进行治疗。目前尚无对FIV的特异性抗病毒疗法。建议对FIV阳性的猫每隔4～6个月进行检查，以便发生问题时及早进行干预。特别应注意牙周疾病。
- 超氧化物歧化酶：经过同业专家评审（Peer-reviewed）的资料表明该药物的专利产品（Oxstrin™，Nutramax Labo ratories，Edgewood MD）可引起免疫刺激作用，对治疗猫的FIV感染具有一定作用。

辅助疗法

- 避免应激（stress avoidance）：为了延长FIV感染猫的寿命，应避免出现应激状况，应饲喂高质量的食物，必要时可采用适宜的抗菌性抗生素进行治疗。可能接触寄生虫的猫应间隔6～12个月进行粪便检查。
- 隔离：感染 FIV的病猫应与其他猫隔离以避免病毒传播及避免暴露继发性病原。应建议客户保持FIV感染的猫在户内活动。此外，接触的猫应采用FIV疫苗接种。
- 去势：FIV感染的猫应进行去势以减少发情、妊娠、泌乳造成的应激及将病毒从母猫传播给仔猫，减少公猫的争斗及扩散病毒。

预防

- 目前已有灭活全细胞双型疫苗（inactivated, whole-cell dual subtype vaccine），其含有 A亚型（Petaluma）和D亚型（Shizuoka）FIV毒株。大量的研究表明，这种疫苗也可对美国最为常见的B亚型产生交叉保护作用。该疫苗批准用于8周龄及其以上的仔猫，开始免疫时应间隔2～3周进行三次注射，建议每年进行强化免疫。接受免疫接种的猫应埋植芯片（microchipped），以便在其走失后找回，也可防止这种猫在进入庇护所后由于其FIV试验（抗体）阳性状态而被安乐死。

预后

本病的预后不同，且依赖诊断时的临床阶段。50%以上的猫会在感染后无症状长达4～6年，约20%的猫会在此阶段死亡。

参考文献

Addie DD, Dennis JM, Toth S, et al. 2000. Long-term impact on a closed household of pets cats of natural infection with feline coronavirus, feline leukaemia virus and feline immunodeficiency virus. *Vet Rec.* 146(15):419–424.

Levy J, Crawford PC, Kusuhara H, et al. 2008. Differentiation of feline immunodeficiency virus vaccination, infection, or vaccination and infection in cats. *J Vet Intern Med.* 22(2):333–334.

Levy J, Crawdord C, Hartmann K, et al. 2008. 2008 American Association of Feline Practitioners feline retrovirus management guidelines. *J Fel Med Surg.* 10(3):300–316.

Levy JK, Crawford PC, Slater MR. 2004. Effect of vaccination against feline immunodeficiency virus on results of serologic testing in cats. *J Am Vet Med Assoc.* 225(10)1554–1557.

MacDonald K, Levy JK, Tucker SJ, et al. 2004. Effects of passive transfer of immunity on results of diagnostic tests for antibodies against feline immunodeficiency virus in kittens born to vaccinated queens. *J Am Vet Med Assoc.* 225(10):1554–1557.

Pu R, Coleman J, Coisman J, et al. 2005. Dual-subtype FIV vaccine (Fel-O-Vax® FIV) protection against a heterologous subtype B FIV isolate. *J Fel Med Surg.* 7(1):65–70.

第76章
猫传染性腹膜炎
Feline Infectious Peritonitis

Gary D. Norsworthy

概述

猫传染性腹膜炎（feline infectious peritonitis，FIP）是流浪猫收养和猫舍中最常见的猫的疾病之一，由FIP病毒（FIPV）所引起，这种病毒为猫冠状病毒（feline coronavirus，FCoV）的强毒型（生物型，biotype）。FCoV的非强毒生物型为猫肠道冠状病毒（feline entericcoronavirus，FECV），常见于全球健康的猫群体。参见第73章。虽然可采用感染组织提取物或液体将FIPV接种到仔猫，但水平传播的频率不高。本病毒能强烈结合到细胞和组织，因此通过尿液和粪便的传播只是在损伤邻近肾脏收集管或小肠壁时才可发生。FIPV有Ⅰ型和Ⅱ型两种血清型；Ⅰ型株更有可能引起FIP。

FECV发生突变形成FIPV，这种突变可能主要涉及3c基因的丢失，可导致病毒向性运动（troposm），从肠上皮顶端转入巨噬细胞；但新的研究表明，3c基因可能并非只是在突变中有所涉及。FIPV可与巨噬细胞、单核细胞表面结合，然后内化到细胞中。突变更有可能是发生在发病初期及仔猫，主要是由于在这两种情况下FECV可快速复制，而且仔猫的抵抗力低。虽然病毒主要与肠上皮细胞结合，但FECV 在感染初期具有一简短的全身期，这是影响检测的一个重要事件。开始时人们认为，对 FECV 感染的免疫力不会造成对 FIPV的免疫力，但发生的交叉保护作用主要与涉及的FECV和FIPV病毒株的关系有关。如果其关系极为密切，则可发生明显的保护作用，如果关系疏远，则不会发生保护。

感染FECV的猫20% 以上会发生病毒突变，但这些突变病毒只有少数是由于引起快速而强烈的细胞反应而产生临床疾病。发生FIP的猫，其FIPV可以在巨噬细胞内任意复制，导致病毒在全身细胞的传播。渗出型FIP（effusive FIP）的主要特点是在各种靶器官的小静脉周围形成脓性肉芽肿（pyogranulomas）。非渗出型FIP（noneffusive FIP）的特征是形成肉芽肿。这些炎性病变开始于器官表面，扩散到器官实质。如果感染后很快发生强烈的细胞免疫，可监视病毒复制而不会发生疾病。如果发生体液免疫而不同时发生细胞免疫，可造成渗出型FIP。如果发生强烈的体液免疫而细胞免疫微弱，则可发生非渗出型FIP，其开始时可发生溢流性FIP，逐渐发展为典型的肉芽肿形成，之后随着免疫系统崩溃，最终再次形成渗出型。

FIP见于所有存在FECV的地区，而这种病毒实际见于几乎所有庇护所、养殖超过6只猫的养殖场以及60%或以上的多猫场所。FECV感染主要通过粪–口途径，暴露后1周内即可排毒。排毒可持续18个月或以上，持续4～6个月之后会发生间歇性排毒，也可能在6～8个月内病毒被清除。但常常发生与初次暴露类似的再次感染。病毒的排出基本与冠状病毒抗体效价成比例发生。抗体效价≥1：100的猫更有可能比抗体效价≤1：25的猫排毒。

典型的 FIP引起的死亡发生于3～16月龄； FIP不常见于5岁以上的猫。死亡通常为一定处所（猫舍或流浪猫收养所）发生的孤立事件，通常为散发、难以预计及不常发生。散发FIP的猫舍如果在很长一段时间内养育了很多的仔猫，则由FIP引起的死亡可能更为常见。仔猫在被领养前在猫舍所处的时间越长，风险越高。在发生FIP死亡后约3年，由于群体抵抗力增加，本病有消失的趋势。虽然有些品种有易于发生FIP的趋势，但本病更有可能与血统有关而不呈品种特异性。罕见情况下 FIP引起的死亡是以动物流行病的形式发生，许多死亡接连发生，但这种死亡类型典型情况下不超过12个月。本病的动物流行性发生通常与群体应激，如过度拥挤、仔猫过多、不良基因聚集（adverse genetic concentration）或引入FECV新毒株有关。

FIP有渗出型及非渗出型两种类型，通常分别称为湿性和干性，只在罕见情况下两者可同时发生，之后通常从一种形式过渡为另外一种形式。湿性型最为常见，也称为渗出型或非实质组织型（non–parench-ymatous），其可影响到内脏浆膜和网膜，或肾脏表面（见图76–1）。

干性型也称为非渗出型、肉芽肿型或实质组织型，影响腹腔器官（特别是肾脏、肝脏、肠系膜淋巴结及小肠，见图76-2）、中枢神经系统（CNS）及眼睛（见图76-3）。这种类型不在体腔内产生炎性渗出物。

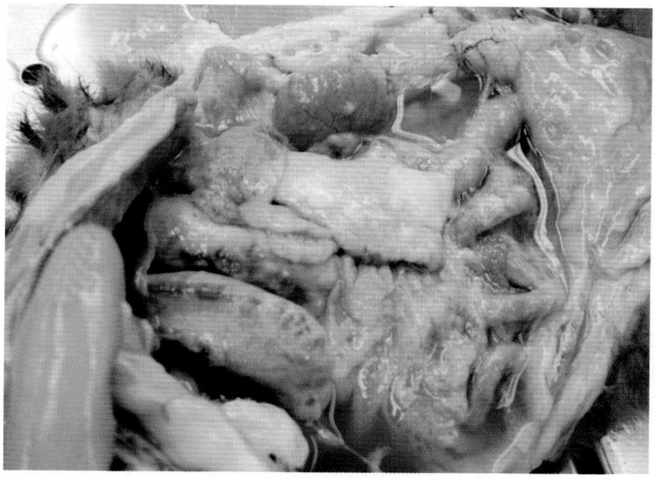

图76-1 猫渗出型腹腔传染性腹膜炎引起内脏斑块形成、器官之间粘连及液体蓄积

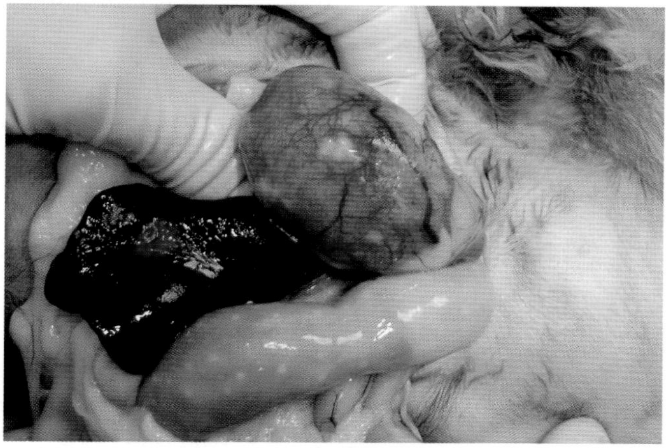

（A）

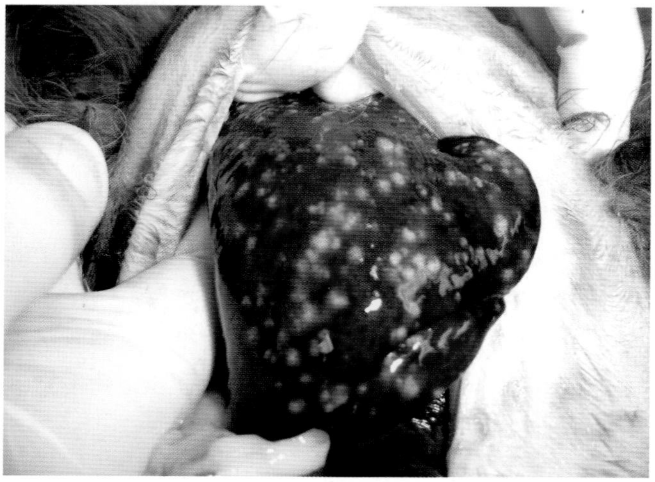

（B）

图76-2 猫非渗出型传染性腹膜炎（FIP）在各种器官产生肉芽肿。这只7月龄的仔猫患有非溢流性FIP，在（A）肾脏、脾脏及结肠和（B）肝脏形成肉芽肿

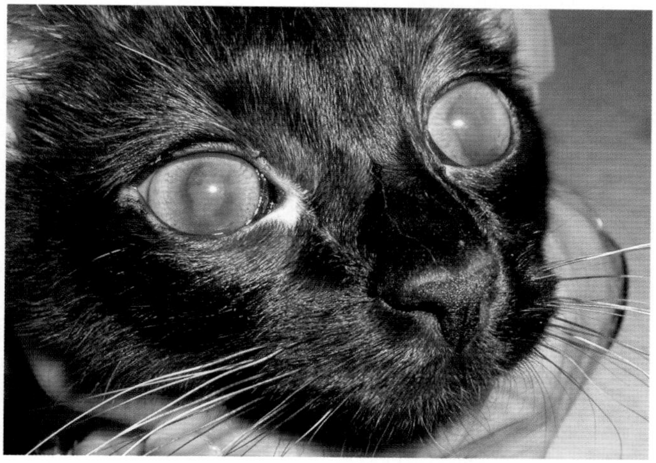

图76-3 眼色素层炎是猫非渗出型传染性腹膜炎最常见的眼睛病变

从感染到发生溢流性疾病的时间在试验条件下可达2周，非溢流性则可达数周。对自然感染时的潜伏期还不清楚，但有研究表明亚临床型疾病在显性疾病发作前可持续数月到数年，这是因为FIP可在很长时间的不明显疾病或生长缓慢之后才发生。因此，FIP的早期症状包括暂进性昏睡、间歇性发热、食欲低下及失重。

随着疾病在临床上变得越来越明显，可持续出现昏睡及发热，食欲抑制及失重可能进展更加明显。渗出型可表现为腹腔由于积液而扩张，或由于胸腔积液而呼吸困难。渗出型FIP时不到10%的病例可影响到眼睛和CNS。最为常见的眼睛病变为眼色素层炎；许多猫表现为色素层颜色发生改变。CNS症状包括后躯轻瘫、不协调，感觉过敏，痉挛，臂神经、三叉神经、面神经及坐骨神经麻痹，抽搐，脑水肿，痴呆，性格发生改变，眼球震颤（nystagmus），头部翘起及转圈等。正常公猫可由于腹膜炎扩散而引起阴囊肿大，常常发生由于普遍存在的滑膜炎而发生的多关节炎。在60%的猫非渗出型可产生CNS或眼睛疾病，与特异性器官相关的衰败症状可能占优势。年轻猫的应激常常与FIP的发作有关，这类应激包括妊娠、分娩、卵巢摘除、去势及除甲等。如果这些应激与FIPV同时发生，则可足以扭转平衡朝向有利于病毒而不利于宿主的方向发展。

诊断

主要诊断

- 组合试验（combination testing）：由于这种试验不是单个、简单的诊断试验方法，因此根据多种因子获得的结果进行综合诊断。诊断非渗出型FIP的可能性在下列情况下较高：

- 青年猫，来流浪猫收养所或猫舍。
- 存在眼色素炎或 CNS 症状。
- 血清蛋白升高。
- 血清球蛋白增加，血清白蛋白减少，导致 A∶G＜0.6。
- 发热，对抗生素治疗无反应。
- 白细胞减少症，特别是伴有白细胞增多症。.
- 非再生性贫血。

- 出现下列情况时渗出型FIP的可能性更高：
  - 青年猫，来自流浪猫收养或猫舍。
  - 如前所述的同样的实验室检查结果。
  - 黄染的黏液性炎性腹水或胸腔积液，偶尔可为绿染。用针头吸取滴一滴在玻片上，针头离开后通常会留下一串液体。玻片染色时由于蛋白含量高可产生紫色的背景。参见第288章。
  - 对液体中的细胞进行免疫组化检查可发现为病毒抗原阳性，这具有确诊意义。
  - 实时聚合酶链式反应（RT-PCR）监测可检测到高水平的 FIPV RNA。
- 组织病理学：如果发现猫在表现相应的临床症状、血液学及血清学结果，检查发现脓性肉芽肿（pyogranulomas）（渗出型FIP或非渗出型FIP）时则具有证实意义。

辅助诊断

- 组织水状液（aqueous humor）：存在蛋白及白细胞增加说明发生非渗出型FIP。
- 脑脊液（cerebrospinal fluid，CSF）：存在非渗出型FIP时常表现为蛋白含量（＞200mg/dL）及白细胞（＞100 个/μL，主要为中性粒细胞）增加。
- FCoV抗体效价测定：虽然对诊断有帮助，但由于FECV及FIPV两者均可产生，因此不能用于诊断。虽然在患FIP的猫抗体效价＞1∶1600，抗体效价为阴性则可排除FIP，但由于两者之间重叠很大，因此这种诊断方法在单个病例不具多少诊断价值。

诊断注意事项

- FCoV 抗体效价在临死的猫会急剧降低，特别是在患渗出型疾病的猫更是如此。
- FIP的诊断不用只根据 FCoV抗体效价进行。
- 7b蛋白的抗体效价用于诊断的特异性和灵敏度不比直接免疫荧光抗体试验高。
- 根据缺乏7b基因检测FIPV RNA（可能能够鉴别FIPV），其特异性尚不足以进行诊断。
- 根据一定炎性蛋白的水平或炎性产物［急性期反应蛋白（acute phase reactants），如α-1-酸性糖蛋白（alpha-1-acid glycoprotein，AGP）］的水平进行诊断并不对FIP具有特异性。

治疗

主要疗法

- 目前尚未证明治疗方法能对治愈FIP持续有效。

辅助疗法

- 可能的治疗方法：近来有报道采用药物Polyprenyl Immunostimulant™对两只非渗出型猫连续2年进行治疗，控制了本病的发生。第三例猫虽然在开始有反应，但在猫主停止用药后死亡。患渗出型FIP的猫对治疗没有反应。长期治疗控制的两只猫用药剂量为3mg/kg，每周2～3次，PO。

治疗注意事项

- 宣称成功治疗通常是由于自发性康复或误诊。
- 不足以信任的治疗方法包括采用泰乐菌素及强的松龙治疗、强的松龙与苯丙氨酸氮芥（phenylalanine mustard）治疗、强的松龙与环磷酰胺治疗；采用各种免疫抑制药物治疗；采用各种免疫刺激药物治疗，包括干扰素、大剂量维生素、许多保健营养品及pentoxyfiline等。

养猫场疾病控制

- 不应采用FCoV抗体检测，这是因为其不能解决下述四个重要的问题：（a）任何猫是否存在FIP？（b）任何猫是否存在亚临床型FIP？（c）任何猫是否在将来会发生FIP？（d）哪些猫能排出 FECV？
- 采用PCR检测粪便FCoV时，由于几乎不可能通过严格（及不切实际的）检疫措施保持无FECV的设施，因此这种方法意义不大。

预防

- 目前尚未研制出具有足够效果的FIP疫苗。
- 适当的管理措施可明显降低FIP的发病率。应避免或减少下述情况的发生：
  - 过度拥挤。
  - 在收容所停留太长时间。
  - 其他仔猫疾病，包括猫传染性泛白细胞减少症（panleukopenia）及病毒性呼吸道疾病。
  - 繁殖猫，特别是公猫可产生FIP仔猫。
- 免疫力的产生需要一定时间。封闭种群在大约3年内FIP的发生率会降低。
- 严格隔离母猫及仔猫，4～6周龄时断奶仔猫，一直隔离仔猫到16周龄可防止FECV 感染及 FIP。但同时仍需采用精心的检疫措施，包括隔离区（即在另一建筑物内）、分离的便盆、食物及水锅、隔离的空气流通空间及换进/换出的保护性衣物；这些措施通常不易施行。
- 降低FIP引起死亡的最为有成本效益的方法是：
  - 消除拥挤。繁殖母猫的数量不应超过6只。
  - 猫群中3岁以上的比例应增加。
  - 通过管理猫沙盆、清扫垃圾及减低清理垃圾时的扩散等方法，减少粪－口传播。
  - 仔细选择繁殖群，淘汰产过FIP仔猫的母猫和公猫。
  - 减少每年所产仔猫的数量。

预后

FIP的预后谨慎，如果诊断得到证实或有理由确定时，建议施行安乐死。

参考文献

Legendre AM, Bartges JW. 2009. Effect of Polyprenyl Immunostimulant on the survival times of three cats with the dry form of feline infectious peritonitis. *J Fel Med Surg.* 11(8):624–626.
Pedersen NC. 2009. A review of feline infectious peritonitis virus infection: 1963–2008. *J Fel Med Surg.* 11(4):225–258.

第77章 猫白血病病毒感染
Feline Leukemia Virus Diseases

Fernanda Vieira Amorim da Costa 和 Gary D. Norsworthy

概述

猫白血病病毒（feline leukemia virus，FeLV）为逆转录病毒致肿瘤RNA病毒亚科（oncornavirus subfamily）成员之一，含有单股RNA，通过逆转录酶的作用转录为DNA，这种DNA为一种前病毒，可整合到猫的细胞基因组中。FeLV可分为四个亚组：FeLV-A、FeLV-B、FeLV-C和FeLV-T，只有FeLV-A具有传染性和传播性。FeLV-B、FeLV-C和FeLV-T 虽不具传播性，但在感染FeLV-A的猫可通过突变及重组重新合成。FeLV-B通常与恶性肿瘤，特别是淋巴瘤和白血病有关；FeLV-C通常引起非再生性贫血；FeLV-T对T淋巴细胞具有高度的细胞毒性，可引起严重的免疫抑制。

全球本病的流行率在流浪猫为5%，无论地理位置如何，这一流行率基本恒定。在非流浪猫，由于采取从封闭群中清除感染猫及FeLV免疫接种，总的流行率降低。

虽然本病毒的传播可通过血液、鼻腔分泌物、粪便及乳汁发生，但通过唾液的传播最为有效。目前情况下，大多数猫通过社会活动，如共享食物及饮水盘、相互整梳及公用猫沙盆而发生感染，也可通过咬伤、跨胎盘或舔闻及护理仔猫发生传播。妊娠期可通过激活潜伏感染而导致繁殖失败、胎儿吸收、流产、新生仔猫死亡或感染仔猫死亡。

干燥条件下，猫白血病病毒在宿主外的生存不超过数小时，病毒包膜对消毒剂、肥皂、加热及干燥很敏感。但FeLV在潮湿的室温下可保持感染力达数天或数周，可通过污染的针头、手术器械及输血等发生医源性传播。

FeLV感染后的后果取决于猫的年龄和免疫状态、病毒浓度、病毒的致病性和感染压力（见图77-1）。年轻的仔猫对FeLV的敏感性最高，随着猫的成熟，可逐渐对该病毒获得抵抗力，但50%以上的敏感成年猫仍会在接触到病毒后发生感染。

通过口鼻途径发生感染后病毒在口咽部的局部淋巴组织中复制。在许多具有免疫机能的猫，由于有效的细胞介导免疫反应［cell-mediated immune（CMI）response］，病毒的复制被终止，病毒可从体内完全被排出，这些猫可康复。在康复猫，通过抗原试验不能检测到感染，是因为它们具有高水平的中和抗体，无病毒血症。

如果免疫反应不能有效干预病毒，则可发生 FeLV感染，在1～3d内发生病毒血症，因此在血浆抗原检测中可检测到p27抗原。最初发生病毒血症后，病毒扩散到靶器官，包括胸腺、淋巴结及脾脏。猫表现发热及淋巴结病变的症状。

如果猫能建立有效的免疫反应，可在数周或数月内最初出现的病毒血症会被终止，导致暂时性病毒血症，这种情况持续3～16周，在此期间，猫排出病毒，可感染其他易感猫。

在大约3周的病毒血症后，骨髓前体细胞受到感染，病毒在粒细胞和血小板内开始体内循环。这些猫不能从体内排出病毒，直接免疫荧光（IFA）可检测到细胞内抗原。有些猫在病毒血症发生后可清除，但原病毒DNA已经插入到骨髓干细胞，这类感染称为潜伏性感染。在这些情况下，可能有部分免疫反应，随着抗体浓度增加，病毒的产生减少。在不主动产生病毒时，潜伏感染的猫在检测FeLV抗原时［ELISA（enzyme-linked immunosorbent assay）及IFA］表现为阴性结果。潜伏感染的猫可发生肿瘤或脊髓发育不良（myelodysplasias），存在的原病毒可通过骨髓PCR试验检测。在采用免疫抑制治疗、母猫妊娠及泌乳后，潜伏感染可被激活，此时抗原检测可检查出病毒血症。随着时间的进展，潜伏感染更难被再次激活，即使采用大剂量的皮质激素也是如此。在发生病毒血症后3年，只有8%的猫仍在骨髓中有潜伏感染。

如果猫在骨髓感染后不能清除病毒血症，则ELISA抗原和直接IFA检测均可获得阳性结果，这通常发生在持续性病毒血症后16周左右，这些猫可呈持续病毒血症，终身可感染其他猫。患持续性病毒血症的猫可发生FeLV相关的疾病，大多数会在3年内死亡。

诊断

主要诊断

- 临床症状：临床症状差别很大，但常常包括呼吸困难、嗜睡、厌食、失重、发热、齿龈炎/口腔炎及难以愈合的脓肿。
- 查体：常见检查结果包括有胸腔积液的迹象，黏膜苍白、眼内异常及皮肤发生异常、可触及的腹腔内脓肿及脏器肿大（organomegaly）（即淋巴结、脾脏、肝脏和肾脏）。参见第 130 章的影像检查。
- 血常规（CBC）及生化检查：常见结果包括非再生性贫血、白细胞减少症、血小板减少症、氮血症及肝脏酶活性升高、血清胆红素升高。有些感染FeLV的猫在血液涂片上可见到有核红细胞（nucleated red blood cells，RBCs），但这并不代表再生性贫血，相反这些有核红细胞代表了非特异性骨髓干扰、红细胞增多性骨髓组织增生（erythremic myelosis）或红白血病（erythroleukemia）［急性红白血病则表现为红、白（主要是粒）两系的恶性增生，最后可发展成为典型的急性粒细胞白血病或急性粒、单核细胞白血病。一般认为红血病可以发展成红白血病，后者可再进一步转化为急性白血病，但临床上不是每个病例都有这样的转化过程，有的病例可能在未转化前就死于并发症，因而未能显示出病情发展的全过程——译注］。这种情况下需要进行网织红细胞计数来确定贫血猫是否有再生性反应。
- FeLV 抗原检测（ELISA及IFA）：检测方法对阳性的检出率因感染阶段、疾病的形式以及受影响的器官而不同。ELISA 可检出血浆中的游离 FeLV抗原，直接IFA可检出粒细胞和血小板内的抗原，说明可能发生骨髓抑制。

辅助诊断

- 骨髓穿刺：即使外周血液涂片检查正常，也可见到骨髓发育异常。骨髓穿刺是进行FeLV检测的最佳组织来源，特别是采用PCR及IFA检测时，由于在某些猫病毒可能在骨髓内处于静止状态，因此采取血液检查

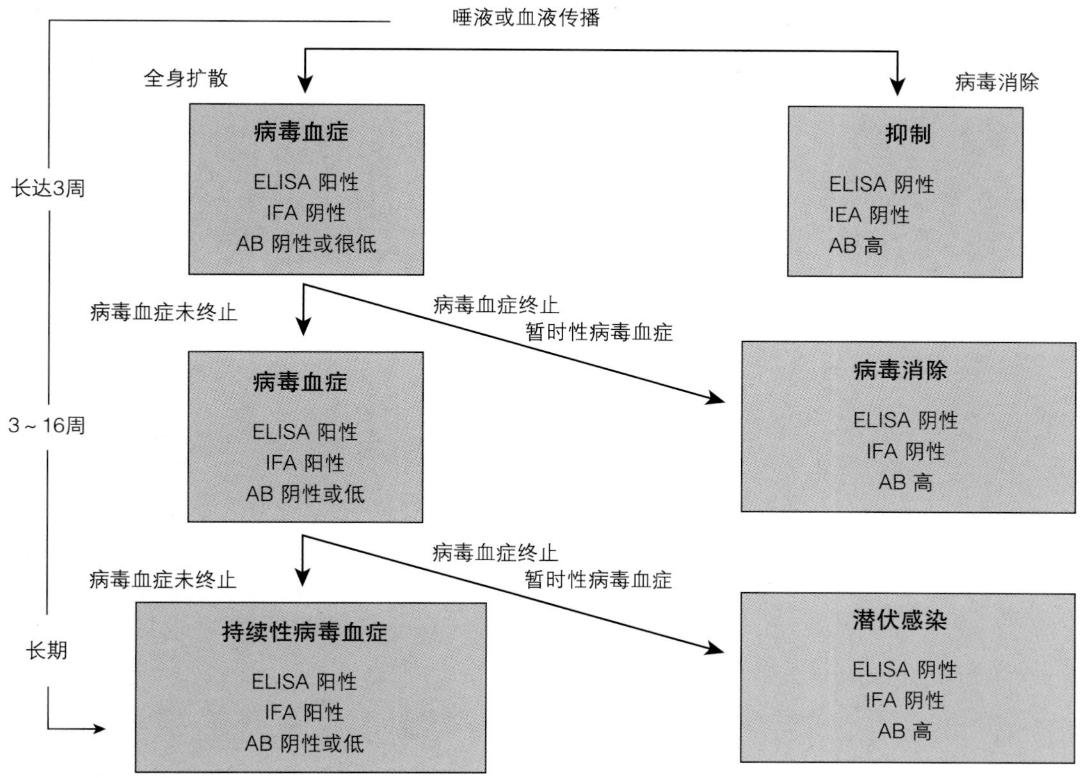

图77-1　猫白血病病毒感染的可能后果（改编自Prof. Katrin Hartmann 和 Virbac）

时可能抗原检测结果为阴性。
- 胸腔积液分析：在纵隔淋巴瘤时，常常可在胸腔积液中发现成淋巴细胞，蛋白含量高及总细胞计数升高。参见第171章和第288章。
- 穿刺细胞学检查：在肿大的器官及未确定的腹腔肿块中常可发现成淋巴细胞。

诊断注意事项

- 由于FeLV可引起许多各种各样的疾病，因此所有严重的病猫均应进行FeLV检查，即使这些猫在过去检查为阴性时仍应进行检查。
- 血清ELISA抗原检测应该为猫健康检查的一部分内容，阳性结果表明存在病毒，但并不一定就意味着存在持续感染或其就是猫发生疾病的原因。

治疗

主要疗法

- 隔离：感染猫应限制于户内并与其他FeLV阴性猫隔离。良好的营养及管理对良好的健康状况极为重要。应避免食用生肉、蛋及未进行巴氏消毒的牛奶。应该每半年进行一次健康检查，确定是否患有齿龈及牙齿疾病、失重、淋巴结病、眼及皮肤损伤及骨髓疾病。常规实验室检查应包括CBC、生化检查、尿液分析、尿液培养及粪便检查。在建立控制胃肠道寄生虫、外寄生虫及犬心丝虫防疫计划时应将猫包括在内。应将猫去势及免疫接种，以防止由于采用未灭活苗而引起严重的传染病，但对这些情况下免疫力的产生及维持时间还不清楚。
- 化疗：人们采用各种药物治疗猫的淋巴瘤，常用药物及治疗方法参见第34章。
- 输血：由于许多FeLV相关疾病均伴有非再生性贫血，因此有必要输入全血来稳定病情，以便进行诊断或作为其他治疗方法的辅助方法。此外，被动抗体转移可降低有些猫的FeLV抗原血症（antigenemia）的水平。对这种辅助疗法应以免疫接种过的猫为血液供体。参见第295章。

辅助疗法

- 猫干扰素Ω（feline interferon Omega）：以10^6U/kg q24h SC连续5d治疗，这种治疗方法可减少临床病例，降低死亡率，但尚未见有免疫学参数检测支持其抗FeLV的效果而不是通过抑制继发性感染而发挥作用。
- 齐多夫定（zidovudine）：以5mg/kg q12h PO或SC进行治疗，由于使用这种药物后常见的不良反应为非再生性贫血，因此必须进行常规CBC测定。
- 免疫调节剂（immune-modulating agents）：多种药物可防止或治疗免疫抑制。
  - 醋孟南（acemannan）：2mg/kg IP q7d，治疗6周。
  - 痤疮丙酸杆菌（propionibacterium acnes）（ImmunoRegulin®，ImmunoVet）：0.25～0.50mL IV，每周2次，之后q14d 治疗16周。
  - 葡萄球菌A蛋白（staphylococcus protein A）（SPA®，Sigma）：仔猫：7.3 μg/kg IP，每周2次共8周。
  - PIND-ORF（贝尔公司的一种免疫促进剂Baypamun DC®，Bayer）：1mL SC，第一周2次，然后每周1次，共6周。
  - 淋巴细胞T-细胞免疫调节因子（cell Immuno-modulator）（Imulan®，ProLabs）：1mL（1μg）q7d，治疗4周，之后q14d治疗2次，再后 q4～6w或必要时治疗。
  - 猫用优化活性超氧化物歧化酶（feline oxstrin optimized）（Nutramax Laboratories，Edgewood，MD）：1个胶囊q24h PO。制造商认为其能支持猫的抗氧化及营养系统，提供具有生物活性的超氧化物歧化酶，而该酶能在胃被保护而不发生裂解。在猫发生FIV感染时见有这些效果的报道。
- 强的松龙：该药物能减轻许多猫的口腔炎，可刺激食欲，短期内可减小淋巴瘤肿块的大小，但其免疫抑制剂量可能有害。

治疗注意事项

- 成功治疗FeLV诱导的淋巴瘤和非再生性贫血可以缓解，但不可能痊愈。FeLV可在猫体内保持活力，因此将来仍可复发，仍会存在传染。
- 淋巴瘤在许多猫似乎为一种自发性疾病，由于与FeLV可能无关，在考虑治疗结果时没必要包括FeLV传染及FeLV诱导的复发。参见第130章。

预后

感染FeLV但不表现临床症状的猫可能保持无症状达数月或数年，这些猫可能健康，但对其他猫具有传染性。猫患有其他FeLV相关疾病时，预后谨慎。患有增生性疾病的猫其平均生存时间在采用积极的化疗时为6个月，但有些猫可生存更长时间。

参考文献

Hartmann K. 2006. Feline leukemia virus infection. In CE Greene, ed., *Infectious Diseases of the Dog and the Cat*, 3rd ed., pp. 105–131. St. Louis: Saunders Elsevier.

Levy JK, Crawford RC. 2005. Feline leukemia virus. In SJ Ettinger, EC Feldman, eds., *Textbook of Veterinary Internal Medicine*, 6th ed., pp. 653–659. St. Louis: Elsevier Saunders.

Lutz H, Addie D, Belák S, et al. 2009. Feline leukaemia: ABCD guidelines on prevention and management. *J Fel Med Surg*. 11(7):565–574.

第78章
发热
Fever

Mitchell A. Crystal 和 Paula B. Levine

概述

发热（fever，pyrexia）是指对疾病、药物或毒物发生反应而引起的体温升高。由于发热与体温过高（hyperthermia）两者在原因及治疗上均不同，因此应注意两者的鉴别。发热可认为是由于下丘脑热调节设定值（hypothalamic thermoregulatory set point）升高，导致内源性热形成而引起的体温升高；而体温过高则是由于热调节设定值正常，但体温升高，如发生于外部热源、活动过度或代谢速率增加（如甲亢）时。发热是由于疾病过程、药物或毒物直接或间接作用（通过释放致热物质，引起白细胞产生细胞因子），使得热调节设定值升高。发热通过强化胞吞作用、释放干扰素及淋巴细胞转化，从而在机体抵御传染病的发生中发挥积极的作用。

猫发热的临床症状包括嗜睡、厌食及非典型性行为变化，如藏匿或兴奋，也可存在引起发热的潜在疾病产生的其他症状。引起发热的疾病过程包括感染、炎症、肿瘤及免疫介导性疾病。可引起猫发热的常用药物包括头孢菌素类、灰黄霉素、甲硫咪唑、青霉素、丙硫氧嘧啶、磺胺类药物或加氧苄氨嘧啶/磺胺、四环素及硫乙胂胺（thiacetarsamide）。在这些药物中，四环素最有可能引起发热。

不明原因的发热（fever of unknown origin，FUO）常用于描述猫发热达1～2周，没有明显的或可以检测到的发热原因，常规诊断检查未发现异常。这种综合征在猫比较常见。

诊断

主要诊断

- 病史：询问猫主关于猫的环境（即户内还是户外、是否暴露到其他猫、是否暴露到跳蚤或其他野生动物）、旅行史（是否到发生传染病的动物流行病地区旅行）及药物治疗史。应检查使用疫苗的情况以证实是否有传染病控制措施不当，确定是否对新近（1～2周内）使用的疫苗有疫苗反应，从而判断发热的原因。
- 查体：仔细检查是否有伤口或脓肿，是否有内部或外部肿块，是否有淋巴结病变、关节渗出、腹腔渗出、脏器肿大、肺部听诊异常及疼痛。彻底进行眼科检查（眼前房及视网膜）有时可发现传染病或肿瘤性疾病的迹象。
- 基础检查［血常规（CBC），生化检查、尿液分析、猫白血病病毒（FeLV）及猫免疫缺陷病毒（FIV）检测］：如果发现异常可说明发生了肿瘤性疾病、炎症或传染病，或器官机能异常。
- 总T_4测定：猫如果在10岁以上，进行甲状腺机能检测可确认甲状腺机能亢进是否为高热的原因。
- 胸腔X线拍片诊断：异常可表明发生肿瘤性疾病或传染病。
- 腹腔X线检查或超声检查：异常可表明发生肿瘤性疾病或传染病。

辅助诊断

- 血清学检验：如果其他试验未能获得诊断，如果可能暴露到其他动物或昆虫媒介，如果存在脉络膜视网膜炎（chorioretinitis）或前眼色素层炎（anterior uveitis），或者在本地区有这些传染病流行，应考虑检查弓形虫病、立克次氏体病、巴尔通体病（bartonellosis）、全身性霉菌病（systemic mycosis）及野兔热（tularemia）。参见第8章、第17章、第22章、第38章、第43章、第92章和第97章。
- 血液和尿液培养及药敏试验：这些方法虽然具有一定的帮助作用，但常常没有诊断价值而且昂贵。
- 骨髓细胞学检查（bone marrow aspirate cytology）：如果发生血细胞减少同时伴随发热可进行这种检查。可采用FeLV PCR及间接免疫荧光抗体试验（IFA）在未染色的骨髓及血液涂片检查是否有潜伏感染或隐藏的 FeLV 感染。

诊断注意事项

- 由于X线检查的诊断质量取决于体脂的多少，因此腹腔超声检查在体况得分3/9或以下的猫比腹腔X线检查更有帮助。在这些猫，腹腔触诊可达到与腹腔X线检查类似的水平。
- 户内或户外的猫发生FUO时，在FeLV/FIV 检查最初获得阳性或阴性结果后应间隔1～2个月再次重复检查。参见第75章和第77章。
- 采用红外耳膜温度计（infrared tympanic membrane thermometers）检测体温时，由于测定结果与直肠内温度计的检测结果之间相关性很差，因此用这种方法测定体温并不准确。

治疗

主要疗法

- 治疗潜在疾病：检查并治疗潜在疾病是治疗发热的关键。
- 液体支持疗法：发热的猫常常表现厌食及脱水，因此如果要治疗或防止脱水，可采用液体支持疗法。参见第302章。
- 抗生素疗法：由于细菌感染是发热最常见的原因，因此对患FUO的猫可短期用抗菌性广谱抗生素治疗。

辅助疗法

- 营养支持：长期发生厌食或将会发生厌食时，则需要采用这种治疗方法。参见第253章，第255章及第308章。
- 退热剂（antipyretics）：只用于发热超过41℃时。阿司匹林（10mg/kg q48h PO）、酮洛芬（ketoprofen）（1 mg/kg q24h，治疗5 d）、美洛昔康（meloxicam）（0.2mg/kg一次，PO，之后0.1mg/kg q24h PO治疗4d，再0.025mg/kg q48h PO）或安乃近（dipyrone）（25mg/kg q12~24h IM，SC或IV）可根据需要给药，以控制高热。

治疗注意事项

- 抗热疗法可干扰对病程的观察，也影响治疗效果和对治疗的反应。如果发热不超过41℃，一般不会导致大脑或器官损伤或引起机能异常，而且还有一定益处（参见“概述”）。
- 非甾体激素类抗炎药物在猫的清除时间较长，应谨慎使用以防止其毒性，特别是肾脏毒性。如果已经存在脱水，则禁用这类药物。
- 应向猫主强调不使用对乙酰基氨基酚（退热净）的重要性。

预后

发热的预后因潜在疾病而不同。如果采用适宜的支持疗法，大多数患FUO的猫均可康复。

参考文献

Lappin MR. 2000. Fever in cats. In *Proceedings of the Eighteenth Annual Veterinary Medical Forum*, pp. 18–22. Seattle, WA.

Miller JB. Hyperthermia and Fever of Unknown Origin. 2005. In SJ Ettinger, EC Feldman, eds., *Textbook of Veterinary Internal Medicine*, 6th ed., pp. 9–13. St. Louis: Elsevier Saunders.

Vianna M, Bucheler J. 2007. Fever. In LP Tilley, FWK Smith, Jr., eds., *Blackwell's 5-Minute Veterinary Consult. Canine and Feline*, 4th ed., pp. 502–503. Ames, IA: Blackwell Publishing.

第79章 跳蚤过敏性皮炎
Flea Allergy Dermatitis

Christine A. Rees

概述

跳蚤过敏性皮炎（flea allergy dermatitis，FAD）或跳蚤过敏（flea hypersensitivity）是猫最常见的过敏反应，虽然其确切的发病机制还不清楚，但有人认为可能是由于跳蚤叮咬引起的速发型 （1型）或迟发型（4型）过敏反应。这种过敏反应的过敏症状可依猫暴露跳蚤的情况而呈间歇性或持续性。

本病的鉴别诊断包括外寄生虫 （除跳蚤外）、真菌皮肤感染、细菌皮肤感染、食物过敏及特异反应性（atopy）。

诊断

主要诊断

- 临床症状：FAD的临床症状包括经常发生瘙痒、粟粒状皮炎、嗜酸细胞性斑（eosinophilic plaque）及其他类型的嗜酸细胞性肉芽肿复合体（eosinophilicgranuloma complex）（参见第66章）、表皮脱落（excoriations）、脱毛、结硬皮、过度整梳、盛衰性皮炎（waxing and waning dermatitis）等。可存在跳蚤或蚤污垢（蚤叮咬后遗留在宿主身上的污点，包括粪便、血块及皮屑——译注）。FAD引起的皮肤损伤最常位于颈部、头部、背腰部、腿内侧（caudomedial thighs）及下腹部。有些猫的临诊表现很特别，包括口腔嗜酸细胞性肉芽肿病变，同时伴有FAD，见图79-1和图79-2及图66-2和图66-3（C）。
- 皮肤病史：皮肤病史、临床症状及对控制跳蚤措施的反应性或对甾体激素治疗的反应性对开始着手进行跳蚤过敏反应性皮炎的诊断极为重要。由于猫经常自己整梳，因此跳蚤或跳蚤污垢并非在就诊时总能看到。

辅助诊断

- 检验：除了前面介绍的排除法外，皮内过敏反应试验或血清学试验的阳性结果可证实诊断。由于有些猫对跳蚤表现为迟发型过敏反应，因此皮内跳蚤过敏反应试验应在24h后再次观察结果。

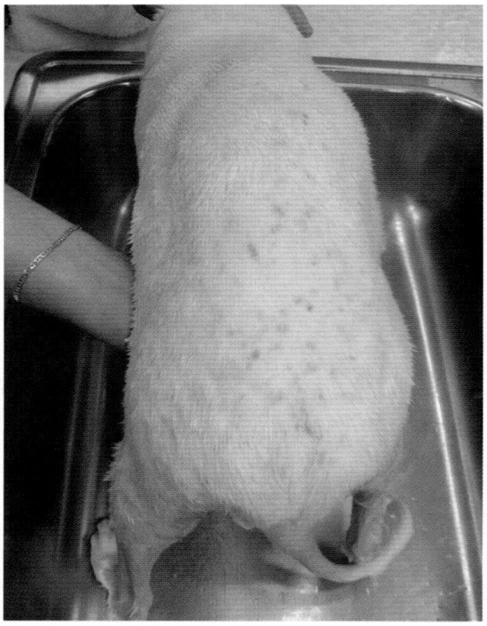

图79-1 典型蚤咬过敏反应为尾根部的脱毛及炎症，如图中的猫所示。在被毛颜色为黑色的猫，如果没有明显的脱毛，则损伤不太明显（图片由Gary D. Norsworthy博士提供）

诊断要点

- 需要进行鉴别诊断以排除其他疾病。参见第16章、第48章、第82章、第131章和第201章。

治疗

主要疗法

- 消除暴露跳蚤：主要疗法的目的是必须要消除任何可能的暴露跳蚤，即使偶尔的跳蚤叮咬也可能诱发出临床症状，这种症状可持续数天，甚至可能持续数周。所有可能为跳蚤接触过的动物必须要接受严格的跳蚤控制。对跳蚤过敏的猫，应该用跳蚤生活周期成熟及未成熟阶段的跳蚤产物的活性成分进行治疗。野生动物（特别是负鼠）及杂散动物也可作为跳蚤的来源。野生动物或杂散动物在户外生存的矮层空间也应进行处理并及时关闭。严格的跳蚤控制措施应该有规律（每年）地进行。控制在户内环境下的病猫一般都易于管理。参见第80章。

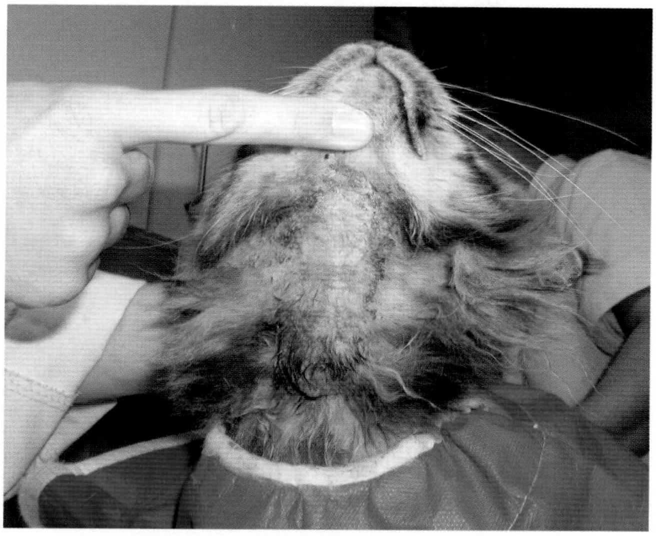

图79-2 蚤咬引起的过敏反应可影响身体其他部位。图片中的猫头颈部极为瘙痒且发生自损（图片由Gary D. Norsworthy博士提供）

辅助疗法

- 抗瘙痒：唯一能够持续发挥作用用于治疗跳蚤过敏反应性皮炎的抗瘙痒药物是皮质类固醇药物。猫患FAD时对抗组胺类药物治疗无效。口服或注射甾体激素可有效控制FAD猫的瘙痒。最经常使用的口服甾体激素类药物是强的松龙或甲基强的松龙，但在有些猫强的松龙并不能发挥良好的治疗作用。

参考文献

Bevier DE. 2004. Flea allergy dermatitis, In KL Campbell, ed., *Small Animal Dermatology Secrets.*, pp. 208–213. Philadelphia: Hanley and Belfus.

Carlotti DN, Jacobs DE. 2000. Therapy, control and prevention of flea allergy dermatitis in dogs and cats. *Vet Derm.* 11:83–98.

Scott DW, Miller WH, Griffin CE. Flea allergic dermatitis. 2001. In DW Scott, WH Miller, CE Griffin, eds., *Small Animal Dermatology*, 6th ed., pp. 632–635. Philadelphia: WB Saunders.

第80章
跳蚤
Fleas

Sharon Fooshee Grace

概述

猫蚤（猫栉首蚤，*Ctenocephalides felis*）是猫最常见的外寄生虫，为吸血性寄生虫，其整个成年期都是在宿主上度过，但大部分的生活周期是在宿主外完成的。雌性跳蚤在猫体上产卵后，卵子从猫体脱离，数天内可孵化为幼虫。幼虫通过织茧而化蛹，可维持在这个阶段长达140d。当环境条件适宜后可发生孵化。在温暖湿润的国家，跳蚤的生活周期可在2～4周内完成。如果将跳蚤的所有生活阶段看作为一个种群，卵子约占 50%，幼虫占35%，蛹占10%，跳蚤成虫只占5%。因此，有效的跳蚤控制程序通常重在控制幼期（pre-emergent）跳蚤，而不是控制数量相对较少的成虫。

诊断

主要诊断

- 存在跳蚤：在大多数情况下，跳蚤侵袭由于在猫的被毛中存在跳蚤活动而易于诊断。偶尔情况下，猫离家一段时间后回家时猫主可首先注意到这种问题；跳蚤在寻找食物时可叮咬猫，甚至叮咬人。
- 蚤粪便：存在跳蚤粪便（蚤污垢）也可表明有跳蚤。猫主在梳理猫的被毛时，可将梳理出的黑色物质涂抹到潮湿的白纸巾上就可检查到跳蚤粪便，可很容易观察到因血液消化而出现的污染。如果给猫洗澡，由于跳蚤粪便可使洗出的水呈红色。

辅助诊断

- 血常规：高度寄生虫侵袭的猫（特别是仔猫）由于血液受损可出现贫血。跳蚤侵袭也可引起外周嗜酸性粒细胞增多。

诊断注意事项

- 跳蚤过敏性皮炎（flea allergy dermatitis，FAD）及绦虫是由跳蚤侵袭所引起的另外两个问题。参见第79章和第207章。
- 皮肤损伤：对跳蚤发生过敏反应的猫常可在其尾根部及颈部周围见到粟粒状皮炎的丘疹结痂状病变。参见第140 章。

治疗

主要疗法

- 昆虫生长控制因子（insect growth regulators，IGRs）：氯芬奴隆（Lufenuron）（Program®）只可抑制未成熟跳蚤的发育阶段，其制剂为口服剂或注射剂。吡丙醚（Pyriproxifen）（Nylar®）为传统上使用的保幼激素（juvenoid IGR），其特别稳定，效率也很高。吡丙醚可作为喷洒剂、灭蚤颈圈（flea collar）及房间喷雾。塞拉菌素（Selamectin）（Revolution®）为每月使用一次的局部杀成虫剂，其也含有IGR。
- 杀虫剂：甲氧氯普胺（imidaclopramide）（Advantage® and AdvantageMulti®）、氟虫腈（fipronil）（Frontline® and Frontline Plus®），及塞拉菌素可使对跳蚤的控制更易适时及更为有效。甲氧氯普胺及氟虫腈的作用靶标为成年跳蚤，而塞拉菌素则对成年跳蚤和发育的卵子均有效。烯啶虫胺（Nitenpyram）（Capstar®）为一种合成的口服杀成虫药物，其作用开始于30min之后，但持续时间约为24h。其安全范围很宽。植物类杀虫剂包括除虫菊酯和拟除虫菊酯；这两种药物对发育到幼虫阶段的跳蚤无效。有些植物性杀虫剂（苄氯菊酯，permethrins）可能在猫具有毒性（包括甚至能引起死亡）。猫对有机磷杀虫剂也极为敏感，因此使用这些药物时必须要特别小心。毒死蜱（chlorpyrifos）毒性极强，常见于非处方用药（over-the-counter）杀成虫药物治疗。参见第155章和第184章。

辅助疗法

- 环境跳蚤控制：如果局部及口服药物不能消除跳蚤种群，应实施户内外跳蚤控制计划。建议由专业的除虫专家实施这种计划。在户内外两种情况下，IGRs与杀成虫药物合用最为有效。野猫、邻家猫及野生动物可成为草地持续侵袭的来源。

治疗注意事项

- 研究表明，在控制跳蚤时，超声灭蚤颈圈（flea collars）并没有多大价值。
- 灭跳颈圈、梳子、洗发剂、喷雾剂及浸渍剂等由于主要查杀成年跳蚤（5%的种群），因此在跳蚤控制计划中作用有限，应告知猫主，如果只采用这些产品进行跳蚤控制，则应对成功率具有合理的期望。
- 使用杀虫剂处理场所时，猫暴露杀虫剂后可能具有一定的风险（特别是累积暴露）。
- 由于跳蚤在犬复孔绦虫（*Dipylidium caninum*）的生活周期中具有一定作用，因此许多感染跳蚤的猫可能仍需针对绦虫进行治疗。
- 跳蚤在给猫及人传染巴尔通体（*Bartonella* spp.）时的作用越来越被公共卫生所关注，特别是免疫机能不全的人生活在被跳蚤侵袭的环境中时。在这种情况下巴尔通体病可能会成为一种危及生命的疾病。参见第17章。

预后

仔细考虑所选用的药物，可安全控制跳蚤。广泛培训猫主也是获得成功结果的关键。

参考文献

Demanuelle TC. 2000. Modern flea eradication: The best of the old and the new. *Vet Med*. 95(9):701–704.

Medleau L, Hnilica KA, Lower K, et al. 2002. Effect of topical application of fipronil in cats with flea allergic dermatitis. *J Am Vet Med Assoc*. 221(2):254–257.

第81章 肝脏、胆囊及胰腺吸虫

Flukes: Liver, Biliary, and Pancreatic

Gary D. Norsworthy

概述

猫易感染多种吸虫，包括伪猫对体吸虫（*Amphimerus pseudofelineus*）、细颈后睾吸虫（*Opisthorcus tenuicollis*）、连接次睾吸虫（*Metorchus conjunctus*）及优美平体吸虫（*Platynosomum concinnum*）。其中优美平体吸虫最为常见，优美平体吸虫病区内15%～85%的猫可能受到感染。感染限于生活在亚热带地区气候条件下（包括北美的夏威夷和南佛罗里达州）及暴露到两种中间宿主时。优美平体吸虫大小为2.0～3.5mm，寄宿于胆管及胆囊中，偶尔见于小肠和胰腺。第一种中间宿主为陆生蜗牛（land snail），第二种中间宿主是最为常见的蜥蜴（因此称为蜥蜴中毒，lizard poisoning），但也可寄生于蟾蜍（bufo toad）、小蜥蜴（skink）或壁虎（gecko）。吸虫成虫在侵入第二中间宿主体内1周后开始发育，2～3个月后可在猫的粪便中检测到虫卵。感染的猫许多无明显症状，有些则表现非特异性的症状，包括呕吐、腹泻、食欲不振及体重减轻。黄疸及外周嗜酸性粒细胞增多最为常见，其中嗜酸性粒细胞增多开始于感染后3周，一直可持续数月。由于这些症状也常见于许多其他疾病，因此检测到吸虫卵并不一定表明吸虫就是病因。

诊断

主要诊断

- 病史及临床症状：生活在适宜地理位置的猫，如果出现黄疸且嗜酸性粒细胞增多、肝脏酶活性升高则可能被吸虫感染，但发生黄疸的原因很多。参见第117章。肝肿大较为常见。
- 粪便检查：粪便检查具有特异性，但灵敏度不高，主要是由于虫卵产生的数量有限（见图81–1）。粪便漂浮法检查时偶尔可见到虫卵，但最为敏感的方法为福尔马林–乙醚沉淀法及醋酸钠试验。参见第311章。连续检测可提高诊断的可信度。
- 生化及尿液分析：肝脏酶活性，特别是丙氨酸转氨酶（ALT）及天冬氨酸转氨酶（AST）及胆红素升高，尿液中常可发现胆红素。
- 超声检查：检查结果包括下列一种或数种：（a）胆囊、胆管及肝管扩张（及胆道阻塞）；（b）胆囊中沉积有吸虫，表现为具有回声中心（echoic center）的椭圆形低回声结构；（c）胆囊壁适度增厚，变为双层；（d）总体的低回声实质具有超回声门管区的增大突起。

辅助诊断

- 剖腹手术：如果表明胆道阻塞则可进行剖腹手术，这样可进行肝脏活检及徒手暴露胆囊以解除胆道阻塞。如果手法挤压难以奏效，则应剖开胆囊，通过胆管插管进行冲洗。有时可肉眼或显微镜下观察到吸虫及虫卵（见图81–2及图81–3）。
- 胆囊穿刺术（cholecystocentesis）：这种方法可检查吸虫卵，需要采用超声指导或剖腹检查。为防止胆汁外流及胆汁性腹膜炎，可用22号针头进行一次穿

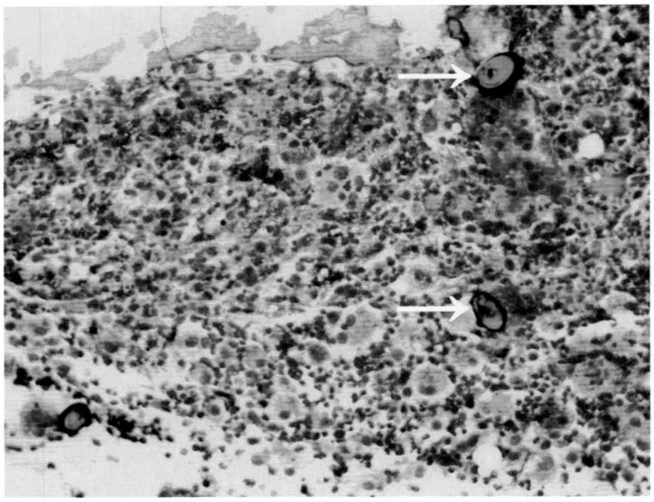

图81–1 肝脏细针穿刺活检放大100及1000倍时可见优美平体吸虫的虫卵（箭头）。该猫表现黄疸，生活在得克萨斯州，但以前在南佛罗里达州生活过

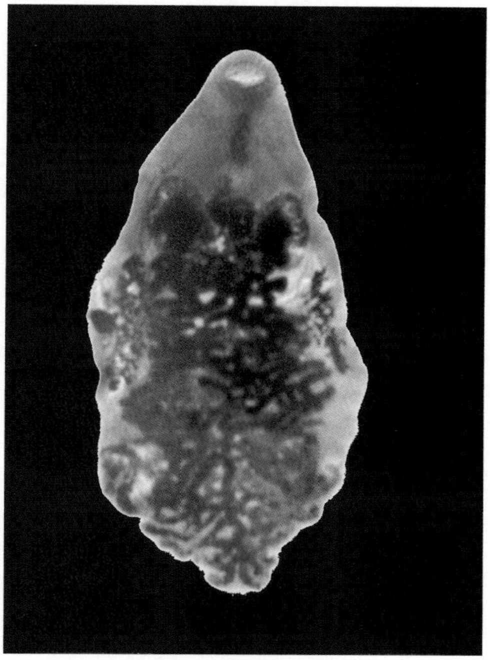

图81-2 优美平体吸虫成虫长约5mm，宽约2mm

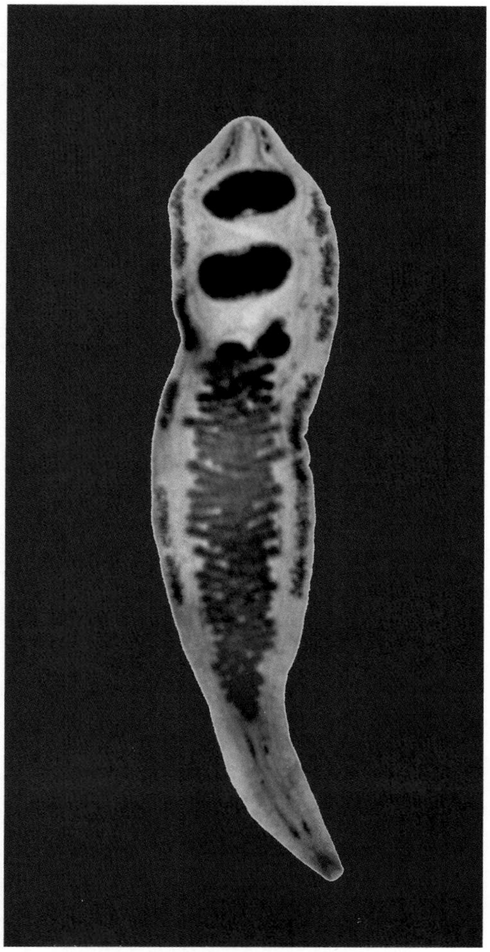

图81-3 伪猫对体吸虫成虫长为16～24mm

刺，在穿刺过程中应清空胆囊，建议进行细菌学培养。

- 猫胰蛋白酶样免疫活性（feline trypsin-like immunoreactivity，fTLI）及猫胰腺脂肪酶免疫活性（feline pancreaticlipase immunoreactivity，fPLI）检测：胰腺吸虫可引起胰腺炎。参见第159章和第160章。

治疗

主要疗法

- 吡喹酮（praziquantel）：剂量为20mg/kg q24h SC，治疗3～5d。有人建议在12周内重复治疗。治疗后2个月内虫卵可通过粪便排出。
- 维持疗法：由于一些感染猫具有严重的厌食，因此需要在数天内强制肠内进食（采用或不采用手术插管）以提供营养及防止发生肝脂肪沉积（hepatic lipidosis）。参见第253章、第255章及第308章。可用平衡电解质溶液纠正脱水。
- 广谱抗生素治疗：从十二指肠开始的上行性感染很常见，可引起胆管炎（cholangitis）和胆管肝炎（cholangiohepatitis），可用阿莫西林及甲硝唑对这些组织进行治疗。
- 抗氧化剂疗法：S-腺苷甲硫氨酸（S-adenosy-lmethionine）（Denosyl®或Denamarin®，Nutramax Laboratories，Edgewood，MD）可以20mg/kg q 24h PO用药。

辅助疗法

- 强的松龙：如果组织病理学检查发现有明显的嗜酸细胞性胆管周围炎（eosinophilic pericholangitis），可采用该药物治疗，开始时的剂量为1.1mg/kg q12h PO，1周后减小剂量。有些猫由于慢性胆管肝炎而需延长治疗。
- 芬苯达唑（fenbendazole）：该药物的效果可能不及吡喹酮，剂量为50mg/kg q12h PO，连用5d。
- 熊去氧胆酸（ursodeoxycholic acid）：该药物为利胆剂，剂量为10～15mg/kg q24h PO，发生肝外胆管阻塞时禁用，这种情况下粪便常呈苍白色。

治疗注意事项

- 对于发病区的室外猫，预防治疗（pre-emptive treatment）可能是最好的治疗方法，可将吡喹酮以

20mg/kg q3h SC给药。

- 无效或效果不佳的药物包括噻苯咪唑（thiabendazole）、左旋咪唑（levamisole）及甲苯咪唑（mebendazole）。

预后

只要采用合适的维持疗法，继发性感染未能引起胆管纤维化或肝硬化，则预后一般较好。在防止再次感染时，限制猫与中间宿主的接触具有重要意义。

参考文献

Pembleton-Corbett JR. 2007. Liver fluke infestation. In LP Tilley, FWK Smith, Jr., eds., *Blackwell's 5-Minute Clinical Consult*, 4th ed., p. 817. Ames, IA: Blackwell Publishing.

Foley RH. 1994. Platynosomum concinnum infection in cats. *Compend Contin Educ*. 16:1271–1285.

第82章 食物反应

Food Reaction

Christine A. Rees

概述

食物反应（food reactions）或食物过敏反应是猫第二种常见的过敏反应，这种过敏反应可发生于任何年龄。特应性皮炎（atopic dermatitis）通常表现为季节性，与此不同的是，食物过敏反应为非季节性的瘙痒症。猫与其他动物不同的是，瘙痒比较轻微。许多猫的瘙痒通常表现为整梳过度。食物反应或食物过敏反应通常对甾体激素治疗无效。皮肤损伤的类型包括胡须脱落（barbed alopecia）、脱毛、完全脱毛、红疹、粟粒状皮炎、嗜酸性细胞性肉芽肿复合症（eosinophilic granuloma complex）、表皮脱落、坚硬外皮及剥落，见图82-1（A）及图82-1（B）。食物过敏反应的猫也可出现腹泻、马拉色菌性皮炎（malassezia dermatitis）及耵聍性耳炎（ceruminous otitis）。参见第66章、第131章、第140章和第157章。

诊断

主要诊断

- 皮肤病史：病史极为重要。开始诊断时可排除其他瘙痒性疾病，如其他过敏症、寄生虫感染、皮肤真菌病、肿瘤及免疫介导性疾病等。
- 临床症状：食品过敏反应的临床症状与特应性相似，包括复发性外耳炎、瘙痒、粟粒状皮肤炎（military dermatitis）、嗜酸性细胞斑及其他嗜酸细胞性肉芽肿复合体、过度整梳及非季节性皮肤病。
- 食物试验：食物排除饮食（elimination diet）及食物激发试验（food rechallenge）是确定诊断猫食物过敏反应的唯一方法。排除饮食的方法包括水解蛋白食物或新蛋白来源的食物（即鸭肉及青豌豆、兔肉及青豌豆、鹿肉及青豌豆等）。选择好的食物应饲喂8～12周，在饮食消除试验结束时，猫应再用旧的食物进行激发试验，以证实是否发生食物过敏反应。在用引起食物过敏反应的激发试验后1～2周可再次出现临床症状。

辅助诊断

- 继发感染：可发生继发感染，因此必须进行诊断治疗，以了解清楚过敏反应后的潜在状况。细胞学检查可评价是否存在细菌或马拉色菌（*Malassezia* spp.）

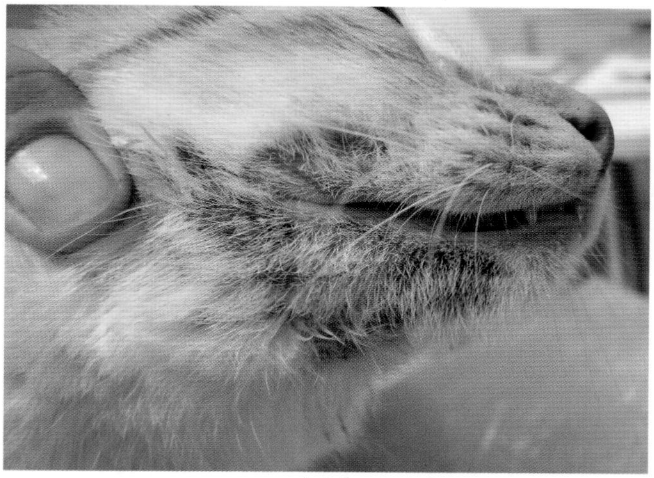

（A）

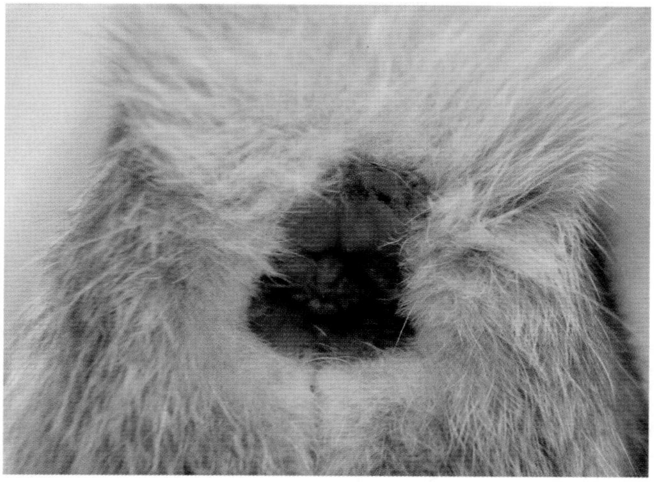

（B）

图82-1　本例猫证实对鱼过敏。过敏反应的主要表现是外耳炎；（A）面部皮炎；（B）肛周皮炎。对皮质激素治疗没有反应性（图片由Vanessa Pimentel de Faria博士提供）

感染。必须采用直接的毛发检查及皮肤真菌检验培养基（dermatophyte test media，DTM®）培养皮肤真菌，以排除是否感染皮肤真菌病。参见第48章和第131章。

诊断注意事项

- 皮肤检验及血液检验均不能准确诊断猫的食物过敏。

治疗

主要疗法

- 改变饮食：用旧食物激发试验后能证实能否发生食物过敏反应。可供选用的方法是用试验食物长期饲喂，或用单种食物成分饲喂单个猫，确定何种食物成分会引起食物过敏反应。如果已知引起食物过敏反应的食物成分，则应仔细阅读猫的食物列表，以选择不会引起食物过敏反应的成分。

辅助疗法

- 控制激发瘙痒：治疗引起瘙痒的继发病因。应治疗皮肤和耳朵的继发感染。此外，外部寄生虫，如跳蚤也可引起瘙痒增加，因此，每年都应控制猫的跳蚤。皮质激素对有些食物过敏反应有一定的治疗效果。强的松龙有长期消炎作用，因为一些猫难以将强的松代谢为强的松龙，因此是首选药物，按抗炎剂量给药（2.2～4.4mg/kg q12h PO，1周后降低剂量）。GenesisSpray®（0.15%曲安西龙，triamcinolone）可以超出标签用药。这种药物具有相对较小的系统性吸收，对一些病猫具有一定的治疗作用，但并不完全不具有甾体激素潜在的不良反应。此外，喷雾剂含有酒精，一些猫对此会有反应。

治疗注意事项

- 抗组胺药物及脂肪酸对控制瘙痒相关的猫食物过敏反应无效。

预后

如能避免引起食物过敏反应的食物成分，则预后较好。

参考文献

Carlotti DN, Remy I, Prost C. 2008. Food allergy in dogs and cats: A review and report of 43 cases. *Vet Derm.* 1(2):55–62.

Graham-Mize CA, Rosser EJ. 2004. Bioavailability and activity of prednisone and prednisolone in the feline patient. *Vet Derm.* 15(S1):10.

Prost C. 1998. Diagnosis of feline allergic diseases: A study of 90 cats. In KW Kwochka, T Willemse, C von Tsharner, eds., *Advances in Veterinary Dermatology,* pp. 516–521. Boston: Butterworth Heinemann.

Reedy LM, Miller WH, Willemse T. 1997. Food hypersensitivity. In LM Reedy, WH Miller, T WIllemse, eds., *Allergic Skin Diseases of Dogs and Cats*, 2nd ed., pp. 166–149. Philadelphia: WB Saunders.

第83章
贾第鞭毛虫病
Giardiasis

Mark Robson 和 Mitchell A. Crystal

概述

十二指肠贾第鞭毛虫（*Giardia duodenalis*）[也称为肠贾第鞭毛虫（*Giardia intestinalis*）和兰氏贾第鞭毛虫（*Giardia lamblia*）]为一种寄生于小肠或有时也偶尔寄生于大肠的原虫性寄生虫，可引起急性或慢性腹泻，偶尔可引起吸收异常，有时也会引起呕吐。贾第鞭毛虫以两种形式存在：（a）包囊型，从粪便排出，可在湿润及冷凉的环境条件下生存数月，对其他动物有感染性；（b）裂殖体（trophozoite）型，由摄入的包囊在小肠内发育，引起临床症状。贾第鞭毛虫通过被感染的粪便、污染的食物及饮水而摄入，该虫不会在小肠外迁移，也不会发生跨胎盘或乳腺感染。一旦摄入，贾第鞭毛虫包囊可在5～16d后从粪便排出，但在不到5d内可发生临床症状。猫的贾第鞭毛虫流行率为1.4%～11%，免疫机能不全及生活在高密度舍饲条件下猫的贾第鞭毛虫流行率偏高，近年来在一次国际猫展上发现该虫的流行率高达31%。大多数被感染的猫不表现临床症状，但如果发生临床症状，可出现包括小肠性腹泻，偶尔可发生大肠性腹泻、脂肪痢、腹鸣及体重减轻等症状。有时感染可能很严重，引起脱水、昏睡、呕吐等症状。猫在发生腹泻时如果检查有贾第鞭毛虫，并不代表感染是引起这种临床症状的原因，通常首先是有潜在性疾病，由贾第鞭毛虫引起腹泻的可能性也存在。

查体时可发现猫正常，也可能发现腹泻、脱水及体重减轻等症状。

有人按基因型将贾第鞭毛虫分类为不同的集合体（assemblages）（基因型，genotypes），目前根据PCR分析结果分为A～G7个基因型。其中F集合体目前只在猫鉴定到，由于宿主的适应性，很少发现临床症状，但近年来的研究未能在统计学上显著地将集合体与存在或不存在临床症状相联系。集合体A（可再分为Ⅰ～Ⅳ簇）由于可感染人、猫、犬及其他许多动物，因此最有可能引起动物传染病。就实际情况而言，猫的任何贾第鞭毛虫感染都应被视为重大动物传染病，因此必须与猫主商议粪便处理等问题。免疫机能不全的个体应避免与感染动物接触，因为可能会发生动物传染病。

诊断

主要诊断

- 酶联免疫吸附试验（ELISA）：目前有许多贾第鞭毛虫ELIAS临床或实验室诊断试剂盒，一般而言其灵敏度和特异性都很高。例如，SNAP®贾第鞭毛虫检验试剂盒（SNAP®*Giardia* test kit，IDEXX Laboratories，Inc.，Westbrook，ME）在检测单个粪便样品的贾第鞭毛虫时，与直接免疫荧光测定相比，灵敏度为90%，特异性为99%。这种方法检测粪便中可溶性贾第鞭毛虫抗原，可采用新鲜样品或在冰箱温度（2～7℃）保存7d的样品。可溶性抗原周期短，因此该抗原对单个样品就具有较高的灵敏度。
- 硫酸锌粪便漂浮试验（zinc sulfate fecal flotation）：包囊可在显微镜下观察到（见图83–1）。这种检查方法将在第311章中介绍，可检查到77%（检查单个粪样）～96%（检查3～5d内收集的3个粪样）的感染

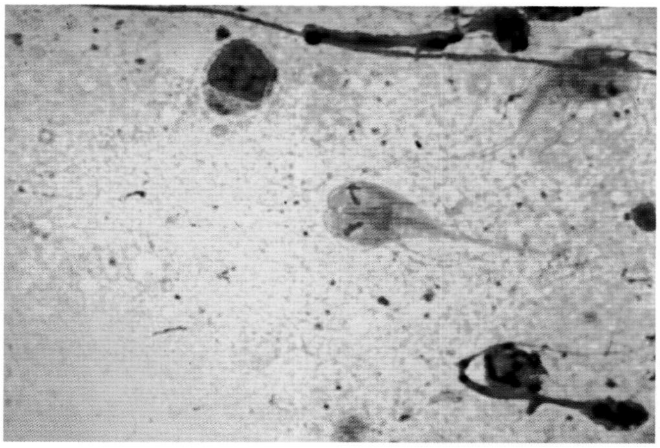

图83–1 直接观察粪便或十二指肠液图片可观察到裂殖体，其为较小的（15mm×8mm）类似于面孔的生物，腹面为凹面，具有微弱的卷叶/翻滚样活力

猫。采用这种方法也可检查到其他线虫类寄生虫［即钩虫（hookworms）、蛔虫（roundworms）、鞭虫（whipworms）及泡翼线虫（physaloptera）］。
- 直接生理盐水涂片（direct saline smear）：显微镜检查时，有25%～40%的概率可观察到包囊和裂殖体。

辅助诊断

- 直接免疫荧光粪便检查（direct immunofluorescent fecal testing）：这是一种可在各种诊断实验室进行的检查粪便贾第鞭毛虫包囊的高度敏感及特异的诊断方法。关于采集及运送样品所需条件，请咨询诊断实验室。
- 十二指肠穿刺（duodenal aspiration）：这种诊断可采用内镜或在剖腹探查时进行。可将10mL生理盐水经活检通道（内镜）或通过注射器及针头（剖腹探查时）注入十二指肠，然后至少抽吸3mL材料用于贾第鞭毛虫 ELISA检测，抽出的液体应立即离心，显微镜检查是否有获得的裂殖体。
- 组织病理学检查：小肠黏膜活检时偶尔可观察到病原。

诊断注意事项

- 不应检查不表现临床症状的猫，主要是由于许多健康的猫就感染有贾第鞭毛虫，其可能的外在原因包括养殖场配种、与免疫机能不全的宠物一同饲养或与人接触，特别是要考虑新近引入的仔猫或成年猫。
- 粪便样品在送实验室检查时，必须要冷却保存以增加裂殖体的存活。
- 粪便贾第鞭毛虫ELISA检测及硫酸锌粪便漂浮试验要比十二指肠穿刺更为准确，无需进行全身麻醉，完成检查所需费用不高，因此建议在采用十二指肠穿刺前先采用这些方法。
- 裂殖体的腹面为凹面，由于两个核的存在而表现为特征性的“笑脸”（“smiling face”）样外观及微弱的卷叶/翻滚样活力。胎儿三毛滴虫（*Tritrichomonas foetus*）是寄生于猫的唯一一种在大小上与贾第鞭毛虫相似的活动性原虫，但胎儿三毛滴虫没有凹面，只有一个核，具有独特的波浪状膜，移动距离为虫体的长度，具有迅速、有力而不稳定的向前运动力。参见第218章。
- 贾第鞭毛虫包囊为椭圆形，长12μm，宽7μm。
- 感染贾第鞭毛虫的猫应筛查是否感染有猫白血病病毒（FeLV）及猫免疫缺陷病毒（FIV）。

治疗

主要疗法

- 芬苯达唑（fenbendazole）（Panacur®）：以25～50mg/kg q24h PO给药，治疗3～5d（对钩虫、蛔虫及猪盘头线虫也有效果）。

辅助疗法

- 甲硝唑（Flagyl®）：以20～25mg/kg q12h PO给药，治疗7d。
- 阿苯达唑（albendazole）（Alben®，Valbazen®）：以25mg/kg q12h PO给药，治疗5d（对钩虫及蛔虫也有效果）。由于这种药物可能具有特异性骨髓抑制作用（idiosyncraticbone marrow suppression），因此有人建议不能用于猫。

治疗注意事项

- 感染可能为自限过程，因此可能不需要治疗。
- 猫和犬也可发生与人类似的抗药性，但目前为止没有任何一种100%有效的治疗方法。
- 贾第鞭毛虫疫苗（GiardiaVax®，Fort Dodge Animal Health，Kansas）经试验证明有效（即降低腹泻的频率及严重程度，防止体重减轻、清除小肠裂殖体及减少仔猫排出包囊），在猫应用安全。但近年来有研究未能清楚证实这种疫苗对实验感染贾第鞭毛虫的猫具有治疗效果。目前正在研制灭活裂殖体疫苗，其效果可能更好。

预后

就贾第鞭毛虫感染引起的临床症状而言，其预后较好，但包囊可存留于环境中，导致再次感染。如果发生这种情况，则必须通过干燥及采用季铵化合物进行畜舍消毒。室外猫可能由于不能控制感染源而再次感染。有时感染可能难以清除，需要延长治疗，有时需要用多种药物进行治疗。与贾第鞭毛虫感染有关的潜在免疫抑制性疾病（即FeLV和FIV）可能更难消除。

对临床症状消失的病猫无需再次进行检查，除非同时存在有免疫机能不全的宠物或人。使用不必要的药物治疗表现贾第鞭毛虫阳性（处于健康养殖条件下）但没有临床症状的猫会导致猫主的担忧。

参考文献

Barr SC. 2006. Enteric protozoal infections. In CE Greene, ed., *Infectious Diseases of the Dog and Cat*, 3rd ed., pp. 736–750. St Louis: Saunders Elsevier.

O'Conner TP, Groat R, Monn M, et al. 2004. Performance of the SNAP® Rapid Assay for *Giardia* in dogs and cats. Proceedings of the Annual Meeting of the American Association of Veterinary Parasitologists, pp. 80–81.

Rishniw M. 2007. Giardia testing. Veterinary Information Network, www.vin.com, Medical FAQs.

Tzannes S, Batchelor DJ, Graham PA, et al. 2008. Prevalence of *Cryptosporidium*, *Giardia* and *Isospora* species infections in pet cats with clinical signs of gastrointestinal disease. *J Fel Med Surg*. 10(1):1–8.

Vasilopulos RJ, Rickard LG, Mackin AJ, et al. 2007. Genotypic analysis of *Giardia duodenalis* in domestic cats. *J Vet Intern Med*. 21(2):352–355.

第84章
齿龈炎-口炎-咽炎
Gingivitis-Stomatitis-Pharyngitis

Mark Robson 和 Mitchell A. Crystal

概述

猫的齿龈炎—口炎—咽炎复合征（feline gingivitis-stomatitis-pharyngitis complex，GSPC）也称为淋巴细胞性-浆细胞性齿龈炎-口炎—咽炎（lymphocytic-plasmacytic gingivitis-stomatitis-pharyngitis）及浆细胞齿龈炎—口炎—咽炎（plasmacell gingivitis-stomatitis-pharyngitis），是引起口腔软组织炎症、溃疡及增生的一种常见疾病，4～17岁的猫易发生此病，发病的中值年龄为7岁，纯种猫更易发病。口腔区域的舌腭黏膜（glossopalatine mucosa）（腭舌炎，palatoglossitis）和覆盖前臼齿与臼齿弓（premolar and molar arches）（颊口炎，buccostomatitis；见图84-1）的颊部黏膜（buccal mucosa）最易感染。齿龈、咽、硬腭、唇及舌不易感染此病。病变与大量的淋巴细胞和浆细胞浸润到口腔黏膜及黏膜下层有关。

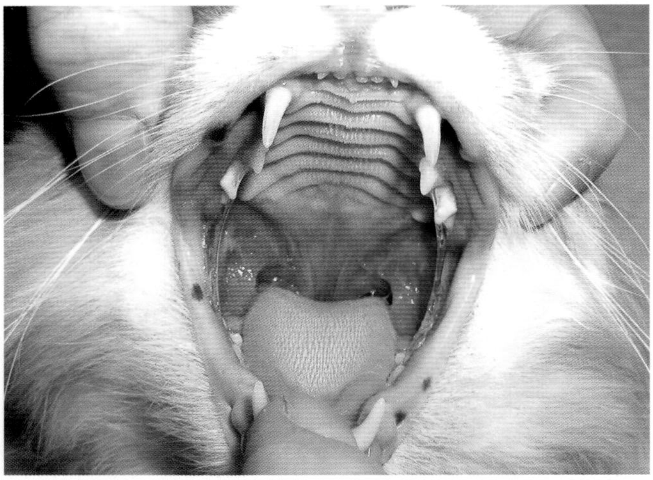

图84-1 口腔黏膜及喉头有严重的炎症。打开口腔时可发现流涎及疼痛表情（图片由Gary D. Norsworthy博士提供）

齿龈炎—口炎—咽炎复合征的病因目前还不清楚，但可能与免疫介导的多种因子有关，因此可能是一种与菌斑抗原（bacterial plaque antigens）或牙齿的成分有关的过敏反应。这一结论是源于控制口斑（oral plaque）对控制齿龈炎—口炎—咽炎复合征重要性的观察结果。大量的病例表明，全口拔牙（full mouth extraction）后仍会继续表现GSPC，说明该病还涉及其他抗原。猫杯状病毒（Feline calicivirus，FCV）在严重病变及对治疗缺乏反应的病例发挥作用，但近年来的研究未能发现FCV、猫疱疹病毒-1（FHV-1）、猫白血病病毒（FeLV）、猫免疫缺陷病毒（FIV）及猫巴尔通体病与慢性GSPC之间存在直接关系。发生该病的口腔中可常常培养到巴尔通体，但由于抗生素治疗不能消除本病，免疫调节治疗常常有助于改善病变，因此细菌感染不可能是本病的主要原因。

治疗该综合征极为困难且代价很高，而且采用哪种方法能获得最佳治疗效果也一直争论不休。因此要与猫主商议消除该病症状的困难程度。为猫主提供大量相关的兽医文献资料也有助于帮助猫主了解治疗该病的困难程度。大多数患该病的猫对药物治疗及局部治疗具有抵抗力，尤其是口腔疼痛时，使治疗更为复杂。虽然研究人员对采用何种治疗方法能获得GSPC的最佳治疗效果仍没有统一的意见，但近年来的研究多建议应仔细拔除所有臼齿和前臼齿。

GSPC的临床症状依损伤的严重程度而不同。在很少情况下，猫并不表现明显的临床症状，但有时查体会发现这种疾病。异常表现主要包括流涎、口臭（halitosis）、打开口腔时有疼痛感或特别疼痛，难以采食，对食物的喜好从干食物转变为软食物，表现厌食及体重减轻。查体可发现GSPC病变，表现为下颌淋巴结肿大。

GSPC的鉴别诊断包括牙周病（periodontal disease）、逆转录病毒感染、杯状病毒感染、嗜酸细胞性肉芽肿复合征、肿瘤及全身性疾病，如肾衰及导致蛋白-热量及营养异常或易于发生传染病的疾病（如糖尿病）。该病的一种变体为青年猫GSPC（juvenile GSPC）。这种情况见于年轻的成年猫，开始于出牙时（4～6月龄）。炎性反应一般限于近前臼齿和臼齿的颊部及舌齿龈黏膜

（buccal and lingual gingival），见图84–2。缅因库恩猫发生该病的风险较高，说明遗传可能与该病发生有关。该病通常对抗炎治疗发生反应，在数月后可完全康复。

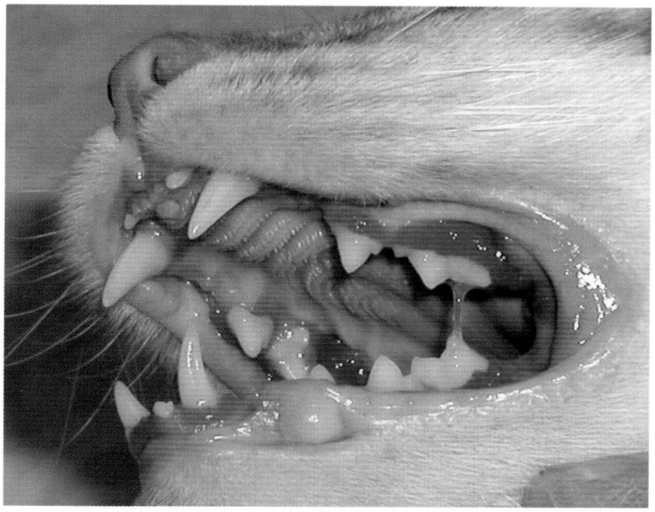

图84–2　青年型齿龈炎–口炎–咽炎复合征的主要特点是在临近前臼齿及臼齿的舌及颊齿龈发生中等程度的炎症（图片由Gary D. Norsworthy博士提供）

诊断

主要诊断

- 临床检查：典型损伤，同时发现打开口腔时有疼痛感及流涎，则基本可诊断为GSPC（见图84–1）。青年猫GSPC的典型症状（见图84–2）通常不伴随有打开口腔时的疼痛及流涎。
- 基础检查［血常规（CBC）、生化学及尿液分析］：可用于检查潜在的病因。在患有GSPC一半以上的病例都能检查到由高球蛋白血症引起的高蛋白血症，由于存在氮血症及尿液相对密度降低，表明肾脏疾病是该病的并发症。
- 彻底的牙科检查及牙齿放射线检查：可在麻醉情况下检查是否有牙周疾病、吸收性病变及其他引起炎症的原因。X线检查可以鉴别齿槽骨损伤、牙齿吸收及牙根残滞留（retained roots）。参见第245章。
- 口腔活检或组织病理学检查：可发现大量浆细胞和淋巴细胞浸润到口腔黏膜及黏膜下层，但有些病变可能主要为浆细胞浸润，有时可存在中性粒细胞及嗜酸性粒细胞。组织病理学检查也可用于排除肿瘤，如鳞状细胞癌等。
- 逆转录病毒检测（retroviral tests）：逆转录病毒感染可导致炎症性口腔疾病。患GSPC猫的FIV检查结果为阳性的占25%～80%。感染 FIV的猫对药物治疗的反应较差。
- 杯状病毒检测：病毒分离或PCR检测可鉴定到这种病毒的存在。感染组织及扁桃体可用湿润的棉签采样，无菌培养分离病毒，或用干燥的棉签采样（dry rayon swab）用于PCR检测。关于样品采集及处理的详细方法，请咨询实验室技术人员。

辅助诊断

- 厌氧菌培养：对顽固性GSPC病例建议采用这种方法，样品可从齿龈槽（gingival sulcus）采集。

诊断注意事项

- 重要的是排除作为GSPC的病因或诱发因子的全身疾病，但大多数猫可能患有特发性疾病。

治疗

主要疗法

- 牙科治疗（dental therapy）：滞留的牙根、病牙或具有再吸收性病变的牙齿均应拔除。患有牙周病的猫应经常刮除牙斑，理想状态下猫主应在开始出现疼痛及炎症得到治疗后有规律地为猫刷牙，但对大多数猫和猫主而言这种做法并不现实。高氟化物的牙膏可能具有一定作用。如能耐受0.12%洗必泰葡糖酸盐，则可用于每天冲洗以减缓噬斑的蓄积。最好的治疗方法为局部治疗，能在进行过完整的牙科处理及药物治疗后成功控制急性炎症及疼痛。
- 抗生素：合理选用的抗生素包括阿莫西林（22mg/kg q12h PO）、阿莫西林/克拉维酸（22mg/kg q12h PO）、克林霉素（5～11mg/kg q12h PO，或11～24mg/kg q24h PO）以及甲硝唑（12.5mg/kg q12h PO）治疗4～6周。
- 皮质类固醇：70%～80%的病例能治愈，至少是暂时有效。开始时可用强的松或强的松龙按1～2mg/kg q12h PO治疗，之后逐渐减小剂量，在4～6个月的时间内减小到最低有效剂量，通常需要延长治疗。如果口服用药困难，则可用醋酸甲级强的松龙2～5mg/kg IM或SC，给损伤部位给药，每2周用药一次，直到见到有明显反应，然后根据需要减小到每4～8周用药一次。应告知猫主注射这种甾体激素可引起与皮质类固醇相关的充血性心衰及发生糖尿病的风险升高。由于GSPC严重影响猫的生活质量，因此有些猫主宁可冒较大风险也愿意治疗GSPC。

- 镇痛：可口服或注射丁丙诺啡（buprenorphine）（0.01～0.03mg/kg q6～12h PO）或涂抹芬太尼（fentanyl patch）。如果在采用丁丙诺啡后立即实施局部治疗，则具有较好的耐受性。
- 拔牙：见相关章节。

辅助疗法

- 氯化钠金（Gold salts）（金疗法，chrysotherapy）：对75%的病例有效。硫代金葡萄糖（aurothioglucose）（Solganol®，1mg/kg IM）或硫代苹果酸金钠（gold sodium thiomalate）+金硫代苹果酸钠注射液（Aurolate®，以1～5mg IM为初始剂量，2～10mg为第二剂量，之后按1mg/kg剂量肌内注射治疗）每周一次，连续用药16～20周，直到观察到有反应（典型情况下可在8周内出现反应），然后将剂量减小到每隔14d或2个月用药一次，再减小到每月一次，连续8个月，之后不再用这类药物治疗。治疗的不良反应很少，但可包括血小板减少症、全血细胞减少（pancytopenia）及肾衰。在治疗期间，应该每月进行CBC、生化检查及尿液分析。
- 猫重组干扰素Ω（feline recombinant interferon Omega）：前5次按1000000U/kg q48h SC给药，30d内可重复给药，据报道有助于对持续排出FCV而难以治疗的病例进行治疗。据报道在病灶内进行药物局部注射（intralesional injections）可获得成功。这种药物在美国尚未批准或制造，必须通过食品药品管理局（Food and Drug Administration，FDA）进口，而且药价昂贵。
- 其他免疫抑制药物：许多药物可与皮质类固醇合用或在皮质类固醇无效时使用。有人建议采用硫唑嘌呤（azathioprine）（按0.3mg/kg q48h PO，直到观察到有反应，然后每3d用药一次）。应注意许多医生（包括作者）都不建议对猫使用硫唑嘌呤，主要是由于其不良反应水平高到难以接受的程度。可采用瘤可宁（chlorambucil）（按2mg/m^2或0.1～0.2mg/kg剂量，q24h PO，直到观察到有反应，然后q48h PO）治疗。有人建议在这种情况下采用环磷酰胺（按50mg/m^2剂量治疗4d，之后间隔3d，PO）。治疗的第一个月应检测中性粒细胞的变化，然后在治疗期间每4～8周检查一次。中性粒细胞降到3000个/μL以下时应停药或降低剂量。环己亚硝脲（lomustine）（每只猫按10mg剂量，q30d PO）也可奏效，可每月治疗4～6次，然后q4～8周治疗。有些猫可发生白血病减少症，因此在进行这种治疗之后可在7～14d检查CBC。也可同时用强的松龙治疗。关于环己亚硝脲的不良反应的详细资料，参见第34章。
- 拔牙：传统上只有其他治疗方法难以奏效时才考虑采用这种方法，但对药物治疗难以奏效的病例首选这种方法进行治疗的越来越多。拔除健康的前臼齿及臼齿可有效解除80%以上患GSPC的猫的临床症状。但在猫持续感染排除FCV或感染FIV时，拔牙没有多少益处。
- 激光治疗：用二氧化碳激光除去增生的口腔组织在不希望拔牙的有些病例具有一定的效果。每月用激光照射异常组织，连续治疗2～4次，许多猫在不用药物治疗而在数周或数月内不表现症状，对甾体激素有抗性的猫常常在激光治疗之后对甾体激素具有反应性，但长期用激光治疗的成功率仍不高。参见第257章。
- 辅酶Q10：每天30～100mg，连用4个月，可作为一种辅助疗法进行治疗。目前尚无证据能支持或反对使用这种药物。
- 低变应原药物或常规蛋白饲料（hypoallergenic or novel protein diets）：关于这种方法的成功率所见报道不多。
- 罐装食物（canned food diets）：据说，有些猫在长期饲喂干食物时，如果改用罐装食物饲喂，则可明显改善症状。

治疗注意事项

- 单独使用抗生素疗法只能暂时改进少量病猫的临床症状。
- 金盐疗法可与皮质类固醇及抗生素合用，有助于快速奏效。
- 醋酸甲地孕酮在许多GSPC病例很有疗效，但不良反应（糖尿病）限制了其应用。该药物的使用剂量为1mg/kg q48h PO，可一直使用到出现反应，然后换用强的松或强的松龙继续治疗。如果复发，可在短期内重新使用醋酸甲地孕酮治疗，但只能在知情的情况下使用，可在其他治疗方法不能奏效或效果降低时短期使用。
- 应该告知猫主没有任何治疗方法能够获得100%的治疗效果，尤其在计划拔除多个或完全拔除牙齿时，由于许多猫仍有病变且需要在进行这些处理之后进行药物治疗（虽然无需大量的药物进行治疗），因此这点尤为重要。

- GSPC多见于多只猫饲养的情况，对出现这种现象的原因还不清楚。

预后

猫患GSPC时可在症状上完全康复，但应告知猫主并不能完全保证。许多猫会表现持续性或再次发生病变，因此需要按慢性病进行治疗。治疗的目的应是能最好地控制临床症状及保障猫口腔的舒适。

参考文献

August JR. 2008. Feline gingivostomatitis: Etiopathogenesis and management. *Proceedings of the 26th Annual Conference of Veterinary Internal Medicine*, San Antonio, Texas, pp 19–21.

DeBowes LJ. 2009. Feline caudal stomatitis. In JD Bonagura, ed., *Kirk's Current Veterinary Therapy XIV*. pp. 476–478. St. Louis: Saunders-Elsevier.

Quimby JM, Elston T, Hawley J, et al. 2008. Evaluation of the association of Bartonella species, feline herpesvirus 1, feine calicivirus, feline leukemia virus and feline immunodeficiency virus with chronic feline gingivostomatitis. *J Fel Med Surg*. 10(1):66–72.

Southerden P, Gorrel C. 2007. Treatment of a case of refractory feline chronic gingivostomatitis with feline recombinant interferon omega. *J Small Anim Pract*. 48(2):104–106.

第85章 青光眼 Glaucoma

Shelby L. Reinstein 和 Harriet J. Davidson

概述

根据定义，青光眼（glaucoma）是指眼内压（intraocular pressure，IOP）升高影响正常眼球健康的疾病。正常IOP是由眼内液体或体液的产生及流出之间的精细平衡维持的。液体由睫状体产生，向前通过瞳孔流出，经过眼前房循环，然后通过虹膜角膜（引流）角[iridocorneal （drainage） angle]流出。如果液体的正常流出途径受阻则可发生青光眼。IOP的增加可导致视网膜和视神经受损，最终会致盲。

猫的青光眼有三类：先天性、原发性及继发性。先天性青光眼多由于眼睛的发育异常所引起，可见于青年仔猫，可为单侧性或双侧性。原发性青光眼为先天性或遗传性引流角（drainage angle）异常所引起。引流角可开放或闭合。这类青光眼在猫罕见。据报道，暹罗猫、波斯猫、欧洲短毛猫及缅甸猫等，该病的发生与品种有关。在大多数发生原发性青光眼的猫，引流角为开放的。在一项研究中发现，缅甸猫引流管狭窄或闭合。继发性青光眼更为常见，发生于其他情况阻止了液体通过引流管排出时。继发性青光眼最常见的原因是眼色素层炎（参见第223章）及眼内肿瘤（参见第122章）。眼色素层炎由于炎性细胞和蛋白堵塞引流角，从而引起继发性青光眼。眼内肿瘤也是引起猫发生继发性青光眼的另外一个重要原因。任何眼内肿瘤均可通过引起炎症而导致继发性青光眼，但肿瘤也可排出炎症细胞，阻塞引流角。弥散性虹膜黑素瘤（diffuse iridal melanoma）及淋巴瘤是引起猫青光眼最常见的两种肿瘤。猫引起继发性青光眼的其他原因还包括晶状体前脱位（anterior lens luxations）、创伤及眼前房积血（hyphema）。

诊断

主要诊断

临床症状及眼睛检查结果（见图 85–1）。

- 疼痛：为猫的主观症状，猫可能比平常更为安静，食欲降低，比平常更爱藏匿。但所有这些症状可能更易被猫主人忽视。
- 瞳孔扩大无反应（dilated nonresponsive pupil）：瞳孔光反射（pupillary light response，PLR）缺失可能是由IOP升高或视网膜受损引起的急性虹膜括约肌麻痹所致。阳性交感PLR（positive consensual PLR）（在患病眼睛前晃动光线，观察正常眼睛的瞳孔）可有助于证实患病眼睛的视网膜仍能工作。
- 巩膜充血（scleral injection）：可检查眼睛深层的炎症。必须要将巩膜内的血管与结膜最表层的血管区分，而结膜表层的血管只能说明结膜炎。可用棉签涂药器拨开松散黏附的结膜，这样可看到血管是否能与结膜一起移动，或是位于巩膜深层。
- 角膜水肿：整个角膜呈弥散性模糊不清的蓝色外观。IOP升高可引起角膜水肿，水分含量的增加使角膜外观更不透明。此外，角膜纤维可被液体分开，进一步造成透明度降低。治疗之后角膜可恢复正常的透明度。
- 水眼（牛眼，buphthalmos；眼球增大，enlarged eye）：长期IOP升高可导致眼球拉伸，使眼睛增大。眼球破裂的情况罕见，眼球增大到一定体积之后导致眼睑闭合不全或不能关闭眼睑。有时可发生暴露性角膜炎，导致眼睛进一步发生变化，包括表皮角膜血管形成、角膜纤维化及角膜溃疡。
- 角膜条痕或哈布氏条纹（Corneal Streaks或Haabs Striae）：由于德斯密膜（Descemet's membrane）（角膜后弹力层——译注）破裂，因此可见角膜上出现不规则的不透明状线条，偶尔可出现多条线条。这些条纹为永久性的，治疗后也不消失。这种情况在猫不太常见。
- 角膜深部血管形成：充血的巩膜血管可通过角膜缘延伸到角膜，从而出现刷状边缘，由于其外观，有时也称为缘刷（limbal blush）。这是后期出现的变化，说明发生了更为严重的慢性疾病。

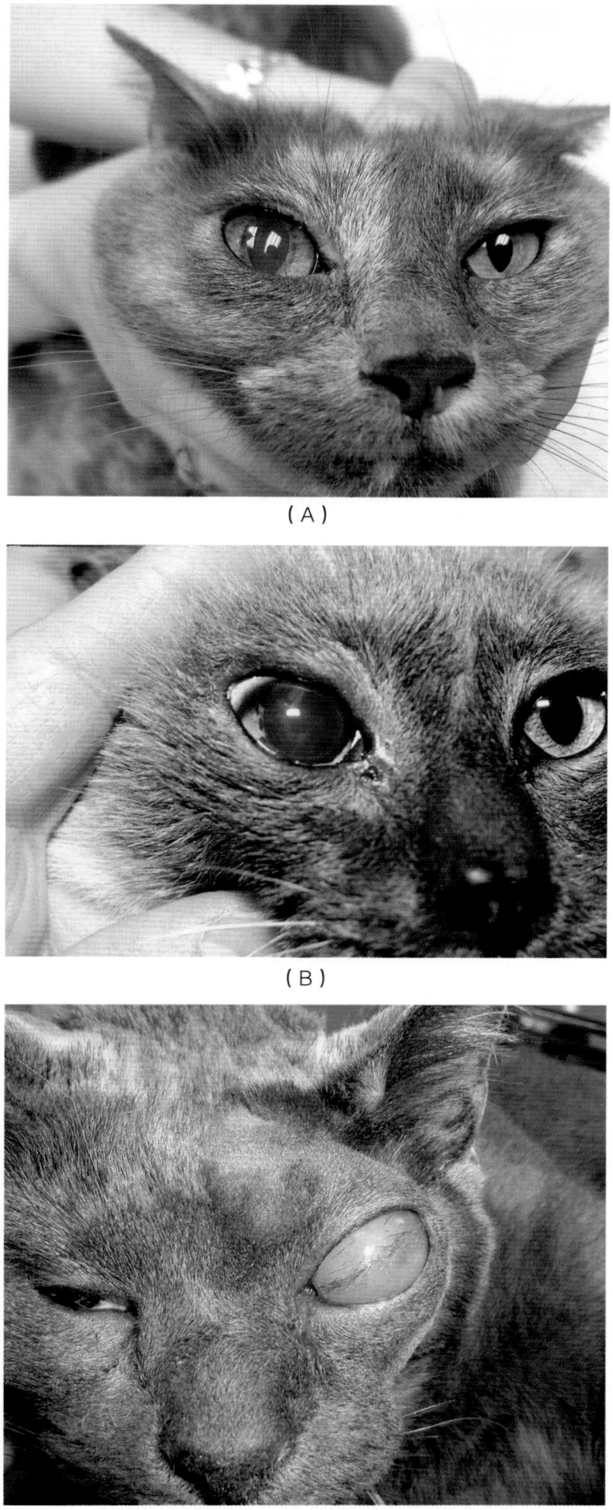

（A）

（B）

（C）

图85-1 从这3个病例可看出青光眼的进展。（A）右眼表现青光眼的早期症状，包括瞳孔轻度放大、虹膜血管增加及轻微的水眼（buphthalmos）（遗传性青光眼）；（B）右眼表现虹膜血管增加及继发性晶状体前脱位（anterior luxation of the lens）；（C）该猫表现慢性青光眼的变化，包括牛眼、暴露性角膜炎、角膜不透明及由于不能正常眨眼而引起角膜表面蓄积沉渣（图由Gary D. Norsworthy博士提供）

- 视神经乳头变化（optic nerve head changes）：眼内很高的压力可引起视神经乳头损伤，难以观察到视神经杯（optic nerve cupping），但髓鞘的丧失可导致视神经乳头颜色变暗。
- 视网膜退化：IOP升高可损伤视网膜，眼底检查可发现血管丧失，毯层反射性增强（tapetal hyperreflectivity）。

眼压测定（tonometry）

- 可采用多种仪器测定猫的IOP。由于不同的仪器之间测定结果可能有轻微的差异，因此每次测定都应采用相同的仪器。
- 猫正常的眼内压为15～25mmHg。
- 如果眼内压超过25mmHg且持续出现临床症状，则可证实为青光眼。
- 只要开始治疗，应常规检查IOP，使其维持在25mmHg以下。关于建议的监测频率，参见“治疗注意事项”。
- 应监测IOP对药物治疗反应的变化趋势，帮助确定是否有必要进行手术治疗。
- 如果在治疗青光眼时IOP低于15mmHg，则并不立即致病。应采用眼科检查排除眼色素层炎（参见第223章）。
- 治疗继发性青光眼时应根据潜在疾病进行调整。在此期间监测IOP对评估疾病的进展极为关键。

辅助诊断

- 前房角镜检查（gonioscopy）：这种方法采用特殊的镜头观察及评估虹膜角膜角，但这种检查方法应该由兽医眼科学家进行。
- 视网膜电图（electroretinogram）：这种方法检查视网膜的电活动，可用于难以检查视网膜（如白内障）时采用大量的药物治疗或手术治疗之前评估视网膜的机能。

诊断注意事项

- 在另一侧发生青光眼、怀疑发生青光眼、以前曾患有青光眼或原发性青光眼时不要扩张眼球，扩张可引起IOP增高，会对眼睛造成进一步伤害。
- 在发生继发性青光眼时，治疗的主要目的应在潜在疾病及青光眼本身。随着潜在疾病的治疗，则可能需要抗青光眼治疗（antiglaucoma therapy）。

治疗

主要疗法

- 急症治疗：许多情况下猫在就诊时IOP高于50mmHg，因此关键是在开始采用药物维持治疗保护视网膜机能前降低IOP到接近正常水平。渗透性利尿剂在急症治疗时最为常用，这些药物可通过使眼睛的玻璃体脱水而常用于急症治疗。因此，这些药物在保水超过4h极为有效。这类药物的全身治疗效果可采用与正常眼睛对比进行监测，因为正常眼睛的IOP应该较低。
  - 甘露醇治疗：应通过静脉输液以1.0～1.5g/kg的剂量缓慢滴注一次（15～20min内）。如果在30min内奏效，则可再以此剂量重复用药一次。
  - 甘油（50%或70%溶液）：按1g/kg剂量口服，可在30min内重复用药一次。这种药物具有恶臭味，可能难以用药，因此最好用胃管（orogastric tube）投服。研究表明该药物可引起呕吐。
- 维持疗法：只要IOP达到正常水平可将这些药物组织合用。长期用药时应咨询兽医眼科专家。
  - 碳酸酐酶抑制因子（carbonic anhydrase inhibitor，CAI）：CAI可减少液体的产生，该药物有口服和局部用药两种类型，口服CAI包括醋甲唑胺（methazolamide）（Neptazane®；按2.5～10mg/kg剂量，每小时口服）、双氯非那胺（dichlorphenamide）（Daranide®；按1～2mg/kg剂量，每8～12h口服）及乙酰唑胺（acetazolamide）（Diamox®；按10～25mg/kg，每12h口服）。口服CAI具有多种不良反应，包括胃肠机能扰乱、皮肤麻刺感（skin tingling sensation）（可表现为猫过度舔闻其四肢末梢）、代谢性酸中毒（可表现为剧烈喘气）、低钾血症及心神不安。局部使用的CAI易于使用，而且不具有同样的不良反应，这类药物包括20%杜塞酰胺溶液（dorzolamide）（Trusopt®；每6～8h一滴）及1%布林佐胺悬浮液（brinzolamide）（Azopt®；每8～12h一滴）。
  - 拟副交感神经药物（parasympathomimetics）：这类局部用药可增加液体分泌。拟副交感神经药物在存在有严重的眼色素层炎时由于可形成虹膜粘连（synechia formation），因此应慎用。毛果芸香碱为直接作用拟副交感神经药物，可以1%或2%溶液每6～12h给药。地美溴铵（demecarium bromide）为间接作用的拟副交感神经药物，必须要形成复合剂后才能用药。该药物以0.125%或0.25%溶液以每6～12h用药。
  - 拟交感神经药物（sympathomimetics）：这些局部药物可减少液体的产生，但不经常单独使用，而是与其他药物合并使用。可以使用的药物包括：盐酸地匹福林（dipivalyl epinephrine）（Propine®），以每6～8h给药；肾上腺素（Epitrate®），以每6～8h给药。
  - β－阻断剂：这些局部用药物可减少液体产生。可采用的药物有马来酸噻吗洛尔（timolol maleate）（Timoptic®0.5%～4%溶液每12h）及左布诺洛尔（levobunolol）（Betoptic®每12h），但β－阻断剂单独使用不足以控制猫的青光眼。杜塞酰胺（dorzolamide）与马来酸噻吗洛尔（Cosopt®）可以合用以每8h局部用药，控制IOP。
- 皮质类固醇激素：局部甾体激素可用于继发性青光眼时减少视神经周围的炎症及治疗原发性眼色素层炎。参见第223章。可局部每4～12h使用1%醋酸强的松龙悬浮液或0.1%地塞米松悬浮液。

辅助疗法

- 手术治疗有视力的眼睛（surgery for visual eyes）：手术治疗有视力的眼睛，主要目的是维持视力，减少药物的使用频率。
  - 引流管埋植（drainage valve implants）：这种装置是将引流管埋植到眼前房，其瓣膜可允许液体从眼睛流出。这种治疗通常由兽医眼科医生实施。
  - 破坏睫状体（destruction of the ciliary body）：破坏睫状体可减少液体的产生，可采用二极管激光器或冷冻疗法处理巩膜的外表面而实施。能量投入睫状体后可引起组织坏死，这种方法可引起眼睛发生炎症，因此可能需要药物控制炎症的发生及在手术前降低IOP。
- 手术治疗失明的眼睛：不能控制的青光眼可引起疼痛，在这种情况下常可进行手术摘除失明的眼睛。
  - 眼球摘除术（enucleation）：这种手术易于施行，并发症少。除去眼球可立即缓解疼痛及排除局部药物治疗的需要。置入义眼（眼眶修复术，orbital prosthesis）有助于美容。
  - 眶内容物摘出及巩膜内义眼安置术（evisceration with Intrascleral Prosthesis）：这种方法可使眼睑开放，眼球位于眼眶内，因此对猫的美容效果更好，但角膜可能受损及感染的风险增高，仍需要进行药物局部治疗。

- 化学消融术（chemical ablation）：这种方法是通过将庆大霉素及地塞米松注入玻璃体腔，引起眼内结构坏死。但在猫由于具有从晶状体损伤而发生肉瘤形成的风险，因此对这种方法仍有争议。

治疗注意事项

前列腺素类似物为一类新的局部用药，可通过非常规或色素层巩膜炎流出途径增加液体的流出。目前可以采用的药物包括拉坦前列素（latanoprost）（Xalatan®）、比马前列素（bimataprost）（Lumigan®）、曲伏前列素（travaprost）（Travasal®）或乌诺前列酮（unoprostone）（Rescula®）。这些药物在犬有效，但尚未证明在正常猫降低IOP时有效。这可能是由于两种动物前列腺素受体不同所致。

- 在继发性青光眼时，治疗的目的应该在潜在疾病及青光眼。随着潜在疾病的治愈，再采用抗青光眼疗法。
- 当IOP降低到正常水平时，应在24h内再次进行检查。如果IOP接近正常，则可每两周再检查一次。但如每月检查一次，如果IOP开始升高，则应增加药物治疗进行控制。
- 应告知猫主青光眼的症状可能很轻微，因此如观察到任何症状，均应测定IOP。

预后

关键是要区分原发性及继发性青光眼以及急性与慢性青光眼。虽然原发性青光眼病例视力的恢复可能需要较长时间，但继发性青光眼如能治疗潜在疾病，则预后良好。一般来说，如果开始的治疗不强而有力，则失败率会较高。慢性或未治疗的青光眼通常可致盲，引起眼睛疼痛并难以美容（noncosmetic eye）[即水眼（buphthalmos）、暴露角膜炎（exposure keratitis）]。

参考文献

Blocker T, van der Woerdt A. 2001. The feline glaucomas: 82 cases (1995–1999). *Vet Ophthal.* 4(2):81–85.

Jacobi S, Dubielzig RR. 2008. Feline primary open angle glaucoma. *Vet Ophthal.* 11(3):162–165.

Rainbow ME, Dziezyc J. 2003. Effects of daily application of 2% dorzolamide on intraocular pressure in normal cats. *Vet Ophthal.* 6:147–150.

Sapienza JS. 2008. Surgical procedures for glaucoma: what the general practitioner needs to know. *Top Companion Anim Med.* 23(1):38–45.

第86章
肾小球肾炎
Glomerulonephritis

Gary D. Norsworthy

概述

肾小球肾炎（glomerulonephritis）是一种常发生于青年公猫的免疫介导性肾小球疾病，虽然该病也在有些动物由于抗体与抗原在肾小球内发生反应而发生，但文献报道的唯一类型是由于猫血液循环免疫复合物被肾小球过滤出所引起。这些抗原-抗体复合物的形成在临床上与猫白血病病毒（FeLV）、猫传染性腹膜炎病毒（FIPV）、猫免疫缺陷病毒（FIV）、无形体（*Anaplasma* spp.）或支原体（*Mycoplasma* spp.）（多发性关节炎）等严重感染引起的疾病有关。非传染性原因包括慢性化脓、肿瘤、齿龈炎-口炎、犬心丝虫病（dirofilariasis）、全身性红斑狼疮（systemic lupus erythematosis，SLE）、胰腺炎及糖尿病和不相容性胰岛素（incompatible insulin）（通常与人源性）有关。该病在大多数病例表现临床症状前很早就已开始，因而在就诊时常难以确定其发病机制（etiopathogenesis），通常无法进行早期特异性诊断，因此也将许多病例分类为特发性的。患病猫通常为年轻的成年公猫，本病主要表现两种形式，第一种为肾病综合征（nephrotic syndrome），病猫通常出现大面积皮下水肿及大量腹水，但其他方面表现正常，也会出现中等程度的体重减轻和食欲下降。第二种为慢性肾衰，病猫常表现为体重减轻和食欲下降、体重减轻、多尿症及多饮，有时可能呕吐。患有任何一种肾小球肾炎的病猫肾脏小而硬，但在早期患该病的猫肾脏可能增大。

诊断

主要诊断

- 临床症状：该病最为典型的临床症状是肾病综合征，慢性肾衰的症状是本病的第二种形式，但与其他原因引起的肾衰没有明显区别。如果多发性关节炎是该病的原因，则可出现多个关节的肿大及疼痛。
- 血常规及生化检查：诊断最常见到的为蛋白尿、低白蛋白血症、高胆固醇血症状及非再生性贫血。在本病引起肾衰时可发生氮血症。尿蛋白与肌酐的比例大于2.0，这与肾小球性疾病是一致的。
- 肾脏活检：是最为有效的鉴别肾小球肾炎与淀粉样变的诊断方法。诊断样品必须要含有6个以上的肾小球，因此应采用楔形活检样品或小针活检样品。淀粉样变主要为一种遗传性诱导的疾病，主要发生于阿比尼西亚猫。但由于可能会进一步引起肾脏损伤，因此应用这种方法时应慎重。

潜在疾病的辅助诊断

- 感染性微生物检测：应检测是否有FeLV、FIV、猫冠状病毒（FCoV）及无形体（*Anaplasma*）。关于FCoV抗体效价的检测结果，参见第73章和第76章。
- 胰岛素抗体水平：这种方法用于诊断胰岛素不相容性。参见www.animalhealth.msu.edu。

诊断注意事项

- 由于肾小球肾炎常常是由潜在疾病所引起，因此诊断中重要的是进行全面的疾病检查。

治疗

主要疗法：无氮血症肾病综合征

- 潜在疾病：根本的诊断目标是诊断及治疗潜在疾病，但有时诊断这些疾病并不可能，如能诊断，则可治疗。
- 呋喃苯胺酸：这种药物可减少水肿及腹水，按2～4mg/kg q24h PO治疗。
- 皮质类固醇：可试用抗炎剂量的强的松龙（按2～4 mg/kg q24h PO），有些猫对该药有较强反应而有些猫则没有。如果该药物能够奏效，则应持续用药直到潜在疾病治愈。治疗2～3周后可减小剂量，隔天用药进行长期治疗。
- 血管紧张素-转化酶抑制剂：苯那普利（Benaze-

pril）（按0.5～1.0mg/kg剂量，q24h PO）或依那普利（enalapril）（按0.25～0.5mg/kg剂量 q12～24h PO） 可能在治疗尿液蛋白丧失中具有作用。用药时应检测血清肌酐水平，如果增高则停药。
- 日粮：由于会发生蛋白损失，因此应保障日粮蛋白水平能维持正常体重及血清白蛋白水平。应饲喂低盐饲料以降低液体潴留。
- 降血压药物：如果发生高血压，可采用氨氯地平（amlodipine）（初始剂量为每只猫0.625mg，q24h PO，之后调整以发挥作用）。参见第107章。

主要疗法：氮血症

- 药物治疗：可采用液体疗法及补充钾等方法治疗。参见第190章。

辅助疗法：潜在疾病

- 参见相应各章。

治疗注意事项

- 发生氮血症的猫应该接受补盐、呋喃苯胺酸或皮质激素等进行治疗。

预后

该病的预后取决于肾小球肾炎的类型、诊断的阶段及潜在疾病。未患氮血症而发生肾病综合征的猫如果诊断早，特别是如果潜在疾病能够治愈，则可存活数月或数年，而肾衰末期的猫则预后较差。

参考文献

Gunn-Moore D, Miller JB. 2006. The cat with weight loss and a good appetite. In J Rand, ed., *Problem-Based Feline Medicine*, pp. 301–329. Philadelphia: Elsevier Saunders.

Pressler BM, Grauer GF. 2007. Glomerulonephrtis. In LP Tilley, FWK Smith Jr., eds., *Blackwell's 5-Minute Veterinary Consult*, 4th ed., pp. 548–549. Ames, IA: Blackwell Publishing.

第87章 颗粒细胞瘤 Granulosa Cell Tumor

Fernanda Vieira Amorim da Costa 和 Heloisa Justen Moreira de Souza

概述

卵巢肿瘤在犬和猫较少发生，这与宠物的去势率高有关。猫的卵巢瘤是指上皮性、生殖细胞性或性索基质性肿瘤。颗粒细胞瘤为性索基质肿瘤，也是猫最为常见的卵巢肿瘤。这种肿瘤起自高度分化的卵巢皮质的性腺基质，一半以上为恶性，已报道的转移位点包括腹膜、腰部淋巴结、网膜、膈肌、肾脏、脾脏、肝脏及肺脏。这些肿瘤通常表现出激素诱导变化的迹象，而且通常只在一侧卵巢发生。

雌激素过多症（hyperestrogenism）的主要特征包括持续发情、攻击行为、脱毛、子宫内膜囊肿或腺瘤样增生。猫也可表现呕吐、体重减轻、由肿瘤细胞附植于腹膜引起的腹水及腹腔膨大。也可发生肿瘤破裂及腹腔内出血。

患病猫的年龄为6月龄到20岁（中值为7岁），短毛的家养母猫患病更易患此病。

鉴别诊断包括其他罕见的卵巢肿瘤，如黄体瘤（luteoma）、壁细胞瘤（thecoma）、无性细胞瘤（dysgerminoma）、畸胎瘤及上皮和间质细胞瘤。

诊断

主要诊断

- 组织病理学检查：确诊要以组织病理学检查为依据。粒细胞瘤通常光滑，白色到黄色，可呈圆形或不规则分叶状。通常为硬块和囊肿混合。转移性病灶为蘑菇状瘤，附着于膈肌、腹膜或肝脏。发生退行性变化的核碎片位于中心，周围为有活性的颗粒细胞，形成玫瑰花环状的卡尔-爱克斯纳体（Call-Exner body）（见于卵巢粒细胞瘤——译注）。

辅助诊断

- 查体：查体可发现腹部扩张增大，可触摸到不规则的球形肿块。腹水（恶性渗出，malignant effusion）或激素产生所引起的全身性影响也能检查到。
- 腹腔超声诊断：可检查到卵巢的小肿瘤，固体成分越多，则肿瘤越有可能为恶性。性索基质瘤常会引起子宫变化，包括囊肿性子宫内膜增生或子宫积脓。
- 渗出液的细胞学检查：腹水的细胞学检查提示有恶性渗出。
- 阴道细胞学检查：能检查到由雌激素引起的角质化，则证实为高雌激素症。

诊断注意事项

- 有腹腔肿块的成年母猫，不管生殖道有无病理表象，在鉴别诊断时都应考虑有卵巢肿瘤。因为，一些猫的卵巢残迹（ovarian remnants）也会发生肿瘤。
- 针刺活检（needle biopsy）：不建议采用腹腔的针刺活检，主要是由于卵巢肿瘤通常容易植入腹膜表面并在其上生长。
- 肿瘤分级（staging）：怀疑发生颗粒细胞瘤猫的分段检查应包括基础检查、腹腔超声检查结果、胸腔X线检查结果、腹腔穿刺及腹水细胞学检查结果等。

治疗

主要疗法

- 手术疗法：治疗卵巢肿瘤首选卵巢摘除术或卵巢子宫摘除术，一般来说如果在肿瘤转移之前施行手术，则预后很好。

辅助疗法

- 化疗：如果发生腹腔肿瘤转移或恶性腹水，采用卡铂进行静脉内或腹腔内化疗疗效较好，其剂量为180～200mg/m^2，可稀释后进行腔内化疗。治疗可每3周重复一次。
- 辅助疗法：辅助疗法包括止痛、抗炎、营养支持及抗呕吐等，应根据需要进行。

治疗注意事项

- 应谨慎处理组织，以减少肿瘤扩散。应仔细检查和排除所有浆膜表面，包括网膜和膈肌，仔细检查经活检初判为肿瘤的转移病灶，以便分段治疗（staging proposes）。

预后

单个肿瘤如果用手术方法完全摘除，则该病的预后较好；如果有肿瘤转移的迹象，则预后较差。

参考文献

Giacóia MR, Maiorka PC, Oliveira CM, et al. 1999. Granulosa cell tumor with metastasis in a tumor. *Braz J Vet Res Anim Sci*. 36(5):250–252.

Klein MK. 2007. Tumor of the female reproductive system. In SJ Withrow, DM Vail, eds., *Withrow & MacEwen's Small Animal Clinical Oncology*, pp. 610–618. St. Louis: Saunders Elsevier.

Souza HJM, Amorim FV, Jaffé E, et al. 2005. *Timoma e tumor de células da granulosa em gata. Acta Scientiae Veterinariae*. 33(2):211–217.

第88章
犬心丝虫病
Heartworm Disease

Jane E. Brunt

概述

猫和犬的心丝虫感染（heartworm infection）是由丝虫体内寄生虫（filarial endoparasite）——犬心丝虫（*Dirofilaria immitis*）所引起。通过蚊子以被感染的犬科动物和有利的环境为传播途径。目前已发现22种蚊子可以在野外携带犬心丝虫，其中有一半为常见的蚊子。猫的心丝虫病见于猫和犬及犬科动物；土狼（coyotes）为最主要的犬心丝虫储主。

心丝虫的生活周期（见图88-1）在猫和犬体内相同。就本病的发病机制而言，最主要的区别在于，在猫，大多数幼虫进入血流后死于肺动脉中，而不是变为成虫。此外，由于猫具有肺脏间质巨噬细胞（pulmonary interstitial macrophages，PIMs），幼虫的死亡会产生比犬更为严重的炎性反应。右肺前叶最常受到影响，发生急性血管及实质炎性反应。此时的临床症状可包括咳嗽、呼吸困难或呼吸急促及呕吐。如果幼虫成熟为成虫，则在典型情况下只能发现1～3个，可能只是雄性感染，这对判断诊断结果极为重要。据报道称成虫可生存达4年。幼虫或成虫死亡后引起的呼吸道疾病称为犬心丝虫相关呼吸道疾病（heartworm-associated respiratory disease，HARD）。

由肺动脉干血栓形成引起的急性死亡是一种不太常见的并发症，猫可在数分钟内不表现预示症状而死亡（见图88-2）。鉴别诊断包括猫的哮喘及气管其他疾病，急性或慢性胃炎及肺丝虫肺脏血栓形成。

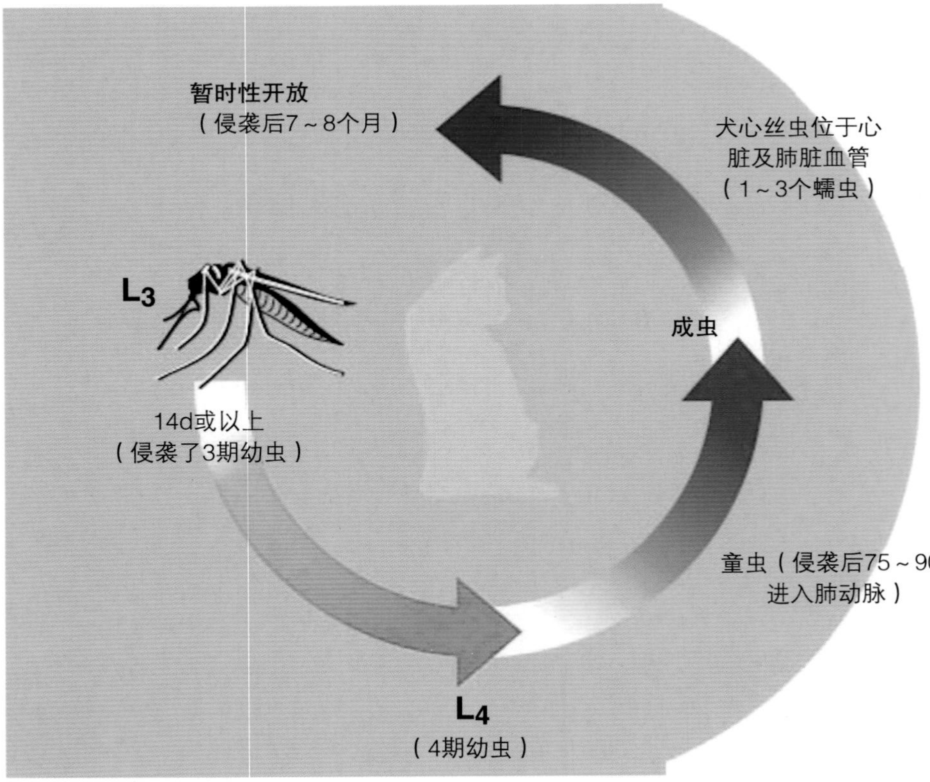

图88-1 猫心丝虫的生活周期。注意肺动脉中犬心丝虫幼虫的出现在猫被感染蚊子叮咬后的75～90d。一旦血循中的幼虫到达肺脏，则在肺脏发生死亡，引起临床症状（引自KNOW Heartworms）

图88-2 血栓栓塞阻滞了肺脏动脉血流时可引起急性死亡，本例病猫发现有15条成虫，这种情况极为少见。突发死亡前本例猫病情稳定，且长期用强的松龙治疗（图片由Gary D. Norsworthy和Lewis Radicke博士提供）

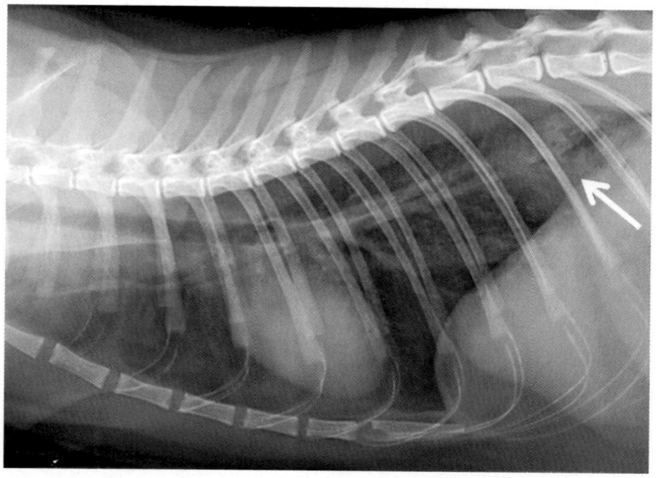

图88-3 间质性炎症的主要位点是后肺叶（白色箭头），可见于侧面观（图片由Gary D. Norsworthy博士提供）

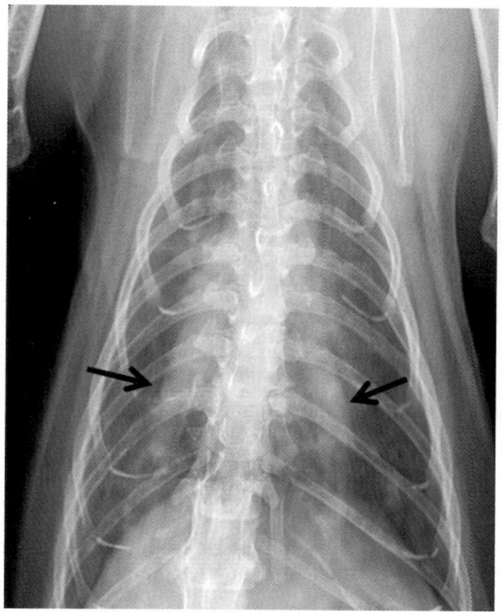

图88-4 单侧或在本例为双侧性肺后动脉增大（黑色箭头），这是猫恶丝虫病的主要症状。动脉常常屈曲或呈钝形（图片由Gary D. Norsworthy博士提供）

诊断

主要诊断

- 就诊：如果猫出现肺部疾病，则所有检查都要考虑到病猫的体况。应在采用各种诊断检验之前采取恢复供氧的紧急治疗，直到其恢复稳定。测定Po_2有助于确定下一步的最佳步骤。
- 血常规（CBC）：应作为基础检查的一部分进行，猫在患犬心丝虫病时并不一定能同时发现嗜酸性及嗜碱性粒细胞。
- 犬心丝虫血清学检查：抗原及抗体试验都应进行，这些检验方法可在家定点诊断及通过参考实验室进行诊断，其中参考实验室进行的检验最为灵敏。抗原试验为阳性，说明猫至少携带有一条成年雌性犬心丝虫。因为目前所有检验方法检测的抗体均为从丝虫发育的L_3～L_4阶段的各种蛋白，抗体试验为阳性说明猫被心丝虫感染。抗体阳性试验不能区别现存的活跃感染及近来发生的所有丝虫均已死亡的感染。研究表明，抗体检验为阳性与鉴定已知的犬心丝虫感染结果并不一致。阴性的抗原或抗体试验并不能排除犬心丝虫感染。犬心丝虫血清试验为确定性试验（rule-in tests）而非排除性试验（rule-out tests）。
- 胸部X线检查：右侧后叶动脉有无间质性或支气管间质纹理（bronchointerstitialpatterns）最容易被X线检查发现（见图88-3、图88-4、图291-20和图291-21）。X线信号很轻微、短暂，因此要花费大量时间做一系列的X线检查。

辅助诊断

- 超声心动图（echocardiography）：可用于鉴别可疑的心丝虫感染病例，也可作为辅助方法鉴别感染的程度。由于大多数的猫只有一条或数条犬恶心丝虫成虫感染，虫体寄居于肺动脉而不是右心室，因此影像检查可能较为困难（见图88-5）。

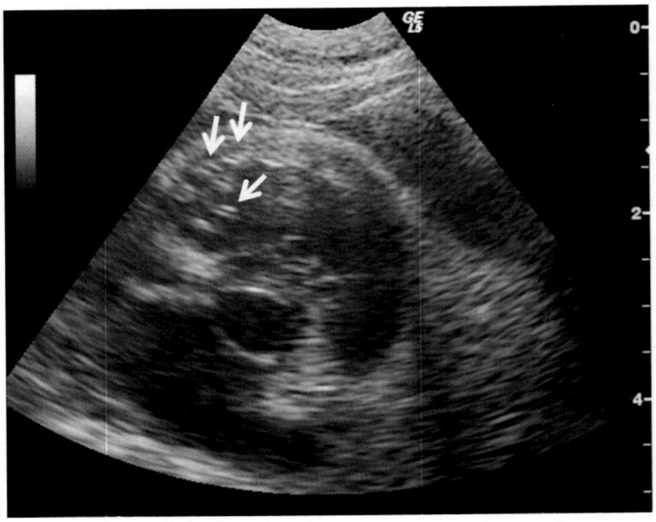

图88-5 心丝虫成虫见于右心室及肺脏输出道（pulmonary outflow tract），在右心室呈两条平行线，这种成虫易于和腱索（chordae tendineae）混淆，但后者活动时呈瓣膜状开张及闭合，位置固定，而犬心丝虫可随意运动

治疗

主要疗法

急性心丝虫相关呼吸疾病（acute heartworm-associated respiratory disease）

- 氧气：用氧气罩或面罩供氧气，如果猫抵触面罩，则达不到治疗效果。
- 减少应激：强烈建议采用低应激环境。杜绝猫自由的视、听、嗅或其他引起兴奋的情况都能达到满意效果。
- 皮质类固醇：地塞米松（按1mg/kg IV或IM）或丁二酸钠强的松龙（prednisolonesodium succinate）（每只猫50～100mg IM）。
- 支气管扩张药：可试用氨茶碱（按4.0～6.6mg/kg q12h PO，IM；按2～5mg/kg q12h缓慢静注），茶碱持续释放装置（10mg/kg PO）或特布他林（terbutaline）（0.1mg/kg SC）。对长期病例日常不使用支气管扩张药物。

亚急性或慢性心丝虫相关呼吸病（subacute or chronic heartworm-associated respiratory disease）

- 皮质类固醇：强的松龙或强的松（按2mg/kg剂量，q24h PO，2周内逐渐减少到0.5mg/kg q48h PO）。治疗2周后可停药，根据临床反应或胸腔X线检查评价治疗效果。如果临床症状复发，或病猫需要长期治疗时，可重复治疗。

辅助疗法

- 在家急症治疗：在急性发作时可使用预装有地塞米松（按1mg/kg剂量 IM或SC）药液的注射器在家治疗。

治疗注意事项

- 自然感染的猫采用美拉索明（melarsomine）进行杀成虫治疗时可产生很高的死亡率。
- 据报道采用手术摘除的方法其成功率有一定差异，可导致难以接受的死亡率。
- 不建议对诊断为恶丝虫感染的猫使用阿司匹林治疗。
- 对采用四环素治疗猫沃尔巴克氏体（Wolbachia）尚有争议，即便强力霉素治疗在猫对四环素不发生过敏反应时无害。
- 如果病猫无症状而发现其感染有犬心丝虫，则可考虑先用皮质激素治疗以减缓炎性过程。

预防

通过化学预防药物预防是控制猫犬心丝虫感染以及避免由于HARD引起的炎症的关键。目前可以采用的局部用药物有两种组方（塞拉菌素和吡虫啉与莫昔克丁合用），还有两种添加有风味的口服产品（美贝霉素肟及伊维菌素）。所有药物均每月用药一次，对消除幼虫到达循环系统具有很好的疗效。

预后

需仔细观察表现急性HARD猫的预后，最好根据对急症治疗的反应判断。诊断为犬心丝虫感染而具有或缺少临床症状的猫，医生和猫主人应该清楚其有可能急性发作，同时应清楚如果出现症状后应如何治疗。

参考文献

American Association of Feline Practitioners and American Heartworm Society Feline Heartworm Awareness Campaign: Know Heartworms. www.knowheartworms.org.

Browne LE, Carter TD, Levy JK, et al. 2005. Pulmonary arterial disease in cats seropositive for *Dirofilaria immitis* but lacking adult heartworms in the heart. *Am J Vet Res*. 66:1544–1549.

Nelson, CT. 2008. Dirofilaria immitis in cats: anatomy of a disease. *Compendium*. 30(7):382–389.

Nelson CT, Seward RL, McCall JW, et al. 2007. Guidelines for the diagnosis, treatment and prevention of heartworm *(Dirofilaria immitis)* infection in cats. American Heartworm Society. http://www.heartwormsociety.org/article_47.html.

第89章
海因茨小体溶血性贫血及高铁血红蛋白血症
Heinz Body Hemolytic Anemia and Methemoglobinemia

Sharon Fooshee Grace

概述

氧化剂对猫的红细胞的损伤有两种，第一种是形成变性珠蛋白小体（海因茨体，Heinz body，HB），猫科动物的血红蛋白变性时发生并沉淀在红细胞膜上。与其他动物相比，猫的血红蛋白每个分子上含有更多的巯基基团，易于成为氧化损伤的靶标。此外，一旦形成HB，猫的脾脏很难从红细胞清除HB聚集体。因此即使临床上正常的猫有时血液中也含有HB，这与其他动物不同。由于HB形成而造成细胞不可逆损伤，当红细胞达到临界破碎状态时，必须要从血液循环中清除，否则会导致血管外溶血性贫血。在少量情况下，HB也由其他原因引起而不是红细胞的氧化应激（如丙二醇），但其确切的机制尚不清楚。

氧化损伤的第二种类型为高铁血红蛋白血症（methemoglobinemia），是可逆的，当血红蛋白的亚铁离子（+2）氧化为高铁（+3）状态时使得血红蛋白不能携带氧气而发生该症。

海因茨小体形成或发生高铁血红蛋白血症的原因

- 对乙酰氨基酚
- 苯佐卡因（benzocaine）（局部用药及局部麻醉剂，topical and local anesthetics）
- 铜
- 糖尿病
- DL-甲硫氨酸
- 甲状腺机能亢进
- 淋巴瘤
- 亚甲蓝
- 卫生球（樟脑丸，moth balls）
- 洋葱或洋葱粉
- 非那吡啶（phenazopyridine）（尿路镇痛药物，urinary analgesic）
- 异丙酚（propofol）（可能为原因）
- 丙二醇
- 维生素K_3
- 锌

诊断

主要诊断

- 临床症状及查体检查：发生海因茨小体溶血性贫血（海因茨体溶血性贫血，Heinz bodyhemolytic anemia，HBHA）时会出现黏膜发白或可能会出现黄疸。衰弱、情绪低落、心动过速及呼吸急促也是其他明显的临床症状。如果发生高铁血红蛋白血症，则出现黏膜发绀或呈褐色。
- 血常规及网织红细胞计数（complete blood count and reticulocyte count）：变性珠蛋白小体在改良瑞氏染色时可观察到（见图89-1），新配制的亚甲蓝湿染（这种染色通常用于鉴别网织红细胞，见图89-2）也可观察到。HBs发生很明显的标志是细胞表

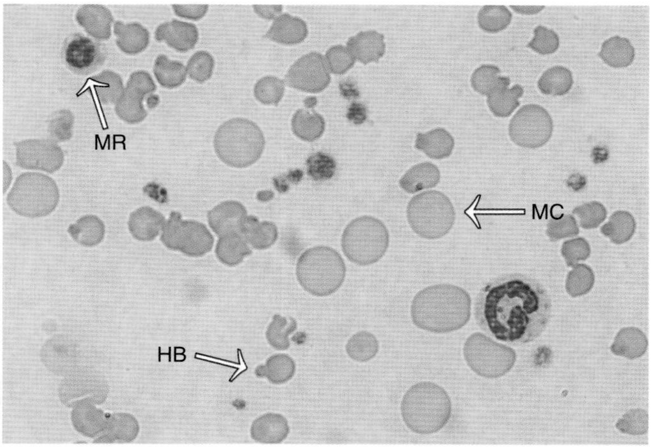

图89-1　视野中可见到许多红细胞上有海因茨小体（HB）。大的红细胞称为巨红细胞（macrocytes，MC），晚幼红细胞（metarubricyte，MR）则为骨髓对贫血的反应（图片由Gary D. Norsworthy博士提供）

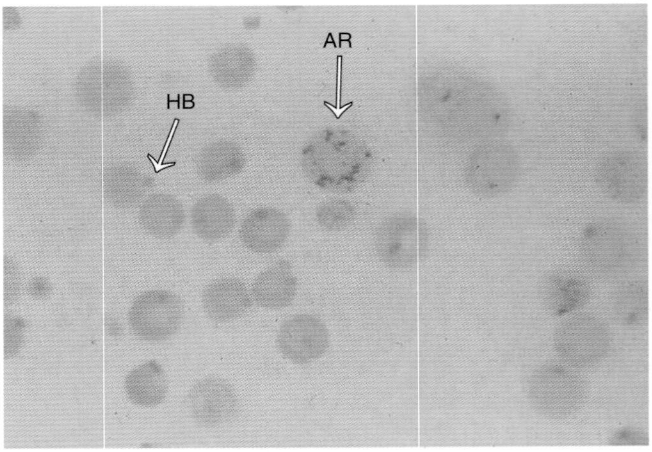

图89-2 用新配制的亚甲蓝染色时，海因茨小体（海因茨小体，Heinz body，HB）在红细胞边缘呈黑点。聚集网织红细胞（aggregate reticulocyte，AR）由于网状也可摄取染料而能观察到（图片由Gary D. Norsworthy博士提供）

面肿大，开始数天内，HBHA形成，正反馈应答反映了血液中聚集网织红细胞数量增加。

辅助诊断

- 筛选试验：高铁血红蛋白血症有时由于静脉血的颜色为黑色而难以鉴定。进行临床筛选试验时，可将病猫的一滴血液置于白纸巾或滤纸上，旁边滴一滴正常“对照”血液。如果高铁血红蛋白含量超过10%，则病猫的血液明显呈更强的褐色，而对照血液则呈更亮的红色。有些大型诊断实验室能对高铁血红蛋白水平进行测定。威斯康星兽医诊断实验室（WisconsinVeterinary Diagnostic Laboratory）可进行高铁血红蛋白分析。

诊断注意事项

- 异常型的血红蛋白（如高铁血红蛋白）可干扰准确读取脉冲血氧定量计（pulse oximeters）的读数。
- 猫存在大量的HBs并不一定说明会发生溶血，这是因为HBs可存在于多种疾病。由于许多化学试剂可对猫的红细胞引起氧化损伤，因此详细的病史对诊断极为重要。

治疗

主要疗法

- 亚甲蓝：严重的高铁血红蛋白可用亚甲蓝治疗，该药物不应重复给药或以大剂量给药，主要是因为其能引起HB形成。1%溶液可每次以1mg/kg IV给药。剂量过大可引起皮肤变蓝（见图89-3）。

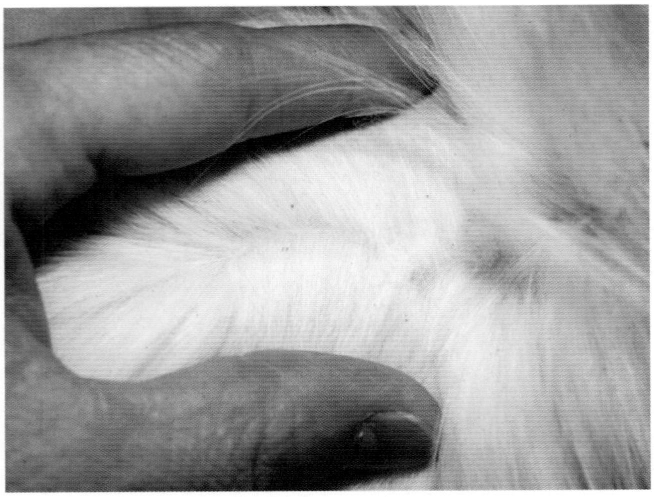

图89-3 甲基蓝用于尿液防腐，有时用于治疗高铁血红蛋白血症，可引起皮肤变蓝（图片由Gary D. Norsworthy博士提供）

辅助疗法

- 输血或输入血红蛋白溶液：发生高铁血红蛋白及HBHA时，血液的携氧能力降低。注射全血（参见第295章）或人造血Oxyglobin®（5～15mL/kg IV）对患有严重的溶血性贫血的猫极为有用，因此如果血细胞比容降到20%以下时可考虑使用。应该注意的是，血氧不足时即使血细胞比容正常，由于血细胞比容不能真正反映血液的携氧能力，因此可采用输血。人造血可引起猫血容量超负荷（volume overload），因此应以每小时0.5～5mL/kg的速度缓慢输入。虽然这种治疗可增加血液携带的氧气量，但可能由于血管收缩氧气不能有效投放到组织，同时可由于药物的作用而降低心输出。
- 对乙酰氨基酚中毒：合适的治疗方法参见第1章。乙酰半胱氨酸（Acetylcysteine）（Mucomyst®）是这种疗法的核心。
- S-腺苷甲硫氨酸（adenosylmethionine）（SA-Me）：SAMe目前的商标为Denosyl® and Den-amarin®，由Nutramax Laboratories制造，具有保护肝脏及全身抗氧化的特性。研究表明SAMe可增加猫对氧化应激的抗性，在治疗氧化损伤，特别是对降低HBs形成有益，但在治疗高铁血红蛋白性贫血中作用不大，目前可看作为一种具有潜在价值的辅助治疗药物。
- 辅助疗法：包括静脉输液及电解质，以及限制对病猫的处治。应仔细检测液体的情况，如果发生明显的血液稀释或血细胞比容降低，则应使用血液产品。在治疗高铁血红蛋白性贫血时，由于机能性血红蛋白已经饱和，因此氧气的作用不大。

治疗注意事项

- 应该处理所有正在发生的氧化对红细胞的损伤。
- 依高铁血红蛋白血症的严重程度，可能需要采用不同水平的治疗方法。对中度的高铁血红蛋白血症，采用乙酰半胱氨酸及SAMe治疗具有一定效果。对更为严重的病例，需要采用其他治疗方法（即输入全血或血红蛋白溶液，采用抗坏血酸及西咪替丁等治疗）。
- 一般来说，支持疗法只是在治疗HBHA时才有效果。如果采用适宜的骨髓刺激疗法，网织红细胞可在数天内替代受损的红细胞。应采用液体疗法保护肾脏不受血红蛋白诱导的损伤。罕见情况下，可输入全血［如有人造血（Oxyglobin），则可使用］。
- 除了采用本类药物的Denosyl®和Denamarin®效果已经证实外，使用其他SAMe制剂应谨慎。由于政府目前不再管理SAMe，因此其效价因来源不同而不同。此外，SAMe暴露到潮湿环境中会失效，因此必须要采用适宜的包装（泡罩包装，blister-pack）。
- 异丙酚就目前的情况来看，如果能避免数天的短期重复用药，则在猫的使用是安全的。

预后

虽然HBHA不可逆转，但就恢复而言预后要比高铁血红蛋白血症好。发生高铁血红蛋白血症时，由于血液的携氧能力低于关键水平，可导致死亡。患高铁血红蛋白血症的猫即使不加干预，其生存的可能性也要比患HBHA的猫大。

参考文献

Center SA, Randolph JF, Warner KL, et al. 2005. The effects of S-adenosylmethionine on clinical pathology and redox potential in the red blood cells, liver, and bile of clinically normal cats. *J Vet Intern Med.* 19(3):303–314.

Christopher MM, White JG, Eaton JW. 1990. Erythrocyte pathology and mechanisms of Heinz body-mediated hemolysis in cats. *Vet Pathol.* 27(5):299–310.

Harvey JW. 1995. Methemoglobinemia and Heinz-body hemolytic anemia. In JD Bonagura, ed., *Kirk's Current Veterinary Therapy XII*, pp. 443–446. Philadelphia: WB Saunders.

Webb CB, Twedt DC, Fettman MJ, Mason G. 2003. S-adenosylmethionine (SAMe) in a feline acetaminophen model of oxidative injury. *J Fel Med Surg.* 5(2):69–75.

第90章

螺杆菌病

Helicobacter

Mark Robson 和 Mitchell A. Crystal

概述

螺杆菌（*Helicobacter* spp.）为微需氧的革兰氏阴性菌，形态弯曲呈螺旋状且有运动能力，存在于各种动物的胃里，有时也存在于小肠和肝脏。螺杆菌可寄居在胃黏膜层内或黏膜层下，能在胃酸性环境中生存，可将尿素分解为氨和碳酸氢盐，因此造成一种更有利于其生存的低酸性环境。

关于螺杆菌对人和动物的致病性一直存在争议。虽然猫螺杆菌的流行率高（57%～100%），但大多数螺杆菌感染均无症状。由于人在遗传上的敏感性、免疫反应、细菌毒力、感染发生时的年龄及环境因子等的综合作用，引起胃炎的严重程度及感染的临床结果不尽相同，因此螺杆菌感染的结果差异很大。螺杆菌感染可引起胃炎（在动物和人）、胃溃疡（在人、猎豹和雪貂）及胃癌（在人和雪貂）。

螺杆菌属大约有30多个种，每种都具有其独特的特点（各自特征见表90-1）。海尔曼螺杆菌（*Helicobacter heilmannii*）是从家猫分离到的优势种，但猫也可同时被多种螺杆菌感染。幽门螺杆菌（*Helicobacter pylori*）应特别引起注意，这是因为研究表明其能引起人明显发病（消化性溃疡和胃肿瘤），而且自然感染引起这些病已经在被研究的一个种群中得到证实。在实验室，猫可成功地感染幽门螺旋菌，但室外或家猫从未分离到幽门螺杆菌。虽然有关猫发生该病的临床报道较少，但一旦发病，症状包括慢性呕吐、体重减轻、腹痛、厌食及腹泻等。螺杆菌胃炎的鉴别诊断症状应包括慢性呕吐（参见第229章 ）及腹泻（参见第54章）。螺杆菌病是否与猫的胆管肝炎、小肠结肠炎及胃淋巴瘤有关，仍需进行深入研究。

螺杆菌的传播途径目前尚不清楚，人在早年就会被幽门螺杆菌感染，可能为终身感染也不会传染给别人，猫和犬的情况与人类似；6周龄的小犬就能分离到螺杆菌。人的可能传播途径为粪-口传播及口-口传播。近年来在美国和瑞典发现，水表面也有幽门螺杆菌存在，说明水源性感染可能是本病传播的一个重要途径。感染猫

表90-1　目前在动物鉴定到的几种螺杆菌

螺杆菌（位点）	感染部位	宿主	可能的临床疾病
幽门螺杆菌（*Helicobacter pylori*）	胃	猫、人	（人）溃疡性疾病、癌、淋巴瘤
海尔曼螺杆菌（*Helicobacter heilmannii*） ［以前称为胃螺杆菌（*Gastrospirillum* spp.）］	胃	猫、猎豹、犬、 人、非人灵长类、猪	未知
猫螺杆菌（*Helicobacter felis*）	胃	猫、犬、人	未知
同性恋螺杆菌（*Helicobacter cinaedi*）	肝、小肠	猫、犬、人	未知
帕美特螺杆菌（*Helicobacter pametensis*）	胃	猫	未知
Helicobacter colifelis	小肠	猫	腹泻
猎豹螺杆菌（*Helicobacter acinonyx*）	胃	猎豹	溃疡性疾病
胆汁螺杆菌（*Helicobacter bilis*）	胃、肝	犬	未知
Helicobacter bizzozeronii	胃	犬、猫	未知
犬螺杆菌（*Helicobacter canis*）	肝、小肠	犬	腹泻、肝坏死
芬纳尔螺杆菌（*Helicobacter fennelliae*）	小肠	犬、人	未知
Helicobacter salomonis	胃	犬	未知
Flexispira rappini	小肠	犬	未知
伶鼬鼠螺杆菌（*Helicobacter mustelae*）	胃	雪貂	溃疡性疾病、癌
猪螺杆菌（*Helicobacter suis*）	胃	猪	未知

的粪便及唾液中可检查到螺杆菌。生活在高密度舍饲环境（如研究动物群）中的猫和犬群体其螺杆菌的流行率通常可达到100%，说明整梳和被污染的环境也可传播该病。

目前，由螺杆菌造成的动物传染病风险似乎不高。猫最常分离到的海尔曼螺杆菌（*H. heilmannii*）只在于0.4%～4%的人黏膜存在。近年来的研究发现，1型海尔曼螺杆菌是人的主要感染海尔曼螺杆菌亚型，这与在猫和犬发现的亚型不同。许多病例研究表明，与犬和猫的接触可成为人感染海尔曼螺杆菌和猫螺杆菌（*Helicobacter feli*）的原因，但很少有研究采用分子流行病学对亚型进行分类。如果能在家猫证明有幽门螺杆菌感染，则说明螺杆菌感染的动物传染病风险实际要更高。

诊断

主要诊断

- 胃活检及组织病理学检查：对胃黏膜（内镜）或全厚度的胃壁（手术）进行常规组织病理学检查可检查到螺旋状的杆菌，但需要特殊的银染［如沃-斯（Warthin-Starry）染色技术］才能观察到这种小的微生物或低密度菌落（见图90-1）。由于感染部位的分布可能不均匀，因此活检样品应从胃的多个部位采集。可出现假阴性结果。组织病理学检查对评价炎症的严重程度极为重要。
- 胃刷、胃活检压片或胃冲洗液的细胞学检查（gastric brush，gastric biopsy impression smear，or gastric wash cytology）：这种方法为简便有效的筛查是否存在有螺杆菌的方法。可采用改良的瑞氏快速染色进行细胞学检查，这种方法在检测螺杆菌时要比组织病理学方法更为灵敏，但难以评价胃炎症的严重程度。

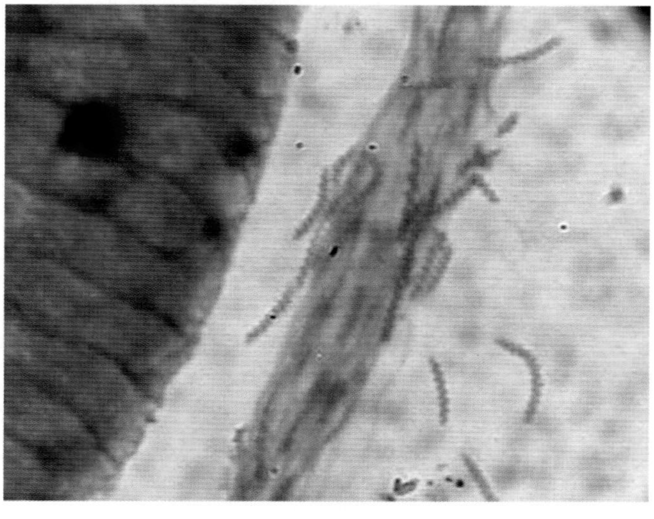

图90-1 胃黏膜活检样品中可观察到螺旋状的螺杆菌（H&E染色）（图片由Gary D. Norsworthy博士提供）

辅助诊断

- 快速脲酶检测（rapid urease test）：这种检测可用胃活检样品，商用检测试剂盒［螺杆菌样微生物检测试剂盒（*Campylobacter*-like organism test，CLOtest®，Kimberly-Clark/Ballard Medical Products，Draper，UT）］为一种含有尿素、叠氮钠（防腐剂，防止由于脲酶阳性污染细菌的快速生长所产生的阳性反应）及酚红（指示剂，pH低时呈黄色，随着pH的升高而变为红色）的琼脂，分析时将琼脂保存在室温下，连续24h观察。如果琼脂从黄色变为深粉红色，则表明为阳性结果，这种结果常出现在加入组织样品后的半小时内。颜色变化的快慢可以估计样品中存在的微生物数量的多少。可出现假阳性及假阴性结果。

诊断注意事项

- 由于大多数猫存在胃螺杆菌，因此必须要排除其他诊断、证实典型的病例变化，确定病原微生物的存在，这是确诊螺杆菌胃炎所必需的。
- 内镜检查螺杆菌引起的病变可观察到各种不同的变化，包括弥散性皱襞增厚（diffuse rugal thickening），黏膜平展及表皮瘢痕（表明发生淋巴滤泡增生）。猫感染螺杆菌时未观察到明显的溃疡。胃体和胃壁受影响的程度要比幽门腔更为严重。有些猫在进行内镜检查时可能表现正常。典型的组织病理学病变包括淋巴滤泡增生或淋巴浆细胞性胃炎（lymphoplasmacytic gastritis）。
- 进行细菌培养诊断螺杆菌感染既不敏感也难以施行。这种细菌需要特定的培养基，需特殊的生长环境（微需氧，microaerophilic）。螺杆菌通常培养率较低，在人工培养基中从未成功地培养出海尔曼螺杆菌（*H. heilmannii*）。
- 检测IgG的血清学试验在诊断人的幽门螺杆菌及雪貂的伶鼬鼠螺杆菌（*Helicobacter mustelae*）时很有效，但目前用于猫仍不可靠。
- 目前已经建立了检查螺杆菌的PCR检测方法，但主要用于研究。与细胞学检查相比，PCR的灵敏度更高，可用于细菌种的鉴别。

- 呼气尿素检测（urea breath testing）诊断螺杆菌时很准确，但需要相关设备，需要处理放射性材料和采集呼吸样品，因此使得这种方法在临床中的使用价值受到限制。

治疗

主要疗法

- 二元或三元抗生素疗法（dual or triple antibiotic therapy）：可组合下列抗生素，治疗2～4周：阿莫西林（20mg/kg q12h PO）、阿奇霉素（5mg/kg q24h PO）、克林霉素（7.5～10mg/kg q12h PO）、甲硝唑（15mg/kg q12h PO）、强力霉素（5mg/kg q12h PO）、四环素（20mg/kg q8h PO）。
- 被覆剂（coating agents）：除使用抗生素治疗外还可用水杨酸铋（bismuth subsalicylate）或次枸橼酸铋（bismuth subcitrate）（10～15mg/kg q12h PO［常规碱式水杨酸铋（Pepto-Bismol），0.6～1.0mL/kg q12h PO）］。
- 抗酸剂治疗：由于螺杆菌病很少能引起溃疡，因此在犬和猫采用这种药物治疗效果仍有疑问，但可增强抗生素疗法的效果。除采用抗生素疗法外，可用下述方法之一治疗：法莫替丁（famotidine）（0.5mg/kg q12h PO）、雷尼替丁（ranitidine）（2.5～3.5mg/kg q12h PO）、西咪替丁（cimetidine）（10mg/kg q8h PO）或奥美拉唑（omeprazole）（0.5～1mg/kg q24h PO］。

治疗注意事项

- 如果怀疑猫发生螺杆菌感染，具有类似于螺杆菌感染的临床症状，没有其他潜在的病因时，可进行治疗试验。
- 不能迅速对治疗发生反应表明可能出现这些临床症状还有其他潜在的原因。
- 只用一种抗生素的治疗方案治愈率不到20%。
- 在近来进行的对照试验中，感染幽门螺杆菌的猫用克林霉素（7.5mg/kg q12h PO）、甲硝唑（10mg/kg q12h PO）及阿莫西林［20mg/kg q12h PO（无抗酸药）］治疗14d后PCR检查结果为阴性，治疗后30d螺杆菌检测为阴性。

预后

该病在人的治愈率较高，但在动物则很低。大多数猫不表现临床症状，因此无法治疗。对怀疑具有临床症状的猫进行治疗只在发病时才能实施，但对长期的反应率及感染的复发率通常并未进行鉴定，尚不清楚是否复发是由于重复感染或再发作而引起。

参考文献

Fox JG. 2006. Gastric *Helicobacter* infections. In CE Greene, ed., *Infectious Diseases of the Dog and Cat*, 3rd ed., pp. 343–354. St. Louis: Saunders-Elsevier.

Leib MS. 2008. Chronic gastritis and vomiting: The role of *Helicobacter* spp. *Proceedings. Atlantic Coast Veterinary Conference*, Atlantic City.

Leib MS, Duncan RB. 2009. Gastric *Helicobacter* spp. and chronic vomiting in dogs. In JD Bonagura, ed., *Kirk's Current Veterinary Therapy XIV*. pp. 492–497. St. Louis: Saunders-Elsevier.

Simpson KW. 2009. *Helicobacter* infection in dogs and cats. *Proceedings, Western Veterinary Conference*, Las Vegas, NV.

第91章
血管肉瘤
Hemangiosarcoma

Bradley R. Schmidt

概述

血管肉瘤（hemangiosarcoma）为一种不太常见的恶性肿瘤，主要特点是来自于血管及衬在充满血液的间隙的退行发育的细胞快速增生。本病一般见于老龄猫，发生血管肉瘤最为常见的部位是皮肤，之后为肠系膜、脾脏、肝脏、纵隔、鼻腔、口腔及其他部位。如果将所有的内脏血管的肉瘤综合分类为内脏血管肉瘤（visceral hemangiosarcoma），则皮肤血管肉瘤和内脏血管肉瘤发生的频率几乎相当。在皮肤血管肉瘤中，皮肤及皮下血管肉瘤与皮肤血管瘤（cutaneous hemangioma）发生的频率相当。猫头部的皮肤是发生皮肤血管肉瘤最常见的部位（见图91-1），但一项研究发现，腹胁部及腹腔下部发生皮下血管肉瘤的情况更为常见（见图91-2）。猫发生皮肤血管肉瘤时，最常见的临床症状包括溃疡、出血及皮下出血，随着肿瘤的增大，许多猫主人可观察到与此相关的出血现象。关于皮肤血管肉瘤发生转移的可能性，研究结果差异很大，但内脏型的血管肉瘤转移不太常见。在内脏型的血管肉瘤中，肠系膜血管肉瘤呈大的肿块，整合到小肠肠管或胰腺，使得真正的原发位点难以确定。脾脏的血管肉瘤可为单个或多发（见图91-3）。肝脏的血管肉瘤一般为单个的大的肝脏肿块，在肝实质中出现小的结节（见图91-4）。内脏型血管肉瘤引起的临床症状包括腹腔肿大及由血管肉瘤引起的继发症，如，呼吸困难、急性或间歇性衰弱及虚脱、昏睡及低声哀叫，也见有发生乳糜渗出（chylous effusion）（腹水）的报道。腹腔、肺脏、心脏、肠系膜和脾脏的血管肉瘤容易转移，但肝脏的血管肉瘤很少转移。猫

图91-1　皮肤血管肉瘤表现为充血肿块，通常位于头部（图片由Gary D. Norsworthy博士提供）

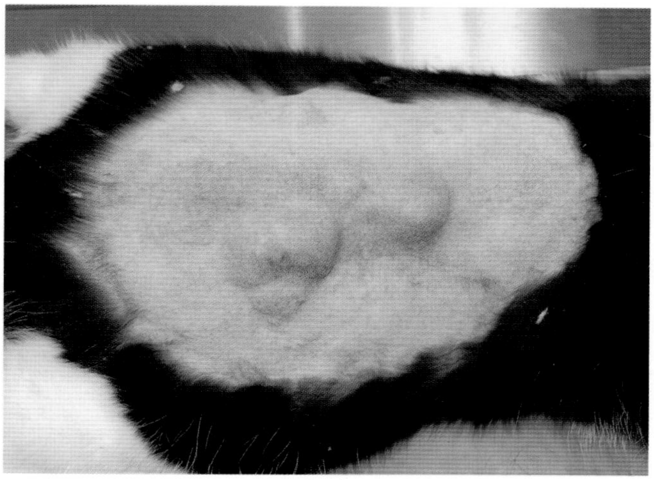

（A）

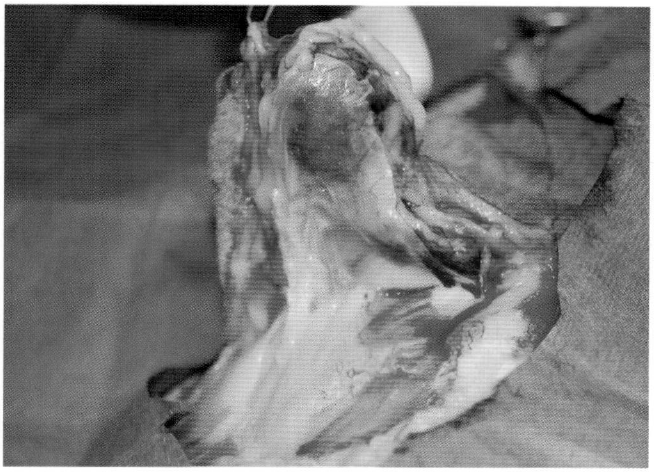

（B）

图91-2　皮下血管肉瘤通常见于腹胁部和腹下部。（A）猫的背部出现多个结节；（B）楔形手术切除常常能奏效。充满血液的肿瘤常常被包囊包被（图片由Gary D. Norsworthy博士提供）

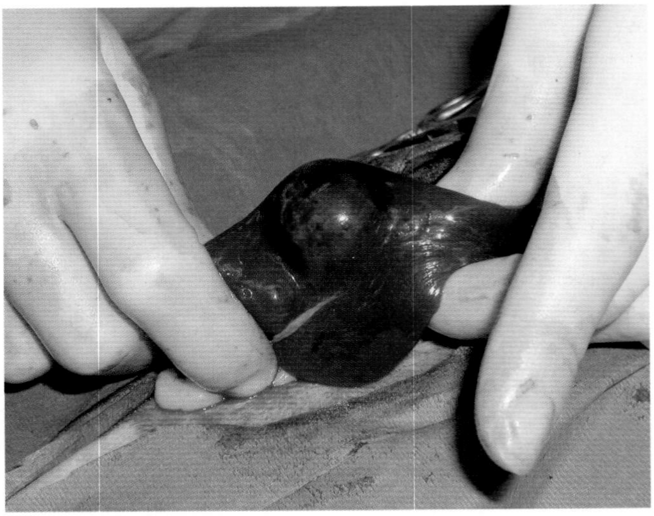

图91-3 脾脏血管肉瘤可呈单个或多个（图片由Gary D. Norsworthy博士提供）

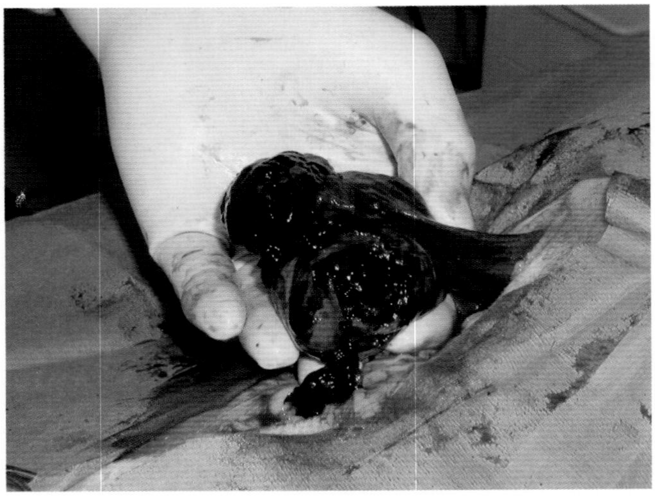

图91-4 肝脏血管肉瘤通常呈大的单个肝脏肿块，在肝脏实质有小的结节。在肝脏这些结节易碎（图片由Gary D. Norsworthy博士提供）

的纵隔血管肉瘤见有报道，表现为胸腔积血及呼吸困难。猫常发生胸腔内的血管肉瘤转移。鼻腔和口腔血管肉瘤罕见，而且依解剖位点而不同，主要是由于尚未见有转移的报道，但这些肿瘤具有局部侵入性。皮肤血管肉瘤及血管瘤的鉴别诊断包括其他软组织的肉瘤、肥大细胞瘤、感染等。猫鉴别诊断形成腔体性出血及纵隔肿块还应包括其他肉瘤、创伤及凝血障碍。

诊断

主要诊断

- 细针穿刺活检及细胞学检查：细针活检及细胞学检查可用作肿瘤的诊断筛查工具，但由于肿瘤高度血管化的特性，细胞学检查时，在外周血通常无法观察到肿瘤细胞。但根据作者的经验，可观察到明显的化脓性或脓性肉芽肿性（pyogranulomatous）炎症。
- 组织活检及组织病理学检查：对各种病变建议进行组织病理学检查。如有可能，可通过切除活组织检查（excisional biopsy）（如脾切除术或切除皮肤肿块）而不是进行切开活组织检查，这是因为许多病变与连续的出血有关，因此切除除了有治疗作用外还有诊断价值。如有可能，应在组织活检或手术之前进行凝血试验。不建议采用空心针穿刺活检（core needle biopsy），主要是因为采集的样品不足及手术后可能出血。

辅助诊断

- 胸部X线检查：应采用胸部X线检查以评估是否存在肺脏肿瘤转移。
- 腹部超声诊断：应采用腹部超声诊断来评判肝脏、脾脏、网膜及其他腹腔器官的肿瘤转移性病变。
- 淋巴结细针穿刺及细胞学检查：如果有淋巴结肿大，则应进行细针穿刺活组织检查；但肿瘤的淋巴结转移要比器官的转移少见。
- 超声心动图或胸腔超声诊断：建议进行心脏检查以评价肿瘤是否在心脏转移，如果怀疑发生肿块，则应进行纵隔超声诊断。与犬不同的是，猫发生心脏肿瘤转移的情况少见。
- 高级影像检查：在除去皮肤血管肉瘤之前，采用计算机断层扫描（CT）或磁共振（MRI）可有助于在手术之前确定疾病的程度。
- 基础检查：应进行血常规（CBC）、血清生化检查、尿液分析及反转录病毒血清学检测以评价病猫的整体健康水平。贫血是许多猫常见的继发出血现象，其他可能的异常包括血小板减少症、低蛋白血症（hypoproteinemia）、氮血症等，这些异常的发生其起源可为肾脏或肾前；肝脏酶活性升高及高球蛋白血症。猫发生这种肿瘤时不常见有红细胞碎裂。
- 血凝试验：在进行手术方法治疗之前及评估原发性凝血障碍作为腔内出血的原因时，可进行血凝试验。

诊断注意事项

- 可能除了皮肤型血管肉瘤外，所有血管肉瘤均应作为转移性肿瘤。

治疗

主要疗法

- 手术治疗：这是治疗的根本方法，如有可能，在发生出血时也可缓解症状。由于肿瘤较大且具有侵入性，因此在许多情况下，可常见局部的复发。

辅助疗法

- 化疗：内脏型及转移型血管肉瘤建议采用静脉内化疗，但尚未进行过关于肿瘤反应的关键研究。通常建议采用的化疗药物包括阿霉素（doxorubicin）（1mg/kg或25mg/m^2 q3w IV）、卡铂（225～240 mg/m^2 q3～4w IV）或米托蒽醌（mitoxantrone）（6.0～6.5mg/m^2 q3w IV）。有人建议在采用阿霉素治疗时可加入环磷酰胺，建议在治疗过程中应仔细监测白细胞计数的变化。
- 心包切除术：这是一种介入性的治疗方法，有助于解除由于心包积液引起的临床应激症状，但这种方法可能会引起明显的血胸。

治疗注意事项

- 支持疗法：支持疗法包括静脉输液、输入红细胞或血浆，同时建议采用营养疗法。
- 放疗：放疗可减小局部肿瘤及减少出血，但其在猫的应用尚未见文献报道。

预后

绝大多数患有内脏型血管肉瘤的猫，由于可能会发生广泛的肿瘤转移，预后较差。患有皮肤型血管肉瘤的猫如果能采用手术方法完全摘除，虽然报道的不多，但可减少这些肿瘤的转移，因此预后较好。但如果手术边缘不完全，肿瘤细胞的有丝分裂率高，可严重影响病猫的存活时间。皮下型血管肉瘤与皮肤型相比，局部复发的比例较高，因此预后较差。结膜血管瘤及血管肉瘤的预后在手术切除后也较好，但也有可能复发。肿瘤的等级及皮肤型的特征可能与单独采用手术后病猫较长的生存时间有关。

化疗在治疗猫血管肉瘤中的作用尚未进行过关键的研究。总之，大多数患猫血管肉瘤的病例，基于目前获得的结果，预后较好。

参考文献

Culp WTN, Drobatz KJ, Glassman MM, et al. 2008. Feline visceral hemangiosarcoma. *J Vet Intern Med*. 22(1):148–152.

Hartley C, Ladlow J, Smith KC. 2007. Cutaneous haemangiosarcoma of the lower eyelid in an elderly white cat. *J Fel Med Surg*. 9(1):78–81.

Johannes CM, Henry CJ, Turnquist SE, et al. 2007. Hemangiosarcoma in cats: 53 cats (1992–2002). *J Am Vet Med Assoc*. 231(12):1851–1856.

Kisseberth WC, Vail DM, Yaissle J, et al. 2008. Phase I clinical evaluation of carboplatin in tumor-bearing cats: a Veterinary Cooperative Oncology Group Study. *J Vet Intern Med*. 22(1):83–88.

Moore AS, Ogilvie GK. 2001. Skin tumors. In AS Moore, GK Ogilvie, eds., *Feline Oncology*, pp. 398–428. Trenton, NJ: Veterinary Learning Systems.

Moore AS, Ogilvie GK. 2001. Splenic, hepatic and pancreatic tumors. In AS Moore, GK Ogilvie, eds., *Feline Oncology*, pp. 295–310. Trenton, NJ: Veterinary Learning Systems.

Pirie CG, Dubielzig RR. 2006. Feline conjunctival hemangioma and hemangiosarcoma: a retrospective evaluation of eight cases (1993–2004). *Vet Ophthalmol*. 9(4):227–231.

Vail DM, Withrow SJ. 2007. Miscellaneous tumors, section A Hemangiosarcoma. In SJ Withrow, DM Vail, eds., *Small Animal Clinical Oncology*, 4th ed., pp. 785–795. Philadelphia: Elsevier Saunders.

第92章
猫血原体病
Hemoplasmosis

Sharon Fooshee Grace 和 Gary D. Norsworthy

概述

血原体病（hemoplasmosis）（以前曾称为血巴尔通体病，hemobartonellosis）也称为猫传染性贫血（feline infectious anemia），目前发现三种支原体与该病有关：猫血支原体（*Mycoplasma haemofelis*）、暂定种微血支原体（*Candidatus Mycoplasma haemominutum*）及新近命名的暂定种苏黎世支原体（*Candidatus Mycoplasma turicensis*）[之所以采用暂定种（*Candidatus*）这一术语，是由于目前尚无足够的证据对其进行科学命名]。血原体（*Haemoplasma* spp.）以前曾与血巴尔通体（*Hemobartonella*）和附红细胞体（*Eperythrozoon*）分类为同一属，但目前的分类将其并入支原体属（*Mycoplasma*）。前缀*hemo*表示其对红细胞有亲和力。这些支原体与猫血支原体（*M. haemofelis*）致病性完全不同，而后者是支原体中已知致病性最强的。

血原体（*Haemoplasma* spp.）在吸附到红细胞（RBCs）表面后，免疫系统会攻击带有病菌的红细胞。这种免疫刺激可能是由于寄生虫的黏附使得以前隐藏的RBC抗原得以暴露所致，同时由于寄生虫改变了正常的RBC抗原，以及在一些情况下，刺激抗体介导的不同结合，共同引起免疫刺激。与正常红细胞相比，靶向消除的红细胞易碎，寿命短。主要通过脾脏、肝脏、肺脏和骨髓等的胞吞作用消除，而脾脏的隔离及静脉内的溶血所起的作用不大。该病的发生没有品种及性别趋向，但公猫更易发生，这可能和公猫与母猫的生活方式不同有关。致病性猫血支原体（*M. haemofelis*）引起的典型变化包括急性危及生命的贫血症。暂定种微血支原体如果没有逆转录病毒共感染，则不具有明显的致病性，但可作为逆转录病毒、肿瘤及免疫介导疾病的辅助因子而发挥作用。暂定种苏黎世支原体为新近发现的一种病原，虽然对其作用尚不清楚，但目前的研究表明其最常作为一种共感染与其他种类的支原体共同发挥作用。

临床症状由疾病的发展阶段、贫血发展的快慢程度及引起发病的血原体种类决定。急性感染猫血支原体的猫会在几天内迅速表现出症状。查体可发现病猫虚弱及脱水、黏膜苍白（有时可出现黄疸）、体温正常或升高、呼吸急促，可触到肿大的脾脏。垂死的动物通常可出现低体温。严重感染的猫可在数天内死亡。在有些长期慢性病例，病猫出现体重减轻及中度贫血，但表现仍然相对活跃、机警。

对该病的传播方式目前尚不清楚，可能以跳蚤等吸血的节肢动物媒介传播，但目前尚未完全证实。通过输血可有效传递病原，而且母猫也可将感染传递给仔猫，但对传播的机制还不清楚。

诊断

主要诊断

- 病史：感染猫的病史中通常可见到咬伤伤口及类似的应激。
- 血常规（CBC）：红细胞压积（packed cell volume，PCV）、RBC计数及血红蛋白不同程度降低（贫血），如果PCV低于15%则为严重贫血。骨髓反应很明显而出现多染色性（polychromasia）（网织红细胞过多症，reticulocytosis）、红细胞大小不等（anisocytosis）及豪–若小体（Howell–Jolly body）（见于恶性贫血等时的红细胞内，可能为核残迹——译注）形成等。红细胞表面有小的球状或杆状的猫血支原体和暂定种微血支原体，染色后呈蓝染的小斑（见图92–1）。
- 网织红细胞计数：在血细胞容积急剧下降或同时发生有骨髓抑制性疾病时，聚集的网状红细胞会明显增加。在红细胞被破坏后的4～6d内，网状红细胞会增加。计数时只能计算聚集的网状红细胞；点状的网状红细胞不应计算在内（见图9–1和图9–2）。
- 有些实验室采用PCR试验检查猫血支原体、暂定种微血支原体和暂定种苏黎世支原体，这要比在血液涂片

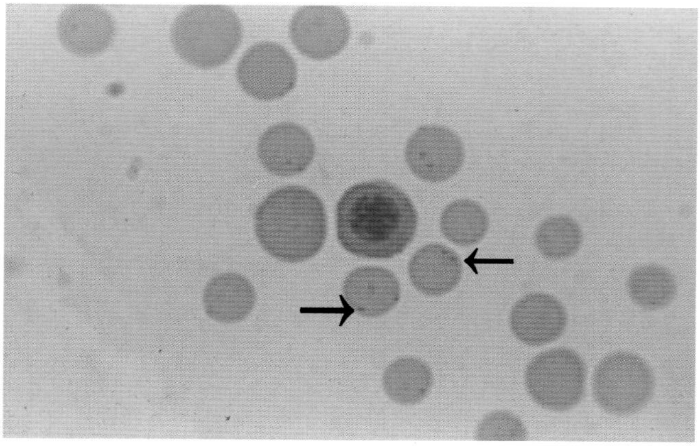

图92-1 血片表示红细胞表面的病原（箭头）及强烈的再生性贫血（即有核红细胞、大红细胞及多染性）。这两个特点均为确诊血原体病所必需

染色观察病原更为灵敏。

辅助诊断

- 库姆氏试验（Coombs' test）：用这种方法检查红细胞表面抗体或补体，通常在发生血原体病时为阳性。但这种方法如检查免疫介导的溶血性贫血既不特异也不灵敏。自身免疫性（原发性）溶血性贫血在猫罕见，因此猫如果库姆氏试验呈阳性，则说明可能发生了继发于血原体病或其他疾病的再生性贫血，而这些疾病可能改变了红细胞表面的抗原[即猫白血病病毒（feline leukemia virus，FeLV）感染、淋巴瘤]。有些药物，如甲硫咪唑和丙硫氧嘧啶（propyl thiouracil）也可引起库姆氏试验结果呈阳性。
- 逆转录病毒检测：所有被怀疑或证实发生血原体病的猫应检查是否有逆转录病毒感染。在19世纪80年代，报道称约一半以上发生临床血原体病的猫FeLV反应呈阳性，但目前这一比例似乎已经很低，主要是因为通过检验及疫苗接种使得FeLV得到良好控制。虽然已知FeLV可抑制免疫力及诱导猫发生许多传染性疾病，但反之则不然。实验研究表明，血原体病可诱发猫发生FeLV感染。近年来的研究表明 FeLV 和猫免疫缺陷病毒（FIV）及感染猫血支原体之间存在显著关系。
- 生化检查：分析结果通常正常，偶尔可发现由于溶血使总胆红素升高，但这种结果不常出现。

诊断注意事项

- 血液加入EDTA保存后，猫血支原体可从红细胞表面脱离，因此应在采集血样后立即制备血液涂片。
- 沉淀血迹（precipitated blood stain）可与猫血支原体和暂定种微血支原体混淆。不应采用新鲜配制的亚甲蓝染液（用于网织红细胞计数）鉴定猫血支原体和暂定种微血支原体，主要是由于无法区分病原与被沉淀的核糖体。
- 红细胞表面存在的猫血支原体和暂定种微血支原体为周期性变化，其存在以及再生性贫血可证实诊断为血原体病。如果这些病原出现于非贫血的猫，则可能为偶发性的，因为这些病原通常发现为非致病性状态，其单独存在并不能诊断为临床型血原体病。发生再生性贫血的猫如果存在猫血支原体和暂定种微血支原体则不能排除发生这种疾病的可能性；应在随后进行血样检查，这也可能是猫再生性贫血最为常见的原因。
- 患非再生性贫血猫的猫血支原体或暂定种微血支原体容易被混淆。这些病原可破坏红细胞，但不抑制骨髓。如果是非再生性贫血，应寻找其发生骨髓疾病的原因，可进行骨髓穿刺或活检，同时也应进行FeLV检测。但应该注意的是仍可能会存在再生性贫血，因为骨髓需要数天才能在红细胞计数降低后出现反应。

治疗

主要疗法

- 输全血：同类型及交叉配型输入血的红血细胞积比不得低于15%。输入的血细胞也易于发生寄生虫感染。参见第295章。
- 强力霉素：按5mg/kg剂量，q12h PO或10mg/kg q24h PO的剂量治疗21～28d。在口服强力霉素片剂后再口服5～6mL水以确保片剂能到胃。
- 恩诺沙星：为有效的可替代强力霉素的治疗方法，剂量为5mg/kg q24h PO，治疗21～28d。
- 强的松龙：可以1～2mg/kg q12h PO的剂量用药，降低吞噬红细胞的作用（erythrophagocytosis），刺激骨髓及增加食欲。
- 营养支持疗法：输血后应采用胃管（orogastric）或鼻胃管（nasogastric tube）饲喂病猫，通过营养支持疗法刺激，直到其食欲恢复。参见第308章。如果厌食持续时间超过数天，则应考虑食管造口术。参见第 253章。

治疗注意事项

- 猫在治疗后，红细胞容积比应24～48h重复检测。若治疗有效则红细胞容积比会稳步增加。
- 强力霉素会引起一些猫发热和食管收缩。

- 在一项研究中发现，阿奇霉素以15mg/kg q12h PO治疗7d也无法治愈该病。
- 不能依靠抗菌药物清除猫的这类病原。带菌状态一般可在临床痊愈后仍然存在，但很少复发。
- 普多沙星（Pradofloxacin）被证明能清除带菌状态，但这种药物在美国、欧洲或澳大利亚仍被禁用。

预后

如能迅速纠正贫血，血原体病的预后一般较好，但有些猫可因严重的贫血而死亡。由于常常出现带菌状态，因此使得猫对复发更为易感。这些猫不应用作血液供体，但可看作对其他猫没有传染性，即使存在带菌状态时也是如此。

参考文献

Dowers KL, Tasker S, Radecki SV, et al. 2009. Use of pradofloxacin to treat experimentally induced Mycoplasma haemofelis infection in cats. *Am J Vet Res.* 70(1):105–111.

Harvey JW. 2006. Hemotrophic Mycoplasmosis (Hemobartonellosis). In CE Greene, ed., *Infectious Diseases of the Dog and Cat*, 3rd ed., pp. 252–260. Philadelphia: Saunders Elsevier.

Peters IR, Helps CR, Willi B, et al. 2008. The prevalence of three species of feline haemoplasmas in samples submitted to a diagnostic service as determined by three novel real-time duplex PCR assays. *Vet Micro.* 126(1–3):142–150.

Sykes JE, Terry JC, Lindsay LL, et al. 2008. Prevalence of various hemoplasma species among cats in the United States with possible hemoplasmosis. *J Am Vet Med Assoc.* 232(3):372–379.

Willi B, Boretti FS, Tasker S, et al. 2008: From *Haemobartonella* to hemoplasma: Molecular methods provide new insights. *Vet Micro.* 125(3–4): 197–209.

第93章
脂肪肝
Hepatic Lipidosis

Gary D. Norsworthy

概述

脂肪肝（hepatic lipidosis，HL）也称为脂肪肝综合征（fatty liver syndrome），是猫最常见的肝脏疾病，可成为一种致死性的肝脏内胆汁郁积性疾病，主要特点为80%以上的肝细胞内有甘油三酯或中性脂肪蓄积。发生该病时厌食可达7d以上，同时出现分解代谢。肥胖为该病的诱因，但对本病的发病机制尚不完全清楚，可能是由多因素所引起。人们一直认为，该病在许多猫为一种特发性疾病（idiopathic disease），但详细的病史调查及诊断检查通常发现其他情况或其他疾病可诱发厌食状态（anorectic state）。报道中最常见的原发性疾病为胆管肝炎（cholangiohepatitis）、胆道狭窄及炎症、肝内或肝外肿瘤、炎症性肠病、胰腺炎及糖尿病等。引起厌食的情况包括与猫主人隔离（如用木板隔开）、舍内被其他宠物特别是新的仔猫或等级占优势的猫骚扰，以及食物的改变。最常见的临床症状为厌食、体重减轻、黄疸、呕吐，罕见情况下可表现肝脑病的症状。

诊断

主要诊断

- 病史及临床症状：如果发生黄疸及肥胖的猫厌食长达1周则可怀疑发生了肝脏脂肪沉积症。
- 生化检查：最为恒定的生化检查变化为碱性磷酸酶增加2～5倍，同时γ-谷氨酰转移酶（γ-glutamyl transferase）（GGT或GGTP）正常或轻度增加。发生HL的病猫60%以上有低白蛋白血症。
- 细胞病理学检查或组织病理学检查：证实诊断需要研究肝脏的组织变化，可在80%以上的肝细胞发现具有空的脂肪囊泡的胞质空泡形成（cytosolic vacuolation）。参见第284章。可采用细针穿刺、细针活检、空心针活检或楔形针活检等方法采集肝细胞样品或组织。可采用超声引导的细针穿刺或细针活检方法采样，主要是因为这种方法引起的组织损伤小，而且用这种方法采集的样品较易诊断本病。在猫发生严重的疾病时，在治疗开始后的头几天内不建议采用升腹进行活检，主要是手术过程中或术后的死亡率很高。

辅助诊断

- 血常规（CBC）及生化检查：其他常见的生化变化包括血清丙氨酸转氨酶（ALT）、天冬氨酸转氨酶（AST）升高，禁食及餐后胆酸及胆红素升高、胆红素尿及轻度的非再生性贫血等。
- 血清钴胺素：炎性肠病及胰腺炎时常存在低钴胺素（维生素B_{12}），这可能与HL的发病机制有关。治疗之前用维生素B_{12}进行试验可确定是否需要短期（数天）或长期（数周）治疗。治疗方案参见第37章。
- X线检查：X线检查可发现肝肿大，但这种情况不太稳定，也不特异。
- 超声检查：超声检查可发现弥散性超回声的肝脏。

治疗

主要疗法：Ⅰ期——稳定（2～7d）

这一阶段为住院治疗期。病猫越严重，这一阶段持续的时间越长。重要的是不要太强调对猫进行诊断，如剖腹诊断，否则猫不能生存。有些猫病情很稳定，可以麻醉进行肝脏活检，住院后的头几天可插管进行饲喂。有些猫则先需要数天进行1期治疗。

- 液体疗法：可采用多离子晶体液（polyionic crystalloid fluid）静脉输液或皮下输液补充水分。有人建议在液体疗法时应避免采用含有乳酸盐的液体，主要是由于存在严重的HL对乳酸代谢受到影响。但临床经验表明乳酸林格氏液、林格氏液或生理盐水是很好的首选治疗方法。应避免使用含葡萄糖的溶液。
- 钾：每升液体中加入20～40mmol，但如静脉注射每小时不应超过0.5mmol/kg，或水冲服给药时每升液体不要超过35mmol氯化钾。另外也可口服钾（2～4mmol/d）给药。用药时应注意检测血清高钾血症或低钾血症，根据情况调整钾的浓度。

- 呕吐：治疗要获成功，必须要有效控制呕吐，如果不能控制呕吐，则可导致预后不良。可选用的治疗方法包括：（a）甲氧氯普胺（metoclopramide）（每小时0.01～0.02mg/kg，恒速注入，或0.2～0.5 mg/kg q8～12 h）；（b）昂丹司琼（ondansetron）（按0.5～1.0mg/kg剂量，SC，IM q6~12h）；（c）马罗匹坦（maropitant）（Cerenia®，Pfizer；按1mg/kg 剂量，q24h SC）。止吐宁（Cerenia）为一种在犬证明有效的药物，但目前已广泛用于猫。在开始治疗时，由于HL病猫胃容量可能只有正常的10%，因此开始时必须要少量多次饲喂食物，常常可由于过多饲喂而引起呕吐。采用液体食物（CliniCare，Abbott Laboratories，Abbott Park，IL）通过鼻胃管（nasoesophageal tube）缓慢滴喂数天可获成功，可一直采用这种方法饲喂，直到可采用食管造口（esophagostomy）或胃造口（gastrostomy）置入饲喂管为止。
- 营养辅助疗法：通过注射器或胃管，灌注平衡食物，开始时为10～15mL q4～8h，之后第一天每次饲喂时增加5～10mL，一直到增加至50～65mL q6～8h为止，其目标为每天每千克理想体重给予60～90 kcal/kg的热量。由于Maximum Calorie™（The Iams Company，Dayton，OH）的总营养水平均衡，具有较高的蛋白和热量密度，因此是猫患肝脏脂肪沉积症时一种极好的食物。
- 抗生素：由于常常并发化脓性胆管肝炎，因此可采用阿莫西林（按10mg/kg剂量，q12h PO）或甲硝唑（按10～15mg/kg剂量，q12h PO）治疗，这些药物在胆汁中的浓度较高。
- S–腺苷甲硫氨酸（SAMe）：该药物可促进肝细胞的机能，缩短恢复期，其给药可一直延续到猫的食欲恢复为止（90mg q12～24h PO）。
- 奶蓟草（Milk Thistle）：水飞蓟宾（Silybin）是一种生物活性很强的从植物奶蓟草提取的活性成分，称为水飞蓟素（silymarin）。水飞蓟素（Silymarin）[水飞蓟宾（silybin）] 对肝脏机能有益。Denamarin™（Nutramax Laboratories，Edgewood，MD）为SAMe和水飞蓟素的合剂。
- 维生素K_1：由于厌食引起的胆汁流量减少及缺乏食物中的脂肪可妨碍小肠对维生素K的吸收。可在肝脏活检前以0.5～1.5mg/kg剂量，q12h SC或IM连续两次给药，然后如有需要可按每只猫0.5～1.5mg，SC q24h给药。
- 维生素B_{12}（钴胺素，cobalamin）：除了开始进行食物刺激外，微生物B_{12}也可刺激甲基化反应及内源性SAMe的产生。如果就诊时血清维生素B_{12}水平正常，可给予维生素B_{12}（每只猫250 μg，q24h SC或IM），用药3～5d。如果其水平低，可以每只猫250 μg，q3～4 dSC连用数天。详细可参阅第 37章。
- 其他B族维生素：肝脏为许多水溶性维生素主要的储存及激活的器官，因此在猫患HL时，建议每升饮水中加入2mL强化B族维生素复合物。含有B族维生素的液体应避免直接光照。

辅助疗法：Ⅰ期——稳定（2～7d）

- 有人认为，如果补充L–肉毒碱（每只猫250～500mg，q24h PO）及精氨酸（每只猫250mg，q24h PO）可加快猫的恢复，但目前尚缺乏令人信服的证据。
- 磷酸盐：猫在开始时可能表现低磷血症（hypophosphatemic），或者由于重复饲喂现象（refeeding phenomenon）而发生。参见第188章。血磷酸盐过低可导致危及生命的溶血及呼吸衰竭。如果血清磷水平低于0.64mmol/L（2.0mg/dL），则应采用磷酸钾或磷酸钠治疗，开始时的剂量为每小时0.01～0.03mmol/kg，IV，每隔3～6h重复检查血清磷水平，猫在发生强饲综合征时也应重新检查。如果血清磷水平高于0.64mmol/L（2.0mg/dL）时停止补充磷，如果使用磷酸钾，应注意观察是否会出现高钾血症。

主要疗法：II期——长期护理（4～ 8 周）

- 定义：这一阶段是指从置入饲喂管到猫的食欲恢复的阶段。
- 食物：如上所述饲喂具有同样营养水平的平衡食物。如果客户的时间允许，每天可少量饲喂3～6次。饲喂时可能需要置入饲喂管，如食管造口饲喂管、胃造口饲喂管等。参见第253章和第255章。
- 抗生素：连续用抗生素治疗2周。
- 肝脏支持疗法：连续用SAMe和马林（Marin）治疗，直到食欲恢复。

治疗注意事项

- 营养支持疗法的目标是通过平衡食物，每天每千克理想体重提供250.8～376.2kJ热量及3～4g的蛋白。
- 必须要保证不能限制蛋白摄入，因为充足的蛋白对将转运甘油三酯的热量转运出肝脏所必需的脂蛋白是必不可少的。肝性脑病（hepatic encephalopathy）罕见。
- 不要用DL–肉毒碱替代L–肉毒碱，前者可能对猫有毒性。
- 猫能恢复正常采食则说明达到了治疗的终结果。在猫开始采食2～3d前不要移除饲喂管。平均恢复期为 6周，但有些猫可能需要3～4个月的治疗才能恢复食欲。
- 作者曾观察到许多猫在开始准备采食时拉出其食管造口饲喂管，在这种情况下，1～2d内不要再置入饲喂管以观察猫是否能够采食。
- 不建议采用安定、氯硝西泮、奥沙西泮、米氮平及赛庚啶等刺激食欲，因为这些药物需要肝脏的生物转化，可能具有肝毒性，它们刺激食欲的作用在发生HL时典型情况下不能刺激摄取足够的食物。
- 禁忌：发生本病时禁用药物包括巴比妥类药物、司坦唑醇、糖皮质激素、四环素、依托咪酯（etomidate）、洋葱粉风味剂和食物及使用丙二醇治疗等。
- 熊脱氧胆酸（ursodeoxycholic acid）对患HL的猫没有益处，可引起牛磺酸缺乏。

预后

如果按照上述方案积极治疗，引起厌食的潜在疾病或因素能够有效治疗或解除，能控制呕吐，猫主人具有足够的耐心，则病猫的生存率较高。几乎所有死亡都发生在 I期，如果在此期间能将应激降低到最低，可增加生存的机会，因此如果采用细针穿刺或活检，用注射器或饲喂管饲喂直到猫的病情稳定，在猫稳定之前不要采用麻醉置入饲喂管，则一般可达到上述目的。能够生存的猫在开始治疗后的7～10d总胆红素浓度通常会降低50%。如果发生长期的厌食，则可复发，但这种情况极少发生。本病不会导致慢性肝机能异常。

参考文献

Armstrong PJ, Blanchard G. 2009. Hepatic lipidosis in cats. *Vet Clin North Am Small Anim Pract.* 39(5):599–616.

Center SA. 2005. Feline hepatic lipidosis. *Vet Clin North Am Small Anim Pract.* 35(1):225–269.

Center SA. 2007. Hepatic lipidosis. In LP Tilley, FWK Smith, Jr., eds., *Blackwell's 5-Minute Veterinary Consult*, 4th ed., pp. 598–599. Ames, IA: Blackwell Publishing.

Griffin B. Feline hepatic lipidosis. 2000. Treatment and recommendations. *Compend Contin Educ.* 22:910–922.

第94章

肝炎，炎症
Hepatitis，Inflammatory

Sharon Fooshee Grace

概述

肝脏的炎性疾病是除了肝脏脂肪沉积之外的第二类最为常见的肝脏疾病。由于目前尚缺少关于猫肝脏炎性疾病的命名及分类的系统且一致的资料，因此简单地将肝脏的炎性疾病按组织病理学特点分为两大类，即胆道炎/胆管肝炎综合征（cholangitis/cholangiohepatitis complex，CCH）和淋巴细胞性门脉肝炎（lymphocytic portal hepatitis，LPH）。

胆管肝炎是指目标为胆管（胆道炎）及肝脏实质的炎性疾病，可分为急性（化脓性）及慢性（非化脓性）两类。有研究认为两类CCH在公猫都有易发倾向，年轻猫更易发生急性型，中年猫易发生慢性型。许多发生胆管肝炎的猫易于并发炎性肠道疾病或胰腺炎，总称为三体病（triad disease）。参见第216章。

急性胆管肝炎的主要特征是胆管腔、胆管壁及肝门三体区（portal triad）周围区域中性粒细胞浸润并侵入到肝脏实质。肠道细菌从小肠上行（最常见的为大肠杆菌），细菌的血源性扩散可能在有些病例为起始因子；近年来对螺杆菌在发病中可能的作用也进行了研究。急性型的主要特点是病程短（约1周），昏睡、呕吐、发热、黄疸及有时腹痛。肝脏正常或增大。临床型慢性胆管肝炎表现为中性粒细胞、淋巴细胞及浆细胞混合浸润，胆管发生慢性变化，此型疾病最终可演化为肝硬化。对发生本病的原因尚不清楚，有人推测其为急性型的延续，有人认为是一种渐进性的免疫介导性疾病，有些病例其病因可能为传染病及寄生虫病。病程通常比急性型长（2周或以上），甚至可能为长期性的；常见黄疸及肝肿大，但猫有时可表现正常。与急性型相比，发热不常见。急性及慢性型CCH发生腹水的情况均罕见。

淋巴细胞性肝门性肝炎（lymphocytic portal hepatitis）以肝门三体区（portal triad）周围为靶标的炎性疾病，其在组织病理学上与肝门浆细胞及淋巴细胞（但不包括中性粒细胞）浸润的CCH完全不同，常见胆道增生及肝门纤维化。不发生胆道炎，肝叶可表现正常。有人认为该病的发生可能与免疫介导有关。虽然厌食、体重减轻及肝肿大常见，但该病的严重程度通常比CCH轻微。发热罕见。

诊断

主要诊断

- 临床症状：在临床上，CCH与LPH可能相似，表现非特异性的发热、厌食、体重减轻及呕吐等症状。所有发生黄疸或肝肿大的猫应怀疑其发生了炎性肝病。通过观察巩膜或软腭易于鉴别黄疸。临床症状与肝脏脂肪沉积症所观察到的非常相似。
- 血常规、生化检查、尿液分析及逆转录病毒检测：基础检查对鉴别CCH与LPH无作用。急性CCH的主要特征是中性粒细胞增多（有时出现核左移），碱性磷酸酶（ALP）正常或轻度增加，丙氨酸转氨酶（ALT）中度或明显增加，总胆红素中度或明显增加。患慢性CCH时中性粒细胞核左移不常见，肝脏酶中度增加；胆红素中度增加。患LPH时常存在异形红细胞症；肝脏酶及胆红素只受到中度影响。大多数患CCH或LPH的猫逆转录病毒呈阴性。
- 腹腔超声诊断：腹腔超声是检查肝脏、胆管系统及胰腺实质及构造的极为有用的工具，超声检查可区别局部或弥散性肝脏疾病，可检查并发的胰腺炎。肝脏回声通常正常，但胆囊及胆管可见异常，典型变化包括胆总管、胆囊或肝内胆管扩张、部分或完全阻塞，胆汁郁积（见图94-1及图94-2）。超声检查是目前最灵敏、特异性的检查胆结石的方法。厌食时胆囊通常肿大。
- 肝脏活检、组织病理学检查及培养：区分两类炎性疾病时必须要进行活检，通过活检可了解肝脏构造及疾病严重性的详细情况。活检前应进行血小板计数及凝血试验。只要超声检查未见胆管阻塞或胆结石的迹象，可通过经皮肝脏活检获得样品进行检查；如果

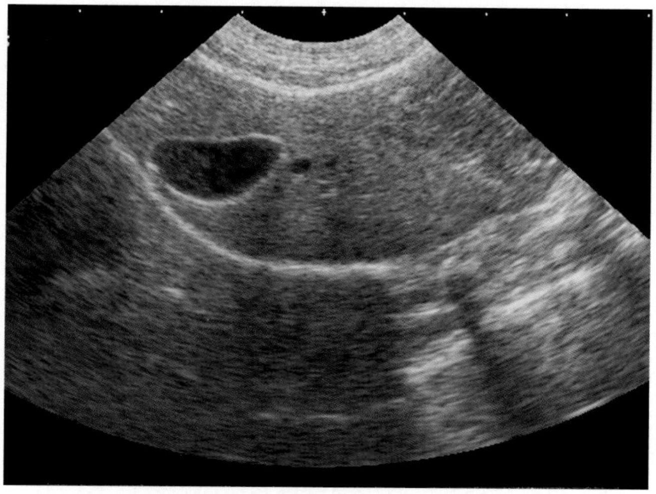

图94-1 胆囊壁的回声增强通常与慢性胆道炎/胆管肝炎综合征有关（图片由Gary D. Norsworthy博士提供）

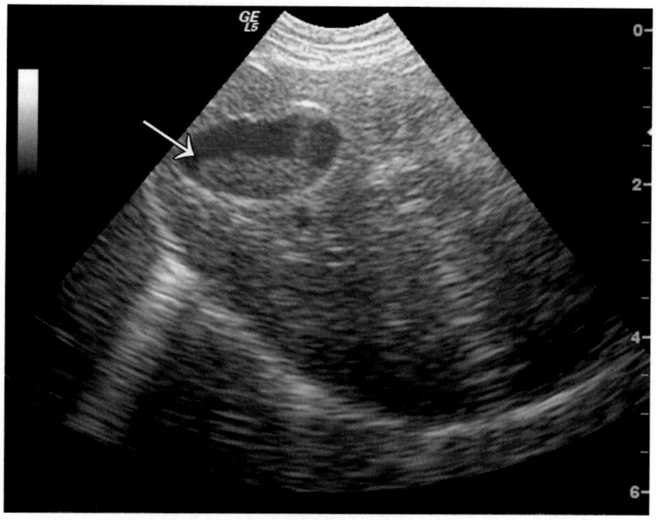

图94-2 胆囊中存在郁积的胆汁（箭头），通常与慢性胆道炎/胆管肝炎综合征有关（图片由Gary D. Norsworthy博士提供）

超声检查发现胆总管有明显发生破裂或者胆囊易碎的可能，则应通过剖腹检查进行手术活检。诊断炎性肝脏疾病时不建议采用穿刺细胞学检查，但这种方法对重度脂肪肝及淋巴瘤非常有用。在检查肝脏的细菌性微生物时，细胞学方法比组织病理学方法更为有用。可对肝脏活检样品进行需氧及厌氧微生物培养。

辅助诊断

- 血清禁食及餐后胆酸测定：如果猫已发生高胆红素血症、肝脏酶升高或可见黄疸时，测定胆酸没有多少价值，因为胆酸增加只是能进一步证实存在肝病，而且没有疾病的特异性。
- 血凝试验：在进行肝脏活检前应进行血凝试验及血小板计数，但在采用细针穿刺（fine-needle aspiration，FNA）或细针头活检（fine needle biopsy，FNB）时通常没有这些必要。有研究表明，75%患肝病的猫中至少有一次检查为血凝异常。可现场测定活化凝集时间（activated clotting time，ACT），也可现场或送实验室测定前凝血酶时间（prothrombin time，PT）及活化的部分促凝血酶原激酶时间（activated partial thromboplastin time，APTT）。与常规的PT和PTT相比，另外一种可增加敏感性的检测方法是维生素K缺乏启动的蛋白前凝血酶时间［proteins invoked by vitamin K absence（PIVKA）prothrombin time］。自动化血小板计数对猫不适用，但如果血液涂片上有血小板聚集，可采用血液涂片进行血小板计数。
- X线检查：虽然在大多数情况下患CCH或LPH时肝脏肿大超过正常的肋弓，但肝脏大小有一定差异。肝脏后缘可呈圆形。X线检查肝脏大小比超声检查更为特异，可检查到是否有胆结石或无关的并发病。
- 胆汁培养：如果要进行手术腹腔探查或进行肝脏活检，可采集胆汁样品进行需氧及厌氧菌培养。培养胆汁获得的细菌可能比肝脏组织多。此外，可用22号或25号针头在超声指导下采集胆汁。为了减少胆汁泄漏及引起胆汁性腹膜炎，应在采样时通过穿刺清空胆囊。
- 总T_4测定：老龄猫的甲状腺机能亢进是引起肝脏酶升高的常见原因。如果病猫年老，应测定其总T_4（TT_4）。如果可触及甲状腺增大，但TT_4正常，可考虑采用T3抑制试验或游离T_4测定。参见第109章。

诊断注意事项

- 基础检查的检测应包括逆转录病毒检测，如果适宜，也应检查弓形虫病（参见第214章）和猫传染性腹膜炎（参见第76章），主要是由于这两种疾病也与炎性肝病和胰腺炎有关。
- 所有怀疑发生肝病的猫应在采集血样后检查静脉穿刺位点。血凝试验虽然不能预测出血的可能，但皮下出血或静脉穿刺后出血时间延长则至少能提供一些临床证据。猫患肝病时表现临床出血由于明显的肝衰竭而不太常见，其更有可能是由于胆酸流入到小肠（为脂溶性维生素吸收所必需）引起的维生素K缺乏所引起，或是因厌食及由于并发的炎性肠病所引起。

治疗

主要疗法

急性胆管肝炎

- 抗生素疗法：抗生素是治疗急性胆管肝炎（acute cholangiohepatitis）的基础，应用药治疗8～12周一直到肝脏酶恢复正常。治疗应根据肝脏培养、肝脏穿刺培养或活检结果进行，可选用的药物应该无肝脏毒性，在胆汁中浓度高，能对需氧及厌氧的小肠微生物有效。采用单一广谱抗生素的单一疗法或抗生素合用进行治疗，单一药物治疗的首选药物为阿莫西林（按10～20mg/kg剂量，q6～8h IV或IM）或阿莫西林/克拉维酸（按22mg/kg剂量，q12h PO）；但如果临床上表现呕吐时，阿莫西林/克拉维酸并非最好的首选药物。上述两种治疗方法可与甲硝唑（按7.5～12.5mg/kg剂量，q12h PO）合用以增加对厌氧菌和大肠杆菌的抗菌谱。药物合并疗法可包括恩诺沙星（按2.2mg/kg剂量， q12h PO）及阿莫西林（按11mg/kg剂量，q12h PO），或阿莫西林与甲硝唑（按7.5～12.5mg/kg剂量，q12h PO）合用，如果未进行细菌培养或未进行药敏试验，则所有这些药物均为首选药物。
- 熊去氧胆酸（ursodeoxycholic acid）：胆酸对降低肝细胞的免疫损伤具有帮助作用，能促进毒性较小的胆酸的合成，促进胆汁流出，但不能以其为单一的治疗方法。此外，关于这种药物在猫的应用尚未见文献资料报道，但其应用十分广泛。使用剂量为10～15mg/kg，q24h PO。应注意在胆管阻塞时禁用熊去氧胆酸。有专家建议，采用熊去氧胆酸治疗的猫应补充牛磺酸（按250～500mg剂量，q24h PO），主要是由于高浓度的胆酸可增加牛磺酸从尿液的排出。
- S-腺苷甲硫氨酸（SAMe；Denosyl®，Nutramax Labo ratories）或SAMe及水飞蓟素（denamarin®，Nutramax Laboratories）：这些机能性药物具有明显的抗炎及抗氧化作用，对各种患有炎性肝病的猫均有益。这些药物在禁食状态下吸收最好，因此应在饲喂前1h给药。

慢性胆管肝炎

- 抗生素疗法：应该用抗生素治疗4～6周。建议采用的抗生素类药物参见急性胆管肝炎的治疗。
- 糖皮质激素：采用活检证实患慢性CCH时，或者如果证实急性CCH持续数月时，应在上述治疗中加入糖皮质激素。开始时可采用免疫抑制强的松龙（按2.2～4.4mg/kg剂量，q24h PO），之后减少为隔天用药一次，长期用药维持。由于该病为慢性疾病，因此许多猫需要连续使用皮质类固醇激素。
- 熊去氧胆酸：参见急性胆管肝炎。
- SAMe 或 SAMe/silybin：参见急性胆管肝炎。

淋巴细胞性肝门性肝炎（Lymphocytic Portal Hepatitis）

- 强的松龙：应按2.2mg/kg剂量，q24h PO剂量用药。可逐渐减少用药量，根据临床症状的改变及实验室检测结果治疗数周。若用强的松龙无法改善病情，则可采用小剂量甲氨蝶呤每周进行脉冲治疗，同时应注意药物的毒性。
- 熊去氧胆酸：参见急性胆道肝炎。
- SAMe：参见急性胆道肝炎。

辅助疗法

- 液体疗法：对所有类型的炎性肝病，应注意液体及电解质平衡。良好的水合状态可促进胆汁流动。应给予不含乳酸盐及不含葡萄糖的液体。
- B族水溶性维生素：按5～10mg/kg剂量，q24h SC或IM给药。
- 营养：能继续采食的猫应饲喂可口的维持食物；需要营养支持的猫可在麻醉下肝脏活检时置入饲喂管，这一种方法猫主一般愿意配合，主要是由于可通过该管投服其他药物（参见第253章和第255章）。
- 维生素K_1：在脂溶性维生素的吸收异常时可补充这种维生素。如果发生出血，可按每只猫每天5mg IM或0.5mg/kg SC每隔1～2d用药一次，如果要进行肝脏活检，则这种处理有益，通常3～4次治疗就足以见效。如果维生素K_1过量，可引起海因茨体溶血性贫血。

治疗注意事项

- 最好避免使用的抗生素包括四环素（肝脏毒性）、氯霉素（引起厌食）及红霉素（抗菌谱不适宜）。
- 甲硝唑的效果取决于胆汁的排出，在有些猫可能需要减小剂量。最大剂量为每24h总剂量50mg。
- 肝性脑病虽不常见，但可通过口服乳果糖、新霉素及改变食物等方法控制。未发生肝性脑病的猫应采用正常食物饲喂。流涎是猫肝性脑病值得注意的症状，但在犬该症状并不常见。

- 对单独采用强的松龙治疗没有反应的猫（患慢性CCH或LPH）可能需要采用免疫抑制剂进行治疗。瘤可宁可用于除LPH之外的病例，但具有骨髓抑制作用。小剂量间歇性使用甲氨蝶呤是另外一种可供选用的治疗方法，但其也可引起骨髓抑制。硫唑嘌呤可引起明显的厌食。

预后

虽然预后有一定差异，而且依赖于疾病的严重程度及对治疗的反应，但大多数患有炎性肝病的猫存活时间超过1年。LPH的进展要比CCH更缓慢。

参考文献

Center SA. 2009. Diseases of the gallbladder and biliary tree. *Vet Clin North Amer*. 39(3):543–598.

Center SA, Warner K, Corbett J, et al. 2000. Proteins invoked by vitamin K absence and clotting times in clinically ill cats. *J Vet Intern Med*. 14(3):292–297.

Sartor LL, Trepanier LA. 2003. Rational pharmacologic therapy of hepatobiliary disease in dogs and cats. *Compend Contin Educ*. 25(6):432–446.

Weiss DJ, Gagne JM, Armstrong PJ. 2001. Inflammatory liver diseases in cats. *Compend Contin Educ*. 23(4):364–373.

第95章 疱疹病毒感染
Herpesvirus Infection

Sharon Fooshee Grace

概述

猫疱疹病毒-1（feline herpesvirus-1，FHV-1）及猫杯状病毒（feline calicivirus，FCV，参见第28章）是大多数成年猫和仔猫上呼吸道感染的主要原因，这些病毒在应激、舍内种群密度高的地方发生感染，如收容所、饲养场、猫舍及多猫饲喂区域。

所有年龄段的猫均容易感染FHV-1，但该病毒对仔猫的毒性特别强，因此早期通过疫苗诱导产生免疫力极为重要。具有保护作用的母源性抗体在7～9周龄时开始下降，如果仔猫接触病毒则可在开始有免疫力之前发生病毒感染。此外，残存的母体免疫力也可干扰早期疫苗接种的效果。

大多数感染 FHV-1但康复的猫由于病毒在神经组织中，特别是三叉神经中潜伏而终身再次感染。终身能够复发感染，其间有病毒静止期，这也是感染FHV-1的标志。在应激、发生疾病或免疫抑制性治疗时可再次激活排毒。分娩及泌乳可使潜伏感染的病毒被再次激活，随后可感染仔猫。在活跃性病毒血症期，FHV-1 不能刺激宿主产生明显的免疫力，主要是由于这种病毒为强制性细胞内病毒，在细胞间传递。

病毒主要通过健康猫与感染猫的眼睛、鼻或口腔分泌物直接接触而传播。虽然打喷嚏会在空气传播该病毒，但却不是该病传播的主要途径。因为呼吸道飞沫扩散距离不会超过2m，而FHV-1为一种被膜易碎的病毒，在猫体外生存时间短。因此，对未受免疫的猫来说，环境中残存的病毒不是发生感染的主要来源。跨胎盘感染尚未报道。

开始时病毒主要是在上呼吸道、结膜及扁桃体的黏膜内复制，感染早期即可排毒，典型情况下在病毒处于不活跃期前1～3周内可持续排毒。

FHV-1感染的临床症状可分为急性感染引起的临床症状及慢性感染引起的临床症状两类。呼吸道及结膜上皮病毒急性复制可引起中性粒细胞浸润及炎症区的坏死；鼻气管炎（rhinotracheitis）这一术语常被误用，主要是由于本病不涉及气管。角膜及皮肤也可受到感染。慢性感染时引起的症状可能有免疫介导的成分参与，常常与眼睛的疾病有关，通常不出现明显的呼吸道疾病症状。角膜腐片（corneal sequestra）、基质性角膜炎（stromal keratitis）、嗜酸性粒细胞性角膜炎及前色素层炎（anterior uveitis）也与 FHV-1感染有关。潜伏感染的猫如果病毒被再次激活，病猫特别是成年猫观察不到临床症状（见图41-1及图95-1）。慢性FHV-1感染时眼睛的并发症见第41章。

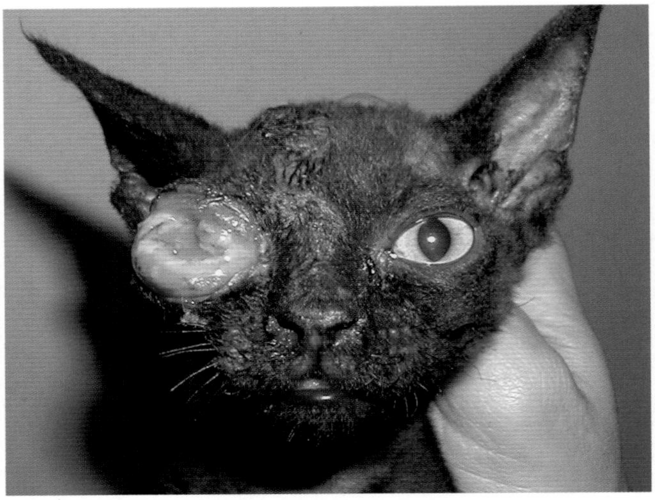

图95-1 猫疱疹病毒-1感染可引起严重的角膜结膜炎，对眼睛造成永久性损伤（图片由Richard Malik博士提供）

急性FHV-1感染的非特异性症状包括发热、沉郁及厌食。溃疡性鼻炎最初可引起浆液性鼻腔分泌物，在继发细菌感染后可变为黏脓性。鼻窦也可继发性地受到影响。急性病毒介导性的细胞溶解及炎症可损伤鼻甲骨（nasal turbinate bones）及其下的软骨，导致慢性鼻窦炎或“抽鼻子（snuffling）”。通常可见到结膜炎、眼睑痉挛、羞明及眼睛分泌物，同时如果病毒感染发生在角膜，则也可发生局部性或树枝状溃疡。严重的口腔溃疡可导致厌食、口腔疼痛及流涎，偶尔可发生间质性肺炎，典型情况下死亡是由于厌食、脱水及继发于细菌感染所引起。

FHV-1感染所引起的不太常见的症状包括流产及嗜酸细胞性溃疡性面部皮炎，目前这种情况也越来越多。面部皮炎通常位接近鼻孔或眼睛的部位。参见第226章。

FHV-1感染的发生不属于动物传染病，也无人感染FHV-1的迹象。

诊断

主要诊断

- 病史及临床症状：虽然猫打喷嚏的原因很多，但如果打喷嚏超过48h则强烈表明为上呼吸道病毒感染，特别是如果猫未接种疫苗而表现上述症状时这种可能性更大。

辅助诊断

- 逆转录病毒检测：所有猫，无论健康与否均应查明逆转录病毒感染状态。逆转录病毒感染可使猫从病毒性上呼吸道疾病的恢复更为复杂。
- 病毒分离：兽医参考实验室可在口咽或结膜用棉签采样进行细胞培养，分离及鉴定FHV-1，这种检验方法由于耗时，而且各实验室之间尚无试验标准，因此很少使用。
- PCR检测：采用分子生物学方法可从角膜或结膜刮削样品、角膜碎片、血液及组织样品中检测到FHV-1 DNA的存在。这种检测方法要比分离病毒更为敏感，因此是检测病毒使用较多的方法。但由于这种方法灵敏度太高，因此可检测与疾病活动状态无关的病毒DNA。此外，近年来的研究表明PCR可检测到改良的活病毒疫苗中的病毒DNA，但尚不清楚能否检测到新近免疫接种动物的病毒疫苗株。因此，PCR 结果呈阳性，只能说明低水平的排毒、病毒毒力、免疫接种或与现有临床疾病无关的病毒颗粒。近年来的工作还表明，各实验室的检测结果差异很大，因此同一病猫可得到完全不同的检测结果。

诊断注意事项

- 检测病毒中和抗体的血清学方法不能用于活跃的上呼吸道病毒感染的诊断，也不能区分活跃感染与以往感染或疫苗相关的抗体。
- 由于FHV-1和FCV感染的治疗方法基本相同，因此在临床实践中极少需要对两者进行鉴别诊断。

治疗

主要疗法

- 抗生素：病毒感染可因细菌感染而更为复杂。虽然病毒感染通常为数天的自限过程，但细菌感染如果未及时进行治疗可危及生命。中等到严重程度的病例最好选用阿莫西林（按12.5mg/kg剂量，q12h PO）或阿莫西林克拉维酸（按15mg/kg剂量，q12h PO）。如果病情严重，可选用阿奇霉素（按10mg/kg剂量，q12h PO，治疗10d）或克拉维酸/阿莫西林+麻氟沙星（marbofloxacin）（按3～5mg/kg剂量，q24h PO），这对门诊病例效果较好，也可选用阿莫西林（按12.5 mg/kg剂量，q12h SC）+恩诺沙星（按2.5 mg/kg剂量，q12h SC），大多数住院病例可选用广谱抗生素。
- 补充体液：发生脱水时，鼻腔及口腔分泌物黏稠，为了防止这种情况引起的不适，可对病猫采用水合疗法及维持平衡电解质溶液静脉注射或皮下注射治疗。
- 营养辅助疗法：厌食较为常见，也是上呼吸道感染的常见并发症，应尽早采用胃管（orogastric）（OG）或鼻胃管（nasoesophageal）（NE）进行营养辅助疗法。OG及NE管的禁忌证包括呼吸困难及严重的抑郁症。在因鼻腔阻塞而导致呼吸困难的猫，在这些管道插入及饲喂时可表现疼痛，也可导致死亡。如果插管能进入，可在饲喂前清洁鼻腔。采用NE管时的禁忌证也包括鼻腔充血及刺激。如果需要插管饲喂，可能需要将猫麻醉后置入食管造口插管或胃造口插管。参见第253章、第255章及第308章。

辅助疗法

- 抗病毒疗法：以前曾采用全身抗生素疗法，但发现效果不明显，而且具有明显的不良反应。近年来有人将泛昔洛韦（famciclovir）作为全身性抗病毒药物用于人医，在猫的急性或慢性 FHV-1相关疾病的治疗中也具有一定的作用，但仍需进行研究。对泛昔洛韦呈阳性反应的眼睛疾病包括结膜炎症减轻，眼睛舒适程度增加及角膜碎片脱落等。发生慢性鼻窦炎的猫（“抽鼻子”的猫）对抗生素疗法常常没有反应，但在早期研究中发现用泛昔洛韦治疗后病情有一定改善。但如果存在继发性细菌感染，则不能用抗病毒疗法替代抗生素疗法。对许多发生FHV-1皮炎的猫采用泛昔洛韦治疗后病情也有明显改善。该药物即使为通用型，也十分昂贵。该药物是否有致畸作用目前尚不清楚，对其用药方案也仍在研究阶段。大多数猫的最大耐受剂量为每只猫62.5mg（约15mg/kg）q8～12h PO的剂量。对FHV-1皮炎病例曾用每只猫62.5～125mg剂量，q8～12h PO治疗3～6周，未发现有明显的不良反应。

- 眼科用抗生素疗法：如果发生结膜炎时可采用这种方法治疗。治疗时如果发生角膜溃疡则不能使用含有皮质类固醇激素的药物。猫可能对眼科用四环素及新霉素极为敏感。如果结膜炎恶化，则不能再使用含有这些药物的产品进行治疗。
- 鼻腔充血治疗（nasal decongestants）：有人建议采用盐酸羟甲唑啉（oxymetazoline hydrochloride）（Afrin Pediatric Nasal Drops®）治疗，可每天将一滴药物滴于一侧鼻孔。大多数猫不喜欢鼻腔滴药。可能会发生用药后的再次充血（也称为“反弹性充血”，“rebound congestion”），对其效果目前也不完全清楚。
- 干扰素：美国不再使用口服人α-干扰素进行治疗，虽然其能减少临床疾病，但不能减少病毒的排出。这种药物主要和赖氨酸合用。猫Ω-干扰素为一种新药，目前在美国仍无使用，但个别病例可通过进口用药。对本药物在病毒性呼吸道疾病中的治疗作用尚未进行过广泛研究，但获得的结果令人欣慰。口服治疗时每天每只猫用药50000～100000U；皮下用药时可按1MU/kg q24h或q48h SC给药。这种药物也可稀释后在眼睛局部使用。目前建议用药方法为将10MU Ω-干扰素稀释到19mL 0.9%氯化钠溶液，用于滴眼，每只眼睛滴2滴，每天5次共10d，可与赖氨酸合用。
- 赖氨酸：多年来人们一直认为赖氨酸（每只猫250～500mg，q12h PO）对急性期或慢性感染的FHV-1具有效果，但近年来进行的两项研究未能证明赖氨酸对收容所一群猫的上呼吸道感染具有作用，在其中的一项研究中发现，用赖氨酸治疗反倒使临床症状恶化，口咽部及结膜黏膜样品中检测到FHV-1病毒DNA增加。因此，对采用赖氨酸治疗FVH-1 必须继续研究。如果采用赖氨酸治疗，对治疗延时较长的病猫应检测其血浆精氨酸的浓度，主要是因为赖氨酸可竞争性抑制许多动物精氨酸的吸收。

治疗注意事项

- 住院期间所有打喷嚏的猫必须要与其他猫隔离，但感染的猫不应置于有犬狂吠的犬舍或院子中，因为这样可明显加重对猫的应激水平，影响其康复。

预防

- 皮下疫苗接种：美国猫兽医师协会（American Association of Feline Practitioners，AAFP）认为FHV-1疫苗是所有猫的核心疫苗。改良的活疫苗及灭活或杀灭的病毒疫苗可用于注射。在高危情况下，鼻内（intranasal，IN）疫苗接种可获得快速的免疫力。仔猫可能在5周龄时不能获得针对FHV-1的免疫保护，或者一直到14周龄前由于母体免疫力而干扰免疫接种效果。AAFP的建议是，仔猫在6周龄时第一次接种FHV-1疫苗，之后每3～4周重复一次，直到16周龄。1岁时应进行疱疹病毒疫苗强化免疫，之后每3年强化一次。但FHV-1疫苗在批准时被认为是“辅助进行由于猫鼻气管炎引起的疾病的控制”，这是一种疫苗所能达到的最低保护水平，而且在美国也批准使用。因此，许多从业医生仍每年坚持疫苗接种。
- 鼻内疫苗接种：IN疫苗接种可缩短临床感染期或终止带毒状态，但鼻内接种时免疫力的获得要比注射疫苗接种更快，因此在可能发生感染的情况下具有重要意义。IN疫苗接种也可防止带毒状态。有些接受 IN免疫接种的猫可发生慢性打喷嚏。
- 疫苗的限制：FHV-1疫苗不能提供灭毒的免疫力，如前所述，其只能减轻临床症状的严重程度而防止感染、发病及病毒的排出。其产生的免疫力水平低于FCV。

预后

由于病毒引起的临床疾病的多样化，因此预后有很大差异。大多数猫在急性感染后能完全恢复。

参考文献

Drazenovich TL, Fascetti AJ, Westermeyer HD, et al. 2009. Effects of dietary lysine supplementation on upper respiratory and ocular disease and detection of infectious organisms in cats within an animal shelter. *Am J Vet Res*. 70(11):1391–1400.

Gaskell RM, Dawson S, Radford A. 2006. Feline respiratory diseases. In CE Greene, ed., *Infectious Diseases of the Dog and Cat*, 3rd ed., pp. 145–154. Philadelphia: Saunders Elsevier.

Gaskell RM, Dawson S, Radford A, et al. 2007. Feline herpesvirus. *Vet Res*. 38(2):337–354.

Malik R, Lessels NS, Webb S, et al. 2009. Treatment of feline herpesvirus-1 associated disease. *J Fel Med Surg*. 11(1):40–48.

Rees TM, Lubinski JL. 2008. Oral supplementation with L-lysine did not prevent upper respiratory infection in a shelter population of cats. *J Fel Med Surg*. 10(5):510–513.

Thiry E, Addie D, Belak S, et al. 2009. Feline herpesvirus infection: ABCD guidelines on prevention and management. *J Fel Med Surg*. 11(7): 547–555.

第96章
高楼综合征
High-Rise Syndrome

Mitchell A. Crystal

概述

高楼综合征（high-rise syndrome）是指猫从等于或高于两层楼高（每层约为4.0m）的高度坠落后造成的所有损伤，这种综合征常发生于生活在城市地区的青年猫。高楼（high-rise）这一术语是指猫坠落的高层建筑。90%以上患高楼综合征的猫能够继续存活，25%～33%的高楼综合征猫需要采取维持生命的方法治疗，其余的则需要采取非急诊性治疗或不治疗。坠落后24h仍能生存的猫很少会因为高楼综合征相关原因而死亡。几个关于猫高楼综合征的回顾性研究结果总结于表96-1，结果的分析总结见图96-1。

大多数研究表明，猫发生高楼综合征时，损伤与从6～7层楼处坠落的距离呈线性关系。在此高度之上，损伤的数量（特别是骨折）或者与层高无关，或者降低，这可能是由于猫从6～7层以上高楼坠落时已经达到坠落的终点速度（terminal velocity）（由物体的大小及阻力所决定，约为100km/h）所决定，在此速度之上，前庭器官（vestibular apparatus）不再受到刺激。在达到自由沉降终极速度之前，对前庭器官连续的刺激可导致四肢僵硬，不能为水平着陆做好准备，从而引起冲击力在小范围内分布不均衡，同时由于四肢僵硬，造成大量损伤。在达到最大速度后（高于6～7层楼），猫四肢可能不再僵硬，呈现更为水平的姿势。这些猫更能做好着陆

表96-1　猫高楼综合征回顾性研究的结果

作者	Collard等	Vnuk等	Papazoglou等	Whitney等
发表年份	2005	2004	2001	1987
研究地区	法国Marcy l’ Etoile	克罗地亚萨格勒布	希腊撒罗尼卡	纽约市
病例数	42（37只猫，42次坠落）	119（4年）	207（11年）	132（5个月）
年龄	平均2.66 岁	平均1.8岁（2.5月龄～10岁）	1.2岁（2.4周龄～20岁）	平均2.7岁（3月龄～16岁）
<1岁	43.9%	59.6%	74%	未列入（64%<3岁）
坠落的平均楼层数	4.42	4.0（中值，4；2～16）	3.7（2～8）	5.5（2～32）
生存率	97.3%	96.5%（死亡见于从2～9楼跌落的猫）	93%	90%
骨盆骨折	NA	9.2%	8%	3%
脊椎骨折	NA	2.5%	11.7%	2.3%
四肢骨折	42.9%	46.2%	50%	39.4%
前肢骨折	NA	21.0%（肱骨 6.7%，桡骨及尺骨6.7%）	32%	33.3%
后肢骨折	NA	33.6%（胫骨 16.8%，股骨 11.8%）	68%	28.0%
一处骨折	NA	38.7%	81.6%	22.7%
多处骨折	NA	7.6%	7.7%	16.7%
脱臼	11.4%	2.5%	8%	17.4%
肺挫伤	41.7%	13.4%	6.8%	68%
气胸	38.9%	20.2%	3.9%	63%
血胸	2.8%	3.4%	NA	NA
横膈破裂	NA	1.7%	0.5%	NA

（续表）

作者	Collard等	Vnuk等	Papazoglou等	Whitney等
休克	35.1%	10.9%	17%	24%
颅骨创伤	11.1%	NA	9%	NA
鼻出血	22.2%	8.4%	2%	NA
硬腭裂开	16.7%	5.0%	3%	17%
牙齿骨折	19.4%	NA	NA	17%
下颌骨折	NA	3.4%	2%	9%
视网膜脱离	2.8%	NA	NA	NA
血尿	19.4%	NA	2%	4%
膀胱破裂		0.8%	0.5%	2.3%
腹壁疝	NA	1.7%	1%	2%
从3～7层楼房跌落时损伤的严重程度呈曲线特性。从6楼以上跌落时休克及胸部损伤则更为常见（研究结果以摘要发表）	从3～7楼损伤的严重程度呈曲线特性，从6楼跌落时休克及胸部损伤的发病率高。从6楼以上跌落时损伤分值增加。四肢骨折在从4～5楼跌落时达到最大。硬腭破裂只见于从3楼以上跌落时	从2～3楼跌落时损伤增加，从3～6楼跌落时损伤有一定差别，从7楼以上跌落时增加。从3楼以上跌落时骨折减少。从6楼以上跌落时胸部损伤增加。萨格勒布的建筑不超过6层	随着楼层的增加（2～6层），损伤的总量增加，从6楼以上跌落时与从2、3、4层跌落相比，损伤明显增加。撒罗尼卡的建筑不超过8层	从7层以下跌落时损伤呈线性增加，之后损伤不再增加，骨折率下降

的准备，冲击力在全身能均匀分布，甚至在有些情况下可减少损伤的数量。关于发生损伤的情况可见图96-1。

诊断

主要诊断

- 病史：大多数患高楼综合征的猫并未发生坠落，因此需要询问猫主是否有发生这种情况的可能性。
- 查体：检查高楼综合征的常见损伤。
- 胸腔穿刺检查（诊断及治疗）：所有发生呼吸窘迫的猫均应在进行胸腔X线检查之前采用这种方法检查是否有气胸或胸腔积血。
- 快速评估检查（quick assessment tests）：包括红细胞容积比（PCV）、总蛋白、血糖、血液尿素氮（BUN）、尿液试纸检查（urinedipstick）及尿液比

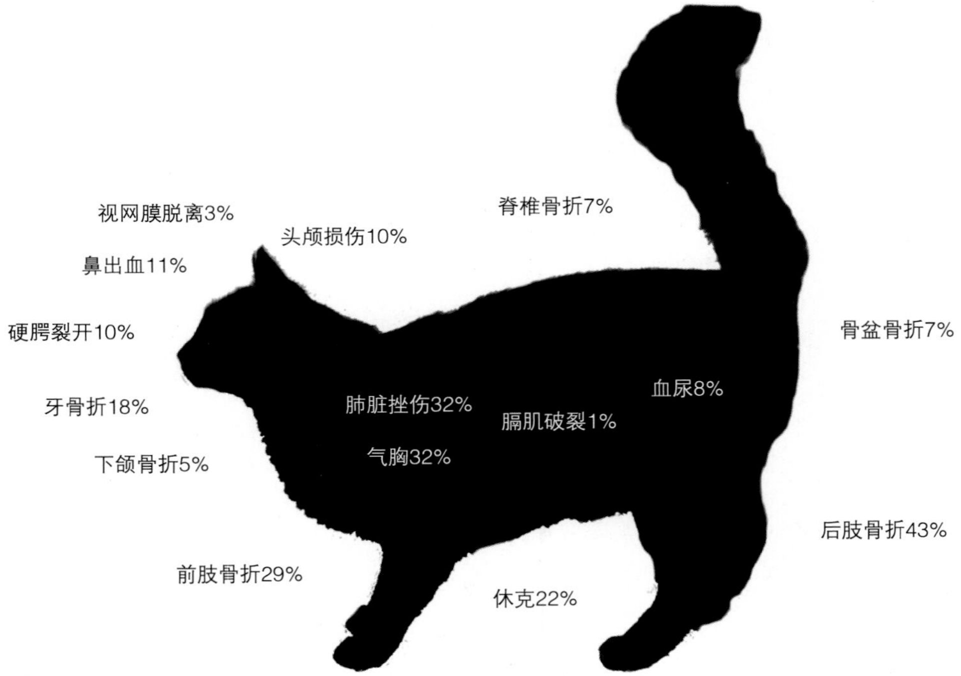

图96-1　猫高楼综合征的常见损伤部位。图中数量为表96-1中的平均数。由于通常会发生多处损伤，因此总数超过100%

重测定等，这些测定有助于鉴别休克的猫及失血或尿路受损的猫。

辅助诊断

- 胸部X线检查：只要猫病情稳定时即可进行这种检查，检查胸腔受损情况。
- 腹部X线检查：如果怀疑发生腹腔损伤或渗出时可进行这种检查。
- 腹腔穿刺：如果怀疑发生腹腔损伤或腹腔渗出时应进行这种检查，对采集的液体应进行液体分析。

诊断注意事项

- 如果病猫呼吸困难或应激，应在进行任何诊断之前进行胸腔穿刺及供氧。
- 急性失血后PCV需要数小时才能降低及达到平衡，因此不能用于确定是否有内出血存在。

治疗

主要疗法

- 胸腔穿刺（用于诊断及治疗）：在所有患有高楼综合征的猫表现呼吸困难时均可采用这种方法。
- 氧气疗法：对呼吸困难的猫可采用这种方法。
- 液体支持疗法：如必要可用于治疗休克或脱水。如果发生口腔损伤，则可长期使用液体疗法。

辅助疗法

- 骨折、创伤及其他损伤修复：应在保定猫之后进行。
- 营养辅助疗法：猫在病情稳定之后如果有口腔损伤，则可采用这种方法治疗，可采用食管造口或胃造口插管给予营养。

预后

只要及早施行急诊治疗，就能继续成功存活，而且预后较好或极好。

参考文献

Collard F, Genevois JP, Decosnes-Junot C, et al. 2005. Feline high-rise syndrome: a retrospective study on 42 cases. *J Vet Emerg Crit Care*. 6(Supplement 1):S15–S17.

Papazoglou LG, Galatos AD, Patsikas MN, et al. 2001. High-rise syndrome in cats: 207 cases (1988–1998). *Aust Vet Practit*. 31(3):98–102.

Vnuk D, Pirkic B, Maticic D, et al. 2004. Feline high-rise syndrome: 119 cases (1998–2001). *J Fel Med Surg*. 6: 305–312.

Whitney WO, Mehlhaff CJ. 1987. High-rise syndrome in cats. *J Am Vet Med Assoc*. 191(11): 1399–1403.

第97章
组织胞浆菌病
Histoplasmosis

Sharon Fooshee Grace

概述

猫对二态真菌性微生物荚膜组织胞浆菌（*Histoplasma capsulatum*）更为敏感，但大多数猫可能只表现短暂、不明显的临床症状。在北美，圣劳伦斯河、密苏里及密西西比河谷地带及相关的支流地区该病呈地方流行性感染。病原常寄于富有鸟类及蝙蝠粪便的表层土壤。大量的研究表明该病是通过呼吸道感染，经血源性或淋巴途径传播，但报道称也有发生于胃肠道的原发性感染。环境中的病原感染型（真菌菌丝期）一旦进入机体，病原会转化为非感染性的酵母菌期。组织胞浆菌病基本为单核巨噬细胞系统的疾病，可能存在感受态细胞介导的免疫反应限制感染。猫在感染白血病病毒及猫免疫缺陷病毒后不容易感染组织胞浆菌病。人和其他宠物也不会由于与感染猫接触而增加该病的发病风险，但如果生活在相似的环境也会感染该病。

该病发生时，由于大多数的病猫会表现许多不清楚的非特异性症状，如发热、体重减轻、情绪低落及厌食，因此使诊断极为困难。不到一半的感染猫表现出器官特异性的机能紊乱。病症集中时，呼吸系统会受影响，但很少咳嗽。见图97-1和图291-40。许多病例的症状表现为呼吸急促、呼吸困难及肺音异常。肝脾肿大（hepatosplenomegaly）（见图97-2）、皮下结节、软组织肿胀、继发性骨髓炎引起的跛行（见图 97-3）、腹泻及炎性眼睛病变（见图223-1）等症状也见有报道。发生传播性组织胞浆菌病时，眼睛的症状要比其他系统性霉菌病更明显，眼前房及眼后房均可发病［前色素层炎（anterior uveitis）及肉芽肿性脉络膜视网膜炎（granulomatous chorioretinitis）］。猫的小肠性组织胞浆菌病比在犬少见。

由于临床症状通常很少表现出来而且为局灶化，因此猫的组织胞浆菌病的鉴别诊断涉及的病症更为广泛，应该包括可引起发热、贫血、呼吸道疾病、炎性眼病、骨损伤或肝脾肿大的所有疾病。

诊断

主要诊断

- 临床症状：临床症状见“概述”。猫如果生活或曾经在该病流行地区生活过后表现持续性地对抗生素有抗性的发热症状时，则可能患有组织胞浆菌病。
- 细胞学检查：感染组织中病原常常很多。采用改良的瑞氏染色可观察到单个或多个小（2～5μm）而呈圆形的蓝色真菌，在巨噬细胞内呈亮色的光环（见图289-1）。骨髓和淋巴结穿刺及细胞学检查具有很高的诊断价值，对皮下淋巴结及肿大的肝脏也应进行穿刺。外周血液涂片上也可见到病原（计数1000个白细胞而不是像在一般分类计数时计数100个，这样有助于鉴定病原），血沉棕黄色层也可见到。如果怀疑特定的器官患病，则可采用气管肺泡（Bronchioalveolar）灌洗、直肠刮削或结肠活检等。肺脏穿刺可能也具有帮助作用，但应仔细，以避免损伤肺脏及可能引起死亡。参见第304章。
- 组织病理学检查：H&E染色时观察不到病原，因此需要特殊真菌染色［过碘酸-雪夫反应（periodic acid-Schiff reaction，PAS］、格里德利真菌染色（Gridley）、果莫里真菌染色（Gomori）（采用乙醛品红染色剂的真菌染色方法），应告知病理专家可能需要采用其他方法染色。怀疑为组织胞浆菌病时，在将组织置于福尔马林固定之前先制备压片以进行细胞学检查。

辅助诊断

- X线检查：肺脏常见小而弥散性的间质变化（见图97-2）；本病也可呈更为明显的结节样变化。可见肝脾肿大（见图97-2）。如果存在骨髓炎，则损伤通常为溶骨性的（见图97-3），但也可发现并发的骨质增生（osteoproduction）。
- 血常规、生化检查、尿液分析及逆转录病毒检测：常

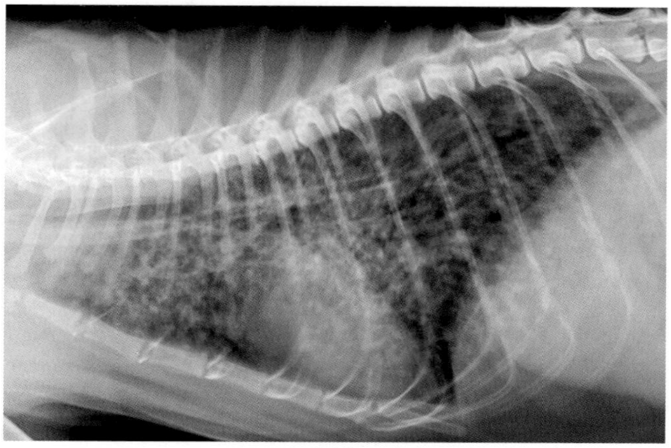

（A）

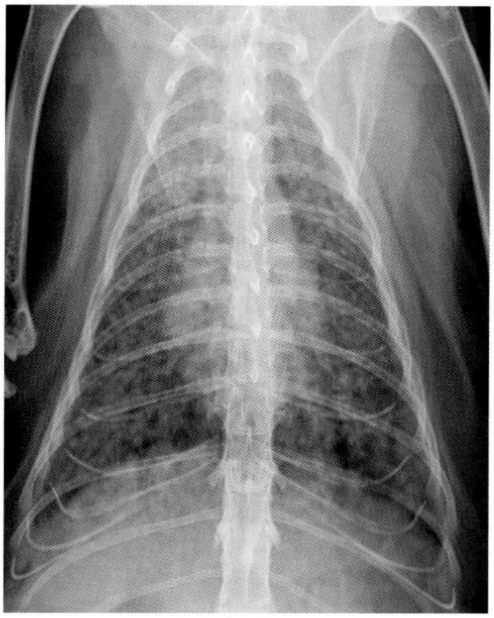

（B）

图97-1　患组织胞浆菌病时肺脏的变化。（A）和（B）肺脏常见细的弥散性间质变化（图片由Gary D. Norsworthy博士提供）

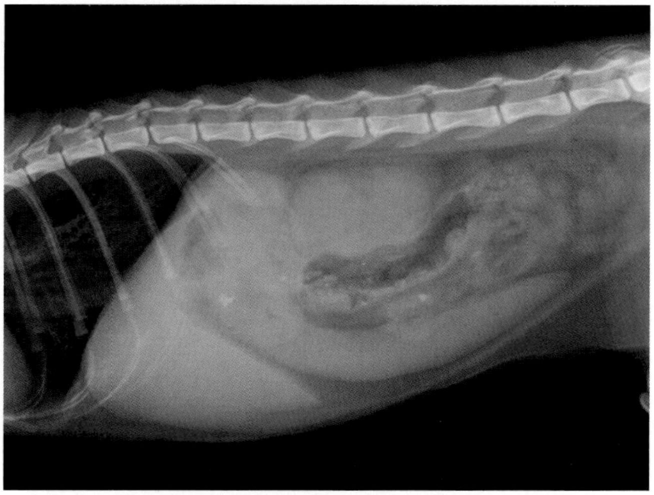

图97-2　7月龄猫，患有组织胞浆菌病，腹腔X线检查时可见肝脾肿大（图片由Gary D. Norsworthy博士提供）

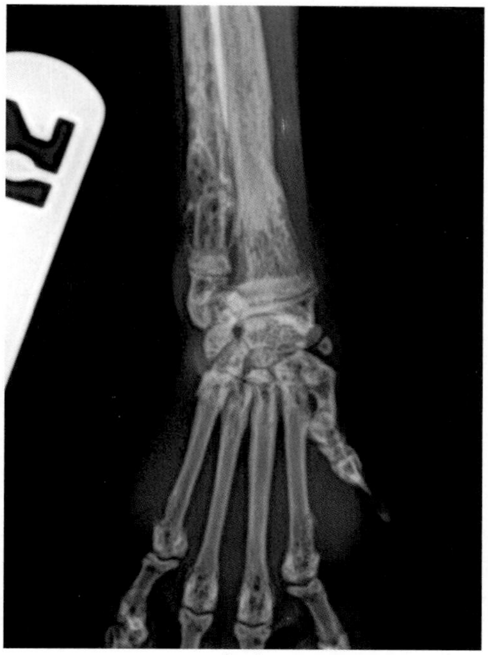

（A）

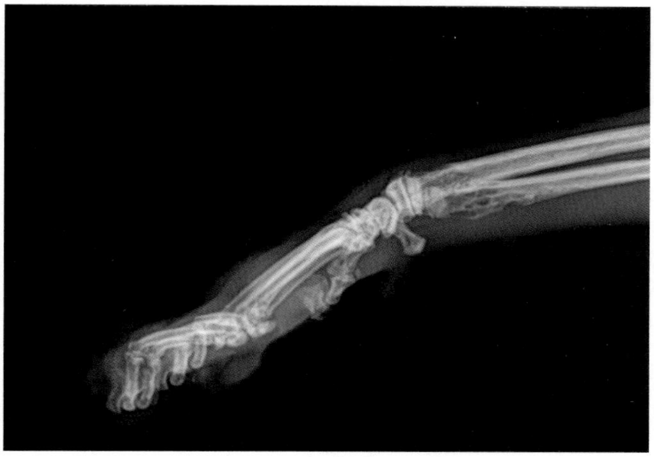

（B）

图97-3　两个掌骨的桡骨及尺骨远端发生的细胞溶解性骨损伤，（A）前后观；（B）侧面观（图片由Gary D. Norsworthy博士提供）

见非再生性贫血。低白蛋白血症比较常见，也可见到其他器官受损的迹象（如肝胆参数增加、血细胞减少等）。即使从基础检查不能得出诊断结果，也有助于评判病猫的整体健康状况而用于预后预测。

- 皮内皮肤试验及血清学检查：前者对感染来说并非可靠指标，但抗原试验在猫可用于尿液、血清及支气管肺泡灌洗液的检测（MiraVista Diagnostics，www.miravistalabs.com.）。

诊断注意事项

- 对所有有患病风险的猫，应了解清楚以前生活地区或旅行的病史。

- H & E染色很难使病原很好着色，因此采用改良的瑞氏法染色要比通过组织病理学方法检查鉴定病原效果更好。
- 只在户内活动的猫也可感染组织胞浆菌病。在这种情况下盆栽土通常为感染源，但有时猫没有接触盆栽土也可感染，这种情况下病原的来源难以确定。

治疗

主要疗法

- 伊曲康唑：为首选抗真菌药物，按5mg/kg剂量q12h PO，可与食物一同饲喂；胃的酸性环境可促进药物吸收，大多数猫可以0.25个胶囊（25mg）每天喂药2次。可将胶囊打开后将药物分装在明胶胶囊中或与罐装食物混合后给药。该药也有口服液，治疗期间通常会延长达数月。本药也可在本病暴发时与两性霉素B合用。

辅助疗法

- 营养辅助疗法：患病猫常常虚弱，可能厌食，食欲可能在治疗的头4～6周下降。置入饲喂管可使猫主能够提供适宜的营养支持，因此在诊断时就应考虑。

治疗注意事项

- 伊曲康唑溶液的吸收比胶囊更为稳定。
- 虽然猫通常能很好耐受伊曲康唑，但在治疗期间应定期进行血清生化检查以评估是否有肝脏毒性。因此在采用伊曲康唑治疗前应检测肝脏酶的水平，因为真菌性肝炎可能会引起这些酶活性升高。对具有肝中毒迹象的猫（即出现厌食或黄疸），应停止用药，至少暂时停药。肝脏酶水平［丙氨酸转氨酶（alanine aminotransferase，ALT）］升高而无症状的猫不一定停止治疗，但应密切进行临床及生化检测。
- 如果猫对伊曲康唑治疗没有反应时可交替使用氟康唑（5mg/kg q12h PO）和两性霉素B。氟康唑能较好地穿透中枢神经系统及眼睛组织，其价格也比伊曲康唑便宜。
- 两性霉素B皮下治疗可显著减少药物引起的肾脏毒性，促进对真菌的杀灭，在治疗中由于对伊曲康唑的反应不够快速而病情严重时可采用这种治疗方法。在用药前应检测肾脏的正常参数，治疗之后也应检测。参见第43章。在采用伊曲康唑或氟康唑治疗之前可采用这种方法治疗1～3次。
- 治疗开始后许多病例可能会出现恶化，特别是采用两性霉素B治疗之后，这可能是由于对正在死亡的病原发生强烈的炎性反应所致，应特别注意在此期间如果肺脏严重受到影响时的呼吸辅助疗法，短期采用皮质类固醇激素治疗可能具有一定作用。

预后

随着采用伊曲康唑、氟康唑及皮下用两性霉素B治疗，感染猫的预后有了明显改进。严重衰弱的猫如果具有明显的全身性疾病的症状，其预后仍应谨慎，但在开始衰竭之前采用积极的治疗通常能治愈，包括肺脏及骨的损伤均可恢复。

参考文献

Bromel C, Sykes JE. 2005. Histoplasmosis in dogs and cats. *Clin Tech Sm Anim Pract*. 20(4):227–232.

Greene CE. Histoplasmosis. 2006. In CE Greene, ed., *Infectious Diseases of the Dog and Cat*, 3rd ed., pp. 378–383. Philadelphia: Saunders Elsevier.

Johnson LR, Fry MM, Anez KL, et al. 2004. Histoplasmosis infection in two cats from California. *J Am Anim Hosp Assoc*. 40(2):165–168.

第98章
钩虫病
Hookworms

Mitchell A. Crystal 和 Mark C. Walker

概述

钩虫属（*Ancylostoma*）寄生虫为小型小肠内寄生线虫，也称为十二指肠虫或钩口线虫（hookworms）。已发现的猫的钩虫有三种：管形钩口线虫（*Ancylostoma tubaeforme*）（最为常见）、巴西钩口线虫（*Ancylostoma braziliense*）及狭头刺口钩虫（*Uncinaria stenocephala*）。管形钩口线虫（*A. tubaeforme*）为一种中度吸血线虫，而巴西钩口线虫为低度吸血线虫。线虫通过被污染的粪便在宿主间传递（如大鼠），小肠外迁移的生活周期为2～3周。侵染偶尔也可经皮肤传入，猫不发生跨胎盘及跨乳腺的感染。仔猫的临床症状比成年猫严重，包括腹泻、粪便黑色、呕吐、体重减轻或不能增重（仔猫）、由于贫血而衰弱或昏睡（仔猫）。感染也可无症状。查体时正常，但有体重减轻（仔猫）或腹泻的迹象，或出现黏膜苍白 （仔猫）。巴西钩虫是人皮肤幼虫迁移的主要病因，因此是最大动物传染病。

诊断

主要诊断

- 粪便浮集：显微镜下检查可发现虫卵。

辅助诊断

- 直接生理盐水涂片检查（direct saline smear）：显微镜下有时可观察到虫卵。
- 红细胞容积（packed cell volume）、总蛋白及血常规：仔猫患有十二指肠虫病时应测定这些指标以确定是否发生贫血。

诊断注意事项

- 在仔猫粪便中检查到虫卵之前可能已经表现临床症状。

治疗

主要疗法

- 双羟萘酸噻嘧啶（pyrantel Pamoate）（Strongid ®，Nemex®，通用名）：剂量为20mg/kg PO；2～3周内重复用药（对蛔虫也有效果）。
- 吡喹酮/双羟萘酸噻嘧啶（praziquantel/pyrantel pamoate）（Drontal®）：1.8kg或以下的猫，剂量为6.3mg/kg PO；1.8kg以上的猫剂量为5mg/kg PO；2～3周内重复用药。本药对蛔虫和绦虫也有效。
- 钩虫与犬心丝虫综合防治（hookworm and heartworm prevention combination）。伊维菌素（Heartgard for Cats®）：按标签说明给药或0.024 mg/kg q30d，按标签剂量用药时对蛔虫无效。吡虫啉（Imidacloprid）及莫昔克丁（Moxidectin）（AdvantageMulti for Cats®）： 按照标签说明或按10.0mg/kg吡虫啉及1.0mg/kg剂量的莫昔克丁局部用药。美贝霉素（米尔贝肟，Milbemycin oxime）（Interceptor®）：按标签或按2mg/kg PO，一月用药一次，对蛔虫也有效果。塞拉菌素（Selamectin）（Revolution®）：按照标签或按6mg/kg剂量局部点状用药，一月一次；对蛔虫、耳螨及跳蚤也有效。

辅助疗法

- 芬苯哒唑（Fenbendazole）（Panacur®）：以按50 mg/kg q24h PO用药3d，2～3周内重复用药［对蛔虫、鞭虫、贾第鞭毛虫及三尖盘头线虫（*Ollulanus tricuspis*）也有效］。
- 伊维菌素（Ivomec®）：按200μg/kg PO，2～3周内重复用药（对蛔虫也有效）。
- 艾莫德斯（Emodepside）及吡喹酮（praziquantel）（Profender®）：局部治疗。3mg/kg艾莫德斯及12mg/kg吡喹酮，8和12周龄时给药，3个月后再次用药。

治疗注意事项

- 日常或怀疑发生钩虫感染时治疗仔猫，即使粪便浮集为阴性时也应如此。
- 开始治疗后需要进行第二次治疗，以杀灭在开始治疗时受到限制而从虫卵及幼虫产生的新的成虫。

预后

治愈的预后良好，但钩虫常常可残存于环境中，再次感染很常见，因此这类问题在户外活动的猫严重。可采用硼酸钠每10m^{2}以5kg的浓度用于杀灭环境中的钩虫幼虫。

参考文献

Blagburn BL. 2004. Expert recommendations on feline parasite control. DVM best practices. A supplement to DVM magazine. An update on feline parasites, pp. 20–26.

Blagburn BL. 2000. A review of common internal parasites in cats. Vet CE Advisor. A supplement to Vet Med. An update on feline parasites, pp 3–11.

Hall EJ, German AJ. 2005. Helminths. In SJ Ettinger, EC Feldman, eds., *Textbook of Veterinary Internal Medicine*, 6th ed., pp. 1358–1359. St. Louis: Elsevier Saunders.

Reinemeyer CR. 1992. Feline gastrointestinal parasites. In RW Kirk, JD Bonagura, eds., *Kirk's Current Veterinary Therapy XI. Small Animal Practice*, pp. 1358–1359. Philadelphia: WB Saunders.

第99章 霍纳氏综合征
Horner's Syndrome

Sharon Fooshee Grace

概述

霍纳氏综合征（Horner's syndrome）是由于支配眼睛及附属器官（adnexa）的交感神经机能丧失所导致的一种疾病。交感神经对维持眼眶骨膜（periorbita）、眼睑以及瞬膜的平滑肌张力发挥作用，也对瞳孔扩张（通过虹膜扩张肌，iris dilator muscles）及副交感神经引起的瞳孔收缩（通过虹膜缩肌，iris constrictor muscles）之间的平衡发挥重要作用。交感神经通路任何部位发生损伤均可导致霍纳氏综合征（颈交感神经麻痹或损伤引起瞳孔缩小，眼睑狭窄和瞬膜突出等——译注）。节前神经节损伤可起自下丘脑和中脑，这一途径的损伤向下传递到脑干和脊髓，一直到前数个胸椎，沿着T1～T3神经根，向上到达迷走交感神经干（vagosympathetic trunk），到达颈前神经节终末（cranial cervical ganglion）。节后损伤可沿着颈前神经节发生，延伸到中耳，终止于眼睑。大多数猫的霍纳氏综合征的原因尚不清楚（先天性或特发的）。

如果能找到病因，则神经通路的损伤可能是最为常见的原因，这种损伤包括颈部的咬伤、手术创伤［即全耳道切除（total ear canal ablation）、鼓膜泡切开术（bulla osteotomy）及臂神经丛撕裂（brachial plexus avulsion）］等。其他的原因还包括中耳炎（otitis media）（包括清洁中耳引起的医源性损伤）、鼻咽憩肉（nasopharyngeal polyps）及胸前部肿瘤等。

霍纳氏综合征的症状包括瞳孔缩小、眼球内陷（enophthalmos）、第三眼睑脱垂及上眼睑下垂（ptosis）（见图99-1）。有些病例可能不表现所有症状，但总能发现瞳孔缩小。除了瞳孔缩小及第三眼睑下垂的影响外，视力异常并非为霍纳氏综合征的主要症状。检查霍纳氏综合征时应从病史着手，通过完整的查体检查，特别应注意新近发生的损伤、新近的手术，注意检查耳道，检查其他的神经损伤，以便确定损伤部位。

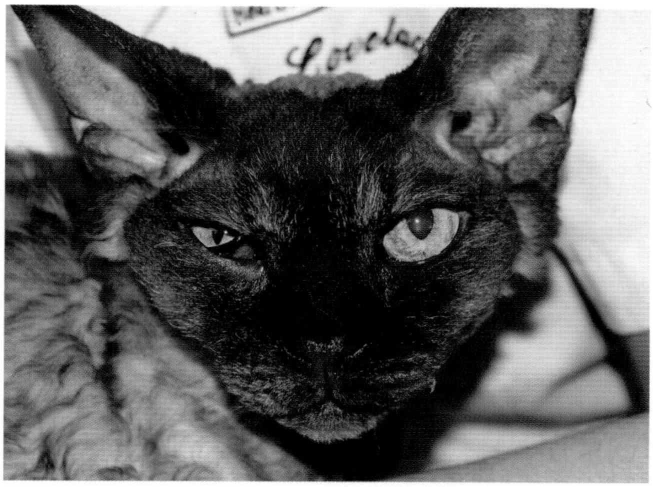

图99-1 该猫表现瞳孔缩小、上眼睑下垂及第三眼睑脱出，是霍纳氏综合征的典型症状

诊断

主要诊断

- 临床症状：如果出现瞳孔缩小、眼球内陷、第三眼睑脱垂及上眼睑下垂等症状的一种或数种，则应怀疑发生本病。

辅助诊断

- X线检查：胸部X线检查可用于鉴别胸前部的肿块。鼓膜泡组织的X线检查可检查出中耳软组织的密度（即中耳息肉、中耳炎或肿瘤）。
- 药理学试验：用眼科药物进行药物学试验有助于鉴别节前或节后损伤，但有时检查结果对诊断病因或预后没有多少帮助。此外，由于刺激发生的时间、损伤的完整程度及其与虹膜的距离，试验结果可有差异。在每只眼睛中滴注间接作用于交感神经的药物［1% 羟基苯丙胺（hydroxyamphetamine）及0.25% 托吡卡胺（tropicamide）］，如果损伤为节前性的，可引起瞳孔缩肌（miotic pupil）舒张，所以发生这种反应是因为节后神经的神经终末完整而能做出反应。如果损伤为节后性的，则瞳孔缩肌扩张不完全或完全不扩张。为了进一步证实节后损伤，可将直接作用于交感神经的药物稀释（1%苯肾上腺素，用生理盐水将10%贮液按1：10稀释），然后滴注到每个眼睛。如果损伤为节后性的，20min内瞳孔扩大，这是由虹膜扩肌去敏感性所致；如果损伤为节前性的，则瞳孔不扩大。

诊断注意事项

- 在暗室中由于正常瞳孔会扩大，因此瞳孔大小不等（anisocoria）可能更为明显。
- 发生霍纳氏综合征时眼睛无疼痛，如在有眼色素层炎或角膜损伤时发生疼痛，可导致瞳孔缩小，不应与霍纳氏综合征混淆。

治疗

主要疗法

- 治疗潜在疾病：如能确定，应先治疗潜在疾病。依病因及对神经的损伤不同，这种治疗也许能治愈霍纳氏综合征。通常没必要主要针对霍纳氏综合征进行治疗。

辅助疗法

- 10%苯肾上腺素局部用药：对于严重的病例，可每天用药两次，以缓解临床症状（如由于第三眼睑突出而影响视力）。这种治疗方法只是辅助治疗，不能帮助治愈先天性霍纳氏综合征或治疗其他潜在疾病。在大多数情况下，这种治疗方法对病猫无多少益处。

预后

先天性、创伤性及手术诱导的霍纳氏综合征通常在4～6个月内可自行康复，如果霍纳氏综合征继发于潜在疾病，则预后取决于对病因的确定及对治疗的阳性反应。

参考文献

Barnett KC, Crispin SM. 2002. Neuro-ophthalmology. In KC Barnett, SM Crispin, eds., *Feline Ophthalmology*, pp. 169–183. London: Elsevier.

Collins BK. 1994. Disorders of the pupil. In JR August, ed., *Consultations in Feline Internal Medicine*, 2nd ed., pp. 421–428. Philadelphia: WB Saunders.

Collins BK. 2000. Neuro-ophthalmology—Pupils that teach. In SJ Ettinger, EC Feldman, eds., *Textbook of Veterinary Internal Medicine*, 5th ed., p. 661. St. Louis: Elsevier Saunders.

Neer TM. 1984. Horner's syndrome. *Compend Contin Educ Pract Vet*. 6(8):740–747.

第100章

肾盂积水
Hydronephrosis

Gary D. Norsworthy

概述

肾盂积水（hydronephrosis）由尿路阻塞导致尿液在肾盂或肾小囊（diverticula）内蓄积而发生。肾盂扩大，导致肾髓质和皮质压力增加及发生缺血性萎缩。如果为单侧性的肾盂积水，阻塞可能为单侧输尿管或肾脏。双侧性疾病可由于尿道、膀胱或双侧输尿管阻塞引起。如果发生单侧性肾盂积水，正常的肾脏仍能发挥机能直到病变肾脏足够大时。患双侧性肾盂积水时，猫可发生尿毒症，在肾脏明显肿大之前就死亡。肾盂积水可由于泌尿道的先天性异常，膀胱、尿道或输尿管存在结石，肿瘤，卵巢子宫切除术时结扎输尿管，骨盆肿块以及罕见情况下的双侧性输尿管纤维化所引起。除了存在输尿管尿结石外，对本病的病因通常难以确定。患单侧性肾盂积水的猫可由于腹部膨胀而就诊，也可在日常查体时偶尔发现腹部肿块，而双侧性肾盂积水可导致明显的肾衰症状。如果发生肾盂肾炎（pyelonephritis），可出现昏睡、发热、厌食及血尿。患有双侧性疾病的猫一般因肾衰症状而就诊。

诊断

主要诊断

- 查体：腹壁触诊可发现肾脏中等到明显增大。
- 超声检查：超声检查可发现扩张无回声充满液体的肾脏，具有不同程度的肾实质组织存在（见图100-1、图100-2和图100-3）。

辅助诊断

- 排泄性尿路造影照片（excretory urogram）：采用这种方法可在患病肾脏发现很少或无造影剂，皮质呈薄的组织边缘，肾盂及输尿管可能扩张。如果单侧患病，则另一肾脏可能正常（见图100-4）。
- 肾盂造影术照片（Antegrade Pyelogram）：用超声波引导，将22号针插入肾盂，避免损伤肾动脉及静脉。吸取2～10mL尿液后将1～2mL碘化造影剂或碘海醇（iohexol）（240mg/mL）注入肾盂，立即进行侧面或腹-背面X线检查，在肾脏不能过滤经静脉注入的造影剂时，如发生输尿管阻塞，这种方法对诊断具有帮助意义。

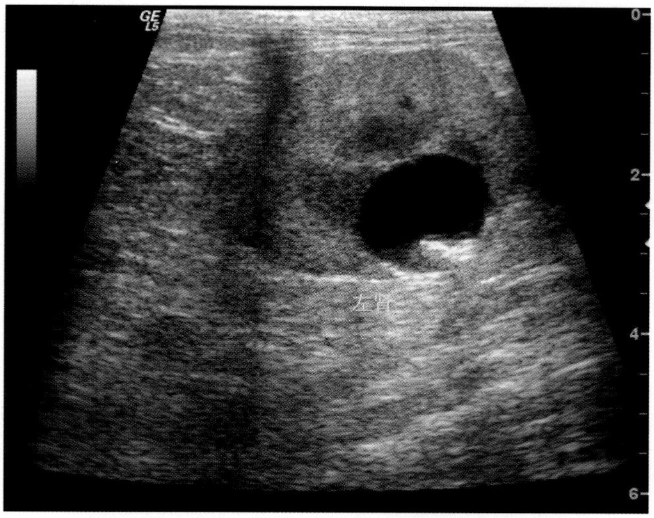

图100-1 由于有一定量的皮质及髓质组织存在，早期肾盂积水的病例

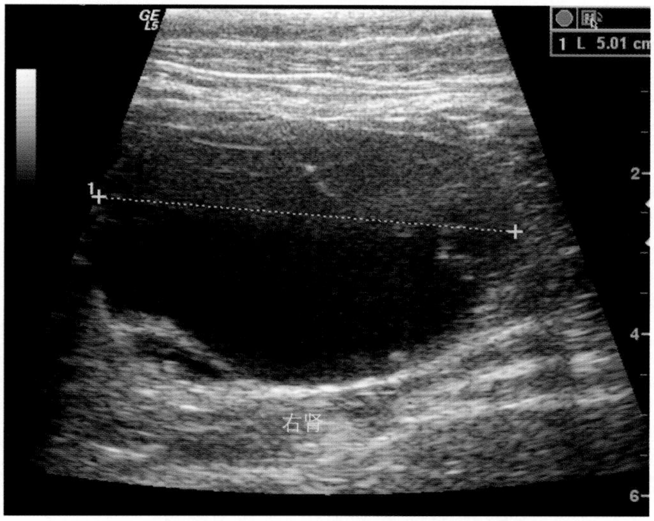

图100-2 后期肾盂积水导致几乎所有的皮质和髓质组织受到破坏，肾脏不能发挥机能

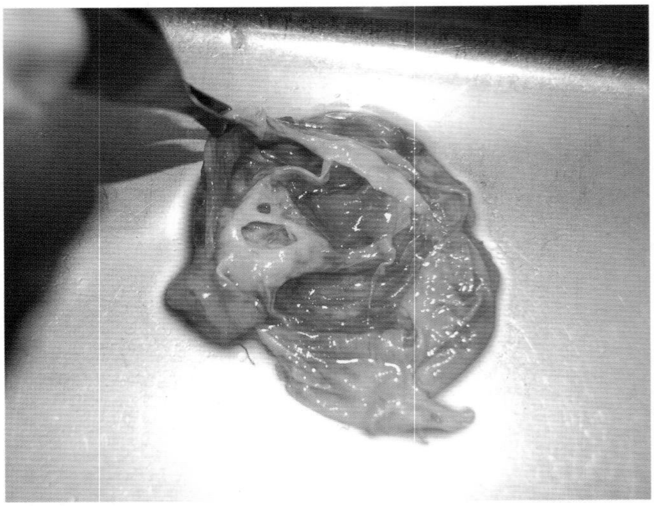

图100-3　图100-2中猫的肾脏，表现为肾盂几乎完全损毁了所有的皮质及髓质区

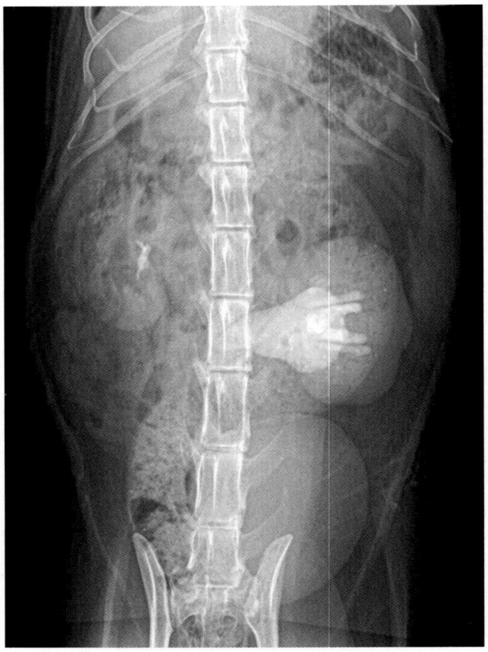

图100-4　排泄性尿路造影照片表现为左侧肾脏肾盂扩张及肾结石，右侧肾盂发生肾结石

诊断注意事项

- 如果病猫脱水，则不能经静脉注射放射诊断的造影剂。

治疗

主要疗法

- 治疗潜在疾病：如有可能，对引起阻塞的潜在疾病应进行积极治疗以缓解阻塞，这通常可能需要手术干预。在许多病例，这几乎不可能，但如果及时治疗，肾机能可恢复到接近正常的状态。
- 肾脏切除术：如果肾机能丧失及有疼痛或发生感染，只要另一肾脏仍能发挥作用，可摘除患病肾脏，而对正常的肾机能应通过排泄性尿路造影照片及肾机能检查决定。对没有疼痛或没有感染的无机能的肾脏，并非一定要摘除。

治疗注意事项

- 如果在泌尿道检测到细菌，应全身采用抗生素进行治疗。
- 如果发生输尿管阻塞，则其增大，壁变厚，足以施行输尿管切开术（ureterotomy）时，经验相对不足的医生也较易实施这种手术。参见第275章。
- 如果输尿管阻塞能在1周内消除，则肾脏可望能恢复正常机能。阻塞后15～45d可发生不可逆的肾脏受损，但有些肾脏即使在输尿管阻塞长达4周时仍可恢复机能。
- 肾周伪囊肿（perinephric pseudocyst）有时也可被误认为是肾盂积水，但前者为充满液体囊包围着肾脏。两者可通过超声波或排泄性尿路造影照片进行鉴别。

预后

如能在2d内成功治疗潜在疾病，则患病肾脏的预后良好。在发生单侧性疾病时，如果必须要切除肾脏，若另一肾脏能正常发挥机能，则猫的预后较好。患双侧性疾病的猫，如果潜在疾病难以治愈，其一旦发生氮血症，则预后谨慎。

参考文献

Bercovitch MG. 2007. Hydronephrosis. In LP Tilley, FWK Smith, Jr., eds., *Blackwell's 5-Minute Veterinary Consult*, 4th ed., pp. 642–643. Ames, IA: Blackwell Publishing.

Cuypers MD, Grooters AM, Williams J, et al. 1997. Renomegaly in dogs and cats. Part II. Diagnostic approach. *Compend Contin Educ.* 19:1213–1229.

第101章 肾上腺皮质机能亢进
Hyperadrenocorticism

Karen M. Lovelace

概述

虽然肾上腺皮质机能亢进为一种罕见的内分泌疾病，但却是一种能导致虚弱及危及生命的疾病。该病也称为库兴氏症（Cushing' s disease），在猫通常被误诊为糖尿病（diabetes mellitus，DM），只是在诊断糖尿病后才被确诊。80%的猫肾上腺皮质机能亢进病例可诊断到DM，猫对致糖尿病的甾体激素敏感，因此猫发生肾上腺皮质机能亢进时通常可见到胰岛素抗性。在所有发生糖尿病的猫，如果难以调节、经常或复发继发性感染时，可怀疑肾上腺皮质机能亢进为一种并发性的疾病。

除了使糖尿病发生的可能性增加外，猫慢性高水平的皮质醇也可引起皮肤脆性增加、心血管系统疾病、伤口愈合缓慢、免疫机能降低等，通常发生感染以及死亡。中年到老年的猫更易发病，母猫比公猫更易发病。该病的发生与品种无关。此外，猫的肾上腺肿瘤不仅分泌大量的皮质醇，而且能产生性激素，如孕酮等。

与犬相似，猫肾上腺皮质机能亢进的病例大约85%可归因为垂体依赖型肾上腺皮质机能亢进（pituitary-dependent hyperadrenocorticism，PDH），大约15%的病例属于机能性肾上腺皮质肿瘤（functional adrenocortical tumors，FAT）。猫库欣氏病真实的发病率尚不清楚，文献资料中报道的治疗成功的情况也不多。药物治疗难以奏效（unrewarding），手术干预有可能获得成功。因此早期识别及诊断肾上腺皮质机能亢进对成功治疗至关重要。

诊断

主要诊断

- 临床症状：最常见的症状为多食（polyphagia）、多饮（polydipsia）及多尿（polyuria）。多饮及多尿的开始可一直延缓到由于渗透性利尿而发生高血糖症及在临床上出现明显的糖尿。其他检查结果包括肥胖、昏睡、腹部下垂、普遍性肌肉消耗、脱毛（即发生于躯干或呈斑点状，被毛蓬乱，皮肤易碎，薄而易于撕裂）（见图45-1），以及继发感染。肝肿大及体重减轻发生频率较低。
- 并发症：在患有DM（特别是难以调节的糖尿病）的病猫应鉴别诊断肾上腺皮质机能亢进，在其他各种皮肤病，如经常性感染、伤口难以愈合以及皮肤易碎综合征（fragile skin syndrome）时均应进行鉴别诊断。
- 生化检查：高血糖时血液检查是最为恒定的检查结果，也常出现糖尿。高胆固醇血症（hyper-cholesterolemia）以及肝脏酶，如丙氨酸转氨酶（alanine aminotransferase，ALT）增加，碱性磷酸酶（alkaline phosphatase，ALP）增加等情况也见有文献报道。
- 低剂量地塞米松抑制试验（low-dose dexamethasone suppression test，LDDST）：如果不能抑制血浆皮质醇浓度升高，则表明在没有非肾上腺疾病的猫，特别是并发糖尿病的猫，发生了肾上腺皮质机能亢进。由于糖尿病是类库欣氏病猫（cushinoid cats）最常见的并发病，因此应该注意许多非类库欣氏病征性糖尿病（noncushinoid diabetic）的猫也不能受到抑制，从而出现假阳性LDDST。此外，许多正常猫及非肾上腺皮质疾病（nonadrenal illness）（如糖尿病）的猫也不能在剂量为0.01mg/kg时发生抑制作用，而该剂量常用于犬。因此建议使用剂量为0.1mg/kg的地塞米松静脉注射；注射地塞米松前及注射后4h及8h采集血样检测。
- 尿液中肌酐与皮质醇比例：尿液中肌酐与皮质醇之比升高则说明发生了肾上腺皮质机能亢进，但由于其他疾病过程可出现假阳性结果。
- 促肾上腺皮质激素（ACTH）刺激试验：ACTH刺激试验可评估肾上腺储备能力，常用于诊断肾上腺皮质机能减退（hypoadrenocorticism）。该试验灵敏度及特异性均较低，可采用各种方法进行。促皮质素（Cosyntropin）为一种合成的ACTH，为猫肾上腺皮质机能亢进的首选诊断用药，使用剂量为每只猫125μg，IV。静脉与肌内注射相比可产生更高程度及持续时间更长的肾上腺皮质刺激作用，因此不建议再采用肌内注射。如果采用静注方法，注射后采集血样的时间为60min及90min。此外，也可采用 ACTH 胶体，剂量为2.2U/kg，IM。采用这种方法时，血样应在注射前及注射后60min及120min采集。由于皮质醇达到峰值的时间在猫之间可能有差异，因此建议通常应采集注射后的2个样品。

辅助诊断

- 鉴别试验（discrimination tests）：可采用下列试验鉴别PDH与FAT。关于鉴别诊断与治疗方法的选择及结果的重要性，参见“诊断注意事项”。
  - 超声波检查：肾上腺单侧性增大，形状不规则或呈圆形则说明为FAT。肾上腺肿瘤常常表现为回声增加或为混合回声。肾上腺均匀对称，双侧表现正常或增大则说明为PDH。
  - 测定内源性ACTH：这种测定只能应用于已经诊断为肾上腺机能亢进之后，因为正常猫内源性血浆ACTH浓度较低。ACTH浓度正常或升高说明为PDH，浓度低或检测不到则说明为FAT。
  - 高剂量地塞米松抑制试验（high-dose dexamethasone suppression test，HDDST）：地塞米松先以0.1mg/kg剂量（LDDST）给予，之后以1.0mg/kg 剂量（HDDST）给予，两次试验应在不同时间进行。如果皮质醇浓度为41nmol/L（1.5μg/dL）或更高，低于基础浓度的50%，则说明为PDH。皮质醇浓度为28～41nmol/L（1.0～1.5μg/dL）可看作界限。缺乏抑制作用［4h或8h时 <28nmol/L（1.0μg/dL）］时则不能用于区分PDH与FAT。

治疗

主要疗法

- 肾上腺切除术（adrenalectomy）：是目前可选用的最为成功的治疗方法，因此也是目前首选的治疗方法。在许多病例，施行肾上腺切除术之前应采用药物稳定病情，暂时性地解决肾上腺皮质机能亢进可提高手术的成功率。在患单个FAT的猫肾上腺切除术可为单侧切除，在患PDH或双侧性FAT的猫可进行双侧切除。成功的手术通常可使该病康复，或在2～4个月内明显改善临床症状。这些病例中一半以上可治愈糖尿病，其余病例可减少外源性胰岛素的用药量。

辅助疗法

- 药物治疗：采用药物治疗的成功率常常很低或不一，长期用药物治疗常常无效。但药物治疗可用于术前稳定病情，以减少术后由于感染及伤口愈合不良产生的并发症。美替拉酮（metyrapone）为首选治疗药物，但该药的获得较为困难，曾成功地用于暂时性解除一例病猫术前肾上腺皮质机能亢进，剂量为65mg/kg q12h PO。

治疗注意事项

- 术前管理：以每小时625 μg/kg的剂量从诱导开始一直到术后24～28h恒速（constant rate infusion，CRI）滴注氢化可的松，同时强烈建议采用静脉内液体疗法及胃肠外抗生素疗法。在并发 DM的猫，在手术当天早晨应以一半的剂量给予中效作用的胰岛素。可考虑采用抗凝血疗法以防止发生血栓栓塞并发症。
- 术后管理：在停用氢化可的松CRI后，以每只猫2.5mg q12h PO的剂量给予强的松。对施行了双侧肾上腺切除术的病猫或发生高钾血症或低钠血症的病猫，开始用盐皮质激素进行治疗，同时每天两次监测血清电解质水平，连续数天。
- 术后并发症：常见并发症包括败血症、手术伤口裂开、肾上腺机能不全、血栓栓塞性疾病及胰腺炎。手术引起的死亡据报道可达病例的40%以上。
- 经蝶骨垂体切除术（transsphenoidal hypophysectomy）：这种手术已获得一定的成功，目前仍作为猫PDH时肾上腺摘除手术的一种替代疗法而处于研究阶段。
- 酮康唑及米托坦（ketoconazole and mitotane）：由于在猫没有明显的不良反应及缺少治疗反应，因此不建议使用这些药物。
- 曲洛司坦（Trilostane）：目前很少有关于这类药物在猫的使用研究资料。
- 目前不建议采用放疗。

预后

对患肾上腺皮质机能亢进的猫预后应该谨慎或严重。药物治疗的成功率很低，手术治疗由于病猫的衰竭状态及通常会发生术后并发症，因此具有很高的风险。早期诊断该病及术前药物治疗可提高成功的机会。

参考文献

Herrtage ME. 2005. Hypoadrenocorticism. In SJ Ettinger, EC Feldman, eds., *Textbook of Veterinary Internal Medicine*, 6th ed., pp. 1612–1622. St. Louis: Elsevier Saunders.

Reusch CE. 2005. Hyperadrenocorticism. In SJ Ettinger, EC Feldman, eds., *Textbook of Veterinary Internal Medicine*, 6th ed., pp. 1592–1610. St. Louis: Elsevier Saunders.

Sherding RG. 1994. Endocrine Diseases. In RG Sherding, ed., *The Cat: Diseases and Clinical Management*, 2nd ed., pp. 1481–1489. New York: Churchill Livingstone.

第102章 高醛固酮血症 Hyperaldoster onism

Andrew Sparkes

概述

自1983年第一次报道以来，关于原发性高醛固酮血症（hyperaldosteronism，HAD；也称为原发性醛固酮增多症或Conn氏病）的报道很多，研究表明这种疾病在目前可能比以往更为常见。本病由肾上腺醛固酮分泌肿瘤或罕见情况下由癌症所引起，近来也有报道认为本病的一些病例与肾上腺增生有关，这种情况类似于人的先天性高醛固酮血症。

醛固酮是控制血清钾水平的主要激素，也是肾上腺产生的主要盐皮质激素，在生理学上，醛固酮的产生和分泌主要受低钠血症（hyponatremia）、高钾血症（hyperkalemia）和肾性低血压（renal hypotension）的刺激，通过肾素-血管紧张素-醛固酮系统（renin angiotensin aldosterone system，RAAS）发挥作用。醛固酮的主要作用是增加血清钠的水平及降低血清钾的水平，调节细胞外液的容量。肾素是由肾脏中形成近肾小球器（juxtaglomerular apparatus）传入小动脉（afferent arterioles）的细胞所产生，小动脉压力降低或钠浓度降低时，这种细胞对此发生反应而增加肾素的分泌，最后导致血管紧张素Ⅱ的形成，其在很大程度上引起心输出及循环血量增加。此外，血管紧张素Ⅱ也可作用于肾上腺皮质球状带（zona glomerulosa）的细胞，增加醛固酮的合成及释放，之后醛固酮在肾小管远端刺激钠潴留及钾分泌。血钾过高也可直接刺激醛固酮的释放，因此醛固酮可直接控制钠的稳态，同时也可控制钠的水平和血液循环量。除了钾外，氢、镁及铵离子的分泌也在醛固酮的影响下增加。

报道的大多数高醛固酮血症病例是在老龄猫，但也有中年猫（5～6岁）报道患病。患病时症状的开始常常较为隐蔽，但多因突然出现症状而就诊。就诊时本病常见有两类症状，即由于低血钾引起的全身性肌肉衰弱（低血钾性多肌病，hypokalemic polymyopathy；见图33-1）及眼睛和偶尔发生的高血压性神经变化，如眼前房积血（hyphema）、视网膜血管屈曲（retinal vascular tortuosity）、视网膜出血及视网膜脱离。见图 193-1、图193-2及图193-4。

低血钾明显的临床症状一直要到血清钾浓度降低到3.0mmol/L以下时才能观察到。低血钾主要影响神经肌肉及心血管系统。典型症状包括局部或全身性中等到严重程度的骨骼肌衰弱。参见第143章。

发生高醛固酮血症时血清钾水平并不一定一直保持在低水平，可发生明显波动。血清肌酸激酶（creatinekinase，CK）的水平因此可以说明发生了间歇性的低钾血症，因为在钾保持低水平时CK在此之前很久就保持高水平。一般来说，如果要发生明显的CK泄漏，钾水平必须要降低到2.5mmol/L以下。

如果在日常检查中不发生低钾血症或未检查到高血压，很少能怀疑发生了高醛固酮血症，因此对所有病例应研究低钾血症或高血压的原因。在发生低钾血症的老龄猫，检查肾脏机能、血清葡萄糖及甲状腺的机能状态极为重要，但如果检查结果正常，其他检查结果原因不明，则应检查HAD。

发生HAD时与此相关的其他变化也应进行检查。可由于肾脏排出氢和铵离子的增加而发生代谢性碱中毒。患病时猫常常体况较弱，食欲不振、体重减轻及整梳减少。可由于低钾血症而出现多尿及多饮。如果低血钾为慢性，则可发生肾脏损伤（低血钾性肾病，hypokalemic nephropathy）。虽然低血钾性肾病是最为常见的症状，但高血压也经常存在，因此监测血压在所有可疑病例的诊断中均极为重要。表现的临床症状也可能与全身性高血压有关，包括突然的视力受损（如视网膜出血或视网膜脱离）或明显的眼内出血而引起眼前房积血。腹腔前部的肿块，如位于肾脏之前时可触诊到。

鉴别诊断包括慢性肾衰、甲状腺机能亢进、重症肌无力及全身性高血压的其他病因。应该注意的是，持续性严重的低钾血症可导致肾脏机能受损，因此难以鉴别低钾血症是否由于继发于慢性肾脏疾病，或是慢性肾脏疾病的原因。

诊断

主要诊断

- 推定诊断：可根据适宜的临床症状、血液检查及肾上腺增大等进行推定诊断。
- 血液检查：重要的检查结果包括低钾血症低血钾、明显的肌酸激酶升高（如>10000U/L），“肌肉酶”水平（muscle enzymes），如天冬氨酸转氨酶（AST）及丙氨酸转氨酶（ALT）升高。钾及CK浓度均可发生明显变化，在有些病例变化中等，或由于本病的兴衰特性而处于正常范围之内。
- 醛固酮及肾素测定：与血液分析结果相结合，如果血浆醛固酮浓度（plasma aldosterone concentration，PAC）升高则可证实发生了HAD。甚至在更为理想的情况下，如果发现PAC浓度升高，同时血浆肾素浓度降低，则可诊断为HAD。

辅助诊断

- 影像检查：通过X线拍片可检查是否有肾上腺肿块（见图102－1），但超声检查更为灵敏（见图102－2）。另外，超声检查也可检查周围结构，从而可评价肿块在局部的侵袭性。
- 尿液钾浓度测定：尿液钾的损失增加同时可伴发高水平的醛固酮分泌，这可通过监测肾的钾清除（renal fractional clearance of potassium）来判断，正常情况下应低于15%～20%，在正常猫低血钾时，应该比此更低，在发生HAD时清除率应该更低。

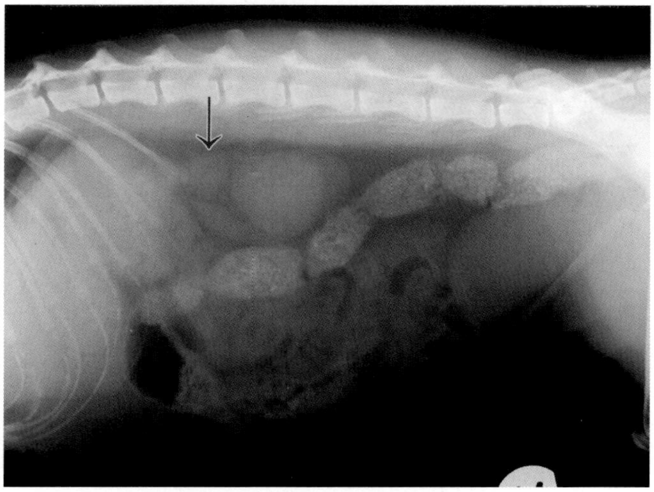

图102－1 腹部侧面X线检查，图示为肾脏前的肾上腺肿块（箭头）

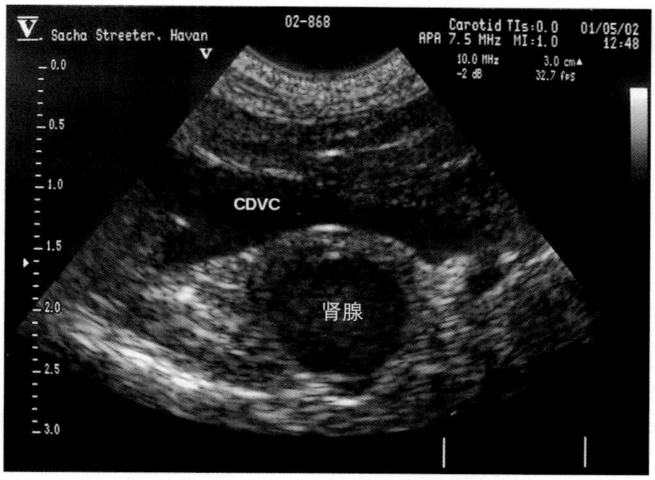

图102－2 原发性高醛固酮血症时肾上腺肿块的超声外观

诊断注意事项

- 所有患HAD的猫，无论是否表现临床症状，均应监测血压。
- 由于肾素为一种特异性的激素，因此血浆肾素的监测更为困难，测定时与人的肾素不发生交叉反应，除非采用血浆肾素活性（plasma renin activity，PRA）的机能分析，应采用种特异性的猫用分析系统。
- 一旦确诊为HAD，应注意区分原发性HAD及继发性HAD。继发性HAD是由于RAAS激活，生理性的醛固酮产生增加所致，因此最好测定血浆肾素，与在原发性 HAD时一样， PAC通常高于参考范围。

治疗

主要疗法

- 手术治疗：手术摘除异常的肾上腺是首选的治疗方法，本病常为单侧性，但肿瘤通常为腺瘤，常具有局部侵入性，可侵入局部血管，包括腔静脉（vena cava）。在这种情况下手术治疗可能更为困难。如果施行肾上腺摘除术，虽然就长期预后而言罕见的恶性肿瘤较差，但一般能治愈。

辅助疗法

- 补充钾：如果低血钾严重，则重要的是在开始治疗时通过静脉输液补充钾，之后或在开始治疗时也可口服补钾。葡萄糖酸钾可以每只猫2～4mmol， q12h PO为开始剂量给药，根据反应再调整剂量。
- 安体舒通（Spironolactone）：本药物为保钠性利尿剂，可发挥醛固酮颉颃剂的作用，因此有助于控制本病的影响。剂量为1～2mg/kg q12h PO。

治疗注意事项

- 如果手术治疗不切实际或由于猫主拒绝，采用药物治疗可控制不同阶段的临床症状。
- 药物治疗也可用于肾上腺摘除手术之前稳定病情。
- 虽然有报道认为本病的症状可在长时间内得到控制，但一般来说随着时间的推移，猫对药物治疗的反应性降低。

预后

肾上腺腺瘤的长期预后显然要比腺癌好，手术摘除可完全治愈。但即使成功摘除腺瘤，在肾上腺摘除1年以后还可由于复发而影响另外一侧的肾上腺。

参考文献

Ash RA, Harvey AM, Tasker S. 2005. Primary hyperaldosteronism in the cat: a series of 13 cases. *J Fel Med Surg.* 7(3):173–182.

Javadi S, Djajadiningrat-Laanen SC, Kooistra HS, et al. 2005. Primary hyperaldosteronism, a mediator of progressive renal disease in cats. *Domest Anim Endocrinol.* 28(1):85–104.

MacKay AD, Holt PE, Sparkes AH. 1999. Successful surgical treatment of a cat with primary aldosteronism. *J Fel Med Surg.* 1(2):117–122.

Rose SA, Kyles AE, Labelle P, et al. 2007. Adrenalectomy and caval thrombectomy in a cat with primary hyperaldosteronism. *J Am Anim Hosp Assoc.* 43(4):209–214.

第103章
高钙血症
Hypercalcemia

Michele Fradin-Fermé

概述

高钙血症（hypercalcemia）是指血清总钙浓度超过3mmol/L（12.0mg/dL），当总钙浓度［total calcium（tCa）concentration］高于3.75mmol/L（15mg/dL）时可出现临床症状，从轻微到中等程度的高钙血症都无临床症状。高血钙可产生多种有害的影响：（a）血管收缩活性增加可降低肾脏血流及肾小球的滤过率，导致肾衰；（b）机体所有部位组织的钙化，最常见于肾脏、心血管系统、肺脏及神经系统，也称为异位性钙化（ectopic calcification），对受影响的器官产生明显的不利影响。当Ca×P产物大于70时可在组织发生钙化，因此钙与血清磷的互作极为重要；（c）电解质失衡可导致便秘、肌肉衰弱及神经症状。

血清钙浓度的调节极为复杂，与甲状旁腺素（PTH）、降钙素及维生素D之间的作用密切相关。小肠、肾脏及骨是钙平衡的主要调节位点。血清钙以离子型（ionized）（iCa；占血清钙的50%～60%）、蛋白结合型（35%）及结合型钙（10%）三种形式存在。

猫最为常见的高钙血症的原因为急性及慢性肾衰、恶性体液性高血钙（humoral hypercalcemia of malignancy，HHM）、继发性或原发性高血钙及先天性高钙血症。自1990年以来，猫的先天性高钙血症发生较多，但其病因仍为自发性的。其他常见原因见表103-1。

表103–1　猫高钙血症的原因

常见原因
甲状腺机能亢进（继发性或原发性）
肿瘤及恶性体液性高钙血症［淋巴瘤、肺癌、多发性骨髓瘤（multiple myeloma）］
慢性或急性肾衰
维生素D中毒（即医源性或杀虫剂）引起
先天性
医源性（即含有磷酸盐结合因子的大量的钙制剂）
不常见的原因
实验室测定结果不准确
肉芽肿疾病（即组织胞浆菌病、芽生菌病或血吸虫病）
肾上腺皮质机能减退
甲状旁腺机能亢进
维生素A中毒

常见临床症状包括呕吐、体重减轻、厌食和排尿困难。

诊断

主要诊断

- 病史：确定猫是否有肾机能不全或癌症（特别是鳞状细胞癌或淋巴瘤）的病史。应询问关于猫的猎守习惯，猫是否曾采食酸化饲料。
- 临床症状：症状通常轻微或无特异性，包括厌食、昏睡、体重减轻等。呕吐、多尿及多饮并没有像犬那样常见，但与泌尿系统相关的症状在患慢性高钙血症时经常可见，包括由于含有钙的尿结石所引起的排尿困难及血尿。严重的症状包括心动过缓、心律不齐、肌肉抽动及抽搐、麻木及继发于高钙血症发生的昏迷。如果血钙超过5mmol/L（20mg/dL），则可发生死亡，如发生HHM，或发展很快，如灭鼠剂中毒等。在原发性甲状旁腺机能亢进时，可触诊到增大的甲状旁腺。
- 基础检查：血常规、血清生化检查、尿液分析及逆转录病毒监测等均应进行。可能因原发性或继发性肾衰而出现血液尿素氮及肌酐升高。肾衰时尿液相对密度降低。
- 离子钙：可通过测定iCa浓度验证是否存在高钙血症。在先天性高钙血症，与tCa相比，离子钙常会不成比例地增加。
- 甲状旁腺素浓度：原发性甲状旁腺机能亢进的主要特点是PTH水平升高到正常范围以上，但由于有些病猫PTH水平可能正常，因此并不总能检查到高水平PTH。

- 甲状旁腺激素相关蛋白（PTHrP）：PTHrP由一些肿瘤细胞产生，可引起高钙血症继发症，包括增加破骨细胞骨吸收和肾小管对钙的再吸收。淋巴瘤、鳞状细胞癌、肺癌及多发性骨髓瘤等也很有可能发生。

辅助诊断

- 诊断性影像检查：应检查是否有异位性钙化（即动脉、胃、小肠、肾脏等）、肺脏肿块、骨肿块或尿结石等。患草酸钙尿结石的猫大约1/3具有高钙血症。鉴别诊断见表103-2。

表103-2　鉴别诊断

病因	症状	诊断
先天性	缺如或温和	总钙正常或升高 血清离子钙严重升高 甲状旁腺素降低 开始时磷含量正常
肾机能不全	多饮、多尿或便秘	血清离子钙正常 尿素及肌酐升高 磷升高 甲状旁腺素升高
甲状腺机能亢进（原发性、继发性及第三期）	开始缓慢 原发性甲状腺机能亢进时，可在颈部触诊到肿块	原发性时甲状旁腺素升高 继发性时甲状旁腺素正常 磷正常或降低
恶性体液性高血钙	开始缓慢 昏睡、厌食、恶心、疲乏、脱水、氮血症及昏迷	总钙中等或升高 甲状旁腺素相关蛋白升高 磷正常或降低
维生素D杀虫剂或含有钙化醇的植物	快速开始	总钙严重升高 血清磷增加

诊断注意事项

- 尚无有效的药物能将猫的血清钙浓度调整到正常水平。
- 一定要证实钙浓度升高。脂血症（lipemia）或溶血在采用比色分析时通常会造成血清总钙浓度升高的假象。
- 准确测定iCa时，血样的采集及处理必须与氧隔绝。

治疗

主要疗法

- 治疗潜在疾病是治疗该病的主要目标。
- 温和的先天性高钙血症可能无法治疗。
- 液体疗法：可采用生理盐水经皮下或静脉滴注纠正脱水。
- 控制钙水平：促进钙的排出及防止骨吸收钙。
- 利尿剂：在持续性及严重高钙血症与肾衰无关的病例，可在纠正脱水后用速尿（furosemide）治疗，其剂量为2～4mg/kg q8～12h IV，SC或 PO。噻嗪类利尿剂可引起钙滞留，使高钙血症更为恶化，因此禁用这类药物。利尿剂不应长时间使用。
- 糖皮质激素：可用于对静脉滴注及呋喃苯胺酸治疗后无反应的病例，这类药物可减少骨的吸收，减少小肠吸收及增加肾脏排出钙，也可明显减少患淋巴肉瘤、多发性骨髓瘤、维生素D过多症肉芽肿性疾病、肾上腺皮质机能减退、先天性高钙血症等病猫的钙水平，但在获得确诊之前不应采用这种药物治疗。肾脏钙排出的增加可引起或加剧高钙尿，增加含钙性尿结石。可将强的松龙以1.0～2.2mg/kg q12h PO，IV或SC给药。另外，也可将地塞米松以0.1～0.22mg/kg q12h IV或SC给药。

辅助疗法

- 降钙素：鲑鱼降钙素可降低破骨细胞的活性，因此可暂时性地降低由于维生素D过高引起的血清高钙浓度，其剂量为4 IU/kg q8～12h IM或SC。
- 日粮：建议对先天性高钙血症的病例采用非酸化性日粮及高纤维日粮。用于糖尿病时的低碳水化合物-高蛋白日粮具有很强的酸化作用，因此在本病禁用。

治疗注意事项

- 为了比较起见，1mmol钙=2mEq 钙=40mg钙。
- 美国与其他国家不同，1mL 10%葡萄糖酸钙溶液含有94mg葡萄糖酸钙及4.5mg葡萄糖二酸钙（calcium saccharate）。
- 对住院病例应在治疗期间每12～24h测定其自身的血清钙水平和肾脏的基本参数。
- 处于生长期仔猫的血清钙及磷水平明显比成年猫高，有些实验室正常的磷值可能对仔猫较为合适，而不适合于成年猫。
- 虽然原发性甲状旁腺机能亢进不太常见，但老龄猫发生高钙血症、低磷血症，肾机能正常，无肿瘤迹象时应该检查其PTH水平，特别是如果触诊颈部（即甲状腺/甲状旁腺）发现肿大时更应如此。甲状旁腺肿大可能会根据触诊而误判为甲状腺肿大。
- 补充磷结合因子及维生素D、维生素A和钙可能会加重高钙血症。

预后

该病的预后在很大程度上是由引起高钙血症的潜在疾病及猫对治疗的反应所决定的，患有先天性高钙血症的猫易于发生慢性肾病，可能还会发生草酸钙尿结石。

参考文献

Feldman EC. 2003. Disorders of the parathyroid glands. In SJ Ettinger, EC Feldman, eds., *Textbook of Veterinary Internal Medicine*, 6th ed., pp. 1508–1535. Philadelphia: WB Saunders.

Midikff AM, Chew DJ, Randolph JF, et al. 2000. Idiopathic Hypercalcemia in Cats. *J Vet Intern Med*. 14(6):619–626.

Rosol TJ, Chew DJ, Nagode LA, et al. 2000. Disorders of Calcium: Hypercalcemia and Hypocalcemia. In SP DiBartola, ed., *Fluid Therapy in Small Animal Practice*, 2nd ed., pp. 108–162. Philadelphia: WB Saunders.

Schenk PA, Chew DJ, Behrend EN. 2006. Update on Hypercalcemic Disorder. In JR August, ed., *Consultations in Feline Internal Medicine*, 5th ed., pp. 157–168. St Louis: Elsevier.

第104章 嗜酸性粒细胞增多症

Hypereosinophilic Syndrome

Sharon Fooshee Grace

概述

猫嗜酸性粒细胞增多征（feline hypereosinophilic syndrome，FHS）是一种以慢性外周嗜酸性粒细胞增多及嗜酸性粒细胞在各种器官浸润，特别是在胃肠道、脾脏、肝脏、骨髓及淋巴结浸润为特征的罕见疾病，其原因尚不清楚，但可能是由于对抗原刺激反应过度或嗜酸性粒细胞的产生不受控制的免疫调节所引起。组织浸润最后导致参与器官的机能异常或不能发挥作用。由于嗜酸性粒细胞在形态上已经成熟，外观正常，因此该病并非肿瘤性疾病，但该病的生物学行为与肿瘤相似，临床病程进展快速，对治疗的反应较差。

虽然FHS在青年猫见有报道，但大多数病例是在中年到老年猫。该病的发生与品种无关；雌性更易发。有学者认为嗜酸性粒细胞性肠炎可能是发生猫嗜酸性粒细胞增多综合征的前期症状。

本病的鉴别诊断包括其他原因引起的嗜酸性粒细胞增多，如：内外寄生虫病、过敏反应性疾病、免疫介导性疾病、嗜酸性粒细胞性肉芽肿综合征（eosinophilic granuloma complex）、哮喘及肿瘤［即肥大细胞瘤、淋巴瘤或肿瘤伴随症候群（paraneoplasia）等］。FHS与嗜酸性粒细胞性白血病之间的区别尚不清楚，由于未知的原因，猫似乎更易发生各种嗜酸性粒细胞介导性疾病。

诊断

主要诊断

- 临床症状：在报道的少数病例，大多数常见的症状是呕吐、腹泻（有时带血）、体重减轻及厌食，有时可见难以治疗的瘙痒。虽然有报道称发生抽搐及发热，但并不常见。报道有皮肤受到影响及出现多食，但较为罕见。查体时发现的异常包括肥厚性肠袢、肠系膜及外周淋巴结肿大和肝脾肿大。
- 血常规：持续性的难以解释的嗜酸性粒细胞增多是FHS的标志性症状。绝对的嗜酸性粒细胞计数通常超过3000个/μL，在一例报道中嗜酸性粒细胞平均计数约为42000个/μL。嗜酸性粒细胞形态正常。
- 组织活检及组织病理学检查：许多软组织被嗜酸性粒细胞浸润，在大多数病例，小肠黏膜及黏膜下组织均会受到影响。
- 骨髓穿刺及细胞学检查：检查骨髓可发现嗜酸性粒细胞性增生（可占到有核细胞的40%），而其他细胞系的细胞数量基本正常。红色细胞系列在有些病例可受到抑制。

辅助诊断

- 生化及尿液分析：有助于评估一般健康水平及确定是否存在器官机能异常。

诊断注意事项

- 由于FHS发生的原因尚不清楚，因此对本病的诊断需要排除其他引起外周及组织中嗜酸性粒细胞增多的原因。

治疗

主要疗法

- 甾体激素：强的松龙为首选的FHS治疗药物，需要采用大剂量来诱导症状缓解（每天4～6mg/kg，连用2～4周），之后可降低剂量，如有可能可用药4～6个月。

辅助疗法

- 化疗：烷基化药物，如苯丁酸氮芥（chlorambucil）、硫唑嘌呤及环磷酰胺可考虑用于对治疗无反应的病例，但猫通常很难耐受这些药物，也不能改变病程的进展。
- 羟基脲或环孢霉素A：这些药物可选择用于治疗对治疗无反应的病例，但用这些药物治疗FHS的临床经验仍十分有限。

治疗注意事项

- 大多数病例需要长期治疗。

预后

在大多数病例，病程不间断地进展可导致预后不良，通常在诊断后的数周内发生死亡。

参考文献

Huibregtse BA, Turner JL. 1994. Hypereosinophilic syndrome and eosinophilic leukemia. *J Amer Anim Hosp.* 30(6):591–599.

Lilliehook I, Tvedten H. 2003. Investigation of hypereosinophilia and potential treatments. *Vet Clin North Amer.* 33:1359–1378.

Neer TM. 1991. Hypereosinophilic syndrome in cats. *Compend Contin Educ.* 13(4):549–555.

第105章 感觉过敏综合征 Hyperesthesia Syndrome

Amanda L. Lumsden

概述

感觉过敏综合征（hyperesthesia syndrome）是猫的一种沿着脊柱的皮肤出现皱褶或起伏的疾病，也称为波纹背（ripple back）、皮肤疤（rolling skin disease）、神经性皮炎（neurodermatitis）、神经炎（neuritis）、精神运动性癫痫（psychomotor epilepsy）及暹罗猫瘙痒性皮炎（pruritic dermatitis of Siamese）等。有关该病的研究不多，其病理生理学特性仍不清楚，可能为一种引起外周神经神经炎的中枢神经系统疾病。公猫和母猫均可发病，可发生于任何年龄，更常见于1～5岁的猫。该病在暹罗猫、缅甸猫、波斯猫及阿比尼西亚猫常见，但可发生于所有品种。

如其名称波纹背所示，病猫表现为沿着背部的皮肤抽搐、起皱纹或起伏，一般开始于胸腰部脊柱区域，沿着皮肤到达尾部。一旦发病猫随即狂野奔跑，而且声音嘶哑。皮肤抽搐发生的时间常持续较短（30s～5min），发作的频率在个体之间有一定差异。发病时猫的瞳孔散大；通常凝视或攻击、咬伤尾巴及腹胁部，对沿着背部的触摸很敏感，甚至在沿着腰椎触摸时会表现攻击人的行为，特别是发作前或发作过程中这种行为尤为突出。

诊断

主要诊断

- 临床症状：参见“概述”。
- 对治疗的反应：参见“治疗”项下治疗本病所采用的药物。

辅助诊断

- 需要排除的主要疾病（primary rule outs）：包括跳蚤过敏性皮炎（即对甾体激素治疗或控制跳蚤的反应）、食品过敏反应 （食物试验）及特异反应性（对甾体激素的反应）。
- 其他需要排除的疾病：包括肌肉骨骼（即肌炎或肌疾）、神经性（即癫痫、大脑肿瘤或脊柱疾病）及行为（即强制性疾病或移位行为）。

治疗

主要疗法

- 镇静安眠药：以 8～32mg q12h PO治疗1～3个月（或更长）。使用不引起镇静的最低有效剂量，建议的开始剂量为16mg q12h PO。

辅助疗法

- 氯苯咪嗪（Clomipramine）：剂量为0.5～1mg/kg q24h PO。
- 氟西挺（Fluoxetine）：剂量为0.5～2.0mg/kg q24h PO。

治疗注意事项

- 使用镇静安眠药时，应每3～6个月检查肝脏酶活性，但猫的肝脏酶升高并不常见。不要使用血清分离试管，因为会出现酶水平降低的假阳性结果。
- 如果治疗时猫对镇静安眠药无反应，或者不良反应［例如镇静或贪食（polyphagia）］太严重，则不能再用药，应使用其他治疗药物。

预后

就控制感觉过敏综合征而言，预后好，特别是如果猫一开始就对镇静安眠药有反应时预后更好。

参考文献

Bagley RS. 2007. The Cat with Tremor or Twitching. In J Rand, ed., *Problem-Based Feline Medicine*, pp. 862–863. Philadelphia: Elsevier Saunders.

Ciribissi, J. 2009. Feline syperesthesia syndrome. *Compendium*. 31(3):116.

第106章
高钾血症
Hyperkalemia

Michele Fradin-Fermé

概述

高钾血症（hyperkalemia）是指血清钾浓度超过5.5mmol/L，而正常值为4.0～5.0mmol/L。如果血钾浓度适度升高则一般不表现临床症状，但如果超过7.5mmol/L时则可危及生命。钾为细胞内最主要的阳离子；体内总钾只有2%在血液中。钾由肾脏排出，醛固酮可促进钾排出。血清钾水平随着摄入、分布或排出而变化。高钾血症常与少尿状态（oliguric states）有关，最常见的为急性肾衰及尿道阻塞和血栓栓塞形成之后典型出现的大量的细胞溶解。高钾血症也可发生于由于大量的静脉内输入氯化钾（KCl），通常由于输液速度过快，浓度过高，或加入到输液组合后KCl没有充分混合而引起医源性高钾血症，其他原因见表106-1。高钾血症可对心脏产生毒性作用，先是促进，后则抑制心肌的兴奋性，导致心动过缓及心律不齐，但有些猫可表现心动过速。随着高钾血症的增加，心电图明显出现异常（见表106-2）。

高钾血症的临床症状取决于病因，也与钾对心脏的毒性作用有关，可发生昏睡、衰弱、血液灌注不良及死亡。钾浓度超过8mmol/L时可出现临床症状。

表106-1　猫高钾血症的病因

摄入增加	排出减少	钾在体内重新分布
静脉输入钾（注意：由于可能首先会诱导呕吐，因此口服钾不可能会诱导高钾血症）	急性肾衰	代谢性酸中毒
	膀胱破裂	高渗溶液
	尿道撕裂（尿道阻塞——译注）	前列腺素抑制因子
	肾上腺皮质机能减退	β－阻断剂
	原发性低醛固酮症	琥珀胆碱
	明显的血容量过低	血栓栓塞
	药物（安体舒通、血管紧张肽转变酶抑制因子及非甾体类抗炎药物）	肿瘤细胞溶解
		胸腔积液

表106-2　高钾血症引起的心电图异常

轻微的高钾血症（<6.0mmol/L）	峰尖型T波
R波幅度降低	P波变平或缺如
P–R间隔延长	心动过缓
中等高钾血症（6.0～8.0mmol/L）	PR及QT 间隔延长
	QRS复合波（除极波群，反映心室肌的全部除极过程——译注）变宽
严重高钾血症（>8.0mmol/L）	窦性心律
	无 P波
	QRS 复合波变宽
	心室纤颤
	心室心搏停止
	心搏停止

诊断

主要诊断

- 病史：输尿管或尿道阻塞时可预测会发生高钾血症，在血栓栓塞之后3～4d可发生高钾血症。参见第212章、第220章及第221章。
- 临床症状：听诊极为重要。心动过缓及心律不齐很常见，有些猫表现心动过速。
- 生化检查：必须要鉴别清楚高钾血症的原因。在患有氮血症的猫，应考虑无尿或少尿型肾衰（参见第189章）或尿路破裂或阻塞。如果钠/钾低于27，应考虑肾上腺皮质机能减退。参见第111章。在糖尿病酮症酸中毒时血清钾水平可增加或降低。参见第51章。
- 心电图（ECG）：ECG异常为高钾血症的特征性变化，但依钾浓度的不同而异。见表106-2及图106-1、图106-2及图106-3。

治疗

主要疗法

- 潜在疾病：必须纠正潜在的原因。大多数为尿源性的。

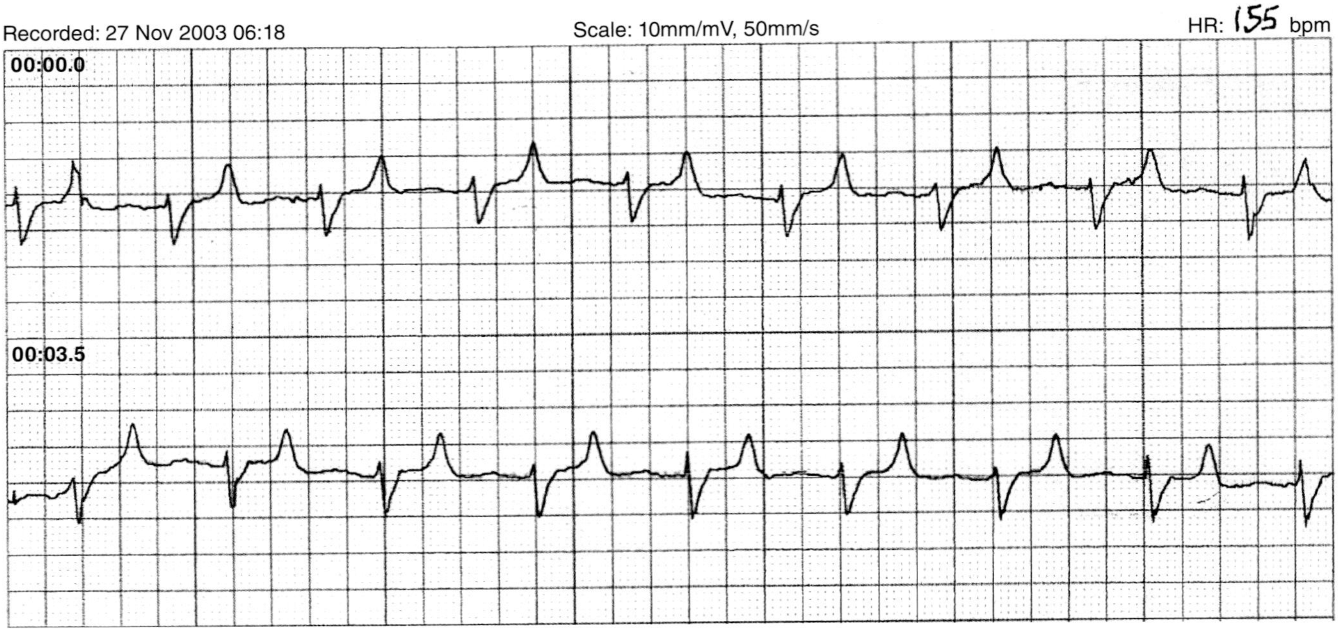

图106-1 这例猫就诊时为尿路阻塞症，其血清钾为7.6mmol/L。注意T波峰尖型、P和R波幅度降低，P-R 间隔延长（心电图由Gary D. Norsworthy博士提供）

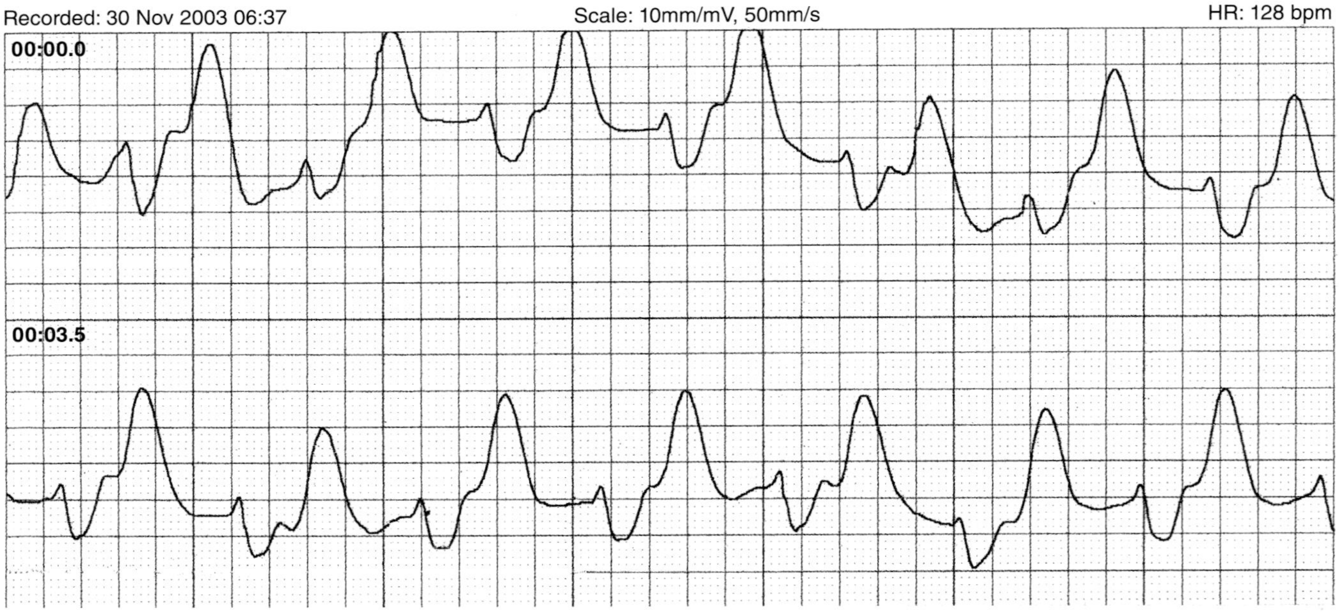

图106-2 本例猫为急性肾衰症，血清钾为10.4mmol/L。注意QRS复合波变宽，缺少P波，表现心动过缓（心电图由Gary D. Norsworthy博士提供）

- 液体疗法：在猫没有发生危及生命的心脏异常时，可采用稀释的液体疗法，可用生理盐水（0.9%）IV。乳酸林格氏液体只含有4mmol/L钾，因此可以采用。
- 急诊心脏病治疗：开始时可给予1g/kg 50%葡萄糖IV，加入0.25～1.0IU/kg常规胰岛素以控制细胞内的钾浓度及快速降低血清钾水平。
- 心律不齐的控制：50～100mg/kg（0.5 ~1.0mL/kg）10%葡萄糖酸钙，10～15min IV，治疗危及生命的心律不齐。用药过程中应注意监测心律，如果发生心动过缓，应停止用药。这种治疗方法不能降低血清钾浓度，其保护心脏的作用只能持续30min。
- 急性降低钾浓度：以1～2mmol/kg 碳酸氢钠缓慢IV，20～30min内注入一半剂量，之后将另一半加入到静

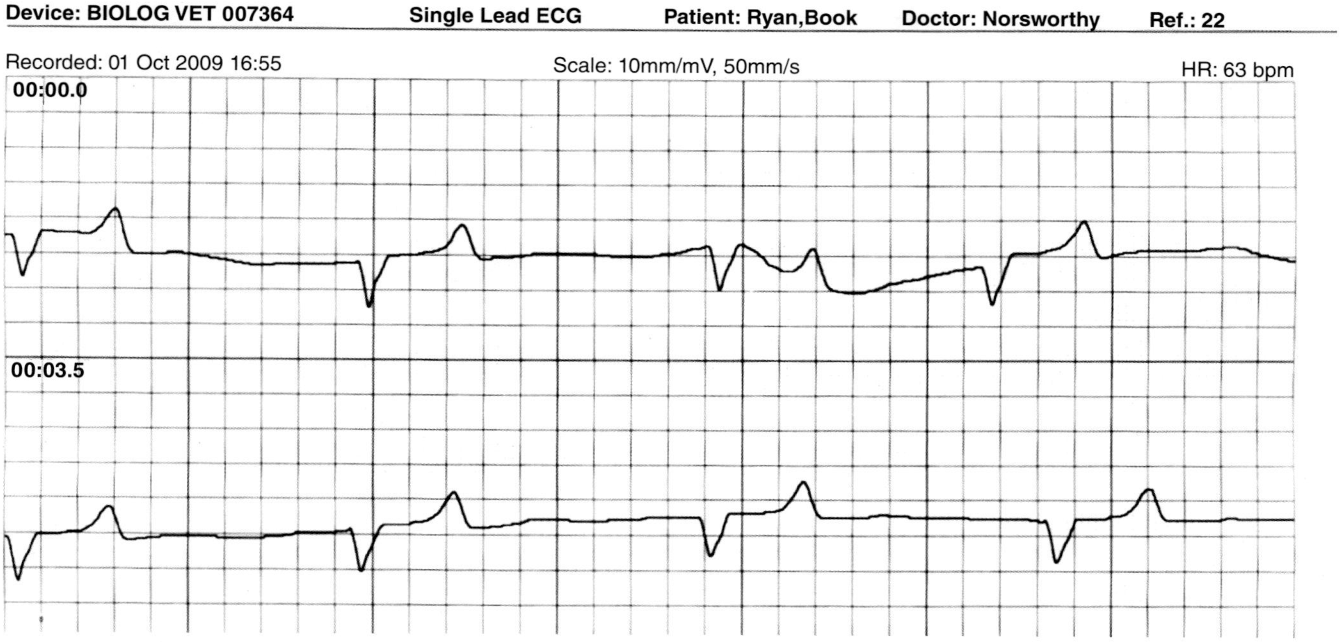

图106-3 本例猫为尿道阻塞症，血清钾为11.6 mmol/L，表现为心律不齐，QRS 复合波变宽，无P波。严重心动过缓。这些情况常见于高钾血症，静脉输入葡萄糖及胰岛素可缓解阻塞（心电图由Gary D. Norsworthy博士提供）

脉输液中。监测血清钙水平，因为这种治疗方法可诱导高磷酸盐血症性尿路阻塞（hyperphosphatemic urinary-obstructed）的猫发生低钙血症。

治疗注意事项

- 为比较起见，1mmol钾=1mEq 钾=39.3mg钾。
- 为比较起见，KCl为15%溶液，在10mL玻璃瓶中含有20mmol（20mEq），其含有2mmol（2mEq）/mL钾=149 mg/mL，KCl =4mOsmol/mL。
- 静脉注射钾时，KCl的输注速度应低于每小时0.5mmol/kg。

预后

该病的预后与血清钾水平有关，如果水平超过8.0 mmol/L 则可危及生命，如能迅速降低，则只要潜在疾病能被控制，则预后好。在急性无尿性或少尿性肾衰时，预后严重。

参考文献

Bell R, Mellor DJ, Ramsey I, et al. 2005. Decreased sodium:potassium ratios in cats: 49 cases. *Vet Clin Pathol*. 34(2):110–114.

Cowgill L, Francey T. 2005. Acute Uremia. In SJ Ettinger, EC Feldman, eds., *Textbook of Veterinary Internal Medicine*, 6th ed., pp. 1731–1751. Philadelphia: WB Saunders.

DiBartola SP. 2001. Management of hypokalaemia and hyperkalaemia. Proceedings of AAFP/ESFM Symposium at WSAVA Congress. *J Fel Med Surg*. 3:181–183.

第107章
系统性高血压
Hypertension，Systemic

Beate Egner

概述

系统性高血压（systemic hypertension）在猫并不罕见，可看作一种疾病的标志，但本身也是一种疾病。患有心脏和肾脏疾病的猫，高血压为一种风险因素，需要积极控制。由于许多猫在其生命过程的某个点上会发生肾病，而且肾病是高血压的主要因素，因此高血压在8岁以上的老龄猫特别常见。

血压（blood pressure，BP）在正常水平之上的慢性增加称为高血压。在理想状态下，猫的动脉全身性动脉血压（arterial systemic BP）为124/84mmHg（±15mm Hg），在生理活动期间每天都会发生正常波动，这就是说至少每年应测定一次血压，每次连续测定3～5次，以确定个体的正常水平。如果没有这些灵敏的测定参数，如果血压值高于150/95mmHg则转变为高血压。在测定结果较高时，应多测定几次以证实是否为高血压或是个体的变化所造成。在兽医临床实践中，高血压可根据其对靶器官损伤（target organ damage，TOD）的风险类别，分为不同的阶段（见表107–1）。

表107–1　高血压的分级

风险类别	心脏收缩压(mmHg)	心脏舒张压(mmHg)	靶器官损伤的风险
I	<150	<95	小
II	150～159	95～99	轻微
III	160～179	100～119	中等
IV	>180	>120	严重

高血压可引起动脉壁应激，可能主要对四种器官造成损伤：（a）眼睛受到影响，造成高血压性视网膜病变（hypertensiveretinopathy）、高血压性脉络膜病变（hypertensive choroidopathy）及高血压性视神经病变（hypertensive optic neuropathy）。主要症状包括瞳孔放大（单侧性或双侧性）、眼前房积血、突然失明、视网膜血管扭曲、视网膜出血及视网膜脱离。参见第193章。（b）肾脏，受到影响后可导致肾小球硬化（glomerular sclerosis）、肾小管坏死（tubulonecrosis）及间质性炎症和纤维化（由于高血压引起的蛋白尿及蛋白重吸收到间质），可见到急性或慢性肾脏疾病的症状。参见第189和第190章。（c）70%的高血压病例可影响到心脏，其结果为左心室肥大，导致心肌长期缺氧，引起细胞死亡和出现心律失常的病灶。在临床上这些猫表现为心杂音、奔马律、心动过速、R–波升高及节律障碍。参见第108章。（d）大脑受到影响，导致高血压性脑病，表现为大脑水肿及出血，脑内压增加。主要症状为哀叫（可能由于头痛所引起）、头低（head pressing）（也可能为头痛所引起）、行为发生改变（即昏睡、极度活跃等）、攻击行为（可能由于疼痛所引起）及抽搐。与人医不同的是，所有高血压的猫均表现继发性高血压，主要是由潜在疾病所引起：（a）肾脏疾病可使血压明显升高，甚至升高到300mmHg收缩压。（b）甲状腺机能亢进通常不引起血压升高超过180mmHg收缩压，罕见情况下可导致心脏舒张性高血压。由于甲状腺激素诱导具有阻力的小动脉血管舒张，可出现舒张压轻微降低；常见心动过速。（c）糖尿病可引起血压轻微升高，但不发生心动过速。（d）嗜铬细胞瘤（pheochromocytoma）是交感神经系统极为罕见的一种肿瘤，主要发生在肾上腺髓质。儿茶酚胺的突发性分泌可使这种肿瘤处于非活动期时血压测定正常之后升高到极高的值。（e）原发性及继发性高醛固酮血症也可成为高血压的原因。原发性高醛固酮症主要由于血容量增加而引起血压增加（钠增加及水潴留）。参见第102章。继发性高醛固酮症（肾性高醛固酮症，renal hyperaldosteronism）可使肾素及血管紧张素水平升高。无论发生何种类型的高醛固酮症，纤维化及动脉血管重构可破坏动脉血管顺度（arterial compliance），如果用HDO测定可发现心收缩前期幅度（presystolic amplitudes）紊乱，外周阻抗增加。（f）引起高血压的其他原因包括肥胖、肢端肥大症、甲状旁腺机能亢进、颅内损伤（如肿瘤）、高钙血症、红细胞增多症

（polycythemia）、动静脉瘘（arteriovenous fistula）及其他心动过速引起的疾病。

特发性高血压（idiopathic hypertension）是指继发于未能诊断出的疾病所引起的高血压。在有些病例，在诊断出高血压后数月到数年才能诊断出潜在疾病。

高血压可为单独的心脏收缩高血压（只是心脏收缩压高）、单独的心脏舒张高血压（只是心脏舒张压高），或为混合性（收缩及舒张压均升高）。

鉴别诊断包括疼痛及白大掛效应（white coat effect）（即血压的升高是由于兴奋或兽医及临床环境引起的应激而造成）。

诊断

主要诊断

- 临床检查结果：最常见的临床检查症状为抽搐、中风样症状、鸣叫、瞳孔散大、视网膜血管扭曲、视网膜出血、视网膜脱离及突然失明（见图193－1、图193－2、图193－4 和图211－2）。
- 可采用多种方法测定血压，每种方法都有其优缺点。

直接动脉内（intra-arterial）测定法

- 应考虑金标准。
- 临床实践中并不实用。

多普勒血压计（doppler flow Meter）

- 有人认为是临床实践中的首选方法。
- 旨在测定收缩压，但有时读数接近于平均动脉压。
- 测定舒张压较为困难，常常几乎不可能。
- 这种方法测定的为血压袖带压力（cuff pressure），并非血管压力。在理论上两者应当相同。
- 血压袖带压力与动脉压之间的关系可受使用者、软组织顺度、放气速度、血压袖带大小及放置位点及血压本身的影响，同时也受检查者听觉敏锐度（auditory acuity）的影响。
- 由于阀门的限制，其最为可靠的读数范围为70～160mmHg。
- 多普勒计（Doppler units）为最便宜、可采用的技术，但与直接测定血压相比变异很大。

常规示波测量法（conventional oscillometry）

- 这种方法从平均压力计算心脏收缩和心脏舒张动脉压。
- 可监测到所有类型的高血压。
- 这种设备有8位处理器工作，根据与理想状态下人的脉搏波程序化处理的波形的匹配程度对信号进行分析而检测。
- 在小动物这种方法不太准确，心率快及存在血管收缩时这种测定也不准确。
- 由于阀门的限制和处理器的能力，其准确度只是在70～160 mm Hg才可靠。
- 有些机器难以区分假象与脉搏波。
- 在心输出量严重受到影响时（心律不齐）或外周灌注不良（即休克、药物诱导性大量血管收缩时等）时可监测不到结果。
- 心率快时可限制读数。
- 运动可影响读数。

高分辨率示波测量（high definition oscillometry）（HDO™）

- 这种方法可测定心脏收缩压、心脏舒张压及平均血压，因此可监测所有类型的高血压。
- 可对读数进行图像分析，因此可对结果（脉搏或假象）（pulse versus artefact）可视化地进行控制，可视化分析动脉顺度，获得心脏输出量的可视化信息及心率和相关问题的可视化结果（见图107－1）。
- 脉搏微弱、血管收缩或心律不齐不影响测定结果。
- 这种测量仪采用32位处理器工作，可以实时检查输入的信号，在整个压力范围内（5～300mmHg）实时对阀门朝着线性的方向调整。
- 处理器进一步加速，可以扫描任何输入的信号，直接测定压力而不是将其与压力程序曲线相匹配。
- 这种方法对脉冲信号及病猫的运动极为敏感，因此对不合作的猫不能采用。在尾根测定时读数最好，因为这个区域受到环境的影响最少。
- 对脉冲波进行分析时需要将测定仪器与Windows™计算机连接。

辅助诊断

- 心电图（ECG）：可见的心电图异常包括R－波幅增加（高电压，high voltage），QRS复合波宽度增加，S－波加深，P－波持续时间延长及心律不齐。这些变化并非高血压所特有。在没有测定血压时对这些结果的解释应谨慎。
- 超声波心动描记：可见异常包括左心室肥大（主要为相对于左心室游离壁相比，不对称的室间隔增厚）、

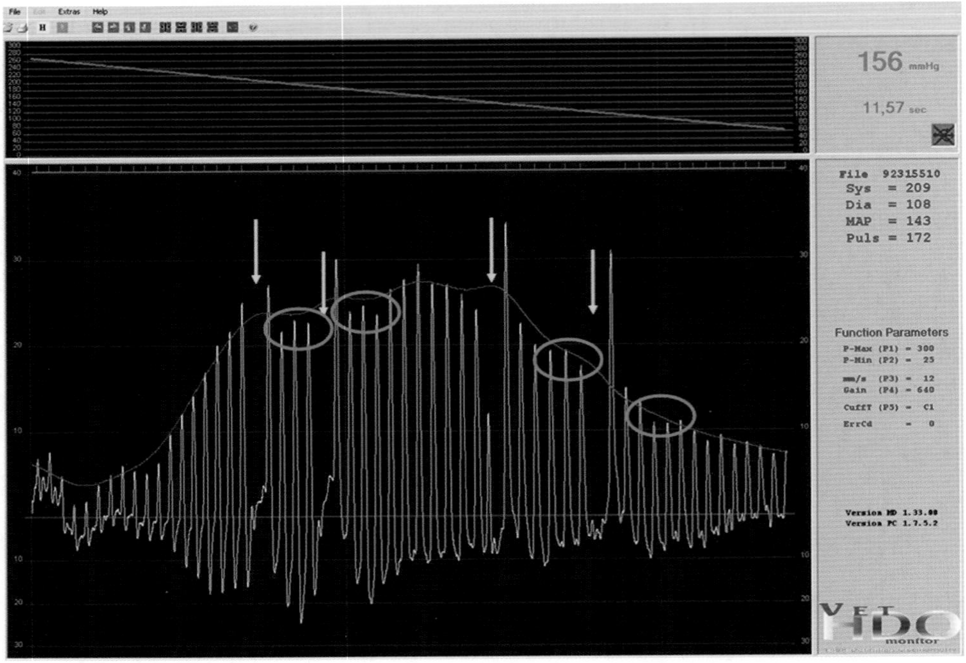

图107-1 高分辨率的示波曲线，猫患高钾血症时，由于慢性肾病导致的高血压性肥厚型心肌病引起的心律不齐，心输出量（脉冲高度）明显受心律不齐（黄色箭头）及机能性二尖瓣回流（functional mitral regurgitation）（波动的高度，绿色圆圈）的影响

过度收缩（hypercontractility）及二尖瓣机能不足。这些变化并非高血压所特有，未测定血压时对其结果的解释应谨慎。

- 胸腔X线诊断：变化包括血压诱导的主动脉弓变宽（类似于增大的右心房），胸主动脉变宽，有时扭曲（见图107-2及图291-20），腔静脉壁（caval vein walls）平行（不分支）。由于增生表现为中心性的心肌肥大，因此总是难以察觉。
- 尿液分析：尿液蛋白－肌酐比大于0.2，说明发生了由于慢性肾病引起的蛋白尿，这是引起高血压最常见的原因。
- 生化及血清学检查：检查有无肾病的迹象［即肌酐、血液尿素氮（BUN）、钾、钠］，是否有甲状腺机能亢进（即总T_4，肝脏酶）、糖尿病（葡萄糖）、嗜铬细胞瘤（儿茶酚胺）及高醛固酮症（血浆醛固酮浓度）。

诊断注意事项

- 如果系统检查排除了已知引起高血压的原因，则可诊断为特发性高血压（Idiopathic hypertension），这是一种排除诊断，很有可能是潜在疾病处于早期阶段。
- 所有具有末端器官受损、高血压相关症状、具有和高血压有关的疾病病史以及8岁以上的猫均应测定血压，就诊时症状模糊不清，如厌食、多饮、行为改变

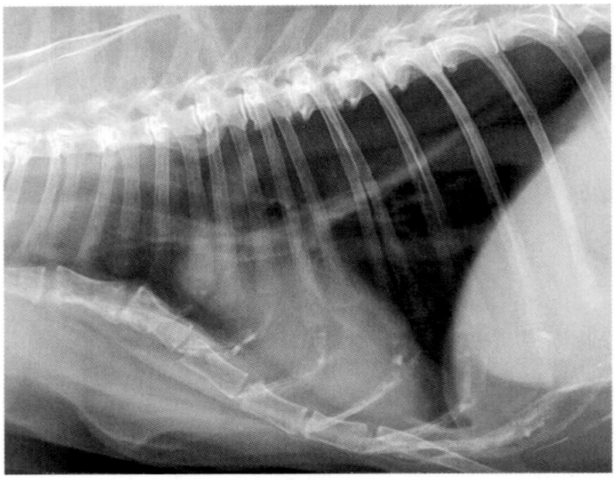

（A）

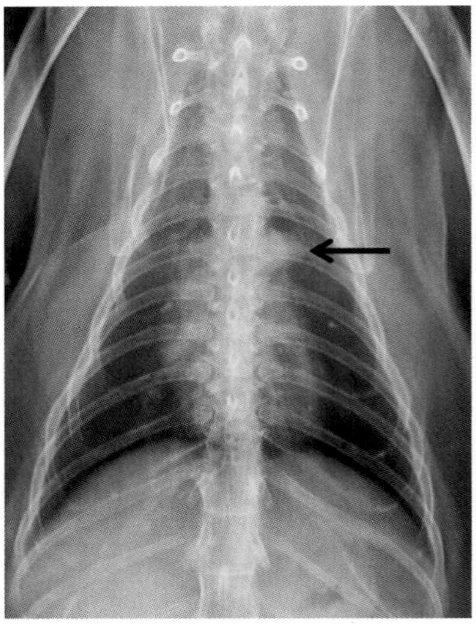

（B）

图107-2 全身性高血压时胸腔X线检查结果。侧面观察，可见主动脉扭曲（A），腹-背观察可见为突起样结构（B）。主动脉的这种变化与全身性高血压有密切关系

（攻击行为）、衰弱及昏睡的猫，也应测定血压。
- 理想状态下，BP测定应为常规临床检查的一部分，至少每年测定一次。

治疗

主要疗法

- 降低血压的药物：采用药物降低血压。

急诊治疗

- 紧急处理：迅速降低血压，使其低于高风险水平（180/120mmHg）。发生急性视网膜脱落或对治疗无反应的抽搐时可采用这种治疗方法。
- 硝酸甘油膏：可快速降低血压，但发挥作用的时间只有48h。可以将6mm油膏剂涂抹于耳廓的凹面。如果耳廓冰凉（由于血管收缩所引起），可在用药前稍微加温以加速药物吸收。注意：本药物也可经过人的皮肤快速吸收。
- 血管紧张素转化酶抑制剂（Angiotensin–Converting Enzyme Inhibitor，ACEi）：ACEi对血压有快速作用（数小时），也具有长期作用（2周）。依采用的药物种类，ACEi可降低心脏收缩压达到15～20mmHg（如依那普利、苯那普利或米卡普利），或甚至降低到40mmHg（雷米普利）。可增加ACEi的剂量以进一步发挥最大作用。猫对这类药物的耐受较好。依那普利、苯那普利和米卡普利的剂量为0.5mg/kg q12～24h PO，雷米普利按剂量为0.25～0.375mg/kg q24h PO。
- 氨氯地平（Amlodipine）：本药物为强烈的全身及肾内舒张血管的药物，由于药物对外周要比对中枢性钙通道的阻滞作用更大（比例为15：1），因此对心脏的作用很小。其能通过降低全身血压保护心脏和肾脏，其作用开始较为快速，能有效降低血压。在24h内能降低血压到40mmHg 或以下，其最大作用是在3d内达到。可增加用药剂量以进一步降低血压。猫对本药具有较好的耐受性，开始剂量可达到 0.1～0.5 mg/kg（约为每只猫0.625mg，PO），3～4d后根据血压测定结果如果需要，可增加到每只猫1.25mg。
- 对上述药物没有反应的高血压突发，可采用硝普钠，剂量为每分钟1～3（可达10）μg/kg，恒速灌注，其作用可立即开始，但血浆半衰期只有数分钟。另外，可以每只猫2.5mg q12h PO的剂量注射肼屈嗪（hydralazine），在1～2h内发挥作用，持续12h。

非急性初期治疗（nonemergency initial treatment）

- 将血压降低到中等风险水平（160/100mmHg）之下。
- 氨氯地平：参见前述。
- ACEi：参见前述。如果高血压是由于慢性肾脏或心脏疾病所引起，由于该药物能保护心脏和肾脏，因此可使用这类药物治疗；如果由于各种原因引起肾素–血管紧张素–醛固酮系统（RAAS）激活，也可使用这类药物。如果BP没有急剧增加，且无TOD存在，则ACEi为治疗的首选药物，ACEi发挥最大效应时可将BP降低到理想的范围内。如果氨氯地平单独不能获得理想的BP，则可将其与ACEi合用，也有人在使用氨氯地平时总是使用ACEi，主要是因为氨氯地平可激活醛固酮。

维持

- 维持血压处于轻微的风险范围之内（150/95mmHg），但患慢性或严重高血压的猫很难达到这种目的。
- 氨氯地平：参见前述。
- ACEi：参见前述。
- 治疗潜在疾病。

甲状腺机能亢进

- 参见第 109章。
- 如有需要可加用 β –阻断剂用于短期控制高血压。阿替洛尔（Atenolol）具有心脏选择性（cardioselective），剂量为0.25～2.0mg/kg q12～24h PO。
- 如果能够控制甲状腺机能亢进，同时也应能控制血压。如果血压在治疗期间升高，则可能与肾脏疾病有关，此时应注意检查肾脏疾病，同时根据情况调整治疗（参见前述）。

肾脏疾病

- 参见第189章、第190章和第191章。
- 嗜铬细胞瘤（Pheochromocytoma）。
- 手术摘除肿瘤是唯一的治疗方法，可治愈。
- 高醛固酮症（Hyperaldosteronism）。
- 参见第102章。

预后

就正常的生活期望而言，高血压的诊断及控制进行得越早，预后越好。高血压的诊断越迟或控制效果不佳，则会影响生活。

参考文献

Carr A, Egner B. 2009. Blood Pressure in Small Animals—Part 2: Hypertension—Target Organ Damage, Heart and Kidney. *Euro J Compan Anim Pract.* 19(1):13–17.

Egner B, Carr A, Brown S. 2007. *Essential Facts of Blood Pressure in Dogs and Cats*. Babenhausen, Germany: VetVerlag, Buchhandel und Seminar GmbH.

Elliot J, Barber PJ, Syme HM, et al. 2001. Feline Hypertension: clinical findings and response to antihypertensive treatment in 30 cases. *J Small Anim Prac.* 42:122–129.

Jepson RE, Elliott J, Brodbelt D, et al. 2007. Effect of control of systolic blood pressure on survival in cats with systemic hypertension. *J Vet Intern Med.* 21:402–409.

第108章 高血压性心肌病

Hypertensive Cardiomyopathy

Beate Egner

概述

高血压性心肌病（hypertensive cardiomyopathy）有时也称为高血压性肥厚型心肌病（hypertensive hypertrophic cardiomyopathy，HHCM），是慢性血压升高引起的继发性心脏疾病，不应与由于遗传引起的原发性肥厚型心肌病相混淆。参见第110章。高血压病猫中约70%可发生高血压性心肌病。这些病猫常常因突然开始有心脏杂音或奔马律而就诊，有些猫还表现为瞳孔放大（即单侧性或双侧性，说明发生了持续性高血压性视网膜病变，persistent hypertensive retinopathy）。参见第107章和第193章。如果高血压是由于甲状腺机能亢进所引起，导致左心室肥大，则称为甲状腺毒性心肌病（thyrotoxic cardiomyopathy）。

慢性高血压时，前负荷（preload）和后负荷（afterload）增加，前负荷增加导致末期心脏舒张直径增加及血量增加，心脏需要克服阻抗（后负荷）而将增多的血量泵入血循，结果由于心脏工作量的增加而引起心肌收缩增加。与运动员的举重训练相似，心肌发生肥大，类似的心肌细胞（cardiomyocytes）增生。令人惊奇的是，这种变化通常会导致室间隔非对称性肥大，其影响要比有游离壁更为严重。这种非对称性导致瓣膜开口垂直偏移，引致二尖瓣机能不全而导致心脏出现杂音。

该病的主要鉴别诊断为肥厚型心肌病。

诊断

主要诊断

- 病史：典型情况下猫表现一种或数种下列情况：行为变化［即共济失调、头部压低（head pressing）、碰撞物器、哀叫等］、性情发生改变（即安静、激动或有攻击行为）、抽搐或昏睡。
- 临床检查：可发现巩膜血管充血（injected scleral vessels），黏膜呈亮红色、毛细血管再充盈时间缩短，心脏杂音［即二尖瓣出现最大强度杂音（point of maximum intensity，PMI）］、奔马律、心动过速及脉搏异常。
- 血压测定：是检查高血压性心肌病最为重要的方法。参见第107章和第311章。如果收缩压超过180mmHg，舒张压超过120mmHg，或两者均出现，则可确定为严重的高血压。可采用HDO™血压测定仪，查找高的心脏收缩前期波（high presystolic waves）、心输出量的变化及心律不齐性心输出量的变化（见图107-1）。

辅助诊断

- 心电图：可发现R-波幅增加（高电压），QRS复合波变宽，S-波变深［束支传导阻滞（bundle branch block，BBB）］，偶尔可见P波持续时间延长，或偶尔可见心律不齐。
- 胸部X线检查：常可见到血压引起的主动脉弓变宽（很像右心房增大）、胸主动脉变宽及腔静脉壁平行（parallel caval vein walls）（未分支，not diverging）。并非总是能够看到由心脏壁增厚性向心肥大导致的向内性心脏扩大。
- 超声波心动描记：可见到左心室肥大，主要为非对称性肥大（即与左心室游离壁相比，室间隔增厚），过强收缩（hypercontractility）［即左室部分缩短（fractional shortening）增加］，二尖瓣机能不全，见图294-10（A）及图294-10（B）。
- 尿液分析：尿蛋白与肌酐比（urine protein-to-creatinine ratio，UPC）常常大于0.2，表明由于慢性肾脏疾病（chronickidney disease，CKD）而发生蛋白尿。
- 生化检查：应检查是否有CKD（即肌酐和血液尿素氮、钾、钠）、甲状腺机能亢进（即总T_4和肝脏酶）和糖尿病（即葡萄糖）。

诊断注意事项

- 对所有表现可能为高血压引起的心脏疾病症状的猫均应检测血压。如果存在高血压，对生存来说是明显的风险因子。
- 高清示波测量（HDO）图像分析：可提供关于每次心跳心输出量受到影响的信息。

治疗

主要疗法

- 潜在疾病：治疗潜在疾病，这是解决问题的关键，特别是评价患慢性肾脏疾病的猫时更是如此，由于这是血压明显升高的主要原因（特别是血压高于200/120mmHg时）。
- 氨氯地平：为强力的全身及肾内血管舒张药物，对心脏几乎没有影响，其通过降低全身血压保护心脏及肾脏，其作用开始快速，比其他已知药物更能有效降低血压。血压可在24h内降低到40mmHg或更多，在3d内达到最大效果。可增加剂量，以便血压降低到150/95mmHg或更低。猫对本药物具有耐受性。使用剂量为0.1～0.5mg/kg，开始时可以每只猫0.625mg剂量用药。如果在3～4d内血压达不到150/95mmHg或以下，则可将剂量增加到每24h每只猫1.25mg或更多，甚至每12h也可采用这种剂量。

辅助疗法

- 血管紧张素转换酶抑制剂（Angiotensin–Converting Enzyme Inhibitors，ACEi）：这类药物对心脏具有保护作用［即降低前负荷及后负荷，使生长因子失活（重构），降低对儿茶酚胺的敏感性］，对肾脏也有保护作用[即稳定肾小球系膜细胞（mesangial cells），防止出现蛋白尿，扩张肾小球的传出动脉，阻止生长因子血管紧张素II（AII）和其他AII激活的因子（抗增生作用）的作用。ACEi可降低肾小球内及全身血压，ACEi也具有轻微的即时作用（immediate effect）（数小时内）及较长期的作用 （2周内）。依所选择的药物的种类，ACEi可降低心脏收缩压达15～20mmHg（即依那普利、苯那普利和米卡普利），或高达40mmHg（即雷米普利）。可增加ACEi的剂量以进一步优化效果。猫对这类药物具有较好的耐受性。依那普利、苯那普利及米卡普利的剂量为0.5mg/kg q12～24h PO。雷米普利的剂量为0.25～0.375mg/kg q24h PO。
- 利尿剂：呋喃苯胺酸或噻嗪类利尿剂主要有助于治疗心脏舒张性高血压。
- 醛固酮颉颃剂：除了AII外，醛固酮在心脏及动脉的重构过程中发挥重要作用。心脏及动脉的重构过程对生存来说是一个负相关因子。如果心缩前期幅度在开始用ACEi治疗后仍持续较高，则可能激活动脉重构过程（arterial remodeling process），醛固酮颉颃剂安体舒通，应该加大剂量到2mg/kg q24h PO使用。

治疗注意事项

- 如果氨氯地平单独治疗难以奏效，可加用ACEi，两者合用可发挥效果。
- 对甲状腺机能亢进引起的高血压，应治疗甲状腺机能亢进（参见第109章），可加用β–阻断剂，用于短期高血压的治疗。最好使用安替洛尔，因为其在剂量为0.25～2mg/kg q12～24h PO时具有心脏选择性。当猫甲状腺机能正常时，应同时控制血压。如果在治疗期间血压升高，则可能发生了肾脏疾病，这种情况下应注意检查肾脏疾病。参见第190章和第191章，必须根据情况调整治疗。
- 突发性高血压：可用硝普钠以每分钟1～3（可达10min）μg/kg的剂量恒速灌注，其作用可立即开始，在血清的半衰期只有数分钟。此外，可采用肼屈嗪（每只猫2.5mg q12h PO）治疗，其作用开始于1～2h后，可持续12h。

预后

肾素–血管紧张素–醛固酮系统（RAAS）的慢性激活可启动心脏及动脉重构（cardiac and arterial remodeling），导致预后较差。但HHCM可逆性地提高血压，可在广泛重构之前得到控制。HDO分析可有助于排除这些变化。治疗前所见到的高的心缩前期的幅度（presystolic amplitudes，PSA）可用ACEi及醛固酮颉颃剂（即暂时性的血管收缩或可能的动脉重构）在治疗之后2～3周内降低。如果在治疗之后PSA仍然很高，则不能排除动脉重构。

参考文献

Carr A, Egner B. 2009. Blood Pressure in Small Animals—Part 2: Hypertension—Target Organ Damage, Heart and Kidney. *Europ J Comp Anim Pract.* 19(1):13–17.
Diez J, Gonzalez A, Lopez B, et al. 2005. Mechanisms of disease: patho-

logic structural remodelling is more than adaptive hypertrophy in hypertensive heart disease. *Nature Clin Pract Cardiovas Med.* 2:209–216.

Egner B, Carr A, Brown S. 2007. *Essential Facts of Blood Pressure in Dogs and Cats*. Babenhausen, Germany: VetVerlag, Buchhandel und Seminar GmbH.

Elliot J, Barber PJ, Syme HM, et al. 2001. Feline Hypertension: clinical findings and response to antihypertensive treatment in 30 cases. *J Small Anim Prac.* 42:122–129.

Jepson RE, Elliott J, Brodbelt D, et al. 2007. Effect of control of systolic blood pressure on survival in cats with systemic hypertension. *J Vet Intern Med.* 21:402–409.

Klein I, Ojamaa K. 2001. Thyroid hormone and the cardio-cascular system. *N Engl J Med.* 344(7):501–509.

第109章 甲状腺机能亢进 Hyperthyroidism

Gary D. Norsworthy 和 Mitchell A. Crystal

概述

甲状腺机能亢进（hyperthyroidism，HT）是猫最为常见的内分泌疾病，是由甲状腺素T_4的过量产生而引起，可导致代谢速度持续增加。在HT病例中，98%～99%具有机能性的腺瘤样肿瘤（或腺瘤），1%～2%为甲状腺腺癌。甲状腺机能亢进的猫腺瘤或腺癌变化的发病机制尚不清楚。多种流行病学研究发现，主要吃罐装猫食的猫、采用猫用猫沙盆的猫以及与通常用于地毯和室内装潢用的阻燃剂接触的猫发生这种疾病的风险更大，但目前还没有发表的研究表明该病在实验条件下可诱导发生。

正常甲状腺由两叶组成，位于临近第五及第六气管环及喉头之后。从舌的基部到心脏基部也存在少量的异位甲状腺组织。筋膜中也存在小而呈苍白色的外甲状旁腺（external parathyroid gland），通常位于每个甲状腺叶的前端。内甲状旁腺位于每个甲状腺叶内，通常肉眼观察不到。正常动物触诊不到甲状腺，但在发生甲状腺机能亢进时，双侧甲状腺叶（70%）、单侧腺叶（25%～30%）或异位组织（3%～5%）可发生增大。单侧或双侧腺叶增大在95%以上时，可依兽医的经验、猫的体况及腺叶的大小及部位而触诊到。有时增大的甲状腺叶向后下降，因此可在其正常部位触摸到，也可在颈后部腹面检查到。但如通过胸腔入口下降，则增大的甲状腺叶可能不再触摸到。据报道，良性腺瘤性肿瘤及甲状腺肿大不会增加甲状腺的机能，因此甲状腺肿大并非总是表示为甲状腺机能亢进。从无机能性腺瘤发展为具有机能的腺瘤的可能性目前尚不清楚，但很有可能会发生。

甲状腺机能亢进见于4～22岁的猫（中值年龄为13岁），95%的病猫年龄超过10岁。该病与品种和性别无关，但有一项研究发现喜马拉雅猫和暹罗猫发病的风险较低。常见的临床症状包括体重减轻（88%～98%）、多食（49%～67%）、多尿/多饮（PU/PD；36%～45%）、呕吐（33%～44%）、活动增加（31%～34%）及腹泻（15%～45%）。偶尔可见猫表现昏睡、沉郁、厌食或衰弱。这种情况称为冷漠型甲亢（apathetic HT），占患病猫的5%～10%。由于充血性心衰（congestive heart failure，CHF）而引发的呼吸困难也是一种不太常见的症状（2%），少数病猫由于低钾血症而表现颈部下弯（1%～3%）。通常的查体检查结果包括消瘦（65%～97%）、甲状腺腺叶肿大（75%～95%）、心动过速（42%～57%）、被毛蓬乱（9%～52%）及奔马律（15%～17%）。

甲状腺机能亢进如果未加治疗，则后果包括甲状腺毒性心肌病（thyrotoxic cardiomyopathy）及高血压。此外，罕见情况下甲状腺机能亢进可导致扩张型心肌病。因此，对任何具有心脏病症状的老龄猫，特别是心室肥大时，应检查其是否患有甲状腺机能亢进。87%的甲状腺机能亢进病猫患有高血压，而且随着甲状腺机能亢进的增加，高血压更为常见。对甲状腺机能亢进猫必须要密切注意高血压的诊断及管理。虽然在甲状腺机能亢进治疗成功之后高血压可自行康复，但在并发或不并发肾脏疾病的猫，据报道，甲状腺机能亢进治疗成功后也可发生高血压。参见第107章和第108章。

偶然情况下，治疗甲状腺机能亢进后由于降低了肾脏血流量及肾小球的滤过率，可因已经存在的慢性肾病而发生代谢失调。虽然研究表明HT可直接引起肾脏病变，但肾脏体积缩小或慢性肾病见于许多患甲状腺机能亢进的猫，主要是由于这些疾病常见于老龄猫。这些猫在治疗甲状腺机能亢进时，可发生肾机能恶化，导致肾衰的临床及生化症状。另外一种可引起误解的情况是由于中度或严重的体重减轻而导致肌酐水平降低，这是患甲状腺机能亢进时的一种常见情况。在经治疗康复后，可因增重而使得肌酐值更能代表肾机能的变化。

近年来的研究表明，40%以上患甲状腺机能亢进的猫可发生低钴胺素血症（hypocobalaminemia），对发生这种情况的机制尚不清楚，但可能的解释包括由于胃肠道通过时间的改变或对钴胺素的需求发生改变或代谢发生变化，引起钴胺素的摄入受到影响而产生。目前还不完全清楚的是，在甲状腺机能状态正常之后血清钴胺素的水平会恢复正常，或是有些猫在治疗甲状腺机能亢进成功后仍然表现为钴胺素缺乏。因此在发生甲状腺机能亢进的猫，应注意检查及管理和检测低钴胺素血症。参见第37章。

诊断

主要诊断

- 临床症状：典型情况下甲状腺机能亢进多发生于10岁以上的猫，表现为体重减轻及多食，也常见多尿/多饮。表现这种症状的猫应检查是否发生了甲状腺机能亢进。
- 颈部触诊甲状腺肿大：如果技术使用得当，这是一种灵敏及特异性地检查甲状腺是否发生增大的方法。如果可触诊到甲状腺叶，则应考虑其发生了异常，但不一定会出现临床上的甲状腺机能亢进（见表109-1和图109-1）。
- 生化检查：90%以上甲状腺机能亢进的猫丙氨酸转氨酶（ALT）或为碱性磷酸酶（ALP）水平升高，但一般认为这并不代表猫发生了临床性肝病，因为这些酶的水平在治疗甲状腺机能亢进之后会恢复正常。有些猫表现为氮血症。
- 血常规（CBC）：一半以上的病猫可表现红细胞容积比（PCV）轻度升高。在开始采用药物治疗甲状腺机能亢进之前应证实血常规正常，因为采用药物治疗可产生血液学不良反应。
- 尿液分析：甲状腺机能亢进会导致尿液浓缩不良或不浓缩，也可能是由于慢性肾病引起。
- 总T_4（TT_4）测定：90%～98%的病例TT_4会升高，有些猫由于TT_4水平波动于正常范围内外或由于并发于其他非甲状腺疾病而使升高的TT_4抑制到正常范围，因此表现为TT_4水平正常。在TT_4水平正常而怀疑发生了甲状腺机能亢进时，应在1～2周后重复测定TT_4水平或进行T_3抑制试验。

表109-1　灵敏的甲状腺触诊技术

每次只触诊一个甲状腺叶，可灵敏地触诊到甲状腺是否肿大
1. 触诊左叶，将猫的头向右侧略成45°角转动，下颌抬高5°，左手食指置于近喉头部的气管-肌肉槽（trachea-muscle groove），向胸腔入口触摸，并以同样方式触摸2～3次
2. 触摸右叶，将猫的头部向左侧扭转45°，下颌抬高45°，右手食指置于右侧气管-肌肉槽内，从喉头向胸腔入口触摸，并以同样方式触摸2～3次
3. 如果未检查到甲状腺肿大，则再次触摸左侧及右侧，这点尤为重要，主要是因为在随后检查时可由于改变头部位置而使触诊结果不同，这种小的改变有时就足以使上次触诊时的阴性结果变为阳性

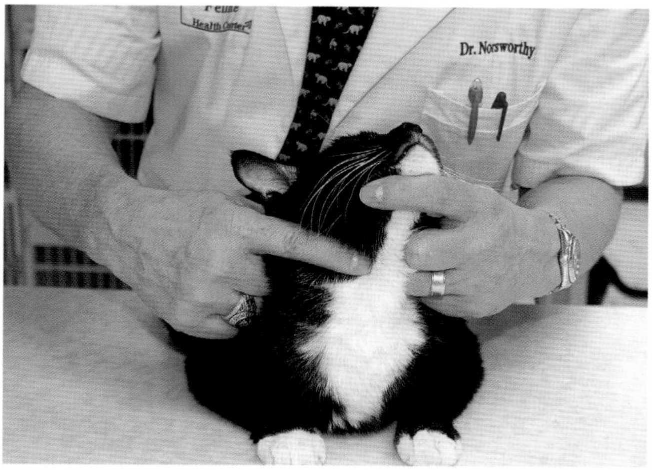

图109-1　一次只用食指尖置于气管和胸骨舌骨肌之间，触诊一侧甲状腺腺叶，可灵敏地诊断出甲状腺的变化。重要的是应将下颌抬高45°，将头从触诊侧转开45°以便于触诊。见表109-1

辅助诊断

- T_3抑制试验：如果怀疑发生了甲状腺机能亢进及总T_4水平正常时（2%～10%的病例）可进行这一试验，结果极为准确，试验方法参见第311章。
- 甲状腺素释放激素（TRH）反应试验：怀疑发生甲状腺机能亢进及总T_4水平正常（2%～10%的病例）时可进行这种试验，在试验期间常可出现短暂的不良反应（即流涎、呕吐、呼吸急促及排便）。试验方法参见第311章。
- 游离T_4（fT_4）测定：为检测甲状腺机能亢进的灵敏试验方法，患有非甲状腺疾病的猫可出现少量的（6%～12%）假阳性结果。如果怀疑发生甲状腺机能亢进及TT_4水平测定正常（2%～10%病例）时可进行这种试验，同时进行TT_4水平测定。如果fT_4水平高，同时TT_4正常水平也高［>40nmol/L（>3.0μg/dL）］，表现甲状腺机能亢进临床症状，则可支持甲状腺机能亢进诊断；如果fT_4水平高，而TT_4水平低或正常［<32nmol/L（<2.5μg/dL）］，则支持非甲状腺疾病的诊断。不建议将这种试验作为唯一或筛选试验用于甲状腺机能亢进诊断，因为可能的假阳性结果使得对这种试验的结果难以进行准确解释。

- 胸部影像：X线检查或超声检查可发现心脏变化、胸膜积水或罕见情况下的肿瘤转移或纵隔疾病。X线检查时观察不到甲状腺，但超声诊断时采用高频率探头可以观察并测定甲状腺的大小。
- 血压测定：87%以上的病猫存在高血压，甲状腺机能亢进的后期病例这种可能性更大。
- 心电图（ECG）：可能存在心动过速、左前束支传导阻滞（left anterior fascicularbundle branch block）、心脏腔变化（cardiac chamber changes）及心律不齐，但许多甲状腺机能亢进的猫ECGs可能正常。
- 高锝酸盐甲状腺扫描［pertechnetate thyroid scanning（99mTc）］：原子扫描（nuclear scanning）可准确查明明显及隐蔽的甲状腺机能亢进，并能区别单侧性或双侧性疾病，也可确定是否异位性甲状腺组织受损，是否发生肿瘤转移，但不能区别腺瘤与腺癌。这种方法主要用于诊断不清楚或甲状腺组织受损程度不清时。
- 血清钴胺素水平测定：这种测定可用于检查是否发生低钴胺素血症而需要治疗或监测的情况下。

诊断注意事项

- 血清T_3水平：在诊断猫的甲状腺机能亢进时价值不是很大，因为25%的猫血清总T_4水平升高而血清T_3水平正常，但有些甲状腺机能亢进的病猫总T_4水平正常而T_3水平升高。
- 如果要测定fT_4水平，平衡渗透分析法（equilibrium dialysis）及直接渗透分析法（direct dialysis assay methods）准确可靠，而放射免疫分析法或类似方法则准确性及可靠程度低。
- 在一项研究中发现，动物医院化验室（in-house）TT_4 Snap®测定，36%～56%不可靠，另一研究则发现准确率较高。
- 促甲状腺素（TSH）刺激试验不太准确，对诊断甲状腺机能亢进没有多少价值。

治疗

主要疗法

初始阶段

- 口服甲硫咪唑：该药物可抑制甲状腺素的合成，如果在诊断后7～10d不采用放射性碘治疗，则可用于在初始阶段的治疗，以稳定猫的病情及逆转临床症状。18%的病例可见到不良反应（参见治疗注意事项）。口服治疗的常用治疗方案是先以2.5mg q12h PO剂量开始，治疗7～10d，之后检查TT_4、CBC和血液生化检查。如果 TT_4持续为高水平，临床症状并未发现明显的不良反应，可将剂量增加到5.0mg q12h PO，治疗7～10d后再次测定TT_4、CBC及血液化学指标。如果TT_4水平仍然较高，则可将剂量增大到7.5mg q12h PO。逐步增加剂量及进行实验室检查，一直到TT_4达到正常水平，大多数病猫可在剂量达到5.0mg q12h PO时能够控制病情。
- 甲硫咪唑经皮给药：该药物可在内耳廓经皮肤给药。最初的研究对一次经皮肤给药后血液甲硫咪唑的水平进行测定，发现真皮中的生物可利用该药物使其难以检测到，但长期用药则表明有明显的下降，这可能是由于猫的整梳、皮肤内建立药物储备以及长期的皮内凝胶对角质层的影响所引起。研究表明口服甲硫咪唑时TT_4水平下降很快，但经皮肤用药也可使甲状腺机能恢复正常。经皮肤给药方式可明显降低胃肠症状（即厌食和呕吐）。由于经皮肤给药见效需要的时间较长，因此建议按前述口服给药的剂量用药，间隔2～4周而不是间隔7～10d进行实验室检查。观察到的其他不良反应还包括耳廓皮炎及耳炎。

根治或长期治疗（definitive or long-term treatment）

- 放射碘（^{131}I）治疗：如果采用的剂量合适，这种同位素可破坏机能异常的甲状腺组织而不影响正常组织。据报道，对95%以上的病例这种治疗方法有效，因此是一种非介入性的简单安全的治疗方法，对猫唯一的应激是，根据美国某些州的法律，需要将猫转移到可以用这种方法治疗的地方及需要在治疗后住院2d到2周。猫一般在治疗后1周内甲状腺机能可恢复正常。^{131}I治疗是在规定的设施条件下唯一可用而且不太昂贵的方法。采用这种方法治疗时，猫必须不再用所有的抗甲状腺药物，但应对并发病进行治疗（如高血压）。应对采用^{131}I治疗的设施进行检查，以确定在采用这种方法治疗之前多长时间停用甲硫咪唑治疗。有人喜好在猫不采用抗甲状腺药物治疗时用这种方法，但采用这种治疗方法后不能预测治疗后肾病的情况。
- 手术摘除（参见第273章）：手术摘除一个或两个甲状腺叶或机能亢进的异位甲状腺组织是一种有效的非介入性、难度中等、价格适度的治疗HT的方法。由于必须要进行麻醉，因此术前需要稳定机能亢进状态（用甲硫咪唑进行药物治疗）及其他相关状态（即心肌病及高血压）。有些手术只除去受影响的腺叶，而有些则在甲状腺机能亢进时施行双侧甲状腺摘除术。原始的及改良的囊内及囊外技术（original and modified intracapsular and extracapsular techniques）已使用多年，甲状旁腺移植技术（parathyroid transplant technique）也已成功采用，而且较易实施，发生低钙血症的可能性也不大。近年来的研究表明，在采用双侧手术之后用99mTc扫描，施行手术的猫15%～20%仍具有机能亢进的甲状腺组织。

- 甲硫咪唑：该药物可用于长期治疗，为一种有效的不太昂贵的治疗HT的方法，其能抑制甲状腺素的合成，但不能阻止甲状腺肿大。本药物的血清半衰期短，常见有不良反应发生。因此，每4～6个月应检查血清TT_4、CBC及血液生化检查。治疗开始后6个月可出现不良反应。厌食及呕吐常见（经皮给药时则不太常见），但也可发生其他不良反应。

辅助疗法

- 卡比马唑（Carbimazole）：这种药物可代谢为甲硫咪唑，因此用于HT的初始治疗及长期治疗时的用法和检查与甲硫咪唑相似。美国目前尚无卡比马唑可用。卡比马唑治疗之后血浆甲硫咪唑的水平约为甲硫咪唑治疗后的一半，因此应将其剂量加倍（初始剂量为5mg q12h PO，根据需要调整）。近来报道，控释药片每天给药一次可获得有效治疗结果（Vidalta®，15mg q24h PO，与食物一同服用）。经皮肤治疗在治疗HT时效果与甲硫咪唑相似。
- 丙硫氧嘧啶（Propylthiouracil，PTU）：该药物抑制甲状腺素的合成，为有效、廉价的治疗HT的药物，但经常出现不良反应（20%～25%），与甲硫咪唑相比不良反应更为严重，因此只能用于不能采用^{131}I、手术治疗、甲硫咪唑或卡比马唑治疗时，或猫对甲硫咪唑及卡比马唑有反应时。PTU的初始剂量为11mg/kg q12h PO，可根据情况调整剂量。
- 高血压的治疗：如发生高血压，可采用氨氯地平（每只猫0.625～1.25mg q12～24h PO）治疗，如果氨氯地平无效或猫不能耐受，应加入其他药物或替换用药（每只猫苯那普利2.5～5mg q24h PO，或每只猫阿替洛尔 6.25～12.5mg q12～24h PO）。参见第107章。一旦HT得到纠正，则对高血压的治疗应降低用药剂量，并重新测定血压。有效治疗HT也可治疗许多猫的高血压，但有些病例可能需要对不明确的高血压进行治疗，有些血压正常的猫可能会在成功治疗HT之后由于年龄因素而发生肾病，因此会发生高血压。
- 治疗心脏病：如果需要可对心脏病进行治疗。阿替洛尔（每只猫6.25～12.5mg q12～24h PO）、地尔硫卓（每只猫7.25mg q8h PO或每只猫15～30mg q12h PO，持续控释剂型）或心得安（每只猫5mg q8～12h PO）为最常用的药物，也可根据心脏病的严重程度及变化采用血管紧张素转化酶抑制因子及利尿剂。甲状腺毒性心肌病可在HT治疗之后得到恢复，因此可不再进行或减少针对心脏病的治疗。
- 低钴胺素血症的治疗：可补充钴胺素及监测血清钴胺素的水平。参见第 37 章。
- 有些患甲状腺机能亢进的猫可在甲状腺内发生1个或多个囊肿，长度可达6cm或以上。在采用放疗之后，这些囊肿仍可存在而需要采用甲状腺摘除术。由于在该部位还有并行的喉神经、迷走交感神经干及颈动脉网和颈静脉附着于甲状腺叶，因此手术可能极为复杂（见图109-2）。

治疗注意事项

- 甲硫咪唑、卡比马唑及PTU治疗之后的临床不良反应包括厌食、呕吐、昏睡及面部瘙痒或皮肤脱落、黄疸、外周淋巴结病及出血。耳廓皮炎及耳炎在经皮用药时也可发生。实验室检测异常包括嗜酸性粒细胞增多、中性粒细胞减少、淋巴细胞增多、粒细胞缺乏症、血小板减少症、抗核抗体效价阳性（positive antinuclear antibody titer）及库姆斯（Coombs）试验阳性，肝脏酶活性增高。许多由甲硫咪唑及卡比马唑引起的不良反应较为轻微，停止治疗数天后可恢复，但罕见的肝脏毒性有时可致命。严重的不良反应或持续存在的轻微的不良反应通常在停药后可恢复。PTU的不良反应常常更为严重。由于采用这些药物治疗时经常出现不良反应，因此应每4～6个月或在观察到轻微的变化之后，对CBC及血液化学特性进行检测，同时测定血清TT_4水平。如果发生严重的临床或实验室检测结果异常（特别是肝脏中毒），应停止用药，改用^{131}I治疗或用手术治疗。
- 药物组合：采用各种经皮抗甲状腺药物，其效果、货架寿命及安全性也各不相同，因此重要的是在选用及

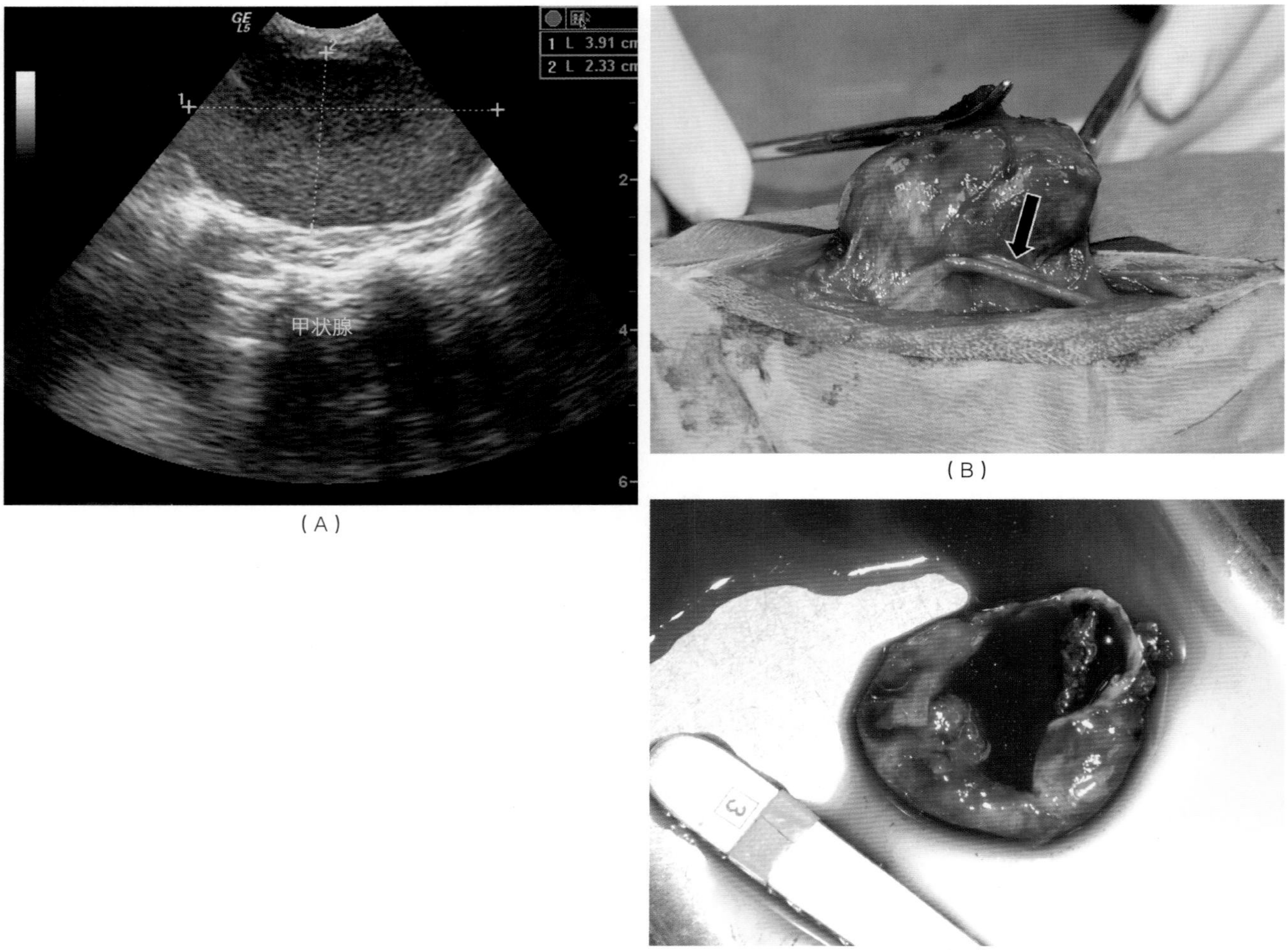

（A）　（B）　（C）

图109-2 （A）甲状腺囊肿的超声检查，可观察到大的低回声囊肿。（B）手术摘除通常需要仔细切除粘连到甲状腺腺叶上的主要结构。迷走交感神经干及颈动脉（箭头）黏附于侧面，同行的喉神经黏附于中间。（C）由于损伤的囊肿特性，因此手术摘除之后可切开（图片由Gary Norsworthy博士提供）

确定如何监测治疗时考虑这些因素。如果组合药物不能发挥作用，则应考虑采用其他组方药物治疗。

- 由于治疗HT有可能会发现已经存在的慢性肾病，因此可根据血液尿素氮（BUN）、肌酐及尿液相对密度的测定，对可能患有肾机能不全的病猫在采用^{131}I或手术治疗之前应试用甲硫咪唑或卡比马唑治疗。单独测定BUN及肌酐并不能鉴定猫是否患有早期肾病，如果发生肾衰恶化，则不应治疗HT，或者采用甲硫咪唑或卡比马唑治疗，使得TT_4降低到65～75nmol/L（5～6μg/dL）的范围内或降低到最低水平，以阻止体重减轻及不会引起氮血症恶化。此外，肾脏机能不全或肾衰的猫应置于家内饲养。参见第190章和第191章。
- 手术后应该每天监测血清钙水平，连续3d，之后1周再次检测。暂时性的临床性甲状腺机能减退见于5%～15%的采用囊内或囊外施行甲状腺摘除的猫，可能主要是由于甲状旁腺受损或血液供应不足所致。暂时性的轻微的低钙血症不表现临床症状，但并不说明不需要治疗。临床症状通常出现在手术后1～3d，但也可发生在手术后7d。通常在3周后可缓解，但可能需要6个月左右的时间。有时甲状旁腺机能减退可能为永久性的。低钙血症的临床症状包括强直、抽搐、肌颤或厌食。临床型或严重的［<1.9mmol/L（<7.5mg/dL）］低钙血症由于可能会危及生命，因此需要立即治疗。治疗参见第113章。应注意的是，甲状腺摘除手术之后的低钙血症通常可通过在两个阶段施行双侧性甲状腺摘除术后避免，这样在摘除一个腺叶之后可有3～4周的时间再摘除另外一个腺叶，也可采用甲状旁腺移植手术而避免。
- 采用标准的囊内或囊外技术，5%～10%的猫在施行双侧甲状腺摘除术后可复发HT，单侧摘除甲状腺的猫有20%可复发HT，但在所有施行甲状腺摘除术的猫复发率不到10%。复发可发生于手术后 8～63个月，但通常会在2年内复发。

- 常规^{131}I治疗或双侧摘除甲状腺后可出现甲状腺素水平暂时性降低（通常发生在1～3个月之后），但两种情况下发生持续性甲状腺机能减退的情况罕见。在采用这些方法治疗之后，除非在用^{131}I治疗或手术治疗之后甲状腺素水平持续6个月处于较低水平，或者除非有明显的增重或肾机能受损，同时TT_4水平较低，则不应补充甲状腺素。但如果是治疗腺癌，则^{131}I的剂量应为日常治疗剂量的2～4倍，可发生甲状腺机能减退，这种情况下应补充甲状腺素。
- 重要的是在为客户提供任何建议之前权衡药物、手术及^{131}I治疗各自的优缺点。需要考虑的因素包括病猫的年龄、猫主采用药物治疗的能力及愿意程度、病猫离开家后的情况（对施行^{131}I治疗的猫需要长时间住院）、客户的经济能力、是否存在肾衰或其他疾病、猫主是否愿意旅行、是否具有施行^{131}I疗法或甲状腺摘除手术疗法的设施等。

预后

绝大多数 HT病猫成功治疗之后的预后极好，如果并发肾病，则病猫预后较差。

参考文献

Feldman EC, Nelson RW. 2004. Feline hyperthyroidism (thyrotoxicosis). In EC Feldman, RW Nelson, eds., *Canine and Feline Endocrinology and Reproduction*, 3rd ed., pp. 152–218. Philadelphia: WB Saunders.

Harvey AM, Hibbert A, Barrett EL, et al. 2009. Scintigraphic findings in 120 hyperthyroid cats. *J Fel Med Surg*. 11:96–106.

Hoffman G, Marks SL, Taboada J, et al. 2003. Transdermal methimazole treatment in cats with hyperthyroidism. *J Fel Med Surg*. 5(2):77–82.

Lurye JC, Behrend EN, Kemppainen RJ. 2002. Evaluation of an in house enzyme-linked immunosorbent assay for quantitative measurement of serum total thyroxine concentration in dogs and cats. *J Am Vet Med Assoc*. 221(2):243–249.

Norsworthy GD. 1995. Feline thyroidectomy: a simplified technique that preserves parathyroid function. *Vet Med J*. 90(11):1055–1063.

Sartor LL, Trepanier LA, Kroll MM, et al. 2004. Efficacy and safety of transdermal methimazole in the treatment of cats with hyperthyroidism. *J Vet Intern Med*. 18(5):651–655.

第110章 肥厚型心肌病 Hypertrophic Cardiomyopathy

Larry P. Tilley

概述

肥厚型心肌病（hypertrophic cardiomyopathy，HCM）是猫最常见的心脏病，其主要特点为出现难以解释的左心室明显肥大。左心室不扩张，通常表现为动力增加（hyperdynamic）。与继发于甲状腺机能亢进、全身性高血压或主动脉瓣狭窄等引起的左心室肥大明显不同，肥厚型心肌病没有明显的确定原因。尽管目前对病因还不清楚，但在人患有HCM时心肌β-肌浆球蛋白重链发生突变，这可能也与猫的该病发生有关。人们提出的其他理论包括心肌钙转运发生改变，增强了心肌对儿茶酚胺的敏感性，此外心肌营养因子（myocardial trophic factors）增加等也可能与该病的发生具有一定关系。

左心室肥大可造成心房僵硬而没有机能，引起心脏舒张（心室充盈，ventricular filling）机能不足（见图110-1），从而导致左心室充盈压增加，随后引起左心房增大（扩张）。随着病程的进展，肺静脉压增加，肺部出现充血。左心房增大可诱使病猫发生心律不齐。血液在扩张的左心房内郁积可引起血栓形成及血栓栓塞性疾病。参见第212章。病猫也可因继发于心肌缺血而发生致死性心室性心律失常。

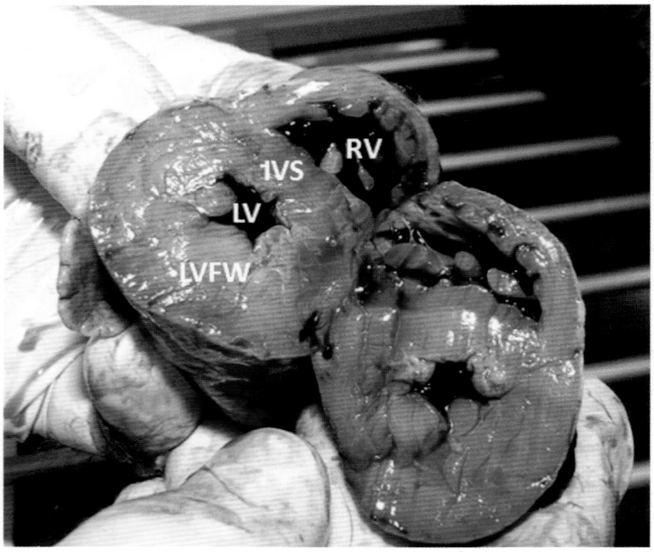

图110-1 左心室壁肥厚是肥厚型心肌病的主要病变。在这例猫，左心室腔（left ventricular chamber，LV）比右心室腔（right ventricular chamber，RV）小，主要是由于左心室壁朝向内部所致。IVS，室间隔；LVFW，左心室游离壁（图片由Gary D. Norsworthy博士提供）

猫的肥厚型心肌病发病平均年龄为6岁，年龄范围为8月龄到16岁，大约75%为公猫。报道的不同品种的发病率为：土种短毛猫（DSH，89.1%）、波斯猫（6.5%）、土种长毛猫 （DLH，2.2%）、缅因库恩猫（表现为常染色体显性遗传性状，2.2%）。在英国及美国的短毛猫、布偶猫（Ragdolls）及卷毛猫（Rex），该病发生也有家族关系。在一项研究中发现，103例明显健康的家猫中16例超声心动图测定（echocardiographic measurements）异常与诊断为心肌病时相符。

本病的临床症状有一定差异，许多猫在诊断为HCM时不表现临床症状，这些猫常常因心脏出现杂音、奔马律时接受检查，或者在进行日常查体时发现有其他的心律不齐。另外，有些病例可能只是在表现明显的临床症状，如暴发性非水肿或全身性血栓栓塞等严重的临床症状后才诊断出来。查体是否异常主要取决于本病的发展阶段。患充血性心衰的猫可表现呼吸急促及呼吸困难，全身血栓栓塞的病猫可表现麻痹及严重疼痛的典型症状。大多数HCM病例可表现为出现心杂音，其他听诊异常包括奔马律（40%）及其他心律不齐（25%）。

诊断

主要诊断

- 心电图：有左心房增大［即二尖瓣P波（P- mitrale）或P波增宽（widened P-waves）］及左心室增大［即R波幅增加或QRS波持续时间延长（increased R-wave amplitude or increased QRS duration）］的迹象，常见心律不齐，大多数患HCM的猫表现窦性心搏过速，可存在心房及心室性心律失常。偶尔可见心室内传导阻滞（intraventricular conduction deficits），如左前支传导阻滞（left anterior fascicular block）［即束支阻滞（bundle branch block）］。

- X线检查：可见不同程度的心廓增大，左心房增大常占优势。病程早期，由于左心室壁增厚向内，因此心廓可能正常。充血性心衰的病猫可表现为肺静脉增大、不同程度的肺水肿及胸腔积液（见图110-2、图294-11、图294-12及图294-13）。
- 超声心动图描记：左心室肥大影响着左心室游离壁，通常在很大程度上影响到室间隔。病猫室间隔平均增厚据报道达到6.5mm （正常为3.7±0.7mm）。室间隔或左心室游离壁增厚的程度如果在心脏舒张时达到或等于6.0mm则说明发生了心肌肥大（见图110-3）。由于缅因库恩猫的正常超声数据与其他品种不同，请参阅第318章。67%病例的左心室肥大为弥散性的，33%病例为局部性的。病猫左心室基部肥大似乎比顶部更为严重（57%），而有些猫在两个部位发生肥大的比例几乎相等（43%）。在有些病例，肥大区通常是位于室间隔，其突入左心室外流管，这种情况常称为非对称性中隔肥大（asymmetric septal hypertrophy，ASH），可不同程度地阻塞左心室排空。这种狭窄性损伤可引起代偿性心室肥大，从而进

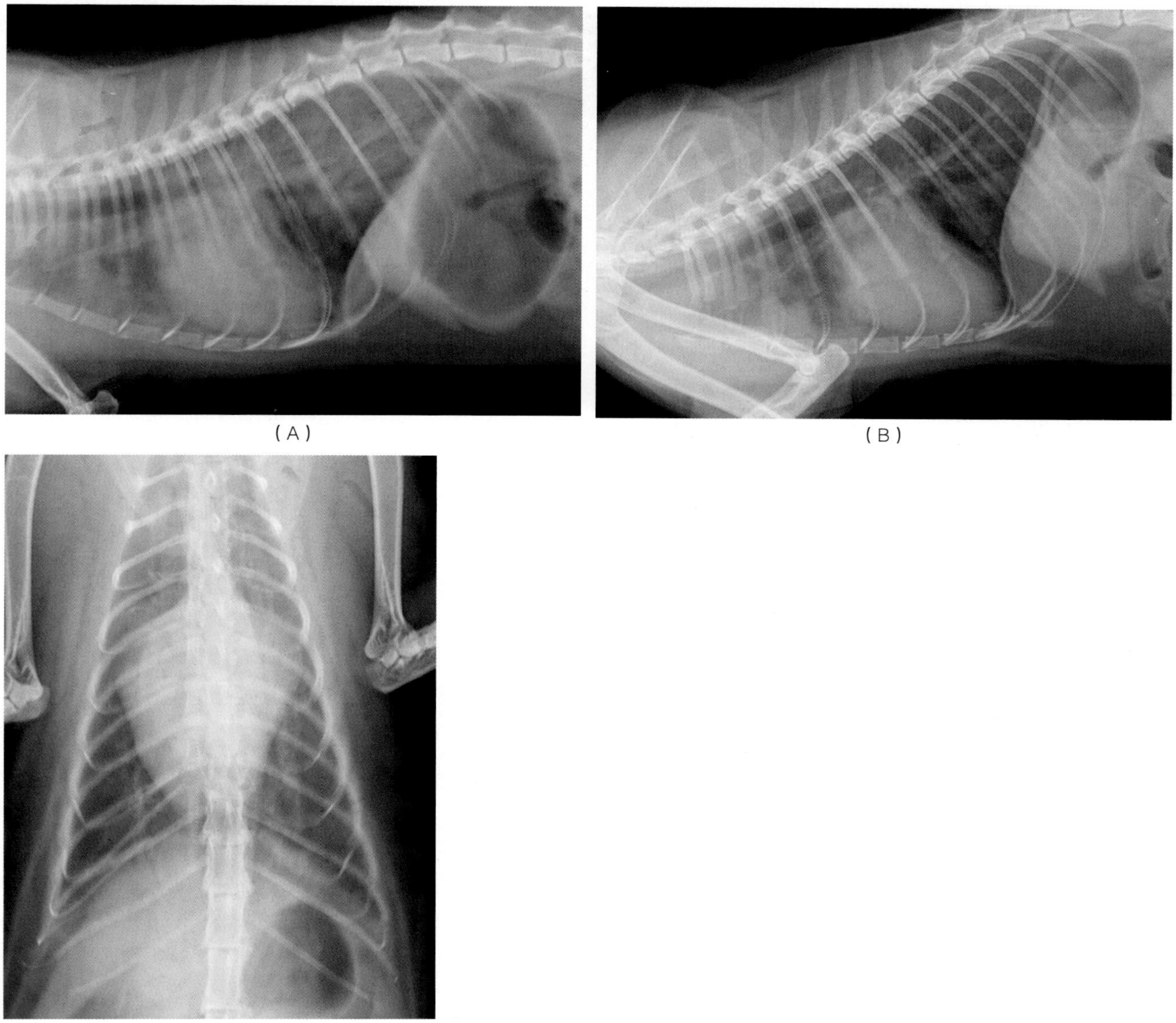

（A）　（B）　（C）

图110-2 肥厚型心肌病的猫X线检查通常可发现肺水肿及心肌肥大（A），也存在吞气症（aerophagia）。由于呼吸困难的程度不同，因此不可能进行侧面及背－腹观察。猫静注呋喃苯胺酸，6h后侧面（B） 及背-腹（C）观察发现肺水肿及吞气症明显减轻。进行背－腹观察可看到经典的情人节形心脏（valentine-shaped heart）。由于仍然存在的呼吸困难及焦虑，多次尝试后仍不能进行背-腹观察。本例猫为6岁，年度例行检查时就诊，其具有2/6心脏杂音及正常的心电图示踪（图片由Gary D. Norsworthy博士提供）

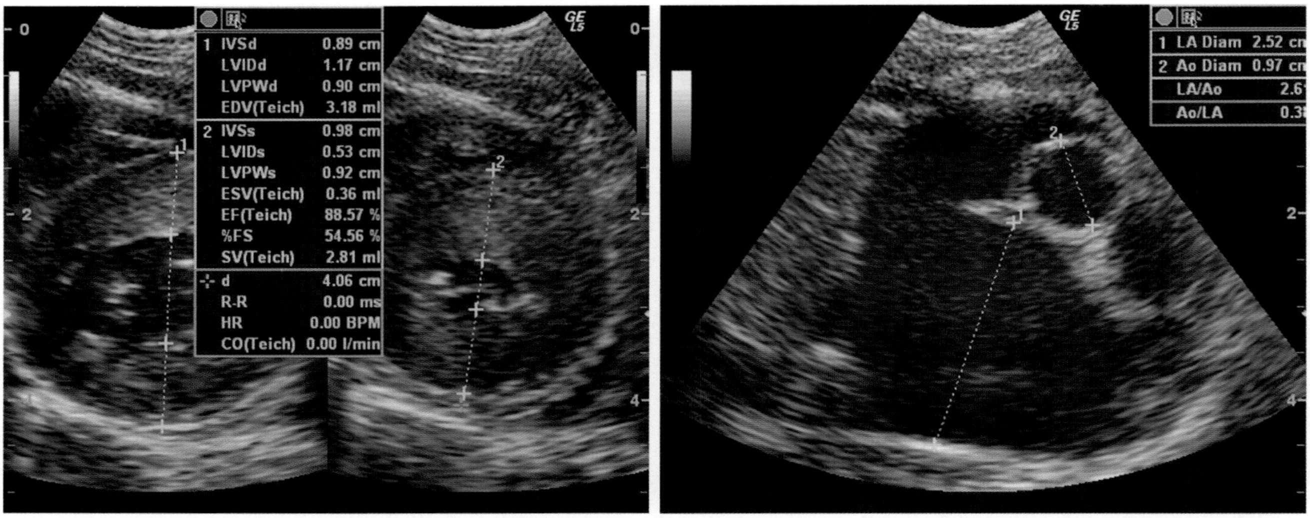

（A）　（B）

图110-3　肥厚型心肌病的超声心动描记。（A）左心室短轴观，发现室间隔增厚（0.89cm）及左心室增厚（0.90cm）。左心室壁增厚超过0.6cm，这与肥厚型心肌病是一致的。（B）左心房明显增大，左心房与主动脉瓣的比例为2.6（图片由Gary D. Norsworthy博士提供）

一步造成阻塞。

心脏舒张时左心室的直径在典型情况下处于正常范围之内，而心脏收缩时左心室的直径常常增加，导致有些猫出现左室短轴缩短增加（increased fractional shortening）；但大多数患HCM的猫具有正常的短轴缩短（fractional shortening）（30%～60%）。左心房增大通常持续存在（平均为18mm；正常为11mm），如果不出现这种情况，则应对诊断为轻微左心室肥大的结论提出疑问。其他超声心动图检查结果包括二尖瓣叶片增厚，偶尔可出现轻微的心包积液及心内栓塞。大约67%的病猫中可观察到二尖瓣收缩期前向运动（Systolic anterior motion，SAM）。见图110-2、图294-11及图294-13至图294-16。

辅助诊断

- 多普勒超声心动描记：患SAM的猫可见轻微到明显的左心室流出受阻。由于心脏收缩时前瓣叶（anterior leaflet）位置不正，因此患SAM的猫二尖瓣机能不全。
- 肌浆球蛋白结合蛋白C检测（myosin binding protein C assay）：由于在缅因库恩猫发现有些家族的猫该病发病率高，其发生似乎通过常染色体显性形状遗传，至少在一个大家族发现有编码肌浆球蛋白结合蛋白C（myosin binding protein C，MyBPC）的基因发生突变。
- 缅因库恩猫及布偶猫的DNA测试：参见www.catgenes.org。

诊断注意事项

- 由于猫不常进行全身性血压的测定，因此由于两种疾病均可导致左心室肥大，所有患高血压性心脏病的猫也包括在HCM中。在原发性HCM时可发生高血压，但不常见。
- 在6岁以上的猫，一定要注意排除明显的或隐藏的甲状腺机能亢进作为左心室肥大的病因。
- 注射长效甾体激素可因肥厚型心肌病而处于充血性心衰前期的猫发生充血性心衰。

治疗

主要疗法

- 减少应激：采取所有措施，减少对表现呼吸窘迫的猫的任何应激（如延缓X线检查及插入导管）。
- 促进呼吸：所有表现呼吸窘迫的猫如果怀疑发生胸腔积液时（听诊肺脏有杂音）应进行胸腔穿刺。猫可伏卧，将19～22号头皮针（butterfly catheter）刺入胸膜腔（第5～7肋间隙，贴近邻近肋骨前）后抽吸。应采用密闭系统，抽吸两侧胸腔。如果发生肺水肿，可给予呋喃苯胺酸。在危险情况下可在初始时给予2～4mg/kg IV（如有必要可IM），然后按1～2mg/kg q4～6h IV或IM，直到水肿消除。可根据需要连续试用呋喃苯胺酸（6.25～12.5mg q12～24h PO）以控制水肿形成。可在无毛区用6mm的硝酸甘油q4～6h涂抹，或用2.5mg贴剂，贴24h，直到水肿消失。如果皮肤冷凉（血管收缩，vasoconstriction），则吸收不佳。

- 氧气：如能耐受可通过面罩供氧，或者采用氧气罐（50%氧气）。

辅助疗法

- 地尔硫卓：可改进心肌松弛及控制心律不齐，剂量为每只猫7.5mg q8h PO或控释制剂按每只猫30mg以q24h PO用药。有研究表明，采用控释装置时药物在血液难以达到有效水平。
- 其他心脏病药物：除地尔硫卓外，可采用β－阻滞剂，如可采用阿替洛尔（每只猫6.25mg，q12–24h PO）。阿替洛尔对心室性心律不齐有效，也对输出性阻塞有效，但可降低心率，因此应注意不要引起心动过缓。但β－阻滞剂只能用于猫不发生心衰的情况。
- 血管紧张素转化酶抑制因子：依那普利（0.25～0.50mg/kg q24h PO）或苯那普利（0.25～0.5mg/kg q24h PO）可具有效果。ACE抑制因子可降低患HCM的猫左心室肥大（心脏重构，cardiac remodeling）（心脏损伤或发生血液动力学应激反应时，由于分子结构或基因表达发生了改变，导致心脏大小、形状和机能发生变化——译注）。
- 抗凝血治疗：阿司匹林可减少血栓形成，剂量为8mg片剂，q48～72h PO。但在一项研究中发现，接受传统剂量及接受低剂量（5mg q72h PO）的猫生存时间及复发率之间没有明显差别。也可单独试用氯吡格雷（Clopidogrel）（18.75mg q24h PO），或在左心房观察到烟雾状或凝块时与阿司匹林合用。即使采用抗凝血治疗，血栓形成的复发率仍较高（43.5%）。在左心房增大时，特别是直径大于20mm时，发生主动脉栓塞的风险极高。参见第212章。
- 除去液体：可能需要周期性地进行胸腔穿刺及腹腔穿刺。
- 安体舒通：这种药物可用低于利尿剂剂量治疗充血性心衰，但据报道可引起溃疡性面部皮炎。

治疗注意事项

- 地尔硫卓（钙通道阻断剂）及β－阻断剂（安替诺尔）均有其相对的优点，目前关于最有效的疗法尚无统一的意见。猫如果发生持续性的心动过速则采用β－阻滞剂效果可能比采用钙离子通道阻滞剂好。
- 如果采用伊罗普拉治疗，应监测肾机能变化。
- 华法林（Warfarin）可代替阿司匹林或氯吡格雷，但诱发出血的风险更高，必须要注意监测。
- 在治疗过程中可能需要改变利尿剂及抗心律失常药物的剂量，因此建议经常性地监测。

治疗注意事项

- HCM患猫无症状时的治疗：目前尚无迹象表明任何药物可在发生心衰之前能改变家猫HCM的本质。通常建议在轻微到严重的HCM情况下根据经验判断可能会发生心衰时，使用地尔硫卓、阿替洛尔及苯那普利治疗。由于缺乏足够的数据，可能在猫的群体中有许多猫患有轻微到严重程度的HCM，但从不会进展到更为严重的疾病状态，因此让猫主每天投服1～2次药丸以挽救其他猫的生命似乎不现实。许多兽医感觉到是在强迫治疗这类病猫，有些猫主要求对他们的猫进行治疗，即使只是理论上需要用药丸治疗的病例也是如此。因此，只要猫被诊断出HCM，兽医必须向猫主解释这种情况，让猫主根据其自身的愿望及生活习惯决定。由于已知所有的干预均不能改变该病的进程，因此在此阶段不应进行治疗。

预后

病猫的预后取决于疾病的严重程度。不表现临床症状的猫平均生存时间接近5年。因充血性心衰而就诊的猫据报道平均可生存3个月，而且随着治疗技术的改进这一时间也在延长。全身性血栓形成值得关注，通常可使充血性心衰状态恶化，而且还有可能复发。

参考文献

Kienle RD. 2008. Feline cardiomyopathy. In LP Tilley, FWK Smith, Jr., M Oyama, et al., eds., *Manual of Canine and Feline Cardiology*, 4th ed., pp. 151–175. St. Louis: Elsevier Saunders.

Kittleson MD. 2009. Treatment of feline hypertrophic cardiomyopathy (HCM)—lost dreams. In *ACVIM Forum Proceedings*, pp. 117–119. Montreal: ACVIM.

Paige CF, Abbott JA, Elvinger F, et al. 2009. Prevalence of cardiomyopathy in apparently healthy cats. *J Am Vet Med Assoc.* 234:1398–1403.

Rush JE, Freeman LM, Fenollosa NK, et al. 2002. Population and survival characteristics of cats with hypertrophic cardiomyopathy: 260 cases (1990–1999). *J Am Vet Med Assoc.* 220(2):202–207.

第111章 肾上腺皮质机能减退

Hypoadrenocorticism

Karen M. Lovelace

概述

肾上腺皮质机能减退（hypoadrenocorticism）是猫的一种罕见疾病，最早于1983年报道，此后也只报道了少量病例。就自然发生的病例而言，90%以上病猫的肾上腺皮质受到破坏，从而引起糖皮质激素及盐皮质激素缺乏。这种情况也称为阿狄森病（自身免疫系统疾病——译注）或原发性肾上腺皮质机能减退。虽然关于猫肾上腺皮质机能减退的原因还不清楚，但有人怀疑可能与免疫介导的病因有关。继发性肾上腺皮质机能减退，或促肾上腺皮质激素（ACTH）的产生或分泌缺乏时可由于ACTH对盐皮质激素的产生影响不大，因此可导致糖皮质激素不足。自然发生的继发性肾上腺皮质机能减退在猫尚无报道，但注射糖皮质激素或孕激素后引起的医源性继发性肾上腺皮质机能减退则有报道。

诊断

主要诊断

- 病史：昏睡、厌食及体重减轻是最为常见的临床症状，呕吐、多饮及多尿也时有发生，但频率不高。与犬不同的是，猫患肾上腺皮质机能减退时据报道不发生腹泻。
- 临床症状：临床检查并非只检查该病的特有症状，也包括低体温症、衰弱、脉弱、昏睡、毛细血管充盈时间延长及脱水。不太常见的症状包括心动过缓、衰竭或腹部触诊有疼痛。在猫就诊前症状可存在数天到数月。
- 生化检查：患有肾上腺皮质机能减退的大多数病猫具有阿狄森病的基本特点，因此由于醛固酮缺乏而表现许多典型的高钾血症、低钠血症及低氯血症的特点。高钾血症时血钾通常在5.7～7.6mmol/L的范围内，比犬患病时低。可发生轻微的高钙血症，但通常在皮质激素替换疗法后缓解。其他变化中许多是由于继发的脱水引起，包括肾前氮血症、高磷酸盐血症及尿液相对密度低于1.030（尽管发生脱水）。可见到轻度的代谢性酸中毒、贫血、嗜酸性粒细胞增多及淋巴细胞增多，但这些异常均不太常见。
- ACTH刺激试验：ACTH试验主要检查肾上腺储备，用于排除阿狄森病。这种试验的灵敏度及特异性均较低，可采用各种试验方法，通常采用合成的ACTH药物，如促皮质素（cosyntropin）（Cortrosyn®），剂量为每只猫125μg IV，也可采用ACTH凝胶实验，按2.2U/kg IM，但由于促皮质素能更好地刺激肾上腺皮质，因此多采用这种药物，而且更多地采用静注而不是肌注，特别是在病猫脱水时。通常在注射前及注射后30min及60min采集血样。如果使用ACTH凝胶，应在用药后60min及120min分别采集血样。由于猫皮质醇达到峰值作用的时间有差别，因此建议在用药后两次采集血样。如果皮质醇的基础浓度低，在使用ACTH刺激之后升高不多或没有升高，则可诊断为肾上腺皮质机能减退。猫患肾上腺皮质机能减退时，基础ACTH时及刺激后皮质醇的浓度范围分别为2.8～22nmol/L（0.1～0.8μg/dL）及2.8～35.9nmol/L（0.1～1.3μg/dL）。

辅助诊断

- 胸部X线检查：由于脱水，胸部X线检查可发现心脏过小或肺灌注不足（lung hypoperfusion）。
- 心电图：有些病例表现为窦性心动过缓或心房期前收缩（atrial premature contractions）。
- 内源性血浆ACTH：可通过测定内源性血浆ACTH水平评价鉴别阿狄森病（原发性肾上腺皮质机能减退）及继发性肾上腺皮质机能减退。内源性血浆浓度会在猫患有原发性该病时明显升高，而报道的正常猫的变化范围低于0.000 276～0.003 45nmol/L（10～125pg/mL），患原发病时为0.013 8～0.022 1nmol/L（500～800pg/mL）。

诊断注意事项

- 病猫的参考值范围与犬的不同，因此各实验室应根据自身的情况建立参考标准。
- 大多数病例为肾上腺皮质直接受到破坏所引起，自然情况下发生的继发性肾上腺皮质机能减退病例在猫尚未见有报道，但可发生医源性继发性肾上腺皮质机能减退。

治疗

主要疗法

- 急诊液体疗法（阿狄森病危机，Addisonian crisis）：0.9%氯化钠（生理盐水）IV，注射速度在头1～4h为每小时40mL/kg。
- 短期液体疗法：脱水得到纠正后可将注射速度降低到每天60mL/kg。病猫开始采食及饮水，不再呕吐后可停用液体治疗。
- 糖皮质激素及盐皮质激素疗法：在完成ACTH刺激试验之后应开始施行糖皮质激素及盐皮质激素治疗。由于尚无猫特定的使用剂量，因此可参照犬用剂量。采用糖皮质激素替代治疗时，可将强的松龙丁二酸钠（prednisolone sodium succinate）或地塞米松分别以4～20mg/kg IV或0.1～2mg/kg IV或IM用药，并且根据病猫的反应，重复用药时减小剂量。采用盐皮质激素替代疗法时，可将三甲基乙酸脱氧皮质酮（desoxycorticosterone pivalate，DOCP）按2.2 mg/kg q24h IM给药。

辅助疗法

- 长期疗法：强的松龙（或强的松）在长期替代糖皮质激素治疗时，可按照每只猫0.25～1.0mg的剂量每天2次口服。如果不能进行每天口服给药，可每月肌注10.0mg醋酸甲基强的松龙。但据报道，猫在使用甲基强的松龙后可发生充血性心衰及糖尿病。在长期采用盐皮质激素替代疗法时，可用醋酸氟氢可的松（fludrocortisone acetate）（每只猫0.05～0.1mg，q12h PO）或DOCP（按2.2mg/kg q25d IM）进行治疗。

治疗注意事项

- 猫的治疗反应比较缓慢，而犬的治疗反应快速，厌食、沉郁及衰弱等症状可持续3～5d。
- 长期替代疗法需要周期性地评估，以确保最佳的用药剂量。

预后

采用适当的治疗及猫主意愿进行药物治疗时，猫的长期预后良好。

参考文献

Herrtage ME. 2005. Hypoadrenocorticism. In SJ Ettinger, EC Feldman, eds., *Textbook of Veterinary Internal Medicine*, 6th ed., pp. 1612–1622. St. Louis: Elsevier Saunders.

Sherding, RG. 1994. Endocrine Diseases. In RG Sherding, ed., *The Cat: Diseases and Clinical Management*, 2nd ed., pp. 1490–1493. New York: Churchill Livingstone.

第112章
低白蛋白血症
Hypoalbuminemia

Sharon Fooshee Grace

概述

白蛋白是一种重要而独特的蛋白，发挥多种重要机能，其中最为重要的是维持胶体渗透压（colloid osmotic pressure，COP），或提供将大分子物质维持在血管周隙内的力量。白蛋白为带负电荷的分子，肾小球基膜带有相同的电荷，因此排斥白蛋白逃逸而被肾小球过滤。此外，白蛋白大于肾小球的孔道，因此进一步阻止了其进入肾小球过滤。

肝脏可合成几乎所有的血浆蛋白，其中约50%以上的代谢作用与白蛋白的产生有关，因此在肝脏机能衰竭而发生低白蛋白血症前，肝脏75%～80%以上的机能可能会丧失。白蛋白合成的速度则主要要受COP的控制。

低白蛋白血症由于可降低COP及破坏血管内和间质组织中液体之间的平衡，因此促使发生水肿，所以是一种重要的临床疾病。低白蛋白血症的原因一般可分为四类（体重严重减轻、产物减少、转运到血管外及稀释），但多种机制可能共同发挥作用。

低白蛋白血症产生的后果可能各种各样，但最常见的是液体及血容量损失进入血管外部，因此使血栓栓塞形成的风险增大，各种药物和内源性成分的转运能力降低。

鉴别诊断

必须要考虑许多疾病过程，见表112-1。

表112-1 低白蛋白血症的鉴别诊断

白蛋白损失增加
白蛋白损失性肾病（protein losing nephropathy，PLN）
淀粉样变、肾小球性肾炎
蛋白损失性肠病（protein losing enteropathy，PLE）
炎性肠病
蛋白损失性皮肤病（Protein losing dermatopathy，PLD）
严重的热灼伤、中毒性表皮坏死松解症（toxic epidermal necrolysis）
出血
胰腺炎
淋巴管扩张（lymphangiectasia）（罕见）
白蛋白合成减少
慢性肝机能不全
门体静脉短路（Portosystemic shunt）
炎症
败血症、全身炎性反应综合征（systemic inflammatory response syndrome，SIRS）
慢性蛋白营养不良（chronic protein malnutrition）
白蛋白损失到血管外（“thirdspacing”）
败血性腹膜炎（septic peritonitis）
败血性休克
白蛋白渗出到体腔
血管炎
右侧心衰（right-sided heart failure）（不常见的原因）
稀释
液体疗法
液体潴留

诊断

主要诊断

- 病史：彻底检查饮食病史（慢性蛋白营养不良），也应检查用药史（如NSAIDS）。应该询问猫主关于猫的粪便颜色［胃肠道出血（gastrointestinal [GI] bleeding）］。慢性呕吐及体重减轻常常说明发生炎性肠病（inflammatory bowel disease，IBD）。
- 查体：低蛋白血症的临床症状包括外周水肿（peripheral edema）（见图112-1）、腹水、伤口愈合不良等。皮肤病变也足以引起低白蛋白血症（即蛋白损失性皮肤病，protein-losing dermatopathy，PLD]）。肾脏小而硬则表明发生了慢性肾病（蛋白损失性肾病，protein-losingnephropathy，PLN）。应检查肠道是否发生蛋白损失性肠病（protein-losing enteropathy，PLE；小肠正常或增厚）。应检查粪便颜色查看是否有黑粪症（melena）的迹象（GI出血）。低白蛋白血症多会引起肺水肿。

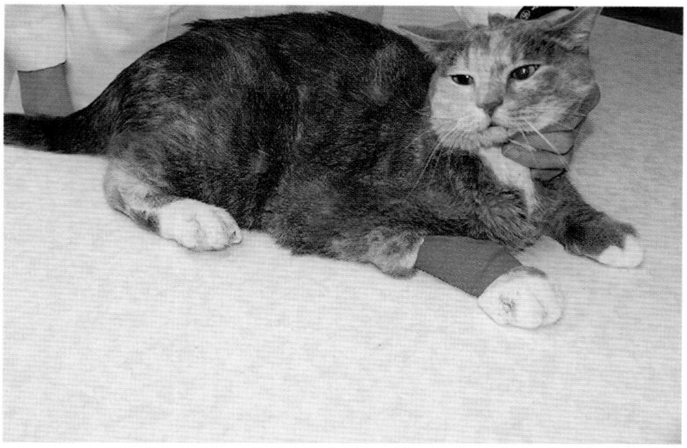

图112-1 本例猫三只爪水肿，带有导管绷带的爪由于循环受阻而水肿，比其他两个更为严重，其血清白蛋白为1.7g/dL（17g/L），患有潜在的胆道癌

- 基础检查［血常规（CBC）、生化及尿液分析和沉淀检查）］：应完成基础检查的检查以评估猫是否有发生肾病的迹象（即非再生性贫血、氮血症、高胆固醇血症或蛋白尿）、慢性肝机能不全［即小红细胞症（microcytosis）、异形红细胞症（poikilocytosis）、血液尿素氮（BUN）降低及重尿酸盐铵尿结晶（ammonium biurate urine crystals）］、IBD（即轻微的非再生性贫血、肝脏酶升高）以及败血症（即白细胞增多症或低血糖）。
- 逆转录病毒筛查：猫白血病病毒（FeLV）及猫免疫缺陷病毒（FIV）检验不能证实某种特定的疾病，但对评价病猫的整体健康水平具有帮助意义。

辅助诊断

- 腹部X线检查及超声检查：可通过诊断影像检查检查肝脏和肾脏的大小（X线检查）及架构（超声检查）。超声检查可发现肠袢增厚及腹水。
- 尿液蛋白-肌酐比率（Urine Protein-to-Creatinine，UPC）测定：这种试验可用于评估尿路蛋白损失的程度及意义。UPC测定结果要比尿试纸条（urine dipstick test）准确，而后者为定性测定。正常猫的尿液沉渣为良性（无活性）时，尿液中应没有或很少有蛋白。如果UPC高于1.0，则应检查是否有肾小球疾病。
- 禁食及餐后2h血清胆酸（serum bile acids，SBA）测定：测定SBA可用于评价肝机能。由于有些患有炎症肝病的动物在禁食后可能SBA正常，因此餐后采样对测定具有重要意义。
- 肝脏活检：如果怀疑发生肝病，可进行活检。可采用细针活检及手术方法活检。无论采用何种技术，活检前应进行凝血测定及血小板计数。
- 小肠活检/组织病理学检查：如有必要，可通过小肠活检（最好为全厚肠壁）检查是否有肠道疾病，但白蛋白低时可引起伤口愈合不良，甚至引起伤口裂开，因此最好先试用内镜活检。
- 抗凝血酶III（ATIII）水平测定：患PLN的猫发生血栓栓塞的风险可能增加。ATIII为体内最重要的抗凝血因子，其大小与白蛋白相近，在发生肾小球疾病时可能会损失。目前这种监测方法尚未广泛使用。
- 中心静脉压（central venous pressure，CVP）测定：如有可能，监测CVP可防止由于液体疗法引起的水分过多。血容量扩张的病猫CVP为4～8cmH_2O；过度水化的病猫可达到或超过10cmH_2O。如果不能监测CVP，可经常检查体重、听诊肺脏有无水肿、胸部X线检查及测定压积红细胞及总蛋白，均有助于准确进行液体疗法。关于CVP导管的安置，请参阅有关文献。
- 胸部X线检查及超声检查：如果怀疑病猫可能发生心衰时应进行胸部X线检查及超声检查，但心衰并非为猫发生腹水及第三间隙（third-space）白蛋白损失的常见原因。
- 皮肤活检：猫不常见发生血管炎，但应通过活检，包括皮肤活检等进行检查。

诊断注意事项

- 尿液试纸测定（urine dipstick tests）检查蛋白时假阳性率通常较高。对所有尿液试纸检测“阳性”及沉渣静止的尿样均应进一步分析。磺基水杨酸浊度测定［sulfasalicylic acid（SSA）turbidometric test］可用于确诊白蛋白尿。
- 同时检测血清球蛋白有助于确定低白蛋白血症的原因。如果白蛋白和球蛋白两者均降低，则必须要考虑的重要情况包括出血、PLD、PLE及稀释。典型情况下，稀释只引起白蛋白发生轻微的改变，而PLE和PLD可引起中度的低白蛋白血症。如果白蛋白减少而球蛋白正常或增加，则应考虑PLN、慢性肝机能不全及由于炎症而引起的白蛋白减少。更多资料参见第6章、第86章、第120章和第178章。
- 如存在泛低蛋白血症（panhypoproteinemia）和贫血，应考试是否发生失血，即使失血的原因不明显也应如此。黑粪症则表明可能有GI出血。

- 由于猫在心衰时很少发生腹水，因此右侧心衰很少会成为低白蛋白血症的原因。
- 单独引起低白蛋白血症的渗出液体为纯的渗出液。在白蛋白水平降低到很低，通常低于1～1.5g/dL（10～15g/L）之前很难有渗出液。
- 肝脏酶正常并不能排除肝衰竭或门体静脉短路的可能性，因此重要的是应注意患有肝病的猫，包括患有肝硬化时，典型情况下肝脏并不缩小，与此例外的是由于门体静脉短路引起的肝病，会引起肝脏过小（microhepatica）。
- 在普通临床实践中测定COP时，由于难以维持昂贵的费用及每天需要维护胶质渗透压计（colloid osmometer），因此并不实用。在有些重要的医院使用Wescor，Inc.（ www.wescor.com，Logan，Utah）制造的渗透压计。

治疗

主要疗法

- 治疗原发病：应查明引起低白蛋白血症的原因，如果可能应积极治疗。

辅助疗法

- 类晶体疗法（crystalloids）：血管内COP的损失可引起血容量不足（hypovolemia），这主要是由于体液会很容易地通过毛细血管膜。血容量耗损（volume depletion）可通过静脉滴注疗法，采用天然或合成的类晶体或胶体进行治疗。类晶体包括0.9%盐水和乳酸林格氏液等，它们均不会对COP产生明显影响，主要是因为它们含有小的颗粒，可随着血管通透性的增加迅速渗出。
- 天然胶体：胶体比类晶体含有更大的颗粒，因此维持COP的能力要比类晶体好。可采用天然或合成胶体，在总蛋白含量低于3～4g/dL（30～40g/L）时应考虑采用这种治疗方法。胶体虽然有许多优点，但也可使白蛋白合成减少。此外，如果胶体渗入到间质，可使水肿恶化。天然胶体包括血浆及白蛋白。输入血浆的猫不需要进行血液配型或交叉配型。在实践中血浆并不用于治疗由于慢性疾病引起的低白蛋白血症，主要是由于用于升高血清白蛋白的血浆量及费用等的限制。目前在兽医实践中尚无动物种特异性血清白蛋白，有人在动物采用人白蛋白溶液。近年来的研究报道称人血清白蛋白能将25%病猫的血清白蛋白显著增加到高于输入前的水平。由于对此方面进行研究的缺乏以及可能存在抗原性，其应用仍有争议，但在将来却仍有应用前景。
- 合成胶体：合成的血容量扩充剂包括右旋糖酐、基于血红蛋白的携氧媒介（如Oxyglobin®）、氧化聚明胶（oxypolygelatin）及羟乙基淀粉（hydroxyethyl starches）［如喷他淀粉（Pentastarch®）和羟乙基淀粉（Hetastarch®）］。主要的不良反应包括血容量过载（volume overload）、凝血异常（coagulopathies）及过敏反应。右旋糖酐及淀粉溶液不能长期（数周或数月）用于COP治疗，主要是由于它们的半衰期均短（喷他淀粉=2.5h，羟乙基淀粉=25h）。但在采用羟乙基淀粉时，如果恒速灌注或多次注射，则可蓄积，对维持血浆COP具有明显效果。猫的羟乙基淀粉（6%溶液）用量为每天5～15mL/kg IV，15～30min内用药。理想状态下，应按照5mL/kg增加用药。

治疗注意事项

- 患有低白蛋白血症的猫，有些药物需要调整剂量。白蛋白结合高的药物包括青霉素、头孢菌素、四环素、呋喃苯胺酸、安定、格列吡嗪及华法林等。
- 猫易于发生血容量过载，因此在采用类晶体或胶体治疗时应注意监测。

预后

本病的预后取决于引起低白蛋白血症的潜在原因，一般情况下，引起慢性低白蛋白血症的疾病均难以治疗。

参考文献

Chan DL, Rozanski EA. 2003. Colloid osmotic pressure in health and disease. *Compend Contin Educ.* 23(10):896–903.

Lees GE, Brown SA, Elliott JA, et al. 2005. Assessment and management of proteinuria in dogs and cats: 2004 ACVIM Forum consensus statement (Small Animal). *J Vet Intern Med.* 19:377-385.

Mathews KA, Barry M. 2005. The use of 25% human serum albumin: Outcome and efficacy in raising serum albumin and systemic blood pressure in critically ill dogs and cats. *J Vet Emerg Crit Care.* 15(2): 110–119.

Throop JL, Kerl ME, Cohn LA. 2004. Albumin in health and disease: Protein metabolism and function. *Compend Contin Educ.* 26(12): 932–939.

Throop JL, Kerl ME, Cohn LA. 2004. Albumin in health and disease: Causes and treatment of hypoalbuminemia. *Compend Contin Educ.* 26(12):940–949.

第113章
低钙血症
Hypocalcemia

Karen M. Lovelace

概述

猫低钙血症（hypocalcemia）为继发性的，其中许多病因的性质为医源性。低钙血症的原发性病因，如甲状旁腺机能减退则出现较少。引起低钙血症的原因很多（见表113-1）。引起血清磷酸盐水平升高的原因也可引起低钙血症。当钙的运用及吸收不能维持由于钙从血液中损失及其他细胞外损失时，也可发生低钙血症，但体内钙水平受到极为精细的调节，如低于这一狭小范围可危及生命。

表113-1　与病猫低钙血症有关的情况

低白蛋白血症（低蛋白血症）
慢性肾病
急性肾病
乙二醇中毒
产后抽搐
医源性
甲状腺摘除术引起的医源性甲状腺损伤
甲状腺摘除术或其他颈部手术的术后期
降钙素治疗
呋喃苯胺酸治疗
静注碳酸氢盐
四环素
输入抗凝血即柠檬酸盐、乙二胺四乙酸盐
治疗癌症药物
解痉药物治疗
磷酸盐灌肠（fleet® enema）
尿路阻塞
植物中毒：百合花、喜林芋
小肠吸收不良
淋巴管扩张
原发性小肠疾病
继发于甲状旁腺机能亢进的营养不良
日粮失衡
急性肿瘤细胞溶解综合征（acute tumor lysis syndrome）

诊断

主要诊断

- 病史：相关病史包括母猫泌乳或妊娠，新近的甲状腺手术；慢性肾病、晶尿症及尿石症的病史；日粮失衡或补充/家制日粮；病理性骨折；以前的药物治疗史（即含有磷酸盐的液体灌肠、抗生素、利尿剂等）；采食植物的病史，或户外活动的病史（乙二醇中毒）。
- 临床症状：该病的临床症状主要是由于神经及肌肉组织的兴奋性增加所引起，包括神经过敏、精神萎靡、全身性衰弱、肌肉自发性收缩、手足强直、抽搐、强烈的面部抓挠（intense facial rubbing）、瞬膜脱垂、咬或舔爪、气喘、攻击或腿部夹紧或疼痛、食欲不振或沉郁。
- 生化检查：总血清钙低于2mmol/L（8.0mg/dL），特别是在病猫血液白蛋白水平正常时，则可诊断为低钙血症。

辅助诊断

- 离子（游离）钙水平（Ionized（free）calcium）：对疑似病例，这种方法对诊断极有帮助。如果离子钙水平<0.87mmol/L（<3.5mg/dL），则说明存在低钙血症。
- 心电图：病猫可表现为心动过缓及S-T和Q-T段延长，Q-T间期延长及心动过缓是最为常见的检查结果。随着病程进展可发生不同程度的心脏传导阻滞及心室性心率加快。
- 眼底检查（fundic examination）：由于眼内压增加可发生视神经乳头水肿（papill edema）。

诊断注意事项

- 虽然低钙血症的临床症状有一定差别，但典型情况下猫可在血钙低于1.62～1.87mmol/L（6.5～7.5mg/

dL）时表现低钙血症的临床症状。

- 常用于计算纠正犬血清钙水平的公式在猫不适用。
- 电离钙水平低的病猫总钙可能正常或升高，最为常见的例子是肾衰，这可能是由于与有机或无机离子如磷酸盐、硫酸盐或柠檬酸盐形成复合物所致。
- 检查总钙水平时应记住总钙水平可由于低白蛋白血症而降低。
- 犬的急性（亚临床型）胰腺炎可造成胰腺周围脂肪皂化而形成钙复合物，这种现象的发病率在猫尚不清楚。

治疗

主要疗法

- 临床或严重低钙血症［<1.87mmol/L（<7.5mg/dL）］的急症治疗：可缓慢静注葡萄糖酸钙，在10～30min内发挥作用，剂量1～1.5mL/kg，可采用10%（即100mg/mL）葡萄糖酸钙溶液。静注期间应听诊心脏是否有心律失常及心动过缓，应采用心电图（ECG）监测是否有心动过缓、室性期前收缩（premature ventricular complexes）及Q－T间隔缩短。如果检查到心律失常或ECG异常，则应暂停输液。通常对治疗的反应可出现在数分钟之内。急症剂量只是一种指南，应根据病猫的反应确定何时停止采用钙治疗。
- 紧急维持疗法（Immediate maintenance therapy）：手足抽搐得到稳定后应每隔6～8h采用葡萄糖酸钙 IV重复治疗，应总是缓慢给药，应每天数次检查血清钙水平，其应维持在2mmol/L（8.0mg/dL）以上。紧急维持疗法应持续到口服维生素D开始发挥作用（1～4d）为止。

辅助疗法

- 长期维持疗法：骨化三醇（calcitriol）（活性维生素D_3或1，25－二羟胆甾醇）是长期钙维持疗法的首选药物，其作用快（1～4d），毒性也能快速消除（不到2周）。如果发生高钙血症，停药后很快可得到纠正。骨化三醇的半衰期不到24h。慢性肾衰时的剂量为每天1～3ng/kg PO，甲状旁腺机能减退时的初始剂量为每天30ng/kg PO，连用3d，之后以每天5～15ng/kg口服治疗。剂量应分为每天2次以确保钙能转运到胃肠道上皮。
- 口服补充钙：因为治疗低钙血症的主要方式是采用维生素D治疗，而维生素D发挥作用的机制是通过调节日粮中钙的吸收，而日粮中的钙含量总是很充足。虽然日粮钙通常充足，但口服钙常用于治疗的早期，剂量为0.5～1.0g/d。最后依血钙水平而停用。
- 双氢速甾醇（dihydrotachysterol）：该药物作用的开始比维生素D_2（麦角钙化醇（ergocalciferol）；1～7d）更快。毒性消失快（1～3周），但骨化三醇仍为首选药物。初始剂量为0.02～0.03mg/kg q24h PO，维持剂量为0.01～0.02mg/kg q24～48h PO。
- 维生素D_2（麦角钙化醇，ergocalciferol）：由于作用开始缓慢（5～21d），毒性消失缓慢（1～18 周），因此不常建议采用这种药物治疗。建议的初始剂量为4000～6000U/kg q24h PO。

治疗注意事项

- 患高磷酸盐血症的猫采用含有钙的液体进行治疗时应谨慎，因为过量的钙可引起软组织钙化，其中也包括肾脏内软组织钙化。
- 葡萄糖酸钙要比其他钙盐好。氯化钙可能会在猫产生胃肠刺激，碳酸钙可引起碱中毒，从而使低钙血症恶化。
- 钙对组织有刺激作用，即使稀释后的钙溶液也可在皮下给药时引起组织坏死。虽然许多教科书中都列出了葡萄糖酸钙稀释后皮下用药的剂量，但钙制剂最好是静脉缓慢给药或口服给药。
- 猫有时抵抗服用维生素D片剂，因此可采用维生素D液体，或采用骨化三醇可避免这些问题。
- 发生低钙血症的泌乳猫通常会由于肌肉大量活动及强直而表现发热40.6～41℃。随着强直的恢复发热也可消退，因此只要开始采用钙制剂进行治疗，应监测而不是治疗发热。
- 为了避免高钙血症或高钙尿（hypercalciuria），对患有低钙血症的猫，理想的血清钙水平应该为2.0 mmol/L（8.0mg/dL），即低于正常参考范围的低限。许多实验室报道的正常猫的参考范围可高达3 mmol/L（12.0mg/dL）。应每天监测血清钙水平，直到稳定，之后在维持治疗期间每周监测，直到达到目标血清钙水平。建议每个季节对慢性甲状旁腺机能减退猫的血清钙水平进行监测。

预后

引起医源性低钙血症状的原因通常为暂时性的，不需要进行长期治疗。摘除甲状腺后发生的病例，罕见甲状旁腺机能减退永久性发生的情况，治疗后数天或数月内甲状旁腺机能可望恢复。采用适当的治疗方法，预后及正常生活都会很好。

参考文献

Chew DJ, Nagode LA. 2000. Treatment of Hypoparathyroidism. In JD Bonagura, ed., *Kirk's Current Veterinary Therapy XIII*, pp. 340–345. Philadelphia: WB Saunders.

Feldman EC. 2005. Disorders of the Parathyroid Glands. In SJ Ettinger, EC Feldman, eds., *Textbook of Veterinary Internal Medicine*, 6th ed., pp. 1529–1535. St. Louis: Elsevier Saunders.

Stockham SL, Scott MA. 2002. Erythrocytes. In SL Stockham, MA Scott, eds., *Fundamentals of Veterinary Clinical Pathology*, pp. 105–135. Ames: Iowa State Press.

第114章
低钾血症
Hypokalemia

Mark Robson 和 Mitchell A. Crystal

概述

钾是主要的细胞内阳离子，虽然体内绝大部分的钾在细胞内，细胞外成分由于影响所有组织，特别是神经、肌肉和肾脏静止细胞膜电位，因此也受到精细调节（主要由醛固酮调节）控制。

低钾血症最为明显的临床效果与肌肉有关，表现为全身衰弱、共济失调及颈部下弯。一个极为重要，但经常未能识别到的低钾血症的并发症是肾病，这种情况可引起肾脏机能及形态两者均发生改变。采用适当的治疗可逆转低钾血症对肾脏机能的毒害作用。

考虑钾的作用时必须一同考虑病猫的酸碱状态及其他离子，如镁和钙等的浓度。酸血症（acidemia）时由于氢离子可进入细胞与钾交换，因此可能会屏蔽低钾血症，从而可导致临床上低估机体总的钾耗竭的程度，这是因为即使在全身严重亏钾时测定血清钾浓度（约占机体总钾的2%）也有可能正常。在肾脏，急性代谢性酸中毒也可降低钾的排出，但慢性酸中毒可使钾的排出增加。

低钾血症的许多病例在开始预治疗之前多为亚临床型。由于厌食或肾脏疾病引起的轻度低钾血症如果采用减少钾的溶剂进行治疗，则会很快变得更为严重。糖尿病时采用胰岛素进行治疗（特别是如果合并有不适当的补充液体）可导致快速，有时甚至是致死性的低钾血症。充血性心衰时采用呋喃苯胺酸进行治疗也可引发低钾血症，特别是由于病猫在接受利尿剂治疗时不建议采用液体疗法。

低钾血症是猫颈部下弯和全身肌肉衰弱最为常见的原因。参见第33章。低钾血症的常见原因是尿液过量排出，通常与尿液浓缩能力的丧失及氮血症并发，肾机能丧失常伴发摄食减少，而且可由于代谢性酸中毒而恶化。

日粮中钾摄入减少可导致整个机体处于慢性钾耗竭状态，但除非是并发有液体疗法导致的其他症状，通常不会导致可监测到的低钾血症。

胃肠道（GI）疾病，特别是呕吐同时引起胃分泌物中钾和氢离子同时丧失时也可导致低钾血症。在这种情况下发生的代谢性碱中毒可驱使钾进入细胞与氢离子交换，血清钾浓度降低。

糖尿病，特别是糖尿病并发酮病时常常引起低钾血症。影响因素包括慢性代谢性酸中毒、食物摄入减少及多尿等，治疗时其实可加重这些因子的作用结果。甲状腺机能亢进也与低钾血症有一定关系，但对其机制目前尚不清楚，可能是由于多尿、肌肉组织减少，或过量的甲状腺素直接作用所引起。目前的研究表明，甲状腺机能亢进、低钾血症及颈部下弯之间具有明确的关系。

尿道阻塞后用利尿剂治疗也是熟知的急性低钾血症的原因。其他罕见的肾脏疾病，如末梢（1型）肾小管性酸中毒（renal tubular acidosis），据报道称也能引起猫的低钾血症。猫摄入猫沙盆中的皂土黏土（bentonite clay）也与引起低钾血症有关。犬有引起低钾血症的其他原因，如体温降低及有响尾蛇生活的环境等，但尚未在猫得到证实。

在青年缅甸猫（通常在1岁以下）曾发现特发性低钾血症肾病（idiopathic hypokalemic nephropathy），据认为可能与纯合子隐性基因遗传病有关，这种情况类似于人的低钾血症周期性麻痹（hypokalemic periodic paralysis）。人们越来越清楚地认识到盐皮质激素过量是猫低钾血症的原因之一。

由于单侧性或双侧性肾上腺肿瘤［相当于人的库恩（Conn）氏综合征］引起的原发性高醛固酮血症罕见，但近年来，有学者报道了13例猫患有这种综合征，说明该病可能要比以前人们怀疑的更为常见。参见第102章。近年来还有报道猫的原发性高醛固酮血症，但与肾上腺肿瘤无关。这些猫的肾上腺在超声影像检查时正常或单侧性肿大，有些病猫的肾上腺组织病理学检查所发现的变化称为小结节性增生（micronodular hyperplasia）。一直能检查到的主要异常是血浆醛固酮升高或高于正常，血浆肾素浓度处于参考范围的下限，醛固酮与肾素的比值高于正常。对发生这种综合征的原因尚不清楚。

由于上述原因，对低钾血症进行分类时，血清钾浓度难以说明机体总的钾水平，因此较为复杂。当钾浓度降低到3.0 mmol/L 以下时可出现典型的肌肉衰弱症状，降低到2.5 mmol/L以下时症状恶化，肌酸激酶水平升高。低钾血症可分为慢性或急性、轻微、中等或严重。

除了已有报道的缅因猫综合征外，该病的发生与品种无关，大多数患病猫为中年到老年，通常在9岁左右。

诊断

主要诊断

- 临床症状：轻度到中度的低钾血症可引起食欲降低、体重逐渐减轻、低度贫血（low-grade anemia）、被毛粗乱及活动减少，这些症状易于和由于老龄所引起的变化相混淆。由于低钾血症或潜在的慢性肾衰，猫可表现为多尿及多饮。严重的低钾血症的临床症状通常会急性出现，包括颈部下弯及全身肌肉衰弱。约25%的患病猫可表现为僵硬或蹒跚及肌肉疼痛。罕见情况下，患有严重低钾血症的猫可由于呼吸肌麻痹而表现呼吸困难。
- 基础检查［血常规（CBC）、生化及尿液分析］：血清钾浓度通常降低，肌酸激酶通常增加（5 000～50 000U/L）。与慢性肾衰有关的其他症状也可存在，包括氮血症、高磷酸盐血症、尿液相对密度降低、酸中毒及贫血，也可鉴定到低钾血症（即糖尿病或低镁血症）。

辅助诊断

- 血压测定：检查是否有高血压。
- 眼睛检查：检查是否有能够反映高血压的变化。参见第107章和第193章。
- 治疗性试验：由于在轻度或中度低钾血症时血清钾水平可能正常，因此几乎不可能确定机体总钾水平降低是否可引起临床症状。可用葡萄糖酸钾2mmol q12h PO试治4～6周，可明显改善症状。
- 总T_4测定：对8岁以上的猫应进行这种测定以确定是否甲状腺机能亢进是引起低钾血症、临床症状（即衰弱、颈部下弯、体重减轻或多尿/多饮）或肾衰的原因。
- 腹部超声诊断：可采用这种诊断方法评价肾脏及排除肾上腺肿瘤。
- 钾泌尿分部排泄试验（urinary fractional excretion of potassium）：患该病的猫比例通常高于6%，可按下述公式计算：FEK^+=（尿液K^+/血浆K^+）×（血浆肌酐/尿液肌酐）×100。
- 碘海醇清除肾机能试验（Iohexol clearance renal function fest）：用于检查肾机能不全或早期肾衰，这两种情况可引起尿液相对密度降低，但不发生氮血症。参见第311章。

诊断注意事项

- 根据低于正常或正常的血清钾水平，不应排除慢性低钾血症。血液中的钾只有全身的2%，因此血液和组织钾水平之间可能没有多少关系。
- 根据临床症状或生化检查的异常，可采用其他检查颈部下弯及全身肌肉衰弱的试验方法进行诊断。参见第33章。
- 应考虑引起低钾血症的其他原因，并根据临床症状及病史进行检查。
- 通常不需要进行肌肉活检，但如果进行肌肉活检可发现其正常。
- 其他引起钾虚假升高的疾病（如血小板增多症或溶血）可掩盖低钾血症。

治疗

主要疗法

- 口服钾疗法：可以每只猫2～4mmol q12h PO的剂量口服葡萄糖酸钾，直到血清钾水平处于正常范围（严重型）或直到发生临床反应（轻微及中度型），之后每只猫按1～2mmol q12h PO治疗。口服钾疗法要比非胃肠途径补充钾更为有效，除了病情严重的猫外均可采用这种方法治疗。葡萄糖酸钾为粉剂、凝胶剂或片剂（依来源而不同）或酏剂（elixir）（依来源而不同），为最常用的钾源，猫似乎更易接受酏剂。应避免使用氯化钾，因为其不易被猫接受，而且可恶化已有的酸中毒。
- 治疗潜在或并发疾病：对所有引起本病或并发的疾病均应进行治疗。

辅助疗法

- 胃肠外途径钾疗法：病情严重时，可静注钾，剂量为每小时0.25～0.5mmol/kg，直到血清钾浓度正常及稳定。输液时速度应缓慢，液体应含有较高的钾浓度［如160mmol/L（160mEq/L），以每小时2.0mL/kg速度给药］。钾浓度低的液体如果给药速度快可进一步降低血清钾浓度使临床症状恶化，导致呼吸肌麻痹。如有可能应同时采用口服给药进行治疗。

治疗注意事项

- 含有高钾浓度的液体在静注时应密切监测静注速度，以防止发生心律不齐；静注速度应每小时小于0.5mmol/L。
- 注射葡萄糖、胰岛素或碳酸氢盐可由于引起细胞内钾的偏移而恶化低钾血症。
- 慢性低钾血症在老龄猫更常见，由于这些猫血清钾水平可能正常，因此可采用持续4～6周的治疗试验。如果口服给药，钾的安全边界很广，在开始出现高钾血症前可能就会诱导呕吐。
- 对急性病例进行积极治疗期间，钾和其他电解质的浓度变化很快。因此不能只测定一次任何电解质（特别是钾的浓度）就持续治疗1～3d。由于对治疗干预，如液体疗法、胰岛素、碳酸盐疗法等会使血清钾浓度发生动态变化，因此必须注意监测这种电解质的变化。必须要调整测定的频率以适应疾病的严重性、猫主的经济状况及符合临床实际，可每小时测定数次到每天测定1～2次。

预后

亚临床型病例的预后很好，严重型病例，治疗反应通常在24h内开始，2～3d可明显改善，但完全缓解可能需要数周。采用适宜的治疗方法及长期补钾时，低钾血症的预后很好，但如果存在潜在的肾机能低下，则对长期的生存而言预后不良。治疗失败可由于采用低钾液体快速输液而引起。

参考文献

Ash RA, Harvey AM, Tasker S. 2005. Primary hyperaldosteronism in the cat: a series of 13 cases. *J Fel Med Surg*. 7(3):173–182.

DiBartola SP, de Morais HE. 2005. Disorders of potassium: hypokalemia and hyperkalemia. In SP DiBartola, ed., *Fluid, Electrolyte and Acid-Base Disorders in Small Animal Practice*, pp. 91–121. St Louis: Saunders Elsevier.

Javadi S. 2005. Primary hyperaldosteronism, a mediator of progressive renal disease in cats. *Domest Anim Endocrinol*. 28(1):85–104.

第115章
低镁血症
Hypomagnesemia

Michele Fradin-Fermé

概述

低镁血症（hypomagnesemia）是指总血镁（Mg）浓度低于0.8mmol/L（1.89mg/dL）。人的低镁血症很常见，可引起手足抽搐及死亡率升高。

猫低镁血症的重要性还不清楚，血清浓度不能准确反映机体总镁水平或电离化镁水平，其与细胞代谢有密切关系。猫的低镁血症通常不表现症状，但有糖尿病、糖尿病性酮病、难以治疗的低钾血症及再饲喂综合征（refeeding syndrome）时通常可检查到低镁血症。

体内大多数的镁在骨组织（skeletal bone mass）（53%），其余则存在于软组织，血清中占0.3%。肌肉、软组织和红细胞中的镁在细胞内，主要与螯合剂结合，只有5%～10%为电离化。血清中镁在细胞外，其中67%为电离化。

镁与300多种酶系统有关，细胞内的镁影响钙和钾的代谢。镁也可通过直接作用于甲状旁腺素（PTH）而影响钙的平衡。

镁主要在空肠和回肠吸收，在肾脏的肾单元段排出。镁缺乏主要影响心血管系统、骨骼肌和神经系统，对中枢及外周神经也有影响。

诊断

主要诊断

- 病史：在发生糖尿病、糖尿病性酮病及严重病例时应怀疑发生低镁血症。大多数兽医重症护理日粮中含有低水平的镁。
- 临床症状：猫可表现吞咽困难、衰弱、呼吸困难、心律不齐或抽搐，或依镁缺乏的发展速度而不表现症状。伴发低钙血症（颤搐、颤动及抽搐）或低钾血症（衰弱）时可诱导低镁血症的症状。
- 血清镁水平：异常时低于0.8mmol/L（1.89mg/dL）。由于许多抗凝剂含有镁或与镁结合，因此最好采用血清样品。柠檬酸盐可结合镁及钙。
- 血清生化检查：血清生化检查应该包括测定钙、磷及钾的水平，因为低镁血症可能与难以治疗的低钾血症有关。

治疗

主要疗法

- 监测：轻微而不表现低镁血症时通常在治疗潜在疾病后会缓解。
- 静注镁：表现症状的猫及表现难以治疗的低钾血症的猫应该补充镁。如果需要快速补充，建议每天的剂量为0.4～0.5mmol/kg，之后当血液镁水平正常后将剂量减小到每天0.15～0.25mmol/kg，以静注补充。镁制剂为50%硫酸镁和50%氯化镁溶液，硫酸镁溶液的镁含量为每克硫酸镁4mmol，50%氯化镁溶液的镁含量为每克氯化镁含有4.6 mmolMg，注射时应与5%葡萄糖混合，恒速灌注。
- 口服镁：患慢性低镁血症时建议每天以0.5～1 mmol/kg 的剂量口服补充镁。

治疗注意事项

- 为比较起见，1mmol Mg=2mEq Mg；1mmol Mg=24mg Mg，1mmol/L Mg=2.43mg/dL Mg。
- 50%硫酸镁溶液含有Mg 2mmol/mL（4mEq/mL或50mg/mL）。
- 镁剂量过大可引起呼吸肌衰弱、低钙血症及房室和束支阻滞，但这些不良作用更常见于采用大剂量药物治疗时。建议用葡萄糖酸钙50mg/kg大剂量治疗，之后以每小时10mg/kg恒速灌注处理剂量过大。
- 口服补镁的主要不良反应是引起腹泻。
- 只要开始补充镁，则应减少补充钾，以避免发生高钾血症。
- 最常用的类晶体溶液（乳酸林格氏液及氯化钠）可消耗镁。

预后

本病的预后主要取决于治疗潜在疾病过程（例如糖尿病或糖尿病性酮病）的能力及纠正潜在的电解质失衡的能力。

参考文献

Dhupa N. 1998. Hypocalcemia and hypomagnesemia. *Vet Clin N. Amer Sm An Pract*. 28:587–608.

Toll J, Erb H, Birnbaum G., et al. 2000. Prevalence and incidence of serum magnesium abnormalities in hospitalized cats. *J Vet Inter Med*. 16: 217–221.

第116章
低磷血症
Hypophosphatemia

Stephanie G. Gandy-Moody

概述

磷是体内细胞外主要的阴离子，体内大多数磷是以无机羟磷灰石（inorganic hydroxyapatite）的形式存在于骨，其余则存在于软组织。就像钾（主要的细胞内阳离子）浓度可很快发生改变一样，根据血清浓度评价病猫的磷浓度时必须慎重。

磷主要由肾脏的近端小管重吸收。磷浓度降低主要是由于置换（从细胞外液进入细胞）、损失增加（肾脏重吸收减少）、摄入减少（小肠吸收减少）或实验室检测错误所引起。

虽然实验室检测结果有一定差异，但当血磷浓度低于1.0mmol/L（3mg/dL）时，可能发生了低磷血症。如果磷浓度达到很低水平［0.5mmol/L（<1.5mg/dL）］，则可出现神经症状、心脏异常、溶血性贫血及心肌病。

引起低磷血症的原因很多，见表116-1，猫最常见的原因包括糖尿病、肝脏脂肪沉积症及口服磷结合剂过量。

表116-1　低磷酸盐血症的原因

肾脏损失增加
原发性甲状旁腺机能亢进（罕见）
肾上腺皮质机能亢进（罕见）
糖尿病（发生或不发生酮病）
使用碳酸氢钠或利尿剂
小肠吸收减少
呕吐/腹泻
维生素D缺乏
使用磷结合因子
日粮缺乏
吸收不良
跨细胞迁移
肠道或父母代总营养水平［静脉输入营养液（hyperalimentation）-强饲综合征（refeeding syndrome）］
使用胰岛素
父母代使用葡萄糖
呼吸性碱中毒

诊断

主要诊断

- 临床症状：可见肌肉衰弱、厌食、抽搐、昏迷、恶心及呕吐，黏膜苍白（由于溶血所引起）及心肌收缩受损。
- 基础检查：包括血常规（CBC）、血清生化检查、尿液分析、逆转录病毒检测等。从获得的基础检查可以排除可能诱发或恶化低磷酸盐血症的潜在疾病。进行CBC检测时还应制作血液涂片；重要的是要监测是否发生溶血或海因茨体形成及对贫血进行分类。

治疗

主要疗法

- 食物规避：如果发现血清磷浓度低，或者病猫表现与低血磷有关的临床症状时，应避免继续采食含有磷结合剂的食物，禁止采食限制磷的食物（例如患肾脏疾病时的日粮）。
- 潜在疾病：纠正或预测引起低磷酸盐血症的潜在疾病过程，包括胃肠外接受总营养的病猫，胰岛素治疗糖尿病性酮病（diabetic ketoacidosis，DKA）或由于肾衰而接受磷结合剂的病猫。
- 轻度病例的口服补充：如果病猫不呕吐，口服磷酸盐补充磷可用于轻微低磷酸盐血症。口服补充纠正低磷酸盐血症时速度缓慢，因此只能用于轻度病例，也可采用缓冲性泻剂（buffered laxative）（即Phospho-Soda®）、平衡商用日粮或低脂奶。
- 中等到严重病例静注补充磷：磷酸钾（含3mmol/mL磷酸盐和4.4mmol/mL钾）及磷酸钠（含3mmol/mL磷酸盐和4mmol/mL钠）可静脉注射补充磷。使用磷酸盐的安全方式是恒速输注，每隔6～12h监测血清磷的浓度。为防止磷酸钙沉淀，可在无钙液体中加入钾（即正常生理盐水）。磷酸盐的初始剂量为每小时

0.01～0.03mmol/kg，每6h监测其浓度，根据情况调整磷酸盐输入的剂量。同时用胰岛素治疗，可能由于使用胰岛素引起磷在细胞内的转移而需要更高的剂量；可能需要的用药剂量为每小时0.03～0.12mmol/kg，用药6～4h。

辅助疗法

- 预防性治疗：病猫如果患有严重的肝脏脂肪沉积或DKA而采用补充钾治疗时，可使用25%磷酸钾以补充钾，其余使用氯化钾。
- 输血：如果溶血严重，则可用新鲜全血输血。储存的红细胞由于可利用血清磷酸盐，因此可加重低磷酸盐血症。

治疗注意事项

- 在静注补充磷期间应每6～12h监测血清磷浓度。静注磷酸盐可能的并发症包括低钙血症，如果发生这种情况，应立即开始利尿并停止注射磷酸盐，如果发生低钙血症，应使用葡萄糖酸钙。
- 采用磷酸钾补充磷时应谨慎。静注钾时不应超过每小时0.5mmol/kg。

预后

依潜在原因及低磷酸盐血症持续的时间以及对治疗的反应，预后可有不同。

参考文献

DiBartola SP, Willard MD. 2006. Disorders of Phosphorus: Hypophosphatemia and Hyperphosphatemia. In SP DiBartola, ed., *Fluid Therapy in Small Animal Practice*, pp. 195–209. Philadelphia: Elsevier.

Nelson RW, Couto CW. 2003. Electrolyte Imbalances. In RW Nelson, CW Couto, eds., *Small Animal Internal Medicine*, 3rd ed., pp. 842–843. Philadelphia: Mosby.

第117章

黄疸

Icterus

Sharon Fooshee Grace

概述

黄疸（icterus，jaundice）是猫常见的临床疾病，大量的胆红素沉积于组织中时可发生这种情况。猫正常情况下血清胆红素浓度低于17 μmol/L（1.0mg/dL）。在临床上，明显的黄疸在血清胆红素水平超过35 μmol/L （2mg/dL）时才发生，而血清浓度在25 ~ 35 μmol/L（1.5 ~ 2.0mg/dL）时即出现黄疸。因此，在血清高胆红素症及组织黄疸出现之前，总胆红素已经超过正常范围，前者是在后者之前出现的。

黄疸的原因可以分为三大类：肝前性（prehepatic）（溶血性）、肝脏性及肝后性。猫的黄疸溶血性原因没有犬常见，在一定程度上由于免疫介导的溶血在猫不太常见。猫最常见的引起溶血的原因是血原体病（hemoplasmosis）（以前称为血巴尔通体病，hemobartonellosis）。猫的黄疸大多数是由于主要或继发于肝脏的疾病所引起，这些疾病引起肝细胞机能降低或引起肝内胆汁阻塞；肝脏脂肪沉积或肝脏炎性疾病 （即胆管炎/胆管肝炎或淋巴细胞性肝门肝炎，cholangitis/cholangiohepatitis or lymphocytic portal hepatiti）也常常与黄疸的发生有关。肝后性（肝外）原因与胆总管阻塞等阻塞性过程有关，称为肝外胆管阻塞（extrahepatic bile duct obstruction，EHBDO）。猫引起肝后阻塞的疾病没有犬常见。

各种分类之间的差别并非总是很清晰，许多病例各种原因之间有重叠。临床检查结果与潜在疾病有一定关系，但通常包括厌食和昏睡。组织黄疸最早可见于软组织黏膜及皮肤，特别是耳廓、第三眼睑、巩膜，黄疸明显时虹膜也常被染黄。

鉴别诊断

诊断猫的黄疸时必须要考虑其他许多疾病，这些疾病列于表117-1 。

表117-1　猫黄疸已知的病因

肝前性
血原体病（hemoplasmosis）（以前称为血巴尔通体病）
不匹配性输血
新生仔猫溶血
海因茨体相关疾病
锌、洋葱、亚甲蓝、对乙酰氨基酚、苯佐卡因、丙二醇、铜、维生素K_1过量
微血管性溶血（Microangiopathic hemolysis）
弥散性静脉内凝血、血管炎、血管肉瘤
免疫介导性疾病
全身性红斑狼疮，传染病（如猫白血病病毒及猫免疫缺陷病毒）
败血症
巴贝斯虫病
猫胞裂虫病（Cytauxzoonosis）
低磷酸盐血症
最常发生于胰岛素治疗之后，有时由肝脏脂肪沉积症及灌食综合征所引起
肝脏性
肝脏脂肪沉积
胆道炎/胆管肝炎综合征
肝脏淀粉样变
阿比尼西亚猫、东方短毛猫、暹罗猫
肝脏坏死
毒素、药物、植物，如松节油、砷剂、四环素、对乙酰氨基酚、灰黄霉素、酮康唑、甲硫咪唑、安定、格列吡嗪、西谷椰子及一些蘑菇；中暑
传染病
猫白血病病毒、猫免疫缺陷病毒、猫传染病腹膜炎、猫传染性粒细胞缺乏病、杯状病毒、真菌病、弓形虫病、野兔热、组织胞浆菌病及内毒素血症
肝吸虫
败血症
药物
四环素、安定及甲硫咪唑
多囊性肝病
波斯猫及喜马拉雅猫
副肿瘤综合征
原发性或转移性肿瘤（特别是淋巴瘤）

（续表）

肝后性
胰腺炎
肿瘤
胆管或胆囊破裂
胆管脓肿/肉芽肿
胆结石
胆汁浓缩
肝吸虫

诊断

主要诊断

- 病史：病史常常模糊不清，只是表现一般的非定位性症状（如厌食、昏睡及呕吐）。如果猫以前肥胖而表现一段时间的厌食，则说明可能发生了肝脏脂肪沉积。糖尿病的猫也可由于胰腺炎或继发性肝脏脂肪沉积而发生黄疸。应向猫主了解猫是否接触了虱、药物或毒物。如果猫有在南加州、夏威夷或波多黎各等地生活或旅行的病史，则可能会感染有肝脏吸虫；在得克萨斯及密西西比、俄亥俄或密苏里河流域生活过的猫可能患有全身性真菌病；在墨西哥湾岸区及周围的州旅行或生活过的猫可能侵袭有胞裂虫（*Cytauxzoon*）。
- 临床症状：昏睡、衰弱、黏膜苍白或黄染、呼吸急促、心动过缓、心脏杂音及肝脾肿大在发生肝前性黄疸时可能很明显。患有原发性、继发性或获得性肝病的猫可能有肝肿大。腹部疼痛表明可能发生了阻塞、胆囊炎、胰腺炎或胆道炎胆管肝炎。神经症状及流涎可能表明发生了肝性脑病（虽然门体静脉短路极少与黄疸有关）。彻底的眼科检查有助于判断是否发生多系统疾病[即淋巴瘤、猫传染性腹膜炎（FIP）、全身性真菌病或弓形虫病]。
- 血常规（CBC）：CBC是初步评估黄疸最重要的方法。如果血细胞容积处于正常范围之内或接近正常范围（与脱水状态有关），血液涂片检查正常，则黄疸不可能是由溶血所引起。贫血可能为急性或广泛发生（即溶血较严重），从而掩盖了肝脏的正常机能而引起黄疸。如果在开始溶血后已经经过数天，血液涂片及网织红细胞计数可发现再生性反应（即大红细胞症及网织红细胞症），但应注意的是病猫并非总是会出现强烈的再生反应，特别是与犬相比更是如此。应检查血液涂片是否有血细胞寄生虫和海因茨体。偶尔情况下微血管病（microvascularangiopathy）（弥散性静脉内凝血）可能是病因，涂片上可见到明显的裂红细胞（schistocytes）。黄疸如果为肝脏原因所引起，则可出现异形红细胞症（poikilocytosis），这在患肝脏疾病的猫较为常见。非再生性贫血也可表明为肝脏原因所致。粒细胞减少症（granulocytopenias）或亲粒细胞性病变（granulocytophilias）在发生全身性真菌病或败血症时也可见到。
- 生化检查：发生肝前、肝脏及肝后性黄疸时肝脏酶可能增加。在大多数病例，如果为肝前性的，则酶可能正常或只是轻度升高，但肝细胞缺氧可使丙氨酸转氨（ALT）升高。在发生持续性EHBDO时可存在高胆固醇血症（hypercholesterolemia）。原发性肝病时，除非肝脏发挥机能不到20%，则低白蛋白血症并不典型。猫患有FIP或其他全身性炎性疾病时，可出现高球蛋白血症。猫血清胰腺脂肪酶免疫活性（feline pancreatic lipase immunoreactivity，fPLI）是诊断猫胰腺炎的良好方法。参见第159章和第160章。
- 尿液分析：如果猫的尿液中出现胆红素则说明不正常，应立即进行检查。慢性肝脏疾病时可影响肾髓质而产生等渗尿。
- 病毒检测：患有黄疸的猫应检查是否有猫白血病病毒（FeLV）及猫免疫缺陷病毒（FIV）。检查猫冠状病毒（FCoV）时，由于目前使用的方法没有特异性，因此不建议采用血清学方法检测。

辅助诊断

- 腹部X线检查及超声检查：采用这些诊断影像检查可以检查肝脏及胰腺的大小和质地、胆管系统是否开放、胆囊的结构和内容物、是否存在有胆汁凝结或胆结石。在检查胆道系统时，超声检查比X线检查更为灵敏。如果胆囊增大，则并不能特异性地表明黄疸就是由肝胆原因所引起，因为表现厌食的动物胆囊也可增大，但如果发现胆管扩张或屈曲，则具有诊断意义。
- 肝脏及胆囊的细针穿刺（FNA）或细针活检（FNB）：用22号针头（超声指导下）穿刺肝脏是一种侵入性相对较小的肝脏疾病筛查方法。参见第301章，可用于肝脏脂肪沉积、肿瘤、真菌病等的建立或辅助诊断。采用FNA或FNB的细胞学检查对诊断肝脏结构、肝脏纤维化或局灶性疾病意义不大，因此仍需要进行手术活检。也可在超声引导下或在剖腹检查时采集胆汁样品，送实验室进行需氧或厌氧培养，采用这种方法时检查到细菌的可能性高于肝脏FNA或FNB。虽然刺激迷走神经偶尔会导致某些病例心搏停止，因此需要准备阿托品，但并发症并不常见。胆囊膨胀或易碎时采用这种方法可引起撕裂或破裂。

- 肝脏活检：无论采用超声指导的活检还是采用剖腹活检，应在肝脏活检前进行凝血试验及血小板计数。可采用空心针活检及手术活检。楔形活检可获得最多的信息。
- 血凝试验：如果凝血发生障碍，则说明肝脏严重及弥散性地受到影响。可在家进行活化凝血时间（activated clotting time，ACT）测定。如果有测定仪，也可在家进行前凝血时间（prothrombin time，PT）及激活部分凝血活素时间（activated partialthromboplastin time，APTT）的测定，也可送有关实验室进行检测。常规凝血试验并不能预测是否可能会发生出血。血小板自动计数用于猫极为不准确，如果血小板自动计数低于正常值，应从血液涂片检测血小板计数。如果在针刺之后凝血时间延长，则具有一定的临床价值。
- 筛查非病毒感染性疾病：也应考虑其他感染性原因，如弓形虫病（第214章）、血原体病（hemoplasmosis）（第92章）、肝片吸虫（第81章）及系统真菌病（第22章，第38章，第43章及第97章）。

诊断要点

- 如果将猫的前躯抬高，可使内脏进一步坠入腹腔，因此易于触诊其肝脏。一般来说，患有肝脏疾病（包括肝硬化）的猫肝脏不会缩小，但例外的是门体静脉短路时，大约50%的患病猫肝脏变小（microhepatica），但这些猫极少发生黄疸（第178章）。
- 一般认为，肝脏酶异常具有临床意义，应进一步进行诊断评估。但肝脏酶正常及缺乏黄疸并不能排除发生原发性肝脏疾病的可能性。在被怀疑发生肝脏疾病而不表现黄疸的猫，应测定其胆酸。在发生黄疸的猫，由于胆酸取决于胆管的排出机制，因此血清胆酸测定也不具有任何诊断价值。
- 如果在血凝筛查时凝血时间明显延长，此时需要进行活检，但需要使用维生素K_1（参见“治疗”）或猫血浆，之后再重复进行凝血筛查，以证实凝血异常是否得到纠正。
- 肝内及肝后性疾病包括胆管破裂等，通常可见到腹腔渗出。如果存在液体，则应及时进行腹腔穿刺，取穿刺液进行细胞学检查及生化检查，并进行细菌培养。对胆汁性腹膜炎应及时进行手术治疗。

治疗

主要疗法

- 治疗潜在疾病：是成功治疗本病的关键。对黄疸本身无需治疗。

辅助疗法

- 熊脱氧胆酸：为一种合成的胆汁盐，有利于患胆汁郁积的猫的治疗，可稀释胆道分泌物，改进胆汁流出，对减少肝脏炎症也具有作用。该药的剂量为10～5mg/kg q24h PO，一直用药到胆汁淤积消失。熊脱氧胆酸不应用于肝外胆管阻塞时，因为其可增加胆管破裂的风险。
- S-腺苷甲硫氨酸（SAMe；Denosyl®及Denamarin®，Nutramax Laboratories）：这类营养性药物具有明显的抗炎特性，可有利于患急性胆管肝炎及肝脏脂肪沉积猫的治疗。剂量为90mg/kg q24h PO 。
- 维生素K_1：在发生胆汁淤积性疾病时，由于脂肪吸收异常，可能需要补充这种维生素，剂量为5mg/kg q12～24h SC，一直到凝血恢复正常为止，通常需要1～3次用药。
- 液体及电解质疗法：对患黄疸的猫，应注意液体及电解质平衡，特别是可能必须要使用含有钾的液体。

治疗注意事项

- 抗生素：一般来说，对患有肝脏疾病的猫应避免使用四环素。甲硝唑及青霉素（如阿莫西林）可用于治疗厌氧菌感染，而氟喹诺酮类药物及氨基糖苷类药物可用于治疗怀疑为革兰氏阴性菌感染时。
- 甲硫氨酸：患肝脏疾病的猫由于这种药物可加剧肝性脑病，因此禁忌使用于患肝脏疾病的猫。

预后

预后取决于黄疸的潜在原因。

参考文献

Armstrong PJ, Weiss DJ, Gagne JM. 1997. Inflammatory liver disease. In JR August, ed., *Consultations in Feline Internal Medicine*, 3rd ed., pp. 68–78. Philadelphia: WB Saunders.

Center SA. 2009. Diseases of the gallbladder and biliary tree. *Vet Clin*

North Amer. 39(3):543–598.
Sherding RG. 2000. Feline jaundice. *J Fel Med Surg.* 2(3):165–169.
Taboada J. 2001. Approach to the icteric cat. In JR August, ed., *Consultations in Feline Internal Medicine*, 4th ed., pp. 87–90. Philadelphia: WB Saunders.
Webb CB, Twedt DC, Fettman MJ, et al. 2003. S-adenosylmethionine (SAMe) in a feline acetaminophen model of oxidative injury. *J Fel Med Surg.* 5(2):69–75.

第118章
特发性溃疡性皮炎
Idiopathic Ulcerative Dermatitis

Christine A. Rees

概述

特发性溃疡性皮炎（idiopathic ulcerative dermatitis）是猫的一种罕见皮炎，其病因及发病机制尚不清楚，该病可在任何年龄段发生，无品种和性别差异，大多数病猫表现为严重的结痂型难愈性溃疡（crusted nonhealing ulcer），溃疡周围边界处皮肤增厚，这种损伤非常疼痛，最常见于颈部前部的背中线或两肩胛骨之间，通常不会发现全身症状。发病时外周淋巴结肿大。感染、注射剂、异物及损伤在该病的发生中无直接作用。作者曾观察到数例外寄生虫或过敏症（如过敏性皮炎、蚤咬过敏性皮炎或食物反应），这些可能是特发性溃疡性皮炎的主要诱发因素。

对这些极度瘙痒或疼痛的病例，主要的鉴别诊断应包括过敏性皮炎、食物反应、跳蚤过敏性皮炎、注射位点肉瘤及皮肤真菌病等。在非瘙痒性或疼痛性病例，鉴别诊断包括注射位点反应、创伤、烧伤及感染（即细菌或真菌、病毒感染）蠕形螨（*Demodex gatoi*）、跳蚤过敏反应、食物过敏反应及肿瘤等。

诊断

主要诊断

- 临床症状：典型情况下病变为单个的或起自颈背部或肩胛骨之间的皮肤，通常在邻近硬皮处出现溃疡及化脓性表面碎屑（见图118-1）。病变通常在发生溃疡性病变周围形成较厚的边缘。猫发生特发性溃疡性病变的典型病史是在数周到数月的时间内溃疡性病变逐渐增大，有些猫表现剧烈瘙痒或疼痛。
- 组织病理学检查：皮肤活检是最有用的诊断方法。采集皮肤活检样品时应采集溃疡组织和正常的周围组织。皮肤活检可发现表皮血管周围与间质组织混合的溃疡性皮炎。表皮纤维化的线性边界从溃疡外周延伸。

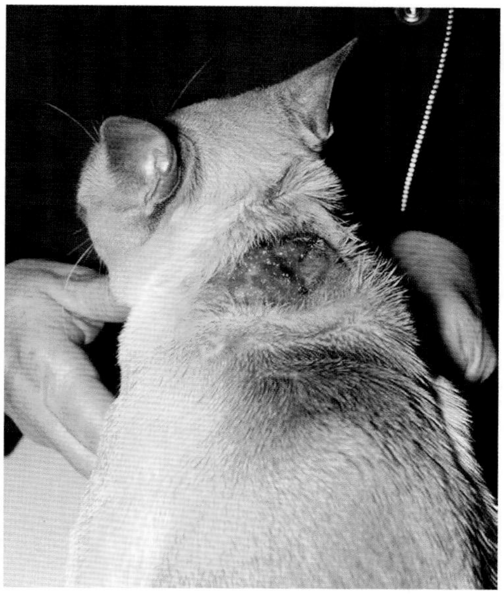

图118-1　特发性溃疡性皮炎，主要特点为溃疡增大，肩胛骨间出现结痂及硬皮的损伤（图片由Gary D. Norsworthy博士提供）

辅助诊断

- 其他诊断试验：应通过真菌培养排除皮质真菌病。应采用皮肤刮削来排除蠕形螨、猫蠕形螨（*Demodex cati*）、姬螯螨（*Cheyletiella* spp.）和猫疥螨虫（*Notoedres cati*）叮咬以及猫虱（*Felicola subrostratus lice*），同时建议检查病猫的逆转录病毒感染状态。

治疗

- 治疗并发症：对任何可能的诱发因素都应进行检查及处理，例如诱发因子包括特异反应性、食物过敏反应、跳蚤过敏反应、注射位点肉瘤、逆转录病毒感染、皮肤真菌病、螨虫感染（蠕形螨、猫蠕形螨、姬螯螨、猫疥癣虫）及猫虱（*F. subrotratus*）等。
- 局部治疗：最好的伤口治疗方法是局部用磺胺嘧啶银盐及轻轻用绷带［如管形纱布（tube gauze）或棉质

儿童T恤（cotton baby T–shirt）]包扎治疗。后爪用SoftPaws®（软垫）包裹固定可用于防止猫抓伤损伤部位。对伤口的治疗可能需要数周到数月，如果不能及时消除引发因子，则很容易复发。

- 全身疗法：注射或口服甾体激素有助于治疗溃疡性损伤。两种能持续发挥作用的甾体激素为甲基强的松龙及强的松龙。如果损伤部位有疼痛感，可采用镇痛药物治疗。

辅助疗法

- 手术清除：病猫偶尔会对手术清除损伤发生较强的反应，但在更为典型的病例，手术干预会使病猫的伤口不易愈合。因此手术治疗是最后一种可供选择的治疗方法。

预后

即便很谨慎，猫溃疡性皮炎的预后也会很差，主要是由于损伤常常对药物治疗无反应，许多损伤太大，以至于不能完全进行手术消除。最好是鉴别所有可能的潜在原因，治疗潜在疾病。

参考文献

Tackle GL, Hnilica KA. 2004. Eight emerging feline dermatoses. *Vet Med.* 99:456–467.

Scott DW, Miller WH, Griffin CE. 2001. Feline Ulcerative Dermatitis. In DW Scott, WH Miller, CE Griffin, eds., *Muller & Kirk's Small Animal Dermatology*, 6th ed., p. 18. Philadelphia: WB Saunders.

Spaterna A, Mechelli L, Rueca F, et al. 2003. Feline idiopathic ulcerative dermatosis: Three cases. *Vet Res Commun.* 27:S795–S798.

第119章
免疫介导性溶血性贫血
Immune Mediated Hemolytic Anemia

Anthony P. Carr

概述

免疫介导性溶血性贫血（immune-mediated hemolytic anemia，IMHA）是一种疾病过程，红细胞（RBCs）会被病猫自身的免疫系统当作异物，并被破坏。当IgG、IgM及补体相互合并结合到RBCs时启动这种免疫反应。也可能存在可以鉴别的启动因子（继发性IMHA），或由于原发性疾病（即特发性或原发性IMHA，有时称为自身免疫性溶血性贫血，autoimmune hemolytic anemia）。与犬不同的是，猫的IMHA相对少见。发生继发性IMHA的启动因子包括药物（丙硫氧嘧啶，propylthiouracil）、输血、肿瘤（即淋巴瘤或多发性骨髓瘤）及传染病［如血体病（hemoplasmosis）、猫胞裂虫病（cytauxzoonosis）、巴贝斯焦虫（*Babesia* spp.）病、猫传染性腹膜炎（FIP）和猫白血病病毒（FeLV）］。目前还没有令人信服的证据表明疫苗接种与该病的发生有关。

发生IMHA时，贫血的性质可能为再生性的。如果发生再生性贫血，则主要的鉴别诊断为溶血或出血。鉴别猫的贫血是否为再生性，由于猫的RBCs变化比犬更为微细，因此使鉴别更为复杂。在有些IMHA病例，可能不存在再生性贫血，这可能是由于没有足够的时间发生再生性反应（通常为5d），或者是由于免疫反应指向RBC前体，从而限制了释放到血循中的免疫细胞的数量。

猫发生IMHA时的临床症状取决于许多因素。贫血的严重程度虽然有明显的影响，但贫血发生的速度也很重要。如果贫血发展快速，则病猫没有多少时间补充，因此症状可能会比长时间内发生的贫血更为严重。常见的症状包括昏睡、厌食、呼吸困难、呼吸急促、黏膜苍白及心动过速。发生严重贫血时，可出现心脏杂音。发生IMHA时皮质肿大也较为常见。更为可靠的症状包括黄疸及发热。

鉴别诊断列于表119-1。

诊断

主要诊断

- 血常规（CBC）：检查CBC可发现贫血，而且通常为十分严重的贫血。红细胞象（erythrogram）检查可为贫血的原因提供极为重要的证据。如果发生溶血或出血，则再生可能会很明显。红细胞多染色性（polychromasia）是再生性贫血的良好指标，但在猫发生轻微的贫血时可能不明显。如果网织红细胞增加，则可最准确地区分再生性及非再生性贫血。氧化损伤时可出现海因茨体，但正常猫的海因茨体可达5%以上。红细胞平均容积（mean corpuscular volume，MCV）低说明发生了缺铁性贫血，可能发生了慢性失血。高的MCV可见于再生性贫血，但也可能为FeLV感染的标志。球形红细胞（spherocytes）是IMHA的典型标志，但在猫这两种标志更难鉴别。

表119-1　猫贫血的鉴别诊断

再生性贫血
出血
血体病（参见第92章）
猫胞裂虫病（cytauxzoonosis）（参见第47章）
先天性免疫介导性溶血性贫血
巴贝斯焦虫（*Babesia* spp.）
严重的低磷酸盐血症
海因茨体性贫血（参见第89章）
对乙酰氨基酚中毒（参见第1章）
红细胞渗透脆性增加（阿比尼西亚猫和索马里猫）
非再生性贫血
出血或溶血后时间不足以发生再生反应
以红细胞前体为靶标的免疫介导性溶血性贫血（红细胞发育不全）
特发性红细胞发育不全
铁缺乏
有广泛骨髓参与的肿瘤
慢性肾病（参见第190章及第191章）
慢性疾病引起的贫血

自凝集反应（autoagglutination）也能证实IMHA的存在，这可通过在一滴血液中加入2～3滴盐水，然后观察是否存在肉眼可见或显微镜观察所见的凝集反应与红细胞钱串形成（rouleaux formation）相区别。有时，显微镜观察载玻片也可观察到（见图119-1）。任何形式的凝集均可证实诊断为IMHA。也可能存在有其他的血细胞减少，特别是血小板减少（thrombocytopenia）。并发的血细胞减少更有可能说明为免疫介导性疾病或原发性骨髓疾病（即肿瘤、药物、骨髓纤维化等引起的骨髓抑制等）。

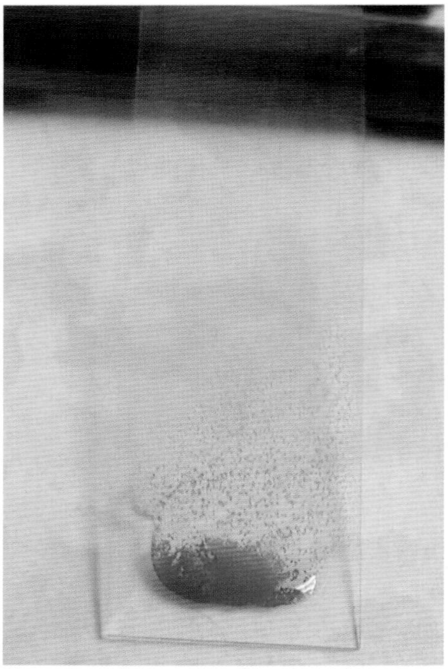

图119-1　一滴抗凝血在载玻片上滚动时，可以得出自凝血的假定诊断。有斑点的区域为红细胞簇

- 网织红细胞计数：发生贫血时，许多参考实验室会自动检测网织红细胞并计数，但最好能弄清楚计数的是何种类型的网织红细胞（聚集性的或聚集性及点状的）。网织红细胞计数也可在家通过将EDTA抗凝血与等量新鲜配制的亚甲蓝染液混合染色10～20min后观察，然后在血液涂片上高倍镜下计数聚集及点状网织红细胞。参见第311章。如果聚集网织红细胞百分比超过0.5%，则可能说明正常骨髓对轻微贫血发生反应，发生中度（2%）或严重贫血（>4%）时则该百分比升高。就绝对值而言，如果聚集网织红细胞高于40000L/μL，则说明为再生性贫血。除了在贫血轻微时外，一般不计数点状网织红细胞，其存在可能表明为再生性贫血。
- 生化检查：大多数检测值可能正常。总蛋白降低可能说明出血为再生性贫血的原因。如果发生溶血过程，则可发生高胆红素血症（即肝前黄疸）。

辅助诊断

- 库姆氏试验：怀疑为溶血性贫血时，如果在初始的血片检查中未发现支原体（*Mycoplasma* spp.）或猫胞裂虫（*Cytauxzoon felis*），则应进行库姆氏试验，参见第47章和第92章。患继发性IMHA或其他疾病时，虽然可能不引起贫血（如肿瘤及炎症），但库姆氏试验可呈阳性。虽然原发性IMHA时不大可能引起贫血，但可发生假阴性结果。
- 溶血性贫血时如果在检查血液涂片未发现病原，可采用PCR试验检查猫血支原体（*Mycoplasma haemofelis*）、暂定种微血支原体（*Candidatus Mycoplasma haemominutum*）和暂定种苏黎世支原体（*Candidatus Mycoplasmaturicensis*）。
- FeLV 检查：FeLV感染与继发性IMHA及骨髓抑制有关。
- 骨髓穿刺/空心针活检：如果贫血为非再生性的，特别是如果患有其他并发的血细胞减少症，则最好采集骨髓样品，这种检查有助于排除一些如骨髓纤维化或肿瘤性疾病。IMHA时的典型检查结果为红细胞增生（erythroid hyperplasia）、红细胞成熟阻滞（erythroid maturation arrest）或纯粹的红细胞发育不全。参见第296章。
- 影像检查检查：影像检查有助于排除肿瘤。

诊断注意事项

- 对患有继发性IMHA的猫，大多数病例是由感染（即支原体、猫胞裂虫和巴贝斯虫）所引起，特别是人们花费了大量的力气来排除支原体感染，在许多情况下可在血液涂片中检测到病原。原发性IMHA的诊断主要是排除其他引起贫血的原因。但在有些病例，几乎不可能得出关于IMHA的确定诊断，特别是在发生非再生性贫血的病例。对这些病例进行骨髓检查通常会发现纯粹的红细胞发育不全、红细胞增生及红细胞成熟受阻，但这些变化也可为特发性的。

治疗

主要疗法

- 输血：虽然关于何时输血仍意见不一，但通常采用输血进行治疗。一般来说，如果红细胞容积比（PCV）低于15%，即使病猫不表现贫血的症状，也应输入配型的全血。贫血的病猫如果PCV高于15%，如果其表现出贫血进展快速时的贫血症状（即呼吸困难、呼吸急促或心动过速），也应进行输血。也可采用基于血红蛋白的血液制品（Oxyglobin®），但这种制品一般昂贵，最好也只能持续数天。

- 抗生素疗法：如果支原体是继发性IMHA的病因，即使未能在血液涂片或PCR分析中鉴定到这种病原，则最好用强力霉素（5mg/kg q12h PO，治疗3周）治疗。
- 皮质类固醇治疗：原发性或继发性IMHA时可用强的松龙（初始剂量为1～2mg/kg q12h PO）治疗，依发生IMHA的原因可减少剂量。对强的松龙没有反应或不耐受的病例，可采用其他药物，如环孢霉素或细胞毒素类药物如苯丁酸氮芥（chlorambucil）。

辅助疗法

- 如能鉴定出引起 IMHA的潜在疾病，应进行治疗。

治疗注意事项

- 治疗患有MHA的猫时，应重在通过输血减轻临床症状及采用适宜的治疗方法以防止进一步造成溶血。由于支原体广泛存在的特点，因此应采用强力霉素疗法治疗怀疑发生IMHA的猫。
- 免疫抑制疗法治疗猫的IMHA成功率较高。

预后

大多数患IMHA的病例，如果能采用输血控制溶血，同时给予适宜的辅助疗法，则预后好。与犬不同的是，血栓形成并非IMHA的常见并发症。

参考文献

Cowell RL, Tyler RD, Meinkoth JH. 2006. Diagnosis of anemia. In JR August, *Consultations in Feline Internal Medicine*, 5th ed., pp. 565–573. St. Louis: Elsevier Saunders.

Kohn B, Weingart C, Eckmann V, et al. 2006. Primary immune-mediated hemolytic anemia in 19 cats: diagnosis, therapy and outcome (1998–2004). *J Vet Intern Med.* 20:159–166.

Weiss DJ. 2007. Bone marrow pathology in dogs and cats with non-regenerative immune-mediated haemolytic anaemia and pure red cell aplasia. *J Comp Path.* 138:46–53.

第120章
炎性肠病
Inflammatory Bowel Disease

Mark Robson 和 Mitchell A Crystal

概述

炎性肠病（inflammatory bowel disease，IBD）是描述一组肠道疾病（enteropathies）的专业术语，患猫表现为持续性胃肠道症状及胃肠道黏膜炎性细胞侵润的组织病理学变化。世界小动物兽医协会（World Small Animal Veterinary Association，WSAVA）胃肠道（GI）标准小组（GI Standardization Group）将IBD定义为：胃肠道临床症状持续超过3周，对食物调节及驱肠道寄生虫药物具有不完全的反应；活检时可发现黏膜炎性反应的组织病变；对免疫调节治疗具有临床反应。虽然对其精确的发病机制尚不清楚，但在兽医及人医实践中，越来越多的迹象表明IBD（一种难以控制的炎性反应）是由于黏膜对来自环境、食物或肠道细菌的非特异性抗原不耐受引起。遗传敏感性可能在决定个体是否会发生临床疾病中发挥重要作用。

更具体地说，IBD病例分子水平的改变主要特征是主要组织相容性复合物（major histocompatibility complex，MHC）Ⅱ型分子及IL-1、IL-8和IL-12的mRNA表达上调。这种反应是否为由于遗传异常而发生的遗传性主要反应，或是对抗原增加而产生的继发性反应，目前尚不清楚，而且个体之间可能具有一定差异。近年来的研究表明，健康猫和犬及患有IBD的猫和犬，其黏膜微生物群（mucosal microbiota）具有明显差别，但这种差别难以预测，也难以用传统的观点进行解释。有时明显具有致病性的细菌可能会在发生IBD时消失，而有时增加。比较恒定的特点似乎是发生IBD时肠道中细菌种类的多样性降低。但这是否为IBD的原因或结果，目前仍不清楚。研究表明黏膜菌群的密度和组成与消除炎症的严重程度及黏膜构造的损伤之间存在明显的组织学联系。文献中有很多资料报道患有明显IBD的人群，必须要采用抗生素才能消除症状。这些结果似乎支持GI细菌在猫的IBD病因中发挥作用的观点。

猫的IBD可表现各种临床症状，最为常见的症状是慢性间歇性呕吐，这与犬不同，犬发病时最为常见的症状是腹泻。猫的IBD其他临床症状包括体重减轻、厌食，不太常见的症状包括间歇性多食及腹泻。查体通常难以发现有意义的结果，或只是发现体重减轻，腹部触诊可发现小肠袢增厚。IBD可根据小肠道发病的区域及主要的炎性细胞分类。猫和犬的淋巴细胞-浆细胞性IBD最为常见，嗜酸性IBD则为第二种常见类型。其他不太常见的IBD类型包括肉芽肿性、化脓性（嗜中性粒细胞性）及组织细胞性肠胃炎或结肠炎。IBD最常见于中年到老龄猫，尚未发现本病的发生与品种或性别有关。

许多GI疾病在临床上与IBD相似，而且由于GI黏膜能对许多刺激发生炎性反应，组织病理学检查发现只有炎性浸润并不总能判断为IBD。需要考虑的鉴别诊断包括寄生虫和其他感染性因素［即线虫、贾第鞭毛虫、三毛滴虫（Tritrichomonas）、隐孢子虫、犬心丝虫、螺杆菌、猫白血病病毒（FeLV）感染、猫免疫缺陷病毒（FIV）感染、沙门氏菌病、弯曲杆菌病或猫传染性腹膜炎（FIP）］、肿瘤（如消化道淋巴瘤或腺癌）、内分泌疾病（即甲状腺机能亢进或糖尿病）、代谢性疾病（即慢性肾衰、肝脏疾病或慢性胰腺炎）及外分泌性胰腺机能不足（exocrine pancreatic insufficiency，EPI）。因此，详细的检查病史及逐步诊断法对建立及确诊IBD是极为重要的。

诊断

主要诊断

- 基础检查［血常规（CBC），生化及尿液分析］：基本数据通常不明显，但可发现肝脏酶轻度升高，也可见到血清球蛋白及嗜酸性粒细胞增多。基础数据有助于排除糖尿病（即高血糖、糖尿及尿液相对密度降低）、肝脏疾病（即高胆红素血症、血液尿素氮降低、肝脏酶增加及胆红素尿）和肾脏疾病（即肌酐增多，尿液相对密度降低）。可能存在表明甲状腺机能亢进改变的数据（即肝脏酶增加，血细胞压积轻度增加，尿液相对密度降低）及淋巴瘤［即血循中出现成淋巴细胞（罕见），贫血或其他血细胞减少］。发生腹泻的猫中由多种原因引起的蛋白损失性肠下垂不太常见（即低白蛋白血症或低球蛋白血症）。

- 总T_4（TT_4）测定：所有8岁以上的猫如果表现慢性GI疾病，应测定总T_4以排除甲状腺机能亢进。
- 传染病检测：各种排泄物检查及试验可用于排除传染病，特别是在发生持续性腹泻的病例。对所有发生腹泻的病例应进行沙门氏菌及弯曲杆菌的培养及药敏试验。采集的样品最好在特殊转运培养基中送至实验室，以防止内源性细菌的过度生长（采样送检之前请咨询实验室）。如果培养及染色为阳性而没有其他疾病的症状，则可支持发生传染病的诊断。对所有患腹泻的猫，应检查粪便隐孢子虫（*Cryptosporidium*），采用硫酸锌漂浮试验检查线虫和贾第鞭毛虫，也可考虑采用其他粪便试验检查贾第鞭毛虫（如SNAPGiardia®实验，直接盐水涂片或采集粪便样品进行贾第鞭毛虫直接荧光试验）及三毛滴虫（*Tritrichomonas*）［胎儿三毛滴虫（*Tritrichomonas foetus*）培养，直接盐水涂片，采集粪便进行胎儿三毛滴虫PCR检测等］。关于这些病原检测，更为详细的资料请参阅相关章节。慢性腹泻进行PCR检测时，应考虑除了弯曲杆菌（*Campylobacter*）外的所有病原（IDEXX Laboratories，Westbrook，MA）。
- 叶酸和钴胺素：血清叶酸和钴胺素浓度可为进行活检提供更多的信息。血清叶酸浓度低则说明小肠近端可能发生吸收不良；血清钴胺素浓度低则说明猫可能患慢性GI疾病，特别是体况得分（body condition scores，BCS）低的猫更是如此，可能说明由于浸润性疾病或胰腺机能不足而发生了回肠吸收不良。
- 腹部超声诊断：发生IBD的猫，常能发现小肠壁增厚及腹腔淋巴结肿大或超回声，但许多患有 IBD的猫并没有可见的超声变化，主要是由于该病变通常较小，在肠道或淋巴结发生任何可见或可触诊的变化之前可引起临床症状。如果淋巴结肿大，可采用超声指导下的抽吸，这有助于排除其他的腹腔疾病。
- 小肠活检：必须进行组织学检查才能进行IBD的鉴别诊断。活检样品可通过内镜、腹腔镜检查或剖腹检查采集。内镜检查技术侵入性小，也比手术方法的风险小，但不能采集全厚的肠壁进行活检，因此活检只是限于能够用内镜达到的部位，但这种方法依然是文献中见有报道的方法。腹腔镜检查后的发病率及死亡率均高，但可以选择整个GI部位，进行全厚肠壁的活检。如上所述，许多患有IBD的猫其肠道并没有明显可触诊的变化，因此应总是通过活检进行诊断。胃、十二指肠及空肠一般来说不是检查的重点部位，而回肠和结肠则应根据临床症状采用活检。在许多病例最好采集胰腺和肝脏样品进行活检，即使它们没有明显的病理变化也应如此，这种方法称为“腹腔取样”（abdominal harvest）。发生IBD的组织病理学变化包括炎性细胞浸润，绒毛萎缩或融合，腺窝因水肿而分离，黏膜纤维化或坏死；表皮展平，乳糜管扩张。此外，组织病理学检查还可为消化道淋巴瘤、隐孢子虫病、贾第鞭毛虫病或螺杆菌胃炎等提供确定诊断。
- FeLV/FIV检测： 这些检测方法不能证实GI疾病，但可确定是否存在继发性疾病。

辅助诊断

- 猫特异性胰蛋白酶样免疫活性（feline-specific trypsin-like Immunoreactivity，fTLI）及猫特异性胰腺脂肪酶免疫活性（feline-specific pancreatic lipase Immunoreactivity，fPLI）检测：EPI在猫罕见，但在发生多食（polyphagic）、恶病质且发生与糖尿病和甲状腺机能亢进无关的腹泻的猫，应检测fTLI。可采集禁食时的血清样品检查fTLI （筛查 EPI）及fPLI（筛查胰腺炎）。参见第71章及第160章。
- 犬心丝虫病：猫如果生活在该病的流行区域并患有慢性呕吐，且已经排除了其他常见的病因时，应检查犬心丝虫病。参见第88章。

诊断注意事项

- 如有可能，在确定诊断为IBD之前应通过鉴别诊断排除其他所有原因。许多临床医生试图通过改变日粮、采用驱虫药及抗生素等进行治疗，之后才建议采用其他诊断方法，如内镜或手术检查。只要能告知猫主，采用客观的评价标准来评价对治疗的反应，则这种方法并非不适宜。作用更为强烈的药物，如甾体激素等，可能会影响诊断过程，只能在猫主坚决拒绝进一步进行诊断，而且已经清楚甾体激素对组织活检的影响时，可采用“盲检法”进行。
- 许多IBD病例肝脏酶轻微或中度升高，这可能是由于门静脉周围的炎症或由于胃肠道炎症引起的炎性渗出造成肝脏损毁或并发胰腺炎而引起。理论上来说，发生炎症时黏膜的通透性增高，导致细菌易于进入肝脏。参见第94章。

- 临床医生应清楚，如果诊断病猫是否可能有IBD时，也应考虑患有其他肝脏疾病、胆管肝炎及胰腺炎以及GI疾病等。参见第216章。
- 对消化道淋巴瘤与炎症的淋巴细胞性IBD之间进行鉴别可能很困难，即使采用全层肠壁的活检也是如此。在这种情况下应咨询病理专家，与病理专家合作，克隆性检测（clonality testing）（如免疫组化、抗原受体重组PCR（PCRfor Antigen Receptor Rearrangements，PARR），流式细胞仪检测有助于进行这种鉴别。参见第34章和第130章。
- WSAVA的GI标准小组提出了一套详细的标准，描述诊断为IBD的炎性细胞的数量、种类及分布，此外也确定了可能发生的结构变化（即绒毛萎缩、黏膜溃疡等）。所有病理学家均应按照这些指南工作，这些标准也说明了内镜及手术GI活检时的大小、数量及质量。
- 造影剂GI对X线检查帮助不大，在诊断慢性GI时很难获得诊断。

治疗

主要疗法

- 治疗目标：治疗的主要目标是降低抗原对GI环境的刺激及调节局部胃肠道的免疫反应。
- 日粮调制：对所有IBD而言，日粮是治疗的关键组成部分。如果要采用排除饮食法进行治疗，则食物应高度易于消化，容易吸收，减少其脂肪含量。这种食物应该含有新来源的蛋白，可无乳、无小麦及无玉米。另外一种饮食排除法是利用商用水解日粮，如Hills z/d Ultra Allergen Free或皇家犬猫低过敏性的饮食（Royal Canin Feline Hypoallergenic diet）。所有患结肠IBD的猫，如果补充易于消化的纤维，如车前草（psyllium）（Metamucil®），剂量为1.7～3.4g（1/2～1茶匙）PO，加入食物使用，q12～24h，或采用罐装南瓜，量为1～2茶匙，与食物一同PO，q12～24h，则均有一定的治疗效果。50%以上患有特发性GI的猫对饮食排除法具有良好的反应，而患有淋巴细胞性–浆细胞性IBD的猫只用食物调剂也能缓解临床症状。
- 免疫调制治疗：除了淋巴细胞–浆细胞性结肠炎外，对所有类型的IBD，强的松龙或强的松为首选药物（可与日粮调制配合使用）。有人认为，单独采用日粮变换就可成功治疗淋巴细胞–浆细胞性结肠炎，有人建议采用强的松龙或强的松的治疗方案，1mg/kg q12h PO的剂量开始，治疗4周，再按下述方法减小剂量：1.5mg/kg q24h PO，治疗4周；1.0mg/kg q24h PO，治疗 4周；0.75mg/kg q24h PO，治疗4周；0.5mg/kg q24h PO，治疗4周；0.5mg/kg q48h PO，治疗4周。此后如果临床症状缓解，则应停止治疗。如果在治疗期间临床症状再次复发，则采用最低有效剂量治疗4～6个月，然后再试图减小剂量。还有人在临床上试图保持同样剂量治疗，但逐渐增加用药间隔。但目前尚未能证实哪种单一的治疗方法更好。
- 其他免疫抑制疗法：布地奈德（Budesonide）为口服使用的糖皮质激素，局部吸收比全身吸收更好，可用于治疗人的可罗思病（Crohn's disease）（局部性回肠炎——译注），对患有IBD的猫也有疗效（剂量为每只猫0.5～1.0mg q24h PO）。据说，采用布地奈德时有些病例可发生肠穿孔。苯丁酸氮芥（Chlorambucil）为一种烷基化药物，其作用没有环磷酰胺强烈，对GI小细胞淋巴瘤（使用强的松）及许多患有IBD的猫（每只猫2.0mg q48～72h PO或20mg/m^2 q14d PO）效果也较差。环孢霉素（Cyclosporine）为一种免疫调节因子，能抑制T细胞机能，特别是抑制IL–2的产生，对患有IBD而对糖皮质激素治疗没有反应的犬具有治疗作用。据说，猫患有IBD时（环孢霉素按剂量为5mg/kg q12～24h PO）有治疗效果。

辅助疗法

- 目标：采用辅助疗法时依据的假说是，改变共生微生物区系可减轻易感动物小肠炎症，因此通过益生菌、微营养、保健营养品或抗生素改变微生物菌群之间的平衡具有治疗价值。
- 益生菌（probiotics）及益生元（prebiotics）：益生菌为非致病性的活微生物（细菌混合酵母菌），在理论上可改变小肠微生物之间的平衡。益生元为未消化性的食物成分［通常为短链碳水化合物样甜菜浆或车前草（psyllium）］，能促进肠道特异性细菌的生长。
- 钴胺素（维生素B_{12}）：血清钴胺素浓度低时可注射钴胺素（250μg q7d SC，间隔6周注射）。成功治疗之后可引起增重、食欲增加及呕吐减少。在管理IBD时，如有需要，可长期以低剂量钴胺素（按250μg q14～28d SC）进行补充。可检测血清钴胺素以指导治疗。参见第37章。

- Ω-3多聚不饱和脂肪酸（polyunsaturated fatty acids，PUFAs）：这些成分对胃肠道具有抗炎作用，特别是可减少炎性前白三烯的产生。有些PUFAs［如二十碳五烯酸（eicosapentanoic acid）］可阻止细胞因子诱导的小肠通透性异常。PUFAs可在柜台上直接购买（如鱼油添加剂），由于其味道难闻及可引起腹泻，因此应逐渐增加剂量加入。尚无客观证据表明这种治疗方法具有效果。
- 甲硝唑：甲硝唑为一种抗微生物药物，具有很好的抗厌氧菌及良好的抗原虫谱，没有证据表明其与糖皮质激素合用可用于治疗猫的IBD。据认为，甲硝唑对肠道黏膜具有直接的免疫调节效果，但治疗剂量尚未证实。该药的剂量为10～20mg/kg q12h PO，治疗2～3周。单独采用甲硝唑一种药物进行治疗，对患轻微的IBD病例具有明显的治疗效果。

治疗注意事项

- 免疫调节剂应使用4～6个月，再降低剂量25%～50%，治疗2～4个月。在治疗的第1个月应每周监测中性粒细胞的数量，此后如果仍用药物治疗，如采用影响骨髓机能的苯丁酸氮芥进行治疗，则应每2～4周检查。如果中性粒细胞的数量降低到3000个/μL以下，则应停药或减低剂量。
- 如果不能进行活检，则必须要采用一种称为“治疗可治疗疾病”（treat for the treatable）的方法。如果临床症状严重，则应考虑安乐死，或采用多模式的有助于严重的IBD或消化道淋巴瘤的治疗方法（如水解食物、强的松龙、抗生素及苯丁酸氮芥等综合治疗）。
- 对IBD治疗有反应的猫可在开始治疗后的数周内临床症状明显改善，但真正的康复可能需要数月或数年。有些猫则从患病到能采食，随着时间其症状可改善，但有时猫主仍可感觉到其症状恶化。在许多情况下，兽医和猫主必须要在这段时间有耐心，因为快速改变治疗方法很难有帮助作用。

预后

采用合适的日粮及药物治疗，通常可以控制淋巴细胞-浆细胞性IBD。单独采用食物治疗就可有效控制淋巴细胞-浆细胞性结肠炎。并发的肝脏或胰腺疾病常不利于该病的预后。嗜酸性粒细胞性IBD及其他不太常见的IBD预后更难。

参考文献

Day MJ. 2008. Histological standards for the diagnosis of gastrointestinal inflammation in endoscopic biopsy samples from the dog and cat: a report from the World Small Animal Veterinary Association Gastrointestinal Standardization Group. *J. Compar Path.* 138:S1–S43.

German AJ. 2009. Inflammatory bowel disease. In JD Bonagura, ed., *Kirk's Current Veterinary Therapy XIV*, pp. 501–506. Philadelphia: WB Saunders.

Simpson KW. 2009. Host floral interactions in the gastrointestinal tract. In *Proceedings of the ACVIM Forum*, pp. 437–439, Montreal: ACVIM.

Suchodolski JS. 2009. The intestinal microbiome in dogs and cats. In *Proceedings of the ACVIM Forum*, pp 408–410, Montreal, Canada.

Trepanier L. 2009. Idiopathic inflammatory bowel disease in cats: rational treatment selection. *J Fel Med Surg.* 11:32–38.

第121章 炎性息肉及肿块
Inflammatory Polyps and Masses

Gary D. Norsworthy

概述

呼吸道息肉（respiratory polyps）是由炎性细胞组成的肿块，含有或覆盖有呼吸道上皮。鼻咽部息肉（nasopharyngeal polyps）见于口腔、鼻腔、鼻咽部、咽鼓管（eustachiantube）及颞骨鼓膜球（tympanic bulla）。这些息肉常常起自鼓膜球，向下延伸到咽鼓管及整个鼻咽部；也可起自鼻腔，延伸到鼻咽部或鼻腔开孔外。炎性息肉可起自中耳，延伸到鼓膜（tympanic membrane，TM）而进入外耳道。

呼吸道息肉由肉芽肿组织组成，可表现为致密、成熟，或松散，或血管化；通常嗜酸性粒细胞的数量不多。这类息肉最常见于青年猫；诊断出本病的平均年龄为 1.5 岁，因此有人认为这是一种先天性疾病，但这些疾病也见于老龄猫，可能为慢性炎症所引起。主要的临床症状包括呼吸杂音、呼吸困难及鼻腔分泌物、打喷嚏及咳嗽。这类疾病也可引起耳溢（otorrhea），继发细菌感染可引起外耳炎；前庭症状包括头部倾斜等。

在口腔及咽部，炎性肿块典型情况下可起自齿龈或舌，或起自咽周区。流口水及吞咽困难是常见的临床症状。这种肿块由炎性细胞组成，但没有肿瘤细胞；在结构及机能上，这些肿块许多方面与呼吸道息肉类似，但不含有呼吸上皮。有人认为，这种肿块的起源与呼吸道息肉不同。之所以在本章中包括了这类肿块，是由于它们在许多方面与呼吸道息肉的诊断及治疗相同。

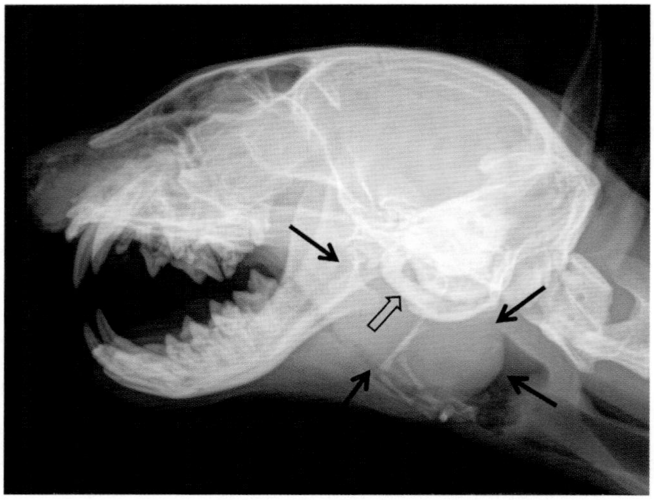

（A）

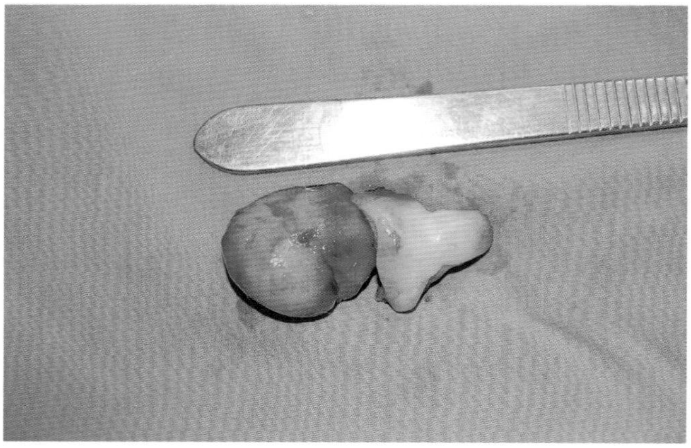

（B）

图121-1 鼻咽部息肉。（A）头颅侧面X线检查，可看到鼻咽部软组织肿块。这种肿块很大，几乎占据了咽喉部及食道开口的所有部分（实体箭头）。鼓泡（tympanic bullae）变厚，说明肿块起自中耳（空心箭头）。（B）摘除的炎性息肉

诊断

主要诊断

- 临床症状：临床症状是由息肉所在的部位决定的。如果息肉是在鼻腔或鼻咽部，则可见到呼吸杂音、呼吸困难、鼻腔分泌物及打喷嚏等症状（见图121-1和图121-2）。如果息肉位于外耳道，则可发生耳分泌物（常常为脓性）、摇头或耳朵抓伤（见图121-3）。如果息肉位于咽喉周围，则可发生吸气性呼吸困难（见图121-4）。如果息肉位于口腔，则常可见到流涎、口臭及吞咽困难；如果猫咬到息肉，则可见到疼痛（见图121-5）。
- 查体：在有些病例，可见软腭向下移位，说明鼻咽部存在肿块。在有些病例，如果猫在麻醉状态下软腭回缩到喙状缘，可见到鼻咽部肿块。发生在外耳道的息肉在除去耳道的液体后耳镜检查可见到息肉。这类息

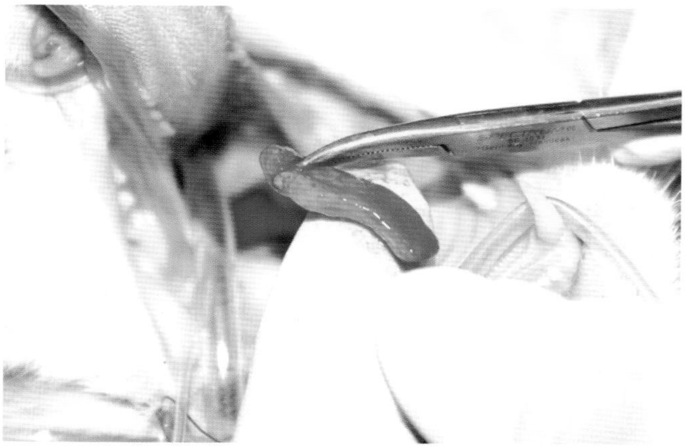

（A）

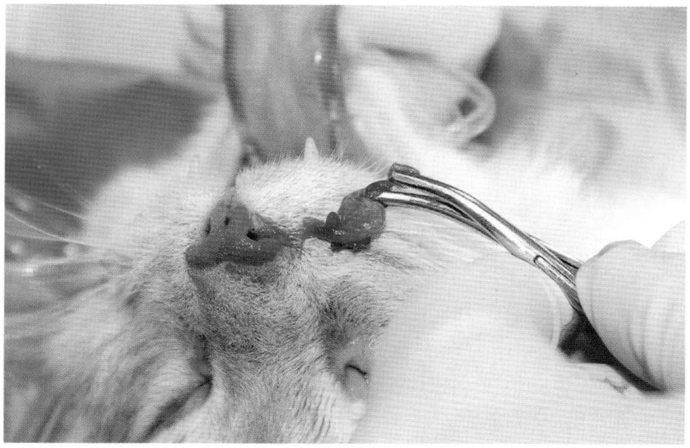

（B）

图121-2 鼻咽部息肉。（A）炎性肿块，从鼻腔后部及鼻咽部通过软腭切开摘除。这一肿块的小部分从右侧鼻腔开口突出。（B）牵拉肿块从鼻腔中摘除很大的肿块

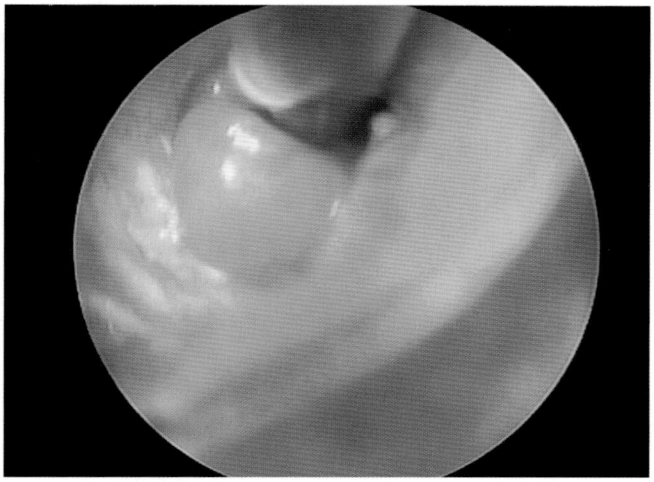

图121-3 从水平的耳道中可见到深部的炎性息肉。图像的顶部可见到抽吸导管

肉通常见于鼓膜，因此需要进行深部耳镜检查。由于许多息肉伴发外耳炎，因此在感染得到控制之前，或采用耳部内镜同时进行冲洗之前可能看不到息肉。检

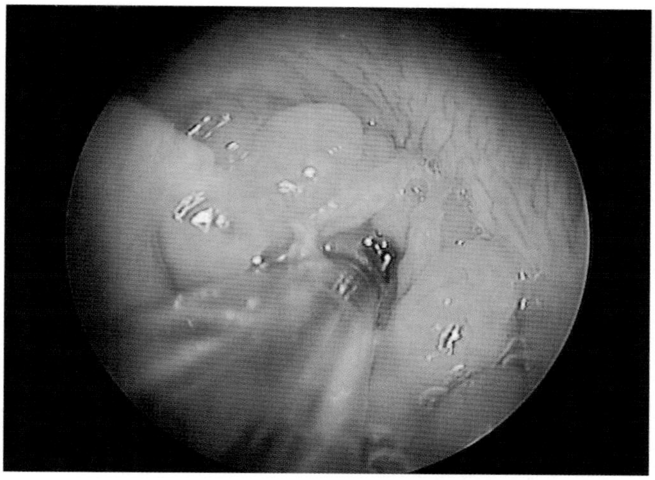

图121-4 炎性息肉附着于杓状软骨，可引起邻近气道阻塞及喉头麻痹。图中可看到气管内导管通过喉头进入气管

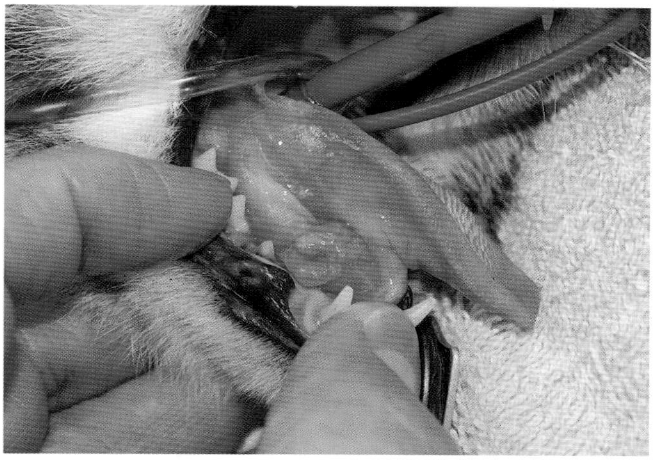

图121-5 炎性肿块见于舌的腹面

查口腔时可看到口腔息肉，在有些病例，可能需要麻醉或镇静。

- 影像检查：侧面或颈部伸展后高质量X线检查观察头颅可发现鼻咽部息肉。如果发生中耳炎，则鼓泡可能增厚，见图121-1（A）。计算机断层扫描（computerized tomography，CT）及磁共振成像（magnetic resonance imaging，MRI）为较好的检查方法，建议采用，见图293-12及图293-13。
- 组织病理学检查：这种检查为验证性的，可从口腔、鼻腔、鼻咽部、中耳或外耳道采集活检样品。
- 内镜检查：如果肿块进入鼻咽部，如有合适的设备，可观察到这种肿块。

治疗

主要疗法

- 口腔手术：应对口腔肿块进行活检，采用手术摘除或激光消除。开始时，对位于鼻咽部的肿块可通过口腔将软腭的喙状部拉回而进行处理。通过稳定牵拉可观察到中耳的附着点。如果不能除去所有肿块，而且这也是常见的问题，则会引起肿块再度生长。如果不能用这种方式摘除，则可通过软腭中线的切口达到鼻咽部，见图121-2（A）及第262章。临近于牙齿的肿块可将牙齿拔除之后采用抗炎药物治疗，之后则不大可能会复发。
- 鼓泡骨切开术（bulla osteotomy）：由于这些肿块典型情况下可起自中耳，因此鼓泡骨切开术可增加从肿块基部摘除的机会，防止其再度生长。此外，采用这种方法也可排出液体及刮除鼓泡。参见第248章和第274章。
- 抗炎药物治疗：炎性肿块由于其位置而常常难以或不可能用手术方法摘除；如能摘除，则常常会复发。这类肿块可对强的松龙（2.2mg/kg q12h PO治疗2周后减量）、环孢霉素（4～7mg/kg PO治疗4周后减量）、环己亚硝脲（lomustine）（每只猫10mg q28d PO，治疗3～6次）或甲地孕酮（最后的选择）（每只猫5mg q12h PO，治疗5天后以q24h治疗5～10d）等治疗发生反应，症状消除之后常需要长期用强的松龙治疗。

辅助疗法

- 抗生素治疗：可采用适宜的抗生素治疗并发的细菌性外耳炎或中耳炎。

治疗注意事项

- 霍纳氏综合征及面部麻痹为鼓泡骨切开术后可能的并发症，大多数病例可在1～3周内自行康复。
- 炎性息肉对抗炎药物的治疗常常反应不好。

预后

如果能除去所有的息肉及肿块组织，则预后好，但由于这类息肉及肿块的典型部位，常不可能达到，因此复发是主要问题。对抗炎药物反应良好的炎性肿块预后良好。

参考文献

Little CJL. Nasopharyngeal polyps. 1997. In JR August, ed., *Consultations in Feline Internal Medicine*, 3rd ed., pp. 310–316. Philadelphia: WB Saunders Co.

Prueter JC. 2007. Nasal and nasopharyngeal polyps. In LP Tilley, FWK Smith, Jr., eds., *Blackwell's 5-Minute Veterinary Consult*, 4th ed., p. 951. Ames, IA: Blackwell Publishing.

第122章
眼内肿瘤
Intraocular Tumors

Karen R. Brantman 和 Harriet J. Davidson

概述

虽然眼内肿块（intraocular masses）通常在猫不太常见，但增生性及非增生性瘤（neoplastic and nonneoplastic tumors）也时有发生。虹膜囊肿（iris cyst）（或称为睫部或眼色素层囊肿，ciliary or uveal cyst）为一种沉着有色素的透明的非增生性睫毛组织（ciliary tissue）增生。囊肿圆而光滑，大多数情况下附着于后虹膜（posterior iris）。色素沉着可能很强烈，因此难以和实体肿块相区别。但是，有光线的透照器接近眼睛观察可穿过这层结构。单个的简单囊肿无需治疗，只有囊肿阻塞了瞳孔，妨碍视力，破坏液体流动，妨碍虹膜角膜角（irido-corneal angle）或接触到角膜上皮时，则需要治疗干预。摘除囊肿时可采用针头穿刺或激光消除法。

虹膜痣或虹膜斑（iris nevus or freckle）为黑色素大量在虹膜内蓄积所造成，一般认为为非肿瘤性。虹膜斑本身及周围虹膜应光滑，无血管，外观有规律。如果虹膜色素沉着的局域较大或存在局灶性的黑痣，则称为虹膜黑变病（iris melanosis）。对猫的虹膜斑及黑变病应终生监测其发展。如果色素沉着很广泛，不均衡，或者影响到虹膜及瞳孔的外观及机能，则应考虑是否发生了肿瘤性虹膜黑变病。最后，眼色素层炎的临床症状可能与虹膜增生相而呈肿块状，因此应检查是否有其他眼色素层炎的指征，如有闪光的液体及眼内压降低等。

最为常见的肿瘤为黑素瘤（melanoma）、肉瘤及腺癌。眼内黑素瘤最为常见的是色素沉着（hyperpigmentation），可开始于虹膜表面（见图122-1）；偶尔情况下肿瘤细胞无黑素（amelanotic），具有白色的外观。肿瘤最后可能突起，无规则，通过虹膜而扩散。黑素瘤通常为圆形，可起自前虹膜面（anterior iris surface），偶尔也可起自后虹膜（posterior iris ）或脉络膜。黑素瘤常常为恶性，很有可能发生转移。但转移性病变可在最初的诊断后数年才发现。转移最为常见的位点是肺脏和肝脏。由于虹膜色素沉着性变化可在长时间内有进展，因此常常难以确定何时摘除。生存时间缩短与虹膜外肿瘤的延伸及继发性并发症的发生有关，因此在发生细胞浸润到引流角（drainage angle）、巩膜或角膜缘（limbus）时，或者瞳孔形状发生改变时，建议施行摘除术。

眼缘及眼球表面的黑素瘤（limbal or epibulbar melanomas）为生长缓慢的肿块，始于眼球外，可呈明显增大而侵及眼球。这种肿瘤通常为良性，偶尔有报道在猫为恶性，典型情况下这种肿瘤不转移，但需要密切注意观察。手术摘除及激光消除两种方法均是摘除这类肿瘤可接受的方法。

眼肉瘤（ocular sarcoma）可继发于眼损伤或慢性炎症，但在开始损伤后可能需要数年才会发生肉瘤。肿瘤通常起自后虹膜（posterior iris）或脉络膜，开始检查时可难以发现。肉瘤有很多临床症状，包括眼色素层炎、眼内出血或角膜水肿。这类肿瘤具有侵入性，其生物学行为与注射部位的肉瘤相似。肿瘤可侵入脉络膜、视网膜及后段（posterior segment），可发生肿瘤转移。在大多数情况下，可发生晶状体破裂。如果猫有眼内肿瘤或慢性眼色素层炎的病史，则应仔细监测是否有肿瘤形成的迹象。建议采用摘除眼球内容物的眼睛摘除术。

虹膜或睫状体的腺瘤或腺癌在猫不太常见，肿瘤可能为实体性的，在瞳孔后观察为无色素沉着的肿块。这些肿瘤生长缓慢，发生转移的可能性低。在临床上能见到肿块时，通常已存在数月。继发性疾病，如青光眼也可发生。建议摘除肿块及周围的睫状体组织，或如果肿瘤侵入到巩膜，则应摘除眼球。

淋巴瘤是眼睛最为常见的转移性肿瘤，但转移到眼睛的原发性肺癌、鳞状细胞癌及注射位点肉瘤均见有报道。淋巴瘤的临床症状各种各样，包括轻微的前葡萄膜炎（anterior uveitis）到增生性虹膜肿块以及眼底病变。肿块本身可为白色或粉色，光滑，但有时呈分叶状外观。淋巴瘤有时可发生眼睛损伤，通常会随着全身药物治疗而退化。

继发性眼色素层炎及青光眼可分别通过局部抗炎药物及抗高血压药物施行局部治疗。

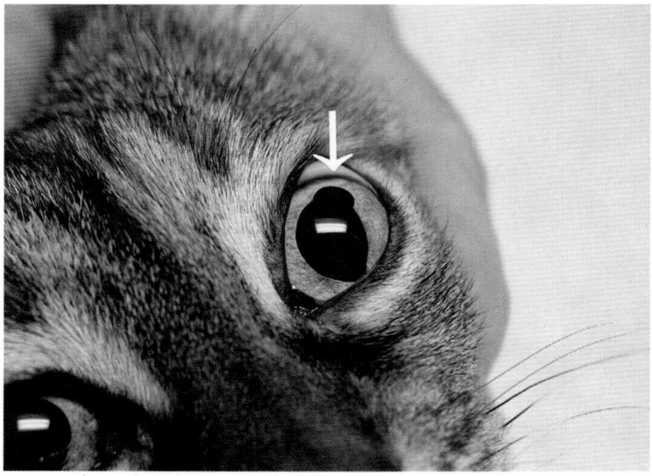

图122-1 黑色光滑的肿块（箭头）附着于虹膜的前表面，为黑素瘤（图片由Gary D. Norsworthy博士提供）

诊断

主要诊断

- 眼科检查：视诊检查肿块是最主要的诊断方法。必须要彻底进行眼科检查来确保眼色素层炎或青光眼并非是肿瘤所引起的。参见第299章。要证实疾病损伤的程度，必须要采用裂隙灯生物显微镜检查（slit-lamp biomicroscopic examination）。
- 眼睛超声检查：偶尔情况下，眼睛内可能会充满血液或严重炎症的产物，因此妨碍彻底的虹膜检查或后虹膜结构（posterior structures）检查。在这些情况下，可采用10MHz 超声探头检查眼睛内是否存在肿瘤。超声检查也可用于检查虹膜的大小及形状，同时也可确定并发的视网膜、玻璃体（vitreal）或晶状体疾病。

辅助诊断

- 细针穿刺：为一种介入性的诊断方法，但在确定眼睛内肿块的类型或用于摘除眼色素层囊肿时极有帮助。穿刺时猫应进行全身麻醉，以阻止手术期间眼球的运动。将一小针头（约为27号）插入眼前房，前进通过异色边缘（limbus）。为了获取细胞进行细胞学检查，可就肿块本身进行穿刺，抽空虹膜表面，或者采集液体样品（≤0.1mL）。必须采用精细的眼科钳以稳定眼球，控制穿刺伤口在自行封闭的初期阶段闭合。采集细胞学样品检查时应采用细胞离心涂片器（cytospin），以便在实体样品中获得足够的细胞进行检查。这种方法的并发症可能很严重，还包括眼内出血、晶状体破裂及眼色素层炎。
- 基础检查（minimum data base，MDB）：MDB包括血常规及血清生化检查，这些数据有助于鉴别是否发生肿瘤转移性疾病，也应包括逆转录病毒检测。
- X线检查或超声诊断：胸部X线检查或腹部超声检查可用于评价猫是否有肿瘤转移性疾病的迹象，或有助于判断肿瘤的阶段。
- 前房角镜检查（gonioscopy）：角镜（goniolens）为一种棱镜，可观察引流角（drainage angle）及虹膜的外周，这种方法可对虹膜角膜角（iridial corneal angle）进行观察，以确定是否有肿瘤侵入。可将镜头用特定凝胶置于眼睛表面。这种方法难以实施，因此通常由眼科专家进行。

治疗

主要疗法

- 抗炎药物治疗：许多肿瘤病例可能伴发眼色素层炎，因此，如果没有角膜溃疡存在，应局部用眼科用0.1%地塞米松或1%强的松龙q4～12h治疗。局部采用甾体激素治疗只能暂时使用，直到能采用更为持久的治疗方法为止。不建议采用阿司匹林，因为肿块可能会占据空间，可能会诱导产生青光眼。
- 抗高血压药物：肿瘤引起的引流角（drainage angle）阻塞或眼色素层炎可引起继发性青光眼。参见第85章。
- 眼睛摘除术及眼内容物摘除术（enucleation and exenteration）：由于猫的眼内肿瘤可能为恶性，因此即使在视力正常时也有理由采用这种手术。发生侵入性肿瘤时建议摘除眼内容物，为确定诊断，强烈建议进行组织病理学检查，确定是否有肿瘤转移的可能。

辅助疗法

- 激光消除：二极管激光器（diode laser）消除是治疗眼内肿瘤或肿块的可选方法，特别是对虹膜黑素瘤、眼缘黑色素瘤（limbalmelanoma），或眼色素层囊肿，这种方法较好，可破坏肿瘤。消除虹膜肿块偶尔可引起虹膜变形，导致瞳孔异常。罕见情况下可引起严重的眼色素层炎。对大的肿块或影响到虹膜后结构（posterior structures）的肿块，不可能进行激光消除。及早与眼科专家协商对采用激光消除术治疗肿瘤是极为关键的。

- 手术摘除：在有些病例，可用手术方法摘除眼球表面的肿瘤。在进行手术前应采用前房镜检查，以确定肿瘤是否侵入眼内。可切除虹膜，除去整个肿块。这种方法极为精细，可导致严重的眼内炎症。
- 系统药物治疗：在发生淋巴瘤时，临床损伤可通过采用化疗而消退。参见第34章。如果治疗不干扰全身用药治疗，则眼睛应该用局部甾体激素治疗，以防止或控制眼色素层炎。

参考文献

Dubielzig RR, Hawkins KL, Toy KA, et al. 1994. Morphologic features of feline ocular sarcomas in 10 cats: light microscopy, ultrastructure and immunohistochemistry. *Vet Comp Ophth*. 4:7–12.

Hakanson N, Shively JN, Reed RE, et al. 1990. Intraocular spindle cell sarcoma following ocular trauma in a cat: case report and literature review. *J Am An Hosp Assoc*. 26:63–66.

Williams LW, Gelatt KN, Gwin RM. 1981. Ophthalmic neoplasms in the cat. *J Am An Hosp Assoc*. 17:999–1008.

第123章
缺血性脑病
Ischemic Encephalopathy

Sharon Fooshee Grace

概述

猫的缺血性脑病（feline ischemic encephalopathy，FIE）为一种继发于中枢神经系统主要血管血流紊乱（主要为大脑中动脉）而发生的一种神经性疾病。多年来，一直不清楚本病的原因，但近来的研究表明至少在有些FIE病例，发病可能是由黄蝇幼虫（*Cuterebra larva*）异常迁移所引起。参见第46章。幼虫通过筛板（cribriform plate）迁移进入大脑可能会诱导大脑血管痉挛，导致缺血或感染。在全世界没有黄蝇的地区尚不知有本病存在。本病的发生也未见有品种或性别趋势。本病通常发生于成年猫，在美国东部及北部，多发于夏季月份，而在这些月份黄蝇幼虫正处于迁移期。

多个研究结果表明，黄蝇能侵蚀筛板，从而可进入中枢神经系统，因此在发生神经症状之前病猫可出现呼吸道症状。在有些研究中，由于蝇蛆病（cuterebriasis）而患FIE的猫大约50%具有近期内上呼吸道感染的病史，有人推测认为，幼虫可能会产生毒素，这类毒素可引起大脑血管痉挛及梗塞。

本病在开始时出现急性神经症状，这种症状无进展，常常为侧面性的，常见有抽搐，其他异常包括转圈（朝向损伤部位），运动障碍，失明及行为改变，如发生攻击或沉郁。发生失明时，通常为对侧视野受到影响，瞳孔对光的反射正常（皮质失明，cortical blindness）；罕见情况下，损伤可影响视交叉或脑干，因此瞳孔扩散性反应迟钝。除了神经系统异常外，查体通常难以发现任何明显的异常。

主要的鉴别诊断包括心脏创伤、肿瘤、传染性脑炎、肉芽肿性脑膜脑炎（granulomatous meningoencephalitis）、血栓栓塞（特别是心脏病时）、高血压诱导性出血及犬心丝虫异常迁移。

诊断

主要诊断

- 大脑机能异常突然开始，特别是在夏季猫在户外活动时，这是一个极为重要的检查结果。如果黄蝇幼虫在进入中枢神经系统（CNS）之前位于鼻腔，则上呼吸道症状（即鼻腔分泌物或持续性打喷嚏）可在神经症状之前1～2周出现。

辅助诊断

- 脑脊液（cerebrospinal fluid，CSF）分析：CSF可能正常或表现为蛋白及单核细胞或嗜酸性粒细胞增加。参见第 298章。
- 诊断性影像检查：扫查性X线诊断（即胸部和头部）通常正常。特殊的大脑影像检查技术，如计算机断层扫描（CT）或磁共振成像（MRI），可发现大脑梗死的区域。
- 犬心丝虫检查：由于犬心丝虫幼虫迁移异常可引起CNS症状，如抽搐等，因此应检查犬心丝虫。参见第88章。
- 检查传染病：当猫表现CNS疾病时，应考虑传染性原因，如弓形虫病、猫传染性腹膜炎及全身真菌性疾病，特别是隐球菌病。参见第43章、第76章及第214章。

诊断注意事项

- 通过病史调查及查体可排除主要的鉴别诊断。前庭性疾病也可出现类似于 FIE的症状，但FIE典型情况下并不影响脑干或颅神经。
- 外周缺乏嗜酸性粒细胞不能排除对黄蝇幼虫迁移引起的 FIE的诊断。

治疗

主要疗法

- 药物治疗中枢神经系统性蝇蛆病：伊维菌素在剂量为

0.1mg/kg SC时对黄蝇有效，猫可耐受的剂量为0.3 mg/kg SC。也可采用苯海拉明（diphenhydramine）（4mg/kg IM）先治疗，之后1～2h内用伊维菌素（0.3mg/kg SC）及地塞米松（0.1mg/kg IV）治疗。另外一种治疗方法是用伊维菌素（0.3mg/kg SC）隔天治疗，连续治疗3次，治疗时应加入糖皮质激素。但如果中枢神经系统受到影响，目前尚无已得到验证的治疗方法。广谱抗生素应作为辅助疗法考虑。

- 解痉药物：安定，剂量为0.5～1.0mg/kg IV；或者用巴比妥类，以2～3mg/kg q12h IV、IM或PO治疗。

治疗注意事项

- 支持疗法：其他治疗方法，如氧气疗法、液体及电解质疗法及营养支持疗法也应根据需要考虑采用。
- 镇静：应避免使用氯胺酮，因为其可增加颅内压。乙酰丙嗪对抽搐阈值（seizurethreshold）的影响仍有争议，因此避免使用这种药物是合理的。

预后

本病的预后常常有利，但一些症状如抽搐或行为改变可持续存在。在有些病例，症状可随着时间而减轻或消失，1～2周内可见症状明显改善。在有些病例，由于攻击性行为，因此可能需要实施安乐死。

参考文献

Glass EN, Cornetta AM, deLahunta A, et al. 1998. Clinical and clinicopathologic features in 11 cats with *Cuterebra* larvae myiasis of the central nervous system. *J Vet Intern Med*. 12(5):365–368.

Thomas WB. 2000. Vascular disorders. In JR August, ed., *Consultations in Feline Internal Medicine*, 4th ed. pp. 405–412. Philadelphia: Saunders Elsevier.

Williams KJ, Summers BA, DeLahunta A. 1998. Cerebrospinal cuterebriasis in cats and its association with feline ischemic encephalopathy. *Vet Path*. 35(5):333–343.

第124章
角膜炎及结膜炎
Keratitis and Conjunctivitis

Shelby L. Reinstein 和 Harriet J. Davidson

概述

结膜是衬在眼睑及眼球的黏膜。睑结膜（palpebral conjunctiva）衬在眼睑内面，包括第三眼睑。结膜反折到眼球的表面，形成结膜穹隆（conjunctival fornix），并作为球结膜（bulbar conjunctiva）延续到眼球。结膜与结膜上皮相邻，在异色边缘过渡为这种透亮的组织。结膜由疏松结缔组织组成，表面为非角化的复层鳞状上皮，具有许多杯状细胞（goblet cells），这些细胞主要位于结膜穹隆内，可产生黏蛋白，形成泪膜（tear film）的内层。结膜为高度血管化的组织。猫的结膜表面正常情况下病原较少，常分离到的微生物包括表皮葡萄球菌（*Staphylococcus epidermidis*）和支原体。正常结膜的细胞包括上皮细胞，依被毛的颜色而含有黑色素颗粒、黏蛋白索（mucin strands），偶尔还含有游离的细菌。有时也可见到一些白细胞，但出现嗜碱性及嗜酸性粒细胞则总是表明异常。

角膜为透亮的结构，可以使光线从瞳孔进入到达视网膜。角膜分为数层，每一层均具有其独特的机能。角膜上皮为角膜的外层，由非角化的鳞状细胞组成。角膜的大部分为基质组织，其主要为Ⅰ型胶原及角质细胞（keratocytes）（纤维细胞，fibrocytes）组成。角膜75%～85%为水分。后弹力层（Descemet’s membrane）为内皮细胞的基膜。内皮为最内层的角膜，由单细胞层组成，主要作用为维持角膜基质内水分的平衡，如果这种水平衡受到破坏，可发生角膜水肿，外观呈云雾状。角膜的神经支配主要为通过三叉神经的眼支。神经在基质内进入异色边缘，向中心进入并终止于上皮之下。短头品种的猫与短毛猫相比，角膜的敏感性降低。

结膜炎是猫最为常见的眼科疾病，本病可呈慢性，因此鉴别其初始原因极为困难。在建立诊断及治疗计划时，重要的是要考虑所有可能的病因。

结膜炎及角膜炎的传染性原因

- 猫疱疹病毒-1型（feline herpesvirus-1，FHV-1）：这种病原在猫群中极为常见，80%以上的猫可能具有潜伏性感染，因此是所有年龄段的猫引起结膜炎最常见的原因。本病毒经吸入或直接接触而传播，仔猫常常在生命早期由母猫感染。FHV-1可感染结膜、上呼吸道的上皮细胞，偶尔可感染角膜上皮，引起这些细胞坏死。感染后初始临床症状主要为单独的结膜炎，或与上呼吸道症状同时出现。本病的临床型典型情况下持续10～14d，但在仔猫，更为严重的病例可导致结膜溃疡，结膜可粘连到自身或粘连到角膜上（睑球粘连，symblepharon）。复发的结膜炎是由于病毒感染再次发作所引起，有些猫也可因应激而引起。参见第95章。
- 猫亲衣原体（*Chlamydophila felis*）：以前曾称为鹦鹉热衣原体（*Chlamydia psittaci*），为一种专性细胞内微生物，可感染结膜上皮细胞，主要引起结膜炎。其感染通过吸入污染的空气、直接接触及污染物等传播。如果未对感染进行及时治疗，可发生慢性感染，也可发生无症状带菌状态。虽然极为罕见，但猫亲衣原体从猫向人的传播也有发生，因此在处治感染猫后应及时洗手。参见第35章。
- 猫支原体（*Mycoplasma felis*）：也是一种专性细胞内微生物，可作为主要病原如FHV-1或猫亲衣原体的继发性侵入病原。
- 杯状病毒：与FHV-1相比，这种病毒引起的结膜炎较为轻微。杯状病毒感染呼吸道，也可引起口腔溃疡及多发性关节炎。参见第28章。
- 其他病原：近来有人怀疑巴尔通体（*Bartonella* spp.）可引起轻微的慢性结膜炎，真菌及寄生虫也可作为病原引起发病，但极为罕见，见图124-1及第17章。

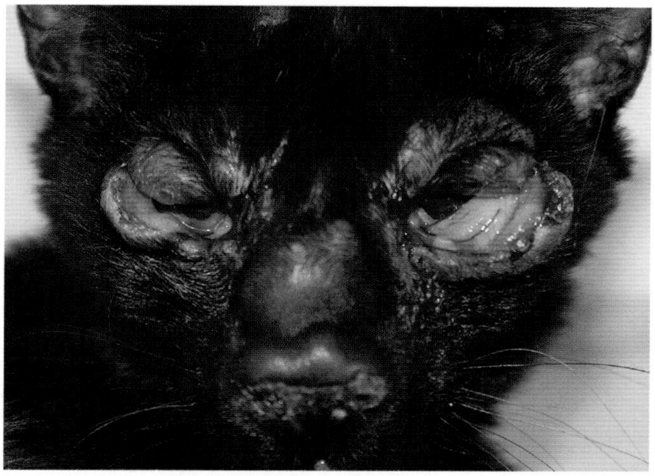

图124-1 组织胞浆菌病为结膜炎罕见的病因。本例病猫为14月龄，表现这种疾病的多种症状（图片由 Gary D. Norsworthy博士提供）

结膜炎及角膜炎的非传染性原因

- 嗜酸细胞性结膜炎及角膜炎（eosinophilic conjunctivitis and keratitis）：结膜的嗜酸细胞性炎症可与嗜酸细胞性角膜炎同时发生（第67章）或作为主要疾病发生。对本病的原因还不清楚。
- 角膜腐片（corneal sequestrum）：这种情况在猫相对较为常见，特别是在波斯猫和喜马拉雅猫。角膜腐片通常是由于慢性刺激，如慢性角膜溃疡、FHV-1角膜炎或眼睑内翻及倒睫等引起。腐片为角膜变性的棕色到黑色的明显区域，可占到角膜的50%以上。参见第95章。
- 免疫介导性疾病：外部抗原如花粉等可引起I型过敏反应，这是最为常见的双侧型疾病，可伴随有上呼吸道疾病。食品过敏反应时，结膜炎可作为临床症状的一部分而出现。自身免疫性疾病也可并发结膜炎，但结膜炎并非唯一的临床症状。自身免疫性疾病也可引起单侧性或双侧性角膜炎。
- 异物刺激：化学物质喷洒或擦到猫的面部可对结膜及角膜形成刺激。昆虫叮咬眼睛周围可引起结膜炎，但很少引起角膜炎。
- 干性角膜结膜炎（干眼症）（keratoconjunctivitis sicca）：干眼在猫不常见，但据报道可作为一种没有诱发因素的疾病而发生，在青年猫也可作为FHV-1感染的后遗症而发生。
- 被毛异常：双行睫（distichia）、倒睫（trichiasis）或睫毛异位（ectopic cilia）等引起的慢性炎症在猫不太常见，但也有报道。参见第72章。
- 结构：眼睑内翻（entropion）在猫也不太常见，但在眼睛损伤、慢性结膜炎后也可发生，导致结膜紧缩，或眼球脂肪丧失。鼻内褶（nasal folds）及睑裂闭合不全（lagophthalmos）而引起暴露性角膜炎也见于一些短头品种的猫。

诊断

主要诊断

- 病史：诊断本病时重要的是要获得完整的病史资料，包括临床症状的持续时间及复发。FHV-1感染常常可复发。亲衣原体（*Chlamydophila*）及支原体感染多为持续数周的慢性感染，最后可能为自限性过程，通常不会复发。伴随出现的打喷嚏及上呼吸道症状可能表明病毒感染或全身性疾病。
- 临床症状：结膜由于许多原因易于发生炎症，炎症的临床症状无论原因如何都很相似。通常情况下，如果发生结膜炎则眼睛分泌物增多。浆液性分泌物是由于眼泪的产生增加所致，常常与结膜或角膜表面的刺激有关。黏液性分泌物多是由于对杯状细胞的刺激所引起，化脓性分泌物常常是由于细菌感染所引起。可采用分泌物的细胞学检查来区分分泌物为黏液性或是化脓性。化脓性分泌物含有大量的细菌及中性粒细胞。结膜可表现肿胀或水肿，这种情况称为球结膜水肿（chemosis）。结膜可因血管充血而发生充血，或因血液在结膜组织内蓄积而发生充血。角膜可对刺激发生早期反应而出现表皮血管形成。随着时间推移角膜可发生色素沉着或沉积白色（white deposits）（即脂类、钙或胆固醇）。
- 眼科检查：虽然在猫很困难，但必须采用泪液测试（Schirmer teartest）以排除角膜结膜炎。可通过角膜的荧光素染色排除溃疡的存在（参见第 41 章），进行眼内压测定有助于排除并发的眼色素层炎或青光眼。参见第85章及第223章。可采用眼底检查协助进行全身疾病的诊断。参见第299 章。

辅助诊断

- 细胞学检查：对结膜进行常规的细胞学检查可发现上皮细胞、黑色素颗粒（游离的及位于细胞内的）、黏蛋白索或栓塞，偶尔可见游离的细菌。对结膜刮削的碎屑或角膜分泌物进行细胞学检查有助于鉴别明显的角膜感染或一些独特的炎症，如嗜酸细胞性结膜炎。通常采用角膜细胞学检查诊断溃疡，但对嗜酸性炎症疾病也具有诊断价值。参见第67章。

- 病原鉴定：可从结膜囊获取细菌培养拭子，由于正常菌丛的存在，因此对结果的解释必须要慎重。亲衣原体及支原体需要特殊培养基转运，因为这些病原为强制性细胞内微生物。也可采用PCR技术检测亲衣原体、支原体及FHV-1。关于检测的注意事项及限制因素，参见第95章。可将 Dacron拭子沿着结膜及角膜滚动，一般情况下不需要使用局部麻醉药，但局麻也可能会有帮助。

诊断注意事项

- 角膜溃疡、眼色素层炎或青光眼可能均具有包括结膜炎在内的临床症状。
- 在传统诊断方法不能获得结果时可采用其他诊断方法，如结膜活检等。
- 疱疹病毒引起的角膜炎其特点与树枝状溃疡（dendritic ulcer）相似（见图41-1）。

治疗

主要疗法

结膜炎及角膜炎的传染性原因

- 初始治疗时治疗的主要目标应该为亲衣原体和支原体。
- 主要的选择治疗方法是局部眼科四环素或红霉素q6h治疗，直到临床症状消失。
- 对难以通过眼睛用药治疗或大群中的猫可口服阿奇霉素（10mg/kg q24h PO）进行治疗。如果细胞学检查及细菌培养结果证实主要为细菌感染，可采用局部眼科用广谱抗生素，q6h治疗，直到临床症状康复。
- 如果怀疑或证实为FHV-1感染，可采用抗病毒药物治疗。参见第41章。如不能证实结膜炎为其他原因所引起，且持续时间超过4周或复发，则应怀疑为FHV-1。

辅助疗法

结膜炎及角膜炎的非传染性原因

- 嗜酸细胞性结膜炎及角膜炎对局部抗炎药物治疗反应良好。局部眼科用甾体激素，如0.1%地塞米松或1%醋酸强的松龙可以q6～12h用药，直到所有临床症状消失。
- 角膜腐片可采用手术消除法治疗（见图124-2）。依发病的深度可或不采用移植法。
- 其他非传染性结膜炎及角膜炎（及过敏反应、刺激或慢性角膜炎）可用各种局部眼科用药治疗。随着症状的改善，可以降低用药的频率及剂量。

眼科治疗

- 可局部采用甾体激素，q4～12h用药；可选用的药物包括0.1%地塞米松或1%醋酸强的松龙或磷酸强的松龙。当发生角膜溃疡时应禁用局部甾体激素治疗。
- 局部眼科用0.2%～2.0% 环孢霉素或0.02%～0.03%他克莫司药膏（tacrolimus ointments）或溶液，以q12h用药，有助于减少慢性炎症引起的血管形成及色素沉着。
- 局部眼科用非甾体激素类抗炎药物，如双氯芬酸（diclofenac）及氟比洛芬（flurbiprofen），可与其他药物合用，包括局部用甾体激素。这些药物可以q8～12 h用药。

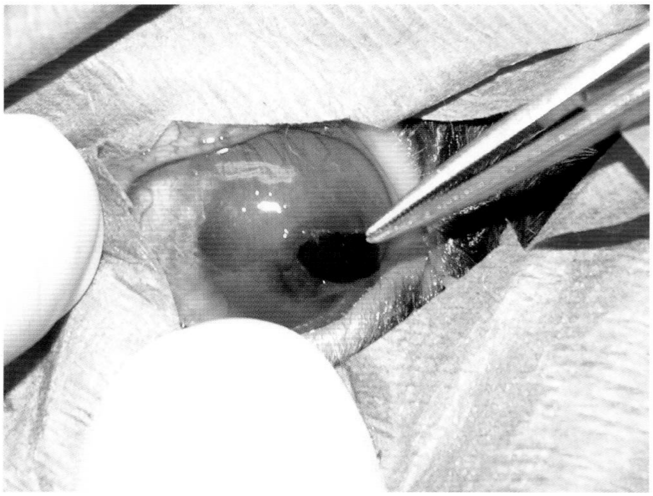

图124-2　角膜的黑色区域为角膜腐片，必须采用手术摘除的方法进行治疗（图片由Gary D. Norsworthy博士提供）

图124-3　新生仔猫的结膜炎引起眼睑后的水肿，轻轻撕开后可使化脓性物质流出（图片由 Gary D. Norsworthy博士提供）

- 干性角膜结膜炎（KCS）引起的角膜炎可局部眼科用0.2%～2%环孢霉素或0.2%～0.3%他克莫司药膏或溶液q12h治疗以刺激产生眼泪。此外，可长期以q4～12h产生人工眼泪，特别是在睡眠前用药，对KCS应终生用药。
- 抗组胺药物：可采用全身或局部眼科用抗组胺药物，q4～12h用于结膜，同时用眼科用甾体激素治疗过敏反应。

治疗注意事项

- 虽然猫的角膜炎及结膜炎并未证明会具有动物传染性，但应看作具有传染性。猫主及专业人员应在处治病猫后及时洗手。
- 新生仔猫患结膜炎时，眼睑仍有可能黏合在一起（睑缘粘连，ankyloblepharon）（见图124-3）。应将眼睑轻轻润湿后打开。采集进行培养及细胞学检查的样品后，彻底冲洗结膜囊，这种结膜炎可能为细菌所引起，应采用广谱抗生素进行治疗，并经常清洗结膜。FHV-1也是常见原因，如果新生仔猫临床症状不能在1周内改善，则应采用抗病毒疗法。FHV-1感染也可引起睑球粘连，虽然破坏结膜附着部位可解决这一问题，但在愈合期间常常会导致更为进行性再粘连（aggressive readherence）。如果眼睛感觉舒适及视力正常，则猫可耐受睑球粘连，但如果眼睛不舒适或猫主希望能进一步治疗，则应考虑咨询眼科专家。应告知猫主仔猫在患有新生仔猫结膜炎时发生慢性疱疹病毒性结膜炎或角膜炎的风险增加。

参考文献

Ketring KL, Zuckerman EE, Hardy WD. 2004. Bartonella: a new etiological agent of feline ocular disease. *J Am An Hosp Assoc.* 40:6–12.

Martin CL. 2005. Cornea and sclera. In CL Martin, ed., *Ophthalmic Diseases in Veterinary Medicine*, pp. 241–297. London: Manson Publishing.

第125章
肾脏大小异常
Kidneys，Abnormal Size

Gary D. Norsworthy

概述

可通过触诊或其他影像学方法，包括X线检查及超声诊断等判断猫肾脏的大小。在背腹位进行X线检查时，在纵轴上，猫肾脏的大小为第2腰椎体长的3.5倍，超声检查时为38～42mm。如果肾脏大小发生明显改变，则说明为病理状态。

肾脏异常增大（肾肿大，renomegaly）的鉴别诊断包括：

- 多囊性肾病（第174章）。
- 猫传染性腹膜炎（FIP；第76章）。
- 肿瘤，特别是淋巴瘤，但也包括癌、肉瘤及囊腺瘤和肾胚细胞瘤（nephroblastoma）（第130章）。
- 肾盂积水（hydronephrosis）通常可继发于尿道或膀胱三角区阻塞（ureteral or bladder trigoneobstruction）或异位输尿管（ectopic ureters）（第100章）。
- 肾周伪囊肿（perinephric pseudocyst）（第167章）。
- 乙二醇中毒引起肾小管肿大及草酸钙结晶浸润（第70章）。
- 代偿性增生（compensatory hyperplasia）。单侧性（另一肾脏较正常为小，也称为大小肾脏综合征，“big kidney-little kidney” syndrome）（见图125-1）。
- 肾脏脓肿。
- 肾脏血肿。

肾脏小的鉴别诊断包括：

- 先天性肾脏发育不全；
- 慢性肾脏疾病或肾衰（第190章）；
- 其他慢性肾病。

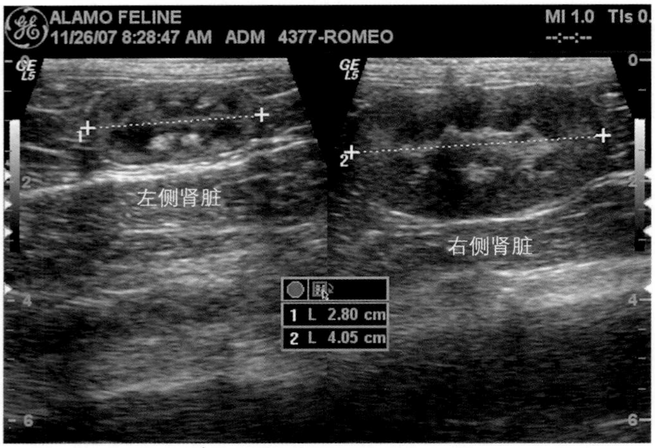

图125-1　本例老龄猫右侧肾脏大小长为40.5mm（正常=38～42mm），左侧肾脏大小为28mm。左侧肾脏在数月或数年前就患有严重的疾病。右侧肾脏发生代偿性肥大。在此阶段可对左侧肾脏的原发性疾病进行诊断

诊断

主要诊断

- 查体：肾肿大时的检查结果包括：（a）腹腔异常增大；（b）腹腔可触诊到1～2个肿块；（c）腹部疼痛。肾脏小时的查体结果包括：（a）触诊时肾脏小；（b）不能触诊到一侧或双侧肾脏。
- X线诊断：X线检查可发现肾脏大小、表面质地及是否存在尿结石。排泄性尿路造影照片（excretory urogram）可对结构及机能进行检查（见图292-58）。
- 超声检查：超声检查可观察肾脏结构并对其大小进行精确测定，对肾盂积水、肾周假囊肿及多囊性肾病等均具有诊断价值，见图292-61、图292-64及图292-66。

- 活检：细针穿刺、细针活检或空心针活检可用于诊断某些肾脏疾病，包括肿瘤及FIP（空心针活检，core needle biopsy）。

治疗

主要疗法

- 肾衰时的治疗：为引起临床症状的阶段，必须积极进行治疗。参见第190章和第191章。
- 潜在疾病的治疗：有时对治疗肾盂积水、肾盂肾炎、肾小球肾炎、良性肿瘤及肾周假囊肿具有治疗效果。参见第86章、第100章、第167章和第181章。
- 肾脏摘除术：对单侧性肾盂积水及单侧性肿瘤，摘除肾脏具有治疗效果，但重要的是，在手术之前必须要通过排泄性尿路造影术判断对侧肾脏要建立机能。

预后

预后取决于潜在疾病，但大多数严重肾衰的猫，如果肾脏很小，则预后差。

参考文献

Cuypers MD, Grooters AM, Williams J. 1997. Renomegaly in dogs and cats. Part 1. Differential diagnosis. *Compend Contin Educ Pract Vet.* 19:1019–1033.

Forrester D. 2007. Renomegaly. In LP Tilley, FWK Smith, Jr., eds., *Blackwell's 5-Minute Veterinary Consult*, 4th ed., pp. 1192–1193. Ames: Blackwell Publishing.

第126章
喉部疾病
Laryngeal Disease

Andrew Sparkes

概述

喉部疾病在猫相对不太常见。与喉部疾病相关的示病症状通常包括：（a）吸气性呼吸困难，常常较为严重，同时也可伴有打鼾性呼吸，如果将听诊器置于喉部听诊，可有助于定位喉部的异常；（b）经口呼吸时呼吸困难难以缓解（如在临床检查时闭塞鼻腔）；（c）发声困难（dysphonia）或完全失声，常常不能发出咕噜声；（d）恶心，干呕或咳嗽；（e）可触诊到喉头异常，或一般检查喉头时表现临床症状恶化。

由于猫的喉头较小，患有喉头疾病的猫常常会发生呼吸困难，因此应仔细处治，以避免发生严重的灾难性结果。

在猫报道的喉头疾病很多，包括解剖结构异常、水肿及喉头囊肿，但文献资料中报道其引起的大多数疾病为喉头麻痹、喉头炎症及喉部肿瘤。

喉部肿瘤

概述

喉部肿瘤在猫罕见，最常报道的两种肿瘤为淋巴瘤和癌（即鳞状细胞癌和腺癌）。喉部肿瘤的临床症状为暂进性的呼吸困难及发声困难。临床上进展常常很快速，有时也可急性发作。继发性喉部麻痹有时可见于有些病例。喉部肿瘤主要见于老龄猫。

诊断

主要诊断

- 临床症状：吸气性呼吸困难及呼吸困难在经口呼吸时均难以解除，在这种情况下应鉴别诊断是否有喉部肿瘤。
- 触诊：仔细触诊喉部可发现不对称或存在肿块性病变。
- 影像检查：颈部X线检查可发现喉部软组织密度发生变化（见图126-1）。喉部超声检查也具有帮助意义，可在猫清醒状态时进行（见图126-2）。
- 喉镜检查：麻醉状态下检查可直接观察到喉部非对称性肿块，但由于气道已经狭窄，麻醉有时可引起严重的呼吸窘迫，因此检查时必须小心（见图126-3和图126-4）。虽然通常诊断喉部的肿块性损伤很直观，但重要的是必须要将肿瘤与喉部炎症进行鉴别诊断，同时也应注意肿瘤的类型。

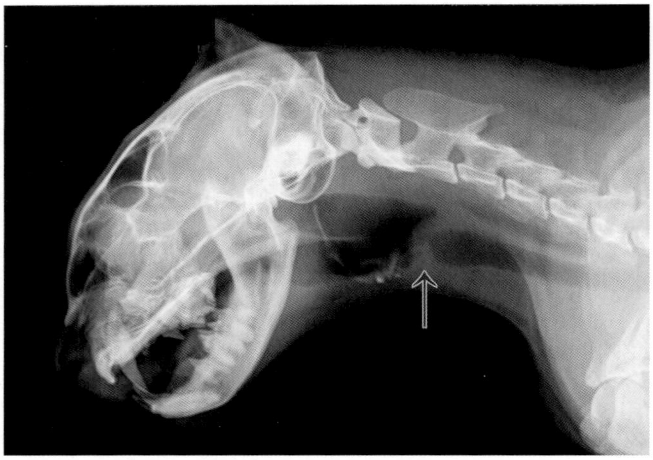

图126-1 颈部侧面X线检查可发现喉部狭窄（箭头），从而导致吸气时喉部扩张（图片由 Gary D. Norsworthy博士提供）

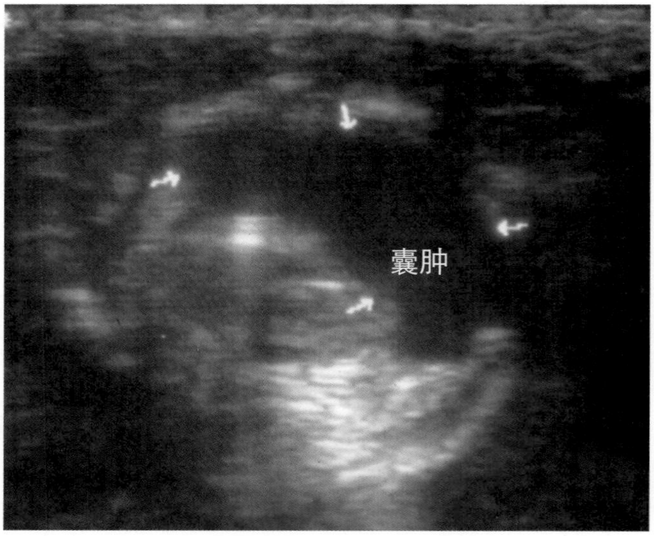

图126-2 喉部囊肿时的喉部超声波图

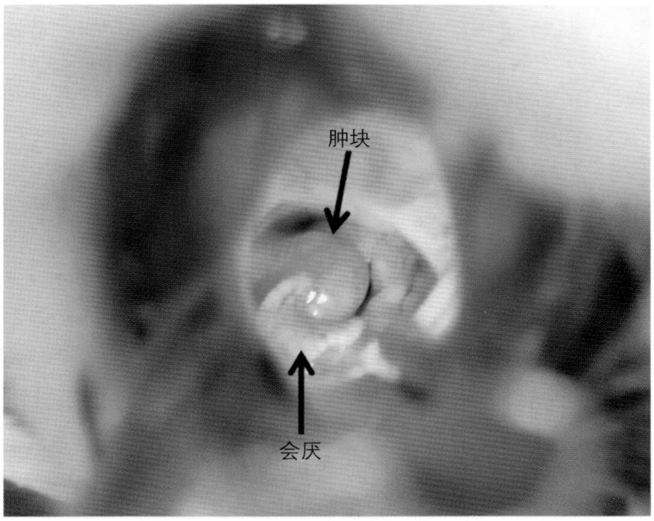

图126-3 喉镜直接检查对检查喉头的机能（喉部麻痹）或视诊检查肿块性病变具有重要意义。这张照片是采用插管喉镜进行的检查

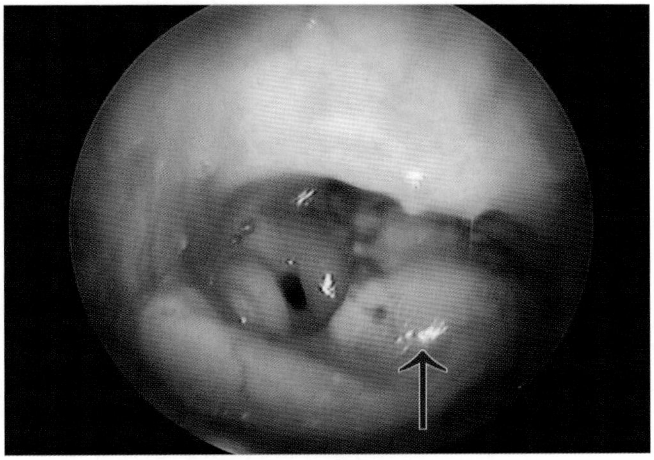

（A）

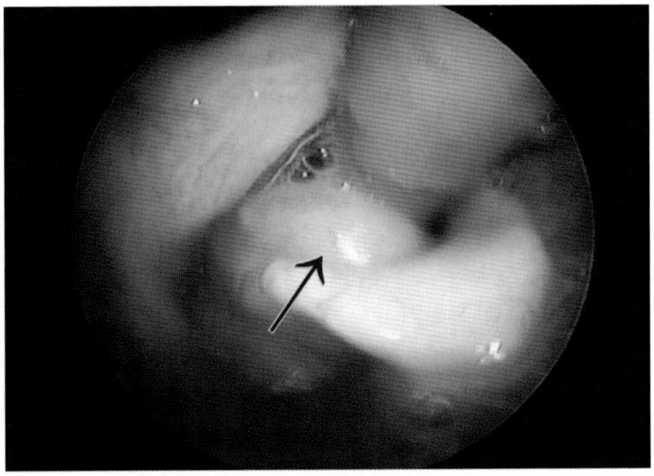

（B）

图126-4 喉部疾病的喉镜检查。（A）会厌左侧的肿块（箭头）为淋巴瘤。（B）临近气管内导管的肿块（箭头）为鳞状细胞癌。肿瘤通常为单侧性的或不对称性肿块。这些图像为采用视屏耳鼻喉镜（video otoscope）（MedRx，Largo，FL）拍摄（图片由Gary D. Norsworthy博士提供）

- 细胞学检查：通过组织检查可得到确定诊断。细针穿刺细胞学检查可能是最早进行诊断的工具；可在超声指导下进行，或通过口腔直接视诊检查。细胞学检查可进行特异性诊断（特别是发生淋巴瘤时），但采集的样品可能诊断价值不大，特别是如果存在瘤周（peritumor）炎症时。
- 组织病理学检查：活检进行组织病理学检查是获得诊断更为准确的方法。可采用杯状活检钳或内镜活检钳采集肿块样品，对肿块进行活检。

具有工作通道的耳鼻喉镜（otoscope）视屏是另外一种获得活检样品的方法，但喉头及其下的黏膜和肿块本身常常很硬，因此可能难以获得具有诊断价值的活检样品。如果不能获得良好的组织活检样品，可采用手术活检以得到诊断。短效糖皮质激素可用于前驱麻醉，以便减少喉头水肿对活检的影响。

诊断注意事项

- 在有些情况下，肿块可使得进行气管插管极为困难，在这种情况下，开始插管时可采用犬用导尿管为通管（stylet），由此建立气道，促进氧气吸入。
- 在严重病例，特别是如果施行了喉头活检或手术，可能需要气管造口术插管（tracheostomy tube）以从麻醉状态恢复及用于活检后的初始阶段。虽然暂时性的气管造口术插管可用于猫，但常见并发症，因此使用永久性的气管造口插管罕见能获得成功。
- 如果采集小的活检样品，可在将样品在置入福尔马林之前制作压片，以便进行快速的细胞学初步诊断，但重要的是将细胞学检查样品远离福尔马林，即使轻微暴露到福尔马林蒸气，也可影响细胞学涂片的染色质量。采用同样的穿刺针转运样品可破坏细胞学检查样品的质量。参见第279章。

治疗

主要疗法

- 减积手术（debulking）：手术活检或细针穿刺之后可采用CO_2激光减积病变，之后再采用化疗。可将特殊的激光尖端通过耳鼻喉镜插入，以便于在治疗过程中控制及观察。如果气道阻塞危及生命，可采用这种方法治疗（见图126-5）。
- 化疗：喉部淋巴瘤对所有的常规化疗反应良好。参见第34章。喉癌对化疗的反应不好。
- 放疗：由于淋巴瘤对放疗反应敏感，因此放疗是另外

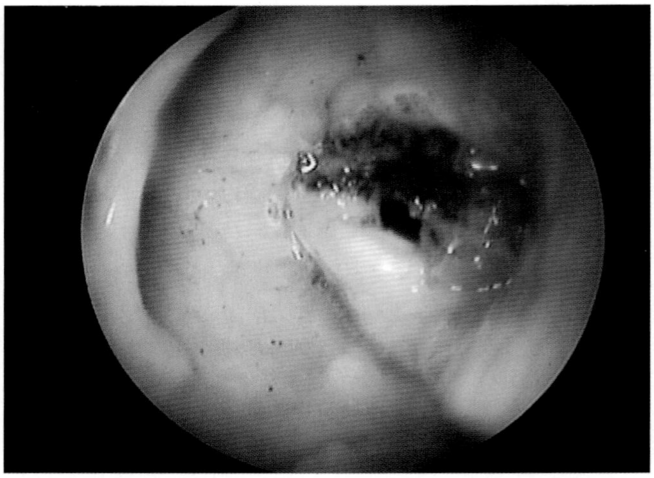

图126-5 CO_2激光（Aesculight LLC，Woodinville，WA）可用于手术活检或细针头穿刺后减积肿瘤性或炎性肿块。激光尖端通过耳鼻喉镜的工作通道进入（图片由Gary D. Norsworthy博士提供）

一种可供选用的治疗方法，但由于放疗本身可诱导炎症及水肿，因此喉头可能是进行放疗比较困难的位点。猫喉癌的放疗尚未见有报道，但可能要比治疗淋巴瘤更为有效。

预后

喉癌的预后严重，因为这种肿瘤难以有效治疗，但糖皮质激素可能会缓解症状，减少喉头周围的水肿。喉头淋巴瘤对化疗反应良好，有些猫生存时间长，症状可得到明显改善。

喉头炎症

概述

喉头炎症在猫报道很多，但尚未完全了解。有些猫在就诊时具有轻微的喉头炎症症状（即单独发声困难，或发声困难伴有轻微的呼吸困难），在许多病例，炎症可在数天或数周内自行康复。这些病例中有些可能与呼吸道病毒感染有关，有些伴随症状也可存在。有些病例则为特发性的，创伤可能为有些特发性病例的原因。更为严重的喉部疾病的症状则与更为严重的炎症及炎性肿块性病变的发生有关。在组织学上可见到中性粒细胞性、淋巴浆细胞性（lymphoplasmacytic）（或淋巴增生，lymphoid hyperplasia）及肉芽肿性炎性变化。喉头炎症，特别是肉芽肿性炎症是喉头肿瘤极为重要的鉴别诊断，主要是因为两者外观极为相似，也具有相同的症状。

对许多病例潜在的病因尚不完全清楚。中性粒细胞性炎症常常怀疑为细菌所引起，但许多病例并未发现特异性病原。如果观察到肉芽肿性炎症，则最好检查不太常见的感染性病原（即分支杆菌、真菌等），同时应检查是否有异物。

诊断

主要诊断

- 炎性喉头疾病的检查及诊断与肿瘤性疾病相同。炎性病变有时可为单侧性不对称（见图126-6）。对炎症的诊断及炎症类型的检查需要采用活检样品进行评价，应该注意的是大多数肿瘤性损伤周围有炎性组织，重要的是只要有可能，就应采取有代表性的组织样品。

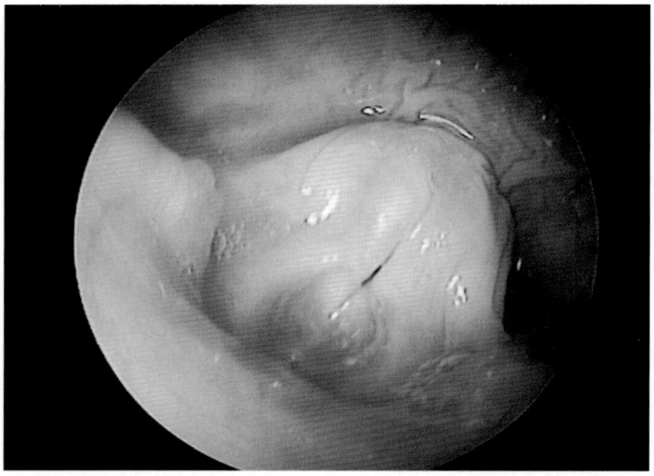

图126-6 喉头炎症（与肿瘤相比）更有可能为双侧对称性。本例猫的炎症与气道密切相连，喉头开口为一狭小的裂隙（图片由Gary D. Norsworthy博士提供）

治疗

主要疗法

- 抗炎药物：如果未确定出特异性的病原，则多根据经验治疗喉头炎症，多采用抗生素和糖皮质激素合用进行治疗。如果未发现有传染性病原（即淋巴增生），则可采用糖皮质激素或其他抗炎药物单独进行治疗。

辅助疗法

- 手术疗法：偶尔见有报道炎性息肉可影响喉头，如有可能，可采用手术方法摘除。

治疗注意事项

- 有些病例可自行康复而无需进行治疗，但有些病例则必须要长时间进行治疗。

预后

猫喉头炎症的预后差别较大，虽然大多数可康复（自行康复或采用适当治疗后康复），但有些则对治疗没有反应，可进展而导致死亡或需要施行安乐死。在猫，更有可能发生肉芽肿性炎症。

喉头麻痹

概述

喉头麻痹（laryngeal paralysis）在猫没有像在犬那样常见，但却是喉头疾病的重要原因。与其他喉头疾病一样，呼吸困难、喘鸣及发声困难是喉头麻痹最为常见的症状。喉头麻痹可为单侧性或双侧性，许多病例为特发性，但潜在的病因包括医源性损伤（如在甲状腺摘除术时）、创伤、颈部肿块 （如甲状腺癌）以及纵隔或肺部肿瘤等。有些喉头麻痹的病例可能为更为普遍的神经肌肉性疾病，由于并行的喉部神经的长度，有时首先就表现这种疾病的症状。大多数的病例为特发性的，但如果鉴定为喉部麻痹，则应检查其潜在的疾病。

本病的发生没有品种趋势，虽然见于所有年龄的猫，但发病更多见于中年或老年猫。喉头麻痹的并发症包括吸入性肺炎，这在双侧性病例比在单侧性病例更为常见。

诊断

主要诊断

- 视诊：确定诊断时需要在轻度麻醉下直接视诊观察喉部。可见一个或两个杓状软骨在吸气时缺乏运动。
- 超声检查：清醒状态下的超声喉描记术（echolaryngography）是极为有用的检查技术，可发现喉部的运动是否缺乏或异常。其最大的优点是不用麻醉。

治疗

主要疗法

- 单侧性：大多数单侧性麻痹可适当进行治疗（即减轻体重、避免应激或兴奋，避免剧烈运动），如果有继发性喉头炎症或水肿，可采用糖皮质激素进行治疗。
- 双侧性：如果有双侧性疾病及症状明显，可采用手术方法进行治疗。单侧性杓状软骨侧向移位（unilateral arytenoid lateralization）是最为常用的手术治疗方法，如果施行双侧手术，则发生吸入性肺炎的风险升高，因此除非没有其他方法，应施行单侧性手术。如果症状严重，可考虑在对侧施行第二次手术。

预后

猫患喉头麻痹时的预后较好，因此只要没有明显的潜在性疾病过程，大多数患单侧性疾病的猫可进行治疗。即使在猫患有双侧性疾病，从现有发表的资料可以看出，许多仍能在施行单侧性手术后康复，但应告知猫主可能的并发症，特别是可能并发吸入性肺炎。

参考文献

Hardie RJ, Gunby J, Bjorling DE. 2009. Arytenoid lateralization for treatment of laryngeal paralysis in 10 cats. *Vet Surg*. 38(4):445–451.

Jakubiak MJ, Siedlecki CT, Zenger E, et al. 2005. Laryngeal, laryngotracheal, and tracheal masses in cats: 27 cases (1998–2003). *J Am Anim Hosp Assoc*. 41(5):310–316.

Rudorf H, Barr F. 2002. Echolaryngography in cats. *Vet Radiol Ultrasound*. 43(4):353–357.

Schachter S, Norris CR. 2000. Laryngeal paralysis in cats: 16 cases (1990–1999). *J Am Vet Med Assoc*. 216(7):1100–1103.

Stepnik MW, Mehl ML, Hardie EM, et al. 2009. Outcome of permanent tracheostomy for treatment of upper airway obstruction in cats: 21 cases (1990–2007). *J Am Vet Med Assoc*. 234(5):638–643.

Tasker S, Foster DJ, Corcoran BM, et al. 1999. Obstructive inflammatory laryngeal disease in three cats. *J Fel Med Surg*. 1(1):53–59.

Taylor SS, Harvey AM, Barr FJ, et al. 2009. Laryngeal disease in cats: a retrospective study of 35 cases. *J Fel Med Surg*. 11:116–121.

第127章 麻风病综合征

Leprosy Syndromes

Sharon Fooshee Grace

概述

分支杆菌（Mycobacteria）为不运动无孢子形成的革兰氏阳性抗酸需氧菌。这类细菌对宿主的亲和力及致病性有很大差异，它们可被巨噬细胞吞噬，在细胞内生长。猫对许多分支杆菌感染极为敏感，严重的分支杆菌综合征在猫见有报道，包括生长缓慢的分支杆菌感染（可或不产生结节），快速生长的分支杆菌引起的感染（以前称为机会性或非典型性分支杆菌，"opportunistic"或"atypical" mycobacteria）及猫麻风病综合征（leprosy syndromes）。患分支杆菌病的猫通常因结节性皮肤损伤或皮下组织增厚而就诊，可能与溃疡或引流管异常有关。在组织学上，猫的麻风病与麻风病的病原鼠麻风分支杆菌（*Mycobacterium lepraemurium*）引起的病变有关。近来的研究表明许多种微生物可能与猫的麻风病有关，这种疾病称为猫麻风病综合征（feline leprosy syndrome）。

鼠麻风分支杆菌感染可引起猫发生结节性到溃疡性肉芽肿等程度不同的皮肤病，小鼠和豚鼠也对这种微生物易感。本病可能通过猫与感染的啮齿类动物争斗或摄入而感染。本病在大鼠流行地区多发，虽然地理分布广泛，但更多见于美国西北部、加拿大、西欧、新西兰、英国及澳大利亚的部分地区。大多数病例发生于免疫机能缺陷的青年猫，雄性猫的发病更多，发病没有品种趋势。病原菌侵入后，开始时生长缓慢，之后为数个月的潜伏期。一旦建立感染，随后病原菌生长速度加快，可引起广泛性病变，特别是在头部周围、四肢末端及有时在躯干真皮及皮下组织形成多个自由移动的无痛性结节（见图127-1）。结节在生长很大时，松软而有肉感，有时可形成溃疡。开始时的病变可能集中于一个区域，但也可发生卫星状病变。可见到局部淋巴结肿大。

近来在澳大利亚发现了一种新的分支杆菌，这种病原生存于土壤或死水中，可引起结节性疾病，但在临床上及流行病学上与鼠麻风分支杆菌完全不同。其引起的病变数月到数年内内生长缓慢，似乎也不发生溃疡，本菌主要攻击老龄猫，这些猫可能患有潜在疾病，引起免疫系统衰竭。由于这种未命名的病原被认为是毒力相对较弱的腐生菌，因此可作为免疫机能缺陷的标志。

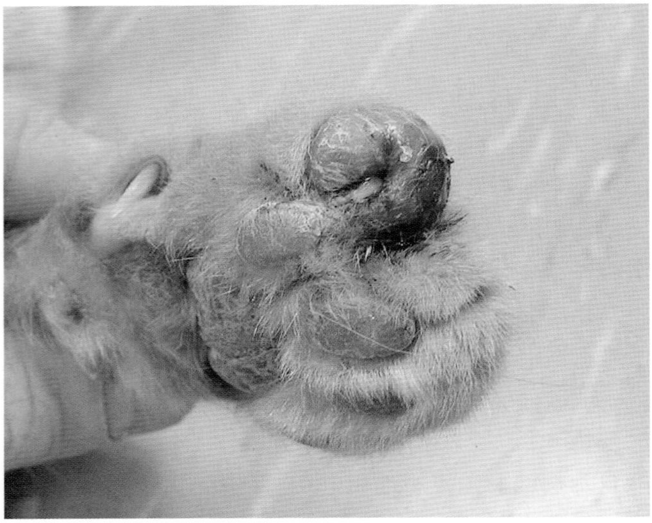

图127-1　青年猫足部发生的鼠麻风病分支杆菌感染，病变只是开始，表现为溃疡（图片由Richard Malik博士提供）

诊断

主要诊断

- 细胞学检查：对发生瘘道及结节的猫，细胞学检查是开始检查时最有用的工具。将穿刺材料用改良瑞氏（罗曼诺夫斯基型）染料快染时，如果发现有含有吞噬的未染色的细菌的巨噬细胞和巨细胞，则强烈说明为分支杆菌性疾病，这种检查结果也表明需要在诊断实验室进一步进行染色以帮助诊断。
- 改良抗酸染色：鼠麻风分支杆菌为一种抗酸细菌，因此可在家进行抗酸染色或在诊断实验室进行抗酸染色。这种细菌在抗酸染色时没有结核分支杆菌快速，因此脱色应轻柔，否则会检查不到细菌。
- 组织病理学检查：常规H&E染色不能着色，但用齐－

尼氏（Ziehl–Neelsen）染色着色良好，这些细菌虽然数量少，但在坏死区则很多。近来在澳大利亚鉴定的未命名的分支杆菌对苏木精染色着色轻微，也可用齐–尼氏及革兰氏染色法进行染色。

辅助诊断

- PCR检测：目前正在建立各种分子技术辅助鉴别猫的分支杆菌性疾病，目前这些特定诊断方法的使用仍受到限制。

诊断注意事项

- 并非总是需要进行细菌培养。病原菌对生长条件的要求极为苛刻，生长缓慢，培养至少需要3个月才能判断是否为阴性。这种细菌的培养极为困难，目前只有两家实验室可进行培养。

治疗

主要疗法

- 手术疗法：如果能早期发现病变，而且病变部位分布于局部，则手术消除鼠麻风病分支杆菌及未命名分支杆菌感染的组织是首选的治疗方法。早期干预常可获得治愈，因此需要积极施行手术摘除，这可能需要采用重建手术来修复异常组织。在开始施行手术前数天应采用药物治疗，一旦病变扩散，或者有多个明显的病变部位，则药物治疗是合适的治疗方法。
- 鼠麻风病的抗分支杆菌疗法：氯法齐明（clofazimine）治疗的成功率高，可以每只猫25～50mg q24～48 PO剂量治疗12周，或8～10mg/kg q24 PO治疗12周。如果用两种或多种药物进行多模式治疗，可提高成功率。可与氯法齐明合用的其他药物包括利福平（rifampin）（10～15mg/kg q24h PO治疗12周）、克拉霉素（clarithromycin）（每只猫62.5mg q12h PO治疗12周）。氯法齐明及利福平可能会降低食欲及引起肝脏疾病，合并使用时必须要慎重。有人喜欢将氯法齐明与克拉霉素合用。氯法齐明与光敏感性有关，因此在治疗期间猫应保持在室内。
- 新发现的未命名分支杆菌的抗分支杆菌疗法：据报道近来在澳大利亚鉴定的新的分支杆菌对传统的抗分支杆菌疗法敏感。

治疗注意事项

- 氯法齐明可引起皮肤呈红色到橘红色及脂肪组织变色。
- 氯法齐明及利福平可引起可逆性肝脏毒性，因此在采用药物治疗之前应进行仔细的血液检查，同时应定期检查肝脏酶。
- 所有皮肤病变康复之后药物治疗至少应持续2个月。

预后

治疗的后果取决于诊断时疾病的程度、对手术和药物治疗的反应及是否存在并发病。

公共卫生安全

从未见人由于与猫接触而发生猫麻风病的报道，因此发生动物传染病的威胁低或无。引起发病的病原很有可能在人的毒力有限，即使在免疫机能缺陷的人也是如此。

参考文献

Hughes MS, James G, Taylor MJ, et al. 2004. PCR studies of feline leprosy. *J Fel Med Surg*. 6(4):235–243.

Malik R, Hughes MS, Martin P et al. 2006. Feline leprosy syndromes. In CE Greene, ed., *Infectious Diseases of the Dog and Cat*, 3rd ed., pp. 477–480. Philadelphia: Saunders Elsevier.

Malik R, Hughes MS, James G, et al. 2002. Feline leprosy: Two different clinical syndromes. *J Fel Med Surg*. 4(1):43–59.

Malik R, O'Brien D, Fyfe J. 2009. Infections of cats attributable to slow growing or "non-culturable" mycobacteria. *Microbiology Australia*. 30(2):92–94.

第128章 胃肠道线性异物
Linear Foreign Body

Gary D. Norsworthy

概述

线性异物（linear foreign body）为形状呈线性的胃肠道（gastrointestinal，GI）异物，可由于其直径或组成而楔在胃肠道，或由于其超过蠕动波的长度（约为30cm）而楔在胃肠道。大多数线性异物为细绳、缝纫线、带状物、复活节花篮中的草（Easter basket grass）或圣诞树上的金箔（Christmas tree tinsel）等。这类异物常损伤小肠壁，导致细菌性腹膜炎。主要的临床症状包括厌食、干呕、呕吐、昏睡及发热。如果异物持续存在数天可引起快速失重。

诊断

主要诊断

- 临床症状：猫如果重复呕吐或干呕达数天则应怀疑摄入了线性异物。在许多病例可见到腹痛，特别是如果发生小肠穿孔或腹膜炎时。
- 口腔检查：有些线性异物，特别是缝纫线，可缠绕到舌的基部（见图128-1）。检查时可将一个手指压到下颌间隙，抬起舌头时可观察到异物。

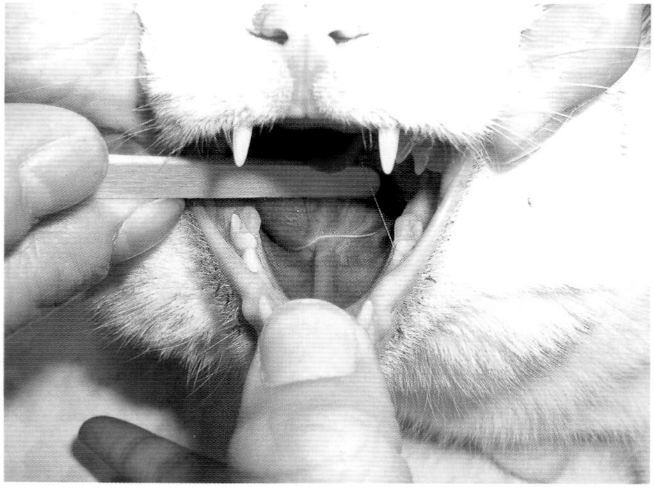

图128-1 仔细检查舌下可发现线性异物形成袢状，其两端被猫吞入，进入小肠

- 影像检查：细的线性异物（如细绳）常常引起小肠袢捆成束状或折叠状（见图128-2）。粗的线性异物（如鞋带）可引起阻塞而不发生典型的折叠（见图128-3）。X线检查或超声诊断时可怀疑到这种情况，但采用阳性造影剂时可更容易检查到这些异物。

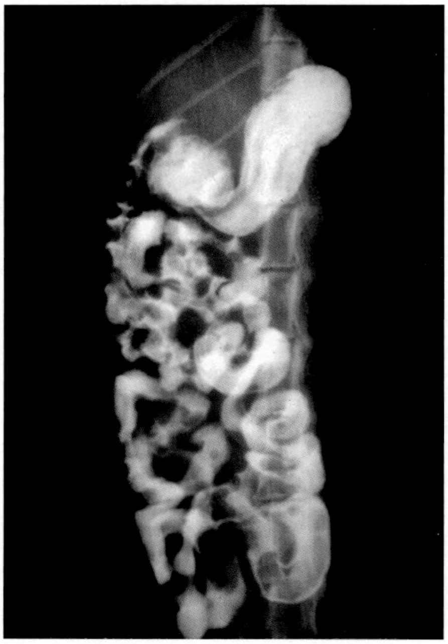

（A）

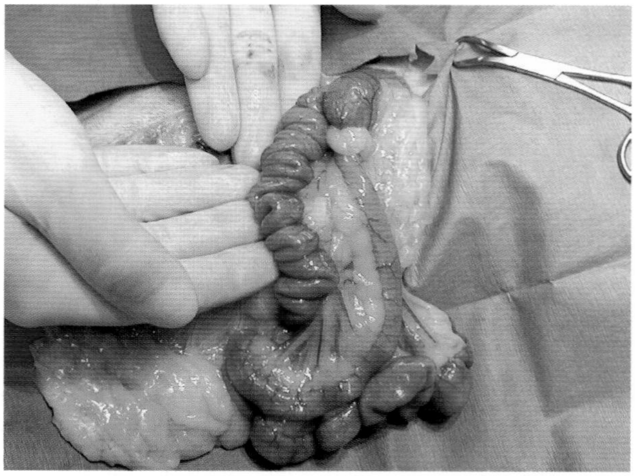

（B）

图128-2 线性异物。（A）细的线性异物（细绳）在小肠引起很紧的皱褶，这可见于钡餐透视。（B）手术中的观察，可见到皱褶

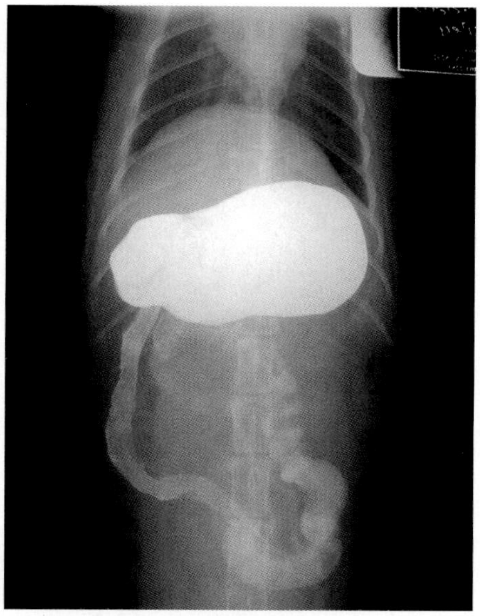

图128-3 粗的线性异物（粗鞋带）充满小肠，因此钡餐造影时观察不到典型的折叠

诊断注意事项

- 如果怀疑发生肠穿孔，应禁用钡制剂；可使用含碘造影剂或碘海醇（见图128-4）。

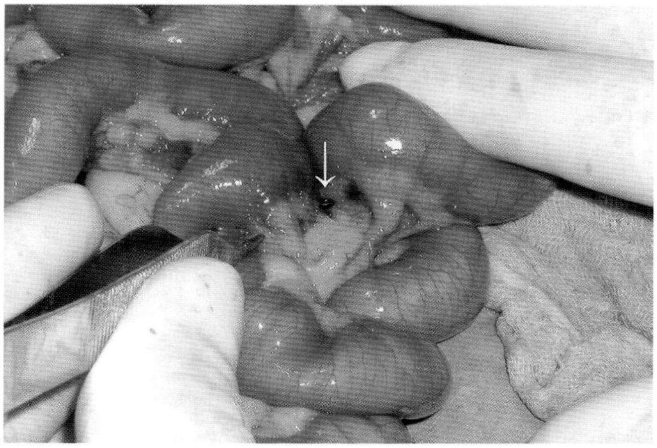

图128-4 线性异物穿过肠壁时（箭头）形成肠穿孔（箭头），导致腹膜炎

治疗

主要疗法

- 手术：需要施行手术以除去线性异物。手术时可能需要施行胃切开术及多次肠切开术，但在许多猫可采用一种只需要2次肠切开的手术（见图128-5）。将一12号橡胶导管（French rubber catheter）通过最初的肠切口插入到小肠，而这一切口是做在近异物的远端，之后将线穿回到小肠到达异物的近端。第二个肠道切口应做在导管的末端，暴露导管和异物，然后将异物通过侧孔拉系到导管上，在末梢方向拉出导管。积极地治疗细菌性腹膜炎也是手术治疗的重要组成部分。

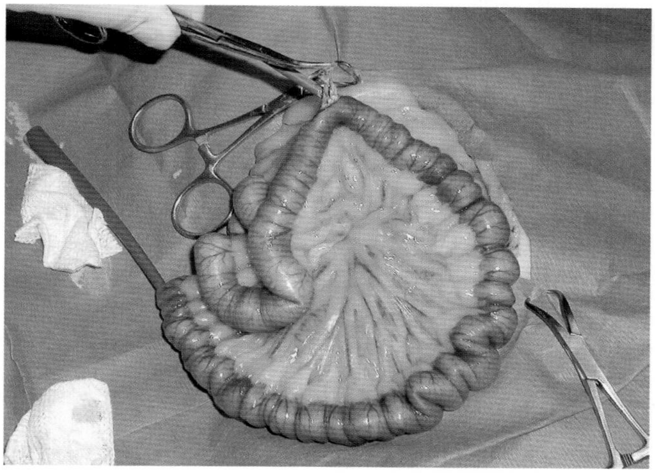

图128-5 需要施行两次肠切开术切口，除去皱褶线性异物。将细绳通过导管的侧孔拴住，导管及细绳从远端肠切口拉出。应注意不要将钡溢出到腹膜腔，因为其具有刺激性，胆汁也可引起腹膜炎

- 腹膜炎：由于这种病猫许多会发生肠穿孔，因此在手术之前应给予抗生素，在闭合腹腔前应冲洗腹膜腔。参见第168章。

治疗注意事项

- 针对呕吐施行的对症治疗只能使病情延缓及恶化。
- 有些猫喜欢与缝线、细线及丝带游玩，因此应从环境中移走这些物件，以防止摄入。

预后

如果在发生细菌性腹膜炎之前实施手术，则预后良好。如果发生细菌性腹膜炎，则预后谨慎。

参考文献

Sherding RG. Diseases of the intestines. 1994. In RG Sherding, ed., *The Cat: Diseases and Clinical Management*, 2nd ed., pp. 1211–1285. Philadelphia: Churchill Livingstone.

Zoran DL. 2006. The cat with signs of chronic vomiting. In J Rand, ed., *Problem-Based Feline Medicine*, pp. 662–696. Philadelphia: Elsevier Saunders.

第129章 肺寄生虫 Lung Parasites

Gary D. Norsworthy

概述

肺线虫（lungworms）为生活在肺泡、细支气管、支气管及气管中的蠕虫，许多被肺线虫侵袭的猫无症状，有些则发生干咳。肺线虫感染为猫慢性咳嗽的原因之一，因此在猫所处的地理环境中如果猫肺线虫呈地方流行，或是猫在该病流行区域区旅行，则应怀疑发生本病。猫所发现的肺线虫有两种，即嗜气优鞘线虫（*Eucoleus aerophila*），有时也称为嗜气毛细线虫（*Capillaria aerophila*）（北美）及奥妙（隐蔽）猫圆线虫（*Aelurostrongylus abstrusus*）（全世界都有分布）。嗜气优鞘线虫具有直接的生活周期（direct life cycle），可通过蚯蚓及啮齿类传染给猫。猫摄入含有胚胎的虫卵或转续宿主（paratenic hosts）后感染。成虫生活在气管、支气管及细支气管的上皮内，在感染后40d内可产生虫卵。虫卵被咳出后可再被吞咽，进入排泄物而排出。这些虫卵可在1～2个月内含有胚胎，可在环境中生存长达1年。猫在采食了中间宿主（即蛇或蛞蝓）或含有寄生虫的宿主（即鸟类、啮齿类及两栖类或爬行动物）后被感染。成虫长约 0.8mm，生活在肺泡中，约在摄入后25d可产卵。虫卵孵化后变为L1幼虫，向上迁移到支气管和气管进入咽部，被吞入后进入粪便，在粪便中可生活达数月。强烈的免疫反应可引起局部间质性肺炎，这与最后从肺脏消除寄生虫有关。

猫肺并殖吸虫（*Paragonimus kellicotti*）为猫（及犬）的肺脏吸虫，这种吸虫生活于美国南方、美国中西部及大湖区。成虫长约1cm（见图129-1）。中间宿主为淡水蛇及小龙虾，是主要的感染源。吸虫从小肠迁移到肺脏，在肺脏中主要生存于肺泡或肺实质的囊肿中。咳嗽时可使虫卵排出后被吞咽。含有许多吸虫卵的粪便可被中间宿主摄入。最常见的临床症状为咳嗽，主要是由于肺脏发生的炎性反应所引起。囊肿破裂后可因快速发生气胸而致命。

犬心丝虫（*Dirofilaria immitis*）（heartworms）的青年期成虫及成虫主要生活在肺动脉，到达肺实质后死亡，这种肺线虫（"lungworm"）的介绍详见第88章。

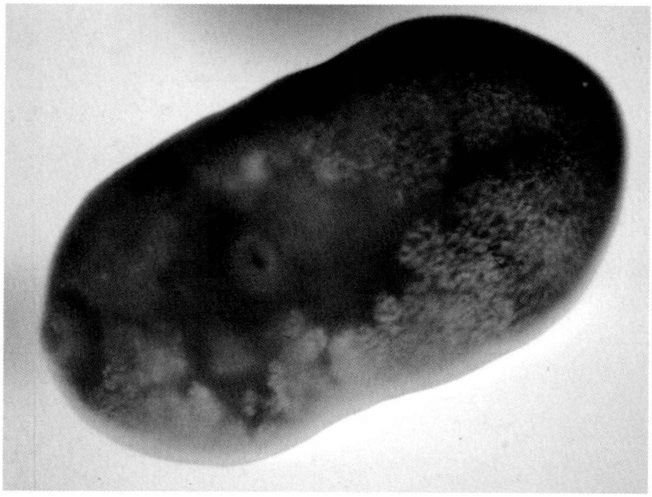

图129-1 猫肺并殖吸虫成虫，长约为1cm

诊断

主要诊断

- 临床症状：许多感染肺线虫或肺吸虫的猫不表现症状，有些则表现为无结果的咳嗽，气管触诊可诱发这种咳嗽，或由于继发细菌性肺炎而出现呼吸困难。
- 胸部X线检查：许多感染肺线虫的猫胸部X线检查正常，有些则表现为支气管周浸润，支气管壁变厚，或有弥散性间质。一个或数个肺叶出现囊肿状或大泡状病变是猫肺并殖吸虫感染的典型变化，但有些猫可由于肺脏肉芽肿而出现结节状损伤。
- 粪便沉淀法［sedimentation（Baermann）fecal examination］：在沉淀中可发现肺线虫幼虫（见图129-2），有时幼虫数量很多。吸虫虫卵（见图129-3和图129-4）也可以同样方式检查到，但虫卵的排出可能为间歇性的，因此可能需要多次检查粪便才能发现。
- 支气管冲洗、细支气管冲洗或支气管肺泡冲洗（tran-

图129-2 可采用沉淀法从粪便样品中检出的奥妙猫圆线虫（*Aelurostrongylus abstrusus*）幼虫，长为360~390μm

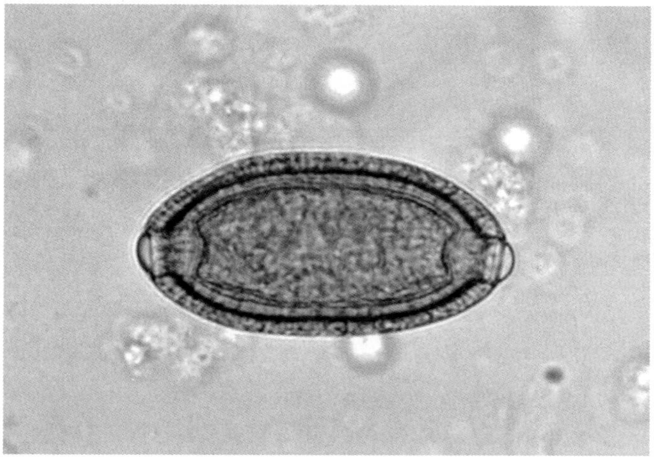

图129-3 粪便沉淀检查时可发现嗜气毛细线虫（*Capillaria aerophila*）的虫卵（60~80μm长）

stracheal wash，bronchial wash， bronchoa-lveolar lavage）：可从冲洗液中检查到肺线虫幼虫或吸虫卵，但这些技术的灵敏度比贝尔曼粪便检查法低。

- 血常规（CBC）：猫感染肺线虫时绝对及相对嗜酸性粒细胞增加。

治疗

主要疗法

- 芬苯达唑：感染毛细线虫时，50mg/kg q24h PO，连用5d，圆线虫病（aelurostrongylosis）时连用21d，并殖吸虫病（paragonamiasis）时连用14d。但吡喹酮（praziquantel）（25mg/kg PO q8h，治疗3d）为治疗并殖吸虫病的首选药物。如果治疗后粪便检查幼虫或虫卵仍为阳性，则应延长治疗，但两种肺线虫感染时仍有可能自动康复。

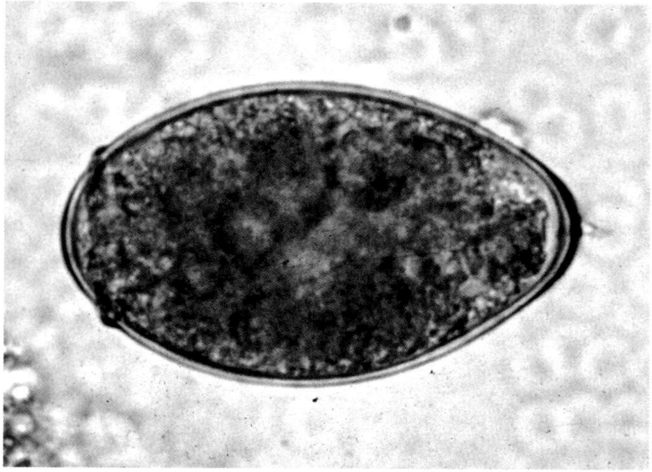

图129-4 粪便沉淀检查中可发现猫肺并殖吸虫（*Paragonimus kellicotti*）的虫卵，长为70~100μm，宽为39~55μm

辅助疗法

- 伊维菌素治疗肺线虫：400μg/kg q14d PO，连续治疗2~4次，或200μg/kg SC一次治疗。这种药物治疗不如芬苯达唑有效，应观察6h看其是否有不良反应。
- 胸腔穿刺或胸廓造口术插管（thoracostomy tube）：如果由于肺吸虫病而发生气胸，则可能需要采用这种手术。参见第272章。

预后

猫肺线虫感染可能为自限性过程，但也对广谱驱虫药反应良好。本病的预后通常好，采用芬苯达唑治疗时，并殖吸虫病的预后只要不发生难以控制的气胸，则预后良好。

参考文献

Lacorcia L, Gasser RB, Anderson GA, et al. 2009. Comparison of bronchoalveolar lavage fluid examination and other diagnostic techniques with the Baermann technique for detection of naturally occurring *Aelurostrongylus abstrusus* infection in cats. *J Am Vet Med Assoc*. 235(1):43–49.

Little SA, Brown SA. 2007. Capillariasis. In LP Tilley, FWK Smith, Jr., eds., *Blackwell's 5-Minute Veterinary Consult*, 4th ed., pp. 202. Ames, IA: Blackwell Publishing.

Nelson OL, Sellon RK. 2005. Pulmonary Parenchymal Disease. In SJ Ettinger, EC Feldman, eds., *Textbook of Veterinary Internal Medicine*, 6th ed., pp. 1239–1266. St. Louis: Elsevier Saunders.

第130章
淋巴瘤
Lymphoma

Bradley R Schmidt 和 Mitchell A. Crystal

概述

淋巴瘤（lymphoma）［也称为恶性淋巴瘤（malignant lymphoma）或淋巴肉瘤（lymphosarcoma）］是猫最常见的肿瘤，约占猫所有肿瘤的1/3或猫所有造血系统肿瘤的90%，起自淋巴组织，可影响到任何器官或组织。以往认为，猫白血病病毒（FeLV）感染是猫发生淋巴瘤的常见原因，但目前的研究发现猫淋巴瘤病例中只有25%的猫抗原检测为FeLV 阳性（在可以采用FeLV免疫接种之前为60%～70%，急剧下降）。消化道、皮下及鼻腔淋巴瘤通常为 FeLV抗原阴性，肾脏和多中心淋巴瘤试验中一半以上病例为 FeLV阴性；纵隔和中枢神经系统 （CNS）淋巴瘤典型情况下为FeLV阳性；其他类型的淋巴瘤可为FeLV阴性或阳性。感染猫免疫缺陷病毒（FIV）的猫发生淋巴瘤的风险增高。与非吸烟舍饲环境相比，舍饲环境中吸烟暴露的猫，患淋巴瘤的风险增加。

猫患淋巴瘤的总中值年龄为 8～10岁，与FeLV阴性的猫相比，FeLV阳性的猫 （通常为纵隔、脊椎或多中心型）开始发病的年龄较轻（中值年龄为3岁），FeLV阴性的猫中值年龄为 10～12岁，淋巴瘤通常为消化道型。本病的发生没有性别或品种趋势，但有研究发现公猫发病更为多见。淋巴瘤最常见的解剖位点为消化道，其次为纵隔和多中心型（即肝脾肿大和全身性淋巴结肿大）。淋巴结外组织位点则不太常见，包括肾脏、骨髓、CNS（通常为脊椎导致后躯麻痹）、皮肤、鼻腔、口腔、骨及肺脏等。外周淋巴结病通常罕见，更有可能是由于增生而不是由淋巴瘤所引起。肾脏淋巴瘤中40%～50%可侵及CNS。临床症状及鉴别诊断依发病器官和组织而不同。

诊断

主要诊断

- 查体：查体可表现正常或只是检查到有非特异性结果（如失重）。发生消化道型淋巴瘤时，可见小肠袢增厚，可触及小肠肿块（见图130-1）或肠系膜淋巴结肿大；发生肾脏淋巴瘤时，可见单侧或双侧型肾脏肿大 （见图130-2）；发生多中心型淋巴瘤时，可见肝脾肿大、肝脏肿块（见图130-3）、脾脏肿块或其他腹腔肿块；发生纵隔淋巴瘤时可见呼吸困难（见图130-4）。其他还可见到与发病组织有关的症状［鼻腔分泌物（见图130-5）、神经症状、眼睛症状（见图130-6）及皮肤病变等］。
- 血常规（CBC）：血液循环中不常见到成淋巴细胞，有些猫可由于淋巴瘤侵及骨髓而发生血细胞减少，或由于慢性病而发生贫血。
- FeLV/FIV检查：约25%的猫为 FeLV抗原阳性。参见第 77章。
- 细针穿刺及细胞学检查或活检及组织病理学检查：采用这些方法可从细胞学或组织病理学上证实淋巴瘤侵害的组织。采样检查最常用的组织为肝脏、脾脏、纵隔肿块、肾脏及淋巴结。可发现器官肿大。
- 小肠活检：内镜、剖腹腹腔镜或超声指导的小肠活检可用于消化道型淋巴瘤的确诊。

辅助诊断

- 高级诊断技术（advanced diagnostics）：可采用PCR及流式细胞仪对穿刺样品进行检查，这种方法在许多大学及实验室已经采用，可用于辅助诊断及对猫淋巴瘤的表型进行分析。
- 生化及尿液分析：在肾脏型（即氮血症及尿液相对密度下降）及多中心型（即肝脏酶升高）淋巴瘤，这些检查可发现异常。罕见情况下可检查到高钙血症，如果有这种情况，则更常见于纵隔型淋巴瘤。高球蛋白血症，特别是单克隆丙种球蛋白病（monoclonal gammopathy）则不常见。
- 腹部影像：肾脏型、多中心型及消化道型淋巴瘤X线检查及超声检查可发现异常。

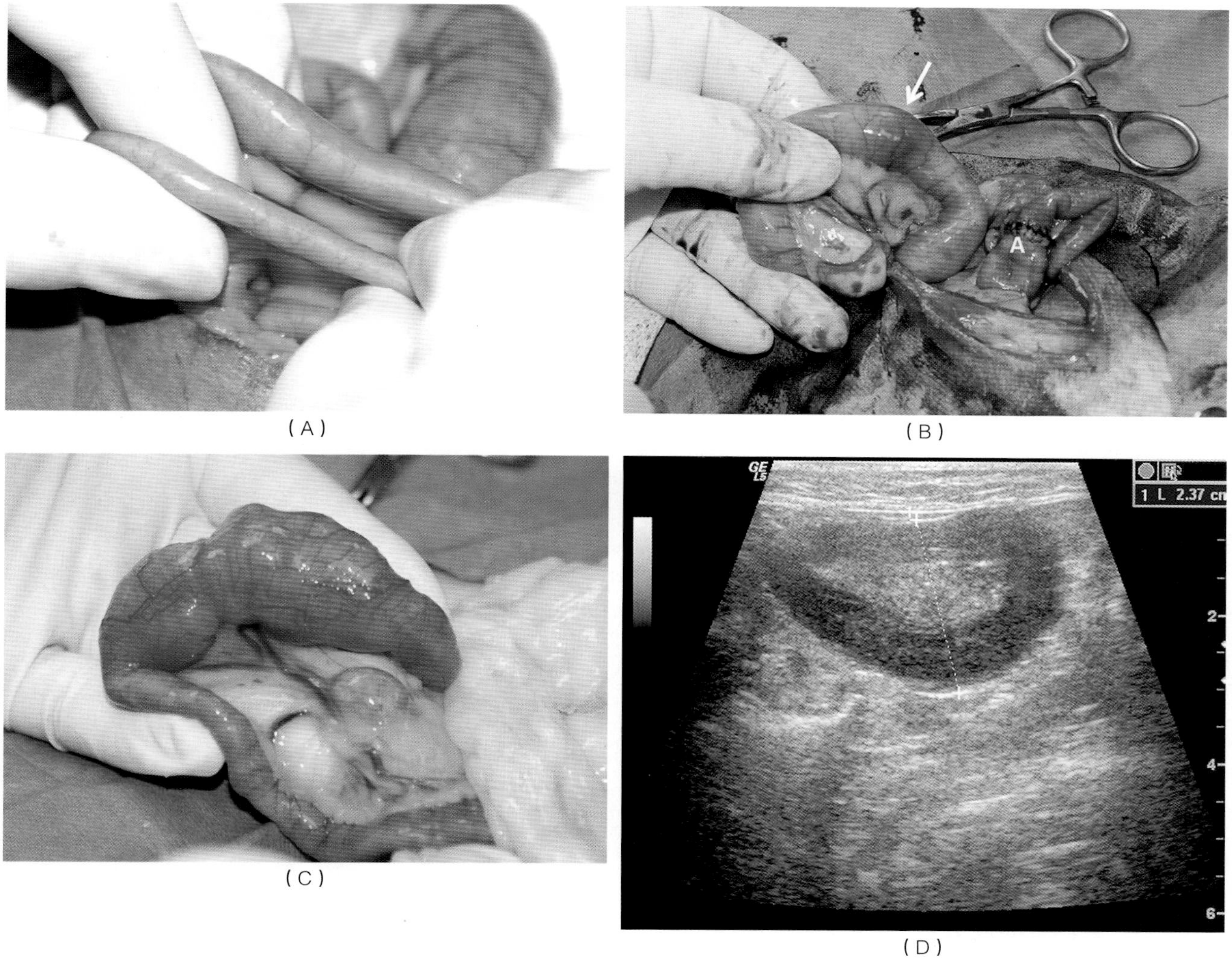

图130–1 不同阶段的肠道淋巴瘤。（A）可引起肠道不同段弥散性增厚，异常肠段（上）与正常肠段（下）的比较。（B）更为常见的是小肠离散性的肿块，肿块很小时就已诊断出这种情况，注意在吻合位点已经摘除一个肿块。（C）大的肿块通常可以触诊到。（D）超声检查所见，肠壁增厚，失去其下层组织（图片由Gary D. Norsworthy博士提供）

- 胸腔影像：在纵隔淋巴瘤时，X线检查或超声检查可发现纵隔肿块，有或无胸腔积液。
- 细胞学检查：渗出液中存在成淋巴细胞有助于对淋巴瘤的诊断。参见第171章及第288章。
- 骨髓穿刺及细胞学检查：有必要采用这种检查方法证实对骨髓淋巴瘤的诊断及判断其他类型的淋巴瘤是否侵及骨髓，这种检查也有助于对脊柱淋巴瘤的诊断。脊柱淋巴瘤通常会侵及骨髓，采用骨髓穿刺时比采用脑脊液（CSF）更易诊断。参见第296章。
- CSF及细胞学检查：采用这种方法可证实CNS淋巴瘤，但不如骨髓穿刺确定性好，只有30%～50%可发现CSF中的成淋巴细胞。参见第298章。
- 皮肤活检及组织病理学检查：对证实皮肤型淋巴瘤是必需的。

诊断注意事项

- 猫的一些淋巴瘤，特别是胃肠道淋巴瘤分类为小细胞性淋巴瘤（small cell lymphoma）或淋巴细胞性淋巴瘤（lymphocytic lymphoma），这类淋巴瘤难以在组织学上与炎性小肠疾病区别，而且比大细胞淋巴瘤发展缓慢。有人认为应该采集全厚度的小肠组织活检以确定诊断，但由于病猫的临床状态，这几乎不可能。
- FeLV试验阴性或缺乏CBC的变化并不能排除淋巴瘤。
- FeLV试验阳性（组织中细胞学或组织学检查未发现有淋巴瘤的迹象）不能证实或表明淋巴瘤的诊断，只能说明存在FeLV，其可能并不在临床上表现活性。

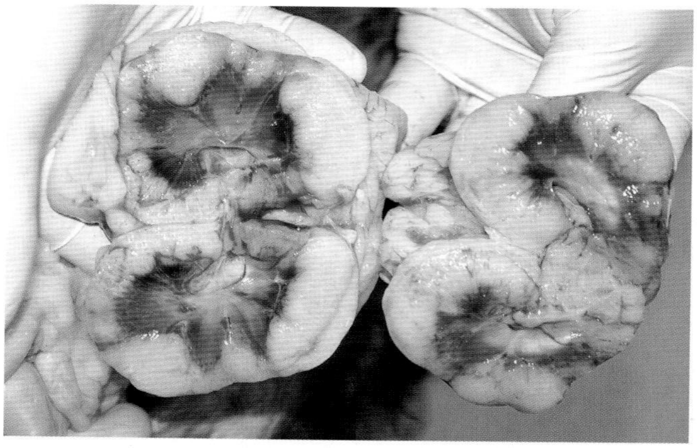

图130-2　肾脏淋巴瘤可为单侧性或双侧性，本例猫为非对称性双侧性肾脏淋巴瘤，引起肾脏广泛性破坏及肾衰（图片由Gary D. Norsworthy博士提供）

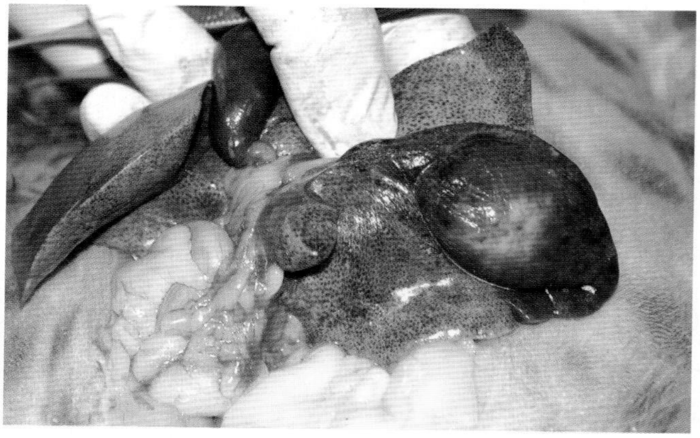

图130-3　肝脏的淋巴瘤通常为弥散性的，但本例猫为离散性肿块，并有严重的肝脏脂肪沉积；肝脏外观为典型的肝脏脂肪沉积表现（图片由Gary D. Norsworthy博士提供）

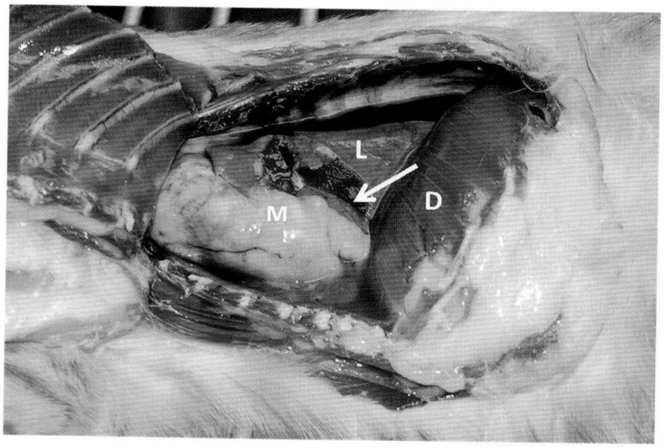

图130-4　纵隔淋巴瘤，肿块位于心脏前（箭头）。浅色肿块（M）为淋巴瘤，其背部的黑红色组织为左侧肺脏后叶（L）。横膈（D）为胸腔后界的标志。左侧胸壁向前折射（图片由Gary D. Norsworthy博士提供）

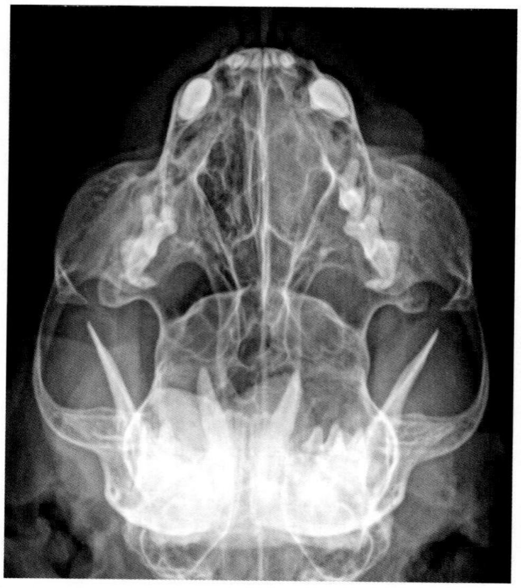

图130-5　鼻腔淋巴瘤引起慢性喷嚏，无脓液，鼻腔分泌物常常染血。这张X线拍片表示的为4岁猫的鼻腔左侧喙状面，通常为单侧性（图片由Gary D. Norsworthy博士提供）

图130-6　猫的左眼发生淋巴瘤，注意右眼正常，该猫的小肠同时也患有淋巴瘤性肿块（图片由Gary D. Norsworthy博士提供）

治疗

主要疗法

- 组合化疗（combination chemotherapy）：建议在除消化道型淋巴细胞性淋巴瘤以外的其他淋巴瘤均采用这种方法治疗。参见第34章。
- 单药物化疗（single agent chemotherapy）：可能比较便宜，毒性也较小，但无病间隔时间（disease free interval times）要比组合化疗短。参见第34章。
- 苯丁酸氮芥及强的松：建议用于小肠或其他器官的小细胞/淋巴细胞性淋巴瘤，其价格及毒性较小，生存时间可达1年或以上。参见第34章。

辅助疗法

- 放疗：有些病例，包括鼻腔淋巴瘤和纵隔淋巴瘤可采用这种方法治疗，但尚不清楚加入放疗是否比单独使用化疗更好。
- 支持疗法：液体、补充营养、插管饲喂或其他支持疗法可根据淋巴瘤的部位及严重程度和猫对化疗的耐受性而实施。

治疗注意事项

- 猫对化疗通常有较好的耐受性，大多数猫可在治疗过程的某些时段表现自限性不良反应（如厌食、昏睡）。严重的不良反应不太常见，包括呕吐、腹泻、长时间厌食（特别是有些猫采用长春新碱治疗时）及败血症（由于中性粒细胞所致）。关于化疗反应的识别及管理，参见第34章。
- 强的松：单独使用这种药物在许多猫可获得康复，但反应率及生存时间比组合化疗差。延长使用强的松单独（数周）治疗可诱导多药耐性，因此对期望的化疗反应率有不利的影响。如果猫主希望单独用强的松治疗，则必须注意采用这种方法后就不能再采用其他化疗方法。
- FeLV抗原试验阳性的猫在成功化疗后仍然为阳性，对其他猫仍有传染性。

预后

对初始化疗的总反应率（overall response rates）（完全反应，complete response，CR）通常可达到50%～80%，初始反应的持续时间为4～9个月。第二时间反应率（second-time response rates）（解救）及反应持续时间通常降低。患淋巴瘤而进行化疗的猫中30%～35%反应持续时间及生存时间（>1年）通常会延长。影响反应及生存时间的预后因子见表130-1。解剖位点对预后的影响见表130-2。不同化疗方法的预后可参阅第 34 章。

表130-1　改进猫淋巴瘤的反应及预后的因素

因素	注解	参考文献
猫白血病病毒（FeLV）试验阴性	FeLV阴性的猫第一缓解期及生存时间分别为146d和170d；FeLV阳性的猫分别为27d和37d	Vail DM，Moore AS，Ogilvie GK，et al.，1998
对化疗的完全反应（CR）	获得CR的猫第一缓解期及生存时间分别为211d和253d；未获得CR的猫分别为22d和48d	Vail DM，Moore AS，Ogilvie GK，et al.，1998
早期临床阶段（阶段1=单个肿瘤或淋巴结；阶段2=单个肿瘤，多个局部淋巴结受影响或膈膜同侧两个肿瘤，未影响淋巴瘤或膈膜同侧两个淋巴结受到影响，或有可切除的胃肠道肿瘤，相关淋巴结受到或未受到影响；阶段3=对侧膈膜有两个肿瘤或2个以上淋巴结受到影响，或不能切除的腹腔内肿瘤或脊柱肿瘤；阶段4=阶段1～3，肝脏或脾脏受到影响；阶段5=阶段1～4，中枢神经系统或骨髓受到影响）	完全反应，阶段1=93%，阶段2 = 83%，阶段3=48%，阶段4=42%，阶段5=58%；阶段1和2的生存时间中值=7.6个月，阶段3=2.6个月，阶段3和4=2.6个月	Mooney SC，Hayes AA，MacEwen EG，et al.，1987
临床亚期 a（亚期 a=无明显临床疾病，亚期 b=明显临床疾病）	亚期a的第一缓解期和生存时间的中值分别为230d和282d；亚期b分别为90d和102d	Vail DM，Moore AS，Ogilvie GK，et al.，1998
治疗方案中包括阿霉素	治疗方案中包括阿霉素时，第一缓解期及生存期分别为273d和225d，不包括阿霉素时分别为90d和102d	Vail DM，Moore AS，OgilvieGK，et al.，1998
消化道淋巴瘤时淋巴腺的类型	淋巴细胞型时，第一缓解期及生存期分别为615d和510d（50只猫，69%CR），而成淋巴细胞型时分别为435d和81d（17只猫，18% CR）；只有2只猫为成淋巴细胞型，获得CR	Richter K，2001

表130-2　解剖位点对猫淋巴瘤预后的影响

解剖位点	注释	参考文献
消化道	见表130-1	Richter K，2001
纵隔	生存时间为2～3个月，大多数为FeLV阳性	Vail DM，2007
多中心	第一缓解及生存时间的中值分别为112d和143d	Vail DM，Moore AS，Ogilvie GK，et al.，1998
肾脏	生存时间的中值为3～6个月；如果BUN＞150 mg/dL 或 FeLV为阳性时更差，40%～50%的病例可影响到CNS	Vail DM 2007
脊柱	13例猫的两个研究中反应率低于50%；生存时间通常不到5个月；许多猫需要实施手术（2）或放疗（3）；2只猫生存了13个月	Vail DM，2007
鼻腔	第一缓解持续时间及生存时间中值分别为380d和456d	Vail DM，Moore AS，Ogilvie GK et al.，1998
其他	关于其他位点的情况资料不多；一项对49只患有眼睛淋巴瘤（大多数通过摘除眼球内容物，使用或不使用强的松治疗）的研究发现评估生存时间为14个月，但生存时间差别很大	Moore AS，Ogilvie GK，2001

参考文献

Bauer N, Moritz A. 2005. Flow cytometric analysis of effusions in dogs and cats with the automated haematology analyser ADVIA 120. *Vet Rec.* 156(21):674–678.

Bertone ER, Snyder LA, Moore AS. 2002. Environmental tobacco smoke and risk of malignant lymphoma in pet cats. *Am J Epid.* 156:268–273.

Moore AS, Ogilvie GK. 2001. Lymphoma. In AS Moore, GK Ogilvie, eds., *Feline Oncology: A Comprehensive Guide to Compassionate Care*, pp. 191–219 and 423–428. Philadelphia: Veterinary Learning Systems.

Moore PF, Woo JC, Vernau W, et al. 2005. Characterization of feline T cell receptor gamma (TCRG) variable region genes for the diagnosis of feline intestinal T cell lymphoma. *Vet Immunol Immunopathol.* 106(3–4):167–178.

Vail DM. 2007. Feline Lymphoma and Leukemia. In SJ Withrow, DM Vail, eds., *Small Animal Clinical Oncology*, 4th ed., pp. 733–756. Philadelphia: Elsevier Saunders.

Vail DM, Moore AS, Ogilvie GK, et al. 1998. Feline lymphoma (145 cases): proliferation indices, cluster of differentiation 3 immunoreactivity, and their association with prognosis in 90 cats. *J Vet Intern Med.* 12:349–354.

Werner JA, Woo JC, Vernau W, et al. 2005. Characterization of feline immunoglobulin heavy chain variable region genes for the molecular diagnosis of B-cell neoplasia. *Vet Pathol.* 42(5):596–607.

第131章
马拉色菌性皮炎
Malassezia Dermatitis

Christine A. Rees

概述

马拉色菌性皮炎（*Malassezia dermatitis*）为一种皮肤病，其发生是由于正常菌群厚皮马拉色菌（*Malassezia pachydermatis*）以很大数量存在于皮肤中，最后这种真菌过度生长，引起皮肤瘙痒及发生炎症。皮肤的解剖异常 （即皮肤皱褶）可诱发猫发生这种皮肤病。此外，角化异常（即皮脂溢，seborrhea）或过敏也可诱发猫发生马拉色菌性皮炎。肿瘤也与猫的马拉色菌性皮炎有关。与真菌引起的皮肤感染有关的肿瘤性疾病包括胸腺瘤（thymoma）和癌旁脱毛症（paraneoplastic alopecia）（即常常与胰腺肿瘤有关）。猫的马拉瑟色性皮炎包括面部皱褶部皮炎 （波斯猫）及甲床或褶皮炎（nail bed orfold dermatitis）（Sphinx）。

马拉瑟色性皮炎的鉴别诊断包括过敏反应（即蚤咬过敏反应、特应性或食物过敏反应）、内分泌疾病（即甲状腺机能亢进或肾上腺皮质机能亢进）、代谢性疾病（即糖尿病）、逆转录病毒感染、皮肤真菌病及螨感染等。

诊断

主要诊断

- 临床症状：马拉色菌性皮炎引起的典型的皮肤病损伤包括油性皮脂溢（seborrhea olesosa）、脱毛、红疹、下巴痤疮、耵聍性外耳炎（ceruminous otitis externa）及瘙痒或不瘙痒性表皮脱落性皮炎（见图131-1）。
- 细胞学检查：可采集组织带或皮肤刮削碎屑进行细胞学检查，证实是否存在酵母菌。作者曾采用Durotak Adhesive Slides®（Delasco Dermatologic Lab and Supply，Inc，Council Bluffs，IA）对怀疑为马拉色菌感染的病例进行确诊，对酵母菌引起的耳炎，可采集耳拭子为细胞学样品进行诊断。马拉色菌为圆形或椭圆形，或者为芽生的染色菌。参见第157章。

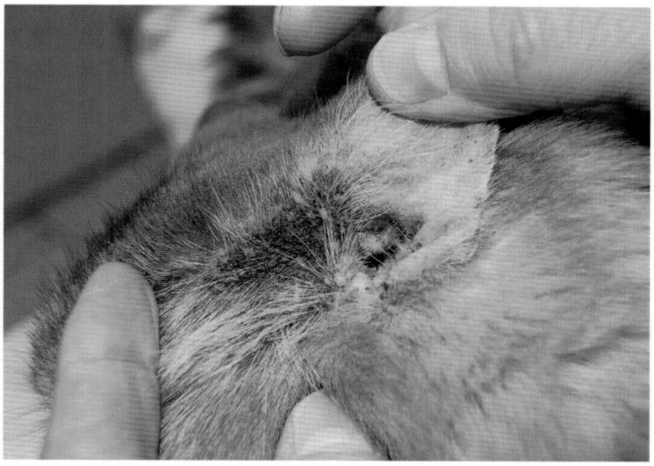

图131-1　马拉色菌性皮炎可发生于耳廓后的皮肤，与马拉色菌性外耳炎有关（图片由Gary D. Norsworthy博士提供）

辅助诊断

- 猫发生马拉色菌皮炎时，对所有潜在原因或并发因素都应进行鉴定及处理。可采用的诊断试验包括血液检查［即逆转录病毒检测、血常规（CBC）、血清生化检查及总T_4测定］、皮肤刮削（检查螨）、食品试验、皮内过敏反应试验及真菌培养试验等。

治疗

主要疗法

- 治疗潜在疾病： 应该通过各种努力治疗所有潜在疾病以减轻真菌感染。慢性感染、复发，或对治疗反应不良时应怀疑发生有潜在疾病。
- 全身抗真菌药物治疗：一般感染时可采用全身抗真菌药物治疗。伊曲康唑为治疗的首选药物，剂量为5mg/kg q12h PO，连用30d。此外，脉冲给药（pulse dosing）也是有效的治疗方法。采用脉冲给药时伊曲康唑的建议剂量为每天用药，连用7d，然后间隔7d，之后再给药7d，这种用药周期可按照需要重复。

辅助疗法

- 药浴（medicated shampoos）：局部用2%酮康唑、2%咪康唑或2%～4%洗必泰（chlorhexadine），每周至少用药一次，为有效的辅助治疗方法，建议采用这些药物促进治疗反应。

预后

预后取决于任何已经存在的潜在疾病的鉴定和治疗。如发生继发性马拉色菌感染时，典型情况下对治疗反应良好，因此预后良好。

参考文献

Matousek JL, Campbell KL. *Malassezia* dermatitis. 2002. *Compendium.* 24:224–232.

Mauldin EA, Morris DO, Goldschmidt MH. 2002. Retrospective study: the presence of *Malassezia* in feline skin biopsies. A clinicopathological study. *Vet Dermatol.* 13:14.

Takle GL, Hnilica KA. 2004. Eight emerging feline dermatoses. *Vet Med.* 99:456–468.

第132章
乳腺肿瘤
Mammary Gland Neoplasia

Bradley R. Schmidt 和 Mitchell A. Crystal

概述

乳腺肿瘤是猫第三种最为常见的肿瘤，约占母猫所有肿瘤的17%，但在公猫罕见。乳腺肿瘤发生的平均年龄为10～12岁（公猫为12.8岁），报道的发病年龄范围为9月龄到23岁。暹罗猫及短毛家猫发生乳腺肿瘤的风险较高，而且暹罗猫发生肿瘤的年龄较轻。研究表明有些乳腺肿瘤含有孕酮受体，有些猫在用孕激素治疗之后可发生乳腺肿瘤。与犬相同，早期施行卵巢子宫摘除可降低恶性（但不是良性）乳腺肿瘤的发病率。猫在6月龄前去势时91%不大可能发生乳腺癌。

猫的乳腺肿瘤80%～93%为恶性，犬41%～53%为恶性，最为常见的肿瘤类型为腺癌（即管状、乳头状或实体状），可表现为单个或多个结节状，或弥散状肿起。常见多个腺体受到影响，肿瘤部位常常发生溃疡（见图132-1）。此外，乳腺肿瘤可引致明显的炎性反应或产生与泌乳期类似的分泌物。淋巴及血管浸润很常见，也常见肿瘤转移；80%的猫在安乐死或死亡时可发现有肿瘤转移。肿瘤转移时常常侵及局部淋巴结、肺脏（见图132-2）、胸膜或肝脏。许多猫因继发于肿瘤转移诱导的胸腔积液而表现呼吸困难。一般情况下，局部淋巴结肿瘤转移典型情况下发生于腹股沟淋巴结，因为肿瘤可影响到后部的4个乳头（左侧和右侧的第三和第四乳头），也可因肿瘤影响到前部的乳头（左侧及右侧的第一和第二乳头），因此肿瘤转移也可发生于腋下淋巴结。

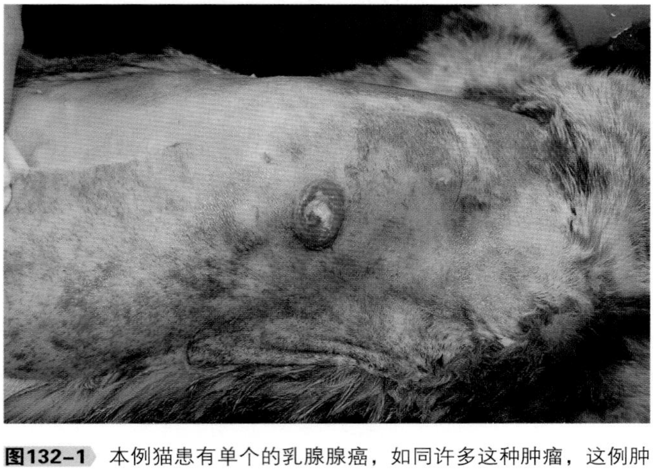

图132-1 本例猫患有单个的乳腺腺癌，如同许多这种肿瘤，这例肿瘤在就诊时发生溃疡（图片由Gary D. Norsworthy博士提供）

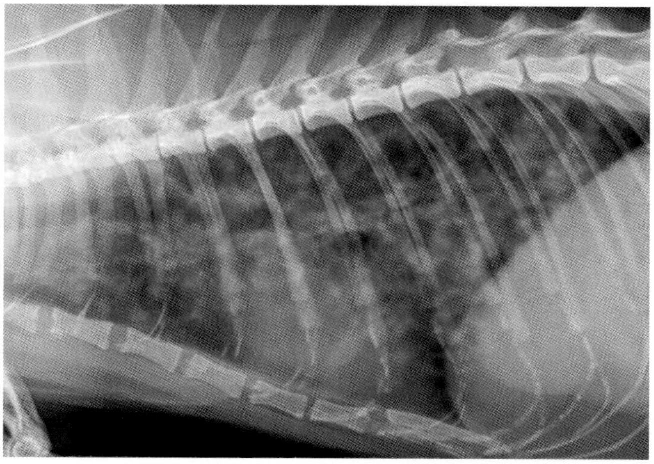

图132-2 肺脏肿瘤转移通常为弥散性的间质变化，没有孤立的结节，可与真菌性肺炎混淆（图片由Gary D. Norsworthy博士提供）

良性乳腺腺瘤不常见，典型情况下为小的孤立的硬结节，应与恶性乳腺瘤鉴别诊断。其他鉴别诊断包括恶性及良性皮肤瘤、乳腺炎及纤维上皮性增生。纤维上皮性增生可发生在2岁以上的猫发情之后或妊娠期，或见于用孕激素治疗的猫，表现为单个或多个乳腺增大，同时发生红疹及溃疡。纤维上皮性增生可表现为肿瘤或炎症的乳腺炎。参见第133章。

诊断

主要诊断

- 触诊：为通常用于检查肿块的诊断方法。由于80%～93%的乳腺肿瘤为恶性，因此对猫的乳腺肿块必须要慎重处理，积极治疗。对希望监测肿瘤生长情况的猫主，必须要告知在可触诊到的肿块仍很小时就有可能发生肿瘤转移。

- 手术摘除及组织病理学检查：是可供选择的诊断及治疗方法。由于许多乳腺肿瘤为恶性，因此，除非怀疑为纤维上皮性增生，通常应采用切除活检（excisional biopsy）而不采用切口活检（incisional biopsy）。可采用细针活检帮助区别恶性及非恶性病变，但对结果的解释必须要谨慎。

辅助诊断

- 淋巴结细胞学检查：采用这种方法检查可发现局部肿瘤转移的迹象。淋巴结细胞学检查时，只要检查到乳腺肿瘤同时有淋巴结肿大，最好采用细针活检技术（第301章）。
- 胸部X线检查：采用这种方法检查可发现肿瘤转移到肺脏、胸膜或胸腔内淋巴结的迹象（见图132–2）。所有患有乳腺肿瘤的猫，应在麻醉及手术前进行胸部X线检查，建议采用左侧、右侧及腹背面观察。
- 腹部超声检查：采用这种方法可用于评估是否有肿瘤转移及淋巴结增大的迹象。
- 胸腔穿刺及细胞学检查：如果有胸腔积液时可采用这种方法诊断。对积液进行细胞学检查可发现是否有肿瘤转移的迹象，但有些猫患有胸腔内肿瘤时可能没有肿瘤细胞的渗出。
- 细针穿刺及细胞学检查：采用这种方法可发现肿瘤是恶性还是良性，但组织病理学检查更为准确。

诊断注意事项

- 乳腺肿瘤的细针活检及细胞学检查单独不能用于确诊，除非怀疑为纤维上皮增生（fibroepithe-lial hyperplasia）或非恶性病变，主要是由于在穿刺肿瘤时可因穿刺位置的不同而延缓对恶性肿瘤的诊断及快速手术干预。
- 与犬相比，猫肺脏转移肿瘤可能更扩散于间质，不大可能会形成独立的结节。
- 胸膜的肿瘤转移及扩散在猫的乳腺肿瘤比在犬的乳腺肿瘤更为常见。

治疗

主要疗法

- 手术切除：为乳腺肿瘤的首选治疗方法。保守手术切除后局部复发很常见，目前建议的手术切除方法为单侧根治乳腺切除术（unilateral radical mastectomy），可采用这种手术治疗确诊为一侧的乳腺肿瘤（见图132–3）。如果左右双侧乳腺均患病，可采用双侧性根治乳房切除术（即同时双侧根治乳房切除或间隔2～3周单侧根治乳房切除）。在施行手术时应总是切除腹股沟淋巴结，如果触诊发现腋下淋巴结肿大或细胞学检查发现为肿瘤阳性时，也应摘除。尚不清楚同时施行卵巢子宫切除术时是否可减少复发，但有人建议应采用这种手术。卵巢子宫切除术或停止使用孕激素通常可引起纤维上皮肿块病变消退。参见第261章。

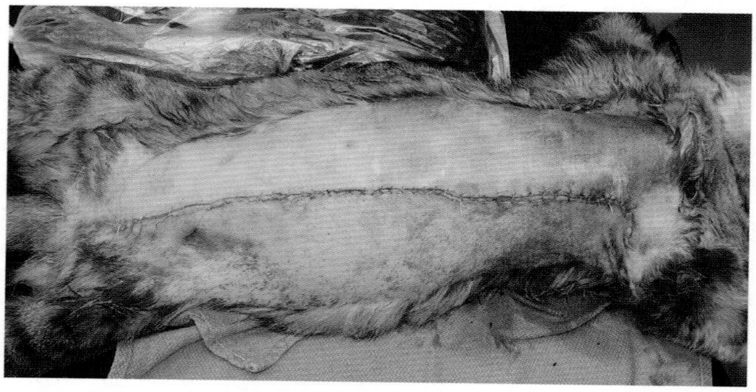

图132–3 乳房切除术是治疗的首选方法。一侧的4个乳头即使只有一个肿瘤，也应全部切除（图片由Gary D. Norsworthy博士提供）

辅助疗法

- 化疗：单独用阿霉素（25mg/m^2 IV，第1天 15 min内缓慢给药）或其后用环磷酰胺（第3、4、5和6天50mg/m^2 PO）可每隔3周用药一次，连续治疗8次，用于治疗患有肿瘤转移或难以摘除肿瘤的猫，这种治疗方案可明显延长生存时间。50%的猫可见到完全或部分反应。依剂量引起的不良反应包括严重的厌食、中度的骨髓抑制及蓄积性肾脏损伤。在上述治疗方案中可用米托蒽醌（mitoxantrone）（6.5mg/m^2 q21d IV）或卡铂（220～260mg/m^2 q21～28d IV）代替阿霉素以减少不良反应。但也有研究并未能证实这种有利作用。
- 胸腔穿刺及腔内化疗：清空胸腔积液后腔内用米托蒽醌或卡铂以前述剂量治疗有助于治疗恶性渗出。参见第29章。
- 支持性护理：如果乳腺肿瘤或纤维上皮增生性损伤发生溃疡时，应包括营养支持、镇痛及抗生素治疗。

治疗注意事项

- 尚未证明放疗、免疫治疗及内分泌治疗可提高患有乳腺肿瘤的猫的生存时间。
- 在发生肿瘤转移之前，可通过采用重复手术治疗的方法有效管理肿瘤的局部复发。

- 尚未见有对乳腺切除术和其后进行或不进行的化疗与不进行乳腺切除术的化疗效果进行比较的研究。

预后

从检查出恶性乳腺肿瘤到死亡的平均时间为1年，影响生存时间的主要因素包括肿瘤的大小（最为重要）及组织病理学分级。母猫如果肿瘤直径大于3cm，则平均生存时间为4～12个月，但在公猫则不到2个月；母猫如果肿瘤直径为 2～3cm，则平均生存时间为2年，而在公猫则不足5个月；肿瘤的直径如果不到2cm，则母猫的平均生存时间超过3年，公猫为14个月。病理组织学分级高的肿瘤（即细胞分化差，细胞有丝分裂指数高）时，预后比组织病理学分级低的差。组织学分级高的肿瘤病猫中10%生存时间为1年，而组织学分级低的猫50%可生存1年。淋巴浸润是最不利于预后的因子，有淋巴浸入的猫平均生存时间为6.5～7个月，而没有淋巴浸润的猫为18个月（母猫）到 29个月（公猫）。但大多数猫在就诊时肿瘤已经为侵入性的。就治疗猫的乳腺肿瘤的手术范围而言，近来的研究表明，如果施行双侧乳腺切除术，则平均生存时间为 917d；如果施行局部乳腺切除术，则生存时间为428d；如果施行单侧乳腺切除术，生存时间为348d。如前所述，施行乳腺切除术可延长生存时间，但仍需进行相关的研究。

猫患纤维上皮增生的预后通常在施行卵巢子宫切除术时较好。

参考文献

Couto CG, Hammer AS. Oncology. 1994. In RG Sherding, ed., *The Cat: Diseases and Clinical Management*, 2nd ed., pp. 755–818. New York: Churchill Livingstone.

Moore AS, Ogilvie GK. 2001. Mammary tumors. In AS Moore, GK Ogilvie, eds., *Feline Oncology*, pp. 355–367. Trenton: Veterinary Learning Systems.

Skorupski KA, Overley B, Shofer FS, et al. 2005. Clinical characteristics of mammary carcinoma in male cats. *J Vet Intern Med.* 19:52–55.

Vail DM, Withrow SJ. 2007. Tumors of the mammary gland. In DM Vail, SJ Withrow, eds., *Small Animal Clinical Oncology*, 4th ed., pp. 619–636. Philadelphia: Elsevier Saunders.

第133章 乳腺增生 Mammary Hyperplasia

Gary D. Norsworthy

概述

乳腺增生（mammary hyperplasia）也称为纤维腺瘤性乳腺增生（fibroadenomatous mammary hyperplasia），为一种以多个乳腺快速急剧增大为特征的疾病。在大多数猫，本病可影响所有乳腺，可侵及上皮及间质组织。本病典型情况下发生于青年期表现发情周期的母猫，也与妊娠时孕酮水平很高有关。如果诱导排卵，本病可发生于假孕的 40～50d。本病的发生也与去势公猫及母猫使用外源性孕激素、生长激素或促乳素有关。有人认为，本病为一种良性疾病，但必须要与乳腺肿瘤鉴别诊断。发病时可产生乳汁，但大多数肿瘤病猫不泌乳。

诊断

主要诊断

- 临床检查结果：典型变化为多个乳腺快速生长，见图133-1。本病可见于有发情周期循环的母猫及接受外源性孕激素处理的雌雄两性猫。
- 乳腺切片的细胞学检查：从乳腺采集的液体应该无菌、无炎症及没有肿瘤特征的细胞。

辅助诊断

- 活检及组织病理学检查：可用于将本病与乳腺肿瘤进行鉴别诊断，对含有离散性肿块的乳腺应采用这种诊断方法。

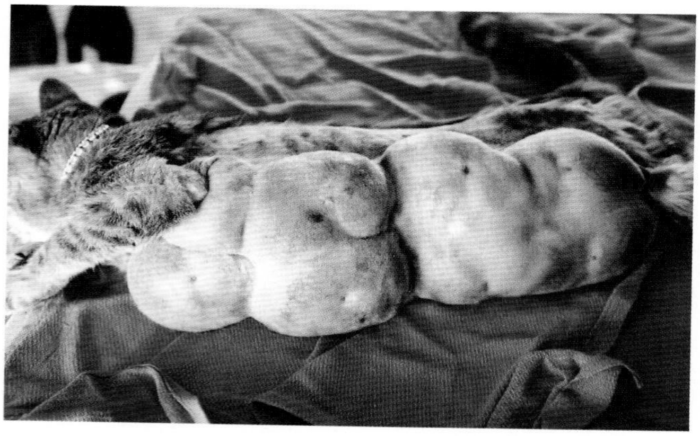

图133-1 本例猫具有严重的乳腺增生，影响到所有8个乳腺

诊断注意事项

- 病猫中1/3血清孕酮浓度增加，但有时测定孕酮浓度可能正常，因此测定孕酮浓度并非敏感的诊断方法。

治疗

主要疗法

- 孕酮去除疗法：如果可以去除孕酮的来源，则本病可在数周内自行康复。对未去势的母猫应去势。
- 自行康复：未接受孕酮类药物的猫通常可在数周内自行康复。

辅助疗法

- 镇痛：镇痛药物可使病猫感觉舒适。
- 乳腺切除术：如果异常的组织生长影响其血液供应，因此发生脱落，或撤除孕酮不能产生治疗作用时，可施行手术切除乳腺。
- 促乳素抑制因子：溴隐停（bromocriptine mesylate）（每只猫0.25mg q24h PO，治疗5～7d）可用于治疗，但这种药物未标明能用于猫，可引起恶心、厌食及呕吐。
- 孕酮受体阻断剂：阿来司酮（15mg/kg SC，连续2d或20mg/kg q7d SC）可用于这种治疗，但尚未证明能用于猫，在妊娠猫可引起流产。
- 睾酮治疗：丙酸睾酮或庚酸睾酮（2mg/kg IM，一次）可用于抑制乳腺增生。

治疗注意事项

- 处置乳腺组织时应小心，以防止乳腺或静脉性皮肤血栓栓塞或肺动脉栓塞。
- 如果施行卵巢子宫摘除术，最好在腹胁部切口。

预后

乳腺增生的预后良好，有些猫可自愈，去除孕酮疗法可治愈大多数的病例。

参考文献

Grundy SA, Davidson AP. 2006. Feline Reproduction. In SJ Ettinger, EC Feldman, eds., *Textbook of Veterinary Internal Medicine*, 6th ed., pp. 1696–1707. St. Louis: Elsevier Saunders.

Loretti AP, Ilha MRS, Ordas J, de las Mulas JM. 2005. Clinical, pathological and immunohistochemical study of feline mammary fibroepithelial hyperplasia following a single injection of depot medroxyprogesterone acetate. *J Fel Med Surg*. 7(1):43–52.

Root-Kustritz MV. 2007. Mammary Gland Hyperplasia—Cats. In LP Tilley, FWK Smith, Jr., eds., *Blackwell's 5-Minute Veterinary Consult, Canine and Feline*, 4th ed., pp. 852–853. Ames, IA: Blackwell Publishing.

第134章
马恩综合征
Manx Syndrome

Vanessa Pimentel de Faria

概述

马恩岛猫（Manx）为一种自然发生脊柱突变的猫，纯合子猫在出生前由于突变而死亡，死产的仔猫中枢神经系统表现明显异常。如果出生时马恩综合征仔猫没有明显异常，则在出生后第一周或数月内表现生活困难。这种综合征的主要特点是严重的小肠或膀胱机能异常，或表现为行走特别困难。马恩基因杂合子所受的影响相同或较为轻微，最为明显的异常是无尾，为一种显性性状。其主要特征是有些猫表现为没有尾椎（无尾，rumpy），有些则是数个尾椎在直立部分发生融合（竖尾，rumpyraiser），有些虽然有数个尾椎存在，但形态异常（尾短粗，stumpy），而有些则最终表现为完整或几乎完整的尾巴（tailed或longy）。无尾猫可能除了缺乏尾椎或尾椎退化外，还有更多的脊髓异常。

有人提出假说认为，与无尾情况相关的问题可能与胚胎发育早期中枢神经系统紊乱有关。马恩无尾基因（taillessness）表达的差异是马恩综合征的突出特点。此外，本病也与荐椎和尾椎畸形（发育不全或缺失）有关，而这种畸形则与脊柱裂（spinabifida）或末端脊髓畸形或马尾（cauda equina）有关。脊髓可能过早终止，因此缺少部分荐椎段的脊神经，而这些神经支配结肠、膀胱、后肢及会阴区。此外，骨盆也可发生畸形及融合，肛门的开口可能狭窄，引起便秘。但有些无尾猫则具有正常的股骨、脊髓及马尾。脊柱裂是马恩猫最为常见的脊柱异常，大小便失禁是最早可见到的示病症状。在有些病例，脊柱裂（见图134-1）与脑脊髓膜突出（meningocele）有关（见图134-2），而在这种疾病硬脑膜（dura mater）与皮肤表面发生联系，导致脑脊液流失。

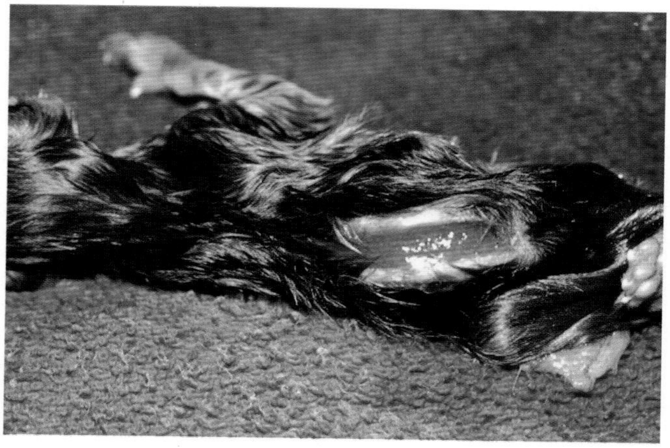

图134-1 这只患马恩综合征的仔猫在出生时死亡，表现为脊柱裂（图片由Gary D. Norsworthy博士提供）

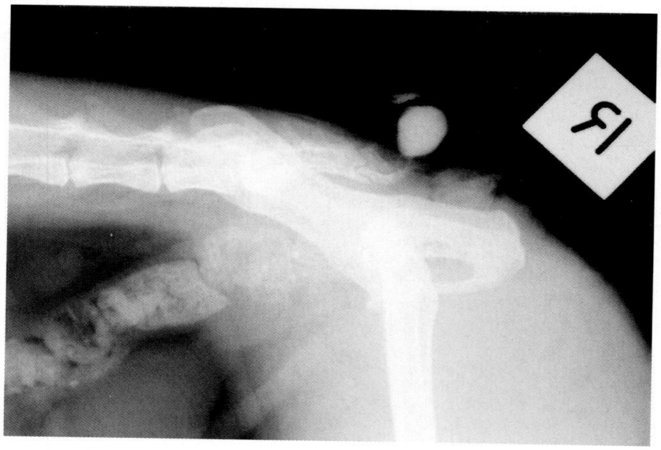

图134-2 脑脊髓膜突出为脊髓通过皮肤连接，使得脑脊液流失。阳性造影剂注射到脑脊髓膜以显示瘘管状管道（图片由 Richard Malik 博士提供）

诊断

主要诊断

- 临床症状：临床症状取决于脊髓及马尾畸形的程度，包括下肢麻痹或瘫痪、巨结肠、膀胱迟缓（atonic bladder）肛门及膀胱缺如、肛门括约肌张力缺乏，肛门反射消失，大小便失禁及会阴区皮肤感觉降低。步态异常主要包括行走或站立时的踯行姿势。表现这种步态的猫常常表述为具有兔子样或跳跃步态。

- 查体：彻底的神经系统检查，特别是应该检查尾部脊髓的机能，以确定结肠机能异常的神经性原因。特别重要的是应该检查会阴反射。参见第307章。
- X线检查：应对脊髓进行X线检查以证实是否有畸形存在。

辅助诊断

- 高级影像检查：脊髓X线拍片、计算机断层扫描（CT）及磁共振成像（MRI）可用于诊断引起脊髓压缩的畸形，这些检查方法也可发现脑脊髓膜突出或在腰荐部脊髓附着于皮下组织。

诊断注意事项

- 高级影像检查在老龄猫极为重要，在老龄猫畸形可表现为在发生其他脊髓疾病时偶然所检查到的结果。

治疗

主要疗法

- 药物治疗：在先天性畸形（如脱臼）导致重复发生损伤时，抗炎药物治疗具有一定作用，但药物治疗常常难以发挥作用，特别是在发生脊柱裂时。
- 常规护理：存在尿失禁时应徒手刺激膀胱。此外，大便失禁时，如不发生腹泻或粪便稀软，可采用使粪便变软的药物，如多库酯钠（docusate sodium，DSS）及乳果糖可发挥一定的作用，在这种情况下可考虑采用残渣少的食物，以减少排便的量和频率。并发尿路感染、巨结肠及慢性便秘为常见的后遗症。

辅助疗法

- 手术治疗：在影像检查发现脊髓压迫时可采用手术方法解压及稳定病情。在脊柱裂或脑脊髓膜突出的病例，必须要将脑脊髓膜切除，同时应修复骨质的异常。脑脊髓膜突出通常在猫可采用手术方法矫正，一般引起的神经异常很小。如果末端脊椎发育不全，则手术治疗常常难以奏效。

预后

脊柱畸形的程度并不总是与神经受损的程度直接相关。临床检查结果是考虑预后最为重要的因素，但症状持续的时间越长，预后越差。严重患病的猫其预后差，也没有有效的治疗方法。

参考文献

Fenner WR. Diseases of the brain, spinal cord, and peripheral nerves 1994. In RG Sherding, ed., *The Cat: Diseases and Clinical Management*, 2nd ed., pp. 1507–1568. Philadelphia: WB Saunders.

LeCouteur Ra, Grandy JL. 2005. Diseases of the spinal cord. In SJ Ettinger, EC Feldman, eds., *Textbook of Veterinary Internal Medicine*, 6th ed., pp. 842–887. St. Louis: Elsevier Saunders.

第135章
肥大细胞瘤
Mast Cell Tumors

Bradley R. Schmidt 和 Mitchell A. Crystal

概述

肥大细胞瘤（mast cell tumors，MCT）为猫第二种最为常见的皮肤肿瘤及第四种最为常见的肿瘤，分为两类：肥大细胞（mastocytic）型，在组织学上与正常肥大细胞相似；组织细胞型（histiocytic form），在组织学上与组织细胞型肥大细胞（histiocytic mast cells）相似。猫患肥大细胞型肥大细胞瘤的中值年龄为10岁，患组织细胞型的中值年龄为2.4岁。暹罗猫患这两类肿瘤明显较多。MCT通常位于皮肤内，但内脏型也可占所有患病猫的50%以上，这与犬不同。本病的病因尚不清楚，但由于与其他品种相比，暹罗猫肥大细胞瘤的发病率明显较高，因此有人认为本病的发生与遗传有关。与犬相同，猫肥大细胞颗粒中含有血管活性因子，如肝素和组胺，其脱粒后可引起全身症状，在猫最为常见的是侵染性疾病（disseminated disease）。

皮肤型 MCT最常见于头颈部，可表现或不表现瘙痒，可呈单独的肿块、多部位病变或呈弥散性病变，约20%以上的病例表现为多处损伤，约50%为弥散性（见图135-1）。弥散性病例（肿瘤在5个以上）可能说明该病已侵及全身系统，但在有些暹罗猫，可自发性康复，即使在初始诊断后数年也可见到这种现象（参见下面将要介绍的组织细胞型）。在犬采用的组织学分级系统在猫不完全正确，但肥大细胞MCT 既可以紧凑也可以弥散性组织型发生。紧凑性占所有病例的50%～90%，肿瘤具有更多的良性行为，而弥散性则更表现为退行发育，具有更多的恶性肿瘤的行为。总之，紧凑性的肿瘤转移率为0～22%，所见报道的大多数转移与弥散性有关。因此，大多数 MCT为良性，特别是肿瘤数量在5个或以下时。组织细胞型见于6周龄到4岁的暹罗猫，表现为多个坚硬的桃色无毛丘疹，多见于头部和耳廓，通常可在4～24个月内自行退化。由于在这类肿瘤中肥大细胞只占20%左右，其余细胞主要为组织细胞，因此在组织学上证实组织细胞型 MCT较为困难，可导致误诊为肉芽肿性疾病。猫患皮肤型MCT而没有发生肿瘤转移时的临床症状主要限于存在有肿瘤。皮肤型MCT的鉴别诊断包括鳞状细胞癌、黑素瘤、基底细胞瘤、纤维肉瘤、皮肤血管瘤或血管肉瘤、嗜酸性粒细胞肉芽肿综合征（eosinophilic granuloma complex）、脂膜炎（panniculitis）、难以愈合的伤口、毛囊肿瘤及皮脂腺瘤等。

内脏 MCT最常发生于脾脏（见图135-2），较少见于小肠（见图135-3）。患脾脏疾病的猫75%MCT为其病因，MCT也是小肠除淋巴瘤和腺癌之后的第三种最为常见的小肠肿瘤。内脏 MCT比皮肤型更有可能发生转移，据报道90%以上的病例可发生转移。猫的脾脏MCT最常见的转移位点包括肝脏、腹腔淋巴结、骨髓及小肠管，可见富有嗜酸性细胞的胸腔积液或腹水。外周血肥大细胞增多症（peripheral blood mastocytosis）在发生脾脏型时比发生小肠型时更为常见。常见的示病症状是由肥大细胞脱粒或大的肿瘤所引起，包括昏睡、厌食、呕吐、类过敏反应（anaphylactoid reactions）样症状、凝血障碍、呼吸困难及失重。查体可见脾脏肿大、肝脏肿大、黏膜苍白、渗出或腹部肿块，全身型MCT的鉴别诊

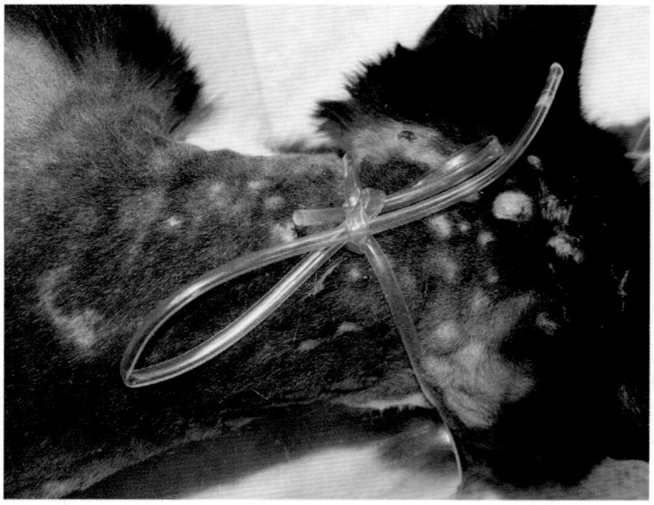

图135-1 暹罗猫患有弥散性皮肤型肥大细胞瘤，头颈部有40多个病变部位（图片由Gary D. Norsworthy博士提供）

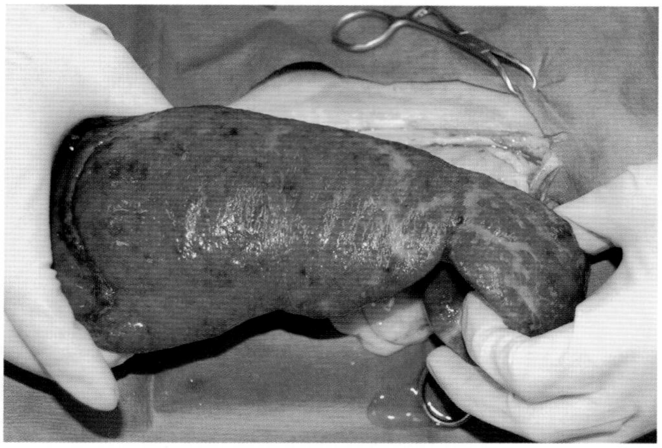

图135-2 严重的器官肿大为脾脏肥大细胞瘤的主要特点，而脾脏也是内脏型肥大细胞瘤最为常见的部位（图片由Gary D. Norsworthy博士提供）

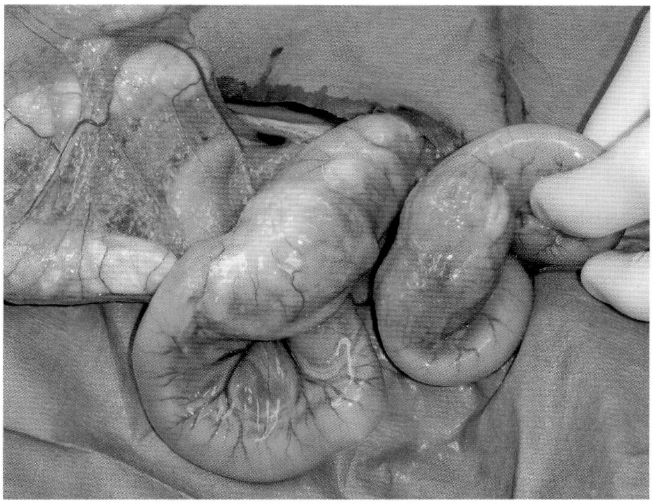

图135-3 小肠为第二种最常见的内脏肥大细胞瘤的发病位点。在本例猫，手术时在小肠发现两个肿瘤，肠系膜的外观为肿瘤转移的典型变化（图片由Gary D. Norsworthy博士提供）

断包括淋巴瘤、腹腔器官或结构的肿瘤或嗜酸性细胞增多综合征（hypereosinophilic syndrome）等。

诊断

主要诊断

- 细针活检及细胞学检查：这种简单的诊断方法可用于检查皮肤及内脏（即脾脏、肝脏、淋巴结或小肠）的病变。渗出常常具有诊断意义。对渗出液进行细胞学检查时偶尔可见到大量的嗜酸性粒细胞及腹腔肿块，可误诊为嗜酸性粒细胞性疾病。采用细针活检常常难以诊断组织细胞型病变。参见第287章。
- 手术摘除或活检及组织病理学检查：这种检查对诊断组织细胞型肿瘤是必须也是通常采用的方法。
- 血常规（CBC）：贫血可见于脾脏型瘤、胃肠道出血、骨髓受损或慢性疾病。患内脏型MCT的猫1/3可见到贫血。有时可见到嗜碱性粒细胞，也可发现肥大细胞增多症（mastocythemia），特别是患有脾脏型肿瘤时。

辅助诊断

- 血沉白细胞层的制备（buffy coat preparation）：在发生肿瘤转移的猫可发现肥大细胞增多（mastocytemia），但阴性结果并不能排除肿瘤转移性疾病。
- 骨髓穿刺：可发现恶性肥大细胞浸润，在发生内脏型肿瘤的猫建议采用这种方法诊断。
- 腹腔影像检查：X线检查及超声诊断可发现肝脏肿大，有或无结节性病变；脾脏肿大，有或无结节性病变；腹腔淋巴结肿大，腹腔渗出或小肠肿块。
- 胸腔影像检查：MCT很少转移到胸腔内，但见有MCT时胸膜渗出及肿瘤转移到纵隔前部位置的病例。
- 凝血试验：大量患有脾脏型MCT的猫见有凝血异常，但这些异常很少具有临床意义。

诊断注意事项

- 皮肤型MCT（肥大细胞型或组织细胞型，mastocytic or histiocytic）的组织学外观有助于预测肿瘤转移的可能性。在犬采用的分等级变化不适合于猫的MCT病例。
- 完整的全身状况评估（CBC、血沉棕黄色层制备、骨髓穿刺及腹腔或胸腔影像检查）可确定疾病的程度及有助于选择最为合适的治疗方案，在所有发生内脏型MCT的病例及发生皮肤型MCT同时具有临床症状的病例，或具有多个皮肤肿瘤的病例均应进行这种检查。
- 对脾脏病变进行细针头活检时，可采用抗组胺药物预处理以减少脱粒的作用。
- 采用快速染色时，肥大细胞脱粒常常难以染色，因此可将玻片置于固定液（在浸入瑞氏型快染罐中）固定数分钟有助于改进肥大细胞脱粒的染色。参见第287章。

治疗

主要疗法

- 手术摘除：完全摘除对大多数皮肤型MCT具有治疗作用，手术摘除时应尽量做成楔形手术边缘，尽管这种边缘在犬并非很关键，这是由于这种肿瘤大多数具有良性行为。对弥散性肥大细胞型肥大细胞瘤（mastocytic form）应尽量采用多切除肿瘤边缘健康组织边缘（Wide margins）。

- 脾脏切除术：对患有脾脏型MCT的猫（有或无渗出或有其他器官参与）应施行这种手术；这样可明显延长生存时间。建议在手术之前采用抗组胺药物、5-羟色胺抑制因子及皮质激素进行预处理。
- 小肠MCT需要在病变两侧除去5～10cm的小肠，这是因为显微镜可见病变通常超过大体病变的范围。

辅助疗法

- 冷冻疗法，激光消除及电手术治疗皮肤病变：可用于治疗皮肤表面的病变，可局部控制由于肥大细胞瘤的恶性行为。这些治疗方法可增加释放大量组胺的风险，因此对采用这些方法治疗的猫应该用抗组胺药物先行治疗。
- 化疗：关于化疗的效果及作为一种辅助疗法治疗或治疗侵袭性MCT的效果所见资料甚少。环己亚硝脲（Lomustine）（缓解剂量的中值为56mg/m^2）据报道可达到 50%的反应率，无病间隔的中值时间（median disease free interval）为168d。有人建议采用长春碱与强的松合用进行治疗。
- 皮质类固醇激素：可降低脱粒造成的影响，但对强的松或强的松龙，以及局部使用曲安西龙（triamcinolone）的抗癌作用还不清楚，因此可能很有限。
- 其他：抗组胺药物法莫替丁（famotidine）（0.5mg/kg q12～24h PO）及5-羟色胺抑制因子赛庚啶（cyproheptadine）（每只猫2mg q12h PO）有助于控制猫发生侵袭性或广泛性损伤时对全身的影响，也可作为术前用药。

治疗注意事项

- 放疗：由于大多数病例是采用保守的手术疗法进行治疗，因此关于放疗的治疗效果所见资料很少。放疗治疗孤立的皮肤MCT反应率可达60%。近来对锶90照射治疗肥大细胞瘤的效果进行的研究发现反应率可达98%，生存时间的中值为1075d。

预后

大多数皮肤型 MCT可用完全手术摘除术进行治疗，局部复发率据报道低于36%（典型情况下发生于6个月内），据报道肿瘤转移率不到22%。患脾脏MCT时施行脾脏切除术后生存时间中值为12～19个月，可表现为厌食及失重，公猫的预后较差；血沉棕黄色层阳性及骨髓穿刺阳性（在患脾脏MCT的病例可达50%以上）并不影响生存。猫患脾脏MCT而不进行脾脏切除术时生存时间不到6个月。非脾脏型、内脏型及转移性肥大细胞瘤预后较差，患小肠型 MCT的猫通常生存时间不到6个月。

参考文献

Moore AS, Ogilvie GK. 2001. Skin tumors. In AS Moore, GK Ogilvie, eds., *Feline Oncology*, pp. 398–428. Trenton: Veterinary Learning Systems.

Moore AS, Ogilvie GK. 2001. Tumors of the alimentary tract. In AS Moore, GK Ogilvie, eds., *Feline Oncology*, pp. 271–294. Trenton: Veterinary Learning Systems.

Moore AS, Ogilvie GK. 2001. Splenic, hepatic and pancreatic Tumors. In AS Moore, GK Ogilvie, eds., *Feline Oncology*, pp. 295–310. Trenton: Veterinary Learning Systems.

Rassnick KM, Williams LE, Kristal O, et al. 2008. Lomustine for treatment of mast cell tumors in cats: 38 cases (1999–2005). *J Am Vet Med Assoc.* 232(8):1200–1205.

Scott DW, Miller WH, Griffin CE. 2001. Mast cell tumors. In DW Scott, WH Miller, CE Griffin, eds., *Miller & Kirk's Small Animal Dermatology*, 6th ed., pp. 1320–1330. Philadelphia: WB Saunders.

Turrel JM, Farrellu J, Page RL, et al. 2006. Evaluation of strontium 90 irradiation in treatment of cutaneous mast cell tumors in cats: 35 cases (1992–2002). *J Am Vet Med Assoc.* 228(6):898–901.

Vail DM, Withrow SJ. 2007. Tumors of the Skin and Subcutaneous Tissues. In DM Vail, SJ Withrow, eds., *Small Animal Clinical Oncology*, 4th ed., pp. 416–424. Philadelphia: Elsevier Saunders.

第136章
巨结肠症
Megacolon

Mitchell A. Crystal

概述

特发性巨结肠症（idiopathic megacolon）为一种获得性结肠扩张及活动减少的疾病，通常与结肠平滑肌机能异常而导致的便秘及结肠阻塞有关，各种年龄的猫（1~15岁）均可患病，平均患病年龄为5~6岁。本病的发生没有品种或性别趋势，但有研究表明公猫更易发病。肥胖而活动较少的猫发病的风险较高。巨结肠症的临床症状包括慢性便秘或顽固性便秘，对通便药物或灌肠治疗的反应差。猫也可表现为厌食、昏睡及呕吐等症状。罕见情况下，腹泻可继发于努责及黏膜受到刺激时，猫主有时错误地将这种病猫按腹泻求诊。临床症状可持续数周到数年。查体可发现结肠扩张，腹腔检查通常无异常，但常常发生脱水。

特发性巨结肠的鉴别诊断包括获得性结肠扩张及便秘，如肠腔外紧缩（extra luminal constriction）（即骨盆骨折或肿瘤）、肠腔内阻塞［如异物、摄入的食物紧压（impacted ingesta）、肿瘤或息肉等］、假积粪（pseudocoprostasis）（会阴区毛发和碎屑交织在一起阻塞粪便排出）、结肠直肠狭窄（colonic or rectal stricture）、肛门闭锁（atresia ani）、会阴疝、排便困难（dyschezia）引起的不愿排便［如由于炎性疾病或直肠肛门区（rectoanal area）伤口所引起］、腰荐部疾病（即创伤、狭窄或畸形，如马恩综合征时引起的畸形）、低钾血症、脱水及药物治疗［如抗酸药物、抗胆碱类药物、抗组胺药物、硫酸钡、利尿剂、麻醉性镇痛药物（narcotic analgesics）、硫糖铝、磷酸盐结合剂或长春新碱］及自主神经机能异常。环境应激或改变（肮脏、不能或不愿使用猫沙盆）以及不能摆开姿势及使用猫沙盆（如由于后肢骨折、腰骶部疾病、臀部或后膝关节炎或膝盖骨脱位）也可导致小肠运动减弱，随后发生便秘及结肠扩张。参见第40章。由于尿道下段的疾病引起的努责，包括尿道阻塞等，必须要与便秘、顽固性便秘或巨结肠鉴别诊断，有些客户可能会误认为这些猫为便秘或相反。

诊断

主要诊断

- 病史：可向猫主了解环境、猫舍、日粮是否有任何改变，猫的排便是否有疼痛，粪便是成段还是坚硬，是否采用过药物治疗。
- 神经病学检查：完全的神经病学检查应密切关注会阴区（参见第307章）。腰荐部疾病的症状，如肛门张力降低、膀胱易于排尿、后肢衰弱或抬起尾巴或触诊脊椎尾端时表现疼痛等症状可能很明显。如果发现这些症状，应进行影像检查（腰荐部脊髓X线检查，进行或不进行硬膜外造影（epidurogram）（见图136-1）、计算机断层扫描（CT）或磁共振影像检查（MRI）等检查。弥散性自主神经机能紊乱的症状［如巨食道（megaesophagus）或返流（regurgitation）、尿失禁、瞳孔放大、瞬膜（nictitans）下垂、心动过缓或流泪减少］等则表明需要进一步对自主神经系统机能进行检查，这些症状可见于家族性自主神经异常等罕见情况。参见第

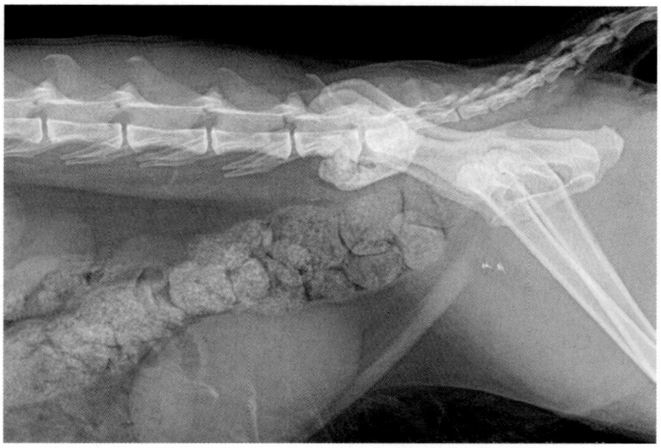

图136-1 本例猫患有腰荐部疾病，由此产生慢性便秘。L7~S1不稳定引起疼痛，使得排便感觉疼痛。在新骨形成后不稳定消除，但由于脊椎炎损伤的范围而使得便秘继续发展（图片由Gary D. Norsworthy博士提供）

58章。

- 生化及尿液分析：可发现血清钾异常、脱水及肾脏机能异常。
- 腹腔或骨盆X线检查：这种检查方法用于证实结肠扩张（即结肠直径大于L7椎体长度的2倍；见图136-2和图136-3），查找是否有肿块及异物，检查是否有狭窄（即结肠后段粪便引起的扩张，但不是在结肠前段），检查骨盆是否有骨折（见图136-4），检查腰荐部是否有明显异常。
- 直肠检查：最好在麻醉下结合初始治疗（即灌肠剂治疗或徒手排空结肠）进行。应检查直肠肛门区是否有直肠狭窄、肿块或伤口及会阴疝。

辅助诊断

- 腹腔超声诊断：如果X线检查、查体或直肠检查发现可能有肿块，在消除增厚区或异物时应进行这种检查。
- 结肠镜检查（colonoscopy）活检及组织病理学检查：如果猫具有排便疼痛的病史，或如果X线检查或直肠检查发现可能有结肠肿块、狭窄或异物时应进行这种检查，在施行结肠镜检查前也应清空结肠，同时口腔导管灌入液体［聚乙烯-乙二醇溶液（polyethylene-glycol solutions，GoLytely，Colyte，NuLytely），剂量为30mL/kg PO，经口胃管（orogastric）或鼻胃管（nasogastric tube），在结肠镜检查前18～24h及8～12h灌入］。

诊断注意事项

- 钡灌肠有助于鉴别结肠狭窄或肿块，但其作用通常没有结肠镜检查明显。
- 腹部X线检查也可发现由于结肠压迫尿道而造成尿道阻塞，从而引起膀胱坚硬而扩张（见图136-5）。

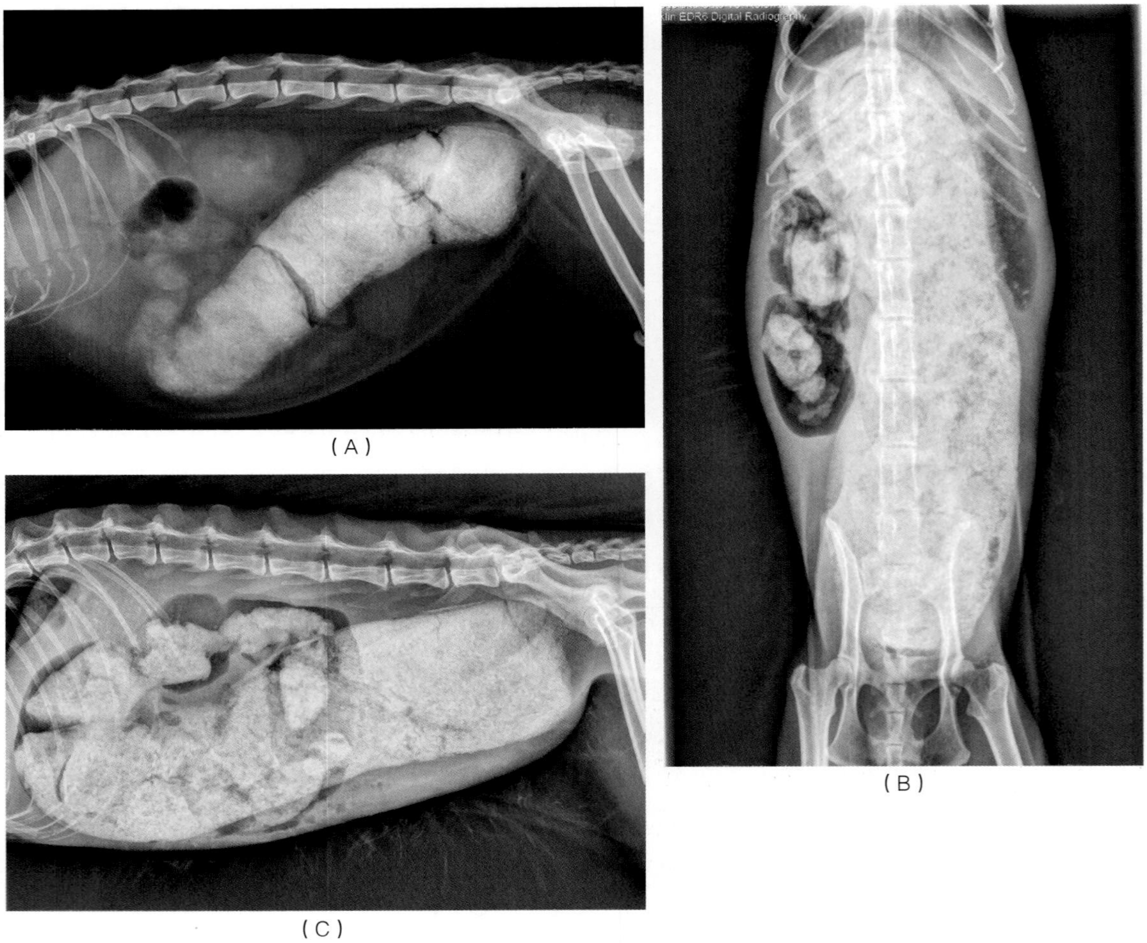

图136-2 结肠扩张。（A）如果结肠直径超过L7椎体长度的2倍，则可诊断为巨结肠，如本例猫所示，其粪便坚硬及干燥，在X线检查时其密度类似于骨组织。（B）、（C）如果不进行治疗则扩张的结肠就会如图所示。处于这种情况的猫通常已很危急（图片由Alana Jenkins和Gary D. Norsworthy博士提供）

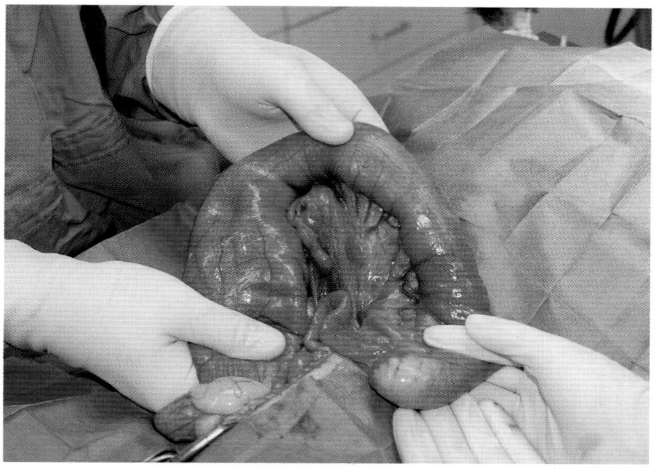

图136-3 10kg的肥胖猫其结肠基本符合巨结肠的标准，猫的结肠极大，迟缓及扩张，其对部分结肠切除术反应良好（图片由Gary D. Norsworthy博士提供）

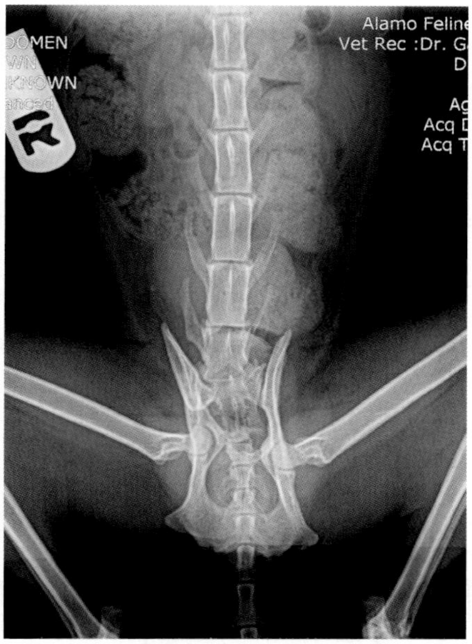

图136-4 由于陈旧的骨盆骨折愈合后引起骨盆狭窄，导致慢性便秘而引起的巨结肠症（图片由Gary D. Norsworthy博士提供）

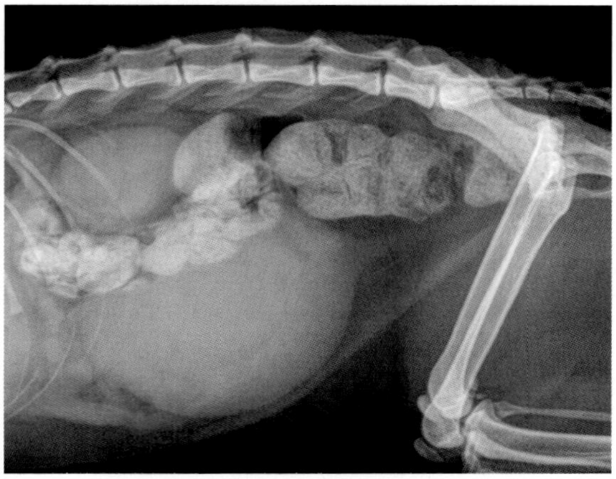

图136-5 大而硬的充满粪便的结肠可在骨盆入口处压迫尿道，导致尿道阻塞（图片由Gary D. Norsworthy博士提供）

治疗

主要疗法

- 治疗潜在病因：本病的先天型尚未发现确定的潜在原因，但许多病例可能继发于其他疾病。
- 灌肠及手工清空结肠：可作为药物治疗巨结肠症的初始疗法，最好在事先皮下或静脉内注射液体及猫麻醉下进行。灌肠应采用15～20mL/kg温水，不加入肥皂或其他添加剂（检查黏膜刺激及损伤）。灌入的量应完全排出，然后重复数次以完全清空结肠。手工清空结肠时可用指头触摸腹腔及直肠内，同时结合灌肠，以最大限度地清空结肠。少量水溶性润滑剂有助于清空粪便。
- 西沙必利（cisapride）：为肠运动促进因子（prokinetic motility enhancer），能有效刺激巨结肠平滑肌的收缩，为药物治疗巨结肠症时与粪便软化剂合用的首选药物，剂量为每只猫2.5～5mg，q8h PO，可增加到10mg q8h PO。
- 日粮：易于消化、低容量的日粮可用于巨结肠症的病猫，补充少量纤维［即车前草（psyllium），Vetasyl®，Metamucil®］，以1/2～1茶匙或1.7～3.4g PO，与食物混合后q12～24h给药，或罐装南瓜以1～2茶匙PO与食物混合后按q12～24h给药，可有助于软化粪便及刺激排粪，但日粮中纤维中等或含量高时可引起大量排粪，可使结肠扩张复杂或恶化。

辅助疗法

- 乳果糖：为一种渗透性粪便软化剂，与西沙必利合用有助于巨结肠症的治疗，剂量为0.5～1.0mL/kg q8～12h PO，但有些猫不喜欢这种药物的味道。
- 部分结肠切除术（subtotal colectomy）：为治疗巨结肠症的有效疗法，如果药物治疗在试治2～3次仍难以奏效时可考虑采用这种方法。参见第249章。如果在骨盆狭窄的猫采用这种手术，则预后不太好，还必须要采用药物连续治疗。在具有粪便失禁病史的猫采用这种手术时，例如在马恩猫，术后腹泻期可发生严重的粪便失禁。

治疗注意事项

- 麻醉及灌肠之前12～24h以维持剂量1.5倍的剂量静脉输液（每天70~80mL/kg）可确保麻醉安全及促进更

为完全快速的易于实施的结肠清空。如有需要，在静脉输液时应补充钾。

- 由猫主通过皮下注射液体（150mL，每周2~3次）有助于保持粪便稀软。
- 许多商用粪便软化剂可与西沙必利合用，以治疗巨结肠症。粪便软化、泻剂及日粮改变等措施结合或单独使用（不加入西沙必利）对先天性巨结肠症的长期治疗罕见有明显效果。
- 如果在开始实施治疗前不能清空结肠，则药物治疗极难获得成功。通过结肠清空后的X线检查可有助于确诊结肠是否完全排空。
- 在猫不宜使用含磷酸盐的灌肠剂（如Fleet® enemas），主要是由于其可发生明显的甚至可能为致命的低钙血症。
- 为了降低由于粪便浸入手术位点引起腹膜污染的风险，在施行部分结肠切除术之前12h内不能进行结肠清空或灌肠。

预后

巨结肠症常常可通过长期用西沙必利治疗、粪便软化及日粮改变等得到控制，但大量的猫仍需采用部分结肠切除术进行治疗以防止经常性复发的便秘或顽固性便秘。对药物治疗有反应的猫也会不经常性地复发便秘或顽固性便秘，因此仍需采用灌肠治疗。

施行部分结肠切除术的猫2%可发生明显的并发症，包括手术位点狭窄、小肠血管分布丧失及吻合支脱离（anastamosis dehiscence）或腹膜炎。参见第249章。

参考文献

Jergens AE. 2007. Megacolon. In LP Tilley, FWK Smith, Jr., eds., *Blackwell's 5-Minute Veterinary Consult*, 4th ed., pp. 872–873. Ames, IA: Blackwell Publishing.

Washabau RJ. 2005. The colon: dietary and medical management of colonic disease. In *Proceedings of the 23rd Annual Veterinary Medical Forum*, pp. 496–499.

Washabau RJ. 2005. The colon: obstruction and hypomotility disorders. In *Proceedings of the 23rd Annual Veterinary Medical Forum*, pp. 493–495.

Washabau RJ, Holt D. 2000. Feline constipation and idiopathic megacolon. In JD Bonagura, ed., *Current Veterinary Therapy XIII: Small Animal Practice*, pp. 648–652. Philadelphia: WB Saunders.

第137章
脑膜瘤
Meningioma

Sharon Fooshee Grace

概述

脑膜瘤（meningioma）是猫最常见的原发性脑部肿瘤，起自脑膜的结缔组织元素。颅内脑膜瘤要比脊柱内脑膜瘤更为常见，肿瘤常覆盖于大脑半球的脑膜。肿瘤的生长主要是通过扩张或压迫邻近的大脑组织而不是侵入组织，因此其临床症状开始比较缓慢。在猫，典型情况下脑膜瘤为良性，其原因尚不清楚。多发性肿瘤占所有病例的15%～20%。本病的发生没有明显的品种趋势，老龄猫比青年猫更为多发。公猫脑膜瘤的发病率略高于母猫。猫白血病病毒及猫免疫缺陷病毒似乎均与猫脑膜瘤的发生无关。

本病神经紊乱的症状开始可能会呈急性或慢性，但典型情况下进展缓慢，经常可注意到行为或性情发生改变，包括出现攻击行为，沉郁或昏迷。查体可发现局部性的大脑损伤，如果发生转圈运动，则会朝向损伤侧，但视力、姿势及本体感受异常则与肿瘤呈对侧性。偶然情况下，第五及第七脑神经可表现异常，抽搐虽然不是这种肿瘤恒定的特点，但通常发生时可呈全身抽搐。许多猫在临床上脑膜瘤可不表现症状，因此诊断只是偶然事件。

诊断

主要诊断

- 基础检查：猫表现大脑机能异常的症状时应进行血常规、血清生化检查、尿液分析及测定总T_4含量。由于大多数患病猫为老龄猫，血液检查可发现并发的疾病，因此建议在麻醉进行特殊检查或治疗之前进行血液检查。
- X线检查：不常见到X线检查结果异常，但偶尔可见钙化的脑膜瘤，可见到邻近的颅盖发生骨质增生（hyperostosis）或侵蚀。胸部X线检查可用于检查是否发生肿瘤转移、心脏或全身疾病。
- 磁共振影像（MRI）及计算机断层扫描（CT）：这些先进的诊断性影像检查技术有助于检查是否存在颅内肿块（见图137–1）。

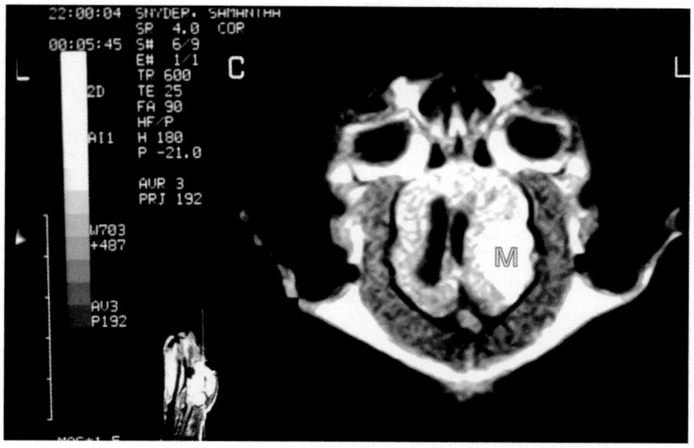

图137–1 本例猫患有脑膜瘤（M），注意对大脑的压缩引起明显的变形，手术摘除肿瘤后治疗获得成功

辅助诊断

- 脑脊液（CSF）分析：采用这种方法罕见能建立脑膜瘤的诊断，可见到的非特异性检查结果包括CSF蛋白含量增加及细胞计数正常（蛋白细胞分离，albuminocytologic dissociation），偶尔可见细胞计数增加，细胞学分析通常正常。采集CSF时如果颅内压（ICP）增加则可形成脑疝，因此在强烈怀疑脑膜瘤时不建议施行这种检查。参见第298章。
- 脑电图（EEG）：EEG难以获得对脑膜瘤的确定诊断，但偶尔有助于定位大脑的损伤。

诊断注意事项

- 其他类型的原发性大脑肿瘤及转移到大脑的肿瘤通常进展比脑膜瘤更为迅速。

治疗

主要疗法

- 手术摘除：手术摘除所有可见的肿瘤可获得良好的预

后。脑膜瘤生长缓慢，即使有显微镜下可见的肿瘤残留，大多数猫在手术治疗之后也可长时间生存良好。一项回顾性研究表明，当手术不能完全除去所有可见肿瘤细胞，或者肿瘤复发时，可采用辅助性放疗。肿瘤的复发率估计为20%～25%。

辅助疗法

- 皮质激素：与肿瘤有关的脑水肿可暂时性地用皮质激素进行治疗。
- 解痉药物治疗：苯巴比妥（2～4mg/kg q12h PO）为猫患脑膜瘤时的首选解痉药，解痉药物的不良反应可能与肿瘤相关症状相似。

治疗注意事项

- 只有施行过颅腔手术的有经验的医生才应采用手术方法摘除脑膜瘤。
- 建议进行术前 CT或MRI 以确定施行颅骨切开术的正确位置。
- 麻醉方案应努力降低ICP的增加，但氯胺酮不应用于这种目的。异丙酚（propofol）（或超短效的巴比妥酸盐）可用于诱导麻醉，因为其对ICP有影响。由于其能引起血管收缩及降低ICP，因此对轻微强力呼吸的病猫也有利。
- 脑疝在术后期极为危险，因此应仔细监测病猫是否有这种并发症的症状。

预后

定位及切除肿瘤时如果手术获得成功，则预后可明显改善，70%以上的病例可长期控制其症状。如果难以摘除肿瘤或不能减小其体积，则预后谨慎。

参考文献

Adamo PF, Forrest L, Dubielzig R. 2004. Canine and feline meningiomas: Diagnosis, treatment, and prognosis. *Compend Contin Educ Pract Vet.* 26(12):951–966.

Forterre F, Tomek A, Konar M, et al. 2006. Multiple meningiomas: Clinical, radiological, surgical, and pathological findings with outcome in four cats. *J Fel Med Surg.* 9(1):36–43.

Gallagher JG, Berg J, Knowles KE, et al. 1993. Prognosis after surgical excision of cerebral meningiomas in cats: 17 cases (1986–1992). *J Am Vet Med Assoc.* 203(10):1437–1440.

Troxel MT, Vite CH, Van Winkle TJ, et al. 2003. Feline intracranial neoplasia: Retrospective review of 160 cases (1985–2001). *J Vet Intern Med.* 17(6):850–859.

第138章 间皮瘤

Mesothelioma

Fernanda Vieira Amorim da Costa

概述

间皮瘤（mesothelioma）为罕见但通常为恶性的起自附在腹腔或胸腔的中胚层细胞的肿瘤。原发性间皮瘤在猫见有报道发生于胸膜表面、腹膜或心包膜，也见于整个腹腔，其中肺脏和纵隔淋巴结发生肿瘤转移。本病的预后差，由于间皮瘤能通过液体蓄积而定植在体腔，导致多个肿瘤生长，因此一般认为间皮瘤为恶性。远程的肿瘤转移虽然罕见，但可发生于肺脏、肝脏、肾脏、脾脏、横膈及肠系膜淋巴结。

迄今为止，尚未鉴定到本病的诱发因素，但慢性炎症及刺激可导致间皮细胞肿瘤转化。由于在猫报道的病例很少，因此难以将间皮瘤的发生与暴露石棉（asbestos）相联系，而在犬和人则与暴露石棉有关。

间皮瘤引起的临床症状取决于肿瘤发生的体腔。间皮瘤发生时为弥散性结节样肿块或多病灶性肿块，覆盖在发病体腔的表面（见图138-1）。恶性间皮细胞的增生可导致液体积聚（即胸腔积液或腹水），这可能是由于淋巴管引流受阻或继发于肿瘤引起的炎症而造成的。胸膜渗出或腹水可引起呼吸困难。腹部扩张可呈急性或复发。心脏填塞（cardiac tamponade）及咳嗽可出现于心包膜受到影响时。其他症状包括黏膜苍白、厌食、昏睡、消瘦、肌肉衰弱及间断性呕吐，也可发生弥散性血管内凝血及血栓栓塞。

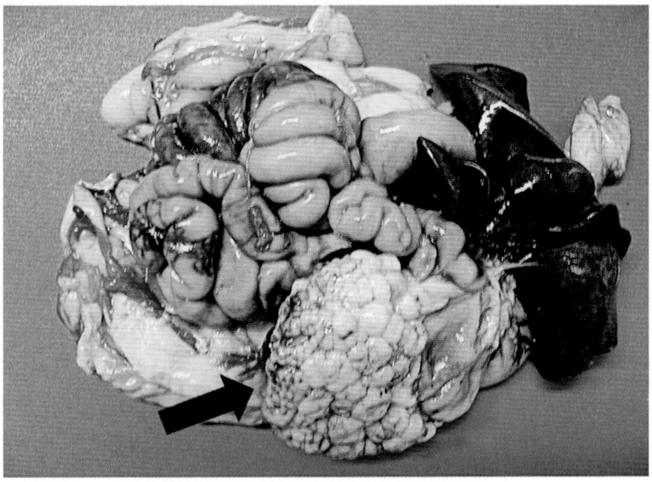

图138-1 腹腔间皮瘤（箭头），直径为12cm，附着于胃、胰腺及脾脏。由于血管受压，小肠出现折叠及颜色发绀

本病的发生没有性别趋势，患病猫的年龄为1～17岁（中值年龄为5岁）。暹罗猫及短毛家猫发病最多。间皮瘤的主要组织学类型可包括：上皮型（epithelioid）、纤维肉瘤型（fibrosarcomatous）（或纤维样）及双相型（或混合型）。在组织学上，鉴别诊断应包括癌、腺癌及肉瘤。

诊断

主要诊断

- 组织病理学检查：诊断时需要采集足够的组织样品，最好通过胸廓切开术或剖腹手术采集。对检查这些病例，胸廓切开术及剖腹探查侵入性小。

辅助诊断

- 渗出液检查：渗出液的细胞学检查对区别生理反应性间皮细胞与肿瘤性间皮细胞很困难，因此难以获得结论性的结果。通常情况下可见到大的圆形、椭圆形或多边形的间皮细胞，这些细胞具有细胞大小不等（anisocytosis）、核大小不等（anisokaryosis）等特点，并且具有粗糙及成簇的染色质、双核细胞及有丝分裂细胞，细胞的核与胞浆的比值增加。核仁明显且较大，液体通常为改变了的渗出液。参见第288章。
- X线检查：渗出的液体可能会屏蔽腹腔及胸腔的详细变化，可能会发现胸膜或腹膜渗出，心影增大，普遍的肺脏间质纹理以及肿瘤很大时会引起腹腔器官移位。
- 超声诊断：这种检查方法可发现器官上的肿块，不规则增厚的胸膜，特别是纵隔膜、肠系膜及网膜，但只能诊断出受影响的内脏表面。
- 计算机断层扫描（CT）：扫描胸腔及腹腔可确定是否

有胸膜和腹膜增厚或肿块。CT之前进行腹腔及胸腔穿刺可有助于对结果的解释。

诊断注意事项

- 超声引导下的活检可能难以进行或由于肿瘤组织很小而不可能进行。

治疗

主要疗法

- 化疗：由于几乎不可能摘除所有的肿瘤组织，因此缓和的腔内卡铂疗法是首选的治疗方法，建议的剂量为180～200mg/m^2；可稀释为总容量为15～30mL，腔内注射。在发生胸腔积液时，可将剂量分开，等量注射到右侧及左侧半胸腔（hemithoraces）。完成注射过程后，病猫应轻轻翻滚，这样便于化疗药物的扩散。治疗时可采用低量的镇静剂。治疗过程应每隔3周重复一次。虽然期望可发生最少的全身反应，但应监测病猫是否有白血病及肾脏毒性。如果发现有大的肿块及肿瘤转移，应静注阿霉素、卡铂或米托蒽醌等化疗药物。

辅助疗法

- 液体排流：虽然缓慢，但排出液体可减轻可能危及生命的临床症状及病猫的不适。
- 抗炎疗法：口服吡罗昔康（piroxicam）（0.3mg/kg q48h PO），结合缓和的腔内卡铂治疗可提高生存率。
- 心包切除术（pericardectomy）：可减轻表现心脏压塞病猫间皮瘤的症状。

治疗注意事项

- 间皮瘤没有安全的治疗方法。摘除肿瘤在一些病例具有治疗作用，但通常肿瘤在诊断时具有很强的侵入性。
- 化疗为间皮瘤首选的治疗方法，但化疗药物只能穿入很小的深度（2～3mm），因此大的肿瘤不能明显受到影响。
- 甾体激素可用于改善临床症状。

预后

猫患间皮瘤时的预后没有有效的治疗方法，因此应谨慎。

参考文献

Garret LD. Mesothelioma. 2007. In SJ Withrow, DM Vail, eds., *Withrow & MacEwen's Small Animal Clinical Oncology*, pp. 804–808. St. Louis: Saunders Elsevier.

Moore AS, Ogilvie GK. 2001. Thymoma, mesothelioma and histiocytosis. In AS Moore, GK Ogilvie, eds., *Feline Oncology: A Comprehensive Guide to Compassionate Care*, pp. 389–397. Trenton, NJ: Veterinary Learning Systems.

Sparkes A, Murphy S, McConnell F, et al. 2005. Palliative intracavitary carboplatin therapy in a cat with suspected pleural mesothelioma. *J Fel Med Surg*. 7(5):313–316.

Spugnini EP, Crispi S, Scarabello A, et al. 2008. Piroxicam and intracavitary platinum-based chemotherapy for the treatment of advanced mesothelioma in pets: preliminary observations. *J Exp Clin Cancer Res*. 27:6.

第139章
聚乙醛中毒
Metaldehyde Toxicosis

Tatiana Weissova

概述

聚乙醛（metaldehyde）具有神经毒性。虽然猫对聚乙醛极为敏感，但发生聚乙醛中毒见有报道的不多。聚乙醛为乙醛的四聚体，在全球均用作软体动物杀灭剂（molluscacide），也是商用蜗牛及鼻涕虫（slug baits）饵剂的活性成分，其可为颗粒、粉剂或片剂或液体。有时在饵料中加入麸皮或蜜糖，以便对蜗牛和鼻涕虫更有吸引力，但这些添加剂也吸引犬和猫。家用饵料中聚乙醛的浓度通常美国低于1.5%及5.0%，澳大利亚1.5%～2.0%，欧洲可达50%。有些饵料也含有其他毒性物质，如西维因（carbaryl）或砒霜。在有些国家（不是美国）也作固体燃料用于野营炉及灯泡或小型加热器。

聚乙醛吸入时毒性很强，摄入时毒性中等，皮肤吸收时毒性较轻。主要的暴露形式为摄入软体动物杀灭剂，口服时猫的LD 50为207mg/kg体重。

聚乙醛及其代谢产物很容易从胃肠道吸收，也可从肺和皮肤吸收，但胃的酸性环境可促进其水解为乙醛。代谢产物进入肝肠循环，可通过血脑屏障，从尿液及粪便中排出。

聚乙醛中毒的中枢神经系统症状可能是由于大脑γ-氨基丁酸（γ- aminobutyric acid，GABA）、去甲肾上腺素及5-羟色胺（5-hydroxytryptamine，5-HT）浓度降低，单胺氧化酶（monoamine oxidase，MAO）活性升高所致。GABA浓度降低可导致抽搐，死亡率升高。另外一种影响发病率和死亡率的因子为体温过高。当体温超过42.2℃（108°F）时，所有器官系统在数分钟内开始表现细胞坏死。聚乙醛也可影响电解质和酸碱平衡，引起代谢性酸中毒，由此引起CNS 沉郁和呼吸过度（hyperpnea）。

临床症状可出现在摄入后数分钟到3h。典型症状包括焦虑、心动过速、眼球震颤（nystagmus）（更有可能在犬发生），瞳孔放大、呼吸过度、喘气、唾液分泌过多及共济失调。也可见到呕吐、腹泻、脱水、颤动、感觉过敏、连续抽搐、代谢性酸中毒、僵硬、角弓反张及严重的过高热等。外部刺激可引起进一步的抽搐。由于呼吸衰竭引起的死亡可发生在暴露后的数小时内。由于这些特征性的症状（抽搐及过高热），因此曾有人称为“摇摆发热综合征”（“shake and bake syndrome”）。

鉴别诊断可包括其他中毒，如马钱子碱、Compound1080（一氟醋酸钠，sodium monofluoroa-cetate）、溴杀灵（bromethalin）、氯化烃类（chlorinatedhydro-carbons）、有机磷酸酯类（organophosphates）、磷化锌（zinc phosphide）、甲基黄嘌呤（methyl-xantines）、铅、震颤原性霉菌毒素（tremorgenic mycotoxins）、非法药物（illicit drugs）（如安非他命，amphetamines）中毒及非中毒性疾病（如肿瘤、创伤、感染及代谢性疾病等）。

诊断

主要诊断

- 病史：风险因素包括接触、可能接触或有接触的迹象，生活在蜗牛和鼻涕虫流行地区（沿海或低地）。
- 临床症状：早期症状包括焦虑、喘息、唾液分泌过多或呕吐、共济失调、心动过速、眼球震颤、步伐蹒跚等，之后表现为肌肉震动、抽搐、肌肉痉挛、角弓反张、腹泻、严重过高热、酸中毒、弥散性静脉内凝血、呼吸衰竭、发绀、昏迷及死亡。
- 生化检查确诊：胃内容物、呕吐物、血浆、尿液或肝脏样品生化检查聚乙醛为阳性，同时出现相应的临床症状则可作出诊断。采集的样品必须冷冻保存以便分析。胃内容物可能具有这种物质的化学味道（类似于甲醛）。

辅助诊断

- 血常规、生化及尿液分析：这些分析结果对诊断不具特异性，但可监测到代谢性酸中毒。

诊断注意事项

- 可能的并发症包括肝脏及肾脏机能异常（初始症状恢复后数天），吸入性肺炎、暂时性失明及失忆。

治疗

主要疗法

- 聚乙醛中毒尚无解毒药物。
- 催吐：只有在病猫不表现症状时才可诱吐，诱吐应在摄入后30min内进行，病猫必须没有其他限制催吐的疾病，对震颤的病猫不能诱吐。催吐时可用3%过氧化氢，剂量为0.44～2.22mL/kg PO，不要超过6.67mL，可重复用药一次。在摄入量大时，应考虑麻醉病猫，进行洗胃。可采用带气囊的支气管导管防止吸入。
- 活性炭：建议剂量为1～4g/kg PO，最好用胃管投服。可按照初始剂量的一半每隔6～8h用药一次。
- 清空结肠：温水灌肠有助于清除胃肠道后段的聚乙醛。
- 控制抽搐：（a）美索巴莫（methocarbamol），剂量为44.4mg/kg，缓慢IV；将计算好的剂量一半快速给药，但不要超过2mL/min，等到猫松弛后再注入剩余药物。可根据需要重复用药，但每天的最大剂量不要超过330mg/kg。（b）安定（1～5mg/kg IV以发挥作用）或其他解痉也可根据需要使用，如动物已经沉郁，勿使用镇静剂。
- 纠正高热：勿使用激进的冷却方法，如冰水浴，因为这样可导致体温过低。
- 液体疗法：采用乳酸林格氏液或Normosol-R（生理盐水）（Abbott）及碳酸氢钠纠正脱水、电解质失衡、酸中毒及尿液pH。
- 氧气疗法：如有需要，可给予氧气及通气支持疗法。

治疗注意事项

- 采用巴比妥类药物控制抽搐应谨慎，因为这类药物可竞争降解聚乙醛的酶类，因此导致心搏停止。

预后

预后主要取决于摄入的量、开始治疗的时间以及治疗的质量。如果能在摄入后积极治疗，接触后前24h能够生存，则预后良好。延缓或非积极治疗可导致在暴露后数小时内死亡。

参考文献

Dolder LK. 2003. Toxicology brief: Metaldehyde toxicosis. *Vet Med.* 103(3):213–215.

Gupta RC. 2007. Metaldehyde. In RC Gupta, ed., *Veterinary Toxicology: Basic and Clinical Principles*, pp. 518–521. New York: Elsevier.

Plumlee KH. 2007. Metaldehyde poisoning. In LP Tilley, FWK Smith, Jr., eds., *Blackwell's 5-Minute Veterinary Consult*, 4th ed., pp. 892–893. Ames, IA: Blackwell Publishing.

第140章
粟粒状皮炎
Miliary Dermatitis

Christine A. Rees

概述

粟粒状皮炎为具有多种病因的特异性皮肤反应，见表140-1，本病虽然不是一种原发性诊断，但临床症状基本在每种病例都相同。

表140-1　与粟粒状皮炎有关的主要疾病

有害食物反应
过敏性皮炎
皮真菌病
跳蚤过敏性皮炎（约占80%的病例）
毛囊炎（细菌性或真菌性）
肠道寄生虫病
猫虱（下喙猫虱、腹嘴住猫虱、*Felicola subrotratus*）
螨虫［姬螯螨（*Cheyletiella*）、耳螨（*Otodectes*）和痂螨（*Notoedres*）、秋螨（*Trombicula autumnalis*）］
先天性粟粒状皮炎

诊断

主要诊断

- 临床症状：猫的粟粒状皮炎表现为多灶性到弥散性的小的丘疹状出疹，这种疹子可流出血清，形成浆液性硬壳，但不含有脓液。病变可遍布全身，但更倾向于发生在背部（见图140-1）。发病后有不同程度的瘙痒。如果有瘙痒，可发生表皮脱落或过度整梳。在严重病例可发生外周淋巴结肿大。

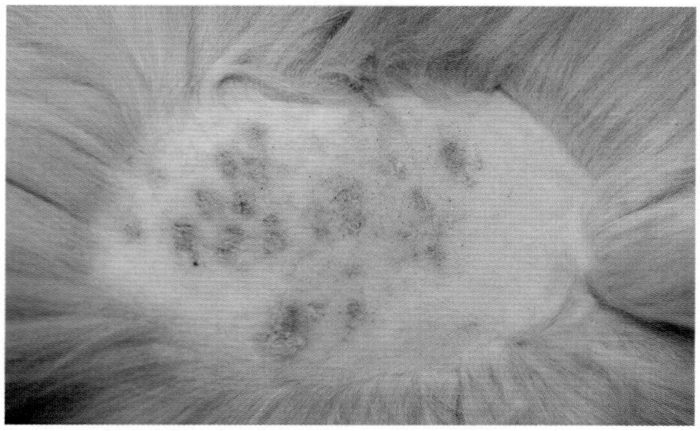

图140-1　猫的粟粒状皮炎为多局灶性或小的丘疹状出疹，通常渗出血清，形成浆液性硬壳，在剃毛之前一般不易看到，但容易检查到出疹

辅助诊断

- 诊断潜在疾病：可根据特征性的临床症状及病史，结合确定特异性病因的检查，可得到确诊。诊断时可先从跳蚤过敏性皮炎（flea allergy dermatitis，FAD）的假设开始，建议进行严格的跳蚤控制，因为患粟粒状皮炎的猫80%以上为FAD所引起。诊断时也可采用特异性试验排除皮真菌病（参见第48章）、皮肤寄生虫（参见第201章）、食物反应（参见第82章）及肠道寄生虫（参见第98章、第195章和第207章）。

诊断注意事项

- 皮肤活检进行组织病理学检查有助于诊断粟粒状皮炎，但对诊断潜在病因通常没有多少价值。

治疗

主要疗法

- 特异性治疗：对潜在疾病进行特异性治疗是成功治疗的关键。

辅助疗法

- 抗炎疗法：粟粒状皮炎的许多潜在病因至少暂时性地对皮质激素治疗有效果。强的松龙可以1.1～2.2mg/kg q12～24h PO剂量给药，或采用长效甾体激素治疗。

预后

预后取决于对潜在病因的鉴别及治疗。

参考文献

Noxon JO. 1995. Diagnostic procedures in feline dermatology. Vet ClinNorth Am Small Anim Pract. 25: 779-799 .

第141章 二尖瓣闭锁不全
Mitral Valve Dysplasia

Larry P. Tilley

概述

二尖瓣闭锁不全（mitral valve dysplasia，MVD）是猫最常见的先天性心脏疾病，观察到时病变很广，包括乳头突肌肉结构异常（abnormal papillary muscle structure）及腱索（chordatete ndineae）和二尖瓣发育不良。MVD可与其他先天性异常合并发生，如室中隔缺损（ventricular septal defects）。本病的典型病变为二尖瓣机能不全，导致血液从二尖瓣回流（mitral regurgitation of blood）进入左心房。二尖瓣机能不全由于随着心室壁增厚，二尖瓣变形，因此是肥厚型心肌病的可能原因。

典型情况下查体可发现二尖瓣区明显的Ⅳ～Ⅵ级收缩期回流性杂音（holosystolic regurgitant murmur）。由于心室量负荷引起明显的心肌肥厚，因此心搏动也可移位。

猫可因日常检查发现心脏杂音，或由于出现左侧充血性心衰（即呼吸急促或呼吸困难）而就诊，有时可发生失重，大多数病猫在运动时表现一定程度的疲乏。

诊断

主要诊断

- X线检查：可发现明显的左心房增大，不同程度的左心室增大，可能有肺静脉增大，静脉性充血、肺水肿等，胸腔积液不常见。
- 超声心动图：可存在左心房肥大，二尖瓣（即缩短、瓣膜异常）及腱索（chordae tendineae）发育不良，不同程度的左心室增大，心脏的收缩性通常处于正常范围或轻微增加。
- 心电图：可见左心室增大（即R波高及增宽）及左心房增大（P波增宽），也可见到心房性心律不齐［即心房期前收缩（atrial premature complexes）］。

辅助诊断

- 多普勒超声心动图（Doppler echocardiography）：可见明显的二尖瓣回流，病情的严重程度与瓣膜返流（regurgitant jet）的程度而不是速度有关。

诊断注意事项

- 许多猫在初生后前2岁可表现心衰的症状，但在病变轻微时猫生活数年而不表现症状的情况也常见。

治疗

主要疗法：充血性心衰

- 应激：采取各种措施减少任何对表现呼吸窘迫猫的应激（如延缓X线检查及插管等）。
- 辅助呼吸：发生胸腔积液（即肺脏杂音）时应施行胸腔穿刺，但必须要注意在进行这种操作时及结果为阴性时减少对猫的应激。
- 速尿：在发生肺水肿时可采用这种利尿药物，在危急情况下可以2～4mg/kg IV的初始剂量给药，之后以1～2mg/kg q4～6h IV或IM给药，直到水肿消失。常常根据需要重复使用速尿（6.25～12.5mg q12～24h PO）以控制水肿形成。
- 硝酸甘油：可在无毛区采用6mm硝酸甘油膏药，q4～6h直到水肿消失。如果皮肤冷凉，可能存在血管收缩，因此吸收不良。在采用硝酸甘油膏药前应加温皮肤。
- 氧气：如能耐受，可用面罩给氧，或用氧气箱给氧（50%的氧气）。

辅助疗法

- 血管紧张素–转化酶抑制素（ACEi）：依那普利（0.25～0.50mg/kg q24h PO）或苯那普利（0.25～0.50mg/kg q24h PO）。
- 可能需要周期性地进行胸腔穿刺或腹腔穿刺。

治疗注意事项

- 监测肾机能。

- 手术矫正异常经常可导致病情加重。

预后

猫患MVD的预后取决于二尖瓣机能不全的严重程度及心室过负荷（ventricular volume overl oading）的程度。损伤轻微的猫通常可不表现症状，预后良好。损伤严重的猫及在生命早期表现中度到严重血容量过负荷（volume overload）的猫预后谨慎到差，通常可发生充血性心衰。

参考文献

Noxon JO. 1995. Diagnostic procedures in feline dermatology. *Vet Clin North Am Small Anim Pract*. 25:779–799.

第142章 心脏杂音 Murmurs

Larry P. Tilley 和 Francis W. K. Smith, Jr.

概述

心脏杂音（murmurs）是指高速的血流通过正常或异常瓣膜时由于血流紊乱而发生振动，或者由于血流的结构性振动而产生的心脏杂音。心脏杂音可包括由于血流流出障碍，或血流通过狭窄的瓣膜流出异常，或流入扩张的大血管时血流发生紊乱等所引起，心脏杂音也可包括血流通过机能不全的二尖瓣中隔缺损或动脉导管闭合不全时的返流所引起。在一项研究中发现，不表现症状，年龄为1～9岁的家猫中21%有心脏杂音。在一项采用彩色多普勒技术的研究中，在猫发现了一种新的引起可变性胸骨旁心脏收缩杂音（variable parasternal systolic murmurs）的病因，这种新的疾病称为动态右心室阻塞（dynamic right ventricular obstruction，DRVO），为一种心脏收缩杂音的生理性原因。

诊断

鉴别诊断

- 其他异常心音［即分裂音（split sounds）、喷射音（ejections sounds）、奔马律及嘀嗒音（clicks）等］。
- 正常及异常肺脏音及胸膜摩擦音。
- 猫呼噜音及咆哮音（Purring and growling）。
- 贫血引起的心杂音（通常黏膜苍白）。

主要诊断

- 听诊：建议在猫的听诊时采用儿科或新生儿用大小的听诊器。听诊时应包括胸部两侧的胸骨旁区域，因为这些区域心音强度最大，也是唯一可以听到微弱的心脏杂音的部位。
- 杂音分级（grading of murmurs）：I级，勉强可闻；II级，微弱，但容易听到；III级，中等响度（在血液流变学中最为重要的心杂音至少应达到 III级）；IV级，响亮，可触诊到震颤；V级，非常响亮，听诊器勉强触及胸部时即可闻及，可触诊到震颤；VI级，非常响亮，听诊器未触及胸部就可闻及，可触诊到震颤。
- 杂音的结构（configuration of murmur）：平台期杂音（plateau murmurs）具有相同的响度，为典型的返流杂音，如二尖瓣和三尖瓣机能不全及室中隔缺损（ventricular septal defect）。声音渐强–声音渐弱杂音（crescendo–decrescendo murmurs）会先变得响亮，随后变弱，为典型的喷射杂音（ejection murmurs），如肺动脉和主动脉狭窄（pulmonic and aortic stenosis）及房中隔缺损（atrial septal defect）。声音渐弱性杂音（decrescendo murmurs）开始时响亮，之后变弱，为典型的舒张期杂音（diastolic murmurs），如主动脉或肺动脉瓣闭锁不全。
- 杂音定位：二尖瓣区，即左侧第五到第六肋间隙，从胸骨开始1/4的背腹距离；主动脉区，即左侧第二到第三肋间隙，肺动脉区之上；肺动脉区，左侧第二到第三肋间隙，从胸骨开始1/3～1/2的腹背距；三尖瓣区：右侧第四到第五肋间隙，从胸骨开始1/4的腹背距。总之，猫的心脏杂音在近胸骨部位最易听到（见表142–1）。
- 超声心动图：怀疑为心脏原因且缺损的性质不清楚时建议采用这种诊断方法。

表142–1　猫和犬心跳听诊部位的比较

	犬	猫
二尖瓣区	CCJ，L5 ICS	L5–6 ICS，从胸骨起的腹背（VD）距离1/4处的肋间隙
主动脉区	CCJ 之上L4 ICS	L2–3 ICS，肺区背部
肺脏区	左胸骨边界L2–4 ICS	L2–3 ICS，从胸骨起1/3～1/2的距离
三尖瓣区	近CCJ处R3–5 ICS	R4–5 ICS，从胸骨起1/4的腹背（VD）距离

注：ICS，肋间隙；CCJ，肋骨软骨结合部；VD，腹背。

辅助诊断

- 胸腔X线检查：用于检查心脏大小及肺部血管系统，以确定杂音的原因及意义。
- 血压：存在肾脏疾病或甲状腺疾病时建议进行这种检查。
- 血常规（CBC）：患贫血性杂音的猫可见有贫血。猫患右侧–左侧短路先天性畸形时可见到红细胞增多症（polycythemia）。白细胞增多症（leukocytosis）也见于患心内膜炎的左侧性短路的病例。

诊断注意事项

- 心脏收缩期杂音的原因包括 DRVO、二尖瓣和三尖瓣心瓣膜病变（mitral and tricuspid valve endocardiosis）、心肌病、贫血、瓣膜发育不良（valve dysplasia）、中隔缺损（septal defects）、肺动脉瓣狭窄（ pulmonic stenosis）、主动脉瓣狭窄（aortic stenosis）、甲状腺机能亢进、系统性高血压及犬心丝虫病等。连续性杂音的原因包括动脉导管未闭，舒张期杂音的原因包括二尖瓣和三尖瓣狭窄及主动脉和肺动脉瓣心内膜炎（aortic andpulmonic valve endocarditis）等。

治疗

主要疗法

- 除非心衰明显，大多数的猫是以门诊病例治疗的。治疗应基于杂音的原因及相关临床症状进行，对杂音并不进行单独治疗。

辅助疗法

- 药物及液体疗法：药物和液体的使用取决于引起杂音的原因和相关的临床症状。
- 心衰的治疗：如果杂音与结构性心脏病有关，可出现充血性心衰的症状（即呼吸困难）。心衰的治疗可包括利尿药、血管紧张素转化酶抑制素治疗及在笼中修养。

治疗注意事项

- 猫在出生时就可能有心脏杂音，因此在3月龄的仔猫诊断到杂音，一般来说与生理性血流杂音有关。
- 老龄猫的获得性杂音常与心肌肥大、甲状腺机能亢进及高血压有关。

预后

预后因杂音的原因而异。

参考文献

Cote E, Manning AM, Emerson D, et al. 2004. Assessment of the prevalence of heart murmurs in overly healthy cats. *J Am Vet Med Assoc.* 225:384–389.

Rishniw MJ, Thomas WP. 2002. Dynamic right ventricular outflow obstruction: A new cause of systolic murmurs in cats. *J Vet Intern Med.* 16:547–551.

Smith FWK, Jr., Keene BW, Tilley LP. 2006. *Rapid interpretation of heart and lung sounds: a guide to cardiac and respiratory auscultation in dogs and cats*. St. Louis: Elsevier Saunders.

第143章 重症肌无力
Myasthenia Gravis

Paula Schuerer 和 Sharon Fooshee Grace

概述

重症肌无力（myasthenia gravis，MG）是猫、犬和人的一种神经肌肉疾病，其起源可为获得性或先天性，主要特点是局部性或全身性的骨骼肌衰弱。获得性重症肌无力为免疫介导性疾病，直接针对骨骼肌烟碱突触后乙酰胆碱（nicotinic postsynaptic acetylcholine，ACh）受体。先天性重症肌无力是由于缺乏ACh受体所致。两类重症肌无力在猫比在犬少见，只见有数例先天性MG报道。在犬常常发生获得性MG的自发性康复，但在猫的康复还不清楚。

发生MG的潜在原因尚不清楚，但纵隔肿块（主要为胸腺瘤）可能与许多猫的获得性MG的发生有关，有人认为胸腺细胞可能发育出类似于ACh受体的表面抗原，其可启动免疫反应，最后导致MG的发生。注射甲硫咪唑后在多例甲状腺机能亢进的猫引起可逆性MG。

依受影响的肌肉，MG具有全身性、局部性或急性暴发三种主要的临床症状型。全身性MG在猫最为常见，临床检查结果包括步态异常（即呆板、不断改变方向的运动，choppy movement）和四肢软弱，在运动后表现更为明显。在一项研究中发现颈部下弯可占病例的20%。此外，通常在局部性MG受到影响的肌肉在全身性MG时也可受到影响，表现为沉郁或易于疲劳，或表现为眼睑反射消失，下颌下垂、吞咽困难及巨食道。休息一段时间后病猫可恢复正常活动，再运动时又可复发衰弱。猫发生MG时巨食道症没有在犬常见，可能是与犬相比，猫食道横纹肌（近端 2/3为横纹肌）比犬（100%横纹肌）较少之故。患局部性 MG的猫面部、咽、喉或食道肌肉衰弱，表现为吞咽困难、发声困难（dysphonia）、流涎（ptyalism）、食道衰弱、呕吐或返流、巨食道症或不能眨眼。继发性吸入性肺炎可由于巨食道症或吞咽困难而引起。四肢衰弱并非局灶性MG的特点。所有患有先天性MG的猫均具有全身性的特点。急性暴发的MG主要表现为四肢衰弱及口咽部异常快速开始，这种类型可能也与继发于横膈的呼吸窘迫有关。

在阿比尼西亚猫和索马里猫的研究表明，与其他短毛猫相比，这两种猫患MG 的相对风险持续增加。获得性MG的患病年龄分布呈双峰模型，年龄为2～3岁的成年青年猫及年龄为9～10岁的猫占病例的大多数；患先天性 MG的猫通常在数月或数岁时表现症状；本病的发生未发现有品种及性别趋势。

MG重要的鉴别诊断包括与肌肉衰弱有关的疾病，如低血糖、甲状腺机能亢进、有机磷酸酯中毒、硫胺素缺乏、低钾血症及其他神经肌肉疾病。

诊断

主要诊断

- 临床检查结果：存在全身性肌肉衰弱、面部肌肉衰弱、瞳孔散大、畏光、瞬膜（nictitating membranes）伸出、口腔干燥（xerostomia）、运动不耐受（exercise intolerance）、吞咽困难、发声困难、巨食道症或吸入性肺炎或存在纵隔前肿块等均可能为猫的MG所发生的症状（见图143-1）。

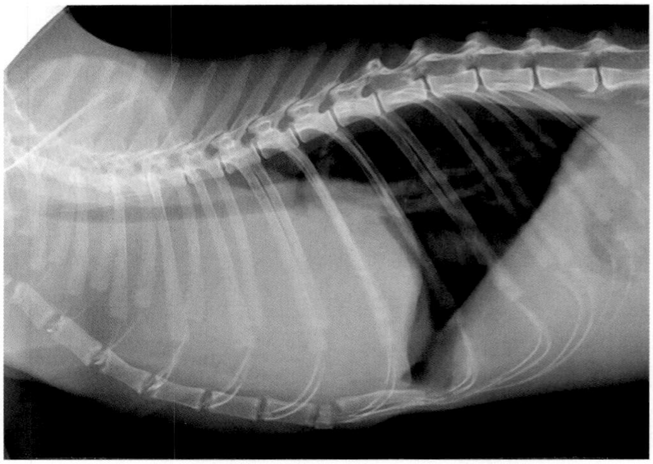

图143-1 纵隔前肿块，常常由于胸腺瘤所引起，如本例猫所见，常与 MG有关（图片由Gary D. Norsworthy博士提供）

- 血清学检查：诊断 MG的标准是证明血清中存在有针对肌肉 ACh–受体的自身抗体，这种方法检查具有种特异性，抗体效价高于0.3mmol/L就可得出诊断。检查应在开始治疗前进行，也可送加利福尼亚大学比较神经肌肉实验室（Comparative Neuromuscular Laboratory，University of California–San Diego）（web site：http：//vetneuromuscular.ucsd.edu/ ）进行检查。抗体浓度的范围与疾病的严重程度并不呈线性关系。这种特异性抗体在先天性 MG的病猫呈阴性。
- X线检查：所有怀疑发生MG的猫均应进行胸部X线检查以确定是否存在纵隔前肿块（胸腺瘤）。巨食道症及吸入性肺炎也可能很明显。

辅助诊断

- 筛查试验：短效抗乙酰胆碱酶药物 （AntiChE），如绿化滕喜龙（edrophonium chloride，Tensilon®）可逆转或抑制运动后衰弱（post exertional weakness），可用于获得推定诊断，这种试验方法不能用于局部性MG的病猫。剂量为每只猫0.25～0.50mg，IV。阳性反应持续时间短，常持续不到5min。如果发生类胆碱症状，应采用阿托品治疗。猫与犬相比，对滕喜龙刺激的反应难以预测，也可发生假阴性结果。此外，在其他神经肌肉疾病时也可观察到主观上的改进。
- 电诊断法（electrodiagnostics）：可采用重复神经刺激试验来检查对重复神经刺激的减量反应。采用这种试验时可获得多种结果，单纤维肌电描记术（single–fiber electromyography）为另外一种可用于检查猫MG的试验方法，虽然在技术上较为困难，但要比神经刺激法更为灵敏。
- 肌肉活检：采用肌肉活检可诊断先天性 MG及证明ACh受体的降低，详细情况可咨询相关实验室。

诊断注意事项

- 血清学阴性的可疑猫应在1～2个月内再次检查是否有血清转阳。
- 甲状腺机能亢进的猫在用甲硫咪唑治疗后，初始如表现衰弱，应停止用药，如果衰弱的症状康复，可改用其他治疗方法治疗甲状腺机能亢进。

治疗

主要疗法

- 去除潜在病因：虽然尚缺乏有利的证据，但很有理由对肿瘤性疾病进行治疗或摘除，如胸腺瘤，其可能与MG有关。由于麻醉的风险较高，因此应在手术前控制本病，应由有经验的外科医生实施手术。
- 抗ChE药物治疗：抗ChE疗法是其他动物治疗MG的基础，猫的反应也好，但必须对每个动物的治疗方案进行调整。溴吡斯的明（pyridostigmine bromide）（Mestinon®）可以0.1～0.25mg/kg q8～12h PO的剂量给药，理想状态下初始治疗时用低剂量，之后增加剂量。在猫最好采用糖浆类或液体药物，主要是由于需要的剂量小。溴吡斯的明的剂量过大可导致出现类胆碱症状，因此如果见到这类症状时应减小剂量；应准备好阿托品。为帮助吸收，溴吡斯的明应在饲喂前给药。
- 免疫抑制疗法：由于猫似乎对免疫抑制疗法的反应比犬好，因此可单用肾上腺皮质激素或与抗ChE药物合用。甾体激素诱导的肌肉衰弱恶化（为患MG犬的典型症状）在大多数猫并不常见。如果发生吸入性肺炎，应延缓治疗。采用强的松龙治疗时剂量应加大，有报道的开始剂量为1～ 4mg/kg q24h PO。只要有可能就应减少剂量治疗。如果出现衰弱的症状，应停用甾体激素治疗。

辅助疗法

- 吸入性肺炎：如果发生吸入性肺炎，则必须进行治疗。如果猫的病情稳定，可进行气管冲洗或支气管肺泡冲洗，以培养细菌及进行抗生素敏感性试验。因继发性吸入性肺炎引起的死亡较为常见，需要积极进行治疗。
- 营养支持：如果发生巨食管症则需要以坐直位饲喂，以便通过重力作用辅助食物进入胃。可采用H2阻断剂及促进活力的药物治疗，刺激食道及促进胃的排空。可插入饲喂管以进行暂时性的支持疗法。
- 肌无力危象（myasthenic crisis）及患有巨食管症的猫：肌无力危象及患有吸入性肺炎风险的猫可用硫酸二甲酯新斯的明（neostigmine methylsulfate）（Prostigmin®）进行治疗，剂量为每只猫0.125～0.25mg q6～8h SC或IM。剂量过大可引起烟碱样 （肌肉衰弱）或毒蕈碱样症状，即流涎、流泪、排粪、排尿或心动过缓。

治疗注意事项

- 重要的是应避免使用可能干扰神经肌肉传递的药物，包括（但不限于）氨基糖苷类、四环素、克林霉素、环丙沙星、钙通道阻断剂、双羟萘酸噻嘧啶（pyrantel pamoate）、异丙酚及吩噻嗪类药物等。
- 据报道，本病对环孢霉素治疗有一定的反应。
- 猫对抗ChE药物反应敏感，因此采用所有这类药物必须要谨慎。

预后

有些病例可自行康复，因此不需要终生治疗。如果发生吸入性肺炎，可使治疗变得更为复杂，可降低预后质量。如果不发生吸入性肺炎，则预后通常良好，暴发型重症肌无力预后谨慎。

参考文献

Dickinson P, LeCouteur R. 2004. Feline neuromuscular disorders. *Vet Clin North Amer.* 34(6):1307–1359.

Ducote J, Dewey C, Coates J. 1999. Clinical forms of acquired myasthenia gravis in cats. *Compend Contin Educ Pract Vet.* 21(5):440–447.

Shelton G. 2002. Myasthenia gravis and disorders of neuromuscular transmission. *Vet Clin North Amer.* 21(1):189–206.

St. John L. 2002. Pyridostigmine: pharm profile. *Compend Contin Educ Pract Vet.* 24(2):92–94.

第144章 分支杆菌疾病 Mycobacterial Diseases，Rapidly Growing

Sharon Fooshee Grace

概述

分支杆菌（*Mycobacteria*）为不运动，不形成芽孢的抗酸染色需氧杆菌，在自然界广泛分布，在宿主亲和力及致病性上有很大的多样性。分支杆菌被巨噬细胞吞噬，启动宿主发生肉芽肿型或化脓性肉芽肿性反应。分支杆菌在细胞内生长，因此使得一些分支杆菌的感染治疗极为困难。近年来采用分子诊断技术可提高对各种分支杆菌鉴别的准确性，这些新技术也可在将来改进治疗效果。

猫对许多分支杆菌的感染极为敏感，在猫也鉴定出了多类分支杆菌，包括慢速生长分支杆菌感染（可或不产生结核）、快速生长分支杆菌（以前曾称为机会性或非典型性分支杆菌）引起的感染及猫麻风病综合征（feline leprosy syndrome）等。患分支杆菌病的猫通常由于结节性皮肤病变而就诊，这些病变可发生溃疡或引流管。

快速生长分支杆菌（rapidly growing mycobacteria，RGM）包括下列几类：意外分支杆菌（*Mycobacteria fortuitum*）、龟分支杆菌（*Mycobacteria chelonae*）及脓肿分支杆菌（*Mycobacteria abscessus*）组，包皮垢分支杆菌（*Mycobacteria smegmatis*）组及其他种类的分支杆菌。意外分支杆菌组据报道为北美猫最为常见的分支杆菌，而包皮垢分支杆菌则在澳大利亚报道最多。

RGM 未发现在人或其他动物具有明显的毒力，一旦进入宿主，典型情况下可被免疫细胞限制，可发生局部扩散，如果宿主未发生严重的衰竭，则一般不会通过血液或淋巴扩散。本菌在人之间传播的风险较小。

猫（及犬）感染本病后可发生三种不同的临床综合征：（a）分支杆菌性脂膜炎（mycobacterial panniculitis）；（b）化脓性肉芽肿性肺炎；（c）散播性疾病。后两种综合征在猫不常见，这里不再介绍。

膜层（panniculus）为猫的腹腔后端及腹股沟区由脂肪组织蓄积所形成，在肥胖的猫尤其明显。膜层被RGM机会性感染虽然罕见，但也可见到，其最常见的情况是由皮肤的穿入性损伤所引起，特别是被土壤污染时最为常见。猫在争斗时通过抓伤或爪子传入分支杆菌是感染建立的常见情况。

猫的RGM微生物对脂肪组织有特殊的嗜好，而膜层则是其生长的有利环境。在两个研究报告中发现，猫的RGM感染在青年及中年的母猫更为常见，但另一研究并不支持这种观点。在报道的病例，雌性的发病趋势据认为与母猫易于肥胖的特性有关。RGM感染与并发的免疫抑制性疾病无关。在感染成功建立的同时，在最初的病变位点可发生结节性损伤；在这种原发的结节性病变位点可发生脱毛及溃疡。在结节上及结节周围可出现点状瘘管，同时出现浆液性到血清黏液性分泌物，而典型的猫咬伤性脓肿具有化脓性的恶臭分泌物，据此可将两者相区别。在瘘管附近，可发生略带紫色的点状损伤或凹陷，表明在蓄积的脓液上有增厚的真皮。病变可增大而加深，从膜层扩散到邻近的真皮及皮下组织；肌肉组织也可受到影响。在许多病例，腹胁部及腹部也可侵及。感染猫似乎不表现明显的全身症状。猫主可报道损伤可能已经持续数月或更长。

膜层GRM感染重要的鉴别诊断包括但不限于维生素E缺乏（脂膜炎，pansteatitis）、异物、放线菌病、诺卡氏菌病、侧孢菌病（sporotrichosis）、全身性真菌病、麻风病综合征、犬小孢子菌（*Microsporum canis*）引起的足分支菌病（mycetoma）、L–型细菌感染及肿瘤等。

诊断

主要诊断

- 查体：感染RGM的猫常常不表现全身疾病的症状，但可见低度发热、失重、局部疼痛及昏睡，此外，也可见到皮下引流管［见图57–1（A）］。
- 样品采集：对密闭的非引流性皮下液体囊可采用细针穿刺采集液体样品，如有必要，可将猫镇静或麻醉以促进穿刺脓液。超声指导有助于找到合适的样品采集位点。采样前应将皮肤用70%乙醇消毒以避免其他微生物污染。可将液体样品进行细胞学检查或培养，在许多病例可排除组织病理学检查的需要。引流管的渗出液不能提供理想的检验样品，主要是因为可能会有继发性的侵入细菌生长。

- 细胞学检查：渗出液涂片用罗曼诺夫斯基型“快染”（quick stains），可发现明显的肉芽肿或化脓性肉芽肿炎性反应。可能难以发现细菌，许多可能为细胞内“菌影”（intracellular ghosts），这主要是由于染色不良或几乎不着色所引起（见图282-3和图282-4）。
- 细菌培养：可将液体或深层组织进行细菌培养，重要的是在采集样品之前要咨询诊断实验室，确保样品采集及送检过程正确。在许多实验室有商用的分支杆菌培养瓶，或者采用装有液体的注射器，用灭菌套封闭后送实验室检查。
- 细菌染色：渗出液涂片多为细菌染色阳性。
- 抗酸染色：渗出液涂片可表现为抗酸染色，但这不能将RGM与其他分支杆菌性疾病相区别。

辅助诊断

- 组织病理学检查：如果能采集皮下液体样品用于细胞学检查及细菌培养，则不需要进行组织病理学检查。如果能采集到组织样品，则应将临床上怀疑为分支杆菌病的情况告知病理专家。可采集深层组织样品用于活检。
- 逆转录病毒检查：对患有引流管及淋巴结疾病的猫必须要清楚其逆转录病毒的感染状况，因此应总是检查猫白血病病毒及猫免疫缺陷病毒的感染情况。
- 血常规、生化及尿液分析：RGM 感染时无示病性变化，典型变化是由慢性炎症所引起，如轻微的非再生性贫血、炎性白细胞象及高球蛋白血症。偶尔情况下可见猫有肉芽肿性疾病的高钙血症。
- 分支杆菌药敏性试验（mycobacterial susceptibility testing）：丹佛国立犹太医学及研究中心（National Jewish Medical and ResearchCenter in Denver，CO）可进行抗微生物敏感性试验。卫生专业人士的电话号码为：1-800-222-5864，网址为 http：//www.njc.org/patient -info/progs/med/mycobacteria/index.aspx。
- 分子诊断：一些实验室可监测分支杆菌的特定变异株，目前采用的这类分子诊断方法的详细情况可由国家及商用诊断实验室提供。

诊断注意事项

- 猫患有慢性难以痊愈的结节状或引流性病变，不能对抗微生物药物治疗发生反应时，应怀疑其发生了RGM 感染。

治疗

主要疗法

- 抗微生物疗法：长期治疗时，采用一种或数种抗微生物药物治疗，治愈的机会最高。在严重病例，这种治疗方法仍难足以治愈。药敏试验对选择最为合适的治疗药物极为关键（参见“辅助诊断”）。重要的是应该注意，同样的微生物依地理位置不同其行为可有很大差别，因此进行培养及药敏试验是极为重要的。氟喹诺酮类药物具有较好的组织穿透力，可在细胞内蓄积。恩诺沙星的建议剂量为5mg/kg q24h PO，持续治疗12～52周。克拉霉素可成功治疗这类感染，是美国经验性治疗的首选药物，但实验室研究结果还不清楚。克拉霉素可以每只猫62.5mg q12～24h PO 治疗12～52周。多西环素较为便宜，但偶尔可引起食管狭窄，如果在每次治疗之后猫主在提供食物或饮水时能加以注意，则可采用这种药物治疗。多西环素的建议剂量为5～10mg/kg q12h PO，治疗12～52周。有些皮肤病专家在日常的治疗中将恩诺沙星与多西环素合用，这些药物不论单用还是合用，在澳大利亚均作为首选的治疗药物。多西环素不应与克拉霉素合用。许多猫在治疗数周后可见症状明显改善，但大多数病猫需要治疗3～6个月，或在临床症状消除之后再治疗至少1个月。
- 手术摘除：手术摘除感染区可加速康复，但这只能作为抗微生物疗法的一种辅助疗法。在进行任何手术摘除之前均应采用抗生素以促进手术切口愈合的机会。如果不能这样干预，则可导致失败及灾难性的伤口裂开。

辅助次要疗法

- 只采用药物治疗：有些猫对抗微生物疗法单独治疗反应很好，因此不需要对感染组织进行手术摘除。

治疗注意事项

- RGM感染的猫不能采用免疫抑制疗法。

- 有人建议对穿入性伤口采用多西环素进行预防性治疗，特别是发生在膜层的感染，这种治疗可阻止RGM的感染。

预后

预后依是否成功地鉴定到病原、是否选择合适的药物、疗程是否足够以及能否根据需要除去死亡的组织，可为谨慎到良好。RGM从猫传播给人的风险较小，因此这种担忧不应妨碍治疗。

参考文献

Horne K, Kunkle G. 2009. Clinical outcome of cutaneous rapidly growing mycobacterial infections in cats in the Southeastern United States. *J Fel Med Surg*. 11(8):627–632.

Malik R, Martin P, Wigney D, et al. 2006. Infections caused by rapidly growing mycobacteria. In CE Greene, ed., *Infectious Diseases of the Dog and Cat*, 3rd ed., pp. 482–488. Philadelphia: Saunders Elsevier.

Manning TO, Rossmeisl JH, Lanz OI. 2004. Feline atypical mycobacterial panniculitis: Treatment, monitoring, and prognosis. *I* 99(8):7054–712.

Rossmeisl JH, Manning TO. 2004. The clinical signs and diagnosis of feline atypical mycobacterial panniculitis. *Vet Med*. 99(8):694–704.

第145章 蝇蛆病 Myiasis

Elizabeth Macdonald

概述

猫的蝇蛆病（myiasis）由苍蝇幼虫（蛆虫，maggots）侵染而引起，该病是由于伤口未进行治疗或不卫生的潮湿部位吸引苍蝇成虫所引起。凌乱的被毛，特别是会阴区被毛凌乱可诱导猫受到侵染。尿液、粪便及阴道分泌物可蓄积在这些区域，其气味可吸引昆虫，随后因继发细菌性脓皮病（bacterial pyoderma），进一步吸引苍蝇的攻击。老龄的长毛猫由于衰弱而不能在被毛凌乱后整梳，使得尿液和粪便残留，因此发病更多。过度肥胖的猫由于不能整梳会阴区，因此同样发病较多。处于这种体况的猫常常不受到重视，猫主甚至不喜欢。全面了解苍蝇的生活周期有助于兽医在推测治疗不当或忽视时确定发病的持续时间。

一旦苍蝇袭击到上述区域，可产成百上千的卵，可在24h内孵化而进入1龄幼虫阶段（first instar larvae），这些幼虫立即开始迁移进入组织，采食周围的液体材料或液体，之后24h蜕皮进入2龄幼虫阶段（second instar larvae），开始向一起泳动，进一步迁移。再过24h后进入3龄幼虫，即终龄幼虫阶段（final larval stage）。此时幼虫生长发育48h后离开采食区而化蛹。

幼虫感染可引起广泛的组织损伤，由此产生的环境使得猫更易发生继发性感染，在严重情况下可发生感染性休克。此外，在幼虫严重感染的病猫见有报道发生氨中毒的情况。幼虫可在其外分泌物中释放氨，这些产物吸收进入血流可引起宿主产生氨中毒的症状。

诊断

主要诊断

- 查体：肉眼观察到伤口有幼虫即可得出诊断，见图145-1（A）。由于幼虫可迁移及凿洞，应彻底检查皮肤及皮下组织是否有瘘管及引流管。在稳定的病例如果损伤广泛，可实施麻醉。

辅助诊断

- 基础检查：患蝇蛆病的猫应仔细检查是否有并发病或潜在疾病。基础检查应包括逆转录病毒检测、血常规、血清生化及尿液分析。

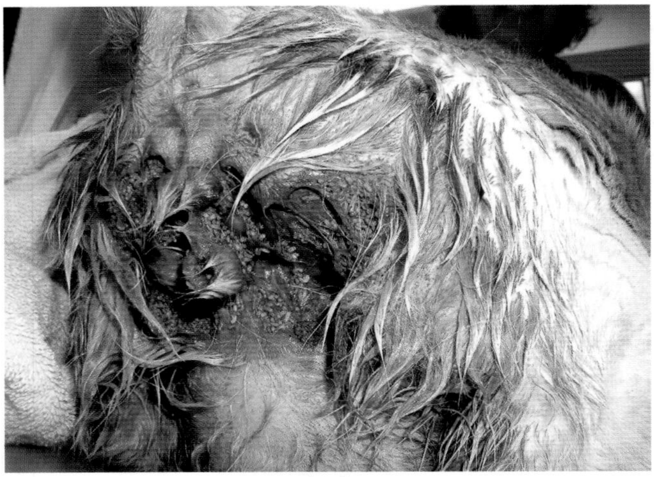

（A）

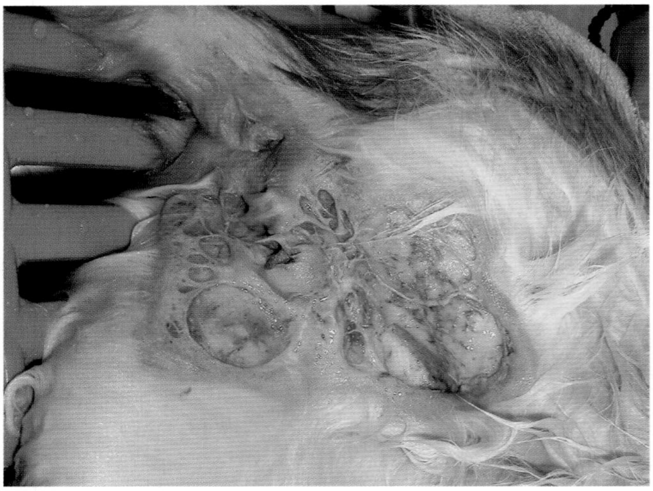

（B）

图145-1 蝇蛆病查体检查。（A）会阴区开放伤口可见到大量的苍蝇幼虫；（B）治疗5d之后伤口仍蜕皮，不再有苍蝇幼虫存在，愈合进展良好。猫完全康复

治疗

主要疗法

- 稳定病情：稳定病情是治疗的第一步，由于患猫常严重沉郁、衰弱，可能还发生败血症，因此应启用抗生素、静脉输液及疼痛管理等治疗方法。
- 伤口治疗：对伤口应细心进行治疗管理。应剪除伤口周围的被毛，最好除去幼虫，用稀释的防腐剂冲洗可除去表层及深层的幼虫；如果采用止血钳除去幼虫，必须要注意不要弄破幼虫，因为幼虫中释放的蛋白可引起过敏反应。局部喷洒除虫菊酯有助于除去幼虫，但使用应谨慎。

辅助疗法

- 烯啶虫胺（nitenpyram）（Capstar®）：据报道这种药物口服时能有效杀灭苍蝇幼虫，使用时也可稀释在水中，猫在麻醉状态下或在严重衰弱的猫可经直肠给药。烯啶虫胺在猫的剂量为每0.9 ~11.4kg体重1片（11.4mg）。
- 伊维菌素：这种药物可有效杀灭苍蝇幼虫，使用剂量为200μg/kg SC，一次用药。

治疗注意事项

- 由幼虫造成的伤口的程度，在对伤口进行数周的管理治疗之后，为了促进皮肤及皮下组织愈合，可能需要进行手术干预，见图145-1（B）。应告知猫主关于治疗的时间、需要采取的护理措施以及治疗广泛性伤口的费用等。

预后

本病的预后取决于伤口的范围、是否有潜在疾病及是否存在败血症。

参考文献

Anderson G, Huitson NR. 2004. Myiasis in pet animals in British Columbia: The potential of forensic entomology for determining duration of possible neglect. *Can Vet J*. 45:993–998.

Schnur HJ, Zivotofsky D, Wilamowski A. 2009. Myiasis in domestic animals in Israel. *Vet Parasit*. 161:352–355.

第146章
流鼻
Nasal Discharge

Gary D. Norsworthy

概述

如果流鼻（nasal discharge）存在时间超过30d则可认为是慢性。至少有8种类型的疾病与鼻腔分泌物有关，因此进行全身系统性诊断是极为重要的。分泌物的性质对病因没有指示作用，分泌物中含有血液也不表示与猫的肿瘤有强的关系，这与犬不同。患病的猫常常发生周期性暴发喷嚏，大多数猫除了真菌感染或肿瘤外均不表现全身症状。

诊断

鉴别诊断

猫患慢性鼻腔分泌物时应考虑许多疾病过程，见表146-1。

主要诊断

- 开始的年龄：猫开始患病时年龄在6岁或以下，则很有可能发生病毒或细菌感染，或发生鼻咽部息肉。猫的年龄在10岁或以上时，很有可能患有肿瘤。其他疾病与年龄无关。

表146-1　慢性鼻腔分泌物已知的原因

病毒感染	肿瘤
猫疱疹病毒	腺癌
猫杯状病毒	淋巴瘤
	纤维肉瘤
细菌感染	其他
假单胞菌	寄生虫
变形杆菌	黄蝇
葡萄球菌	炎性息肉
衣原体	异物
巴尔通体	食物过敏
真菌感染	特异反应性
隐球菌	牙齿疾病
球孢子菌	
组织胞浆菌	

- X线检查：侧位、开口位（见图146-1）及吻尾摆位（rostrocaudal）［skyline；见图146-2（A）及146-2（B）］观察可用于定位患病部位。重要的是要了解额窦是否受到感染，见图147-1、图147-2及图147-3。
- 细菌培养及细胞学检查：采用X线检查确定受损部位后，将20号或22号一次性针头通过软腭插入受损部位。参见第305章。如果这种方法不易施行或难以成功，可将3.5号导尿管插入鼻腔1～2cm，用10mL盐水冲洗鼻腔。冲洗液流到咽部7cm×7cm的纱布上，重要的是要置入气管内导管。
- PCR检测：PCR 试验可用于检测多种可能的病原，包括亲衣原体（*Chlamydophila*）、杯状病毒、疱疹病毒、博德特氏菌（*Bordetella*）及支原体。可将从鼻腔或口咽部深层采集的样品送检。有时也常常需要采集结膜部的样品。关于样品的采集及送检，采样前请咨询相关实验室。
- 内镜检查：2mm鼻镜（rhinoscope）可观察鼻腔前部的变化（见图146-3），也可用内镜观察鼻咽部的变化。OlympusENF™由于插入管的直径小，弯曲半径

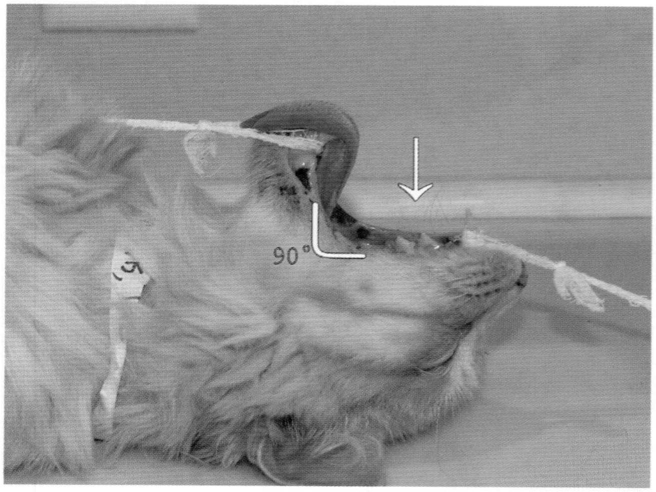

图146-1　开口检查鼻腔，猫仰卧，下颌与硬腭成90°角，硬腭与X线暗盒或桌面平行。纱布条用于定位，箭头表示X线的方向

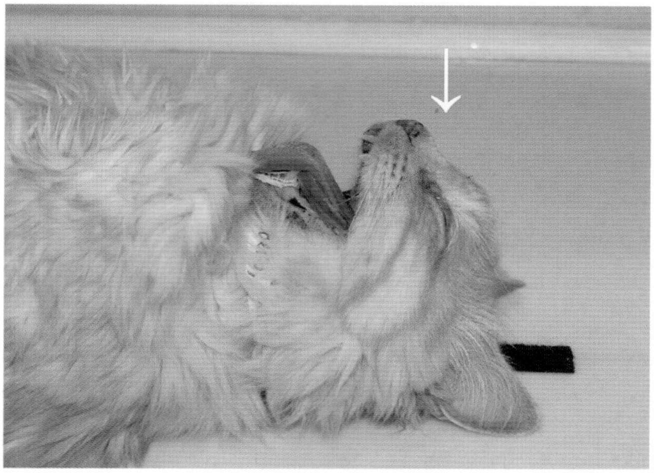

（A）

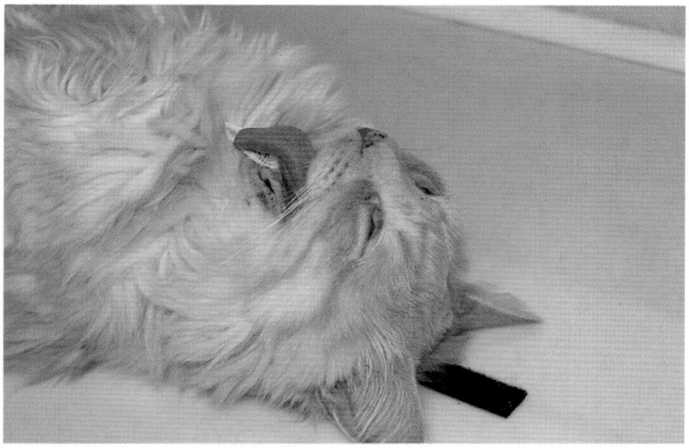

（B）

图146-2　额窦的吻尾（rostrocaudal）观，猫仰卧，鼻朝向X线（箭头）。红点为X线的中心。（A）侧面观；（B）斜面观

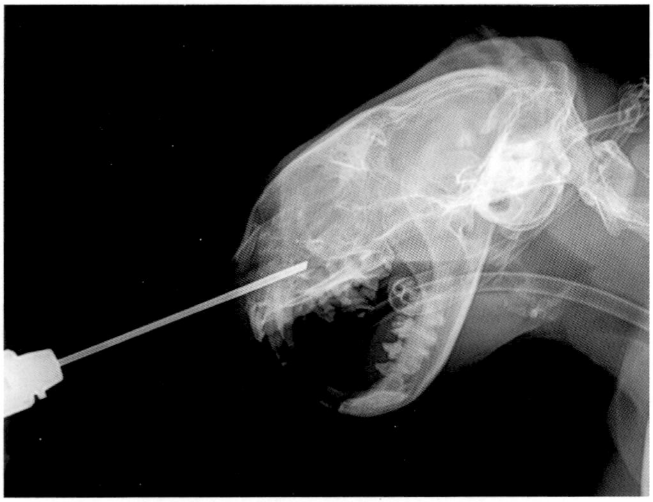

图146-3　X线拍片，表示1.9mm关节内镜可以进入鼻腔的深度

小，视角可达160°，因此很适合进行这种检查。可将其经口腔进入，回折到鼻咽部进行检查。

- 鼻切开术（rhinotomy）：可通过鼻骨切口手术探查鼻腔，采用这种手术也可获得大量用于组织病理学检查的样品，也可除去异物及息肉。参见第269章。

辅助诊断

- 介入性鼻腔冲洗（traumatic nasal flush）：这种方法用于采集样品进行组织病理学检查，导管不要插入通过中间眼角，以防止损伤脑组织。
- 病毒分离：如能正确实施，这种方法极为有用。采样前应咨询相关实验室，一般来说病毒分离要比PCR明显缓慢且不灵敏。
- 真菌血清检查：常见假阴性结果，但如果抗体效价增高则说明暴露真菌（虽然并非肯定能引起疾病）。一般来说，检测隐球菌效价要比检测其他真菌更为可靠。

诊断注意事项

- 应区别单侧性及双侧性疾病。感染性疾病多为双侧性，肿瘤及鼻咽部息肉多为单侧性。
- 鼻腔穿刺、鼻腔冲洗及其他侵入性干预之前应进行X线检查，主要是这些方法可能会改变X线检查结果。
- X线检查难以区别肿瘤与炎性息肉，但肿瘤常常引起单侧性骨破坏性损伤或鼻中隔偏离或病变。
- 肿瘤常常由于骨破坏而引起鼻平面变形或整个鼻腔变形。
- 炎性息肉可引起鼻骨压迫性坏死，导致在眼睛附近出现引流管。
- 食物过敏反应（食物反应）为慢性鼻炎不太常见的原因，但在有些猫应进行食物试验，特别是如果穿刺或手术活检从鼻腔分离到嗜酸性粒细胞数量增加时，应进行这种试验。

治疗

主要疗法

- 抗生素疗法：由于大多数病例可能发生继发性细菌感染，因此抗生素疗法有助于暂时性治疗。氟喹诺酮类药物由于能有效针对铜绿假单胞菌（*Pseudomonas aeruginosa*），因此可发挥疗效。阿奇霉素（azithromycin）（10mg/kg q24h PO）对许多病例也有治疗效果，其他药物也有短期的治疗效果，最好根据药敏试验选择合适的抗生素。
- 纠正脱水：即使没有脱水症状，液体疗法也有助于稀释鼻腔分泌物，使得病猫更为舒适。

治疗注意事项

- 由于本病的鉴别诊断很多，因此重要的是进行系统全面的检查，以选择合适的治疗方法。

预后

预后取决于特异性诊断，许多感染可采用药物或手术治愈。大多数的肿瘤为腺癌或淋巴瘤，前者预后较差，而后者采用化疗时预后较好。参见第34章。鼻腔的炎性息肉难以用手术完全摘除，因此常可复发。如果能摘除异物，则异物引起的鼻腔分泌物常能治愈。特发性反应及食物反应也常能治愈。

参考文献

Cooke K. Sneezing and nasal discharge. 2006. In SJ Ettinger, EC Feldman, eds., *Textbook of Veterinary Internal Medicine*, 6th ed., pp. 207–210. St. Louis: Elsevier Saunders.

Lamb CR, Richbell S, Mantis P. 2003. Radiographic Findings in Cats with Nasal Discharge. *J Fel Med Surg*. 5(4):227–232.

第147章
鼻窦及额窦感染
Nasal and Frontal Sinus Infection

Gary D. Norsworthy

概述

猫的鼻窦（鼻炎）及额窦（窦炎）感染很常见，这两种结构通过一小孔相通，因此起自鼻腔的感染常常上行到额窦，引起鼻窦炎（rhinosinusitis）。原发性鼻窦炎罕见。

常见感染可分为细菌性、病毒性及真菌性三大类，三类感染均有可能为慢性，产生鼻腔分泌物。关于本病的病理生理特性人们提出了多种理论，有人认为大多数病例为自发性的，是由于自我保存的慢性炎性疾病在很大程度上与胃肠道发生的炎性肠病相同；有人认为大多数病例开始于猫疱疹病毒（FHV-1）或猫杯状病毒的慢性感染，这种理论认为，慢性病毒感染可诱使猫继发细菌或真菌感染，因为病毒可引起鼻甲骨发生永久性损伤。最常培养到的细菌包括铜绿假单胞菌（*Pseudomonas aeruginosa*）、奇异变形杆菌（*Proteus mirabilis*）及金黄色葡萄球菌（*Staphylococcus aureus*）等。

巴尔通体（*Bartonellai*）在慢性鼻炎中的作用仍有争议，许多患有鼻炎、窦炎及鼻窦炎的猫这种微生物的抗体为阳性，但许多无症状的猫也是如此（参见第17章）。真菌感染大多数是由新型隐球菌（*Cryptococcus neoformans*）所引起，但组织胞浆菌也可影响鼻腔。尚未发现由猫白血病病毒（FeLV）及猫免疫缺陷病毒（FIV）引起的潜在免疫抑制是主要的发病因子。典型的临床症状包括重复突发喷嚏和慢性化脓性鼻腔分泌物。真菌感染的猫可发生失重、食欲不振及昏睡等全身性症状。

诊断

主要诊断

- X线检查：可采用侧位、开口位及吻尾面摆位（rostral-caudal）观察定位感染部位，重要的是要弄清额窦是否受到影响。感染性疾病而并非肿瘤性疾病常常更有可能引起双侧性病变，见图146-1、图146-2、图147-1至图147-3。
- 细菌培养及细胞学检查：X线检查鉴定到病变位点后，可通过鼻甲骨穿刺鼻腔，如果穿刺位点选择合适，可获得具有诊断质量的样品。参见第146章。如果不易或不能获得成功，可将3.5法式导管插入鼻腔1～2cm，应进行标记以确定导管应插入的深度。将5～10mL盐水注入鼻腔，冲洗液流出到咽部的鼻腔，回收到7cm×7cm大小的纱布上，重要的是应采用有气囊的气管内导管。参见第 305 章。
- PCR检测：可采用PCR检测可能的病原，包括亲衣原体、FCV、FHV-1、支气管炎博德特氏菌（*Bordetella bronchiseptica*）及猫支原体（*Mycoplasma felis*）。从鼻腔或口咽部深部采集的样品应送实验室检测，常常也需要采集结膜样品，关于采样及送检的详细情况，

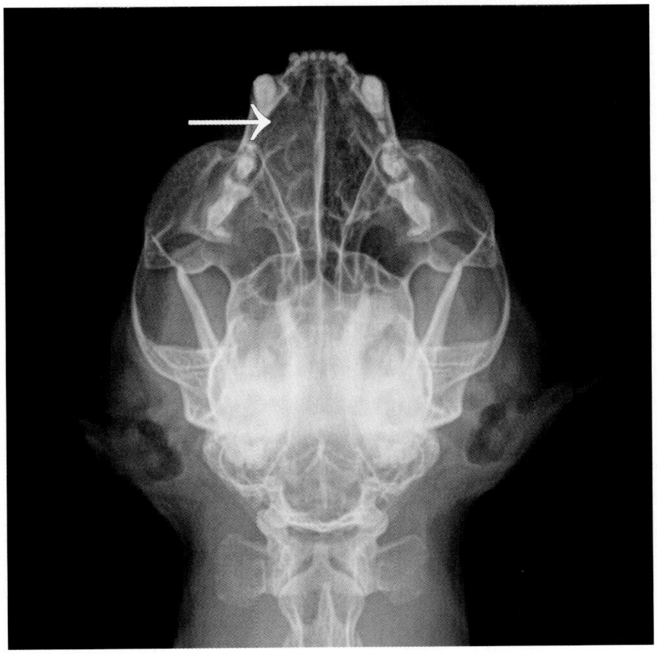

图147-1　鼻腔右侧密度增加（箭头），为感染或肿瘤的典型变化。但由于本例病猫患病为单侧性，因此患肿瘤的可能性较大。图片为开口颅腔的腹背位。定位参见第146章

请咨询相关实验室。

- 组织病理学检查：通过鼻切开术从鼻骨采集样品，如果上次采样未能得到具有诊断价值的样品时，应考虑采用这种方法。参见第269章。

辅助诊断

- 介入性鼻腔冲洗（traumatic nasal flush）：这种方法用于采集材料进行病理组织学检查。不能将导管前进到眼角中间，以免损伤脑组织。
- 真菌血清学检查：假阴性结果常见，但效价高或效价增加则具有诊断意义。隐球菌试验可检测抗原，因此比其他全身性真菌感染更为准确，而全身性真菌感染在典型情况下可检测抗体效价。

诊断注意事项

- 鼻腔分泌物中含有血液并不强烈表明与肿瘤有关，而犬则如此。
- 原发性细菌感染引起慢性鼻炎或鼻窦炎的情况不常见，因此，即使在进行培养时未发现病原，特别是鼻炎开始于年轻猫或上呼吸道感染之后时，应怀疑潜在的病毒（或真菌）感染。

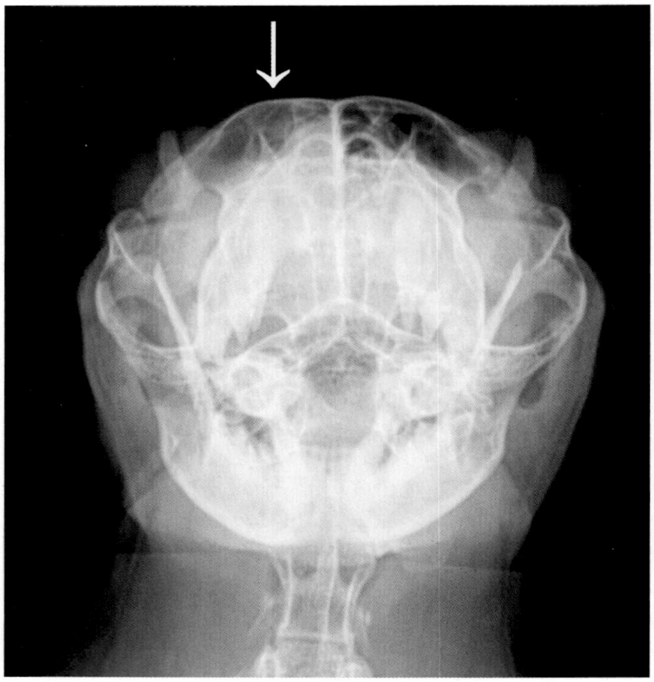

图147-2 左侧额窦密度增加（箭头），这是感染或肿瘤的典型变化。右侧额窦正常，本图为颅腔的吻尾（rostral-caudal）观。定位参见第146章

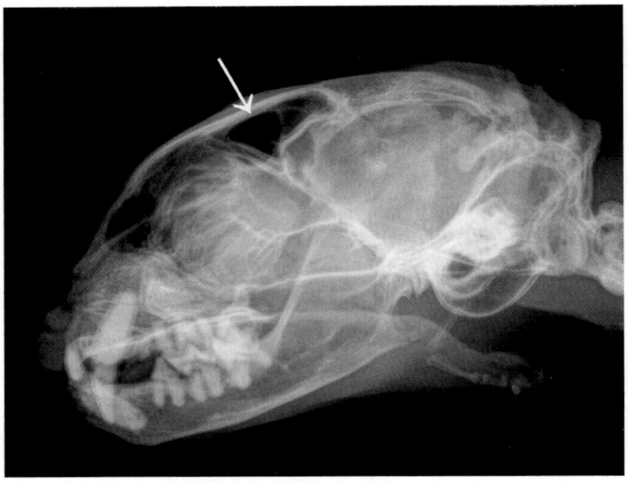

（A）

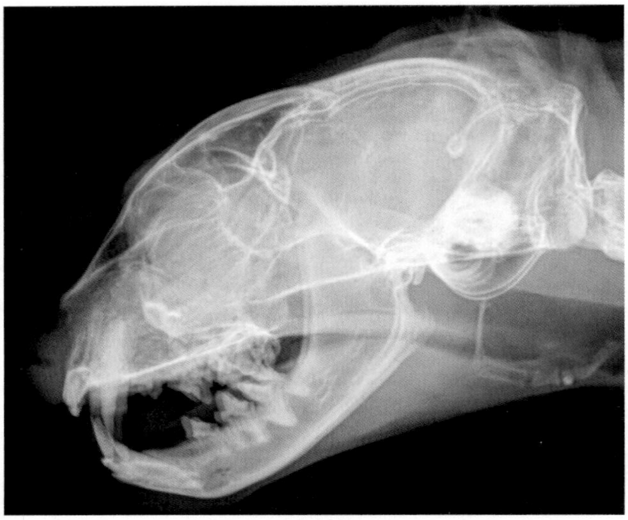

（B）

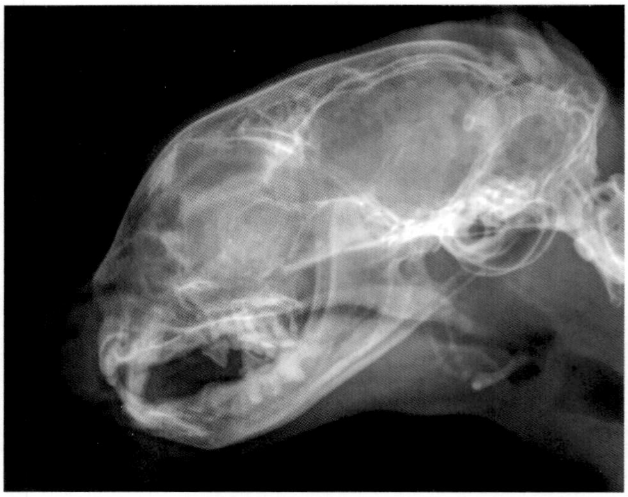

（C）

图147-3 额窦感染的X线检查。（A）额窦（箭头）叠加，由于正常而表现为充满空气的密度，为颅腔的侧面观。（B）额窦叠加，密度增加是单侧性额窦疾病的典型变化，为颅腔的侧面观。（C）额窦具有骨质密度，为双侧性窦腔疾病的典型变化。颅腔的侧面观。定位参见第 146 章

治疗

主要疗法

- 抗生素治疗：应根据培养和药敏试验选择抗生素，如果不可行，则应选择针对铜绿假单胞菌（*P. aeruginosa*）的抗生素进行治疗。最为可行的是采用氟喹诺酮类药物进行治疗。阿奇霉素（10mg/kg PO q24h）也是根据经验的首选药物。
- L－赖氨酸：有研究表明这种药物在治疗急性及持续性FHV－1感染具有疗效，剂量为每只猫250～500mg PO q12h。本药有多种可靠的兽用剂型。
- 抗真菌药物治疗：多种抗真菌药物，包括伊曲康唑、两性霉素B及氟康唑，可用于治疗真菌性鼻炎和鼻窦炎。在明显的临床症状消除后仍需用药治疗1个月，共需要治疗6个月或以上，但有些猫即使在积极的长期治疗之后仍可复发。

辅助疗法

- 喷雾治疗：许多猫采用表147－1的喷雾疗法均可发生良好的反应。
- 额窦消除术（frontal sinus obliteration）：如果额窦有感染，药物疗法可能难以奏效。施行手术治疗的主要目的是除去额窦作为感染的位点。参见第254章。

治疗注意事项

- 病毒及真菌感染的猫即使受到控制也可能会周期性复发，因此需要采用抗生素治疗。
- 病毒及细菌感染的猫通常没有全身症状，如果不进行治疗，则可生存许多年而持续有鼻腔分泌物。

预后

慢性病毒及细菌感染的猫预后谨慎，通常需要积极的长期慢性或间歇性治疗。真菌感染的猫预后谨慎，有些在治疗数月后可完全康复，有些则在感染全身化后持续存在。

参考文献

Cape L. 1992. Feline idiopathic chronic rhinosinusitis: a retrospective study of 30 cases. *J Am Anim Hosp Assoc.* 28:149–155.

Gaskell RM, Dawson S. Other Feline Viral Diseases. 2005. In SJ Ettinger, EC Feldman, eds., *Textbook of Veterinary Internal Medicine*, 5th ed., pp. 667–671. St. Louis: Elsevier Saunders.

Miller CJ. 2007. Rhinitis and Sinusitis. In LP Tilley, FWK Smith, Jr., eds., *Blackwell's 5-Minute Veterinary Consult*, 4th ed., pp. 1210–1211. Ames, IA: Blackwell Publishing.

表147－1　猫慢性鼻炎的喷雾治疗*

喷雾液	**喷雾器配置**
1 mL 庆大霉素溶液（100 mg/mL） 2 mL 地塞米松（4 mg/mL） 2 mL沙丁胺醇吸入液（0.083%）（只能用于并发下呼吸道疾病的猫） 2 mL 乙酰半胱氨酸（20%或200 mg/mL） 2 mL chromolyn（可选）（10 mg/mL） 90 mL盐水（0.9%） 上述溶液置于冰箱，避光保存	将管子与喷雾器连接，一端连接到喷雾器，另一端连接到喷雾器底端的液体容器。喷雾液置冰箱保存，使用时以适当量灌满容器。将容器顶端的“T”连接处放上湿棉球，置于T连接一端，沙伦包装膜包裹的罐笼门上做一小孔，其大小足以使T连接的另外一端通过。猫置于笼中，关闭门，打开喷雾器
设备	**方法**
喷雾器 管子及液体容器 硬塑料宠物箱（最好采用航空型） 喷雾液 冰块 毛巾 棉球 沙伦包装膜（Saran Wrap®）	检查计时器，喷雾20min，喷出的雾应从笼子中的管子流出。完成喷雾处理后，将猫从笼子中带出。残存的喷雾液可装回瓶子中备用，喷雾液必须在冰箱保存
宠物架配置	
从宠物箱取下线状门（wire door），然后用沙伦包装膜完全缠绕门，之后将门再装到宠物箱上，将毛巾呈帘子状覆盖在另一侧的通风口上，另一毛巾置于内侧，以便猫能躺卧，从冰箱拿出数个冰块，置于宠物笼的边上，留下足够的空间让猫能够躺下	

引自Charla L. Jones，DVM，DACVIM（Cardiology），Austin，Texas.

第148章

鼻腔蝇蛆病
Nasal Myiasis

Sarah M. Webb

概述

羊鼻蝇（*Oestrus ovis*）为一种昆虫，其幼虫主要生活在绵羊和山羊的鼻腔。在绵羊，成年鼻蝇将1龄幼虫排放在鼻腔周围，幼虫爬行进入鼻腔。1龄幼虫持续2周到9个月后迁移进入额窦，最后完全生长的3龄幼虫离开宿主到地面，化蛹后孵化成成虫。幼虫的钩和脊柱可对宿主的黏膜产生严重的刺激及引起炎症，发生明显的过敏反应。

鼻腔蝇蛆病在全世界均有发生，在多种场合均鉴定到是一种引起多种动物鼻腔蝇蛆病的寄生虫。例如，羊鼻蝇在人可严重刺激鼻咽部，在侵染个体可发生急性不适及一种异物感（foreign body sensation），对喉咙产生严重刺激，因此有渴感及咳嗽，之后出现鼻腔、听觉及视觉综合征。在犬也有散发的这种情况报道，而打喷嚏则是最为明显的临床症状。

患病猫可表现典型的在绵羊活动地区户外活动的病史。临床症状开始时的主要特征为突然发生严重的呼吸困难、湿性咳嗽及经常性的强烈的喷嚏。严重的上呼吸道刺激及炎症反应导致鼻甲骨黏膜严重水肿，由此可导致气流通过鼻腔时几乎完全阻塞。躯体严重不适，但猫在试图张嘴呼吸时，呼吸困难可得到改善。数天后咳嗽可缓解。其他临床症状还包括呕吐及沉郁，食欲减退。鼻腔分泌物并非猫发生本病的明显特征。鉴别诊断包括急性病毒性上呼吸道疾病、肿瘤、鼻腔息肉以及异物引起的上呼吸道阻塞。这些疾病中，通常只有异物引起的症状突然开始，与本病的临床症状相似。

诊断

主要诊断

- 内镜检查：可采用前鼻镜（anterior rhinoscopy）（刚性关节内镜，rigid arthroscope）检查咽、鼻咽部及鼻腔，或采用后屈易弯曲内镜（retroflexed flexible endoscope）（后鼻镜，posterior rhinoscopy）检查鼻咽部及鼻后孔。羊鼻蝇的1龄幼虫为小的白色虫体，可在水肿及中毒发炎的鼻腔黏膜上游走，可引起少量的黏液性分泌物（见图148-1）。
- 幼虫采集：可用5～10mL 0.9%氯化钠溶液或哈特曼溶液（Hartmann’s solution）（复方乳酸钠溶液或乳酸林格氏液——译注）通过强力顺行冲洗鼻腔采集幼虫，也可将纱布拭子插入咽部采集含有幼虫的冲洗液。采集的幼虫可立即在显微镜下检查，或者根据需要送实验室鉴定（见图148-2）。

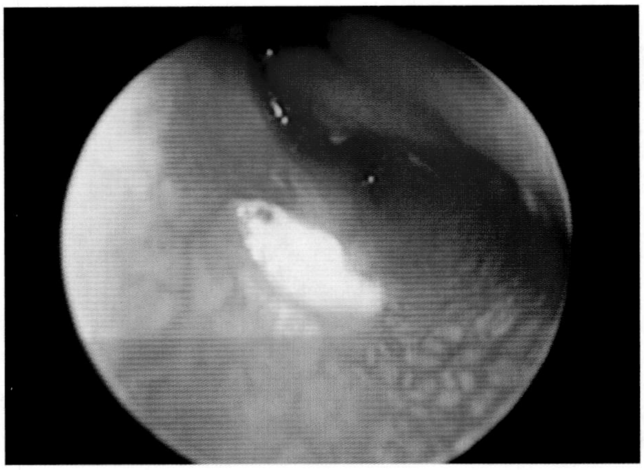

图148-1 羊鼻蝇：采用前鼻镜在猫的鼻甲上可观察到1龄幼虫

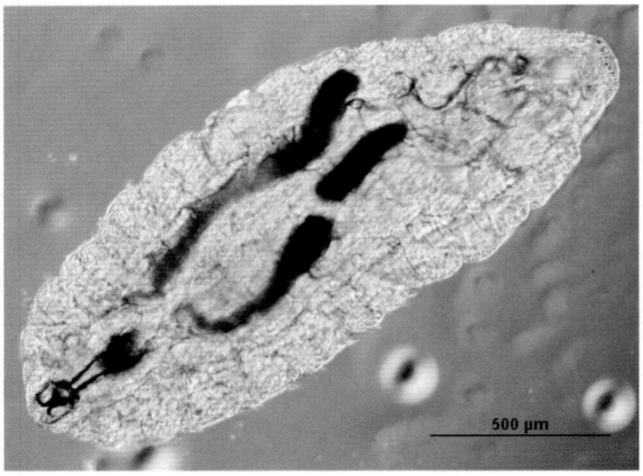

图148-2 羊鼻蝇：猫的鼻腔用生理盐水冲洗后的1龄幼虫

辅助诊断

- 基础检查：初步诊断包括血液学检查、生化和双侧胸腔及鼻腔的X线检查。

治疗

主要疗法

- 物理法除去幼虫：开始治疗时可采用0.9%氯化钠溶液进行治疗性冲洗。可用生理盐水持续刺激鼻腔，直到冲洗液为阴性，这样可明显缓解急性临床症状。

辅助疗法

- 药物治疗：另外一种治疗或辅助疗法是采用伊维菌素（0.2～0.3mg/kg SC或PO）每隔48h重复用药2～3次。应告知猫主这种治疗是非处方用药。
- 其他治疗方法：其他可能具有疗效的治疗方法包括采用塞拉菌素（selamectin）（按处方局部用药）及口服烯啶虫胺（nitenpyram）（每0.9～11.4kg体重1片 q24h PO）进行治疗。

治疗注意事项

- 临床症状可能需要2周以上的时间才能随着黏膜过敏反应的降低而消失，因此完全恢复比较缓慢。
- 可采用广谱抗生素，如阿莫西林克拉维酸或一水强力霉素治疗，可能发生继发细菌感染及由此引起的幼虫侵染及死亡。
- 在绵羊活动地区的猫出现特征性症状时根据经验治疗，在进行麻醉及鼻镜检查之前应该谨慎。药物烯啶虫胺根据其安全性、可能的效果及价格低廉等，很适合进行这种治疗。
- 大量的医学研究结果并不支持各种治疗方法的比较效果。在人，采用大量的生理盐水刺激鼻腔作为唯一的治疗方法可有效除去幼虫，迅速缓解临床症状。伊维菌素广泛用于绵羊鼻腔蝇蛆病的治疗（0.2mg/kg SC），也成功地用于治疗由于羊鼻蝇引起的人的蝇蛆病和猫的其他寄生虫病，但在偶尔情况下，猫在大剂量采用这种药物治疗之后可发生神经中毒。塞拉菌素为大环内酯类药物，可有效治疗猫的许多寄生虫病。很重要的是，这种药物也可作为预防性药物用于治疗怀疑诊断为本病时。近来在猫采用这种药物治疗蝇蛆病（fly strike）的研究也同样表明烯啶虫胺安全，能快速有效杀灭昆虫幼虫。

预后

如果采用合适的方法早期治疗，虽然目前在猫尚未见有鉴定到本病之前长期侵染时的研究结果，但预后极好。

参考文献

De Souza CP, Verocai GG, Ramadinha RHR. 2009. Myiais caused by the New World screwworm fly *Cochliomyia hominivorax*.(Diptera: Calliphoridae) in cats from Brazil: report of 5 cases. *J Fel Med Surg*. 11(12):978–982.

Fisher MA, Shanks DJ. 2008. A review of the off-label use of selamectin (Stronghold/Revolution) in dogs and cats. *Acta Vet Scand*. 25:50:46.

Heath AC, Johnston C. 2001. Nasal myiasis in a dog due to *Oestrus ovis* (Diptera: Oestridae). *N Z Vet J*. 49(4):164.

Macdonald PJ, Chan C, Dickson J, et al. 1999. Ophthalmomyiasis and nasal myiasis in New Zealand: a case series. *N Z Med J*. 112:445–447.

Masoodi M, Hosseini K. 2003 The respiratory and allergic manifestations of human myiasis caused by larvae of the sheep bot fly (*Oestrus ovis*): a report of 33 pharyngeal cases from southern Iran. *Ann Tropic Med Parasitol*. 97(1):75–81.

第149章
鼻咽部疾病
Nasopharyngeal Disease

Arnold Plotnick

概述

鼻咽部疾病（nasopharyngeal disease）是猫上呼吸道疾病很常见的病因。鼻咽部位于软腭上部，鼻后孔为喙状缘，喉头为后缘。许多疾病可影响猫的鼻咽部，包括肿瘤、炎性息肉、鼻咽部狭窄及传染病等。虽然猫可表现单独的鼻咽部疾病症状，但许多病例可能并非有鼻腔疾病。猫患鼻咽部疾病的临床症状包括鼻腔分泌物、喷嚏、打鼾、发声改变、张嘴呼吸、恶心、鼻出血（epistaxis）及耳有分泌物。除了耳分泌物外，这些症状也见于只有鼻腔疾病的病猫。具有上述临床症状的猫需要鉴别诊断的疾病很多，包括传染病引起的鼻炎（即细菌、病毒或真菌感染）、非传染性原因（即淋巴浆细胞性反应或过敏反应），鼻腔异物、牙周病、口鼻瘘管（oronasal fistulae）、腭裂（cleft palate）及咽炎（pharyngitis）。参见第147章。由于临床症状之间互相重叠很大，因此建议对所有表现鼻腔疾病的猫均应进行口腔及鼻咽部检查，特别是具有打鼾、呼吸或发声改变的猫，由于这些症状在鼻咽部受到影响时更加明显。淋巴瘤及炎性息肉是猫鼻咽部最为常见的疾病。

诊断

主要诊断

- 病史及查体：淋巴瘤及其他肿瘤主要见于老龄动物（平均年龄为10.7岁），而炎性息肉则主要见于青年猫（平均年龄为3岁）。单独患有鼻腔疾病的猫与患有鼻咽部疾病的猫相比，更有可能表现鼻腔分泌物及打喷嚏；但单独患有鼻咽部疾病的猫大部分可发生打鼾、失重及发声改变。耳朵单侧性或双侧性蜡样分泌物或耳部肿块也见于患鼻咽部疾病的猫。
- 口腔检查：虽然猫在麻醉时可进行更为彻底的检查，但在清醒状态下进行口腔检查更能发现牙周病、大的口鼻瘘管、腭裂及软腭肿块的状态。发生鼻咽部肿块时软腭下偏很常见。
- 鼻咽部触诊：有些猫不需要镇静就可用手指触诊软腭。猫的大部分软腭肿块可用手指触诊，如果触诊到肿块，应采样进行活检。
- 耳镜检查（otoscopic examination）：猫的耳道存在有耳部肿块，表现鼻咽部疾病症状，说明存在炎性息肉或肿瘤，它们从鼻咽部通过鼓膜泡延伸进入外耳道。
- 颅腔X线检查：如果未触诊到肿块，但根据临床症状怀疑为鼻咽部疾病时，采用X线检查可观察到位于鼻咽部中等或大的肿块，特别是由于腭骨阻止了对硬腭区肿块的触诊时，可采用X线检查，见图149-1（A）、图149-1（B）及图149-2（A）。在患有起自鼓膜泡或延伸到鼓膜泡的鼻咽部息肉的猫，可见鼓膜泡中单侧性或双侧性软组织不透明，骨泡硬化（sclerosis of the osseous bulla）。参见第158章。
- 真菌血清学检查：阳性结果可支持为暴露或感染有真菌，这可能是鼻咽部疾病的原因；但抗体效价单独很少具有诊断价值，通常需要进行真菌培养或细胞学检查。
- 细菌培养：由于猫正常菌群的范围非常广泛，因此这种诊断很难具有价值。非典型性或非期望性微生物的纯培养表明这类微生物可能为主要的病原。

辅助诊断

- 血常规（CBC）：所有需要采用麻醉的前驱用药的病情检查［颅腔X线诊断、计算机断层扫描（CT）、鼻镜检查等］程序极为重要。CBC提供的信息可有助于判断病因，例如发生过敏反应或寄生虫病时嗜酸性粒细胞增加。
- 生化及尿液分析：这些分析方法很少能提供关于病因的诊断，但却是所有需要麻醉的前驱用药检查的重要部分。
- 麻醉下的口腔检查：为了彻底评估鼻咽部区是否有肿块及其他异常，需要进行全身麻醉。采用牙科镜

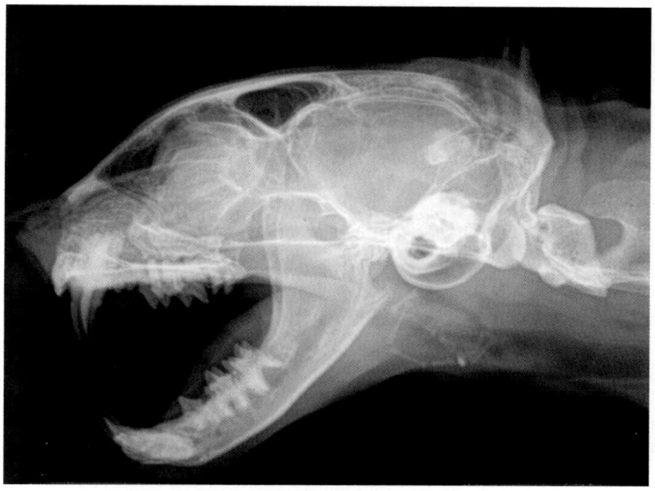

（A）

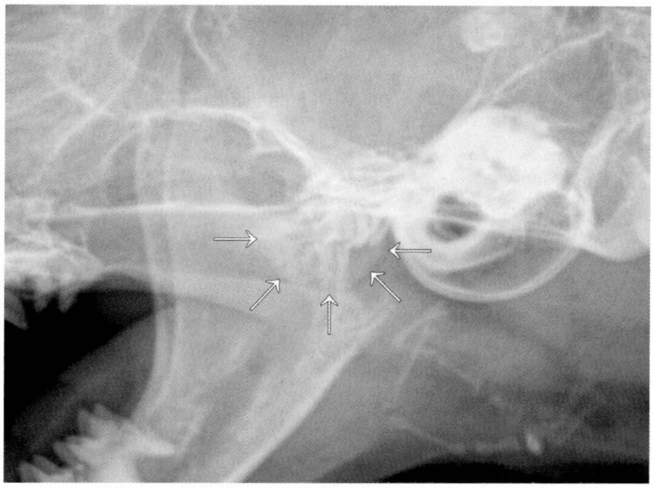

（B）

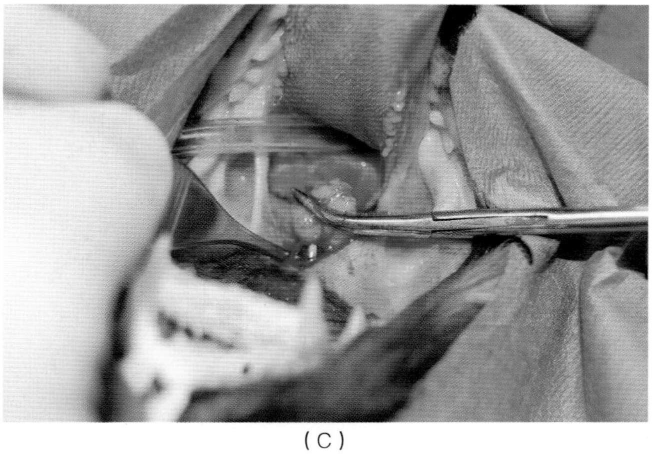

（C）

图149-1 鼻咽部疾病。（A）颅腔侧面观，高质量的X线片可观察到鼻咽部的肿块；（B）肿块用箭头指示；（C）肿块为淋巴瘤，经由软腭的中线切口摘除，术后进行化疗（图片由Gary D. Norsworthy博士提供）

（dental mirror）或绝育钩（Snook ovariectomy hook）有助于对软腭上的区域进行视诊检查。

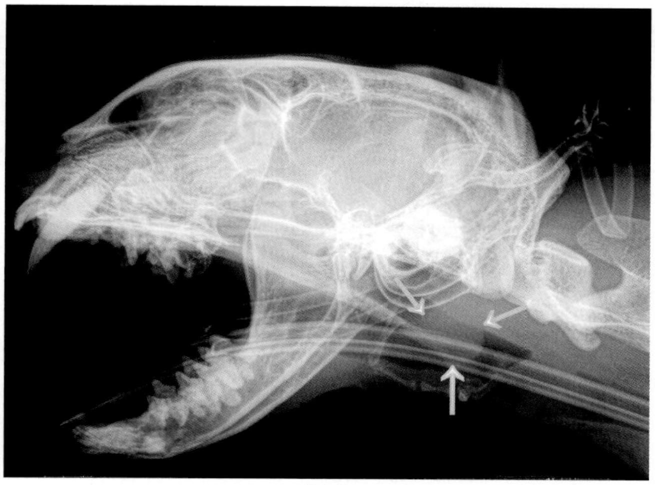

（A）

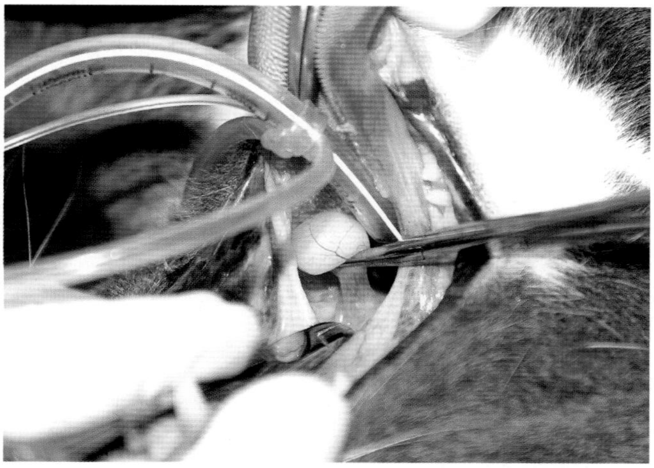

（B）

图149-2 鼻咽部疾病。（A）鼻咽部尾部的肿块（箭头），由于没有骨质折叠，因此在X线检查时易于观察。（B）肿块为黏液囊肿（mucocoele），正在进行手术摘除，图片底部的钳子已使软腭外翻，以便能接近肿块。猫的舌头位于照片顶部（图片由Gary D. Norsworthy博士提供）

- 牙科检查及细胞学检查（dental probing and cytology）：诊断小的不太明显的口鼻瘘可能需要在麻醉下对牙齿进行仔细探查。细针穿刺空间占位的病变可作为口腔检查的一部分用于诊断。
- 鼻咽镜检查（nasopharyngoscopy）：在猫表现有鼻咽部疾病的症状，对根据经验的治疗没有反应时，应考虑对鼻咽部进行内镜检查。可采用直径为1～2mm、可翻转160°～180°的鼻镜（rhinoscope）进行检查。
- CT 扫描：CT可用于评估猫的鼻咽部。鼻腔及位于更后面的鼻咽部区应该进行影像检查检查。硬腭及软腭背部的肿块在CT扫描时容易观察到。
- 活检：如果口腔检查时可触诊到肿块则应进行活检。

不建议不检查鼻咽部而盲目进行活检，因为这样可导致诊断不准确或误诊。

治疗

主要疗法

炎性息肉可通过外耳道或从鼻咽腔轻轻牵拉而摘除。通过软腭的手术方法也可摘除鼻咽部的肿块。见图149-1（C）。在大多数侵及耳部的病例，可采用全耳道切除术（total ear canal ablation）（第274章）或鼓膜骨切开术（bulla osteotomy）（第248章）摘除。可依肿瘤的类型采用手术、化疗或放疗进行治疗。鼻咽部疾病的感染性原因可采用合适的抗微生物药物进行治疗。腭裂（cleft palate）及口鼻瘘管（第265章）可用手术方法治疗。牙周病可通过专业的牙医预防治疗。假定的鼻咽部疾病的过敏反应或炎性反应可采用皮质激素进行治疗，异物，如玻璃片（见图149-3）可在视诊下用钳子摘除（即直接或通过采用牙镜或用鼻镜摘除）。鼻咽部狭窄可用手术治疗。

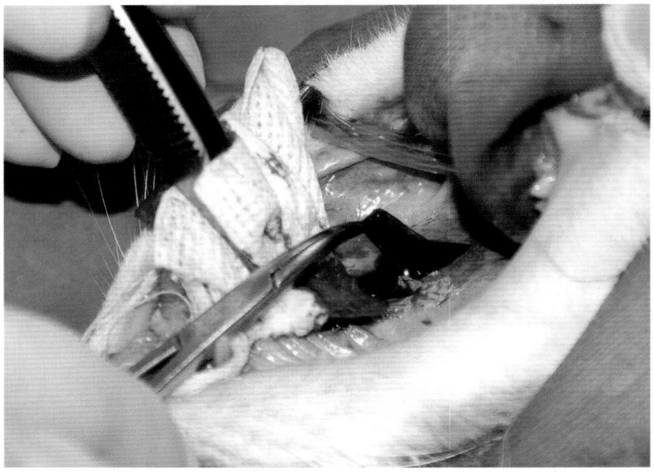

（A）

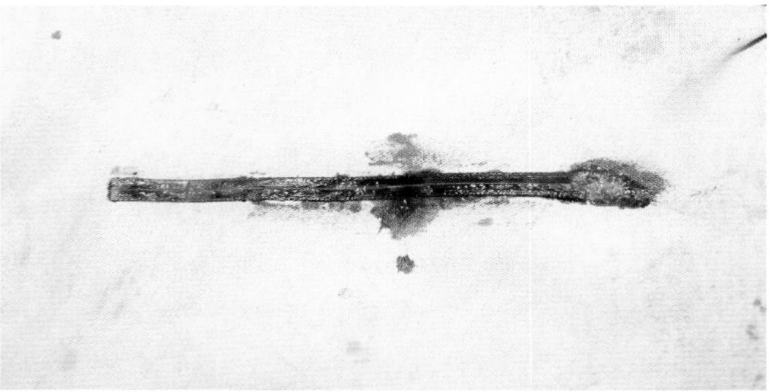

（B）

图149-3　猫就诊时恶心达1周，鼻腔X线检查正常，但回折到鼻咽部的内镜检查发现有一线性绿色物体。（A）正在通过软腭切口取出的玻璃片。（B）取出后长达7cm 的玻璃片（图片由Gary D. Norsworthy博士提供）

预后

预后取决于鼻咽部疾病的原因。炎性息肉时如果能除去整个息肉则预后较好。腭裂及口鼻瘘管的预后在手术纠正后很好，但如不进行手术治疗则预后谨慎。手术矫正鼻咽部狭窄时预后较好，但狭窄的复发也很常见；采取气囊扩张（balloon dilatation）及植入支架（stent placement）的预后良好。除淋巴瘤外大多数鼻咽部肿瘤的预后较差，淋巴瘤的预后为较好或好。鼻咽部的感染性疾病依病原及病猫的免疫状况而有一定差别。真菌性鼻炎预后较好或好，但治疗成功可能需要数月的连续抗微生物药物治疗。鼻腔及鼻咽部的病毒感染无论是否治疗，多为慢性，而且持续时间长，但大多数猫的预后好。

参考文献

Allen HS, Broussard J, Noone K. 1999. Nasopharyngeal diseases in cats: a retrospective study of 53 cases (1991–1998). *J Am Anim Hosp Assoc*. 35:457–461.

Demko JL, Cohn LA. 2007. Chronic nasal discharge in cats: 75 cases (1993–2004). *J Am Vet Med Assoc*. 230:1032–1037.

Henderson SM, Bradley K, Day MJ, et al. 2004. Investigation of nasal disease in the cat—a retrospective study of 77 cases. *J Fel Med Surg*. 6:245–257.

Hunt GB, Perkins MC, Foster SF, et al. 2002. Nasopharyngeal disorders of dogs and cats: a review and retrospective study. *Compend Contin Educ Pract Vet*. 24(3):184–199.

第150章
新生仔猫溶血性贫血
Neonatal Isoerythrolysis

Sharon Fooshee Grace

概述

新生仔猫溶血性贫血（neonatal isoerythrolysis，NI）为新生仔猫的一种免疫介导性血液疾病。NI 发生于B型血母猫所产血型为A型的仔猫（罕见情况下也可发生于AB型）。初乳中转移的抗体可引起仔猫在出生后数天内发生血管内和血管外溶血。NI在纯种猫的发生比家养短毛猫更多，有些新生仔猫衰竭症（"fading kitten syndrome"）（出生后头1周内死亡）也可能与NI有关，但其真实的发病率还不清楚。引起新生仔猫衰竭症的其他原因包括难产的并发症（缺氧）、体温过低、先天性畸形及遗传性疾病、传染病和与母猫有关的一些疾病。

猫具有确定的血型分类系统，其血型可分为A、B及罕见的AB型，此外猫的血型还有其他类型，如新近发现的Mik型，但尚未进行深入研究。血型的遗传为同一基因座上的两个等位基因以简单显性方式遗传。对B型血而言，A型为完全显性，表达为A型血的猫在基因型上可能为纯合子（A/A）或杂合子（A/B）；表达为B型血的猫则由于B型对A型而言是隐性，因此只能是纯合子（B/B）。B型血的母猫自然发生抗A型血的同种抗体（alloantibodies）的概率很高，这些抗体自发性形成，无论以前是否输血都会出现。分娩之后，这些抗体分泌进入初乳，通过哺乳而由仔猫的小肠吸收。B型母猫和A型或AB型公猫交配或所产的A型和AB型仔猫患病风险高。目前尚不清楚新发现的Mik 抗原和同种抗体是否可引起 NI。

就全世界范围内而言，A型血是猫最为常见的血型，家养短毛猫典型情况下为A型，暹罗猫及相关品种（如东方短毛猫和东奇尼猫）也是如此。B型血的比例以品种和特异性的地理分布而差别很大。应该注意的是，AB血型猫的抗原在血清学上与人所发现的A、B、O血型抗原无关。

诊断

主要诊断

- 临床检查：有些仔猫可在产出后数小时内死亡而不表现疾病症状，有些可哺乳1～2d，然后出现不明原因的衰败或出现红棕色尿液（血红蛋白尿）、黄疸、呼吸急促及由于贫血而昏迷。患病仔猫可停止哺乳，与同窝其他仔猫分离，表现衰弱。尾尖坏死，最后脱落，色蛋白尿性肾病（chromoproteinuric nephropathy）（血红蛋白尿症）以及弥散性血管内凝血。
- 血常规：可见严重贫血。

辅助诊断

- 库姆斯试验（Coombs' Test）：有些仔猫可发现为库姆斯试验阳性，但对诊断NI而言并不需要进行这种试验。

诊断注意事项

- 目前可以采用的在家进行血型分类的药盒价格便宜（RapidVetH® feline blood type determination kit，DMS Laboratories；Flemington，NJ）。
- 对所有可能作为血液供体、受体及可能用作繁殖的猫均应进行血型检查，可将检测卡附于病猫的记录上以备查询。
- 新生仔猫可采集脐带血进行血型鉴定。
- 即使同窝仔猫，NI的严重程度也有明显差异，这可能是由于初乳抗体摄入的差别所致。
- 宾夕法尼亚大学血液学及输血实验室（Hematology and Transfusion Lab at the University of Pennsylvania，电话1-215-73-6376）可进行新发现的Mik抗原检测。

治疗

主要疗法

- 患病仔猫与母猫的隔离：表现NI症状的仔猫［色素尿（pigmenturia）为关键症状］应在发现问题后尽快与母猫隔离，但可在24～48h内解除隔离。出生1d之后，小肠对抗体的通透性逐渐消失。
- 仔猫支持疗法：隔离期间患病仔猫可用牛奶或A型母猫的初乳饲喂，以提供被动免疫。即使在泌乳的后期阶段，其他母猫的乳汁中也含有保护性抗体，因此利于仔猫获得免疫力。重要的是应该允许新生仔猫在肠道仍具有通透性时吸收抗体，而且仔猫也能如此。
- 支持性护理：评估及处理常见疾病，如体温过低、低血糖及营养不足、液体和电解质紊乱等，都很有必要。

辅助疗法

- 输血：严重患病的仔猫应该需要输血或血液制品（如Oxyglobin®）。在出生后头1～2d由于母猫的初乳中含有血循的抗A型抗体，因此输入洗涤的B型血最为合适。之后可选用洗涤的A型血。在大多数病例，由于病猫的体格很小，因此建议进行骨髓内输血（Intraosseous administration of blood）。

治疗注意事项

- 能够生存的仔猫应在24h后回归其母亲照料。只要肠道对初乳抗体不再具有通透性，则不再有患NI的风险。

预防

- NI可以两种方式预防：（a）公猫及母猫的血型，只允许B型母猫和B型公猫交配；（b）出生后头24h隔离B型母猫所产的A型及AB型仔猫，用A型母猫作为继母饲养，或不太理想的情况下用牛奶替代。

预后

NI常常难以成功治疗，导致仔猫发生死亡，但如果在母猫配种之前检测血型，特别是纯种猫的配种，则本病完全可以预防。

参考文献

Knottenbelt CM. 2002. The feline AB blood group system and its importance in transfusion medicine. *J Fel Med Surg.* 4(2):69–76.

Weinstein NM, Blais MC, Harris K, et al. 2007. A newly recognized blood group in domestic shorthair cats: The Mik red cell antigen. *J Vet Intern Med.* 21(2):287–292.

第151章
神经性膀胱机能障碍
Neurogenic Bladder

Sharon Fooshee Grace

概述

排尿是尿液储存和完全排空的生理过程。泌尿道后段（lower urinary tract，LUT）机能的正常依赖于膀胱壁逼尿肌（detrusor muscle ）与尿道括约肌（urethral sphincter muscles）两者之间的相互关系。大脑及脑干的高级中枢组织排尿反射及监控尿液排空的自主性控制。

排尿异常可根据起源广义地分为神经性或非神经性两类。非神经性原因与阻塞、感染、激素失衡 （在猫不常见）或解剖结构异常有关，神经性原因可与大脑高级中枢、脊髓和外周神经、尿道肌肉或泌尿道神经受体的感染、创伤、肿瘤及其他类型的损伤有关。LUT的神经性疾病可导致尿液排空异常，尿液储存不足，排空不全或不能排空。因引起本病的损伤部位不同，神经性膀胱机能障碍可根据起源分为上部运动神经元（upper motor neuron，UMN）性及下部运动神经元（LMN）性。UMN膀胱机能障碍可由于荐部脊髓段以上水平的损伤所引起，排尿的自主控制部分或完全丧失。同时，排尿也可通过荐部反射而发生，但不能在高级中枢协调，因此发生反射性协同失调（reflex dyssynergia），出现排尿中断、不协调及不完全排尿。膀胱增大，如果括约肌张力亢进（sphincter hypertonia），则难以用手挤压排空，但偶尔可出现括约肌张力正常或降低的情况。残留的尿液常常量很大，也常发生尿路感染。LMN 膀胱损伤多在荐部脊髓或双侧性的荐神经根损伤。括约肌张力降低，膀胱膨胀，无张力，易于用手排空。尿液可持续性地滴出。膀胱壁反射可启动一定的逼尿肌活性，但由于其难以和括约肌发生协调，因此发生逼尿肌–括约肌协同失调。

诊断

主要诊断

- 病史：病史的调查应该包括猫生活环境的信息（户内或户外）；症状的开始与进展；是否有行为改变；猫是否试图排尿及在排尿过程中姿势是否正常；排尿量的多少及尿流是否连续；猫是否知道排尿；能否正常排便以及是否有创伤的病史。
- 查体：应进行完全的体格检查。神经性检查可用于评价精神状态、运动神经机能（包括尾的运动），会阴及肛门的感觉及张力以及荐部反射。应观察排尿状况，如有可能，应测量残留尿液的多少。大多数猫在正常排尿后残留的尿液不应超过2mL 。
- 诊断性影像检查：X线检查可发现骨盆肿块、尿结石或脊柱异常。超声检查膀胱及尿道对照检查可发现是否有肿块或阻塞性损伤。

辅助诊断

- 血常规、生化及尿液分析：如果进行常规的血液检查，可以对猫的整体健康状况进行完整的评估。尿液分析及尿液培养也是检查的重要组成部分。
- 血清学试验：猫传染性腹膜炎（FIP）及弓形虫病可引起脊柱损伤。冠状病毒筛查虽然不能诊断FIP，但可证明是否暴露冠状病毒。参见第76章和第214章。
- 逆转录病毒检测：应考虑猫白血病病毒（FeLV）及猫免疫缺陷病毒（FIV）检测。FeLV可能与尿失禁（urinary incontinence）有关。

治疗

主要疗法

- 见表151–1 。
- 增加尿道平滑肌收缩性：采用α–肾上腺素激动剂，如苯丙醇胺（1.5～2.2mg/kg q8~12h PO）可增加内括约肌的张力，其效果仍有疑问，禁用于高血压、青光眼及心脏病。麻黄素为另外一种治疗药物，建议剂量为每只猫2～4mg q8～12h PO。
- 降低逼尿肌收缩性：胆碱类颉颃剂可促进膀胱松弛及抑制逼尿肌收缩。丙胺太林的建议剂量为每只猫5.0～7.5mg q24～72h PO，主要不良反应包括黏膜干涩、便秘、眼内压增高及尿液潴留。奥昔布宁

表151-1　药物剂量及适应证

适应证	药物	药物分类	剂量范围	用药频率	用药途径
增加尿道平滑肌收缩性（尿道机能不全）	苯丙醇胺	α-兴奋剂	1.5～2.2mg/kg	q8～12h	PO
增加尿道平滑肌收缩性（尿道机能不全）	麻黄素	α-兴奋剂	每只猫2～4mg	q8～12h	PO
降低膀胱收缩性（膀胱活动过度）	丙胺太林	抗胆碱药	每只猫5～7.5mg	q24～72h	PO
降低膀胱收缩性（膀胱活动过度）	奥昔布宁	抗胆碱药	每只猫0.5～1.25mg	q12h	PO
降低括约肌过度紧张（尿道痉挛或平滑肌机能性障碍）	苯氧苄胺	苯氧苄胺α-颉颃剂	每只猫1.25～5mg	q12h	PO
降低括约肌过度紧张（尿道痉挛或横纹肌机能性障碍）	安定	肌肉松弛药物	每只猫2～5mg	q8～24h	PO
增加膀胱张力（膀胱迟缓）	甲酰胺甲基胆碱	胆碱类药物	每只猫1.25～7.5mg	q8～12h	PO

（Oxybutynin）为另外一种可以采用的抗胆碱类药物，剂量为每只猫0.5～1.25mg q12h PO。FeLV相关的尿失禁可能是由于对奥昔布宁或其他抗胆碱类药物的反应所引起。

- 降低括约肌的紧张度：除非尿流动力学试验（urodynamic studies）能够表明内或外括约肌为发生本病的病因，均应对两种括约肌进行药物处理。内括约肌可采用α-肾上腺素颉颃剂，如酚苄明（每只猫2.5～7.5mg q12～24h PO）处理，本药的作用开始缓慢（数天），可引起高血压及心动过速。外括约肌的横纹肌可用安定（每只猫2～5mg q8～24h PO）松弛。偶尔可发生异质性肝坏死，口服安定时风险增加。
- 增加膀胱张力：采用胆碱类药物可治疗膀胱迟缓，但在尿路阻塞时应禁用，这种情况下用药可引起膀胱破裂。甲酰胺甲基胆碱（每只猫1.25～7.5mg q8～12h PO）常常具有不良反应，包括由于平滑肌痉挛而引起的流涎、腹泻及腹痛。

辅助疗法

- 手挤清空膀胱：膀胱由于不能清空而扩张时可挤压或每天引流数次以防止对膀胱壁的损伤。如果手工挤压难以进行，可间歇性插管或留置导管（连接到密闭的引流系统）。但留置导管发生感染的风险比间歇性插管更高。

治疗注意事项

- 在发生神经性膀胱机能障碍的猫尿路感染更为常见，因此必须要积极治疗，以便能最好地缓解或改善病况。

预后

本病的预后取决于潜在病因的鉴别、逆转、客户的积极性及适当的治疗。

参考文献

Lane IF. 2003. A diagnostic approach to micturition disorders. *Vet Med.* 98(1):49–57.

O'Brien D. 1988. Neurogenic disorders of micturition. In *Common Neurologic Problems. Vet Clin North Am, Small An Pract.* 18(3):529–544.

第152章
诺卡氏菌病
Nocardiosis

Sharon Fooshee Grace

概述

诺卡氏菌病（nocardiosis）为一种由诺卡氏菌科（Nocardiaceae）细菌引起的从化脓性到化脓肉芽肿性变化的疾病。目前诺卡氏菌属已经命名的细菌超过30种，星形诺卡菌（*Nocardia asteroides*）是美国猫最常分离到的细菌；新诺卡菌（*Nocardia nova*）则为澳大利亚最为常见的分离菌，在加利福尼亚也有数例报道。诺卡氏菌为一种机会性病原菌，广泛分布于环境中，存在于土壤、水及植物上。感染多由于病菌进入皮肤透创（包括争斗引起的创伤）而发生，也可通过吸入含有病菌的气雾而发生。猫的皮肤或爪部也可携带病菌。近来对17例病猫的研究发现老龄公猫更易发病。

本病的临床型因感染部位而不同，但在猫最常见的两种综合征为皮肤型或皮下型及脓胸或肺炎型。腹膜炎及扩散性疾病不太常见。发生皮肤型或皮下型时，早期症状主要是出现类似于结节的病变，发展为不能痊愈的慢性脓肿、瘘道及坏死性溃疡（见图152-1）。引起的分泌物类似于番茄汤。损伤可通过淋巴途径向四周扩散到邻近组织。呼吸道感染可侵及肺脏本身或只侵及胸膜腔；胸膜感染可引起积脓（empyema）（脓胸，pyothorax）及红棕色渗出液积聚。可表现呼吸困难、失重及发热。发生扩散性诺卡氏菌病的猫可表现非特异性全身性疾病的症状。细胞介导性免疫反应机能受损的病猫，扩散性诺卡氏菌病可引起严重的问题。

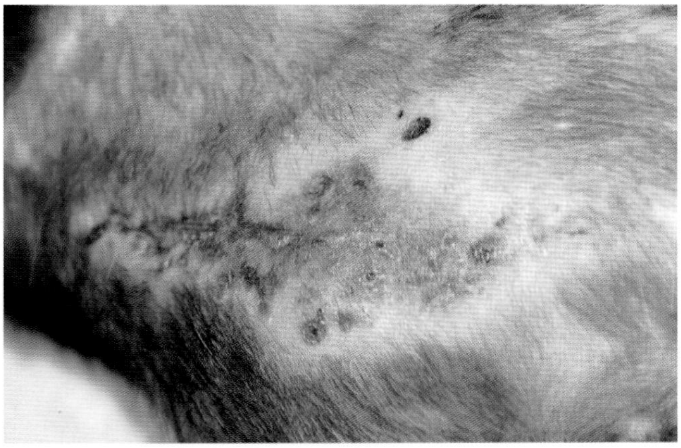

图152-1 右侧胸壁可见到多个瘘道向腋窝，约在3个月前发生争斗性伤口脓肿。细胞学检查及细菌培养可证实为诺卡氏菌病（图片由Gary D. Norsworthy博士提供）

诺卡氏菌病重要的鉴别诊断包括但不限于放射菌病（actinomycosis）（第4章）、分支杆菌病（mycobacteriosis）（第144章）、麻风病（第127章）、鼠疫（plague）（第169章）、侧孢菌病（sporotrichosis）（第202章）、皮肤真菌脓癣（dermatophyte kerion）、嗜皮菌病（dermatophilosis）及脂膜炎（panniculitis）。

就动物传染病而言，未发现人与感染猫直接接触后发生人的诺卡氏菌病，但有些报道认为健康猫或犬抓伤后可发现皮肤型疾病。

诊断

主要诊断

- 细胞学检查及革兰氏染色：细胞学检查可发现变性的中性粒细胞、巨噬细胞、淋巴细胞及浆细胞，同时可发现病原菌，其为分支、球状及有纤毛的细菌。有时（但不总是）大菌落（bacterial macrocolonies）在渗出液中呈硫黄颗粒状（sulfurgranules）。革兰氏染色时病原菌呈革兰氏阳性（见图282-1）。
- 细菌培养及药敏试验：不能过分强调细菌培养及药敏试验的重要性。可采集伤口渗出液或漏出液进行检查。如强烈怀疑发生诺卡氏菌感染，重要的是要确定感染的菌种，主要是由于不同菌种之间的敏感性差异很大。在发现难以愈合的伤口病例或非典型性渗出时应告知实验室可能怀疑的非寻常病原（如诺卡氏菌、放线菌或分支杆菌）。如果怀疑为厌氧菌，则可采用特制的运送试管或培养管，这些设备一般诊断实验室即可提供。
- 抗酸染色：可取少量渗出液在载玻片上制成涂片，进行抗酸染色。诺卡氏菌为部分或微抗酸染色的微生物。

辅助诊断

- X线检查：可见弥散性肺脏结节及肺内或肺外肿块。肺实质组织浸润为支气管间质性（bronchointerstitial）或肺泡性，常常可见到胸腔积液。
- 活检及组织病理学检查：对组织进行组织学检查可发现化脓性到化脓性肉芽肿反应。常规H&E染色可能观察不到病原菌。
- PCR检测：诺卡氏菌的PCR鉴定的药敏试验可在得克萨斯大学泰勒健康中心，微生物学研究系，分支杆菌/诺卡氏菌实验室（University of Texas Health Center at Tyler，Department of Microbiology Research Mycobacteria/Nocardia Lab，电话：（1）–903–877–7685）及一些商业兽医诊断实验室进行。

诊断注意事项

- 皮下组织瘘道可能具有厚壁或陈旧（ropey）的感觉。
- 应警示实验室怀疑的病原菌可能为诺卡氏菌，其为一种生长缓慢的微生物，如果没有足够的生长时间，检查结果可能为阴性。

治疗

主要疗法

- 手术清创及引流（surgical debridement and drainage）：只要有可能，局部损伤均应手术清创，建立充分的引流。由于常见伤口裂开，因此延缓初级闭合的开放性伤口可能是最为合适的治疗方法。脓胸时应采用手术方法引流。

辅助疗法

- 抗生素疗法：在等待培养结果时，可采用甲氧苄氨嘧啶–磺胺（TMS）合并治疗，其剂量为15～30mg/kg q12h PO。由于并非所有分离到的诺卡氏菌均对磺胺敏感，可能需要采用其他药物与磺胺类药物合用或替代磺胺药物进行治疗。甲氧苄氨嘧啶–磺胺与苯甲酸青霉素G合用（100000U/kg q24h IM，治疗10d）可产生药物的协同作用。强力霉素是第二首选药物，剂量为10mg/kg q24h或5mg/kg q12h PO。在临床康复后治疗仍应持续 4周 （连续治疗应持续 3～6个月）；疗程过短可导致疾病复发。
- 胸腔清创及冲洗：脓胸应通过胸腔冲洗系统进行处理，可用生理盐水，每天冲洗两次，这种治疗方法可一直持续到胸腔冲洗液清亮，细胞学检查冲洗样品时检查不到病原菌为止。

治疗注意事项

- 猫常常不能耐受长期的TMS治疗，特别是大剂量治疗时。常见的不良反应包括厌食和可逆性骨髓抑制（即贫血和中性粒细胞减少症）。有些药物的苦味可引起部分或全部的厌食、流涎及呕吐。
- 补充叶酸：如果长期采用磺胺类药物治疗，应注意补充叶酸。猫对TMS敏感，其应用可导致叶酸缺乏。叶酸的剂量为1mg/d。

预后

预后通常谨慎，特别是在表现全身性疾病的时候，但在许多有引流管的猫只要长期积极治疗，则可治愈。

参考文献

Edwards DF. 2006. Nocardiosis. In CE Greene, ed., *Infectious Diseases of the Dog and Cat*, 3rd ed., pp. 456–461. Philadelphia: Saunders Elsevier.

Malik R, Krockenberger MB, O'Brien CR, et al. 2006. Nocardia infections in cats: A retrospective multi-institutional study of 17 cases. *Aus Vet J.* 84(7):235–245.

Thomovsky E, Kerl ME. 2008. Actinomycosis and nocardiosis. *Compend Contin Educ.* 10(3):4–10.

第153章
肥胖症
Obesity

Mark Robson, Mitchell A. Crystal 和 Debra L. Zoran

概述

当能量摄入（摄入的食物量或热量）超过能量消耗（减少活动或代谢速度）时可发生肥胖。肥胖是指体重超过理想体重的15%～20%，额外的重量是在脂肪组织。许多因素可成为猫肥胖的原因，包括过度饱食（通常由于能自由选择食物或过食）、性状态（去势的猫比正常猫更易发生过重）、品种及遗传趋势（混合品种的猫比纯种猫更易发生过重）、不活动 （限制、户内活动的猫比户外活动的猫更易发生过重）及内分泌紊乱等可改变食欲及代谢状态的疾病。近来大量的研究表明所有这些因素中，摘除性腺可能是最为重要的单一因素，这是由于其改变了热量需要及代谢。因此，摘除性腺后需要将热量摄入减少大约30%以满足其新的热量需要及防止出现肥胖。

目前进行的估计表明，西方国家大约 35% 的猫为肥胖。由于去势是防止猫数量过多及管理户内活动猫的数量的一种有效方法，因此饲喂的食物的量及类型就是极为重要的因素。猫为专性食肉动物，其在进化中扑食猎物，不需要碳水化合物。因此，猫适应于高度利用蛋白而对碳水化合物的利用较低，由于这些进化适应的结果，使得猫偏好以蛋白为能源，并将从食物摄取的碳水化合物以脂肪的形式储存能量。户外活动或高度活跃的猫，或基础代谢较高的猫可消耗碳水化合物含量高的食物，而且并不因此而增重，但关键是能量的利用率必须要高。肥胖的猫饲喂低脂肪高纤维 （通常为难以降解的纤维） 减重的日粮可引起其失重，但除非蛋白水平高于典型日粮，这种日粮则以瘦肉型体型为代价。防止肌肉消瘦不仅对整体健康是必需的，而且也是基础代谢的主要决定因素，包括正常的葡萄糖和脂类代谢。肌肉的丧失（少肌症，sarcopenia）可导致发病率增加，在失重期间可导致代谢发生改变，使得成功减重极为困难。

由于生产商用干饲料必须要用碳水化合物，因此所有干饲料均含有至少15%～20%的碳水化合物。相反，罐装食品碳水化合物的含量差异很大，有些罐装食品含有极低浓度的碳水化合物（不到干物质的6%）。干的猫食本身如果饲喂合适，对猫没有不利的作用，但由于干食可以随意采食（*ad libidum*，L=拉丁语，意指随意，“at one’s pleasure”），大多数猫主喜欢用干食饲喂，因为对猫主极为便利。但这种饲喂方法不可逆转地会导致热量摄入过度，去势的户内活动的猫易于发生肥胖。

脂肪组织的生理学极为复杂，研究表明脂肪组织不仅为被动储存及隔离的储存库，而且是重要的内分泌器官，可产生许多脂肪因子（adipokines）。脂肪因子为激素及蛋白，包括瘦素、抵抗素（resistin）和脂联素（adiponectin），它们在食欲及饱腹感（satiety）、炎性反应、胰岛素敏感性及代谢等方面发挥重要作用。瘦素是在1994年发现的第一种脂肪因子，此后发现了50多种脂肪因子，所有这些因子均参与正常的代谢稳态的维持及肥胖的病理生理过程。目前的研究表明肥胖动物的脂肪细胞可分泌前炎性细胞因子［即肿瘤坏死因子（tumor necrosis factor-α 和白介素］及参与代谢稳态、肿瘤过程及改变血压的蛋白。因此可以假定，肥胖不仅仅是一种体重过重的现象，而且是一种复杂的慢性代谢性疾病，其引起食欲及能量消耗发生改变，最后导致慢性、低度（low-grade）的前炎性综合征（pro-inflammatory syndrome），可诱发许多疾病状态。从临床的观点而言，严重的肥胖［体况得分值（body condition score，BCS）9/9或脂肪量＞35%］由于许多代谢和激素改变使得成功失重及维持体重极为困难，因此极难逆转。

猫的肥胖可增加各种临床疾病的患病风险，或使得病情恶化，或引起许多疾病，与人和犬相似，猫的肥胖与寿命缩短有关。肥胖的猫与不肥胖的猫相比，在中年（6～12岁）死亡的概率高2倍。肥胖的猫一些综合征如心血管疾病、高血压、2型糖尿病、非过敏性皮肤病、骨关节炎、肿瘤、尿道下段疾病（即尿结石及尿路感染）和肺换气不良综合征（pickwickian）（由于胸腔挤压而引起的呼吸困难）的发病及严重程度明显增加。肥胖还使麻醉及手术的风险增加，降低繁殖性能（包括发生更多的难产），诱发肝脏脂肪沉积，引起对热的耐受性降低等。

猫和犬肥胖症的发病率在全球范围内持续增加，虽然肥胖症也与其他慢性疾病一样可产生严重的问题，但目前仍将肥胖看作为一种由于日粮而产生的问题。虽然猫主的培训及安排对成功减重是必需的，但对兽医人员认识他们在营养咨询（如无选择饲喂、增加蛋白及低碳水化合物日粮）、青年动物在摘除性腺后的体重管理及已增重的猫的早期干预以防止出现过度肥胖及临床后果中的作用也是极为重要的。

诊断

主要诊断

- 病史：应详细向猫主询问关于猫的日粮（即类型、数量、饲喂频率及补充饲喂的情况）、饲喂方法（自由选择采食或有计划饲喂）、餐食、摄水情况、活动水平以及其他相关的医疗病史。
- 查体：可采用视诊及触诊检查获得体况得分。对肥胖的诊断包括不能感觉到肋骨，过量的腹腔内或腹股沟脂肪沉积。应在医疗记录中记载BCS及体重的变化，以提供随后一段时间可以追溯的数据（见表153–1）。

辅助诊断

- 腹腔X线检查：在腹腔明显膨大时，可能需要进行腹腔X线诊断以区别肥胖与器官肿大、腹水或腹腔内肿瘤（见图292–1、图292–2和图292–3）。
- 基础检查：可采用血液及尿液检查评价猫的健康状况，特别是肥胖的影响，如糖尿病等。
- 血压：老龄及非常肥胖的猫应测定其血压。

诊断注意事项

- 甲状腺机能亢进的猫极为罕见，除非已经排除了其他常见的疾病，发现有严重的总T_4抑制，存在其他明显的甲状腺机能亢进的症状（躯干脱毛、心动过缓、低体温、限食后血清生化检查发现胆固醇过高血症、低等的非再生性贫血），则不应诊断为甲状腺机能亢进。甲状腺机能正常患病综合征（euthyroid sick syndrome）（由于明显的非甲状腺疾病引起总T_4降低）在猫较为常见，但易于和真正的甲状腺机能亢进混淆。

表153–1　体况得分（1–9分制）

体况得分	检查结果
1	短毛猫肋骨可见、无可触及脂肪，严重蜷腹；腰椎及髂骨翼易于触及
2	短毛猫肋骨易于可见；腰椎明显，具有很少的肌肉组织；严重蜷腹，无可触及的脂肪
3	肋骨易于触及，有少量脂肪覆盖；腰椎明显；肋骨后腰部明显；腹腔脂肪很少
4	肋骨易于触及，有少量脂肪覆盖；肋骨后腰部显而易见；轻微卷腹；无腹腔脂肪垫
5	理想：各部位比例良好；肋骨后可观察到腰部；肋骨可触及，具有少量脂肪覆盖；少量腹腔脂肪垫
6	肋骨可触及，轻微过量的脂肪覆盖；可区别出腰部及腹腔脂肪垫，但不明显；无蜷腹
7	肋骨不易触及，中等量脂肪覆盖；腰部几乎不可辨别；腹腔明显变圆；中等腹腔脂肪垫
8	肋骨不能触及，大量脂肪覆盖；无腰部；腹腔明显变圆，明显的脂肪垫；腰部无脂肪沉积
9	肋骨不能触及，大量脂肪覆盖；腰部、面部及四肢大量脂肪沉积；腹壁膨胀，无腰部；大量腹腔脂肪沉积

引自 Nestle Purina PetCare，St. Louis，MO.

治疗

主要疗法

- 日粮：无论选用何种日粮，都必须要控制热量，这可通过采用含热量少（罐装食品或低脂肪食物）的饲料来完成。应经常告知猫主不能让猫自由选择采食，必须仔细称量食物，在特定的时间饲喂。在传统上一般根据下列公式计算需要的热量：热量（in）=［适宜的体重（kg）X30］+70，但这可能会过高估计了肥胖猫所需要的热量。可以简单地理解为，理想体况的猫体重为4.5～5kg，每天应摄食752.4～836kJ，而肥胖猫的需要比这少许多。肥胖猫所需要的量应比计算的最佳体重维持热量减少达60%，直到达到最佳体重为止。由于这种极端减少热量的摄入，因此饲喂的日粮必须要含有高质量的成分及足够的蛋白以防止蛋白营养不良。此外，猫应在2～3次饲喂的食物中满足其建议的热量摄入，而且不应再让猫自由采食。
- 日粮成分：理想状态下应饲喂中等到高质量的蛋白、低碳水化合物及低脂肪水平的食物，以促进瘦肉组织发育及限制热量摄入。近来的研究对食物中理想的蛋白含量，即可代谢能（metabolizable energy，ME）所占的比例进行了研究，建议为了获得最佳的脂肪损失及保存肌肉组织，蛋白ME的最低需要为45%。饲喂低质量的蛋白不仅促进肌肉组织丧失，降低能量代谢，而且增加了氨基酸、抗氧化剂（谷胱甘肽）及来自蛋白的重要的细胞机能调节因子（如一氧化氮）等缺乏的风险，还可因消化能力降低及小肠内菌群的变化而引起腹泻及粪便恶臭。

- 日粮添加剂：除了按日粮计划饲喂外，应避免美食和甜点。
- 运动：通过增加游玩、将食物置于较远位置以促进运动等方式增加猫的活动。对猫来说有效增加运动的工具是少定点活动。对许多户内饲养的猫而言，增加能量消耗较为困难，常常在实践中不可行，在这些情况下限制热量摄入难以达到成功失重的目标。
- 宠物主人教育：必须要告知猫主肥胖对健康是有害的，应与他们讨论这些风险，以便让猫主了解而不是害怕；如果猫主害怕则可导致其回避这些问题及回避兽医。应试图确定舍饲情况下导致肥胖的因子，以便制订能减少这些因子的目标。客户在达到这些目标中发挥主要作用。

辅助疗法

- L-肉毒碱：每天补充L-肉毒碱（250mg q24h PO），同时将其整合到减重计划中可帮助增加脂肪代谢及减少用于获得安全减重计划的时间。有人建议补充维生素A及视黄酸以改进减重，但如果不监测组织中视黄酸的水平则有可能引起中毒，因此不建议采用这种方法。

治疗注意事项

- 促使减重的有效方法是有规律的监测（体重及BCS），同时要向客户强调其重要意义。建立住院期间的“称重（weigh-in）”计划，由技术人员/护理人员指导进行，这样客户就不会感到担忧。这种计划为获得持续性减重的一种有效方法，也是一种具有明显的市场前景及建立客户关系的有效工具。
- 虽然不建议进行快速减重（每周减重＞3%），由于这样会增加肝脏脂肪沉积的风险，但研究表明，只要能满足蛋白的需要（即日粮中含有非常高的蛋白水平），可采用计算目标45%的能量需要。但是，如果采用高纤日粮，则蛋白浓度必须要超过45% ME，以确保充足的蛋白摄入。
- 采用何种类型的日粮能获得减重，人们的观点不一（即采用罐装或干食物，需要的蛋白水平及纤维的作用等），但减少脂肪的关键是减少热量。大多数成功减重的日粮可减少热量摄入而能有效维持足够数量和质量的蛋白，以保持其基本的需要及机能。必须要饲喂严格控制蛋白的食物，特别是在去势的猫更应如此。

预防

防止去势猫发生肥胖的关键因素包括去势后严格控制日粮摄入（质量和数量），仔细记录其终生的BCS和体重。

预后

如果能选择减重计划并施行，则肥胖的预后良好。

参考文献

German AJ. 2006. The growing problem of obesity in dogs and cats. *J Nutr.* 136:1940S–1946S.

Hoenig M, Ferguson DC. 2002. Effects of neutering on hormonal concentrations and energy requirements in male and female cats. *Am J Vet Res.* 63:634–639.

Laflamme DP, Hannah SS. 2005. Increased dietary protein promotes fat loss and reduces loss of lean body mass during weight loss in cats. *Int J App Res Vet Med.* 3(2):67–72.

Nguyen P, Leray V, Dumon H, et al. 2004. High protein intake affects lean body mass but not energy expenditure in non-obese neutered cats. *J Nutr.* 134:2084S–2068S.

Radin MJ, Sharkey LC, Holycross BJ. 2009. Adipokines: a review of biological and analytical principles and an update in dogs, cats, and horses. *Vet Clin Path.* 38(2):136–156.

Roudebush P, Schoenherr WD, Delaney SJ. 2008. An evidence based review of the use of therapeutic foods, owner education, exercise and drugs for the management of obese and overweight pets. *J Am Vet Med Assoc.* 233(5):717–722.

Vasconcellos RS, Borges NC, Goncalves NV, et al. 2009. Protein intake during weight loss influences the energy required for weight loss and maintenance in cats. *J Nutr.* 139:855–860.

Villeverde C, Ramsey JJ, Green AS, et al. 2008. Energy restriction results in a mass adjusted decrease in energy expenditure in cats that is maintained after weight regain. *J Nutr.* 138:856–860.

Zoran DL. 2002. Timely topics in nutrition. The carnivore connection to nutrition in cats. *J Am Vet Med Assoc.* 221(11):1559–1567.

第154章 口腔肿瘤 Oral Neoplasia

Bradley R. Schmidt 和 Mitchell A. Crystal

概述

口腔肿瘤约占猫所有肿瘤的3%，其中60%～80%为鳞状细胞癌（squamous cell carcinomas，SCC），10%～20%为纤维肉瘤（fibrosarcomas，FSA），其他口腔肿瘤包括牙原生性肿瘤（odontogenic tumors）［即诱导性纤维成釉细胞瘤（inductive fibroameloblastoma）、钙化性上皮牙原性肿瘤（calcifying epithelial odontogenic tumor）及龈瘤（epulides）］、黑素瘤、淋巴瘤等，这些肿瘤约占所有口腔肿瘤的3%。品种、被毛颜色或性别与口腔肿瘤的发生没有明显关系。有研究表明采用灭蚤颈圈、饲喂主要为罐装的食物、饲喂罐装金枪鱼及在室内暴露吸烟可能增加患口腔SCC的风险。

猫的口腔肿瘤可起自口腔的任何部位（即下颌、上颌、硬腭等），但 SCC更常见于舌下（见图154-1）。在老龄猫肿瘤更为常见（SCC和FSA的平均年龄为10～12岁），但在患诱导性纤维成釉细胞瘤的猫则通常较为年轻（18月龄或以下），而且肿瘤的发生无明显的品种或性别趋势。口腔肿瘤似乎在局部具有侵入性，常常侵及其下的骨和侵入鼻腔、眼眶周隙及咽部。在患SCC时，肿瘤转移到局部淋巴结可占所有病例的30%左右，但明显的肿瘤转移罕见。猫患FSA时局部或明显的肿瘤转移罕见。牙源性肿瘤为良性，一般不发生转移（见图154-2）。据报道，猫的口腔黑素瘤具有高度的转移性，猫患口腔淋巴瘤的报道不多，表现这种肿瘤在大多数情况下为全身性疾病。

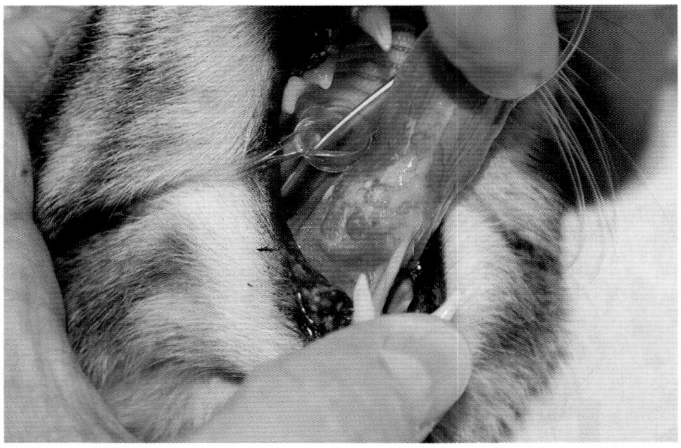

图154-1 口腔鳞状细胞癌最常见于舌的腹面（图片由Gary D. Norsworthy博士提供）

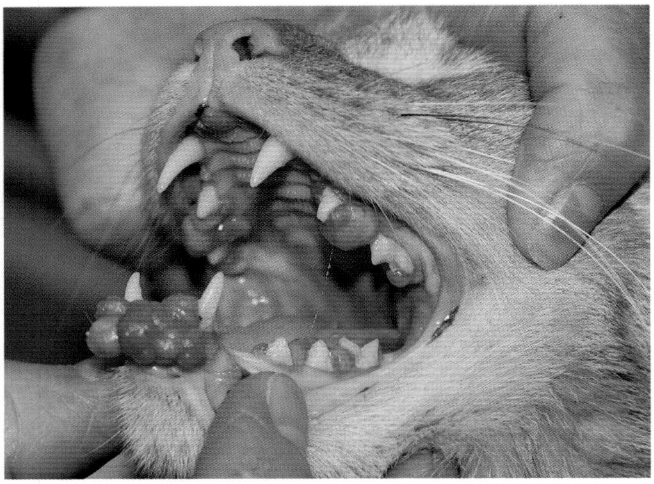

图154-2 牙原性肿瘤典型情况下为良性，不发生肿瘤转移。本例猫具有多个齿龈瘤，CO_2激光摘除后康复，但邻近的牙齿突出（图片由Gary D. Norsworthy博士提供）

患口腔瘤的猫通常因口臭（halitosis）、口腔出血、存在口腔肿块、面部畸形、眼球突出（exophthalmos）、流涎、失重、吞咽困难或厌食而就诊（见图154-3）。查体并非总能发现口腔肿块，牙齿松动而无明显的牙病或齿龈变化时应警示可能发生有口腔肿瘤 （见图154-4），虽然肿瘤的转移不常见，但有时可见局部淋巴结肿大。

口腔肿瘤的鉴别诊断包括嗜酸性粒细胞肉芽肿综合征、猫淋巴细胞浆细胞性齿龈炎（feline lymphoplasmacytic gingivitis）、牙周病、齿根脓肿、牙源性吸收性病变（ondoclastic resorptive lesions）、鼻咽部息肉及扁桃腺炎（tonsillitis）等。

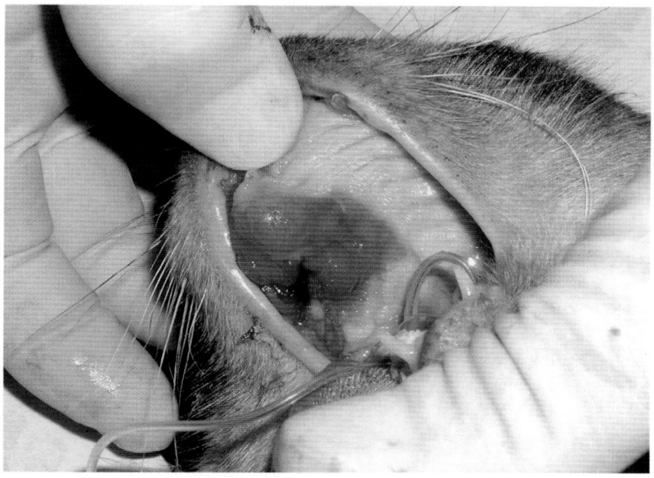

图154-3　口腔肿瘤的示病症状通常包括口臭、流涎及口腔出血，如这例猫患有纤维肉瘤，患病部位是上颌和硬腭（图片由Gary D. Norsworthy博士提供）

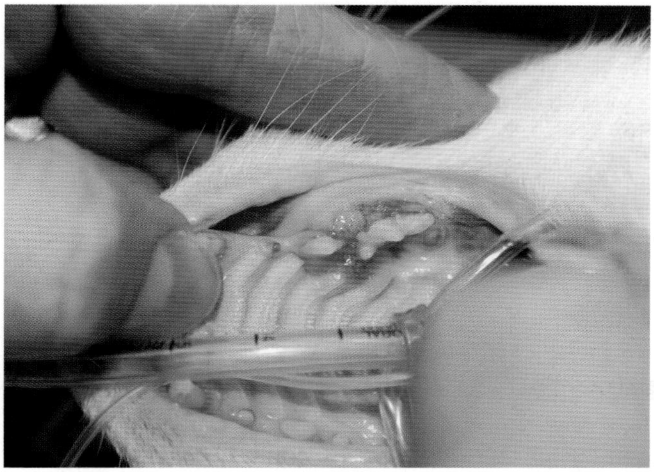

图154-4　牙齿松动而不表现明显的牙齿疾病可由于肿瘤侵入齿槽所引起。本例猫患有鳞状细胞癌（图片由Gary D. Norsworthy博士提供）

诊断

主要诊断

- 查体：仔细检查是否有肿块、牙齿松动、下颌及上颌肿大、眼球后肿大、鼻腔充血及局部淋巴结肿大等症状。有时可发现组织坏死的典型味道。
- 颅腔及牙齿X线检查、计算机断层扫描（CT）及磁共振影像检查（MRI）：应在全身麻醉下进行，以确定是否发生有细胞溶解性及增生性骨变化，确定损伤的程度以制订治疗计划。CT和MRI一般比X线诊断更能灵敏地确定损伤的程度，还可发现是否存在局部淋巴结肿大。
- 切块活组织检查及组织病理学检查：为更为确定的诊断方法。由于这些肿瘤可发生继发感染及炎症，因此最好采集大块样品以增加准确诊断的可能性。细针穿刺口腔肿块可由于继发性炎症及感染而产生假阴性结果。

辅助诊断

- 淋巴结细针活检及细胞学检查：即使局部淋巴结未发生肿大，也应进行细针穿刺活检，最好是在麻醉状态下进行。也可进行切开性淋巴结活检。
- 胸腔三面X线检查（three-view thoracic radiographs）：虽然肿瘤转移到肺脏不太常见，但仍应进行X线检查以评估是否有肿瘤转移及其他可能伴发的心肺疾病。
- 腹腔超声检查：为检查口腔源性的细胞肿瘤，如淋巴瘤时，应进行这种检查，或者如果怀疑存在其他疾病时，也应进行这种检查。
- 基础检查：应进行血常规、血清生化检查、尿液分析及逆转录病毒检查，以评估病猫的整体健康状况。

诊断注意事项

- 对早期诊断口腔肿瘤而言，口腔检查的重要性对培训客户及日常的兽医检查极为重要。
- 口腔或牙齿检查时检查牙齿松动应考虑采用X线检查或CT检查或MRI检查及活检。
- 血液检查可发现慢性疾病引起的贫血、癌旁白细胞增多（paraneoplastic leukocytosis）及其他可能在老龄猫伴发的疾病。
- 尚未证明猫的逆转录病毒为猫口腔肿瘤发生的风险因子，但在评价猫的整体健康状况时极为重要。对逆转录病毒进行检测有助于判断预后的等级。

治疗

主要疗法

- 手术疗法：如果能够局部控制肿瘤则可施行积极的手术摘除进行治疗，但由于可触及的组织有限，大多数病例肿瘤已处于晚期阶段，因此手术疗法较为困难。小而位于下颌和上颌的肿瘤及牙源性肿瘤，手术治疗的成功率最高。邻近于上颌或下颌的损伤典型情况下需要实施部分或全部的上颌部分切除术（maxillectomy）或下颌部分切除术（mandibulectomy）。牙源性肿瘤通常可用手术法治疗。口腔淋巴瘤通常由于可采用化疗或放疗等方法局部控制肿瘤，而且在大多数情况下这种肿瘤为全身性的，因此口腔淋巴瘤通常不需要进行手术治疗。口腔黑素瘤由于其转移的比例很高，因此切除性手术（radical surgery）常难以治愈。

- 放疗：对牙源性肿瘤，放疗常常可以治愈，对口腔淋巴瘤及黑素瘤也可缓解。对SCC及 FSA而言，以确定的放疗及或不采用化疗进行治疗时，其反应率差异很大，但由于局部肿瘤的进展生存时间通常不足6个月，也与较高的死亡率有关。因此，大多数放疗治疗方法只是为缓解症状而设计的。在认真选择的病例，放疗可用于改进口腔肿瘤不完全摘除后的控制率。

辅助疗法

- 化疗：可用于治疗不太常见的口腔淋巴瘤，但一般来说在治疗其他口腔恶性肿瘤时没有多少效果。以化疗为放疗的敏化因子（radiation sensitizer）或与放疗结合治疗仍不能有效延长生存时间，也与死亡率的增加有关。患口腔SCC肿瘤的猫其COX-1和COX-2的表达差异很大，其对 COX抑制剂的反应也差别很大。有研究表明猫在采用非甾体激素抗炎药物治疗之后生存时间延长。

治疗注意事项

- 猫通常不能耐受除去50%以上的下颌或上颌组织，通常会发生短期的发病［即吞咽困难、食欲不振、整梳不能、流涎（pytalism）、下颌错位（mandibular drift）等］。因此，建议在手术之前仔细选择病例及进行影像检查。
- 手术之后可能需要通过胃管或食道开口插管提供营养。
- 在对施行下颌切除术的28例猫的猫主进行的调查发现，21例（75%）对结果满意，7例（25%）对手术的治疗效果不满意。大多数猫在术后2～4个月难以采食，此后猫能很好地采食罐装食品，但采食干食物仍有困难。

预后

总之，大多数患口腔 SCC或FSA的猫由于肿瘤的局部进展而通常在6个月内死亡。小的位于喙部的肿瘤如果积极进行手术治疗可有较长的生存时间，因此早期通过频繁的口腔检查进行诊断具有重要意义。SCC与FSA及其他恶性肿瘤相比，通常生存时间短。手术治疗与放疗结合治疗SCC及 FSA在选择的病例通常生存时间较长。除了口腔黑素瘤和淋巴瘤外，肿瘤的转移不常见。大多数患有牙原性肿瘤的猫用手术或放疗治疗通常可以治愈。

参考文献

Bertone ER, Snyder LA, Moore, AS. 2003. Environmental and lifestyle risk Factors for oral squamous cell carcinoma in domestic cats. *J Vet Intern Med.* 17(4):557–562.

Hayes AM, Adams VJ, Scase TJ, et al. 2007. Survival of 54 cats with oral squamous cell carcinoma in United Kingdom general practice. *J Small Anim Pract.* J48(7):394–399.

Liptak M, Withrow SJ. 2007. Cancer of the gastrointestinal tract. Oral tumors. In SJ Withrow, DM Vail, eds., *Small Animal Clinical Oncology*, 4th ed., pp. 455–475. Philadelphia: Elsevier Saunders.

Moore AS, Ogilvie GK. 2001. Tumors of the alimentary tract. Malignant oral tumors. In AS Moore, GK Ogilvie, eds., *Feline Oncology*, pp. 271–277. Trenton: Veterinary Learning Systems.

Moore AS, Ogilvie GK. 2001. Tumors of the alimentary tract. Benign oral tumors. In AS Moore, GK Ogilvie, eds., *Feline Oncology*, pp. 277–281. Trenton: Veterinary Learning Systems.

Northrup NC, Selting KA, Rassnick KM, et al. 2006. Outcomes of cats with oral tumors treated with mandibulectomy: 42 cases. *J Am Anim Hosp Assoc.* 42(5):350–360.

第155章 有机磷及氨基甲酸中毒
Organophosphate and Carbamate Toxicosis

Gary D. Norsworthy

概述

猫可局部、全身或因环境中害虫防治而经常暴露有机磷类（organophosphates，OP）及氨基甲酸类（carbamates）农药。常见的有机磷酸酯类包括倍硫磷（fenthion）、马拉硫磷（malathion）、对硫磷（parathion）、（runnel）、赛灭磷（cythioate）、蝇毒磷（coumaphos）、毒死蜱（chlorpyrifos）、二嗪农（diazinon）、敌敌畏（dichlorovos）、杀虫畏（tetrachlorvinphos）、亚胺硫磷（phosmet）、氨磺硫（famphur）及烯虫磷（propetamphos）等。常见的氨基甲酸类包括苯氧威（fenoxycarb）、灭多威（methomyl）、恶虫威（bendiocarb）、涕灭威（aldicarb）、西维因（carbaryl）、克百威（carbofuran）及残杀威（propoxur）。所有这些产品均可通过抑制神经肌肉接头处的乙酰胆碱酯酶，导致AChE过量，延长突触后膜去极化，效应器受到刺激，因此影响神经系统。AChE的自发性激活在年轻的猫比较缓慢，而在老龄猫则几乎不存在这种情况，其氨基甲酸中毒（可逆转性AChE抑制因子）比OP中毒（最可能逆转的AChE抑制因子）中更为常见。大多数OP杀虫剂可在暴露后24h内以共价键结合AChE。暴露后有机磷类储存在脂肪中，缓慢释放进入血循。因此，瘦猫血液循环出现OP水平要更快，表现更为严重的临床症状。临床症状从刺激副交感神经开始，在一定程度上，也与交感神经的刺激有关。症状逐渐出现，开始时表现不安，随后进展为兴奋过度或兴奋性降低。毒蕈碱样作用（muscarinic）（即流涎、流泪、支气管分泌物、呕吐或腹泻）、烟碱样作用（即肌肉颤动或呼吸麻痹）及混合作用（即中枢神经系统抑制、癫痫、瞳孔缩小及超活跃）症状均可出现。发绀和全身强直表明有严重的中毒，在出现上述症状后很快就会出现痉挛、呼吸衰竭及死亡。倍硫磷和毒死蜱中毒则是两种例外的中毒，前者中毒时猫可耐受数周，之后开始出现中毒症状；长期厌食可能是最为明显的症状。后者中毒时则可在暴露后数天引起中毒症状急性开始，引起厌食、共济失调、前驱瘫痪及颈部下弯。这两种药物引起的中毒可能需要额外治疗数周，同时应进行营养支持治疗。

OP浸渍的防蚤颈圈可引起两种综合征。一种为脊髓疾病，可导致后躯共济失调，并逐渐向前进展，通常发生在使用颈圈后10～14d。典型情况下，临床症状在除去颈圈后可消失。防蚤颈圈在太紧或潮湿时，或使用一个以上的颈圈，或者猫对颈圈内的成分发生过敏反应时，也可引起局部皮炎。除去颈圈后可痊愈，但有些猫需要积极地用口服或局部皮质激素治疗。

毒死蜱中毒通常发生于暴露后数天，可引起后躯共济失调、麻痹或颈部下弯；常见震颤（tremors）及肌肉神经纤维自发性收缩，也可发生长达数周的厌食。

诊断

主要诊断

- 病史：近来局部或全身使用过OP或氨基甲酸时应怀疑猫有发生中毒的可能。
- 临床症状：流涎、肌肉震颤、呕吐、腹泻、瞳孔缩小、心动过缓、腹痛及经常排尿是常见的早期症状，之后可发生发绀、全身强直、呼吸窘迫、昏迷及死亡。长时间厌食而无其他原因或对颈圈附近的皮肤侧刺激也有可能是因发生中毒所引起。
- 阿托品试验剂量：阿托品（0.02mg/kg IV）给药，如果发生心动过速及瞳孔散大则表明没有接触AChE，说明不可能为OP及氨基甲酸中毒。

辅助诊断

- AChE 水平：如果降低到正常水平的25%，则有可能发生了OP及氨基甲酸中毒。用于分析的组织样品最好应该包括全血、血清、血浆、大脑（包括应该采集小脑、大脑和脑干的样品）、肝脏、体脂、胃及小肠内容物及皮肤和皮下组织。

- 组织毒素（tissue toxins）：组织中有机磷酸及氨基甲酸的水平可验证诊断。

诊断注意事项

- 可采集用于分析毒素的组织样品，快速冷冻保存，因为毒素的组织水平下降很快。
- 组织转运过程中可发生氨基甲酸再度激活，由此导致假阴性结果。

治疗

主要疗法

- 呼吸系统支持疗法：应确保病猫的气道通畅，如有需要可进行氧气疗法。
- 控制抽搐：如果发生抽搐，可给予安定（0.5～1mg/kg IV 以发挥作用）、巴比妥（5～20mg/kg IV 以发挥作用）或戊巴比妥（10～30mg/kg IV）。
- 阿托品：开始时以0.2～0.5mg/kg剂量IV给药，控制心动过缓、细支气管过度狭窄及黏液分泌过多，这种药物不会消除肌肉震颤及呼吸麻痹等烟碱症状。可将25%的剂量IV，其余IM给药。应根据需要重复给药，如果发生心动过速、体温过高及攻击行为或精神错乱时可停药。阿托品对烟碱症状无效，因此不能终止肌肉震颤或肌肉衰弱。
- 氯化解磷定（pralidoxime chloride，2-PAM）：为AChE再激活药物，可游离该酶及恢复正常机能，剂量为10～20mg/kg q8～12h IM或SC，在暴露后数小时内用药则效果极佳（即在老化前给药）。该药可缓解烟碱样症状（如肌肉震颤及呼吸麻痹）。该药在用药时只要能产生反应就应给药，如果三次用药后不再出现反应，则应停药。剂量过大可引起心动过速及心律失常。本药只能用于 OP中毒；对氨基甲酸酯中毒无效。配制后的药品瓶如果用箔片包装或置于冰箱，可在2周内使用。

辅助疗法

- 药浴：如果发生皮肤接触，应将猫在温和的清洁剂中药浴，除去所有可能残留的毒物，如不能进行，则猫可能会通过整梳而摄入更多的毒物。
- 活性炭及泻药：活性炭以2.0g/kg（10mL/kg 10%口服悬浮液）PO（经口胃管）给药，硫酸钠以1g/kg给药，这些药物可与一些解毒药（山梨醇活性炭溶液，actidose with sorbitol，Paddock Laboratories）合用。但如果病猫发生抽搐或昏迷时则不能使用。
- 洗胃/灌肠（gastric lavage/through-and-through enema）：可用于除去胃肠道残留的毒物。应注意如果猫昏迷时由于可发生吸入，因此不能进行这种治疗。治疗时必须要采用麻醉及有气囊的气管内导管。
- 苯海拉明：这种药物有助于控制肌肉自发性收缩及延缓神经症状，剂量为2～4mg/kg q8h IM，连用2d，之后根据需要以2～4mg/kg q8h PO，连用21d。但对其应用及剂量仍有争议，如果采用这种药物，应监测猫是否会出现渐进性中枢神经抑制。

治疗注意事项

- 毒死蜱中毒常常需要用2-PAM治疗数周，常见复发，应采用2-PAM再次进行治疗。由于长期厌食，因此可能需要采用饲喂管进行营养支持治疗。
- 虽然很有必要控制抽搐，但重要的是除非用于特殊目的，不应诱导中枢神经系统抑制。
- 吩噻嗪类镇静剂，包括乙酰丙嗪，可能会加强OP中毒。
- 完全康复取决于重新合成足量的AChE，这可能需要4～6周。

预后

如果诊断及治疗及时，OP及氨基甲酸中毒的预后良好。但应注意治疗时可能需要细心护理数天，连续治疗数周。本病不大可能会产生长期的影响。

参考文献

Dorman DC, Dye JA. 2006. Chemical toxicities. In SJ Ettinger, EC Feldman, eds., *Textbook of Veterinary Internal Medicine*, 6th ed., pp. 256–261. St. Louis: Elsevier Saunders.

Ducote JM, Dewey CW. 2001. Acquired myasthenia gravis and other disorders of the neuromuscular junction. In JR August, ed., *Consultations in Feline Internal Medicine*, 4th ed., pp. 374–380. Philadelphia: WB Saunders Co.

Hansen SR, Curry-Galvin EA. 2007. Organophosphate and carbamate toxicity. In LP Tilley, FWK Smith, Jr., *Blackwell's 5-Minute Veterinary Consult*, 4th ed., pp. 998–999. Ames, IA: Blackwell Publishing.

第156章
骨关节炎
Osteoarthritis

Andrew Sparkes

概述

近年来对猫退行性关节疾病（degenerative joint disease，DJD）各种临床症状的认识越来越清楚，目前似乎已经很清楚的是，这种疾病在过去的认识及治疗明显不足。术语DJD及骨关节炎（osteoarthritis，OA）常常交互使用，但OA其实是一种DJD，其主要特点是动关节的滑膜关节（diarthrodial synovial joints）软骨退化。X线很难检查轴向滑液关节（axial synovial joints），因此许多对猫DJD及OA的研究主要是或完全是研究这些疾病对附属关节（appendicular joints）的影响。

根据回顾性X线检查结果，猫的DJD似乎为一种流行性疾病（高达20%的猫患病），但关于这些疾病的发病机制及临床症状不是很了解。在许多猫可检查到外伤性OA，髋关节发育不良（hip dysplasia）是猫发生髋关节（coxofemoral）OA的主要原因，而且这种疾病具有明显的品种趋势，患病以缅因库恩猫最多，其次为波斯猫和暹罗猫。但关于猫的OA，虽然有这些已经认识到的原因，目前的研究表明大多数的病例为先天性的，对其潜在的病理生理学变化的研究尚未见有报道，但有研究表明，在许多患有OA的病例，病变为双侧性的，最常报道患病的关节为肩关节、肘关节及膝关节（见图156-1）。

除了动关节DJD外，以前的研究还表明在老龄猫脊椎关节僵硬（vertebral spondylosis）发病率较高。有研究表明年龄超过12岁的猫 80%以上X线检查发现有椎关节强硬，但对这种变化的临床意义还不清楚（见图40-1及图156-2）。

研究表明，猫 DJD所表现的症状可能没有其他动物明显，而且其症状常常很微妙。研究表明明显的跛行只有在50%以下的病例能观察到，这在一方面可能是由于猫和犬等的运动方式不同，因此观察跛行可能较难，另一方面也可能是由于本病在开始时常常可能为潜伏性的及双侧性的，也可能与许多猫隐藏其症状有关。在一项回顾性研究中发现，猫OA最常见到的临床症状是所谓的生活方式发生改变，跳跃的愿望降低，跳跃减少，可能存在步态呆板等。据报道，这些症状见于1/4 ~ 1/3的病例。猫主有时可观察到猫步态僵硬，表现为行走时步态呆板。其他常常可见到的症状包括活动减少，难以够到边缘较高的猫沙盆，整梳减少，难以爬上或爬下楼梯可能是最常见的症状。这些症状中有些可能很隐蔽，因此通过询问猫主了解，建议怀疑诊断是极为重要的。同样，有些明显与OA相关的变化也可由于其他原因而发生改变（如行为变化），因此需要仔细检查。

诊断

主要诊断

- 临床症状：可根据前述示病的临床症状，提出DJD的怀疑诊断。
- 查体：在检查关节时应查找是否有关节肿胀、运动范围改变及活动关节时有捻发音。但众所周知，猫的整形外科检查（orthopedic examinations）较为困难，有时很难区分疼痛反应与猫在检查关节时所出现的变化。
- X线检查：X线检查可发现骨刺（osteophytes）、软骨下硬化（subchondral sclerosis）、骨或软组织肿大及关节内或关节外软组织钙化。但与其他动物一样，DJD时所发生的X线检查变化的严重程度并不与临床症状密切相关（见图156-1）。

辅助诊断

- 关节液体检查：包括进行液体的细胞学检查有助于区分DJD及炎性关节病。
- 治疗性试验：在诊断有怀疑或是否存在DJD为表现临床症状的原因时，可进行治疗性试验。

治疗

主要疗法

- 管理肥胖：关节疾病的发生与肥胖有一定关系。因此达到及维持最佳体重应该是治疗的重要目标。参见第153章。

- 改变环境：改变家居环境，以便使猫减少跳跃（跳上或跳下）。可有策略地放置椅子、凳子或坡道，以便猫在发现难以跳跃时能调整跳跃位置（如在窗台上）。应避免采用边缘高的猫沙盆。
- 美洛昔康：为非甾体激素类抗炎药物（NSAID）。在英国，近来批准美洛昔康可以长期用于治疗猫的肌肉骨骼疼痛，在美国只批准一次用药。英国批准的剂量为0.1mg/kg PO，之后为0.05 mg/kg q24h PO。但研究表明，在有些猫剂量很低时（如每只猫 0.05 mg，q24～48h PO）仍然有效，因此如果发现明显的不良

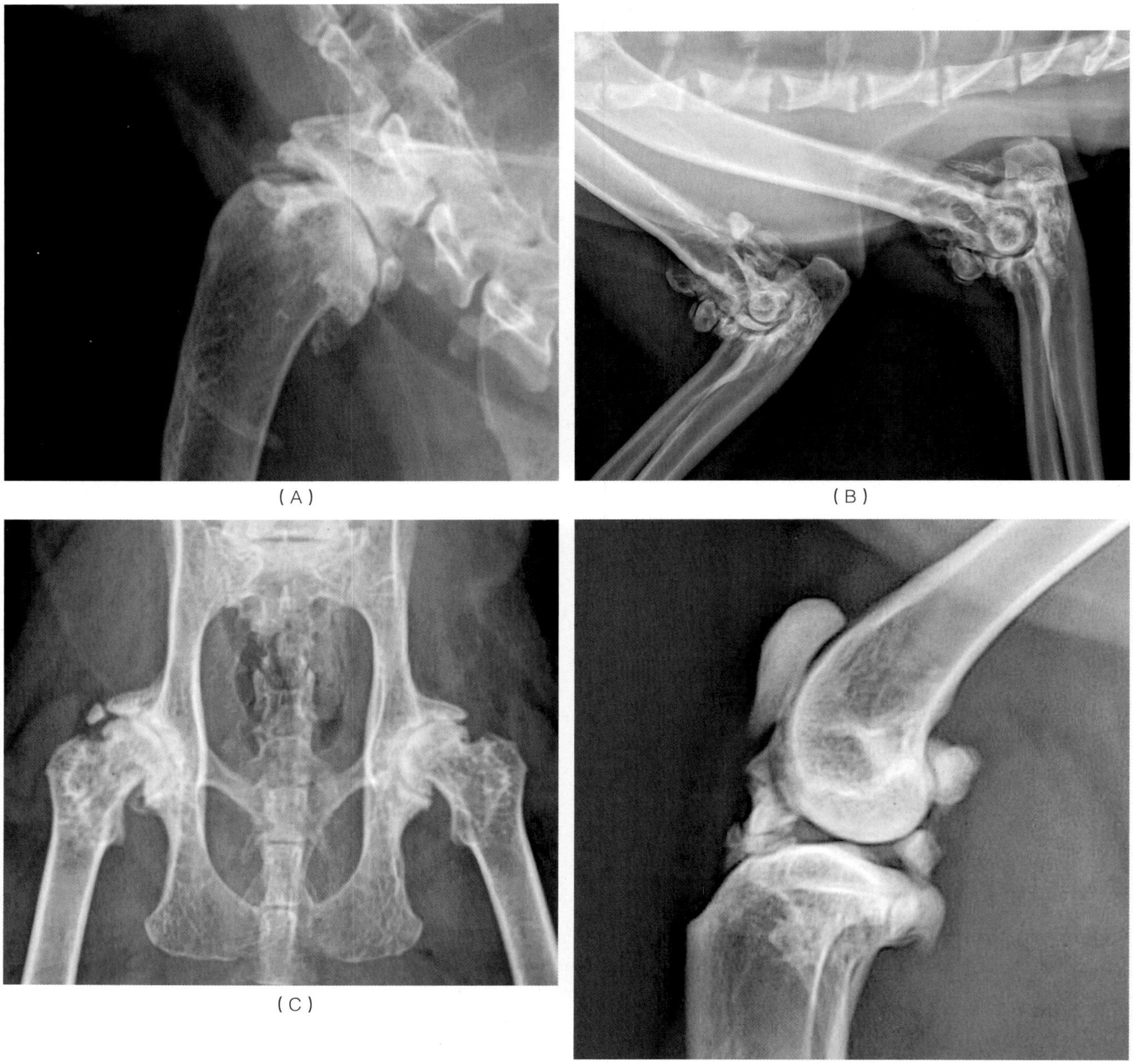

（A）　（B）　（C）　（D）

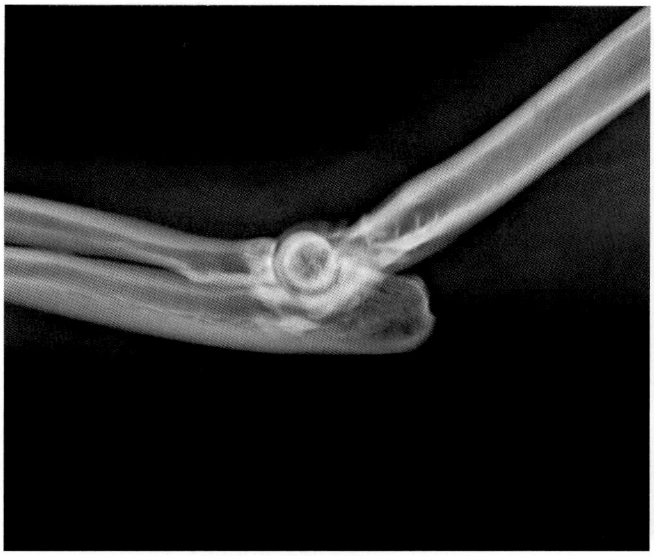
（E）

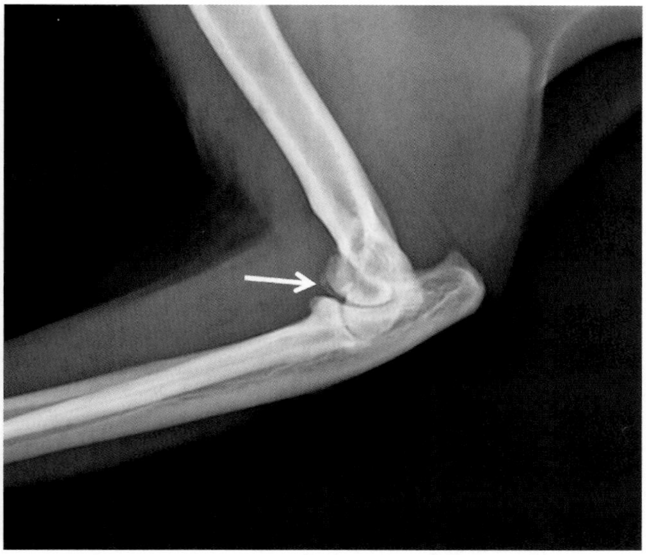
（F）

图156-1　最易受骨关节炎影响的关节为肩关节（A）、肘关节（B）、髋关节（C）及膝关节（D）。在有些病例，疾病常为双侧性，如图中的（B）和（C）。在老龄猫有时可见滑液性骨软骨瘤（synovial osteochondromatosis），同时伴发骨关节炎，但尚未发现其间有因果联系。在疾病的早期阶段可发生比图（A）、（B）、（C）、（D）中更为微妙的损伤，如图（E）和（F）。这例肘关节所发生的损伤在侧面（E）观并没有像在斜侧面观察（箭头）（F）那样明显（图片由Gary D. Norsworthy博士提供）

反应或需要防止出现不良反应时，应测定剂量效价。

- 其他药物治疗：其他药物及营养保健品也有助于治疗猫的DJD，这些药物或保健品可作为辅助疗法或与NSAID治疗一同使用。软骨保护剂（chondroprotectants）如葡萄糖胺和软骨素（Cosequin and Dasuquin，NutramaxLaboratories，Edgewood，MD）可用于猫。也可使用其他止痛剂，如类阿片活性肽等。改变日粮，加强n-3脂肪酸的摄取或补充青边贻贝（green-lipped mussel）也有助于治疗骨关节炎。在一项研究中发现，采用富有n-3脂肪酸的实验性日粮，增加蛋氨酸和锰的水平，可改善老龄猫与关节疾病有关的生物标志。

辅助疗法

- 康复疗法（rehabilitation therapy）：有些猫可耐受水疗（hydrotherapy）及理疗，这些治疗方法可具有一定的价值（参见第268章）。激光治疗也可缓解有些病例的临床症状，参见第312章。

治疗注意事项

- 猫主应花费大量的时间为猫整梳，因为许多猫患关节炎时难以整梳。
- 许多猫在采用NSAID治疗时应最大可能地降低出现不良反应的风险，因此对有些情况下采用这类药物治疗应谨慎，这些情况包括采用利尿剂进行治疗时，采用血管紧张素转化酶抑制因子或皮质激素进行治疗时，以及患有脱水、胃肠炎症性疾病及先天性心衰、肝脏疾病及肾机能不足时等。有些情况或同时进行的治疗可能会绝对禁止采用NSAID治疗（如采用皮质激素治疗或肾脏疾病后期），主要是由于出现了明显的不良反应。
- 应告知猫主注意观察猫在采用NSAID治疗后的临床症

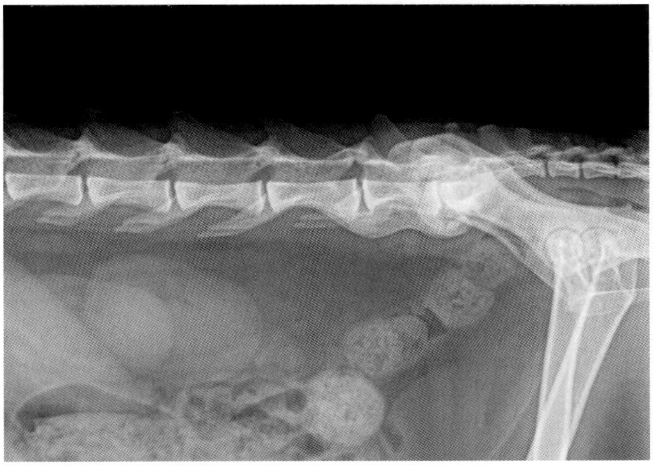

图156-2　老龄猫常见脊椎椎关节强硬，其中许多可发生便秘。虽然尚未见有疼痛，但与便秘的联系表明会发生疼痛。本例猫便秘数月之后症状消除。这张X线片表明骨桥（bony bridging）的形成，这种情况发生于脊椎稳定及疼痛消除时（图片由 Gary D. Norsworthy博士提供）

状，如发现厌食、胃肠机能紊乱（如呕吐或腹泻）或者口渴或排尿增加时，则表明需要暂时性或永久性停止治疗。

- 猫在接受NSAID治疗时，应鼓励猫主饲喂罐装食品而不是干食品，以增加水分的摄入。应建议猫主在猫采食后给予NSAID，如果猫不再采食，则应停止用药。猫在停止采食后常发生脱水，由此引发的血容量减少可能会引起肾脏机能异常。

预后

OA不是一种可治愈的疾病，但许多病例对多模式治疗反应良好，可维持基本正常达多年。

参考文献

Clarke SP, Bennett D. 2006. Feline osteoarthritis: A prospective study of 28 cases. *J Small Anim Pract.* 47(8):4394–445.

Clarke SP, Mellor D, Clements DN, et al. 2005. Prevalence of radiographic signs of degenerative joint disease in a hospital population of cats. *Vet Rec.* 157(25):7934–799.

Gunew MN, Menrath VH, Marshall RD. 2008. Long-term safety, efficacy and palatability of oral meloxicam at 0.01-0.03 mg/kg for treatment of osteoarthritic pain in cats. *J Fel Med Surg.* 10(3):235–241.

Hardie EM, Roe SC, Martin FR. 2002. Radiographic evidence of degenerative joint disease in geriatric cats: 100 cases (1994–1997). *J Am Vet Med Assoc.* 220(5):628–632.

Lascelles BD, Hansen BD, Roe S, et al. 2007. Evaluation of client-specific outcome measures and activity monitoring to measure pain relief in cats with osteoarthritis. *J Vet Intern Med.* 21(3):410–416.

第157章 外耳炎
Otitis Externa

Gary D. Norsworthy

概述

外耳（external ear）包括耳廓［通常称为耳壳（pinna），其主要作用是收集声音］及外声道［external acoustic meatus，通常称为外耳道（external ear canal，EEC）］，其为声音传导管道，开始于耳廓基部，终止于鼓膜（tympanic membrane，TM）。耳廓由0.5mm厚的耳软骨及覆盖于其表面两侧的皮肤组成。大量的耳部肌肉附着于耳软骨，以便于耳廓的运动。外耳道呈L形，具有一水平部和一垂直部。外耳道的大部分疾病可影响到水平部。

外耳炎（otitis externa）是指所有耳廓或外耳道的炎症性疾病。虽然有些潜在性疾病在本质上并非炎症性疾病，但可启动炎性反应，造成外耳道的损伤并损害听觉，蓄积液体，妨碍空气流通，因此产生温热、黑暗及潮湿的环境，利于细菌及真菌的生长。

耳廓的疾病包括撕裂或脓肿（通常由争斗所引起，参见第21章）、肿瘤及耳血肿等。耳部的肿瘤通常为鳞状细胞癌（第203章）、肥大细胞瘤（第135章）或耵聍腺腺瘤（第32章）。

外耳道的疾病包括细菌或真菌引起的感染、耳螨（参见第 62章），蜡样碎屑、蜡样栓塞、肿块、过敏反应（参见第16章和第82章），接触性刺激、炎性息肉（参见第121章）及肿瘤。最常见的外耳道肿瘤为耵聍腺腺癌及鳞状细胞癌（第 203章）。

耳血肿

概述

耳血肿（aural hematoma）可因过度摇头而发生。在过度摇头时，两层皮肤可以相反的方向沿着耳软骨撕裂血管（shearing blood vessels）滑动。由此导致的出血几乎总是位于耳廓的凹面，引起耳血肿。

诊断

主要诊断

- 查体：耳部血肿为耳廓凹面柔软、无痛、无味、充满液体（血液或血清）的肿胀（见图157–1），其可能很小（直径＜1cm），或者占据耳廓整个凹面。

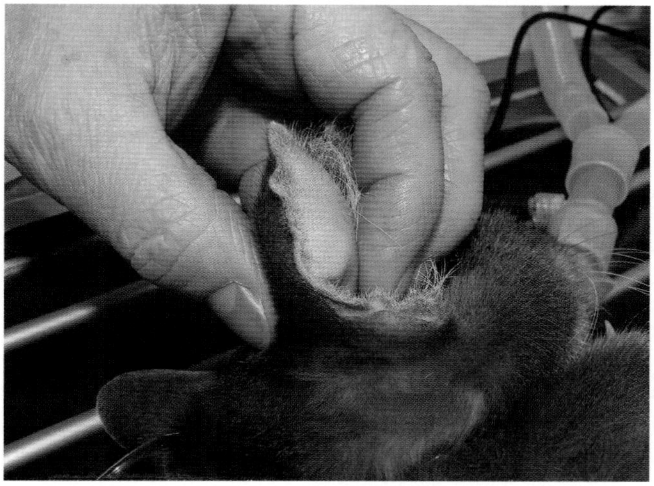

图157–1 耳部血肿为耳廓凹面无痛充满液体的肿块。本例的血肿很大，几乎覆盖了耳廓一侧

辅助诊断

- 穿刺：用22号针穿刺肿胀部位可发现无味的血性浆液（serosanguinous）性液体。对液体进行细胞学检查可发现红细胞及少量的炎性细胞，无细菌。

治疗

主要疗法

- 穿刺：如果穿刺抽出液体，则小的血肿可痊愈，但有时可再次形成，如果血肿增大，则再次形成血肿的可能性增加。
- 手术疗法：修复耳部血肿的手术治疗方法很多。可在血肿的背腹面作1cm长的切口，通过切口除去液体。

在血肿中放置引流管（由一段分开的静脉内导管组成），从两侧穿出，并在两端缝合。采用褥式缝合闭合死腔（dead space）。缝合应穿过皮肤和软骨，每隔1cm穿过皮肤。应采用可降解缝线，这样可不用拆除。引流管留置5～7d。留下进出孔以形成肉芽肿闭合（见图157–2）。

预后

只要能引流血肿，闭合死腔，则预后良好，如果不加以治疗，则血肿最后也可康复，但软骨的形状会发生改变，形成菜花耳（cauliflower ear），见图157–3。

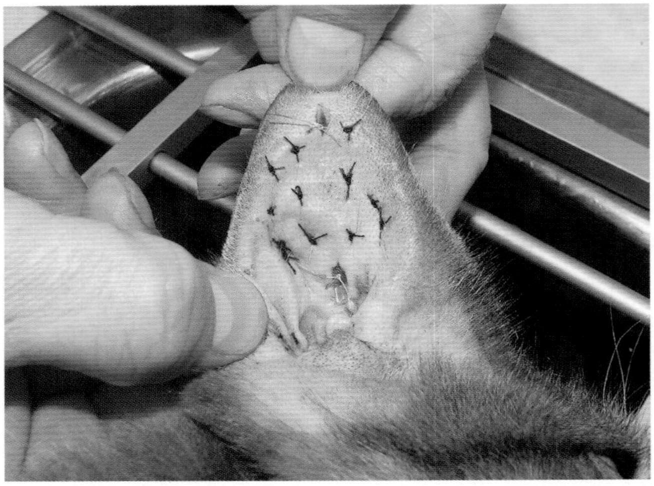

图157–2 手术修复耳部血肿包括两个排出孔：一个引流管（在本例为纵向分开的静脉内导管）及采用可降解缝线进行的褥式缝合，置于耳廓长轴同一面上，以减少对流向耳廓血流的干扰。本例为图157–1的同一猫手术后1周的照片

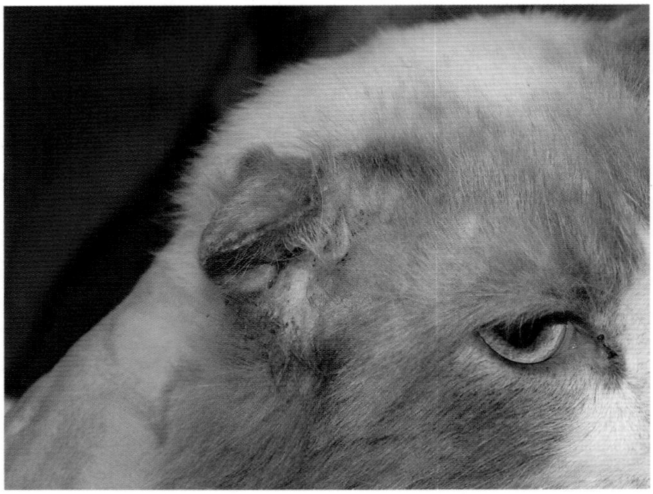

图157–3 如果耳部血肿不采用抽吸或手术加以治疗，则软骨可变形，随着其愈合，可形成“菜花耳”

细菌及真菌性耳炎

概述

EEC感染通常由细菌或真菌所引起，最常见的病原包括中间葡萄球菌（*Staphylococcus intermedius*）、奇异变形杆菌（*Proteus mirabilis*）、铜绿假单胞菌（*Pseudomonas aeruginosa*）、败血性巴氏杆菌（*Pasturella multocida*）及厚皮马拉色菌（*Malassezia pachydermatis*）。链球菌（*Streptococcus* spp.）、棒状杆菌（*Corynebacterium* spp.）及大肠杆菌则不常见到。临床症状包括摇头、耳部抓伤及耳部分泌物。严重而未加治疗的感染，特别是如果同时伴发严重的面部皮炎时可引起外耳道狭窄（见图157–4）。严重的外耳炎时也可导致TM破裂。

原发性外耳炎在猫不常见，一般情况下其发生是由于耳道环境改变，利于细菌或真菌生长所致，特别是原发性病原为棒状杆菌时。因此应仔细检查患病耳道是否有潜在的原因，但在开始就诊时这种检查几乎不可能。采用合适的抗微生物药物治疗1～2周后通常可采用耳镜进行视诊检查。或者全身麻醉后冲洗耳道进行检查。采用视频耳镜检查具有明显的优势，因为可以采用仪器对相当于TM的位置进行冲洗及穿刺，降低了发生TM破裂的风险。

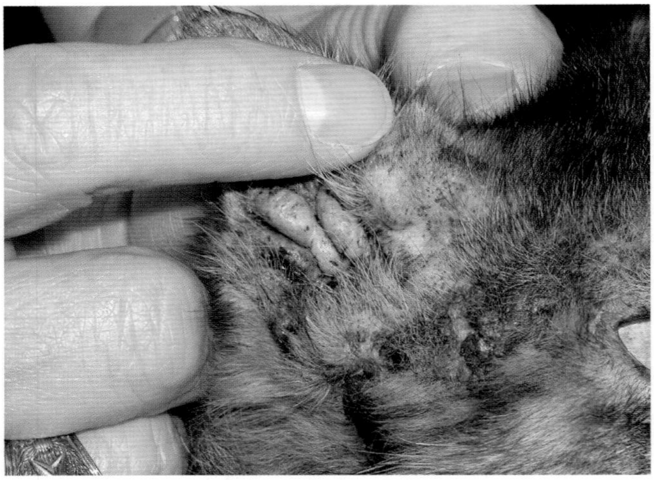

图157–4 慢性外耳炎可引起外耳道狭窄甚至闭合

诊断

主要诊断

- 临床症状：外耳道有分泌物则高度提示可能发生外耳炎，分泌物常常恶臭，黑色的分泌物常常与马拉色真

菌感染有关，而黄色分泌物常常与小的棒状杆菌感染有关。抓伤耳廓后部（见图62-1）及摇头很常见。

- 耳镜检查：应通过耳镜检查鉴别耳螨、残屑蓄积的程度、异物、肿瘤性肿块及TM是否完整，采用这种方法检查时通常需要镇静。
- 细胞学检查：可采用改良瑞氏染色涂片，对感染的细菌进行分类，如球菌（葡萄球菌、链球菌，见图157-5）、小的棒状杆菌［通常为奇异变形杆菌（*P. mirabilis*）］、铜绿假单胞菌（*P. aeruginosa*）或多杀性巴氏杆菌（*P. multocida*）（见图157-6），大的棒状杆菌（通常为大肠杆菌）或真菌（厚皮马拉色菌，*M. pachydermatis*，见图157-7），这些检查结果对选择合适的药物治疗极为重要。

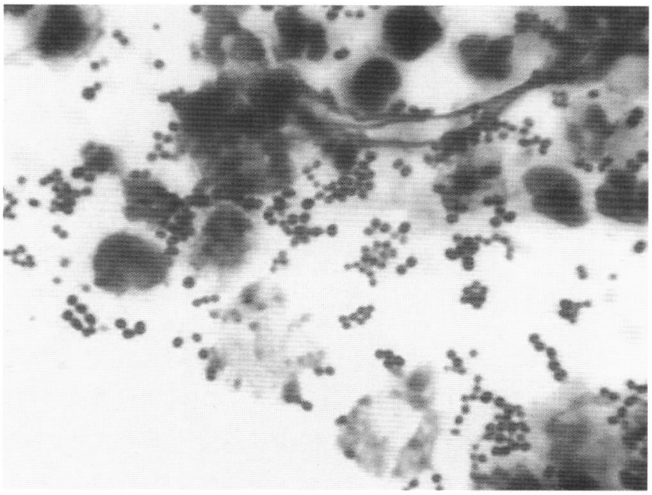

图157-5　猫葡萄球菌感染后细胞学检查发现有球菌。放大1000倍

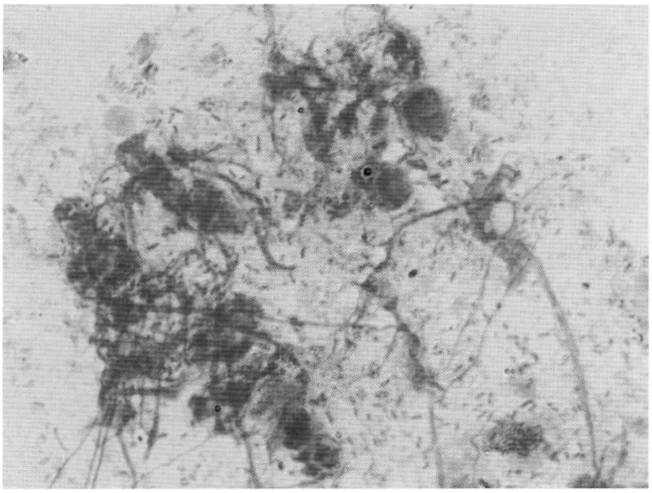

图157-6　小的棒状杆菌，鉴定为铜绿假单胞菌，见于细胞学检查，放大1000倍

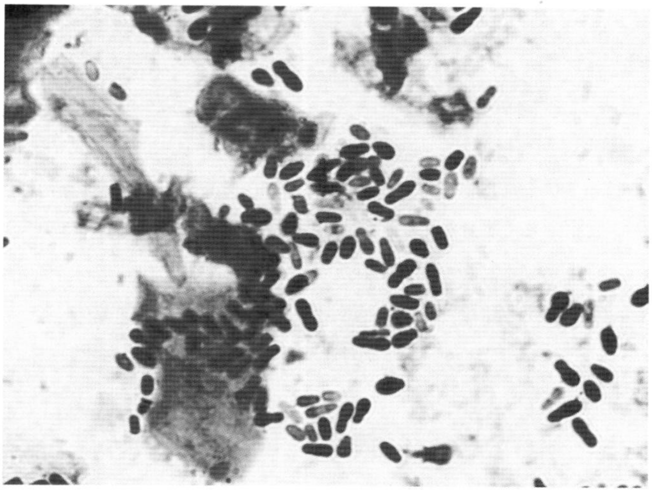

图157-7　厚皮马拉色菌（*Malassezia pachydermatis*）见于细胞学检查，放大1000倍

辅助诊断

- 细菌培养：虽然通过细胞学检查可对细菌的形态及种类进行检查，但细菌培养及药敏试验有助于确定选用合适的抗生素。由于厚皮马拉色菌（*M. pachydermatis*）通常不能在需氧培养时生长，因此如不进行细胞学检查，则不进行细菌培养。
- 病毒检查：猫白血病病毒（FeLV）及猫免疫缺陷病毒（FIV）可诱发猫发生细菌性耳炎。如果细菌感染持续存在而未发生耳螨或肿块，或猫对初始治疗无反应，则应进行这类检测。

诊断注意事项

- 应对双侧耳道进行细胞学检查，由于许多猫两耳感染的微生物可能不同，因此这种检查极为重要。
- 猫原发性耳部感染不常见，因此应检查潜在疾病。

治疗

主要疗法

- 抗生素治疗：存在细菌感染时应进行局部抗生素治疗，抗生素的选择应基于细菌培养及药敏试验和细胞学检查。在严重病例或有抗药性的感染，应考虑采用全身抗生素治疗。
- 抗真菌治疗：如果存在真菌感染，则应局部用抗真菌药物治疗（克霉唑或咪康唑）。对有抗药性的感染可用氟康唑（50mg q12～24h PO）或伊曲康唑（5mg/kg q12h PO）治疗。

次要疗法

- 杀虫剂：如果发生耳螨感染，应采用这种疗法。参见第 62章。
- 耳部冲洗：有些临床医生喜欢在猫镇静的情况下冲洗耳道，但蜡溶剂或含有抗生素的液体通常能够有效消除碎屑及猫通过摇头将内容物从耳道排出。应避免冲洗时用力过度，因为这样可能会使易碎的鼓膜破裂。虽然这种治疗方法通常能治愈，但可能会引起前庭症状，可引起中耳炎。
- 虽然慢性外耳炎可引起EEC狭窄，但可进行手术治疗（见图157–4）。通常采用切除总耳道及侧耳切除术。参见第274章。

治疗注意事项

- 禁止猫主采用棉花拭子清洁耳道，因为可能会使耳道内的碎屑更深。如果猫主觉得不得不清洗外耳，可用蘸有酒精的棉球，这样较为有效且安全，能有效除去表面的蜡样碎屑。

预后

诊断正确，治疗得当时，包括除去耳道肿块，除非存在FeLV、FIV或EEC肿块时一般预后良好。发生这些病毒病时预后谨慎，需要采用手术除去肿块，而肿块多为恶性。

耳垢碎屑及耳垢栓塞

概述

耵聍腺与 EEC并排，产生耵聍，这种物质常称为耳垢（ear wax）。有些猫可产生大量的耳垢，特别是在EEC发生炎症时。老龄猫耳垢的产生常常增多。如果灰尘或其他环境性杂物进入耳道，可包在耳垢中而进入EEC。耳垢聚集后通常形成耳垢栓塞（wax plugs）或耳垢球（wax balls），多位于邻近 TM处。临床症状包括其他外耳炎引起的症状，如摇头及耳部抓伤等。

诊断

主要诊断

- 耳镜检查：耳垢碎屑常常充满耳道，因此使得听觉困难或几乎不可能。常见耳垢栓塞，否则耳道是干净的。耳镜检查可常见耳垢栓塞，常常充满水平耳道（见图157–8）。

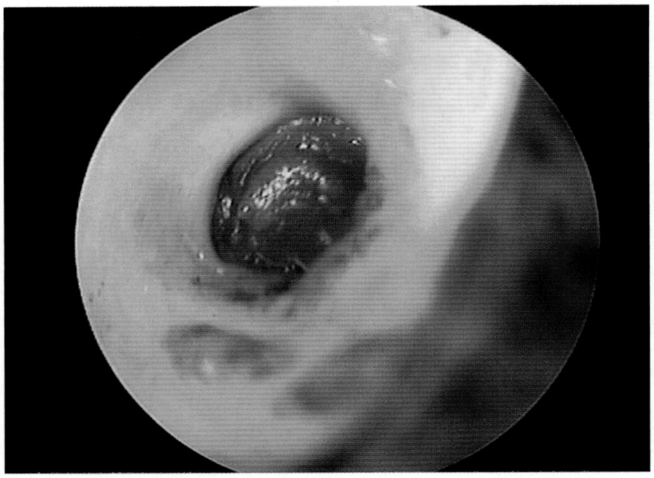

图157–8 通过耳镜（MedRx，Inc.，Largo，FL）检查可发现水平耳道中的耳垢栓塞，这种栓塞很大以至于占据了部分外耳道

- 细胞学检查：采集样品进行细胞学检查，样品染色后检查可发现不定型的耳垢残屑，没有细胞或微生物。

诊断注意事项

- 除非发生继发性细菌感染，一般细菌培养发现没有细菌生长。

治疗

主要疗法

- 耵聍溶解药物（olytics）：可采用无刺激性的这类药物，每周用药1～2次，用药后3～4d再次检查耳垢碎屑或耳垢栓塞是否溶解。有些耳垢栓塞可能需要2～3周的治疗才能消除。

次要疗法

- 手工除去：如果耳垢栓子在治疗2～3周后仍不能消除，或者猫对治疗有抵抗，则可采用鳄牙钳经耳镜或采用活检钳经耳镜在猫麻醉下除去耳垢。

治疗注意事项

- 许多有耳垢栓塞的猫可能会复发，有些猫在恢复出现临床症状后需要采用耵聍溶解剂（cerumenolytic）每隔1～3个月治疗1周。

预后

采用适当的治疗预后优良。

耳虱

概述

多刺的耳部寄生虫耳蜱梅格宁残喙蜱（*Otobius megnini*）可爬行进入水平耳道，如果其停留的时间足够长，可产卵，在EEC内孵化产生许多小的蜱虫，可造成摇头及耳部抓伤。

诊断

主要诊断

- 耳镜检查：可观察到一个或多个蜱虫。耳镜的热度可引起虫卵运动，使得诊断更为容易。

治疗

主要疗法

- 手工取出：可采用耳镜及鳄牙钳，或视频耳镜及活检钳从耳道中取出蜱虫，在这种情况下需要麻醉。

辅助疗法

- 耵聍溶解剂（cerumenolytics）：在不用麻醉的情况下，可采用耵聍溶解剂杀灭蜱虫，矿物油也可用于同样的目的。

预后

除去蜱虫后预后优良。

耵聍腺腺癌

概述

发生在EEC的所有肿块均可造成利于细菌和真菌生长的环境，同时也可产生大量的耳垢，由此可产生摇头及耳部抓伤等临床症状。

最常见的肿块为耵聍腺腺癌（ceruminous gland adenoma）、鳞状细胞癌（参见第203章）及炎性息肉（参见第121章）。耵聍腺腺癌通常为良性（腺瘤），偶尔将其称为耵聍腺增生（ceruminous gland hyperplasia），其主要特点为在耳廓凹面表面或EEC内出现黑色肿块。随着时间推移肿块增大，一个耳朵上可出现30个以上的肿块。

诊断

主要诊断

- 临床症状：如果耳廓凹面或EEC内存在1～50个黑色肿块则具有诊断价值。由于这些肿块随着时间而增大，因此可存在不同大小的肿块（见图157–9）。

辅助诊断

- 穿刺：如果穿刺发现红色到黑色的液体则可帮助诊断。
- 组织病理学检查：如有需要，活检及组织病理学检查可证实诊断。

治疗

主要疗法

- 激光消除：CO_2激光可有效消除这种损伤，见图157–10。如果同时采用视频耳镜，则更有利于治疗EEC的肿块。

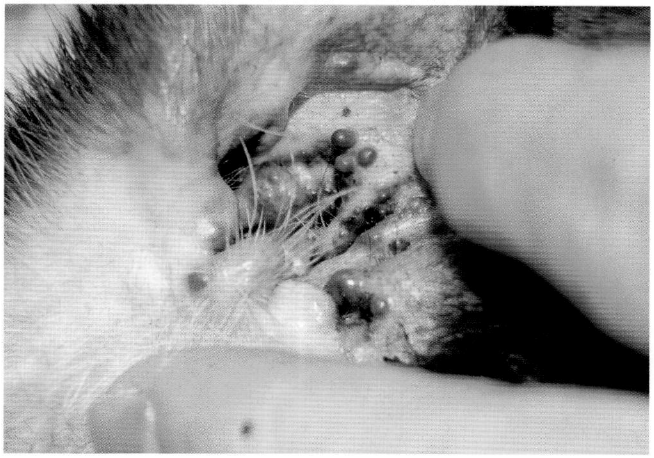

图157–9　耳廓可见到多个黑色肿块，经鉴定为耵聍腺腺癌

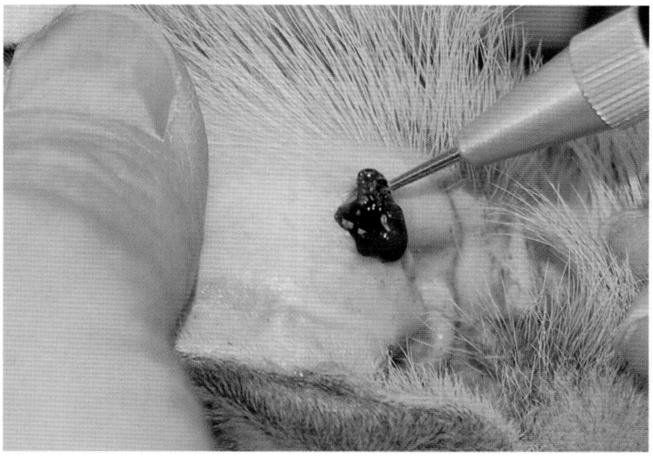

图157–10　可采用CO_2激光（Aesculight，Woodinville，WA）消除耵聍腺腺癌，一次治疗就足以消除，但有些可再发

次要疗法

- 手术消除：除非肿块数量少，用手术方法治疗较为困

难。手术能够达到EEC内也极为困难，因此可能需要施行全耳道切除术。参见第274章。

参考文献

Radlinsky AG, Mason DE. Diseases of the Ear. In SJ Ettinger, EC Feldman, eds., *Textbook of Veterinary Internal Medicine*, 5th ed., pp. 1168–1186. St. Louis: Elsevier Saunders.

Werner AH, Otitis Externa and Media. In LP Tilley, FWK Smith, Jr., eds., *Blackwell's 5-Minute Veterinary Consult*, 4th ed., pp. 952–953. Ames, IA: Blackwell Publishing.

第158章
中耳炎及内耳炎
Otitis Media and Interna

Sharon Fooshee Grace

概述

中耳炎（otitis media）及内耳炎（otitis interna）分别是指中耳和内耳的炎症。中耳的结构由鼓膜及充满空气的鼓膜腔（tympanic cavity）、鼓膜神经（tympanic nerve）（面神经的一个分支）、耳咽管开口（opening to the Eustachian tube）及三个听骨（auditory ossicles）[即锤骨（malleus）、镫骨（stapes）和砧骨（incus）]组成。多个神经通过中耳，但只有两个具有重要的临床意义，即面神经和交感神经干。内耳的结构包括耳蜗（cochlea）、前庭（vestibule）及半规管（semicircular canals），这些结构均位于骨迷路（bony labyrinth）内的膜迷路（membranous labyrinth）中。

中耳炎由于不表现临床症状，或由于并发外耳炎而掩盖症状，因此难以诊断。中耳炎可为原发性或继发性疾病，也可因医源性原因而发生。在许多病例，其继发于外耳炎通过破裂的鼓膜延伸或上呼吸道感染之后延伸到耳咽管而发生。其他可能的原因包括息肉、肿瘤、创伤及细菌感染。许多内耳炎的病例与中耳炎有关，因此中耳是内耳感染最常见的途径。

中耳炎的症状包括摇头或抓耳，偶尔可出现头部倾斜（由疼痛所引起，不是起源于前庭）。当面神经受到侵害时，可出现流涎、唇部或耳麻痹，眼睑反射减退或消失，眼裂（palpebral fissures）增宽。如果交感神经受损则可出现霍纳氏综合征：眼球内陷、瞬膜突出、上睑下垂（ptosis）及瞳孔缩小（参见第99章）。

内耳炎的症状通常比外耳炎明显，包括头部倾斜向患病侧或如果双侧患病时头部远离（wide head excursions），不对称性共济失调，典型情况下可向患侧倾斜、绊倒或翻滚，或如果双侧均患病，可出现躯干性共济失调；自发性水平或旋转性眼球震颤（nystagmus），快速偏离患病侧。前庭与脑干呕吐中枢的联系受到影响时可出现恶心及呕吐。

诊断

主要诊断

- 临床症状：如果猫表现摇头、头部倾斜或面神经异常的症状时，应怀疑为中耳炎或内耳炎。
- 查体：检查外耳道时应检查鼓膜的通透性。鼓膜膨胀或破裂及通透性的改变或颜色发生变化说明中耳有病理变化。如果存在上呼吸道喘鸣，应在猫麻醉的情况下检查口腔及鼻咽腔，以检查是否有炎症或息肉突出于耳咽管。应进行神经检查，查看是否有中耳炎或内耳炎引起的神经变化。
- 成像检查：猫在麻醉下进行鼓膜泡的X线检查可发现中耳炎引起的变化，包括鼓膜泡内存在液体密度或鼓膜泡增厚（见图158-1、图158-2及图158-3）。X线检查所发现的变化并非总是很明显，即使存在中耳炎时也是如此。

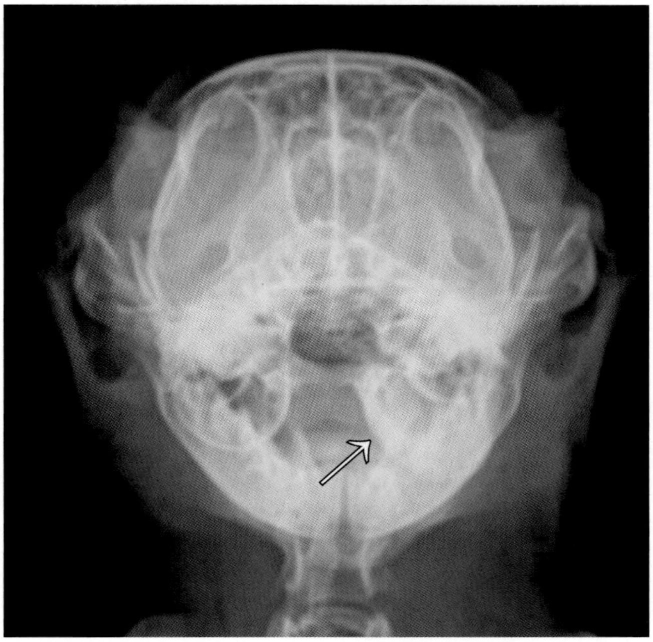

图158-1　颅腔开口的前后观，表示鼓膜泡。左侧增厚，表明发生了中耳炎

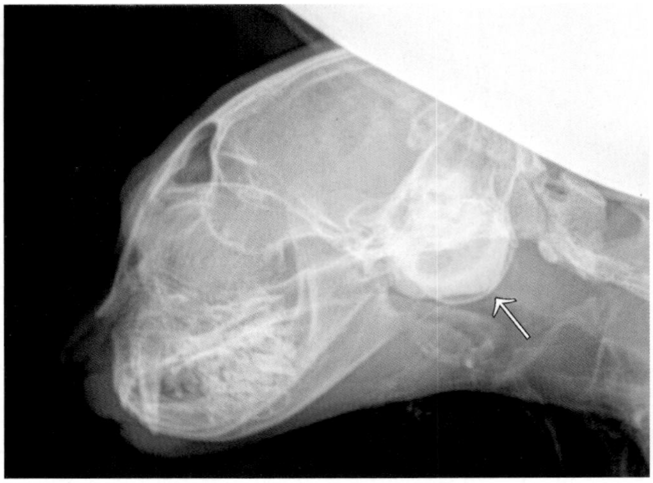

图158-2　图158-1猫的侧面观，表示鼓膜泡（箭头），但由于重叠而使观察更为困难

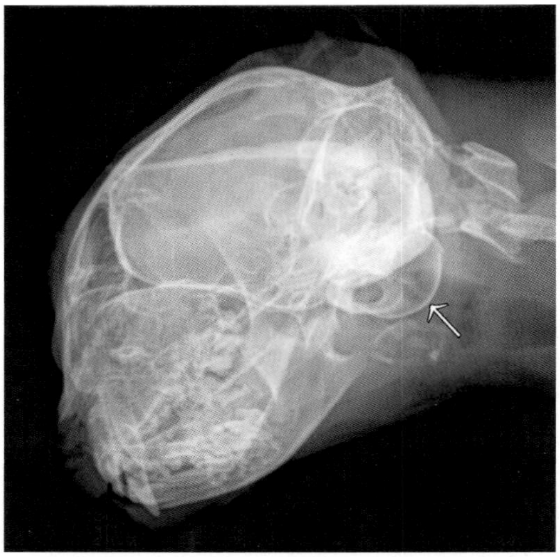

（A）

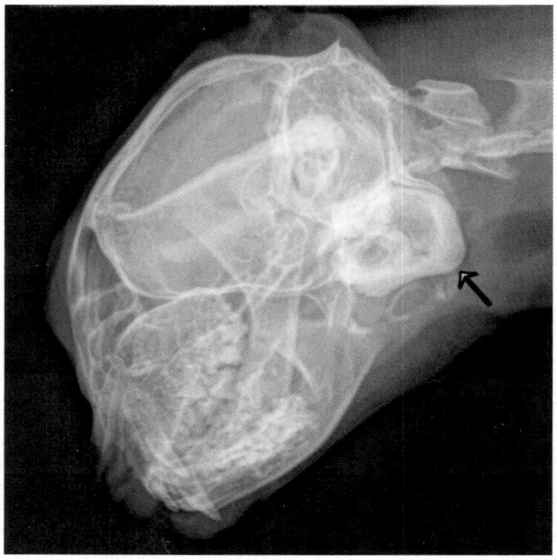

（B）

图158-3　骨膜泡的X线检查。（A）侧面水平观，将图158－1中的鼓膜泡（白色箭头）分开。（B）向对侧面倾斜将增厚的鼓膜泡分开（黑色箭头）

如果可行，应采用计算机断层扫描（CT）或磁共振（MRI）扫描（见图158-4）。罕见情况下内耳炎可产生X线检查的变化。

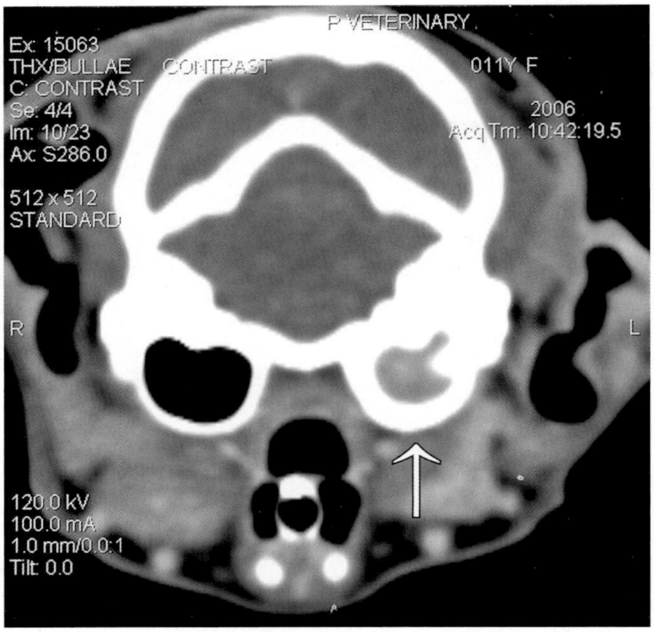

图158-4　计算机断层扫描可见正常充满空气的鼓膜泡，而异常时鼓膜泡则充满液体，壁增厚（箭头）

辅助诊断

- 鼓膜切开术（myringotomy）：如果鼓膜膨胀但完整，则中耳可能会存在渗出液，此时施行鼓膜切开术可有助于引流液体，获得样品进行细胞学检查、细菌培养及药敏试验，也便于冲洗中耳。

诊断注意事项

- 单侧性中耳炎更有可能说明发生肿瘤、息肉或异物。

治疗

主要疗法

- 抗生素疗法：可采用全身抗生素治疗3～6周。如有可能，可根据细菌培养及药敏试验选择抗生素，但如不施行鼓膜泡截骨术（bulla osteotomy）则难以确保成功。
- 鼓膜泡截骨术：这种手术方法可允许进行鼓膜泡的引流，如果X线检查或耳镜检查发现有液体蓄积，或鼓膜泡软组织密度发生改变，则应施行鼓膜泡截骨术。参见第248章。

辅助疗法

- 治疗并发性外耳炎：如果存在外耳炎，则最好进行治疗（参见第157章）。在将药物注入外耳之前应检查鼓膜的通透性。
- 冲洗中耳：用20号4cm长的针头刺开鼓膜（鼓膜切开术，myringotomy），刺穿鼓膜后轻轻用温的灭菌盐水冲洗中耳。由于这一处理过程可由于中耳和内耳的结构微细而产生危险，因此详细情况应参阅相关文献。
- 抗呕吐药物治疗：可用于控制由于前庭原因而引起的恶心。

治疗注意事项

- 冲洗中耳时唯一可行的安全方法是用灭菌生理盐水。应避免采用任何形式的消毒液。
- 鼓膜破裂时不应采用任何已知有耳毒性的物质，包括氨基糖苷类、碘化合物、乙醇及氯己定。

预后

预后取决于潜在病因。感染在对药物治疗反应良好时，如果能解决潜在的感染性原因，则预后通常较好。创伤引起的耳炎依损伤的严重程度，预后差别很大。鼻咽部息肉如果采用手术摘除，则预后良好或好。参见第149章及第262章。肿瘤性疾病通常预后较差。感染、创伤或鼻咽部息肉成功治疗后，通常在2～6周内发生部分或完全的神经机能康复。

参考文献

Cook LB. 2004. Neurologic evaluation of the ear. *Vet Clin North Am.* 34(2):425–435.

Gotthelf LN. 2004. Diagnosis and treatment of otitis media in dogs and cats. *Vet Clin North Am.* 34(2):469–487.

第159章
急性胰腺炎
Pancreatitis，Acute

Jörg M. Steiner

概述

以前曾认为，胰腺的外分泌疾病很少发生，但近来的一些研究表明，猫的胰腺外分泌疾病与犬一样多发。胰腺炎是猫最常见的胰腺外分泌疾病，在近来进行的一项研究中发现，由于各种原因死亡或实施安乐死的115例尸体剖检对胰腺检查发现，38例胰腺无损伤性变化（33%），但77例胰腺组织病理学检查发现有胰腺炎的迹象（67%）。这些数据表明猫的胰腺炎要比以前认为的更为常见。但由此产生的一个问题是，胰腺炎性浸润的迹象是否在临床上能够明显表现，这一问题仍有待于今后进一步的研究来回答。

多个研究发现，急性胰腺炎约占所有猫胰腺炎病例的33%。虽然急性及慢性胰腺炎是根据组织病理学变化而不是根据临床症状提出的定义，但诊断为急性胰腺炎的病猫更为多见表现严重的疾病，而诊断为慢性胰腺炎的病例则病情温和更为常见。

猫的胰腺炎在许多病例可为先天性的，但多种风险因子可能与猫胰腺炎的发生有关，这些风险因子包括创伤（即通常由于车辆事故或从高处跌落引起的钝性创伤，但也包括手术引起的创伤）、感染［最为重要的是刚地弓形虫感染及肝脏吸虫伪猫对体吸虫（*Amphimerus pseudofelineus*），特别是猫传染性腹膜炎等］、低血压、高甘油三酯血症及药物（最为重要的是有机磷酸酯类，如倍硫磷，但其他药物也可引起胰腺炎）。最后，所有这些原因可能通过共同的病理生理途径引起胰腺炎，包括过早激活胰蛋白酶原、激活其他酶原、胰腺的自体消化（autodigestion of the pancreas）、释放炎性细胞因子及全身性并发症，导致多器官衰竭（multiorgan failure），严重病例可发生死亡。

患胰腺炎的猫通常只表现非特异性临床症状，近年来对159例猫胰腺炎并发症进行的研究发现，厌食 （87%）及昏睡（81%） 是最为常见的症状，其次为脱水（54%）、失重 （47%）、低血压 （46%）、呕吐（46%）、黄疸（37%）、发热（25%）、腹痛（19%）及腹泻 （12%）。与人和犬的胰腺炎相比，出现其他临床症状的频率很令人吃惊。例如，据报告，75%的人胰腺炎病例出现发热，而 46%的病猫表现低体温，但这种差异很有可能并不与胰腺炎特异性相关，而通常是与猫在患有其他全身性疾病表现为低体温有关，而且猫46%的胰腺炎病例表现呕吐，虽然大多数猫具有呕吐的病史，而且常常在就诊前数周发生呕吐。因此，兽医临床中重要的是要调查病猫就诊前的既往病史。腹痛是另外一种重要的临床症状，特别是在患有胰腺炎的病人，但在猫只有20%的病例有这种情况，这可能是过低地估计了猫患有胰腺炎时腹痛的迹象，因为许多患有胰腺炎的猫在采用镇痛药物治疗之后其整体临床症状明显改善，即使这些猫在以往进行临床检查时不表现腹痛症状。临床病理学检查结果也没有明显的特异性，血清肝脏酶活性及血清胆红素浓度升高也最为常见，可能反映了肝脏脂肪沉积症，这也是猫严重的胰腺炎最为常见的并发症。高血糖也是猫患胰腺炎时常见的症状，反映了胰岛细胞的破坏。在急性胰腺炎时高血糖常常为短暂的，但可导致糖尿病，需要采用外源性胰岛素进行治疗。更为严重的病例常常存在氮血症，可能反映了脱水或更为严重的病例出现肾衰的情况。最后，可因继发低白蛋白血症而发生低钙血症，或者是由于胰腺周围的脂肪发生脂类分解而释放脂肪酸，与钙形成钙皂所致［见图159-1（A）］。多年来血清淀粉酶和脂肪酶均被用作人和犬胰腺炎的诊断指标，但在猫怀疑发生胰腺炎时则没有多少价值。

诊断

主要诊断

- 猫血清胰脂肪酶免疫活性（feline pancreatic lipase Immunoreactivity，fPLI）测定：fPLI为一种胰腺外分泌机能的非特异性标志，目前可采用商用 ELISA 试剂盒Spec fPL®进行测定。Spec fPL®的参考范围为

≤3.5 μg/L，诊断为猫胰腺炎的判断阈值为5.4 μg/L。在患实验性诱导胰腺炎的猫，血清胰酶样免疫活性

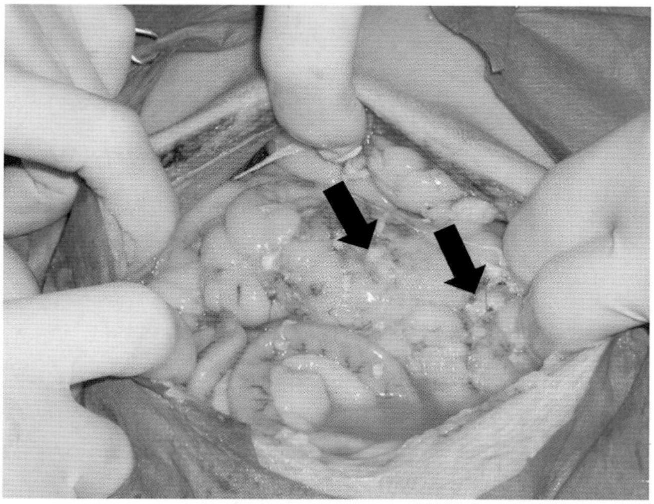

（A）

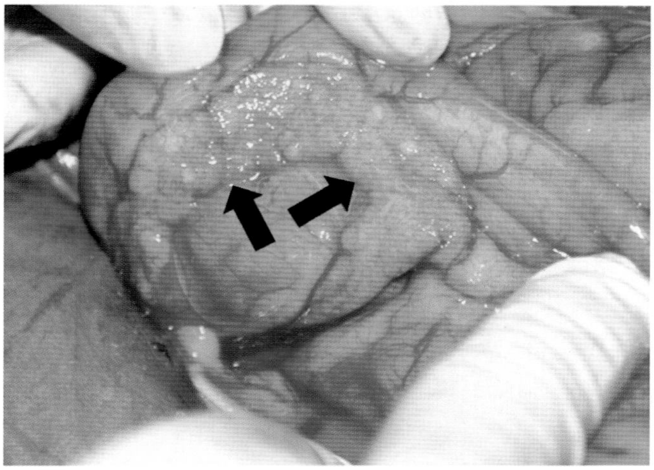

（B）

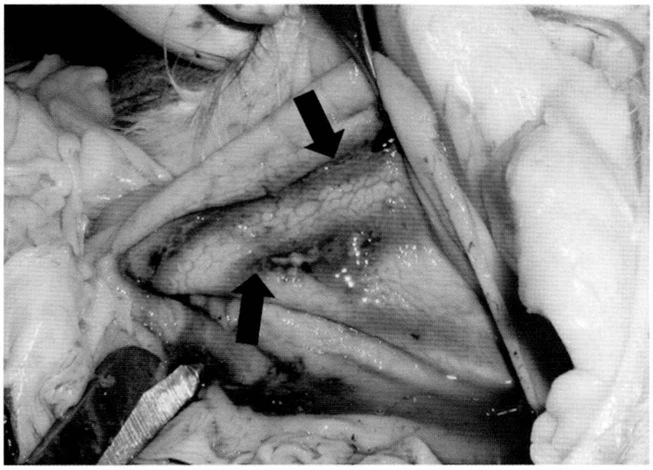

（C）

图159-1 急性胰腺炎可产生严重的外观变化，包括（A）胰腺周围脂肪皂化（箭头）、（B）胰腺充血（箭头）及（C）胰腺局灶性出血（箭头）。应注意在（B）和（C）中存在腹腔渗出（图片由Gary D. Norsworthy博士提供）

（fTLI）及fPLI浓度开始时增加，但血清fPLI浓度持续升高的时间长于血清fTLI浓度，说明血清fPLI浓度要比血清 fTLI浓度更为敏感。还有研究表明，患有自发性胰腺炎的猫，血清fPLI浓度对诊断胰腺炎比血清fTLI 浓度或腹腔超声诊断更为灵敏及特异。

- 腹腔超声检查：腹腔超声检查是诊断猫胰腺炎的重要诊断方法，如果采用严格的判断标准，则特异性很高（依不同研究可达100%），但腹腔超声诊断在诊断猫的胰腺炎时只有11%～35%的灵敏度。腹腔超声诊断能否获得成功在很大程度上取决于检查人员。腹膜渗出（腹水）可位于局部或分散，但对胰腺炎不具特异性，也可见于许多其他疾病。同样，胰腺增大表明胰腺水肿，也见于门静脉血压过高，或者也见于低白蛋白血症的猫。超声回声的降低表明胰腺坏死，而回声的增加则表明胰腺纤维化，而这种情况不常见到，只见于慢性胰腺炎的情况。尽管腹腔超声诊断在诊断猫的胰腺炎时灵敏度不高，但仍是最好的诊断工具，在所有怀疑发生这种疾病的猫均应采用这种方法检查。应该注意的是，最近十多年来诊断性超声技术的进展极大地提高了超声诊断的灵敏度，同时可对许多不太明显的病变进行诊断，包括结节性增生，其可被误认为是胰腺炎，从而导致对胰腺炎诊断的特异性降低。因此，解释超声检查结果时应慎重。
- 胰腺细胞学检查：在大多数发生胰腺炎的病猫可对胰腺进行超声定位，可由有经验的人员通过细针头安全穿刺采集样品。同一细胞学样品中如果存在胰腺腺泡（acinar）细胞及炎症细胞，则可确诊患有胰腺炎。但缺少炎性细胞并不能帮助排除猫胰腺炎的诊断。

辅助诊断

- 血清 fTLI浓度测定：与血清fPLI 浓度一样，血清fTLI浓度也是胰腺机能的特异性指标。但在最近数年来的研究表明，在检查胰腺的外分泌机能时，fTLI特异性不如fPLI浓度，据报道在一些患有炎性肠病的猫其血清fTLI浓度轻度升高。此外，血清 fTLI浓度对猫的胰腺炎敏感性也低（依不同研究，灵敏度可为30%～60%）。这种分析方法的灵敏度低可能是由于血清中胰蛋白酶原和胰蛋白酶的周转相对较快所致。
- 腹腔X线检查：腹腔X线检查可发现腹腔前部反差缩小，小肠袢扩张而充满空气，腹腔器官移位（即十二指肠向侧面及背面移动，胃向左移，横结肠向后移）。

但这些变化极轻，而且对诊断胰腺炎也无特异性。

- 腹腔探查：对胰腺进行腹腔探查及活检是诊断猫胰腺炎的另外一种方法（见图159-1）。活检诊断猫的胰腺炎具有确定意义，但由于胰腺炎症高度的局部性，根据胰腺活检结果排除胰腺炎很难或几乎不可能，即使从胰腺的不同部位采集多个胰腺样品时也是如此。此外，虽然胰腺活检相对安全，但许多发生急性胰腺炎的病猫，特别在严重病例，麻醉的风险高，因此采用这种方法可能有害。

治疗

主要疗法

- 积极的液体疗法：与人和犬的胰腺炎一样，积极的液体疗法及支持性护理是治疗猫严重胰腺炎的基础。同样，监测电解质及酸碱平衡状态也很重要。应仔细检查猫是否有全身并发症，如果怀疑发生并发症时应积极进行干预。
- 营养管理：没有呕吐及不厌食的猫应该经常饲喂少量低脂肪的食物。虽然对采用抗呕吐药物后仍不间断呕吐的猫应该禁止经口采食3～4d，之后缓慢给水，再给予少量易于消化的低脂肪食物，但这些猫如果在就诊前就有厌食的病史，应改变饲喂方式。完全胃肠外营养、部分胃肠外营养及空肠造口术插管饲喂（jejunostomy tube feeding）均可作为给予营养的方式，但在许多情况下可能并不现实。依呕吐的程度，可采用鼻饲（nasogastric）、食管造口饲喂或胃切口插管饲喂。不呕吐但厌食的猫应采用鼻饲、食管造口及胃切口插管饲喂，可采用流质饲喂方案（trickle feeding protocol）（15～10mL食物，q1～2h）。参见第253章、第255章及第256章。
- 抗呕吐药物治疗：猫患胰腺炎而发生呕吐时，可用抗呕吐药物治疗。虽然胃复安及其他多巴胺类颉颃剂没有强烈的抗呕吐作用，但HT3颉颃剂（即多拉司琼，dolasetron；或昂丹司琼，ondansetron）及NK1抑制剂（马罗皮坦，maropitant）可在猫发挥很好的作用。多拉司琼在剂量为0.3～0.6mg/kg q12h IV、SC或PO时具有明显的效果；昂丹司琼可以0.5～1.0mg/kg q12h PO、IM或SC剂量用药。马罗皮坦尚未批准在猫使用，但一般建议以犬剂量的50%，或以0.5～1.0mg/kg q24h SC用药，有些临床医生也建议在猫可以采用与犬相同的剂量使用。
- 疼痛治疗：无论在临床上是否表现腹痛的症状，可采用镇痛药物治疗。许多患胰腺炎的猫即使在采用镇痛药物之前未发现具有明显的腹痛，在临床上的总体表现会明显改善。

治疗注意事项

- 猫在发生急性胰腺炎时，未发现有其他有效的治疗策略。抗生素的使用在人发生急性胰腺炎时的效果值得怀疑，尽管在胰腺炎时人常常伴发有感染并发症。相反，猫发生这种疾病时感染并发症罕见。蛋白酶抑制因子、抗分泌药物及抗炎药物尚未证明在猫发生急性胰腺炎具有明显的有利效果。多巴胺在猫的实验性胰腺炎具有一定的效果，但只在诱发该病后12h内用药才有效。在猫发生自发性胰腺炎时，这种有效的治疗作用则不太可靠。有研究表明硒对人和犬的胰腺炎时具有一定的有利效果，但其他研究人员并未复制出这种结果。手术清创及腹膜冲洗在猫尚未进行过研究，在人发生胰腺炎时其治疗作用也值得怀疑。因此，猫在患有胰腺炎时，应该谨慎采用手术干预。

预后

猫患急性胰腺炎时的预后取决于发病的严重程度及是否发生胰腺及全身性并发症。胰腺的并发症包括急性液体蓄积、感染性坏死、胰腺脓肿及胰腺伪囊肿（pancreatic pseudocysts）。在猫未见有报道发生败血性坏死，但胰腺脓肿及胰腺伪囊肿则在有些病例见有报道。在猫见有1例报道的胰腺脓肿为无菌性的。猫发生急性胰腺炎时影响预后的另外一个极为重要的因子是是否存在肝脏脂肪沉积。由于这些病例许多为长时间表现厌食，因此必须要积极进行营养支持，以防止肝脏脂肪沉积症的发生。

参考文献

DeCock HEV, Forman MA, Farver TB, et al. 2007. Prevalence and histopathologic characteristics of pancreatitis in cats. *Vet Pathol.* 44:39–49.

Forman MA, Marks SL, De Cock HEV, et al. 2004. Evaluation of serum feline pancreatic lipase immunoreactivity and helical computed tomography versus conventional testing for the diagnosis of feline pancreatitis. *J Vet Intern Med.* 18:807–815.

Steiner JM. Exocrine pancreas. 2008. In JM Steiner, ed., *Small Animal Gastroenterology*, pp. 283–306. Hannover: Schlütersche Verlagsgesellschaft mbH.

Steiner JM, Williams DA. Feline exocrine pancreatic disease. In SJ Ettinger, EC Feldman, eds., *Textbook of Veterinary Internal Medicine*, 6th ed., pp. 1489–1492. St. Louis: Elsevier Saunders.

Washabau RJ. 2006. Acute necrotizing pancreatitis. In JR August, *Consultations in Feline Internal Medicine*, pp. 109–119. St. Louis: Elsevier Saunders.

第160章 慢性胰腺炎

Pancreatitis，Chronic

Jörg M. Steiner

概述

胰腺炎为胰腺的炎性疾病，其发生在猫与在犬同样常见。猫约1/3的胰腺炎病例为慢性。急性与慢性胰腺炎的区别并非仅仅是在临床上，而仅仅是基于组织病理学检查，虽然急性胰腺炎可能与永久性的组织病理学变化无关，但慢性胰腺炎则可引起胰腺纤维化或萎缩（见图160–1）。虽然急性及慢性胰腺炎可表现为轻微或严重，但猫的大多数慢性胰腺炎病例表现温和，而且大部分猫的胰腺炎病例为先天性的，慢性胰腺炎病例也是如此。钝性创伤及药物，如有机磷酸酯等，通常可引起急性胰腺炎，感染性因素，如刚地弓形虫（*Toxoplasma gondii*）及伪猫对体吸虫（*Amphimerus pseudofelineus*）可引起慢性胰腺炎。令人惊奇的是许多猫的慢性胰腺炎的病例与其他疾病有关，最为重要的是炎性肠病（inflammatory bowel disease，IBD）或胆道炎（cholangitis）。有作者将并发的胰腺炎、IBD及胆道炎统称为三体病（triad disease）或"三体炎"（triaditis），参见第216章。虽然这一术语具有一定的帮助意义，但这些检查结果使

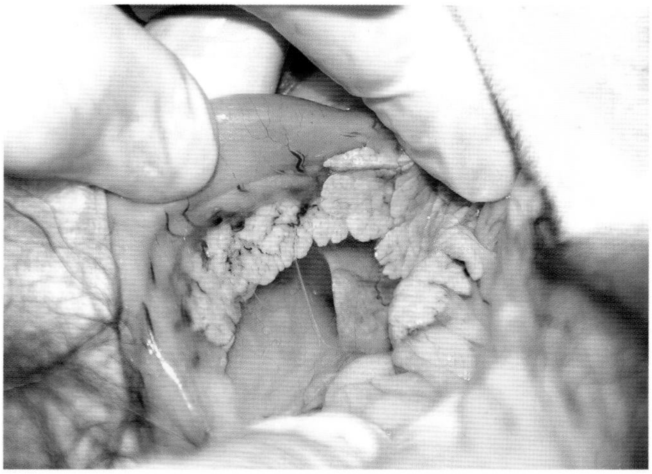

图160–1 本例猫具有2年慢性胰腺炎及糖尿病的病史，可在其胰腺见到纤维化及萎缩（图片由Gary D. Norsworthy博士提供）

得人们提出了一种在临床上很吸引人的假说，即胰腺炎和肝脏的炎症可继发于肠道炎症，对IBD进行治疗可改善慢性胰腺炎的病情。

即使严重型的急性胰腺炎，其临床症状也并不特异，在患慢性胰腺炎的猫，由于慢性胰腺炎通常不太严重，因此更有可能发生这种情况。其实有人认为，许多患有慢性胰腺炎的病猫为亚临床型，不表现临床症状的猫常常只是表现昏睡、厌食及失重。如前所述，许多患有慢性胰腺炎的猫也并发IBD，因此也表现为粪便稀软或腹泻。如果IBD影响到胃，猫主可发现猫可发生慢性呕吐。临床病理学检查结果也常常没有特异性，只是由于并发病而出现一些有限的变化。肝脏酶活性的升高可能说明发生了并发性的胆道炎，如果碱性磷酸酶活性单独升高，则常常见于并发 IBD的猫。血清淀粉酶及脂肪酶活性在临床上对诊断猫的慢性胰腺炎没有多少意义。

诊断

主要诊断

- 猫血清胰脂肪酶免疫活性（feline pancreatic lipase immunoreactivity，fPLI）浓度：胰腺脂肪酶为猫胰腺外分泌机能的特异性标志，可采用商用ELISA方法Spec fPL®进行定量测定，Spec fPL的参考范围为≤3.5 μg/L，诊断为猫胰腺炎的判断值为5.4 μg/L。在一组实验性诱导胰腺炎的猫，开始时血清fTLI和 fPLI浓度增加，但保持高浓度血清fPLI的时间明显比血清fTLI长，说明血清fPLI浓度要比血清fTLI浓度更为敏感。另外对患有自发性胰腺炎的病猫进行的研究表明，血清fPLI浓度对诊断胰腺炎要比血清fTLI浓度或腹腔超声检查更为灵敏及特异性更高。这些研究表明血清fPLI浓度在诊断猫温和型慢性胰腺炎病例时很有用。
- 腹腔超声检查：如果采用严格的标准，腹腔超声检查诊断胰腺炎具有特异性，但腹腔超声检查对诊断猫的胰腺炎并不灵敏，而且慢性胰腺炎常常很温和，因此

采用这种方法诊断时更是如此。慢性胰腺炎时特异性的超声检查结果是胰腺的回声增强，说明胰腺发生纤维化。但胰腺回声增强并非超声检查胰腺时最常见的检查结果。此外应注意的是，胰腺发生纤维化仅仅表明胰腺曾发生过损伤，可能并不与正在发生的胰腺炎症有关。此外，由于技术方面的进展，超声检查仪器极为灵敏。以前未能检查到的损伤，如结节性增生，可能其病变的特点与胰腺的炎症类似，因此在进行超声检查时可能被发现而被误认为就是猫的胰腺炎。

辅助诊断

- 血清钴胺素及叶酸浓度：许多患慢性胰腺炎的猫同时并发慢性小肠疾病，因此在怀疑发生慢性胰腺炎的猫，检查基础检查时应包括血清钴胺素及叶酸浓度。
- 猫血清胰蛋白酶样免疫活性（serum feline trypsin-like immunoreactivity，fTLI）浓度：检查胰腺外分泌机能时血清fTLI的特异性不如fPLI浓度，而且也不具有猫胰腺炎特异性，但血清fTLI浓度可作为胰腺外分泌机能不足（exocrine pancreatic insufficiency，EPI）的诊断工具。由于慢性胰腺炎和EPI的临床症状在猫很模糊，因此采用这种方法可检查表现慢性胃肠道疾病临床症状时猫的这两个参数。

治疗注意事项

- 与人一样，治疗猫的慢性胰腺炎极令人沮丧，有时甚至是不值得的。治疗的主要目的是治疗引起本病的原因，但胰腺炎的原因几乎在所有的病例均是未知的。治疗的第一步是检查任何发生胰腺炎的风险因子。
- 饮食史：许多老龄猫表现肾机能不全或肾衰，因此采用肾病日粮饲喂。此外，有些猫可能肥胖或患有糖尿病，因此采用低碳水化合物日粮饲喂。肾病日粮及低碳水化合物日粮脂肪含量高，患有慢性胰腺炎的猫应调整采用低脂肪饲料饲喂。应在改换饲料前检查Spec fPL浓度，改换日粮后2～3周再次检查。临床症状改善或血清Spec fPL 浓度明显降低应看作支持继续采用低脂肪日粮的证据，但如果在主观或客观上没有任何明显的改进，应绝对恢复到采用原来的日粮饲喂。
- 药物治疗史：虽然研究表明很少有药物可引起猫的胰腺炎，但许多药物可能为引起人胰腺炎的原因，因此在患有胰腺炎的病猫，应询问其使用药物的病史。应检查的第一个问题是目前使用的药物是否仍有必要采用（如猫具有细菌性上呼吸道疾病，需要继续采用抗生素治疗）。如果认为目前仍需要采用药物治疗，则临床医生应寻求其他能获得统一治疗目的的药物（如在确实需要继续采用抗生素治疗的病猫选用其他抗生素治疗）。
- 测定禁食时的血清甘油三酯浓度：虽然在猫尚未获得结论性的证实，但高甘油三酯血症可能为犬和人胰腺炎的病因。在患有慢性胰腺炎的病猫，应采集禁食18h的样品以排除高甘油三酯血症。
- 测定血清钙浓度：高钙血症可引起猫发生胰腺炎，因此在患慢性胰腺炎的猫应检测血清钙浓度。
- 下一个目标是检查患有慢性胰腺炎的病猫所有可能的并发病。应考虑的并发病包括 IDB、胆道炎、胰腺外分泌机能不全及糖尿病。因此至少应进行全血清化学检查及测定血清fTLI、钴胺素及叶酸浓度。对所有并发病均应进行妥善治疗，通过重复测定血清Spec fPL浓度监测胰腺炎。
- 近来有人认为自身免疫性胰腺炎是人急性及慢性胰腺炎的重要原因，这些病人均对皮质类固醇治疗具有良好的反应。据闻患有慢性胰腺炎的病猫也可对强的松龙治疗发生反应，但在对患有慢性胰腺炎的病猫采用强的松龙进行日常治疗之前仍需进行更为深入的研究。如果患有慢性胰腺炎的病猫采用皮质类固醇进行治疗，应在开始采用强的松龙治疗前及初始治疗后2～3周测定Spec fPL 浓度。临床症状得到改进或血清Spec fPL浓度明显降低可看作支持采用强的松龙继续治疗的证据，但如果没有主观或客观上的改进，不应继续采用强的松龙治疗。
- 患有慢性胰腺炎的病猫可表现为厌食，因此对这类厌食病例采用止吐药物治疗具有一定的意义。多拉司琼为一种HT3颉颃剂，在剂量为0.3～0.6mg/kg q12h IV、SC或PO时具有治疗效果。马罗皮坦尚未批准在猫使用，但一般的建议剂量为0.5～1.0mg/kg SC q24h。在许多猫，止吐药物治疗可在治疗5～7d后停止，或者可采用刺激食欲的药物，如米氮平（每只猫3.75mg q72h PO）进行治疗。
- 如果患有胰腺炎的病猫表现严重的疼痛，可采用止痛药物治疗。口服布托啡诺（0.5～1.0mg/kg q6～8h PO）可用于温和的疼痛。曲马多（Tramadol）在猫的应用尚未进行过深入的研究，但据闻获得的治疗结果很令人鼓舞。疼痛严重的猫可采用芬太尼贴剂治疗，剂量为25 μg/h贴剂的一半，治疗时可将 50%的膜贴到病猫，但由于法律上的关注，大多数临床兽医日常不采用芬太尼贴剂。

预后

与人的慢性胰腺炎一样，许多猫的慢性胰腺炎为进展缓慢的疾病，最后会导致EPI及糖尿病，但许多猫在出现上述后遗症前多因自然原因而死亡，而且上述两种情况中的任何一种可先发生，或两者同时发生。

参考文献

DeCock HEV, Forman MA, Farver TB, et al. 2007. Prevalence and histopathologic characteristics of pancreatitis in cats. *Vet Pathol.* 44:39–49.

Steiner JM. 2008. Exocrine pancreas. In JM Steiner, ed., *Small Animal Gastroenterology*, pp. 283–306. Hannover: Schlütersche-Verlagsgesellschaft mbH.

Steiner JM, Williams DA. Feline exocrine pancreatic disease. In SJ Ettinger, EC Feldman, eds., *Textbook of Veterinary Internal Medicine* 6th ed., pp. 1489–1492. St. Louis: Elsevier Saunders.

Weiss DJ, Gagne JM, Armstrong PJ. 1996. Relationship between inflammatory hepatic disease and inflammatory bowel disease, pancreatitis, and nephritis in cats. *J Am Vet Med Assoc.* 209:1114–1116.

Williams DA, Steiner JM, Ruaux CG, et al. 2003. Increases in serum pancreatic lipase immunoreactivity (PLI) are greater and of longer duration than those of trypsin-like immunoreactivity (TLI) in cats with experimental pancreatitis [abstract]. *J Vet Intern Med.* 17:445–446.

第161章 猫泛白细胞减少症（猫细小病毒感染）
Panleukopenia (Feline Parvovirus Infection)

Sharon Fooshee Grace

概述

猫泛白细胞减少症（feline panleukopenia）是一种由无包膜的猫细小病毒（feline parvovirus，FPV）引起的急性病毒性肠炎，有时也称为猫传染性肠炎（feline infectious enteritis）或猫瘟（feline distemper）。据认为，猫2型细小病毒 （CPV-2） 是由FPV突变而形成。原来的CPV-2变种能够感染猫，可引起临床疾病。在CPV-2 最早感染犬时，在犬使用了FPV疫苗，在这种情况下可提供良好的保护作用。

FPV 具有高度传染性，对快速分裂的淋巴组织、骨髓及小肠组织的细胞具有亲和力。淋巴组织感染及消耗淋巴细胞可抑制免疫机能。同时由于在骨髓中发生骨髓抑制，使得免疫力进一步受到破坏。小肠腺窝细胞中病毒复制是肠炎的标志性变化。由于在青年动物，随着其免疫系统的破坏，引起小肠屏障破坏，从而促进了毒血症（有时为致死性败血症）的发生。也可发生子宫内感染，但粪-口传播更为常见。病毒通常通过感染及易感猫之间的直接接触或暴露到环境中的病毒而传播。在本病的急性期，大量的病毒在粪便中排出，排毒可在康复后仍持续数周。尚未发现带毒状态。猫传染性粒细胞缺乏症病毒在所有年龄的未保护猫均可引起明显的临床疾病，但在未免疫接种的12~16周龄的猫患病风险最高。青年猫的死亡率可高达50%~90%。大多数仔猫在6~8周龄前母体免疫力具有保护作用，罕见于老龄猫或成年猫；其感染在本质上是亚临床型的。

本病的潜伏期为2~9d，之后出现临床症状。病猫表现发热、出现与采食无关的超急性或急性呕吐、虚脱及危及生命的脱水。据报道有些仔猫可将其头悬挂于水碗的边缘，但不饮水。直到病程的后期才可出现液体状腹泻，其中可能含有血液或脱落的组织。病猫触诊可表现腹痛，小肠可迟缓或增厚，表现为机能较差。肠道中常常存在大量的液体或气体。仔猫可在出生前妊娠期的任何时间感染，但母猫通常在临床上未表现受到感染。早期在子宫内的感染可引起流产、死产或胎儿干尸化。妊娠后期或临产期的感染典型情况下可引起非进行性脑机能障碍，表现为共济失调和辨距过大（hypermetria），以四肢外展的姿势站立（with a wide-based stance），意向震颤（intention tremors）及躯干摇摆（truncal sway）。

FPV感染的临床症状可能与中毒、弓形虫病、猫白血病病毒（FeLV）引起的猫类泛白细胞减少症（panleukopenia-like syndrome）及其他传染性原因引起的肠炎相似。弓形虫病通常与呼吸道有关，罕见能引起严重的白细胞减少症。FeLV引起的猫传染性粒细胞缺乏综合征可通过阳性的FeLV抗原检测来区别，或通过其慢性病程，或小肠的组织病理学检查来鉴别。原发性细菌性肠炎 （即大肠杆菌或沙门氏菌）及肠道冠状病毒也可引起FPV及白细胞减少的临床症状。

猫传染性粒细胞减少症由于日常的免疫接种而比以前减少，但其仍然是生活在应激、拥挤的环境中，如庇护所、木板房及动物集中地区未免疫接种猫的一个严重问题。

诊断

主要诊断

- 临床症状：未免疫接种的仔猫及青年猫常因发热、严重脱水、呕吐、恶臭的腹泻及内毒素性休克等症状就诊时应怀疑发生了FPV。并非所有这些症状都存在就可怀疑为猫传染性粒细胞缺乏症。病猫在死亡前体温降低。小脑患病的仔猫可能是在子宫内或出生之前就发生了感染。
- 血常规（CBC）：猫泛白细胞减少症时CBC发生一系列的变化。感染后数天内白细胞降到最低，为100~200个/μL，有些猫可见到血小板减少。在感染恢复期可见到白细胞数量增加。
- 犬粪便细小病毒抗原检测：目前有多种家用的用于检测犬粪便细小病毒抗原的药盒，虽然这类药盒并未批准在猫使用，但多个研究表明其可用于检测粪便中的FPV，其灵敏度与特异性与传统的金标准参考法相似。灭活（杀灭）及改造的活病毒（MLV）疫苗SC后能在2周内产生假阳性结果。鼻内接种疫苗未发现可产生阳性粪便检测结果。

辅助诊断

- 生化及电解质测定：这些检测方法虽然不能诊断猫泛白细胞减少症，但有助于鉴别需要监测及管理的继发性疾病（如低血糖、低血钾、低蛋白血症等）。
- 粪便检查：应检查粪便中是否存在寄生虫卵，因为寄生虫可能为并发发生，因此使得猫传染性粒细胞缺乏症的临床过程更为复杂。
- 逆转录病毒检测：各种年龄的猫如果怀疑发生FPV时均应检查是否有FeLV及猫免疫缺陷病毒感染。
- PCR检查：特定实验室可对全血或粪便进行 PCR检查。怀疑发生本病时可采集全血进行检查，但不能采集粪便样品。

诊断注意事项

- 严重的白细胞减少常常由于发生菌血症及内毒血症的风险增加，因此预后不良。
- 幼猫近期进行过疫苗接种并不能排除发生猫传染性粒细胞缺乏症的可能性，这是因为母体抗体可能会干扰早期疫苗接种的效果。
- 可采用电子显微镜检查粪便中的病毒，但由于病史、临床症状及严重的白细胞减少就可得到建议诊断，因此很少需要进行电镜检查。如果怀疑有其他病原，则关于样品的采集可咨询相关实验室。
- FPV抗体检测由于不可能区别感染与免疫接种诱导的抗体，因此没有多少价值。

治疗

主要疗法

- 液体疗法：静注类晶体液体疗法可维持需要及纠正由于呕吐和腹泻引起的液体损失。平衡电解质溶液如乳酸林格氏液，大多数情况可加入2.5%～5%葡萄糖使用，通常也需要补充钾。皮下液体疗法只是用于较为轻微的病例。参见第302章。
- 抗生素疗法：静注广谱抗微生物药物进行治疗（即阿莫西林、头孢菌素、替卡西林或替卡西林钠克拉维酸）可用于治疗本病，主要是由于白细胞减少及发生全身细菌感染的风险较高。如果可能发生革兰氏阴性败血症，则可采用替卡西林克拉维酸或氨基糖苷类药物，但氨基糖苷类药物的使用应谨慎，主要是因为脱水的病猫其可能具有肾毒性，因此药物诱导肾衰的可能性增加。在革兰氏阴性菌感染时也可考虑使用氟喹诺酮类抗生素。
- 胃肠外治疗：由于呕吐，因此初始治疗时应避免采用口服抗生素进行治疗。如果未发生持续呕吐，则可给水。如果停水，则应在最后一次发生呕吐后12～24h再次给予少量饮水。如有可能，应尽可能饲喂，尽早恢复饲喂。虽然尚未在猫得到证实，但犬发生细小病毒感染时，如果给予肠道内营养，则临床症状可迅速得到改善。
- 止吐治疗：新型的抗呕吐类药物包括马罗皮坦（maropitant）（Cerenia®；1mg/kg q24h SC）及昂丹司琼（0.5～1.0mg/kg q8～12h，缓慢静脉内推注）。胃复安（metoclopramide）可以1～2mg/kg q24h的剂量连续灌注，或以0.25mg/kg q6～8h SC、IV或IM间歇性用药。吩噻嗪类药物可引起低血压，因此应避免使用。

辅助疗法

- 监测体温变化：开始时可出现持续发热。随着病程的进展，有些仔猫可由于液体丧失及内毒血症而出现低体温。经常监测体温的变化极为重要。
- 小肠保护剂及活力促进因子和抗腹泻药物：这些药物日常没有必要使用，其应用可产生各种临床结果。
- 静脉胶体输液（intravenous colloid therapy）：如果猫发生严重的低蛋白血症，可能需要采用胶体液体疗法或输入血浆。参见第112章。
- 猫重组干扰素–ω：这种药物在治疗犬的细小病毒性肠炎时具有疗效，但对其效果尚未在猫进行过评价，目前在美国尚无应用。
- 被动抗体：在暴发本病时，对易感猫可采用感染后具有高的FVP效价的猫血清进行被动保护，建议剂量每只仔猫为2mL，腹腔内给药或SC。这种治疗方法只用于已知暴露的易感猫。含有高浓度的抗猫常见病毒的免疫球蛋白产品目前在欧洲有些国家已经可以使用。

治疗注意事项

- 应避免细小病毒污染医院。感染猫应隔离，照顾猫的人应该戴上手套，穿长外衣及鞋套。可采用1：32的漂白粉溶液洗脚及用于一般的医院消毒。细小病毒较为强壮，不易消灭，可持续存在于环境中长达数月。

- 每天称重2～4次有助于评估是否需要开始水化作用。

预防

- 猫泛白细胞减少症典型情况下与猫疱疹病毒－1（FHV-1）和猫杯状病毒（FCV）同时感染。仔猫应从6～16周龄开始，每隔3～4周进行FPV/FHV-1/FCV疫苗免疫接种。近来的研究表明，母体免疫力可持续存在，而且在此之前一直会干扰疫苗的效果。面临高感染风险的仔猫（如庇护所的猫）以及以前免疫接种过的母猫（如养殖场）所产仔猫应在16～20周龄时进行最后一次免疫接种。无论第一次免疫接种的年龄，所有仔猫和成猫均应间隔3～4周至少免疫接种两次。完成了第一系列的免疫接种后，1年之后应强化免疫，之后每3年进行一次免疫接种。
- 除了高危情况外，超过每隔3～4周的免疫接种频率并没有多少效果。
- 如果仔猫年龄在4周龄以下，由于小脑仍发育不全，因此不应使用MLV疫苗。
- 妊娠母猫在进入庇护所时面临非常严重的暴露FPV的风险。如果在该庇护所FPV不是主要问题，而且有灭活苗，则应给这类妊娠母猫注射灭活苗。如果存在FPV，或只有MLV疫苗，则美国猫医生协会的猫疫苗顾问委员会（American Association of Feline Practitioners' Feline Vaccine Advisory Panel）建议采用这种产品，主要是因为其对母猫和胎儿的益处高于风险。
- 如果发生本病，最好采用MLV疫苗而不是采用灭活疫苗。在这种情况下，仔猫可在4周龄时第一次接种疫苗，2～4周后强化免疫。
- FPV免疫接种对CPV-2变异株有保护作用。

预后

近来的研究表明，就诊时预后不良的因素主要包括白细胞计数<1000个/μL，血小板减少症、低白蛋白血症及低钾血症。这些因素中有些与革兰氏阴性菌血症引起的并发症有关。进行及早干预及适当的支持疗法，至少一半以上的仔猫及成猫可望能够存活，可获得FPV的终身免疫力而得到保护。

参考文献

Green CE, Addie DD. 2006. Feline parvovirus infections. In CE Greene, ed., *Infectious Diseases of the Dog and Cat*, 3rd ed., pp. 78–88. Philadelphia: Saunders Elsevier.

Kruse D, Unterer S, Horbacher K. 2009. Prognostic factors in cats with feline panleucopenia. ACVIM Proceedings, Abstract #107.

Neuerer FF, Horlacher K, Truyen U, et al. 2008. Comparison of different in-house test systems to detect parvovirus in faeces of cats. *J Fel Med Surg*. 10(3):247–251.

Patterson EV, Reese MJ, Tucker SJ, et al. 2007. Effect of vaccination on parvovirus antigen testing in kittens. *J Am Vet Med Assoc*. 230(3): 359–363.

Richards JR, Elston TH, et al. 2006. The American Association of Feline Practitioners Feline Vaccine Advisory Panel Report. *J Am Vet Med Assoc*. 229(9):1405–1441.

Truyen U, Addie D, Belak S, et al. 2009. Feline panleukopenia: ABCD guidelines on prevention and management. *J Fel Med Surg*. 11(7): 538–546.

第162章
脂膜炎
Panniculitis

Mark Robson 和 Mitchell A. Crystal

概述

脂膜炎（panniculitis）为皮下组织或腹腔内脂肪的炎症及坏死，其可作为一种原发性疾病［先天性（idiopathic）/无菌性结节状脂膜炎］，也可继发于物理或化学创伤（包括疫苗后创伤）、异物、感染［即细菌、非典型性分支杆菌、真菌或腐霉菌（pythium）］、胰腺疾病（胰腺炎或胰腺肿瘤）、维生素E缺乏（hypovitaminosis E）（基于鱼油的食物维生素E不足，阻止了多不饱和脂肪酸的氧化）及免疫介导性疾病。本病的发生没有品种、年龄或性别趋势。皮下脂膜炎（subcutaneous panniculitis）的临床症状包括深而硬到波动的结节形成（成组或孤立），这些结节破裂后可流出油状的黄色—棕色到含血的液体（见图162-1）。这些病变通常有疼痛，许多猫也表现发热、厌食、昏睡及局部淋巴结肿大。腹腔内脂膜炎（intra-abdominal panniculitis）的临床症状包括疼痛（全身性或腹腔）、发热、昏睡及失重，可发生腹腔扩张（由于渗出或肠系膜网膜的炎症及增大所引起）或腹腔内肿块。

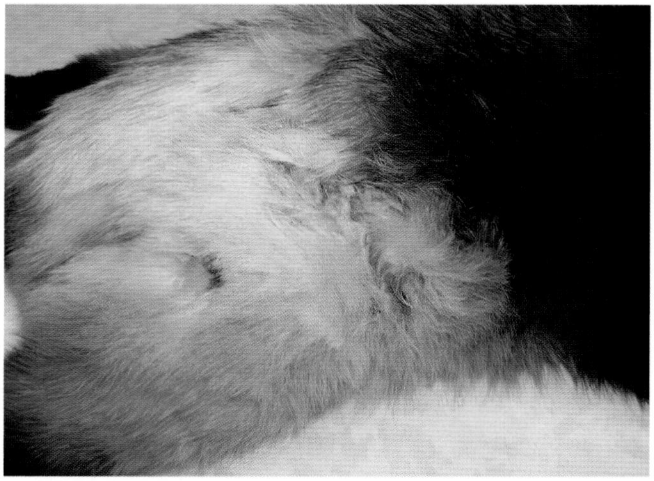

图162-1 皮下引流管引起的脂膜炎，由非典型性分支杆菌感染所引起（图片由Gary D. Norsworthy博士提供）

关于这种综合征，由于同行评审过的研究报道很少，因此在临床上其治疗处于一种进退两难的境界。许多病例与传染性原因无关，因此可采用免疫调节治疗。但许多病例是由感染性原因（特别是分支杆菌）所引起，在这些猫可引起免疫抑制，其后果是灾难性的。因此，虽然先天性疾病通常很常见，对患脂膜炎的猫应仔细进行检查，以确定其潜在的原因。

皮下性脂膜炎的鉴别诊断包括肿瘤（特别是鳞状细胞癌、基底细胞瘤及肥大细胞瘤）、嗜酸性粒细胞肉芽肿综合征、难以愈合的伤口、脓肿、深部脓皮病及免疫介导的皮肤病等。腹腔内脂膜炎的鉴别诊断包括肿瘤（特别是胰腺和胃肠道肿瘤或淋巴瘤）及腹腔内炎症性疾病（即猫传染性腹膜炎、野兔热及胰腺炎）。

诊断

主要诊断

- 病史及查体：应询问关于猫的环境（户内或户外，争斗史、伤口或捕猎野生动物）、食物及是否暴露跳蚤或昆虫，应检查是否有深部引流、疼痛性伤口等。胃底检查发现的变化可表明发生了感染性疾病或淋巴瘤。
- 手术摘除或病理组织学检查及细菌培养：这些检查通常可证实是否有脂膜炎存在，但关于其精确的原因可能仍有疑问。应咨询相关实验室进行特殊染色，但由于通过组织病理学方法单独并不能证实传染性因素，应送检样品进行需氧、厌氧及真菌培养和药敏试验。应考虑进行非典型性分支杆菌及诺卡氏菌培养，但在采样及送检前应咨询微生物实验室，因为可能需要特殊培养基及处理条件。
- 腹腔内或全身性疾病，可腹腔影像检查，采集或不采集组织样品：X线拍片及超声检查，以评估用于鉴别诊断及检查脂膜炎的原因。在超声指导下进行淋巴结或腹腔组织穿刺或活检采样可用于细菌培养、细胞学检查及组织病理学检查。

辅助诊断

- 完整的基础数据［血常规（CBC）、生化及尿液分析］：这些分析结果通常正常，但在表现全身性疾病或腹腔内疾病的猫应通过这些监测以评估是否有其他疾病及帮助选择合适的支持性护理。
- 逆转录病毒检测：这些检测方法是比较合适的。
- 血清学方法检测腐霉菌（*Pythium*）或野兔热：猫表现全身疾病或腹腔内疾病，但其他诊断方法未能发现具有诊断价值的结果时，应进行这类检测，如果有其他诊断方法支持对这类疾病的诊断，或对初始治疗无反应时，均应进行这类检查。
- PCR检查：可采用PCR法检查分支杆菌。

诊断注意事项

- 因为钻取活组织检查不能达到足够的深度以获得样品来证实诊断，可通过深部切口或切除采集皮肤样品。
- 组织病理学病变包括中性粒细胞、组织细胞、浆细胞、淋巴细胞、嗜酸性粒细胞及多核巨细胞浸润到中隔、肺叶或弥散性浸润，并出现与此相关的坏死、纤维化或脉管炎。

治疗

主要疗法

- 治疗潜在疾病：除先天性无菌性结节状脂膜炎外，在其他病例均应采用这种治疗策略。
- 手术摘除：采用手术完全摘除对局部性、多局灶性或局部弥散性皮肤病具有治疗效果，但应仔细考虑手术的程度。由于引流管及引流窦可能要比最初怀疑的更深远，原先计划的手术边缘可能不够，因此在进行手术时应灵活掌握。如果切除不完全或脂膜炎的潜在原因鉴定不正确，则有可能会发生复发。采用手术摘除治疗时，应咨询有关外科专家。
- 维生素 E：为治疗维生素E缺乏症的首选药物，有助于治疗其他类型的脂膜炎（剂量为200～400IU/kg q12h PO）。
- 抗生素：如果病因为细菌性的，或继发细菌感染，则可采用抗生素疗法。抗生素的选择、剂量及疗程等差别很大，必须要根据药敏试验结果判断，也应考虑病变的性质。深部病变或边缘模糊不清的病变可能需要治疗数周或数月，由于本病有可能复发，因此应该在病变明显康复后再进行一段时间的抗生素治疗。
- 如果确诊病原为真菌，则可采用抗真菌药物进行治疗，应根据每个病例，判断药物的选择、剂量及疗程。
- 全身性皮质激素治疗：如果排除了感染性原因，则可采用强的松或强的松龙（2.2～4.4mg/kg q24h PO）进行治疗。治疗应持续到损伤完全康复（常常需要3～8周），之后缓慢降低剂量再治疗数周。应告知猫主皮质激素治疗可能的风险，包括在患有亚临床型心脏病或具有心脏病病史的猫，可能会发生糖尿病、肌肉减少、诱导发生充血性心衰等。可考虑在采用皮质激素进行治疗时，补充维生素E及可能需要的脂肪酸。

辅助疗法

- 免疫调节剂治疗：如果完全排除了传染性原因，如果皮质激素单独治疗不能有效解决免疫介导性或先天性损伤，则可考虑采用其他药物。有人建议采用硫唑嘌呤（azathioprine）（0.3mg/kg q48h PO），但有些内科医生认为这种药物用于猫仍有争议。许多临床医生（包括作者）认为，猫在采用硫唑嘌呤治疗后骨髓抑制的风险太高，因此不建议采用这种药物进行治疗。其他可以采用的药物还有瘤可宁（chlorambucil）（2mg/m^{2}或0.1～0.2mg/kg q48h PO），或采用环磷酰胺 （50mg/m^2 PO，治疗4d，之后停药3d）。可采用这些药物治疗，一直到恢复，之后降低剂量到25%～50%后治疗3～4个月。治疗的第一个月应每周监测中性粒细胞的变化，然后每3～4周监测一次。如果中性粒细胞数量降到3000个/μL时应减小剂量或停用药物。环孢霉素（cyclosporine）为一种细胞介导的免疫介导因子，也可用于本病的治疗。环孢霉素的改良型（Neoral®，Atopica®）具有较好的生物可利用性，其剂量为5mg/kg q12h PO。在治疗的第一个月应该通过血管治疗2~3次，然后降低用药频率，将剂量调整到维持全血环孢素水平为 250~500ng/mL。
- 高压氧仓治疗（hyperbaric oxygen）：有人建议采用高压氧仓疗法治疗本病也应考虑，但目前其疗效尚未证实。
- 己酮可可碱（pentoxifylline）：有人建议采用己酮可可碱 （每只猫100mg q12h PO）治疗，主要是由于其在理论上能够改进循环，而且也用于其他先天性皮肤疾病，但关于其应用尚未见支持或反驳的研究结果。

- ω－3脂肪酸：虽然尚未证实，但在治疗方案中补充ω－3脂肪酸（根据脂肪酸的含量，剂量为5～10mg/kg q24h PO），可能具有稳定细胞膜的作用。

治疗注意事项

- 在采用免疫调节药物治疗之前，应排除所有的传染性原因。
- 应该注意，就免疫调节药物的治疗，目前尚未见有用于免疫介导性或先天性脂膜炎的全身性实验，所有的建议都是根据传说提出的。

预后

膜脂膜炎的预后差别很大，如果能鉴别潜在的原因，且能治疗，则预后好，但炎症的康复及结节的消失可能需要数周到数月。如果病变为先天性的或免疫介导性的，可手术摘除，则后果良好。广泛的皮下病变及腹腔的病变可能难以治愈，因此应与猫主就他们的期望等进行协商。传染性疾病或无菌性疾病的药物治疗可能需要持续数月才能见效。由于治疗的费用及猫主对长期药物治疗的疲惫，可能会通过耐心治疗就能治愈的猫被实施安乐死。

参考文献

Adamama-Moraitou KK, Prassinos NN, Galatos AD, et al. 2008. Isolated abdominal fat tissue inflammation and necrosis in a cat. *J Fel Med Surg*. 10(2):192–197.

Fabbrini F, Anfray P, Viacava P, et al. 2005. Feline cutaneous and visceral necrotizing panniculitis and steatitis associated with a pancreatic tumour. *Vet Dermatol*. 6:413–419.

Malik R, Krockenberger MB, O'Brien CR, et al. 2006. Nocardia infections in cats: a retrospective multi-institutional study of 17 cases. *Aust Vet J*. 84(7):235–245.

第163章

肿瘤并发症
Paraneoplastic Syndromes

Mark Robson

概述

肿瘤并发症（paraneoplastic syndromes，PNS）为恶性肿瘤的临床症状，主要是由于肿瘤通过释放激素、细胞因子及生长因子的间接作用所引起。由于某些 PNS（如高钙血症）可对主要器官（如肾脏）造成危及生命的损伤，而且由于PNS也可能是癌症时最早可检查到的症状，PNS对病猫的影响要比原发性肿瘤的直接作用更为明显，因此及时鉴定PNS的作用可有助于改进治疗效果，早期诊断可提高治愈或控制潜在恶性肿瘤的机会。在诊断PNS时，临床症状是继发于肿瘤的表现而发生的，因此肯定与肿瘤的生长或活动是一致的。

兽医文献中关于猫PNS的报道很少，大多数报道及讨论是基于传说，涉及一些与癌症相关厌食－恶病质综合征（cancer associated anorexia-cachexia syndrome，CACS）、肿瘤伴随发热（paraneoplastic fever）、恶性体液性高钙血症（humoral hypercalcemia of malignancy，HHM）、血液学变化及严重的皮肤综合征相关的肿瘤。常常可见到贫血，这可能是由于慢性疾病引起的贫血（anemia of chronic disease，ACD），凝血障碍、失血或免疫介导性溶血性贫血所引起。

肿瘤伴随综合征的皮肤型包括胰腺癌、胆管癌及胸腺癌引起的脱毛；肾上腺皮质机能亢进引起的皮肤脆弱综合征（skin fragility syndrome）、猫胸腺瘤引起的鳞片样脱皮性皮肤病（exfoliative dermatoses）、鳞状细胞癌引起的瘙痒及支气管肺泡腺癌（bronchoalveolar adenocarcinoma）引起的指（趾）瘘管结节（draining nodules of the digits）等。参见第45章、第55章、第101章及第213章。PNS时也可引起疼痛，例如许多患有HHM的猫可由于破骨细胞的作用而表现骨疼。

诊断

主要诊断

- 临床症状：依原发性恶性肿瘤的部位及相关的PNS，本病的临床症状差别很大。
- CACS：临床症状常包括食欲降低，恶心及失重，失重可很严重而快速。
- 发热：发热是由于肿瘤产生的各种细胞因子所引起的，这些细胞因子包括IL－1、IL－6及肿瘤坏死因子（tumor necrosis factor，TNF）。
- HHM：在猫引起HHM最常见的癌症为淋巴瘤和各种癌症。肿瘤组织可分泌各种活性成分，包括甲状旁腺激素相关蛋白（parathyroid hormone -related protein，PTHrP）及维生素D衍生物，这些因子可由于增加骨髓破骨细胞活性及增加肾小管对钙的吸收而引起高钙血症。临床症状常常包括昏睡、失重、厌食、多尿/多饮及呕吐。参见第103章。
- 脱毛：可在1～2个月内很快开始发生脱毛。人们试图采用各种方法进行治疗，但未能成功，病猫年龄一般可能在10岁以上。脱毛常常开始于腹部，逐渐扩展到四肢末端。毛易于从脱毛区域的边缘脱落，由于角质层丧失，因此皮肤表现为光亮（见图163－1）。
- 皮肤脆弱综合征（skin fragility syndrome）：这种情况是在研究较多的一种与肾上腺皮质机能亢进有关的 PNS时发现。皮肤易碎，因此易于自行或在很小的外部损伤时就可撕裂（参见第101章及图45－1）。猫肾上腺皮质机能亢进的大多数病例是由垂体腺癌所引起。参见第45章。
- 瘙痒：严重瘙痒对标准的治疗无反应，可能与鳞状细胞癌有关。皮肤可发生严重溃疡，表现细菌继发性感染。
- 指（趾）部瘘管结节（draining digital nodules）：可能为继发于支气管肺泡及其他癌症的PNS，这些猫通常较老，具有不同程度的失重、昏睡及指（趾）部引流结节对抗生素治疗无反应的病史，见图55－1（A）。胸部X线检查可用于鉴定肿瘤性肺脏疾病，见图55－1（C）及第55章。其他器官也可为原发性或肿瘤转移的位点（见图163－2）。

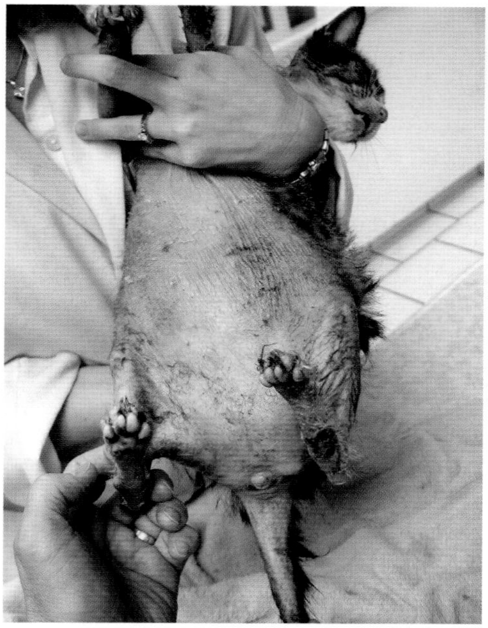

图163-1 肿瘤伴随脱毛见于腹腔腹面（图片由Gary D. Norsworthy博士提供）

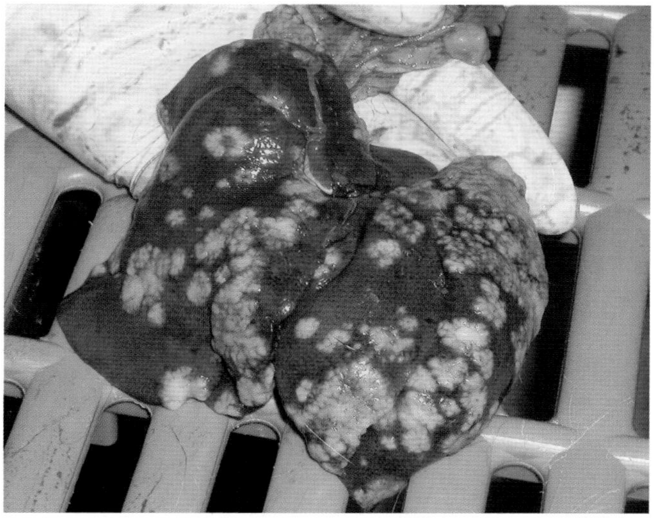

图163-2 图163-1中猫的原发性肿瘤为肝胆管型肝癌（图片由Gary D. Norsworthy博士提供）

- 血常规（CBC）、血清生化检查、尿液分析及逆转录病毒检测：CBC时最常见的异常是轻微的正常红细胞性（normocytic）、正常色素性（normochromic）及非再生性贫血，血液其他数值常常正常。高钙血症（总的或离子化的Ca^{2+}）见于HHM。高血糖及糖尿可见于肾上腺皮质机能亢进及继发的糖尿病。低血糖症罕见于PNS，更有可能是由于胰岛瘤所引起，这在猫极为少见。
- 影像检查：可进行胸部及腹部X线检查并全面进行分析。胸部应仔细检查是否有肿瘤转移或原发性肺癌的迹象，见图55-1（C）。可采用超声检查肝脏、胰腺及肾上腺是否有异常。
- 皮肤病学检查：如果发现皮肤损伤，则应进行彻底的皮肤病学检查，包括真菌培养、皮肤刮屑细胞学检查、胶带样品制备（tape preparation）（检查真菌用——译注）及皮肤活检。皮肤活检对诊断与皮肤有关的PNS具有诊断价值。

辅助诊断

- 高级影像检查：在怀疑发生PNS时应采用计算机断层扫描（CT）或磁共振影像检查（MRI）进行检查，其他影像检查方法尚未能发现原因。
- 开腹探查：如果未发现猫患病的原因，而且其体况继续恶化，可采用剖腹探查。在许多情况下由于肿瘤本身及相关的PNS的耗竭作用，因此需要快速诊断。

治疗

主要疗法

- 治疗目的：治疗的主要目的应该是针对主要的临床症状（即厌食、呕吐等），同时也应针对原发性肿瘤进行治疗，应根据PNS的剧烈及严重程度进行治疗。例如高钙血症代表了对肾机能具有严重的威胁，应立即施行治疗。相反，脱毛虽然对猫主来说在美容上很重要，但不需要立即采取措施进行治疗。可采用手术、化疗及放疗等方法及早治疗潜在的肿瘤。
- 营养支持疗法：常常需要采用营养支持疗法。常用饲喂管（即鼻胃管、口胃管、胃管或空肠插管）饲喂，这是病猫不愿采食时最常用的适用的饲喂病猫的方法。辅助饲喂（使用或不使用刺激食欲的药物）有时能够奏效，但必须要注意摄入的热量。不能采用强制饲喂使病猫受到应激。

预后

由于PNS可继发于肿瘤的存在，因此其预后差别很大。如果原发性肿瘤的类型及部位易于采用手术方法摘除，则预后可能很好。临床医生积极乐观的态度也有助于猫主选择合适的治疗方案。有时如果对PNS积极进行治疗，可望改进病猫的生活质量，即使在原发性肿瘤难以消除时也是如此。在有些病例，猫主可能因为其病猫的症状缓解而受到鼓励，因此允许直接针对以前认为不能治疗的肿瘤进行治疗，而这些肿瘤在以前常引起病猫疼痛、厌食、昏迷等。如果潜在肿瘤的治疗能够获得成功，则PNS通常会消失。

参考文献

Gaschen FP, Teske E. 2005. Paraneoplastic Syndrome. In SJ Ettinger, EC Feldman, eds., *Textbook of Veterinary Internal Medicine*, 6th ed., pp. 789–795. Philadelphia: WB Saunders.

Marconato L, Albanese F, Viacava P, et al. 2007. Paraneoplastic alopecia associated with hepatocellular carcinoma in a cat. *Vet Dermatol.* 18(4):267–271.

Matousek JL, Campbell KL, Lichtensteiger CA. 2001. Paraneoplastic alopecia. In JR August, *Consultations in Feline Internal Medicine*, 4th ed., pp. 196–201. Philadelphia: WB Saunders.

Vail DM. 2009. Paraneoplastic hypercalcemia. In JD Bonagura, ed., *Kirk's Current Veterinary Therapy XIV.*, pp. 343–347. St Louis: Saunders-Elsevier.

Zitz JC, Birchard SJ, Couto GC, et al. 2005. Results of excision of thymoma in cats and dogs: 20 cases (1984–2005). *J Am Vet Med Assoc.* 232(8): 1186–1192.

第164章 动脉导管未闭

Patent Ductus Arteriosus

Larry P. Tilley

概述

动脉导管未闭（patent ductus arteriosus，PDA）在猫没有在犬常见，但由于猫的心血管系统疾病为数不多，可采用手术方法纠正，因此也极为重要。在胎儿，动脉导管可通过肺动脉向降主动脉（descending aorta）分流血液（从右侧到左侧）远离肺血管床。出生后动脉导管通常紧缩，最后由于对局部氧气分压的增加及前列腺素的抑制作用而关闭。如果动脉导管保持开通，则从左侧向右侧可发生血液短路，最终引起严重的左心室血液负荷过重及左侧心衰。肺血管抗性的增加可引起短路逆转，导致右侧—左侧心衰。

左侧—右侧短路的幅度取决于导管腔的直径及抗性和肺血管的抗性。PDA的临床症状取决于短路的方向与程度。左侧—右侧短路在典型情况下可引起连续性的左心基部杂音（left basilar cardiac murmur）、股动脉搏动有力（bounding femoral pulses）及左心房和左心室增大，由此出现心搏向后移动。在右侧—左侧短路时，通常检查不到心杂音，股部脉搏未见跳动，右侧（如腹水及颈部脉动或扩张）或双心室心衰（即胸膜渗出）的症状占优势。

诊断

主要诊断

- 听诊：连续性的机械性杂音是左右短路型PDA的标志性症状。这种杂音在心脏收缩的中后期最为明显，在心脏舒张时强度逐渐降低。在有些病例，这种特征性的杂音只限于左心基前部，如果听诊只是限于顶端的话可能会漏诊。心脏收缩杂音通常在心尖最为明显。在右侧－左侧短路型 PDA病例，短路时不产生杂音，在这些病例血流流过短路而不是注入短路（见图164–1）。
- 超声心动描记：彩色血流多普勒检查可发现左心房及左心室扩张，肺动脉及前腔主动脉增大；大多数病例心脏收缩机能正常（心脏负担过重时发生心肌病，此时可出现机能降低）；末梢肺动脉连续性的血流紊乱；二尖瓣及有时主动脉瓣血液返流（继发于主动脉根扩张），这可通过光谱或彩色血流多普勒检查所证实。猫更易发生继发性右侧心室肥大。

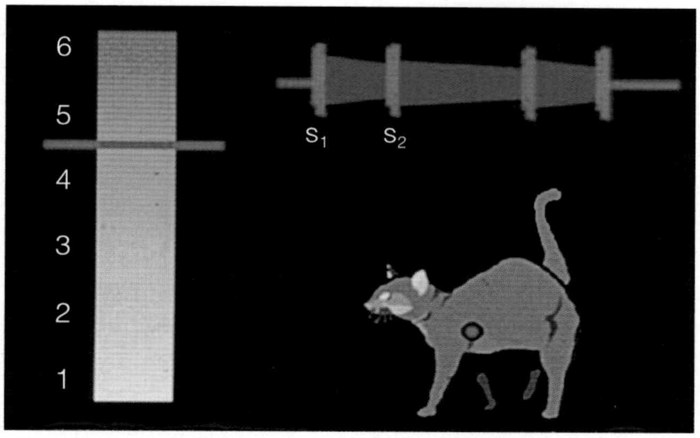

图164–1 心音图（Phonocardiogram）。连续性机械杂音是左右侧短路性动脉导管闭合不全的标志性症状。杂音在心脏收缩的中后期最为响亮，强度在心脏舒张时逐渐减轻，这种特征性的杂音有时限于左心尖前。S1，第一心音；S2，第二心音

辅助诊断

- 心电图描记：R波幅增加表明左心室肥大；P波增宽表明左心房肥大；在严重短路时右轴偏移；心房早搏（premature atrial complexes）；可见心室性心律失常。
- 胸腔X线检查：可见左心房及心室增大；肺动脉及主动脉扩张；肺循环过量（pulmonary vascular overcirculation）；通常可见充血性心衰（即肺静脉充血或混合性间质－肺泡范式，肺脏水肿），见图164–2。

诊断注意事项

- 猫发生逆向性（reverse）PDA的情况比犬少见。
- 诊断时极少需要心脏插管。

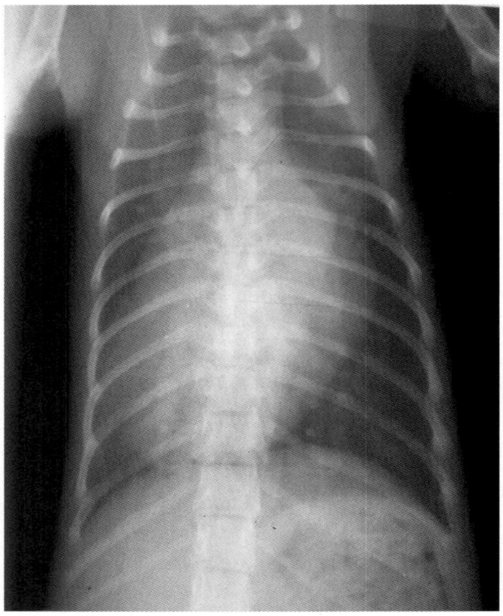

（A）

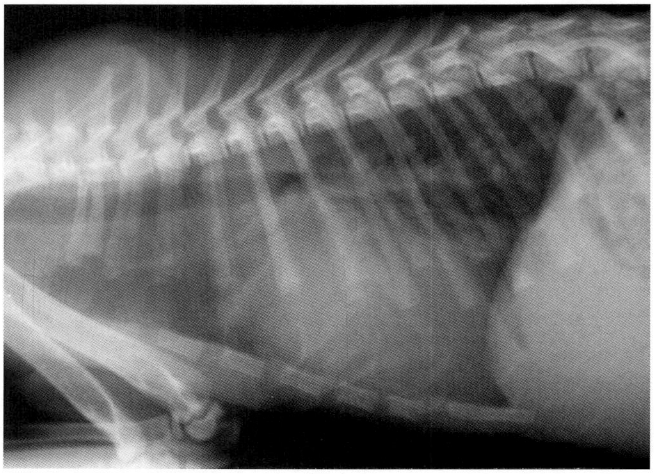

（B）

图164–2 动脉导管闭合不全时的胸腔X线检查。（A）和（B）中X线拍片中所见到的动脉导管闭合不全的典型变化包括左侧心房和心室肥大，肺血管循环过度；有充血性心衰的迹象（即肺血管充血及混合性间质－肺泡范式及肺水肿）

- 在发生其他先天性心脏疾病时也可发生PDA。

治疗

主要疗法

- 手术结扎PDA是首选治疗方法。

辅助疗法

- 充血性心衰时必须术前稳定病情，通常需要采用利尿剂治疗（即依据临床症状的严重程度，呋喃苯胺酸，1～4mg/kg q6～24h IV，IM或PO），氧气疗法及笼中静养。

治疗注意事项

- 在大多数病例建议进行手术治疗。
- 绝对不要试图用手术方法纠正右侧－左侧PDA。
- 与大的短路相比，小的短路不大可能会引起左侧心室明显负荷过重，甚至有可能不需要进行手术干预。但一般只有通过心脏插管及心血管造影术才能准确判断短路管的大小。

预后

一般来说，手术结扎短路管的病猫预后好，一般认为其并发症的发生率为5%～10%，大多数并发症发生于围手术期。发生心肌机能紊乱的猫可能会发生不可逆的病变，因此预后更为谨慎。

参考文献

Liska W, Tilley LP. 1979. Patent ductus arteriosus. *Vet Clin North Am Small Anim Pract*. 9:195–206.

Strickland K. 2008. Congenital heart disease. In LP Tilley, FWK Smith, Jr., M. Oyama, et al., eds., *Manual of Canine and Feline Cardiology*, 4th ed., pp. 218–223. St. Louis: Elsevier.

第165章 漏斗胸

Pectus Excavatum

Sharon Fooshee Grace

概述

漏斗胸（pectus excavatum，PE，或“funnel chest”）为一种先天性的胸骨及肋骨软骨畸形，引起胸腔发生背部向腹部的狭窄。本病的原因尚不清楚，但由于同窝中的多只动物患病，因此本病的发生可能具有一定的遗传背景。本病的发生尚未发现品种或性别趋势。患病动物常不表现症状；有些动物可在出生后很快表现心血管系统及呼吸系统异常。心脏在胸腔中位置异常可产生心杂音及静脉回流异常，可使听诊、心电图及心脏超声心动图更为困难。呼吸困难是最为常见的临床症状；呼吸过强、不能忍受运动及复发性呼吸道感染等也见有报道。许多病猫不表现症状。

诊断

主要诊断

- 查体：通常可触诊到胸骨异常（见图165-1）。
- X线检查：胸侧X线检查通常可发现依病变的严重程度出现胸腔缩小及胸骨上移，见图165-2及图165-3（A）。心脏的位置通常正常，心脏从中线偏移到腹背部或背腹侧，见图165-3（B）。

诊断注意事项

- 患PE的猫其出现心脏杂音可能是由于心脏位置异常所引起，而并非由于心脏病所引起。
- 采用X线检查难以判断心脏大小，真正的心脏肥大难以总能与心脏位置异常相区别。
- X线检查应用于评估并发的各种异常。
- 心电图描记由于胸腔中心脏位置异常，因此其结果难以解释。

治疗

主要疗法

- 药物治疗：年轻动物如果没有明显的畸形（即只是胸腔扁平），只是偶尔会出现近乎正常的发育，这种情况没必要进行手术治疗，应告知猫主轻轻从中间向侧面压迫胸腔，以促进胸廓正常发育。如果猫发生轻微的胸骨偏移（见图165-2），可在临床上表现症状，但不需要进行治疗。

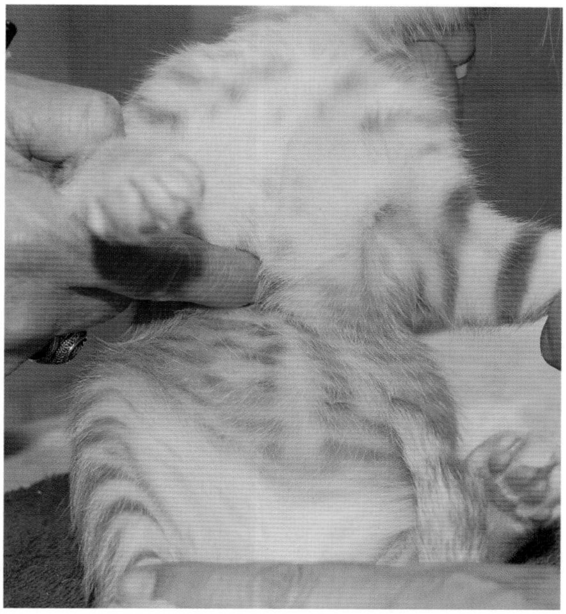

图165-1 在发生漏斗胸的本例猫胸骨前端可触及凹面洼陷（图片由Gary D. Norsworthy博士提供）

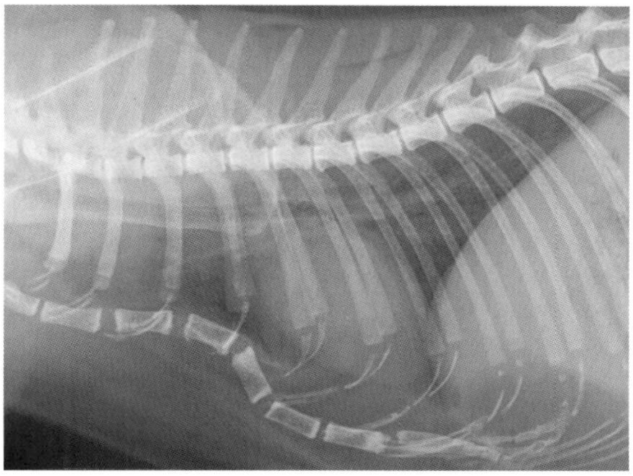

图165-2 患漏斗胸的猫侧面X线检查，发现胸骨中间轻微向背部偏移，心影轻度异位（图片由Gary D. Norsworthy博士提供）

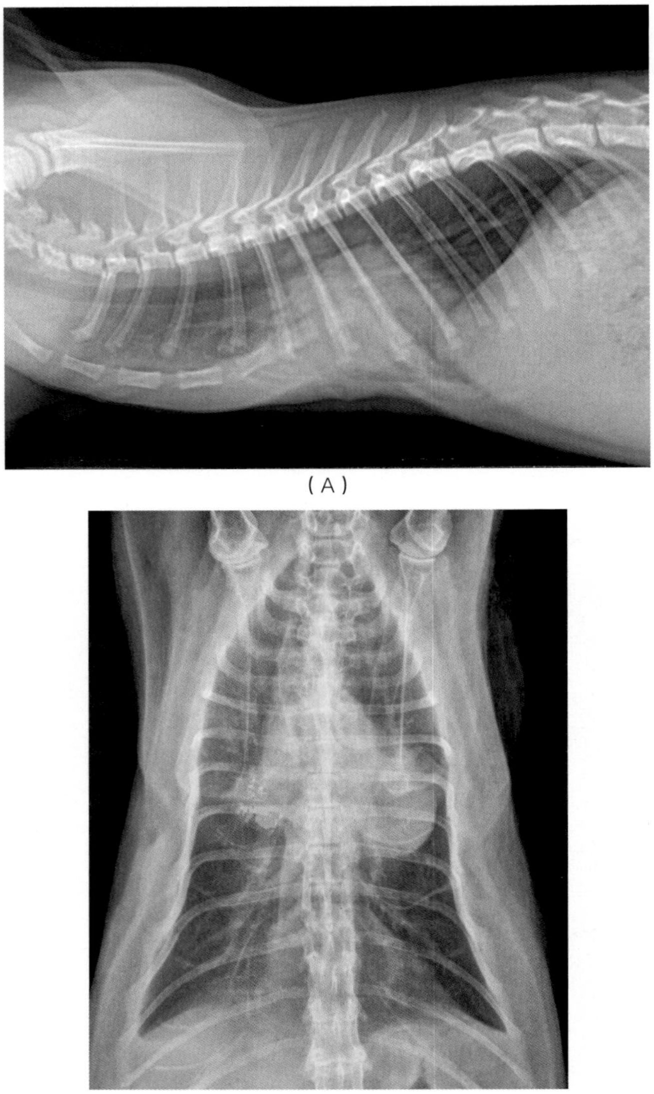

（A）

（B）

图165–3 漏斗胸的X线检查。（A）X线侧面观，表现为严重的胸骨后端偏移及肋软骨偏移，导致心影异位。（B）另一只患严重漏斗胸的猫的背部观，表现为心影左侧偏移（图片由Merrilee Holland 博士和 Judy Hudson博士提供）

- 手术治疗：在胸腔腹面采用外部夹板是最常用于纠正PE的手术，这种夹板装有垫料，形状与腹侧胸腔相似。在胸骨处做几道缝合，以固定夹板。应周期性地加固缝合以使胸骨达到正常位置。这种方法的主要优点是内部干预极少，但在生长板已经闭合的猫效果不佳。表现症状的猫通常在采用外部夹板后症状减轻，老龄猫难以用这种方法纠正胸骨，需要采用更为激进的纠正方法（如采用夹板的胸骨切开术）。

辅助疗法

- 抗生素：有些患有PE的猫易于发生呼吸道感染，因此应采用适宜的抗微生物药物进行治疗。

治疗提示

- 应建议猫主，在猫患有PE时或所产仔猫患有PE时，不应进行配种。患有PE的猫应该去势。

预后

如果没有明显的潜在疾病及严重的临床症状，则本病的预后良好。老龄动物对手术治疗的反应欠佳（如持续性或呼吸窘迫恶化）。

参考文献

Boudrieau RJ, Fossum TW, Hartsfield SM, et al. 1990. Pectus excavatum in dogs and cats. *Compend Contin Educ.* 12(3):341–355.

Fossum TW. Pectus excavatum. 2007. In TW Fossum, ed., *Small Animal Surgery*, 3rd ed., pp. 889–894. St. Louis: Mosby.

Fossum TW, Boudrieau RJ, Hobson HP. 1989. Pectus excavatum in eight dogs and six cats. *J Am Anim Hosp Assoc.* 25(5):595–605.

第166章
落叶型天疱疮
Pemphigus Foliaceous

Christine A. Rees

概述

落叶型天疱疮（pemphigus foliaceous，PF）为一种不太常见的猫自身免疫性皮肤病，可导致形成针对胶质细胞上黏附分子的自身抗体。这种自身抗体的形成可导致上皮的内聚消失，产生棘状细胞（acantholytic cells）。

发生落叶型天疱疮时主要的皮肤病变为脓包。脓包易碎，可引起大量结痂。其他皮肤病变性病变包括脱毛、鳞屑、表皮圈状病变（epidermal collarets）及侵蚀。皮肤病变部位发生不同程度的瘙痒，可表现不同程度的肾衰。 PF最常见的病变部位包括眼睛周围、鼻、耳（见图166-1）、鼻梁骨（planum nasale）（见图166-2）及足垫。PF病猫不太常见的皮肤病变部位为口腔（见图166-3）、甲床（见图166-4）及乳头。猫发生PF时常见的临床症状包括淋巴结肿大、发热、厌食及沉郁。

诊断

主要诊断

- 细胞学检查：诊断PF最好的细胞学检查样品是用25

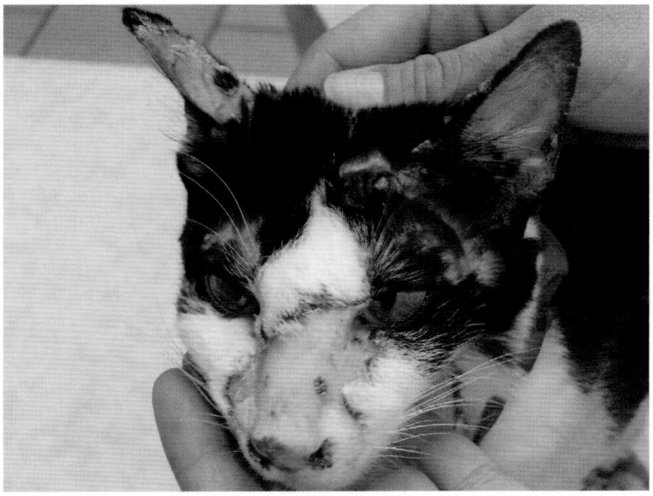

（A）

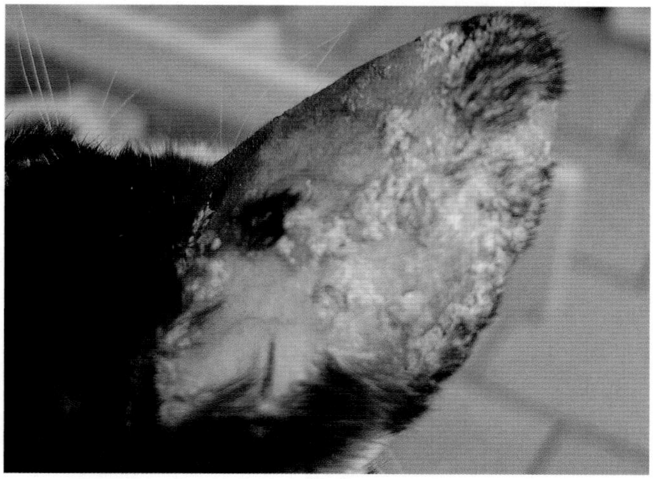

（B）

图166-1　患有落叶型天疱疮的猫常见的发病部位：近眼睛处及面部（A）和耳廓（B）。发病部位表现为结痂及脱毛，这是本病的典型变化（图片由Gary D. Norsworthy博士提供）

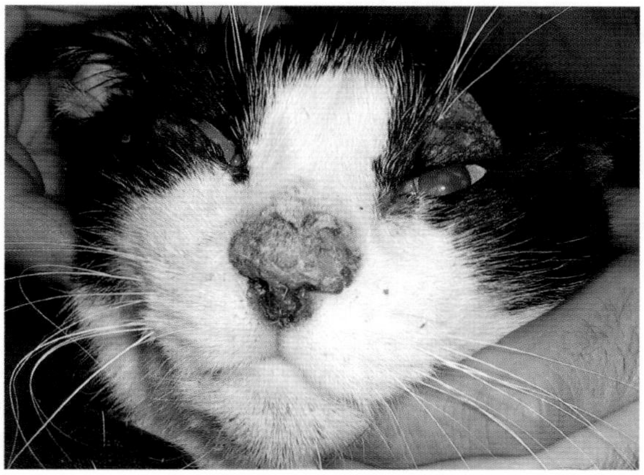

图166-2　落叶型天疱疮时鼻甲骨为不太常见的病变部位，注意左眼背部的病变则为更常见的发病部位（图片由Richard Malik博士提供）

号针穿刺脓包，将脓包内容物置于玻片检查。如果没有脓包，则应在痂皮下采集样品。采集的细胞学检查样品用Diff Quik™染色，显微镜下观察。在PF细胞学检查时，经常可观察到变性的中性粒细胞及棘细胞（acantholytic cells）。
- 活检：PF的皮肤组织病理学检查可发现角层下脓包

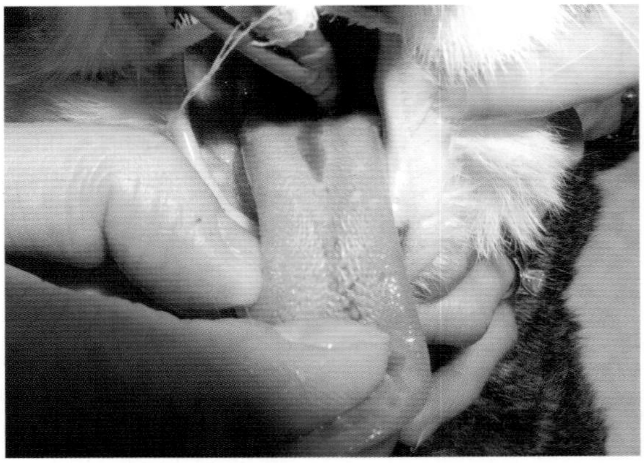

图166-3 落叶型天疱疮另一个不太常见的病变部位是口腔，本例猫在舌的尖端及基部及舌的下侧发生病变（图片由Gary D. Norsworthy博士提供）

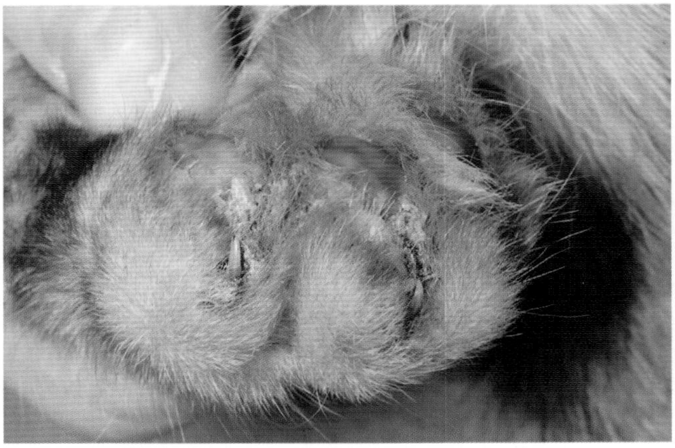

图166-4 甲床及足垫也是落叶型天疱疮不太常见的病变部位（图片由Gary D. Norsworthy博士提供）

（subcorneal pustules），其中含有中性粒细胞及棘细胞以及数量不等的嗜酸性粒细胞。

治疗

主要疗法

- 皮质类固醇激素治疗：免疫抑制剂量的皮质类固醇激素是治疗控制自身免疫性皮肤病的基础。最常用于治疗PF的三种甾体激素为强的松龙（诱导：2.0～2.5mg/kg q12～24h PO；维持：2.5～5.0mg/kg q2～7d PO）、曲安西龙（triamcinolone）（诱导：0.2～1.0mg/kg q12～24h PO；维持：0.5～1.0mg/kg q2～7d PO）以及地塞米松（诱导：0.1～0.2mg/kg q12～24h PO；维持：0.05～0.1mg/kg q48～72h PO）。但因免疫抑制可继发糖尿病和皮肤及尿道感染。

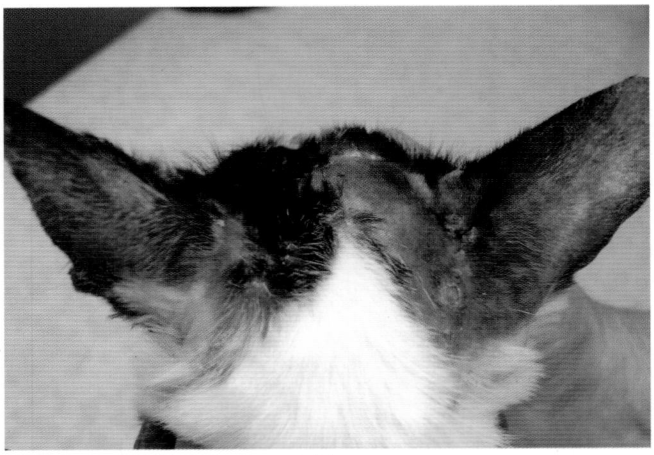

（A）

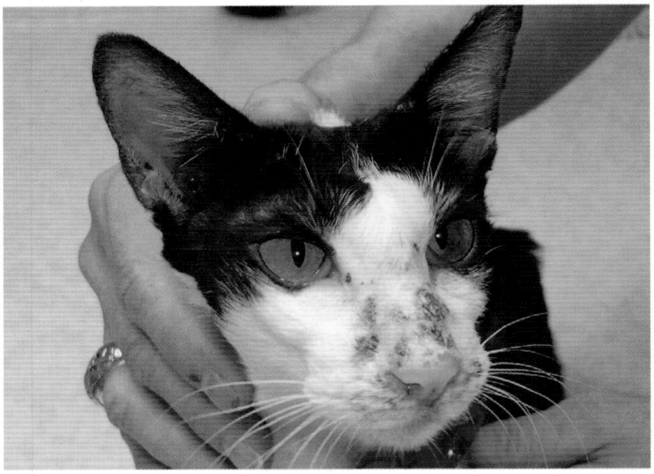

（B）

图166-5 图166-1中的猫用环孢霉素（Atopica™）治疗，2周（A）及4周（B）时均出现良好的反应（图片由Gary D. Norsworthy博士提供）

辅助疗法

- 其他免疫抑制药物：多种其他免疫抑制药物也可用于治疗猫的PF，这些药物包括环孢霉素及瘤可宁。后者在传统上与甾体激素合用。环孢霉素尚未批准用于猫，但许多兽医仍采用这种药物进行治疗，见图 166-5（A）和图166-5（B）。环孢霉素的免疫抑制剂量为5mg/kg q24h PO，然后降低剂量到5mg/kg q2～3d PO。瘤可宁也在猫曾被用作辅助性免疫抑制（诱导剂量：0.1～0.2mg/kg q24h PO；维持：0.1～0.2mg/kg q48h PO）。采用瘤可宁进行治疗时，需要进行血常规（CBC）及生化分析以监测明显不良反应的开始（即骨髓抑制）。

预后

猫发生PF时的预后较好或好，有些猫在免疫抑制疗法减少时可表现为症状缓解，但大多数猫需要终身用药。

参考文献

Preziosi DE, Goldschmidt MH, Greek JS, et al. 2003. Feline pemphigus foliaceous: a retrospective analysis of 57 cases. *Vet Derm.* 14:313–321.
Rosenkrantz WS. 2004. Pemphigus: current therapy. *Vet Derm.* 15: 90–98.

第167章
肾周伪囊
Perinephric Pseudocysts

Fernanda Vieira Amorim da Costa

概述

肾周伪囊（perinephric pseudocysts，PNP）是由于一侧或双侧肾脏周围的纤维囊中蓄积浆液而形成，据报道，在猫的一些零星病例，这种病变是明显的肾脏肿大及腹腔扩大的原因。由于囊肿壁不衬有上皮，因此使用伪囊（pseudocyst）这一术语。PNP的壁可能来自肾囊，通常囊肿附着于肾门或肾脏的一端。液体可蓄积于囊下或囊外，但最常见的为液体蓄积于肾囊和肾脏实质间（parenchyma）。液体中蛋白含量通常较低，相对密度低，细胞含量也低。

对液体蓄积的发病机理还不完全清楚。潜在的肾脏实质疾病可能为原因之一，因为慢性肾病常常与肾伪囊肿同时存在，由于渐进性肾脏实质收缩，损害静脉或淋巴流出，导致渗出。典型的液体为血清渗出液，但也见有输尿管伪囊肿。输尿管伪囊肿可由于意外性或手术损伤或阻塞输尿管，尿液从肾脏和肾囊之间渗出所致。

肾周伪囊肿形成（perirenal pseudocyst formation）主要见于老龄猫（大多数年龄在8岁以上），更多见于雄性。本病的发生没有品种趋势，但波斯猫、暹罗猫、家养短毛品种及家养长毛品种要比其他品种更为多发。虽然波斯猫可患有PNP，但其与多囊肾（polycystic kidney disease，PKD）是完全不同的疾病。 PKD为一种遗传性常染色体显性疾病，病猫可出现多个衬有上皮的肾内囊肿，这类囊肿起自肾脏皮质和肾脏髓质实质的近端及远端肾小管上皮。

病猫一般在数周或数月内表现为无痛性腹部扩张，但其中许多症状可能由肾脏机能异常所引起，如多饮、多尿、厌食、失重及呕吐等症状均较明显。大约90%的猫在诊断时至少患有慢性肾脏疾病。

本病的鉴别诊断包括肾脏肿瘤、脓肿、血肿、肾盂积水、PKD、猫传染性腹膜炎（FIP）引起的肉芽肿间质性肾炎及肾盂肾炎等。

诊断

主要诊断

- 腹腔超声检查：这种检查可提供确定诊断，可用于快速及非侵入性地排除肾脏肿大的其他原因，如多囊肾、肾盂积水及肾脏肿瘤。在肾囊与肾实质之间如果存在有无回声的液体，则可诊断为 PNP（见图167-1）。可观察到肾脏大小、边缘、回声反射性及皮质和髓质之间的界限发生改变。

辅助诊断

- 查体：查体可发现腹腔有一个或两个可触及的肿块而使腹腔增大，但这种病变并非为本病的示病症状。
- 腹腔X线检查诊断：通常可在正常由肾脏占据的部位发现X线不能通过的软组织肿块。

诊断注意事项

- 细针穿刺或活检：细针穿刺或病变部位活检通常可区别脓肿、血肿、淋巴瘤及PNP。
- 活检时由于出血及肾机能受损恶化而更为复杂，但如

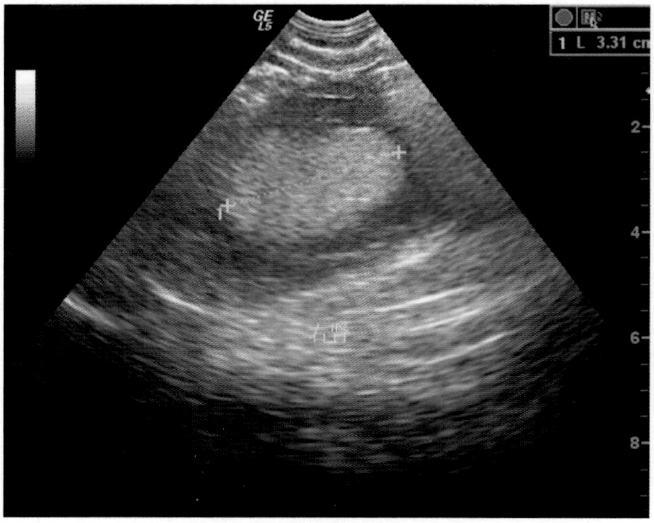

（A）

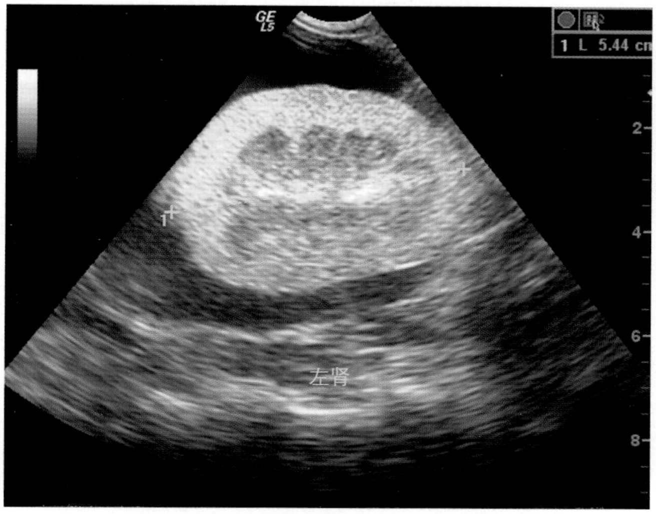

（B）

图167-1 肾周伪囊肿的超声检查。（A）猫患肾周伪囊肿的右侧肾脏超声外观，可见在肾囊及实质之间存在无回声的液体，肾脏实质萎缩，缺乏皮质髓质交界。（B）左侧肾脏肾囊下肾周伪囊肿，可见肾周积聚有液体，肾肿大（图片由Gary D. Norsworthy博士提供）

果有肾脏肿瘤的迹象，或临床上怀疑有不可逆的肾脏疾病的迹象时，则应进行活检。

- 发生PNP时尿路感染的发生率很高，因此在进行诊断时应采集尿液培养检查。
- 单侧性患病的猫血清肌酐浓度一般比双侧性患病的猫低。

治疗

主要疗法

- 肾囊切除术（capsulectomy）：手术切除囊肿壁是最常用的治疗方法，但这种治疗也许不能阻止渗出产生，而是允许渗出液由更大的腹膜腔表面吸收（见图167-2）。如果除去的囊肿壁太少，可形成新的伪囊肿，这样不得不再次从肾门切开。由于在施行肾囊切除术后从残余的囊肿结构连续性地产生液体，因此形成腹水，可发生伤口开裂（见图167-3）。

辅助疗法

- 引流：由于连续性产生液体，针头穿刺引流只能暂时性地缓解症状，可持续数天到数月，应根据需要重复进行，这一方法最好能用于中等到严重的慢性肾衰的猫，可根据PNP再次发生的速度及由此引起的症状选择应用。
- 网膜包裹化（omentalization）：曾有报道利用网膜促进液体的生理性引流，可用于减轻腹部扩张。网膜

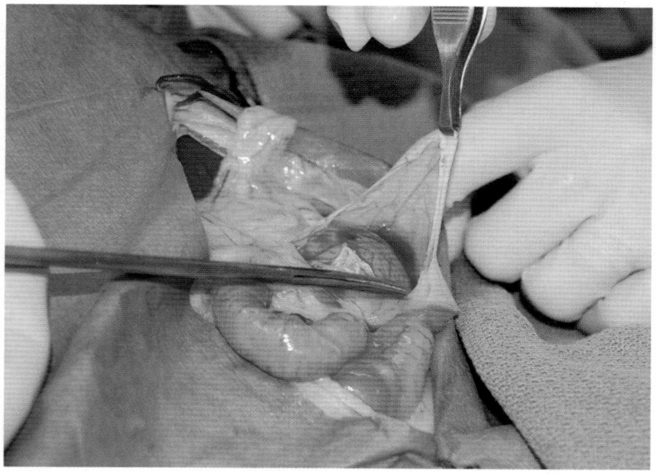

图167-2 手术中切开的囊肿壁，暴露出肾脏（图片由Gary D. Norsworthy博士提供）

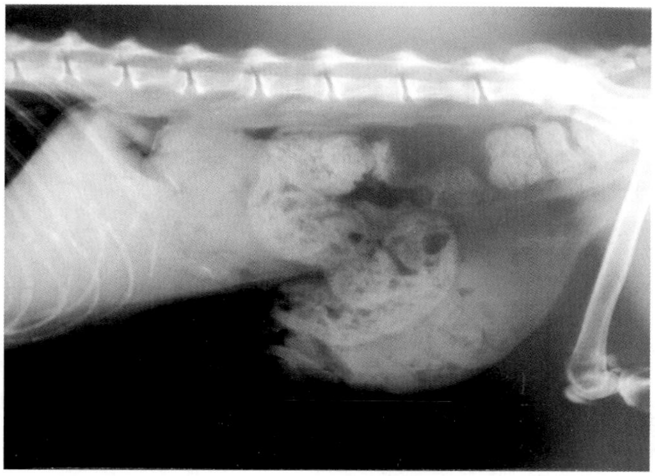

图167-3 缝线断裂，伤口开裂，内脏外翻，这可能是术后由于内在的伤口愈合不良而引起的并发症，正如本例X线检查所示

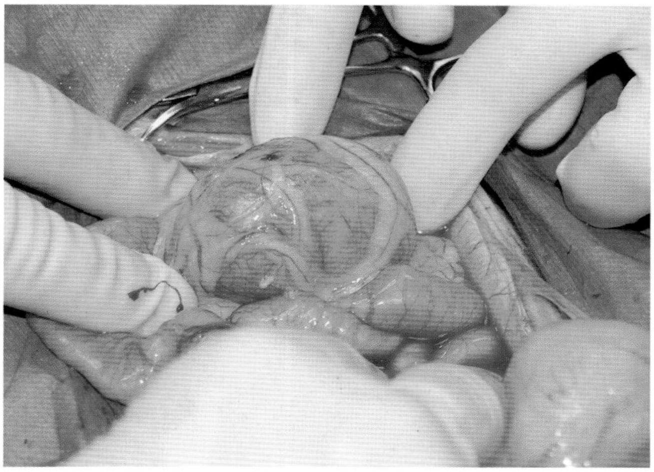

图167-4 手术中切除囊肿壁后观察到的肾脏网膜包裹化（omentalization）（图片由Gary D. Norsworthy博士提供）

固有的能力可以生理性地引流不断产生的液体，消除死腔，从而为新血管形成提供来源（见图167-4）。

治疗注意事项

- 活检对侧的肾脏可用于鉴别潜在的实质疾病，但必须要考虑一些并发症，如出血及肾机能退化等。
- 许多患有 PNPs的猫可能并发慢性肾衰，因此在治疗PNP时必须要考虑这种情况。参见第190和第191章。

预后

本病的预后与诊断为PNP时肾脏机能异常的严重程度及猫经受腹腔手术而能够生存的能力有关。手术后生存的时间与手术时血清肌酐浓度之间呈相反关系。患有严重氮血症的猫以及临床症状与肾衰关系不大（即厌食、呕吐、失重及贫血）时其预后更为谨慎，但在老龄猫，PNP的预后要比几乎所有的腹腔内肿块更好。

参考文献

Beck JA, Bellenger CR, Lamb WA, et al. 2000. Perirenal pseudocysts in 26 cats. *Aust Vet J*. 78(3):166–171.

McCord K, Steyn PF, Lunn KF. 2008. Unilateral improvement in glomerular filtration rate after permanent drainage of a perinephric pseudocyst in a cat. *J Fel Med Surg*. 10(3):280–283.

Ochoa VB, DiBartola SP, Chew DJ, et al. 1999. Perinephric pseudocysts in the cat: a retrospective study and review of the literature. *J Vet Intern Med*. 13(1):47–55.

第168章
败血性腹膜炎
Peritonitis，Septic

Sharon Fooshee Grace

概述

败血性腹膜炎（septic peritonitis）是小动物进展很快的一种危及生命的严重疾病。器官机能异常通常不单独限于腹膜腔，因此使得这种情况处理极为复杂。早期鉴定存在的问题，解决潜在的原因，积极进行治疗对提高治疗的成功率极为关键。

败血性腹膜炎在猫没有在犬常见，研究表明患有败血症的猫其临床症状与犬完全不同。由于败血症可能与败血性腹膜炎同时发生，因此需要认真考虑这一问题，要确定猫的败血性腹膜炎，必须要基于与在犬采用的不相同的信息。

败血性腹膜炎最常发生于胃肠道内容物泄漏而引起腹膜污染之后，可能的潜在原因包括：异物穿入胃肠道（特别是线性异物）；钝性损伤引起胃肠道破裂；新近腹腔手术的并发症；胃或小肠溃疡引起的穿孔（见图168–1）；肿瘤引起的肠穿孔；肝脏破裂，胰腺或脾脏脓肿；胆囊或胆管树破裂或子宫破裂（见图168–2和图182–4）。

需氧菌及厌氧菌均可引起败血性腹膜炎；从猫败血性腹膜炎分离到的细菌最常见的包括大肠杆菌、肠球菌

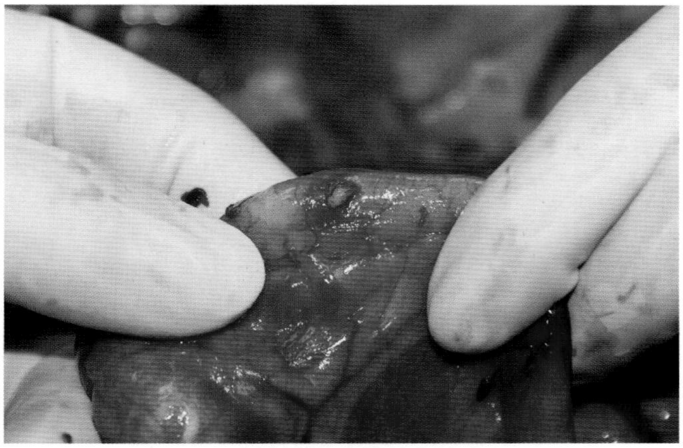

图168–1　小肠溃疡引起的穿孔可因胃肠道细菌引起多种微生物感染的腹膜炎（图片由Gary D. Norsworthy博士提供）

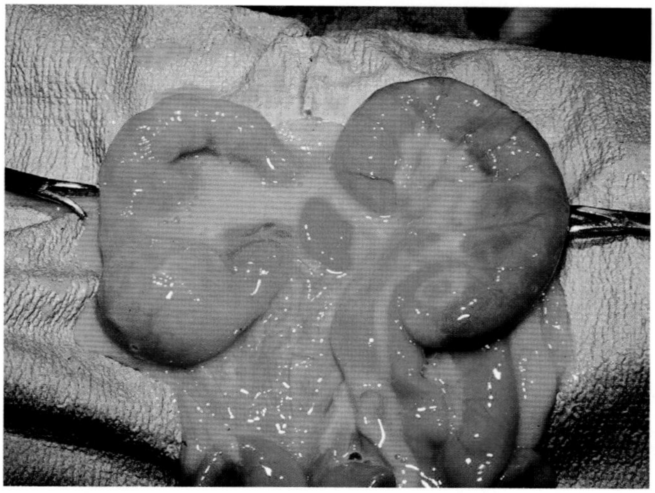

图168–2　子宫积脓引起子宫易于破裂，可自发性破裂或在手术时破裂（图片由Gary D. Norsworthy博士提供）

（*Enterococcus* spp.）及梭菌（*Clostridium* spp.）。多种微生物感染常常可引起胃肠穿孔，这种情况预示着预后较差。非特异性症状包括发热、脱水及沉郁。开始发生败血性休克时可出现体温低于正常。黏膜苍白，毛细血管再充盈时间减慢。有研究发现，黏膜充血并非猫白血病的显著特点。由于低血压及血容量减少，因此脉搏常常虚弱。腹壁触诊可发现腹腔疼痛或扩张，或能检查到异物，存在液体，肠套叠或小肠出现皱襞、腹腔肿块或子宫增大。

细菌毒素、血管活性物质及细胞蛋白酶等释放进入腹腔与该病的全身性特点有密切关系，由此导致血容量减少、酸中毒、电解质紊乱、全身性炎性反应综合征和败血性休克。如果胃肠道内容物泄漏到腹膜腔，则乳糜的化学成分 （即胆酸盐及胰腺分泌物）可引起腹膜炎症及疼痛。如果猫能生存数天，则可发生纤维性器官粘连（见图168–3）。

诊断

主要诊断

- 病史：可见厌食、昏睡、呕吐或腹泻。通常为新近发病。

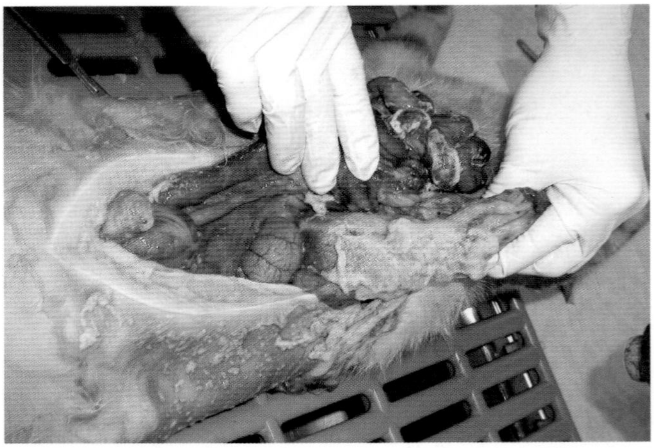

图168-3 本例患有败血性腹膜炎的猫其脾脏及其他内脏可见到纤维性粘连（图片由Gary D. Norsworthy博士提供）

- 查体：病猫应彻底检查是否有外伤的迹象，特别应注意是否有怀疑的异物。患败血性腹膜炎的猫并非总是表现腹痛。在一项研究中发现，只有62%的猫具有可见的腹痛。液体蓄积可引起腹部扩张。患败血症的猫心率可能由于血液动力学状态改变（心动过缓及低血压）而减缓，出现这种情况的原因还不清楚。
- 血常规、生化及尿液分析：这些检查常可发现多种异常，但这些异常并不具有示病性。白细胞计数可增加或降低。大多数病例中性粒细胞具有中毒性变化，核左移，可出现血液浓缩，这可能与氮血症的发生有关。低白蛋白血症可因败血症而产生，大量液体可丧失而进入腹腔。由于酸中毒及肾脏排出异常引起细胞间钾的偏移，从而发生高钾血症。血糖可增加或降低，总胆红素可能升高。
- X线检查：腹腔X线检查可发现异物或小肠皱褶。腹腔中的液体可引起绒毛损失。气腹（pneumoperitoneum）表明可能有肠穿孔。常存在肠梗阻。如果怀疑发生胃肠道破裂，则禁止采用钡进行对比检查，但静注使用的碘海醇或碘化剂可安全用于胃肠道。
- 超声检查：作为非侵入性方法，超声诊断特别有用，可检查出胃肠道肿块、腹腔脓肿、肾盂肾炎、子宫积脓、胰腺炎或异物。
- 诊断性腹膜腔冲洗（diagnostic peritoneal lavage，DPL）：开始试图采集样品进行细胞学及培养检查时，可用18号塑料静脉内导管。可切开腹腔，手术准备后排空膀胱。如果轻轻抽吸难以获得液体，则可使用针头探查。可在另外1/4的腹腔重复上述方法。如果仍难以获得液体，应考虑采用DPL，因为其在大多数情况下可获得诊断结果。用多孔导管冲洗（如透析导管），其结果要比针头穿刺腹腔好，可检测到腹腔内积聚的少量液体。如果没有透析导管，可选用可弯曲的Teflon血管导管，在其一侧打开许多小孔。猫侧卧，导管从脐孔后插入腹腔。在导管进入后轻轻抽出探针以防止损伤内脏。将20mL/kg 体重的温生理盐水经导管通过重心作用灌入，同时将猫轻轻从一侧转向另外一侧以便于液体分布。应允许液体通过重心作用流回到导管中。液体可能正常，但仍可具有诊断价值，因此无论其外观如何均应进行检查。应将部分液体置于灭菌容器内以进行培养。将液体缓慢倾倒在含有EDTA抗凝剂的血液试管后，显微镜下检查液体的沉渣。弃去上清液，轻轻敲打试管，使得沉渣悬浮。将一滴液体置于显微镜载玻片上，用罗曼诺夫斯基型快染进行染色。如果存在游离细菌或细胞内存在细菌，则可支持诊断；在沉渣中也可见到中毒性中性粒细胞。诊断性腹腔冲洗并非一种治疗性方法，仍需采用手术方法探查腹腔。

诊断注意事项

- 如果发现腹腔有穿入性伤口，则总应进行手术探查，这种情况不应通过冲洗或探查伤口进行处理。
- 由于患败血性腹膜炎的猫40%左右没有明显的腹痛症状，因此缺乏这种症状并不能排除发生了这种疾病。
- 偶尔情况下，败血性腹膜炎的潜在原因难以确定。

治疗

主要疗法

- 液体疗法：患有败血性腹膜炎的病猫血容量降低，血压降低，因此需要积极的液体支持来维持充足的心脏输出及组织灌注。大多数的猫会表现严重的液体紊乱，因此需要替换，此外还需维持液体的需要。平衡电解质溶液，如乳酸林格氏为首选液体。如果猫表现严重的低血压，可以45～66mL/kg的剂量给予液体1h。如果此前存在有低钾血症，则液体疗法可使病情恶化，因此应预先考虑补充钾。参见第114章和第302章。
- 抗生素疗法：如果尚无培养结果，可根据经验开始治疗。应选择能在腹水中达到治疗水平的静脉内抗菌抗生素疗法进行治疗；选择的药物应该具有广谱活性，能有效针对厌氧的胃肠道菌群。建议的药物合用包括氨苄青霉素（22mg/kg q8h IV）、头孢唑林（20mg/kg q8h IV）、克拉霉素（5～11mg/kg q8～12h

IV）、甲硝唑（10mg/kg q8～12h IV）及庆大霉素（4.4 mg/kg q12h IV）或阿米卡星（amikacin）（10 mg/kg q8h IV）或恩诺沙星（5mg/kg q12h IV）。在血容量减少得到纠正之前不应采用氨基糖苷类。

- 手术治疗：败血性腹膜炎可以采用手术治疗，但如有可能应延缓到病猫稳定之后实施。应从剑状突到耻骨从腹中线做一剖腹切口，进入腹腔后，首先应寻找胃肠道的穿孔，其很有可能就是感染的来源。需要闭合或吻合穿孔。
- 腹膜腔灌洗：可采用大量的温生理盐水冲洗出异物、衰弱的组织及血凝块。应将灌洗的液体冲出，直到穿刺出的液体清亮。不应采用冷的或室温下的液体，因为其可引起低体温症。冲洗液中不应加入防腐药物（如碘酒或洗必泰）。冲洗液中加入抗生素时，由于药物难以比静脉给药达到更大的浓度，因此没有多少优点，而且有些抗生素还可引起腹膜炎症。治疗后按常规方法闭合腹壁。
- 开放性腹腔冲洗：在有些病例，难以通过腹膜腔冲洗除去所有异物。在这种情况下，最好采用开放性腹膜腔冲洗，大多数医生喜欢采用这种方法而不是采用腹腔冲洗。冲洗之后，将腹直肌沿着其长度用聚丙烯缝线以简单连续缝合的方式闭合，在筋膜边缘之间留下1cm的间隙，将皮下组织及皮肤开放，然后用不粘连的绷带覆盖，这样可避免接触层引起内脏和绷带粘连。再涂以数层灭菌辅料，以便吸收流出液。将灭菌纱布或可吸收的沉淀与绷带或织物缝合。可采用颈圈。在开始的数天，应在轻度镇静下每天换绷带数次。排出液可增加数天，之后量开始减少，这时每天应更多次地更换绷带。流出液数量明显减少，猫的体况明显改善，液体中不再含有存在细菌的细胞学证据时可手术闭合腹壁。开放性引流的平均持续时间为数天。

辅助疗法

- 营养支持疗法：在大多数病例，营养支持疗法用于抑制促分解代谢及厌食。在剖腹手术探查期间可采用胃造口术插管，或在腹腔闭合之后如果肠道仍具有机能，可采用食管造口插管。

治疗注意事项

- 酸碱异常：采用液体疗法后酸碱失衡状态可恢复正常或得到改善。

预后

本病的预后取决于早期识别腹膜炎，治疗全身并发症及解决潜在病因。多种细菌感染可能与猫的死亡率升高有关。

参考文献

Brady CA, Otto CM, Van Winkle TJ, et al. 2000. Severe sepsis in cats: 29 cases (1986–1998). *J Am Vet Med Assoc.* 217(4):531–535.

Costello MF, Drobatz KJ, Aronson LR, et al. 2004. Underlying cause, pathophysiologic abnormalities, and response to treatment in cats with septic peritonitis: 51 cases (1990–2001). *J Am Vet Med Assoc.* 225(6):897–902.

Culp WTN, Zeldis TE, Reese MS, et al. 2009. Primary bacterial peritonitis in dogs and cats: 24 cases (1990–2006). *J Am Vet Med Assoc.* 234(7):906–913.

第169章

鼠疫（耶辛氏鼠疫杆菌肠道病）

Plague（Yersiniosis）

Sharon Fooshee Grace

概述

鼠疫（plague）或耶辛氏鼠疫杆菌肠道病（yersiniosis）为一种常见的动物传染病，主要是因为其具有高度传染性的特点及对人和动物有杀伤力。本病由兼性厌氧的革兰氏阴性两极染色（瑞氏类染色，Wrights-type stains）的球杆菌鼠疫耶辛氏菌（*Yersinia pestis*）所引起。近年来由于这种微生物可用作生物恐怖试剂而引起人们的广泛关注。患菌血症的啮齿类动物［即北美草原土拨鼠（prairie dogs）、松鼠、小鼠及大鼠］及其粪便可作为本菌的储菌宿主。

本病传播给人的最常见的途径是通过感染的啮齿类的跳蚤咬伤而传播。猫跳蚤（*Ctenocephalides felis*）为该细菌的宿主，猫也可能是所有家畜中对耶辛氏菌最为易感的动物。虽然猫可因跳蚤咬伤而感染，但也可通过摄入感染的啮齿类或兔（病菌接种到口腔黏膜）或在极为罕见的情况下，通过吸入感染的呼吸道分泌物而发生感染。本病的潜伏期为3～4d。在美国，大多数猫在夏季发病，多发生于西部各州（即新墨西哥、加利福尼亚、科罗拉多及亚利桑那等）。鼠疫见于除澳大利亚外的各大陆。

猫（和人）发生本病后有三种临床症状：淋巴腺炎（bubonic）、败血症及肺炎。这些类型有时呈连续发生，如果不加以治疗，淋巴腺腺炎型可进展为败血型，最后形成肺炎型。败血性鼠疫可不发生淋巴腺腺炎（即肿大的化脓型淋巴结）而直接发生。肺炎型在猫不太常见，但可因病菌从血液或淋巴结扩散而发生。患有肺炎型的猫其呼吸道分泌物对人可造成极为严重的威胁。本病的肺炎型潜伏期短，如果未加治疗，几乎100%为致死性的，大多数的死亡是由于未及时采取适宜的抗微生物药物治疗而引起。

怀疑发生了耶辛氏菌感染的猫应在医院隔离治疗，所有与病猫接触的人在处置病猫时应穿戴好防护设施（即高密度的手术口罩、手套、外衣、眼罩及鞋套）。治疗后72h临床症状有改进时，应采用标准的预防措施。对所有可疑病例，应及时上报当地及州公共卫生官员，之后才能采集样品，所有暴露的人员，包括猫主，均应立即咨询医生。关于本病的预防措施，包括培训及录像，可参见疾病防控中心（Center for Disease Control）的网页（ http：//www.bt.cdc.gov/agent/plague/ ）。

诊断

主要诊断

- 临床症状：淋巴腺腺炎性鼠疫在猫最为常见，其主要特点是极高热及淋巴结肿大（通常是侵入部位的淋巴结肿大），最后形成脓肿，流出黏稠而白色的脓液。下颌淋巴结、颈部淋巴结及咽后淋巴结最常侵及，特别是在口腔感染后更是如此。败血型可引起发热、休克（即心动过速、脉弱、黏膜呈砖红色及毛细血管再充盈时间延长）、弥散性血管内凝血（DIC）及可能发生多器官衰竭（multiorgan failure）。除了休克和DIC外，患肺炎型的猫可表现咳嗽、呼吸困难、打喷嚏、鼻腔分泌物及严重的急性呼吸窘迫综合征。
- 细胞学检查：应进行渗出液或淋巴结穿刺液或感染组织的细胞学检查及革兰氏染色。检查生活在地方流行地区的猫的样品时应小心，特别是如果头颈部淋巴结可能发生病变时。采用常规的改良瑞氏染色或姬姆萨染色可观察到单型两极呈“大头针”样的棒状细菌。革兰氏染色呈阴性。由于肿大的淋巴结周围严重水肿，因此在穿刺时必须要确保穿刺的就是淋巴结。
- 特异性检查：许多检查方法可用于确诊本病，如渗出液或扁桃体拭子培养；10～14d的时间内抗体效价升高（4倍左右）；PCR法检测新鲜或福尔马林固定组织；空气中干燥的渗出液载玻片直接免疫荧光检查（应提交多个未染色的玻片样品）。关于样品的采集及提交，请咨询相关实验室或公共卫生官员。

辅助诊断

- 胸腔X线检查：对怀疑发生肺炎型鼠疫的所有猫应立即进行胸部X线检查。见有报道的肺部病变包括弥散性间质型肺炎，肺部出现聚合区域，说明发生了肺部坏死。可见肺门淋巴结肿大及胸膜腔渗出。

诊断注意事项

- 提交实验室用于诊断的样品应该冷藏，置于冰块中（但不冷冻），双层包裹，明确标记为“怀疑为鼠疫”，以减少对实验室人员的风险。由于健康风险，兽医不应试图培养样品。
- 培养材料应该在顶端为红色的血清试管（最好用非玻璃试管）、加盖的灭菌注射器或特定的转运培养基中运送。样品应在开始抗生素治疗之前采集，在地方流行性地区必须要高度怀疑本病的发生。
- 对单纯咬伤的猫发生脓肿后进行的细胞学检查可发现有各种微生物的混合感染，而鼠疫引起的淋巴结炎典型情况下在培养时为单型细菌。
- 获取关于猫近期的旅行史对非地方流行地区建立推定诊断极为关键。如果猫不具有在地方流行地区旅行的病史而患有鼠疫，则说明可能为生物恐怖，应联系本地、州公共卫生官员及CDC。

治疗

主要疗法

- 应在获得确诊试验结果之前就开始治疗，治疗可在症状明显消退之后持续数周，最少需要连续治疗21d。如果在采样之前就已开始治疗，则仍应提交样品进行检查。
- 抗生素疗法：氨基糖苷类药物是最为有效的治疗药物；庆大霉素则是猫的首选治疗药物（2～4mg/kg q12～24h IM或SC）。一般认为猫在72h之后就不具传染性；因此随着临床症状的改善，用药途径可从胃肠外改变为经口给药。美国疾病控防中心（Centers for Disease Control and Prevention）发表的强力霉素的剂量为5mg/kg PO q12h。氟喹诺酮类药物在小鼠也具有效果，虽然尚未在其他动物得到验证，但很有理由作为强力霉素的替代用药，有些公共卫生机构建议采用这种药物进行治疗。在猫的临床症状未发现有明显好转之前不能经口给药，这是因为最初几天内病原可能存在于唾液中。
- 可采用洗必泰溶液冲洗淋巴结，采集的材料应双层包扎后焚烧。处理污染材料时，有关其他信息可咨询诊断实验室或健康机构。

辅助疗法

- 病猫、环境及其他接触过的动物，如果发现有跳蚤或附近有跳蚤时应针对跳蚤进行处理。

治疗注意事项

- 应注意本病的动物流行病学特点，在开始采用药物治疗之前与所有医务人员商讨。病猫应该住院并严格隔离，直到所有明显的临床症状已经改进后（至少72h）再送回家。
- 在地方流行地区，脓肿应先进行细胞学检查，之后采用手术方法引流，以便使所有人员都能采取安全措施。
- 常规消毒就足以杀灭污染医院环境的耶辛氏菌，应建议猫主对家居环境进行消毒。
- 在鼠疫流行地区应强化对啮齿类动物的控制，不能让猫自由游荡或狩猎。对具有暴露啮齿类动物风险的猫和犬，跳蚤控制计划是极为重要的。

预后

在猫和人，所有类型的鼠疫除非在接触后24h就开始治疗，否则一般都预后严重。对患有淋巴腺炎型的猫，如果未进展到发生败血症，则预后最好。以前曾经感染过的猫对再次感染、败血症及死亡均没有任何保护性。

参考文献

Davis RG. 2004. The ABCs of bioterrorism for veterinarians, focusing on category A agents. *J Am Vet Med Assoc.* 224(7):1084–1104.
Macy D. 2006. Plague. In CE Greene, ed., *Infectious Diseases of the Dog and Cat*, 3rd ed., pp. 439–445. Philadelphia: Saunders Elsevier.
Orloski KA, Lathrop SL. 2003. Plague: A veterinary perspective. *J Am Vet Med Assoc.* 222(4):444–448.

第170章 植物中毒

Plant Toxicities

Karen M. Lovelace

概述

有毒植物是猫发病及死亡的重要原因，仅次于杀虫剂中毒。摄入可疑植物后，对兽医而言，鉴定引起刺激的成分极为困难，而且结果很令人沮丧。通常是未观察到摄入可疑植物的现象，对植物的名称也不清楚，而且更为复杂的是，某种植物可能有多个常用名，而且常用名在各地均不相同。而且解毒剂及特异性治疗方法极少，因此大多数病猫采用支持疗法及针对症状进行治疗。但是准确进行品种鉴定有助于直接针对中毒进行治疗，提高成功的机会及帮助建立预后。如果及早积极进行治疗，则可增加成功的机会。由于引起中毒的植物种类数量繁多，因此临床医生应该注重四个关键原则：（a）无论是否确定了植物的种类，临床医生应根据怀疑暴露的中毒植物进行一般的治疗，如本章所述。（b）兽医人员应该清楚可用于鉴定植物及做出治疗选择的各种资源。本章列出了数个较好的这种资源（表170-1）。（c）对临床医生而言，重要的是要有关于这些最为危险的及靶标动物最常能遇见的植物的基础知识。本章主要介绍了一些最有毒性的植物及在猫最常见的能引起中毒的植物。（d）最后，医生应该能教育其客户怎样使得其环境对宠物来说更为安全，怎样防止进一步的暴露。

表170-1 对猫有毒的植物

非洲堇（African Violet）	非洲紫罗兰（*Saintpaulia ionantha*）	丝兰（beargrass）	酒瓶兰（*Nolina* spp.）
		山毛榉	山毛榉（*Fagus* spp.）
杏仁、苦杏仁［Almond，Bitter Almond（去核）］	巴旦杏（*Prunus dulcis var amara*）	鹤望兰（Bird of Paradise）	苏木（*Caesalpinia* spp.）
芦荟（Aloe）	所有芦荟	金光菊（Black-eyed Susan）	多毛金光菊（*Rudbeckia hirta*）
孤挺花、桂顶红（Amaryllis）	孤挺花（*Amaryllis* spp.）	刺槐	刺槐（*Robinia pseudoacacia*）
马醉木（*Andromeda japonica*）	马醉木（*Pieris japonica*）	荷色牡丹（Bleeding Heart）、兜状荷包牡丹（Dutchman's Breeches）、黑叶母菊（Staggerweed）、加拿大荷包牡丹（Squirrel Corn）	荷色牡丹（*Dicentra* spp.）
苹果(种子及叶子)	苹果（*Malus* spp.）	血根草（Bloodroot）	白根草（*Sanguinaria* spp.）
杏及杏树叶	杏（*Prunus armeniaca*）	矢车菊（Bluebonnet）（不包括德州矢车菊）、鲁冰花（Lupine）	羽扇豆（*Lupinus* spp.）
三芒草属禾草（Arrowgrass）	水麦冬（*Triglochin* spp.）	七叶树（Buckeye），马栗树（Horse Chestnut）罗汉松（Buddist Pine）	七叶树（*Aesculus* spp.） 罗汉松（*Podocarpus macrophylla*）
银白合果芋（Arrowhead Vine）、非洲合果芋（African Evergreen）、合果芋（Goosefoot）、奈弗台属植物（Nephthytis）	合果芋（*Syngonium* spp.）	毛茛（Buttercup）、毛茛草地（Meadow Buttercup）、岩蔷薇（LesserSpearwort）、毛茛（Crowfoot）	毛茛（*Ranunculus* spp.）
文竹（Asparagus Fern，Plumosa Fern），祖母绿蕨（EmeraldFeather，Emerald Fern）	芦荟（*Asparagus* spp.）	Candelabra Cactus、False Cactus	龙神柱（*Myrtillocactus cochal*）

（续表）

秋水仙（Autumn Crocus）、番红花（Meadow Saffron）	秋水仙（*Colchicum autumnale*）、藏红花（*Crocus sativus*）	贝母（Caladium），Elephants Ears	贝母（*Caladium* spp.），海芋（*Locasia* spp.）
鳄梨树（Avacado）	鳄梨（*Persea americana*）	马蹄莲（Calla Lily）	马蹄莲（*Zantedeschia* spp.）
杜鹃花（Weeping Fig）、圆叶橡皮树（Mistletoe Fig）、薜荔藤本观叶果植物（Creeping Fig）、橡皮树（Rubber Plant）	**杜鹃（*Azalea* spp.）**	康乃馨（Carnation）、Rainbow Pink、Divine Flower、Clove Pink	石竹（*Dianthus* spp.）
满天星（Baby's Breath）、Covent Garden	满天星（*Gypsophilia paniculata*）	印度榕（Indian Rubber Plant）	印度榕（*Ficus elastica*）
类叶升麻（Baneberry）、Doll's Eyes	类叶升麻（*Actaea* spp.）	鸢尾花（Iris）	鸢尾花（*Iris* spp.）
丝兰（Bayonet）	丝兰（*Yucca* spp.）	常春藤（Ivy）、分枝常春藤（Branching Ivy）、English、Nepal、Irish、Atlantic、or Persian Ivy	所有常春藤（*Hedera* spp.）
蓖麻类植物（Castor Bean Plant）	蓖麻（*Ricinus communis*）	Jack in the Pulpit	三叶天南（*Arisaematriphyllum*）
绳状藤（Ceriman）、蓬莱橡蕉（Swiss Cheese Plant）、Fruit－salad Plant、Hurricane Plant、Cut－leaf or Split－leafPhilodendron、墨西哥面包树（Mexican Breadfruit）	龟背竹（*Monstera deliciosa*）	日本观赏百合（Japanese Show Lily）(也包括亚洲观赏百合)	美丽百合（*Lilium speciosum*）
樱桃（Cherry） 酸浆（Groundcherry）	酸浆（*Physalis* spp.）	光滑冬青［Java Beans，Lima Beans(Uncooked)］	决明（*Senna obtusifolia*）
月桂樱（Cherry Laurel）	桂樱（*Prunus laurocerasus*）	Jessamine，Chinese Inkberry	夜香（*Cestrum* spp.）
广东万年青（Chinese Evergreen）	粗肋草（*Aglaonema* spp.）	冬珊瑚［Jerusalem Cherry、Winter Cherry、ChristmasCherry、Natal Cherry、Ornamental Pepper］	冬珊瑚（*Solanum Pseudocapsicum*）
楝树（Chinaberry Tree）	苦楝（*Melia azedarach*）	曼陀罗（Jimson Weed，Moonflower，Thorn apple）	曼陀罗（*Datura stramonium*）
圣诞蔷薇（Christmas Rose）、铁筷子（Black Hellebore）	铁筷子（*Helleborus* spp.）	**高凉菜（Kalanchoe** Velvet Elephant Ears，Devil's Backbone，Tree Philodendron，Palm-Beach-bells，Lavender-scallops，Feltbush）	高凉菜（*Kalanchoe* spp.）及落地生根（*Bryophyllum* spp.）
菊花（Chrysanthemum）、雏菊（Marguerite）、牛眼雏菊（Ox－eye Daisy）	菊花（*Chrysanthemum* spp.）及菊花杂种	马缨丹（Lantana，Yellow Sage，Bunchberry，ShrubVerbena）	马缨丹（*Lantana camara*）
刺嫩芽（Cineria）、蠹吾属杂草（Groundsel）、雪叶莲（Dusty Miller）、千里光属植物（Butterweed）、金叶菊（Wax Vine）、常春藤（Cape Ivy）、德国常春藤（German Ivy）、桃叶藤（Parlor Ivy）、Natal Ivy、Water Ivy	千里光（*Senecio* spp.）	飞燕草（Larkspur）	飞燕草（*Delphinium* spp.）
Virgin's Bower、Old Man's Beard、Traveler's Joy	铁线莲（*Clematis* spp.）	桂冠（Laurel：Mountain，Dwarf，or Black）	山月桂（*Kalmia* spp.）、木藜（*Leucothoe* spp.）

（续表）

马桑（Coriaria）	云实属（苏木属）（*Caesalpinia* spp.）	百合（Lily）（包括亚洲百合）	所有铃兰（*Convallaria* spp.）、所有白掌（*Spathiphyllum* spp.）及百合（*Lilium* spp.）
矢车菊（Cornflower）	矢车菊（*Centaurea* spp.）	复活节百合（Easter Lily）	麝香百合（*Lilium longiflorum*）
Cornstalk Plant，Corn Plant	花叶龙血树（*Dracaena frangrans*）	白掌（Peace Lily，White Anthurium，Snowfl ower，Mauna Loa，Spathe Flower）	白掌（*Spathiphyllum* spp.）
锦葵（Creeping Charlie）	圆叶冷水花（*Pilea nummulariifolia*）	Lily of the Valley	*Convalleria majalis*
巴豆（Croton）	巴豆（*Croton tiglium*）	Stargazer Lily	东方百合（*Lilium orientalis*）
圆叶蔓绿蓉（Cordatum）	心叶蔓绿绒（*Philodendron Oxycardium*）	Tiger Lily	卷丹（*Lilium lancifolium*）
紫堇（Corydalis，Golden or Bulbous）	紫堇（*Corydalis* spp.）	飞鸟百合（Wood Lily）	飞鸟百合（*Lilium philadelphicum*）
荆棘王冠（Crown of Thorns）	虎刺梅（*Euphorbia milii*）	疯草（Locoweed）	棘豆（*Oxytropis*）及黄芪（*Astragalus* spp.）
无花果（Cuban Laurel）	无花果（*Ficus* spp.）	万寿菊（Marigolds）	万寿菊（*Tagetes* spp.）
苏铁（Cycad Palm）	苏铁（*Cycas* spp.）	大麻（Marijuana）	大麻（*Cannabis sativa*）
仙客来（Cyclamen）	仙客来（*Cyclamen* spp.）	龙舌兰（Mescal，Mescal Button or Bean，Peyote）	乌羽玉（*Lophophora williamsii*）、苦参（*Sophora* spp.）
水仙花（Daffodil，Trumpet Narcissus，Jonquil，Tazette，Pheasant 's Eye）	水仙（*Narcissus* spp.）	槲寄生（Mistletoe）	槲寄生（*Phoradendron flavescens*）
瑞香（Daphne）	瑞香（*Daphne* spp.）	山梅花（Mock Orange）	山梅花（*Philadelphus* spp.）
萱草（Day Lily）	萱草（*Hemerocallis* spp.）	乌头（Monkshood）	乌头（*Aconitum* spp.）
北美百合（Death Camas）	棋盘花（*Zigadenus* spp.）	蝙蝠葛（Moonseed）	蝙蝠葛（*Menispermum* spp.）
万年青（Devil's Ivy，Goldon，Satin，or Silver Pothos，Hunter's Robe，Ivy Arum）	万年青（*Epiprennum aureum*）	虎尾兰（Mother-in Law's Tongue，Snake Plant）	虎尾兰（*Sansevieria trifasciata*）
龙血树（Dracaena，Dragon Tree，Madagascar Dragon Tree，Ribbon Plant，Corn/Stalk Plant，Florida Beauty，Janet Craig，Warneckei，Red-Margined，or Striped Dracaena）	龙血树（*Dracaena* spp.）	牵牛花（Morning Glory，Pearly Gates，Bindweed）	香薯（*Ipomoea* spp.）
黛粉叶（Dumb Cane，Charming Dieffenbachia）	黛粉叶（*Dieffenbachia* spp.）	蘑菇（Mushrooms）	鹅膏菌（*Amanita* spp.）、奥来毒菇（*orellanine*）及甲基联氨菇（*monomethylhydrazine* spp.）
茄子（Eggplant）	茄子（*Solanum melongena*）	银葛（Nephthysis，Green-Gold Nephthysis）	银葛（*Syndonium podophyllum*）
接骨木（Elderberry，Elder，Danewort，Dwarf Elder，RedBerried Elder）	接骨木（*Sambucus ebulus*）	茄（Nightshade：Black，Deadly，or Bittersweet，Wild，or Woody）	龙葵（*Solanum nigrum*），颠茄（*Atropa Belladonna*）及 *Solanum dulcamara*

（续表）

桉树（Eucalyptus，Blue Gum，Cider Gum，Australian Fever Tree，Silver Dollar）	桉树（*Eucalyptus* spp.）	肉豆蔻（Nutmeg）	肉豆蔻（*Myristica fragrans*）
卫矛（Euonymus，Japanese Euonymus，Spindle，Burning Bush Ferns）	卫矛（*Euonymus* spp.）	**夹竹桃（Oleander）**	夹竹桃（*Nerium oleander*）
	Sprengeri fern 臭冷杉（*Nephrolepis* spp.）	洋葱（Onion，Garlic）	葱（*Allium* spp.）
榕树（Fiddle-leaffig）	榕树（*Ficus lyrata*）	桃子 (pits and leaves)	桃（*Prunus serotina*）
Flamingo Plant	红掌（*Anthurium* spp.）	牡丹（Peony）	牡丹（*Paeonia* spp.）
亚麻（Flax）	亚麻（*Hesperolinon* spp.）	长春花（Periwinkle）	长春花（*Vinca* spp.）
Four O' Clock	紫茉莉（*Mirabilis* spp.）	喜林芋（Philodendron，Emerald Duke，Red Emerald，Majesty Plant，Panda Plant，Parlor Ivy，Red Princess，Sweetheart Plant，Saddleleaf Philodendron，Variegated Philodendron）	蔓绿绒（*Philodendron* spp.）
毛地黄（Foxglove，Long Purples，Dead Men' s Fingers）	洋地黄（*Digitalis purpurea*）	水繁缕（Pimpernel）	琉璃花（*Anagallis* spp.）
天竺葵（Geranium）	天竺葵（*Pelargonium* spp.）	李（Plum）	李（*Prunus* spp.）
剑兰（Gladiolas）	剑兰（*Gladiola* spp.）	凤凰木（Poinciana）	凤凰木（*Delonix*）及盾柱木（*Peltophorum* spp.）
嘉兰（Glory Lily）	嘉兰（*Gloriosa* spp.）	一品红（Poinsettia）、Christmas Star	一品红（*Euphorbia pulcherrima*）
天竹（Heavenly Bamboo）	南天竹（*Nandina domestica*）	漆树（Poison Ivy，Poison Oak，Poison Sumac）	漆树（*Toxicodendron* spp.）
藜芦（Hellebore，False or White	藜芦（*Veratrum* spp.）	商陆（Pokeweed，Pokeberry，Poke Salad）	美洲商陆（*Phytolacca americana*）
Hemlock、Water Hemlock、Poison Hemlock	毒参（*Conium maculatum*）	香豌豆（Sweet pea）	山黧豆（*Lathyrus* spp.）
天仙子（Henbane）	天仙子（*Hyoscyamus niger*）	狗舌草（Tansy Ragwort）	*Senecio jacobae*
冬青（Holly，English Holly，Yaupon，Possumhaw）	冬青（*Ilex* spp.）	马来西亚绿萝（Taro Vine，Marble Queen）	马来西亚绿萝（*Scindapsus aureus*）
忍冬（Honeysuckle）	忍冬（*Lonicera* spp.）	烟草（Tobacco）	烟草（*Nicotiana* spp.）
风信子（Hyacinth，Dutch or Garden）	风信子（*Hyacinthus orientalis*）	番茄（Tomato Plant）(未成熟果实无毒)	番茄（*Lycopersicon Lycopersicum*）
绣球花（Hydrangea，Hills of Snow，Hortensia，French-Hydrangea）	绣球花（*Hydrangea macrophylla*）	郁金香（Tulip）	郁金香（*Tulipa* spp.）
罂粟（Poppy，*Papaver* spp.，California Poppy）	加州罂粟花（*Eschscholzia californica*）	油桐（Tung Tree）、桐油树（Tung Oil Tree）	油桐（*Aleurites* spp.）
马铃薯（Potato）	马铃薯（*Solanum tuberosum*）	五叶地锦（Virginia Creeper）	爬墙虎（*Parthenocissus Quinquefolia*）
报春（Primrose，Poison Primrose，German Primrose）	报春（*Primula* spp.）	毒芹（Water Hemlock，Cowbane）	毒芹（*Cicuta* spp.）

（续表）

女贞（Privet，Wax-Leaf Ligustrum）	女贞（*Ligustrum* spp.）	无花果（Weeping Fig，Java Willow，Benjamin Tree，Small-leaved Rubber Plant）	无花果（*Ficus benjamina*）
杜鹃（Rhododendron，Azaleas）	杜鹃（*Rhododendron* spp.）	紫藤（Wisteria，Chinese Kidney Bean）	紫藤（*Wisteria sinensis*）
大黄（Rhubarb，Garden Rhubarb，Pie Plant，Wine Plant，Water Plant）	大黄（*Rheum rhabarbarum*）	黄夹竹桃（Yellow Oleander）	黄花夹竹桃（*Thevetia peruviana*）
相思豆（Rosary Pea，Prayer Bean，Jequerity，Precatory Bean）	相思子（*Abrus precatorius*）	**香茉莉（Yesterday，Today，and Tomorrow）**	澳大利亚鸳鸯茉莉（*Brunfelsia australis*）
橡胶植物［Rubber Plant (American or Baby)，Pepper Face］	青叶碧玉（*Peperomia obtusifolia*）	紫杉（Yews）	紫杉（*Taxus* spp.）
西谷椰子（Sago Palm）、羽叶棕榈（Leatherleaf Palm）、Japanese FernPalm	苏铁（*Cycas* spp.），*Macrozamia* spp.	丝兰（Yucca）	凤尾兰（*Yuccagloriosa*）
鹅掌藤（Schefflera）、三板木兰（Umbrella Tree）、Starleaf、橡胶树（Rubber Tree）	鹅掌柴（*Schefflera* spp.）或鸭脚木（*Brassaia* spp.）	金雀花（Scotch Broom）	金雀花（*Cytisus scoparius*）
臭菘（Skunk Cabbage）	水芭蕉（*Lysichiton* spp.）	雪莲（Snowdrop）	雪花莲（*Galanthus nivalis*）
银边翠（Snow on the Mountain）、Ghost Weed	大戟（*Euphorbia marginata*）	圣诞星（Star of Bethlehem）、雪花莲（Summer Snowflake）、Nap-at-noon，Dove’s Dung	虎眼万年青（*Ornithogalum* spp.）

注意：粗体，剧毒植物。

说明：本表列出了最为常见的家养及庭院或花园植物以及一些被认为最为危险的植物，其目的并非包罗所有有毒植物。各地常见有毒植物及危险植物差别很大。

诊断

主要诊断

- 特征：虽然没有特异性的特征存在，但至少有一半以上的植物中毒病例发生在1岁或以下的猫。
- 病史：除了试图鉴定植物外，应注意询问猫摄入的数量、摄入的植物部位（即叶、果、花、茎、浆果、坚果等）以及摄入后的时间，应询问是否有人见证到摄入有毒植物。
- 临床症状：虽然临床症状取决于摄入的植物的类型，但大多数植物中毒均可引起呕吐。实际上，依摄入的植物，任何系统均可受到影响。
- 检查胃内容物：应检查胃内容物以验证是否有暴露，并且帮助鉴别摄入的植物。

诊断注意事项

植物鉴定资源

- 见表170-1及表170-2和图170-1～图170-25。
- 国家动物毒物控制中心：国家动物毒物控制中心（National Animal Poison Control Center，NAPCC）为24h应急服务中心，其人员配备有专业兽医和毒理学家。
- 因特网：可通过美国防止虐待动物协会（American

表170-2　对猫有高度毒性的植物

植物名称、科及种	中毒原理	植物有毒部分	临床症状	特异性治疗及预后
高凉菜（*Kalanchoe* spp.）（Devil'sbackbone, Mexican hatplant）	强心苷	所有部位，特别是花	呕吐，腹泻，共济失调，颤抖，突然死亡	解毒药：Digibind Fab®，剂量为每毫克注射地高辛1.7mL Fab，缓慢给药。如果发生心脏骤停，可大剂量给药。病猫可在30min内改善症状，4h内恢复。监测血钾水平及心电图心率。如果不发生高钾血症或不能控制心律紊乱，则预后好
夹竹桃（Oleander）	强心苷	所有部位，特别是干燥或死亡的叶子	呕吐、腹泻（有或无血液），心律不齐	解毒药：Digibind Fab®，剂量为每毫克地高辛1.7mL Fab，缓慢给药。如果可能发生心脏骤停，则大剂量给药。病猫可在30min内改善症状，4h内恢复。监测钾水平及心电图心率。如果不发生高钾血症及难以控制的心律不齐，则预后好
毛地黄（Foxglove）	强心性糖苷（Cardiac glycoside）	所有部位，特别是花、果实及嫩叶	胃肠道症状，之后出现心动过缓及心律不齐	解毒药：Digibind Fab®，剂量为每毫克地高辛1.7mL，缓慢给药，如果可能会发生心脏骤停，则应大剂量给药。病猫在30min内症状缓解，4h内恢复。监测钾的水平及心电图心率。如果不发生高钾血症或难以控制的心律不齐，则预后好
铃兰（Lily of the Valley）	强心苷：心脏毒素	所有部位，特别是根部	呕吐及流涎，之后出现心动过缓及心律不齐，可发生抽搐或突然死亡	无已知的解毒药，应监测钾和心率，如果不发生高钾血症或难以控制的心律不齐，则预后好
紫杉属（Taxus）植物（Yews）	紫杉碱：Negative Inotrope/Chronotrope.	所有部位均有毒	突然死亡，呕吐或CNS症状	无已知的解毒药。可用多巴酚丁胺（cobutamine）治疗，剂量为每分钟静注0.5～1.0μg/kg；阿托品，根据心率及心脏收缩，需要时剂量为0.02～0.04mg/kg IV。如存在临床症状，则预后谨慎
李属植物（Apples, Apricots, Cherries,Peaches, Plums）	氰化物	种子，但在月桂樱的叶和果实中毒素含量低	局部刺激，焦虑，头晕，呕吐，呼吸困难及黏膜颜色变暗。由于心脏或呼吸骤停可发生突然死亡	无特异性解毒药，如果中毒严重或证实摄入含有氰化物的植物，则可采用3%亚硝酸钠，剂量为16mg/kg IV，之后用1.65mL 25%硫代硫酸钠治疗。根据需要可在30min内用一半剂量用药。如果不存在氰化物，亚硝酸钠可能具有致死作用。如果猫在摄入有毒植物后3h内仍能存活，特别是治疗及时，则预后好
茄科植物（Nightshade）	抑制胆碱酯酶	所有部位，特别是浆果和未成熟的果实	呕吐、腹泻、瞳孔散大、共济失调、衰弱、困倦	无特异性解毒药，可用阿托品0.1～0.5mg/kg（1/4 IV，3/4 IM）及2-PAM 10～20mg/kg缓慢IV治疗。如果及时积极治疗，则预后好
毛茛科植物（Ranunculaceae）（Buttercup）	Protoanemonina 未知：强烈的肌肉刺激，强烈的黏膜刺激，可引起低钙血症	新鲜叶及茎	呕吐，腹泻（含或不含血液），广泛性胃肠道刺激及腹痛	无已知解毒药。如果未发生带血的腹泻或严重的腹痛，则预后好
天南星科植物（Peace Lily, Ivy, Philodendron, Dieffenbachia, and Dumbcane）.	草酸盐结晶及其他未鉴定的酶类	所有部位，但结晶通常浓缩在茎部，有时浓缩于叶片	口腔刺激及严重的烧灼感，流涎，可能发生呼吸困难及气道受阻；眼睛刺激，肾脏疾病及中枢神经系统症状（兴奋、手足抽搐，抽搐）	无已知解毒药，如果及时治疗，则预后好

（续表）

植物名称、科及种	中毒原理	植物有毒部分	临床症状	特异性治疗及预后
百合花类	未知：急性肾衰	所有部位，甚至花粉	呕吐、沉郁、昏睡及厌食，之后72h内发生肾衰	无已知的解毒药。如果猫表现少尿或无尿，或如果在24h内未启动治疗，则预后谨慎。参见第189章。肾机能可在数周内恢复，可发生慢性肾衰的后遗症
蓖麻子	蓖麻毒素：细胞死亡（阻止蛋白合成）	所有部位，特别是蓖麻籽	症状可延缓到3d才出现；胃肠道症状，循环衰竭；可能出现发绀、抽搐、共济失调，衰弱及肾衰	无已知的解毒药，如果出现循环衰竭，可灌注多巴酚丁胺，剂量为5～15μg/（kg·min）。如果及时治疗，则预后好；如出现临床症状，则预后谨慎
苏铁棕榈（Cycad Palms）	苏铁苷：肝脏衰竭	所有部位，特别是种子	严重而快速的呕吐，腹泻，可能出现共济失调、昏迷或抽搐，最后可发生致死性肝坏死	无已知解毒药，如果出现肝脏症状，则预后差
番红花（Autumn Crocuses）	秋水仙碱：生物碱（阻止细胞分裂）	所有部位，特别是花、球茎和种子	开始时腹痛，吞咽困难，呕吐、腹泻、麻痹、抽搐及最后多器官衰竭	无已知解毒药，预后谨慎
香茉莉（Yesterday，Todayand Tomorrow）	Brunfelsamidine：神经毒素	所有部位均有毒	突然开始恶心，痉挛、呕吐或眼球震颤。震颤可进展为全身僵硬的抽搐及死亡	尚无已知的解毒药。控制痉挛时可采用安定，剂量为0.5mg/kg IV，必要时可重复一次，之后用戊巴比妥，剂量为5～20mg/kg IV，以发挥作用。预后谨慎，临床症状的持续时间可达数天，恢复可需要数周
杜鹃花，（Azalea，Laurel）	木藜芦毒素（Grayan-otoxins）：钠通道阻断剂	所有部位均有毒	长时间呕吐，引起吸入性肺炎的风险很高。心律失常，痉挛，共济失调，衰弱及沉郁	尚无已知的解毒药。监测心电图及使猫的头部高于胃部。如上采用安定可用于控制中枢神经症状。如不发生痉挛或不导致吸入性肺炎，则预后好

图170-1 杜鹃（*Rhododendron* spp.）；剧毒

图170-2 复活节百合（*Lilium longifl orum*）；剧毒

图170-3 华莱士茄（Catalina Nightshade）（*Solanum wallacei*）；剧毒

图170-4 苏铁棕榈（Cycad Palm）（*Cycas* spp.）；剧毒

图170-5 百合花（Stargazer Lily）（*Lilium orientalis* ）；剧毒

图170-6 毛地黄（*Digitalis purpurea*）；剧毒

图170-7 高凉菜（*Kalanchoe* spp.）；剧毒

图170-8 美国山桂（*Kalmia* spp.）；剧毒

图170-9 夹竹桃（*Nerium oleander*）；剧毒

图170-12 广东万年青（Chinese Evergreen）（*Aglaonema* spp.）；猫常碰到

图170-10 文竹（Asparagus Fern）（*Asparagus* spp.）；猫常碰到

图170-13 石杆（Devil’s Ivy or Pothos）（*Epiprennum aureum*）；猫常碰到

图170-11 绳状藤（*Monstera deliciosa*）；猫常碰到

图170-14 万年青（*Dieffenbachia* spp.）；猫常碰到

图170-15 万年青（*Dieffenbachia* spp.）；猫常碰到

图170-16 英国常春藤（English Ivy）（常春藤，*Hedera helix*）；猫常碰到

图170-17 卫矛（Euonymus）（*Euonymus* spp.）；猫常碰到

图170-18 冬青（Holly）（*Ilex* spp.）；猫常碰到

图170-19 朱蕉（Janet Craig Dracaena）（*Dracaena* spp.）；猫常碰到

图170-20 Red170-龙血树（Margined Dracaena）（*Dracaena* spp.）；猫常碰到

图170-21　绣球花（*Hydrangea macrophylla*）；猫常碰到

图170-22　Nephthysis（*Syndonium podophyllum*）；猫常碰到

图170-23　和平百合（Peace Lily）（*Convalleria majalis*）；猫常碰到

图170-24　喜林芋（*Philodendron* spp.）；猫常碰到

图170-25　喜林芋（*Philodendron* spp.）；猫常碰到

Society for the Prevention of Cruelty to Animals，ASPCA）网站：www.aspca.org/apcc 免费获取信息，该网页有许多有毒及无毒植物的照片及暴露植物后的一般管理原则。其他的植物数据库还有www.plants.usda.gov，可找到各类植物的照片。

- 大学毒理学系：虽然缓慢，但获取信息联系咨询兽医毒理学系要比NAPCC可能廉价。
- 参考书：关于毒理学的参考书很多，可指导临床职业兽医，书中列出了详细的有毒植物及命名，临床症状、治疗方法、有毒成分、有毒部位及致死剂量，这些均可在Peterson和Talcott编著的《小动物毒理学》（*Small Animal Toxicology*）中找到。
- 在有些地区，当地的兽医协会编辑了本地常见及重要的植物中毒的数据库。因此报告自己发现的病例，将有助于建立或改进已有的本地数据库。

治疗

主要疗法

- 口腔冲洗：应仔细冲洗口腔，特别是刺激性植物通过口腔摄入时。冲洗应在病猫呕吐后重复数次。
- 净化（催吐）：如果摄入植物后在4h内，猫不表现症状，或者如果已知摄入的植物可引起全身作用，除非禁忌，则应诱导呕吐（参见“治疗注意事项”）。对居家的客户而言，可采用吐根糖浆（每只猫2～6mL，PO）催吐。过氧化氢对组织有高度的刺激性，可引起胃肠黏膜溃疡。可在兽医监督下采用赛拉嗪（0.4～0.5mg/kg IV），在呕吐之后用育亨宾（yohimbine）（0.1mg/kg IV）逆转。在猫不建议采用阿扑吗啡。
- 净化（活性炭）：诱导呕吐完成后给药2～5g/kg 。将配制好的活性炭液体混合物根据商家的指南给药。如果为干重的活性炭，则每克与5 mL水混合。此后应每隔3~6h重复给药。最少应多个剂量重复用药。在未表现呼吸窘迫的动物，建议采用胃管给药，以便快速可靠地将活性炭灌服（参见第 308 章）。
- 轻泻剂：应在给予活性炭30min之后给予轻泻剂。渗透性泻剂（Osmotic cathartics），如聚乙二醇电解质溶液（polyethylene glycol electrolyte solution，GoLYTELY®；25mL/kg PO）或乳果糖（0.22mL/kg PO）一般均能奏效。
- 液体疗法：如果出现全身症状，应IV液体治疗。在采用轻泻剂治疗期间也需要采用液体疗法。在发生心脏中毒、肝脏衰竭或急性肾衰时，应避免采用乳酸林格氏液（LRS） 。平衡电解质溶液，如 LRS为治疗主要涉及胃肠道系统的首选液体。
- 心律失常：应采用心电图仪（ECG）监测心律不齐，根据需要进行治疗。可大剂量给予利多卡因（1mg/kg IV），发生严重的心室性心律失常时，应根据需要重复用药。猫似乎对利多卡因的中枢神经系统作用更为敏感，因此建议慎用。

辅助疗法

- 灌肠：摄入植物后6～12h给予灌肠剂可有助于从胃肠道清除残留的植物，防止其进一步吸收。
- 止吐剂治疗：马罗皮坦（Maropitant）（止吐宁；1mg/kg q24h SC），甲磺酸多拉司琼（0.3～0.6mg/kg q12h PO，SC或 IV）或胃复安（0.2～0.5mg/kg q6～8h SC） 可用于控制呕吐。
- 止泻药治疗：商用的益生菌制剂含有屎肠球菌（*Enterococcus faecium*），可用于猫表现腹泻症状时的治疗。特别为猫设计的药物制剂包括营养补充，可加在食物中（FortiFlora；1袋q24h PO），或者口服凝胶剂/糊剂，每隔8～12h根据需要口服用药。有些制剂包括有吸附药物及固化剂，如高岭土和果胶等。此外，洛哌丁胺（loperamide）［易蒙停（Imodium）；0.08~0.16mg/kg q12h PO或地芬诺酯（diphenoxylate）加阿托品（0.05～0.1mg/kg q12h PO］可用于控制易于治疗的腹泻病例。
- 控制胃肠刺激：硫糖铝（0.25g q8～12h PO） 可用作胃肠保护剂，但至少应在给予H_2受体颉颃剂，如雷尼替丁（2.5mg/kg q12h IV）、法莫替丁（0.5～1.0mg/kg q12～24h PO，SC或IV）或西咪替丁（10mg/kg q6～8h PO，IV或IM）前至少30min给药。
- 生化检查监测：应监测电解质、肾脏参数及肝脏酶活性。

治疗注意事项

- 如果猫表现癫痫或处于昏迷状态，则禁用催吐剂。如果有充足的理由表明可引起吸入性肺炎，则也禁用催吐剂。如果可能发生抽搐，则禁用吩塞嗪镇静剂。在摄入的植物引起机械性刺激或创伤时，不应采用诱吐剂。如果怀疑发生心脏毒性，则禁用含有吐根的催吐剂。
- 催吐剂从胃肠道除去的植物不会超过摄入的 50%，因此在使用催吐剂之后应经常再使用活性炭和泻药进行治疗。
- 病猫发生腹泻时，应禁用泻药或催吐剂，如果病猫发生呼吸困难，或不能控制呕吐时，也禁用矿物油作为泻药。
- 地高辛免疫Fab（digoxin immune Fab，Digibind）有商用制剂用于强心苷中毒，虽然昂贵，但在将要发生心脏骤停、高钾血症或对其他药物治疗无反应的心律不齐的病例可考虑采用，剂量为每毫克摄入的地高辛1.7mL Fab，30min内缓慢给药。病猫可在30min后症状缓解，数小时内可康复。
- 水杨酸亚铋（bismuth subsalicylate）在猫作为抗腹泻药物使用时，由于水杨酸的毒性，因此使用应谨慎。

- 洛哌丁胺及胃复安可降低胃肠道通过时间，因此可减缓摄入植物的排出。
- 磷酸盐灌肠（phosphate enemas）（Fleet）禁用于猫。

预防

- 应告知猫主有关对猫无毒性而友好的植物种类，这些数据库可在各种网页查找，如前所述，或者在教科书中也可查找到。
- 减缓疲倦，增加活动或玩耍时间，加强灌流，减少限制，可减少猫采食植物的引诱。
- 所有植物，如吊兰等均应加强管理，使猫不能够及。
- 可种植一些猫喜欢的花草，如猫薄荷，猫可采食，这样可进行安全管理。可采用许多商用的小桶，也有一些已种好且干燥的植物，但猫可采食任何类似于草的植物，在有些病猫，摄入草类可引起胃炎及呕吐。猫薄荷毒性小，但大量摄入可引起呕吐或腹泻。
- 在植物上喷雾，然后轻轻洒上辣椒粉末可阻止猫咀嚼植物。

预后

预后取决于摄入植物的类型、数量、部位以及从摄入到治疗的时间，早期积极治疗常常可成功康复。

参考文献

Barr, AC. 2001. Household and Garden Plants. In ME Peterson, PA Talcott, eds., *Small Animal Toxicology*, pp. 263–320. Philadelphia: WB Saunders.

Dunayer, E. 2005. The 10 Most Toxic Plants. *NAVC Clinician's Brief*. 3(3):11–14.

Hovda, L. 2005. Plant Toxicities. In SJ Ettinger, EC Feldman, eds., *Textbook of Veterinary Internal Medicine*, 6th ed., pp. 250–253. St. Louis: Elsevier Saunders.

Smith, G. 2004. Kalanchoe Species Poisonings in Pets. *Vet Med*. 11: 933–936.

第171章
胸腔积液
Pleural Effusion

Gary D. Norsworthy

概述

液体通过胸膜的流动是连续过程，其来源为高压的体壁循环（high-pressure parietal circulation）。随着胸腔液体的形成，其通过低压的内脏循环（low-pressure visceral circulation）除去，因此发生恒定的移动。液体在胸膜腔内异常积聚可形成胸腔积液。虽然在健康的猫，胸膜腔可以忽略，但液体的存在可引起呼吸窘迫，使得胸膜腔扩大，可积聚多达200mL以上的液体。

胸腔积液的形成有5种机制：静脉或毛细血管液体静压增加；以低蛋白血症引起毛细血管胶体渗透压降低；毛细血管膜的通透性增加；淋巴阻塞；溢出及出血（血胸作为一种胸腔积液，仍有讨论的余地）。

任何年龄、品种或性别的猫均可患病，据报道许多猫可急性开始呼吸困难或呼吸急促，但大多数胸腔积液的猫并非为急性。由于猫直到危急阶段前一直隐藏疾病，因此猫主难以在早期阶段发现疾病。许多患胸腔积液的猫具有持续数天的昏睡及厌食的病史，有些猫可表现失重。

查体可发现呼吸急促、端坐呼吸（orthopnea）、发绀、发热及脱水等症状。疾病后期阶段最为明显的症状是呼吸困难，但慢性开始的疾病可引起全身变化（即昏睡或厌食），因此猫主不得不寻求兽医的帮助。这些猫中有些只表现呼吸急促，因此猫主难以察觉。在检查时，应仔细观察猫的呼吸类型，最好不要触动猫。

表171-1　胸腔积液分析结果

	T	MT	NSE	SE	CE	HE
颜色	无色到淡黄	黄色到粉红色	黄色或粉红色	黄色、粉红色或棕色	乳白色	红色
浑浊度	清澈	清澈到云雾状	清澈到云雾状，有丝状	清澈到不透明，絮状凝集	不透明	不透明
蛋白（g/dL）	＜1.5	2.5～5.0	3.0～6.0（FIP：3.5～8.5）	3.0～7.0	2.5～6.0	3.0
纤维蛋白	缺如	缺如	存在	存在	有变化	存在
甘油三酯	缺如	缺如	缺如	缺如	存在	缺如
细菌	缺如	缺如	缺如	存在	缺如	缺如
有核细胞（个/mL）	＜1000	1000～7000（LSA：可高达100000）	5000～20000（LSA：可高达100000）	5000～300000	1000～20000	与外周血类似
细胞学	间皮细胞	巨噬细胞；间皮细胞，未变性PMN，肿瘤细胞	未变性PMN，巨噬细胞	变性PMN，些许巨噬细胞及肿瘤细胞	小淋巴细胞，些许巨噬细胞；PMN	红细胞，些许吞噬红细胞的巨噬细胞
疾病	低白蛋白血症，早期CHF	慢性CHF，肿瘤，膈疝，胰腺炎	FIP；肿瘤，膈疝，肺叶扭转	脓胸	乳糜胸（胸导管阻塞或破裂；HW；肿瘤；CHF；肺叶扭转，创伤）	血胸（创伤；凝血障碍；肺叶扭转，肿瘤）

CE，乳糜渗出（chylous effusion）；CHF，充血性心衰（congestive heart failure）；FIP，猫传染性腹膜炎（feline infectious peritonitis）；HE，出血性渗出（hemorrhagic effusion）；HW，犬心丝虫（heart worms）；LSA，淋巴肉瘤（lymphosarcoma）；MT，变性漏出液（modified transudate）；NSE，非败血性渗出液（nonseptic exudate）；PMN，多形核白细胞或中性粒细胞（polymorphonuclear leukocytes or neutrophils）；SE，败血性渗出液（septic exudate）；T，漏出液（transudate）。引自Sherding RG. 1994. Diseases of the pleural cavity. In RG Sherding, ed., The Cat：Diseases and Clinical Management，2nd ed., pp. 1053-1091. New York：Churchill Livingstone.

诊断

主要诊断

- 胸腔X线检查：对大多数猫而言，应激最轻的X线诊断方法是背腹检查（DV），这也是在某些病例唯一可行的检查方法。在有些猫，侧面观察应激比DV观察小。背腹（DV）观察时由于可增加呼吸窘迫，因此不建议采用。胸腔积液可引起以下一种或数种症状：液体充满叶间裂隙线（fluid-filled interlobar fissure lines）将肺的边界与胸壁隔开，心脏或膈肌边界模糊不清，纵隔膜变宽及肋膈角处肺边缘变钝。肺脏后缘变圆是纤维性胸膜炎的典型X线检查变化，而纤维性胸膜炎则为乳糜胸、脓胸或猫传染性胸膜炎（FIP）的典型后遗症（见图291-8至图291-11）。
- 液体分析：开始检查时应包括大体观察液体的颜色和浑浊度，测定蛋白及相对密度，细胞计数及细胞学检查等内容，这样根据结果可将液体分为渗出液、变性的渗出液、非败血性渗出液及败血性渗出液、乳糜、出血性或非肿瘤性渗出液。关于液体的分类及液体分析结果的解释见表171-1。渗出液的细胞学检查参见第 288章。

辅助诊断

- 液体中乳酸脱氢酶（LDH）浓度测定：如果浓度＜200IU/L，可看作漏出液；如果浓度＞200IU/L，则可看作渗出液。
- 液体的pH：如果＜6.9，可看作脓胸。
- 液体葡萄糖浓度：应与血清相同，如果比血清低，则可考虑脓胸或恶性肿瘤。
- 渗出液的pH在7.0或以上，葡萄糖浓度比血液葡萄糖低：如果这两种情况同时存在，则应考虑恶性肿瘤。
- 甘油三酯及胆固醇：伪乳糜液（pseudochylous）胆固醇浓度高于血清胆固醇，甘油三酯浓度低于血清甘油三酯。伪乳糜液在猫罕见。
- 厌氧菌及需氧菌培养：如果细胞学检查时或存在炎性渗出物，但不能采用细胞学方法检查到病菌时可进行细菌培养。
- 血常规（CBC）、生化检查、尿液分析、甲状腺素测定及猫逆转录病毒筛查：采用这些方法应检测是否存在已知能引起胸腔积液的全身性疾病。病毒筛查应包括检查猫白血病病毒抗原、猫免疫缺陷病毒抗体及冠状病毒抗体。
- 胸腔超声检查：如果在胸腔中仍存在液体时进行影像检查检查，这样可明显提高影像检查的分辨率，但如果定位可能增加呼吸困难时应禁用。超声检查可观察X线检查难以观察到的渗出液中存在的小肿块及纤维性粘连。也可对心脏进行检查，这也是诊断胸腔积液许多原因极为重要的一个方面。
- 心电图：有助于检查心脏疾病是否可能为胸腔积液的原因。

诊断注意事项

- 胸腔积液可引起呼吸困难，有时很严重而足以危及生命。因此诊断时不能太粗暴，以免引起呼吸衰竭。
- 在诊断之前可能需要进行穿刺，即使只能除去50～100mL液体，也应进行穿刺。

治疗

主要疗法

- 给氧：氧气可缓解呼吸困难及发绀，但应以非应激性方式给氧。许多猫可撕扯面罩，因此降低了给氧的效果。氧气笼可能效果更好，由清洁的塑料袋制成的氧气面罩（oxygen tent）也可有效给氧。
- 笼中限制：即使不可能给氧，采用这种方法也可挽救生命。不应着急，应使猫有足够的时间从进入医院造成的应激中恢复，然后再检查。
- 胸腔穿刺：除去大量的液体时由于可极大地改进通气能力，因此可挽救生命。如有必要可进行镇静，可用异氟烷或七氟烷经面罩或关闭在室内镇静。采集的液体应保存用于分析［见图272-6（B）］。

辅助疗法

- 特异性疗法：只有诊断确定后才可采用这种方法治疗。关于这些疾病，参见特异性疗法的建议。
- 胸廓造口插管：有些引起胸腔积液的疾病可以治疗，能够治愈，但在其疗程中可能需要每天或每隔2d胸腔穿刺抽吸液体，时间可达2周。胸廓造口插管可引流而减少应激及不适。参见第272章。

治疗注意事项

- 胸腔积液并非一种疾病，而是严重的潜在疾病引起的症状，因此在开始治疗之前应先对潜在疾病进行诊断，特别是许多潜在疾病是可以治愈的。但在诊断之前必须要对危及呼吸窘迫的疾病进行处理。

预后

本病的预后取决于对呼吸困难危急的缓解及确定引起胸腔积液的潜在原因。虽然存在胸腔积液，通过许多积极的诊断治疗，如果渗出的原因可以治愈，则许多病例预后良好。

参考文献

Nelson OL. 2005. Pleural Effusion. In SJ Ettinger, EC Feldman, eds., *Textbook of Veterinary Internal Medicine*, 5th ed., pp. 204–207 St. Louis: Elsevier Saunders, 2005.

Smith FWK. 2007. Pleural Effusion. In LP Tilley, FWK Smith, Jr., eds., *Blackwell's Five Minute Veterinary Consult*, 4th ed., pp. 1020–1021. Ames, IA: Blackwell Publishing.

第172章
气胸
Pneumothorax

Gary D. Norsworthy

概述

气胸（pneumothorax）是指气体在胸膜腔内的积聚，气胸可分为三类：（a）开放性气胸，这种情况下胸壁出现异常；（b）密闭性气胸，肺脏、细支气管、气管或食管出现裂口；（c）张力性气胸，胸膜出现撕裂或片状（flap-like）异常，吸气时空气进入胸膜腔，但在呼气时不能排出。气胸可自发性发生，也可由于创伤或医源性发生，通常为肺脏吸气时的并发症。自发性气胸可为先天性的，但更常与引起肺胸膜坏死，使得空气泄漏的肺脏疾病有关。临床症状通常为急性开始呼吸困难、呼吸急促（由于缺氧所引起）及发绀（由于静脉回流减少所致）。许多病猫表现为焦虑或恐慌。鼻腔及口腔可出现多泡的血液。如果气管或食管撕裂，则可发生颈部皮下气肿。

诊断

主要诊断

- 查体：可存在创伤的外部症状，临床症状包括呼吸困难急性开始，表现为吸气浅快，黏膜发绀。
- 听诊：在背部肺脏呼吸音减轻，心音通常低沉。
- 胸腔穿刺：可证实诊断，如果可能存在哮喘、膈疝及出血性疾病时，可在X线检查之前通过胸腔穿刺进行诊断。可将针头经第七到第九肋间隙刺入胸腔的背部2/3处；刺入深度应足以进入胸膜腔。如果能抽出游离的空气则可证实诊断。
- X线检查：可伏卧侧位检查，由于猫侧卧时可向侧面移位，因此心脏可抬高越过胸骨（见图291-12）。这些检查结果在站立侧面观察时可不存在。其他检查结果包括可观察到充满空气的胸膜腔，部分肺脏塌陷，肺脏边缘从胸壁回缩及皮下气肿（见图291-13）。

辅助诊断

- 支气管镜检查：可用于检查气管或主要细支气管的撕裂。

诊断注意事项

- 对呼吸困难的猫应小心处置，增加应激可能会致死。查体、X线检查及胸腔穿刺时必须要特别小心，有时必须要将猫置于氧气盒中数分钟后再行诊断，或在两次诊断之间也应如此，对大多数猫而言，应激最小的X线诊断检查是背腹位（DV），这也是在某些病例唯一可行的观察方法，但也需要采用伏卧侧面观察以证实气胸。在有些病例，这种观察方法的应激比DV观察小。腹背（ventrodorsal，VD）位由于可增加呼吸窘迫，因此不应采用。

治疗

主要疗法

- 氧气疗法：富有氧气的帷幕或笼子效果较好，应立即采用，特别是如果并发肺部创伤时更应如此。呼吸困难的猫常对面罩有抵抗，因此最好选用氧气笼。
- 胸腔穿刺：可采用最少量的镇静剂，如果需要镇静，可采用异氟烷或七氟烷，吸入麻醉较为安全。应穿刺两侧胸腔，尽可能多地除去空气。可将针头或导管插入到第七至第九肋间隙背部胸腔的2/3处；针头的插入应足以进入胸膜腔。
- 猫发生肋骨骨折或严重的软组织损伤时，镇痛剂具有帮助作用。

辅助疗法

- 胸廓造口插管：可通过插管连续性或间断性地进行胸腔引流而不会对猫进一步造成应激。一般来说一侧插管就可引流两侧胸腔，但有些病例需要双侧插管。如果在24h内需要进行两次以上胸腔穿刺，则建议采用胸廓造口插管。如果发生张力性气胸，应在插管前采用胸腔吸引术以除去胸膜腔内的压力。每天应抽吸胸腔1～2次，直到12h内抽出的空气不足10mL为止。

- 胸廓切开术：如果猫在2～5d针刺或对胸腔穿刺没有反应，适度治疗后仍会复发，或患有张力性气胸，或可能患有肺脏空气泄漏，可施行胸廓切开术进行治疗。应查找是否有裂伤、肿瘤性损伤及肺脏水气泡（pulmonary blebs）。

治疗注意事项

- 脏层胸膜或肺脏小的裂伤可在48h内痊愈，除非发生有张力性气胸或需要重复进行胸腔穿刺时，一般不在治疗的头一天使用胸廓开口插管。
- 数天内重复进行胸腔穿刺可用于代替胸廓造口插管，但前者是一个疼痛性过程，对许多脆弱的病猫可能应激过于强烈。对符合上述标准的病猫建议采用胸腔引流。
- 不建议在猫采用海姆利克氏阀门（Heimlich valves），主要是由于猫的体格小，常常不能产生足够的胸廓内压力来激活阀门（flutter valve）。
- 发生外伤性气胸的猫极少需要采用手术干预，但对自发性气胸的猫采用非手术治疗也常常难以获得成功。
- 在猫可发生再膨胀性肺水肿。如果在肺脏再膨胀后发生呼吸困难，则应采用X线检查胸腔。如果有肺水肿，则应开始用呋喃苯胺酸治疗。

预后

创伤性气胸如果能定位空气泄漏的原因，能成功控制，或者如果泄漏可自行关闭，则预后好。自发性气胸的预后主要由潜在的原因所决定。

参考文献

Cooper ES, Syring RD, King LG. 2003. Pneumothorax in cats with a clinical diagnosis of feline asthma: 5 cases (1990–2000). *J Vet Emer Crit Care.* 13:95–101.

Hopper K. 2007. Pneumothorax. In LP Tilley, FWK Smith, Jr., eds., *Blackwell's 5-Minute Veterinary Consult*, 4th ed., pp. 1092–1093. Ames, IA: Blackwell Publishing.

Mertens MM, Fossum TW, MacDonald KA. 2005. Pleural and Extrapleural Diseases. In SJ Ettinger, EC Feldman, eds., *Textbook of Veterinary Internal Medicine*, 6th ed., pp. 1272–1283. St. Louis: Elsevier Saunders.

第173章
淋巴浆细胞性爪部皮炎
Pododermatitis：Lymphoplasmacytic

Richard Malik 和 Gary D. Norsworthy

概述

淋巴浆细胞性爪部皮炎（lymphoplasmacytic pododermatitis）也称为猫浆细胞性爪部皮炎（feline plasma cell pododermatitis）或糊状爪部疾病（mushy pad disease），是一种目前研究还不清楚的疾病，主要影响腕/跗及掌骨/跖部足垫。罕见情况下同样的病例过程也可影响到鼻甲骨。患病足垫松软呈糊状，表面可皱缩及易于剥落（见图173-1）。在更为严重的病例，足垫可发生溃疡、出血及表现疼痛。有些猫只是一个足垫发病，而有些猫则是所有足垫均发病。猫常常因跛行或出血而就诊。偶尔可在鼻的背部出现弥散性肿胀，同时伴有足垫损伤（见图173-2）。有些临床医生报道每年秋季本病的发生增加。

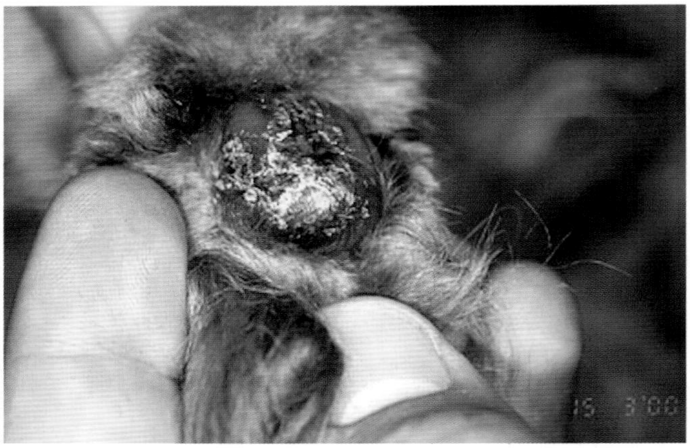

图173-1　患病足垫感觉松软及呈糊状，表面可出现皱缩及易于脱落

关于本病的病因还不清楚，但在一项研究中发现患病猫50% 感染有猫免疫缺陷病毒（FIV）。本病主要的鉴别诊断包括天疱疮和类毛体线虫（*Anatrichosoma* spp.）侵染。如果只有鼻梁骨发病，则鉴别诊断包括感染性因素，如隐球菌及其他真菌和不常见细菌引起的感染。

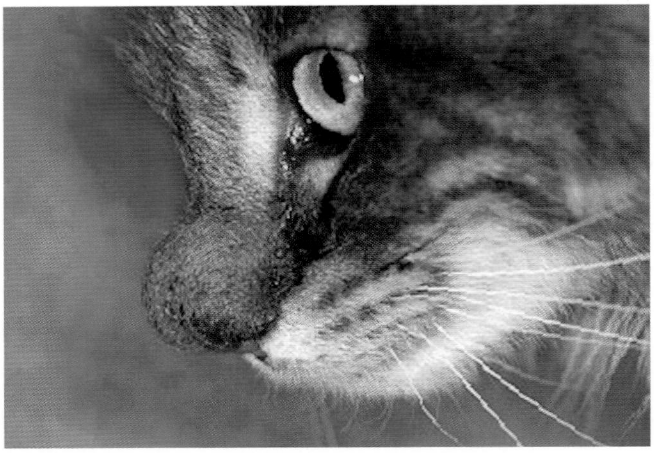

图173-2　在有些猫，鼻背部弥散性肿胀伴随有爪部皮炎

诊断

主要诊断

- 临床症状：临床症状通常就足以进行推定诊断。
- 组织病理学检查：验证诊断可采用组织病理学检查进行，可发现明显的淋巴细胞和浆细胞浸润。采用细针穿刺可发现类似的变化，但确定性较低。重要的是在细针穿刺及组织病理学切片中传染性病因常不明显。

诊断注意事项

- 采用特殊染色可发现病原因素。PCR到目前为止仍不能查找传染性病原，因此如果能采用更为敏感的诊断技术，如荧光原位杂交（FISH）则有助于对传染性病原进行可视化诊断。
- 本病的诊断需要监测FIV，但阳性结果不一定能证实原因及效果。

治疗

主要疗法

- 免疫抑制疗法：由于本病的组织学变化，因此有人采用免疫抑制剂量的强的松龙、金盐及瘤可宁（chlorambucil）进行治疗。

- 强力霉素：作者曾根据*Veterinary Record*（Bennenay S，& Muller R，参见“建议阅读文献”）一文中发表的治疗方案，采用强力霉素（5mg/kg q12h PO治疗数周）治疗本病获得成功，说明感染性原因至少是本病发病过程的重要部分。

次要疗法

- 手术治疗：手术摘除患病组织，同时采用缝合及免疫抑制药物或抗生素进行治疗，在某些病例可获成功。手术在本病恢复过程中的作用尚不清楚。

预后

总之，虽然本病的康复需要数周来痊愈，一般预后好，但可能复发。

参考文献

Bennenay S, Muller R. 2003. Prospective study of the treatment of feline plasmacytic pododermatitis with doxycycline. *Vet Rec.* 152:564–566.

Medleau L, Kaswan R, Lorenz MD, et al. 1982. Ulcerative pododermatitis in a cat: immunofluorescent findings and response to chrysotherapy. *J Am Anim Hosp Assoc.* 18(3):449–451.

Taylor JE, Schmeitzel LP. 1990. Plasma cell pododermatitis with chronic footpad hemorrhage in two cats. *J Am Vet Med Assoc.* 173(3): 375–377.

第174章
多囊肾
Polycystic Kidney Disease

Gary D. Norsworthy

概述

多囊肾（polycystic kidney disease，PKD）可在肾脏实质引发大量充满液体的囊肿，其大小直径为 1mm到1cm以上（见图174-1）。囊肿起自近端及远端肾小管，可发生于肾脏皮质及髓质。其大小及数量随着时间而增加。本病为一种遗传性疾病，一般来说最常见于波斯猫（包括喜马拉雅猫） 和其他长毛品种或长毛杂交品种。在波斯猫，本病为一种常染色体显性疾病，可见于40%的品种。其诊断多见于 6～8周龄的仔猫，但也可见于其后。发病可为单侧性或双侧性，也可存在有并发的肝脏囊肿。患病严重的仔猫可因肾衰竭而在8周龄时死亡，但本病在猫达到数岁以前通常为亚临床型。典型情况下，病猫可在7岁时发生慢性肾衰。临床症状包括多饮、多尿及失重、食欲不振及昏睡。

囊肿也可发生细菌性感染，由此造成严重的并发症，使得采用抗生素治疗较为困难。由于囊肿不与肾小管或肾盂连接，因此大多数病猫可排出无菌尿液。如果肾脏通常表现极为疼痛，同时伴随有发热，则很有可能发生感染。

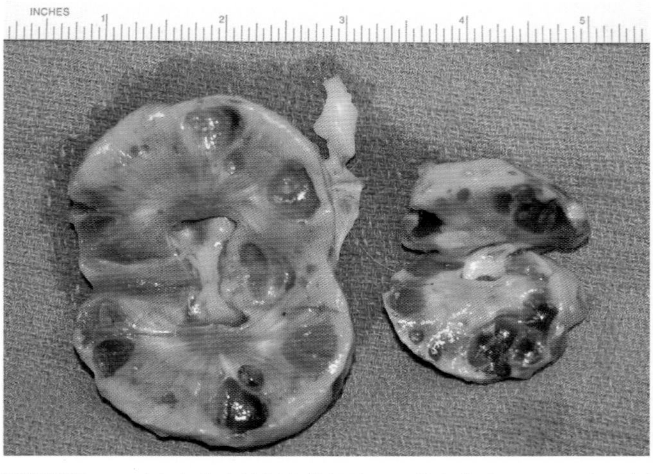

图174-1 一对患有多囊性肾病的肾脏。虽然大小明显不同，但两侧肾脏均有多个囊肿

诊断

主要诊断

- 临床症状：波斯猫、喜马拉雅猫和其他长毛猫患病风险最高。
- 腹部触诊：可发现一侧或两侧肾脏肿大，在有些猫可能较为严重。
- 超声诊断：为最为灵敏且特异的非侵入性诊断方法，可在整个肾脏发现多个充满液体的囊肿（见图174-2）。肝脏也应进行检查，在一项研究中发现，如果在16周龄时进行检查，超声诊断的灵敏度为75%，特异性为100%。36周龄时检查，灵敏度增加到91%。如果怀疑发生了囊肿感染，则可在超声指导下抽吸一个或数个囊肿，采集适用于培养的样品进行培养检查。

辅助诊断

- 普通X线检查：可见肾脏增大而不规则，但这种变化并非PKD所特有（见图174-3）。
- 排泄性尿路造影术：可见囊肿为肾脏实质内多个可透过射线的区域。

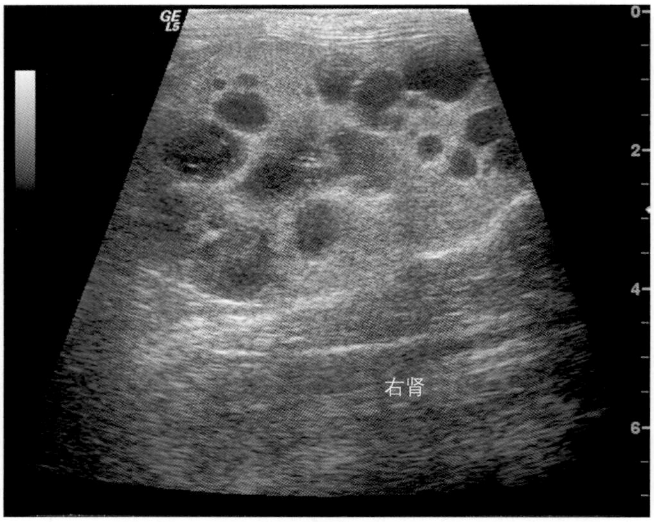

（A）

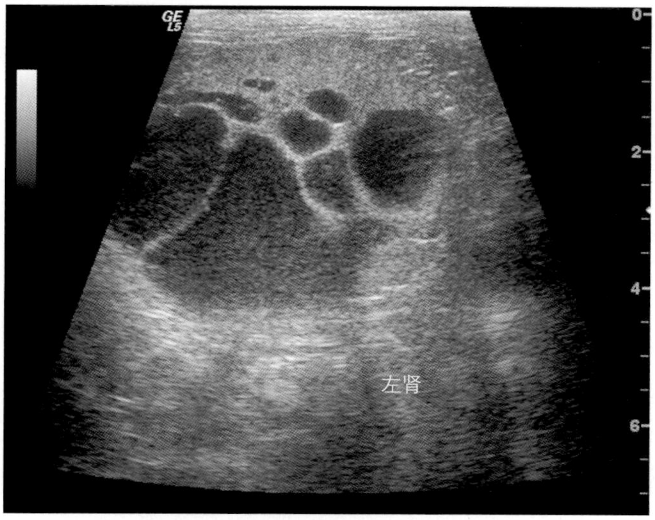

（B）

图174–2 多囊性肾病的超声检查。（A）有些猫在肾脏具有许多小到中等大小的囊肿；（B）有些猫具有小到大的囊肿。这些肾脏均为同一只猫，由于疾病正在进展中，因此囊肿的大小随着时间而发生变化

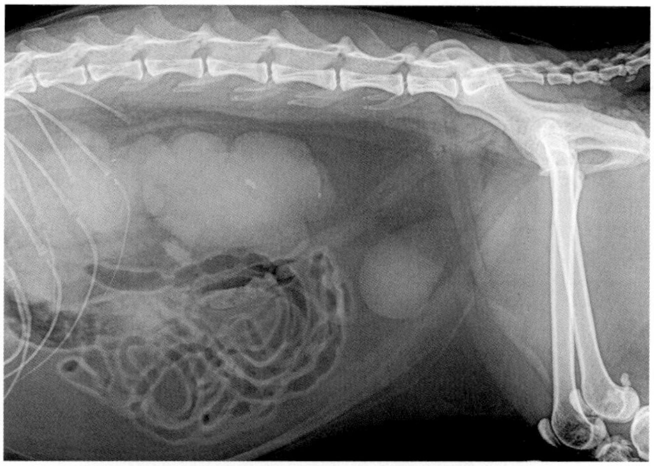

图174–3 肾肿大，边缘不规则，见于患多囊性肾病猫的X线检查。偶尔在肾脏可见到结石

诊断注意事项

- 对患病猫同窝的仔猫及其父母应周期性检查及超声扫查，这是因为猫可不表现症状达数月或数年。早期诊断可进行早期治疗，从而支持肾机能并对患病个体的繁育提出建议。

治疗

主要疗法

- 慢性肾衰的治疗：肾衰的症状通常很明显，因此应采取积极的治疗措施以稳定和维持病猫的生命。参见第190章。

辅助疗法

- 抗生素：在某些病例囊肿可并发细菌感染而引起并发症。
- 肾脏切除术：如果为单侧性患病，而且不存在肾衰时，可考虑采用肾脏切除术。应首先采用排泄性尿路造影术来验证另外一侧肾脏的机能，但在波斯猫及波斯猫的杂交种，或在长毛猫，一般由于本病的遗传特性及后期发作的疾病，因此在这些情况下不建议采用肾脏切除术。本病极少情况下为单侧性。如果一侧肾脏的囊肿发生感染，而且对抗生素治疗有抗性时，也可采用肾脏切除术。

治疗注意事项

- 肾脏囊肿中所含有的液体在性质上倾向于酸性，一些常用的抗生素也是酸性，不能穿过囊肿壁（如头孢菌素和青霉素）。碱性的脂溶性抗生素［如氟喹诺酮类、三甲氧苄二氨嘧啶–磺胺合用及克林霉素（clindamycin）］可更好地穿过囊肿的上皮细胞层，在离子化后可局限于某一部位。
- 病猫不应再做繁育。

预后

本病的预后取决于肾衰的程度、猫对开始治疗肾衰时的反应性及猫主是否愿意接受对肾衰的长期治疗。

参考文献

Beck C, Lavelle RB. 2001. Feline polycystic kidney disease in Persian and other cats: a prospective study using ultrasonography. *Aust Vet J.* 79(3):181–184.

DiBartola SP. Familial renal disease in dogs and cats. 2005. In SJ Ettinger, EC Feldman, eds., *Textbook of Veterinary Internal Medicine*, 6th ed., pp. 1819–1824. St. Louis: Elsevier Saunders.

Lulich JP, Osborne CA. 2007. Polycystic kidney disease. In LP Tilley, FWK Smith, eds., *Blackwell's 5-Minute Veterinary Consult*, 4th ed., pp. 1104–1105. Ames, IA: Blackwell Publishing.

第175章
多趾畸形
Polydactylism

Sharon Fooshee Grace

概述

多趾畸形（polydactylism）为出现额外趾的情况，常见于家猫，偶尔可见于外来品种。与其他哺乳动物相比，猫发生这种情况更为多见，但对其原因尚不清楚。

多趾畸形的主要特点是由于骨骼发育障碍（dysostosis）或形态异常，影响骨或部分骨的正常发育，这种异常的无害形可能与其他骨骼异常无关，但一些不太常见的多趾畸形可引起明显的畸形，如桡骨发生不全（radial agenesis）或发育不全（hypoplasia）[所谓的“扭曲猫”（twisty cat）]则引起明显的畸形。

正常情况下，猫前爪有5趾［包括中趾或飞趾（medial digit），或称悬蹄或残留趾（dewclaw）］，后爪有4趾。飞趾短而比其他侧趾更靠近中间，发生多趾畸形时，前爪、后爪或前后两爪均多出一个或数个趾，在大多数情况下，多出的趾存在于爪的中间面。多出的趾经常不含有完整的骨成分。前爪的足部中间面出现多余趾的情况称为轴前多趾畸形（preaxial polydactyly）；前爪侧面的多余趾称为轴后多趾畸形（postaxialpolydactyly）。有报道认为，多例猫的多趾总数多达25个以上，这种情况很有可能是因遗传突变所引起，作为常染色体显性性状传递而呈不同程度的表达（脚趾的数目不同）。患有多趾畸形的猫其父母有时也有同样的疾病，而且多余趾的数目及位置也相同。多趾畸形的猫也称为“连趾猫”（mitten cats）、“拇指猫”（thumb cats）及“海明威猫”（Hemingway cats），后一称呼是因作家欧内斯特·海明威（Ernest Hemingway）而得名，他非常喜爱这种动物，在佛罗里达基维斯特（Key West）附近海明威的旧居仍生存有许多多趾猫。美国总统西奥多·罗斯福收养的多趾猫“Slippers”曾居住于白宫。这类猫也因其深厚的感情个性而著名。多趾猫具有明显的地理分布特点，大量的多趾猫生活在美国东北部和英国的部分地区，有人认为可能是由船上的猫从英格兰将这种遗传性状带入美国，还有人认为多脚趾猫起源于美国（见图175-1）。

本病的发生没有性别趋势，这种性状在公猫和母猫一样表达。在历史上曾有多个品种诊断出这种情况，但即使多趾很少可引起猫发生严重问题，北美最大的猫注册登记机构仍取消了这种纯种猫的注册，而有些不太著名的注册机构仍接受这种性状。在历史上，缅因库恩猫多趾的比例很大，但由于要向最大的猫注册机构注册，因此这种性状已经通过育种而排除。其他注册机构仍接受多趾的缅因库恩猫注册。

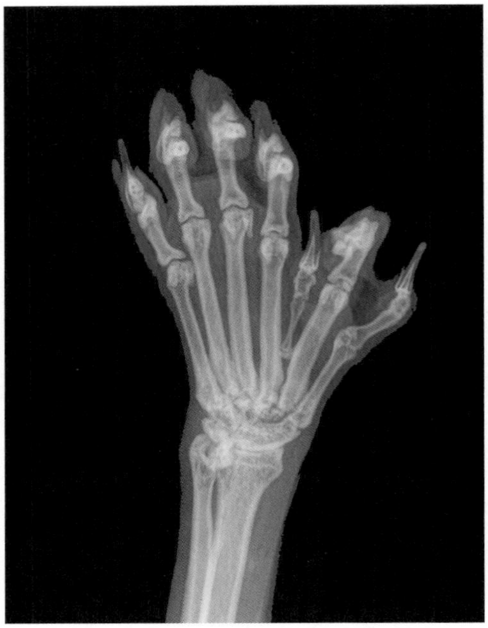

图175-1 这例患多趾畸形的猫可见到7趾

诊断

主要诊断

- 查体：查体是鉴定这种性状的唯一诊断工具。

辅助诊断

- 影像诊断：在有些病例，对患病爪部进行X线检查可发现查体不能辨别的多趾（见图175-1）。

治疗

主要疗法

- 正常情况下对患有多趾的猫不需要采用特殊的措施护理，但在有些情况下，猫难以通过摩擦或整梳除去多余趾的爪鞘，因此爪可生长进入足垫而引起感染。在发生这种疾病时，应培训猫主剪去指甲或修理指甲。

辅助疗法

- 如果多余的脚趾表面变得粗糙或向内生长或感染，应将其截除。

预防

虽然多趾性状很少在患病猫引起严重问题，但应注意患病猫繁育可引起后代也发生多脚趾。患病猫也可产下脚趾数量正常的仔猫。

预后

这种情况极少能影响患病猫的生活质量。

参考文献

Towle HAM, Breur GJ. 2004. Dysostoses of the canine and feline appendicular skeleton. *J Am Vet Med Assoc*. 225(11):1685–1691.

http://www.messybeast.com/poly-cats.html. This site is an excellent resource on the topic of feline polydactylism.

第176章

多食性失重

Polyphagic Weight Loss

Mitchell A. Crystal 和 Paula B. Levine

概述

多食性失重（polyphagic weight loss）是指体重逐渐减轻，同时存在食欲增加的情况。导致发生这种情况最为常见的疾病有甲状腺机能亢进及糖尿病两种。甲状腺机能亢进可通过引起代谢速度增加及小肠通过时间缩短而引起多食性失重，甲状腺机能亢进也可因间歇性呕吐及腹泻而引起营养物质的丧失。糖尿病可由于降低葡萄糖的利用，通过尿液排出葡萄糖及大脑中饱腹中枢降低对血循热量的监测而导致多食性失重。引起多食性失重的不太常见的情况还包括胰腺外分泌性机能不足（exocrine pancreatic insufficiency，EPI），这通常可由于慢性间质性胰腺炎所引起，也可由于小肠淋巴管扩张症（intestinal lymphangiectasia）及饲喂的饲料质量低下所引起。这些疾病可导致消化不良（EPI）、吸收不良 （淋巴管扩张）及营养不良（饲料质量低劣）。炎性肠病（IBD）、消化道淋巴瘤及有些肿瘤性疾病也是引起失重的常见疾病，通常与食欲正常或降低有关，但偶尔也可发生多食性失重。这些疾病可导致消化不良或吸收不良（如IBD和消化道淋巴瘤）或使代谢增加（肿瘤）。

门体静脉短路（portosystemic shunts）及蛋白丧失性肾病也是多食性失重可见的原因。在仔猫，罕见情况下在成年猫，小肠寄生虫可由于影响了小肠的吸收而导致多食性失重。

由于甲状腺机能亢进及糖尿病最常引起这种疾病，因此猫患有多食性失重时年龄通常在7岁以上，且常常同时发生多尿/多饮。由于小肠疾病或EPI引起的多食性失重的猫常常发生腹泻，发生或不发生呕吐。如果猫饲喂质量低下的饲料可只表现为多食性失重或也表现营养不良的其他疾病。门体静脉短路的猫典型情况下可发生行为改变、流涎或胃肠道疾病的症状。患失蛋白性肾病的猫可只表现为多食性失重，但典型情况下这种疾病也可发生肾小管衰竭的症状。

诊断

鉴别诊断

- 甲状腺机能亢进。参见第109章。
- 糖尿病。参见第52章。
- 胰腺外分泌机能不足。参见第71章。
- 小肠淋巴管扩张症。
- 炎性肠病。参见第120 章。
- 消化道淋巴瘤。参见第130章。
- 小肠寄生虫。参见第83章、第98章、第195章和第218章。
- 饲料质量低劣。
- 门体静脉短路。参见第178章。
- 蛋白丧失性肾病。参见第6和第86章。

主要诊断

- 查体及颈部触诊是否有甲状腺肿大。检查方法参见第109章。
- 生化检查：甲状腺机能亢进的猫90％以上丙氨酸转氨酶（ALT）或碱性磷酸酶（ALP）升高。在有些门体静脉短路的罕见病例也可见到肝脏参数的升高。猫在患糖尿病时可存在高血糖。在猫发生引起小肠吸收不良的病例也可出现低蛋白血症及低球蛋白血症（panhypoproteinemia）。低蛋白血症无论发生或不发生，生长参数增加均可存在于罕见的失蛋白性肾病。
- 尿液分析：尿液浓缩不良或不能浓缩可见于发生甲状腺机能亢进、糖尿病、门体静脉短路或失蛋白性肾病时。糖尿及可能会出现酮尿，这些情况可见于患有糖尿病的猫。蛋白尿也见于患失蛋白性肾病时。
- 粪便检查：可采用粪便漂浮试验检查小肠中的寄生虫。可采用其他检验方法检查贾第鞭毛虫和胎三毛滴虫。参见第83章和第218章。
- 总T_4（TT_4）测定：在所有10岁以上的病猫如果发生多食性失重时则应进行这种测定。发生甲状腺机能亢进的猫90％～98％以上可出现TT_4升高。有些猫由于

TT_4水平波动于正常范围之外（轻度病例），或是由于继发于并发的非甲状腺疾病而使升高的TT_4水平受到抑制，因此血液 TT_4可能正常。虽然TT_4水平正常，但如果怀疑发生甲状腺机能亢进，则建议随后在进行T_3抑制试验时（参见第311章）、TRH反应试验（参见第311章）或采用平衡透析法测定游离T_4（fT_4）时重复进行TT_4监测。平衡透析法测定 fT_4而作为诊断试验时灵敏度要比TT_4高，但在甲状腺机能正常的病猫特异性较低，由此可导致出现假阳性结果。参见第109章。

辅助诊断

- 血常规（CBC）：CBC可发现在甲状腺机能亢进的猫压积红细胞（PCV）轻度升高，但很少能在嗜酸性粒细胞性胃肠炎及淋巴瘤的病例发现白细胞异常。
- T_3抑制试验或TRH反应试验：如果怀疑发生甲状腺机能亢进（即可触及甲状腺、表现临床症状及肝脏酶升高），TT_4及fT_4正常，可采用这些试验之一（最好是T_3抑制试验）。参见第109章和第311章。
- 逆转录病毒检测：逆转录病毒感染可引起猫发生小肠吸收不良。
- 猫特异性胰蛋白酶样免疫反应性（feline-specific trypsin-like immunoreactivity，fTLI）检测：这种试验对 EPI具有诊断价值，应在排除甲状腺机能亢进及糖尿病后进行检测。可采集禁食12h的样品测定，如果胰腺机能降低导致胰蛋白酶原泄漏进入血管间隙，可导致 fTLI降低。
- 胆酸测定：在排除甲状腺机能亢进、糖尿病及EPI后应测定血清胆酸（禁食及餐后2h样品），以检查是否有门体静脉短路。
- 尿液蛋白：如果尿液分析时发现有蛋白尿，而且排除了大多数多食性失重的常见原因，可测定膀胱穿刺（cystocentesis）尿样，以检查是否有失蛋白性肾病。
- 胸腔X线检查：在肿瘤引起多食性失重的病例，可通过胸腔X线检查发现肿瘤转移性疾病，也可获得有关与甲状腺机能亢进的心脏病的信息。
- 腹腔X线检查或超声检查：腹腔影像检查可发现由于肿瘤引起的多食性失重时的腹腔肿块、器官增大或器官建构变化。在某些失蛋白性肾病，可发现肾脏变化。在有些门体静脉短路的病例可见到变小的肝脏（microhepatica）。
- 小肠活检及组织病理学检查：在排除甲状腺机能亢进、糖尿病及EPI后应采用这类诊断方法以检查原发性小肠疾病。活检样品可通过内镜或开腹探查术采集。如果小肠局灶性增厚超过2cm，则可在超声指导下进行抽吸，进行细胞学检查，这样具有诊断价值。

诊断注意事项

- 患有消化道淋巴瘤的猫通常为猫败血性病毒（FeLV）抗原阴性。
- 有些患有门体静脉短路的猫可能不出现小肝脏。

治疗

主要疗法

- 治疗潜在疾病：参阅鉴别诊断中所列的有关章节。
- 提供最佳的营养：改变日粮可纠正日粮质量低下造成的多食性失重，有助于治疗其他情况引起的多食性失重。碳水化合物含量较低的日粮在典型情况下蛋白含量及热量很高，可用于帮助增重，也对尿液有强烈的酸化作用，因此如果尿液pH很低时（即肾衰、代谢性酸中毒或草酸钙性尿结石病时）则不应采用。

预后

本病的预后依赖于引起多食性失重的潜在原因。如果采用适当的治疗，甲状腺机能亢进、小肠寄生虫病及饲喂质量低下的饲料等引起的多食性失重预后很好。如果采用终身治疗，甲状腺机能亢进、糖尿病及EPI 对控制疾病来说预后也好，但仍可出现临床问题。淋巴细胞-浆细胞性 IBD通常可通过间歇性治疗或改变饲料而控制。其他类型的IBD及小肠淋巴管扩张通常不会对治疗发生反应，消化道淋巴瘤及门体静脉短路的预后有一定差别。其他类型的肿瘤其预后因肿瘤的类型而不同。患失蛋白性肾病的猫，由于典型情况下可发展为慢性肾衰，因此预后较差。

参考文献

Hawkins EC. 1991. Diagnostic approach to polyphagia and weight loss. In JR August, ed., *Consultations in Feline Internal Medicine*, 3rd ed., pp. 237–242. Philadelphia: WB Saunders.

Houpt KA. 2007. Polyphagia. In LP Tilley, FWK Smith, Jr., eds., *Blackwell's 5-Minute Veterinary Consult: Canine and Feline*, 4th ed., pp. 1108–1109. Ames, IA: Blackwell Publishing.

Peterson ME, Melian C, Nichols R. 2001. Measurement of serum concentrations of free thyroxine, total thyroxine, and total triiodothyronine in cats with hyperthyroidism and cats with nonthyroidal disease. *J Am Vet Med Assoc.* 218(4):529–536.

Streeter EM. 2007. Weight Loss and Cachexia. In LP Tilley, FWK Smith, Jr., eds., *Blackwell's 5-Minute Veterinary Consult: Canine and Feline*, 4th ed., pp. 1438–1439. Ames, IA: Blackwell Publishing.

第177章 多饮多尿
Polyuria and Polydipsia

Mark Robson 和 Mitchell A. Crystal

概述

多尿（polyuria，PU）及多饮（polydipsia，PD）分别是指大量排尿（每天超过 40mL/kg）及大量摄入液体（每天超过45～50mL/kg）。PU及PD是由于控制尿液产生和渴欲的正常自我平衡机制紊乱或失败所导致的临床症状。这种改变可包括渗透性利尿 （继发于有渗透活性的物质）、肾小管对加压素的敏感性发生改变、肾小管机能降低及肾髓质间质张力减退（medullary interstitial hypotonicity）。这些临床异常表明发生了原发性 PU及补偿性 PD，其中大多数可分类为继发性肾原性尿崩症（secondary nephrogenic diabetes insipidus）。

在一些罕见情况下，虽然垂体和肾脏机能正常，但可发生原发性精神性PD，尽管如此，在临床上或排尿里急后重时不可能鉴别出原发性PD及原发性PU。继发性PD可发生于发热、疼痛及甲状腺机能亢进。因此，PU/PD为一种常见的疾病状态，可发生于许多疾病过程，应与尿频和排尿困难相区别，而排尿困难可能多发生于泌尿管下段的疾病。猫 PU/PD 的鉴别诊断见表177-1。

表177-1　猫多尿及多饮的鉴别诊断

常见原因	参见
慢性肾病	第190章、第191章
糖尿病	第51章、第52章
甲状腺机能亢进	第109章
子宫积脓	第182章
不太常见的原因	
肢端肥大症（在对胰岛素有抗性的糖尿病可表现这种症状）	第3章
急性肾衰	第189章
一些特定日粮（Hill’s s/d，Purina’s UR，RoyalCanin’s SO）	
慢性肾盂肾炎	第181章
尿崩症	第49章
药物治疗（如利尿剂）	
肾上腺皮质机能亢进（通常见于对胰岛素有抗性的糖尿病及急剧的皮肤病学症状）	第101章
高钙血症	第103章
低钾血症	第114章
肝脏疾病	第93章、第94章
门体静脉短路	第178章
精神性多饮	

诊断

主要诊断

- 病史及查体：应查询日粮、医疗史、用药及（在正常母猫）最后一次发情周期，应确诊猫患有PU/PD而不患有尿频及排尿困难。进行这种诊断时，如果时间允许，可能需要测定多个24h期间内的摄水量。如果猫使用猫沙盆，猫主可发现其尿液的产生增加。采用收集盒（clumping litter）可有助于定量分析尿液的产生。应询问及检查是否有表177-1中所列出的疾病的症状。
- 基础检查[血常规（CBC）、生化及尿液分析]：应检查是否具有糖尿病及肾上腺皮质机能亢进（即高血糖症、糖尿、尿液相对密度比重下降及酮病）、肝脏疾病[即高胆红素血症、血液尿酸氮（BUN）降低、肝脏酶增加及胆红素尿]、门体静脉短路[即肝脏酶增加，胆固醇降低，平均血球容积（mean corpuscular volume，MCV）、白蛋白、BUN及尿液相对密度降低，出现重尿酸盐胺（ammonium biurate）结晶]、肾脏疾病（即BUN升高，肌酐升高，尿液相对密度降低及高磷酸盐血症），甲状腺机能亢进（即肝脏酶增加，红细胞压积轻度增加，尿液相对密度降低）及电解质平衡紊乱（即低钾血症和高钙血症）。对尿液相对密度的测定有助于证实PU/PD；如果尿液相对密度低于1.025，则可支持 PU/PD的诊断。
- 总T_4测定：对所有年龄在8岁以上，表现PU/PD的猫均应进行这种测定以排除甲状腺机能亢进，即使没有明显的生理变化，也应进行这种检测。
- 腹腔超声检查：鉴定或排除一些疾病时，如子宫积脓、肾脏疾病（包括结构及肾脏机能异常）、肝脏疾病及肾上腺疾病等，可采用超声检查，也可支持前述诊断所获得的结果。

- 尿液培养及药敏试验：即使尿液分析及超声检查未发现肾盂肾炎或膀胱炎时也应进行这类试验。尿液沉渣保持沉静，但培养时细菌生长的情况并非罕见。猫的许多尿路感染并不引起明显的血尿、排尿困难或尿频，如果错过了检查细菌感染，则可引起严重的后果。

辅助诊断

- 胸腔X线检查：如果高钙血症是引起PU/PD的原因，则可诊断或排除原发性（如纵隔淋巴瘤）或转移性肿瘤的作用。
- 碘海醇清除率（iohexol clearance）：这种试验可检测肾小球滤过率（即肾脏机能），如果已经排除了其他引起PU/PD的原因，可用于诊断早期肾病（即肾机能不全或肾脏浓缩能力丧失而不引起氮血症）。参见第311章。
- 胆酸测定：可用于测定肝脏机能、血管流量及胆汁淤积，在排除了其他引起PU/PD的原因之后，如果临床症状及以前的诊断能够表明门体静脉短路时，可采用这种方法。
- 垂体/肾上腺筛查试验：如果临床症状表明为肾上腺皮质机能亢进或在有些情况下为对胰岛素有抗性的糖尿病时，可采用地塞米松抑制试验、促肾上腺皮质激素刺激试验或尿液皮质醇：肌酐测定。
- 水禁试验（water deprivation test）：在排除常见的PU/PD的原因后可采用这种方法检查原发性PD（尿崩症及精神性多饮）的原因。但这种试验并非没有风险，进行时应特别小心（参见“诊断注意事项”）。

诊断注意事项

- 目前的诊断方法除了采用磁共振影像检查（MRI）或计算机断层扫描（CT）能证实垂体肿瘤外，别无其他方法能够证实肢端肥大症。但测定胰岛素样生长因子-1及血清生长激素水平具有一定的帮助作用，也是简单的血液检查方法。如果将两种试验同时进行，可改进试验的灵敏度和特异性。
- 胰岛素样生长因子-1：可由密歇根州立大学（Michigan State University）进行，可从：www.animalhealth.msu.edu.下载样品提交表格，试验灵敏度为84%；特异性为92%。正常范围为12~92mmol/L；如果>200 mmol/L，则强烈表明为肢端肥大症。
- 血清生长激素水平：可由明尼苏达大学兽医诊断实验室（University of Minnesota，Veterinary Diagnostic Laboratory）进行，电话为1-800-605-8787；www.vdl.umn.edu/ourservices/endocrinology/home.html.这种试验每周只进行一次。
- 如果猫患有肾机能不全而可见引起代谢失常及肾脏完全衰竭，则应禁止采用水分剥夺试验。由于肾脏疾病常见，而尿崩症及精神性多饮在猫不常见，因此在进行水分剥夺试验前应总是考虑使用碘海醇清除试验。

治疗

主要疗法

- 治疗潜在疾病：要治愈本病，这是必不可少的。见表177-1 所列有关章节。
- 提供水分：应在所有时间提供足量的水分。由于几乎所有的PU/PD病例都是起自强制性的多尿，因此补偿性的多饮必须要发挥作用，以防止脱水及与此有关的并发症。应使猫主清楚不能通过断绝饮水来治疗这种综合征。

辅助疗法

- 液体疗法：猫患有 PU/PD时，如果发生脱水或即将发生脱水，则应施行液体疗法。

预后

本病的预后因 PU/PD的潜在原因而不同。

参考文献

Feldman EC. 2005. Polyuria and polydipsia. In SJ Ettinger, EC Feldman, eds., *Textbook of Veterinary Internal Medicine*, 6th ed., pp. 102–105. Philadelphia: WB Saunders.

Lunn KF. 2009. Managing the patient with polyuria and polydipsia. In JD Bonagura, ed., *Kirk's Current Veterinary Therapy XIV*, pp. 844–850. Philadelphia: WB Saunders.

Polzin DJ. Polyuria and polydipsia. 2004. In LP Tilley, FWK Smith, Jr., eds., *Blackwell's 5-Minute Veterinary Consult*, 3rd ed., pp. 1052–1053. Philadelphia: Lippincott Williams & Wilkins.

第178章 门体静脉短路

Portosystemic Shunt

Mark Robson 和 Mitchell A. Crystal

概述

门体静脉短路（portosystemic shunt，PSS）包括在门静脉和体静脉系统之间有一条或多条异常的血管旁路，胃肠道血液直接进入体循环，因此绕过了肝脏的解毒作用，限制了肝细胞灌注（hepatocellular perfusion）。在所有动物，PSS可发生于肝外或肝内，呈单个或多个，或为先天性的，或为后天获得性的。最常报道的为先天性肝外门奇静脉短路（portoazygous）。猫的脾腔静脉短路（splenocaval）和脾奇静脉短路（splenoazygous）与犬的相似，但可直接起自于邻近脾和门静脉结合处的门静脉。猫特有的先天性短路有两种，一种起自于门静脉分叉处（portal bifurcation）后部，在肝叶之间前行，邻近于食管，在肝脏和膈膜之间（常常通过肝静脉）进入后腔静脉（caudal vena cava，CVC）。第二种起自于前肠系膜静脉，向后行走到近结肠处，到达主动脉分叉处（aortic trifurcation），然后偏转180°，在CVC的左侧向前，终止于左侧肾静脉或邻近左侧肾静脉的CVC。猫 PSS的发病率为1/4000，其发生的解剖位置差异很大，表明猫的PSS可能是由于孤立的胚胎发育异常，而并非由于遗传程序突变所引起。多个肝外获得性PSS可继发于长时间的门静脉血压过高，如在慢性肝脏疾病或猫患有肝脏血管闭锁时施行分路结扎术之后，或在急性单个分路结扎术后。

PSS最常见于混血的猫，但喜马拉雅猫和波斯猫在有些研究报道中患病较多。公猫发生PSS 略比母猫多见，在有些报道中25%以上的患病公猫同时患有隐睾。患有PSS的猫大多数在1岁时可表现临床症状（常常在6～8周龄时发病），但有些猫在10岁时才发病。据报道，许多患有PSS 的猫虹膜呈铜色，缺少绿色或黄色的色素。肝性脑病（hepatic encephalopathy，HE）、流涎及羸弱（unthriftiness）是报道中最常见的临床症状。HE的症状包括抽搐［猫比犬更常在术前及术后（pre -and post-operatively）出现］、共济失调、沉郁、低头及颤抖。HE的病因学还不清楚，最有可能是由多种因素引起，包括血循中氨浓度增加，一元氨及氨基酸神经递质浓度改变或机能改变，或者脑内苯二氮样物（benzodiazepine-like substances）浓度增加。其他临床症状包括间歇性或永久性黑矇（中枢）性失明［amaurotic（central）blindness］、攻击行为、鸣叫、瞳孔散大、厌食及并发呕吐、腹泻，从麻醉状态恢复的时间延长。由于尿液的产生减少，氨的排泄增加，可能会形成酸式尿酸盐结石，有些猫可表现多尿、多饮、尿频、痛性尿淋漓及其他泌尿道机能异常的临床症状。症状可表现兴衰，常见餐后症状恶化，但并非总会出现这种结果。

PSS的鉴别诊断包括神经性疾病［即猫传染性腹膜炎、与猫白血病病毒及猫免疫缺陷病毒有关的疾病、弓形虫病、脑积水、肿瘤、血管意外（vascularaccident）或其他原因引起的HE］、中毒、其他肝脏疾病、代谢病（即低钙血症及低血糖）、胃肠道疾病及尿路下段疾病等。

诊断

主要诊断

- 基础检查（血常规、生化及尿液分析）：患PSS的猫常常表现轻微到中等程度的丙氨酸转氨酶（ALT）或碱性磷酸酶（ALP）增加，表现低胆固醇血症（hypocholesterolemia）及小红细胞症（erythrocyte microcytosis）、血红蛋白过少症（hypochromia）及异形红细胞症（poikilocytosis），不太常见的变化包括低白蛋白血症（hypoalbuminemia）、低球蛋白血症（hypoglobulinemia）、血液尿素氮减少，轻度到中度尿液相对密度增加及重尿酸盐结晶尿。高胆红素血症并非PSS的特点，有些猫基础数据可表现正常。
- 胆酸：血清胆酸升高（禁食及餐后2h样品）可支持PSS。大多数禁食样品及所有餐后样品均可表现为胆酸升高，餐后样品中胆酸的含量典型情况下＞100 mmol/L，但升高的程度与临床症状的严重程度及短路的类型无关。

- 腹腔超声诊断：可鉴别异常短路的血管，是否存在肾脏或膀胱重尿酸铵结晶，是否存在小肝脏及肾肿大。

辅助诊断

- 氨水平测定：禁食及口服氯化氨后的血清氨水平可用于支持对 PSS的诊断，这种试验需要采集多个样品，可造成或使HE恶化，因此只在大学动物医院或转诊中心才可实施。
- 腹腔X线检查：探查性腹腔X线检查可发现更为垂直走向的胃轴、小肝脏和肾肿大，或可见不到尿酸盐结石（典型情况下可透过射线）。
- 闪烁扫描（scintigraphy）：直肠核闪烁扫描（rectal nuclear scintigraphy）为一种非侵入性的帮助确诊PSS的方法，但这种方法不能证明短路的位点或类型。检查时可将高锝酸盐（technetium pertechnetate）经直肠注入，在发生门血管短路的猫，大部分可迅速进入右心房。
- 门静脉造影术（portography）：如果腹腔超声检查或探查难以看清，可采用手术法通过肠系膜门静脉造影术帮助确定短路的定位。如果确定为 PSS，通常可将门静脉造影术与探查时手术结扎短路结合使用，以避免重复进行麻醉和手术（见图292–14）。

诊断注意事项

- 虽然血清胆酸和氨浓度测定通常异常，但在40%以上的病例其他血液和生化指标则通常位于正常范围之内。
- 左侧胃–腔（gastric–caval）及门–腔（porto–caval）静脉短路是短路最常发生的部位，不太常见的部位包括门–奇（porto–azygous）、胃脾–奇（gastrosplenic–azygous）、胃十二指肠–腔（gastroduodenal–caval）、肠系膜–腔（mesenteric–caval）、门–膈腹（porto–phrenicoabdominal）、门–肾（porto–renal）及结肠–腔（colonic–caval）静脉短路等。
- 应在手术时采集肝脏活检样品，这样可对肝胆病变进行组织学检查。
- PSS病猫发生的肾脏肿大并无确定的原因。
- 微血管发育不良（microvascular dysplasia，MVD）为犬一种不太常见，在猫罕见的疾病，其具有许多微小的肝内门脉循环和肝循环系统之间的交通（导致循环绕过肝细胞），这种情况可在PSS之外发生。要鉴别PSS引起的肝脏病例变化，与MVD所引起的特异性变化相区别，需要有经验丰富、技术娴熟的肝脏病理学家进行检查。

治疗

主要疗法

- 手术疗法：在大多数病猫，建议采用手术结扎，以改进长期的结果。采用的手术方法包括紧急缝合结扎、采用缩窄器（ameroid constrictors）逐渐闭合、采用玻璃纸（cellophane）或液压堵塞器（hydraulic occluders）或用线圈造成栓塞（embolization with coils）等。通过缩窄器或玻璃纸纠正是单个肝外短路的首选治疗方法。缩窄器可在数天或数周内缓慢封闭短路，使得肝脏血管发生补偿，降低术后发病率及死亡率。近来一项对手术后效果进行的长期研究发现，75%的猫在采用缩窄器结扎而不进行药物治疗之后长期效果好或优良。玻璃纸绷带为另外一种采用异物反应逐渐闭合短路的治疗方法，可将1～2cm宽的玻璃纸带推入异常血管周围，引起的纤维化可在6～8周内导致短路闭合。猫与犬相比，引起的炎性反应有一定限制，因此有些外科医生并不首选这种方法。如果采用急性结扎，应检测门脉压力，如果压力升高到超过20cmH_2O或超过10cmH_2O以上，则只能部分结扎短路，以便不超过这些标准。手术矫正多个及肝内短路通常难以获得成功。
- 介入放射学的研究进展很快，因此肝内短路可采用各种栓塞技术进行治疗。如果猫主想要采用这种方法进行治疗，可咨询相关专家。
- 药物治疗：药物治疗主要是基于治疗血液氨水平及PSS诱导的HE，可作为手术治疗的一种替代方法或与手术治疗合并使用。由于氨是由肠道细菌降解尿素、氨基酸及胺类/嘌呤而产生，因此通过降低日粮中的蛋白，降低食物的通过时间，或减少产生尿素的细菌数量，从而限制蛋白的消化，可获得最为明显的效果。特异性的药物治疗通常包括：（a）液体疗法及纠正血糖浓度；（b）饲喂蛋白质含量低质量高的限制饲料蛋白；（c）注射乳果糖（2.5～5.0mL/kg q8～12h PO）；（d）抗生素治疗，包括采用甲硝唑（12.5mg/kg q12h PO）、阿莫西林（20mg/

kg q12h PO）及新霉素（20mg/kg q8h PO）等进行治疗。乳果糖或稀释碘保留灌肠（dilute iodine retention enemas ）也可用于持续性HE的病例（如用2～3次温水灌肠，以清空结肠，注射30%乳果糖/70%温水溶液，剂量为20mL/kg经直肠给药，保留20～30min）。在大多数病例，药物治疗而不进行手术治疗在控制临床症状上可暂时性获得成功，但对拒绝实施手术治疗的猫其长期效果进行的研究还不多见，这些猫常常难以进行跟踪研究。

辅助疗法

- 除去结石：在剖腹手术时应总是能够触诊膀胱，如果发现结石，应经膀胱切开术除去。由于膀胱触诊时常常难以灵敏到足以触诊到小的结石，因此建议在施行膀胱手术之前进行膀胱超声检查。

治疗注意事项

- 重要的是仔细选择前驱麻醉药及麻醉药，特别重要的是避免使用苯二氮类（benzodiazepine，BZ）药物。动物患有PSS时，内源性BZ受体的配体浓度明显增加，因此注射外源性BZ可明显增高诱导中枢神经系统抑制的风险。还有人提出假说认为，结扎后（postligation）撤除内源性BZ可导致或诱发结扎后抽搐。
- 术后低体温症及低血糖常见有报道，可通过在术中及术后采用温水或温热的毛毯，同时密切注意血糖浓度等预防。

预后

猫在部分结扎PSS（参见前述标准）后典型情况下可表现一系列的问题，这些问题有时可采用药物治疗或采用第二次手术结扎进行治疗。“结扎后抽搐综合征”（“postligation seizure syndrome”）包括不协调及失明，据报道可达25%以上的病例，迄今为止，对其病因仍不清楚。发生抽搐时可采用标准的治疗抽搐的药物和控制并采用液体疗法、日粮蛋白限制、口服乳果糖、抗生素疗法及可采用灌肠等方法进行治疗。在许多病例，可采用确定的及各种药物组合控制临床症状。迄今为止，文献资料中关于猫手术矫正PSS的成功率预测尚未见有确定的预后因素，长期成功率似乎没有犬高，但手术结扎后猫的长期结果要比单独采用药物治疗好。

参考文献

Hunt G. 2009. Portosystemic Shunts in Cats: How Do They Differ? *Proceedings of the BSAVA Annual Conference*. Available at www.vin.com/Members/Proceedings/Proceedings.plx?CID=BSAVA2009&PID=PR32344&O=VIN.

Lipscomb G, Jones HJ, Brockman DJ. 2007. Complications and long-term outcomes of the ligation of congenital portosystemic shunts in 49 cats. *Vet Rec*. 160:645–470.

Szatmari V, and Rothuizen J. 2007. Ultrasonographic identification and characterization of congenital portosystemic shunts and portal hypertensive disorders in dogs and cats. *WSAVA Standards for Clinical and Histological Diagnosis of Canine and Feline Liver Disease*; pp. 15–39.

Tobias KM. Portosystemic shunts. 2009. In JD Bonagura, ed., *Kirk's Current Veterinary Therapy XIV*, pp. 581–586. Philadelphia: WB Saunders.

Tobias KM. 2003. Portosystemic shunts and other hepatic vascular anomalies. In D Slatter, ed., *Textbook of Small Animal Surgery*, 3rd ed., pp. 727–752. Philadelphia: Elsevier-Saunders.

第179章 肺纤维化
Pulmonary Fibrosis

Sharon Fooshee Grace

概述

近来的研究表明，先天性肺纤维化（idiopathic pulmonary fibrosis，IPF）是猫的一种慢性进行性肺间质疾病，但在文献中报道的病例数甚少。由于本病比目前研究过的任何其他动物模型更类似于人的IPF，因此对这种疾病进行研究具有极为重要的意义。

关于猫 IPF的确切原因仍不清楚，有人推测可能具有遗传背景。这种疾病很独特，其肺间质组织逐渐被局灶性的成纤维细胞及肌成纤维细胞（myofibroblasts）所代替；间质平滑肌及肺泡上皮发生组织转化；Ⅱ型肺细胞（pneumocytes）增生，但没有明显的炎性成分。间质性肺病（如弓形虫病及组织胞浆菌病）的传染性原因最为常见，在猫的报道也较多。其他不太常见的原因包括中毒、化学疗法（亚硝基脲）及环境性因素［如百草枯（paraquat）和石棉］。如果在诊断时排除了所有已知的引起间质性肺病的原因，则可诊断为IPF。

本病的发生没有明显的品种或性别趋势，大多数患病的猫为中年或老年。猫主常常不清楚本病，主要是中老年的猫通常在正常情况下就表现静坐，因此在呼吸困难时就不再努力运动。大多数猫在肺脏气体交换受到严重影响之前不会表现呼吸窘迫，因此对呼吸异常的识别在典型情况下只是病史中新近发生的现象。呼吸急促、吸气性呼吸困难及咳嗽见于IPF病例。在有些病例，吸气性呼吸窘迫表现为混合型（吸气及呼气），但由于缺乏明显的呼气性呼吸窘迫，因此可将IPF与哮喘及支气管炎相区别。

诊断

主要诊断

- 查体：可见呼吸急促、吸气（或吸气与呼气混合）窘迫以及咳嗽。肺脏听诊时常可闻爆裂音及喘息音。
- 胸腔X线检查：发生IPF时肺实质性疾病的类型、部位和严重程度有一定差异。目前研究过的病例主要的异常为“非常严重”（“pronounced”）到“严重”（“severe”）的间质性肺泡及支气管变化（单独或合并发生），可呈斑块状分布或呈弥散性分布（见图179-1和图179-2）。

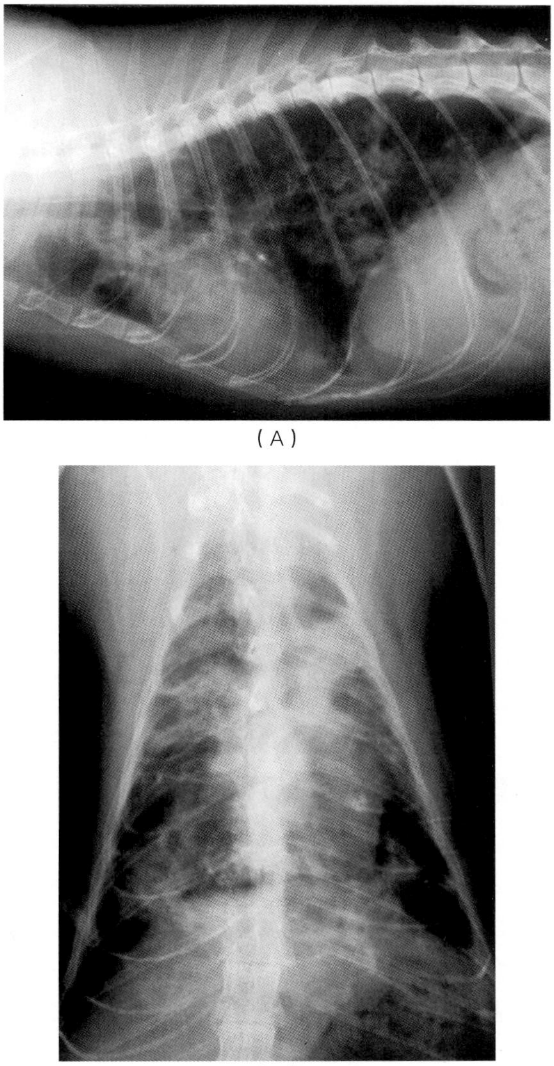

（A）

（B）

图179-1　肺纤维化的胸腔X线检查。（A）和（B），本例猫间质、肺泡及支气管病变混合存在，注意病变分布呈斑块状（图片由Gary D. Norsworthy博士提供）

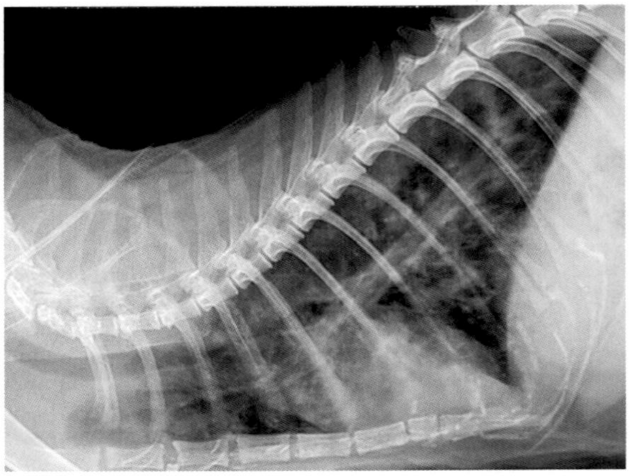

（A）

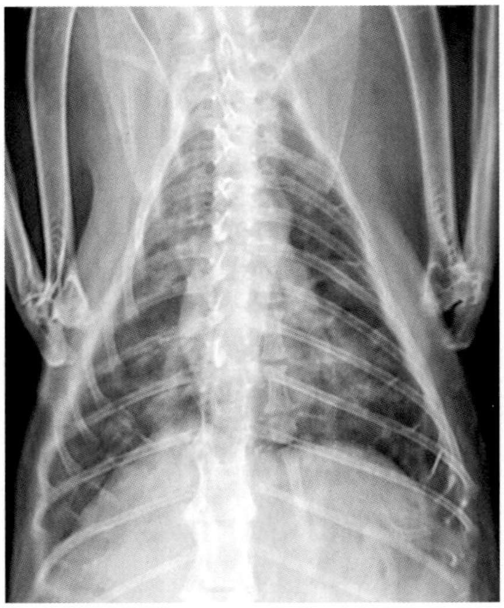

（B）

图179-2 肺纤维化的胸腔X线检查。（A）和（B）检查结果基本与图179-1相同，但失去了斑块状分布的特点。两例猫均具有咳嗽达数月到数年的病史（图片由Gary D. Norsworthy博士提供）

- 肺脏活检及组织病理学检查：IPF的确定诊断需要进行肺脏活检。无论采用什么样的方法采集样品（即抽吸或气道冲洗），均难以采用细胞学方法检查肺脏的纤维性变化。

辅助诊断

- 基础检查：血常规、生化检查、粪便漂浮试验及尿液分析在典型情况下均正常，但如果发生并发症时则例外。由于患有IPF的猫大多数为老龄，需要采用其他方法诊断，因此基础检查在评价猫的总体健康水平及确定麻醉风险时具有重要意义。在所有表现咳嗽的猫，如果其生活在寄生虫病地方流行地区，应进行粪便检查，以检查是否有肺吸虫的幼虫及虫卵。参见第129章。逆转录病毒筛查试验典型情况下为阴性。
- 细胞学检查：通过肺脏抽吸或气道冲洗获得的样品对排除感染、寄生虫病或肿瘤性病理过程具有重要意义，其风险参见“诊断注意事项”。
- 犬心丝虫血清学检查：犬心丝虫病是引起猫咳嗽比IPF更为常见的原因，在流行地区应进行检查。犬心丝虫病可引起慢性肺病，也可引起类似的X线检查所发现的慢性肺病变化。参见第88章。

诊断注意事项

- 许多证实患有IPF的猫可在冲洗气道时或之后死亡。猫患IPF时，由于冲洗时气道的抗性及伴随的并发症（如血氧不足）使得气道灌洗可能会成为一种致死性的过程。
- 在许多研究过的病例，可见并发肺脏肿瘤。人和动物IPF及肺癌之间可能存在明确的关系。

治疗

主要疗法

- 皮质类固醇激素：可注射免疫抑制剂量的糖皮质激素，但极少能改善症状。
- 支气管扩张药物：在治疗计划中可包括采用支气管扩张药物进行治疗，但大多数病猫并不能对这些药物发生反应。

治疗注意事项

- 细胞毒素疗法（cytotoxic therapy）：曾在一例报道中见有采用环磷酰胺治疗，病猫生存了4年，该猫同时采用皮质激素进行治疗。

预后

由于 IPF的进行性特性，其预后严重，大多数病猫在确诊后只能生存数天到数月。

参考文献

Cohn LA, Norris CR, Hawkins EC, et al. 2004. Identification and characterization of an idiopathic pulmonary fibrosis-like condition in cats. *J Vet Intern Med*. 18:632–641.

Secrest SA, Bailey MQ, Williams KJ, et al. 2008. Imaging diagnosis: Feline idiopathic pulmonary fibrosis. *Vet Radiol Ultrasound*. 49(1):47–50.

Williams K, Malarkey D, Cohn L, et al. 2004. Identification of spontaneous feline idiopathic pulmonary fibrosis: Morphology and ultrastructural evidence for a type II pneumocyte defect. *Chest*. 125:2278–2288.

第180章
肺动脉瓣狭窄
Pulmonic Stenosis

Larry P. Tilley

概述

右心室血流通道先天性阻塞（congenital obstruction of the right ventricular outflow tract）在猫没有在犬常见，孤立发生的肺动脉瓣狭窄（isolated pulmonic stenosis，PS）在猫报道的也不多，在一项研究中发现只有3%先天性心脏病可发生这种情况。继发于心脏瓣膜异常或漏斗状狭窄的右心室血流通道阻塞可引起右心室压力过大，随后可发生右心室同轴性肥大。查体能够证明发生肺动脉瓣狭窄的结果包括左心基底心脏收缩性喷出型杂音（ejection-type murmur），颈静脉搏动或扩张，有时有右侧心衰的迹象，如腹水。病猫也可不表现症状，许多表现为运动后衰弱，或发生右侧充血性心衰。

患有其他先天性畸形的猫也可表现左侧心基部心脏收缩性喷射型杂音。在左侧-右侧短路性心室间隔缺损，出现明显的分流量时可出现肺脏狭窄的心脏杂音，正常右心室血流管道的血流量增加。此外，肺脏狭窄也是法洛四联症的一部分，这种法洛四联症是猫相对较为常见的先天性异常。

诊断

主要诊断

- 超声心动描记：光谱或彩色血流多普勒检查可发现右心室向心性肥大、右心房增大及高速的心脏收缩湍流通过阻塞部位。也可采用多普勒技术估计通过狭窄部位的压力梯度。也可能存在三尖瓣返流（tricuspid valve regurgitation）。

辅助诊断

- 心电图：可见心电轴右移（导联I、II和III出现S波变深），偶尔可同时发生心房及心室期前收缩（atrial and ventricular premature complexes）。
- 胸腔X线检查：因血流受阻的严重程度，可出现右心房和右心室增大，肺动脉可出现狭窄后扩张（poststenotic dilation of the pulmonary artery），肺脏血管变小，后腔静脉（caudal vena cava）扩张。血管造影可有助于检查病变（见图180-1）。

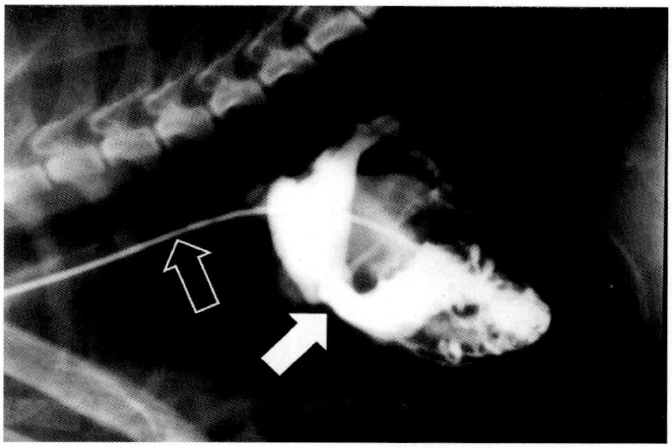

图180-1　可采用血管造影术诊断肺动脉瓣狭窄。导管（开箭头）插入前腔静脉，到达右心室，注入造影剂，随后进行胸腔X线检查，狭窄部位（闭合箭头）可在造影剂从右心室流入肺脏血管时观察到

诊断注意事项

- 心电图检查结果差异很大，QRS复合波波形改变，包括导联I、II及III S波变深及主动脉瓣血流音及右轴偏移。其他先天性异常时也可发生肺脏狭窄。

治疗

主要疗法

- 在发生严重的血流阻塞时可采用心脏手术［瓣膜切开术或补片移植方法（patch-graft procedure）］缓解病情，但死亡率高。
- 可考虑采用气囊导管（balloon catheter）扩张阻塞部位。

辅助疗法

- 血管舒张药物可引起低血压，最好避免使用。血管紧张素转化酶抑制剂有助于治疗心衰，但应采用低剂量。

- 有些病例可能需要治疗右侧充血性心衰（呋喃苯胺酸）。

治疗注意事项

- 上述主要疗法通常需要将病猫转诊到专家进行治疗。
- β-阻断剂可通过降低心肌氧气消耗及减缓心率而对心脏有保护作用，但目前尚未进行过研究。
- 介入性治疗方法，如球囊瓣膜撑开术（balloon valvuloplasty）及心脏手术方法在猫不常采用。

预后

肺动脉瓣狭窄的预后取决于阻塞的严重程度及是否存在并发症。如果存在心房或心室瓣膜缺损，发生右侧-左侧短路，可导致血氧不足、发绀及慢性心收缩无力。如果多普勒梯度（Doppler gradient）超过70 ~ 100 mm Hg，则可能发生了严重的损伤。肺动脉瓣狭窄的轻度病例可能不会引起临床疾病。

参考文献

Fuentes VL. 2007. Pulmonic Stenosis. In LP Tilley, FWK Smith, Jr., eds., *Blackwell's 5-Minute Veterinary Consult*, 4th ed., pp. 227–231. Ames, IA: Blackwell Publishing.

Strickland K. 2008. Congenital Heart Disease. In LP Tilley, FWK Smith, Jr., M. Oyama, et al., eds., *Manual of Canine and Feline Cardiology*, 4th ed., pp. 1156–1157. St. Louis: Elsevier.

第181章 肾盂肾炎 Pyelonephritis

Gary D. Norsworthy

概述

肾盂肾炎（pyelonephritis）是指肾盂和肾实质的炎症。猫发生本病的病因在典型情况下为细菌性的，最为常见的是大肠杆菌、葡萄球菌、变形杆菌及肠杆菌，但尿液培养并非总是能够检出病原。通常情况下，患病的猫在表现数月或数年的亚临床型肾盂肾炎后由于慢性肾衰而就诊，但此时已经产生无菌性尿液（abacteriuric）。感染可因血源性而引起（即细菌性心内膜炎、脓肿或牙齿疾病）；但实验研究更多地表明大多数病例为细菌从下泌尿道的上行性感染而引起。10岁以上的猫更有可能发生菌尿症（bacturia）。在不太常见的情况下，本病也可继发于代谢引起的肾脏结石。安装留置导尿管的猫在接受皮质激素治疗时本病发生的风险增加。

在感染的活跃期，猫可发热、厌食及昏睡。有些猫可因未知原因的发热而就诊，肾脏、腹腔及腰部触诊有痛感，可存在多尿及多饮，如果感染的原因为细菌性膀胱炎，则可出现下泌尿道的基本症状（即血尿、排尿困难及尿频）。但由于有些猫不表现症状、猫主不能识别症状，或根据血尿、排尿困难及尿频及菌尿等症状诊断下泌尿道的疾病，因此许多病例其实诊断不到。许多表现非特异性感染症状的猫主要根据经验用抗生素治疗而不进行确定诊断，症状可有所改善。在开始出现慢性肾衰，腹腔超声检查，或在剖检时，特别是发生单侧病变时，可在数年后才能发现本病的证据。

诊断

主要诊断

- 临床症状：如果猫在细菌感染的活跃期就诊，则可表现前述的临床症状。
- 查体：肾脏、腹腔或腰部的疼痛强烈表明发生本病，在本病的急性期、菌尿期均可出现上述症状。
- 生化检查：在细菌感染的活跃期典型检查结果包括氮血症、高磷血症、非再生性贫血及代谢性酸中毒，但患急性型时病猫75%以上的肾单位机能处于正常水平，这种情况并非不常见。
- 尿液分析：细菌感染的急性期的典型变化包括尿液相对密度降低、蛋白尿、菌尿、脓尿及血尿。白细胞管形有助于诊断肾脏炎症，这种管形通常来自肾盂肾炎。
- 尿液培养：通过这种方法可检查是否有细菌存在，并为选择抗生素进行治疗提供必要的数据。

辅助诊断

- X线检查：排泄性尿路造影术可发现肾盂扩张及变钝，收集囊（collecting diverticula）不能充满，近端输尿管扩张，肾脏X线造影照片中不透明度降低，收集系统中出现造影剂。在急性肾盂肾炎时肾脏通常增大，如果变为慢性，则肾脏小而不规则（见图292-60及图292-63）。
- 超声检查：活跃期的肾盂肾炎可引起肾盂扩张（见图181-1）及近端输尿管扩张，肾盂内或近端输尿管黏膜边缘超声增强。后者的强度会降低，但也可在感染活跃期消失后仍存在数月或数年。在急性肾盂肾炎时肾脏常常增大，如果转为慢性，则小而不规则（见图181-2）。
- 肾盂穿刺（pyelocentesis）：可将22号针头在超声引导下或在剖腹探查时刺入肾盂以避免伤及肾动脉和静脉，如果能抽吸到细菌，则可确诊本病。采集的样品是很好的培养材料。

诊断注意事项

- 鉴别下泌尿道感染及肾盂肾炎的最好方法是超声检查或排泄性尿路造影术。
- 周期性菌尿症，即使只表现有下泌尿道疾病的症状，也应怀疑发生了肾盂肾炎，在这种情况下建议进行影像学检查。
- 实验研究表明，细菌可损毁肾脏的浓缩能力。即使其

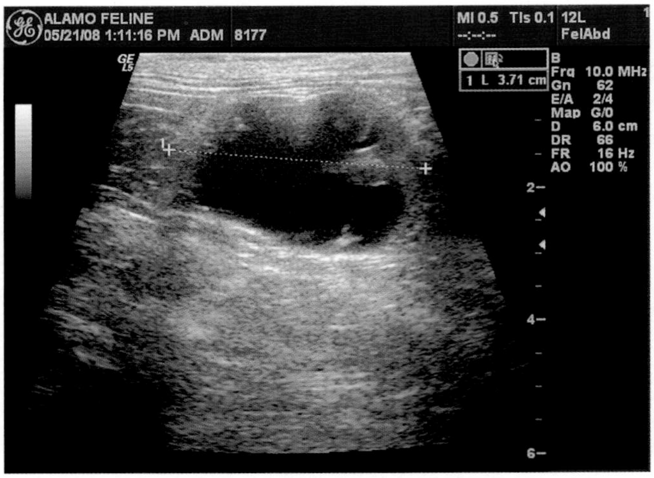

（A）

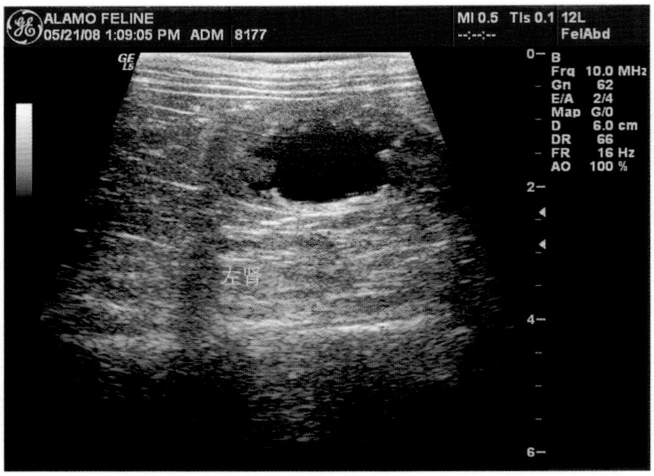

（B）

图181-1　肾盂肾炎的超声检查结果包括肾盂的不规则扩张，通常为双侧性，如图中（A）和（B）所见，但一侧肾脏常常患病更为严重，经常变小。从猫的尿液中可培养到大肠杆菌

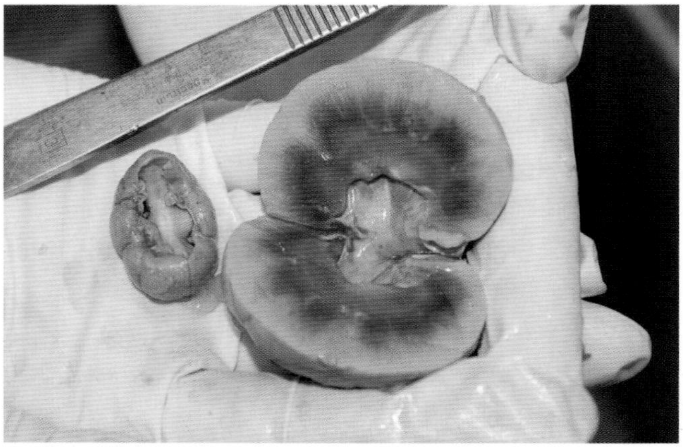

图181-2　肾盂肾炎的最终结果常常是一侧肾脏小，表面不规则，导致其衰竭。本例猫双侧肾脏患病，小的肾脏可能在发生肾盂肾炎之前已经患病，导致另外一侧肾脏代偿性肥大

缺少氮血症的症状，猫尿液稀释后尿液培养呈阳性，也强烈表明发生了肾盂肾炎。

治疗

主要疗法

- 抗生素疗法：特异性抗生素治疗应至少用药4周，有些猫需要治疗12周，而且应根据细菌培养和药敏试验轮换使用抗生素。

辅助疗法

- 肾脏支持疗法：如果发生氮血症，应采用静脉内液体疗法，直到肌酐水平恢复到正常或低于4.0mg/dL。应在每升液体中加入40～60mmol氯化钾，但注射的速度不应超过每小时0.5mmol/kg，同时应检测血清钾水平，以免发生高钾血症。如果发生代谢性酸中毒，应在液体中加入碳酸氢钾。参见第190章。

治疗注意事项

- 有人建议应在抗生素治疗后5～7d再次培养尿液，以便确定使用的药物是否正确。
- 抗生素治疗完成后大约1周，应再次培养尿液，如果为阳性，应再采用抗生素治疗4～8周。如果第一次再培养为阴性，则应在大约1个月后再次培养尿液，任何时间如果猫表现发热、肾脏、腹腔或腰部疼痛，或其他任何怀疑再次复发的可能性时，均应再次培养尿液。再发或复发的情况很常见。
- 在细菌培养及药敏试验时，适宜的抗生素应该敏感，具有杀菌作用，能获得高的血清及尿液浓度，没有肾脏毒性。氨基糖苷类药物只用于没有其他抗生素药物时，同时还应采用液体疗法。
- 肾脏髓质可发生细菌定植。由于抗生素的组织穿入能力差，因此使得这种细菌感染需要长期治疗。
- 肾盂肾炎通常可引起一定程度的永久性肾脏损伤，因此对病猫应周期性地进行检查，看其是否有肾脏机能不全或肾衰的早期症状。
- 血清及尿液抗生素浓度高不一定能确保肾髓质组织浓度高；因此，慢性肾盂肾炎可能难以根除，有些病例可能需要终身采用抗生素治疗。一种有效的治疗措施是每个月交替使用没有肾脏毒性的药物。
- 在发生肾脏尿结石时，康复可能需要除去结石。参见第263章。但肾脏切开术（nephrotomy）可对肾脏造成永久性伤害。长期抗生素疗法如果用于控制菌尿，则是一个较好的选择。

预后

本病的预后依疾病的阶段及严重程度而不同，在急性期早期诊断的病例，如果积极治疗，则预后好；如果不能及早进行治疗，则有些猫可导致永久性肾脏损伤，最后可导致慢性肾衰。但随后发生的肾衰可能要到数年后才能发生。

参考文献

Adams LG. 2007. Pyelonephritis. In LP Tilley, FWK Smith, Jr., eds., *Blackwell's 5-Minute Veterinary Consult*, 4th ed., pp. 1160–1161. Ames, IA: Blackwell Publishing.

Senior DF. 2000. Management of difficult urinary tract infections. In JD Bonagura, ed., *Kirk's Current Veterinary Therapy*, XIII, pp. 883–886. Philadelphia: WB Saunders.

第182章
子宫积脓与子宫积液
Pyometra and Mucometra

Gary D. Norsworthy

概述

孕酮对子宫有多种明显的影响，能抑制子宫内的白细胞反应，降低子宫肌层的收缩性，刺激子宫腺体发育。这些作用刺激子宫为妊娠做好准备。但如果未发生妊娠，这些作用则可能具有病理作用。注射外源性孕酮及重复发情而没有妊娠可使得母猫发生疾病，开始时可出现子宫内膜增生。如果静止的子宫中积聚有无菌的黏液，可使静止的子宫扩张，发生子宫积液。如果通过子宫颈发生上行性感染，或者通过血液发生细菌感染，则可引起子宫积脓。大肠杆菌是最常分离到的细菌。大多数发生子宫积脓的母猫年龄至少在4岁左右。

临床症状包括腹围膨大，厌食及昏睡；罕见发生发热。如果子宫颈开放，则可出现化脓性阴道分泌物（见图182-1）。与犬不同的是，大多数猫不具有多饮及多尿的病史。病史常常包括在开始表现临床症状之前会出现8周内的发情周期，但这种周期在猫比在犬的变化更大。如果发生子宫破裂，可发生腹膜炎及感染性休克。

重复出现发情周期但不配种的母猫很有可能发生子宫内膜增生，因此易于发生子宫积脓。

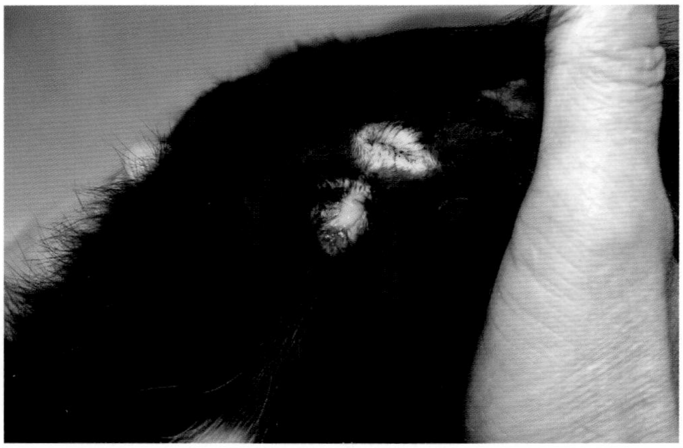

图182-1 本例猫可见到明显的化脓性阴道分泌物，但由于猫挑剔的整梳习惯，即使发生子宫积脓，猫主也难以见到分泌物

诊断

主要诊断

- 临床症状：正常母猫如果近来表现发情周期，但有典型的临床症状，特别是腹腔扩张及存在阴道分泌物，则应怀疑发生子宫积脓。
- 影像检查：X线检查可发现子宫增大，但在妊娠48d之前难以区分妊娠子宫与子宫积脓，妊娠48d之后就可观察到胎儿骨骼的钙化。超声波检查可发现管状结构中含有低回声的物质，常常与高回声的区域交互存在（见图182-2）。配种后21d超声检查可将子宫内液体与未钙化的胎儿相区别。

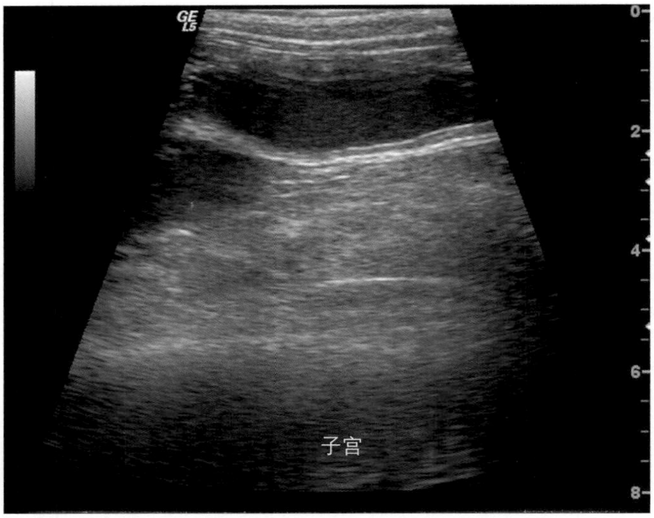

图182-2 腹腔中后部管状低回声的结构即为子宫积脓或子宫积液时的典型超声检查结果

- 血清孕酮测定：典型情况下诊断时血清孕酮浓度高于15.9nmol/L（5ng/mL）。

辅助诊断

- 腹部触诊：精确的触诊可检查到增大的子宫呈管状结构，位于腹腔中部到后部，但有些子宫如果发生感染，则可呈节段性，与妊娠类似（见图182-3）。

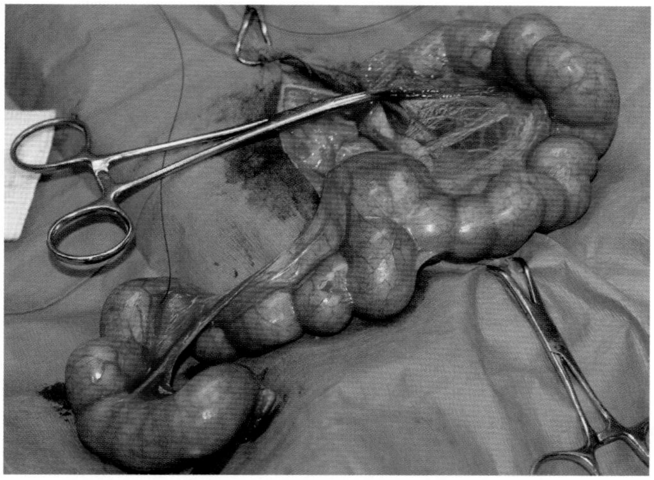

图182-3 手术摘除扩张的子宫，注意扩张的程度。由于这种分段，触诊时易于和妊娠混淆，但采用超声诊断容易区分

- 血常规（CBC）：大多数猫具有明显的中性粒细胞增生，出现再生性的核左移，有些猫表现轻微的贫血。
- 生化检查：在本病的后期可出现高球蛋白血症及低白蛋白血症。

诊断注意事项

- 由于猫的习性比较挑剔，因此猫主可能难以观察到阴道分泌物。

治疗

主要疗法

- 抗生素及液体疗法：无论采用何种方法治疗，病猫中许多可发生败血症及氮血症。如果可行，应根据细菌培养结果及药敏试验选择抗生素。如果不可行或难以马上获得结果，建议采用下列抗生素进行治疗：强效磺胺、克拉维酸–阿莫西林、氨苄青霉素、头孢菌素或氟喹诺酮类。克拉维酸–阿莫西林及氨苄青霉素可与氟喹诺酮类药物合用。
- 卵巢子宫切除术：除非母猫具有很高的育种价值，而且猫主的积极性很高，则这种方法可为首选的治疗方法。参见“治疗注意事项”。
- 前列腺素$F_{2\alpha}$治疗：这种药物可用于将要配种的母猫，剂量为0.1mg/kg q12h SC，连用2d，之后增加到0.2mg/kg q12h，直到子宫大小恢复接近正常，最好采用超声检查评估。总的治疗时间通常为5d。阴道分泌物从化脓性转变为清亮的浆液性分泌物，说明治疗奏效。如果第一个疗程难以奏效，可考虑采用第二个疗程。如果猫的子宫颈关闭，则注射这种药物可引起子宫破裂或化脓性物质回流，经输卵管进入腹膜腔。参见“治疗注意事项”。

辅助疗法

- 子宫切开术及冲洗：这种治疗方法可产生混合结果，但有助于解除感染，因此将来仍可配种。这种方法可用于子宫颈关闭的子宫积脓，但可引起易碎的子宫壁破裂（见图182–4）。

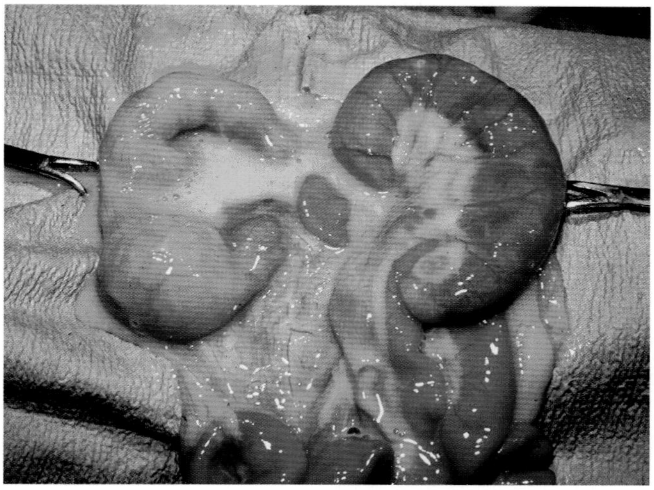

图182-4 本例猫的子宫破裂，引起败血性休克。采用紧急剖腹、卵巢子宫摘除及静脉内液体疗法和抗生素疗法可挽救生命

治疗注意事项

- 前列腺素治疗应只限于能满足下列所有条件的母猫：（a）具有很高的种用价值；（b）病情稳定（未发生败血症）；（c）子宫颈开放。
- 前列腺素治疗可使猫产生强烈的腹胁部及阴门整梳，呕吐、鸣叫、不安、气喘、流涎、排尿及排粪（通常会出现里急后重的腹泻）。这些症状通常可出现于治疗后的1～2h，在随后用药时可能会减轻。这些猫应至少住院数小时，以确保其不良反应的消失，可在下次发情周期时配种。
- 即使采用前列腺素治疗能够缓解子宫积脓，但成功配种的预后则由于持续存在的潜在子宫病变，因此谨慎。
- 如果给妊娠猫前列腺素，则很可能发生流产。

预后

如果在治疗之前未发生严重的败血症，施行卵巢子宫摘除术后的预后通常较好。

参考文献

Potter K, Hancock DH, Gallina AM. 1991. Clinical and pathologic features of endometrial hyperplasia, pyometra, and endometritis in cats: 70 cases (1980–1985). *J Am Vet Med Assoc.* 198:1427–1431.

Root-Kustritz MV. 2007. Pyometra and Cystic Endometrial Hyperplasia. In LP Tilley, FWK Smith, Jr., eds., *Blackwell's 5-Minute Veterinary Consult*, 4th ed., pp. 1164–1165. Ames, IA: Blackwell Publishing.

第183章
脓胸
Pyothorax

Gary D. Norsworthy

概述

脓胸（pyothorax）是脓液在胸膜腔内的蓄积，这种情况是由细菌感染所引起，常分离到的细菌为败血性巴氏杆菌（*Pasturella multocida*）和拟杆菌（*Bacteroides* spp.）。常可发现厌氧微生物，真菌也可成为致病菌。一般认为病原微生物穿过其他猫咬伤的伤口而进入胸膜腔，但异物，如迁移的植物芒，罕见情况下也可进入胸膜腔而成为病因。此外，邻近器官，如气管和食管的脓肿也可引起感染，也可由于血源性扩散而引起感染。近来的研究发现本病与口咽部的细菌有密切关系，这些细菌可下行进入呼吸道，经脓肿穿过肺脏实质，进入胸膜腔。但在大多数病例，感染的原因不确定。由于病原及其毒素的存在，可导致出现发热、食欲不振、失重及脱水等全身症状。肺脏压缩可导致呼吸困难及呼吸急促。与大多数呼吸困难的病例一样，猫主通常可报道其急性开始，即使典型情况下本病可持续数天或数周。

诊断

主要诊断

- 临床症状：临床症状包括呼吸困难和呼吸急促；有些猫可表现疾病的全身症状。
- 听诊：心音模糊不清，肺音在腹侧降低，但在背部增强。
- X线检查：典型变化为伴有胸膜裂隙的胸腔积液及肺脏边缘呈扇形（见图183-1）。
- 胸腔穿刺：如果能抽出数毫升液体则可证实存在胸腔积液，抽出的液体可进一步进行分析。
- 胸腔积液分析：蛋白含量超过35g/L（3.5g/dL），相对密度超过1.020。有核细胞计数超过15×10^9个/L（15000×10^3个/mm^3），常常高于50000×10^9个/L（50000×10^3个/mm^3），可达到100000×10^9个/L（100000×10^3个/mm^3）。

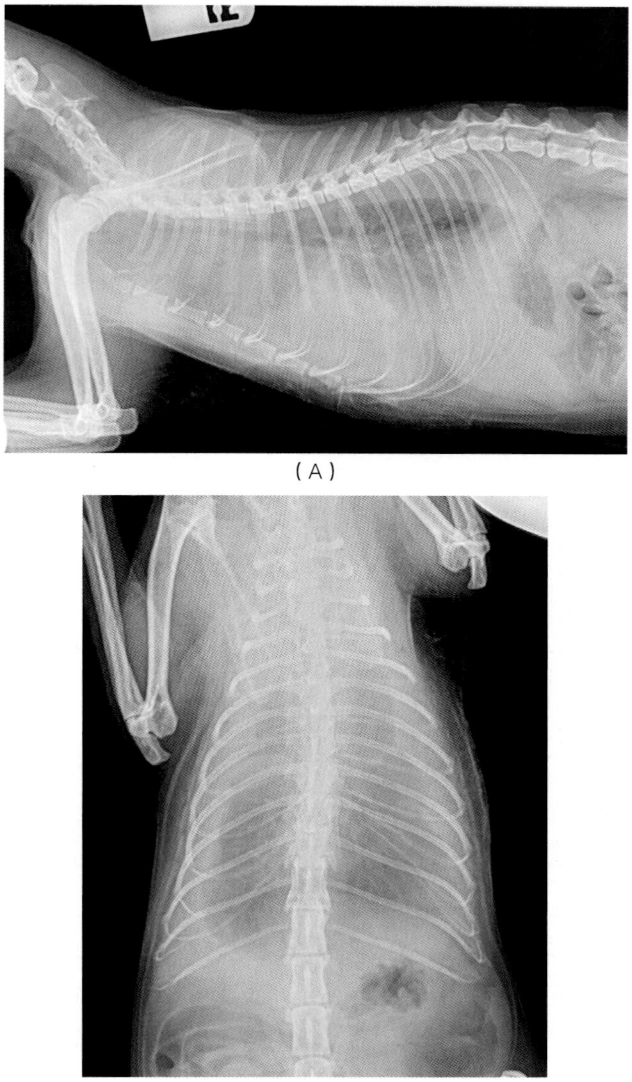

（A）

（B）

图183-1　猫患脓胸时的X线拍片。侧面（A）及背-腹（B）观均发现由于存在大量的液体，因此难以清晰观察胸腔内部结构。这些X线拍片与其他疾病引起的胸膜渗出没有明显区别

- 胸腔积液的细胞学检查：通常可发现变性的中性粒细胞、巨噬细胞及病原微生物。如果存在有高等细菌，如放线菌（*Actinomyces*）或诺卡氏菌（*Nocardia*）时，非变性的中性粒细胞可能占优势（见图 183-2）。
- 胸腔积液的细菌培养及药敏试验：由于许多病原为厌

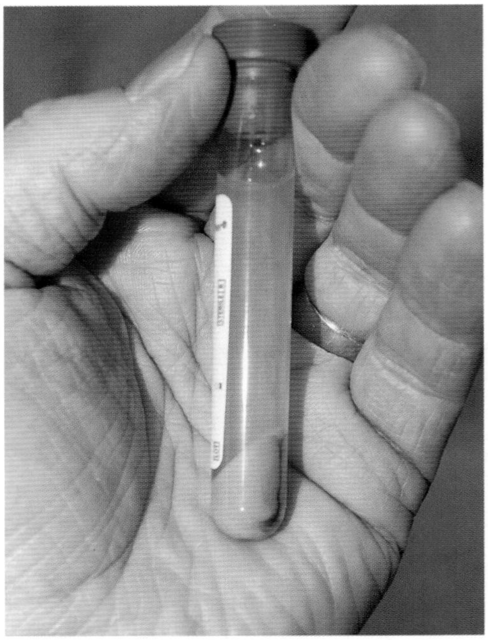

图183-2 胸腔积液离心之后，在脓胸时可存在大量的沉渣

氧菌，因此应采用需氧及厌氧培养。有些病原生长需要2～4周。

辅助诊断

- 血象分析：典型变化为慢性疾病时明显的中性粒细胞增多及贫血。
- 血清生化检查：通常正常，但可能出现总蛋白增加，A：G降低。
- 尿液分析：通常正常，如果发生肾小球病变，则可出现蛋白尿。

诊断注意事项

- 呼吸困难的猫由于增加应激可能会致死，因此应小心处治，查体、影像检查及胸腔穿刺时必须要特别小心，最好在诊断前及两次诊断之间将病猫置于氧气笼中数分钟。应激最小的X线诊断检查是采用背腹位（DV）； 这也可能是一些病例唯一可行的观察方法，通常就足以诊断出是否存在胸膜渗出。由于腹背位（VD）可增加呼吸困难，因此禁止使用。

治疗

主要疗法

- 胸腔穿刺：应采用最低量的镇静，最好采用能快速复苏的麻醉药物，包括异氟烷、七氟烷及异丙酚。应抽吸双侧胸腔，尽可能多地除去液体。抽吸时猫伏卧，从第四到第六肋间隙开始，肋骨软骨关节下多个位点抽吸。
- 抗生素治疗：开始选择抗生素时应包括能对厌氧菌和需氧菌均有效的药物。阿莫西林（采用40mg/kg的大剂量，q8h IM或SC）加甲硝唑或氟喹诺酮作为首选的初始治疗药物进行治疗。根据临床症状及X线检查，抗生素治疗应或在明显康复之后再用药至少1个月或长期用药。抗生素的平均疗程为3～4个月，选择抗生素时应进行培养和药敏试验。
- 胸廓造口插管：采用这种方法可连续性或间歇性地引流胸腔而不会进一步对猫造成应激。一般情况下，一个插管即可抽吸两侧胸腔，但有些病例需要双侧插管，特别是由于胸膜增厚而形成完整的纵隔膜时（见图183-3）。应通过插管每天抽吸胸腔2～3次。有些临床医生采用温热的盐水（5～10mL/kg）不加抗生

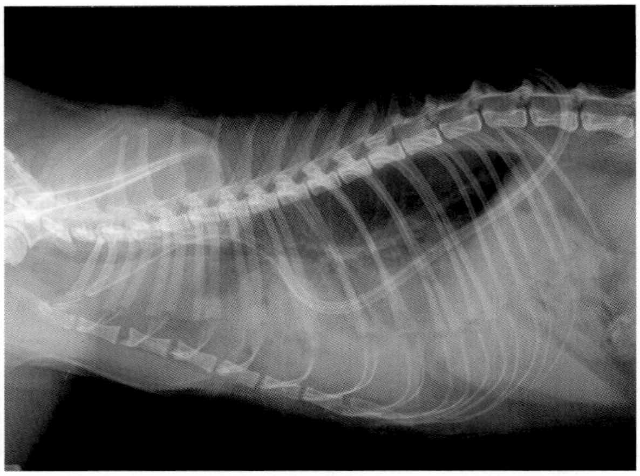

（A）

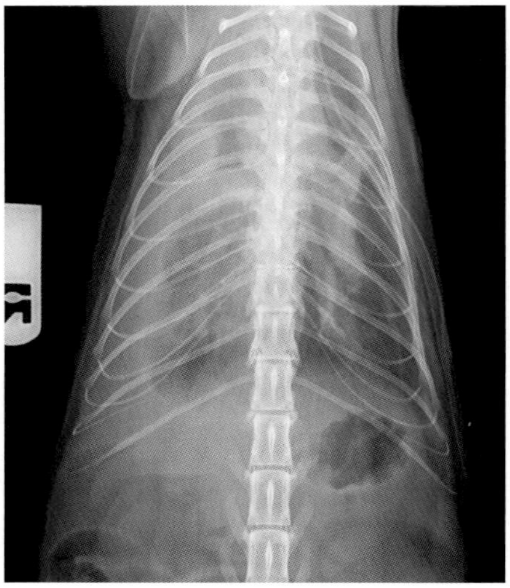

（B）

图183-3 引流胸膜腔时常常需要胸廓造口插管，一般情况下一个插管就足够。本图中的猫为图183-1中的猫

素冲洗胸膜腔，并使液体在胸膜腔内滞留1h，但如果呼吸困难加重，则应立即除去液体。可在冲洗液中加入肝素（1500IU/L）以减少纤维蛋白形成。胃肠外抗生素疗法就足以发挥作用，冲洗液中加入抗生素常无优势。过分使用一些抗生素，特别是氨基糖苷类药物，可导致中毒。对胸膜腔的抽吸应持续进行，直到抽出的液体不足4mL/kg，因为这样量的液体常常是由于插管所引起。在大多数病例，胸廓造口插管可在1周左右除去。

辅助疗法

- 静脉内液体疗法：由于应激，在实施胸腔穿刺之前不应实施静脉内插管及液体疗法。
- 胸廓切开术：胸腔引流3～5d及适宜的全身抗生素疗法不能发生反应的猫应进行这种手术。应探查胸膜腔内是否有异物、肺脏脓肿及肺叶扭转。

治疗注意事项

- 在实施胸廓切开术时应重复进行胸腔穿刺，但这种方法可能引起疼痛，因此可对许多已经脆弱的猫造成应激。除了特别虚弱的猫外，对所有病例强烈建议采用胸腔引流。
- 冲洗液中加入抗生素似乎没有多少益处，而且使得对抗生素剂量的计算更为复杂。如果胸膜腔中含有大量的纤维组织，其吸收也难以确定。
- 关于口咽部细菌的研究结果，强烈建议可以在进行牙科处理之后采用抗生素，对可能由于病毒引起的上呼吸道感染，可能由于激发细菌感染而更为复杂，因此也应采用抗生素。

预后

本病为严重的、可能致死的疾病，但如果采用积极的诊断治疗，包括胸廓插管，大多数病例可以康复。如果很快不再采用抗生素治疗，则可复发，否则预后好。肺叶和其他结构之间的粘连通常为永久性的，可限制肺脏的通气能力。

参考文献

Barrs VR, Allan GS, Martin P, et al. 2005. Feline pyothorax: A retrospective study of 27 cases in Australia. *J Fel Med Surg*. 7:211–222.

Barrs VR, Beatty JA. 2009. New insights into an old problem: Part 1: Aetiopathogenesis and diagnostic investigation. *Vet J*. 179:163–170.

Mertens MM, Fossum TW, MacDonald KA. 2006. Pleural and Extrapleural Diseases In SJ Ettinger, EC Feldman, eds., *Textbook of Veterinary Internal Medicine*, 6th ed., pp. 1272–1283. St. Louis: Elsevier Saunders.

第184章 除虫菊酯及拟除虫菊酯中毒
Pyrethrin and Pyrethroid Toxicosis

Gary D. Norsworthy

概述

除虫菊酯（pyrethrins）为来自干燥菊属植物（*Chrysanthemum*）除虫菊（pyrethrum）花的提取物，合成的拟除虫菊酯（pyrethroids）是根据除虫菊酯暴露到紫外线、潮湿及空气后会降解而研制的。拟除虫菊酯根据其化学结构可分为Ⅰ型及Ⅱ型两类，最常用的Ⅰ型拟除虫菊酯为氯菊酯（百灭宁，permethrin）、d-反式-丙烯拟除虫菊酯（d-trans-allethrin）、散马啉（sumethrin）、灭虫菊（resmethrin）、苯氧司林（phenothrin）及胺菊酯（tetramethrin）等，最常用的Ⅱ型拟除虫菊酯包括氰戊菊酯（fenvalerate）、氟胺氰菊酯（fluvalinate）、氯氰菊酯（cypermethrin）、氟氰菊酯（flucythrinate）及溴氰菊酯（deltamethrin）。氰戊菊酯（fenvalerate）+二乙甲苯酰胺（diethyltoluamide，DEET）在犬有使用，但对猫有毒性。新合成的拟除虫菊酯依芬普司（etofenprox）在猫的毒性较低。

除虫菊酯和拟除虫菊酯对大多数哺乳动物没有毒性，但猫降解这些物质的能力比其他动物低。偶尔可见到猫的中毒，但除了N，N-二乙基间甲苯酰胺（N，N-Diethyl-meta-Toluamide，DEET）中毒外通常不会致命。但有研究表明，1岁以下的猫受影响可能更为严重。中毒是由于神经轴突中钠的传导性延长，导致重复性的神经放电所引起。在体温过低的猫中毒可加强，如果除虫菊酯或拟除虫菊酯与具有协同作用的杀虫剂合用，也可使毒性加强。昏睡及唾液分泌增多是最为轻微的临床症状。中毒可演变为共济失调、颤抖、兴奋过度、方向迷失、体温降低、瞳孔散大、呕吐、腹泻、抽搐及罕见情况下的死亡。

诊断

主要诊断

- 病史及临床症状：已知暴露及结合临床症状是大多数病例的诊断基础。

诊断注意事项

- 尚无特异性诊断方法能证实除虫菊酯和拟除虫菊酯中毒，同样，中毒也无示病性的大体及组织病理学变化。
- 皮肤或胃肠道中除虫菊酯及拟除虫菊酯残留物的生化检查可用于确诊。

治疗

主要疗法

- 美索巴莫（methocarbamol）：为首选治疗药物，对肌肉震颤具有治疗作用，可IV或PO，IV剂量为50～200mg/kg，剂量不应超过每天300 mg/kg，注射速度不能超过200mg/min，PO剂量为22～44mg/kg q8h。
- 安定：以0.5～1.25mg增量 IV给药以控制抽搐。剂量不应超过每只猫20mg。
- 苯巴比妥：如果安定难以控制抽搐，可考虑采用苯巴比妥，剂量为5.0～20.0mg/kg IV。
- 淋浴：除去皮肤上残留的毒素极为重要，可采用不含杀虫剂的洗发香波淋浴。

辅助疗法

- 活性炭及高渗泻药［70%山梨醇（sorbitol）］：可除去胃肠道残留的杀虫剂，但除虫菊酯及拟除虫菊酯能迅速从胃肠道吸收，因此活性炭很少能发挥作用。活性炭山梨醇悬浮液（actidose with sorbitol）（Paddock Laboratories，Minneapolis）可以6～12mL/kg的剂量经胃管灌服。
- 支持性护理：包括纠正厌食、脱水、体温降低或体温升高，这对康复极为重要。
- 催吐：由于毒素能迅速吸收，因此罕见建议采用这种疗法。

治疗注意事项

- 对这类中毒，阿托品没有解毒作用，由于其可引起心动过速、中枢神经系统刺激、迷失方向、困倦、呼吸抑制及抽搐，因此禁用。
- 禁用酚噻嗪类镇静剂，如乙酰丙嗪。

预后

除了DEET中毒或由于含有除虫菊酯的杀虫剂合用引起的中毒外，采用积极的护理，本病的预后通常较好。在后一种情况下，预后依其他杀虫剂而不同。

参考文献

Harvey JW. 2007. Pyrethrin and Pyrethroid Toxicity. In LP Tilley, FWK Smith, Jr., eds., *Blackwell's 5-Minute Veterinary Consult*, 4th ed., pp. 1168. Ames, IA: Blackwell Publishing.

Linnett PJ. 2008. Permethrin toxicosis in cats. *Aust Vet J*. 86(1–2):32–35.

Sutton NM, Bates N, Campbell A. 2007. Clinical effects and outcome of feline permethrin spot-on poisonings reported to the veterinary poisons information service (VPIS), London. *J Fel Med Surg*. 9(4): 335–339.

Valentine WM. 1990. Pyrethrin and pyrethroid insecticides. *Vet Clin North Am Small Anim Pract*. 20(20):375–382.

第185章
狂犬病
Rabies

Mark Robson 和 Mitchell A. Crystal

概述

狂犬病（rabies）是由狂犬病病毒引起的传染病。狂犬病病毒为一种易变（热、紫外线及各种消毒剂易于破坏）的单链RNA病毒，属于弹状病毒科（Rhabdoviridae）。狂犬病通过其他感染动物的咬伤，典型情况下为浣熊或臭鼬咬伤，不太常见的有蝙蝠、狐狸或其他哺乳动物咬伤而传播。罕见情况下感染也可经过吸入或摄入而引起。年轻猫对感染更为易感。狂犬病病毒对神经系统和唾液腺组织有亲嗜性。感染动物咬伤后，猫可经过无症状的潜伏期，在此期间病毒通过轴突回流扩散到中枢神经系统（CNS）。潜伏期的长短依咬伤的位点（即靠近CNS及在神经支配丰富的区域时短）、年龄（青年猫短）及进入的病毒量而有一定差别。猫报道的潜伏期为2 ~ 24周，但大多数可在4 ~ 6周内表现临床症状。

狂犬病的病程在临床上可分为前驱期、狂躁期（furious）及麻痹期（paralytic phases）。在猫，前驱期通常持续1 ~ 2d，主要特点为焦虑、恐惧、神经紧张及鸣叫增加，但声音没有明显变化。友好的动物可变得畏缩或易怒，狂躁的动物可变得温驯而富有感情。猫始终会出现狂犬病的狂怒期，表现为疯狂、焦虑、眼睛看起来发呆、流涎、剧烈而明显地运动、肌肉颤抖、衰弱、共济失调、厌食、沉郁及抽搐。麻痹期通常开始于临床疾病的第5天，主要特点为下运动神经元麻痹（lower motor neuron paralysis），可从受伤部位一直上行到 CNS，引起全身麻痹、昏迷及死亡。猫偶尔可在前驱期后直接发生麻痹。典型情况下死亡发生在临床症状开始后3 ~ 4d，但有些病例可生存10d以上。通常在发生临床症状前1 ~ 5d开始排出病毒，因此在有些实施安乐死及不需要进行检验的病例，大多数公共法律要求对咬伤人的猫要有10d的观察期。疫苗诱导的狂犬病据报道可继发于使用改造的活狂犬病病毒疫苗之后。临床症状开始于疫苗接种后2周，包括后肢衰弱继而进展到前肢，然后出现全身麻痹。因此目前在美国，猫使用的是未经改造的活病毒狂犬病疫苗。

由于许多狂犬病患病动物是观察不到的，没有进行检测或未能检测到，因此关于狂犬病的流行情况可能估计过低。自从1981年以来，报道的猫狂犬病的病例数量超过了犬狂犬病的病例，在2008年，美国和波多黎各，在确诊的6841例动物狂犬病中，猫的病例数为294例（4.3%），而犬只有75例（1.1%），自2007年以来猫的病例数增加12%。猫病例数的增加可能反映了野生动物狂犬病的流行增加及猫的免疫接种数减少。由此造成的结果是，人因为猫引起的狂犬病发病率与犬引起的狂犬病相比逐渐增加，但蝙蝠仍是人狂犬病病例最常见的原因。夏威夷是北美唯一没有狂犬病流行的地区。

狂犬病在公共卫生上很令人关注，虽然发达国家人的发病率很低（美国平均每年为一两例），但感染后 100%可致死。因此必须及早诊断及预防。任何可能暴露到狂犬病动物的人建议立即与其医生联系，讨论采用人狂犬病免疫球蛋白（未免疫接种的人，20 IU/kg，第0天浸入咬伤位点；免疫接种过的人无需免疫球蛋白治疗）及狂犬病疫苗（以前未进行免疫接种的人，采用FDA批准的疫苗，第0天、第3天、第7天和第14天三角肌注射，免疫机能不全的人也在第28天进行第5次注射；以前免疫接种过的人，第0天和第3天三角肌注射 FDA 批准的疫苗，IM）。暴露风险增加的个体（兽医人员、诊断实验室工作人员、动物控制人员、野生动物工作者等）应注射预防性狂犬病预防疫苗（preexposure rabies prophylaxis）（FDA批准的疫苗，1.0mL IM，第0天、第7天和第21天或第28天三角肌注射）。强化免疫应根据风险组进行。疾病控防中心（Center for Disease Control and Prevention，CDC）建议在狂犬病流行地区经常有暴露风险的人应每隔2年检查抗体效价，CDC不建议在狂犬病流行率低的地区检测人的抗体效价或进行强化免疫（即使在认为暴露风险增加的个体）。

诊断

主要诊断

- 直接免疫荧光抗体测定：这种方法检测大脑组织，可在唾液中排出病毒的所有猫发现病毒。应采集整个头部，冷藏但不冷冻，尽快送实验室检测。
- 检疫及观察：任何免疫接种过的猫在咬伤人后应限制观察10d，在此期间不应进行狂犬病免疫接种。如果可能出现狂犬病的症状，则应将猫安乐死后头部送权威实验室检测狂犬病，同时告知合适的州公共卫生官员。咬伤的人员应随时保持联系，并立即与医生联系。

诊断注意事项

- 狂犬病没有快速确定的死前诊断方法。
- 所有未接种过疫苗而咬伤人的猫应实施安乐死，头部送合适的权威实验室检测狂犬病。
- 大脑冷冻保存后检查狂犬病时，可因损伤组织及破坏病毒，因此难以实施检查。
- 处理组织样品时，由于可能会污染狂犬病病毒，因此应戴好手套及口罩。
- 用于运送组织样品的容器可能会感染狂犬病，应清楚地标明具有生物危险。
- 对正在检疫狂犬病的动物，应限定于安全限制的地区，清楚地标明怀疑为狂犬病。

治疗

主要疗法

- 安乐死：只要表现狂犬病的临床症状，就没有有效的治疗方法。由于狂犬病威胁人类健康，因此任何一只或怀疑患有狂犬病的猫应实施安乐死，并告知州公共卫生官员，之后提交头部样品用于狂犬病检查。
- 免疫接种：为了预防狂犬病，所有猫均应采用狂犬病疫苗接种［目前可供选择的疫苗包括佐剂灭活苗、佐剂重组苗及非佐剂金丝雀痘载体苗（nonadjuvanted canary pox vectored）］等，可根据厂商的建议，在大腿部不早于3月龄、1岁时IM或SC，之后根据产品的免疫力及当地公共卫生条例，在适宜的间隔时间再次接种。猫在初始免疫后28d及强化免疫接种之后立即可产生对狂犬病的保护。
- 非疫苗预防措施：可能被猫咬伤的所有伤口均应彻底进行清洗，不应鼓励猫主让其猫在狂犬病流行地区游荡，特别是3月龄以下的仔猫。应建议猫主，如果发现流浪的野生或家养动物表现神经症状时，应立即向相应的动物或野生动物控制官员报告。

辅助疗法

- 隔离检疫：所有免疫接种的猫，如果被已知或怀疑发生狂犬病感染的猫咬伤，应再次免疫，并且保持在猫主的控制之下，观察 45d。如果出现可能为狂犬病的症状，则应及时通知州公共卫生官员，猫实施安乐死，头部送实验室检查狂犬病。此外，应告知疫苗制造厂商及美国农业部动植物健康检测服务中心的兽医生物制品中心（USDA Animal and Plant Health Inspection Service，Center for Veterinary Biologics）（电话1-800-752-6255，邮箱CVB@usda.gov）。未免疫接种的猫如果被已知或怀疑患有狂犬病的动物咬伤后应实施安乐死，将头部送检狂犬病，同时应告知州公共卫生官员。如果猫主不愿意采取这种措施，应将猫隔离6个月，进入隔离所时及释放前1个月免疫接种。

治疗注意事项

- 兽医人员应教育客户认识到猫狂犬病免疫接种对人健康的重要性。
- 如果可行，应告知猫主关于狂犬病免疫接种的相关法律规定。
- 可能暴露狂犬病的所有人员应与医生联系，讨论采取适宜的狂犬病暴露后的预防治疗措施。
- 人偶然暴露到灭活的胃肠外动物狂犬病疫苗，并不一定会构成狂犬病病毒感染的风险，人暴露到牛痘载体口服狂犬病疫苗时，应报告给州卫生官员。
- 罕见情况下，狂犬病疫苗可引起易感猫在注射部位（诱导性）发生纤维肉瘤。狂犬病疫苗应在右后肢注射，尽可能在末梢注射。
- 目前使用的狂犬病疫苗对澳大利亚蝙蝠狂犬病病毒（*Lyssavirus*，ABLV）有交叉保护作用。

预后

狂犬病在动物和人几乎为100%致死，由于公共卫生原因，怀疑患有狂犬病的猫不应进行治疗，应立即实施安乐死，之后由权威机构检查头部并报告州公共卫生官员。人暴露可能的狂犬病动物后应与医生联系，采取合适的暴露后预防措施。暴露后的预防措施如果实施得早，几乎总能有效防止人感染狂犬病。

参考文献

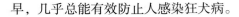

Blanton JD, Robertson K, Palmer D, et al. 2009. Rabies surveillance in the United States during 2008. *J Am Vet Med Assoc.* 235(6):676–689.

Fogelman V, Fischman HR, Horman JT, et al. 1993. Epidemiologic and clinical characteristics of rabies in cats. *J Am Vet Med Assoc.* 202(11):1829–1833.

Green CE, Rupprecht CE. 2006. Rabies and other Lyssavirus infections. In CE Greene, ed., *Infectious Diseases of the Dog and Cat*, 3rd ed., pp. 167–183. St. Louis: Saunders Elsevier.

2008 Compendium of Animal Rabies Prevention and Control, 2008. Centers for Disease Control and Prevention. *MMWR* 57(RR–2):1–9.

第186章
消遣性药物中毒
Recreational Drug Toxicosis

Tatiana Weissova

概述

消遣性药物（recreational drugs）是指可产生心情舒畅的感觉而作用于精神的物质。全世界最为流行的作用于精神的物质为乙醇（即酒精，为合法的）、咖啡因（如咖啡和茶，也是合法的）、可可碱（即可可，合法）、尼古丁（即烟草，合法）和大麻［大麻（marijuana），在大多数国家为非法］。其他作用于精神的药物还有巴比妥类药物、苯二氮平类药物、鸦片及类阿片、谵妄药（deliriants）、分离性麻醉药（dissociative anesthetics）、苯乙胺类（phenethylamines）、中枢神经系统（CNS）刺激药物、吲哚类生物碱（indole alkaloids）、吸入剂及未分类的刺激药物等。

乙醇

乙醇（ethanol）为短链脂肪醇，猫通常不喜欢闻或尝试乙醇，但常常被含有牛奶、奶油或冰激凌的饮料所吸引。猫对乙醇的敏感性较人高，即使饮用少量含有乙醇的饮料也可引起明显的中毒症状。乙醇很容易从胃肠道（GI）吸收，在肝脏中由乙醇脱氢酶（ADH）代谢。乙醇中毒时常常因刺激胃肠道而引起呕吐，刺激CNS引起的症状包括失去协调，不辨方向及昏迷。在严重病例可引起昏迷、抽搐，甚至可发生死亡。猫在发生乙醇中毒后应密切监测，直到康复。

鉴别诊断包括其他醇类物质（如甲醇、异丙醇及丁醇）、药物滥用（如巴比妥类药物和大麻），乙二醇中毒的早期阶段、杀虫剂［如双甲咪和大环内酯类（macrolide antiparasiticides）及卤代或脂肪烃类溶剂（halogenated or aliphatic hydrocarbon Solvents）］中毒等。

诊断

主要诊断

- 病史：应询问暴露及可能暴露的病史，常见情况为在家中青少年出于好玩而给猫饮用酒精。
- 临床症状：依摄入量的多少及胃内容物的多少，空腹时15～30min内出现症状，饱食后可在1～2h内出现症状。主要症状包括呕吐、行为改变、兴奋或沉郁、共济失调、体温降低、反射减少、多尿及尿失禁。后期症状包括沉郁或昏迷，呼吸频率减缓，代谢性酸中毒，心搏骤停及死亡。
- 血液乙醇浓度测定：成年猫如果血液水平超过1～4mg/mL可发生中毒。
- 酸碱平衡评估：血气、pH、阴离子间隙（anion gap）及血浆碳酸氢盐浓度由于代谢性酸中毒而发生异常。
- 低血糖：可能会发生低血糖，因此必须要监测。

治疗

主要疗法

- 在表现沉郁的动物，诱导呕吐时必须小心。
- 甲吡唑（fomepizole）（4－甲基吡唑，4-methylpyrazole，Antizol-Vet®）为有效且无肝脏毒性的ADH抑制因子，开始时可以125mg/kg IV的剂量在摄入后1～3h内给药，之后以31.25mg/kg IV在初始剂量后12h、24h及36h用药。
- 碳酸氢钠：根据血浆碳酸氢盐浓度及每隔4～6h监测碱缺乏状态，用于纠正代谢性酸中毒。如不可行，则可采用每小时5mmol/kg的剂量。
- 液体疗法：用于纠正脱水及电解质失衡。

辅助疗法

- 人工换气：用于纠正受到抑制的呼吸机能。
- 心跳骤停的治疗：肾上腺素，剂量为0.01mg/kg IV，以1：10000的浓度，给予1mL/5kg。
- CNS抑制：育亨宾，剂量为0.11mg/kg IV或0.25～0.5mg/kg SC或IM，不要注射其他CNS抑制性药物。

治疗注意事项

- 对使用活性炭仍有争议，活性炭可能不能有效吸收脂肪醇。

预后

在发生酸中毒及严重的CNS或呼吸系统抑制的病例，预后总是谨慎。大多数表现轻微症状的病例通常在密切关注及支持性护理24h后可康复。

咖啡因

咖啡因（caffeine）是甲基黄嘌呤生物碱，见于咖啡、茶、可乐及巧克力，是许多软饮料、药物及减肥药（diet pills）的添加剂。其可用作CNS兴奋药物，兴奋药物片剂可含有100～200mg咖啡因。虽然猫的敏感性略比犬高，但中毒不常见。致死剂量范围为80～150mg/kg。

咖啡因在摄入后很快被吸收，可通过血脑屏障、胎盘及乳腺，可被肝脏迅速代谢，经过胆汁排出。咖啡因可直接刺激心肌及脊髓、呼吸、血管舒张及大脑的迷走神经中枢。大脑的苯二氮受体（benzodiazepine receptors）可被竞争性地颉颃。临床症状可开始于1～2h，包括开始时的不安，极度活跃，行为异常及可能还有呕吐。后期症状包括气喘、心动过速、共济失调、衰弱、多尿、腹泻、兴奋过度、运动机能亢进及肌肉震颤。动物常常表现体温升高及脱水，可因心律失常或呼吸衰竭而发生死亡，之前可发生高血压及发绀。

鉴别诊断包括痉挛性或兴奋性生物碱［即士的宁（strychnine）、安非他明（amphetamine）、尼古丁、可卡因或三环抗抑郁药（tricyclic antidepressants）］、引起痉挛的杀虫剂中毒［即溴杀灵（bromethalin）或氟乙酸盐（fluoroacetate）］、作用于心脏的苷类（洋地黄）、精神性药物［麦角酸酰二乙胺（lysergic acid diethylamide，LSD）］、低镁血症及低钙血症。

诊断

主要诊断

- 病史：应询问是否有饮入咖啡（通常与乳汁或奶油一起喝入）、茶或软饮料或食入含有咖啡因的药丸、糖果或蛋糕等。
- 临床症状：典型的临床症状为中枢神经系统兴奋及严重心动过速的合并症状。
- 实验室诊断：应查找是否有低钾血症、高血糖或低血糖等，但低血糖并非可靠的诊断指标。

辅助诊断

- 心电图（ECG）：用于证实心动过速、心室性心率加快（ventricular tachyarrhythmia）及心室早搏（premature ventricular contractions）。

治疗

主要疗法

- 无解毒药，治疗为支持性疗法。
- 痉挛：可用安定控制（0.1～5mg/kg IV q10～20min，一直可用药达4次），可用于控制震颤、焦虑及痉挛。如果由于苯二氮受体的颉颃作用致使安定没有效果，可采用苯巴比妥（5～20mg/kg IV，5～10min内用完），之后如有必要可用戊巴比妥（3～15mg/kg IV，缓慢给药）。
- 心动过速：在监测ECG和血压的同时，可给予美托洛尔（metoprolol，每只猫2～15mg，PO q8～12h）或心得安（每只猫2.5～5.0mg，PO q8～12h）。猫不建议采用利多卡因。
- 活性炭：剂量为0.5～1g/kg PO，与盐类泻药合用或采用含有泻药的产品。

辅助疗法

- 液体疗法：可用于支持血压，维持尿液产出及促进咖啡因排出。
- 其他疗法：控制体温升高及肺换气不足（补充氧气）。避免应激及兴奋，因为它们可引起反射亢进及抽搐。

预后

在发生严重抽搐或心律不齐的猫，预后常常谨慎。

可可碱

可可碱（theobromine）为植物源性的甲基黄嘌呤生物碱，常见于许多食物、饮料、糖果、甜食及巧克力和可可豆及可可粉。甲基黄嘌呤可抑制磷酸二酯酶，磷酸二酯酶可导致环腺苷酸一磷酸（cAMP）增加及儿茶酚胺释放，颉颃腺苷受体。这些作用合并可引起刺激大脑皮质及抽搐，心肌收缩、平滑肌松弛及利尿。依猫食入的巧克力的类型及数量，症状可表现不同，从呕吐、渴欲增加、腹腔不适及不安，一直到严重的烦乱、肌肉震动、尿失禁（利尿）、腹泻、心律无规律、体温升高、抽搐甚至死亡。巧克力的作用是“越黑越危险”，干燥而未加糖的可可粉最为危险。

鉴别诊断包括引起痉挛或兴奋的生物碱（即士的宁、安非他明、尼古丁、可卡因或三环抗抑郁药物）、引起痉挛的杀虫剂中毒（即溴杀灵氟乙酸盐）、作用于心脏的苷类（洋地黄）、作用于精神的药物［麦角酸酰二乙胺（LSD）］、低镁血症及低钙血症。

诊断

主要诊断

- 病史：应询问是否摄入巧克力，通常摄入多是在情人节、万圣节（Halloween）前夕、圣诞节或其他节日。
- 临床症状：受到影响的系统包括 GI、神经系统及心血管系统。
- 特异性试验：可试行检查胃内容物、血浆或尿液中甲基黄嘌呤的含量。
- 监测心脏：可通过 ECG检查心律不齐（特别是心室早缩）。

诊断注意事项

- 实验室检查：生化及血液学试验未见特异性变化。

治疗

主要疗法

- 尚无解毒剂。
- 洗胃：可用温水洗胃，有助于从胃黏膜除去融化的巧克力。凉水或冷水其实可使除去巧克力更为困难。
- 导尿（urinary catheterization）：用于减少尿液潴留时间以防止通过膀胱黏膜吸收可可碱。
- 痉挛：可用安定控制（0.1～5mg/kg IV q10～20min，用药可达4次），用于控制痉挛、焦虑及抽搐。如果由于苯二氮受体的颉颃作用而采用安定无效，则可采用苯巴比妥（5～20mg/kg IV，5～10min内用药），之后如有必要可采用戊巴比妥（3～15mg/kg IV，缓慢给药）。
- 心动过速：在监测ECG及测定血压的同时，可给以美托洛尔（每只猫2～15mg，PO q8～12h）或心得安（每只猫2.5～5.0mg，PO q8～12h）。在猫不建议采用利多卡因。
- 活性炭：以0.5～1g/kg PO剂量与盐类泻药合用，或采用含有泻药的产品。

辅助疗法

- 液体疗法：用于支持血压，维持尿液产生及促进咖啡因排出。
- 其他：控制高体温及肺脏换气不足（补充氧气）。避免应激及兴奋，因为它们可引起反射亢进及抽搐。

治疗注意事项

- 催吐：由于巧克力在融化之后具有黏性成分，因此诱导呕吐常常难以奏效。

预后

发生严重抽搐或心律不齐的猫预后常常谨慎。

尼古丁

尼古丁（nicotine）为一种有毒的生物碱，来自烟叶植物，见于多种来源，主要为香烟、雪茄、鼻烟、嚼用香烟、尼古丁口香糖、吸雾剂（inhalers）、糊剂（patches）、鼻用烟雾（nasal spray）及杀虫剂，易于在胃肠道、皮肤及黏膜吸收，通过肾脏排出，但其排出与pH密切相关。尿液pH呈碱性时排出减少。低剂量时，尼古丁能模拟乙酰胆碱的作用，刺激CNS的突触后尼古丁受体、自主神经系统的神经节、骨骼肌的神经肌肉连接及催吐化学感受器启动带（emetic chemoreceptor trigger zone）。由于最后这种作用，其可启动呕吐。大剂量时，其开始出现刺激作用，随后由于持续去极化而阻断尼古丁受体。尼古丁在猫的最小致死剂量为20～100mg；典型情况下，香烟含有9～30mg。有些猫可被人嚼用香烟等产品所吸引，这些产品可能添加有风味剂，如蜂蜜、糖蜜、糖浆及其他糖类。临床症状取决于摄入的尼古丁的数量及类型，可出现在暴露尼古丁后1h内。猫可自发性地呕吐，常常可见流涎，表现排尿、流泪及腹泻等症状。小剂量时可引起心动过缓及外周血管收缩。病猫可变得激动及过度活跃。大剂量或延长暴露可引起抽搐、肌肉震颤、不能站立及沉郁。呼吸浅快，之后出现呼吸徐缓、心动过速、崩溃及昏迷。膈肌及肋间肌麻痹是引起死亡的主要原因。

鉴别诊断包括在尼古丁中毒的早期与抗胆碱酯酶杀虫剂中毒和后期的镇静剂作用的区别。

诊断

主要诊断

- 病史：询问是否有摄入烟叶产品或延长暴露香烟或雪茄吸烟的病史。
- 临床症状：根据前述对GI、呼吸、神经、心血管及骨骼肌系统的作用进行诊断。
- 实验室检测：可测定血液、尿液及呕吐物中的尼古丁水平。

治疗

主要疗法

- 除去毒物：如果可行，如果没有临床症状，则只能在摄入后1h内诱导呕吐。洗胃、盐类泻药及活性炭也可奏效。
- 氧气疗法：根据需要，对发生呼吸徐缓的病例可补充氧气。

辅助疗法

- 支持疗法：控制抽搐及体温升高症，根据需要可采用液体疗法。
- 酸化尿液可促进尼古丁的排出，如果猫的尿液呈酸性（pH＜7.3）时不能采用这种方法治疗。

治疗注意事项

无特异性解毒药。

预后

暴露高水平尼古丁后预后差。

大麻

大麻（marijuana）是从大麻（*Cannabis sativa*）的干叶及花制得，常用作人的消遣性药物，用于一些情况的药物治疗。处方产品包括屈大麻酚（dronabinol）（Marinol®）及大麻酚（nabinole）（Cesamet®），两者均用于治疗癌症病人、青光眼、多发性硬化及慢性疼痛、癫痫、各类精神疾病及用于促进增重。大麻的非法用药常见用于香烟，也可酿造在茶中或合并用于巧克力糕饼（brownies）、饼干或蛋糕中。大多数动物是由于二手烟或摄入大麻产物而中毒。大麻香烟可含有高达 61种的各种大麻成分（cannabinoids）；最为重要的是四氢大麻酚（tetrahydrocannabinol，THC），其为最主要的影响精神的成分。 THC可作用于大脑中独特的受体，该受体对大麻类成分具有选择性。大麻类成分与许多神经递质和神经介质可发挥作用，刺激多巴胺的释放，促进γ-氨基丁酸（GABA）周转，可增加去甲肾上腺素、多巴胺及5-羟色胺形成。THC为脂溶性成分，可迅速进入大脑及其他组织 （即心脏、肝脏、脂肪和肾脏）。其被肝脏代谢，通过胆汁（65%～90%）及尿液（10%～25%）排出。大麻具有较宽的安全边界，致死剂量大约为有效剂量的1000倍，但尚未建立猫的LD_{50}。临床症状的开始在呼吸途径摄入时可延缓6～12min，食入后可延缓到30～60min或更长。临床症状主要为沉郁、共济失调及心动过缓，其他症状包括行为失调、激动、鸣叫、呕吐、腹泻、流涎、瞳孔散大、感觉过敏、心动过速、尿失禁及体温降低，不太常见的症状有麻木、抽搐及昏迷。

鉴别诊断包括接触乙醇、乙二醇、类阿片、伊维菌素、巴比妥类药物及其他 CNS抑制性药物。

诊断

主要诊断

- 病史：询问是否接触过大麻香烟或食品，但由于大麻的非法使用，因此询问常常难以获得结果。
- 临床症状：最常见的临床症状为共济失调、沉郁及伏卧，其他症状参见前述。
- 尿液药物检测：具有证实作用，但水消耗的增加及多尿可出现假阴性结果。

诊断注意事项

- 实验室检测：常规血液分析无特异性异常。

治疗

主要疗法

- 催吐：只能在不表现症状的猫暴露后30min内诱导呕吐。
- 活性炭：0.5～1g/kg q8h PO；如果病猫伏卧，由于可能有吸入的风险，因此使用必须要小心。
- 安定：0.25～0.50mg/kg IV，用于激动的病猫。

治疗注意事项

- 无特异性解毒药。
- 监测：仔细监测呼吸及心脏机能和体温调节。

预后

不表现症状的猫如果没有继发性并发症，如吸入性肺炎，则预后良好。

参考文献

Bischoff K. 2007. Toxicity of drugs of abuse. In RC Gupta, ed., *Veterinary Toxicology: Basic and Clinical Principles*, pp. 518–521. New York: Academic Press, Elsevier.

Carson TL. 2006. Methylxanthines. In ME Peterson, PA Talcott, eds., *Small Animal Toxicology*, 2nd ed., pp. 845–852. St. Louis: Saunders.

Donaldson CW. 2002. Marijuana exposure in animals [Toxicology Brief] *Vet Med.* 102(6):437–439.

Gfeller RW, Messonnier SP. 1998. *Handbook of Small Animal Toxicology and Poisonings*. St. Louis: Mosby.

Osweiler GD. 2007. Chocolate toxicosis. In LP Tilley, FWK Smith, Jr., *Blackwell's 5-Minute Veterinary Consult*, 4th ed., pp. 234–235. Ames, IA: Blackwell Publishing.

Osweiler GD. 2007. Ethanol toxicosis. In LP Tilley, FWK Smith, Jr., *Blackwell's 5-Minute Veterinary Consult*, 4th ed., pp. 452–453. Ames, IA: Blackwell Publishing.

Plumlee KH. 2006. Nicotine. In ME Peterson, PA Talcott, eds., *Small Animal Toxicology*, 2nd ed., pp. 845–852. St. Louis: Saunders.

Richardson JA. 2006. Ethanol. In ME Peterson, PA Talcott, eds., *Small Animal Toxicology*, 2nd ed., pp. 698–701. St. Louis: WB Saunders.

Thrall MA, Hamar DW. 2007. Alcohols and glycols. In RC Gupta, ed., *Veterinary Toxicology: Basic and Clinical Principles*, pp. 608–614. New York: Academic Press, Elsevier.

第187章
直肠疾病
Rectal Disease

Heloisa Justen Moreira de Souza

概述

猫最常见的直肠疾病包括会阴疝、直肠脱垂、直肠狭窄、直肠肿瘤、直肠穿孔及直肠阴道瘘。

会阴疝

概述

会阴疝（perineal hernias）与骨盆韧带及肌肉组织松弛及不能支持直肠壁有关，可导致顽固的直肠扩张及外翻和排粪障碍。症状开始的中值年龄为9岁（范围为1～15岁）。里急后重及便秘为最常见的临床症状。在发生会阴疝的猫，会阴部的肿胀比犬少常见。猫患巨结肠及会阴疝时粪便硬而充满整个结肠和直肠。会阴疝通常为双侧性，可能与引起持续性努责的各种诱发因素有关，如下泌尿道疾病、慢性便秘、巨结肠、会阴肿块、慢性纤维性结肠炎及会阴尿道造口术（perineal urethrostomy）等。会阴疝并发膀胱扭转的情况罕见，可见于骨盆骨折导致骨盆腔狭窄及慢性便秘后。

直肠脱垂

概述

直肠脱垂（rectal prolapse）是指直肠通过肛门开口外翻或脱出，由泌尿生殖道或小肠疾病引起的强烈努责所引起，脱垂可为完全性的（整个直肠，可能还包括有部分肛门）或部分性的（直肠黏膜突出）。完全脱垂的肿块为圆柱状，末端有注陷。引起直肠脱垂最常见的原因为由内寄生虫引起严重的肠炎或直肠炎，常常影响仔猫。其他原因包括异物、直肠或远端结肠肿瘤、难产、尿结石形成或会阴尿道造口术引起的后遗症（见图187-1）。无直肠（anorectum）神经机能异常的缅因猫多发这种疾病。直肠组织水肿及充血（见图187-2）。直肠脱垂的长期病例，组织可发生溃疡及坏死。个体素质可能与直肠脱垂的发生有关，这种素质可包括直肠周围及会阴结缔组织或肌肉衰弱，或因直肠或肛门炎症引起的直肠蠕动性收缩不协调等。

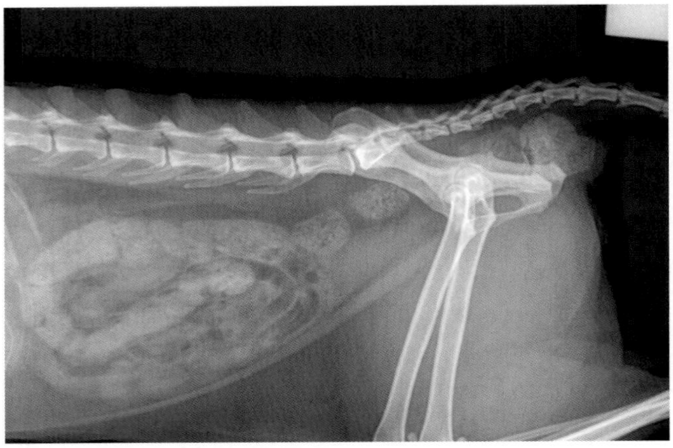

图187-1　本例猫的慢性便秘可导致里急后重，造成会阴疝。发生会阴疝时可在肛门前见到粪便（图片由Gary D. Norsworthy博士提供）

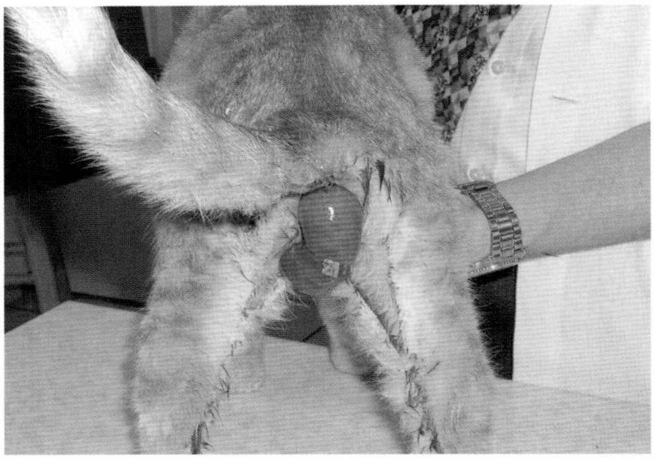

图187-2　直肠脱垂导致从肛门突出的直肠组织充血水肿（图片由Gary D. Norsworthy博士提供）

直肠狭窄

概述

直肠狭窄（rectal stricture）是指直肠大小由于瘢痕挛缩或腹腔组织沉积在肠腔外而缩小。引起肛门直肠区炎性反应的所有疾病均可引起瘢痕组织形成狭窄环。病猫可出现持续性里急后重，长时间出现排粪姿势及经常性试图排粪，但只有呈带状的少量粪便或无粪便排出。

直肠肿瘤

概述

结肠及直肠淋巴瘤是猫最常见的大肠肿瘤，在猫的该部位罕见腺癌，但可引起远端结肠或直肠形成环状狭窄（见图187-3）。发病时由于阻塞肿块的存在，粪便的直径变小。

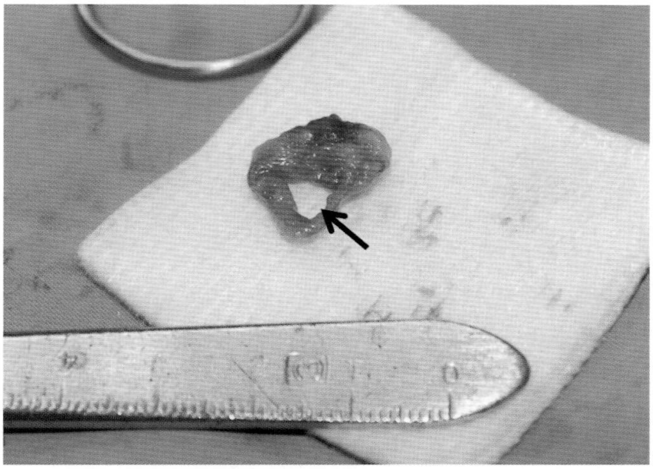

图187-3 由腺癌引起的直肠狭窄。肠腔（箭头）约为正常直径的25%（图片由Gary D. Norsworthy博士提供）

直肠阴道瘘

概述

直肠阴道瘘（rectovaginal fistula）将阴道背壁与直肠末端腹部相沟通，可由于先天性畸形或许多后天性疾病所引起。先天性直肠阴道瘘通常并发Ⅱ型肛门闭锁（atresia ani）（即直肠腔在闭锁肛门前形成盲端）。仔猫患有直肠阴道瘘时表现腹部增大及不适，会阴膨出，无肛门开口，液状粪便可通过阴道排出，阴门发生嵌入及刺激，里急后重及食欲不振（见图187-4）。症状通常见于断奶之后。

直肠穿孔

概述

直肠穿孔（rectal perforation）可能与猫采用灌肠或手工排出紧压的粪便和咬伤有关（见图187-5）。即使采用橡胶管，如果操作不轻柔，易于造成直肠穿孔。发生本病时可发生蜂窝织炎、脓肿形成及内毒素性休克。

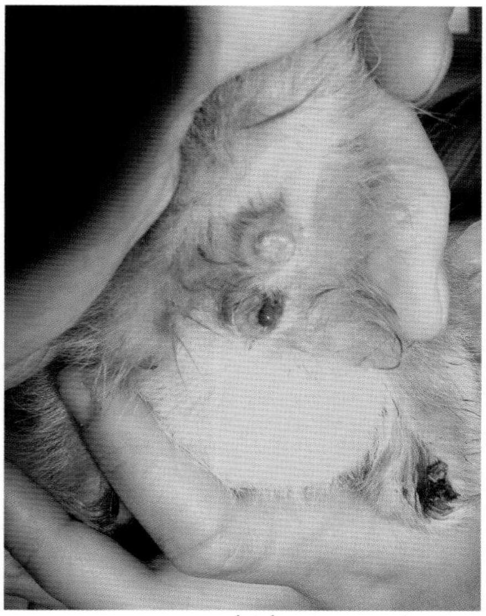

（A）

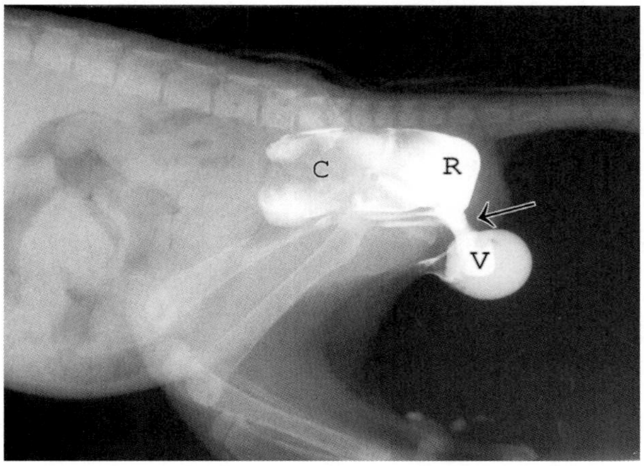

（B）

图187-4 直肠阴道瘘将阴道背壁与直肠末端腹部相连接。仔猫为肛门闭锁（atresia ani）。（A）可见到阴门上的粪便；（B）将钡注射到阴道（V），可观察到其能通过瘘管（箭头）进入直肠（R）和结肠（C）

诊断

主要诊断

- 病史及查体：无直肠及结肠（anorectum and colon）两者均可导致出现类似的临床症状，而且难以对胃肠道下段表现特异性症状的部位进行准确定位。应仔细检查会阴是否有炎症、肿胀、肿瘤性肿块、疝形成及直肠肛门脱垂或瘘管等的迹象。可施行手指直肠检查以检查骨盆韧带肌肉结构，检查直肠腔的大小，检查是否存在滞留的粪便及粪便的质地、规则性及黏膜表面结构。直肠检查前应对猫进行镇静，以免发生损伤。
- 临床症状：便血、粪便正常成形但有大量黏液、里急

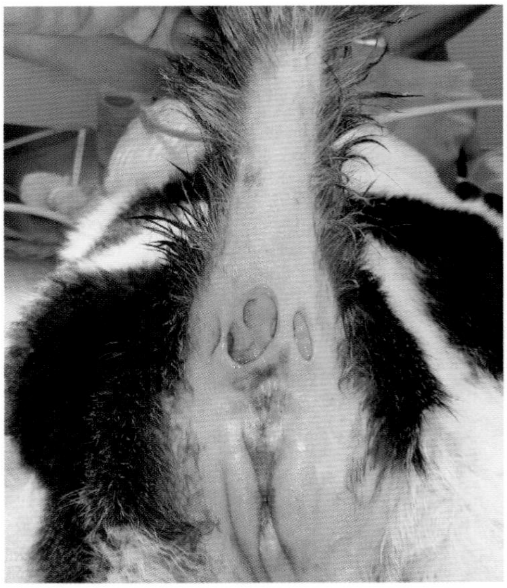

图187-5　猫表现为因灌肠引起的直肠壁破裂，肠壁因橡胶导管引起穿孔

后重及排粪困难是常见的症状。便秘、排尿困难及排尿涩痛也见有报道。随着病程延长及病情恶化，也可出现其他全身症状，如昏睡、厌食、呕吐及失重等。

- 内镜检查：直肠镜检查（proctoscopy）是检查及活检的首选诊断方法。可观察直肠黏膜的色泽、质地、脆性、肿块及出血情况。此外，观察到的直肠末端的任何损伤均可通过采用组织钳轻轻拉出直肠及肛门而直接观察。这种方法通常可采用手术方法除去小的息肉或肿块。在直肠有狭窄区的病猫，直肠镜检查可发现组织环形带及狭窄的肠腔部位。
- X线检查：腹腔可发现粪便蓄积在肛门直肠部，在阻塞部，小肠可为出血而充满气体的肠袢，在小肠狭窄部的喙部可发现扩张区域。造影剂X线检查更能成功地检查出阻塞类型或小肠肿块。钡灌肠可有效检查出猫结肠直肠癌（colorectal carcinomas）肿块前的大小。阴道扫查可确定直肠阴道瘘异常的类型（见图187-4）。
- 超声检查：发生直肠肿瘤时，超声检查有助于确定小肠损伤的深度，鉴别局部淋巴结大小，有助于判断肿瘤转移的程度。
- 粪便检查：可采用粪便漂浮试验检查是否有寄生虫。

治疗

会阴疝

- 在大多数会阴疝病例可采用疝修复术（herniorrhaphy），这种手术可接近形成会阴疝的组织结构，这些结构包括中间的外肛门括约肌（external anal sphincter）、中间的肛门提肌及括约肌（levator ani and sphincter）、侧面的肛门提肌、尾骨肌（coccygeus muscles）及荐结节韧带（sacrotuberal ligamen）和腹面的内闭孔肌（internal obturator muscle）。所有这些结构可合并缩小，但荐结节韧带在犬的疝修补术中可整合，而在猫则不整合。

直肠脱垂

- 简单新鲜的脱垂如果组织损伤及水肿小，则可整复，在肛门周围实施荷包缝合（purse string suture）。可留下一开口，足以允许软便排出，但不能再次发生脱出。可经口给予粪便软化剂，最为重要的是应检查诱发因素并进行治疗。对复发性脱垂，可经过剖腹再将降结肠轻轻牵引而减少其复发。可采用结肠固定术（colopexy）减轻脱垂。

直肠狭窄

- 对直肠狭窄，建议采用直肠牵拉进行治疗。探条扩张（bouginage）可用于治疗简单的环状狭窄，必要时可用这种方法重复数次。也可采用气囊扩张术成功扩张直肠狭窄，猫用气囊直径为10～15mm。可能需要4～6次扩张才能获得机能性成功。

直肠肿瘤

- 猫患直肠淋巴瘤时，如果肿块未阻塞直肠必须施行减积手术（debulking），可采用标准的化疗方法开始治疗。治疗直肠癌时，建议采用直肠牵拉。实施直肠牵拉的适应证包括切除远端结肠性或直肠中部损伤，这些损伤部位难以通过腹腔够及，或太大或太靠前而难以通过肛门够及。

直肠阴道瘘

- 手术矫正包括两种方法，第一种为，将瘘管定位后切除，重构直肠阴道隔。第二种方法是在小肠建立一个新的末端开口。实施手术之后可发生各种术后并发症，如排粪失禁、伤口开裂、便秘及瘢痕组织过度形成等，但有些猫则预后较好。

直肠穿孔

- 必须要进行手术。直肠破裂时必须要用非吸收缝线以简单间断缝合进行处理。直肠穿孔周围的组织可能会因粪便而污染，因此必须要在侧面冲洗干净该区域。可留下伤口以便使其通过收缩及上皮形成而愈合，或必须要采用引流管。建议采用全身抗生素疗法。

参考文献

Bright R M, Bauer MS. 1994. Surgery of the digestive system. In RG Sherding, ed., *The Cat: Diseases and Clinical Management*, 2nd ed., pp. 1353–1401. New York: Churchill Livingstone.

Corgozinho KB, Neves A, Caloeiro MA, et al. 2005. Hernia perineal em uma gata: relato de caso. *Medvep*. 3(10):89–92.

Hedlund CS. 1997. Surgery of the perineum, rectum, and anus. In TW Fossum, ed., *Small Animal Surgery*. pp. 335–366. St Louis: Mosby.

Kramer MR, Velde BVV, Gortz K. 2003. Retrofexion of the urinary bladder associated with a perineal hernia in a female cat. *J Small Anim Pract*. 44(11):508–510.

Ogilvie GK, Moore AS. 2001. Tumors of the alimentary tract. In GK Ogilvie, AS Moore, eds., *Feline Oncology: A Comprehensive Guide to Compassionate Care*. pp. 271–294. Ohio: Veterinary Learning Systems.

Popovitch CA, Holt D, Bright R. 1994. Colopexy as a treatment for rectal prolapse in dogs and cats: A retrospective study of 14 cases. *Vet Surg*. 23(2):115–118.

Risselada M, Kremer M, Van de Velde B, et al. 2003. Retroflexion of urinary bladder associated with a perineal hernia in a female cat. *J Small Anim Pract*. 44(11):508–510.

Zoran DL. Rectoanal disease. 2005 In SJ Ettinger, EC Feldman, eds., *Textbook of Veterinary Internal Medicine*, 6th ed., pp. 1408–1420. St. Louis: Elsevier Saunders.

第188章 强饲综合征
Refeeding Syndrome

Karen M. Lovelace

概述

强饲综合征（refeeding syndrome）或强饲损伤（refeeding injury）是指突然发生的危及生命的代谢异常综合征，包括低钾血症（hypokalemia）、低磷酸盐血症（hypophosphatemia）、低镁血症（hypomagnesemia）及高血糖，发生于营养不良的病猫开始经口、肠道或肠胃外强饲之后。强饲现象的发病机制主要是从分解代谢向合成代谢转变时与突然开始利用碳水化合物有关。给饥饿的病猫食物时，胰腺释放胰岛素，钾、磷、镁、水葡萄糖转移到细胞内，增加蛋白合成。这种代谢的转变进一步促进胰岛素的释放及增加细胞的能量需要，包括对含有磷酸盐的三磷酸腺苷（ATP）的需要增加。随着发生分解代谢，细胞很快消耗完血液中磷的供给，机体不能再满足制造ATP的需要，结果需要大量ATP的细胞，如红细胞、脑细胞、骨骼肌细胞等均受到影响，从而导致衰弱、肌肉疼痛、中枢神经系统症状，如果没有足够的磷满足红细胞结构的需要可造成血管内溶血。

随着钾向细胞内的转移及血储的减少，猫表现衰弱，颈部下弯，便秘、排尿困难、呕吐、精神萎靡或意识模糊。低镁血症常常可与其他紊乱混淆或被这些紊乱所掩盖，也可使低钾血症恶化，引起心律不齐、心脏兴奋性增加、溶血、吞咽困难、肌肉衰弱及意识模糊。高血糖可引起渗透性利尿，使得电解质消耗恶化，引起衰弱。患有肝脏脂肪沉积或糖尿病的猫发生强饲病变的风险很高。已经厌食的猫可能已经发生电解质紊乱，如低钾血症，使得强饲现象更为严重。病猫如果饲喂以高碳水化合物日粮，则发生强饲性病变的风险增加。与强饲现象有关的代谢异常的开始可早在强饲后12h，迟至72h开始，峰值出现在24～48h。与强饲有关的代谢紊乱可危及生命，因此应紧急治疗。

诊断

主要诊断

- 病史：强饲综合征应与任何厌食或营养不良的病猫一样看待，特别是患有肝脏脂肪沉积症或糖尿病的猫。过度肥胖的糖尿病猫如果用含碳水化合物高的饲料饲喂，则风险更高。
- 临床症状：由于低磷酸盐血症引起的溶血性贫血的症状包括衰弱、苍白、黄疸（即检查巩膜、牙龈、软腭及耳廓或其他黏膜），或由于高胆红素血症而使尿液颜色改变。与低钙血症有关的症状包括颈部下弯（虚弱）、呕吐、便秘、排尿障碍或意识模糊。低镁血症引起的症状包括吞咽困难、衰弱、呼吸困难或心律不齐。低镁血症也可引起溶血。高血糖可引起多尿、多饮及由于渗透性利尿而引起电解质丧失。病猫也可表现心动过速、血压升高及液体潴留，也可发生呼吸窘迫及抽搐。
- 生化检查：如果总胆红素水平至少升高到14 μmol/L（0.8mg/dL），可出现血清或血浆黄疸，患有黄疸病的组织在胆红素水平超过34 μmol/L（2.0mg/dL）时就很明显。应评估电解质水平的变化。如果血清磷浓度低于0.80mmol/L（2.5mg/dL）则可看作低磷酸盐血症，但血清磷水平降低到0.48mmol/L（1.5mg/dL）之前低磷酸盐血症的临床症状一般不太明显。
- 连续血细胞压积测定（serial pack cell volumes，PCV）：PCV的快速下降表明可能发生急性溶血。如果在组织中检查不到黄疸，则检查 PCV的试管应该也能检查出黄疸。最后，检查PCV 也有助于帮助临床医生确定是否需要输血。考虑到溶血的急性性质，如果PCV降低到0.2 L/L（20%）以下，则应考虑输血。
- 血液涂片检查：血液涂片中发现海因茨体可有助于证实溶血，但少量的海因茨体在猫的外周血液就正常存在。诊断猫的溶血性贫血时，除了应找到海因茨体外，必须要有再生（如网织红细胞或多染色性红细胞增加）及高胆红素血症或高胆红素尿症存在的证据。在溶血后的头3～4d，由于溶血过程为急性，因此贫血为非再生性的，但其实贫血为真正的再生性贫血。

辅助诊断

- 血常规（CBC）：CBC可用于确诊贫血及血小板减少症（thrombocytopenia）。自动血小板计数常常不可靠，如果计数低，则应检查染色血液涂片。

诊断注意事项

- 猫由严重的低磷血症［低于0.32mmol/L（1.0mg/dL）］引起的溶血最常与糖尿病酮症酸中毒（diabetic ketoacidosis，DKA）有关，是由于碳水化合物过多，同时给病猫有规律地注射胰岛素导致厌食所引起。

治疗

主要疗法

- 纠正低磷血症：液体疗法中采用磷酸钠及磷酸钾。如果病猫发生严重的低磷酸盐血症［＜0.32mmol/L（1.0mg/dl）］，可在无钙的平衡电解质液体中加入注射用磷酸盐，注射速度为每小时0.01～0.06mmol/kg IV，注射6h（即0.06～0.18mmol/kg，6h内IV）。每毫升磷酸钠或磷酸钾注射液应分别含有3.0mmol磷酸盐和4.4mmol钠或钾。在磷开始升高后，只要病猫能够耐受PO用药，应立即开始口服补充磷。补充无乳糖牛奶，如脱脂奶，或以每天0.5～2.0mmol/kg的剂量口服磷酸盐，如磷酸钠口服液（Fleet®Phospho®Soda）。Phospho Soda的浓度为4.15mmol/mL。开始采用磷酸钠或磷酸钾治疗后3～6h再次检测血清磷水平，之后每隔6h检查一次，直到血清磷达到 0.65mmol/L（2.0mg/dL）的水平，此时可停止补充磷酸盐。开始再次给予营养数天后应每隔12h检查电解质水平。
- 纠正低钾血症：注射氯化钾（KCl），速度应满足病猫脱水的需要，但不应超过每小时0.5mmol/kg。如果使用磷酸钾（K_3PO_4），则应根据磷酸钾中钾的量减少氯化钾的量。表188–1列出了根据血清钾水平建议补充的KCl的量。表188–2为液体中加入K_3PO_4及 KCl的计算方法。
- 纠正低镁血症：以9.25mEq/g的剂量注射50％氯化镁溶液，或以8.13mEq/g的剂量注射50％硫酸镁溶液，IV；用5％葡萄糖及水配制成20％溶液，以每天0.75～1.0mEq/kg 的速度恒速注射2～3d，之后将剂量减少为每天0.3～ 0.5mEq/kg，连用2～5d。
- 输血：由于会发生急性及快速溶血，因此如果PCV降低到低于0.2L/L（20％），建议输血。应以每小时2～3mL/kg的速度输入全血，最大输血量为30mL/kg。参见第295 章。

表188–1　500mL液体中补充的氯化钾

血清钾水平（mmol/L）	加入到500mL液体中的氯化钾（mmol）
＜2.0	25
2.0～2.5	20
2.5～3.0	15
3.0～3.5	10
3.5～5.0	2
＞5.5	0～2

辅助疗法

- 补充硫氨酸：硫氨酸为葡萄糖参与的许多代谢反应的辅助因子。硫胺素（维生素B_1）耗竭可因渗透性利尿所引起，因此可直接在1L液体中加入25～50mg维生素B_1（或B族维生素复合物，含50mg/mL维生素B_1）进行补充，也可每天2次，给予25～50mg，SC。B族维生素复合物不太敏感。如果加入到静脉输液中，输液袋应避光。
- 高蛋白、低碳水化合物日粮：一旦病猫病情稳定，则可连续给予含有足够磷水平的日粮。高蛋白、低碳水化合物日粮，如 MaximumCalorie®（Eukanuba®，Dayton，OH）就能最好地满足这种需要。再次灌食时不要采用低磷酸盐（低蛋白）饲料胃肠灌服。
- 磷纠正过度：如果发生高磷血症，则应停用所有其他补充电解质的治疗方法，开始IV利尿，直到水平恢复正常。如果发生手足抽搐，可采用葡萄糖酸钙（以1.0～1.5mL/kg剂量，IV缓慢给药，10～30min内发挥作用，可采用10％溶液）。

治疗注意事项

- 在开始强饲之前血清磷可能在正常范围之内，但在继续强饲时可发生低磷血症。
- 如果由于采用胰岛素治疗或营养过度（hyperalimentation）时引起低磷血症或溶血性贫血，则应在补充磷时停用胰岛素或暂时停止给予食物（2h）。

表188-2　输液中加入PO_4^{3-}及KCl的计算方法举例

条件	体重= 5.0kg 液体= 500mL 0.9%NaCl 血清磷= 0.29mmol/L（0.9mg/dL） 血清钾= 1.8mmol/L 病猫理想的给药速度=10mL/h
需要的K_3PO_4的剂量	补充磷的速度=每小时0.05mmol/kg（共6h）=0.25mmol/h（共6h，或1.5mmol，6h以上）
每毫升K_3PO_4中的PO_4^{3-}的量	K_3PO_4的浓度=3.0mmol/mL PO_4^{3-}及4.4mmol/mL
输液袋中加入的（PO_4）^{3}的量	配制“X”mmol的PO_4^{3-}: “X”mmol/500 mL NaCl = 0.25mmol PO_4^{3-}/10mL 输液速度X = 12.5 mmol PO_4^{3-} “X”= 12.5mmol（PO“X”= 12.5 mmol PO_4^{3-} 12.5mmol PO_4^{3-} ÷ 3.0mmol PO_4^{3-}/mL K_3PO_4= 4.2 mL K_3PO_4
输液袋中加入的钾的量*	首先计算4.2mL K_3PO_4中K的量 4.2mL K_3PO_4 × 4.4mmol K/mL K（PO_4）^{3}=18.48mmol K 然后从加入到液体中的KCl中扣除18.48 mmolK: 25mmolKCl−18.48mmol K = 6.52 mmol KCl 加入到500mL 0.9%NaCl中 加入的KCl量=6.52mmol KCl ÷ 2mmol/mL=3.26mL KCl
小结：500mL 0.9%NaCl中加入4.2mLK_3PO_4及3.26mL KCl	
最后检查加入的钾的量	每小时的输液速度不能超过 0.5mmol K/kg，因此应检查：0.5mmol K × 5.0kg=不能超过2.5mmol K/h 公式：mmol/输液袋的总量 × 输液速度=mmol/h<2.5mmol/h=25mmol/500mL 液体 × 10mL/h=0.5mmol总量/h<2.5mmol/h

* 注意：根据给定数据计算，但因医生的偏好，建议的总钾需要量可能不同。

- 猫患DKA时可能需要采用大剂量的磷（每小时0.06～0.12mmol/kg IV）及长期治疗（长达24h）。
- 患高钙血症的猫注射磷时必须要小心，因为过量的钙可导致软组织钙化。这些病猫应避免静脉内补充磷。静脉内补充磷的并发症包括低钙血症、营养不良性软组织钙化及急性肾衰。轻度低磷酸盐血症的猫应口服补充磷。
- 虽然乳酸林格氏液在不能选择其他液体时可以采用，但最好用0.9% 生理盐水或Normosol溶液，以减少形成钙和磷复合物的机会。
- 高血糖通常可通过输液纠正。发生严重高血糖时，应增加输液速度。
- 在需要输血的病例，由于储存的红细胞可能利用血清磷，进而引起低磷血症，因此最好使用全血。

预后

在发生强饲引起的并发症时，在治疗所有潜在疾病的同时，如果能及时鉴别临床症状，及早采取各种方法治疗，则可在数天内恢复。

参考文献

Center SA, Richards, JR. 2005. Feline hepatic lipidosis. *Vet Clin North Am Sm Anim Pract*. 35(1): 225–269.

Giger U. 2005. Regenerative anemias caused by blood loss or hemolysis. In SJ Ettinger, EC Feldman, eds., *Textbook of Veterinary Internal Medicine*, 6th ed., pp. 1886–1907. St. Louis: Elsevier Saunders.

Justin RB, Hohenhaus AE. 1995. Hypophosphatemia associated with enteral alimentation in cats. *J Vet Inter Med*. 9:228–233.

Stockham SL, Scott MA. 2002. Erythrocytes. In SL Stockham, MA Scott, eds., *Fundamentals of Veterinary Clinical Pathology*, pp. 105–135. Ames: Iowa State Press.

Stockham SL, Scott MA. 2002. Calcium, Phosphorus, Magnesium, and Their Regulatory Hormones. In SL Stockham, MA Scott, eds., *Fundamentals of Veterinary Clinical Pathology*, pp. 401–432. Ames: Iowa State Press.

第189章
急性肾衰
Renal Failure，Acute

Sharon Fooshee Grace

概述

急性肾衰（acute renal failure，ARF）为一种肾机能突然降低的临床综合征（并非一种特异性疾病），通常由中毒、感染或血管/缺血等原因所引起。肾脏由于接受大量的血流（为心输出量的 20%～25%），因此对各种原因引起的损伤很敏感。局部缺血可剥夺管状细胞用于代谢过程的氧的需要，导致细胞中钙蓄积，引起管状细胞膜破裂及血管收缩。由肾毒素引起的ARF在兽医实践中较为常见，可由许多药物、化学物质及植物所引起。感染为猫和犬引起ARF的另外一种很常见的原因。发生ARF时，肾小管或肾小球（或两种）可能受损。已知的病因见表189-1 。

引起ARF的原因可根据起源分为肾前（即肾脏血流不足，如发生脱水时）、本质上或主要在肾脏（即由于中毒、缺血及感染等引起肾实质损伤）和肾后（如阻塞）。考虑发病的原因有助于在临床上治疗潜在的风险因素，以便在可能时防止发生ARF。风险因素具有叠加作用，包括已有的肾脏或其他主要器官的疾病以及临床状况（如脱水、麻醉、肾脏毒性药物、低血压或高血压、败血症、心输出减少、创伤及电解质异常等）。脱水及血容量消耗是最为常见也最易于预防的发生ARF的风险因子。

急性肾脏性肾衰包括三个阶段：起始期、维持期及恢复期。在起始期，肾脏受损，血管和细胞发生损害，导致尿液和肌酐排泄减少及发生氮血症。少尿（oliguria）（或无尿）及浓缩尿液的能力下降是维持期的主要特点。细胞肿大、细胞坏死及细胞碎屑进入管腔，阻塞肾小管中液体的流动。该期可持续数天到数周；许多病猫在该期死亡或实施安乐死。恢复期（利尿期）的主要特点是溶质诱导利尿（solute-induced diuresis），发生明显的多尿，可持续长达数月。有些猫的肾机能可得到明显恢复，有些猫则尽管多尿，但仍可发生持续性的尿毒症。

表189-1　急性肾衰已知的原因

麻醉药/麻醉
烧伤（严重）
心脏疾病，心律不齐、心搏骤停
脱水
药物
抗菌药物、氨基糖苷类（即庆大霉素和巴龙霉素），磺胺类药物和四环素
抗真菌药物，两性霉素B
非甾体类抗炎药物
血管紧张素转化酶抑制因子
乙二醇*
出血
高钙血症
含有维生素D_3的灭鼠剂或先天性因素
高血压
低血压
免疫介导性疾病（罕见）
传染性因素
肾盂肾炎*
尿路阻塞
肾结石或输尿管结石*
尿道阻塞（即猫先天性膀胱炎）
肿瘤
特别是淋巴瘤
胰腺炎
色素
肌红蛋白及血红蛋白
植物
特别是百合科植物*（参见第 170章）
射线造影剂
休克、创伤
肾动脉血栓栓塞

* 最为常见。

诊断

进行ARF鉴别诊断时需要考虑许多疾病状况。

主要诊断

- 病史：应向猫主询问关于：（a）疾病的开始、持续时间及进展；（b）猫所处的环境（即能否接触到乙二醇、维生素D_3灭鼠剂或百合，能否接触到药物，是否在户外活动）；（c）是否近期使用过麻醉剂，列出所有使用过的药物。
- 查体：临床症状通常不具特异性，多在开始时出现。检查猫时（及在开始任何治疗之前），关键是要获得准确的基础体重及确定水化状态。如果发生肾囊内肿大，则肾脏可增大而有痛感。
- 基础检查［血常规（CBC）、生化检查及电解质、尿液分析（尿沉渣检查）及逆转录病毒检测］：CBC通常变化不明显，肌酐及血液尿素氮（BUN）水平升高。由于肾小球对磷酸盐的滤过降低，因此发生高磷酸盐血症。钠的水平有明显变化。发生高钾血症时可出现少尿/无尿。钙通常正常，但可增加（维生素D_3灭鼠剂）或降低（乙二醇中毒）。尿液分析通常可发现等渗尿或浓缩不完全的尿液（＜1.035）及蛋白尿，也可发生血尿及糖尿。每次采集尿液时均应检查尿沉渣，检查是否存在白细胞及细菌（尿路感染）、管形（肾小管损伤）、上皮细胞、细胞沉渣及结晶（乙二醇中毒时的草酸钙结晶）。
- 尿液培养：由于大量尿沉渣的猫尿液培养时均会出现细菌生长，因此在所有患有ARF的猫均应进行尿液培养。如果在尿液沉渣中观察到白细胞管形或细菌，或猫表现发热，则尿液培养极为重要。最好经膀胱穿刺采集尿液，在采用抗生素治疗之前进行培养。
- 腹腔X线检查或超声诊断：腹腔X线检查有助于确定不能透过射线的尿结石、评判膀胱的一般大小、测定每个肾脏的大小。从背腹观时，去势的猫肾脏的大小为第二腰椎长度的2.0～2.5倍，正常猫为2.0～3.0倍。X线检查比超声检查更能可靠地发现输尿管结石。如果病猫少尿或无尿，而且不能忍受液体疗法，则可通过胸腔X线检查评估是否有肺水肿或腹水。年轻的成年猫，肾脏超声纵向扫描测定的长度为38～42mm。超声检查也可有助于评判鉴定乙二醇中毒。具体见图70-2 。
- 尿液产出（urine output，UOP）：发生ARF时，UOP表现为无尿、少尿到多尿。正常时尿液产出为每小时1～2mL/kg。补液充分而不能产生尿液时称为少尿（oliguric）（每小时＜1mL/kg）或无尿（anuric）（没有尿液或每小时＜0.08mL/kg）。可在代谢笼中采集尿液测定尿量的多少，也可采用间歇性插管或密闭的留置管采集尿液进行测定。重要的是，在病猫充分水化之前难以准确测定UOP。一旦补液正常（euhydration），病猫血压正常（normotensive），则治疗的主要目的就是恢复UOP最少达到每小时1～2mL/kg。

辅助诊断

- 胸腔X线检查或心脏超声检查：如果由于液体疗法时血容量迅速扩增，怀疑猫发生了心脏病（如心脏杂音），则应进行上述检查。肺血管扩张或小肠水肿说明发生了血容量增加过多。
- 眼底检查：眼底检查可发现视网膜出血或视网膜脱落，由此表明可能发生了高血压。
- 血压测定：平均动脉压降低到70mmHg以下，则肾脏灌注呈线性减少。另一方面，有些患有肾病的猫可表现高血压。
- 中心静脉压（central venous pressure，CVP）：如有可能，监测CVP的变化可防止水合过度。血容量扩张的病猫CVP为4～8cmH_2O；过度水化的病猫可达到或超过10cmH_2O。如果不能测定CVP，可经常称重，听诊肺脏，检查是否有水肿，可进行胸腔X线检查，测定压积红细胞（PCV）及总蛋白水平，这些检查有助于测量水化的程度。插管进行CVP测定的详细方法可参阅有关临床护理的教科书。
- 乙二醇试验：可采用家庭测定方法，商业兽医诊断实验室也可进行检测。详细参见第70章。
- 肾脏活检：组织病理学检查不一定能确定ARF的原因，但对建立预后极为重要。如果基膜及肾小管完整，则说明病情可以恢复，但进行这种检查时必须要考虑麻醉的风险及获得的信息的可能价值。

诊断注意事项

- 如果通过密闭的引流系统或间歇性插管检测UOP不切实际或难以进行，可将一清洁干燥的猫沙盆置于笼中。能够排尿的猫大多数能够接受空的猫沙盆排尿。经常检查猫沙盆，采集及测定尿液的量。应确定猫沙盆的深度，而且不能轻易翻倒。
- 有时区分急性及慢性肾衰（及急性肾衰与慢性肾衰并发）可能很困难或不可能。慢性肾衰时的检查结果经常包括慢性厌食和失重；体况差，肾脏小而不规则，非再生性贫血；稳定的氮血症及非活跃性尿液沉渣。PCV是最为可靠的区分试验；发生ARF的猫典型情况下可表现为 PCV正常。

- 螺旋体病是犬常见的引起 ARF的感染性原因，但猫对临床型螺旋体病具有抵抗力。

治疗

主要疗法

- 严重血容量减少的治疗：如果病猫发生严重的血容量减少或低血压，则可将液体按40～90mL/kg的剂量四等分，用药1h，直到血容量减少及休克得到恢复。
- 补充脱水：在开始采用液体疗法之前必须将猫称重，确定其脱水状态。如果猫能耐受额外的液体补充，则可在开始2～4h内补充缺少的液体。除非猫发生了高钾血症，采用乳酸林格氏液（LRS）就足以引起水化；LRS还具有轻微的缓解代谢性酸中毒的作用。如果猫发生高钾血症，可用0.9%氯化钠治疗。替换的液体量的计算参见第302章。在完成纠正液体异常之前不能测定UOP。
- 补充维持体液：在输液治疗期间，液体的维持速度为每天40～66mL/kg。在重建血管容量后（参见“脱水”），可按维持速度的2～4倍，或者按确保持续利尿的速度继续用药。可采用缓冲的平衡电解质溶液。如果猫少尿或无尿，则必须要注意避免水化过度。经常测定猫的体重及UOP极为关键。应经常检查猫的肺脏是否有负荷过重（volume overload），特别是当UOP没有按预期增加时更应如此。另外一种计算液体亏损及维持需要的方法是，只要低血容量性休克已经逆转，开始时可以2～3倍维持需要的量进行液体治疗，但必须要监测尿液产出。
- 纠正电解质及酸碱紊乱：ARF时的电解质异常包括高钾血症或低钾血症、高磷酸盐血症及低钙血症或高钙血症。在进行液体治疗期间应经常性地检查电解质状况。少尿及无尿状态时常见高钾血症（参见第106章），而且可能会危及生命。低钾血症常常发生于实施液体疗法及开始利尿之后（参见第114章）。低钙血症可能为高磷血症的后果，可使高钾血症的作用更为恶化（参见第113章）。高磷血症可引起肾脏损伤，在危急病猫，可用液体疗法进行治疗。ARF时常常可发生代谢性酸中毒，但在准确测定血液pH之前不应进行纠正。扩张血容量，同时采用LRS缓冲，以及采用液体利尿，通常可改进或纠正酸中毒。
- 诱导利尿：如果猫已经表现多尿，可继续采用积极的液体疗法，同时监测电解质和脱水状态。如果异常已得到纠正，而且补液充分，但尿液产生仍然每小时＜1～2mL/kg，应考虑利尿。开始时最好采用呋喃苯胺酸进行治疗，可采用环形大剂量给药利尿（loop diuretic）（2mg/kg IV），30min内可见UOP明显改善（最大量出现在1h）。如果未发生改进，可将剂量加倍（4mg/kg），初始剂量后1～2h给药。如果此时仍无改进，可将剂量增加3倍（6mg/kg IV），如果在最大剂量后3～4h仍无改进，则可使用渗透性利尿剂。甘露醇为一种渗透性利尿剂，具有轻微的扩张肾血管作用，如果猫过度水化，则禁用这种药物。可采用20%的溶液（0.2g/mL），20min内缓慢静注（0.25~1.0g/kg或1.25～5.0mL/kg），如果未发现UOP增加，可在1h内重复用药。如果猫过度水化，则不能采用甘露醇，应使用10%葡萄糖溶液。开始20min灌注的速度为2～10mL/min，并检查尿液中的葡萄糖。如果未见尿糖，则停用葡萄糖。如果存在尿糖，可在20min内采用22mL/kg的总剂量。一旦能够建立利尿，则可逆转尿毒症的症状，病猫能够采食时，应在3～5d内缓慢减少剂量。如果不能建立尿流，唯一可选用的另外一种方法是采用腹膜透析（peritoneal dialysis）或血液透析（hemodialysis），但预后差。

辅助疗法

- 抗生素疗法：如果怀疑猫发生肾盂肾炎，则可采用抗生素疗法。如果怀疑发生细菌感染，则在进行培养期间可采用广谱抗生素治疗，但只能开始于采集尿液进行培养之后。
- 如果持续呕吐而发生尿毒症并发症时，可采用止吐药物［胃复安、氯丙嗪（只能用于血压正常时）］及H_2阻断剂（西咪替丁、雷尼替丁、法莫替丁），这些药物均具有一定疗效。
- 呕吐的治疗参见第 229章。新的抗呕吐药物包括马罗皮坦（maropitant）（Cerenia®；1mg/kg q24h SC）和昂丹司琼（ondansetron）（0.1～0.15mg/kg q8～12h，缓慢静脉推注）。
- 治疗摄入的毒物：如果在就诊前摄入毒性物质，可诱导呕吐、洗胃及采用活性炭治疗。参见第170 章。
- 患低蛋白血症的猫采用胶体输液疗法（colloid

therapy）由于降低了血浆胶体渗透压（plasma oncotic pressure），易于引起血容量过高。合成的胶体药物对改进胶体渗透压效果要比血浆好。关于胶体疗法的详细情况，可参见第302章。

- 营养支持疗法：损伤的肾脏组织修复需要蛋白和能量，可采用注射器饲喂及采用鼻胃管饲喂，但在某些病例可采用胃管饲喂（参见第308章）。但必须要比较两种方法相应的应激。
- 腹膜透析（peritoneal dialysis）：在发生ARF而且不能对积极的药物治疗发生反应时，可采用腹膜透析。但在转诊中心可能难以实施，主要是由于维持这种设备的费用及在维持病猫时需要精心护理。
- 血液透析（hemodialysis）：不能对利尿及液体疗法发生反应的ARF应进行血液透析，但这种医疗设施通常有限且昂贵。最为完整的器官移植中心可从下列网站找到：http：//www.felinecrf.com/transb.htm。参见第327章。

治疗注意事项

- 经常检查体重极为重要，特别是在输液期，这样可防止发生血容量过多。病猫的体况及对液体疗法的耐受性常常变化很快。过度水化的症状包括心动过速、呼吸急促、体重增加及听诊时可闻爆裂音。
- 对低钠血症的病猫不应使用速尿；钠的耗竭可增加肾脏损伤的风险，而且其不应与庆大霉素合用，因为速尿可加强该药物的肾脏毒性。
- 在少尿、血容量过度的病猫不能使用甘露醇，因为其不能被代谢，只能滤过而排出。如果没有充足的尿液产生，则病猫不能从体内排出甘露醇。高渗性葡萄糖可被代谢，因此可代替甘露醇。
- 治疗猫的ARF时不建议采用多巴胺。近来的研究表明猫不具有肾脏多巴胺机能性受体。此外，该药物可使肾脏对氧的消耗增加，对全身血压有抑制作用，因此可使得缺血性损伤恶化。

预后

毒素引起的肾衰预后比缺血引起的肾衰好治，主要是因为肾小管基膜在中毒时更有可能得到保护。将少尿/无尿ARF 转变为多尿性ARF并不一定能改善尿液的产生及生成时间，但如果少尿/无尿持续存在，病猫可死亡。百合花中毒引起的ARF预后 （即使不进行早期干预）比乙二醇中毒差。成功治疗通常可引起肾机能不全。参见第 191 章。

参考文献

Bleedom J, Pressler B. 2008. Screening and medical management of feline kidney transplant candidates. *Vet Med.* 103(2):92–102.

Labato MA. 2001. Strategies for management of acute renal failure. *Vet Clin North Amer.* 31(6):1265–1286.

Langston CE. 2002. Acute renal failure caused by lily ingestion in six cats. *J Amer Vet Med Assoc.* 220(1):49–52.

Worwag S, Langston CE. 2008. Acute intrinsic renal failure in cats. *J Am Vet Med Assoc.* 232(5):728–732.

第190章
慢性肾衰
Renal Failure，Chronic

Gary D. Norsworthy

概述

慢性肾脏疾病（chronic renal disease，CRF）是在生后的头几年就开始的肾脏病理变化的继续，病程进展的结果是通常在老年时发生肾衰（renal failure，RF）。肾脏机能不全（renal insufficiency，RI）及RF为这种继续的两个阶段，在临床上虽然不同，但互有关联。肾脏机能不全（renal insufficiency）是指猫的肌酐水平超过正常，可达 440 ~ 530 μmol/L（5.0 ~ 6.0mg/dL），约相当于国际肾脏疾病协会（International Renal Interest Society，IRIS）的第4阶段的水平。见表191–1。这些病猫不表现临床症状，或者表现轻微的肾病症状，包括食欲降低、轻度失重、轻度多饮及轻度多尿，后两种情况猫主常常难以察觉。肾衰（renal failure）是指猫的肌酐水平超过约485 μmol/L（5.5mg/dL），相当于IRIS第4阶段。这种病猫通常厌食、脱水、多尿及多饮。本章主要介绍慢性肾衰（chronic renal failure，CRF），关于RI，参见第191章。

CRF通常为一系列常常无关的肾脏刺激所造成的结果，包括肾盂肾炎、注射氨基糖苷类药物、毒素、创伤等，但只要发生RF时确切的原因很难确定。明显的例外是多囊性肾病。由于大多数患病的猫为老年猫，因此在一定程度上可能为正常老化过程所造成的结果。发生CRF之前可发生慢性RI，可持续数月，发生CRF时，最为常见的临床症状包括失重、厌食、昏睡、多尿及多饮，可发生呕吐，但不太常见，与犬相比，可发生于疾病的更后期。患有CRF的许多猫发生脱水及消瘦，黏膜苍白。肾脏通常比正常小，触诊、X线检查及超声检查均可发现这种异常。

甲状腺机能亢进通常也见于与RI及RF同样年龄范围的猫，甲状腺机能亢进状态常常可增加肾脏灌注，可屏蔽肾脏疾病。甲状腺机能恢复正常时，肾脏疾病可引起代谢失调，变为具有明显临床症状的疾病。参见第109章。

诊断

主要诊断

- 临床症状：老年猫如果表现厌食、多饮及多尿，表现明显的失重，则应怀疑患有CRF。虽然典型情况下就存在这些症状，但许多猫主并不能识别，主要是由于家里饲养有多只猫、猫具有户外活动的习惯及猫主不专心所引起。
- 实验室检查：通常的实验室检查结果包括非再生性贫血、氮血症、高磷酸盐血症、代谢性酸中毒、尿液相对密度降低。
- 尿液培养：由于肾盂肾炎是导致RF的肾脏疾病的重要病因，因此建议进行尿液培养。由于在猫不常见到原发性细菌性膀胱炎，因此尿液培养呈阳性则很有可能说明发生了细菌性肾盂肾炎。细菌性尿道感染的风险在猫10岁以后明显增加，特别是在母猫。有研究表明，慢性肾病的猫12%尿液培养呈阳性。

诊断注意事项

- 对血清肌酐水平而言，在非肾脏因素的影响中以血液尿素氮（BUN）的影响最大，因此最好对其进行检查。失去75%以上的肾机能时首先可见到血清肌酐水平升高，在其达到440 ~ 530 μmol/L（5.0 ~ 6.0mg/dL）以上时，85%以上的肾机能丧失。瘦弱的猫肌酐水平明显降低，因此在检查时应考虑这点。在这种情况下，如果猫的水化状态正常，能排除其他肾前因素时，BUN水平更能反映出肾脏机能。
- 重要的是要区分急性及慢性RF。典型情况下，猫患有CRF时可出现非再生性贫血；而猫患急性 RF时除非存在其他引起贫血的疾病，一般不发生贫血。血清钾水平对诊断也具有帮助作用，高钾血症常常见于急性RF时，而低钾血症则常常见于CRF。
- 许多患有CRF的猫表现为全身性高血压，因此建议测定血压。如果高血压与肾脏疾病有关，可能需要进行长期的降低血压治疗。参见第107章。

- 虽然在肌酐水平升高之前尿液相对密度可降低，但有些患有 RF的猫尿液相对密度大于1.020，这是由于猫的尿液浓缩能力要比犬大，可将其尿液浓缩能力维持到RF病程的很后期。

治疗

主要疗法

- 补液及利尿：可通过插入静脉导管及注射等渗平衡液体，如乳酸林格氏液等进行治疗。如果未发生过度水化，可以维持剂量的1.5～2.0倍采用液体疗法。最好采用中央静脉导管，因为采用插管输液可能需要3～7d，这样也可重复采集血液。参见“辅助疗法”及第114 章。
- 刺激食欲：可用法莫替丁（0.5～1.0mg/kg q12h PO）或其他H_2–阻断剂控制胃酸过多症（gastric hyperacidity）。胃酸过度可引起恶心及厌食，因此法莫替丁可有助于治疗猫患RF时的厌食。在许多猫，米氮平（每只猫3.25mg q48～72h PO）及赛庚啶（每只猫2mg q12h PO）均为有效的食欲刺激药物。
- 肠内饲喂：经常会发现厌食，但不常发现呕吐，因此最好经口胃管或鼻胃管饲喂平衡饲料。如果提供充足的营养，则水合状态及一般健康状况均会明显改善。参见第308章。
- 钾：厌食（缺少摄入）及长期多尿（排出过度）可引起低钾血症，可进一步降低 RF。静脉输液可加重低钾血症。每升静脉输液中应加入氯化钾（40～60 mmol），或每天口服4～8mmol葡萄糖酸钾（参见“治疗注意事项”）。口服钾有多种形式，但最好采用葡萄糖酸钾。
- 磷结合剂：肾机能如果损失85%或以上，则可引起高磷血症，这种情况常见于CRF，但在RI时则少见得多。磷结合剂有助于恢复血清磷水平正常。氢氧化铝（50mg/kg q12h，加入食物；调整剂量以发挥作用）、乙酸钙（PhosLo®，每只猫166mg，q12h，加入食物）、碳酸钙（Epakitin®；每天90～150mg/kg）及碳酸镧（lanthanum carbonate）［Renalzin®；200mg（1次剂量）q12h，加入食物中］是可供选择的药物。如果采用含有钙的产品，应密切监测是否会引起高钙血症。如果在治疗期间发生这种现象，或治疗之前就存在，则应改换产品。
- B族维生素：水溶性B族维生素复合物的丧失可能为多尿及厌食所引起。

辅助疗法

- 降低血压：25%以上的病例全身性高血压见于猫患RF时，因此特别建议应检查血压。可选用的药物有氨氯地平（每只猫0.625mg，q24h PO，调整剂量以发挥作用）。如果采用氨氯地平治疗3～5d不能使血压恢复正常，则可加入苯那普利（0.5~1.0mg/kg q24h PO）。如果发生肾脏损伤，则应同时采用硝酸甘油油膏［0.5cm q6~8h，开始48h内经真皮给药］治疗。参见第107章。
- 红细胞生成素疗法（erythropoietin replacement）：当压积红细胞（PCV）低于15%时可采用这种方法治疗。这种治疗可极大地提高猫的食欲及能量水平，可使用的药物有人重组红细胞生成素［epoetinalfa（r–HuEPO；Epogen®）］及阿法达贝泊汀（darbepoetin alfa）（Aranesp®）。Epogen的剂量为100U/kg，每周3次，SC，直到 PCV达到30%，然后100U/kg，每周2次，直到PCV达到40%，然后或者停药，或者以75～100U/kg q7~14d SC继续用药。安然艾斯普（Aranesp）的初始剂量每周每只猫6.25 μg，然后以q2～4周维持。此后根据血细胞容积决定用药间隔时间。两种产品均可刺激抗体产生，而且两者的价格均较贵。参见“治疗注意事项”。
- 输血：如果血细胞容积（hematocrit）低于15%，建议输血，可在采用红细胞生成素治疗的同时进行。
- 骨化三醇：可采用维生素D的活性成分防止肾脏继发性甲状旁腺机能亢进（renal secondary hyperparathyroidism）。采用这种药物治疗的目的是增加食欲，减少失重，增加寿命，但目前还缺少令人信服的支持这种效力的研究结果。该药物的剂量为2.5ng/kg q24h PO或9ng/kg q24h PO，必须制成混合剂用药。如果骨化三醇与含钙的磷酸盐结合剂同时使用，则由于离子化钙水平增加，因此可发生高钙血症。如果在使用期间发生高钙血症状，则应停用骨化三醇。如果血清钙（mg/dL）和磷（mg/dL）水平超过70，则不应使用骨化三醇，以避免可能会引起的细胞内钙化。

治疗注意事项

- 如果治疗可以奏效，肌酐水平罕见会恢复到正常，而猫从明显的RF转变为RI。在这种情况下，应根据情况继续进行治疗。参见第191章。
- 静注钾过量或速度过快可能会致死。因此应注意静注钾时不能太快，不应超过每小时0.5mmol/kg。口服时钾的安全边界较宽。
- 人用钾补充剂有些含有磷，因此应避免使用。
- 如果发生腹泻，应采用肾病专用饲料饲喂，这种饲料限制蛋白和磷，而且不具有酸化作用。这种饲料有多种商业产品，有时需要试验多种才能找到猫能够很好采食的饲料。
- 在治疗肾病引起的贫血时，有人比促红细胞生成素（Epogen）更喜欢采用安然艾斯普（Aranesp），这是因为安然艾斯普效果与促红细胞生成素相当，治疗费用相似，但更为安全。虽然产生抗体仍是主要问题，但与促红细胞生成素相比只有约20%。如果产生抗体，则抗体可破坏注射的促红细胞生成素及内源性的促红细胞生成素，使得病猫几乎不可能生存。
- 无尿的 RF可产生高钾血症，在这种情况下应禁止注射钾。参见第189章。
- 有些兽医教学医院及专业医院曾成功实施肾脏移植，但这种治疗方法十分昂贵，而且成功率有一定差别，但对于选择的病例可采用这种方法治疗。关于这种手术的方法，参见第327章。

预后

大多数患有CRF的猫，其预后从谨慎到好。一般来说，根据RF的治疗结果在开始治疗时几乎不可能作出确切的预后。但如果肾脏大小不及正常大小的1/3，血清肌酐高于90 μmol/L（10mg/dL），存在低磷酸盐血症状，治疗3～4d不能获得明显的临床及实验室检查结果的改进，则表明预后谨慎到严重。如果猫患有无尿性RF，则预后严重。如果能对治疗发生反应，能进行积极长期的治疗，许多猫可生存1～3年，且能维持好的生活质量。

参考文献

Finco DR, Brown SA, Barsanti JA, et al. 2000. Recent developments in the management of progressive renal failure. In JD Bonagura, ed., *Kirk's Current Veterinary Therapy*, XIII, pp. 861–864. Philadelphia: WB Saunders.

Nagode LA, Chew DJ, Podell M. 1996. Benefits of calcitriol therapy and serum phosphorus control in dogs and cats with chronic renal failure. *Vet Clin North Am.* 26:1293–1330.

Polzin DJ, Osborne CA, Ross S. 2006. In SJ Ettinger, EC Feldman, eds., *Textbook of Veterinary Internal Medicine*, 6th ed., pp. 1756–1785. St. Louis: Elsevier Saunders.

第191章
肾机能不全
Renal Insufficiency

Gary D. Norsworthy

概述

慢性肾脏疾病（chronic renal disease）是在生后头几年就开始的肾脏病变的继续，通常在老年时可进展发生肾衰。肾脏机能不全（renal insuffi ciency，RI）及肾衰（renal failure，RF）是这种持续的两个阶段，在临床上可以区别，但互有关联。肾脏机能不全（renal insufficiency）用于说明肌酐水平高于正常，可高达440 ~ 530 μmol/L（5.0 ~ 6.0mg/dL），相当于国际肾脏疾病协会（IRIS）的第4阶段。见表191–1。这些猫不表现临床症状，或表现轻微的肾脏疾病症状，包括食欲降低、轻微失重、轻微多饮及轻度多尿。后两种情况猫主常常难以察觉。肾衰（renal failure）是指肌酐水平超过485 μmol/L（5.5mg/dL），相当于 IRIS的第4阶段。这种猫通常表现为厌食、脱水、多尿及多饮。本章主要介绍RI，关于RF可参见第190章。

表191–1　国际肾脏疾病协会（IRIS）对肾病的分类

阶段	1	2a *	2b *	3	4
μmol/L	< 140	140 ~ 210	211 ~ 250	251 ~ 440	> 440
mg/dL	< 1.6	1.6 ~ 2.4	2.5 ~ 2.8	2.9 ~ 5.0	> 5.0

*修改自Boyd LM，Langston C，Thompson K，Zivin K，Imanishi M. 2008.

在大多数猫，RI可持续数月才开始表现慢性RF的症状。大多数病猫表现食欲及体重逐渐降低，水的消耗和尿液的产量逐渐增加。这些症状猫主常常数月都难以检查到，主要是由于猫主不专心，症状逐渐开始，而且许多人认为这种症状是正常老化过程所引起。在检查多饮及多尿开始时，最为有意义的是询问猫沙盆中尿液的数量，因为这是猫主最易注意到的。

甲状腺机能亢进通常可发生于年龄为发生RI及RF范围相当的猫，甲状腺机能亢进状态常常可增加肾脏灌注，可屏蔽肾脏疾病。当甲状腺机能恢复正常时，肾病可引起代谢失调，从而成为一种明显的临床疾病。

诊断

主要诊断

- 临床症状：老龄猫如果表现食欲降低，轻微失重、多饮及多尿，则可怀疑发生了RI。由于本病为一种进展性疾病，因此临床症状可随着肌酐的增加而变得严重。肌酐水平低于265 μmol/L（3.0mg/dL）的猫常常不表现症状，或者症状轻微而猫主未能观察到。
- 实验室检查结果：常见的实验室检查结果包括肌酐为220 ~ 530 μmol/L（2.5 ~ 6.0mg/dL）之间，尿液相对密度降低，可能患有轻微的非再生性贫血。血清磷水平可能低于正常或轻度升高。高磷酸盐血症及代谢性酸中毒通常要在肌酐水平超过350 μmol/L（4.0mg/dL）时才出现。

诊断注意事项

- 非肾脏性因素对血清肌酐水平的影响没有血液尿素氮（BUN）明显，因此肌酐水平特异性更高，应进行检查。但在瘦弱的猫肌酐水平可出现假性降低，因此检查时应注意这种情况。在这种情况下，如果猫的水合状态正常，能排除其他肾前因素时，BUN 水平更能反映出肾脏机能。采用体况评分系统也有助于解释肾脏检查的结果（见表153–1）。
- 患RI的猫许多表现为高血压，因此最好检查时测定全身血压。
- 尿微球蛋白尿（urine microalbuminuria）在犬用于早期肾病的筛查试验，但在猫其特异性不强，主要是由于猫的许多肾病均可引起其升高。
- 虽然在肌酐水平升高之前尿液相对密度可能会降低，但有些患有RI的猫相对密度高于1.020，这是因为猫浓缩尿液的能力要比犬强大，其浓缩尿液的能力可一直保留到肾病的后期。
- 在老龄猫常规血液检查中通常就可发现RI，年龄在

10岁以上的猫检查血液就可诊断这种疾病（见表191–2）。

表191–2 依年龄而发生的肾脏机能不全的发病率*

年龄（岁）	肾机能不全的发病率**
12～13	16.4
14～15	32.5
16～17	52.1
18～19	63.6
20+	83.3

* 引自未发表资料， Gary D. Norsworthy. 2005. Study of 235 cats presented to Alamo Feline Health Center，San Antonio，Texas.
* * 根据肌酐水平升高。

- 必须要将急性及慢性RF相区别，这是因为两者的预后不同。典型情况下，猫患有慢性RF时表现非再生性贫血，猫患急性 RF时，除非存在有其他引起贫血的疾病，一般不发生贫血。但患RI的猫这一规律不太可靠，这是因为血红蛋白生成素的产生通常足以维持正常的红细胞产生。

治疗

主要疗法

- 住院治疗及门诊治疗：只要猫的食欲好，则既不需要住院治疗，也不应住院治疗，因为大多数老龄猫不能很好地耐受住院。
- 肾病日粮：限制蛋白的日粮可降低磷的摄入及氮代谢废物的产生，两者均可使猫更好采食。这些日粮也不具有酸化作用，因为酸化日粮能引起代谢性酸中毒，因此这种日粮较为理想。多种这样的商用日粮均作为处方产品出售。选择这种日粮时如果能选择一种以上的品牌，则更能选择到猫愿意采食的日粮。建议采用罐装或干产品，以便与猫所采用的日粮相匹配，但罐装日粮更能提供所需要的液体摄入。
- 苯那普利：近来的研究表明，这种血管紧张素转化酶抑制因子可有效减缓慢性肾病的进展，可用于防止过量的尿液蛋白丧失，也可用于扩张肾小球入球小动脉（ glomerular efferent arteriole），降低肾小球压力，因此可能控制肾脏性高血压。临床上难以确定肾脏性高血压，但如果发生，可导致肾单位丧失，降低肾小球滤过率（glomerular filtration rate，GFR）。肾脏性高血压也是肾机能恶化的主要原因。苯拉普利的剂量为0.5～1.0mg/kg q24h PO。

辅助疗法

- 补液及利尿：如果肌酐水平高于440 μmol/L（5mg/dL）或者猫脱水，建议采用液体疗法治疗2～4d。治疗时可通过静脉插管输液，输入等渗的平衡液体，如乳酸林格氏液或生理盐水；但是许多猫对SC注射大量的液体能很好耐受，也能很好吸收。给液时，可在上午给予150mL，如果在傍晚能够吸收，则可重复，如不能吸收，则可降低傍晚的输液量。
- 口服补钾：肾脏疾病引起的多尿可引起大量的尿液钾丧失，低钾血症可引起或加剧食欲低下及昏睡，可促进发生GFR降低。葡萄糖酸钾（每只猫1～2mmol，q12h PO） 为一种可供选择的钾盐。所有猫如果发生低钾血症，应进行补钾。作者在血清钾浓度为正常范围的下半部分时就给猫补钾。口服大剂量钾不大可能，这是因为剂量大如果足以引起高钾血症则可诱导呕吐。
- 在家进行液体治疗：应根据病猫的临床反应及系列测定的肌酐水平，SC注射液体（乳酸林格氏液或生理盐水），每周给药1～7次（平均每周2～3次）。平均剂量为每只猫150mL，在肩胛间隙给药。采用皮下液体导管（Surgi Vet，Waukesha，WI）可由猫主进行皮下注射而无需针头，可将其手术埋置，埋置时间可达1年或更长，但并非所有的猫均能耐受这种装置，因此最好采用针头注射液体的方法。参见第271章。
- 磷酸盐结合剂：如果肾机能损伤85%或以上则可发生高磷酸盐血症，这常见于慢性RF，也可发生于RI的后期。磷酸盐结合剂有助于使血清磷水平恢复到正常，防止肾脏继发性甲状腺机能亢进的发生。在有些猫，轻微的高磷酸盐血症可采用肾病性日粮（低磷）有效控制。如果日粮治疗30d仍难以奏效，可用氢氧化铝（50mg/kg q12h，加入食物）、乙酸钙（PhosLo®，每只猫166mg，q12h加入食物）、碳酸钙（Epakitin®；每天90～150mg/kg）及碳酸镧［Renalzin®；200mg（1次剂量/mL）q12h，加入食物］。治疗的目的是保持血清磷低于1.6mmol/L（5mg/dL）。如果采用含有钙的产品，应监测是否会发生高钙血症，如果发生，则应改换为不含钙的产品。
- 骨化三醇：这种维生素D的活性形可用于防止肾脏继发性甲状旁腺机能亢进，使用的目的是增加食欲，减少失重，增加寿命，但目前尚无令人信服的支持这种效果的研究结果。骨化三醇的剂量为2.5ng/kg q24h PO或9ng/kg q24h PO，必须要制成混合剂。如果骨化三醇与含有磷酸盐结合剂的钙制剂合理给药，则根据离子化钙水平增高，可导致高钙血症。如果在治疗期间发生高钙血症，则应停用骨化三醇。如果血清钙及磷水平（两者均以mg/dl表示）超过70，则不应采用骨化三醇，以避免发生细胞内钙化。

- 补充红细胞生成素：红细胞生成素为肾脏产生的一种激素，其产生在慢性RF及RI后期时急剧降低。如果PCV低于15%，则应补充。补充可极大地改进猫的食欲和能量水平。可采用人重组红细胞生成素［阿法依泊汀，epoetin alfa（r–HuEPO；Epogen®）］及阿法达贝泊汀（darbepoetin alfa）（Aranesp®）。Epogen的剂量为100U/kg，每周用药3次，SC，直到PCV达到30%，之后剂量为100U/kg，每周2次，SC，直到PCV达到40%，然后或者停药，或者以75～100U/kg q7～14d SC的剂量急性用药。安然艾斯普（Aranesp）的剂量为每只猫6.25μg，开始时每周用药1次，然后维持q2～4周。此后根据血细胞比容决定用药间隔时间。两种产品均能刺激产生抗体，两者的价格也比较昂贵。补充红细胞生成素的治疗方法在大多数患有肾机能不全的猫不能使用。
- 降低血压：许多猫患RI时可发生全身性高血压，因此特别建议应测定血压。可以选用的降低血压的药物有氨氯地平（每只猫0.625mg，PO q24h或调整发挥作用）。如果用氨氯地平治疗3～5d不能使血压恢复正常，则可加入苯那普利（每只猫2.5～5.0mg，PO q24h）。如果存在肾脏损伤，则可同时采用硝酸甘油油膏［6mm q6～8h经皮给药］，且在开始48h进行治疗。参见第107章。
- 刺激食欲的药物：可采用法莫替丁（0.5～1.0mg/kg PO q12h）或其他H_2–阻断剂控制胃酸过多症。胃酸过多可引起恶心，导致厌食，因此采用法莫替丁可有助于发生肾病时厌食病例的治疗。米氮平（每只猫3.75mg，q48～72h PO）及赛庚啶（每只猫2mg，q12h PO）在许多猫均为有效的食欲刺激药物。
- 碱化疗法（alkalinization therapy）：持续性酸中毒（血清碳酸盐低于16mEq/L）可通过口服碳酸氢钠（8～12mg/kg PO q8～12h）或柠檬酸钾（40～60mg/kg PO q8～12h）进行治疗。

治疗注意事项

- 许多接受RI治疗的猫可表现为肌酐降低，甚至在数月内可降低到正常范围，之后再次增加。应该确定，猫主不能将“肾指标正常”（“normal renal values”）等同于“肾脏正常”（“normal kidneys”），从而停止治疗。
- 血管紧张素转化酶抑制素可因钾潴留而引起高钾血症。采用苯那普利及钾治疗的猫应该在合并治疗后2～4周检查其血清钾水平。如果发生高钾血症，则停用或降低口服补钾的剂量。
- 同时启动苯那普利及钾疗法可引起厌食，建议采用其中一种药物治疗1周，之后开始用另外一种药物治疗，用药的前后顺序意义不大。
- 有些人用的补钾药物含有磷，除非猫发生低磷酸盐血症，应避免使用这种药物。
- 红细胞生成素可诱导产生抗体，从而破坏内源性及外源性红细胞生成素，因此使得猫依赖于输血。有人认为如有可能应停用这种药物。但如果长期使用，则在PCV超过50%或出现抗体形成的症状时（即发热、厌食、关节疼痛、皮肤或黏膜溃疡或蜂窝织炎）则应停用。如果长期使用这种药物，应采用右旋糖酐铁（iron dextran）（每只猫50mg，q30d IM）补充基础铁离子。另外，也可给予硫酸铁（每只猫50～100mg，q24h PO）。
- 补充碳酸氢钠的一种实用的方法是1L水中加入17 茶匙小苏打，配制成1mmol/mL的溶液，q12～24h PO给药1～2mL。该剂量主要是调整血清HCO_3^-水平。该溶液如果密封冰箱保存，可稳定达3个月。
- 一般来说，作者治疗肌酐水平在350 μmol/L（4.0mg/dL）以下的猫时，采用肾病日粮，补充钾及苯那普利进行治疗。如果肌酐水平超过350 μmol/L（4.0mg/dL），可采用皮下液体疗法。其他药物可根据PRN给予。
- 应每隔3个月再次进行检查，检查的内容包括肌酐、钾、磷及PCV水平，同时测定血压。如果采用骨化三醇或含有磷酸盐结合剂的钙制剂治疗，则应测定钙水平，应注意体重、食欲及姿势等的变化。有些猫在临床上可能比其预计的血液数据更为稳定。如果积极地长期在家管理，则RI的预后好，猫常可生活1～3年后才开始发生RF。

参考文献

Boyd LM, Langston C, Thompson K, et al. 2008. Survival in Cats with Naturally Occurring Chronic Kidney Disease (2000–2002). *J Vet Intern Med.* 22(5):1111–1117.

Brown SA, Brown CA, Jacobs G, et al. 2001. Effects of the angiotensin converting enzyme inhibitor benazepril in cats with induced renal insufficiency. *Am J Vet Res.* 62(3):375–382.

Polzin DJ, Osborne CA, Ross S. 2005. In SJ Ettinger, EC Feldman, eds., *Textbook of Veterinary Internal Medicine*, 6th ed., pp. 1756–1785. St. Louis: Elsevier Saunders.

第192章
限制性心肌病
Restrictive Cardiomyopathy

Larry P. Tilley

概述

限制性心肌病（restrictive cardiomyopathy，RCM）为一种不常见的心脏病，主要特点为心肌或心内膜下纤维化。发生本病的原因尚不清楚，但心肌炎可能诱发本病的发生。RCM可并发于肥厚型心肌病或扩张型心肌病。心肌纤维化可导致心脏舒张机能紊乱（正常机能丧失，loss of compliance）及心脏收缩机能异常（收缩性降低），引起RCM的原因可分为间歇性心肌病，接着可发生普遍性的充血性心衰，导致衰弱及呼吸窘迫。根据发生率的高低，听诊异常主要包括奔马律、心律不齐及杂音。其他查体检查结果包括腹水、肝肿大、呼吸杂音、胸腔积液及主动脉血栓性栓塞。

诊断

主要诊断

- X线检查：胸腔X线检查可发现中等到严重程度的广泛性心肌肥大，肺脏不同程度水肿或胸膜渗出（见图294-19）。
- 心电图：心室性期前收缩（ventricular premature complexes，VPCs），心室腔体积增大（chamber-enlargement patterns），可出现心室内传导异常。
- 超声波心动图：经常存在左心房扩张（增大），其他变化有一定差异，包括心室扩张、心室肥大及短轴百分比明显降低（reduced fractional shortening）（测定收缩性），常规超声波心动图检查常发现纤维化不明显。见图294-19 。

辅助诊断

- 心血管X线拍片（angiocardiogram）：左心室室腔常常不规则，可见程度不同的充盈异常。乳头肌肥大可能很明显，可见血栓。
- 多普勒超声波心动图（doppler echocar-diography）：二尖瓣回流明显。

诊断注意事项

- 对6岁以上的猫，应排除甲状腺机能亢进。
- 由于标志性损伤（心肌纤维化）在进行超声波心动描记时不太明显，因此难以进行临死前的确定性诊断。根据X线拍片及心电图描记，RCM难以与其他更为常见的心肌病相区别。
- 如果左心房增大的程度超过左心室肥大或扩张的预期程度，则常可怀疑为RCM。患扩张型心肌病的猫通常收缩性（分数缩短，fractional shortening） 比患有RCM的猫明显降低。

治疗

主要疗法

- 减少应激：应采取各种措施，减少对表现呼吸窘迫的猫的应激（如延缓心电图监测及插管）。
- 促进呼吸： 在所有表现呼吸困难的猫如果怀疑有胸膜渗出（肺脏出现杂音），均应进行胸腔穿刺。可将猫胸骨着地，在胸膜腔前插入19～22号蝴蝶导管（即第五到第七肋间隙，邻近的肋骨之前），之后进行抽吸。可采用密闭系统，抽吸两侧胸腔。如果有肺脏水肿，则可采用呋喃苯胺酸进行治疗。对危急病例，开始时可采用2～4mg/kg IV，之后1～2mg/kg q4～6h IV或IM，直到水肿消退。常常可根据需要连续采用呋喃苯胺酸（6.25～12.5mg q12～24h PO）以控制水肿形成。可采用硝酸甘油（nitroglycerin）（6mm，无毛区q4～6h用药），直到水肿消退。
- 氧气疗法：如能耐受，可通过面罩给氧，或用氧气笼给氧 （50%氧气）。

辅助疗法

- 血管紧张素转化酶抑制剂：依那普利（0.25～0.50 mg/kg q24h PO）或苯那普利（0.2～0.5mg/kg q24h PO）可能具有一定疗效。

- 阿司匹林：该药物可减少血栓形成，剂量为10 mg/kg q3～4d PO。在一项研究中虽然并未发现生存率或复发率在接受传统剂量及接受低剂量阿司匹林（5mg q72h PO）的猫之间有明显差别，但血栓形成的复发率即使在采用抗凝剂时也很高（43.5%）。在左心房肥大的猫，特别是直径大于20mm时，患大动脉血栓栓塞的风险最高。
- 胸腔穿刺或腹腔穿刺可能需要定期地进行。
- 安体舒通：剂量为0.5～1.0mg/kg q12～24h PO，用于治疗心衰（低于利尿剂量）。

治疗注意事项

- 如果使用依那普利，则应监测肾机能。
- 华法林（0.5mg q24h PO）及小分子量肝素（药物价格贵）可用于代替阿司匹林，但诱导出血危急的风险更高。氯吡格雷（Clopidogrel）［每只猫每天18.75mg（75mg片剂的1/4）］为另外一种可选药物，其效果在人的研究中比阿司匹林好。
- 利尿剂的剂量及是否需要采用抗心律失常的药物可在疾病的过程中发生变化，建议经常进行监测。
- 本病已不再建议使用地尔硫卓。

预后

对患病猫的预后尚未进行客观的评价。一般来说，如果猫能够保持心脏收缩的能力，则预后更为有利，而左心室特别增大的猫通常可发生危及生命的并发症（即心律失常或血栓栓塞病）。

参考文献

Kienle RD. 2008. Feline cardiomyopathy. In LP Tilley, FWK Smith, Jr., M. Oyama, eds., *Manual of Canine and Feline Cardiology*, 4th ed., pp. 151–175. St. Louis: Elsevier.

Stepien RL. 2007. Restrictive cardiomyopathy in cats. In LP Tilley, FWK Smith, Jr., *Blackwell's 5-Minute Veterinary Consult*, 4th ed., pp. 216–217. Ames, IA: Blackwell Publishing.

第193章
视网膜疾病
Retinal Disease

Karen R. Brantman 和 Harriet J. Davidson

概述

眼球后段（posterior segment of the eye）由视网膜、脉络膜、巩膜及玻璃体组成。视网膜是眼球的神经部，将光能转变为电能。然后这些电信号通过视神经进入大脑。视网膜本身由10层结构组成。最外层为视网膜色素上皮（retinal pigmented epithelium，RPE），之后为棒状细胞和视锥细胞（rod and cone cells）（光受体层）、外界膜（outerlimiting membrane）、外核心层（outer nuclear layer）、外丛状层（outer plexiform layer）、内核心层（ inner nuclear layer）、内丛状层（inner plexiform layer）、神经节细胞（ganglion cells）、神经纤维层（ nerve fiber layer）及内界膜（inner limiting membrane）。神经纤维层形成视神经。视神经正常为圆形，颜色为灰色或黑色，在这个水平没有髓鞘。有3个大的小动脉-静脉配对，有多个小动脉从视神经头部发出。与犬不同的是，这些血管很少在视神经内形成环状结构。

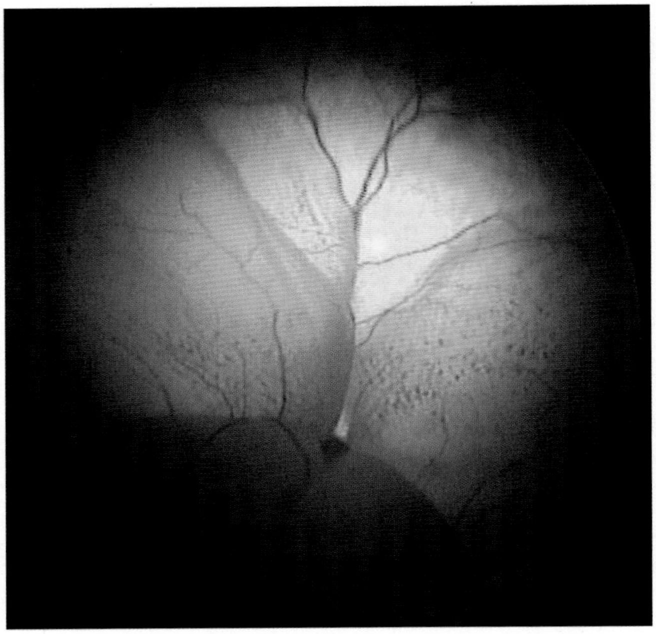

图193-1　由于全身性高血压引起的泡状视网膜脱落，猫的收缩压为220mmHg（图片由Gary D. Norsworthy博士提供）

视网膜只是在两个位点牢固附着于邻近结构，即视神经头和网膜睫缘（ora ciliaris retinae），因此在视网膜和脉络膜之间可能存在腔隙，在该腔隙中可聚集有细胞或液体，由此导致视网膜脱落。视网膜脱落有两类，即大泡状脱落（bullous）和孔源性脱落（rhegmatogenous）。泡状脱落是由于血管产物蓄积于视网膜下所引起（见图193-1）。泡状脱落可因炎症、全身性高血压或血液异常所引起。在临床上，视网膜可表现为波浪状结构，似牵牛花（morning glory）状，可见于眼底1/4以上面积。孔源性脱落在猫不太常见，为视网膜的撕裂，通常由于眼睛的损伤所造成。孔源性脱落也可继发于慢性泡状脱落。视网膜在网膜睫缘脱离，落到眼睛的侧腹面。

脉络膜是眼色素层管的一部分，位于视网膜和巩膜之间，由色素、照膜（tapetum lucidum）和许多血管呈辐射状从视神经发出。毯细胞（tapetal cells）富有核黄素，帮助在黑暗的环境中收集及反射光线。这些细胞可呈黄色、绿色、蓝色或红色，因此使得眼底呈多种颜色的外观。正常情况下毯细胞见于眼底的背部，并非在所有猫都存在。在有些猫，特别是颜色较淡的猫，视网膜色素上皮细胞层几乎没有色素，因此容易观察到脉络膜血管，没有经验的观察者常将其误认为是出血。

巩膜为白色的纤维状结构，但在检查眼底时常常难以观察到，可见于颜色淡而在RPE细胞或脉络膜没有多少色素的猫，可使眼睛呈白色或奶油状黄色。

玻璃体液（vitreous humor）充满于眼球的后段，直接与视网膜接触，由水、胶原、细胞和透明质酸组成。玻璃体通过维持其正常大小及质地，占据一定的空间，因此使视网膜紧靠着脉络膜。由于年龄相关的退化、脉络视网膜炎（chorioretinal inflammation）或出血引起的玻璃体的变化可使眼底呈朦胧状而难以观察，这些变化可导致视网膜脱离。

检查时可将视网膜的损伤分为活跃性或非活跃性，以说明其发病原因及帮助进行治疗和病例管理。活跃性视网膜损伤与全身性疾病有关，视网膜边缘模糊不清，典型情况下由于血管产物或细胞浸润物蓄积于视网膜下，因此视网膜呈灰色或白色。出血时颜色呈亮红色，边缘不规则。视网膜抬高，导致泡状脱落及可能失明。血管可能变得粗大，扭曲，充满血液。如果血清从血管渗出，可形成血管周套（perivascular cuffing）。视神经头可肿大而不规则或胀大。

非活跃性视网膜损伤为以前发生炎症、脱离、中毒或发生变性的部位。非活跃性损伤为清澈、变平及界限明显，损伤部位在毯状眼底时由于照膜上的视网膜组织丧失而反射性增强，如果是在非毯状眼底，则损伤部位缺乏色素或含有成簇的色素。血管稀疏、苍白或缺如，在以前曾发生过视网膜脱离的部位发生的损伤可能不含有血液。以前的出血可能颜色黑暗，具有清晰的边缘。视神经头可萎缩，苍白而小。外伤性眼球脱出（traumatic proptosis）或摘除对侧眼球时牵拉视神经等也可引起视神经萎缩。非活跃性损伤不会发生进展，对治疗也不会发生反应，在确定全身性疾病的原因时也没多少意义。

视网膜疾病可为先天性、遗传性或获得性的。先天性疾病不常见，包括视网膜发育不良（retinal dysplasia）和残缺（coloboma）。视网膜发育不良为视网膜形成异常，通常不会形成明显的视力异常。这种情况见于围产期视神经感染的猫，如猫传染性粒细胞缺乏症病毒或猫白血病病毒感染。发育不良的部位呈灰白色的线状或点状，分布于整个毯状眼底。视网膜残缺为视网膜形成异常，导致眼睛背部形成孔道或刻痕样缺损，可影响到视网膜、脉络膜或视神经。这种异常在许多猫见有报道，似乎也不影响视力。后段缺损见于和其他先天性畸形并发，如眼睑发育不全（eyelid agenesis）、持久瞳孔膜（persistent pupillary membranes）及视网膜发育不全等。

遗传性视网膜疾病包括进行性视网膜萎缩（progressive retinal atrophy，PRA）及罕见的溶酶体储积病（lysosomal storage disease）。PRA的主要特点为光感受器变性，这种疾病常见于阿比尼西亚猫（Abyssinian breed），也发生于暹罗猫和波斯猫。其他家猫的发病率据报道可高于正常类群，或者直接家族成员发生类似的损伤，表明可存在遗传联系。PRA可分为早期开始和晚期开始的两大类。在美国观察到的病例为隐性型，典型情况下临床症状开始于2岁时。主要临床症状为夜视力丧失，之后为白昼视力丧失。由于猫的性情独特及与人的交往，典型情况下猫可能一直到失明后才去就诊。眼底镜检查时可发现眼底视网膜血管变细或缺如，毯状层反射性增强。网膜电图（Electroretinogram）可有助于检查及追踪视网膜机能异常。本病无治疗方法，早期的视力异常最终可导致失明。

溶酶体储存病可由于一定类型的细胞酶先天性异常所引起，包括甘露糖苷储积症（mannosidosis）、神经节苷脂沉积症（gangliosidosis）及黏多糖病（mucopolysaccharidosis）。角膜细胞及视网膜色素上皮细胞可能首先受到影响，由于异常产物蓄积可引起这些细胞肿胀。除了角膜朦胧外，还可发生视网膜病（retinopathy）或失明。本病无治疗方法。

获得性视网膜疾病可能与局部损伤或与全身性疾病有关。饮食不当、毒素或药物诱导的视网膜损伤、感染或炎症疾病、高血压性视网膜病变（hypertensive retinopathy）、肿瘤及青光眼等均为获得性疾病。牛磺酸在猫为一种必需氨基酸，必须要通过饮食补充；猫不能内源性合成牛磺酸。牛磺酸营养缺乏可导致视网膜变性。开始时，猫不表现视力异常，可在眼科检查其他疾病时发现临床病变。检眼镜检查所发现的典型损伤开始时可见中央性椭圆或雪茄型的超反射区，边界不明显。如果在此阶段补充牛磺酸，超反射区仍会存在，但边界会变得明显。如果牛磺酸缺乏仍存在，损伤仍会进展，导致完全无血管的超反射眼底。这些严重病例可导致失明。由于目前在美国采用猫用饲料，因此这种疾病已不太常见。

毒素或药物剂量过大也可引起视网膜变性。最常见的药物中毒为恩诺沙星，其可引起永久性失明。视网膜中毒为急性反应，多发生于开始采用抗生素治疗后的2～3d，中毒的最早症状常常为瞳孔散大，视网膜反射性增强，随后失明。如果能及早诊断到视网膜中毒，应立即停用抗生素治疗，视力可得到一定的恢复。恩诺沙星应以最低可能剂量（每天不能超过5 mg/kg），以最短疗程用药，每天两次用药比每天一次用药效果好。应避免快速静注及在患有肾脏或肝脏疾病的老龄猫用药。治疗前及治疗过程中系列眼底检查具有重要意义。其他视网膜中毒还包括有乙二醇中毒，其在非致死性病例可引起视网膜脱落。

视网膜、脉络膜及视神经的感染性炎性疾病可由许多原因所引起，包括细菌、病毒、真菌、原虫及寄生虫病。参见第223章。引起前眼色素层炎的同样的传染病因素可延伸到眼睛后段，导致脉络膜视网膜炎及可见的眼底损伤。细菌性败血症、巴尔通体及病毒性疾病，如猫免疫缺陷病毒（FIV）、猫传染性腹膜炎病毒（FIP）、猫白血病病毒（FeLV）为视网膜及脉络膜炎症的常见病因。在疾病严重或并发有临床疾病时，应考虑由荚膜组织胞浆菌（*Histoplasma capsulatum*）、新型隐球菌（*Cryptococcusneoformans*）、球孢子菌（*Coccidioides immitis*）及皮炎芽生菌（*Blastomyces dermatitidis*）等引起的真菌性脉络膜视网膜炎。由刚地弓形虫引起的脉络膜视网膜炎在临床及实验病例均有报道。最后双翅类昆虫的幼虫迁移到眼底，如黄蝇（*Cuterebra* spp.），虽然罕见，但有发生。视神经炎常与FIP、弓形虫病及隐球菌病有关，炎性视网膜损伤可通过治疗潜在病因而进行治疗。

高血压性视网膜病变（hypertensive retinopathy）最常见于并发肾脏或甲状腺疾病的老龄猫。如果收缩压高于160mmHg则可认为是高血压，但视网膜病变最常发生于血压在200mmHg或以上。血压升高可损伤脆弱的视网膜血管，导致血液及液体渗漏到视网膜及脉络膜内（见图193-2），可导致视网膜脱落及失明。在采用全身性抗高血压药物治疗之后，视网膜可再附着，可恢复一定的视力，但以前发生脱落的部位可能在检眼镜检查时发现变细且反射性增强。参见第107章。糖尿病、血液黏滞性过高综合征（blood hyperviscosity syndrome）及贫血时也可发生视网膜出血。

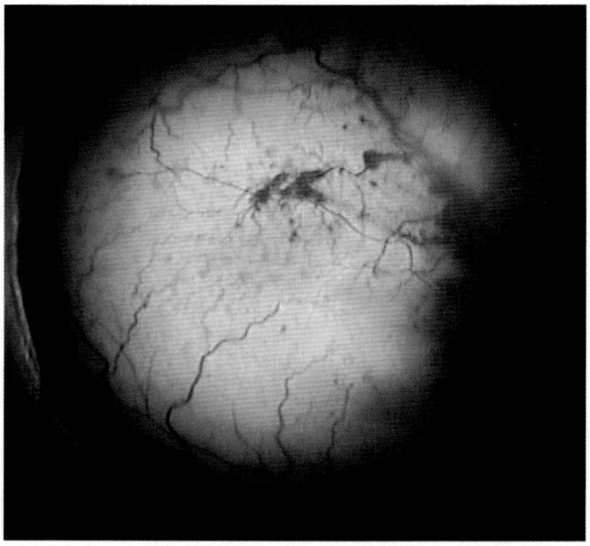

图193-2 由于全身性高血压引起的视网膜出血常发生于视网膜脱落之前。局部出血可见于主要视网膜动脉附近（图片由Gary D. Norsworthy博士提供）

眼淋巴瘤可引起细胞浸润到视网膜内或其下，导致视网膜脱落和/前眼色素层炎（见图193-3）。眼睛淋巴瘤通常由转移性全身性疾病所引起。前眼色素层的活跃性继发性炎症可通过局部治疗控制，但也可采用全身性疗法控制潜在的肿瘤性疾病。眼内肉瘤也可见到生长进入及沿着视神经生长。参见第122章。

图193-3 淋巴瘤可引起前眼色素层炎及并发的视网膜疾病，包括细胞浸润于视网膜内或其下，由于其为肿瘤转移性疾病，因此常为单侧性（图片由Gary D. Norsworthy博士提供）

慢性青光眼也可导致视网膜变性。在发生慢性视网膜变性的临床症状（即血管变细或毯状层反射增强）的同时，视神经头可呈杯状而发生萎缩。参见第85章。

诊断

主要诊断

- 彻底的眼科检查：彻底检查所有眼睛结构有助于排除并发的眼色素层炎及眼内肿瘤。眼内压测定（intraocular pressure readings）（眼压计，tonometry）有助于排除眼色素层炎及青光眼。参见第299章。

辅助诊断

- 血压测定：在发生视网膜脱落及眼内出血的病例应监测全身血压（见图193-4），这种监测应尽可能在诊断的早期进行，以防止对猫的过度应激导致血压升高。收缩压不应高于180mm Hg。参见第107章。
- 基础检查：对怀疑发生全身性疾病或高血压的病例，应进行血常规（CBC）、血清生化及尿液分析。在怀疑发生营养不良的病例，应检测血浆牛磺酸水平，牛磺酸的正常水平为60～120 μmol/L。也应考虑检测FIV、弓形虫病、FeLV及巴尔通体。参见第17章 、第

图193-4 全身性高血压可引起视网膜出血，出血可很严重，血液聚集在眼前房（眼前房积血，hyphema）。失明及眼前房积血为主诉症状，两者均由视网膜疾病所引起（图片由Gary D. Norsworthy博士提供）

75章、第77章和第214章。

- 眼睛超声检查：如果可能发生视网膜脱落，采用10mHz探头进行眼内超声检查有助于确定脱落的程度及发生眼内肿瘤的可能性。
- 视网膜电图（electroretinogram，ERG）：ERG可用于确定及定量视网膜机能异常，特别是发生遗传性或中毒性视网膜疾病时。

诊断注意事项

- 必须要通过扩张的瞳孔对眼底彻底进行眼科检查，这样可诊断视网膜肿瘤、视神经缺损、所有类型的视网膜变性及视网膜脱落。参见第299章。

治疗

主要疗法

- 不需治疗：视网膜发育不全、视神经缺损或遗传性视网膜变性没有成功的治疗方法。继发于青光眼的视网膜变性也不能直接进行治疗，但青光眼需要治疗（参见第 85章）。如果猫的视力丧失，猫主需要咨询失明的猫如何能够更好地生活（参见第23章）。
- 补充牛磺酸：如果检查血浆发现牛磺酸缺乏或根据病史及检眼镜检查发现的损伤怀疑发生牛磺酸缺乏，可改变饮食或在饲料中添加牛磺酸（每天250～500 mg，q12～24 h PO）。已经引起的损伤仍会存在，但如果牛磺酸缺乏为病因，则在补充之后不应再发生。如果发生完全的视网膜变性，则症状无改进，但补充牛磺酸可防止可能发生的心血管系统疾病。参见第56章。
- 继发于眼色素层炎的视网膜炎：如果要停止或减轻视网膜疾病，则必须对眼色素层炎进行全身治疗。急性视网膜损伤的猫可采用全身强的松龙（2.2mg/kg q12～24h PO治疗1周）治疗。应告知猫主口服类固醇可引起全身状况恶化，但如不采用抗炎药物治疗，猫可能会永久性失明。参见第223章。
- 视神经损伤：对视神经继发于外伤性眼球突出或摘除对侧眼球时牵拉而发生的急性损伤可采用全身性类固醇疗法进行治疗，以防止炎症及氧化损伤引起视神经损伤。急性损伤可采用强的松龙缓解（2.2mg/kg q12～24h PO治疗1周）。
- 继发于高血压的视网膜脱落：初始治疗的主要目的是治疗引起全身性高血压的原因。参见第107章。可选用的治疗高血压的药物包括氨氯地平（每只猫0.625mg，q24h PO治疗2d，根据随后的血压测定读数调整治疗，也可用硝酸甘油糊剂（6mm，耳廓用药，q6～8h治疗2d）。如有可能，应避免全身性类固醇治疗，因为其可由于液体潴留而降低高血压药物的疗效。

辅助疗法

- 重复检查：猫发生视网膜脱落及活跃性眼色素层炎时应每隔48h重复检查，监测血压的变化，根据情况调整治疗。
- 手术修复视网膜脱落：这种类型的手术难以实施，因此可考虑为一种转诊治疗方法。这种手术的成功率取决于多种因素，包括脱落的原因、脱落的长度及采用的各种方法。

预后

预后依赖于原发性疾病、严重程度及持续时间。有些视网膜疾病预后较好，有些则难以治疗或难以治愈。

参考文献

Barclay SM, Riis RC. 1979. Retinal detachment and reattachment associated with ethylene glycol intoxication in a cat. *J Am An Hosp Assoc.* 15:719–724.

Maggio F, DeFrancesco TC, Atkins CE, et al. 2000. Ocular lesions associated with systemic hypertension in cats: 69 cases (1985–1998). *J Am Vet Med Assoc.* 217:695–702.

Wiebe V, Hamilton PJ. 2002. Fluoroquinolone-induced retinal degeneration in cats. *Am Vet Med Assoc.* 221:1568–1571.

第194章
灭鼠剂中毒
Rodenticide Toxicosis

Mitchell A. Crystal

概述

中毒控制中心接收到的关于灭鼠剂中毒的咨询仅次于杀虫剂，要比其他类型的中毒的询问更多。引起中毒的灭鼠剂有多种类型，这些商用的灭鼠剂见表194–1。本章中未列出的已经不再使用或不能获得的灭鼠剂中毒包括铊（在有些发展中国家仍可获得，可引起神经病及脱毛）及α–萘基硫脲（ANTU；引起肺水肿）。

诊断

见表 194–1和表194–2。

治疗

见表194–2。

表194–1　引起猫中毒的商业上常用灭鼠剂

毒剂（商用名）	作用机制	中毒剂量	症状开始	临床症状
溴杀灵[Assault®，Clout®，Fastrac®，Gladiator®，Gunslinger®，Rampage®（必须要与维生素D_3类药物区别），Top Gun®，Trounce®，Wipe Out®，Vengeance®]	氧化磷酸化脱偶联导致脑水肿	300～1100mg/kg诱饵，或0.5mg/kg药物	2～7d，但可迟至2周	后肢共济失调、瘫痪或麻痹、颤抖、去脑姿势、抽搐
维生素D_3［Hyperkil®，Quintox®，Rampage®（必须与溴杀灵区分），Rat-B-Gone®］	维生素D中毒导致急性肾衰	准确的中毒剂量尚不清楚，＜1000mg/kg 饵料＜10mg/kg维生素D_3	24h内	呕吐，有或无血液、厌食、昏睡、多尿/多饮
香豆素及茚二酮 第一代：华法林，杀鼠酮（pindone） 第二代：溴敌隆、溴鼠灵、敌鼠	颉颃维生素K，导致获得性凝血病	华法林5～50mg/kg 杀鼠酮5～75mg/kg 敌鼠15mg/kg 溴鼠灵25mg/kg 溴敌隆25mg/kg	早在36～72h，迟至2～4周	依出血部位而不同（瘀斑、血肿、黏膜苍白、呼吸困难、崩溃、跛行等）
士的宁（Certox®，Dog-Button®，Dolco Mouse Ceral®，Kwik-kill®，Martins Gopher Bait®，MoleDeath®，Mouse Nots®，Mouse-Rid®，Mouse-Tox®，Pied PiperMouse Seed®，Quaker Button®，Ro-Dex®，Sanaseed®）	在突触后脊柱运动神经元颉颃抑制性神经递质甘氨酸	2.0mg/kg	2h内	神经质、僵硬、僵化、抽搐（自发性或刺激诱导发生）、瞳孔散大、呼吸衰竭
磷化锌（Arrex®，Commando®，Denkarin®，Gopha-Rid®，Phosvin®，Ridall®，Prozap®，Zinc-Tox®，ZP®）	胃的酸性 pH引起磷化氢气体的释放，导致胃肠刺激及窒息	20～50 mg/kg	1～4h内	厌食、昏睡、出血性呕吐、腹痛、共济失调、抽搐及呼吸困难

表194–2　猫灭鼠剂中毒的诊断方法及治疗

毒剂	诊断（除了询问暴露史及临床症状）	治疗（如果摄入后超过2h，除了成功诱导呕吐及口服泻剂外应采用的治疗方法）
溴杀灵	死亡后组织中残留	如有抽搐，应进行控制（安定或巴比妥类药物），维持水化状态，提供营养支持
维生素D_3	高磷酸盐血症及高钙血症，表现或不表现肾衰	0.9%NaCl 利尿（90mL/kg q24h IV），强的松1～2mg/kg q12h PO或SC，呋喃苯胺酸1～2mg/kg q12h SC或IV（或只用于输液）；帕米磷酸钠2mg/kg IV（根据持续存在或复发的高钙血症，可q24h重复），鲑鱼降钙素4～6IU/kg q2～3h SC，检查血清钙水平以评估整个治疗效果
香豆素及茚二酮（Indandiones）	活化凝血时间、活化部分促凝血酶原激酶时间延长，前凝血酶时间1阶段延长；正常凝血酶时间延长；柠檬酸盐抗凝血浆中存在维生素K颉颃诱导的蛋白（proteins induced by vitamin K antagonism，PIVKA）	急性出血伴有明显贫血（压积细胞＜24%）时输入新鲜全血（10～20mL/kg 2～4h IV）或血浆（10mL/kg 4～6h IV）及压积红细胞（5～10mL/kg 2～4h IV）或Oxyglobin®（10mL/kg用药4～6h IV）。急性出血没有明显贫血时只用血浆治疗。维生素K的颉颃作用可用维生素 K_1（aquamephyton）以5mg/kg为初始皮下剂量给药，之后2.5mg/kg PO q12h治疗3周。如果已知毒剂为第一代药物，治疗时间可缩短到1周。停用维生素K_1治疗后每隔3～5d检查凝血参数
士的宁	分析胃肠内容物、尿液及肝脏活检	控制四肢痉挛及抽搐（安定、巴比妥类药物或异丙酚），0.9% NaCl 利尿（每天70～80ml/kg IV）；如果有呼吸衰竭，可用气管插管及辅助/机械呼吸。治疗通常需要1～3d
磷化锌	分析胃肠内容物	摄入后8h内用碳酸氢盐洗胃，不要口服任何物质，维持水化，如有酸中毒，可用 HCO_3^-

治疗注意事项

- 参见第189章、第228章和第295章。

预后

香豆素、茚二酮（indandiones）及士的宁中毒早期鉴别及治疗后的预后好到极好。大多数猫在溴杀灵、维生素D_3或磷化锌中毒后难以生存。

参考文献

Dorman DC, Dye JA. 2005. Chemical toxicities. In SJ Ettinger, EC Feldman, eds., *Textbook of Veterinary Internal Medicine*, 6th ed., pp. 256–261. St. Louis: Elsevier Saunders.

Murphy MJ. 2009. Rodenticide Toxicoses. In JD Bonagura, ed., *Kirk's Current Veterinary Therapy XIV*, pp. 1117–1119. St. Louis: Saunders Elsevier.

http://edis.ifas.ufl.edu/pi115. The University of Florida IFAS Extension site containing miscellaneous rodenticide pesticide toxicity profiles.

http://emedicine.medscape.com/article/818130-overview. This web site gives an overview and details on rodenticide toxins with general information and information about human exposure.

第195章
蛔虫
Roundworms

Mitchell A. Crystal 和 Mark C. Walker

概述

圆虫（roundworms，也称为蛔虫ascarids）为一种小肠内寄生的线虫，猫发现的圆虫有两类：猫弓蛔虫（*Toxocara cati*）（最为常见）及狮弓蛔虫（*Toxascaris leonina*）。猫弓蛔虫和狮弓蛔虫通过摄入感染的转续宿主（即鼠、鸟或昆虫）或粪便而获得。仔猫也可通过摄入感染的母猫的乳汁而获得猫弓蛔虫。蛔虫具有2～3周的生活周期。猫弓蛔虫的生活周期包括通过肺脏和肝脏的迁移，在某些病例可通过身体组织迁移。狮弓蛔虫的生活周期中没有小肠外迁移。猫弓蛔虫及狮弓蛔虫均不发生跨胎盘感染。临床症状在仔猫比成年猫更为严重，包括呕吐（有或无虫体）、腹泻（有或无虫体）、腹部膨胀或疼痛（仔猫）、失重或不能增重（仔猫）、咳嗽（即猫弓蛔虫由于幼虫迁移引起的局限性肺炎或肺炎），以及罕见情况下的小肠阻塞。但感染常常无症状。查体时正常，但可发现腹部膨胀或疼痛（仔猫）、失重（仔猫）或腹泻。与犬蛔虫（*Toxocara canis*）不同的是，狮弓蛔虫在公共卫生上的意义不大。但与以前所认为的不同，猫弓蛔虫由于能引起人摄入胚胎期卵或幼虫在内脏和眼睛迁移，因此本病具有动物传染性。

诊断

主要诊断

- 病史：猫主可报道在呕吐物或粪便中有虫体（见图195-1）。
- 粪便漂浮检查：显微镜下可见卵囊。

辅助诊断

- 直接盐水涂片检查：显微镜检查时有时可见到虫卵。
- 胸部X线检查：可见到由虫体引起的肺炎。

诊断注意事项

- 仔猫在粪便中检查到虫卵之前可出现临床症状。

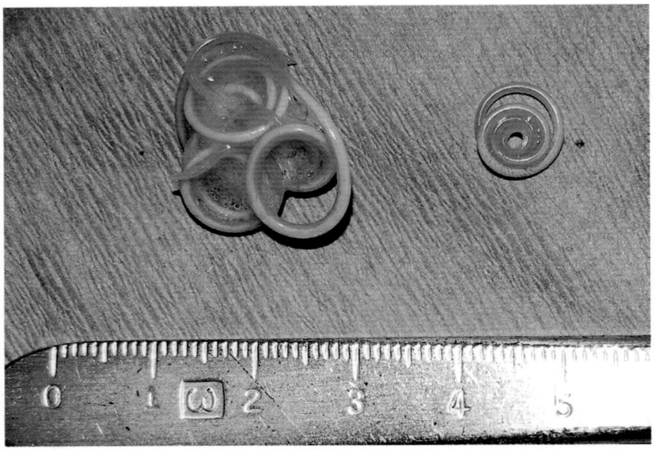

图195-1　蛔虫可吐出或在粪便中排出，这些虫体的主要特点是蜷曲（图片由Gary D. Norsworthy博士提供）

- 仔猫咳嗽最为常见的原因是由于弓蛔虫幼虫在肺脏的迁移所引起。

治疗

主要疗法

- 双羟萘酸噻嘧啶（pyrantel pamoate）（Strongid®，Nemex®，通用名）：剂量为20mg/kg PO；2～3周重复用药，其对十二指肠虫也有效果。
- 吡喹酮/双羟萘酸噻嘧啶（Drontal®）：按标签说明给药，2～3周重复用药，对十二指肠虫及绦虫也有效果。
- 蛔虫及犬心丝虫综合防治：美贝霉素肟（milbemycinoxime）（Interceptor®，按标签用药或2mg/kg PO，1月1次，对十二指肠虫也有效果）、塞拉菌素（Revolution®，按标签说明用药或6mg/kg，点状局部用药，每月1次；对十二指肠虫、耳螨及跳蚤也有效果）、吡虫啉（imidacloprid）及莫昔克丁（moxidectin）（Advantage Multi for Cats®，按标签用药或10.0mg/kg吡虫啉及1.0mg/kg莫昔克丁，一次局部用药）。
- 艾默德斯（Emodepside）及吡喹酮（Profender®）：

局部治疗，3mg/kg艾默德斯及12mg/kg吡喹酮，治疗8～12周，3月后再治疗一次。

辅助疗法

- 芬苯达唑（Panacur®）：25mg/kg q24h PO，治疗3周，2～3周后重复用药，对犬心丝虫、鞭虫、贾第鞭毛虫及三尖盘头线虫（*Ollulanus tricuspis*）均有效果。
- 伊维菌素（Ivomec®）：200μg/kg PO；2～3周后重复，对犬心丝虫也有效果。

治疗注意事项

- 如果怀疑感染蛔虫，即使粪便漂浮检查为阴性，应按常规治疗仔猫。
- 初始治疗后2～3周可能需要重复治疗，以杀灭开始时对治疗有抗性而从卵子新形成的成虫及幼虫。

预后

治疗的预后很好，但蛔虫卵常常可在环境中生存数年而再次感染，这可能是户外活动的猫的一个重要问题。

参考文献

Blagburn BL. 2000. A review of common internal parasites in cats. *Vet CE Advisor. A supplement to Vet Med. An update on feline parasites*. pp. 3–11.

Blagburn BL. 2004. Expert recommendations on feline parasite control. *DVM best practices. A supplement to DVM magazine. An update on feline parasites*. pp. 20–26.

Hall EJ, German AJ. 2005. Helminths. In SJ Ettinger, EC Feldman, eds., *Textbook of Veterinary Internal Medicine*, 6th ed., pp. 1358–1359. St. Louis: Elsevier Saunders.

Reinemeyer CR. 1992. Feline gastrointestinal parasites. In JD Bonagura, ed., *Kirk's Current Veterinary Therapy XI*. Small Animal Practice., pp. 1358–1359. Philadelphia: WB Saunders.

第196章 沙门氏菌病

Salmonellosis

Mark Robson 和 Mitchell A. Crystal

概述

沙门氏菌（最常见为鼠伤寒沙门氏菌，*S. typhimurium*）为运动性不形成芽孢的革兰氏阴性杆状肠杆菌科的成员。沙门氏菌可感染许多哺乳动物、鸟类、爬行动物和昆虫，引起胃肠道（GI）疾病、全身性疾病或无症状感染。18%的正常猫可分离到沙门氏菌，但近来对宠物及庇护所468例表现及不表现腹泻的猫进行的两项研究表明本病的流行率只有1%。很少可发生子宫内感染而引起流产、死产及幼仔孱弱。沙门氏菌通过摄入污染粪便、捕食感染的动物和污染的食物或水而获得。季节性的鸟类迁徙、污染的粪便、医院接触及动物操控等均可成为暴露源。糖皮质激素治疗、肥胖、化疗、肿瘤、妊娠、猫免疫缺陷病毒（FIV）、猫白血病病毒（FeLV）及长期口服抗生素治疗等可使得猫发生感染的风险增加。沙门氏菌感染的潜伏期为3～5d，排菌可达6周，但可因感染再激活而在后期排菌。在环境中沙门氏菌可存在较长时间，常常对常用的消毒剂有抗性，因此可成为医院感染的来源。

猫沙门氏菌的临床症状包括急性或慢性胃肠炎、败血症、慢性发热性疾病而不表现胃肠症状，或局部组织感染。很年轻的猫及老龄猫可表现最为严重的临床症状，但猫通常不表现临床疾病。患急性胃肠炎的猫表现轻微到严重的小肠性或大肠性腹泻、呕吐、腹痛、腹鸣、失重、厌食及肺炎。患败血症的猫表现为发热或体温降低，脱水、衰弱、沉郁或败血性休克，可伴有或不伴有胃肠症状。据报道，患沙门氏菌感染的猫可表现慢性发热及疾病的非特异性症状，不表现胃肠症状。猫偶然可只表现慢性腹泻的症状。沙门氏菌也可引起局部疾病，如脓胸、脑膜炎、骨髓炎及脓肿，可从感染伤口和切口分离到病原菌。与沙门氏菌相关的疾病最常见于环境卫生条件不良或过分拥挤条件下年轻而受到应激或患病的猫。

沙门氏菌在动物传染病中具有重要意义，因此猫主及医院工作人员在处置粪便时必须要小心。免疫机能不全的个体应避免与感染动物接触。特别应引起注意的是，在人和动物分离到对抗体有抗性的菌株的频率不断增加。对青霉素、氟喹诺酮、四环素、氯霉素、链霉素及磺胺类药物有抗性的情况也有报道。对抗生素产生抗性可能是兽医随意使用抗生素治疗的结果。

诊断

主要诊断

- 粪便培养及药敏试验：能证实沙门氏菌存在，排除其他微生物的诊断可支持沙门氏菌感染的诊断，但不一定能说明是由沙门氏菌引起的疾病，因为这种细菌引起的亚临床型带菌状态很高。
- 细菌培养及药敏试验：除胃肠道外其他部位（即血液、伤口分泌物、尿液、滑液、腹腔液等）培养沙门氏菌为阳性，说明为沙门氏菌的阳性确定诊断。
- 排泄物PCR检测：这种方法的灵敏度比细菌培养高，更能耐受样品运送及处理条件不佳时。

辅助诊断

- 血常规（CBC）：严重感染时可发生中性粒细胞增多，出现核左移及中毒性变化，可存在非再生性贫血。血小板减少症的情况罕见。慢性或局灶性感染时出现中性粒细胞增多。
- 生化检查：可见有非特异性变化，如低白蛋白血症、肝脏酶升高、低血糖、电解质异常及肾前氮血症。

诊断注意事项

- 肉汤培养基（enrichment broth）（亚硒酸盐或连四硫酸盐）或特殊转运培养液（Amies® transport media with charcoal）可增加分离到沙门氏菌的机会，在采样或提交样品之前可咨询微生物实验室。
- 阴性培养并不能消除感染的可能性，这是因为沙门氏菌在存在其他细菌及间歇性排菌时难以分离。

- 采样前使用抗菌药物可导致假阴性培养结果。
- 感染沙门氏菌的猫应筛查是否发生有FeLV及 FIV感染。

治疗

主要疗法

- 支持疗法：可能需要胃肠外液体疗法、营养疗法及输入血浆。
- 恩诺沙星：剂量为5mg/kg q24h PO、SC或 IV，用药7～10d。
- 其他氟喹诺酮类药物（如马波沙星或奥比沙星）也有一定效果。

辅助疗法

- 甲氧苄胺嘧啶/磺胺类药物：剂量为15mg/kg q12h PO，用药7～10d。
- 氯霉素：剂量为15～20mg/kg q12h PO或IV，连用7～10d。
- 乳果糖：可通过缩短胃肠通过时间及创造一个酸性环境缩短沙门氏菌的生存时间，但只能用于水化良好的猫在发生胃肠道沙门氏菌病时没有反应的病例。
- 预防措施：在理论上，不应给猫饲喂生的或欠熟的肉或蛋（烹调到内部温度达到74℃可杀灭沙门氏菌）。酚类化合物及1：32 的漂白粉溶液为有效的消毒剂。

治疗注意事项

- 轻度感染为自限性的，因此许多情况下不需要治疗。抗生素疗法可诱导产生对抗生素有抗性的菌株，因此应尽可能避免。体外抗生素药敏试验可能与体内活动无关。猫表现中等到严重的临床症状，慢性带菌及猫表现中性粒细胞减少症时应采用抗生素治疗。
- 近来的研究表明，氟喹诺酮类药物对活跃的及慢性感染高度有效，不大可能会诱导产生抗生素抗性菌株。在年轻的生长仔猫使用氟喹诺酮类药物，如果长时间大剂量用药，罕见情况下可引起软骨发育异常。另外也应注意，使用恩诺沙星可能会引起肾损伤。
- 改进卫生条件可防止再次发生感染。
- 怀疑发生沙门氏菌病的猫应隔离。应教育客户及医院认真处治病猫及加强环境卫生管理。

预后

临床症状康复的预后良好，通常可在1～4周恢复。发生严重白血病的猫预后不良，死亡率为 10%～60%。猫如果患有潜在的免疫抑制性疾病，预后不良。无症状带菌状态可能难以消除，因此本病在动物传染病上的重要意义必须要向猫主讲解清楚。沙门氏菌可在环境中长期存在，由此可导致再次感染。

参考文献

Dow SW, Jones RL, Henik RA, et al. 1989. Clinical features of salmonellosis in cats: six cases. *J Am Vet Med Assoc.* 194(10):1464–1466.

Foley JE, Orgad U, Hirsh DC, et al. 1999. Outbreak of fatal salmonellosis in cats following use of a high-titer modified-live panleukopenia virus vaccine. *J Am Vet Med Assoc.* 214(1):43–44, 67–70.

Greene CE. 2006. Salmonellosis. In CE Greene, ed., *Infectious Diseases of the Dog and Cat*, 3rd ed., pp. 355–360. St. Louis: Saunders Elsevier.

Immerseel FV, Pasmans F, De Buck J, et al. 2004. Cats as a risk for transmission of antimicrobial drug-resistant Salmonella. *Emerg Infect Dis.* 10(12):2169–2174.

Stiver SL, Frazier KS, Manuel MJ, et al. 2003. Septicemic salmonellosis in two cats fed a raw-meat diet. *J Am Anim Hosp Assoc.* 39:538–542.

第197章
注射位点肉瘤
Sarcomas，Injection Site

Sharon Fooshee Grace

概述

自从1992年以来发现，猫在注射有些疫苗后可在注射部位发生结缔组织肿瘤，目前认为疫苗并非唯一诱导肿瘤形成的原因。任何能引起发生局部炎性反应的注射均有可能引起遗传上易感或其他原因引起的敏感猫形成肉瘤。因此，科研文献中关于这种情况的描述有两个术语，更为通用的术语是注射位点肉瘤（injection-sit esarcomas，ISS），更为专门的术语是疫苗相关肉瘤（vaccine-associated sarcomas，VAS）。有些报道各种药物也可成为诱导肿瘤的原因，但由于疫苗与肉瘤之间的关系已经很明确，而且猫经常注射疫苗，因此VAS一直受到人们最为广泛的关注。值得注意的是，近来发现肿瘤发生与皮下植入微芯片之间也有密切关系。此外，数个研究报告发现个别猫发生肉瘤时可在不同注射位点间隔数月而发生，进一步说明这可能为猫的个体原因而并非疫苗本身的问题。

1985年美国政府授权取消了肌内注射用的改良活狂犬病疫苗而采用灭活苗。佐剂狂犬病疫苗可SC注射，使得注射疫苗更为舒适及对猫的外伤减小，由此造成肩胛间隙成了疫苗注射的典型位点。美国在1985年批准采用及上市猫白血病病毒（FeLV）灭活佐剂疫苗，这种疫苗在实践中广泛采用。在20世纪80年代后期，更多的州政府授权在猫使用狂犬病疫苗。这3个事件使得在猫使用疫苗的情况明显增加。在20世纪80年代后期，病理学家报道肩胛间隙间质组织肿瘤（interscapular mesenchymal tumors）（主要为纤维肉瘤）的发病率增加，随后发现注射疫苗与肩胛间隙软组织肿瘤数量的增加之间有密切关系。虽然进行了十多年的广泛研究，但对诱导肿瘤发生的特异性原因及机制还不清楚。有人认为，一些疫苗诱发的局部炎性反应可在易感猫导致难以控制的成纤维细胞和成肌纤维细胞增生。这种对损伤反应的紊乱最终发展为有侵入性的肿瘤。但目前对这种关系尚未证实。以前曾在严重的眼睛肿瘤后来发展为有侵入性的眼内肉瘤的病猫发现，炎性反应与肿瘤生成之间具有一定的关系。参见第 122 章。此外，癌基因、各种生长因子及特异性生长因子受体的表达等的作用仍需进行研究。

近来人们对疫苗佐剂在此过程中的作用进行了大量的研究及推断，但几个大型的回顾性及前瞻性研究均未能发现猫接受佐剂疫苗后发病率更高。疫苗相关肉瘤特别小组（Vaccine-Associated Sarcoma Task Force，VASTF）是为响应这一问题而成立研究小组，但也不反对使用佐剂疫苗。英国授权的药物安全监管机构其实也发现与非佐剂疫苗有关的肉瘤比佐剂疫苗更多。各个疫苗公司都使用专利佐剂，这些佐剂肯定与其他公司的不同，因此将所有佐剂与诱导肿瘤形成的相同可能性相联系是不正确的。

关于VAS 的发病率尚不清楚，由于报告肿瘤的方法不同，因此也难以估计，但据估计为每100到10000次疫苗注射可能会发生1例。虽然狂犬病疫苗可诱导最为严重的局部炎性反应，但也有研究发现FeLV疫苗在肿瘤发生中的作用更为复杂。其他疫苗也可诱导肿瘤发生，但可能性要比狂犬病和FeLV疫苗小。发生肉瘤的可能性随着在一个解剖部位注射疫苗的次数的增加而增加，大多数肿瘤发生在注射疫苗后的数月内，但有研究表明这一过程在有些猫可能需要数年的时间。有趣的是，SC注射胰岛素，其中有些含有锌，通常在同样部位每天用药两次，但未发现其与ISS有任何关系。

患病猫最为明显的临床症状是在以前注射疫苗的部位或其他注射位点软组织肿胀：常见部位为后肢或腹胁部、胸部背外侧、肩胛间隙或肩胛骨上（见图 197-1）。数周后软组织肿胀转化为非常坚硬的无痛性肿块。随着时间的进展，皮下肿块不能再移动，而是附着于组织深部，包括骨组织。如果不进行治疗，肿块因血管分布而迅速增大到足以引起表面坏死（见图197- 2）。开始时，ISS可看作只是具有局部侵入性，发生肿瘤转移的风险很小或无。但由于10%～24%的病例肿瘤可转移到其他位点，主要为肺脏，因此这一理论并不完全正确（见图

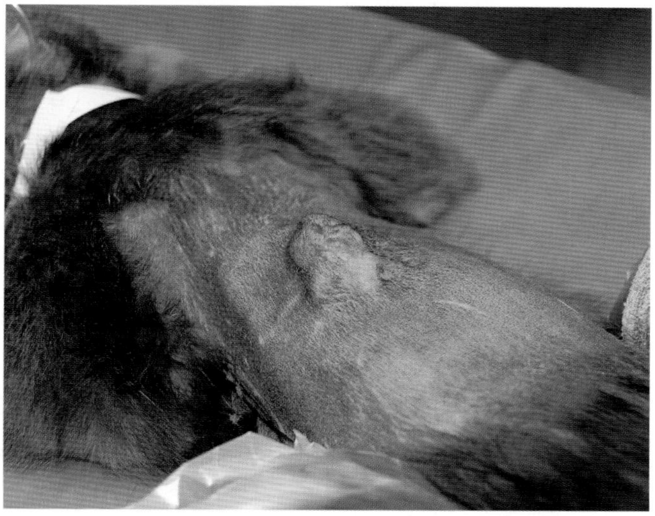

图197-1　注射位点肉瘤最常见的病变是肩胛间隙（图片由Gary D. Norsworthy博士提供）

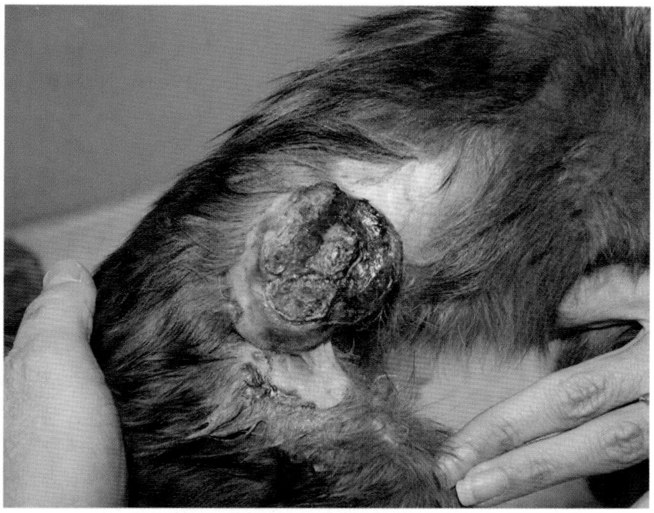

图197-2　本例注射位点肉瘤与其血管外生，导致肿块外部坏死及溃疡，这种情况常见于肿块未得到及时治疗时（图片由Gary D. Norsworthy博士提供）

291-33）。重要的是，注射位点的肉瘤必须要与疫苗注射位点的炎性反应（疫苗肉芽肿）相区别。

诊断

主要诊断

- 临床症状：近注射位点或埋置皮下芯片的软组织肿胀时应怀疑本病。
- 组织病理学检查：细胞学检查并非可靠的诊断肉瘤的方法，因此需要活检。由于可能会发生局部并发症，随着随后试图摘除，可能侵入性更强，因此在活检之前不要试图摘除肿块。应采用空心针活检或楔形切口获取足够的样品用于将肉瘤与疫苗相关肉芽肿相区别。如果要考虑采用放疗，则最好总是在要施行化疗的部位内采集样品。另外，如果根据临床症状有理由假定诊断为ISS，计划采用手术方法治疗，手术应在楔形边缘进入，即使需要除去骨头也应如此。详细参见下文。

辅助诊断

- 基础检查：应通过基础检查测定确定猫的总体健康状态：血常规、生化检查、尿液分析、逆转录病毒检测及老年猫测定T_4等。
- 诊断性影像检查：对患病部位应该进行X线检查，确定是否有骨细胞溶解，估计肿瘤沿着组织面的延伸程度。应对胸腔进行X线检查，检查是否有肿瘤转移。建议采用计算机断层扫描（CT）或磁共振成像（MRI）检查，因为这些检查方法可更为精确地判断疾病程度并与X线检查结果进行比对。

诊断注意事项

- 如果根据查体检查单独诊断，由于肿瘤可在许多方向延伸，因此通常对肿瘤浸润的程度至少低估一半。CT和 MRI准确性要比X线检查高。
- 如果X线检查未能发现肿瘤在肺脏的转移，并不能排除显微镜下检查到肿瘤扩散的风险。
- 自发性（非- ISS）纤维肉瘤及其他肉瘤在猫常见发生，不应假设所有的纤维肉瘤与注射有关。自发性肉瘤通常预后比ISS好。参见第198章。

治疗

主要疗法

- 三重疗法（triple approach）：早期研究表明，三联疗法（trimodality therapy）（即手术疗法、放射疗法及化疗）最有可能就寿命而言获得成功，但总的康复率仍不令人满意。
- 手术：手术是治疗的基础，但如果单独采用手术治疗，不会治愈大多数猫。必须制备宽而深的手术切口，因为肿瘤的侵入性很强，可延伸到可触及的肿块范围之外。如有可能，应该除去肿瘤区的骨（例如肩胛背部边缘、脊椎棘突背部等）。单独采用手术治疗后第一次复发的时间中值差别很大，主要取决于手术的范围及肿瘤的侵入程度。手术治疗后2月内肿瘤复发并非不常见。

- 放疗：放疗有助于控制延伸超过肿块范围及进入邻近组织的肿瘤，但放疗单独难以治愈，必须与手术治疗相结合。如果预料到要采用放疗，应咨询放射肿瘤学家指导标记手术床以便后期鉴定。目前尚不清楚术前或术后放疗更有好处。
- 化疗：化疗不应看作最后的疗法。术前化疗可减小肿瘤，促进手术摘除。各种采用阿霉素、环磷酰胺、长春新碱、卡铂及米托蒽醌的治疗方案均可获得反应。对难以切除的肿瘤，化疗可缓解症状，增加病猫的舒适程度。

辅助疗法

- 支持疗法：可采用丁丙诺啡（buprenorphine）以0.005～0.01mg/kg q6～12h IM、IV或SC的剂量控制疼痛，猫可耐受经口途径给药，效果可持续6h。

治疗注意事项

- 由于肿瘤的部位、侵润状态（invasiveness）及侵入性，手术摘除单独不能治愈，即使非常积极地采用第一种治疗方法（报道的失败率为30%～70%）时也是如此。
- ISS更难以治疗，更有可能复发，成功率也比其他肉瘤低。
- 为了降低疫苗引起的肿瘤发生的机会，应避免在以前注射过疫苗的部位进行加强免疫，不应肌内或在躯干注射疫苗，不要给患有ISS病史的猫使用疫苗，但在大多数州狂犬病疫苗是授权可用的。VASTF建议只有在右肩部使用的疫苗应该含有猫传染性泛白细胞减少症、杯状病毒及疱疹病毒（FVRCP）的抗原。狂犬病疫苗应该尽可能在右后肢远端注射；FeLV 疫苗如果确实有暴露的风险，应在左前肢远端注射。标记每隔3年使用的狂犬病疫苗不能在每年需要采用狂犬病免疫的州使用。VASTF建议，在猫完成产仔后及用FVRCP强化免疫1年后应每隔3年再给予这种疫苗。应详细记录每次免疫注射的时间及部位、疫苗制造厂商及疫苗序列号或批号。发生VAS的另外一个可能的风险是注射冷疫苗。建议疫苗在注射之前应加温到室温。
- 注射位点或疫苗相关的肉芽肿如果持续时间超过3个月，应该摘除并且进行组织病理学检查。

预后

由于这些肿瘤局部复发及局部侵入的特点，因此预后通常谨慎。但积极进行手术摘除，采用或不采用辅助疗法，在有些病例具有疗效。

参考文献

Daly MK, Saba CR, Crochik SS, et al. 2008. Fibrosarcoma adjacent to the site of microchip implantation in a cat. *J Fel Med Surg.* 10(2):202–205.

Davis KM, Hardie EM, Lascelles BDX, et al. 2007. Feline fibrosarcoma: Perioperative management. *Compend Contin Educ.* 29(12):712–732.

DeMan MMG, Ducatelle RV. 2007. Bilateral subcutaneous fibrosarcomas in a cat following feline parvo-, herpes-, and calicivirus vaccination. *J Fel Med Surg.* 9(5):432–434.

Dyer F, Spagnuolo-Weaver M, Cooles S, et al. 2006. Suspected adverse reactions. *Vet Record.* 160, 748–750.

Kidney BA. 2008. Role of inflammation/wound healing in feline oncogenesis: A commentary. *J Fel Med Surg.* 10(2):107–109.

Richards JR, Elston TH, Ford RB, et al. 2006. The 2006 American Association of Feline Practitioners Feline Vaccine Advisory Panel Report. *J Am Vet Med Assoc.* 229(9):1405–1441.

Seguin B. 2002. Injection site sarcomas in cats. *Clin Tech Small Anim Pract.* 17(4):168–173.

第198章 其他肉瘤
Sarcomas，Other

Mark Robson

概述

肉瘤为一种起自间质结缔组织的肿瘤，包括纤维组织［即纤维肉瘤（fibrosarcoma）和黏液肉瘤（myxosarcoma）］、神经鞘［即神经纤维肉瘤（neurofibrosarcoma）、恶性神经鞘瘤（malignant schwannoma）及血管外皮细胞瘤（hemangiopericytoma）］、骨骼肌［横纹肌肉瘤（rhabdomyosarcoma），见图198-1］、平滑肌［平滑肌肉瘤（leiomyosarcoma）］、骨［即骨肉瘤（osteosarcoma）、软骨肉瘤（chondrosarcoma）和多叶骨软骨肉瘤（multilobular osteochondrosarcoma）］、脂肪［即脂肪肉瘤（liposarcomas）和浸润性脂肪瘤（infiltrative lipomas）］、淋巴组织［淋巴管肉瘤（lymphangiosarcoma）］、血管组织［血管肉瘤（hemangiosarcoma）；参见第91章］、滑液组织［滑液细胞肉瘤（synovial cell sarcoma）］和纤维-组织细胞组织（fibrous-histiocytic tissue）［即恶性纤维组织细胞瘤（malignant fibrous histiocytoma）及恶性组织细胞增生（malignant histiocytosis）］等。

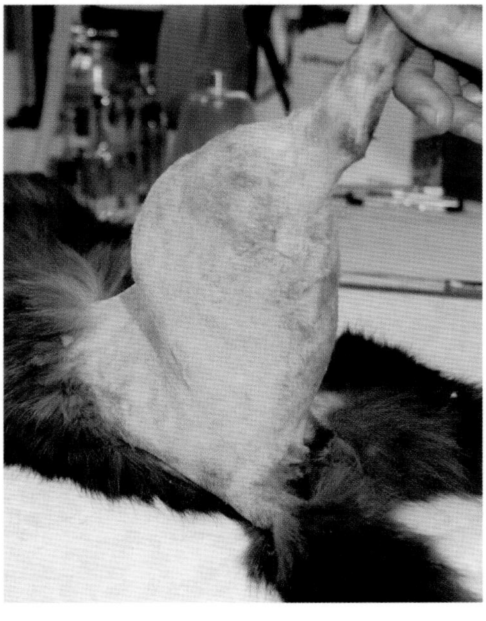

图198-1 横纹肌肉瘤，起自四头肌，生长快速，因此必须要实施切断手术（图片由Gary D. Norsworthy博士提供）

猫的肉瘤除注射位点肉瘤（参见第197章）外不常见，因此文献资料中关于这些肿瘤在猫的行为报道不多见，发病的大多数研究报告为从犬的外推，但肿瘤流行情况、肿瘤行为及预后在猫和犬间有明显差别。目前的研究正在特异性地对猫的肉瘤进行研究。

肉瘤倾向于发生在老龄猫，但可在任何年龄发病。猫肉瘤病毒（feline sarcoma virus，FeSV）诱发的肉瘤通常发生于3岁以下的猫。肉瘤的发生无品种及性别趋势。在大多数肉瘤病例，除了注射位点肉瘤和FeSV诱导的肉瘤外无已知的潜在病因。眼睛的创伤及慢性炎症可诱发猫发生眼内肉瘤。

肉瘤常常呈现为软或硬，生长缓慢、无痛的肿胀，通常孤立发生，很少能影响到局部淋巴结，转化很慢（通常转移到肺脏）。如果肉瘤成组发生，可在局部有侵入性，常常在摘除后可复发。这类肿瘤常常有假包膜，由非肿瘤细胞组成，这些细胞在显微镜下呈“卷须”（tendrils）状，延伸进入可以见到的边缘之下。世界卫生组织（WHO）对骨肿瘤的分类系统见表198-1。

临床症状差别很大，常常与肿瘤的发生部位有关。胸腔或腹腔内的肉瘤主要临床症状包括呼吸困难、咳嗽、肥厚性骨病、呕吐、食欲不振、腹泻、排尿困难、

表198-1 世界卫生组织对犬和猫骨瘤的分类

T=原发瘤	
T0	未见肿瘤迹象
T1	肿瘤限于髓质和皮质
T2	肿瘤延伸超过骨膜
注意：	多个肿瘤应独立进行分类
M=向远处转移	
M0	没有向远处转移的迹象
M1	检查到向远处转移[特异性位点]

T，肿瘤；M，转移。

失重及黄疸。神经鞘肿瘤或各类肿瘤直接压迫神经组织时可引起神经症状或疼痛。跛行、疼痛或病理性骨折常常与起自骨的肉瘤有关。

猫的骨肉瘤（osteosarcomas）（见图198-2）与犬相比临床过程比较缓慢，也是猫最常见的原发性骨瘤（70%～80%），但只占所有猫肿瘤的1%～6%。就诊时的平均年龄为8～11岁，但可见于不到1岁的猫。近来进行的研究发现，猫35%～40%的所有骨肉瘤为骨外骨

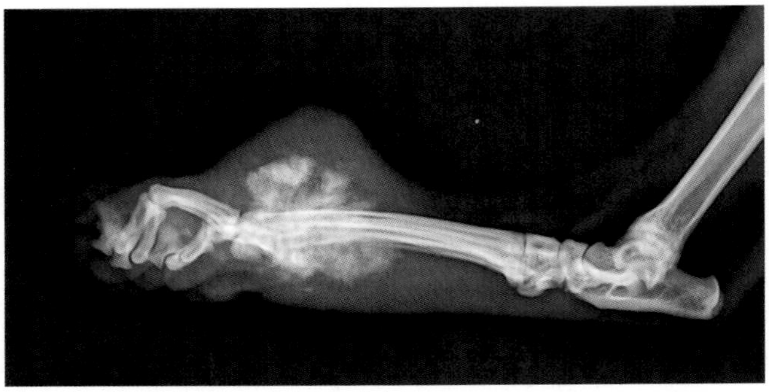

（A）

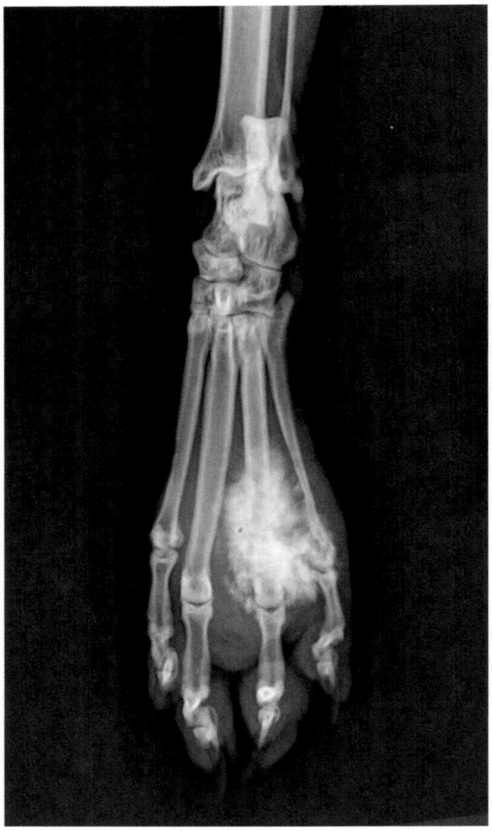

（B）

图198-2 侧面（A）及前后（B）位，趾部有硬的肿块，表明为骨肉瘤引起的经典的"旭日状"（"sunburst"）作用。肿瘤的主要特点为不通过关节，如只影响到跖部（图片由Gary D. Norsworthy博士提供）

肉瘤（extraskeletal），其余病例几乎等比例地位于体轴骨和四肢。大多数骨外骨肉瘤发生于皮下组织（有些可能与注射有关），预后比骨骼骨肉瘤差。在诊断时这类肿瘤的转移通常不明显，与犬不同的是只有5%～10%的病例发生转移。

自发性纤维肉瘤（与诱导性纤维肉瘤相比，参见第197章）为具有局部侵入性的肿瘤，通常见于皮下，但也可发生于其他器官。这类肿瘤的复发率在手术摘除后可达 67%，15%～23%的病例可发生转移。FeSV -诱导的纤维肉瘤为具有高度侵入性、高度转化性的肿瘤，发生于年轻猫，猫白血病病毒（FeLV）检测阳性的猫在四肢及躯干可发生多发性皮下肿瘤。

软骨肉瘤为猫第二常见的骨肿瘤，就诊的平均年龄为10岁，公猫的发病可能要比母猫高出2倍。70%的软骨肉瘤与骨有关（63%为长骨，37% 为扁骨），肩胛骨为所有骨中最常发病的骨头（15%）。其余30%见于皮下，不到2%见于疫苗注射位点。软骨肉瘤为缓慢生长，局部侵入性的肿瘤，很少发生转移。

恶性组织细胞增生症（malignant histiocytosis，MH）为一种罕见及在猫研究还不很清楚的肿瘤，在形态上为非典型性的组织细胞，主要特点是进行性、全身性的肝脏、脾脏、骨髓、肺脏和淋巴结的肿瘤性浸润。本病尚无有效的治疗方法，可快速致死。有作者建议MH的分阶段及治疗可参照淋巴瘤进行。恶性纤维性组织细胞瘤（malignant fibrous histiocytoma，MFH）为一种侵入性的局部组织细胞肿瘤，通常见于皮下组织，其行为与纤维肉瘤类似。

诊断

主要诊断

- 细胞学检查：细针头穿刺在诊断肉瘤时由于这些肿瘤通常不能很好地发生鳞片样脱落，因此价值不大。虽然细胞学检查在判断肉瘤的类型时不很准确，但可判断为肉瘤，因此有助于排除其他类型的肿瘤。
- 组织病理学检查：切开活组织检查通常可确定诊断各种肉瘤的类型，有助于进一步采取手术或治疗计划。虽然肉瘤活检并不增加肿瘤转移的风险，但可发生肿瘤细胞在局部的定植。重要的是进行活检时应在随后能完全切除活检位点。
- X线拍片检查：如果原发性肿瘤位于表面，则骨头的X线拍片检查对评估肿瘤对骨的影响程度上极为重要。

辅助诊断

- 肿瘤分阶段：对肿瘤的分段典型情况下包括三维胸腔X线检查、局部淋巴结细胞学检查（如可能）及腹腔超声检查。这些检查方法有助于确定治疗方案及预后。
- 基础数据：血常规、血清生化检查、尿液分析、总T_4测定及逆转录病毒检测对查找是否有副肿瘤综合征及并发病具有重要意义，这些疾病可影响手术计划、麻醉方案、病猫应对化疗的能力及长期预后。
- 高级影像检查：计算机断层扫描（CT）或磁共振影像检查（MRI）可用于确定肿瘤的程度，以计划采用手术或放疗。

诊断注意事项

- 肉瘤细胞学检查结果的解释必须要慎重，因为其可能与组织学诊断结果不同。
- 骨髓、肝脏及脾脏穿刺可作为恶性组织细胞增生症分段的检查方法。

治疗

主要疗法

- 手术治疗：积极彻底地手术摘除肿瘤，侧面切除3cm的边缘及深的筋膜平面，这是最为有效的缓解肉瘤的治疗方法。如果原发性肿瘤位于四肢，则截除患病肢体是可选用的治疗方法。

辅助疗法

- 放疗：典型情况下肉瘤对放疗的反应不好，放疗最常用于切除的肿瘤“边缘不干净”（dirty margins）病例的辅助疗法。对犬肉瘤进行的研究表明，放疗与手术摘除合用，与不采用放疗的病例相比，无病间隔时间及生存时间均较长。
- 化疗：肉瘤对化疗有高度的反应性，在高等级肿瘤、摘除不完全的肿瘤或向远处转移的肿瘤，可考虑采用化疗。用于软组织肉瘤的化疗药物包括阿霉素、卡铂、环己亚硝脲、异环磷酰胺（ifosfamide）、长春新碱、米托蒽醌，这些药物可以合用。
- 止痛：围手术期及长期减轻症状的治疗时，可考虑采用丁丙诺啡、布托啡诺、可待因、芬太尼贴剂（fentanyl patches）及美诺昔康。

治疗注意事项

- 对肉瘤决不能剥除其包囊（shelled-out），这是因为可能会留下有活力的肿瘤细胞。
- 如果手术完全摘除肿瘤后边缘干净，没有向远处转移的迹象，则采用放疗或化疗等辅助疗法治疗可能没有多少益处。
- 虽然积极进行手术摘除治疗，猫的纤维肉瘤常常可在局部复发。
- 可在术前采用放疗以缩减肿瘤体积及活力，也可对不能摘除的肿瘤采用放疗以缓解症状。
- 由于猫肉瘤的临床资料很少，因此关于特定病例应咨询肿瘤学家，这对获得良好的预后是很重要的。

预后

肉瘤的预后主要取决于手术完全摘除的能力。肉瘤的分段方案在猫并不能总是获得准确的预后，但一般来说，组织学等级高则更有可能发生局部复发及向远处转移。位于四肢的小肉瘤如果没有向远处转移的迹象（早期摘除四肢骨肉瘤可有效治愈）则预后最好，而大的高等级肉瘤如果位于难以实施手术摘除的部位，则预后差。

参考文献

Durham AC, Popovitch CA, Goldschmidt MH. 2008. Feline chondrosarcoma: a retrospective study of 67 cats (1987–2005). *J Am Anim Hosp Assoc.* 44:124–130.

Heldmann E, Anderson MA, Wagner-Mann C. 2000. Feline osteosarcoma: 145 cases (1990–1995). *J Am Anim Hosp Assoc.* 36:518–521.

第199章 苏格兰折耳猫骨软骨发育不良 Scottish Fold Osteochondrodysplasia

Sharon Fooshee Grace

概述

苏格兰折耳猫（Scottish fold）为一充满感情的品种，因其性情温和、圆脸及圆眼和折耳而著名。折耳的性状是最早在苏格兰谷仓猫（Scottish barn cat）20世纪60年代自然发生的自然突变保存下来的特性，因此命名为“苏格兰折耳猫”（“Scottish fold”）。1966年在英格兰获得注册，但其谱系状态是在1974年发现该品种的遗传性软骨异常后被废止。苏格兰折耳猫在英国未获得注册，但北美猫爱好者协会（Cat Fancier’s Association in North America）认为该品种为一种品系清楚的猫。苏格兰折耳猫的长毛变种称为英格兰高地折耳猫（Highland fold）。苏格兰折耳猫与长耳的苏格兰折耳型猫交配，其后代称为苏格兰短毛猫（Scottish shorthairs）。

仔猫在出生时为直耳，大约在1月龄时耳朵出现一定程度但并非完全的折叠。折耳是由于常染色体显性遗传性状传递的软骨异常所引起。近来的研究表明这种性状的遗传特征为不完全显性，而并非简单的显性遗传。折耳等位基因为Fd，苏格兰折耳猫与其他折耳猫交配时为 Fd/Fd；杂合子为Fd/fd。但耳的软骨异常与进行性卷曲性关节病——苏格兰折耳猫骨软骨发育不良（Scottish fold osteochondrodysplasia，SFOCD）连锁。折耳猫与其他类型的折耳猫交配时，不可避免地可导致这种关节病的发生。病猫腿变短而畸形，生长板异常。折耳基因杂合子的猫（折耳猫×直耳猫交配）和仔猫可发生关节炎，但发病比纯合子早。

患有 SFOCD的猫一肢或多肢疼痛，不愿跳高，由于体格强健而关节不能负重，因此步伐僵硬。四肢末梢（特别是蹄）要比预期的短，常常形状异常，表现为蹲伏姿势。尾短，尾基部厚，不同程度的僵硬及不能弯曲。病猫数周到数月龄表现跛行的情况并非不常见，随着年龄的增长，骨及关节的机械性应激发挥负面作用，因此症状的严重程度会发生恶化。

诊断

主要诊断

- 影像检查：X线检查可为诊断SFOCD提供基础。病变多表现为双侧性，可早在7周龄时发生。跗骨、腕骨、跖骨及掌骨、趾骨及尾椎可发生大小及形状异常。后肢通常比前肢更为严重。生长变化极为广泛，关节间隙变窄，关节周新骨逐渐形成，特别是在肌腱和关节囊接入点更为明显（见图199–1）。

诊断注意事项

- 对本病可进行遗传性检查。

治疗

主要疗法

- 缓解疗法：可明智地采用非甾体类抗炎药物（NSAID）及软骨保护药物进行治疗。已知苏格兰折耳猫为一种可发生多囊性肾病的品种，因此采用 NSAID治疗时如果猫的肾脏状态未知，则应谨慎。

辅助疗法

- 手术治疗：本病有持续的进展性，尚无实用的治疗方法。有报道认为双侧性骨切除术及关节固定术（pantarsal arthrodesis）可缓解跗骨外生骨疣引起的疼痛。

治疗注意事项

- 苏格兰折耳猫育种人员试图通过将折耳猫与苏格兰短毛猫或美国短毛猫交配解决关节病的问题，但这种性状的所有杂合子猫均可能会发生关节病，但发病通常比纯合子猫晚。
- 本病的严重程度及进展速度在品种内具有很大差异。

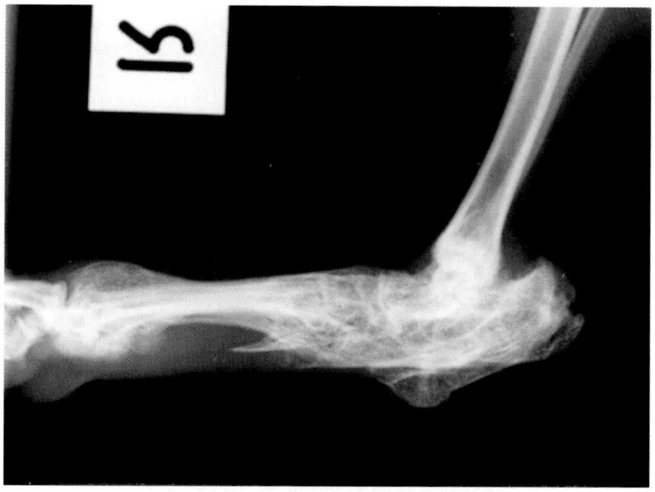

（A）

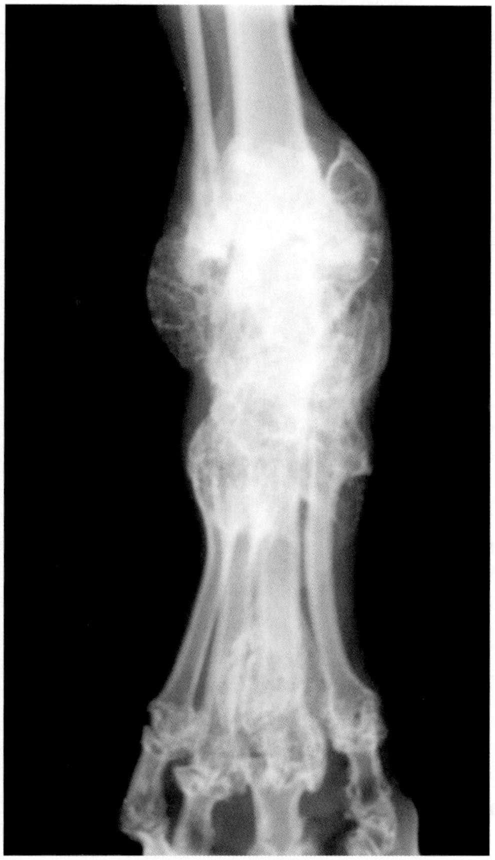

（B）

图199-1 苏格兰折耳猫骨软骨发育不良的侧面（A）及前后（B）观，发现广泛性不可逆的骨变化，发生继发性退行性关节病（图片由Richard Malik博士提供）

预防

折耳猫不应与其他折耳猫配种。对喜爱苏格兰折耳猫温和、甜美的性情及圆脸的爱好者来说，可选择苏格兰短毛猫，这一品种保留了苏格兰折耳猫可爱的性情及圆脸的特性，但不具有软骨异常的基因。

预后

本病的预后谨慎，应根据症状治疗。

参考文献

Chang J, Jung J, Oh S, et al. 2007. Osteochondrodysplasia in three Scottish Fold cats. *J Vet Sci.* 8(3):307–309.

Malik R. 2001. Genetic diseases of cats. *J Fel Med Surg.* 3(2):109–112.

Malik R, Allan G, Howlett CR, et al. 1999. Osteochondrodysplasia in Scottish Fold cats. *Aust Vet J.* 77(2):85–92.

Takanosu M, Takanosu T, Suzuki H, et al. 2008. Incomplete dominant osteochondrodysplasia in Scottish Fold cats. *J Sm Anim Pract.* 49(4):197–199.

第200章
抽搐
Seizures

Sharon Fooshee Grace

概述

抽搐（seizures）是指临床上明显的大脑电活动紊乱，虽然这种紊乱并不代表一种疾病，说明可能存在其他潜在疾病，这些疾病可为原发性或继发性地涉及大脑。原发性疾病，如癫痫症（epilepsy）没有潜在的原因，但继发性的抽搐则具有潜在的结构或代谢原因。抽搐在猫比犬少发，但可见于各种年龄的猫。

局部性抽搐起自大脑的抽搐灶，可导致局部运动活性或精神运动异常。全身性抽搐起自两侧大脑半球，通常可引起紧张-阵挛性抽搐（tonic-clonic type seizures）。因此，抽搐的临床症状依超同步性电活动（hypersynchronous electrical activity）的部位及严重程度而不同。

广义的紧张-阵挛性抽搐可分为三个阶段。发作前期（pre-ictus ）是指抽搐发作前的阶段，可表现不明显，或者由许多微妙的行为变化，如焦虑、步调、寻找注意等组成。发作（ictus）是抽搐活性发作期，典型情况下包括所有或部分下列情况：失去感觉、非随意运动（普遍的肌肉收缩）、鸣叫、流涎、排尿或排粪。发作后期（post-ictus）为活跃发作之后的一段时间，可持续数分钟或数小时，可包括各种行动或行为变化，如焦虑、饥饿、步调、攻击、耗竭、嗜睡、失明等。

猫的抽搐最为常见的原因包括结构性大脑疾病或代谢性疾病。机能性异常（先天性及获得性癫痫症）曾在历史上认为在猫没有在犬常见，但近来的综述认为，先天性癫痫约占猫抽搐的21%～59%。患有先天性癫痫的猫（3~4岁）通常较其他类型的原因引起的癫痫（≥8岁）年轻。诊断癫痫为一种排除性诊断方法，如果不能调查可能的原因，则不应考虑采用这种诊断方法。因此，应总是彻底地检查评估病猫。

诊断

鉴别诊断

应考虑许多疾病及疾病情况，见表200-1。

表200-1　抽搐的鉴别诊断

异常及先天性疾病
脑积水
代谢储存病（Metabolic storage disease ）（罕见）
先天性
癫痫（先天性或获得性）
感觉过敏综合征
传染性、炎性及侵袭性疾病
细菌性疾病
真菌性疾病
隐球菌病及不太常见的组织胞浆菌病、酵母菌病、球孢子菌病
非化脓性脑膜脑炎 *
原生动物疾病
弓形虫病，新孢子虫病、胞裂虫病
病毒病
猫传染性腹膜炎*，猫免疫缺陷病毒 *，狂犬病，伪狂犬病
异常寄生虫迁移
犬心丝虫（*Dirofilaria immitis*）或黄蝇幼虫
代谢病
硫胺素缺乏
低血糖 *
低钙血症
高钠血症
红细胞增多症
门体静脉短路
甲状腺机能亢进
肿瘤
淋巴瘤 *
脑膜瘤 *
转移瘤
中毒
阿司匹林
乙二醇
铅
有机磷酸酯 *
甲硝唑
创伤
明显的头部损伤
血管失调
猫缺血性脑病
高血压 *

* 更为常见的引起痉挛的疾病。

主要诊断

- 病史：应查找关于母猫在妊娠期健康状况的详细情况及其幼仔的疾病症状；是否有创伤的病史；是否暴露过毒素；日粮的类型及其抽搐与采食的关系；旅行史；猫的来源（即养猫场、庇护所等）；与其他动物的暴露情况（即猪或野生动物）以及新近用药的情况（如胰岛素或甲硝唑）。必须要建立是否有采用狂犬病疫苗的病史。
- 与抽搐活动有关的病史：临床医生应该确定，猫主描述的抽搐活动并非可归因于心脏、前庭或小脑疾病、骨骼肌疾病、疼痛或发情的症状。表述应该包括活跃抽搐的症状（参见发作）。其他的信息应该包括抽搐发作的频率，猫在两次抽搐发作之间是否正常、抽搐发作时的白天或晚上的时间、抽搐发作的长度，抽搐是否为单个或多个（成簇状），之前是否有其他事件发生。发作前期及发作后期的特点可能对预测抽搐或验证抽搐的发作为真正的抽搐是极为重要的。
- 查体：应进行彻底的神经检查，但并非在抽搐之后立即检查；应该让病猫在新近发作的抽搐中彻底恢复。脑神经异常、本体感觉异常、侧向症状（lateralizing signs）及视觉异常只是有助于查明潜在原因的一些异常。应检查头部是否有创伤的症状或是否在年轻猫囟门呈圆顶状或开放（表明可能为脑积水）。应采用彻底的眼科检查鉴定是否有视网膜损伤，这种损伤可表明为感染性或炎性疾病、高血压或淋巴瘤。正常的神经检查不能排除大脑结构性疾病。
- 基础检查：检查抽搐时应该从血常规（CBC）、生化检查、尿液分析及猫白血病病毒（FeLV）及猫免疫缺陷病毒（FIV）检测开始，评估病猫的一般健康状态，筛查发生抽搐的潜在原因。6岁以上的猫应该通过测定总T_4水平评价是否有甲状腺机能亢进。

辅助诊断

- X线检查：头颅X线检查除了创伤及罕见情况下的脑水肿外，不能提供更有意义的信息（见图200-1）。胸部X线检查有助于筛查全身性传染性疾病及肿瘤转移性疾病。
- 血清胆酸测定：禁食及餐后血清胆酸有助于鉴别门体静脉短路。参见第178章。对患有抽搐病史的仔猫及年轻成年猫，测定胆酸可能特别有用。

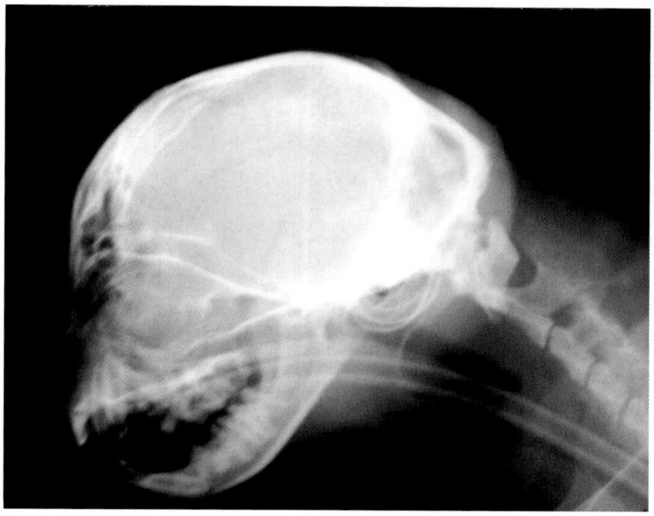

（A）

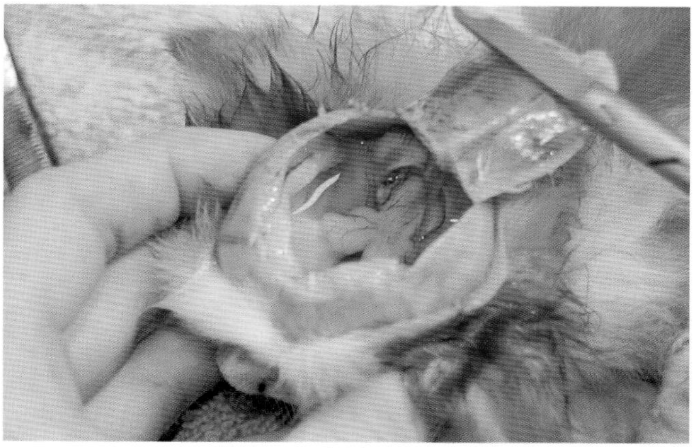

（B）

图200-1　抽搐时头颅的X线检查。（A）7月龄仔猫，有抽搐的病史，诊断为脑水肿。颅腔明显增大，形状异常。（B）脑组织边缘包围着液体（图片由Gary D. Norsworthy博士提供）

- 测定血压：可用于筛查患有肾病或甲状腺疾病的老龄猫，也对抽搐急性开始时的高血压判别极有帮助。参见第107章。
- 血清学检查：如果怀疑发生传染病时应采用合适的血清学试验。在门诊进行的血清学试验常常包括检测FeLV及FIV。地区诊断实验室可进行弓形虫病、新孢子虫病及隐球菌抗原检测。参见第43章和第214章。对猫的冠状病毒检测应小心进行，主要是由于检测方法的限制［即缺乏诊断猫传染性腹膜炎（FIP）的特异性］。参见第76章。
- 计算机断层扫描（CT）及磁共振成像（MRI）：特殊的影像检查计数有助于鉴别大脑局部的损伤，如果这种检查不能在本地进行，大多数兽医教学医院可能有CT或MRI设备。通常在采集脑脊液（CSF）分析之前进行CT或MRI。

- 脑脊液（CSF）分析：技术参见第298章。由于脑脊液必须要在20～30min内进行分析，而且该过程对病猫也有一定的风险，因此最好由专家进行采集分析。完整的分析包括测定蛋白含量、细胞学分析及偶尔进行培养或血清学分析（即隐球菌抗原血清学检测、细菌培养等）。如果怀疑脑内压增加，则不应穿刺采集CSF。
- 血清蛋白电泳测定：血清电泳可能具有一定的帮助作用，特别是怀疑发生FIP的病例。参见第76章。

诊断注意事项

- 复杂的评估检查系统可能不适合第一时间抽搐而就诊的猫，这是因为抽搐并非在有些病例为一次性事件。诊断应包括完全的病史检查及查体（一般检查及神经检查）、眼底检查、FeLV及 FIV检测及基础数据检查（特别是葡萄糖和钙的测定）。
- 如果抽搐活动经常性发生，则可使猫主能够记录与抽搐有关的一些现象（参见"病史"）。在有些病例，有时潜在基本的迹象可能变得明显。
- 如果猫的病史中具有抽搐发生，则需要镇静，但应避免采用氯胺酮，因为其可增加脑内压。吩噻嗪类药物（包括乙酰丙嗪）由于可降低抽搐发生的阈值，因此禁用。
- 无论何时，表现神经症状的猫如果咬伤人，应咨询公共卫生人员。通常本地动物控制人员即可提供帮助。如果未免疫接种的猫咬伤人，或者表现神经症状的猫咬伤人后死亡，则重要的是将其头部送检尸体剖检及检查狂犬病。参见第185章。不要将冷冻用于检测狂犬病的脑组织。

治疗

主要疗法

- 持续抽搐性（status epilepticus）：如果可能，可给予钙及葡萄糖。在未发生血糖过低或未发生血钙过低的猫，如果未怀疑其发生门体静脉短路，可用安定（5mg/mL）静注，发挥作用的剂量为每10～15min 0.5～1.0mg/kg，总共3次剂量。猫清除该药物比较缓慢，因此重复用药治疗时应谨慎。如果在医院治疗期间需要采用持续作用更强的解痉药物控制，可采用苯巴比妥（2～6mg/kg IV），但可能需要10～20min才可通过血脑屏障发挥作用，因此其不能立即发挥作用。虽然硫胺素缺乏不太常见，但有理由注射硫胺素或B族复合维生素。参见第210章。应仔细监测体温变化，因为长时间抽搐可引起体温升高。可补充氧气。
- 治疗时间：一次暴发抽搐没有必要长期采用解痉药物治疗。如果一年内发生抽搐超过4次，如果猫在24h内抽搐发作超过1次，如果猫表现癫痫持续状态（抽搐持续超过5min，或多次抽搐而中间无常态的间歇期），或如果抽搐因创伤而引起，则应进行干预。
- 维持解痉治疗：大多数发生多次抽搐暴发的猫，巴比妥为首选治疗药物。巴比妥的剂量为1.5～2.5mg/kg q12h PO。可在初始治疗之后2～3周测定血清水平；治疗水平与犬的相似（25～40 μg/mL，猫的理想范围为23～30 μg/mL）。应每隔6个月及改变剂量后2～3周监测血清水平。在猫，药物与肝中毒（hepatotoxicosis）或肝脏酶的诱导无关，这种情况在犬常见。其可引起增重性多食、明显的镇静、皮肤高度过敏、淋巴结肿大及骨髓抑制。
- 皮质类固醇：怀疑发生脑水肿或肉芽肿性脑膜炎的病例可采用皮质类固醇进行治疗。创伤、大脑肿瘤及脑积水可采用皮质类固醇改善症状。
- 抗微生物药物及抗真菌药物：需要采用抗微生物疗法时，必须要考虑血脑屏障对药物分布的限制。一般来说，磺胺类药物和氯霉素能比其他药物更好地穿过屏障，但其他药物在发生炎症时也可穿过该屏障。通常对中枢神经系统的真菌性疾病选用氟康唑。
- 沐浴：如果在病史中有暴露毒物的可能（如有机磷酸酯），或被毛可疑的气味或外观表明真皮暴露毒物时，应立即对猫实施沐浴。
- 手术治疗：通过检查及特殊影像检查确定确切部位后可摘除脑膜瘤，但这种手术只能由受过颅外科训练的专门人员实施。如果确实有门体静脉短路，则可实施这种手术。参见第137章和第178 章。

辅助疗法

- 左乙拉西坦（levetiracetam）：为猫癫痫的安全有效的解痉药物，其主要优点是即使在停药后仍可发挥作用。可作为苯巴比妥的辅助疗法，剂量为20 mg/kg q8h PO，可不因采食的影响而给药。关于本药物的监测仍在研究阶段，但治疗范围与人的相似（5～45μg/mL）。如果发生肾脏机能不全，则应降低剂量。关于本药物单独用药的治疗作用目前仍在研究阶段，结果令人鼓舞。

治疗注意事项

- 唑尼沙胺（zonisamide）（5～10mg/kg q12h PO）及普瑞巴林（pregabalin）（2～4mg/kg q8～12h PO）为两种新的解痉药物，目前正对其在犬和猫的应用进行研究。
- 如果可使抽搐活动减少50%则认为有效。
- 如果抽搐的模式发生改变则可认为其反映了对抽搐的控制不适宜或发生进行性神经病。
- 应要求猫主详细记录发生抽搐时的变化，以帮助进行抽搐管理。
- 乙二醇及有机磷酸酯中毒的治疗方法参见第70章和第155章。
- 溴化钾（KBr）：该药物曾用于猫解痉的维持药物，但其并非特别有效，目前已不建议使用。长期接受KBr治疗的猫约40%可发生与药物有关的不可逆肺炎。采用这种药物治疗时发生咳嗽表明应该停止用药，但停止治疗不能保证咳嗽或肺脏损伤的缓解。在有些病例，KBr相关的肺脏疾病可致死。哮喘时应禁止使用KBr。猫在采用KBr治疗时可在常规筛查生化检查时发现氯的水平升高。KBr的剂量为15～25mg/kg q12h PO；可监测血清溴化物水平（由于KBr的半衰期长，因此在开始用KBr治疗后或改变剂量后其稳定水平状态可能需要6～8周）。大多数猫的血清水平为15～20mmol/L（1.2～1.6mg/mL）时可达到控制水平。
- 安定：安定在猫的半衰期长，这与犬不同，猫似乎不能对该药物建立耐受。但口服使用时可引起致死性特质性肝中毒（fatal idiosyncratic hepatotoxicosis）。在多篇近来的综述中，神经病专家强烈建议停止口服安定用于猫的抽搐控制。静注剂型不引起肝中毒。由于注射安定不能与林格氏液及许多药物合用，因此最好单独注射。安定的剂量为0.25～0.5mg/kg q8～12h PO；平均来说，这个剂量相当于每只猫2～5mg q8h。
- 一旦病猫开始长期治疗抽搐，特别是采用巴比妥治疗时，决不能突然停止用药，否则可导致难以控制的抽搐发作。

预后

本病的预后完全依赖于潜在病因的鉴别及处治。

参考文献

Bailey KS, Dewey CW. 2009. The seizuring cat: Diagnostic workup and therapy. *J Fel Med Surg*. 11(5):385–394.

Barnes HL, Chrisman CL, Mariani CL, et al. 2004. Clinical signs, underlying cause, and outcome in cats with seizures: 17 cases (1997–2002). *J Am Vet Med Assoc*. 225(11):1723–1726.

Center SA, Elston TH, Rowland PH, et al. 1996. Fulminant hepatic failure associated with oral administration of diazepam in 11 cats. *J Am Vet Med Assoc*. 209(3):618–625.

Schriefl S, Steinberg TA, Matiasek K, et al. 2008. Etiologic classification of seizures, signalment, clinical signs, and outcome in cats with seizure disorders: 91 cases (2000–2004). *J Am Vet Med Assoc*. 233(10):1591–1597.

第201章
皮肤寄生虫病
Skin Parasites

Christine A. Rees

概述

皮肤寄生虫或外寄生虫是猫皮肤病的常见病因。侵染猫的有各种皮肤寄生虫，最常见的引起皮肤病的寄生虫为螨虫和跳蚤。常影响猫的各类螨虫包括：蠕形螨（*Demodex* spp.）、姬螯螨（*Cheyletiella* spp.）、背肛螨（*Notoedres* spp.）及耳痒螨（*Otodectes* spp.）。这些寄生虫病的治疗方法不同，下面对它们引起的皮肤病分别进行介绍。

蠕形螨病

概述

猫蠕形螨（demodicosis）由三种不同的蠕形螨，即戈托伊蠕形螨（*Demodex gatoi*）、猫蠕形螨（*Demodex cati*）及长形尚未命名的一种蠕形螨（*Demodex* spp. Mite）所引起。据说在美国戈托伊蠕形螨比其他两种螨更为常见。这种螨虫在美国的一些地区罕见报道，因此诊断出这种螨可能为一种地区性现象。

有螨虫存在时的临床症状及可能的潜在原因因三种蠕形螨的不同而异。戈托伊蠕形螨可在身体任何部位引起有倒刺毛的脱毛症或部分脱毛，这种螨虫可引起瘙痒，在猫之间具有高度的传染性。有报道认为，戈托伊蠕形螨可能与一种并发的食物过敏反应有关，因此存在戈托伊蠕形螨时应考虑食物过敏（见图201–1）。

与戈托伊蠕形螨相反，猫蠕形螨最常见于特定的身体部位，如面部、眼睑及耳。这种螨虫可引起具或不具有鳞片的斑块状脱毛，也可发生耵聍腺耳炎。猫蠕形螨最常见于潜在的代谢性或全身性疾病，典型的如糖尿病、猫白血病病毒（FeLV）感染、猫免疫缺陷病毒（FIV）感染或其他原因引起的免疫抑制。因此在发现有猫蠕形螨时应采用适宜的血液学检查。长型未命名螨虫引起的临床症状研究得还不清楚。这些螨虫可发生于身体任何部位，有研究认为这种螨虫可能与猫蠕形螨合并发现。

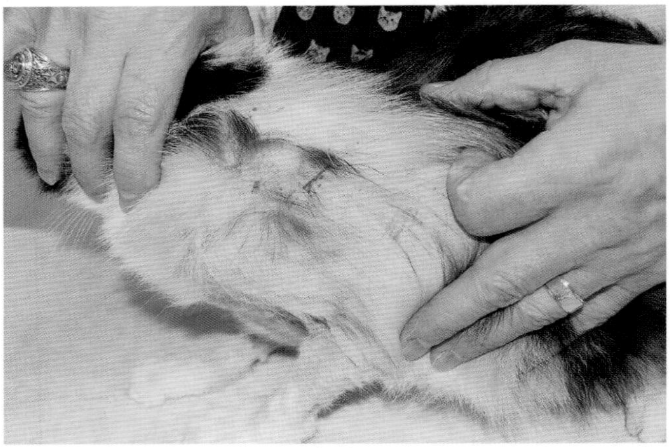

（A）

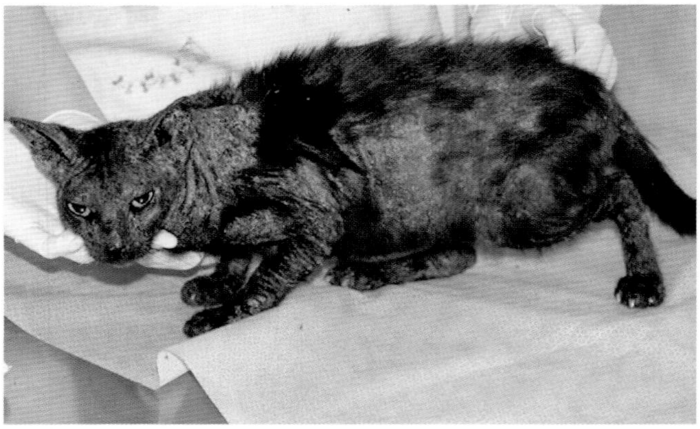

（B）

图201–1 （A）蠕形螨病可表现为瘙痒性皮肤病，可引起抓伤。（B）可能更易发生分布广泛的结痂（图片由Gary D. Norsworthy博士提供）

诊断

主要诊断

- 皮肤刮屑检查：蠕形螨通常可见于皮肤刮屑，可在显微镜下检查外观进行鉴定。戈托伊蠕形螨看起来短而粗硬，有或无尾（见图201–2）。猫蠕形螨看起来与犬蠕形螨（*Demodex canis*）相似，但具有鳄鱼状外观（alligator appearance）（见图201–3）。未命名的长型螨虫外观与猫蠕形螨相似，但具有较长的尾。

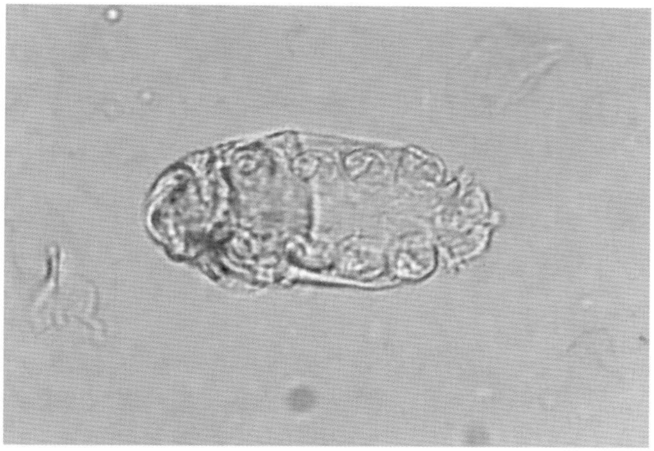

图201-2 戈托伊蠕形螨为短而粗硬的螨虫，具有明显的尾部。1000倍放大

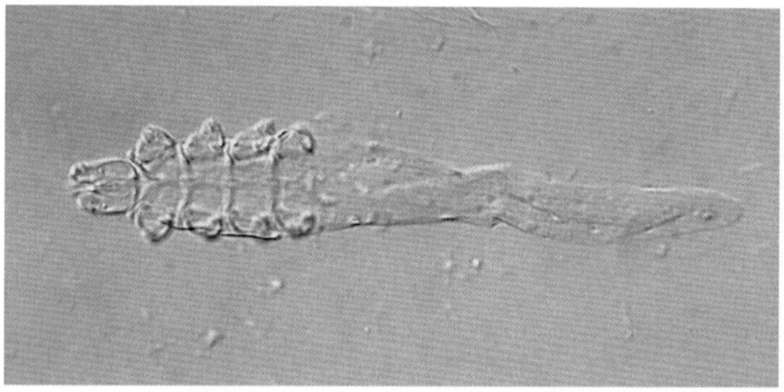

图201-3 猫蠕形螨与犬蠕形螨相似，具有鳄鱼样的外观。1000倍放大

辅助诊断

- 进一步的检查：如果发现有戈托伊蠕形螨，则应进行食物消除试验；如果发现猫蠕形螨，则应进行血液检查［即血常规（CBC）、血清生化检查、FeLV及FIV检查］及尿液分析。如果发现未命名的长型螨虫，则没有必要进行其他试验。

治疗

戈托伊蠕形螨

主要疗法

- 硫黄石灰药浴（lime sulfur dip）：是最为常用的治疗方法，可将硫黄石灰稀释到120～3800ml水中，每隔1周一次，喷洒在猫的体表，共4～6周。这种制品有恶臭味。所有与感染猫接触过的猫均应按戈托伊蠕形螨感染猫进行同样的治疗。

辅助疗法

- 其他治疗方法：有报道建议采用伊维菌素和米尔倍霉素（milbemycin）治疗对戈托伊蠕形螨具有效果，但尚缺乏证实其疗效的研究。

猫蠕形螨

主要疗法

- 硫黄石灰药浴：治疗猫蠕形螨（*D. cati*）最常用的方法是采用硫黄石灰药浴；参见猫蠕形螨的“主要疗法”。

辅助疗法

- 多拉菌素：该药未批准用于猫，其剂量为0.6mg/kg q7d SC。多拉菌素为一种合成的除虫菌素（avermectin），可发生类似于伊维菌素中毒的症状（即神经症状、昏迷及死亡）等。
- 双甲脒（amitraz）：这种药物未标记用于猫，为了减少毒性，可将其稀释到125mg/kg，这是犬建议剂量的一半。可喷洒在体表皮肤，q7～14d用药。由于双甲脒可降低血糖水平，因此不能用于已得到良好调控的糖尿病猫。

预后

预后取决于侵袭的螨虫种类，戈托伊蠕形螨侵袭后如果对所有舍饲猫均进行治疗则预后良好，而猫蠕形螨侵袭后的预后取决于潜在的原因。长型未命名蠕形螨（*Demodex* spp.）侵袭后的预后尚不清楚。

姬螯螨病

概述

布氏姬螯螨（*Cheyletiella blakei*）为猫的一种外寄生虫，大体形态与头皮屑或鳞片相似，放大后仔细观察会发现这种螨虫能够运动，由此而称为“行走的头皮屑”（walking dandruff）。姬螯螨病（cheyletiellosis）最常见的临床症状是躯干部出现大量的头皮屑或鳞片，表现瘙痒，但也有报道无症状带虫状况。

布氏姬螯螨在猫之间具有高度传染性，也具有动物传染性。虫卵排出到环境中，可成为再次发生感染的感染源。成年螨虫为专性寄生虫，离开宿主生存不超过10d。当猫主抱怨家庭成员中有人患有瘙痒性皮肤出疹时，应怀疑发生了姬螯螨病（见图201-4）。

诊断

主要诊断

- 细胞学检查：皮肤刮屑、透明胶带压片（acetate tape impressions）及跳蚤梳毛样品显微镜检查，可发现螨虫或虫卵。检查跳蚤梳毛样品时，应将采集的材料置于粪便漂浮溶液中，然后在显微镜下放大100倍检查（见图201-5）。

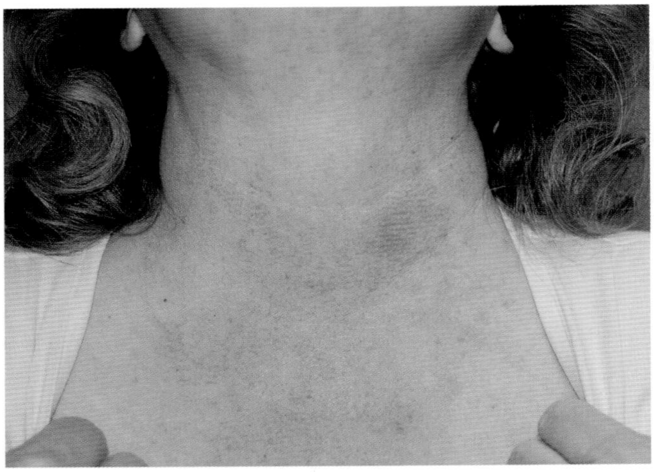

图201-4　姬螯螨可感染人，引起瘙痒性皮炎（图片由Gary D. Norsworthy博士提供）

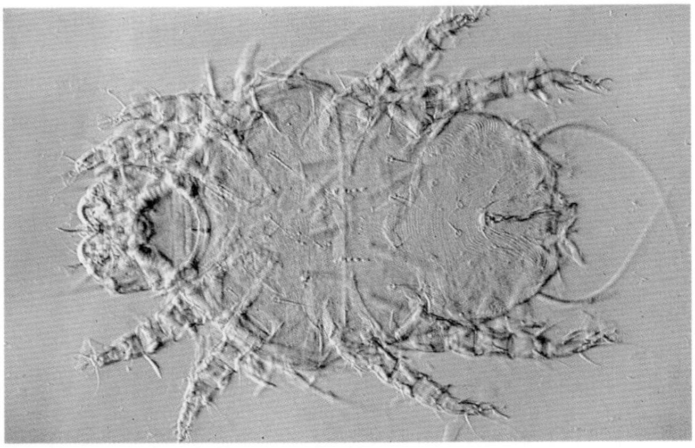

图201-5　布氏姬螯螨在100倍放大时的情况

治疗

主要疗法

- 硫黄石灰药浴：根据标签说明配置硫黄石灰（稀释到120～3800ml水中）。将稀释的浸渍液喷洒于猫的体表，使其干燥。不应将浸渍液冲洗掉。每周治疗1次，每次浸渍4～6次。所有与感染猫接触的犬和猫均应进行处理。这种产品具恶臭味。
- 局部控制跳蚤治疗：大多数驱除跳蚤的药物对治疗布氏姬螯螨也有效果。

辅助疗法

- 伊维菌素：1%伊维菌素注射液，200～300 μg/kg SC治疗，2周内可重复用药。这种治疗能够奏效。

治疗注意事项

- 由于姬螯螨对其他动物有感染性，所有与感染猫接触过的猫和犬均应按此治疗。

背肛螨

猫的皮肤疥螨（scabies）由猫背肛螨（*Notoedres cati*）所引起。疥螨高度瘙痒，可引起丘疹及皮肤结痂性皮肤病，可出现或不出现表皮脱落（见图201-6）。最常见的发病位置为耳缘和头背部。在严重病例猫的腿部也可受到侵染，此外也可发生外周淋巴结肿大。继发细菌感染时，由于广泛抓伤可发生表皮脓皮症（superficial pyoderma）。由于这种螨虫具有高度的传染性，因此所有与感染猫接触过的猫均应进行治疗。

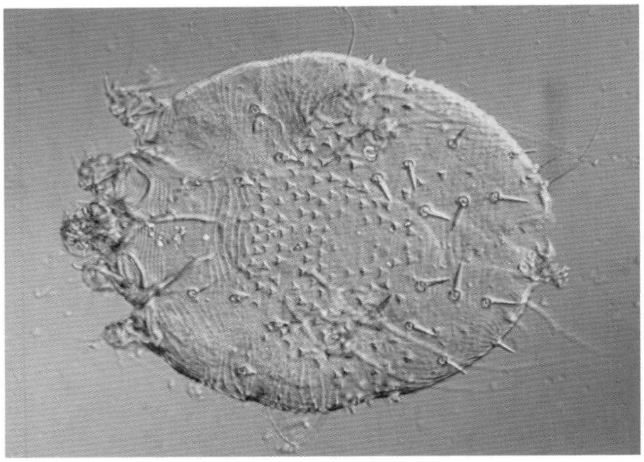

图201-6　背肛螨，100倍放大，雌虫背部观

诊断

主要诊断

- 皮肤刮屑检查：这些螨虫通常可见于皮肤刮屑中（见图201-7）。可采集耳廓中部及近端边缘样品，这样可增加诊断结果的准确性。

治疗

主要疗法

- 硫黄石灰药浴：应按照标签说明稀释（120～3800ml水中），然后喷洒到猫的整个体表后使其干燥，每周1次，浸渍 4～8周。由于这种螨虫具有高度的传染性，因此所有与感染猫接触过的猫均应采用这种浸渍法进行治疗。本产品有恶臭味。
- 塞拉菌素（Selamectin，Revolution®）：这种局部用杀虫剂批准用于猫，已成功用于治疗猫的疥疮。

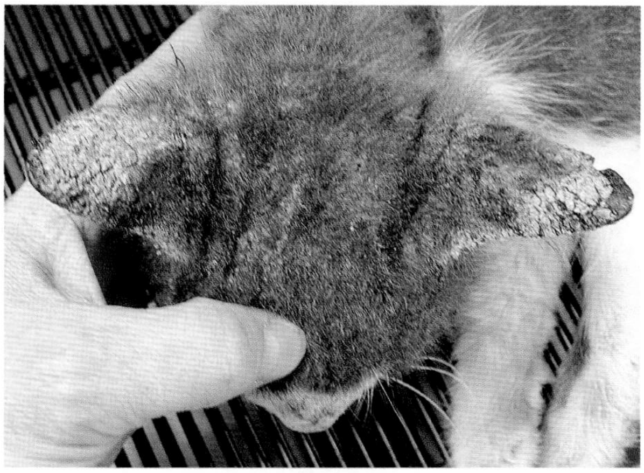

（A）

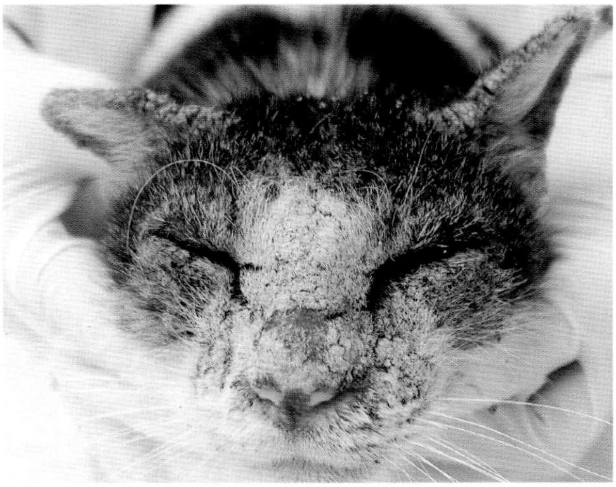

（B）

图201–7 背肛螨引起结壳的增生性皮炎。（A）耳廓为影响最为严重的区域；（B）面部经常受到侵袭（图片由Gary D. Norsworthy博士提供）

辅助疗法

- 治疗猫疥螨的其他方法包括：伊维菌素（0.2～0.3 mg/kg，间隔2周2次，PO或SC）、多拉菌素（0.2～0.3mg/kg一次SC）或双甲脒稀释液浸渍（参见全身浸渍，每周1次，连用3周）。

治疗注意事项

- 室内舍饲的所有猫均应治疗猫疥螨，主要是因为这种螨虫具有传染性。虽然不常见，但猫的疥螨可传染犬、兔及人。

耳痒螨

概述

耳仔螨（*Otodectes cynotis*）为一种常见的耳部螨虫，可引起猫的外耳炎。耳螨更有可能发生于仔猫，通常通过其亲仔传播。感染的耳部呈现咖啡样耳垢。这些螨虫可存在于耳部周围的皮肤，在这种情况下可围绕耳部出现瘙痒，肩膀及颈部区域也可发生，由此导致脱毛、丘疹、粟粒状皮炎及表皮脱落。由于耳痒螨对犬和猫有传染性，因此与感染猫有接触的所有动物均应进行治疗。

参见第62章。

跳蚤

概述

跳蚤（fleas）是猫一种重要的皮肤寄生虫，可根据观察到有跳蚤存在或皮肤上有跳蚤粪便、梳毛发现有跳蚤或跳蚤粪便，或在肛门周围或粪便表面发现有绦虫时即可确诊。跳蚤控制措施不完善可能是猫发生蚤咬性过敏反应性皮炎的主要因素，因此对猫主而言，重要的是加强控制跳蚤。

参见第80章。

参考文献

Blot C, Kodjo A, Bourdoiseau G. 2003. Selamectin administered topically in the treatment of feline otoacariosis. *Vet Parasitol.* 112:241–247.

Chailleux N, Paradis M. 2002. Efficacy of selamectin in the treatment of naturally acquired cheyletiellosis in cats. *Can Vet J.* 43:767–770.

Delucchi L, Castro E. 2000. Use of Doramectin for treatment of notoedric mange in five cats. *J Am Vet Med Assoc.* 216:215–216.

Guaguere E, Olivry T, Delverdier-Poujade A, et al. 1999. *Demodex cati* infestation in association with feline cutaneous squamous cell carcinoma in situ: a report of five cases. *Vet Dermatol.* 10:61–67.

Johnstone IP. 2002. Doramectin as a treatment for canine and feline demodicosis. *Aust Vet Pract.* 32:98–103.

Scott DW, Miller WH, Griffin CE. 2001. Skin parasites of cats. In DW Scott, WH Miller, CE Griffin, eds., *Muller & Kirk's Small Animal Dermatology*, 6th ed., pp. 18–29. Philadelphia: WB Saunders.

Tackle GL, Hnilica KA. 2004. Eight emerging feline dermatoses. *Vet Med.* 99:456–467.

第202章
孢子丝菌病
Sporotrichosis

Vanessa Pimentel de Faria

概述

孢子丝菌病（sporotrichosis）为动物和人由于二态真菌（dimorphic fungus）申克孢子丝菌（Sporothrix schenckii）引起的一种真菌性疾病，这种病不常见于猫，病原在全世界见有分布，能在富有腐败的植物材料的环境中良好生存，感染多由伤口污染（由其他猫的抓伤或咬伤）所引起。本病最常见于正常的公猫及野外游荡的猫。

与其他宿主不同，猫的孢子丝菌病主要特点是流出的液体及组织中含有大量的病原，由于感染猫能很容易地将这种疾病传播给人，因此可造成极为重要的公共卫生危害。

猫的孢子丝菌病有三种主要的临床综合征，即分别定位或固定于皮肤、淋巴皮肤（lymphocutaneous）的病灶及多灶性弥散性病灶。孢子丝菌病必须要在临床上与其他机会性真菌感染、隐球菌病及其他全身性真菌病、猫麻风病综合征（feline leprosy syndrome）、类麻风样肉芽肿（leproid granulomas）、细菌性脓肿、异物反应、无菌性肉芽肿（sterile granuloma）及脓性肉芽肿综合征（pyogranuloma syndrome）、反应性组织细胞增多症（reactive histiocytosis）及肿瘤等进行鉴别诊断。

病变通常发生于猫发生争斗时暴露或咬伤的部位，即头部、四肢远端或尾基部（见图202-1 ）。皮肤病变发生于经皮注射或咬伤的位点。首先，争斗伤口会发生脓肿，形成引流管或出现橘皮组织（cellulites）。其次，损伤部位发生溃烂，流出脓样渗出液，形成有外皮的病变。最后，由于感染区域的扩大，肌肉及骨骼也可受到影响。损伤可经过正常的整梳行为由于自体接种（autoinoculation）而扩散到身体其他部位。虽然查体时并不明显，但大部分的猫淋巴结和淋巴管也会侵及。在疾病扩散时也可出现厌食、昏睡及发热等病史（见图202-2 ）。

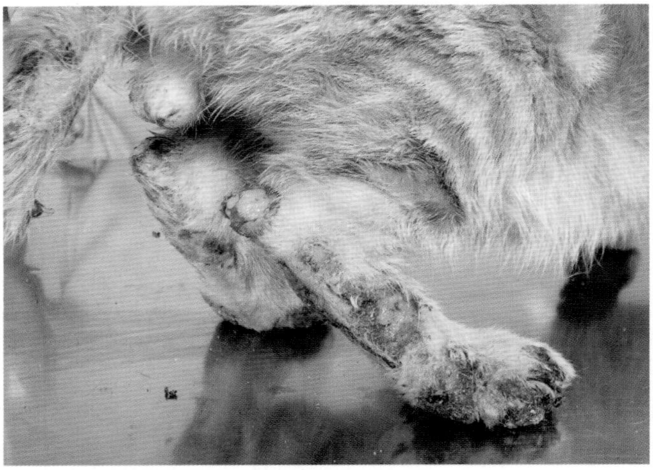

图202-1 猫的四肢远端及尾基部出现溃疡性病变

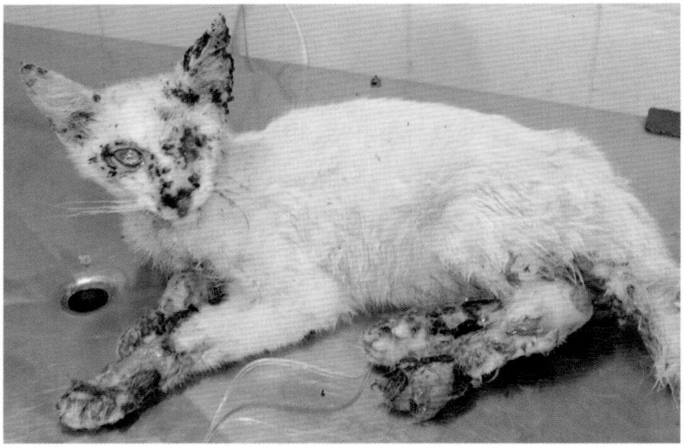

图202-2 患有孢子丝菌病扩散型的2岁正常公猫

诊断

主要诊断

- 细胞学检查：可穿刺脓肿或淋巴结采集样品，也可制成溃疡皮肤或渗出物的涂片，或拭子采样制成涂片，或皮肤刮屑制成涂片。这种方法在发病的所有阶段都是一种简单、快速及廉价的诊断方法。在发病的不同阶段，未发现细胞病理学、组织病理学或真菌培养具有明显差别。从猫的渗出液中常常易于鉴别病原（见图202-3）。

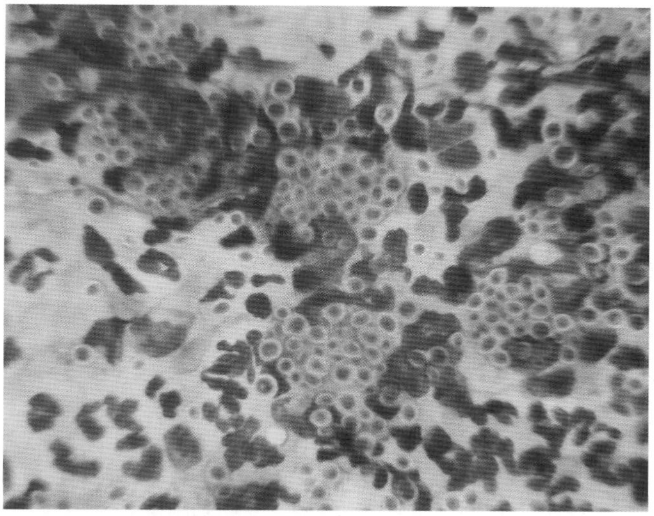

图202-3 猫患孢子丝菌病时溃疡性损伤渗出液的压片观察，注意在巨噬细胞内及细胞外间隙有大量的酵母菌样申克孢子丝菌，同时应注意在这个样品中其形态与图289-3中的不同，主要是由于这种微生物的多态性所引起。Diff Quick染色，放大1000倍

- 真菌分离：深部具有瘘道的渗出液样品及手术摘除用于浸渍组织培养的组织样品可用于确诊。申克孢子丝菌可在沙氏葡萄糖琼脂（Sabouraud's dextrose agar）上30℃时生长。
- 组织病理学检查：最好的送检样品为采集的新鲜、完整、未发生瘘道的组织活检样品。应采集深部钻孔或楔形活检样品。在猫发生病变时，病原常常很多，因此易于在脓性肉芽肿反应中鉴定到，即使在用H&E染色的切片上也可观察到。

辅助诊断

- 血清学试验：阳性血清学试验结果表明接触过，但不一定是进行性感染，因此在培养结果为阴性时血清学试验可能会呈阳性。
- PCR检测：可用于直接鉴定活检样品中的病原。

诊断注意事项

- 猫如果出现争斗伤口脓肿难以愈合，则应怀疑发生孢子丝菌病。如果采用适宜的抗真菌药进行全身治疗后，深部的脓皮病或蜂窝织炎改进不大，则发生孢子丝菌病的可能性很大。

治疗

主要疗法

- 伊曲康唑即使在免疫抑制的猫也可成功治疗，也是猫孢子丝菌病治疗的首选药物。本药物的胶囊剂应以5～10mg/kg q12～24h PO给药，最好与食物一同给药以增加吸收。给药时可将胶囊打开，将内容物分装在明胶胶囊中或与罐装食物混合。口服液的生物可利用性要高于胶囊剂。可出现不良反应（即呕吐、厌食或沉郁），但与碘化物及酮康唑相比则不大可能。在妊娠期禁止使用任何咪唑类药物。采用伊曲康唑治疗时，如果发生中毒、不良反应或对治疗反应不良时，可采用特比萘芬（Terbinafine）及氟康唑进行治疗。在临床症状已经完全康复后（4～8周）还至少应治疗1个月。

治疗注意事项

- 在对本病进行治疗前及治疗过程中禁用糖皮质激素及其他免疫抑制性药物。并发的细菌感染应该治疗4～8周。

人的预防

在对溃疡损伤或开放性瘘道进行处治时应戴好一次性手套，之后除去手套，用聚维酮碘或洗必泰溶液清洗胳膊和手。

预后

诊断及治疗早的感染猫预后良好，但严重衰竭的猫如果有严重的全身性疾病，则预后谨慎。

参考文献

Greene CE. 2006. Sporotrichosis. In *Infectious Diseases of the Dog and Cat*, 3th ed., pp. 608–612. Missouri: Saunders Elsevier.

Gross TL, Ihrke PJ, Walder EJ, et al. Sporotrichosis. 2005. In TL Gross, PJ Ihrke, EJ Walder, eds., *Skin Diseases of the Dog and Cat*, 2nd ed., pp. 298–300. Ames, IA: Blackwell Publishing.

Ferrer L, Fondati A. 1999. Deep mycoses. In Guaguère E, Prélaud P, eds., *A Practical Guide to Feline Dermatology*, pp. 5.2–5.4. Oxford: Blackwell Science.

Scott DW, Miller WH, Griffin CE. 2001. Fingal skin disease. In DW Scott, WH Miller, CE Griffin, eds., *Muller & Kirk's Small Animal Dermatology*, 6th ed., pp. 386–390. Philadelphia: WB Saunders Company.

第203章

皮肤鳞状细胞癌 Squamous Cell Carcinoma，Cutaneous

Bradley R. Schmidt 和 Mitchell A. Crystal

概述

鳞状细胞癌（squamous cell carcinomas，SCC）占猫皮肤肿瘤的15%～20%。太阳辐射是引起这种肿瘤发生的主要因素。患病猫通常具有光亮的或没有色素沉着的皮肤，有可能继发于暴露紫外线引起的化学损伤（actinic damage），因此白猫发生SCC的比例大约为其他猫的13倍。开始时这些损伤在组织学上类似于光性角化病（actinic keratosis）（恶变前损伤，premalignant lesions）或原位癌（非侵袭性癌症，noninvasive cancers；见图203-1），随后发展为侵入性癌症。在大多数研究中未见暹罗猫有多少病例报道。暴露环境性吸烟（environmental tobacco smoke，ETS）可能为诱发口腔 SCC的原因之一；ETS在皮肤SCC发生中的作用还未进行过研究。发生皮肤型SCC的平均年龄为9～12岁。肿瘤发生的常见部位为鼻梁（nasal planum）（80%～90%的病猫，见图203-2）、耳廓（50%的病猫，见图203-3）、眼睑（20%的病猫，见图203-3）及嘴唇。肿瘤通常为增生性或溃疡性，斑块状或菜花状损伤，其上可出现或不出现结痂。损伤有时可被误认为是难以愈合的伤口。约占1/3的病猫具有多处面部病变。皮肤型SCC在局部具有侵入性，但罕见发生肿瘤转移，但是在组织学上具有侵入性的肿瘤或后期的肿瘤与局部淋巴结或肺脏的侵及有关。鉴别诊断包括基底细胞瘤、

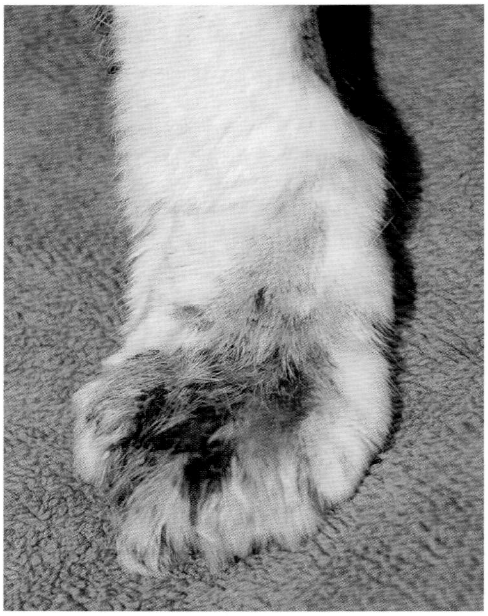

图203-1 原位癌（Carcinoma in situ）为SCC的非侵入型，见于这例猫足部的前面（图片由Gary D. Norsworthy博士提供）

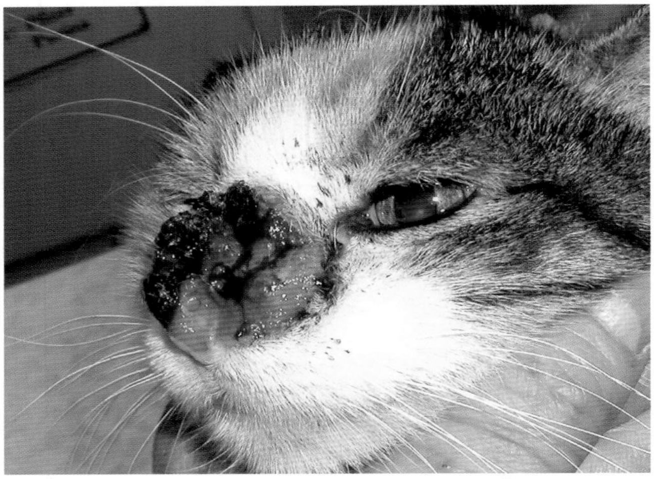

图203-2 鼻甲骨是皮肤型SCC最常发生的部位（图片由Gary D. Norsworthy博士提供）

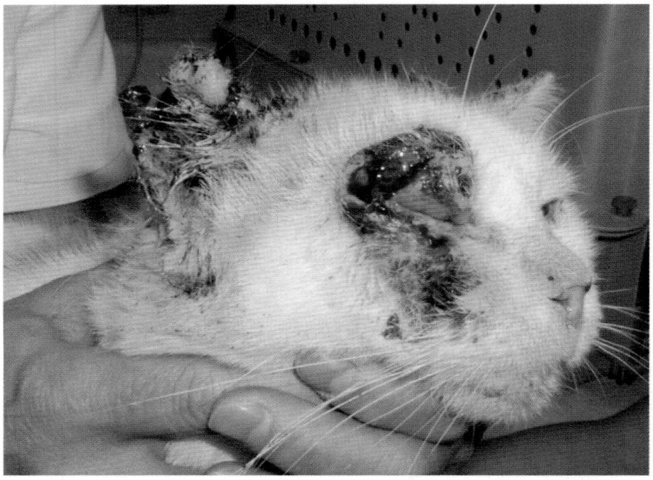

图203-3 耳廓及眼睑分别为第二和第三SCC最常发生的部位（图片由Gary D. Norsworthy博士提供）

黑素瘤、肥大细胞瘤、皮肤血管瘤或血管肉瘤、毛囊肿瘤、皮脂腺肿瘤、嗜酸性粒细胞肉芽肿综合征及脂膜炎等。

第二种皮肤型SCC不常见，但在猫见有报道为多中心原位鳞状细胞癌（multicentric squamous cell carcinoma in situ，MSCCIS），也称为Bowen氏症。MSCCIS与日光无关，但45%的病猫可检测到乳头瘤病毒（papilloma virus）抗原，也见有报道并发蠕形螨的病例，可能为继发于局部免疫机能不全的状态时。大多数猫为FeLV阴性，但有些猫为猫免疫缺陷病毒FIV阳性，由此可导致免疫缺陷而易于发生乳头瘤病毒感染或蠕形螨侵袭。本病最常见于被毛密厚及有色素沉着的部位，如头颈部、肩部及前肢。病变为多个圆形的、以黑色素为特征的角化过度性斑块，随着进展而发生结痂及溃疡，通常很疼。病变限于表皮，尚未见有肿瘤转移的情况报道。

诊断

主要诊断

- 手术摘除、切口活组织检查或组织病理学检查：是最为确定的诊断方法。

辅助诊断

- 细针穿刺及细胞学检查：可在手术之前进行这种检查，但应注意，如果存在明显的炎症时，由于非典型性或发育不良的细胞类似于肿瘤细胞，这些细胞可随着炎症损伤而出现，因此诊断为上皮性恶性肿瘤时应谨慎。
- 淋巴结细针穿刺及细胞学检查：如果有局部淋巴结肿大，应进行细针穿刺活检。
- 胸腔X线检查：虽然肿瘤转移到胸腔不常见，但在进行治疗之前应进行胸部X线检查，以检查是否有罕见的肿瘤转移情况，以及是否发生其他心肺异常。

诊断注意事项

- 在任何怀疑发生损伤的病例，均应进行诊断检查，因为早期诊断是成功治疗的关键。恶化前的损伤（即光化性角化病或原位癌）应按前述进行治疗，以防止进展为恶性肿瘤。

治疗

主要疗法

- 手术疗法：在大多数患皮肤SCC的病猫，手术治疗是治疗本病的基础，这种治疗方法在大多数肿瘤小（不到2cm）的表皮性病例有利于预后。手术切除影响到耳廓（见图 203-3）的病变可获得好的预后（无病间隔时间超过1.5岁），其预后要比手术切除影响到鼻甲骨的病变更好，这是因为在这个部位更易于切除侵入强度更大的病变。但有一项对8例患有鼻甲骨SCC的病例进行的研究表明，5例猫手术切除鼻甲骨（nosectomy）后无病的中值年龄为16个月；3例猫鼻甲骨患有侵入性更强的鼻甲骨肿瘤，手术后5个月再次复发肿瘤。
- 放疗：放疗也是治疗猫患有SCC的基础，可考虑用于不可能进行手术切除或切除不完全或病变较小的病例，治疗后总无病间隔时间中值（overall median disease-free intervals）为12～16个月（范围为0～2.7岁）。生存时间的中值为1年（范围为4.5个月至2.8岁）。在鼻甲骨患有肿瘤的猫，1年及5年无病间隔时间分别占病例的60%和10%。如果肿瘤小于2cm则5年的无病间隔据报道为56%，说明肿瘤的大小对预后具有重要价值。采用锶90以非侵入性贴近疗法（noninvasive plesiotherapy）可用于不到2mm的病变，在60%～90%的病例无病间隔时间可达到1年，其余病例生存时间为946d。

辅助疗法

- 冷冻手术（cryosurgery）：据报道无病间隔的中值时间为8.5个月（范围为46d～5.6岁）。生存时间的中值据报道为1.9年（范围为5个月到5.8年）。在一项研究中，对102例病例在鼻甲骨、耳廓及眼睑的163个肿瘤进行冷冻手术，1年内无病生存率达到84%。这种治疗方法最好用于肿瘤直径小于0.5cm的病例，而鼻甲骨发病时的预后较差。
- 化疗：一般不值得进行全身采用各种化疗药物进行的治疗，有些曾经报道获得成功的治疗包括采用卡铂或顺铂（cisplatin）进行瘤体内化疗（intralesional chemotherapy）[即在一项研究中发现，将顺铂以无菌芝麻油进行肿瘤内注射，完全反应率为73%；一年无肿瘤进展的生存率（1-year progression-free survival rate）为55%；另一研究将顺铂以胶原基质进行肿瘤内注射，完全反应率为64%，部分反应率为20%]。
- 激光手术：Nd：YAG激光手术曾成功用于患有鼻甲骨SCC的猫的治疗，14个月内共进行4次治疗。CO_2

激光手术也曾成功用于治疗（见图203-4）。

- 光能疗法（photodynamic therapy）：注入光敏染料（photosensitizing dye）进行激光激发治疗本病，在65%～95%的病例治疗时可获得完全反应。如果肿瘤的侵入轻微及肿瘤小于0.5cm时可获成功。
- COX-2抑制剂：这类药物主要是吡罗昔康（piroxicam），在治疗猫的SCC中作用有限。虽然在人和犬的SCC中存在COX-2，但一项在猫进行的研究表明，在21例猫的口腔SCC中只有2例（9%）存在COX-2，在6例皮肤SCC中没有任何病例（0%）具有COX-1。目前尚未见有在猫的皮肤SCC中采用COX-2抑制剂治疗效果的报道，但在一项采用COX-2抑制剂（吡罗昔康）治疗猫的口腔 SCC的研究发现，13例中有1例病情得到稳定，13例中有12例疾病仍在发展。

（A）

（B）

图203-4 皮肤鳞状细胞癌。（A）采用CO_2激光治疗这种发生于鼻甲骨的SCC。（B）2年后未见再发。对早期肿瘤积极进行治疗可增加成功率（图片由Gary D. Norsworthy博士提供）

治疗注意事项

- 治疗癌症前期的病变（precancerous lesions）可采用各种视黄酸及类胡萝卜素治疗［即光化性角化病或非侵入性癌损伤（原位癌）］，但对治疗的反应所见报道并不一致。光能疗法、冷冻手术及局部采用咪喹莫特（imiquimod，为一种局部使用的生物反应改良剂）治疗，对非侵入性肿瘤均具有一定的治疗作用（参见MSCCIS）。
- 关于 MSCCIS（Bowen's disease）所见报道资料不多，由于肿瘤位于表面，因此手术常常可得到局部控制，但损伤也可发生在其他部位。肿瘤损伤对贴近疗法的反应性不同，尚未见有对化疗反应一致的报道。近来有研究对12例猫的MSCCIS采用咪喹莫特进行治疗的效果进行了评价，发现所有猫在开始时均可对治疗发生反应，但大多数猫会出现新的肿瘤，这些新发肿瘤对治疗也有反应。治疗的不良反应包括局部红疹、肝脏酶活性升高、中性粒细胞减少及胃肠作用等。这些猫的平均生存时间为243d。
- 猫发生由于太阳辐射而诱发的肿瘤时应避免其与太阳光线直接接触。

预后

对大多数患有皮肤型SCC的病猫，手术摘除是最主要的治疗方法。肿瘤的发展阶段对肿瘤控制具有预后作用。在耳廓肿瘤较小的病例（小于2cm）预后好或谨慎；其中不到一半的病例会复发。肿瘤较大的病例（>5cm）平均生存时间为53个月，其肿瘤平均可控制9个月。预后通常与肿瘤发生的部位无关，但对耳廓的肿瘤常常可进行更为积极的治疗，因此可能预后较好。组织学等级对预后也有参考价值；分化不良时50%的猫可在12周内施行安乐死。

参考文献

Beam SL, Rassnick KM, Moore AS, et al. 2003. An immunohistochemical study of cyclooxygenase-2 expression in various feline neoplasms. *Vet Pathol.* 40:4964–500.

DiBernardi L, Clark J, Mohammed S, et al. 2002. Cyclooxygenase inhibitor therapy in feline oral squamous cell carcinoma. *Proceedings of the Veterinary Cancer Society XXth Annual Conference*, p. 19.

Gill VL, Bergman J, Baer KE, et al. 2008. Use of imiquimod 5% cream (Aldara) in cats with multicentric squamous cell carcinoma in situ: 12 cases (2002–2005). *Vet Comp Oncol.* 6:55–64.

Lana SE, Ogilvie GK, Withrow SJ, et al. 1997. Feline cutaneous squamous cell carcinoma of the nasal planum and the pinnae: 61 cases. *J Am Anim Hosp Assoc.* 33:329–332.

Moore AS, Ogilvie GK. 2001. Skin tumors. In AS Moore, GK Ogilvie, eds., *Feline Oncology*, pp. 398–428. Trenton: Veterinary Learning Systems.

Stell AJ, Dobson JM, Langmack K. 2001. Photodynamic therapy of feline superficial squamous cell carcinoma using topical 5-aminolaevulinic acid. *J Small Anim Pract.* 42(4):164–169.

Vail DM, Withrow SJ. 2007. Tumors of the Skin and Subcutaneous Tissues. In SJ Withrow, EG MacEwen, eds., *Small Animal Clinical Oncology*, 4th ed., pp. 375–401. Philadelphia: Elsevier Saunders.

第204章 胃蠕虫

Stomach Worms

Mitchell A. Crystal 和 Mark C. Walker

概述

三尖盘头线虫（*Ollulanus tricuspis*）和泡翼线虫（*Physaloptera* spp.）为猫胃内的线虫类寄生虫。盘头线虫（*Ollulanus*）可引起胃侵蚀及慢性纤维性胃炎。盘头线虫是通过摄入被污染的呕吐物而获得，无胃外迁移，也未见有跨胎盘或乳腺侵袭的报道。临床症状包括呕吐、厌食及失重。查体时可能表现正常或具有失重的迹象。病原较小（约1mm），而且其生活周期不同寻常（粪便中既没有虫卵，也没有幼虫），因此使得诊断盘头线虫很困难。泡翼线虫（*Physaloptera*）引起呕吐，这种呕吐在性质上为慢性间歇性的；黑粪症（melena）及贫血的情况罕见。染病是由间接摄入感染的中间宿主昆虫（即蟋蟀、甲壳虫或蟑螂）或转运宿主（transport hosts）（即爬行动物及小型哺乳动物）而发生。这种寄生虫无胃外迁移，也未见有跨胎盘或乳腺的感染发生。泡翼线虫的发育周期需要131～156d；盘头线虫在摄入三期幼虫后则需要33～37d的潜隐期（prepatent period）。查体可能正常，或有消瘦的迹象。

诊断

主要诊断

- 呕吐物直接显微镜检查：可见盘头线虫的成虫或幼虫。可使用催吐药物如甲苯噻嗪（0.2mg/kg IV或SC）以获得呕吐物用于检查。
- 贝尔曼浮集法检查呕吐物（Baermann apparatus on vomitus）：由于这种方法为一种浓缩的方法，因此可见到盘头线虫的成虫或幼虫。
- 粪便漂浮试验：泡翼线虫的虫卵壁厚，有时可见到，但由于虫卵中有幼虫，因此常常在粪便检查时不能漂浮而难以检出。

辅助诊断

- 内镜或手术胃活检及组织病理学检查：泡翼线虫可为粉红色或白色，虫体结实，长1～6cm，附着于胃黏膜。盘头线虫的成虫或幼虫可在组织学切片检查时观察到。

诊断注意事项

- 盘头线虫为一种难以鉴别的寄生虫。对三个胃黏膜的切片进行组织病理学检查，在所有感染盘头线虫的猫只能发现一半有盘头线虫。
- 泡翼线虫一条虫体就足以引起呕吐。

治疗

主要疗法

- 芬苯达唑（Panacur®）：对盘头线虫及泡翼线虫感染可能有效，剂量为50mg/kg q12h PO，连用5d。这种药物对治疗蛔虫、十二指肠虫及鞭虫也有效果。
- 奥芬达唑（Synanthic®）：对盘头线虫有效，剂量为10mg/kg q12h PO，连用5d，也对蛔虫、十二指肠虫及鞭虫有效。
- 双羟萘酸噻嘧啶（pyrantel pamoate）（Strongid®，Nemex®，通用名）：可能对盘头线虫及泡翼线虫有效，剂量为20mg/kg PO。即使这种寄生虫的生活周期长，但建议间隔3周重复给药。本药物对蛔虫及十二指肠虫也有效果。
- 伊维菌素（Ivomec®）：对泡翼线虫有效，剂量为200 μg/kg PO，对十二指肠虫及蛔虫也有效果。
- 左旋咪唑：这种抗蠕虫药物对盘头线虫有效，剂量为：2.5%溶液或片剂，5mg/kg PO一次用药，该药物在美国尚未使用。

治疗注意事项

- 对自然发生的盘头线虫侵袭尚未发现最佳的治疗方法，这可能与本病的发病率不高、鉴别这种寄生虫较难及治疗后鉴定是否仍存在虫体较为困难有关。
- 其他见有报道有效治疗泡翼线虫的方法包括通过内镜

或施行手术除去泡翼线虫等。

预后

泡翼线虫侵袭后如果鉴别及治疗或除去虫体及时，则预后好，而盘头线虫治疗后的预后尚不清楚（参见上述提及的各种问题）。如果盘头线虫导致严重的胃纤维化，则虽能有效治疗，但临床症状可持续存在。

参考文献

Barr SC. 2007. Ollulanis infection. In LP Tilley, FWK Smith, Jr., eds., *Blackwell's 5-Minute Veterinary Consult. Canine and Feline*, 4th ed., p. 986. Ames, IA: Blackwell Publishing.

Guilford WG, Strombeck DR. 1996. Chronic gastric diseases. In WG Guilford, DR Strombrek, DA Williams, et al., eds., *Strombeck's Small Animal Gastroenterology*, 3rd ed., pp. 275–302. Philadelphia: WB Saunders.

Jarvinen JA. 2007. Physalopterosis. In LP Tilley, FWK Smith, Jr., eds., *Blackwell's 5-Minute Veterinary Consult. Canine and Feline*, 4th ed., pp. 1076. Ames, IA: Blackwell Publishing.

Wilson RB, Presnell JC. 1990. Chronic gastritis due to *Ollulanus tricuspis* infection in a cat. *J Am Anim Hosp Assoc.* 26:137–139.

第205章 尾部油脂蓄积症

Stud Tail

Christine A. Rees

概述

猫的尾部油脂蓄积（feline stud tail）是由于尾上腺（supracaudal tail gland）增生所致，由此导致油腻物质在覆盖于尾巴上的部分蓄积。这种情况最常见于正常公猫，但也可见于母猫及去势公猫。在笼养猫及整梳习惯不良的猫本病的发病率高。油腻的带状斑块出现于尾巴的背部（约1/3～1/2处），可导致脏物在尾巴蓄积或绞缠。如果发生继发性感染，在这些部位可发生疼痛。但尾部油脂蓄积最常被认为是一个美容问题。

诊断

主要诊断

- 临床症状：尾部油脂蓄积通常是由于其独特的临床症状而诊断，参见概述及图 205–1。

治疗

主要疗法

- 去势：去势并不能解决这一问题，但可阻止其进展。
- 异丙醇（isopropyl alcohol）：异丙醇可用于除去皮脂腺碎屑。
- 过氧化苯甲酰（benzoyl peroxide）：含有这种药物的洗发剂可用于维持治疗，使得皮脂的蓄积减小到最少，特别是如果猫对患病部位整梳不足时更为有利。
- 剪断：从患病部位剪断尾巴可最有效地用于局部治疗。
- 改进整梳习惯：通过减少猫限制于笼中的时间鼓励猫进行自我整梳。此外，猫主有规律地整梳也有帮助。

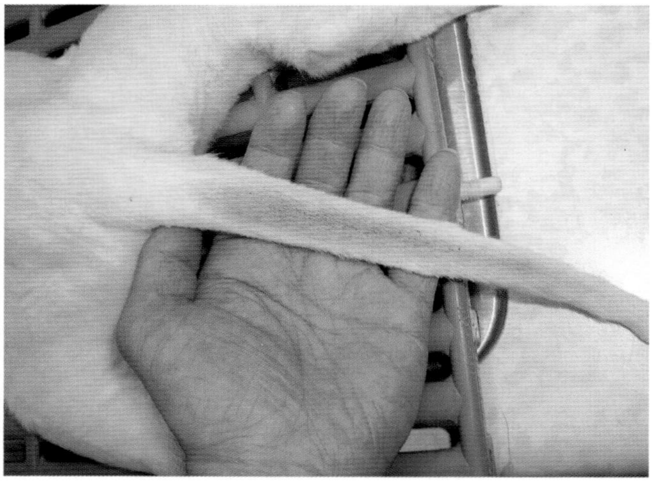

图205–1 尾部1/3～1/2处背部典型的油腻区，这是本病典型的临床症状。病变的范围通常在剃毛后才表现得较为明显（图片由Gary D. Norsworthy博士提供）

预后

尾部油脂蓄积的预后在正常猫去势之后很好，但去势后除非采取治疗而使症状消除，猫通过整梳控制了这种情况，则预后一般谨慎。在所有病例，尾部油脂蓄积均被看作外观问题。

参考文献

Scott DW, Miller WH, Griffin CE. 2001. Sebaceous gland diseases. In DW Scott, WH Miller, CE Griffin, eds., *Muller & Kirk's Small Animal Dermatology*, 6th ed., pp. 14–29. Philadelphia: WB Saunders.

Takle GL, Hnilica KA. 2004. Eight emerging feline dermatoses. *Vet Med.* 99:456–468.

第206章 尾部损伤

Tail Injuries

Sharon Fooshee Grace

概述

牵拉或尾巴拉伤（tail-pull injuries）在猫较为常见，通常是由于尾巴压在行驶车辆的车轮下或在关门时猫正从门中逃出而夹伤。强力拉尾时可常常引起荐尾（sacrocaudal）或尾椎间（caudo -caudal vertebrae）脊椎脱臼，同时引起对腰椎、荐椎或尾椎神经根的损伤。特别需要注意的是骨盆、阴部及尾部神经损伤。神经损伤时可引起神经拉伸或神经完全断裂。其他损伤还包括皮肤脱套（degloving）、骨折或尾巴完全撕裂（tail avulsion）。

神经损伤是典型情况下最值得关注的损伤，也是实施安乐死最常见的原因。因此最为重要的是仔细检查病猫，以确定损伤的性质。同样重要的是应记住，如果有足够的时间，如果没有其他危及生命的损伤，许多表现尾部神经损伤的猫能够完全或部分恢复其神经机能。在有些病例，病猫没有明显可以检查到的异常，只是在尾巴基部表现感觉过敏。病猫表现完全的粪尿失禁，这是临床症状的另一结局。

用于分类荐尾骨折（sacrocaudal fractures）的方法基本可用于猫的尾巴损伤的分类（即使不存在骨折），依此可以系统评估神经机能异常及判断预后。之所以采用这种方法，是因为猫发生尾部神经断裂而去神经支配时，常常表现一定程度的骨盆部内脏去神经。在这种情况下，尾部拉伤可根据临床症状的严重程度分为四类。关于特定骨盆神经的评价，参见“诊断注意事项”。

第一类：这一类的病猫表现一定程度的尾部麻痹及运动机能降低。肛门张力及会阴部的感觉正常，尿道球（bulbourethral）和会阴反射正常。检测这些反射时可轻轻针刺外阴及会阴部皮肤，观察肛门的反射性收缩。未观察到排尿异常（包括排尿时的姿势）。这些猫的阴部神经及骨盆神经具有正常机能。

第二类：这一类的猫表现为一定程度的尾部麻痹及运动机能异常，肛门张力及会阴感觉正常，会阴及尿道球反射正常，猫可出现排尿姿势，说明阴门神经机能正常。但由于逼尿肌机能不全，同时由于尿道松弛不充分，因此不能排空尿液。可自主性地排出少量尿液，但大量尿液仍可在膀胱中触及。轻轻逐步用手加压可以清空膀胱，或者非常难以排空。这些结果说明骨盆神经或其荐神经根（S1～S3）受损。骨盆及阴部神经并行，通过骶神经根，但骨盆神经易碎，因此很易受损。

第三类：这类猫尾部麻痹松弛，肛门张力及会阴感觉减轻，会阴及尿道球反射降低。虽然膀胱极度扩张而无张力，但不能排出尿液。用手压迫试图排空膀胱时，由于逼尿肌和膀胱括约肌之间的协同失调（dyssynergia），因此尿道阻力正常或增加。这类猫可发生尾部、骨盆及阴部神经纤维损伤，或出现脊椎的节段性损伤。

第四类：这类猫尾巴松弛麻痹，肛门无张力，会阴无感觉，膀胱易于用手清空。这类猫粪便完全失禁，尾部、骨盆及骶神经联系完全中断。

诊断

主要诊断

- 查体：完全彻底的查体对检查及判断所有损伤的程度是必不可少的，尾部损伤时通常具有明显的异常，对这类异常的检查应包括确定正常的运动能力及猫的走动能力；是否存在肛门张力和会阴部的感觉；尿道球和会阴反射的状态；膀胱的张力和大小以及尾巴的自主运动及感觉。
- 尿液的产出和颜色：如果病猫接受液体，则应在数小时内产生尿液。应注意检查尿液的颜色及量。如果尿液中有血液，可说明尿路损伤。如果不能产生尿液则说明膀胱破裂或易位、输尿管撕裂或尿道裂伤。
- 影像检查：可采用腹腔后部的X线检查，在两个直角平面进行扫查。如果猫跛行或衰弱，应抬高后肢。应仔细检查是否有荐部、骨盆及股骨骨折。如果怀疑或关注膀胱是否发生破裂，可采用阳性对照的膀胱造影照片进行检查。

辅助诊断

- 尿流动力检查（urodynamic studies）：有时可需要参照尿液动力检查，如膀胱内压测定及尿道压力检查（cystometrogram and urethral pressure profiling）评估泌尿系统的机能。

诊断注意事项

- 大多数猫会在1个月内恢复大多数的神经机能，有些猫可能在损伤后需要8周左右的时间逐渐恢复。
- 由于骨盆和阴部神经机能之间互相依赖，因此排尿欲与排粪欲之间具有很高的相关性。如果肛门张力降低，则很有可能会出现尿失禁。
- 尾神经根检查：尾神经根支持尾巴的感觉及运动机能，尾神经根损伤可引起尾巴松弛、痛觉减退或麻痹。
- 阴部神经检查：阴部神经起自S1和S3的荐部脊髓，为肛门横纹肌和尿道括约肌提供体神经（自主）支配，为会阴及生殖道提供感觉神经支配。阴部神经损伤可引起肛门扩张及反射消失，会阴部缺乏感觉及排粪失禁，尿道外括约肌无张力。如果尿道内括约肌仍能具有一定的机能，则可出现不完全尿失禁。可通过检查肛门张力及会阴部和生殖道的感觉，评价阴部神经的机能。
- 骨盆神经：骨盆神经在S1～S3起自荐部脊髓，为膀胱、直肠及生殖道提供副交感运动及感觉神经支配，该神经对膀胱逼尿肌反射及维持结肠和直肠的正常静止张力，以协助排粪时粪便的推进是极为重要的。骨盆神经损伤可引起不协调的无效的试图排尿及尿失禁。粪便可蓄积在结肠内。检查其机能时可观察猫的排尿，检查残留的尿液量。正常情况下，排尿后残留的尿液量应不足2mL。

治疗

主要疗法

- 荐尾骨折（sacrocaudal fracture）：这类骨折难以修复，常常在采用药物治疗后可得到稳定。大多数猫在发生荐尾骨折时常常为撕裂性的，而不是压迫性损伤。
- 尾巴皮肤脱套（degloving of the tail）：尾巴完全脱套时必须要切除，否则可将尾巴在脱套损伤部位切除（见图206-1）。
- 下泌尿道机能紊乱（lower urinary tract dysfunction）：关于第二、三和四类猫的后部尿道机能紊乱的药物学治疗，参见第151章。

辅助疗法

- 液体疗法：猫发生尾巴损伤时可根据需要施行液体疗法。参见第302章。
- 徒手压迫膀胱：可每天压迫膀胱数次，直到其机能恢复。如果不能压迫膀胱，则应每天至少2次插管或将留置导管连接到密闭的收集系统。关键的是膀胱不能过度扩张，否则会不可逆地引起逼尿肌的损伤。
- 便秘：蓄积在结肠的粪便可能会发生脱水而难以通过。关于便秘的治疗，参见第40章。对大多数的猫，这种暂时性的问题可通过在食物中加入纤维，或采用粪便软化剂进行治疗。

治疗注意事项

- 在开始诊断出尾巴损伤时，如果不是发生骨折、尾巴脱鞘、具有缺血性坏死、染有尿液或粪便，或者持续表现疼痛时，不应立即切除尾巴。可在近尾巴末端测定血压，判断尾巴血流的情况。许多猫尾巴机能可以得到恢复。
- 泌尿道后段机能不全的猫应仔细检查其是否有膀胱感染。

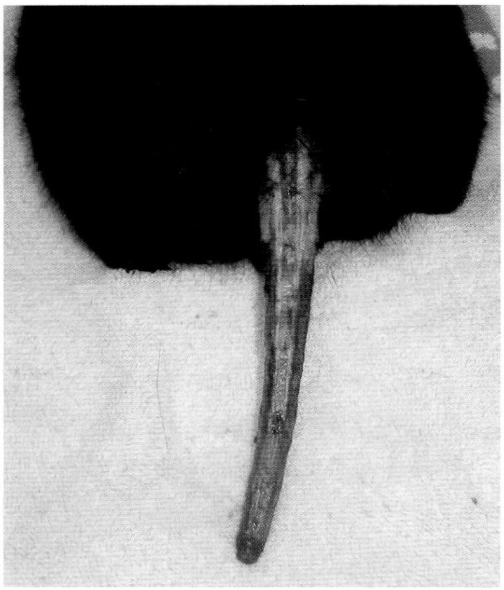

图206-1　这例猫尾巴完全脱膜，施行尾巴切除术（图片由Gary D. Norsworthy博士提供）

预后

第一及第二类的猫恢复的预后良好，尾巴机能可以得到恢复，第二类的猫大多数可恢复泌尿机能。第三类猫中有75%如果采用良好的治疗，机能可以恢复。第四类的猫预后更为谨慎，但仍有50%其机能可以得到恢复。

参考文献

Flanders JA. 1991. Sacrocaudal fractures. In JR August, ed., *Consultations in Feline Internal Medicine*, pp. 493–495. Philadelphia: WB Saunders.

Kot W, Partlow GD, Parent J. 1994. Anatomical survey of the cat's lumbosacral spinal cord. *Prog Vet Neuro.* 5(4):162–166.

Kuntz CA. 2000. Sacral fractures and sacrococcygeal injuries in dogs and cats. In JD Bonagura, ed., *Kirk's Current Veterinary Therapy XIII*; pp. 1023–1026. Philadelphia: WB Saunders.

Smeak DD, Olmstead ML. 1985. Fracture/luxations of the sacrococcygeal area in the cat: A retrospective study of 51 cases. *Vet Surg.* 14(4): 319–324.

第207章
绦虫病
Tapeworms

Mitchell A. Crystal 和 Mark C. Walker

概述

绦虫（tapeworms）为小肠的寄生性绦虫（cestode parasites），很少能引起临床症状。犬复孔绦虫（*Dipylidium caninum*）及绦虫（*Taenia* spp.）是猫最常见的绦虫。犬复孔绦虫是通过摄入感染的跳蚤而获得侵袭，而绦虫则是通过摄入感染的小型哺乳动物而获得。未发现这两种绦虫会发生小肠外的迁移，也未发生跨胎盘及跨乳腺的侵染。绦虫感染后最常见的问题是猫主抱怨猫的粪便中或会阴部的毛发中有虫体的节片。查体可正常，但罕见情况下在美国东南部可感染叠宫绦虫（*Spirometra* spp.）。这种绦虫是由于摄入小型哺乳动物而侵染，可引起腹泻。

诊断

主要诊断

- 病史：猫主可报道在粪便或猫的肛门周围见有虫体节片（小的绦虫节片）。
- 直接粪便检查：虫体节片常常可移动到粪便表面，但并非总会如此，因此阴性结果不能用于排除诊断（见图207–1）。

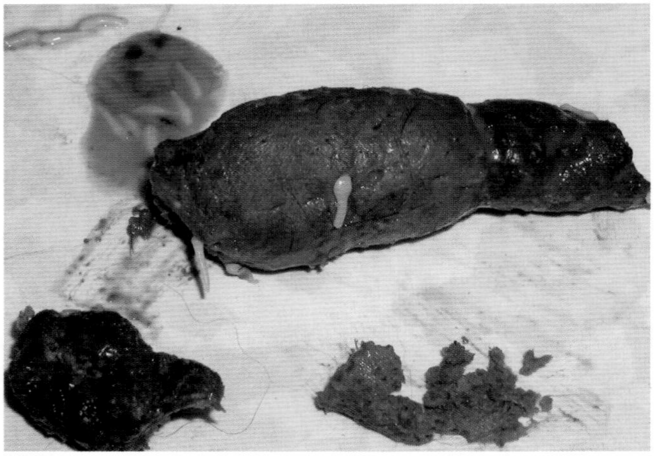

图207–1 虫体节片可见于粪便表面或随着小肠运动而出现在黏液中（图片由Gary D. Norsworthy博士提供）

- 检查肛周区：可在毛发上见到干燥的虫体节片，移动的虫体节片也可见于肛门附近（见图207–2）。

辅助诊断

- 虫体节片制备：可将虫体节片压扁到两张玻片中间的一滴水中。犬复孔绦虫虫卵形成卵框（egg basket），其中含有20～30个虫卵。绦虫排出单个的卵子（见图207–3）。

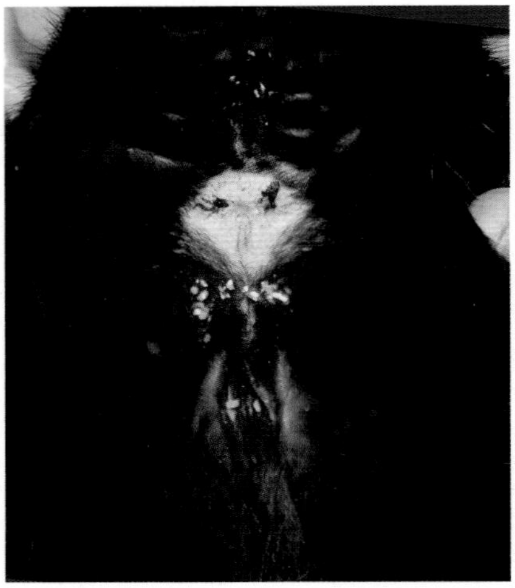

图207–2 干燥的虫体节片可见于黏附到会阴部的毛发上（图片由Gary D. Norsworthy博士提供）

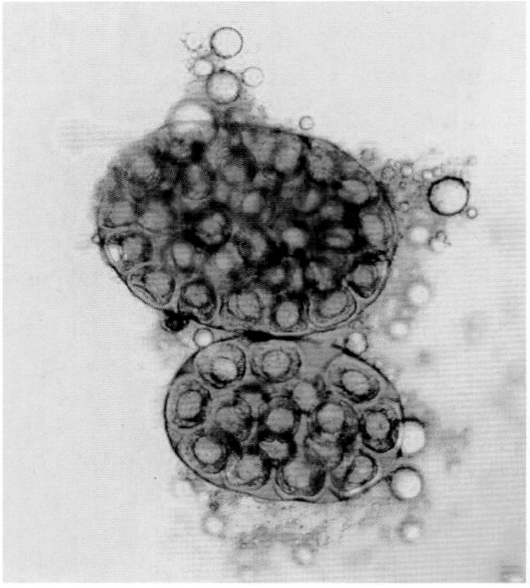

图207–3 撕裂犬复孔绦虫的节片可释放出20～30个虫卵组成的卵篮（图片由Gary D. Norsworthy博士提供）

- 粪便沉淀及漂浮检查：可见单个的绦虫卵框（如果卵框已经破裂）及犬复孔绦虫，也可见到单个的有鳃盖的叠宫绦虫的虫卵，这些虫卵通常可在沉淀检查时见到，漂浮试验时偶尔可见到。

诊断注意事项

- 鉴定特定的绦虫对预防极为重要。如果鉴定到犬复孔绦虫（*D. caninum*），则需要建立有效的跳蚤控制计划，如果鉴定到绦虫（*Taenia* spp.）或叠宫绦虫（*Spirometra* spp.），则需要预防摄入小型哺乳动物。

治疗

主要疗法

- 吡喹酮（Droncit®）：剂量为3～7mg/kg PO或SC。
- 依西太尔（Epsiprantel）（Cestex®）：剂量为2.75mg/kg PO。
- 吡喹酮/双羟萘酸噻嘧啶（Drontal®）：按标签说明用药，PO；对十二指肠虫及蛔虫也有效果。
- Emodepside 和吡喹酮（Profender®）：局部治疗，剂量为3mg/kg emodepside及12 mg/kg 吡喹酮。

治疗注意事项

- 对犬复孔绦虫和绦虫（*Taenia* spp.）只需一次治疗，主要是由于这些绦虫无组织迁移期，但所有药物都不可能100%有效，因此也可采用第二次治疗。
- 治疗叠宫绦虫需要较高剂量（1.5倍）的吡喹酮，可能需要治疗数天。
- 预防：对犬复孔绦虫控制跳蚤，对绦虫和叠宫绦虫控制捕猎行为及清扫环境，有助于防止再次受到侵袭。

预后

预后良好，主要是因为这些绦虫基本无致病性，驱虫药物治疗具有良好的效果。

参考文献

Hall EJ, German AJ. 2005. Helminths. In SJ Ettinger, EC Feldman, eds., *Textbook of Veterinary Internal Medicine*, 6th ed., pp. 1358–1359. St. Louis: Elsevier Saunders.

Jarvinen JA. 2007. Tapeworms (Cestodiasis). In LP Tilley, FWK Smith, Jr., eds., *Blackwell's 5-Minute Veterinary Consult. Canine and Feline*, 4th ed., pp. 1322. Ames, IA: Blackwell Publishing.

Reinemeyer CR. 1992. Feline gastrointestinal parasites. In JD Bonagura, ed., *Kirk's Current Veterinary Therapy XI. Small Animal Practice*, pp. 13584–1359. Philadelphia: WB Saunders.

第208章 破伤风
Tetanus

Sharon Fooshee Grace

概述

破伤风（tetanus）为猫和犬的一种不常见的细菌性疾病，由革兰氏阴性厌氧形成孢子的杆菌——破伤风梭菌（*Clostridium tetani*）所引起，猫和犬对破伤风的发生自然就有抗性。本病的病原菌广泛存在于环境中，也是人和哺乳动物正常小肠菌群的组成部分。细菌孢子经创口进入组织，组织中氧张力低，随后转变为有生长力及产生毒素时，可引起临床疾病。病菌产生的毒素可引起组织坏死，而局部环境更有利于细菌进一步生长及产生毒素。破伤风痉挛毒素（tetanospasmin toxin）在神经肌肉接头处进入神经，通过轴突转运到脊髓。毒素可存留在脊髓水平，或从脊髓双侧上升到大脑；通过血液扩散，影响远端的神经肌肉接头，或者通过脑室进入大脑。毒素的结合是不可逆的，其康复完全取决于新的轴突的生长，这一过程大约需要3周。

破伤风引起的临床症状主要是来自毒素对脊髓及大脑、神经肌肉接头及自主神经系统的影响。毒素结合通过大脑及脊髓的抑制性神经元内化，阻止了抑制性神经递质γ-氨基丁酸（GABA）及甘氨酸的释放，其结果是阻止了神经对骨骼肌的抑制作用及导致自主神经系统机能异常。全身性骨骼肌痉挛，特别是面部及四肢伸肌组肌肉痉挛，这是发生破伤风的主要特点。

临床症状通常出现在摄入孢子后5～10d内，但主要依赖损伤与中枢神经系统之间的远近、局部氧张力及伤口中产生的毒素的量。猫对破伤风的先天性抗性可以延缓症状的开始达数周。症状可局部化或全身化，局部化的症状后来也可全身化。猫和犬可能更多地患有局部性破伤风，而人在典型情况下表现为全身性。近头部的损伤症状开始更快，而且症状很快可全身化。

局部症状常常可引起感染位点附近的肌肉张力增加（见图208-1）。出现全身症状时，由于广泛的肌肉僵硬，使得病猫出现“木马”（sawhorse）样外观，步态僵硬。不能站立的动物表现完全的身体僵硬及角弓反张。报道的其他症状还包括尾巴伸展或抬高，第三眼睑脱垂，眼球内陷及胡须抬高。

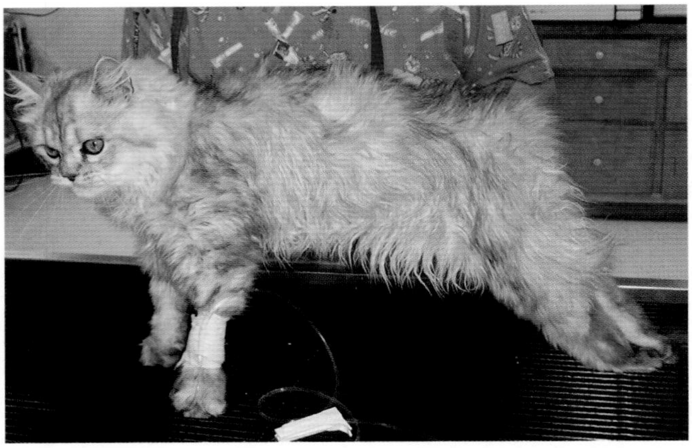

图208-1 这例猫表现为前肢局部的破伤风。在猫，局部性破伤风比全身性更为常见（图片由Vanessa Pimentel de Faria博士提供）

面部肌肉的破伤风性痉挛可引起额头皱缩，面部表现为嘲笑表情，嘴唇后拉（“risus sardonicus”）。由于喉部及咀嚼肌肉痉挛，因此出现吞咽困难及牙关紧闭。排尿困难、尿液潴留及便秘是由于括约肌紧张性升高所引起。常见唾液分泌增加及呼吸道分泌物增加，心动过速、呼吸急促及喉头痉挛。直肠温度由于肌肉活动增加而通常升高。患病严重的猫可对感觉刺激极为敏感，可反应肌肉有张力地收缩，最后可导致痉挛或死亡。

全身性破伤风的鉴别诊断包括士的宁中毒、低钙血症、脑炎及去小脑性僵直（decerebrate rigidity）。

诊断

主要诊断

- 查体：存在穿入创或开放性创口，同时表现相应的临床症状，则可为破伤风的推断性诊断提供依据。

辅助诊断

- 心电图：发生破伤风时可见到各种心律失常。

诊断注意事项

- 常规血液检查时，破伤风并不产生任何特征性的异常，但肌酐激酶可能由于肌肉活动增加及伏卧增加而升高。
- 局限于后肢的破伤风可影响猫和犬的生殖道。

治疗

主要疗法

- 伤口清创：应彻底清洗伤口，排出脓汁。双氧水可增加伤口的氧张力，如果有异物应清除。在清创前应给予抗毒素，因为毒素可释放进入血循。
- 控制感染：对全身性破伤风，最好用青霉素G（20000U/kg q4～6h IV治疗10d），这种药物比其他类型的青霉素效果更好。青霉素G可以钠盐或钾盐IV给药，或普鲁卡因盐 IM给药；可将普鲁卡因青霉素注射到伤口附近。有人将阿莫西林（20mg/kg q12h PO）用于治疗局部性破伤风。有些临床医生不使用青霉素，主要是因为其为GABA的颉颃剂，就像毒素本身一样发挥作用。在这种情况下，甲硝唑（15mg/kg q12h PO或IV治疗7～14d）由于能更好地穿入伤口，因此是一种较好的治疗药物。大剂量时这种药物具有毒性（神经症状）。氟喹诺酮类药物对厌氧菌的作用不可靠，如破伤风梭菌等，因此不应采用。
- 中和毒素：抗毒素只能中和血循中未结合的毒素，其对结合的毒素没有作用。因此，应尽快注射抗毒素，但不一定能加速康复的速度。对局部性破伤风可能没必要采用抗毒素。使用时只需要用药一次，尚未见有针对犬和猫的建议剂量。目前可以使用的产品有两种：人用破伤风免疫球蛋白，剂量为500～1000 IU IM，在伤口周围多点注射；马抗破伤风血清，剂量为100～1000IU IM或SC，伤口附近多点注射或IV。静脉内注射的效果比肌内注射或皮下注射好，但发生过敏反应的可能性极高。含有硫柳汞的产品不应 IV。注射之前15～30min可采用皮内试验的小剂量（0.1～0.2mL） 检查该产品是否能引起过敏反应。如果可以预测能发生过敏反应，则可先将动物用糖皮质激素及抗组胺药物进行治疗。如果发生过敏反应，可用肾上腺素（0.1mg/kg，稀释到1：10000）。
- 镇静：许多镇静药物有一定疗效。这些药物包括安定（0.2～5.0mg/kg q2～4h IV；调整到最低有效剂量）；乙酰丙嗪（0.02～0.06mg/kg q2～4h IV）及氯丙嗪（0.5～2mg/kg q6～8h IV）。有些临床医生喜欢使用氯丙嗪，因为其可在脑干发挥作用，抑制对低端运动神经元（lower motor neurons）的兴奋性刺激。苯巴比妥类药物可用于类似于癫痫的痉挛大发作（1～4mg/kg q6～12h IM或PO），但可能需要每隔数小时给药；可根据症状的严重程度调整剂量。但临床医生必须要注意观察是否有药物引起的呼吸窘迫及所有药物引起的累积效应。
- 松弛肌肉：偶尔可使用美索巴莫（methocarbamol），但其作用持续时间短。该药物可恒速注射，最大剂量为每天330mg/kg。
- 控制气道分泌物及心动过速：可采用阿托品（根据需要以0.05mg/kg IV用药）或胃肠宁（glycopyrrolate）（根据需要以0.005～0.011mg/kg IV用药）。

辅助疗法

- 环境：必须为病猫提供黑暗及宁静的环境。治疗时应尽量配合不要过于频繁地干扰病猫。可将棉球置于猫的耳朵内，以免传递声音。
- 液体疗法：严重病例可采用液体支持疗法，临床医生应注意输液泵的声音，这种声音有时可以引起破伤风痉挛及抽搐。
- 营养：发生破伤风的病猫代谢过强（hyper-metabolic），有些难以进食及吞咽，有些则两者均无力进行。据报道有些病猫可吮吸液体或通过紧闭的牙齿搅拌食物。如不可能，建议采用饲喂管，特别是在发生全身性疾病的病例。由于经常会发生返流，因此每次应给予少量食物。可采用注射器饲喂或鼻胃管饲喂，禁行口胃管饲喂。
- 小肠及膀胱支持疗法：如果便秘严重，则可能需要施行灌肠。如不能轻轻触压膀胱，则需要插入膀胱导管，应每隔数小时转动病猫及改变卧位，以避免褥疮的发生；理想状态下这种改变可与治疗时间相结合。

治疗注意事项

- 在发生局部性破伤风病例，病情可能没有进展；但有些报道的局部病变病例可能会很稳定，然后逐渐发生进展。
- 采用抗毒素治疗时见有报道的不良反应包括过敏反应、类过敏反应（anaphylactoid reactions）及血清过敏（serum sickness）。

- 疾病初始期能够生存的动物可能需要长时间的支持疗法。
- 由于严重患病的动物可能需要全身麻醉，采用正压力的通气设备，这种情况常常需要在特殊的专科门诊进行。有时由于费用限制常不得不施行安乐死。

预防

由于犬和猫先天性对破伤风具有抗性，因此不需要进行疫苗接种。从本病康复后不一定会产生免疫力。

预后

预后有一定差别，轻度及局部疾病恢复的可能性最高，有些猫不需要干预便可恢复，轻微感染的病猫可在1～2周内症状改善。在全身性病例，由于呼吸困难及呼吸停止可导致死亡。

参考文献

DeRisio L, Gelati A. 2003. Tetanus in the cat—An unusual presentation. *J Fel Med Surg*. 5:237–240.

Greene CE. 2006. Tetanus. In CE Greene, ed., *Infectious Diseases of the Dog and Cat*, 3rd ed., pp. 395–402. Philadelphia: Saunders Elsevier.

Linnenbrink T, McMichael M. 2006. Tetanus: Pathophysiology, clinical signs, diagnosis, and update on new treatment modalities. *J Vet Emerg Critical Care*. 16(3):199–207.

第209章
法洛四联症
Tetralogy of Fallot

Larry P. Tilley

概述

法洛四联症（tetralogy of Fallot）是猫最常发生的发绀性心脏疾病，由肺动脉瓣狭窄（pulmonic stenosis）、右心室向心性肥大（right ventricular concentric hypertrophy）、主动脉下室间隔缺损（subaortic ventricular septal defect）及主动脉栓塞（overriding aorta）组成（见图209-1）。由于肺动脉狭窄而引起的右侧心室血流受阻，可导致右侧-左侧血液短路。发绀为黏膜颜色变为蓝色，通常说明饱和度明显不足的血红蛋白的量显著增加（3-5g/dL）。肺动脉闭锁表示法洛四联症严重恶化，因为末梢右心室血流不通，主要的肺动脉变弱，血管不能发挥正常机能。在这些病例，通常听不到肺动脉狭窄的心脏杂音。查体通常会发现左侧基底心脏收缩性射出型杂音。微弱的心脏收缩杂音可能与室间隔缺损有关，在右侧胸腔可能最为明显，但这一结果有明显差别。

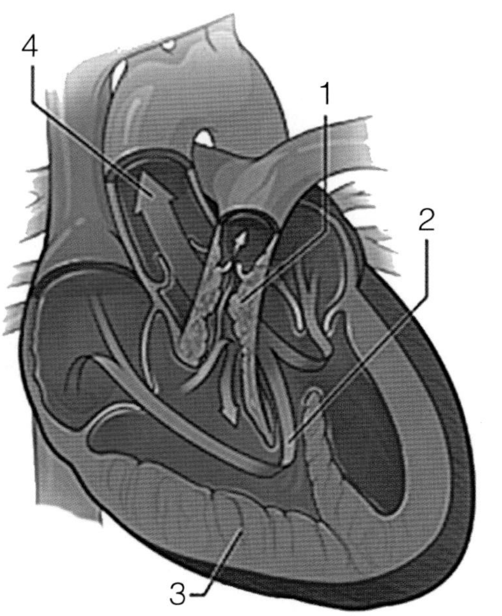

图209-1 法洛四联症的四个组成成分包括：1. 肺动脉瓣狭窄；2. 主动脉下室间隔缺损；3. 右心室向心性肥大；（4）主动脉栓塞

诊断

主要诊断

- 超声心动图：超声心动图可发现右侧心室向心性肥大，主动脉下室间隔缺损。主动脉栓塞是由于高速紊乱的心脏收缩，血流通过右心室的流出血流，因此通过光谱或彩色多普勒可以检查到，同时造影超声心动描记（bubble study）也可发现右侧向左侧的短路。大动脉返流也可通过多普勒超声心动描记检查到。

辅助诊断

- 心电图：常见心电轴右移。
- 胸腔X线检查：右心房及心室增大，由于继发于肺脏动脉狭窄而发生近端肺动脉扩张，肺脏血管循环不良（pulmonary vascular undercirculation），也可能存在后腔静脉增大（enlarged caudal venacava）。
- 非选择性血管造影术（nonselective angiography）：这种方法可用于检查肺脏血管的分布。
- 血细胞压积（packed cell volume）：大多数病例存在红细胞增多症。

诊断注意事项

- 心导管插入术（cardiac catheterization）及选择性心血管造影术（selective angiocardiography）极少用于证实法洛四联症的诊断。

治疗

主要疗法

- 手术缓解（surgical palliation）：手术的主要目的是制造全身-肺脏的血液分流，以增加肺脏血流、左心房静脉回流及动脉分流氧气含量。特定的手术方法包括Blalock-Taussig［也称B-T分流术，将锁骨下动脉（subclavian artery）与肺动脉连接］、Waterson-

Cooley或Potts［将主动脉与肺叶动脉或肺叶主动脉（lobar or the main lobar pulmonary artery）］连接的手术。

辅助疗法

- 周期性放血（periodic phlebotomy），IV液体补充疗法维持PCV低于62%，在有些猫可以奏效。
- 运动：鼓励限制运动。β－阻断剂可减少心肌对氧的消耗，降低心率，同时增加左心室的负荷而降低右侧–左侧的分流，对右心室产生正变舒效应（positive lusitropic effect）（增加松弛）。

治疗注意事项

- 猫能耐过这种缺损达数年，但通常可发生慢性低氧、红细胞增多及黏滞性过高综合征（hyperviscosity syndrome）、运动不耐受（exercise intolerance）或抽搐样运动等现象。
- 更有可能会发生心脏性猝死而不是充血性心衰。
- 手术缓解可减轻临床症状，增加生存时间。
- 只有在肺动脉足够扩张及可用于吻合时，手术缓解才有效。采用手术治疗时死亡率高。
- β－阻断剂的作用尚未在兽医实践中得到证实。

预后

法洛四联症的预后谨慎或差。临床症状可通过手术治疗缓解，但由于设备等的限制，因此日常难以进行手术治疗，可发生大量的并发症。

参考文献

Kittleson MD. 1998. Tetralogy of Fallot. In MD Kittleson, RD Kienle, eds., *Small Animal Cardiovascular Medicine*, pp. 240–247. St. Louis: Mosby.

第210章
维生素B_1缺乏症
Thiamine Deficiency

Gary D. Norsworthy

概述

硫胺素是必需的水溶性B族维生素（B_1），为柠檬酸循环（krebs cycle）多个步骤的辅助因子。硫胺素缺乏可由于脑干中大量的脑脊髓灰质软化（polioencephalomalacia）而阻止中枢神经系统（CNS）的需氧代谢途径。由于猫不能产生硫胺素，因此必须要通过食物供给。硫胺素缺乏可继发于消耗大量未烹饪内脏、含有硫胺素的鱼类（特别是金枪鱼和鲑鱼）、消耗含有肉类保护剂焦亚硫酸钠的食物，或消耗由于处理过程不当而缺乏硫胺素的食物（特别是烹饪过度的肉类）等引起。烹饪可破坏鱼类含有的硫胺素。再过2～4周后，猫可出现间断的张力性抽搐、颈部下弯、肌肉紧张（见图210-1），正位反射（righting reflexes）消失。心动过缓、严重的窦性心律不齐、双侧性瞳孔扩大及视网膜出血均可发生。如果在此阶段不进行治疗，则可能会发生昏迷及死亡。

图210-1 硫胺素缺乏时可出现颈部下弯及颈部肌肉紧张，应注意由于过量流涎而前肢湿润。如果给予25mg硫胺素，IM，则症状消除，因此可以确诊

诊断

主要诊断

- 饮食史：日粮中缺乏硫胺素，特别是日粮中有大量的未烹饪鱼类，这是硫胺素缺乏的典型病史。采食过度烹饪的肉类则为另一特征病史。
- 临床症状：临床症状见概述。就诊时最常见的症状是颈部下弯。
- 对治疗的反应：猫在采用硫胺素注射液（10～20mg IM）治疗后可在24h内恢复正常，这种治疗反应具有诊断价值。

诊断注意事项

- 硫胺素缺乏时的颈部下弯与由于有机磷酸酯中毒时的颈部下弯不同，也与低钾血性多肌病（hypokalemic polymyopathy）时硫胺素缺乏引起的颈部肌肉紧张性麻痹而造成的颈部下弯不同。在上述所提及的两种疾病中，可由于松弛性麻痹而出现衰弱。硫胺素缺乏也可引起斜颈（torticollis）、头部倾斜、行为改变或抽搐样运动，或出现角弓反张性强直。
- 由于硫胺素没有毒性，因此在表现颈部下弯的猫，特别是仔猫，可采用试验剂量。

治疗

主要疗法

- 硫胺素：怀疑发生硫胺素缺乏的猫可以5～30mg q24h PO或25～50mg IM的剂量给予硫胺素。在改变日粮的同时应至少口服硫胺素1周。
- 改变日粮：患病的猫应采用平衡的日粮进行饲喂。

治疗注意事项

- 如果给硫胺素缺乏的猫葡萄糖，则猫可很快利用葡萄糖，而且会发生代谢异常，导致乳酸形成增加。如果可能发生硫胺素缺乏，则应将25mg硫胺素在注射葡葡糖之前IM。

- 恢复后但仍拒绝采食所有日粮的猫，可补充维生素B_1，补充的剂量为每只猫30～50mg q24h，口服，以防止再发。

预后

猫缺乏维生素B_1时，如果采用适当的治疗，将日粮改变为含有足够的维生素B_1，则预后极好。

参考文献

Gunn-Moore D. 2006. The cat with neck ventroflexion. In J Rand, ed., *Problem-Based Feline Medicine*, pp. 890–905. Philadelphia: Elsevier Saunders.

O'Brien DP, Kline KL. 1997. Metabolic Encephalopathies. In JR August, ed., *Consultations in Veterinary Internal Medicine*, 3rd ed., pp. 373–379. Philadelphia: WB Saunders.

Podell M. 2006. Neurologic Manifestations of systemic disease. In SJ Ettinger, EC Feldman, eds., *Textbook of Veterinary Internal Medicine*, 6th ed., pp. 798–802. St. Louis: Elsevier Saunders.

第211章
第三眼睑疾病
Third Eyelid Diseases

Gwen H. Sila 和 Harriet J. Davidson

概述

第三眼睑也称为瞬膜（nictitating membrane），位于眼眶到眼球喙状缘的中下面，其上覆盖有结膜组织，衬在第三眼睑的里面。在第三眼睑的中间为一T形软骨，主要发挥稳定作用。在软骨下的基部，为浆液性的泪腺，其提供约33%的泪膜（tear film）。第三眼睑通过被动运动在眼睛表面运动。眼球缩肌（retractor bulbi muscle）的收缩牵拉眼球向眼眶深部运动，由此导致第三眼睑向上运动而通过眼睛。在猫，第三眼睑有少量平滑肌，由交感神经支配。这种平滑肌很小，在第三眼睑的运动中几乎不发挥作用。第三眼睑的作用是保护角膜不受外部损伤，帮助均匀扩散泪膜。影响结膜的任何疾病也可影响第三眼睑。参见第124 章。

第三眼睑抬高是最常见的可能由于第三眼睑异常引起的症状，其需要考虑的可能原因很多。瞬膜炎（haws）是一用于描述第三眼睑突出的俗语，在有些情况下，瞬膜炎是指双侧第三眼睑突出的一种情况，而且同时可能还伴随有腹泻。对发生这种综合征的原因还不清楚，但可能为4 ~ 8h的自限性过程。霍纳氏综合征（Horner’s syndrome）为一类临床症状的总称，包括第三眼睑突出（thirdeyelid prolapse）、瞳孔缩小（miosis）、眼球内陷（enophthalmos）及上眼睑下垂（ptosis，drooping of the superior eyelid）。这种综合征发生的原因是由于眼睛及周围的眼睛结构失去了交感神经支配所致。引起脱交感神经支配的所有损伤可发生于脑干水平，可沿着脊柱向下到达T1 ~ T3，在该部位神经输出，沿着迷走交感神经干到达颈前神经节（cranial cervical ganglia），分布于耳周围的组织内。参见第99 章。

全身或眼球的疼痛 （即角膜溃疡、眼色素层炎及青光眼）可引起眼外肌（extraocular muscles）收缩，将眼球深拉向眼眶，导致第三眼睑脱垂。异物也可楔入眼球与第三眼睑之间，引起眼球回缩及随后发生第三眼睑向前移动。全身不适（general malaise）或家族性自主神经异常（dysautonomia）也可由于缺乏正常的眼外肌神经支配而导致第三眼睑被动运动，因此使得眼球被动沉入眼眶。由于脱水、脂肪或肌肉萎缩或纤维形成而引起眼眶组织丧失可以引起眼球被动运动进入眼眶深部，因此使得第三眼睑前移。任何占据眼球后孔隙的肿块，如肿瘤、脓肿或蜂窝织炎均可物理性地将第三眼睑向前推动。

也可发生第三眼睑腺体突出（prolapse of the gland of the third eyelid）（樱桃眼，“cherry eye”）。虽然这种情况在猫不常见，但据报道在缅甸猫为一种可以遗传的疾病（见图211-1）。支持该腺体的结缔组织破裂，使得腺体的远端向上移动，但仍然位于结膜组织之下，呈圆形。松软，红色或粉红色的肿块，位于第三眼睑边缘之下。

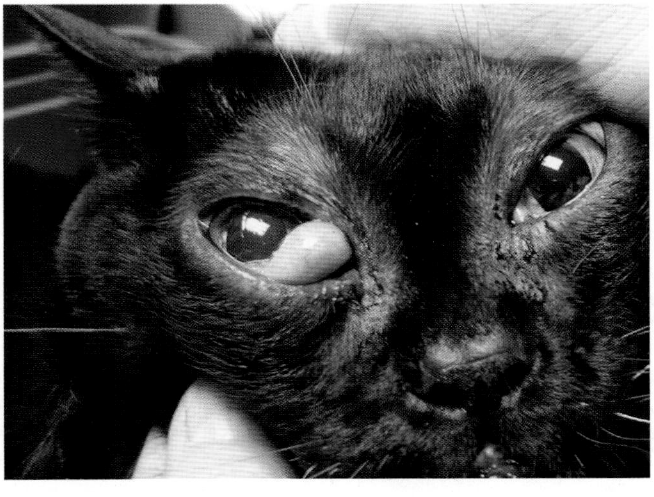

图211-1 右侧第三眼睑腺体突出，这在缅甸猫可能为一种遗传性疾病（图片由Gary D. Norsworthy博士提供）

诊断

主要诊断

- 临床症状：犬第三眼睑突出比在正常猫更易看见。如果病变为双侧性的，则应考虑的病因有脱水、脂肪或肌肉萎缩、全身疼痛或全身不适、家族性自主神经异常及瞬膜炎。如果病变为单侧性的，则更有可能是由于眼眶肿瘤、感染、眼球疼痛或霍纳氏综合征所引起。但这些一般情况也有明显的例外。第三眼睑腺体脱垂通常可通过临床症状及触诊进行诊断，应在局部采用眼科麻醉剂后用手指触诊肿胀。脱垂的腺体通常松软能移动。在许多情况下，可轻轻将脱垂的腺体在眼球和第三眼睑之间用棉签向下推，或在眼球的背后部推而暂时性复原。如果腺体不规则或肿胀坚硬，则可采用细针头穿刺，以排除肿瘤（见图211-2）。

- 查体：应检查面部是否有眼球及第三眼睑不对称的情况，以此为全面查体的一部分。这些临床检查结果有助于确定是否存在神经性疾病的症状，包括家族性自主神经机能异常或可能的全身问题。开口时的疼痛是眼眶后疾病的症状之一。最后一个臼齿后的肿大可能说明发生有眼眶后的感染或肿瘤。
- 眼科检查：应包括瞳孔光刺激反射，泪液分泌试验（schirmer tear test）、荧光素染色、眼内压测定、眼球后退（retropulsion of the globes）及检查第三眼睑后的变化，这些检查有助于排除一些特定疾病，如外物和霍纳氏综合征，这些均有可能成为第三眼睑突出的原因。

辅助诊断

- 药物学试验：怀疑发生霍纳氏综合征时，可采用药物试验定位损伤。眼科用1% 苯肾上腺素局部用药，如果损伤位于神经节后，可引起快速的瞳孔放大、上眼睑下垂消失及眼球内陷（enophthalmous）。可采用

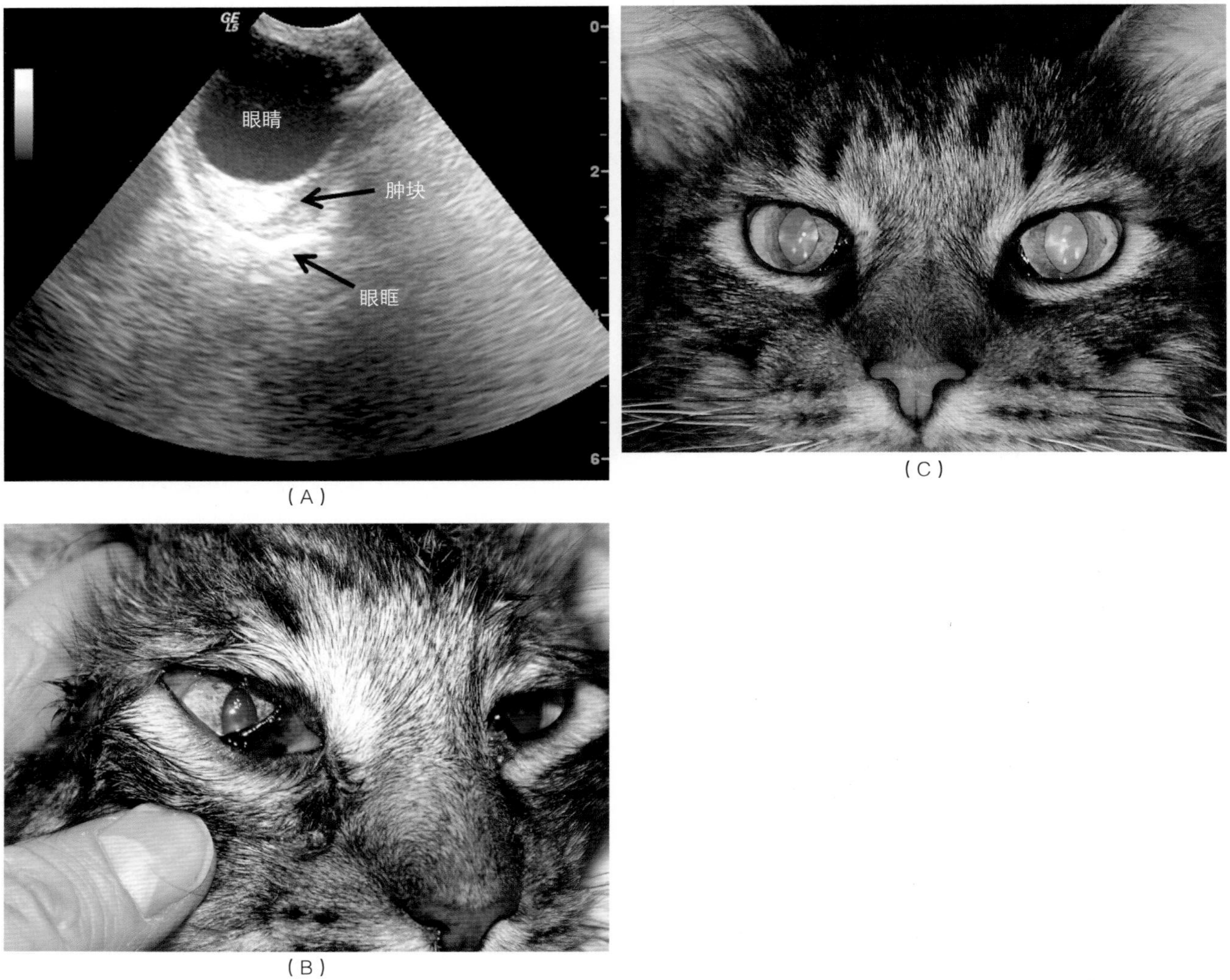

图211-2　眼球后肿块可引起第三眼睑突出。在大多数病例，这些肿块为恶性肿瘤，但有时可发生蜂窝织炎，需要进行鉴别诊断。本例病猫在眼眶近眼球尾部发生软组织肿块，超声检查可见（A）。猫的全身血压为260mmHg，存在有严重的双侧视网膜出血，第三眼睑脱垂（B）。治疗3周后血压恢复到正常，超声检查时不再见到肿块，第三眼睑恢复到正常位置（C）。这种肿块推断可能为眼球后的血凝块。眼球后出血是高血压时极不寻常的结果（图片由Gary D. Norsworthy博士提供）

1%羟基苯丙胺以证实损伤是位于神经节前或是位于中枢，但这种药物已经不再使用。

- 眼眶影像检查：如果怀疑发生眼眶肿块性损伤，可采用眼眶超声诊断、磁共振（MRI）、计算机断层扫描（CT）或X线检查。X线检查时，由于颅内周围的骨密度，因此难以发现颅内软组织损伤，但牙根脓肿或肿瘤时引起的骨溶解则可见。MRI是检查颅内软组织损伤的首选影像检查方法（见图211-2）。
- 细针头穿刺或活检：采取细胞样品有助于确定眼眶内的肿块，但诊断样品极难采集。眼眶内超声波检查有助于指导刺入穿刺的针头。可在邻近眼球处通过结膜插入针头，采集可疑的肿块样品，或者最后一个臼齿后从口腔插入针头。应将针头向前缓慢插入，以避免刺穿眼球。
- 血常规（CBC）：在眼眶脓肿或蜂窝织炎时有助于诊断。

治疗

主要疗法

- 治疗所有潜在疾病： 如果诊断为全身性疾病时，则应对这种疾病及时进行治疗。全身性疾病的治愈可改进第三眼睑的位置。
- 不治疗：脱垂的第三眼睑虽然可使得猫主感到困惑，但对猫没有多少不利作用。如果检查不到眼眶内或全身性的病因，则不进行治疗而使其自行康复。
- 全身抗生素治疗：眼眶内蜂窝织炎或脓肿则需要采用广谱抗生素治疗至少3周。选择合适的抗生素包括阿莫西林、克拉维酸及克拉霉素。有些临床医生建议同时应采用抗炎剂量的皮质激素进行治疗。如果开口表现疼痛，则可能发生了眼眶感染。由于蜂窝织炎比脓肿更为常见，因此常常难以从眼眶中引流出感染的材料。如果发现脓肿或高度怀疑发生脓肿，可试图引流感染材料，引流时可将将猫进行全身麻醉。可在最后一个臼齿后用11号手术刀做一小的刺穿切口，然后用止血钳轻轻探查，以引流出任何感染的物质。如果能成功引流脓肿，可采用抗生素治疗3周后停药。如果未试图引流，或引流未能成功，如果在初始治疗之后症状缓解，则需要采用抗生素治疗4～5周。如果在治疗3周后症状仍无改善，则应采用其他方法，如MRI或CT进一步进行诊断，同时可考虑采用手术方法治疗。
- 不施行摘除术的眼眶手术：眼眶内有肿瘤性肿块或局部有异物时，可考虑采用这种手术，由于手术通路极为复杂，因此这种手术方法可看作一种转诊手术（referral surgery），对多种类型的肿瘤，必须要考虑采用其他辅助治疗方法。
- 手术恢复腺体正常位置：手术之前采用局部眼科用抗生素及甾体激素合并治疗q8h共1d，有助于减轻炎症及改进手术成功率。一种常用的手术方法称为袋状包埋术（pocket technique）。采用这种方法时，将第三眼睑向前拉，暴露球面（bulbar surface）。在腺体两侧与第三眼睑游离缘平行，通过结膜做1cm切口。将两个切口的远端边采用可吸收6-0缝线以连续缝合方式缝合在一起。从中间向侧面缝合时易于将腺体恢复到正常位置。闭合缝合时，将腺体拢合进入袋中。第二种方法称为改良的眶缘固定技术（orbital rimtacking technique）。在这种方法中采用双臂非吸收性2-0～4-0缝线（double-armed nonabsorbable2-0 to 4-0）缝合。沿着眼眶腹面边缘的皮肤做5mm的皮肤切口，然后做5mm的结膜切口进入眼睑，与皮肤切口匹配。缝线通过皮肤切口，穿过眼眶骨膜缘，延伸进入结膜切口。然后将同一缝合穿过结膜和腺体的背面，之后将缝线穿过腺体的背面，接近原来的伤口从结膜穿出。第二个缝线臂通过皮肤切口，通过眼眶边缘骨膜，延伸进入该切口（与第一个缝线臂相同）。然后将两个缝线臂打结，向下拉腺体，使其锚定在眼眶边缘。之后局部采用眼科用抗生素治疗，q6～8h，治疗2周，这样有助于防止继发性细菌感染。

辅助疗法

- 眼科用肾上腺素局部治疗：可采用1%～5%苯肾上腺素或0.1%～0.5%苯肾上腺素眼科用溶液，根据需要使用，以引起眼睑退化。但使用这类药物时，如果其全身吸收，可引起严重的致死性不良反应，因此使用应谨慎。
- 穿刺治疗（tattooing）：可将眼睑边缘穿刺，使眼睑不太明显。
- 手术除去眼睑腺体（surgical removal of the gland）：初期第三眼睑腺体可使得猫易于发生干性角膜结膜炎（keratoconjunctivitis sicca，KCS），但在猫尚未见有医源性 KCS 报道。可切除暴露部分的脱垂腺体。常可采用锐利的剪刀切除腺体及其上的结膜，第三眼睑的其他部分，包括软骨则应保留完整。

在大多数病例，没必要闭合结膜组织。如果切口较大，可用6-0可吸收缝线连续缝合结膜。闭合伤口可降低软骨运动的可能性。

参考文献

Chahory S, Crasta M, Trio S, et al. 2004. Three cases of prolapse of the nictitans gland in cats. *Vet Ophth.* 6:169–174.

第212章
血栓栓塞疾病
Thromboembolic Disease

Larry P. Tilley

概述

全身性血栓栓塞（systemic thromboembolism）是猫常见的一种危及生命的心肌病并发症。血液在扩张的心室内郁积，血小板活性增加，从而使猫易于发生全身性血栓栓塞。典型情况下，可在主动脉分叉处（aortictrifurcation）揳入血凝块（鞍形血栓，saddle thrombus），对邻近的后肢和尾部引起严重的缺血性刺激（见图212-1）。如果血栓小，则可进入及阻塞一条髂内动脉，引起一后肢麻痹或瘫痪（见图212-2）。此外，如果血栓向前移行，通常可影响右前肢（见图212-3）。全身性血栓栓塞也可影响其他器官，包括肾脏、胃肠道及大脑。血小板在栓塞位点释放的血管活性因子（即前列腺素或5-羟色胺）可引起并行的或局部血管收缩，进一步引起缺血或使流入末端脊髓片段的血流减少。鞍形栓塞可引起一些生理性异常，包括后肢麻痹或瘫痪，无脉动、足垫发绀（见图212-4）及皮肤冷凉。后肢肌肉典型情况下僵硬，表现有痛感，可发生皮肤或肌肉蜕皮（见图212-5）。依血栓发生的部位，可出现器官机能异常。患病的猫几乎总是具有明显的潜在性心脏病，充血性心衰在发生全身性血栓栓塞时也可发生。但有些患有血栓病的猫并未发现有心衰，即使其表现明显的心脏病时也是如此。

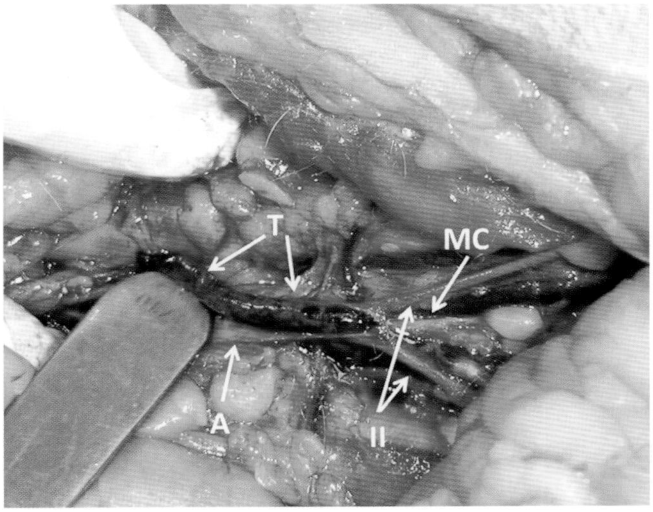

图212-1 大的血栓（T）见于主动脉末端分支（split terminal aorta）（A），阻塞左右髂内动脉的血流（II）及尾中动脉（median caudal，MC）的血流（图片由Gary D. Norsworthy博士提供）

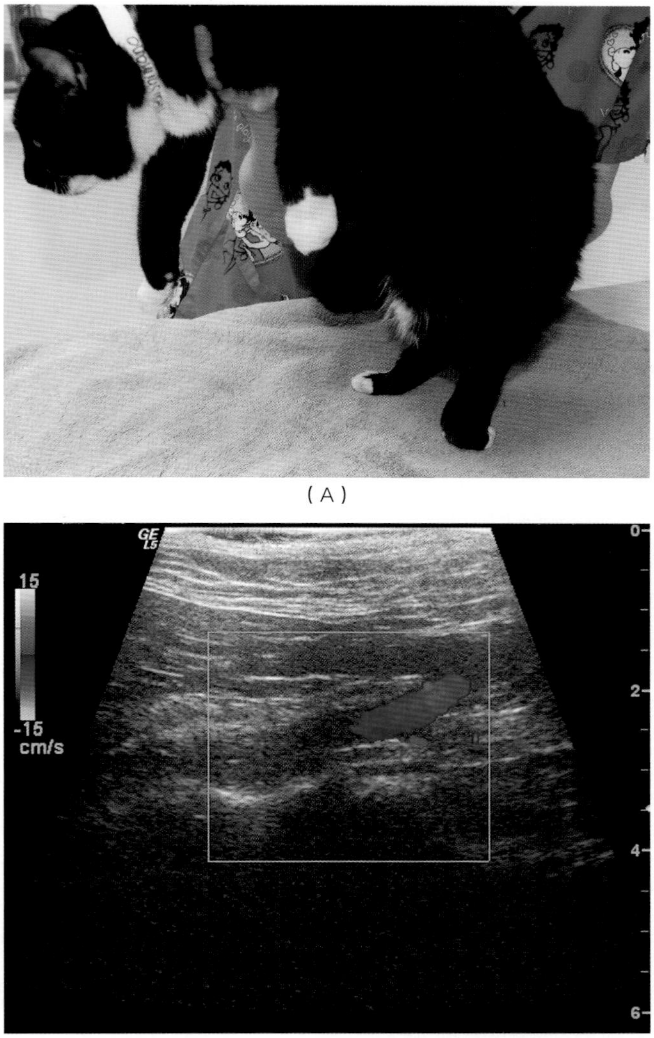

（A）

（B）

图212-2 这例猫有一小的血栓揳在左侧髂内动脉，引起（A）左后肢轻度瘫痪及本体感受意识丧失；（B）彩色血流多普勒检查可发现右侧髂内动脉血流正常（蓝色），但左侧明显减少（红色）（图片由Gary D. Norsworthy博士提供）

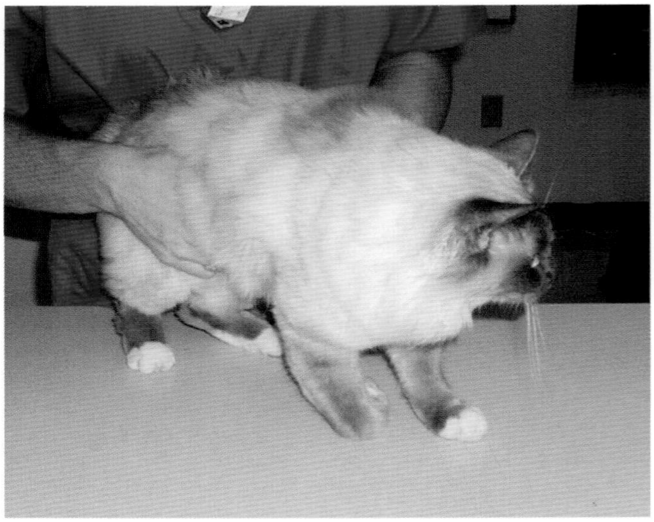

图212-3 这例猫血栓进入右侧臂动脉，引起右前肢麻痹及本体感觉丧失。1周后恢复正常（图片由Gary D. Norsworthy博士提供）

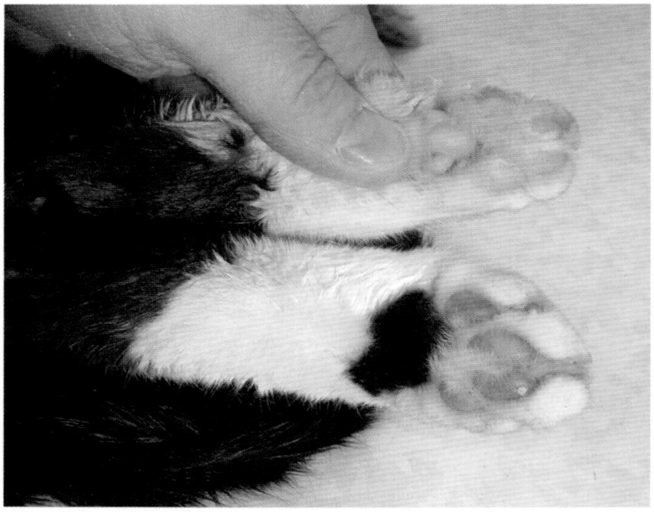

图212-4 由于鞍状血栓位于后肢近足垫处而引起发绀（下），前肢足垫颜色正常（上）（图片由Gary D. Norsworthy博士提供）

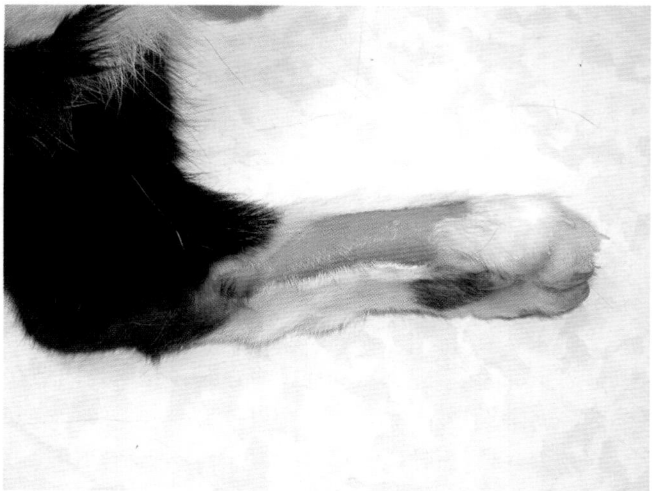

图212-5 左侧跖骨区皮肤脱落，患有鞍状血栓（图片由Gary D. Norsworthy博士提供）

诊断

主要诊断

- 查体：后肢麻痹是最常见的临床症状，后爪常常冷凉而发绀，常见明显疼痛。
- 患肢血压测定：血流受阻可导致血压降低或不降低，因此测定患肢血压可代替超声心动描记术进行诊断，但仍需要超声心动描记术来诊断心脏病的类型。
- 腹腔超声检查：可采用彩色多普勒血流仪测定主动脉血流，主动脉位于膀胱背侧，见图212-2（B）。

辅助诊断

- X线检查：X线检查可发现是否有充血性心衰的迹象，包括肺水肿、胸腔渗出及心肌肥大。
- 超声心动描记术：可发现潜在的心脏病，在有些猫，可发现正在形成的无组织的血栓（"smoke"）或在左心房有成熟的血栓（见图212-6）。
- 血管造影：可用于证明血栓的位置，在患病的动脉可观察不到造影剂（见图212-7）。

诊断注意事项

- 可根据特征性的查体检查异常进行诊断。
- 如果以前未发现，则应确定潜在的心脏病。

治疗

主要疗法

- 治疗充血性心衰：特定的治疗指南参见第56章和第

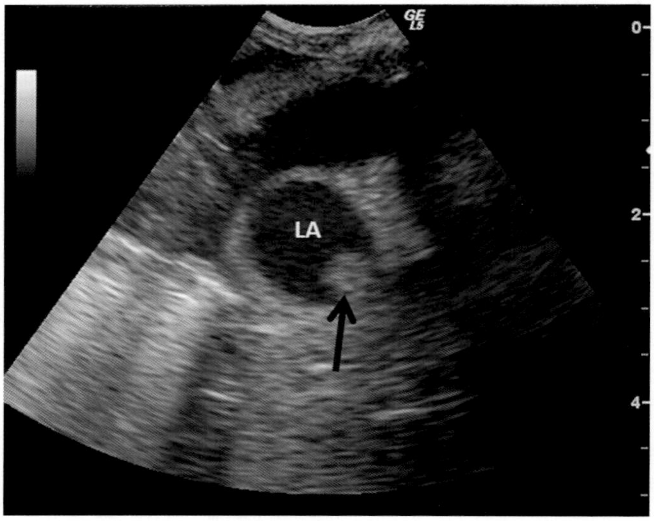

图212-6 超声心动图可检查到左心房栓塞（箭头）（LA），如这例猫所见，其患有无症状的肥厚型心肌病（图片由Gary D. Norsworthy博士提供）

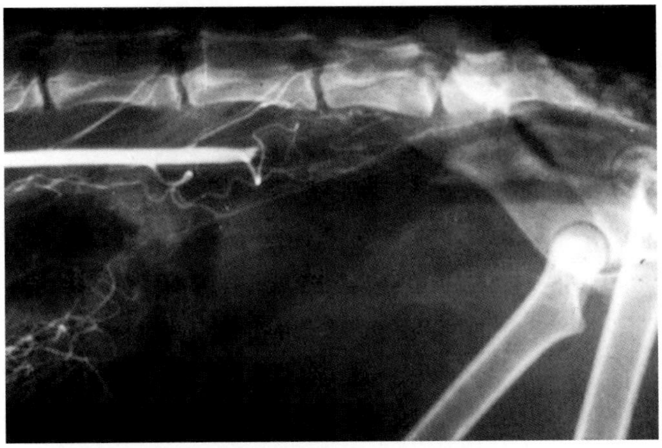

图212-7　大动脉血管造影可发现由于动脉栓塞引起的血流受阻

110章。

- 促进侧支循环（promote collateral circulation）：每天徒手按摩肌肉数次可促进循环。
- 防止形成新的血凝块：华法林为一种维生素K颉颃剂，也是人最常采用的抗凝血因子，也可防止猫再次形成栓塞而延长生存时间。初始剂量为每只猫0.25～0.5mg q24h PO，同时可采用肝素治疗3d，然后将剂量调整，以便将前凝血时间（prothrombin time，PT）延长到其基础值的2倍，或达到2～4的国际正常比例（international normalized ratio，INR）。华法林引起出血并发症的可能性极高。氯吡格雷（clopidogrel）［18.75mg（每只猫每天75mg片剂的1/4）］为另外一种可选用的药物，在人的研究中发现其效果比阿司匹林好。

辅助疗法

- 热敷：采用温水瓶或装满热水的乳胶手套，应避免太热（即光热或电热垫），这是因为四肢对热损伤更为敏感。
- 碳酸氢钠：剂量为1～2mmol/kg，缓慢IV，以纠正代谢性酸中毒及高钾血症。也可缓慢注射0.45%盐水/2.5%葡萄糖。在使用碳酸氢钠之前应证实存在代谢性酸中毒或高钾血症。
- 镇痛药物：可以采用丁丙诺啡（buprenorphine）（0.01～0.02mg/kg q8～12h PO）或布托啡诺（butorphanol）（0.2～0.4mg/kg IM）。
- 阿司匹林：该药物可降低进一步形成血栓的机会，剂量为81mg片剂q48～72h PO。但在一项研究中发现，猫在采用传统剂量及采用低剂量阿司匹林（5mg q72h）治疗之后生存及复发率均没有明显差别。即使采用抗凝剂，血栓形成再发的可能性也极高（43.5%）。在心房增大的猫，特别是直径超过20mm时，发生大动脉栓塞的风险最高。

治疗注意事项

- 溶解血栓的药物[即链激酶（ streptokinase）和尿激酶组织酶原激活因子（urokinasetissue plasminogen activator）]过于昂贵，也与高死亡率有关。
- 肝素：肝素对已经形成的血凝块没有作用，但可阻止进一步激活血液凝固过程，初始剂量为100～200U/kg IV，然后200～300U/kg q8h SC。这种药物在发生血栓形成后只能使用数天。
- 达肝素钠［daltaparin （Fragmin）］：剂量为100U/kg q12～24h SC，这种药物可替代肝素及华法林，减少对患大动脉栓塞病风险很高的猫的监测。但该药物昂贵，如果左心房直径大于20mm，则风险最高。
- 麻醉及手术治疗（栓子取除术，embolectomy）：由于并发心脏病，而且由于心脏病不可避免，因此常常导致很高的死亡率。
- 乙酰丙嗪扩张血管：剂量为0.2～0.4mg/kg q8h SC，促进并行的血流，如果有高血压发生，则禁用。
- 非选择性β－肾上腺能阻断剂（如心得安）可妨碍侧支循环的建立，如果有全身性血栓形成，则应禁用。

预后

总之，本病的预后谨慎，大约50%的病猫在发生急性充血性心衰时不能存活，通常在6～36h内死亡。能够生存的猫典型情况下可在就诊的24～72h开始，四肢机能逐渐改善。在这段时间机能得不到改善的猫，以及发生坏疽性变化的猫其预后严重。能够生存的猫再发的风险极高（在一项系列研究中达43%）。

参考文献

De Francesco TC. 2007. Aortic Thromboembolism. In LP Tilley, FWK Smith, Jr., eds., *Blackwell's 5-Minute Veterinary Consult*, 4th ed., pp. 98–99. Ames, IA: Blackwell Publishing.

Laste NJ, Harpster NK. 1995. A retrospective study of 100 cats with feline distal aortic thromboembolism: 1977–1993. *J Am Anim Hosp Assoc.* 31:492–500.

Rodriguez DB, Harpster NK. 2002. Aortic thromboembolism with feline hypertrophic cardiomyopathy. *Compend Contin Educ Pract Vet.* 24: 478–481.

Smith SA. 2003. Arterial thromboembolism in cats: Acute crisis in 127 cases (1992–2001) and long-term aspirin in 24 cases. *J Vet Intern Med.* 17:73–83.

Smith CE. 2004. Use of low molecular weight heparin in cats: 57 cases (1999–2003). *J Am Vet Med Assoc.* 225:1237–1241.

第213章
胸腺瘤
Thymoma

Bradley R. Schmidt

概述

胸腺瘤（thymoma）为胸腺的上皮肿瘤，浸润有来自前部纵隔膜的良性成熟淋巴细胞。虽然可见不同类型的组织细胞，但这些细胞类型之间预后意义没有明显差别。在猫，60%的胸腺瘤为囊肿性，罕见有猫的胸腺瘤会发生鳞状细胞癌。胸腺瘤良性或恶性特点与肿瘤生长的类型有关，而与组织学变化无关。良性肿瘤周围有包囊，易于进行手术摘除（见图213-1）。恶性胸腺瘤有侵入性，难以摘除，但不一定会发生转化。据报道，20%或以下的胸腔或腹腔内肿瘤可发生转移。猫患胸腺瘤的中值年龄据报道为9.5岁。在许多研究中都发现，家养短毛猫及暹罗猫表现为就诊率高。虽然检查到纵隔前端的肿块在许多情况下可能具有诊断意义，但大多数在确诊之前可能已表现临床症状长达数天或数月。这些临床症状可为肿瘤或与肿瘤有关的胸膜渗出的直接作用，或者继发于肿瘤相关的副肿瘤综合征（paraneoplastic syndromes）。由于肿瘤存在或胸膜渗出而引起的最为常见的临床症状包括呼吸困难、返流或呕吐、咳嗽、厌食、窒息，头、颈和前肢继发于淋巴综合征而出现压痕性水肿，胸腔入口处继发于肿块扩增而出现水肿，胸腔前部的可压缩性降低（decreased compressibility），胸腔疼痛。与癌旁疾病相关的临床症状包括非瘙痒性表皮脱落性皮炎，被毛颜色也可发生变化；由于多肌炎导致衰弱及共济失调；重症肌无力导致发声困难、巨食管症、颈部下弯、严重衰弱； 由于许多猫表现免疫抑制，因此可能发生感染。在一例患有胸腺瘤的6岁猫发现具有肥大性骨病（hypertrophic osteopathy）。

纵隔肿块主要的鉴别诊断包括淋巴瘤，但异位性甲状腺及良性胸腺囊肿也见有报道。

诊断

主要诊断

- 胸腔X线检查：胸腔X线检查通常可发现大的肿块位于纵隔前部，因此使心影（cardiac silhouette）向后及向背部移动，也可见到胸膜渗出。在发生重症肌无力的病例可见到食道扩张（见图213-2）。

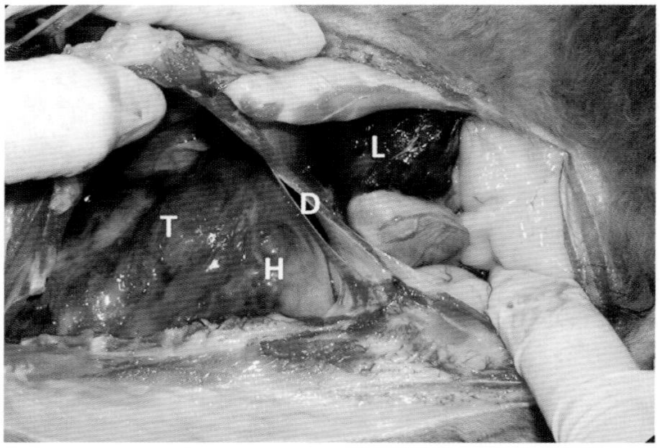

（A）

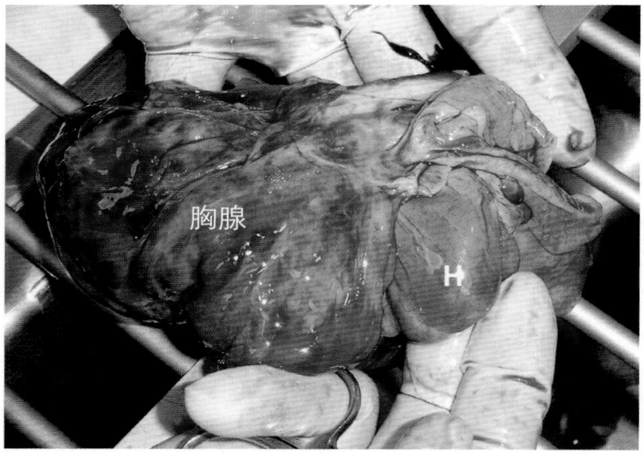

（B）

图213-1 胸腺瘤。（A）尸体剖检发现一很大的胸腺瘤（T）。图中标出了心脏（H）、横膈膜（D）及肝脏（L）的位置。（B）从胸腔中摘除了形成包囊的胸腺瘤，因此可以与心脏比较其大小（图片由Gary D. Norsworthy博士提供）

- 胸部超声检查：胸腺瘤通常可见到的为异质性肿块，具有多个或小或大的囊肿，也可见到胸膜渗出（见图213-3）。
- 胸腔液体分析：胸膜渗出液可在性质上为乳糜，其中主要为成熟的淋巴细胞。胸膜渗出液中鉴定到支持诊断为胸腺瘤的其他细胞类型包括肥大细胞、嗜酸性粒细胞，偶尔可见恶性上皮细胞。参见第288章。

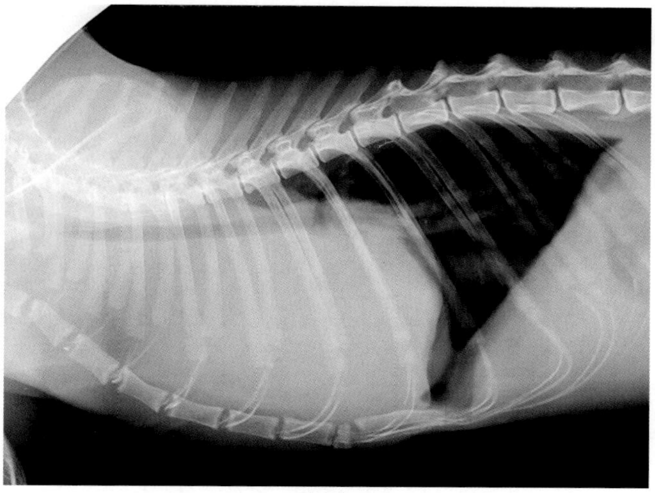

（A）

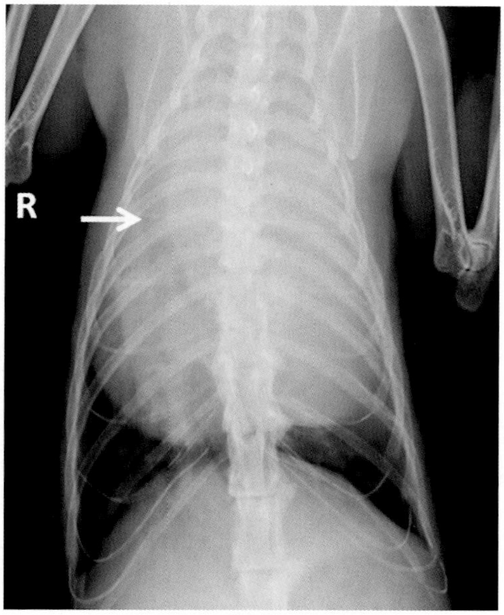

（B）

图213-2 胸腺瘤。图213-1中猫的X线检查。（A）X线检查侧面，发现在纵隔前有一大的肿块，其似乎表现为心影的延续。（B）DV观，发现肿块填满前部纵隔。气管被推向胸腔右侧（箭头）（图片由Gary D. Norsworthy博士提供）

- 细针穿刺活检及细胞学检查：胸腺瘤的细针穿刺活检及细胞学检查在理想状态下应在超声引导下进行，通常可发现成熟的淋巴细胞（而不是通常在淋巴瘤时所见到的淋巴母细胞），典型情况下还可见到肥大细胞、嗜酸性粒细胞及恶性上皮细胞。
- 组织活检及组织病理学检查：在大多数情况下组织活检具有确定意义。可在超声指导下采集组织活检样品，或者在手术时采集活检样品。由于主要的鉴别诊断为淋巴瘤，其通常采用化疗进行治疗，因此最好在手术之前进行活检。

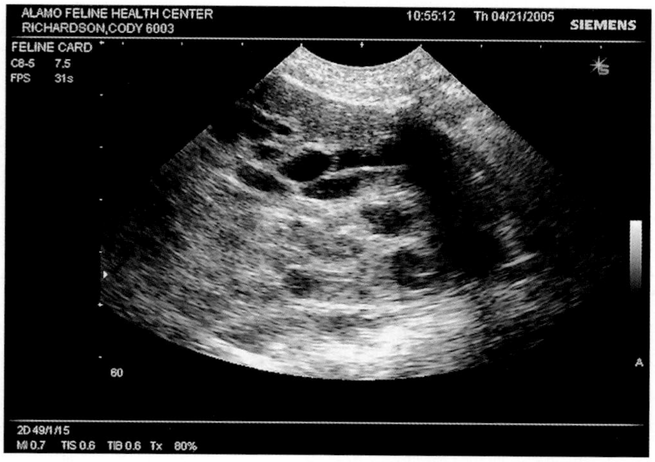

图213-3 胸腺瘤的超声检查图像，表现为具有多个囊肿的均质性肿块。胸腺瘤60%为囊肿性（图片由Gary D. Norsworthy博士提供）

辅助诊断

- 免疫组化：对组织活检样品进行免疫组化分析有助于区别富有淋巴细胞的胸腺瘤和淋巴瘤，因为大多数胸腺瘤为细胞角蛋白阳性。
- 流式细胞仪及PCR检测：流式细胞仪有助于区分良性的胸腺淋巴细胞及恶性的成淋巴细胞。
- 基础数据：血常规、血清生化检查、尿液分析及逆转录病毒血清学检测可用于评估病猫的整体健康状况。可能存在慢性疾病引起的贫血。如果发生多肌炎，血清肌酸磷酸激酶（creatine phosphokinase，CPK）水平可能持续升高。文献资料中报道的猫大多数根据血清学试验为逆转录病毒阴性。
- 氯化滕喜龙（edrophonium chloride）：如果在临床上怀疑发生重症肌无力，则可给予氯化滕喜龙（0.1～0.2mg/kg IV）以支持这种诊断。病猫的临床症状可立即得到改善。参见第143章。
- 血清乙酰胆碱受体抗体（AChRAb）水平测定：如果病猫出现与重症肌无力有关的临床症状，则应测定AChRAb水平，如果其水平高于0.30nmol/L，则对重症肌无力具有诊断价值。在对所有的猫实施手术之前均应测定 AChRAb水平，这是因为虽然并非所有的猫在水平升高时表现临床症状，但早期诊断有助于手术之前进行适当的治疗，以提供更多的术后减少发生并发症的机会。参见第143章。
- 皮肤活检：在猫发生与胸腺瘤有关的皮炎时，所有的猫均表现有皮肤淋巴细胞浸润的组织学迹象。
- 胸腔计算机断层扫描（CT）及磁共振（MRI ）：由于在许多病例肿瘤很大，同时存在胸膜渗出，因此难以鉴别罕见的肿瘤转移性病变。CT扫描及MRI在鉴别这种转移性损伤时效果比X线检查更好，但尚未证明这些方法能够预测这些肿瘤是否可通过手术摘除。

诊断注意事项

- 淋巴瘤是猫发生胸腺瘤的主要鉴别诊断的疾病。虽然淋巴瘤和胸腺瘤可发生于任何年龄的猫，但胸腺瘤通常见于老龄猫，而且猫白血病病毒（FeLV）为阴性，而淋巴瘤则更常见于年轻猫，常规血清检查可发现其更有可能为FeLV阳性。

治疗

主要疗法

- 大多数病例采用手术治疗通常可以治愈或达到长时间的生存。由于大多数肿瘤通常很大，因此需要施行胸骨切开术（median sternotomy）。

辅助疗法

- 胸腔穿刺术：所有猫如果不稳定及怀疑或诊断出其患有胸腔积液时，在施行任何广泛的诊断或治疗之前应进行胸腔穿刺。
- 放疗：采用放疗进行治疗，在有些难以用手术切除的病例可延长其生存时间。
- 静脉化疗：化疗在治疗胸腺瘤中的作用尚不清楚。采用长春新碱、环磷酰胺及强的松（COP）按照治疗猫的淋巴瘤的方法进行治疗（第34章），发现治疗后反应差异很大。大多数胸腺瘤富有淋巴细胞，因此采用治疗淋巴瘤的化疗方法进行治疗之后肿瘤体积的缩小可能是由于肿瘤内淋巴细胞数量减少所致。由于胸腺瘤为一种上皮性肿瘤，有人认为采用卡铂、阿霉素、争光霉素（bleomycin）或吉西他滨（gemcitabine）是最为合适的治疗药物，但迄今支持采用这些药物进行治疗的临床数据仍然很少。
- 超声指导下对囊肿进行引流：如果胸腺瘤的囊肿很大，可采用重复性的超声指导下的引流，这在很难采用确定治疗的病例具有一定的效果。
- 治疗重症肌无力：对由于返流而不能口服药物治疗的猫可采用新斯的明（0.04mg/kg q6～8h IM）治疗，或口服吡啶斯的明（pyridostigmine）（开始时每天0.25mg/kg，可达1～3mg/kg q8～12h PO）进行治疗可有助于缓解重症肌无力的临床症状，可考虑在术前采用这些方法治疗。由于猫对抗胆碱药物极为敏感，因此建议必须要仔细监测类胆碱活性的症状。可在使用上述药物的同时采用皮质激素进行治疗，或者在有类胆碱活性时只采用皮质激素进行治疗，但用药后可导致衰弱，在有些猫可使感染增加。

治疗要点

- 支持性护理，包括营养支持、静脉内输液，采用止吐药物、H_2-阻断剂及镇痛药，根据需要进行治疗。
- 如果采用化疗方法治疗纵隔淋巴瘤，如果只是部分症状得到缓解，或者化疗开始后14d发现疾病得到稳定，则应考虑胸腺瘤。

预后

用手术方法摘除胸腺瘤时预后通常有利。只有在少数病例，由于肿瘤复发，或者肿瘤大量浸润时手术难以获得成功。在这些病例，可考虑采用其他手术方法、放疗或化疗。如前所述，据报道对卡铂及吉西他滨治疗具有一定的反应，但尚缺少临床证据。虽然在犬发生巨食管症时预后不良，但这种情况尚未在猫见有报道。患有重症肌无力的猫在采用上述方法治疗时症状可得到改善，而有些猫则需要在手术后连续治疗重症肌无力。

参考文献

Lara-Garcia A, Wellman M, Burkhard MJ, et al. 2008. Cervical thymoma originating in ectopic thymic tissue in a cat. *Vet Clin Pathol.* 37(4):397–402.

Rottenberg S, von Tscharner C, Roosie PJ. 2004. Thymoma-associated exfoliative dermatitis in cats. *Vet Pathol.* 41(4):429–433.

Smith AN, Wright JC, Brawner Jr WR, et al. 2001. Radiation therapy in the treatment of canine and feline thymomas: A retrospective study (1985–1999). *J Am Anim Hosp Assoc.* 37:489–496.

Vail DM, Withrow SJ. 2007. Miscellaneous tumors, section B thymoma. In SJ Withrow, DM Vail, eds., *Small Animal Clinical Oncology*, 4th ed., pp. 795–799. Philadelphia: Elsevier Saunders.

Zitz JC, Birchard SJ, Couto GC, et al. 2008. Results of excision of thymoma in cats and dogs: 20 cases (1984–2005). *J Am Vet Med Assoc.* 232(8): 1186–1192.

第214章 弓形虫病

Toxoplasmosis

Gary D. Norsworthy 和 Sharon Fooshee Grace

概述

刚地弓形虫（*Toxoplasma gondii*）为一种感染大多数温血动物的原虫，但家养及野生的猫科动物是唯一可以完成整个生活周期的动物（即终末宿主，definitive hosts）。美国30%的猫和50%的人均感染过这种寄生虫，但仅有少数表现临床症状。弓形虫感染有三种类型：（a）快速复制的速殖子（tachyzoites），其生活在机体的组织中；（b）缓慢复制的缓殖子（bradyzoites），其生活在机体包囊中；（c）未形成孢子的卵囊，其从粪便排出。有些猫通过摄入形成包囊的卵囊而感染，但大多数猫是在摄入缓殖子后发生感染，缓殖子包埋在中间宿主，如啮齿类动物的组织中。这些组织包囊被消化后释放出缓殖子，缓殖子进入小肠壁。在经过发育的无性期之后为有性期，最后产生未形成包囊的卵囊。这种未形成包囊的卵囊进入粪便，但直到暴露到氧气之前没有感染力，之后在1～5d内形成孢子。在摄入组织包囊后3d内完成生活周期。如果生活周期从摄入速殖子或虫卵开始，则需要大约3周的时间来完成。

进入小肠壁后，虫体可扩散到淋巴结或通过淋巴及血液进入其他器官。如果在靶器官中发生局部坏死，则出现临床症状，这些症状与各个器官有关，但大多数猫在感染弓形虫后不表现临床症状。肺脏、眼睛及肝脏为最常发生感染的器官，厌食、发热、昏睡、肺炎相关的呼吸困难、黄疸、肌肉疼痛、胰腺炎及神经症状是诊断弓形虫病时多出现的症状。眼睛的临床症状包括前房眼色素层炎、视网膜脉络膜炎及出血，或表现为其他眼部炎症的非特异性症状（见图214-1）。实验性感染的猫约 20%具有自限性小肠性腹泻。虽然有些猫在感染后可发生死亡，但大多数可康复而出现免疫力。有些猫会死亡而有些猫则不表现症状，对其原因还不清楚。目前已知的各种药物均不能从机体清除这种寄生虫，因此总有可能复发。

图214-1 弓形虫猫眼睛的临床症状，可发现前房眼色素层炎及眼前房积血，如本例猫的左眼所见（图片由Richard Malik博士提供）

在人，弓形虫病可表现为一种严重的疾病，特别是在免疫抑制的人更是如此。由于猫的主要作用是传播本病，因此兽医应对几个重要因素能够知晓。典型情况下，猫可在1～2周的时间内（罕见超过3周）排出大量的虫卵，但通常终生只有一次暴发性地排出虫卵。虫卵在形成孢子之前无感染力，而形成孢子的过程则需要1～3d。如果再次发生排出虫卵，则排出的虫卵数量通常较少。仔猫在6～14周龄时排出的虫卵最多。虫卵一旦进入环境，则对消毒剂、冷冻及干燥具有抵抗力，但暴露到70℃10min以上时则可杀灭。

暴发排出虫卵与抗体的产生之间没有关系。IgG血清试验呈阴性，说明未接触（该猫对感染易感），或新近发生感染，猫尚未发生血清转化（有这种可能，但没有第一种情况常见）。IgG 试验结果阳性则表明该猫可能在过去排出过虫卵，因此不大再有可能在将来比血清阴性的猫更能排出虫卵。

诊断

主要诊断

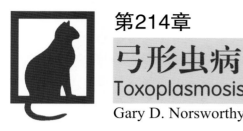

- 临死前诊断（antemortem diagnosis）：可结合下列

特点进行实验性诊断。

- 血清存在IgG抗体，表明接触过刚地弓形虫。
- IgM抗体效价高于1：64，或IgG效价高于4倍以上，说明新近或活跃的感染。
- 表现弓形虫病的临床症状。
- 排除引起上述症状的其他可能原因。
- 对治疗表现阳性反应。

辅助诊断

- X线诊断：如果肺脏感染，X线检查可发现弥散性或斑块状的间质或肺泡性肺炎（见图214-2）。如果胰腺受到感染，可发现腹膜渗出。
- 组织病理学检查：H&E染色或免疫组化染色在感染组织可见到寄生虫，但存在含有缓殖子（bradyzoites）的组织包囊并不一定就说明发生进行性疾病，要证实活跃性疾病，必须要找到速殖子。应该注意的是，缓殖子转变为速殖子时可再次进入小肠，从而再次激活该病，但这种情况罕见可导致粪便中排出虫卵。

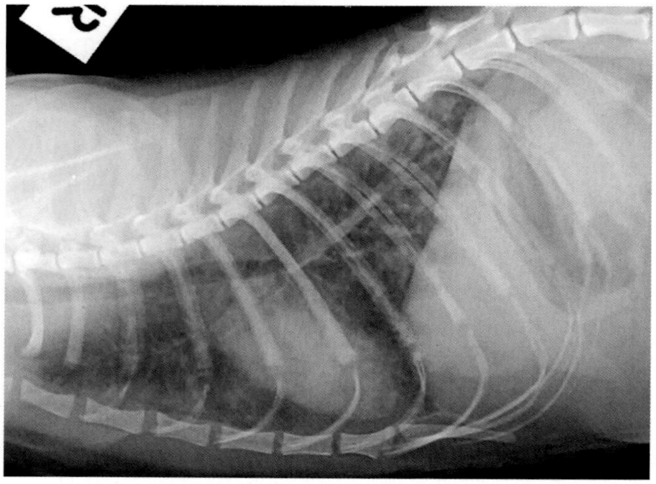

图214-2　弓形虫病引起的肺炎，主要特点是弥散性或斑块性的间质或肺泡肺炎区，这张X线图片中显示的为弥散性肺炎（图片由Richard Malik博士提供）

- 眼房水（aqueous humor）或脑脊液（cerebrospinal fluid，CSF）检测：目前已经建立了眼房水或CSF弓形虫特异性抗体检测及采用PCR监测虫体DNA的方法。这些方法是诊断眼睛或中枢神经系统弓形虫病最为准确的方法，检测可在科罗拉多州立大学兽医学院诊断实验室（Diagnostic Laboratory，College of Veterinary Medicine，Colorado State University，Fort Collins，CO，80523）及一些商业兽医实验室进行。
- IgM抗体效价测定：IgM抗体在侵染或2周左右出现，典型情况下，这一时间与临床症状的开始一致。效价＞1：64或2周内IgG与IgM效价之比增加4倍，则与急性感染密切相关。典型情况下抗体可持续达3个月，但有些病例检测不到IgM效价，而在有些病例侵染后阳性IgM效价可持续达数月或数年。最好采用酶联免疫吸附试验（ELISA）进行测定。
- IgG抗体效价：IgG 抗体出现在侵染后第4周，通常可终身存在，除非在3周时间内增加4倍，这些抗体通常代表了以前的感染。
- 抗原检测：侵染后1～4周抗原为阳性，在活跃期或慢性持续感染期呈阳性，因此这种试验没有双抗体检测好。
- PCR：这种方法检测病原DNA，但不能用于验证临床疾病，但如果在炎性组织中发现病原，则与其与临床型弓形虫病的发生具有密切关系。
- 细胞学检查：这种检查方法极少能在体液或组织中发现病原。
- 粪便检查：可采用希塞糖溶液（Sheather sugar solution）特异性鉴定弓形虫虫卵，但虫卵罕见存在于临床病例的粪便中。常规粪便漂浮试验可在无症状病例发现虫卵，但采用这种方法难以将弓形虫的虫卵与哈蒙球虫（*Hammondia*）或贝诺孢子虫（*Besnoitia*）的虫卵相区别。

治疗

主要疗法

- 克拉霉素：是猫最为有效的治疗药物，其剂量为12.5～25mg/kg q12h PO或IM 28d或在症状消除后再治疗2周。
- 甲氧苄胺嘧啶-磺胺：这两种药物合用，如果剂量为30mg/kg q12h PO治疗28d可获成功，有些猫对磺胺类药物不耐受，因此应与猫主讨论其可能的不良反应。在此期间采用甲氧苄胺嘧啶-磺胺治疗时，应给予叶酸（2mg/d PO）或啤酒酵母（brewer's yeast）（每天100mg/kg）以克服骨髓抑制作用。
- 阿奇霉素：剂量为10mg/kg PO q24h，治疗10d具有治疗效果。

治疗注意事项

- 治疗开始或2周应监测临床反应，如果没有临床反应，则应重新进行诊断。

- 由于本病为潜在的动物传染病，因此参与治疗的人员应在处治感染病猫的体液和分泌物时特别小心。一般人认为，由于卵囊不会黏附到被毛上，而且在整梳毛时小心，本病不会通过接触感染猫的被毛而传播。

预防传播

- 肉的加工：接触未烹饪肉的餐具及其表面应用肥皂和水清洗。肉应至少在70℃以上烹调或至少在−30℃以下冷冻24h后烹调。未烹调的猪肉是人最常见的感染源。制作汉堡包时常常将猪肉与牛肉混合。
- 食源性感染：应限制猫摄入生肉、骨、内脏或未进行巴氏消毒的牛奶（特别是山羊奶）。鸟类及啮齿类也可在暴露生产食物的动物后成为感染源。
- 妊娠妇女：妊娠妇女应避免与猫的粪便、猫沙、土壤和生肉接触。应给猫饲喂商用猫食或按照上述方法妥善烹饪或冷冻的猫食。由于弓形虫的卵囊至少需要24h才能形成孢子，此前应无感染性，因此应每天从猫沙盆中除去猫的粪便。应限制猫的捕猎、采食生肉或吃食死亡的动物。应该注意的是，猫通常在最初摄入病原后只是在数天或数周内排出卵囊，因此可通过注射克拉霉素或磺胺类药物缩短排出卵囊的时间。不间断排出卵囊的时间罕见，即使在猫接受糖皮质激素进行治疗时以及感染猫免疫缺陷病毒（FIV）或猫白血病病毒（FeLV）时也是如此。大多数血清转阳的猫不排出虫卵，也不可能在以后再排出虫卵。大多数血清转阴的猫在感染后可排出病原。对妊娠妇女而言，最为理想的检查舍内活动的猫的方法是阳性IgG抗体。
- 猫的筛查：常常要求兽医检查妊娠妇女的猫是否感染有弓形虫病。粪便检查结果为阴性时，由于不排出卵囊并不能预测将后是否会排出卵囊，或者是否就意味着能保护不排出卵囊，因此这种检查没有多少意义。血液检查抗体时应包括检查IgM和IgG。最好的结果是 IgG阳性及 IgM阴性；这种对比检查能最好地说明以往的暴露（保护），但没有临床疾病存在。

预后

如果诊断及治疗及时，虽然在临床治愈后仍可出现有些中枢及外周神经异常，但预后一般良好。采用ELISA IgM试验在早期诊断中极为重要。眼部、中枢神经系统及神经肌肉未发生病变的猫通常可在2～4d内发生反应，而有这些症状的猫通常反应缓慢。但如果疗程不到4周，则本病可以任何形式再发。在免疫机能受到抑制的猫如果发生本病，则预后一般不良。

参考文献

Barr SC. 2007. Toxoplasmosis. In LP Tilley, FWK Smith, Jr., eds., *Blackwell's 5-Minute Veterinary Consult*, 4th ed., pp. 1350–1351. Ames, IA: Blackwell Publishing.

Dowers KL, Lappin MR. 2006. The pyrexic cat. In J Rand, ed., *Problem-Based Feline Medicine*, pp. 364–391. Philadelphia: Elsevier Saunders.

Dubey JP. 1994. Toxoplasmosis and other coccidial infections. In RC Gupta, ed., *The Cat: Diseases and Clinical Management*, pp. 5654–581. Philadelphia: WB Saunders.

Dubey JP, Lappin MR. Toxoplasmosis and neosporosis. 1998. In CE Greene, ed., *Infectious Diseases of the Gog and Cat*, pp. 493–509. Philadelphia: Saunders.

Lappin MR. Protozoal and miscellaneous infections. 2006. In SJ Ettinger, EC Feldman, eds., *Textbook of Veterinary Internal Medicine*, 5th ed., pp. 638–649. St. Louis: Elsevier Saunders.

第215章 气管疾病 Tracheal Disease

Andrew Sparkes

概述

猫的气管疾病在临床上最为常见的是引起气流阻塞，因此最常表现为呼吸困难（通常为吸入性呼吸困难），但咳嗽、喘鸣及其他症状，如恶心及吞咽困难等也可因疾病过程而存在。如果患病影响到胸廓内气管，则可见到呼气性而不是吸气性呼吸困难。

传染性原因

概述

猫的传染性气管炎通常是以急性上呼吸道疾病复合症的一部分而发生，病原包括猫疱疹病毒-1及支气管炎博代氏菌（*Bordetella bronchiseptica*）等。典型情况下，上呼吸道（即鼻腔、眼睛及鼻咽部症状）症状在发生气管炎症时占优势。罕见情况下，气管炎可能很严重，因此与就诊时的症状密切相关。偶然情况下，有些病例可见有严重的气管炎症或水肿，因此表现为明显的呼吸窘迫。

气管异物

概述

可常因猫的气道狭小而使得异物楔入气管中，但较小的异物，如草籽等可向下进入呼吸道（见图215-1）。呼吸杂音、呼吸困难及咳嗽为发生气管-支气管异物时的主要特点。这些症状在典型情况下突然发生，可具有进展性（特别是继发感染时），在猫采用抗生素治疗时可改进或暂时消退。

诊断

主要诊断

- X线检查：X线检查所发生的变化对异物的诊断具有重要价值，可发现在肺脏一定区域内的异物或可见有不透射的异物。肺脏中的异物常常是在右侧后肺叶的前部，由于猫的气道解剖学特性，该部位是最常发生异物的部位。
- 内镜检查（endoscopy）：通常难以将直径超过3.5mm的气管镜插入猫的主支气管（mainstem bronchi），因此不可能直接视诊许多异物。在右侧主支气管常常可出现脓液，可遮盖异物，即使异物在内镜可见范围之内也是如此。

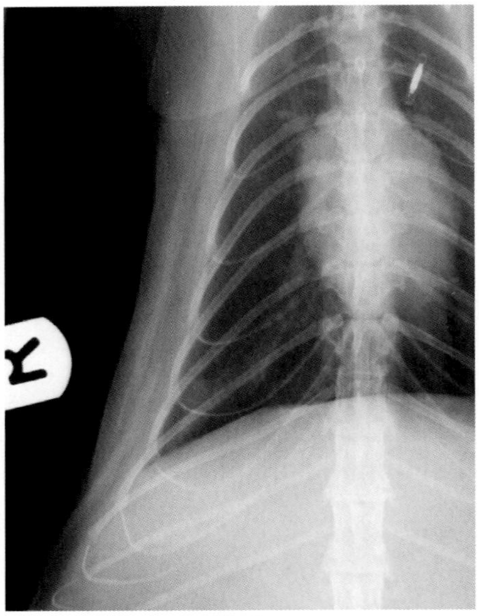

(A)

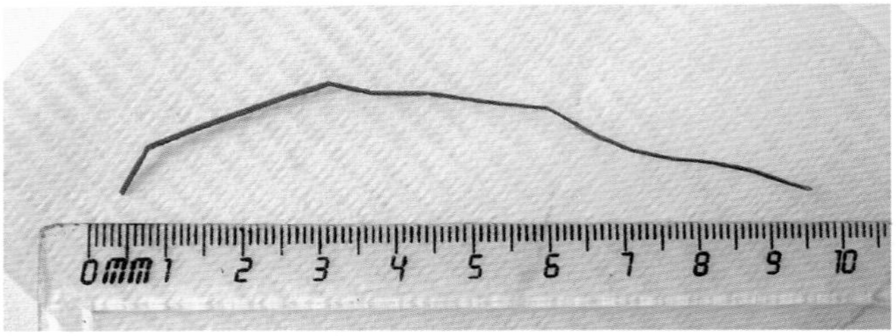

(B)

图215-1 本例猫患有气管-支气管异物。（A）VD X线放射检查发现右侧肺后叶由于气管-支气管异物引起的局部性肺炎。（B）采用支气管镜除去的草叶

诊断注意事项

- 如果怀疑有异物，在采用支气管镜检查之前用抗生素进行治疗可获得更为清晰的观察视野。

治疗

主要疗法

- 除去异物：内镜检查，找到异物后用抓钳除去异物，这种治疗方法对气管异物的治疗常常可获成功，但在发生支气管异物时，由于气道相对狭窄，因此难以获得成功。

辅助疗法

- 如果采用内镜难以检查到或除去异物，则可采用手术疗法。手术治疗可采用患病肺叶切除术（lobectomy）或支气管切开术，以直接除去异物。

治疗注意事项

- 采用抗生素治疗可发生明显反应，可完全消除咳嗽，但在撤除抗生素后可不可逆转地复发咳嗽。

预后

如果采用必需的手术疗法及术后护理，则预后良好。

气管破裂

概述

胸廓内气管破裂主要可因为钝性损伤（如与犬争斗或跌落），引起颈部过度伸展所引起。由于胸骨嵴相对固定，因此常常可引起气管在胸骨嵴前撕裂或破裂。在大多数病例，气道仍会维持，从包围气管的外膜组织或从纵隔膜形成所谓的“伪气管”（“psuedotrachea”）。随着时间的推移，气道发生炎症及狭窄，出现呼吸困难等典型症状，但这些症状一般发生于最初的损伤后5～14d（见图215-2）。

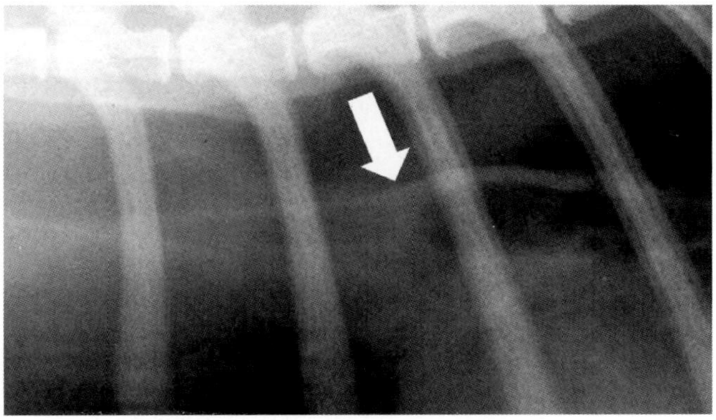

图215-2 在心脏的背部及前端（箭头）可见到创伤后发生的气管破裂及狭窄

诊断

主要诊断

- X线检查：X线检查最常见的变化是气管的连续性不再存在，憩室常常充满气体，肺泡恶性膨胀，也可常常见到气管明显狭窄，狭窄区多是在破裂发生的部位。最常发病的两个部位通常为胸骨嵴及胸腔入口处。

治疗

主要疗法

- 手术治疗：切除损伤的气管环及吻合两个断端常常可完全获得成功。全身麻醉及维持充足的气道时在某些病例可能需要特殊设备。猫大约有40个气管环，据报道在有些病例可除去25%的气管而不会发生明显的并发症。

治疗注意事项

- 为防止气管上形成张力，术后可在下颌骨和柄状体（manubrium）之间放置缝合胶带（suture tape）7～14d，这样有助于防止颈部过度伸展，降低伤口裂开的风险。

预后

如果诊断及治疗适宜，气管破裂的预后优良。

医源性气管破裂及狭窄

概述

气管破裂、气管狭窄及气管坏死均可由于气管的医源性损伤所引起，这些损伤可发生于气管内插管（ET）进行全身麻醉而引起。这些并发症虽不常见，但麻醉操作必须要当心。

各种原因可引起气管的纵向撕裂，这些原因包括导管充气过度引起撕裂、插管引起的损伤、麻醉时由于ET管连接不当引起损伤以及除去ET时未能放气而引起的损伤。气囊充气过度是最常见的原因。但如果对撕裂的原因不很清楚，则应考虑所有这些可能性，在麻醉时应特别小心。因气管插管而引起气管撕裂的猫，皮下气肿常常是最早表现的临床症状，这种症状可出现在麻醉后数小时内或几天后发生，呼吸困难可伴随皮下气肿的发生，但并非总是能够观察到（一项研究中发现30%的病例有这种情况）。

气管坏死及气管狭窄也见于气管插管气囊充气过度

时，虽然这种情况罕见发生，但可导致危及生命的呼吸困难，典型情况下可发生于麻醉后1～3周。胸骨前气管最常出现压力性坏死，而不是发生急性气管撕裂。随着病程的进展，坏死物质可脱落进入气管腔，引起阻塞，由于炎症及纤维化可出现狭窄（见图215-3）。

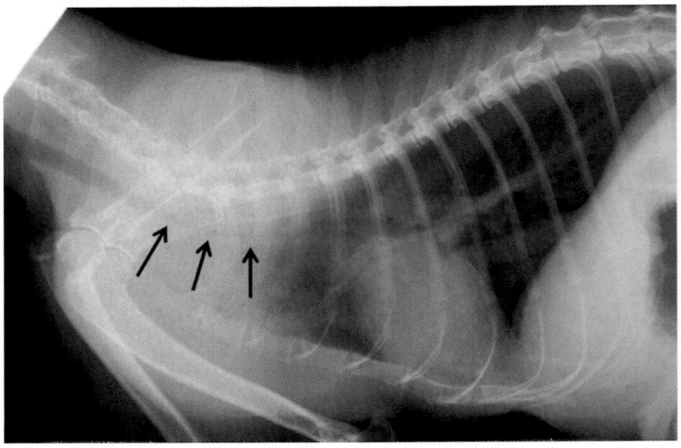

（A）

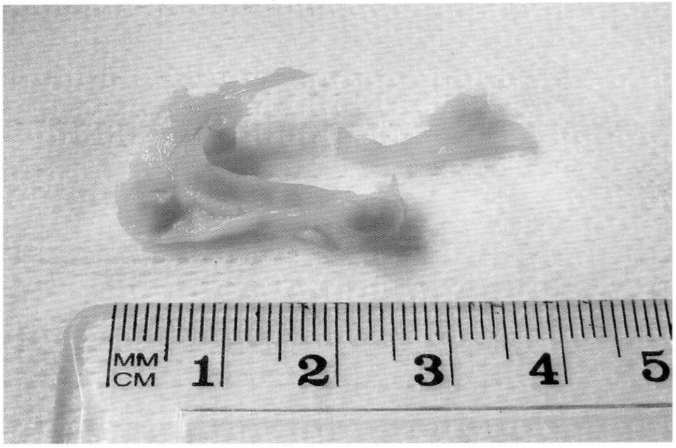

（B）

图215-3 医源性气管撕裂。（A）气管内导管充气过度后引起的气管坏死及狭窄（箭头）。（B）采用内镜除去坏死的气管上皮

诊断

主要诊断

- X线检查：可发现气管壁损毁，也常可发现患有皮下气肿的纵隔积气。
- 内镜检查：内镜检查气管腔通常可证实诊断。

治疗

主要疗法

- 观察：在病情轻微到中等程度的病例，采用保守疗法，如限制猫在笼中静养及采用氧气疗法，撕裂伤可自行康复。如果猫未发生呼吸困难，可采用这种治疗方法。
- 如果发生气肿及呼吸困难，应采用手术探查及修复。
- 可采用同样的方法治疗气管坏死及狭窄，但有时损伤面大，可危及生命。

预后

预后主要取决于损伤的程度及是否易于实施手术切除。

气管水肿及气管塌陷

概述

气管水肿、气管狭窄及气管塌陷在猫罕见有诊断，但发生后可引起明显的呼吸窘迫。所有这些情况均可导致气管腔狭窄，但在气管塌陷时可能为动态变化事件。

由于水肿及炎症所引起的胸腔气管壁增厚的情况见有报道，但对这种水肿或炎症的来源还不清楚，如见有发病，则常常可影响到大部分胸廓内及胸腔外的气管。有些病例可能与感染性原因有关（如严重的猫疱疹病毒-1感染），有些病例可能为由于气流动态发生改变（如前段气管、喉部或鼻咽部阻塞）而引起气管肿胀，继发于这种气管肿胀而发生上呼吸道阻塞；有些病例可能是由于过敏反应而发生急性水肿所引起。

真正的气管塌陷极不常见，但见有报道可由于先天性异常所引起，也可为一种获得性疾病，如继发于气管损伤或继发于严重的上呼吸道阻塞性疾病。气管狭窄引起的咳嗽典型情况下呈喇叭样声响，与小型犬的气管塌陷类似。咳嗽在开始时多为急性，呼吸困难可为典型的特点。

诊断

主要诊断

- 活检与培养：气管水肿时，可进行黏膜活检（进行或不进行病毒分离或PCR监测或细菌培养），试图进行特定诊断。
- X线检查：X线检查可发现气管壁明显增厚（水肿）或气管变平（塌陷）。
- 荧光镜检查：这种动态检查对诊断气管塌陷极为有用。
- 内镜检查：可采用1～2mm的内镜实时观察气管塌陷。

治疗

主要疗法

- 抗生素：根据细菌培养选择抗生素是治疗细菌性气管水肿的基础。
- 抗病毒药物：如果诊断为猫疱疹病毒-1感染，则采用伐昔洛韦（62.5mg/kg q12h PO；可加倍）治疗具有效果。
- 手术治疗：手术修复塌陷的气管可治愈或明显改进症状。

预后

如果能发现并及时治疗潜在的原因，则气管水肿的预后良好，但气管塌陷的预后谨慎。

气管肿瘤

概述

猫的气管肿瘤罕见。淋巴瘤（见图215-4）、腺癌及鳞状细胞癌是报道中最为常见的肿瘤。治疗的选择取决于肿瘤的性质、位置及临床症状。一般来说，由于手术摘除可缓解严重的呼吸困难的症状，促进准确诊断及预后，因此建议采用这种方法治疗。淋巴瘤对化疗也有反应。

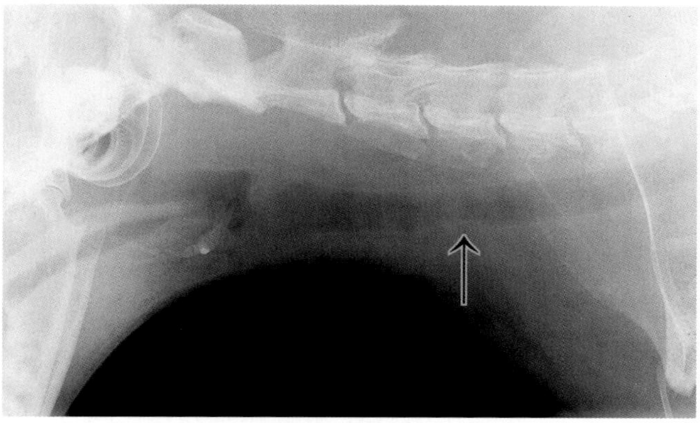

图215-4 气管淋巴瘤的X线检查，可见于颈部中部（箭头）。用手术方法摘除肿瘤或采用化疗，可产生优良的后果

参考文献

Brown MR, Rogers KS, Mansell KJ, et al. Primary intratracheal lymphosarcoma in four cats. 2003. *J Am Anim Hosp Assoc.* 39(5):468–472.

Culp WT, Weisse C, Cole SG, et al. 2007. Intraluminal tracheal stenting for treatment of tracheal narrowing in three cats. *Vet Surg.* 36(2):107–113.

Fujita M, Miura H, Yasuda D, et al. 2004. Tracheal narrowing secondary to airway obstruction in two cats. *J Small Anim Pract.* 45(1):29–31.

Jakubiak MJ, Siedlecki CT, Zenger E, et al. 2005. Laryngeal, laryngotracheal, and tracheal masses in cats: 27 cases (1998–2003). *J Am Anim Hosp Assoc.* 41(5):310–316.

Mims HL, Hancock RB, Leib MS, et al. 2008. Primary tracheal collapse in a cat. *J Am Anim Hosp Assoc.* 44(3):149–153.

Tivers MS, Moore AH. 2006. Tracheal foreign bodies in the cat and the use of fluoroscopy for removal: 12 cases. *J Small Anim Pract.* 47(3):155–159.

第216章
三体病
Triad Disease

Anthony P. Carr

概述

三体病（triad disease）或三联病（triaditis）是指在猫由胆管肝炎（cholangiohepatitis）（胆管炎，cholangitis）、胰腺炎和炎性肠病（inflamatorybowel disease，IBD）三者组成的疾病，其本身并非一种疾病，而是一种统计上的关联。有许多关于这种情况的文献报道，但仍然缺乏坚实的科学依据。将这三者最早作为一种疾病的科学描述表明，胆管肝炎和炎性肠病之间具有密切关系（患胆管肝炎的猫83%患有炎性肠病），也与胰腺炎（约 50%）具有密切关系。但在其他类型的肝病，如淋巴细胞性肝门肝炎（lymphocytic portal hepatitis）则没有这种关系。患有胆管肝炎的猫大约有1/3患有IBD和胰腺炎，因此可看作真正的三体病。患有胆管肝炎的猫的IBD似乎也更为严重，而且可能会发生化脓性变化。

对这三种疾病为什么会联系在一起的原因还不清楚，但可能与胃肠道（GI）细菌的上行感染有关。在猫，胰管与胆管在进入十二指肠前在乳头部结合（见图216-1），因此更有可能使肝脏和胰腺发生上行性感染。但这种情况是如何与IBD联系在一起的，还不清楚。自从报道本病后，其他研究报道似乎差别不大，认为猫的肝脏疾病在一般情况下均与IBD和胰腺炎相关，但尚无研究证据支持这一观点。

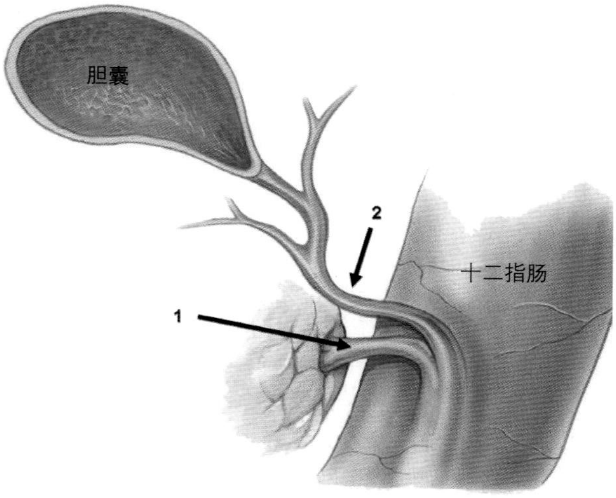

图216-1 胰腺管（1）在进入十二指肠前在乳头部加入胆管（2）。由此在十二指肠、胰腺和胆囊/肝脏之间形成解剖联系（经允许，引自L.C. Hudson和W.P. Hamilton博士）

这种综合征最为明显的临床意义是，如果病猫发生肝脏疾病，则应检查其是否并发有胰腺炎和IBD。由于本病为三种疾病综合所引起，因此如果要剖腹或采用腹腔镜技术采集肝脏样品进行活检，也应注意采集胰腺和胃肠道进行活检。

这三种疾病的临床症状可能相似，三种疾病均可见到一些非特异性症状，如昏睡、脱水、呕吐及厌食等。发热及黄疸在发生IBD时一般观察不到，但可见于胰腺炎及胆管肝炎。即使发生胰腺炎，猫也不表现腹痛。腹泻在三种疾病均有可能发生，但并不像其他疾病那样常见。

诊断

主要诊断

- 血常规（CBC）、生化及尿液分析（urinalysis，UA）：检查结果差异很大，在发生化脓性疾病时，存在中性粒细胞，可能会出现核左移及中毒性变化。如果在开始时出现各种肝脏酶活性升高，则表明猫发生了三体病。也可发生高胆红素血症，这通常表明发生了更为严重的疾病。肝脏疾病本身也可引起黄疸，如果胰腺炎症妨碍了胆汁流出，也可发生肝后性黄疸。发生胰腺炎时也可发生低钙血症。猫的胆红素尿是肝脏疾病的早期指征。
- 猫胰腺脂肪酶免疫活性（feline pancreatic lipase immunoreactivity，fPLI）测定：这种诊断方法对诊断胰腺炎获得的结果令人鼓舞，对诊断胰腺炎最为敏感，特异性也高。但fPLI水平的升高并不意味着病猫在垂死时胰腺炎是主要问题，但可以很好地反映出胰腺炎的病理变化。在发生三体病的猫， fPLI可能升高，但胰腺炎常常较为温和，最为主要的临床问题是并发的胆管肝炎或IBD。参见第159章和第160章。

- 超声检查：猫表现为三体病的临床症状或采用生化检查表明发生了肝脏疾病时，超声诊断具有重要价值，可采用超声诊断检查肝脏、胰腺及胃肠道。发生胆管肝炎时超声检查可正常，或表现为回声反射性出现非特异性变化，但不可能采用这种方法对三体病进行确定诊断，在许多病例可能观察不到异常变化。但这种方法在用于获得细针穿刺（FNA）或肝脏的活组织检查样品时以及获得抽吸胆汁时仍极为有用。有时可见到胆管扩张，这表明发生了胰腺炎。
- 细胞学检查及活检：在发生三体病的病猫，肝脏、胰腺或GI组织活检是唯一建立确定诊断的方法。如果采用剖腹探查或腹腔镜检查，可从多个器官获得活检样品。可进行肝脏的FNA，虽然这种方法有助于诊断肝脏脂肪沉积及肿瘤，但作用有限。但这种方法的准确性，特别是在发生炎性肝脏疾病时也有限。FNA的主要优点是可在轻微或不需要镇静的情况下进行，而剖腹探查和腹腔镜检查则需要进行全身麻醉，这对患有严重肝脏疾病的病猫风险很大。在发生慢性或严重肝脏疾病时，如果病猫能够耐受活检，最好采用组织活检而不是采用FNA。
- 肝脏及胆囊培养及药敏试验：应考虑感染性因素可能为胆管肝炎的病因，特别是如果其性质为化脓性时更有这种可能。胆汁培养比肝脏培养更有可能呈阳性，但理想状态下应进行两种检查。在剖腹探查时或超声指导下观察时，如果胆囊充盈程度足够，可用22号或25号针头采集胆汁样品。建议进行需氧和厌氧两种培养方法。

辅助诊断

- 血凝试验：猫患有肝脏疾病时多发生血凝异常，特别是发生黄疸时更是如此，这些试验应在进行肝脏活检之前进行。
- 胆汁酸测定：在无黄疸的病例可测定餐前及餐后胆酸。在发生短路及肝脏机能降低时可发生胆酸升高。
- 血清钴胺素水平：研究表明，猫在发生 IBD时，可发生钴胺素缺乏，由于钴胺素缺乏可预示着GI症状，因此具有重要意义。如果钴胺素水平很低，则建议不经胃肠途径进行补充。

诊断注意事项

猫三体病的发生确实影响猫患肝脏疾病时的全面检查。在有些情况下，通过临床症状及生化检测异常在开始时就可诊断出肝脏疾病。如果临床症状及辅助诊断表明需要进行肝脏活检，则应考虑同时采集胰腺及胃肠道活检样品。关于三体病各组成病诊断更为完整的信息，可参见第94章、第120章、第159章及第160章。

治疗

主要疗法

- 抗生素：为化脓性胆道炎或胆管肝炎最为主要的治疗方法。在理想状态下，可根据细菌培养及药敏试验指导治疗。如果未进行细菌培养或药敏试验，则应采用广谱抗生素针对需氧菌及厌氧菌进行治疗。在大多数情况下，可采用多种抗生素治疗。常用的抗生素组合包括青霉素（即阿莫西林加或不加入克拉维酸）与氟喹诺酮类药物合用。另外，也可采用头孢菌素类抗生素，也可将头孢菌素与氟喹诺酮类药物合用。也可采用甲硝唑，以增加抗厌氧菌的能力。在大多数病例，治疗应该持续4～6周。
- 治疗胆管肝炎：可考虑采用其他一些治疗方法，虽然对这些治疗方法在患有自发性胆管肝炎的病猫的治疗效果还未进行过评估。熊二醇（ursodiol）[即熊去氧胆酸（ursodeoxycholicacid），10～15mg/kg q24h PO］可抑制肝脏的炎症，促进胆汁的流动，但在发生胆道阻塞时不应采用。S-腺苷甲硫氨酸（S-adenosylmethionine，SAMe；Denosyl，Nutramax Laboratories）可能有助于恢复肝脏谷胱甘肽的浓度，限制氧化损伤及炎症。水飞蓟宾（Silybin）（水飞蓟素与维生素E的磷脂酰胆碱复合物；Marin for Cats，Nutramax Laboratories）具有多种可能的作用机制，包括抗氧化活性、刺激胆汁流动及抗炎作用等。水飞蓟素SAMe合剂是一种合用产品可供使用（Denamrin for Cats，Nutramax Laboratories）。
- IBD：参见第120章。
- 一般支持疗法：在已经发生衰竭的猫，支持疗法极为关键，这种治疗方法包括液体疗法及应用支持疗法。置入饲喂管在不能满足热量需要的猫可能具有益处。可采用多种饲料，包括这些针对肝病或帮助治疗IBD病猫所设计的日粮。
- 抗炎及免疫抑制疗法：可采用药物如强的松龙治疗猫的肝脏疾病，特别是慢性非化脓性胆管肝炎病例或淋巴细胞性胆道炎病例。这些药物在化脓性病例中的作用还不清楚。短期用抗炎剂量（即1mg/kg 强的松龙 q24h PO）治疗具有一定的益处，也有助于治疗IBD。是否采用这类药物主要取决于活检结果以及病猫对抗生素及支持疗法的反应程度。

辅助疗法

- 维生素K_1：可注射（5mg/kg q24h SC 治疗2～3d）治疗凝血机能障碍病猫。在更为严重的病例，可能需要输入血浆，特别是如果计划进行肝脏活检时。
- 钴胺素：如果发生钴胺素缺乏，可每周1次或2次每只猫补充250μg，连续4～6周。

治疗注意事项

- 在大多数情况下，开始时的治疗重点应在采用抗生素及支持疗法治疗化脓性胆道炎或胆道肝炎。也应针对胰腺炎进行支持性护理。
- 对IBD可采用新蛋白日粮或水解日粮进行日粮治疗，重要的是也应适合于患有肝脏疾病的病猫。
- 在采用抗生素进行初始治疗后，如果仍未解决肝脏疾病，则应考虑采用其他治疗方法，可长期采用SAMe、熊二醇或水飞蓟素（silybin）治疗。但在许多病例，常常需要采用免疫抑制药物才能成功地治疗病猫，特别是如果并发IBD时。

预后

本病的预后差异很大，主要是由肝脏疾病的性质及严重程度所决定的。在大多数情况下，有可能长期控制胰腺炎及IBD。在发生肝脏疾病时，有可能长期生存，但有些猫的生存时间可能不到1年。

参考文献

Caney SAM, Gruffydd-Jones TJ. 2005. Feline Inflammatory Liver Disease. In SJ Ettinger, EC Feldman, eds., *Textbook of Veterinary Internal Medicine*, 6th ed., pp. 1448–1451. St. Louis: Elsevier.

Weiss DJ, Gagne JM, Armstrong PJ. 1996. Relationship between inflammatory hepatic disease and inflammatory bowel disease, pancreatitis and nephritis in cats. *J Am Vet Med Assoc.* 209: 1114–1116.

第217章
毛球症
Trichobezoars

Mitchell A. Crystal

概述

猫的毛球症（trichobezoars，毛球病，hairballs）可引起猫返流或呕吐。毛球可为毛团，有或无食物或胃分泌物。偶尔情况下，猫可试图返流或呕吐出毛球，但难以吐出而只吐出胃分泌物。猫由于正常的整梳习惯可蓄积毛而形成毛球，但毛球也可因引起过度整梳（如行为异常、神经性疾病及皮肤病等）的疾病而发生，也可因胃肠道（GI）结构或活力异常（如原发性活力异常、炎症或GI肿瘤性疾病、憩室或食管裂孔疝）而发生。因此，猫如果整梳行为正常，返流或呕吐出毛球可能为正常现象，或表明发生潜在的胃肠道疾病（见图217-1）。

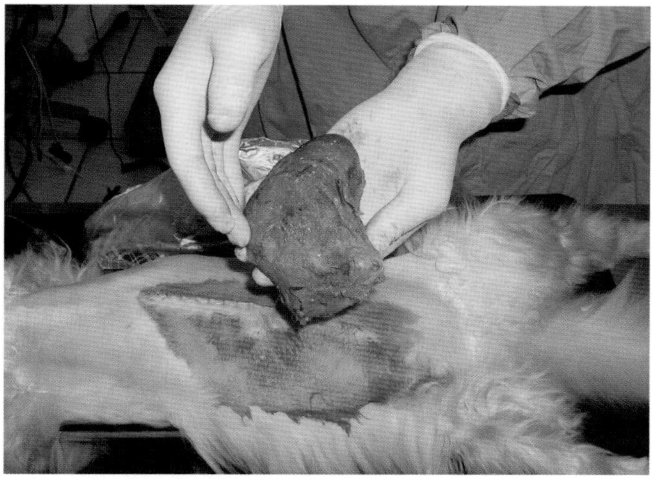

图217-1 从一病猫摘除的重达0.55kg的毛球，病猫不发生呕吐或恶心，诊断时发现其有毛球症，表现失重（图片由Gary D. Norsworthy博士提供）

猫发生毛球病时其临床症状依毛球是否正常或是否有潜在的胃肠道疾病、皮肤病或神经性疾病而不同，但在年轻及中年的长毛猫这种情况似乎更易发生。猫可由于整梳长毛的宠物而发病。在正常猫，除了间歇性返流或呕吐出毛球外，也可表现其他临床症状，但有些猫可在呕吐出大的毛球后厌食1～2d。如果表现失重、腹泻、厌食或其他问题，则应仔细进行完全检查，查找潜在疾病。本病的鉴别诊断应包括引起返流或呕吐的其他疾病。参见第69章和第229章。

诊断

主要诊断

- 病史：应了解猫的整梳习惯，包括病猫是否整梳其他宠物。应了解是否发生了肿瘤，了解以前是否发生过毛球症，是否表现有临床症状。
- 对治疗的反应：参见“治疗”。

辅助诊断

- 比对X线拍片检查：虽然毛球可透过射线，但毛球可吸收钡，因此在其他钡通过后可形成一充满钡的团块（见图217-2）。

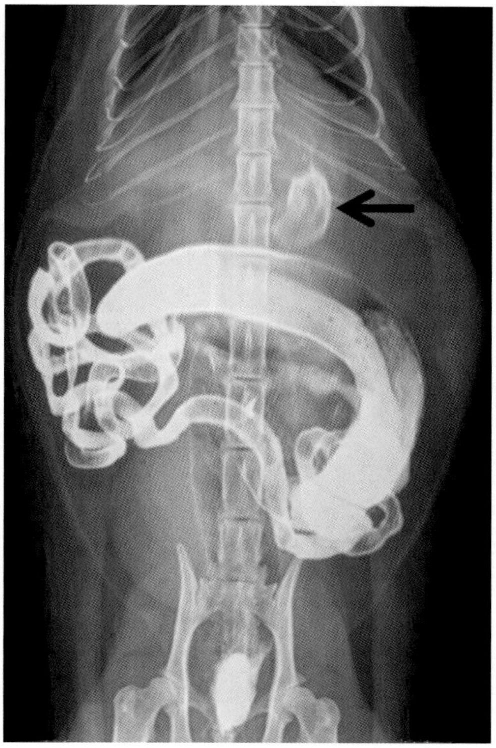

图217-2 毛球可吸收钡，因此留下充满钡的团块而其他钡则通过，图片为猫的胃（箭头）（图片由Gary D. Norsworthy博士提供）

- 完全诊断评价：如果存在其他临床症状或病情经常发生且对治疗无反应时，则需要进行进一步诊断。参见第69章和第229章。

诊断注意事项

- 大多数毛球症腹腔触诊难以触及。
- 应密切注意病史和查体情况，因为猫主可能认为毛球症是一严重问题，或者将某种严重疾病认为是毛球症。
- 虽然罕见毛球症引起小肠阻塞（见图217-3），大多数猫可排出毛球而不表现明显的临床症状。如果发生胃或小肠阻塞，则应考虑潜在的疾病。如果要施行手术摘除毛球，则应采集胃和小肠组织进行病理组织学检查。

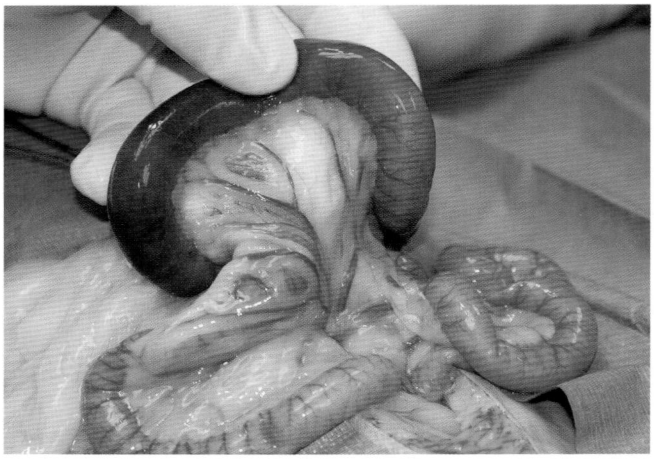

（A）

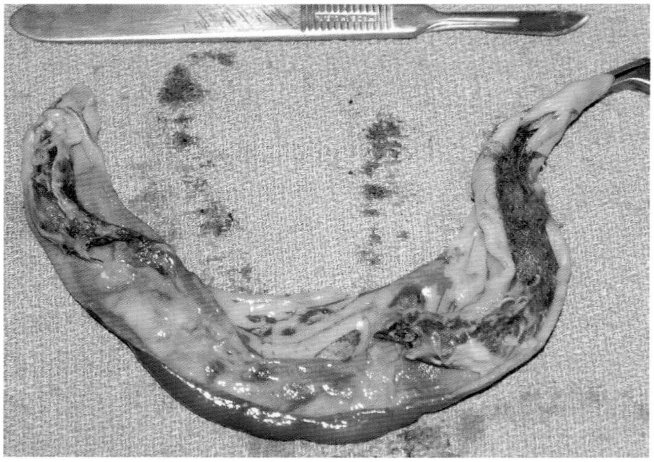

（B）

图217-3 猫的毛球症。（A）由毛球症引起的小肠阻塞虽然罕见，但发生于本例猫。小肠袢扩张充血为阻塞的典型变化。（B）切除的小肠部分，打开后可见毛球（图片由Gary D. Norsworthy博士提供）

治疗

主要疗法

- 整梳：经常性地，甚至每天进行梳理被毛可防止猫摄入大量的毛发。
- 石蜡油泻剂：应口服这类药物以润滑及促进毛发正常通过。这类制剂有多种，大多数品种为味道可口的糊剂，其口味在产品之间有不同，因此如果猫对某种产品不耐受，则可换用其他产品。这类药物的剂量也不相同，但一般建议的剂量为每只猫每天1～5mL以发挥作用。剂量过大可引起腹泻，但这种情况少见。

辅助疗法

- 促进肠道蠕动：西沙必利（每只猫2.5～7.5mg q8～24h PO）或甲氧氯普胺（0.2～0.5mg/kg q6～12h PO）可对肠道活力降低的猫具有一定的效果。
- 剃毛：对长毛的猫应2～4个月剃毛以减少毛球的摄入。

预后

在不表现潜在疾病的猫，因毛球而患病的风险较小，毛球症主要引起猫主的不便。这些猫大多数可采用治疗进行控制，但有些猫可突然发病。患潜在疾病的猫其预后因潜在疾病而不同。

参考文献

Barrs VR, Beatty JA, Tisdall PLC, et al. 1999. Intestinal obstruction by trichobezoars in five cats. *J Fel Med Surg*. 1(4):199–207.

Durocher L, Johnson SE, Green E. 2009. Esophageal diverticulum associated with a trichobezoar in a cat. *J Am Anim Hosp*. 45(3):142–146.

Twedt DC. 1994. Diseases of the stomach. In RC Gupta, ed., *The Cat: Diseases and Clinical Management*, 2nd ed., pp. 1181–1210. New York: Churchill Livingstone.

第218章
胎三毛滴虫病
Tritrichomoniasis

Mark Robson 和 Mitchell A. Crystal

概述

胎三毛滴虫（*Tritrichomonas foetus*）为单细胞有鞭毛的原虫，定植于猫的结肠，可导致慢性大肠性腹泻。在光学显微镜下，猫的胎三毛滴虫与牛生殖道胎儿三毛滴虫（venereal *T. foetus*）和猪肠道猪三毛滴虫（*Tritrichomonas suis*）没有明显区别。胎三毛滴虫裂殖体大约为11 μm×7 μm，呈梨形，具有三个前端鞭毛及一个明显的波浪状膜，该膜沿着虫体的长度分布。滋养体（trophozoites）（原虫的活动生长期——译注）具有明显的剧烈前进运动的能力，通过二分体而分裂，不形成卵囊，对抗原虫药物具有抗性。胎三毛滴虫能在许多环境中生存长达数周，可通过一些媒介如苍蝇等传播。

猫可通过直接的粪–口污染途径而感染，暴露后4～14d表现临床症状。胎三毛滴虫病可引起末端回肠、盲肠及结肠的淋巴浆细胞炎症（lymphoplasmacytic inflammation）。虫体无小肠外的迁移及跨胎盘和乳腺感染。临床症状包括恶臭糊状或半成形的腹泻，腹泻中常常含有血液及黏液。肠胃气胀及里急后重常见。查体可正常或表现严重的大肠性腹泻的迹象。

胎三毛滴虫引起的腹泻其发生没有性别或品种趋势，但大多数感染的猫为青年猫。猫生活的舍饲密度高时感染胎三毛滴虫的风险较高。近来的研究发现，参加国际猫展的猫，胎三毛滴虫的流行率为31%，这些猫中许多就生活在密度很高的猫舍中，因此野猫及舍饲猫本病的流行率可能较低。一般不认为胎三毛滴虫在动物流行病中很重要。三毛滴虫性腹泻常常可误诊为贾第鞭毛虫病（giardiasis），这是因为对胎三毛滴虫不熟悉及两者的临床症状和病因相似所致。患胎三毛滴虫病的猫也可与贾第鞭毛虫病共感染发病。胎三毛滴虫与贾第鞭毛虫的比较特点见表 218–1 。

诊断

主要诊断

- 胎三毛滴虫PCR检测：可用于诊断三毛滴虫，灵敏度为95%，采集的样品应在70%的异丙基乙醇中室温下送检（180～220mg粪便，3～5mL酒精）。许多商业及兽医学院实验室可进行这种检测。
- 胎三毛滴虫培养：胎三毛滴虫可采用商用的培养系统（InPouch TF，Biomed Diagnostics Inc.，San Jose，CA）从粪便进行培养。采用的粪便量不足0.1g（约为一粒干胡椒的量），以其接种培养系统，之后在25℃培养。应注意，如果接种量大，培养温度高，则可导致细菌过度生长而降低诊断效果，应每隔48h检查小袋中的内容物是否有活动的胎三毛滴虫，连续检查12d。通常在1～11d后（中值为3d）可检查到阳性结果。该培养系统不支持贾第鞭毛虫生长。

辅助诊断

- 盐水涂片直接检查：40倍放大检查时罕见能观察到滋

表218–1　胎三毛滴虫与贾第鞭毛虫的比较

	胎三毛滴虫	贾第鞭毛虫
大小	11 μm×7 μm	15 μm×8 μm
显微镜下滋养体外观	梨形、单核、波状膜沿着虫体长度分布，有3个前端鞭毛及1个后端鞭毛	面孔状、两个核、凹面盘状、4对鞭毛
虫体形态	滋养体	滋养体、卵囊
活力	有力、快速、前进、不稳定	迟钝、翻滚、树叶状翻滚
传播	粪–口	粪–口
胃肠道感染部位	大肠	小肠、大肠
环境稳定性	可长达1周	数周到数月（卵囊形成）
对抗原虫药物的反应性	罗硝唑治疗时反应一般或良好，其他抗原虫药物没有效果	好

养体（trophozoites）（只有4%～15%的时间能观察到），见图218-1。可检查新鲜的呕吐或腹泻物，这是因为滋养体不能在冰箱保存时生存。采集多个样品进行检查有助于改进诊断。

- 排除并发症：血常规（CBC）、血清生化检查、尿液分析、逆转录病毒检测、直接粪便检查及粪便漂浮试验等方法均可采用，应排除存在贾第鞭毛虫、隐孢子虫、冠状病毒及梭菌等的可能。可考虑采用结肠镜检查及组织病理学检查。研究表明如果小肠内存在共感染，则可使腹泻的严重程度增加及排出滋养体。

诊断注意事项

- 最好立即对粪便样品检查是否存在胎三毛滴虫。如果不进行冰箱冷藏保存，不除去样品中的垃圾及用盐水稀释（每克粪便加入1.5mL盐水）则滋养体可生存达4d。
- 抗微生物药物治疗可降低粪便中滋养体的数量，可导致粪便涂片出现假阴性结果。

治疗

主要疗法

- 罗硝唑（ronidazole），剂量为30mg/kg q12h PO，治疗14d，可有效解决腹泻及根除胎三毛滴虫感染。但由于本药对人类健康的风险，因此禁用于食用动物。使用罗硝唑时应戴手套，并告知猫主可能的危险。在猫见有报道的不良反应包括神经中毒症等。停用罗硝唑后神经症状可消退。罗硝唑只能用于确诊的

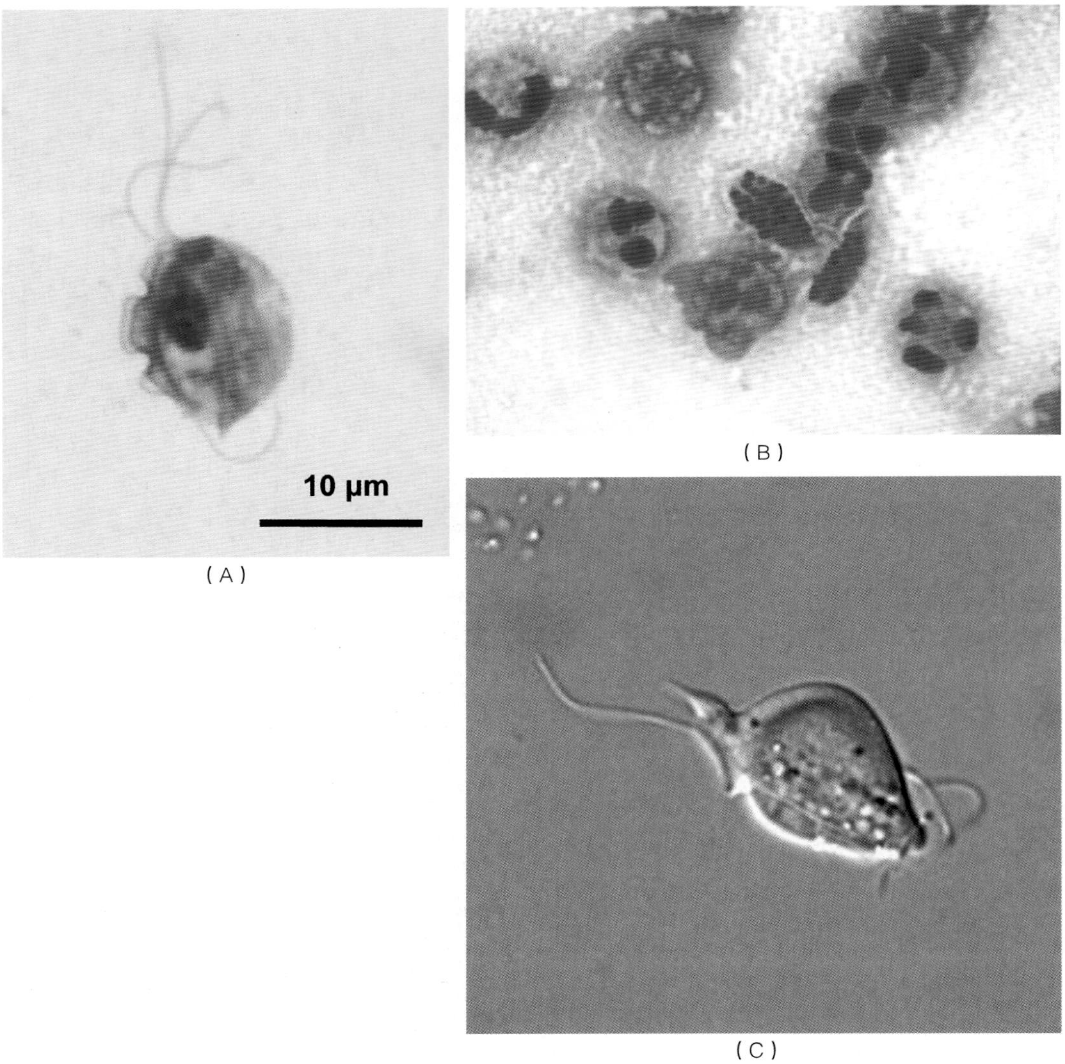

图218-1　显微镜检查时罕见滋养体。（A）图示为三个前端鞭毛（“tri” in “tritrichomonas”，即三毛滴虫的寓意），用Lugol氏液加Diff Quik®染色，40倍放大观察。（B）只用Diff Quik染色，显示胞浆的颗粒性特点，但不能显示出鞭毛、伪足轴、核及波状膜。（C）用Nomarski DIC染色［（A）由Jan Slapeta，PhD，MVDr提供，（B）、（C）由Heather Stockdale和Byron Blagburn提供］

胎三毛滴虫病例。

治疗注意事项

- 未治疗时猫的临床症状通常在2年内康复（中值时间为9个月，范围为5～24个月），但在腹泻康复后胎三毛滴虫的持续感染很常见。
- 在多猫的舍饲环境中腹泻的康复可能需要较长时间。
- 用胃肠饲料饲喂的猫通常腹泻的严重程度减轻，但腹泻的康复时间延长（即日粮改变，腹泻康复的中值为15个月；饲料不发生改变时，腹泻康复的中值时间为7个月）。
- 抗微生物药物治疗通常可在短期内改变临床症状，但不能根除感染，可延长腹泻持续的时间。
- 经常淋浴及改换猫沙盆并不能改进胎三毛滴虫引起的腹泻。
- 巴龙霉素（paramomycin）治疗滴虫病时没有效果，还可引起猫发生急性肾衰。

预后

如果猫主能够忍受猫发生腹泻，则本病的预后优良。发生明显的临床疾病的情况罕见，腹泻通常会在2年内康复。腹泻康复后可发生胎三毛滴虫的慢性感染，临床症状的复发也较为常见。最初用PCR诊断后的猫大约50%的未治疗猫为胎三毛滴虫阴性，说明本病可发生自发性康复。

参考文献

Foster DM, Gookin JL, Poore MF, et al. 2004. Outcome of cats with diarrhea and *Tritrichomonas foetus* infection. *J Amer Vet Med Assoc.* 225(6):888–892.

Gookin JL. 2006. Trichomoniasis. In CE Greene, ed., *Infectious diseases of the Dog and Cat*, 3rd ed., pp. 745–750. St. Louis: Saunders-Elsevier.

Gookin JL. 2009. Tritrichomonas. In JD Bonagura, ed., *Kirk's Current Veterinary Therapy XIV*. pp. 509–512. St. Louis: Saunders-Elsevier.

Gookin JL, Copple CN, Papich MG, et al. 2006. Efficacy of ronidazole for treatment of feline *Tritrichomonas foetus* infection. *J Vet Intern Med.* 20(3):536–543.

第219章
输尿管阻塞
Ureteral Obstruction

Rhett Marshall

概述

输尿管阻塞（ureteral obstruction）为严重的泌尿道疾病，猫在10岁之前不常见，但在发生急性或慢性肾衰的猫更常能诊断到输尿管阻塞，并对临床兽医、内科医生及外科医生是一个极大的挑战。

猫表现急性氮血症时常可能发生了双侧性输尿管阻塞或对侧肾脏无机能活动。换言之，许多单侧性输尿管阻塞无症状，只是在因其他原因进行腹腔X线检查或超声检查才发现。因此，许多单侧性输尿管阻塞在阻塞时并不能被诊断出来。

输尿管阻塞可为单侧性或双侧性，可进一步分为管腔内阻塞（即结石、凝固干燥的血液、细胞碎片及输尿管痉挛）、管壁损伤（即肿瘤、纤维化、先天性及获得性狭窄及息肉等），或由于壁外压迫［即继发于由于输尿管、膀胱或腹腔后部（retroperitoneal space）的肿瘤］所引起。最为常见的是发生草酸钙引起的管腔内阻塞，凝固干燥的血液是最常见的输尿管结石的原因。

通过被动流动及输尿管蠕动，尿液、输尿管结石及其他物质从输尿管向下流动。猫正常的输尿管腔狭小（0.4mm），虽然有些猫可通过1～2mm的输尿管结石，但许多猫的输尿管可被很小的结石堵塞。尿路完全阻塞引起输尿管内压力增加，最终可导致通过肾小球毛细血管的液体静压力梯度降低，肾小球滤过率（glomerular filtrationrate，GFR）降低。输尿管内压力持续升高可引起肾脏内压力增加及肾脏实质闭塞（obliteration of renal parenchyma），这种情况称为肾盂积水（hydronephrosis），见图219-1。在数周内可引起80%以上的肾机能受损，但如能尿路恢复，则这种机能受损可逆转。

本病的鉴别诊断包括三类：（a）中毒性肾病引起急性肾衰（如药物治疗或摄入毒物）、炎性肾病（如肾小球肾炎或肾盂肾炎）、阻塞性肾病（尿道阻塞）及循环受阻（circulatory collapse）（即严重的脱水、低血压、贫血、心衰、休克、败血症或糖尿病性酮病）。（b）肾脏大小不对称（asymmetrical renal size）或“大小肾脏综合征”，可由于多囊肾（polycystic kidney disease，PKD）、肿瘤、代偿性肾脏肥大及创伤（当前发生或过去发生）所引起。（c）需要鉴别诊断胰腺炎，主要是由于患输尿管阻塞的猫，对侧肾脏机能正常，也可表现出与胰腺炎相似的症状，如严重腹痛、呕吐及神经性厌食，但肾脏参数正常。

诊断

主要诊断

- 临床症状：临床症状通常取决于对侧肾脏的机能。如果对侧肾脏的机能正常，则可不表现明显的临床症状，或者表现沉郁、昏睡、厌食或呕吐，行为发生改变，同时出现严重的腹部或脊柱疼痛，包括蹲伏、藏匿、不愿接受爱抚及非典型性攻击行为或鸣叫。
- 查体：触诊肾脏常常可发现肾脏大小不对称，一侧肾脏小（末期或无机能活动），另外一侧肾脏则由于代偿性肥大或肾盂积水而较大。通常表现为肾脏疼痛，因此很易误诊为脊椎疼痛。
- 实验室检查结果：生化检查结果的异常取决于对侧肾脏的机能，包括不明显到严重的氮血症［血清肌酐＞1000 μmol/L（11mg/dL）］，高磷酸盐血症及高钾血症。双侧性阻塞时，由于两个肾脏均不能发挥作用，因此通常表现明显的氮血症。单侧性阻塞时，如果对侧肾脏具有机能，则可能具有不明显的生化变化，如果对侧肾脏没有机能，则可表现严重的氮血症。临床病理学检查可发现严重的肾机能异常，但难以将输尿管阻塞与其他类型的急性肾衰相区别。
- 尿液分析：应总是能够进行尿液分析，但通过膀胱穿刺采集的尿液常常由于输尿管阻塞阻止了尿液从受影响的肾脏到达膀胱，因此检查结果获得的信息不多。应分析从肾盂采集的尿液［在进行肾内肾盂造影术（intrarenal pyelogram）时进行］，送实验室进行培养及药敏试验。

辅助诊断

- X线检查：腹腔X线探查可用于诊断不透射X线的尿结石，如果有尿结石存在，则表明很有可能发生了输尿管阻塞，但只有约50%的输尿管结石为草酸钙，因此其应用价值不大。X线检查也可用于检查肾脏的大小与形状、膀胱的大小与形状及尿道的完整性。
- 超声检查：肾脏超声检查是鉴别输尿管阻塞及其他原因引起的急性肾衰及非对称性肾脏大小极为关键的诊断工具。如果肾盂扩张超过3mm则称为肾盂积水，近端输尿管扩张也称为输尿管积水（hydroureter），如果在近端输尿管发现有结石，则可诊断为输尿管阻塞，见图219-1（A）和219-2。如果对怀疑发生阻塞的原因观察不清，可进行顺行阳性造影剂肾盂造影术。应避免采用静脉内排泄性肾盂造影术（intravenous excretory pyelography），这是因为尿流受限，因此排出的造影剂不多，获得的图像质量差。

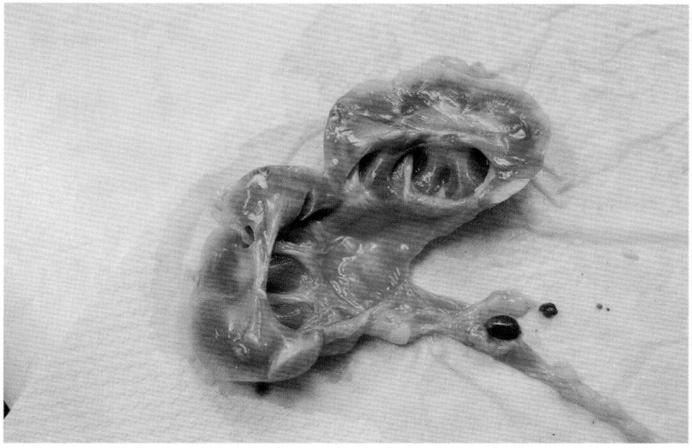

（A）

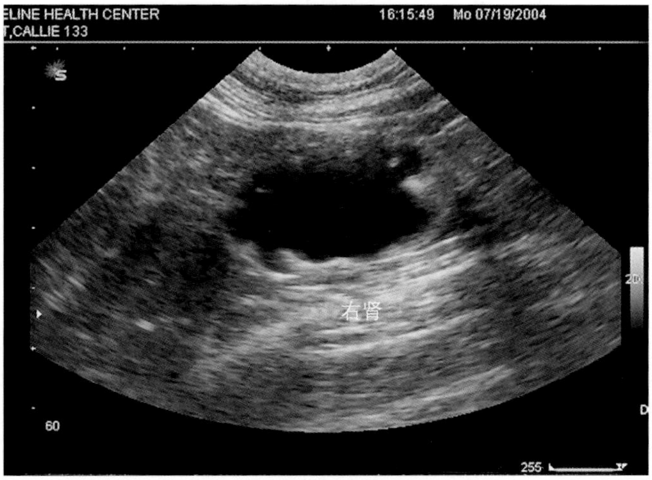

（B）

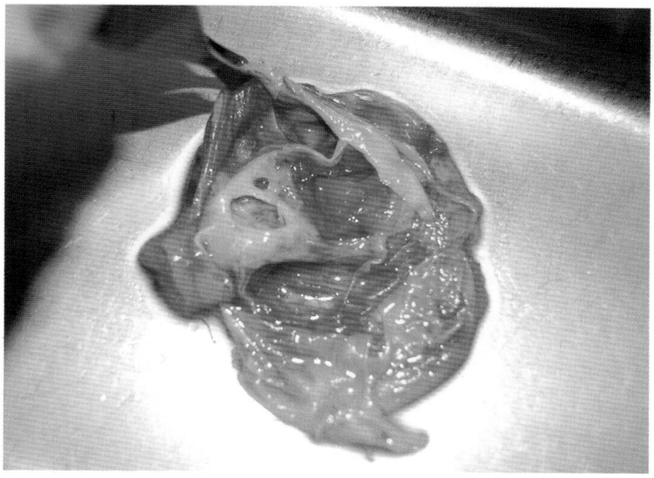

（C）

图219-1 猫的输尿管阻塞。（A）死亡后切开，图示为由于近端输尿管阻塞，输尿管结石，引起中等的肾盂积水及近端输尿管扩张。（B）严重肾盂积水的超声图像，保留有很小的皮质或髓质。（C）图219-1（B）的肾脏，存在皮质层及髓质（图片由Gary D. Norsworthy博士提供）

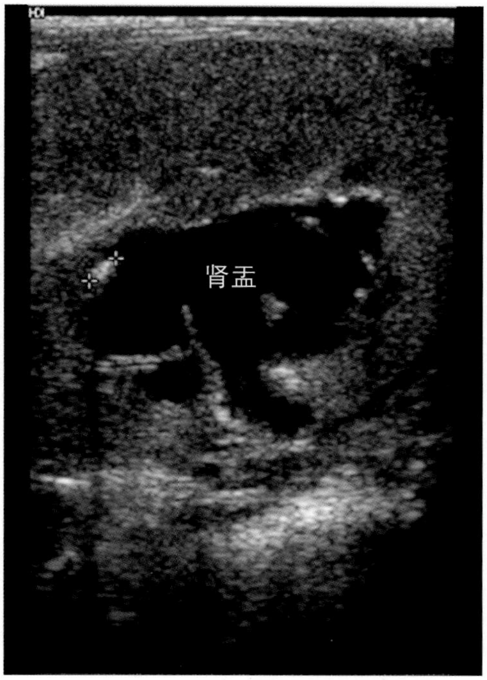

图219-2 肾盂扩张（肾盂积水）时扩张的肾盂超声图，输尿管近端扩张，肾结石（两标志之间）

- 造影剂顺行肾盂造影术（contrast antegrade pyelography）：为验证输尿管阻塞的有效方法，也可确定阻塞的部位，见图219-3和219-4。可在超声指导下，用22号的4cm针头插入扩张的肾盂，采集1～2mL尿液用于分析，然后小心注射造影剂至肾盂。之后立即拍摄侧面及背腹X线片，评估造影剂通过输尿管流动的情况。如果发生了输尿管阻塞，则造

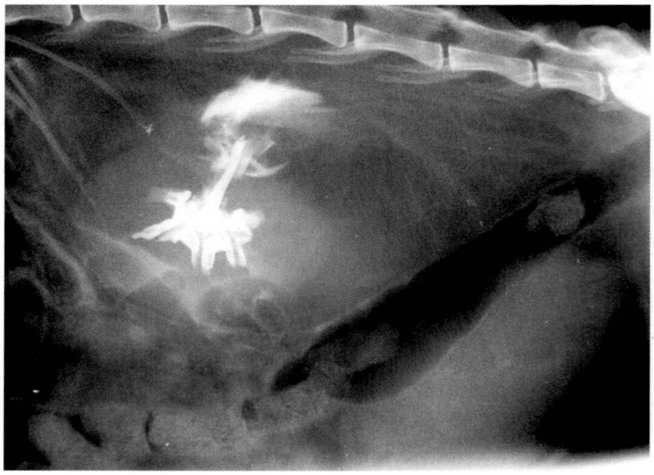

图219-3 超声指导下的顺行性造影剂肾盂造影术，表示为肾盂扩张及近端输尿管阻塞，通常可发生少量的造影剂渗漏，不应解释为尿道破裂

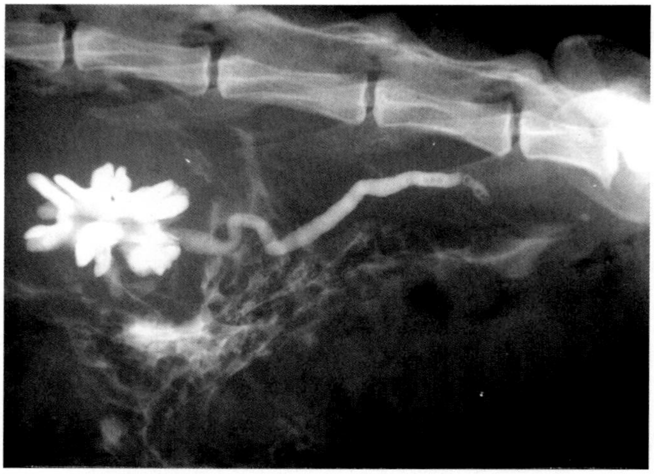

图219-4 超声指导下的顺行性造影剂肾盂造影术，表明肾盂扩张及远端输尿管阻塞，具有多个射线可通过的尿结石（充盈缺损，filling defects）。通常可发生少量的造影剂渗漏，不应解释为尿道破裂

影剂的流动会突然终止。在有些病例，特别是阻塞继发于肾盂肾炎性残渣（pyelonephritic debris）时，可在进行肾盂造影时在加压的情况下将阻塞物冲洗到膀胱。

- 高级影像检查：其他先进影像检查方法包括计算机断层扫描（CT），磁共振影像检查（MRI）及核闪烁扫描术（nuclear scintigraphy）可用于诊断输尿管阻塞，但其应用没有肾盂造影术多。

诊断注意事项

- 如果对侧肾脏机能正常，则由于可能不表现临床症状或生化变化而说明发生了肾病，因此诊断困难。对这种疾病的诊断常常需要高度的临床怀疑（A high index of clinical suspicion）。同样，对所有表现腹痛或脊椎疼痛的病猫应进行肾脏超声检查，即使在不表现氮血症时也是如此。

治疗：由于结石或残渣引起的管内阻塞

- 药物治疗：药物治疗的主要目的是通过静脉输液及利尿剂，同时采用平滑肌松弛药物和镇痛药物减少输尿管痉挛或水肿，促进阻塞物排入膀胱，从而增加尿液的排出。液体性利尿剂（2～3倍的维持量）可促进小的输尿管结石的流动，因此是猫发生输尿管阻塞的首选治疗方法。猫可表现为无尿或少尿，因此应仔细检测其体重及尿液产生的变化，以避免过度水化。只要获得诊断，应采用含鸦片的镇痛药物。平滑肌松弛剂（即α－颉颃剂或钙通道阻断剂）、利尿剂（即呋喃苯胺酸或甘露醇）、类固醇或非甾体类抗炎药物及胰高血糖素在理论上能促进输尿管阻塞的迁移，但这些药物尚未证明在猫具有明确的效果。在人的研究表明，尿道选择性α－颉颃剂坦索罗辛（tamsulosin）与非甾体激素类抗炎药物（NSAID）合用是促进输尿管结石通过的良好方法。在猫，近来的各个临床报告表明阿米替林（1mg/kg q24h PO）有助于输尿管结石通过进入膀胱。目前关于采用阿米替林的建议还不清楚，但由于其不良反应不多，因此在猫发生输尿管性尿结石形成而无阻塞的各个病例，可考虑采用这种药物。
- 高钾血症：葡萄糖酸钙及碳酸钙疗法可用于严重的高钾血症。肾造口术插管（nephrostomy tube placement）或血液透析（hemodialysis）（如果可行）可用于治疗氮血症及高钾血症。参见第106章。
- 监测：应每天监测药物治疗的效果。治愈氮血症或重复影像检查发现阻塞向末梢迁移说明有治疗成功的迹象。

手术治疗

- 输尿管切开术（ureterotomy）：在发生持续性输尿管阻塞时，如果需要维持肾机能，则应采用手术方法除去阻塞。输尿管切开术可成功用于除去输尿管结石，而且长期效果很好，但施行这种手术时需要施行手术的人员团队具有很好的经验，而且由于猫的输尿管很细，因此需要采用手术显微镜。参见第275章。
- 近端疾病：近端阻塞可采用肾盂结石取除术（pyelolithotomy）除去。参见第263章。

- 末梢疾病：末梢阻塞可采用输尿管切开术或输尿管横断术，之后重新移植到膀胱而进行治疗。
- 为了使尿液从输尿管切开术位点移开及治疗氮血症，可通过肾造口术插管3～5d。3～5d后可通过逆行造影剂肾盂造影术（通过肾造口术）检查输尿管是否畅通，在施行肾造口术插管撤除之前应保证输尿管畅通（见图219-5）。
- 肾造口术插管：在输尿管切开术后立即实施。可将一除去针头的（over-the-needle peel away）14～16号静脉留置针或类似导管从大弯表面小心插入肾盂，

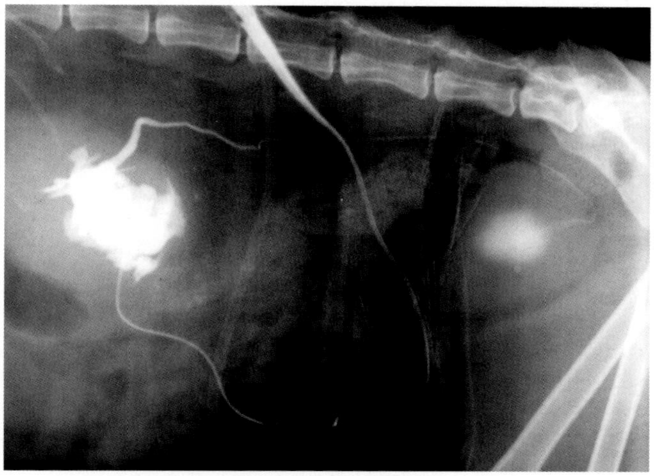

图219-5 通过肾造口术插管的下行性造影剂肾盂造影术，表示为输尿管畅通，造影剂可到达膀胱。采用一种黏附性的腹腔外套以确保肾造口术插管能在腹腔后部叠加

能看见尿液时撤除通管丝。将5F聚氨酯饲喂管（或类似）通过腹壁插入，并指导经导管进入肾盂。然后撤回导管，留下饲喂管于肾盂内，然后用手指指引该导管到肾被膜和皮肤，用3-0丝线连接到密闭的尿液采集系统上（见图219-6）。由于经皮插管较难留置，锚定到肾脏也很困难，因此不建议采用经皮插管。

治疗注意事项

- 输尿管狭窄、持续性阻塞及尿腹（uroabdomen）是最为常见的手术并发症，在25%～30%的病例有可能发生。丰富的手术经验、合适的手术方法及正确的肾造口术插管及管理均可减少并发症的发生。
- 输尿管阻塞的猫30%可自发性地在采用药物治疗时排出阻塞。如果用药物治疗48h后仍不能除去氮血症或治疗阻塞，则应考虑采用手术治疗。在50%的输尿

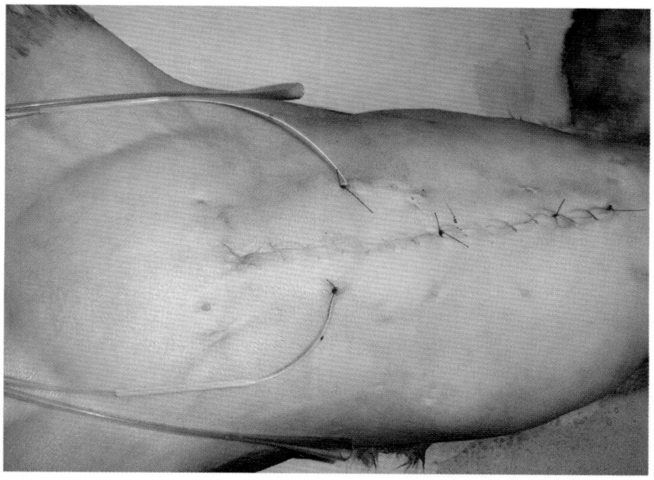

图219-6 双侧性肾造口术插管，从腹腔出来后连接到尿液采集系统

管阻塞病例，手术治疗也可作为首选治疗方法，特别是如果有大的输尿管结石，或在开始诊断时就存在有高钾血症时更应如此。
- 碎石术（lithotripsy）：通过冲击波碎石术治疗输尿管结石时，由于其可引起明显的发病率升高，以及持续性的输尿管碎裂，肾机能降低，因此目前不建议用于猫。

预后

肾机能恢复的预后取决于阻塞的程度和阻塞持续的时间。如果阻塞数天，则肾机能恢复优良，约90%的GFR会在2d内恢复。阻塞数周时，预后也良好，大约50%的GFR会在2周内恢复。如果阻塞1个月，则很难恢复肾机能。如果猫存活超过1个月，则长期生存的预后优良，生存2年的比例超过80%。但输尿管阻塞的再发率很高，40%的猫可在12个月后重复发生阻塞。

参考文献

Adin CA, Herrgesell EJ, Nyland TG, et al. 2003. Antegrade pyelography for suspected ureteral obstruction in cats: 11 cases (1995–2001). *J Am Vet Med Assoc*. 222(11):1576–1581

Hardie EM, Kyles AE. 2004. Management of ureteral obstruction. *Vet Clin North Am Small Anim Pract*. 34(4):989–1010.

Kyles AE, Hardie EM, Wooden BG, et al. 2005. Clinical, clinicopathologic, radiographic, and ultrasonographic abnormalities in cats with ureteral calculi: 163 cases (1984–2002). *J Am Vet Med Assoc*. 226(6): 932–936.

Kyles AE, Westropp JL. 2009. Management of feline ureteroliths. In JD Bonagura, ed., *Kirk's Current Veterinary Therapy XIV*, pp. 931–935. Saunders Elsevier.

Nwadike BS, Wilson LP, Stone EA. 2000. Use of bilateral temporary nephrostomy catheters for emergency treatment of bilateral ureter transection in a cat. *J Am Vet Med Assoc*. 216(12):1862–1865.

第220章 尿道阻塞
Urethral Obstruction

Rhett Marshall

概述

猫的尿道阻塞（urethral obstruction）是一种常见的严重的泌尿道急诊疾病，如果尿流不能在24～48h内恢复，则可致命。在重建尿道通畅时，必须立即同时实施各种治疗方法，以纠正液体、电解质及酸碱平衡异常。

尿道阻塞可引起尿道内压力增加，向上传递到肾脏，对抗肾小球滤过的力量，也可影响肾小管的浓缩能力及肾小管的其他机能，导致钠和水分的重吸收异常，妨碍酸和钾的排出，由此可导致尿毒症、酸中毒、高钾血症及血容量耗损（volume depletion）。在除去阻塞后，肾小管机能受损仍可持续数天，之后才能缓解引起的水和电解质异常，这种情况称为去梗阻后利尿（postobstructive diuresis）。

尿道阻塞最常见的原因是尿道栓（urethral plug）（见图220-1）、尿石（见图220-2）、尿道痉挛（通常为后阻塞，post blockage；见图220-3）、逼尿肌迟缓（detrusor atony）（后阻塞或神经性损伤）、尿道狭窄（urethral stricture）（见图220-4）、膀胱颈肿瘤或尿道肿瘤，以及管腔外阻塞（见图136-5）。公猫更易发病但尿道阻塞也可发生于母猫。如果治疗得当，大多数阻塞可通过插管而成功治疗，肾机能得到恢复。阻塞治疗后常见尿液排出困难，这可能是由于再次阻塞、尿道痉挛或逼尿肌迟缓所引起。采用合适的方法及软的硅胶导管可减少尿道痉挛及再阻塞。

鉴别诊断包括两类：（a）引起代谢紊乱的急性肾衰可由于阻塞性肾病（输尿管阻塞）、中毒性肾病（如药物治疗或摄入毒物）、炎性肾病（即肾小球肾炎或肾盂肾炎）及循环衰竭（circulatory collapse）（如严重的脱水、低血压、贫血、心衰、败血症或糖尿病性酮病）所引起。（b）难以或不能排尿可由于非阻塞性猫下泌尿道疾病（feline lower urinary tract disease，FLUTD）、尿道痉挛或尿道水肿所引起，引起机能性阻塞（通常发生后阻塞）、逼尿肌迟缓（后阻塞）、阴茎勃起异常（priapism），神经损伤影响排尿及膀胱颈或尿道的肿瘤等。

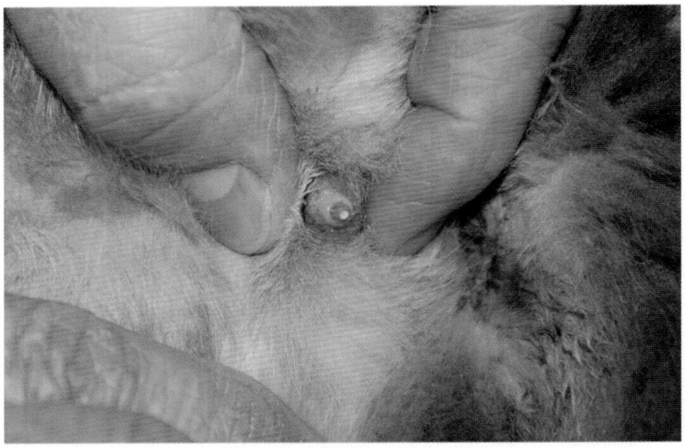

（A）

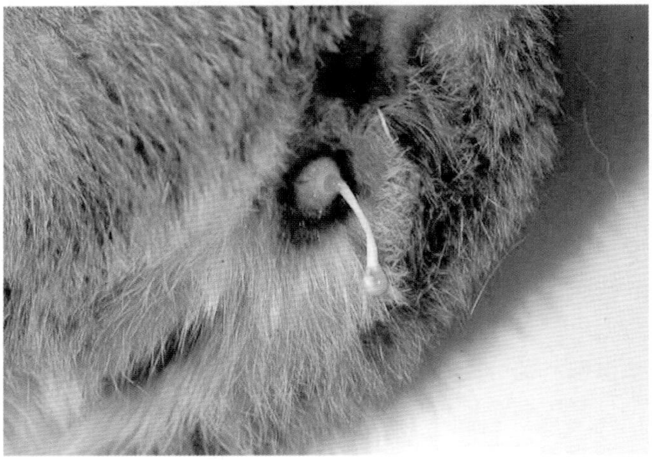

（B）

图220-1　尿道栓为基质和结晶组成的混合物。（A）有些尿道栓形成坚硬的结石，楔在阴茎尿道中。（B）有些尿道栓呈均质的牙膏状（图片由Gary D. Norsworthy博士提供）

诊断

主要诊断

- 临床症状：猫可表现FLUTD（即排尿困难、排尿涩痛、尿频或血尿）的症状，而且常伴随出现刺耳的鸣叫，重复整梳或舔闻阴茎，不愿或不能行走。阻塞24h后，猫可表现昏睡、脱水、沉郁、厌食及呕吐等

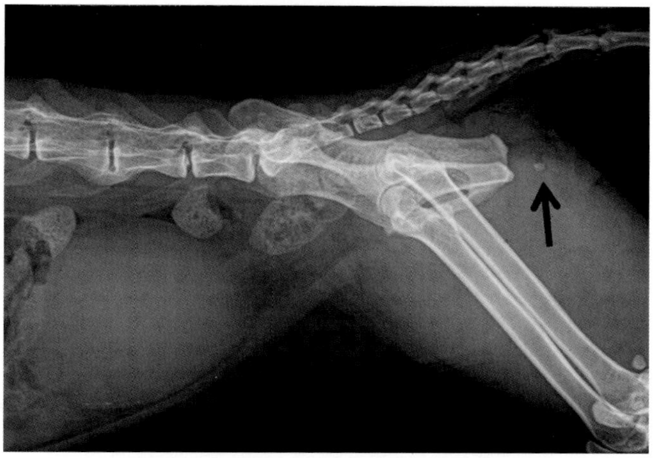

图220-2 尿道结石，通常草酸盐结晶（箭头）是尿道阻塞常见的原因，可刺激引起尿道发生炎症，因此几乎不可能冲洗到膀胱。通常需要采用会阴尿道造口术来切除（图片由Gary D. Norsworthy博士提供）

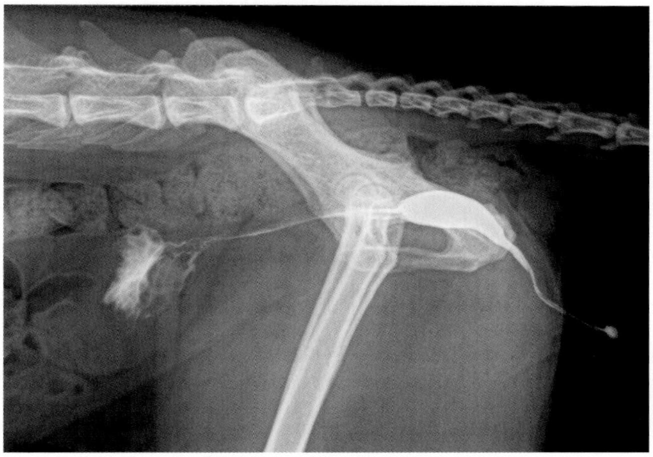

图220-3 在发生尿道阻塞时，由于对存在的导管发生反应，或由于前期的插管引起尿道狭窄，对尿道扩张发生反应，引起尿道痉挛（图片由Gary D. Norsworth博士提供）

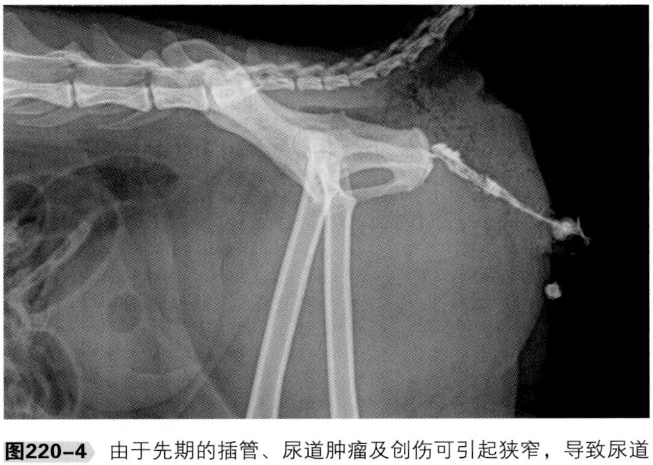

图220-4 由于先期的插管、尿道肿瘤及创伤可引起狭窄，导致尿道狭窄（图片由Gary D. Norsworthy博士提供）

急性肾衰的全身症状，如不治疗，很快进展到伏卧、昏睡及死亡。

- 查体：关键的诊断特点是膀胱大而坚硬，有疼痛感，不能压迫。猫常常表现为严重的腹腔/膀胱疼痛，因此难以忍受充分触诊。这类膀胱可发生出血及易碎，如果在检查时触诊过度可能会引起破裂（见图220-5）。由于过度整梳可在阴茎尖端出现明显的红斑、炎症或坏死，可在阴茎、包皮及会阴周围沉积结晶性碎屑（见图220-6）。在严重病例也可出现低体温及心动过缓。

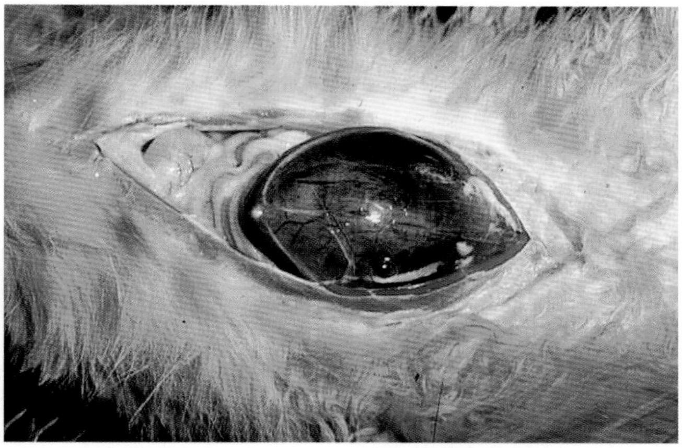

图220-5 尿道阻塞后48h膀胱开始充血而易碎，必须小心处治以防引起破裂（图片由Gary D. Norsworthy博士提供）

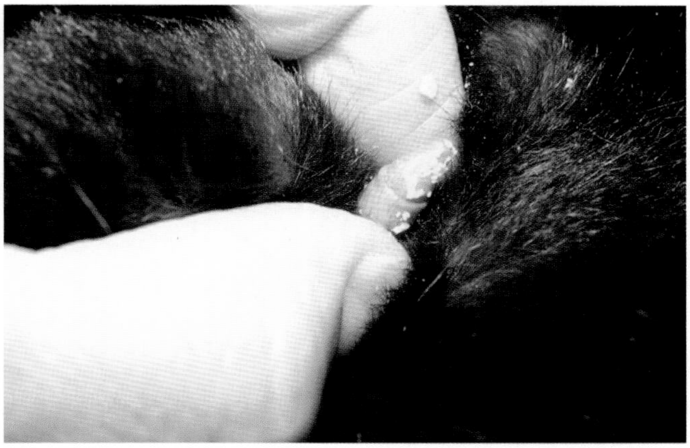

图220-6 结晶性残渣沉积在阴茎、包皮及会阴，这种情况在就诊时可观察到（图片由Gary D. Norsworthy博士提供）

- 实验室检查：生化检查结果的异常反映了尿道阻塞时间的长短，可表现为无明显症状到严重的氮血症［血清肌酐＞1000 μmol/L（11mg/dL）］，高钾血症及代谢性酸中毒。尿道阻塞时严重的肾机能异常与其他类型的急性肾衰引起的临床检查结果无明显差别。
- 尿液分析：可通过膀胱穿刺采集尿液（但必须小心

以免引起扩张的膀胱破裂），也可通过阻塞排出后经过尿道插管采集尿液，进行分析（阻塞物通常为尿粪石、血液、蛋白、炎性细胞、细菌、真菌或细胞碎片）。也应测定尿液相对密度（urine specific gravity，USG）及pH。

辅助诊断

- X线检查及超声诊断：这些诊断方法可以鉴定大多数尿结石，在所有病例，由于尿结石在猫较为常见，因此应考虑采用这类诊断方法。腹腔侧面X线拍片可发现膀胱急剧增大（见图220-7），但在影像检查中必须要包括尿道，以便观察尿结石（见图220-2）。小的结石可在膀胱和尿道之间来回移动，因此对其鉴定较为困难。在鉴定小的尿结石或膀胱中的软组织肿块时，超声诊断更为灵敏，而X线检查尿道则更为灵敏。

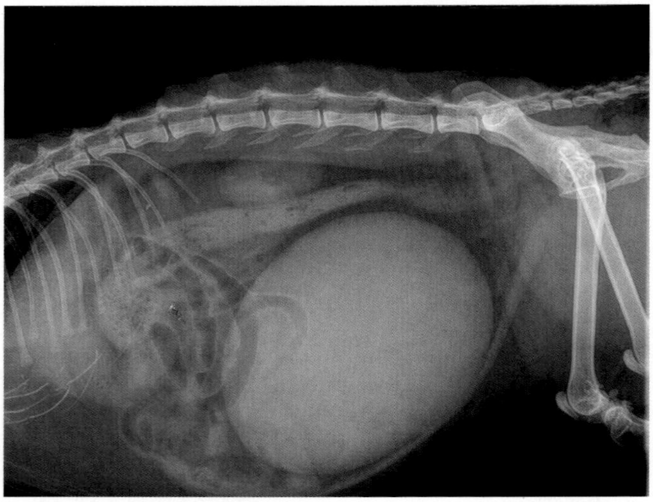

图220-7 猫尿道阻塞时的腹腔X线拍片，但必须确定是否有尿道结石（包括尿道）。见图220-2（图片由Gary D. Norsworthy博士提供）

- 尿路造影（contrast urography）：日常不需要采用这种方法，但在尿道不能插管时，如尿道狭窄（见图220-3及图220-4）、射线可透过的尿结石（urethroliths）以及创伤或手术后尿道撕裂以及管腔外压迫时，则应采用这种方法检查其原因。
- 尿道镜检查及膀胱镜检查（urethroscopy and cystoscopy）：小（约1mm）而半硬的或可屈曲的镜头可直接观察及检查尿道及膀胱，但必须要在阻塞清除后使用，如果事先使用，则几乎难以获得有用的信息。

诊断注意事项

- 大多数猫会发出沙哑而绝望的鸣叫，这几乎可作为尿道阻塞的示病症状。
- 严重病例在长时间阻塞后可出现低体温及心动过缓，死亡率升高。
- 应采用完全彻底的尿液分析，以便选择特异的治疗方法降低尿道阻塞的再发（如采用酸化尿液的日粮，以消除尿粪石结晶或碱性尿液）。
- 如果再次发生阻塞，则应观察是否有排泄，这对确定尿流的数量、膀胱的可压缩性（expressibility）及排泄后膀胱能否排空极为重要。

治疗

主要疗法

- 液体疗法：应优先考虑通过治疗纠正可能的致死性液体及电解质紊乱（electrolyte deficits）（即氮血症、脱水、高钾血症或酸中毒）。静注生理盐水或Hartmann氏液，根据是否为急性液体亏损，以每小时10～60mL/kg的速度给药，维持给药2～3h，之后减少到每小时6～12mL/kg［亏损=体重（kg）×脱水百分比，通常为200～400mL］。此外，应在最初的数小时内静脉给予60～100mL加温的液体以纠正低体温及恢复血循的量。在急性液体亏损及尿道阻塞纠正之后，应根据尿液的产生或体重的变化调整液体的用量。1~3d后可发生去梗阻后利尿（postobstructive diuresis），因此应持续进行静脉内输液，以防止脱水。
- 钾：输尿管完全阻塞的猫大多数可表现中等到严重的高钾血症。缓慢静脉内注射葡萄糖酸钙可短期保护高钾血症对心脏的毒害作用（即心动过缓及心律不齐）。碳酸氢钠也可用于中度的高钾血症及酸中毒。一旦尿流得到恢复，血清钾浓度可急剧下降，猫可在4～12h后表现为低钾血症。因此应每天监测数次血清钾浓度，根据需要在静脉内输液时加入钾。大多数猫需要补充20～40mmol/L钾，补充1～3d，直到去梗阻后利尿消退。钾的最大给药速度为每小时0.5mmol/kg。参见第106章。
- 尿道插管：应尽快施行尿道插管。许多猫不需要化学保定就能解除其阻塞，如有需要，可进行镇定或轻微的IV麻醉。最初患有阻塞但不需要镇静就排出阻塞的猫其高钾血症可很快得到恢复，如有必要，可更为安全地在后期麻醉，并缝合上滞留管。剪除会阴及包皮部的毛，无菌操作，首先将阴茎轻轻紧握，在手指之间转动，这是因为有时阴茎栓可被挤出而使尿液流出。如难以获得成功，则冲洗尿道以除去栓子。可将阴茎拉长，用24号静脉导管针连接到液体装置上（12mL注射器及延长线），插入阴茎尿道，灌入无菌生理盐水。采用“轻柔推进”（“feather touch”）技术，将导管轻轻前推及后撤，以便排出阻塞物并冲洗尿道。只要导管达到约在尿道上1cm，则放开阴茎，从背部抓住包皮，尽可能向背后部拉，这样可拉直尿道，促进导管插入，这对防止医源性尿道损伤是极为关键的。单独采用24号导管就能除去阴茎尿道的大多数栓子，但如果栓子在尿道靠上部位，则应采用较硬的聚丙烯猫用导管。

- 膀胱引流及灌洗：一旦清除阻塞，应小心将导管前伸进入膀胱，排空内容物。应采用等渗液体反复冲洗膀胱数次除去膀胱中的结晶及沉渣。在导管缓慢移出时也可小心用生理盐水冲洗尿道，这在由栓子引起的阻塞时极有帮助作用。
- 留置插管：如果插管难以进行，怀疑尿道黏膜损伤时可采用这种方法治疗，在冲洗膀胱及尿道后可从阴茎流出细小的尿流，猫可在48h内再次发生阻塞，或出现膀胱迟缓。虽然可采用聚丙烯导管重新分解阻塞，但如果以其为留置导管，可能会引起尿道损伤，因此应用软的硅胶管或有Teflon®涂层的导管作为留置插管。红色的橡胶管常常能获得成功，但必须要小心，不要将导管插得太深而进入膀胱（见图220-8）。导尿管可留置开放或与密闭的引流系统连接，引流系统由液体管组成，用绷带连接到尾部，与地面上的空液体袋连接。在开放系统，尿液从导管同一层的“干床”（dry bed）自由流出，因此猫不会与尿液接触。体重的变化可用于比较静脉输入的液体量与尿液的产出量之间的关系。采用密闭系统的优点是可测定尿液的输出，降低细菌上行性感染的风险。但密闭系统也可引起发病率升高（即由于插管穿过包皮缝线时表现严重的不适，猫在身体上使用绷带时也造成一定的伤害，或者粪便楔入导管），因此如发现这种情况，应立即脱离连接。导管应留置1～2d，直到代谢异常得到纠正，解除了膀胱扩张，尿液沉渣得到改善，猫能正常排尿。有时必须将导管留置7d以上才能达到这种效果。

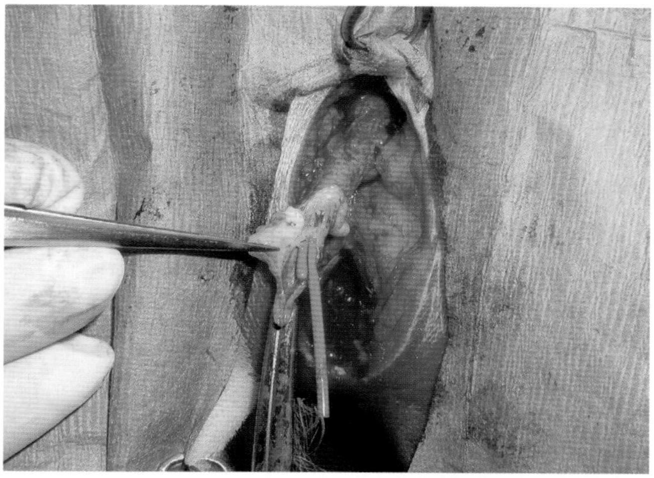

（A）

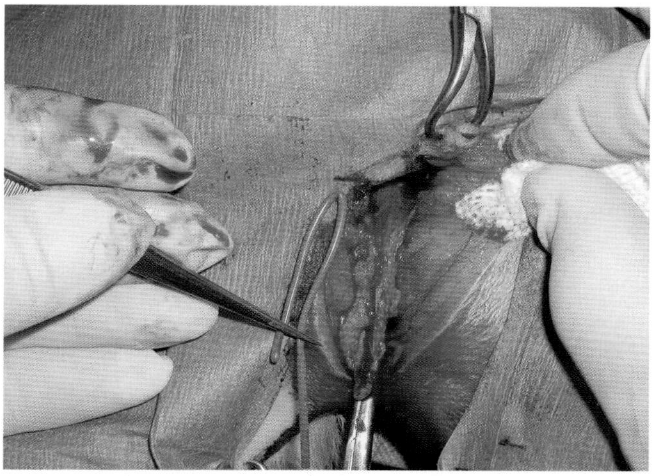

（B）

图220-8　尿道阻塞时的留置导尿管。（A）如果将导尿管插入太远而进入膀胱，则其尖端可从前端进入尿道不会出现尿流，如果试图除去，则可引起楔入。（B）本例猫需要施行会阴尿道造口术才能除去（图片由Gary D. Norsworthy博士提供）

辅助疗法

- 膀胱穿刺（cystocentesis）：如果难以插管或插管延缓或难以达到，可采用膀胱穿刺缓解膀胱内压力（intravesicular pressur），暂时性地恢复尿道上段的尿流。用附着在伸缩管上的小针头穿刺可减少膀胱壁破裂的风险。见图220-5 。
- 逼尿肌迟缓：尿道阻塞及膀胱过度膨胀后可发生这种并发症，患病的猫膀胱增大而扩张，不能自主排尿，但尿液可容易压出。阻塞消除后数天内防止逼尿肌过度拉伸或负担过重可促进正常逼尿肌机能的恢复。有些猫如果尿道阻抗力小，压出困难或有疼痛时，可用手工压迫膀胱。大多数猫最好采用留置导管3～7d，同时用氨甲酰甲基胆碱（每只猫1.25～7.5mg，q8～12h PO）治疗1～2周均可奏效。逼尿肌疲劳或轻度迟缓（排尿后膀胱不完全空虚）时也可单独用贝胆碱（bethanacol）进行治疗。

- 尿道痉挛及水肿：为尿道阻塞的一种比较难以治疗的并发症，还可引起尿道抗力增加。对这种病猫应注射平滑肌松弛剂［哌唑嗪（prazosin）每只猫0.5mg q8~24h PO；或酚苄明（phenoxybenzamine），每只猫2.5~7.5mg，q12~24h）］、横纹肌松弛剂［安定，每只猫2.5~5mg，q12h PO；或丹曲林（dantrolene ）1mg/kg q12h PO）］及镇痛药 （非甾体激素类抗炎药及阿片类药物）治疗5~7d。大多数病例会随时间而恢复，但可能需要插入留置管或轻轻按摩膀胱3~5d。
- 尿分流（urine diversion）：如果尿道不能插管或难以施行会阴尿道造口术［如繁殖用公猫，大的尿结石（urethrolith）楔入太前而难以在施行会阴尿道造口术时除去］，应将尿液分流3~5d以允许尿道炎症及水肿消退，以便之后再次冲洗尿道。尿液可暂时通过膀胱穿刺（不建议采用）而分流，也可通过腹部将导尿管插入到膀胱或通过膀胱造袋术（marsupialization）（膀胱造口术，cystostomy）异位。参见第278章。一旦尿道炎症消退，尿道可插管时，撤除导尿管或者闭合膀胱，将其回复到腹腔。通过膀胱造袋术（bladder marsupialization）以补救方法（salvage procedure）或耻骨前尿道造口术（prepubic urethrostomy）可造成永久性尿液异位，如果不能恢复尿路畅通，如在骨盆中部发生尿路创伤后撕裂时，可能需要采用这类手术。
- 会阴尿道造口术（perineal urethrostomy）：猫反复发作尿路阻塞、尿道狭窄、尿道结石及末端尿道创伤时，采用这种手术方法可挽救生命，解决尿道阻塞，防止其再度复发，但其易于诱发上行性细菌性膀胱炎，因此一般不作为首选的治疗方法。参见第276章。

治疗注意事项

- 插管过程中采用的技术适当，采用软的硅胶导管对减少尿道痉挛的发生极为关键。
- 留置尿道插管可诱发上行性尿路感染，采用适宜的预防性抗生素疗法也不能阻止感染的发生，因此在撤除导管前不应采用这种方法治疗。
- 确保留置管的畅通，监测尿液的产量。在安置留置导管期间不应使膀胱膨胀。在去梗阻后利尿期间的数天内，每天尿液的产量可多达2L，因此需要注射同样剂量的静脉内液体。
- 每例尿路阻塞的治疗可能较为昂贵，许多猫在发生一两次尿路阻塞后多因经济原因而实施安乐死。如果猫主能够在经济上负担长期治疗，则可实施会阴尿道造口术，这样可改进其长期的生存效果。

预防

- 无论病因如何，尿道阻塞再发的可能性很高，但如果在阻塞后采用适宜的预防性护理，则可降低这种可能性。
- 猫患有鸟粪石结晶或矿物质化的尿路栓塞时，应采用预防鸟粪石的日粮进行管理。
- 对尿结石应进行化验，根据矿物质的组成建立预防策略。草酸钙是最为常见的原因。
- 猫患有非结晶性炎性栓塞时，应按先天性膀胱炎进行治疗。参见第74章。
- 如果虽然采用各种预防性方法，但仍复发阻塞，则可施行会阴尿道造口术，以永久性防止其复发。

预后

如果开始时治疗方法适当，则解除尿道阻塞及纠正代谢异常的短期预后良好。持续时间长的尿路阻塞通常要比持续时间短的阻塞谨慎，主要是由于长时间的尿路阻塞可造成危及生命的急性肾衰。尿路阻塞的复发较多，长期预后较好，但由于治疗尿路阻塞的费用较高，因此许多猫主在多次复发后选择实施安乐死。

参考文献

Bass M, Howard J, Gerber B, et al. 2005. Retrospective study of indications for and outcome of perineal urethrostomy in cats. *J Small An Pract*. 46(5):227–231.

Drobatz KJ. 2008. Emergency management of the critically ill cat with urethral obstruction. In JD Bonagura, ed., *Kirk's Current Veterinary Therapy XIV*, pp. 951–954. Philadelphia: Elsevier Saunders.

Forrester DS, Roudebush P. 2007. Evidence-based management of feline lower urinary tract disease. *Vet Clin North Am Small An Pract*. 37(3): 533–558. Gerber B, Eichenberger S, Reusch CE. 2008. Guarded long-term prognosis in male cats with urethral obstruction. *J Fel Med Surg*. 10(1):16–23.

第221章 膀胱肿瘤
Urinary Bladder Tumors

Bradley R. Schmidt

概述

膀胱肿瘤（urinary bladder tumors）在猫罕见，移行细胞癌（transitional cell carcinoma，TCC）是猫最为常见的膀胱肿瘤，而鳞状细胞癌（squamous cell carcinoma，SCC）则为第二常见的肿瘤，之后为平滑肌肉瘤。见有报道的淋巴瘤有2例。平滑肌瘤是膀胱最为常见的肿瘤。猫发生膀胱肿瘤的风险因子尚不清楚。各种类型的膀胱肿瘤通常见于老龄猫，猫患TCC的平均年龄为13～15岁，在大多数研究中发现，公猫和母猫患各类膀胱肿瘤的比例基本相当，但一项研究表明公猫的发病率更高。膀胱肿瘤的临床症状与猫患尿路感染或先天性膀胱炎时相似，在所有的TCC病例均报道见有血尿。其他临床检查结果包括排尿困难、尿痛、尿频（pollakyuria），可触诊到继发于尿路阻塞的膀胱扩张，非特异性症状包括厌食、失重或昏睡。发病时可见有氮血症，这可能与肿瘤（继发于尿道或输尿管阻塞）有关，也可由于并发慢性肾病所引起。与犬不同的是，猫的TCC可起自膀胱的任何部位。输尿管的平滑肌肉瘤见有1例报道，尿道平滑肌肉瘤引起的尿道阻塞也见有1例报道。所有肿瘤在诊断时发现转移的情况不常见，但两项对31例TCC肿瘤进行的系列研究中发现，9例猫的肿瘤转移到回肠淋巴结，其中2例也有向肺脏的转移，另外在两例病例也发现肿瘤延伸到子宫及网膜，其他见有报道的转移位点包括脾脏、胃肠道、隔膜、肌肉及肝脏。

诊断

主要诊断

- 超声诊断：超声诊断时膀胱肿块可表现为离散的肿块，可起自膀胱的任何部位，或不引起广泛的膀胱壁增厚（见图221-1和图221-2）。肿块可发生钙化，可见到并发的囊肿性结石。应对整个腹腔进行检查，以证实是否有淋巴结或器官肿瘤转移，并可检查是否有继发于输尿管阻塞的肾盂积水。
- 尿液分析：常规尿液分析可发现恶性肿瘤细胞，但在一项研究中发现，15例尿液样品中只有2例（13%）出现恶性肿瘤细胞。
- 细针穿刺及细胞学检查：超声指导的腹腔内细针穿刺可在手术之前进行诊断，但并非总是能够获得诊断结果。此外，也可将肿瘤细胞追踪到腹膜或腹壁。

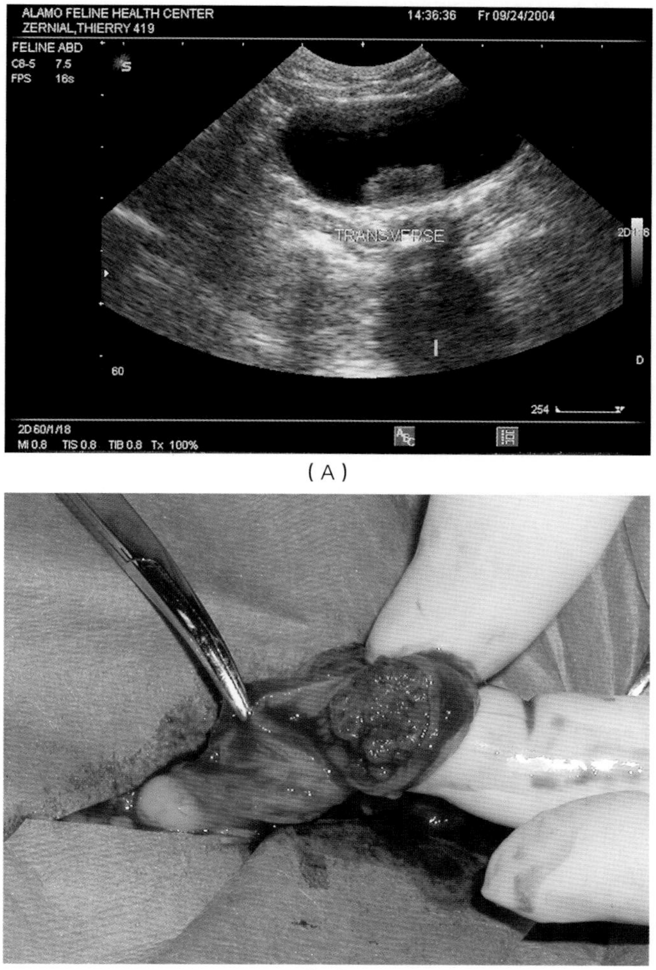

（A）

（B）

图221-1 在诊断为TCC时，如果其很小（A），则易于实施手术摘除（B），这样可获得数月的缓解（图片由Gary D. Norsworthy博士提供）

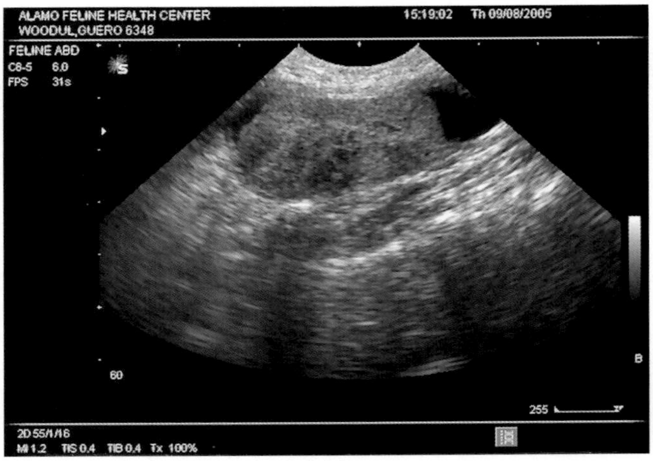

（A）

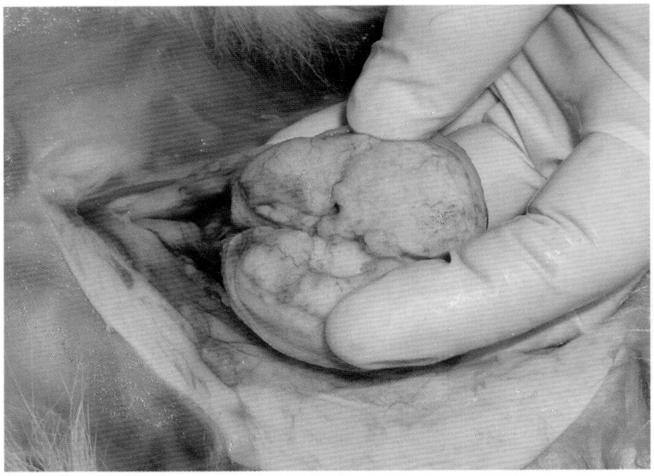

（B）

图221-2 诊断为TCC且其较大时，（A）手术摘除难以进行，预后不良，而且很有可能发生肿瘤转移；（B）死后剖检发现肿瘤充满膀胱腔（图片由Gary D. Norsworthy博士提供）

- 创伤性导管活检采用较硬的开放性聚丙烯管，公猫（3.5法式管）插管活检在某些病例可获得诊断结果，但这种方法需要进行麻醉。
- 手术摘除及组织病理学检查：由于猫的尿道直径较小，因此通常不能进行膀胱镜检查，手术切除或切开活检是最有确定意义的诊断方法。

辅助诊断

- 基础检查：血常规、血清生化检查、甲状腺机能检查及逆转录病毒筛查均可用于检查治疗之前病猫的整体健康状况。可能会发生氮血症，这种氮血症可能与肿瘤有关或继发于慢性肾脏疾病、结石、皮质囊肿或感染。
- 尿液培养及药敏试验：可采用尿液培养及药敏试验检查是否有并发的尿路感染。
- 胸腔X线检查：虽然肺脏的肿瘤转移不常见，但应进行胸腔X线检查以评估是否有肿瘤转移及检查心肺系统。
- 其他影像检查：造影剂X线检查（见图221-3）、计算机断层扫描（CT）或磁共振影像检查（MRI）均可用于确定是否肿瘤为局部性的，是否存在有腹腔肿瘤转移，但与腹腔超声检查相比，这些诊断方法费力且昂贵。在鉴定肺脏肿瘤转移时，CT比X线检查更好。

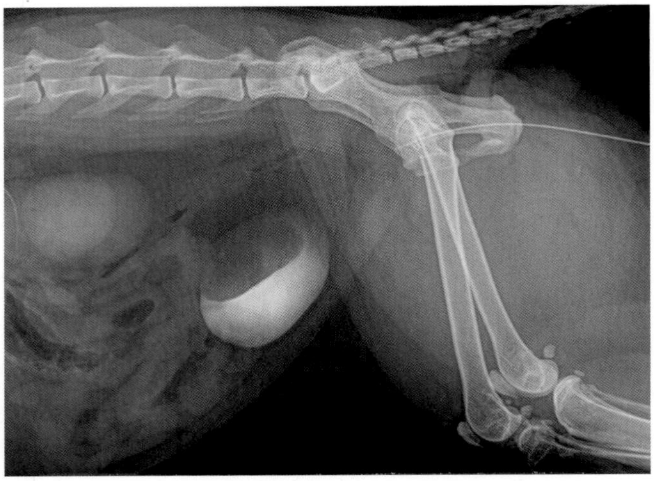

图221-3 阳性造影剂膀胱造影术（positive contrast cystography）是另外一种鉴定及定量膀胱肿块的方法，这种增长速度很快的肿瘤可见为充盈缺损（filling defect），采用组织病理学方法检查为淋巴瘤（图片由Gary D. Norsworthy博士提供）

诊断注意事项

- 继发于经腹腔的针刺活检后发生的腹膜肿瘤定植（peritoneal seeding）是最常见的并发症，因此在根据超声检查结果认为膀胱肿瘤可以采用手术方法摘除时，不应采用腹腔针刺活检。
- 心脏超声检查及心电图描记：由于许多患有膀胱肿瘤的猫为老龄猫，因此在已知发生甲状腺机能亢进的猫或在临床上怀疑发生心脏病的猫，采用手术进行治疗或采用激进的静脉内液体治疗之前应采用这些诊断方法进行检查。

治疗

主要疗法

- 手术摘除：由于膀胱的许多肿瘤是来自膀胱壁，而不是来自于膀胱三角区，因此手术是最主要的治疗方法，其中膀胱部分切除术是首选的治疗方法，这种方法可使得膀胱的储存能力降低，开始时可导致排尿困难和尿频，但在大多数的猫，膀胱的储存能力会随着时间而逐渐增加。但即使采用激进的手术，其复发率仍可高于50%。膀胱良性肿瘤的长期生存率据报道在18个月以上。

辅助疗法

- 化疗及COX-2抑制因子：关于化疗，包括采用吡罗昔康治疗膀胱肿瘤的效果，所见报道甚少；但研究发现治疗后的复发率高，生存时间短。在患有膀胱淋巴瘤的猫，建议采用环磷酰胺–长春新碱（vincristine）–强的松（COP）或L–天门冬酰胺酶–长春新碱–环磷酰胺–瘤可宁–阿霉素–强的松（CHOP–based）治疗方案进行治疗。参见第34章。
- 有人试图采用膀胱内治疗，但关于采用这种治疗方法治疗膀胱肿瘤的效果尚未见有报道。

治疗注意事项

- 支持性护理，采用抗生素治疗并发感染，采用阿米替林治疗不适，通过营养支持及治疗方法治疗慢性肾病等。参见第190章和第191章。
- 在犬曾报道发生了手术接种肿瘤的情况，为了防止将肿瘤接种到腹膜或腹壁，在切开或切除活组织活检时应隔离膀胱，冲洗腹壁，闭合腹腔前更换手套及手术器械。
- 即使采用激进的手术，局部复发也较为常见。这可能是由于大多数肿瘤在诊断时已经广泛发生。
- 虽然在开始诊断时肿瘤的转移不常见，但可发生于本病的后期。
- 迄今为止，化疗作为治疗膀胱肿瘤的首选方法似乎不能延长无病间隔时间或生存时间；但辅助性化疗，包括吡罗昔康或美洛昔康可在手术后采用。
- 由于大多数病猫为老龄猫，因此建议在确定治疗之前监测是否有其他疾病。

预后

虽然许多恶性膀胱肿瘤远离膀胱三角区，但局部的复发率仍有可能很高，这可能与手术时肿瘤的大小有关。在20例猫总的平均生存时间为261d，大多数死亡是由于局部疾病的进展所引起。患其他恶性膀胱肿瘤的猫，根据少数病例的研究报道，其预后可能相似。患良性肿瘤的猫，其预后在手术摘除之后较好。猫患淋巴瘤时的预后参见第130章。

参考文献

Brearley MJ, Thatcher C, Cooper JE. 1986. Three cases of transitional cell carcinoma in the cat and a review of the literature. *Vet Rec.* 118:91–94.

Moore AS, Ogilvie GK. 2001. Tumors of the urinary tract. In AS Moore, GK Ogilvie, eds., *Feline Oncology*, pp. 311–317. Trenton: Veterinary Learning Systems.

Schwarz PD, Greene RW, Patnaik AK. 1985. Urinary bladder tumors in the cat: a review of 27 cases. *J Am Anim Hosp Assoc.* 21:237–245.

Takaqi S, Kadosawa T, Ishiquro T, et al. 2005. Urethral transitional cell carcinoma in a cat. *J Small Anim Pract.* 46(10):504–506.

Wilson HM, Chunn R, Larson VS, et al. 2007. Clinical signs, treatments, and outcome in cats with transitional cell carcinoma of the urinary bladder: 20 cases (1990–2004). *J Am Vet Med Assoc.* 231(1): 101–106.

第222章
尿石症
Urolithiasis

Gary D. Norsworthy

概述

尿石症（urolithiasis）是尿路的一种石头或凝固物，也称为尿路结石或尿石，由少量的有机基质（通常为类黏蛋白物质）及大量的结晶类物质（有机或无机类结晶）组成。猫的尿结石至少有四类。玻璃状结晶［磷酸铵镁六水合物（magnesium ammonium phosphate hexahydrate）或三磷酸盐（triple phosphate）］尿结石，占美国1999年发现的尿结石的32%，2007年的49%；草酸钙尿结石，约占美国1999年病例的55%，2007年病例的41%，其主要成分为磷酸钙、尿酸盐及混合物。细菌感染可引起少量的玻璃状结晶性尿结石，这类细菌通常为葡萄球菌或变形杆菌。其余的玻璃状尿结石及其他类型的尿结石典型情况下与细菌无关，发病机制尚不清楚，但饮食因素在某些病例的发生中具有一定作用。肾脏的尿结石通常无症状，通常可由草酸钙组成，有时可发生慢性或复发性血尿，出血可能是来自于肾脏（见图222-1）。如果在膀胱中发现有尿结石，则可导致血尿及排尿困难。输尿管或尿路结石可引起严重的疼痛，排尿困难或阻塞。尿液通常因产生结晶的物质而过饱和，但结晶的存在并不一定诱导猫形成尿结石。尿液pH是结晶形成的重要因素，但并非唯一的因素，也不一定是最为重要的因素。磷酸铵镁、碳酸钙、磷酸钙及尿酸盐在碱性尿液中溶解度低。胱氨酸及尿酸在酸性尿液中溶解度低。尿液 pH 对草酸钙的溶解度没有明显的影响，无论尿液的pH如何，这些尿结石都不会溶解， 可终身存在。但大多数草酸钙结石可在尿液呈酸性的猫发生。尿液郁积可促进各种类型的尿结石的形成。

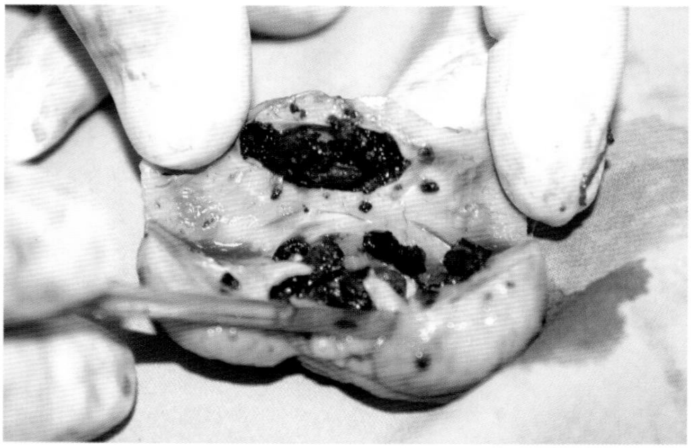

图222-1　不太常见的慢性或复发性血尿可起自结石对肾脏的刺激。本例猫表现血尿长达6个月。尿结石周围为血凝块

诊断

主要诊断

- 临床症状：尿结石形成时可表现血尿、排尿困难或尿道阻塞等症状，但有些猫不表现临床症状。在许多患有膀胱尿结石的猫可表现有检查不到的疼痛，主要是由于许多猫主认为其猫在摘除结石后更为活跃。
- X线检查或超声检查：这些图像分析方法能够鉴别大多数的尿结石，小的尿结石（直径＜2mm）可能检查不到，但小的草酸钙尿结石更有可能比小的磷酸铵镁结石更易观察到，这是因为两者的放射密度不同。能透过射线的尿结石可能需要采用造影剂X线诊断检查或采用超声诊断进行检查（见图222-2至图222-8）。

辅助诊断

- 触诊：由于其大小，膀胱中的大多数尿结石难以触诊到，但触诊膀胱应作为日常查体的一部分。在有些病例，虽然难以触诊到尿结石，但可引起疼痛。

诊断注意事项

- 膀胱中的许多尿结石较为透X线（水样，"wafer-like"），可能需要高清晰度的X线诊断技术来鉴别。可采用双对照（阳性及阴性）X线拍片检查膀胱，主要是由于有些结石可透过X线。
- 小的结石可通过母猫的尿道，可楔入阴道或黏附到会阴部的毛发上，应对这类结石进行分析，以便选用合适的治疗方法，建立可行的预防策略。

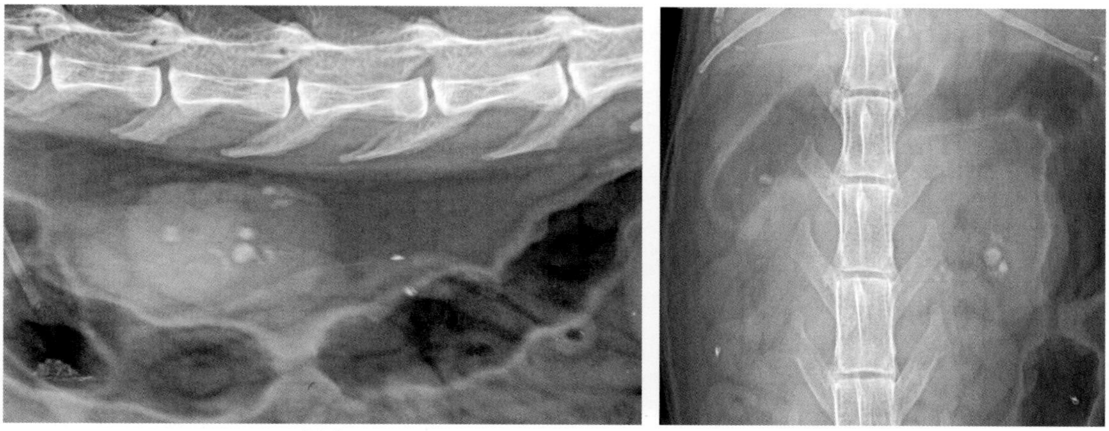

（A）　　（B）

图222-2 侧面（A）及背腹面（B）X线检查可在肾脏观察到多个尿结石。肾脏中的尿结石可能为草酸钙结石

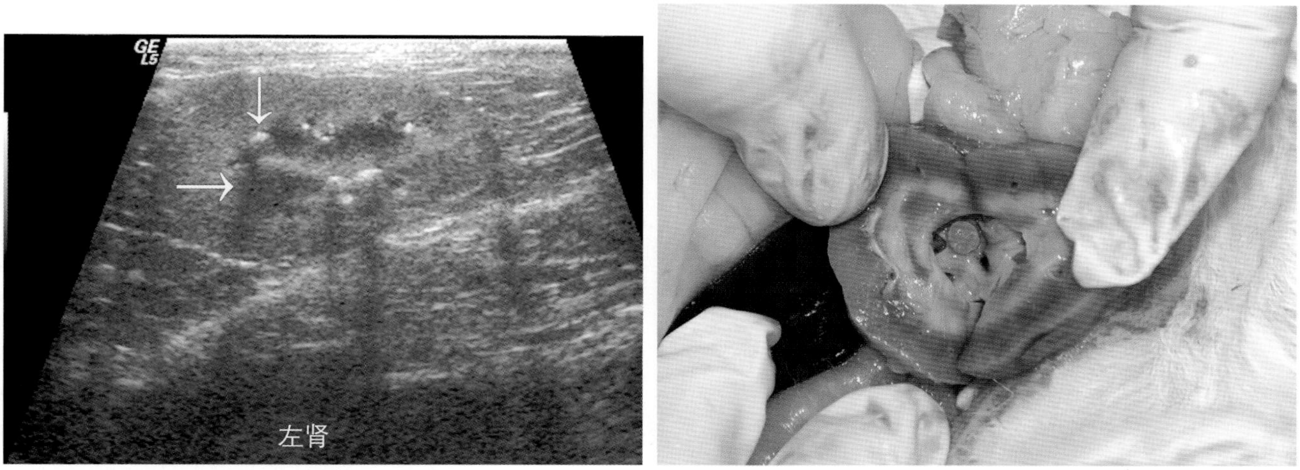

（A）　　（B）

图222-3 （A）超声检查时可发现肾脏尿结石为超回声的团块（hyperechoic masses）（向下的箭头），其周围有阴影（水平箭头）。（B）最大的一块结石，在剖检时发现

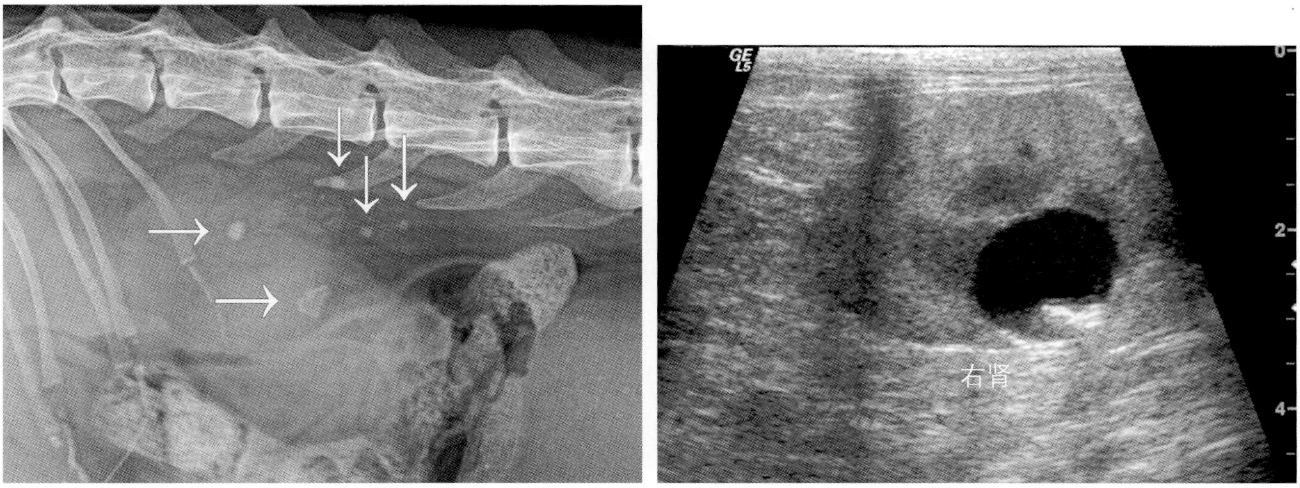

（A）　　（B）

图222-4 尿石症。（A）侧面X线观察，肾脏中两个大的尿结石（水平箭头）、三个小的结石存在于输尿管中（向下的箭头）；（B）肾盂中的尿结石，由于输尿管阻塞而引起肾盂扩张。

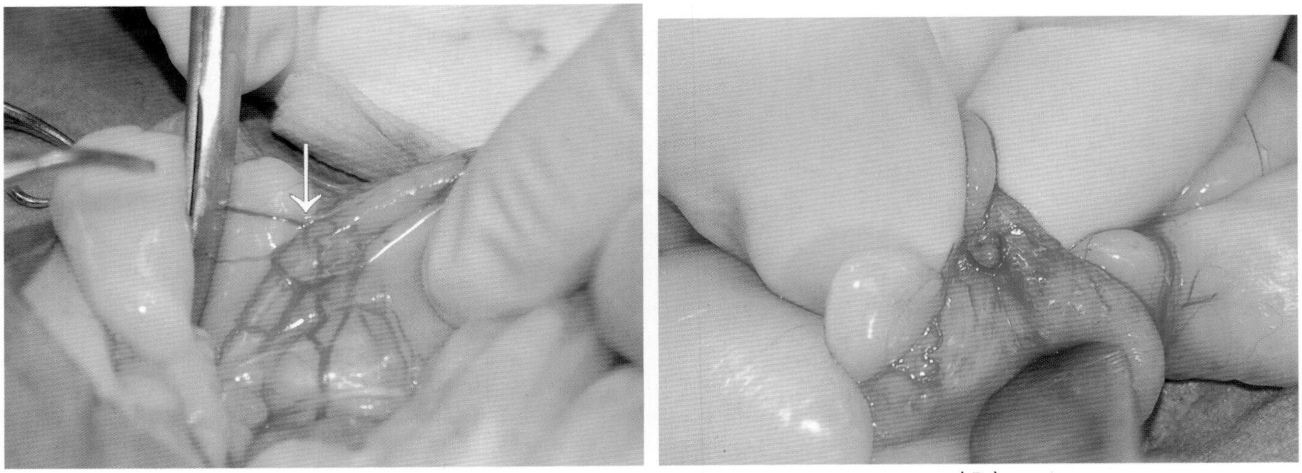

（C）　　（D）

续图222-4　尿石症。（C）阻塞后，输尿管直径比正常大，因此易于观察到输尿管和尿结石（箭头）；（D）在尿结石上做切口，其大小要足以排出结石。参见第275章

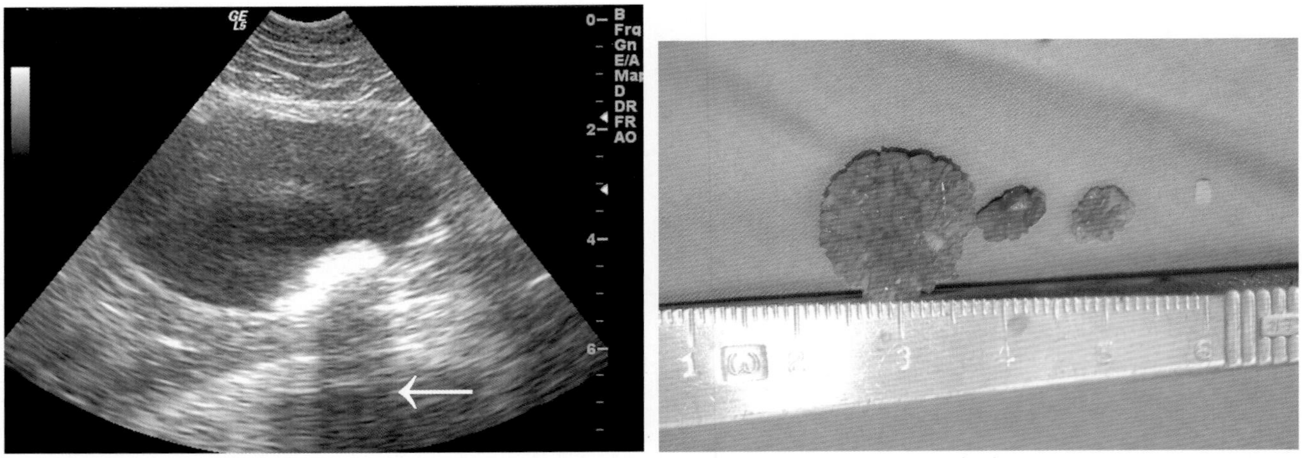

（A）　　（B）

图222-5　尿石症。（A）超声检查时易于发现膀胱中大的尿结石。注意明显的阴影（箭头）；（B）手术方法除去的磷酸铵镁尿结石

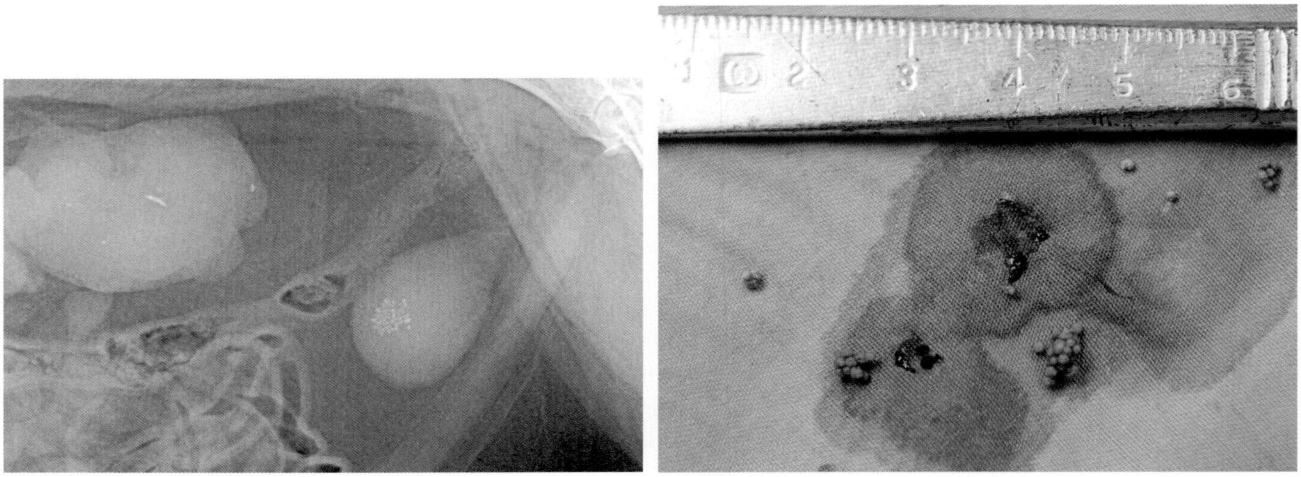

（A）　　（B）

图222-6　尿石症。（A）肾脏及膀胱中可见到多个直径小于2mm的尿结石；（B）用手术方法除去的草酸钙尿结石

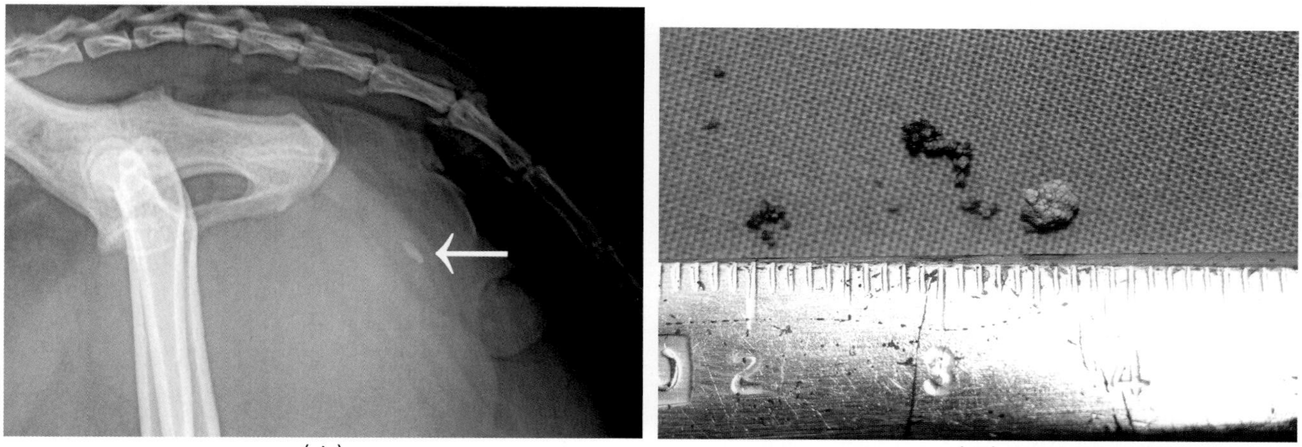

（A）　　（B）

图222-7 尿石症。（A）输尿管中可见到多个小的尿结石（箭头）；（B）经会阴尿道造口术摘除的一个大的草酸钙结石和几个小的结石

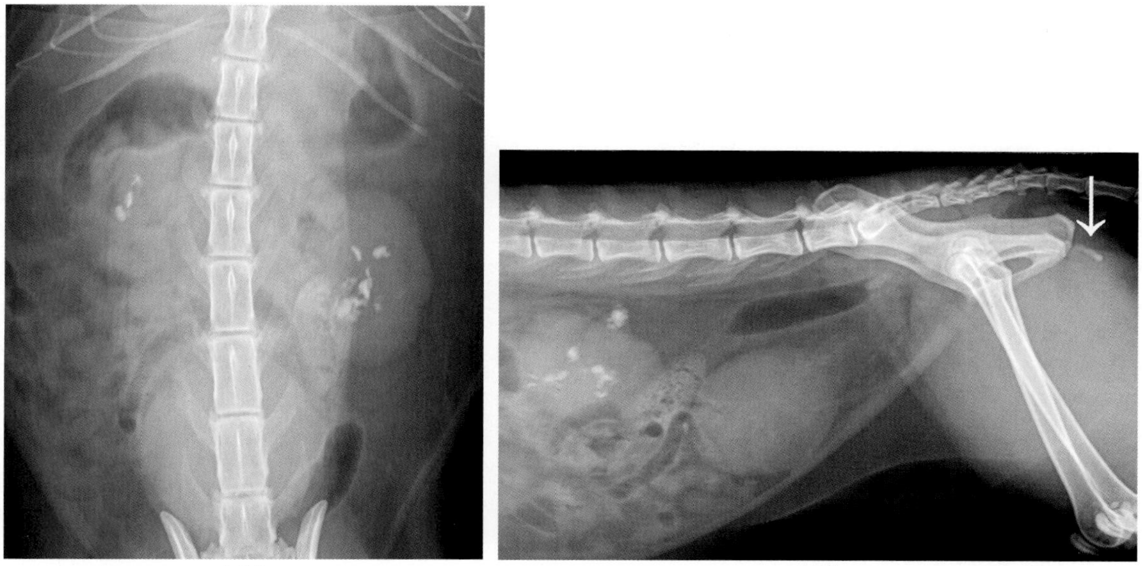

（A）　　（B）

图222-8 尿石症。（A）肾脏中见到的多个小到中等大小的尿结石。VD观察比侧面观察更能准确地判断结石的大小及数量；（B）如果侧面观察时包括了尿道，则可确定阻塞的原因（箭头）。尿道中的尿结石在VD观察时不典型

- 强烈建议对结石进行定性分析，结石中心的组成是计划预防最为重要的方面。
- 如果在结石的中心发现有细菌，则应对结石和尿液进行培养。
- 对尿沉渣中存在细菌的解释应谨慎。细胞崩解产物可发生布朗运动，这些崩解产物的大小、形状及运动方式均可与细菌类似。相反，常常将这些尿液沉渣误认为是自由运动的细菌，但对细菌应进行培养。建议进行尿液培养。

治疗

主要疗法

- 手术摘除：一般来说，不建议采用手术方法摘除肾结石（nephroliths）。对引起尿路阻塞的结石必须及时用手术方法摘除。参见第220章和第275章。膀胱中的结石可通过逆行性水冲尿道法（urohydropropulsion）或通过膀胱切开术进行手术摘除。建议在膀胱切开术后立即进行X线检查以验证是否彻底除去了所有存在的

结石。对揳入在尿道中的结石可回冲到膀胱，以便进行手术摘除或用药物溶解；但大多数尿道结石必须采用会阴尿道造口术摘除。

- 药物治疗：输尿管结石有时可自发性地退回到肾盂，如果施行手术，应在手术前进行X线检查验证结石存在的部位。据报道，奥美普林（amitriptyline）（1 mg/kg q24h PO治疗3d）可引起输尿管结石回迁，但如果存在阻塞，则不应采用这种方法治疗。
- 尿路冲洗术（urohydropropulsion）：这种非手术治疗方法成功地用于消除母猫膀胱中小的结石，或用于施行会阴尿道造口术的公猫结石的摘除。将猫保定后使其脊椎垂直，膀胱颈向下。采用这种位置，则重心可使得结石到达膀胱颈。用手压迫膀胱，迫使结石向下进入尿道，排出体外。
- 饮食消解：位于膀胱的许多磷酸铵镁结石可采用猫处方日粮［（feline prescription）Diet s/d®（Hill's PetProducts，Topeka，KS）］消解；采用这种食物时应在2～4个月内大量饲喂。饲喂后结石可能会变得很小，足以通过阻塞的尿道。但采用日粮消解其他类型的结石尚未见有成功的报道。
- 抗生素疗法：有些磷酸铵镁结石是由于细菌，特别是葡萄球菌及变形杆菌所引起。如果培养发现尿液或结石的中央存在这些细菌，则可采用适宜的抗生素进行治疗。

辅助疗法：预防

- 增加摄入水分：由于结晶可长时间残留在输尿管而引起尿结石形成，因此建议降低尿液相对密度（USG）。罐装食物可有效降低 USG。有些猫如果有饮水器提供自来水时可摄入大量的水分，在饮水中加入冰块也可使得猫的饮水增加。如果本地的饮用水有不理想的味道，则可用瓶装水。有些商用日粮是根据增加渴欲设计的，可引起多尿。
- 感染伴发磷酸铵镁结石：是犬的常见情况，但在猫不常见。细菌培养及药敏试验应该是选择抗生素进行治疗的基础。如果采用药物溶解结石，应在结石除去后连续采用适宜的抗生素治疗2周。如果选择手术方法除去结石，则抗生素治疗不应少于4周。应每月进行尿液培养，连续2～3个月，然后在第6个月再次进行培养。如果尿液pH超过7.5时，则应进行细菌培养。
- 磷酸铵镁结石，无感染：如果尿液pH大于6.7，则磷酸铵镁结石的溶解度降低，因此在这种情况下，酸化日粮很有帮助作用，其目的是保持尿液 pH达到6.5或更低。由于餐后的碱化趋势增加，因此可采用自由饲喂的方式维持更为恒定的尿液pH。在降低尿液pH时，尿液酸化剂也很有效。另外，DL–蛋氨酸或氯化铵也很有效，这两种药物的剂量大约为每只猫1g q24h；最后一次剂量应根据尿液pH进行调整。除了酸化尿液外，建议限制镁、磷和钙的摄入，限制镁的摄入可能作用并没有预想的大。对采用这种方法处理的猫，应该对尿液pH及尿液中存在有磷酸铵镁进行监测，但结晶尿与尿结石的形成之间没有强烈的关系。近来的研究发现，第一次复发的复发率为2.7%，第二次复发的复发率为0.2%。由于多种原因，这些复发率可能比实际情况低。
- 草酸钙尿结石：非酸化日粮可降低钠和蛋白水平，但不能限制磷和镁，建议采用这种日粮，目前有多种这样的商用日粮。柠檬酸钾（50～100mg/kg q12h PO）的效果尚未证实，但由于其可作为草酸钙形成的抑制剂，因此可能具有一定的作用，其碱化作用可降低骨释放钙。但在尿液较为广泛的pH内草酸盐的溶解度相对不受影响，这可以说明在预防草酸盐结石形成时，为什么日粮的预防作用及柠檬酸钾的预防作用常常难以获得成功。高钙血症在老龄猫较为常见，而在老龄猫草酸钙结石也更为常见。高钙血症可通过提供结石形成所必需的钙而诱发猫发生草酸钙的形成。采用这种方法治疗的猫应该根据尿液pH水平和尿液中存在有草酸钙结晶进行监测，但结晶尿与结石形成之间没有强烈的关系。近来的研究发现，第一次复发的复发率为7.1%，第二次复发的复发率为0.6%，第三次的复发率为0.1%。由于多种原因，这些复发率可能比实际低。
- 磷酸铵镁及草酸钙结石：预防这类结石的另外一种方法据称是采用日粮消除结石形成的关键因子（c/d® Multicare，Hill's Pet Nutrition），这种日粮可能具有防止所有类型的猫结石形成的能力。采用这种方法治疗的猫应该根据尿液中存在结石进行监测，但结晶尿与结石形成之间没有明显关系。
- 尿酸盐结石：预防的核心是采用非酸化日粮或尿液碱化药物。建议增加水分摄入。别嘌呤醇（allopurinol）在猫的作用尚不清楚，但在以10mg/kg q8h PO的剂量用药3d，之后降低到10mg/kg q24h PO可具有一定的效果。对这种药物在猫的作用还未进行深入研究，因此其毒性可能是问题之一。近来的研究表现，第一次的复发率为13.1%，第二次为4.1%。但由于多种原因，这些数据可能低于实际。

- 蛋氨酸尿结石：建议采用非酸化日粮，也建议增加水分摄入。由于日粮中的钠可促进胱氨酸尿的形成，因此应避免采用碳酸氢钠。
- 磷酸钙结石：目前尚无有效方法，但似乎可以采用草酸钙结石时的治疗方法。如果存在高钙血症，应检查其原因并进行治疗。

治疗注意事项

- 采用药物溶解要获得成功，必须保证磷酸铵镁结石浸入在尿液中相对较长时间，因此只有肾脏或膀胱中的结石才能采用这种方法进行治疗。
- 在猫发生肾机能不足或肾衰时，应禁用酸化日粮或酸化剂。
- 除非需要降低尿液pH达到6.5或更低，应避免随意使用酸化日粮或尿液酸化剂。不应将尿液的pH降低到5.0以下。
- 预防磷酸铵镁结石的形成通常要比预防草酸钙结石的形成更易获得成功。目前尚无能够有效防止草酸钙结石形成的方法。

预后

只要在合适的时间能允许采用手术方法干预，尿结石的预后一般较好，但复发可能是主要问题。对结石成分的分析对选择合适的日粮治疗方法极为重要，最为成功的预防方法是针对磷酸铵镁结石形成进行的预防。

参考文献

Albasan H, Osborne CA, Lulich JP, et al. 2009. Rate and frequency of recurrence of uroliths after an initial ammonium urate, calcium oxalate, or struvite urolith in cats. *J Am Vet Med Assoc.* 235(12): 1450–1455.

Lulich JP, Osborne CA. 2009. Changing paradigms in the diagnosis of urolithiasis. *Vet Clin North Am Small Anim Pract.* 39(1):79–91.

Osborne CA, Lulich JP, Kruger JM, et al. 2009. Analysis of 451,891 Canine uroliths, feline uroliths, and feline urethral plugs from 1891–2007: Perspectives from the Minnesota Urolith Center. *Vet Clin North Am Small Anim Pract* 39(1):183–197.

第223章

眼色素层炎
Uveitis

Gwen H. Sila 和 Harriet J. Davidson

概述

葡萄膜或眼色素层（uvea）是眼睛的中间部分，由虹膜、睫状体（ciliary body）及脉络膜（choroid）组成。眼色素层炎（uveitis）可影响到所有这些结构，分别可导致虹膜炎（iritis）、睫状体炎（cyclitis）或脉络膜炎（choroiditis），也可引起所有这些结构发生炎症，导致眼前房色素层炎（anterior uveitis）（虹膜睫状体炎，iridocyclitis）或眼后房色素层炎（posterior uveitis）（脉络膜视网膜炎，chorioretinitis）。色素层炎可单独发生，也可与其他眼睛或全身疾病同时发生。

引起色素层炎的原因很多，但只有50%的病例是先天性的。即使是先天性色素层炎，其也有开始时的发病过程，只是目前对其发病过程还不清楚。任何能引起免疫细胞接近免疫抑制的眼睛的眼内结构的因素均可引起色素层炎，这就意味着血液-水屏障（blood-aqueous barrier）因损伤、眼内手术、全身炎症或血管炎而受到破坏时，均可导致眼内炎症。见有文献记载的色素层炎的原因之一是细菌感染，这可由于细菌直接定植到眼内结构，或血源性扩散的抗原-抗体复合物所引起。任何时候只要发生严重的全身感染，即可发生色素层炎。巴尔通体（*Bartonella* spp.）即为引起色素层炎的感染原因之一，其存在时可引起或不引起猫发生色素层炎的全身临床症状。病毒性病原包括猫免疫缺陷性病毒（FIV）、猫传染性腹膜炎病毒（FIP）及不太常见的猫疱疹病毒（FHV-1）。猫白血病病毒（FeLV）也可由于病毒感染引起血液学因素异常，从而导致色素层炎。引起色素层炎的真菌感染包括荚膜组织胞浆菌（*Histoplasma capsulatum*）、新型隐球菌（*Cryptococcus neoformans*）、粗球孢子菌（*Coccidioides immitis*）等，个别情况下还有皮炎芽生菌（*Blastomyces dermatitidis*），见图223-1。刚地弓形虫（*Toxoplasma gondii*）是引起色素层炎最常见的原虫。

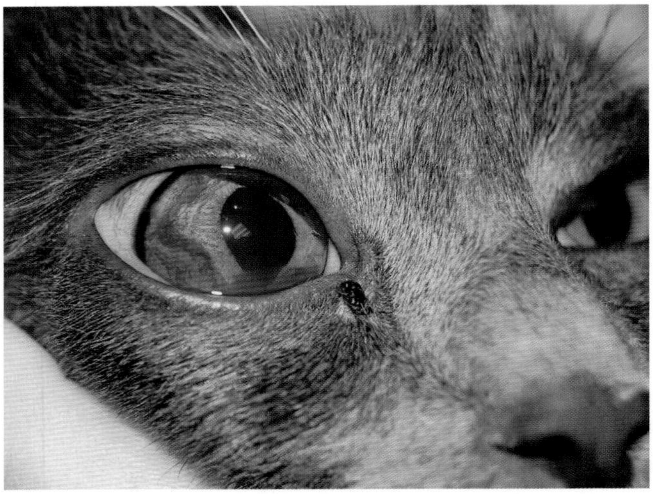

图223-1 本例猫患有组织胞浆菌感染所引起的眼前房色素层炎，导致虹膜肿胀及虹膜潮红，可见粉红色的纤维蛋白黏附在腹侧角膜上（图片由Gary D. Norsworthy博士提供）

眼睛的症状包括从结膜炎到视网膜出血不等；这些症状也可见于伴随有或不伴随全身疾病。寄生虫引起的色素层炎不太常见，但弓蛔虫（*Toxocara*）幼虫迁移进入眼睛（前房及后房）见于文献报道。全身性高血压可引起视网膜脱离（参见第107章和第193章），有时可导致严重的眼前房积血。眼睛中存在有红细胞和其他蛋白可刺激免疫反应，导致慢性色素层炎。眼内肿瘤不太常见，但可存在数月，之后导致色素层炎。眼睛的主要肿瘤包括黑素瘤、外伤后眼睛肉瘤（post traumatic ocular sarcoma）以及腺瘤或腺癌。参见第122章。继发性的眼内肿瘤也可因乳腺或子宫腺癌、血管肉瘤或淋巴瘤而发生（见图223-2）。淋巴瘤可引起色素层炎，表现为肿瘤旁综合征，而在眼睛内并无肿瘤细胞存在。参见第163章。晶状体引起的色素层炎（lens – induced uveitis）是由于蛋白从内障性晶状体（cataractous lens）缓慢渗出（晶体溶解性色素层炎，phacolytic uveitis）所引起，由于渗出的蛋白被免疫系统作为异物，因此导致低水平的慢性色素层炎。晶状体囊破裂（晶体溶解性色素层炎）可引起晶状体蛋白快速释放，引起严重的急性色素层

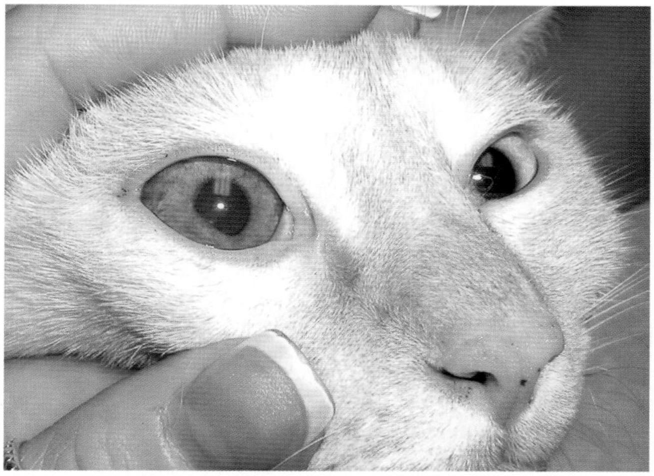

图223-2 本例猫患有淋巴瘤引起的眼前房色素层炎，虹膜增厚（可能因淋巴细胞所引起），新血管生长侵入虹膜（虹膜潮红，irisrubeosis）（图片由Gary D. Norsworthy博士提供）

炎，这种炎症典型情况下对药物治疗无反应，常常需要采用手术方法摘除晶状体才能挽救眼睛。角膜溃疡可由于轴突反应而伴随发生色素层炎，而睫状体则受到眼神经的刺激，因为在其离开角膜时引起局部炎性介质的释放。

对彻底检查眼睛各个结构，包括结膜、角膜、眼前房、虹膜、瞳孔及晶状体，照明器极为关键。眼底检查有助于确定是否需要采用进一步的诊断试验以及用于建立预后。参见第299章。

本病的临床症状各种各样，可见到多种组合。损伤对确定潜在的原因没有多少示病价值，但有些临床症状在某些特定的疾病更易见到，这些症状有助于形成诊断计划。临床症状包括：

- 疼痛， 表现为斜视、流泪、第三眼睑抬高，或眼睛躲避主人的注意。
- 瞳孔缩小，这种缩小对瞳孔扩大药物可能具有抗性，可引起瞳孔形状不规律。
- 结膜血管充血，其可与其下的巩膜血管充血根据结膜通过眼球表面的运动而区别。在更为严重的病例，深部血管也可能发炎。
- 虹膜颜色的变化可能是因为虹膜基质内黑色素减少或增加，或是由于新的虹膜血管生长（虹膜潮红，iris rubeosis）及正常的虹膜血管充血所致（见图223-1和图223-2）。
- 虹膜质地的变化可能是由于虹膜肿胀（见图223-2）所引起。细胞可能容易脱落，导致眼前房出现色素细胞及色素沉着于晶状体囊或角膜内皮所引起，可引起

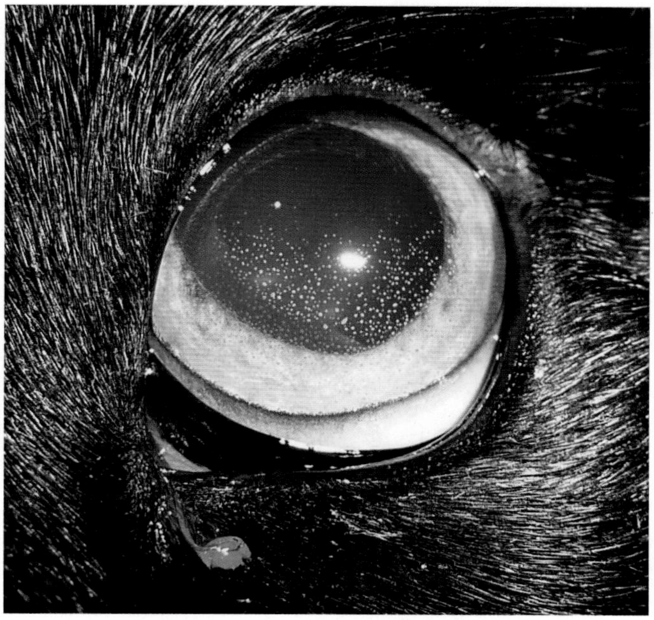

图223-3 角膜后沉着物（keratitic precipitates，KP）为黏附到角膜内皮的炎性细胞

前房虹膜粘连（anterior synechia）（虹膜粘连到角膜）及后房虹膜粘连（虹膜粘连到晶状体）。虹膜结节（iris nodules）为淋巴细胞蓄积所引起，有时可见于基质内，使其出现波纹状外观。

- 瞳孔边缘不规则可能是由于虹膜基质和血管的变化以及虹膜粘连所引起。瞳孔边缘不规则可能只发生在一个部位，或者整个瞳孔均不规则 （瞳孔反应异常，dyscoria）。
- 房水闪亮（aqueous flare）是由于眼前房蛋白增加，使得液体出现朦胧的外观，虹膜可能混浊，这种情况最常见于直接的局部照亮检查。
- 眼前房可见纤维蛋白形成后的较厚的白色细丝或丝带（见图223-2）。
- 角膜沉淀物（keratitic precipitates，KP）为黏附到角膜内皮的炎性细胞，常常位于腹侧（见图223-3）。第三眼睑可阻碍对这一部位的观察，因此需要细心的操作及检查第三眼睑。大的细胞蓄积或形成羊脂状（mutton fat）KP，常见于 FIP，偶尔见于 FeLV 疾病。
- 眼前房积脓（hypopyon）为白细胞在眼前房蓄积所引起，常见于腹侧。
- 眼前房出现白色到粉红色肿块，可见于 FeLV感染。
- 眼前房积血（hyphema）为眼前房出现血液，常常是红细胞趋向于集中在眼前房的腹侧。
- 由于慢性色素层炎形成的液体可继发白内障，继发于

眼色素层炎而发生白内障的病猫，在摘除白内障后常常患并发症的风险很高，因此这类病猫一般不施行手术（见图223-4）。

图223-4 本例猫患有双侧性慢性先天性眼色素层炎，导致虹膜潮红，虹膜外周肿胀，形成成熟白内障（图片由Gary D. Norsworthy博士提供）

- 蛋白或细胞碎片从睫状体或视网膜血管渗入玻璃体，可造成玻璃体出现薄雾或不透明，从而遮挡眼底的视线。
- 液体或渗出液在视网膜下蓄积可分别在眼底造成升高、模糊不清的水疱样或白色绒毛状区域。如果视网膜损伤更为严重，则更强烈地表明发生了全身感染，特别是肺部感染。
- 视网膜血管充血或脉管炎可引起视网膜增大及不规律，表现闪亮的外观。
- 视网膜出血表明全身性高血压可能为主要原因。参见第107章和第193章。
- 大泡状视网膜脱落（bullous detachment）可引起视网膜向前弯曲，使得检查更为困难。在这种情况下应将全身性高血压作为主要排除的原因（见图193-1）。

诊断

主要诊断

- 病史调查及查体：由于本病的原因众多，因此必须做彻底的病史调查及查体。
- 全面的眼科检查：通过这种检查，调查上述的临床症状。

辅助诊断

- 血常规（CBC）及血清生化检查：这些检查方法有助于评估其他系统，为进一步作出特殊诊断提供方向。如果眼睑对标准的治疗方法无反应，或如果有全身性异常时，强烈建议进行血液检查。如果发生眼内出血，特别是如果排除了高血压后，应进行血凝试验。
- 荧光素染色：角膜溃疡时由于其存在可干扰治疗，因此应排除。参见第41章。
- 眼压测定法（tonometry）：由于眼色素层炎通常可使眼内压降低，因此采用这种方法可支持诊断，也有助于监测治疗。眼压测定也有助于诊断青光眼，其可能成为眼色素层炎的后遗症。参见第85章。
- 血压测定：在发生眼前房积血或大泡状视网膜脱落（bullous retinal detachment）时应测定血压以排除高血压。参见第107章。
- 特殊试验：应考虑猫免疫缺陷性病毒（FIV）抗体效价、猫白血病病毒（FeLV）抗原及真菌血清学检查，特别是存在全身症状时。如果采用标准疗法没有反应时应考虑采用这些检查方法。可采用间隔2周的配对IgG效价测定诊断弓形虫病，如果增加4倍，则说明有新近感染或该病处于活跃期。活跃感染至少9周可测定IgM效价。参见第75章、第76章、第77章和第214章。
- 诊断性影像检查：如果听诊发现有粗略的肺脏杂音，或怀疑发生了肿瘤，应进行胸腔X线检查。如果触诊发现有腹腔肿块，则应进行腹部X线检查。
- 房水穿刺术（aqueocentesis）：可从眼前房穿刺液体，并对水样液体中弓形虫病或真菌病的抗体效价进行检测，并与血清效价进行比较。如果眼前房的效价高，则说明局部产生抗体及活跃的眼内感染。可对细胞涂片离心（cytospun）样品进行细胞学检查，以诊断是否有肿瘤细胞。房水穿刺术可能很简单，但可能发生严重的并发症，因此这种方法只能在其他侵入性较小的技术不能证实诊断时使用。

治疗

主要疗法

- 治疗潜在疾病：如果存在全身性疾病，则必须与其引起的眼科疾病同时进行治疗。
- 抗炎药物治疗：最为重要的治疗方法是控制眼睛内的炎症。给药方法及给药剂量因临床症状而不同。
- 在大多数病例，在开始治疗时可采用局部眼科皮质激素进行治疗，即使存在感染因素时也应如此。药物可按q4～12h用药。地塞米松和醋酸强的松龙由于可穿过角膜及强烈的抗炎作用，因此是首选的眼科治疗药物。

- 结膜下注射皮质激素可在严重病例作为眼科局部甾体激素治疗的辅助疗法，但结膜下注射在猫由于其能引起眼睛回缩及抗拒保定，因此较为困难。在这种情况下，应将猫镇静或巧妙地保定。局部眼科用麻醉剂可用于眼睛表面。可采用25号针头的注射器，将针头的斜面插入球结膜（bulbar conjunctiva）下，注入一滴药物。常用的药物为去炎松（triamcinolone）（4～8mg）或醋酸甲基强的松龙（4～8mg）。
- 在严重的眼色素层炎，如果需要穿入脉络膜时，可采用全身甾体激素治疗，可采用口服强的松龙（1～2mg/kg q12h PO，逐渐降低剂量的方案）进行治疗。
- 在严重病例，可将非甾体激素类局部眼科抗炎药物与甾体激素合用，可采用0.03％氟比洛芬（flurbiprofen）、0.1％ 双氯芬酸（diclofenac）、1％舒洛芬（suprofen）或1％消炎痛，均可按q8 ～ 12h用药。这些药物不应与全身甾体激素治疗合用。
- 治疗由于原发性角膜溃疡引起的眼色素层炎时，可采用全身性非甾体激素抗炎药物进行治疗。
- 眼科用阿托品：这种药物可引起睫状肌麻痹，因此缓解疼痛，也可通过扩张瞳孔，阻止虹膜粘连形成。眼科用阿托品应以q12～24h给药。阿托品具有令人反感的味道，可引起猫流涎。最好采用油剂，因为油剂向下通过泪管进入口腔的可能性不大。在临床症状缓解（这通常出现在数天内）之后应很快降低阿托品的用量或不再使用。停用药物后瞳孔仍可放大数天。
- 全身抗微生物药物治疗：如果证实为细菌感染或高度怀疑发生了细菌感染，则应采用抗微生物药物进行治疗。对巴尔通体的治疗，可采用阿奇霉素（10mg/kg q24h PO）、多西环素（10mg/kg q12h PO）或利福平（10mg/kg q24h PO）治疗3周。对弓形虫病的治疗仍有争议，但最常建议的抗生素为克拉霉素（12.5~25mg/kg q12h PO，治疗4周）。参见第17章和第214章。

辅助疗法

- 重复检查：应根据开始时的严重程度在2～7d后进行再次就诊，以确定临床症状是否有改善。
- 透照检查：用透照器仔细检查对确定眼睛结构继发于炎症所发生的变化是必不可少的。
- 眼内压（intraocular pressure，IOP）：测定 IOP对监测病程进展及确定是否继发青光眼极为重要。

治疗注意事项

- 阿托品：如果采用全身抗炎药物治疗后症状消退，则应首先停用阿托品。
- 如果临床症状有改进，则应在数周或数月内缓慢降低局部抗炎药物的剂量，然后停药。
- 停止所有治疗之后应在大约1周后进行最后的彻底检查，此时应该检查是否还有对猫主不明显的轻微的炎症。
- 如果临床症状未见改进，则应再次进行诊断试验，应增加下一层次的抗炎疗法。
- 如果眼色素层炎不能成功治疗，则可发生各种并发症，包括晶状体囊色素沉着（pigmentary deposits on the lens capsule）、眼前房或眼后房虹膜粘连、虹膜萎缩及晶状体脱位、视网膜脱落或变性、睫状膜（cyclitic membranes）形成、眼球结核（phthisis bulbi）、青光眼及失明等。

参考文献

Ketring KL, Zuckerman EE, Hardy WD. 2004. Bartonella: a new etiologic agent of feline ocular disease. *J Am Anim Hosp Assoc.* 40(1):6–12.

van der Woerdt A. 2001. Management of intraocular inflammatory disease. *Clinic Tech Small Anin Prac.* 16(1):57–61.

第224章
室间隔缺损
Ventricular Septal Defect

Larry P. Tilley

概述

室间隔缺损（ventricular septal defect，VSD）是猫最常见的先天性心脏疾病，室间隔将左右心室分开，可分为膜性和肌肉性成分。室间隔缺损可发生于室间隔的任何部位，更常见于近心基部的膜性部位。此外也可出现并发的先天性异常［如法洛四联症（tetralogy of Fallot）］。如果有缺损，则可形成血液在心内的旁路。

VSD在临床上的重要性取决于两个因素，即缺损的大小及心室内的相对压力，其影响旁路的程度及方向。小的缺损 （限制性的VSDs）常常在血液动力学上没有多少意义，而大的缺损（非自限性VSDs，nonrestrictive VSDs） 通常可导致严重的血液动力学后果。如果左侧及右侧心室内压力正常， 则可发生右侧到左侧的旁路，左心房及左心室会继发于增加的静脉返流而出现负担过重。如果或者由于慢性肺静脉高血压而出现肺动脉高血压，或者由于肺动脉高血压，造成肺脏血管阻力增高，可造成右侧-左侧短路。

查体通常可发现全收缩期回流型心脏杂音，这种杂音在右侧胸骨边缘最为明显，而在左侧心脏收缩的顶端可出现二尖瓣回流型心脏收缩杂音， 心基部出现与肺动脉相对狭窄一致的心脏收缩射出型杂音。如果出现右侧-左侧旁路，则可出现发绀。

诊断

主要诊断

- 超声心动图（见图224-1）：可发现左侧-右侧旁路的迹象，即左心房及心室离心性肥大（eccentric hypertrophy），VSD，最常见于中隔上部。造影剂超声心动描记（bubble study）可证明左侧-右侧旁路 （即无造影剂进入左心室）。超声检查可发现右侧-左侧旁路的迹象，即右心室同轴性肥大，右心房增大。造影剂超声心动描记可发现右侧-左侧旁路（气泡从右心室进入左心室）。

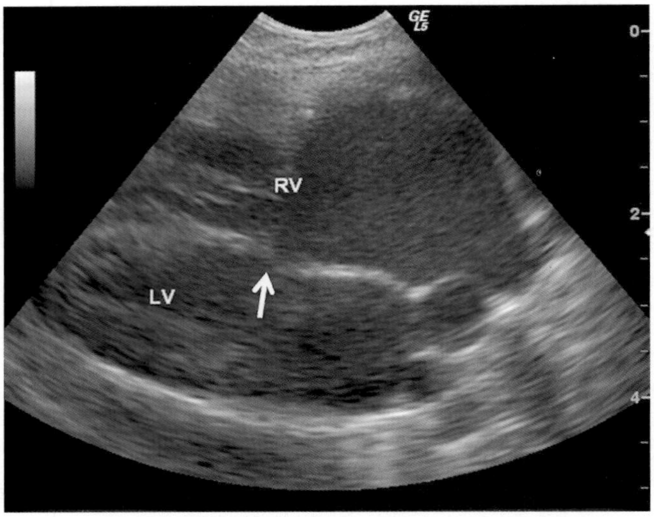

（A）

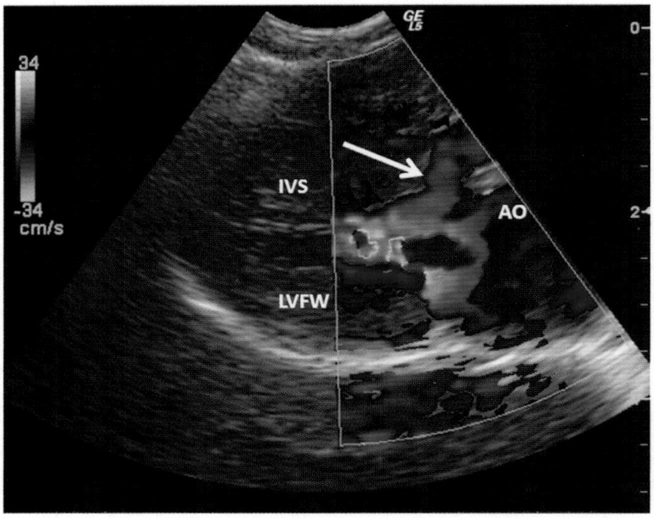

（B）

图224-1 室间隔缺损。（A）长轴观察，VSD（箭头）导致左侧-右侧旁路。（B）彩色血流多普勒表明血液通过VSD（箭头）的旁路。（B）为图224-1（A）中的猫。IVS=室间隔（interventricular septum）；LVFW=左心室游离壁（left ventricularfree wall）； AO=主动脉血流通道（aortic outflow tract）（图片由Gary D. Norsworthy博士提供）

辅助诊断

- 心电图：检查结果可因旁路的严重程度而不同。
- 胸腔X线检查（见图224-2）：依严重程度及旁路

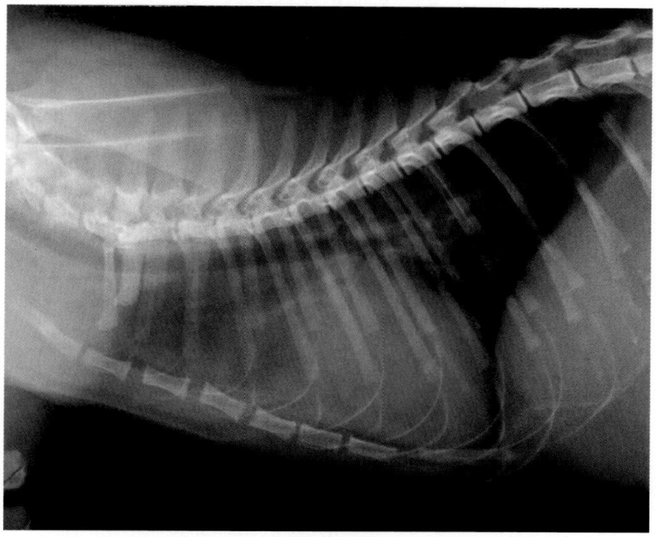

（A）

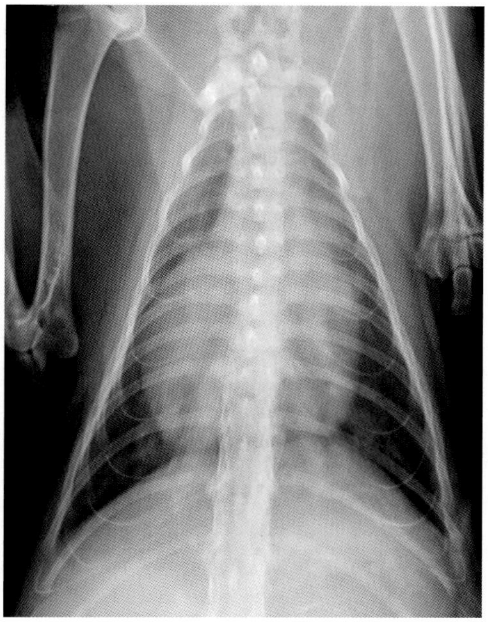

（B）

图224-2 室间隔缺损的X线检查。侧位（A）及背腹位（B）；左心室增大，左心房增大，肺动脉突起显著增加，同时也发生右心室增大，表明肺脏阻力增加（图片由Gary D. Norsworthy博士提供）

的方向可有不同的检查结果。明显的左侧–右侧旁路可引起左心室和左心房增大，肺血管循环过量（pulmonary vascular overcirculation），还可发现左侧充血性心衰的迹象。右侧–左侧旁路可引起右心房和右心室增大及肺血管循环不足（pulmonary vascular undercirculation）。

诊断注意事项

- VSD可与其他先天性心脏异常同时发生。
- 心脏插管及选择性心血管造影术（selective angiocardiography）在罕见情况下可用于验证诊断。

治疗

主要疗法

- 药物治疗：左侧充血性心衰的药物治疗可采用利尿剂、血管扩张药物，如血管紧张肽转化酶抑制剂及适度地减少或限制日粮盐分进行治疗。
- 手术治疗：在患有大的非自限性VSD、中等或大的旁路及充血性心衰的猫，可试结扎肺动脉，但修复缺损价格昂贵，需要特殊设备，也可发生明显的并发症。

辅助疗法

- 限制运动是治疗的极为重要的方面，因为发生本病时可出现明显的运动不耐受性。
- 如果在右侧–左侧旁路性VSD时发生明显的红细胞增多症（polycythemia），则应采用周期性放血（phlebotomy）的方法治疗。

治疗注意事项

- 对治疗的反应可能差别很大。
- 在一些具有明显的心脏收缩机能异常或心律不齐，如房颤等病例，可采用地高辛治疗。

预后

猫患有小到中等大小的左侧–右侧旁路性限制性VSD时，典型情况下预后较好，特别是如果其在6月龄时仍不表现症状，则预后较好。如果损伤严重，大部分猫可在出生后数周内发生充血性心衰，或由于肺动脉高血压而逆转其旁路。患有中等到严重程度的心脏肥大的猫，可发生血量负担过重，因此发生充血性心衰的风险很高。患有大的非限制性VSD或右心室肥大，或具有肺脏高血压的猫及艾森门格综合征（Eisenmenger's physiology）（先天性心室间隔缺损合并肺动脉高压——译注）的猫与患有法洛四联症的猫相似，预后差。

参考文献

Strickland K. 2008. Congenital Heart Disease. In LP Tilley, FWK Smith, Jr., M. Oyama, et al., eds., *Manual of Canine and Feline Cardiology*, 4th ed., pp. 161–163. St. Louis: Elsevier Saunders.

第225章
前庭综合征
Vestibular Syndrome

Mitchell A. Crystal

概述

猫特发性前庭综合征（feline idiopathic vestibular syndrome）为一种未知原因的常见疾病，其可因内耳中的外周前庭机能异常所引起，或者可因前庭蜗神经（vestibulocochlear nerve）（第八脑神经，eighth cranial nerve）机能异常所引起。任何年龄的成年猫均可发病，一项对75例猫的研究表明发病的中值年龄为4岁。本病的发生没有性别或品种趋势。本病可更多地发生于夏季和秋季。临床症状包括急性或超急性开始打滚、翻转、共济失调、急剧转圈或头部倾斜（见图225-1）。猫常常表现蜷缩姿势，或斜向一侧，不愿运动。临床症状总是朝向受损一侧。其他不太常见的伴随症状包括呕吐、厌食及鸣叫。临床症状没有进展，查体可发现水平或旋转性眼球震颤，病变很快修复，除此之外，未见其他生理或神经性异常。本体感受（conscious proprioception）正常，但由于病猫挣扎及迷失方向，因此难以评价。罕见情况下可出现双侧性患病。如果猫表现为站立姿势步幅宽大，头部运动范围放宽，轻微或不表现眼球震颤或头部倾斜，可能倒向一侧，这些猫中许多表现为耳聋。外周性前庭症状需要考虑的鉴别诊断包括内耳炎、鼻咽息肉、第八脑神经或内耳肿瘤、创伤、中毒（氨基糖苷类、呋喃苯胺类）、摄入蓝尾蜥蜴（blue-tail lizard）（美国东南部）及心血管疾病（即心脏病、缺血性脑病、血管炎或凝血病等）。

图225-1 前庭综合征的临床症状包括急性或超急性开始翻滚、共济失调、急剧转圈和/或头部倾斜（图片由Gary D. Norsworthy博士提供）

诊断

主要诊断

- 病史：应向猫主了解是否有创伤、新近或正在使用的药物、疾病开始的缓急及进展以及是否有其他症状。
- 查体：除了外周前庭疾病的症状外，身体检查及神经检查可能正常。对外耳道、鼓膜及相关结构通过仔细的耳镜检查可查找是否有明显的耳病（即耳炎、息肉或肿瘤）为前庭病的原因。

辅助诊断

- 鼓膜泡影像检查（tympanic bulla imaging）：X线检查、计算机断层扫描（CT）或磁共振影像检查（MRI）可用于排除内耳炎、息肉及肿瘤（见图158-1、图158-2和图158-4）。

诊断注意事项

- 猫先天性前庭综合征的诊断应基于存在临床症状，无进展，快速缓解及排除其他鉴别诊断。常规实验室检查可发现处于正常范围之内。

治疗

主要疗法

- 支持性护理：应将猫置于安静的环境中，尽量减少刺激。如果不平衡、迷失方向或恐惧等很严重，则应采用安定进行镇静（0.1～0.5mg/kg q6～12h IV或PO）可具有帮助作用。

辅助疗法

- 液体及营养疗法：如果猫表现渴感缺乏（adipsic）或厌食，则偶尔在开始时需要采用液体或营养支持疗法。
- 止吐：如果有呕吐，可采用甲磺酸多拉司琼（dolasetron mesylate）（0.3～0.6mg/kg q12～24h IV或SC）、昂丹司琼（0.5～1.0mg/kg q8～12h IV、IM或SC）、胃复安（0.2～0.5mg/kg q6～8h PO，SC或IM或每天1～2mg/kg，恒速静脉内滴注）、氯丙嗪（0.25～0.5mg/kg q6～8h SC或IM）、丙氯拉嗪（prochlorperazine）（0.1～0.5mg/kg q6～8h SC或IM）或柠檬酸马罗皮坦（maropitantcitrate）（1mg/kg q24h SC）等药物止吐。

治疗注意事项

- 糖皮质激素不能加速本病的康复，不建议采用。
- 镇静药物有助于控制严重的临床症状，但不能加速康复。

预后

完全或近乎完全的康复的预后极佳，通常可在2～3周内康复，但有些猫则需要数月才能康复。大多数猫在72h内可表现明显的改进，之后逐渐改进。头部倾斜常常为持续存在的问题，有些猫可保持持续性的轻微到中度的头部倾斜，复发的情况少见。

参考文献

Burke EE, Moise NS, De Lahunta A, et al. 1985. Review of idiopathic feline vestibular syndrome in 75 cats. *J Am Vet Med Assoc.* 187(9):941–943.

Chrisman CL. 2003. Head tilt, disequilibrium, and nystagmus. In C Mariani, S Platt, R Clemmons, eds., *Neurology for the Small Animal Practitioner. Made Easy Series*, pp. 125–144. Jackson, WY: Teton NewMedia.

Cochrane SM. 2007. Vestibular disease, idiopathic—cats. In LP Tilley, FWK Smith, Jr., eds., *Blackwell's 5-Minute Veterinary Consult. Canine and Feline*, 4th ed., pp. 1426–1427. Ames, IA: Blackwell Publishing.

第226章
病毒性皮炎
Viral Dermatitis

Christine A. Rees

概述

皮炎并非病毒感染的常见表现，但猫的三种病毒性疾病在临床上具有相关性。猫疱疹病毒（FHV-1）可引起明显的原发性皮炎，典型情况下出现于面部、近鼻腔开口或位于鼻子背部，其引起的病变范围包括形成水疱到溃疡及坏死，具有混合型炎性皮炎的特点及形成斑块或结节。猫疱疹病毒引起的皮炎外形常不规则，形成弓形突起，或典型情况下发生于有毛的皮肤，发病后可能不表现疼痛，病程持续时间长，见图226-1（A）。愈合完成后常出现瘢痕形成，见图226-1（B）。不太常见的情况下，可存在口腔溃疡或在有毛的皮肤、四肢及腹部（ventrum）形成溃疡。参见第95章。

与 FHV-1不同的是， 猫逆转录病毒——猫白血病病毒（FeLV）及猫免疫缺陷病毒（FIV）引起的原发性皮肤病罕见。见图226-2及图226-3。这些病毒引起的皮肤病最常见的为机会性的，可能与免疫抑制有关，例如复发性皮下脓肿，对治疗有抗性或复发性皮肤真菌病（dermatophytoisis），全身真菌感染，由于犬蠕螨（*Demodex cati*）引起的广泛性蠕形螨病等。

原位多中心性鳞状细胞癌（multicentric squamous cell carcinoma in situ，MSCCIS）也称为Bowen氏病，其发生不太常见。 MSCCIS与日光无关。乳头瘤病毒抗原见于 45%的病猫，因此在本章值得提及。参见第 203章。

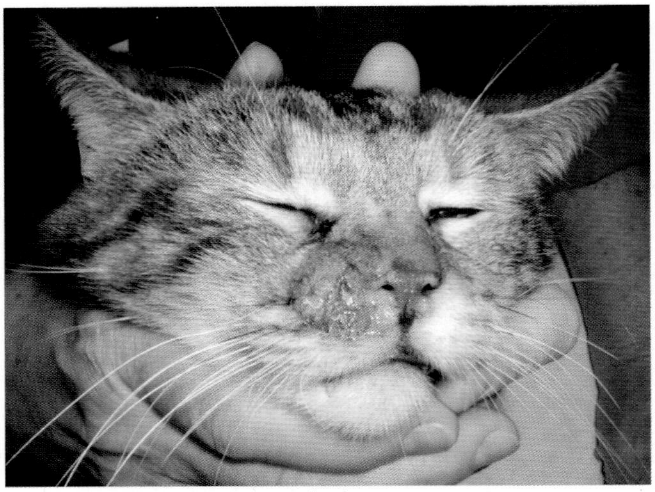

（A）

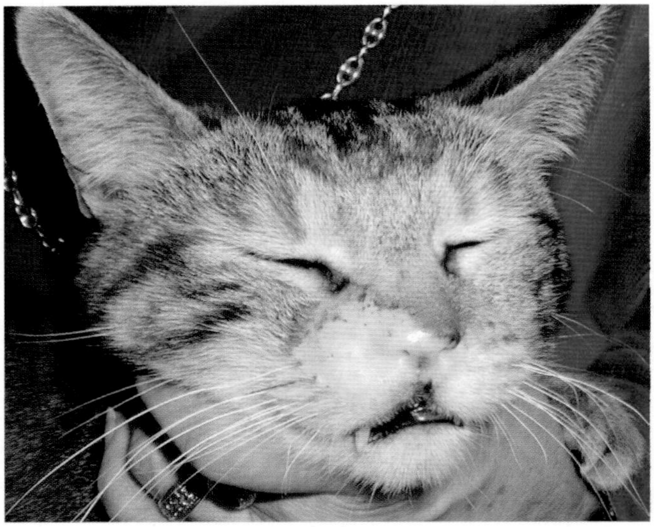

（B）

图226-1　FHV-1引起的面部皮炎。（A）常常位于近鼻孔附近；（B）痊愈后常常形成瘢痕（图片由Gary D. Norsworthy博士提供）

诊断

主要诊断

- 临床检查：上呼吸道感染后近鼻腔开口处发生的溃疡性皮炎为FHV-1皮炎的典型症状。
- 组织病理学：对疱疹病毒引起的皮炎的诊断验证需要对患病部位进行组织病理学检查，可发现存在大量的嗜酸性粒细胞及核内包涵体以及疱疹病毒包涵体，这些核内包涵体可存在于表皮和附属上皮，可存在有表皮溃疡及毛囊上皮坏死。活检及组织病理学检查也可确诊MSCCIS，组织中可发现存在乳头瘤病毒的迹象。
- FeLV 及 FIV检查：如果怀疑为逆转录病毒性皮炎时应进行这种检查，但存在 FeLV 抗原或FIV抗体并不等同于免疫抑制或原发性逆转录病毒性皮炎。诊断主要为排除性诊断，因此应进行全面的诊断检查。

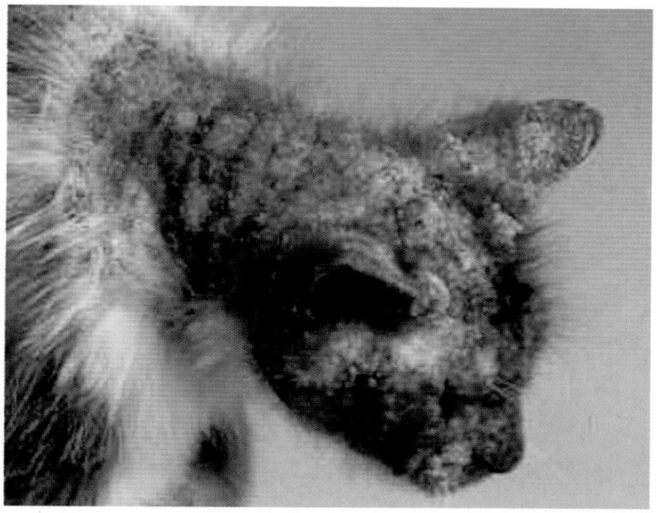

图226-2 FeLV可引起免疫抑制型皮炎。本例猫在头部及颈部患有溃疡型及结痂型皮炎（照片由Elsevier Saunders提供）Mansell JK， Rees CA. 2006 . CutaneousManifestations of Viral Disease. In Consultations in Feline Internal Medicine， 5th ed.，Figure 2-3

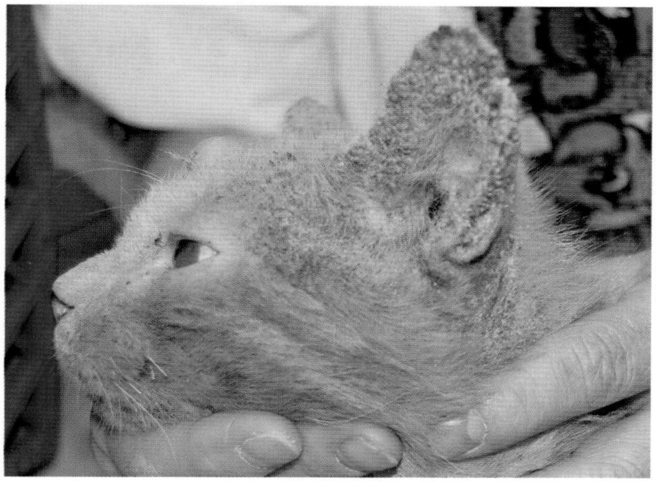

（A）

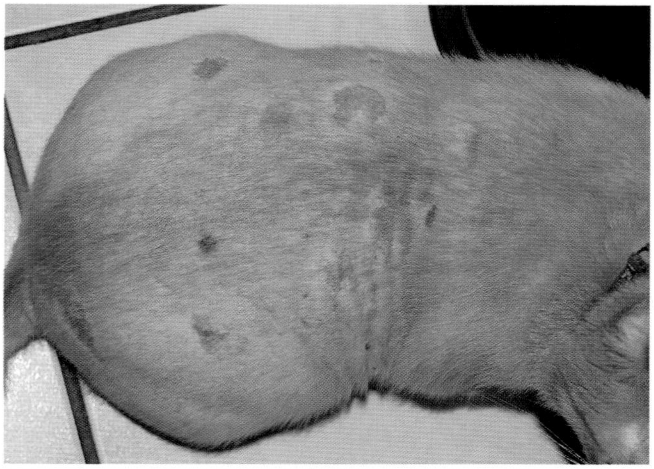

（B）

图226-3 FIV可引起免疫抑制型皮炎。（A）常以结痂型皮炎发生于头部和耳廓；（B）也可以瘙痒、局部皮炎发生于躯干的多个部位（图片由Gary D. Norsworthy博士提供）

治疗

主要疗法

疱疹病毒性皮炎

- 咪喹莫特（imiquimod）：处方外使用局部咪喹莫特（Aldara®）在典型情况下对疱疹病毒皮炎引起的病变具有一定疗效，每周3次用药，直到临床症状康复。其治疗 MSCCIS 的成功率为25%。不良反应不常见，但可发生局部皮肤刺激。采用Aldara®治疗较为昂贵。
- 赖氨酸：赖氨酸以250～500mg q12h PO剂量用药可杀灭增殖的病毒，但近来的研究对于这种作用提出了严重的质疑。
- 阿昔洛韦：阿昔洛韦为眼科用药物，用于治疗人眼睛的疱疹病毒感染。研究表明这种药物在治疗FHV-1时其效果值得怀疑。
- 泛昔洛韦：这种抗病毒药物对治疗疱疹病毒感染具有明显的效果，取得的结果令人鼓舞。其价格中等，剂量为每只猫62.5～125mg，q12h PO。

逆转录病毒性皮炎

- 抗病毒药物：目前尚无这类药物能够从感染猫消除FeLV或 FIV感染的报道。
- 皮质类固醇：如果患病时发生明显的瘙痒，皮质类固醇具有一定的治疗作用，但不应采用免疫抑制剂量，因为两种逆转录病毒也可引起免疫抑制。如果1mg/kg q24h PO的剂量有效，则可使用强的松龙。

预后

疱疹病毒性皮炎的预后一般较好，但对治疗的反应缓慢，可能复发。逆转录病毒性皮炎的预后由于这类病毒引起的免疫抑制难以恢复，因此预后差。

参考文献

Hargis AM, Ginn PE, Mansell JE, et al. 1999. Ulcerative facial and nasal dermatitis and stomatitis in cats associated with feline herpesvirus-1. *Vet Derm.* 10:267–274.

Mansell JK, Rees CA. 2006. Cutaneous Manifestations of viral disease. In JR August, ed., *Consultations in Feline Internal Medicine*, 5th ed., pp. 114–15. St. Louis: Elsevier Saunders.

第227章
维生素A中毒
Vitamin A Toxicosis

Gary D. Norsworthy

概述

猫粮中需要有维生素A添加剂，这也是猫不能在基于蔬菜的饲料饲喂时生存的主要原因。维生素A为一种脂溶性维生素，如果过量饲喂或用药，可造成蓄积。维生素A大量存在于肝脏和鳕鱼肝油中，猫如果大量饲喂这种产品3个月以上，特别是如果同时饲喂牛奶和补充维生素A时，可能会发生维生素A过多症（hypervitaminosis A）。在仔猫，发生本病后可表现为食欲差、沉郁、迟钝、被毛干燥及在过量摄入维生素A后4～6周表现眼球突出（exophthalmos）。此外还可发生齿龈炎及牙齿松动。这些症状在成年猫难以注意到。在1年内，由于成骨细胞和软骨细胞死亡可引起骨损伤，出现继发性骨化中心，在关节中心附近可发生严重的骨刺。患病猫可发生颈椎椎关节强硬及新的骨膜骨形成（periostealbone formation）。颈椎及前部胸椎关节和肘关节僵硬为典型特点。前肢疼痛，引起病猫表现出袋鼠样的坐姿。胸骨及肋软骨也可发病。由于猫不能够及食碗，因此采食困难。整梳也可受到影响，因此被毛油腻粗乱。

诊断

主要诊断

- 日粮饲喂史：典型情况下病猫通常饲喂有肝脏或鲟鱼鱼肝油含量高的饲料，或者补充有大量的维生素A。
- 临床症状：病猫由于关节僵硬而不能移动颈部及前肢为典型症状。袋鼠样坐姿也是典型症状。常见被毛蓬乱。
- X线检查：中毒后约1年颈椎及前肢的X线检查可发现外生骨疣及关节僵硬。

治疗

主要疗法

- 改变日粮：必须除去猫饲喂的肝脏或鳕鱼肝油饲料，必须停止补充维生素A。猫必须要用平衡饲料饲喂。
- 缓解疼痛：抗炎药物及镇痛药物可能具有一定作用。

辅助疗法

- 饲喂：食碗及水碗应置于平台上，以便猫易于采食及饮水。

治疗注意事项

- 骨的大部分变化是不可逆的。
- 应告知猫主饲喂日粮及补充过量维生素A的危险性。
- 纠正日粮后数周血浆维生素A的水平可恢复正常，但肝脏维生素A可持续高水平达数年。

预后

预后谨慎。骨的变化通常不可逆转，其他症状可随着饲喂正确的饲料而恢复。

参考文献

Freytag TL, Liu SM, Rogers QR, et al. 2003. Teratogenic effects of chronic ingestion of high levels of vitamin A in cats. *J Anim Physiol Anim Nutr.* 87:42–51.

Fry PD. 1989. Hypervitaminosis A in the cat. *J Vet Intern Med.* 1:16–31.

Goldman AL. 1992. Hypervitaminosis A in a cat. *J Amer Vet Med Assoc.* 200:1970–1972.

Morgan JP. 2003. Radiographic and myelographic diagnosis of spinal disease. In JR August, ed., *Consultations in Feline Internal Medicine*, 3rd ed., pp. 425–458. Philadelphia: WB Saunders.

第228章
维生素D中毒
Vitamin D Toxicosis

Gary D. Norsworthy

概述

维生素D中毒（hypervitaminosis D）是指毒性水平的维生素D的蓄积，几乎总是由于摄入含有维生素D的灭鼠剂或猫主过量补充这种维生素（高于60000 IU/kg q24h）所引起，这种疾病也称为胆钙化醇中毒（cholecalciferol toxicosis）。中毒可由于从胃肠道的吸收、骨再吸收及肾小管对维生素D的吸收增加而引起维生素D病理性增加，增加的结果是引起高钙血症及软组织营养不良性钙化。典型的临床症状包括多尿、多饮、呕吐、腹泻、厌食及沉郁。肾脏触诊时有痛感，可发生胃肠道及肺脏出血。临床症状出现在摄入后的6～12h之内。含有维生素D的常用灭鼠剂有Quintox®、Rampage®、Ortho Rat-B-Gone®和OrthoMouse-B-Gone®等。

诊断

主要诊断

- 病史：应仔细询问猫主，以确定是否猫接触过含维生素D的灭鼠剂，或补充过维生素D。也应向猫主了解猫是否猎食了含有维生素D灭鼠剂杀灭的啮齿类动物。
- 生化检查：典型的检查结果包括高钙血症、高磷血症［＞2.6mmol/L（＞8mg/dL）］、高蛋白血症（hyperproteinemia）及氮血症等。摄入灭鼠剂后24h内血清钙水平可能正常，然后总血清钙水平可超过3.1mmol/L（12.5mg/dL），离子化钙可超过1.7mmol/L（6.6mg/dL）。
- 如果肾上腺皮质25-羟维生素D（25-hydroxy vitamin D）浓度超过80nmol/L，则可看作胆钙化醇中毒。
- 胆汁25-羟维生素D浓度如果超过100nmol/L，则表明发生了胆钙化醇中毒。
- 胆钙化醇中毒时血清25-羟维生素D浓度至少比正常范围增加10倍（正常范围为：65～170nmol/L）。
- 尿液分析：典型分析结果为尿浓缩不足（hyposthenuria）（USG=1.001～1.007）、蛋白尿及糖尿。

辅助诊断

- 影像检查：肾脏、胃肠道及肺脏的X线检查或超声诊断可发现钙化。
- 心电图：常存在心动过缓。
- 目前尚无对卡泊三醇（calcipotriol）（Doronex™）中毒的确定性诊断方法。血清25-羟维生素D骨化三醇正常。
- 血清1，25-二羟维生素D增加的窗口期较为狭窄，因此在诊断上没有多少价值。

治疗

主要疗法

- 催吐：适用于急性灭鼠剂中毒。吐根糖浆（每只猫2～6mL，PO）及赛拉嗪（0.4～0.5mg/kg IV）通常有效，如果在15min内仍不发生呕吐，则应再次重复使用吐根糖浆。
- 活性炭：该药物可阻止毒素的进一步吸收。
- 降低血清钙水平：可通过：（a）帕米磷酸二钠（pamidronate disodium）（Aredia™，1.3～2mg/kg，溶于0.9%NaCl中，2～4h内静脉缓慢滴注，3～4d后重复一次），直到血清钙水平降低到正常；（b）鲑鱼降钙素（4～6IU/kg q3～12h IM或SC，可加大剂量到10～20IU/kg IM 或SC）；（c）生理盐水利尿，其具有钙尿性（calciuretic）；（d）呋喃苯胺酸（1～4mg/kg q8～12h PO或SC）；（e）强的松龙（2～6mg/kg q12h IM）。注意，由于可能发生肾脏损伤，因此在所有病例建议使用生理盐水。

辅助疗法

- 速尿及强的松龙维持：分别以1～4mg/kg q12h PO及0.5～1.0mg/kg q12h PO的剂量维持数天。
- 如果需要保护胃肠道，可给予硫糖铝（1g q6h PO）

或法莫替丁（1mg/kg q12h SC或IV）。

治疗注意事项

- 不能使用任何含有钙的液体。
- 鲑鱼降钙素可引起厌食、过敏反应及呕吐。
- 如果采用帕米磷酸钠，则应在暴露后24h、48h和72h监测血清钙水平及血液尿素氮（BUN）。如果出现高钙血症，则应采用液体利尿。如果难以奏效，则可在第一次用药后72h及96h再次使用帕米磷酸钠，然后监测血清钙及BUN q48h。
- 在采用鲑鱼降钙素治疗后，应监测血清钙及BUN q24h；应连续调整剂量，直到钙恢复到正常［卡泊三醇，24~48h；或胆钙化醇（cholecalciferol）2～4周］。
- 卡泊三醇（calcipotriol）可引起高钙血症长达24～48h及严重的软组织钙化，因此需要长时间进行积极治疗。
- 应监测血清钙水平数天或数周。许多含维生素D的灭鼠剂需要数周的治疗。

预后

如果快速积极治疗，有些病例猫主允许长期治疗，则本病的预后良好，但长期的高钙血症虽然积极治疗，预后仍谨慎。

参考文献

Dorman DC. 1990. Anticoagulant, cholecalciferol, and bromethlin-based rodenticides. *Vet Clin North Am Sm Anim Pract.* 20:339–352.

Moore FM, Kudisch M, Richter K, et al. 1988. Hypercalcemia associated with rodenticide poisoning in three cats. *J Am Vet Med Assoc.* 193:1099–1100.

Rumbeiha WK. 2007. Vitamin D Toxicity. In LP Tilley, FWK Smith, Jr., eds., *Blackwell's 5-Minute Veterinary Consult*, 4th ed., pp. 1430–1431. Ames, IA: Blackwell Publishing.

第229章
呕吐
Vomiting

Mitchell A. Crystal 和 Paula B. Levine

概述

呕吐为强力的胃内容物从胃通过口腔反射性喷出。呕吐是通过位于脑干延髓的呕吐中心启动的，呕吐中心接受由各种方式激活的体液或神经刺激（即血源性物质、中枢神经系统疾病或各种对牵拉、渗透压及化学刺激敏感的器官及组织受体受到刺激以及疼痛等）。

化学受体启动区（chemoreceptor trigger zone，CRTZ）也可刺激呕吐中心。CRTZ位于大脑第四脑室平面的极后区，该部位血脑屏障有限，可以暴露各种循环药物、内源性及外源性毒素及酸碱异常。由于前庭受到刺激而引起的呕吐可能也受CRTZ的介导。呕吐中心及CRTZ在药物控制呕吐中极为重要。

在开始诊断检查及治疗之前，必须要将呕吐与返流（即食物从食管被动性地逆向排出）相区别。呕吐的主要特点包括存在恶心（即流涎、吞咽性恶心、沉郁、不安及舔唇等）、腹壁肌肉收缩及呕吐物中含有胆汁或消化道血液及食物。返流的特点包括缺乏恶心、缺乏腹壁收缩或呕吐物中含有胆汁及呈管状的未消化的食物。另外，在考虑可能的原因及采用诊断或治疗前评估呕吐为急性或慢性、危重或非危重时也极为重要。慢性/危重、慢性/非危重及急性/危重性呕吐需要进行彻底的诊断性检查， 而急性/非危重性呕吐则在开始时无需进行深入调查就进行治疗。如果急性/非危重性呕吐复发或持续存在，则需要更为详细的检查。在有些病例，慢性间断性呕吐可能是由于毛球症（trichobezoars）（毛球，hairballs）所引起，这种情况可能为正常，也可能说明具有潜在疾病。在这两种情况下，需要进一步的检查及治疗。参见第217章。

呕吐可因胃肠道或胃肠外疾病所引起。对呕吐的猫进行彻底的诊断检查时，应先检查胃肠外疾病的常见原因，之后进行诊断，检查主要的胃肠道疾病。在排除了常见的胃肠道外疾病后，可考虑胃肠道疾病为呕吐的主要原因。

诊断

鉴别诊断

导致呕吐的胃肠道及胃肠外原因列于表229-1。

主要诊断

- 病史及查体：应向猫主询问关于猫是否暴露过毒素，是否接触过异物或日粮是否改变；应向猫主调查及检查猫的临床症状，可能与呕吐有关的结果见表229-1。
- 口腔检查：重要的是密切观察舌下是否有线性异物。见图229-1及第128章。
- 基础检查［血常规（CBC）、生化及尿液分析］：应根据基础检查评价是否有糖尿病（即高血糖、糖尿、酮尿及尿液相对密度低）、肝脏疾病［即高胆红素血症、血液尿素氮（BUN）降低、肝脏酶升高及高胆红素尿症］、肾脏疾病（即BUN及肌酐升高，尿液相对密度降低），出现甲状腺机能亢进的症状［即肝脏酶升高、血细胞压积（PCV）轻度增加、尿液相对密度低］、电解质及酸碱异常［即钠、钾、氯、钙、pH及HCO_3^-或总二氧化碳含量（TCO_2）］及淋巴瘤的症状（偶尔情况下猫可表现血循中出现成淋巴细胞及血细胞减少）。非特异性的CBC变化，如嗜酸性粒细胞增多［即寄生虫病、犬心丝虫病、嗜酸性粒细胞炎性肠病（IBD）、嗜酸性粒细胞增多综合征（hypereosinophilic syndrome）及肥大细胞瘤］、中性粒细胞增多（即各种原因引起的胃肠炎和肿瘤）、中性粒细胞减少（即沙门氏杆菌病及逆转录病毒诱导的疾病）、血浓缩（脱水）及贫血（即慢性疾病和胃肠道失血）等也可存在。

表229-1　呕吐已知的鉴别诊断

胃肠外疾病
内分泌疾病
甲状腺机能亢进
糖尿病性酮酸中毒
代谢性疾病
肾衰
输尿管或尿道阻塞
肝胆疾病
胰腺疾病
电解质及酸碱平衡疾病
中毒
不太常见的疾病
神经病
心血管系统疾病
犬心丝虫病
腹膜炎
与猫白血病病毒及猫免疫缺陷病毒相关的疾病
胃肠外肿瘤
行为异常
疼痛
胃肠道疾病
饮食不耐或过敏反应
胃及十二指肠溃疡性疾病
非特异性
感染性
中毒性
肠胃炎
胃肠活动障碍
螺杆菌性胃炎
炎性肠病
淋巴瘤与其他胃肠道肿瘤
便秘
阻塞
异物
肿瘤
肠套叠
狭窄
寄生虫性
蛔虫
绦虫
胃虫

- 粪便检查：应进行粪便漂浮检查是否有寄生虫。
- 总T_4测定：在所有呕吐的猫，如果年龄在10岁以上，应进行这类检查看是否有甲状腺机能亢进存在。
- 猫白血病病毒（FeLV）及猫免疫缺陷病毒（FIV）检查：这些检查虽然对确诊疾病没有多少价值，但可鉴别由FeLV/FIV相关疾病引起的呕吐。

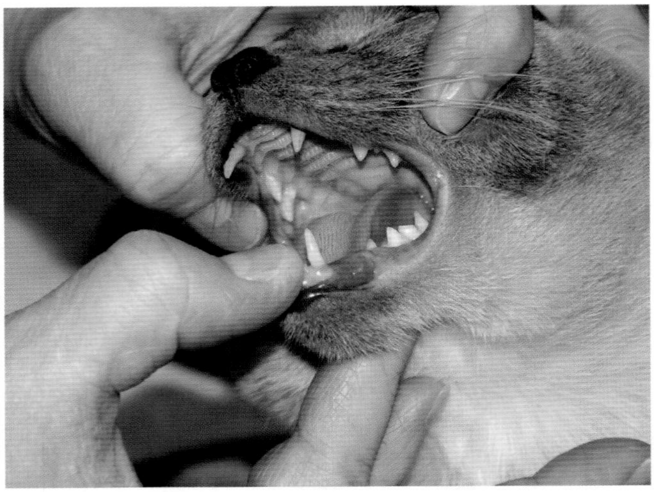

图229-1　进行舌下检查时，可将一手指插入下颌间隙，向上推，这样可将舌头抬起，观察是否有肿块或异物。应注意可能有细绳或细线缠绕在舌头基部，滞留数天，包埋在口腔黏膜中而难以看到（图片由Gary D. Norsworthy博士提供）

辅助诊断

- 腹腔X线检查或超声诊断：腹腔成像检查可发现器官大小及架构是否有异常，可发现异物，查找胃肠阻塞的迹象，或者用于鉴别腹腔肿块（肿瘤）。
- 猫特异性胰腺脂肪酶免疫活性（feline-specific pancreatic lipase immunoreactivity，fPLI）检测：可采集12h禁食血清样品检查是否有胰腺炎。有些慢性间歇性胰腺炎fPLI可能正常。参见第159章和第 160章。
- 犬心丝虫检查：如果猫发生慢性呕吐，生活在犬心丝虫地方流行性地区，排除了其他常见病因，则应检查犬心丝虫。应将犬心丝虫血清学检查与其他诊断检查（即CBC、胸腔X线检查、气管冲洗及超声心动图检测）等相结合。参见第88章。
- 小肠活检及组织病理学检查：在发生慢性呕吐，已经完成了其他非侵入性检查，应采用这种方法检查原发性寄生虫病。可通过内镜腹腔镜检查或开腹探查术采集活检样品，在有些病例，可在超声指导下抽吸或活检进行细胞学或组织病理学检查。组织病理学检查可发现 IBD、淋巴瘤或其他胃肠道肿瘤或螺杆菌性胃炎。内镜活检在呕吐是由小肠中段到末端引起时价值不大。
- 检查螺杆菌性胃炎。参见第90章。

诊断注意事项

- 生化检查发现存在低氯性（hypochloremic）代谢性

碱中毒时表明可能为幽门流出阻塞，这种情况最常见于胃与十二指肠异物引起的阻塞。

- 如果怀疑有异物，猫在清醒的情况下不能进行彻底的口腔检查（包括舌下检查）时，建议进行镇静。
- 猫由于食入草引起的胃炎较为常见，由于草对胃是刺激物（见图229–2）。

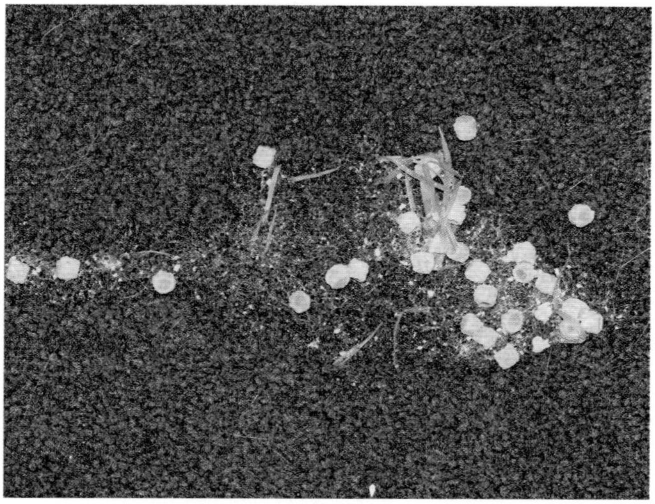

图229–2 草对胃是刺激物，常常可引起呕吐。注意呕吐出的大多数干猫粮是完整的，这是因为猫吞咽干粮而不加咀嚼，这是正常现象（图片由Gary D. Norsworthy博士提供）

治疗

主要疗法

- 治疗潜在疾病：控制潜在疾病对长期治愈是必不可少的。代谢紊乱及异常（即糖尿病、肾病及肝病）的治疗对控制胃肠外疾病引起的呕吐是必不可少的。内镜检查和手术治疗对检查异物极为重要。对肿瘤（如淋巴瘤）可采用化疗方法进行治疗。抗生素疗法可用于治疗螺杆菌性胃炎或其他细菌性胃肠炎。
- 胃肠修整：24～48h内不给病猫经口饲喂任何东西。
- 纠正液体、电解质及酸碱紊乱：建议采用静脉内输液，但在有些情况下也可采用皮下补液。
- 日粮：饲喂低脂肪易于消化的日粮，也可进行其他日粮试验（例如新抗原饲料用于过敏反应的治疗）。参见第82章。

辅助疗法

- 止吐：如果呕吐影响水化、酸碱平衡及电解质状态，常常足以引起明显的应激或不适，或在动物具有吸入性肺炎时，采用抗呕吐药物常常有效。表229– 2列出了呕吐猫常用的抗呕吐药物。
- 抗酸治疗：在经常性或严重的呕吐，这些药物对减少由于胃酸引起的黏膜损伤，帮助胃溃疡的痊愈很有用处。常用药物包括法莫替丁（0.5mg/kg q12h IV，SC或PO）、雷尼替丁（2.5～3.5mg/kg q12h IV、SC或PO）、西咪替丁（10mg/kg q8h IV、SC或PO）或奥美拉唑（omeprazole）（0.7mg/kg q24h PO）。

治疗注意事项

- 在胃肠阻塞的病例禁用抗呕吐药物。
- 由于大多数呕吐的猫血清钾水平正常或降低，但随着持续呕吐及厌食或不饲喂任何食物及液体利尿而恶化，因此在输液时应加入钾（每升液体20～30mmol KCl）。静脉内输钾不应超过每小时0.5mmol/kg。

表229–2 呕吐猫常用的抗呕吐药物

药物	作用部位	剂量	不良反应
胃复安	CRTZ，GIS	0.2～0.5mg/kg q6～8h SC或PO或每天1～2mg/kg，恒速静脉灌注	腹泻、迷失方向、锥体束外症状*
西沙必利	CRTZ，GIS	每只猫2.5～7.5mg，q8～12h PO	未见报道
氯丙嗪	CRTZ，VC	0.1～0.5mg/kg q6～8h SC或IM	低血压，镇静
丙氯拉嗪	CRTZ，VC	0.1～0.5mg/kg q6～8h PO，SC或IM	低血压、镇静
多拉司琼（Anzemet™）	CRTZ，建立传入神经	0.3～0.6mg/kg q12～24h IV或SC；0.6～1.0mg/kg q12～24h PO	未见报道
昂丹司琼（Zofran™）	CRTZ，迷走传入神经	0.5～1.0mg/kg q24h IV，IM，SC或PO	未见报道
马拉匹坦（Maropitant）（Cerenia™）	CRTZ，VC，外周GI受体	1mg/kg q24h SC或PO	注射部位疼痛、便秘

VC，呕吐中心；CRTZ，化学受体启动区；GIS，胃肠道平滑肌。
* 无意识四肢运动，斜颈、僵硬、颤动及复位反射丧失。

预后

预后因呕吐的原因而不同。

参考文献

Guilford WG. 1996. Approach to clinical problems in gastroenterology. In WG Guilford, DA Williams, DR Strombeck, eds., *Strombeck's Small Animal Gastroenterology*, 3rd ed., pp. 50–62. Philadelphia: WB Saunders.

Hickman MA, Cox SR, Mahabir S, et al. 2008. Safety, pharmacokinetics and use of the novel NK-1 receptor antagonist maropitant (Cerenia™) for the prevention of emesis and motion sickness in cats. *J Vet Pharmacol Therap*. 31:220–229.

Plumb DC. 2005. *Plumb's Veterinary Drug Handbook*, 6th ed. Ames, IA: Blackwell Publishing Professional.

Strombeck DR, Guilford WG. 1996. Vomiting: pathophysiology and pharmacologic control. In WG Guilford, DA Williams, DR Strombeck, eds., *Strombeck's Small Animal Gastroenterology*, 3rd ed., pp. 256–260. Philadelphia: WB Saunders.

Twedt DC. 2005. Vomiting. In SJ Ettinger, EC Feldman, eds., *Textbook of Veterinary Internal Medicine*, 6th ed., pp. 132–136. St. Louis: Elsevier Saunders.

Washabau RJ, Elie MS. 1995. Antiemetic therapy. In JD Bonagura, ed., *Kirk's Current Veterinary Therapy XII, Small Animal Practice*, pp. 679–684. Philadelphia: WB Saunders.

第230章
失重
Weight Loss

Mitchell A. Crystal 和 Mark C. Walker

概述

如果以前健康的猫出现明显的无原由的失重（unintentional weight loss）则常常是严重的潜在性全身性疾病的前驱症状。失重可发生于水摄入减少时，也可继发于负能量平衡（即能量需要超过能量摄取）时。由于脱水引起的失重进展快速（数小时或数天内），如果超过正常体重的3%～5%，或在不能保留水分的猫发展快速［如患有肾衰的猫，多饮及多尿（PU/PD），烧伤或有伤口的猫］时则可认为很严重。脱水的其他症状包括黏膜干黏、苍白，皮肤饱满能力差，眼睛沉陷。脱水也可能与许多疾病过程有关，因此可表现各种其他临床症状。可根据明显的临床症状进行诊断，治疗时可补充液体，满足维持液体的需要及提供额外的液体以纠正持续性的失液和/或液体摄入的减少。

可根据下述方法估计猫的能量热量需要：292.6～334.4kJ/kg或［30×体重（kg）+70］。活跃的猫及生活在户外的猫可饲喂较大的量。在生长期、妊娠期及泌乳期，能量需要量比基础的维持需要量增加1.1～3倍。

由于能量负平衡引起的失重发生缓慢，可在数天、数周或数月内发生。能量负平衡可因能量摄入减少［即厌食或食欲降低（hyporexia）， 难以接近食物或不能采食，或食物质量降低］或能量的使用增加/失去（即活动增加、妊娠、泌乳、生长或疾病状态等）所引起。如果超过正常体重的10%（仔猫超过5%）时失重会很明显。猫在11岁时体况下降开始增加，随着猫的年龄增加，体况下降明显增加。厌食、多食性失重及其他导致体重下降的疾病等在发生明显失重时必须要进行研究。参见第10章和第176章。通常情况下，由于潜在疾病过程引起的其他临床症状也可存在，说明必须要采用适宜的诊断方法。

诊断

鉴别诊断

必须要考虑许多疾病及疾病状况。见表230-1。

表230-1　猫失重的鉴别诊断

脱水	电解质及酸碱紊乱	肝胆疾病
胰腺疾病	肾衰（肾小球性及肾小管性）	糖尿病
甲状腺机能亢进	心血管疾病	消化道淋巴瘤及其他胃肠道肿瘤
食管炎	胃炎	螺杆菌性胃炎
炎性肠病	巨结肠	口腔疾病，包括下颌骨折
寄生虫	失蛋白性肠下垂	淋巴浆细胞性口腔炎（lymphoplas macyticstoma-titis）
感染性（即细菌、真菌、原虫及病毒）	肿瘤	环境性及其他各种因素
难以接近食物及饮水	发热	活动增加
泌乳	疼痛	食物质量低下
妊娠	应激	

主要诊断

- 病史：应向猫主了解猫能否接近食物及饮水、日粮、日粮的改变、食欲、渴欲及排尿情况，活动，繁殖状态及是否有其他临床症状。
- 查体及口腔检查：应仔细检查猫的体况，查找是否有表230-1所列出的各种疾病过程。应仔细触诊腹壁，检查腹腔器官大小及形状是否有异常，确定是否有腹腔肿块。应仔细彻底地检查口腔，确定是否有抑制采食的各种异常。应考虑采用牙齿的X线检查。应记录体况分值。具体另见表153-1 。
- 眼底检查：有些传染病及淋巴瘤可引起眼色素层炎或脉络膜视网膜炎。

- 基础检查［血常规（CBC）、生化及尿液分析］：可用于评估代谢性疾病、内分泌疾病及胃肠道疾病、传染病及肿瘤的症状。
- 粪便检查：应采用粪便漂浮试验检查寄生虫。
- 总T_4测定：在所有年龄超过10岁以上表现失重的猫应进行这种检查，以评估是否有甲状腺机能亢进。参见第109章。
- 逆转录病毒检测：可检查是否有其他疾病存在。

辅助诊断

- 胸部X线检查：可通过胸部X线检查是否有心血管系统疾病、传染病及肿瘤的症状。参见第291章。
- 腹腔X线检查或超声诊断：腹部影像检查可用于检查器官（即大小、位置、质地及构架），查找是否有肿瘤。参见第292章。
- 心电图（ECG）或超声心动图：如果病史及查体检查表明有心血管系统疾病，或初步诊断及影像检查未能得出诊断时，可用于检查是否有心血管系统疾病。参见第291章、第318章和第319章。

诊断注意事项

- 其他诊断方法应基于特异性的临床症状及最初的检查结果进行。
- 甲状腺机能亢进的猫10％以上表现失重而不表现多食及活动增加（淡漠型甲亢，apathetic hyperthyroidism）。

治疗

主要疗法

- 治疗潜在疾病：是治疗成功的基础。
- 纠正液体及电解质紊乱：应在开始24h内进行。参见第302章。

辅助疗法

- 营养支持疗法：参见第10章、第253章、第255章和第256章。应根据基础能量需要确定热量需要（参见“概述”）。应根据疾病因子，通常以疾病的严重程度乘以1～1.5。在发生亚急性或慢性摄食减少的猫，通常应在数天内再引入食物以避免强饲综合征（refeeding syndrome）。参见第188章。低碳水化合物日粮，如用于糖尿病的日粮等，以及高蛋白日粮等可用于帮助增加体重。

治疗注意事项

- 体重每天的变化是脱水状态的良好指标，一段时间内体重的变化有助于成功进行营养管理。

预后

依失重的严重程度及原因，预后可有明显不同。

参考文献

Greco DS. 1995. Changes in body weight. In SJ Ettinger, EC Feldman, eds., *Textbook of Veterinary Internal Medicine*, 4th ed., pp. 2–5. Philadelphia: WB Saunders.

Streeter EM. 2007. Weight Loss and Cachexia. In LP Tilley, FWK Smith, Jr., eds., *Blackwell's 5-Minute Veterinary Consult: Canine and Feline*, 4th ed., pp. 1438–1439. Ames, IA: Blackwell Publishing Professional.

第2篇

行　为

Behavior

第231章 攻击人的行为 Aggression toward Humans

Debra F. Horwitz

概述

猫主人常常抱怨爱猫攻击人。猫的攻击行为可导致人受伤或放弃养猫。对猫的攻击行为应认真对待。大多数医疗或环境因素均可引起猫的攻击行为，因此进行详细的检查及分析猫的攻击习性对诊断及治疗猫的攻击行为具有重要的意义。人被猫抓咬后可引起严重损伤及疾病，因此必须十分认真对待和处理猫的任何攻击行为。

诊断

主要诊断

- 全面体检：疾病可诱发或促进猫的攻击行为，因此对有攻击行为的猫均应进行全面的体检。除一般检查外，猫的体检还应根据实际需要做些其他实验室检查，如尿液和粪便检查、代谢或内分泌机能紊乱的筛查等。有些病例可能需要其他诊断方法，如X线检查引起疼痛的可能病因。其他可能促进猫的攻击行为的病因还包括齿病、胃肠道疾病、视力减弱或听力下降、高血压及过敏反应等。
- 病史调查：多数有攻击行为的病例应进行全面的病史调查以辅助确诊。对猫攻击行为的过程详细描述有利于了解引起攻击行为的原因并指导实施正确治疗。询问既往史的重点在攻击行为引发过程，如时间、地点、攻击对象及攻击发生的频率等。对所有事件环节均应仔细考虑，同时作出准确的描述。同时还必须了解猫主人的反应及猫对主人指令的回应，这样可了解猫攻击行为的原因和制订有效的治疗方案。
- 猫的日常活动习性：必须要了解猫每天的日常活动，包括其活动房间的家具等设施摆放情况等信息。询问主人关于猫攻击行为发生的地点、藏匿逃避或逃逸的能力。不仅要了解食物、饮水、垃圾箱和玩具的摆放位置，猫藏匿及停留区域等，还应了解饲喂的时间、地点和方式。其活动受限或器具放置地点改变均可导致猫出现攻击行为。例如，如果猫沙盆放置在明显的区域或角落，猫在使用时如果恰好被路过的主人打扰，则可表现攻击行为。由于房间空间位置的变化或主人占据了其部分可利用资源而使得猫感觉不安全，这也常常引起猫的攻击行为。
- 猫攻击性的年龄特点：应该记录下猫有攻击行为的年龄。猫达到社会成熟的时间为1～2岁，这时会变得更倾向于占据领地或表现防御行为。
- 猫攻击时的形体语言及姿势：详细了解猫攻击前后的姿势、面部表情及耳朵动作，这对了解猫攻击的原因及防止攻击极为有用。记录攻击时的行为和声音（如发出唬声、拍打、咆哮、追逐、扭斗、撕咬及抓伤等）可判断攻击程度（见图231-1）。如果猫主人了解猫的攻击行为，并通过干涉或终止某些活动可降低或减少猫的攻击行为。
- 猫—主人的动态关系（owner-cat dynamics）：猫与猫主人的相互关系及主人对每个事件的处理等均应有记录。应注意对一些日常事件（如玩耍、毛发梳理或爱抚）的处理。猫主人可能会不知不觉地引起或激发一系列的事件，导致猫攻击行为的发生。

辅助诊断

- 分类：将猫攻击行为分类有助于制订一些矫正猫攻击行为的方案。根据猫产生攻击性的原因，猫的攻击可分为误导性争夺或与误导性嬉戏关联的攻击（misdirected predatory or play-related aggression）、与社会地位变动或受挫相关的攻击（social status and frustration-related aggression）、与爱抚有关的攻击（petting aggression）、转移向性攻击（redirected aggression）以及恐慌或自卫性攻击（fearful or defensive aggression）等。其他分类包括自卫性或主动性攻击（defensive or offensive aggression），或采用一些与攻击目标相关的术语描述其攻击行为，如喜攻击陌生人、家人或小孩。

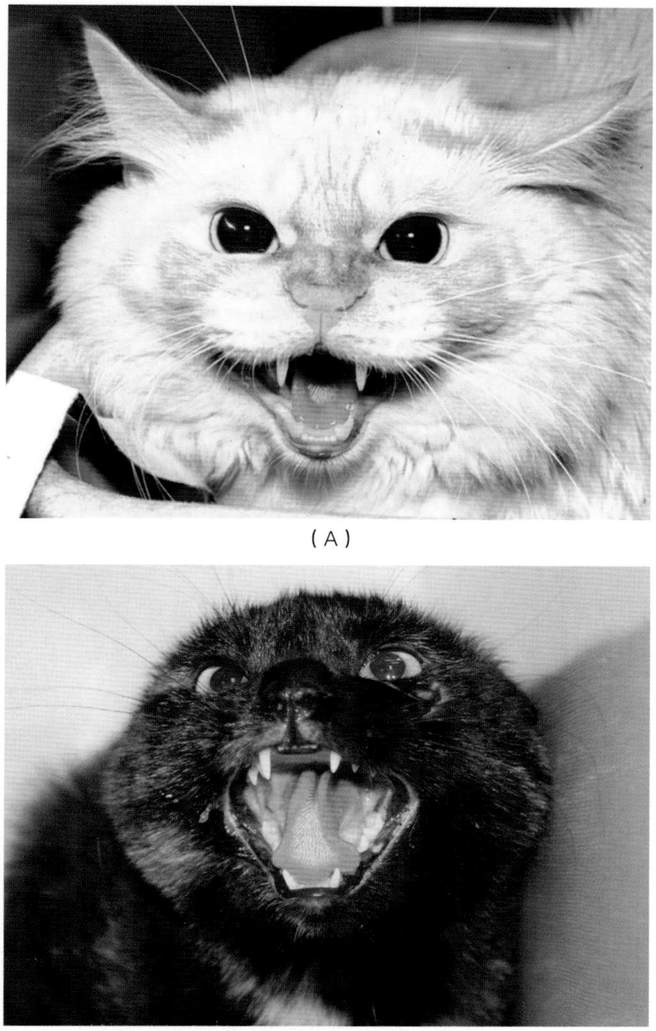

（A）

（B）

图231-1　耳和舌的姿势常常能表明猫的意图。（A）耳朵竖立，舌头扁平，则表明猫是在威胁，但可能不会进攻。（B）耳朵弄平紧贴于头部，舌头卷起则表明猫被激怒，随时会发动攻击（照片由Gary D. Norsworthy博士提供）

分类

- 与误导性嬉戏相关的攻击（misdirected play-related aggression）：这类攻击行为通常在8～12周龄的猫出现，与其正常发育过程中的嬉戏行为有关。争夺性嬉戏行为是猫科动物早期学习生存技能不可或缺的一种锻炼。它们喜欢争夺一些运动的物体，如果攻击运动的人，是一个正常但不必要的本能反应。如猫主人挥动手臂爱抚幼猫，走近或者从旁边快速经过时，因幼猫误认为是嬉戏于它而攻击时，造成主人手臂或腿部被咬伤。这类攻击发生时无任何预兆（如咆哮或被毛竖立等）。误导性嬉戏攻击行为常发生于不到2岁无嬉戏伙伴的猫，或与其他动物同处一屋的猫，或长时间单独生活的猫等。对此类攻击行为的诊断主要依据其攻击时的环境和肢体语言。在攻击前很少有攻击信号出现（如嘶嘶声或咆哮声）。这种情况经常发生于小猫喜欢藏匿的某个角落，等待活动的物体出现后迅速攻击，随后逃逸。
- 与受挫有关的攻击或与社会地位有关的攻击（frustration-related aggression/social status aggression）：这种类型在文献资料中报道不多，“社会地位”有关性攻击可能与猫社会环境中的“控制”因素有关，通常指向熟悉的人。这种攻击很大程度上是因猫和人之间的相互“社会关系”的不同所引起。猫不喜欢长时间与人亲近及接触，人则相反，喜欢较长时间接触猫的身体，因此可能会使猫感到焦虑甚至害怕。其结果是猫主人在抚摸爱猫时被咬伤，这是猫阻止主人接近自己空间。或主人在试图接近及抓住猫时被咬伤。在发生此类攻击时也常伴随其他类型的攻击，因此很难诊断。此外，有些猫平时表现为自信或冷淡，而有些猫则试图引起人关注，但它们仍有攻击性。如果猫未达到预期的报酬，如食物或允许户外活动，甚至在进行其他活动时被打断，则可能出现与挫折相关的攻击。
- 与爱抚有关的攻击（petting-related aggression）：此种攻击是指人抚摸猫时被其攻击。这对于有些猫可能是一种正常行为，但对习惯抚摸猫的主人来说则比较意外。猫通常能容忍一定时间的爱抚，之后会翻滚、撕咬及逃离。有时猫会主动接近主人并接受爱抚，但最后也可能发生撕咬及逃离。通常因能及时制止，咬伤可能不是很严重，但也可能引起严重的损伤。影响此种攻击行为的因素较多，包括猫的忍耐阈值，成年或小孩对攻击回应的冲突，感觉过敏综合征（hyperesthesia syndrome）及猫主人对猫攻击的回应速度等。
- 转移性攻击（redirected aggression）：如果猫被激怒攻击时，若攻击不到目标则可发生转移性攻击，随后的攻击可能重新定向而指向能够攻击到的目标。转移性攻击的目标可能是人。可引起猫重定向性攻击的情景包括打开门窗（特别是春秋季节，有其他猫出现）、屋内有生人或其他宠物、响亮的噪声、异味及其他一些异常情况等。
- 恐慌或自卫性攻击（fearful or defensive aggression）：因恐慌或自卫性相关攻击可发生于熟人或生人。假如猫出现恐慌或自卫性的姿势（即蹲伏姿势、耳朵平直、瞳孔扩大、毛发竖立、发嘶嘶声、喷吐或咆哮），此时触摸则可能被攻击。如果猫的社会化（socialization）训练不当，则极易发生指向人的恐慌性攻击。如果在猫逃逸时发生阻挡，或不期望的行为被阻止或被刺激，为了使攻击得到补偿，猫的攻击有可能强化而变得十分剧烈。早期受过创伤、不当处罚或强化的攻击行为均可致使猫表达攻击性。如果猫预感到其可能会被关闭到小走廊的角落，或在家具的顶部无法逃跑时，可能会发生自卫性攻击。

治疗

主要疗法

- 预测猫的攻击（anticipate attacks）：主人应该清楚猫可能会发生攻击的时间和地点，以预防其攻击行为的发生。做日记有助于了解其攻击行为可能发生的地点及时间。
- 控制猫的环境：控制有可能发生攻击的环境，或改变环境以防止攻击行为的发生。或者在攻击发生前分散猫的注意力，以减少攻击的发作。
- 使用适当的方法减少猫攻击（encourage appropriate alternatives to aggression）：可为猫提供适当的嬉戏、运动和与人互动的活动，使猫适应这些活动，不再产生攻击。同时应了解猫喜欢和能够忍耐的身体接触的适可度。
- 指令性训练（command-response training）：训练猫遵守基本的指令，如能领会发出口令、给予食物及嬉戏。
- 停止所有处罚：禁用所有粗暴的身体处罚，这种处罚可增加而不是减少攻击发作。
- 药物治疗：并非所有的病例都用药物治疗，需与矫正行为结合使用（参见第239章）。如果对人攻击主要是因焦虑和恐慌引起的，则药物治疗与行为矫正相结合有助于治愈猫易攻击人的习性。常用药物包括选择性5-羟色胺再摄取抑制剂（selective serotonin reuptake inhibitors，SSRI）及三环抗抑郁药物（tricyclic antidepressants，TCA）。在正常情况下，有时出现一些不期望的结果，如与嬉戏相关的攻击或爱抚性攻击，此时一般不采用药物治疗。

治疗注意事项

- 与误导性嬉戏相关攻击（misdirected play-related aggression）：猫或幼猫有天生顽皮的特点，但它们的嬉戏要适宜，不鼓励不适宜的嬉戏。有氧运动及采用适合的玩具，如散发食物气味的玩具、盒子、袋子等均有很大的好处。用手和猫玩格斗是不可取的，很容易被抓伤或咬伤。当猫攻击人时，可用噪声等干扰，使其受到惊吓而停止攻击。在行为的早期应采用一些误导训练项目，使其适应那些易产生误导的事件，但这些误导训练项目不应与主人直接关联，如使用遥控噪声装置等。一旦猫终止了不当的行为，则应立即停止训练，提供一些正常的训练措施，如提供玩具等。
- 与受挫有关的攻击：当猫受挫后将要出现攻击行为时，可采用指令或奖赏等方法消除猫的攻击行为的启动。主人必须要学会掌握猫将要发生攻击行为的表现，及时离开，从而干扰其攻击行为的发生。此外，应避免正面的对抗，否则可能会强化其攻击习性。充分了解爱猫的各种习性，给予爱猫期望的交流互动，在主人和猫互动的过程中，主人也需理解和遵从猫的心愿，就像主人期望猫能理解和遵从自己给出的指令。这样能减少猫的挫折感，可避免激发猫的攻击行为。
- 在爱抚过程中出现的攻击：治疗此类攻击的一个必要条件是猫主人应了解猫攻击前的一些提示性行为表现（比如肢体语言），只有这样才可能避免在接触和爱抚猫时被攻击。比如猫出现尾巴抖动、耳朵弄平紧贴于头部或出现瞳孔放大等，通常预示着会发生攻击反应。观察到这些表现时，应立即停止爱抚。确定采用何种类型的身体接触极为有用，比如可以轻轻抚摸猫的头部，但不要长时间地拍打其背部，当其坐在主人的膝盖上时不要去触碰它。有时候，猫也能接受长时间的身体接触，比如在友好表现之后用可口食物给予奖励，这样猫主人可在猫的忍耐阈值下爱抚数次。还可循序渐进，逐渐增加爱抚的次数和时间。
- 重定向性攻击：如果诱发产生攻击的刺激难以避免，而且出现的次数少，可建议主人暂时远离猫，且在猫未安静前不要抓它。但治疗此类攻击的最好方法是反向调节法，最终使得猫对这类刺激不敏感。参见第236章。
- 恐慌或自卫性攻击：对于此类攻击可采用反向调节及脱敏法进行有效治疗，通过训练教会猫面对那些诱发刺激时表现得镇静和安静，联想到的是一些美好的事物（如食物）。必须先从不会激发猫出现攻击行为的远距离和低强度刺激开始，循序渐进缩短距离和增加刺激强度，直至猫不再出现攻击行为。猫和刺激物质之间距离的掌握是训练成功与否的关键因素。在训练之初可能需较远的距离，为保证安全，应将猫置于套子或箱子中，或系上皮带，如果猫表现安静而不再攻击，则应对其进行奖赏（爱抚、赞美、给予玩具或食物），然后逐渐接近刺激物。接近的速度应缓慢，这样猫能安静而不表现焦虑或害怕。治疗的主要目的是让猫逐渐接近刺激而保持安静，而不是表现害怕或攻击。治疗此类攻击，游戏也有帮助作用。在有些情况下还可用囚禁等措施。

- 在任何情况下，安全第一。如果家里有小孩、老人或免疫抑制性病人，他们或许不能有效控制猫的攻击行为，则不适合以猫为伴侣动物。若攻击出现重伤，就没必要在家中养猫了。如果猫有频繁的攻击行为，那么最好和猫保持距离。一旦发生损伤，应立即进行治疗。兽医开处方时，必须提醒主人，给猫口服用药时一定要防止被猫咬伤或抓伤，绝不能疏忽或冒险。

预防

为了防止人被猫攻击，最好是让幼猫有一个良好的社会环境，能与人良好地互动和游戏。猫最理想的训练阶段（即社会化阶段）为6～9周龄，幼猫到家时基本接近于此阶段的末期，因此告知猫主人对新来的幼猫进行合适的互动和训练是非常重要的。善意及轻柔的互动，遵守个体的忍耐度，这可能需要较长时间才能教会幼猫如何与人互动。给予适宜的玩具和猫玩耍而不是用人的手或足，可减少与嬉戏相关的攻击问题。在争夺性嬉戏中，为猫的攻击提供适当的发泄方法也有助于消除其对家庭成员的攻击。

预后

误导性争夺或误导性嬉戏关联的攻击及爱抚相关的攻击，一般情况下预后较好。重定向性攻击、恐慌或自卫性攻击的预后可能较为严重，而且预后与攻击的强度及频率，引起损伤的严重程度和预测，以及避免攻击再次发作的能力等有密切关系。

参考文献

Bateson P, Martin P. 2000. Behavioural development in the cat. In DC Turner, P Bateson, eds., *The Domestic Cat: The Biology of Its Behaviour*, 2nd ed., pp. 9–22. Cambridge: Cambridge University Press.

Curtis TM. 2008. Human-directed aggression in the cat. *Vet Clin North Am Small Anim Pract*. 38(5):1131–1144.

Frank D. 2002. Management problems in cats. In D Horwitz, DS Mills, S Heath, eds., *BSAVA Manual of Canine and Feline Behavioural Medicine*, pp. 80–89. Gloucester UK: BSAVA.

Heath S. 2002. Feline aggression. In D Horowitz, DS Mills, S Heath, eds., *BSAVA Manual of Canine and Feline Behavioural Medicine*, pp. 216–225. Gloucester UK: BSAVA.

Horwitz DF, Neilson JC. 2007. Aggression/Feline status related In Horwitz DF, Neilson JC, eds., *Blackwell's 5-Minute Veterinary Consult Clinical Companion Canine and Feline Behavior*, 4th ed., pp.155–161. Ames, IA: Blackwell Publishing.

Landsberg G, Hunthausen W, Ackerman L. 2003. Feline aggression. In DM Landsberg, W Hunthausen, L Ackerman, eds., *Handbook of Behavior Problems of the Dog and Cat*, 2nd ed., pp. 427–453. Philadelphia: Saunders.

第232章 猫薄荷效应 Catnip Effects

Sharon Fooshee Grace

猫薄荷（catnip），又称假荆芥、土荆芥、山藿香和樟脑草等。猫薄荷能引起家猫出现许多有趣的愉悦的兴奋行为而引人注目，对从外地引进的猫也有作用，因此在动物园有人曾用猫薄荷作诱饵诱捕猫。不像引进的猫，猫薄荷对老虎不引起任何效应。除了猫薄荷外，其他一些植物也可有效果，包括猫百里香（*Teucrium manum*）及颉草（*Valeriana officinalis*）等。

猫薄荷为荆芥属（*Nepeta cataria*），薄荷科植物，原产于非洲及地中海，但目前在全世界均有发现。该植物易于播种和生长，在路边或水沟边等作为杂草生长（见图232-1）。其茎部及叶片中含有荆芥内酯（nepetalactone），为一种挥发性油类，是猫薄荷对猫起作用的主要成分，但最主要的活性物质为荆芥内酯的代谢产物假荆芥酸（nepetalic acid）。这些成分对猫没有毒性。

猫食入猫薄荷后确切感觉还不清楚，但根据人吸薄荷烟叶的感觉推测可能会引起视听幻觉。在19世纪60年代，有人报道用猫薄荷代替大麻或卷烟丝，人会有"幸福、满意及沉醉"的感觉，也曾一度被用作家庭治疗一些疾病的良药，如哮喘、猩红热或麻疹等。

图232-1 新鲜或干燥的猫薄荷对猫都有吸引性。在花盆或花园都可种植猫薄荷［照片由密西西比州立大学农业通信办公室（Mississippi State University Office of Agricultural Communications）Marco Nicovich提供］

市场上销售的可用于猫的猫薄荷有干品或鲜品，据报道干燥后荆芥内酯含量最高。许多猫友在自家的花盆或花园种植一些猫薄荷，这些新鲜植物也可以吸引猫。户外活动的猫也会主动寻找种植的猫薄荷。也有出售的简单干燥后的猫薄荷，或将其包裹在各种布玩具中。浸渍有猫薄荷的猫抓板（scratching trays）也很流行。许多主人以猫薄荷为环境富集源，特别是给予只限户内活动的猫，用于提高它们的福利。

猫对猫薄荷的敏感度差别较大，有些猫完全没有反应，而有些猫则可引起高度兴奋。对猫薄荷敏感的为显性遗传性状，不能遗传此基因的猫则不敏感。但大多数猫确实对其敏感。猫对猫薄荷的敏感性有年龄和经历的差异性，2月龄以下的猫不敏感，约6月龄或初情期以后的多数猫对猫薄荷变得非常敏感。值得注意的是，有时对猫薄荷不敏感的猫可对其他一些能刺激嗅觉行为的植物发生反应。实验研究表明，猫可通过嗅觉器官上皮细胞感知荆芥内酯，而不是鼻腔中独特的感觉器官犁鼻器（vomeronasal organ）感知。

猫接触到新鲜猫薄荷时，闻其味，后将脸在猫薄荷或载有猫薄荷的花盆上摩擦。如果是在种有猫薄荷的花园，可在其中打滚。有时还可见猫采食和咀嚼猫薄荷的叶子。如果接触到干燥猫薄荷，也可出现各种兴奋行为，如打滚、流涎、鸣叫、抓挠、摇头、跳跃，有"飘飘然"或"嬉戏"等表现，就如同发情期猫（甚至是在公猫）所发生的行为变化。一般作用时间短，最强烈的反应也可持续数分钟，随后处于不敏感期。因此，为了维持最大程度的反应性，有人建议给猫接触猫薄荷的机会每周不能多于2次。

参考文献

Grognet J. 1990. Catnip: Its uses and effects, past and present. *Can Vet J.* 31(6):455–456.

Hart BL, Leedy MG. 1985. Analysis of the catnip reaction: Mediation by the olfactory system, not vomeronasal organ. *Behav Neural Biol.* 44(1):38–46.

第233章
丰富猫的家庭环境
Environmental Enrichment in the Home

Debra F. Horwitz

概述

家养猫由小型猫进化而来，而这类小型荒漠猫捕食效率很高，并且适应有或无社会群体及无人为控制的生活。在进化早期，猫和人之间可能是建立在无需双方约束的互惠互利的基础之上的。猫能有效控制人类储藏食物的地面、船只、厩舍和室内等地方的啮齿类动物的种群。有些猫被家养后无疑是重要的伴侣动物，但它们相对独立且不依赖于人的控制，如猫接受食物的方式、居住地点，以及繁殖方式等。多年来，因针对某些生理特点及个性品质，以及为适应全室内生活等的方向选育，使得猫的原始特点发生了显著改变。成为家猫后其生活变得更安全，营养及保健等方面也得到了提高，猫可以活10多年或者20多年。虽然寿命延长了，生活状况改善了，但猫的基本需要没有明显变化。而且相比以往更有必要提供条件以满足其社会、环境、身体及精神的需要，否则可导致非期望的行为变化。近来美国猫业协会（American Association of Feline Practitioners）认识到，在猫的医疗中应充分考虑其行为变化，因此在2005年出版了《猫的行为指南》（Feline Behavior Guidelines）一书。

定义及基本原理

富集（enrichment）是一个包罗万象的术语（catch-all term），是指给不能在其已适应的自然环境中生活的动物提供一些生活所必需的设施和条件，以满足它们固有的对运动、社会关系、物种特异性的精神及身体需要。猫富集的需要应建立在对猫自然生态的了解基础之上。通过进化，猫成了相对其体格较小动物的高效率捕食者。但很有意思的是猫也可被其他动物捕食，因此在获得食物同时避免被捕食的境况在猫日常生活中经常发生。大多数的猫通常生活在相对孤立的条件下，除了在食物源地附近聚集及交配外，每只猫均可自行满足其需要，通常不能依赖群体来获得帮助。无食物给予的流浪猫可将每天46%的时间用于寻找食物，其余时间用于休息、整梳及睡眠。生活在家里的猫，特别是不能接近户外生活的猫，其时间安排不尽相同，它们不再需要寻找食物，不再需要警惕以避免被猎杀。它们被迫与其他猫或动物近距离地生活。它们很少能够控制每天发生的事情。生活环境发生的这些变化可导致产生很多问题，包括肥胖、焦虑、害怕、破坏性行为、厌食、用尿液或爪标记不必要的区域、随地排便及攻击等。焦虑及应激等可影响到它们的健康，诱发疾病，导致下丘脑-垂体-肾上腺轴系内分泌机能的紊乱。多个研究表明，应激与疾病发生之间具有密切的关系，富集可降低一些慢性病的发病率。与应激有关疾病的症状不易观察发现，由于主人及兽医不了解应激及其对猫身体的影响，往往会错过对应激相关疾病的诊断治疗。因一些模糊的综合征，猫被抱来就诊，如轻微的厌食、呕吐、藏匿、过度整梳、随地排便，甚至出现攻击行为，其实这些症状可能是由于应激而引起。这类应激甚至还包括环境不能满足其需要。行为问题也是猫经常被庇护所淘汰及实施安乐死的主要原因。但报道的行为问题中许多为正常，是主人不期望其产生的行为，这些行为可通过环境富集及关注猫的需要而得到有效治疗。

诊断

主要诊断

一般情况下，猫因表现临床症状而就诊时，兽医必须要全面检查病猫体况，可包括血常规（CBC）、生化分析及影像分析。如果未发现任何异常，兽医就应该检查环境，包括可能的应激源或猫不表现典型的种特异性行为的原因。此外，检查猫的个性或性情可能很有帮助，如猫是否胆大、外向活泼，胆怯或胆小，家人是如何与猫互动的，互动是否与猫需求相一致？或者换言之，猫在休息时是否经常被家人抓起或触摸而不能提供给其有足够的独处时间？而社会性的外向型猫是否能有足够和人或其他动物的互动时间？

辅助诊断

要针对提供给猫的活动空间和内容等问诊。如在饲养多只猫时，室内资源如何配置的，是否每只猫都能分享到这些资源，哪些猫喜欢与其他猫互动，而哪些猫又喜欢独处。这些资源不能局限于其餐具、水碗、猫沙盆，还应包括爬架、藏匿点、磨爪杆、床、玩具及引起主人的关注等。

诊断注意事项

不同品种的猫对环境的需求不同，饲养多只猫的家庭需要给猫提供什么样生活环境，对此猫主人必须掌握，以便能给猫提供足够好的生活环境。其详细内容可参考第231章、第235章、第236章以及第237章。

治疗

主要疗法

对大多数动物来说，它们无法控制的突发事件是最易引起应激的环境因素。突发事件或许发生在它们采食时，在通往户外的通道上，接近其排便点过程中，嬉戏或社会互动的过程中，以及能否有安静的休息，还有它们是否具有发现危险和避免遭遇应激的能力。因此，如上所述，富集首先应考虑猫的一般需求，其次才考虑有问题猫的个体需求。大多数动物喜欢可预计的互动及日常生活，特别是猫不喜欢难以预测事件的发生，除非它们有逃逸或应对的准备，否则会使它们感到紧张不安。

治疗注意事项

- 有很多富集方式及种类，但并非所有方式都适合或被每只猫所接受。
- 饲喂方式：野猫需花费大量的时间去觅食，因此增加食物获取方式的复杂性可充实只在室内活动猫的环境。可选择的方式包括食物玩具，在室内放置多个食具，每天在各个食具中留下少量食物，或将食物藏在盒子或袋子中放置于房间的不同位置等。在饲养2只或更多猫的家里，应多放置食具（至少每猫一个），将这些食具放置于不同的高度及位置，可使不太敏捷的猫很难触及，这时敏捷的猫可不受干扰地采食。虽然许多猫喜欢多次少量采食，但每天至少饲喂2～3次。有些猫喜欢喝流水，安装个小喷泉可满足猫的此类需要。
- 空间的富集：目前尚不十分清楚给室内生活的猫应该提供多大空间才能让其感觉到舒适。许多研究试图观察猫如何分享空间，有人发现猫在大多数时间并不在其他同伴的视线之内。如果在视线之内，它们之间经常相距1～3m。猫还喜欢爬越和躲藏。因此，要给予猫高质量的空间，如猫歇息地点要建的相对高点且有利于逃逸，以便猫能观察周围环境及逃跑。有关室内家居装饰及改造，如猫的行走路线、爬越的架子等，详细信息可参阅有关书籍。
- 歇息及藏匿区：猫会花费大量的时间在比较柔软的地方睡觉和休息。有些猫喜欢卧在软材料上休息，这些软材料包括绒线织物、毛绒、毡片、羊毛织物，甚至纸张。许多猫喜欢在较高的凸起的地方休息，如设置简单的类似书架、窗台、窗台栖木（window perches）等地，或购置专用的猫塔或精心制作的其他结构（见图233-1）。藏匿是猫对人或其他动物作出回应或逃避的行为，也是一种很重要的应对行为（coping behavior）。猫可藏匿的地点包括有盖的猫床、通道、盒子或纸袋（见图233-2）。也要提供猫钻入其后或其下的场所，特别是在饲喂多只猫的家庭，应为猫提供更多的休息场所，以便猫能进行选择。

图233-1　出售的各种形状及大小的猫爬架及磨爪杆，将其分散放置于房间中，以供猫躲藏、标记、休息及玩耍

- 社会环境：近来的研究促进了人们对家猫社会需求的了解，这些需求是它们在社会群体中赖以生存的基础。但有诸多的因素影响着猫适应这种社会群体的能力。猫与猫的社会关系发生于2～7周龄，同窝猫配对

图233-2 正常的居家材料，如商品袋、洗衣篮及盒子等均可作为猫的藏匿或娱乐材料

搭伴后生活要比无关的配对安排更好。群体生活的猫似乎没有像其他动物那样使冲突扩大或有协调冲突的能力，而它们的社会关系不协调时即可造成应激。如在本文前部分及有关猫行为的其他章节中所介绍的，资源的安排对家里的社会环境有很大的影响。资源的分散可以减少冲突，但也应有利于它们去接近而不感到害怕或焦虑。户外活动的猫接近窗口或门口时也可产生同样的问题，会对里面的猫造成威胁。应告知猫主，社会冲突不仅引起行为问题，而且也能改变行为的其他方面，包括食物消耗（增加或减少）、整梳行为（增加或减少）、呕吐及改变猫和主人间的关系。如果猫与其他动物已经建立了良好的社会关系，而且是在很好的控制下建立的社会关系，则猫也喜欢与其他动物一同生活，包括犬等。但在许多情况下，许多猫还是受制于年轻气盛的犬，因此在一定的时间段应将其分离开。

- 与人的互动：与人的互动是猫社会环境的另一重要内容。大多数猫喜欢与它的主人相处，有些猫喜欢坐在膝盖上或附近，有些猫则喜欢被爱抚、整梳甚至逗它玩。虽然有些猫喜欢被长时间地抚摸或拍打，但是主人应该清楚有些猫则喜欢让人模拟它的同伴去抓或梳理其头或颈部。应合理安排每天互动的时间，以满足人和猫的需要。必须要强调的是，如果猫在一定时间不想互动的话应该能说“不”，对这种猫不应强迫其有社会互动，因为这样可能会对猫产生应激，对人-动物之间的关系间产生不良的影响。
- 抓挠行为（scratching behavior）：猫喜欢抓挠，因此，一定要为其提供可接受的抓挠对象。猫抓杆应放置在猫能接近的区域。剑麻（sisal）是最常用的猫抓挠的材料，但事实上，主人应通过实验寻找爱猫所喜欢的抓挠材料。猫在抓挠时用爪及指（趾）间的腺体分泌物留下标记。最好多用几个猫抓杆，放置共同区域及一两只猫经常所处的区域。猫抓杆应放置在猫的进出口及近休息区。主人必须要记住的是猫的抓挠是一种传递信息行为，因此猫抓杆应放置在显要的或猫经常出没的位置。
- 嗅觉与视觉刺激：猫的嗅觉及视觉很发达，有些猫喜欢猫薄荷，而弥散在空气中的外激素可使有些猫安静。有些猫通过窗户观察户外，而有些猫则可观看电视，也喜欢看猫的影像。
- 易互动和可操控的玩具（interactive and manipulative toys）：近来的研究表明猫喜欢易旋转的玩具，同时也不会对其上瘾。这时让其玩某玩具5min后，用新玩具替代该玩具能提高猫玩的欲望。猫似乎更喜欢轻、易于运动、能让其模拟捕食过程的玩具，见图233-3。有些猫喜欢棒状玩具，但需要主人的参与。

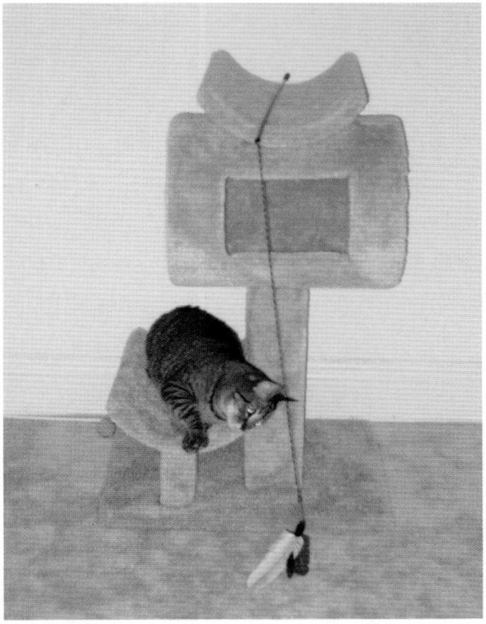

图233-3 图中的羽毛大鸟逗猫棒（Feline Flyer®）玩具是鼓励猫有氧运动的一种玩具，这种猫爬架也为猫提供磨蹭及休息的区域

在和猫嬉戏的过程中，一定要小心谨慎，防止猫吞入玩具。如吞入线状物可引起小肠阻塞及肠套叠。猫喜欢的新奇玩具还有篮子、盒子及袋子等。

- 猫排便的区域：猫沙盆应置于安静的隐蔽区域，而且猫容易接近的位置，比较理想的是放置在离采食及饮水点较近的地方。如果家里养多只猫时，应在多个位点放置猫沙盆，至少应每只猫一个，在有一个以上进出口的房间至少应放置猫沙盆，以防止猫被困在这个区域，出现排便困难。猫沙盆应具有不同的特点，如不同类型的，边缘高或低，大的，或有盖猫沙盆等，以便家中所有的猫均可发现适合其排便的需要。

- 梳理被毛：大多数猫十分挑剔，常常使自己保持十分干净。然而，有规律地帮助梳理被毛对猫是有益的，尤其是帮助长毛品种或比较胖的猫梳理它自己无法触及的身体区域。最好是从幼猫时开始，使其作为日常工作的一部分。开始时梳理时间不应太久。如果猫比较配合，可给予许多美食作为奖赏；若发现猫焦虑不安时，立即停止。随着时间的推移，大多数的猫会学会接受主人帮其梳理被毛。这样不仅有利于主人与猫的良好关系的建立，而且也可减少毛球的形成。猫也习惯于修剪指甲。不能着急，开始时可只修剪1～2个或1个爪子的指甲，然后用可口的食物给予奖励，这样猫会逐渐接受日常的指甲修剪。
- 室内外活动的选择：在美国，60%～70%的家庭只让猫在室内活动，而在英国，多数的猫是可以去室外活动的。虽然去室外有一定的风险，如被感染上疾病、发生交通事故、与其他猫打斗、中毒、被其他动物攻击及丢失等，但完全的室内活动也并非没有风险。有人曾报道，如果只限制猫在室内活动，会有泌尿系统综合征（feline urologic syndrome）、甲状腺机能亢进、肥胖及行为异常等问题出现。但其他研究则不赞同这种观点。为了安全和适应室外环境，有些主人试图用皮带拴住猫防止其溜到室外或用牵引的方式进行室外活动（见图233-4）。事实上，如果能满足其各种室内活动的需要，则猫能很好地适应只生活在室内。
- 仔猫：一般来说，尽管给予成年猫的生活需要也可提供给仔猫，但并没有必要满足仔猫的独特生活需要。实际上最需要的是使仔猫适应人及其他动物参与的社会化生活，以及对新事物、噪声的处理和适应等问题。包括仔猫与猫的社会化过程在内，仔猫的最佳社会化阶段为3～9周龄。许多仔猫直到6～7周龄才融入家庭生活中，因此对主人来说最为重要的是经常辅助仔猫使其适应人类的家庭生活，包括主人的抚摸、梳毛、训练使用猫爬塔及猫沙盆等。猫沙盆要大小适合，至少有一侧边缘较低。及早训练，使猫适应在笼子中休息或外出。这样可消除在将来必需的运送或兽医检查过程中出现一些意想不到的事情。要使仔猫逐渐地熟悉他人、动物、噪声及事物的介入，特别应注意仔猫对刺激的反应强度，将刺激的强度维持在低水平。在此过程中可提供游戏或美食给予鼓励，均有助于使其认识到新事物并没有构成威胁。决不能采用处罚的方式，因为可引起对主人的恐惧及不信任。因此，为了不伤及猫和损坏器具，一定要为仔猫提供安全的环境。最后，仔猫好奇而贪玩，因此每天必须要有玩耍时间，否则可能会出现让人难以接受的自我娱乐。
- 老年猫：与仔猫一样，老年猫也有其必须要满足才能保证其幸福及健康的特殊生活需求，这其中大多数是以随着年龄的变化而发生的身体及能力的变化为中心。研究发现，12岁以上的猫几乎90%可在一个或多个关节发生骨关节炎，还有许多可发生慢性代谢性疾病。这些疾病均可影响猫接触其所需要的资源及其与人互动的反应性。许多老龄猫活动减少，可限制这类猫在为其提供的空间中的活动，它们通常会占据经常用于休息的区域。为了使这些猫的生活更为舒适，应在猫经常转悠消磨大多数时间的区域为其提供食物、饮水、猫沙盆及松软舒适的休息区。由于老龄猫可能有疼痛或感觉机能丧失，因此在与猫互动的过程中或日常梳理时给予按摩。应仔细观察食物及水分的摄入，以及排便情况，这样可不断对其健康状态进行评估。每天应少量多次饲喂而不是自由采食，这样有助于观察猫的状态。如果让其自由采食时则不便观察食物及水的摄取量。虽然年龄比较大，但它们仍然能够通过观望窗外，玩弄新玩具、猫薄荷，或者陶醉于一些新气味中玩耍等活动，从而享受这些精神刺激。

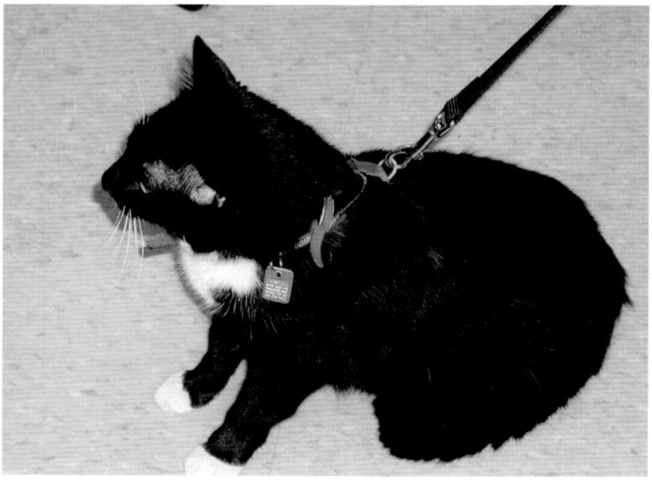

图233-4　训练猫使其适应佩戴皮带和安全绳，这样可安全地户外活动

预后

满足猫的社会、好奇心、精神及生理需要对猫能够健康而长寿地生活是极为重要的。只要了解了猫的需要，便能容易做到满足猫的需求。

参考文献

Buffington CAT. 2002. External and Internal influences on disease risk in cats. *J Am Vet Med Assoc*. 220:994–1002.
Hall SL, Bradshaw JWS, Robinson IH. 2002. Object play in adult domestic cats: the roles of habituation and disinhibition. *Appl Anim Behav Sci*. 79:263–271.
Hardie EM, Roe CS, Fonda RM. 2002. Radiographic evidence of degenerative joint disease in geriatric cats: 100 cases (1994–1997). *J Am Vet Med Assoc*. 220(5):628–632.
Overall KL, Rodan I, Beaver BB. et al. 2005. Feline behavior guidelines from the American Association of Feline Practitioners. *J Am Vet Med Assoc*. 227(1):70–84.
Westropp JL, Kass PH, Buffington CAT. 2006. Evaluation of the effects of stress in cats with idiopathic cystitis. *Am J Vet Res*. 67(4):731–736.

第234章
医院环境的强化
Environmental Enrichment in the Hospital

Gary D. Norsworthy 和 Linda Schmeltzer

概述

无论是看门诊或是住院，也无论是对何种动物，包括人在内，去医院可能为一种很可怕的事。然而，带猫去小动物诊所就诊，其经历更是令人感到不愉快。只在室内活动的猫从未见过犬，不管是第一次还是以后遇到犬时均会表现惊恐。在挤满犬和猫的候诊室常发生这种事情，即许多猫成为犬攻击的对象，甚至与猫在一起生活的犬，也可将不认识的猫作为攻击的目标。

如果兽医、技术员、养犬的人及前台接待不是特别地喜欢猫，则会增加猫的焦虑感。不幸的是，这样的人经常会出现在小动物诊所。一些必须程序，如诊断开始时测定肛温，使得猫自卫及攻击性增加，而对保定及治疗人员的威胁性也增加。

在医院就诊时，如何做才能减少这些不愉快事情的发生，这是本章介绍的内容。在医院的环境强化的主要目的是尽可能使得来就诊的猫及治疗人员感觉愉悦。所以，一定的约束是必要的，这样可以提供高质量的医疗保健。

医院的环境强化可分两类，一是减轻猫的焦虑，二是减少主人的忧虑。在猫疾病的诊疗过程中，请不要忘记兽医建议的治疗方案是否被接受，以及将来是否再来就诊等问题都是由猫主决定的。衡量门诊或医院工作好坏的关键点是猫主人对他们的服务是否满意，以及他是否还会再来就诊。因此医院中的环境强化直接影响从业者能力的提高及医院的收入。

基于我们的个人经验，提出以下的观点。欢迎通过互联网了解和参观我们的医院。网址是：www.alamofeline.com .

猫专科医院

在美国，第一家猫专科医院（feline-exclusive practice）建立于20世纪60年代。在当时，尽管许多人认为这是一个奇怪的概念，但许多很严肃的猫主人都要求建立这种医院。在过去40多年来，猫从一种很随便的几乎可任意处理的宠物已经变成许多家庭极为重要的组成部分。猫的专科医院在美国已增加到300多家。同时，随着家庭养猫的流行，这种医院将会继续建立。

猫专科医院是基于以下两个对猫主人有利的前提的。首先，如果一个兽医在其职业生涯中只专于一种动物，将会使其专业技能更为精湛；其次，可提供无犬的，当然是对病猫无威胁的环境。

在猫专科医院的实践中，我们采取的以下措施，其中大多数也可照搬或创造性地用于犬-猫专科医院。

员工

40多年前，许多（但绝不是大部分）学兽医的学生是男生，多来自农村，计划通过学习能够诊治包括农畜和犬等在内的各种动物的疾病。总体上来说，这些学生对猫没有兴趣。但在近15年，情况发生了明显的变化，兽医专业的生源中女生占绝对优势，其中许多期望能在将来从事猫临床工作，至少与想从事犬临床工作的学生的兴趣相当。尽管有偏向于猫的倾向，但有许多兽医从业人员仍喜欢诊疗犬，因为“不得以”才诊疗猫。因此，虽然兽医接手了病猫的诊疗，但关注度不够。对病猫的检查及治疗的程序是对的，但实施过程中缺乏责任感，也没有强烈的欲望。

要做到医院环境强化，首先是配备喜欢猫的兽医、技术人员、管理人员及前台接待人员。否则猫主人会因工作人员处置猫的方式而不高兴，会寻求对猫友好的医院为其服务，这一点怎么强调都不过分，这也是医院环境强化的基础。

接诊区

接诊区（reception area）首先会给宠物主人留下对医院的第一印象。接待区应该传达的信息对猫是极为有价值的，就像病人一样，也应该是干净整洁的。具体工作如下：

- 以猫为主题装饰。小动物诊所的装饰中，猫和其他动物同等对待。如果接待区90%的主题为犬，则会给猫主人提供强烈的消极信息，（见图234-1）。

（A）

（B）

图234-1　（A），（B）接待室应该有猫主题的装饰，且与接诊的病猫的比例有相适应的装饰。在专门的猫医院，应摆放与起居室质量相同的家具

- 猫专科医院接待区应该摆放与人起居室同等质量的家具。大多数猫是被装在旅行箱中送到医院的，无需用链条或带子栓在家具上，也不会抓家具，无需担心被猫损坏。所以高档装修的接待区可使客户感到非常满意。
- 控制气味是比较重要的。猫尿的味道常常可弥漫于整个接待区。虽然这种气味也可来自医院的其他区域，但接待区不应有这种气味，必须及时清除尿液。如果猫未能将尿排入猫沙盆，则应立即采用能有效中和气味的产品，如宠物味清除剂（Zero Odor Pet®）（www.ZeroOdorStore.com）。公猫尿液的气味特别刺激且到处弥漫。原则上一般不将健康的公猫在接待区留置过夜，若必须如此，则应将其留置在通气良好的隔离病房，经常使用Zero Odor Pet，在排尿后立即清理猫沙盆，湿的猫沙盆应立即带到户外垃圾回收处处理。

检查室

诊室（examination rooms）为病猫进入的第一个“医疗”区，因此必须细心地照顾病猫，才能有效地吸引客户。

- 装饰品极为重要。在我们医院，6个检查室都有根据名猫设计的不同主题（见图234-2）。如果检查室也用于除猫以外的其他动物，装修应该有一些猫的主题。在小动物诊所，理想状态下应专为猫装修一个或几个检查室。专用于猫的检查室不需要与犬的一样大，这样就没有犬的气味。在建造过程中，墙壁上设置隔音板，可减少或消除犬的声音。

图234-2　我们医院检查室的装饰以不同名猫为主题，检查台为L形，每个检查室都配备有无线传输的计算机（www.avimark.com）

- 如果小动物诊所为病猫设计了一个或数个检查室，理想状态下应远离犬的通道，犬通过时的声音及从门缝中能嗅到犬的味道可增加猫的焦虑感。
- 清洁是最为重要的。客户进入房间时每个工作台面、桌面及水槽应一尘不染，桌面及地面上不应有猫的毛发。
- 气味的控制与清洁同等重要。应采用能消除味道的清洁剂。如果有任何残留的气味，应采用宠物味清除剂Zero Odor Pet消除。散发臭味的材料（如尿液、粪便及肛囊等）应立即从房间清除，而不能仅仅放置于房间的垃圾箱中。
- 房间需要做成“防猫的（cat proof）”房间，房间中不能有猫可藏匿的狭小地方，应使猫能自由在房间内漫步，这样可减少应激。

- 另外，设计一些藏匿的地方也有助于缓解应激，有些猫喜欢在水槽中打滚，有些则喜欢塑料盆（平底盘）或指定橱柜，但在每次使用之后都必须清洁。
- 还应设计放置猫旅行箱的地方，而不是放置在临诊台上。
- 费洛威（Feliway）®（www.feliway.com）有助于镇静紧张不安的或易攻击的猫，在检查之前，可将其喷洒到诊台上。

诊室的设备及检查步骤

- 检查的第一步是将猫从旅行箱中拉出。在许多情况下，猫主人可做这项工作，或猫也能自行爬出。但如果猫不愿离开较为安全的旅行箱，可采用多种方法。在有些情况下，猫主人可先将猫哄骗出箱子，如不能，则技术人员或兽医在猫愿意的情况下可将猫弄出箱子。如果还不能，可采用其他一些策略，主要目的是不要刺激猫产生防御（或攻击）姿势。许多塑料旅行箱的顶部可以除去，这样可消除猫防御其领地。如果这样仍不可行，则可打开旅行箱的门，将靠门部分放在临诊台上，缓慢抬高旅行箱尾部，这样猫可从箱中滑出。有时猫会仍然试图待在箱中，此时可将箱的后部抬高接近垂直，猫必然会滑出箱外。当两前肢或两后肢在桌子上时，可将箱抬起，这样猫会走出旅行箱（见图234-3）。重要的是，这一操作过程应缓慢，这样猫就不会抗拒。同样重要的是，如果猫的一前肢一后肢在检查台上时，不要抬离旅行箱。如果出现这种情况，则应将旅行箱放回桌面重新开始操作。

图234-3　将猫从旅行箱倒出，随着旅行箱后部接近垂直，迫使猫的一条或二条腿接触到临诊台上。当两前腿或两后腿位于检查桌面上时，可抬起旅行箱，这样猫就可以出来

- 检查的下一步评估猫的个性。猫可根据个性分为三类：（a）友好型；（b）忧虑或惊慌型，见图231-1（A）；（c）攻击型或易怒型，见图231-1（B）。对前两种类型的猫，可在接触时将手伸开，无威胁地去接触猫。如果让猫嗅闻食指［见图234-4（A）］，通常会减轻猫的忧虑。之后可将食指轻轻滑动到猫耳朵后轻轻抚摸，再轻轻抚摸背部，如果猫对你的接近有兴趣，再抚摸几次，或抓起猫将其像婴儿一样抱住，见图234-4（B）。有些猫允许这样，而有些猫则不能。兽医人员这些前瞻性的活动可使猫感到舒适，在检查时可能不会发动攻击。这样至少会给客户传递两个信息：（a）你爱猫；（b）你爱这只猫。

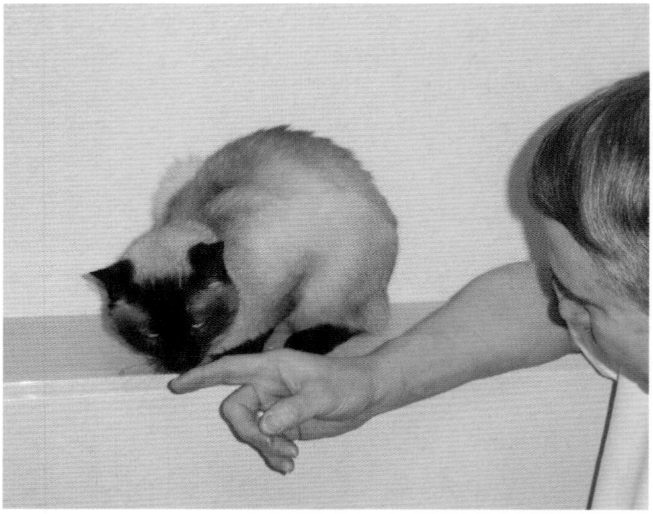

（A）

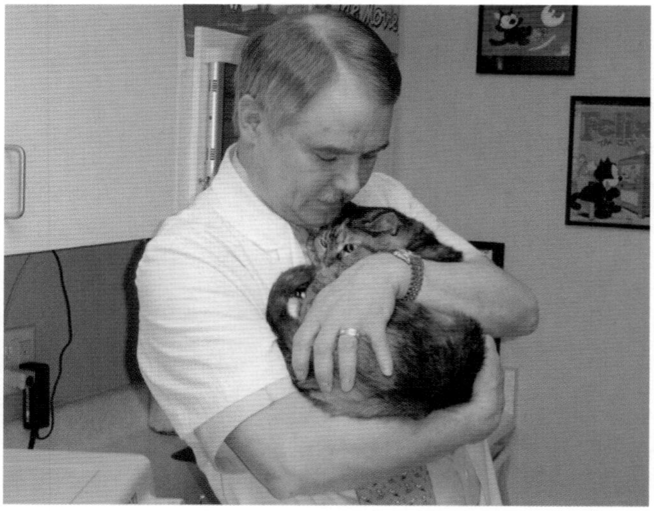

（B）

图234-4　检查猫的步骤。（A）开始接近病猫时，可先让猫嗅闻你的食指，之后轻抚耳后，如果猫愿意，可在背部轻轻抚摸数次；（B）抱住猫数秒钟。通过这个程序后通常可使猫安静，在体检时更加配合检查

- 处理攻击性或易怒的猫时必须要当心。猫咬伤可造成严重的感染。参见第310章。为了能安全进行检查，通常需要进行镇静。
- 我们的6个检查室每个都相通，设备可共用。设备放置在相应的柜子或抽屉中。因此在多位医生使用检查室时可更为高效，也能减少员工的应激。医生及技术人员应激后很有可能会将焦虑传递给病猫。
- 我们采用的主要保定设备是厚的浴巾。每个检查室临诊台上的橱柜有三条毛巾，这样配置主要是便于兽医或技术人员能很快找到。为检查室专门配置毛巾时一定要保证其没有污点、破洞及磨损的区域。
- 每个猫在每次就诊时均应称重。我们一般采用数字称重（www.pelouze.com; model 4010），先将一塑料盘置于秤上以便于猫站立或躺下。每个检查室配置一个，可放置于抽屉或临诊台的客户一侧；拉开抽屉时即可称重而无需将秤从抽屉中拿出。为长期使用，可用硬质材料做抽屉。
- 兽用检耳镜（veterinary otoscope cones）对猫的外耳道来说太大，因此我们采用人用耳镜。
- 听诊猫的心脏时最好采用12mm或2cm体件的听诊器。猫的心脏杂音通常位于近胸骨处。
- 猫具有很强的肛门反射。应先将直肠温度计进行润滑，但不能强行插入肛门。轻轻压迫可引起肛门括约肌松弛，减轻猫的抵抗。对不安或胆小的猫，可在查体完成后量体温，因为测量体温的过程可能会导致猫发生攻击反应。
- 测量血压可在安静的检查室，由猫主人按住猫的情况下进行。理想状态下，这应该为检查的第一步，因为其他检查可能会影响血压。
- 采集猫血样可能会相对困难，我们进行血样分析时用的大多数化学仪器，其需要的血样量不到0.5mL（www.abaxis.com; VetScan VS2）。血样可采集隐静脉。如果需要的血样量大，可采集颈静脉血液，参见第303章。如果对采集血样一直很熟练，则会使客户产生良好的印象，因此可在检查室进行。在检查室采集血样的另外一个优点是可避开医院中有犬的区域。
- 可通过膀胱穿刺（cystocentesis）采集尿样。与犬不同的是，猫采集尿样时需要固定膀胱。如果膀胱在半满以上，则可使猫侧卧，用一只手固定膀胱，另外一只手用22号针头及6～12mL注射器穿刺膀胱。如果膀胱中尿液不足一半，则可在超声引导下采样。

医疗区

- 该区域的清洁及气味控制同样重要。气味可沿着走廊或通过空调或加热系统，从医疗区带到临诊室及接待区。
- 如果用不锈钢材料制作猫笼，对猫来说则显得不友好。层压制品消音效果较好，暖和且耐用。我们用的猫笼（www.clarkcages.com）已经使用了10年，几乎无任何磨损的外观。
- 设计猫笼的大小时应考虑舒适、费用及可利用的空间等因素，大多数猫在大小为24″×24″×24″的笼子中数天内会感到舒适。体格较大及住院的猫则用30″×24″×24″的笼子。
- 食碗及水碗底部与顶部应同样宽大，不易弄翻。
- 我们采用两类猫沙盆，小的塑料猫沙盆更适合于猫，但在笼中需要更多的空间，更换猫之后必须进行清洗及消毒。大多数猫也可接受纸板猫沙盆托盘（www.clinet.com；7″×9″平面托盘），这类托盘占的空间小，可一次性使用，因此不存在传播疾病的问题。
- 猫因严重腹泻或其他情况而需要静脉输液时，可在适合笼子大小的架子上进行（www.clarkcages.com）。这种架子可使液体能够流畅流动，而且猫也感觉到舒适。可将小毛巾放置于架子上，以便猫躺卧及睡眠。
- 有些情况下必须用项圈。如果猫能接受，尽量用软项圈，有些情况下可能需要采用硬的塑料颈圈（www.kvpusa.com）。
- 多个外周静脉可供选择插入静脉留置针，前肢头静脉可用短的留置针输液2～3d。长的留置针（用于颈静脉或中央隐静脉）可使用7d左右。还可通过留置针采集血样。参见第297章。
- 如果能提供一些隔板，则猫常常会感觉更安全。可采用纸盒，每次使用后应废弃以免传播疾病，见图234-5。可在盒子中喷洒费洛威以控制应激。
- 猫洗澡时最好采用深水槽。与在浴缸中洗澡相比，一般使用深水槽时不需要太多的保定，攻击行为也少。
- 应在专用房间进行超声检查，该房间的主题应与检查室相同，因为猫主人常常会被邀请观察这些检查。可在天花板上安置聚光灯，从超声扫描仪后面投射到病猫。应将聚光灯连接到变阻器上，这样可根据需要调整光强度。聚光灯及房灯的开关应置于超声检查台旁边。应设有冲洗湿毛巾上耦合剂的水槽，毛巾用于清

（A）

（B）

图234-5 增加病猫舒适度的几种重要方法，即使猫患很严重的疾病。（A）笼子由玻璃纤维分层制成，笼子的前面悬挂静脉输液泵。这例猫患有尿道阻塞，正在做康复治疗，其尿液收集袋低于笼子，其上的管子与静脉输液管一个水平进入笼子。（B）猫躺在盒子中显得更为舒适些。采用软颈圈保护其静脉导管及导尿管。将碗用胶带固定到同样的碗上以抬高其高度，这样猫可在佩戴颈圈时能够接触食物和饮水。由于在本例猫没有使用猫沙盆，因此使用有裂隙的架子以便于液体流出

理病猫。可在附近的抽屉内放置注射器、针头、显微镜载玻片及其他在超声检查时使用的设备。如需要采用气体麻醉时，应有氧气开口（见图234-6）。

- 我们使用的超声检查台大小为 25″×32″，高为32″。可在其上放置超声波心动描记台。大小及形状见图234-7；将其放置于15cm高的腿上。检查腹部时可

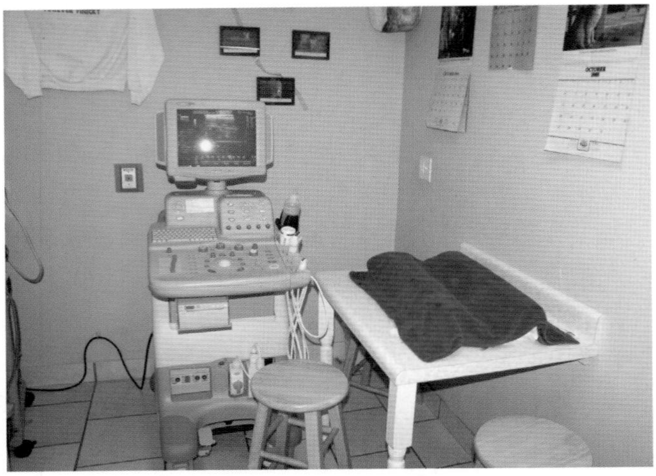

图234-6 专用超声检查房间，安装大小合适的桌子连接墙壁，加一凹槽以便猫躺卧及进行腹腔探查。聚光灯可照射到病猫，但不照射到超声波屏幕上，灯的开关近桌子，氧气和麻醉机连接

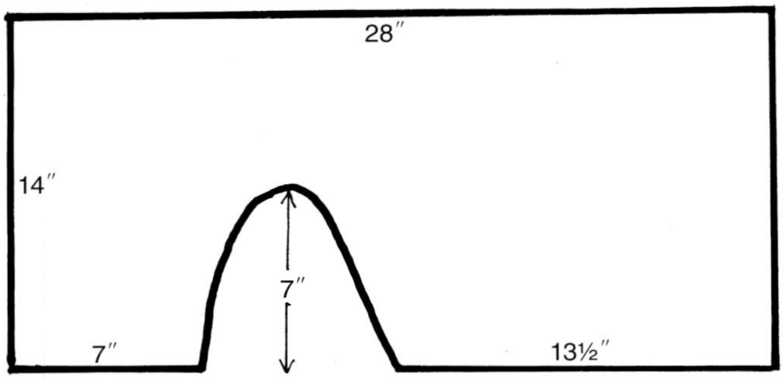

图234-7 超声波心动图测定仪所用桌面的大小，在其上加上垫子，盖上聚氯乙烯，置于15cm的腿上，再放置在超声检查桌上

采用泡沫塑料托盘，这种托盘具有一个开放的槽子，便于让猫仰卧。其大小为18″×24″。可在其上放置塑料袋以保证体液进入塑料托盘。托盘上覆盖清洁的浴巾。

- 我们采用的X线检查台由落地柜制成，顶部订做，大小为24″×5″，用于安装数字X线探头，安置于房间的角落，虽然其不能接触到台子的两端，但封闭的角落的优点是便于进行两次检查。猫可放开，但不允许其离开桌面，见图234-8。
- 我们的手术台是不锈钢材质，顶部尺寸18.75″×46″。手术台配备有可加热装置，还配有多功能监护仪、麻醉机及高规格手术器具，见图234-9。

供餐设施

- 用餐房间要与医院房间隔离。
- 可采用如前所述的同一笼子，但依猫的大小、猫的数量及猫主人所希望的舒适水平，选用大小不同的规格。

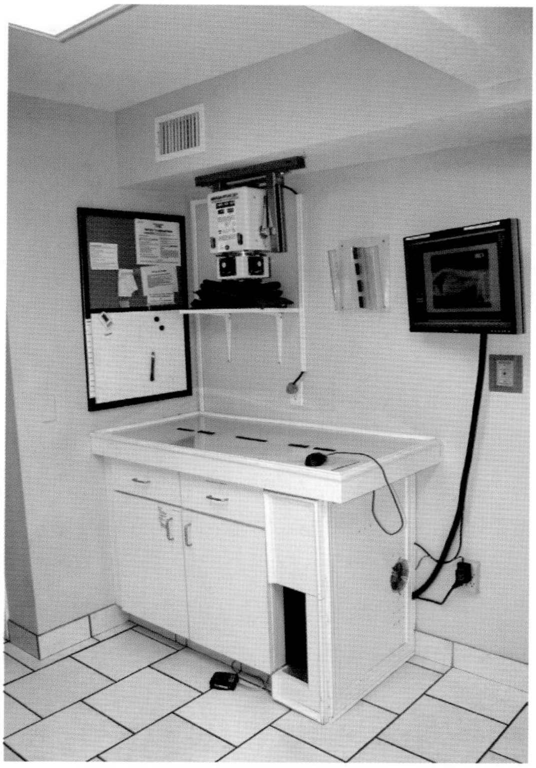

图234-8　X线检查桌，由落地柜及定制的顶部组成，以便于安放数字接收装置，其置于房间的角落以便于曝光之前猫的固定。将数字 X 线检查系统（www.soundeklin.com）靠墙安装，计算机中央处理系统及其他X线检查系统安装在地下室末端的小房间内，计算机操作键盘安装在桌子上的某个抽屉中

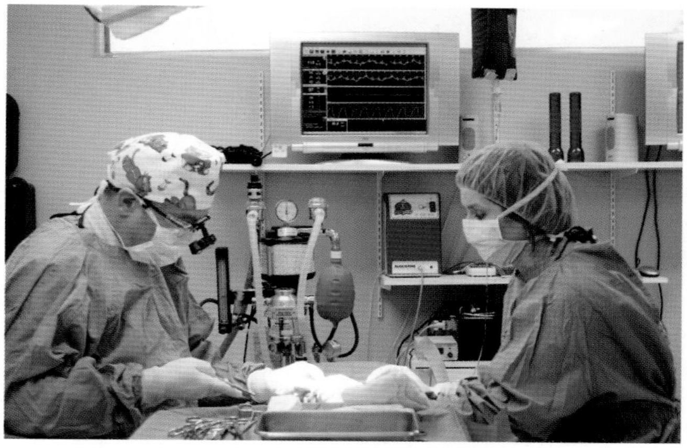

图234-9　用多参数系统监测手术的进展，数据在房间末端的一个大屏幕上显示，将可控热源置于猫体下以维持体温

- 我们的豪华就餐区笼子背部为玻璃，靠着外墙放置，有较大的窗口，因此猫可向外观看。
- 每天可允许猫从笼子中走出，一次一个，使其在就餐区漫步。在猫的运动时间可为猫提供爬越的树木及攀爬塔。
- 如果主人没有为猫准备玩具，则应提供玩具，我们提供的玩具均可洗涤。

结论

本章所列出的各种器械的主要目的是减少对病猫的应激，增加其舒适程度，甚至在采用一些医疗措施时也是如此。在构建之前周密计划的关键是增加猫和猫主人的满意程度，两者均有助于医院的成长及收益。

第235章 随地排泄 Housesoiling

Debra F. Horwitz

概述

人们采用各种术语来讨论如何消除猫随地排泄的不良习惯。本章采用“随地排泄（*housesoiling*）”这一术语来描述猫在猫沙盆外排尿及排便的情况，其本质是猫选择其他如厕地点。垂直标记行为（喷尿）将在第237章介绍。在行为接诊医院，随地排泄是报道最为常见的猫行为问题，这一问题之所以值得注意，是因为在美国，因排泄问题使得将猫抛弃到收容所的风险增加。虽然许多随地排泄的猫有其潜在的医学原因，但大多数是行为原因，或医学问题与行为问题共同所引起。值得注意的是，与行为有关的随地排泄的发病率随着家庭养猫数量的增加而增加，因此在饲养多猫的家庭，受行为影响的排泄不当的可能性很高。

主要诊断

- 体检：内科病可引起猫的排泄行为发生异常，因此在所有表现排泄行为异常的病例应进行彻底的内科检查。体检应包括其他诊断实验，如尿液分析、粪便检查及代谢病或内分泌机能异常的筛查试验等。在一些病例，还应采用其他一些诊断方法，如使用X线及超声对腹腔进行检查。尿路或胃肠道疾病的病史以及诊断试验结果等均应做好记录。对粪便排泄到猫沙盆外的病例，从病史可对胃肠道病诊断和定位。如失重、食欲增加、排便次数少（每天1～2次），每次排出正常或大量粪便提示患有小肠性腹泻。而里急后重、粪便染有血液或黏液、粪便量少及排便次数增加（每天4次以上），则提示为大肠性腹泻。对主人叙述的努责排便的情况应慎重，这是因为里急后重与小便涩痛两者看起来很相似。发生排尿不当的病例，应触诊膀胱，询问尿量的多少或排尿旋涡的大小。一般来说，少尿及触诊时膀胱变小则可能为膀胱炎，尿液正常或增多及膀胱正常或充满则提示排尿不当更有可能为行为问题，但这种情况单独出现时很难有诊断价值。尿液分析（通过膀胱穿刺）及超声检查膀胱可以排除尿路疾病。除了尿路及胃肠道疾病外，妨碍正常使用猫沙盆的其他普通疾病包括骨关节炎（第156章）、足垫或足部损伤、指甲外生、老龄及疼痛（参见第266章）以及引起多尿或多饮的疾病。参见第177章。
- 一般病史：彻底地了解猫使用猫沙盆的习惯对鉴定异常行为潜在的原因极为关键。如果猫不能习惯性地使用猫沙盆，则对其应进行检查，应了解过去异常行为持续的时间及进展、房间内资源的配置情况，以及猫与猫、猫与主人的关系（包括主人如何处理这些问题）等。如果主人观察到不当排便，应注意主人如何处理这种行为及如何惩罚猫。如果之前主人曾寻求兽医解决这一问题，则应注意曾采用的治疗方法的类型、时间长短及结果。

辅助诊断

- 猫之间关系的动态变化（intercat dynamics）：应询问猫与猫之间是否有攻击行为，详细情况参见第236章。应注意的是猫之间相互攻击的关系可能很隐蔽，因此没有其他信息帮助鉴定相互争斗关系将难以被猫主人注意到。应收集有关猫在家中的睡眠、休息习惯以及资源的位置、配置状况，如休息地点、食碗及垃圾箱等。在饲养多猫的家庭，应了解哪些猫有亲和或友好行为，哪些猫避免与其他猫接触，这些信息均对诊断很有帮助。

诊断注意事项

- 猫沙盆的使用：猫沙盆使用的差别很大，有些猫不愿使用，而有些猫则拒绝使用。换言之，猫可能不会一直使用或干脆不使用猫沙盆。绘制图片说明尿液斑点的位置 （即在地面上或在墙上）及粪便在猫沙盆外的位置对鉴定排便异常的类型极有帮助。在饲养多猫的家庭，甚至确定出是哪一只猫在猫沙盆外排泄都很困难。将某只猫限制在一个单独的房间而再没有其他猫，并为其提供专用的猫沙盆，可能对确定哪只猫在猫沙盆外排泄是很有必要的，但如果社会冲突是引起随地排泄的主要原因，无论是隔离哪只猫，均可消除冲突，停止随地排泄。鉴定随地排泄的猫的另外一种方法是在空胶囊中放置数条荧光素纸条，口服后检查可疑猫的尿液。但这种方法可依尿液的酸化程度而有差异，也可引起地毯染色。如果将无毒的蜡笔沫加入到食物中，也可帮助鉴别在猫沙盆外排便的猫。

- 排便的类型（type of elimination）：大小便的类型（即尿液、粪便或两者）也是极为重要的信息。在垂直表面上排尿（即标记行为）应与在水平表面上排泄（随地排泄）相区别。
- 垫料（substrate）：应注意猫沙盆中的垫料，常用的类型包括标准泥土垫料、凝结垫料、压缩的报纸及晶体等。应注意采用的垫料是否很普通或其含有香水或除臭剂。其次应注意猫不使用猫沙盆时垫料的种类（如地毯、寝具等），注意是否猫喜欢重复在相同的垫料上排泄，或者是否排泄用的垫料为随机的，见图235-1。

图235-1 对偏好在地毯上排便的猫来说，在猫沙盆中放置小地毯或毛巾可能是一种有效策略

- 猫沙盆的常规维护（litter maintenance routine）：应向客户询问清扫猫沙盆的频率以及更换整个猫沙盆的频率，应注意记录客户采用的清洁产品的类型。
- 猫沙盆的类型及大小：应调查猫沙盆的大小及侧面的高度（高度=10cm）以及猫沙盆是否有盖或是否有自动清洗装置等。
- 位置：所有猫沙盆的位置均应有规定。应注意通向猫沙盆的通道，特别是应注意沿着墙壁、在角落或在限定区域如洗澡间的猫沙盆的位置。应注意每个猫沙盆周围的环境，如产生很大声音的电器或很繁忙的交通区，应注意从该区域来回穿行的通路。
- 数量：一般来说，在饲养多猫的家庭猫沙盆的数量应按照“n+1”的原则配置，应该比猫的数量多配置一个猫沙盆。常见的情况是猫主人常常限制多猫使用的猫沙盆数量以便其共用，因此增加了应激及猫之间发生冲突的机会。应向客户建议，将所有猫沙盆放置在一起就像一个如厕区域，这在饲养多猫的家庭肯定会出现问题。

随地大小便的类型

- 偏好位置（location preference）：这类猫对位置清洁的偏好比猫沙盆更强，这些情况常常是或者由于缺少资源，或者由于猫沙盆所处位置有干扰，或者所有上述情况，导致猫之间的冲突所引起。猫会寻找另外一个位置可能要比竞争猫沙盆更为容易，或者更喜欢在安静、安全的位置排便。
- 偏好垫料（substrate preference）：这种类型的猫通常喜欢在同样的垫料上排便，有人认为相比于猫沙盆，这些猫更为偏好垫料，主要是由于垫料无味（如香水或除臭剂），对猫的足垫来说更为舒服，或者由于其他原因而在规避猫沙盆的位置时学习而获得。
- 厌恶猫沙盆或猫沙盆中的大小便（litter box or litter aversion）：如果猫不在猫沙盆中大小便时可怀疑这种现象，常见的原因是猫沙盆或其中的大小便没有及时清理，因此不能满足猫的标准。另外，猫不喜欢味道或猫沙盆中有大小便的感觉，或者由于猫沙盆本身大小、侧面的高度不合适，或进出猫沙盆时感觉到疼痛等也可发生这种情况。
- 厌恶位置（location aversion）：可表现为猫不愿去猫沙盆所处的位置，这可能是由于一同饲喂的猫之间的对抗（如领地争端）或者不喜欢猫沙盆放置的位置所引起，如猫沙盆接近洗衣机处，在角落或家中比较繁忙的区域，或者猫易受到干扰的区域。
- 标记性排便行为（marking elimination behavior）：这种情况几乎完全表现为排尿，而粪便标记于水平表面却很少见。尿液标记其实正常（虽然难以被人接受），这将在第237章详细介绍。
- 应激或焦虑引起的排便（stress or anxiety motivated elimination）：这种情况更常见于猫在经历一些应激事件之后，如搬家或家中有新孩子或宠物，从而干扰了每天使用猫沙盆或日常的互动。在与同伴相关的应激中，随地大小便的猫通常由于其他猫的攻击行为或作为其他猫攻击行为的受害者而远离猫沙盆。

- 关于相关的病史信息及诊断分类见表235–1。

治疗

主要疗法

- 治疗潜在疾病：在改变行为的同时应积极治疗相关疾病。
- 用猫沙盆封闭：在家中无人或主人睡眠时，可通过采用猫沙盆、食物及水等封闭的方法限制猫能走进其以前随地大小便的区域。确定一天中猫在垃圾箱外排便的时间对确定是否及什么时候应将猫限制极为有用。这些限制措施通常能有效使猫使用猫沙盆，但猫在家中自由活动时，特别是如果还有其他社会及环境因素没有得到改善时，限制可能会对随地大小便没有明显的影响。应要求主人能够确定及记录猫排尿及排便的时间。如果主人在家，可在严格监管下让猫能在家中自由散步，以防发生随地排泄。虽然经常建议采用限制措施，而且在有些情况下能发挥作用，但大多数主人不愿遵守，许多猫在长时间限制时也可受到应激刺激。
- 不要处罚排泄不当的猫：处罚不是改变随地排泄行为的有效工具，猫更有可能会将处罚与主人相联系，从而导致恐惧、规避主人，甚至破坏猫与主人的关系。
- 更多地关注猫沙盆的使用：可为猫提供其更为喜欢的猫沙盆，有吸引力及易于接近的猫沙盆对改变随地排泄行为极为重要。
  - 收集辅料（clumping litter）：研究表明有些猫喜欢收集一些材料来盖住其排泄物，如果能为其提供一些可收集的辅料，则应每天清除猫沙盆中的排泄物，而且每周改换一次。有些研究表明，有些猫喜欢无气味的材料，不喜欢强烈的气味，如花的气味，喜欢碳粉类气味控制物质。为饲养多只猫提供的产品通常具有很重的花香味，而有些猫对此很排斥。
  - 有规律地清洁：除了每天清空及每周（或更为经常性地）更换辅料外，猫沙盆应完好，应每周用温和的肥皂清洗。应废弃旧的有土的猫沙盆而改用新的清洁的猫沙盆。
  - 辅料深度：辅料的深度应足以使猫能够将其粪便或尿液埋住；5～7.5cm的厚度通常就足够。对可掩埋尿液的辅料来说，深度至少为5cm则更为有效。
  - 猫沙盆的特征（litter box features）：对有些猫而言，改变猫沙盆的特征可能有益，如除去有盖猫沙盆的盖子，提供更大的猫沙盆，或增加边缘较低的猫沙盆等。相比机械或自动清除功能的猫沙盆，有些猫更喜欢普通猫沙盆，而前者可能在猫排便后发出噪声。
- 选择适合的垫料［litter（substrate）trials］：如果在地点限定的情况下猫仍不使用猫沙盆，或者其病史表明其厌恶猫沙盆，则应考虑垫料因素。可以测试猫更喜欢哪种垫料，既可以将垫料放在限定地点，也可以放在其他地方，记录猫更喜欢哪种材料，这可能是基于病史中的有关信息，也说明了猫喜欢这种垫料。
- 资源配置：这在饲养多猫的家庭极为重要。数量充足的猫沙盆排放对鼓励所有猫在家使用猫沙盆极为关键，建立多个摆放食物、猫沙盆及休息的核心区或基地是非常有必要的。这样可使猫能有相等的接触重要资源的机会。如果病史表明家养的多猫之间存在社会问题，则这一点尤为关键。衰老或难以移动的猫或患病的猫可能在其花费更多时间的区域需要更多的猫沙盆，这样就易于使用，也可避免爬楼梯，因此能鼓励其更好地使用猫沙盆。参见第236章。

表235–1　诊断猫的排便问题相关的病史信息

诊断分类	排便位置	猫之间的关系	使用猫沙盆的情况
厌恶位置	在多个位点而不是在猫沙盆排便	猫之间的冲突或不能接近位置	未见猫有使用猫沙盆的情况
厌恶猫沙盆	排便在猫沙盆附近但不进入猫沙盆；可蹲在猫沙盆边缘上	不可能与家庭中的社会问题有关	可使用猫沙盆用于一种排便，但不能用于另外一种
偏好垫料	总是在同样的材料上排便	不可能与家庭中的社会问题有关	可使用猫沙盆用于一种排便，但不能用于另外一种
偏好位置	排便通常在一个位点、一个区域或一个房间	由于与其他猫的社会冲突而将猫限制于一个区域，无或不能利用猫沙盆	有时可利用猫沙盆
尿液标记	通常在垂直表面排便，偶尔可在水平面排便	常常与家庭中的社会冲突有关，也可与户外的猫有关	通常，大多数的排便可继续使用猫沙盆

治疗注意事项

- 喷洒费洛威（Feliway® Spray或Diffuser）：猫面部外激素类似物喷剂费洛威（Feliway®，匈牙利诗华动物保健品有限公司产品；CEVA Animal Health Inc）为一种合成的猫面颊外激素，可使猫镇静，因此可用于减少或终止随地大小便的行为及消除焦虑。这种外激素类似物可复制出猫在环境中释放其自身的面部外激素时所产生的熟悉特性，可用于猫随地排泄的区域，但不能用于猫沙盆。外激素在标记行为上其效果要比排便标记更为有效。
- 猫沙盆添加剂（litter box additives）：能引诱猫的猫沙盆添加剂（Cat Attract Litter Additive®，Precious Cat，Inc.，Englewood，CO，美国名猫有限责任公司产品）为一种安全的可直接加入猫沙盆的有机添加剂，可引诱猫去使用猫沙盆。这种产品的理论依据是利用猫的感觉识别能力，将其吸引到猫沙盆添加剂的芳香味。这种产品在许多宠物商店有售，但尚无研究能证实这种作用的准确性。
- 环境疗法：必须要让猫对其曾经随地排尿或排便的区域感到反感，以阻止其在该区域重复随地排泄，常用方法包括将食碗置于排泄点附近，用猫反感的物质覆盖这一位点，如采用铝箔、塑料或胶带等，也可翻转地毯，或者在该区域涂布大多数猫反感的气味，如混合香料等。也可通过关门、安装带有警报的运动传感器或在其通路上放置大件家具或门等，阻止猫进入其以前随地排泄的区域。
- 中和气味：彻底清洗猫以前随地排泄的区域，最好采用酶产品，目前已有多种安全有效的酶清洁剂可以使用。如果是在地毯上，可将地毯卷起，除去并更换有气味的垫子，将地毯铺回前处理地毯的背部。如果这样不可行，可将能中和气味的产品倾倒在该区域，以便其能吸入大部分气味来源的地毯垫。
- 对主人进行随访对评估进展极为关键，因此应间隔1～2周有规律地随访。
- 在出现厌恶或偏好的情况下都不建议采用药物干预，但在因与同伴间社会关系造成以焦虑为主要原因时，可采用药物干预。但对发生焦虑的潜在原因仍未解决，或者由于猫沙盆引起的问题仍未解决，则药物可能无效。
- 单独采取限制措施时，除非关于猫沙盆的有关问题，如猫沙盆的维护、大小、清洁及同伴的社会冲突及与人的冲突已经解决，否则很难发挥作用。

预防

虽然目前尚无研究数据支持预防措施的作用，但在提供猫沙盆时一些注意事项仍很有用。

- 猫沙盆应当大，至少比猫的体格大1.5倍或以上。
- 猫沙盆应维持得特别干净，应经常铲除废物，根据使用的垫料及家中猫的数量，每隔1～4周清空，冲洗，补偿垫料。旧的污染的及染色的猫沙盆应废弃，每年更换。
- 家中饲养有多只猫时，应提供多个如厕位点，这样可为猫的排泄提供隐私而且使其不受到威胁。
- 不使用猫沙盆可能是由于其他事件及不能利用有关资源所引起，因此应尝试在多个位点提供食物、饮水及休息区，更换时应缓慢进行。

预后

不断发展的疾病通常可导致治疗失败及复发，因此在治疗效果不好时，应考虑未治愈的潜在疾病。对治疗的反应差异很大，似乎与这种行为已经存在时间的长短有关。如果这种行为为慢性（长于2个月），那么永久解决通常会更为困难。在处理长期随地排泄的病例时，应让主人清楚可能需要很长时间才能解决这一问题，或者也只能是随地排泄的行为发生的频率减少。

参考文献

Bernstein P, Strack MA. 1996. Game of cat and House: spatial patterns and behavior of 14 Domestic cats *(felis Catus)* in the home. *Anthrozoos.* 11:25–39.

Buffington CAT, Westropp JL, Chew DJ, et al.. 2006. Clinical evaluation of multimodal environmental modification (MEMO) in the management of cats with idiopathic cystitis. *J Fel Med Surg.* 8:261–268.

Cooper LL. 1997. Feline inappropriate elimination. *Vet Clin North Am Small Anim Pract.* 27(3):569–600.

Horwitz DF. 1997. Behavioral and environmental factors associated with elimination behavior problems in cats: a retrospective study. *Appl Anim Behav Sci.* 52:129–137.

Horwitz D. 2002. Housesoiling by cats. In D Horwitz, D Mills, S Heath, eds., *BSAVA Manual of Canine and Feline Behavioural Medicine*, pp. 97–108 Gloucester, UK: BSAVA.

Neilson J. 2003. Feline housesoiling: Elimination and marking behaviors. *Vet Clin North Am Small Anim Pract.* 33(2):287–302.

Neilson J. 2009. The latest scoop on litter. *Vet Med.* 103:140–144.

Sung W, Crowell-Davis SL. 2006. Elimination behavior patterns of domestic cats *(Felis catus)* with and without elimination behavior problems. *Amer J Vet Res.* 67(9):1500–1504.

第236章 猫的相互攻击行为

Intercat Aggression

Debra F. Horwitz

概述

引起猫之间相互攻击的原因很多，在所有情况下应排除疾病因素，同时对疾病鉴别和治疗。此外，在健康的猫，恐惧、焦虑及领地反应等也可能与猫攻击有关。猫可因社会关系的变化、创伤等而发生争斗，也可因重定向的攻击或其他引起焦虑的事件，如引入新的猫，或由于家中社会环境的改变等，引起猫之间发生争斗。这些情况也可使长期一起生活的猫之间发生争斗。

诊断

主要诊断

- 内科检查及体检：疾病问题可促成或引起猫发生攻击反应，因此在所有发生攻击行为问题的病例必须要彻底体检。体检应全面，如果条件许可，可做尿液和粪便化验，筛查是否有代谢或内分泌机能紊乱性疾病。有些病例，还要应用其他诊断方法，如X线检查，这对查找引起疼痛的潜在原因是必不可少的。此外，引起刺激性增加的因素还包括牙齿疾病、胃肠道疾病、视觉或听觉改变、高血压及过敏反应等。
- 详细的病史调查：对所有出现攻击的猫均需详细的病史调查以进行准确诊断。详细的病史及攻击事件的描述对鉴别攻击行为可能的启动因素及指导采用适宜的治疗方法均是必不可少的。在饲养多猫的家庭，试图确定哪些猫与其他猫之间关系密切（如整梳或在邻近位置睡眠）有助于鉴别个体之间是否为关系友好，或是否有冲突。在询问病史的相关问题时，应注意攻击暴发本身，应注意各种动物及参与的人员的行为或反应，特别是焦虑、恐惧或自卫等症状。攻击行为包括但不限于阻挡接近领地、凝视、发出嘶嘶声、用力出击、咆哮、追赶、格斗、撕咬、撕打及发声。在有些病例可能缺少明显的攻击信号，但可出现其他一些很微妙的恐惧及焦虑的症状。在受到攻击的猫，这些症状可能包括被毛粗乱、藏匿、在家中的活动范围受限、随地排溺和喷洒尿液。这些行为和其发作的频率均有助于诊断。
- 资源/环境：日常活动的信息应包括攻击发生的时间与地点、参与攻击的猫以及屋中的资源配置情况等。资源包括食物、饮水、猫沙盆、玩具、藏匿位点以及栖息地点等，但不局限于这些资源。如果资源有限，则猫可因资源不足而竞争，从而发生攻击。若屋内资源配置不合理，可因领地争端而出现攻击。在有争议的或资源稀缺的位置或许可能会发生争斗，但争斗可能会极为隐蔽，特别是在晚上过食时，或呕吐时，因受限而不能接近猫沙盆而随地排溺时，或者喷洒尿液标示其领地时。特别在屋内与其他猫争斗而成为攻击的受害者时特别容易出现上述行为。应该特别注意向客户询问猫藏匿、撤退或从攻击情景中逃离的能力，以及撤退时所能利用的资源。如果在某一特定区域内没有可利用的隐藏区，或者受害的猫觉得其不能逃逸而受威胁，则可变得具有攻击行为。如果在撤退的区域没有可利用的资源，可导致随地排溺，这说明增加资源及资源的合理配置可为猫提供更多的选择而减少冲突的发生。
- 开始的年龄：应该记录猫开始出现问题的年龄，在猫达到社会成熟期，即1～2岁时，可能更易发生竞争领地，或改变它们与其他猫相处的社会关系，因此在家养的猫之间可能会发生更多的冲突。
- 身体语言及姿势：详细描述参与争斗的猫在其争斗前、过程中及争斗后的身体姿势及面部表情，对鉴别攻击者及受害者极为有用。猫之间空间关系的相对位置常常能说明哪只猫控制着争斗的发生，哪只猫对此发生反应。控制争斗过程的猫其位置常常比其他猫高，如在高位或椅子上，但也并非完全如此。受害的猫常常位于地面，如果两只猫处于同一水平，主动攻击的猫常常会目光直视及直立身体，而受害者表现试图避免冲突的动作，如转移目光及保持蹲伏的姿势。
- 猫与主人的动态关系（owner–cat dynamics）：应

记录猫与主人之间的关系及主人对每次争斗后的反应。在有些情况下，猫主人可能会不知不觉地引起、强制或恶化一些事件，从而导致攻击的暴发。

辅助诊断

- 诊断性分类：对攻击的类型进行分类有助于进行诊断及制订有效的治疗计划。
- 领地保护性攻击（territorial aggression）：有研究表明猫不会同等地分享空间。在一群猫中，有些猫可能控制着环境中主要资源。猫之间的威胁可能很隐蔽，如阻挡其接近一定的位置，凝视或排挤，但也可存在明显的威胁性攻击，如追赶、咆哮、发出嘶嘶声及撕咬等。在领地争端中，攻击的猫通常会追赶另一只（受害者）猫，同时伴有发声，如发出嘶嘶声、咆哮及号叫，受害者可生活在限制区内以远离攻击者。
- 维护社会地位的攻击（social status aggression）：尽管缺乏证明猫之间存在严格的社会等级的证据，但社会关系的改变常常可激发攻击。例如年轻的猫接近社会成熟（通常为1～2岁）的猫时，或者老龄猫离开后或不再控制空间或资源时，或在新猫进入家中时等。在维护社会地位的攻击中，如果可以利用的资源，如猫沙盆、休息区及食碗等足够，则偶尔可发生争斗。
- 重定向性攻击：猫激动时如果不能将这种情绪发泄到诱发对象上，则可发生重定向性攻击。引起猫激动的可能原因包括视觉、声音或其他猫或动物的味道、严重的噪声、不熟悉的人、不熟悉的环境及疼痛等。因这些刺激而发生的最初攻击之后，一旦看到其他的猫，则会发生争斗。攻击的受害者通常会因害怕而防御，或逃跑，或藏匿乃至不活跃。但受害者也可对其他猫表现咆哮或嘶嘶声。指向其他猫的行为可导致启动攻击的猫维持其攻击反应。
- 恐慌或自卫性攻击：这是猫之间争斗的常见结果。在这种类型的攻击中，猫可表现惧怕或自卫性身体语言，包括蹲伏姿势、耳朵平直、瞳孔散大、被毛竖立、发嘶嘶声、喷吐或咆哮等。这种行为常常刺激其他猫出现攻击性反应，最后导致家中饲养的猫之间出现攻击行为的恶性循环。
- 烦躁性攻击（irritable aggression）：如果猫患有疾病（如疼痛）或经历了家中环境的变化时，烦躁可转换为攻击，如果这些问题能够解决，则攻击行为可消失。
- 与掠夺或嬉戏相关的攻击（predatory or play-related aggression）：这种行为最常见于2岁以下独自生活的猫，或与其他动物一同生活而不会嬉戏的猫，以及单独生活较长时间的猫。出现这类攻击的猫不表现出多少情绪激动，其攻击暴发通常表现为藏匿在其他物品之后、等待移动、跳出、袭击及最后逃跑。如果指向于老龄猫或不愿嬉戏的猫，则可接着发生争斗。

治疗

主要疗法

- 检查以前试验过的治疗方法：无论是何种类型攻击，均应对以前采用的治疗方法进行评估。
- 资源配置：必需的是资源应在整个家庭中进行合理配置，以便所有猫均能易于接近。这些资源指的是引起猫发生争斗的重要资源，包括食物和饮水点、猫沙盆、休息和藏匿区等。必须要为这些项目建立多个核心区或基地，将这些资源散布在整个环境中，以便于所有的猫均能接触到重要的资源。猫沙盆、碗等不应集中放置，而应使分散在整个环境，使得猫易于接近，这在家养的猫之间出现社会关系问题时尤为关键。理想的位置是有一个以上的出入点，以免引起猫的过分关注。移动或疾病等问题可使老龄猫及体弱的猫花费大量的时间，在其区域附近需要配置多个猫沙盆，以便其易于接近，并鼓励其使用猫沙盆。一般的原则是比猫的数量多设置一个猫沙盆。在有些情况下，主人的态度是极为重要的资源，主人应努力给家中的每只猫每天都有一定的关注时间。
- 争斗猫的分离：除了正在有计划地引入猫外，则应将参与的猫分开。对其攻击的许可会增加所有参与的猫的焦虑感及应激，无助于问题的解决。
- 对抗性条件反射作用及减敏（counter conditioning and desensitization）：对抗性条件反射作用及减敏可用于以前争斗的猫与其他猫之间重新适应新的环境，其主要目的是使猫共享空间而不发生任何攻击。通过一系列逐渐的重新引入过程，教育每只猫在有其他猫存在时将一些美好的事情（如食物或美食、爱抚、赞扬或玩耍）与镇静及安静的行为相关联。引入过程应以食物或其他奖赏缓慢进行，以促进猫表现安静及无焦虑的行为（对抗条件反射作用）。开始时猫之间必须要有一定的距离，以便它们能放松（减敏），在此过程中可给予其非常期望的奖赏。为了安全及易于控制，建议在每只猫采用带子或皮带。猫如果太过集中则可能不会采食，如果出现这种情况，可增加猫之间的距离。如果猫能采食，可允许其在采食时呆在一起，之后再次将它们分开。下次饲喂时仍从同样的距离开始，如果猫能保持安静，则在下次饲喂时可将食碗放近，距离为15～20cm。如果没有攻击或焦虑行为，则应以同样的距离饲喂两次，然后再将碗放得更近。如果猫在能互相看见时不再采食，则可将两只猫置于关闭的门的两边尝试饲喂。在采用非视觉引入数天后可在同一房间内再次尝试饲喂。

- 逐渐引入法（gradual introductions）：新猫之间或以前曾经争斗的猫之间的引入过程应逐渐进行，其目的是使它们相互间感觉到舒适。在整个引入过程的每一个步骤，应给予奖赏以保证其行为冷静。首先，应使猫能互相闻到或听到，但不能看到，这可通过将猫关闭在隔离的房间，每个房间都有其各自的资源（即猫沙盆、食物及饮水）实现。在此期间，应用毛巾擦拭每只猫的面颊（颜腺，facial glands）及身体，再将毛巾与其他猫接触以交流气味。另外，也可在猫之间交换食碗以辅助其相互熟悉。数天后，可将猫交换房间以交流气味。随后可采用板条箱或猫笼将猫从视觉上引入。将每只猫置入板条箱中，置于一个房间的两对面，使得其能有视觉上的接触。主人与每只猫均要接触，给猫食物奖赏，以便使其安心，这样常常能促进引入顺利。最后允许一只猫从板条箱中出来，通常是将攻击的猫置于板条箱而受害的猫允许在房间自由活动。随后可更换，如果攻击的猫威胁受害的猫，则应停止所有的相互作用。如果一只猫自由活动时感觉到不安，可将两只猫均放入板条箱。也可采用双儿童门（double baby gates）或在走廊设置屏幕或玻璃门进行类似的试验，以便猫能在视觉上互相接触，但不能走近。
- 警示其他猫只（warn other cats）：可为具有攻击行为的猫佩戴挂有大响铃的颈圈，以预先警告受害者，增加受害者逃跑的机会，但这种策略可能只是暂时发挥作用。
- 外激素疗法：外激素是指对动物行为具有种特异性作用的化学物质，目前可用于猫的外激素产品有插入式（plug-in）扩散剂或喷雾剂，在引起猫的镇静及辅助控制攻击行为中具有一定作用。
- 药物治疗：药物只能与行为改变结合使用，在有些病例进攻者及受害者均需要药物治疗。常用药物包括用于攻击者的选择性5-羟色胺再摄取抑制因子和三环类抗抑郁药物，以及用于受害者的阿扎派隆（azapirone）。相关问题参见第239章。
- 领地攻击：如前所述，在整个环境中应提供和配置丰富的资源。在饲养多猫的家庭，应该在家中多个区域多配置猫沙盆、食碗、水碗及休息区。这种长期的攻击行为很难单独用药物能够彻底治愈。有时逐渐引入及隔离等方法是有效的治疗方法。
- 维护社会地位的攻击：可提供充足的资源使得所有的猫均能接近多个位点，特别是猫沙盆。试图改变环境时应缓慢进行，特别是引入新猫时更应如此，可参阅“逐渐引入”。应该注意的是，家中的猫可能不愿其他的猫加入其环境中，在一些严重的病例，为了能够协调，可能需要永久性隔离及交替改变每只猫在家中某个区域的位置。
- 重定向性攻击：改变家居环境时应有计划，如增加新家具时应逐渐进行，应关闭门窗以避免与户外猫的接触。可采用外激素，如费洛威，这样可使猫对即将改变的环境的应激性降低。应为猫提供足够的安全地方以便其藏匿，同时应为其发泄情感等提供出路，如玩具等。
- 恐慌或自卫性攻击：治疗恐惧或自卫性攻击时，可采用如前所述的对抗条件反射作用和减敏法。除治疗阶段外，猫应隔离。
- 烦躁性攻击（irritable aggression）：首先治疗潜在疾病，其次是减少环境的改变，如有可能应维持猫的日常生活，维持猫的空间环境使之稳定。例如，尽量克制经常性地重新布置家居或移动猫的资源。
- 误导性掠夺或嬉戏相关攻击：应为猫提供适宜的玩耍、运动及环境富集。环境富集包括玩具、智力游戏及物体（如盒子或洗衣篮等），猫既可藏匿也可玩耍。允许老龄猫有时间远离年轻且活跃的猫。
- 嬉戏性治疗：用于使猫分心及忙于玩耍，或者使猫忙于一些互动性的娱乐活动。

治疗注意事项

- 不允许攻击性互动。正在发生的攻击性互动可能会使以后纠正攻击行为更为困难。
- 满足猫每天活动、运动、探索及主人关注的需要。如果缺少这些活动可增加某些个体的挫败感，由此可导致出现攻击性互动。
- 鼓励猫的平静行为。可将易于兴奋的猫安排在暗室内，为其提供食物、饮水及猫沙盆。可将猫一直关闭在黑暗中，直到表现平静。这通常需要数小时或数天。在饲喂及清理猫沙盆时主人才进入房间。如果猫逐渐冷静，身体姿势松弛，则可让其外出。但过早将猫再引入可引起其再次发生争斗，而且可使该问题发生的时间延长。费洛威喷剂能促使猫镇静，应将其喷洒在易兴奋的猫的房间。

- 猫在争斗后应将其隔离，直到其安静下来。如果攻击发作难以控制，则应将猫一直隔离以免发生损伤，如无变化，则应继续隔离观察。
- 应避免抓起或处治非常易怒的猫，因为这种猫很危险，可引起人员伤害。
- 如果已经开设处方，则通常应使用6～12周，并与改善行为合用，单独使用药物治疗很难奏效。如果猫行为发生改变，则应逐渐停止用药，可每2～4周降低剂量25%，同时观察其是否还会出现攻击，如咆哮、嘶嘶声或追赶等。如果再次出现攻击，则应将猫用相同的剂量再次治疗数周或观察猫是否已经稳定，之后再试图再次降低剂量。如果不同时进行行为矫正及环境改变，单独用药物治疗很难奏效。
- 无论何时，安全第一。如果家中有孩子、老人或免疫机能不全的个体，如果不能有效消除攻击行为，则这些猫可能不适合做宠物。如果发生严重的损伤，则必须要将猫从家中除去。在有些情况下，最好将猫限制并与人隔离。无论何时，一旦发生损伤，应立即寻找医生治疗。兽医在为猫主人或员工开列给猫使用的药物时应小心，应培训猫主人不要冒着被咬伤的危险给猫喂药。关于对猫进行预处理的方法参见第239章。

预防

- 如果主人渴望在家里养多只猫时，则应建议成对饲养母猫或年轻的猫，这样可防止争斗。在家中增加新猫时，应考虑原来的猫及新引进的猫的性情。胆小害羞的猫可能很难与胆大外向的猫相处。在整个家中合理配置资源，可使猫能利用多个核心区以满足其需要，避免与爱争斗的猫发生联系，因此有助于防止问题的发生。所有引入过程均应在数月内缓慢进行，以避免增加应激及可能引起争斗。如果一对长期一起生活的猫之中的一只配偶死亡，则应慎重考虑是否再配对。

预后

猫发生争斗后，其预后差别很大，有些猫仍可表现恐惧和反应性，不会恢复。药物治疗对这些猫或许有用，或许无用。在某些情况下，只需改变室内资源的配置，就可避免发生争斗，从而明显改进群居状态。在许多情况下，领地攻击的预后差。

参考文献

Bateson P, Martin P. 2000. Behavioural development in the cat. In DC Turner, P Bateson, eds., *The Domestic Cat: The Biology of Its Behaviour*, 2nd ed., pp. 9–22. Cambridge: Cambridge University Press.

Crowell-Davis SL, Barry K, Wolfe R. 1997. Social behavior and aggressive problems of cats. *Vet Clin North Am Small Anim Pract.* 27(3): 549–568.

Heath S. 2002. Feline Aggression. In D Horwitz, DS Mills, S Health, eds., *BSAVA Manual of Canine and Feline Behavioural Medicine.* pp. 216–225. Gloucester UK: BSAVA.

Horwitz DF, Neilson JC. 2007. Aggression/Feline: Intercat. In Horwitz DF, Neilson JC, eds., *Blackwell's Five-Minute Veterinary Consult Clinical Companion Canine and Feline Behavior*, 4th ed., pp. 125–133. Ames: Blackwell.

Landsberg G, Hunthausen W, Ackerman L. 2003. Feline aggression. In GM Landsberg, W Hunthausen, L Ackerman, eds., *Handbook of Behavior Problems of the Dog and Cat*, 2nd ed., pp. 427–453. Philadelphia: Saunders.

Levine ED. 2008. Feline fear and anxiety. *Vet Clin North Am Small Anim Pract.* 38(5):1065–1080.

Lindell EM, Erb HN, Houpt KA. 1997. Intercat aggression: Retrospective study examining types of aggression, sexes of fighting pairs, and effectiveness of treatment. *Appl Anim Behav Sci.* 55:153–162.

第237章 标记

Marking

Debra F. Horwitz

概述

标记（marking）是指猫将尿液或偶尔将粪便喷洒在垂直的位置，为猫的正常行为。标记行为有时称为喷洒行为（spraying behavior）。对正常动物、去势动物及喷洒尿液的动物，尿液标记是正常行为，其与随地排溺大小便的不同之处在于身体姿势。做标记的猫会站立、不蹲着。标记时猫会倒退到垂直表面，尾巴竖立，向后排出尿液，此时常表现为后肢踏步，尾巴颤抖。在垂直表面上做标记后，猫常常仍能在猫沙盆中排尿和排便。猫用尿液标记吸引同伴，同时也是对环境变化、应激或与屋内外的猫的一种竞争互动。猫常常在屋内做标记，也是对屋外存在有其他猫的一种领地反应。如果家中饲养有多只猫，则尿液标记可能为勾画领地或应激。除用尿液 （偶尔用粪便）进行标记外，猫也采用颜腺及其他不同部位的臭腺及爪痕等做标记，本章讨论的重点是尿液标记。

诊断

主要诊断

- 体检：对所有不能在猫沙盆排泄的猫，需要进行详细的体检。因疾病可引起猫的不当排便行为，但有的标记性排泄（即交流）是猫的正常行为，通常与潜在疾病无关。研究表明，尿道疾病与尿液标记无关。但应彻底检查同时进行尿液分析（如果为粪便标记，则进行粪便检查）。在有些病例，特别是在不清楚排便是随地排溺或标记时，应进行实验室筛查是否有代谢紊乱或内分泌机能紊乱。在有些病例，还需要用其他一些诊断方法，如X线检查及超声检查腹腔等。老年猫突然出现标记则需要彻底检查，包括广泛的内分泌检查。
- 病史检查：所有出现标记行为的猫均需要进行详尽的病史调查。了解猫在排泄发作时身体的姿势，因为尿液标记姿势很有特征。如在发作时猫表现倒退到垂直表面，尾巴竖立，向后排出一股尿液，后肢踏步，同时尾巴颤抖，则可诊断为标记（喷尿）。此外，尿液可见于离地面15～25cm的垂直表面，向下流动。在出现标记行为时，猫能继续使用猫沙盆。在将标记行为与随地排溺区别后，应获得有关信息以鉴别发生标记行为可能的诱发因素。一般的病史检查应该包括：尿液污渍的大小及位置以证实是否为尿液标记；猫撒尿的基质以证实是否为垂直喷洒；以及行为的开始、持续时间及进展。
- 鉴别特异性应激因素：猫的标记行为常常可分类为性行为或反应行为，反应行为是指因应激或焦虑而出现的喷尿。向猫主人询问屋内任何可能应激源。尝试检查一些很微小的应激，包括可能会引起挫折或攻击行为的任何应激；收集近期及过去的日常活动的信息，以查明猫的日常活动所发生的变化；应了解猫–主人及猫–猫之间的相互关系，以排除猫之间的攻击行为或猫对人的攻击行为是否为引起冲突的可能原因；应了解资源的数量及分布，如猫沙盆、食碗及水碗、栖息区及藏匿区等。资源少或配置不当可能会成为猫应激的原因，特别是在养多只猫的家庭。应了解猫沙盆使用及卫生情况，以排除因猫沙盆而引起应激（参见第235章），记录所有可能表现标记的猫。绘图说明尿液污渍的位点，这有助于鉴别可能的环境、视觉或空间上的启动因素。如果标记通常在窗口或玻璃门附近，则户外的猫可能为启动因素（虽然户外活动的猫可以看到，但这种标记并非总能发生）。

诊断注意事项

- 开始咨询时，主人应能提供每周喷洒尿液标记的数量，如果数量减少，则可用于评估治疗效果，而不是依赖于尿液标记行为的完全停止来评估。
- 在有些情况下，猫可站立排尿，因此可在墙壁或地面上留下大量的尿液，有人认为这些猫不是尿液标记，而可能是传统的治疗方法对尿液标记行为无效果。

治疗

主要疗法

- 治疗潜在疾病：疾病偶尔可能与尿液标记（由于应激或疼痛）有关，因此治疗时一定要结合行为的改变，进行综合治疗。
- 费洛威喷剂：猫面部外激素费洛威为一种合成的猫颊外激素，能使猫镇静，可用于减少或终止喷洒尿液的行为。这种外激素类似物可产生与猫在向环境中释放这种外激素时相同的效果。
- 用猫沙盆限定：如果主人不在家或主人睡觉时，可用猫沙盆或食物限制猫到达以前曾经排泄的区域。可利用每天发生喷尿的时间用于确定实施限制猫的时间。在猫很有可能发生喷尿的时间实施限制，使猫在家中只能待在其独处而没有其他猫参与的区域。猫需要独处的时间每天可能为4～6h。限定通常在猫使用猫沙盆时有效，但如果猫能在家中自由活动，则可能对尿液标记行为无效。有些猫在限定区设置专门的用于标记的区域后可明显见效。要求猫主人检查猫，确定猫排尿及排便的时间，记录这些信息。当主人在家时，猫可在严格的监护下外出，以防止其发生标记。
- 禁止处罚：处罚并非改变标记行为的有效方法。猫更有可能会将处罚与主人相关联，导致发生恐惧、规避主人，增加应激，最后导致猫-主人关系的破坏。
- 勤清理猫沙盆：Pryor及其同事近来的研究表明，改变环境，如每天清洗猫沙盆、放置新的猫沙盆之后每天清洗，每只猫一个猫沙盆，以及用酶清洗尿液喷洒区域，尿液标记行为可减少50%或以上。提供猫更喜欢的，能吸引猫的并且易于接近的猫沙盆对改变标记行为极为重要。
  - 收集垃圾：研究表明，猫喜欢收集一些材料盖住猫沙盆中的垃圾。如果能提供这种材料，则应每天清空或更换猫沙盆。关于猫最常见的猫沙盆偏好行为的详细情况可参见第235章。
  - 经常清洗：除了每天清洗及每周（或更经常性的）更换猫沙盆外，应将质量好的猫沙盆每周用温和的肥皂清洗。旧的有污渍的猫沙盆应废弃，换以新的清洁的猫沙盆。
  - 覆盖材料的深度：覆盖垃圾的材料的深度应足以使猫埋住尿液及粪便，通常5～7cm的深度就足够，但有些猫喜欢更深的猫沙盆。
  - 猫沙盆的特点：有些猫改变猫沙盆的特征可能有益，如除去有盖猫沙盆的盖子，改换大的猫沙盆，或增加侧面低的猫沙盆等。有些猫喜欢普通猫沙盆而不喜欢机械或自动冲洗的猫沙盆，这种猫沙盆可在猫排泄后产生噪音。
- 资源配置：在饲养多猫的家庭，充足的及正确放置的猫沙盆对鼓励所有屋内的猫使用猫沙盆极为关键，建立多个用于食物、猫沙盆及休息的核心区或基地可能是必要的，以便所有猫能等量接触重要资源。在家猫的社会性互动中，这对揭示是否有问题（病史）特别关键。参见第231章。
- 环境疗法：必须要让猫反感喷洒尿液的区域，防止在该区域发生随地排溺。常用的方法包括将食碗放置在排泄位点附近，用让猫反感的物质覆盖该区域，如铝箔、塑料、胶带；或者将地毯的边缘卷起，用大多数猫反感的气味或香料喷洒相关区域，如混合香料等。可关闭门窗，阻止猫到达其以前喷尿的区域，或装置带有警报的运动传感器，或在门口放置大的家具，阻止猫进入该区域。
- 设计猫可接受的标记区：可设计L形的猫沙盆，用两个猫沙盆组装成猫可接受的喷尿位点，即将一个猫沙盆垂直（短边竖立），一个水平，小边置于垂直的猫沙盆内。另外一种方法是将一个猫沙盆斜靠着墙壁，置于猫喷尿的地点。有些猫可只在该位点喷洒。有些主人可能接受这种解决方案（见图237-1）。
- 限制猫观察户外：可尝试限制室内的猫观望室外猫的

图237-1　可通过设计L形的猫沙盆，同时安排两个猫沙盆为猫设计其易于接受的喷尿的地点：这种安排采用两个猫沙盆，一个垂直，另外一个平放，猫沙盆的一边水平置于垂直的猫沙盆里面

途径。例如降低窗户或门的透光性，或者将猫关在没有窗户的房间。可将家具移动到靠近窗口，或者改变窗台，使猫不能待在窗台上。主人应停止饲喂外来猫，同时应除去鸟食或其他吸引外来猫的材料。

- 中和气味：必须要彻底清洗猫以前随地排便的区域，最好采用酶产品，目前可采用多种安全有效的酶清洁剂。如果猫在地毯上排泄，则应将中和气味的产品倾倒在该区域，以便能消除气味。
- 猫沙盆添加剂：Cat Attract Litter Additive®（Precious Cat，Inc.，Englewood，CO）为一种吸引猫的有机猫沙盆添加剂，可安全地直接加入猫沙盆中以试图吸引猫使用猫沙盆。这种添加剂含有利用猫的感觉识别将猫吸引到猫沙盆的芳香味。也可将该产品添加在猫沙盆材料中，这种产品在许多宠物商店有售，但没有多少科学依据支持这种说法。

治疗注意事项

- 一定要随访猫主人以判断治疗进展，随访应间隔1～2周有规律地进行。开始时可见喷尿减少而不是完全停止，但这常常就表明有了治疗效果。
- 在发生严重的厌恶或偏好时，不能进行药物干预。因此诊断为喷尿后必须要在采用药物治疗之前进行证实。但是，焦虑是喷尿行为的主要原因时可采用药物治疗。
- 药物治疗：药物治疗只能与改变行为联合应用，参见第239章。常用药物包括：氟西汀（Prozac®）、氯丙咪嗪、丁螺环酮，偶尔采用苯二氮平类药物。
- 限制：除非猫沙盆的维护、大小、清洁以及猫之间的社会冲突已经解决，否则单独采用限制难以奏效。
- 手术：健康的猫一般采用去势术。在过去，对喷洒尿液的猫实施的手术包括嗅束切断术（olfactory tractotomy）及双侧性坐骨海绵体肌切除术（bilateral ischiocavernosus myectomy），但上述两种手术均已不再使用。

预后

对有标记行为的猫的治疗效果常常各不相同。各种影响因素如室外猫及对室外猫的控制能力，家养猫之间的社会冲突、正在发生的家庭变化等均可影响喷尿行为的彻底解决。Ogata和Takuchi的研究发现，虽然采用药物治疗可使尿液标记行为减少，但如果家养猫间存在攻击行为，则仍会维持在高水平。Mills DS和Mills CB等人的研究发现，虽然尿液标记减少，但常常难以根除。但喷尿行为也是客户可接受的一种结果。Hart对喷尿行为进行药物治疗的结果表明，标记行为在用药物治疗停药之后可以仍然存在或恢复。近来对长期治疗尿液标记行为的控制进行的研究表明，氟西汀和氯丙咪嗪治疗尿液标记的效果没有明显差别，复发的猫通常可对再次采用药物治疗是有作用的。

如果能将家居应激降低到最低，家中的气味能保持稳定，则标记行为的预后可以改进。长期采用外激素喷洒或扩散也可能具有一定的作用。

参考文献

Hart BL, Cliff KD, Tynes VV, et al. 2005. Control of urine marking by use of long-term treatment with fluoxetine or clomipramine in cats. *J Am Vet Med Assoc.* 226:378–382.

Horwitz DF. 1997. Behavioral and environmental factors associated with elimination behavior problems in cats: a retrospective study. *Appl Anim Behav Sci.* 52:129–137.

Horwitz DF, Neilson JC. 2007. Urine Marking Feline. In Horwitz DF, Neilson JC, eds., *The 5-Minute Veterinary Clincal Companion 4th ed.*, pp. 505–513 Ames, IA: Blackwell Publishing.

King JN, Steffan J, Heath SE, et al. 2004. Determination of clomipramine for the treatment of urine spraying in cats *J Am Vet Med Assoc.* 225:881–887.

Landsberg GM, Wilson AL. 2005. Effects of Clomipramine on Cats presented for Urine Marking. *J Am Anim Hosp Assoc.* 41:3–11.

Mills DS, Mills CB. 2001. Evaluation of a novel method for delivering a synthetic analogue of feline facial pheromone to control urine spraying by cats. *Vet Record.* 149:197–199.

Ogata N, Takeuchi Y. 2001. Clinical trial of a feline pheromone analogue for feline urine marking. *J Vet Med Sci.* 63:157–161.

Pryor PA, Hart BL, Cliff KD, et al. 2001. Effects of a selective serotonin reuptake inhibitor on urine spraying behavior in cats. *J Am Vet Med Assoc.* 219:1557–1561.

Pryor PA, Hart BL, Bain MJ, et al. 2001. Causes of urine marking in cats and the effects of environmental management on frequency of marking. *J Am Vet Med Assoc.* 219:1709–1713.

Tynes VV, Hart BL, Pryor PA, et al. 2003. Evaluation of the role of lower urinary tract disease in cats with urine marking behavior. *J Am Vet Med Assoc.* 223(4):457–461.

第238章
精神性脱毛
Psychogenic Alopecia

Debra F. Horwitz

概述

精神性脱毛（psychogenic alopecia）是一难以形容的术语，常用于描述猫的各种具有行为问题的脱毛，采用的其他术语包括整梳过度（overgrooming）、自我定向行为（self-directed behaviors）、替换活动（displacement activities）及强制性紊乱（compulsive disorders）等。以前曾不适当地采用内分泌缺陷性脱毛（*endocrine deficiency alopecia*）这一术语来描述这种情况。这些术语所描述的共同之处是绝大多数脱毛是因过度整梳刺激所引起，没有任何易于辨别的皮肤损伤（见图238-1）。整梳为猫的正常活动，占家猫非睡眠时间的50%或每天时间的8%～15%。如果过度整梳，则可造成毛变干而损伤，随后可发生脱毛。由于没有明显可辨别的诊断可以确定，因此过去推测认为发生这一问题其起源于行为。可能的诱发因素包括潜在的应激及因室内环境或社会因素引起焦虑，或冲突或挫折导致替换性整梳。但近来的研究表明，以疾病为唯一原因，或在有些病例疾病与行为同时起作用，而只有极少部分因行为而脱毛。这些因行为引起脱毛也可能是因潜在的冲突、焦虑或挫折而引起的强制性疾病，其发生的频率及持续时间可干扰日常的正常机能。脱毛最常见于前腿中间、后腿后部、腹后部、腹胁部及腰部。

开始时确定整梳发作的次数、持续时间及强度极为有用。如果曾采用处罚方式，而现在猫出现这种行为是为了避开主人，则确定上述特点极为困难。由于毛的再生极为缓慢，因此对确定治疗效果而言，就脱毛及任何损伤及其对绘图或拍摄照片就极为有用。在大多数病例，脱毛发生在猫易于触及的部位，如体侧、腹胁部、后腿背部及腹部等，但研究表明这些部位也是猫整梳花费时间最长的部位。

有5种情况可单一、共同，或有或无并发性疾病来引起或诱发猫的精神性脱毛或过度整梳。

- 了解行为史的主要目的是为了确定是否这一问题为替换活动、重定向行为、寻求注意、强迫性疾病或为感觉过敏综合征（hyperesthesia syndrome）（参见第105章）。

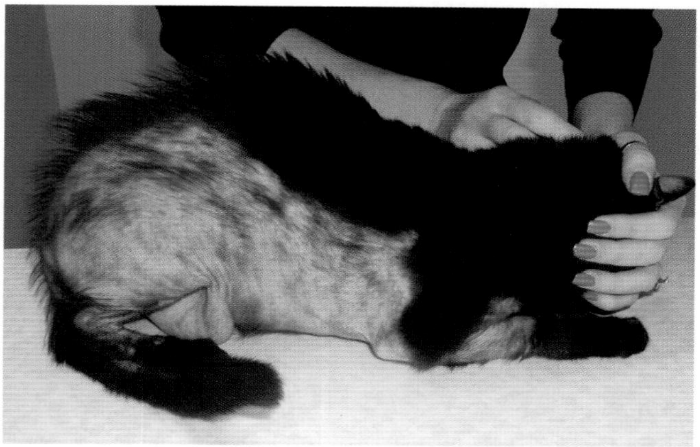

（A）

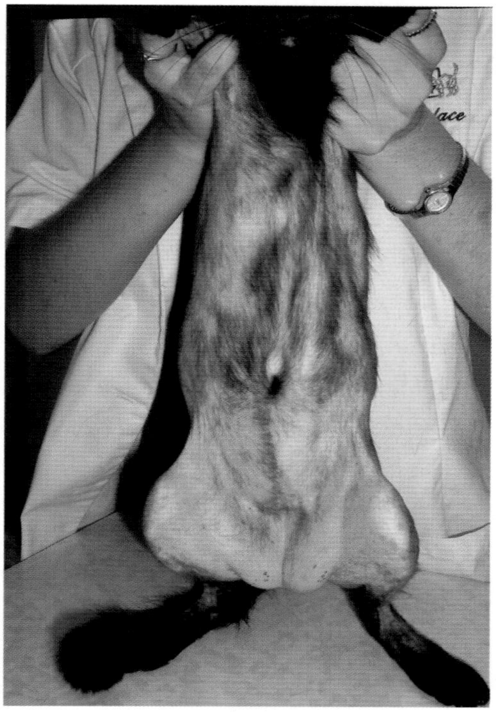

（B）

图238-1　本例猫过度整梳（精神性脱毛），表现前腿（A）、腹壁侧面、后腿及下腹部（B）脱毛。注意未见明显的皮肤损伤或皮炎

- 猫间动态关系（intercat dynamics）：询问猫是否有相互的攻击行为。参见第236章。应注意的是猫的相互攻击可能很隐蔽，如果没有其他信息辅助鉴定相互竞争活动，则主人难以注意到。猫的相互攻击可引起攻击者及受害者产生严重的应激和焦虑。
- 替换活动：替换活动是动物面对紧急冲突情况时所出现的行为，通常持续时间短，能够自限。如果引起这一问题的刺激没有解决，则替换活动可成为发泄应激及挫折的慢性出口。
- 重定向行为：当动物面对挫折或冲突情况时，可通过直接互动而解决这一问题，在这种情况下，猫可能会依靠替换活动作为发泄能量的出口。如果引起冲突的原因没有减轻，则重定向行为可成为继续发泄的出口。如果环境不能满足猫玩耍、探究、社会接触及休息的需要，则也可发生重定向行为。
- 寻求关注：猫可能通过一定的行为寻求主人的关注，甚至即使这是有害的行为。如果通过整梳可诱使主人抱抚、与之嬉戏或饲喂，猫会因此而得到奖赏，则整梳行为可能会被加强而不间断地进行。但普通的单独寻求关注不会是过度整梳的唯一原因。
- 强迫紊乱症：强迫紊乱症通常由正常行为（如整梳）衍化产生，但发生频率高于正常，难以中断，可干扰动物正常机能的发挥。患有强迫紊乱症的动物除了吃和睡以外，经常会排斥其他的大多数行为活动。因一些急性冲突或引起动物发生挫折及应激的情况时会诱发强迫性紊乱症。如果难以满足猫的社会需要，或存在相互的攻击，或不能提供正常行为发泄的出口，或出现不能控制的结果，可引发应激、焦虑及挫折。随着时间的延长，在其他情况下也表现这种行为，而且越来越频繁。目前还不清楚这种行为的表达是否可让猫能安静下来。

诊断

主要诊断

- 过度整梳的判断（establish overgrooming）：必须要判断清楚猫是否发生过度整梳，而不是自发性的脱毛。许多猫表现为“衣橱内舔毛癖（closet lickers）”，因为发生这种行为时猫主常常外出，或猫不在视线之内，因此经常观察不到这种行为。如果对此有疑问，应用毛发结构分析（trichogram）通常会有助于鉴别。参见第311章。
- 详细的体检：详细的病史对鉴别所有引起脱毛的影响因素是极为重要的。只有了解所有引起脱毛的病因之后，才能作出判断，即脱毛是否单纯的行为。理想状态下详细检查应该包括：应用皮肤刮削做细胞学检查（确定是否有皮肤寄生虫，详见第201章）、真菌培养、采用驱虫剂治疗以排除跳蚤或其他皮肤寄生虫、排除日粮因素的试验、是否有特异性反应的检查、内分泌疾病以及类固醇试验去排除瘙痒等。
- 感觉过敏综合征（hyperesthesia syndrome）：虽然这种情况不常见，但却可能是整梳过度的原因，应进行检查。参见第105章。
- 行为史：只要疾病已经被排除或进行了治疗，但仍存在整梳过度或脱毛，则应进行彻底的行为检查。猫和犬强制性的舔闻行为与冲突、应激及挫折有关，引起冲突的可能原因包括焦虑、缺少适宜的刺激、与家庭成员的接触发生改变以及猫在家中的社会状况发生改变。因此，必须要向猫主人调查行为开始时家中环境状况、人和病猫之间，以及病猫与病猫或其他动物之间社会关系的变化。在饲养多猫的家庭，资源配置是极为重要的，由于不能满足需要，可导致焦虑和挫折，因此应对这种情况进行检查。病史调查应该包括询问猫间攻击行为、替换活动、重新定向行为、寻求注意及强制行为等情况。

辅助诊断

- 皮肤活检及组织病理学检查：如果上述试验为阴性，对神经性脱毛的治疗反应也差，则应进行皮肤活检；如果为神经性脱毛，则组织病理学检查应该正常（参见图238-2）。

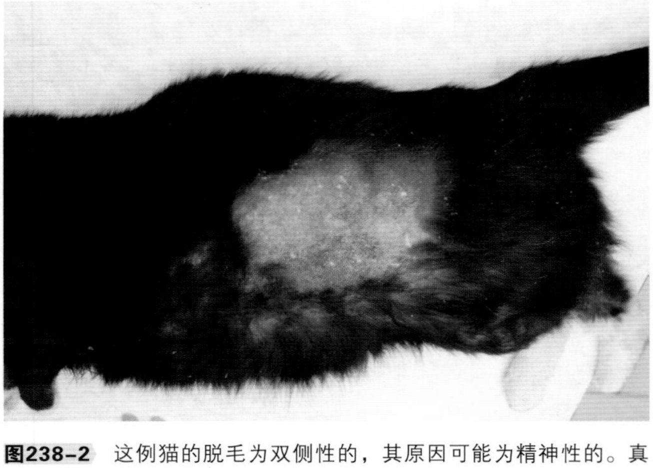

图238-2　这例猫的脱毛为双侧性的，其原因可能为精神性的。真菌培养及多处皮肤刮削检验为阴性，对皮质类固醇激素或食物试验均无反应。皮肤活检偶尔可在毛囊深部发现戈特伊蠕形螨（*Demodex gatoi*）。本例猫感染有免疫缺陷病毒

诊断注意事项

- 由于猫主人关心费用，可限制开始进行的检查，因此难以进行神经性脱毛的推断性诊断。如果行为疗法不能使得毛生长，则必须要采用医学试验确定潜在的原因。显然也可进行反向检查，如果同时存在行为问题，则医学治疗不能完全解决该问题。
- 有人认为，东方品种的猫［即暹罗猫和东方短毛猫（oriental shorthairs）］和断奶早的猫发生整梳过度行为的风险最高，但由于研究资料有限而难以获得结论，但有些病例可能与此有一定的关系。

治疗

主要疗法

- 治疗潜在疾病：首先要治疗疾病，或与行为治疗同时进行。
- 勿惩罚整梳行为：处罚不是改变过度整梳行为的有效方法，猫更有可能将其与主人的惩罚发生联系，导致恐惧、逃避主人，最后破坏猫与主人的关系并增加焦虑，仍会发生过度整梳，而且是在主人视线之外。
- 特异性行为改变：对因焦虑引发脱毛，需要针对刺激因素实施对抗条件反射作用及减敏。对抗条件反射作用时应使用一种与不期望出现的行为对抗的新任务训练猫，新任务可以为玩耍行为，或为用美食奖赏的益智游戏。猫一旦学会此项新任务，则以低水平给予诱发刺激，这样可减敏，目的是逐渐使得猫能经历刺激而不发生焦虑。理想状态下，猫表现的轻松、非整梳行为时应该给予赞扬、玩耍、关注或给予美食奖赏，鼓励猫保持安静。
- 替换或竞争性活动：对过度整梳的猫，在食碗中加入其他能增加采食难度，可延长采食的时间，对治疗有一定的帮助。建议在碗中放入石块或弹球（大小以猫不能吞下为标准）以增加采食的难度和时间。日粮中加入粗饲料也有助于治疗。或者给猫每天定量日粮，用可提供食物的玩具，而这种玩具完全由猫操控来给予食物。如果引入另外一只猫，特别是小猫，可明显分散猫的注意力，这种效果每天24h有效，因此有时建议实施。但建议实施这种策略时必须要谨慎，只有对猫的性情及需要进行准确评估之后才可行。因猫的引入将会增加而不是减少紧张，因此引入猫并非总有帮助。
- 猫间的社会关系：必须将资源在整个家中进行配置，以便能使所有的猫都能容易接近。典型的有竞争的资源包括食物、饮水点、猫沙盆及栖息、休息、藏匿区。一要建立多个这些资源的核心区或基地，将这些资源在整个环境中进行配置，以便所有的猫能等量接触重要资源。猫沙盆、碗等不应摆放在一起，而应分散在整个环境中，以便所有的猫都易于接触到。这在家养猫之间社会交流出现问题时尤为关键。理想位置是应该有一个以上的进出口，以防止猫过分关注。对抗条件反射作用及减敏练习可用于使以前与其他猫不和的猫安静，目的是让猫共享空间而不发生攻击行为。通过一系列逐渐性的引入过程，猫可学会在有其他猫存在时以安静的行为获取资源（如食物或就餐、栖息、赞赏或玩耍）。参见第236章。
- 注意力配置：处理时应确定增加注意力是否可强化整梳，减少注意是否可引起不适的行为。如有可能，主人在整梳发作时应离开房间，只在猫安静、表现非整梳行为时给予关注。如果是猫在主人的膝盖上，持续整梳有问题的部位，主人应静悄悄地将猫置于地板上，然后离开。
- 创造可预测的环境，满足每天的需要：在有些病例，家庭中相互关系的变化可能具有一定的帮助。可以预测的相互关系对大多数的猫具有安静作用，因此每天所发生的事件应该有规律有计划，包括设置饲喂时间、玩耍时间及社会交流时间。也可鼓励其他一些活动，包括攀登、栖息、在窗口观望，在某些猫甚至还可包括观看视频。应将玩具放在篮子中，每天轮换使用玩具可刺激猫改变行为。可训练猫玩一些技巧，或通过食物试验找到食物资源，以刺激觅食行为。参见第233章。
- 药物治疗：药物治疗只能与行为治疗相结合而使用，而且并非在所有的病例均需要。如果焦虑为整梳过度的主要原因，药物结合行为治疗可帮助猫学会一些新的反应。常用药物包括选择性5-羟色胺再摄取抑制剂及三环类抗抑郁药物。如果用药物治疗之后猫的焦虑增加，则最好将猫预处理以便猫能接受用药。药物治疗常常需要12周或更长，才能注意到毛发的再生长。了解清楚开始脱毛时面积的大小有助于监测治疗是否有改进。参见第239章。

治疗注意事项

- 如果主人不在场时可能发生过度整梳行为，则对猫的行为录像有助于鉴别任何同时发生的焦虑，确定问题发生的频率及强度。

- 资源配置：这在饲养多猫的家庭尤为重要，因此需要建立多个用餐、猫沙盆、休息区等核心区或基地，以便使得所有的猫能等量接触这些区域，如果有此病史表明家养猫之间的社会关系发生问题，可能与焦虑及过度整梳行为有关时尤为重要。
- 费洛威喷剂：猫面部外激素类似物费洛威为一种合成的猫颊部外激素，用于使猫安静，可用于消除焦虑。这种外激素类似物可复制出猫在释放其自身的面部外激素到环境中时所产生的猫很熟悉的特性。
- 固定装置：应避免采用固定装置阻止整梳。如果因为一些损伤而需要固定，则应尽可能缩短使用时间。在一项研究中（Eckstein 2000）发现，如果猫未发生皮肤损伤，佩戴项圈12h，67%的猫可在项圈去除后12h内观察到整梳行为，这种行为发生的频率及持续时间均增加。

预防

- 一旦注意到过度整梳，应及早诊断并干预。
- 猫主人常常不知道过度整梳可能为皮肤病的症状，或者为焦虑所引起，因此一直等到出现大片的脱毛区时才寻求治疗。
- 由于猫很挑剔的天性，可能过度地将外寄生虫看作为整梳的原因，而且其引起的刺激可产生整梳问题。
- 如果对疾病的治疗不能改进，则及早实施行为干预可能有助于问题的解决。

预后

如果问题主要是由于皮肤病所引起，则预后好。治疗任何并发的过敏反应，无论是否与特异性反应或与食物有关，在大多数病例均可引起毛发再次生长。对由于应激、冲突及焦虑引起的过度整梳，其预后不定。如果社会环境不能发生改变，有些猫可将过度整梳作为一种应付机制。尚不清楚是否有些部位的牵涉性疼痛（referred pain）与过度整梳行为有关。如果毛发不能很快再次生长，则可能需要3～4个月被毛才能覆盖。应向猫主说明毛发再次生长的时间，有助于改变主人的期望。准确记录开始脱毛时的样子也有助于兽医及猫主人注意什么时候绒毛会再次生长。

参考文献

Beaver BV. Feline grooming behavior. 2003. In BV Beaver, ed., *Feline Behavior a Guide for Veterinarians*, 2nd ed., pp 311–321. Philadelphia: Elsevier Saunders.

Eckstein RA, Hart BL. 2000. The organization and control of grooming in cats. *Appl Anim Behav Sci*. 68:131–140.

Landsberg G, Hunthausen W, Ackerman L. 2003. *Stereotypic and compulsive disorders* In GM Landsberg, W Hunthausen, L Ackerman, eds., *Handbook of Behavior Problems of the Dog and Cat*, pp. 217–222. Philadelphia: Elsevier Saunders.

Luescher AU. 2002. Compulsive behavior. In D Horwitz, DS Mills, S Heath, eds., *BSAVA Manual of Canine and Feline Behavioural Medicine*, pp. 229–236. Gloucester, UK: BSAVA.

Sawyer LS, Moon-Fanelli AA, Dodman NH. 1999. Psychogenic Alopecia in cats: 11 cases (1993–1996). *J Am Vet Med Assoc*. 214(1):71–74.

Seksel K, Lindeman MJ. 1998. Use of clomipramine in the treatment of anxiety-related and obsessive-compulsive disorders in cats. *Aust Vet J*. 76(5):317–321.

Waisglass SE, Landsberg GM, Yager JA, et al. 2006. Underlying medical conditions in cats with presumptive psychogenic alopecia. *J Am Vet Med Assoc*. 228(11):1705–1709.

第239章
行为药物
Behavioral Pharmaceuticals

Debra F. Horwitz

概述

治疗精神病的药物在治疗行为性疾病时可能具有帮助作用，但由于尚没有被美国食品药品管理局批准用于猫，因此所有使用的药物均为非处方用药。在采用这些药物治疗前或在整个治疗过程中，应进行身体检查，对肝脏及肾脏机能进行实验室筛查，在有些病例还应进行心电图检查。建议使用签名许可和授权协议书。应告知客户处方外用药的情况及可能的不良反应。理想状态下，猫主人应在采用治疗精神病的药物治疗后的1～2d在家观察猫的状况。药物治疗只能与行为矫正合用，有些情况可能药物治疗无效，特别是环境或社会状况未发生改变及持续产生应激和焦虑时。

兽医在开具精神病治疗药物之前应进行行为诊断，如果没有正确的客户-病猫关系，则不能开药。临床医生必须要注意的是，作为能开处方的兽医，其必须为病猫的健康负责，而不能根据他人的建议开处方，除非是与有资格的兽医行为学家一道工作。

在开始药物治疗之前，不仅需要诊断，而且需要正确理解行为、需要改变的行为以及可能会发生的变化。这些改变可能会使已有问题的频率、强度、持续时间或其他一些特征发生改变。如果问题没有解决，这些行为本身不大可能会停止。因此，很好地理解将会发生什么样的变化，可以使临床医生估计出对药物干预可能会出现的反应，可以估计什么时候需要调整剂量，什么时候停用药物。

药物分类及特殊药物

选择性5-羟基色胺再摄取抑制剂

- 作为一类药物，这些药物通过作用于突触间隙5-羟色胺的再摄取，增强5-羟色胺的作用。选择性5-羟色胺再摄取抑制剂（selective serotonin reuptake inhibitors，SSRIs）可能需要2～6周才能达到峰值作用，因此可能需要一段时间才能观察到行为变化。SSRIs必须要每天给药才能发挥作用，不能“根据需要”给药。这类药物具有相对较长的半衰期，在体内存留时间较长，可能需要数周。常见不良反应包括便秘、尿潴留、厌食、胃肠道症状、颤抖、兴奋及昏睡。开始时可用低剂量治疗1～2周，然后逐渐增加剂量，这样可减少不良反应。如果使用一种以上抗抑郁药物，则可出现5-羟色胺综合征引起的中毒，因此不建议将三环抗抑郁药物（tricyclic antidepressant，TCA）或单胺氧化酶抑制剂（monoamine oxidase inhibitor，MAOI），如司来吉兰（selegiline）或双甲脒（amitraz）合用。
- 氟西汀（fluoxetine）为一种广泛用于人的各种疾病的SSRIs，其代谢产物具有很长的半衰期，在人可长达4～16d，在猫似乎也有很长的半衰期。其作用开始缓慢，可能需要3～4周。这种药物也用于治疗猫的尿喷、强迫性疾病及攻击行为等。
- 帕罗西汀（paroxetine）在人用于治疗社会焦虑性疾病、精神沉郁及恐慌症（panic disorders）。与氟西汀相比，这种药物具有短的消除半衰期，开始发挥作用的时间短，但有些兽医发现其在猫具有抗副交感神经的作用，如尿液潴留及便秘等。

单胺氧化酶抑制剂

- 单胺氧化酶抑制剂（monoamine oxidase inhibitors，MAOIs）也用于猫，但不用于治疗行为性疾病。

三环抗抑郁药

- 三环抗抑郁药（tricyclic antidepressants，TCAs）作用于5-羟色胺及其他神经递质，如去甲肾上腺素，许多通常也具有抗组胺或其他受体的作用，有些具有相对较快的作用（数天），而有些则需要数周才能达到峰值作用。TCA可能的不良反应包括心动过速、镇静、胃肠机能紊乱、瞳孔散大、口干、抗抑郁、尿液及粪便潴留、食欲降低及沉郁等。在患心脏病的病猫，由于可能会增加心率，因此使用时应小心，最好在使用之前用心电图监测进行筛选。TCAs也可降低癫痫发生的阈值。

- 氯丙咪嗪（clomipramine）为一种对5-羟色胺更有选择性的TCA药物，对去甲肾上腺素的摄取则作用不大。与所有抗抑郁药物一样，这种药物必须每天用药。多个研究表明氯丙咪嗪在治疗猫喷尿、有些强迫行为及精神性脱毛时具有效果。可能需要2～4周的治疗才能观察到行为的变化。
- 阿米替林（amitriptyline）常用于治疗猫的攻击及喷尿的行为，可抑制去甲肾上腺素的再摄取，也能防止5-羟色胺的再摄取，具有轻微的组胺样作用。阿米替林必须要每天给药才能发挥作用，促进行为的改变。由于该药具有苦味，因此给药特别困难。本药曾用于治疗喷尿、攻击行为及治疗先天性膀胱炎。

抗焦虑药物（anxiolytics）

- 丁螺环酮（buspirone）为阿扎哌隆（azapirone）类抗焦虑药物，可作为部分性5-羟色胺激动剂而发挥作用，其作用的发挥需要2～4周，通常需要每天给药2～3次。主要不良反应包括兴奋、胃肠道作用，偶尔可出现与其作用相矛盾的焦虑的增加。为了发挥作用，该药必须每天给药2次。丁螺环酮曾用于治疗猫的喷尿及猫的相互攻击行为，但由于其似乎能减少恐惧及增加自信行为，因此最常用于受害的猫。

苯二氮平类药物

- 苯二氮平类药物（benzodiazepines）用于治疗猫的喷尿、猫的相互攻击及控制焦虑，据报道其中一种产品安定（diazepam）可能与肝脏毒性反应有关，使用时应特别小心。使用苯二氮平类药物的猫可能会出现去抑制（disinhibit），引起攻击行为增加而不是降低。一般来说，由于其可能的毒性反应及去抑制作用，这种药物并非首选。其他苯二氮平类药物，如奥沙西泮（oxazepam）和阿普唑仑（alprazolam）也曾限制性地用于猫，使用应谨慎。米氮平（mirtazapine）常用作食欲刺激药物，其似乎不适合用于改变行为。

药物使用

- 初始剂量：有些猫似乎对药物特别敏感，很容易表现不良反应。以低剂量开始或间隔48h用药对有些个体有益。出现效果可能会有较长的时间，但不良反应可能很快出现。在能够控制行为问题之后仍需用药1～3个月。
- 停药：当行为改变而稳定时可试图开始停药，一般的建议是每周减少剂量不超过25%，同时等待目标行为的增加。如果有不良行为开始出现，则应维持低剂量数周，这样可达到稳定。如果行为不稳定，则安全的情况下及可维持1～3个月用药，应再次开始大剂量治疗，之后尝试再次停药。
- 长期治疗：有些病例可能需要长期治疗，应采用最低剂量。长期治疗的猫应根据年龄和健康状况，每年或每半年进行常规的血液生化检查。
- 更换药物：有些SSRIs具有较长的半衰期，因此从SSRIs更换为其他药物时，应停药等待3～5周。如果从TCA更换为SSRI，建议间隔1～3周。
- 经皮给药：目前还没有长期研究表明治疗精神病的药物经皮给药是否会十分有效。基里巴斯及其同事的研究表明，虽然氟西汀能在猫通过皮肤吸收，但其生物可利用性只有口服给药后的10%，但并未能建立经皮给药的剂量。梅利及其同事研究了健康猫口服及经皮给药后阿米替林和丁螺环酮的全身吸收情况，发现与口服给药相比，这两种药物的全身吸收均较差。根据这些研究结果以及缺少其他方面的研究，目前还不能建立治疗精神病的药物皮肤给药途径的用药剂量。
- 改变剂型：目前还未见有正式的研究报道，治疗精神病的药物在改变为液体或其他给药载体的剂型之后，其效能和吸收是否会发生改变。在口服给药时为了使药物更为有效，必须使其在胃肠中可以溶解及稳定，以便能吸收进入血流。如果因剂型改变而改变用药，则尚不清楚吸收是否也会发生改变，如果是，则改变的程度等仍不清楚。用药失败可能是由于药物缺乏可利用性而不是不适合进行行为治疗。

治疗注意事项

- 细胞色素P450为激素合成、生物转化及许多不同类型的药物代谢极为关键的酶系统。SSRIs为许多P450酶的抑制因子，如果病猫使用其他能被P450代谢的药物，则可能会改变血浆水平及产生毒理不良反应。
- 如果摄入过量的能增加5-羟色胺的药物，或如果将能改变5-羟色胺的两种药物同时使用，或者同时使用的两种药物在5-羟色胺代谢中不兼容，则可发生5-羟色胺综合征。目前对这种综合征还没有可靠的诊断方法，可根据临床症状及记录猫所有使用药物的完整病史，包括草药等，进行诊断。主要的体征及症状包括精神状态改变、神经肌肉改变及自律性改变。当SSRI与MAO［即司来吉兰（selegiline）或阿米曲工（amitraz）］、5-羟色胺受体激动剂（如丁螺环酮，buspirone）及TCA、哌替啶、色氨酸或右美沙芬（dextromethorphan）合用时可出现最为严重的症状。行为药物概述见表239-1。

用药方案

给猫用药对猫主人来说比较困难，对病猫来说也比较痛苦。从本质上来说，许多行为问题为慢性，可能需要长期给药，因此最好能将猫进行预处理以便给药。下述给药方案可用于使猫能够适应于给药。

方案A

- 确定病猫所喜欢吃的食物，这种食物不应为日常食物，而且可给予的量少。有些猫喜欢奶酪，而有些猫则喜欢加有鱼味的食物。可考虑采用将药物掺入食物的方法。
- 找到一个突出的台面以便于给药，可铺上毛巾使其稳定。
- 在每天一定时间，可将猫呼唤到跟前，轻轻抱起，将其置于准备好的台面，给予1～3片其喜欢的食物，使用一些交流语，如“这是你最爱吃的鱼”。然后将其放回地面，使猫离开。
- 如果猫期待这种惯例（通常可在数天内出现）的出现，可再将猫置于准备好的表面，拿起美食，用手给猫喂食，尝试使猫能吃上2片，然后让猫离开。
- 如果猫愿意，可在给予美食前轻轻抓住猫的头部及嘴巴，然后给猫以美食，之后将猫放开。
- 如果这一步骤进展顺利，可尝试打开猫的嘴巴，将食物放入，让猫享用。
- 随着时间，尝试将食物放入猫的嘴巴，猫会吞咽。

方案B

- 另外一种方法是定期让猫吃排成一列的3～4片美食。
- 如果猫愿意，可将少量药物加入到美食中饲喂。每天改变美食的排放次序，这样猫就不会知道哪片食物中含有药物。
- 如果这一步骤进展顺利，可逐渐增加剂量，直到猫能接受全剂量。
- 在采用药物治疗前一定要至少给予一片不含药物的食物。
- 如果发生任何异常反应，包括食欲或活动发生改变，应立即联系兽医。

方案C

- 如猫不采食为其设计的美食，则可再采用少量的罐装猫食品，之后用A或C方案。一旦猫开始吃为其准备的食物时，可加入少量药物。
- 在加入更多的药物之前至少应等待2d。
- 任何时间如果猫拒绝吃为其准备的食物，则尝试饲喂不加药物的食物，然后再开始。
- 准备的食物量应少量，以使其一次吃完。
- 加入药物的食物应在常规喂食前给予。

表239-1　行为药物概述

主要药物	药物分类	剂量范围	频率	用药途径	适应证
氟苯氧丙胺（Fluoxetine）	选择性5-羟色胺再摄取抑制因子	0.5～1.0mg/kg	q24h	PO	尿标记、强迫、猫间攻击
帕罗西汀（Paroxetine）	选择性5-羟色胺再摄取抑制因子	0.25～0.5mg/kg	q24h	PO	尿标记、强迫、猫间攻击
阿米替林（Amitriptyline）	三环类抗抑郁药物	0.5～1.0mg/kg	q12～24h	PO	尿标记、猫间攻击
氯丙咪嗪（Clomipramine）	三环类抗抑郁药物	0.25～0.5mg/kg	q24h	PO	尿标记、猫间攻击、强迫
安定	苯二氮类药物	0.2～0.4mg/kg	q12～24h	PO	尿标记、猫间攻击（受害者?）
阿普唑仑（Alprazolam）	苯二氮类药物	每只猫0.125～0.25mg	q12h	PO	尿标记、猫间攻击（受害者?）
奥沙西泮（Oxazepam）	苯二氮类药物	0.2～1.0mg/kg	q12～24h	PO	尿标记、猫间攻击（受害者?）
丁螺环酮（Buspirone）	阿扎呱隆（Azapirone）	0.5～1.0mg/kg	q12h	PO	尿标记、猫间攻击（受害者）

参考文献

Center, SA. 1996. Fulminant hepatic failure associated with oral administration of diazepam in 11 cats. *J Amer Vet Med Assoc.* 209(3):618–625.

Ciribassi J, Luescher A. 2003. Comparative bioavailability of fluoxetine after transdermal and oral administration to healthy cats. *Amer J Vet Res.* 64(8):994–998.

Cooper L, Hart BL. 1992. Comparison of diazepam with progestin for effectiveness in suppression of urine spraying behavior in cats. *J Am Vet Med Assoc.* 200(6):797–801.

Crowell-Davis SL. 2006. Combinations. In SL Crowell-Davis, T Murray, eds., *Veterinary Psychopharmacology*, pp. 234–240. Ames, IA: Blackwell Publishing.

Hart BL. 1993. Effectiveness of buspirone on urine spraying and inappropriate urination in cats. *J Am Vet Med Assoc.* 203(2):254–258.

Hart BL, Cliff KD, Tynes VV, et al. 2005. Control of urine marking by use of long-term treatment with fluoxetine or clomipramine in cats. *J Am Vet Med Assoc.* 226(3):378–382.

King JN, Steffan J, Heath SE, et al. 2004. Determination of the dosage of clomipramine for the treatment of urine spraying in cats. *J Am Vet Med Assoc.* 335(6):881–887.

Landsberg G, Wilson AL. 2005. Effects of clomipramine on cats presented for urine marking. *J Am Anim Hosp Assoc.* 41:3–11.

Mealey KL, Peck KE, Bennett BS, et al. 2004. Systemic absorption of amitriptyline and buspirone after oral and transdermal administration to healthy cats. *J Vet Intern Med.* 18(1):43–46.

Mills D, Simpson BS. 2002. Psychotropic agents. In D Horwitz, D Mills, S Heath, eds., *BSAVA Manual of Canine and Feline Behavioural Medicine*, pp. 237–247. Gloucester: BSAVA.

Pryor PA, Hart BL, Cliff KD, et al. 2001. Effects of a selective serotonin re-uptake inhibitor on urine spraying behavior in cats. *J Am Anim Hosp Assoc.* 219:1557–1561.

第3篇

牙　科

Dentistry

第240章 牙科检查

Dental Examination

R. B. Wiggs 和 B. C. Bloom

概述

大量研究表明，口腔及牙齿疾病是所有年龄段的猫最常见的疾病，很多口腔及牙齿疾病的症状在开始时猫主人就能注意到，但在就诊之前这些疾病可能已经很严重了。通过病史调查、临床症状观察及诊断试验有助于诊断疾病，并为确定疾病为原发性或继发性提供相关资料。恰当的口腔检查，同时结合关于口腔及牙齿的解剖及生理学知识，是诊断和治疗猫口腔和牙齿疾病的基础，反过来这又是建立适宜的治疗计划的关键。

诊断

主要诊断

- 病史：应包括病猫的年龄、品种及性别等基本特点，但完整的病史应包括免疫接种状态、日粮、专业或在家中的牙齿护理、目前和既往的疾病及其治疗、既往的实验室检查报告及其数据、暴露传染病的情况、创伤发生情况、已知的过敏反应、采食或行为变化、有关咀嚼玩具的信息、所有疼痛或不适的症状（如咬牙或牙齿咯咯作响）、颌关节运动时出现捻发音、环境及家族病史等。
- 查体：在检查明显的口腔或牙齿疾病时，不应忽视普通查体的作用，应将机体作为一个整体进行系统检查。
- 口腔初步检查：口腔初步检查通常在查体后进行，通常情况下不需要镇静或麻醉，这主要取决于猫的配合程度。系统地检查猫的头部形状及对称性、鼻腔的状态、口腔黏膜或牙牙龈的肿胀程度、瘘道的有无、口腔牙齿的咬合、嘴唇及口腔连合部、齿龈及黏膜状况、淋巴结及唾液腺、下颌或颞下颌关节（jaw or temporomandibular joint，TMJ）运动状态、上颌、舌及牙齿的状况。
- 麻醉前诊断试验（preanesthetic diagnostic tests）：采用这种试验不仅是为了减少麻醉诱导期或麻醉之后的生理并发症，也可了解病猫的整体健康状况。对大多数病猫个体而言，应包括血常规（CBC）、血液尿素氮（BUN）、肌酐、丙氨酸转氨酶（ALT）及血液葡萄糖测定的临床基础检查，但应根据病猫的病史、初步的查体情况或口腔检查进行其他检查试验。
- 深度口腔检查（in-depth oral examination）：适宜的深度口腔检查必须要镇静，最好采用全身麻醉。如果口腔初步检查中不能充分检查清楚所介绍的所有信息，则应在这一阶段进行进一步的检查。口腔检查的主要项目为观察检查、触诊及探针。以检查牙齿周围沟槽的深度检查牙周组织（periodontium）的状况。如果沟槽深度超过0.5mm则为异常，需要进一步进行诊断。牙齿褪色及由于磨损或骨折引起损伤的牙齿应该对其表面用探针锐利的尖端来探查牙髓管（pulp canal）是否开放，并检查牙齿的活动性。透视拍片可检查牙齿活力，拍摄的照片可用于观察牙齿内外结构的变化。开口器（mouth gags）、牵开器、放大镜及合适的光照是彻底进行口腔检查所必需的器械。
- 口腔诊断试验：诊断试验的选择主要依上述各步骤收集的结果而确定。口腔及口内X线检查（参见第245章）、透照、细胞学检查及活检组织病理学检查是目前猫病牙医中最为实用及最为有用的诊断方法。怀疑颞下颌关节发育不良时应对可疑区进行听诊，检查发生的原因，磁共振影像检查（MRI）可能会发现更多的结果。牙耐热试验（thermal tooth tests）、电子牙髓测试装置（electronic vitality testers）、多普勒及脉冲光电血氧计可用于牙齿检查，以检查牙齿活力，但有的结果不可靠。谷丙转氨酶（ALT）、天冬氨酸转氨酶（aspartate transaminase，AST）及弹性蛋白酶（elastase）水平升高时，采用齿间隙热装置（crevicular thermal devices）进行齿间隙检查（sulcal tests）及齿间隙液（gingival crevicular fluid，GCF）检查，可获得相关信息，检查是否有牙周疾病，但更为廉价的探针方法及器械也很值得使用。由于口腔内的细菌种类极为复杂，临床上对采集的牙周及牙齿分泌物进行培养获得的结果一般与临床上抗生素治疗反应之间并无相关联系。

- 绘制口腔及牙齿诊疗记录表：这是诊断、治疗及监测猫的牙齿疾病和健康状况的永久记录。应在牙科记录表上做好口腔及牙齿的异常诊疗记录。可采用本章介绍的制表法，采用缩略语的方式，简单易行，猫牙科病其他常用制表缩写词语见第241章。

辅助诊断

- 牙周袋指数（periodontal pocketing index，PPI or PP）：牙周袋的深度用毫米表示，例如，袋深5mm可表示为PP5，袋深8mm可记录为PP8。
- 牙根暴露（root exposure，RE）：以毫米记录，表示牙根从齿龈边缘暴露到齿骨釉质结合部（cementoenamel junction，CEJ）的长度。RE及PP结合可表示牙齿附着松动的总体情况，有助于确定牙周病指数（periodontal disease index，PDI）。
- 噬斑指数（plaque index，PI）：噬斑发展可根据以下评估：0=无噬斑；1=沿着齿龈边缘有薄膜；2=中度齿垢，齿槽有噬斑；3=齿槽有大量的松软物质。
- 牙结石指数（calculus index，CI）：牙结石发展根据以下评估：0=无结石；1=龈上结石（supragingival calculus）略延伸到低于齿龈游离缘；2=中等程度的龈上结石（supragingival）及龈下结石或只有龈下结石（subgingival calculus only）；3=大量龈上或龈下结石。
- 齿龈指数（gingival index，GI）：齿龈状况根据以下估计：0=正常齿龈；1=轻微炎症，颜色轻度变化，轻微水肿，探查无出血；2=中等炎症，发红，水肿，探查时出血；3=严重炎症。
- 齿槽出血指数（sulcus bleeding index，SBI）：每个齿槽采用以下评估：0=外观健康，齿槽探查时无出血；1=探查时齿槽轻微出血；2=探查时中度出血；3=探查时大量出血或自发性出血。
- 牙周病指数（periodontal disease index，PDI）：牙周病的总体程度可按下述评价：0=组织正常，无附着松动；1=无附着松动，只有齿龈炎；2=25%以上附着松动；3=25%～50%附着松动；4=50%以上附着松动。

参考文献

Lobprise HB, Wiggs RB. 1999. Oral radiology, In HB Lobprise, RB Wiggs, eds., *The Veterinary Companion to Common Dental Procedures*, pp. 58–72. Denver: AAHA Press.

Wiggs RB, Lobprise HB. 1997. Dental and oral radiology. In RB Wiggs, HB Lobprise, eds., *Veterinary Dentistry, Principles and Practice*, pp. 36–51. Philadelphia: Lippincott-Raven.

第241章
牙病预防
Dental Prophylaxis

R. B. Wiggs, S. L. Ruth 和 B. C. Bloom

概述

牙周病（periodontal disease）是人和动物最常见的感染性疾病，主要表现为简单的亚临床阶段的齿龈炎（gingivitis）或严重的进行性牙周病。牙周病以一定的活动性破坏或牙周炎及非活跃性休眠的周期性间隔发生，这些变化可引起包围牙齿的牙周组织发生进行性附着松动。牙周炎（periodontitis）为牙周组织疾病的活跃期，在临床上可表现为多种形式，由许多原因所引起，每种原因均可依宿主及其他原因引起不同速度的附着松动。牙周炎通常从齿龈炎发展而来，但并非所有的病例均是如此。

研究表明，2岁时70%的猫可表现牙周病的阳性症状，但还有研究表明牙齿及口腔疾病是所有年龄段的猫最常见的疾病。此外，研究还表明口腔感染与身体其他器官，如肾脏、肝脏、肺脏和心脏疾病之间也有密切关系。

病因学

口腔中的细菌与唾液蛋白混合，黏附到牙齿表面。之后细菌及细菌产物形成菌膜，引起机体局部及全身反应。细菌可通过激活齿龈组织的胶原酶，直接影响牙齿的附着。此外，菌膜具有强烈的抗原性，因此能刺激机体发生免疫应答反应。随着口内菌膜从革兰氏阳性、需氧、不运动的球菌逐步转变为革兰氏阴性、厌氧、能运动的杆状细菌，内源性及外源性产物及毒素代谢产物引起齿龈上皮及牙周深层组织的完整性受到破坏，最终导致牙齿脱落。

临床症状

临床症状因牙周病的类型及发展阶段而表现不同，但下列临床表现的各种症状可与某种类型的齿龈炎或牙周炎有关：

- 牙龈水肿及炎症（齿龈炎）
- 噬斑及结石沉积
- 牙齿周围碎片蓄积
- 齿槽脓性渗出物
- 口臭
- 溃疡
- 探针时牙龈易出血
- 齿龈乳头构造发生改变
- 牙龈点彩消失（loss of gingival stippling）（牙龈附着龈表面的橘皮样点状凹陷称为牙龈点彩，是机能强化或机能适应性改变的表现，为健康牙齿的特征性表现。牙龈疾病时点彩消失，牙龈恢复健康时又重新出现——译注）
- 牙齿周围骨损失
- 齿龈萎缩（gingival recession）（牙龈缘向釉牙骨质界的根方退缩，致使牙根暴露，严重时可致牙槽骨吸收——译注）
- 齿龈生长或增生
- 牙齿周袋形成
- 牙根暴露
- 牙根分叉区暴露（furcation exposure）
- 牙齿松动
- 牙移动（tooth migration）或牙新间隙形成（new diastema formations）
- 牙齿突出（tooth extrusion）
- 掉牙

诊断

主要诊断

- 临床检查及X线检查：大多数牙周病的复杂病例可通过观察、触诊及X线检查进行诊断。
- 探针：可用牙周探针快速测定正常的齿槽深度，典型情况下其不会超过0.5mm，如果超过这个深度则说明发生了附着松动，可能存在疾病。
- 其他异常：牙根暴露、牙根分叉暴露、牙齿变色或损伤、牙齿松动、牙齿缺失、牙齿疾病、齿龈炎、结石、噬斑蓄积及其他病例变化等均应正确制表绘图，然后计算出最终的牙周病指数，据此进行治疗。

辅助诊断

- 牙周病指数（periodontal indices）：这里列出常用的牙周病指数，参见第240章，典型情况下为0（正常）至3（严重），用于计算整体的牙周病指数（见表241-1）。
- 噬斑指数（plaque index，PI）。
- 结石指数（calculus index，CI）。
- 齿龈指数（gingival index，GI）。
- 齿槽出血指数（sulcus bleeding index，SBI）

表241-1 牙周病指数

0阶段	正常组织，无附着松动
1阶段	无附着松动，只有齿龈炎
2阶段	25%以上附着松动
3阶段	25%～50%附着松动
4阶段	50%以上附着松动

- 牙周袋深度（periodontal pocket depth，PP）。
- 牙根暴露深度（root exposure length，RE）。
- 牙根分叉暴露程度（degree of furcation exposure，FE）。

注意：牙周袋的深度及牙根暴露深度均以毫米记录。例如，5mm的袋深可表示为PP5，3mm的牙根暴露可表示为RE3。

治疗

主要疗法

- 分组（grouping）：通常根据牙周疾病的阶段及类型进行分组和治疗，再检查及再评价治疗结果，表241-2可作为治疗的一般指南。
- 家庭护理：必须根据每个病例的实际情况进行家庭护理。猫主人与病猫的配合程度对家庭护理极为重要。猫牙病的家庭护理产品种类很多，包括口腔用溶液、胶体、牙膏、密封剂、日粮、水添加剂等。疾病越严重或发生牙周病的倾向越严重，越应考虑采用家庭牙齿护理性治疗。

表241-2 牙周病不同阶段的治疗及预后

阶段	治疗	治疗再检查	再评估
1	清洁牙齿 用细粒洁牙牙膏（fine grit prophy paste）磨光牙齿 拍摄X线片作为以后的基础检查 可能使用了氟化物 可能使用了蜡质屏障密封剂 绘制牙图 可家庭护理 预后：非常好	N/A	9～12个月
2	与阶段 1相同，另外 拍摄X线片 可施行根面平整术（root planing） 可施行龈卡刮除术（subgingival curettage） 可使用TAA 可施行齿龈手术（移植手术或ENAP） 可能需要抗生素或镇痛药物治疗 家庭护理 预后：好或较好	2～3周	6～9个月
3	与阶段 2相同，另外 可施行牙周骨手术（osseous surgery）（GTR或 ARA） 可施行拔牙术（extractions）（ARA） 预后：谨慎	2～3周	3～6个月
4	与阶段 3相同，另外 可施行拔牙术（extractions）（ARA） 预后：差	2～3周	2～4个月

ARA，牙槽嵴增高术（alveolar ridge augmentation）；ENAP，切除新牙周膜并位手术（excisional new appositional procedure）；GTR，组织引导再生（guided tissue regeneration）；TAA，局部用抗生素或抗炎药物治疗（topically applied antibiotic or anti-inflamatory）。

治疗注意事项

- 口腔细菌培养及药敏试验通常在指导有效选用抗生素上难以获得成功，因此，选择抗生素时必须要根据牙周病不同阶段已知能奏效的治疗结果进行。资料显示，克拉霉素及阿莫西林克拉维酸效果最好。

绘图

清楚乳牙永久齿的齿式以及出牙时间对甄别异常，如缺牙、赘生齿［supernumerary（extra）teeth］甚至乳牙残留是极为重要的，对残留的乳齿，如果相应的永久齿已经出来，则应及时拔除。检查齿型（tooth type）对准确绘图也是必不可少的，齿型的缩写为：Ⅰ，切齿（incisor）；C，犬齿（canine）；P，前臼齿（premolar）；M，臼齿（molar）。猫的齿式为：

- 乳齿：Ⅰ=3/3；C=1/1；P=3/2；总数=26颗。
- 永久齿：Ⅰ=3/3；C=1/1；P=3/2；M=1/1；总牙数=30颗。

三位牙齿编码系统（triadan tooth numbering system）采用中间不加逗号的3个数字，见图241-1。第一个数字指1/4圆的位置（quadrant location）及牙齿是否为乳齿和永久齿。数字的顺序为右上、左上、左下及右下。成年齿列采用1～4的数字，乳齿齿列（primary dentition）（deciduous teeth）采用数字5～8，在每个1/4圆中，第一切齿编码总是1，切齿编码为1～3，犬齿编码为4，前臼齿编码为5～8（不存在的除外），臼齿编码为9～11（不存在的除外）。这种编码系统是基于完全的表型齿列，即（Ⅰ3/3，C1/1，P4/4，M3/3）×2=44，就像在猪一样。猫的简化齿列编码系统可改为：

右上1/5	左上2/6
右下4/8	左下3/7

例如：

101=永久性上颌右一或中央切齿（permanent maxillary right first or central incisor）

204=永久性上颌左犬齿（permanent maxillary left canine or cuspid）

308=永久性下颌左四前臼齿（permanent mandibular left fourth premolar）

409=永久性下颌右侧第一臼齿（permanent mandibular right first molar）

604=上颌第一犬齿乳齿（deciduous maxillary left canine or cuspid）

807=下颌右侧第三前臼齿乳齿（deciduous mandibular right third premolar）

常用的制图缩写见表241-3。

最好的网上作图资源可参见www.avdc.org/dental-charts.pdf。

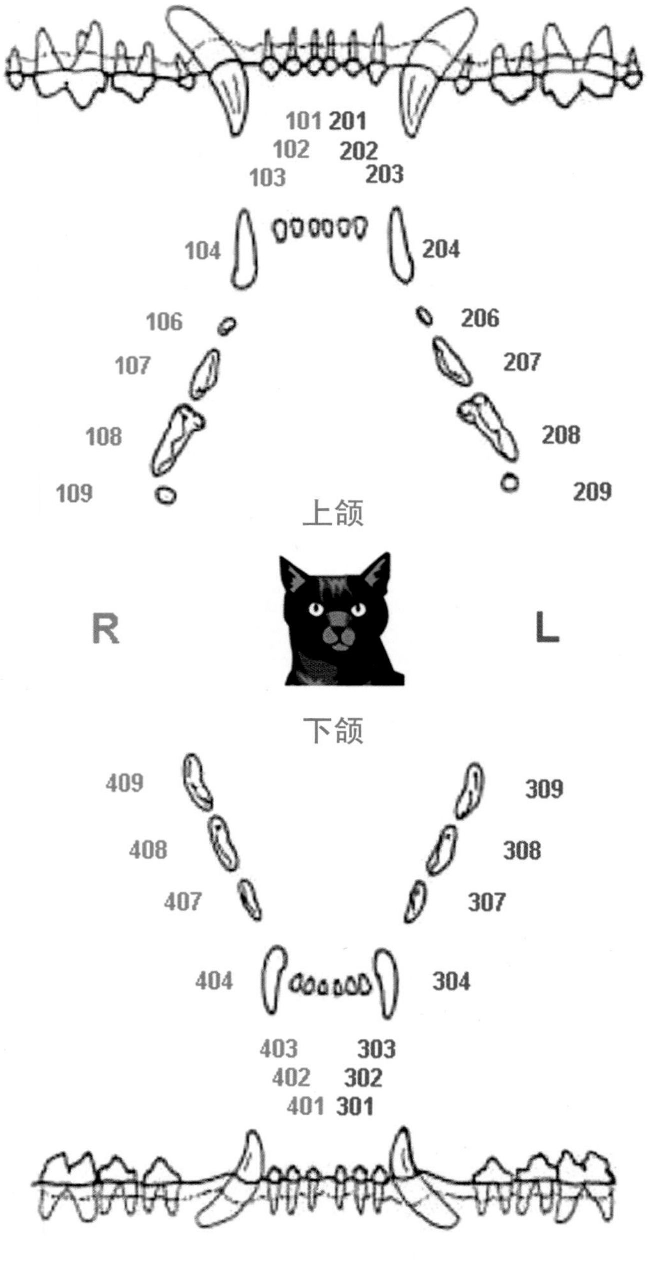

图241-1　三位牙齿编码系统采用3个数字中间不加逗号的系统，第一个数字指在1/4圆上的位置及牙齿是否乳齿或永久齿。字顺序为右上、左上、左下及右下

表241-3　绘制牙图时的常用缩写

0（圆圈或零）	缺齿
ARM	牙槽嵴维护（alveolar ridge maintenance）
AT	磨损（attrition）
BAB	球状牙槽骨（bulbous alveolar bone）
BE	割除活组织检查（biopsy excisional）
BI	切开活组织检查（biopsy Incisional）
CA	腔体（cavity）
CI	结石指数（calculus index）
CU	接触性溃疡（contact ulcer）
CWD	齿拥挤（crowding of teeth）
ED	牙釉质缺陷（enamel defect）
EP	龈瘤（epulis）
FE	牙分叉暴露（furcation exposure）
FX	齿骨折（tooth fracture）
GH	齿龈增生（gingival hyperplasia）
GI	齿龈炎指数（gingivitis index）
GP	龈成形术（gingivoplasty）
GVP	龈成形术（gingivoplasty）
Index M	牙活动性（mobility）
LPS	淋巴细胞性浆细胞性口炎（lymphocytic plasmacytic stomatitis）
LX	撕裂（laceration）
NV	死牙（nonvital tooth）
OM	口腔肿瘤（oral mass）
ONF	口鼻瘘（oronasal fistula）
OP	正牙（odontoplasty）
PDI	牙周病指数（periodontal disease index）
PE	牙髓暴露（pulp exposure）
PI	噬斑指数（plaque index）
PP	牙周囊（periodontal pocket）
PRO	职业预防（professional prophylaxis）
PU	牙髓炎（pulpitis）
R	复位（restoration）
RAD	X线照片（radiograph）
RC	牙根管（root canal）
RD	乳齿滞留（retained deciduous）
RE	牙根暴露（root exposure）
RL	再吸收性病变（resorptive lesion）
ROT	牙齿旋转（rotated tooth）
RPC	根面平整后闭合（root planed closed）
RPO	根面平整后开放（root planed open）
RRT	根尖滞留（retained root tip）
RTR	齿根滞留（retained tooth root）
SBI	沟槽出血指数（sulcus bleeding index）
SRP	根平面抛光后成垢（scale root plane polish）
TAA	局部用抗生素或抗炎药物治疗（topically applied antibiotic or anti-inflammatory）
TLUX	牙脱位（tooth luxated）
TA	牙撕脱（tooth avulsed）
VT	活牙（vital tooth）
X	拔除牙（extracted tooth）

预后

预后因疾病的发展阶段及类型、专业治疗的水平及在家护理时的并发症差别很大。牙周病每个阶段的预后见表241-2。

参考文献

Lobprise HB, Wiggs RB. 1999. Oral radiology. In HB Lobprise, RB Wiggs, eds., *The Veterinary Companion to Common Dental Procedures*, pp. 18–26. Denver: AAHA Press.

Wiggs RB, Lobprise HB. 1997. Dental and oral radiology. In RB Wiggs, HB Lobprise, eds., *Veterinary Dentistry, Principles and Practice*, pp. 38–46. Philadelphia: Lippincott-Raven, 1997.

第242章

牙髓病及修复

Endodontics and Restorations

R. B. Wiggs, S. L. Ruth 和 B. C. Bloom

概述

牙齿疾病或牙齿的损伤可影响到牙髓组织的健康及活力，因此常常需要治疗齿髓（endodontic treatment）。治疗齿髓有助于稳定牙齿的内部部分，以维持牙齿外部组织及其周围牙周组织的完整性。牙周组织反过来又能将牙齿稳定在牙窝或齿槽（tooth socket）内。牙齿的内部结构为牙髓，其位于牙髓腔内。牙髓本身为软组织基质，含有许多特化的细胞，如成牙质细胞（odontoblasts）、成纤维细胞、纤维细胞及结缔组织、血管、淋巴和神经组织。牙髓通过牙齿顶端的顶端三角区（apical delta）或牙根尖端从牙齿出来，连接于牙周组织。

齿髓保持牙齿活力，一旦齿髓死亡，即便牙齿仍然正常位于齿槽中，但已经不再有活力。死亡的牙髓组织会成为感染的来源，典型情况下这种感染主要表现在牙尖和周围组织。从牙尖渗出的变性物质也可刺激机体发生变态反应，导致牙齿附着逐渐脱落，X线检查时表现为牙尖周围骨密度降低。随着病程发展，死亡的牙髓可引起慢性菌血症，导致猫的体内许多器官损伤。因此，一旦牙齿没有活力，必须要进行妥善的处理，或者进行拔牙，或者进行牙髓病治疗。

但是，并非所有的牙损伤均需要拔牙或进行牙髓病治疗。牙齿损伤的严重程度差异很大，据此进行分类有助于采取适当的治疗措施。例如，1期损伤可只导致一些牙釉质损失；2期损伤可穿入牙釉质下的牙釉质（dentin）；3期损伤可引起牙髓暴露，但牙髓依然具有活力；而4期损伤通常引起牙髓暴露及死亡，因此可诊断为无活力。其他损伤也可很严重，因此只能考虑能否挽救牙齿，在这样的病例，典型情况下拔牙是唯一可选的治疗方法。

引起牙齿损伤的原因各种各样，可能的病因包括创伤、牙齿本身的潜在疾病，如猫的牙齿重吸收（feline dental resorption，tooth resorption，TR）、牙齿变形，或牙齿钙化不足，导致其易于发生各种变色、腐烂、骨折或磨损等疾病。

临床症状差别也很大，但在一般情况下，牙齿的损伤体现在牙齿部分齿冠的缺失，也可使牙髓腔暴露（见图242-1）。如果牙髓腔暴露，则外观依牙髓的活力而

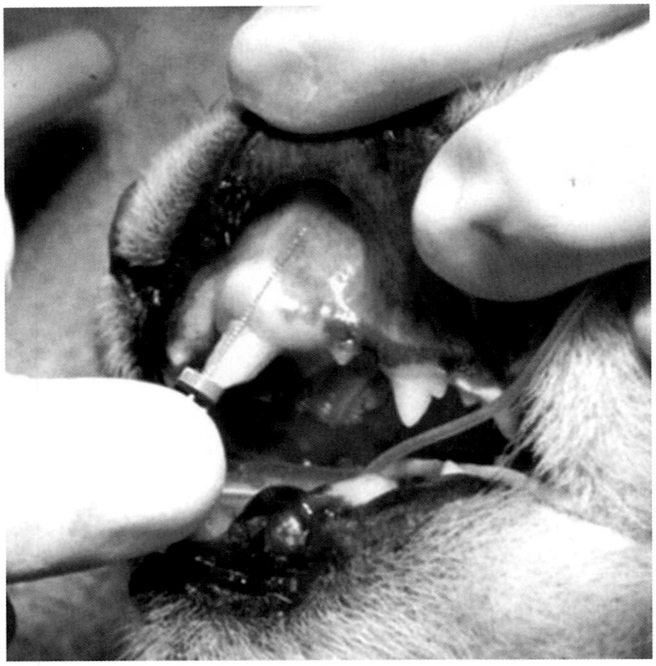

图242-1 分类为6，第4期的上颌犬齿骨折，采用标准的牙根管诊断方法检查及复位检查。用齿周探测器（pathfinder）确定牙根管的深度

不同，有些表现为出血、发红、粉红色、黑色，或开孔进入牙齿。如果暴露齿髓，则可见面部肿胀，面部或口腔内可见引流瘘管形成。偶尔可见到没有活力但齿冠完整的牙齿，唯一可见的病理变化是牙齿变色，可依牙髓死亡的时间及腐烂程度，颜色变为粉红色、蓝色、灰色。无论如何，都会有些死牙需要治疗牙髓病或拔牙。虽然牙齿损伤及牙髓死亡可使病猫表现极为不适，但大多数的病猫不表现明显的疼痛症状。在有些病例，猫主人可发现猫的采食行为、唾液分泌或行为发生改变。

牙髓质牙病的鉴别诊断包括牙周脓肿、创伤、唾液腺疾病、眼睛疾病及肿瘤等。

诊断

主要诊断

- 齿周探针探查（explorer probe）：可用齿周探针轻轻探查是否有向牙髓腔的开孔，可采用探测器（Pathfinder™，Kerr Co.,Romulus，MI，48174）或小型牙髓锉刀（endodontic file）进入小的开孔。
- 透照（transillumination）：用聚焦光源照射牙齿以检查光从牙齿一侧透过另外一侧的程度。活牙比死牙可允许更大量的光通过或透照，可与口腔中其他已知有活力的同类牙齿进行比对。
- X线检查：可拍摄X线照片观察牙管及牙周的变化来检查疾病。如果在牙尖周围存在有X线可透射性，则说明牙齿活力丧失及再吸收的牙尖支持组织。如果损伤持续时间长，则可将牙髓室的大小与对侧同一牙齿比较，这样有时可发现牙齿的死亡。活牙可由于牙质在牙管内连续形成的沉积层而引起管腔狭窄。因此，如果同类的两颗牙之间发现有明显差异，则牙管大的牙无活力的可能性更大。应注意的是，有些猫的牙髓受损（骨折而牙管开放）可表现为广泛的牙尖再吸收（吸收性病变），因此使得牙髓治疗难以奏效。
- 活检及组织病理学检查：在组织肿胀明显，但没有牙损伤的症状时，牙齿的死亡可能是因肿瘤所引起，其能破坏牙齿的血液供应，导致牙齿无活力。在可疑病例，应进行活检。但许多情况下这种生长可能深入到牙尖，因此使得采集的样品难以捕捉到合适的组织样品，导致组织病理学报告虚假。在其他治疗方法难以解决的肿大，应采用其他X线检查、血液检查及活检等方法检查。

辅助诊断

- 其他诊断工具：可采用多普勒或脉冲式光电血氧计辅助诊断牙齿活力，但在猫，由于牙齿小，与齿龈组织的排列紧密，因此很不可靠，出现假阳性活力的情况很常见。

诊断注意事项

- 确定牙齿是否具有活力，然后根据以前介绍的检查方法对牙齿的损伤进行分期。

治疗

主要疗法

- 药物疗法：如果齿龈或牙齿的周围组织有肿胀或疼痛，可开始用抗生素、疼痛治疗及采用引流等方法进行治疗。
- Ⅰ期牙损伤（牙釉质层损伤）：可通过磨光粗糙或锯齿状的牙釉质表面进行治疗，之后对牙釉质用酸浸蚀法治疗，以便使黏合剂能够浸入。典型情况下2～3层牙釉质黏合剂或密封剂就足够。如果没有牙科综合治疗机（dental unit）及牙釉质黏合剂，可采用钻石钢砂板（diamond emery board）。然后将打光的表面覆盖上氟化物及保护受损组织。肾脏机能不全的猫应避免或慎用氟化物。一般情况下，对家庭护理的唯一建议是采用软食饲喂24h。
- Ⅱ期牙损伤（损伤到牙本质）：可采用与1期损伤类似的方法进行治疗。如果遇到牙质损伤，则用牙质结合剂（dentinal bonding agent）而不能采用上述的牙釉质结合剂。如果损伤更为严重，应采用牙色合成树脂（tooth colored composite resin）塑造成缺损部位理想的形状。如果没有牙釉质结合剂，则可采用钻石钢砂板，按照1期牙损伤的氟化物治疗法，家庭护理可以用软食饲喂24h。如果病猫表现不适，可在家对疼痛进行治疗。
- Ⅲ期牙损伤（有活力的牙髓损伤，vital pulp injury）：可采用下述4种方法进行治疗：

1. 拔牙。参照第243章。

2. 牙髓封闭及复位（pulp capping and restoration）：用于成年猫牙髓未发生明显损伤，牙齿活力降低，牙髓暴露时间短的病例。建议采用抗生素及止痛治疗。治疗方法应根据每隔6个月X线拍片结果决定，确保治疗能获得成功（牙齿有活力而健康）。如果治疗失败，建议采用标准牙根管治疗方法或拔牙。

3. 牙根尖生成（apexogenesis）：这种方法用于保证发育牙有活力，因此能完成成熟牙根的发育。如果正常牙根能形成，根尖能充分闭合，则必须要确定是否能采用其他治疗方法以便牙根能继续保持活力，或者采用标准的牙根管治疗程序实施治疗，以确保能维持牙齿的活力。如果治疗难以奏效，在正常的牙根成熟及闭合前牙齿死亡，可在实施标准的牙根管治疗之前试行根尖诱导形成术（apexification），或者拔牙。

4. 标准牙根管治疗：软食饲喂24～72h，抗生素治疗5～10d，家庭止痛治疗1～3d。

- Ⅳ牙损伤（死牙）：典型情况下可采用下述3种治疗方法的一种进行治疗：
  1. 根尖诱导形成术：可用于未完成根部形成或尖端未闭合的年轻死牙。这种方法可刺激牙根继续闭合。一旦能成功闭合，可形成标准牙根管；如不能奏效，则需要拔牙。
  2. 标准牙根管疗法：软食饲喂24～72h，抗生素治疗5～10d，家庭止痛治疗1～3d。
  3. 无法挽救的牙齿：需要拔牙。参见第243章。

辅助疗法

- 抗生素：有效的抗生素包括阿莫西林（22mg/kg q24h PO）、阿莫西林/克拉维酸（11mg/kg q12h PO）及克林霉素（5.5mg/kg q12h PO）。
- 术后疼痛治疗：有效的镇痛药物包括丁丙诺啡（0.005～0.01mg/kg q4～8h IV、IM或舌下给药），酒石酸布托啡诺（0.2～0.8mg/kg q4～8h SC，IM或IV）及芬太尼（1mL/9kg SC）。

治疗注意事项

- 牙齿修复后丢失的情况并非不常见，应告知猫主人可能会发生这种情况。如果出现这种情况，可能需要再次进行修复。
- 也可出现牙的再次损伤，特别是如果牙齿的损伤是由诱发因素或行为习惯造成时。
- 近牙龈线（gum line）的修复应仔细，由于裂纹或粗糙的边缘可诱导该区域发生齿龈炎。建议及时采用专业或家庭牙齿护理。
- 在预防期间，牙齿上的修复应比健康牙齿的清洁更为轻柔，以减少因对修复发生医源性损伤的风险。应采用精制的防护牙膏（extrafine prophy paste ）以避免刮除太多的修复材料。

牙髓病的治疗

虽然牙髓病的治疗规程（endodontic procedures）在理论上似乎更直截了当，但就实际手术操作而言远非如此。牙齿的损伤绝对没有相同的，因此必须要根据病猫及牙齿的特殊情况选择合适的治疗方法。对这些方法经常性地重复及有规律地练习对提高牙髓病治疗的效率，减少并发症及增加长期成功率极为关键。

牙根尖生成（发育不全受损的活牙）

典型情况下牙根尖生成术（apexogenesis）应用于未成熟有活力永久齿（猫为18～24月龄以下）的（存活）牙髓质组织暴露时。这些未成熟的牙通常牙根发育不良，通常具有开放的牙根尖。牙根尖生成术如能奏效，能维持牙齿的活力，完成牙根生长、成熟、增厚及尖端闭合，因此将来如有需要仍可进行牙根管治疗。牙根尖生成的基本步骤是：

1. X线检查牙齿，彻底检查牙齿及周围组织。
2. 口腔消毒，通常可采用洗必泰溶液（0.2%或低浓度的洗必泰溶液）。
3. 患病局部注射局麻药物，如布比卡因（bupivicaine）。
4. 用白石（一种氧化铝刺）及1/2号或1号灭菌圆头牙钻（round ball bur）磨光已断裂的牙齿表面。
5. 用1/4号或1/2号圆头牙钻除去2～3mm牙髓组织。
   - 如果2～3min内术部出血难以控制，可轻轻压迫，如果压迫仍不能止血，可采用少量止血溶液或止血粉。
   - 如果术部仍继续出血，可再除去1～2mm牙髓，按上述方法重复止血。
   - 如果上述所有止血方法均不能奏效，则很有可能是牙髓发生难以逆转的牙髓炎并且正处于死亡过程中。在这种情况下，则需要采用根尖诱导形成术或拔牙。
6. 如果能控制术部出血，可通过将1mm氢氧化钙USP粉或无机三氯化聚体（mineral trioxide aggregrate，MTA）直接置于牙髓而实施直接牙髓加盖。
7. 可通过施加一层玻璃离子交联聚合物（glass ionomer）如Microspand™ Ionosit®来保护牙髓加盖材料及恢复牙齿表面。应及时复位，以与牙齿组织一致。复位建造过多只能导致形成易于再次发生损伤的组织。
8. 最好的复位应该用酸浸蚀，用2～3层未填充的树脂填充任何异常部位，以密封复位边缘。
   - 对牙齿及最后的复位进行X线检查，以备评估及将来用作参考（见图242-2）。应根据最初根尖生成手术的原因，每隔1～6个月再次检查及用X线检查牙齿。

齿骨质形成（发育不全或损坏的死牙）

典型情况下齿骨质形成（apexification）用于无活

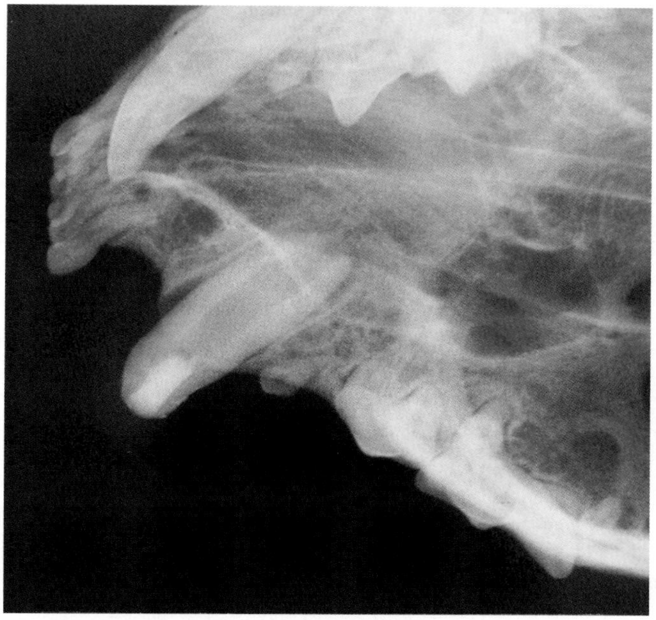

图242-2 完成的牙根尖生成手术，X线照片为术后

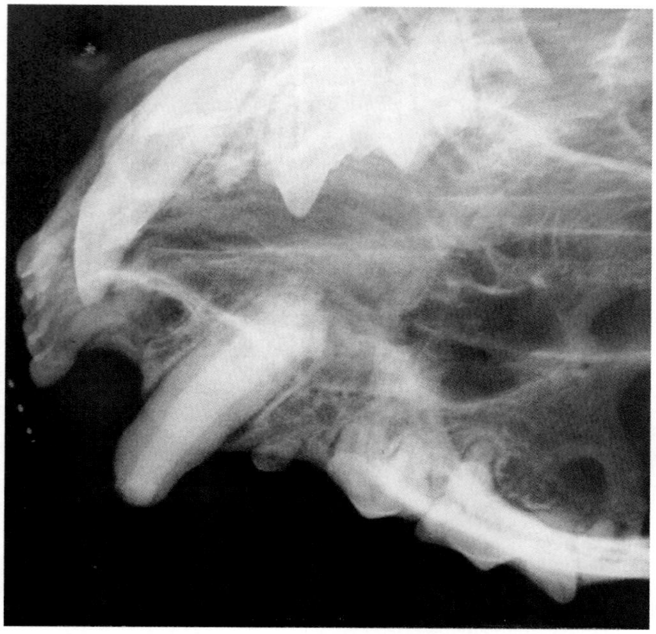

图242-3 X线照片所示为采用根尖诱导形成术完成对牙髓腔的填充

力或具有不可逆牙髓炎的未成熟永久齿（具有未成熟及未完全发育的根尖结构）。如果这种手术能够奏效，则可使得牙根组织发育及根尖闭合，这样就可采用标准牙根管技术，以维持牙齿及一定程度上牙齿的原有机能。

手术的基本过程是从牙髓腔除去无活力的碎屑组织，用能够刺激牙根、并能用固体组织闭合的材料代替。

1. 采用根尖生成手术的头两个步骤。

2. 如果牙髓腔未暴露，则用圆头牙钻做一通向牙髓腔的通路。

3. 用带刺的拉刀及或牙髓锉刀或铰刀及灭菌生理盐水或口腔用洗必泰溶液（0.2%或更低浓度）清除牙管中的组织残屑，勿使用漂白剂溶液（次氯酸钠）冲洗，主要是由于这些溶液通过开放的牙根尖端漏出可导致剧烈的疼痛、炎症及根尖周围组织和牙齿本身的丧失。

4. 一旦牙髓腔清洗干净，则用无菌纸巾拭干。

5. 用药粉或牙膏填充牙髓腔，以帮助刺激牙根闭合。氢氧化钙为金标准，常与不透射线的试剂如钡等混合，形成牙膏状。采用不透射线的试剂更有利于进行填充材料的X线检查（见图242-3），以在随后的检查中证实是否填充材料仍存在或消失。一旦填充材料消失，则需要重新填充（通过每隔4～8周），直到牙根关闭。氢氧化钙牙膏上附有可用于注射的注射器，可直接购买使用。

6. 按前述方法表面复位及密封。

7. 牙根尖端闭合后，可实施标准牙髓根管治疗方法以帮助长期维持牙齿。

牙髓加盖（完全发育的受损活牙）

牙髓加盖（pulp capping）方法与根尖生成方法完全相同，但其用于成熟牙齿而不是用于未完全发育的或未成熟牙齿。

根管治疗（发育完全而受损的死牙）

标准的根管治疗（root canal therapy）方法在典型情况下用于保存及维持牙髓受损但结构受损不严重的成熟牙齿。

1. X线检查牙齿及周围组织，用于彻底评估。

2. 用口腔洗必泰溶液（0.2%或更低浓度）消毒手术位点。

3. 术部注射局麻药物。

4. 浸入髓腔，对猫而言，通常可经由骨折位点进入。

5. 采用齿周探测器定位髓室，确定根管的完整深度（称为工作深度），见图242-1。

6. 齿周探测器置于完整深度后进行X线检查，以证实根管工作深度合适。

7. 如果仍存在髓质组织，可将一带刺的钻头插入，将钻头旋转180～360°，尝试除去牙髓组织，之后从根管中拔出钻头。

8. 旋转牙髓铰刀或锉刀用于根管。大多数猫的根管可选择一套31mm长的K型铰刀（K-Reamers）。铰刀在使用时可通过上下运动或旋转运动。开始时可用小铰刀，再用较大的铰刀，直到牙质壁刨花及清洁。典型情况下猫的犬齿大多数应采用40～50K型铰刀打开。如果打开过大可导致牙冠部变弱，增加冠状结构骨折及损伤的风险。能够达到最大工作深度的锉刀称为主件（master file）。

9. 每次在铰刀增大到较大型号时冲洗齿管，之后在用主件后以半强度的漂白粉溶液（如果怀疑根尖开放时应避免使用），然后再用灭菌盐水冲洗。

10. X线检查牙齿，以帮助确认主件的工作长度。

11. 用无菌纸巾蘸干齿管。

12. 选择根尖密封胶封闭齿管内部，确保密封胶能充分覆盖根尖。黏合剂的商品种类很多，因此重要的是必须根据制造商的建议混合及选择使用的产品。

13. 用马来胶（gutta percha）或其他填塞材料填塞牙髓腔的根管截面。马来胶及其他填塞材料以及黏合剂具有比较广泛的形状、质地及工作温度。无论采用何种产品，填塞材料均应完全填塞牙髓腔的根管部分，材料中不能留下任何缺陷或空泡，特别是在根尖。

14. X线拍片检查证实完全填塞管腔后进行中间层及表面层的修复。

15. 根管完全填塞后，在根管填塞材料和齿冠修复材料之间涂布一层中间层，这层材料通常为玻璃离子交联聚合物（glassionomer）或磷酸锌结合剂（zinc phosphate cement）。中间层有助于密封填塞材料，在表面修复丢失或损伤时，有助于保护免除微小的泄漏。

16. 清洗齿冠，用酸浸蚀30～40s。洗涤后轻轻用空气吹干，直到牙齿表面出现白垩质。

17. 用1～3层牙本质黏合剂（dentinal bonding agent），根据厂商的说明轻轻凝固产品。

18. 选择与齿冠密切配合的修复复合材料。一旦变硬，即可成形，可用白石或抛光盘磨光。

19. 将最后制成的复合材料包被1～3层清晰的未填充复合树脂（a clear unfilled composite resin），这种树脂不仅能填充修复面上任何微小的凹点或划痕，而且也能沿着修复边缘帮助减少边缘的渗漏。

20. 最后进行X线拍片检查，以用于将来的参考及比较。应间隔9～12个月拍摄X线照片，或根据需要拍摄，以检查牙髓治疗术是否获得成功。如果治疗技术适当，病例筛选合适，则根管治疗的成功率很高（常常>90%）。

参考文献

Holmstrom SE, Fitch PF, Eisner ER. 2004. *Veterinary Dental Techniques for the Small Animal Practitioner*. Philadelphia: Saunders.

Lobprise HB, Wiggs RB, eds. 1999. *The Veterinary Companion to Common Dental Procedures*. Denver: AAHA Press.

Wiggs RB, Lobprise HB, eds. 1997. *Veterinary Dentistry, Principles and Practice*. Philadelphia: Lippincott-Raven.

第243章

拔牙

Extractions

R. B. Wiggs, B. C. Bloom 和 S. L. Ruth

概述

猫最常实施的口腔手术是拔牙（tooth extraction，or exodontia），这种手术不仅拔出牙齿本身，而且还要维持拔牙之后齿槽的完整性。正常情况下，牙科学的主要目的是保护牙齿，但在许多情况下，由于疾病的类型及程度，拔牙是唯一可选择的治疗方法。患病的牙齿可成为感染源，由此通过菌血症对机体其他器官造成损伤。因此，患病或损伤的牙齿均应进行妥善治疗。在拔牙后最初的3～18个月，颌骨的齿槽边缘可发生明显萎缩，这种萎缩极易导致颌骨骨折。因此，拔牙时应在所有主要的拔牙位点放置骨基质埋植材料（bone matrix implant materials）以维持齿槽边缘（alveolar ridge maintenance，ARM）机能的完整性。

牙齿多因其严重的活动性或损伤而拔出。在大多数病例，牙齿活动可由于牙周病引起牙齿不能附着等原因而发生。车辆引起的创伤、用玩具过分活动、玩耍时损伤以及其他一些创伤性损伤经常可引起牙齿损伤而难以修复。一些先天性及发育性异常，如乳齿残留（retained deciduous teeth）、咬合不正（malocclusions）、阻生牙（impacted teeth）、严重的再吸收损伤（advanced resorptive lesions）及口腔肿瘤等也可能需要实施拔牙。牙齿疾病最常见的临床症状包括面部肿胀、瘘管型引流管、齿龈或黏膜肿胀、颌骨关节骨折及严重损伤、活动或病牙等。

诊断

主要诊断

- 彻底的口腔及牙齿检查：检查方法详见第240章。
- 口腔内X线检查：在拔牙之前最好进行这种检查以确定疾病或损伤的程度、牙齿本身的状态及周围组织的状况。参见第245章。
- 口腔活检及组织病理学检查：如果组织肿胀明显但没有牙齿疾病或损伤的症状，则可进行这种检查，但在许多病例，口腔肿块可能深及牙根，由此导致活检不能获得适合检查疾病的样品，导致组织病理学检查结果呈假阴性。

辅助诊断

- 牙齿检查试验（tooth testing）：其他一些诊断工具，如多普勒或脉冲式光电血氧计等均可用于确定牙齿的活力，但是由于猫的牙齿相对较小，牙齿与齿龈组织排列紧密，因此这些方法通常不可靠，牙齿活力检查可出现假阳性结果。

治疗

主要疗法

- 药物治疗：如果发现牙龈肿胀或有感染及疼痛时，可在术前用抗生素及镇痛药物治疗。
- 麻醉：适宜的麻醉方法应包括有效镇痛及考虑到所有并发疾病的方法。所有拔牙，无论病因如何，均应采用局麻阻断。参见第246章。
- 按拔牙术（extraction）步骤完成。

概述

能易于接近及观察牙齿、能合理使用器械以及关于口腔及牙齿的解剖知识是成功实施拔牙所必不可少的。最好只拔除单根牙，多根牙最好在切除单个牙根片段后拔除。在家猫，唯一的三根牙为上第四前臼齿，所有其他前臼齿及臼齿均为双根牙，而上第二前臼齿及第一臼齿与切齿和犬齿一样，为单根牙。下述的拔牙方法通常可获得很好的结果。

拔牙步骤

- 用稀释的口腔洗必泰溶液（0.2％或以下）口腔消毒。
- 拍摄术前X线检查照片。
- 进行局麻阻断。

- 在齿槽基部用小手术刀（11号或15号）、起根器（root pick），或锐利牙挺（elevator）的尖端切断上皮联系。
- 用骨膜梃（periosteal elevator），如2号Molt骨膜挺，提升齿龈组织离开牙齿，暴露分叉（如为多根牙）及保留齿龈组织。
- 从牙齿分叉处通过齿冠尖端切断所有的多根牙；高速机头上配置699L钻孔（burs）在猫可发挥很好的作用。可将易碎的齿冠尖刺在齿龈上3～4mm处切断以减少术中发生牙齿骨折的风险。
- 在齿槽底部上皮附着点切断牙周韧带，切开时可在牙齿与齿槽之间置一有翼剥离器（在猫的拔牙中更常用1号、2号及3号），绕着牙齿外周剥离，这种剥离应该在手掌中稳定固定，食指尽可能在剥离器尖端，同时用另外一只手抓住颌骨，以控制尖端及减少器械滑脱和穿入深部组织的风险。如果技术使用恰当，则无需采用很大的力气。剥离器应妥善维护，定期磨利。钝的剥离器只能使术者感到疲劳，延长手术过程，并且使发生并发症的风险增加。
- 一旦牙或牙根已经在齿槽内松弛，可用小的牵拉力量轻轻抓住牙齿拔除。试图拔除牙齿时，不能太用力使用拔牙钳，如果用力过度，常可导致并发症，如牙齿或齿槽骨折、滞留牙根片段或齿根断片残留、颌骨骨折及口鼻瘘管形成等。
- 完全拔除牙齿后，空的齿槽应该采用刮匙清理，清除所有的骨针，应该用骨锉（bone file）或高速钻头（highspeed bur）磨光粗糙的齿槽骨。
- 拍摄术后X线照片用于证实拔牙完全。
- 用骨形成骨基质材料（osteopromotive bone matrix implant material），如Consil®（Nutramax Laboratories，Inc.,Edgewood，MD）包裹齿槽，这种维持齿槽边缘（ARM）的方法可极大地减少齿槽萎缩及以后发生医源性颌骨骨折的风险。
- 在牙齿拔除位点用4-0或5-0可吸收缝线以普通利针缝合闭合齿龈。缝合边缘的张力应尽可能小，典型情况下需要在组织瓣（flap tissue）基部切断骨膜，以便其能覆盖齿槽。
- 采用3～5层没药酊（tincture of Myrrh）及安息香胶（benzoin），涂抹下层前轻轻用空气吹干，这种酊剂为一种牙周修复材料，在康复过程中可作为柔软的绷带而发挥作用。

齿冠截断（crown amputation）

当牙齿特别易碎，如发生再吸收病变（牙齿再吸收）时，可能会发生成牙质细胞内部或外部牙再修补；或牙齿长合，不能再观察到牙周韧带；或发挥机能，骨生长进入牙齿时，应考虑齿冠截断，用少量骨基质材料替换后再闭合拔牙位点的组织。但应尽量采用X线检查可见的牙周韧带，以确定完全拔除牙齿。留下患病的组织或牙齿组织可导致牙齿不断发生问题。牵拉力量过大及用钻头粉碎牙组织时，由于可引起面部疼痛症状，因此不建议进行这种操作。

- 术后抗生素治疗：有效的抗生素包括阿莫西林（22mg/kg q24h PO）、阿莫西林/克拉维酸（11mg/kg q12h PO）及克林霉素（5.5mg/kg q12h PO）。
- 术后疼痛治疗：有效的镇痛药物包括有丁丙诺啡（0.005～0.01mg/kg q4～8h IV，IM），或舌下用药（酒石酸布托啡诺，0.2～0.8mg/kg q4～8 h SC、IM或IV）。
- 瘘管：如果在拔牙过程中发生口鼻瘘或口腔上颌瘘（oroantral），则必须将瘘管位点做成翼状，妥善缝合闭合，否则瘘管会变成慢性。如有可能，除非瘘管很大或其形状使得材料不稳定，会迁移到鼻腔或额窦，应放置骨基质材料。
- 伤口裂开：偶尔会发生伤口裂开，如果很快发现伤口裂开，则应将该位点重新涂抹后缝合。但如果发生明显的肿胀，则该位点很可能会以开放性伤口的方式愈合。拔牙位点的慢性肿胀常常说明后者或为原来问题的诊断错误，或拔牙位点牙组织残留，在这种情况下应进行活检。

治疗注意事项

- 在拔牙困难的病例，除去额外的牙齿支持组织可使得拔除更易进行。可能需要制备全厚度的黏膜牙龈褶来暴露齿槽骨。一旦暴露，可用高速机头上配置的孔钻（2号、699L、700或701），将口腔齿槽骨板（buccal alveolar bone plate）切除到理想水平。

参考文献

Lobprise HB, Wiggs RB. 1999. Oral radiology. In HB Lobprise, RB Wiggs, eds., *The Veterinary Companion to Common Dental Procedures*, pp. 68–84. Denver: AAHA Press.

Wiggs RB, Lobprise HB. 1997. Dental and oral radiology. In HB Lobprise, RB Wiggs, eds., *Veterinary Dentistry, Principles and Practice*, pp. 69–91. Philadelphia: Lippincott-Raven.

第244章
牙重吸收
Dental Resorption

R. B. Wiggs, B. C. Bloom 和 S. L. Ruth

概述

猫的牙重吸收（feline dental resorption，FDR）为家猫最常见的牙齿疾病，这种疾病与存在破牙质细胞性病变（odontoclastic lesions）有关，这种病变有时也称为猫口腔再吸收病变（feline oral resorptive lesions）、猫破牙质再吸收病变（feline odontoclastic resorptive lesions，FORL）、牙颈线病变（cervical line lesions，CLL）、颈部病变（neck lesions，NL）、再吸收病变（resorptive lesions，RL）或牙齿再吸收（tooth resorption）（TR）等。这些牙齿再吸收性病变最常见于牙齿的颊面或齿龈缘之下（见图244-1），但几乎也见于牙齿沿着齿冠到牙根表面的任何部位（见图244-2）。病变在开始查体时可明显可见，但齿龈边缘由于局部充血及组织增生，似乎表明病变隐藏于其下。许多患病的牙齿最后可发生牙根僵硬。要进行完全的检查则需要进行麻醉、探针检查及X线检查进行彻底评估，可将牙齿探测器轻轻插入齿槽探查牙齿是否有异常，许多情况下这种异常可导致猫在麻醉时出现抽搐或其他不适的症状。也可观察到多个位点不同发展阶段的病变。检查牙根深部表面的损伤时必须要采用X线照片以检查牙齿的钙化程度，确定最好的治疗方法。FDR病变见于约30%的家猫，但其确切的发病机制及病因还不清楚。虽然人们最早认为这些异常是骨疡性的腐烂性病变（carious，decay-type lesions），但后来的研究表明有破牙质性过程参与（odontoclastic involvement）。对相关的诱发因素，如年龄、品种、性别、日粮或并发病等的关系也难以阐述清楚。就诊时的症状也依发展阶段而有很大差异。猫主人可能一直要到指出病变后才能知道发生了病变，但有些猫可表现临床症状，如口臭、用爪抓面部、咀嚼困难、厌食、流涎、昏睡、吞咽困难，甚至失重。

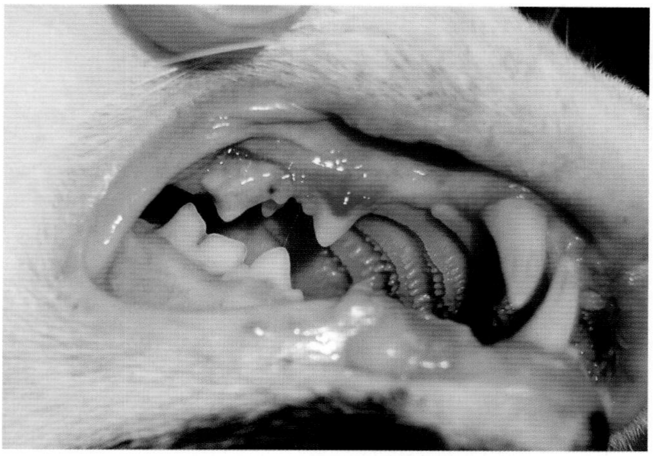

图244-1 猫上颌第三前臼齿的牙重吸收，这种病变被充血和增生性齿龈组织所掩盖。接触该组织可引起疼痛反应，表现为下颌撤回或颤抖。即使猫在麻醉时也可引发颌颤抖（jaw quivering）（照片由Gary D. Norsworthy博士提供）

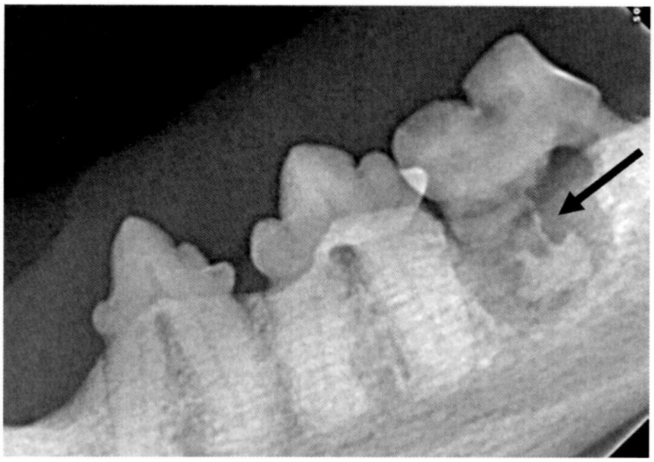

图244-2 箭头所指示猫的牙齿重吸收发生于牙根而不是在齿龈边缘（照片由Gary D. Norsworthy博士提供）

诊断

主要诊断

- 视诊检查及探诊：视诊检查可发现牙齿的异常。齿龈组织可表现轻微到严重发炎、充血甚至肥大。随着病变的恶化，可发生关节僵硬、牙根再吸收、内齿冠再吸收或齿冠丧失。如果在有牙齿的部位只是齿龈肿大，有或无炎症，则说明可能为齿冠丧失之后牙根滞留于牙龈之下。
- X线检查：是唯一可行的诊断方法，可提供关于病变内部及牙根发病阶段的相关信息，然后可据此对病变进行分段、分类（见表244–1）。

表244–1 猫牙重吸收损伤的阶段、类型及分类

阶段
1. 损伤只达到珐琅质或牙骨质
2. 损伤进入牙质
3. 损伤进入牙髓腔
4. 广泛的结构损伤
5. 齿冠损失
类型
1. 原发性炎症（与LPS有关）；常见于2岁以下的猫
2. 继发性炎症（非LPS）；通常见于7岁以上的猫
分类
1. 牙周韧带丧失（loss of periodontal ligament）
2. PDL间隙正常

LPS，淋巴浆细胞性口炎（lymphocytic plasmacytic stomatitis）；PDL，牙周韧带（peridontal ligament）。

治疗

主要疗法

- 分段：虽然应该检查分型及分类以制订适宜的治疗计划，但对病变进行分段是决定治疗的主要因素。病变的早期阶段可采用药物治疗，但随着阶段的进展，拔牙可能是唯一可建议的治疗方法。关于拔牙技术，参见第243章。
- 治疗应主要根据病变的发展阶段确定（见表244–2）。
- 拔牙：如果X线检查时观察不到牙周韧带，如在破牙质牙根再吸收时，成功拔牙可能很困难。可对拔牙技术进行改进，故意留下牙根组织，这可能是唯一可选的手术，但对拔牙位点及病猫需要密切监测。如果X线检查时发现存在健康的牙周韧带，则再吸收可能并非为破牙质组织性，可采用标准的拔除整个牙根的技术。

表244–2 根据损伤发生的阶段治疗猫牙重吸收

阶段与预后	治疗
1. 好	牙釉质黏合剂及氟化物治疗；只有在与严重的LPS有关时才拔牙
2. 较好到差	牙本质黏合剂及复位或拔牙治疗
3. 很差	拔牙
4. 难以救治	拔牙
5. 牙已缺失	拔除所有亚冠残留物；如果引起齿龈刺激，则拔除滞留的牙根

- 采用氟化物治疗残留的牙齿进行牙病预防，在所有阶段的病例均可作为有效治疗的组成部分。参见第241章。

辅助疗法

- 术后护理：如果采用介入性方法，则应采用合适的抗生素、镇痛及可能的抗炎药物治疗7～14d，猫应在治疗2～3周后再次检查，以评估痊愈和任何的修复，之后根据问题的严重程度，再间隔3～12个月检查。
- 如果发生慢性呕吐或返流，也应及时进行处理，因为胃酸可能会使FDR恶化。
- 家庭护理：专用的牙病日粮、刷牙或口腔用液体或胶体以及牙科用水添加剂可单独或合用。

治疗注意事项

- 应建议猫主人，目前关于FDR的原因尚不清楚，因此将来也可发生其他病变。
- 最好进行经常性的牙病预防，氟化物治疗及在早期阶段治疗损伤。

预后

预后取决于诊断时疾病的发展阶段（见表244–2）。

参考文献

Lobprise HB, Wiggs RB. 1999. *The Veterinary Companion to Common Dental Procedures*. Denver: AAHA Press.

Wiggs RB, Lobprise HB. 1997. *Veterinary Dentistry, Principles and Practice*. Philadelphia: Lippincott-Raven.

第245章
口腔及牙齿的X线检查
Oral and Dental Radiography

R. B. Wiggs, B. C. Bloom, 和 S. L. Ruth

概述

口腔和牙齿的X线检查是兽医牙科中辅助诊断、制订治疗计划及监测口腔疾病的发展状态不可缺少的工具。口腔内牙齿成像系统可通过高清晰度的照片获得牙齿的细节，从而详细了解口腔和牙齿结构的情况，对猫牙齿再吸收、牙病变、牙周病及颌骨骨折等疾病进行更为准确详细的评估，为制订治疗计划提供准确的临床资料。手术前X线检查对评估牙根或骨结构异常、阻生牙（impacted teeth）或牙根僵硬（ankylosis of roots）等异常均是必不可少的；X线可有助于牙修复术中的材料合适布放或治疗并发症；术后的X线可证明治疗是否成功及是否有并发症，如牙根组织残留或发生病变。口腔及牙齿的X线检查也是病猫医疗记录的重要及不可缺少的组成部分，应妥善处理、保存用于将来备查。定期进行口腔X线拍摄检查有助于鉴定以前未能诊断出的异常以及提供更为完整的基础参考资料。

成像受体及设备

标准口腔内胶片及计算机数字传感器CR两者均可用于兽医牙科的X线检查。胶片或类似物［即传感器或荧光屏（phosphorous plates）］通常称为影像接收器（image receptors，IR）。两类IR均有其各自的优缺点。牙科胶片的大小有5种规格（0～4），由于其使用灵活，因此可置于探头常常难以适合的区域，规格大小不等有助于选择更为合适的尺寸以满足位点及所遇病变类型的不同需要。目前所用的数字传感器只有两种型号。此外，大多数传感器均不能弯曲，比标准胶片厚得多，但数字系统则排除了使用胶片、胶片显影系统或处理系统、购置或废弃显影或固定用化学试剂以及储藏胶片的麻烦。实际成像大小、传感器的厚度及图像质量在各个公司产品之间有一定差异，但差异不是很大，主要的差别是软件程序，其在使用时的难易程度、呈现给客户的形式、可打印的类型及与医院正在使用的软件系统兼容的灵活性等方面。大多数传感器通过USB线路连接接入计算机，但也有无线传感器进行传输。间接数字系统采用荧光屏（phosphor plates），其能捕获差别成像，可迅速加工成数字化成像。这些荧光屏大小范围很大（size 0～6），可弯曲，但加工处理图像没有数字图像快。胶片可有不同的感光速度（A～F），但只有D、E和F是目前用于兽医牙科临床的商品。A型胶片是速度最慢的胶片，F型胶片的速度最快。速度的选择应根据欲了解的细节及理想的曝光时间确定。一般来说，Kodak® Insight™ 胶片（F speed）可减少曝光达40%，但仍能产生良好的拍片质量。

定向技术（平行或平分角度）

可根据临床上要检查的区域选择胶片或IRs并进行定向。一般来说，IR应尽可能接近病猫要进行X线检查的患病部位，以获得理想的尺寸精度（dimensional accuracy）。采用的技术可由患病部位点的解剖特点所决定，这种特点限制了胶片与患病猫的患病部位可接近的程度。基本的定向技术有平行及平分角度两种。

采用平行技术（parallel technique）时，IR与物体，典型情况下为牙齿或牙根，互相之间相对平行，来自X线机的主光束与成像受体和物体垂直（见图245-1）。如果使用得当，胶片上的成像应在线性及尺寸上高度准确，因此如有可能，人们一般就采用平行技术。

平分角技术（bisecting angle technique）用于不能容易获得平行关系时，如上颌或嘴平面干扰接近IR或物体。可将IR尽可能地接近理想的物体，在牙齿的长轴和胶片之间形成的角度再平分，主光束与这个平分线垂直（见图245-2）。如果操作得当，受体成像相对在线性上正确，但在距牙齿最大距离的受体部分成像尺寸可出现轻微变形。平分角技术的技术规则是基于等角三角形的几何原理，典型情况下，可用下列原则指导选用技术：

- 上颌牙齿：对分角技术。

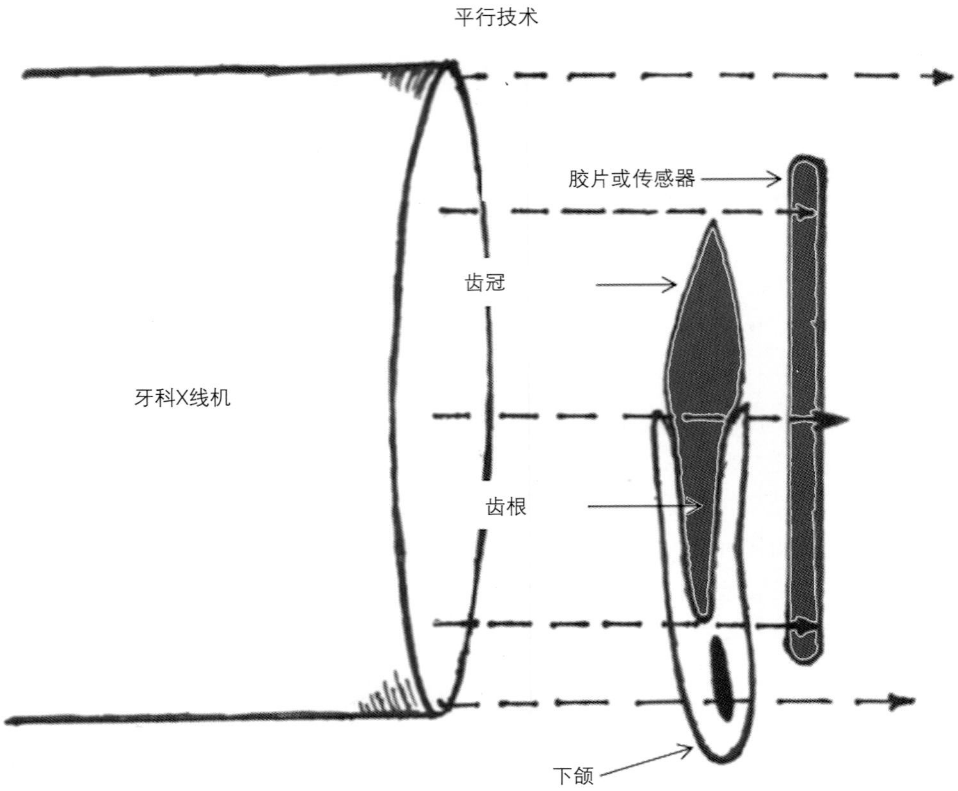

图245-1 采用平行技术，X线光束与长轴成90° 角穿过牙齿和X线胶片

- 下颌切齿、犬齿及第三前臼齿：对分角技术。
- 下颌第四前臼齿及臼齿：平行技术。

对平行技术及平分角技术仍需进行口腔外检查，以采用探查性胶片检查大的口腔损伤、骨折、肿瘤或颞下颌关节的情况，但在处理特定的口腔及牙齿结构时，口外X线检查由于口腔的骨骼结构叠加或变形，常常不能提供足够的骨骼的细节或准确度，但可用于上颌前臼齿的检查。

曝光

正确放置IR，同时采用正确的摆位技术和曝光时间，可就单个牙齿提供极佳的细节。曝光时间是根据需要进行X线检查的部位、胶片或IR的速度以及采用的X线机的特性决定的，应检查厂商建议的胶片或IR及X线机的说明及建议的曝光时间。如果没有这些信息，可参照表245-1。采用牙科X线机获得图像，由此也可建立技术流程图。

也可采用标准X线机和口腔内牙科胶片及IRs拍摄，但这样在安排受体、物体、病猫、聚焦胶片距离及主要光束以获得满意的图像时更加困难。采用标准X线机及口腔内牙科胶片时可参考表245-2，并根据需要进行调整。

胶片显影

胶片显影最好采用牙科显影设备（chairside developer），其中有些为手动，有些为自动。大多数椅旁显影仪为有四种溶液的容器，典型情况下为显影液、水洗液、定影液及最后的水洗液。标准及自动X线照片显影设备虽然花费更多的时间，而且在为大型胶片设计的设备中处理如此小的胶片可能更为复杂，但可用于牙科胶片的处理。

胶片保存及鉴定

所有牙科胶片均应妥善标识并以病猫的永久性记录保存。对标识及保存的建议包括装上硬纸板或塑料、牙科信封及X线记号笔。

成像问题

成像问题可能与X线机配置、拍片技术、胶片冲洗和处理等有关。表245-3列出了常见成像问题及常见的

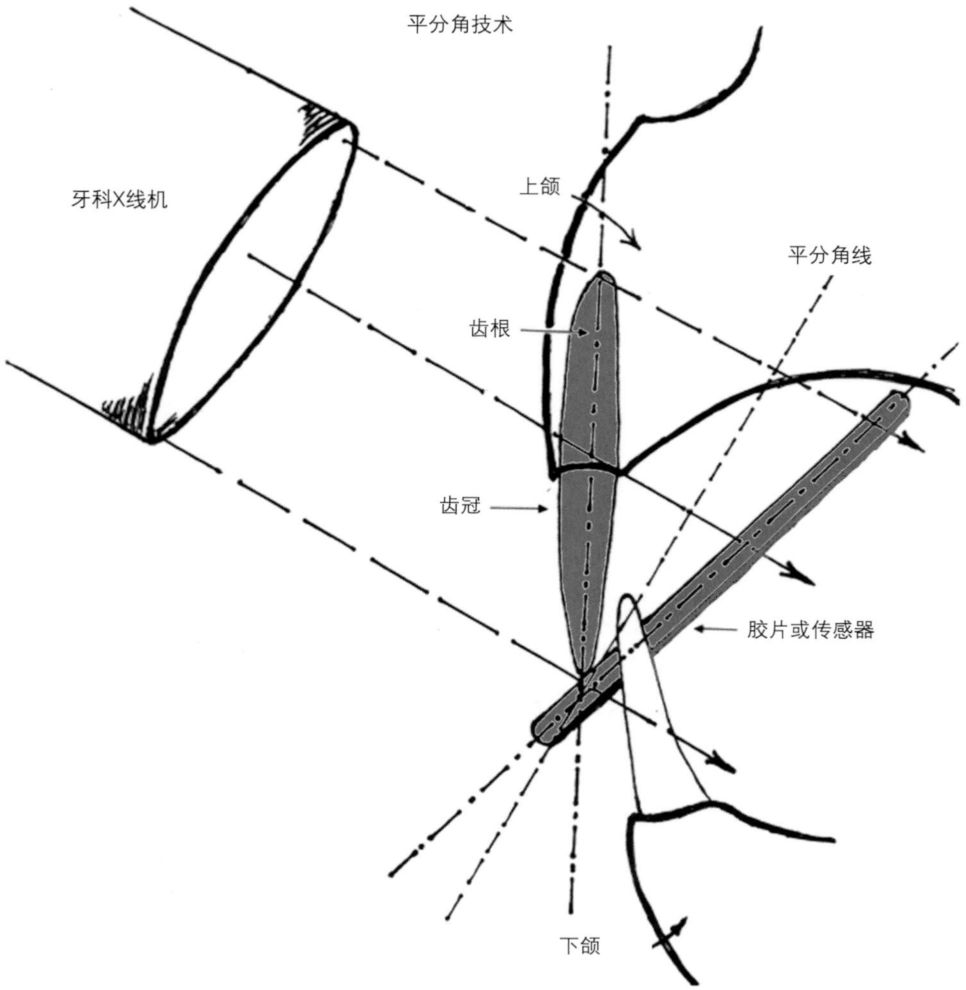

图245-2 采用平分角技术，将胶片尽可能近地置于理想的位置，牙齿长轴与胶片之间形成的角度平分，主光束与这个平分线垂直

表245-1　口内牙科胶片牙科X线机检查，建立牙科技术图表时建议采用的初始设置

胶片曝光	时间（s）
D Speed（Ultraspeed™ Film）	0.8
E Speed（Ultraspeed™ Film）	0.6
F Speed（Ultraspeed™ Film）	0.4

表245-2　口内牙科胶片标准X线机检查，建立牙科技术图表时建议采用的初始设置

胶片	胶片距离（in）	mA	KVP	曝光时间（s）
D Speed	12	100	65	1/10～1/15
D Speed	36～42	100	65	2/5～3/5
E Speed	12	100	65	1/12～1/20
E Speed	36～42	100	65	3/10～5/10
F Speed	12	100	65	1/15～1/30
F Speed	36～42	100	65	1/5～2/5

注：1in=2.54cm

原因。

辐射安全

牙科X线机应注册并遵守相关法律，这是每个州相应的辐射安全条例所规定的。兽医人员应联系相关的州法律部门，在使用这种设备之前应熟悉所有相关的法律条例。

参考文献

DeForge D, Colmery B. 2008. *An Atlas of Veterinary Dental Radiology*, 2nd ed. St. Louis: THEVETDENT.

Dupont GA, DeBowes LJ. 2009. *Atlas of Dental Radiography in Dogs and Cats*. St. Louis: Saunders Elsevier.

Lobprise HB, Wiggs RB. 1999. Oral radiology. In HB Lobprise, RB Wiggs, eds., *The veterinary Companion to Common Dental Procedures*, pp. 25–37. Denver: AAHA Press.

Wiggs RB, Lobprise HB. 1997. Dental and oral radiology. In RB Wiggs, HB Lobprise, eds., *Veterinary Dentistry, Principles and Practice*, pp. 37–49. Philadelphia: Lippincott-Raven.

表245-3　牙科X线各种成像问题的常见原因

成像问题	可能的原因
伸长，投影缩减或重叠	平分角技术差
放大或模糊	摄影参数的设定或影像接收器的摆位不当
扭曲（目标大小变化或成角）	摄影参数的设定或影像接收器的摆位不当
圆锥体切割（部分成像为曲线曝光区）	摄影参数的设定或影像接收器的摆位不当
模糊	曝光过程中病猫或X线机移动
部分成像中直线穿过胶片	处理错误
雾化	处理错误，胶片过期，或胶片储藏区离加工化学品太近
太轻	曝光不足或显影不足
太黑	曝光过度、显影过度或定影之前轻度曝光
胶片上无图像	胶片未曝光或X线机工作不正常
多重像	二次曝光
胶片银色或灰色	定影液冲洗不足
黄色、棕色或绿色染色	显影液冲洗不足
指纹	手工处理过程中化学物质污染

第4篇

手 术

Surgery

第246章
局部麻醉
Anesthesia: Local

Ludovic Pelligand

局麻的主要优点

多模式镇痛（multimodal analgesia）是指在不同部位同时注射几种具有协同作用的镇痛药，即应用每种镇痛药可能的最低剂量以产生更好的镇痛效果，由此降低了中毒风险。使用局部麻醉药（local anesthetics，LA，简称局麻药）可减少对全身麻醉药物的用量、简化围术前期对心血管系统和呼吸系统的监护，局麻技术简便易行且经济，如有可能应对其效益与风险进行评估后采用。

局麻药物药理学及其作用

局麻药可阻断外周受体启动的疼痛传入。疼痛信息通过两种神经纤维传递，即Aδ纤维（传递急性剧烈疼痛，急性）和c纤维（传递慢性与钝性或痛点不清的疼痛）。直径较小的纤维（特别是无髓鞘的Aδ纤维）对局麻药的敏感性高于较粗的运动纤维或本体感受纤维。

局麻药为弱碱性，包括两类：酯类，很少使用（普鲁卡因型）；酰胺类（即利多卡因、甲哌卡因、罗哌卡因和布比卡因），这类局麻药最为常用。局麻药的酸解离常数（acid dissociation constant，pKa）决定了其在生理pH时的离子化程度和作用开始时间。局麻药非离子化的可溶物能通过细胞膜，在细胞膜上离子化，并使无活性状态下Na离子（Na^+）通道的内表面被阻滞，导致动作电位传导中断。局麻药的脂溶性决定了其效能（同样的效果需要的浓度较低），与蛋白结合的能力决定了其作用持续时间。局麻药也具有扩张血管的作用。有些制剂中可加入收缩血管药物（如肾上腺素），以通过阻止血管扩张及血液吸收而延长作用时间。

表246-1总结了常用局麻药，包括建议剂量及建议的适应证。利多卡因（2～4mg/kg）为一种短效局麻药，作用开始时间短，因此适合于快速麻醉（如活组织检查或持续时间短的手术）。普鲁卡因的优势并不比利多卡因强。布比卡因（可达1mg/kg）起效慢（峰值作用出现在30min后），但作用持续时间长（可达6h），因

表246-1　局麻药物的临床应用

名称	简述*	建议剂量	中毒剂量	持续时间	备注
酯类					
普鲁卡因	5%溶液，加入肾上腺素（在英国批准使用）	4～6mg/kg	30mg/kg IV（神经系统）	50 min	作用开始缓慢，穿透力弱，持续期短。勿与磺胺类药物合用
酰胺类					
利多卡因	2%溶液，加入或不加肾上腺素	2～4mg/kg	12mg/kg IV（神经系统）	1～1.5 h	减少对麻醉剂的需要，前激肽及自由基清除因子
	EMLA 油膏2.5% 利多卡因（含 2.5%丙胺卡因）	至 0.8g	在猫未知		可灵活插管
甲哌卡因	2%溶液 （只在加拿大批准使用）	2～4mg/kg	在猫未知	2～2.5 h	减少对麻醉剂的需要
罗哌卡因（Ropivacaine）	0.2%、0.5%、0.75%及1%溶液（未批准在猫使用）	至1.5mg/kg	在猫未知	3～5 h	减少对麻醉剂的需要，心脏毒性作用可能比布比卡因弱
布比卡因（Bupivacaine）	0.25%、0.5%、0.75%溶液，加或不加肾上腺素（未批准在猫使用）	1mg/kg	3.8mg/kg（神经系统）	4～6 h	减少对麻醉剂的需要，心脏毒性高
左旋布比卡因（Levo-bupivacaine）	0.75%溶液 （未批准使用）	至1.5mg/kg	在猫未知	4 ～6 h	减少对麻醉剂的需要，心脏毒性比布比卡因小

*2%的溶液含量为2g/100mL（即20mg/mL）。4kg的猫2mg/kg的剂量相当于0.4mL的纯药液。

此适合于手术阻滞及术后疼痛管理。左旋布比卡因（布比卡因对映异构体之一的纯溶液）与罗哌卡因为两种心脏毒性较小的药物，可替代布比卡因。利多卡因与布比卡因同时混合注射时，起效快，作用时间长。应注意两种麻醉药合用时有蓄积毒性作用，一般来说合用剂量应低于2mg/kg。

局麻药的毒性与心脏的神经及钠通道的阻断有关。局麻药在注射部位具有很高的系统吸收，特别是在胸膜内或肋间阻断之后。局麻药神经系统毒性的症状包括肌颤搐、不安、惊厥或沉郁。静注利多卡因可对猫的心脏输出产生有害作用。因此在猫不建议采用静脉内注射利多卡因（连续灌注或静脉内局域麻醉）。布比卡因诱导的心脏毒性在犬可在异氟烷麻醉下通过注射脂类乳剂（Intralipid®）而逆转，但在猫尚未进行过这类研究。

特异性阻断

必须要熟悉关键的解剖标志。可在体瘦猫通过触诊标志位点或观察骨骼上的小孔进行培训。皮下注射局麻药之前，皮肤应剪毛，做好术前准备，以避免注射到血管内。必须采用净体重准确计算剂量并在各注射位点等量注射。为准确操作起见，可采用1mL注射器及22～24号针头。局麻药溶液可按1：2稀释，不会降低药效。一般来说，猫的神经阻断需要的量为每个注射位点0.1～0.2mL。

头面部

头部及面部神经阻断在牙科中具有重要用途，见图246-1。

眶下神经阻断

眶下神经是上颌神经（三叉神经的第二分支）的最后分支，支配切齿骨（incisive bones）和上颌骨两侧的牙齿。骨孔的位置如图246-1上方针头所示。在获得阻断后60s用手指压迫孔上区，以避免麻醉剂漏出注射位点。针头可在口腔黏膜沿向后的方向插入，进针进入骨管中。进针不应超过眼内角（medial canthus）。

腭大神经阻断

颚大神经（major palatine nerve）起自腭大孔（major palatine foramen），位于第四上臼齿的腭尖突之间，其支配注射位点旁的硬腭及软腭。可在腭大孔开口处的黏膜下注射麻醉药物。

颏神经阻断

骨孔的位置如图246-1（A）下面的针头所示。骨孔位于第一前臼齿和犬齿中间下颌侧面的中间。如果在骨孔内侧实施阻滞麻醉，则在注射后应压迫注射位点。

下颌神经阻断

可在该神经进入下颌骨内侧之前实施阻断，骨孔的位置如图246-1（B）中针头的位置所示。在猫建议采用口外途径（extraoral approach），可将针头从下颌突出的喙状面插入，这样阻断可麻醉所有的牙齿及下颌骨骨体。可能的并发症包括舌麻痹及自残舌头，主要是因为

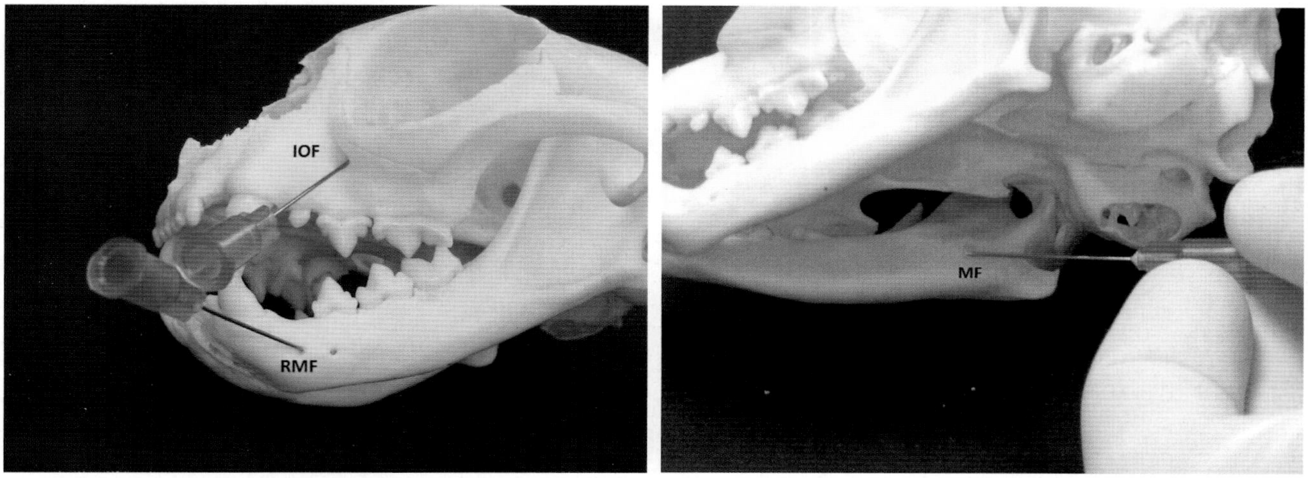

（A） （B）

图246-1 （A）在眶下孔（infraorbital foramen，IOF）实施眶下神经（infraorbital nerve）阻滞。神经阻断在前颏孔（rostral mental foramen，RMF）实施。（B）在下颌孔（mandibular foramen，MF）实施下颌神经（mandibular nerve）阻滞

舌神经恰在骨孔前分支。

胸神经及腰荐神经阻断

肋弓镇痛（Rib Cage Analgesia）

肋间神经阻断可用于胸腔插管引流。在欲阻断部位的肋间隙前一个肋骨的后缘注射局麻药。在胸廓切开术之后经胸腔引流进行胸膜内阻断。之后将猫在胸廓切开术一侧侧卧10min，促进局麻药扩散。这些部位对局麻药的吸收很快，因此计算剂量时必须要小心。

硬膜外腔镇痛与麻醉

局麻药或阿片类药物可在硬膜外腔注射，用无菌盐水将药物稀释至0.1～0.2mL/kg。阿片类药物的硬膜外腔注射方法参见第266章。硬膜外麻醉可在俯卧位或侧卧位实施，需将后肢向前屈曲，以显露腰荐间隙。准备好皮肤及戴好手套后，拇指和中指放置在髂骨翼（见图246-2），食指放在最后一个腰椎（即第七腰椎，L7）

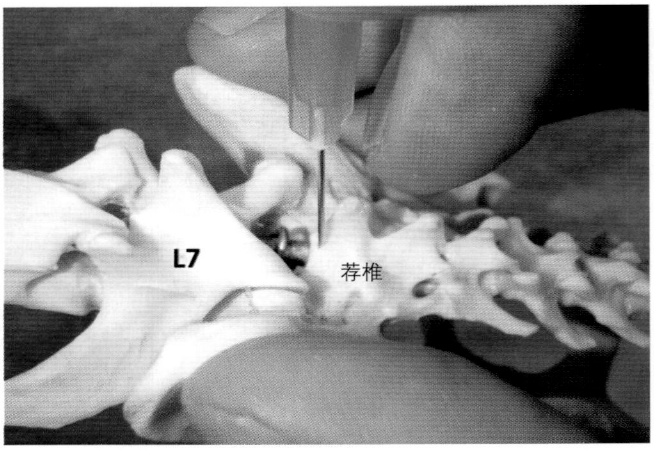

图246-2　实施硬膜外阻断时将针头插入第七腰椎（L7）背侧会后方及荐椎背侧第一棘突的前方

背侧突与荐骨第一个棘突之间的间隙。将脊椎穿刺针（22号，4cm）刺入腰荐间隙，瞄准到荐骨第一棘突的基部（针头的定位见图246-2）。定位荐骨顶端有助于判断硬膜外腔的深度，然后将针尖轻轻撤回，向前旋转，刺入黄韧带（ligamentum flavum）（有"刺破"感，"pop" sensation）。在猫伏卧位保定时，由于硬膜外腔为负压，若预先放在注射针头内的盐水被吸入，证明定位正确。在局麻药溶液和活塞之间置入0.1mL空气，在注射过程中空气不应挤压，以保持同样的大小。成功地将局麻药注射到硬膜外腔时肛门括约肌松弛。与犬不同的是，猫的脊髓和髓膜延伸到腰荐区。因此刺穿硬膜和在鞘内注射的风险较高。如果发生这种情况，应终止操作或将计算好的剂量减半。

硬膜外腔麻醉的禁忌症包括局部皮肤感染、血容量过低、凝血障碍、影响鉴别标志位点的骨盆损伤及中枢神经系统炎症。采用局麻药进行硬膜外麻醉的并发症包括运动阻滞（难以站立）或低血压。局麻药向前扩散时（常常在注射药量达到0.2mL/kg时）常引起内脏血管舒张及血液聚集，并导致低血压。在硬膜外注射吗啡时有时可见到尿液潴留。

四肢（Appendicular）

臂神经丛

臂神经丛（brachial plexus）阻断可用于肘部远端的手术。对解剖标志的深入了解或采用神经定位仪（nerve locator）利于准确地注射麻醉药。腋窝间隙注射局麻药可阻断桡神经、肌皮神经（musculocutaneous）、正中神经（median）和尺神经（ulnar nerves）。针头与脊椎平行，在肩关节上1cm处向前向后刺入。这些神经位于颈胸关节（cervicothoracic junction）水平上，第一肋骨之前。主要并发症为药物注射到血管及造成气胸。

选择性的阻断胫骨-尺骨-正中神经远端分支可用于前爪手术。施行掌面手术时，正中和尺神经应在内侧面及外侧面阻断（用于尺骨背支阻断）附腕枕（accessory carpal pad）。施行背面手术时，在桡腕关节（radio-carpal joint）内侧面及近端阻断桡神经。施行整个足部阻断时，由于易发生足部局部缺血，因此应避免使用血管收缩剂。

关节内麻醉

猫在实施关节切开术（arthrotomy）或关节镜检查（arthroscopy）后可能偶尔需要实施关节内阻断，但要比在犬少见。可将局麻药在闭合关节囊后无菌注射到关节腔。

局部应用

利多卡因及丙胺卡因共晶混合物乳剂［eutectic mixture of lidocaine and prilocaine（EMLA）cream］：这种乳剂可用于协助进行静脉内插管。EMLA必须在术前1h使用，且需用密封绷带包扎。

利多卡因喷雾剂可用于喉头神经阻断，以便气管内插管。建议采用2%而不是5%或10%溶液，以避免剂量高的被系统吸收。

滴溅阻断（splash blocks）可用于手术切口闭合前或在实施卵巢摘除术时麻醉卵巢系膜。也应将局麻药在实施前肢或后肢截除时滴在神经周围，以减少患肢痛感（phantom limb pain）的发生。

丙美卡因（proparacaine）及丁卡因溶液可用于角膜及结膜检查时的麻醉。其作用可于数分钟内开始，丁卡因的作用持续时间为15min。

参考文献

Tranquilli WJ, Grimm KA, Lamont LA. 2000. Analgesic techniques. In WJ Tranquili, KA Grimm, LA Lamont, eds., *Pain Management for the Small Animal Practitioner*, pp. 32–53. Jackson Hole, WY: Teton Newmedia.

Woodward T, 2008. Pain management and regional anesthesia for the dental patient. *Topics Compan Anim Med*. 23(2):106–114.

第247章
镇静与全身麻醉
Anesthesia：Sedation and General

Ludovic Pelligand

概述

近年来对小动物围手术期死亡进行的流行病学研究表明，与麻醉或镇静相关的死亡风险在猫的总比例为0.24%，在病猫为1.4%。虽然猫的麻醉安全性在提高，但在麻醉过程中或麻醉后加强对病猫的护理可进一步降低死亡率。

实施镇静或全身麻醉前必须进行全面的临床检查。即使健康的年轻猫，常规麻醉也可能会因隐藏一些亚临床型先天性疾病，在麻醉过程中会产生严重的问题。随着医学的进展，老龄猫的比例增加，这些动物可能患有慢性亚临床型疾病。

影响麻醉的疾病及药物

- 呼吸系统：胸膜液渗出，膈疝及气胸。
- 心血管系统：心肌病、全身性高血压、血容量过低及分布性休克（distributive shock）（外周血管失张及阻力血管小动脉失张，使得大血管内压力损失，血管床容量增加，大量血液瘀滞在扩张的小血管内，因有效循环血量减少而引起休克，也称为血管源性休克（vasogenic shock）、低阻力性休克（low resistence shock）或败血性休克。
- 肾脏：慢性肾脏疾病、尿路阻塞及电解质紊乱。
- 肝脏：门体静脉短路及肝脏脂肪沉积。
- 药物治疗：血管紧张素转化酶抑制因子、利尿剂、β–阻断剂及钙通道抑制因子。

麻醉前用药注意事项

如果猫在就诊时心肺系统不稳定，则建立稳定期对麻醉或镇静结果极为关键。对老龄或创伤的猫可进行实验室检查及诊断性影像分析，特别是检查结果可能会改变麻醉方法时更有必要。

有些猫即使做最小的保定进行检查时也难以顺从，因此判定是否适合镇静或麻醉，可根据临床病史、年龄、症状明显情况以及医生自身经验来推断。对可导致猫突然虚脱的应激性保定，可选用镇静，以便猫更好地配合。

镇静

方便诊断过程或静脉内插管时需要采取镇静。镇静或术前用药（premedication）是麻醉过程的第一步，术前用药包括镇痛药（即阿片类药物和α_2–激动剂）、安眠药（即诱导麻醉药物和挥发性麻醉药物）及肌肉松弛药（即挥发性麻醉药物、苯二氮䓬类药和α_2–激动剂）。最适合的镇静程序的选择受病猫年龄、性情、体况、ASA麻醉分级以及期望的减轻程度等因素影响。

美国麻醉医师协会［American Society of Anesthesiologists（ASA）status］在麻醉前根据病人体质状况和对手术危险性进行分类，共将病人分为六级。 ASA分级标准是：第一级：体格健康，发育营养良好，各器官机能正常。围手术期死亡率0.06%～0.08%。第二级：除外科疾病外，有轻度并发症，机能代偿健全。围手术期死亡率0.27%～0.40%。第三级：并发症情严重，体力活动受限，但尚能应付日常活动。围手术期死亡率1.82%～4.30%。第四级：并发症严重，丧失日常活动能力，经常面临生命威胁。围手术期死亡率7.80%～23.0%。第五级：无论手术与否，生命难以维持24h的濒死病人。围手术期死亡率9.40%～50.7%。第六级：确证为脑死亡，其器官拟用于器官移植手术。一、二级病人麻醉和手术耐受力良好，麻醉经过平稳。三级病人麻醉有一定危险，麻醉前准备要充分，对麻醉期间可能发生的并发症要采取有效措施，积极预防。四级病人麻醉危险性极大，即使术前准备充分，围手术期死亡率仍很高。五级为濒死病人，麻醉和手术都异常危险，不宜行择期手术（以上为译者补充，供读者参考）。

阿片类药物是术中与术后止痛的基础药物（参见第266章）。但单独使用阿片类药物在猫一般不会产生良好的镇静效果。按照旧教科书建议的剂量（见表

266–1），最多会引起猫轻微的高敏性，但不会产生“吗啡样狂躁”（morphine mania）。常用的纯的μ激动剂（及其作用持续时间）包括吗啡（4～6h）、美沙酮（4h）、二氢吗啡酮（4h）和欧洲用的哌替啶（pethidine）或美国用的杜冷丁（meperidine）（2h）及芬太尼（30min）。这些药物的镇痛效果与剂量有关。布托啡诺（1.5h）为κ激动剂和μ颉颃剂，虽然具有很好的镇静作用，但镇痛作用一般。丁丙诺啡为一种长效的部分性μ激动剂（6～8h），可用于术前用药，但其峰值作用出现在注射后45min。以上药物见表247–1。

乙酰丙嗪与阿片类药物合用可产生中度至良好的镇静作用，这种作用可以满足在平静状态下实施插管（见表247–1）。这种合用常常用于手术前的术前用药。乙酰丙嗪的作用可持续8h，这种血管舒张药物不应用于休克的动物，因为其可加剧低血压。

单独采用α_2肾上腺素受体激动剂或与阿片类药物合用可获得有效及可逆转的制动作用（见表247–1），但它们可引起外周血管收缩及反射性心动过缓，导致心脏输出减少，因此只能用于健康且心脏机能正常的猫。

氯胺酮及咪达唑仑往往同时混合使用，以产生深度镇静（见表247–1）。当镇静之前不能对心血管机能进行评价时，这种合用首选α_2–激动剂。采用这种方案时复苏很快，而且安静及黑暗的环境有益于复苏。采用胰岛素注射器或1mL注射器可准确地测定美托咪定及乙酰丙嗪的剂量，也可采用生理盐水稀释（1：10v：v）的母液。采用药物镇静后应监测病猫的基本情况，应从猫笼除去食物及水碗。应允许有足够的时间使药物达到其峰值作用（美托咪定为5min，乙酰丙嗪至少为30min）。

全身麻醉程序

静脉输入麻醉

实施全身麻醉时务必要进行外周血管插管。通常在头静脉或隐静脉局部剃毛和适当准备后，用22号导管插管。在给皮肤较厚的公猫血管插管时，开始时应针头斜面朝上刺入皮肤，以防止导管尖端损坏。在T型接头中装满肝素生理盐水（每毫升1U），将其与导管的粗头旋扣（Luer–lock）连接，用袋子固定到位。由有经验的技术人员操作，并采用充分的化学保定易于有效地插管。如果静脉插管需要的时间长于48h，可考虑在全身麻醉下实施中央静脉插管（参见第297章）。

另外一种方法是针对青年猫或脱水的猫临时性插入骨内导管（intraosseous catheter）（脊椎穿刺针，spinal needle）。最好的插管部位为股骨转子窝胫骨近端内侧面。皮下液体导管的插管参见第271章。

诱导麻醉剂（Anesthesia Induction Agents）

健康猫

异丙酚

异丙酚（propofol）传统上的制剂为白色的脂类乳剂，安瓿打开后由于可能发生细菌污染，因此在24h内应弃去。剂量因动物状态及术前用药而不同（见表247–2）。异丙酚应缓慢给药，以便在60s内发挥作用（定时）。异丙酚可引起呼吸及心血管明显抑制，在每天都进行麻醉的猫，由于可能有发生海因茨体贫血及血脂异常（dyslipidemia）的风险，因此应避免重复使用异丙酚。新的异丙酚制剂因不加入脂类乳剂，可能更为适用，并且为含有防腐剂取清澈液体，可确保抑菌稳定长达28d。

硫贲妥钠

硫贲妥钠（thiopental）配制成2.5%溶液可稳定1周，应严格IV给药，血管外注射可引起组织坏死。诱导剂量取决于术前给药的效果及动物的状态（见表247–2）。对酸中毒的猫应进一步减小剂量。给药时，先将计算的剂量一次给药，其余剂量在1min内用完，以达到理想效果。硫贲妥钠可引起明显的呼吸及心血管抑制，也可在脂肪内蓄积，因此，特别是在重复用药之后，可延缓复苏。

面罩或箱内诱导（mask or chamber induction）

在这种情况下，由于快速的分流压平衡及没有刺激气味，因此七氟烷的效果比异氟烷好。在吸入麻醉时，开始可观察到兴奋作用。应注意工作环境在采用这种诱导麻醉时可能会受到污染。

较危重的病例

氯胺酮与苯二氮䓬类合用（见表247–2）：氯胺酮可轻微抑制心血管系统，但可引起窒息。脑神经反射在采用其他药物进行深度麻醉之前可一直存在。氯胺酮具有很好的躯干麻醉作用，对慢性疼痛也具有很好的抗痛觉过敏（antihyperalgesia）作用。患有心肌病或眼内压升高的猫应避免使用氯胺酮。乙胺噻吩环己酮（替来他明，tiletamine）与唑拉西泮（zolazepam）（舒泰——译注）合用也具有类似的效果，但作用持续时间更长。

表247-1　猫的镇静与术前用药合并用药

	剂量	药物 用药途径	布托啡诺 SC，IM	丁丙诺啡 SC，IM，IV	哌替啶 SC，IM	吗啡或美沙酮 IM，IV	二氢吗啡酮 IM或IV	备注
	单独使用阿片类药物		0.4mg/kg	20μg/kg	4～6mg/kg	0.1～0.3mg/kg	0.05～0.15mg/kg	可能出现感觉过敏，对刺激的敏感性增加，散瞳
		单用						通常用于深部镇静
氯胺酮IM（mg/kg） 咪达唑仑IM（mg/kg）	3～10 + 0.2～0.3	合用	0.2～0.4mg/kg	10～20μg/kg	3～5mg/kg	0.1～0.2mg/kg	0.05～0.15mg/kg	深度镇静，如果静注，则减少剂量。在易怒的猫最好静注
	0.025～0.05	单独						镇静中等
乙酰丙嗪 SC，IM（mg/kg）	0.01～0.03	合用	0.2 - 0.4mg/kg	10～20μg/kg	3～5mg/kg	0.1～0.2mg/kg	0.05～0.15mg/kg	镇静中等到良好。在老龄猫或心血管不稳定的猫减少剂量
α_2-激动剂	20～40	单独						深度镇静
美托咪定 IM（μg/kg） 心血管机能正常	10～20	合用	0.2～0.4mg/kg	10～20μg/kg	—	0.1～0.2mg/kg	0.1mg/kg	深度镇静，猫可能会伏卧。适合于影像学诊断检查及无痛性过程。可逆转
	10～20	单独						深度镇静
右美托咪定 IM（μg/kg） 心血管机能正常	5～10	合用	0.2～0.4mg/kg	10～20μg/kg	—	0.1～0.2mg/kg	—	深度镇静，猫可能会伏卧。适合于影像学诊断检查及无痛性过程。可逆转
			如果静注应减少布托啡诺的剂量	丁丙诺啡完全发挥作用需要45min	绝不能静注哌替啶	避免静注吗啡（组胺释放）		

表247-2　猫静脉诱导麻醉剂的使用

	兽医许可	剂量依镇静的深度而定*	心血管系统或呼吸抑制	麻醉	蓄积	复苏	价格	建议
异丙酚	是	6～8mg/kg（轻度镇静） 2～4mg/kg（深度镇静）	明显	无	如果重复或长时间灌注可引起蓄积	好	中等	风险低
硫贲妥钠	无	10～12mg/kg（轻度镇静） 5～10mg/kg（深度镇静）	明显	无	对年轻猫及肝脏疾病可蓄积	好	便宜	风险低
阿法沙龙	是	3～5mg/kg（轻度镇静） 1～2mg/kg（深度镇静）	轻微，依剂量而定	无	无	好，但可能发生抽搐	中等	风险中等
替来他明和唑拉西泮	各国不同	4～5mg/kg（轻度镇静） 1～2mg/kg（深度镇静）	轻微，依赖于剂量	些许	肾衰时	快速	中等	用于病情稳定的猫，如有心脏疾病则应避免
氯胺酮（加苯二氮）	氯胺酮是	5mg/kg（轻度镇静） 1～3mg/kg（深度镇静）	轻微，依赖于剂量	些许	重复注射时	快速	便宜	风险中等，如有心脏疾病应避免
依托咪酯	无	1～2mg/kg（轻度镇静） 0.5～1.0mg/kg（深度镇静）	几乎没有	无	无	好	昂贵	风险高
芬太尼加苯二氮	无	芬太尼：5～10μg/kg 苯二氮：0.2～0.3mg/kg	对CV无，但对呼吸则严重	好	无	好	昂贵	风险高

*由于动物的需要可能比预计的剂量低，因此应缓慢静注以发挥作用。与中度镇静相比，深度镇静的剂量减小。

阿法沙龙

目前全球采用的是将阿法沙龙（alfaxolone）溶解在环糊精中，剂量依猫和术前用药而不同。阿法沙龙可在1min以上缓慢给药，在达到失去知觉后停药。在采用临床剂量时，只观察到本药对呼吸及心血管机能有轻度的抑制作用。可通过重复注射或恒速注射达到维持麻醉的作用，但可能需要辅助呼吸。

依托咪酯

依托咪酯（etomidate）以0.5～2mg/kg IV的剂量给予或与芬太尼（5～10μg/kg）及咪达唑仑（0.2～0.3mg/kg）合用，用于衰竭的病猫。采用这种方法实施诱导麻醉的质量较差。

气管内插管

在进行全身麻醉的所有猫均应进行气管内插管。必须要先采用喉镜检查，以确保能观察到喉头，减少对喉头的损伤。可采用短的米勒（Miller）喉镜叶片。可在杓状软骨使用利多卡因以便于插管，这样能有效降低复苏时发生喉头痉挛的风险。如果采用喷雾（浓度不超过2%），由于猫对利多卡因的毒性很敏感，因此只能喷一次，至少允许有30s的时间以便出现作用。如果预计会发生插管困难，则需要实施预吸氧（preoxygenation）（3～5min），以便有更多的时间使得血红蛋白饱和度降低。

最好采用带气囊的气管内导管（大容量，如有可能应低压）。在将猫从一侧转为另外一侧时，应将猫与麻醉剂断开，以避免扭转气管内导管及引起喉头或气管损伤。对患有牙齿疾病的病猫，应避免气管内导管的气囊过度膨胀，否则可导致缺血性黏膜损伤或气管破裂。在进行牙科操作时，可置入咽包（pharyngeal pack），以保护气道。

在有些病例可采用喉罩气道（laryngeal mask airways，LMA）（1981年由英国人Brain发明，为介于气管插管与面罩之间的人工气道——译注）投放麻醉药物和新鲜气体。由于没有气管插管，因此可能会发生吸入胃内容物。正压通气可导致膨胀。

全身麻醉的维持

每天开始前均应检查麻醉机和呼吸器（即是否有泄漏、警报及供氧器等）。在正常配制时，可采用半开放的呼吸器，如Bain，“T-Piece”或Mini Lack systems等。可将呼吸速度乘以大致的呼吸容量（tidal volume，10mL/kg）而得到每分钟通气量（minute volume，MV）。MV乘以系统系数（system coefficient）（*T-Piece或Bain，乘以2.5；Mini Lack乘以1）计算最低流量，以避免再呼吸。应将仪器死腔（equipment dead space）调到最低（气管导管及连接器短）避免再呼吸。

术前给药及诱导过程中给予的药物要足以完成这一短暂的操作过程。在其他病例，如果需要维持全身麻醉，可重复注射药物或连续灌注注射药物（即阿法沙龙或异丙酚）。在这两种情况下，将猫与麻醉机连接，输氧量至少为33%的氧气。在大多数情况下，可通过在富有氧气的混合物中加入挥发性麻醉药物以维持麻醉。所有挥发性麻醉药物可引起剂量依赖性心血管及呼吸抑制。

猫异氟烷的最小肺泡浓度（minimal alveolar concentration，MAC）为1.6%。麻醉深度的变化要比以前采用的氟烷快，主要是由于其血液溶解度高。呼吸抑制在MAC水平很明显。由于异氟烷为一种血管舒张药物，因此在麻醉期间常发生低血压，但心输出量可得到正常维持。

七氟烷的MAC为2.6%，对心血管系统的作用与异氟烷相似，但七氟烷呼吸抑制作用较小。由于其血液溶解度低，因此呼吸深度及复苏的变化要比异氟烷快。

地氟烷（desflurane）是所有麻醉药物中血液溶解度最低的药物，可导致深度麻醉与复苏之间的快速转变（拔管后4min）。地氟烷在猫的MAC约为10%。对心血管系统和呼吸系统的抑制作用，地氟烷与七氟烷相似。与异氟烷不同的是，地氟烷并未批准在猫使用。

一氧化氮可用于促进气体交换，因此可节约吸入麻醉剂，为了达到理想的效果，在吸入的混合气体中其浓度必须要达到至少60%（氧气应一直保持在30%左右）。在内部腔隙充满气体时（如气胸），一氧化氮可能有害。在与呼吸器断开之前至少应停用10min。

在术前用药及诱导麻醉时药物合用可减少猫在sub-MAC水平时对挥发性麻醉剂的需要量，特别是如果采用α_2-激动剂、氯胺酮或芬太尼时。

自稳态的维持

如果操作过程超过30min，除非禁忌，应进行静脉内输液。晶体类溶液，如乳酸林格氏液液或哈特曼（Hartmann）液［两者相同，每100mL含乳酸钠3.10g，氯化钠6.00g，氯化钾0.30g，氯化钙（$CaCl_2 \cdot 2H_2O$）0.2g——译注］可在第一小时内以每小时10mL/kg的速度输入，之后以每小时5mL/kg的速度输入。可采用静脉输液泵或滴注器（正常用或儿科用）。如果不采用静脉输液泵，建议采用滴管以精确监控注入的液体量，避免发生血容量负荷过重。可对角膜采用保护性或润滑用胶以避免发生干燥，特别是在使用氯胺酮时。猫由于体表面积大，因此在麻醉时易发生失热。体温降低可使感染、延缓复苏的风险升高，因此需要调整麻醉剂。在诱导麻醉后应采用保温措施，主要是因为采用舒血管药物后会降低体温。在气管导管和呼吸器之间应用上加热和湿度交换装置，在四肢末梢采用气泡膜外包装材料（bubble wrap）减少热量损失。温热的气垫、输液加热器及用温热的生理盐水灌洗体腔有助于保持猫的体温，但在采用电加热毯或充满热水的手套时必须要注意不能烫伤皮肤。

监测

有经验的麻醉师凭感觉就能可靠地监测。可通过观察眼睛的位置和瞳孔大小判断麻醉的深度（即从轻度麻醉到非常深的麻醉时，变化为眼球位于中央，具有眼睑反射；能向腹侧转动；瞳孔收缩，眼球可返回到中央位置；眼球位于中央，瞳孔散大）。系统检查下颌张力可用于判断肌肉松弛程度。估计呼吸容量时可通过观察胸部扩张或呼吸袋的运动来判断。定量测定脉搏变化时可触诊股部、跖部或舌下动脉来判断。外周灌注可通过检查毛细血管再充盈时间来判断。食管听诊可用于检查心脏和肺脏听诊。

也可采用其他监测装置证实临床观察，帮助支持极为重要的生理机能（见表247-3），其主要目的是减少并发症及降低事故的发生率。主要监测手段如下。

脉冲式光电血氧计可监测脉冲及监测血红蛋白饱和程度，但使用时必须要清楚其技术性假象（见表247-3）。由于血红蛋白饱和曲线呈S状，因此给予100%氧气时不灵敏，但如果只给予30%的氧气（如使用一氧化氮时），则很快能测定出去饱和状况。

碳酸波形图（capnography）可提供有关通气及气体交换和心输出状态的信息，必须注意换气不足及换气过度（hypo- and hyperventilation）（见表247-3）。期望的CO_2突然降低，同时持续换气则为心输出量突然降低的预警症状。

多普勒仪为一种较为便宜且极为有用的监测脉搏及心脏收缩压的仪器，对于猫为很可靠的非侵入性血液测定方法。可将超声探头置于外周动脉（即跖部、掌部及

表247-3　监测结果及问题处理指南

监测装置	参考范围	问题解决	作用
脉冲式血氧定量法（pulse oximetry）（血红蛋白氧饱和度）	90%以上	1）运动假象 2）血管收缩 3）血流中断 4）真正的血氧不足	→停止运动 →α_2-激动剂，严重的血容量减少或体温降低 →其他部位探查 →增加氧气分压，改进气体交换
碳酸波形图（呼出气体中CO_2分压及曲线形状）	不高于50mmHg	1）增加CO_2摄入	a）再呼吸 →增加气流，减少死腔 b）检查呼吸器是否异常 c）CO_2膨胀用于体腔镜检查
		2）非换气不足	a）检查麻醉深度，如果有可能减轻 b）阿片类药物或与灌注有关→通气
	不低于30mmHg	1）技术失误 2）与新鲜空气混合 3）换气过度 4）即将发生心跳骤停	→检查泄漏、阻塞、断开或变位 →减少新鲜空气或改变呼吸器 →检查麻醉深度及镇痛深度 →立即检查心血管系统状态
多普勒心脏收缩血压或示波器血压监测	不高于160mmHg	1）高血压	a）麻醉剂是否妥当？（如喷雾器已空） b）无镇痛→如果是，则更换 c）检查麻醉深度，→如果太浅则加深 d）考虑内分泌或肾脏原因（临床病史）
	不低于90mmHg	1）技术失误	a）断开，有些物体靠在设备上 b）检查气囊大小及检查位置
		2）低血压	a）静脉回流减少（出血、大血管阻塞） b）检查麻醉深度：如可能则应降低 c）如果心动过缓：抗胆碱类药物 d）检查体液状态→液体负荷（晶体、胶体、血液） e）强心及提高血压

尾部）进行监测。每次脉搏均可听到可闻信号。在皮肤和探头之间可使用接触胶，探头用带子固定。如果未剃毛，先用酒精，再用接触胶可获得满意的接触。可在探头近端用大约为四肢周长40%的袖套，在袖套闭塞后再次逐渐放气时监测到的血流压力等于心脏收缩血压（见表247-3）。大多数示波器在血压范围的极端值时不够准确，所以在低血压及血管收缩时不能读数。通过在背跖动脉安置动脉导管监测血压变化的侵入性动脉血压监测也可用于病猫。如果采用这种方法，则应将其留置到手术后的监测，因为与犬不同，在猫可发生血液供应到爪部的并发症。

复苏

猫在要复苏时可将其带到安静的地方。在麻醉后期及镇静后期进行监测也极为重要，主要是许多死亡发生在此阶段。对短头品种的猫应特别注意监测是否发生气道阻塞。

事故与并发症

呼吸系统

采用脉冲式血氧定量测定仪及碳酸波形图可监测到大多数的呼吸道并发症。可采用碳酸波形图及听诊器听诊诊断呼吸阻塞。黏液栓常常是气道阻塞的原因，特别是气管导管内径为3mm或以下时。轻吸或改变导管常常在这种情况下可解决问题。由于支气管痉挛或过敏反应引起的支气管狭窄可采用支气管扩张药物治疗（即氨茶碱或肾上腺素）。气压伤（barotrauma）为气压过大时造成的肺泡损伤，通常由于开关阀偶然关闭而造成，如果未能及早诊断，可导致气胸及心血管系统崩溃。猫复苏时常见上呼吸道阻塞及面部抓伤（risking self-trauma），应提前将颈部拉直，嘴巴轻开，舌头拉出（如有可能），直到猫完全苏醒。

心血管系统

低血压及高血压的处理方法见表247-3。猫服用大剂量阿片类药物时、低体温时及颅内损伤或高钾血症时可发生心动过缓。猫发生尿路阻塞时常见高钾血症（见第220章）。在手术中应仔细监测血液损失量，必须及早处理严重的失血问题。依失血量的多少，采用晶体、类晶体或全血（保存的或鲜血）补血。关于输血方法，参见第295章。将要发生的心跳骤停的症状包括：①脉搏弱或无规律，或失去脉搏信号；②麻醉深度（anesthesia plane）突然加深（椎管内麻醉，感觉神经被阻断后可用针刺法测定皮肤痛觉的范围，其上下界限称为麻醉平面——译注）；③预期的CO_2水平突然降低；④黏膜变灰色或缺乏毛细血管再充盈。对这种情况必须紧急进行评估。如果证实为心跳骤停，应立即停止麻醉，给予正压换气，纠正心血管抑制药物，呼叫助手，开始实施心肺复苏（cardiopulmonary resuscitation）。参见第30章。

其他

猫在复苏时出现兴奋、发声困难或不安等状况均应及时处理。如有必要可压迫膀胱，检查麻醉水平。采用小剂量乙酰丙嗪或美托咪定镇静具有补充作用。体温降低及药物过度可导致复苏期延长，因此需要积极进行保温及支持排泄过程（增加利尿及挥发性药物的呼出）。应考虑部分或完全逆转阿片类药物及α_2-激动剂的作用，但药物逆转不应导致麻醉不足。明显的麻醉后体温过高见于采用二氢吗啡或其他阿片类药物麻醉时的猫。

参考文献

Brodbelt DC, Blissit KJ, Hammond RA, et al. 2008. The risk of death: the confidential enquiry into perioperative small animal fatalities. *Vet Anaesth Analg*. 35(5):365–373.

第248章
腹侧鼓膜切开术
Bulla Osteotomy，Ventral Approach

Don R. Waldron

概述

腹侧切开鼓膜通常用于治疗鼻咽部或耳部的息肉，在猫发生中耳炎时也可用于鼓膜引流及采样培养（见图248-1）。怀疑患有鼻咽部息肉的猫应在实施手术确定疾病进展程度之前进行口腔和耳部检查。鼻咽部息肉可通过口腔途径从其附着部位断开，而耳部息肉可通过外耳道断开；但在息肉断开后如果不实施鼓膜切开术，则复发率可从3%~50%不等。耳部息肉据认为复发率比鼻咽部息肉更高。理想的是在息肉摘除术之前实施腹侧鼓膜切开术。

可采用颅骨X线检查确定是否在单侧或双侧实施鼓膜切开术（见图248-2）。

猫发生鼓膜疾病时的细菌培养结果差异很大，不过，在术后获得培养结果之前使用阿莫西林克拉维酸对大多数猫有良好效果。

特殊设备

- 2mm斯坦曼钉（Steinmann pin），安装在乔布氏卡盘（Jacob' s chuck）或骨钻（bone trephine）上。

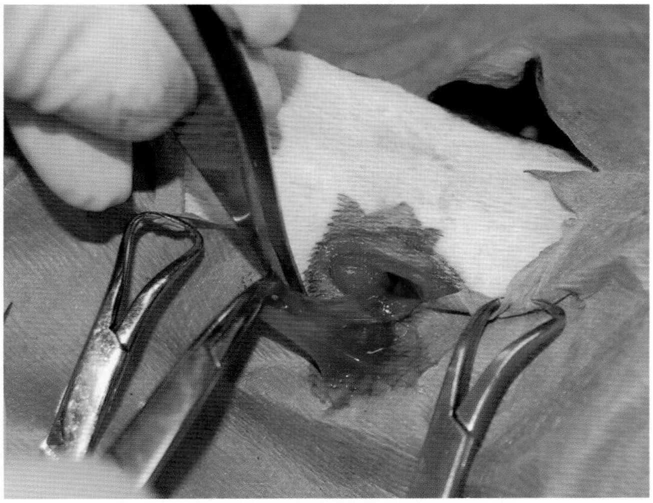

图248-1　切开鼓膜后可流出脓性物质（图片由Gary D. Norsworthy博士提供）

- 兰博特骨钳（Lempert rongeurs）。
- 小型吉尔平氏牵开器（small Gelpi retractors）或森氏手持牵开器（Senn hand held retractors）或自动牵开器（Star Self-Retaining Retractor）（Lone Star Medical Products，www.lsmp.com，电话1-800-331-7427或1-281-340-6000）。

步骤

- 猫全身麻醉，颈部腹侧剪毛，按无菌手术准备。病猫仰卧，颈部伸直抬高到衬垫区上方（如用小的毛巾卷），见图248-3。
- 用胶布将头部保定到手术台上。
- 在大多数猫，特别是较瘦的猫，可在颈部较深部位下颌骨支后面靠中间触摸到鼓膜。
- 在近端气管和下颌骨后面之间的中线偏外侧做一2cm长的切口。切口中心与下颌垂直支中线垂直（见图248-4）。
- 切开皮下组织及颈阔肌（platysma muscle）。
- 在舌面静脉和上颌静脉（linguofacial and maxillary veins）之间继续切口，这两个静脉聚合后形成颈外静脉（external jugular vein），见图248-4。
- 切开咬肌（masseter）和二腹肌（digastricus muscles）之间的筋膜。用背部的食指触摸可帮助鉴别腹侧鼓室泡（ventral tympanic bulla）（见图248-4）。
- 向外侧牵拉二腹肌，向内侧牵拉茎突舌肌（styloglossus muscles），以暴露鼓膜腹面（见图248-5）。
- 钝性切开或用纱布海绵去除鼓膜上的软组织。
- 暴露舌下神经及舌动脉，小心牵拉。
- 可采用髓内针（intramedullary pin）或骨锯（bone trephine）进入腹正中的鼓膜泡腔（ventromedial bulla cavity）（见图248-6），采集鼓膜内容物进行需氧培养。
- 用兰博特骨钳（Lempert rongeurs）除去其他骨片，暴露腹内侧室其余部分（见图248-7）。

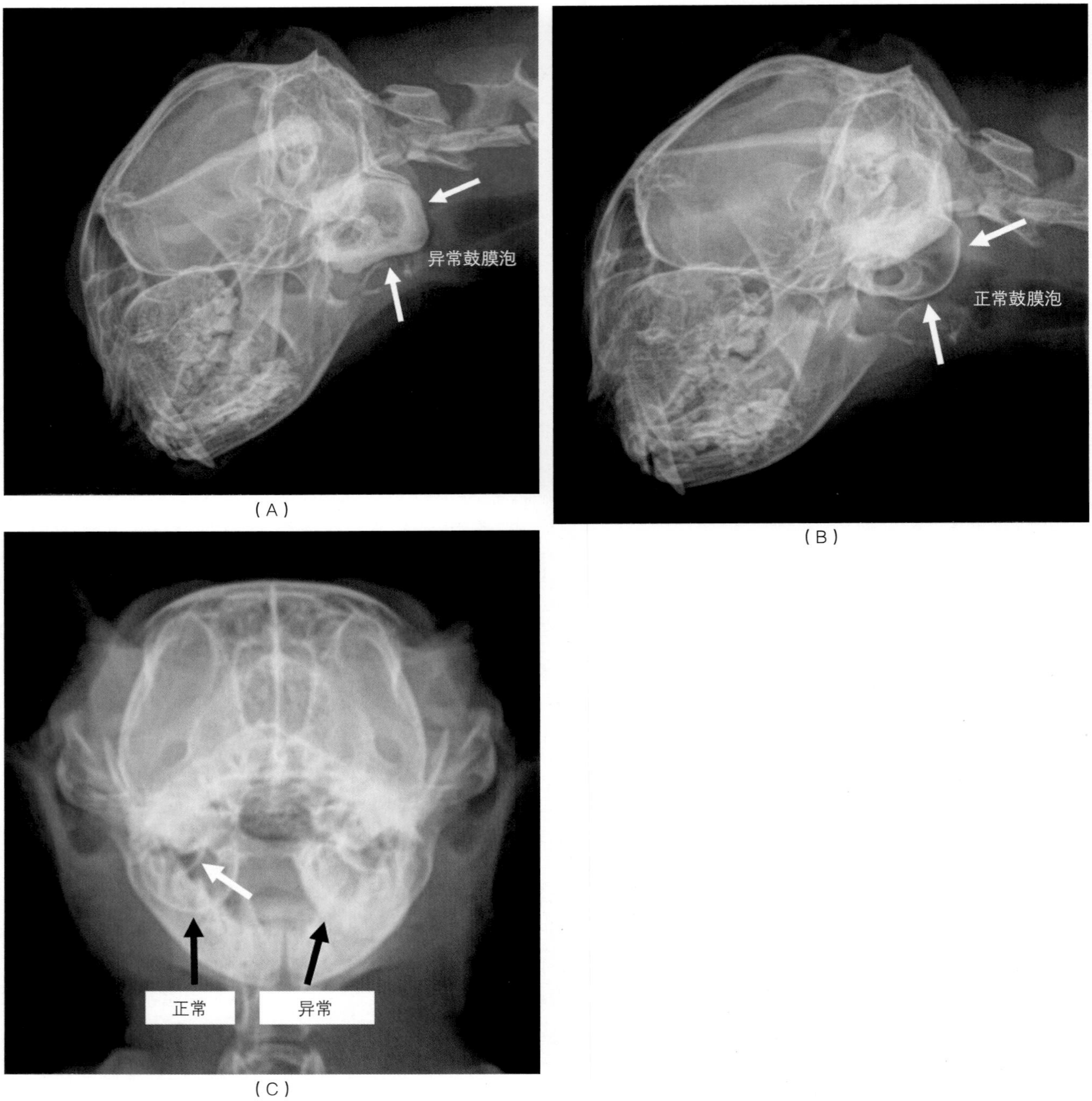

图248-2 鼓膜泡增厚为慢性中耳炎的症状。侧面倾斜观察到同一猫的异常鼓膜（A，箭头）与正常鼓膜（B，箭头）。（C）开口腹背观察可发现正常及异常的鼓膜（黑色箭头）。白色箭头为将鼓膜泡主室（腹正中室，ventromedial compartment）与前侧室（craniolateral compartment）分开的骨质隔膜（图片由Gary D. Norsworthy博士提供）

- 将钉或骨钳插入鼓膜背外侧室，小心除去背外侧室内容物，以防止息肉性疾病的复发。
- 在闭合切口前用生理盐水冲洗鼓室。
- 用4-0号合成的可吸收缝线缝合二腹肌和咬肌。
- 按常规方法闭合其他部位，但必须要特别小心，因缝针易于刺破该部位的大静脉。

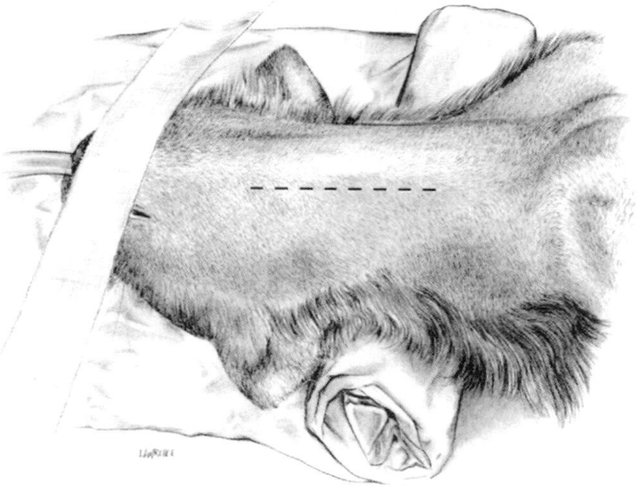

图248-3　在颈部气管外侧面所做中线旁切口皮肤（图片引自Smith MM，Waldron DR. 1993. Atlas of Approaches for General Surgery of the Dog and Cat. Philadelphia：WB Saunders）

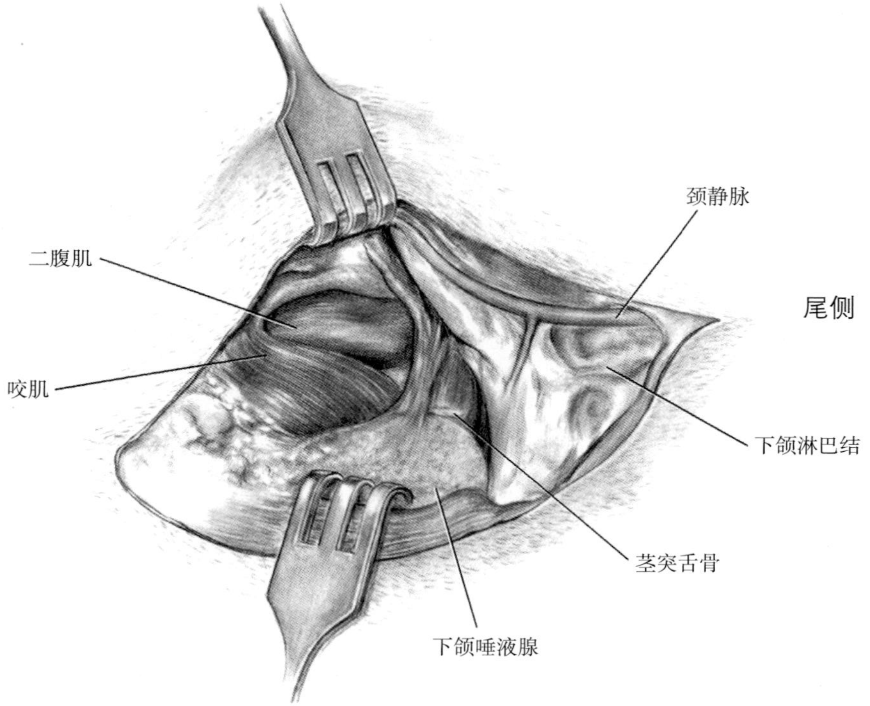

图248-4　将咬肌与二腹肌之间的组织平面切开，触摸鼓室腹侧有助于判断切开方向（图片引自Smith MM，Waldron DR. 1993. Atlas of Approaches for General Surgery of the Dog and Cat. Philadelphia：WB Saunders）

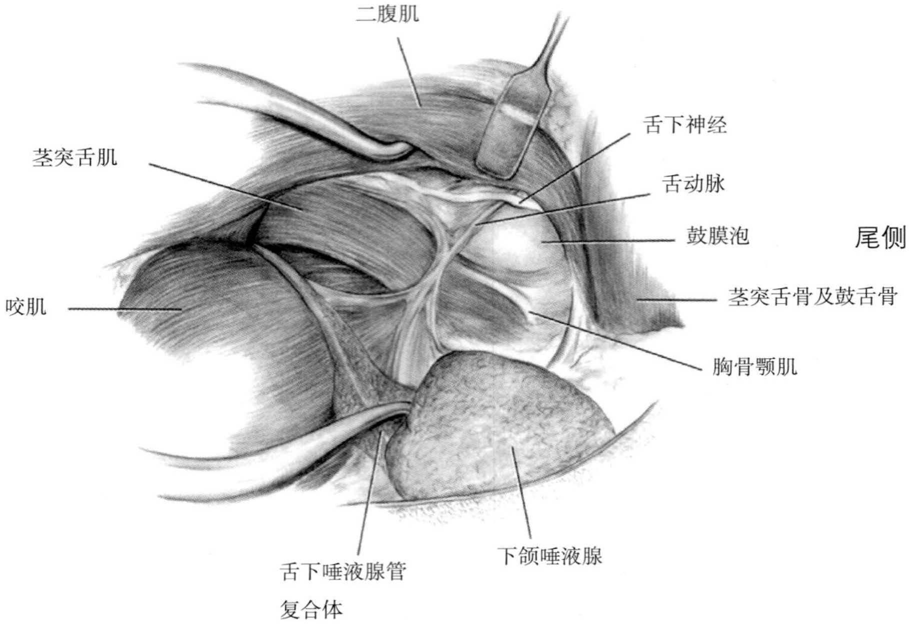

图248-5　中间牵拉二腹肌及钝性分离其他软组织可暴露腹侧鼓膜，可用骨钳、髓内钉或骨钻打开，应避开舌神经及舌下神经（图片引自Smith MM，Waldron DR. 1993. Atlas of Approaches for General Surgery of the Dog and Cat. Philadelphia：WB Saunders）

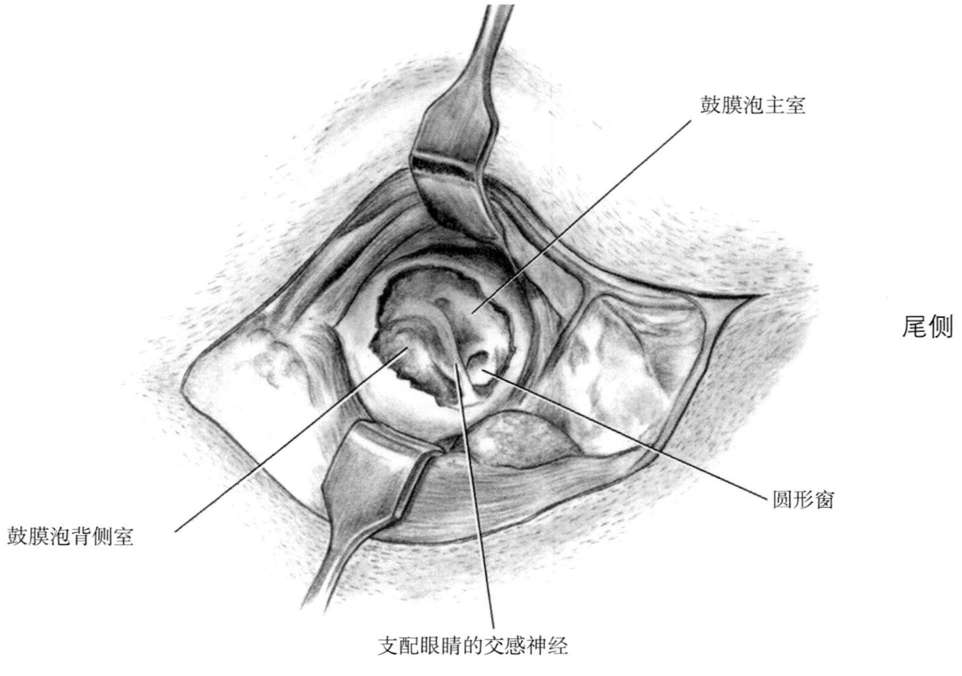

图248-6　通常首先打开大的腹正中室。打开侧腹室时需要穿过分隔两室的隔膜（图片引自Smith MM，Waldron DR. 1993. Atlas of Approaches for General Surgery of the Dog and Cat. Philadelphia：WB Saunders）

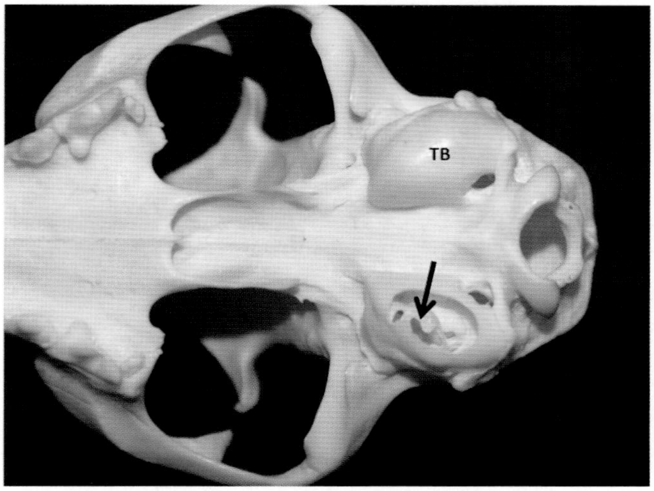

图248-7 头颅腹面观。TB为完整的鼓室。骨质异常可允许进入大的腹背室，箭头为进入背外侧室的开口（图片由Gary D. Norsworthy博士提供）

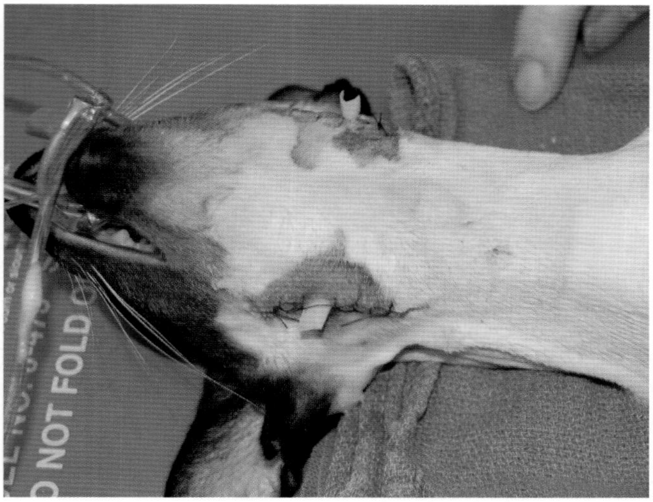

图248-8 中耳炎时实施腹侧鼓室切开后留下的皮肤引流管，用4-0号快速溶解的缝线在近鼓膜处固定，以便引流管的近端位于鼓室内；引流管也固定在皮肤上。当深层缝线溶解后（5～7d后）除去。诊断为炎性息肉时，除非鼓室内有液体，否则不应放置引流管（图片由Gary D. Norsworthy博士提供）

评论

- 对患有息肉性疾病的猫，不一定要放置引流管，除非鼓室中有液体。对患有中耳炎的病猫可采用腹面引流（见图248-8）。
- 鼓室的分室为猫所特有。腹侧鼓室切开术通常只能暴露腹侧室。必须要采用手术方法切除隔离两室中间的骨质隔膜，才能进入背侧室进行探查。否则，会导致鼻咽部息肉复发，这种息肉通常起自背侧室内。
- 80%以上的猫在施行过手术之后因损伤穿过分隔两个室的交感神经，因此会表现霍纳氏综合征的临床症状。这些临床症状通常可在30d内消失。

参考文献

Fossum TW. 2002. Surgery of the Ear. In TW Fossum, eds. *Small Animal Surgery*, 2nd ed., pp. 229–253. St. Louis: Mosby.

第249章
结肠部分切除术
Colectomy

Don R. Waldron

定义

结肠部分切除术（subtotal colectomy）是实施于大部分结肠的手术术式。远端切口是在近耻骨处，以留下足够的结肠实施手术操作；近端切口可在回肠末端或结肠近端（见图249-1）。本章介绍前一种方法，这种方法在技术上较易实施，但会造成吻合部位的肠腔大小不一。采用这种方法可切除回盲瓣（ileocolic valve）。这两种方法各具优缺点。有研究表明，如果没有切除盲肠，预期的术后腹泻则可很快痊愈。

特殊设备

- 腹部扩创器（Baby Balfour）。
- 儿科Doyen肠钳（Baby Doyen intestinal clamps）。

概述及适应证

对有些巨结肠病例，药物治疗具有一定的效果（见第136章）。虽然药物治疗偶尔可获得成功，但便秘及顽固性便秘会随着时间推移，发生的间隔时间会缩短。

结肠不全切除术是大多数自发性巨结肠（idiopathic

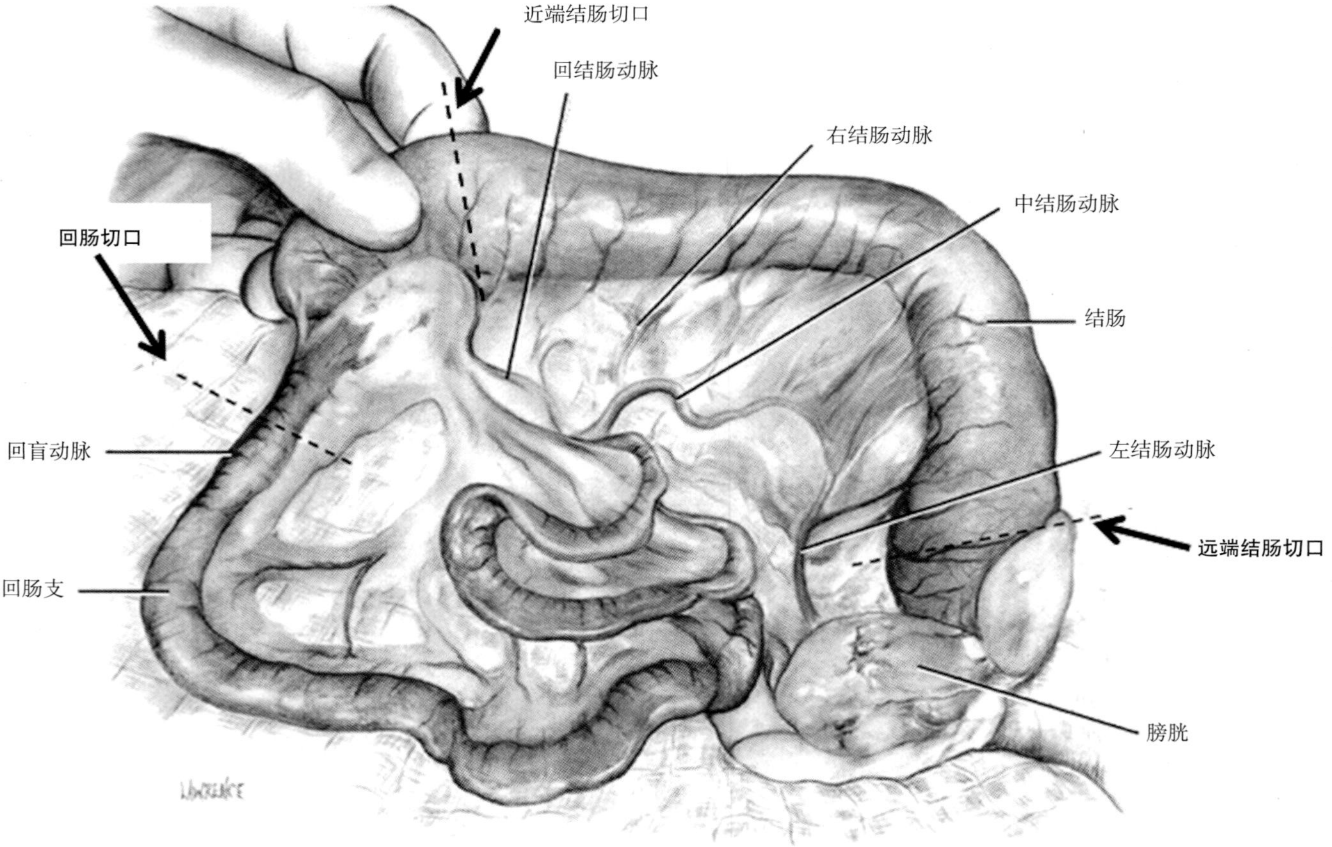

图249-1 分离结肠系膜中的回结动脉、结肠中动脉和左侧结肠动脉，并双重结扎，切除结肠系膜。注意近端两个可能的切口部位及远端切口部位（箭头）（图片引自Smith MM，Waldron DR. 1993. Atlas of Approaches for General Surgery of the Dog and Cat. Philadelphia：WB Saunders） megacolon）病猫的首选治疗方法，特别是在复发慢性便秘及顽固性便秘的病例。这种手术成功用于由于骨盆骨折后骨连接不正（malunion）引起骨盆腔阻塞，从而发生结肠阻塞病例的治疗。结肠阻塞的其他原因，包括肿瘤及狭窄等，也见有报道采用结肠切除术进行治疗。

可在手术前通过腹腔X线检查猫是否有腹腔肿块、腰荐部疾病及骨盆腔狭窄。通过手指检查直肠及检查会阴区可排除会阴疝，确保会阴反射的正常。许多猫可能只是由于简单的异常导致结肠活动异常或会阴张力丧失（参见第134章）。在这些猫实施手术时应当小心，主要是由于术后的腹泻可能伴随严重的排粪失禁。全身性神经疾病（generalized neurologic disease），如家族性自主神经异常（dysautonomia）可引起便秘，但这种疾病罕见。

术前应进行血液检查，包括血钙水平。由于任何原因引起的高钙血症均可影响神经肌肉活动，因此会影响胃肠道活动。虽然本病在猫少见，但原发性甲状旁腺机能亢进可引起便秘。

结肠切除术属于污染手术，因此围手术期应用抗生素可防止革兰氏阴性及厌氧菌感染，应将头孢维星（cefovecin）（8mg/kg SC）或恩诺沙星（5mg/kg SC或IM）与氨苄青霉素（10～20mg/kg IV，IM，SC）合用。

步骤

- 诱导全身麻醉后，用手指除去直肠内的粪便。重要的是不要在直肠内留下粪便块，因为术后努责排粪可增加吻合位点的张力（见图249-2）。
- 应在诱导麻醉时就开始实施上述预防性抗生素疗法，一直到术后头24h。
- 在脐孔到耻骨之间切开，即通过尾部腹中线剖腹进入腹腔。
- 放置打湿的剖腹手术垫用于保护腹壁，用儿科Balfour扩张器暴露腹腔。
- 必要时通过膀胱穿刺排空膀胱，用可吸收缝线结扎降结肠的血管，结扎结肠系膜中的回结动脉、结肠中动脉和左侧结肠动脉是必要的（见图249-1）。
- 将肠系膜分离到回肠末端，与结肠接近。
- 用手挤出结肠远端的粪便，将儿科Doyen肠钳置于距结肠末端2～3cm处，骨盆耻骨的喙状部。用2-0缝线在Doyen肠钳末端的结肠实施“牵引线留置”（stay suture）。切断时结肠末端缩回，因此在Doyen夹钳之间切断结肠时，缝合可为处置结肠提供一种方法。如果空间足够，最好除去将要切除的结肠段中的粪便。将硬的粪便推入直肠可引起吻合位点完全痊愈的前术后努责排粪。
- 在回肠远端放置第二把Doyen肠钳。
- 将打湿的剖腹手术垫送入结肠，以减少腹腔污染。
- 将要切除的结肠用Kelly或Carmalt钳夹住，在Doyen肠钳和压肠钳之间截断结肠。
- 回肠与残留的结肠肠腔大小不一，可通过在肠系膜对侧边缘用密氏剪（Metzenbaum scissors）（首选方法）切除回肠而纠正，这样可增加回肠远端的直径（见图249-3）。另一种方法是用聚二噁烷酮缝线（polydioxanone）进行单纯间断缝合闭合部分结肠（见图249-4）。如结肠严重扩张，可根据需要结合上述两种手术进行。
- 用3-0号或4-0号聚二噁烷酮缝线单纯间断缝合吻合回肠和结肠。建议前2～3个缝合在肠系膜边缘进行。
- 在手术部位轻轻推注灌入生理盐水，检查吻合处是否漏液。
- 闭合腹腔后，再用手指除去直肠内可能有的粪便。

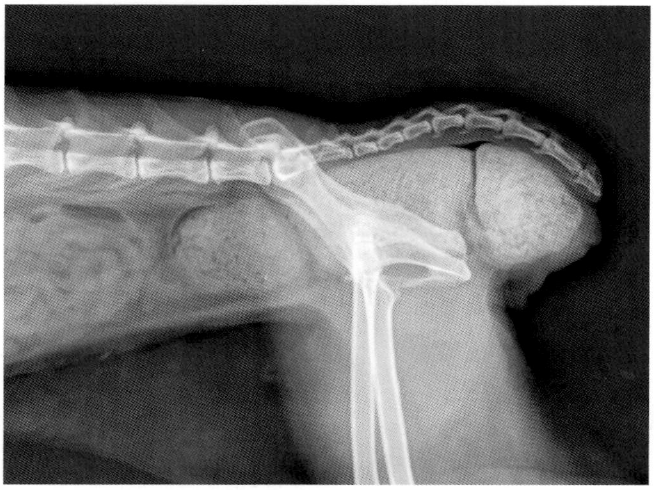

图249-2 手术前或手术过程中因未除去结肠末端或直肠中的粪便可导致术后努责排便，并由此引起吻合裂开（图片由Gary D. Norsworthy博士提供）

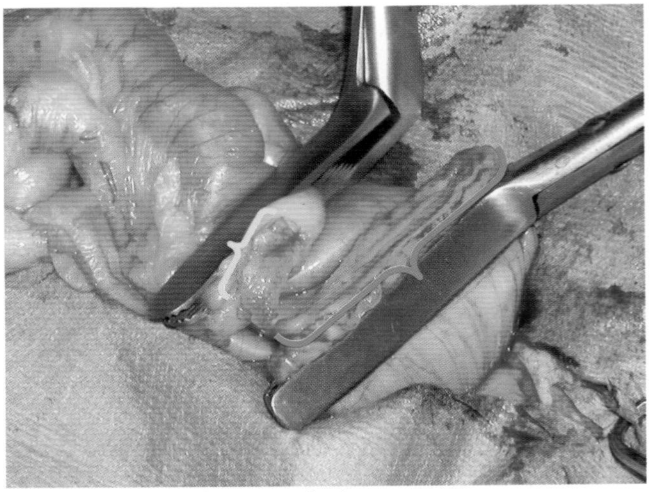

（A）

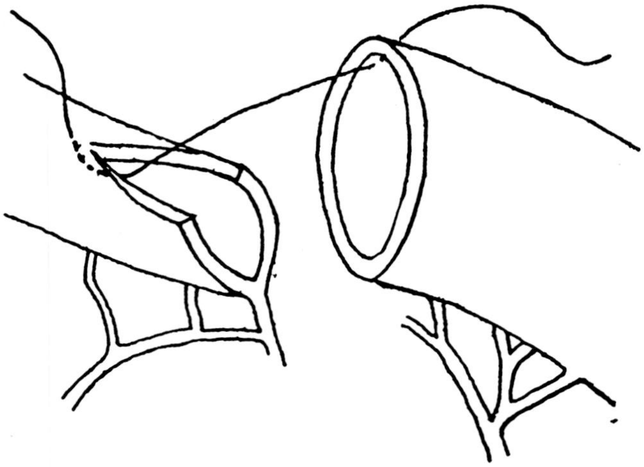

（C）

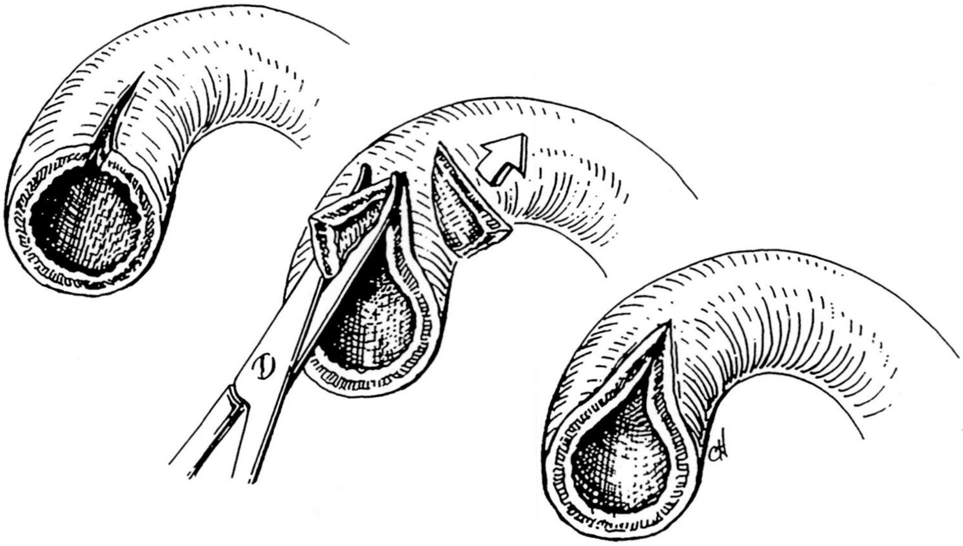

（B）

图249-3 结肠部分切除术。（A）回肠肠腔（黄色括号）与结肠肠腔（绿色括号）大小差别很大。（B）为了使肠腔大小大致相同，将回肠在肠系膜对侧边缘切除，由此会造成皱褶点。（C）聚二噁烷酮缝线间断缝合吻合回肠和结肠，第一针缝合在对侧肠系膜及肠系膜边缘［图片引自Bojrab MJ. 1998. Current Techniques in Small Animal Surgery，4th ed.，pp. 251，263. Baltimore：Williams & Wilkins。图249-3（A）所示的钳子具有Doyen-型肠钳夹口，但其长度更适合于在病猫使用，这些钳子为人用血管钳］

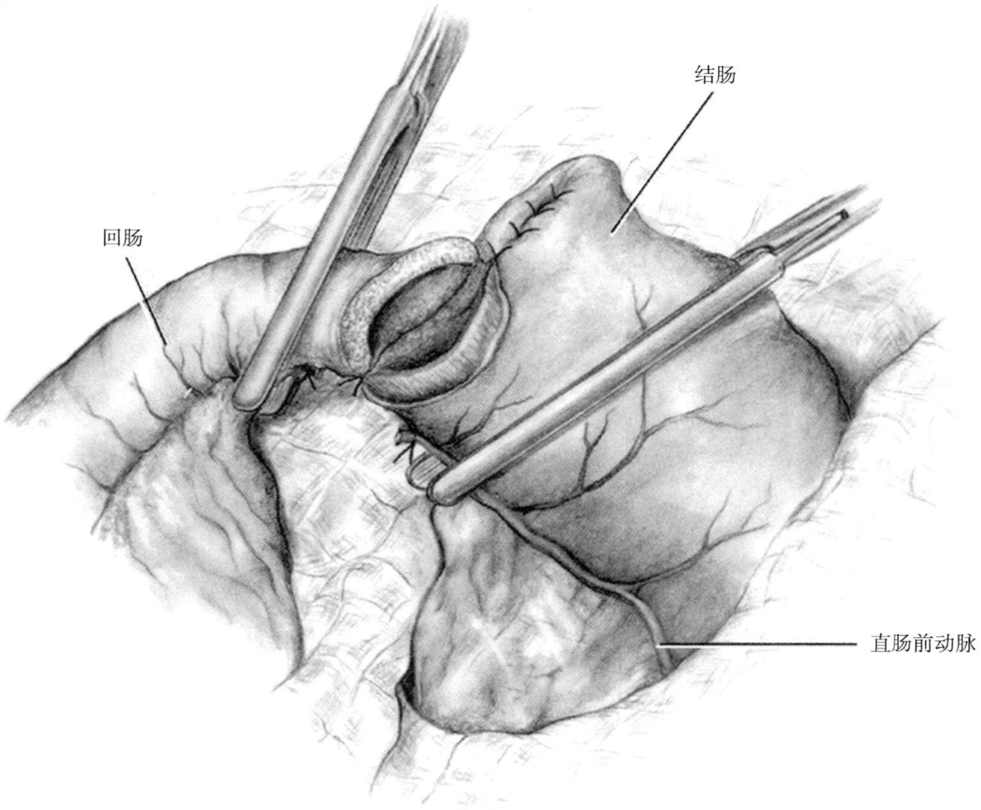

（A）

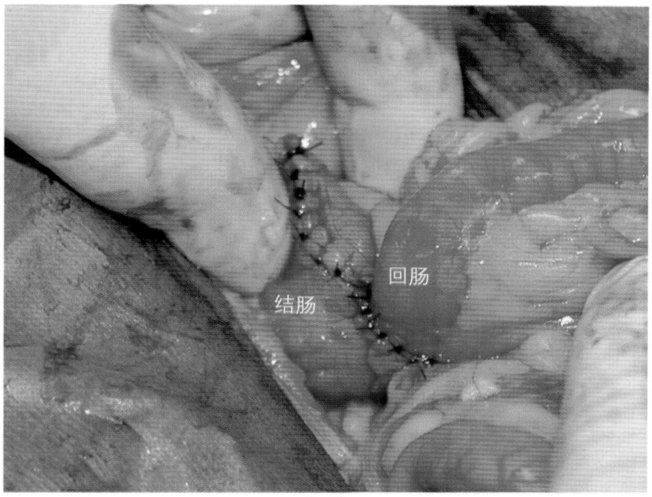

（B）

图249-4　结肠部分切除术。（A）图249-3所示方法的替代方法，按图所示部分缝合结肠。（B）缝合结果（图片引自Smith MM，Waldron DR. 1993. Atlas of Approaches for General Surgery of the Dog and Cat. Philadelphia：WB Saunders）

注意事项

- 施行结肠部分切除的猫只有2%可发生明显的术后并发症，包括手术部位狭窄、肠道血管分布消失及吻合开裂或腹膜炎。常见的术后暂时性问题包括里急后重和腹泻。
- 里急后重通常可在术后数天内恢复。
- 一项研究表明，80%的猫腹泻通常可在术后6周内恢复，但有的病例可持续达6个月。
- 少数猫在术后可发生便秘达数周或数月，药物治疗一般情况下有效。
- 骨盆狭窄的猫术后可明显改善，但常常需要长期饲喂粪便软化日粮，并进行药物治疗。
- 罕见情况下，结肠可在术后6～12个月伸展（见图249–5）。如果发生难以治疗的便秘，则可能需要实施第二次手术。

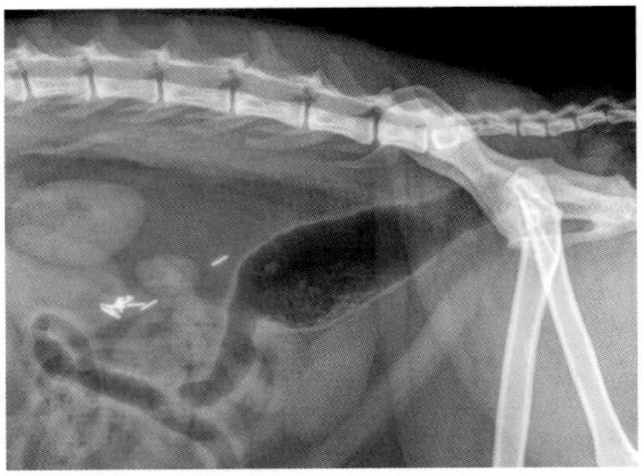

图249–5　本病例猫在7个月前实施结肠部分切除术后的X线照片。由于再发便秘，因此实施阴性造影结肠透视。因结肠末端伸直，所以实施了第二次手术（图片由Gary D. Norsworthy博士提供）

参考文献

Bright RM. Subtotal colectomy in the cat. 1998. In MJ Bojrab, ed., *Current Techniques in Small Animal Surgery*, 4th ed., pp. 272–276. Baltimore: Williams & Wilkins.

第250章 角膜手术

Corneal Surgery

Gwen H. Sila

结膜瓣移植

定义

结膜瓣移植（conjunctival pedicle graft，CPGs）用于为深部的角膜溃疡或角膜破裂提供机械支撑及血管供应。如果溃疡面达50%或溃疡深入角膜时，可考虑采用结膜瓣移植。

设备

- 角膜手术包包括细直Bishop–Harmon钳、弯针持针器，如巴拉克持针器（Barraquer）或卡斯特罗维霍型持针器（Castroviejo）、斯蒂文斯弯曲肌腱切断剪（Stevens curved tenotomy scissors）、眼撑（eyelid speculum）、比费河刀柄（Beaver Blade handle）及科勒比手术钳（Colibri forceps）。
- 64号比费河刀柄（Number 64 Beaver Blade）。
- 纤维素海绵眼矛（cellulose sponge eye spears）。
- 黏弹性材料（viscoelastic）［即透明质酸钠（sodium hyaluronate）或羟丙级甲级纤维素（hydroxypropyl-methyl cellulose）］。
- 操作显微镜。
- 7–0或8–0（Vicryl®）缝线。

步骤

- 细心剪掉眼睑毛，分别用生理盐水和稀释的聚维酮碘溶液（5%）冲洗眼睛和眼睑，冲洗结膜穹隆时必须要小心。
- 将一滴1%托吡卡胺、2.5%苯肾上腺素，间隔5min后分别点眼。
- 猫仰卧，角膜平面与水平面平行打开。如果由于麻醉，角膜不位于眼裂中央，则只要能够维持充足通气，可采用神经肌肉阻断剂［溴化双哌雄双酯（pancuronium）0.022mg/kg IV］。
- 将显微镜对准角膜。从角膜缘2～3mm处及距溃疡边缘2～3mm处用Bishop–Harmon镊夹住结膜（见图250–1）。用肌腱切断剪在垂直于角膜缘处做一小的切口。

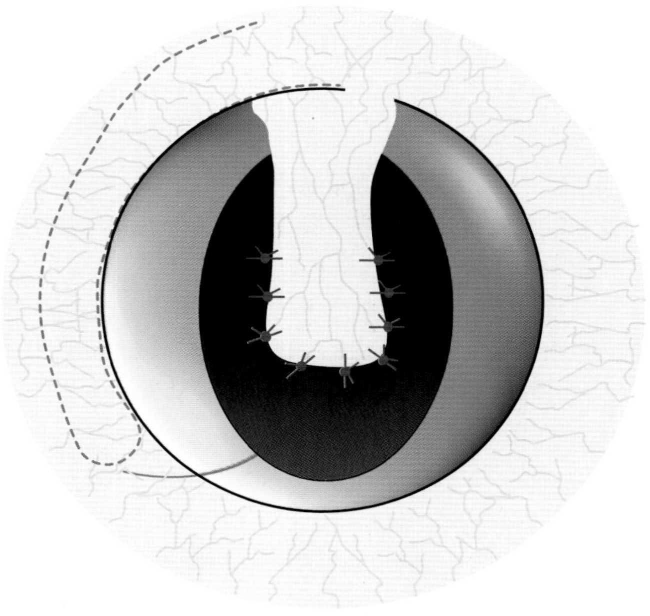

图250–1 蓝色虚线表示获取结膜瓣的轮廓，图片中的结膜瓣已放在角膜中央位置，缝合后能够覆盖深层的溃疡

- 在用钳子抓住切口结膜更靠近背部的部分时，采用肌腱切断剪钝性切割破坏结膜。应小心以避免破坏连接于结膜的特农囊（Tenon’s capsule）（较厚，呈白色的巩膜上浅层组织）。
- 从最初的切口开始，在背部沿着已经破坏的结膜的长度切开结膜。这种切口应离角膜缘0.5～1mm，沿着角膜缘弯曲切开。
- 再次从开始时的切口开始，在结膜向背部做第二个切口，这一切口也应沿着角膜缘的大弯进行，离角膜缘1～2mm，要比溃疡的水平直径更大。
- 从底部破坏及切开角膜的过程可一直延续到背部角膜的水平。在理想状态下，应轻轻地在基部扩展结膜翼，然后向远端扩展。
- 一旦获得结膜瓣，则用纤维素片仔细擦去溃疡边缘的所有上皮。应小心不要在此过程中擦破眼睛，但如果发生这种情况，应将眼前房用黏弹性材料使其膨胀，以便缝合。重要的是在放置黏弹性套管（viscoelastic cannula）时应防止接触到虹膜及晶状体。

- 用Colibri手术镊（Colibri forceps）将结膜瓣放在溃疡面上。
- 准备缝合结膜瓣。缝线应穿过结膜瓣的全层和角膜厚度的约75%。穿入到角膜的缝线应为1～2mm长。缝合溃疡面上的结膜瓣时，针间距应为2mm。
- 手术结束时应暂时性地缝合睑缘（temporary tarsorrhaphy），以保护伤口（见第72章）。

术后并发症

- 结膜瓣开线（graft dehiscence）：结膜瓣缝合太紧、上皮向溃疡下方生长、过度的手术创伤结膜及结膜瓣周围溃疡融化都会造成结膜瓣撕裂而开线。依结膜瓣撕裂发生的时间，可能需要重新放置结膜瓣，或需要获取新的结膜瓣缝合发病部位。
- 丧失视力：结膜瓣会明显干扰视轴，这取决于结膜瓣的大小。猫的独特之处是能改造其角膜，因此即使很大的移植物，也有可能会变薄而且会随着时间而恢复视觉机能。
- 眼睛丧失：一般来说，如果手术之前角膜破裂的时间不到24～48h，采用CPG挽救眼睛的预后为较好到好。对视力的预后则应谨慎，因为眼球破裂后可导致眼球内发生明显的炎症及虹膜与角膜或晶状体粘连。如果不发生眼球破裂，则挽救眼球的预后良好，对视力的预后则因置入的移植物的大小而不同（例如，小的移植物对移植物周围的视力较好）。

角膜切除术

定义

角膜切除术（keratectomy）是用于除去因存在异物、发生角膜死片或由于活检所需要的一部分角膜的手术。

设备

- 小型角膜手术包包括细直的Bishop-Harmon镊、开睑器（eyelid speculum）、比费河刀柄（Beaver Blade handle）及科勒比手术钳。
- 64号比费河刀片。
- 角膜剥离器（Corneal dissector）（可选）。
- 操作显微镜（operating microscope）。

步骤

- 眼睑部仔细剪毛，用生理盐水和5%聚维酮碘溶液交替地冲洗眼睛与眼睑，注意冲洗结膜穹隆时应小心。
- 猫仰卧，角膜平面与手术台平面平行。如果由于麻醉而使角膜不位于眼裂中央，这时只要能维持充足的换气，可用神经肌肉阻断剂（溴化双哌雄双酯0.022mg/kg IV）。
- 显微镜聚焦角膜。围绕损伤部位做四次切开，形状呈矩形，用64号比费河刀柄将其除去。切口的深度应略深于损伤本身，但明显不是全厚。
- 一旦能用科勒比手术钳（Colibri forceps）抓住四边形的4个角，则采用比费河刀柄（Beaver Blade）轻轻破坏角膜。这一过程可在角膜同一平面上，或者采用比费河刀柄，或者采用角膜解剖器持续进行，一直到角膜四边形片能够脱离。如果要除去的角膜片深度超过50%，则应置入CPG以提供支撑及血液供应。
- 也可采用睑缘缝合术（见第72章）保护角膜。

术后并发症

- 角膜感染：由于除去了上皮，因此细菌可侵入角膜基质而导致感染。建议采用每天至少4次的预防性广谱抗生素局部疗法，直到角膜伤口痊愈。
- 角膜瘢痕形成：由于采用这种手术除去了角膜基质，因此成纤维细胞会精细地弥补这一缺陷，由此在角膜上形成白色瘢痕。此外，血管可在痊愈过程中生长进入角膜。在大多数情况下，瘢痕形成及新血管形成（neovascularization）可随着时间推移而使角膜本身发生重构，因此可减少。由于可能会发生潜在的疱疹病毒被再次激活而感染，因此不建议在局部采用甾体激素来加速这一过程。

参考文献

Maggs, DJ. 2008. Cornea and Sclera. In D Maggs, P Miller, R Ofri, eds., *Slatter's Fundamentals of Veterinary Ophthalmology*, 4th ed., pp. 175–202. St. Louis: Elsevier Saunders.

第251章 前十字韧带断裂

Cranial Cruciate Ligament Rupture

Mac Maxwell

定义

前十字韧带（cranial cruciate ligament，CrCL）起自股骨结节的内侧，向前及向远侧走行而直达其在胫骨的附着点，其主要作用是防止胫骨相对于股骨发生过度的向前移位及向侧旋转。该韧带断裂在猫可为完全或部分断裂，常可导致急性跛行、膝关节疼痛及关节突出；跛行常表现为轻度，或不能负重。与犬的CrCL断裂不同的是，猫的前十字韧带撕裂常常在起源上为创伤性的，可涉及其他韧带的损伤（膝关节活动范围缩小）。其他在猫经常见到的多创伤性损伤包括后十字韧带断裂及中侧韧带断裂（rupture of the caudal cruciate and the medial collateral ligament）。动物之间十字韧带存在明显差异，猫的前十字韧带比后十字韧带大。

诊断

- 查体：CrCL断裂的诊断主要依据病史和查体结果。CrCL 断裂的查体结果包括前拉试验（cranial drawer test）阳性及胫骨压迫试验（tibial compression test）阳性。其他可能存在的检查结果包括关节突出、病肢屈伸时半月板发出“咔嗒”声及关节囊增厚（medial buttress）。由于猫的十字韧带断裂大多数起源于创伤，因此也可存在其他韧带的损伤。在膝关节部引起损伤的典型结构包括CrCL、后十字韧带及中间侧韧带。
- X线检查：膝关节的X线检查常表现为关节突出，骨关节炎的症状时有时无。其他的X线检查结果包括胫骨前面CrCL插入位点骨化及半月板钙化。虽然钙化不太常见，但在猫似乎更为常见。
- 应在镇静或麻醉下仔细触诊，确定韧带损伤的程度。与未损伤肢比较有助于确诊特定的患猫是否异常。

保守疗法

- CrCL断裂的保守疗法包括限制活动4～6周。非创伤性韧带断裂的病例常见于体重过重的猫，减少日粮可能具有一定的作用。能否恢复正常机能的预后取决于许多因素，但有些猫可在4～5周内表现无痛的机能。对于体重过重的病例，如果保守疗法难以奏效，或者出现结构异常（高度胫骨平台角倾斜），则应进行手术修复。保守疗法不能奏效常常可导致不可逆转的关节变性，因此采用这种方法治疗时应与猫主协商。

手术疗法

- 手术治疗猫的膝关节不稳定（stifle instability）时，可通过从腓骨（fabella）到胫骨突隆（tibial tuberosity）近端面的侧面缝合来实施囊外稳定术（extracapsular stabilization）。在猫也可采用囊内技术。其他技术，如胫骨平台水平截骨术（tibial plateau leveling osteotomy，TPLO） 也在猫成功采用，但需要特殊设备来正确实施。在广泛性胫骨平台倾斜（excessive tibial plateau slope）病例，可能需要更为先进的技术，如TPLO。一般来说，手术治疗主要用于不能对药物治疗发生反应的病例，或针对不愿走动的肥胖猫。

设备

- 常规手术包。
- 霍曼扩创器（Hohmann retractor）或等同器械。
- 2mm装在雅各布钻头夹上的斯坦曼钉（Steinmann pin in a Jacob’s chuck）。
- 2号尼龙单丝缝线（nylon monofi lament suture）或20-lb尼龙肌腱缝线（nylon leader line）。

步骤

- 诱导全身麻醉后对病猫剃毛，无菌手术准备，仰卧保定。采用四分区创巾铺盖技术（four-quarter draping technique），将病肢悬起，以便于在手术过程中对膝关节进行操作。
- 在诱导麻醉时给予围手术期抗生素疗法。
- 依外科医生的习惯（偏好）在内侧或外侧切开皮肤，之后实施外侧面髌骨旁关节切开术（parapatellar arthrotomy）。
- 冲洗膝关节，在Hohmann扩创器辅助下检查，鉴定十字韧带及半月板，用蚊式止血钳（mosquito hemostat）和11号刀片将残留的十字韧带及撕裂的半月板摘除。
- 将股二头肌筋膜从关节囊分离，触摸外侧面的籽骨，可在近端及股骨外侧髁的后段触诊到籽骨。
- 然后将缝线穿过侧面的籽骨周围，应注意不要进入周围软组织或腓神经。穿过后将缝线两端拉紧，检查其稳定性。如果缝合位置恰当，缝线不应向后滑动到籽骨之下。
- 为了在远侧缝合，将前胫骨肌（cranial tibialis muscle）从胫骨隆突分离，然后通过胫骨隆突近面钻一孔。
- 缝线穿过膝韧带（patellar tendon），然后穿过胫骨突隆上的孔，与另外一端缝线固定。
- 为了拉紧缝线，将膝关节屈曲，胫骨略向外转动，缝线打活结，之后打4个十字结（square knots），见图251-1。
- 用简单连续缝合关节囊，之后并置（或鳞状重叠）缝合筋膜层，按常规方法闭合创口。
- 病猫应在手术矫正后户内活动4～6周。

预后

采用保守疗法治疗的猫常常需要4～5周不会再出现疼痛。近来的研究表明，猫在采用囊外定手术治疗后的结果与此相当或更好。

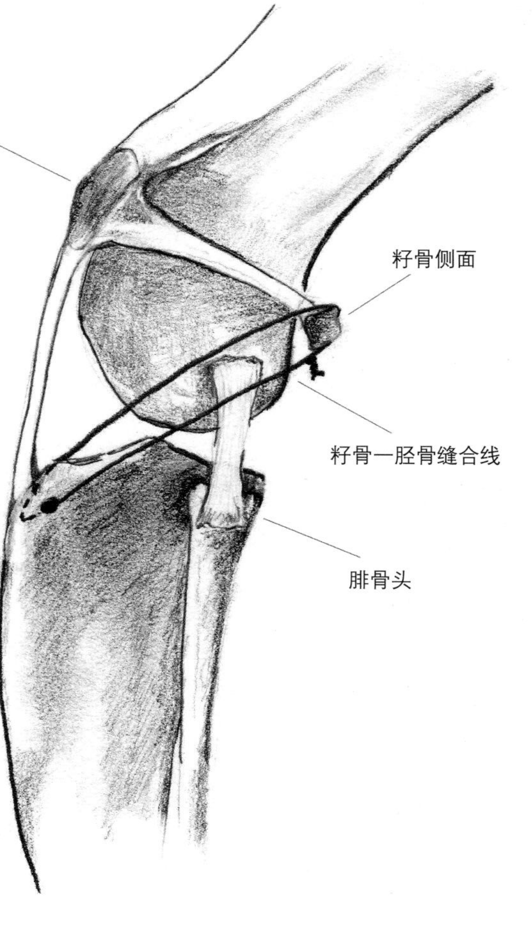

图251-1 缝线通过豆骨侧面时要小心，不要穿入周围软组织或腓神经。从胫骨粗隆抬高前胫骨肌，通过胫骨粗隆近面钻孔，缝线穿过膝盖肌腱，穿过胫骨粗隆上的孔，与对侧缝线固定

参考文献

McLaughlin R. Cranial Cruciate Ligament Injuries. 2007. In HW Scott, R McLaughlin, eds., *Feline Orthopedics*, pp. 222–225. London: Mason Publishing.

Harasen GLG. 2005. Feline cranial cruciate ligament rupture: 17 Cases and a review of the literature. *Vet Comp Orthop Traumatol.* 18(4):254–257.

Hoots EA, Peterson SW. 2005. Tibial plateau leveling osteotomy and cranial closing wedge ostectomy in a cat with cranial cruciate ligament rupture. *J Am Anim Hosp Assoc.* 41:395–399.

第252章
隐睾手术
Cryptorchidism Surgery

Mac Maxwell

定义

隐睾为出生后短时间内睾丸不能下降到阴囊内，据报道其在猫的发病率约为2%。单睾症（monorchidism）为一种罕见情况，据报道其发生率为0.1%。典型情况下，在生命的早期由于睾丸引带（gubernaculum）的纤维化和随后的收缩，将睾丸拉过腹股沟环。出生后2周内仍不能下降进入阴囊的睾丸则在以后也不大可能下降，这种情况可影响到一侧或双侧睾丸，但单侧性隐睾更为常见。隐睾可位于腹腔内或腹腔外。在一项研究中发现，所有患双侧性隐睾的猫睾丸皆位于腹腔内。如果睾丸位于腹腔外，则可位于腹股沟环与阴囊之间。隐睾的外表通常正常，表现为软、小及形状不规则。波斯猫具有易患这种疾病的体质。

诊断

- 查体：2月龄时如果阴囊中缺少两个睾丸则可认为发生了隐睾症。
- 异位睾丸可有多个位置。查体应包括仔细触诊阴囊、腹股沟区及腹腔等。由于隐睾常常萎缩而难以触诊到，因此采用超声诊断有助于确定其准确位置。在猫，腹股沟含有大量的脂肪，因此触诊更为困难。
- 在麻醉之前应进行血常规及生化分析，以检查其他全身问题，包括与雌激素过高（支持细胞瘤）相关的骨髓抑制。

步骤

- 治疗猫的睾丸异位时，可通过手术途径摘除睾丸。隐睾可能位于阴囊前、腹股沟或腹腔内。患病睾丸的位置决定了手术途径。
- 手术过程中向后牵拉阴囊中的睾丸有助于使滞留的睾丸向侧面移动。

阴囊前睾丸（prescrotal testicles）

- 在瘦或成熟的公猫，可触到睾丸。如果这样，按常规去势手术，直接在睾丸上做一切口，暴露睾丸、输精管及相关血管。用2-0或3-0聚环已酮缝线三重结扎血管及输精管。在两个最远端的结扎缝线之间切开，除去睾丸。
- 常规方法闭合皮下组织及皮肤。

腹股沟睾丸（inguinal testicles）

- 后腹中线切口除去腹股沟睾丸，同时可检查腹股沟。切开时应小心，以免损伤阴部腹壁动脉（pudendoepigastric artery）及静脉。鉴别出睾丸后按前述方法除去睾丸。

腹腔睾丸

- 如果在腹股沟未发现睾丸，则将切口向前后延伸，以实施腹中线剖腹术。
- 向下或向后牵拉膀胱以鉴定输精管，之后轻轻牵拉检查睾丸（见图252-1、图252-2和图252-3）。
- 确定睾丸之后将其按前述方法摘除。
- 罕见情况下，睾丸可位于腹股沟环内，在这种情况下必须小心切口，以免损伤阴部血管。
- 轻轻牵拉睾丸可使其移动进入皮下间隙。
- 另外一种方法是扩宽腹股沟环，以便将睾丸牵拉进入腹腔。不建议对猫实施通过锁眼状切口（keyhole incisions）及卵巢摘除钩摘除睾丸的方法，主要是这种方法可能会损伤输尿管。
- 如果未找到睾丸，则应轻轻牵拉输精管，观察阴囊前是否有移动的物体。在移动物体之上做切口，直到找到睾丸（见图252-4）。
- 也有人使用腹腔镜辅助实施猫的睾丸摘除术，这是治疗隐睾时侵入程度最小的一种手术。

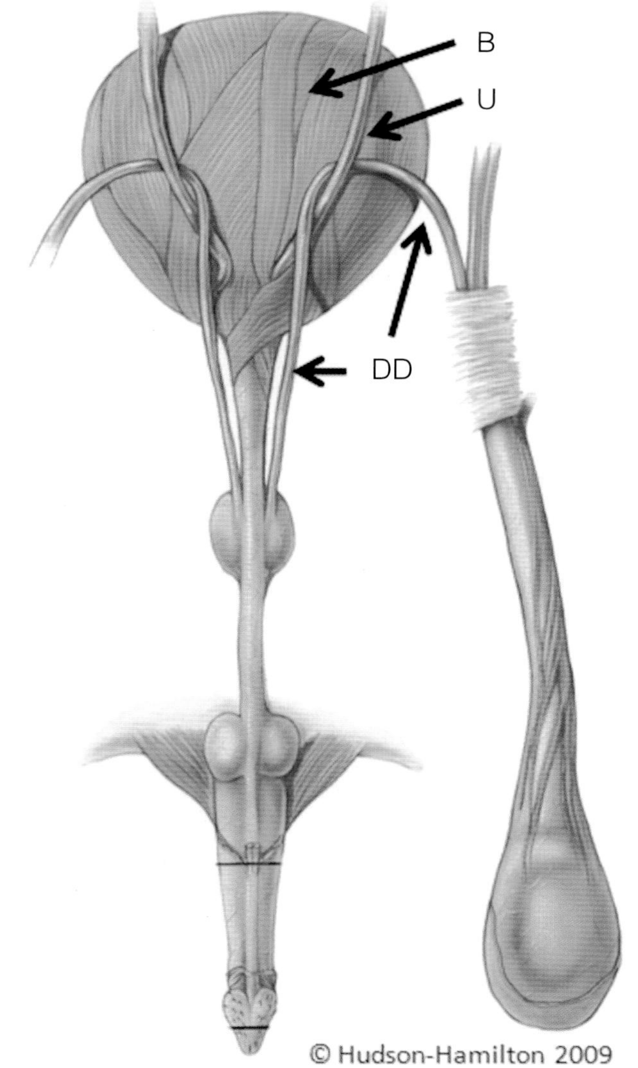

图252-1　与隐睾手术有关的解剖结构包括膀胱（B），输尿管（U）及输精管（DD）（图片由L.C. Hudson和W.P. Hamilton博士提供）

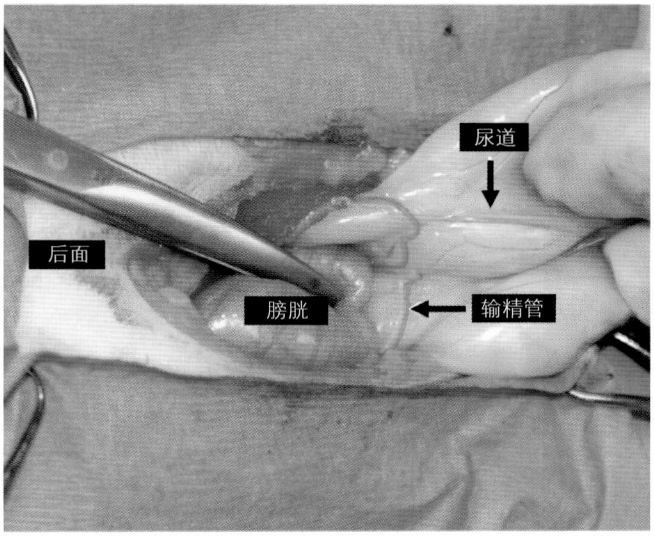

图252-2　通过检查同侧的输精管可鉴定腹腔内的隐睾。应将膀胱清空，然后回拉或压迫，以协助鉴定输精管

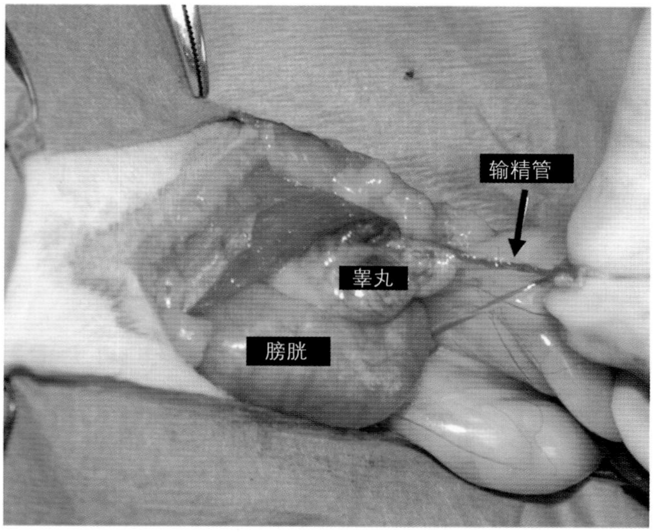

图252-3　牵拉输精管可发现睾丸。如果睾丸位于腹腔内，则易于暴露而摘除。如果其位于腹股沟环或腹股沟环外，则可能不移动，在这种情况下，可跟踪输精管到达腹股沟环，打开腹股沟环。如果睾丸位于腹股沟环内，可将其打开后暴露睾丸

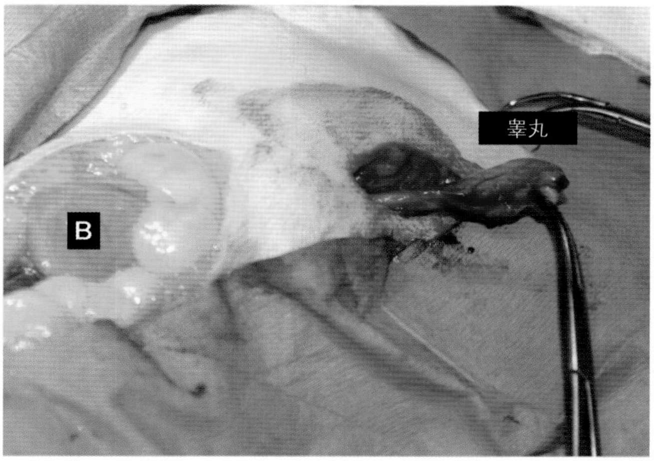

图252-4　如果睾丸位于腹股沟环外，可在腹股沟区做一皮肤切口，暴露睾丸。在腹腔内持续牵拉输精管有助于鉴别睾丸

治疗注意事项

- 据报道，隐睾具有遗传性，因此应摘除双侧睾丸。不建议用患病猫进行繁育。
- 睾丸位于腹腔内时，由于腹腔内的温度比阴囊高，因此滞留的睾丸不育。
- 如果不能摘除滞留的睾丸时，无论其位置如何，将会继续产生睾酮，出现公猫性征发育或存在公猫的特点（如强烈的嗅闻尿液、攻击行为、领地行为、吸引发情的母猫、交配、面颊及颈部较大及皮肤增厚等）。
- 与犬相比，猫虽然不太常见，但滞留的睾丸可发生畸胎瘤或支持细胞瘤。

预后

猫的隐睾在采用手术摘除后预后较好。如果滞留睾丸发生肿瘤性变化，则可依病理学诊断结果，会对预后产生不良影响。

参考文献

Birchard SJ, Nappier M. 2008. Cryptorchism. *Compendium*. 30:325–337.
Millis DL, Hauptman JG, Johnson A. 1992. Cryptorchidism and monorchidism in cats: 25 cases (1980–1989). *J Am Vet Med Assoc*. 200(8): 1128–1130.

第253章 食管造口插管术

Esophagostomy Tube Placement

Gary D. Norsworthy

定义

食道造口插管（esophagostomy tube，e型管）为一种通过皮肤置于颈部左侧，进入食道的软管，其远端在食道的中下部，但不能插入胃内，以免胃酸返流至食道而引起食道炎。插管的主要目的是可使猫主能够长期饲喂厌食的猫。猫一般可忍受这种插管，只需要很小的维持，并发症少。插管后可在3d内移出，也可留置数周到数月。

设备与来源

- 14号食道造口插管（14 French esophagostomy tube）（DVM Solutions，www.dvmsolutions.com）。
- 相当于e-管长度的探针（Stylet the length of the e-tube）。
- 18cm弯止血钳（curved hemostatic forceps）。
- 持针器。
- 手术镊（Thumb forceps）。
- 10号刀片手术刀柄（Scalpel with number 10 blade）。
- 45cm柔软的不可吸收缝线。
- 2.5cm胶布。
- 喷雾器［No Sting Barrier Spray™（3M Animal Health，Minneapolis，MN）］。

适应证

- 任何引起猫长期厌食的疾病，不完全或部分在家治疗时，可采用这种手术。例如，肝脏脂肪沉积、化疗的肿瘤、全身性肺脏疾病、口腔疾病及导致组织脱落的创伤性损伤等。

禁忌证

- 禁忌肠道进食的所有疾病，包括胃肠道破裂或阻塞。
- 食道疾病由于存在食物或食道中插管而恶化时，包括食道炎、食道异物或巨食道等。

步骤

- 诱导全身麻醉，选择能快速复苏的麻醉剂，因为许多病猫由于其疾病状态，在采用麻醉剂后复苏缓慢。作者多采用七氟烷及异氟烷面罩或诱导室麻醉，随后插管麻醉。
- 猫右侧卧。
- 食管位于颈部中线左侧，因此颈部左侧剃毛，准备术部。
- 如果e-管末端封闭，应削去尖端，以便食物能从管端流出。
- 将管置于猫的胸壁比较其在食管中的位置，确定其从造口位点出来的位置。
- 用黑色标记笔标记管子从造口位点出来的位置，管尖约位于第10肋骨的水平。
- 将探针置于管内，重要的是应将其置于管的远端，但不能从管端突出。
- 将止血钳从口咽部插入食道，弯端顶住外侧面。尖端的位置约在肩关节前2.5cm处。在大多数猫，需要采用18cm的止血钳才能到达这个位置。将猫的头部向前拉有助于止血钳平缓通过（见图253-1）。
- 用手术刀在止血钳尖端切口，找出颈静脉，切口应在颈静脉背部1～2cm处。切开皮肤、皮下肌肉及食管壁，显露出止血钳尖端。最里面一层组织透明，可通过打开止血钳口，在两叉支间切开。切口应足以使得止血钳尖端露出（见图253-2）。
- 开大止血钳口，应足以抓住含有探针的插管远端（见图253-3）。
- 向前拉插管及其探针，以便约2.5cm能进入食道。
- 打开止血钳口，除去止血钳。
- 再次牵拉猫的头部，拉直颈部及食道。
- 将e-管/探针的近端朝前，旋转远端，并朝向后方，再在食管中向后伸入2.5cm（见图253-4）。

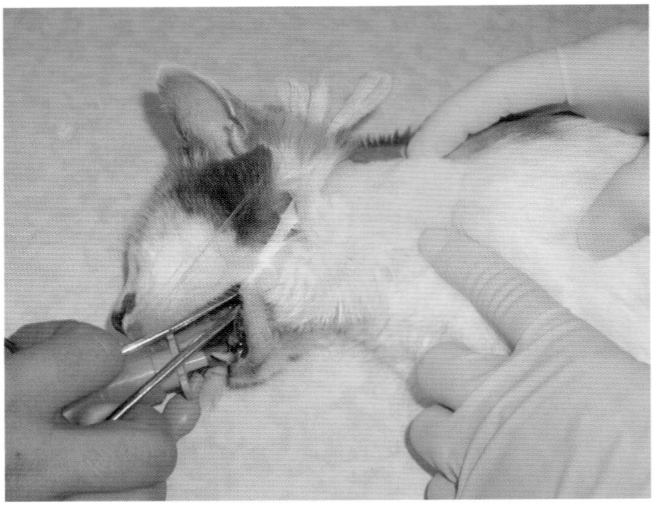

图253-1 18cm弯曲止血钳通过口咽部进入食道，达到肩关节点前的位置，其尖端应在术者的右手食指之下。术者的食指指向颈静脉

- 将插管向后推，探针向前拉，这样可使e-管进入食道而将探针拉出。将e-管推进直到顶端到达第10肋骨的水平；应在造口位点看到前面做的黑色标记。通常约5cm的管子露到皮外即可（见图253-5）。
- 对切口部的皮肤做荷包缝合，缝线中间打结，留下两个长线尾。在打结前将缝合针从缝线上切断。
- 将两线尾在e-管周围做中国式手指网套（Chinese finger trap），穿过三次就足够了。
- 插管到达背中线。应注意不要急剧弯曲插管（见图253-6）。
- 用胶布固定塑料配件，这一过程极为重要，因为胶布不会粘到塑料管上超过数天。
- 用胶布绕颈部固定e-管到颈部，胶布不要太紧以免使猫感到不舒服。重要的是除了塑料配件外所有e-管上

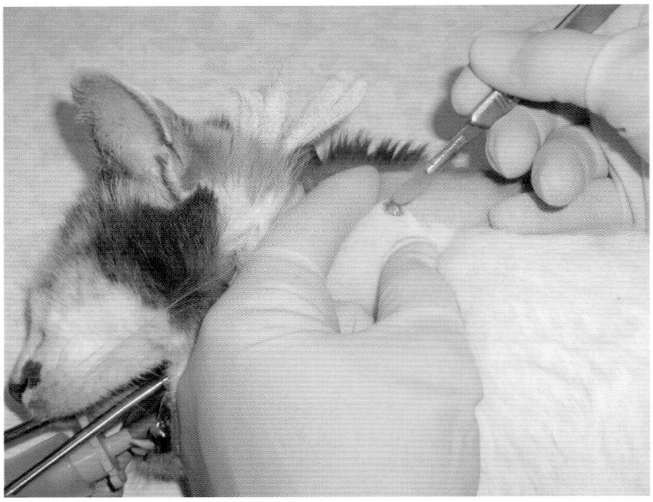

图253-2 用手术刀切开皮肤、肌肉及食管壁，使止血钳尖端露到皮肤外

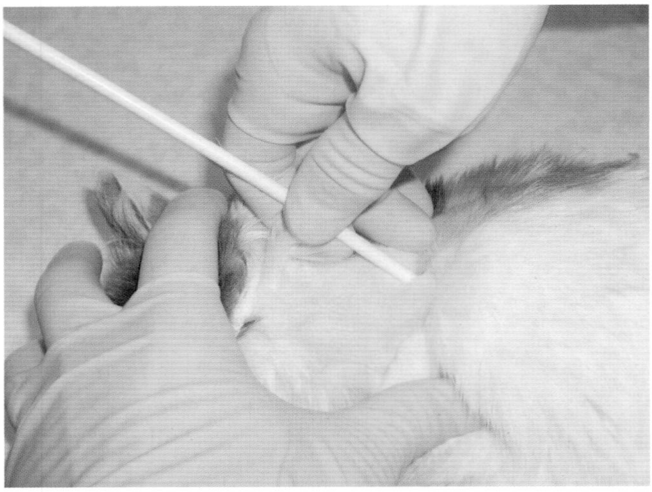

图253-4 将插管拉入食道后，松开止血钳并取出。抽出探针前重新向后插管，进入约 2.5cm，继续将插管插入食管

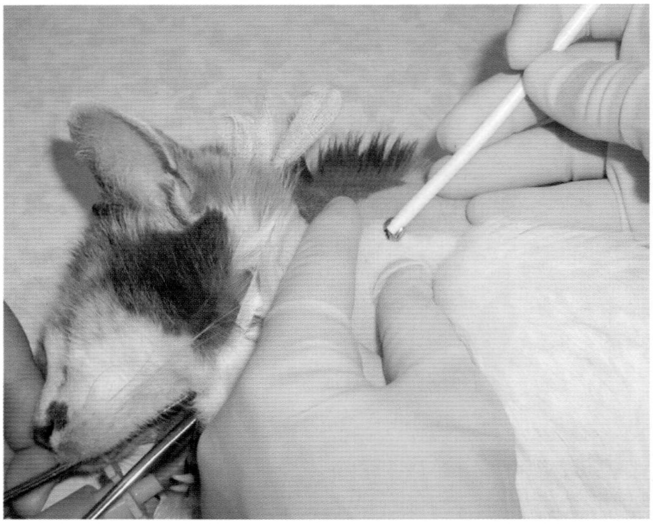

图253-3 用止血钳抓住插管及探针末端

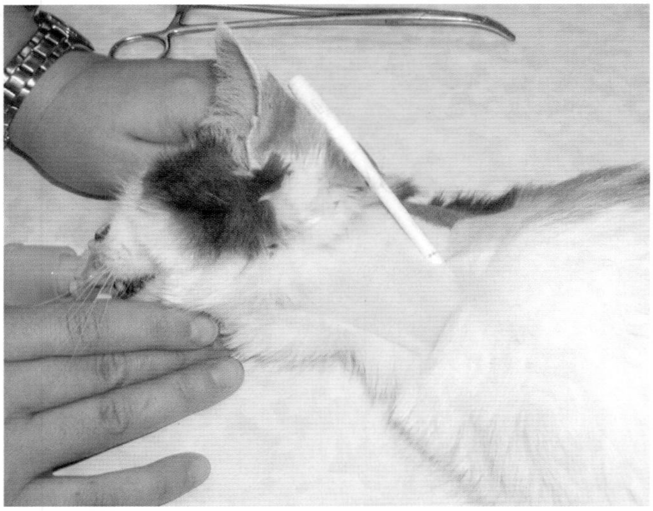

图253-5 插入到位后的插管，可在插管位置附近看到黑色标记

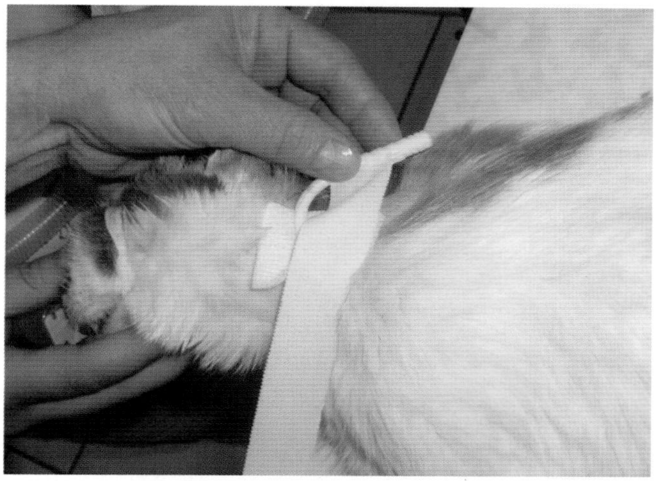

图253-6 荷包缝合及中国式手指网套（Chinese finger trap），并将插管拉到背中线固定，图示为包扎过程开始时

都要用胶布覆盖，以便猫不能将其爪伸入e-管袢而拉出（见图253-7）。最后用有颜色的塑料绷带包扎，这是猫主比胶布更为喜欢的材料，但不应省略胶布包扎，因为绷带的主要部分必须要黏附到皮肤上。

饲喂过程

- 典型情况下，采用这种插管饲喂时需要2人。值得注意的并发症是由于一次在食管中注入太多的食物而引起。必须要认识到食管的扩张性有限，可能具有返流及将食物吸入肺脏的风险，因此建议采取下列措施：

（1）饲喂时采用多个12mL注射器，这样可限制一次注射的食物量。注射完一个注射器后换用另外一个，这样第一次注射的食物就有时间进入胃内。

（2）注射时猫主抬高猫的前端，可将猫的前肢放在猫主手中，注射食物时将前肢从桌面抬高8～10cm，或在猫的胸部下垫一折叠好的浴巾，后肢置于桌面。

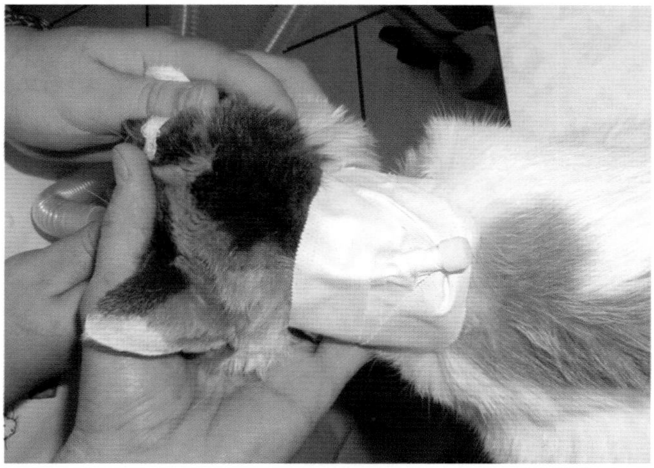

图253-7 包扎完成。只有管的一端从包扎带子下露出，这样可保护管子在猫抓时不会变位。包扎带上可再包扎其他材料以达到美化效果，但固定绷带时胶布不能省略

- 指导猫主每秒钟注射1～2mL食物，如果猫看上去要呕吐，则应减缓注射。
- 喂食后用2～3mL温水冲洗插管，应从管中清洗食物，防止阻塞。

维护

应每隔2周更换胶布（不是插管）。造口位点可能会出现分泌物，这时应快速去除，猫主常常会将食物粘在胶带上，因此应沿着颈部的右侧剪除胶带，以免剪掉e-管。应在管子周围剥去毛发及皮肤，如有必要可用过氧化氢清洗该部位。可再次在无毛部位采用喷雾器（No Sting Barrier Spray™）喷洒药物，造口位点用三倍量的抗生素药膏，按前述方法再次用胶带固定。

并发症

- 至少2d不应经口投服食物、水或液体药物，以便使食管壁能够黏附到肌肉及皮肤上，形成防止食物和液体从食管泄漏进入周围组织的瘘管。同样，在置入管子后最少要停留2d以上的时间才能除去。
- 如果饲喂的食物太黏稠，则可能会阻塞插管。混合型的食物应在采用注射器注射之前用厨房用过滤器过滤，再注入e-管。作者喜好的管饲食物为Iams Maximum-Calorie™（The Iams Company，Dayton，OH），采用这种产品时无需滤过。
- 如果e-管发生阻塞，最有可能是在塑料配件的位置，因为这部分很狭窄，可将配件从e-管上拿出后清洗，而不用除去e-管。如果阻塞发生在管内，则用2mL可乐饮料冲洗可溶解干燥的食物。如果仍不能解决问题，则必须除去插管或再次插入。
- 注射的食物温度应与体温相当，如果太冷，则很难用注射器注射，还可能会诱发呕吐。
- 如果一次注射太多的食物，则很快会发生呕吐。发生这种情况时，可减少每次注射的食物量。患有重度肝脏脂肪沉积症的猫其胃容量可减少到15mL。
- 有些猫可能对e-管很着迷，可能喜欢抓管子而将管子拉出，但这种情况不常见。可用短的伊丽莎白颈圈，这在一些猫可发挥作用。如果发生这种情况，插管已有数周，猫可能能够自行采食。在重新插管前可供食1～2d。

- 造口位点可发生感染。如果发生这种情况，则应采用过氧化氢清洗造口位点，三重抗生素药膏处理造口位点，可采用液体抗生素全身疗法，如阿莫西林等。可沿着e–管注射。
- 个别情况下，猫可剧烈呕吐而从口腔中吐出e–管。猫可能会咀嚼管的末端，因此咽部管的一部分仍附着于近端，在这种情况下必须除去管子再次安装。应该注意的是，置入e–管得当的话不会引起呕吐。但采用这种插管治疗许多疾病时可引起呕吐。
- 如果向下插管进入食道之前e–管脱离食道，则由于没有空间使得管子通过，插入时可遇到阻力。如果担心插管位置错误，可注射2mL静脉注射用液体造影剂进入管中，进行X线检查。由于钡在注入皮下组织时可引起严重的炎症，因此不能采用钡。
- 个别情况下，通过肌肉的切口可能会伤及邻近外周神经，因此会引起左前肢疼痛，猫可能不能负重。出现这种情况时，应除去e–管，之后数天在其他位点插管。
- 虽然这种插管是在20世纪80年代后期设计的，但关于除去e–管后是否会发生食管狭窄，人们仍很关注，但目前还未见有这种情况发生。作者在20年内置入这种插管数百例，从未见有因食管造口插管而发生食道狭窄的情况发生。

移除e管

- 由于e–管不会妨碍吞咽，因此在插管的同时猫仍能采食。应定期供食，确定猫的食欲是否恢复。但直到猫开始采食后至少2d前不应移除插管，这是由于有些猫可能会开始假性采食。
- 除去胶带及缝线，移去插管，这时无需麻醉，切口也无需缝合，可在2～3d内形成肉芽组织而闭合，在此过程中也无须护理。

参考文献

Crowe DT. 1990. Nutritional support for the hospitalized patient: An introduction to tube feeding. *Compend Contin Educ Pract Vet*. 12:1711–1715.

Fossum TW. 2002. Postoperative Care of the Surgical Patient. In TW Fossum, ed., *Small Animal Surgery*, 2nd ed., 69–91. St. Louis: Mosby.

Norsworthy GD. 1991. Providing nutritional support for anorectic cats. *Vet Med*. 86:589–598.

第254章

额窦消除术

Frontal Sinus Obliteration

Gary D. Norsworthy

定义

额窦消除术（frontal sinus obliteration）是指除去因慢性窦炎而充满空气的额窦的手术。

设备

- 常规手术包。
- 不锈钢髓内钉及锤子（stainless steel intramedullary pin and driver）。
- 直径约1cm的烟卷式引流管（Penrose drain tube）。

概述与适应证

成对的额窦为充满空气的结构，位于左右两侧眼睛背部的额骨内，中间由骨质隔膜在中线隔开，通过一对开口与左侧及右侧鼻腔沟通，因此可使起自鼻腔的感染或创伤上行进入额窦。发生感染时，全身抗生素疗法对清除额窦炎症无效，主要是由于额窦其实为无血管的死腔。

有人采用额窦环锯术（frontal sinus trephination）及冲洗、移植脂肪消除或移植甲基丙烯酸甲酯消除等方法治疗额窦炎。这些治疗常常可发生暂时性反应，但长期的治疗结果通常难以令人满意，且可发生并发症。本章介绍的治疗方法可长期除去感染而不必担心移植物排斥反应，这是其他治疗方法也可产生的问题之一。

虽然这种方法成功地用于治疗窦炎，但常常难以治愈潜在的慢性窦炎，因此猫主的期望必须要实际（见第147章）。

步骤

- 颅骨背部按无菌手术准备。
- 耳廓内缘之间画一直线，两眼外角间画另一直线（见图254-1）。
- 在上述两条线之间做2.5cm长的皮肤切口。
- 在额骨上用小型髓内钉，如0.062K-针钻0.5cm的孔，髓内钉应进入额窦（见图254-2）。
- 用骨钳将上述骨孔扩大到直径约0.75cm，以足以用棉签通过该孔刮除及进行冲洗。采集额窦内容物进行有氧培养（见图254-3）。
- 如果额窦炎为两侧性的，则将另一侧额窦以同样方式打开清洗。

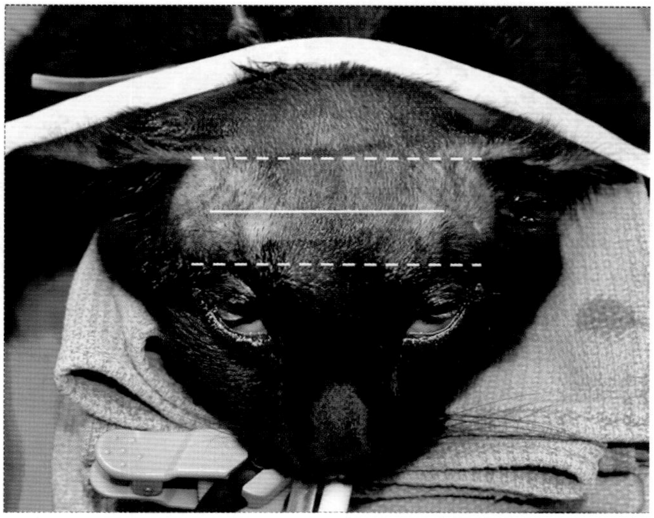

图254-1　在耳廓内缘间直线（虚线）和眼外角间直线（虚线）的中间切开皮肤（实线）

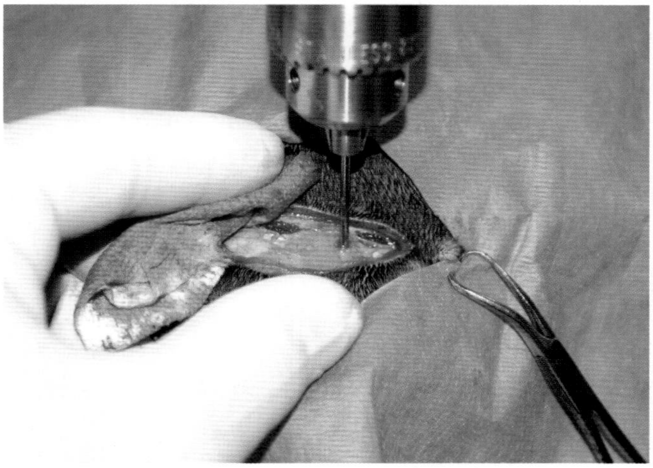

图254-2　在额骨上皮肤切口腹侧离中线0.5cm处钻孔，不同品种猫之间该部位的解剖结构可能有差异，对钻孔部位不清楚时，手术部位最好是偏上而不是偏后

- 用髓内针在两额窦之间的骨间隔上打孔（见图254-4）。
- 将烟卷式引流管通过中间隔孔，并从额窦及皮肤上的孔延伸而出（见图254-5）。
- 将引流管固定在皮肤上，然后用4-0号可溶解缝线闭合皮肤（见图254-6）。

注意事项

- 5～7d后除去引流管（见图254-7）。
- 4～6周后额窦充满肉芽肿组织，皮肤被肉芽肿闭合。应提醒猫主在愈合过程中必须要小心猫的头部。
- 可恢复很好的外观（见图254-8）。

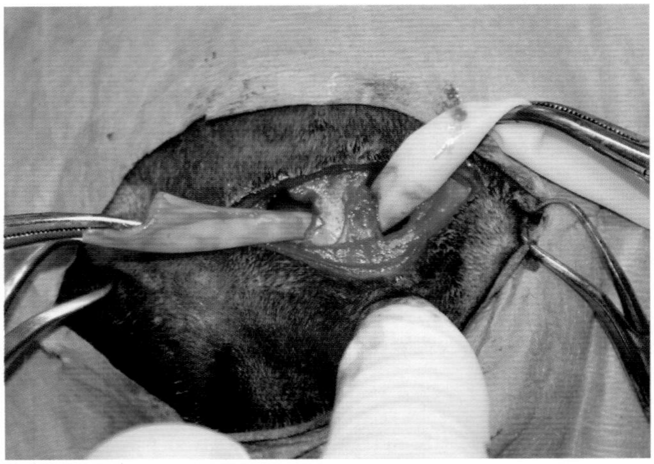

图254-5　将引流管通过骨间隔上的孔，并从额骨上的孔拉出

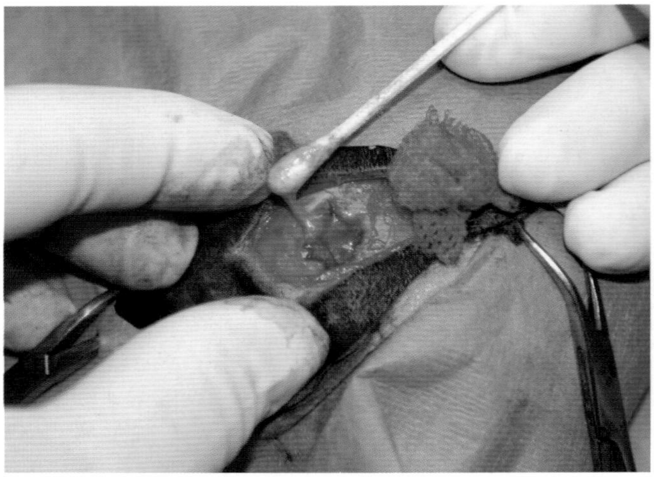

图254-3　用骨钳扩大钻孔以用棉签除去脓汁。用生理盐水冲洗额窦，尽可能除去脓汁，采样进行厌氧及需氧培养

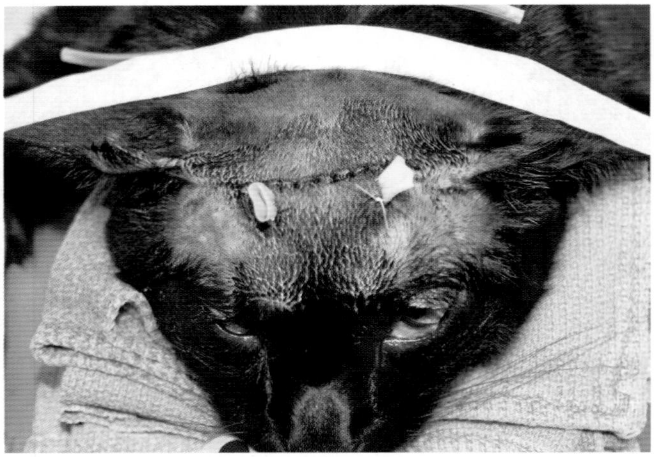

图254-6　将引流管固定在皮肤上，闭合皮肤切口

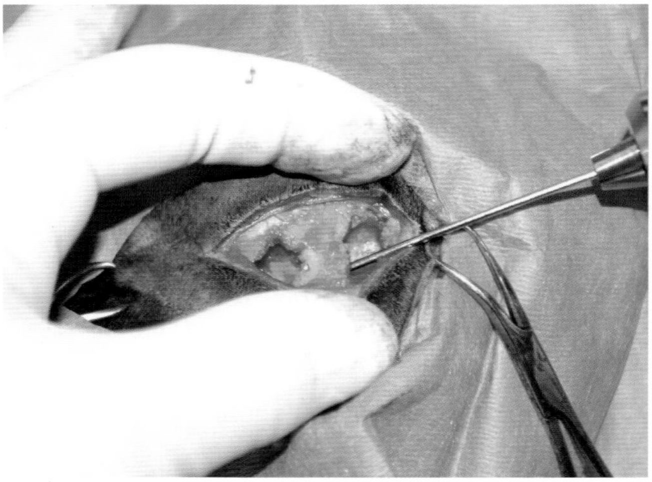

图254-4　用髓内针在两额窦之间钻孔，以置入引流管

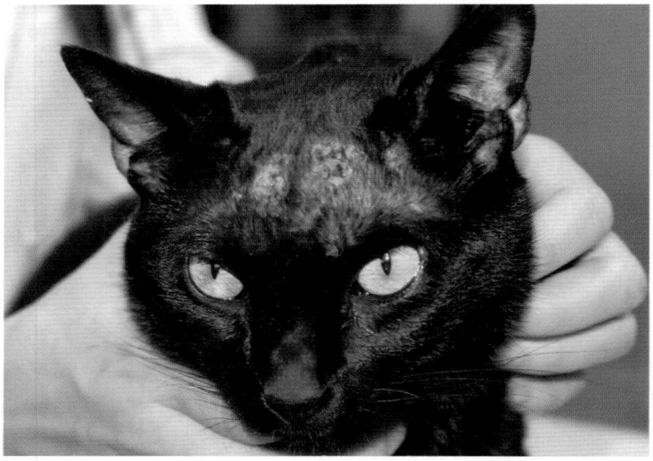

图254-7　术后5～7d除去引流管，本图为猫施行手术后第10天

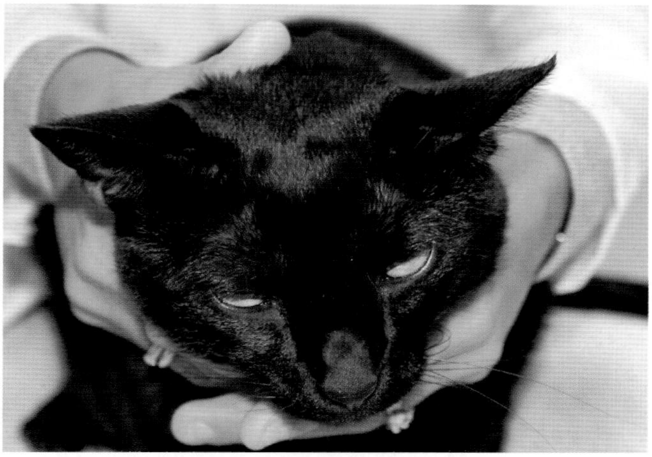

图254-8 猫术后6周，额窦充满肉芽组织，通过皮肤的开口已由肉芽闭合。毛已长出，因此有很好的外观

参考文献

Norsworthy GD. 1993. Selected surgical procedures. In GD Norsworthy, ed., *Feline Practice*, pp. 477–503. Philadelphia: J B Lippincott.

第255章 胃造口插管术

Gastrostomy Tube Placement

Don R. Waldron

定义

胃造口插管为手术置入饲喂管，以便能长期或短期饲喂，满足病猫或厌食猫的营养需要。胃造口插管时，插管通过治疗主要疾病时的腹中线剖腹手术切口，或通过探查性剖腹手术方法置入，也可通过限制性左侧肋间隙途径置入。本章介绍的方法为通过腹中线剖腹手术插管。胃造口插管也可通过内镜［经皮内镜胃造口插管（percutaneous endoscopic gastrostomy，PEGtube）］或专门的饲喂管投放器（Eld™ feeding tube applicator）置入。在许多情况下，食管造口插管比PEG或Eld™胃造口插管简单易行。

适应证

- 胃造口插管特别适合于各种原因引起的长期厌食的猫。
- 胃造口插管可为医务人员或猫主为病猫长时间满足营养需要提供一种有用的方法。
- 胃造口插管可作为一种手术修复食管裂孔疝的胃固定术。

设备

- 16号、18号或20号法式导管（16，18，or 20-French Pezzar™）、10号或12号法式导管（French Foley）、低型胃造口用插管（low profile gastrostomy tube）（VIASYS Medsystems，Wheeling，Il），见图255-1。

步骤

- 通过腹中线切口到达胃部，切口应足以进行主要的手术操作。
- 在胃底大弯和小弯中间用可吸收缝线做荷包缝合。
- 在左侧腹壁腹外侧最后一个肋骨前做小的刺入切口，将饲喂管插入腹腔。
- 用手术刀在荷包缝合的中间做一刺入小切口，饲喂管进入胃腔（见图255-2）。
- 拉紧荷包缝合以固定饲喂管。
- 在胃和腹壁之间用可吸收缝线或不可吸收缝线做4个胃固定缝合（gastropexy sutures）。
- 拉胃管，以使胃与左侧腹壁并置，将预置缝合（pre-placed sutures）拉紧。

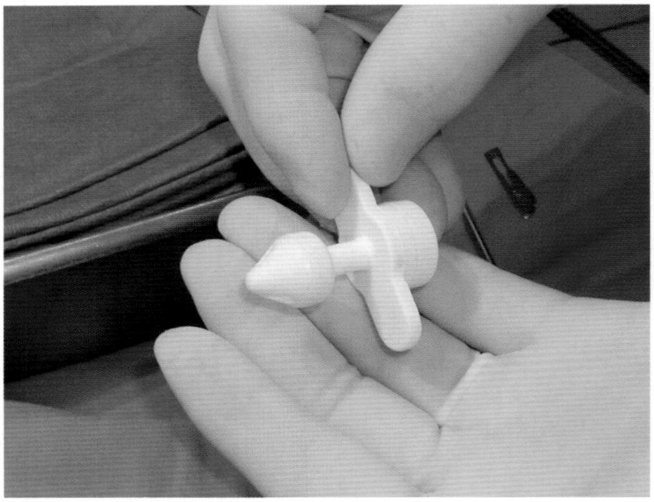

图255-1 置入前的低型胃造口用插管，指示的尖端插入胃腔，光亮的部位（由术者用手抓住）位于外部，缝合到皮肤上

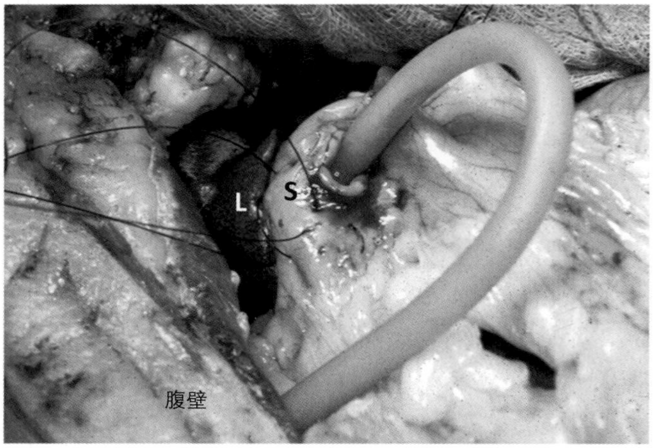

图255-2 将一蘑菇形导管（Pezzar™）通过左侧腹壁插入，通过预先做好的胃荷包缝合（S）进入。荷包缝合是在胃的大弯与小弯之间。另外可在胃和腹壁之间进行固定缝合以支持胃。可见肝脏（L）位于胃（S）前

- 常规方式闭合腹壁，胃管用中式手指网套缝合到皮肤固定，加上盖子，绷带宽松包扎。

注意事项

- 蘑菇形Pezzar™导管坚固耐用，易于饲喂。
- 猫应饲喂20～30mL q8h，随后每天饲喂时增加10～15mL，直到每天50～60mL饲喂3次。可采用稠度与婴儿食物相同的商用加强护理型日粮或用电动搅拌器加工过的日粮。如注入食物太多，或注入食物太快，猫可发生呕吐。冰箱保存的食物应在灌入前加热，每次使用前后均用温水冲洗，以防堵塞。
- 即使在猫开始采食，胃切口插管也应留置7～10d。
- Pezzar™管的撤除应在镇静下进行，应从离体壁5cm处切断插管，将较硬的金属探针插入导管中。外拉导管，同时推进探针有助于压扁蘑菇形尖端，能通过体壁孔除去插管。低型胃造口用插管可用同样方式除去。
- 体壁孔可通过二期愈合而痊愈。
- 有些猫采用这种方法饲喂后数月或数年也不出现并发症。
- 低型胃造口用插管不太笨拙，因此如果将饲喂管留置数月或数年，则易于饲喂及维持。

并发症

- 插管孔的局部皮肤刺激不太常见。
- 插管滑动而未引起注意时可将食物灌入腹腔，可导致腹膜炎，这种情况在采用经皮内镜胃造口插管时见有报道，但不常见，特别是如果用手术方法插管时。腹膜炎的症状包括沉郁、发热、呕吐及腹部膨胀。如果怀疑插管泄漏时，腹腔穿刺（abdominocentesis）或通过插管注射水溶性碘造影剂可证实插管的位置。

参考文献

Willard M, Seim HB. 2007. Postoperative care of the surgical patient. In TW Fossum, ed., *Small Animal Surgery*, 3rd ed., pp. 90–110. St. Louis: Mosby.

第256章 空肠造口插管术 Jejunostomy Tube Placement

Don R. Waldron

概述

空肠造口插管（jejunostomy tube placement）是为猫补充营养的方法之一。许多猫在实施腹腔手术后表现厌食，可能瘦弱，因此需要补充营养。虽然食管造口插管及胃造口插管更为常用，但空肠造口插管可用于患有急性胰腺炎或实施胃肠道上段再造术的猫。

步骤

- 做剖腹切口。
- 选择一段活动的空肠，确定食团能正常通过（即从口端到远口端）。
- 移动这部分空肠，使其易于到达腹壁的腹外侧。
- 用浸湿的剖腹手术垫从腹腔包裹空肠段。
- 在空肠肠系膜对侧缘做1～2cm长的纵向肠道浆膜肌膜切口（longitudinal seromuscular incision），见图256-1（A）。
- 在切口的远口端做一刺入切口，进入小肠腔。
- 将3.5号或5号法式饲喂管从远口端插入肠腔，进入肠腔内的饲喂管大约10cm，见图256-1（B）。
- 用3-0或4-0合成缝线多个间断式库兴氏缝合闭合切口，这样可将饲喂管埋在小肠的黏膜下层，见图256-1（C）和图256-1（D）。
- 从腹侧体壁做一刺入切口，将其余导管从腹腔拉出，见图256-2。
- 用3-0或4-0合成可吸收缝线作4次简单间断缝合，将肠造口术位点缝合到体壁腹膜表面（见图256-3）。
- 用中式指网套缝合法将腹壁外面的导管缝合到皮肤（见图256-4）。
- 常规闭合剖腹切口。

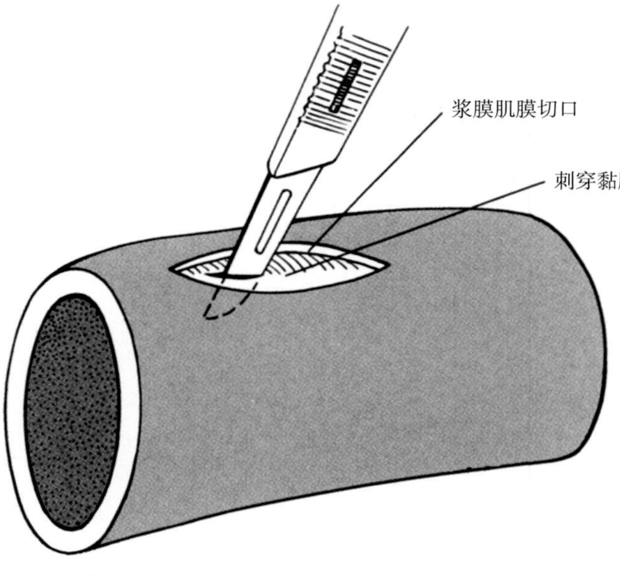

（A）

图256-1　空肠造口插管术。（A）在空肠的肠系膜对侧缘做长1～2cm的线性切口；切口只穿过肠壁的浆膜肌层。用15号手术刀做一小的刺入性切口进入肠腔远口端（图A、B及C经允许修改自Fossum TW. 2002. Small Animal Surgery，2nd ed.，p. 86. St. Louis：Elsevier Saunders。图D由Gary D. Norsworthy博士提供）

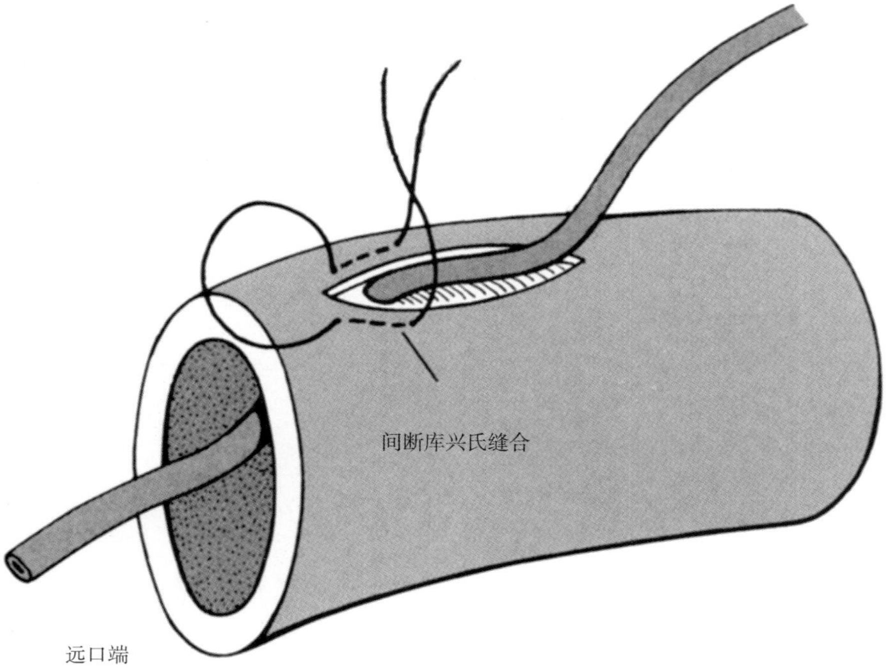

（B）

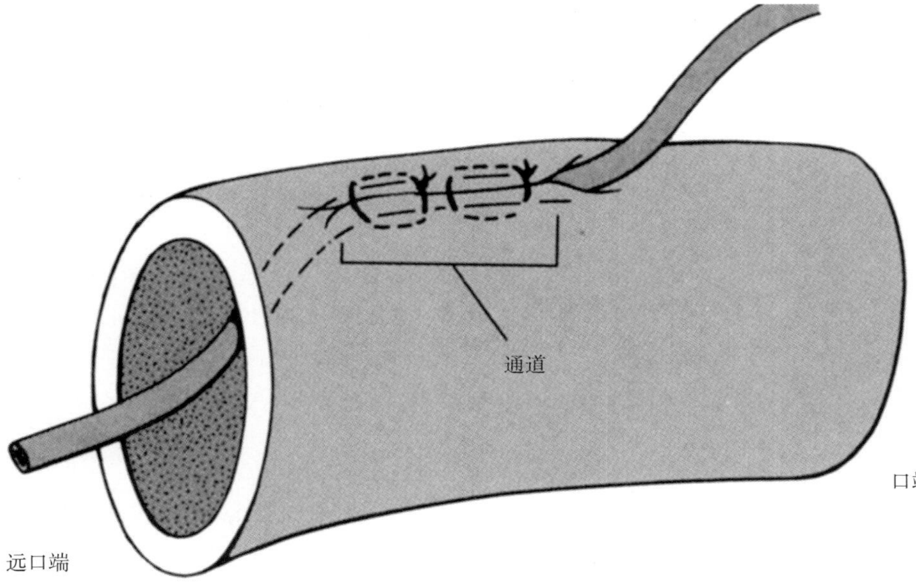

（C）

图256-1续　（B）将5号法式饲喂管的远端插入空肠，将约10cm饲喂管插入小肠内。（C）将饲喂管从浆膜肌肉膜切口拉出，用4-0号可吸收缝线做数个间断库兴氏缝合，造成一饲喂管通过的通道

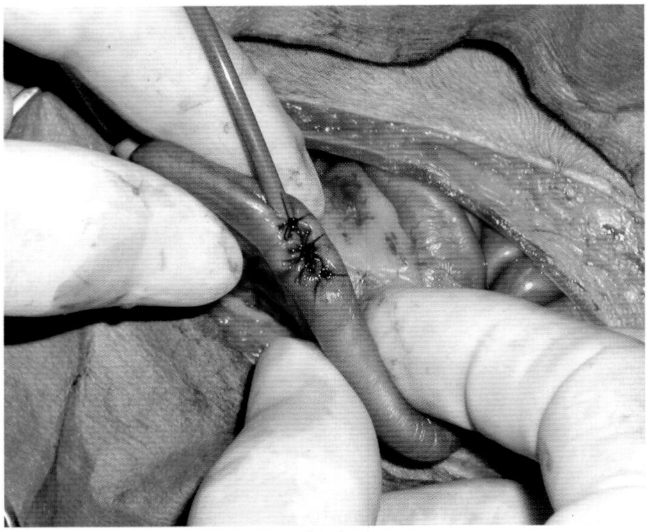

（D）

图256-1续 空肠造口插管（D）完整插管的固定。或者在小肠的对侧肠系膜缘做荷包缝合，通过荷包缝合处插管，然后拉紧。在这两种情况下，应采用4号可吸收缝线将空肠固定到腹壁侧面的出口处

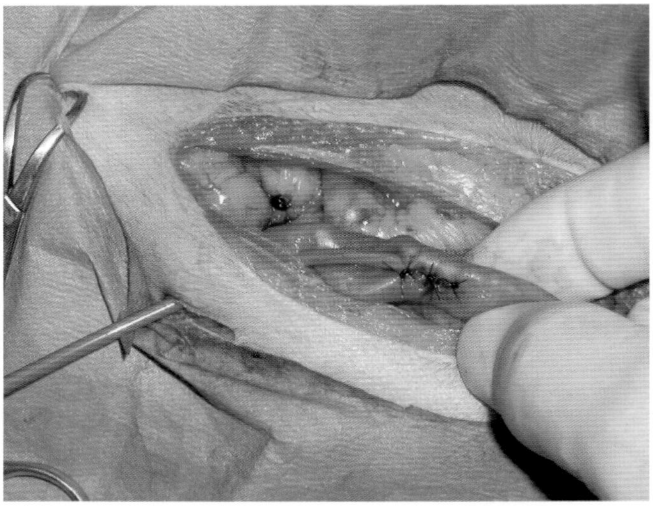

图256-2 通过腹侧壁做刺入性切口，将其余导管拉出腹腔外（图片由Gary D. Norsworthy博士提供）

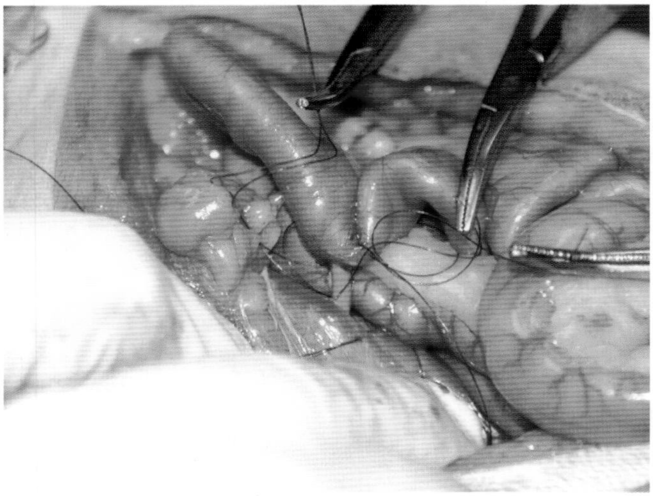

（A）

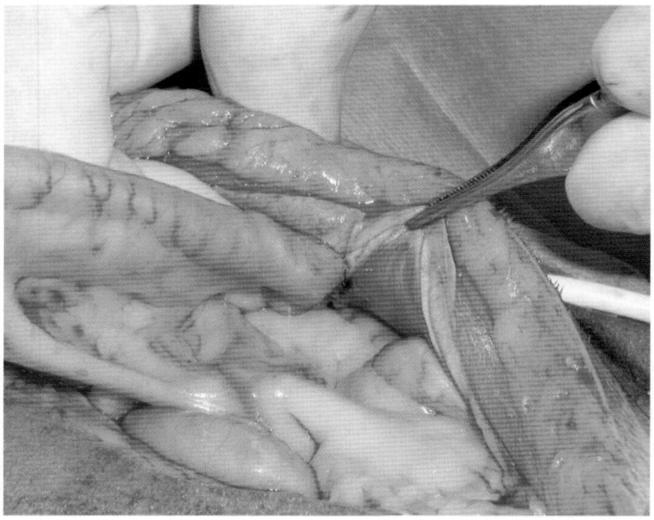

（B）

图256-3 将肠造口处用3-0或4-0合成可吸收缝线4次简单间断缝合，缝合到体壁的腹膜表面。（A）先做3个暂时性缝合，分别用手术镊固定，再做第4个缝合。（B）将暂时性缝合缝合到体壁，将空肠及饲喂管缝合到体壁（图片由Gary D. Norsworthy博士提供）

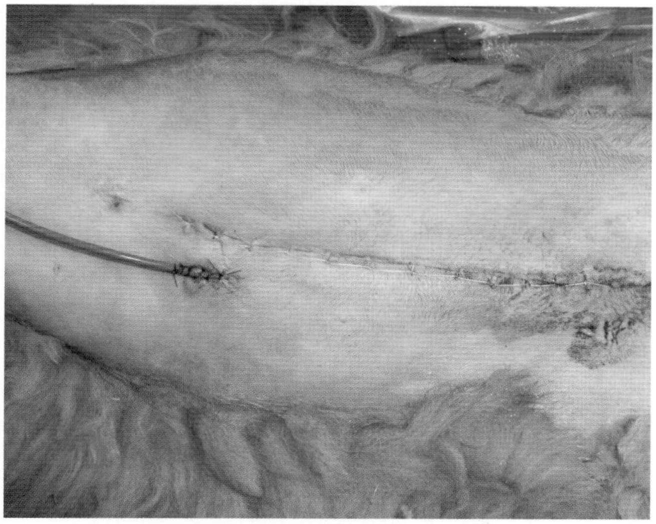

图256-4　用中式指网套缝合法将腹壁外面的导管缝合到皮上（图片由Gary D. Norsworthy博士提供）

注意事项

- 有些外科医生将肠造口插管用荷包缝合到小肠而不做黏膜下通道。
- 所有肠造口插管均要用绷带固定。
- 如有必要，可放置伊丽莎白颈圈。
- 仔细计算经插管灌注食物的速度及容量，在数天内逐渐增加，以免引起小肠过度扩张。

参考文献

Willard M, Seim III H. 2007. Post-operative care of the surgical patient. In TW Fossum, ed., *Small Animal Surgery*, 3rd ed., pp. 90–110. St. Louis: Mosby.

第257章 CO_2激光手术

Laser Surgery，CO_2

John C. Godbold, Jr.

概述

手术激光器可产生单色光束（单波长，single wavelength），直接指向小的需要切开或切除的区域。虽然其他可释放出不同波长的激光也可用于兽医外科学，但二氧化碳（CO_2）激光器则是兽医使用的主要激光器。

二氧化碳激光的光束为一种远红外广谱（10600nm），能通过光热效应与组织发生反应。当CO_2激光到达组织时，其光能被组织中的水分吸收，立即引起水分蒸发，细胞破裂而蒸发，作用于组织的能量几乎全部以蒸气流的方式（vapor plume）释放，而留给组织的作用则很小，因此可以精确控制需要切开的组织深度。

良好的技术可在临近蒸发区的组织边缘产生一可逆变化的组织带，这种可逆组织变化带（100～200μm）可使CO_2激光在手术中产生理想的效果；由于血管及淋巴管封闭，因此可减少出血及术后肿胀；由于神经和痛觉感受器受到影响，因此减少了术后疼痛。

由于减少出血，因此手术可以在清洁的术野中进行，可以更好地观察解剖结构。术后肿胀及疼痛减少，可以使病猫舒适程度增加。此外，由于CO_2激光与组织的互作，可以清除切除组织。CO_2激光切除组织的深度可与不锈钢手术器械相当，或可调节到100μm的深度。

由于采用CO_2激光手术具有许多优势，因此用于猫的多种手术。本章主要介绍采用CO_2激光手术明显要比其他传统的手术器械手术方法效果更佳的手术，应注意的是CO_2激光如何用于这些手术，而关于疾病的诊断、解剖特点及病猫的管理可参阅其他相关章节。

CO_2激光技术

良好的CO_2激光技术的重要性已有详述。这种良好技术的关键是采用高功率密度（high power density）。功率密度为单位面积上的激光能量，单位为瓦特（W/cm^2）。组织受到激光照射的时间越短，临近组织激光照射区的组织变化就越少。较高的功率密度可加快操作速度（手速，hand speed）和缩短照射的时间，会产生更好的效果。可调整手速，以便能平缓而干净地切开组织。良好的技术在激光一次通过时就能切开皮肤。

依CO_2激光器的转导系统和手术人员操作熟练程度，进行参数设置。因此本章未列出CO_2激光器的特定设置。对采用激光进行手术的医生必须就仪器的使用、技术及安全等进行培训，培训内容应包括讲授、实验室操作以及阅读相关参考文献等。

猫截爪术

猫截爪术（feline onchyectomy）是引起小动物临床医生关注的第一种CO_2激光手术。早期的兽医激光外科医生在做猫截爪术中用CO_2激光代替其他切割器械，结果非常好。激光手术时无需止血带和绷带，术后可立即恢复机能，因此CO_2激光截爪的猫是CO_2激光优势的标志性动物。压力平台步态分析（pressure platform gait analysis）表明，“与采用手术刀、止血带及绷带的手术相比，猫在单侧性激光截爪术后肢体机能可立即得到改善”。

CO_2激光截爪术的操作步骤，与手术刀进行第3指关节切断术的步骤相同。用CO_2激光可制止出血，因此不需用止血带，可以更清晰地观察解剖结构。

激光切开皮肤的基本切口部位在伸肌结节上方，以曲线向内外两侧延伸到指爪与足垫结合部。在切开远端指间关节（第2第3指关节，P2–P3）背部组织之前，先将皮肤切口的近缘向近端拉，以暴露关节间隙的背部面。然后将激光束散焦，降低功率密度，立即用激光能照射伸肌结节中间或侧面的可见血管，以引起组织和血管发生非蒸汽性收缩（nonevaporative contraction）及凝固。

切开伸肌腱及关节背部结构，目的是使激光束朝向第3指骨。良好的技术采用“画笔描边”（brush

strokes）方法，用激光束而不是持续照射。完全切开关节背部结构后，可清楚地看到末梢的P2关节面，切开中间及侧面的侧韧带及关节结构，其目的仍是激光束朝向第3指骨。

切开中间及侧面关节后，可很容易地将第2第3指关节脱离。随着激光束持续朝向第3指骨，切开附着于第3指骨和足垫之间的屈肌腱和软组织。

手术造成的缺陷应该是在可伸缩的指甲藏匿的近端皮肤陷窝内产生很小的皮肤切口。可根据情况选择是否闭合皮肤切口。可在皮肤陷窝内无毛的皮肤上每个皮肤切口的远端采用组织黏合剂，之后轻轻一起压迫皮肤陷窝。

建议采用常规的术前及术后镇痛，病猫通常在术后能正常行走，除非过度活动导致出血，一般无需采用绷带。

皮肤病治疗

CO_2激光是通过消融技术进行皮肤切开及切除的最佳方法。消融（烧灼）（ablation）是指除去一定区域上的多层组织结构，该区域要比采用聚焦激光切开的面积更大。采用CO_2激光消融时，可精确控制要除去的组织深度，有些损伤则需要部分皮肤消融厚度，有些则需要全厚度消融。

消融可采用大直径激光束，将激光束以网格方式在靶组织上移动。在将每层组织都消融后，用蘸有生理盐水的非纺织纱布海绵清理该区域，以除去烧焦的组织碎片。有效的消融技术需要高功率密度，消融的速度及深度可通过以脉冲式释放的方式减弱激光束而控制。消融产生的损伤可通过形成肉芽而痊愈。

在猫的一些皮肤病手术中，CO_2激光是一种极为有用的工具，而在其他一些手术中则是强制采用的方法。Duclos 认为，“在许多病例，激光手术易于实施，更为有效，对动物伤害小。在有些病例，激光治疗是唯一可以获得理想结果的治疗方法 。”

可采用CO_2激光烧灼治疗的猫的其他皮肤病包括光化性角化病（actinic keratosis）、原位癌（Bowen’s Disease）、局限性钙沉着（calcinosis circumscripta）、耵聍囊瘤（ceruminous cystomatosis）、结节性皮脂腺增生（nodular sebaceous hyperplasia）、耳廓肿瘤、浆细胞爪部皮炎（plasma cell pododermatitis）、鳞状细胞癌及病毒斑（viral plaques）等（见图257–1）。

耳病治疗

数字耳镜（digital video otoscopy）对有效诊断及治疗外耳道及中耳疾病是极为重要的。采用空洞波导释放（hollow waveguide delivery）CO_2激光，聚焦的尖端通过视频耳镜的工作通道进入，以最小的侵入性到达这些区域的病变部位，对一些常常需要采用侧切或全消融的病变均可采用这种技术成功进行治疗。

采用CO_2激光通过耳镜时，需要脉冲式释放激光。由于耳道环境中脂类含量高，因此在使用CO_2激光时可产生很重的羽状（heavy plume production），妨碍观察。脉冲式释放可为气流通过聚焦尖端的释放提供机会，从而净化脉冲之间的羽状形成。能否冲洗耳道对除去激光照射后的残渣及准确检查手术位点极为重要。

可采用CO_2激光通过视频耳镜进行治疗的所有耳部病变的适应证包括良性肿瘤，如基底细胞瘤、炎性息肉、耵聍腺腺瘤及乳突淋瘤（papillomas）。恶性肿瘤包括耵聍腺腺癌及鳞状细胞癌等。

手术干预前进行准确诊断极为关键，可说明需要切除组织的程度。耳道中组织的切除可能侵入性很大，虽然耳道中的消融手术常常会对留下的组织产生温度刺激，但外耳道软骨是阻止对周围组织发生损伤的有效屏障。

耳部息肉

生长进入外耳道的鼻咽部息肉通常可能是由于中耳及鼓膜泡的黏膜上皮所引起。未采用手术方法息肉基部处理如果在腹侧鼓室骨切开术进行处理时，50%以上的耳部息肉会复发（参见第248章）由于成功与失败的比例基本各半，因此许多医生首先选择采用激光，通过在耳道的机械性牵拉侵入性摘除息肉。在机械牵拉难以获得成功或导致阻塞性出血时，通过视频耳镜的CO_2激光消融进行治疗则很有帮助。

鼓膜切开术

采用CO_2激光通过视频耳镜可到达中耳，采用单个或多脉冲CO_2激光可成功实施鼓膜切开术（myringotomies），由此产生的圆形开口愈合的速度比机械产生的缓慢。侵及背外侧及腹内侧耳道的中耳肿块通过耳镜难以到达，因此需要采用常规的腹侧鼓室骨切开术治疗。

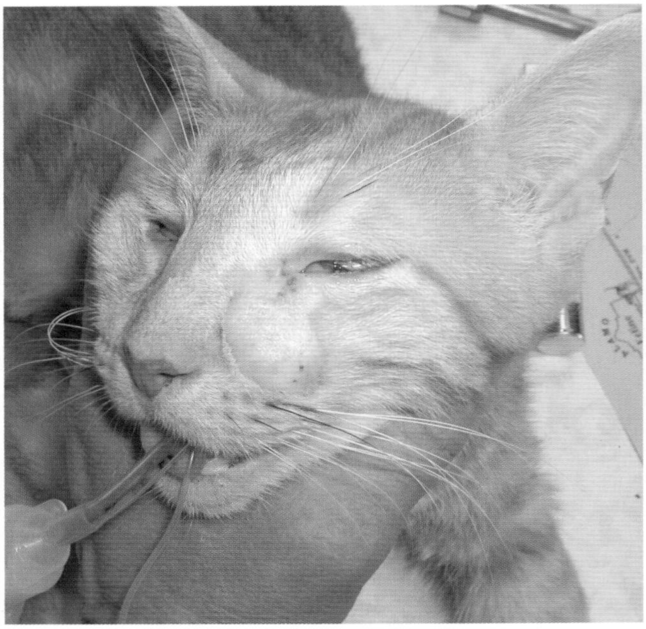

（A）

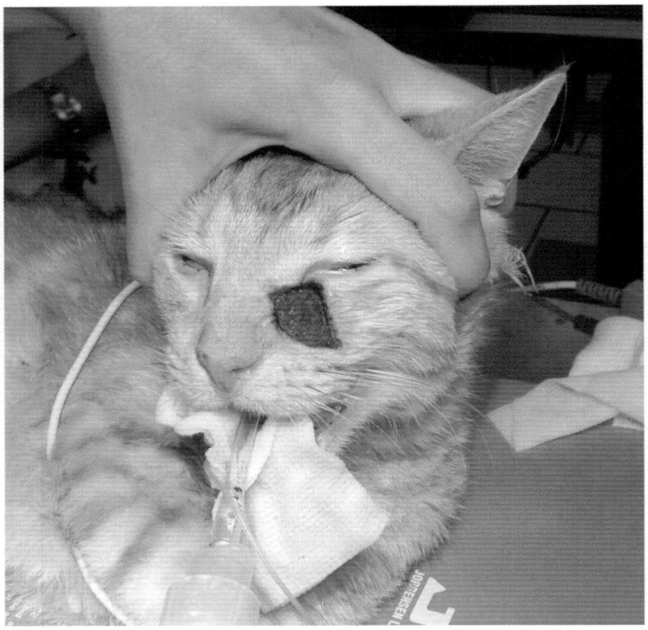

（B）

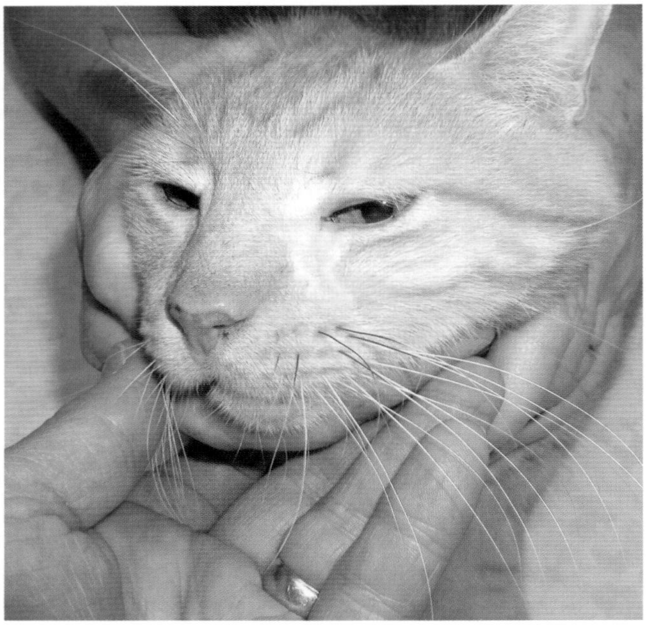

（C）

图257-1　CO_2激光手术。（A）CO_2激光烧灼之前脸面左侧的鳞状细胞癌。（B）CO_2激光消融后的手术缺陷为干燥及游离的出血和肿胀。缺损可通过二期愈合而痊愈。（C）面部鳞状细胞癌烧灼后痊愈后的外观。该肿瘤在9个月后复发（图片由Gary D. Norsworthy博士提供）

口腔及呼吸道疾病治疗

CO_2激光特别适合于口腔、咽喉及上呼吸道区域，可减少血管组织出血，减少术后不适，便于组织成形。

在口腔，可采用切除及消融等方法用于肿块及病变的治疗。如果猫主不能接受更为侵入性的手术及治疗方法，可采用切除或消融手术治疗纤维肉瘤、恶性黑色素瘤及鳞状细胞癌等。此外，通过视频耳镜采用CO_2激光可观察及接近病变部位，而这些部位一般为咽部及上呼吸道难以接近的部位（见图257-2）。

猫的齿龈炎、口炎及咽炎

CO_2激光为治疗猫的淋巴细胞性浆细胞性齿龈炎（lymphocytic plasmacytic gingivitis）、口腔炎及咽炎的多种可选方法之一。如果以消除炎症组织为治疗方法，则可采用CO_2激光消融。应尽可能消除炎症组织。

检查消除程度时可采用“棉签试验”（Q–Tip test）（棉签试验即活动度测定试验——译注）。消除之后，其余组织用棉签清理；正常组织在激光治疗之后不会出血，而炎症组织会出血。应每月定期检查，除非

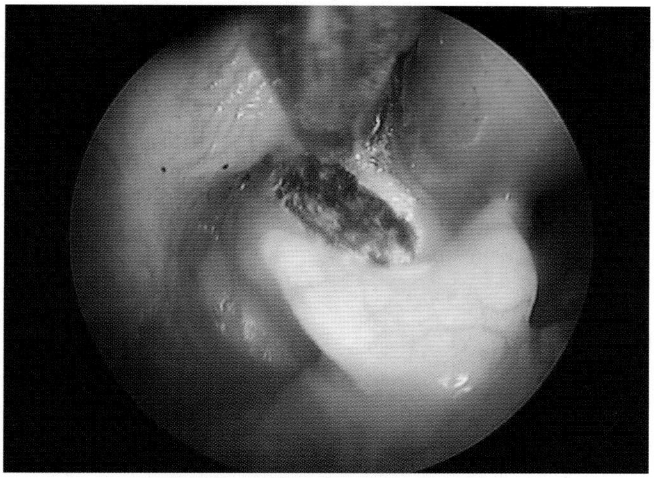

图257-2 通过视频耳镜（MedRX Inc.，Largo，FL）采用CO_2激光消除喉部肿块。可见激光聚焦端从上部中心的末端延伸，右侧为红色气管内导管，下部被激光照射的肿块为会厌（图片由Gary D. Norsworthy博士提供）

成功除去病因，病变可复发（见图257-3）。

鼻咽部息肉

喉头生长的鼻咽部息肉起自咽鼓管或咽部的黏膜上皮，向喙部收回软腭时，可观察到息肉茎及起源。如起源为咽鼓管，可采用机械牵拉摘除，复发的可能性为10%。

如果起源为咽部，采用CO_2激光则是消除或消融息肉基部最好的方法。将软腭向喙部牵拉，轻轻牵引息肉，息肉基部用激光照射，之后消除起源点。

鼻孔狭窄

CO_2激光消除多余及发生病变的翅状皱（alar fold）可用于纠正猫的鼻孔狭窄。为了双侧对称，可在

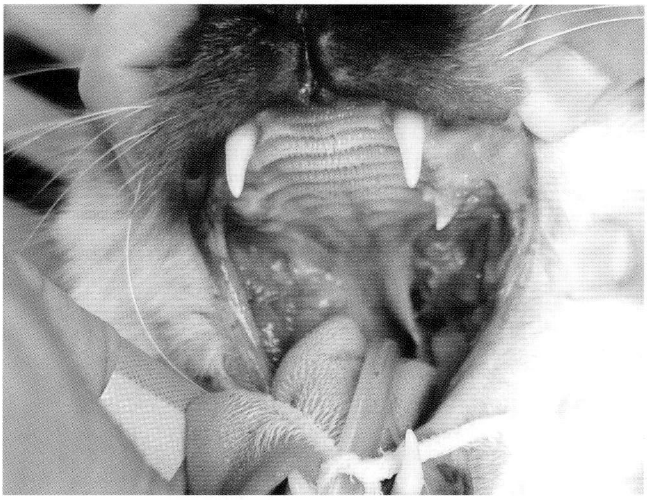

（A）

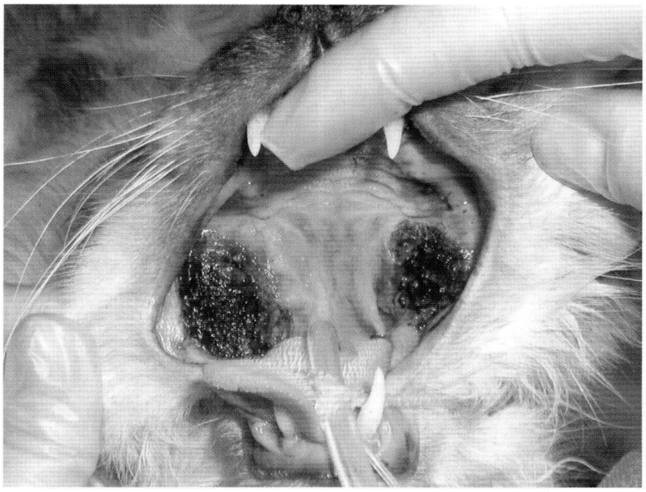

（B）

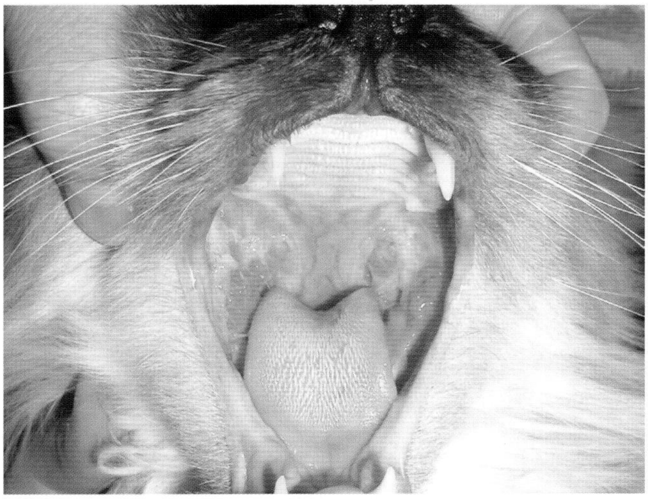

（C）

图257-3 猫的口腔炎。（A）拔牙及CO_2激光烧灼之前的淋巴细胞浆细胞性口腔炎病变。（B）口腔炎病变采用拔牙及CO_2激光烧灼之后的外观。侵入性烧灼可促进疤痕组织代替炎症组织。（C）CO_2激光烧灼后8周淋巴细胞浆细胞口炎外观（图片由Gary D. Norsworthy博士提供）

切除之前用激光以脉冲式释放的方式标记切除线，重要的是猫在发生鼻孔狭窄时，必须要采用精确的高功率密度切除而不能仅仅烧灼组织。激光切除唯一受到影响的组织应该是翅状皱。如果施行环形烧灼，鼻孔痊愈时形成肉芽组织及收缩，很有可能在鼻腔内形成网格状结构。由于治疗需要很精确，因此这种方法应该采用小直径聚焦及空洞波导CO_2激光，见图26-2（A）及图26-2（B）。

鼻甲骨切除术（nasal planectomy）

对患有恶性肿瘤的猫，切除鼻甲骨是一种延长或挽救生命的手术方法，CO_2激光在这种手术中具有明显的优势，可避免采用其他手术器械时引起的出血。

激光采用脉冲模式，手术之前以扁骨-皮肤交界处为标志标记切开线。采用激光切开皮肤之后，向背部紧接鼻骨的喙部开始切割鼻甲骨，向腹部延伸，直到能除去扁骨。使用激光时，通常见不到出血。可采用激光消除鼻甲骨中任何暴露的部位（见图257-4）。

可采用荷包缝合或十字缝合以减少手术缺陷。由于愈合为二期愈合，因此无需将黏膜与皮肤并置。

总结

CO_2激光为治疗病猫的一种有效手术方法，其主要优点是可以减少出血、肿胀及疼痛，可增加手术的确定性，易于接近其他条件下难以接近的区域。

经过一定的训练及实践，深入了解CO_2激光如何与

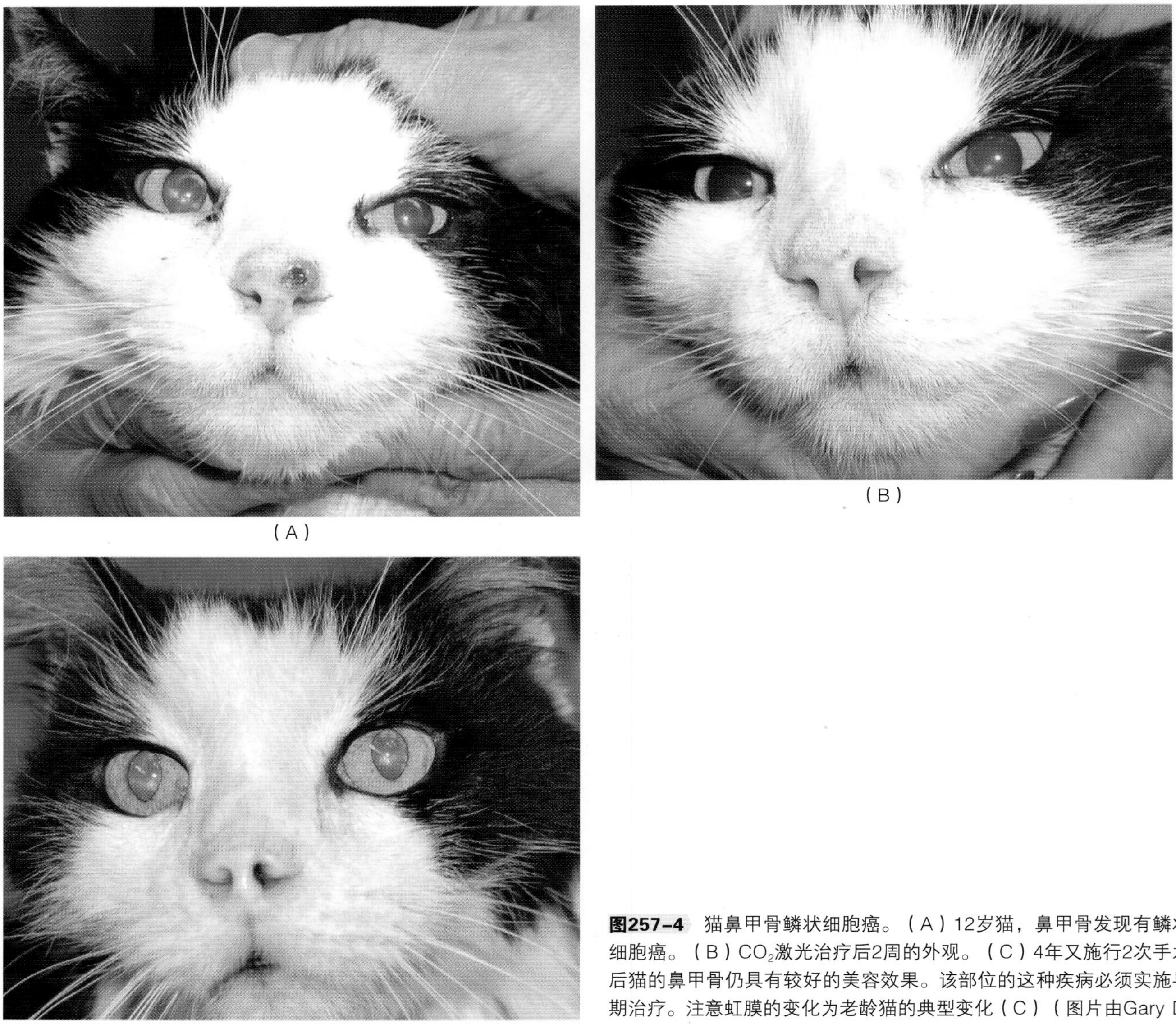

（A）

（B）

（C）

图257-4　猫鼻甲骨鳞状细胞癌。（A）12岁猫，鼻甲骨发现有鳞状细胞癌。（B）CO_2激光治疗后2周的外观。（C）4年又施行2次手术后猫的鼻甲骨仍具有较好的美容效果。该部位的这种疾病必须实施早期治疗。注意虹膜的变化为老龄猫的典型变化（C）（图片由Gary D. Norsworthy博士提供）

组织互作，可发现激光技术可用于许多疾病的治疗及手术。小动物CO_2激光手术为兽医建立的一种技术，这种技术取决于兽医外科医生的想象力及独创性。随着这种技术的不断应用，可能还会发现用于病猫治疗的其他用途。

参考文献

Berger N, Eeg PH. 2006. *Veterinary Laser Surgery: A Practical Guide*. Ames, IA: Blackwell Publishing.

Duclos D. 2006. Lasers in veterinary dermatology. *Vet Clin North Am Small Anim*. 36(1):15–37.

Godbold JC. 2010. *Atlas of CO_2 Laser Surgery Procedures*. Jackson, TN: Southern Digital Publishing.

Lewis JR, Tsugawa AJ, Reiter AM, et al. 2007. Use of CO_2 laser as an adjunctive treatment for caudal stomatitis in a cat. *J Vet Dent*. 24(4):240–249.

Peavy GM. 2002. Lasers and laser tissue interaction. *Vet Clin North Am Small Anim*. 32(3):517–534.

第258章
唇撕裂修复术
Lip Avulsion Reattachment

Gary D. Norsworthy

定义

这种手术是用手术方法重新连接撕裂后的下唇（labium）。唇撕裂（lip avulsion）通常是由于创伤所引起，通常发生于黏膜牙龈结合部（mucogingival junction）（见图258-1）。

设备

- 常规手术包。
- 3-0号或4-0号聚对二氧环己酮（PDS®，Ethicon）手术缝线。

步骤

- 检查组织是否有污垢或其他碎片，用大量无菌生理盐水冲洗掉组织中的所有异物。用35mL或60mL注射器及20号针头可创造足够的出口速度（muzzle velocity）以充分冲洗组织。
- 如果撕裂已有数小时，则必须使组织边缘新鲜。如果嘴唇粘连到异常部位，则必须将其分离，使得边缘新鲜，可能还需要破坏邻近组织，以使嘴唇恢复到正常位置。
- 通过嘴唇做两个褥式缝合，沿着下犬齿固定（见图258-2）。
- 如有可能，应进行其他间断缝合，以进一步固定嘴唇到合适的部位，有时也可固定到其他牙齿（见图258-3）。

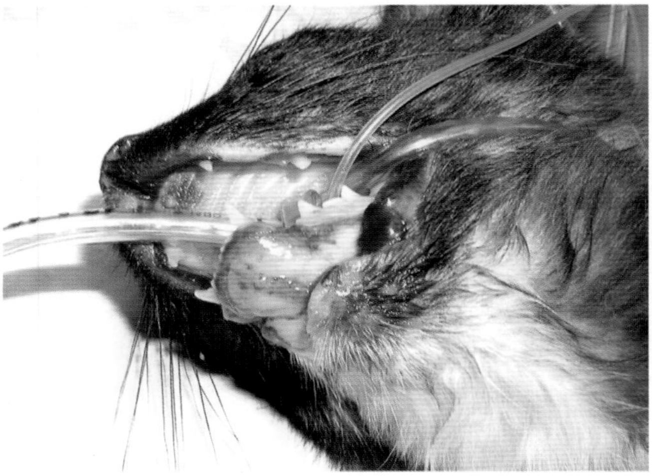

图258-1　下唇由于创伤而严重撕裂。仔猫在发生后2h内就诊

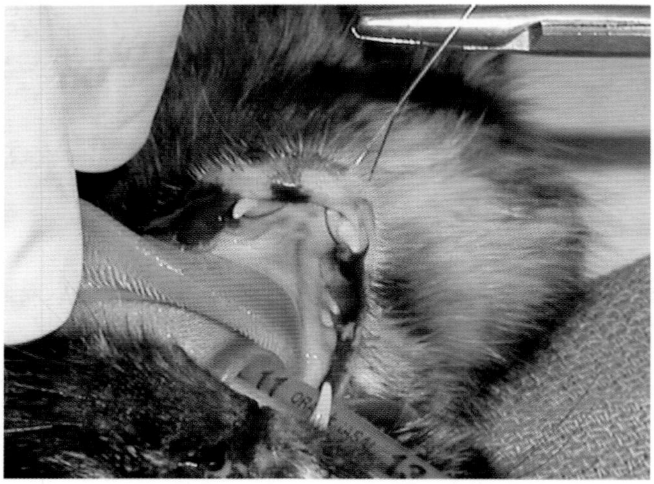

图258-2　清洁并对位组织，在右侧及左侧犬齿周围缝合

并发症

- 并发症不常见，通常可获得很好的美容效果（见图258-4）。
- 缝合不当可引起裂开，猫的活动也可造成裂开，如有需要，可采用保定颈圈数天。如果下犬齿在牙龈处断裂，则固定可能较为困难。
- 如果不能除去异物可导致愈合不良。
- 总有可能发生继发性细菌感染。应在手术后采用广谱抗生素治疗数天。

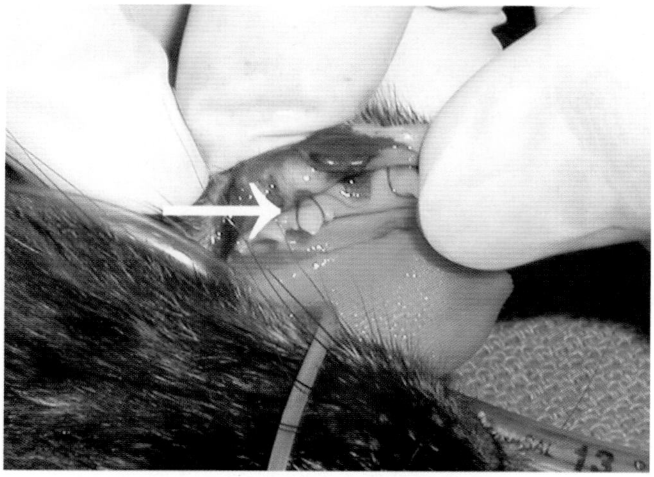

图258-3 左侧下前臼齿（箭头）进行第三个缝合

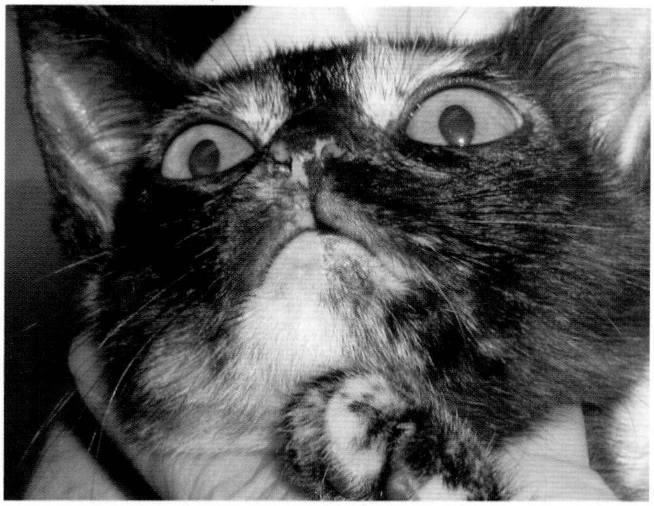

图258-4 手术后10d愈合完成，外观效果良好

参考文献

Harvey CF. 2004. Major oral surgery in cats: Management of trauma. *Proceedings: Western Veterinarian Conference, Las Vegas, NV*.

Pavletic MM. 1999. *Atlas of Small Animal Reconstructive Surgery*, 2nd ed. Philadelphia: WB Saunders Co.

第259章 膝盖骨脱位 Luxating Patella

Otto Lanz

概述

据报道，正常猫就有一定程度的膝盖骨半脱位，但并不导致出现临床症状。猫的膝盖骨脱位不常见，可因先天性异常或创伤所引起。先天性膝盖骨脱位可能比创伤性膝盖骨脱位更为常见。在大多数病例，本病为双侧性，可能与滑车槽（trochlear groove）浅、胫骨粗隆（tibial tuberosity）向中间偏移及股骨内髁（medial femoral condyle）发育不良有关。侧脱位不常见，通常为单侧性。

与犬不同，猫的膝盖骨脱位、髋内翻（coxa vara）、远端股骨侧弯及胫骨扭转在典型情况下不常见到。在德文卷毛猫（Devon Rex）、阿比尼西亚猫和家养短毛品种膝盖骨向中间面脱位可能为先天性的，公猫和母猫发病相当。

膝盖骨脱位也可继发于股骨骨折修复、手术治疗其他膝关节损伤，或影响股骨或胫骨的先天性异常等。猫的膝关节向中间脱臼与髋骨发育不良之间没有密切联系，但两种情况均可同时发生或合并发生，而且要比以往报道的更为常见。

大多数因膝盖骨脱位而就诊的猫不到3岁，在一项报告中发现66%不到1岁。在大多数猫，膝盖骨脱位不产生临床症状，为偶然性的检查结果。而在一些猫，膝盖骨脱位可产生不同程度的步态异常、急性跛行、肢体不能伸展，或蹲伏。对21例膝盖骨脱位的猫进行的研究发现，66%明显跛行，具有明显的步态异常。继发于膝盖骨脱位的前十字韧带断裂在猫罕见有报道。

诊断

- 触诊：触诊膝关节，检查膝关节的稳定性为主要的诊断方法。建议猫镇静后彻底检查膝关节。可采用下述分类系统描述膝盖骨脱位的严重程度：

  Ⅰ级：手指压迫引起膝关节人工脱臼，但压力减小时可自发性复位。发生这类膝盖骨脱位的猫不表现临床症状。

  Ⅱ级：膝关节自发性脱臼，但可自行复位，在对四肢进行操作前可一直保持在原位。发生Ⅱ级膝盖骨脱位的猫并非都表现临床症状。

  Ⅲ级：检查时膝盖骨脱位，手指压迫时膝盖骨位于滑车套中，但可自行再次脱臼。跛行的程度在发生Ⅲ级脱臼时可明显不同，但常常持续存在。

  Ⅳ级：膝关节永久脱臼，即使手指操作或旋转胫骨也不能减小。Ⅳ级脱臼在猫不常见。
- X线检查：采用膝关节前后X线观察可诊断膝盖骨脱位。侧面及头尾向X线检查可判断胫骨粗隆的位置及股骨骨节中间面的发育程度。水平线X线检查可用于检查股骨滑车（femoral trochlea）的深度。X线检查骨盆也可用于检查髋股关节（coxofemoral joints）。

适应证：保守疗法

- 对不表现临床症状的猫（跛行）或症状情况轻微及不常见到时，建议采用保守疗法。

适应证：手术疗法

- 对表现更为严重的脱臼及持续表现临床症状（即Ⅱ、Ⅲ及Ⅳ级）的猫建议实施手术疗法。

软组织操作步骤

- 在发生Ⅱ级脱臼时，单独的软组织手术就足以维持膝关节复位，这种治疗常常与其他方法并用，或与骨重建方法合用。

关节囊嵌套术（capsular imbrication）

- 将一部分关节囊切除，缝合关节缘以紧缩关节囊。采用可吸收单丝线（3-0号）缝合。
- 将关节囊外侧面嵌套以稳定的膝关节内侧脱臼，反之亦然。

关节韧带嵌套术（retinacular imbrication）

- 用非吸收单丝缝线（3–0）缝合韧带筋膜（伦博特缝合或褥式缝合，Lembert or mattress pattern），以便使二头肌筋膜嵌套。
- 另外一种方法是除去韧带筋膜的狭窄部分，然后缝合边缘。
- 将外侧韧带嵌套重叠，以稳定内侧膝盖骨脱位，反之亦然。
- 应将韧带嵌套在膝关节远端，一直延伸到膝盖近端。

腓肠豆–胫骨防旋转缝合（fabellar–tibial antirotational suture）

- 防旋转缝合可用于防止胫骨向内侧回转，以维持四头肌的同轴性。
- 可围绕外侧腓肠豆（位于腓肠肌外侧头内的圆形或卵圆形籽骨，也称小豆骨或腓肠小骨——译注）缝合，并在胫骨结节上打孔。
- 往往采用单股不可吸收缝线（2–0号～0号）。
- 防旋转缝合通常只用于并发膝关节前十字韧带断裂时。

腓肠豆–膝盖骨缝合（fabellar–patellar suture）

- 以8字缝合从腓肠豆缝合到膝盖骨。
- 可围绕膝盖骨缝合，或通过膝盖肌腱缝合。
- 拉紧缝合，足以稳定膝关节。

减张切口

- 通过在脱臼对侧筋膜的减张切开以缓解组织中的张力，这种张力可导致术后再脱位。
- 在有些病例，减张切口（releasing incision）是关节手术通路的一部分，这种手术只是将滑膜缝合以减少关节中滑液漏出，但将纤维性关节囊及韧带筋膜保持开放。

骨重建操作步骤

滑车成形术

- 滑车成形术（trochleoplasty）：用于加深滑车槽，增加膝盖的稳定性。
- 由此造成的滑车其深度应足以使得50%以上的膝盖骨安置于滑车槽中。
- 虽然几种方法已见诸报道，但最好采用能保全关节软骨的技术。
- 骨槽成形术（sulcoplasty）：用骨锉或高速骨钻除去滑车槽的关节软骨及软骨下骨。这种手术易于实施，能使滑车槽加深，但可破坏关节软骨。
- 滑车楔形切除术（trochlear wedge recession）：用膝盖锯从滑车切除楔形骨软骨片（osteochondral fragment），这样可保护关节软骨。用膝盖骨锯、手术刀片或骨钳从股骨洼陷处除去少量骨头，然后将骨软骨片植回到股骨洼陷，嵌入楔形骨片，从而形成较深的滑车槽。
- 矩形切除性滑车成形术（block recession trochleoplasty）：用膝盖骨锯及小的骨凿从滑车槽除去一矩形骨软骨片，保留滑车关节面。用咬骨钳从股骨缺损处（及从切除的骨软骨块茎部）除去少量骨头，之后再替换骨片。与滑车楔形切除术相比，矩形切除性滑车成形术的主要优点是加深了近端滑车的深度，可使大部分关节面进入，但必须仔细操作，以免损伤软骨，特别是在体型小的猫更应如此。
- 胫骨结节换位（tibial tuberosity transposition）：胫骨结节换位可用于严重的或复发性脱臼。调换插入的膝盖直韧带（straight patellar ligament）可使四头肌及膝盖排列在滑车上，以增加膝盖稳定性。可采用小的骨凿在膝盖直韧带插入位点之下开始，实施胫骨粗隆的骨切开术。骨凿向远端游离胫骨粗隆，但保留远端骨膜。另外，也可采用小的骨切割器切割胫骨结节。然后将胫骨粗隆向侧面移位，以纠正中间的膝关节脱位（或从中间代替以纠正侧面的膝关节脱位）。可通过从前面观察四肢来判断排列是否正常。在大多数病例，胫骨粗隆只能移位数毫米，就能使四头肌正常恰当地排列。将两枚小的克氏钢丝（Kirschner wires）（0.035”或0.045”）穿过胫骨粗隆进入胫骨。应注意不要让克氏钢针进入膝关节或进入胫骨后面的软组织。在猫一般不采用张力绷带及8字缝合（见图259–1和图259–2）。

预后

猫膝关节脱位进行手术修复后的预后为好到极好。四肢可用绷带固定24h以减少术后肿胀，但许多猫厌恶绷带。为获得满意的的后果，一般无需固定，但应在4～6周内限制运动以便痊愈。

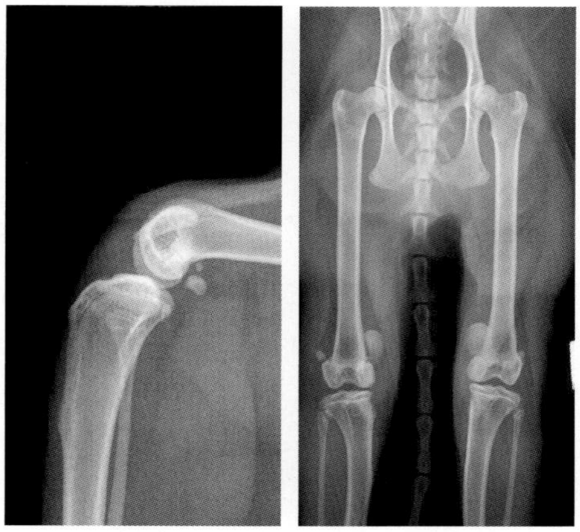

（A）　（B）

图259-1　猫的膝盖骨脱位。（A）1岁家养短毛母猫的膝关节外侧位X线检查，该猫患Ⅲ/Ⅳ级内侧膝盖骨脱位。（B）同一猫的腹背侧位X线检查，表现为Ⅲ/Ⅳ级双侧膝盖骨内侧脱位

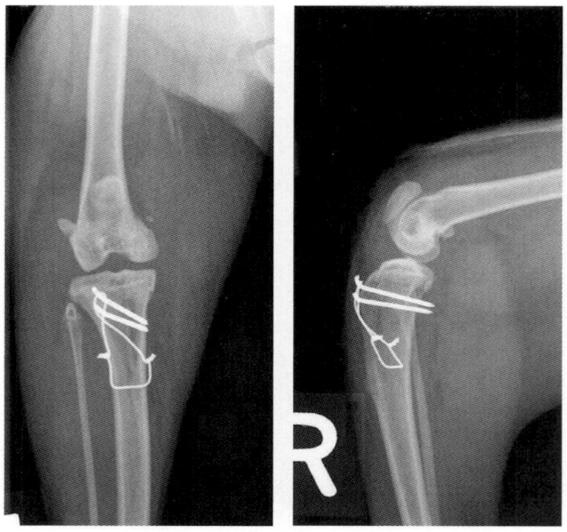

（A）　（B）

图259-2　猫的膝盖骨脱位。（A）上述病猫术后立即进行的膝关节前后位X线检查，表明膝盖排列正常。本例猫实施了矩形楔形切除术、胫骨结节换位及内侧韧带切开术（medial desmotomy）及外侧二头肌肌腱嵌套术等。（B）上述病猫的膝关节术后外侧位X线检查，应注意膝关节充分对位及胫骨结节换位后放置的骨钉及张力韧带

参考文献

Fossum TW. 2002. Diseases of the joints. In TW Fossum, ed., *Small Animal Surgery*, 2nd ed., pp. 1023–1167. St. Louis: Mosby.

第260章
下颌连合分离
Mandibular Symphyseal Separation

Don R. Waldron

概述

下颌骨骨折，包括下颌联合分离（mandibular symphyseal separation），是常见的损伤，多继发于面部或口腔创伤（见图260–1）。交通事故引起的头部损伤、直接撞击损伤及从高处跌落（“高楼综合征”，“high-rise syndrome”）为下颌联合分离或不稳定的常见原因。在进行全身麻醉修复骨折之前可通过静脉输液稳定病猫，如果猫发生创伤，一般可通过胸腔X线检查排除一些疾病，如膈疝、肺挫伤、气胸及血胸等。

下颌骨分离也可见于轻微的创伤，常见于12岁以上的猫，但在猫清醒状态下常难以触及，因此在进行牙病预防或其他口腔操作时，应检查下颌联合是否有分离（见图260–2）。由于本病可发生于牙病预防检查时强力的下颌操作，因此应在采用其他方法之前检查下颌联合，否则客户可能会认为其为医源性的而不是早先已存在的。

本病可通过对下颌骨的两半进行检查，也可通过牙齿的X线检查诊断（见图260–3）。

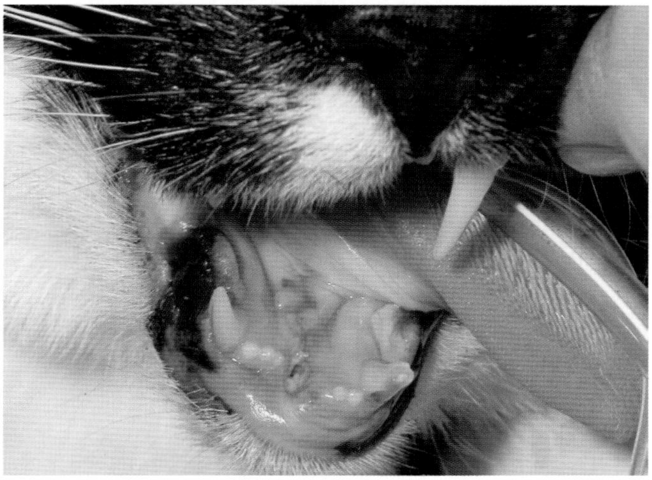

图260–1　下颌联合骨折可发生于创伤之后，本例猫的下颌联合明显骨折。此外，下颌联合后的区域可看到软组织损伤（图片由Gary D. Norsworthy博士提供）

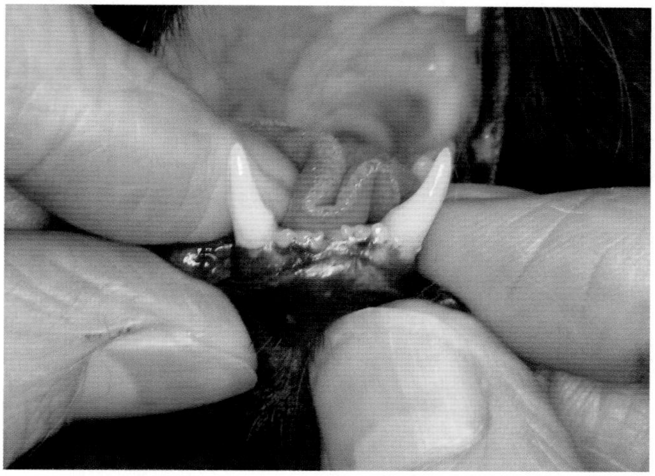

图260–2　老龄猫常常无创伤而发生下颌连合骨折，典型情况下如果不进行麻醉很难触诊到。下颌松弛时可检查两侧的下颌骨，诊断是否有分离（图片由 Gary D. Norsworthy博士提供）

特殊设备

- 16号皮下注射针头。
- 20号整形外科线。
- 减张镊（reduction forceps）。

步骤

- 给猫气管插管，吸入麻醉诱导及维持全身麻醉。
- 仔细检查口腔查看是否有上颌或下颌骨折。如果怀疑有其他损伤，可在麻醉下进行颅骨X线检查。
- 猫仰卧，剃去下颌联合喙腹面的毛，术部无菌手术准备。
- 在联合的腹中线做一小的刻痕性切开。
- 将16号或18号皮下注射针插入切口及向侧面进入下颌骨体，从口腔犬齿后穿出，见图260–4（A）。
- 将20号整形外科线穿入针孔。
- 将针头穿入犬齿后腹侧的下颌骨对侧位点。
- 通过口腔将线拉出，其余部分留在犬齿后，通过针头从原切口腹面穿出。

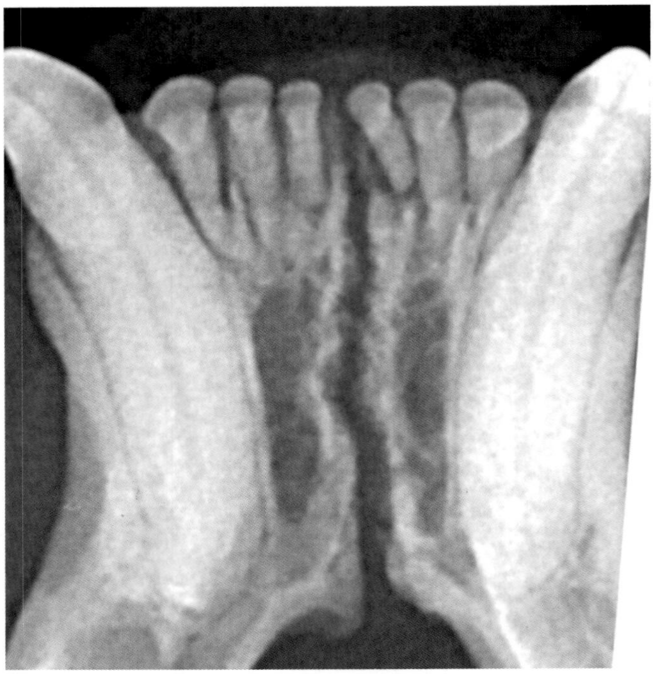

（A）

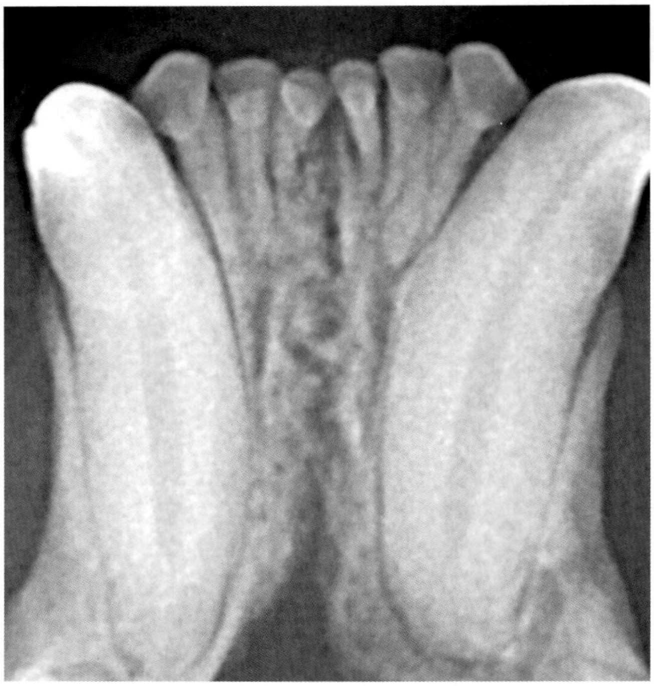

（B）

图260-3　牙齿X线检查清楚地表明下颌骨分离（A），（B）为正常（图片由Gary D. Norsworthy博士提供）

- 使下颌联联复原到原来位置，用缩减钳或巾钳由助手缩小。
- 拉紧线，末端折转，见图260-4（B）。

注解

- 可采用缝合针穿上线后按照上述方法缝合。

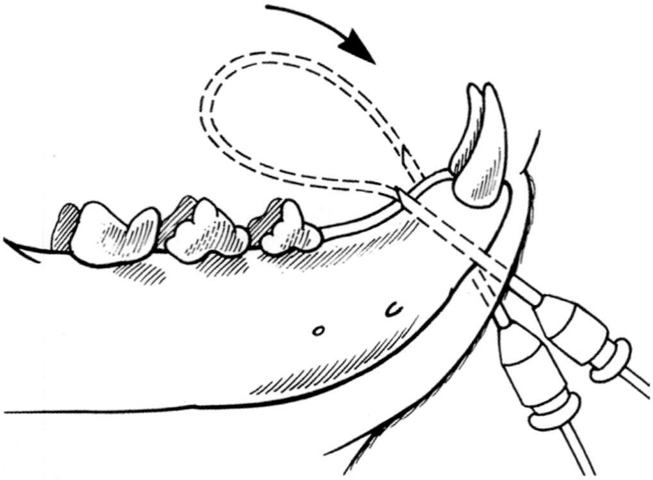

（A）

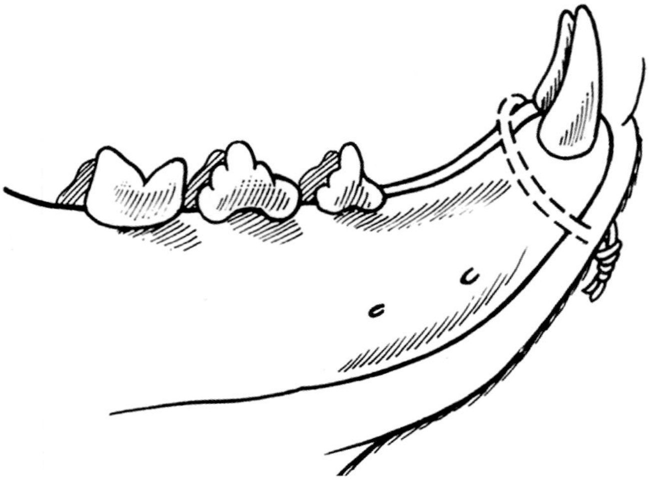

（B）

图260-4　（A）16号或18号皮下注射针头从下颌腹中线偏外侧刺入，将一段不锈钢环扎线（stainless steel cerclage wire）通过针头穿入到犬齿后方，再将针头穿过从另一侧下颌骨的外侧面穿出，线通过针穿过从下颌腹面穿出。（B）扎紧环扎线的末端，以便还纳骨折并变稳定。环扎线的两端紧贴皮肤拧结（经允许，引自 Fossum TW. 2002. Small Animal Surgery，2nd ed.，p. 911. St. Louis：Elsevier Saunders）

- 如果病猫的口腔或头部广泛损伤，术后可插入食管造口插管以满足营养需要。
- 通常在术后4周拆线。
- 常见老龄猫在术后8周下颌骨联合仍不能愈合，只要缝线未松脱，则可长期保留。

参考文献

Johnson A. 2006. Management of specific fractures. In TW Fossum, ed., *Small Animal Surgery*, 3rd ed., pp. 1026–1027. St. Louis: Mosby.

第261章
乳腺切除术
Mastectomy

Don R. Waldron

概述

从生物学的角度看，猫的乳腺肿瘤为侵袭性恶性疾病，可转移到肺脏、淋巴结或肝脏。早期实施卵巢子宫摘除术可保护母猫免于发生乳腺肿瘤，这与犬的情况类似。暹罗猫发生乳腺肿瘤的风险较高。猫80%～90%的乳腺肿瘤为腺癌。在实施手术之前应进行胸部X线检查以排除肿瘤转移性疾病。猫的乳腺有4对，位于胸腹侧和腹壁，由前向后标记为1～4对。前两对乳腺（乳腺1和2）流向腋下淋巴结（axillary lymph node），而后两对（乳腺3和4）则流向腹股沟浅淋巴结（superficial inguinal lymph node）。

适应证

猫的乳腺肿瘤应通过局部或单侧性乳腺切除术（mastectomy）进行治疗。乳房肿瘤切除术（lumpectomy）包括局部切除乳腺肿块，在猫除非乳腺肿瘤在实施乳腺切除术后复发，或组织病理学检查发现恶化时，一般禁忌采用这种手术。

步骤

- 在患病侧的前一对或后一对或4个乳腺的周围做椭圆形皮肤切口。切除时至少应切除健康组织1cm左右（见图132–2及图261–1）。
- 从腹直肌外侧筋膜将乳腺和皮下组织分离后，切除乳腺。
- 在后部的两个乳腺，应结扎阴部动脉及静脉，因为它们进入第4对乳腺。
- 在第4对乳腺周围，沿着腹股沟脂肪切除腹股沟浅淋巴结。
- 如果触诊到腋下淋巴结肿大，则应将其切除。
- 用4–0可吸收缝线做皮内缝合，以闭合手术切口。
- 然后缝合或钉合（staples）皮肤，以完全闭合。
- 除非存在死腔（体重大的猫），否则不应留置引流管。

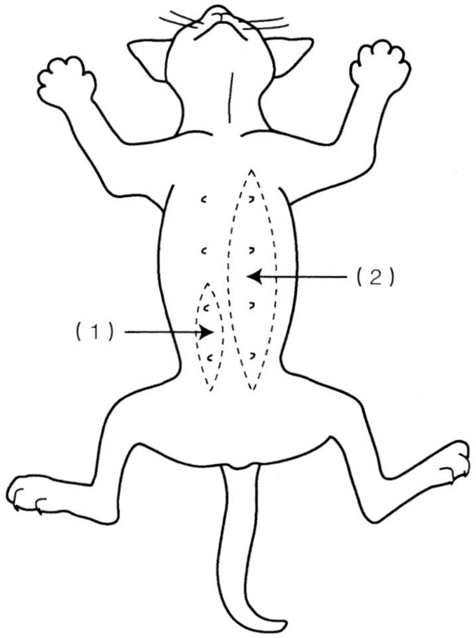

图261–1　在猫建议实施的乳腺切除术的类型或为（1）局部，或为（2）单侧性切除（经允许，引自Waldron DR. 2001. Diagnosis and surgical management of mammary neoplasia in dogs and cats. Vet Med. 96：946）

术后护理

- 不建议同时切除双列乳腺（即双侧性乳腺切除术）。闭合伤口后手术伤口的张力过大可诱发伤口裂开。
- 如果肿块存在于两侧，可间隔3周实施手术。
- 切除的肿块及淋巴结应进行组织学诊断检查。
- 如果诊断为恶性肿瘤，可采用阿霉素单独或阿霉素与环磷酰胺合并进行化疗，可延长猫的存活时间。
- 由于乳腺肿块的恶变特性，因此其可在局部复发或发生肿瘤转移。如果肿块在局部复发，则建议进行局部广泛切除（乳腺肿瘤切除术）。

参考文献

Lane SE, Rutteman GR, Withrow SJ. 2007. Tumors of the mammary gland. In SJ Withrow, EG MacEwen, eds., *Small Animal Clinical Oncology*, pp. 619–636. St. Louis: Saunders.

Waldron DR. 2001. Mammary neoplasia in the canine and feline. *Vet Med.* 12:9434–948.

第262章
鼻咽部息肉或肿块摘除术
Nasopharyngeal Polyp or Mass Removal

Gary D. Norsworthy

定义

鼻咽部息肉或肿块摘除术（nasopharyngeal polyp or mass removal）是指只摘除鼻咽部的息肉或肿块。炎性息肉是由炎症细胞组成的坚硬肿块，大多数起源于咽鼓管（eustachian tube）基部，延伸进入中耳或进入鼻咽部。本病的病因学尚不清楚，但有研究证据表明可能与过敏或猫杯状病毒有关。有些肿块也可起源于鼻咽部，这些肿块大多数为肿瘤性的，但真菌肉芽肿也可在该部分产生肿块（见第122章）。

鼻咽部（炎性）息肉：口腔裂开法（Oral Avulsion Approach）

设备

- 艾氏组织钳（Allis tissue forceps，也称鼠齿钳）。
- 卵巢子宫切除钩（Snook ovariohysterectomy hook）。

步骤

- 猫全身麻醉，由于气管内导管可妨碍操作，因此最好采用注射麻醉剂。
- 手术钩或卵巢子宫切除钩钩住软腭末端，将软腭向前拉，以检查肿块。肿块通常以很小的茎部连接而上升到咽鼓管，当茎部断裂时，肿块可游离（见图262-1）。

提示

- 典型情况下由于肿块起源于咽鼓管，因此在采用上述方法摘除后可复发。有些肿块可起源于鼓膜泡（tympanic bulla），向下延伸到咽鼓管而进入鼻咽部。X线检查或计算机断层扫描（CT）检查鼓膜泡可发现其壁增厚，患病鼓膜泡密度增加（见图262-2）。在这种情况下建议采用腹侧鼓膜泡骨切开术（见第248章）。

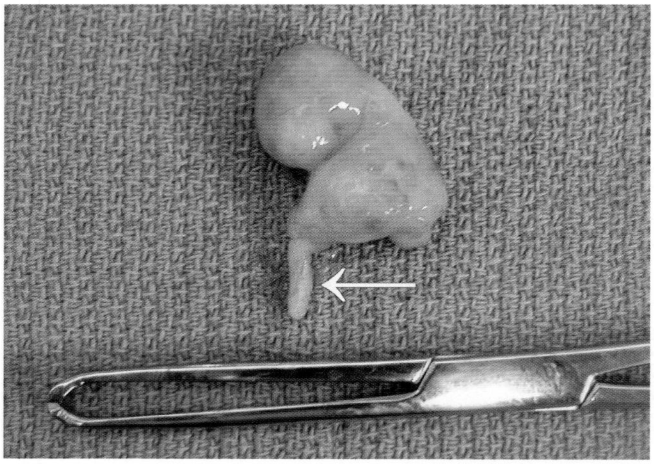

图262-1 鼻咽部息肉用一对组织钳以撕裂法摘除，注意上升进入咽鼓管的组织茎（箭头）

鼻咽部息肉或肿块：经上腭法（Transpalatine Approach）

设备

- 常规手术包。

步骤

- 猫仰卧，由一助手用纱布条钩在犬齿周围使嘴巴张开。
- 采用高质量侧面X线检查确定肿块位置（见图262-3）。也可采用CT扫描鉴定肿块。
- 根据影像检查检查结果，在其后部做一中线切口，以估计肿块位置，见图264-4（A）。
- 用蚊式弯止血钳（curved mosquito hemostatic forceps）牵拉肿块，见图264-4（B）。

提示

- 用4-0号可降解缝线以单纯间断缝合缝合软腭切口，见图264-4（C）。
- 这种手术方法侵入性最小，如果采用影像检查检查到肿块时可采用这种手术方法。

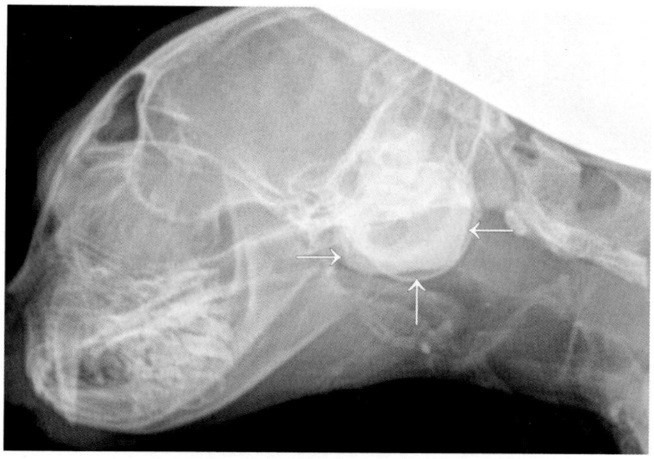

（A）

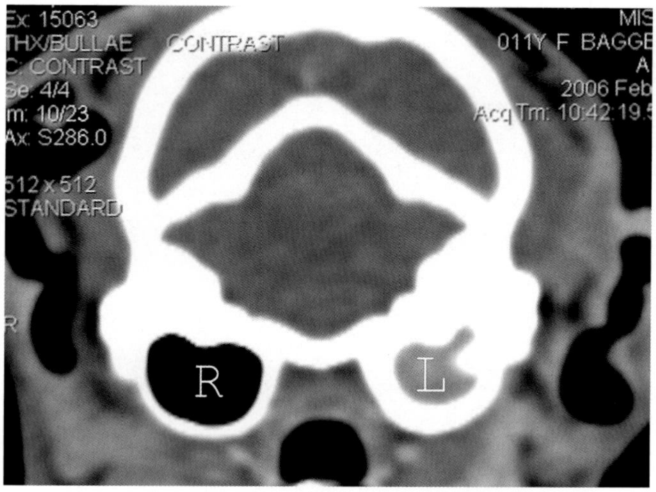

（B）

图262-2　由于许多鼻咽部息肉起源于中耳，因此病猫的鼓膜泡应进行成像检查。（A）鼓膜泡增厚，说明中耳患病。垂直箭头所指为正常鼓膜泡，水平箭头所指为严重增厚的鼓膜泡。（B）计算机断层扫描发现正常的鼓膜泡（R）及异常鼓膜泡（L）

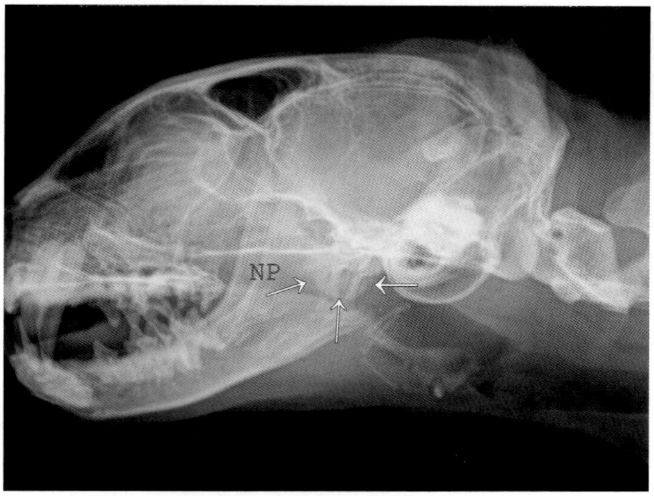

图262-3　外侧位X线照片显示鼻咽部（NP）肿块（箭头）

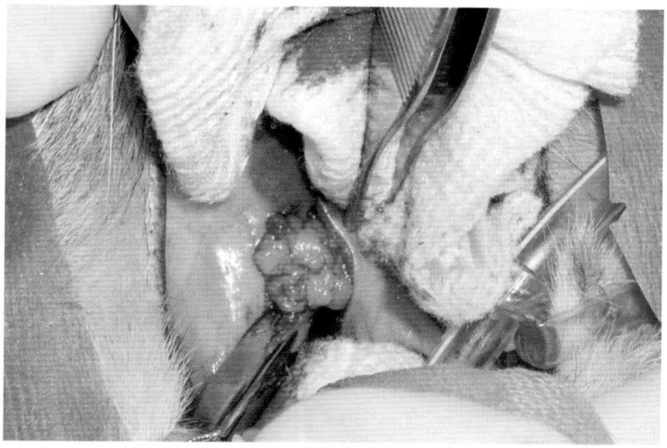

（A）

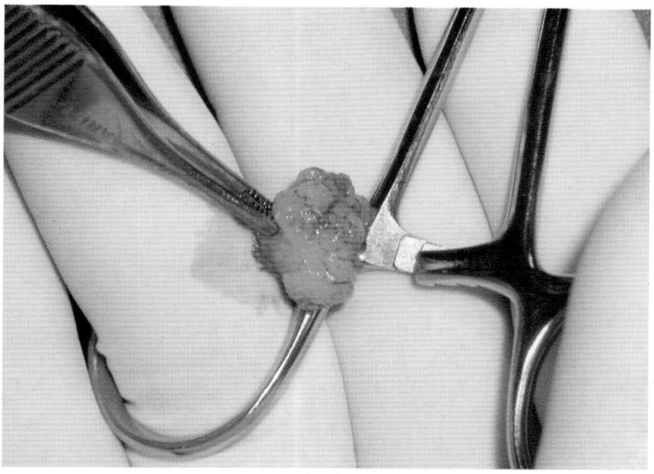

（B）

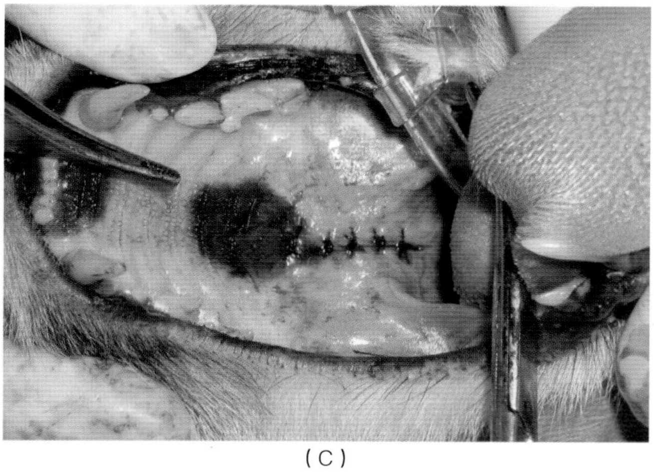

（C）

图262-4　（A）通过软腭中线的切口接近肿块，通过切口可看到肿块。（B）摘除后的肿块，诊断为腺癌。（C）用4次简单间断缝合后的软腭切口。猫在术后12h可饲喂软食

- 猫应饲喂软食1～3d，应采用镇痛药物治疗1～3d，但该切口愈合很快，大多数猫可在术后24h内采食。但如果猫不愿采食，可放置食管造口术插管或胃造口插管。

并发症

- 口腔法：如果息肉碎裂为数片，则不可能用组织钳将其取出，因此可能需要采用经上腭的方法。
- 经上腭法：如果不在正中线做切口，则可出现大量出血。如果肿块远离前端，则不可能采用组织钳摘除。如果未对软腭进行妥善缝合，则伤口可能裂开，由此导致口－鼻咽（oro－nasopharyngeal）瘘管形成。

参考文献

Hendricks JC. 1989. Brachycephalic airway syndrome. Update on respiratory disease. *Vet Clin North Am Small Anim Pract.* 19:1167–1188.

Parnell NK. 2006. Diseases of the Throat. In SJ Ettinger, EC Feldman, eds., *Textbook of Veterinary Internal Medicine*, 6th ed., pp 1196–1204. St. Louis: Elsevier Saunders.

第263章
肾结石手术
Nephrolith Removal

Don R. Waldron

概述

位于上泌尿道的尿结石（即肾脏和输尿管）在猫常见有诊断。泌尿道上段的结石在组成上大部分为草酸钙，因此难以采用药物溶解。重要的是应该认识到，猫的尿道上段发生尿结石时可能已处于肾衰阶段。在有些病例可能因输尿管阻塞及继发于肾脏疾病而发生，而在有些病例可存在肾衰而无阻塞。目前尚不清楚是否肾衰发生于肾结石之前，或肾结石在肾衰中发挥何种作用。仅仅存在肾结石并不是手术摘除的适应证。在决定是否实施肾脏切开术（nephrotomy）之前应彻底进行实验室检查及腹部超声检查或下行性尿路造影术（excretory urography）检查。重要的是要确定肾结石只是发生在肾盂，而不是肾脏实质中发生钙化（见图263-1）。在任何情况下都不建议实施双侧性肾切除；如果两侧肾脏均患病，可间隔4～6周对第二个肾脏实施手术。

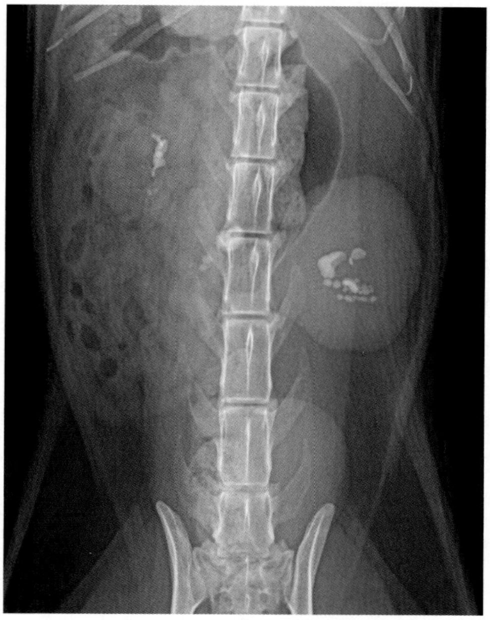

图263-1　腹背位X线检查发现两侧肾脏有大小不等的尿结石，左侧肾脏发生肾盂积水（注意肾脏肿大），因此选择进行结石摘除手术（图片由Gary D. Norsworthy博士提供）

适应证

- 猫如果由于阻塞性疾病或快速生长的结石而发生疼痛、发热、肾盂肾炎、肾衰时，建议实施肾脏切开术。
- 猫发生肾衰时应在术前通过静脉输液利尿、麻醉及手术后仍应输液。

特殊设备

- 牧羊犬型无齿血管钳［bulldog（noncrushing）vascular clamp］用于暂时性闭塞肾动脉。

步骤

- 全身麻醉，下腹部按无菌手术备皮。
- 猫仰卧，从胸骨剑突起做腹中线切口，直到脐带后3～5cm。
- 进入腹腔，通过回拉右侧的十二指肠或十二指肠系膜，或牵拉左侧的结肠及结肠系膜显露肾脏。
- 钝性分离肾脏，将其与附着的腹膜松开。
- 肾动脉位于大的肾静脉的背部及前端，两个血管周围有不同数量的腹腔脂肪。
- 分离动脉，用夹钳止血（见图263-2）。注意，止血时间最好不要超过15min。
- 用15号手术刀在肾脏凸面做一长3～4cm的纵向切口，见图263-3（A）。
- 用手术刀背的钝端将切口深入通过肾脏实质，钝性分离实质进入肾盂，见图263-3（B）。
- 除去肾盂中所有的尿结石进行定性分析。用温热的生理盐水用力冲刷冲洗掉结石（见图263-4）。
- 用3.5-法式导尿管在输尿管近端插管以确保其畅通。
- 将切开的肾脏并放在一起［见图263-5（A）］，用4-0或5-0可吸收缝线用圆针连续缝合，闭合肾脏切口。缝合应包括肾脏包囊及少量肾脏实质，见图263-5（B）。

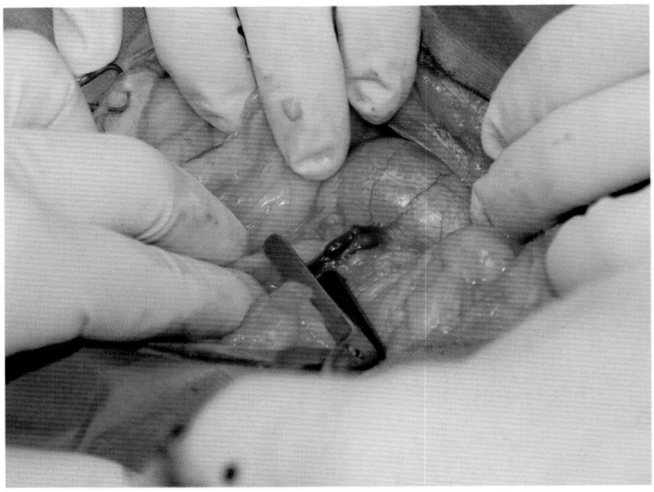

图263-2　采用无损伤型夹钳夹住肾动脉（图片由Gary D. Norsworthy博士提供）

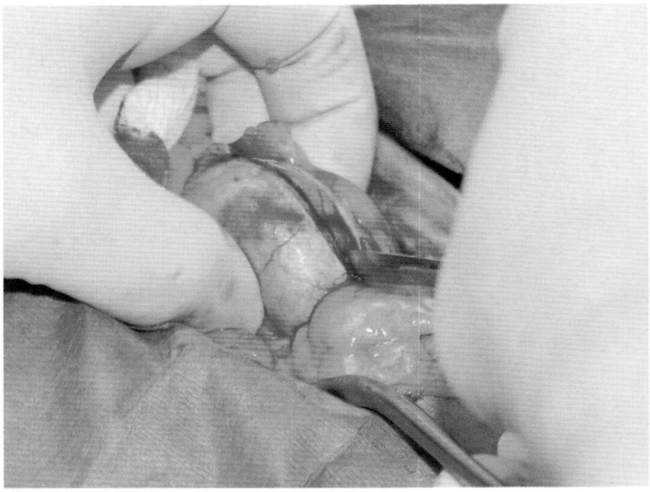

（A）

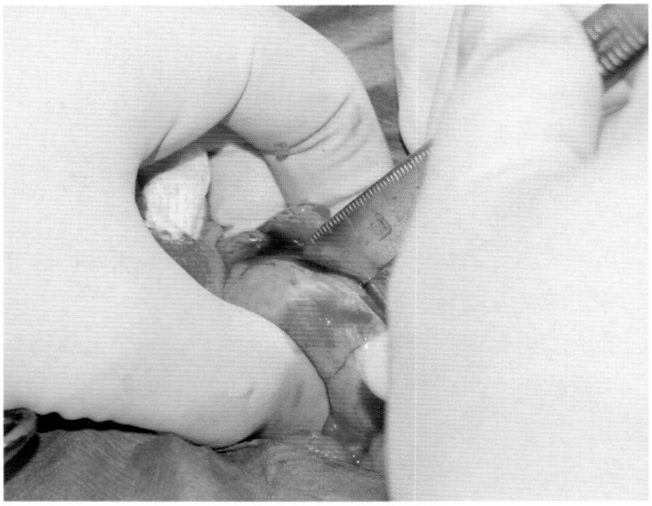

（B）

图263-3　（A）肾脏凸面切口延伸到约为肾脏长度的2/3，轻轻切开肾脏实质。（B）用手术刀背轻轻钝性分离肾盂（图片由Gary D. Norsworthy博士提供）

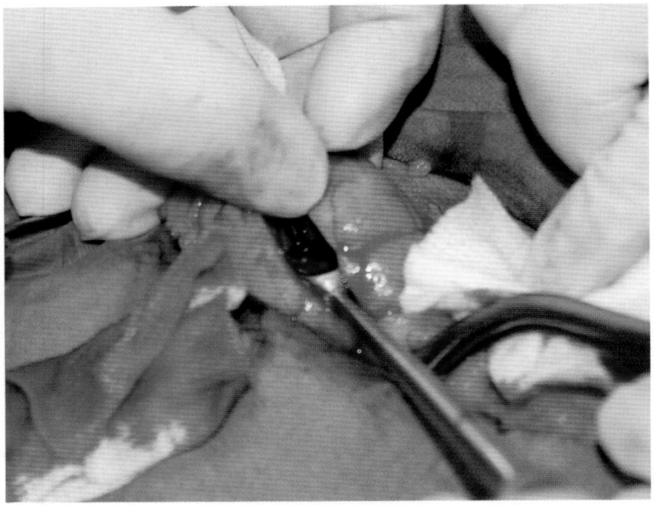

图263-4　用勺子除去肾盂中的结石，用3.5-法式导尿管冲洗肾盂，在尿道近端插管以确保其畅通（图片由Gary D. Norsworthy博士提供）

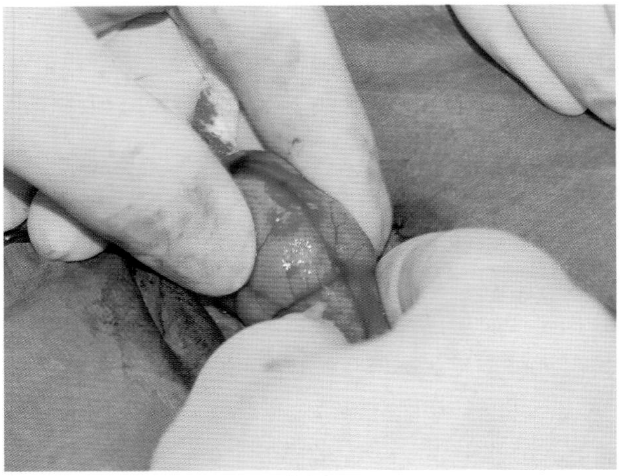

（A）

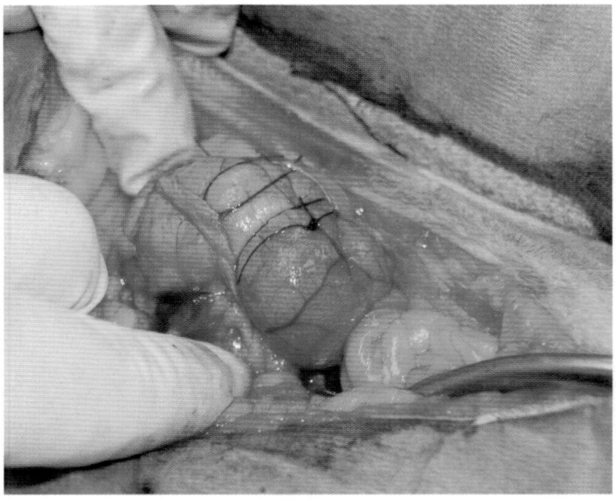

（B）

图263-5　（A）将肾脏切口对合数分钟。（B）之后用4-0或5-0吸收缝线用圆针通过肾脏包囊及表皮肾脏实质进行缝合。如果可以对合肾脏包囊，可用单纯连续缝合。但缝合易于撕裂包囊，因此可通过在肾脏皮质进行多个褥式缝合。皮质的血管要比髓质的小许多（图片由Gary D. Norsworthy博士提供）

- 最好能只闭合肾脏包囊，但由于猫的包囊很薄，因此如不包括肾脏实质时则常常撕裂。
- 闭合完成后，从肾动脉上取下夹钳。
- 出血点用8字缝合或Gelfoam®明胶海绵填塞止血，任何出血点都可直接压迫止血。
- 用温热的生理盐水冲洗腹腔后按常规方法闭合。
- 对摘除的肾结石应进行分析（见图263-6）。

图263-6　摘除的肾结石（图片由Gary D. Norsworthy博士提供）

注意事项

- 术后应继续进行静脉内输液。在这些病猫可能会有加重肾衰的风险。
- 应该强调的是，肾结石的存在本身并非肾切开术的适应证。
- 在正常猫实施肾切开术通常不能降低肾脏机能，但在机能受损的肾脏实施同样的手术则可引起急性机能失调。

参考文献

King MD, Waldron DR, Barber DL, et al. 2006. Effect of nephrotomy on renal function and morphology in normal cats. *Vet Surg*. 35:749–758.

第264章

甲切除术

Onychectomy

Don R. Waldron

定义

甲切除术（onychectomy）（去爪，declawing）是指切除前爪趾甲，偶尔切除后爪大部分或整个第3指（趾）骨的手术。

适应证

甲切除术是一种选择性手术，用于防止损伤家居环境（如地毯、窗帘及家具等）或伤及猫主。损伤或感染时也需要实施甲切除术。

禁忌证

户外活动而无人监督的猫，由于指甲可进行防御，也是攀登逃跑的工具，因此不应实施除甲。

技术

多种除甲手术均可成功采用，多年来，剪床（guillotine）或剪刀型截爪钳（nail trimmers）就广泛用于这种手术。采用手术刀除甲，使第2指（趾）和第3指（趾）关节脱落也广泛使用。许多人也采用手术激光实施甲切除术。本章对这三种方法均分别进行介绍。

设备

- 切断器型（Guillotine-type）（Resco™）或剪刀型（White’s™）修爪钳。
- 11号Bard-Parker™手术刀及刀柄。
- CO_2激光，0.3～0.4金属尖探头（metal tip）。

步骤

指甲剪（nail trimmers）

- 猫侧卧，肘部近端用止血带。
- 外科擦剂准备整个足垫，但无需剪毛。
- 将指甲剪刀片置于爪嵴和第2趾骨之间，小心避开足垫。可用组织钳或手指压迫足垫使第3趾骨拉长（见图264-1）。
- 用指甲剪切开指部后，检查伤口，应能看到指骨关节

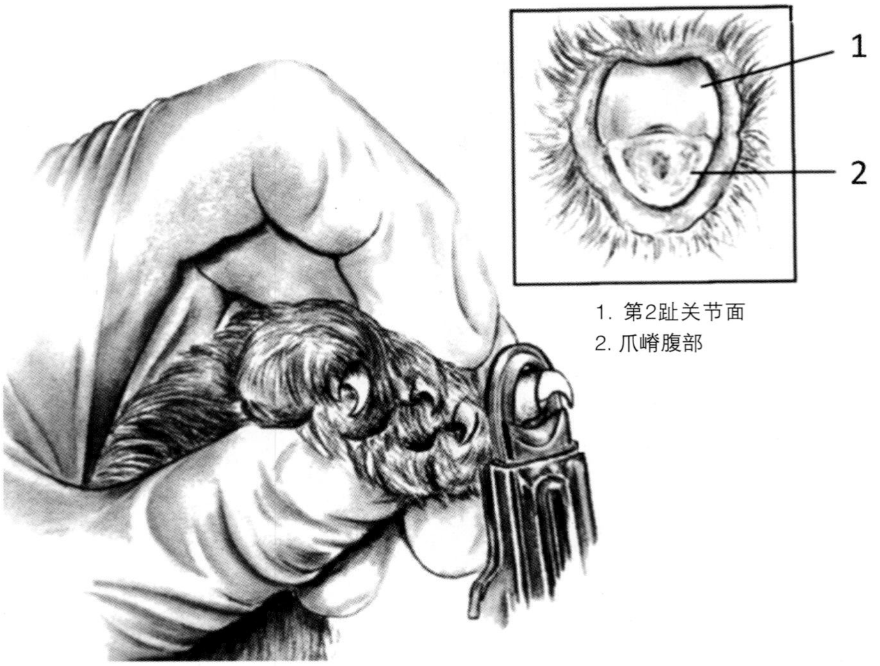

1. 第2趾关节面
2. 爪嵴腹部

图264-1　Resco®截爪钳技术（nail trimmer technique）：将截爪钳的刀片置于爪嵴（unguicular crest）［猫的爪嵴为一凸隆形骨，构成第3趾节骨的基础，近端接第2趾节骨的远端，深趾屈腱附着于爪嵴的掌（跖）侧，总趾伸肌腱附着于爪嵴的背侧——译注］和第2指骨之间，应小心避开指垫。可用组织钳拉长第3指骨，也可用手指压迫足垫使第3指骨拉出

面。

- 腹侧爪嵴的一小部分掌骨可能在采用指甲剪切开后仍然连着。
- 可选择是否闭合皮肤，但大多数兽医或采用吸收性缝线缝合每个伤口，或者用一滴手术级氰基丙烯酸盐黏合剂组织胶（cyanoacrylate tissue glue）滴于皮肤伤口表面闭合伤口。黏合剂只能用于皮肤边缘，进入伤口后可能在黏合剂排出前会引起跛行。

手术刀法（scalpel blade）

- 猫侧卧，在肘部近端用止血带。
- 整个爪部用手术擦剂准备，但无需剃毛。
- 用手指或组织钳压迫足垫拉出指甲。
- 用11号手术刀切开整个第3趾骨，切断所有韧带及附着的肌腱（见图264-2）。
- 小心切断背部及腹部爪嵴完成切开过程。
- 不要损伤足垫，第2趾骨的关节面在切开指骨后能清楚观察到。
- 可选择是否闭合皮肤，有些兽医在每个切口采用可吸收缝线缝合，或者采用一滴手术级氰基丙烯酸盐黏合剂组织胶滴于皮肤切口表面闭合伤口。参见前述关于手术胶的使用。

CO_2激光

- 关于CO_2激光的详细资料可参见第257章。
- 猫侧卧，爪部用手术擦剂准备，用一定量的水分除去残渣和湿润周围的毛发。准备过程中不使用乙醇，主要是其易燃。
- 除非猫的体重超过2.7kg，一般不使用止血带。
- 将激光调整为4～6W，用手术钳拉出指甲。
- 与采用手术刀时手的运动一样，用手术激光实施指甲切除术。
- 切口开始时在P2和P3之间的背部进行，然后通过切开所有附着于P2和P3之间的韧带，使P3关节脱落，因此必须要围绕爪嵴切开。
- 注意激光束不要损伤远端足垫或P2。
- 用烟雾抽真空装置除去术野烟雾及烧灼的组织碎片。
- 闭合伤口前除去所有烧焦的组织碎片。
- 可选择是否闭合皮肤，有些兽医在每个切口采用可吸收缝线缝合，或者采用一滴手术级氰基丙烯酸盐黏合剂组织胶滴于皮肤切口表面闭合伤口。参见前述关于手术胶的使用。

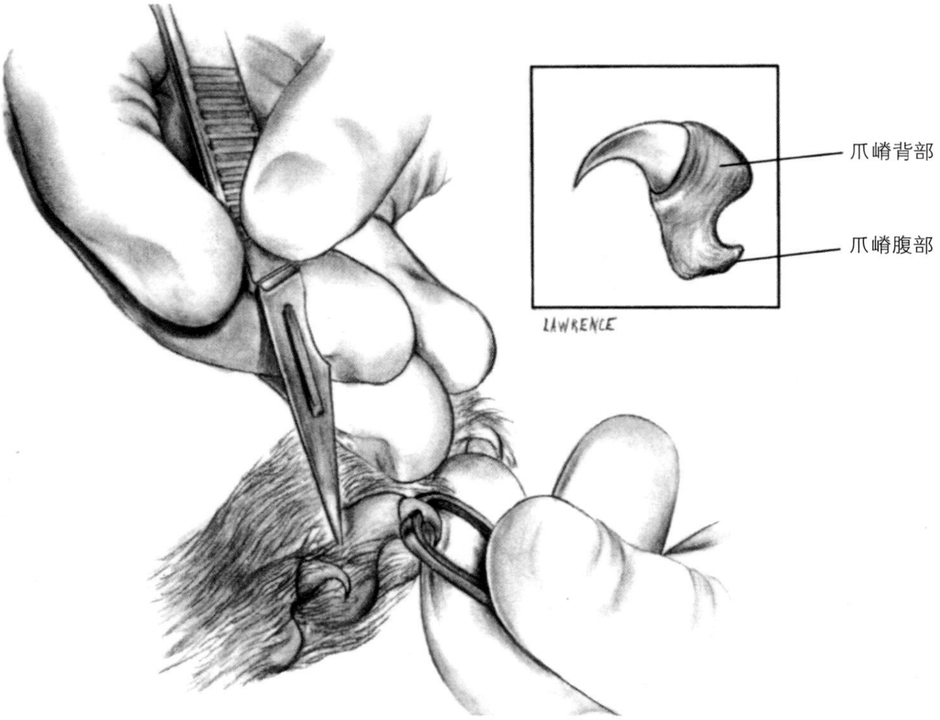

图264-2　手术刀法：用11号手术刀切开第3趾骨，切断所有附着的韧带和肌腱。采用CO_2激光时用同样的手法（参见第257章）

术后护理

截爪钳及手术刀法

- 在前臂从爪部到前臂中部用绷带包扎后去掉止血带。如绷带张力过紧可压迫对四肢末端的血液供应。猫出院前12～24h拆除绷带。
- 围手术期应给予止痛药物。猫在术后3～6d可口服丁丙诺啡。
- 在笼中垫上碎纸或回收利用的报纸以减少术后头7d的污染。

激光法

- 体格小的猫（体重低于2.7kg）在实施甲切除术后无需采用绷带，但成年猫最好用绷带包扎24h。
- 大多数猫在采用激光甲切除术后手术后当天可出院，但有些猫由于术后期间的过度运动可出血，这是因为这一手术过程与常规除甲手术相比，疼痛轻微。因此，建议在采用这种手术后住院48h。
- 建议在住院期间的围手术期用丁丙诺啡止痛，术后在家可再使用3～6d。
- 许多兽医认为猫在实施激光甲切除术后疼痛要比采用常规方法轻微。初步的客观数据表明激光甲切除术在术后短时间内（开始12h）疼痛轻微；但尚未有研究表明激光与传统方法相比此后的疼痛是否有明显差别。
- 在笼中垫上碎纸或回收利用的报纸以减少术后头7d的污染。

并发症

截爪钳及手术刀法

- 术后如果绷带脱落可引起出血。
- 有些成熟猫可在术后跛行达7d。
- 如果在伤口中滴入过多的氰基丙烯酸酯组织胶，跛行可持续存在，因此手术胶只能小心用于皮肤边缘。最后将手术胶从组织中清除，但此前为很硬的胶状肿块。
- 如果未切除背部爪嵴，则由于部分爪可再次生长，因此需要再次实施手术。

激光法

- 如果在使用激光期间不小心，可由于疏忽而损伤病猫的周围组织，甚至伤及激光操作人员或助手。
- 所有有关人员应佩戴合适的防护眼镜。
- 如果在伤口中滴入过多的氰基丙烯酸酯组织胶，跛行可持续存在，因此手术胶只能小心用于皮肤边缘。最后将手术胶从组织中清除，但此前为很硬的胶状肿块。

参考文献

Hedlund CS. 2007. Surgery of the integumentary system. In SJ Ettinger, EG MacEwen, eds., *Small Animal Surgery*, 3rd ed., pp. 251–253. St. Louis: Mosby.

Mison MB, Hauptman JG, Bohart GH, et al. 2000. Use of CO2 laser in feline onychectomy: a prospective, randomized clinical trial. *Vet Surg*. 29:470.

第265章
口鼻瘘修复术
Oronasal Fistula Repair

Heloisa Justen Moreira de Souza

概述

口鼻瘘（oronasal fistula）为一种口腔和鼻腔的异常通道，由于硬腭或软腭的缺陷可导致食物或液体易于进入鼻腔。腭的异常可为先天性或获得性。

腭将口腔与鼻腔分开，由喙状部和后部两部分组成。硬腭喙状部由背部覆盖有鼻黏膜、腹部覆盖有厚的嵴状口腭上皮（ridged oral palatal epithelium）的骨组成。软腭后部在上皮表面之间含有骨骼肌，形成鼻咽括约肌（nasopharyngeal sphincter）的一部分，阻止食物或液体在吞咽过程中进入鼻腔。右侧及左侧上腭主动脉（major palatine arteries）是硬腭黏骨膜（mucoperiosteum）的主要动脉，上腭主动脉通过后腭孔（caudal palatine foramen）及腭管（palatine canal）（见图265-1），通过主腭孔（major palatine foramen）穿出腭骨（palatine bone），经喙部进入硬腭表面的腭槽（palatine groove）。腭孔位于上颌第四上前臼齿的中间，主要的腭血管及神经在腭裂隙（palatine sulcus）的喙部弯曲，支配硬腭及邻近的软组织结构。腭槽中的血管位于齿槽和腭中线之间。

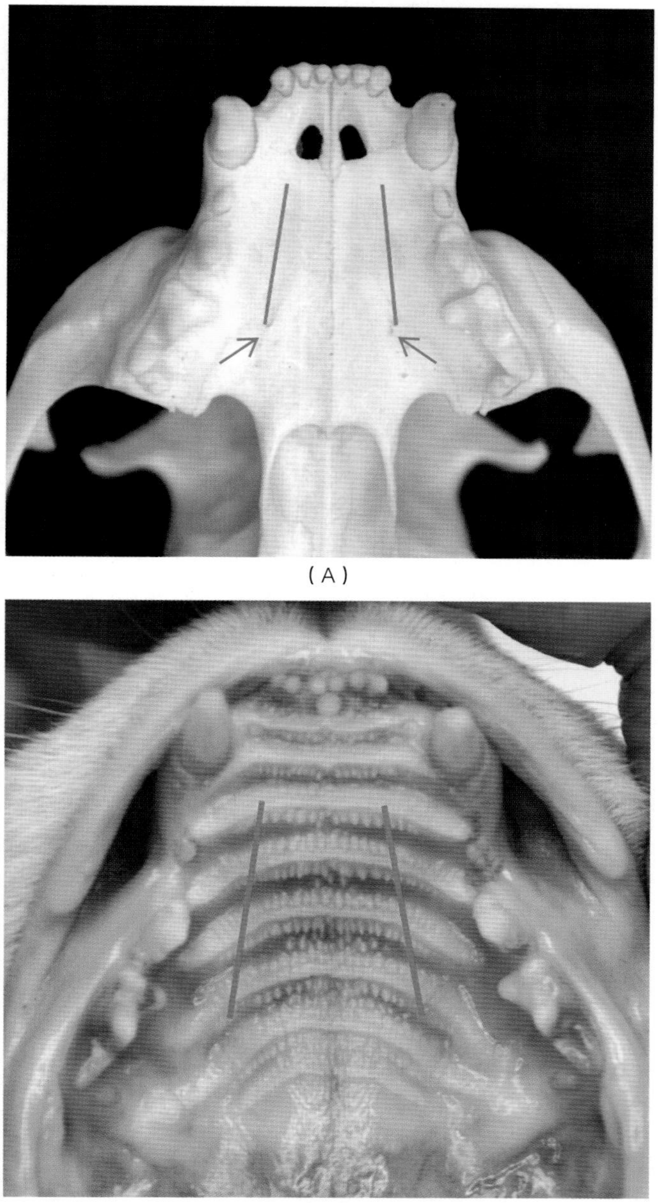

（A）

（B）

图265-1　（A）和（B）主要的腭动脉通过主腭孔（箭头）出腭骨，向喙部进入硬腭表面的腭槽。动脉通行的路径用红线表示。主腭孔大约位于第四上前臼齿水平，在这些牙齿和中线之间（图片由José Miguel Farias Hernan教授提供）

先天性口鼻瘘（Congenital Oronasal Fistula）

概述

唇和腭的先天性异常可为遗传性或由于子宫内创伤或应激所引起。挪威森林猫、欧西猫（Ocicat）、波斯猫、布偶猫（Ragdoll）、萨瓦娜猫（Savannah）及暹罗猫（Siamese）为高危品种。这些异常可影响原腭（primary palate）（前颌骨及唇部，premaxilla and lip）及次腭（secondary palate）（硬腭及软腭）。原腭不全闭合可引起原发性腭裂或唇裂（兔唇，harelip）。

次腭异常可表现为硬腭裂或软腭裂。腭裂通常位于中线上，为腭突不能充分融合，导致口腔顶部裂开或开口。软腭异常而硬腭不出现异常时，有时可为单侧性的，或软腭完全缺如。单侧性软腭裂在猫可零星发生。

诊断

主要诊断

- 病史：病史中可见难以哺乳、鼻腔返流及鼻腔分泌物等常见问题。出生时可能就存在腭裂，但并非总是立即会觉察到。
- 临床症状：原腭异常很少能导致出现临床症状，但可出现外部可见的异常。猫患次腭异常时的临床症状包括不能产生负压哺乳、鼻腔分泌物、打喷嚏、鼻腔回流、鼻炎、咳嗽、恶心及体重下降。如果发生吸入性肺炎，可闻呼吸音异常。
- 视诊：可见唇不能完全闭合。
- 口腔检查：所有仔猫在第一次就诊时应检查是否有腭裂的迹象，检查口腔可发现前腭板、硬腭或软腭不能完全闭合。

诊断注意事项

- 检查腭裂的猫时还应检查是否还有其他异常。

治疗

腭裂的闭合（closure of primary clefts）

通过制作重叠的双瓣状结构（double flaps），或只从口腔软组织获取双瓣状结构，将口腔及鼻组织的这种双瓣状结构推进、旋转或置换，重造腭最喙端及鼻前庭底部的结构。在实施手术前6～8周拔除患侧一个或数个切齿及犬齿可有利于安置褶叶。唇的修复较为困难，需要重构性皮肤手术来获得对称性。

硬腭畸形的闭合（closure of hard palate defects）

治疗猫的先天性次腭异常时需要猫主精心护理。在大多数病猫，必须每天数次插管饲喂乳汁替代品，以免复发及最后导致致死性的吸入性肺炎。不进行手术修复时，由于可能会发生下段气道吸入的风险，因此预后谨慎。

手术矫正最好在猫3～4月龄时实施，实施手术时猫的体格越大，由于可采用手术处理的组织越多，因此结果越好。修复腭裂的主要目的是重建鼻腔底部。在将整个腭裂永久性重建之前可能需要采用多种方法。次腭裂常可通过滑动二蒂瓣（sliding bipedicle flaps）及重叠性“三明治”瓣膜技术（overlapping “sandwich” flap techniques）进行修复。

滑动二蒂瓣

- 切开畸形部边缘，沿着齿弓（dental arcade）做双侧性减张手术切开（bilateral releasing incisions），见图265-2（A）。
- 用骨膜梃（periosteal elevator）抬高畸形两侧的骨黏膜层，见图265-2（B），避免损伤主要的腭动脉血

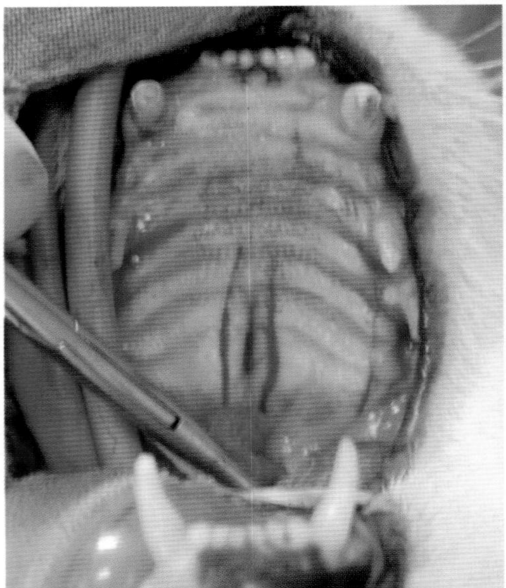

（A）

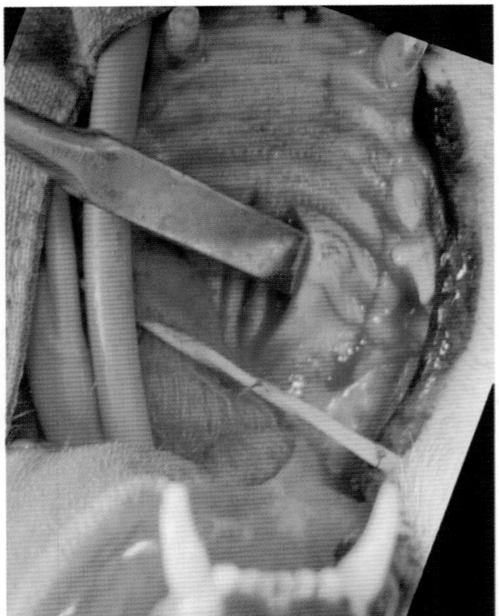

（B）

图265-2　（A）切开畸形部位的边缘，沿着齿弓做双侧减张切开。（B）用骨膜梃提起畸形两侧的黏膜骨膜层

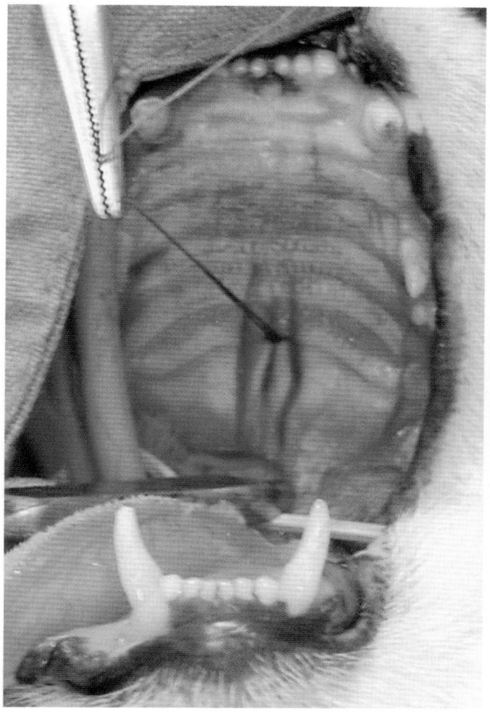

（C）

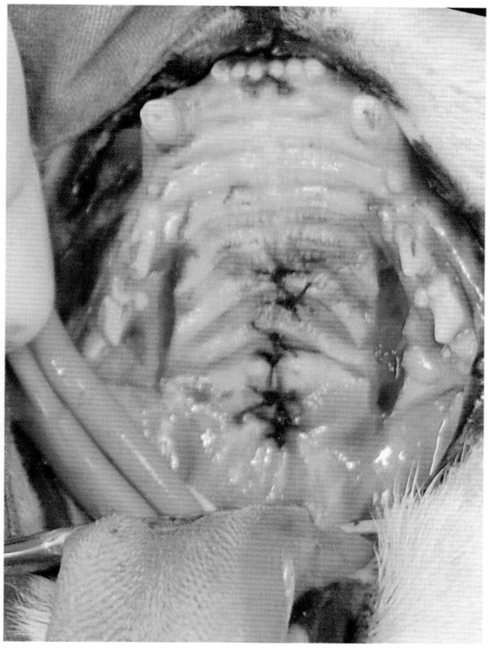

（D）

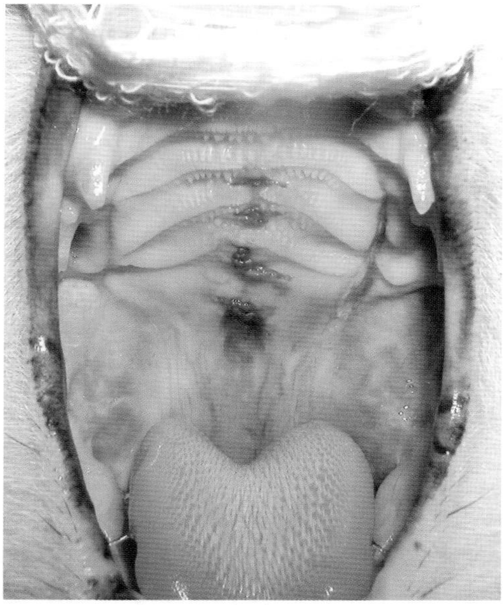

（E）

图265-2续　（C）将鼻腔及口腔黏膜分层闭合。（D）允许近齿弓处裸露的硬腭通过二期愈合而痊愈；（E）术后一周愈合进展良好

管。压迫及抽吸控制出血。在畸形的边缘用埋入式间断缝合法缝合鼻腔黏膜边缘或骨黏膜边缘。将抬高的黏膜骨膜瓣膜滑过畸形部位，用简单间断缝合闭合，见图265-2（C）及图265-2（D）。

- 在口腔可采用各种缝合材料，吸收性及非吸收性缝合通常可在3～4周内脱落。
- 将近齿弓（dental arcades）所有裸露的硬腭通过二期愈合痊愈，见图265-2（E）。

重叠“三明治”瓣膜

- 切开分开口腔及鼻腔黏膜的畸形的一侧边缘，在该边缘将黏膜骨膜抬高约5mm，在畸形的对侧制作一可转动的黏骨膜褶，其大小足以在将其基部安置在腭畸形边缘时完全覆盖整个畸形。在近齿弓处并与其平行做一比畸形部分大2～4mm的瓣膜。标记喙部垂直的切口，将切口末端延伸到腭裂。抬高这个黏膜骨膜瓣膜时应小心，不要破坏畸形的边缘。沿着腭动脉小心切开，使其从纤维组织中游离。

- 旋转瓣膜通过畸形部位，将瓣膜边缘置于对侧黏膜骨膜瓣膜之下。
- 替换后用水平褥式缝合固定植入的瓣膜。

双瓣膜修复软腭畸形（double flap for repair of soft palate defects）

- 软腭畸形也可采用前述的技术进行修复，但对组织的处治应轻柔。
- 将硬腭末端的切口继续到口和鼻上皮连接处的软腭，一直到扁桃体中间的水平，可通过轻轻地钝性切开使得切口加深，直到每侧形成一背侧及一腹侧瓣膜。将背侧瓣膜缝合到与鼻腔上皮边缘并合，在上皮边缘打结，以减少在腭的肌肉组织中形成瘢痕。然后将腹侧瓣膜缝合在一起，与口腔上皮并合。

获得性口鼻瘘（Acquired Oronasal Fistula）

概述

获得性腭畸形可在成年猫因各种原因而发生，包括创伤［如高楼损伤（high-rise injuries）］、犬咬伤、电击休克、枪伤及异物透入性创伤引起硬腭坏死，也可能是手术、肿瘤、放疗或口腔损伤超热处理后的并发症。

诊断

主要诊断

- 病史：猫在任何年龄发生慢性鼻炎时，以及具有创伤或以前治疗过口腔肿瘤的病史时，应怀疑获得性口鼻瘘。
- 临床症状：常见浆液性或黏脓性鼻腔分泌物及打喷嚏。摄入的食物或液体如果从瘘管进入鼻腔可通过打喷嚏从鼻腔排出。
- 口腔检查：检查口腔可发现口鼻瘘管。

治疗

主要疗法

- 小畸形：硬腭的许多畸形可采用各种形式的无张力瓣膜修复，可具有很好的血液供应。中线的腭畸形常常可采用滑动二蒂瓣膜及重叠三明治瓣膜技术修复。硬腭骨折通常位于中线，更常见于高楼综合征，这些类型的损伤程度不同，有些仅仅是勉强可见的裂隙，而有些则为明显的间隙。大多数可在数月内自行康复，手术干预只是用于严重病例及持续时间长，损伤后引起明显临床症状长达数月的病例。
- 大的畸形：通常位于腭的后面，一般难以修复；术后裂开为常见并发症。采用裂隙型U形瓣膜或提升瓣膜的技术可用于修复位于硬腭中央及后面的获得性腭畸形。其他方法，如移植从耳廓（耳垂，scapha）或垂直耳道（vertical ear canal）（环状软骨，annular cartilage）制备的软骨，或采用硅胶鼻中隔等，也可用于修复这种畸形。对大面积的硬腭喙状部畸形，可选用舌瓣膜进行修复。

裂隙型上颚U形瓣膜（split palatal U-flap）

- 裂隙型U形瓣膜可用于修复硬腭中央或后面的获得性腭畸形。
- 病猫仰卧，前颌骨用带子固定到手术桌面上，下颌骨向后固定，以便呈开放位。
- 用15号Bard-Parker®手术刀对腭畸形上皮边缘进行彻底清创。
- 在畸形部位之前制备一大的全厚度的U形黏膜骨膜瓣膜，切口从畸形的喙状面水平开始，从每个1/4的上颌弓3～4mm处做切口，延伸到第二前臼齿水平，见图265-3（A）及图265-3（B）。
- 横断瓣膜喙状面的腭主动脉时可引起出血。
- 在畸形的喙状面做一中线切口。
- 通过轻轻在骨膜下从骨提升，制备两个大小相等的瓣膜，用骨膜梃将瓣膜提升到上颌第四前臼齿前面的水平。
- 制备的瓣膜血液供应良好，这是因为主腭动脉就位于每个瓣膜的基部。轻轻将两个瓣膜旋转90°，调整到能覆盖畸形部位。
- 将左边的瓣膜旋转进入畸形部位，左侧瓣膜的中间面缝合到畸形腭的后面，将左侧瓣膜的尖端缝合到畸形部位的侧面，见图265-3（C）及图265-3（D）。
- 将右侧瓣膜旋转90°，将前端调整到左侧瓣膜，右侧瓣膜的中间面和尖端缝合到左侧瓣膜的边缘。
- 用3-0或4-0可吸收缝线［聚乙醇酸（polyglycolic acid）、丙交醋双聚物（polyglactin 910）或铬制肠线（chromic gut）］以简单间断缝合方式缝合。
- 制备U形瓣膜的硬腭喙状面从覆盖的黏膜骨膜剥离，显露的腭骨在1～2个月内通过表皮再植愈合。
- 可根据病例的状态，考虑采用全身抗生素疗法。
- 可饲喂软食2～3周或插管饲喂。

舌瓣膜（Tongue Flap）

- 切开舌喙状面的边缘，与腭畸形已清除的边缘对合。

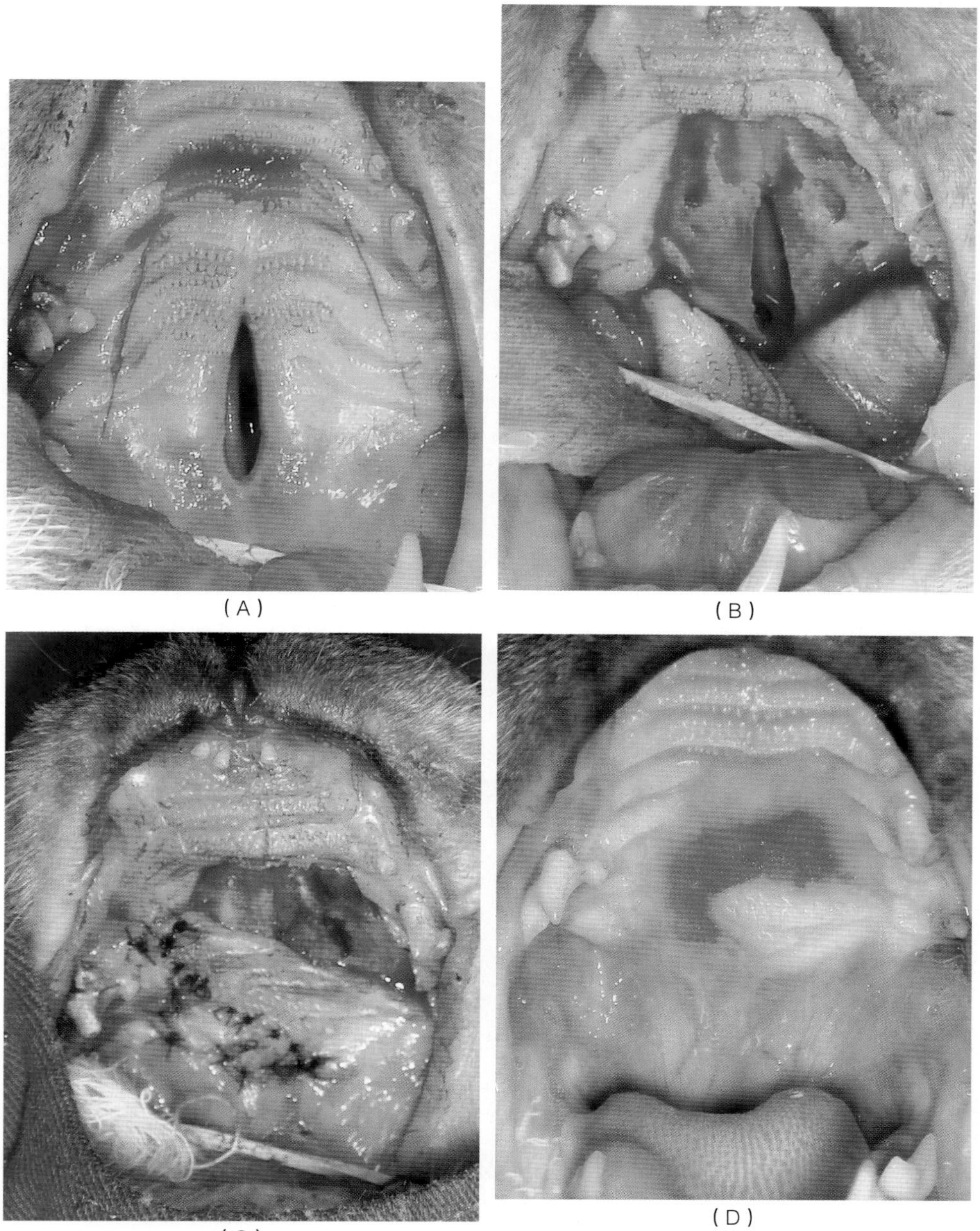

（A）　（B）　（C）　（D）

图265-3　（A）裂隙型上颚U形瓣膜用于修复位于硬腭中央及其后的获得性腭畸形。（B）大的U形瓣膜可从畸形的喙状部制作，在制作U形瓣膜时应注意保护主要的腭动脉。将U形瓣膜从中间分开，左侧旋转90° 进入畸形部位，缝合到位。（C）右侧的U形瓣膜旋转90° 进入畸形部位，调换前端以升高瓣膜。（D）显露的硬腭骨可通过在1～2个月的时间内实施表皮再植（reepithelialization）而愈合。照片为术后4周拍摄

- 应避免口腔饲喂，以避免术后分隔口腔和鼻腔之间的隔膜裂开或穿孔。在除去瓣膜前应考虑采用食管造口插管或胃造口插管饲喂。
- 大约在术后4周将舌与腭分开，在腭上留下足够的舌以便能无张力地闭合畸形部位。
- 只要有可能，应避免采用舌瓣膜技术，主要是由于采用舌瓣膜时裂开的发生率增加。

硅胶鼻中隔扣（silastic nasal septal button）

- 可采用这种技术闭合位于腭后面的大的畸形。
- 用约3cm、中心直径为7mm的锥形硅胶鼻中隔扣（Hood nasal septal button with Ultra-smooth®, Hood Laboratories）覆盖畸形部位。
- 病猫仰卧，口腔无菌准备，见图265-4（A）。
- 在将这种透明装置插入及置于口鼻瘘管之前修剪成形，见图265-4（B）。
- 将这种双边装置的一部分调整到适合于口鼻瘘管的两侧，在5min内堵塞瘘管，见图265-4（C）。
- 典型情况下病猫能忍耐修复器具，不出现明显的并

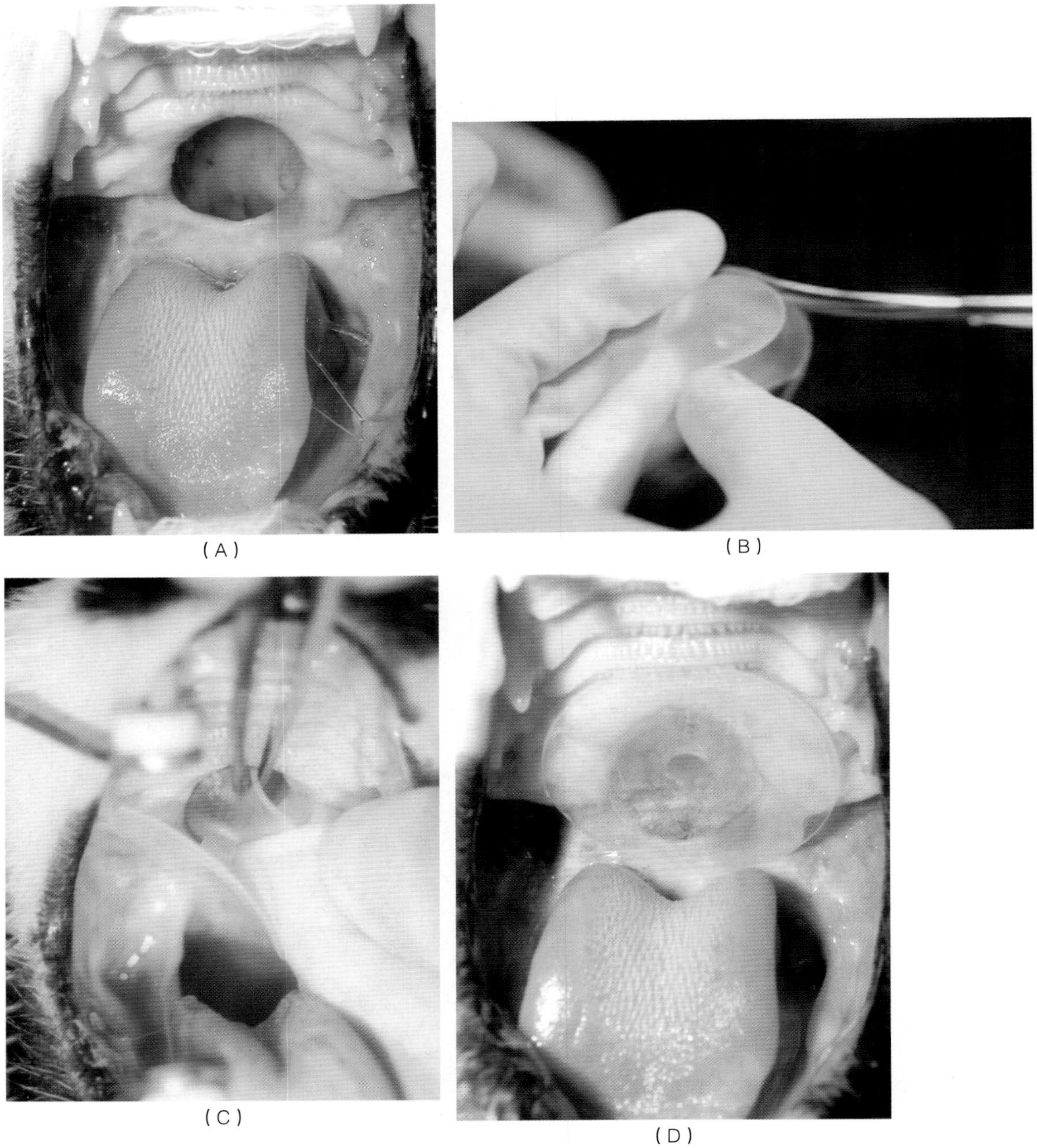

图265-4　（A）用硅胶鼻中隔扣闭合位于硬腭后面的畸形。这种瘘管大小为2.2cm×1.6cm，由创伤所引起。（B）将这种装置通过剪切成形以适合瘘管，置于口鼻瘘中。（C）将装置的每个片段在口鼻瘘的两端进行调整。（D）无需将这种装置进行缝合，其能适合两个腔体，闭合瘘管

发症。与其他修复设备相比，用锥形修复装置治疗创伤性瘘管快速而易于实施，且很高效，见图265-4（D）。

- 应在2年内除去并替换新的修复装置。
- 注意事项：在手术治疗不能闭合口鼻瘘时可考虑采用这种装置，这种方法对于堵塞大的复发性口鼻瘘管时特别有用。另外，不能经受手术的衰竭的猫也可采用这种方法治疗。

参考文献

Beckman BW. 2006. Split palatal U-flap for repair of caudal hard palate defects. *J Vet Dent*. 23(4):267–269.

Cox CL, Hunt GB, Cadier MM. 2007. Repair of oronasal fistulae using auricular cartilage grafts in five cats. *Vet Surg*. 36(2):164–169.

Griffiths LG, Sullivan M. 2001. Bilateral overlapping mucosal single-pedicle flaps for correction of soft palate defects. *J Am Anim Hosp Assoc*. 37(2):183–186.

Hedlund CS. 1997. Surgery of the oral cavity and oropharynx. In SJ Withrow, EG MacEwen, eds., *Small Animal Surgery*, pp. 200–232. St Louis: Mosby.

Marretta SM, Grove TK, Grillo JF. 1991. Split palatal U-flap: A new technique for repair of caudal hard palate defects. *J Vet Dent*. 8(1):5–8.

Sager M, Nefen S. 1998. Use of buccal mucosal flaps for the correction of congenital soft palate defects in three dogs. *Vet Surg*. 27(4):358–363.

Smith MM. 2000. Oronasal fistula repair. *Clin Tech Small Anim Pract*. 15(4):243–250.

Smith MM, Rockhill AD. 1996. Prosthodontic appliance for repair of an oronasal fistula in a cat. *J Am Vet Med Assoc*. 208(9):1410–1412.

Souza HJM, Amorim FV, Corgozinho KB, et al. 2005. Management of the traumatic oronasal fistula in the cat with a conical silastic prosthetic device. *J Feline Med Surg*. 7 (2):129–133.

第266章
疼痛管理
Pain Management

Sabine Tacke

概述

因为识别猫的疼痛较为困难，药物代谢与犬完全不同，有时给药也成为问题，因此疼痛管理富有挑战性。本章只介绍猫的疼痛管理中一些特别需要注意的问题。

猫的疼痛症状可表现几种形式。如行为的改变（鸣叫、号叫、咆哮、藏匿或与其他猫分离而独处，异常安静、不停地舔毛、缺乏食欲及在不太常见的地方排尿），外貌、姿势或运动等的改变可为疼痛的症状。重要的是应尽可能从猫主获得有关猫的行为改变的信息，特别是在怀疑有慢性疼痛时。有时疼痛最早是在采用镇痛药物后才发现的，因此可以此作为一种诊断疼痛的试验方法。

猫可患急性或慢性疼痛。无论疼痛的类型如何（急性、慢性、创伤性、神经性、炎性或肿瘤性等），疼痛管理应在识别后立即进行。重要的是应经常判定疼痛水平，以确定治疗是否成功。

镇痛药物

在猫可采用的镇痛药物包括阿片类药物、非甾体类抗炎药物（nonsteroidal anti-inflamatory drugs，NSAIDs）、局麻药物及其他药物（如氯胺酮、α_2-肾上腺素能激动剂）。解痉药物、解痉药物［如加巴贲丁（gabapentin）及普瑞巴林（pregabalin）］以及三环抗抑郁药物等有助于减少猫的疼痛，因此是辅助性镇痛药物。

重要的是应该清楚，乙酰丙嗪、阿法沙龙（alfaxalone）、巴比妥类药物、苯二氮䓬类药物（benzodiazepines）、吸入性麻醉剂（如异氟烷、七氟烷及地氟烷）和异丙酚均不是镇痛药物。

阿片类药物

阿片类药物为强力的镇痛药物（见表266-1），可有效治疗中等到严重程度的疼痛，因此应作为创伤或手术过程中疼痛治疗计划的组成部分。如果在手术前给予阿片类药物［先期给药（pre-emptive）］，则可减少手术过程中的应激反应，减少术后疼痛及减少对其他麻醉药物（平衡麻醉）的消耗。

阿片类药物的许多不良反应在猫与在其他动物相同（即心动过缓、呼吸抑制及镇静），这些不良反应中有些可见于采用麻醉剂量时，但未见于清醒状态的猫。阿片类药物在猫的一种很独特的不良反应是瞳孔散大而不是瞳孔缩小。但瞳孔直径并不直接与镇痛作用相关。瞳孔散大可引起猫讨厌亮光及不能聚焦。

阿片类药物可降低胃肠道运动，因此导致食欲不振，也可引起与阿片相关的过高热，导致体温升高超过40℃，这种现象见于吗啡、二氢吗啡酮、布托啡诺及丁丙诺啡等。

在头部发生创伤的猫使用阿片类药物时应谨慎，主要是因为呼吸抑制可导致$PaCO_2$增加，从而可诱发由于颅内压增加而引起的脑血管舒张。

如果发生明显的不良反应，可采用颉颃剂纳洛酮（naloxone）（0.01～0.04mg/kg IV或IM）。这种药物可颉颃阿片类药物的镇痛作用，因此在使用纳诺酮后应使用其他镇痛药物。纳布啡（nalbuphine）（0.5～1.5mg/kg IV）为另外一种可用于逆转μ激动剂非期望作用但要维持一定的止痛效果的颉颃药物。通常情况下，颉颃药物的作用持续时间比激动剂短，因此可能必须要重复用药。

非甾体类抗炎药物

非甾体类抗炎药（NSAIDs）具有镇痛、抗炎及解热（antipyretic activity）作用（见表266-2），这类药物常用于患骨关节炎（osteoarthritis，OA）的犬。由于猫肝脏的葡萄糖苷酸化作用（glucuronidation）有限，因此不能通过药物代谢更快地消除NSAID，常常会发生不良反应。但有些NSAIDs，如美洛昔康可经氧化途径代谢，这种代谢在猫极为有效。

表266-1　猫常用的阿片类药物

阿片类药物	剂量（mg/kg）	给药途径	镇痛开始的时间（min）	镇痛作用持续时间（h）	镇痛效率	评议
丁丙诺啡	0.005～0.01 0.005～0.04	IV IM、SC或经黏膜	30～45	3～4 4～12	中等	部分μ-激动剂；在英国和德国批准用于猫
布托啡诺	0.1～0.4	IV、IM或SC	快速	1～4 2～6	弱到中等	兴奋-颉颃；内脏镇痛；过高热及瞳孔散大常见
芬太尼	0.001～0.005 0.0024～0.04/h	静脉内大剂量 静脉内CRI* 手术期 静脉CRI* 术后	即时 360~720	0.2～0.5 ＞72	非常强	μ-激动剂；在CRI之前以大剂量给药作为负荷剂量；参见脚注中重要预防措施[1]
美沙酮	0.005～0.01/h 0.002～0.004/h0.05～0.1 0.1～0.5	IV IM或SC	快速	4～6	强烈	μ-激动剂；不良反应小；也可在N-甲基-D-天冬氨酸受体水平发挥作用
吗啡	0.05 0.1～0.3	IV IM或SC	20～30 45～60	1～4 4～6	强烈	μ-激动剂；静注后只有50%的猫具有可测定到的活性代谢产物
羟吗啡酮	0.05～0.1	IV、IM或SC	快速	2～6	非常强烈	μ-激动剂，在美国批准用于猫；未见报道过热症；静注后镇痛作用持续时间短

* CRI，每小时恒速灌注（constant rate infusion per hour）。

[1]远离孩子。芬太尼贴剂在未使用芬太尼缓解慢性疼痛的成人及儿童可引起损伤或死亡，即使在除去芬太尼贴剂之后，其仍含有足以引起儿童或宠物发生严重不良反应，甚至引起死亡。

表266-2　猫常用非甾体激素类抗炎药物

非甾体类抗炎药物	剂量（mg/kg q24h）	给药途径	评议
卡洛芬	2～4，最多3d	IV、SC或IM	静注后的半衰期为9～49h；在美国未批准用于猫
酮洛芬	1～2，最多3d	IV、SC或IM	可改变血小板机能而增加出血
美洛昔康	0.3一次 0.1一次，后以0.05 q24～48h用药	SC手术前后给药 PO长期给药	口服剂型对大多数猫是可口的，已在多个国家批准。对患有骨关节炎的猫可长期使用（尚未在美国批准使用）

NSAIDs可用于轻度到中等程度的炎性反应、急性及慢性疼痛。如果在术前给予NSAIDs，则在手术期间必须要保证足够的肾脏灌注及正常血压。这类药物的优点之一是其镇痛作用持续时间长，一次剂量可持续达24h。

NSAIDs的不良反应包括肾脏、肝脏及胃肠道毒性，因此在已经发生肾脏或肝脏疾病的病猫不应使用。血容量过低、脱水、休克及低血压也是使用NSAIDs的禁忌证。NSAIDs 不应与皮质类固醇合用，这是因为NSAIDs为环加氧酶（cyclo-oxygenase）的抑制剂，而皮质类固醇为磷脂酶A_2的抑制剂。两者均参与花生四烯酸代谢，两者合用可促进不良反应的发挥。扑热息痛（paracetamol）、对乙酰氨基酚（acetaminophen）、布洛芬及甲氧萘丙酸在猫均具有毒性。

局部麻醉

局麻药物经典的作用方式是可逆性抑制神经机能（见表266-3），由此导致麻醉的机体区域感觉丧失、镇痛及不能运动。与人医不同的是，兽医临床上必须要实施镇静才能注射局麻药物，而镇静也能减少病猫的麻醉风险。局麻药物是病猫治疗创伤及实施手术的有效工具，其可提供完全的镇痛，但不良反应很小。

局麻药物可局部用药（如眼或喉头），也可SC注射，或在神经周围、关节内或硬膜外给药。药物不良反应及其他并发症在局麻药物使用妥当的情况下很少见到。在其发挥作用之前可能有长达5min左右的滞后期（lag time），这主要取决于使用的局麻药物。除了局部浸润麻醉及外周神经阻断外，硬膜外麻醉也是在猫实施局部麻醉的有效方法。

表266-3　常用局部麻醉药物

局麻药物	最大剂量（mg/kg）	镇痛开始时间（min）	镇痛作用持续时间（min）
利多卡因	5	10～15	30～120
甲哌卡因	5	5～10	90～180
布比卡因	2	20～30	180～480

局麻药物可与阿片类药物（如吗啡）合用可延长麻醉持续时间。吗啡麻醉作用持续的时间（0.1mg/kg硬膜腔给药）为24～40h，因此是术后早期有效的止痛药物。

局麻药物不应与肾上腺素合用于外周神经阻断（如指神经阻断用于甲切除术），主要是因为肾上腺素可导致血管收缩及减少组织充盈。

利多卡因与丙胺卡因以乳剂合用可用于局部麻醉而用于静脉穿刺、皮肤活检、伤口清创及插管，在剃毛的皮肤至少应在实施手术之前30～45min用药。在猫不建议采用恒速灌注利多卡因，因为其具有致心律失常的作用。局麻药物的特殊用法参见第246章。

其他镇痛药物

α_2-肾上腺素受体-激动剂

右美托咪定（dexmedetomidine）、米地托咪定（medetomidine）及噻拉嗪（xylazine）为主要发挥镇静作用的药物，在猫还具有一定的镇痛作用，可很好地引起肌肉松弛。因此这类药物广泛用于麻醉程序中的镇静，但禁用于患有心血管系统疾病或已经发生血容量减少的猫，这是因为α_2-肾上腺素受体激动剂可导致心血管抑制及外周血管收缩。在心血管稳定的健康病猫，可采用米地托咪定恒速灌注（每小时1g/kg，IV）用于止痛。米地托咪定在美国尚未批准用于猫，但在其他多个国家已获批准使用。

氯胺酮

氯胺酮为一种N-甲基-D-天冬氨酸受体（N-methyl-D-aspartate receptor）非竞争性颉颃剂，其在防止中枢敏化（central sensitization）中特别有效。氯胺酮止痛效果良好，主要针对缺血性及躯体疼痛发挥作用，主要用作麻醉程序的一部分（1mg/kg、5mg/kg或10mg/kg IM）以发挥分离散麻醉作用（dissociative anesthesia）。剂量为1～2mg/kg IM在猫具有良好的镇痛效果，但没有明显的兴奋作用。在麻醉期间氯胺酮可恒速给药（每小时0.6mg/kg），也可用于术后镇痛（每小时0.12mg/kg，用药24h）。

加巴贲丁

加巴贲丁可用于神经性疼痛（5～20mg/kg q12h PO）（如椎间盘疾病或用于四肢截除手术之后）。有研究表明，加巴贲丁也可用于手术过程中防止疼痛。最不期望的不良反应是镇静。

皮质类固醇

皮质类固醇，如强的松（开始时1～2mg/kg q12～24h PO、IV或IM，之后减量到q48h）、强的松龙（初始剂量为1～2mg/kg q12～24h PO、IV或IM，之后减量到q48h）及地塞米松（0.1mg/kg q24h SC，PO或IV达5d）等，在其他药物如NSAIDs等未能奏效或无此类药物时，可用于炎性疼痛。皮质类固醇不应与NSAIDs合用，主要是会提高发生不良反应的概率。

阿米替林

阿米替林（2.5～12.5mg/kg q24h PO）可用于减轻先天性膀胱炎引起的疼痛，其结果有一定的差异。

多模式方法（multimodal approach）

可根据同时使用在疼痛途径不同水平发挥作用的药物建立止痛的多模式方法，这样可获得更好的镇痛效果。此外也可减少不良反应。例如丁丙诺啡（0.01mg/kg IM）与卡洛芬（4mg/kg SC）合用，与丁丙诺啡或卡洛芬单用相比，可明显降低术后（卵巢子宫切除术）疼痛。多模式疼痛治疗也意味着镇痛药物与理疗、石膏或绷带、细心护理及一些补充方法合用。

在人医中，许多补充疗法可有效用于疼痛治疗，但在兽医中，只见有少数几篇研究报道。针刺可有效控制手术过程中的疼痛，也可用于骨关节炎时的慢性疼痛。

参考文献

Bockstahler B, Levine D, Millis D. 2004. *Essential facts of physiotherapy in dogs and cats: Rehabilitation and pain management*. Babenhausen: BE VetVerlag.

Hammond R, Macdonald C, Nicholson A. 2008. Opioid analgesics. In JE Madison, S Page, D Church, eds., *Small Animal Clinical Pharmacology*,

2nd ed., pp. 309–329. Philadelphia: Elsevier Saunders.
Hellyer P, Rodan I, Brunt J. 2007. AAHA/AAFP pain management guidelines for dogs & cats. *J Am Anim Hosp Assoc.* 43:235–248.
Lascelles BD, Court MH, Hardie EM. 2007. Nonsteroidal anti-inflammatory drugs in cats: a review. *Vet Anaesth Analg.* 34:228–250.
Lascelles BD, Hansen BD, Thomson A, et al. 2008. Evaluation of a digitally integrated accelerometer-based activity monitor for the measurement of activity in cats. *Vet Anaesth Analg.* 35:173–183.
Plumb, Donald C. 2008. *Plumb's Veterinary Drug Handbook.* Ames: Iowa State University Press.
Robertson SA. 2008. Managing pain in feline patients. *Vet Clin North Am Small Anim Pract.* 38:1267–1290.
Steagall PV, Taylor PM, Rodrigues LC, et al. 2009. Analgesia for cats after ovariohysterectomy with either buprenorphine or carprofen alone or in combination. *Vet Rec.* 164:359–363.

第267章
阴门周围皮肤皱褶摘除
Perivulvar Skin Fold Removal

Gary D. Norsworthy

定义

阴门周围皮肤皱褶摘除（perivulvar skin fold removal）也称为会阴成形术（episioplasty），是指除去阴门侧面的垂直皮肤褶的方法，这种皮肤褶常常很大，因此难以看到阴门（见图267-1）。这种情况主要见于肥胖的猫，常常由于排尿后尿液聚集而引起感染。在皮肤褶发生的皮炎或脓皮症（pyoderma）可扩散到整个会阴及尾巴的腹侧（见图267-2）。

设备与来源

- 常规手术包。
- 软的可吸收缝线，3-0或4-0（作者喜欢采用聚羟基乙酸和聚乳酸共聚物纤维缝线polyglactin910）。

步骤

- 如果存在会阴皮炎或皮肤褶脓皮病，必须在手术之前先进行处理，可采用全身抗生素及局部治疗1～4周来解除感染。

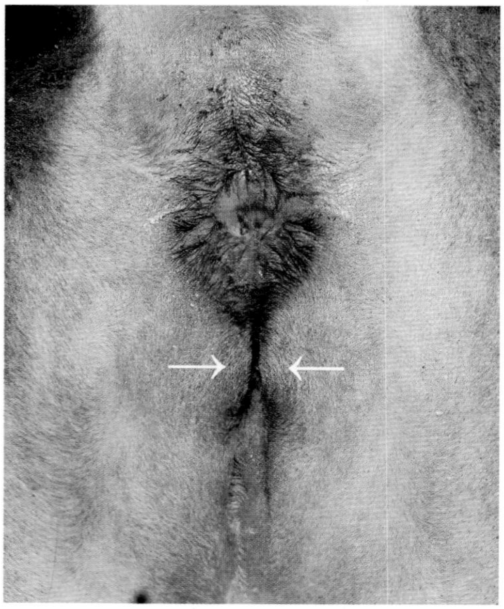

图267-1　异常皮肤褶（箭头）位于阴门外侧，如果不从外侧面除去皮肤褶，则阴门很难看到

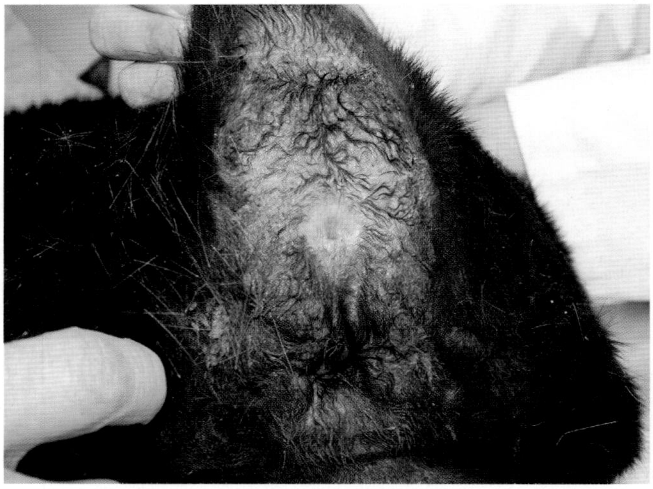

图267-2　如果发生会阴皮炎，必须在手术前进行治疗，皮炎可延伸到尾部腹侧面，如本例猫

- 会阴部剃毛，无菌手术准备。猫伏卧，尾部拉伸到背部腰椎区。将一卷纱布插入肛门以防止粪便排出。或者采用荷包缝合闭合肛门，但不要拉得太紧以免引起会阴部皮肤扭曲。
- 阴门侧面做一对称椭圆形的竖向切开，宽度足以完全除去皮肤褶，阴门侧面至少应留下2mm（1/8in）皮肤以便进行缝合（见图267-3）。
- 间隔大约2mm单纯间断缝合闭合切口。从切口中央开始，在切口间交替缝合以获得对称及光滑的皮肤轮廓（见图267-4，图267-5）。缝线末端剪短以免猫舔。
- 术后猫戴上伊丽莎白颈圈24～48h，此后可根据需要确定是否仍需佩戴。

并发症

- 如果椭圆形切口不完全一致，则可造成不对称。
- 如果不能切除足够多的皮肤，则难以获得光滑的皮肤轮廓，仍有可能复发。
- 如果猫在术后增重，可形成新的皮肤褶。因此应建议

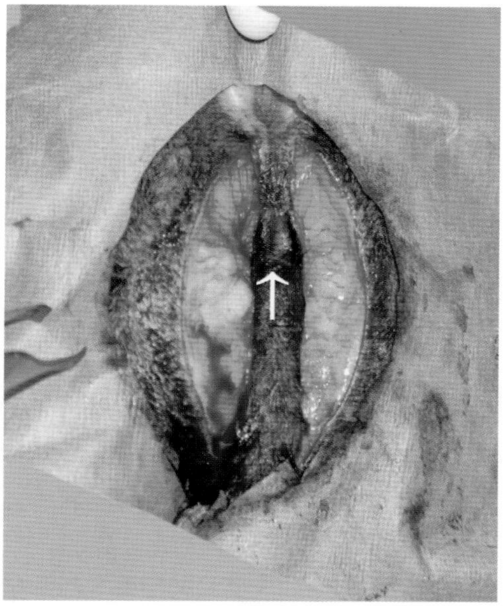

图267-3　阴门（箭头）侧面做对称椭圆竖向的切口，其宽度足以完全除去皮肤褶。阴门侧面至少应留下2mm的皮肤以便缝合

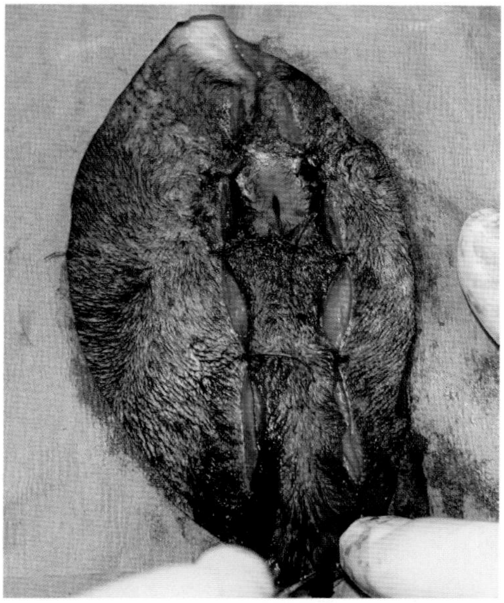

图267-4　间隔约2mm简单间断缝合闭合切口，缝合从切口中央开始，切口间交替缝合以使切口边缘对称及皮肤轮廓光滑

减重以防止复发。

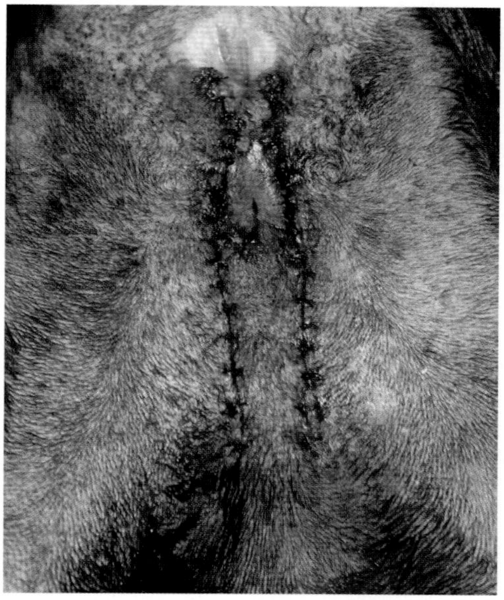

图267-5　缝合完成后切口闭合，阴门明显可见

参考文献

Fossum TW. 2002. Surgery of the reproductive and genital systems. In TW Fossum, ed., *Small Animal Surgery*, 2nd ed., pp. 610–674. St. Louis: Mosby.

White RAS. 2006. Surgical treatment of specific skin disorders. In DH Slatter, eds., *Textbook of Small Animal Surgery*, 3rd ed., pp. 339–355. Philadelphia: Saunders.

第268章
理疗与康复
Physical Therapy and Rehabilitation

Barbara Bockstahler 和 David Levine

概述

理疗及康复（physical therapy and rehabilitation）是兽医学中进展很快的领域。为了确保最佳的治疗效果，应了解不同理疗方法，并对潜在疾病的病理生理学、组织解剖学、治疗学、伤口愈合过程以及根据组织强度引入康复技术的时间等熟悉。本章将简要介绍常用的理疗干预方法，详细情况可参阅小动物理疗的有关书籍。

与犬不同的是，在兽医理疗及康复中病猫的数量很少。这可能与人们错误地认为因为猫独特的行为采用传统理疗方法时难以治愈有关。虽然猫与其物种有关的行为特点使得其难以处治，但猫也具有一些独特的特点可用于建立康复计划。

检查

在开始实施理疗前，必须要进行彻底的理疗检查。如果没有临床诊断，绝对不能启动康复计划。除了查体外，还应特别注意以下方面：

- 全身肌肉状况、对称性及张力：老龄猫或长期限制运动的猫，如在笼中休养时，常可表现为肌肉萎缩及肌肉强度降低。四肢肌肉群可采用卷尺测定，但关键是一定要测量同一位置的四肢周径。在发生神经性疾病时，肌肉张力可能降低或增加，也可检查到常继发于整形手术及神经性疾病的疼痛性肌肉痉挛。
- 关节被动运动范围：这是指关节无阻力或无不适症状而能运动的全舒适动作。被动运动范围可用测角器测定。关节在其运动范围屈曲或伸展，从测角器上读数。Jaegger（2007）报道正常猫的腕关节运动范围值（屈曲/伸展）为22°/198°，肘关节为22°/163°，肩关节为32°/163°，跗关节为21°/167°，膝关节为24°/164°，髋关节为33°/164°。

特别建议

- 一般来说，猫的忍受能力比犬差，因此更难以训练。
- 猫相对不耐烦而会很快厌烦，因此应尽可能缩短每次操作的时间，并采用各种不同的活动。
- 猫的一些行为特点，如玩耍和捕猎等可用于设计积极的活动。
- 并非所有的猫均能忍受所有的治疗方法，有些猫喜欢电疗法或超声治疗，有些猫则不适应。因此应仔细引入每种治疗方法以避免引起病猫及治疗人员的受伤。
- 有些猫可忍受水疗法（hydrotherapy），但在大多数猫这种治疗可引起很高的应激，因此只能用作最后一种可供选用的方法。

技术

按摩

按摩是多种情况下一种很有效的治疗方法，如人的按摩一样，也是小动物康复常常建议采用的方法。

生物学作用

按摩具有许多有益的治疗作用，如增加血流、增加氧气供应，释放内源性内啡肽，因此可有效用于康复治疗。

方法

文献资料中报道的按摩方法很多，最常用的经典方法或瑞典式是：

- 轻抚法（effleurage）为一种用于表面增加血流及治疗时使得猫感觉更为舒适的方法。
- 捏揉法（petrissage）为按摩的一种捏合方法，可有效增加血液供应，增加纤维组织的活动及强度，可增加结缔组织的可展开性及强度。
- 摩擦法（friction）为一种深度按摩法，可用于恢复组织界面的活动。

适应证、注意事项及禁忌证

按摩的适应证为改进继发于肌肉骨骼疾病的肌肉痉挛，增加血流，增加肌腱和韧带的弹性，改进关节和肌肉机能及防止术后组织粘连。按摩不能用于肿瘤、感染、心脏解压、发热或出血性疾病。

热的使用

生物学作用

热可用于增加血流及组织的代谢速度，引起肌肉松弛，缓解疼痛及增加结缔组织的延伸性。

方法

将组织加热到深度为2cm时，可采用商用热包（hot packs）置于机体患病部位15～20min，每天1～3次。常常是在一些活动之前，如运动或拉伸之前实施。

适应证、注意事项及禁忌症

这种治疗方法可用于骨关节炎、由于脊椎关节病引起的背部疼痛、椎间盘损伤或其他脊柱疾病、肌肉痉挛以及用于一些组织如肌肉组织及肌腱运动前的准备。禁忌证包括急性炎症、肿瘤、严重的心脏机能不全、治疗区域感觉机能下降等。

冷的使用

生物学作用

冷（或冷疗，cryotherapy）可引起血管收缩，因此减少损伤或术后的出血。冷也可降低细胞代谢，降低神经的传导速度，并有助于缓解疼痛。

适应证、注意事项及禁忌证

冷可用于减少术后及运动后的肿胀、疼痛及总体的炎症过程，减少骨关节炎急性阶段时的肿胀及疼痛。在发生感觉异常及循环疾病时不应采用冷疗。

方法

为了使组织制冷，可选用商用制冷包或冰块包，可将其包在毛巾中直接置于身体患病部位10～15min，每天1～3次。

治疗性超声波

在理疗性治疗方法中，超声波常用于深部组织加热以改进结缔组织的伸展性，减少疼痛及肌肉痉挛，促进组织痊愈及改进疤痕组织的质量。可采用1.0MHz和3.3MHz两个频率；1MHz的吸收深度为2～5cm，而3.3MHz可作用于深度为0～3cm的更表层。常用两种超声波模型，即连续性（100%）及脉冲式（典型情况下占20%）。

生物学作用

采用的模式不同，超声波的生物学作用亦不同：

- 连续模式：热效应高，主要用于拉伸前的组织温热。
- 脉冲模式：热效应低，但依组织修复阶段可出现多种作用，包括加速炎症过程、增加成纤维细胞增殖、增加愈合组织的抗张强度等。

适应证、注意事项及禁忌证

常见适应证包括增加拉伸前的组织温度，减少疼痛，治疗钙化性肌腱炎及加速伤口愈合过程，不应用于心脏或带有计步器的猫，不应用于易于发生栓塞的区域及肿瘤或感染区域，不能用于未成年生长的骺区，也不能用于施行椎板切除术（laminectomy）后的脊柱。

方法

- 作用模式（连续性或脉冲式）的选择依赖于期望的效果。连续性模式时热效应明显，但如采用脉冲式模式则组织愈合效果明显。
- 频率的选择取决于靶组织。
- 超声波的强度通常为0.5（少量软组织）～1.5（大量软组织）W/cm^2。采用脉冲式治疗，如果主要目的是促进伤口愈合，则应遵从已经建立的指南（Millis，Levine，Taylor，2004）。
- 治疗时间取决于治疗区的大小及超声探头的大小，通常情况下，在超声探头适合治疗区域大小时可治疗4min（如音头大小为$5cm^2$，治疗区为$10cm^2$，则需8min）。
- 对治疗区域必须精确确定，必须要采用合适的接触胶，必须要剃毛以使传导高效且避免烧伤。
- 治疗过程中超声探头必须要缓慢移动以避免过多烧灼皮肤。

电疗

电刺激为一种有效的治疗方法，在猫常常可行，其实许多猫会喜欢采用这种方法治疗。两种最常用的电刺激为加强肌肉强度及控制疼痛。

生物学作用

加强肌肉强度时，应刺激运动神经，其可引起肌肉收缩。控制疼痛时，由于对多种机制，如门控理论（gate control theory）及内源性内啡肽释放，可产生会镇痛作用。

为了解释思想和情绪对疼痛知觉的影响，Ronald Melzack和Patrick Wall提出了门控理论，认为在脊髓背角可能存在闸门机制。小型神经纤维（疼痛感受器）与大型神经纤维（普通感受器）激活发射细胞（projection cells，P细胞），发射细胞通过脊髓丘脑束到达大脑，也到达背角中的抑制中间神经元（inhibitory interneurons，I）。这些连接交互影响，决定何时疼痛刺激能到达大脑，过程如下：（1）当没有刺激输入时，抑制神经元阻挡发射神经元将信号发往大脑（闸门关闭）。（2）一般的感觉输入发生时，有更多大型神经纤维激活（或者仅有大型神经纤维激活）。抑制神经元和发射神经元都会激活，但抑制神经元会阻挡发射神经元将信号发往大脑（闸门关闭）。（3）当更多的小型神经纤维激活，或者只有小神经纤维激活时，痛觉感受器激活，这会使抑制神经元停止活动，而发射神经元将把信息发往大脑让它感知疼痛（闸门敞开）。从大脑出发的下行通路，通过激活抑制发射神经元关闭闸门，从而减缓疼痛知觉。

- 肌肉收缩及血管活性物质的释放可引起充血。

适应证、注意事项及禁忌证

电刺激常常用于治疗疼痛，改进肌肉痉挛，防止肌肉萎缩及增加肌肉强度。注意事项及禁忌证包括引起皮肤局部麻木、急性炎症、感染及肿瘤。

电极

可采用各种电极（如橡胶、凝胶及针式）；除了针式电极外，治疗前必须要将皮肤剃毛，采用合适的接触媒介，如超声波胶等。

电极可直接置于疼痛区，经支配靶组织的神经节段性实施，也可用于针刺点或启发点上，用于刺激运动点及肌肉－肌腱结合部的肌肉（见图268-1）。

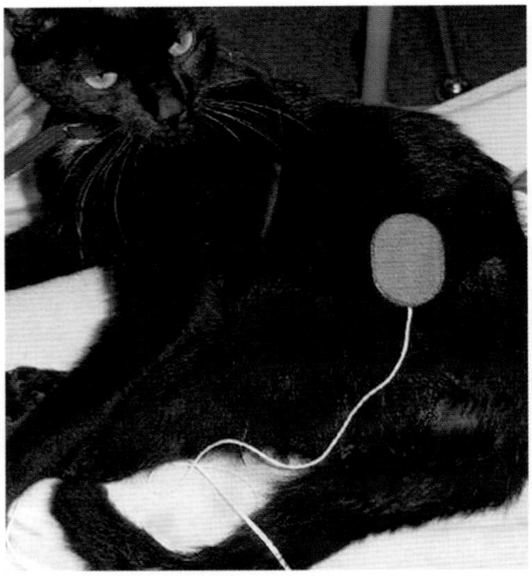

图268-1 采用针头式电极的电疗（PT2000，S+BmedVet），用于治疗腰部疼痛

治疗性运动

治疗性运动（therapeutic exercises）是康复过程中最重要的组成部分，治疗方法的设计主要依赖于个体病例的需要，应确保运动可安全进行而没有使症状恶化的风险。应根据组织修复的阶段选择运动，因此治疗专家应该了解潜在的病理学、期望的恢复进展及生物物理学特点。

适应证、注意事项及禁忌证

这种治疗方法可用于多种目的，包括改进活动范围，增加肌肉质量、强度、调节及耐力、主动无痛运动及关节机能，肢体的使用，调节及本体感受，性能及日常机能等。如果期望的运动可恶化疾病状态（如在急性骨关节炎运动会产生明显影响，或直接在骨折固定之后采用等），则禁用治疗性运动。

被动运动范围（passive range of motion）

当病猫在无主动肌肉收缩，关节在运动范围之内时［也称为关节活动度，是指关节运动时所通过的运动弧（角度）——译注］，可出现关节运动被动活动度（Passive range of motion，PROM）（或称被动活动范围，完全由外力产生，无随意肌肉活动——译注）。附加或保持额外的压力以增加运动范围称为拉伸（stretching）。因此可采用RROM运动维持关节伸缩性，而不是增加其伸缩性，维持肌肉强度或耐力。通常对患病肢体的关节进行治疗，从远侧开始，每天2～3次，每次重复10～30次。

骑自行车样运动（bicycling）

骑自行车的运动为一种典型的PROM，通过一种类似于骑自行车的运动，使得肢体的所有关节均通过其ROM发生运动，这种方法可在侧卧或站立位置时进行。采用这种运动主要是为了训练关节的PROM及步态。实施时可轻轻抓住跗关节或腕关节，四肢从后向背部再向前方向做平滑圆形运动。如果猫站立，则应帮助其防止跌倒。

拉伸（stretching）

虽然可采用PROM运动维持关节的活动性，但也可采用拉伸增加关节的灵活性，特别是一些组织如关节囊、肌腱及肌肉的灵活性。可使得关节屈曲，一直到检测到有限制，然后拉伸肌肉及结缔组织。拉伸可持续20～30s，同一过程可在关节伸直时重复。可重复2～5次，每天1～3次。

辅助站立（assisted standing）

这种运动方式极为有价值，特别是在实施整形手术及神经手术之后，可用于强化病猫，训练神经肌肉机能，改进本体感受等。通常可采用吊架或吊带支持猫的身体，四肢应成直角伸开于身体之下，应使猫尽可能负重达数秒钟，只要猫开始表现衰弱的症状时，应将其恢复到站立姿势。随着病猫变得强壮，治疗专家可逐渐减少对其支撑。可重复5～15次，每天1～3次。

负重移位（weight shifting）

如果猫能安全站立，可采用这种运动用于不愿卧下的猫改进平衡、本体感受及使用四肢。治疗专家可试验通过快速轻轻压迫猫的肩部或骨盆部，使猫的稳定性降低而打破平衡。可重复5～15次，每天1～3次。

与激光束、玩具或美食玩耍（playing with laser lights，toys，and treats）

猫可能难以引起刺激，但有些猫的玩耍及捕猎行为可用于设计主动运动，如采用激光、玩具及美食等有助于激发猫采用设计的运动。例如在墙壁上活动激光笔可刺激猫拉伸其腿部以够及光点（见图268-2）。其他方法也可使猫与玩具或美食玩耍。

独轮车运动及跳舞（Wheelbarrowing and Dancing）

独轮车式运动是设计用来改进使用前肢及拉伸或强化前肢肌肉。运动时将其后肢抬高离开地面，猫向前运动。跳舞运动是用于改进及强化肌肉或后腿的运动范围，运动时将前肢抬高，鼓励猫向前或向后运动数步（见图268-3，图268-4）。

图268-2　猫与投到墙壁上的激光光束玩耍

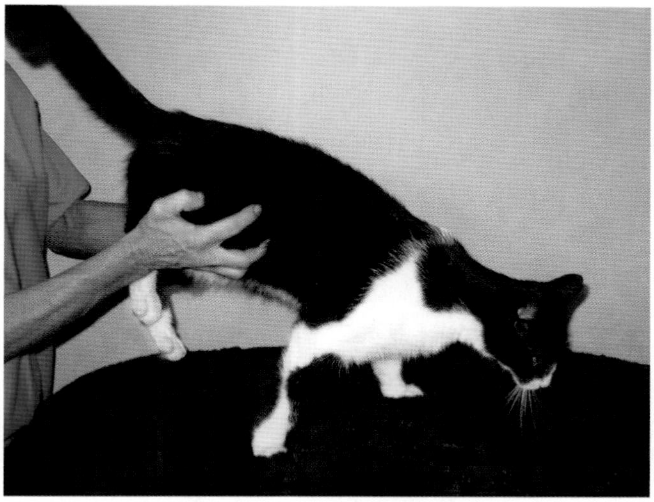

图268-3　这例猫的治疗方法包括采用独轮车式运动

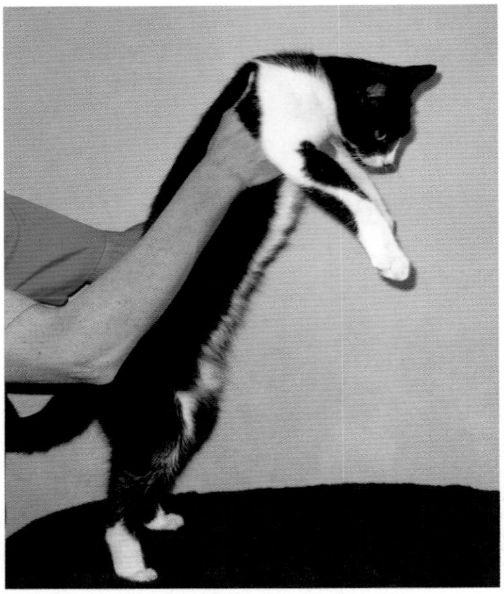

图268-4 图268-3中的同一猫，跳舞运动

参考文献

Bockstahler B, Levine D, Millis D, eds. 2004. *Essential Facts of Physiotherapy in Dogs and Cats*. Babenhausen, Germany: BE VetVerlag.

Levine D, Millis DL, Marcellin-Little DJ. 2005. Introduction to veterinary physical rehabilitation. *Vet Clin North Am Small Anim Pract*. 35(6): 1247–1254.

Furlan AD, Imamura M, Dryden T, et al. 2009. Massage for low back pain: An updated systematic review within the framework of the Cochrane Back Review Group. *Spine*. 34(16):1669–1684.

Jaegger, Gayle. 2007. Validity of goniometric joint measurements in cats. *Am J Vet Res*. 68(8):822–826.

Saunders DG. 2007. Therapeutic exercise. *Clin Tech Small Anim Pract*. 22(4):155–159.

Saunders DG, Walker JR, Levine D. 2005. Joint mobilization. *Vet Clin North Am Small Anim Pract*. 35(6):1287–1316.

Steiss JE, Levine D. 2005. Physical agent modalities. *Vet Clin North Am Small Anim Pract*, 35(6):1317–1333.

第269章
鼻切开术
Rhinotomy

Gary D. Norsworthy

定义

鼻切开术（rhinotomy）是指用于进入一侧或两侧鼻腔进行采样以进行组织病理学（histopathology，HP）、细胞病理学（cytopathology，CP）检查及细菌培养、PCR检测呼吸道病原、摘除肿瘤或异物等的手术。鼻腔由两半组成，中间为鼻中隔（nasal septum），其含有薄的卷曲状贝壳样的鼻甲骨（conchae，turbinate bones），见图269-1。

设备

- 常规手术包。
- 有切口骨钻（bone drill with cutting burr）或髓内针［intramedullary（IM）pin］，如带手动卡盘的0.062克氏骨针（K-wire）。

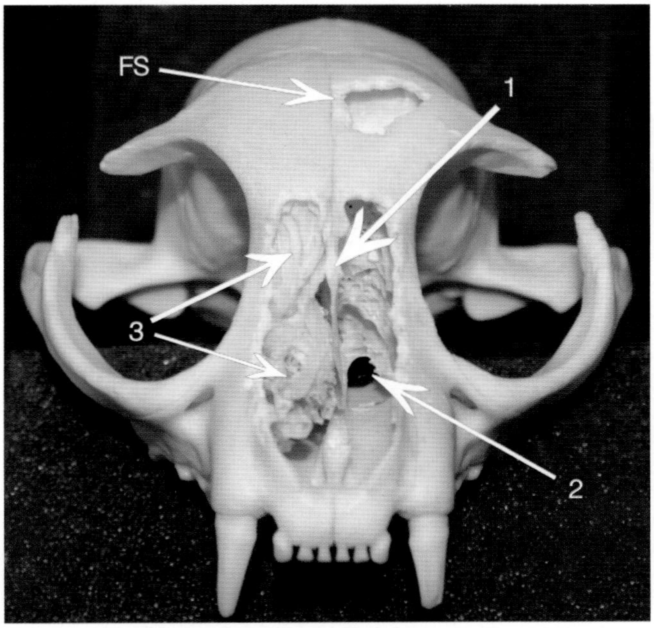

图269-1 两半鼻腔中间由鼻中隔分开（1），每一半都通过鼻孔与环境沟通，也通过小孔（ostium）（图中未表示）与额窦（FS）相通，通过鼻后孔与鼻咽部相通（2）。鼻腔中充满薄的卷轴状贝壳样的鼻甲骨，其上覆盖有黏膜。在本图中，鼻甲骨见于鼻腔的右侧（3），而左侧鼻腔中的已经除去

- 小的尖嘴骨钳。

步骤

- 通过影像检查确定是单侧性手术还是双侧性手术。参见第146章及第147章。
- 从鼻平面后2mm处开始，在中线做2～3cm长的切口。
- 该部位血管丰富，因此需用止血钳止血。在许多情况下直接压迫就可止血。
- 从骨骼开始处剥离骨膜，以显露中线处的鼻骨和额骨。
- 用骨钻或髓内钉在手术侧或选择进入的一侧偏离中线做1mm开孔。
- 用骨钻、髓内钉或骨钳扩大开口以达到理想大小。大多数活检样品可通过2mm×1cm的开孔采集，但可将开口增大到3mm×1.5cm（见图269-2、图269-3）。

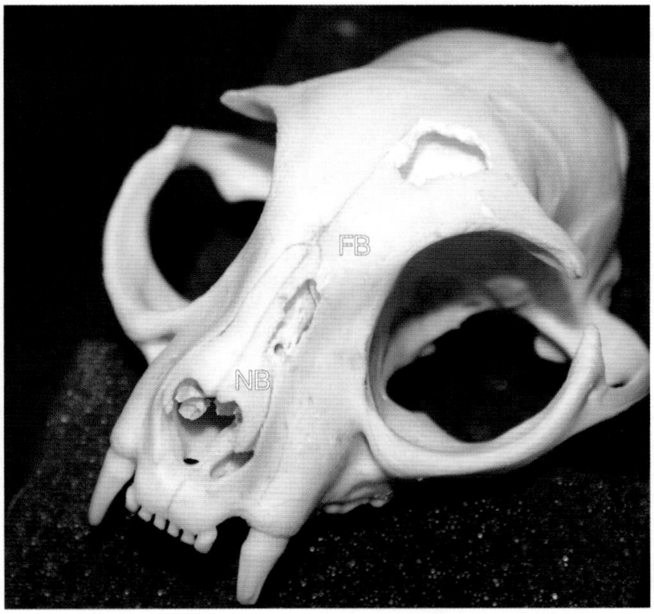

图269-2 通过额骨（FB）做一大小约2mm×1cm的开孔，以需要的进入位点，可将其延伸到鼻骨（NB）

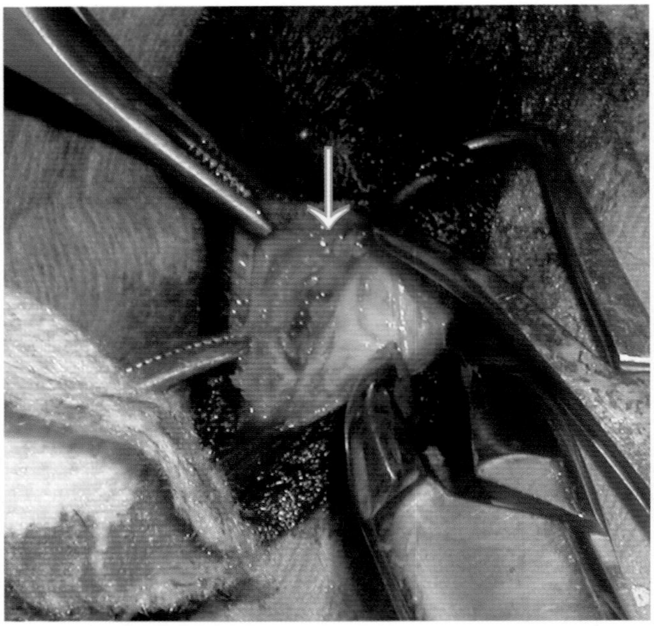

图269-3 通过手术开孔可观察到鼻腔内的化脓性物质（箭头）

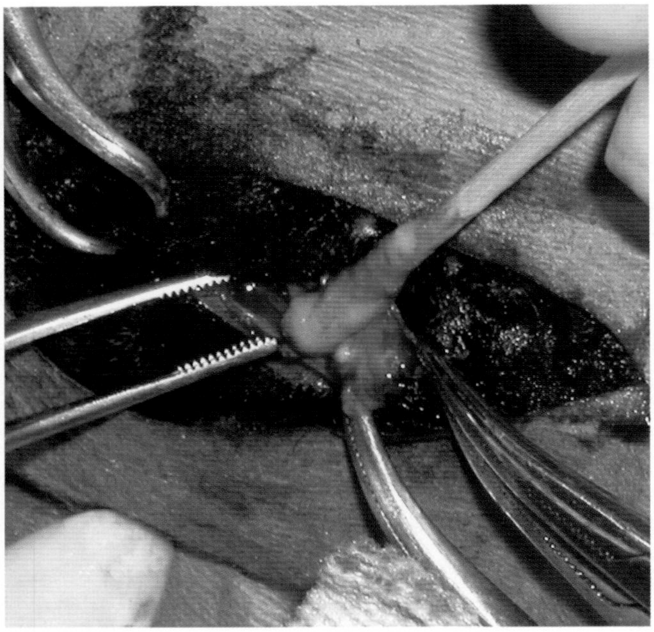

图269-4 用棉签采集样品进行培养或细胞病理学检查

- 采集样品进行HP、CP、培养及PCR检查（见图269-4）。
- 缝合皮肤闭合切口。为美容起见，可从近鼻平面起，用皮下缝合法缝合。无需闭合骨上的开口。

并发症

- 如果除去中隔，可出现鼻腔压迫的情况。
- 可发生皮下气肿，但作者从未发现有这种并发症发生。

参考文献

Fossum TW. 2002. Surgery of the upper respiratory system. In TW Fossum, ed., *Small Animal Surgery*, 2nd ed., pp. 716–759. St. Louis: Mosby.

第270章
滑动皮瓣
Sliding Skin Flaps

Mac Maxwell

概述

兽医实践中皮肤异常很常见，可因创伤或摘除肿瘤而发生。无论其发生的原因如何，可采用许多技术进行皮肤重建。可根据移动皮肤覆盖损伤部分的方向将皮瓣进行分类。一般来说，向前方移动的皮瓣称为拉伸皮瓣（advancement flaps），沿着皮肤蒂旋转的皮瓣称为旋转皮瓣（rotational flaps）。无论皮瓣的类型如何，每个皮瓣都有一组织基部与完整的皮下血管丛连接以便为组织提供血液供应。直接与动静脉吻合的皮瓣称为轴型皮瓣（axial pattern flaps）。滑动皮瓣（sliding skin flaps）依赖于周围组织的弹性使得皮肤能直接对位而闭合。应避免使用活动性大或高度紧张部位的皮肤作为皮瓣供体，因为这样可增加皮瓣裂开的风险。一般来说，皮瓣应朝向皮肤张力较小的方向，而旋转型皮瓣的朝向则应与皮肤张力最大的方向平行。检查皮肤张力时可通过用手指抓起皮肤以检查其紧张度进行评价。

由于前移及旋转皮瓣依赖于从皮下血管丛获得血液供应，因此建议皮瓣的基部应比皮瓣本身要宽，以获得足够的血液供应。此外，皮瓣应尽可能短，以覆盖缺损部位。

应仔细检查伤口的大小、形状、周围皮肤的弹性及受体床的特点。躯干上的伤口常常适合于采用局部前移皮瓣，本文将进行介绍。位于四肢末端的伤口常通过减张处理及直接闭合或采用网眼移植（mesh grafts）进行治疗。在移植皮肤之前受体床应无感染，且有健康肉芽形成组织覆盖。

单蒂前移皮瓣

概述

单蒂拉伸皮瓣（single pedicle advancement flaps）是最简单的皮瓣，其依赖于邻近皮肤的弹性。采用这种手术的术前计划包括初步评价皮肤弹性，皮瓣应朝向张力较小的方向，根据损伤部位的大小确定皮瓣的宽度，皮瓣的长度应保持在最小以避免可能会发生的顶端坏死。

手术方法

- 见图270-1。
- 用手指或镊子提起皮肤，评估供体皮肤前移的方向。
- 做两条平行的皮肤切口，其宽度与损伤部位的宽度相同；或者以其他方式切开皮肤，以确保皮瓣在基部较宽。
- 用梅岑鲍姆剪（Metzenbaum）仔细剥离皮瓣，直到获得充分的移动性。
- 将皮瓣前移，简单间断缝合到缺损部。有人建议在皮瓣的角部采用半埋入褥式缝合以减少对血循的影响。
- 对需要采用单个长型前移皮瓣进行处理的缺损，可采用两个单蒂拉伸皮瓣（H-成形术，H-plasty）进行

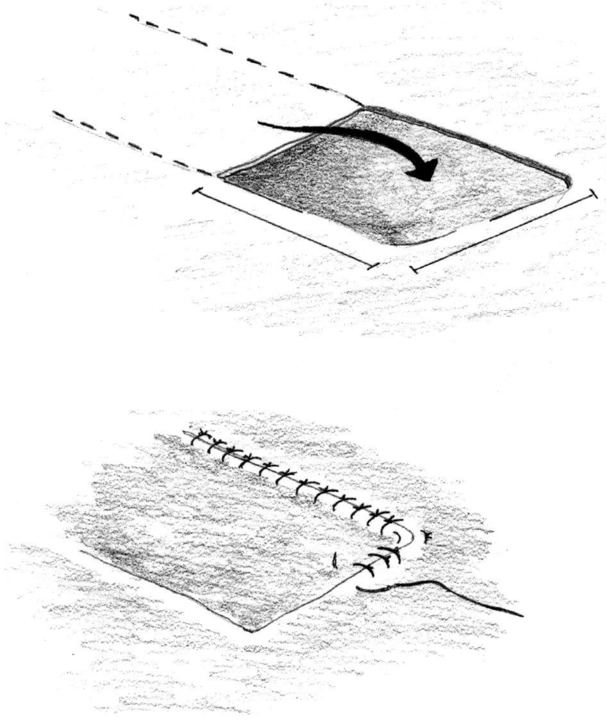

图270-1　单蒂拉伸皮瓣。在缺损部位以最有弹性的皮肤为方向，做平行或分开的切口，取下皮瓣，缝合到缺损部位

处理，但H-成形术的主要缺点是由于两个前移皮瓣间的交叉可使开裂增加。

双蒂拉伸皮瓣（bipedicle advancement flaps）

概述

双蒂皮瓣（bipedicle flaps）可从两个方向获得血循，而且采用局部有弹性的皮肤。皮瓣的方向通常沿着缺损部位长轴的方向。虽然这类皮瓣可从两个方向获得血液供应，但由于皮瓣狭窄，因此具有中央坏死的风险。

手术方法

- 见图270-2。
- 用手指或钳子提起皮肤，评估供体皮肤前移的最佳方向。
- 皮瓣的宽度及长度应该等于缺损部位的宽度及长度。
- 与伤口长轴平行做皮肤切口并轻微弯曲，以便凹侧能朝向缺损部位。
- 用梅岑鲍姆剪刀轻轻切取皮瓣，前移以覆盖受体床。采用简单间断缝合对合皮肤边缘。主要通过下挖及前移闭合供体位点。如果不能直接闭合供体位点，则可留待二期愈合。
- 也可在缺损部位两侧做两个双蒂前移皮瓣。

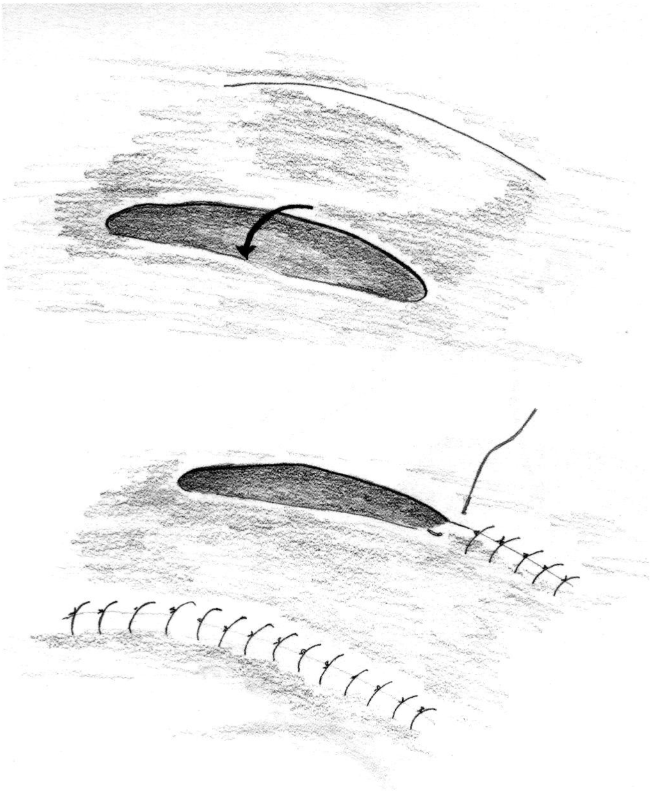

图270-2 双蒂拉伸皮瓣：与伤口长轴平行做皮肤切口，取下皮瓣，前移后缝合。可取下供体床，前移到能直接闭合或留下等待二期愈合

90° 转位皮瓣（ninety-degree transposition flap）

概述

转位皮瓣（transposition flap）为依赖于皮下血管丛进行血液供应的旋转型皮瓣，虽然与轴向皮瓣相比其长度受限，但在大多数解剖部位均可使用。这种皮瓣可旋转45°或90° 。只能旋转45° 的皮瓣尤其适用于三角形缺损。

手术方法

- 见图270-3。

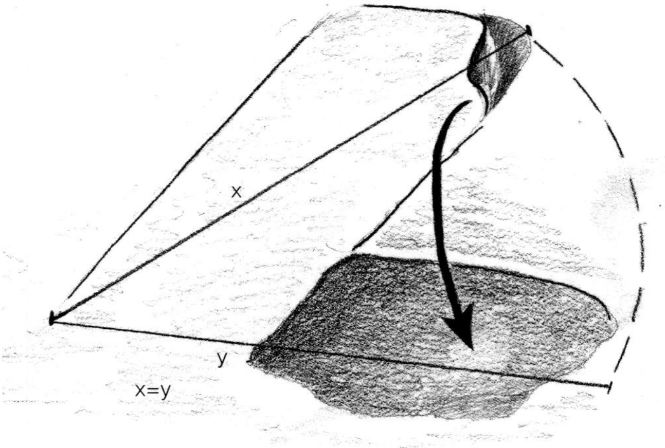

（A）

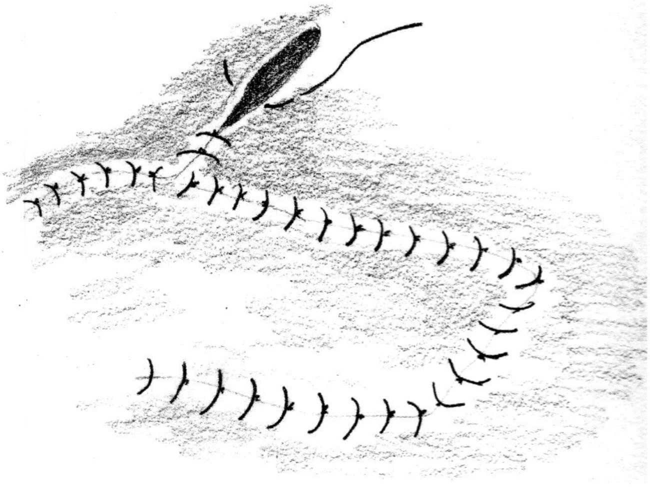

（B）

图270-3 （A）和（B）转位皮瓣：应仔细测量皮瓣的宽度和长度以确保能充分覆盖缺损部位。长度y代表从旋转点到缺损部位边缘的长度，x代表从旋转点到皮瓣远角的长度。x的长度应等于y的长度。切开皮肤，将皮瓣旋转，缝合到缺损部位上

- 评估邻近受体床局部的皮肤张力。
- 制作皮瓣时应与张力最小的方向平行，皮瓣宽度及长度应等于缺损部位的长度和宽度，因此应仔细测定并且在切开前在皮肤上标定。
- 在标定区切开皮肤，用梅岑鲍姆剪刀小心切下皮瓣。
- 将皮瓣旋转到缺损部位以简单间断缝合进行缝合。所有比较锐利的点（如角部）均应在闭合前再次切除，以减少发生坏死的风险。

减张方法（tension relieving procedures）

概述

如果必须采用皮肤闭合伤口的需要不大，可采用减张方法（tension relieving procedures）。这类方法包括简单挖下周围皮肤以及采用成形术等方法。可采用减张、交错或点状切口，从伤口边缘1cm开始，长度约为1cm施行切开手术。如果张力过大，可在第一排之外1～2cm处做第二排切口，也可采用Z–成形术或V向Y–成形术以便伤口周围的皮肤前移（见图270–4）。采用皮肤伸张器（skin stretchers）或组织扩展器（tissue expanders）时，情况则完全不同，可使皮肤胶原能够对张力发生反应而伸展。对皮肤的这种预伸张可在伤口发生初步闭合前数小时进行。无论采用何种减张方法，必须认真计划，才能获得最佳的重构。

预后

皮瓣的存活取决于许多因素，包括病猫的整体健康状况以及受体床的活力。在移植皮瓣前，受体应无感染，具有良好的血液供应。应对伤口进行培养及药敏试验，以帮助选用抗微生物疗法。移植位点应无张力，无锐利的边缘或点。如有张力或锐利的点则极大地增加了开裂的风险。可依组织的活力及死腔的程度，根据需要采用绷带及引流。

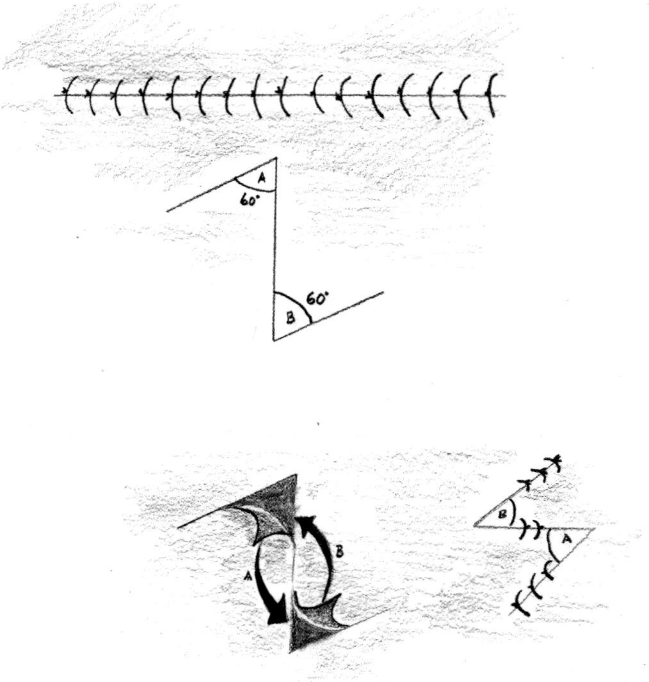

图270–4　减张Z–成形术，采用这种方法可使皮肤在伤口周围前移。可以中央部位与需要松弛的方向平行做Z形切口，皮瓣的朝向基本成60°角。取下两个Z形皮瓣，调换后缝合，以使长度增加约75%

参考文献

Bosworth C. 2004. Skin Reconstruction Techniques: Z-plasty as an Aid to Tension-Free Wound Closure. *Vet Med.* 109(10):892–897.

Gibbs A. 2004. Skin Reconstruction Techniques: Full-thickness Mesh Grafts. *Vet Med.* 109(10):882–891.

Hedlund CS. 2007. Skin reconstruction. In TW Fossum, ed., *Small Animal Surgery*, pp. 193–205. St. Louis: Elsevier.

Leonatti, S. 2004. Skin reconstruction techniques: Axial pattern flaps. *Vet Med.* 109(10):861–880.

Pavletic, MM. 2006. Skin grafting. In MM Pavletic, ed., *Atlas of Small Animal Reconstructive Surgery*, 2nd ed., pp. 192–209. Philadelphia: Lippincott.

第271章
皮下输液管插管
Subcutaneous Fluid Catheter Placement

Gary D. Norsworthy

定义

皮下输液导管（subcutaneous fluid catheter）为一种多孔的导管，直径约为4mm，长为20～25cm，置于皮下或背中线附近，可安置1年左右的时间，其具有一适配器可与静脉输液管连接，这种适配器可附着于颈背部的皮肤上，可由猫主长期用于皮下投放液体或其他药物。

设备与来源

- 本章所介绍的导管由DVM Solutions出售（www.dvmsolutions.com）。
- 类似的导管GIF-Tube™可从Veterinary Sales and Marketing，LLC购买。

适应证

- 皮下输液可每周数次，以满足猫补充液体的需要，例如发生慢性肾病或巨结肠症时。
- 这种导管也适合于抗生素或其他拟在皮下给药数周或数月时的可注射药物。

禁忌证

- 有些猫的性情难以忍受这种装置，如果在置入插管后数天内猫拔出了插管，而且插管正确，则应慎重考虑是否再次插管。

步骤

- 诱导全身麻醉。
- 从颈背部剃毛5cm^2，该部位按手术准备。
- 在准备好的区域中央做1cm纵向切口。
- 偏开背中线约1cm，将带有钝头金属针的导管插入皮下组织，一只手引导导管，另外一只手推导管，直到适配器与切口平齐。
- 拔出金属针。
- 用软的不吸收缝线多次缝合适配器，以便能很好地将其固定在皮肤。适配器应很好地在两侧及前后端固定。如果缝合太紧，可最后从皮肤切开而出来。插管能否获得成功主要取决于缝合（见图271-1）。

术后护理

- 插管后用抗生素治疗48h以杀灭插管时可能因非故意原因引入的细菌。由于葡萄球菌是最有可能的污染细菌，因此应据此选择有效针对这些病原的抗生素。抗生素可口服或注射，如头孢唑林（Cefazolin™，Smith Kline Beecham）或恩诺沙星（Baytril™，Bayer Corporation），可通过插管给药。此外，可一次注射头孢维星（Convenia™，Pfizer Animal Health）。为了最好地发挥插管的机能，可加入2mL选择好的皮下液体以计算头孢唑林（Cefazolin）或百病消（拜有利，Baytril）的剂量。第一次剂量在插管时给药，此后每隔12h给药，总共4次剂量。可指导猫主使用最后三次的剂量。
- 重要的是，第一次采用液体治疗时猫可能不感到疼痛，但可能不愿进行以后的治疗。因此，可不在术

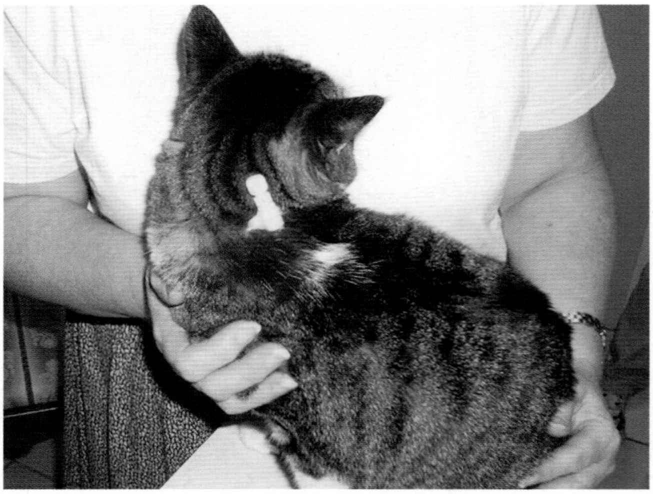

图271-1　可见皮下液体导管的塑料适配器附着于猫颈部背中线皮肤上，置入后15个月猫因肾衰而死亡

后头48h给予第一次剂量的液体治疗。由于插管过程可使皮下组织变得柔软，这样延缓48h后可使插管的疼痛消失。建议注射丁丙诺啡（0.005～0.04mg/kg q8~12h SC或经黏膜给药）2～3d。

可能的并发症

- 大多数猫在插管后1～2d可能会抓适配器，就像它们在试图抓新戴的颈圈一样。强力的抓可能最后会导致插管移位，因此说明猫并非是采用这种技术最好的候选动物。VetWrap®（3M Animal Health）制作的绷带用其包围胸部和颈部，可持续4d，以便猫能适应插管而不再抓它（见图271-2）。

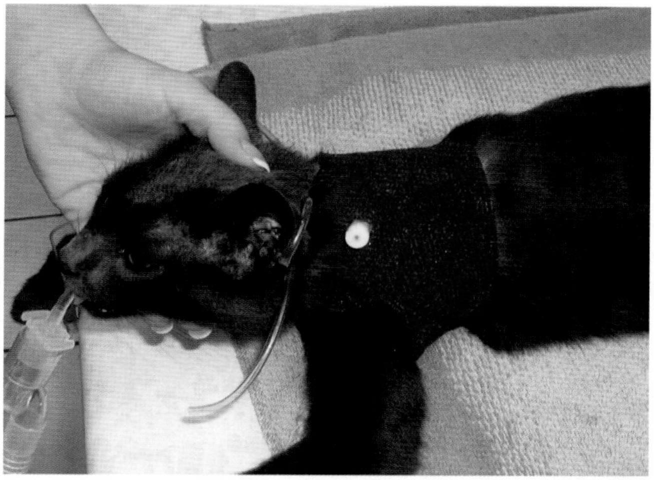

图271-2　VetWrap®制作的绷带有助于防止猫抓插管，通常可在4d后除去

- 如在导管周围聚积纤维蛋白，液体就不会顺利流动。因为这些导管为异物，常可发生这种现象。因此，在每次给予液体后应用肝素-生理盐水冲洗导管。每次采用液体治疗之后注射5mL生理盐水稀释的肝素（5USP U/mL）。重要的是应在纤维蛋白聚积之前就采取这些措施，因为肝素不会溶解纤维蛋白，而只能预防这种情况发生。配置肝素溶液的方法是可将5mL 1000u/mL肝素注入1L生理盐水的滤袋中。
- 如果在导管周围发生感染，则不要除去导管，而是在导管中注入5mL灭菌生理盐水，并吸出。对吸出物进行培养可指导选用合适的抗生素。直接将抗生素注射到导管迫使药物到达感染部位，可改进阳性治疗结果。在抗生素治疗期间及其后仍可进行常规的液体疗法。应与猫主讨论无菌技术，包括灌注过程中在稀释的漂白剂溶液（每升水150mL）中浸渍导管盖，之后用灭菌盐水或乳酸林格氏液（LRS）冲洗后再盖上。
- 导管可向前移动，因此而变得扭曲。可采用下述方法拉直：猫实施麻醉，将原来的长探针（冷的杀菌过的）插入导管，将其拉直后重新定位。可溶性缝线在皮肤周围缝合，并缝合到导管远端，以维持导管的位置达数天，此时可形成黏附，并稳定固定的导管。

参考文献

St. Germain, MS. 2000. Use of the subcutaneous fluid administration tube. *Newsletter of the American Association of Feline Practitioners*. 18(1):19.

第272章 胸廓造口术插管 Thoracostomy Tube Placement

Don R. Waldron

定义

胸廓造口术插管（thoracostomy tube）（胸导管，chest tube）为一种临时性的短期从胸膜腔引流空气或液体的措施。胸腔手术时进行胸廓造口术插管最为有效的方法是在术后从胸膜腔除去空气或液体。当在手术中打开胸腔时，胸廓造口术插管与胸外科手术可同时进行。胸廓造口插管也可以"闭合"的方式进行。

适应证

- 猫实施胸外科手术时。
- 猫发生胸膜渗出，需要连续数天引流时，如发生脓胸或乳糜胸时。
- 在有些猫发生脓胸时。

特殊设备

- 商用胸廓造口插管及套管针（Argyle Straight Thoracic Catheter®，Sherwood Medical Products，www.dvmsolutions.com），弯曲的Carmalt或Kelly止血钳及10～16号法式无菌红色橡胶管（French sterile red rubber catheter）（Sovereign，Sherwood Medical Products）。

步骤

处治猫呼吸困难时必须要小心。开始时可用针头进行胸腔穿刺，抽出空气或液体，猫在氧气罩或氧气罐预吸氧可减少麻醉的风险。虽然胸腔插管可在猫镇静及局麻时进行，但除非是严格禁忌，笔者一般倾向于采用全身麻醉。

闭合式插管（closed tube placement）

- 猫诱导全身麻醉并气管插管。
- 胸壁侧面轻轻剪毛，按无菌插管手术准备。
- 在第10肋间隙胸壁中部或略上部做1cm皮肤切口。
- 用插管/套管针或手术器械向前腹下方向第三到第四肋间隙打孔（见图272-1）。
- 控制性地插入套管针或器械，穿过肋间隙的肌肉及胸膜（见图272-2）。使用套管针时，一只手在离胸壁2cm处抓住套管针/套管，另一只手将套管针推入通过肋间隙。
- 插管沿着前腹侧方向进入胸腔喙状部（见图272-3），在管的开口端安置圣诞树形适配器（Christmas-tree adaptor）和三通管。
- 插管以"中式手指套"（Chinese-finger trap）式缝合法缝合到周围皮肤（见图272-4），或用胶带固定，然后再缝合到皮肤。
- 插管是否正确，可在麻醉复苏前用X线检查确定（见图272-5）。
- 插管出口处的伤口部位安置堵塞套，用松散的绷带或针织布料覆盖。
- 采用特殊的抽吸装置可加快液体的排出（见图272-6）。

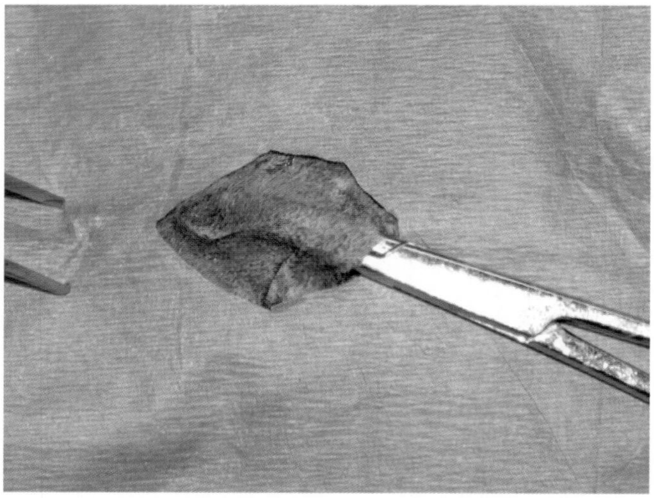

图272-1　胸壁中部约第10肋间隙处做1cm长的皮肤切口。用弯的Carmalt或Kelly止血钳在前几个肋间隙皮下打孔。方向：后面为右侧（照片由Gary D. Norsworthy博士提供）

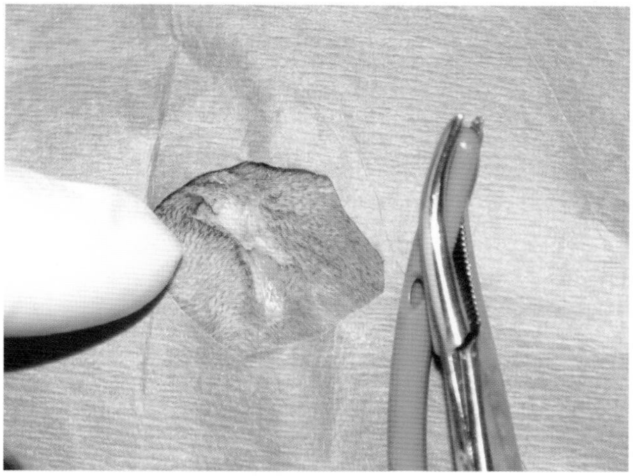

图272-2 用手术钳抓住无菌红色橡胶导管准备插管，注意钳刃尖端的方向与插管方向一致，用于在肋间隙肌肉钻孔。或者采用商用胸廓造口术插管中的探针进行插管而不用手术钳。方向：后方为右侧（照片由Gary D. Norsworthy博士提供）

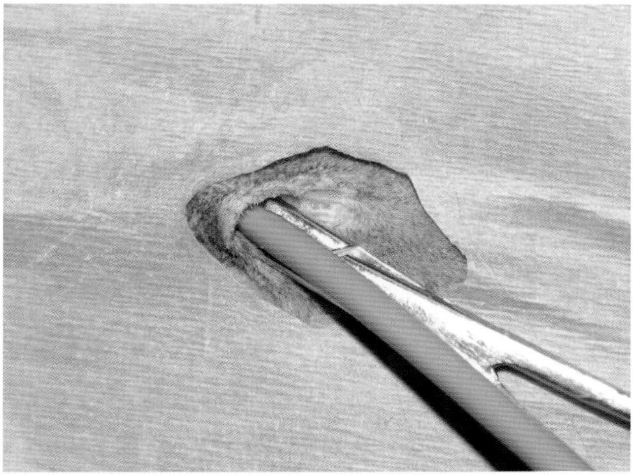

图272-3 手术钳及插管朝向前下方，器械及管子一次性插入肋间隙的肌肉及胸膜。方向：后方为右侧（照片由Gary D. Norsworthy博士提供）

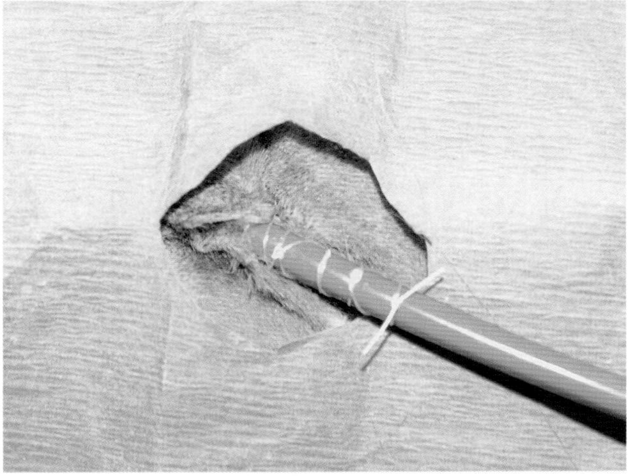

图272-4 插管用中式手指网套缝合法缝合到周围皮肤。方向：后方为右侧（照片由Gary D. Norsworthy博士提供）

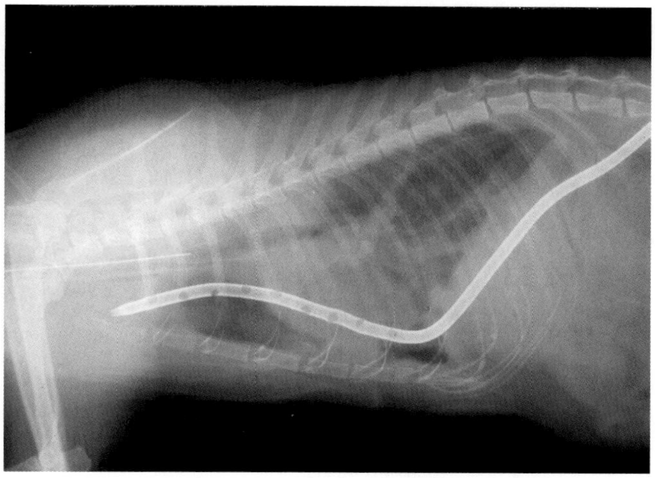

（A）

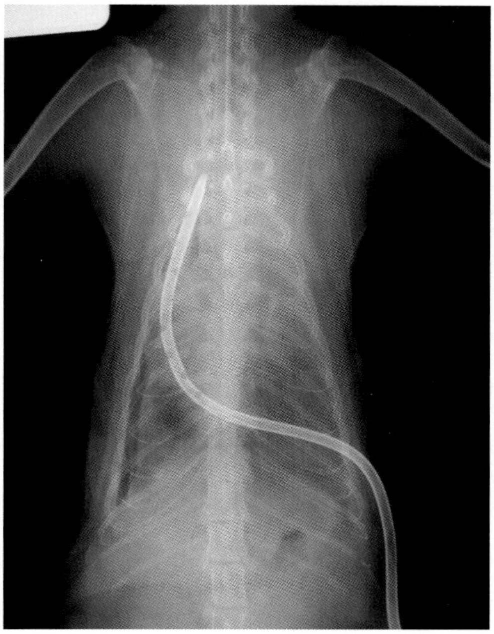

（B）

图272-5 猫的胸廓造口术插管。（A）胸廓造口插管正确后的侧位X线检查，注意导管已插入到胸腔的前面。（B）同一猫的腹背侧位观（照片由Gary D. Norsworthy博士提供）

开放插管法（open tube placement）（胸壁造口术，thoracostomy）

- 插管可在原来胸廓切开术切口后2个肋间隙的位置从肋间隙插入。
- 采用这种方法插管时，插管可见，因此通常除无需采用X线进行术后检查外，其他过程与前述完全相同。

说明

- 在大多数病例，纵隔可能被穿孔，因此只需要一个插管；但在发生脓胸或乳糜胸的病例，由于存在纤维蛋

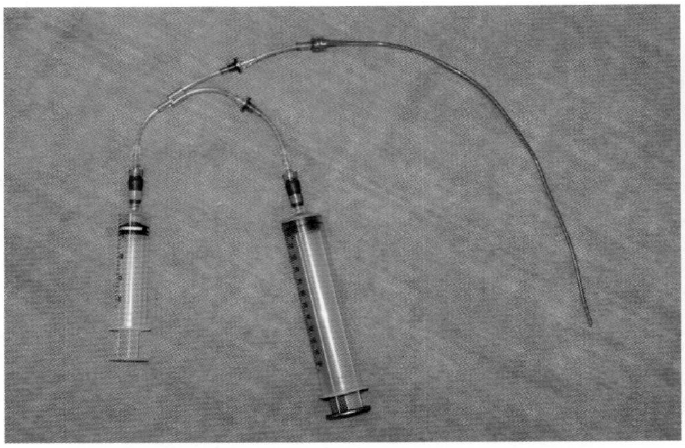

（A）

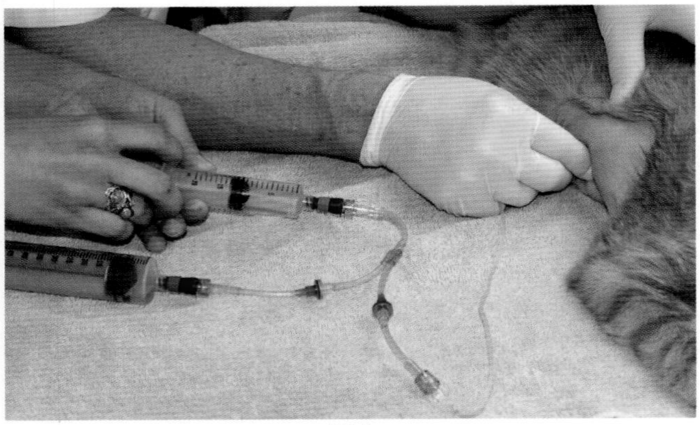

（B）

图272-6 胸腔液体抽吸装置。（A）用小的注射器抽吸渗出液。将注射器排空时，液体进入大的注射器。两个单向阀门阻止了液体在抽吸过程中进入错误的方向（ICU Medical，Inc. www.icumed.com；AN7073 Non-DEHP Bifuse Set）。（B）灌注器，用于胸腔穿刺，其与蝴蝶导管连接用于这种目的

白，因此可能需要采用双侧插管才能有效引流胸腔。

- 可每天间歇性地手工引流2～3次，或者将插管连接到连续性引流装置上。但应注意，猫的胸腔内压力不足以激活引流装置Heimlich®的阀门。
- 胸廓造口插管的引流效果比重复穿刺针穿刺胸腔的效果好，穿刺时疼痛明显，可引起已经呼吸困难的猫发生应激。
- 抽吸的液体量减少到每天2～3mL/kg时除去插管，这样的液体量可能是由于插管所引起。
- 在发生脓胸的猫，如果达到负压已有12h时可除去插管。
- 在发生乳糜胸时，由于可能会引起低蛋白血症，因此不建议采用插管长期引流。

参考文献

Crowe DT, Devey JJ. 1998. Thoracic drainage. In MJ Bojrab, ed., *Current Techniques in Small Animal Surgery*, 4th ed., pp. 403–417. Baltimore: Williams and Wilkins.

Fossum T. 2007. Surgery of the lower respiratory system: Pleural cavity and diaphragm. In TW Fossum, ed., *Small Animal Surgery*, 3rd ed., pp. 899–901. St. Louis: Mosby.

第273章
甲状腺摘除术
Thyroidectomy

Gary D. Norsworthy

定义

甲状腺摘除术（thyroidectomy）是指用手术方法摘除患甲状腺机能亢进病猫甲状腺的一叶或两叶的手术。

解剖学

- 甲状腺有两个不相连的腺叶，中间由气管隔开，位于喉头之后，胸骨甲状肌（sternothyroideus muscle）位于甲状腺叶的外侧。
- 甲状旁腺有四个，外部腺体位于包囊外，通常位于或临近甲状腺叶的前端，但也可位于甲状腺叶的任何部位，可由增生的甲状腺组织包埋，因此难以定位（甲状腺增大时更有可能发生这种情况）。甲状腺内叶随机位于甲状腺叶的实质内。
- 甲状腺前动脉（cranial thyroid artery）从前部进入，甲状腺静脉从后部出甲状腺。
- 左侧咽返神经（recurrent laryngeal nerve）横穿左侧甲状腺叶，如果腺叶明显增大，则该神经可能会附着于甲状腺囊，可见一条白色的线状结构。

设备

- 常规手术包。
- 虹膜剪或11号巴德帕克手术刀（Bard Parker scalpel blade）。
- 碎片镊（Splinter forceps），便于操控甲状旁腺。

适应证

- 用于彻底治疗甲状腺机能亢进。

禁忌证

- 不适合于进行麻醉的病猫，或并发有更为严重的危及生命的疾病时。

手术方法选择

- 有三个基本的手术通路。有些外科医生只摘除病症明显的甲状腺叶，有些医生则偏向于将病猫的两腺叶均摘除，即使只有一侧腺叶患病时也是如此。主要理由是正常的腺叶最终也会患病。如果实施双侧手术，可同时摘除双侧腺叶，或者分阶段摘除两侧腺叶，一般间隔30d。后一种情况可用于降低发生甲状腺机能减退的风险。
- 甲状腺切除术的基本技术有三种。
  - 囊内手术。手术时切开甲状腺囊，除去所有甲状腺组织。留下甲状腺囊，这样外甲状旁腺可以附着，这种方法的主要优点是可保护甲状旁腺，但可增加将异常甲状腺组织留在猫体内的风险。如果发生这种情况，则有可能再次发生甲状腺机能亢进。
  - 囊外手术。手术时仔细地将外部的甲状旁腺从甲状腺囊分离，应注意保证甲状旁腺血管完整，然后摘除甲状腺叶。这一方法不大可能会在猫体内留下异常的甲状腺组织，主要是这种方法未进入甲状腺囊，但可增加发生甲状腺机能减退的风险，导致发生低钙血症，其原因在于甲状旁腺血管易于被切断或者在处理组织时易于发生血管痉挛。
  - 甲状旁腺移植手术。该手术的最大的优点是事实上完全消除了低钙血症，另外一个优点是无需繁杂地切除甲状旁腺的血管，因此手术过程简单，大多数兽医喜欢采用。其最大的缺点是如果猫患有双侧性疾病，则需要实施两次手术。

步骤

- 异氟烷或七氟烷为首选的麻醉药物。猫可用面罩或麻醉箱诱导麻醉，之后气管插管维持麻醉。
- 颈部腹面剃毛，从喉头前2cm到剑突后2cm准备手术部位。
- 猫仰卧，重要的是必须要保持真正的腹背位，主要是由于中线不明显，必须要通过定位来确定。颈下放置小的手术垫（2～4cm厚）。

- 如可触及甲状腺叶，在甲状腺叶水平做中线皮肤切口；如果难以触及，则应从喉后1cm到剑突前2cm处切开皮肤。可向前或向后延长切口，以便接触到甲状腺叶。
- 切开两层肌肉延长切口，直到显露气管。如果在中线上做切口，则出血很少，否则，肌肉出血很多（见图273-1）。
- 通过术前触诊或术中观察，选择最大的甲状腺叶进行摘除。观察其他腺叶（无需大量切开）以确保切除最大的腺叶，并决定所观察肺叶是否比正常大，以决定是否实施第二次手术。
- 将肿块旁肌肉及周围组织移向外侧，以显露甲状腺叶。
- 确定外部甲状旁腺，其颜色比甲状腺淡，直径为1～3mm（见图273-2）。
- 用虹膜剪或11号手术刀切除外面的甲状旁腺。
- 将外面的甲状旁腺置于纱布上，浸入生理盐水以保持其湿润，将腺体切为1/3和2/3两部分，将小的一部分置于福尔马林中送检，进行组织病理学检查，确定是否为可以移植的组织（见图273-3）。
- 在临近肌肉的腹侧做1cm长的纵向切口，制备成一囊，可将甲状旁腺放入。囊的深度应足以放置该腺体。
- 用碎片钳将甲状旁腺的2/3部分置于肌肉囊内，用4-0可吸收缝线缝合，通常采用单层缝合，但如果囊太长则可进行褥式缝合。如有需要可穿过甲状旁腺组织做固定缝合（anchoring suture）（见图273-4）。
- 抬高甲状腺叶以分离含有动脉（前）及静脉（后）的组织，采用4-0可吸收缝线结扎血管（见图273-5）。

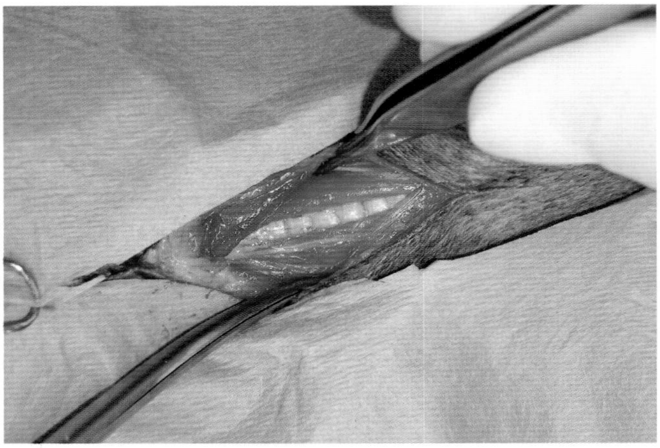

图273-1 在中线上做皮肤切口，然后切开两层肌肉，显露气管

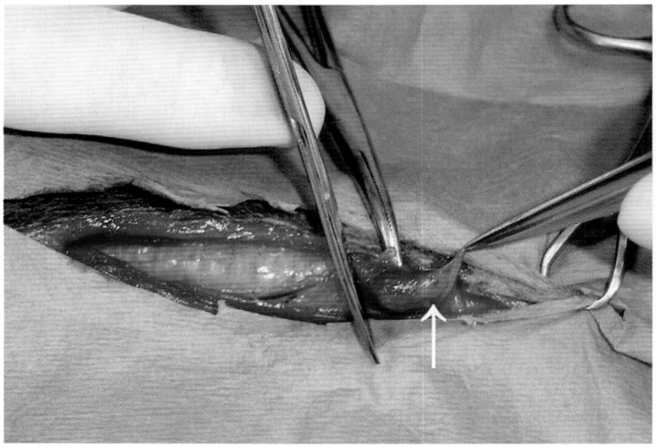

图273-2 在甲状旁腺前叶上确定外面的甲状旁腺（箭头），将其切除

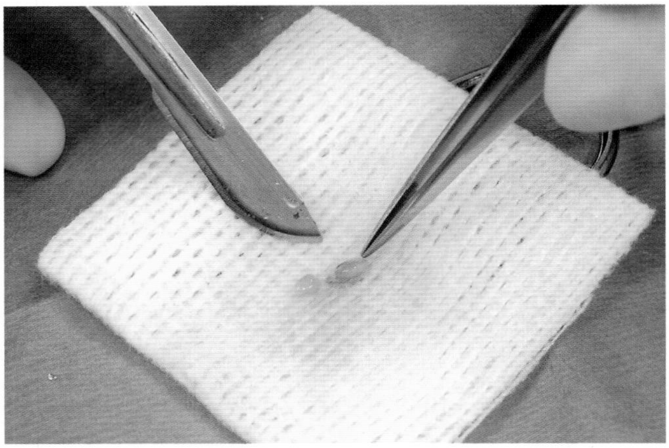

图273-3 将甲状旁腺置于用生理盐水浸湿的纱布上，为了确定摘除的为甲状旁腺，可将其分为1/3和2/3两部分，将较小部分用于组织病理学检查

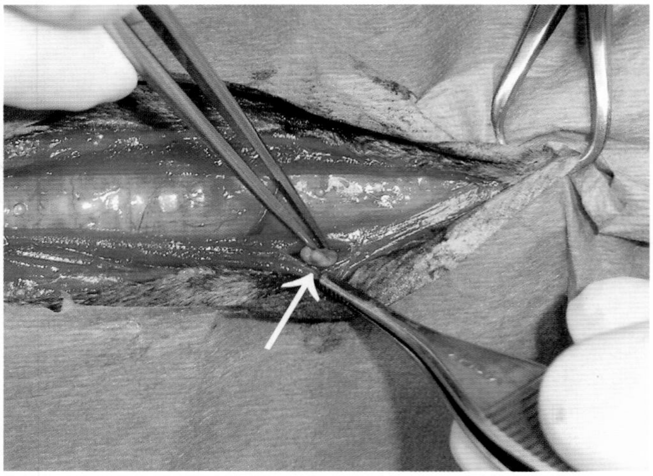

图273-4 在临近肌肉的腹侧做纵向切口，做成一个可以接受甲状旁腺的囊（箭头），单层缝合闭合该囊，缝线应穿过甲状旁腺以便准确缝合

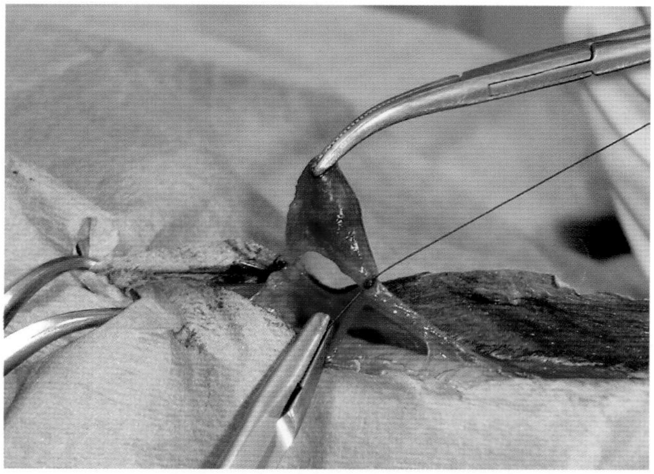

图273-5　将甲状腺叶拉出，以便能结扎两端的血管。结扎之后摘除甲状腺叶

- 摘除甲状腺叶，福尔马林固定用于组织病理学检查。
- 采用4-0可吸收线连续缝合，闭合深部肌肉层。
- 以同样方式闭合浅层肌肉层。
- 表皮下缝合法闭合皮肤，切口的中央点状固定到其下的肌肉以防止形成血清肿。
- 如果双侧患病，30d后摘除另一侧的甲状腺叶。

并发症

- 不大可能会并发甲状旁腺机能不足，这是因为第一次移植的甲状旁腺在第二次手术之前就已发挥机能。
- 实施双侧手术之后可能会发生甲状腺机能减退。几乎所有的猫从舌基部到心脏基部都含有大量的异位性静止的甲状腺细胞。当两个甲状腺叶都被摘除后，甲状腺刺激素可激活这些异位性甲状腺细胞，使其发挥作用，产生足够的甲状腺素。假如甲状腺素可抑制这种代偿性反应，则术后就可不用甲状腺素。但如果术后2～3个月TT_4依然不正常，且猫的体重迅速增加，则应开始采用甲状腺素治疗，而且可能需要长期治疗。根据作者的经验，这种情况在双侧手术后的猫发生率约2%。
- 如果喉返神经被切断或发生损伤，则可发生喉麻痹或声调改变。喉返神经通常不位于术野，但作者曾观察到数个病例该神经支配于甲状腺腺叶上，在甲状腺叶增大时更有可能附着于腺叶之上。如果发生这种情况，则应在摘除腺叶之前将其游离。

参考文献

Norsworthy GD. 1995. Feline thyroidectomy: A simplified technique that preserves parathyroid function. *Vet Med J*. 90(11):1055–1063.

Sheldon LP, Karen MT, Charles WL, et al. 1998. Efficacy of parathyroid gland autotransplantation in maintaining serum calcium concentrations after bilateral thyroparathyroidectomy in cats. *J Am Anim Hosp Assoc*. 219(34):181–264.

第274章
耳道切除术及外侧鼓膜泡骨切开术
Total Ear Canal Ablation and Lateral Bulla Osteotomy

Don R. Waldron

定义

耳道切除术（total ear canal ablation，TECA）是将垂直及水平耳道切除到外听口（external acoustic meatus）（颅骨）水平的手术。外侧鼓膜泡骨切开术（lateral bulla osteotomy）总是与TECA时同时进行。

概述

TECA是一种最常用于犬炎症末期疾病及慢性组织增生的一种手术，但在猫TECA主要用于耳道肿瘤。在怀疑猫发生耳道肿瘤时应采用胸部及颅骨X线检查以确定是否有肿瘤转移或鼓膜泡骨质破坏。发生这两种情况时预后均谨慎。

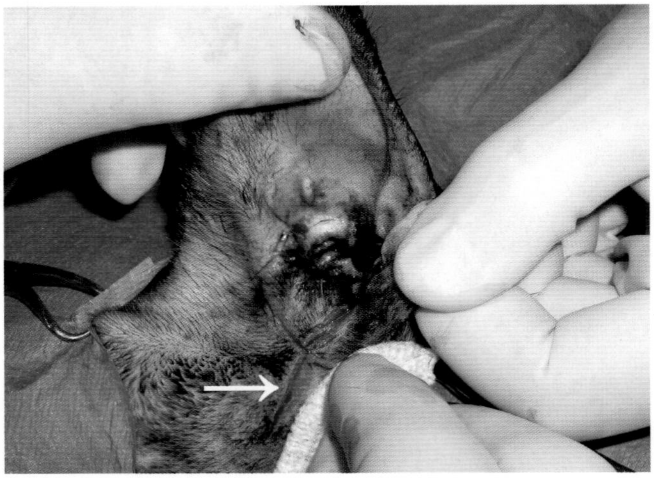

图274-1 侧耳道做垂直切口（箭头），之后沿着外耳道周围延伸，切口通过皮肤及耳廓软骨（auricular cartilage）（照片由Gary D. Norsworthy博士提供）

特殊设备

- 小型外科扩创器（Gelpi retractors）或手持式牵开器（Senn hand held retractors），或Star Self-Retaining Retractor（Lone Star Medical Products，www.lsmp.com，电话：1-800-331-7427或1-281-340-6000）。

步骤：总耳道消除术

- 猫全身麻醉，病侧整个耳及颅骨侧面剪毛，按无菌手术准备。
- 病猫侧卧，颈部伸直于垫高的手术垫上（可用小的毛巾卷）。
- 做泪滴状或三角形皮肤切口，切口中包括听管开口（见图274-1）。
- 切口的垂直臂应延伸且与垂直耳道平行。
- 从垂直耳道钝性切开并切除腮腺唾液腺组织，将其向下向后或向前移动，离开术野。
- 用蚊式止血钳做钝性分离，以便尽可能接近软骨性耳道（artilaginous ear canal）。
- 小心从周围组织环形切开，游离耳道，见图274-2（A）。
- 面神经从茎突乳突孔（stylomastoid foramen）出颅骨，该孔紧靠外耳道（external acoustic meatus），见图274-2（B）和图274-2（C）。该神经向侧面走行，然后向背部，穿过外面的软骨耳道（external cartilaginous ear canal）。切开时应小心，尽可能接近耳道切开，同时轻轻牵拉组织，以保护该神经。
- 最好将耳道完全切开到外耳道（external acoustic meatus）水平。
- 用手术刀从后向前切开外耳道，同时注意保护面神经，要小心除去外耳道开口处所有可能残留的上皮组织。

步骤：外侧鼓膜泡骨切开术

- 上述步骤完成后，用兰伯特（Lempert）骨钳打开腹外侧的鼓膜泡壁（ventrolateral bulla wall），用小刮匙从鼓膜泡背外侧部剥离上皮下层。
- 小心除去鼓膜泡及外耳道的所有上皮后，用生理盐水清洗双侧术野。

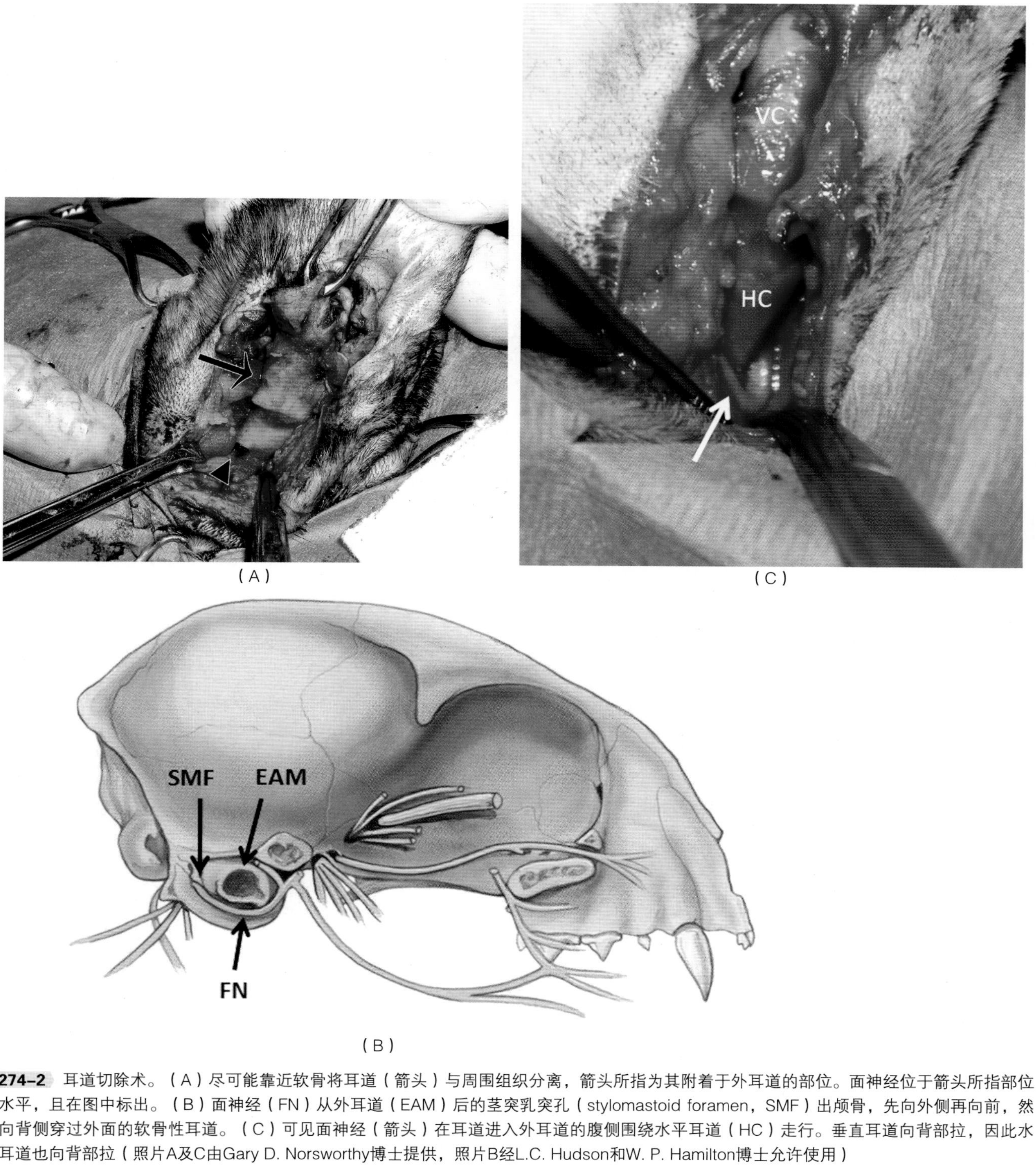

图274-2　耳道切除术。（A）尽可能靠近软骨将耳道（箭头）与周围组织分离，箭头所指为其附着于外耳道的部位。面神经位于箭头所指部位的水平，且在图中标出。（B）面神经（FN）从外耳道（EAM）后的茎突乳突孔（stylomastoid foramen，SMF）出颅骨，先向外侧再向前，然后向背侧穿过外面的软骨性耳道。（C）可见面神经（箭头）在耳道进入外耳道的腹侧围绕水平耳道（HC）走行。垂直耳道向背部拉，因此水平耳道也向背部拉（照片A及C由Gary D. Norsworthy博士提供，照片B经L.C. Hudson和W. P. Hamilton博士允许使用）

步骤：闭合

- 用4-0可吸收缝线小心地缝合深层组织，但注意不要缝合面神经。
- 用4-0尼龙或聚丙烯缝线缝合皮肤。
- 由于切口的背部为圆形，因此可能需要靠口背部进行组织修饰以获得较好的美容效果（见图274-3）。

说明

- 可依据实施TECA的原因选择是否实施术野的引流。

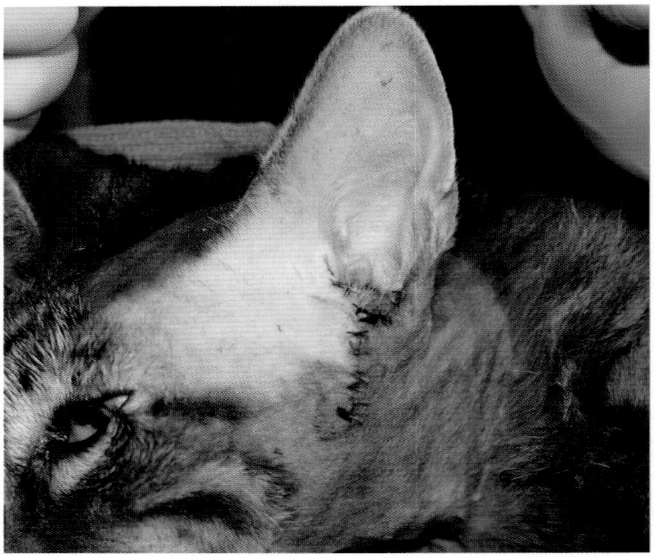

图274-3　在垂直耳道切口闭合后闭合垂直切口，常常需要刮除耳廓的组织以便达到美观效果（照片由Gary D. Norsworthy博士提供）

可用6mm筒式引流管从初始切口的腹面引流，需要时可提供充足的引流。

- 猫耳由于垂直向上，在实施手术后可能会折叠，但大多数猫主并未发现这种现象。

并发症

- 神经失用症（neuropraxia）或切断面神经可引起面神经瘫痪或麻痹，可导致缺乏“眨眼反射”（“blink”reflex）或面部下垂。神经失用症导致的轻瘫通常为暂时性的，可在4～6周内康复。可能需要润滑眼睛以防止此阶段角膜的干燥。
- 也可发生霍纳氏综合征，包括瞳孔缩小、上眼睑下垂及瞬膜突出（nictitans protrusion）。霍纳氏综合征通常可在30d内康复（参见第99章）。
- 术后数周或数月，如果没有从外耳道及鼓泡（external acoustic meatus and bulla）除去上皮，则可发生瘘管或引流管形成。

参考文献

Venker-van Haagen AJ. 1994. Diseases and surgery of the ear. In RG Sherding, ed., *The Cat: Diseases and Clinical Management*, 2nd ed., pp. 1999–2009. New York: Churchill Livingstone.

第275章
输尿管结石手术
Ureterolith Removal

Don R. Waldron

概述

近10年来上泌尿道的结石在猫的发病率增加，这些结石可位于输尿管或肾脏，其发病原因多种多样，但用于减少下泌尿道磷酸铵镁结石而引入的酸化日粮可能是主要的诱发原因。猫输尿管或肾脏结石的组成几乎完全是草酸钙或磷酸钙，因此几乎没有可以采用药物溶解的方法。猫患输尿管结石（ureterolithiasis）或肾结石（nephrolithiasis）时应进行血常规（CBC）、血液生化检查、尿液分析及尿液培养等基本检查。

在有些输尿管结石病例，结石可通过输尿管进入膀胱，而在有些病例，结石可引起输尿管及肾脏发生阻塞性疾病。可采用超声检查及下行性尿路造影术（excretory urography）检查病猫输尿管及肾盂扩张的程度。在许多病例，病猫可表现氮血症或尿毒症，这些病猫应通过静脉内输液进行治疗。临床评估单个肾脏机能［肾小球滤过率（glomerular filtration rate，GFR）］唯一可以采用的方法是核闪烁扫描术（nuclear scintigraphy），有些转诊医院可进行这种检查。患输尿管结石引起的慢性肾脏疾病及阻塞的猫可进行手术干预，但肾机能不可能会恢复到正常。

猫正常输尿管很小，因此有些医生采用显微镜操作以便于观察。如果由于阻塞而引起输尿管扩张，可采用放大镜实施手术。猫的输尿管手术可能会发生并发症，包括尿液渗漏及输尿管狭窄，因此应与外科医生商量。

特殊设备

- Bishop Harmon1×2组织钳。
- Derf或Castroviejo持针器。
- 5-0或6-0可吸收性缝线。
- 眼科放大镜。
- 3.5号导尿管（French catheter）［导尿管用于插入尿道从膀胱引流尿液的导管，按导尿管规格确定直径大小，其单位大小基本与导管直径（mm）相当，例如成年人用导尿管为16号（直径为5.3mm）或18号（直径为6mm）——译注］。
- 无菌压舌器。

步骤

- 病猫诱导及吸入全身麻醉。
- 腹部剪毛，按无菌手术备皮，病猫仰卧保定。
- 从胸骨剑突开始，一直到脐孔后3cm的皮肤做腹中线切口。
- 进入腹腔，牵拉右侧十二指肠及十二指肠系膜或左侧结肠及结肠系膜，显露患病侧的肾脏及输尿管。
- 仔细检查输尿管，触诊确定阻塞的结石，见图275-1（A）。
- 钝性分离输尿管，无菌压舌器在背部压迫输尿管，以协助外科医生切开输尿管。
- 在结石阻塞部位的上方纵向切开进入输尿管管腔，用手术镊除去结石，生理盐水冲洗输尿管（见图275-2）。如果存在多个结石块，其他结石块也可从该切口挤出，如不可能，则应做其他的切口。
- 只要能确保输尿管畅通，可用5-0或6-0可吸收缝线单纯结节缝合闭合输尿管切开术（ureterotomy）的切口，可采用纵向或横向缝合。术式见图275-1（B）及图275-1（C）。
- 或者采用横断切口，见图275-1（D）。
- 根据需要可在闭合时插入导尿管，以防止输尿管意外性闭合。
- 如果在闭合输尿管后发现有尿液渗漏，可用一小段明胶海绵（Gelfoam®）湿润后用于输尿管切开术的手术位点。
- 用温热生理盐水冲洗腹腔，常规闭合。

说明

- 有些外科医生喜欢采用横向闭合纵向切开的输尿管切开，认为这样可减少发生输尿管狭窄的风险。

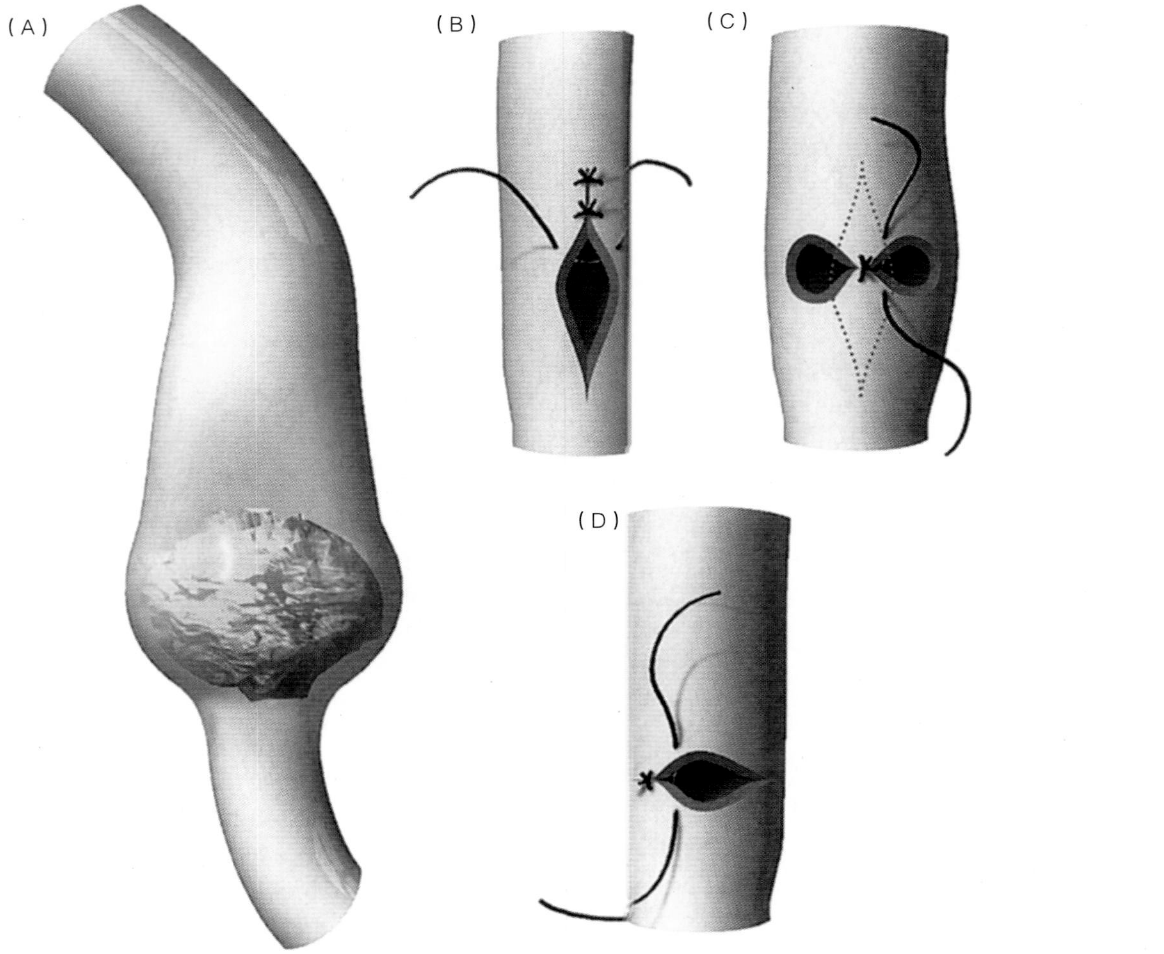

图275-1 猫的输尿管阻塞及手术。（A）输尿管结石阻塞输尿管，因此阻塞部位前方输尿管扩张。（B）实施纵向输尿管切开术除去结石，用5-0或6-0吸收缝线锥形针缝合伤口。（C）或者横向缝合纵向切开的输尿管切开术伤口以减少狭窄形成。（D）可采用横向输尿管切开术，如果这样，则以横向方式闭合（经允许引自Slatter DH. 2003. Textbook of Small Animal Surgery，3rd ed.，pp. 1627. Philadelphia：Saunders）

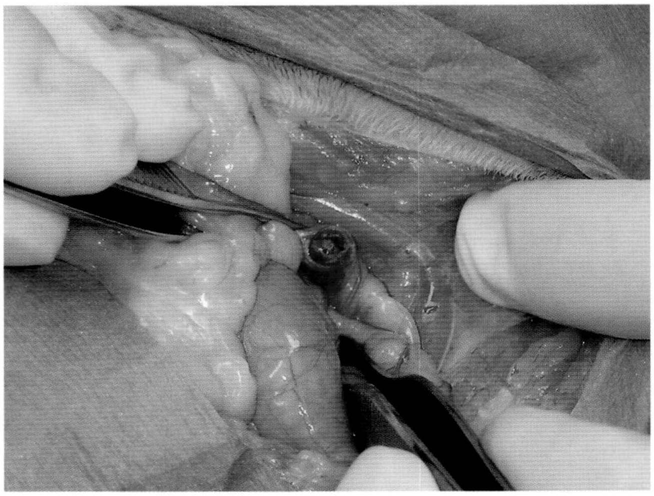

图275-2 从输尿管中取出的草酸钙结石（照片由Gary D. Norsworthy博士提供）

- 猫应在术后静脉内输液至少24h。
- 如果发生腹腔渗出、沉郁或呕吐等，则应进行血液检查，特别要注意血液尿素氮（BUN）及肌酐水平的测定。
- 可能会发生输尿管泄漏，可通过下行性尿路造影术进行诊断。

参考文献

Fossum TW. 2002. Surgery of the kidney and ureter. In TW Fossum, ed., *Small Animal Surgery*, 2nd ed., pp. 549–571. St. Louis: Mosby.

第276章
会阴部尿道造口术
Urethrostomy，Perineal

Don R. Waldron

定义

会阴尿道造口术（perineal urethrostomy，PU）为一种永久性尿道改道的手术，在这种手术中将阴茎部尿道（penile urethra）切除，骨盆部尿道缝合到会阴皮肤。如果会阴尿道造口术手术采用适当，则可防止大多数公猫尿道阻塞的发生。这种手术需要将公猫去势，因此在实施手术前应告知猫主。

适应证

- 会阴尿道造口术是公猫下泌尿道患病或患有尿道结石而反复性发生尿道阻塞的首选外科手术。
- 会阴尿道造口术为公猫尿道阻塞而不能采用尿道插管进行治疗时选用的手术。
- 这种手术有时可用于下泌尿道的损伤。

步骤

- 建议手术前进行腹腔X线检查以排除囊肿性及尿道结石引起的阻塞。
- 猫发生尿毒症时不应实施这种手术，在实施手术之前应进行静脉输液以纠正酸碱及电解质平衡紊乱。但是在猫发生难以救治的尿道阻塞时则是例外（施行本手术也无效）。
- 诱导全身麻醉后，会阴部和尾巴腹侧剃毛。
- 围绕肛门进行荷包缝合，猫在手术台上伏卧位保定。
- 尾巴用绷带向着嘴部方向包扎。
- 会阴部无菌手术准备。
- 将导尿管插入尿道，这样可在实施下述切除手术时鉴别尿道。
- 做一包围阴囊及包皮的椭圆形皮肤切口（见图276-1）。
- 将包皮和阴囊切开，如有必要可切除，猫实施去势。
- 阴囊前后动脉的出血可通过烧灼、钳夹或结扎止血。
- 将阴茎与周围脂肪组织分离并切开。

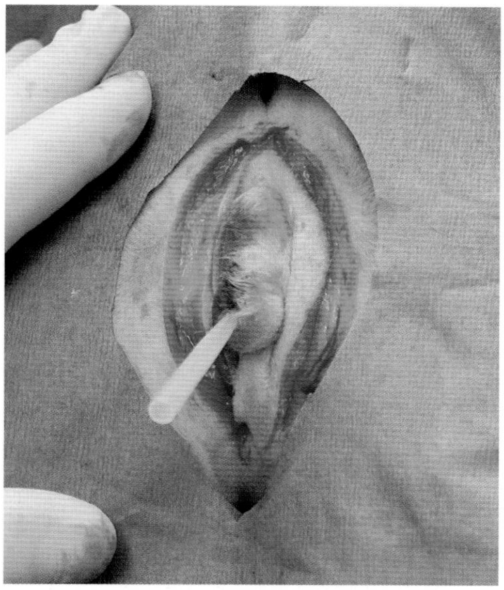

图276-1　肛门周围荷包缝合（上覆盖有创巾），导尿管插入尿道后开始实施手术。做一椭圆形皮肤切口，包括阴囊及包皮，其宽度应足以在缝合的尿道上有足够的张力以防止造口位点发生狭窄（照片由Gary D. Norsworthy博士提供）

- 将坐骨海绵体肌向两侧钝性分离，在坐骨附着处附近横断（见图276-2）。
- 将阴茎向背侧牵拉，用剪刀横断纤维性腹侧韧带。
- 向腹侧和外侧做钝性分离，将骨盆部尿道从其骨盆附着部分离，将食指从腹面插入尿道向前推，将尿道与骨盆腔分离。
- 将阴茎缩肌从尿道背部分离到尿道球腺水平。
- 将阴茎截断，用虹膜剪或11号手术刀（手术刀刀刃朝向背部，在导尿管旁插入）切开阴茎部尿道至尿道球腺水平（见图276-3）。
- 已经去势的猫尿道球腺萎缩，尿道球腺位于坐骨海绵体肌附着点之前。
- 在阴茎尿道远端做全层褥式缝合（through-and-through mattress suture），以控制切开的阴茎海绵体出血。
- 采用5-0尼龙、聚丙烯或polyglactin 910，结节缝合在11点钟、12点钟和1点钟位置，只将尿道黏膜缝合

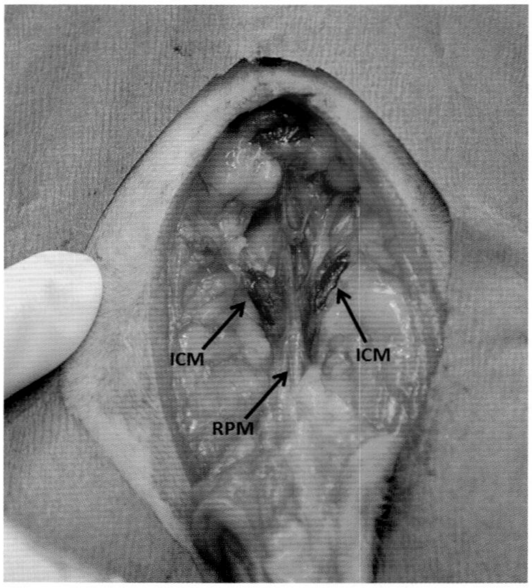

图276-2　切除皮下组织，向两侧分离坐骨海绵体肌（ICM）并切开。阴茎缩肌（RPM）附着于尿道背面（照片由Gary D. Norsworthy博士提供）

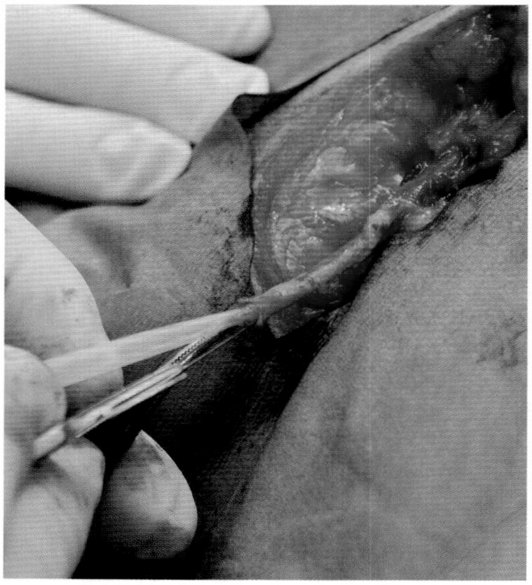

图276-3　从背侧将尿道纵向切开至尿道球腺水平，该腺体位于坐骨海绵体肌前（在去势的猫萎缩）。将虹膜钳或11号手术刀从侧面插入到导尿管，锐缘（刀刃）朝向背部（照片由Gary D. Norsworthy博士提供）

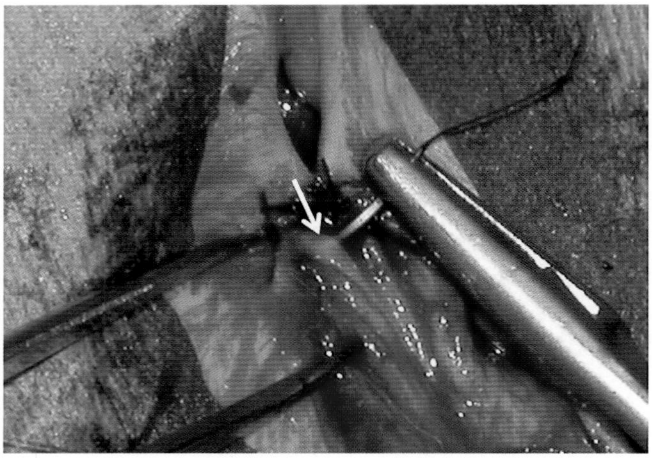

图276-4　将尿道缝合到皮肤缘，重要的是将尿道黏膜（箭头）直接缝合到皮肤，中间不缝合任何肌肉组织。尿道黏膜粗糙，呈白色的透明组织层（照片由Gary D. Norsworthy博士提供）

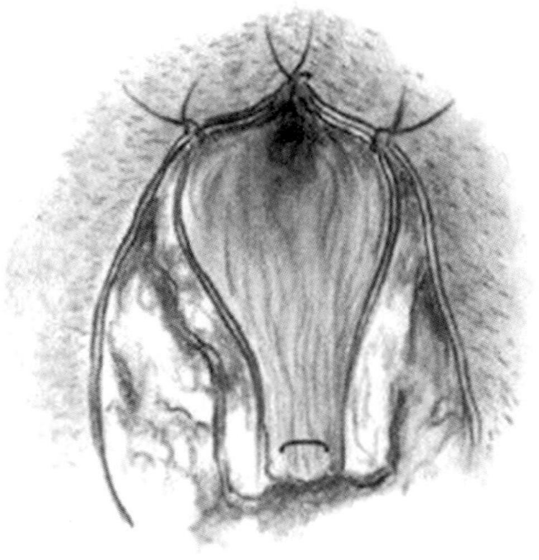

图276-5　尿道的前三针缝合分别置于12点钟、11点钟和1点钟的位置（图片经允许，引自Smith MM，Waldron DR. 1993. Atlas of Approaches for General Surgery of the Dog and Cat，p. 285. Philadelphia：WB Saunders）

到背部的皮肤（见图276-4和图276-5）。
- 将其余尿道黏膜以结节或简单连续缝合，以1mm间隔，缝合到皮肤（见图276-6）。
- 皮肤背部及腹部的切口用非吸收缝线以结节缝合法闭合（见图276-7）。
- 拆除肛门周围的荷包缝合。

注意事项

- 必须在手术过程中将导尿管插入尿道，以便能鉴别尿道腔。如果不能插入导尿管，则实施膀胱切开术（cystotomy），顺行将导尿管插入到尿道，将其缝合或夹钳固定在包皮上，剪断膀胱中的游离端，然后闭合膀胱和体壁。
- 大多数手术切口是在尿道的外侧和腹侧。
- 尿道周围组织的背部切口可在接近于尿道处进行，切口应小，以防止损伤直肠、肛门外括约肌及骨盆神经。
- 必须要将尿道切开到尿道球腺的水平以确保已经到达骨盆尿道，导尿管的游离端可用于确定尿道直径。

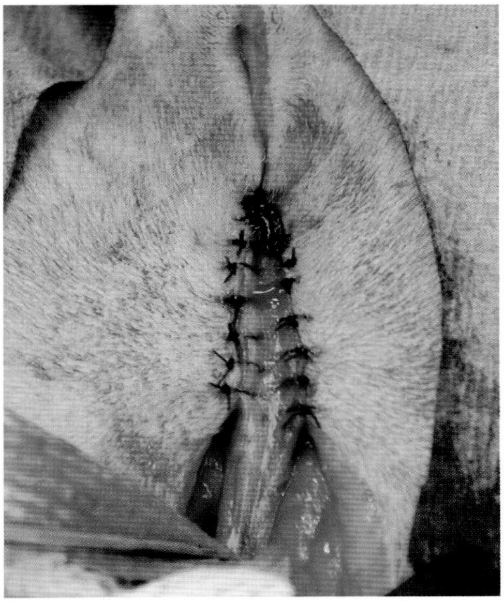

图276-6　用单纯间断缝合法将骨盆部尿缝合到皮肤。引流板（drain board）长度为1～1.5cm（照片由Gary D. Norsworthy博士提供）

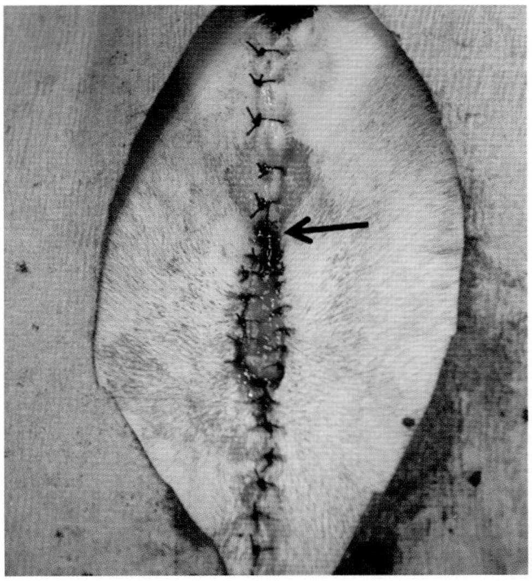

图276-7　完成的会阴尿道造口术，图示为尿道切口及其背腹部皮肤上的缝合，针间距为1mm，剪短线尾，箭头为新的尿道开口（照片由Gary D. Norsworthy博士提供）

- 仔细将尿道黏膜缝合到皮肤可降低手术后出血及发生狭窄的风险。
- 不建议术后留置导尿管。
- 可采用限制性颈圈防止在术后2d猫的自伤。
- 在猫笼中铺上碎布条，但不用褥草，直到愈合完成。
- 术后10～14d拆除缝合时应将病猫镇静以减少对尿道造口术位点的损伤。如果采用可溶解的缝线，则无需采用该步骤。
- 每隔6～12个月检查病猫是否有尿路感染或结石形成。

参考文献

Griffin DW, Gregory CR. 1992. Prevalence of bacterial urinary tract infection after perineal urethrostomy in cats. *J Am Vet Med Assoc.* 200:681–684.

Smith MM, Waldron DR. 1993. Approach to the perineal urethra: feline. In MM Smith, DR Waldron, TA Lawrence, eds., *Atlas of Approaches for General Surgery of the Dog and Cat*, pp. 284–287. Philadelphia: WB Saunders.

第277章
耻骨前尿道造口术
Urethrostomy，Prepubic

Don R. Waldron

耻骨前尿道造口术［prepubic（antepubic）urethrostomy，PPU］为一种永久性尿道改道的手术，通过手术在后腹部形成尿道-皮肤开孔。

适应证

耻骨前尿道造口术可用于尿道狭窄、肿瘤、骨盆部尿道创伤、肉芽肿性尿道炎、会阴尿道造口术失败及由于会阴部皮肤缺损而不能进行会阴部尿道造口术的病例。应采用探查性腹腔X线检查以排除结石引起的尿道阻塞。有时需要采用膀胱切开术除去结石。如果猫患有尿路阻塞，则必须要通过静脉输液稳定病情并纠正电解质紊乱。

特殊设备

- 锐利的虹膜剪或肌腱剪断剪对刮除尿路是极为有用的。

步骤

- 诱导全身麻醉，下腹部按无菌手术备皮。
- 猫仰卧，从脐部到耻骨做一腹中线皮肤切口。
- 进入腹腔，找到膀胱。
- 鉴别尿道，钝性分离尿道和膀胱与耻骨之间尿道周围的大量脂肪组织，见图277-1。
- 在尿道末端进入骨盆腔时在其周围做一环形结扎。
- 横断尿道，在尿道前部的远侧面做一暂时性缝合，以便于对无损伤的组织操作，见图277-2。
- 将尿道从其背部附着点游离一小段距离以便于拉出尿道前段，将尿道向腹侧拉出，用虹膜剪做一纵向切口，见图277-3。
- 用4-0可吸收缝线将尿道缝合到切口后面的皮肤上，进行尿道造口。
- 仔细闭合腹壁，以免引起尿道狭窄。
- 常规闭合皮下组织及皮肤。

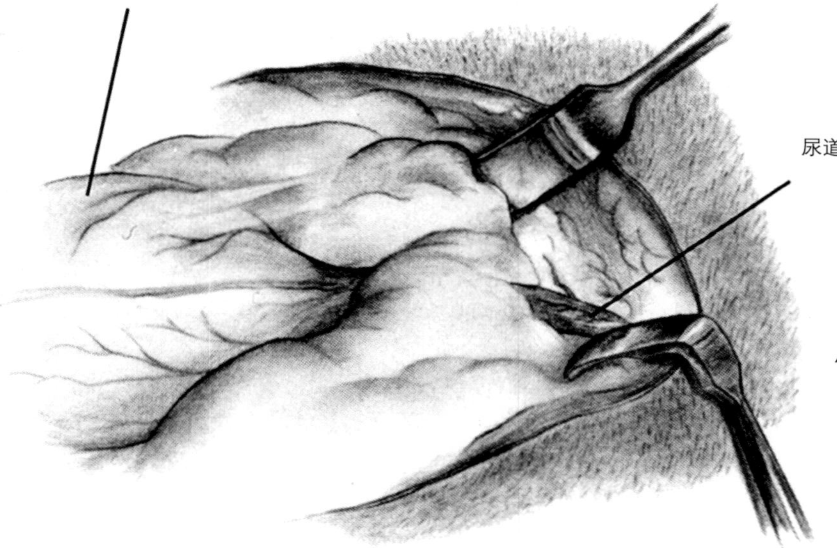

图277-1 在膀胱与耻骨之间的后腹部分离尿道（图片经允许，引自Smith MM，Waldron DR. 1993. Atlas of Approaches for General Surgery of the Dog and Cat，pp. 289-293. Philadelphia：WB Saunders）

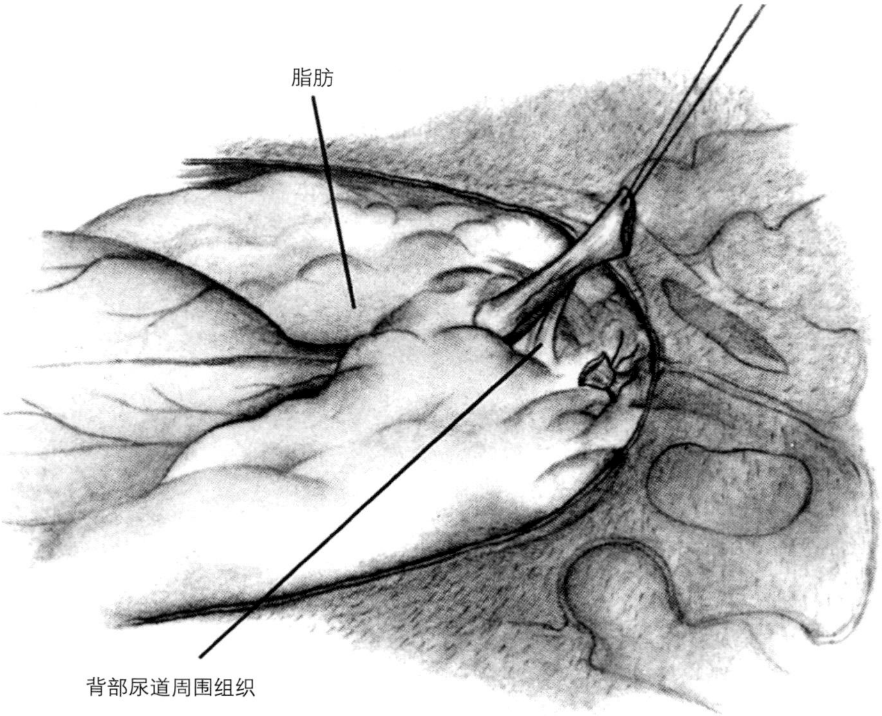

图277-2　结扎尿道远端，尽可能向后分离。有时需要用骨钳实施耻骨切开术以显露骨盆部其他尿道，在膀胱区切口应最小（经允许，引自Smith MM，Waldron DR. 1993. Atlas of Approaches for General Surgeryof the Dog and Cat，pp. 289–293. Philadelphia：WBSaunders）

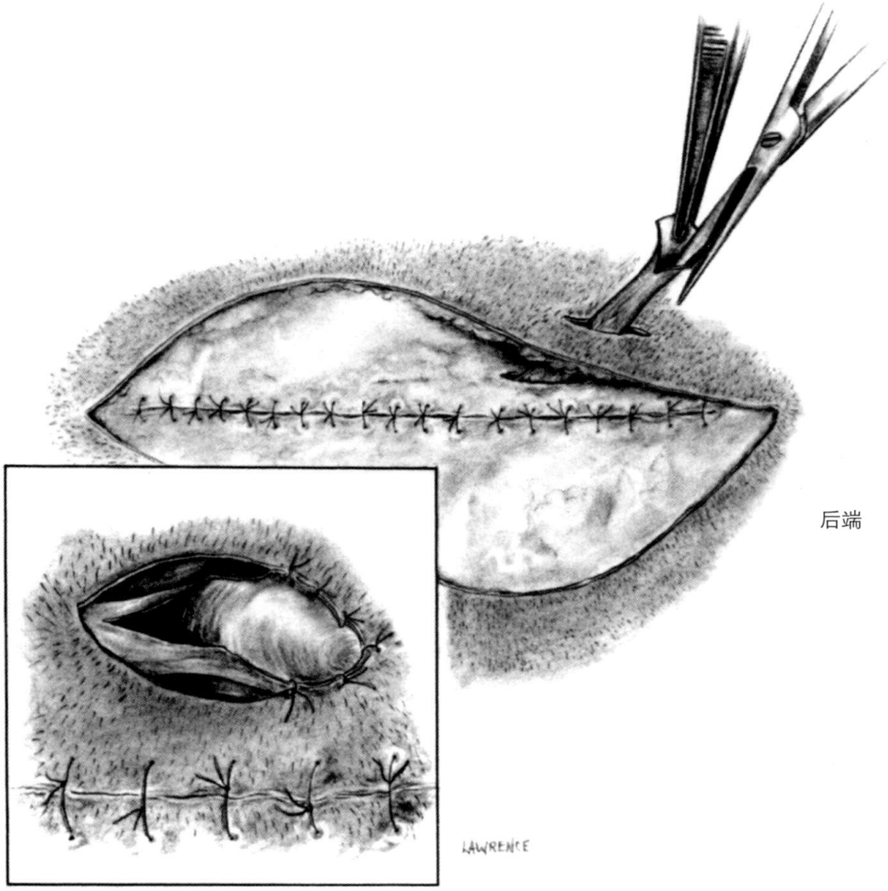

图277-3　在腹侧切开尿道，然后缝合到如本图所示的原切口的腹壁皮肤，或者缝合到原切口内的皮肤上（最好采用这种方法）（经允许，引自Smith MM，Waldron DR. 1993. Atlas of Approaches for General Surgeryof the Dog and Cat，pp. 289–293. Philadelphia：WBSaunders）

说明与并发症

- 过度切开尿道周围及膀胱颈的背部组织可引起排尿失禁。
- 可用骨钳实施耻骨骨切开术以便有更多的尿道用于实施手术。
- 在实施尿道造口术时必须要小心，不要扭结膀胱颈与皮肤之间的尿道。
- 放置伊丽莎白颈圈可防止猫对开孔处的损毁，这在术后期是必不可少的。
- 尿失禁及围口部周围皮肤的炎症及溃疡是最为常见的并发症，其发生率可达30%。
- 术后10～14d可拆除小孔周围的缝合。
- 术后应定期检查猫是否发生尿路感染。
- 这种手术在技术上比会阴尿道造口术易于实施，但尿失禁及皮肤溃疡等并发症的发生率高，因此是永久性尿道改道手术中仅次于会阴尿道造口术的选择。

参考文献

Baines SJ, Rennie S, White RAS. 2001. Prepubic urethrostomy: A long-term study in 16 cats. *Vet Surg*. 30:107–113.

第278章
膀胱造袋术
Urinary Bladder Marsupialization

Gary D. Norsworthy

定义

膀胱造袋术（marsupialization of the urinary bladder）也称为膀胱造口术（cystostomy），是指经腹部皮肤做一个膀胱腔的开放性瘘管。该手术是诸多尿道改道手术（urinary diversion surgeries）中的一种。虽然膀胱造口插管也能获得同样的结果，但通常要通过腹壁和膀胱壁插入异物，一般为低剖面的胃造口插管。有些猫甚至不能忍受插入异物1～2d。

仪器及来源

- 常规手术包。
- 带有棱针（cutting needle）的3–0或4–0可吸收缝线。
- 护肤剂。

适应证

- 难以解除的尿道阻塞（见图278–1）或对治疗无反应的膀胱迟缓。主要适应证是在繁育公猫尿道阻塞难以救治时。可将膀胱造袋数天，直到尿道肿胀及炎症消退，可以在插管时将膀胱闭合，并还纳到腹腔。作者曾将这种方法用于一例即使在实施会阴尿道造口术后仍不能插管的猫，阻塞是由于尿道中多个草酸钙结石所引起。如果用于难以治疗的膀胱迟缓，必须要有理由希望膀胱能够恢复，因此瘘管的持续时间不能很长。

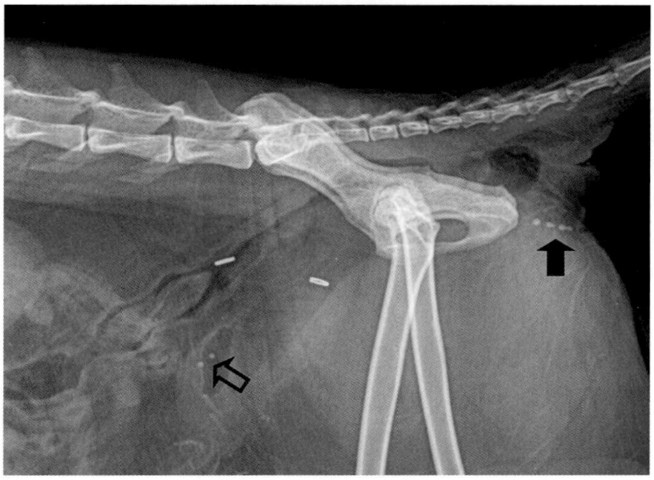

图278–1　本例猫在实施会阴尿道造口术后4h不能排尿。重复试图冲回尿道结石（实心箭头）只能将两个结石冲回到膀胱（空心箭头），膀胱造袋4d，这样其余的结石可回到膀胱，之后将膀胱闭合

步骤

- 诱导全身麻醉，准备腹部手术。
- 猫仰卧。
- 在膀胱位置做开腹手术。
- 尽可能将膀胱拉出体外（见图278–2）。
- 用注射器及针头尽可能抽出膀胱中的尿液。
- 在膀胱最靠腹部的腹中线上做一个1cm的切口。
- 采用简单结节缝合穿过膀胱壁缝合到皮肤上对应位置，直到将膀胱造口术切口缝合到皮肤上。膀胱腔应直接通过皮肤开口（见图278–3）。
- 将其余的膀胱壁及皮肤切口用单纯间断缝合或连续锁边缝合（见图278–4）。

术后护理

- 护肤剂，如用于婴儿尿布疹的护肤剂，每天1次或2次

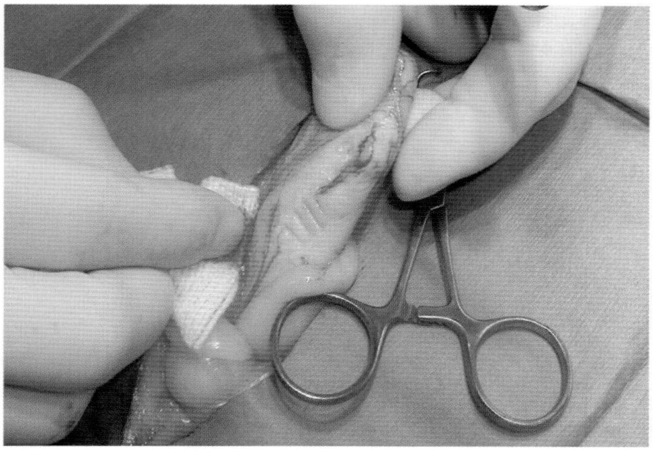

图278–2　将部分膀胱拉出体外并排空

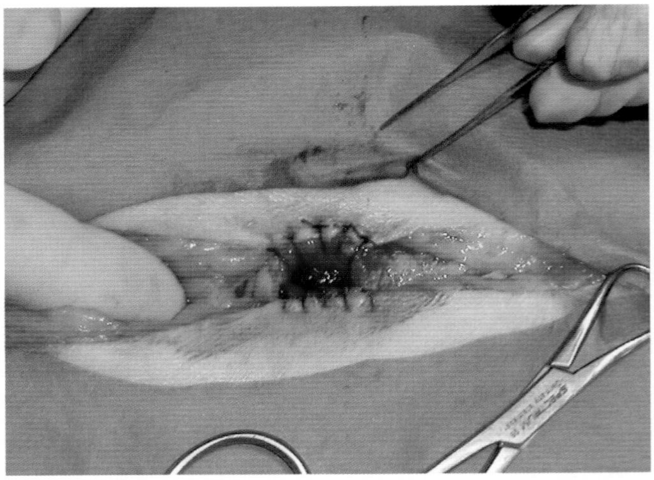

图278-3 用简单结节缝合将膀胱壁缝合到皮肤上，缝线通过膀胱壁、腹壁肌层及皮肤

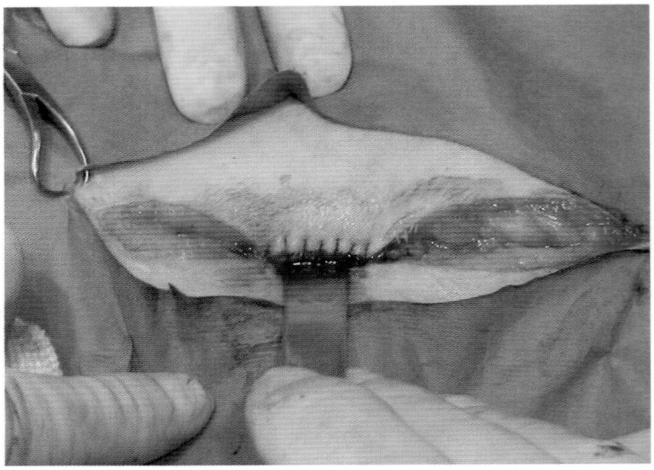

图278-4 通过一足以使手术刀柄进入的开口使得膀胱能直接向外部清空，其余皮肤及腹壁切口常规闭合

用于皮肤，防止引起尿液渍伤（urine scalding）。可用伊丽莎白颈圈防止猫舔闻护肤剂及浸渍有尿液的皮肤。

闭合

- 每隔24～48h猫在麻醉下试行尿道插管，如能成功，将尿道插管缝合到位，猫再次准备实施手术。闭合膀胱造口切口，体壁及皮肤切口常规闭合。

并发症

- 膀胱壁与皮肤缝合不充分可导致伤口开裂。
- 最为常见的并发症是腹壁底部皮肤的尿液浸渍，如果皮肤保护剂使用不足，建议经常清洗皮肤。
- 如果这一手术要长期使用，可能会发生尿液浸渍及细菌性膀胱炎。在数周或数月内细菌可产生耐药性。6～12个月后可以闭合开口，需要重新实施手术。在这种情况下，建议只能将膀胱造袋术作为一种挽救措施。

参考文献

Norsworthy GD. 1984. Bladder marsupialization. *Fel Pract*. 14(5):37–45.

第5篇

细 胞 学

Cytology

第279章
样品染色
Sample Staining

Amy C. Valenciano, Rick L. Cowell 和 Tara P. Arndt

概述

在对病变进行细胞学诊断时，最为重要的一步是在显微镜检查之前对样品采用恰当的方法染色。罗曼诺夫斯基染色法（Romanowsky-type stains）包括瑞氏染色和姬姆萨染色［该法是因俄罗斯内科医生罗曼诺夫斯基（Romanowsky）首次用伊红及亚甲基蓝混合染料对血液进行染色而得名，现在采用的酸性（伊红）及碱性（亚甲蓝、天青等）染料混合配方染色方法均称为罗曼诺夫斯基染色法——译注］其与快速染色法如Diff-Quik®（Dade Diagnostics Inc.，Mississauga，Ontario，Canada）是兽医诊断中最常用的染色方法。由于Diff-Quik®及其他快速染色法最为广泛地用于私人兽医诊所，因此本章的大部分内容将重点介绍这种染色的特点，但所有罗曼诺夫斯基型染色均可获得高质量的细胞学染色结果。

准备染色

一般来说，准备细胞学涂片进行各种罗曼诺夫斯基染色时，只需要将涂片在空气中干燥，无需其他准备，但在有些情况下（如染尿沉渣的空气干燥涂片）加热固定有助于将细胞固定在涂片上以免洗脱。每个试剂盒中的固定液和染色液均为细胞学载玻片染色所必需的，加热固定细胞涂片不当（即直接在火焰上快速通过载玻片）可引起细胞损伤，改变细胞形态，因此可影响检查。如果要加热固定载玻片，最为安全的方法是将涂片置于手臂长度的距离，轻轻用吹风机吹干。在染色之前无需在载玻片上采用其他固定液固定。重要的是细胞学涂片应远离福尔马林，即使短暂暴露于福尔马林蒸汽，也可影响细胞涂片的染色质量。由于福尔马林可使细胞的酶失活，改变细胞膜的结构，在采用罗曼诺夫斯基染色时细胞染色呈苍白，呈均质浅蓝色，难以或不可能进行细胞学检查。

即使很密闭的容器，也可从中溢出福尔马林蒸汽，引起细胞涂片固定，因此不要将细胞涂片及样品与福尔马林在同一包装中处理。

染色

快速染色通常包括三种溶液，即固定液、嗜酸性染液（粉红）及嗜碱性（蓝色）染液。每批染色的每种溶液都有厂商建议的染色时间，但必须要依染液的新旧、涂片厚度及样品类型调整染色时间。含有大量细胞的样品，如淋巴结、骨髓、脾脏、肝脏及血液稀释样品（hemodilute specimens）等，通常需要的染色时间较长，而蛋白含量低的细胞学样品及细胞含量低的液体样品可能需要的染色时间较短（见表279-1）。染色后在低倍镜下检查，如果染色不足（浅或淡），则可再回到嗜酸性或嗜碱性染色液中继续染色，如果只是颜色太淡，可能只需要再次用这种染液染色。再次染色时不要重复固定步骤，因为这样可使得涂片脱色。如果在需要再次染色的载玻片上存在油滴，则可将载玻片置于含有溶剂的染色缸中去除油滴。如果采用很精细的纸巾轻轻地完全地蘸除油滴常常就可获得足够满意的结果。

注意事项

妥善保管染液十分重要。染液应储藏在染色缸中，盖紧盖子以防止挥发，特别是保存固定液时，应避免其凝结，否则可在涂片上造成水的假象（water artifact）。用陈旧的染液染色时，涂片染色可能需要更长时间。嗜碱性染液常常是最早用完的染液。如果样品中有细菌、真菌或其他可以着色的微生物，则建议保存两套染色缸。在染色缸中真菌及细菌可快速生长，会污染载玻片。因此可配制一套用于“脏”样品（即耳拭子、粪便涂片或感染损伤涂片），一套用于清洁的样品（如肿瘤穿刺及血液涂片），可将污染降低到最小。如果发生污染，应清空染色缸中的染液，洗涤染色缸，用乙醇冲洗，待完全干燥后再注入新的染液，应注意水对染液有影响。如果用水冲洗染色缸，则应在再次注入染液之前完全干燥。

表279-1　罗曼诺夫斯基染色常见问题及解决方案

观察结果	问题	解决方案
过度蓝染（红细胞可能呈蓝绿色）	1. 染液接触时间过长 2. 冲洗不足 3. 样品太厚 4. 染液、稀释液、缓冲液或洗涤用水偏碱性 5. 暴露于福尔马林蒸汽 6. 涂片尚未干燥即进行乙醇或福尔马林中湿固定 7. 延缓固定 8. 载玻片表面为碱性	1. 缩短染色时间 2. 延长洗涤时间 3. 如有可能尽可能做成薄的涂片 4. 用pH试纸检查并纠正pH 5. 细胞学制剂的储藏及运送远离福尔马林容器 6. 固定前空气干燥涂片 7. 如有可能尽快固定涂片 8. 用新的载玻片
过度粉红着色	1. 染色时间不足 2. 洗涤时间过长 3. 染液或稀释液太偏酸 4. 在红色染液中染色时间过长 5. 蓝色染液中染色时间不足 6. 干燥之前盖上盖玻片	1. 延长染色时间 2. 缩短洗涤时间 3. 用 pH 试纸检查及纠正 pH；可需要新鲜甲醇 4. 缩短在红色染液中染色的时间 5. 延长在蓝色染液中染色的时间 6. 完全干燥后再盖上盖玻片
着色弱	1. 与染液接触的时间太短 2. 染液疲劳（老化） 3. 染色中其他载玻片覆盖着样品	1. 延长染色时间 2. 更换染料 3. 分开载玻片
着色不均	1. 载玻片表面不同区域pH变化 可能由于载玻片表面被接触或载玻片不干净 2. 染色及洗涤后水沾在载玻片同一区域 3. 染液与缓冲液混合不均匀	1. 换用新的载玻片，避免在准备前后触及其表面 2. 将载玻片倾斜到近垂直，从表面吸取水分或用吹风机干燥 3. 彻底混合染液与缓冲液
片子上有沉淀	1. 染液过滤不充分 2. 染色后载玻片洗涤不充分 3. 使用脏的载玻片 4. 染色过程中染液干燥	1. 过滤或更换染液 2. 染色后充分冲洗载玻片 3. 采用清洁的新鲜载玻片 4. 采用足够的染液，不要使其在载玻片上太长时间
其他	1. 染色过度 2. 红细胞上的折射假象	1. 用95%甲醇脱色，然后再染色，Diff-Quik染色涂片可能需要在红色Diff-Quik染液中脱色以去除蓝色，但这可能会损害红色染液 2. 更换固定液，通常由于固定液的湿度所引起，应确定涂片在染色前干燥

引自 Cowell RL，Tyler RD，Meinkoth JH，DeNicola DB. 2008. *Diagnostic Cytology and Hematology of the Dog and Cat*，3rd ed.，p. 16. St. Louis：Mosby.

参考文献

Baker R, Lumsden JH. 2000. Cytopathology techniques and interpretation. In R Baker, JH Lumsden, eds., *Color Atlas of Cytology of the Dog and Cat*, pp. 7–20. St. Louis: Mosby.

Cowell RL, Tyler RD, Meinkoth JH, et al. 2008. Sample collection and preparation. In RL Cowell, RD Tyler, JH Meinkoth, et al., eds., *Diagnostic Cytology and Hematology of the Dog and Cat*, 3rd ed., pp. 1–18. St. Louis: Mosby.

Meinkoth JH, Cowell RL. 2002. Sample collection and preparation in cytology: increasing diagnostic yield. *Vet Clin North Am Small Anim Pract*. 32:1187–1207.

Raskin RE, Meyer DJ. 2001. The acquisition and management of cytology specimens. In RE Raskin, DJ Meyer, eds., *Atlas of Canine and Feline Cytology*, pp. 1–18. Philadelphia: W.B. Saunders.

第280章

炎症与肿瘤细胞的鉴别

Differentiation of Inflammation versus Neoplasia

Tara P. Arndt, Rick L. Cowell 和 Amy C. Valenciano

概述

组织样品的细胞学检查快速、价廉，相对无侵入性，而且可以诊断细胞类型。细胞学检查的首要任务是将细胞分为炎性细胞和非炎性细胞，进而根据细胞形态特点再作进一步的区分。

炎性细胞群可由下列一种或多种细胞组成：中性粒细胞、巨噬细胞、嗜酸性粒细胞及淋巴细胞。非炎性细胞由组织细胞组成。组织细胞包括离散细胞（圆形细胞）、间质细胞（梭形细胞，spindle cells）及上皮细胞三类。组织细胞及炎性细胞常常混合在一起，因此在解释结果时可造成困难。

炎症

本章列出了各类类型的炎症及其常见原因和鉴别。见表280-1。

炎症的常见类型

- 化脓性或中性粒细胞性炎症（suppurative or Neutrophilic）：通常由85%以上的中性粒细胞组成。细菌感染是化脓性炎症的常见原因，可见到细菌被吞噬进入中性粒细胞的情况（见图280-1）。中性粒细胞的退行性变化（degenerate changes）（包括核肿大及染色强度降低）可由细菌毒素所引起，在细菌感染时常见（见图280-2）。少量细菌感染或同时采用抗生素时，由于样品中细菌数量很少，因此对细菌进行鉴定较为困难。如果在细胞学涂片中未观察到细菌，则细菌培养有助于排除低菌量的细菌性脓毒血症。溃疡性病变常常可继发细菌感染，可反映出对炎症的反应，但并不一定是原发性病因。因此，如果是慢性病变，更应继续查找原发性原因。非感染性原因，包括免疫介导性皮肤病、脂肪组织炎（steatitis）及组织

表280-1　不同类型的炎性细胞所代表的情况

炎性细胞类型	首先考虑	其次考虑
中性粒细胞明显占优势（85%）：		
大量中性粒细胞变性	革兰氏阴性细菌	继发于肿瘤、异物等的脓肿
	革兰氏阳性细菌	
少量中性粒细胞变性	革兰氏阳性细菌	真菌
	革兰氏阴性细菌	原虫
	高等细菌（诺卡菌、放线菌等）	异物
		免疫介导性
		化学或外伤
		继发于肿瘤的脓肿
未见中性粒细胞变性	革兰氏阳性菌	革兰氏阴性菌
	高等细菌（诺卡菌、放线菌等）	真菌
	化学或外伤	异物
	脂膜炎	继发于肿瘤的脓肿
混合的炎性细胞：		
15%～40%巨噬细胞	高等细菌（诺卡菌、放线菌等）	非炎性革兰氏阳性细菌
	真菌	寄生虫、慢性过敏性炎症，如果嗜酸性粒细胞数量增加，则为嗜酸性粒细胞肉芽肿
	原虫	
	肿瘤	
	异物	
	脂膜炎	
	所有降解的炎性损伤	

（续表）

炎性细胞类型	首先考虑	其次考虑
>40%巨噬细胞	真菌 异物 原虫 肿瘤 脂膜炎 所有降解的炎性损伤	寄生虫、慢性过敏性炎症，如果嗜酸性粒细胞数量增加，则为嗜酸性粒细胞肉芽肿
含有炎性巨细胞	真菌 异物 原虫 胶原坏死 脂膜炎 寄生虫（如有嗜酸性粒细胞存在）	
>10%嗜酸性粒细胞	过敏反应性炎症 寄生虫 嗜酸性粒细胞肉芽肿 胶原坏死 肥大细胞瘤	肿瘤 异物 生成菌丝的真菌（Hyphating fungi）

引自 Cowell RL，Tyler RD，and Meinkoth JH. 1999. *Diagnostic Cytology and Hematology of the Dog and Cat*，2nd ed.，p. 23. St. Louis：Mosby.

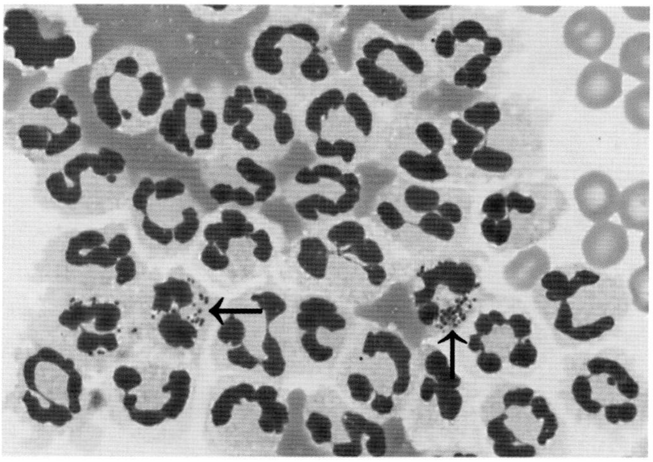

图280-1 败血性化脓性炎症。样品从皮下病变穿刺获得，注意有些中性粒细胞中含有吞噬的细菌（箭头）。瑞氏染色，1000倍（照片由俄克拉荷马州立大学Robin Allison提供）

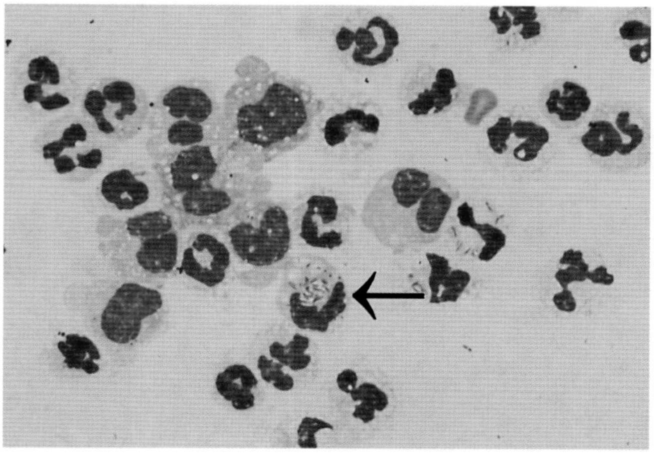

图280-2 脓性肉芽肿性炎症（pyogranulomatous inflammation）。皮下肿块穿刺物。继发于放射菌病而出现的中性粒细胞及巨噬细胞的混合物。许多中性粒细胞表现为变性变化，有些含有吞噬的细菌（箭头）。瑞氏染色，1000倍（照片由俄克拉荷马州立大学Robin Allison提供）

坏死等可引起化脓性炎症，但在这些情况下，中性粒细胞通常不发生变性。

- 肉芽肿性炎症（granulomatous）：在肉芽肿性炎症中，巨噬细胞为炎性细胞。单纯的细菌感染通常不会诱发肉芽肿性炎症，但分支杆菌感染可引起肉芽肿反应。分布有大量的巨噬细胞时应怀疑为大的更为复杂的微生物感染，如真菌或原虫感染。引起肉芽肿性炎性反应的其他刺激包括异物（包括注射位点反应）、肿瘤、脂肪组织炎及组织坏死，见图280-3。寄生虫及昆虫叮咬也可引发肉芽肿炎症，并常常伴随有嗜酸性及其他炎性细胞。肉芽肿炎症偶尔包含多核的“巨细胞”，这些细胞为多个巨噬细胞融合在一起，形成一个大的细胞，以试图吞噬大的微生物或异物或其他物质时形成。皮肤角化囊肿（cutaneous keratinous cysts）［包括表皮包含囊肿（epidermal inclusion cysts）、毛发基质肿瘤（hair matrix tumors）等］也可诱发肉芽肿性炎症，特别是在其内容物破裂进入皮下组织时更是如此。
- 脓性肉芽肿性炎症（pyogranulomatous）：这类炎症由巨噬细胞和中性粒细胞混合组成炎性细胞（见图280-2）。引起的原因包括高等细菌，如放线菌（*Actinomyces*）和诺卡菌（*Nocardia*），以及引起肉芽肿性炎症的原因（即真菌、肿瘤、异物、注射位点反应、昆虫叮咬、组织坏死等）。

- 嗜酸性粒细胞性炎症（eosinophilic）：其特点是炎性细胞中含有10%以上的嗜酸性粒细胞，嗜酸性粒细胞的存在说明在此过程中有嗜酸性成分参与，见图280-4。嗜酸性炎症的常见原因包括过敏性或变态反应、嗜酸性粒细胞肉芽肿综合征（eosinophilic granuloma complex）、寄生虫感染及昆虫咬伤。不太常见的原因包括异物、生菌丝真菌（hyphating fungi），肿瘤也可诱发嗜酸性炎症。

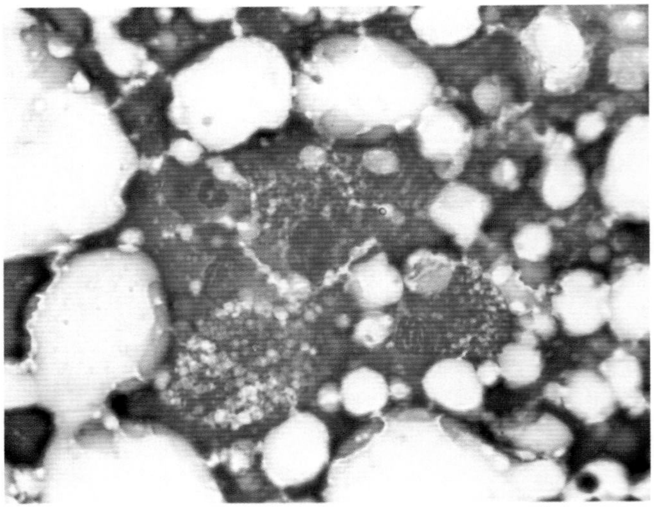

图280-3　肉芽肿性炎症；脂肪组织炎，样品从皮下肿块穿刺采集。注意许多清亮的脂类空泡，具有多个巨噬细胞。瑞氏染色，原图放大250倍（照片由Rick L. Cowell提供）

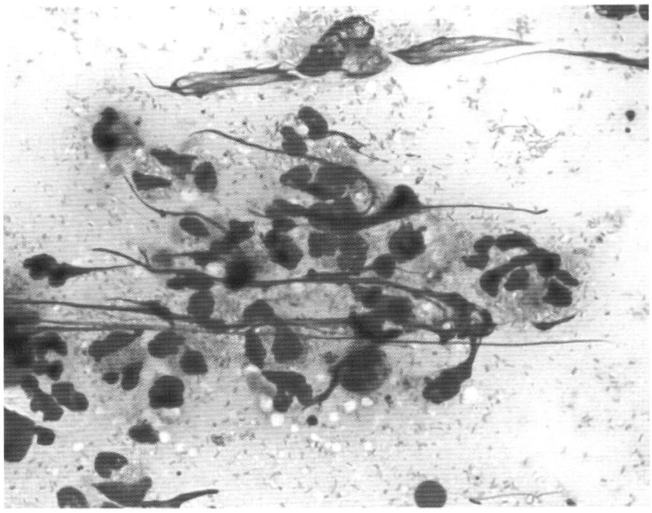

图280-4　图280-4嗜酸性粒细胞炎症，样品从嗜酸性粒细胞肉芽肿刮削采集。可见到数个嗜酸性粒细胞，背景可见许多游离的嗜酸性颗粒（箭头），少数中性粒细胞提示还说明也发生了化脓性炎症。瑞氏染色，1000倍（照片引自Oklahoma State University teaching files）

- 淋巴细胞性炎症（lymphocytic）：这类炎症的细胞主要由成熟小淋巴细胞及散在的大淋巴细胞和偶尔由其他炎性细胞组成。数量不等的成熟小淋巴细胞和浆细胞可伴随其他类型的炎性反应。启动淋巴细胞性炎性反应的原因包括注射位点反应、昆虫叮咬、口腔炎及肿瘤（如纤维肉瘤）以及非特异性抗原或免疫刺激（见图280-5）。

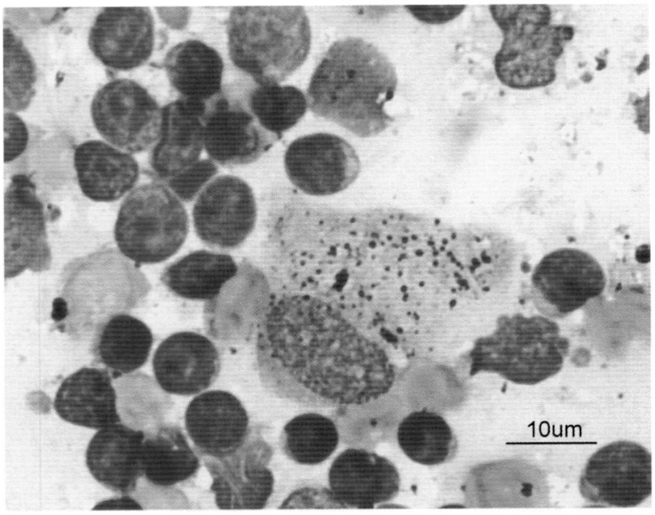

图280-5　注射位点反应，皮下肿块样品采自与图280-12中不同的病猫。巨噬细胞含有嗜酸性细胞佐剂颗粒（eosinophilic adjuvant material）。本例存在淋巴细胞性炎症。瑞氏染色，1000倍（照片引自Oklahoma State University teaching files）

组织细胞

如果区分非炎性组织细胞，可根据这些细胞的特点将其分为三类：离散型细胞（圆形）、间叶细胞（梭形细胞）或上皮细胞，见表280-2。

组织细胞类型

- 离散（圆形）细胞［discrete（round）cells］：典型的离散细胞源性肿瘤由大量的小到中等的圆形细胞组成，细胞呈散在排列，具有清晰的细胞界限。猫的离散细胞肿瘤包括淋巴瘤、肥大细胞瘤及浆细胞瘤（见图280-6及图280-7）。
- 上皮细胞（epithelial cells）：这些细胞中等或较大，形状为圆形或有尾部，常以紧密结合的细胞团块存在，具有清晰的细胞边界。上皮细胞的恶性肿瘤（neoplastic populations of epithelialcells）称为癌（carcinomas），腺癌为来自于腺体的上皮肿瘤。见图280-8及图280-9。
- 间充质细胞（梭形细胞）［mesenchymal（spindle）

表280-2　三种基本肿瘤的一般特点

肿瘤类型	一般细胞大小	一般细胞形状	图示	穿刺物的细胞性	常见丛状或簇状
上皮性	大	圆形到拖尾	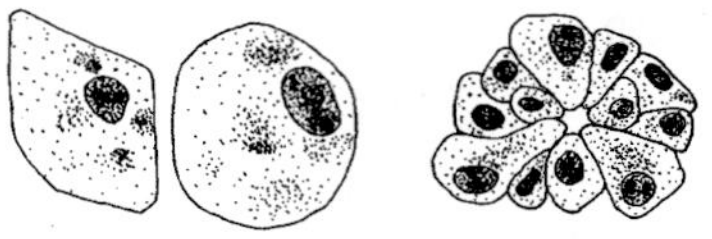	通常高	是
间叶性（梭状细胞）	小到中等	梭形到星形	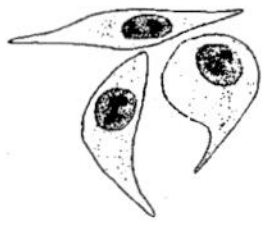	通常低	否
离散型圆形细胞	小到中等	圆形	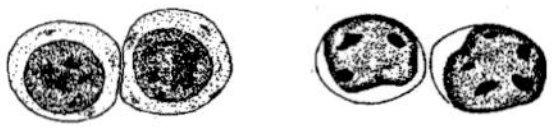	通常高	否

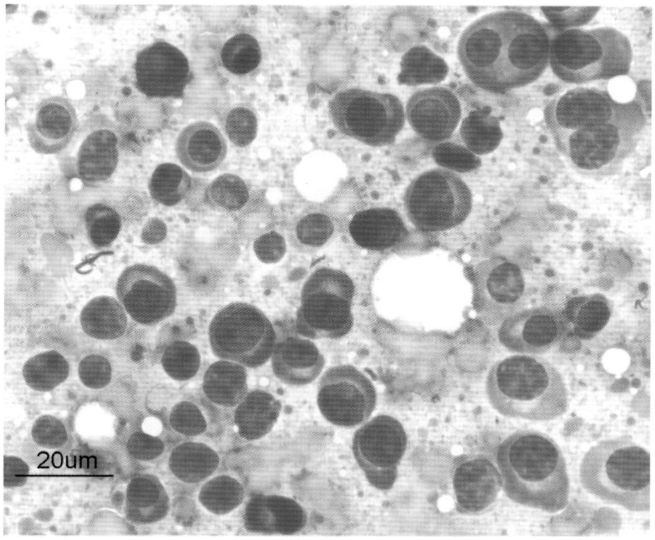

图280-6　离散型（圆形）细胞瘤。穿刺物来自皮下浆细胞瘤。核偏中心，外周有一清晰的核周带，偶尔可见双核细胞，这时呈浆细胞的特征。瑞氏染色（照片引自Oklahoma State University teaching files）

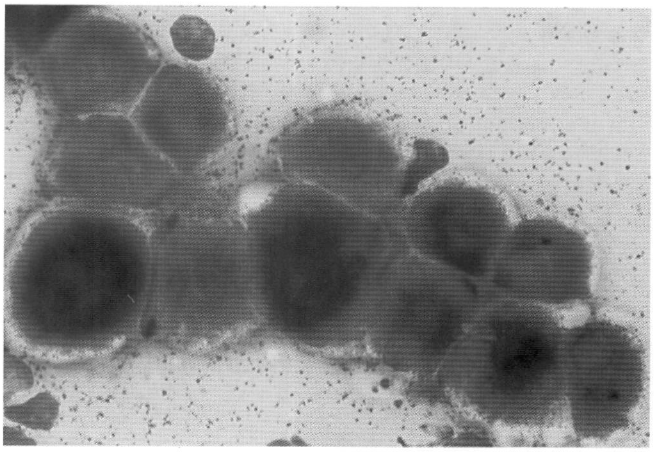

图280-7　分散型（圆形）细胞瘤，穿刺物来自皮下肥大细胞瘤。大量针尖样的品红颗粒充满胞浆，肥大细胞的核通常模糊不清。注意在背景上也存在游离颗粒。瑞氏染色，500倍（照片引自Oklahoma State University teaching files）

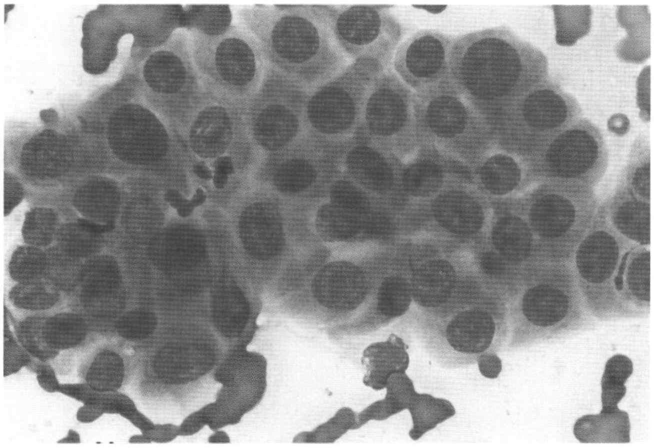

图280-8　上皮细胞肿瘤，穿刺物来自皮下肿块。上皮细胞的主要特点是较大，常成群分布，离散型细胞通过细胞连接接触。这些细胞只表现了一些非典型特征，包括中等程度的红细胞大小不均及核大小不均（anisokaryosis）。瑞氏染色，500倍（照片引自Oklahoma State University teaching files）

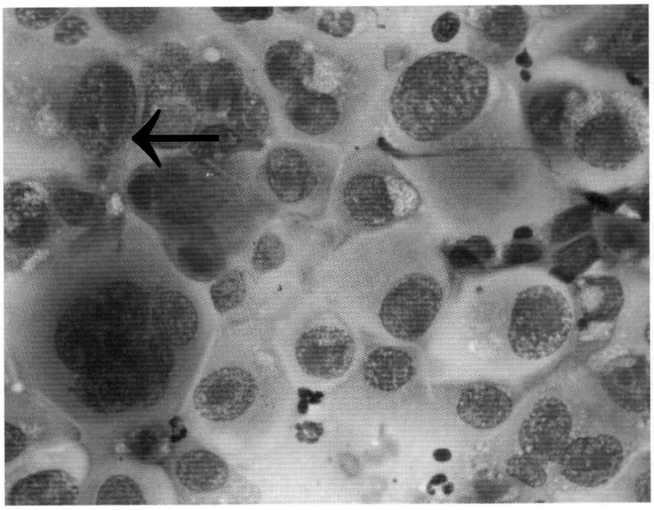

图280-9 移行细胞癌。穿刺物来自膀胱肿块。存在许多具有高度恶变标准的上皮细胞，明显的细胞大小不均、核大小不均、多核形成、明显的有角核（箭头）及粗糙的染色质是这些细胞的主要特征。与图中的中性粒细胞相比，这些细胞较大，而细胞体积较大也是上皮细胞的共同特征。瑞氏染色，500倍（照片由俄克拉荷马州立大学Robin Allison提供）

cells]：这些细胞的典型特点是呈梭形或锥形，细胞边界模糊，通常单个存在，但也可聚集存在。聚集存在时，间充质细胞包埋在嗜酸性（粉红）无定形的称为细胞基质的物质中（见图280-10）。肉瘤为间叶源性的恶性肿瘤，例如纤维肉瘤、血管肉瘤及骨肉瘤。

恶变标准的评估

应通过检查总称为恶变标准（criteria of malignancy）的异常及退行性变化的特点，评估组织学样品中的组织细胞是否具有恶变的可能，见图280-11及表280-3。恶变标准可涉及细胞核的特点或整个细胞的特点，而核的标准更为重要。如果检查到恶变的核标准在3个或以上，则显著表明发生了恶性转化。如果不到3个标准，则说明细胞呈良性，但有些恶性肿瘤只采用几个恶变标准就可鉴别。如有疑问，或对行为上具有进攻性而表现为良性的肿瘤不熟悉，则应通过将样品送临床病理学家或将活检样品进行组织病理学分析组织结构来验证。

炎性细胞与组织细胞的混合样品

对含有炎性细胞及组织细胞的细胞学样品检查结果的解释应慎重。炎症可引起该区域正常组织细胞出现发育不良的变化，这些细胞可表现明显的恶化标准，但通常不是肿瘤细胞。同样，肿瘤本身可引起炎症，或者继发于感染，导致炎性细胞和非典型性组织细胞混合出

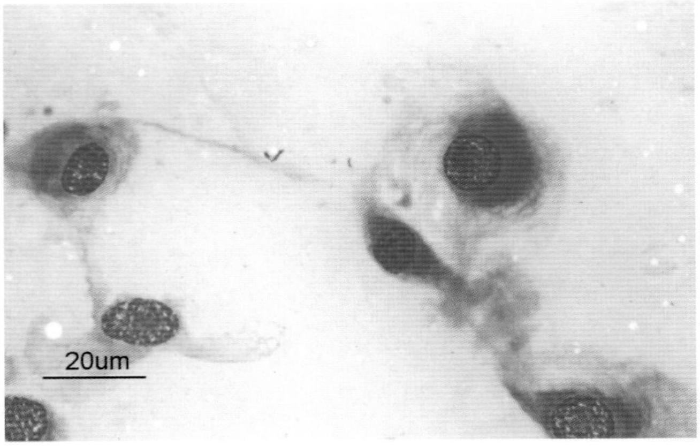

（A）

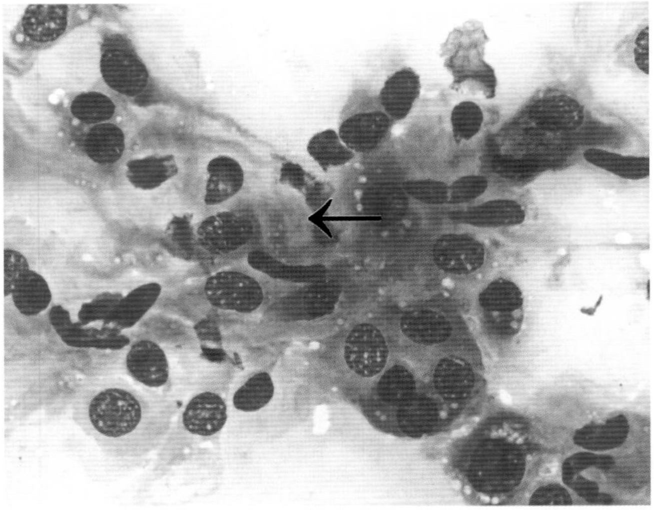

（B）

图280-10 间叶细胞瘤。（A）间叶细胞（梭形细胞）瘤，皮下肿块穿刺，注意间叶细胞的主要特点为形状逐渐变尖，胞浆边界模糊。（B）与（A）为同一病例，这些间叶细胞可产生嗜酸性基质样物质（箭头），有细胞大小不均、核大小不均、多核形成及明显的核仁等特点。瑞氏染色，500倍（照片引自Oklahoma State University teaching files）

现。要区分炎性肿瘤细胞类群与炎性发育异常的细胞类群时，应治疗炎症，之后再采用细胞学方法检查病变。随着炎症的消除，严格的炎性反应异常常常会消失。

注射位点反应

注射疫苗及其他一些物质可引起持续存在的皮下结节。对这些病变进行穿刺，典型的损伤变化是含有大量混合的炎性细胞，这些反应中存在的细胞类型差别很大，可主要为淋巴细胞、化脓性细胞、肉芽肿细胞，甚至嗜酸性粒细胞。混合型炎症也很常见。虽然在注射疫苗时可观察到亮粉红到品红染色的无定形物质，但也可见于细胞外及巨噬细胞内吞噬的物质。见图280-5及图280-12。偶尔在这些病变中可观察到纺锤样的非典型性

表280-3　易于识别的恶变的一般标准及核标准

标准	描述	图示
一般标准		
红细胞大小不均（anisocytosis）及大红细胞症（macrocytosis）	细胞大小不等，有些细胞为正常细胞的1.5倍以上	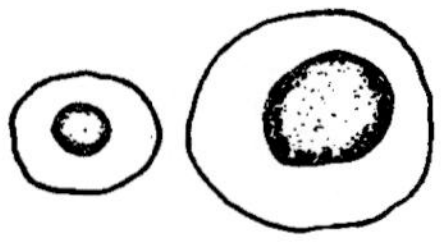
细胞过多（hypercellularity）	由于黏附降低而细胞脱落增加	未见描述
多形性（pleomorphism）（淋巴组织除外）	同类细胞大小及形状不同	
核标准		
巨核形成（macrokaryosis）	核增大，如果细胞中核大于10μ则表明发生恶变	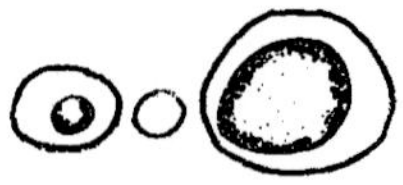 RBC
核与胞质比增加（N与C比值）	正常的非淋巴细胞通常依组织类型，N与C之比为1∶3～1∶8，比率增加（1∶2，1∶1等）表明发生恶变	红细胞，参见巨核形成
核大小不均（anisokaryosis）	核大小发生变化，如果多核细胞的核大小发生变化则尤其重要	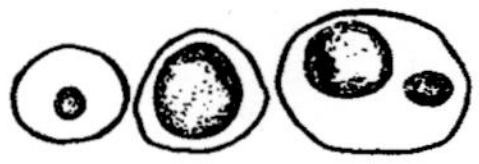
多核形成（multinucleation）	细胞内形成多个细胞核，如果细胞核的大小发生改变则尤其重要	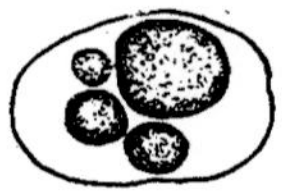
有丝分裂相增加（increased mitotic figures）	正常组织中罕见发生有丝分裂	 正常　异常
有丝分裂异常	染色体配对异常	参见"有丝分裂相增加"
染色质变粗（coarse chromatin pattern）	染色质比正常粗大，可呈绳索状	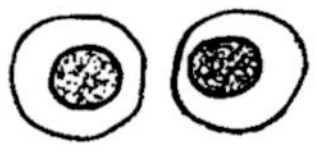
核变形（cuclear molding）	同一细胞内或邻近细胞间引起核变形	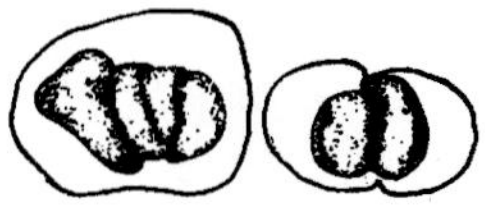
巨核仁（macronucleoli）	核仁增大，核仁≥5μ强烈表明发生恶变。为对比起见，猫的红细胞为5～6μ，犬的为7～8μ	 RBC
核仁有角（angular nucleoli）	核仁呈梭形或其他角形，而不是正常的圆形或轻度的椭圆形	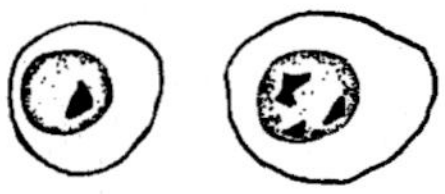
核仁内粒不均（anisonucleoliosis）	核仁形状或大小异常（如果同一细胞核中大小发生改变，则尤其具有意义）	参见"有角核仁"

成纤维细胞。如前所述，这些变化可能代表了由于炎症所引起的反应性变化，或是由于肿瘤而引起的变化。纤维肉瘤也可能与以前的疫苗注射位点有关，因此，建议对任何不能消退的疫苗注射位点进行病理组织学检查。关于疫苗反应的详细情况，可参阅猫疫苗相关肉瘤特别小组（Vaccine-Associated Feline Sarcoma Task Force，VAFSTF）的报告。VAFSTF建议，如果注射位点肿块能满足一项或多项下述"3-2-1"的标准，对注射位点发生的肿块应在切块活组织检查（excisional biopsy）前实施切开活检（incisional biopsy）。这些标准是：注射后肿块持续存在的时间超过3个月；如果直径大于2cm；或注射后1月生长速度加快。

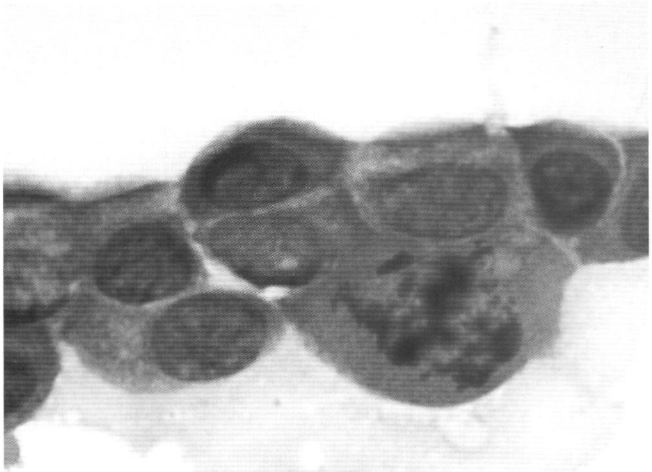

图280-11 有丝分裂相。转移性乳腺腺癌的猫的胸膜渗出液，存在有丝分裂相，说明有丝分裂活动紊乱。瑞氏染色， 250倍（照片由Rick L. Cowell提供）

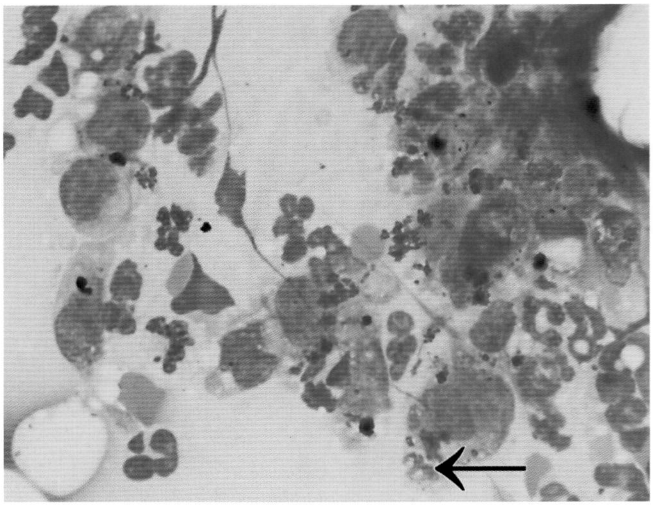

图280-12 注射位点反应。在以前注射疫苗的位点穿刺皮下肿块，发现存在脓性肉芽肿性炎症，巨噬细胞吞噬有嗜酸性佐剂物质（箭头）。瑞氏染色，500倍（照片由俄克拉荷马州立大学Robin Allison提供）

表皮包涵囊肿及毛囊肿瘤

表皮包涵囊肿（epidermal inclusion cysts）及毛囊肿瘤［如毛母质瘤（pilomaticomas，pilomatrixoma）和毛发上皮瘤（trichoepitheliomas）］为猫较为常见的皮下恶性肿瘤。这些肿瘤的穿刺物具有独特的细胞学特点，主要由无核的成熟鳞状上皮细胞组成，背景为蓝染的无定形细胞碎片。鳞状上皮细胞大，具有有角的边缘，有时可观察到大而多角的非染色胆固醇结晶（见图280-13）。

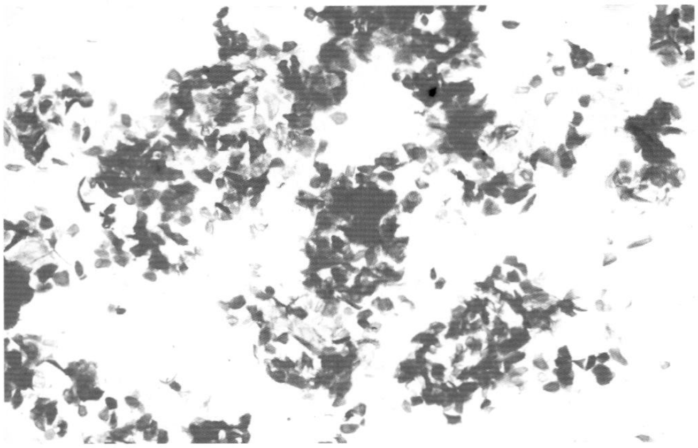

（A）

（B）

图280-13 表皮包涵囊肿。（A）表皮包含囊肿，皮下肿块穿刺物，存在有许多无核的角化鳞状上皮细胞。瑞氏染色，50倍 （B）A的高倍放大。瑞氏染色，250倍（照片由Rick L. Cowell提供）

这些肿瘤偶尔可破裂而进入皮下组织，引起明显的炎症。如果发生这种情况，样品中可发现中性粒细胞及巨噬细胞。

参考文献

Baker R, Lumsden JH. 2000. Cytology techniques and interpretation. In R Baker, JH Lumsden, eds., *Color Atlas of Cytology of the Dog and Cat*, pp. 7–20. St. Louis: Mosby.

Cowell RL, Tyler RD, Meinkoth JH, et al. 2008. Cell types and criteria of malignancy. In RL Cowell, RD Tyler, JH Meinkoth, et al., eds., *Diagnostic Cytology and Hematology of the Dog and Cat*, 3rd ed., pp. 20–46. St. Louis: Mosby.

Meinkoth JH, Cowell RL. 2002. Recognition of basic cell types and criteria of malignancy. *Vet Clin North Am Small Anim Pract*. 32:1209–1235.

Raskin RE, Meyer DJ. 2001. General categories of cytologic interpretations. In RE Raskin, DJ Meyer, eds., *Atlas of Canine and Feline Cytology*, pp. 19–33. Philadelphia: W.B. Saunders.

Richards JR, Starr RM, Childers HE. 2005. Vaccine-Associated Feline Sarcoma Task Force: Roundtable Discussion. *J Am Vet Med Assoc*. 226(11):578–601.

第281章
腺癌
Adenocarcinoma

Amy C. Valenciano, Rick L. Cowell 和 Tara P. Arndt

概述

腺癌（adenocarcinomas）为腺上皮源性的恶性肿瘤，这些肿瘤可起自任何腺上皮，常见位点包括：耳（耵聍腺）、鼻、胃肠道、乳腺、胆管、胰腺或皮下附属组织（subcutaneous adnexal tissue）［皮脂腺及顶分泌腺（sebaceous and apocrine glands）］。

细胞学特点

在细胞学上，腺上皮细胞主要表现为严重脱落、细胞体积大、倾向于成群，形成腺泡样特点。来自腺上皮的细胞应检查其是否具有第280章所介绍的恶变标准。虽然腺瘤（adenomas）在大小和形状上很不均一，但腺癌通常表现有恶变的细胞学特征，如细胞大小不均、核大小不均及有大而明显的核仁，见图281-1。并非所有的腺癌都具有液泡状胞浆或腺泡样排列，有些腺癌也难以确定其属于哪种腺体/细胞类型，见图281-1、图281-2（A）及图281-2（B）。此外，高度分化的腺癌可能在细胞学上十分均一，因此难以和腺瘤区别。在这些病例，需要采用组织病理学技术进一步研究其生物学行为，确定特定的腺体类型。

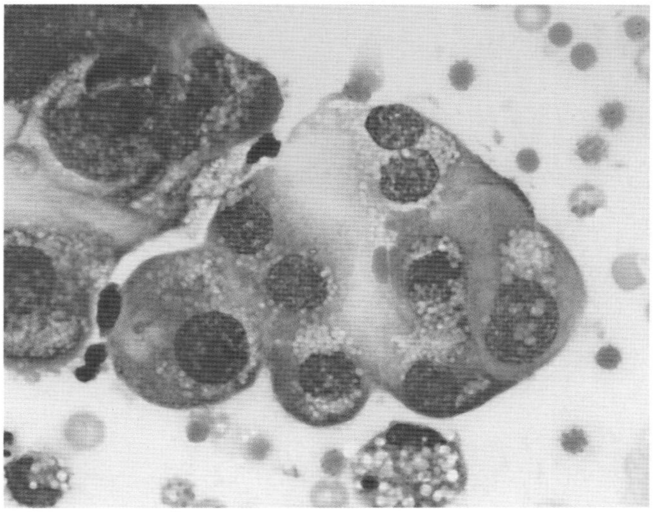

图281-1　腺癌。胸腔渗出液，非典型性有液泡的细胞成簇存在，这些细胞具有恶变标准，如明显的大小不均及核大小不均，染色质丰富，有多核形成，核与胞浆比例有明显差别

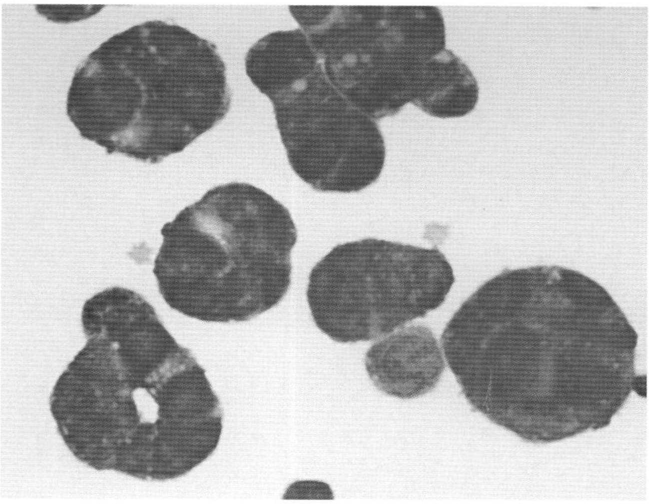

（A）

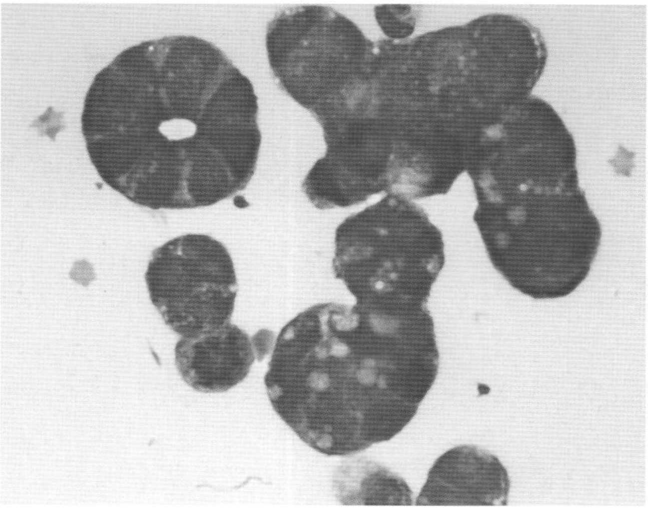

（B）

图281-2　转移性乳腺腺癌，胸腔渗出液。（A）规则的细胞团块，表现多核形成、细胞大小不均、核大小不均、染色质丰富及核成形。但只有少量空泡形成，说明细胞来自腺体。组织病理学检查诊断这种肿瘤为乳腺腺癌。瑞氏染色，250倍　（B）与A为同一病例，说明了同样的肿瘤性特点。瑞氏染色，100倍（照片由Rick L. Cowell提供）

参考文献

Baker R, Lumsden JH, eds. 2000. Cytology techniques and interpretation. In R Baker, JH Lumsden, eds., *Color Atlas of Cytology of the Dog and Cat*, pp. 32–20. St. Louis: Mosby.

Cowell RL, Tyler RD, Meinkoth JH, et al. 2008. Cell types and criteria of malignancy. In RL Cowell, RD Tyler, JH Meinkoth, et al., eds., *Diagnostic Cytology and Hematology of the Dog and Cat*, 3rd ed., pp. 32–35. St. Louis: Mosby.

Klaassen JK. 2002. Cytology of subcutaneous glandular tissues. *Vet Clin North Am Small Anim Pract*. 32:1237–1266.

Raskin RE, Meyer DJ. 2001. General categories of cytologic interpretations. In RE Raskin, DJ Meyer, eds., *Atlas of Canine and Feline Cytology*, pp. 19–33. Philadelphia: W.B. Saunders.

第282章 非典型性细菌感染 Atypical Bacterial Infections

Tara P. Arndt, Rick L. Cowell, 和 Amy Valenciano

概述

非典型性细菌（atypical bacteria）包括丝状菌（filamentous bacteria）（放线菌和诺卡菌）及分支杆菌（*Mycobacterium*），这些细菌可感染猫，而且感染后的治疗要比其他常见细菌感染更有抗性。在发生这类非典型性细菌感染制备的细胞学样品中，巨噬细胞的数量常比常见细菌感染，如葡萄球菌和链球菌感染多，后者感染之后常为中性粒细胞居多；但丝状细菌感染常也具有明显的中性粒细胞炎症。检查从肉芽肿或脓性肉芽肿炎症制备的细胞学样品，有助于对非典型性细菌感染及其他原因引起的肉芽肿或脓性肉芽肿炎症，如异物反应等进行评估。

丝状细菌感染

丝状杆状细菌如放线菌（*Actinomyces*）及诺卡菌（*Nocardia* spp.）通常可因穿入创及咬伤伤口引起皮肤感染（脓肿），也与全身性感染，如脓胸及腹膜炎有关。参见第4章和第152章。在细胞学样品中常常可见到脓性肉芽肿炎症，可表现为中性粒细胞（不同程度的变性）及巨噬细胞混合出现。丝状细菌呈细长的淡蓝染，沿着其体长可出现间断性红色或蓝色着染的珠状结构，见图282-1。偶尔可见丝状细菌呈分支的纤细杆状，见图282-2。丝状细菌可见于细胞内及细胞外，可单个或聚集存在。混合菌（即球菌、短杆菌及球杆菌）也可与丝状杆菌同时存在，说明发生混合菌感染。应注意，放线菌和诺卡菌为多形菌，可出现上述各种形态，因此检查时更类似于混合菌感染。

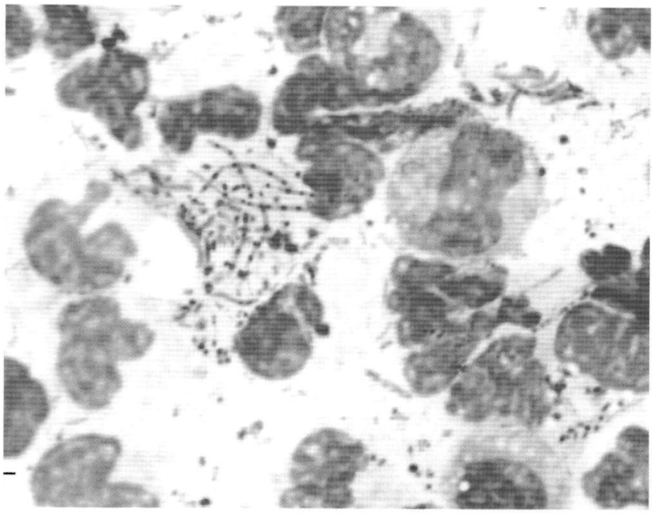

图282-1 脓性肉芽肿炎症，丝状细菌见于胸腔渗出液中。存在大量的丝状细菌，这些细菌沿着其体长具有间断性的红染的珠状结构，这些结构为放线菌及诺卡菌的典型变化。瑞氏染色，1000倍（照片引自Oklahoma State University teaching files）

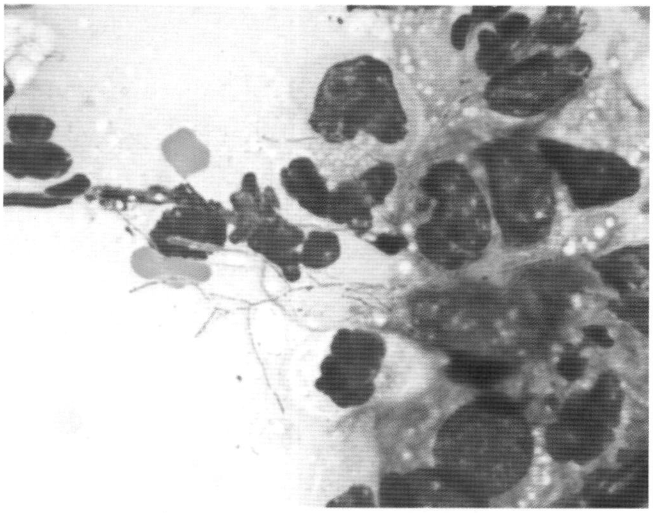

图282-2 脓性肉芽肿炎症，具有分支的丝状细菌。注意这些细菌的分支特点。瑞氏染色，1000倍（照片由Rick L. Cowell提供）

诊断

主要诊断

- 培养：建议进行需氧或厌氧培养及药敏试验，因为诺卡菌为需氧菌而放线菌可表现为兼性或专性厌氧。如果从临床或细胞学检查结果怀疑发生放线菌或诺卡菌感染，应向实验室提示这种怀疑，以便准确对放线菌和诺卡菌进行培养。

分支杆菌病（mycobacteriosis）

分支杆菌（*Mycobacterium* spp.）可引起皮肤损伤（麻风结节，lepromatous），内脏器官（结核，tuberculosis）感染或扩散性皮下病变。参见第144章。这些病变中主要的细胞为肉芽肿性细胞，以巨噬细胞为主。分支杆菌不能用罗曼诺夫斯基或快速染色（包括Diff-Quik®）着色，单独采用这些染色方法难以观察，但常见到“负染”（negative staining）的细长棒状结构被吞噬在巨噬细胞内或游离于背景上，见图282-3。抗酸染色常有助于鉴别这些细菌，见图282-4。

诊断

主要诊断

- 染色：抗酸染色可着染分支杆菌为亮红色，可用于细胞学样品或组织病理学切片鉴定这类细菌。如果细菌模糊不清或细胞学检查中未能观察到，则建议采用活检或组织病理学方法检查。

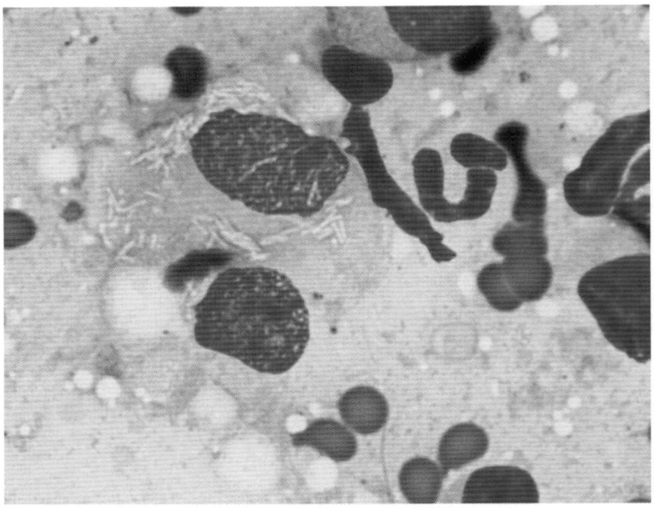

图282-3 肝脏穿刺中的分支杆菌。巨噬细胞中含有数个不着色的丝状微生物。瑞氏染色，1000倍（照片由Rick L. Cowell提供）

- 培养：通过培养可证实分支杆菌病，但有些分支杆菌生长缓慢，可能需要4～6周才能获得阳性培养结果。PCR及其他用于组织样品的分子诊断方法目前可用于加速诊断。

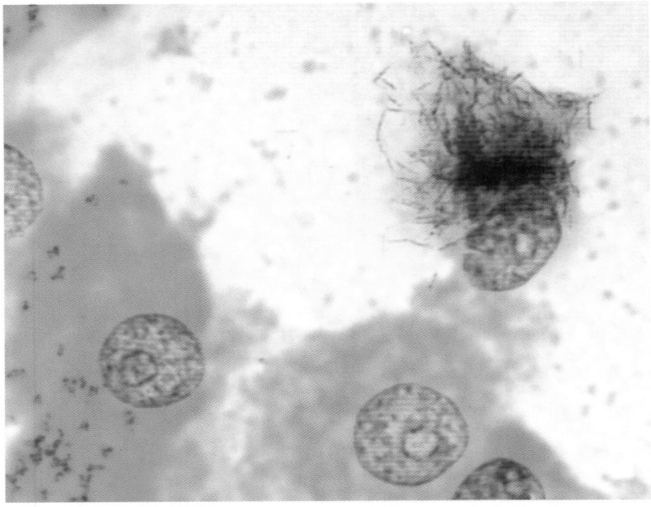

图282-4 分支杆菌。肝脏穿刺样品的抗酸染色。在巨噬细胞中可见到数个红染的丝状微生物，这种微生物的特点与分支杆菌一致。瑞氏染色，1000倍（照片由Rick L. Cowell提供）

参考文献

Baker R, Lumsden JH. 2000. Infectious agents. In R Baker, JH Lumsden, eds., *Color Atlas of Cytology of the Dog and Cat*, pp. 23–38. St. Louis: Mosby.

Cowell RL, Tyler RD, Meinkoth JH, et al. 2008. Selected infectious agents. In RL Cowell, RD Tyler, JH Meinkoth, et al., eds., *Diagnostic Cytology and Hematology of the Dog and Cat*, 3rd ed., pp. 47–62. St. Louis: Mosby.

Greene CE. 2006. Actinomycosis and nocardiosis. In CE Greene, ed., *Infectious Diseases of the Dog and Cat*, 3rd ed., pp. 451–461. Philadelphia: W.B. Saunders Company.

Raskin RE, Meyer DJ. 2001. Skin and subcutaneous tissues. In RE Raskin, DJ Meyer, eds., *Atlas of Canine and Feline Cytology*, pp. 35–92. Philadelphia: W.B. Saunders.

第283章
纤维肉瘤
Fibrosarcoma

Amy C. Valenciano, Rick L. Cowell 和 Tara P. Arndt

概述

纤维肉瘤是间叶组织尤其是成纤维细胞的恶性肿瘤。这类肿瘤具有侵袭性，可复发，但通常不发生转移，约占猫所有皮肤肿瘤的17%。除皮肤外，纤维肉瘤也可发生于乳腺组织、口咽部及小肠。注射位点纤维肉瘤为一种特殊类型的肉瘤，发生于以前注射过疫苗及其他产品的位点。猫疫苗相关肉瘤特别小组（Vaccine-Associated Feline Sarcoma Task Force）提出的对怀疑为注射位点肉瘤的详细资料可参见：www.avma.org/vafstf/。参见第197章。

细胞学特点

在细针穿刺时，大多数间叶细胞肿瘤难以脱落且血液稀释（hemodilute）不明显。如果穿刺不能获得足量的细胞进行检查，应考虑采用非穿刺技术，例如可将针头刺入肿块，调整方向而不抽吸（刺青法，tattoo technique），抽出针头后接上充满空气的注射器，之后将样品涂抹在载玻片上。参见第301章。如果仍难获得足量的样品，则必须采用活检或切除后肿块用组织病理学方法进行诊断。

如果采用穿刺或非穿刺细针技术时细胞能脱落，则肿瘤性纤维细胞通常呈锥形或纺锤状外观，细胞边缘模糊不清，胞浆稀疏或减少，常常嗜碱性。核仁细长或呈鼓起的卵圆形。大多数细胞为单核，但也可见到一定数量的多核细胞，见图283-1。细胞可单个或成簇存在，偶尔可见间叶细胞产生少量粉红色无定形或纤维状基质，见图283-2。应检查间质组织的细胞样品是否有如第280章所介绍的恶变标准，见图283-3。如果发现高度恶变标准，则可说明发生了肉瘤，可能会观察到在分化良好但尚未恶变的肿瘤中所见到的不均一而最低限度的非典型细胞。在这种情况下，需要采用组织病理学方法对生物学行为进行确定。

大多数肉瘤，包括纤维肉瘤在细胞学检查时相似，

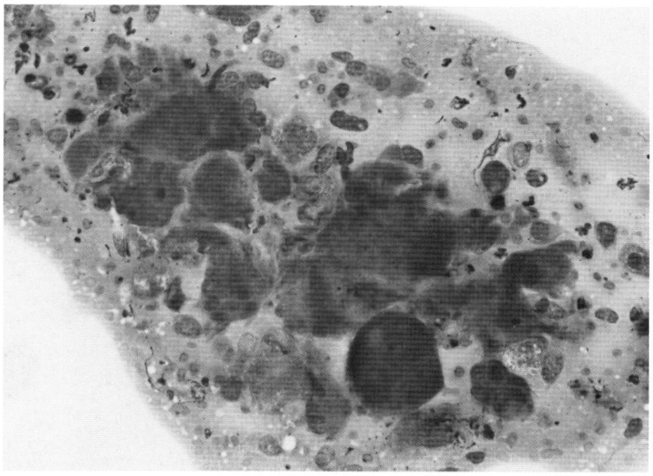

图283-1 纤维肉瘤，皮下肿块穿刺，注意大量的大而多核的巨细胞及混合的单核细胞和不规则的间叶细胞。瑞氏染色，500倍（照片由Amy C. Valenciano提供）

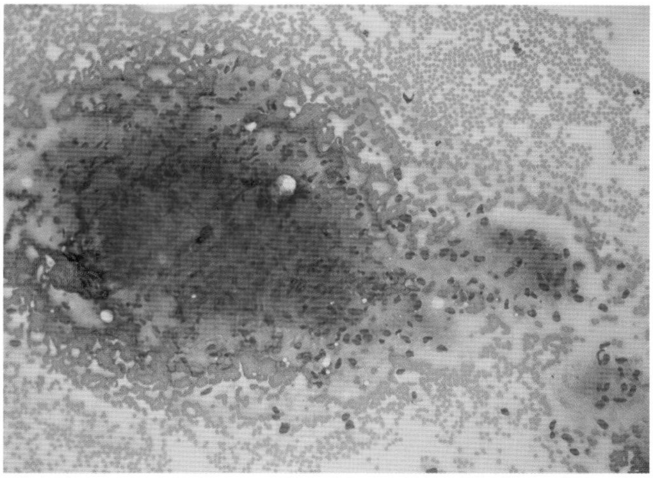

图283-2 纤维肉瘤，皮下肿块穿刺，大量单个的多形性间叶细胞与丰富的鲜亮的嗜酸性纤维状基质有密切关联。瑞氏染色，200倍（照片由Amy C. Valenciano提供）

因此采用组织病理学方法，有时还需采用特殊染色，才能对不同类型的肉瘤进行鉴别。但在采用细胞学方法诊断肉瘤时，必须要特别小心，这是因为继发于炎症而发生反应的非肿瘤性纤维组织也可表现明显的恶变标准，

难以与肉瘤相区别。区别反应性纤维组织与肉瘤时，建议一定要采用活检及组织病理学方法检查，特别是在细胞学检查时发现非典型性纺锤状细胞与炎症有密切关系时更应如此。

细胞学及组织病理学上对自发性及注射位点肉瘤进行区别可能很困难，但在以前注射/免疫接种位点发生的肉瘤则与注射有关。在显微镜下，异物的主要特点是其均质性，呈明显的嗜酸性，为大小不等的珠状结构存在于细胞外间隙或吞噬到巨噬细胞内，见图283-4。

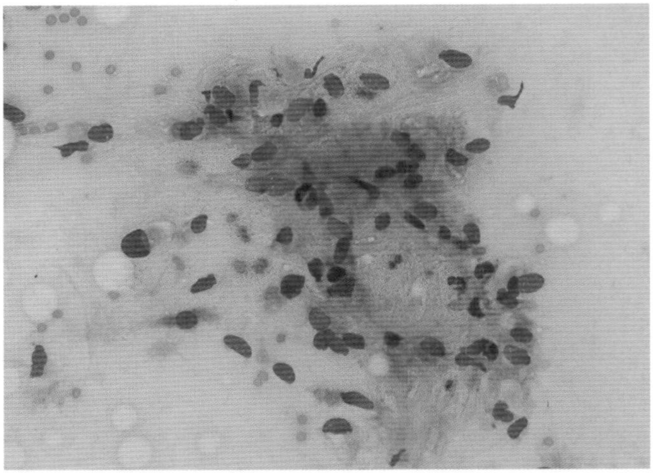

图283-3 纤维肉瘤，皮下肿块穿刺，肿瘤性间叶细胞具有不清晰的胞浆边界，胞质中等嗜碱性，单个核仁，呈卵圆形，具有中等到明显大小不均及细胞核大小不均的细胞。瑞氏染色，500倍（照片由 Amy Valenciano提供）

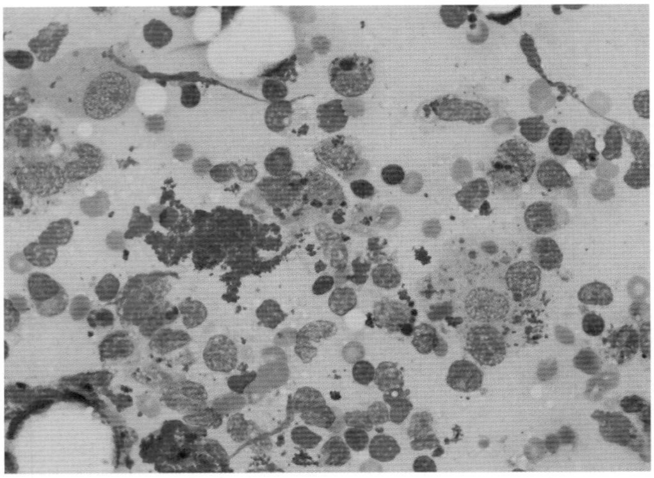

图283-4 疫苗接种/注射反应。皮下肿块穿刺，为混合型炎症，主要由成熟的淋巴细胞，其次为少量的大巨噬细胞组成。注意亮品红球状细胞外的异物及吞噬（巨噬细胞吞噬）的异物。瑞氏染色，1000倍（照片由Amy C. Valenciano提供）

参考文献

Baker R, Lumsden JH. 2000. The skin. In R Baker, JH Lumsden, eds., *Color Atlas of Cytology of the Dog and Cat*, pp. 39–70. St. Louis: Mosby.

Cowell RL, Tyler RD, Meinkoth JH, et al. 2008. Cell types and criteria of malignancy. In RL Cowell, RD Tyler, JH Meinkoth, et al., eds., *Diagnostic Cytology and Hematology of the Dog and Cat*, 3rd ed., pp. 20–46. St. Louis: Mosby.

Hauck M. Feline injection site sarcomas. 2003. *Vet Clin North Am Small Anim Pract.* 33:553–557.

McEntee MC, Page RL. 2001. Feline vaccine-associated sarcomas. *J Vet Intern Med.* 15:176–182.

第284章
脂肪肝
Hepatic Lipidosis

Tara P. Arndt, Rick Cowell 和 Amy Valenciano

概述

脂肪肝（hepatic lipidosis）可成为猫肝脏肿大的常见原因，引起肝脏脂肪沉积的机制已在第93章讨论，细针穿刺及细针活检肝脏是用以区别肝脏肿大原因的快速且侵入性小的方法。

正常肝脏的细胞学

肝脏穿刺通常可获得在外周血背景上数量不等的肝细胞。肝细胞大，圆形或多面形，具有明显的细胞边界。肝细胞核呈圆形或略呈椭圆形，单个核仁，小而圆。另外一个特点是胞质丰富，颗粒状，呈蓝色或灰色，见图284-1。有些肝细胞可含有少量的胞质内蓝绿色色素，可能为胆汁、脂褐质或其他色素沉着。在老龄动物更常见有脂褐质蓄积。

肝脏脂肪沉积的细胞学特点

肝脏脂肪沉积时，肝细胞明显肿大，胞质中含有

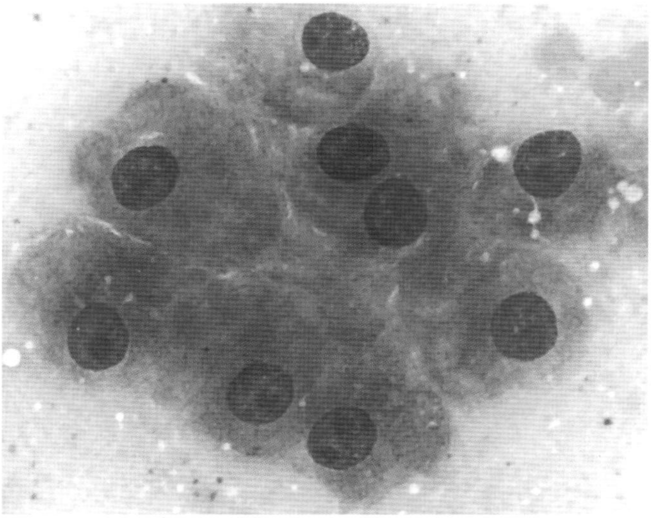

图284-1 正常肝细胞。肝脏穿刺，大而圆到多面体的肝细胞，具有圆形的核仁和颗粒状蓝灰色胞质。肝细胞通常含有单个圆形的核仁。瑞氏染色，500倍（照片引自Oklahoma State University teaching files）

许多大小不等的空泡。这些空泡界限清晰，与空泡变性（vacuolar degeneration）完全不同，发生空泡变性时，肝细胞中的空泡界限不清晰（见图284-2）。如果大量的肝细胞中存在大量的脂肪空泡（大于80%），则可据此从细胞学上确定为肝脏脂肪沉积。必须注意鉴别肝细胞内的脂肪空泡和其他脂肪空泡，如因疏忽穿刺到正常脂肪组织，特别是镰状韧带中的脂肪组织时，也可在背景上产生脂肪空泡。

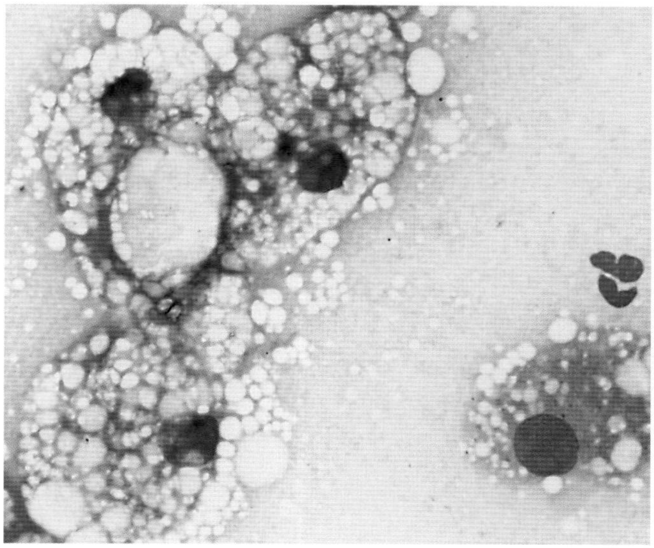

图284-2 肝脏脂肪沉积，肝脏穿刺，肝细胞充满边界清晰的大小不等的脂肪空泡。瑞氏染色，500倍（照片由俄克拉荷马州立大学Robin Allison提供）

由于其他原因也可引起脂肪明显蓄积于肝细胞内，包括代谢性疾病，如先天性贮积症及糖尿病等，因此将检查结果解释为猫肝脏脂肪沉积时必须要慎重。从细胞学的角度解释肝脏脂肪沉积时，肝细胞内必须要有明显的脂肪沉积。在发生肝脏脂肪沉积时也可同时发生胆汁淤积，这种情况下可形成胆汁圆柱（bile casts），其表现为肝细胞之间的胆管结石（cannuliculi）中集中有绿色–黑色的胆汁色素带（见图284-3）。胆汁淤积可引起肝脏酶升高。

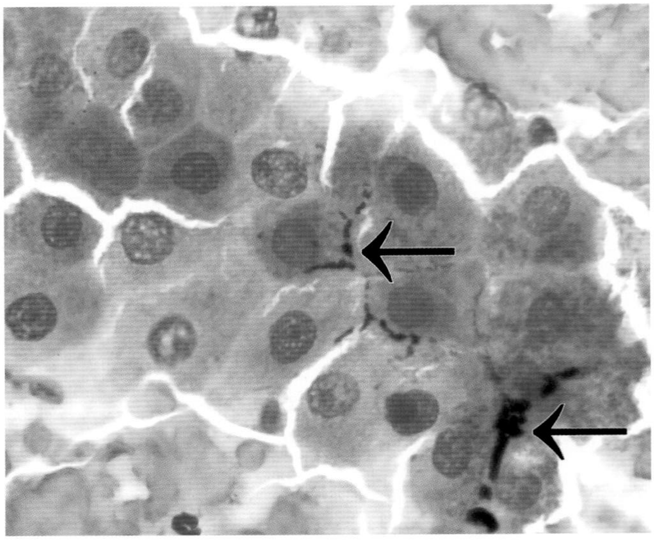

图284-3 胆汁淤积，肝脏穿刺。肝细胞呈簇状，细胞之间出现绿色-黑色胆汁管型（箭头）。瑞氏染色，500倍（照片引自Oklahoma State University teaching files）

参考文献

Baker R, Lumsden JH. 2000. The gastrointestinal tract: Intestines, liver, pancreas. In R Baker, JH Lumsden, eds., *Color Atlas of Cytology of the Dog and Cat*, pp. 177–198. St. Louis: Mosby.

Center SA. 2005. Feline hepatic lipidosis. *Vet Clin North Am Small Anim Pract*. 35(1):225–269

Cowell RL, Tyler RD, Meinkoth JH, et al. 2008. The liver. In RL Cowell, RD Tyler, JH Meinkoth, et al., eds., *Diagnostic Cytology and Hematology of the Dog and Cat*, 3rd ed., pp. 312–329. St. Louis: Mosby.

Raskin RE, Meyer DJ. 2001. The liver. In RE Raskin, DJ Meyer, eds., *Atlas of Canine and Feline Cytology*, pp. 231–252. Philadelphia: W.B. Saunders.

第285章

淋巴结病

Lymph Node Disease

Tara P. Arndt, Rick L. Cowell 和 Amy Valenciano

概述

淋巴结病（lymphadenopathy）为检查病猫时的常见病变，对淋巴结进行细胞学检查可区分淋巴结病变是否由炎症引起还是由肿瘤所引起。本章主要介绍淋巴结肿大的主要特点及常见原因，包括免疫反应、炎症及肿瘤等。猫淋巴瘤的细胞学特点参见第286章。

正常淋巴结

正常淋巴结主要由成熟小淋巴细胞（75%～95%）及少量中等大小的淋巴细胞和未成熟大淋巴细胞（曾称为成淋巴细胞，lymphoblasts）组成，见图285-1。可根据大小及细胞特点对淋巴细胞进行分类。可用中性粒细胞估计淋巴细胞的大小，成熟小淋巴细胞比红细胞大，但比中性粒细胞小，通常具有圆形的细胞核，浓缩聚集的染色质，无可见核仁，胞质边缘小而轻度嗜碱性。未成熟大淋巴细胞（淋巴母细胞）比中性粒细胞大，核呈圆形或多边形，染色质呈点状，具有单个或多个核仁及大量的嗜碱性胞浆。可见少量浆细胞（可产生抗体，由B淋巴细胞转化而来），浆细胞核偏中心，染色质致密，嗜碱性胞质丰富，其中含有清晰的核周高尔基带（perinuclear Golgi zone）。正常淋巴结穿刺物中也可见到少量其他细胞，包括巨噬细胞、中性粒细胞、酸性粒细胞及肥大细胞。

反应性或增生性淋巴结

成熟小淋巴细胞为反应性淋巴结中的主要细胞类型，但中间型及未成熟大淋巴细胞的比例可能增加，可达到淋巴细胞的15%～25%。浆细胞数量也可增加，也可存在莫特细胞（Mott cells）（即异常浆细胞，能分泌异常免疫球蛋白）。反应性淋巴结中也可见有少量炎性细胞。随着炎性细胞数量的增加，发展成为淋巴结炎（lymphadenitis），见图285-2。淋巴结炎与反应性淋巴结常同时发生，认为是反应性淋巴结的亚类。常发现淋巴结的反应性及增生是对引流到淋巴结的局部免疫原或抗原，或全身性感染或非感染性炎性反应所发生的反应。

淋巴结炎

淋巴结炎在细胞学检查时的主要特点是炎性细胞

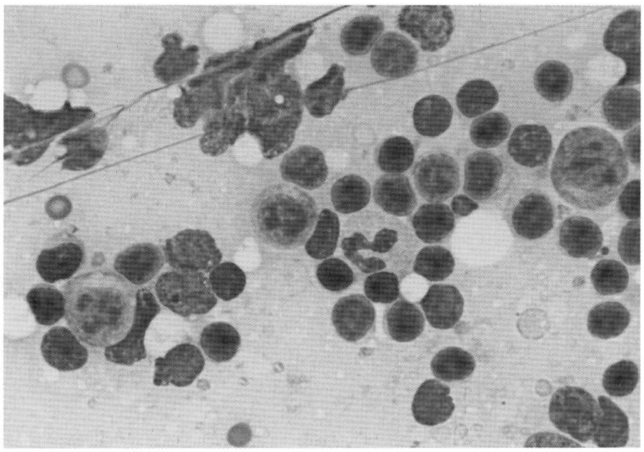

图285-1 增生性/正常淋巴结。正常、增生及反应性淋巴结主要为成熟小淋巴细胞，如本图所示。图中散在分布有成淋巴细胞及一个嗜酸性粒细胞。瑞氏染色，1000倍（图片由Rick L. Cowell提供）

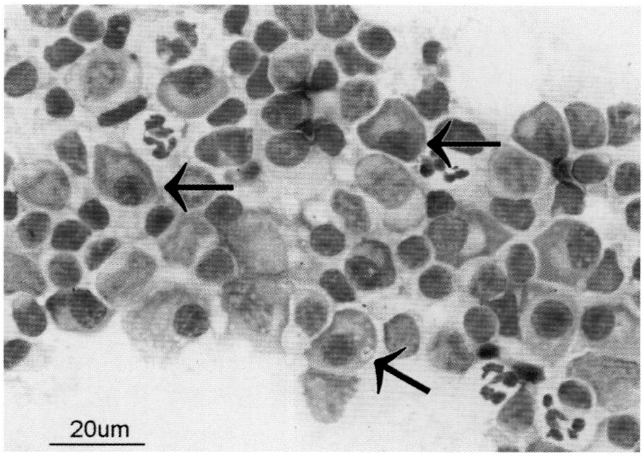

图285-2 反应性淋巴结。浆细胞（箭头）数量增加，中性粒细胞数量轻度增加，说明发生轻度的化脓性（中性粒细胞性）淋巴结炎。瑞氏染色，500倍（照片引自Oklahoma State University teaching files）

数量增加，中性粒细胞、酸性粒细胞或巨噬细胞等可单独增加，或为混合型炎性反应。如果严重的淋巴结炎影响到整个淋巴结，则穿刺中可能只有炎性细胞，而淋巴细胞的数量变化则不明显。如果中性粒细胞数量超过有核细胞的5%以上，嗜酸性粒细胞超过有核细胞的3%以上，则说明发生了这类炎症。化脓性淋巴结炎（中性粒细胞性）的一个常见原因是与该淋巴结相关的局部引流区的细菌感染，但分支杆菌感染在猫可引起肉芽肿性淋巴结炎。牙齿疾病也是颌下淋巴结化脓性淋巴结炎的常见原因。过敏反应、寄生虫感染及猫嗜酸性粒细胞性肉芽肿综合征（feline eosinophilic granuloma complex）则是嗜酸性粒细胞性淋巴结炎更为常见的原因。全身性真菌感染，如组织胞浆菌病、酿母菌病、隐球菌病及球孢子菌病以及原虫，如猫胞裂虫（*Cytauxzoon felis*）感染时，均可诱发肉芽肿或脓性肉芽肿（中性粒细胞和巨噬细胞数量增加）性淋巴结炎。在有些猫的淋巴瘤病例的癌旁反应中也可见到肉芽肿性炎症。

具有转移性肿瘤的淋巴结

淋巴结穿刺进行细胞学检查可鉴定出转移性肿瘤，来自原发性肿瘤病变的转移性细胞可在淋巴结细胞学样品中以不同的数量存在，常可表现出恶变标准，见图285-3，关于恶变标准也可参考第280章。除了淋巴细胞外其他正常存在于淋巴结的细胞的数量增加（如肥大细胞、浆细胞或组织细胞）在诊断上可造成困难，这是因为可能难以确定这些细胞是否为转移性细胞，或只是反应性淋巴结或淋巴结炎的组成细胞。在任何怀疑发生转移性肿瘤的病例，应将穿刺物送临床病理学家检查，或对患病淋巴结进行活检或组织病理学检查，以便确诊。

组织穿刺不当的假象

有些淋巴结（特别是在肿大的淋巴结）可能难以穿刺。因疏忽而穿刺其他组织，如唾液腺及淋巴结周围脂肪（perinodal lipid），可在样品中得到一些在淋巴结穿刺时看不到的细胞。应注意的是，这些细胞不会表现明显的恶变标准。来自淋巴结周围脂肪中的脂肪细胞呈大的气球样，可成群或单个存在，这些细胞具有小而椭圆形的细胞核，核可能移位到细胞的边缘，见图285-4。增大的唾液腺可被误认为是淋巴结而被穿刺。唾液腺上皮细胞具有小而圆形的细胞核及丰富的泡状淡染的嗜碱性胞质。正常的唾液腺上皮细胞为腺状，不会出现恶变标准，见图285-5。

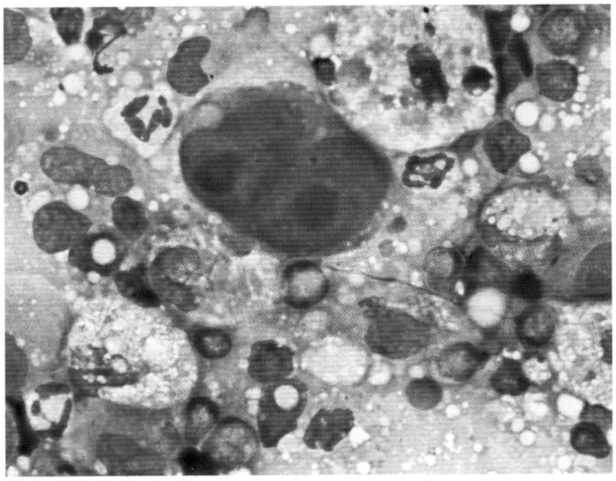

图285-3　转移性淋巴癌。淋巴结穿刺中可见到具有大量恶变标准的大的非典型性上皮细胞，同时炎症细胞数量增加（反应性淋巴结）。恶变细胞有大而明显的核仁，多核形成及染色质增多。瑞氏染色，500倍（照片由Rick L. Cowell提供）

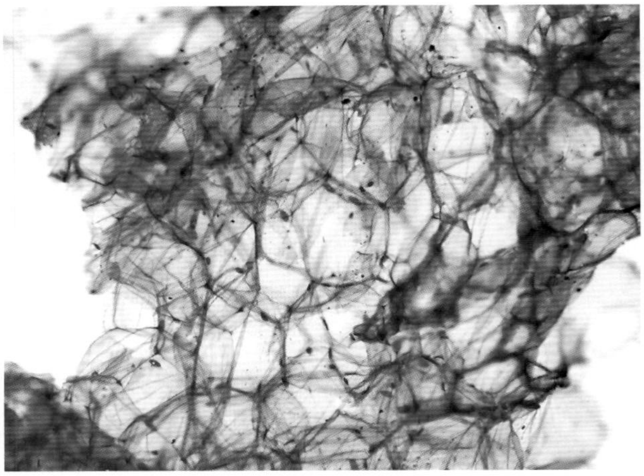

图285-4　正常脂肪组织。细胞呈大的气球状，细胞核小而偏移，这与淋巴结周围脂肪组织中脂肪细胞的特点完全一致。瑞氏染色，200倍（照片由俄克拉荷马州立大学Robin Allison提供）

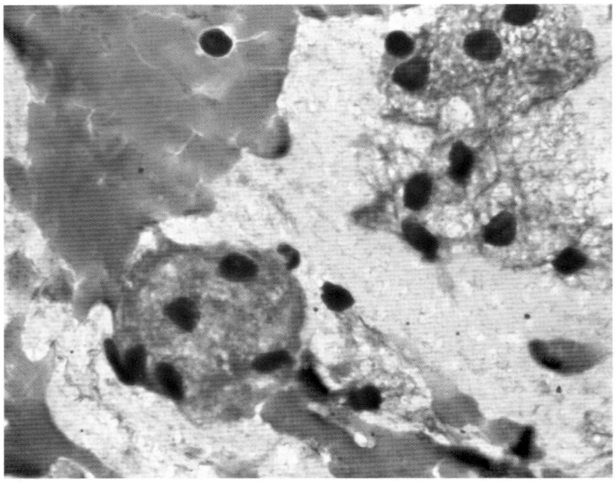

图285-5　正常唾液腺，典型特征为上皮细胞高度空泡化，核大小一致。单独依靠触诊可能难以将唾液腺与增大的下颌淋巴结相区别。瑞氏染色，1000倍（照片由Rick L. Cowell提供）

参考文献

Baker R, Lumsden JH. 2000. The lymphatic system: Lymph nodes, spleen, and thymus. In R Baker, JH Lumsden, eds., *Color Atlas of Cytology of the Dog and Cat*, pp. 71–94. St. Louis: Mosby.

Cowell RL, Dorsey KE, Meinkoth JH. 2003. Lymph node cytology. *Vet Clin North Am Small Anim Pract*. 33:47–67.

Cowell RL, Tyler RD, Meinkoth JH, DeNicola DB. 2008. Lymph nodes. In *Diagnostic Cytology and Hematology of the Dog and Cat*, 3rd ed., pp. 180–192. St. Louis, MO: Mosby.

Raskin RE, Meyer DJ. 2001. Lymphoid system. In RE Raskin, DJ Meyer, eds., *Atlas of Canine and Feline Cytology*, pp. 93–134. Philadelphia: W.B. Saunders.

第286章 淋巴瘤
Lymphoma

Amy C. Valenciano, Rick L. Cowell 和 Tara P. Arndt

概述

细胞学诊断是成淋巴细胞性（高等级）淋巴瘤[lymphoblastic（high-grade）lymphoma]可以尝试的诊断方法，但用于癌及肉瘤诊断的恶变标准并不适合于淋巴瘤，而是采用一套完全不同的诊断标准。未成熟成淋巴细胞正常就存在于淋巴组织，因此在细胞学检查中区分肿瘤性成淋巴细胞与正常成淋巴细胞几乎不可能。诊断成淋巴细胞性淋巴瘤时，可采用淋巴组织（即淋巴结或脾脏）穿刺中成淋巴细胞的百分比进行诊断。如果在所有涂片区域成淋巴细胞超过淋巴细胞总数的60%，则可诊断为成淋巴细胞性淋巴瘤。此外，如果在非淋巴组织中（如眼睛、皮肤、肾脏、肝脏及胃肠道）成淋巴细胞的比例占优势，则可采用细胞学方法确诊为淋巴结外淋巴瘤（extranodal lymphoma）。本章主要介绍淋巴结穿刺中淋巴瘤的细胞学诊断，关于淋巴结的详细情况可参阅第34章和第130章。

正常淋巴结的细胞学特点

正常淋巴结穿刺中有75%～95%为成熟小淋巴细胞，见图286-1。成熟小淋巴细胞比红细胞大，但比中性粒细胞小，其具有椭圆形、轻微洼陷及偏中心的细胞核，染色质有斑点，无可见核仁，含少量轻度嗜碱性的胞质。成淋巴细胞通常占淋巴细胞群的不到5%。成淋巴细胞大小相当中性粒细胞，但常常直径更大，核圆形或不规则，偏中心，染色质呈小的逗点状，与成熟淋巴细胞相比，含有大量的嗜碱性胞质。成淋巴细胞具有单个或多个核仁。正常淋巴结中也可存在有少量的前淋巴细胞（prolymphocytes）或中等大小的淋巴细胞，这些细胞几乎为缩小了的成淋巴细胞，大体上等于或略小于中性粒细胞，但没有明显的核仁，与小的成熟淋巴细胞相比，染色质更为开放或不太致密。淋巴腺小体（lympho glandular bodies）为小而嗜碱性的大小不等的胞质片段，是由快速分裂的淋巴样细胞（lymphoid cells）所排出。这些片段在正常淋巴结穿刺中通常以少量散在于背景中。也可见有少量其他细胞，包括浆细胞、中性粒细胞、巨噬细胞及肥大细胞等。

淋巴结穿刺中的淋巴瘤

淋巴样细胞易碎，在制备涂片中易于使细胞碎裂，因此只应检查完整的细胞。破裂的细胞可呈圆形的嗜酸性斑块或团块，没有确定的细胞边界、胞质及核的结构。有时用盖玻片轻轻将穿刺材料在载玻片上制备涂片可减少对细胞的破坏。对淋巴结穿刺液在检查前应充分染色，由于其高度脱落的特性，因此通常需要延长染色时间。涂片染色不足时可引起核仁更为明显，可将小淋巴细胞误认为是成淋巴细胞。

成淋巴细胞性淋巴瘤为细胞学方法通常可以诊断的肿瘤类型。如果在淋巴结穿刺中发现在涂片所有区域的淋巴样细胞中60%以上为成淋巴细胞，则可肯定地诊断为淋巴瘤，见图286-2。一般来说淋巴瘤时浆细胞不增

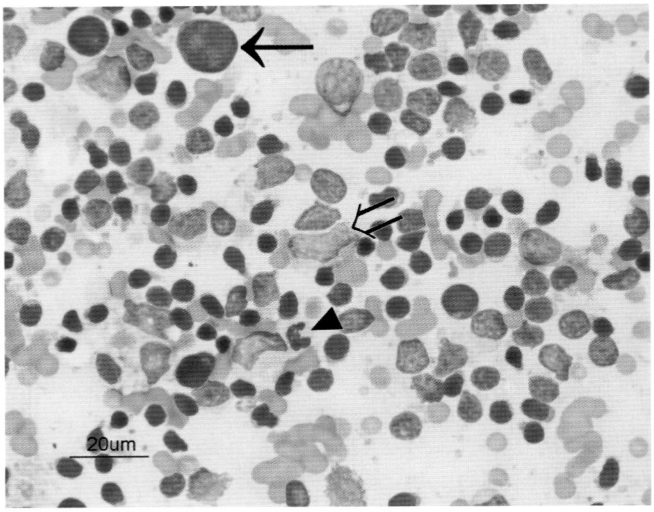

图286-1 正常淋巴结穿刺。大多数细胞为成熟小淋巴细胞，同时具有少量的大成淋巴细胞（实箭头）。图片中成淋巴细胞比中性粒细胞大（箭头）。也可见有一些破碎的细胞，其体积似乎较大（空箭头）；但显然只应检查完整的细胞。瑞氏染色，500倍（照片引自Oklahoma State University teaching files）

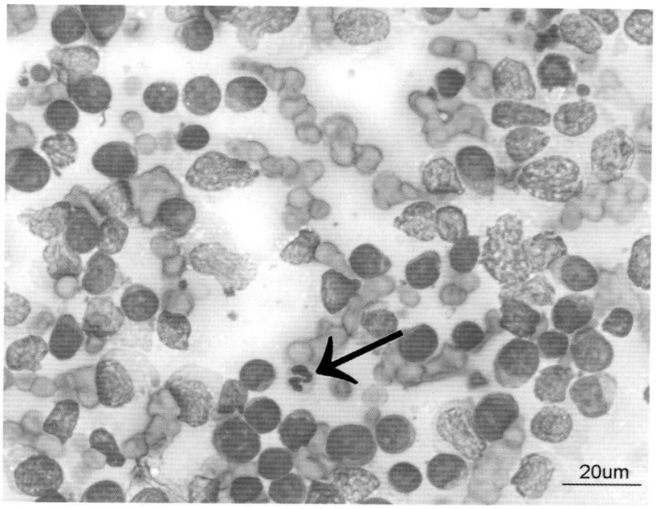

图286-2 淋巴瘤，淋巴结穿刺。大多数细胞为成淋巴细胞，这些成淋巴细胞大小与照片中的中性粒细胞相等或略大（箭头）。许多成淋巴细胞可见细胞核。瑞氏染色，500倍（照片引自Oklahoma State University teaching files）

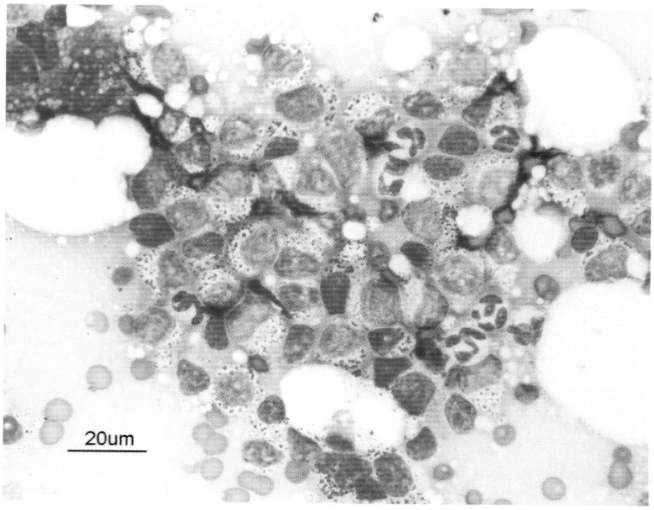

（A）

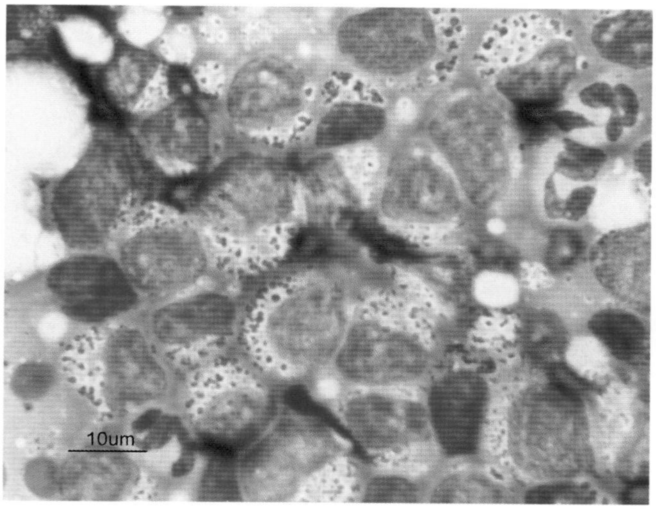

（B）

图286-3 大颗粒性淋巴瘤。（A）腹腔内肿块。大量的淋巴样细胞，胞质含有红染的颗粒。瑞氏染色，500倍　（B）A的高倍放大。瑞氏染色，1000倍（照片引自Oklahoma State University teaching files）

加。

有些淋巴瘤有前成淋巴细胞（lymphoblastic lymphoma）（中间等级的淋巴瘤）或小淋巴细胞（小细胞性淋巴瘤）的肿瘤性转化（neoplastic transformation），这些类型的淋巴瘤难以在细胞学上与正常或增生性淋巴结相区别，通常需要采用组织病理学方法，检查淋巴结的结构以进行确诊。在一些小细胞性淋巴瘤，如果发现存在有大量单一形态的成熟小淋巴细胞，但缺少浆细胞或其他炎症细胞，则细胞学检查具有诊断意义。偶尔可见非典型形态的肿瘤性小淋巴细胞数量轻度增加，因此将细胞核挤向一端，形成小胞质"尾"。这种形态并非为淋巴瘤所特有，偶尔也可在细胞学检查时见于低等级淋巴瘤。

其他不太常见的淋巴瘤包括组织细胞淋巴瘤（histiocytic lymphoma）和大粒细胞淋巴瘤（large granular lymphoma）。发生组织细胞淋巴瘤时肿瘤细胞具有丰富的胞质，常常与巨噬细胞相似。在大粒细胞性淋巴瘤（猫常常发生在小肠），淋巴样细胞在其胞浆中含有少数到许多红染的颗粒，见图286-3。

怀疑发生前淋巴细胞或小细胞淋巴瘤，或其他模棱两可的淋巴瘤病例时，如存在有大量未成熟淋巴样细胞，但仍维持有淋巴样的异质性（早期淋巴瘤或增生），或为成熟淋巴细胞增多，同时浆细胞及其他炎症细胞增多时，建议进行活检或组织病理学检查以对可疑病例进行确诊。采用组织病理学方法诊断淋巴瘤时，应检查淋巴结的结构是否有异常，如被肿瘤细胞占据或有囊状侵入（capsular invasion）。小孔活检通常难以观察淋巴结的变化，因此不建议采用。楔形活检或全淋巴结切除后活检可获得组织病理学检查的最佳样品。

淋巴结外淋巴瘤

淋巴瘤可发生于除淋巴结外的其他器官，如胃肠道和肝脏。能获得淋巴样细胞的穿刺，如果绝大部分细胞为大的成淋巴细胞，则可诊断为淋巴瘤。与在淋巴结一样，前淋巴细胞性或小细胞性淋巴瘤难以与非肿瘤性淋巴滤泡或淋巴细胞炎症相区别，因此对这些病例应通过活检证实。检查脾脏淋巴瘤可能影响到淋巴结时，必须要特别小心。脾脏含有正常存在的淋巴样细胞类群，受到刺激时，增生性非肿瘤性成淋巴细胞可形成生发中心，如果穿刺这些生发中心，则可观察到大量的成淋巴细胞，这与淋巴瘤类似。建议采用活检及组织病理学检查，以证实脾脏有疑问的肿块。

参考文献

Baker R, Lumsden JH, eds. 2000. *Color Atlas of Cytology of the Dog and Cat*. St. Louis: Mosby.

Cowell RL, Tyler RD, Meinkoth JH, et al., eds. 2008. *Diagnostic Cytology and Hematology of the Dog and Cat*, 3rd ed., St. Louis: Mosby.

Raskin RE, Meyer DJ, eds. 2001. *Atlas of Canine and Feline Cytology*. Philadelphia: W.B. Saunders.

Richter KP. 2003. Feline gastrointestinal lymphoma. *Vet Clin North Am Small Anim Pract*. 33:1083–1098.

第287章
肥大细胞瘤
Mast Cell Tumors

Amy C. Valenciano, Rick L. Cowell 和 Tara P. Arndt

概述

肥大细胞瘤（mast cell tumors）为一种离散（圆形）细胞肿瘤，大多数肥大细胞瘤具有高度脱落的特性，因此可采用细针穿刺进行诊断。猫的肥大细胞瘤可发生于皮肤（局灶性或多中心性），也可发生于内脏，如小肠、脾脏及肝脏。皮肤型肥大细胞瘤通常与全身性疾病有关，但皮肤型与内脏型也可同时发生。皮肤型肥大细胞瘤是猫最为常见的类型，但其发生要比在犬少见。在大体结构上，皮肤型肥大细胞瘤可为结节性，斑块状或丘疹状，其上的皮肤常常脱毛及发红。大的病变可在表皮形成溃疡。

与犬相反，猫的大多数皮肤型肥大细胞瘤为良性。孤立的皮肤型肥大细胞瘤如果未扩散到局部淋巴结，则可认为其为良性，采用手术摘除一般可治愈。但诊断皮肤型肥大细胞瘤时仍应检查淋巴结及受到影响的内脏。多中心型皮肤型肥大细胞瘤为多个肿瘤发生，可复发；脾脏肥大细胞瘤常常预后谨慎。与犬不同，在猫采用组织学分级对肿瘤的生物行为没有预测意义。在组织学上，良性肿瘤通常由不均一的明显分化的细胞组成，这些细胞具有低的有丝分裂指数。分化不良的肿瘤如果具有侵入性及高的有丝分裂指数，则预后常常很差。关于肥大细胞瘤的详细情况可参阅第135章。

细胞学特点

穿刺肥大细胞瘤时常常可脱落大量的细胞，这些细胞含有单个圆形的中央细胞核，具有中等量的胞质，胞质含有大量的针尖状洋红异染颗粒，这些颗粒常常遮盖了细胞核，见图287-1。肥大细胞颗粒对细胞染色有很高的亲和力，偶尔可见其颗粒摄取所有进入细胞的染料，因此使得核染色不足（淡蓝色），见图287-2。破碎的肥大细胞颗粒通常可见到游离于背景中。肥大细胞瘤的样品中也可见到数量不等的嗜酸性粒细胞和成纤维细胞（见图287-3）。猫的一些皮肤型肥大细胞瘤几乎完全为肥大细胞，嗜酸性粒细胞罕见或缺如。与犬的肥大细胞瘤不同的是，犬的肥大细胞瘤中常常有大量的嗜酸性粒细胞。

进行细胞学检查时，大多数肿瘤细胞为均一，高度颗粒化，具有最小的恶变标准。但有些肥大细胞瘤中的肥大细胞颗粒可轻微或无颗粒，特别是发生在小肠的肿

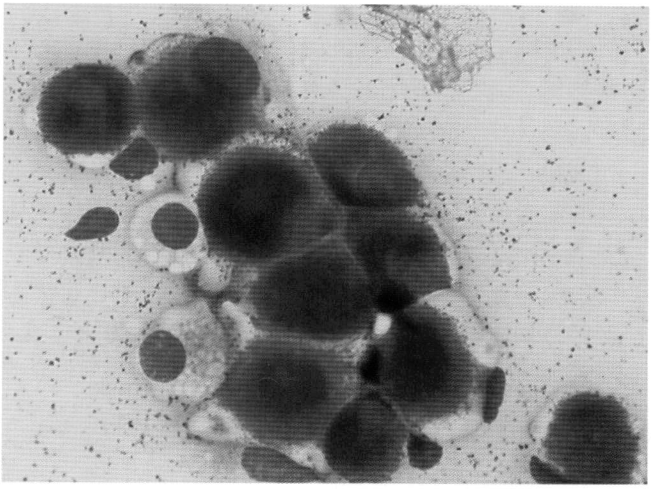

图287-1 皮肤肿块穿刺，肥大细胞充满颗粒且遮盖了细胞核。背景中也可见有游离的颗粒。瑞氏染色，500倍（照片引自 Oklahoma State University teaching files）

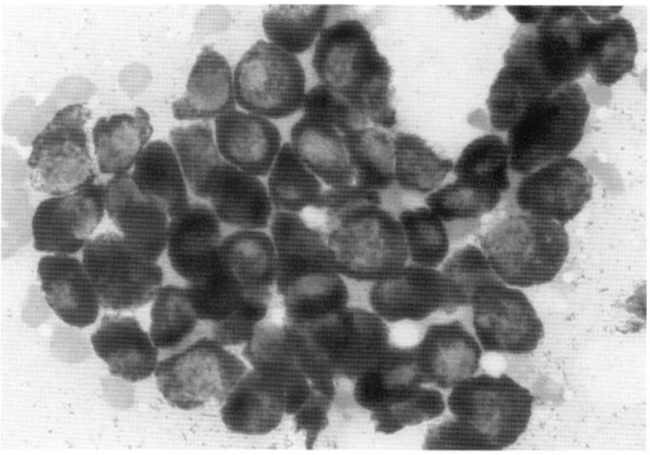

图287-2 皮肤肿块穿刺，肥大细胞颗粒摄取了大多数染料，因此核染色不足。瑞氏染色，500倍（照片引自Oklahoma State University teaching files）

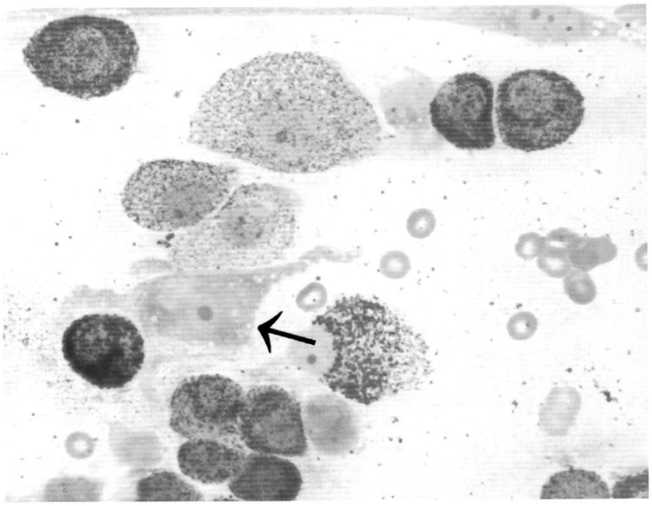

图287-3 皮肤肿块穿刺，有些肥大细胞颗粒偏少，也见成纤维细胞（箭头），这种细胞常出现在肥大细胞瘤。瑞氏染色，500倍（照片引自Oklahoma State University teaching files）

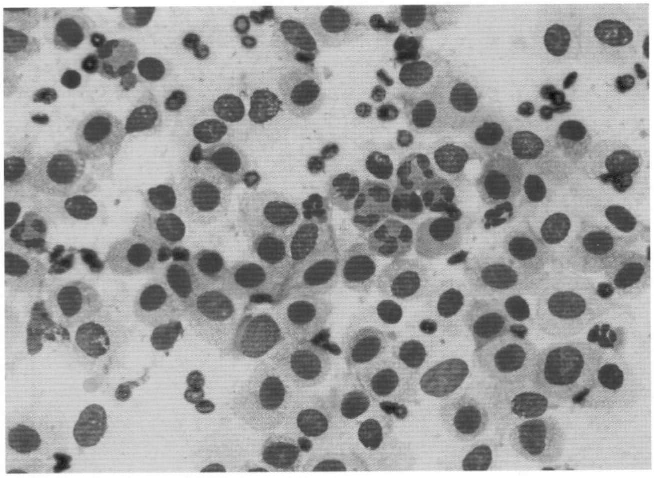

图287-4 小肠肿块穿刺，有大量颗粒较少的肿瘤型肥大细胞，少数嗜酸性粒细胞及一些未变性的中性粒细胞。瑞氏染色，1000倍（照片由Amy C. Valenciano提供）

瘤。在小肠中，黏膜肥大细胞与来自间质的肥大细胞不同，常常无颗粒，见图287-4。多形及无颗粒的肥大细胞难以与其他离散细胞瘤［即组织细胞瘤（histiocytic neoplasia）、浆细胞瘤或淋巴肉瘤相区别］。此外，快速罗曼诺夫斯基型染色（Diff-Quik®）有时也不能使肥大细胞颗粒着色，或着色不良。因此在采用这种染色方法鉴定离散型细胞时，应考虑这种局限。对模糊不清的细胞进行鉴定时，应采用活检通过组织病理学方法检查。

如果穿刺中绝大多数为肥大细胞，则诊断肥大细胞瘤较为容易，如果肥大细胞数量少，或同时存在有其他炎性细胞，则可能需要活检进行确诊。无论是否在细胞学检查时细胞表现均一，非典型、有颗粒或无颗粒，都应通过组织病理学方法对肥大细胞瘤进行检查。

参考文献

Baker R, Lumsden JH, eds. 2000. *Color Atlas of Cytology of the Dog and Cat*. St. Louis: Mosby.

Cowell RL, Tyler RD, Meinkoth JH, et al., eds. 2008. *Diagnostic Cytology and Hematology of the Dog and Cat*, 3rd ed., St. Louis: Mosby.

Raskin RE, Meyer DJ, eds. 2001. *Atlas of Canine and Feline Cytology*. Philadelphia: W.B. Saunders.

第288章

胸腔积液

Pleural Effusions

Amy C. Valenciano, Rick L. Cowell 和 Tara P. Arndt

概述

引起胸腔积液的机制有5种：静脉或毛细血管液体静压增加；由于低白蛋白血症引起毛细血管胶体渗透压降低；毛细血管膜通透性增加；淋巴管阻塞或溢出；出血（血胸作为一种渗出，仍值得讨论）。

任何年龄、品种或性别的猫均可发病，据报道，许多猫在开始时表现为急性呼吸困难或呼吸急促，但大多数胸腔积液病例并非为超急性。猫在危急阶段前可不表现本病，因此许多猫主难以在早期阶段发现。许多患有胸腔积液的猫具有昏睡及厌食1天到数天的病史，有些猫可表现失重。

胸腔积液的检查

检查及除去胸腔积液后，对液体开始检查时应包括检查其量的多少及大体外观的色泽和混浊度，之后通过屈光计测定蛋白含量和相对密度，再进行手工（血细胞计数器）或自动计数红细胞和有核细胞。由于许多渗出液（特别是肿瘤性渗出物和具有大量反应性间皮细胞的渗出液）可能具有致密的细胞簇或细胞片，因此对涂片直接进行细胞学检查后应对细胞计数进行纠正。偶尔在细胞计数高的渗出液中，如果大多数细胞聚集或片状存在，可能采用手工或自动计数获得的细胞数低。最后对液体进行细胞学检查。理想状态下，可采用直接沉渣或浓缩的涂片、血液稀释性样品的血沉棕黄层涂片及浓缩的细胞离心沉淀物（cytospun）涂片进行检查，这样通过对液体的彻底分析，可将渗出液分类为漏出液、变性漏出液、非败血性渗出液、败血性渗出液、乳糜渗出物、出血性渗出液或肿瘤性渗出液等。液体分析结果的分类及结果说明见表288-1。

各种渗出液的特点

漏出液

漏出性渗出液颜色清亮到淡黄色，蛋白含量低，细胞性小。由于其细胞含量少，因此直接涂片检查常常无细胞，需要对沉渣和细胞通过离心涂片机制备的（cytospin）浓缩涂片进行检查。在细胞学上，无血液稀释（hemodilution），很少有单核细胞。多数细胞为均一的间皮细胞，具有少量混合的成熟淋巴细胞和巨噬细胞。中性粒细胞不常见或缺如。鉴别真正的漏出液时，主要应与低蛋白血症引起的胶体渗透压降低相区别，这种降低通常由失蛋白性肾病、失蛋白性肠下垂或肝脏机能异常所引起。心脏病早期液体静压升高也可能为其机制之一。

变性漏出液

这种渗出物由于所含细胞或蛋白成分增多，其颜色可为黄色、粉红色或橘黄色，与漏出液清澈的外观相

表288-1　胸水分析结果的说明

渗出类型/特点	漏出液	变性漏出液	非败血性渗出液	败血性渗出液	乳糜渗出物	出血性渗出泌
颜色	无色到浅黄色	黄色到粉红色到橘黄色	黄色到粉红色到橘黄色	黄色到橘黄色或褐色	白色/乳样	红色
混浊度	清澈	清澈到略混浊	云雾状	云雾状到混浊	不透明	与外周血相似
蛋白（g/dL）	<2.5	2.5～7.5	>3.0 猫传染性腹膜炎：>4.5	>3.0	2.5～6.0	>3.0
有核细胞/μL	<1500	1000～7000	>5000	>5000	有差别	相似或略高于外周血
血液稀释	最小	轻微到中等	轻微到中等	轻微到中等	轻微到中等	明显

比，其混浊度增加，蛋白及细胞计数比漏出液高，但与漏出液相似，细胞学检查常常不明显，可见到主要占优势的间皮细胞、成熟的淋巴细胞及巨噬细胞和少量的非变性中性粒细胞、嗜酸性粒细胞和浆细胞，同时有轻微到中等的血液稀释。鉴别诊断可包括心脏病及非脱落性肿瘤等。

非败血性渗出液

非败血性渗出液常常蛋白含量中等，细胞较多，因此其外观为黄色、粉红色、橘黄色到红色、棕色，混浊。炎性细胞占优势。中性粒细胞的百分比明显高，炎性细胞以中性粒细胞为主，同时混有巨噬细胞。可见有胞吞（cytophagia），可存在间皮细胞而且具有反应性。具有反应性的间皮细胞胞质嗜碱性增加，可存在明显的嗜酸性边缘，可见轻度到中度的细胞大小不等及细胞核大小不等。常常可见清亮的背景及细胞，但没有可鉴别的细胞外或吞噬的感染原。对所有表现非败血性的渗出液均应进行培养，检查细菌及真菌，以排除感染原因，即使细胞学检查不能证明时也应如此。非败血性渗出液的鉴别诊断包括：内脏器官炎症、发炎或坏死的非脱落性或脱落性差的肿瘤及猫传染性腹膜炎（feline infectious peritonitis，FIP）。

猫传染性腹膜炎（EIP）

FIP渗出液的主要特点为蛋白含量高，可达或高于4.5gm/dL，罕见低于3.6gm/dL。由于蛋白含量高，因此使得渗出液黏稠。FIP产生的渗出液中细胞差别很大，有时细胞计数可与变性漏出液相当，可达20 000个细胞/μL或以上。细胞学检查时，可发现特征性的嗜碱性、点状蛋白性液体背景，同时有大约等量的非变性中性粒细胞及泡沫和具有胞吞作用的巨噬细胞的混合，有轻度到中度的血液稀释。炎性细胞通常较多，但观察不到感染原（见图288-1）。

败血性渗出液

败血性渗出液的蛋白含量中等或较高，是细胞含量最多的渗出物，因此这种液体呈黄色，十分混浊。常常是变性的中性粒细胞明显占优势，同时还可见少量或大量的细胞外及胞吞的细菌（见图288-2）。常见于异物穿入胸腔造成创伤，导致细菌感染。有时也见于内部脓肿破裂及肺炎蔓延。必须要对这类渗出物进行需氧及厌氧菌培养。

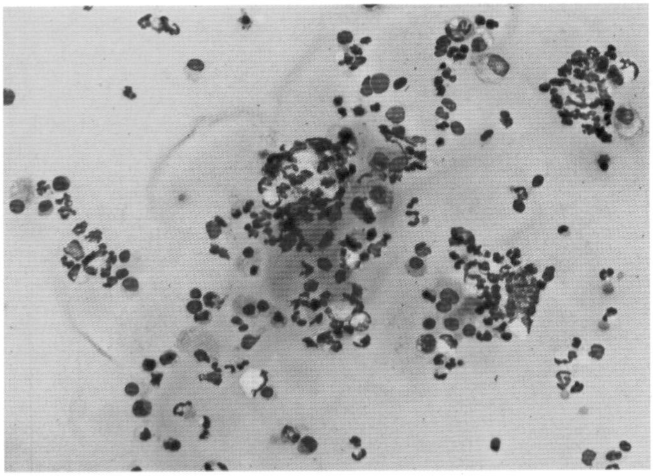

图288-1 猫传染性腹膜炎（FIP）渗出液。可见特征性的嗜碱性、点状高度蛋白性液体背景，同时有致密的非变性的中性粒细胞和巨噬细胞，以及少量的成熟淋巴细胞和红细胞，瑞氏染色，500x（照片由Amy C. Valenciano提供）

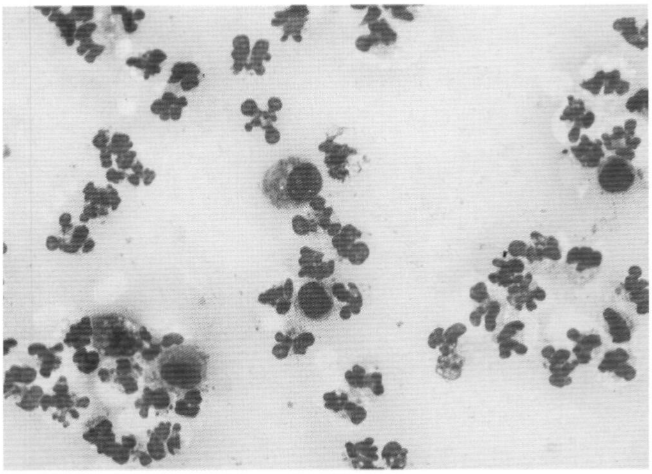

图288-2 败血性渗出。可见到数个中等到严重变性的中性粒细胞及几个巨噬细胞。有些中性粒细胞含有吞噬的细菌。瑞氏染色，1000倍（照片由Amy C. Valenciano提供）

乳糜渗出物

乳糜渗出物的主要特点为均质性的白色或乳白色外观，蛋白含量高，细胞成分中等或高，主要为成熟小淋巴细胞，也存在少量的巨噬细胞、非变性中性粒细胞、浆细胞、嗜酸性粒细胞及间皮细胞，血液稀释可能没有出现或轻度到中等（见图288-3）。在出现血液稀释时，液体可为粉红色或乳白色。如果渗出持续时间长，则非变性中性粒细胞及巨噬细胞数量及百分比可能增加，但成熟淋巴细胞仍占优势。巨噬细胞可吞噬脂滴，细胞学检查呈泡沫状。对淋巴性渗出应特别注意。如果病猫厌食，渗出液中可由于缺乏乳糜微粒（chylomicrons）而不出现乳白色外观，但在细胞学检查时，仍然为成熟的淋

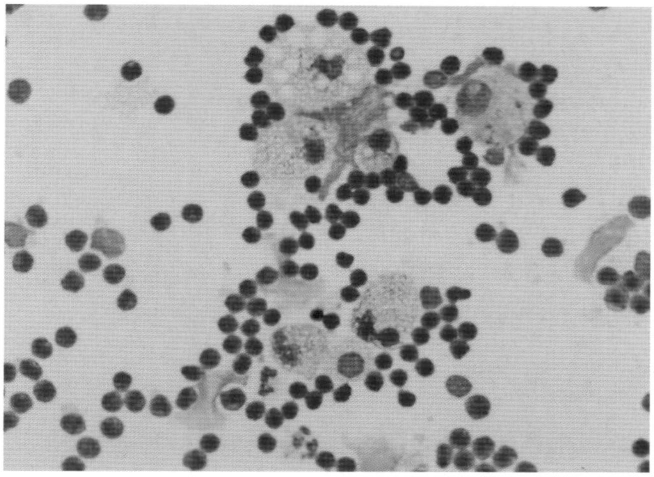

图288-3　乳糜渗出物，存在大量小的成熟淋巴细胞，少量泡沫状巨噬细胞，其中似乎含有脂肪。瑞氏染色，1000倍（照片由Amy C. Valenciano提供）

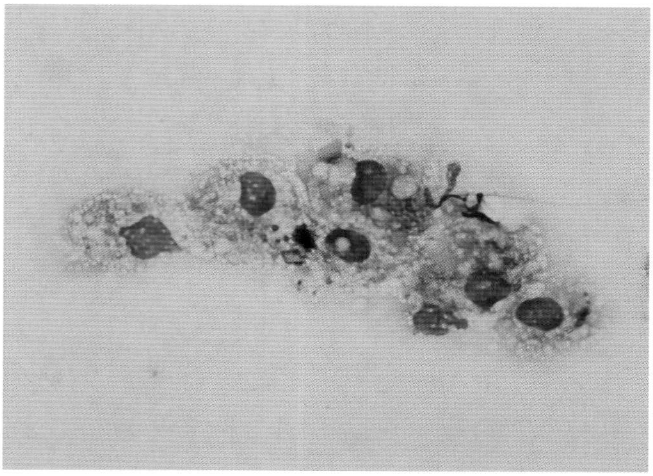

图288-4　渗出液。巨噬细胞聚集，其吞噬有红细胞（erythrophagic），含有细胞内黑蓝色球状含铁血黄素（hemosiderin）及少量小的和一个大的金色类胆红素结晶（hematoidin crystals）。检查结果表明可能发生了慢性出血。瑞氏染色，1000倍（照片由Amy C. Valenciano提供）

巴细胞占优势。乳糜及淋巴渗出的鉴别诊断相同，可包括心脏病或淋巴管阻塞或受压（即炎症或肿瘤）。

出血性渗出液

胸膜腔内的出血性渗出可为急性和慢性。如为急性，则渗出液的外观与血液相似。慢性出血时为红色、棕色，混浊。直接涂片及血沉棕黄层涂片为最有用的细胞学检查样品，外周血红细胞与白细胞的比例常常与渗出液相同，但在慢性出血时可出现巨噬细胞及中性粒细胞，而且数量增加，如同时存在间皮细胞，则说明渗出液中的细胞含量比外周血更高。细胞学检查时外周血存在一定量的白细胞，其比例与病猫的血细胞分类相同。间皮细胞以中等数量存在。如果渗出为急性，可见到血小板，但缺乏吞噬红细胞现象（erythrophagia）、含铁血黄素及类胆红素（hematoidin）结晶。发生后面这些情况及缺少血小板表明为慢性出血。巨噬细胞吞噬含铁血黄素色素最为常见，为圆形或界限不清楚的蓝黑色外观。类胆红素结晶可游离于细胞外或被吞噬在巨噬细胞内。类胆红素形成钻石样结晶，为清亮的黄色（见图288-4）。出血性渗出的鉴别诊断可包括：原发性或继发性凝血障碍、创伤或内出血性病变（肿瘤或非肿瘤性）。

肿瘤性渗出液

胸腔的许多肿瘤可引起渗出，如果肿瘤细胞脱落进入渗出液，则细胞学检查具有诊断价值。各类原发性及转移性肿瘤可侵害到纵隔膜、胸廓内淋巴结、肺脏、胸膜腔及心包和心脏。圆形细胞肿瘤（特别是淋巴瘤）及癌或腺癌最常见通过细胞学检查诊断为渗出。间叶细胞瘤少见脱落的肿瘤细胞，而典型结果为变性漏出液或出血性渗出液。与其他细胞学样品一样，诊断肿瘤时，必须要有足量的肿瘤细胞，而且保存良好，能表现细胞学上的恶变标准。特别是在发生上皮肿瘤时，如果明显伴随有难以与上皮瘤、上皮增生或发育不良区别的炎症，可能难以发现间皮细胞反应性。在这些情况下，对胸腔X线检查或超声检查发现的胸腔肿块，进行组织病理学活检对诊断是必不可少的。

淋巴瘤

胸腔积液中存在大量的成淋巴细胞可诊断为高等级的淋巴瘤。青年（不到2岁）猫如果白血病病毒抗原为阳性，且具有纵隔型淋巴瘤则常常可产生这种肿瘤性渗出。关于淋巴瘤的主要特点，参见第286章。

胸腺瘤

胸腺瘤为胸腺上皮的肿瘤，发生时为纵隔前部出现一大肿块。除了肿瘤上皮成分外，胸腺瘤也可含有淋巴样滤泡和数量不等的肥大细胞，还可出现囊肿、坏死及炎症。胸腺瘤可导致乳糜渗出，偶尔如果在细胞学检查时发现存在3个一组的大量成熟小淋巴细胞，少量分化不良的肥大细胞及少量轻度多形的上皮细胞，如果检查出纵隔肿块，则可诊断为肿瘤性渗出（见图288-5）。液体中经常见不到肿瘤性上皮细胞，因此与淋巴渗出类似。如果存在少量肥大细胞，则有助于排除胸腺瘤。在

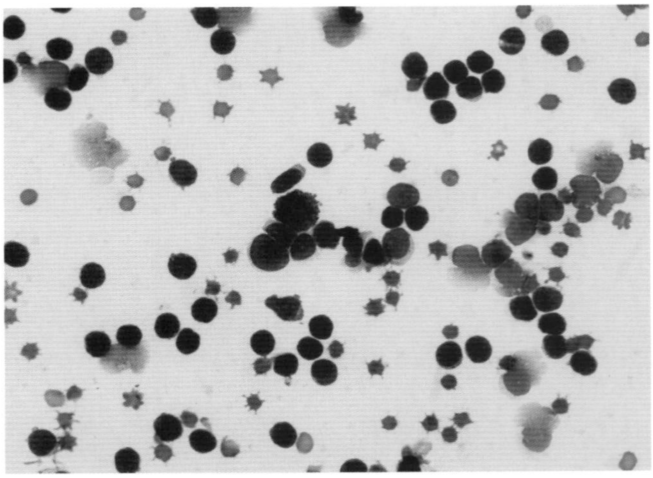

图288-5 胸腺瘤时的渗出液。成熟淋巴细胞占优势，含有大量颗粒的肥大细胞极少见。胸腺瘤渗出液中可能没有肿瘤性上皮细胞。如果渗出液中出现3个一组的非典型上皮细胞、少到中等数量的肥大细胞和成熟淋巴细胞，如果纵隔出现肿块，则可根据渗出液的细胞学检查确诊为胸腺瘤。如果只有成熟淋巴细胞和肥大细胞，则只能假定诊断为胸腺瘤。瑞氏染色，1000倍（照片由Amy C. Valenciano提供）

这种情况下，如果鉴定到纵隔肿块，可采用细针穿刺或活检以获得诊断。

癌或腺癌

原发性（肺脏或支气管）及转移性（即乳腺腺癌和胰腺或小肠腺癌）上皮瘤可导致细胞学上诊断为渗出，这些渗出含有细胞，如果发现具有结合力的肿瘤细胞成簇状或片状存在，则表明有恶变。参见第281章。

参考文献

Baker R, Lumsden JH, eds. 2000. *Color Atlas of Cytology of the Dog and Cat*, St. Louis: Mosby.

Cowell RL, Tyler RD, Meinkoth JH, et al., eds. 2008. *Diagnostic Cytology and Hematology of the Dog and Cat*. 3rd ed., St. Louis: Mosby.

Raskin RE, Meyer DJ, eds. 2001. *Atlas of Canine and Feline Cytology*, Philadelphia: W.B. Saunders.

第289章
系统性真菌感染
Systemic Fungal Diseases

Tara P. Arndt, Rick L. Cowell 和 Amy Valenciano

概述

引起胸腔积液的机制有5种：静脉或毛细血管液体静各类真菌可引起猫的皮肤及全身疾病，大多数真菌可引起脓性肉芽肿（以中性粒细胞和巨噬细胞为主）或肉芽肿（以巨噬细胞为主）炎性反应。如果细胞学穿刺样品中存在有炎症，则应进一步寻找感染原，包括真菌等。感染猫的真菌包括双形真菌酵母菌（bimorphic fungal yeasts）及菌丝真菌（hyphal fungi）。关于各种真菌感染的症状、治疗及预后，参见第22章、第38章、第43章、第97章和第202章。

更为常见的全身性真菌感染

组织胞浆菌病（histoplasmosis）

荚膜组织胞浆菌（*Histoplasma capsulatum*）（参见第97章 ）为圆形或椭圆形，直径为2～4μm，这类真菌周围为清亮而较薄的晕轮，具有偏中心的粉红色或紫色的细胞核，核常呈新月形。这类真菌可引起脓性肉芽肿炎症。感染病原数量不等，通常可见到被巨噬细胞吞噬，偶尔见有被中性粒细胞吞噬的情况，背景中也可见到游离的病原。有时还可见到芽生性微生物（见图289-1）。

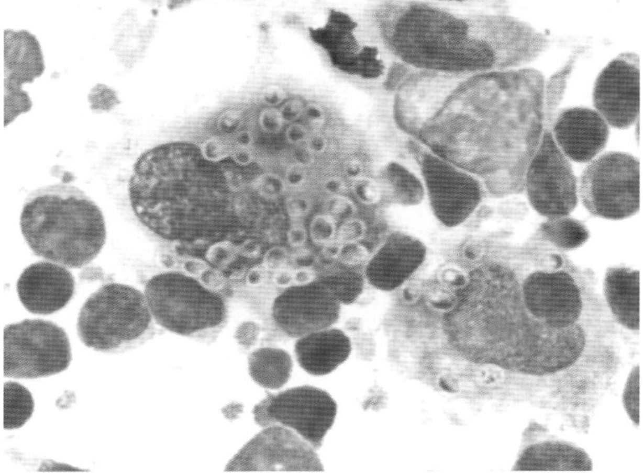

图289-1　组织胞浆菌病，淋巴结穿刺。巨噬细胞中含有大量组织胞浆菌，其具有新月形偏中心核及薄而透亮的晕轮。瑞氏染色，250倍（照片由Rick L. Cowell提供）

隐球菌病（cryptococcosis）

新型隐球菌（*Cryptococcus neoformans*）（参见第43章 ）常呈多态性，病菌为圆形，染色呈清亮的淡粉红色，直径为4～15μm不等，无包囊。本菌的光滑型具有厚的包囊包围着真菌，而“粗糙型”只具有包囊，通常可见到狭窄的基部芽生。隐球菌病时经常可见到肉芽肿炎症，但由于本菌较大，因此有些穿刺难于观察到胞吞

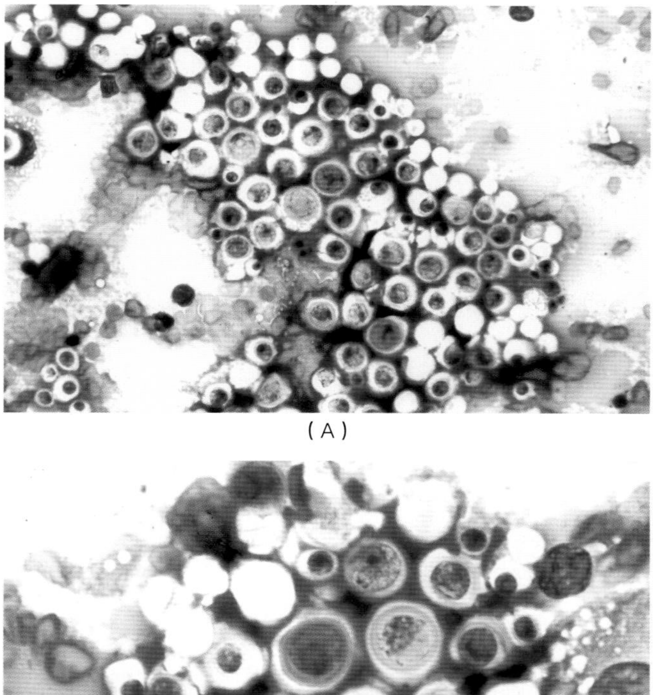

（A）

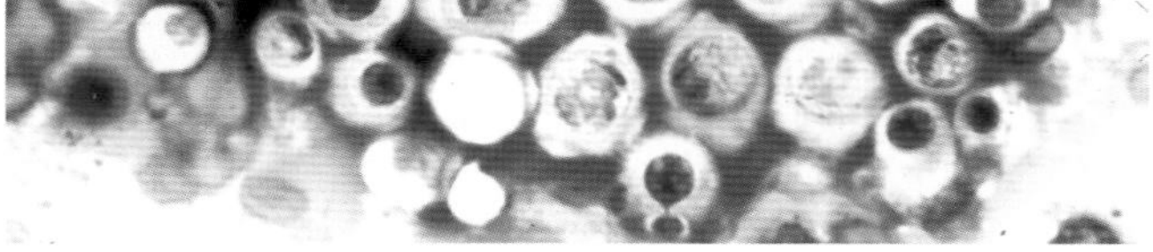

（B）

图289-2　新型隐球菌病。（A）隐球菌病，鼻腔拭子，可见有大量的隐球菌，其大小不等，具有厚的包囊，也存在狭窄的基部芽生。瑞氏染色，125倍　（B）A的高倍放大。瑞氏染色，250倍（照片由Rick L. Cowell提供）

现象（见图289-2）。隐球菌的光滑型真菌数量可超过炎性细胞，偶尔观察不到炎性细胞。

孢子丝菌病（sporotrichosis）

申克孢子丝菌（*Sporothrix schenckii*）（参见第202章）与组织胞浆菌类似，直径为2～4μm不等，具有偏中心粉红色到紫色的细胞核和薄的晕轮。孢子丝菌有些呈经典的雪茄形（纺锤形），有些略呈圆形。猫的皮肤型孢子丝菌病引起的病变通常有大量的真菌，因此易于鉴别，这类真菌可引起典型的脓性炎性反应，病原通常可被巨噬细胞吞噬，偶尔可被中性粒细胞吞噬，但在涂片的背景上也可观察到游离的病菌。感染猫的伤口渗出物中通常含有大量的病原，因此处治这类病猫的人可具有感染动物源性传染病风险，这对于免疫抑制病人尤其重要。因此建在处治怀疑发生孢子丝菌的病猫时，考虑到其动物传染病风险，建议使用一次性手套及彻底洗手（同时猫主也应向医生咨询）（见图289-3）。

不太常见的全身真菌感染

芽生菌病（blastomycosis）

皮炎芽生菌（*Blastomyces dermatitidis*）（参见第22章）呈深蓝色着色，圆形或卵圆形，直径为8～20μm。这类真菌壁厚，可表现宽广的芽生。脓性肉芽肿炎症为芽生菌病典型的变化，这类真菌由于体积较大，因此被吞噬现象不常见（见图289-4）。

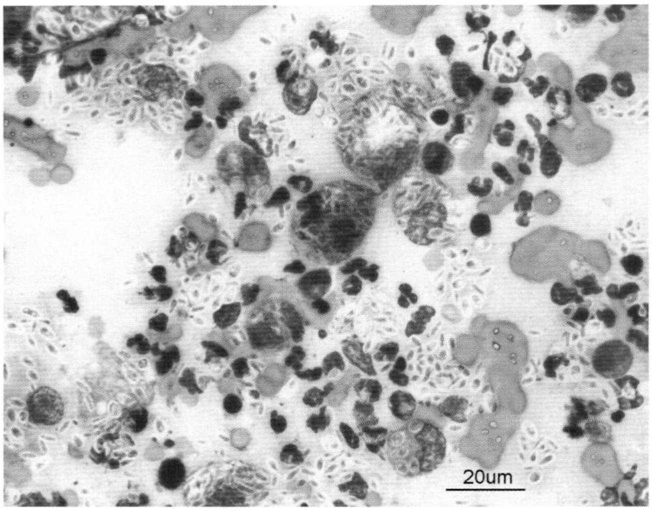

图289-3 孢子丝菌病。可见有脓性肉芽肿炎症及大量的孢子丝菌，注意其圆形到纺锤形的形状及薄的晕轮。瑞氏染色，500倍（照片引自Oklahoma State University teaching files）

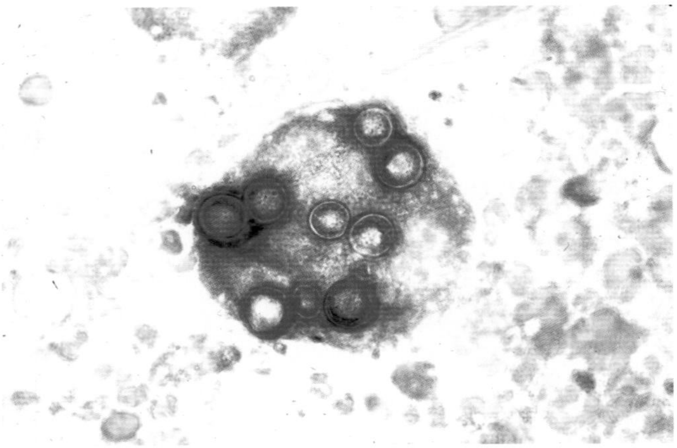

图289-4 芽生菌病，可见数个厚壁呈深蓝色的芽生菌及一个巨噬细胞。注意其宽的芽生。瑞氏染色，250倍（照片由Rick L. Cowell提供）

球孢子菌病（coccidioidomycosis）

细胞学样品中的粗球孢子菌（*Coccidioides immitis*）（参见第38章）通常量很少，因此难以鉴定。病原菌为透亮到蓝色着染，直径为20～200μm（可能比中性粒细胞大10倍）。这类真菌壁厚，菌体大，可充满大量小的圆形内孢子（直径2～4μm）。脓性肉芽肿、肉芽肿性炎症为球孢子菌病的典型变化（见图289-5）。

生菌丝真菌

生菌丝真菌（hyphating fungi）偶尔可感染猫。感染常常位于鼻腔或引起皮肤感染，也可发生全身感染，但最常见的是侵害呼吸道。感染部位的细胞学样品中可

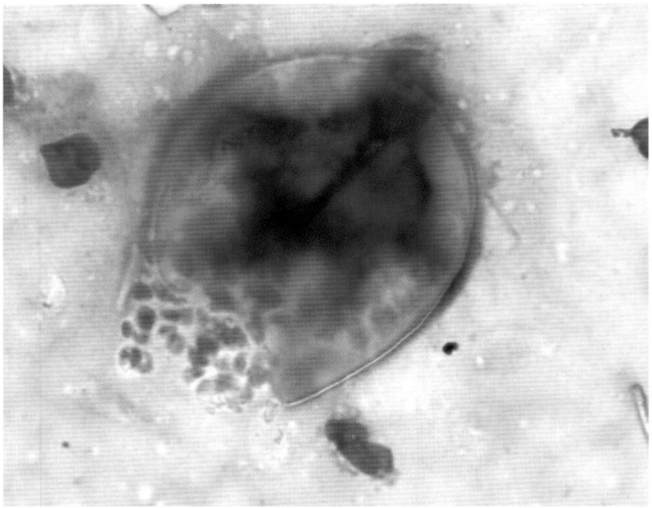

图289-5 球孢子菌病，球孢子菌菌体大，蓝染，充满大量小而呈圆形的内孢子。瑞氏染色，250倍（照片引自 Cowell RL，Tyler RD，Meinkoth JH. 2008. Diagnostic Cytology andHematology of the Dog and Cat，3rd ed. St. Louis：Mosby）

含有可见的菌丝（hyphae）。依真菌的类型，可观察到分支或明显的隔膜。有些真菌不能用常规使用的细胞学染料染色，因此未染色的菌丝周围可见到包围有染色的细胞和细胞碎片，出现“负染”图像（见图289-6）。

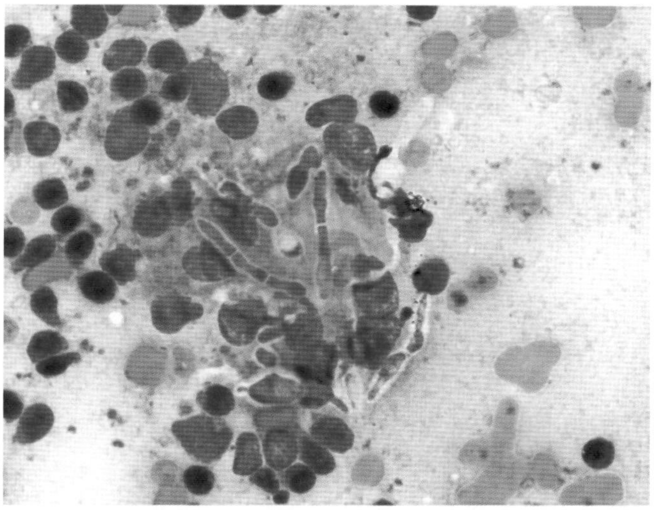

图289-6 菌丝真菌，淋巴结，注意染色的真菌分支菌丝及明显的隔膜，周围为混合淋巴细胞。瑞氏染色，250倍（照片引自 Cowell RL，Tyler RD，Meinkoth JH. 2008. Diagnostic Cytology andHematology of the Dog and Cat，3rd ed. St. Louis：Mosby）

多种菌丝真菌可感染猫，但单独依靠细胞的形态学特点难以鉴别，因此常常需要进行真菌培养以鉴别不同的种类。发生这类真菌感染时，典型变化为混合型炎性反应。通常可见大量的中性粒细胞、巨噬细胞、嗜酸性粒细胞等。

参考文献

Baker R, Lumsden JH, eds. 2000. *Color Atlas of Cytology of the Dog and Cat*, St. Louis: Mosby.

Cowell RL, Tyler RD, Meinkoth JH, et al., eds. 2008. *Diagnostic Cytology and Hematology of the Dog and Cat*, 3rd ed., St. Louis: Mosby.

Greene CE, ed. 2006. *Infectious Diseases of the Dog and Cat*, 3rd ed., Philadelphia: W.B. Saunders.

Kerl ME. 2003. Update on canine and feline fungal diseases. *Vet Clin North Am Small Anim Pract*. 33:721–47.

Raskin RE, Meyer DJ, eds. 2001 *Atlas of Canine and Feline Cytology*. Philadelphia: W.B. Saunders.

第290章
气管冲洗含铁血黄素沉着症
Transtracheal Wash Hemosiderosis

Tara P. Arndt, Rick L. Cowell, 和 Amy C. Valenciano

概述

气管冲洗（transtracheal wash，TTW）样品在检查猫的呼吸道疾病时具有一定的诊断价值。含血铁黄素巨噬细胞（hemosiderin-containing macrophages）（含铁血黄素吞噬细胞，hemosiderophages）可见于猫的多种病理情况，典型的含铁血黄素巨噬细胞称为"心衰细胞（heart failure cells）"，但近来的研究认为含铁血黄素吞噬体并非在所有猫的心脏病及肺动脉高血压时出现。气道含铁血黄素与各种其他疾病有关，包括猫哮喘综合征（feline asthma syndrome）、复杂或简单的鼻炎、肺脏肿瘤（原发性或转移性）、原发性或并发性心脏病、各种原因引起的肺炎、创伤、肺脏栓塞或梗死、肺叶捻转及神经性疾病等。

肺泡出血可能与多种机制有关，包括继发于细胞因子作用引起的肺血管充血所导致的血细胞渗出增加（diapedesis）及继发于咳嗽引起的低等级刺激而发生的微创伤（microtrauma）等。

细胞学特点

病理性出血常见的主要特点是噬红细胞作用（erythrophagocytosis）、吞噬有血铁质（hemosiderin）的含铁血黄素吞噬细胞（hemosiderophages）及类胆红素结晶（hematoidin crystals）等。见图290-1、图290-2和图290-3。医源性或因采集样品而未引起注意的出血必须要与病理性出血相区别。应根据是否存在噬红细胞现象（erythrophagia）及红细胞降解产物的存在（即血铁质及类胆红素结晶）进行鉴别。发生病理性出血时，可存在噬红细胞现象或红细胞（RBC）降解产物；采样发生医源性出血时则没有上述物质存在。可采用特殊染色技术（即普鲁士蓝，Prussian Blue stain）检查巨噬细胞内是否有铁的存在，以排除巨噬细胞内其他在细胞学上与血铁质类似的物质。一般来说，巨噬细胞需要数小时才能吞噬红细胞，这是排除医源性出血的有用指标。

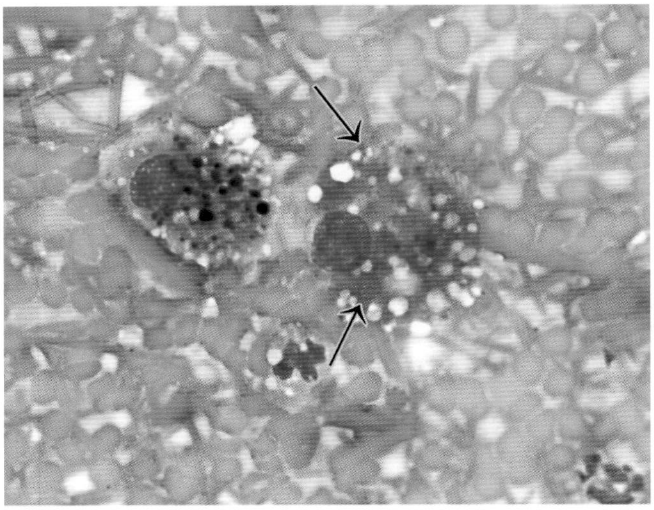

图290-1　新近发生的出血，注意红细胞（箭头）被中间的巨噬细胞吞噬（噬红细胞作用，erythrophagocytosis），表明为新近发生的出血。同时也存在有血铁质（深蓝色到黑色染色的巨噬细胞/含铁血黄素吞噬细胞内物质）。瑞氏染色，100倍（照片由Rick L. Cowell提供）

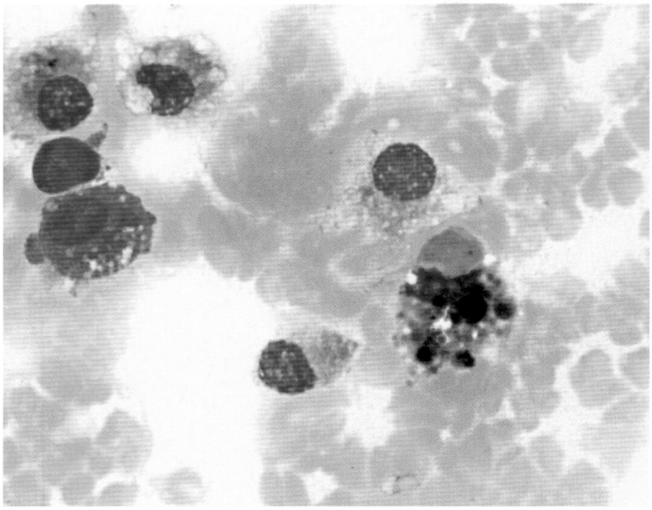

图290-2　含铁血黄素吞噬细胞。注意肺泡巨噬细胞具有深蓝色到黑色的染色颗粒，小到结节状的色素，表明为含铁血黄素。瑞氏染色，100倍（照片由Rick L. Cowell提供）

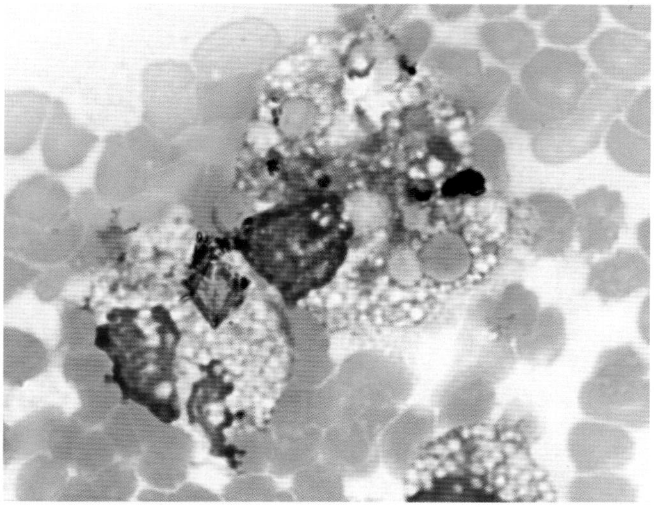

图290-3 橙色血晶（hematoidin crystals）。注意巨噬细胞中含有红细胞及黑色染色的血铁质，呈金色多边形的类胆红素结晶，这表明为红细胞降解产物及以前发生过的出血。瑞氏染色，100倍（照片由Rick L. Cowell提供）

参考文献

Cowell RL, Tyler RD, Meinkoth JH, et al. 2008. *Diagnostic Cytology and Hematology of the Dog and Cat*, 3rd ed., St. Louis: Mosby.

DeHeet HL, McManus P. 2005. Frequency and severity of transtracheal wash hemosiderosis and association with underlying disease in 96 cats: 2002–2003. *Vet Clin Path.* 34(1):17–22.

第6篇

影像分析

Imaging

第291章 胸部影像分析
Imaging：The Thorax

Merrilee Holland 和 Judith Hudson

纵隔

正常影像：纵隔膜

- 纵隔膜可分为前、中和后纵隔三部分。猫的边界不易区分。

前纵隔肿块

- 猫的纵隔肿块（mediastinal mass）通常位于前腹部。淋巴肉瘤可在胸腔前腹部产生非压缩性的肿块（noncompressible mass）。可沿着胸骨在心影前观察到纵隔囊肿。

纵隔前部肿块的X线检查

- 胸腔前部纵隔肿块的X线检查症状包括心脏前软组织的不透明度增加；气管可能向背部或向右侧移位。大的纵隔肿块可挤压气管，可与心脏前缘轮廓重叠，可有数量不等的胸膜腔及心包腔渗出。肺前叶可向后异位。

纵隔前肿块的超声检查

- 发生胸腔积液时，超声检查是一种快速易行的排除纵隔肿块的诊断方法。如果有肿块，可在病猫镇静后在超声指导下安全抽吸。
- 定位心脏，然后将探头向前移动一个肋间隙，探头向前向上朝着胸腔入口探查。正常纵隔膜含有大的血管，周围为不等量的高回声脂肪（见图291-1至图291-3）。

纵隔囊肿

- 纵隔囊肿（mediastinal cyst）少见，其X线检查图像与前部纵隔肿块相似。这类病变的囊肿性质可通过超声检查确定。咳嗽为常见的临床症状（见图291-4）。

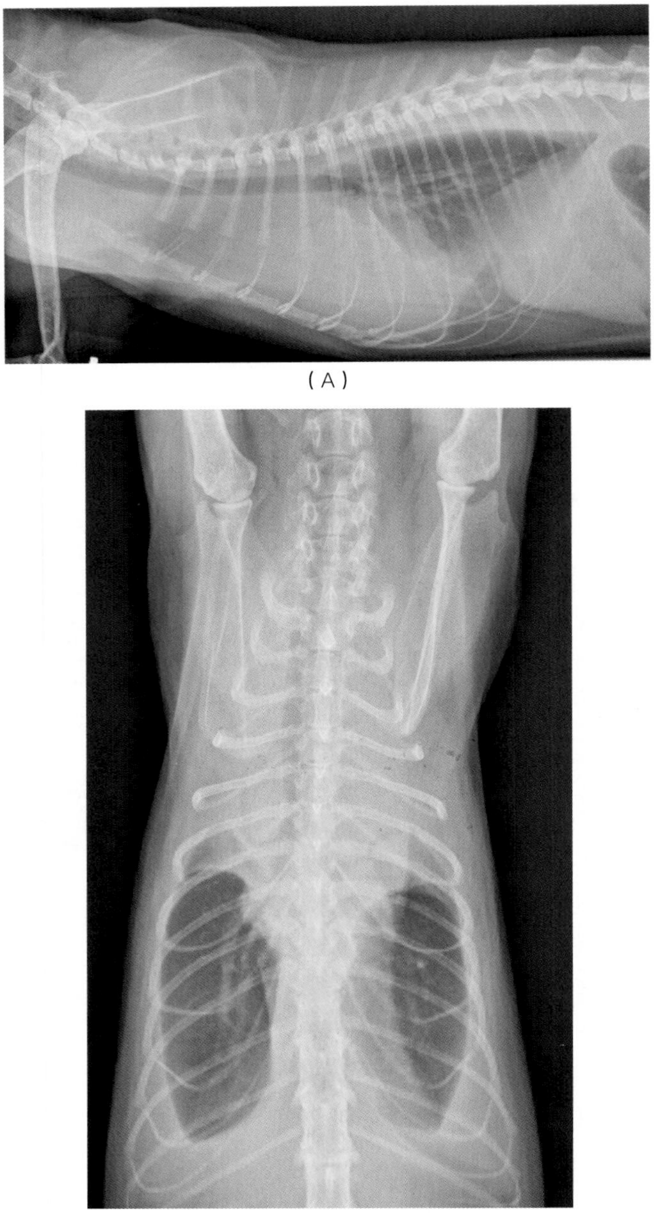

（A）

（B）

图291-1　猫的纵隔肿块。（A）和（B）纵隔肿块，纵隔前部明显增大，具有一软组织样不透明肿块，其延伸到第八肋骨水平。由于胸腔积液而导致肺脏从胸壁回缩

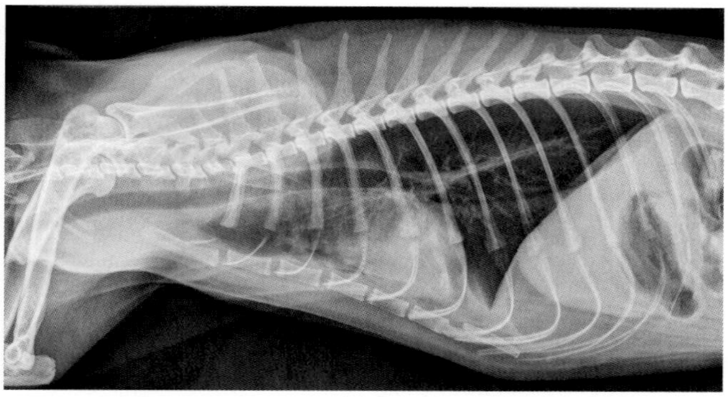

（A）

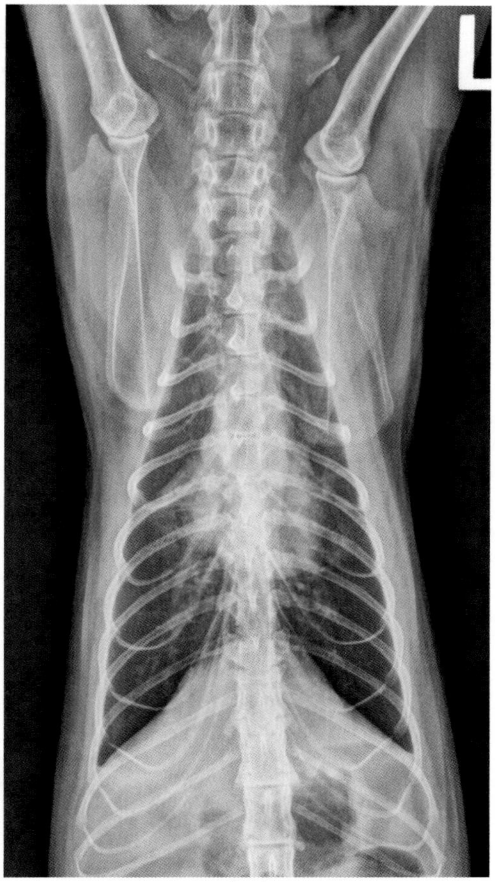

（B）

图291-2 猫的纵隔肿块。（A）和（B）放疗后的纵隔肿块，X线照片为对纵隔淋巴瘤放疗后拍摄（图291-1同一病猫）

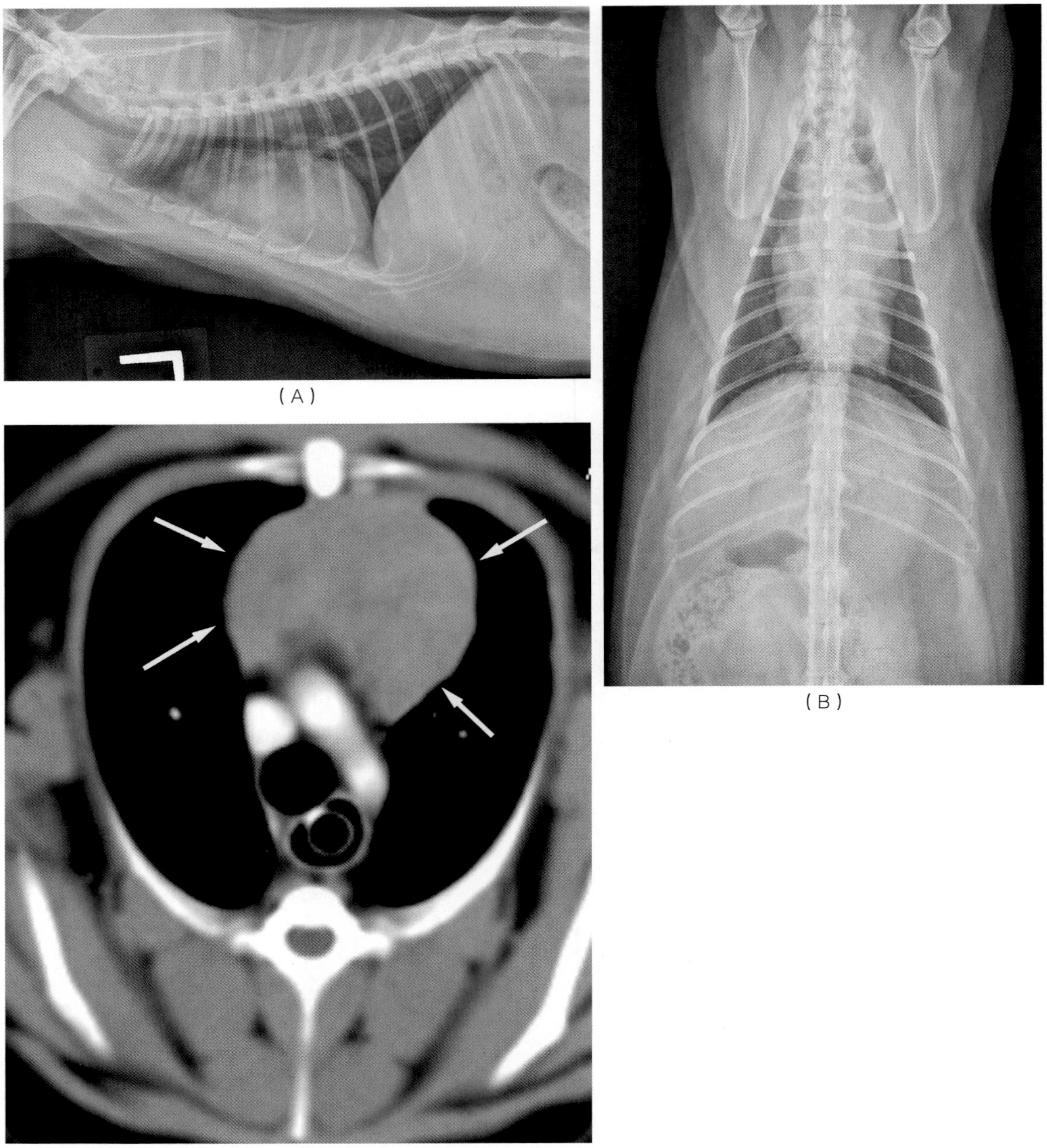

（A）

（B）

（C）

图291-3 猫的纵隔肿块。（A）和（B）为纵隔肿块：大的软组织分叶肿块，大小为4cm×5cm，位于心影前的前部纵隔。这一肿块与心脏阴影沿着左侧前缘成像。（C）计算机断层扫描时病猫仰卧。纵隔前腹部不规则、非均质性的不透明软组织肿块，将肿块手术摘除，最后诊断为胸腺瘤

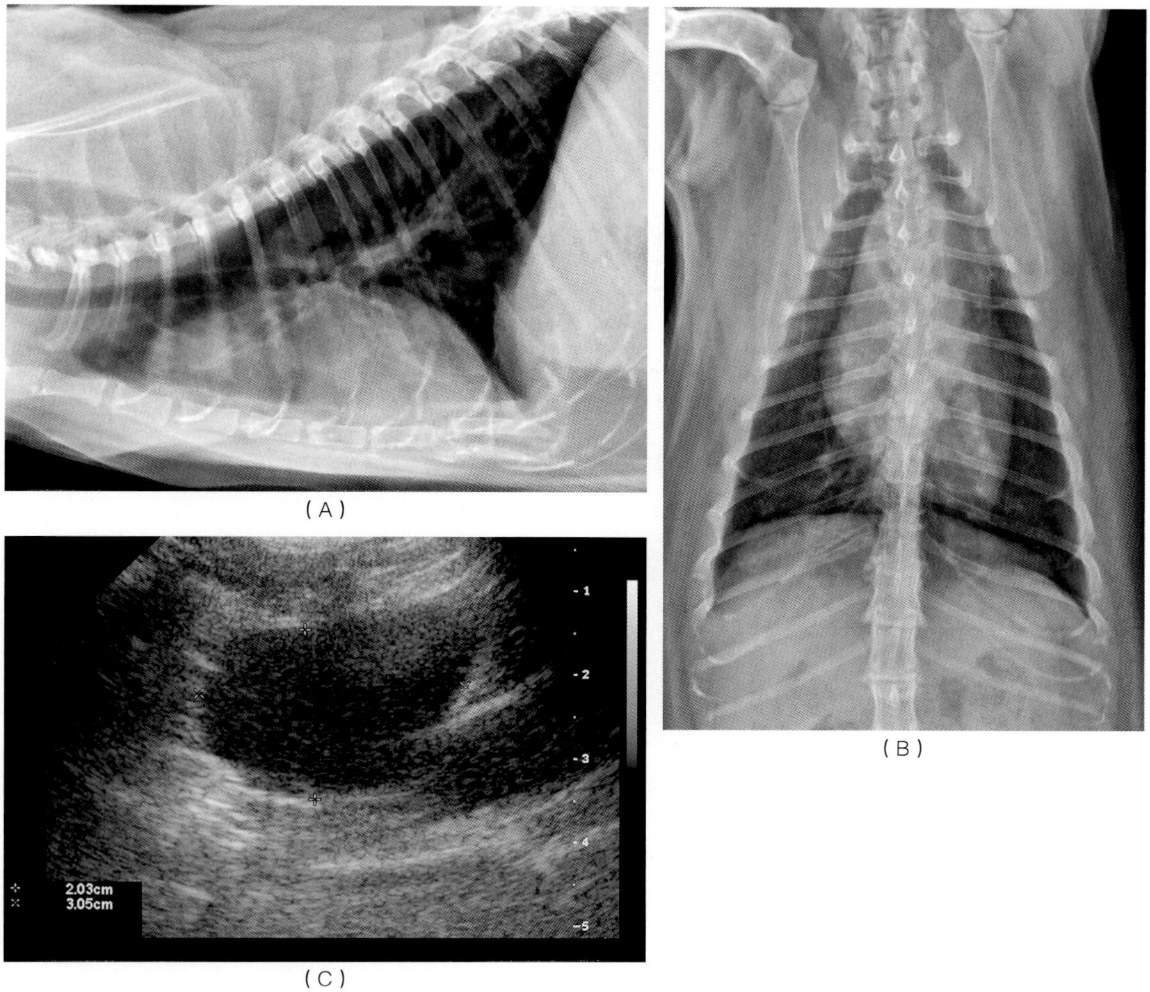

图291-4 猫的纵隔囊肿。（A）和（B）为纵隔囊肿：胸腔X线检查可发现存在边界不明显、大约呈圆形的软组织不透明肿块，位于胸骨背部的纵隔前部。（C）超声检查可在纵隔观察到无回声结构，证实为纵隔囊肿的诊断

门淋巴结肿大

- 肺门淋巴结肿大（hilar lymphadenopathy）可在纵隔前部产生团块效应（mass effect）。淋巴结肿大通常为对局部感染的反应（见图291-5）。

胸腔后部或纵隔肿块

- 该部位的肿块通常为肿瘤（见图291-6及图291-7）。

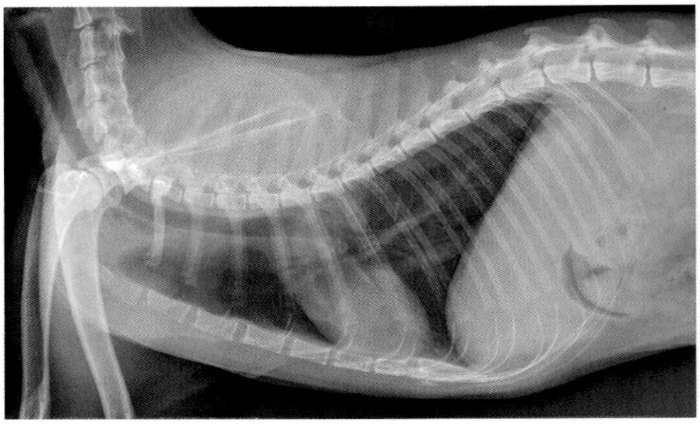

（A）

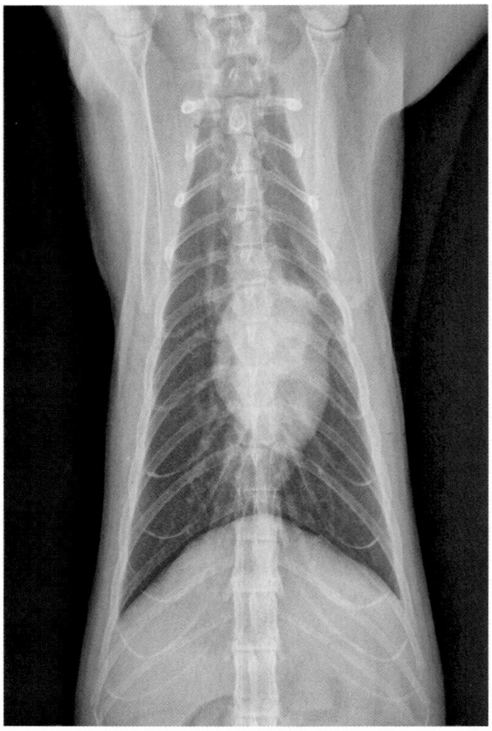

（B）

图291-5　猫的纵隔肿块。（A）和（B）由于扩散性隐球菌感染引起的门淋巴结肿大：侧面观时可观察到在心脏背部气管之上有一边界明显的拖延性软组织不透明肿块。腹背位时，可见肿块叠加于心影之上

胸膜

胸膜的正常检查结果

- 哺乳动物的正常胸膜紧紧覆盖胸壁，在肥胖的动物，胸膜腔可因脂肪蓄积引起肺脏略从胸壁回缩。
- 腔壁胸膜覆盖胸壁及相关结构。脏层腹膜与肺叶接

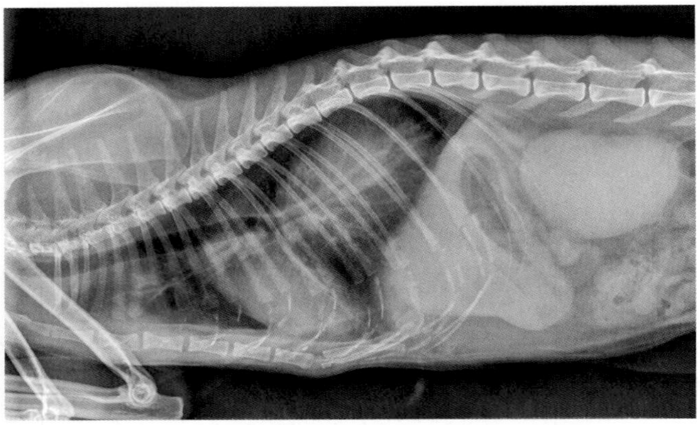

（A）

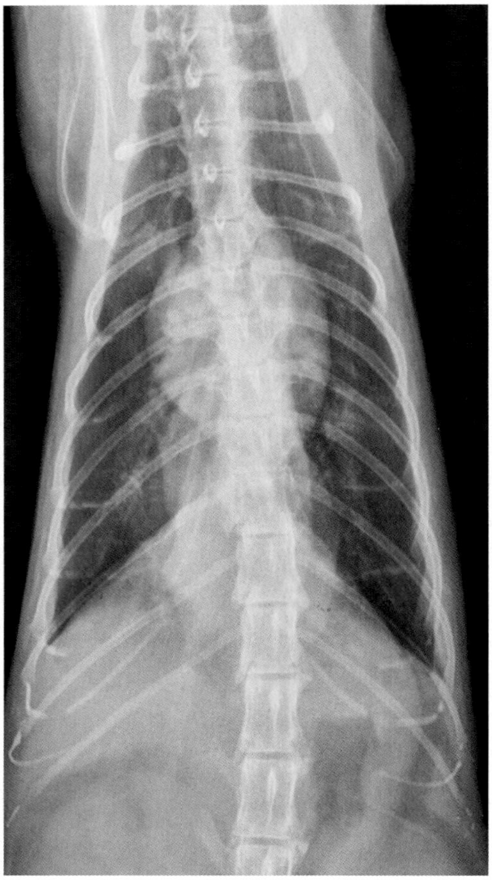

（B）

图291-6　猫的纵隔肿块。（A）和（B）纵隔后部肿块：X线检查发现软组织肿块从心基延伸到膈肌。注意在进行胸部X线检查时发现肾脏肿大，超声检查时肾脏的变化与淋巴肉瘤或猫传染性腹膜炎引起的变化相同。抽吸右侧肾脏发现为大细胞淋巴瘤

触。胸膜壁层由体循环提供血液供应，而胸膜脏层则由肺循环提供血液供应。由于体循环压力高，因此血液从胸膜壁层向脏层流动。

胸腔积液

胸腔积液的X线检查症状

- 在侧面投影上，肺叶从胸壁回缩。肺叶边缘呈扇形外观。可出现阴影的迹象，心脏边缘模糊不清。胸腔积液单独或胸腔积液并发纵隔肿块时可发现气管抬高。肺叶间隙增宽，肺叶外周边缘清晰。纵隔前腹部不透射性比通常增强。血管结构仍然可见。
- 背腹观时，可见前部纵隔增宽。由于心脏尖端周围包有液体，因此心影更为明显。腹背观察时，由于脊柱旁沟（paravertebral gutters）中蓄积液体，后部纵隔宽度及不透明度增加。背腹及腹背观察时，肺叶间隙增宽，肺叶外周边缘界限清晰。
- 在发生胸腔积液的稳定病例，可采用水平X线检查，检查时病猫竖立，以排除纵隔肿块。由于重心引力的作用可使少量胸腔积液蓄积在横膈膜之上的胸腔后部。在慢性胸腔积液时如果隔开的部位形成袋状，则可误认为是前部纵隔肿块，因此出现假阴性结果。
- 胸腔积液单独可引起气管背部移位而无肿块存在。超声检查是一种快速排除前部纵隔肿块而对衰竭的猫没有应激的诊断方法。

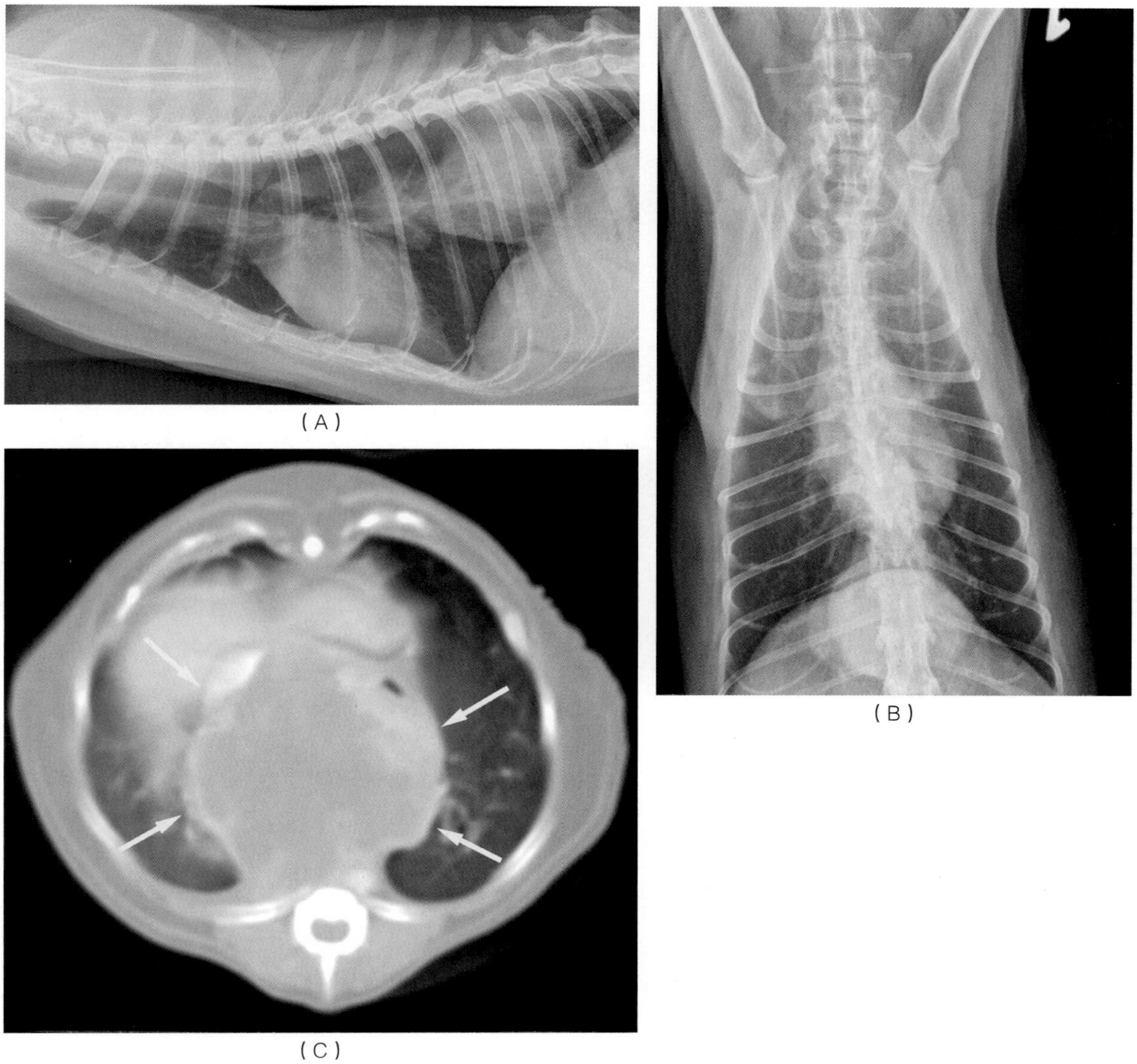

（A）（B）（C）

图291-7　胸腔后部肿块。（A）和（B）胸腔X线检查可发现胸腔后背部密度增加。腹背位可见这种密度的增加位于中线上。食管摄影检查（未图示）发现，食管发生腹部及左侧移位。（C）造影后计算机断层扫描，发现肿块外周明显增强。肿块引起食管部分阻塞，延伸到横膈膜水平。肿块活检结果为分化不良的肉瘤

胸腔积液时的超声检查结果

- 无纵隔肿块的胸腔积液可引起气管在胸腔前部向背部抬高。可在超声引导下采集液体样品。在发生慢性胸腔积液的病例，在胸腔可见到胸腔积液被隔离成腔或成囊状。心包对胸腔积液发生反应，表现为比正常增厚。这种检查结果可能也为偶然发现。根据文献资料，限制性心包炎在猫尚无报道（见图291-8至图291-11）。
- 胸腔积液可分为血胸（hemothorax）、乳糜胸（chylothorax）、液胸（hydrothorax）及脓胸（pyothorax）等几类。确定液体类型时需要进行胸腔穿刺及液体分析。
- 胸膜腔充满液体、细胞物质或气体时胸膜腔可见，由于纤维组织或钙化可使胸膜增厚，或肺叶合并等使肺叶边缘或胸膜表面可见。
- 引起胸膜表面破坏或结构改变的其他因素包括气胸、肿块、异物、膈疝及心包囊横膈疝（peritoneo-pericardial diaphragmatic hernia）等。

气胸

- 气胸（pneumothorax）是指胸膜腔中存在气体。由于肺脏不能完全充气，因此肺脏间质纹理（interstitial pattern）似乎更为明显。引起气胸的常见原因包括创伤、肺脏囊状自发性破裂或胸腔穿刺（医源性气胸，iatrogenic pneumothorax）等。气胸包括三类：简单性气胸时胸膜腔内的气体压力不超过大气压力；开放性气胸是由胸部创伤所引起；密闭性气胸时由于从肺脏泄漏气体，因此胸腔中存在气体。肺脏发生击打性损伤时（即类似于单向阀门的损伤，引起空气在吸气时进入，但阻止了气体在呼气时离开）可以导致高压性气胸（tension pneumothorax）。由于胸膜腔的压

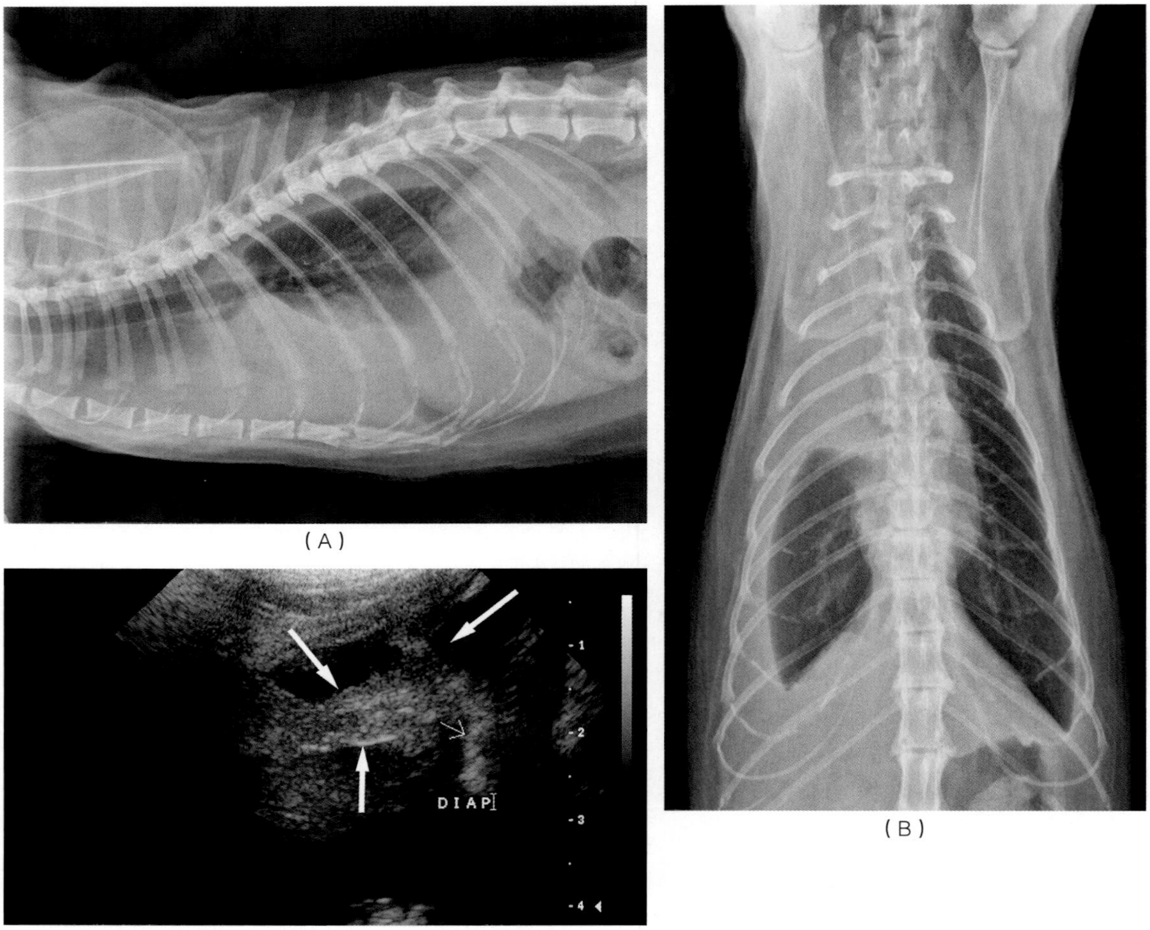

（A）（B）（C）

图291-8　胸腔积液。（A）和（B）胸腔积液：胸腔X线检查可发现胸腔积液主要位于右半侧胸腔。右侧前部肺叶可见气体支气管影像（Air bronchograms）。（C）超声检查表明多个肿块附着于胸膜表面，延伸到横膈膜。最后诊断为恶性肿瘤

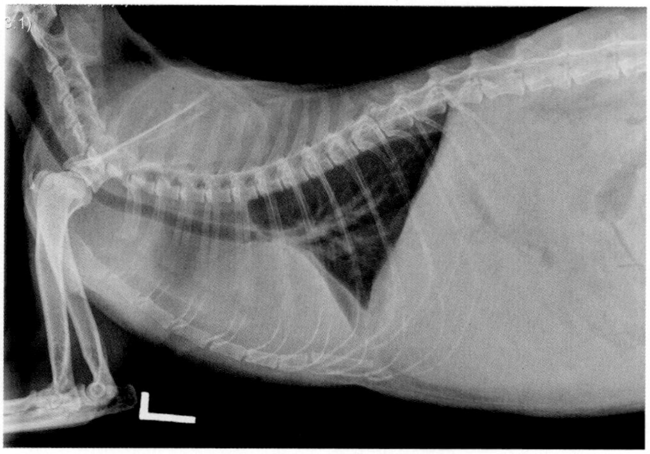

（A）

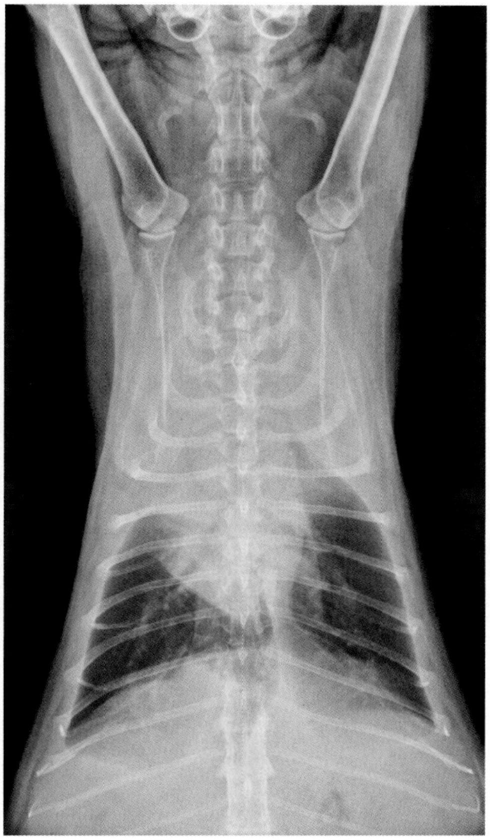

（B）

图291-9　胸腔积液。（A）和（B）胸腔积液：存在腹腔渗出及心脏杂音。胸腔X线检查时，由于胸腔积液，肺叶从体壁回缩而使肋膈角（costophrenic angle）变钝。前部肺叶及右中肺叶可见气体气管造影。浆膜成影较差，腹腔前部可见肝肿大。怀疑本例猫发生猫传染性腹膜炎

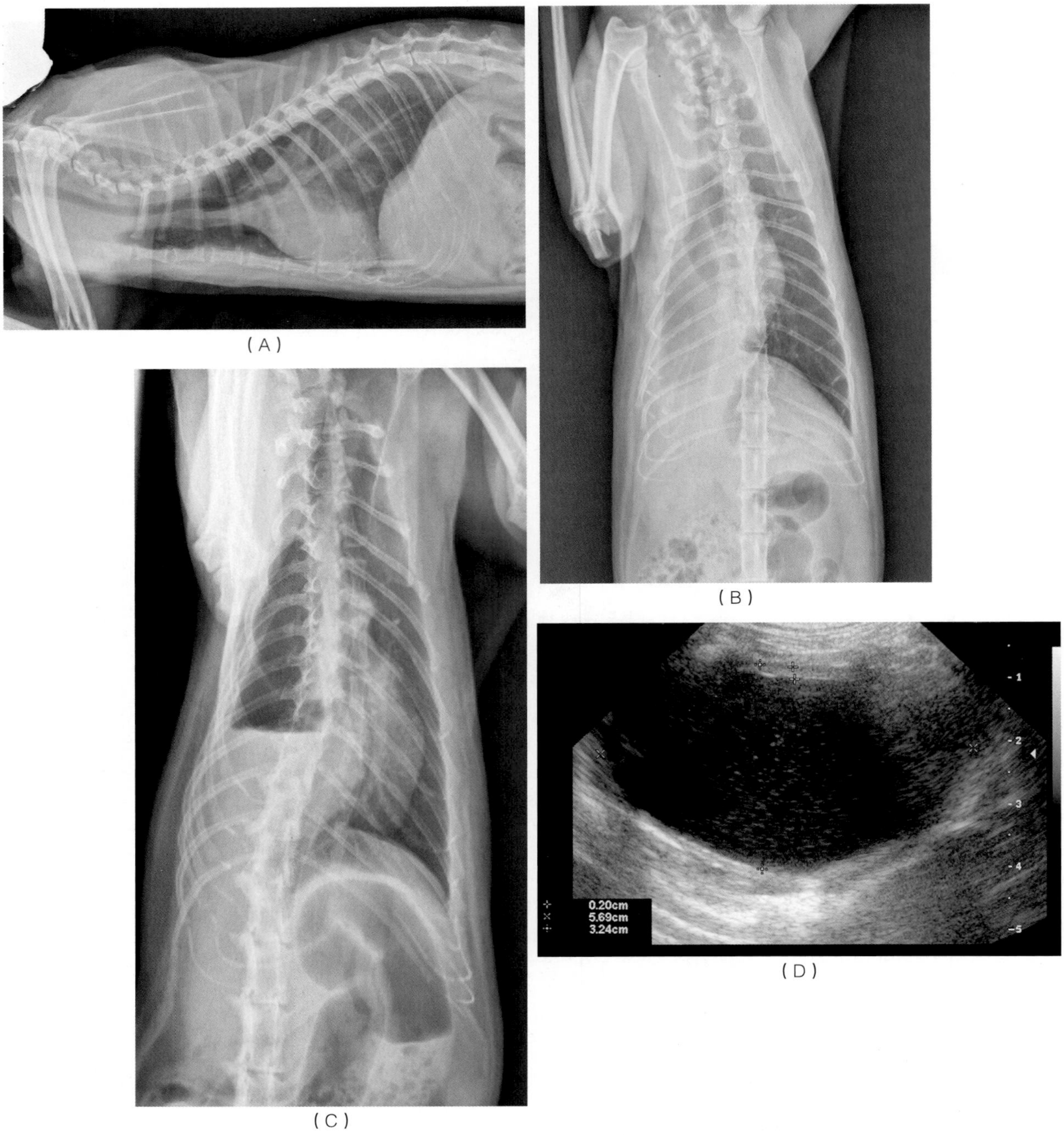

图291-10　胸腔积液。（A）和（B）胸腔积液：采用定位X线检查确定胸腔积液是否形成腔体。（C）病猫直立，垂直水平观察胸腔。在右半胸第10肋骨水平可观察到清晰的液体线。检查时后肺叶似乎正常。（D）肿块的超声检查发现为厚壁结构，含有有回声的液体。手术证实为脓肿。

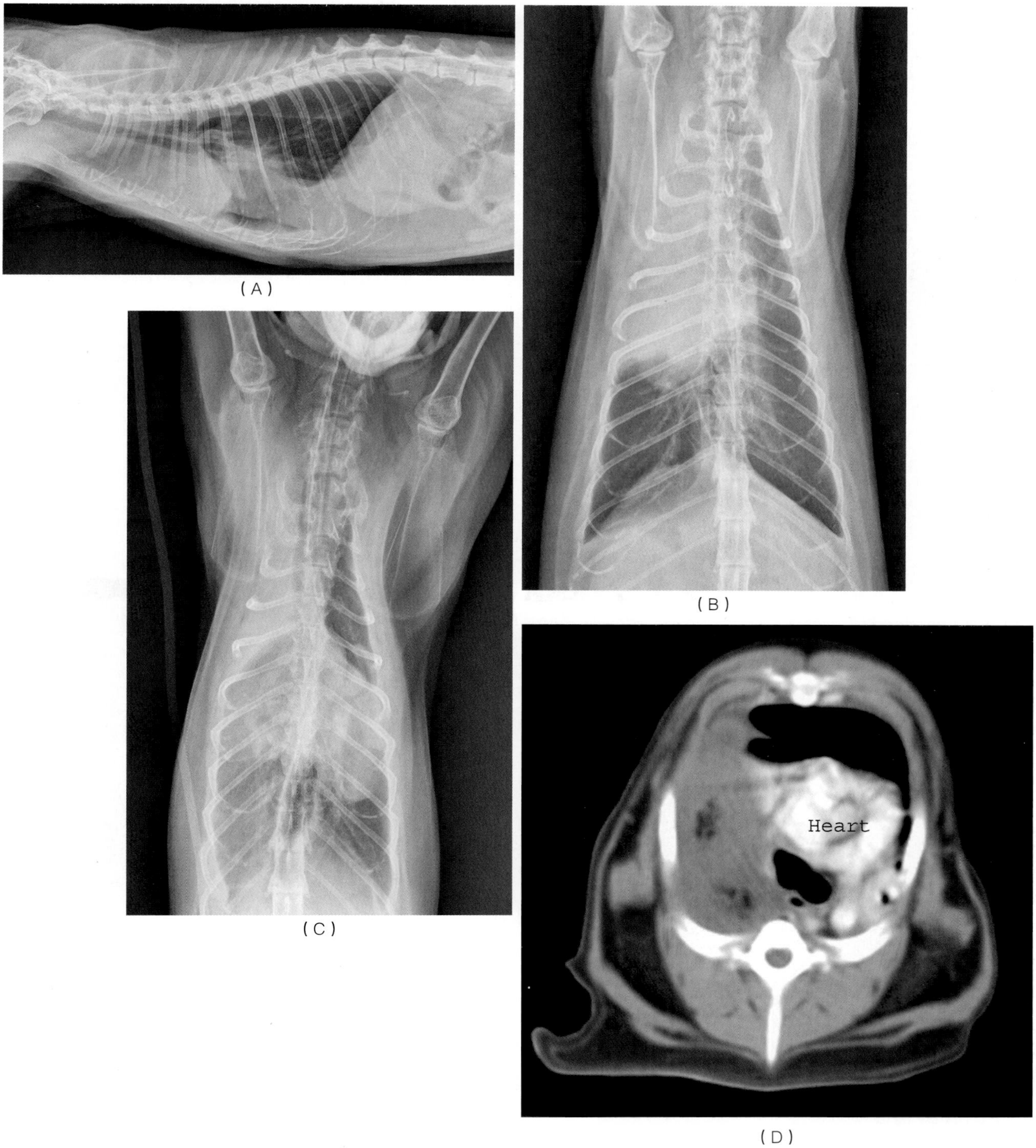

图291-11 胸腔积液。（A）和（B）胸腔积液，可见纵隔向右侧偏移。右侧胸腔前部可见胸腔积液。（C）计算机断层扫描发现心影向左半胸偏移后进行的胸腔腹背成像。（D）病猫伏卧进行的计算机断层扫描。右前肺叶可见软组织不透明度增加及局部不规则的气体不透明体。心影偏移进入左半胸。胸腔内背部存在液体。最后诊断为继发于胸腔积液的肺叶扭转

力增加，超过了大气压，肺脏更为膨胀不全，静脉回流受阻，因此需要采用紧急减压。横膈变平，胸腔呈桶状，过度扩大。

气胸的X线影像

- 肺脏回缩，同时密度相对增加。肺叶间隙增宽而变暗。胸腔外周血管标志消失。心影似乎从胸骨抬高，但心脏其实从胸骨向胸壁侧及X线胶片移动。
- 在高压性气胸，腹背及背腹观察可见胸腔呈桶状，横膈变平，发生严重的肺脏膨胀不全，也可存在横膈隆起（见图291-12和图291-13）。

胸膜外肿块

- 胸膜外腔（extrapleural space）为壁层胸膜与胸壁之间可能的腔隙，因此胸壁的病变可引起胸腔积液移位。胸膜外肿块包括：肋骨肿瘤、肋骨骨折形成出血及多处软骨骨外生（cartilaginous exostoses）。
- X线症状取决于肿块的形状、边缘、直径以及胸膜腔病变的程度和邻近肋骨的状况（见图291-14）。

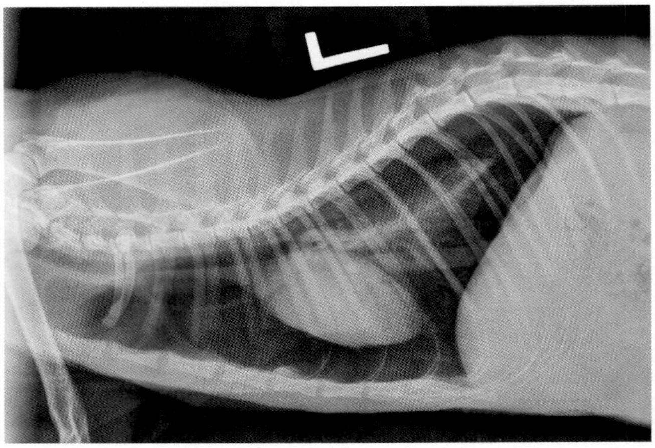

（A）

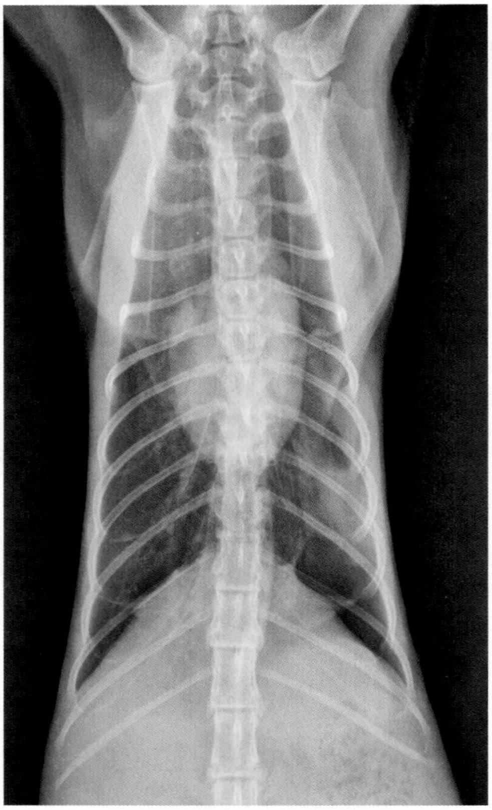

（B）

图291-12 猫的气胸。（A）和（B）创伤引起的气胸，侧面观，后背肺回缩，气体蓄积的胸膜腔，心影从胸骨抬高。左后肺叶部分塌陷。侧面观时横膈似乎变平。腹背观时可发现横膈在左侧更为隆起，腹腔前部浆膜不明显

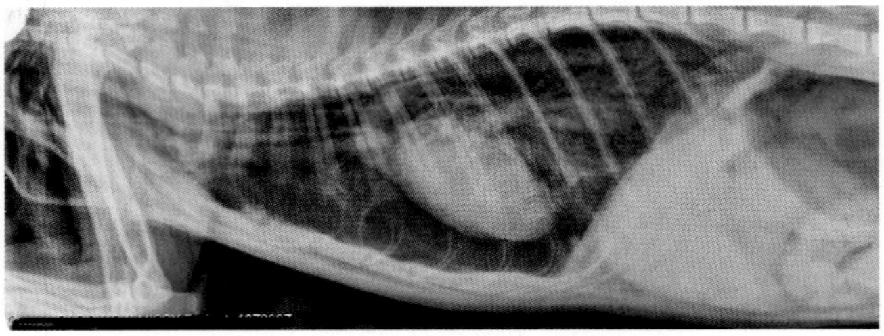

（A）

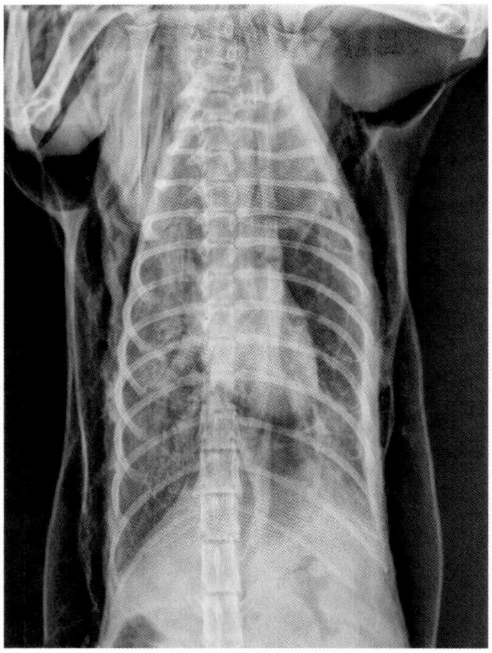

（B）

图291-13 猫的气胸。（A）和（B）犬咬伤后形成的纵隔积气/气胸：X线检查发现气胸、纵隔积气及大量的皮下气体，可见气体延伸进入腹膜后腔，包围肾脏。纵隔膜内的结构由于空气的密度而可见。第5肋骨骨折

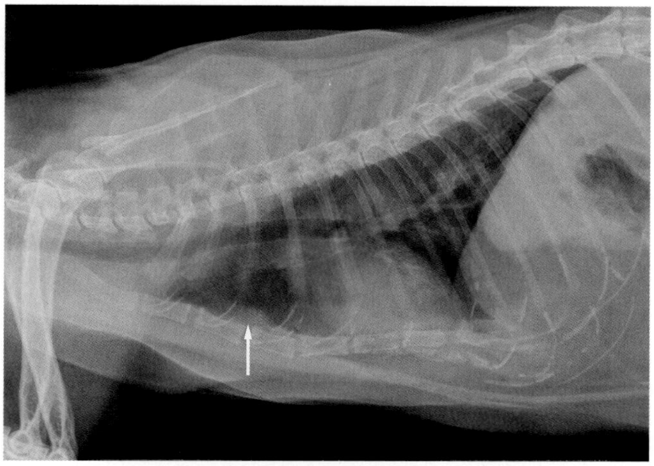

（A）

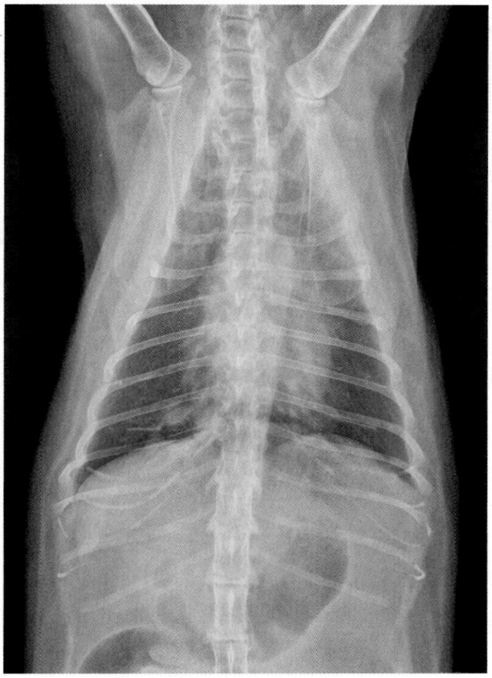

（B）

图291–14 胸膜外肿块。（A）和（B）胸骨淋巴结：胸部X线检查发现右后肺叶有空洞样肿块，左后肺叶有一小的肿块。胸骨及肺门淋巴结肿大。剖检发现支气管源性癌转移到四肢末梢及眼睛

横膈疾病

创伤引起的横膈疝

- X线拍片检查膈肌时，如果正常膈肌边界消失，在胸腔内检查到腹腔脏器及数量不等的胸膜渗出，则可诊断为膈疝。如果有大量的腹膜渗出，肺叶从膈肌前移可能是腹腔器官进入胸腔的唯一指征。
- 胸腔X线检查之后进行胸腔超声检查有助于证实膈疝的诊断。肝脏进入胸腔时，有时难以将肝脏与塌陷的肺叶相区别。肝脏及塌陷的肺叶均表现为超回声。诊断的关键是向前检查器官及血管结构，并向中线检查（可识别塌陷的肺脏）或向后通过膈肌检查（可识别形成疝的肝脏）。通常在发生膈疝时胸膜渗出量不等（见图291–15）。

心包囊横膈疝

- 发生心包囊横膈疝时（peritoneopericardial diaphragmatic hernia），心影增大。侧面观时有时可在横膈经心影后部之间观察到背部间皮残留（dorsal mesothelial remnant）。侧面投影时心影的腹背边界可能与横膈模糊不清（见图291–16）。

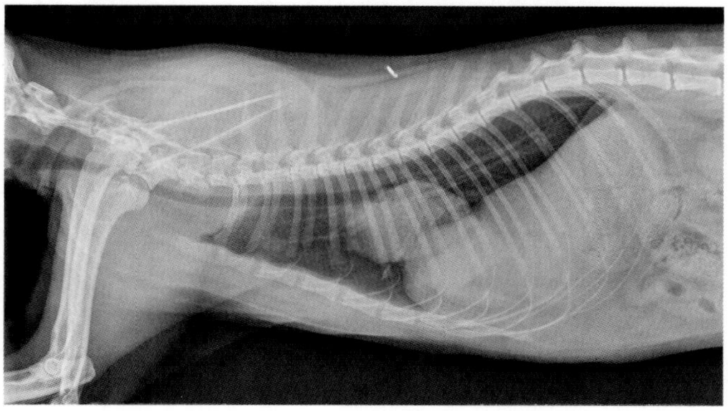

（A）

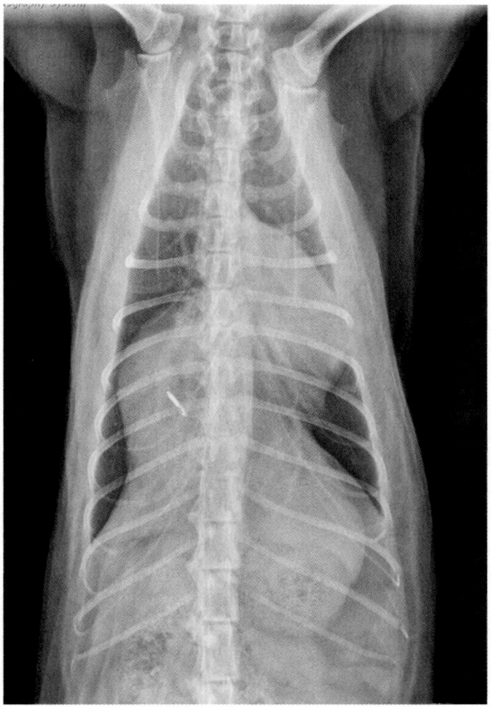

（B）

图291–15 创伤引起的膈疝。（A）和（B）膈疝：猫因车祸后呼吸困难而就诊。心影向左侧及背侧移位。右侧胸腔下部有软组织不透明性结构。横膈不完全可见。胃轴向前移位。最后诊断为横膈疝，肝脏前移进入胸腔

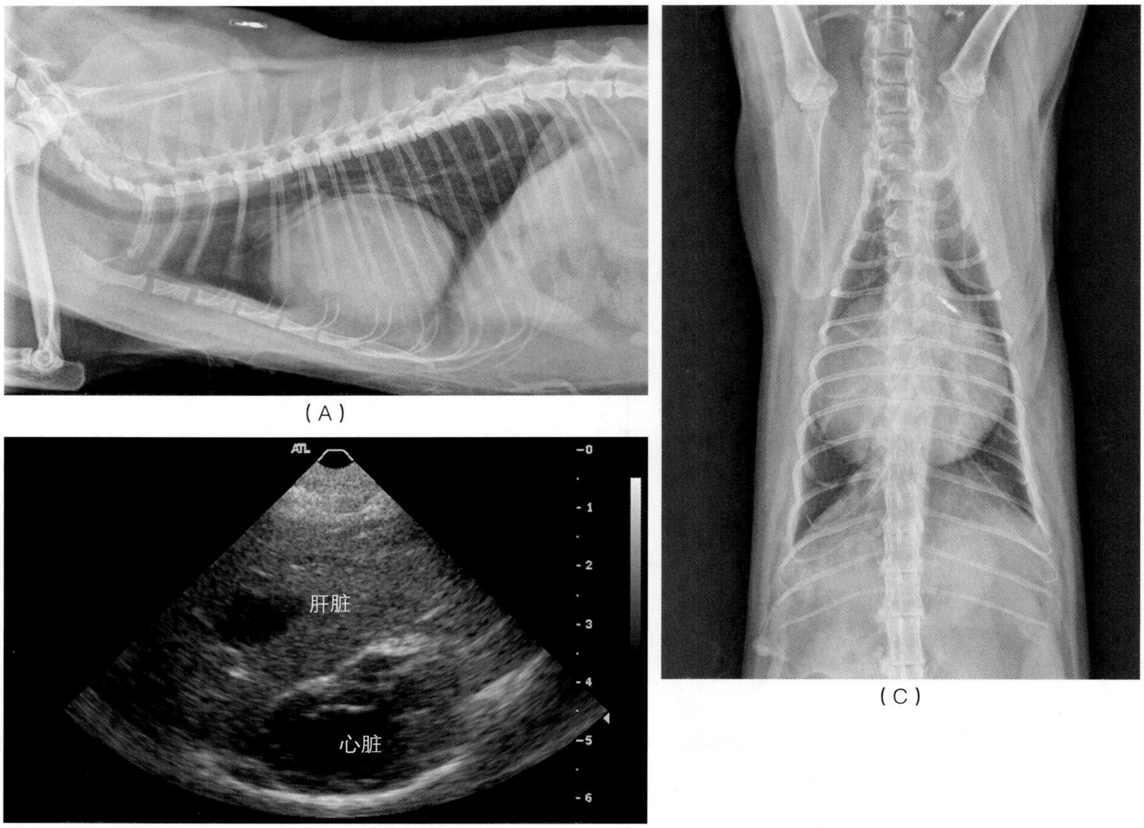

(A) (B) (C)

图291-16 猫的气胸。(A)和(B)创伤引起的气胸，侧面观，后背肺回缩，气体蓄积的胸膜腔，心影从胸骨抬高。左后肺叶部分塌陷。侧面观时横膈似乎变平。腹背观时可发现横膈在左侧更为隆起，腹腔前部浆膜不明显

食管裂孔疝

- 食管裂孔疝（hiatal hernia）可为滑动性的或位于食管旁。滑动性食管裂孔疝典型情况下见于年轻动物。食管旁疝通常为静止性的。鉴别食管异常时需要采用食管造影术（见图291-17及图291-18）。
- 病猫在正常最大吸气时可观察到横膈隆起（见图291-19）。

猫正常心影

- 侧面透射时，正常心脏略长，比犬的更呈椭圆形。心室区的大小为2～2.5个肋间隙。在大多数体重5.4kg以下的病猫，心影不到两个肋间隙。在体格大的猫，心影正常情况下比2.5个肋间隙大。在正常老化的病猫，心脏位置可能更为朝向背部。典型情况下侧面及腹背透射时，猫从心脏到膈肌的距离较远。
- 腹背或背腹观察时，猫的心脏比犬的更长。背腹投影可使心影更呈圆形。背腹投影时胸腔的形状较短。腹背观察时心脏的边界与犬的相似，但左侧心廓和心房位于1点钟和2点钟的位置。肺主动脉可向着头部，有时难以观察到。病猫心尖的位置有一定变化。腹背投影时正常心影的相对大小约占胸腔的67%。
- 应检查所有4套肺脏血管，前叶血管、动静脉等应大小相当，动脉边界略微明显。腹背投影时，后叶血管的宽度应比第9肋骨的宽度窄。

主动脉结及主动脉起伏

- 主动脉伸开可使该血管出现波浪起伏的外观［主动脉起伏（aortic undulation）］，这与老龄、甲状腺机能亢进及高血压有关。背腹及腹背观时见到的主动脉结（aortic knob）（主动脉结为主动脉弓由右转向左处突出于胸骨左缘的地方——译注）曾经被误认为是主动脉瘤（aortic aneurism）（见图291-20）。

正常肺叶

- 肺叶可分为右前、右中、右后、附叶、左前（前段及后段）及左后肺叶。正常气管在接近心基时与脊柱成15°角。肺脏区可分为门周区［perihilar

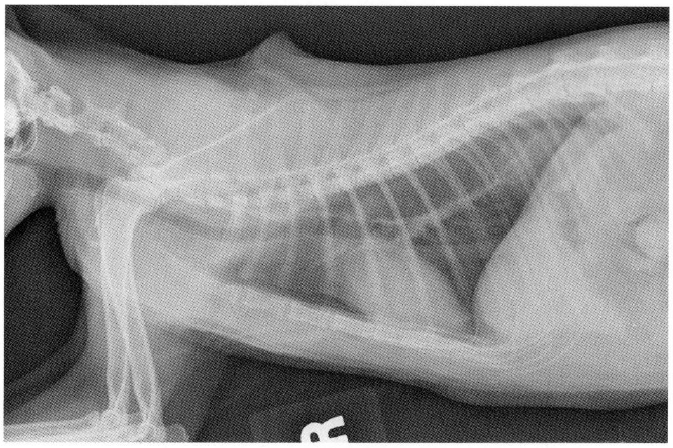
（A）

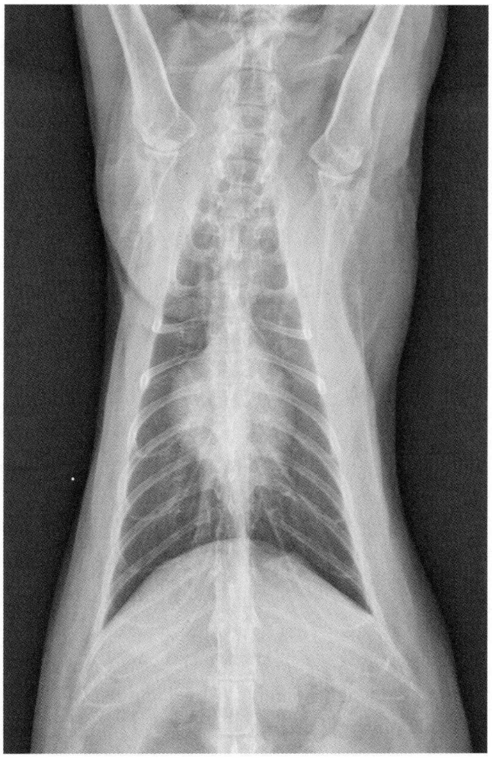
（B）

图291-17　食管裂孔疝。（A）胸腔侧面观，注意胃向前移位。（B）腹背观，胃恢复到更为正常的位置

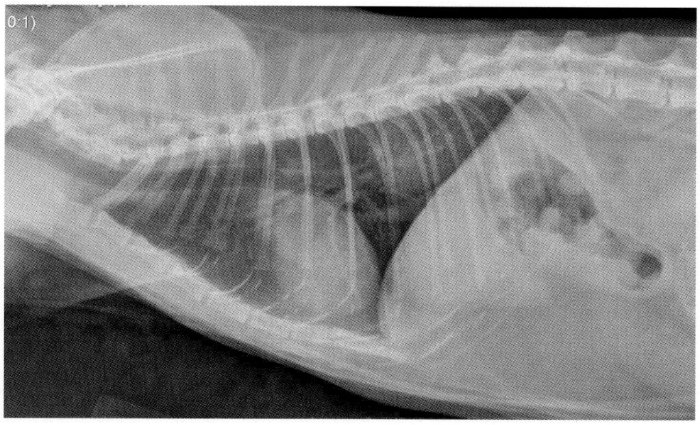
（A）

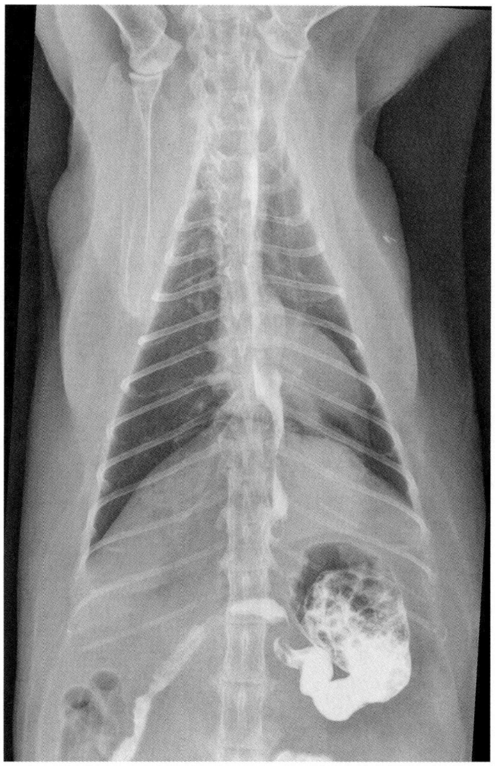
（B）

图291-18　食管裂孔疝。（A）怀疑为食管裂孔疝；（B）钡餐吞咽检查证实左侧肺脏后叶的肿块未影响到食管

（hilar）〕、中间区及外周区。

胸腔三维观

- 肺脏疾病，特别是肿瘤转移性疾病及肺炎可通过腹背或背腹观察的左侧卧观察、右侧卧观察的胸腔三维肺脏观察（three-view thorax）进行检查。
- 应注意，未附着的或上部的肺部充气可能更好，因此用于造影的气体更多。

肺脏异常

需要询问的问题

- 肺脏正常或异常？
- 两种观察是否均能发现肺野病变？
- 是否存在示病性X线检查症状可以说明肺脏疾病？
- 是否有能表明肺脏外损伤的胸膜或胸壁疾病的迹象？

- 关于肺脏异常的一般问题：大小、位置、密度、边缘情况及数量。

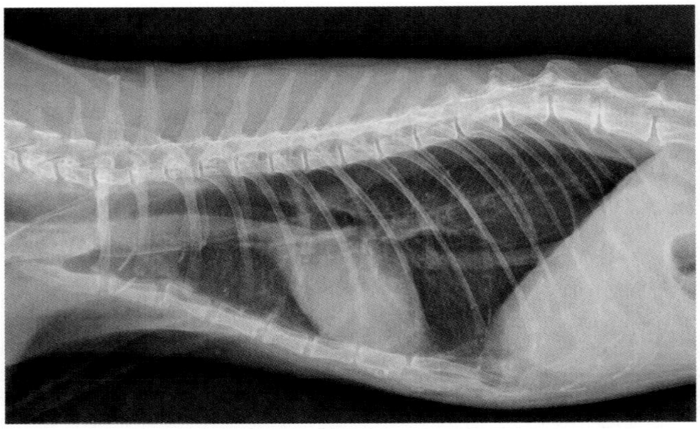

（A）

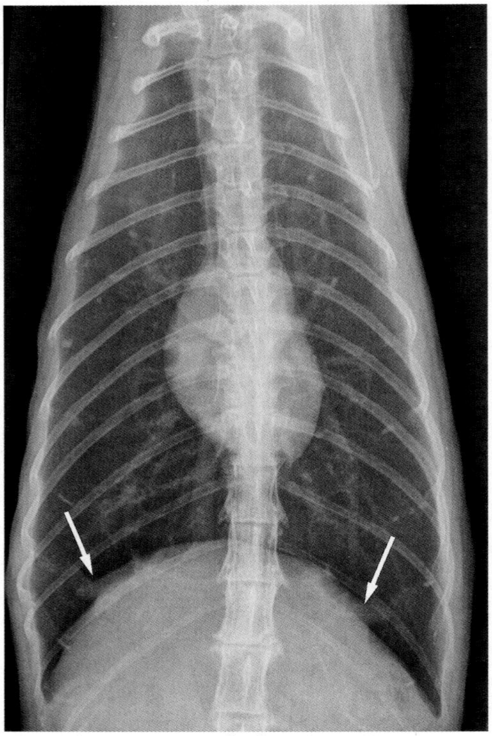

（B）

图291-19 食管裂孔疝猫最大吸气时横膈的变化。（A）和（B）注意在侧面观时横膈膜变平，向后移位。腹背观察胸腔时可清楚看到横膈膜隆起（箭头）

疾病时的肺脏纹理

肺脏血管纹理

- 可通过测定肺脏血管的大小检查肺脏的血管纹理（vascular lung pattern）是否有异常。侧面投影时，动静脉应大小相等。腹背投影时，后叶血管不应超过第9肋骨的宽度。

应注意在发生心脏病时，并非所有的四套血管均同等增大，因此必须对所有四套血管都进行检查。在血容量减少或采用利尿药物治疗心脏病时，肺血管可能比正常小。

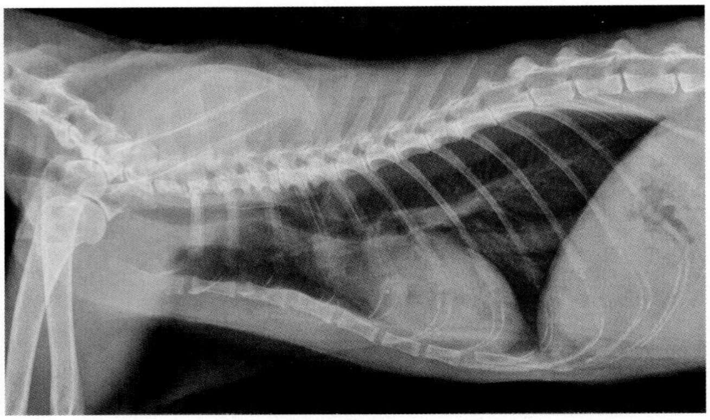

（A）

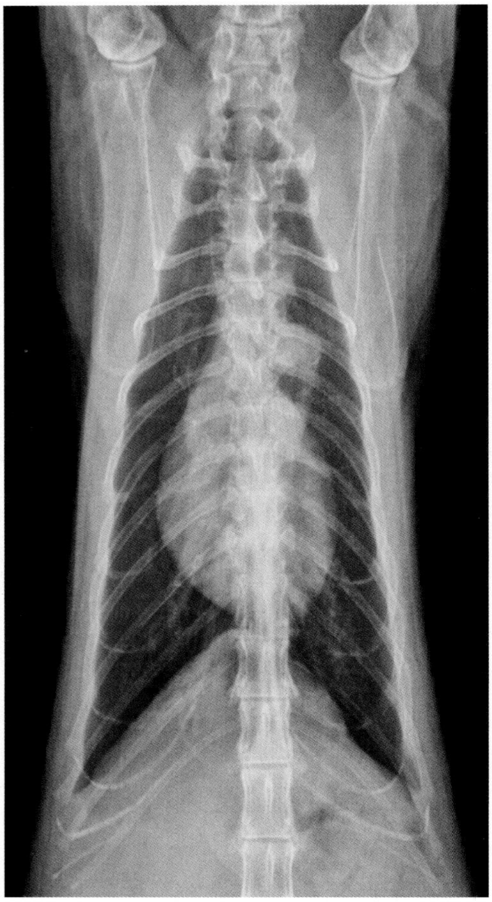

（B）

图291-20 主动脉起伏。（A）和（B）胸部X线检查发现心影靠着胸骨，主动脉突出而展开

猫犬心丝虫病

- 患犬心丝虫病（feline heartworm disease）的病猫临床症状差异很大。病猫可不表现症状、表现呼吸困难、心动过速或可表现胃肠道症状，特别是呕吐和腹泻。猫患有犬心丝虫病时最为明显的X线检查变化见于后叶动脉。肺动脉增大，不太恒定地出现曲折及缩短等变化。肺实质从间质到支气管表现为肺脏不透明

度增加。心影可出现轻度的心肌肥大。肺主动脉片段没有在病犬那样明显（见图291-21及图291-22）。

- 右后肺动脉影响最为严重。

支气管肺脏纹理

- 随着正常老龄化变化，可在门周区见到支气管纹理（bronchial lung pattern）。在疾病状态下，支气管标志延伸到外周。支气管壁由于在支气管壁内或周围的细胞浸润而增厚。在横切面上支气管壁呈甜甜圈状，而在横切面上则呈铁轨状。

猫的哮喘

- 猫最为常见的支气管疾病是哮喘（asthma）。支气管炎如果从急性转变为慢性时，支气管炎是X线检查唯一可见的症状，其他与哮喘有关的症状包括横膈隆起、吞气症（aerophagia）及右侧中间肺叶膨胀不全。慢性支气管炎的病猫可易发肺炎（见图291-23）。

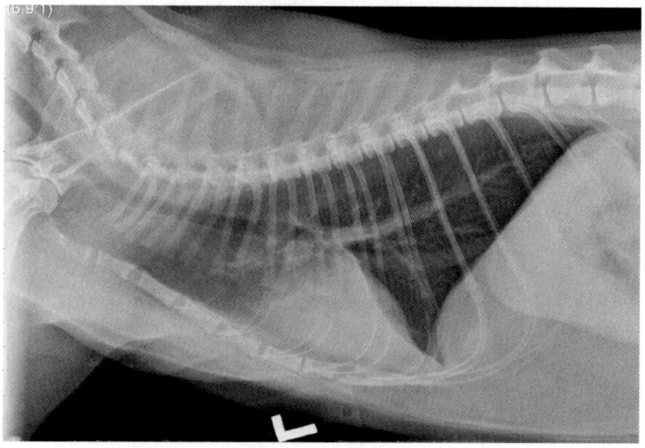

（A）

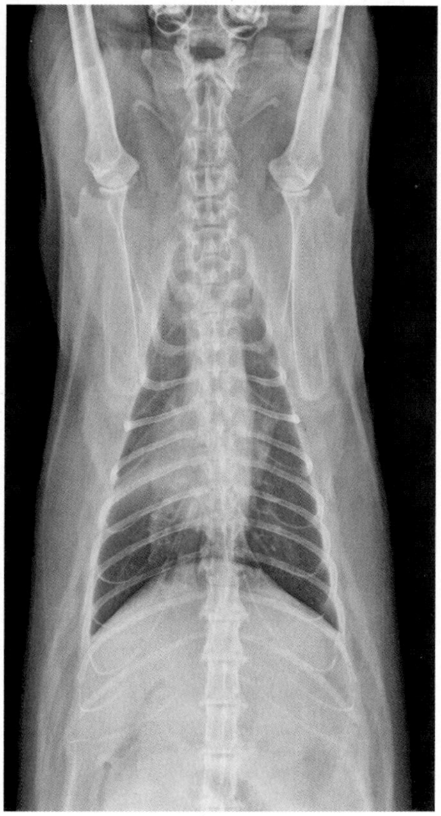

（B）

图291-21　（A）和（B）犬心丝虫病。（A）右侧中间肺叶存在一不透明度增加的软组织快，说明为肺泡塌陷或浸润。（B）右后肺动脉增大。犬心丝虫试验检查抗体及抗原时为阴性

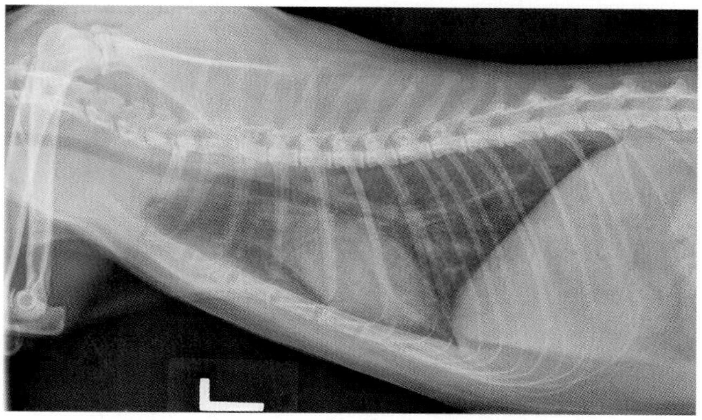

（A）

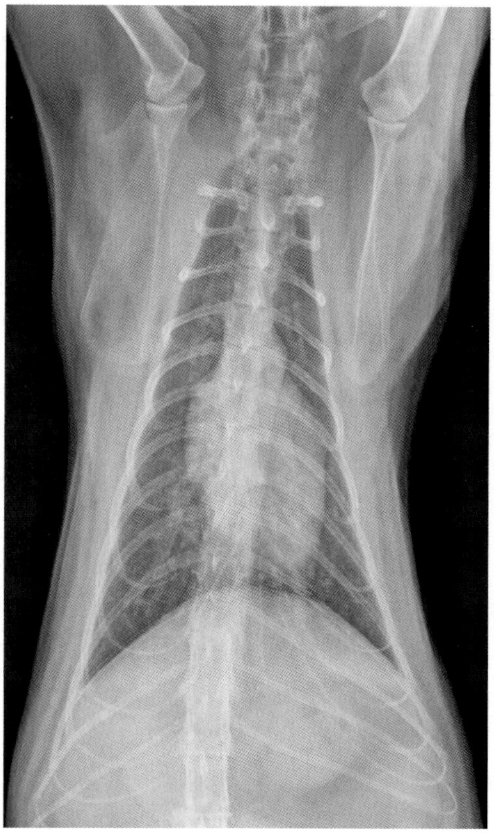

（B）

图291-22　犬心丝虫病（heartworm disease），支气管标志很明显。（A）和（B）后叶动脉增大，左心室边界轻微延长。犬心丝虫试验抗体及抗原检测为阳性

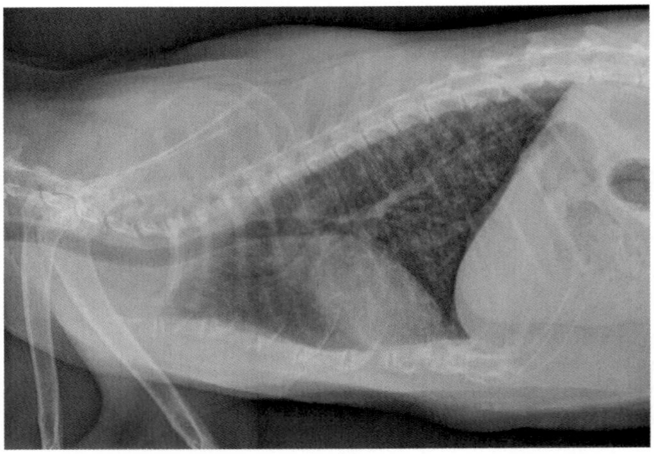

（A）

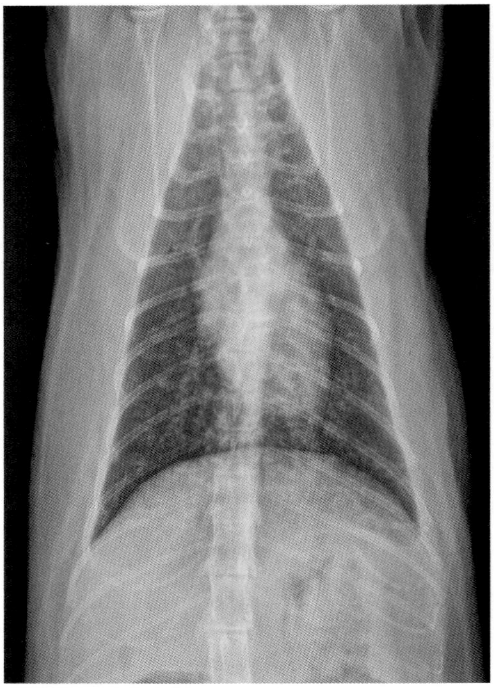

（B）

图291-23　哮喘。（A）和（B）病猫有慢性干咳的病史，肺脏表现为重度支气管特征，有多个小的区域表现为结节状，可能为支气管的黏液栓。横膈变平，可能因呼吸的影响而向前移位。心丝虫检验为阴性

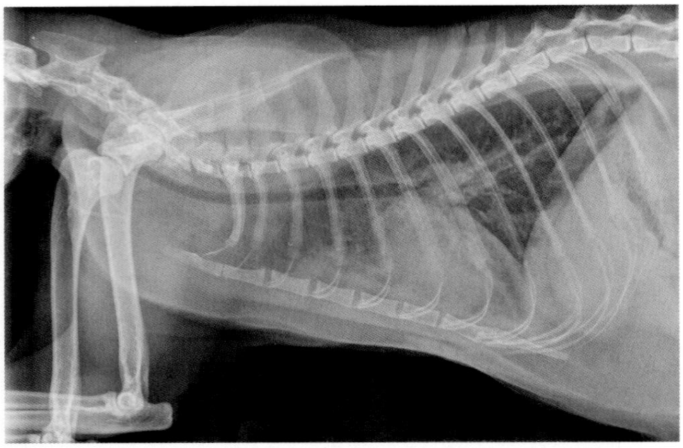

（A）

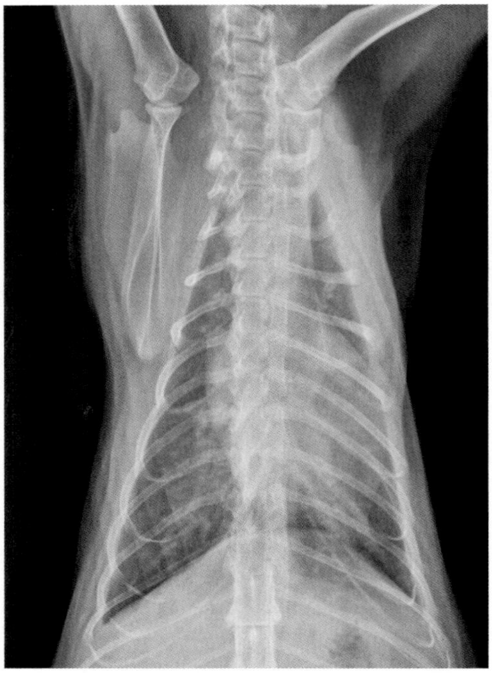

（B）

图291-24　血容量过大：猫因厌食和脱水而就诊，病猫采用静脉内液体疗法。（A）存在有弥散性重度间质纹理。（B）心影明显增大。胸腔X线检查表明肺脏血管增大，后腔静脉（caudal vena cava）增大。存在有少量胸膜渗出

肺血管纹理增多

- 影响静脉的肺血管纹理增多（hypervascular lung pattern）可见于左侧心脏疾病。在发生水化过度的病例，动静脉均可增大（见图291-24和图291-25）。
- 影响动脉和静脉的肺血管纹理增多可见于左侧-右侧充血性心脏病。

肺血管纹理减少

- 影响动脉及静脉的肺血管纹理减少（hypovascular lung pattern）可由于右侧-左侧短路、血流阻塞（如肺脏狭窄）及全身性血循障碍，如血容量减少性休克所引起。

肺泡性肺纹理

- 肺泡疾病的X线检查症状包括空气支气管征（air bronchograms）（即支气管充满气体，周围为充满液体的肺泡）（空气支气管征也称为支气管气像，是指当实变扩展到肺门附近，较大的含气支气管与实变

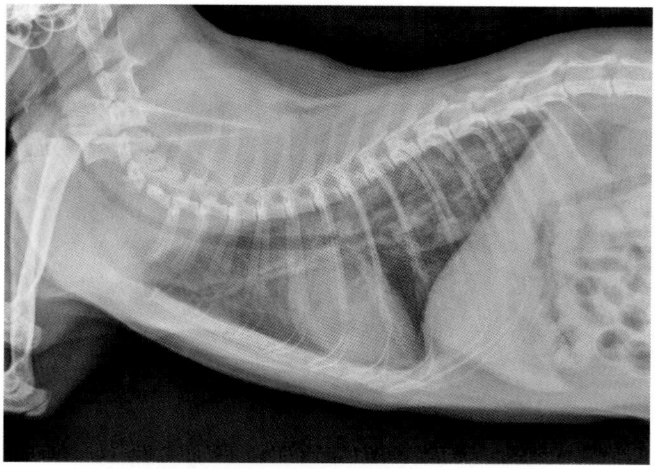

（A）

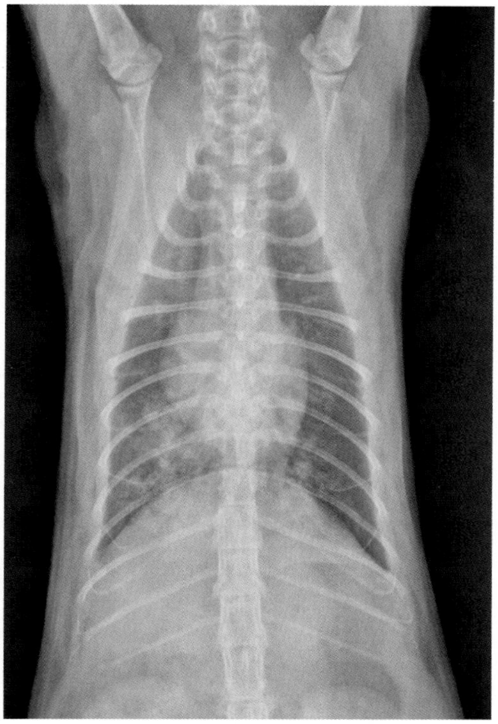

（B）

图291-25　肺血管纹理增多。（A）和（B）手术后怀疑发生液体过量。肺泡不透明见于右侧和左侧后肺叶，主要是在肺门区。斑块状肺脏不透明区见于右侧中间肺叶。心影及肺血管有些增大。X线检查结果与液体过量相符

的肺组织形成对比，在实变区中可见到含气的支气管分支影，是肺实变的重要征象——译注）、空气肺泡纹理（air alveolograms）（即充满气体的肺泡，周围为充满液体的肺泡）、肺叶症状（即充满气体的正常肺叶临近发生肺泡疾病的肺叶）、心影症状（即由于邻近的X线不透明度相同，因此边界及心影难以观察到），如果发生肺泡破裂及液体从一个肺泡流向另外一个肺泡时出现蓬松的聚集的密度区（见图291-26至图291-30）。

- 病因的鉴别可通过病史、肺脏外的X线检查结果，如心影的大小及肺脏血管的大小及在肺脏中的定位等来确定。
- 病变肺叶多为前部或腹部，右侧中间肺叶是最常发生吸入性肺炎的部位（见图291-26）。
- 猫的肺水肿变化很大，并非总是在背部或肺门区。
- 神经性肺水肿通常是在背部，但与在心源性原因所见，可进一步向外延伸进入外周。
- 肺出血依病变发生的部位而有高度差异。

间质性肺纹理

间质性肺纹理（interstitial lung pattern）可分为结构性（structured）和非结构性（unstructured）两类。在结构性肺纹理，可出现孤立或多个结节，边界可光滑而界限明显。存在炎性成分时结节边界可模糊不清。鉴别诊断包括：（a）原发性肿瘤；（b）转移性肿瘤；（c）肺脓肿；（d）真菌性或肉芽肿性肺炎；（e）外伤性肺膨出；（f）出血或囊肿。

- 单个井形界限明显的结节表明为具有炎性反应成分的缓慢扩张性疾病。鉴别诊断包括原发性肺脏肿瘤、形成壁的脓肿及转移性肿瘤。
- 原发性肺脏肿瘤在猫罕见，其表现在结节的分布及数量上差异很大。与原发性肿瘤有关的X线检查症状包括营养不良性钙化、胸膜渗出及胸廓内淋巴结肿大（见图291-31及图291-32）。
- 单个不明确的结节表明扩张的病变可能具有炎性成分。鉴别诊断包括脓肿、寄生虫性肉芽肿及霉菌病。
- 多个井形边界明显的集合通常代表为肿瘤，特别是如果集合大小不同，则更有可能为转移性肿瘤。依肿瘤的类型，结节大小不同，边界或者为井形而清晰，或者边界不明显。在转移性肿瘤可见有营养不良性钙化（见图291-33至图291-38）。
- 多个边界不清晰的小结节，如果边缘模糊不清，则说明为活跃性炎性反应。栗粒状结构更有可能为肉芽肿性或真菌性肺炎。据报道猫可发生芽生菌病（blastomycosis）及组织胞浆菌病。并殖吸虫（*Paragonimus*）可在肺脏出现数量不等的边界不明显的结节状不透明体。肺吸虫（*Aelurostrongylus*）可产生边界不明确的不透明体，在后期阶段支气管标志可增加（见图291-39及图291-40）。

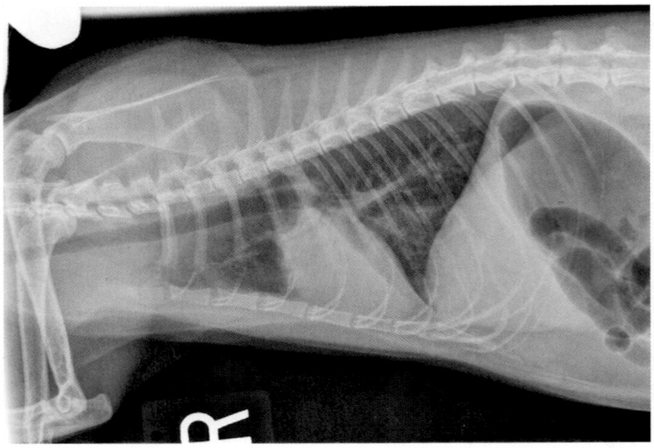

（A）

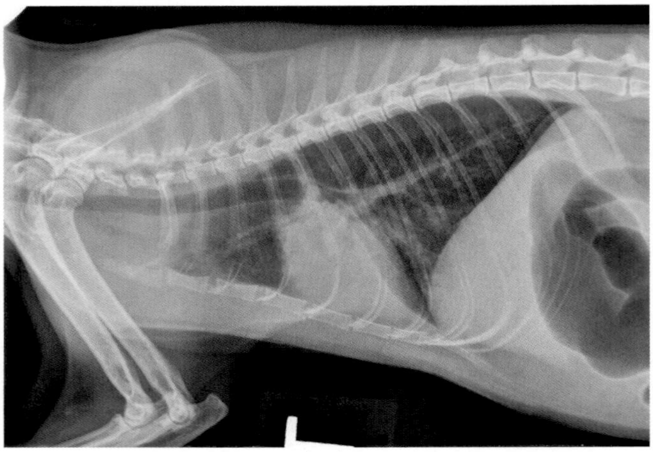

（B）

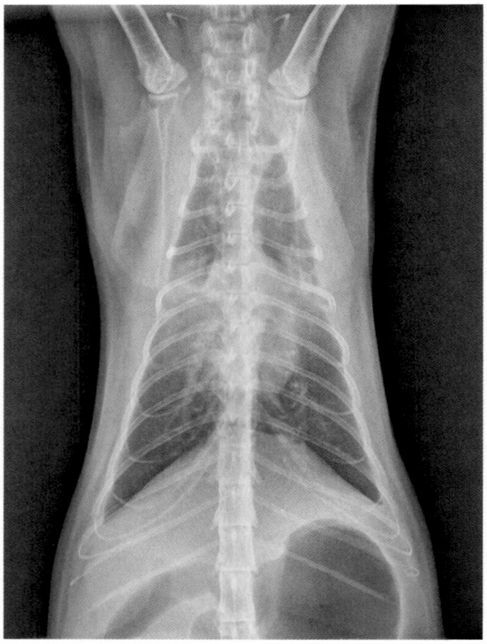

（C）

图291-26　吸入性肺炎，病猫因严重的口腔炎和咽炎而就诊。（A）、（B）及（C）右侧中间肺叶及左侧前肺叶尾面存在肺泡不透明体。剖检证明为肺炎

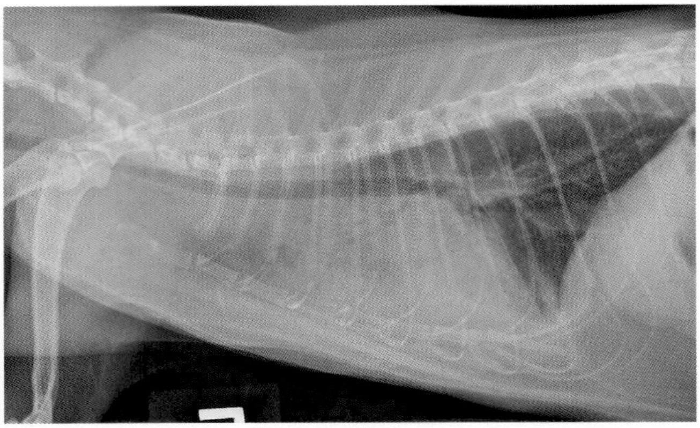

（A）

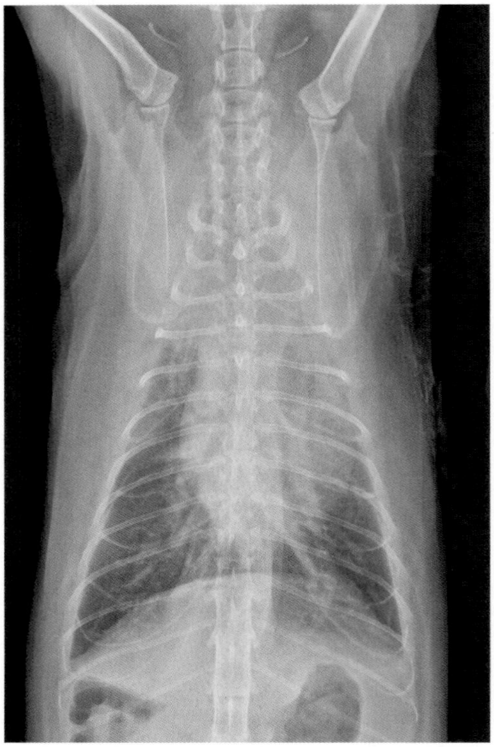

（B）

图291-27　（A）和（B）病猫未能在本周早期进行的全身麻醉完全恢复。右侧前肺叶及左侧前肺叶存在有肺泡性疾病。在前肺叶合并部位的邻近部位有少量胸膜渗出液。诊断为支气管肺炎

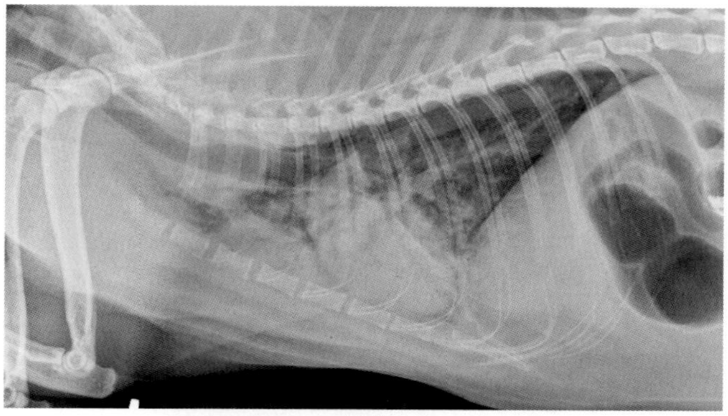

（A）

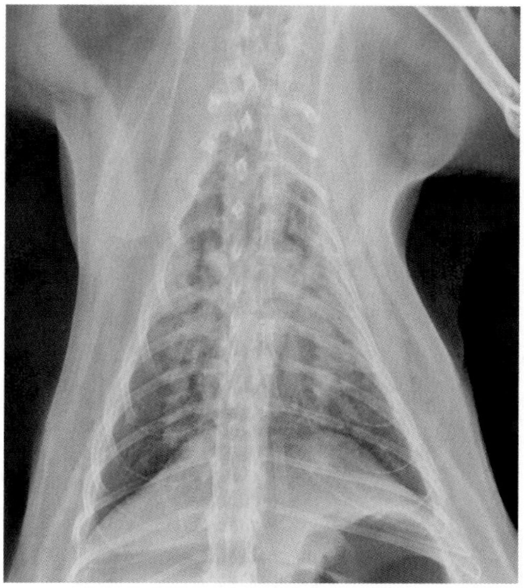

（B）

图291-28　（A）和（B）肺炎及纵隔积气：在该猫主家养殖的所有猫均在新近发生上呼吸道感染。该猫因咳嗽及呼吸困难而就诊。胸腔X线检查可发现右侧中间肺叶、左侧前肺叶存在肺泡不透明体，附属肺叶存在斑块区。纵隔膜前部可见到气体，说明发生纵隔积气。注意胃部有一定量的气体，很可能是因呼吸窘迫而发生吞气症所致

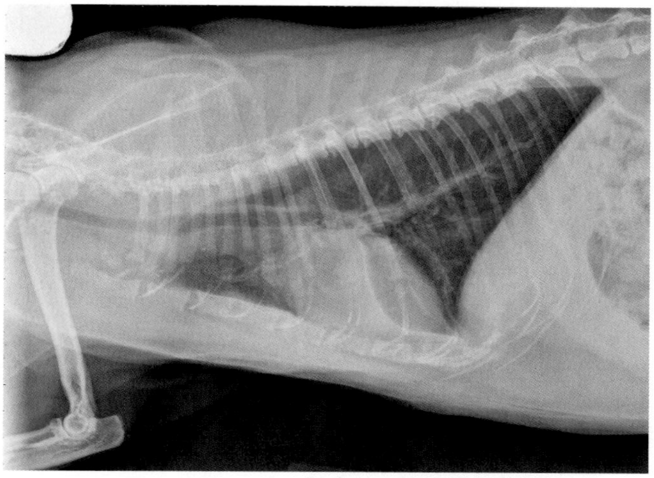

（A）

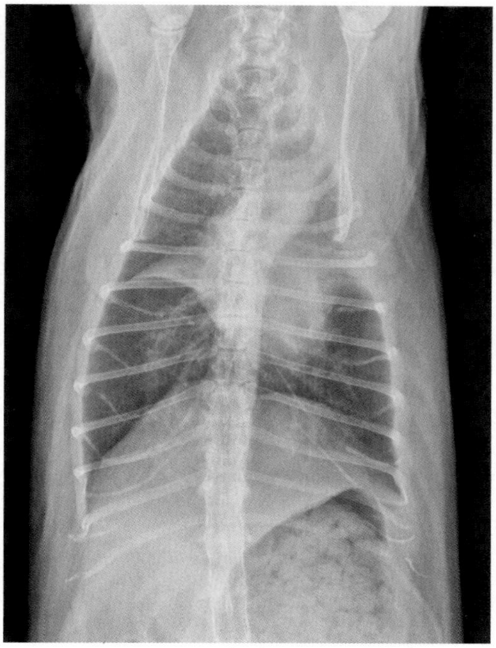

（B）

图291-29　（A）和（B）腹背观，右侧中间肺叶似乎塌陷。左侧前肺叶的前面存在软组织样不透明体。在临近左侧前肺叶可见有少量胸膜渗出液。纵隔膜前部有边界不很明显的钙化不透明体。气管冲洗液中发现有支原体

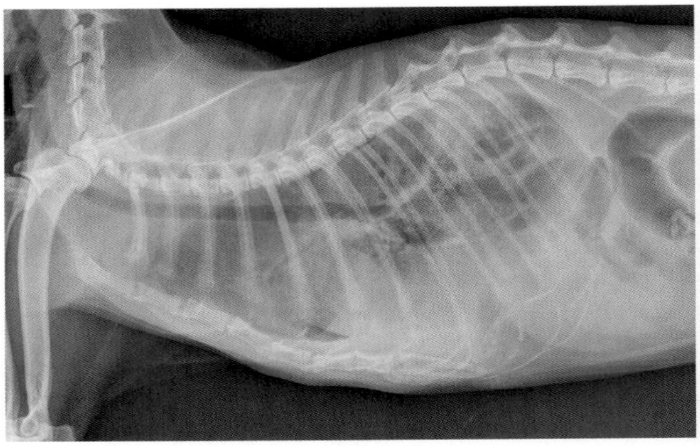

（A）

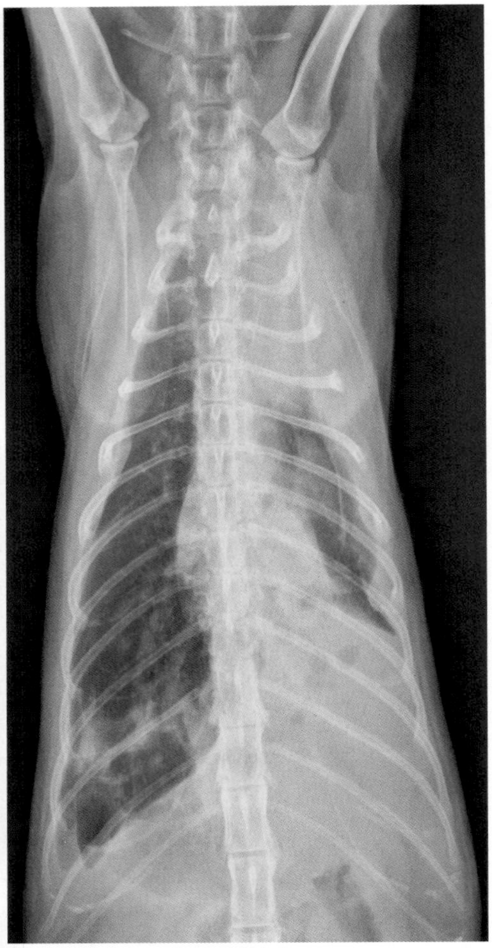

（B）

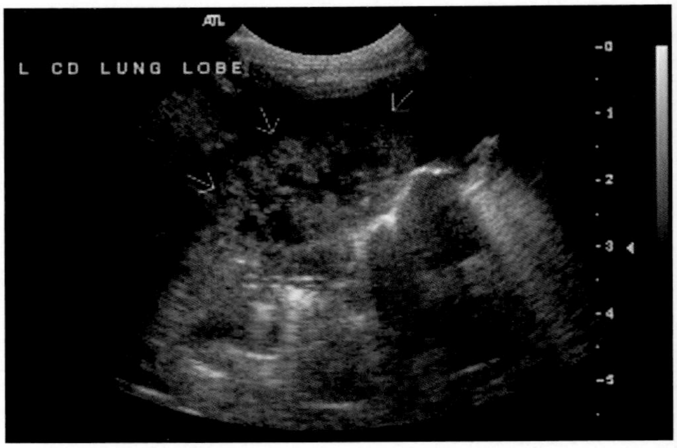

（C）

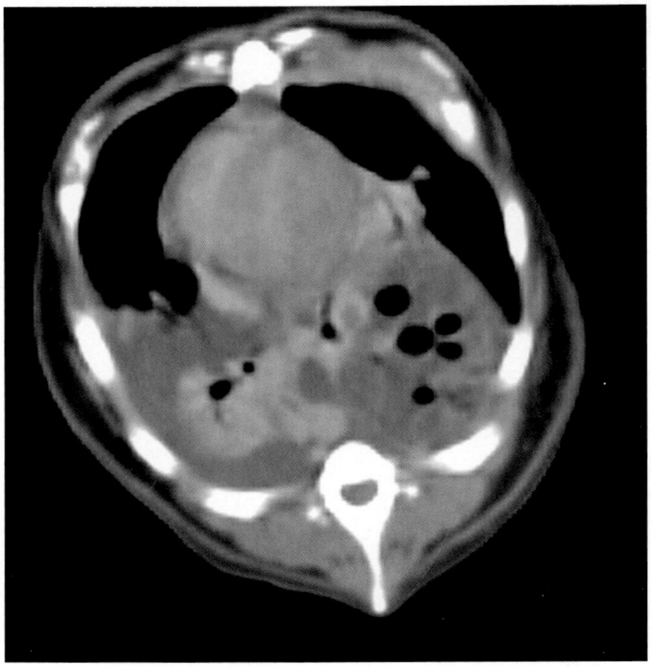

（D）

图291-30 （A）和（B）胸腔X线检查发现胸膜腔积液，在左侧更为严重，后叶背部变圆，为慢性反应所引起。（C）超声影像检查发现胸膜腔内有游离的液体，怀疑在左侧后肺叶形成液体囊。（D）计算机断层分析，猫仰卧，发现肺脏右侧后叶及附属肺叶边缘膨胀不全（atelectic）。左后肺叶表现有肿块。沿着左侧胸壁可发现胸腔积液。最后的细胞学诊断为炎性反应过程

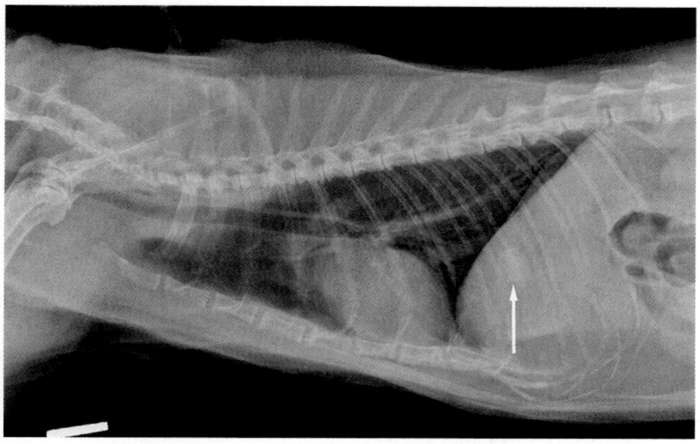

（A）

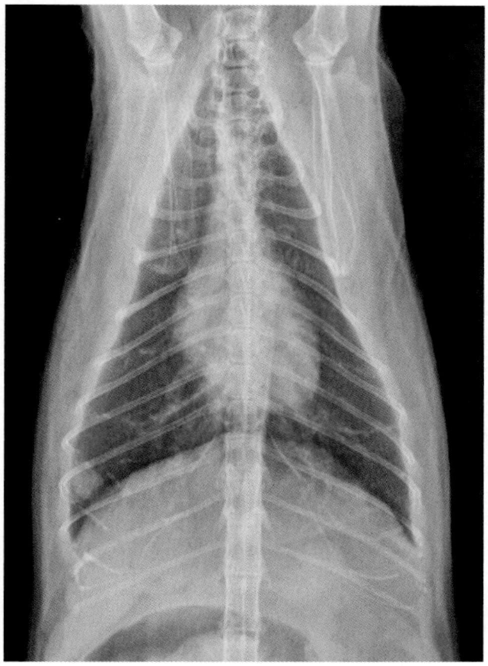

（B）

图291-31　（A）和（B）右后肺叶一个大的软组织结节（箭头），怀疑其为来自硬腭的神经鞘肿瘤引起的肿瘤转移性病变

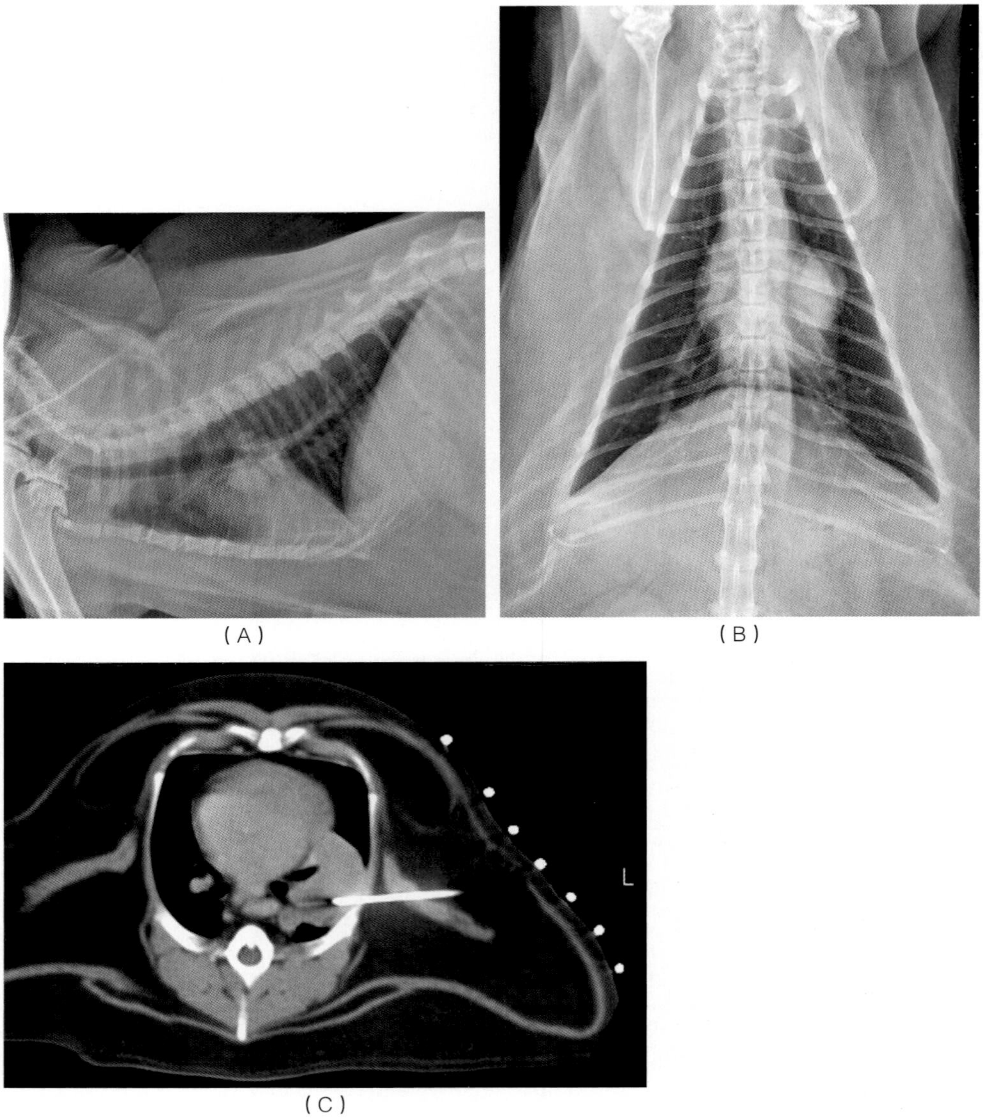

图291-32　（A）和（B）胸部X线检查发现一个边界不明显的分叶状软组织肿块，大小为长3.4cm，位于左侧前肺叶后段的气管分叉处的侧面。右侧后肺叶还可见另外一个软组织肿块。（C）猫仰卧，进行计算机断层扫描及在计算机断层扫描指导下进行活检，发现这一大的肿块为癌

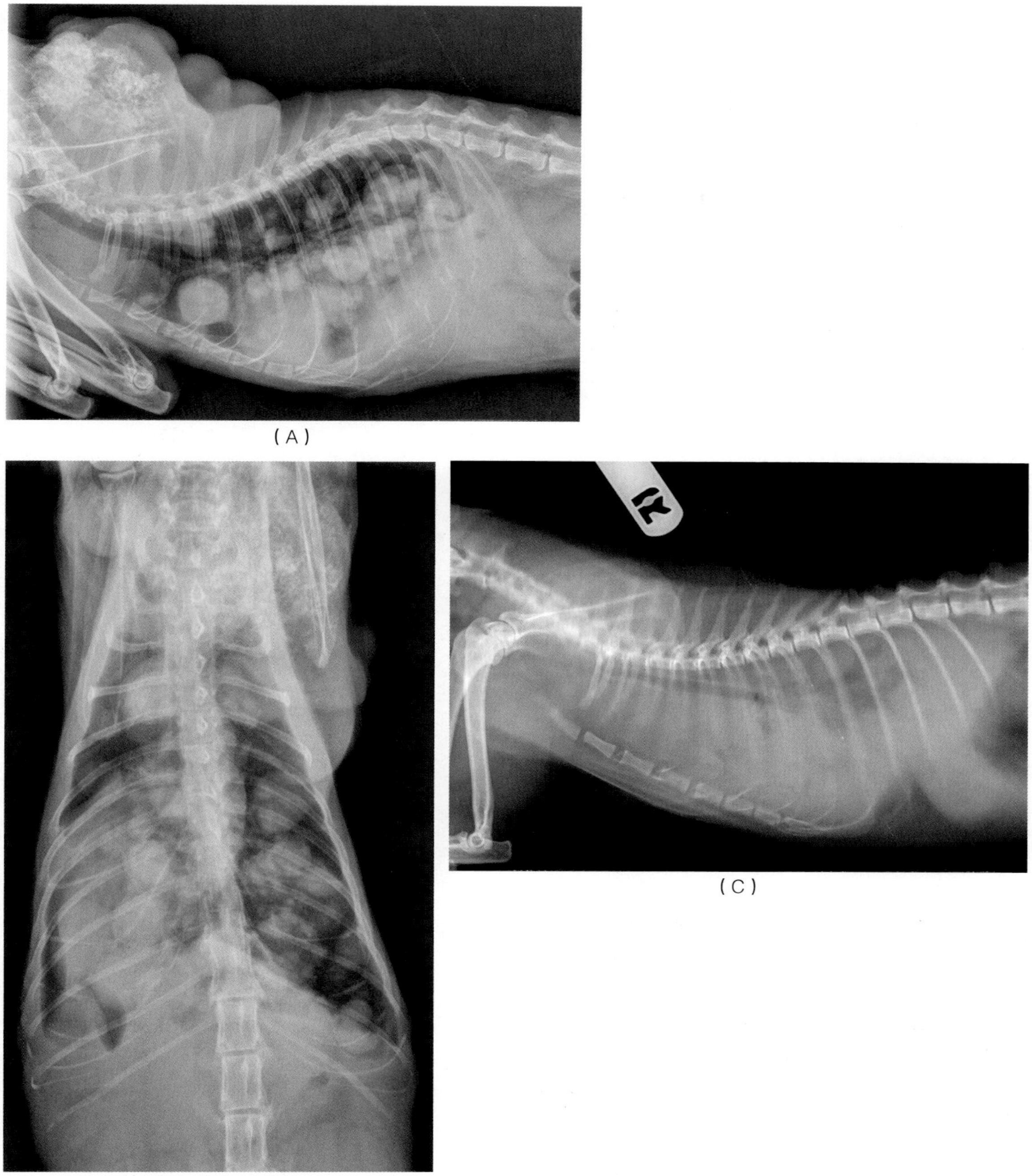

图291-33　(A)、(B)及(C)肿瘤转移性的纤维肉瘤：颈部及前部胸腔组织发现一钙化的软组织肿块。所有肺野中有多个明显的大小不同的结节

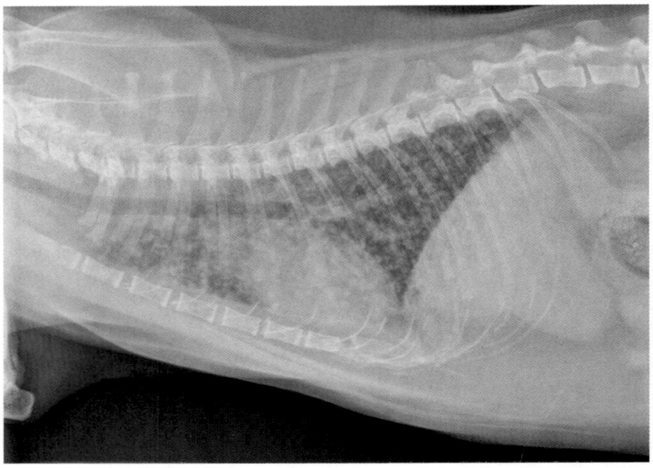

（A）

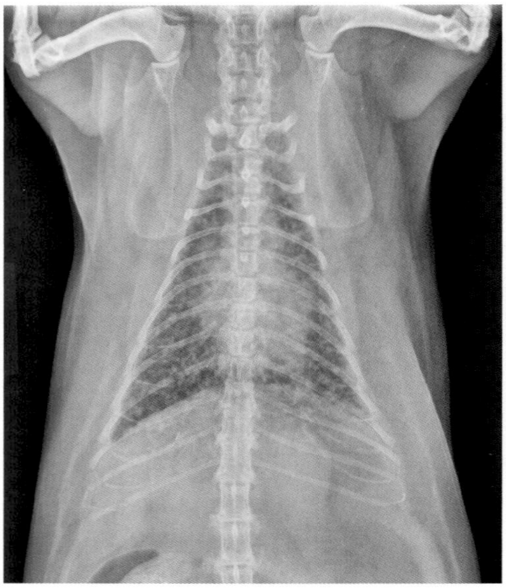

（B）

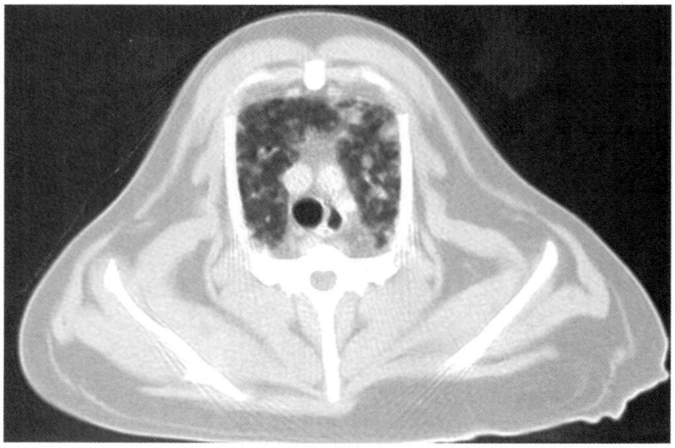

（C）

图291-34　（A）和（B）肛囊腺癌的肿瘤转移性疾病：肺实质中明显的弥散性形状不同的结节。（C）仰卧下进行计算机断层扫描，发现弥散分布的多个明显的肿块

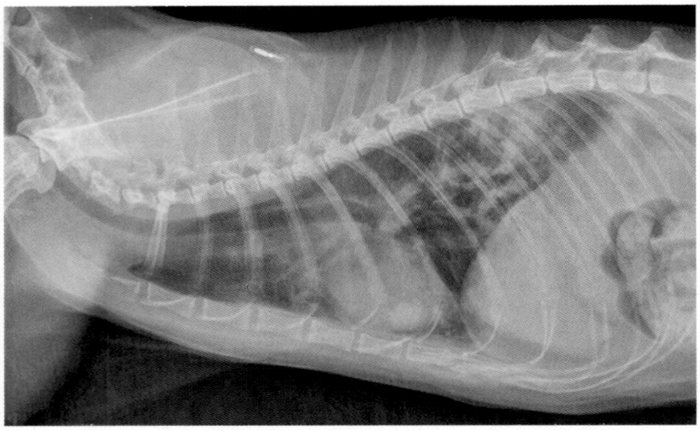

（A）

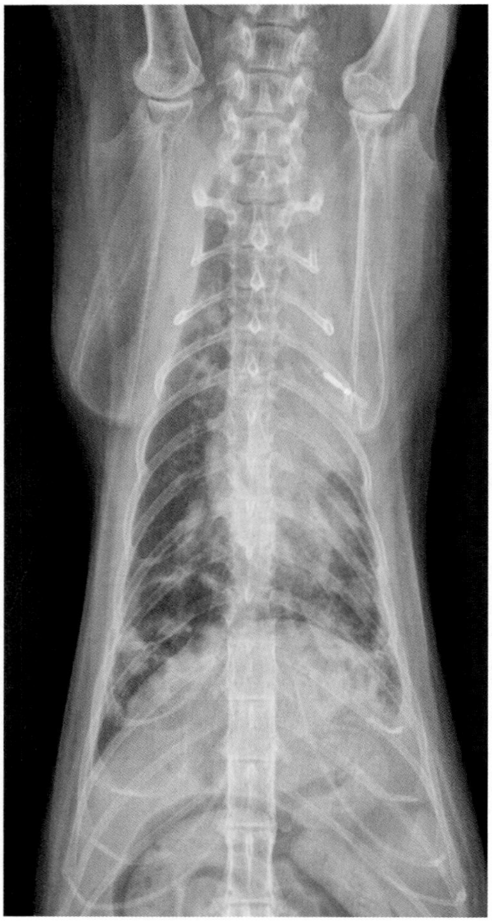

（B）

图291-35　（A）和（B）肿瘤：胸腔影像检查发现肺脏内有多个肿块。右后肺叶存在一腔体，中间为充满气体的肿块。胸腔积液的细胞学检查结果也表明为癌

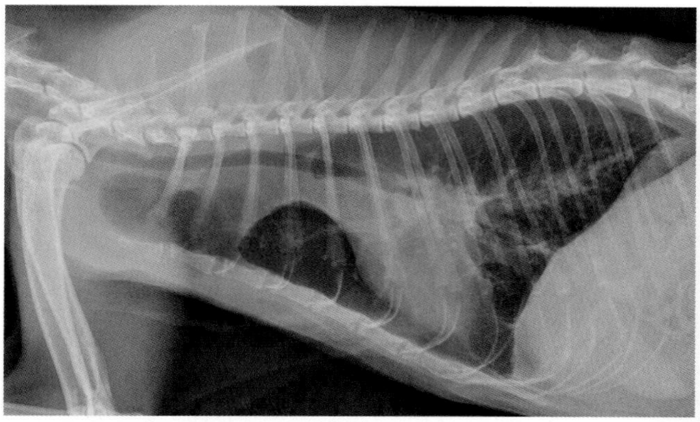

（A）

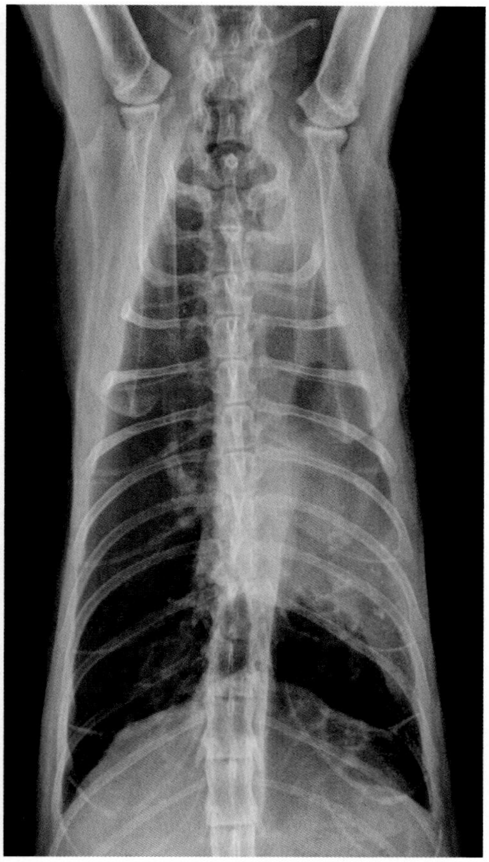

（B）

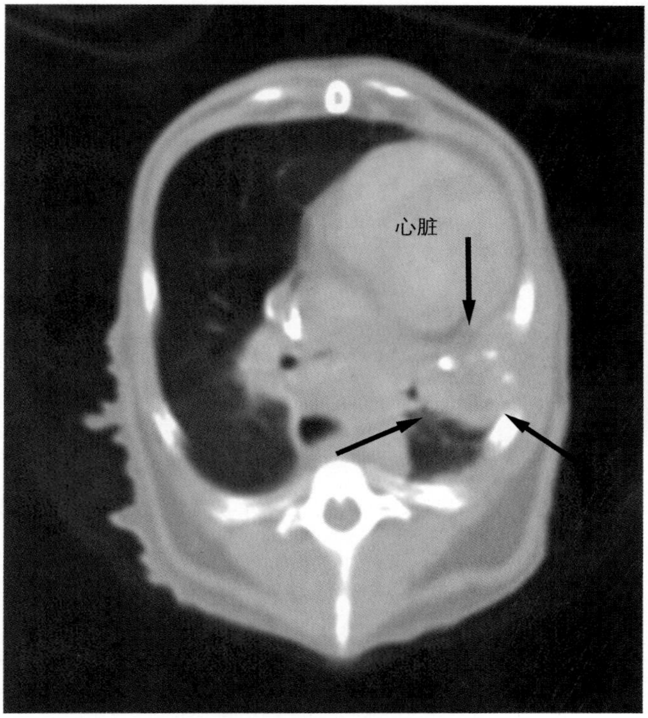

（C）

图291-36　（A）和（B）增生性圆形细胞瘤（neoplasia round cell tumor）：胸部X线检查发现纵隔向左偏移。腹背观察时心影边界不明显。左前肺叶后面局部软组织密度增加。在肺脏该区域之上可见到模糊不清的钙化。（C）仰卧进行计算机断层扫描发现左前肺叶膨胀不全（atelectasis），左前及后肺叶发生局部钙化。在超声引导下穿刺这一肿块进行细胞学检查，发现一未分化的圆形细胞瘤

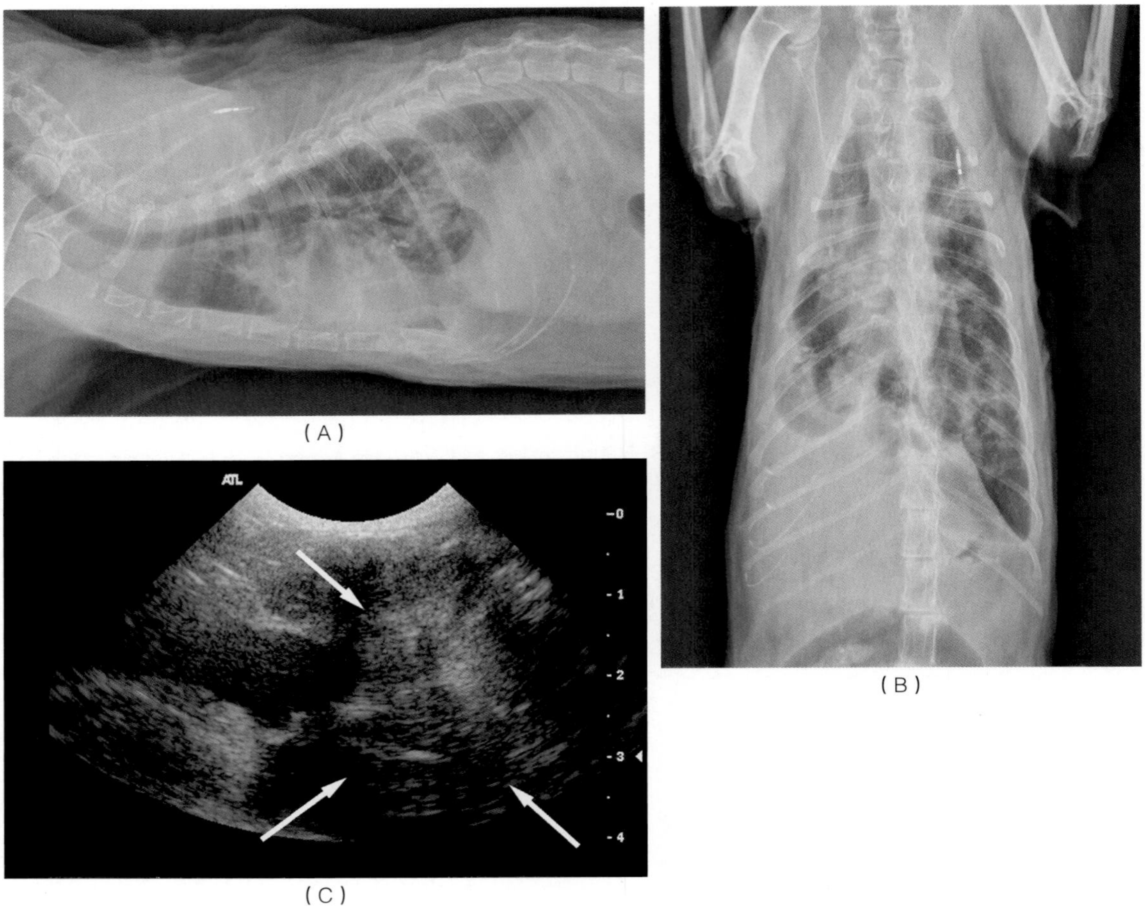

图291-37　（A）和（B）胸腔X线检查发现有慢性胸腔积液，肺脏边缘变圆，在右半胸更为明显。肺脏具有重度间质纹理，局部发生钙化。（C）超声检查发现胸膜渗出，肺组织变圆。细针穿刺肺脏证实有肿瘤组织

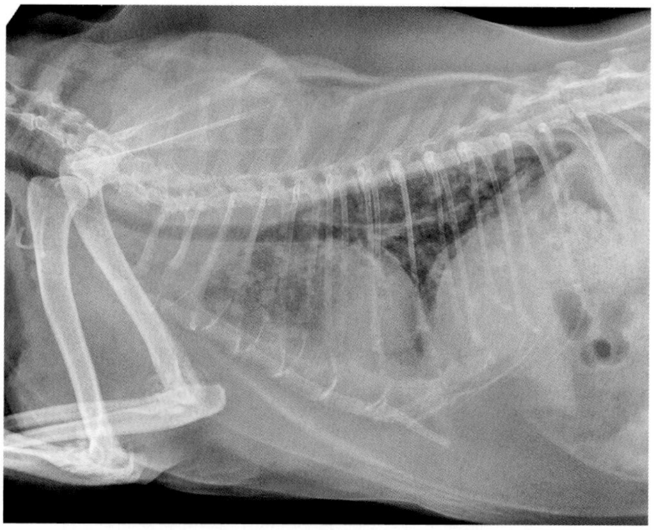

（A）

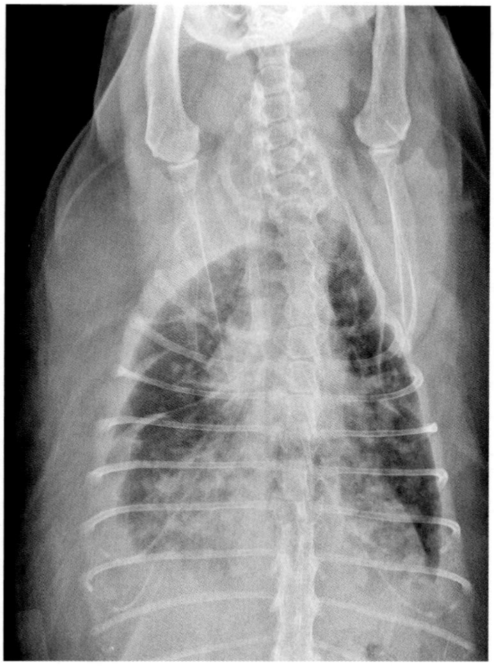

（B）

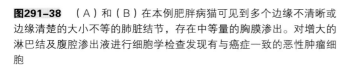

图291-38　（A）和（B）在本例肥胖病猫可见到多个边缘不清晰或边缘清楚的大小不等的肺脏结节，存在中等量的胸膜渗出。对增大的淋巴结及腹腔渗出液进行细胞学检查发现有与癌症一致的恶性肿瘤细胞

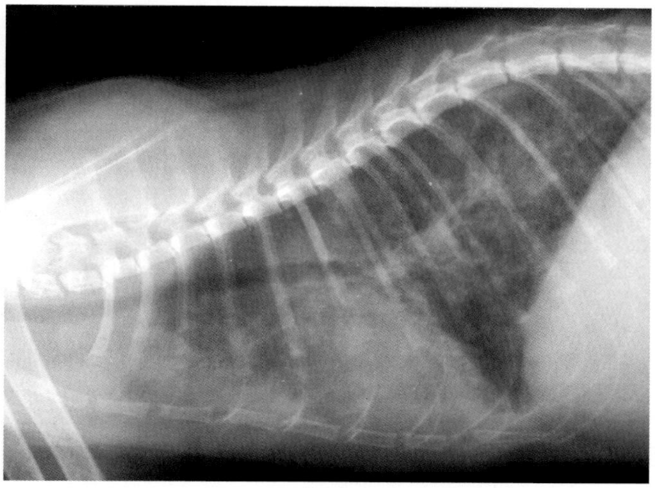

（A）

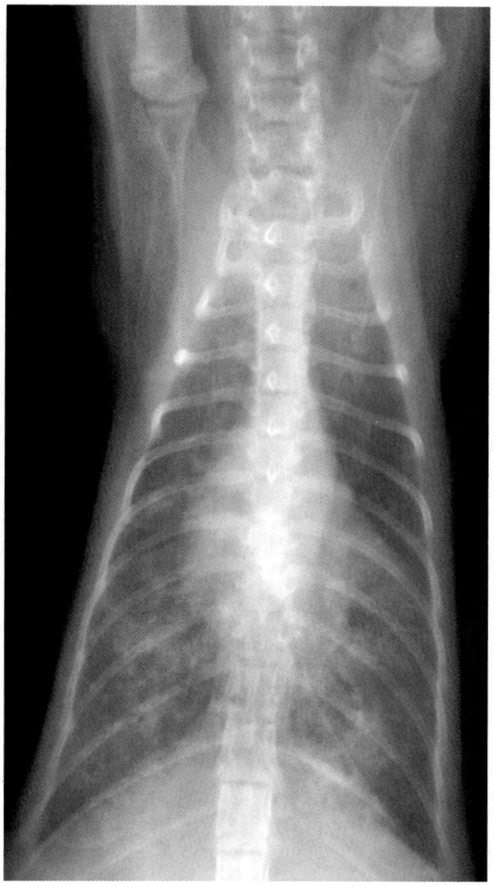

（B）

图291-39　（A）和（B）猫圆线虫（*Aelurostrongylus*）：胸腔X线检查发现气管周间质不透明组织普遍性增加。后部肺野分布多个肺泡不透明体的局灶性斑块

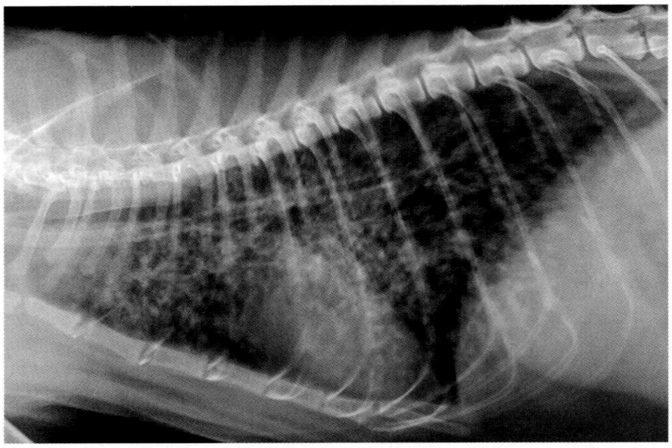

（A）

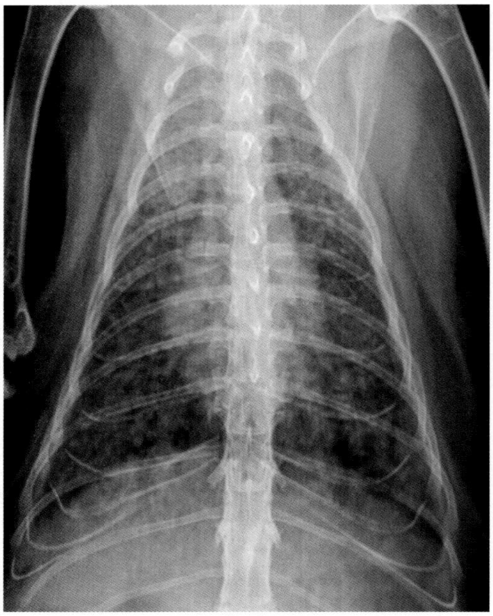

（B）

图291-40 （A）和（B）真菌性肺炎，主要特征为多个界限不明显的小结节，边缘模糊不清，为进行性炎症所特有。栗粒状结构可能为肉芽肿或真菌性肺炎。本例猫患有组织胞浆菌病

非组织性间质肺纹理

- 非组织性间质肺纹理（unstructured interstitial lung pattern）可因液体或细胞浸润进入小间隙或纤维组织增生所引起。
- X线检查的症状包括间质密体增加，普遍性的肺脏血管边缘模糊。随着年龄的增加，可见间质密度增加、肺脏纤维化、淋巴肉瘤、肺水肿的早期阶段、肺炎、出血及血栓栓塞性疾病（见图291-41及图291-42）。

混合型肺纹理

- 在老龄病猫可见到混合型肺纹理（mixed lung patterns）。正常变化或肥胖病猫可见到间质性肺纹理。依病因不同，可沿着这种间质性肺纹理发生其他肺实质变化（见图291-43）。
- 呼气时拍摄X线片，由于技术问题，或者是曝光不足，可使肺脏密度增加。

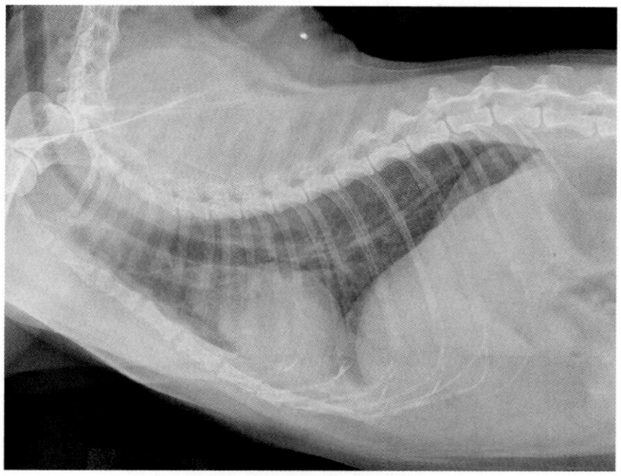

（A）

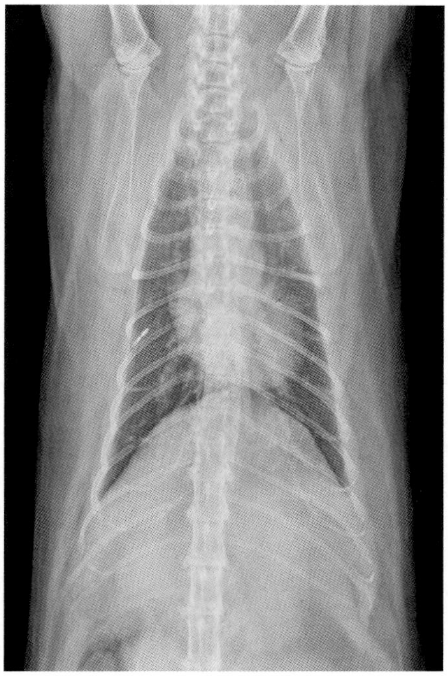

（B）

图291-41　（A）和（B）间质肺纹理：胸腔影像分析表明为弥散性间质肺纹理，肺门区有支气管标志，这一检查结果与老化性变化有关

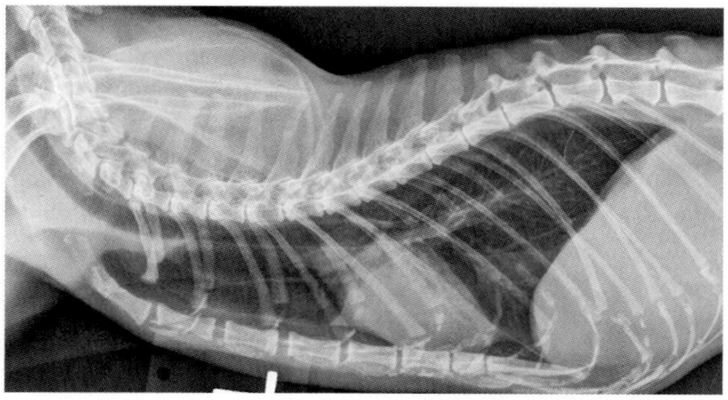

（A）

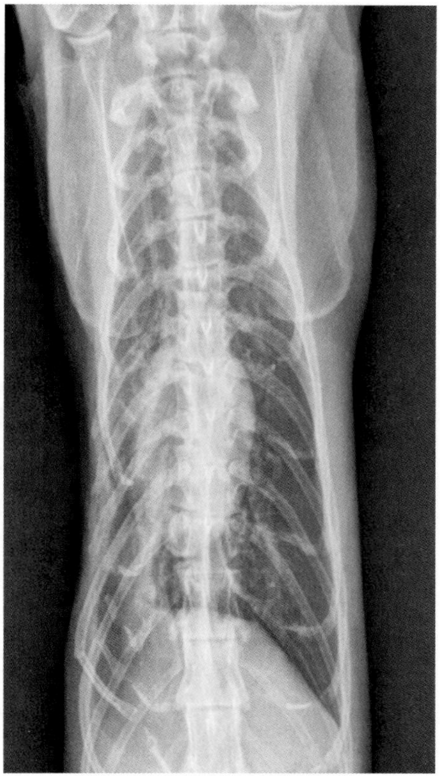

（B）

图291-42　（A）和（B）对左侧胸壁纤维肉瘤完成放疗后的胸腔X线检查，存在重度间质性肺纹理。更有可能诊断出由于以前的放疗引起的肺脏纤维化

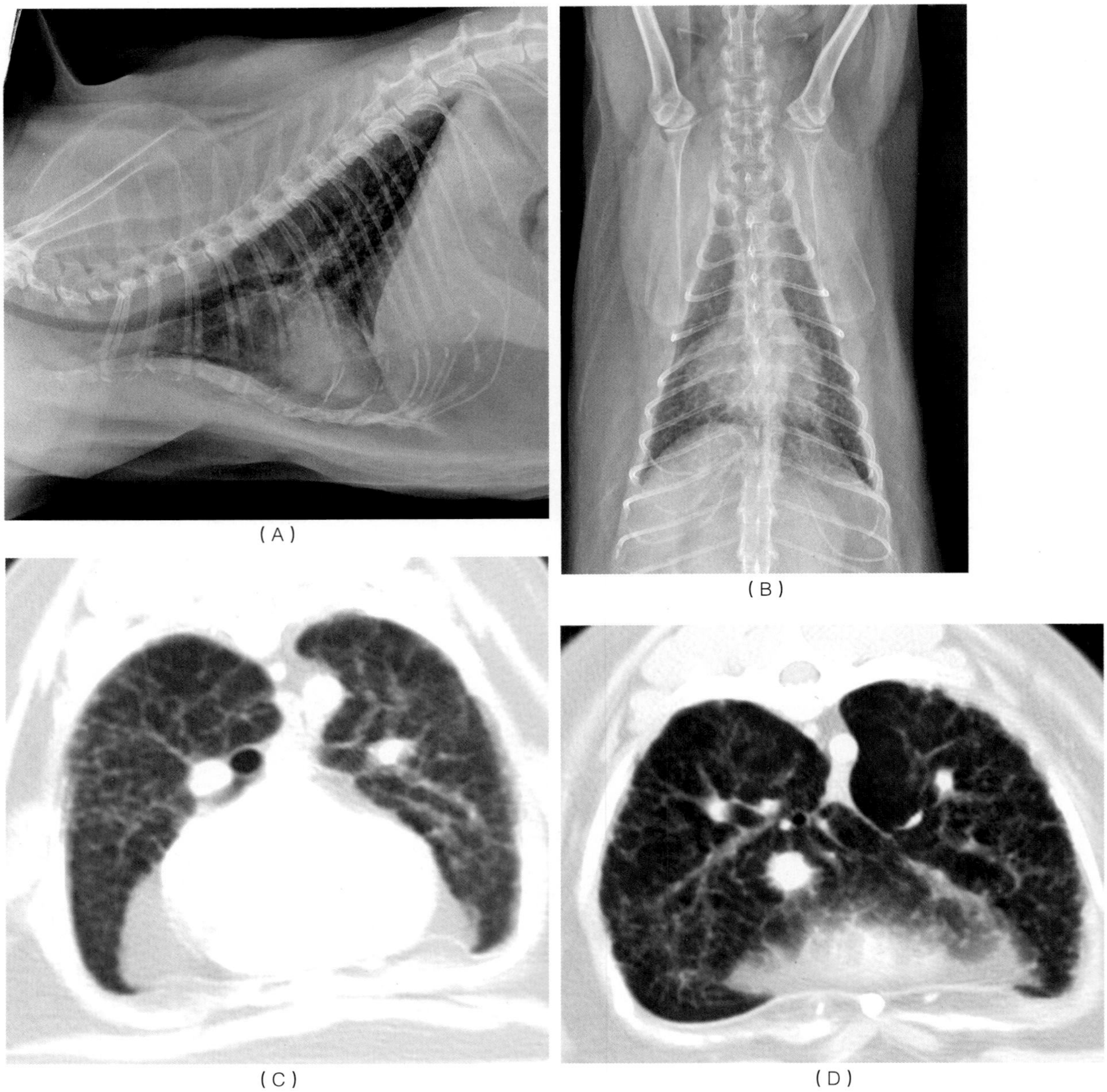

图291-43　支气管扩张时的支气管间质纹理（bronchointerstitial with bronchiectasis）：（A）和（B）胸腔X线检查可发现存在支气管间质纹理。（C）和（D）伏卧进行计算机断层扫描，发现弥散性支气管扩张，具有轻度的间质浸润。在后部肺野，可见到透明区，称为蜂巢样纹理（honeycomb pattern）

参考文献

Fox PR, Sisson D, Moise NS. 1999. Radiology: Role of radiology in diagnosis and management of thoracic disease. In PR Fox, D Nisson, NS Moise, eds., *Textbook of Canine and Feline Cardiology*, 2nd ed., pp. 107–129. Philadelphia: WB Saunders.

Suter PF, Lord PF. 1984. *Thoracic Radiography: A Text Atlas of Thoracic Diseases of the Dog and Cat*, pp. 1–45. Wettswil, Switzerland: Peter F. Suter.

Thrall DE. 2007. Esophagus. In DE Thrall, *Veterinary Diagnostic Radiology*, 5th ed. pp. 495–511. Philadelphia: WB Saunders.

Thrall DE. 2007. Heart and pulmonary vessels. In DE Thrall, *Veterinary Diagnostic Radiology*, 5th ed. pp. 568–590. Philadelphia: WB Saunders.

Thrall DE. 2007. Interpretation paradigms for the small animal thorax. In DE Thrall, *Veterinary Diagnostic Radiology*, 5th ed. pp. 462–485. Philadelphia: WB Saunders.

Thrall DE. 2007. Larynx, pharynx, and trachea. In DE Thrall, *Veterinary Diagnostic Radiology*, 5th ed. pp. 489–494. Philadelphia: WB Saunders.

Thrall DE. 2007. Radiographic anatomy of the cardiopulmonary system. In DE Thrall, *Veterinary Diagnostic Radiology*, 5th ed. pp. 486–488. Philadelphia: WB Saunders.

Thrall DE. 2007. The canine and feline lung. In DE Thrall, *Veterinary Diagnostic Radiology*, 5th ed. pp. 591–608. Philadelphia: WB Saunders.

Thrall DE. 2007. The diaphragm. In DE Thrall, *Veterinary Diagnostic Radiology*, 5th ed. pp. 525–540. Philadelphia: WB Saunders.

Thrall DE. 2007. The mediastinum. In DE Thrall, *Veterinary Diagnostic Radiology*, 5th ed. pp. 541–554. Philadelphia: WB Saunders.

Thrall DE. 2007. The pleural space. In DE Thrall, *Veterinary Diagnostic Radiology*, 5th ed. pp. 555–567. Philadelphia: WB Saunders.

Thrall DE. 2007. The thoracic wall. In DE Thrall, *Veterinary Diagnostic Radiology*, 5th ed. pp. 512–524. Philadelphia: WB Saunders.

第292章
腹部影像分析
Imaging：The Abdomen

Judith Hudson 和 Merrilee Holland

腹膜腔影像分析

猫正常胸膜腔的X线检查

- 猫正常腹水的量很少，难以通过X线检查发现。包围腹腔器官的脂肪使得浆膜表面可在X线检查时能够观察到。

腹腔造影（腹腔造影术，peritoneography）

- 腹腔造影（celiography）可用于检查腹膜腔，特别是在怀疑腹腔疝形成时。
- 可采用无菌碘化造影剂［最好用非离子化物质，如碘帕醇（iopamidol）和碘海醇（iohexol），特别是在过度衰弱的病猫］。造影剂注射到腹腔时应小心，以避开镰状韧带（falciform ligament），否则可使检查不能获得成功。
- 钡对腹膜有害，不能注射到腹腔。
- 如果疝为实体器官或其他组织阻止了造影剂在腹膜腔外流动，则该方法可能不能检查到疝形成。
- 在正常腹腔造影片（celiogram），不透过射线的碘化造影剂可勾画出小肠袢及其他腹腔器官的轮廓。造影剂的边缘应该光滑。

正常腹腔的超声检查

- 横膈膜与肺脏之间的界限为光滑的超回声线。镜像假象可使得肝脏位于肺脏–横膈界面的前部。解释这种假象时应慎重，不应将其解释为膈疝或心包囊横膈疝。
- 可存在少量无回声液体，特别是在仔猫。不应见到游离气体，除非新近进行过腹腔手术。

腹腔内的异常液体

- X线检查时，浆膜表面成像降低可说明腹腔内存在异常液体蓄积。
- 出现游离液体（见图292–1）说明由于肝脏或心脏疾病、腹膜炎、肿瘤、出血、中空器官（如膀胱、胆囊或小肠）破裂，以及新近的手术引起腹水。
- 重要的是应该认识到，由于脂肪不再能够在腹腔软组织结构间提供足够的反差，因此浆膜清晰度消失（毛玻璃样外观——译注）。浆膜清晰度消失不仅出现于存在液体时，也可发生于脂肪很少（见图292–2）或腹腔内的肿块遮盖脂肪时（见图292–3）。腹膜表面的炎症及肿瘤定植于腹膜（癌扩散，carcinomatosis）也可引起浆膜清晰度消失。
- 如果浆膜清晰度消失涉及整个腹腔时，腹腔呈“液体密度（fluid opaque）”状（见图292–1）。在有些

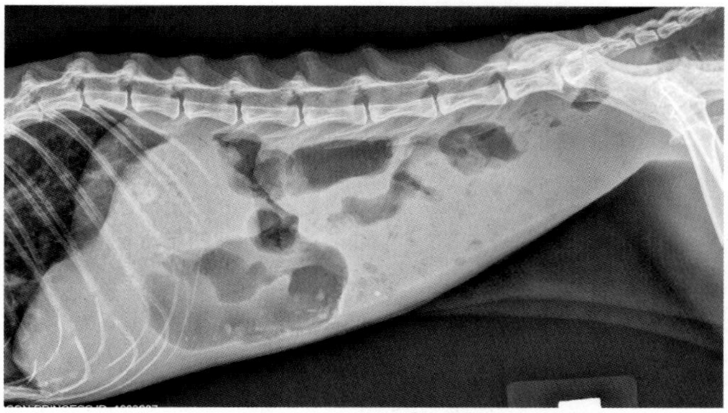

图292–1　腹水：浆膜清晰度完全消失（“腹腔不透明液体”，fluid–opaque abdomen）由游离的腹腔渗出液引起。在胃肠道可见气体及食糜

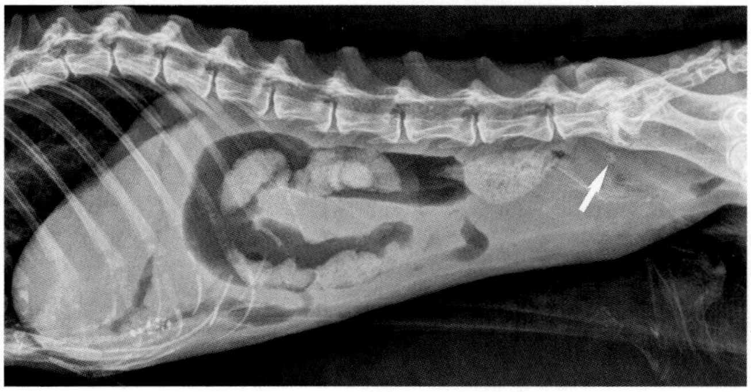

图292–2　由于消瘦引起浆膜清晰度消失后腹腔的X线片。腹腔后部及腿部不透射线的条纹是由于湿被毛所引起。腹腔后背部的小的不透过射线区（箭头）是由于影响到结肠的肿块钙化所引起

情况下，浆膜清晰度消失是局部性的，例如发生在继发于胰腺炎的腹膜炎时。

- 超声检查时，有些液体无回声（见图292-4）。在有些病例，液体为细胞性的，表现为液体中低回声的涡流［见图292-5（A）］。如果出现具有细胞性质的液体，则说蛋白含量高、出血或感染。
- 超声指导的穿刺可用于确定液体的类型（如出血、乳糜、脓性分泌物、变性的渗出液及尿液等）。

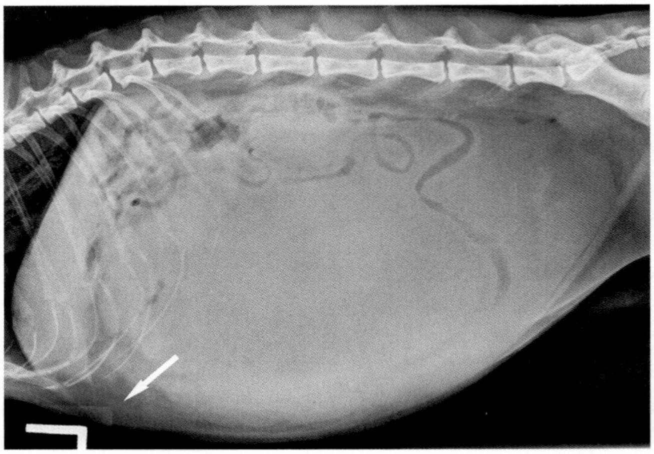

图292-3 腹腔中部大的肿块（大小约为9.13cm）引起浆膜清晰度消失。腹腔前部仍可见脂肪（箭头）。超声引导下穿刺，对液体进行细胞学检查可发现梭形细胞

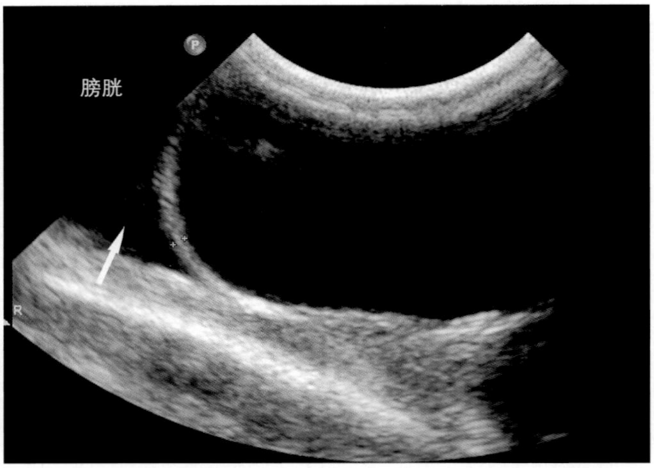

图292-4 膀胱前可观察到无回声的游离液体，这是检查腹腔积液的另外一种方法

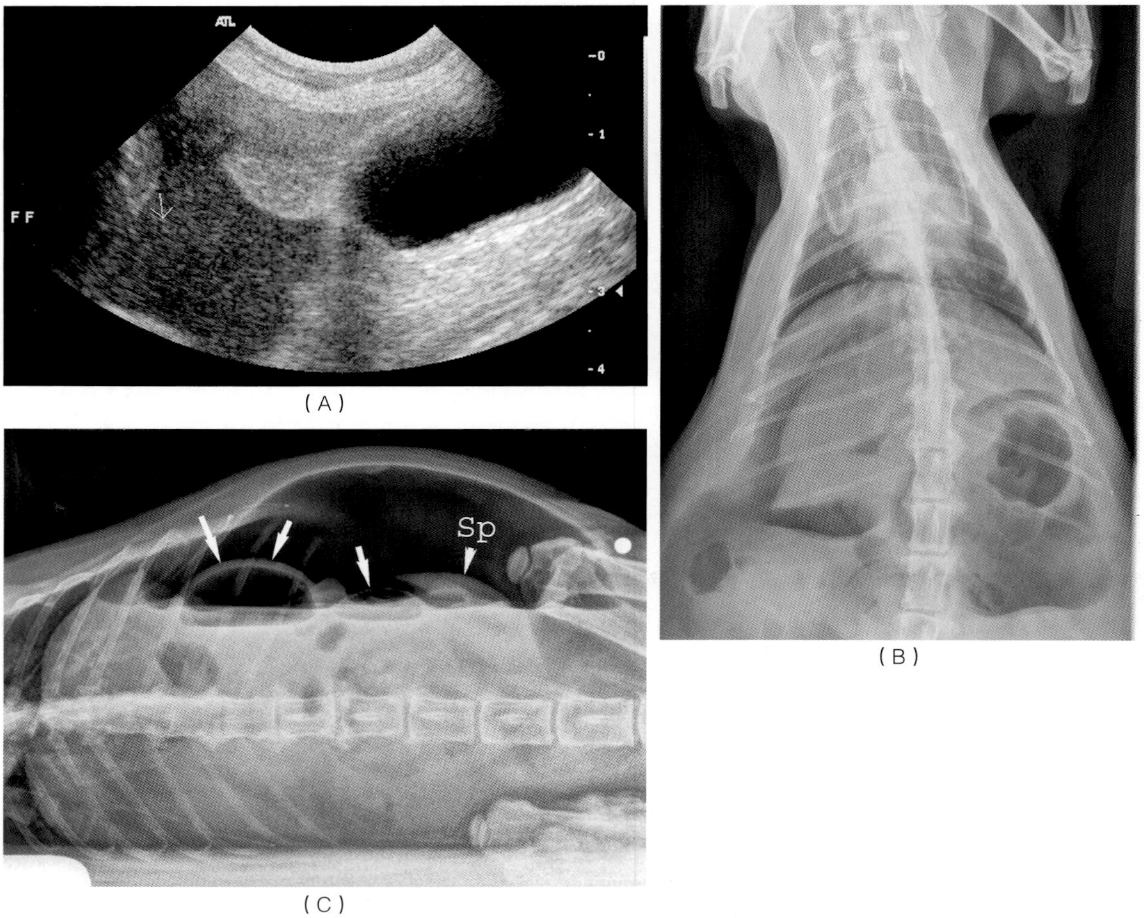

图292-5 腹腔内液体检查。（A）游离液体（FF）。（B）腹背观，可见气体围绕着胃和肝叶，因此可以更好地观察这些器官的边缘。（C）以水平光束暴露侧面观察有助于证实腹腔是否有游离气体存在，特别是在其他透射检查气体不明显时。在本例猫，由于大量气体，可以观察到胃肠道的轮廓（箭头）及脾脏（Sp）的轮廓。在胃和小肠可观察到腔体内的气体

腹膜腔内的游离气体

- 产生游离气体的原因包括胃肠道破裂、穿透性创伤、产生气体的微生物感染及新近进行过手术。
- 进行X线检查时，大量的气体可使浆膜表面的成像增强，小肠袢周围包围有气体时要比正常所见更亮。异常气体变化则具有诊断意义。管腔内的气体呈光滑的圆形或椭圆形边界。管腔外的气体由于在肠道和其他器官的外周，因此边缘可呈现锐利的角度，见图292–5（B）。有时可在肝脏和横膈之间观察到气体。
- 病猫如果左侧卧或仰卧，则水平光束探查可检查到少量气体，这些体位可使气体升高，而采用水平光束就能探查到，见图292–5（C）。
- 超声检查时，气体呈超回声，具有很深的反射假象。少量气体难以鉴别，必须要注意的是肠道或肺脏中的气体不应被误认为是游离的腹腔内气体。

腹腔疝气（abdominal herniation）

- 小肠及其他腹腔器官可通过横膈或腹壁成疝（见图292–6）。腹膜–心包疝（Peritoneo–pericardial-herniation）为一种先天性疾病，腹腔内容物成疝进入心包腔（见图292–7）。膈肌或腹壁的破裂在X线探查时可能明显，但在有些病例，小肠中的气体可使移位的肠道能够观察到。
- 可采用胃肠道造影剂帮助定位小肠，但可出现实质器官成疝（即肝脏、脾脏、肠系膜或镰状脂肪）而没有肠道同时成疝的情况。在这些情况下，有时可出现胃肠道在前段移位，特别是如果采用钡餐时。
- 腹腔造影（celiography）可用于诊断是否有膈肌及腹壁破裂及检查腹腔脏器的轮廓。
- 其他部位，如腹股沟环或会阴区也可发生疝形成，这些部位也应检查是否有破裂处进入腹膜或在腹壁外存在腹腔器官。前段胃肠道检查可用于鉴别移位的小肠。同样，膀胱造影术可用于确定腹股沟或会阴疝时膀胱的位置。
- 超声检查可用于确定疝囊内容物。

体壁影像分析

- 可采用X线或超声影像检查检查体壁，确定其完整性（参见腹腔疝），或检查发生肿瘤时是否有体壁参与。
- 计算机断层扫描（CT）对确定肿瘤的范围具有很重要的作用（见图292–8）。

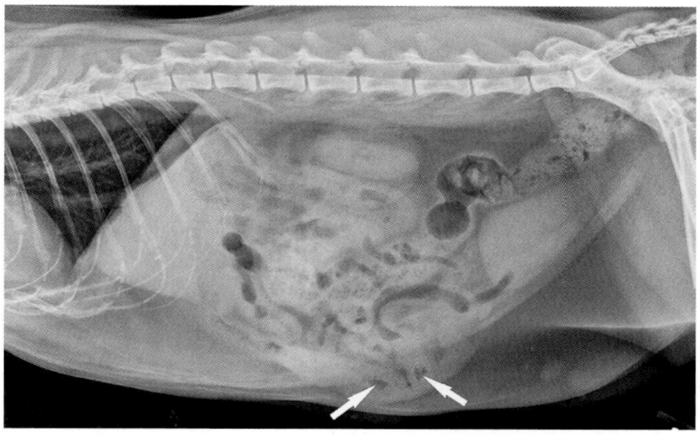

（A）

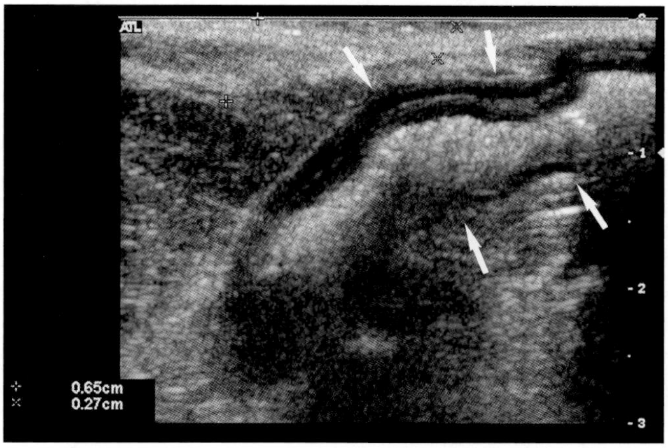

（B）

图292–6　腹壁疝。（A）继发于慢性呕吐时探查性手术后的腹壁疝的X线检查。疝囊中的肠袢可见到其中的气体（箭头）。（B）超声检查证实为肠道成疝。光标表示为腹壁在近体壁处增厚。可见小肠袢（箭头）延伸进入疝囊

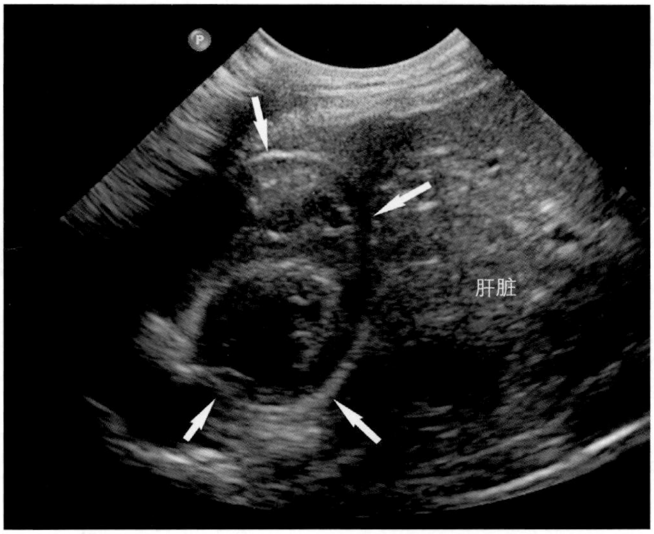

图292–7　胸腔超声检查图表示腹膜–心包疝。心脏（箭头）紧贴于肝脏

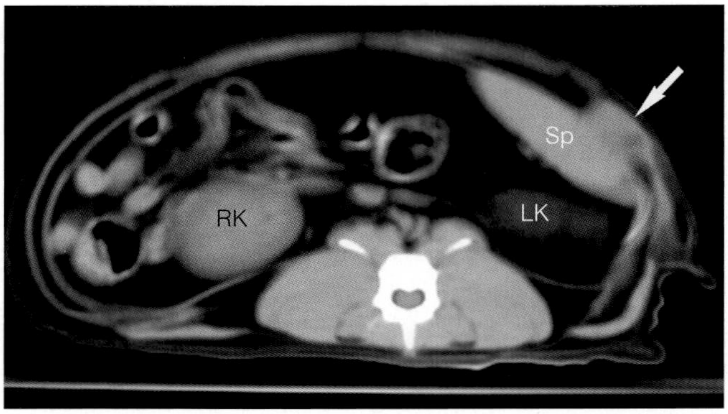

（A）

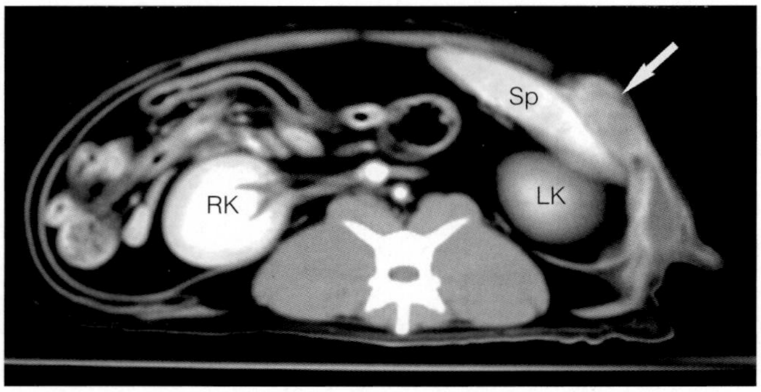

（B）

图292-8 （A）猫发生注射位点肉瘤时腹腔前部及体壁的计算机断层扫描。（B）静脉内注射碘化造影剂，可更好地观察侵入体壁及临近脾脏（Sp）的肿瘤（箭头）。LK，左侧肾脏；RK，右侧肾脏

肝脏及胆囊影像

猫正常肝脏及胆囊的X线检查

- 猫的正常肝脏具有光滑的边缘，中间叶后缘锐利，侧面观察时肝脏由于镰状韧带的作用而从腹壁底部抬高。
- 猫的正常胆囊具有液体密度，不与肝脏分离。
- 检查肝脏异常时应根据其大小、形状、迁移、透明度及位置进行描述。

猫正常肝脏及胆囊的超声检查

- 胃底位于肝脏的侧后缘。超回声的曲线回声区可见于后缘，因此标志着肝脏与膈肌或肺脏之间的界面。
- 由于镜面伪像（mirror artifact）可观察到肝脏似乎位于膈肌的两侧（镜面伪像：当超声波遇到深部的界面，即声阻抗差异较大的平整大界面时，在近侧的结构同时在图像的该界面另一侧出现伪像。例如在肋缘下向上扫查右侧肝脏和横膈时，声束遇到膈肺界面而发生全反射或镜面伪像。膈后出现肝实质回声（实像），膈前也出现对称性肝实质回声（虚像或伪像）。
- 肝脏各叶之间的间隔在存在腹水时更为明显。
- 可清楚地见到肝外门静脉（extrahepatic portal vein）从肝门处进入肝脏，收集从脾脏、胰腺及胃肠道大部的血液。肝外门静脉由前肠系膜静脉和后肠系膜静脉组成，随后脾静脉汇入。正常门静脉的血液流速为10～18cm/s。只有在采用高解析度探头或彩色多普勒成像时才可见到肝动脉。
- 肝静脉在近膈肌的右侧进入后腔静脉。过大的探头压力很容易引起薄壁的后腔静脉塌陷。在纵向成像时，前腔静脉和主动脉为边界清晰的无回声管，但主动脉更靠近背部，不易受到压缩。脉动可有助于鉴别主动脉，但由于组织内的振动，后腔静脉也可出现脉动。
- 门静脉在肝内的分支呈无回声的线状结构，壁的界限不很明显。肝内门静脉由于静脉壁纤维的朝向和大量纤维及脂肪组织包围着血管，因此具有超回声的壁。
- 正常肝脏具有粗糙的回声图像及光滑锐利的边缘。超声图像与镰状脂肪（falciform fat）相似，但镰状韧带通常粗糙且回声更强。肝脏和镰状韧带回声反射性之间的关系并非为疾病的可靠指标。在有些肥胖的病猫，镰状脂肪的回声反射性或低回声与肝脏接近。
- 正常胆囊在腹面接近于中线右侧。可将探头置于剑状软骨尖端，超声波束向后朝向中线右侧而获得纵向成像。应采集纵向及横向两个方向的成像。壁应该光滑均一，但由于壁通常与肝脏实质等回声，因此不可能测定其厚薄。正常情况下壁的厚度通常为1～2 mm，但因膨胀的程度不同而不同。如果动物厌食或禁食，则胆囊可能会增大。正常的胆汁通常是无回声的，但常可见到产生回声的物质（胆泥，biliary sludge）（胆泥为胆结石的一种，为泥沙样结石，其性质为胆色素、胆固醇结晶、含钙的胆色素小颗粒、炎症和出血，在充满液体的胆囊内均可引起反射的物质，称为胆泥——译注）。改变猫的体位可引起有回声的物质悬浮在胆囊中。胆囊通常不空虚。
- 猫多出一个胆囊的情况常见，但这种情况下胆囊通常具有同一个胆囊管（二裂胆囊，bilobed gall bladder）。胆囊管重复的情况罕见。
- 折射伪像（refraction artifacts）可产生黑色条痕，起自胆囊弯曲的表面，延伸到胆囊深部的肝脏实质（折射伪像：声束遇到两种相邻声速不同的组织所构成的倾斜界面时，会发生折射，此时透射的声束会发生方向偏斜或改变，因此产生折射伪像，也称为棱镜效

应——译注）。

- 胆囊深部可产生末端声束增强（distal acoustic enhancement）（或穿射传播，“through transmission”）。胆囊中的液体不能使声波衰减，因此胆囊深部的组织与邻近组织相比可出现超回声。

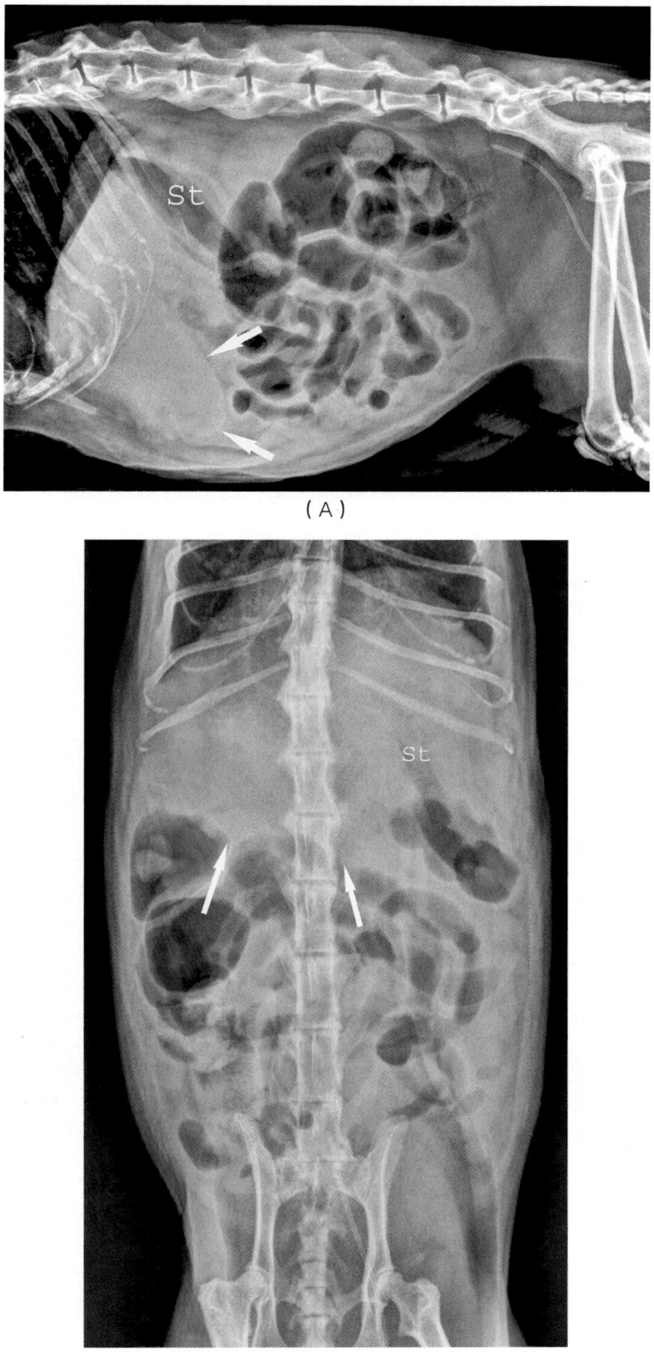

（A）

（B）

图292-9　图像表示肝肿大。（A）侧面透射，表示肝脏（箭头）增大，后缘变圆。胃（St）向背部移位。小肠段由于气体而轻度扩张。平滑的椎关节骨质增生（连桥性骨质增生，“flowing” spondylosis）在前部腰椎比较明显。（B）腹背投影表示小肠向后部移位。箭头表示肝脏的后面

- 胆囊管与胆囊颈部连通。肝胆管从肝叶引流胆汁。胆囊管在第一肝胆管连接后形成一个胆总管，在近胰管处进入十二指肠壁。胆总管宽度为4mm，常常可追踪进入十二指肠。肝内胆管通常观察不到。

肝肿大的X线检查

- 弥散性肝肿大（见图292-9）可引起胃及其他腹腔器官向后、向中间及向背部移位。肝脏后叶的边缘可呈圆形。
- 局灶性肝肿大可引起病变部位邻近的器官移位。
- 有茎的肿块可缠绕胃，似乎起源于胃的后部。
- 近肝脏边缘的肿块可引起肝脏出现起伏的外观（见图292-10）。
- X线检查时难以观察到不扭曲肝脏边缘的小肿块，超声检查则可用于诊断这种肿块。
- 大的胃或脾脏肿块可与肝脏有关联。增大的胆囊也可表现为肝脏的局灶性肿大。

X线检查时肝区异常的不透明体

- 有时在肝脏病变时，如寄生虫性肉芽肿和肿瘤时，可观察到有些矿物质引起的不透明体。
- 胆管或肝脏血管的钙化可呈树状，这种情况多为偶然性的检查结果。
- 肝脏血管有时由于气体栓塞而出现空气。

弥散性肝损伤的超声检查

- 弥散性肝病可表现为超回声、等回声、低回声或混合回声，大小不等。
- 弥散性超回声疾病［见图292-11（A）］可由于脂肪水平增加（肝脏脂肪沉积、正常肥胖等）、纤维化

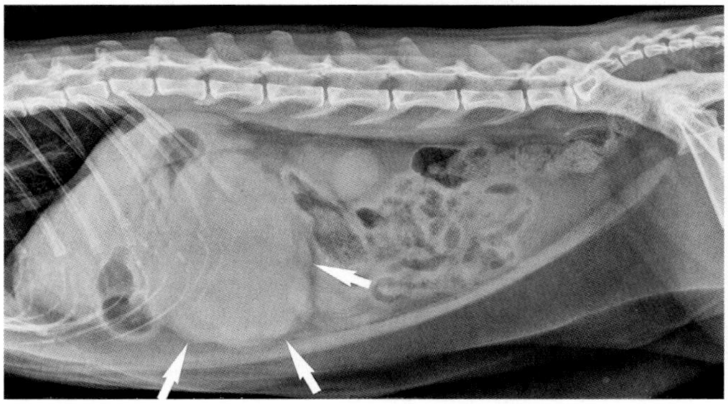

图292-10　X线检查侧面观察，发现大而无规律的肿块，向后延伸到胃。超声检查发现肿块从肝脏左侧延伸，手术时发现肝脏左侧叶后部扭曲，其中含有这种肿块。组织学检查时将肿块诊断为胆囊腺癌（biliary cyst adenocarcinoma）

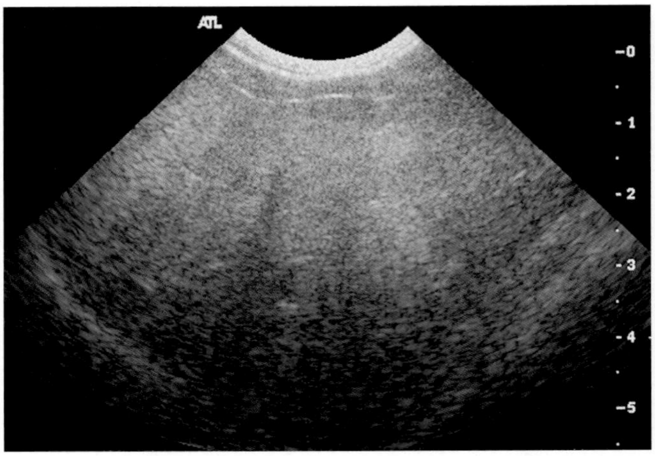

（A）

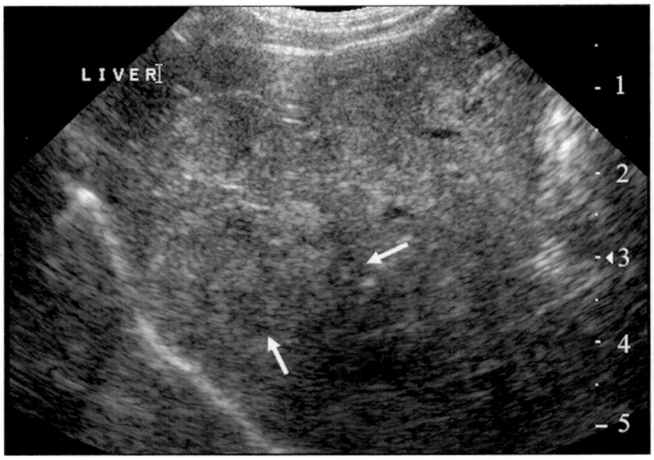

（B）

图292-11 （A）超声检查图，表明为弥散性超回声变化，可能由于脂肪、纤维化、糖原水平增加，或甾体激素性肝病、其他药物或毒物水平增加，或浸润性疾病，包括肿瘤等所引起。（B）纵向影像分析多中心T细胞淋巴瘤的肝脏，表现混合肝病的变化。肝脏呈斑驳状外观，超回声区边界不清晰，夹杂有回声减小的区域（箭头）

或糖原（糖尿病）、甾体激素性肝脏肿大、有些药物（如吩噻嗪）或毒素，或由于浸润性疾病（如淋巴瘤及肥大细胞瘤）所引起。

- 弥散性低回声反射性变化可因淋巴瘤、淀粉样变、急性肝炎、被动性充血等各种原因所引起。淀粉样变在暹罗猫和阿比尼西亚猫可能为家族遗传性。
- 弥散性肝脏损伤也可表现混合型变化，间杂有回声反射性增强或减弱的区域，因此使肝脏呈斑驳状外观。引起弥散性超回声或低回声肝脏病变的疾病也可引起混合型回声变化［见图292-11（B）］。

局灶性肝脏病变的超声检查

- 超回声局灶性病变［见图292-12（A）］可由原发性或继发性肿瘤、血肿、肉芽肿或不太常见的脓肿、梗

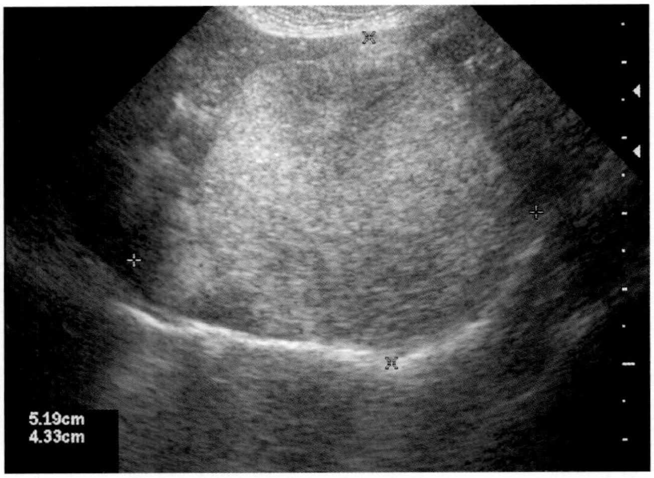

（A）

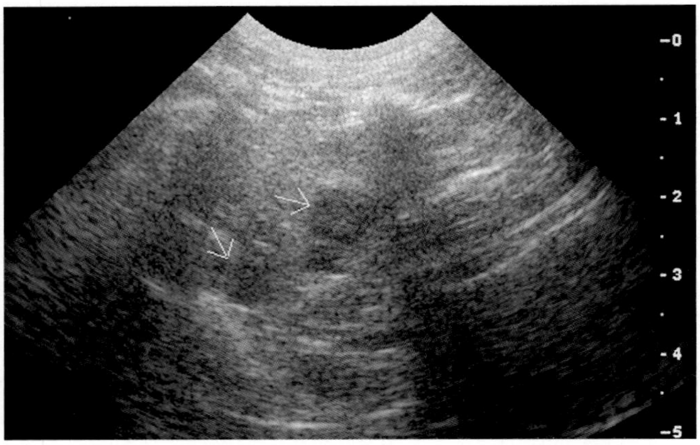

（B）

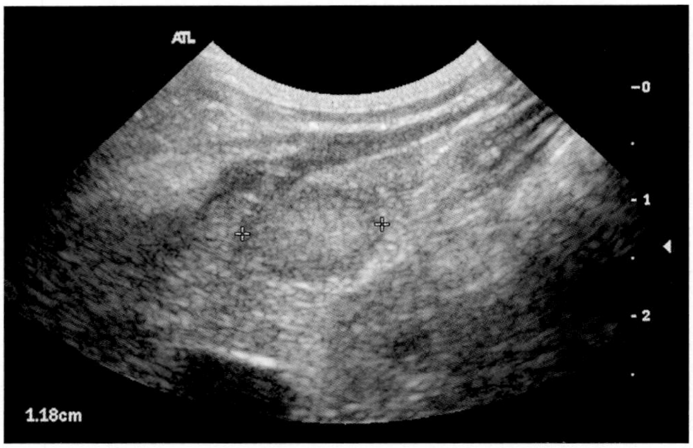

（C）

图292-12 （A）肝脏超回声肿块的超声图。细胞学检查时可发现梭形细胞。（B）超回声结节是由发生肿瘤转移的肥大细胞瘤所引起。低回声局灶性损伤可由肿瘤、血肿、肉芽肿或不太常见的脓肿、梗死或增生性结节所引起。（C）肝脏及脾脏的靶向损伤很有可能为肿瘤所引起。本例猫患有老年性腺癌，肿瘤转移到肝脏

死或增生性结节所引起。

- 低回声性局灶性损伤可由淋巴瘤或其他肿瘤、脓肿、增生性结节或血肿所引起［见图292-12（B）］。
- “靶心型病变”（target lesions）是指中心为超回

声，边缘为低回声的结节，这种变化可能与肿瘤转移有关，见图292-12（C）。

- 无回声局灶性病变如果无回声信号增强，则可能为良性囊肿所引起。多囊性肾病时可存在肝脏囊肿。虽然肝脏囊肿可替代大量的肝实质，但也可能为偶然性检查结果而无临床意义。复杂的囊肿可因出血性或细胞物质积聚在囊肿内而与脓肿相似。此外，聚集性无回声大小不等的局部病变也可与胆囊囊腺瘤有关（见图292-13），这种肿瘤可起自肝内胆管。周围肝组织回声反射性的改变可能提示存在肿瘤。
- 局灶性病变可表现为混合型或复合型超声反射性变化。例如，肿瘤可呈现出血、坏死或炎性区，因此使得超声反射性出现这种变化。
- 脓肿不常见，但可为孤立（超回声或低回声）或在腔体内有回声反射的物质移动。可发现寄生虫性囊肿。

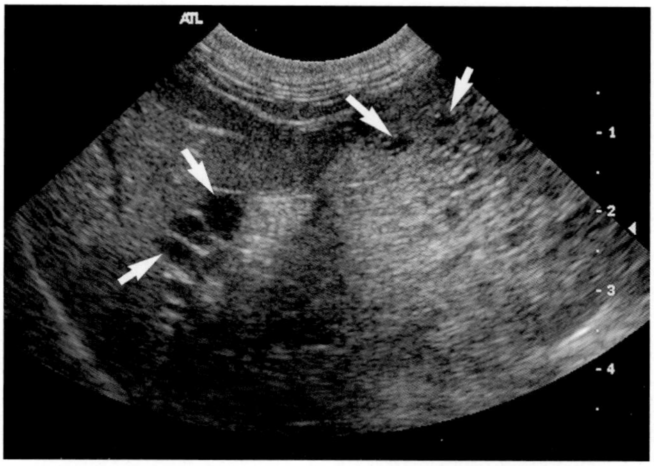

图292-13　肝脏的无回声结节（箭头）可能与良性囊肿有关，但也可能为肿瘤，特别是如果周围组织的回声反射性发生改变时。本例猫的X线检查结果见图292-10。手术摘除肿块后进行组织病理学检查，诊断为胆囊囊腺瘤

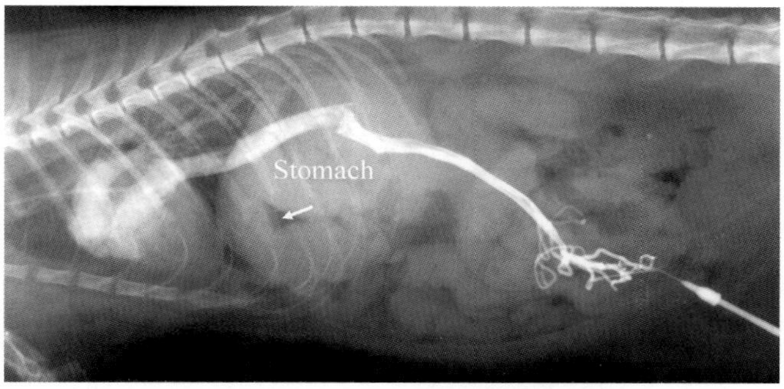

图292-14　肠系膜造影术的侧面透射，表示肝过小（microhepatica）（肝过小通常由慢性活动性肝炎所引起，由于肝脏的进行性炎症，导致正常肝脏组织最终被瘢痕组织所代替。发生本病的原因常不清楚，但可能与各种原因引起的肝脏炎症有关——译注）。可在肝脏和胃之间观察到气体（箭头）。也可见腹腔中的气体包围着小肠袢。碘化造影剂经颈静脉注射，可见其直接从门静脉进入后腔静脉，证实为门体静脉短路

肝脏超声检查的特异性

- 应注意，肝脏超声波检查法没有特异性。例如，淋巴瘤可为局灶性或弥散性，低回声、超回声或等回声。其他肿瘤、血肿、结节性增生及脓肿也可具有不同的回声反射性。
- 确定诊断时必须要采用细针穿刺或活检。

肝过小（microhepatica）

- 随着肝脏体积缩小，胃与膈肌的距离比正常更接近。引起的原因包括肝硬化、门体静脉短路或微血管发育不良。可根据病史及临床症状对这些情况进行鉴别诊断。

门静脉造影术（portography）

- X线造影（contrast radiography）（见图292-14）可用于怀疑发生门体静脉短路时门脉系统的检查。
- 造影剂可在不同部位注入。其中一种方法是将病猫麻醉，开腹手术之后能够接近到空肠静脉（jejunal vein）。在空肠静脉插管，注射无菌水溶性碘化造影剂。可采用快速胶片转换（fast film changer）或数码X线拍片拍摄快速射线拍片，检查X线片，确定在门脉系统与体循环之间是否有一个或多个短路存在。
- 另外一种方法是，将造影剂注射到脾脏实质或直接注射到脾静脉。
- 超声波检查时，慢性肝炎或肝硬化的肝脏通常表现为超回声。门脉高血压可引起血流速度减缓或逆转。
- 采用超声波仔细检查门脉或体循环可检查出短路的血管。

胆囊疾病

- 无肝脏疾病的动物也可出现胆汁沉渣。
- X线检查时，胆囊中的矿物质不透明体可因胆石而发生（见图292-15）。这些不透明体可为偶尔发现的检查结果，也可因胆囊炎或胆囊阻塞而发生。胆囊中的气体性不透明体不太常见，但可因气肿性膀胱炎（emphysematous cystitis）而发生。胆囊中的异常不透明体有时可被误认为是肝脏的不透明体。在这类情况下超声波检查有助于诊断。

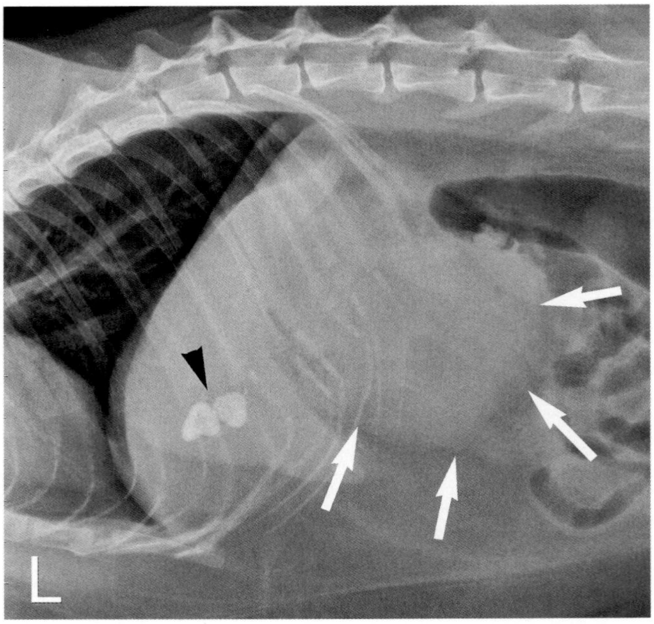

（A）

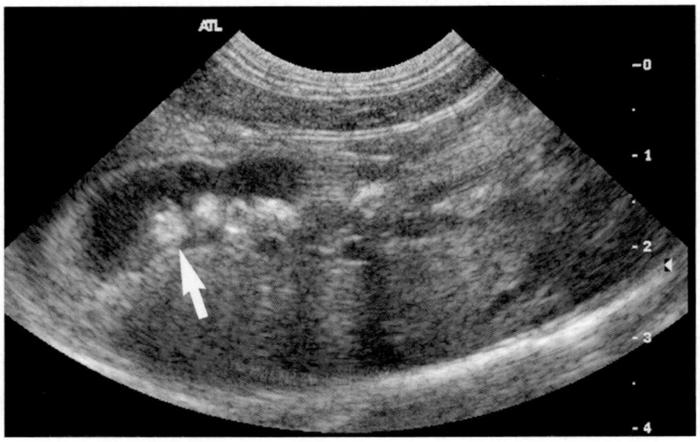

（B）

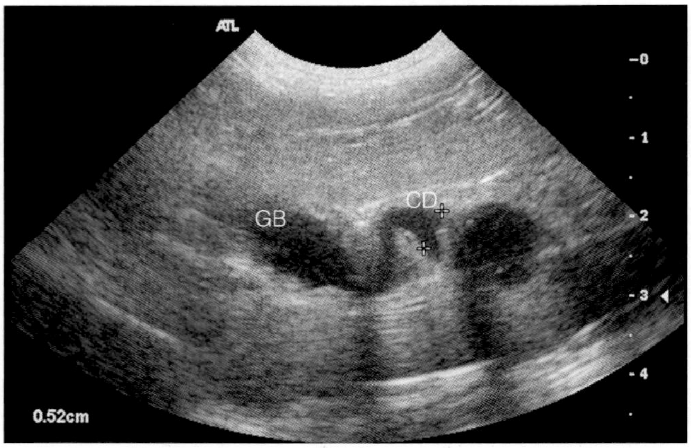

（C）

图292-15　腹腔前部不能透过射线的结构为胆囊中的胆石（黑色箭头）。（A）可在胃后见到一腹腔肿块（箭头）（见图292-29）。（B）胆囊胆石（箭头）的超声图像。手术摘除胆石。（C）总胆管扩张的超声图。CD，总胆管（commonbile duct）；GB，胆囊（gall bladder）

- 超声检查时，胆石通常为超回声的阴影，见图292-15（B）。黏液息肉（mucoceles）在猫罕见，通常与胆囊炎等类疾病有关，表现为低回声，可能具有大头针似的边界，有人描述为猕猴桃样结构（kiwi fruit）。
- 胆囊阻塞可继发于胆道中的胆石、胰腺炎、脓肿、黏液囊肿或肿瘤。开始时胆囊增大，之后为总胆管肿大，再后为肝内胆管增大。彩色血流多普勒成像或脉冲多普勒成像可用于鉴别胆管扩张与血管扩张。单独依靠超声检查难以排除胆道阻塞。
- 胆囊炎的超声症状（见图292-16）差异很大，但基本可包括胆囊壁增厚，存在胆囊沉渣、黏液囊肿、结石或气体（气肿性膀胱炎）及胆囊壁不规则。可检查到胆囊壁的回声反射性，有人将急性病例时胆囊壁的结构描述为“双边缘”（double-rim）。息肉、纤维化（防止胆囊扩张）及钙化为慢性病例时也可见到的变化。

脾脏影像分析

猫正常脾脏的X线检查

- 腹背观察时，猫的脾脏近端呈三角形不透明体，位于胃和左侧肾脏之间的侧面，近端由胃脾韧带（gastrosplenic ligament）固定于胃的侧后面，远端或尾端可沿着左体壁向后延伸。
- 侧面观时不可能看到脾尾，但在有些肥胖的猫，在背面可观察到脾尾，其位于左侧肾脏的前面。

猫正常脾脏的超声检查

- 脾脏近端（脾头）位于胃底之后，由胃底固定（见图292-17）。在正常猫，脾脏背部对着左侧体壁。探查时探头应在背部及后部对着侧面体壁进行探查。
- 猫的脾脏比犬的小，超声反射低，呈非正弦波（nonsinusoidal），无直接的动静脉连接（不像在犬的脾脏）。除了药物引起的外，脾肿大在猫要比在犬更为明显。猫的脾脏疾病与犬的脾脏疾病相比，更多呈肿瘤性。
- 脾静脉从脾门而出，形成分支的无回声血管（鹿角状外观，staghorn appearance）。主要的脾静脉在脾脏深部的左侧进入脾门静脉。
- 与肝脏相比，猫的脾脏具有更细的更为一致的回声特性。回声反射性与肝脏相似。
- 有一边界清晰的超回声囊，当垂直于超声光束长轴扫

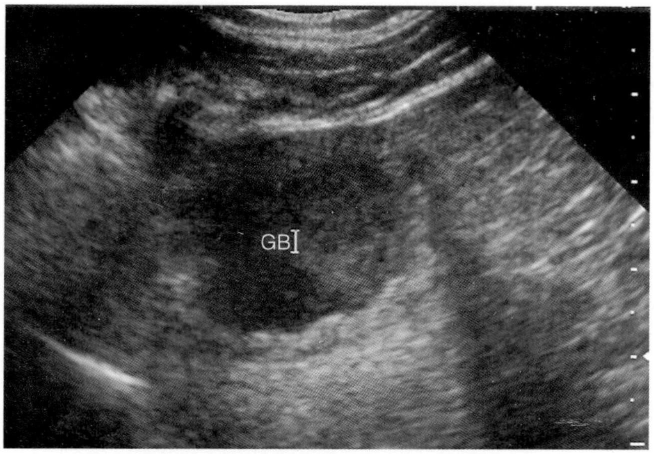

图292-16　胆囊炎时可见增厚且不规则的胆囊（GB）壁及存在的胆囊沉渣

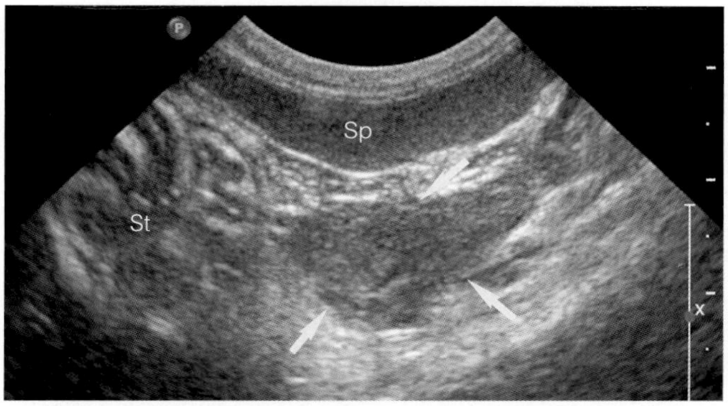

图292-17　纵向超声检查可发现脾脏正常。猫的正常脾脏为舌状，比犬的脾脏小且超声反射低。可在脾脏前观察到胃。可在脾脏深部观察到胰腺肿块的边缘（箭头）。Sp，脾脏；St，胃

描时，该囊的壁呈一细回声线。

弥散性脾脏增大

- 猫的弥散性脾脏增大（diffuse splenic enlargement）与犬不同，更有可能为生理性的。
- 引起脾脏弥散性肿大的原因包括浸润性疾病（如淋巴瘤、肥大细胞瘤、淋巴增生）、与猫传染性腹膜炎有关的肉芽肿性脾炎在内的脾炎、全身性真菌病、髓外造血（extramedullary hematopoiesis）、寄生虫感染及扭转等。
- X线检查时，增大的脾脏边缘可呈圆形［见图292-18（A）］。侧面观察时，脾脏可呈边界不明显的不透明团块，从背部向腹部延伸。在有些病例，脾尾呈不透明三角体，通过中线位于腹腔腹部。腹背观察时，脾脏要比正常厚。
- 超声检查时，增大的脾脏回声反射性可增加、减少或保持正常，见图292-18（B）。

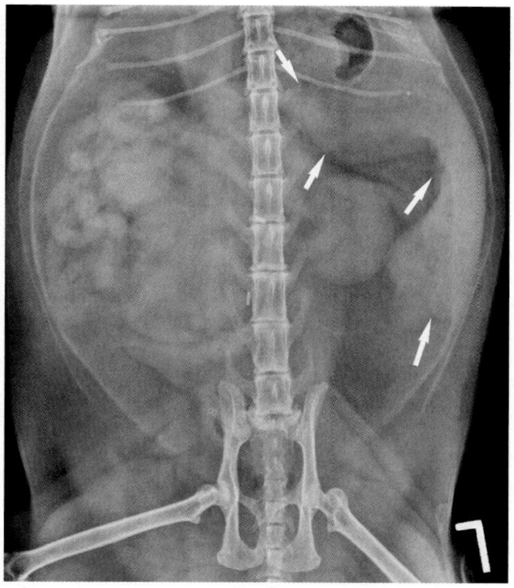

（A）

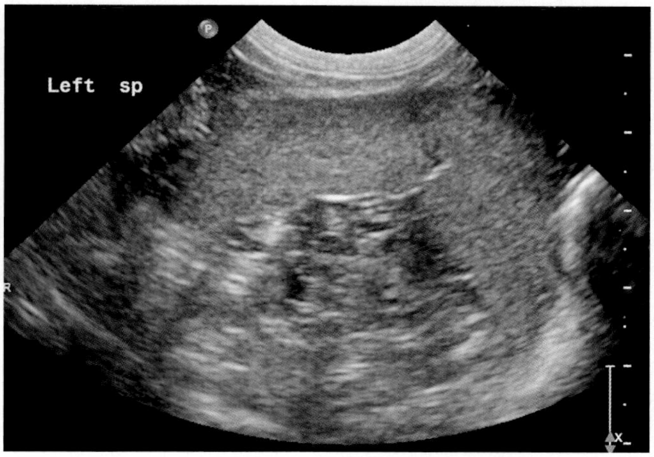

（B）

图292-18　（A）猫脾脏肿大时的X线诊断。可见脾脏位于胃后（箭头），沿着左侧体壁延伸。（B）超声检查时肿大的脾脏。组织学检查证实为脾脏肥大细胞瘤后施行脾切除术（splenectomy）

局灶性脾脏增大

- 引起脾脏局灶性增大（focal splenic enlargement）的原因包括血管肉瘤及其他肿瘤（如不引起弥散性脾脏增大的原因）以及血肿。
- 有些脾脏肿块可改变脾脏的边界（见图292-19）。

弥散性脾脏变化的超声诊断

- 弥散性变化要比局灶性变化更难识别。超声反射性可增加、降低或正常。脾脏可增大或正常。
- 脾脏增大，弥散性回声反射性降低（见图292-20）可见于淋巴瘤、骨髓及外骨髓增生性疾病（myelo proliferative disease）、肥大细胞瘤（mast cell

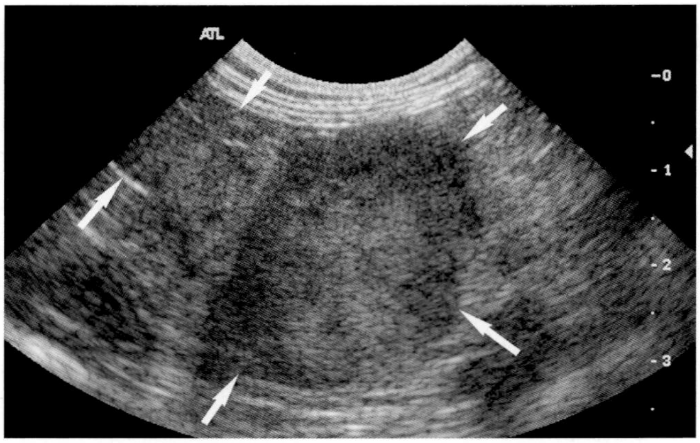

图292-19　局灶性脾脏肿块的超声检查。该猫有许多皮下肿块，穿刺检查发现为肥大细胞瘤。箭头所示为脾脏边缘

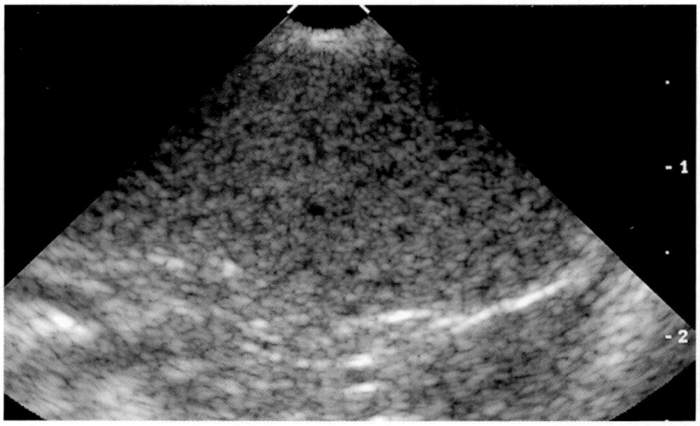

图292-20　脾脏淋巴性增生的超声检查图。脾脏增大，呈蛾食样外观，影响整个脾脏

tumor）、淋巴性增生（lymphoid hyperplasia）及髓外造血（extramedullary hematopoiesis）等，有些病例脾脏可呈蛾食样或斑驳样外观。这些疾病可引起脾脏肿大而不改变其回声反射性。增大的脾脏如果回声反射性正常，则可见于患有继发于猫传染性腹膜炎的脓性肉芽肿性脾炎（pyogranulomatous splenitis）的猫。患肉芽肿性脾炎的猫脾脏可肿大而呈斑驳状。

- 脾扭转也可引起脾脏肿大。在犬，梗死或坏死影响的区域具有花边样或超回声的外观。采用多普勒检查比例可用于检查是否发生脾脏扭转，从而判断血流受影响的程度。
- 脾静脉血栓形成也可发生，可不表现症状，或可导致梗死。
- 弥散性回声反射增强引起的脾脏增大（与回声反射性降低相反）在发生肥大细胞瘤时罕见发生。

局灶性脾脏病变的超声诊断

- 引起弥散性脾脏增大，超声回声反射减小的疾病可引起局灶性低回声结节，表现或不表现脾脏肿大，可同时出现低回声结节及弥散性回声反射增加。
- 引起局灶性低回声或无回声结节的原因包括脓肿、血肿（见图292-21），各种肿瘤，如肥大细胞瘤、肉瘤、转移癌及囊肿等。
- “靶向病变”可发生于脾脏和肝脏，如前所述。
- 血管肉瘤（见图292-22）可引起复合（即复合无回声、低回声或超回声）局灶性损伤，与在犬见到的相似。发生血管肉瘤时，无论有无其他肿瘤，可常见腹腔渗出。血肿可无回声，但也可表现为复合回声。单独根据超声变化难以鉴别血管肉瘤（hemangiosarcomas）及血肿。
- 超回声局部肿块可由脂肪引起，特别是围绕脾静脉的脂肪；也可由矿物质引起，特别是存在声影区时；还可由肉芽肿及血肿引起。尽管通常认为是良性超回声

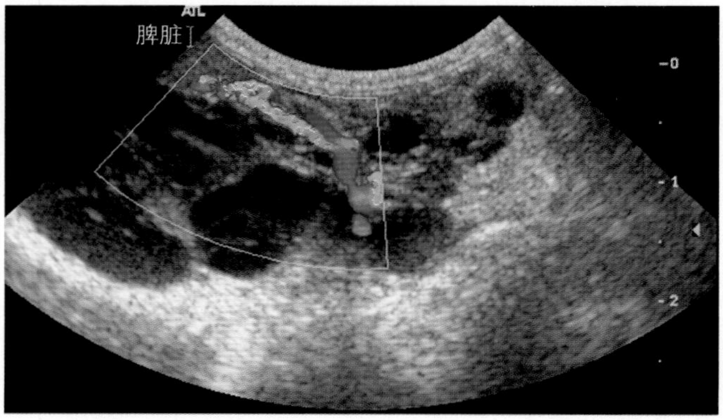

图292-21　猫患脾脏血肿时脾脏的超声图。采用彩色血流多普勒影像检查区别囊肿区与血管。细胞学检查时，有迹象表明以前曾发生过出血，后被巨噬细胞清除

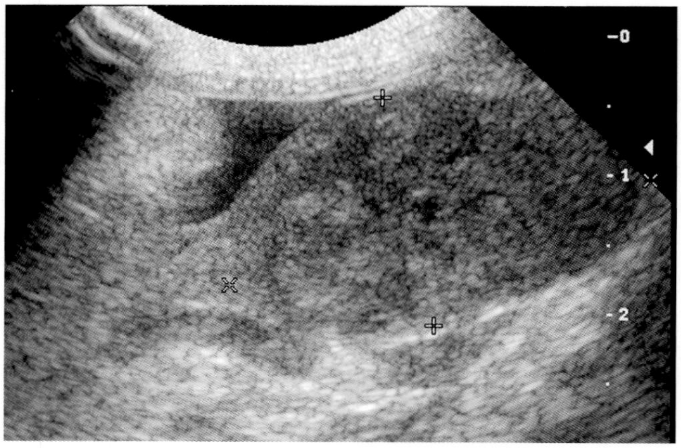

图292-22　脾脏大肿块的超声图。肿块从脾囊突起，周围为无细胞的液体。超声检查时也发现有肝脏肿块。外观与血管肉瘤一致

局部肿块，但肿瘤也可以超回声局部肿块而存在。另外，肥大细胞瘤在猫见于脾脏的结节性肿大，气肿结节为超回声。在穿刺肥大细胞瘤时也可见有边界不明显的超回声性结节（见图292–23）。

疾病的鉴别诊断

- 应通过细针穿刺对所有脾脏结节进行检查，这是因为根据超声外观单独难以诊断病变。采用25号针头穿刺时，不可能会造成明显的出血。参见第301章。
- 要注意检查其他器官。腹腔渗出常见于血管肉瘤和其他肿瘤（包括淋巴瘤和肥大细胞瘤），但也可发生于良性疾病，如血肿。肠系膜或腹膜后淋巴结病在淋巴瘤要比其他疾病，包括肥大细胞瘤更为常见。在发生脾脏淋巴瘤或肥大细胞瘤时也可同时发生小肠肿块。淋巴瘤也可影响其他器官，如肾脏、脊髓、大脑、胸腺及眼睛。肝脏疾病也常常发生于患脾脏疾病时。也可发生肿瘤转移到腹膜表面及腹腔外器官（即心脏或骨）。

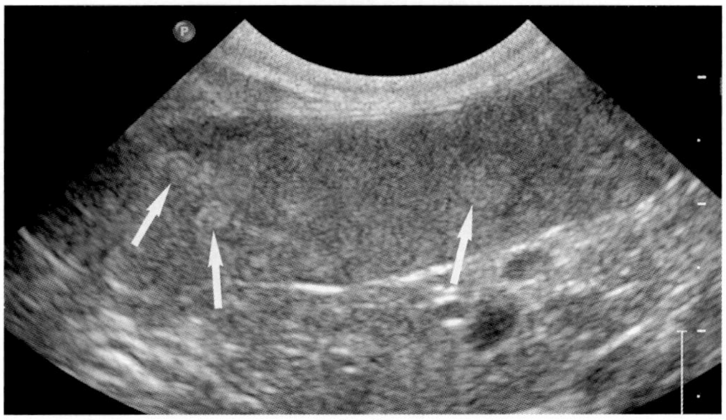

（A）

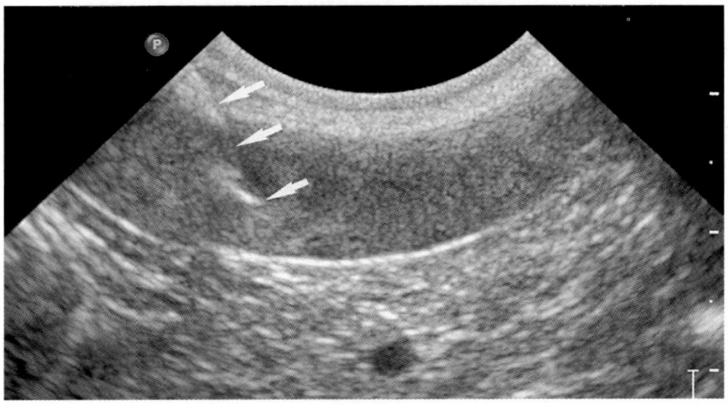

（B）

图292–23　（A）超声检查图表明在猫的脾脏有界限不清晰的超回声结节，脾脏轻度增大。（B）采用细针活检（箭头）获得细胞进行细胞学检查（参见第301章），证实为脾脏肥大细胞瘤

淋巴结的X线检查

猫的正常淋巴结

- 猫的正常淋巴结在X线检查时通常可观察到。

淋巴结的超声检查

猫的正常淋巴结

- 正常淋巴结光滑，如果周围有肠系膜脂肪时则可不明显。在仔猫及消瘦的猫，特别是如果采用高频探头，则肠系膜淋巴结更有可能观察不到。

淋巴结病变

- 内脏或腔壁淋巴结肿大可由于淋巴瘤、肥大细胞瘤或肿瘤转移性疾病而发生。淋巴结病也可因对炎症的反应而发生，或者由于肿瘤转移性疾病而发生。在怀疑或证实为肿瘤时也应检查局部淋巴结。
- 肠系膜淋巴结如果足够肿大时也可在X线检查时观察到。通常情况下这些淋巴结在腹腔中部为边界不明显的不透明体，罕见情况下，可出现孤立的淋巴结肿大。在腹膜后腔，增大的腰下淋巴结可呈液体状不透明体，见图292–24（A）。
- 其他可能受到影响的腹腔器官，如肝脏、脾脏、肾脏、小肠及淋巴结等也应进行检查。应检查胸腔是否有淋巴结病的迹象，特别是发生淋巴瘤时可观察到纵隔前部的肿块。应检查脊柱是否有骨淋巴瘤时的细胞溶解性损伤。
- 不能单独依靠X线检查或超声图像将淋巴瘤或肥大细胞瘤引起的淋巴结肿大与感染或肿瘤转移引起的肿大相区别。穿刺诊断具有一定的帮助作用，可在超声指导下进行。

淋巴结淋巴瘤

- 虽然患病淋巴结的主要特点为肿大呈圆形，低回声而具有光滑的边界［见图292–24（B）］，但也可表现为异质性及形态各异。

反应性淋巴结

- 具有反应性的淋巴结比正常的要大。
- 通常淋巴结增大没有像在发生淋巴瘤时的严重，回声反射性更为正常。

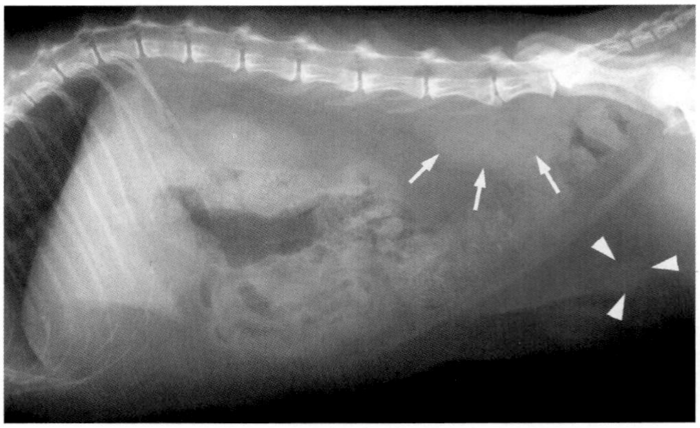

（A）

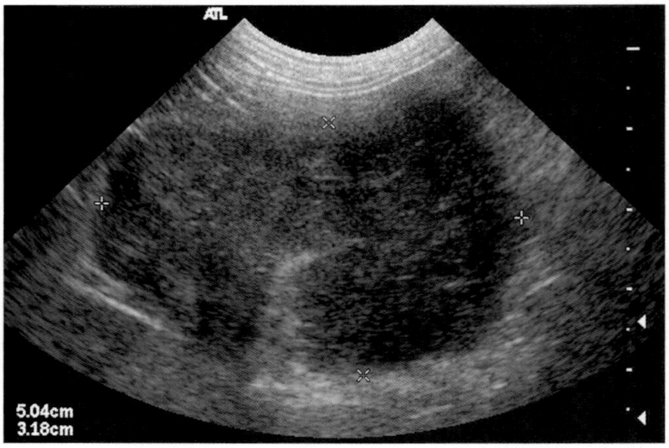

（B）

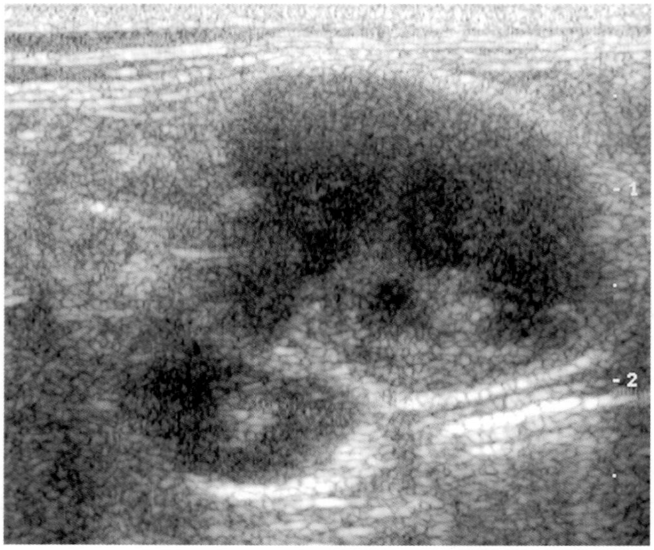

（C）

图292-24　（A）猫肥大细胞瘤时肿大的髂中（medial iliac）（箭头）及腹股沟（三角箭头）淋巴结。（B）超声图表现出猫患胃淋巴肉瘤时的肠系膜淋巴结。淋巴结肿大呈圆形，低回声。（C）甲状腺机能亢进时的超声图。可在淋巴结中观察到细胞性液体。穿刺可发现淋巴结中含有脓性物质

具有炎症的淋巴结

- 炎症淋巴结可增大，但大小、回声反射性及形状不等。
- 可存在脓肿，但这可能难以与低回声、几乎无回声、淋巴瘤典型变化相区别，但在有些病例，细胞性液体可见于受影响的淋巴结，见图292-24（C）。

肿瘤转移到淋巴结（metastasis to nodes）

- 引流受肿瘤影响器官的淋巴结可发生肿瘤转移。发生肿瘤转移的淋巴结可增大，回声反射性降低或增加。有时不规则或形态各异。对可疑的淋巴结应穿刺检查。
- 应注意的是，即使超声检查正常，也可存在肿瘤转移到淋巴结。

胰腺影像分析

猫的正常胰腺

- 猫正常胰腺的右侧叶和胰腺体位于十二指肠系膜，左叶沿着胃大弯位于大网膜。
- 猫的正常胰腺在X线检查时观察不到。

猫正常胰腺的超声检查

- 薄而小的右叶位于十二指肠系膜中降十二指肠的背中线。右侧胰腺叶的末端向前弯曲，左侧末端较短而厚，位于胃和横结肠之间。胰腺体位于胃和降十二指肠之间（见图292-25）。
- 胰管在中间通过胰腺走行，表现为一无回声的管道，管壁薄而呈超回声。多普勒检查可用于区别胰管与血管分支。
- 胰管大小的上限约为0.13cm（平均0.8cm），但在老龄猫胰管可能略大。胰管大约在离幽门3.0cm处进入十二指肠，此处为十二指肠大乳头（major duodenal papilla），总胆管位于其中。在大约20%的猫，附胰管（accessory pancreatic duct）可在更为远端的十二指肠小乳头（minor duodenal papilla）进入十二指肠。
- 胰腺十二指肠静脉为正常血管的标志，但并非见于所有的猫，其位于胰管腹侧，为一较大的结构。
- 由于胰腺的大小及接近气体，回声反射性与周围肠系膜相似，常难以进行影像检查。此外，与邻近的肝脏相比，胰腺为等回声或轻度的高回声，与脾脏相比为

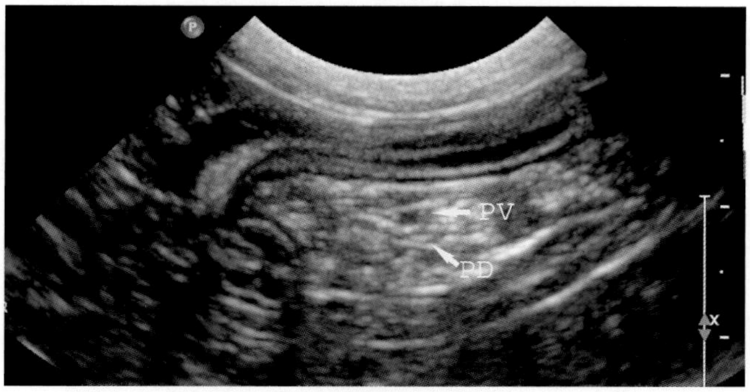

图292-25　正常猫的超声图，可见胰腺位于十二指肠深部，超声波探头置于腹腔腹侧。胰腺十二指肠静脉（pancreaticduodenal vein，PV）位于胰管（PD）腹侧

低回声。鉴别正常胰腺几乎不可能，但可采用高解析度探头仔细检查胰腺区。

胰腺炎

- 急性坏死性及慢性非化脓性胰腺炎根据超声检查、X线检查、病史检查及目前采用的血液检查结果难以鉴别。

X线检查症状

- 患急性坏死性胰腺炎的病猫20%的病例及患慢性非化脓性胰腺炎的病猫35%的病例可见胸膜渗出。
- 患两种胰腺炎的病猫50%的病例X线检查时可见浆膜清晰度消失。
- 患两种胰腺疾病时常常可见其他器官的并发病，但在慢性非化脓性胰腺炎时要比急性坏死性胰腺炎更为多见。
- X线检查的其他结果还包括充满气体的小肠及肝肿大。有些病例可见肿块效应（mass effect）。
- 许多患胰腺炎的病猫腹胁部X线检查可能正常。

超声检查症状

- 患急性或慢性胰腺炎的病猫50%的病例超声检查正常。
- 超声检查变化可包括胰腺低回声、肠系膜高回声、腹膜渗出及肝脏回声反射性增强，见图292-26（A）。邻近的小肠可具有波纹状或痉挛性外观，可增厚或由于局部炎症而引起超声反射发生改变。肝外胆管阻塞至少见于患慢性胰腺炎的两例病猫。
- 胰管扩张可说明发生胰腺炎，但常可见于不表现胰腺炎临床症状的猫。在一项研究中发现，胰管大小与是否存在临床症状之间没有统计关系。可采用多普勒超

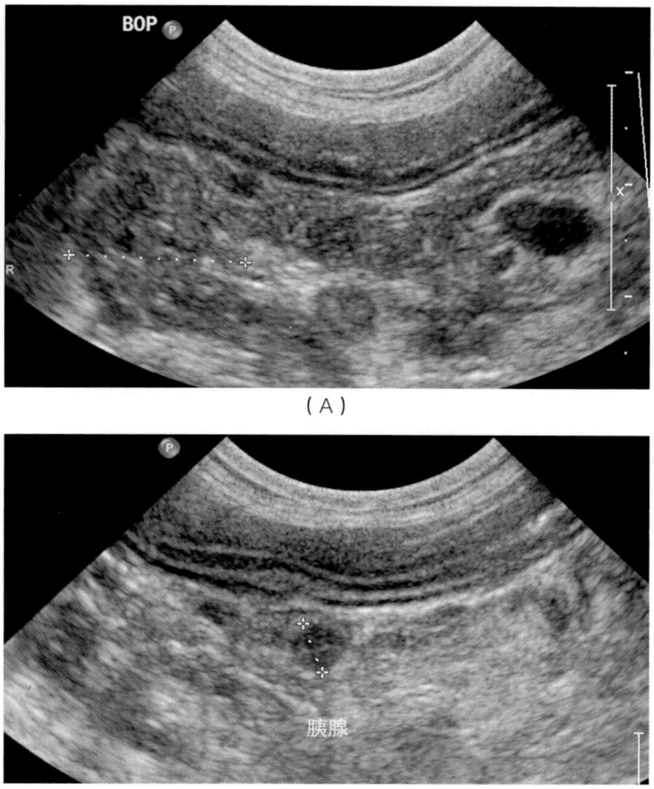

（A）

（B）

图292-26　（A）猫患慢性呕吐且越来越频繁，超声检查胰腺时，发现胰腺增大，回声反射降低，整个胰腺散在分布有低回声的结节。这类低回声的结节可能为胰腺伪囊肿（pancreatic pseudocysts）、复合囊肿（complicated cysts）、脓肿、增生或肿瘤。单独依靠超声检查难以区别胰腺炎和肿瘤。（B）用卡尺测定图A中猫胰腺中结节大小。BOP，胰体（body of pancreas）

声检查区别肿大的胰管及正常的胰腺十二指肠静脉。
- 胰腺伪囊肿（Pancreatic pseudocysts）（见图292-26）可能与胰腺炎有关，可能为分泌物进入坏死区所造成。与真正的囊肿不同的是，胰腺伪囊肿为低回声而不是无回声，其壁较厚。超声检查不能可靠地区别伪囊肿、囊肿及脓肿。低回声的结节也可为增生性或肿瘤。
- 超声波检查可用于指导穿刺腹膜渗出液或采集胰腺内的液体。

胰腺肿块

- 胰腺肿块在X线检查时可能不明显。
- 胰腺中的游离液体或胰腺增大可见于胰腺炎及肿瘤时。邻近器官的移位也可伴随有胰腺增大。
- 如果胆管阻塞则可发生黄疸。
- 胰腺肿瘤不常见，但胰腺腺癌据报道可引起厌食、沉郁、呕吐及失重。胺前体摄取与脱羧细胞瘤（apu-

domas）［胺前体摄取与脱羧系统（amine precursor uptake and decarboxylation system，APUD系统）：胺前体摄取与脱羧细胞（apud cell），不同的APUD细胞可摄取不同的胺前体，将其脱羧转化为活性胺，释出细胞外发挥激素样作用。但它们共同的机能主要是产生和分泌多肽激素。这类细胞除了组织化学和超微结构上有细胞透亮及胞浆内含有直径120～200nm的致密颗粒等共同特性外，还有共同的机能特点：胞浆内含有胺类物质，能摄取有生物活性的胺前体（如多巴及5-羟色氨酸），脱羧酶可将上述物质分别脱羧为活性胺（单胺神经递质或内源活性物质）。自20世纪60年代人们逐渐确定了下丘脑激素以来，还发现下丘脑激素存在于下丘脑以外的神经系统（如促甲状腺激素释放激素，TRH）及消化道（如生长抑素），有些原认为存在于消化道内的激素也存在于中枢神经系统内一定部位（如P物质、神经加压素、胃泌素等）。这些发现扩大了人们对神经系统和内分泌系统相互作用的认识。1964年A.G.E.皮尔斯提出这些激素分泌细胞是属于躯体神经系统与植物神经系统以外的另一广泛的神经内分泌系统，即APUD系统。APUD细胞起源于胚胎期的神经外胚层如神经嵴。在胚胎发育期，神经外胚层的细胞向前肠及其衍生组织移行，并伸入其中生长，以后在这些组织中出现APUD细胞。APUD细胞可产生非特异的烯醇化酶，并有其他神经分泌细胞的标志。这些细胞的肿瘤称之为APUD瘤。有人对APUD学说的正确性提出怀疑，理由是：①尚未证明所有APUD细胞均来自神经外胚层。②这些细胞的APUD机能与产生肽类激素的能力并无固定内在联系。多种来源的细胞都可能在分化时获得APUD表型，其结构-机能有趋同现象。③有些异位多肽激素分泌肿瘤并无APUD特征——译注］、促胰液素瘤及产生胰岛素的肿瘤罕见发生。腹腔中可存在游离的液体。如果胆管阻塞，则可发生黄疸。严重病例可见急性或慢性胰腺炎、胰腺外分泌机能不全及糖尿病。

- 超声检查时，胰腺肿瘤可表现为低回声或更为复杂的回声（见图292-27）。根据超声外观几乎不可能将其与胰腺炎进行鉴别，必须要进行穿刺或活检。
- 腺癌及其他肿瘤可转移到肝脏，可侵入到邻近的胃肠道。超声检查时可见胰岛瘤（Insulinomas）。
- 胰腺的霉菌病与肿瘤或胰腺炎类似（见图292-28）。
- 胰腺周肿块也见于胰腺内，见图292-15（A）及图292-29。

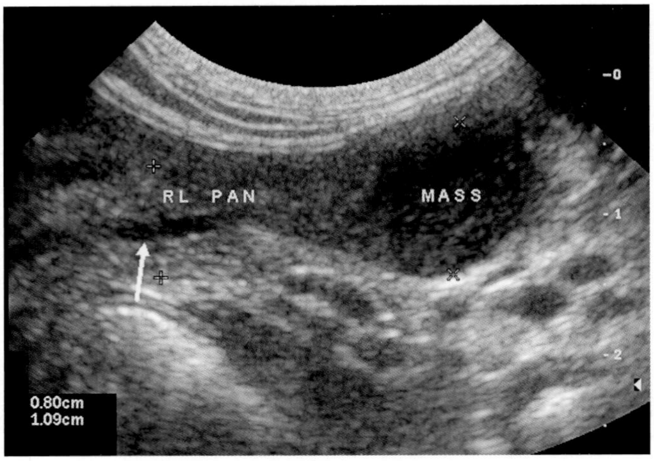

（A）

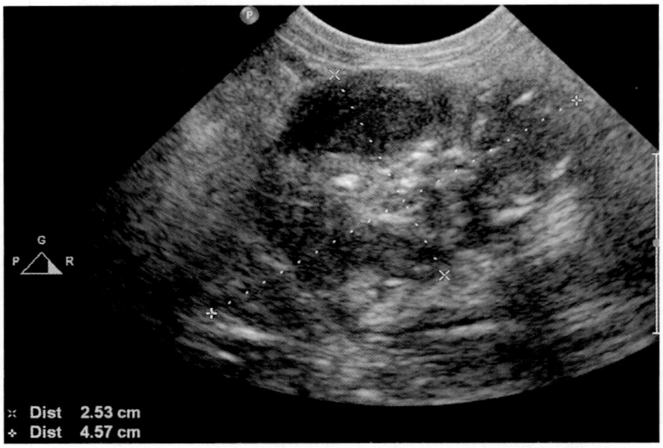

（B）

图292-27 猫在手术摘除胃癌后发现于胰腺中胰腺肿块的纵向超声检查。（A）可在前部看到胰十二指肠静脉（箭头）。（B）猫具有2周的昏睡及食欲不振的病史，超声检查时，在胰腺区可见到混合回声的肿块。手术活检胰腺或组织学检查证实为胃肠道基质瘤（gastrointestinal stromal tumor）。PAN，胰腺（pancreas）；RL，右侧肝脏（right liver）

- 老龄猫的结节性增生可呈等回声或低回声结节，与肿瘤或复合囊肿相似。

胰腺结石（pancreatolithiasis）

- 据报道，胰管中的结石为超回声结构，具有很深的声影区，同一猫可具有伪胰囊（pancreatic pseudo-bladder），同时具有超回声的具有很深声影区的结石。

猫食管及胃肠道的影像检查

猫正常食管的X线片

- 正常食管在颈部和背纵隔膜与其他不透明液体结构会

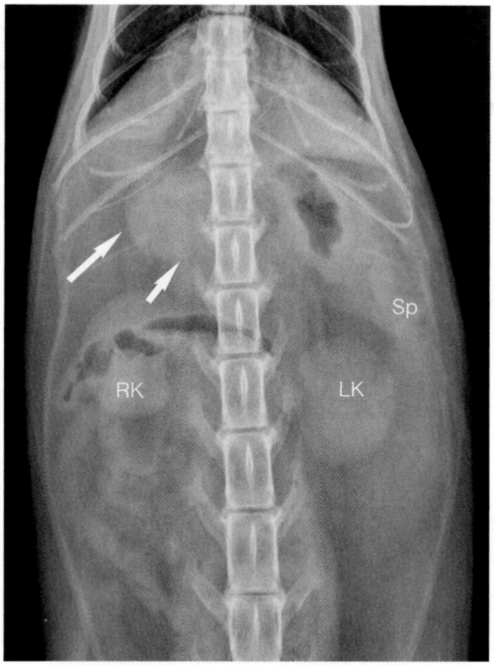

（A）

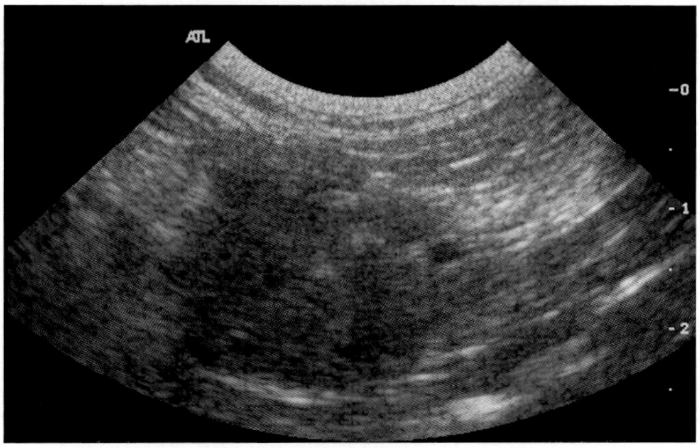

（B）

图292-28　猫腹腔前部肿块的成像。手术时，发现肿块影响到胰腺、肝脏、邻近的小肠及局部淋巴结，细胞学检查证实为芽生菌病（blastomycosis）。（A）腹背透射，箭头所示为胃前的肿块。（B）超声图像，表示主要为低回声肿块，影响到胰腺。肿块上也见有一些界限不明的超回声区。LK，左肾（left kidney）；RK，右肾（right kidney）；Sp，脾脏（spleen）

合，由于正常吞入的气体和液体，部分食管可见，系列X线照片可发现随着气体或液体进入食管所发生的不透明体的变化。

- 不透射线的食团也可说明食管的位置。

猫正常食道X线片

- 正常胸部食管在背纵隔膜与其他不透明液体结构会合，由于正常吞入的空气和液体，部分食道可见，系列X线拍片可发现随着气体或液体进入食道所发生的

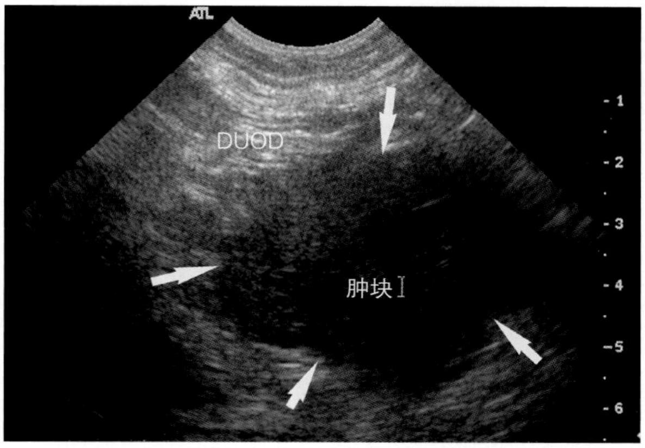

图292-29　猫除去胆囊　结石后的超声图。X线检查（见图292-15A）表现为胃后的结石及肿块。胰周肿块（箭头）用手术方法摘除。DUOD，十二指肠（duodenum）

不透明体的变化。

- 不透射线的食团也可说明食管的位置。

食道造影（esophagography）

- 可采用钡餐进行食道的常规检查，可在食道造成最佳的涂层。
- 但是，钡餐较密厚，因此如有可能发生吸入性肺炎时不应使用。
- 钡汉堡包（“barium burger”）（液体钡与罐装食品的混合物）可用于钡餐之后，检查固体食物的通过情况。
- 非离子性水溶性碘化产品在食管的涂层比钡差，但更有可能显示出细小的穿孔。
- 液体钡在食管的涂层比液体碘化产品更好，但没有钡餐好。液体钡沿着食管异物的涂层比钡餐好。
- 采用食管造影时主要的并发症为吸入性肺炎。钡为惰性元素，吸入少量时通常不会造成问题。大量的钡进入胃管中时可能具有致死性。
- 离子性水溶性碘化产物吸入后可引起肺水肿，如有可能发生吸入（如X线检查时发现有肺泡疾病的迹象，有可能为吸入性肺炎时）应避免使用。
- 进行猫的食管造影时，非离子性有机碘化造影剂要比离子化碘化造影剂好，主要是由于离子化碘化试剂具有引起肺水肿的风险。
- 在正常的食道造影中，细小的纵向线从环咽部（cricopharyngeus）向后延伸到心基区。后1/3的食道具有“鱼骨”（“fish bone”）或“鲱鱼骨”（“herringbone”）样的结构，主要是由于平滑肌区的横线所引起。
- X线片为快速照相，吞咽造影剂时可形成小的扩张

区，系列X线片可观察到气泡向后移动。

猫正常食道的超声检查

- 内镜超声检查在猫的使用不多，采用常规超声检查时，不一定总是能观察到颈部的食道，其为边界不太确定的结构。胸部食道由于肺脏气体而难以观察到。如果采用食道探测器（esophageal stethoscope）在猫麻醉时检查则可有利于对食道的观察。如果猫处于觉醒状态，则超声检查可观察到吞咽。在横断面成像时，食道具有超回声的星状中心，这是由管腔内的黏液及空气所引起。

常见食道损伤

- 在进行X线探查时如果异物不透过射线或食道周围有气体，则可观察到。锐利的异物可引起穿孔。引起食道膨胀的慢性异物可引起压迫性坏死，也可引起穿孔。在食道摄影检查时异物常常在不透射线的造影剂（adiopaque contrast medium）中出现充盈缺损（filling defect）（钡剂造影时，由于病变向腔内突出，形成肿块，即在管腔内形成占位性病变，所以造成局部性造影剂缺损，常见于肿瘤或增生性炎症引起的肿块——译注），见图292-30（A）。
- 如果发生食管穿孔，颈部的食道周围组织、纵隔膜或胸膜腔可出现气体。因继发于胸腔食道穿孔可发生胸膜渗出。非离子化碘化造影剂也可通过小的裂孔溢出。
- 可继发于食管异物或其他炎性疾病而发生食管狭窄。可采用食管造影探查狭窄区域，见图292-30（B）。
- 可采用食管造影确定前部纵隔肿块是否影响到食管，或是否在胸腔可观察到后背部的不透明体。
- 巨食管（见图292-31）可为遗传性疾病，或为获得性疾病。食管造影时，可发现增大而充满造影剂的食管。
- 血管环异常（vascular ring anomalies）（见图292-32）时可出现由于血管环异常而引起的狭窄区前的食管扩张，也可能发生狭窄区后的扩张。在持久性右主动脉弓（persistentright aortic arch），由于右主动脉弓可引起气管向左侧移位。右主动脉弓可表现为不透明度增加的区域。
- 由于食管疾病造成的返流可引起吸入性肺炎。应通过胸片检查是否有肺泡疾病。
- 引起吞咽困难的活动可能难以诊断（见图292-33）。

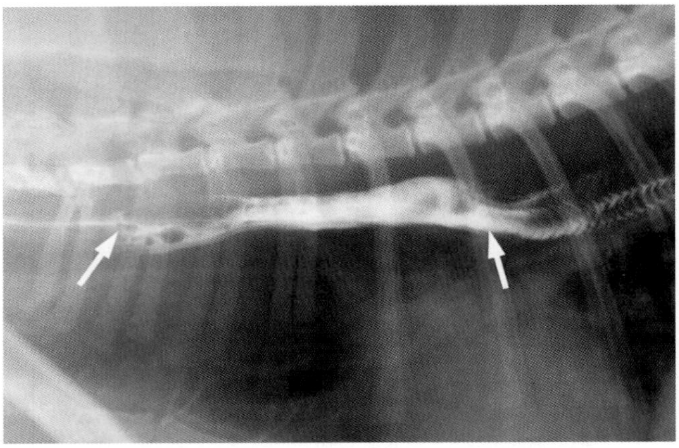

（A）

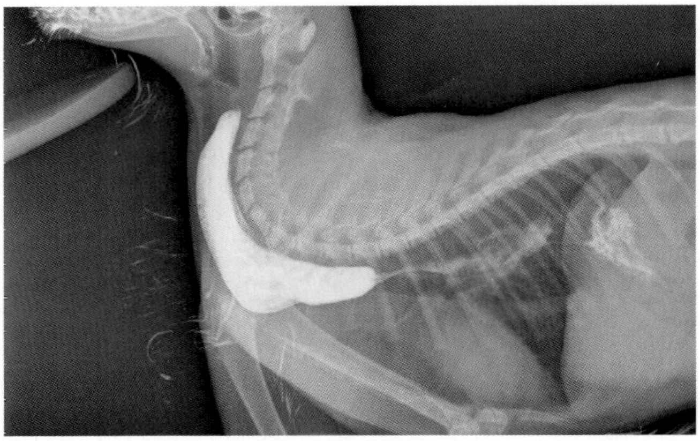

（B）

图292-30　（A）混血猫食道造影，表示由于胸腔食道中能渗透的异物引起的钡潴留，箭头表示食管的异常区。胸腔后部食道可观察到正常的鱼骨样变化。（B）侧面投射表示一例因返流及以前发生过吸入性肺炎就诊的仔猫的食道造影。钡餐及内镜检查食道诊断为食道狭窄

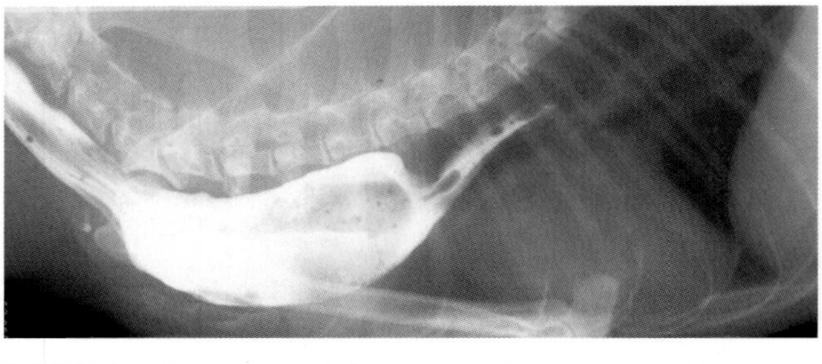

图292-31　猫因具有返流病史而就诊，X线摄影检查发现前部纵隔不透明性增强。食道造影证实为巨食道症。心基前的活动减少，但越往后可表现为正常

在这些病例荧光镜检查具有一定的帮助意义。

猫正常胃肠道的X线检查

- 猫的正常胃为J形。幽门位于中线或中线右侧。
- 正常小肠的直径不应超过第四腰椎椎体中间高度的2倍。

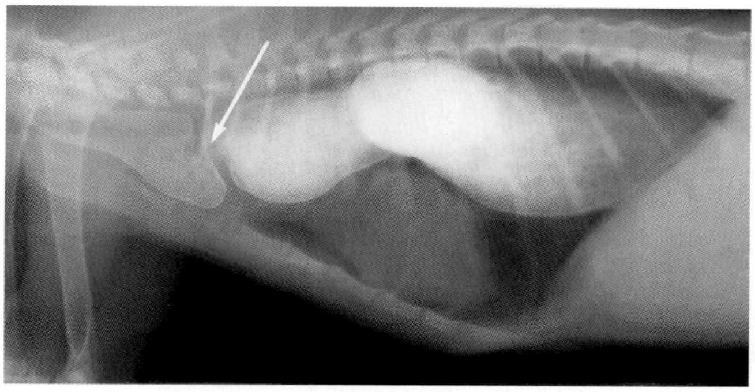

（A）

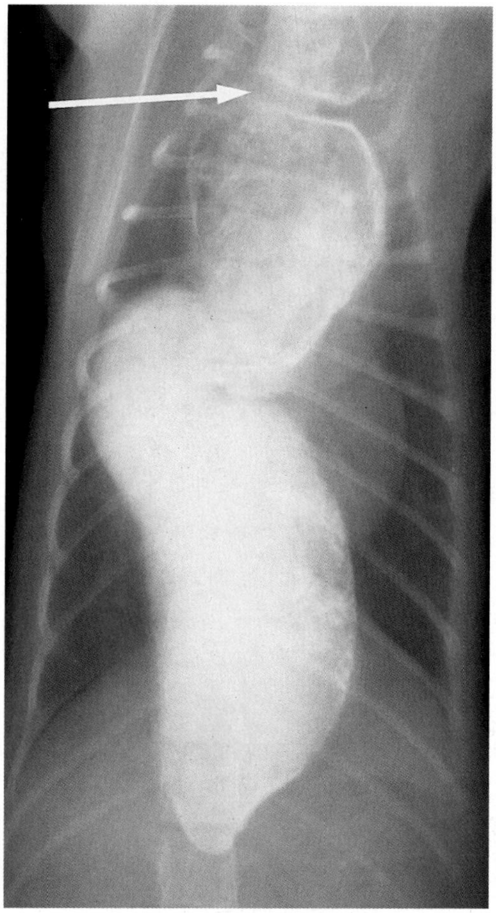

（B）

图292–32　一例3岁表现返流的猫的食道造影。在血管环异常处有一狭窄区（箭头）。注意这些区域典型性地在狭窄区前食道膨大；也存在狭窄区后的膨大。（A）侧面投射；（B）腹背投射

- 不等量的气体可勾画出黏膜表面的轮廓。由于脂肪的存在，因此可以观察浆膜表面。
- 正常结肠边缘光滑，盲肠的形状呈逗号样。

胃肠道上段系列拍片（upper gastrointestinal series）（“钡系列拍片”，“barium series”）

- 如果怀疑发生穿孔，则不应使用钡，而应使用碘化剂。如果担心发生吸入性肺炎，则应选用非离子碘化剂。

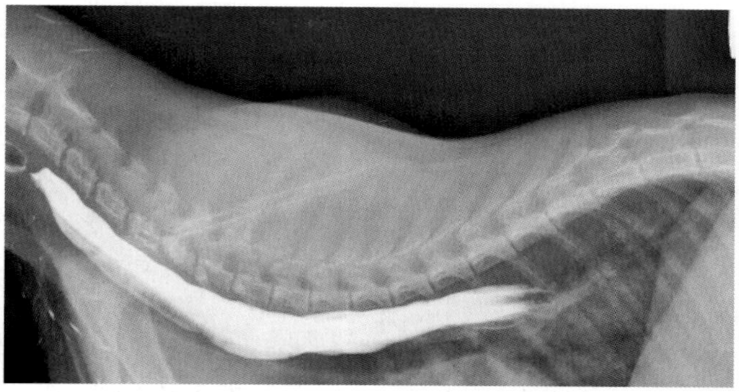

图292–33　6月龄仔猫全身衰弱及共济失调时的食道造影。食管近端2/3运动能力降低

- 在猫的日常检查中建议采用液体硫酸钡（30%重量/体积超细化钡溶液）。钡的效果要比水溶性碘化剂好，主要是因为其能最好地在黏膜涂层。另外，由于钡与血液等渗，这与离子化碘化造影剂不同，因此不会被稀释。钡为惰性元素，廉价，不被吸收。在有些情况下，采用钡后临床症状可出现一定的缓和。如果怀疑发生穿孔，则由于钡可引起严重的腹膜炎，因此禁用。吸入少量的钡通常不会引起临床问题，但钡会在随后进行胸腔X线检查时一直可以观察到。钡比其他碘化剂的通过缓慢。
- 碘化造影剂应用的不多，主要是因为它们可引起黏膜涂层不良。呕吐为猫常见的不良反应，特别是使用离子化产品时。离子化产品为高渗，可引起脱水或低血容量性休克。高渗透性也可引起造影剂的稀释，降低检查的质量。如果由于高渗透性可引起肺水肿而诱发吸入性肺炎，则不应采用离子化产品。这些问题可因非离子化物质而不是离子化碘化产品而减轻。如果有可能发生穿孔（即怀疑有锐利或串状异物，或浆膜微细结构不清楚时），则应采用碘化产品。碘化造影剂通过时间比钡短，因此如果需要快速获得结果，可采用碘化造影剂。
- 使用镇静剂可对肠道活动产生不利的影响，可改变胃肠道前端的外观。但是在有些个体也需要采用镇静剂。建议在这些病例以氯胺酮和安定为镇静剂，或以乙酰丙嗪为镇静剂。
- 实施胃充气造影术（pneumogastrography）时可将胃管尖端置于胃中，注射空气而进行。将足量的空气用注射器注射到轻度扩张的胃中，这一方法可用于鉴别胃或勾画出胃中异物的轮廓。
- 双造影胃造影（double contrast gastrography）可用于鉴别溃疡和肿瘤。在这种情况下必须要禁食以确保

胃空虚，因此避免钡造影剂时发生的假象充盈缺损。将少量钡注入后用注射器充气扩张胃。钡可在异物、溃疡及肿块涂层，或用这种技术通过空气勾画出上述变化的轮廓。

- 碘化造影剂可注射到胃造口插管中。放置恰当的话，可观察到造影剂进入小肠。如果胃造口插管放置不当，造影剂可进入腹膜腔，得出与胃肠穿孔类似的图像（见图292–34）。
- 钡聚乙烯球（barium impregnated polyethy-lene spheres，BIPS）可用于检查胃肠道是否有可能发生阻塞，分析胃肠道活动。这些小球可与食物一同给予，但其主要缺点是不能获得关于黏膜表面的信息。
- 正常钡系列透视腹背观时（见图292–35），猫的胃类似于J形。幽门位于或指向中线右侧。
- 右侧卧观时，钡可充入幽门。左侧卧观时，幽门可存在气体。
- 由于节段性收缩，可使大约30%的猫十二指肠呈“串珠状”（string of pearls）外观。这种外观也可出现于犬，但在猫更为明显。
- 钡通常可在30～60min内进入结肠，大多数应在90min内进入结肠。

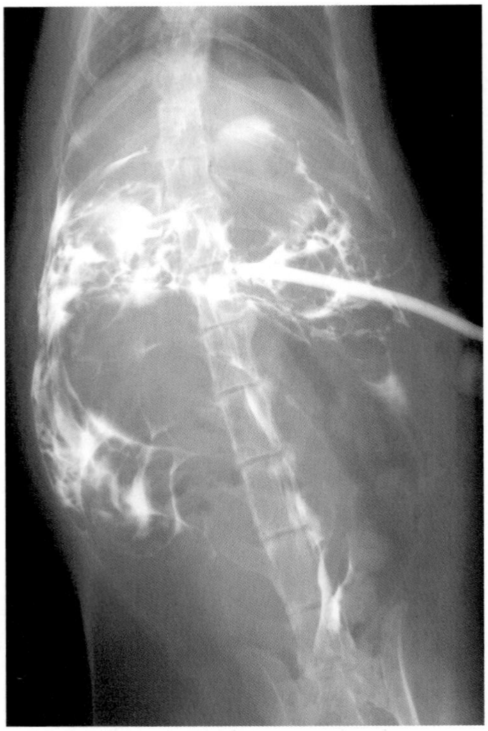

图292–34　碘化造影剂缓缓滴入胃管，检查胃管的位置。可见碘化造影剂渗出到腹膜腔。由于钡可引起严重的通常为致死性的腹膜炎，因此禁用于这一目的

- 猫的盲肠呈逗号状，而犬的盲肠则呈螺丝刀状（猪尾状，“pig’s tail”）。

结肠气体造影

- 结肠气体造影（pneumocolography）［见图292–36（A）］可用于诊断回肠结肠型肠套叠（ileocolic intussusception）、判断结肠，特别是大肠或小肠出现扩张的肠袢时，以及用于筛查狭窄部位。应注意避免过度估计狭窄区，其有可能是由于正常收缩所引起。
- 这种方法要比钡灌肠好［见图292–36（B）］，这是因为后者需要大量的准备工作及麻醉。进行结肠气体造影可简单地采用常规注射器将室内空气注射到直肠。

猫胃肠道的超声检查

- 应进行横断面及纵向成像。也应进行检查局部淋巴结及血管支配。多普勒超声诊断具有帮助意义。
- 应检查胃肠壁、内容物及活动情况。其外观因扩张程度及内容物而不同。
- 最好采用高解析度的7.5～12MHz探头。
- 扫查最好在禁食后及观察前（气体少，但有研究发现无差别）进行。除非大量的气体与钡造影剂一同给予，前次进行的钡检查不干扰超声检查。
- 超声检查时可以观察到胃肠道具有5层结构（见图292–37）：
  - 内超回声层（inner hyperechoic）=黏膜–腔层界面（mucosal–luminal interface）
  - 内低回声层（inner hypoechoic）=黏膜
  - 中央超回声层（central hyperechoic）=黏膜下层（界限不明显，延伸到皱褶）
  - 外低回声层（outer hypoechoic）=固有肌肉层（muscularis propria）
  - 外超回声层（outer hyperechoic）=浆膜下层，浆膜层
- 测定胃肠壁时应从浆膜外缘测定到黏膜–腔层界面边缘。
- 气体为超回声及强反射。混响伪影（reverberation artifact）（当超声束垂直照射到平整的界面而形成声束在探头与界面之间来回反射，出现等距离的多条回声，其回声强度逐渐减小，形成混响伪影。胸壁和腹壁常出现混响伪影，使膀胱、肾脏、浅表囊肿等部位

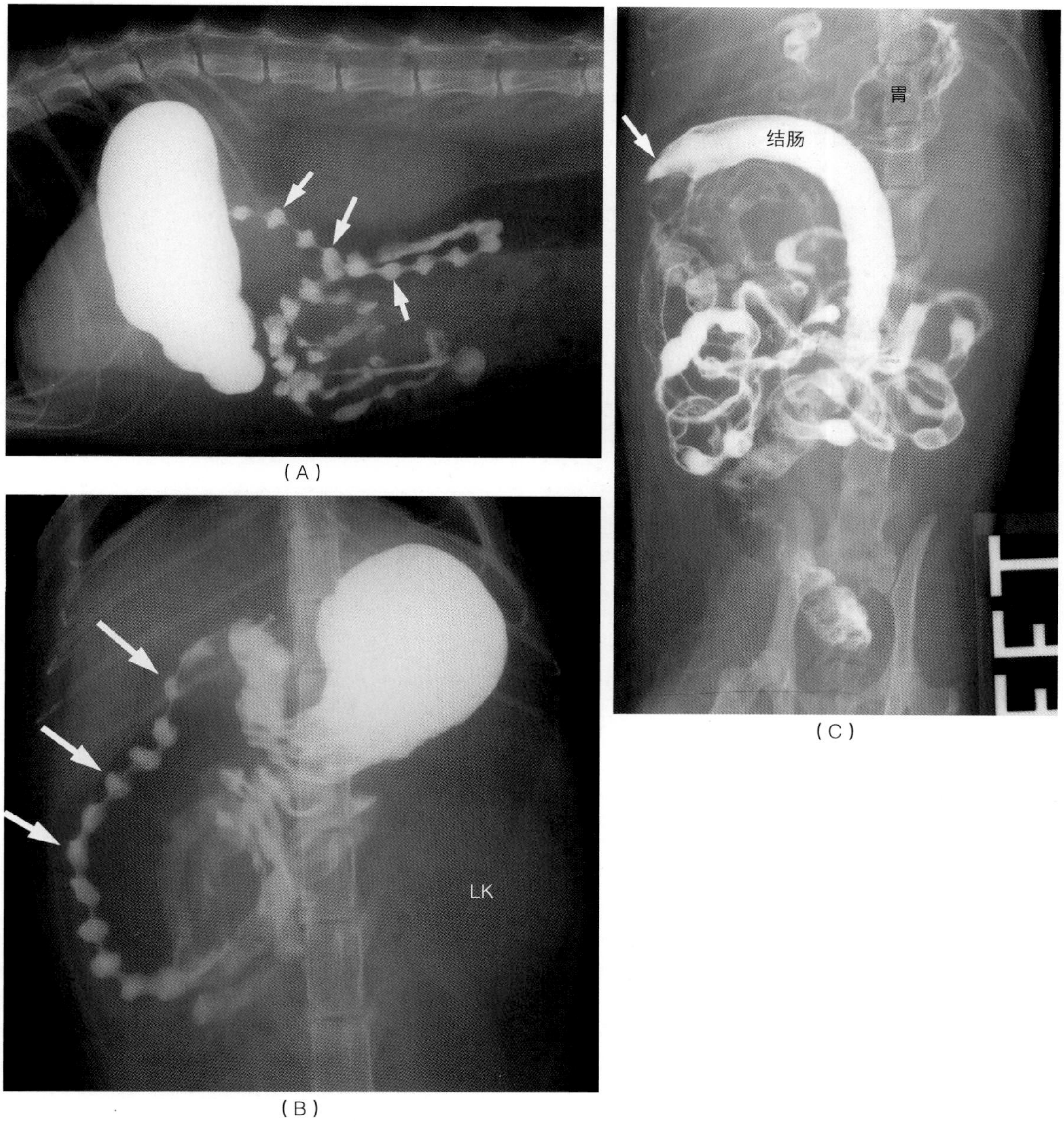

图292-35　正常胃肠道前段系列。（A）口服钡溶液后15min侧位拍片。十二指肠的“串珠状”正常外观（箭头）。正常收缩与线性异物引起的“手风琴样”外观可通过检查对称性而区别。正常情况下为对称性的。（B）图292-34A的猫在口服灌注钡液后15min的腹背投射。（C）钡到达结肠，可在逗号形的盲肠中观察到（箭头）。胃中残留的造影剂很少。LK，左肾（left kidney）

出现假回声。改善的方法是侧动探头，避免声波垂直腹壁或加压探测，使等距离多次反射间的距离变小，减少混响伪影。可影响对气体深部结构的观察。黏膜-腔层界面及气体为超回声，因此两者之间无明显界面——译注）

- 腔体中的液体为无回声或低回声，因此可以观察深层结构。黏膜-腔层界面表现为分离层。大量腔体液体可引起深层组织声影增强。
- 空胃为“星状”或“手推车轮”（“wagon wheel”）状外观，主要是由于皱襞之间的气体及食团所造成。黏膜下层可延伸到皱襞，也表现为超回声。
- 胃的增厚因扩张的程度而有明显差别。黏膜层为最厚的一层结构。
- 胃壁的增厚因扩张的程度及卡尺的位置（位于皱襞间或皱襞上）而有明显不同。在一项研究中发现，皱襞之间胃壁的正常厚度为2mm，在皱襞上为4.4mm。
- 回肠壁更为明显，可比小肠片段更厚，黏膜下层超回声及低回声更为明显，肌层几乎无回声（见图292-38）。Goggin及其同事将末端回肠描述为在横切面上具有四轮马车状的外观。在回肠结肠连接部，黏膜

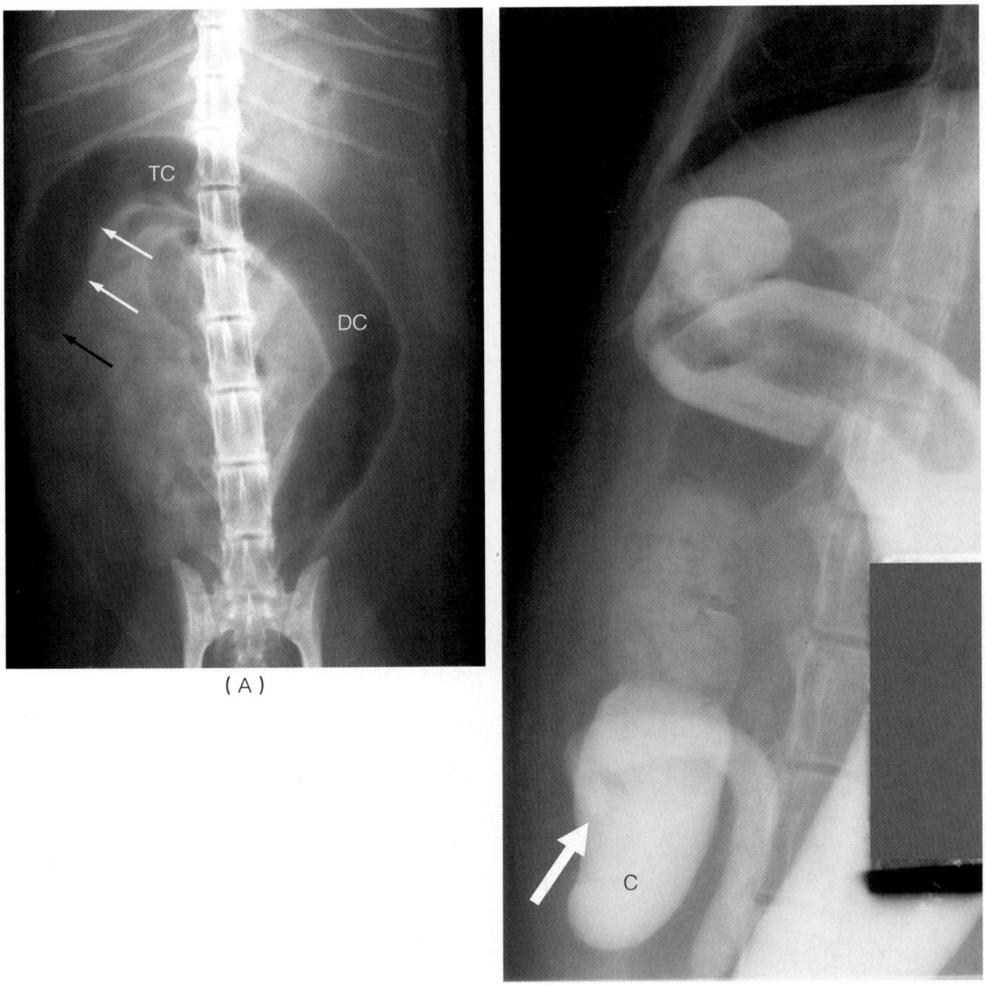

（A）　（B）

图292-36　结肠检查：（A）腹背投射，一例6岁混血猫，具有慢性呕吐的病史，图示为结肠气体造影。结肠及盲肠因气体而扩张。黑色箭头为盲肠，白色箭头为升结肠。DC，降结肠；TC，横结肠。（B）钡灌肠：钡灌肠清楚表明患巨结肠猫扩张的盲肠（C）和结肠。结肠和盲肠交界处（箭头）可见

突起进入肠腔。

- 应在腹腔内多个位点检查小肠。近来的研究发现，与犬不同的是，十二指肠和空肠肠壁的厚度在猫之间没有明显的统计学差异，肠道的平均厚度为2.1mm，肠道扩张的程度可影响该厚度。
- 大肠壁比小肠壁厚（平均为1.7mm），这是因为黏膜层较厚，见图292-37（C）。
- 结肠通常含有大量的气体，因此结肠的主要特点是有明显的混响伪影，有时称为"脏声影区"（dirty acoustic shadow）。密切观察可发现靠近肠壁时变薄。
- 偶尔也可观察到粪便及远离肠壁的部分。
- 正常的胃及近端的十二指肠每分钟有4～5次收缩。腹腔中部的小肠每分钟有1～3次的收缩。大肠并不经常能看到收缩。

胃肠异物

- 胃肠异物较为常见，并非总能引起临床症状。异物位于胃的幽门区时很有可能会比异物位于其他部位时更能引起呕吐。异物的存在并不能排除呕吐的代谢性原因。
- 有些异物为金属或矿物质不透明体，X线检查时容易看到（见图292-39）。有些（如玉米棒）可包围在气体中，具有特征性的外观。有些为液状不透明体，但周围可能有气体而显示出外观，见图292-40（A）。在有些病例，可能观察不到异物，但由于肠道扩张或起伏而表明其存在，见图292-40（B）。
- 线性异物（见图292-41）包括线、有或无针头的缝

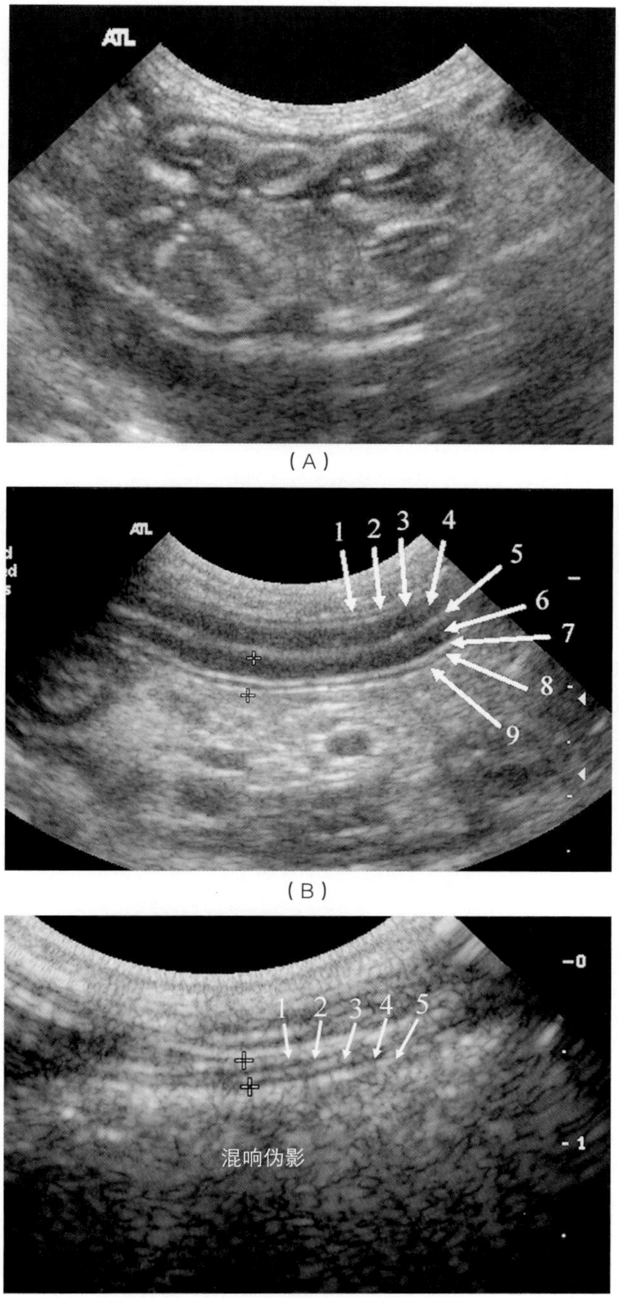

（A）

（B）

（C）

图292-37 （A）纵向超声检查猫的正常胃。胃空虚，具有“四轮马车”状外观。胃各层的结构与小肠和大肠相似。（B）纵向超声检查猫的正常小肠，肠壁厚度为0.34cm。1.近肠壁处的浆膜（超回声）；2.近肠壁处的黏膜肌层（低回声）；3.近肠壁处的黏膜下层（超回声）；4.近肠壁处的黏膜层（低回声）；5.近肠壁处黏膜/腔界面+肠腔内容物（muminal contents）+远肠壁黏膜/腔层界面（合并形成一层超回声带）；6.远肠壁黏膜层（低回声）； 7.远肠壁黏膜下层（超回声）；8.远肠壁黏膜肌层（低回声）； 9.远肠壁浆膜层（超回声）。（C）纵向超声扫描，表示正常结肠。肠壁层与小肠的相似，但黏膜层更厚。在该图像中只能看到近肠壁处。如果存在气体，混响伪影可妨碍对远肠壁的观察

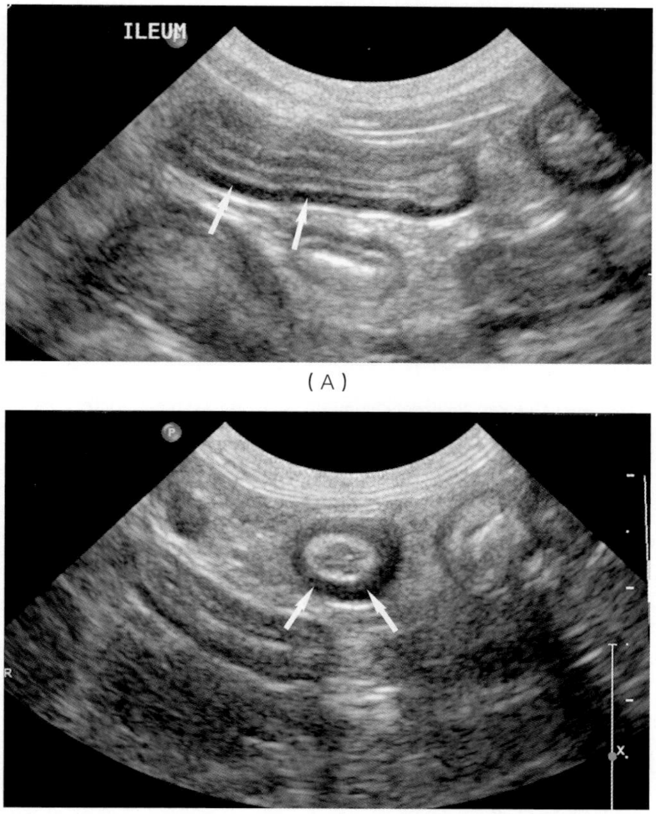

（A）

（B）

图292-38 纵向（A）及横断面（B）超声检查正常的回肠。回肠具有明显的超回声黏膜下层及超回声、几乎无回声的肌层。回肠可比小肠其他节段厚。箭头为肌层

线、带子、纱线、复活节花篮中的草（Easter basket grass）及圣诞树金属箔等。小肠肠袢以手风琴样弯管沿着异物聚集在一起。发生这种情况时，由于异物可刺入小肠的肠系膜侧，因此易于发生穿孔。Felts等进行的研究发现，数个形态各异的气泡聚集的肠端，对这种情况可诊断为线性异物。

- 肠道中的游离气体或液体表明发生了穿孔。穿孔最常与线性异物、锐利的异物或慢性阻塞导致的压迫性坏死有关。
- 如果怀疑发生了穿孔，绝对不要使用钡。在这种情况下，如果在手术之前需要证实，则最好使用水溶性碘（最好为非离子化）。造影剂有助于发现聚集的手风琴样的肠道外观（见图292-42）。
- 可采用少量的钡为胃肠异物涂层。
- 可采用胃肠道前段系列照相鉴别胃或小肠中的胃肠异物。有些异物具有充盈缺损，可能会发生阻塞（见图292-43）。多孔渗水的异物（如织物及毛团）可吸收钡，在大多数钡向远端通过时可观察到（见图292-44）。

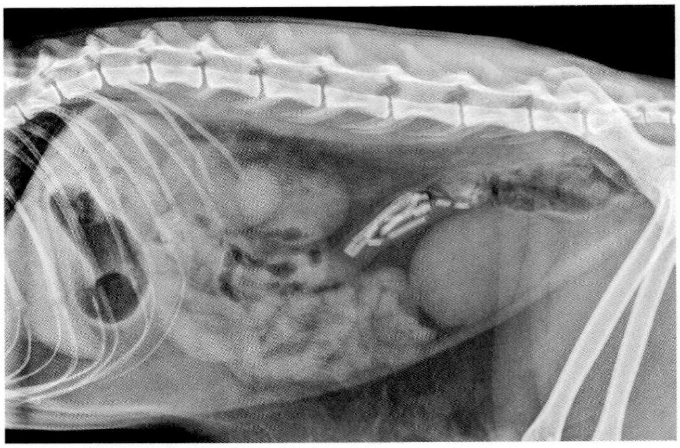

（A）

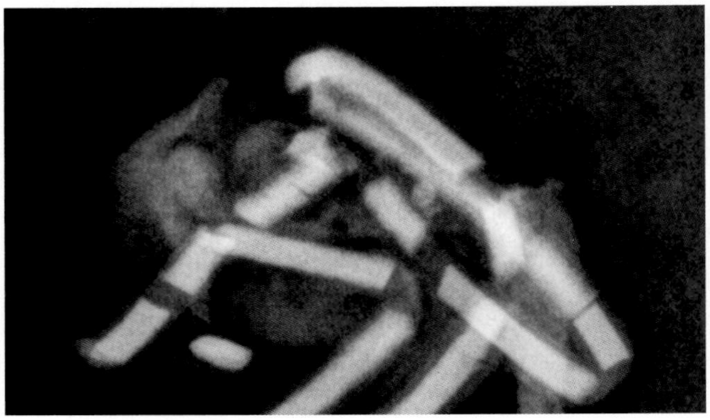

（B）

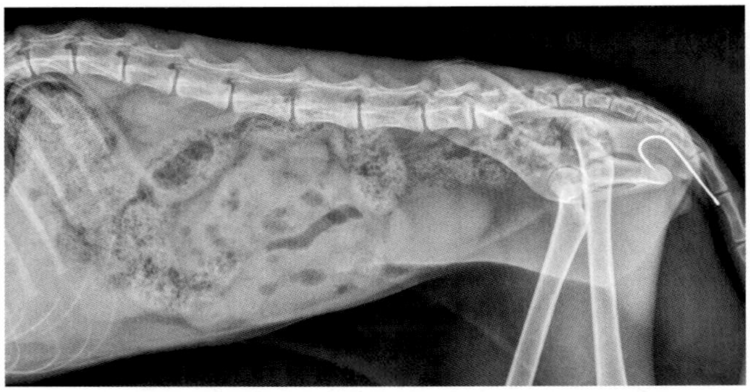

（C）

图292-39　一些不透射线的肠道异物。（A）猫食入猫主的鞋带后的侧面X线照片。鞋带在结肠中呈不透过射线的异物。（B）粪便中鞋带的X线照片。（C）仔猫侧面X线照片，可见金属鱼钩从直肠突出

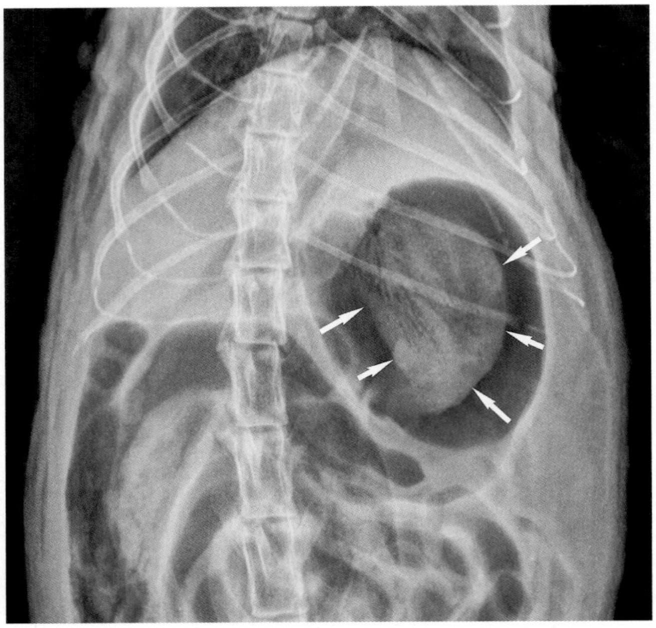

（A）

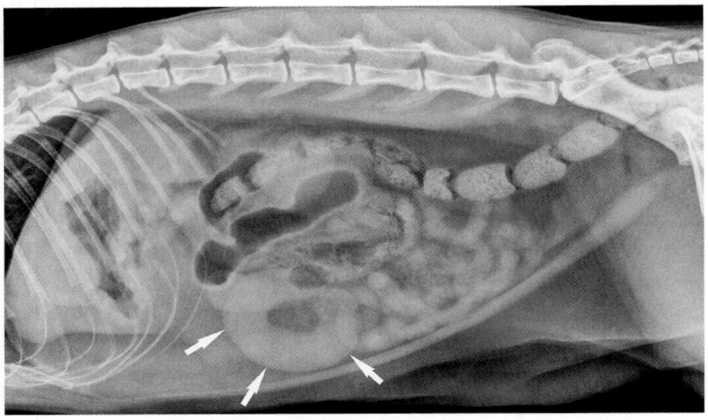

（B）

图292-40　由于气体包围着异物，因此有些异物可观察到。（A）侧面投射可在猫的胃内看到周围为气体的毛球（箭头）。（B）有些异物X线检查时观察不到，但小肠扩张很明显，说明发生了机械性肠梗阻。扩张的小肠袢（箭头）说明阻塞是由橡子所引起

- 超声检查时，特别是如果有许多气体，则常难以观察到异物。可事先采用X线检查鉴别小肠中可疑的部位。从动物的下部开始扫查有助于避免气体。
- 胃肠中的异物可造成一种独特的黑色或“亮色”的声影区，与由于气体引起的“肮脏”的声影区不同，但异物的组成可引起不等量的声音被传递或反射。例如，有些碎石可具有近表面的反射，由此造成近边界处存在有超回声及干净的声影区。有些橡胶玩具可减弱反射最小的声波，这样就不出现近边界处的超回声区，但可产生声影。近界面处的形状可有助于鉴别异物（见图292-45）。橡子可在近界面处呈半圆形。如果有足够的声波传递，也可检查到整个异物的形状。毛团可呈不规则的超回声界面及强烈的声影。
- 如果发生阻塞，小肠可扩张，壁增厚，运动减少（见图292-45）。
- 线状异物可引起小肠聚集呈手风琴样。超声检查时肠道呈折扇状；异物通常为超回声，见图292-41（C）。
- 超声检查可发现游离的气体或液体，说明可能发生了穿孔。混响伪像或未受影响的腹壁和器官如肝脏或胃之间形成“彗星尾”（“comet tails”），为游

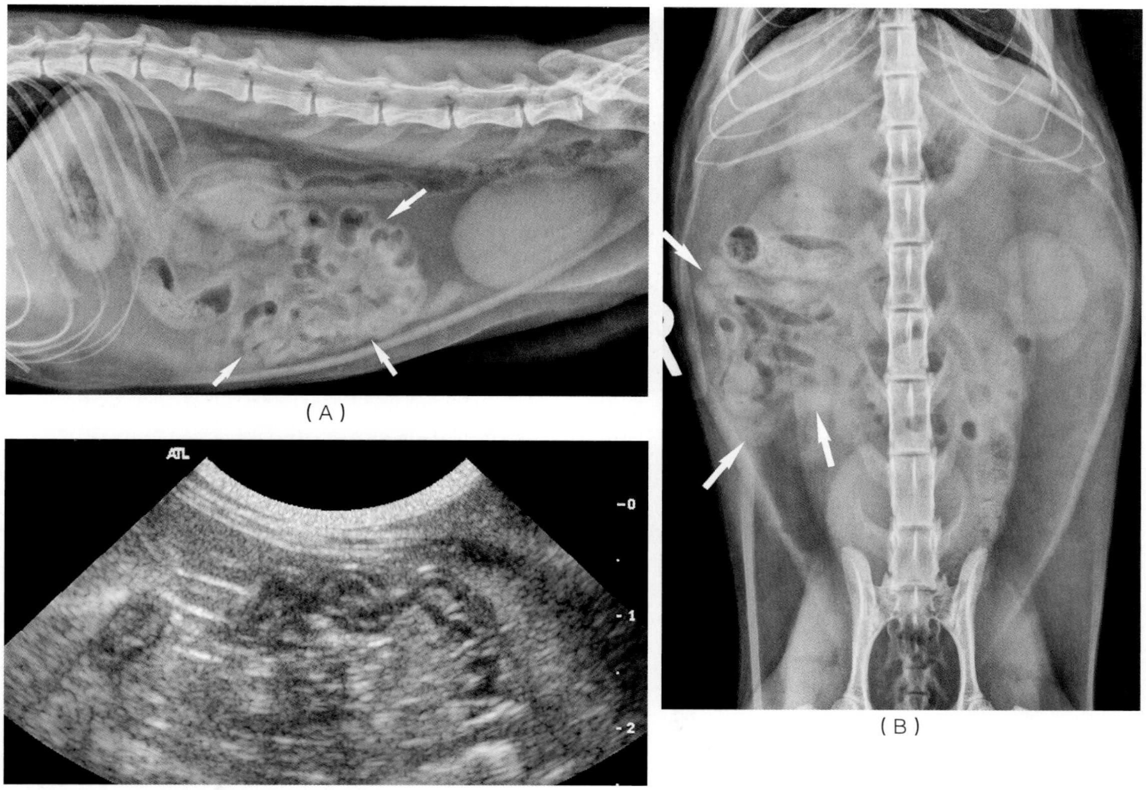

图292-41　线状（串状）异物。聚集的小肠袢见于侧面（A）及腹背投射（B）。超声检查时也可观察到聚集的小肠袢（C）。在实时超声检查时，超回声的线状结构可见于肠腔内。线状异物常为超回声

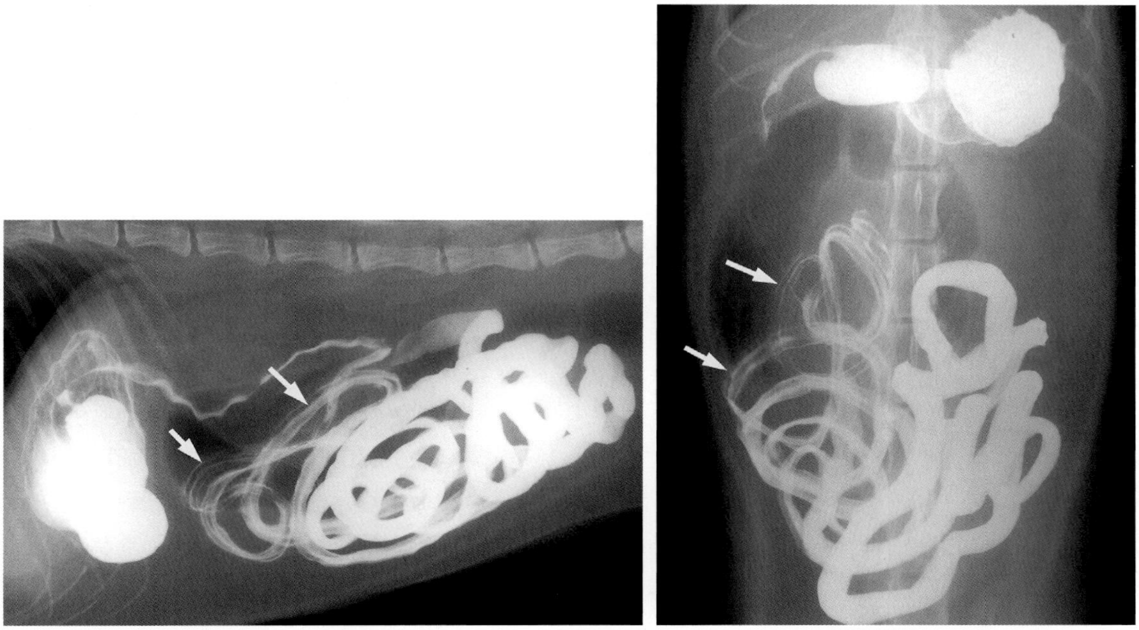

图292-42　侧面（A）及腹背（B）投射，猫吞食纱线后胃肠道前段的钡系列透视。钡能到达结肠，但空肠有三层结构，说明是由于食入纱线所造成的。如果怀疑发生胃肠穿孔，则应采用水溶性碘化造影剂而不使用钡

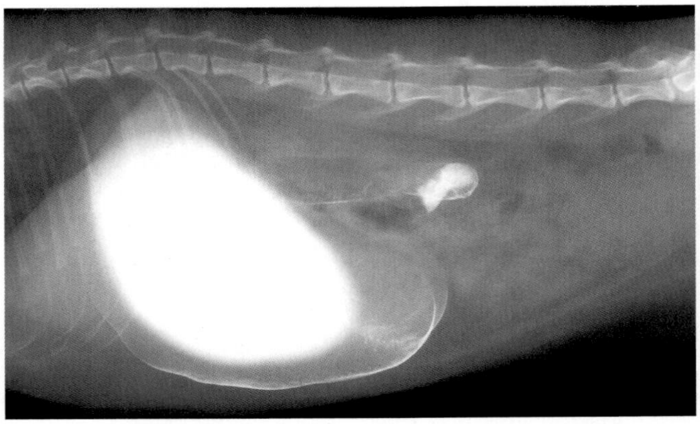

（A）

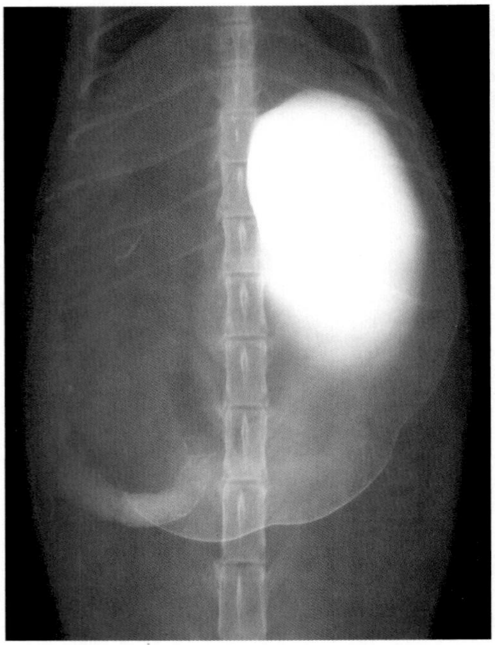

（B）

图292-43　猫十二指肠异物时胃肠道前段的钡透视。口服钡后18h拍摄的X线照片。胃扩张，钡残留在胃及十二指肠近端。（A）侧面投射；（B）腹背投射

离气体的特征性结构。在一项研究中发现，穿孔时发生的变化还包括局部性明亮的肠系膜脂肪、腹膜腔液体、充满液体的胃或小肠、分层消失及局部淋巴结肿大、运动性降低、胰腺发生变化及肠道呈波纹状等。

胃扩张及胃扭转

- 虽然体格较大的犬可发生胃扩张及胃扭转（gastric dilatation and volvulus，GDV），但胃扩张及胃扭转（肠捻转）也可发生于猫。
- 在Bredal和同事进行进行的研究中，10只患胃扩张的猫中有5只发生胃扭转；5只患有单纯的胃扩张。10

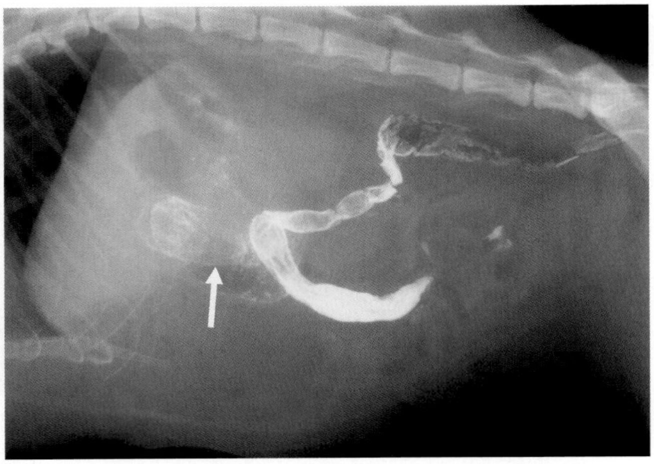

（A）

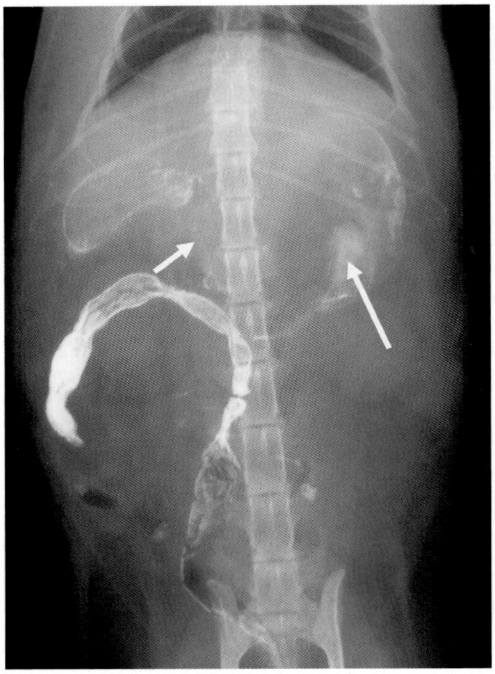

（B）

图292-44　胃肠道前段钡造影，猫有厌食和呕吐的病史。检查时可见钡位于结肠，但也可见到残留于胃。以这种方式残留的钡通常是由于多孔渗水性异物，如衣物所引起。（A）侧面投射；（B）腹背投射

只猫（2只胃扭转，1只还有胃扩张）有2只也患有膈疝。

- X线检查发现胃扩张及充满气体。发生扭转时，侧面观可发现幽门向背部及向前移位，腹背观察时向左侧面移位（见图292-46）。右侧卧观察在犬可帮助诊断，这样观察时幽门应为液状不透明体，位于腹面。发生扭转时，幽门（如果扭转引起幽门向左侧背部移位）则会充满气体，位于背部。
- 造影X线检查通常没有必要或不理想。

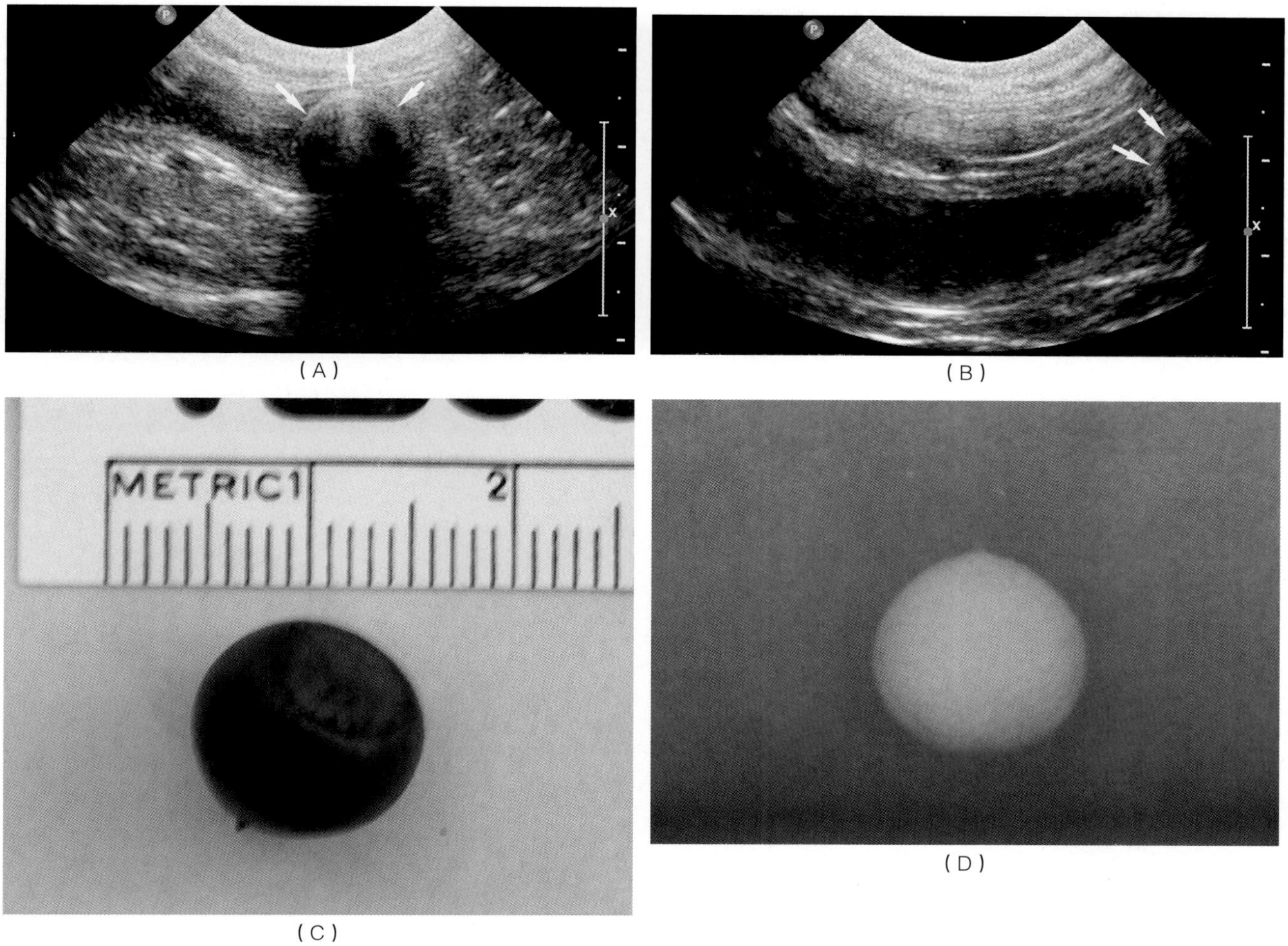

图292-45　图292-40（B）中患有小肠阻塞的猫的超声检查。阻塞由橡子引起。（A）橡子具有弯曲的超回声表现，有深的声影。（B）小肠在近橡子处扩张及充满液体（箭头）。（C）从小肠除去的橡子。（D）除去的橡子的X线照片，橡子为液状不透明体

包括肿瘤在内的浸润性疾病

- 浸润性疾病包括如前所述的肿瘤、霉菌病及浆细胞性-淋巴细胞性肠炎。
- 淋巴瘤为猫最常见的小肠肿瘤。暹罗猫就诊病例中腺癌最多。
- 在探查性X线照片中，在发生胃肿瘤时，偶尔可观察到胃壁增厚及异常的气体，见图292-47。必须要注意避免将增厚的胃壁与叠加在充满液体的胃壁上的气泡相混淆。在有些病例，肿块可突出进入肠腔，由气体勾画出其轮廓（见图292-48）。胃肠肿瘤在X线扫查时（即使采用造影剂）也并非总能观察到。
- 在胃肠道前段的系列摄影检查时，可发现充盈缺损或壁层增厚。如果肿瘤影响到幽门，则可发生幽门流出受阻。
- 超声检查症状包括胃壁增厚及超声反射性发生改变。虽然大多数胃的肿瘤（见图292-47）为低回声，但有些为超回声或具有不同的回声反射（见图292-48）。常常可出现正常肠壁层破坏（特别是在肿瘤为后期时）。这种情况称为肠壁分层消失（loss of wall layering）。
- 应在多个层面上扫查胃壁以确定将正常塌陷的胃壁不要误认为是肿瘤。
- 有时可在小肠肿块中见到液状不透明肿块，有些小肠肿块可引起阻塞。最常见的小肠肿瘤有淋巴瘤、肥大细胞瘤和腺癌。这些病例40%通过X线检查可发现。有些肿瘤可发生钙化，进行X线探查时可观察到（见图292-49和图292-50）。
- 在造影X线检查时，浸润性疾病可引起腔体大小不规则（即狭窄或扩张）及黏膜表面不规则。
- 对小肠肿瘤进行超声检查时（见图292-51），最为明显的是分层消失。增厚可能不对称、超声反射性降低，局部淋巴结病变为另一重要症状。怀疑发生小肠肿块时，应在多个平面检查，并能追踪到正常小肠。

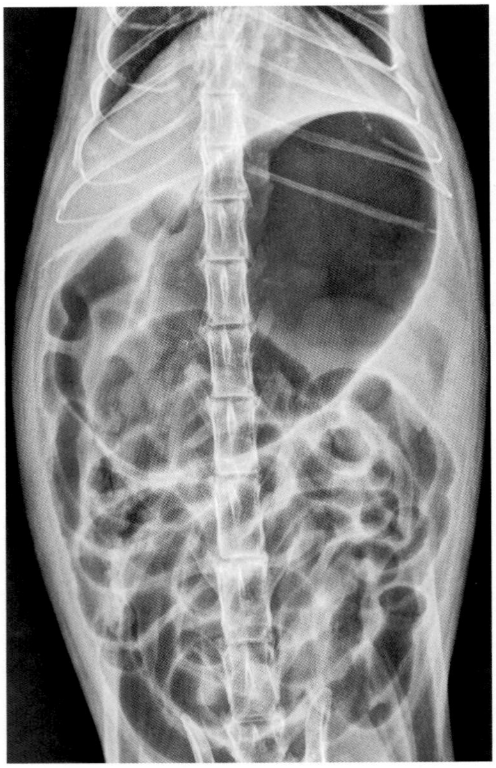

（A）

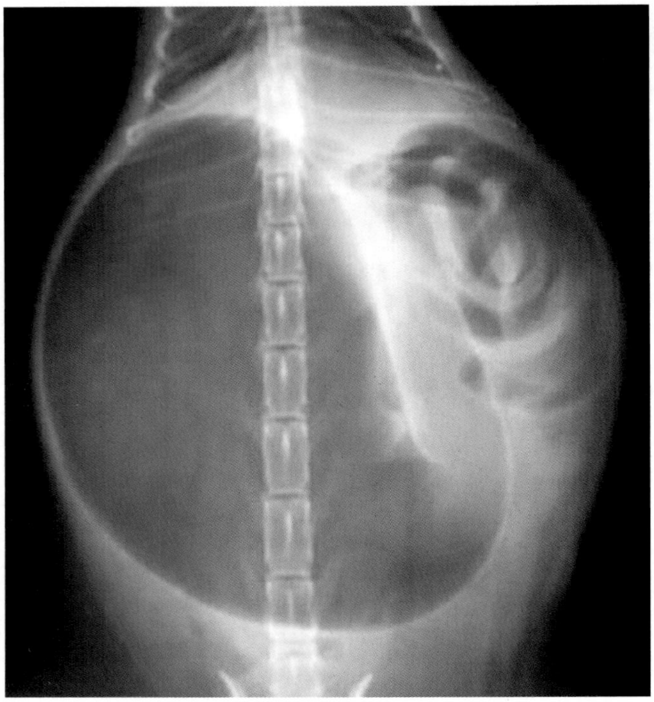

（B）

图292-46 （A）去除猫胃肠道中的毛球后，胃发生扩张，腹背观察时，胃的位置正常。（B）腹背侧观察可见胃扭转。X线检查可见胃明显扩张，幽门部偏向腹部左侧。已通过手术证实发生胃扭转［图片引自Shelley Merbitz, Furr Angels website（http://www.furr-angels.com/gastricdv.htm）and Dr. Lee Bolt（Sweeten Creek Animal and Bird Hospital, Asheville, NC）］

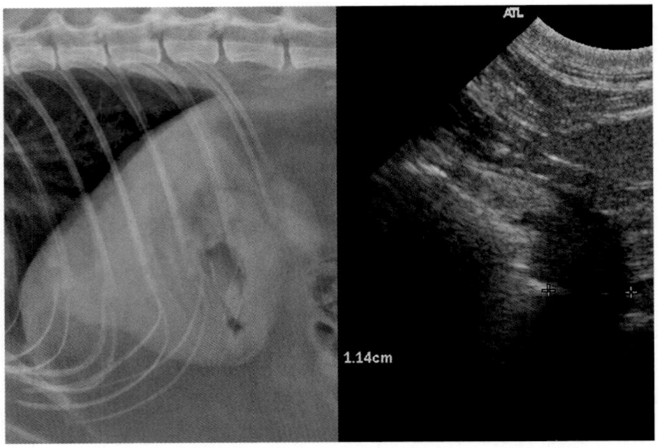

图292-47 猫胃壁肿块的X线检查及马超声图像检查的对比，均显示胃壁增厚。胃中的无规则气泡使增厚的胃壁在X线检查时清晰可见。

应检查肠系膜淋巴结是否受到涉及或影响。

- 罕见情况下，肿瘤可导致穿孔及腹膜腔内存在气体或小肠内容物。游离气体的超声症状已在前面介绍。
- 确定诊断时需要进行手术或细针活检。

小肠创伤

- 肠道的创伤可因遭遇车祸或犬攻击而引起。
- 如前所述，自由流动的液体或气体和表明发生了穿孔，小的撕裂在X线检查时可能不明显，可能需要诊断性腹腔灌洗（diagnostic peritoneal lavage）确诊。
- 创伤或偶然情况下可在胃肠壁观察到气体（见图292-52）。虽然气体常自发性分散，但如果胃肠壁严重受损时可发生穿孔，因此应监控腹腔的变化。超声扫描检查时，可观察到由胃壁或肠壁而不是由内腔的气体产生的混响伪影。
- 即使肠道发生严重的挤压伤，腹部X线检查仍可能正常，临床症状也可延缓出现。
- 在怀疑发生穿孔时应采用碘化造影剂。虽然有专用的离子化碘化造影剂，但如果病猫已衰竭或脱水，应采用非离子化的碘化产品。造影剂益处是到腹膜腔可证实穿孔，可发现造影剂在浆膜表面不透明度增加。

幽门流出受阻（pyloric outflow obstruction）

- 幽门部阻塞可见于继发于胃异物、肿瘤、炎症或肥大。先天性幽门狭窄也可发生。
- X线检查可发现胃大而充满液体，其中有不等量的气体。
- 可通过胃肠道前段的系列照相证实胃排空延缓。通常

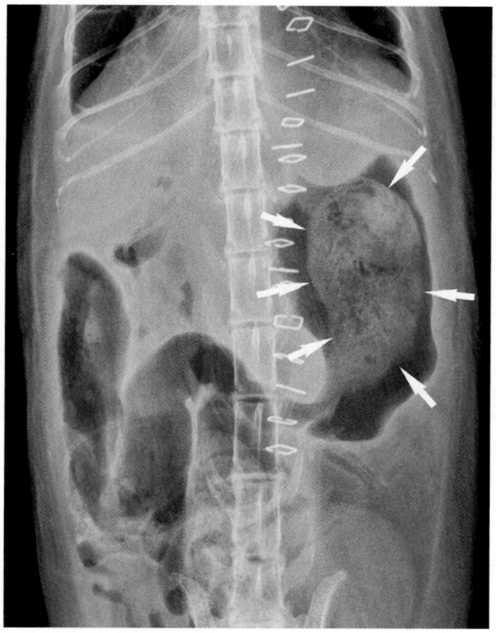

（A）

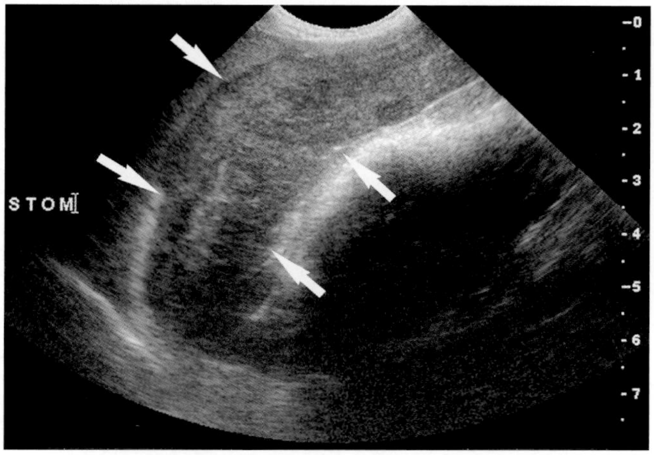

（B）

图292-48 （A）12岁美国家养短毛猫腹部的腹背X线摄影检查。可见胃壁异常增厚（箭头）突出到胃腔内。（B）超声检查时，也发现胃壁（箭头）明显增厚，轻度超回声，表现为分层消失。腔中的气体呈超回声，混响伪影引起声影区。诊断为B细胞淋巴瘤

采用钡，如前所述，可有助于证实是否有异物或肿瘤。

- 超声检查有助于识别胃中潴留的液体、胃的活动减少及是否存在肿块或异物（见图292-53）。

肠梗阻

- 肠梗阻（ileus）可为机能性的（见图292-54），由于创伤或小肠周围的炎症所引起。胰腺炎常常与邻近肠道的运动性降低有关。
- 如果肠道出现生理性阻塞，则可发生机械性肠梗阻。其发生的病因包括小肠异物、肿瘤、肠扭结

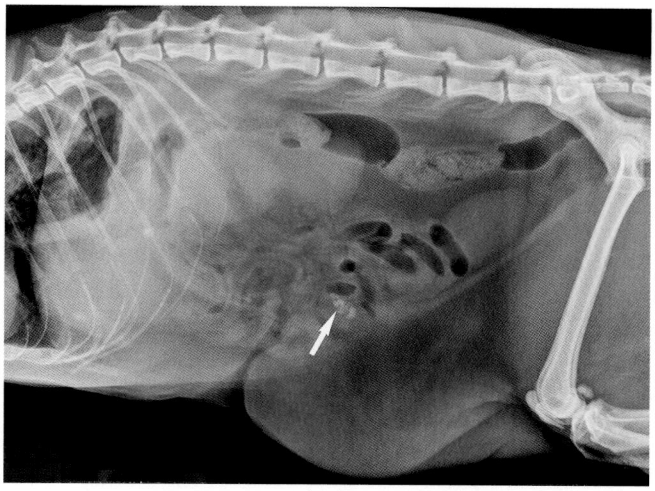

（A）

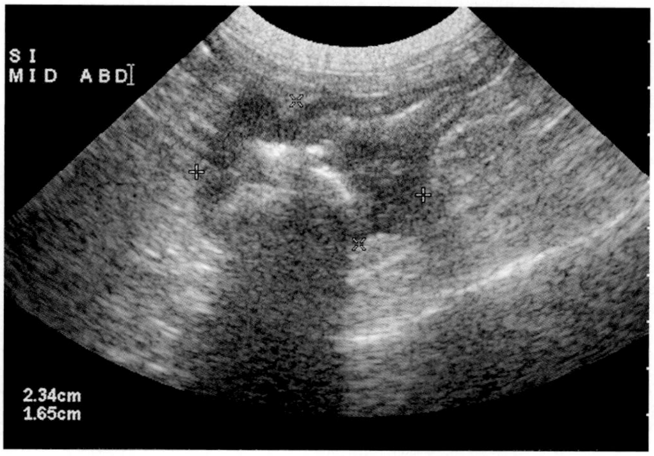

（B）

图292-49 （A）猫失重及厌食1个月，腹腔侧面X线检查，发现矿物质不透明体（箭头）与小肠袢有关。（B）超声波检查证实矿物质位于小肠壁。肠道分层明显消失

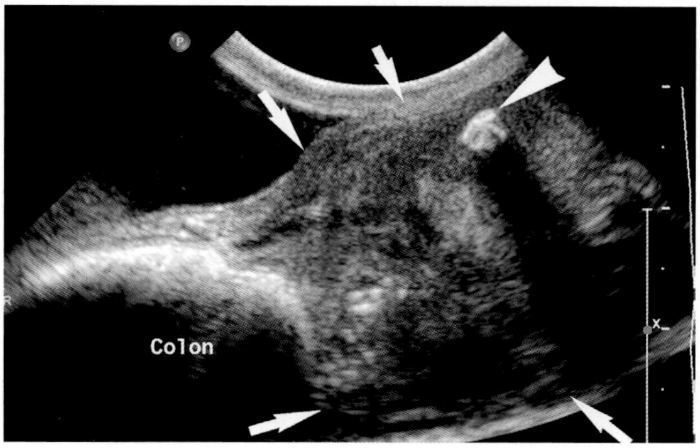

图292-50 图292-2中猫的超声检查图像，表明X线检查时发现的矿物质不透明体（箭头）位于结肠壁内。结肠壁（箭头）严重增厚，表现为肠壁分层消失。邻近的结肠（在图像左侧显示）正常

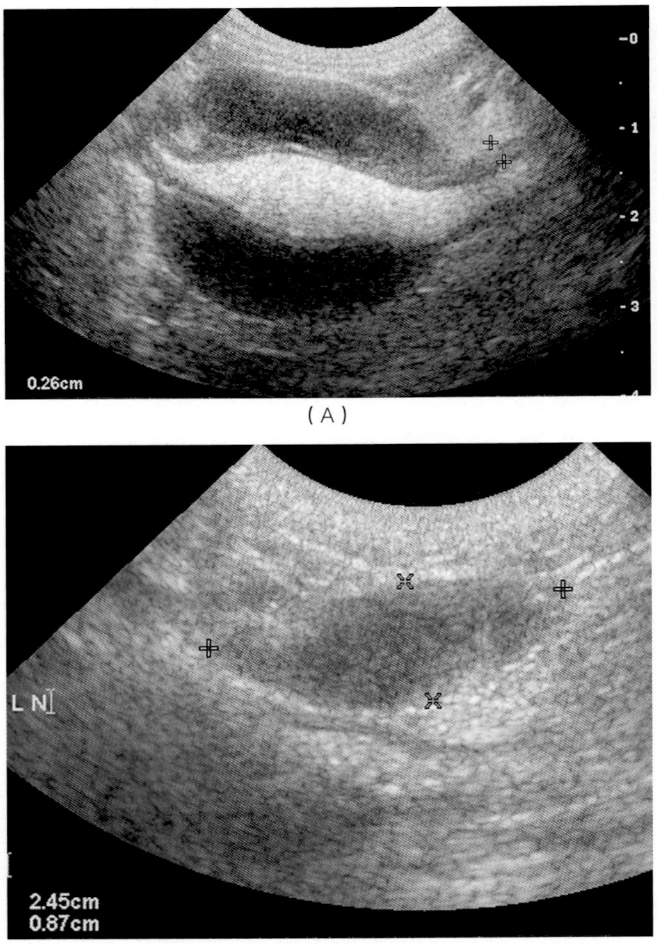

（A）

（B）

图292-51 （A）超声检查表明一同中心肿块影响到一具有失重病史的猫的小肠。小肠壁低回声，表现为肠壁分层消失。（B）肠系膜淋巴结轻度肿大而低回声。LN，淋巴结（lymph node）

（volvulus）及肠套叠（intussusception）。

- 阻塞的典型症状包括近阻塞部位小肠扩张，但并非总能鉴别出引起阻塞的原因，确定阻塞的部位可能也存在问题。
- 有人曾采用“肠堆叠”（stacked bowel）及“发夹状弯曲”（hairpin turns）描述腹腔中扩张的小肠袢。
- 采用钡进行胃肠道前段系列摄影来证实阻塞。肠梗阻部位可发生持续性的扩张。钡可进入近端肠袢，在阻塞部位突然停止。阻塞源可造成钡造影剂的充盈缺损，或可由钡勾画出其轮廓。多孔渗水性异物可保留钡，如果肠道其他部位排空，则也可观察到。确定阻塞时也有人建议采用含钡小球（barium impregnated polyethylene spheres，BIPS）。
- 超声检查症状包括腔体扩张及胃肠壁增厚，或不出现阶段性收缩。阻塞的原因（如异物或肿瘤）可能很明显。在出现串状异物时小肠皱褶可能很明显。

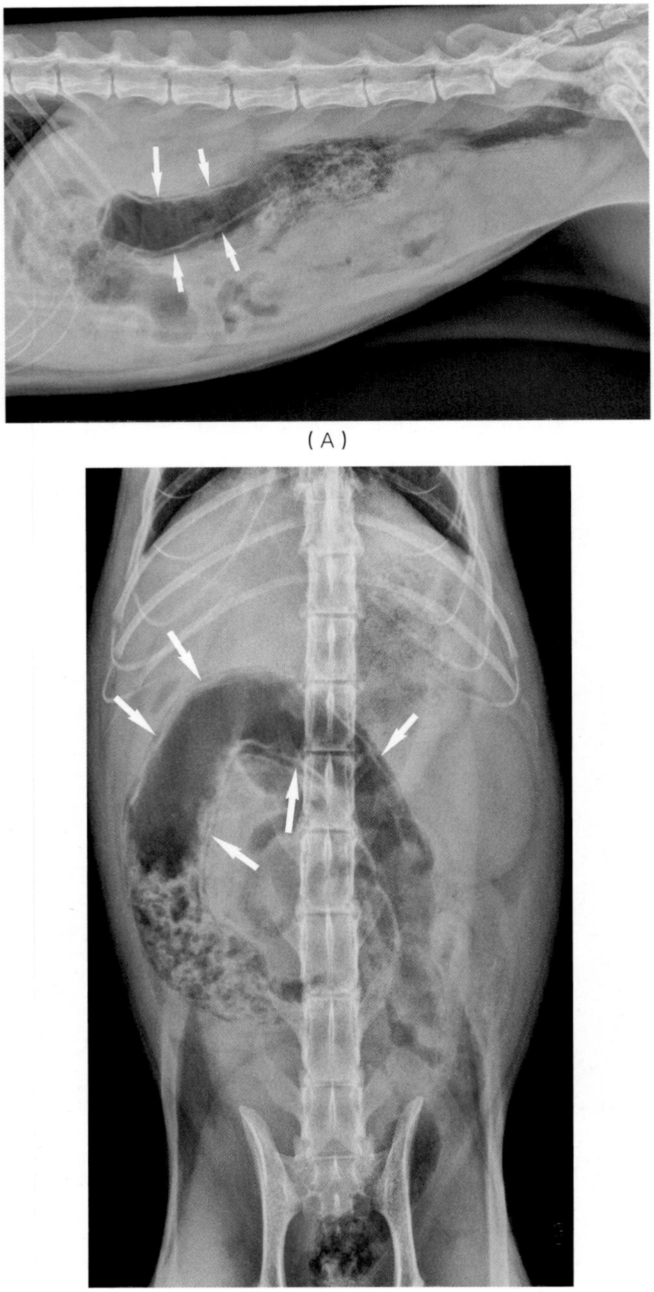

（A）

（B）

图292-52 猫患大肠积气（pneumatosis coli）时的X线。气体（箭头）可见于结肠壁。胃肠道壁的气体可自然消失，但也可导致肠壁破裂。这些病猫应该进行手术探查或仔细监测。（A）侧面投射；（B）腹背投射

炎性肠病

- 炎性肠病（inflammatory bowel disease，IBD）为一种引起慢性肠炎的疾病。各种类型的炎性细胞可浸润到小肠壁。参见第120章。
- Baez等在一项研究中发现，所有9只猫均具有正常X

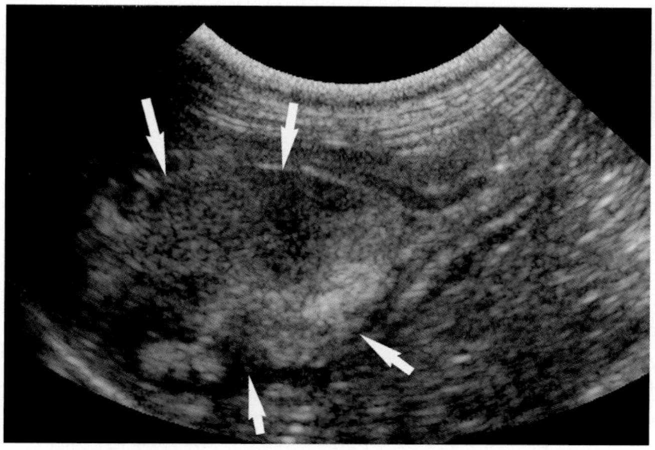

图292-53　猫具有4个月呕吐及急性开始后持续3d腹泻的病史，就诊时的超声检查图。在幽门区可观察到超回声的肿块。在肿块末端可观察到正常的十二指肠。采用超声指导下的穿刺，细胞学检查证实肿块内及邻近淋巴结为肥大细胞瘤。在距肿块2cm处实施旁路胃-十二指肠切除术（bypassing gastro-duodenostomy）（亚布雷肠吻合术，jaboulay anastomosis），组织学诊断为纤维增生，具有明显分化的肥大细胞及嗜酸性粒细胞，这与猫胃肠嗜酸性粒细胞性硬化性纤维化（feline gastrointestinal eosinophilic sclerosing fibrosis）引起的变化是一致的

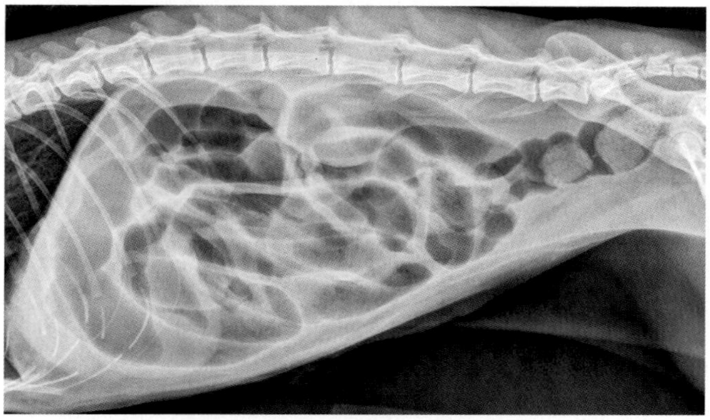

图292-54　猫具有6个月小肠气体臌胀及便秘的病史，检查时侧面X线拍片，小肠充满气体，中等膨胀，但不能确定普遍性肠梗阻的原因

线探查表现。对3只猫中2只胃肠道前段系列X线照片检查发现肠壁轻度不规则。

- 如果不发生溃疡，炎症可很少引起或不引起胃肠道前段的变化，非特异性变化包括造影剂圆柱（contrast column）不规则、造影剂圆柱缺少均一性及造影剂圆柱轻度狭窄。
- 研究表明，超声检查结果与组织学等级之间的关系要比内镜检查或X线检查更为密切。
- 超声检查结果包括小肠肠壁不够清晰、局部增厚、肠系膜淋巴结增大及肠系膜淋巴结回声反射降低（见图292-55）。黏膜可表现为异常的低回声或超回声，可形成折叠。肠壁的回声反射性可呈弥散性增加。肌层也可增厚。

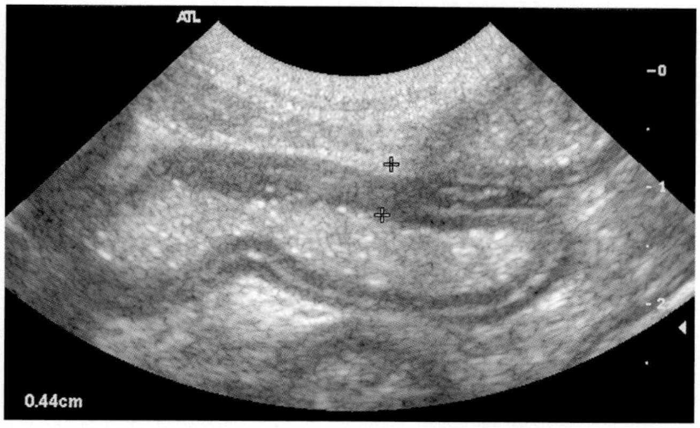

图292-55　10岁美国家养短毛猫，具有炎性肠病的超声诊断图。小肠壁增厚，肠壁分层发生改变

- 虽然肠壁分层的消失通常与肿瘤有关，但严重的炎性反应及坏死也可导致肠壁分层发生改变或肠壁分层消失。
- 必须要通过活检来排除本病的其他原因。
- 发生寄生虫病、尿毒症、胰腺炎，摄入毒素或化学物质或其他疾病等时也可发生炎症。

顽固性便秘及巨结肠

- 顽固性便秘通常为巨结肠的一种症状，而巨结肠则为结肠肌的一种疾病。参见第136章。
- 脊柱淋巴瘤可在该部位引起神经性疾病，也可导致顽固性便秘。
- 继发于肿瘤或炎症的狭窄也可阻塞排粪。骨盆骨折也可引起阻塞。
- 其他原因包括先天性疾病及锥虫引起的寄生虫感染。
- X线检查时，结肠因大量的粪便而扩张，不透明度增加。参见第136章。
- X线扫查、结肠气体造影或采用钡观察后可观察到狭窄。X线检查应该包括骨盆和骨盆腔。
- 可能还有其他证据表明神经性疾病，如由于排尿问题而引起膀胱增大。此外，由于结肠阻塞可引起狭窄及膀胱扩张，因此尿道可能受到压迫。

肠套叠

- 肠套叠（intussusception）时胃肠道任何部位均可内陷到肠道其他部位，包括胃内陷到食道、小肠内陷到小肠、回肠内陷到结肠、结肠内陷到结肠等。发生套叠时可引起完全或部分阻塞。
- 胃食管套叠（gastroesophageal intussusceptions）可引起胃移位到食道。在进行X线扫查时可发现胃在

食道中呈一液状或其他不透明体，但并非总是能观察到皱襞。可采用钡证实是否胃的位置出现异常。

- 回结肠及小肠型套叠最为常见，占位效应可能很明显。其他原因或液体引起的小肠臌胀可出现在肠套叠引起的阻塞部位的近端。
- 在胃肠道前段的系列检查时，肠套叠套入部（intussusceptum）（肠道套叠到另外的肠段）（肠套叠在纵断面上可分为三层，外层为肠套叠鞘部或外筒，套入部为内筒和中筒——译注）可能具有充盈缺损。
- 结肠气体造影有助于诊断回肠结肠型肠套叠（回肠位于结肠内）。在回肠结肠型肠套叠时，气体可充满结肠（肠套叠鞘部，intussuscipiens）及回肠（肠套叠套入部）为液状不透明物。
- 超声检查时，小肠套叠进入其他小肠肠袢引起超回声及低回声性发生改变（即横断面呈现同轴成像及纵切面平行），外观因肠腔内容物的不同而不同，因小肠壁水肿程度而不同，也可因扫描平面而不同。横切面图像上可见到牛眼样外观。

结肠狭窄

- 狭窄可表现为气体勾画出的狭窄区，这种外观应在多张胶片上存在，以确保狭窄区不是伪影（如由于收缩）所引起。进一步检查时应采用超声检查。

肾上腺影像分析

猫的正常肾上腺

- 每个肾上腺均为椭圆形结构，位于同侧肾脏之前，邻近于后腔静脉。腹膈血管（phrenicoabdominal vessels）与同侧肾上腺关系极为密切，动脉向前而静脉向腹侧到达肾上腺。
- 老龄猫30% 具有营养不良型肾上腺钙化，但无异常的临床症状。
- X线检查时观察不到正常的肾上腺，甚至在X线检查时也并非总是能够观察到钙化。
- 超声检查时，肾上腺为椭圆形低回声的器官。中心部位的回声可能比中央区高。在作者的实验室曾观察到，猫的肾上腺通常宽度为3～4mm，长度为10～13mm。
- 猫右侧卧，探头在左侧腹壁成角度探查，光束以腹外侧向背中线方向探查时，易于检查左侧肾上腺，可发现左侧肾上腺位于左侧肾脏之前或左侧肾动脉之前。
- 见图292-56。
- 右侧肾上腺也可在猫左侧卧，探头置于右侧时探查到。探查右侧肾上腺时，先找到右侧肾脏，在矢状平面上找到后腔静脉，然后在后腔静脉与右侧肾脏之间探查，可容易地找到右侧肾上腺。右侧肾上腺在右侧肾脏之前靠中间，与后腔静脉之间关系密切。
- 发生钙化时可见到超回声，具有深的声影区，见图292-57（B）。
- 猫的两侧肾上腺通常要比犬的更靠前。

肾上腺肿块

- 肾上腺肿块在猫不常见。腺癌、癌及嗜铬细胞瘤（pheochromocytomas）见有报道。
- X线检查时，肾脏前及中间的软组织不透明体表明可能存在肾上腺肿块（见图292-57）。有些肿块可能含有钙化区。
- 许多肾上腺肿瘤由于太小而在X线检查时不明显。超

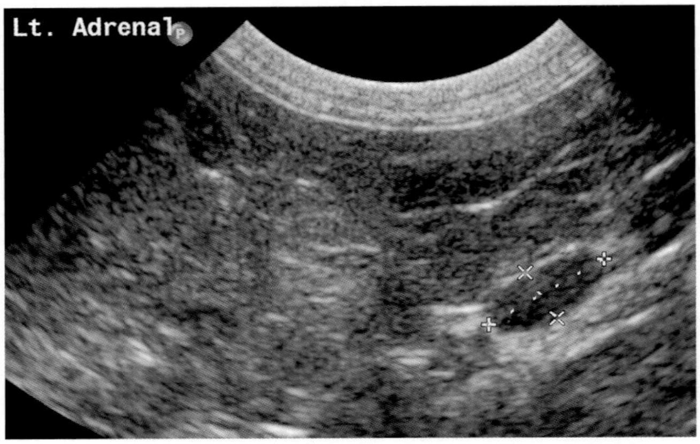

（A）

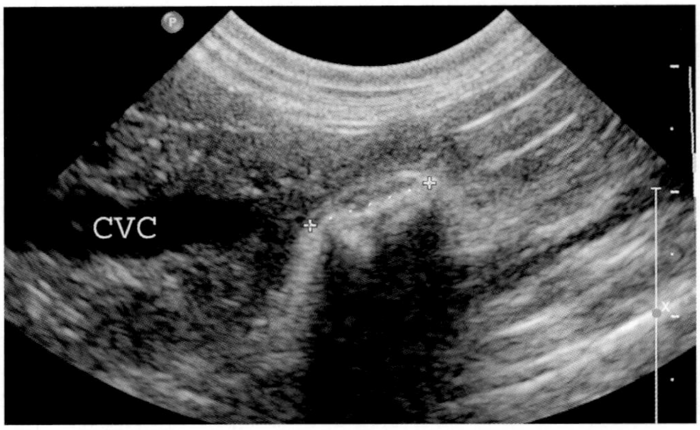

（B）

图292-56　（A）正常肾上腺的超声图，呈典型的低回声椭圆形结构，中心更呈超回声图像，大小通常为长10～13mm，宽3～4mm。（B）肾上腺钙化常见于老龄猫而不表现临床症状。在这张老龄猫的超声图像中，可见钙化的右侧肾上腺临近后腔静脉（CVC）。肾上腺为超回声，具有深的声影区。标尺用于测定肾上腺的大小

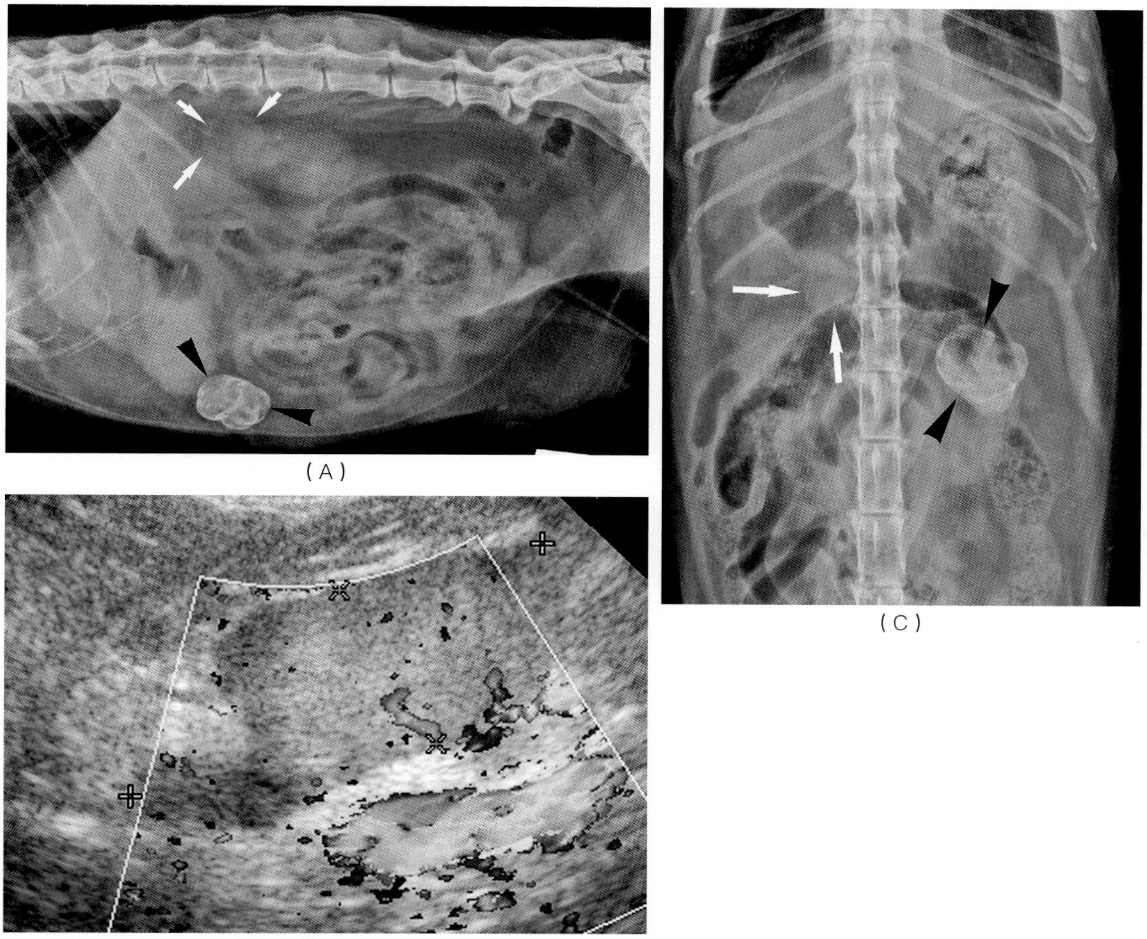

图292–57　（A）猫因心脏病就诊时的侧面X线检查。在肾脏的背前部可观察到略呈圆形的液状不透明体（箭头）。矿物质不透明体（黑色箭头）是由于营养不良性脂肪钙化（Bates body）所引起。（B）腹背X线拍片显示右侧肾脏前的液状不透明体（箭头）。超声检查发现这种不透明体为肾上腺肿块。（C）超声图消失的肾上腺肿块，标尺用于测定大小。用彩色血流多普勒成像检查血流

声检查时可发现大小及超声反射不同的肿块。应检查后腔静脉及邻近组织是否有浸润的迹象。

肾上腺增大

- 肾上腺皮质机能亢进（库兴氏病，Cushing's disease）在猫有发生，但没有在犬常见。一侧或双侧肾上腺可能会受到影响。垂体依赖性肾上腺皮质机能亢进引起的肾上腺增大没有原发性肾上腺肿瘤引起的严重。参见第101章。

肾脏影像分析

猫正常肾脏的X线检查

- 猫的肾脏比犬的移动性大。右侧肾脏的前端不像在犬那样包埋在肝脏中。
- 正常猫的肾脏长为第二腰椎长度的2.4～3.0倍。
- 正常肾脏为液状不透明体，边缘光滑，周围包有脂肪。

排泄性尿路造影术的应用

- 可静注离子化及非离子化造影剂检查肾脏及输尿管。新型的非离子化造影剂不良反应少，主要是因为其比离子化造影剂具有更低的渗透压（高渗性低），不能游离成离子。这些造影剂也可减轻其化学毒性，不大可能会引起过敏反应。
- 呕吐为猫常见的并发症。
- 其他并发症包括脱水、肺水肿、过敏反应及造影剂引起的肾衰。
- 长期的肾图（nephrogram）监测（见图292–58）如果没有肾盂造影则表明可能发生肾衰，可能为造影剂所引起，应采用静脉内液体及利尿剂进行治疗。

排泄性尿路造影术检查的正常结果

- 正常下行性尿路造影图片有四个期。

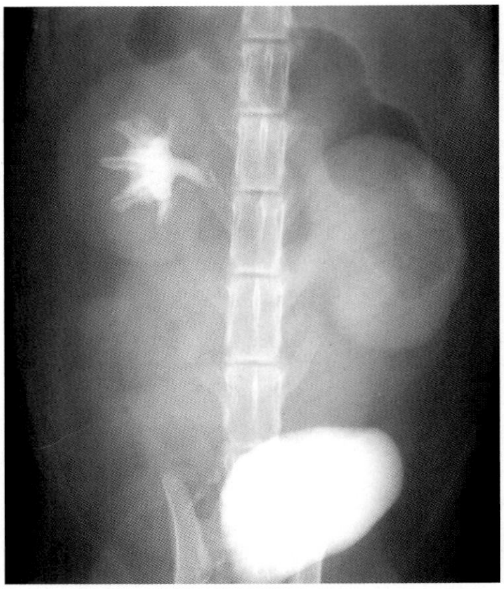

图292-58　注射碘化造影剂后2h的排泄性尿路造影。右侧肾盂扩张，双侧持续出现肾图

- 动脉造影期（arteriogram phase）通常观察不到，如果在小动脉及动脉中注入碘则可在很短的时间内观察到。
- 肾图期（nephrogram phase）紧接动脉造影期，很快出现最大不透明度，在1～3h内逐渐衰退。在碘化造影剂位于近端肾小管时可出现肾图期变化。
- 肾盂造影期（pyelogram phase）开始于注射造影剂后数分钟内，在最初20min可出现最大不透明度。造影剂存在于肾支囊内及肾盂和输尿管内。
- 膀胱造影期（cystogram phase）为造影剂在膀胱中可见的阶段。肾图期及肾盂造影期仍可见。

- 在肾脏直后用手压迫（在输尿管上）可改进对肾支囊及肾盂的观察。肾支囊通常不到1～2mm；近端输尿管不到2～3mm。
- 输尿管蠕动可引起造影剂在输尿管内呈线状的特点被打断。

猫正常肾脏的超声检查

- 与排泄性尿路造影相比，超声检查法的主要优点是其非侵入性，无离子辐射，可避免造影剂反应。即使已不存在肾机能，也可采用超声诊断。与膀胱造影术不同的是，输尿管或尿道并非一定要通畅。在需要进行排泄性尿路造影时，先用造影剂不影响超声图的质量。猫肾脏的正常外观与犬的相似。
- 与其他器官一样，应该在多个平面检查肾脏。中间向背部的平面图像相当于肾脏切片进行病理学检查的平面。在中间向背部的图像中［见图292-59（A）］，肾脏侧缘接近探头，肾门及肾门血管直接向着背部。
- 因光束平面近肾脏侧面或中间面纵向矢状面扫描图像可发生变化。侧面矢状面扫描时［见图292-59（B）］，肾脏呈西瓜样外观，这是由于肾脏髓质被超回声的肾支囊所分割而引起。中间矢状面［见图292-59（C）］有两个平行的棒状结构向着中央，这代表了肾盂向着腹面和背面的分支，中间由肾嵴（renal crest）隔开。在中间矢状面扫描时［见图292-59（D）］，皮质包围着回声不强的髓质，髓质呈两个低回声的圆，中间由包围肾盂的脂肪分开。横断面扫描时沿着肾脏的短轴扫描。在中间的横断面扫描图片中，肾盂呈超回声的C形包围着肾嵴［见图292-59（E）］。
- 与髓质相比，肾脏皮质总是呈高回声。猫肾脏皮质上皮脂肪增加可增加皮质的回声反射性。
- 年轻猫皮质髓质界限要比老龄猫清晰，猫的皮质髓质界限要比在犬清晰。
- 正常肾脏大小为3.8～4.4cm。肾脏大小与超声检查测定的腰椎的长度相当，或者与腹主动脉的直径相当。

肾萎缩

- 在患有慢性肾病的猫（如慢性小肠炎症或肾小球肾炎及慢性肾盂肾炎时），肾脏较小，有时在X线检查和超声检查时表现不规则，见图292-60。超声检查时皮质髓质界限可能不清楚。当一侧肾脏机能丧失或机能不全时，代偿性肥大可造成另一侧肾脏增大。下行性尿路造影可发现大的肾脏表现为正常肾图和肾盂造影图，而小的异常肾脏则表现各种异常。有些病例还存在尿结石。
- 发育不良的肾脏通常小，不规则，肾盂扩张，皮质髓质界限不清晰或可以忽略。有时可观察到囊肿，有时由于腹腔异常而难以识别到肾脏。在感染猫传染性粒细胞缺乏症时，患病猫的胎儿可发生肾脏发育不全。
- 淀粉样变在阿比尼西亚猫和暹罗猫为家族遗传性，可导致小肾脏。
- 慢性肾盂肾炎也可导致肾脏小而无规律。排泄性尿路造影术可发现肾盂及可能还有近端输尿管扩张。血凝块、细胞碎片、脓性物质或结石可引起充盈缺损。超声检查时，可发现皮质髓质界限不清晰。细胞性物质可见于肾盂，说明有化脓性沉渣或血凝块。

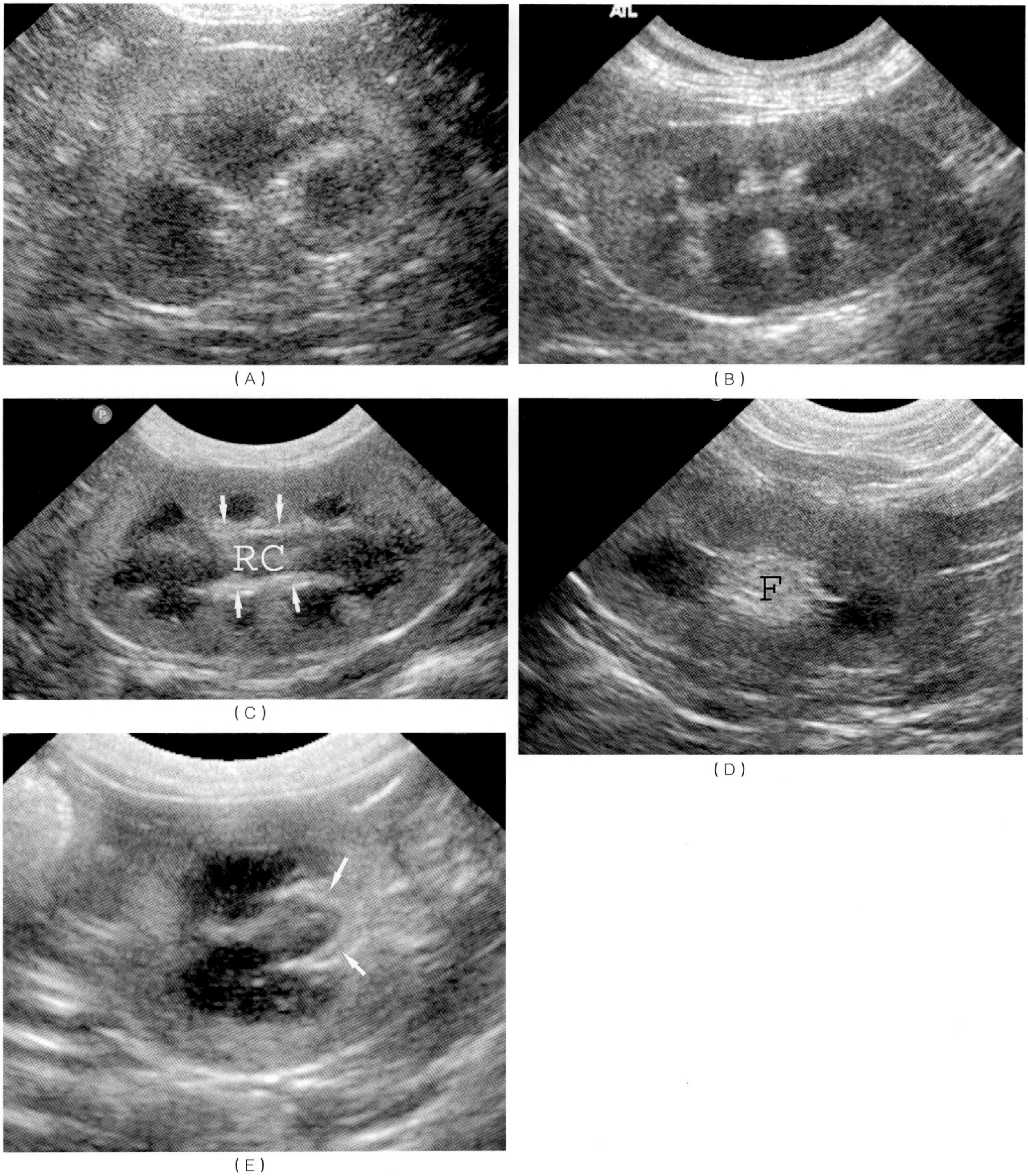

图292-59 猫正常肾脏的超声图。（A）背中部成像。肾脏侧面边界接近于探头，肾门及肾门血管指向背部。（B）侧面矢状面成像。肾脏呈西瓜样外观。（C）正中矢状态面成像。肾盂的腹面和背面分支表现为两条超回声的线条（箭头），中间由肾嵴（renal crest，RC）分开。（D）中间矢状面成像。髓质表现为两条低回声的圆，中间由脂肪（F）分开，包围着肾盂。皮质见于外周。（E）横断面成像。肾脏基本呈圆形。肾盂的边缘（箭头）形成超回声的C形，包围着低回声的肾嵴。尿液呈边缘内的黑色区域。这是检查轻度肾盂扩张最为灵敏的观察方法

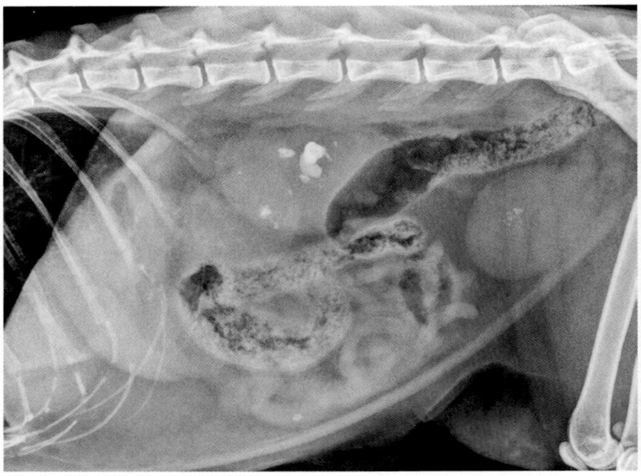

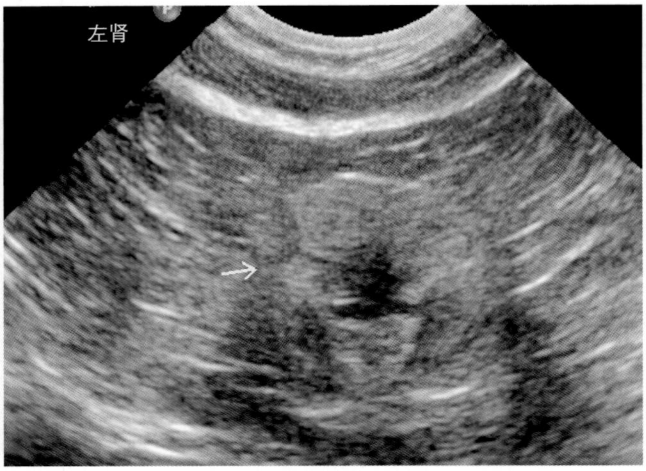

（A） （B）

图292–60 （A）侧面X线检查，右侧肾脏小而呈圆形。左侧肾脏比正常宽。在肾脏及膀胱两个区域均可观察到矿物质性不透明体。采用核闪烁扫描术计算肾小球滤过率。双侧肾脏负载相似时（49%及51%），肾小球总滤过率为每千克体重0.15mL/min（正常大于2.5）。（B）另外一只患有慢性肾病及BUN和肌酐升高的猫的超声检查图。左侧肾脏小而不规则。皮质表面具有明显的洼陷（箭头），可能为以前的梗死所引起

肾脏大：肾盂积水

- 肾盂积水（hydronephrosis）（见图292–61）可引起肾脏不同程度的增大，这是因输尿管或膀胱部分或完全阻塞所造成的。
- 引起阻塞的原因包括输尿管结石、输尿管狭窄、输尿管异位（ectopic ureter）及输尿管肿瘤（不常见）、肿瘤阻塞膀胱三角区及医源性结扎膀胱。
- 在X线扫查检查时，可发现肾脏不同程度增大。肾脏或输尿管结石时可在肾脏区或在腹膜后间隙出现不透明体。
- 在排泄性尿路造影术时，肾盂扩张，肾支囊扩张，边缘锐利。输尿管也可扩张，阻塞的原因在远侧可见。在严重的肾盂积水，肾脏皮质可缩小为很小的带，包围着大的液体囊。这种组织带在造影X线检查时可表现为不透明度增加。充满液体的肾盂如果没有剩余的肾小球浸润，则可变为不透明。
- 超声检查时［见图292–61（C）］，扩张的肾盂表现为一无回声的区域，将肾盂边界分开。发生严重的肾盂积水时，肾盂可扩张，直到皮质是唯一的薄的低回声鞘包围着无回声或有回声反射的袋状结构，超声检查时可见其在肾脏内涡旋（见图292–62）。肾盂的残留部分可表现为放射状的超回声线。

肾脏大：炎症性

- 急性炎症（包括由猫传染性腹膜炎或肾盂肾炎引起的肉芽肿性肾炎）可引起肾脏增大，但在X线扫查时肾脏也可表现为正常。
- 在有些病例可出现无规律的着边现象（margination）（炎症初期白细胞附着于血管壁——译注）。
- 肾盂肾炎及轻度的肾盂积水在排泄性尿路造影时外观相似。肾支囊、肾盂及近端输尿管不同程度扩张。肾支囊随着积水而更为锐利，但更有可能呈圆形，含有肾盂肾炎时的充盈缺损。
- 虽然肾盂肾炎及轻度的肾盂积水采用超声诊断不能肯定区分，但肾支囊不太锐利，扩张的程度在肾盂肾炎时不太严重（见图292–63）。在肾盂内可观察到具有回波反射的物质。

肾脏大：多囊肾

- 在猫的先天性多囊肾（idiopathic polycystic kidney disease）（见图292–64），多个囊肿从异常的肾小管发育而来，逐渐增大，代替机能性肾脏组织。本病可呈遗传性，特别是在波斯猫和与波斯猫有关的品种常见。参见第174章。
- X线检查结果可在囊肿的大小及数量上有明显不同，但随着疾病的进展，通常出现肾脏双侧性增大，边缘不规则。
- 在排泄性尿路造影术时，在发生大囊肿的区域肾图中可能出现充盈缺损。肾图扭曲，持续性肾图以及肾盂造影不良等均见有报道。
- 超声检查时，在早期病例，X线检查时肾脏可表现为正常或只是轻度增大，但超声检查时可观察到囊肿。关于实质的变化，参见下面的介绍。在严重病例，肾

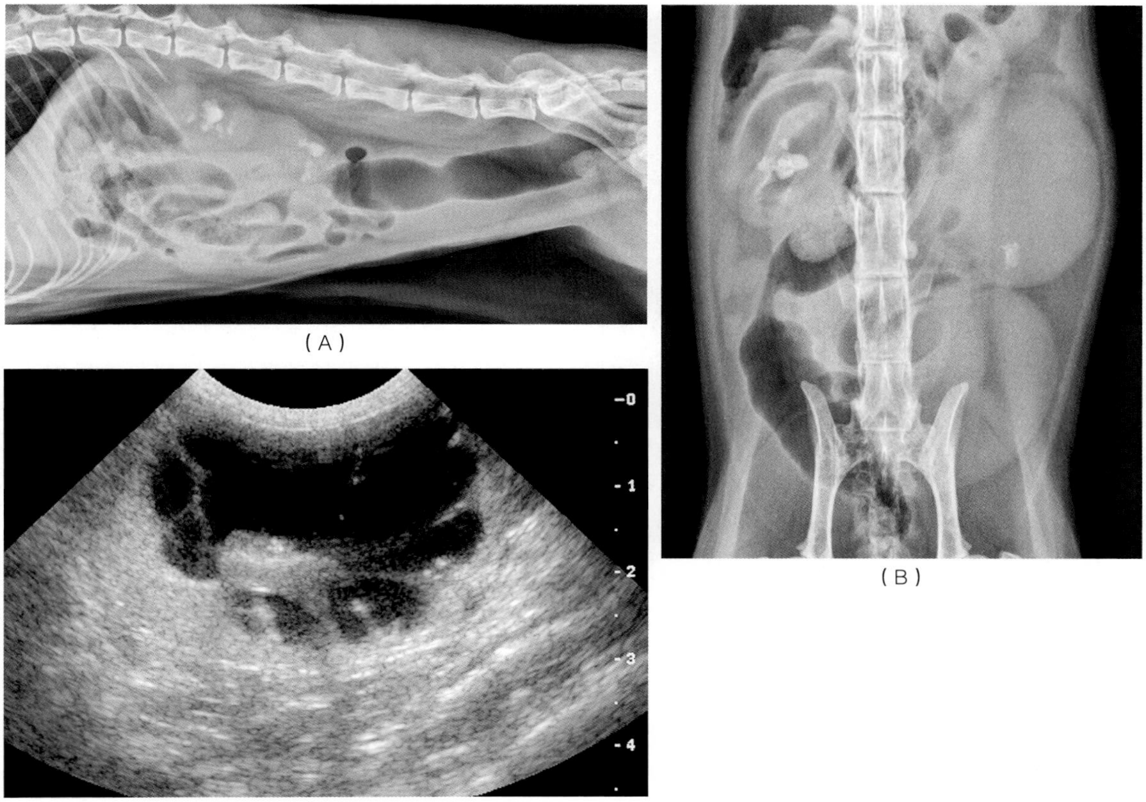

图292-61　X线检查表示肾脏及输尿管的矿物性不透明体。左侧肾脏（箭头）增大。（A）侧面投射；（B）腹背投射；（C）超声检查发现肾盂及肾支囊明显扩张，这与肾盂积水相一致

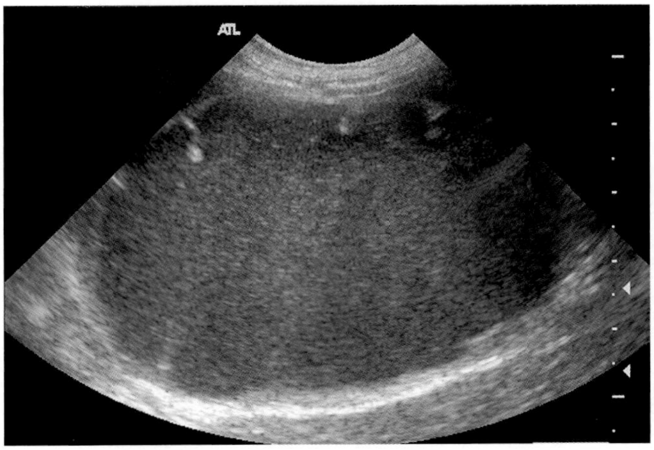

图292-62　超声检查图，表示为大量肾盂积水，只留下一个很薄的肾实质带。在超声检查时可见到细胞性液体的涡旋。在外周可观察到小的超回声线条，代表了残余的肾支囊。手术时见有输尿管粘连，组织学检查可发现输尿管纤维化

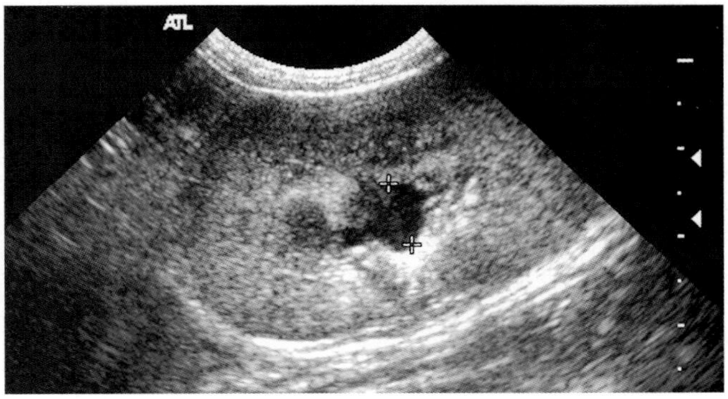

图292-63　7岁混合品种的猫，患有糖尿病和肾盂肾炎时的超声检查图。发生肾盂肾炎时肾盂扩张没有像肾盂积水时严重

脏可增大而扭曲，X线上可呈肿块状。

肾脏大：肿瘤性

- 肾脏发生肿瘤时的典型外观为位于背部的肿块，不能观察到肾脏的正常阴影（除了肿块）。
- 肾周伪囊肿也可产生肿块效应，出现肾脏肿大的假象。
- 淋巴瘤为猫最常见的肾脏肿瘤（见图292-65），通常在X线检查时表现为双侧性肾肿大。肾脏边缘常常不规则。超声检查时，肾脏通常增大，回声反射性发

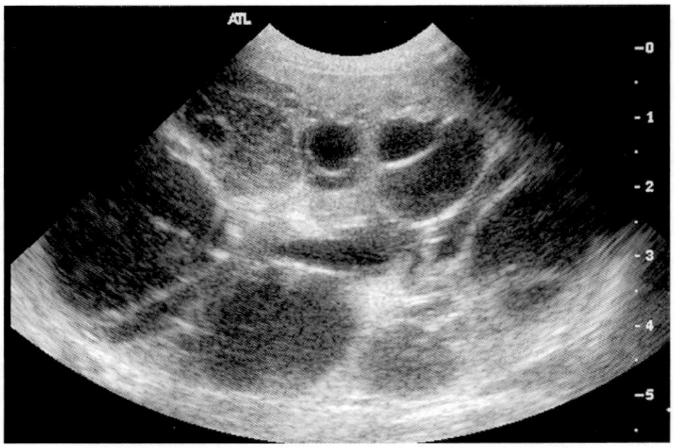

图292-64　多囊肾：数个大的囊肿置换了大多数肾脏实质

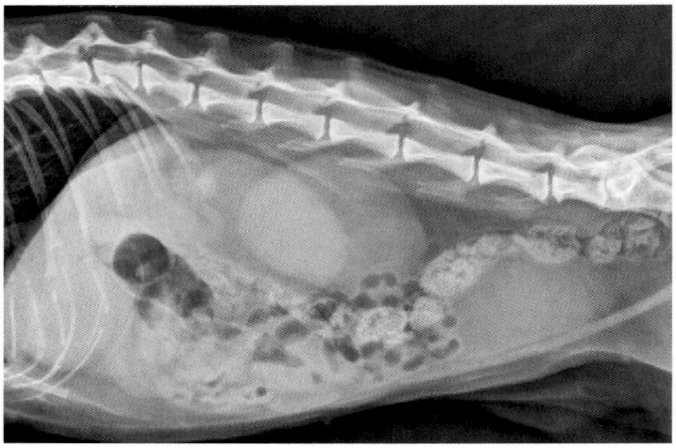

（A）

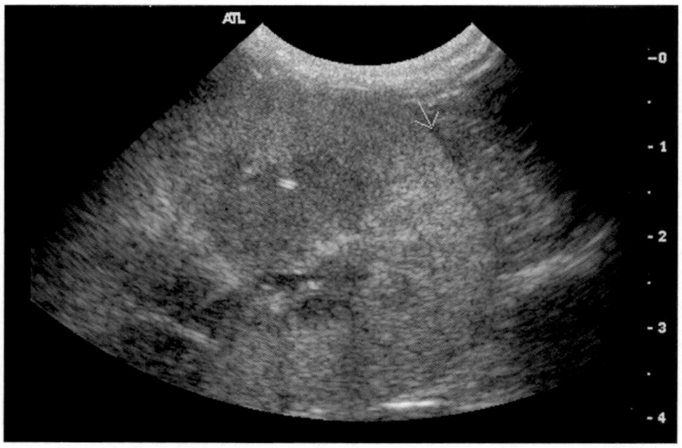

（B）

图292-65　猫肾脏及胃肠道患淋巴瘤时腹腔成像检查。（A）X线检查，双侧肾脏中等增大。（B）超声检查发现肾脏边缘不规则，皮质髓质界限不清晰。肾脏边缘的低回声边缘可能代表了液体，但在发生淋巴瘤时最有可能为固体组织

生改变，似乎有液体包围着肾脏，但在许多情况下证实为实质组织。在有些病例，肾脏构架相对没有发生变化，但在有些病例肾脏在超声检查时勉强能够识别。肾脏淋巴瘤常常具有转移性而并非原发性，其可见于淋巴瘤的消化道型，同时影响到肠系膜淋巴结和肠道，因此应仔细检查病猫是否有小肠疾病的迹象。

- 肾脏腺癌比淋巴瘤更有可能发生在单侧，导致正常肾实质更为严重的变形。恶性组织细胞瘤、移行细胞癌及血管肉瘤见有报道。
- 各种肾脏肿块在排泄性尿路造影术时，可见有局灶性及多灶性非均一的肾图不透明体，肾盂造影时可发现肾盂及肾支囊发生变形、偏移或扩张。
- 肾脏肿块可表现各种不同的超声症状。肾脏实质可受到破坏，或出现弥散性浸润，可存在复合型或固体状肿块。固体状肿块可为低回声、等回声或超回声。其他可能的变化包括肾脏边缘变形、肾盂扩张及肾脏增大。
- 肿瘤的鉴别诊断包括脓肿、肉芽肿及血肿。确定诊断及确定细胞的类型时必须要进行活检。

肾影增大（enlarged renal silhouette）：肾周伪囊

- 肾周伪囊（perirenal pseudocyst）可影响单侧或双侧肾脏，通常继发于慢性肾病，在这类肾病渗出液或变性的渗出液存在于肾囊和肾实质之间。除非肾囊用手术法切除，否则在穿刺之后液体可再次蓄积，但肾病通常为渐进性的且致死性的。参见第167章。
- 在探查性X线检查时，可发现肾脏明显增大（见图292-66）。发生肿瘤时，液状不透明体依然位于背部，但如果伪囊很大可延伸到腹底。在同一侧观察不到正常肾影与肿块分开。
- 排泄性尿路造影术通常可发现小而不规则的肾图，表示为发生了慢性肾脏疾病。周围的囊肿液通常表现为液状不透明体。在有些病例，在排泄性尿路造影时液体仍不透明。
- 超声检查时，无回声的液体包围着肾脏，见图292-66（C）。肾脏通常小，皮质与髓质界限不清晰，边缘不规则。

肾结石

- 在5%形成结石的猫常见发生肾结石（renal calculi）（见图292-67）。结石最常由草酸盐、磷灰石或两者组成。肾结石可为单侧性（特别是左侧）或双侧性。
- 肾结石对射线的不透过性（radiopacity）依赖于结石的大小和组成。大的结石（大于3mm）及由草酸钙、磷酸铵镁或二氧化硅组成的结石更有可能会不透过射线。小的结石或由胱氨酸或尿酸铵组成的结石更

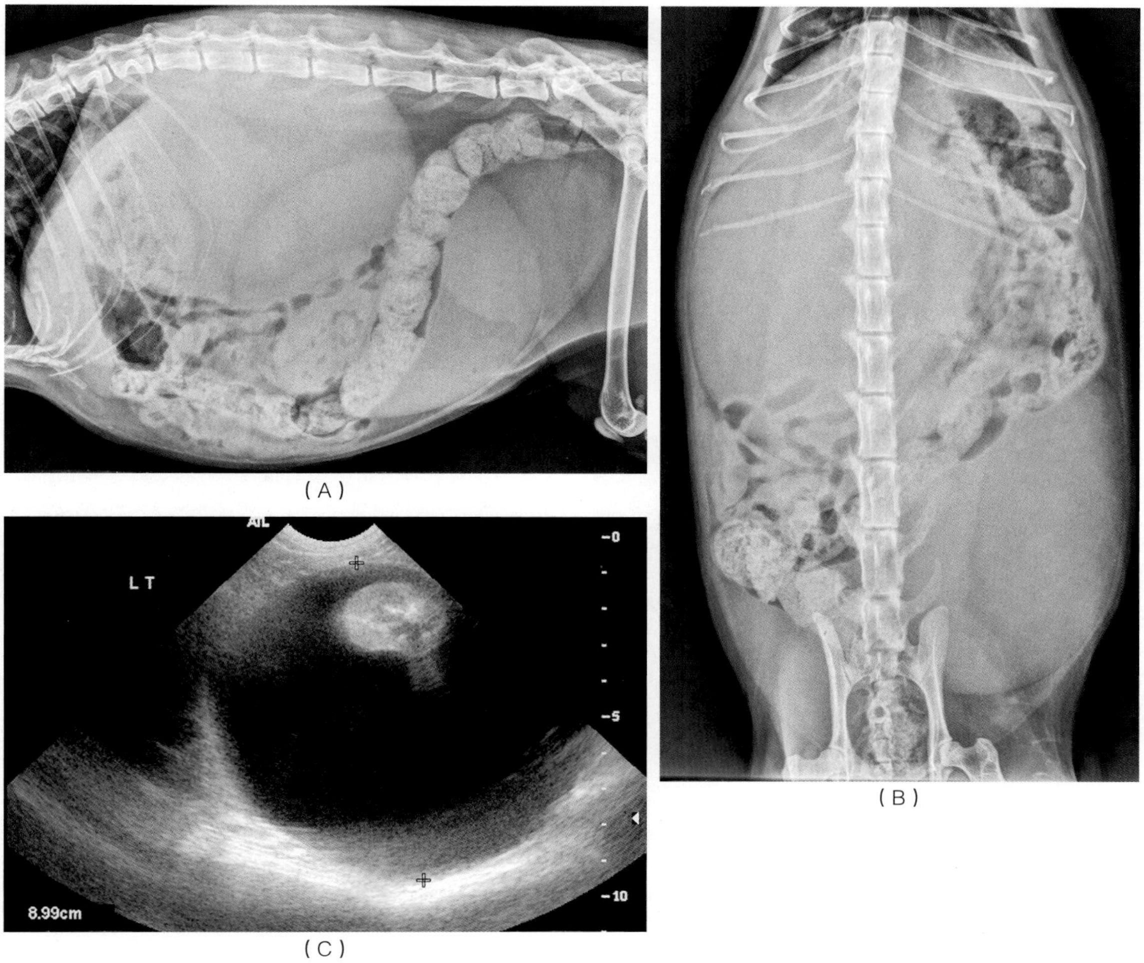

图292-66　猫具有腹部膨胀的病史时的影像。侧面（A）及腹背（B）X线检查发现在肾脏的该区域具有大的圆形液状不透明体。肾脏未见与不透明体分开。超声检查发现不透明体为肾周伪囊（C）左侧肾脏小，不规则，皮质与髓质之间界限不明显

有可能会透过射线。在对约3500只猫进行的大型研究中发现，肾脏结石由草酸钙组成的比硫酸铵镁组成的更多见。

- 真正的结石可能比X线检查时观察到的结石大。
- 由于碘化造影剂比结石的射线不透过性高，因此，无论是否在X线检查时为可透过射线或不能透过射线，结石通常可在造影剂X线肾盂造影照片中引起充盈缺损，但小的不透过射线的结石可隐藏在大量的造影剂中。
- 排泄性尿路造影术有助于鉴别肾脏实质的钙化与结石。肾实质的钙化不会在肾图中造成充盈缺损。
- 超声检查时，结石通常为超回声，见图292-67（B）。在有些病例，只能观察到表面，在有些病例，可观察清楚结石的形状。声影区通常存在于结石的深部，可能有肾盂扩张。
- 如果结石向输尿管远端移动，可存在明显的肾盂积水。

肾脏钙化

- 肾脏钙化（renal mineralization）可继发于梗死、肿瘤或其他肾脏病变而呈营养不良性，或者为其他器官引起血液钙或磷水平发生改变的疾病转移所引起。
- 排泄性尿路造影术可用于区别肾盂和肾支囊区域结石与肾实质的钙化。

弥散性肾实质疾病的超声检查

- 弥散性肾脏疾病的检查包括检查皮质的回声反射性、皮质厚度、髓质的回声反射性及皮质髓质界限。
- 猫的皮质髓质界限要比在犬更大。肾脏疾病可引起皮质髓质界限缩小，使其几乎不存在。
- 髓质边缘迹象（medullary rim sign）（见图292-68）为一回声反射性增加的线性区，可出现在髓质外带，与皮质髓质交界处平行，可见于正常猫，也可与

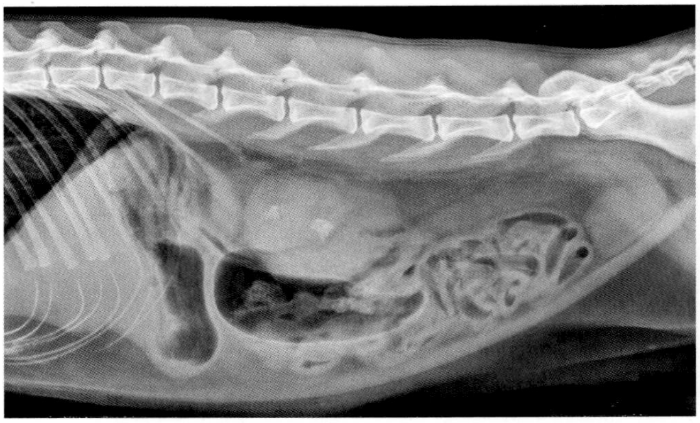

（A）

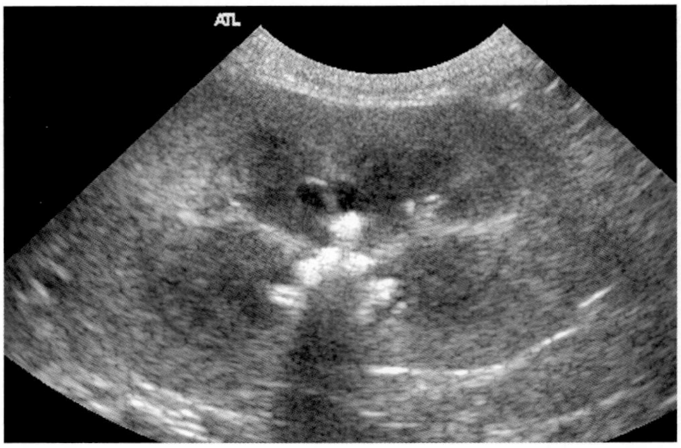

（B）

图292-67　7岁去势公猫，有48h的呕吐病史的成像检查。血液尿素氮为200mg/dL。（A）侧面X线摄影，可见在肾盂有不规则的矿物性不透明体。（B）超声检查时可在肾盂观察到大量的小结石

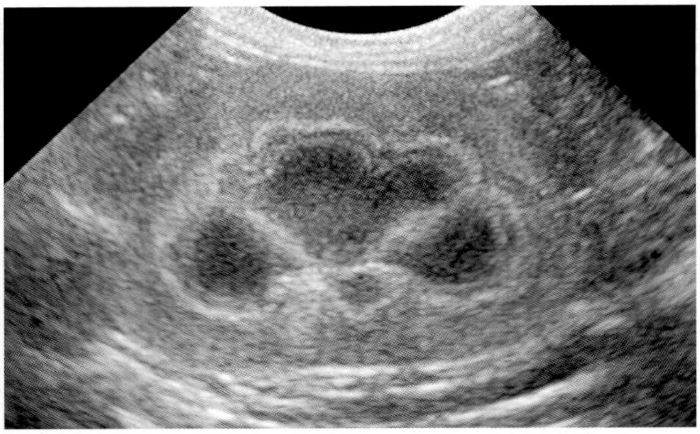

图292-68　本例猫患有慢性肾脏疾病，可见明显的髓质边缘

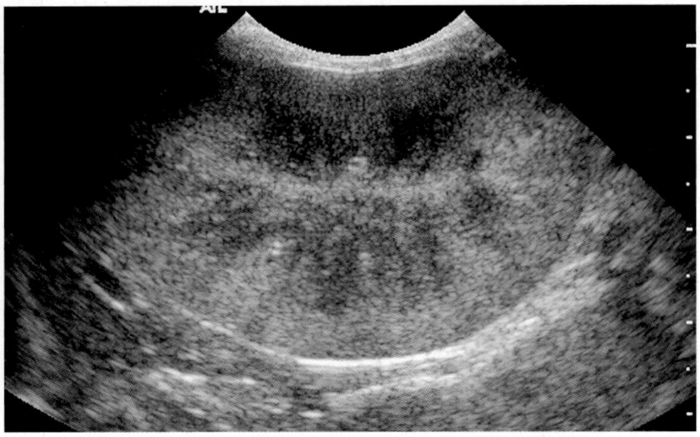

图292-69　猫患隐球菌病时左侧肾脏的超声图。肾脏增大，皮质髓质界限不清晰

基膜的钙化有关。髓质边缘迹象也见于多种疾病，包括乙二醇中毒、急性肾小管坏死、高血钙性肾病、猫传染性腹膜炎引起的肉芽肿性肾炎及慢性肾小管间质性肾炎（chronic tubulointerstitial nephritis）。

- 在侧面矢状面成像中，肾脏髓质及皮质应该等厚。发生疾病时，皮质可能很厚或很薄。皮质回声反射性增加可能具有多种原因，包括肾小球肾炎、间质性肾炎、急性肾小管坏死、肾病、末期肾病、淋巴瘤、猫传染性腹膜炎、真菌感染（见图292-69）及肾钙质沉着症（nephrocalcinosis）等。乙二醇中毒可引起皮质特别高的超回声。这种疾病时的髓质边缘迹象是预后较差的指征。

局灶性肾实质疾病的超声诊断：超声反射性降低

- 常可见到小的皮质囊肿而无明显的临床症状。在有些病例，囊肿可代替大量的肾小管，导致明显的临床症状。
- 超声检查发现圆形无回声区，具有明显的远壁（far wall）及深部的声影增强（见图292-64）。
- 如果在囊肿中观察到回声反射性物质，应考虑同时发生的感染或其他疾病，如血肿或肿瘤。
- 急性肾脏梗死见于低回声（几乎无回声）性损伤。

局灶性肾实质疾病的超声检查：回声反射增强

- 肾脏钙化可呈小的针尖样区域或较大区域。钙化区可为高回声。声影区可因矿物质的组成而存在。
- 慢性肾梗死（见图292-70）通常为高回声的局灶性损伤。经典的梗死通常呈三角形，基底在肾脏表面。作者也曾观察到急性梗死为高回声病变。
- 其他高回声损伤包括出血、纤维化、气体、脂肪及肿瘤等。

肾衰

- 排泄性尿路造影可大致评价肾脏机能。肾脏不能表现为不透明体或持续存在肾图则表明发生了肾衰（见图

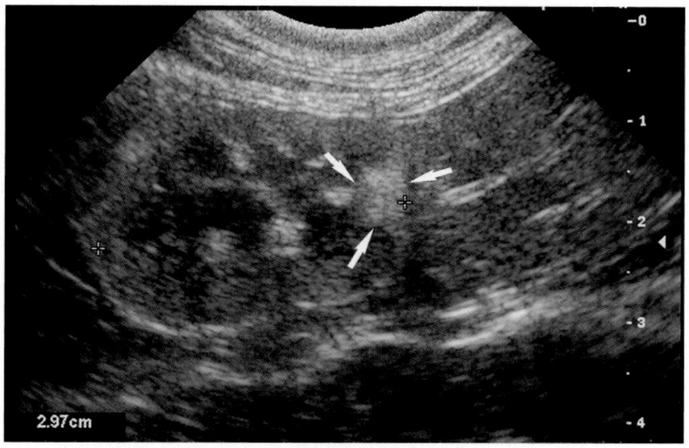

图292-70　肾脏小而不规则，肾脏边缘三角形的高回声区（箭头）可能为肾脏梗死

292-71）。

- 最好采用肾脏闪烁扫描术（renal scintigraphy）而不是排泄性尿路造影确定肾脏机能。将用于标记肾脏的放射性核素经静脉注射，在放射性核素消除期对肾脏成像，可以定量评估每个肾脏的机能。

先天性疾病：肾脏异位

- 肾脏异位（renal ectopia）为一种罕见的先天性疾病，其中一个或两个肾脏在胚胎发育期发生位置异常。有时可发生两个肾脏的融合（融合性肾脏异位，fused renal ectopia）。融合的肾脏如果导致肾脏由一狭窄的组织带融合在一起，因此具有马蹄状形态时称为“马蹄肾”（horse shoe kidneys）。这些情况罕见，但在猫见有报道。
- X线探查时，在正常位置一个或两个肾脏可能均不明显。后部腹腔其他位置可观察到明显的肿块，则说明发生了肾脏异位，而且可能融合。
- 可采用排泄性尿路造影定位位置异常的肾脏及研究收集系统。

先天性疾病：肾脏发生不全

- 探查性X线检查时可能观察不到一侧的肾影。
- 排泄性尿路造影或超声检查可用于证实是否发生肾脏发生不全（renal agenesis），排除肾脏发育不全（renal hypoplasia）或肾脏萎缩（renal dystrophy）。
- 单个的肾脏可能发生代偿性肥大。

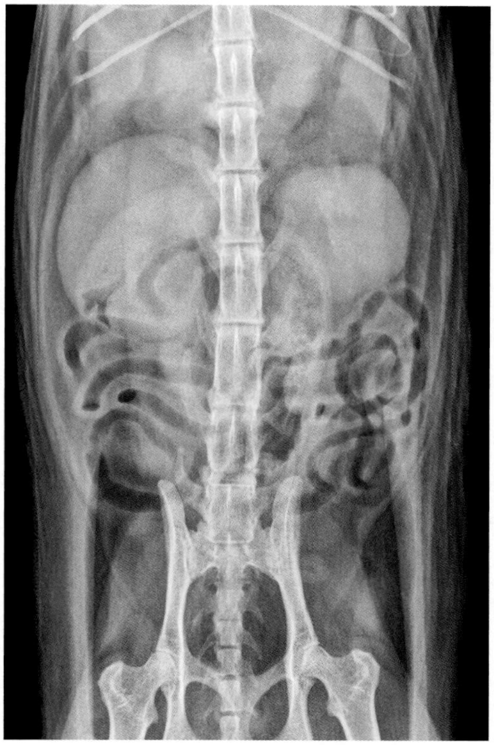

（A）

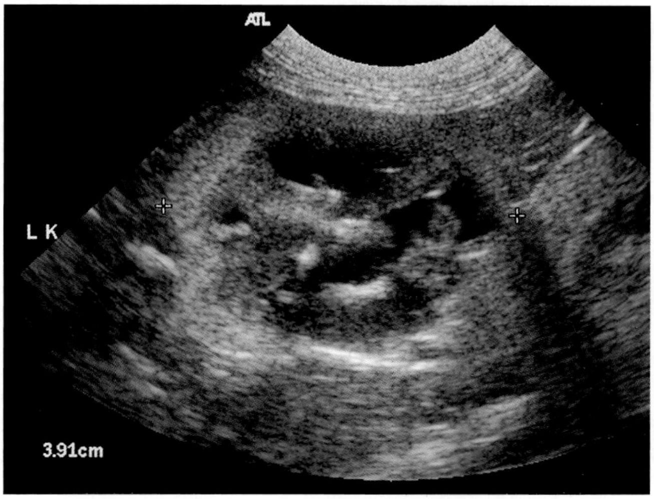

（B）

图292-71　5岁猫，具有肾病病史的影像检查。X线扫查时（未表示）右侧肾脏轻度增大，左侧肾脏小而呈圆形。（A）排泄性尿路造影，静注碘化造影剂后2h仍存在肾图。肾盂可见很小的反差，说明肾小球滤过机能差。（B）左侧肾脏（LK）超声图，表示肾脏小而不规则，具有多个囊肿

输尿管影像分析

猫的正常输尿管

- 在X线拍片时正常输尿管在X线拍片中不明显。
- 排泄性尿路造影时，正常猫的输尿管直径为1～2mm，光滑，由于蠕动而有间隔。

输尿管破裂

- 输尿管破裂通常继发于创伤。
- 扫查性X线检查时，通常在腹膜后腔可发现微细结构不清晰。
- 排泄性尿路造影可表现阳性造影剂渗出到腹膜后腔。
- 排泄性尿路造影对诊断输尿管破裂及输尿管梗阻时比超声诊断好。

输尿管增大

- 继发于炎症或创伤的输尿管梗阻可引起输尿管增大（enlarged ureter）。排泄性尿路造影时，碘化造影剂圆柱为连续性的而不是由于缺乏正常蠕动而呈间断性。
- 输尿管增大也可由于输尿管积水、有或无因输尿管结石、肿瘤、狭窄或近三角区的膀胱肿瘤引起肾盂积水而引起。
- 排泄性尿路造影或超声检查可用于证实输尿管增大，也可用于鉴定阻塞的原因。

输尿管结石

- 在探查性X线检查时，在腹膜后腔小的矿物质不透明体可能很明显（见图292-72）。小的结石或胱氨酸或尿酸铵引起的结石在X线检查时可能不明显（参见肾结石）。输尿管增大可能在接近结石处很明显。
- 输尿管结石可为双侧性，可与肾结石同时发生。
- 应注意不要将胃肠道的矿物质或体壁上的矿物质与结石相混淆。如果探头直对地观察，深旋髂动脉（deep circumflex iliac arteries）也可表现为圆形而不透过射线。
- 排泄性尿路造影，输尿管在肾盂造影期表现扩张（见图292-58）。在碘化造影圆柱中结石表现为充盈缺损。
- 超声检查时，输尿管结石（见图292-61）通常为高回声，可或不表现深的声影区。阻塞可引起结石近端输尿管扩张（输尿管积水），结石远端输尿管可能正常。

先天性疾病：输尿管异位

- 输尿管异位（ectopic ureter）（见图292-73）为一种双侧性或单侧性疾病，在猫不常发生（通常为母猫），发病时输尿管异常终止于膀胱或尿道。

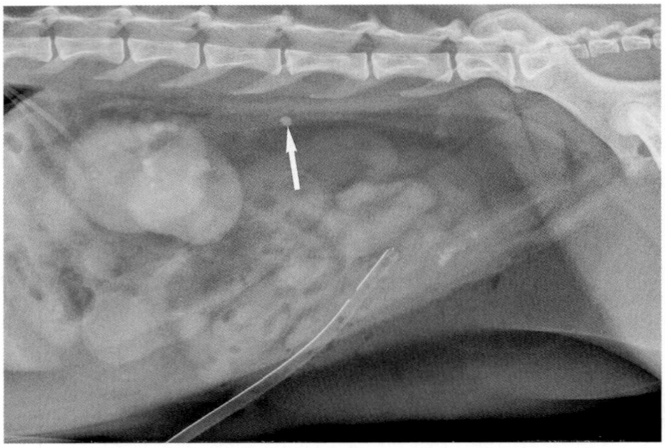

（A）

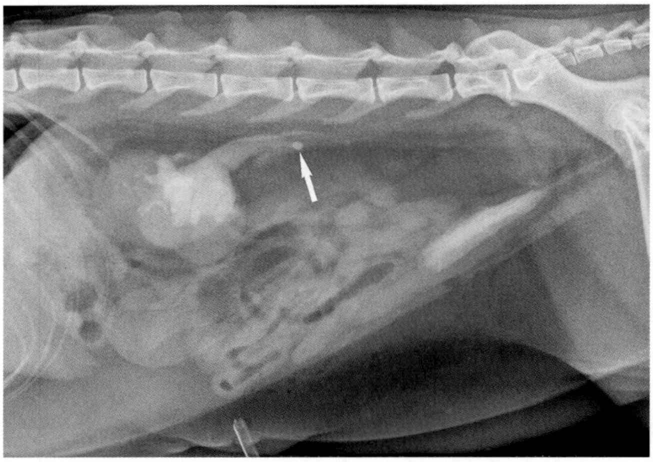

（B）

图292-72 猫肾脏、膀胱和输尿管结石时的成像检查。（A）一侧输尿管可观察到结石（箭头）。（B）排泄性尿路造影，输尿管结石阻塞了输尿管，导致肾盂积水

- 扫查性X线检查通常没有多少诊断价值。
- 排泄性尿路造影通常有助于诊断输尿管进入尿路的位点，特别是同时进行阴性造影（或双造影）膀胱造影术检查时。
- 超声检查时，在正常个体，尿液有时可见在输尿管乳头部位旋涡状进入膀胱（“输尿管喷射”，“ureteral jet”）。彩色多普勒超声检查有助于定位输尿管喷射的位点，排除输尿管异位。如果观察不到正常的输尿管射出及存在有输尿管扩张（输尿管异位的常见结果），则可诊断为输尿管异位。但应注意，并不总能检查到正常的输尿管喷射。有时扩张的输尿管也可通过膀胱。

先天性疾病：输尿管疝

- 输尿管疝（ureterocele）为末端输尿管扩张，因此呈囊肿状结构，位于膀胱的浆膜和黏膜层之间，可导致

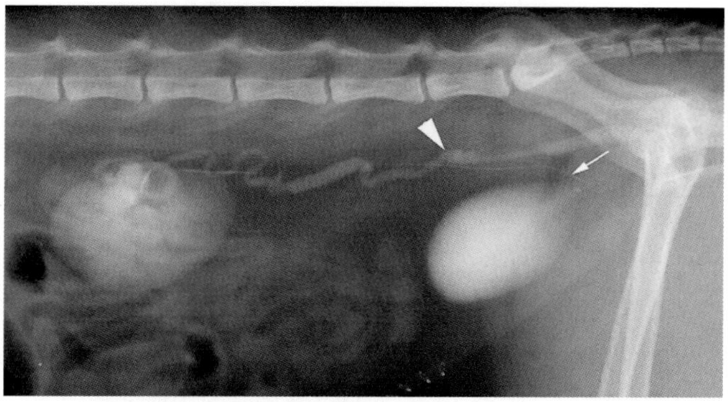

（A）

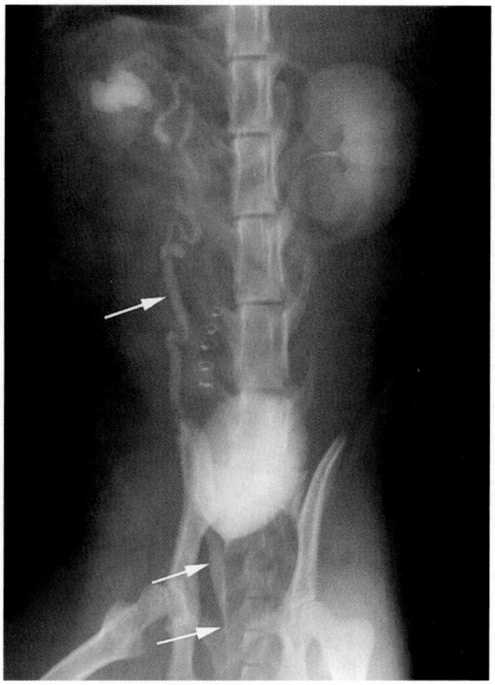

（B）

图292-73　（A）8月龄的猫自8周龄开始患有尿失禁，排泄性尿路造影，侧面投射，发现右侧肾盂积水及继发于输尿管异位的输尿管积水。左侧输尿管正常（箭头）进入膀胱，右侧输尿管扩张（箭头）进入尿道。（B）腹背投射，箭头为扩张的右侧输尿管

患侧出现输尿管积水及可能还有肾盂积水。

- 排泄性尿路造影可表现为肾盂积水及输尿管积水（如果存在）。扩张的输尿管末端（输尿管疝）可充满造影剂。如果膀胱含有尿液和造影结束时，输尿管疝比周围的膀胱更为不透过射线。如果在进行排泄性尿路造影时，膀胱相对空虚，则由于输尿管疝和膀胱内容物相同，因此具有相似的不透明度。如果用阴性造影剂充满膀胱，则可改进对充满造影剂的输尿管疝的观察。如果采用阳性造影剂进行膀胱造影，同时不再进行排泄性尿路造影，则充满尿液的输尿管疝可在充满造影剂的膀胱内表现充盈缺损。
- 超声检查时，输尿管疝表现为膀胱中的囊肿状结构。

膀胱和尿道影像分析

正常膀胱和尿路的X线检查

- 猫膀胱的形状为泪珠状或椭圆形。
- 猫尿道腹腔部比犬的长，因此膀胱的位置更靠前。

膀胱造影术

- 膀胱造影术用于检查膀胱壁和膀胱内容物，验证膀胱破裂时最好采用膀胱造影术而不采用超声诊断。
- 离子化有机碘化造影剂可用作阳性造影剂进行膀胱造影。如果造影剂有可能溢出到腹膜腔，应采用非离子造影剂以减轻可能的不良反应，包括脱水。气体可用作阴性造影剂进行膀胱造影。二氧化碳使用不太方便（不太常用），但在血液中溶解性更强，因此不大可能会引起栓塞。阳性及阴性造影剂可用于双造影剂膀胱造影。
- 阳性造影剂膀胱造影时，膀胱轮廓光滑。造影剂均匀，观察不到射线透射。
- 阴性造影剂膀胱造影时，如果所有尿液均排出，则气体应该能光滑地表现出膀胱黏膜层的轮廓。如果未排出尿液，气体在尿液上可形成气泡。由于尿液与膀胱壁形成阴影，使得膀胱壁比实际更厚，因此测定膀胱壁的厚度可能不准确。
- 双造影剂膀胱造影时，造影剂可在膀胱黏膜表面均匀涂层，在与此有关的膀胱一侧形成洼陷，气体包围着洼陷。
- 双造影检查结果不佳的常见原因包括膀胱中残留的尿液对阳性造影剂的稀释、气泡及阳性或阴性造影剂数量不合适。
- 正常动物可发生膀胱输尿管返流（vesicoureteral reflux），因此在阳性或双造影膀胱造影时，可从肾脏观察到气体或造影剂。
- 最常见的并发症为继发于插管引起的感染，其他并发症包括破裂、导尿管扭结及导管引起的尿道或膀胱创伤。

正常膀胱和尿道的超声检查

- 猫的正常膀胱具有光滑而有规则的壁，壁的内层和外层为高回声；中间的黏膜区为低回声（见图292-74）。腔体无回声。正常的尿道壁为低回声。
- 导尿管为两条平行的高回声线。

- 超声检查可用于引导膀胱穿刺（cystocentesis）时针头的进入（见图292-74）。

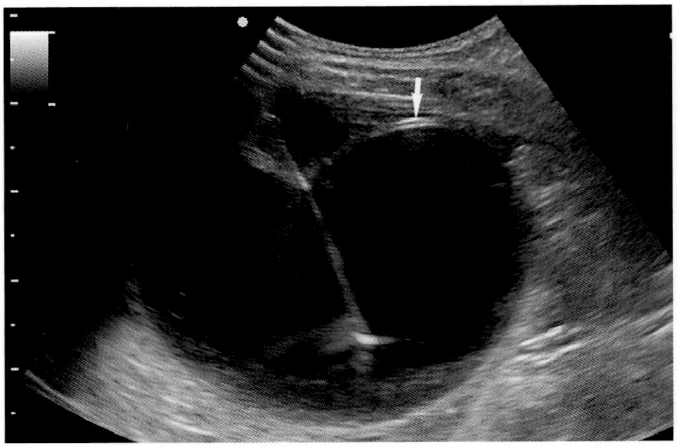

图292-74　超声显示采集尿液进行尿液分析时的膀胱穿刺。内层及外层为高回声（箭头）；中间黏膜层为低回声。针头呈高回声的线状结构

膀胱结石

- 膀胱结石大小及数量不等，有的为单个的大结石，有些则为许多小的结石或结晶。结石如果大于3mm，或由草酸钙或磷酸钙及磷酸铵镁组成时，或为二氧化硅时，则更有可能不能透过射线（见图292-75）。胱氨酸和尿酸铵尿结石通常为可透过射线。猫患与门体静脉短路有关的尿结石时，结石由尿酸铵组成。
- 双造影膀胱造影术在检查结石及检查膀胱壁是否有增厚或其他变化时，效果比阳性造影尿路造影术更好。
- 在双造影及阳性造影膀胱造影术时，结石可透过射线（见图292-76）。如果结石小，采用阳性造影膀胱造影术时可能不明显。
- 在膀胱造影照片上，可将结石与气泡区分，因为气泡更有可能具有光滑明亮的边缘，可位于造影洼陷的边缘。结石更有可能不规则，边缘不整齐。由于重心引力作用可使结石在侧卧观察时位于中央。血凝块可能更难区别。
- 在超声检查图上，腔体中低回声的物质可能为血细胞、细胞碎屑或脂肪滴。腔体中的结石（见图292-75）通常为高回声，可存在于膀胱相关一侧，但在不太常见的情况下结石可黏附于膀胱黏膜，不能像预计的那样移动。结石的大小及数量不等，可呈现深的声影区。小的结石或结晶可悬浮于膀胱腔中。

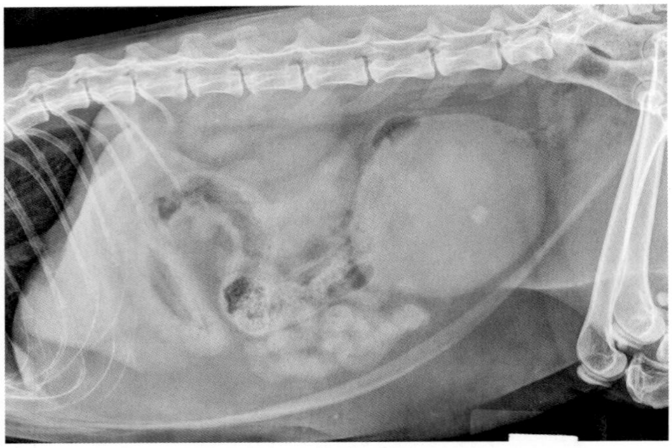

（A）

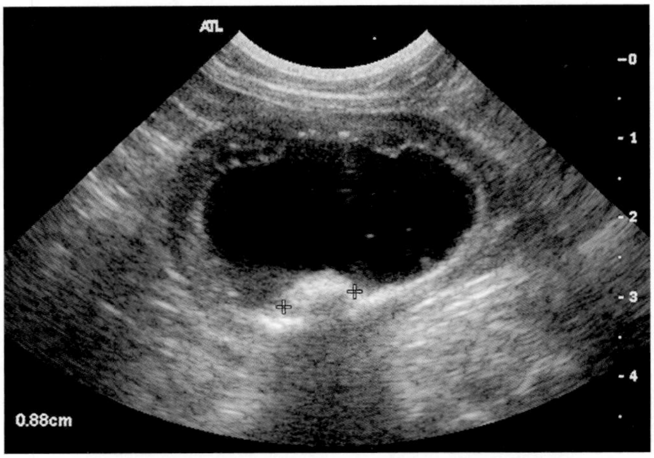

（B）

图292-75　猫尿道阻塞时的影像检查。不透过射线的结石见于膀胱内。（A）侧面X线检查。（B）在超声照片上，可见到一个结石为高回声，具有深的声影区；膀胱壁中等增厚

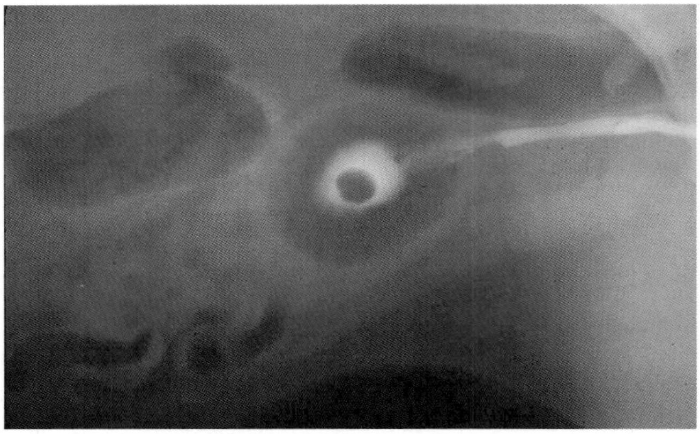

图292-76　双造影膀胱造影清楚地表明结石在早期洼陷中成充盈亏损，结石对射线的透光度比碘化造影剂低

膀胱破裂

- 膀胱破裂可因创伤或阻塞所引起。

- 探查性X线检查可发现由于腹膜腔中游离的尿液而浆膜表面细微结构缺失，见图292–77（A）。创伤之后经过的时间及撕裂创的大小决定了腹膜腔中存在的尿液量。浆膜细微结构保留的程度依赖于腹腔内存在的脂肪量的多少。可能有或无正常的膀胱阴影。
- 采用水溶性碘造影剂进行阳性造影膀胱造影术，在诊断膀胱破裂时效果比阴性或双造影膀胱造影术更好，主要是因为少量的空气在腹膜腔内很难观察。在阳性膀胱造影术时［见图292–77（B）］，可见碘造影剂从膀胱溢出。浆膜表面比正常亮。如果黏膜完整但成疝，造影剂会限定在膀胱内，但充满造影剂的突起会从膀胱突出。
- 超声检查可用于观察腹腔中的游离液体，但可能观察不到撕裂。阳性造影膀胱造影观察更有可能获得诊断。

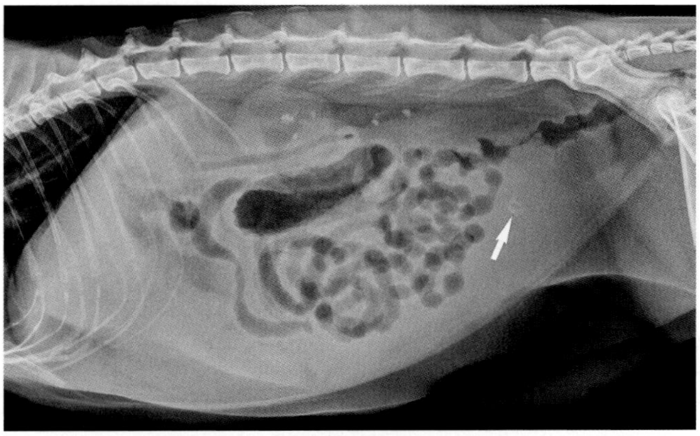

（A）

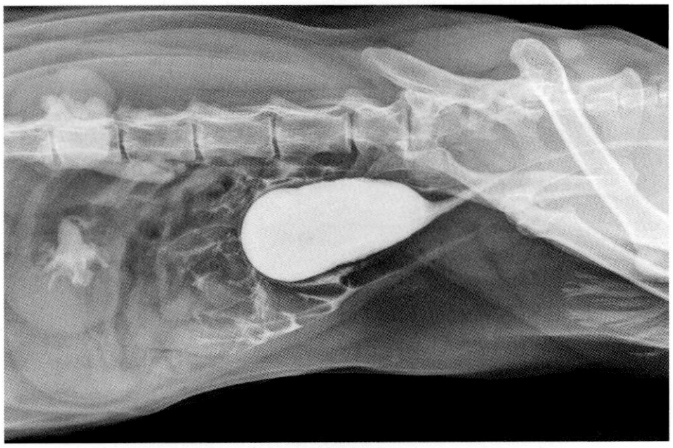

（B）

图292–77　猫继发于尿道结石引起的阻塞后膀胱破裂的影像检查。（A）侧面透射表示液状不透明的腹腔。膀胱内可观察到不透射线的结石（箭头）。（B）阳性造影膀胱造影术证实了膀胱破裂

膀胱炎症

- X线探查检查时，除非膀胱腔中存在有气体，一般观察不到膀胱炎。发生气肿性膀胱炎时，膀胱腔内、膀胱壁或膀胱韧带内存在气体，新近进行膀胱穿刺或插管后也可存在气体。
- 双造影膀胱造影是检查膀胱壁时可选用的诊断方法。膀胱壁增厚是最常见的X线检查的症状，特别是在膀胱炎很严重且为慢性时。黏膜也可能表现不规则。在发生肿瘤或息肉性膀胱炎时可见到大的突起进入膀胱腔。
- 脐尿管憩室（urachal diverticulum）可引起膀胱前缘膨起，在采用排泄性尿路造影术时可能更为明显；在阳性膀胱造影术时如果将太多的造影剂灌入，则也可诱导出这种情况，发生这种情况时可或不出现临床症状。
- 慢性膀胱炎时膀胱壁可能不能扩张。
- 在正常猫可发生膀胱输尿管逆流，气体或造影剂可在双造影膀胱造影术时存在于肾脏。
- 在超声检查图片上，膀胱壁常常增厚，有时不规则。检查膀胱壁时，应注意考虑膨胀的程度，因为空虚的膀胱可表现为增厚。相反，在极度扩张的膀胱也有可能会漏诊疾病。在气肿性膀胱炎，气体可表现为高回声而具有深的反射假象。

膀胱肿瘤

- 移行细胞癌是猫膀胱中最常发现的肿瘤，其他肿瘤包括鳞状细胞癌、腺癌、平滑肌瘤或平滑肌肉瘤或血管瘤、纤维瘤、横纹肌肉瘤及原发性或继发性淋巴瘤。
- 探查性X线检查时，除非存在有营养不良性钙化，一般可发现膀胱正常。如果在局部淋巴结有转移性病变，则可见到腰下淋巴结肿大。在胸腔及骨也可见到肿瘤转移。如果在膀胱三角区发生肿块而发生肾盂积水或输尿管积水，则肾脏或输尿管可能增大。
- 在双造影剂膀胱造影术时，膀胱关联侧的膀胱肿块表现为在造影洼陷中出现充盈缺损。在非关联侧的膀胱肿块可被造影剂涂层。
- 通常采用超声检查而不采用双造影膀胱造影术诊断壁层肿块。膀胱肿瘤可引起膀胱壁增厚及无规则。息肉状肿块可突出进入膀胱腔（见图292–78）。息肉性膀胱炎时，虽然大的肿块通常为肿瘤性的，但可观察到类似的变化。确定诊断时必须要进行活检。在检查

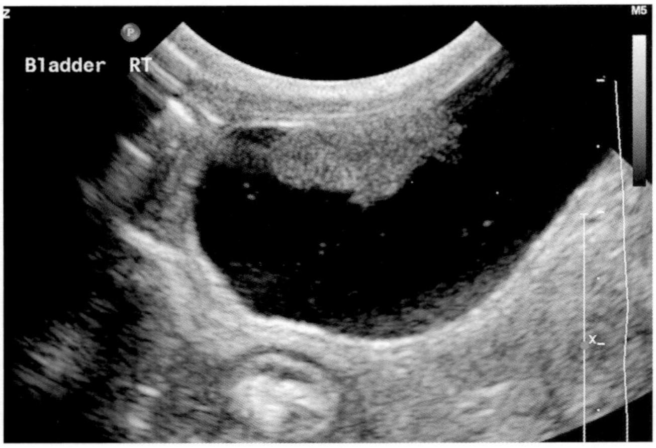

(A)

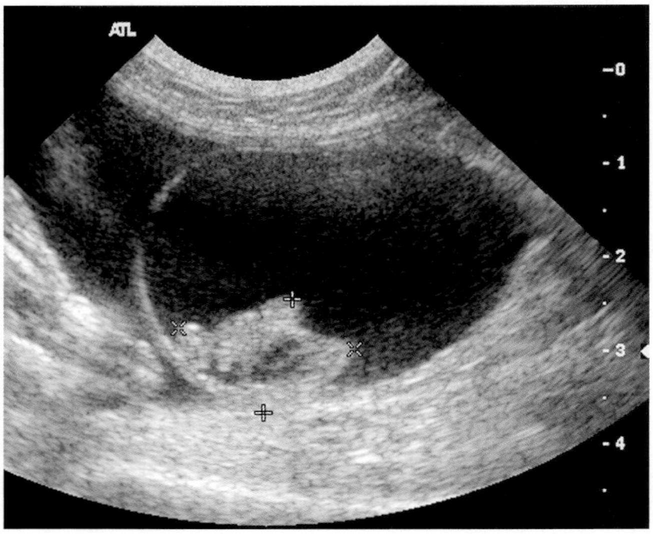

(B)

图292-78　(A)母猫膀胱患平滑肌瘤时的超声检查图片。膀胱肌肉层明显受到影响。(B)猫患有免疫介导性溶血性贫血时膀胱中的血凝块的超声检查图。必须要注意不要将血凝块与肿瘤混淆。改变猫的体位可使得一些血凝块移出

膀胱肿块时，膀胱壁的影响程度、肿块的位置及受影响的尿道等均应检查记录。确定肿块是否影响到整个膀胱壁对确定疾病的阶段极为重要。膀胱顶点的肿块更有可能通过手术切除，而位于三角区的肿块则如果不除去膀胱则很难被摘除。输尿管积水或肾盂积水可因肿块阻塞三角区的输尿管而引起。如果肿瘤向后延伸到尿道，则预后差。

- 在对腹腔进行影像检查时应检查局部淋巴结。膀胱中有炎症或肿瘤时，髂中淋巴结（medial iliac lymph nodes）可能增大。在超声检查图片上，发炎的淋巴结可轻度增大。发生肿瘤时最有可能见到不规则状及回声反射发生改变。对异常淋巴结可进行穿刺，以检查是否可能发生肿瘤转移，应注意避开主动脉及其他血管。此外，应检查肺脏是否可能有肿瘤转移。其他器官如果有临床疾病的迹象，则也应检查是否有肿瘤转移。

膀胱定位

- 在探查性X线检查时，后腹部的肿块可能难以与膀胱区分。过度充盈的膀胱可能会被误认为是腹腔肿块。
- 超声检查或膀胱造影术有助于鉴别膀胱。

尿道影像分析

尿道造型术（urethrography）

- 可通过导管将无菌离子或非离子有机碘化造影剂注入尿道。如果不可能插管，可将碘化造影剂注射到膀胱，然后压迫膀胱以获得排空的尿道造影图。

尿道结石

- 探查性X线检查时，不透过射线的结石可见于尿道（见图292-79）。
- 可采用尿道造影术在探查性X线检查时鉴别可透过射线的结石、狭窄或其他损伤。
- 尿路造影时，充盈缺损（即在造影圆柱中射线可透过）可能为结石、泡沫或血凝块。结石的位置不对称，边缘模糊不规则，可引起尿道扩张。气泡通常具有锐利光滑的边缘，圆形或椭圆形。血凝块与结石相似（即不规则、边缘模糊），但不引起尿路扩张。大

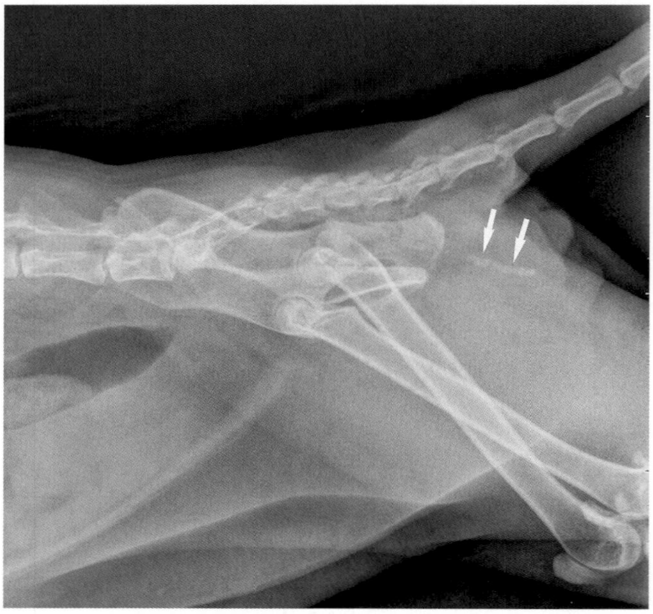

图292-79　不能透过射线的尿路结石（箭头）在排尿困难的猫X线检查图片中很明显

的结石可引起阻塞、输尿管积水及肾盂积水。
- 在超声检查图片上，尿路结石通常呈高回声，具有或无深的声影区。
- 部分或完全阻塞时，应检查是否有膀胱扩张的迹象，是否有尿路积水或肾盂积水。

尿道狭窄

- 尿道狭窄（图292–80）可引起尿道造影时狭窄部不规则。尿道痉挛可产生类似的外观。可将利多卡因经插管注入尿道，以避免痉挛。严重的狭窄可导致完全阻塞。

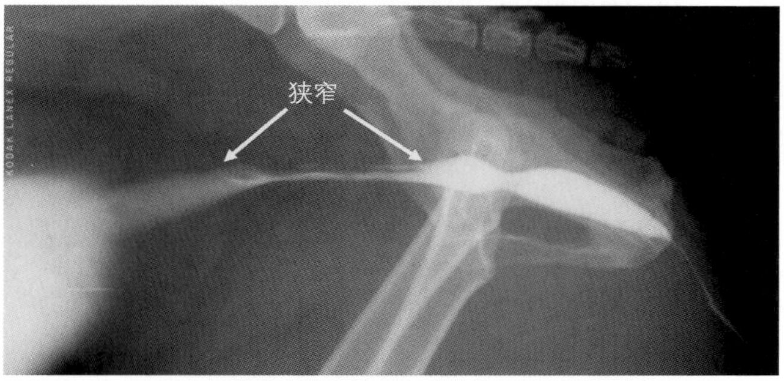

图292–80　尿路造影照片，显示4岁猫在患部分阻塞时的尿路狭窄，一部分尿道狭小且不规则

尿道破裂

- X线扫查可发现尿道周区不透明度增加及边缘模糊。
- 用碘造影剂进行尿道造影时可发现造影剂溢出进入尿道周围。

尿道肿瘤

- 移行细胞癌及鳞状细胞癌是最常见的尿道肿瘤。原发性尿道肿瘤罕见。
- X线扫查可发现与尿道有关的肿块。肿瘤转移到局部淋巴结可导致腰下淋巴结肿大。也可发生骨溶解或增生行变化影响到尾部腰椎。
- 尿道造影可发现黏膜边缘无规则，壁层增厚及腔内肿块。
- 应对胸腔进行X线检查以检查是否有表示为肿瘤转移的肺脏结节。
- 在超声检查图片上，最常见的为尿道壁增厚，尿道壁可因肿瘤而变得不均质性。

猫生殖器官影像分析

正常生殖器官的X线检查

- 正常卵巢及正常未孕子宫在X线检查时观察不到。
- 在妊娠猫，X线扫查可发现在妊娠25～35d时子宫增大。胎儿骨骼的钙化可在妊娠36～45d时观察到［见图292–81（A）］。

正常生殖器官的超声检查

- 在发情或妊娠时可最佳观察到卵巢及子宫，见图292–81（B）及图292–82。
- 有些猫在妊娠4d时可观察到子宫增大。在妊娠11d时孕囊为小的无回声结构。妊娠16～20d时可观察到胎儿心脏活动。妊娠1个月时可观察到肢芽及头。
- 超声检查诊断妊娠要比X线检查诊断出的早，但X线检查能更准确地估计胎儿的数量。
- 发情时，卵泡为无回声的圆形结构（见图292–82）；子宫为低回声的管状结构。

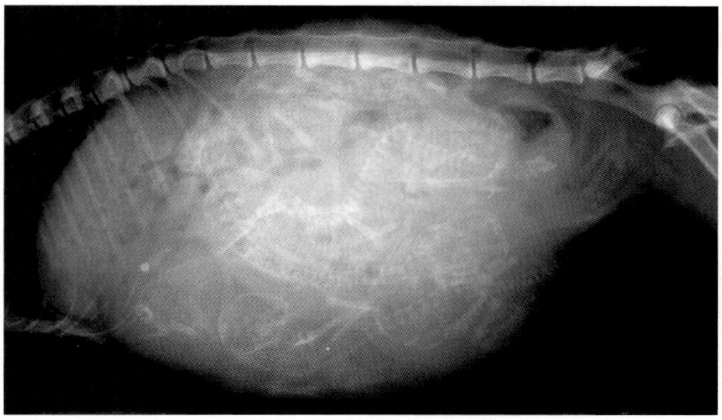

（A）

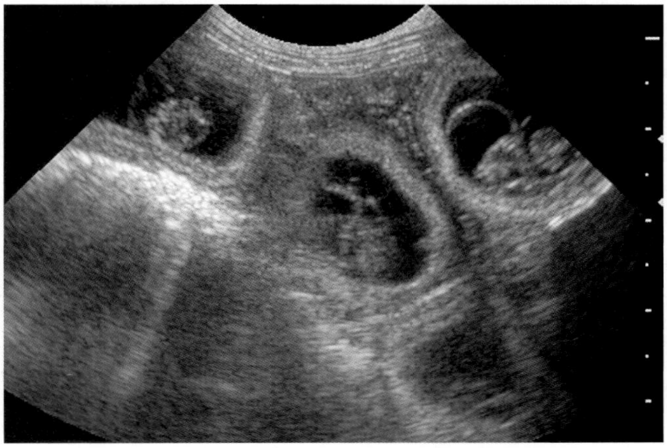

（B）

图292–81　（A）妊娠后期猫的X线检查。（B）猫配种后23d子宫的超声检查，发现子宫角有多个胎儿

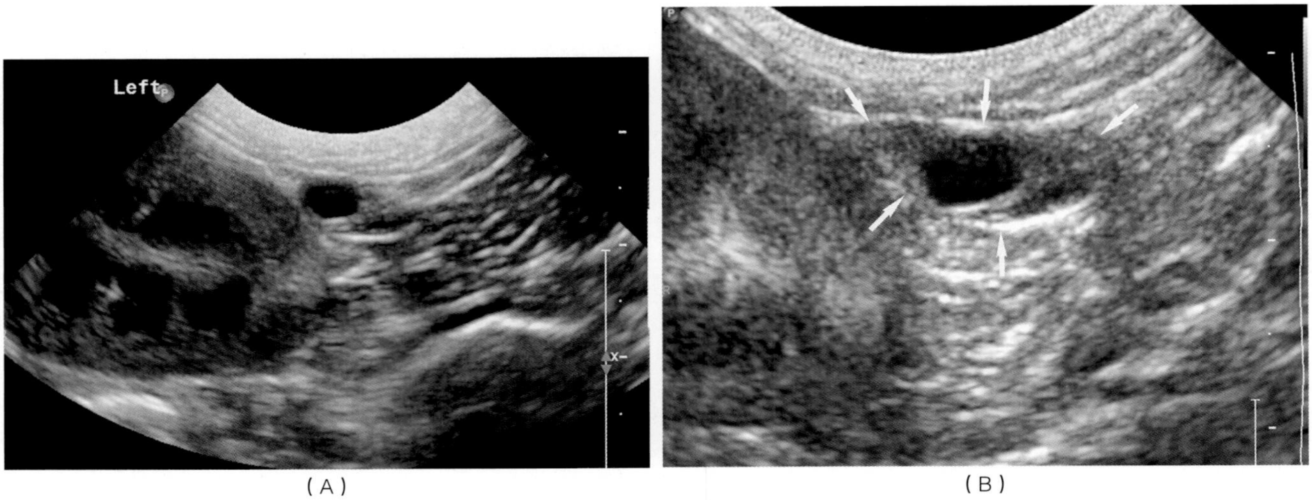

图292-82 （A）猫发情时卵巢的超声检查图片，卵巢上可见到一个卵泡。（B）卵巢近观

妊娠期疾病

- 可通过X线检查或超声检查确认所有胎儿均已产出。
- X线检查时，胎儿死亡可观察到胎儿组织或子宫内有气体，胎儿反射小时，颅骨重叠。X线检查也有助于确认所有仔猫均已排出，也能确定是否对母猫而言发生胎儿过大。参见第60章。
- 超声检查时，如果发生胎儿死亡，则缺少胎儿心跳及胎儿运动，胎儿组织或子宫中有气体。
- 超声检查也有助于检查分娩，以确认子宫正常复旧。

子宫积脓

- 患子宫积脓的猫进行X线检查时［见图292–83（A）］，典型的X线检查症状是存在扭曲的管状不透明体，起自结肠和膀胱之间的腹后部。子宫增大时其直径必须要大于小肠才能观察到。增大而充满液体的小肠具有类似的外观，但临床检查较为困难。子宫增大的鉴别诊断包括早期妊娠、子宫积液及肿瘤。
- 在超声检查图片上，子宫积脓［见图292–83（B）］表现为子宫增大，大小不等及含有无回声的或旋涡状的回声反射液体。
- 增大的子宫中的无回声液体也可见于子宫积液。细胞性液体可也见于子宫积液时。

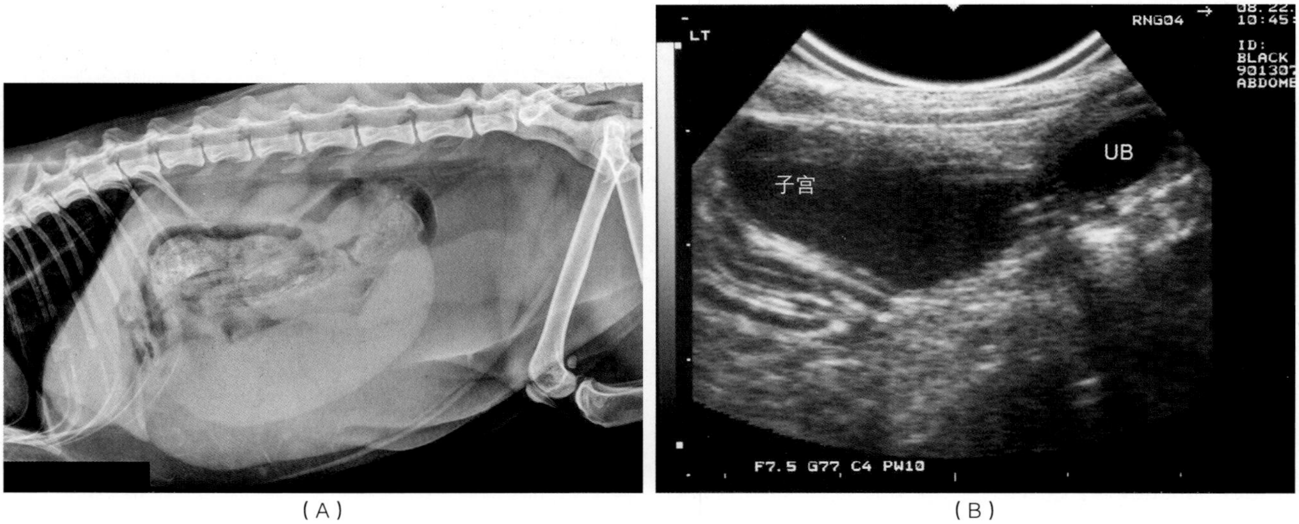

图292-83 （A）猫丢失1周后的侧面X线检查，发现子宫角明显增大，说明可能为子宫积脓或子宫积液。施行卵巢子宫切除术。（B）猫子宫积脓时的超声检查图，可见超声检查时细胞性物质在子宫内涡旋。UB，膀胱

其他

贝茨体

- 贝茨体（Bates bodies）为小的不透射线的结构（见图292–57），在猫和犬的腹腔并非不常见。这些结构没有临床意义，显然是由于脂肪的营养不良性钙化所引起。
- 在超声检查图片上，具有高回声的表面和深的声影区（见图292–84）。

主动脉血栓形成

- 可采用超声探查主动脉及其他血管是否有血栓形成。灰度超声检查可在正常无回声的血管中发现不规则的低回声结构。
- 脉冲及彩色多普勒超声检查对证实血流阻塞具有重要意义（见图292–85）。

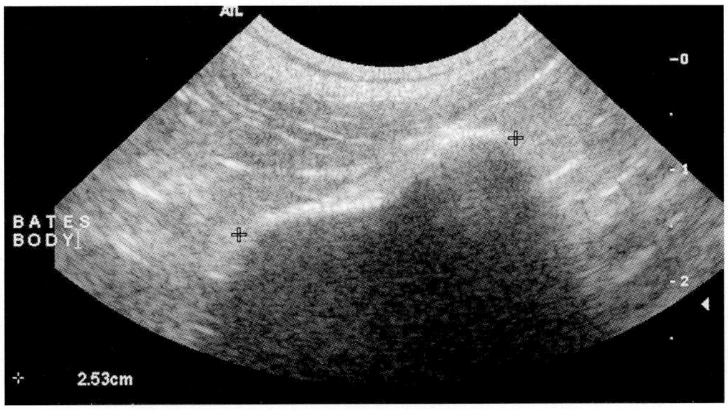

图292–84　图292–57中猫的贝茨体超声检查图。贝茨体为高回声的表面，具有深的声影区

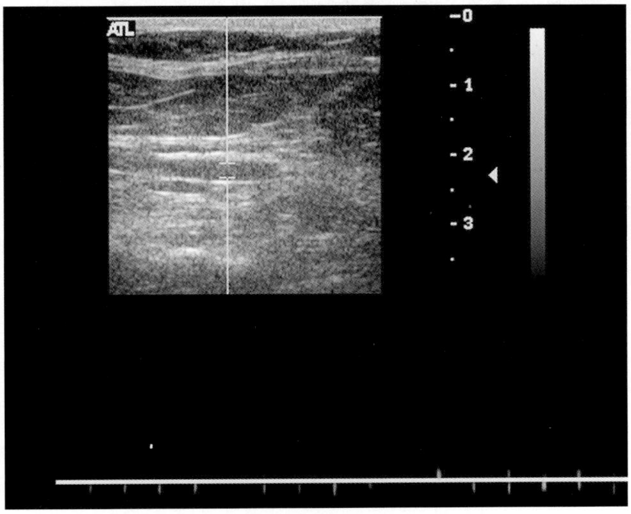

（A）

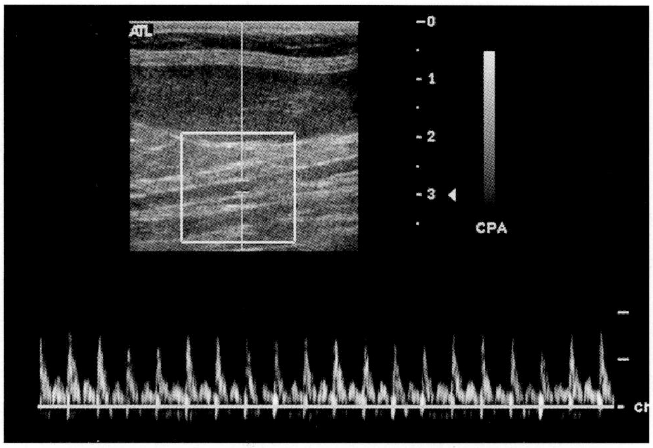

（B）

图292–85　猫因四肢冰凉不能站立而就诊，腹主动脉的超声检查。（A）在髂外动脉起点之前的腹主动脉进行脉冲式多普勒影像检查，未发现血流。（B）在更前的部位检查到了正常的动脉波形

其他影像检查

- 计算机断层扫描及磁共振影像检查在腹腔切面的影像检查中的应用越来越多，特别是这些方法可用于检查腹腔肿块（见图292–86）。

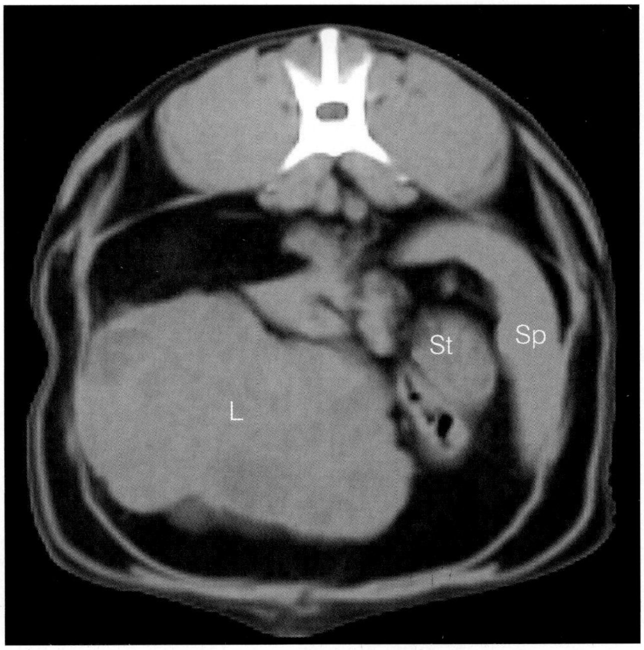

（A）

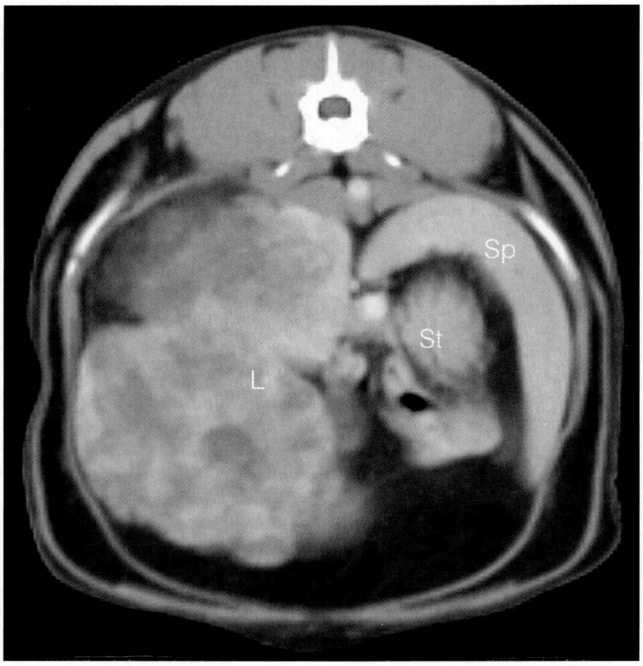

(B)

图292-86 腹腔计算机断层扫描。(A)在开始无造影剂进行的扫描中，肝脏有边缘不规则的肿块，该肿块具有非均质性的软组织不透明体。(B)静注碘化造影剂，肝脏异常部位非均质性增强，变化与肿瘤的变化一致。L，肝脏；Sp，脾脏；St，胃

参考文献

Baez JL, Hendrick MJ, Walker LM, et al. 1999. Radiographic, ultrasonographic, and endoscopic findings in cats with inflammatory bowel disease of the stomach and small intestine. *J Am Vet Med Assoc.* 215:349–354.

Boysen SR, Tidwell AS, Penninck DG. 2003. Ultrasonographic findings in dogs and cats with gastrointestinal perforation. *Vet Radiol Ultrasound.* 44:556–564.

Cuccovillo A, Lamb C. 2002. Cellular features of sonographic target lesions of the liver and spleen in 21 dogs and a cat. *Vet Radiol Ultrasound.* 43:275–278.

Ferrari JA, Hardam E, Kimmel SE, et al. 2003. Clinical differentiation of acute necrotizing from chronic nonsuppurative pancreatitis in cats: 63 cases (1996–2001). *J Am Vet Med Assoc.* 223:469–474.

Goggin JM, Biller DS, Debey BM, et al. 2000. Ultrasonographic measurement of gastrointestinal wall thickness and the ultrasonographic appearance of the ileocolic region of healthy cats. *J Am Anim Hosp Assoc.* 36:224–228.

第293章
头和脊柱的影像分析
Imaging：The Head and Spine

Merrilee Holland 和 Judith Hudson

颅骨

目的

- 检查是否有颅骨创伤、鼻腔及鼻窦疾病、鼻咽部息肉、牙周炎、中耳炎、肿瘤发展阶段、神经性疾病及颞下颌关节（temporomandibular joint）疾病。

临床适应证

- 颞下颌关节创伤。
- 鼻腔疾病，包括鼻腔内肿瘤、慢性鼻窦炎、异物及肿瘤。
- 鼻咽息肉。
- 鼓膜泡-中耳炎（tympanic bullae-otitis media）及肿瘤。
- 牙周病（参见第240及第245章）。
- 神经性疾病。

方法

- 需要进行全身麻醉。
- 对准确评估微小的变化，对称性定位极为关键。
- 侧面及背腹观察头颅是标准的检查方法。
- 完整检查头颅时仍需采用其他的观察方法，如前面观察、开口腹背观察（open mouth ventrodorsal view）、口腔内背腹观察（intraoral doroventral view）、侧面斜向观察及上下齿弓（uper and lower arcade）斜向观察检查牙齿（参见第245章）。
- 颞下颌关节在背腹透射时易于观察。斜向观察猫的头颅时需要将猫的头部从腹背旋转20°。
- 鼻腔疾病需要对称观察头颅，包括开口腹背观察、前面观察、口腔内背腹观察及侧面斜向观察。参见第146章。
- 鼻咽部息肉可最稳定地从侧面透射观察。参见第149章。
- 鼓膜泡可在开口吻尾观察（rostrocaudal）、左背部20°右腹斜向观察及右背部20°左腹斜向观察时检查。
- 牙周病及破牙质性吸收（odontoclastic resorption）的检查需要开口观察，猫的头部从侧面斜向转动30～45°，以将上颌骨和下颌骨每个齿弓分开。犬齿和上颌第四前臼齿的口腔内X线检查有助于完整检查牙齿疾病。参见第245章。

常见病变

脑积水

脑积水在猫相对罕见（见图293-1和图293-2）。在

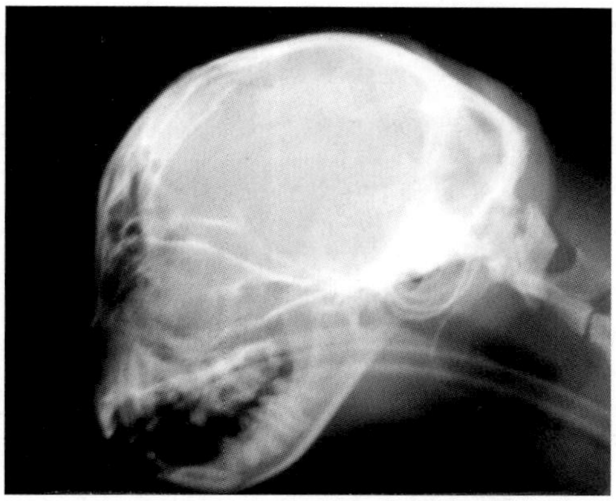

图293-1　7周龄仔猫，因抽搐而就诊。颅盖明显增大，形状异常。X线检查的建议诊断为脑积水

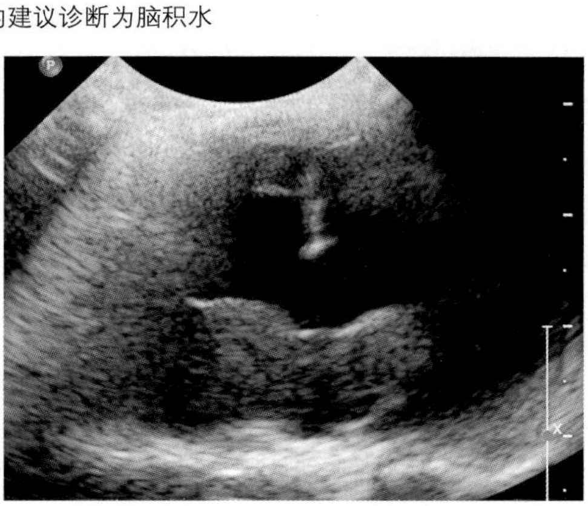

图293-2　小猫因被猫主踩伤而就诊，横断面超声成像检查发现严重的脑积水，双侧侧脑室对称性扩张

X线检查中，颅盖的形状随着颅盖骨增厚呈凸起的半球形。正常颅骨标志线的缺失可引起颅骨呈均质性变化。

颞下颌关键外伤性脱位或半脱位

颞下颌关节外伤性脱臼或半脱位可为单侧性而无并发的下颌或连合部骨折（见图293-3、图293-4及图293-5）。

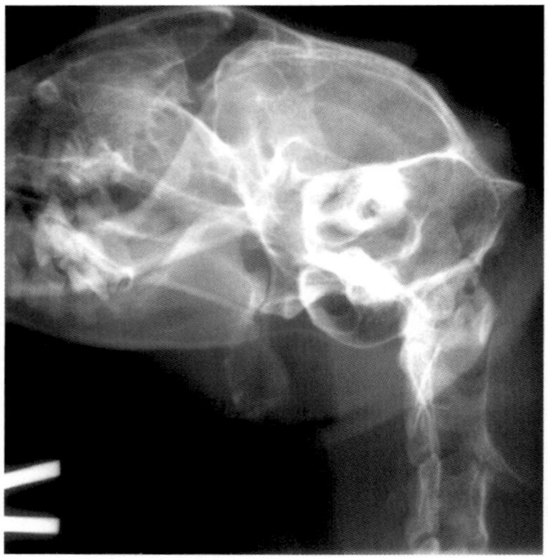

（A）

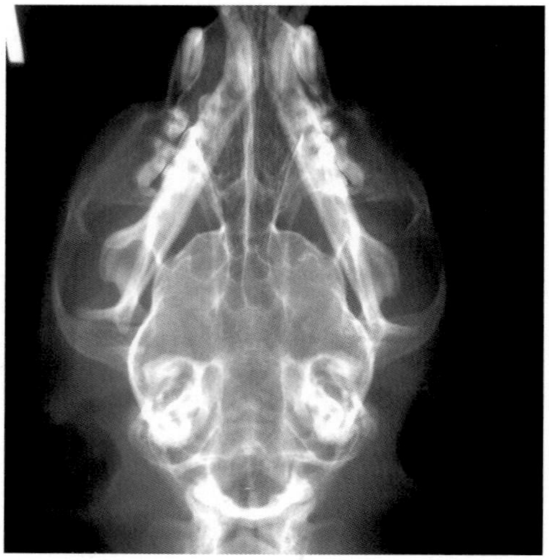

（B）

图293-3　颞下颌关节退行性变化：（A）颞下颌关节双侧性退行性变化在左侧更为严重。右侧颞下颌关节间隙扩大。下颌髁突（condylar）及关节后突（retroarticular）平展。（B）下颌喙状面向左移位

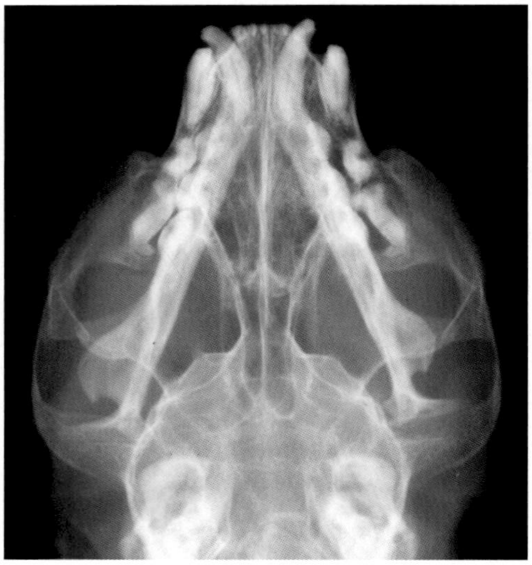

（A）

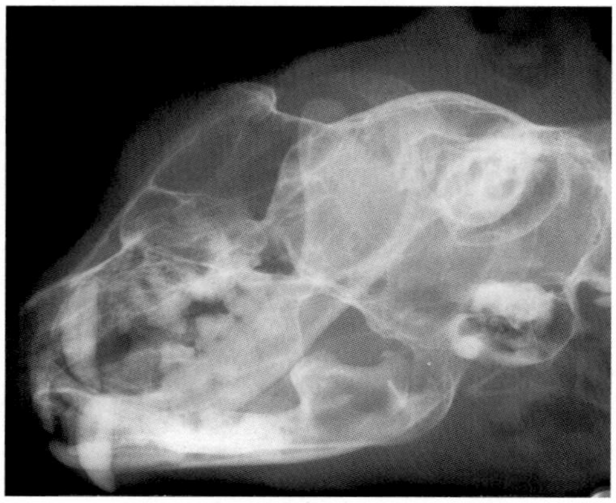

（B）

图293-4　颞下颌关节半脱位。（A）和（B）左侧颞下颌关节半脱位，这例仔猫在创伤之后下颌骨髁突（condyloid process）中间面有骨折碎片，左侧颞下颌关节半脱位

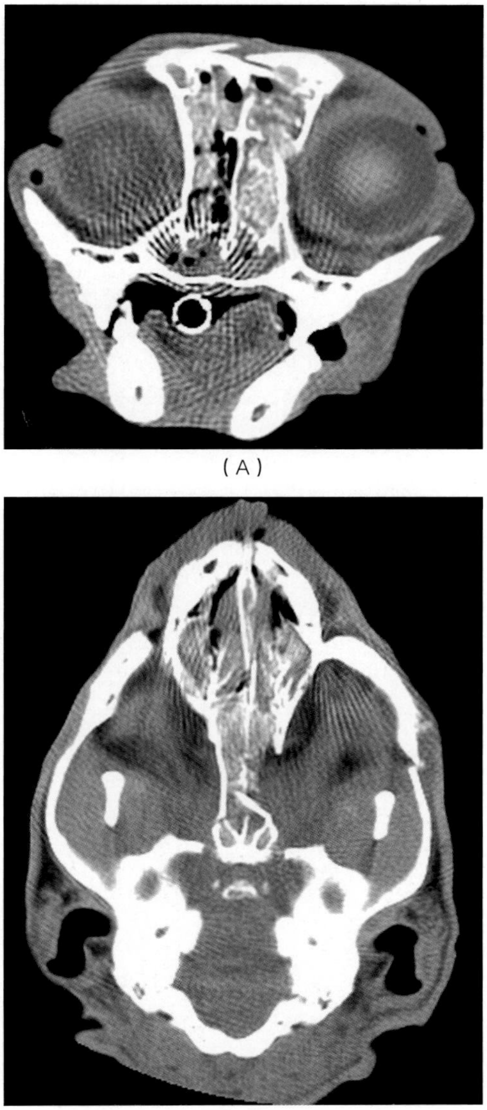

（A）

（B）

图293-5　（A）和（B）车辆创伤。软组织窗口计算机断层横断面和背部影像分析，上颌和下颌排列错乱。双侧眼眶、左上颌骨及筛板、翼状骨、颧弓及左侧中间眼眶壁有多处骨折。在整个鼻腔通道和前额观察到软组织密度增加

鼻炎

- 猫鼻炎（rhinitis）引起的X线检查变化可差别很大或缺如。因肿瘤、慢性鼻炎及异物引起的鼻腔疾病引起的X线变化包括鼻腔通道、额窦单侧性或双侧性不透明、软组织肿块、牙齿变化、鼻中隔侵蚀、鼻中隔偏移及鼻甲（nasal conchae）侵蚀。慢性鼻炎可为以前病毒感染导致长期带毒的后遗症。病毒感染对鼻腔的损伤可导致细菌感染。计算机断层扫描（CT）是检查颅骨时比X线检查更为敏感的影像检查方法。但慢性鼻炎的确诊需要采用患病组织进行活检。参见第146章和第148章。
- 如果可采用CT，则其为更为灵敏的检查鼻腔疾病、鼓膜泡疾病及颞下颌关节疾病的方法。在病猫，无论病因如何，CT检查时可发现双侧性鼻腔不透明体的发病率很高。鼻腔及鼻侧结构发生改变的程度也可通过CT而更为完整地检查。磁共振成像也有帮助作用（见图293-6至图293-9）。

肿瘤

鼻腔肿瘤最为常见的原因是淋巴瘤。在对鼻腔疾病进行的一项CT研究中发现肿瘤对鼻甲骨有更为严重的损毁作用，包围鼻腔的骨发生骨质溶解，鼻中隔破毁，软组织延伸超过鼻腔。单侧性鼻腔疾病肿瘤的发生率比其他原因的鼻炎更高。双侧性鼻腔疾病肿瘤的发病率与鼻炎类似（见图293-10及图293-11）。

鼻咽息肉

猫患鼻咽息肉（nasopharyngeal polyps）时表现的症状从慢性鼻炎到吞咽困难不等。鼻咽息肉为软组织肿块，位于鼻咽部。诊断时应排除并发的骨膜泡慢性疾病。参见第 149章和图293-12及图293-13。

前庭疾病

猫发生前庭疾病（vestibular disease）时可表现各种症状。对外周及中枢性前庭疾病的鉴别需要对临床

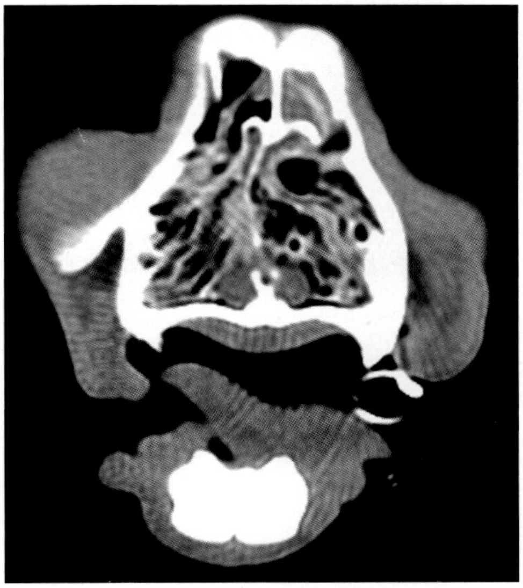

图293-6　慢性鼻炎。猫因喷嚏和恶心就诊，偶尔出现脓性鼻腔分泌物。在横断面计算机断层扫描时，双侧鼻腔存在软组织不透明体。鼻甲缺少其正常的对称性卷曲，表现明显畸形。鼻中隔轻微右移。未能确定出明确的细胞溶解区。从活检样品中诊断出为慢性化脓性鼻炎

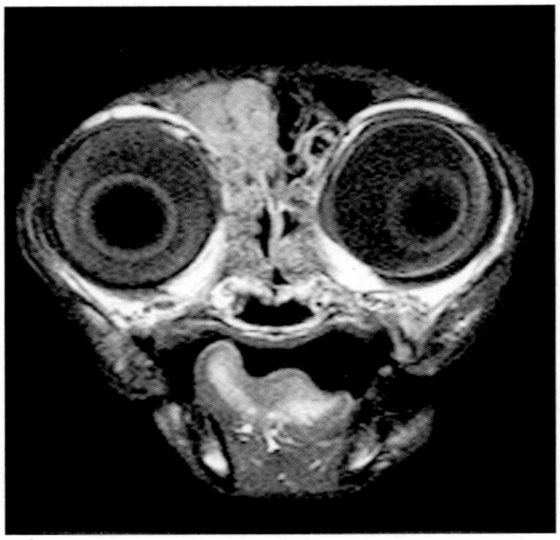

（A）

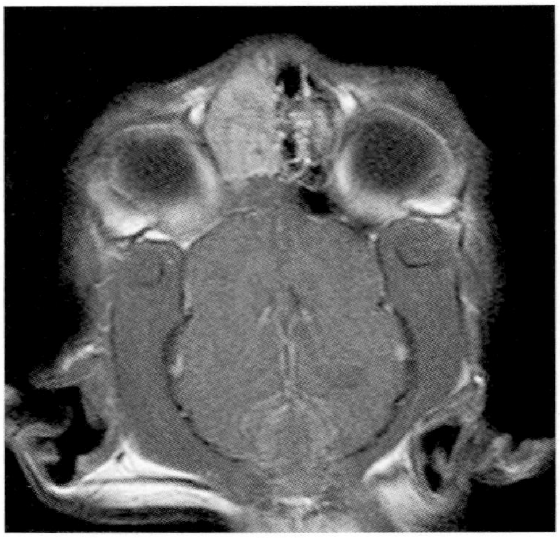

（B）

图293-7 窦炎。（A）和（B）本例猫以前具有流鼻血、感染疱疹病毒及厌食的病史。新的检查结果包括头部倾斜及新近有跌倒的病史。在磁共振T2权重成像（magnetic resonance T2-weighted images）横断面及背平面观察时，右侧额窦及背后鼻腔信号强度增加。右额窦活检发现为慢性坏死性脓性窦炎（necropurulent sinusitis）

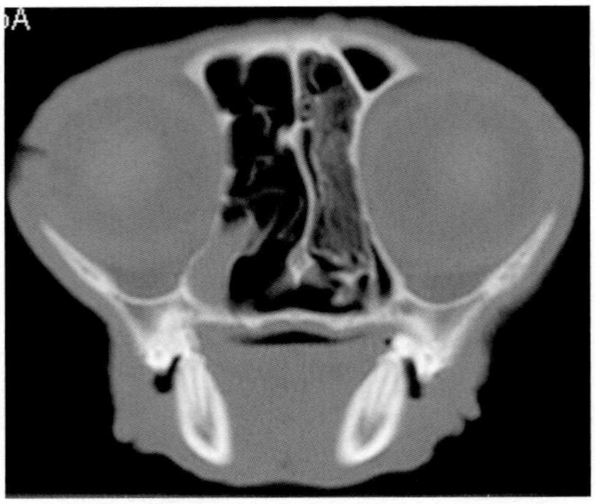

（A）

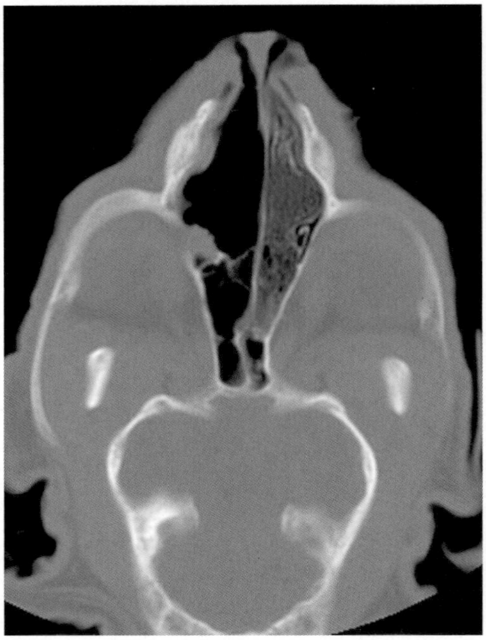

（B）

图293-8 鼻炎。9月龄的仔猫，因鼻腔分泌物而就诊，病猫为猫疱疹病毒阳性。（A）和（B）骨窗口背部及横断面计算机断层扫描，发现右侧鼻腔有穴样外观，正常鼻甲骨缺失。活检表明为鼻炎，具有革兰氏阳性菌，可能由于鼻甲骨闭锁所引起

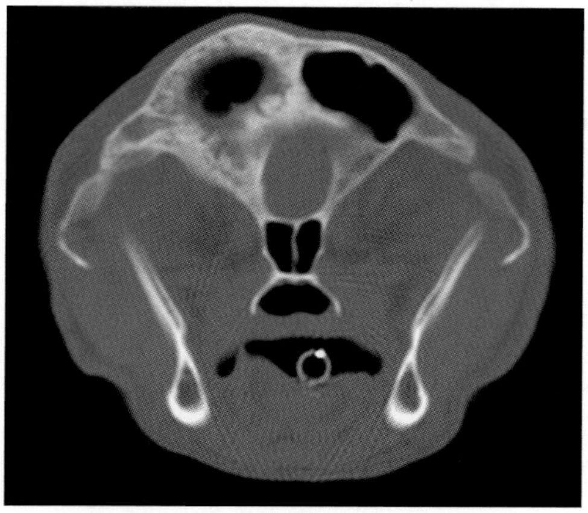

（A）

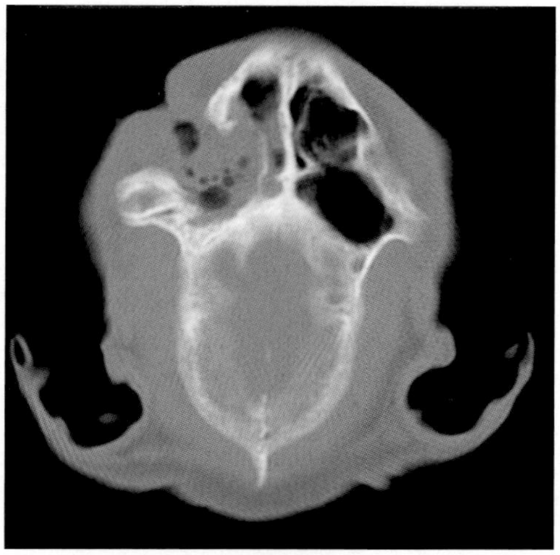

（B）

图293-9 真菌性鼻炎。（A）和（B）猫因持续性鼻腔分泌物而就诊。采用骨窗口进行横断及背部计算机断层扫描发现在右侧额窦有一软组织肿块，肿块具有骨质增生及局灶性骨溶解。右侧额窦轮廓异常并向背部凸起。中间眼眶壁背面有骨溶解。额窦活检发现为脓性肉芽肿性窦炎（pyogranulomatous sinusitis）及曲霉菌真菌菌丝

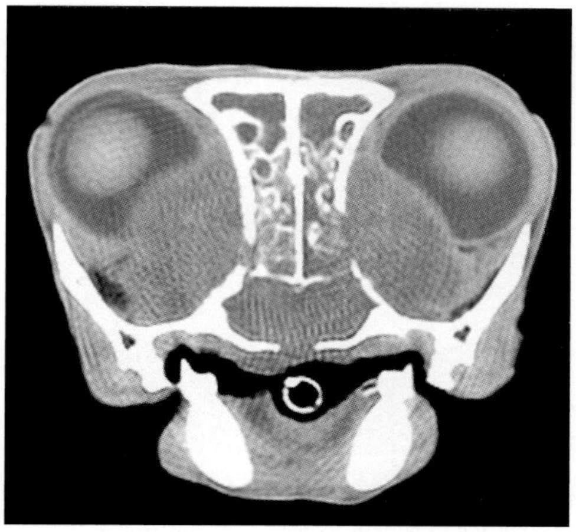

（A）

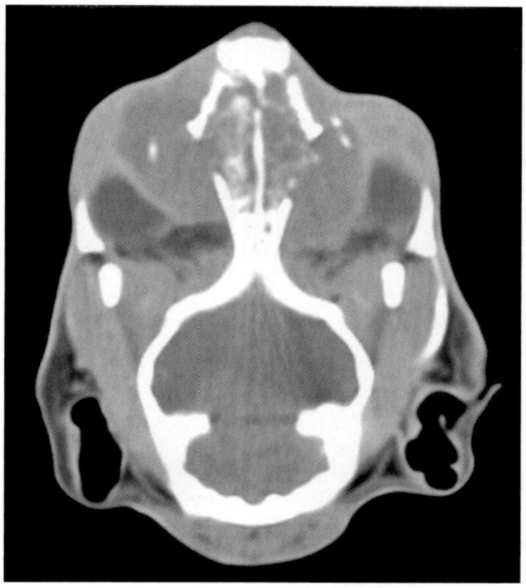

（B）

图293-10 肿瘤-淋巴肉瘤。（A）和（B）猫因鼻腔畸形而就诊，张口呼吸及口腔溃疡。横断面及背部计算机断层扫描，发现一大的软组织肿块位于两侧鼻腔，向侧面扩展，双侧眼眶中间壁发生骨溶解。摘除眼球，发现硬腭有骨溶解，肿块向腹面延伸进入口咽部。鼻腔活检发现为免疫母细胞型淋巴瘤（immunoblastic type lymphoma）

症状作出合理的解释。中枢性前庭疾病需要检查脑干，最好是通过磁共振成像（MRI）进行检查。外周性前庭症状可能与中耳或先天性前庭疾病有关。鼓膜泡疾病可通过X线摄影，检查形状、骨密度及软组织不透明度等来鉴定。中耳疾病的X线检查迹象在疾病过程中出现得较迟。在25%的病例，X线检查不能诊断出中耳炎。采用CT或MRI均能检查出鼓膜泡的变化。中耳的肿瘤最常与鳞状细胞癌有关（参见第158章及图293-14至图293-20）。

大脑影像分析

可采用CT或MRI进行大脑影像分析。采用CT能更清晰地检查到影响到骨的典型病变。如果需要检查脑组织，则MRI为首选的成像检查方法。最常见的大脑肿瘤为脑膜瘤（见图293-21及图293-22）。也可检查到穿入性异物（见图293-23）。

脊髓造影术

目的

- 脊髓造影术（myelography）的主要目的是检查脊髓疾病

临床适应证

- 轻瘫、麻痹、疼痛及本体感受缺失。
- 检查脊髓损伤时X线探查为阴性。
- 需要确定手术干预的确切位点时。

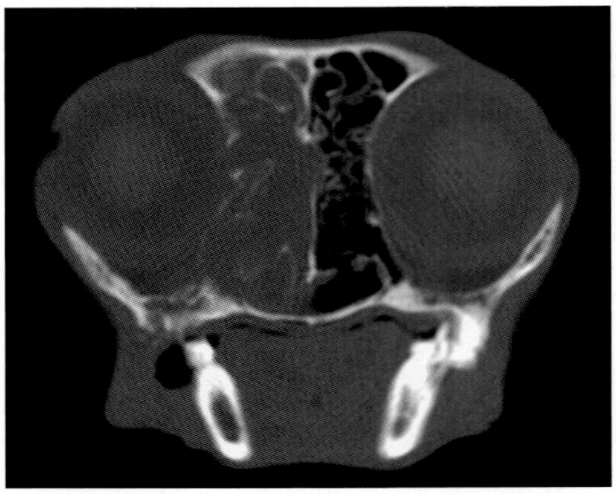

图293-11 肿瘤–腺瘤。老龄家养短毛猫因有6个月的鼻出血的病史而就诊。骨窗口横断面计算机断层扫描发现在右侧鼻腔软组织不透明度增加，该侧鼻甲明显增厚。眼眶壁中侧骨溶解。活检发现右侧鼻腔为鼻腺瘤

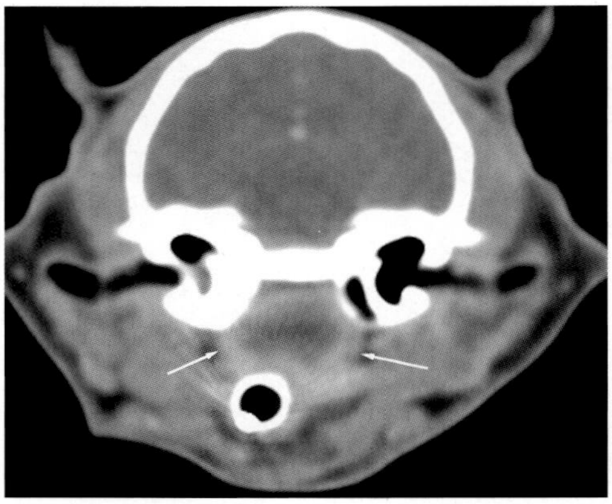

图293-12 鼻咽部息肉。猫因吸气性喘鸣而就诊。造影后横断面计算机断层扫描（postcontrast transverse computerized tomography）图片上发现与鼻腔息肉一致的软组织肿块环状增强。右侧鼓膜泡不透明度增加

- 需要确定损伤的范围时。
- X线探查发现多个可疑位点时。

正常检查结果

- 正常脊髓X线造影图（myelogram）中可见到在蛛网膜下腔造影剂呈薄的平行柱状，呈现出脊髓轮廓。
- 在颈椎后部及腰椎后部由于臂部及腰部的膨大，脊髓通常变宽。
- 在正常的脊髓X线检查图中，猫的颈部脊髓与犬相比成比例地增宽，造影柱相对狭窄。

常见病变

- 猫传染性腹膜炎、弓形虫病及隐球菌病引起的炎症可引起猫发生异常的神经症状。脊髓X线及MRI检查可表现正常。

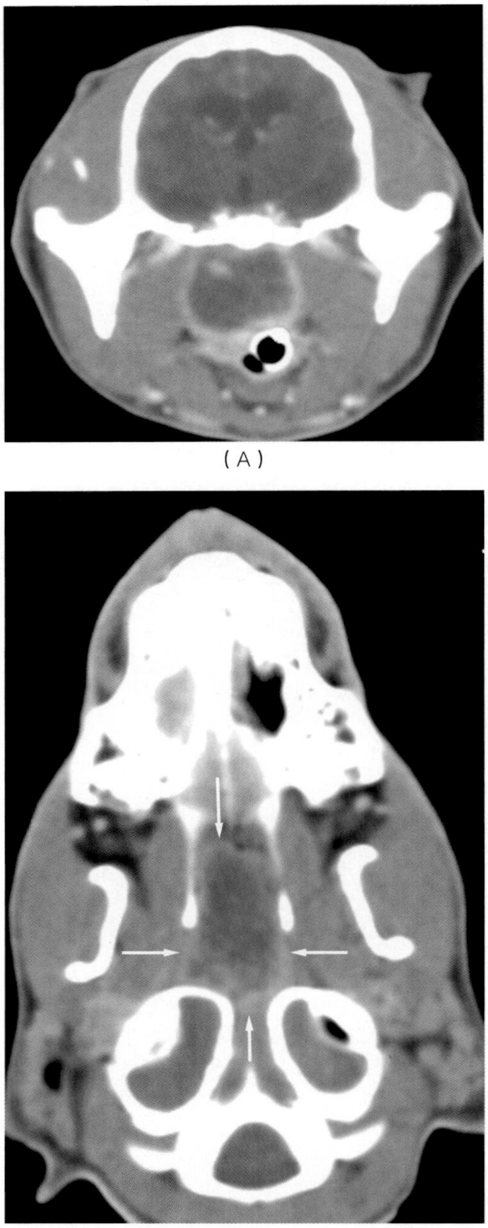

（A）

（B）

图293-13 鼻咽部息肉。成年猫因自5月龄开始的前庭症状及上呼吸道症状而就诊。（A）和（B）在横断面及背部造影后计算机断层扫描图片上，鼻咽部有一大而边界清晰的卵圆形肿块，该肿块的外周对照增强，中度脑积水。活检证实为鼻咽部息肉

- 猫不常见到的一些疾病包括椎间盘疾病、脊椎创伤、淋巴肉瘤及脊椎梗塞。在一项MRI检查中发现，肿瘤为脊髓疾病中最为常见的疾病。
- 病变可分为髓质内（脊髓内）、髓质外硬膜内及硬膜外。
- 发生椎间盘疾病时，脊髓X线造影图（见图 293–24）可反映出硬膜外压迫及包括盘间隙狭窄，有或无椎盘的钙化、侧面观时腹侧造影柱向背侧移位以及腹

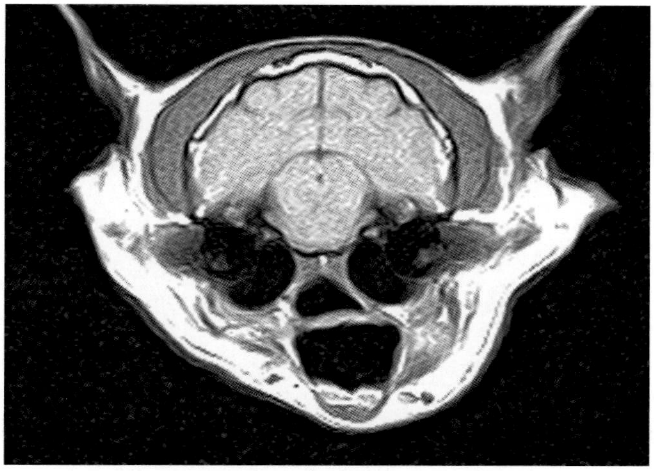

（A）

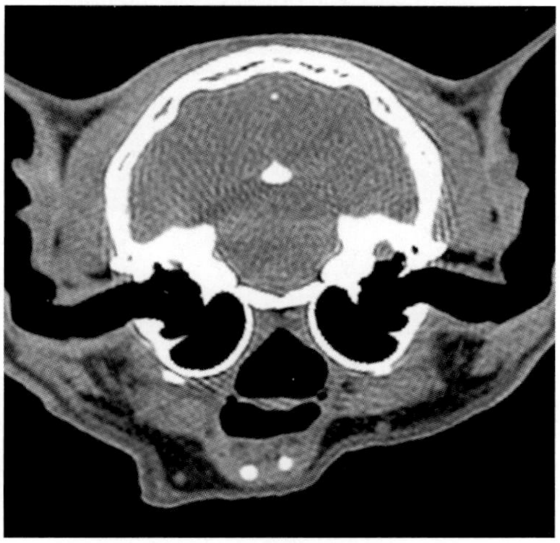

（B）

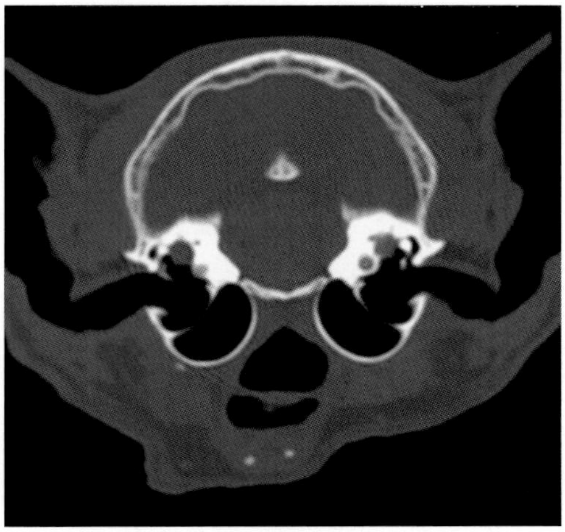

（C）

图293-14　正常。（A）磁共振成像，T1 横断面造影后成像表示正常的双侧鼓膜泡；（B）和（C）同一病猫，横断面计算机断层扫描时正常的鼓膜泡；（B）软组织窗口；（C）骨窗口。注意在软组织窗口扫描时鼓膜泡明显增厚

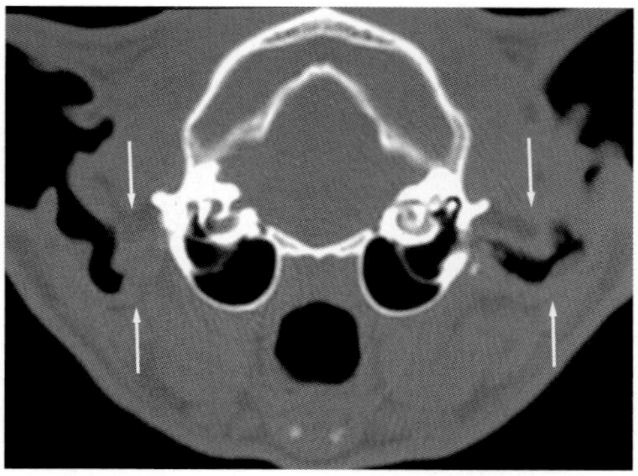

图293-15　慢性炎症：猫因持续2年的左耳慢性瘙痒而就诊。骨窗口横断面计算机断层扫描图片上鼓膜泡正常，左侧外耳道增厚，计算机断层扫描怀疑为慢性炎症

背观时造影柱变薄。腹背观时造影柱可向侧面移位。如果发生明显的脊髓肿胀，则可见到髓质内变化。

- MRI检查时也有同样的结果，椎间盘间隙狭窄，矢状面成像时腹侧脊髓向背侧移位及横断面扫描时有不同程度的腹侧向侧面压迫（见图293-25及图293-26）。
- 淋巴肉瘤可侵入脊椎或神经系统或两者，脊髓可受到影响，或者肿瘤可侵入硬膜内或硬膜外结构。在探查性X线检查时，可发现一个或数个脊椎骨溶解。见图293-27及图293-28。
- 由于先天性或获得性病变，可发生中央管扩张或脊髓积水（hydromyelia）（见图293-29）。获得性原因包括肿瘤、感染、创伤及脊髓萎缩。在有些病例，脊髓积水为偶然所发现，与异常的神经症状无关。
- 创伤之后可发生脊柱畸形，也可因先天性疾病而引起。脊髓造影术可用于确定是否存在脊髓损伤（见图293-30及图293-31）。
- 骨硬化病（osteopetrosis）在猫罕见发生。骨病变可见于腋窝及四肢骨骼。受影响的骨可表现为弥散性的髓质不透明度增加及活检针刺入时的抵抗性增加。由于人的骨硬化病可导致骨脆而易碎，因此有人建议在猫采用弥散性骨硬化病（diffuse osteosclerosis）这一术语。虽然常常认为这些病变是偶然性的，但许多病猫后来可因许多疾病而死亡，包括骨髓及外骨髓增殖性疾病（myeloproliferative disorders）、淋巴瘤、C-细胞瘤及全身性红斑狼疮（systemic lupus erythematosis）等（见图293-32）。

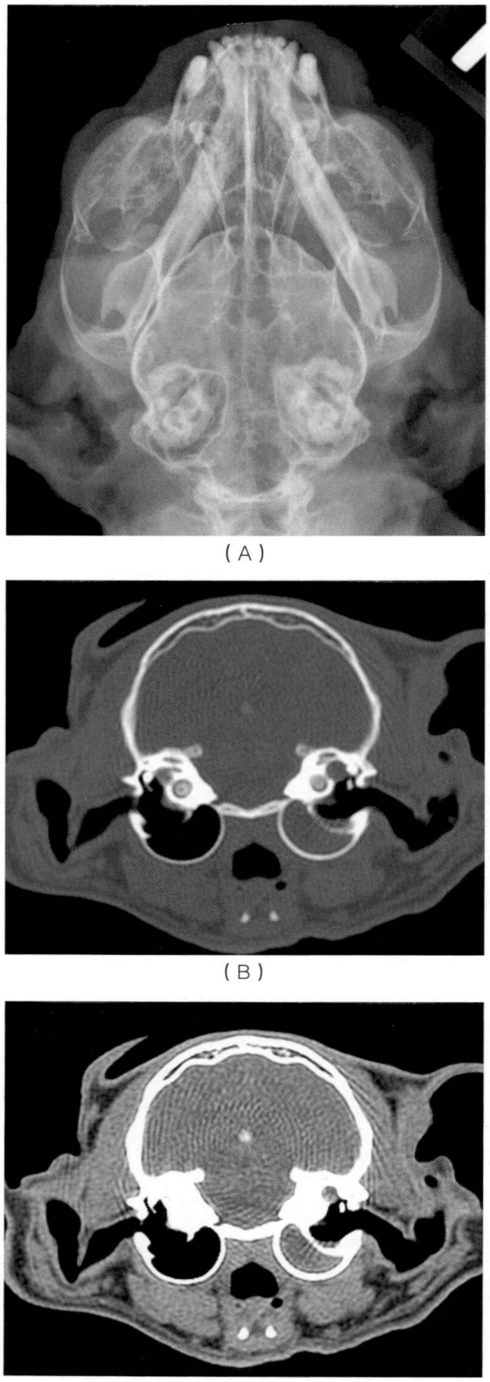

（A）

（B）

（C）

图293-16　图292-16中的猫因持续6个月的耳部感染及近来的头部偏斜而就诊。（A）颅骨腹背扫描发现左侧鼓膜泡软组织不透明性增加。（B）和（C）骨窗口和软组织窗口横断面计算机断层扫描图，发现左侧鼓膜泡中间的侧面存在软组织不透明度增加。在骨窗口，左侧鼓膜泡增厚。从计算机断层扫描可诊断为炎性反应过程

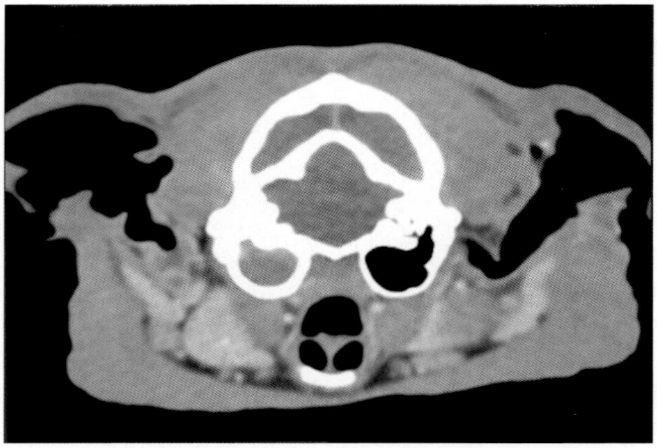

图293-17　肿瘤：猫因右耳道肿块而就诊。造影后横断面计算机断层扫描图中发现右侧鼓膜泡充满软组织样物质，外耳道中间及远端软组织增加，活检结果为浆细胞瘤

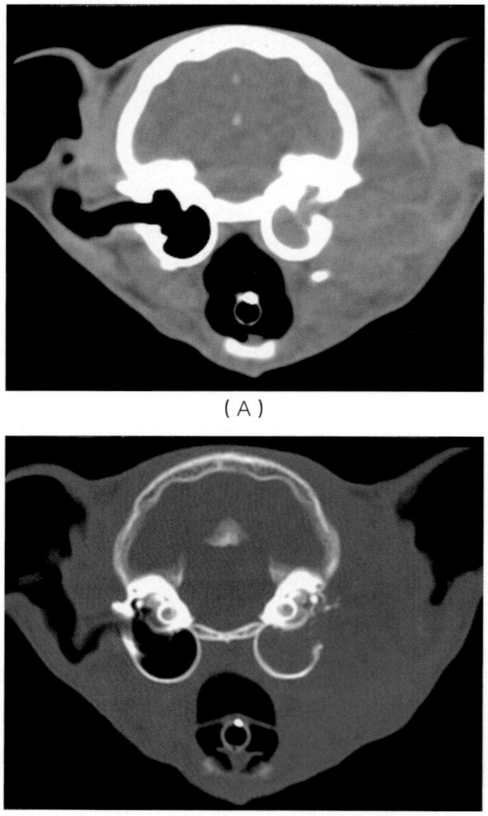

（A）

（B）

图293-18　肿瘤：猫因左耳道肿块而就诊。（A）和（B）软组织及骨窗口横断面计算机断层扫描中发现一大的软组织肿块，其为异质性不透明体，与左外耳道关系密切。左侧鼓膜泡不透明度增加。鼓膜泡后面发生骨溶解。从计算机断层扫描结果可怀疑为肿瘤发生过程，活检证实为鳞状细胞瘤

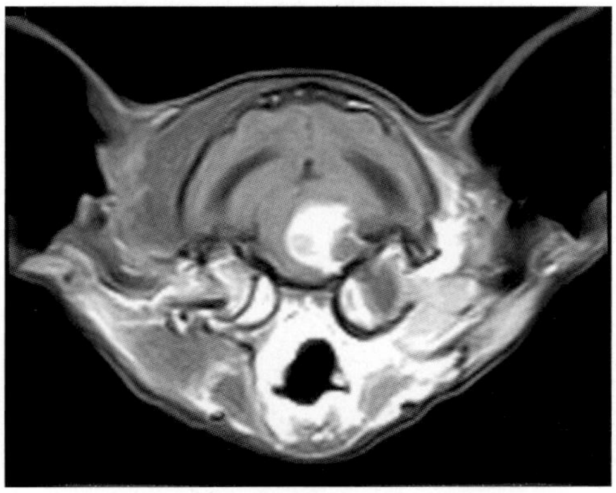

（A）

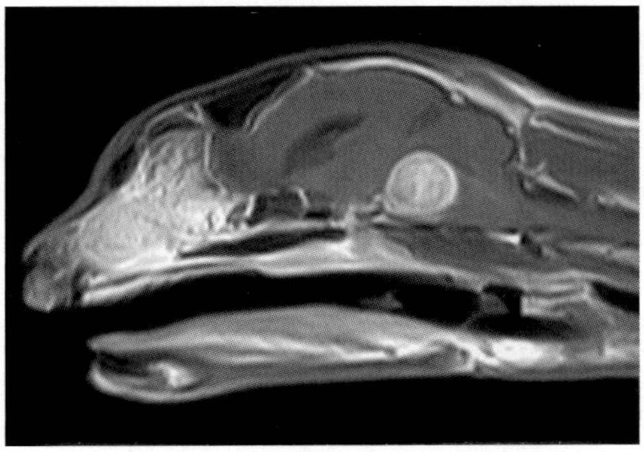

（B）

图293-19 真菌性耳炎：猫因耳部感染及前庭症状而就诊。（A）显影剂后T1脂肪抑制序列权重成像横断面上的磁共振成像发现左侧鼓膜泡增厚，此外可见一肿块延伸到临近左侧鼓膜泡的脑干。左侧颞肌明显萎缩。（B）矢状面磁共振显影剂后增强成像检查发现肿块向背部延伸。左耳道活检证实为真菌性耳炎，病原最有可能为曲霉菌

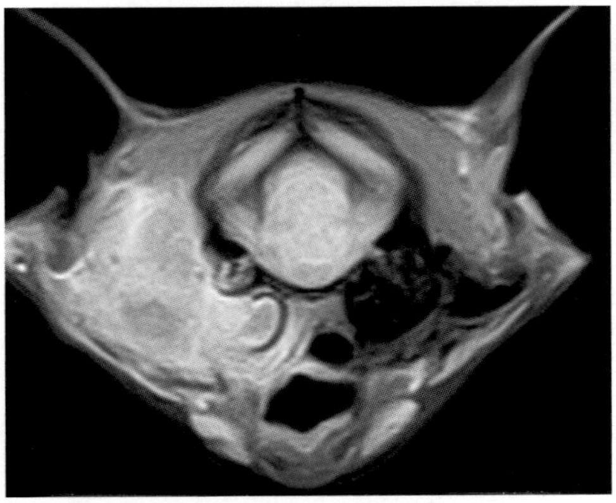

图293-20 肿瘤。猫因外周前庭症状而就诊。在T1横断面造影后图像中沿着颅盖侧面信号增强，在右侧鼓膜泡也注意到信号增强。颅骨与右侧鼓膜泡相适合部分可能被损毁。对肿块进行活检结果为鳞状细胞癌

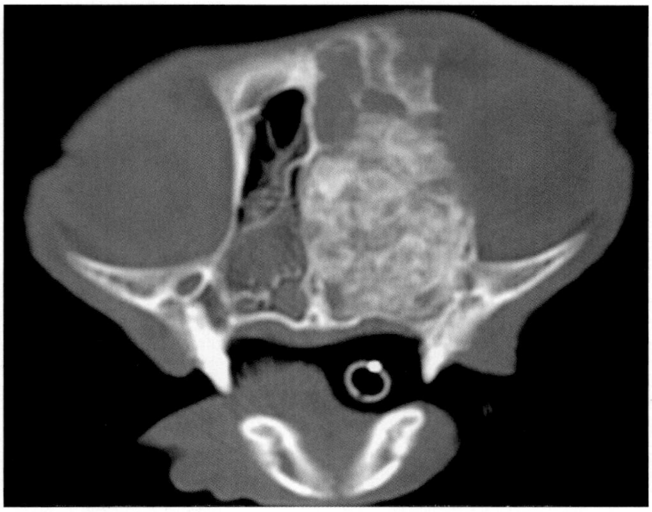

（A）

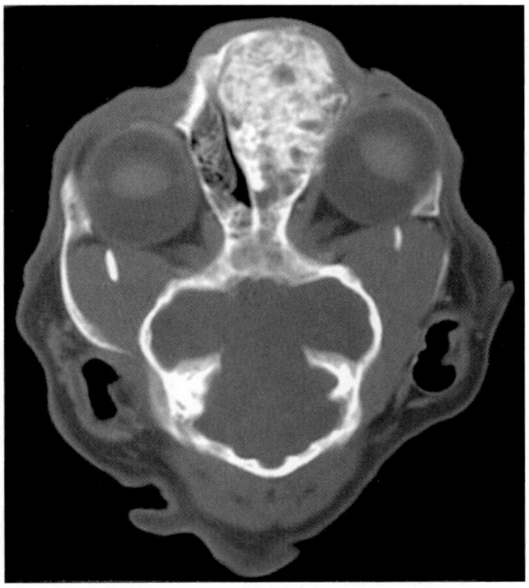

（B）

图293-21 肿瘤。猫因有8个月的鼻腔肿块及引流管的病史而就诊。（A）和（B）骨窗口横断面及背部计算机断层扫描，发现软组织有一大的钙化肿块，占据左侧鼻腔大部。钙化肿块延伸进入左侧眼眶中间，引起其侧面移位。额窦有蚕食状外观，有一定程度的软组织不透明体。肿块活检证实为骨瘤（multilobular tumor of bone）

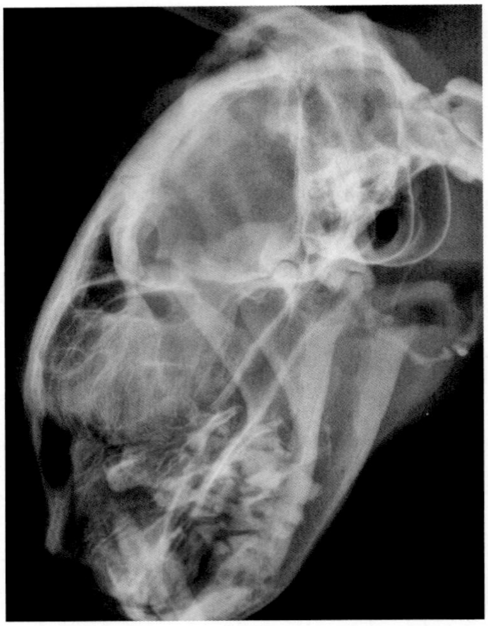

（A）

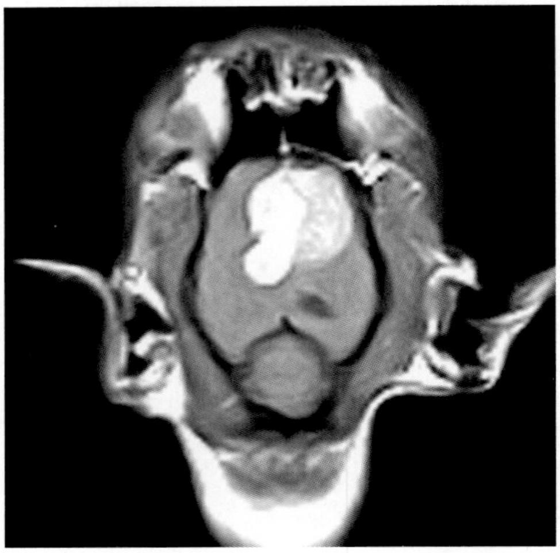

（B）

图293-22 肿瘤。猫因失重、间歇性失明及共济失调而就诊。（A）颅骨X线检查显示皮质骨厚度增加，与骨质增生相一致。（B）在显影剂后T1权重背部磁共振成像中，肿块呈不均一的对照增强。肿块位于左侧大脑的外周，延伸到顶叶。对比增强的大肿块很有可能是脑膜瘤。病猫死亡，确诊为脑膜瘤

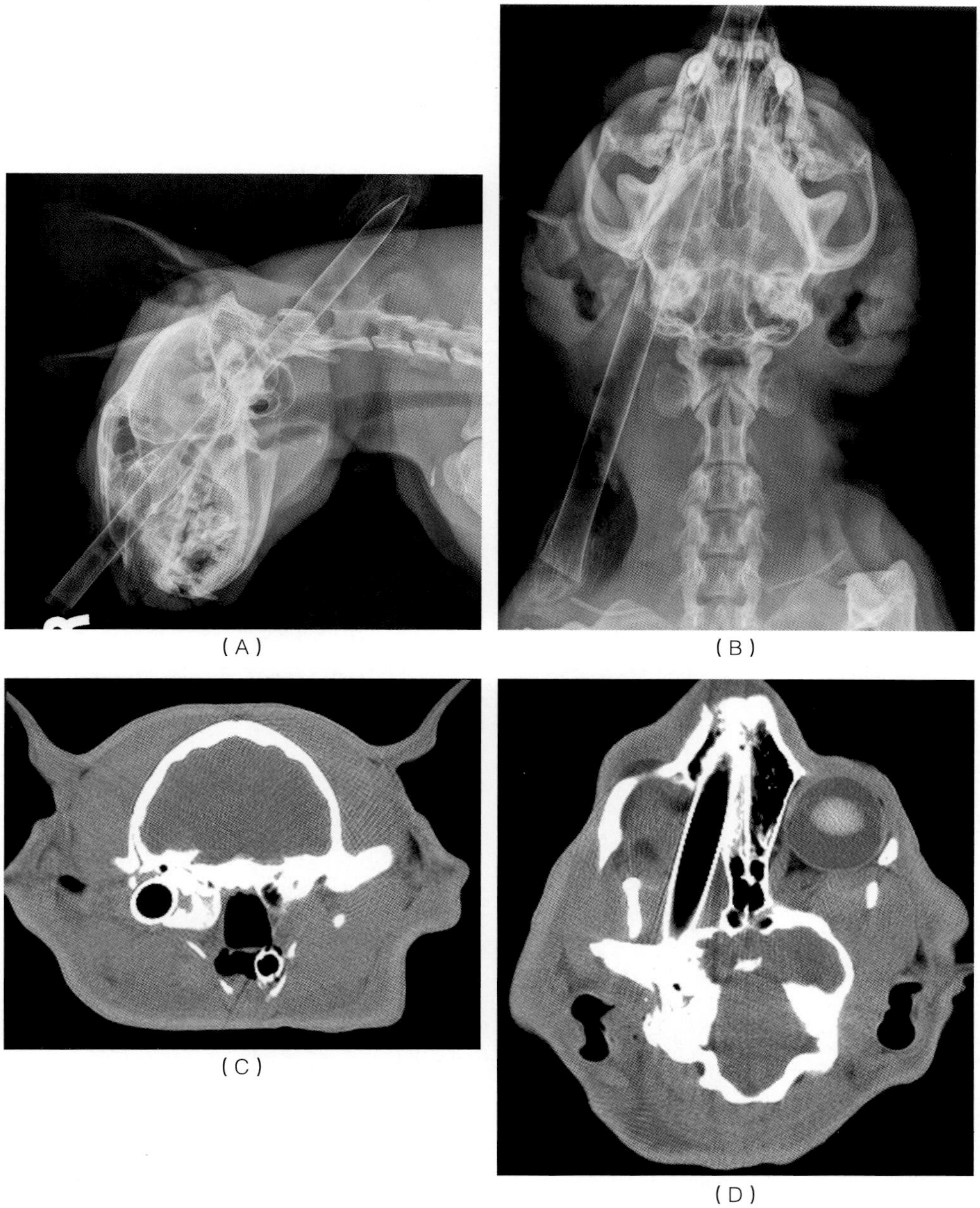

图293-23　箭伤：猫因头部箭伤而就诊。（A）和（B）X线检查证实为一金属管从右侧鼻腔通过颅骨进入，从右侧颈部临近C1–C2处穿出。右侧额骨及右侧鼓膜泡骨折。（C）和（D）横断面及背部计算机断层扫描时发现，箭头从鼻腔延伸进入颈部。箭头延伸进入右侧鼓膜泡，引起该区域发生多处骨折。部分骨向背部移位进入紧贴右侧鼓膜泡喙部的颅盖。摘除箭头后病猫成功康复

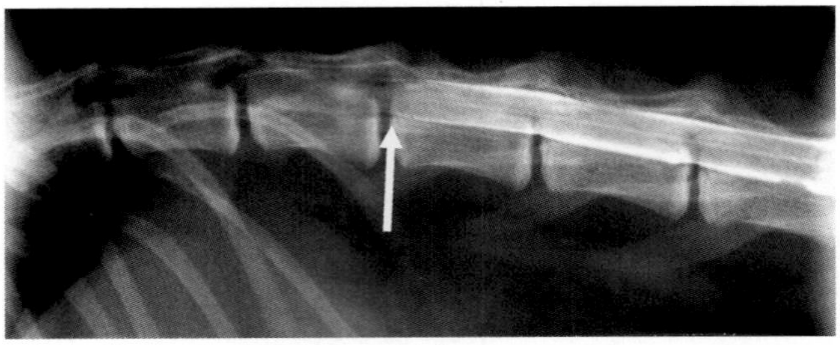
（A）

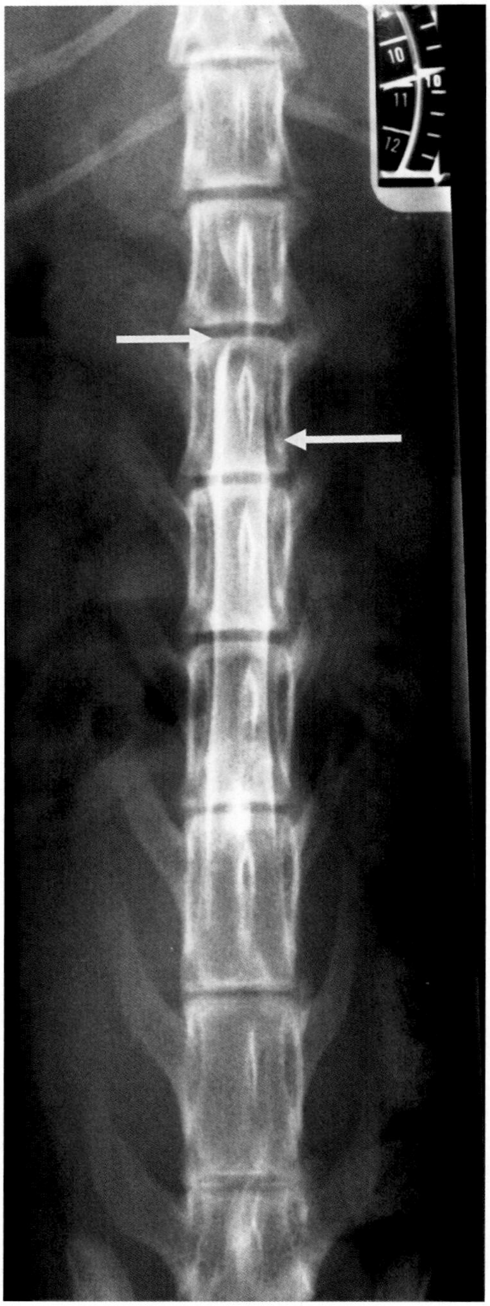
（B）

图293-24 10月龄病猫，因进行性轻度瘫痪而进行脊髓造影。造影剂从腰区后部注入。（A）侧面透射，背部及腹部造影柱停止于L1–L2水平。在更靠前部只能观察到少量造影剂。（B）腹背透射，右侧造影柱延伸到L1–L2水平，但左侧造影柱更靠后终止于L2–L3水平。X线检查所发现的变化表明在L2水平发生左侧硬膜外压迫

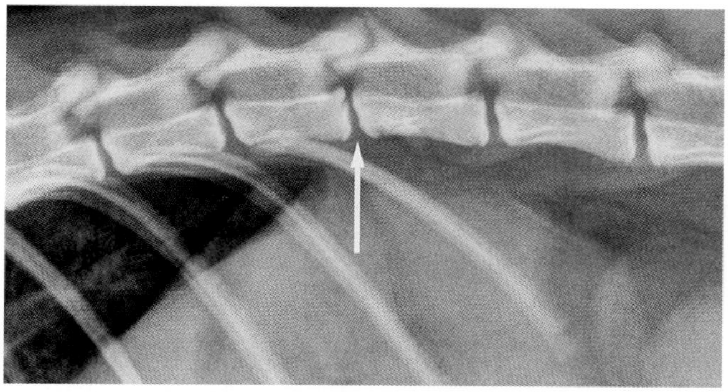

图293-25　6月龄缅因库恩猫，因急性开始的截瘫而就诊，X线检查时发现T13-L1椎间盘间隙缩小（箭头）

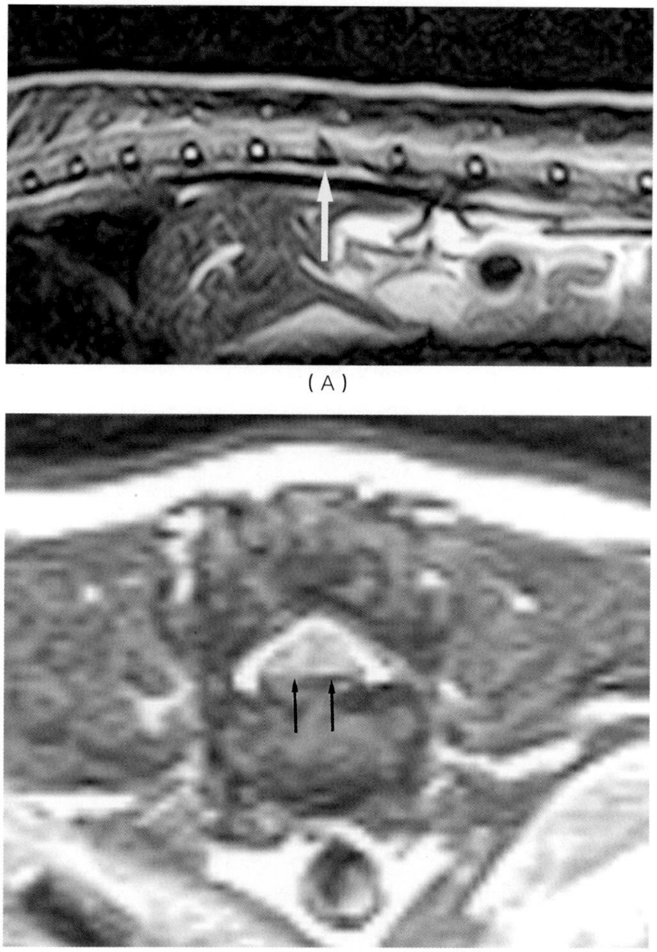

（A）

（B）

图293-26　图293-25中猫的磁共振影像分析。（A）矢状面T2权重图像。（B）横断面T1权重显影剂后图像。箭头表示T13-L1椎管腹侧的肿块。X线检查及MRI检查结果表明为椎间盘突出

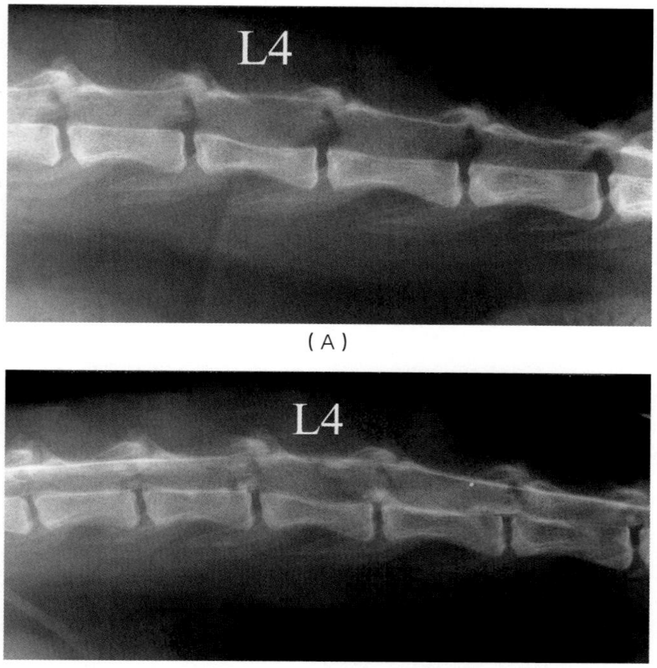

（A）

（B）

图293-27　猫因左后肢跛行而就诊。（A）侧面透射表明L4椎体出现可扩张性的病变。（B）脊髓造影术照片，腹侧及背侧造影柱变薄，背侧柱向背部移位，腹侧柱向腹侧移位。类似的变化也存在于腹背观察，说明在L4水平发生髓质内病变。最终的诊断为淋巴肉瘤

其他说明

- CT及MRI可用于进一步检查脊椎及骨骼外结构，这些方法在有些地区实施，对癌症病猫阶段的划分也具有重要意义（见图293-33至图293-41）。

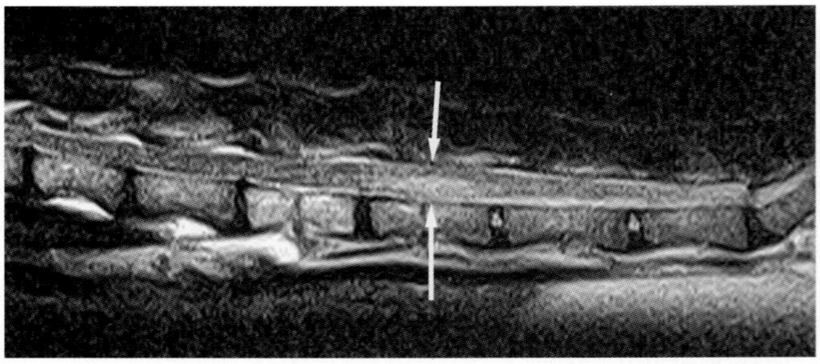

（A）

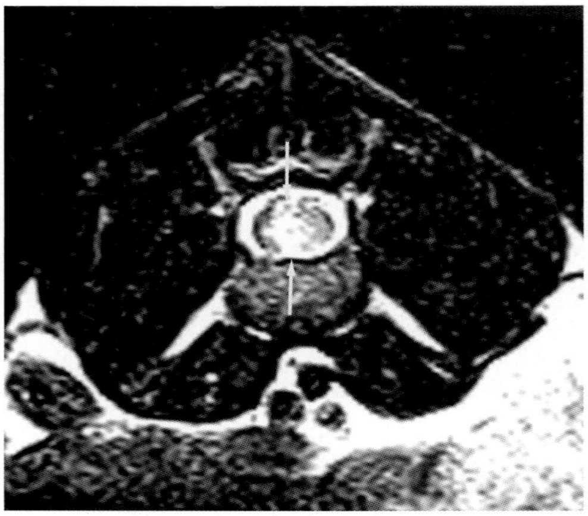

（B）

图293-28　猫因急性瘫痪而就诊。（A）T2权重矢状面及横断面图像上，在L5水平脊柱信号增强。（B）在横断面扫描图上，这种增强的信号存在于脊髓的中间及腹面2/3。怀疑发生了肿瘤引起脊髓髓质病变，其中淋巴肉瘤最应进行鉴别诊断

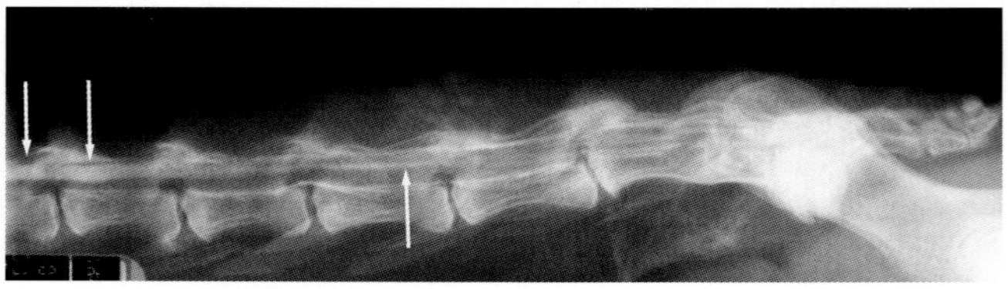

图293-29　猫因后肢进行性衰弱而就诊。脊髓X线照片中中央管充盈（脊髓积水）。脊髓积水可为先天性的，或者继发于肿瘤、感染、创伤及脊髓萎缩。注意脊柱骨不透明度降低，不能观察到棘突

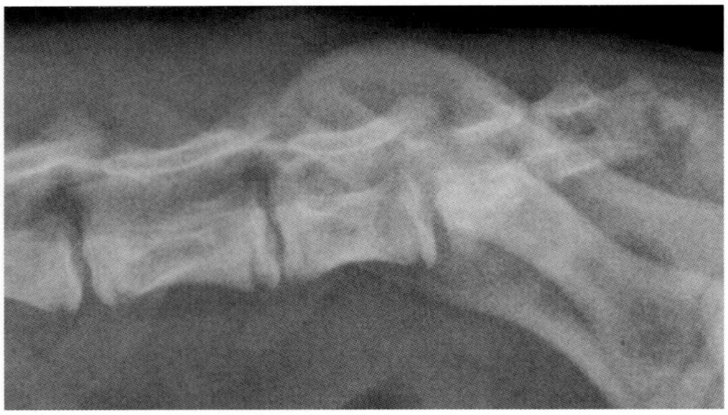

（A）

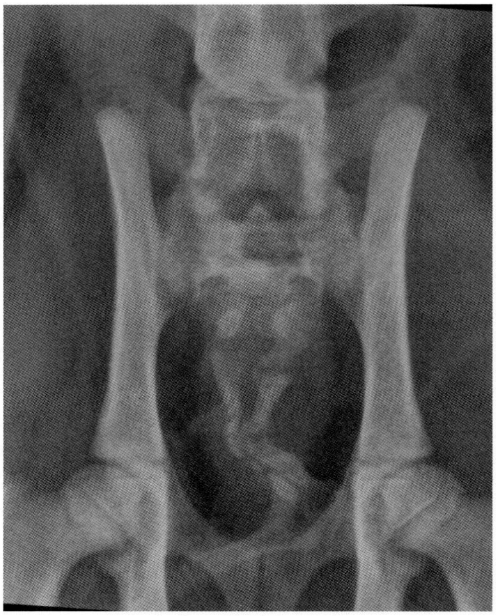

（B）

图293-30　先天性疾病。（A）和（B）4月龄猫，因腹泻1个月而就诊。荐椎及尾椎异常，可能为脊椎裂，影响到荐椎及尾椎

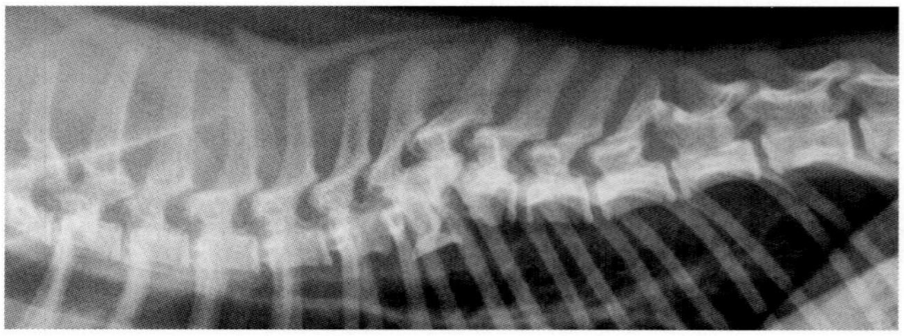

图293-31　先天性疾病。9月龄猫，因从6周龄开始后肢拖拽而就诊。胸腔中部椎管明显向背侧偏移。T6–T8椎体缩短及畸形。畸形椎体神经管明显偏离

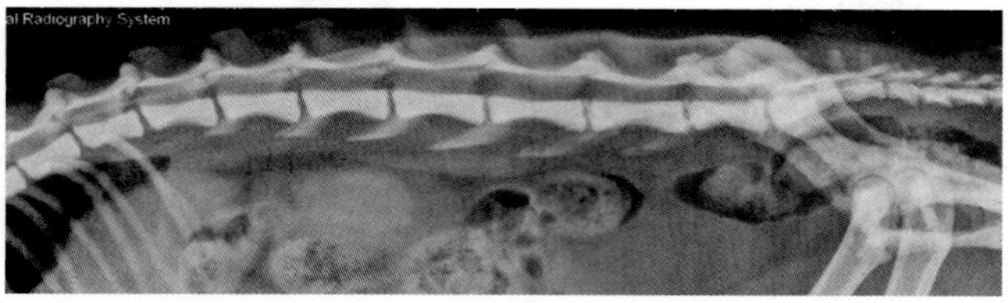

（A）

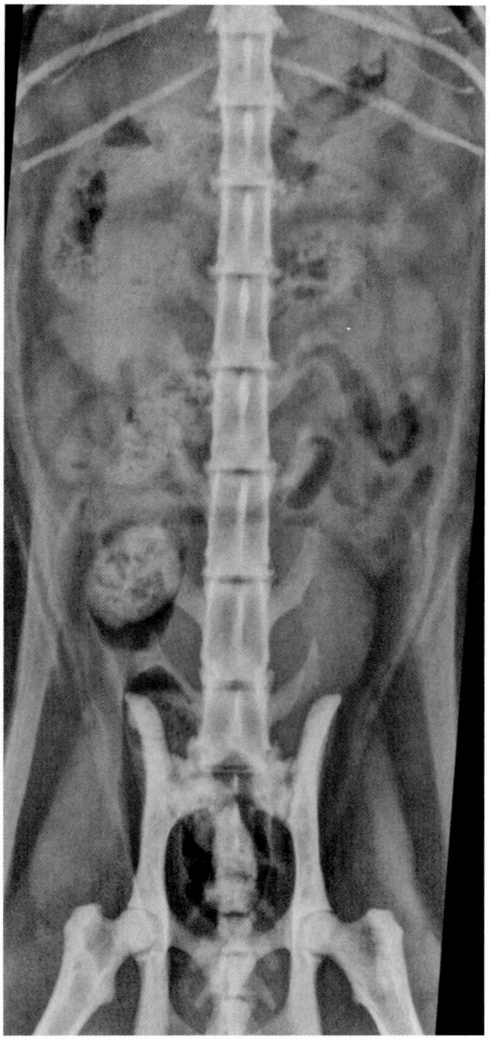

（B）

图293-32 猫因肾衰而就诊。腰椎X线检查发现椎体髓质区不透明度增强，同时发生骨硬化病。（A）侧面投射。（B）腹背投射

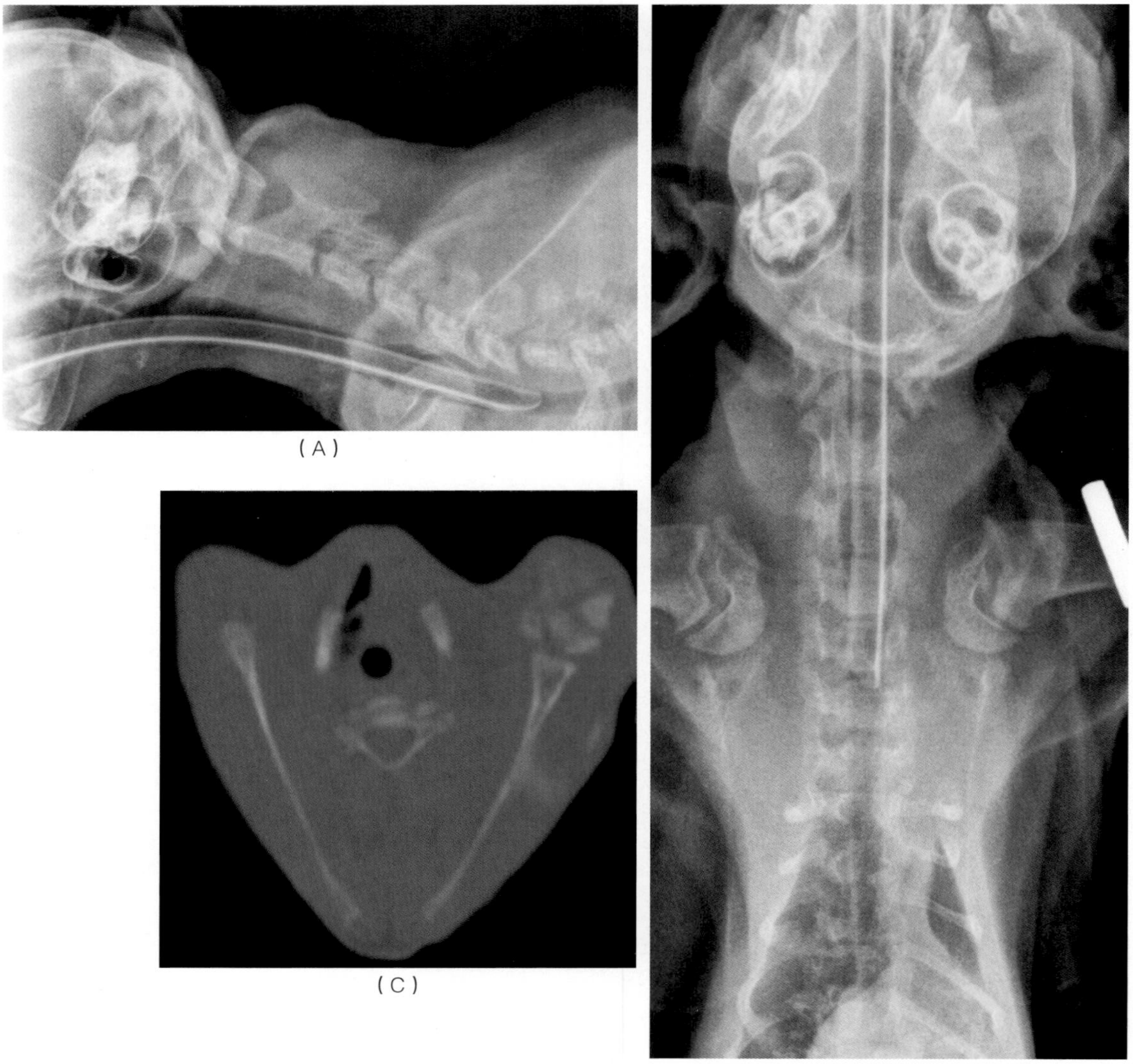
(A)

(C)

(B)

图293-33 12周龄仔猫，因共济失调而就诊。该猫只饲喂煮熟的鸡肉。脊髓X线检查（A）和（B）及骨窗口横断面脊髓计算机断层扫描上（C）骨骼不透明度明显增加

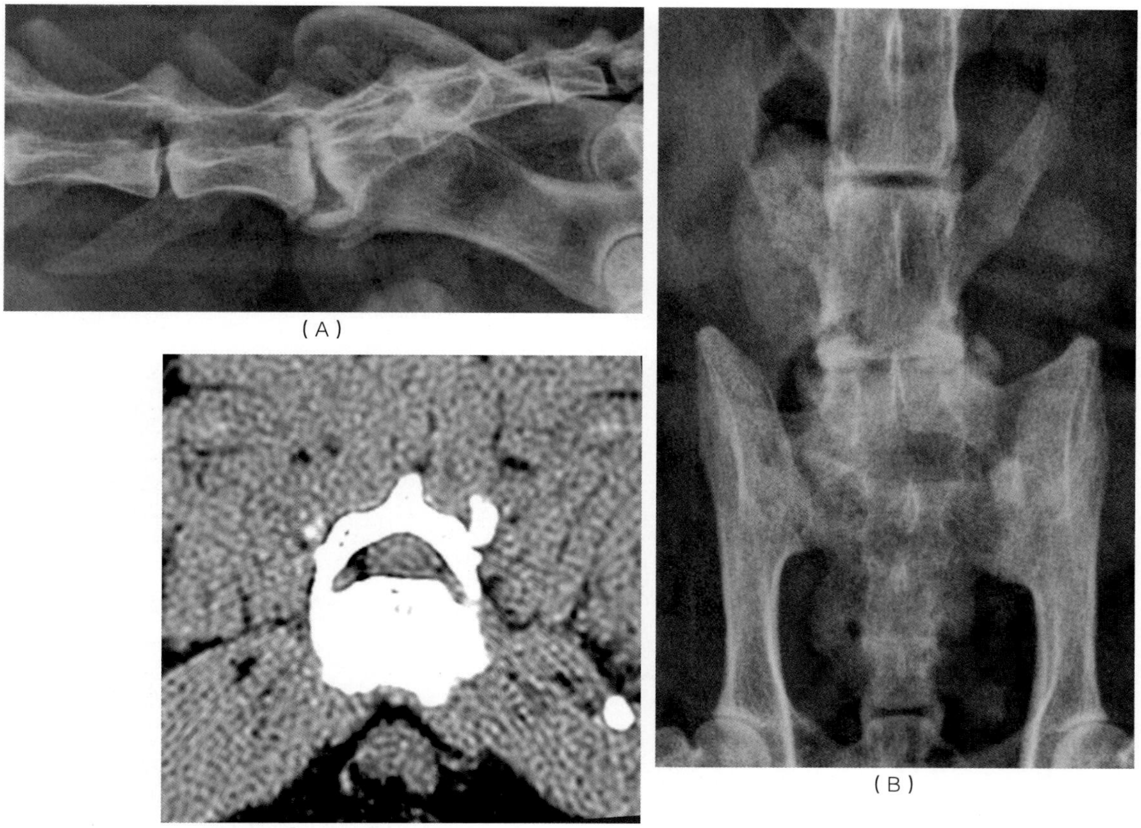

（A）

（B）

（C）

图293-34　10岁混合品种猫，因慢性背疼而就诊。（A）和（B）脊髓X线发现在L6-L7水平腹侧椎关节强硬（spondylosis）。在L6-L7水平椎间盘间隙缩小。在L6的后背边缘及L7的前背边缘有新骨形成。（C）在横断面计算机断层扫描中，椎管软组织不透明度增强。在荐椎区椎管呈异常的椭圆形。在腰荐连接处纤维组织或椎间盘发生退行性变化

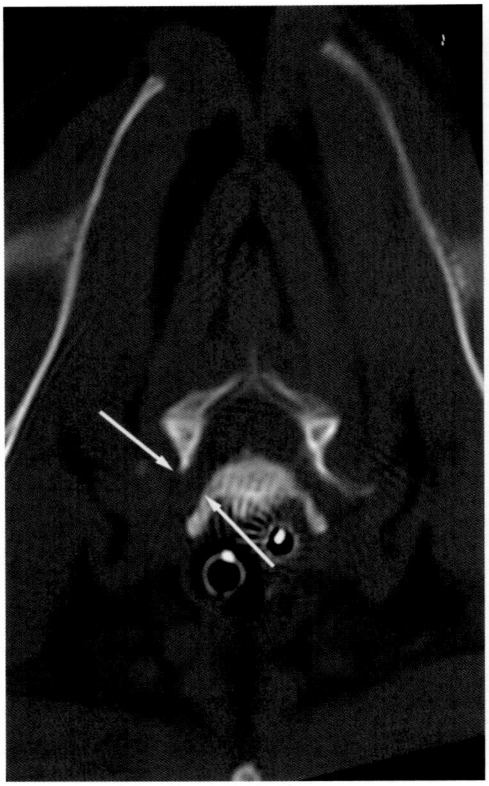

（A）

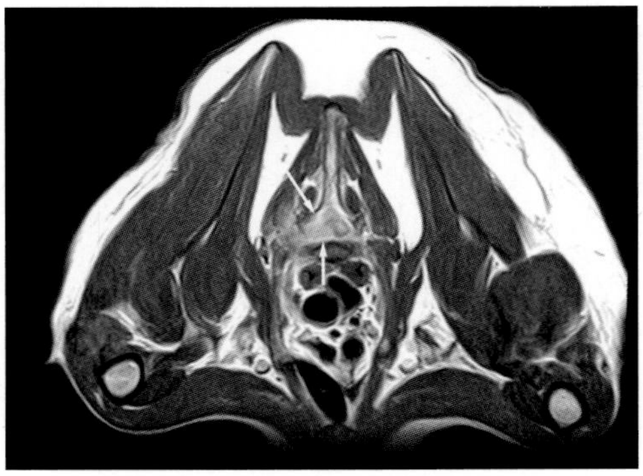

（B）

图293-35 猫因有6周的上行性麻痹而就诊。（A）骨窗口横断面计算机断层扫描发现右侧T1-T2的薄片及颈部不透明度降低，说明由于肿块从椎管延伸而引起一定程度的骨侵蚀。（B）在造影剂后T1权重磁共振图像中，右侧椎间孔末端对照增强。病猫安乐死，组织病理学检查发现为外周神经鞘肿瘤

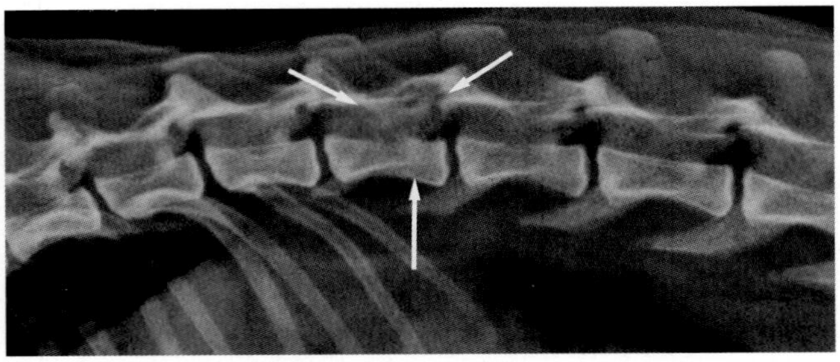

（A）

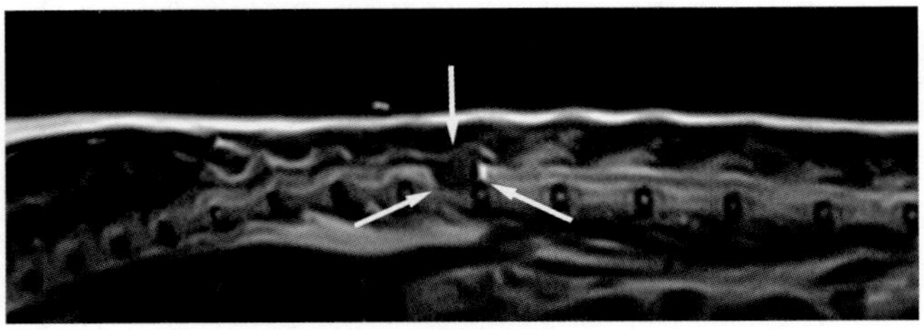

（B）

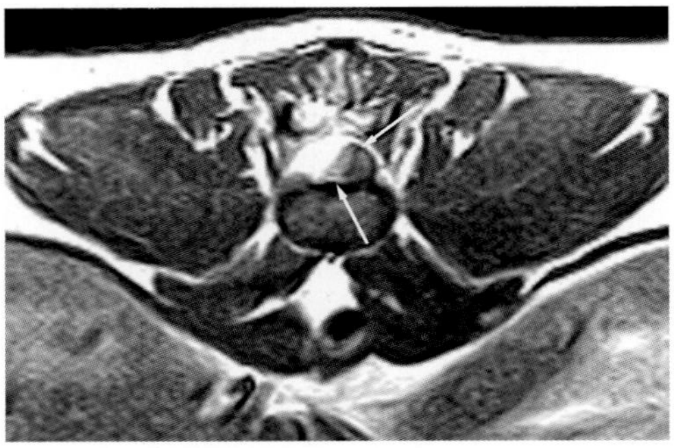

（C）

图293-36 猫因3周的后肢共济失调史而就诊。（A）脊柱X线检查中，L1椎体在薄片的后面、颈及关节突（箭头）上表现为透亮。这种骨溶解区具有可扩张的外观。（B）在矢状面T2权重STIR磁共振成像上，L1-L2椎管内信号降低（箭头）。（C）在T1权重横断面造影剂成像中，由于肿块效应使得脊髓向左侧移位（箭头），这一肿块均一，对照增强。基于脊柱X线检查及磁共振成像检查结果，鉴别诊断包括骨肉瘤、软骨肉瘤（chrondrosarcoma）或淋巴瘤

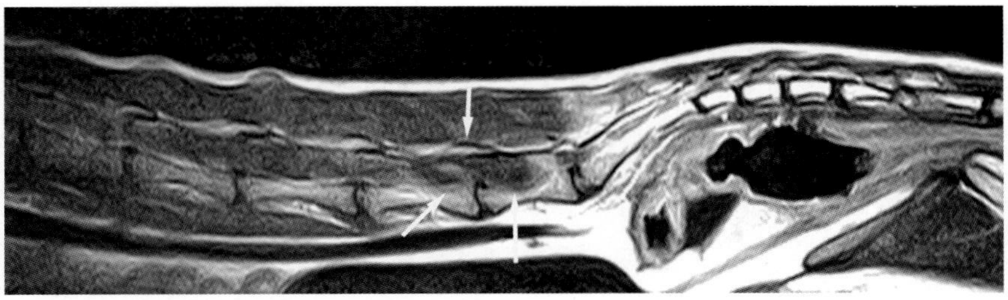

（A）

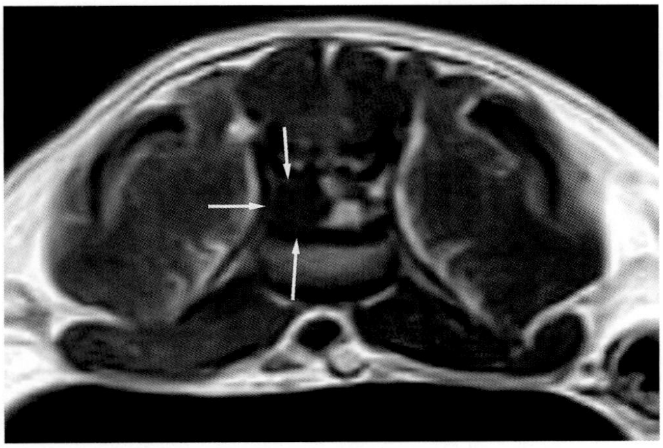

（B）

图293-37 病猫1年前从右后肢摘除纤维肉瘤及10d前从左后肢摘除纤维肉瘤，3d前其双后肢轻瘫。在脊柱的矢状面（A）及横断面（B）T1造影后磁共振成像中，在椎管内观察到肿块（箭头）。硬膜外肿块及脊髓外肿块说明发生了肿瘤转移性疾病

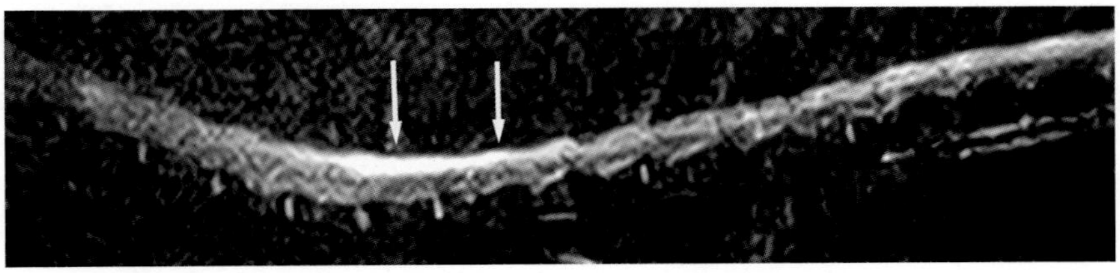

图293-38 7岁猫因进行性共济失调而就诊。在T2权重矢状面磁共振成像中，从颈椎到胸椎背部椎管信号增强（箭头）。背柱高密度（hyperintensity）可能代表了炎症或浸润性肿瘤。脑脊液检查发现为炎性反应过程

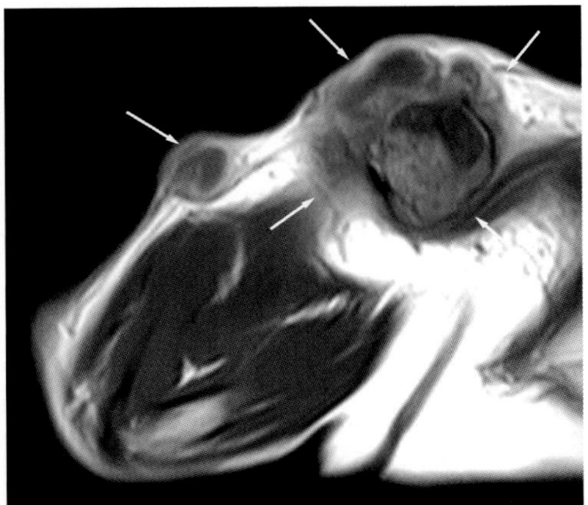

图293-39 猫因复发纤维肉瘤而就诊。在T1权重造影后磁共振成像中，在肩胛骨后部及背部有多个轻度的反差增强性多叶状肿块（箭头）

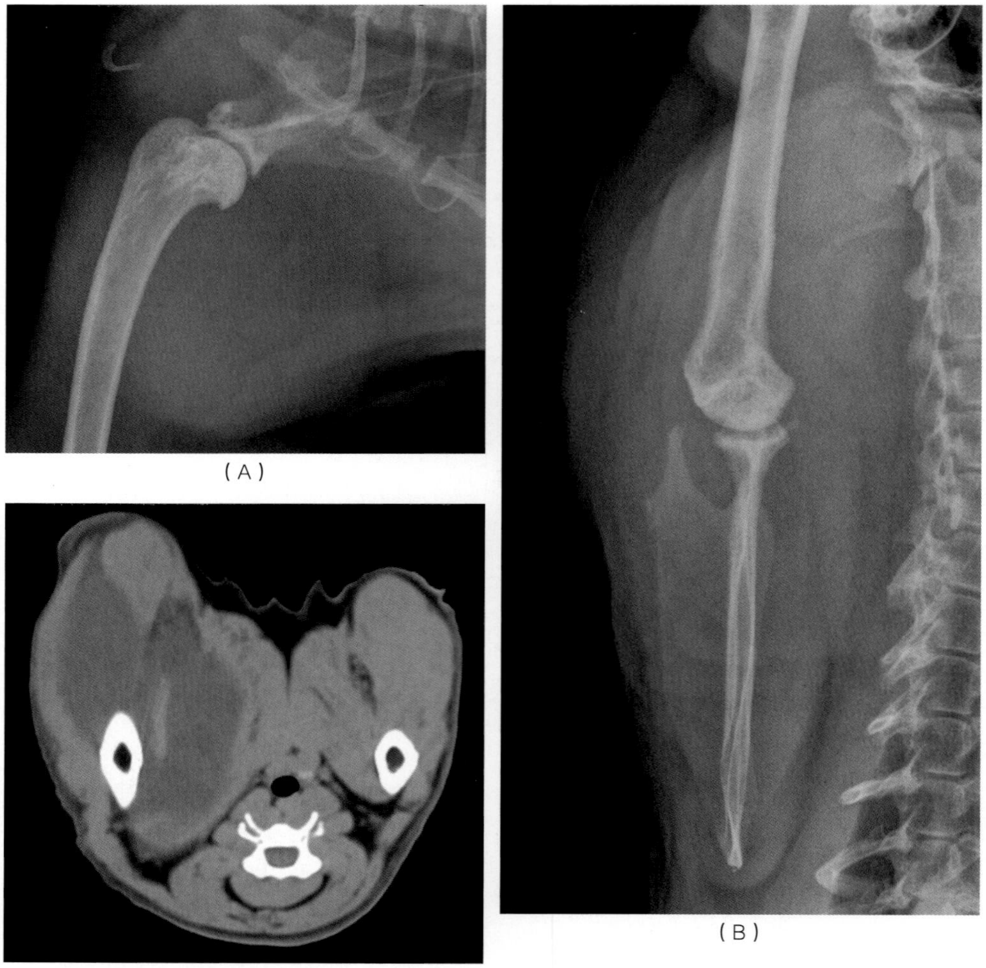

（A）

（B）

（C）

图293-40　猫因近肩胛骨有肿块而就诊。（A）和（B）X线检查发现与近端肱骨及肩胛肱骨关节有关的肿块。（C）横断面计算机断层扫描发现与肱骨有关的肿块不透明度降低（箭头）。活检对该肿块的病因未能作出诊断

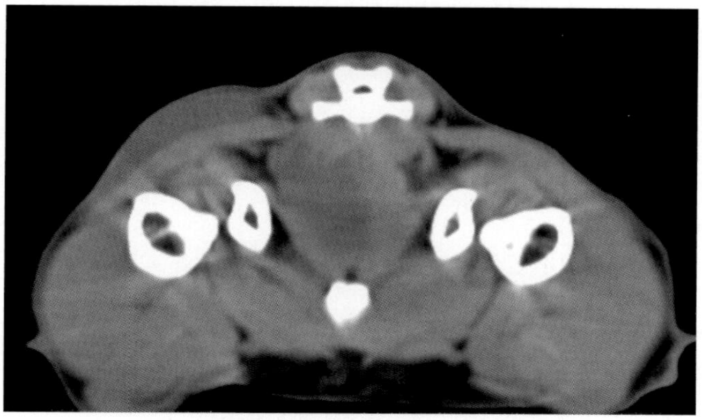

（A）

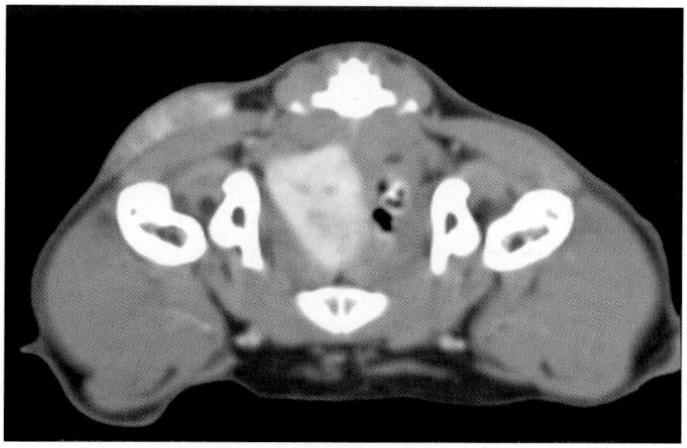

（B）

图293-41　猫因以前诊断为黏液肉瘤而就诊。（A）右侧骨盆腔因大的肿块而引起左侧结肠移位。（B）该肿块表现为明显的反差增强

参考文献

Bischoff MG, Kneller SK. 2004. Diagnostic imaging of the canine and feline ear. *Vet Clin Small Anim Pract.* 34:437–458.

Gonçalves R, Platt SR, Llabre's-Diaz FJ, et al. 2009. Clinical and magnetic resonance imaging findings in 92 cats with clinical signs of spinal cord disease. *J Feline Med Surg.* 11:53–59.

Henderson SM, Bradley K, Day MJ, et al. 2004. Investigation of nasal disease in the cat-a retrospective study of 77 cases. *J Feline Med Surg.* 6:245–257.

Knipe MF, Vernau KM, Hornof WJ, et al. 2001. Intervertebral disc extrusion in six cats. *J Feline Med Surg.* 3:161–168.

Lamb CR, Richbell S, Mantis P. 2003. Radiographic signs of cats with nasal disease. *J Fel Med Surg.* 5:227–235.

LeCouteur RA. 2003. Spinal cord disorders. *J Feline Med Surg.* 5(2):121–131

Muilenburg RK, Fry TR. 2002. Feline nasopharyngeal polyps. *Vet Clin Small Anim.* 32:839–849.

Mukaratirwa S, van der Linde-Sipman JS, Gruys E. 2001. Feline nasal and paranasal sinus tumours: clinicopathological study, histomorphological description and diagnostic immunohistochemistry of 123 cases. *J Feline Med Surg.* 3:235–245.

Schoenborn WC, Wisner ER, Kass PP, Dale M. 2003. Retrospective assessment of computed Tomographic imaging of feline sinonasal disease in 62 cats. *Vet Radiol Ultrasound.* 44(2):185–195.

Schwarz T, Weller R, Dickie AM, Konar M, Sullivan M. 2002. Imaging of the canine and feline temporomandibular joint: a review. *Vet Radiol Ultrasound.* 43(2):85–97.

第294章
心血管系统疾病影像分析
Imaging：Cardiovascular Disease

Merrilee Holland 和 Judith Hudson

心脏增大的X线检查

- 侧面投射最早的变化是沿着左心室边界出现突起，表明发生了左心室增大。一直到心脏病的后期左心房（LA）才可出现突起。在严重病例，由于在增大的LA和左心室（LV）之间存在房室沟，因此心脏似乎有点折叠（见图294-1）。
- 在腹背投射上，LV似乎延长，心基部有或无增宽（心房增大）（见图294-2）。应注意的是，LA通常在1—2点钟位置产生边界，而并不是在犬所看到的典型的心房和心耳交界处的位置。
- 猫原发性右侧心脏病罕见。右侧心脏病在猫不像在犬那样产生“反转的D”（reverse D）样外观。能观察到右侧心室边界并不说明右侧心脏增大。

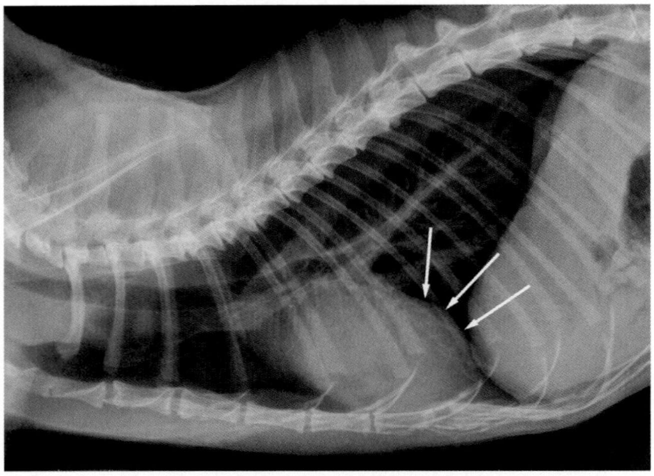

图294-1　左心室增大：病猫因甲状腺机能亢进的病史而就诊。注意在胸部侧面成像时左心室边界呈圆形（箭头）

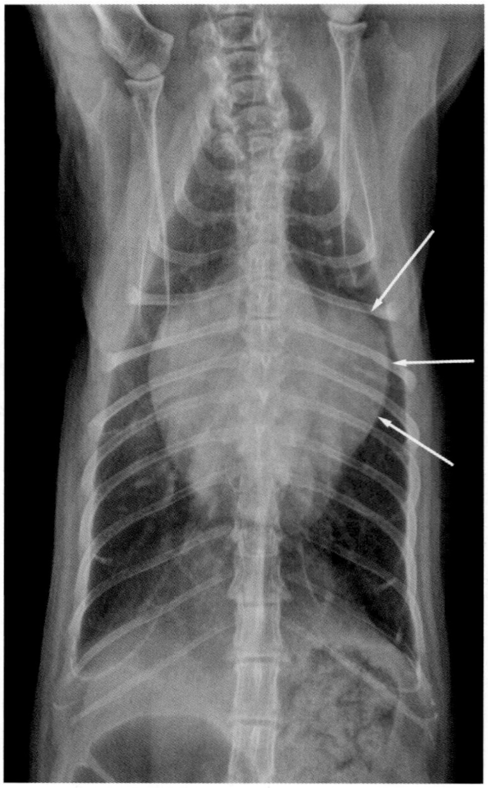

图294-2　左心房增大。猫因呼吸窘迫而就诊。注意在腹背观察时沿着增大的左心室边界心基增宽。左心房位于1—2点钟的位置（箭头）

心脏病的超声心动图

- 超声心动图的标准视图包括右侧胸骨旁短轴及长轴观察。右侧胸骨旁观察时所有测量均可在大多数病猫以胸骨位伏卧时进行。猫可在心脏病床上使其胸骨着地伏卧，这样可使应激最小，也可使一部分检查在限制最少时进行，也可延长配合时间。开始检查时，可先在乳头肌（papillary muscles）处获得右侧胸骨旁短轴观察（right parasternal short-axis view），以测定右心室（RV）和左心室（LV）。猫在胸骨位伏卧进行检查时，有助于将探头置于接近胸骨，试图使得体壁垂直。心脏病床上的保险开关可促使探头紧接于胸骨而无需拉回四肢。最好不要拉回前肢，因为病猫最终会反抗这种处治。通常情况下，尽量减少对颈背的操作可使大多数病猫能允许检查。在不太配合的病猫，将病猫侧卧保定也可进行完整的检查。消除检查区外来杂音可提供更为安静的环境。如果不能消除杂音则不可能进行检查，此时可镇静后进行心脏病检查，但镇静可明显改变测定结果。因此必须要遵循已经报道的超声心动图指标中已知的标准镇静方法，以便对结果进行评估。

- 理想状态下病猫在脱水时或采用液体疗法时不应测定其超声心动图。这两种情况可改变对心脏的测定，可能难以获得准确的诊断。
- 在严重的肥厚型心肌病病例，在进行短轴观察时在乳头肌之间找到一个合适的测定窗口很困难，但RV及LV的M型测定最好采用短轴观察，这是因为如果不倾斜心脏平面则难以获得长轴观察。在重复进行超声心动图描迹时，从长轴平面可能更难以复制出相同的图像。

帮助要点：右心室及左心室M型测定

- 为了在标准的右侧胸骨旁短轴观察时准确测定室间隔（interventricular septum，IVS），应能直观一小部分右心室室腔，这样可分别测定右心室游离壁（right ventricularfree-wall，RVFW）及IVS。方法是将探头在同一水平或略微向背部向前移动1～2个肋间隙。

帮助要点：M型测定的正常数值

- 心脏舒张期测定IVS及左心室游离壁（left ventricular free wall，LVFW）（除室间隔之外包绕左室腔各个壁的总称——译注），如果大于或等于6mm，则说明有心脏病。LA可对心肌病发生反应而增大。对 LA的正常大小人们一直有争论，但根据经验，如果在心基部从右侧胸骨旁短轴观察，进行二维及M型测定，心脏收缩时LA的大小不应超过1.5cm。从右侧长轴平面测定 LA可进一步记录随着时间LA所发生的变化。正常猫的短轴缩短率（fractional shortening，FS）通常范围为45%～55%，有些研究发现为40%～60%。如果病猫过度兴奋，则FS可升高；猫安静或麻醉时可降低。如果在检查过程中病猫的心率缓慢，则最好再次测定FS。如果超声仪能够进行光谱多普勒测定，则正常速度应该大约为1.0m/s。如果难以清楚地确定心脏病的迹象（如不存在左心房增大，但存在有IVS或LVFW增厚），则连续测定超声心动图可有助于测定基线超声心动图的临床意义。

超声心动图

- 完全的二维心脏检查包括视觉检查各种瓣膜的大小和形状、心肌回声反射性（myocardium echogenicity）及运动、心包膜（pericardium）、胸膜腔，甚至需要检查肺脏干扰的程度。心脏二维图像中RV和LV的相对大小应该能表明LV的大小为RV大小的3倍。正常的右侧心脏为一小的新月状，包围着LV。标准检查应该包括M型测定RV和LV。典型情况下这种测定应进行两次，以确保探头的准确定位。在每个时间点上FS均应在5%的范围内。如果FS的变化超过5%，则应进行第三次测定。在病猫，测定IVF及LVFW时必须要小心。典型情况下，猫不能很好耐受心电图（electrocardiogram，ECG）导联。甚至二尖瓣的尖端在M型测定RV和LV时可能不存在，因为这个水平室间隔可能变平，因此FS显著降低。可在心基部二维及M型成像中测定主动脉–左心房比（aorta-to-left atrium，Ao：LA），但测定LA的实际大小可能更有意义。也可在心基部多普勒测定肺动脉瓣（pulmonic valve）。可将探头向上朝着心基倾斜，检查肺动脉的大小，观察是否有犬心丝虫。纵向测定LA可作为记录LA大小的另外一种方法，这对连续监测心脏病具有重要意义。视诊检查左心室输出管（left ventricular out flow tract，LVOT）可通过在右侧胸骨旁纵向观察进行，可发现是否有间隔肥大及血流阻塞。从右侧胸骨旁进行纵向观察可进行二尖瓣的M型测定，以便进一步记录是否二尖瓣有心脏收缩向前运动（systolic anterior motion，SAM）引起的肥厚型变化。
- 由于大多数监测是在胸骨着地伏卧时进行，因此大多数猫可在短时间的左侧卧下进行多普勒检查二尖瓣、三尖瓣和主动脉瓣。多普勒检查主动脉瓣、二尖瓣和三尖瓣时，最好病猫左侧卧。主动脉瓣应采用多普勒超声检查，记录LVOT血流速度的变化，并与主动脉瓣相比较。在发生IVS肥厚时，由于血流受阻，可在LVOT发现流速增加。探头可置于胸骨处，与心基成一定角度，光束与胸骨平行，以便获得左侧胸骨旁纵轴观察，这样有助于观察胸腔的射线照片，确定胸部与心脏的接触程度。由于老龄病猫心脏的位置发生变化，因此需要对探头定位，使其与脊椎更加平行，以获得心脏与血流平行的图像，这在多普勒检查时极为关键。

帮助要点

- 从左侧胸骨旁纵轴获得心脏的多普勒图像时，可将肝脏前胸骨与肋骨软骨关节之间的一两个肋间隙上移，在肝脏之前探查更易于获得。如果太靠前进行多普勒检测，特别是在老龄和病重的猫，很可能难以获得多普勒检查的心脏图像。

左侧心衰：肺水肿的X线检查

肺水肿的三个阶段

- 见图294-3及图294-4。

1. 肺静脉充血（pulmonary venous engorgement）：应注意检查所有四套血管。

2. 间质水肿：血管周组织中的液体可引起肺静脉变得模糊及朦胧，特别是在肺门周围区更明显；腹背或背腹观察时更易看到。

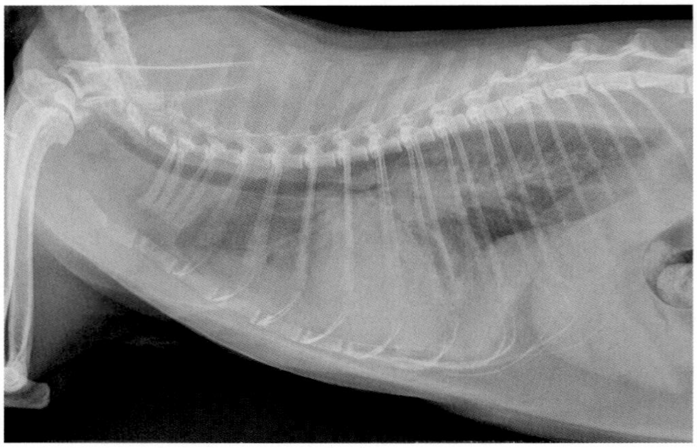

（A）

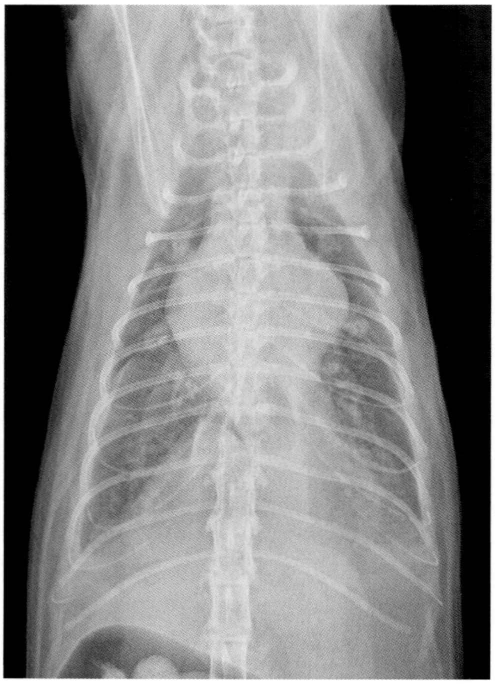

（B）

图294-3　肺水肿，本例猫因两次暴发呼吸窘迫而就诊，曾接受利尿剂治疗4d。（A）和（B）心影严重增大，有弥散性的严重的重度间质到肺泡变化，这与肺水肿完全一致。在肺叶之间可观察到软组织不透明体，肋膈角变钝，说明有少许胸膜渗出

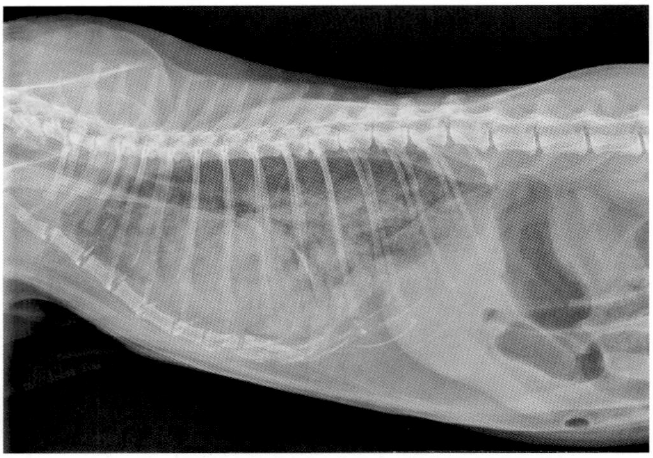

（A）

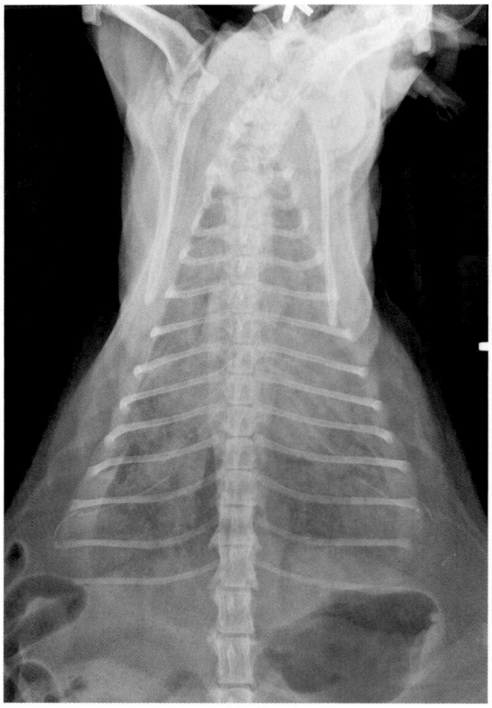

（B）

图294-4　肺水肿。（A）和（B）出现弥散性斑块状间质到聚合性肺泡变化，存在中等量的胸膜渗出。肝脏明显增大。膈肌在侧面观察时变平，很有可能为呼吸窘迫所引起

3. 肺泡水肿：病猫肺泡水肿的分布变化很大。

心衰进展到双室心衰（biventricular failure）

- 心衰的最终结果可导致出现右侧心衰的其他症状：后腔静脉增大、肝脏增大、不同程度的腹水、胸膜渗出及心包积液（见图294-5）。

心包积液

- 猫的心包积液（pericardial effusion）可为出血性的，很少发生浆液性渗出（如心衰时）、脓性物质

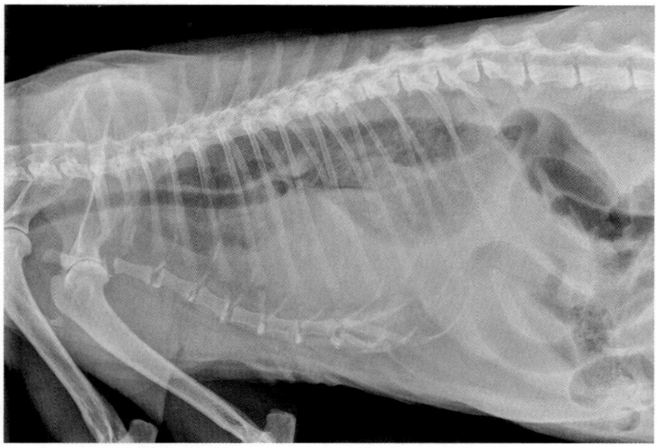

（A）

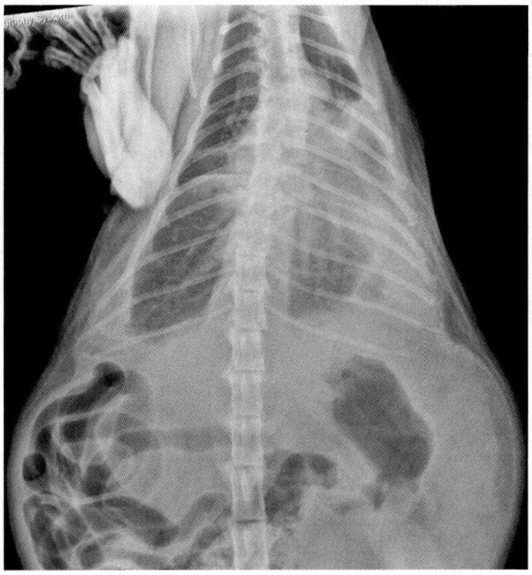

（B）

图294-5 双室心衰。（A）和（B）猫因呼吸窘迫而就诊，该猫数月前因心脏增大及肺水肿而就诊，如图294-4。有中等量的胸腔积液。不能清楚地看到膈肌。肝脏似乎增大，小肠充满气体，这与呼吸困难及吞气症是一致的。腹背观察时，腹腔左前部发现有占位效应（肝肿大），由于腹膜渗出，因此腹腔该部位的细节不明显

（如猫传染性腹膜炎）或罕见情况下的肿瘤渗出液（如见有报道的淋巴瘤）。

- X线检查可根据心包积液的量来确定，而不是根据液体的性质。在积液量少的病例，心影可正常；在心包积液量中等或大量积液时，心影可为圆形或球状。
- 心包积液可伴随有心脏病（见图294-6及图294-7）或浸润性疾病（见图294-8及图294-9）。

猫获得性心脏病

- 由于可能同时会出现心肌病，因此关于猫获得性心脏病（acquired heart disease）的发病率尚不十分肯定。

心肌病

- 猫心肌病（cardiomyopathies）的类型［肥厚型心肌病（hypertrophic cardiomyopathy，HCM）、扩张型心肌病（dilated cardiomyopathy，DCM）或限制型心肌病（restrictive cardiomyopathy，RCM）］在胸腔X线扫查时难以区分，需要采用超声波心动描记区分不同类型的心肌病。对有心脏杂音的病猫通过仔细检查胸腔X线片，可进行早期诊断及治疗。心影形状及大小微小的变化是猫发生心肌病或甲状腺毒性心肌病（thyrotoxic cardiomyopathy，TCM）最早所出现的变化。参见第109章。经典的情人节型心脏（valentine shaped heart）可见于中期心衰，但主要目的是应尽可能在心衰之前诊断出心脏病。

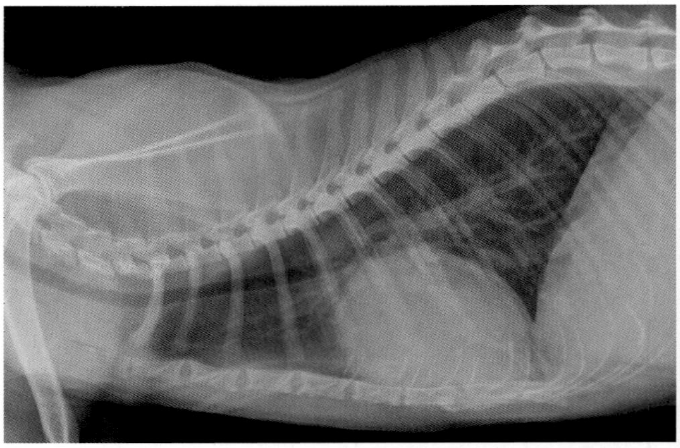

（A）

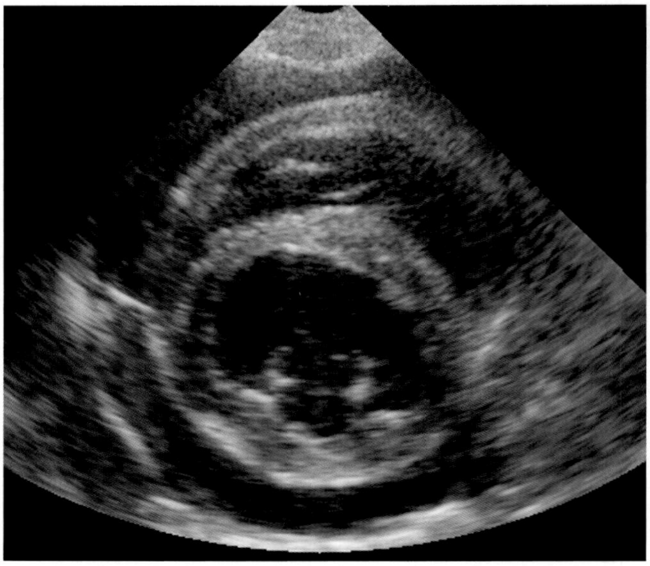

（B）

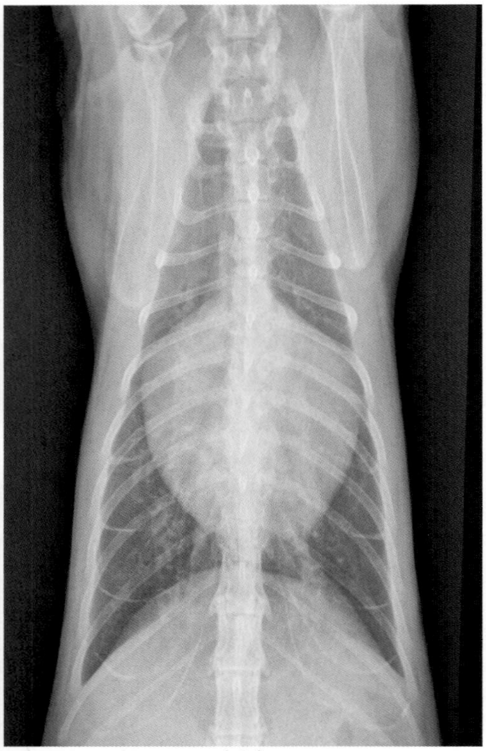

（C）

图294-6 心包积液。（A）和（B）猫在放疗治疗下颌鳞状细胞瘤后就诊，存在广泛性的心肌肥大。前或肺叶静脉均增大。（C）超声检查证实存在中等程度的心包积液，同时出现晚期心衰（advanced myocardial failure）

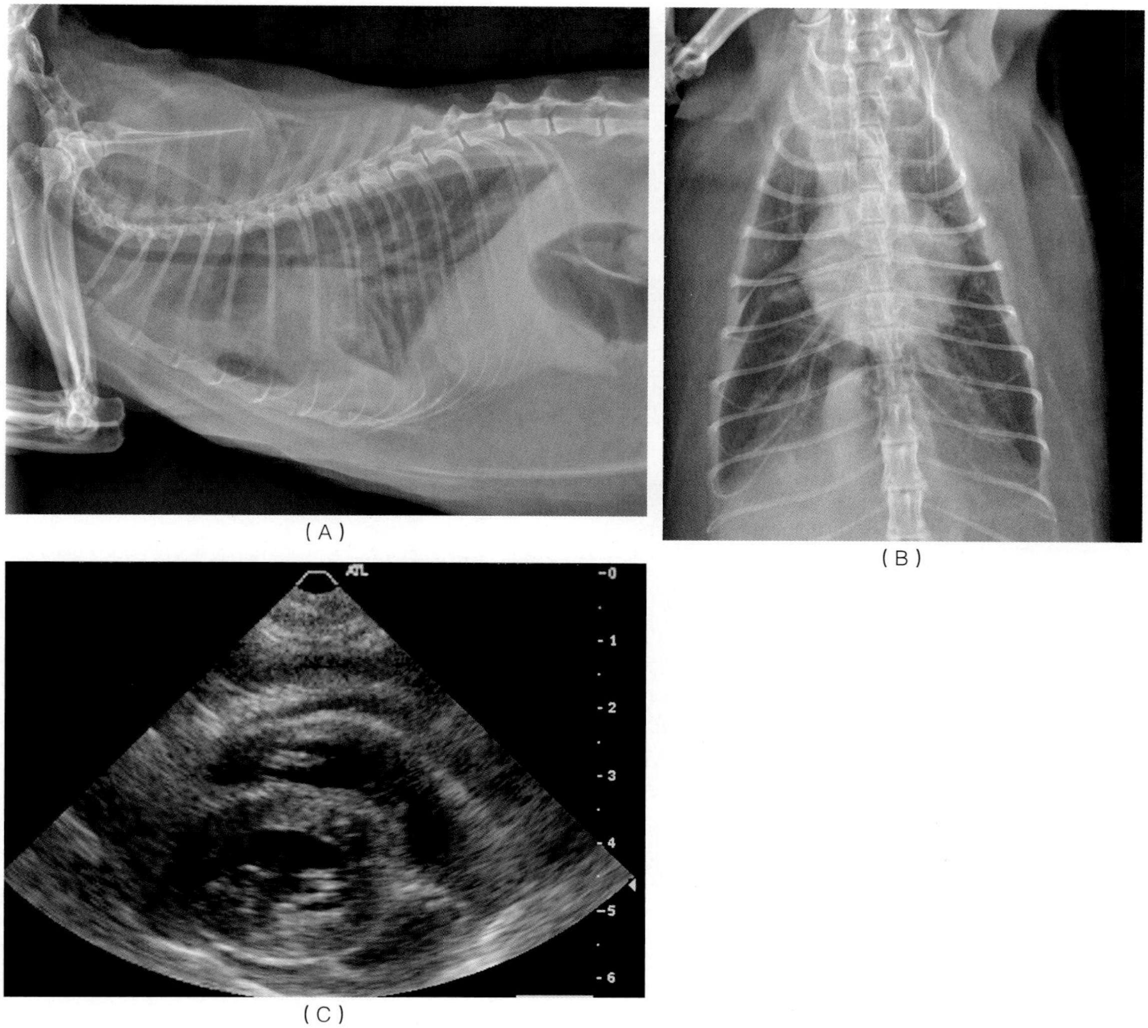

图294-7　心包及胸膜渗出。（A）和（B）猫因尿路阻塞复发而就诊。心影增大。（C）超声心动图描记时发现有少量心包积液及中度量的胸膜渗出

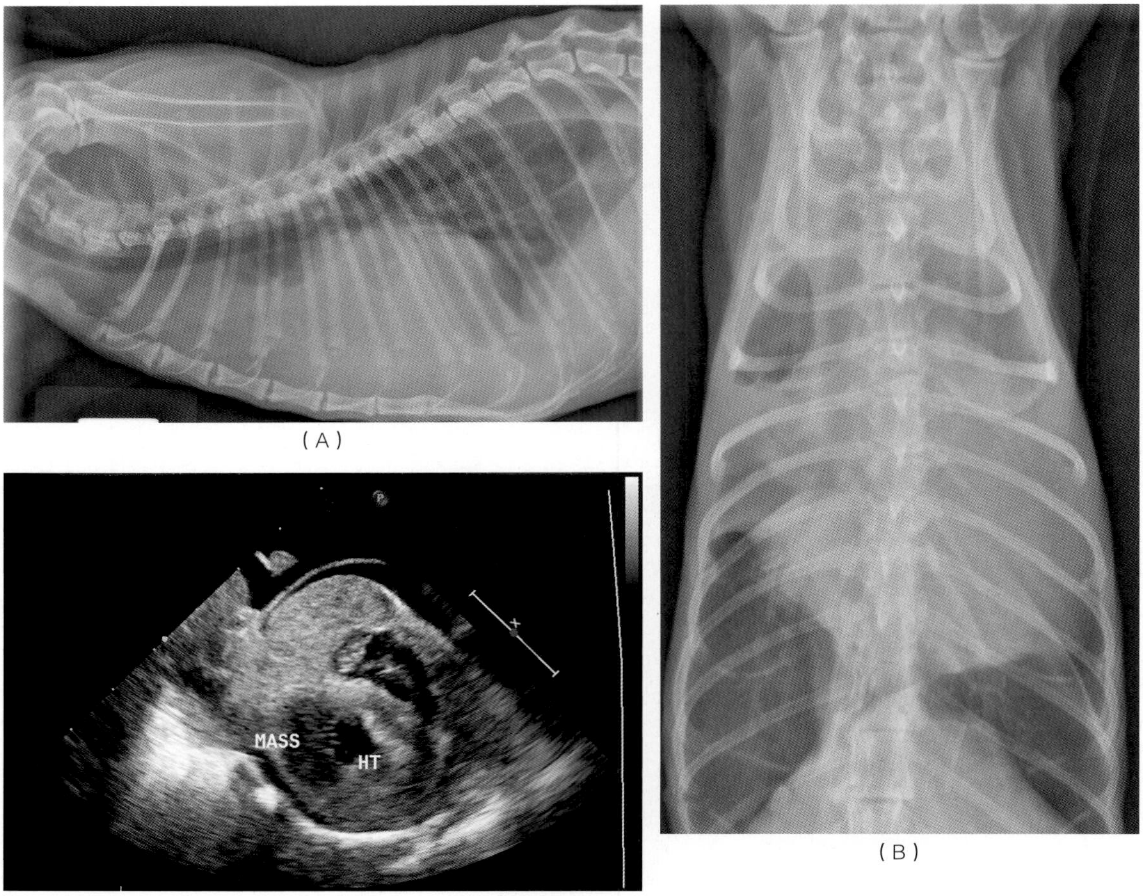

（A）

（B）

（C）

图294-8 淋巴瘤。（A）和（B）心影明显增大，呈球状外观。存在胸膜渗出，有多个软组织结节。（C）心包及胸膜渗出。心肌壁呈高回声而增厚。最终的诊断结果为心脏内及肺脏退行性淋巴肉瘤（anaplastic lymphosarcoma）。HT，心脏

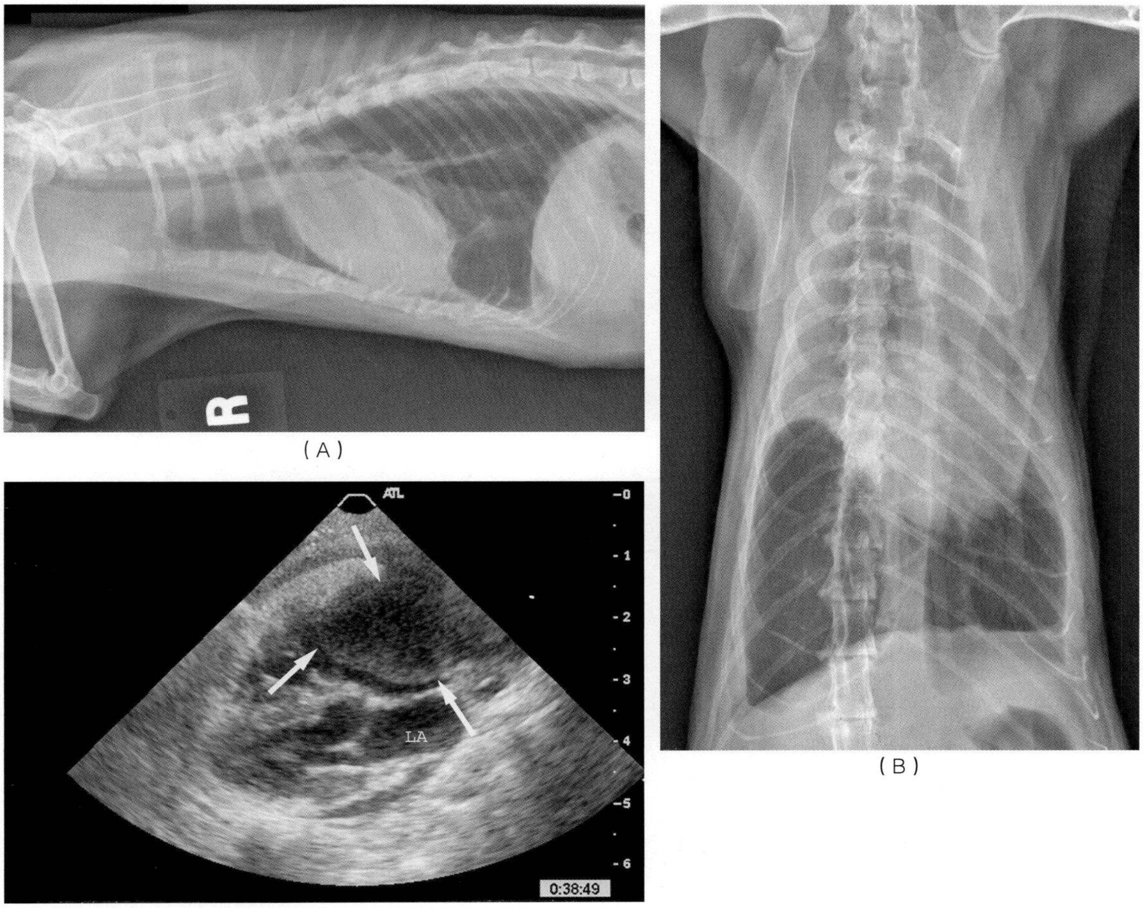

图294-9　（A）（B）右心房肿块：通过胸腔穿刺术抽取胸腔积液后，在胸腔内形成小气泡。心影扩大、变圆。肺脏前叶的透明度增加很有可能继发于胸腔积液。（C）心包内的少量积液。可见起自右心房壁的低回声肿块，疑似发生肿瘤。

引起继发性心肌病的猫甲状腺机能亢进

- 甲状腺毒性心肌病的X线检查症状可见于各种程度的左侧心脏增大。如果不加治疗，有些猫会发展为充血性心衰（congestive heart failure，CHF）（见图294-10）。

肥厚型心肌病

- 参见第110章。
- 侧面投射时的X线检查变化包括气管向背部升高及LA变得明显。在心衰的晚期可存在肺水肿及胸膜渗出。在晚期腹背投影检查时，心尖由于心房增大，使得心脏呈情人节礼物状，因此比心基小。
- 非选择性血管造影术可发现在同心式HCM时LVFW和IVS明显增厚。在非对称性肥大时，由于IVS肥厚可引起LVOT阻塞。在LV时可发现血容量明显减少。在乳头肌肥大时可发现很大的充盈缺损，LA极度增大，肺静脉增大而发生扭曲。

胸腔心脏超声检查的应用

肥厚型心肌病

- 诊断同心性HCM时需要检查是否IVS和LVFW的肥大超过或等于6mm。在非对称性HCM，标准的M型平面不能确定节段性肥大，二维图像可能是更为准确的检查节段性肥大的方法。如果肥大具有临床意义，则LA可增大到超过1.5cm。由于左心室壁在室壁一侧明显增厚，因此左心室腔可缩小。如果在右侧胸骨旁纵轴观察时发现LVOT狭窄，则可从二维图像怀疑为非对称性HCM。如果多普勒证实LVOT血流速度比主动脉水平的快，则说明血流受阻。由于LVOT受阻，LA可增大。在同心性或非对称性HCM，FS会典型性地升高。在HCM，二尖瓣的M型测定可发现二尖瓣的SAM。
- 重要的是需要排除甲状腺机能亢进或高血压以做出

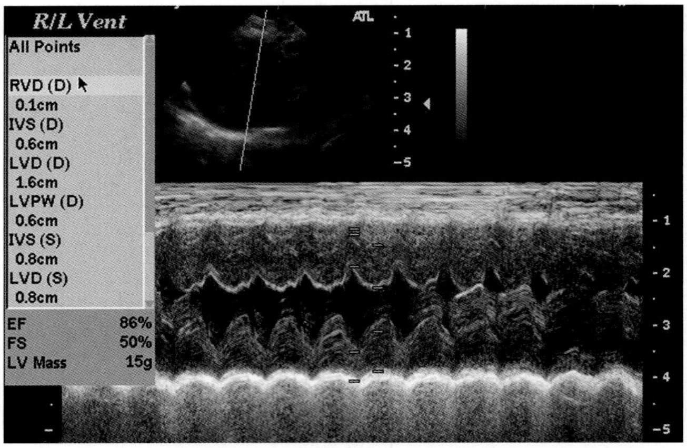

（A）

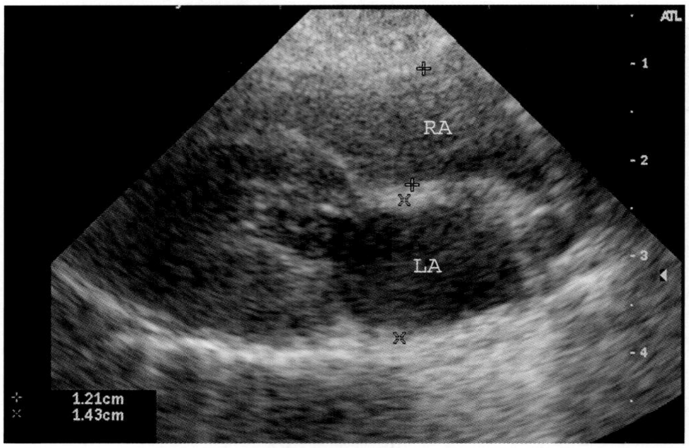

（B）

图294-10　甲状腺机能亢进。（A）超声心动图检查发现室间隔同心性增厚（0.6cm），左心室游离壁增厚（0.6cm）。（B）左心房仍在正常范围内（1.43cm；正常<1.5cm）

HCM的最终诊断。患甲状腺机能亢进的病猫可表现为LVFW增厚，IVS发生不同程度地变化、左心房增大、收缩性增强（hypercontractility）（FS升高）及不同程度的左心室扩张。这些超声心动图检查结果在对甲状腺机能亢进进行治疗之后可得到缓解。全身性高血压引起的超声心动图变化差异很大。

- 末期的HCM可难以与其他类型的心肌病相区别，特别是如果只有一个时间点时。超声心动描记检查结果包括在心脏舒张期或心脏收缩期左心室室腔增大、左心房增大，FS正常或降低，IVS及LVFW正常或过度增大及不等量的心包及胸膜渗出（见图294-11至图294-13）。

收缩期前运动

收缩期前运动（systolic anterior motion）见图294-14。

大动脉血流阻塞

大动脉血流阻塞（aortic outflow obstruction）见图294-15及图294-16。

扩张型心肌病

- 扩张型心肌病（dilated cardiomyopathy）参见第56章。
- X线检查结果：侧面投射时，心脏增大，引起气管向背部升高。可发现并发性的胸膜渗出及一定程度的肺水肿。在腹背投射时，心脏普遍性增大。在腹背投射时，由于胸膜渗出，因此肺叶可能回缩。
- 血管造影：在患有DCM的病猫，LVFW和IVS要比正常厚。左心室室腔由于血量增加而扩张。心内膜表面可光滑，左心室可增大。

扩张型心肌病

- 扩张性心肌病（dilated cardiomyopathy，DCM）

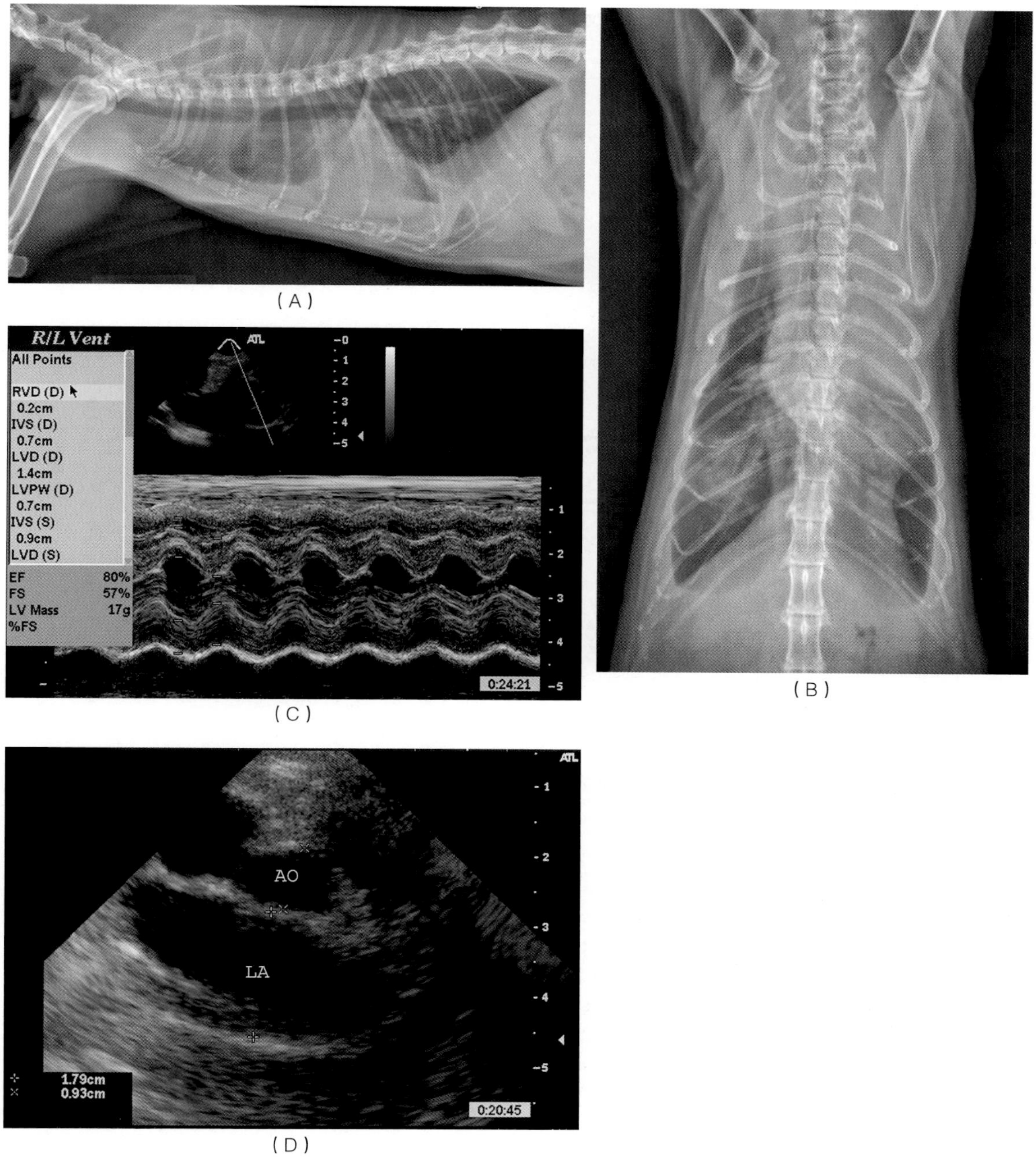

图294-11　肥厚型心肌病引起的同心型肥大，左心房肥大，充血性心衰。（A）和（B）由于胸膜渗出及昏睡而就诊时的胸部X线检查。胸部X线检查发现心影增大。肺叶从胸壁回缩，肋膈角变钝，说明发生了胸膜渗出。心脏沿着左侧前缘投射出心脏阴影。可见弥散性重度间质到斑块状变化。（C）室间隔及左心室游离壁分别为0.7cm和0.7cm。（D）心基处左心房为1.79cm（正常为<1.5cm）

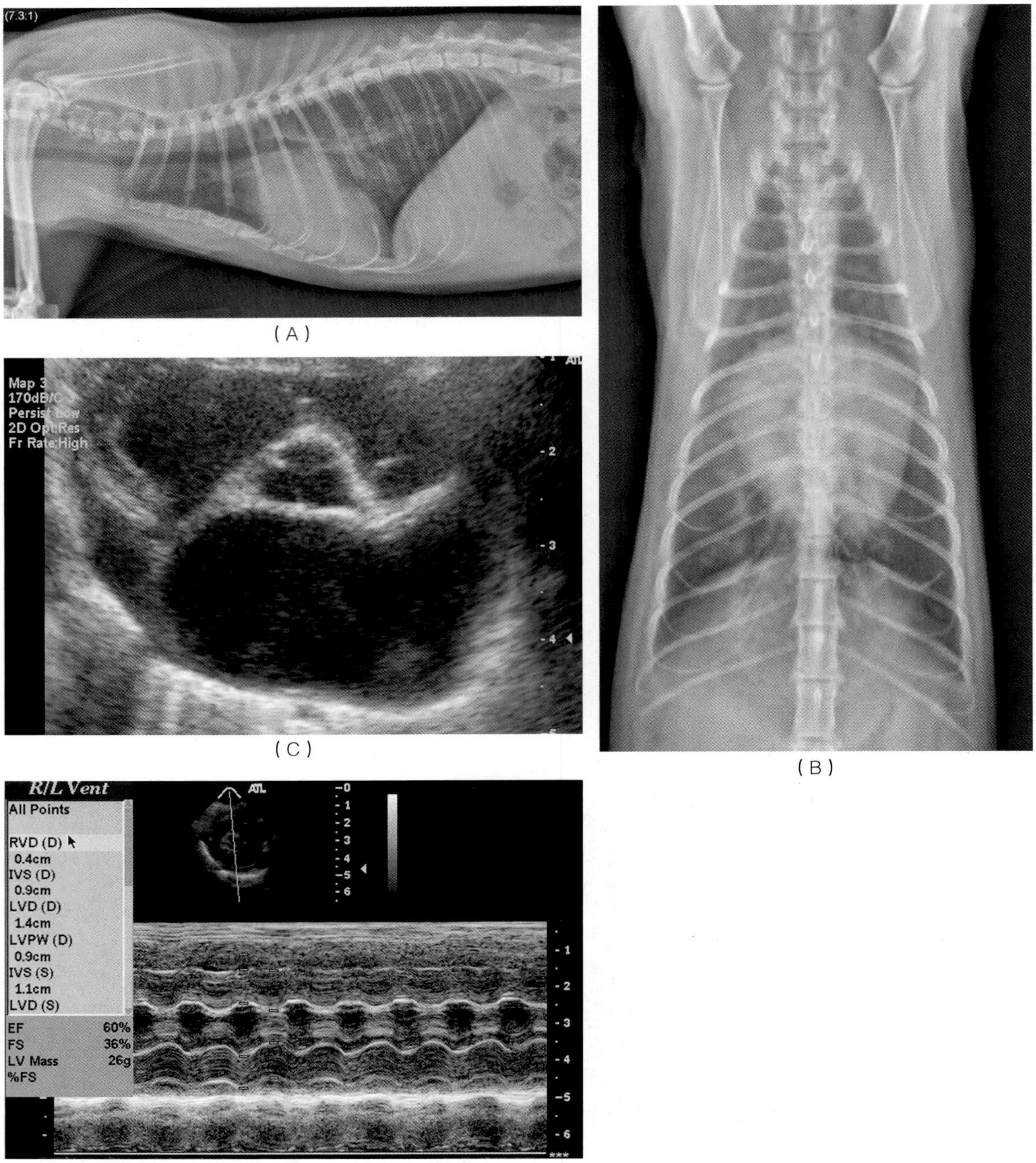

图294-12 情人节型心脏：（A）和（B）胸腔侧面及腹背X线检查发现心影明显增大，明显的双室性肥大，心室变圆。肺门区重度间质性变化，右半胸轻度恶化，这与肺水肿相一致。（C）心基部左心房大小为2.23cm。注意左心房内有回声增加的“带”状结构，可能为实时成像时的烟雾所致，可能为血栓形成的前体。（D）室间隔及左心室游离壁两者均增厚，在心脏舒张时为0.9cm（正常<0.6cm）。最终诊断为末期同心性肥大型心肌病，主要是因为FS降低到36%

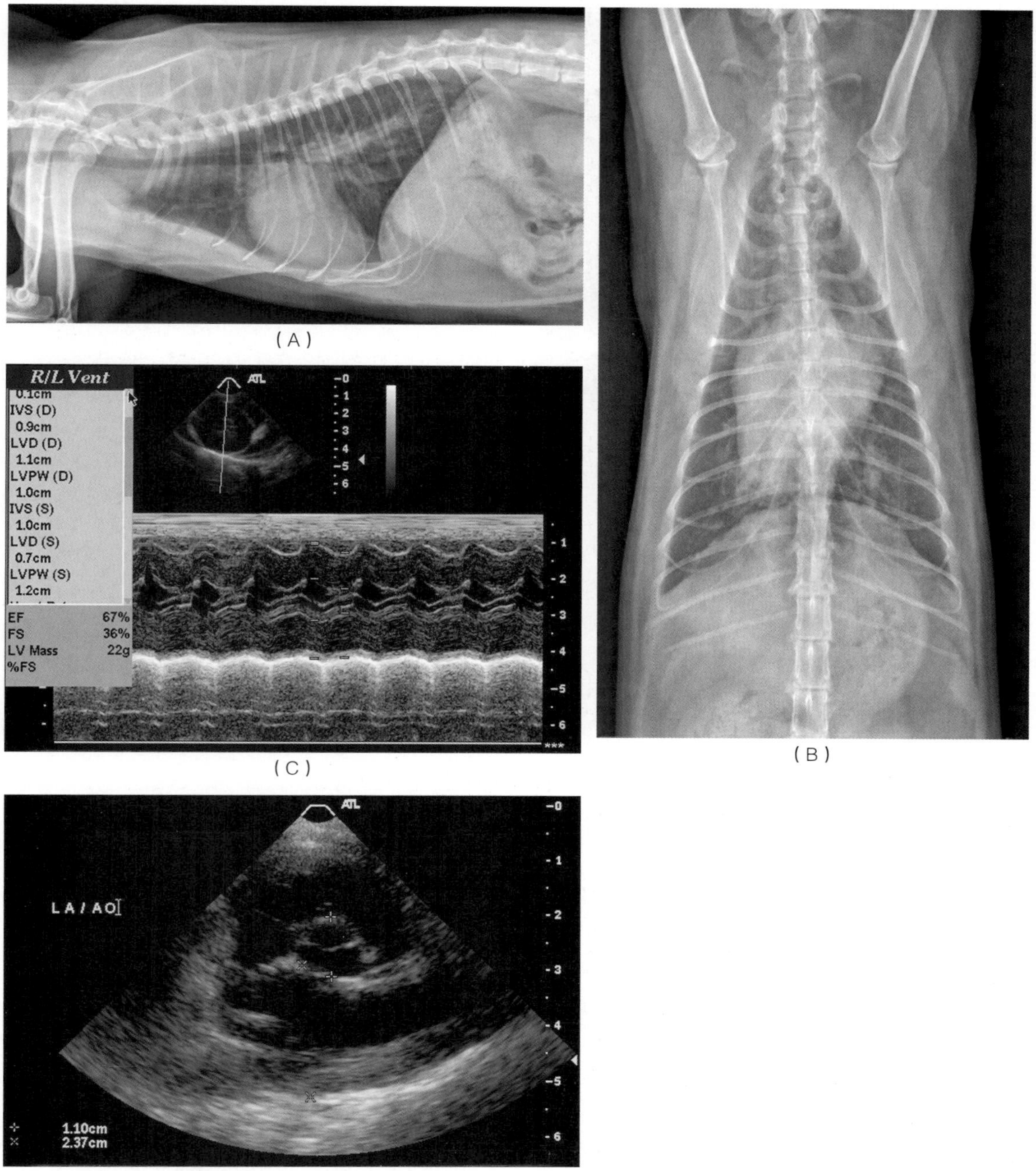

图294-13　（A）和（B）同心性肥厚型心肌病：心影极为增大，心基增宽，左心室边界延长。心尖偏移到右半胸。存在斑块状间质性肺脏变化，与肺水肿一致。（C）心脏舒张时室间隔为0.9cm，左心室游离壁为1.0cm。（D）左心房在心基部为2.37cm（N<1.5cm）

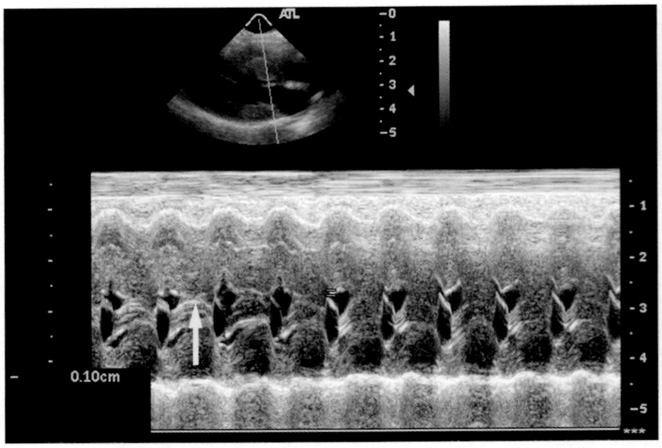

图294-14　二尖瓣收缩期前动（systolic anterior motion of the mitral valve）：M型检测二尖瓣时，二尖瓣E峰几乎与室间隔相当。E峰前二尖瓣向着室间隔（箭头）运动，表明二尖瓣间隔片发生收缩期前动

典型的超声心电图检查结果包括心脏收缩及心脏舒张时左心室扩张，依疾病阶段FS正常或降低，IVS及LVFW正常或缩小，左心房增大，右心房和右心室不同程度增大，心包渗出及胸膜渗出。游离壁间隔（septumor free wall）可能不能正常运动。二尖瓣M型检测可发现E峰间隔分离（E point septal separation）增加到正常以上。正常值的参考值为低于0.2cm或低于0.4cm（见图294-17和图294-18）。

限制型心肌病

- 参见第192章。
- X线检查结果表明在背部背腹观时为双心房肥大（biatrial enlargement）。以疾病的阶段，可出现不同程度的广泛性心脏肥大。胸膜渗出、心包渗出及肺水肿可见于这类心肌病。
- 限制型心肌病的血管造影可发现左心房肥大或双心房肥大。LV室接近正常，IVS及LVFW正常或过度增大。

限制型心肌病

- 教科书中关于限制型心肌病（restrictive cardiomyopathy，RCM）的病例超声心动图检查结果为LA扩张，RA不同程度扩张，左心室正常，腔体不规则形，IVS及LVFW正常或增厚，FS正常或降低，不同程度的心包及胸腔积液。IVS或LVFW具有不同均质的回声反射性，如果采用标准的测定平面，则二维图像上或M型测定发现运动发生改变，可怀疑发生这种心肌病，但由于心脏病不同阶段超声心动图检查结果之间互有重叠，因此可能难以诊断。这种心肌病的标志性变化是左心房或双室型肥大，而FS则相对正常，壁增厚。许多老龄猫的心内膜具有超回声现象（hyperechoic appearance），而没有明显的心肌疾病的迹象（见图294-19）。

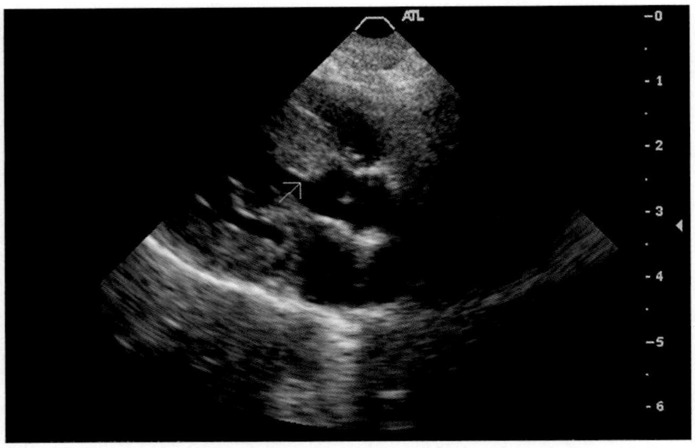

（A）

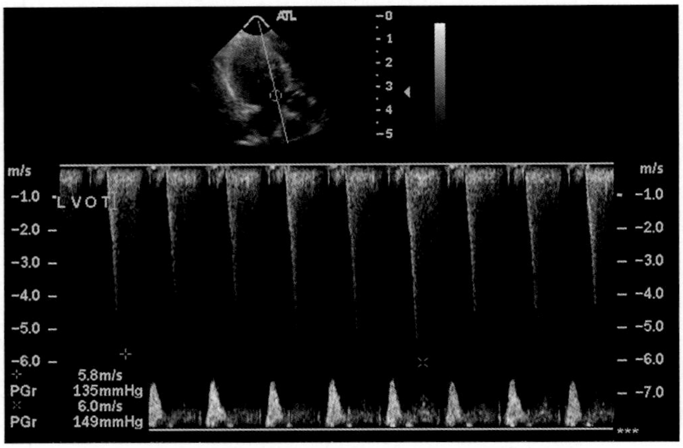

（B）

图294-15　左心室血流管阻塞：从右侧胸骨旁纵轴扫描时，应对左心室血流管进行影像检查。（A）在本例病猫中，在二维成像（箭头）可观察到左心室血流管明显狭窄。（B）从左侧胸骨旁纵轴扫描时，应将主动脉瓣水平的血流速度与左心室血流管进行比较。在本例中，左心室血流管中血流速度升高到5.8～6.0m/s，压力为135～149mm Hg

左心房血栓

- 在左心房血栓（left atrial thrombus）的早期，在LA腔体内可看到“烟雾”状（“smoke”），在这种情况下最好采用最高频率的探头为这种烟雾状或血栓形成造影。最好是试着在多个平面上为 LA及左心耳成像，因为栓子可隐藏在左心耳中（见图294-20）。

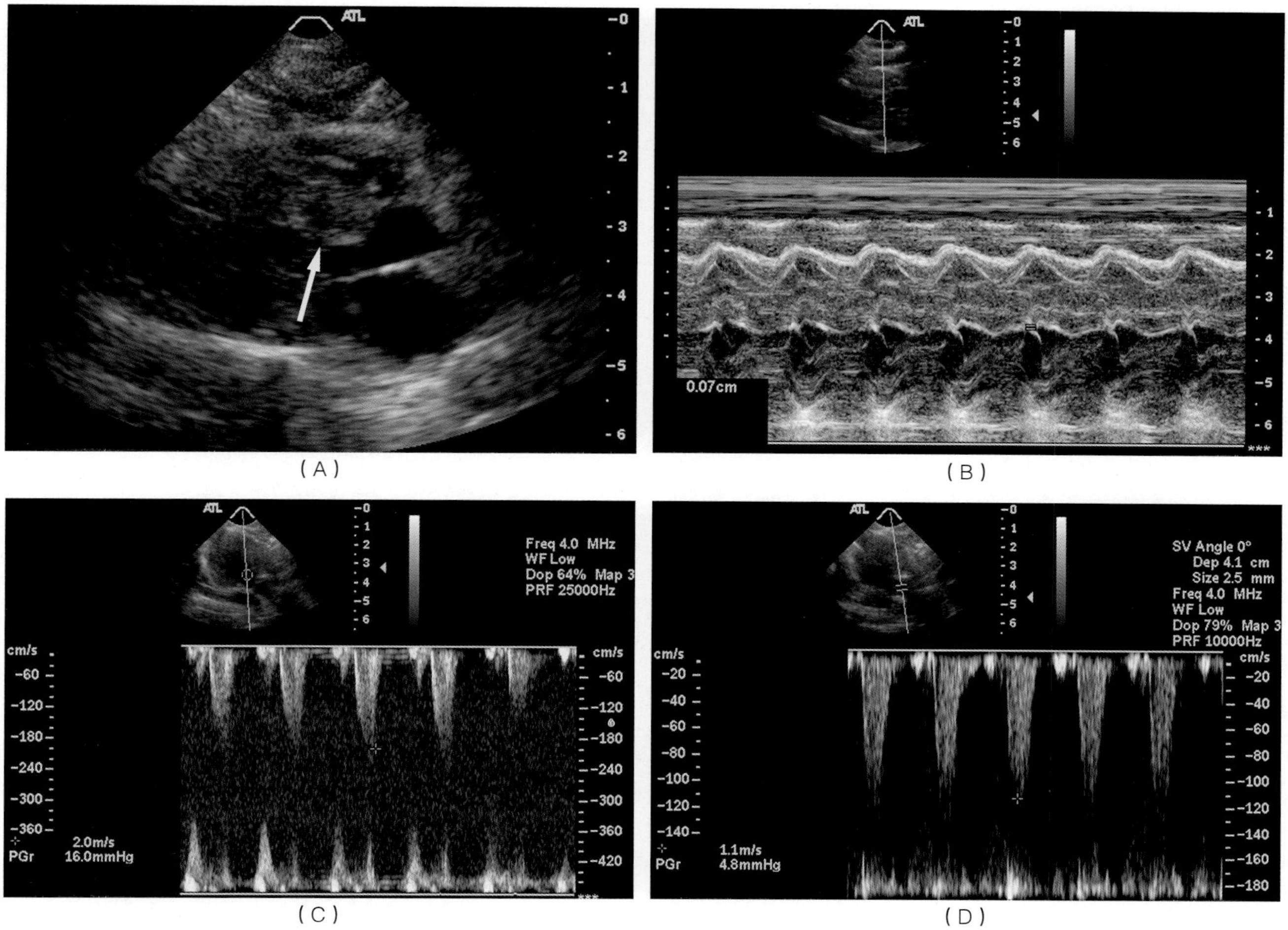

图294-16 左心室血流管阻塞及心脏收缩前动。（A）注意，从右侧扫描时左心室血流管狭窄。（B）二尖瓣心脏收缩前动。（C）和（D）左心室血流管的流速为2.0m/s，而在主动脉瓣为1.1m/s，说明发生了轻度的血流阻塞

未分类的心肌病

- 如果某种心肌病不能进行特定分类，就可将其分类为未分类型（见图294-21）。

致心律失常性右心室心肌病

- 发生致心律失常性右心室心肌病（arrhythmogenic right ventricular cardiomyopathy）时，胸廓X线检查，可发现右侧心脏明显肥大。在有些病例，LA可增大，X线检查可发现有右侧心衰的症状。
- 发生致心律失常性右心室心肌病时，在超声心动图中，存在不同程度的右心室肥大及右心房肥大，LA及LV有不同程度的变化（见图294-22及图294-23）。

细菌性心内膜炎

- 细菌性心内膜炎（bacterial endocarditis）可影响主动脉、二尖瓣及三尖瓣。有些病猫可并发影响到主动脉及二尖瓣的感染。病猫可因哪侧心脏患病而表现心衰的症状（见图294-24）。

先天性心脏病

室中隔缺损

- 室中隔缺损（ventricular septal defect）时的X线检查症状依赖于缺损的大小。发生小的缺损时，X线检查可发现RV、LA增大，肺动脉轻度增大。大的缺损时的X线检查症状主要为明显的右心室肥大、左心室肥大、肺循环过度、肺动脉片段不一致性增大，最后导致大的短路性右侧心衰。
- 血管造影术表明，猫的室间隔缺损通常在IVS中很高。左心室注射造影剂可使造影剂立即进入右心室。
- 在2D超声波心动图中，室间隔缺损通常在膜性中隔中较高。缺损的大小可决定左侧及右侧心脏的变化。小的缺损在二维扫描时可能观察不到，而需要多普勒超声检查来鉴定室间隔缺损的部位（见图294-25及

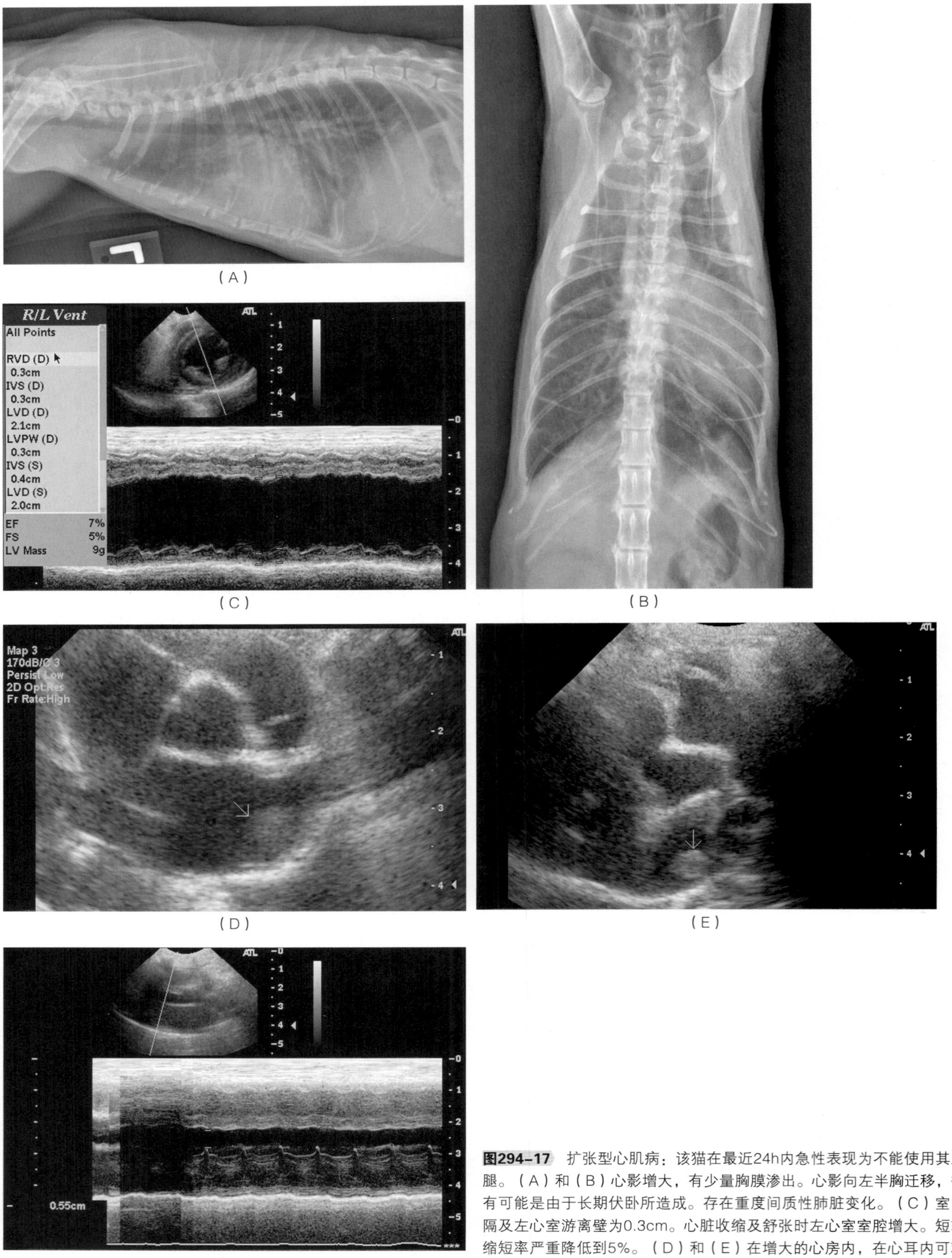

图294-17　扩张型心肌病：该猫在最近24h内急性表现为不能使用其后腿。（A）和（B）心影增大，有少量胸膜渗出。心影向左半胸迁移，很有可能是由于长期伏卧所造成。存在重度间质性肺脏变化。（C）室间隔及左心室游离壁为0.3cm。心脏收缩及舒张时左心室室腔增大。短轴缩短率严重降低到5%。（D）和（E）在增大的心房内，在心耳内可观察到血栓。（F）E峰间隔分离增加到0.55cm

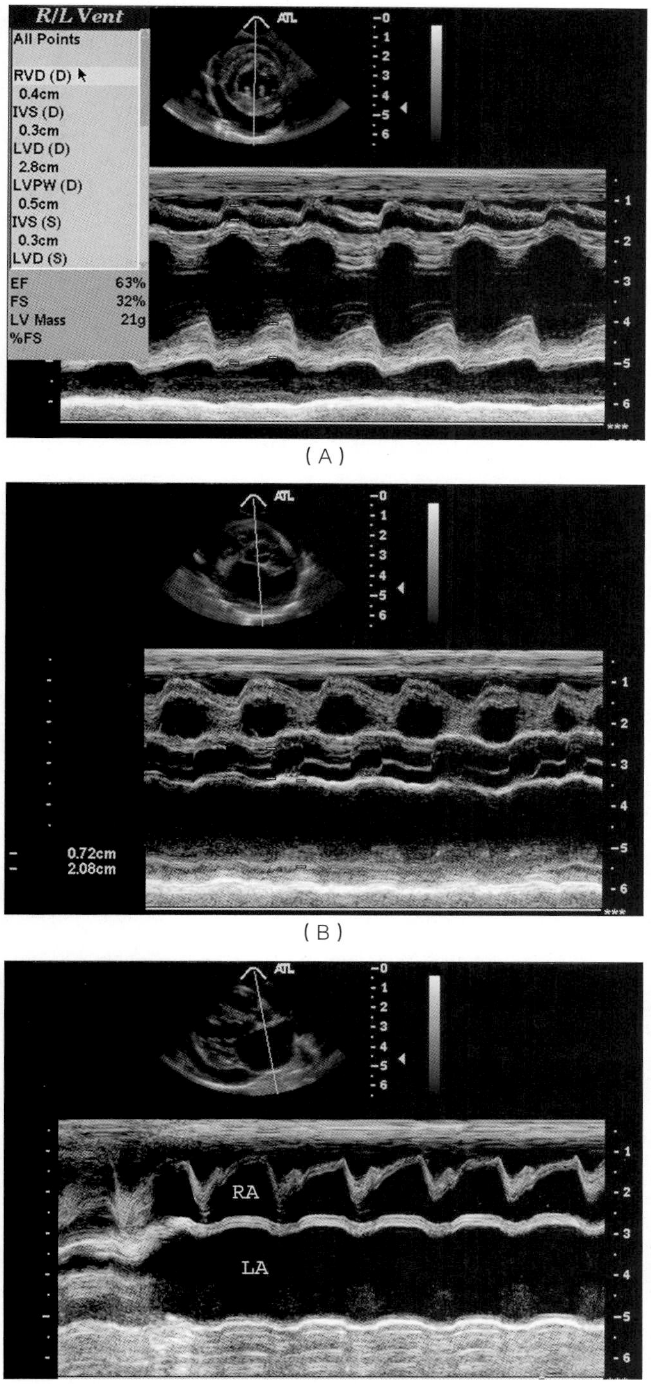

图294-18　扩张型心肌病：图294-6的胸腔成像及二维超声图像表明病猫具有心包渗出。（A）室间隔为0.3cm，左心室游离壁为0.5cm。短轴缩短率降低到32%。（B）左心房增加到2.08cm。（C）注意在心脏的纵轴观察时，可见右心房塌陷，这表明有一定程度的心脏压塞（cardiac tamponade），说明可能需要除去心包积液

图294-26）。

动脉导管未闭

- 在左侧-右侧动脉导管未闭（left-to-right patent ductus arteriosus，PDA）时，在X线检查时，LV和LA增大，存在肺循环过度。超声波心动描记是证实PDA最主要的方法。多普勒血流测定可发现在肺动脉中血流回退。虽然在犬的左侧-右侧PDA时不存在，但右侧心脏的某些变化可见于病猫（见图294-27）。

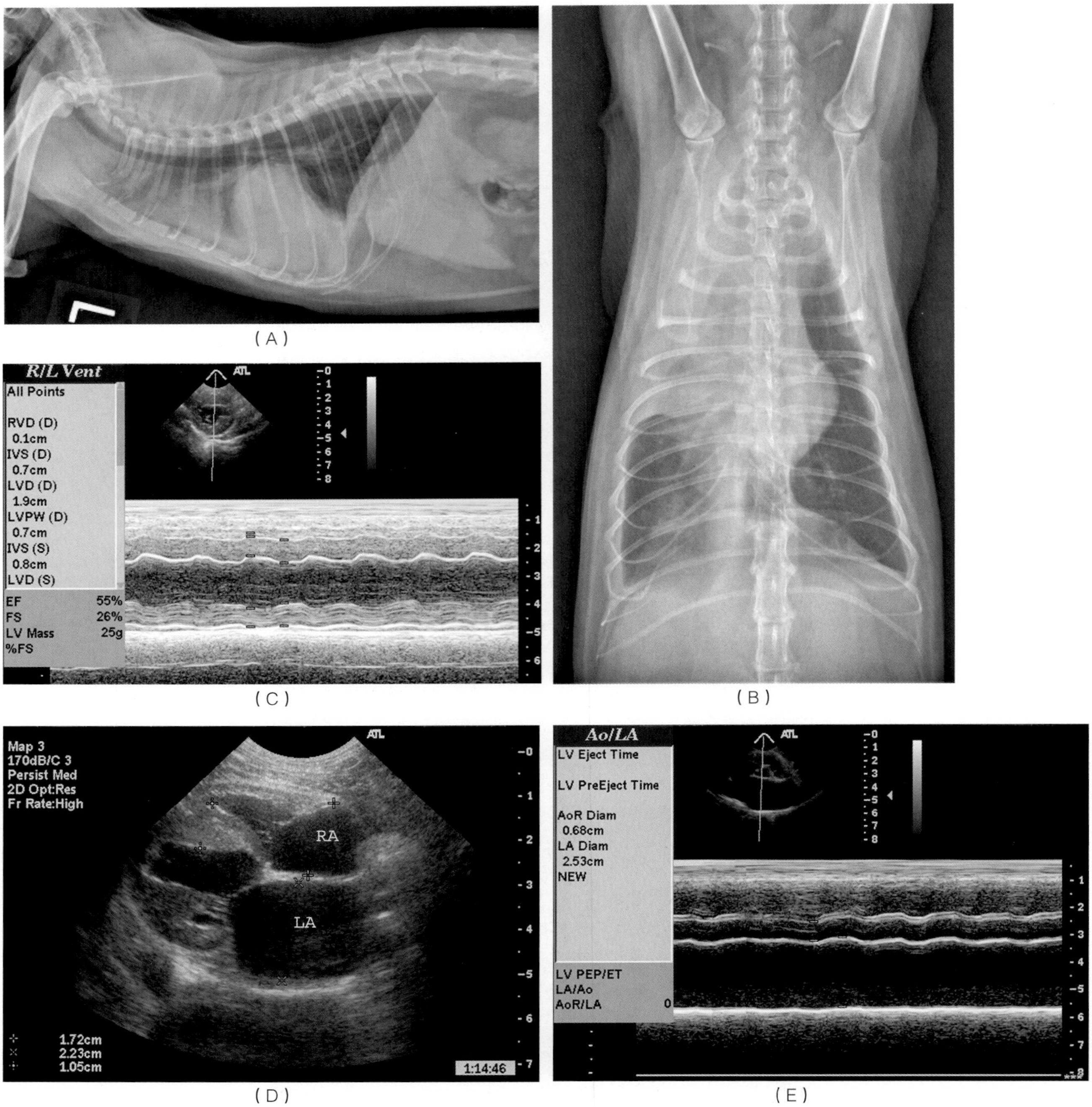

图294-19 限制型心肌病。(A)和(B)该猫因呼吸窘迫而就诊。胸壁X线检查可发现胸膜渗出及心脏肥大，心影的心尖向右半胸迁移。肺脏的右前及中间叶出现肺泡不透明体。(C)超声波心动图发现室间隔增厚，左心室游离壁为0.7cm。短轴缩短率降低到26%。(D)二维图像上双心房肥大，间隔局部性增厚。(E)主动脉和左心房M型测定发现左心房为2.53cm。剖检证实有严重的限制型心肌病的心肌纤维化

犬心丝虫病（heartworm disease）

- 参见第88章。
- 犬心丝虫最常在超声心动图描记中见于肺动脉，也可见于RV，可为两条平行线。应注意不要将其与RV的瓣膜腱索（chordae tendonae）相混淆（见图294-30）。

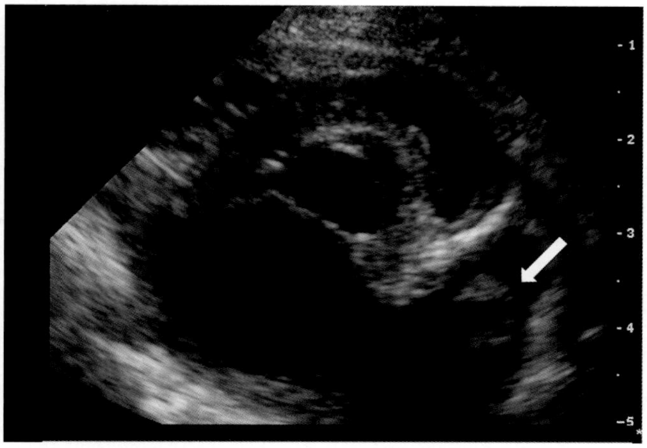

（A）

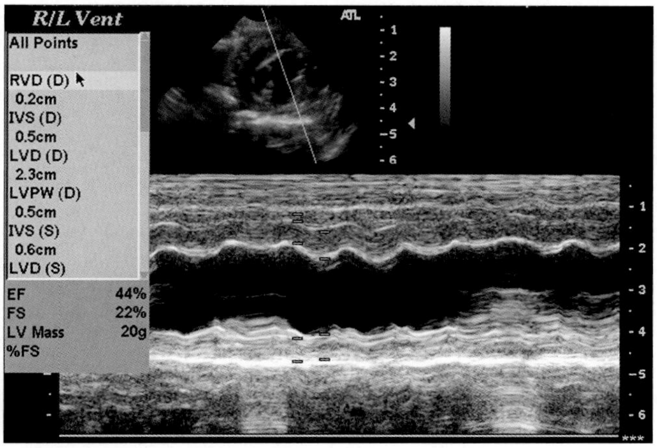

（B）

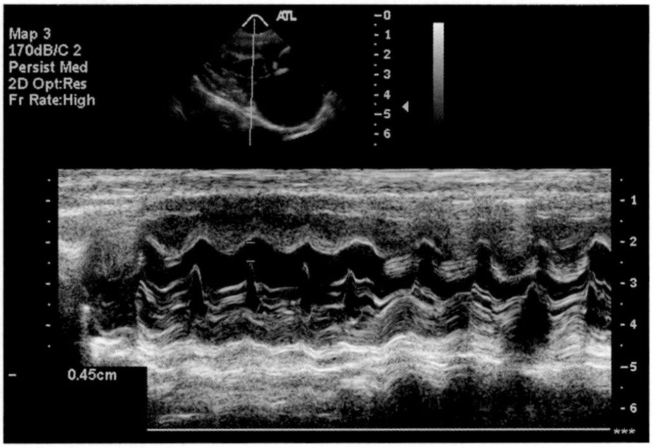

（C）

图294-20　左心房血栓：猫因乳糜胸就诊。（A）扫查左心房时开始可观察到烟雾状结构，随后检查增大的左心房及心耳发现有多个血栓。（B）左心室扩张，短轴缩短率降低到22%。注意左心室游离壁运动性严重降低。（C）E峰间隔分离为0.45cm。怀疑为肥厚型心肌病末期

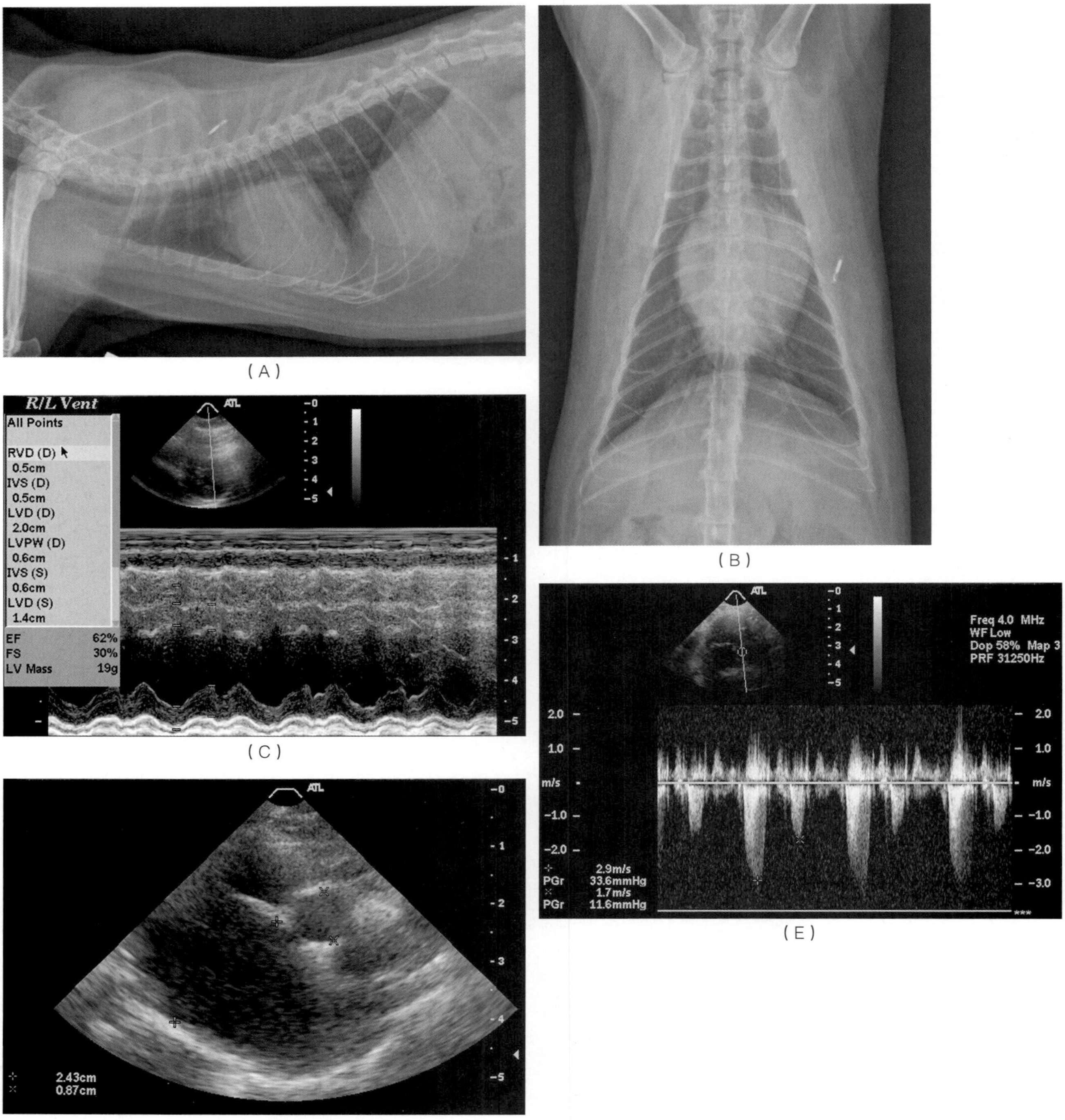

图294-21　不明原因心肌病。（A）和（B）心影明显增大。（C）短轴缩短率随着左心室腔体的增大而减小。（D）左心房增大到2.43cm。（E）对每个瓣膜进行多普勒检查发现明显的有规律的变化到波动型变化，图中以主动脉瓣为例。心电图检查发现心律异常，分类为二联心律

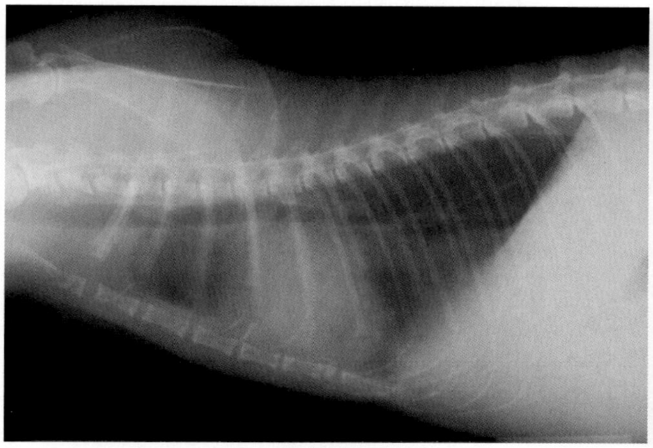

（A）

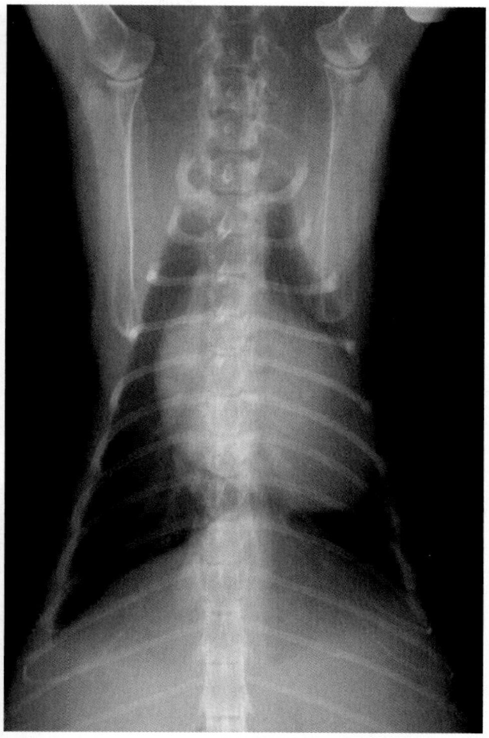

（B）

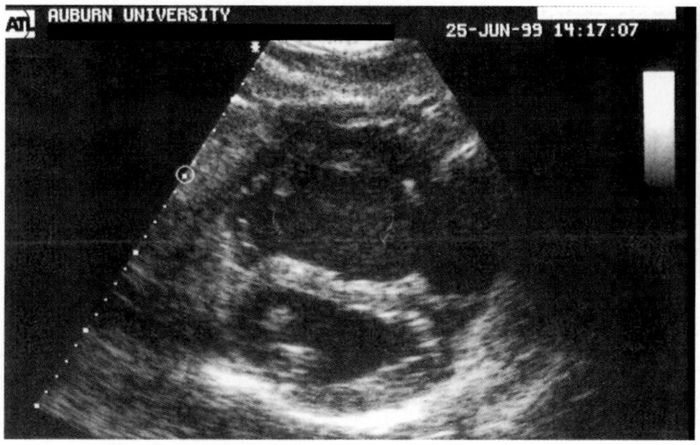

（C）

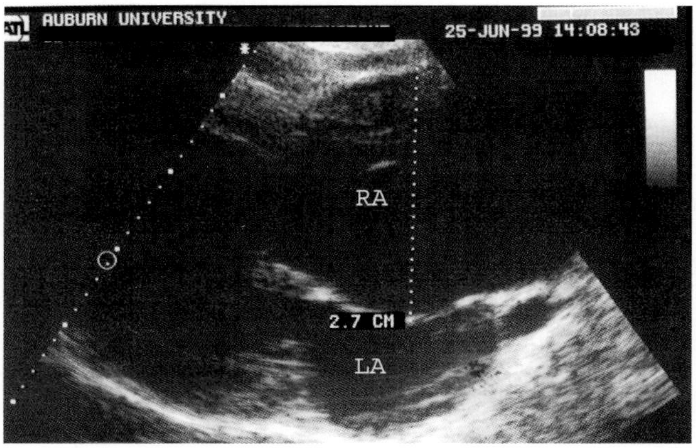

（D）

图294-22　致心律失常型右心室心肌病。猫因腹腔膨胀及沉郁而就诊。（A）和（B）侧面投射时心影明显增大，气管背移。后腔静脉增大。腹腔细微结构严重丧失。（C）右心室及左心室从右侧胸骨旁的十字切面成像发现右侧心脏明显增大。室间隔被替代，引起左心室室腔缩小。（D）右心房明显增大，为2.7cm。注意由于右心房肥大引起房间隔移位

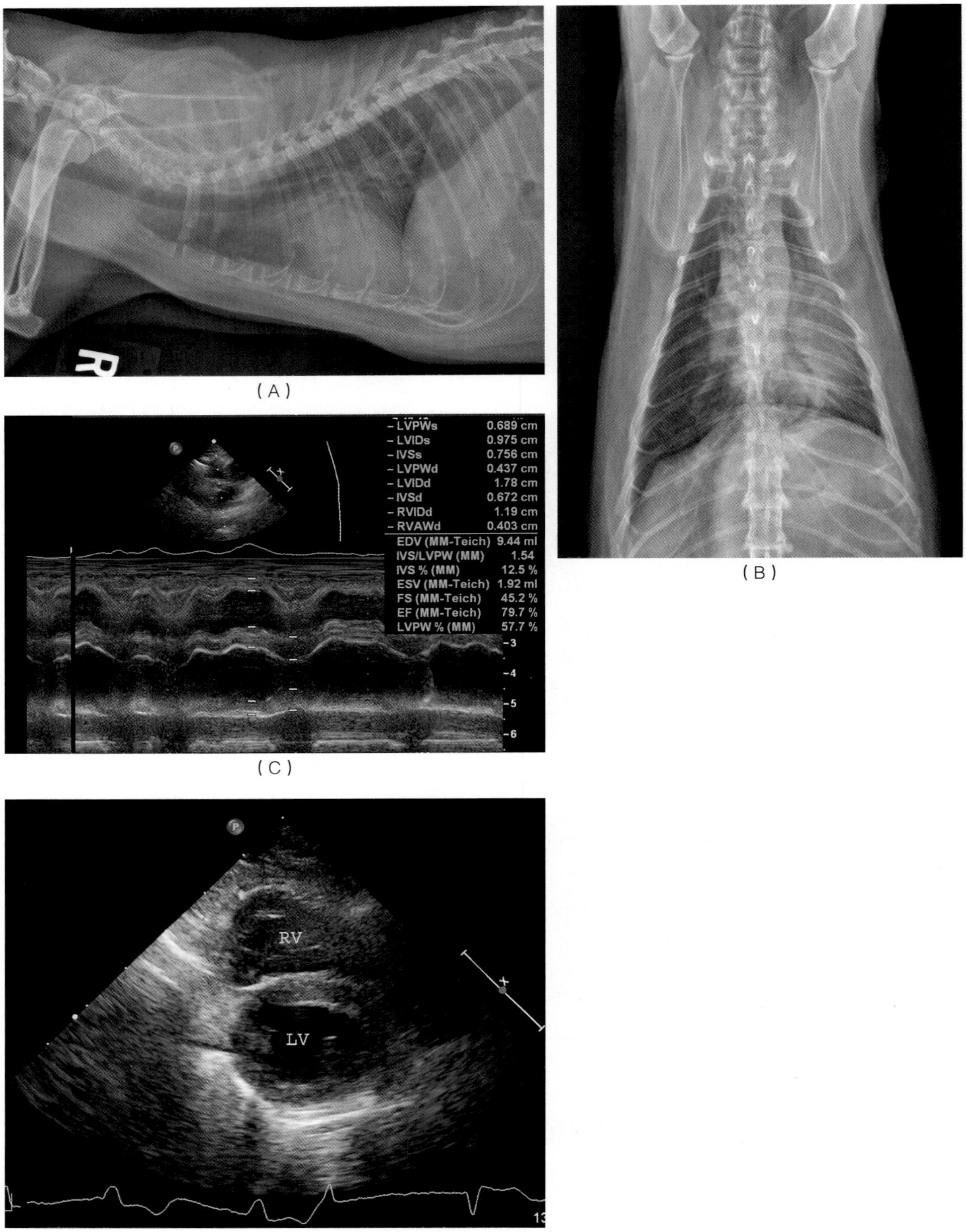

图294-23　致心律失常型右心室心肌肥大。（A）和（B）胸廓X线检查发现纵隔左移。左前肺叶后面存在模糊的气体支气管造影，存在普遍性心肌肥大。肺脏血管增大。（C）超声心动图检查发现右心室增大，短轴缩短率为正常的45%。（D）在右心室和左心室的二维成像中可注意到右心室增大，间隔轻度扁平。注意包围心影的肺脏感染增加。心电图变化可解释为束支传导阻滞（bundle branch block）。最后的诊断为致心律失常型右心室心肌肥大

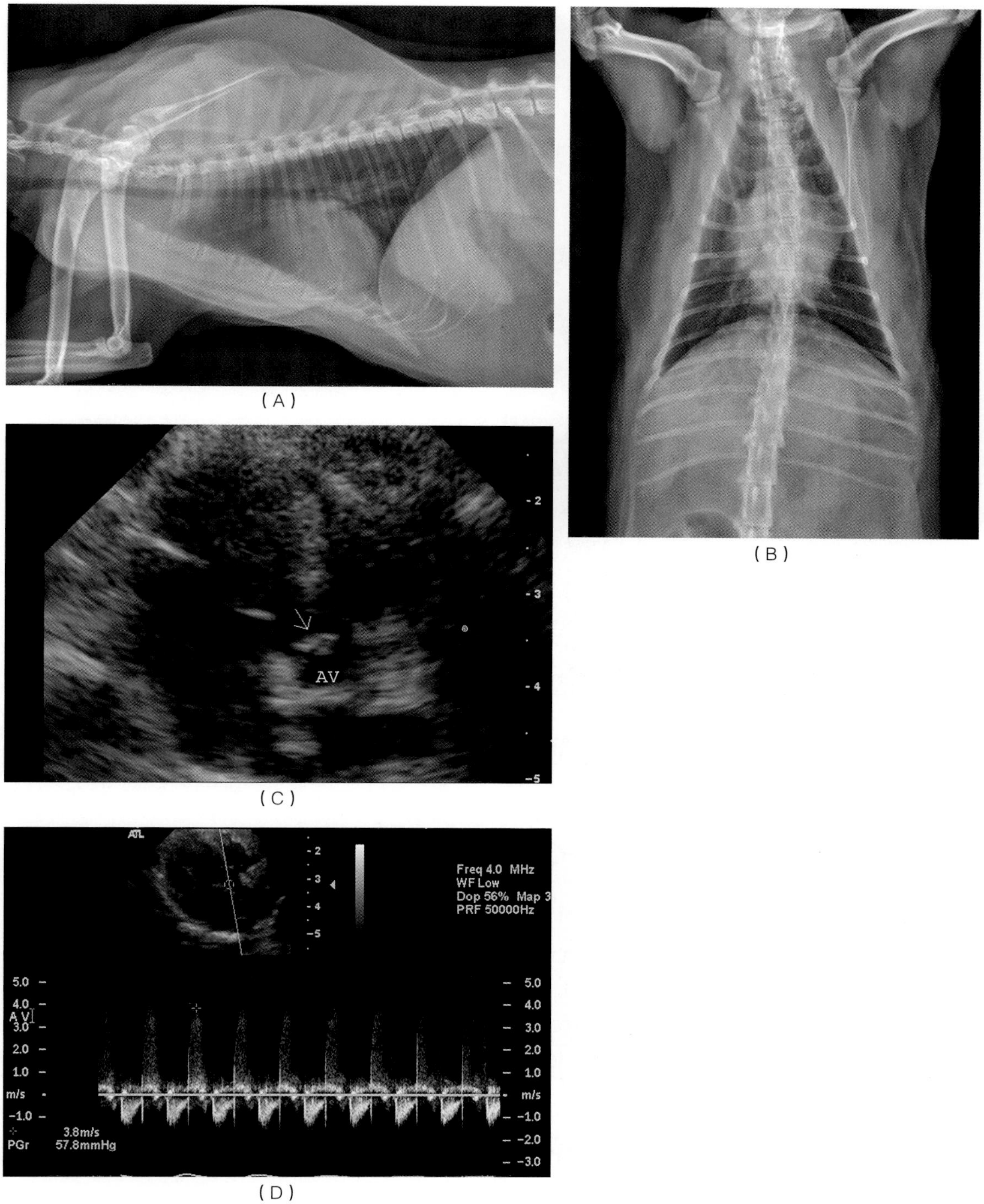

图294-24　怀疑为心内膜炎：本例猫因注射位点纤维肉瘤截除后肢之后因不明原因的发热而就诊。（A）和（B）胸廓成像发现间质性变化增加，心肌肥大。（C）超声心动图描记发现主动脉瓣增厚（箭头）。（D）连续波形多普勒超声诊断发现主动脉机能不全。最终诊断怀疑为主动脉瓣心内膜炎

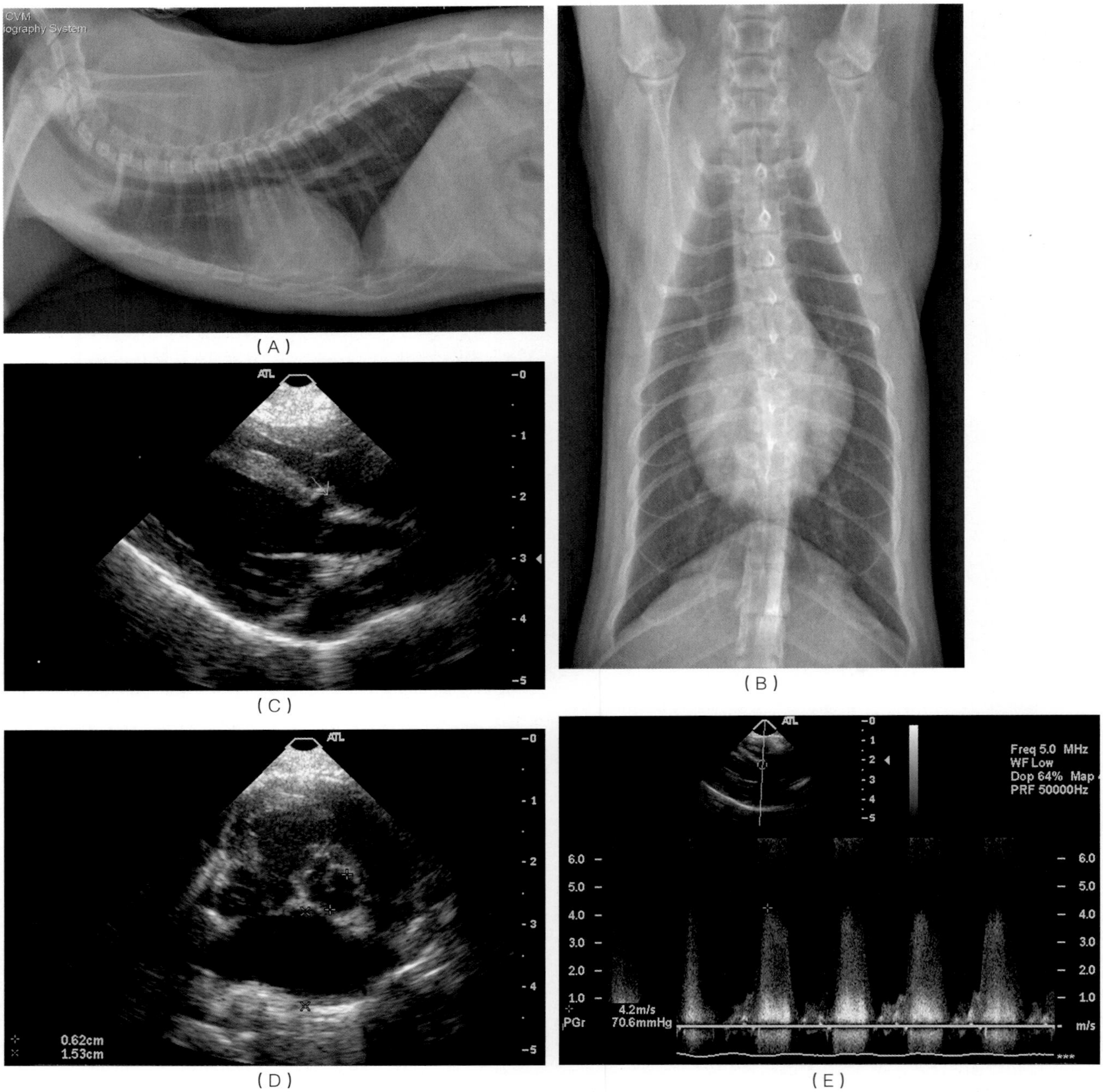

图294-25 室中隔缺损。（A）和（B）1岁猫因心脏杂音而就诊。心影增大。腹背观察时发现后肺叶动脉及静脉增大。（C）超声心动图描记发现室间隔缺损。左侧心脏似乎负荷过重，右侧心脏正常。（D）注意在心基部观察时主动脉形状异常。（E）通过室间隔缺损时的血流速度为4.2m/s

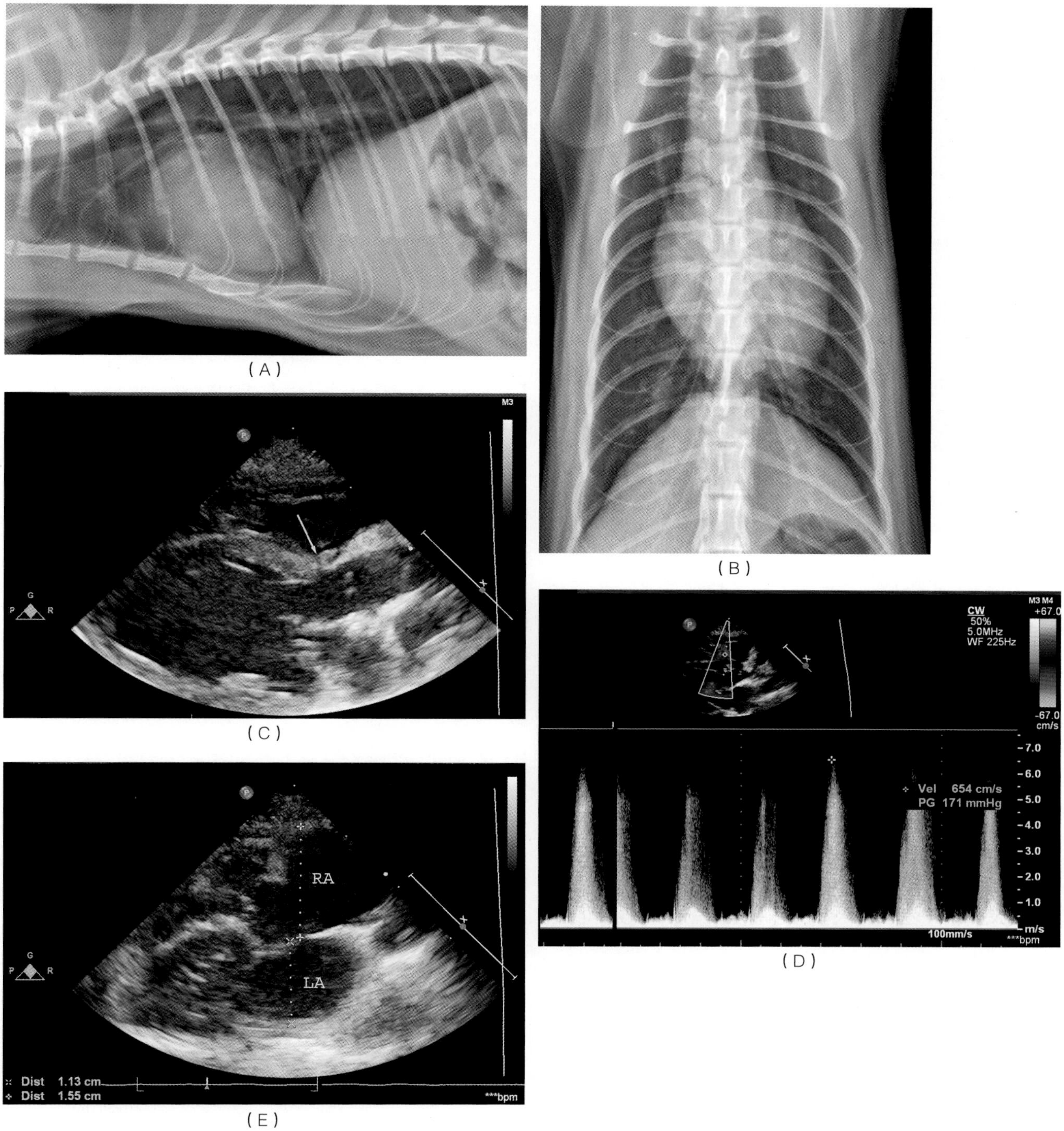

图294-26　室间隔缺损及三尖瓣发育不良。10月龄仔猫，（A）和（B）胸廓X线检查，普遍性心肌肥大，肺血管增大，右侧向左侧分流。（C）室间隔可见小的缺损（箭头）。（D）超声心动图，小的室间隔缺损，血流速度为6.5m/s。（E）右心房增大，三尖瓣瓣膜缩短而增厚，游离壁小叶呈棒状，与三尖瓣发育不良一致

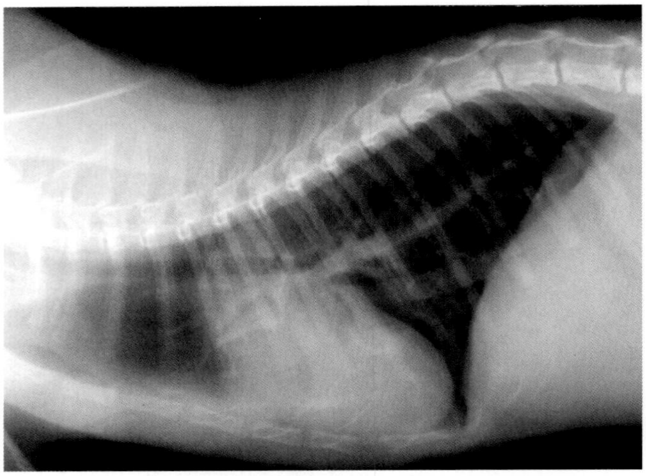

（A）

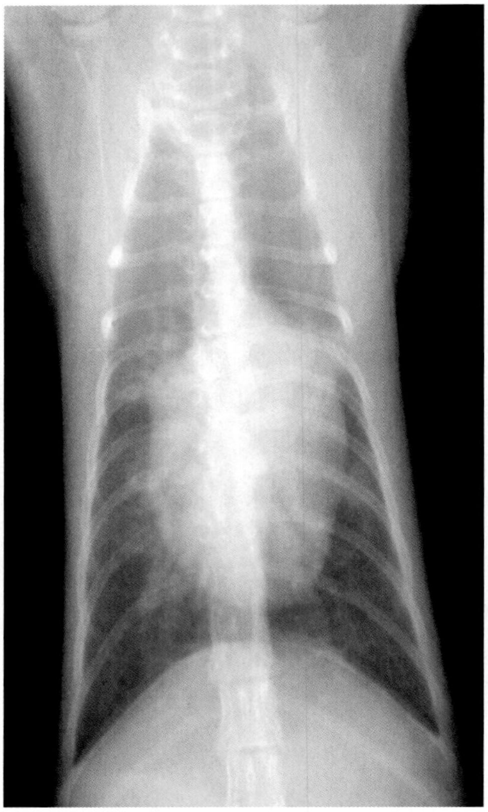

（B）

图294-27 动脉导管未闭：6月龄猫因心脏杂音而就诊。（A）和（B）X线检查发现普遍性心肌肥大。肺血管增大，最为明显的是后叶血管。支气管周围间质不透明度明显增加。腹背观察时，在主动脉或主要的肺动脉片段水平的心基可观察到软组织不透明度增加。侧面观，这种密度的增加可见于心基部的主动脉水平。肝脏肿大。由于肺野高度血管化及普遍性心肌肥大，因此怀疑发生了左侧向右侧的分流。超声波心动图证实为动脉导管未闭合

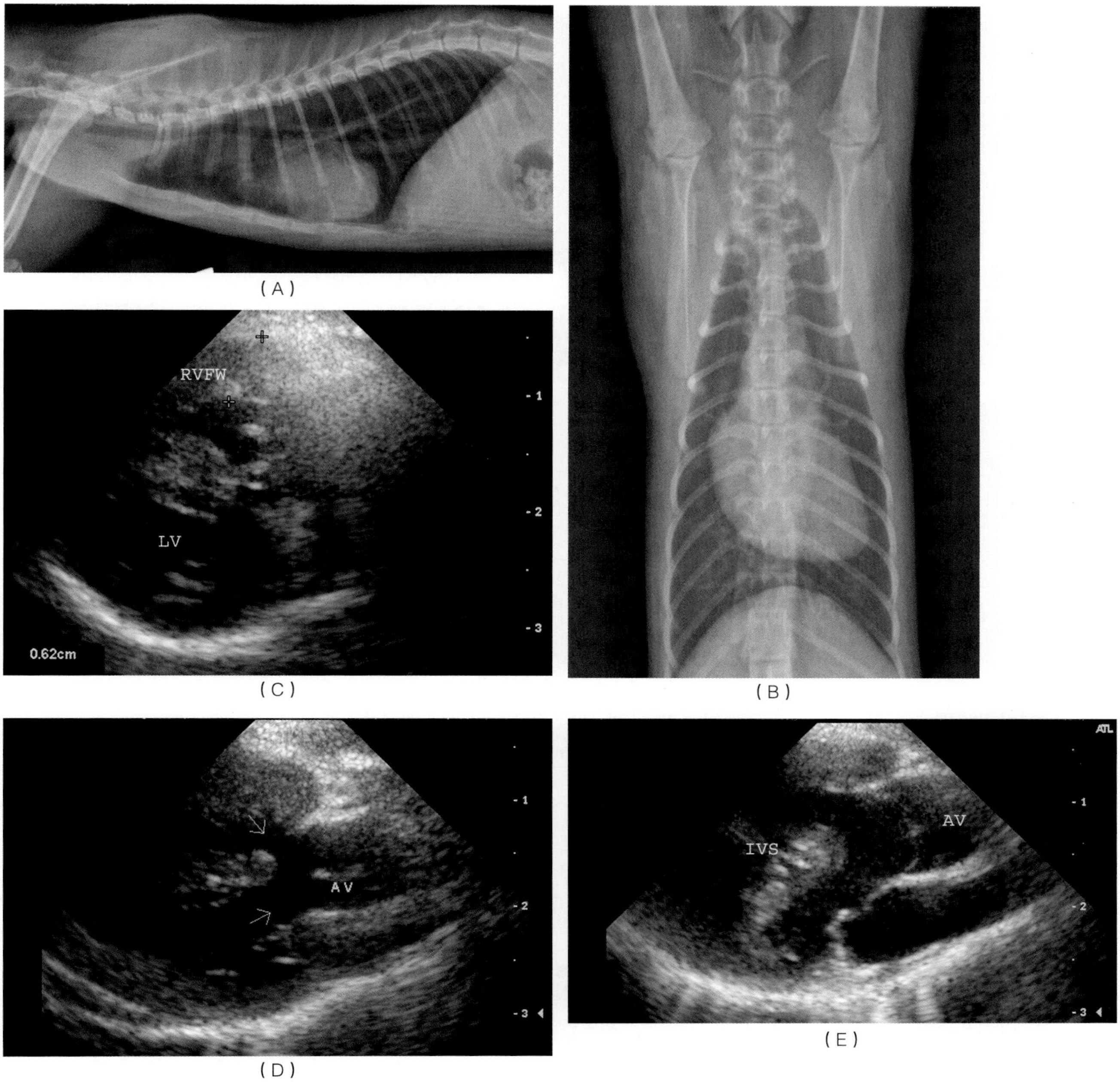

图294-28　法洛四联症。（A）和（B）胸廓X线检查发现心影增大。主动脉弓增大。肺血管减少。（C）心脏二维图像表明右心室游离壁肥厚，右心室室腔增大。（D）室间隔存在大的间隔缺损（箭头）。（E）主动脉增大，超过了室间隔缺损。参见第209章

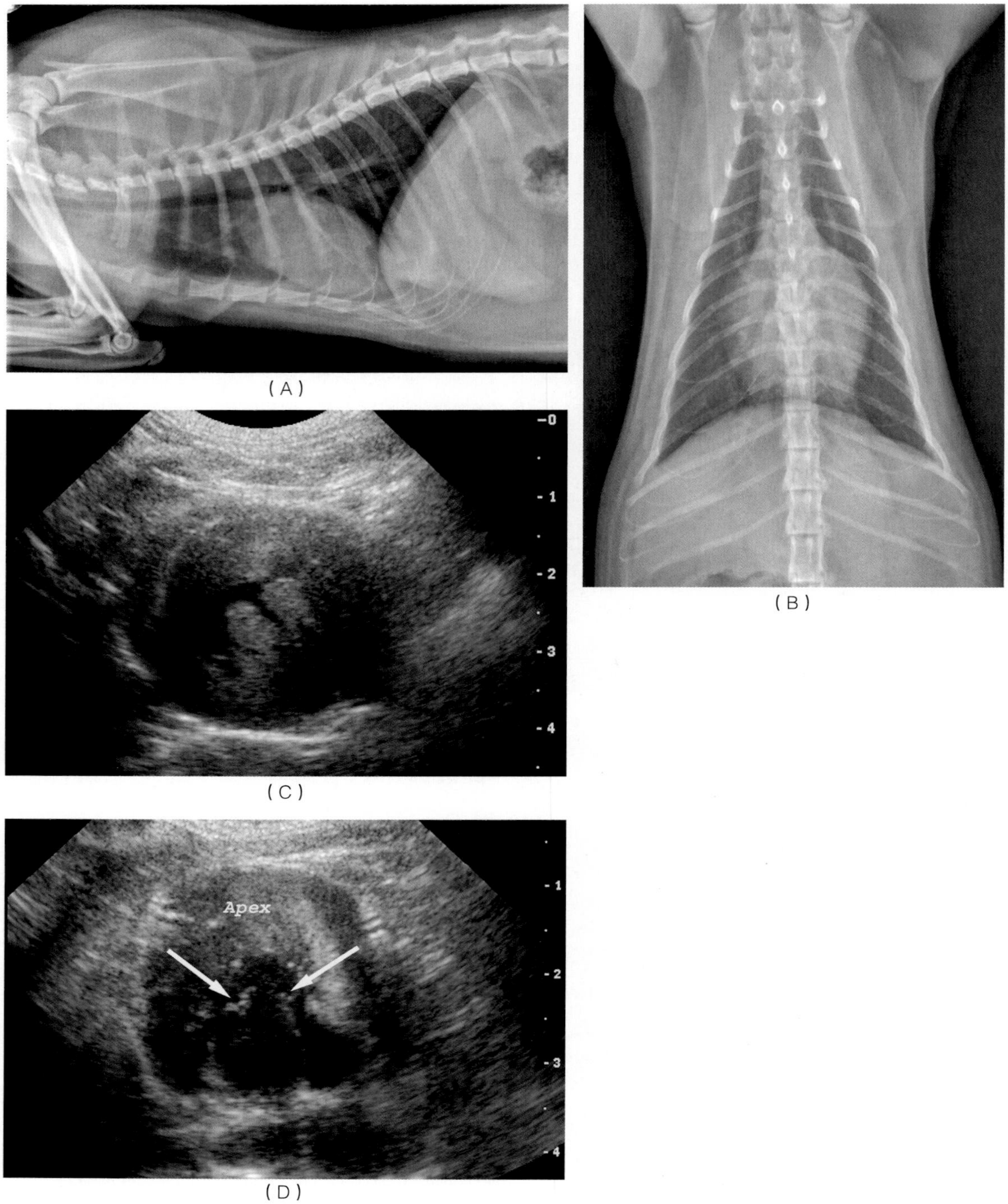

图294-29　二尖瓣发育不良。（A）和（B）胸廓X线检查表明心影增大，左心室边界明显。（C）超声心动图描记表明左心室、游离壁及乳头肌肥大。（D）二尖瓣附着于室间隔及近心尖处的左心室游离壁，说明发生了二尖瓣发育不良。参见第141章

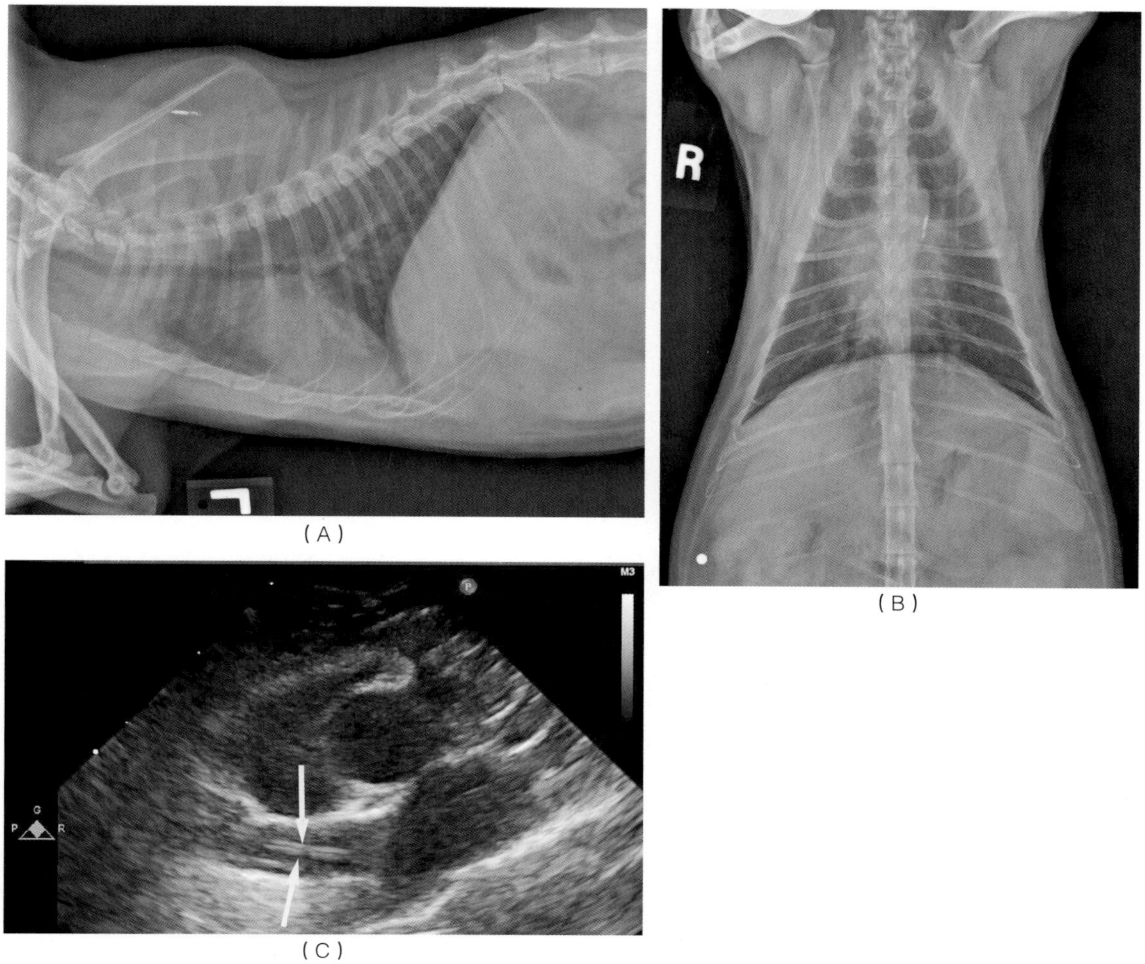

图294-30 犬心丝虫病。（A）和（B）猫因贫血及肝脏酶升高而就诊。后叶动脉增大，所有肺叶均具有中等程度的支气管标志。（C）注意"等同"症状（"equal" signs）（外边界高回声，中央区低回声）表明右侧后肺叶动脉中有犬心丝虫

参考文献

Bonagura JD. 2000. Feline echocardiography. *J Feline Med Surg*. 2:147–151.

Boon JA. 1998. Congenital heart disease In JA Boon, ed., *Manual of Veterinary Echocardiography*, pp. 410–418. Baltimore: Williams and Wilkins.

Boon JA. 1998. Acquired heart disease In JA Boon, ed., *Manual of Veterinary Echocardiography*, pp. 328–331. Baltimore: Williams and Wilkins.

Ferasin L, Sturgess CP, Cannon MJ, et al. 2003. Feline idiopathic cardiomyopathy: a retrospective study of 106 cats (1994–2001). *J Feline Med Surg*. 5:151–159.

Fox PR, Sisson D, Moise NS. 1999. Congenital heart disease. In PR Fox, D Nisson, NS Moise, eds., *Textbook of Canine and Feline Cardiology*, 2nd ed., pp. 471–535. Philadelphia: WB Saunders.

Fox PR, Sisson D, Moise NS. 1999. Feline cardiomyopathies. In PR Fox, D Nisson, NS Moise, eds., *Textbook of Canine and Feline Cardiology*, 2nd ed., pp. 621–628. Philadelphia: WB Saunders.

Henik RA, Stepien RL, Bortnowski HB. 2004. Specturm of M-mode echocardiographic abnormalities in 75 cats with systemic hypertension. *J Am Anim Hosp Assoc*. 40:359–363.

Malik R, Barrs VR, Church DB, et al. 1999. Vegetative endocarditis in six cats. *J Feline Med Surg*. 1:171–180.

Reisen SC, Kovacenic A, Lombard CW, et al. 2007. Prevalence of heart disease in symptomatic cats: an overview from 1998 to 2005. *Schweiz Arch Tierheilkd*. 149(2):65–71.

第7篇

临 床 技 术

Clinical Procedures

第295章 输血 Blood Transfusion

Sharon Fooshee Grace

定义

输血（blood transfusion）可定义为向血液中输入全血或血液成分。虽然血库中有多种血液制品（如新鲜冷冻血浆或压积红细胞），但从实际角度出发，私人临床诊所大多数猫接受全血输血。全血易于采集和输入，而猫血液制品的可利用性受到限制，通常需从供应商采购。猫的血液制品相对缺乏，这主要是因为猫血液少，采集和分离血液成分较为困难。

近年来，研究显示家猫只有一种血型系统，具有三种可能的血型，即A型、B型及极为罕见的AB型。但在2005年，宾夕法尼亚大学（University of Pennsylvania）报道了一种新的猫共有红细胞抗原Mik（读作“Mike”）。猫的其他红细胞抗原有可能影响输血疗法，随着对猫血液相容性的不断研究，将会对这些抗原的研究更为清晰。人的血型抗原为ABO，但在血清学上与猫的AB血型系统没有关系。

与犬不同的是，无论以前是否进行过输血，重要的是在临床上猫可自然出现抗异源性血型抗原的抗体，这些抗原包括Mik抗原。这些预先形成的抗体说明所有的猫在输血之前（包括第一次输血）均应进行血型鉴定，只能输入血型兼容的一种血液。B型血的猫自然发生较高水平的抗A型同种抗体。给B型血的猫输入不到1mL的A型血，可引起全身性过敏反应，并可能会致死。A型血的猫含有弱的抗B型血的抗体，输入B型血时，可产生轻微的输血反应，但不会危及生命。而输血后红细胞的寿命（2d）显著缩短。罕见的AB型猫应输入AB型血液，否则应输入A型血。近来的研究发现Mik红细胞抗原可解释较差配型不兼容的情况或在配型的血型兼容性供体/受体输血时出现非期望的输血反应。值得注意的是由于这些抗体预先就已存在，因此在猫不可能存在通用血型的供体。

就全球范围而言，A型血是最常见的血型。家养短毛猫最常见的血型为A型，如暹罗猫及相关品种［即东方短毛猫（Oriental Shorthair）及东奇尼猫（Tonkinese）］。英国品种［即英国短毛猫（British Shorthair）、德文卷毛猫（Devon Rex）和缅因库恩猫（Maine Coon）］B型血的比例较高，但绝对不应假定任何某一品种肯定会具有某种血型，而且血型的比例可依特定的地理环境而发生很大的变化。

AB血型以简单显性方式由同一基因座上的两个等位基因遗传。对B型而言，A型为完全显性。表达A型血的猫可能为基因分型上的纯合子（A/A）或杂合子（A/B）。表达B型血的猫由于血型B对血型A而言为隐性，因此总是纯合子（B/B）。罕见血型AB可表达A型及B型红细胞抗原，但不具有自然发生的针对两种血型的自身抗体；两种抗原均可被识别为自身抗原。Mik抗原的遗传机制目前还不清楚。

适应证

- 危及生命的失血。
- 骨髓衰竭。
- 溶血。

设备与用品

- 60mL注射器。
- 静脉导管。
- 蝴蝶导管，最好为21号；或中央静脉导管，可用20号。
- 嵌入式微血栓滤器（In-line microthrombi filter）。
- 柠檬酸盐磷酸盐右旋糖腺嘌呤（citrate phosphate dextrose adenine，CPDA-1）抗凝剂。
- 镇静剂。
- 供体补充用液体。
- 应注意，兽医血液学及输血医学协会（Association of Veterinary Hematology and Transfusion Medicine）的网站上有血库及输血用器械的信息（参见：http://www.vetmed.wsu.edu/org -AVHTM/links.asp）。

步骤

供体猫的筛选与喂养

- 供体猫的血型测定：通过血型测定可确定红细胞膜上的血型抗原的性质。可将采集的血液送商业实验室进行血型鉴定，或时间有限时，可采用廉价可靠、用户友好的药盒在家进行血型测定（见图295-1）。给受体猫输血时一定要使用从供体采集的血型特异性的血液（即A型血受体猫必须接受A型血供体猫的血液；B型血受体猫必须要接受B型血供体猫的血液；AB型血猫应接受AB型血供体猫的血液，或如果没有这种血液，则用A型血供体猫的血液）。因此必须要清楚供体猫的血型，并且与受体猫的血型兼容。同样应注意的是，配种公猫及母猫也应进行血型鉴定；配种的雌雄两性应该同血型，以防止仔猫由于新生仔猫溶血性贫血（neonatal isoerythrolysis）而死亡。对新抗原Mik的特异性检查可在宾夕法尼亚大学血液学及输血实验室（Hematology and Transfusion Lab at the Universityof Pennsylvania）（电话：1-215-73-6376）进行。
- 供体的选择及早期评估：供体猫应该性情温和，体格大（通常大于5kg）时便于穿刺（phlebotomy）采血。身体较瘦时可在颈静脉采血。供体猫应去势，病史中应无任何健康问题或进行药物治疗，应经常查体，根据风险评估接受免疫接种。应每年1~2次进行实验室检查，检查内容包括：血常规、生化分析、尿液分析、筛查传染性病原［即猫白血病病毒、猫免疫缺陷性病毒、猫血支原体（*Mycoplasma haemofelis*），以前称为猫血巴东体（*Hemobartonella felis*）、巴尔通体及犬心丝虫（*Dirofilaria immitis*）（流行地区）］等。如果要饲养供体，应保持清楚的记录，记载每次采血的日期及数量，以避免从某个单一个体过度采血。
- 寄生虫防控：供体猫应有规律地进行驱虫以控制小肠寄生虫及在流行地区控制犬心丝虫。应采用严格的外寄生虫控制程序，防止供体感染巴尔通体和其他节肢动物源性寄生虫。
- 环境：供体猫只能在户内饲养，不能与其他在户外活动的猫接触。
- 从供体采血：大多数供体猫可每隔4～6周安全地采集其血液量的10%（66mL/kg W.B.=1个血量）而没有明显的不良作用。如果给供体静脉输液以防止血容量减少，则可采集20%的血量。发表的文章中，最大可采血量的范围为11～13mL/kg W.B.。体格中等的猫，贡献一个“单位”的血液相当于50mL血液。每次采血前应测定供体的压积细胞（PCV）。每月供血一次的猫建议补充铁（10mg/kg，每周2次，PO）。如果PCV低于35%则供体不能再继续用于采血。

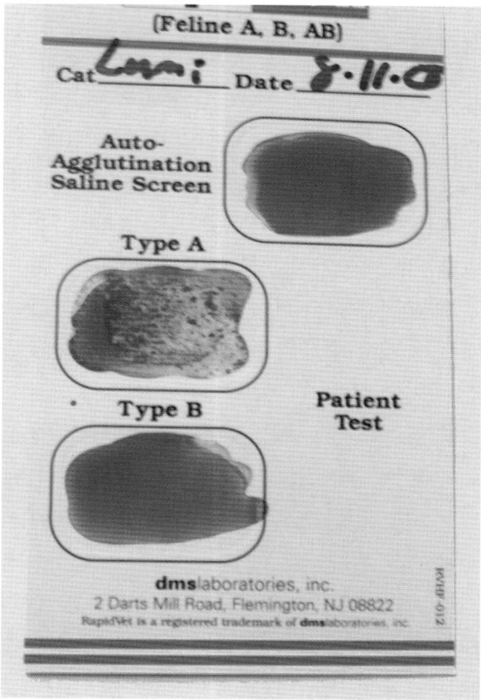

图295-1 本例猫血型测定结果为A型。对照及B型血未发现凝集，但A型凝集明显

主要及次要交叉配型试验

- 交叉配型（cross-matching）：交叉配型用于检测是否存在有高水平的针对红细胞抗原的抗体。理想情况下，血型测定及交叉配型两者均应进行。任何猫如果以前曾经输血，或以前是否有输血的病史仍不清楚时，应特别注意进行交叉配型。主侧交叉配型（major cross-match）是两种交叉配型中最为重要的，可确定受体抗体对供体红细胞的影响。次侧交叉配型（minor cross-match）则确定供体抗体对受体红细胞的影响。目前已有台式主侧及次侧交叉配型（desktop major and minor cross-match）试剂盒，其与传统的交叉配型相比，明显的优点是避免了在免疫介导性溶血性贫血时发生的自凝。应注意的是，主侧交叉配型是唯一可在家进行的筛查猫是否具有Mik抗原的方法，而这种抗原可在血型兼容而输血时引起输血反应。

全血的采集

- 采血前供体猫的PCV：偶尔供体猫可能具有检测不到的疾病而导致贫血，因此建议总是在采血前测定供体猫的PCV，以避免任何可能的医疗事故。
- 镇静：大多数猫在采血前需要进行镇静。常将氯胺酮/安定或氯胺酮/咪哒唑仑（midazolam）合用，也可采用气体麻醉剂（即异氟烷或七氟烷）。应避免使用乙酰丙嗪及甲苯噻嗪，主要是由于它们具有引起高血压的风险。
- 静脉的选择与准备：每次采血时可换用左侧或右侧颈静脉，在供体记录本上应注明每次采血使用的静脉。采血时必须要采用无菌技术。对颈静脉上的区域应在采血前剪毛并进行消毒等。
- 采血：采用21号蝴蝶导管，其中先加入少量CPDA-1抗凝剂，刺入颈静脉，血液采集到60mL注射器中。注射器中每采集9mL血液应含有大约1mL CPDA-1抗凝剂。采集时轻轻混合注射器中的血液。撤回针头时不要让空气进入采血管，因为这样可使细菌进入血液。用止血钳夹住蝴蝶导管可降低这种风险。猫体重4kg的标准供血量为45～50mL。保持血液与抗凝剂最适比例的最容易的方法是给44mL采集血液中加入约6mL抗凝剂，总量达到50mL。
- 补充液体：采血后供体猫应在30min内静脉输晶体溶液（crystalloid fluids），如乳酸林格氏液或0.9%生理盐水。补充的液体量应为采血量的2~3倍。
- 血液保存：如果输血主要是为了补充红细胞，可将采集的血液在冰箱保存，采用CPDA-1抗凝剂时可保存3~4周。如果补充血液是为了最大限度地发挥抗凝蛋白和血小板的作用，则应在采集后6h内输血。以肝素抗凝采集的血液必须立即进行输血，这种血液不适合保存。
- 血袋：适合于猫用的小的血袋可代替注射器使用，理想条件下适合于在密闭系统中保存血液随时使用，因此降低了细菌污染的风险。
- 心脏穿刺（cardiocentesis）采血：可用于采集血液，但这种方法有可能会引起明显的心肌或瓣膜损伤，供体猫也因血液采集快速而发生休克。除非在最严重的情况下，强烈建议不采用心脏穿刺采血。

全血的输入

- 受体血型鉴定：参见供体血型鉴定。
- 输血前基础数据测定：开始输血前记录受体主要的症状（即脉搏、体温及呼吸速度），输血过程中每隔15～30min重复测定。
- 输血途径：最好采用静脉内输血（即外周或中央静脉），但如果难以在静脉内输血，也可选用骨髓内（intrasseous route）输血。小的导管在输血过程中不会引起溶血，但可降低输血速度。应根据采用的输血类型，将微血栓滤器（microthrombi filter）置于血液与猫之间的输血管上。血液不应冷却，应加温到室温。
- 输入的全血量：需要输入的血量可按下述公示计算：

$$\text{输血量（mL）}=\frac{70\times\text{体重（kg）}\times\text{（理想PCV-受体PCV）}}{\text{供体PCV}}$$

受体PCV无需恢复到正常范围，在大多数情况下，可接受的PCV为20%～25%。如果受体输血到超过25%，骨髓可能不能够接收到足够的刺激来对贫血做出反应。一般来说，每天的输血量不应超过20mL/kg，除非猫具有炎症的溶血或失血。

- 输血速度：病情稳定的猫，以1mL/min的速度输入全血，观察是否有急性输血反应。如果在数分钟内未观察到输血反应，可将剩余血液以每小时5～10mL/kg的速度输入。患有心血管疾病的猫应以较慢的速度输血（每小时4mL/ kg）。输血应在4h内完成，以避免血液中细菌生长。如果受体猫大量失血，则应尽可能快速地输血（速度可达每小时60mL/ kg）。血液产品中不应加入药物或液体（0.9%盐水除外），也不能在输血过程中经过导管加入。
- 血红蛋白溶液：如果没有全血或血液制品，则可输入人造血Oxyglobin®（5～15mL/kg IV）。人造血Oxyglobin®的应用目前仍有限制而且昂贵。这种产品能在猫引起血容量扩张，因此建议以每小时0.5～5mL/kg的速度缓慢输入。虽然该产品可增加血液携氧能力，但因药物引起的血管收缩及心输出量降低，氧气可能不能有效投放到组织。

可能的并发症

- 血容量过大：除了在急性失血时，受体猫只是红细胞缺乏而血浆并不缺少（即其具有正常的血量）。因此输入全血很容易引起受体猫的血容量过大。输血时必须要通过肺脏听诊（肺充血）、注意呼吸速度（呼吸急促，tachypnea），注意检查是否发生血容量过大，如有必要，应进行胸廓X线检查。

- 输血反应：输入不兼容的血液可引起受体猫突然死亡。快速发生的输血反应是最可能危及生命的输血反应，初始症状包括血红蛋白血症（hemoglobinemia）、血红蛋白尿（hemoglobinuria）、鸣叫、心动过缓或心动过速、苍白、脉弱、侧卧。呕吐、瞳孔散大、流涎及角弓反张、崩溃及死亡。如果怀疑发生输血反应，应立即停止输血，输入正常的生理盐水。应注意治疗弥散性血管内凝血及休克，可注射糖皮质激素、肾上腺素或抗组胺药物。

参考文献

Castellanos I, Cuoto CG, Gray TL. 2004. Clinical use of blood products in cats: A retrospective study (1997–2000). *J Vet Intern Med.* 18(4):529–532.

Haldane S, Roberts J, Marks SL, et al. 2004. Transfusion medicine. *Compend Contin Educ.* 26(7):502–518.

Klaser DA, Reine NJ, Hohenhaus AE. 2005. Red blood cell transfusions in cats: 126 cases (1999). *J Am Vet Med Assoc.* 226(6):920–923.

Knottenbelt CM. 2002. The feline AB blood group system and its importance in transfusion medicine. *J Feline Med Surg.* 4(2):69–76.

Wardrop KJ, Reine N, Birkenheur A, et al. 2005. ACVIM Consensus Statement: Canine and feline blood donor screening for infectious disease. *J Vet Intern Med.* 19(1):135–142.

Weinstein NM, Blais MC, Harris K, et al. 2007. A newly recognized blood group in domestic shorthair cats: The *Mik* red cell antigen. *J Vet Intern Med.* 21(2):287–292.

第296章 骨髓穿刺 Bone Marrow Aspiration

Mitchell A. Crystal

定义

骨髓穿刺（bone marrow aspiration）是指用针穿刺骨髓腔，采集骨髓细胞，涂在载玻片上进行细胞学检查的方法。常用于穿刺骨髓腔的位点包括肱骨头（humeral head）（常用，在技术上易于实施）及股骨转子窝（femoral trochanteric fossa）。

适应证

- 检查难以通过病史调查、查体或临床病理学检查查明原因的血细胞减少（cytopenias）或血细胞增多（cytophilias）。
- 对肿瘤过程进行评估或分级，特别是在淋巴瘤。
- 检查怀疑的全身性传染病（如组织胞浆菌病及弓形虫病）。
- 检查高球蛋白血症。

禁忌证

- 禁用麻醉。

设备与用品

- 见图296-1。
- 麻醉及消毒穿刺位点准备的器械。
- 无菌手套。
- 无菌创巾。
- 12mL注射器。
- 骨髓穿刺针，可选的包括18号和1in*罗氏骨髓穿刺针（Rosenthal）；18号或可调节的1/16in到17/16in贾姆西迪骨髓穿刺针（Jamshidi）、伊利诺伊胸骨针/髂骨针（Illinois Sternal/Iliac），或类似式样的针头，可从绝大多数兽医和人医供货商获得，大多数为一次性的。
- 2mL 2%～3%EDTA溶液，从商用实验室或供货商购买，另外一个渠道是MWI Veterinary Supply，电话为1-800-824-3703。此外，按下述制备用品：取0.35mL无菌等渗盐水加入到7mL EDTA管中，如果原管中含有EDTA粉或如果原管中含有0.42mL 2.5%EDTA液时，可制备成0.35mL 3%EDTA。
- 培养皿或表面皿。
- 微量血细胞比容管。
- 数张清洁、新鲜及末端霜冻的显微镜载玻片。

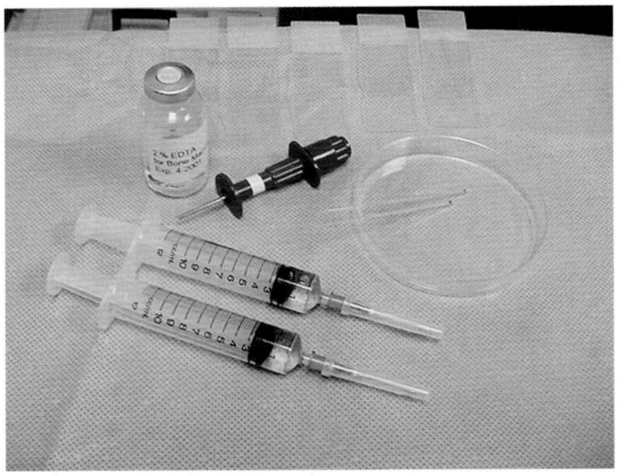

图296-1 骨髓穿刺所需要的器械包括骨髓穿刺针（图示为伊利诺伊胸骨针）、12mL注射器，2mL 2%～3%乙二胺四乙酸（EDTA），微量血细胞比容管，一个有盖培养皿（或表面皿），数个清洁冷藏的显微镜载玻片。麻醉器械及无菌创巾和手套在图中未列出

* 1in（英寸）=2.54cm——译者注

步骤

经肱骨头穿刺

- 见图296-2。
- 麻醉并将病猫侧卧。
- 助手向外旋转（外展）前肢，以便前肢前面向上，与桌面平行。将前肢固定在这个位置，直到完成穿刺过程。
- 在肩胛肱骨关节后1cm触摸肱骨头近中央的前面，触摸到小的刻痕或凹陷（divot），在该区域剪毛及消毒，面积约3cm×3cm。
- 将灭菌创巾置于前肢上，在准备好的术部上开一小孔。

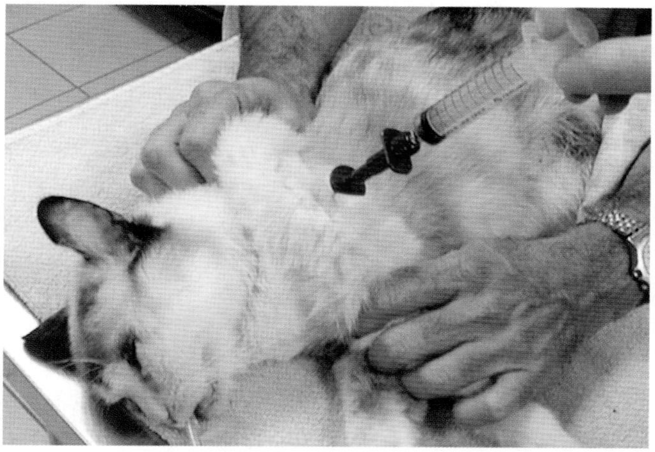

图296-2 肱骨头骨髓穿刺。病猫侧卧，前肢外展，骨髓穿刺针以90° 角进针到肩胛肱骨关节后段约1cm处的肱骨头凹陷处。一旦针头进入肱骨头，可将骨髓液抽吸到含2mL 2%～3% EDTA的12mL注射器中。本图中除去了灭菌创巾以便更直观地看到操作技术

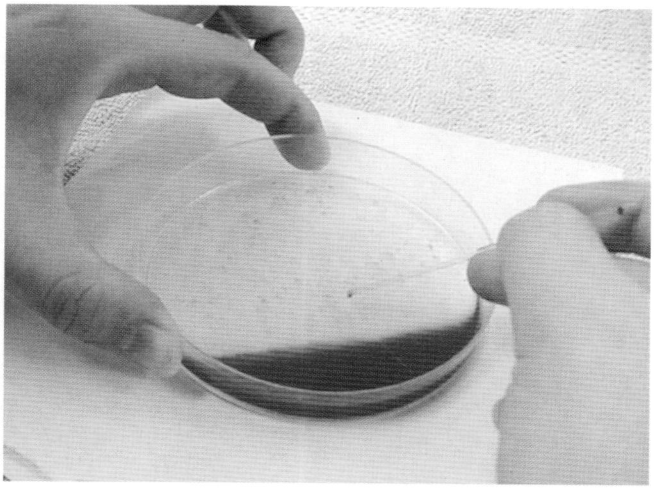

图296-3 穿刺成功时可在未抗凝的血液中观察到脂滴及骨针。用微量血细胞比容管收集少量骨针（spicules），转移到显微镜载玻片上观察

- 采用无菌技术，抽吸2mL EDTA到一灭菌的12mL注射器中，保持注射器无菌，放旁边备用。
- 将骨髓穿刺针（装入探针）与肱骨成90° 角插入到凹陷处（notch/divot），顺时针及逆时针轻轻转动针头并轻轻前推，慢慢进针0.5～1.0cm。
- 确定针头牢固到达肱骨头后除去探针（保持其无菌，以便针头再次定位时使用），连上含EDTA的12mL注射器，抽吸数次。结果为阳性时抽吸液略粘稠，含有脂滴的血液充满注射器。抽出2～3mL骨髓液后停止抽吸。如果没有抽出液体，则拔出注射器，再次插入探针，重新定位针头（前进或后退），再次抽吸。
- 只要抽出了骨髓液，则可将整个针头从肱骨头拔出（仍接在注射器上），尽快将内容物推入培养皿或表面皿上。穿刺成功时，穿刺液为含有很小的脂滴及骨针（bony spicules）的血液，轻轻摇动培养皿或表面皿时，穿刺液中有不透明/灰色絮片。如果观察不到，则需要重复穿刺。
- 成功完成穿刺后，用微量血细胞比容管经毛细管虹吸作用固定3～6个骨针；轻轻倾斜培养皿，使得血液流向一边，通常可见数个骨髓骨针黏附到培养皿的底部；轻触微量血细胞比容管吸住3～6个骨针（见图296-3）。轻轻将骨针置于显微镜载玻片的磨砂端，然后用微量血细胞比容管从载玻片上小心吸入过量的血液，不要吸入骨针。一旦留下骨针及少量血液，则用第二张载玻片，与含骨针的载玻片成90° 角，向载玻片无磨砂端制备涂片（见图296-4）。制备涂片时轻轻施压，以便使涂片均匀。在空气中轻轻挥动载玻片使其快速干燥，或采用载玻片干燥器，如吹风干燥机或温水使载玻片干燥。

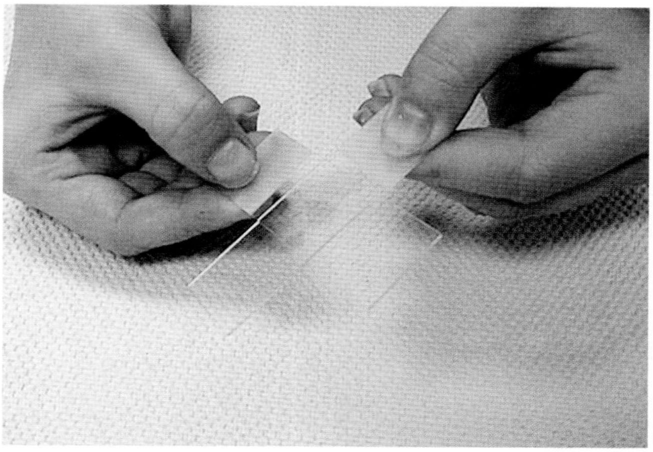

图296-4 骨髓骨针转移到载玻片上后，用第二张载玻片制备骨针涂片，在第二张载玻片上轻轻施压，以90° 角制备均匀的涂片

- 重复该过程制备多个载玻片，用铅笔标记每个载玻片的霜冻端送实验室（未染色）或染色进行显微镜观察。应注意保存2～3个载玻片不染色以备其他用途［如用于免疫荧光抗体法（IFA）检查猫白血病病毒及特殊染色检查真菌］。

经股骨转子窝穿刺

- 见图296-5。
- 麻醉、病猫及材料的准备、无菌、穿刺及载玻片的制备与肱骨头穿刺相同。
- 病猫侧卧。创巾置于腿上及腰部，在转子窝区开一小孔。

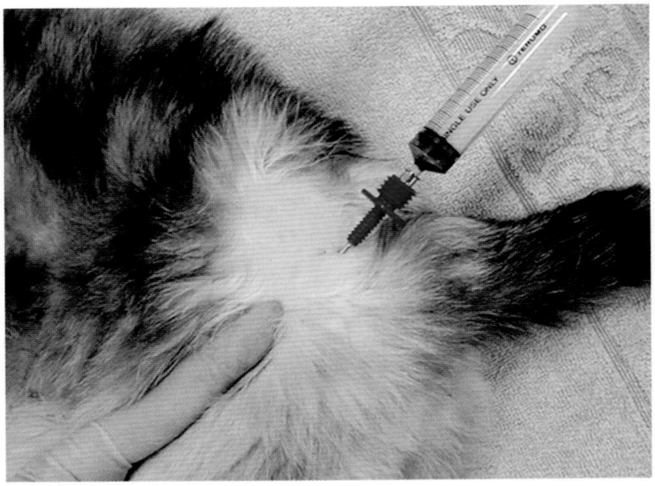

图296-5 股骨转子窝骨髓穿刺。病猫侧卧，用中指在顶部或股骨侧面抓住后肢，使其朝向转子窝。将骨髓穿刺针在股骨转子窝中大转子的中间面插入，沿着股骨干进针。针头到达股骨干后将骨髓液抽吸到含有2mL 2%～3% EDTA的12mL注射器中。本图中除去了无菌创巾以便更清楚地观察到该操作技术

- 左手抓住腿部（左手操作者相反），食指靠在股骨顶部或侧面与股骨平行，指尖朝向转子窝。
- 将穿刺针从中间向着大转子刺入，略低于及与抓着股骨的食指平行，其目的是通过转子窝进针，沿着股骨骨髓腔的长度进入。通过顺时针或逆时针轻轻旋转针头，加一定程度的前进力使得针头进入1～2cm。
- 将股骨向前后移动，确证针头紧紧进入股骨头；针头应随着股骨移动。按前述方法进行随后的处理。

可能的并发症

- 无诊断结果的样品［由于技术不熟练或样品质量差/疾病状态（“骨髓干抽”，“dry tap”），如纤维化或肿瘤组织充满骨髓］（骨髓干抽：即抽不出骨髓，可因技术不熟练及骨髓本身的病理变化，如骨髓增生低下、骨髓间质细胞增多、骨髓增生极度活跃及骨髓坏死等所引起——译注）。
- 骨折。
- 损伤坐骨神经。

参考文献

Tyler RD, Cowell RL, Meinkoth JH. 2008. The bone marrow. In RL Cowell, RD Tyler, JH Meinkoth, et al., eds., *Diagnostic Cytology and Hematology of the Dog and Cat*, 3rd ed., pp. 422–450. St. Louis: Mosby Elsevier.

第297章
中央静脉留置针埋置
Central Venous Catheter Placement

Mitchell A. Crystal

定义

中央静脉留置针埋置（central venous catheter placement）是指将导管置入中央/大静脉。颈静脉为最常用的静脉，但其他重要位点也可通过从外周向中央静脉插管而采用［如头静脉（cephalic）向腋臂静脉（axillobrachial）、肩臂静脉（omobrachial）或颈静脉；侧面隐静脉向股静脉等］。应注意的是，虽然本章介绍的定义、适应证、禁忌证、准备及方法等通用于中央静脉插管，设备、器械及技术也是按通过针头导管系统介绍的，但对其他类型的插管，在技术等方面应做一些改进［如剥皮法（peel away）、塞尔丁插管法（Seldinger）或J型导丝法（J-wire）等］。

适应证

- 进行静脉输液或输入血液产品。
- 进行静脉内药物注射。
- 重复采血。
- 进行中央静脉压测定（颈静脉）。
- 辅助诊断检验（如碘海醇清除试验及静脉内尿路造影）。

禁忌证

- 凝血病。
- 血管位点病变（肿瘤、感染、炎症、创伤、水肿及血肿）。

设备与用品

- 准备无菌手术位点的物品。
- 带针头静脉留置针（through-the-needle intravenous catheter）［最好用17号针头/5cm针头，19号/20cm留置针（见图297-1）］；体格小或明显脱水的病猫或静脉小的猫，可用19号/5cm针头及22号/20cm留置针。作者建议采用Becton Dickinson公司的Intracath™导管，许多兽医器械公司有售。

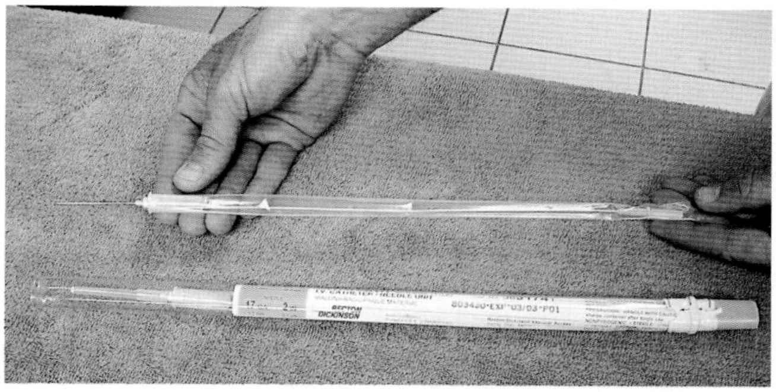

图297-1 带针头静脉留置针（17号，5cm）针头及19号20cm留置针

- 含有肝素盐水的注射器。
- 胶布，2.5cm。
- T形管，预先灌注有肝素盐水，另一端为注射盖（injection cap）。
- 纱布卷。
- 无黏着力的绷带卷（如Vetrap®和Coflex®）。

步骤

- 颈静脉插管，也可采用头静脉或侧隐静脉位点的插管，但方法有些变化。
- 如有必要可进行镇静及麻醉。
- 颈静脉上剪毛及制备无菌区。
- 病猫侧卧保定。如果采用右侧颈静脉，病猫左侧卧，腿朝向术者（如为左手操作，则腿远离术者）；如果采用左侧颈静脉，则病猫右侧卧，远离术者（左手操作者腿朝向术者）。
- 在胸腔入口处用左手（左手操作者用右手）压迫颈静脉。
- 以向上角度将针头刺入皮肤进入颈静脉，开始时可在颈部上1/3，针头朝向胸腔入口插入（见图297-2）。
- 血液回流到导管时，继续进针3～5mm，然后停止。
- 将导管前进通过针头。左手拇指和食指（左手操作者用另一只手）紧紧在软的塑料套管的尖端抓住短而硬

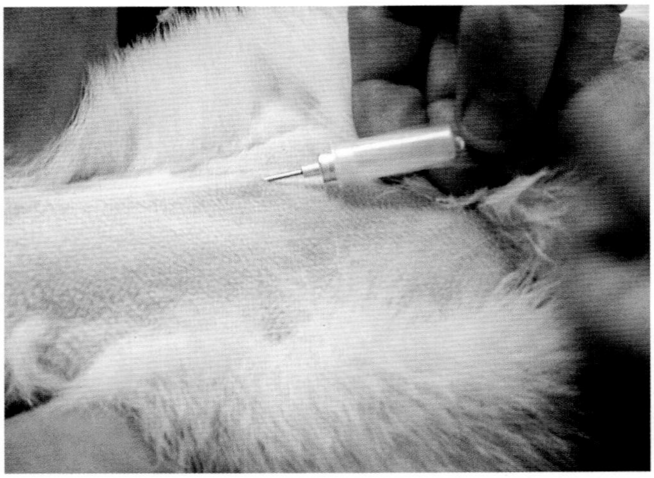

图297-2 针头斜向上插入皮肤进入颈静脉，从颈部近1/3处开始。针头应朝向胸腔入口插入

的塑料管，用右手推导管进入软的塑料套管通过针头进入静脉（见图297-3）。为了固定导管，将探针线的塑料尖端紧推到软塑料套管尖端的硬塑料管内，防止附着有软塑料套管的硬塑料管与针头脱离。

- 紧紧抓住塑料导管尖端，除去探针线（见图297-4）。应注意抓住塑料导管尖端，不要抓住针头，除去探针线也可从病猫身体除去导管/整个装置。
- 将T形端口/注射盖（T-port/injection cap）装到导管上，用肝素生理盐水冲洗导管。
- 从皮肤撤回针头，将护针器安在针头上，拧紧护针器。应小心将护针器放置在正确的方向上，针垫（needle hub）上有一刻痕，拧紧护针器时应避免弄断导管尖端（见图297-5）。
- 固定护针器/导管/T形端口，以便于在颈部的前背侧面（craniodorsolateral aspect）及耳朵基部对这些装置进行操作。

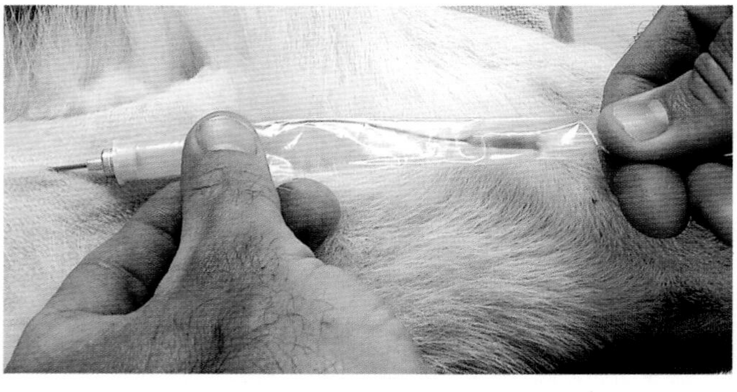

图297-3 经导管插入进入针头，用左手拇指及食指紧紧在软塑料套管的顶端抓住短的硬塑料管（左手操作者用另一只手）。用右手推导管进入软塑料套管并通过针头进入静脉

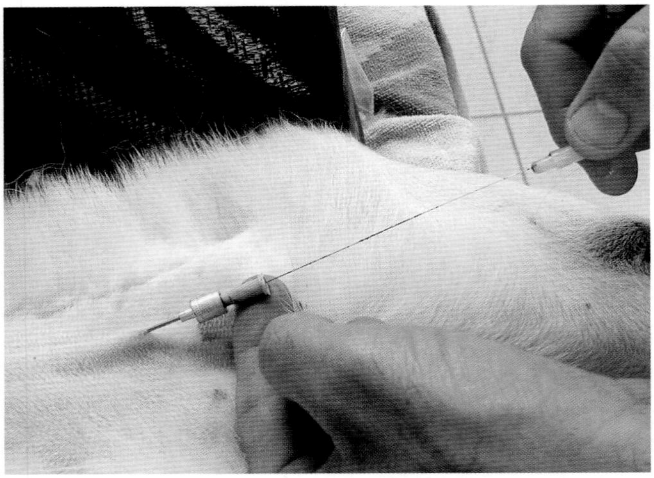

图297-4 紧紧抓住塑料导管尖端，除去探针线。一定要抓住塑料导管尖端而不是针头，否则除去探针线可能会引起从病猫除去导管/整个装置。除去探针线后在导管开口处安装预先装有肝素盐水的T形开关

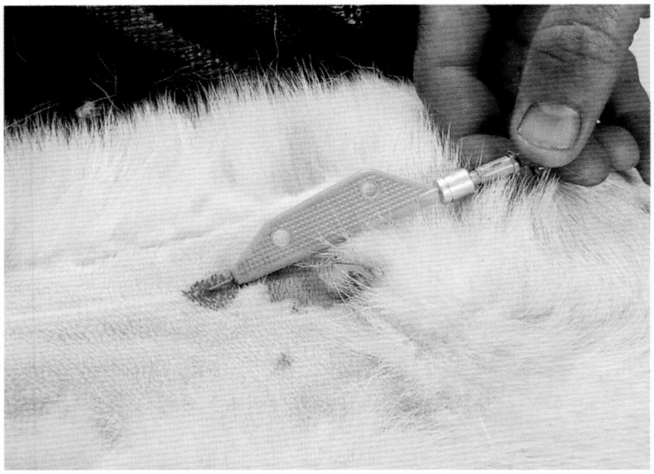

图297-5 从皮肤撤回针头，套上护针器，拧紧护针器，注意护针器朝向正确的方向。针垫上有一刻痕，拧紧护针器时不要弄断导管尖端

- 用胶布固定导管/T形端口于护针器，固定护针器/导管/T形端口到颈部。
- 最后用绷带包扎前检查导管，可在T形端口处抽吸，证实血液能回流，然后冲洗，以验证血流能顺畅流出（见图297-6）。
- 用纱布卷包扎（不能过紧），之后用非黏性纱布包扎（很紧）。
- 最后检查留置针，可在T形端口/注射盖抽吸，证实血液能回流，然后冲洗以验证血流能顺畅流出。

可能的并发症

- 安置导管期间：出血、血肿、导管置于皮下，导管在护针器内断裂或导管破裂。

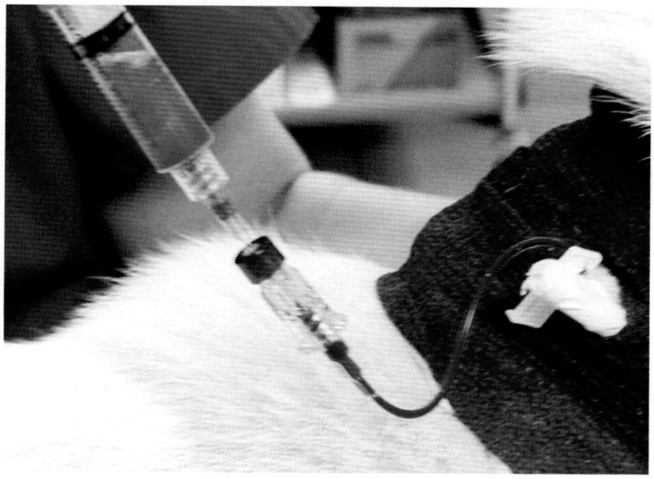

图297-6 最后用绷带包扎前在T形端口/注射盖抽吸，验证是否有血液回流，之后冲洗以确定血液能否顺畅流出

- 安置留置针后：留置针堵塞/破裂，血栓性静脉炎，感染，留置针移位到皮下，将液体/药物注入到皮下或留置针中液体外流。

参考文献

Beale MW. 2005. Placement of central venous catheters, Seldinger technique. *North American Veterinary Conference Clinician's Brief.* 3(10):7–10.

www.vetmed.wsu.edu/resources/Techniques/jugcath.aspx. This Washington State University, College of Veterinary Medicine web site provides images and instruction on Intracath™ and Intrafusor™ catheter placement in the jugular vein of a dog.

第298章
脑脊液采集
Cerebrospinal Fluid Collection

Mitchell A. Crystal

定义

脑脊液采集是指从蛛网膜下腔抽出脑脊液（cerebrospinal fluid，CSF），主要用于实验室的诊断。

适应证

- 确定中枢神经系统疾病的性质，采集CSF及进行检查能获得特异性诊断，但临床中应用较少。
- 排除常见原因后，进一步研究无名热病因等。

禁忌证

- 颅内压升高；临床症状可包括两侧瞳孔大小不等（anisocoria）、瞳孔扩散（mydriatic）或瞳孔对光反应消失（nonresponsive pupils），精神沉郁或意识状态发生改变，强直性麻痹（rigid paresis），呼吸模式改变，心律改变（特别是心动过缓）或昏迷等。
- 凝血障碍。

设备与用品

- 用于麻醉及无菌手术位点制备的器械。
- 无菌手套。
- 23号蝴蝶导管。
- 红盖采血管（Red top tube）。

步骤

- 见图298-1 。
- 麻醉病猫。
- 沿颈背部中线在枕骨结节与第二颈椎（枢椎）棘突之间剪毛，制备4cm×4cm无菌区域。
- 病猫右侧卧，鼻和踮远离术者，鼻部与桌平行，头部下弯以使寰枕（atlanto-occipital）间隙开放（左手操作者可让病猫左侧卧，但操作的步骤相同）。应确定剃毛的区域刚好能超过桌子的边缘。

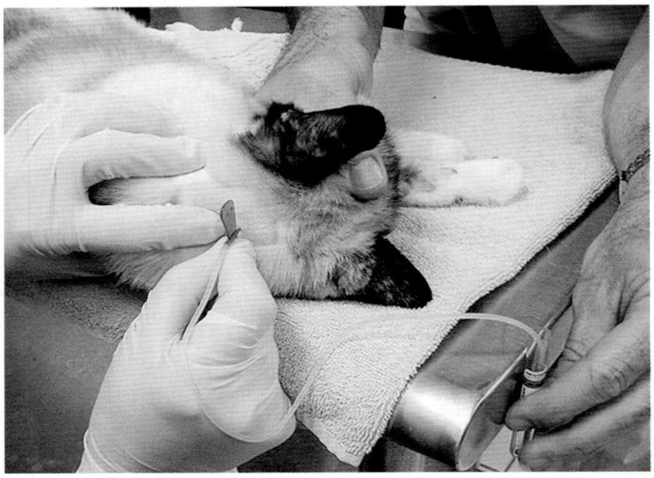

图298-1　寰枕关节脑脊液采集。病猫侧卧，鼻部与桌子平行，头向下弯，在桌边剃毛及准备术部。将23号蝴蝶导管针头缓慢在脊椎背棘突前的中线刺入，针尖朝向鼻端。管中出现液体后将针头保持不动，采集液体到红盖采血试管中

- 跪或蹲在病猫背侧，保证剃毛区刚好与眼睛处于同一个水平。戴上无菌手套，左手中指和拇指分别置于寰椎左右翼前面，食指置于枢椎棘突的前面。
- 从位于枢椎棘突前面的左手中指前刺入针头［右手操作时，对枕骨大孔（foramen magnum）前的病变，针头斜角向前，对枕骨大孔后的病变，针头斜角向后］，这样有利于针头刺入寰椎翼前面与枕骨突隆形成三角区的后面。将针头朝向鼻端。
- 缓慢进针，直到看到液体进入导管中。有时在针头穿过硬脑膜时可感觉到有爆裂音，此时应暂时停止进针以观察是否有液体进入导管的收集管中。
- 如果在针头刺入时遇见骨头，则轻轻前后调整针头以试图进入寰枕间隙（atlanto-occipital space）。在这种情况下，只有拔回针头，重新寻找定位标志，从头重新开始，才有可能获得成功。
- 采集约1.0mL CSF于红盖采血试管中。如果CSF的流出速度非常缓慢，可试着压迫双侧颈静脉以加快流速。采集到足够的液体后，拔出针头，所有残留在导管中的液体均应滴入收集管中。

- CSF样品应在采集后30min内进行处理，这是由于CSF蛋白水平低，可导致细胞快速变性。基本分析应包括总有核细胞计数、红细胞计数、白细胞分类计数及细胞学检查和蛋白浓度测定。
- 在细胞计数时，可将CSF直接置于血细胞计数器，分别计数9个大方格中的白细胞数和红细胞数，计数的细胞数乘以1.1得到总细胞数（总红细胞/μL及总白细胞数/μL）。在实践中，红细胞及白细胞不用染色即可鉴别。如有必要，可采用常规染色技术。将少量新配制的亚甲蓝染液滴入微量血细胞比容管中，然后倾斜比容管，使染液进入管的中部。将少量CSF液滴入管的一端，让CSF和亚甲蓝柱之间留有一定空隙，来回摇动比容管，以便使两个柱从一侧移动到另一侧，但两者并不直接接触；然后将比容管静置10min，这样可使CSF样品轻染，但并不稀释，可用于采用血细胞计数器进行细胞计数。
- 由于CSF中细胞数较少，在细胞分类计数及细胞学检查之前需要浓缩。大多数实验室均可进行这种浓缩，即将0.5mL样品加入到40%乙醇中（应先在实验室进行检查），或者用结核菌素注射器、滤纸（可采用咖啡滤纸）、显微镜载玻片及两个小票夹制成实用的浓缩装置（见图298-2）。去掉注射器活塞，在0.5mL刻度处去掉注射器前端，裁制与载玻片相同大小滤纸片，然后在滤纸中央剪裁一比结核菌素注射器管略大的孔，将滤纸置于载玻片上，注射器（前端/被切端朝上）置于滤纸/载玻片上，注射器管对齐滤纸孔。向下固定注射器，以便其与载玻片/滤纸能连接在一起。将CSF（0.2～0.3mL）滴入注射器管中，静置30～60min，以便沉淀及液体通过毛细管作用而透过。然后将载玻片（未染色）送实验室检查，或染色后在医院检查。
- 可将试管中剩余的CSF送实验室进行蛋白浓度测定。CSF中的蛋白水平相对稳定，可在第二天进行测定。对在临床上具有意义的蛋白可采用尿液化学测定计中的蛋白测定计（protein pad）进行检测；但采用这种方法测定时由于测定计对球蛋白不太敏感，因此测定结果可能偏低。

图298-2 可自己制备细胞浓缩装置促进快速样品制备及检查脑脊液样品。由于脑脊液中蛋白水平很低可导致细胞快速降解，因此样品应在采集后30min内进行处理

可能的并发症

- 采集CSF时的出血通常为针头刺入血管或椎窦所造成，很少有疾病诱导的蛛网膜下腔出血。如果出现这种情况，应换用新的针头重新采集，因为开始时的出血不一定在随后再次采集时造成血液污染。这种并发症比较少见，一旦发生则会损害猫的健康。
- 如果在采集CSF时颅内压增高则可造成大脑成疝。大脑疝形成时的症状包括眼球震颤、瞳孔大小发生改变、呼吸模式改变及反射异常。对颅内压增高应立即进行治疗（如刺激换气、甘露醇或皮质类固醇）。
- 采集CSF时如果颅内压增加或进针太深，可刺穿脊柱，但这种情况在采用蝴蝶导管法时不常见。发生这种情况后的症状及管理与上述大脑疝类似。

参考文献

Desnoyers M, Bédard C, Meinkoth JH, et al. 2008. Cerebrospinal fluid analysis. In RL Cowell, RD Tyler, JH Meinkoth, et al., eds., *Diagnostic Cytology and Hematology of the Dog and Cat*, 3rd ed., pp. 215–234. St. Louis: Mosby Elsevier.

第299章
眼睛检查
Eye Examination

Karen R. Brantman 和 Harriet J. Davidson

概述

眼科检查的方法并不复杂，但需要实践练习才能在猫眼睛检查中熟练地应用。首先，应获得关于猫眼睛疾病、健康问题及可能的家族问题的完整病史。其次，在进行任何形式的操作之前应进行眼科检查，以便使得与猫合作的时间最长。检查室应光线较暗且安静，以防止分散注意力，应最大限度地观察眼内结构。最后再进行彻底的查体。

头和面部的检查

- 在保定之前先仔细检查猫的面部。触摸猫的面部会引起猫紧张，进而会掩盖眼球及眼周结构真正的位置。
- 检查眼睛的对称性及是否有神经问题，如头部倾斜、耷耳或肌肉减少。
- 触摸面部前检查眼睑构造。眼睑边缘应在各个边缘均可观察到。
- 检查眼睛，确定是否双侧眼睛均可跟踪检查及大小相同。术者可在猫的耳后观察左右两侧上眼睑，这样有助于确定是否一侧眼球比另一侧突出。

瞳孔对光反射

- 通过开或关室内灯光，检查瞳孔的大小。应注意比较两侧瞳孔，同时应与正常时比较。受到应激的猫瞳孔较大，反应迟缓，用光刺激时，瞳孔恢复反应。
- 直接光照刺激：用光刺激一只眼睛后观察这只眼睛的瞳孔是否收缩，以检查第2、3脑神经。
- 间接光照（交感神经）：光刺激一只眼睛，观察对侧眼睛是否有瞳孔收缩，用于检查第2、3脑神经，包括视网膜、视交叉及视束。
- 需要注意的是，有时可能出现瞳孔对光反射（pupillary light reflexes，PLR）阳性而无视力，也可出现有视力但瞳孔无光反射。

保定

- 充分呈现眼睛的视力极为关键，因此猫的保定极为重要。
- 猫头通常与人手的大小相当，因此在眼睛保留光照时仍可对头部操作（见图299-1）。
- 第三眼睑常常由于眼球回缩而出现脱垂，如果将猫的后躯抬高于头部，摩擦后躯、吹口哨或将猫移动到检查桌的边缘，则可纠正这种情况。这些操作可引起猫惊吓，引起其眼外肌收缩，引起第三眼睑向下移动。抬高后躯时可用一手抓住猫的前爪，另一只手抓住猫的后爪，就可轻易将后躯抬高，并分别移动猫的前后躯。

眼球后触诊

- 眼球后触诊（retrobulbar palpation）可检查眼眶以确定在眼球后是否有肿块。
- 将手放在眼睑两侧，轻轻将眼球推入眼眶，感觉到阻止将眼球深推到眼眶的阻力。

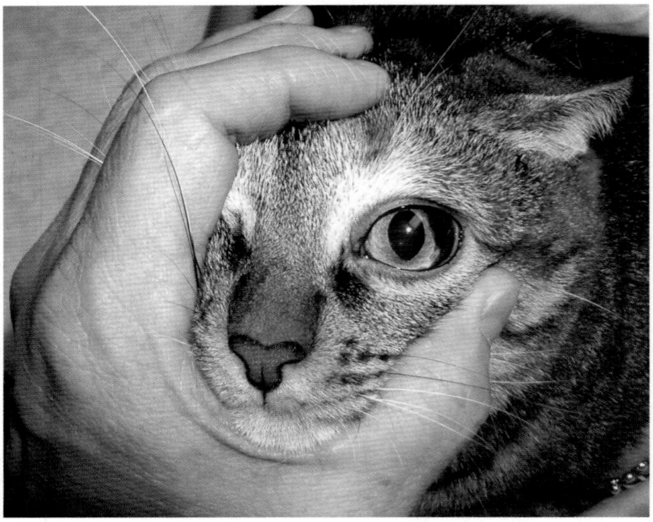

图299-1 如图所示抓住猫头，可在眼科检查时控制眼睑

透照器

用透照器（transilluminator）亮光源可进一步检查眼睑、结膜、角膜、眼前房、虹膜、瞳孔及晶状体［即前囊（anterior capsule）/前皮质（anterior cortex）/核（nucleus）/后皮质（posterior cortex）/后囊（posterior capsule）］。用放大镜或放大回路显示出小的结构。相对于检查者视线的位置，改变透照器可显示出眼睛的不同结构，更易鉴别到损伤。

- 直接照明：从与光线相同的方向观察眼睛。漫射光源应远离眼睛。聚焦光源应接近（大约为1cm）眼睛。
- 透照：光照通过眼睛，从90° 处观察。
- 后部反光照射（retroillumination）：使光线反射离开眼底，照明眼内结构。
- 检眼镜的裂隙光束：裂隙光束可突出结构形状及位置的改变。头镜（head loop）或一对放大镜与裂隙光合用可产生一种裂隙灯－活组织检查（slit lamp biomicroscopy）的效果。

泪液分泌试验

- 泪液分泌试验（Schirmer tear test）的正常值因信息的不同而不同，但通常认为12mm/min为正常。
- 应激的猫试验值较低，这并非不常见。在诊断为干眼（sicca or dry eye）之前，应检查眼睛是否有疾病的临床症状，如果未发现其他临床症状，应在稍后再次重复试验。
- 可在有凹口标记处弯曲袋子，将其置于下结膜囊（lower conjunctival sac），静置1min即可。

泪管冲洗

- 泪管冲洗（lacrimal duct flush）可用于检查泪管的通畅性。如果发生泪漏但无眼睛刺激的并发症状时可考虑采用这种方法检查。
- 猫清醒时难以采用这种方法检查。可在眼球表面进行局部麻醉，以防止猫感觉到操作过程。此时猫通常需要被镇静。
- 泪小点（purcta）位于离内眦5mm处，靠近上下睑（superior and inferior lids）的眼睑边缘。
- 准备泪管（lacrimal cannula）或软而可弯曲的静脉内导管（23号或更小）。导管的长度以方便操作为宜；有一定斜面的导管截面有助于使导管插入泪小点。
- 1mL或3mL注射器中装入洗眼液、生理盐水或灭菌水，连接到泪管或导管上。
- 将泪管或导管沿着眼睑内角滑入，直到其进入泪小点。
- 将液体注入泪管，直到其从鼻腔流出，或猫大量吞咽，或从并列眼睑的泪小管中涌出。
- 可将荧光素染料加入到洗眼液中，以便于观察。但染液大量溢出时难以清理。

荧光素染色

- 荧光素染色（fluorescein stain）可染色角膜基质，检测角膜溃疡，也可用于确定损伤的深度及直径。
- 可以使用荧光染色带（用前必须要湿润）及配制好的染液。
- 采用染色带时，用洗眼液湿润后将色带置于巩膜上。或者先将条带置于孔膜上，再用洗眼液淋湿条带，使得染液滴进入眼睛中。
- 充分冲洗眼睛，黏膜褶或不均匀的角膜表面都容易残留染液，导致假阳性结果。用棉球或棉纸在冲洗眼球时擦去流出的染液。
- 可将染液与洗眼液或局部麻醉药充分混合后，喷洒到角膜表面。由于细菌容易污染染液，因此不要储存。
- 可用正常光源观察染液，钴蓝色滤镜有助于荧光染色的观察；阳性结果为绿色。
- 可透过角膜表面观察检查溃疡的深度。

细菌培养

- 用小的棉签可以防止污染。为改善结果，可以在采集样品之前用棉签润湿安瓿瓶。
- 因麻醉药品可能会抑制样品中细菌的生长，应避免使用局部眼科麻醉，但在有些情况下难以避免。
- 从眼睑、角膜或结膜采集样品，按常规方法处理。
- 棉签在室温下放置时间越长，样品的培养质量越差。因此，样品在采集后应立即放入冰箱。
- 培养衣原体及支原体的样品需要特殊培养基，因为它们均为专性细胞内寄生的微生物。

细胞学检查或特殊实验室检查

- 可从眼睑、结膜或角膜采集样品。
- 可将眼用局部麻醉药滴到眼睛表面，增强病猫的配合。
- 最好用细胞刷采样，但任何钝的器械，如手术刀的背面。
- 将采样区轻轻刮擦，然后用载玻片涂抹。
- 采用常规染色方法进行细胞学检查。

- 进行PCR或间接荧光抗体（IFA）时需要遵照实验要求。

眼压测定

- 疑似有青光眼、眼色素层炎或晶状体位置偏移的病例均应进行眼压（intraocular pressure measurement，IOP）测定。
- 正常IOP为15～25mm Hg。
- 不要过度牵拉眼睑，也不要压迫颈静脉。猫的反抗和身体任何部位压迫均可导致假性压力升高。

希厄式眼压计

- 希厄式眼压计（Schiotz tonometry）（或称压凹式眼压计，以空气压缩角膜来测定眼压——译注）通过角膜压痕（corneal indentation）测定IOP。
- 标准组装的仪器重5.5g。
- 先用局部麻醉药麻醉角膜，如丙对卡因或丙氧苯卡因（proparicaine），使角膜处于水平位置（即使猫的鼻端朝上）。
- 将眼压计的踏板置于干净的角膜上。如果将踏板置于巩膜或第三眼睑，则会得到假结果。
- 记录标尺读数，重复2次，计算3次的平均数。
- 根据仪器随同表格将标尺读数换算为mm Hg。
- 重5.5g时正常值为 3～7mm Hg。
- 如果标尺读数小于0，则应在眼压计上加压，重复测定。

笔式眼压计

- 笔式眼压计（Tonopen®）通过蚀平角膜作用（applanation）测定眼压，用超声波测定展平或平展（applanate）角膜特定部位所需要的压力。
- 采用笔式眼压计时需要轻触。
- 将角膜用局部麻醉药物麻醉，猫的头部保持在正常向前的位置。将眼压计轻轻触放到角膜表面，读数时仪器发出滴滴声响。
- 读数以mm Hg表示，误差为5%。

兽用眼压计

- 兽用眼压计（Tono-Vet®）通过回弹进行测定，可测定角膜表面弹起的触片的回弹力。
- 猫的头部保定在正常的向前位置，将角膜局部麻醉。眼压计置于猫的眼前（眼压计部件可指示应该离眼睛有多远），压按钮释放触片，计算6次的平均值，结果用mmHg表示。

检眼镜检查

检眼镜检查（ohthalmoscopy）或眼底检查有多种方法，各有利弊。如果在检查前用托吡卡胺扩张眼睛，则有助于观察整个眼底。应检查视神经头的大小、形状及颜色，正常颜色为黑色或灰色。其次应该检查血管大小、颜色及分支程度。通常有三对动静脉，其他动脉则来自视神经头。绒毡层（tapetal）的颜色因猫被毛的颜色而不同，有些为绿色，有些则为黄色到橙色。

检眼镜直接检查

- 将仪器的眉托（brow rest）置于术者的眉头，靠近猫的眼睛后，直接观察。
- 可用这种仪器检查眼睛的所有水平。旋转仪器的中心轮以改变屈光度设定值（diopter setting）。红色数字为阴性，白色或绿色数字为阳性，读数为0则表明无屈光度纠正。
- 不同屈光度的设定值可检查眼睛不同的部位：+20（白色或绿色）主要检查角膜、结膜及虹膜；+12主要检查晶状体前囊（anterior lens capsule）；+8主要检查晶状体后囊（posterior lens capsule）；0～2（红色）主要检查眼底。如果术者戴有纠正眼镜（corrective glasses），则在使用检眼镜之前应去掉，需要自己将眼睛矫正到这些读数。
- 仪器的前端有各种光圈，其可调出小点状、大点状、裂隙光及有色滤镜等各类光照。
- 这种仪器的主要优点是使用简单，缺点为可见区小，检查者的眼睛必须要与不愿合作或易怒的猫接触。

全景式检眼镜直接检查

- 全景式检眼镜直接检查（Panoptic® direct ophthalmoscopy）与常规检眼镜直接检查相比可明显扩大视野，也可调节光圈及屈光度。
- 检查眼底时，将光圈（仪器上的水平按钮）调到绿色位，将检眼镜与术者的眼睛对齐，在室内光线下，在大约1.5m的距离处观察某一物体。调节屈光度 （竖的拇指操作按钮）以聚焦于检查物体。关闭室内光源，将检眼镜置于病猫眼睛2cm处（光线能照满瞳孔），观察猫的眼底。
- 本方法的优点是简单，缺点为可视区小或中等。

检眼镜间接检查（indirect ophthalmoscopy）

- 这种仪器观察眼底的虚像，需要聚焦光源及镜头（建议用20D或28D）。
- 将光源与术者眼睛视线一致，照射到猫眼睛，捕获毯状层反射（tapetal reflection）。将镜头垂直置于光线上，离猫的眼睛大约一手掌的距离（见图 299–2）。

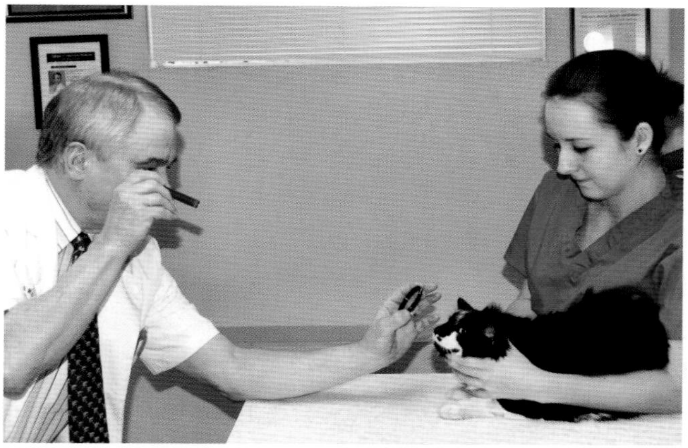

图299–2 检眼镜间接检查，按下述准备：将光源置于与眼睛相当水平，发出光线到达猫的眼睛；将镜头垂直于光线，与猫的眼睛相距约一手掌的距离

- 这种方法的优点是可以观察到眼底的较大区域，可使术者与猫之间保持一定的距离，其缺点是使用仪器时必须要建立关于这种专门知识的学习曲线。

参考文献

Ollivier FJ, Plummer CE, Barrie KP. 2007. Ophthalmic examination and diagnostic procedures. In KN Gelatt, ed., *Veterinary Ophthalmology*, 4th ed., pp. 438–483. Ames, IA: Blackwell Publishing.

第300章 安乐死 Euthanasia

Amanda L. Lumsden 和 Gary D. Norsworthy

概述

虽然安乐死（euthanasia）是兽医人员可为其客户提供的最为友善且最富有同情心的服务，但这种处理具有多面性，也可能是实践中所面临的最富挑战性的过程。兽医人员处于一种很特殊的位置，可通过指导客户及处治猫，使猫度过一生中最为困难的时期，如果处治得当，可为客户留下积极的不可磨灭的印象。但如果处治不当，客户及兽医之间多年的良好关系可能因此而断绝。

医学方面

美国兽医协会（American Veterinary Medical Association，AVMA）提出了多种安乐死的实施方法，对这些技术的指导方针是："应导致意识迅速丧失，之后心跳及呼吸停止，最终脑死亡……"强调要尽可能提供最为无痛苦及无应激的死亡。

吸入麻醉剂、二氧化碳及一氧化碳

吸入麻醉剂及二氧化碳（CO_2）可抑制脑干、心脏及呼吸中枢，引起缺氧。如果使用吸入麻醉剂，肺泡内吸入药物浓度需要达到致死水平才能发挥作用，因此可能需要较长的时间，由此也造成术者的暴露时间延长。如果猫的主人在场，则不建议采用这种方法。在本方法中加入氯化钾可通过诱导致死性心律失常而加速安乐死过程，但也不是最好的可选方法。采用CO_2时需要一单独的气缸，据报道CO_2对人鼻腔黏膜具有刺激作用，因此也不是一种很理想的方法。

一氧化碳（CO）为一种无色、无味的气体，能阻止红细胞血红蛋白分子摄取氧气，因此导致致死性血氧不足。而在兽医医院采用气缸的风险较大，也是不理想的方法。

巴比妥类药物

巴比妥类药物，主要是巴比妥钠可产生最为快速及最为可靠的安乐死效果，也是AVMA指南中提出的首选方法。采用本方法时，从深度麻醉到意识丧失的速度很快，由于抑制脑干髓质的呼吸中枢，因此很快窒息，之后心跳停止。Beuthansia-D®溶液是目前美国食品与药物管理局批准可用于安乐死的唯一药物，其也含有苯妥英钠，在深麻醉期苯妥英钠也可产生心脏毒性作用，因此加速心脏电活动的停止。

客户关系

为什么要处理好客户关系？

猫主人常常纠结于是否结束其宠物生命。而他们最终会情愿选择实施安乐死，也不因此而感到内疚。在此过程中兽医的作用是帮助客户，并且诚实地告知爱猫的疾病状况及幸存时间。实施安乐死的过程也可能是客户与其家庭成员对猫及兽医的交往中最终的记忆。如果客户对兽医高度信任，客户与兽医之间建立了良好的关系，且有充足的保障系统，则对安乐死的回忆就不会那么痛苦，客户还有可能因其他猫生病而回来就诊。相反，因医院与猫死亡的联系，有些客户很难再回到为其猫实施安乐死的医院。但兽医及工作人员可采用一些方法，消除这种不良关系。

交流

建议实施安乐死时，可采用"死亡"（death，die）、"安乐死"（euthanasia）或"催眠"（put to sleep）等术语。兽医及饲养人员最常使用的术语是"平定"（Put down），但许多猫主并不清楚"平定"就意味着安乐死，这可能就是误解及不可逆转的词不达意的根源。

医院内实施安乐死的场所

理想条件下，用于实施安乐死的房间应该专为安乐死设计［如“静室”（quiet room）］或采用不常使用的检查室。在大型的动物医院，可在某一兽医非特定使用的检查室，其优点是有助于缓解与检查室的不良关系。标记客户记录，注明用于实施安乐死的检查室，可避免将来再次使用这一检查室。可在桌面上铺上大毛巾，以便为放置安乐死的猫创造一个舒适的环境。另外，也应在猫的臀部用小毛巾覆盖，以避免从膀胱或肠道释放出的异味。如果要在中隐静脉注射安乐死溶液，则同时应准备钳子和酒精。兽医进入室内后不应再被打断。客户期望兽医注意力集中。应该避免医院其他地方出现的交谈及笑声，否则会使客户分心及心烦意乱。

如果注射药液有些延缓，则要积极与猫主交流，乐观的方向发展，例如，常常以这样的问题交谈，“您从小猫咪开始就养这只猫吗”，无论答案如何，客户常常可回忆起猫在年轻及健康时的情景。

安乐死过程

有些客户喜欢实施安乐死时在场，有些则宁可不在场。不在场有时就是一种形式的放弃，而有时希望能够记住猫活着时的情景。无论客户的选择如何，其要求应该清楚。常常可通过询问客户，如“给猫咪打针的时候您要在现场吗”这样的问题来征求猫主人的意见。

客户在场而实施安乐死时，重要的是操作过程应顺畅。安抚猫的时候倾听猫主的意见，对两者均能照顾到，这有助于客户清楚兽医所实施的关怀。有时客户需要再次确认安乐死为正确的及最富有同情心的决定；而有时客户仅仅需要记住的是猫在年轻时是其家庭健康的一部分。无论如何，在此阶段认真倾听主人的诉说极为关键，可对兽医及其处治猫的方式留下难以磨灭的印象。

客户准备好后，重要的是向其解释将会发生什么。许多猫主担心实施该过程可能会很痛或需要很长时间。相反，如果准备不当，可能很快发生死亡，以至于没有时间说再见。应向客户解释所用的药物为麻醉剂，可迅速终止“所有过程”。通常可用这样的说明，“所有过程会在15s内终止”，采用“猫将睡眠，就像进行手术一样，但不会再苏醒”等这样的比喻和猫主交流。

应告知猫主猫可能会出现临死前的喘息，这是由于大脑缺氧所造成的反射。重要的是客户应对此有所准备，不要将这种反射看作痛苦或有意识。许多客户并不知道猫在死亡时眼睑不闭合。如果没有预先告知，则客户会感到痛苦，甚至会认为死亡仍未发生。应告知客户，由于肌肉松弛可能会出现排尿及排粪，这有助于使得猫主对此有所准备。

采用的安乐死药量应略大，以加快其作用的速度。安乐死药液的作用并非总是像希望的那样很顺畅。可在4份Beuthanasia–D溶液中加入1份神经肌肉阻断剂氯胺酮，消除临死前的喘息，使得整个过程很平稳，猫和猫主的经历均会更愉快些。

有几种静脉注射位点可供选择注射安乐死药物。常选用的位点是兽医最为熟悉的位点，大多数喜欢选用头静脉，也有人喜欢中隐静脉，此时可允许猫主人在猫的旁边。也可将猫置于更为轻松的位置。采用这些注射位点时，静脉似乎很小，因此应选用25号针头。缓慢注射时可将术者的拇指放于针尖之上，这样可降低针尖及安乐死药液流出静脉的机会。

另外一种方法是静脉插管，特别是猫外周静脉不明显时，而且静脉穿刺成功后可缓解兽医的压力。但采用这种方法时，如果猫未入院治疗，则需要将猫带回医院，这样会使猫主人感到痛苦。对于易怒的猫，在安乐死之前需要镇静，镇静可采用许多药物或药物组合（参见第247章）。这些药物可使猫放松且安静，有利于药物注射。但由于安乐死药液可能需要较长时间才可能进入大脑，因此对于外周循环较差的猫来说，这并不是最佳方法。

强烈建议采用螺口注射器（Leur–Lock®）。Beuthanasia–D的黏度较高，而且黏滑，在注射的过程中，如果其粘连在注射器与针座之间，针头则有可能滑脱。尽管静脉注射是最佳的注射途径，但有时也需选用其他的注射位点。心脏内注射时可使药物分布加速，加速死亡。胸膜腔注射或腹膜腔注射也可使药物吸收，但多在数分钟内发生。有人也选用注射到高度血管化的器官，如肝脏及肾脏。

客户常常要求在实施安乐死时抱着猫。如果这样，必须将静脉暴露，便于注射或安置静脉导管。需要注意的是客户不要被猫咬伤或抓伤，因此同意这种请求时，必须要做出准确的判断。

注射完安乐死药液后，极为重要的是要说服或让猫主人确信猫已经死亡。最为容易和方便的方法是听心音。这样可正式宣布猫的死亡及告知畜主所有过程已结束。

需要说明的是，也有报道认为安乐死的动物能够“苏醒”。如果发生这种情况，对猫主人和兽医来说都是很痛苦的，特别是此事发生在猫主人将猫带回埋葬的过程中。确保这种情况不会发生最好的办法是采用大剂量的安乐死药物。

一旦宣布死亡，大多数客户会要求在房间内与猫单独相处片刻，也有人要求立即移去尸体。应询问客户或从客户的身体语言确定客户喜欢如何处理。在两种处理方案中，应该允许客户在房中与猫单独待数分钟以恢复镇静。无论在客户离开前后是否要除去猫的尸体，均应将其用毛巾包裹，放入兽医或技术人员事先准备的摇篮中，就像其仍然活着一样。这常常是客户对猫最后的记忆，会记住他的猫被处置的方式。即使客户离开了房间，他可能仍在楼内，因此对其爱猫应按其仍然存活的方式处理。

专业费用

安乐死为一种合法的专业服务，会为兽医产生一些直接费用，如药物及工资，在有些情况下还包括尸体的埋葬及处理费用。如果客户尚未为这些服务付费，而且显然很烦乱，则最好告知客户账单会随后邮寄，而不是要求其立即付费。许多客户很赞赏这种姿态，因此如果安乐死及账款以专业化方式处理，则很少会发生收账问题。实施安乐死后1周寄送账单，可使客户有足够的时间度过悲伤期。但对新客户或在猫的疾病或创伤突然发生的情况不付账的风险很大。有些客户在离开医院前清账，作为终止治疗过程的一部分。如果这样，重要的是将相关信息尽快传递给接待员，以便不要延缓办理。最好在实施安乐死前让客户办理各种费用。

尸体处置

处置猫尸体有多种选择。必须要遵守本地区相关法律规定。火化是大城市最为通行的处理方法，大多数公司提供火化服务，并可提供猫的骨灰，有些火化公司则将骨灰分散。其他方法包括在宠物墓地埋葬、政府机构埋葬，或猫主在其自己的财产地埋葬。最好在实施安乐死前与客户讨论这些选择，安乐死许可中也包括了这些选择，这样可保证能遵从客户的愿望而不会引起混乱。如果出乎意料发生安乐死，在猫主人可能并未做好准备的情况下，则兽医应能提供储存猫尸体的场所，以便最后作出决定。

随访及纪念

对客户表示同情是恰当的，也为客户所感激。兽医手写的吊唁卡及用手写地址的信封邮寄表明了兽医的体贴关系及真诚。客户会很感谢兽医关心及所提供的支持，也是一种双方因猫死亡后终结关系的一种方式。下面为比较合适的措辞：

亲爱的琼斯女士：

为您的小猫咪的离去深感遗憾，深知她是您家庭的重要组成部分，她也会为能成为这个美好而充满爱的家庭一员而感到幸运。虽然这种决定很困难，但您作出了最为人道和最富同情心的选择。谢谢您允许我对您的小猫咪的关怀。在此悲痛之时，请您节哀。

本人签名

卡片的选择也很重要，多家公司出售有题字和照片的合适卡片。慰问卡应在实施安乐死后2d内寄出。如果客户在安乐死时未能付费，则应将服务账单在寄送慰问卡后寄出，应确定两者不会在同一天到达。对寄出的卡片及卡片上的话语应做记录，以免同一猫主的另外一只猫在数周或数月内也实施了安乐死，而客户可能会认出卡片或话语是复制的。

电话为另外一种表达同情的方法，也更为人性化。如果猫被带到急诊医院就诊，未实施安乐死，则更应如此。电话应安排在主人接到通知后1d内安排，客户常常会因兽医的努力而感动。电话不仅为客户提供可以询问问题的机会，而且也可使兽医了解猫的情况，特别是一些意外情况。建议在通话结束时为客户允诺进一步提问包括有关感情问题的机会。应让客户明确打电话是受欢迎的，应保持通话畅通，让客户清楚猫及客户本身是兽医服务的重要组成部分。这些客户感觉到兽医对他们的重视，因此会将新的猫带回就诊。

其他需要考虑的记录包括用黏土做的猫爪Clay Paws®或从猫身上剪些毛。这些均与猫有形记忆有关，甚至有些客户会要求这样。而有些客户保持这样的记忆会感觉到很痛苦。这些纪念品可在实施安乐死时口头提供或作为处置尸体时的意见表的一部分而提供。有些执业兽医以该猫的名义为基金会捐赠，用于无家可归的动物或兽医学院。在这种情况下，接受捐赠的基金会将会寄出卡片，使得客户清楚以其猫的名义进行的捐赠已经收到。

结论

安乐死是一种复杂及微妙的事，在整个过程中必须要考虑许多因素。但如果准备充分，从开始时就以专业化的方式处置，执业兽医就能确保对畜主及猫而言是一种相对快乐的体验，这样就可使客户感觉到他正在与一只新猫一同开始一种新的生活。

参考文献

Anonymous (2009). "What to do if a euthanized animal wakes up?" *DVM Newsmagazine*. 1:38–40.

Norsworthy GD, Norsworthy LA. 1993. Euthanasia and grief management. In GD Norsworthy, ed., *Feline Practice*, pp. 69–74. Philadelphia: JB Lippincott.

AVMA Guidelines on Euthanasia. 2007. www.avma.org/resources/euthanasia.pdf.

第301章 细针活组织检查

Fine-Needle Biopsy

Mitchell A. Crystal

定义

细针活检（fine-needle biopsy）是指采用小号针头，经非穿刺技术（nonaspiration technique）采集通常为液体或细胞的生物材料，之后立即在载玻片上制片染色进行显微镜细胞学观察的技术。这种技术通过有效控制针头及降低血液稀释（hemodilution）可提供极具诊断价值的结果。此外，采用该技术时样品制备/玻片制备等需要的时间及操作均简单，因此减少了样品干燥的时间，进一步提高了诊断价值。

适应证

- 为了获得诊断，鉴定疾病过程，建立预后，或者帮助确定随后对肿块性病变、器官或淋巴瘤及组织病变、增大或浸润提出进一步的计划。

禁忌证

- 严重的凝血障碍。

设备及器械

- 见图301-1。
- 12mL注射器。
- 22号针头（长度依损伤的深度而定）。2.5cm及3.75cm针头最为常用。
- 清洁、新的、一端霜冻的载玻片。

方法

- 将针头套在注射器上。
- 注射器中吸入10～12mL空气。
- 像握铅笔一样，在注射器2～3mL刻度处握住，针头就像铅笔的笔尖一样。
- 用另外一只手稳定要穿刺的病变部位（外周淋巴结、腹腔肿块、肾脏等），或另外一只手抓住探头超声检查要穿刺的病变部位（肝脏、腹腔淋巴结、纵隔肿块等），见图301-2（A）。
- 将针头刺入病变部位，在病变部位来回快速移动针头6～10次，穿插3～4次后，调整针头的方向。通常且在理想状态下不能看到材料进入注射器或针头。
- 从病变部位除去针头（6～10次穿插或看见材料进入针座时），快速将内容物推到显微镜载玻片上，见图301-2（B）。
- 用最小的或不用压力将内容物制备成涂片，在空气中挥动载玻片或用载玻片干燥器干燥涂片（如吹风机或热水杯），见图301-2（C）及图301-2（D）。
- 如果推到载玻片上的材料太多，可用第二张载玻片轻轻触动第一张载玻片上的材料制成多张涂片，将黏附在第二张载玻片上的材料快速在第三张载玻片上制成涂片（用最小的压力或不用压力）。然后将第一张载玻片上残留的材料用同样的载玻片（第二张）制成涂片。
- 在磨砂边用铅笔标记载玻片，送实验室染色，显微镜观察。
- 注意：喜欢直接抓住针头操作的人，另外一套可以采

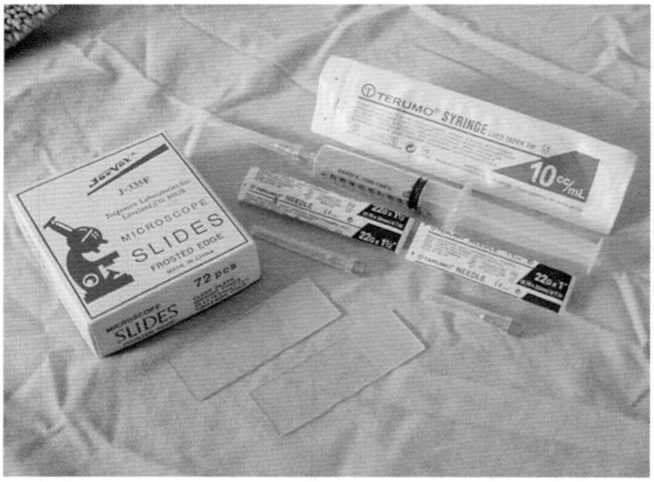

图301-1 用于非穿刺性小针活检的器械及设备，包括12mL注射器、22号针头（长度依损伤的深度而定）及多个清洁或新的一端霜冻的载玻片

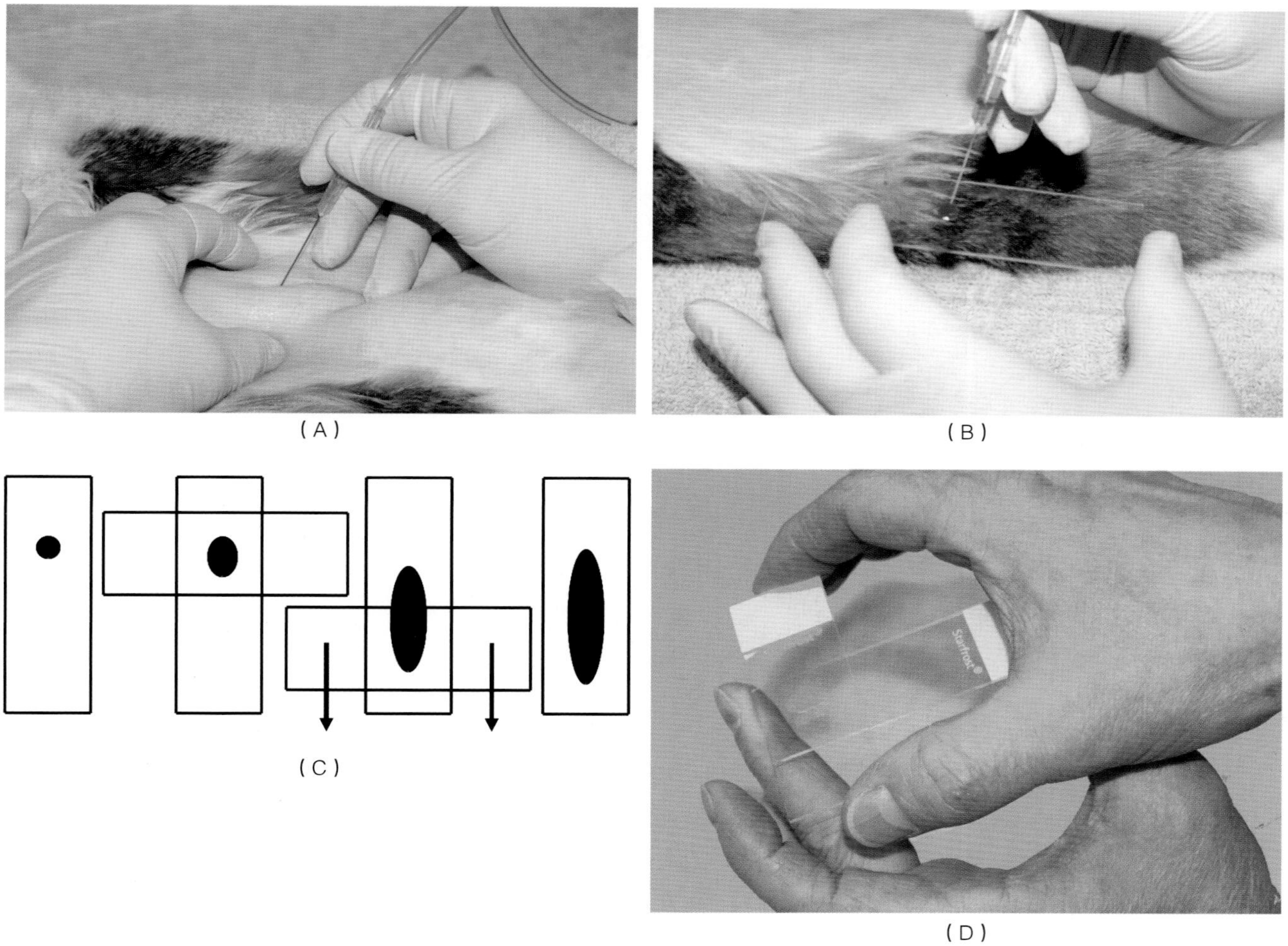

图301–2 非穿刺性细针采样或活检。（A）用另外一只手固定病变部位，注射器吸入空气，装上针头，像铅笔一样握住，刺入针头，快速在损伤部位内来回抽插。或者如图所示，可将静脉输液套连接于针头和注射器之间。（B）调整针头方向2～3次，每次调整方向后多次来回抽插，之后立即将内容物推到载玻片上。（C）和（D）样品立即扩散到显微镜载玻片上进行染色细胞学观察

用的装置是在针头和注射器之间连接上输液器，有人认为这种方法可更好地控制针头的方向。

可能的并发症

- 获得的样品无诊断价值。
- 出血。

参考文献

Crystal MA. 1996. Cytological sampling techniques: Getting the diagnosis. In *Proceedings of the Fourteenth Annual Veterinary Medical Forum*, pp. 385–387. San Antonio, Texas.

Meinkoth JH, Cowell RL, Tyler RD, et al. 2008. Sample collection and preparation. In RL Cowell, RD Tyler, JH Meinkoth, et al., eds., *Diagnostic Cytology and Hematology of the Dog and Cat*, 3rd ed., pp. 1–19. St. Louis: Mosby Elsevier.

第302章

输液疗法

Fluid Therapy

Sharon Fooshee Grace

定义

输液疗法（fluid therapy）是小动物临床实践的基础。能否支持水化作用、调节机体电解质、维持血压以便为组织提供维持生命的氧气和营养物质，以及调整酸碱紊乱等，使得液体疗法成为临床兽医最为有用的工具。与犬相比，猫易于发生血容量负荷过重（volume overloaded），因此病猫需要仔细设计液体疗法计划。

对机体水含量的基本评判是选择适宜的液体疗法、计算输入的液体量及确定输液速度和途径的关键。猫的总体重一半以上（60%）由水分组成，这一含水量的多少也称为机体总水分（totalbody water，TBW），由两部分组成，即细胞内液（intracellular fluid，ICF），其占TBW的2/3；细胞外液（extracellular fluid，ECF），其占TBW的1/3，可进一步分为间质内及血管内液体。不同的液体中电解质的浓度不同。

虽然液体疗法的适应证很多，但恢复正常水化可能是最为常见的为病猫实施液体疗法的原因。

在实施液体疗法之前，病猫应称重，进行基本的实验室检查，特别是压积血细胞（PCV）、总蛋白（TP）及尿液相对密度（USG）等。这是极为关键的一步，因为一旦开始实施液体疗法，如果没有这些基础数据，就不可能回过头来探讨此前的基础数据（对治疗作出评价）。

适应证

- 维持静脉流量。
- 维持正常水化。
- 维持电解质平衡。
- 维持正常酸碱状态。
- 纠正脱水。
- 补给营养。
- 促进利尿。
- 纠正血容量减少或失血。

禁忌及注意事项

- 心衰：患有心衰的猫，使用盐溶液时应特别小心。同样，其他液体也可因心脏输出效率降低及钠潴留而导致心衰时出现问题。
- 碱中毒：在代谢性或呼吸性碱中毒时不应使用乳酸林格氏液（LRS）。
- 5%葡萄糖溶液：在低钾血症的猫，除非补充氯化钾，不应使用这种液体。由于其电解质不平衡，因此很少用于单一的液体疗法。

液体类型：选择合适的液体

- 液体类型：小动物临床常用的液体有两类，即胶体和晶体液体。胶体液体含有可穿入毛细血管膜的小分子物质，其所含大分子物质可潴留于血管内，增加血液渗透压，这类液体在第112章已有介绍。晶体主要由水分和以钠或葡萄糖为基础的成分，同时还加有电解质或缓冲液。这类液体的成分能不同程度地进入机体所有部位，通常是为替换（纠正TBW异常）或维持（正常发生的损失）而设计的。LRS、生理盐水（0.9%盐水）及5%葡萄糖（D5W）为常用的晶体液体（见表302-1）。小动物诊所应保持有足够的液体，以满足替换或维持病猫体液的需要。由于液体可分为明显不同的两类（见表302-1），因此至少应储备两类不同的液体。
- 替换用液体：更换用液体用于补充体内水分及电解质，这类液体输入后不离开血管，因此能维持体液，但输入的液体中大约25%可在输入后1h内潴留在血管内。LRS、林格氏液及0.9%生理盐水是最常用的更换用液体。LRS的生理作用（即平衡）比生理盐水强，因为其更接近于ECF的电解质含量，同时如果发生代谢，乳酸具有轻度的缓冲作用。林格氏液除了缺少乳酸外与LRS相同，是发生碱中毒而脱水时的首选液体。如果对选用何种液体最好存在怀疑时，LRS

表302-1　常用商品液体

	维持（M）或替换（R）	Na^+（mmol/L）	K^+（mmol/L）	Cl^-（mmol/L）	葡萄糖（g/L）	渗透性	渗透压（mOsmo/L）
乳酸林格氏液	R	130	4	109	0	等渗	273
林格氏液	R	147	4	156	0	等渗	310
0.9%生理盐水	R	155	0	155	0	等渗	308
2.5%葡萄糖+0.45%盐水	M	77	0	77	25	等渗	280
5%葡萄糖	R	0	0	0	50	低渗	253

一般为普遍选用的液体。但由于电解质更换溶液常常需要添加一些成分，如氯化钾等，因此林格氏液和LRS常常并不恰当。生理盐水由于含有超生理水平（supraphysiologic levels）的钠和氯，因此其效果不如LRS，而且生理盐水具有轻度的酸化特性，这是在替换液体疗法中不理想的结果。生理盐水主要用于血容量扩充（特别是快速血容量扩充）、纠正低钠血症及纠正代谢性碱中度（与氯化钠合用）。更换液体疗法不能长期用于维持病猫的体液和对电解质的需要。如果不恰当地用于维持，则常常可导致低钠血症和低钾血症。大多数兽医院储备的生理盐水（0.9%）与LRS或林格氏液相比，相对较少。

- 维持液体：维持性液体用于支持每天对液体和电解质的需要，用于维持血管内及血管外的液体，但主要是水化间质和细胞内成分。病猫从更换液体疗法转变为维持性液体疗法之前，至少在一定程度上对液体异常进行了替换。与血浆相比，维持性液体钠和氯的浓度较低，而钾浓度较高。2.5%葡萄糖加入到0.45%的盐水，添加氯化钾是一种常用的维持液体，也是必须要限制钠时的首选液体。维持性液体不应用于治疗血容量过低，主要是因为其组成与正常血浆电解质含量明显不同。不适当地将维持性液体用于更换性液体，依液体的种类及高钾血症的情况，可导致低钠血症。
- 5%葡萄糖水溶液：D5W很少单独使用，但在液体疗法计划中具有很独特的作用，其完全缺乏电解质，认为是“不平衡”的。输入后由于葡萄糖代谢为CO_2和水，因此对血浆为低渗透性的。因此，这种液体从本质上来说，由于其能很容易地在整个机体重新分布，因此可带来“游离水”。由于大多数液体进入细胞内（即血管外），D5W不能用于扩充血容量。主要是用于更换纯粹的水缺乏，也不能提供病猫每天的热量需要，因此不应SC给药。
- 电解质紊乱：输液时必须要特别注意评价当时的电解质状况，关于电解质的情况，请参阅第103章、第106章、第113章、第114章、第115章及第116章中的有关内容。
- 猫发生低白蛋白血症（hypoalbuminemic）时的液体疗法，参见第112章。

表302-2　依临床状况建议的液体疗法[①]

临床状况	建议的液体及添加剂	说明
糖尿病，简单病例	—	通常无需采用液体疗法
糖尿病，复杂病例	0.9%盐水	开始采用胰岛素治疗之后必须要监测葡萄糖、磷和钾的变化。常见全身性钾耗竭，即使在血清水平正常时也是如此[②]。如果钾水平未知，则可尽可能在每升液体中添加40mmol氯化钾。如果猫处于严重的高渗透性脱水状态（即处于沉郁或意识模糊状态），则由于在头12h有发生脑水肿的风险，因此再水化时应谨慎
急性腹泻	乳酸林格氏液[③]	应积极补充钾
慢性腹泻	乳酸林格氏液	纠正电解质或酸碱异常
肝脏脂肪沉积	0.9%盐水	在大多数病例需要≥20mEq/L的氯化钾；监测钾和磷的水平；除非实验室监测结果认为需要，不能采用乳酸林格氏液或含葡萄糖的液体
高钙血症	0.9%盐水	诱导利尿，监测钾的水平
高钾血症	0.9%盐水（乳酸林格氏液可作为第二选择用药）	如果高钾血症严重，可加入葡萄糖，添加或不添加胰岛素均有益；如危及生命，可采用葡萄糖酸钙
低钾血症	乳酸林格氏液	尽可能避免使用含碳酸氢钠、胰岛素和葡萄糖的液体。难以治疗的低钾血症可能是由于低镁血症所引起

（续表）

临床状况	建议的液体及添加剂	说明
高钠血症	乳酸林格氏液	缓慢纠正水合缺损
低钠血症	0.9%盐水	缓慢纠正水合缺损
胰腺炎	乳酸林格氏液	监测钾，根据需要补充；如果不确定血清水平，则以20mmol/L给药
急性肾衰	乳酸林格氏液	仔细监测尿液产生，以避免血容量负荷过重
慢性肾衰	替换：乳酸林格氏液或0.9%盐水 维持：乳酸林格氏液或2.5%葡萄糖中含0.45%盐水	监测钾，根据需要补充；如果不确定血清水平，则以20mmol/L给药
急性呕吐	乳酸林格氏液	通常不需要IV输液；SC及禁食（NPO 24h）通常就足够发挥作用
慢性呕吐	如果酸碱状态未知则采用0.9%盐水 如果酸中毒则采用乳酸林格氏液	通常需要补充钾；如果钾水平未知，则在液体中加入20mmol/L用于替换及维持

① 对每例病猫，必须要根据病史、查体及实验室检查结果选择合适的液体及添加成分。
② 可能发生低钾血症，应测定血细胞值及补充氯化钾，根据需要最大输液速度为每小时0.5mmol/kg（每小时0.5mEq/kg）。
③ 乳酸林格氏液可通过将乳酸转化为碳酸氢盐而缓冲轻度的酸中毒。

- 表302-2列出了各种临床情况时液体的选用。

输液途径

- 可供选用的输液途径包括口腔、皮下、腹膜内、静脉内及骨髓内（intraosseous，IO）。在衰竭的动物，多采用静脉内、皮下及偶尔骨内途径输液，这里将作重点介绍。
- 骨髓内输液：骨髓内输液有时用于不可能进行静脉穿刺的仔猫，也可用于血压低的成年猫。这种输液途径可能很疼，但其优点是为一种安全有效的输入液体的方法。骨髓直接与体循环相通，液体容易被吸收。血液及有些药物也可经骨内途径给予。
- 皮下：皮下途径输液方便快速，易于实施，但如果外周灌注不良则吸收受限。这种途径通常不能满足大多数动物每天的液体需要，也禁用于严重的脱水及血容量减少的动物和体温过低的动物。只有等渗（或近等渗）液体可皮下给予。有开孔的皮下导管是长期输入液体的理想工具，关于这种导管的详细情况可参阅第271章。
- 静脉内：对病猫及需要中等以上更换液体的猫，静脉内途径是相对于其他途径更为常用的方法。外周（头静脉）或中央静脉（颈静脉或通过中隐静脉在后腔静脉输入）可用于插管输液。中央静脉插管输液时需要耐心及实践（参见第297章）；其主要优点是能不受妨碍地接触到静脉，可通过静脉导管采样，可延长更换（1周）时间，可测定中央静脉压。
- 腹膜内：如果难以施行静脉输液，则晶体液体可通过腹膜腔输入，这一输液途径在病猫发生低体温时由于温和的液体有助于使体温恢复正常，因此对这种病猫很有帮助作用。

输液量

- 输液作用的评估：对脱水状态（TBW）进行生理评估主要依靠临床检查结果。在观察到脱水症状（如将肩部皮肤揪起后皮肤隆起，不能缓慢恢复到其静止状态）之前，猫可能已经因失水而丧失其体重的5%左右。关于脱水的评估，见表302-3。对水合作用的评估包括系列监测体重、中央静脉压，及有可能时测定胶体渗透压（主要在转诊中心进行）。但实验室监测结果［PCV、TP、血液尿素氮（BUN）］在监测脱水状态时并不比良好的查体更为敏感。
- 输入量：最为方便的确定输液量的方法是估计24h内的需要量。必须要考虑三类需要：（a）如有的话，估计液体亏损（脱水）；（b）维持需要（即尿液、粪、皮肤及呼吸损失）；（c）正在发生的缺失（即

表302-3 脱水程度的估计

脱水水平	检查结果
5%	黏膜发黏、干燥；皮肤隆起后恢复到正常时减缓（皮肤饱满轻微降低）；其他正常
6%～8%	皮肤饱满轻微到中度降低；黏膜干燥
10%～12%	皮肤饱满明显降低；心动过速；毛细血管再充盈减缓；沉郁；眼球下陷

呕吐、腹泻、发热及伤口引流）。应注意的是，1L水的重量为1kg，因此24h的液体需要量=亏损+维持+正在发生的缺失。

- 脱水：可通过查体估计脱水（见表302–3）。
  例如4kg的猫发生10%的脱水：4kg×0.10=0.04kg=400mL亏损
- 维持需要：维持液体需要可按每天40～60mL/kg估计。有些危重病猫可能难以耐受这一范围的上限。
  例如：4kg体重×每天50mL/kg=2000mL/d
  正在发生的缺失：呕吐物或腹泻等在24h内发生的损失以毫升数估算。
  例如：4kg体重的猫每天4次呕吐，每次30mL，则可估算为：30mL×4=120mL
- 24h的总需要量：
  400mL脱水
  200mL维持
  120mL正在发生的缺失
  开始24h内共需要720mL
- 每小时速度：根据每天的总需要量除以24计算每小时速度。
  例如：720mL/24h=30mL/h
- 皮下输液：大多数成年猫可耐受100～200mL肩胛间隙SC输液。开始时液体可在该部位呈现囊状，但在数小时内可被吸收。

输液速度

- 皮下输液时，可通过病猫的舒适程度判断输液的速度。滴液输液通常要比注射器注入液体更为舒适。
- 在发生严重的血容量消耗或休克时，如果没有并发症存在（如肺脏或脑水肿或心衰），则可在1h内给予“一次血量”的液体。在猫，“一次血容量”大约为66mL/kg。
- 轻度及严重的脱水可在24h内有效纠正，这一时间可使液体能够在各液体组分之间平衡。
- 严重脱水可能需要不到12h的时间得到纠正。
- 如果要在24h内输液，则每小时的速度（mL/h）可根据每天的总需要量（毫升数）除以24来计算。
- 采用液体泵输液时，可准确控制输液速度（mL/h）。如果必须要采用重力输液（gravity flow）或儿科滴液装置，将输液速度转化为每分钟滴数，则有效控制输液速度并不困难（在猫不建议采用成人用滴液装置）。儿科（微滴，minidrip）输液器的速度为60滴/mL。滴数/min=总mL/总小时数×1h/60min×滴数/mL。
- 如果根据重力引流进行静脉输液，最好采用小袋液体和儿科用输液器，以减少误将大量液体输入。但采用儿科输液器时可能会明显延长输液时间。

可能的并发症

- 如果猫患有肾衰及充血性心衰时，对利尿的应用必须要与心脏不能处理输入的大量液体相权衡。这些病猫必须要仔细监测。
- LRS可使血容量负担过重或液体潴留更为复杂，也可使预先存在的肺水肿、脑水肿或充血性心衰等情况更为复杂。
- 过量液体可引起血液稀释。
- 长期脱水时由于可能会引起脑水肿，因此对其纠正必须要谨慎。

参考文献

Mazzaferro EM. 2009. Intraosseous catheterization: An often underused, life-saving tool. *North Am Vet Conf Clinic Brief.* 7(5):9–12.
Mensack S. 2008. Fluid therapy: Options and rational administration. *Vet Clin North Amer.* 38:575–586.

第303章 颈静脉采血 Jugular Blood Collection

Gary D. Norsworthy

概述

需要数毫升血液进行检查时常常从颈静脉采集血样，但常规方法通常需要剃毛及将猫置于不太舒适的位置。如果猫主观察到这一过程，可能会因兽医对其猫如此残忍而产生不良的态度。为了避免这种情况，许多兽医多在“背后”采集血样，但常常会使客户产生另外一种恐惧心理。下述采血方法无需剃毛，也不需要将猫置于不太舒适的体位。此外，作者所采集的猫中90%以上在采血过程中不会发生挣扎，猫主通常很受感动。

设备

- 所用设备包括6mL注射器，20号针头（采集血液）及12mL注射器和22号针头（采集尿液），异丙醇及合适的采集血液和尿液的试管。

适应证

- 这种方法适用于从大多数的病猫采集血样，包括仔猫及成年猫。

禁忌证

- 易怒或对保定抵抗的猫应进行镇静，或者采用其他方法采集血液，但许多难以控制的猫对采用这种方法采血很是配合。
- 这种方法不适用于患有呼吸窘迫的猫，因为呼吸困难的猫在仰卧时可能呼吸更为困难。

方法

- 这里介绍的方法适合于右手操作者。
- 通过膀胱穿刺除去膀胱中的绝大部分尿液，这样可获得尿液样品，也可防止在采集样品时猫排尿。
- 术者双腿并拢，膝盖抬高，坐于台面或检查桌上，如果难以这样，则可坐在椅子上，双脚放于离地面30cm的凳子或坐在地面上，腿和膝盖应和坐在桌子上同样的位置。
- 猫仰卧，头位于术者的两个膝盖之间，后躯靠着腹腔。开始时猫可能表现不安，但应设法在数秒钟内使其保持松弛。但如果猫不能以这种体位卧下，则必须要放弃用这种方法采样。如果猫不配合，则易于发生针头对重要部位的损伤。
- 由一名技术人员抓住猫的头部，使其颈部伸展，下颌从拟采集血样的颈静脉侧扭转约45°。
- 另外一位技术人员一手抓住猫的前肢使其靠着腹部，另一只手抓住猫的后肢，见图303-1（A）。
- 用酒精打湿猫的颈静脉，见图303-1（B）。在胸腔

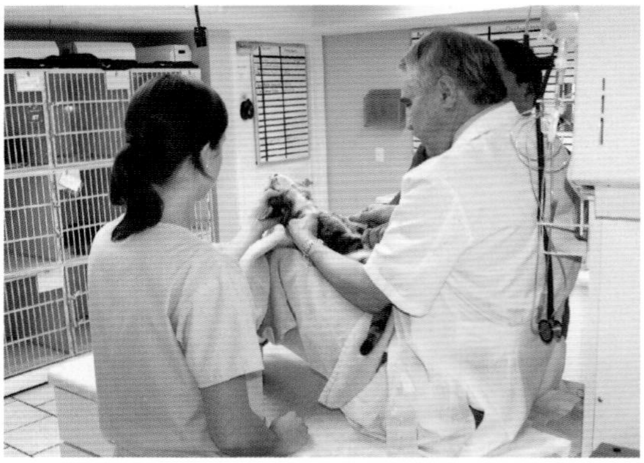

（A）

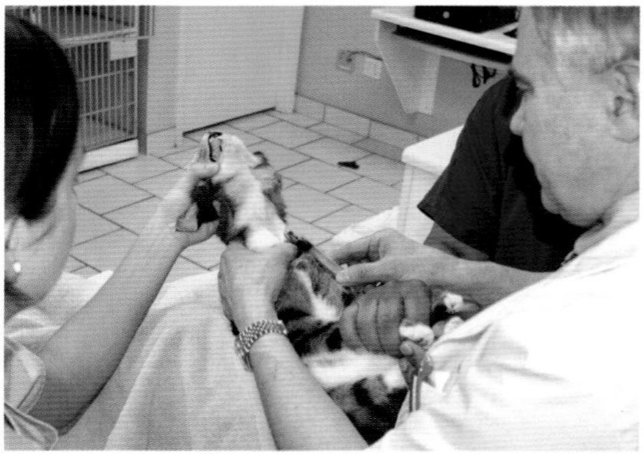

（B）

图303-1 颈静脉采血。（A）术者坐在台面上或检查桌上，双腿并拢，抬高膝盖。一助手保定猫的头部，另一助手保定猫的腿。（B）颈静脉上不剪毛，但用酒精打湿。20号针头连接到6mL注射器上，用于静脉穿刺

入口处压迫颈静脉时（用左手拇指），可容易观察到颈静脉，如果不能，则由右手中指快速摩擦静脉上的皮肤。

可能的并发症

- 采用适当的保定及技术，90%以上的猫可采用这种方法采集血样。
- 许多可能会发生挣扎的猫一旦仰卧而舒适时就不再发生挣扎，特别是如果猫主在场时更好。

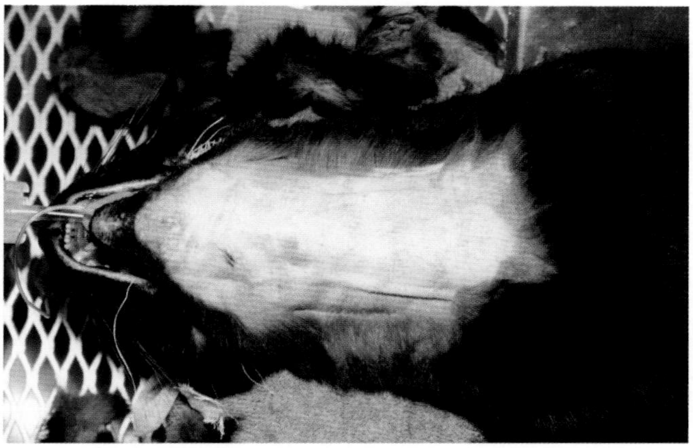

图303-2 猫的颈部腹面剪毛，准备实施甲状腺手术。注意由于猫仰卧，引起静脉扩张，即使颈静脉没有阻塞也是如此

- 如果猫挣扎而术者坚持要采用这种方法采血，最好在颈部进行静脉穿刺采血，在挣扎的猫不应用该技术采血（见图303-2）。

注意事项

- 该技术在仔猫也十分有效，仔猫可在手掌中仰卧保定，用颈静脉进行穿刺采血。使用这种方法时需要第二个人抓住仔猫的头和爪部（见图303-3）。

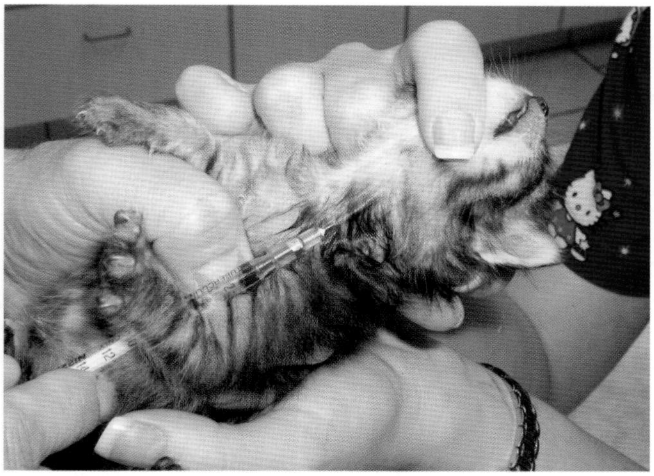

图303-3 这种技术在仔猫极为有用。将1mL注射器及25号针头用于采血，通常需要2名技术人员来保定

第304章 肺脏穿刺术

Lung Aspiration

Karen M. Lovelace

定义

经胸廓肺脏穿刺采样（transthoracic pulmonary needle aspiration，lung aspiration）是指从肺脏实质或间质采集细胞样品进行细胞学分析，或获得样品进行细菌学培养的方法。

适应证

- 用于简单、快速、廉价地鉴别弥散性肺脏间质或肺泡疾病，特别是肿瘤及全身性真菌病。
- 用于诊断近体壁的肿块或疾病，如肺脏肿瘤或转移性肿瘤。
- 试图采用支气管镜检未能获得结果时。例如，采用肺脏穿刺成功诊断嗜酸性粒细胞肺脏疾病及肺脏嗜酸性粒细胞浸润（pulmonary infiltrates with eosinophils，PIE）。

禁忌证

- 肺脏机能受限或肺脏性高血压。
- 凝血障碍。
- 怀疑肺脏发生脓肿、囊肿或肺大泡（bulla）时（因肺泡内压力升高，肺泡壁破裂而互相融合，最后形成大的囊泡状结构——译注）。
- 器官衰竭（即肝脏或肾脏衰竭），采用麻醉时风险明显超过诊断采样的益处时。

仪器设备

- 无菌手套。
- 头皮针输液器（winged infusion set）（蝴蝶管，butt-erfly），接头连接在三通开关阀上。
- 25号×2cm。如果没有头皮针输液器，可采用不长于1.5cm的25号针头，以便避免损伤深部组织。
- 3mL、6mL或12mL注射器。
- 数张载玻片。

方法

- 必须先要获得适宜的影像结果（如X线片、超声检查或荧光镜检查），以安排采用的侧面及位置。如果X线检查，则重要的是采用背腹或腹背对双侧进行观察。在一项研究中发现，盲目或超声引导下采样，25例猫中20例获得诊断性样品。
- 麻醉。对选择的病例，可将病猫镇静。但如果在穿刺时闭住呼吸则可将对肺部的损伤降到最低，因此最好采用气管内导管进行麻醉。
- 在影像检查时观察到病变最为清楚的一侧胸腔上剪毛，准备一4cm×4cm无菌区域，应注意确定穿刺位点时应避开心脏或大血管。如有可能可选择第八肋间隙后的区域。在准备针头穿刺时，最好避免将位置确定在紧贴肋骨的后方，因为在每个肋骨的后面都有丰富的神经和血管。
- 如果病猫以前曾表现呼吸困难的症状，应将病猫伏卧。在选择好的病例，可采用侧卧，但由于肺脏抬高，可使其在操作过程中轻微远离体壁。
- 将准备好的手术部位用手术创巾覆盖以保持无菌，但有些临床医生发现这样可能会使确定合适的定位更为困难。
- 对镇静处理的猫，可将0.25mL 2%利多卡因在穿刺位点通过皮肤及皮下组织一直到胸膜腔进行皮肤局麻。
- 一只25号针头，2cm蝴蝶管针头经三通管开关连接到3mL、6mL或12mL的注射器上。
- 在选择的穿刺位置后，将针头通过皮肤层以向前的方向刺入，形成一短的通道便于防止空气逃逸。然后将针头与胸壁成90° 角固定，在刺入针头时用连接在麻醉机上的气袋使肺部膨胀。重要的是应保持肺部膨胀以减少针头周围的运动。可关闭安全阀门以协助肺脏膨胀，但在完成穿刺之后应立即打开。
- 在肺脏仍处于膨胀时，向着病猫的开关阀打开，连接的注射器快速通过单个的肺脏穿刺孔道穿刺数次。

- 释放注射器中的压力，让肺脏放气，关闭开关阀，除去所有的针头、管子及注射器。穿刺针头未拔掉之前不要将注射器与针头或管子脱离，因为这样可能会使空气进入肺或胸膜，引起气胸。
- 然后安全除去注射器，吸满空气，再次连接上针头。注射器内容物强制性地推到清洁的载玻片上，小心制备涂片，空气干燥，染色检查。

术后护理

- 穿刺后观察病猫数小时。
- 如果发生出血或怀疑发生气胸，则应进行胸廓X线检查。
- 穿刺之后病猫至少应在户内观察24h。
- 镇痛药物，如丁丙诺啡等可以0.005～0.01mg/kg IM或SC或0.01～0.02mg/kg PO给药。
- 罕见发生并发症（<5%）。采用无菌技术可避免医源性感染。
- 气胸。
- 虽然出血通常可自发性康复，但血胸或肺脏出血可见发生。

参考文献

Nelson RW, Cuoto CG. 1998. Diagnostic rests for the lower respiratory tract. In RW Nelson, CG Cuoto, eds., *Small Animal Internal Medicine*, 2nd ed., pp. 265–306. St. Louis: Mosby, Inc.

Ogilvie GK, Moore AS. 2001. Respiratory Tract Biopsy. In CK Ogilvie, AS Moore, eds., *Feline Oncology*, pp. 19–22. Trenton, NJ: Veterinary Learning Systems.

第305章
鼻腔采样
Nasal Sampling

Gary D. Norsworthy

概述

从鼻腔采集病料可用于诊断猫的慢性或急性鼻炎或鼻窦炎。从鼻腔内采集样品而不仅仅是从鼻腔中的分泌物采集样品，这样获得的样品更有可能代表真正的病因学意义。本章将对这两种方法分别进行介绍。

确定是否采用鼻腔采样前应进行颅骨的X线检查，以确定合适的样品采集部位。对鼻腔进行正确定位及影像检查时必须要进行全身麻醉。最常用的检查方法是开口腹背X线检查（见图146–1及图147–1）。鼻骨不透明度增加说明需要进行穿刺（见图305–1）。如果选择进行鼻骨穿刺，则应在偏离中线约2mm箭头所示水平进行。如果选择进行鼻腔冲洗，则可选择左侧鼻腔冲洗。

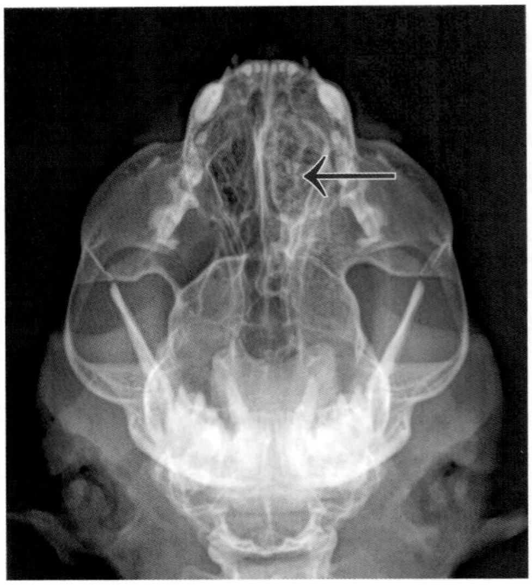

图305–1　采用开口腹背鼻腔X线检查确定鼻腔穿刺位点。在本例猫，针头应在偏离中线约2mm的箭头处刺入

鼻腔穿刺

鼻腔穿刺（nasal aspiration）时可采样细针穿刺鼻腔内获得病料。下面所述方法是通过腭骨路径（transpalatine approach）采样。

方法

一旦确定了穿刺部位及需要穿刺时，病猫应伏卧，重要的是要安置有气囊的气管内导管。采用22号一次性针头及6mL或12mL注射器，根据X线检查结果确定针头刺入点。根据齿列及距鼻中隔（median septum）的距离正确定位。采用钻孔机刺穿硬腭（见图305–2）。一旦针头能够进入鼻腔，可用注射器用力抽吸数次获取样品。采集样品后拔出针头，如果发生出血，则应在活检位点施加一定压力止血。偶然情况下可在附近见有数滴血液。采样后将样品推到清洁的载玻片上制备涂片，染色观察细胞成分，然后送兽医病理学实验室进行检查。如果只有血液，则应重新进行穿刺采样。同时也应保存一些样品用于细菌培养及药敏试验。另外一部分样品应置于无菌涤纶斜面涂药器（sterile dacron–tipped applicator）上，送检进行病毒性呼吸道病原的PCR检测。

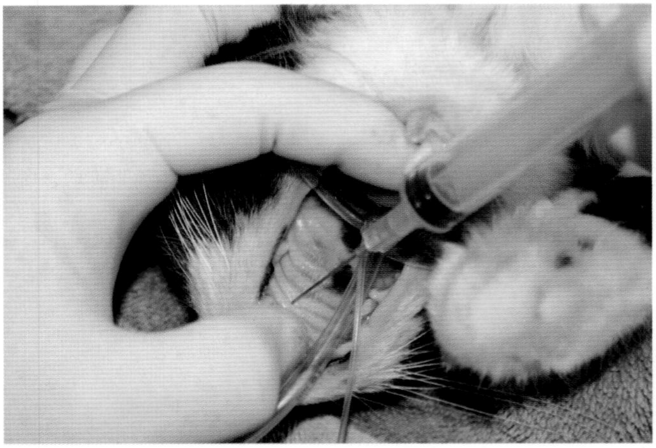

图305–2　采用22号一次性针头及6mL或12mL注射器，根据X线检查结果确定针头刺入点

注意事项

- 用力穿刺可获得质量较好的样品，而且不大可能会引起鼻腔损伤。与犬不同的是，猫极少会因发生出血而引起的问题。
- 如果鼻腔存在骨溶解性疾病，在硬腭可易于用针头穿刺，发生这种情况时出现肿瘤的可能性极大。

- 有些猫的硬腭较厚而致密，因此22号一次性针头不能穿过。如果出现这种情况，可采用20号一次性针头。另外，也可采用22号或20号脊柱麻醉针头及探针，但极少需要这样。
- 穿刺时可采用同样的设备和技术从背部向着腹部从鼻骨穿刺，但难以确定选择位点的标志。

鼻腔冲洗

鼻腔冲洗（nasal flushing）是指将导管顺行性插入鼻腔，冲洗获得样品用于检测。

方法

病猫麻醉，置入有气囊的气管内导管，采用止血钳在咽部放置一块纱布（见图305-3）。将一涂有润滑剂的3.5法式导管通过鼻孔插入，向腹侧面直到其通过约2cm进入鼻腔（见图305-4）。用12～35mL灭菌盐水用力冲洗鼻腔，液体会从鼻后孔流出，通过鼻咽部，到达咽部的纱布块。用止血钳取出纱布块，将通过纱布块过滤的材料置于清洁的载玻片上，涂片（见图305-5）。涂片染色，检查细胞，然后送兽医病理学实验室检查。应保留一些样品用于需氧或厌氧菌培养及药敏试验，另外一部分样品应置于灭菌涤纶涂药器送实验室进行PCR检查，检查病毒性呼吸道疾病的病原。

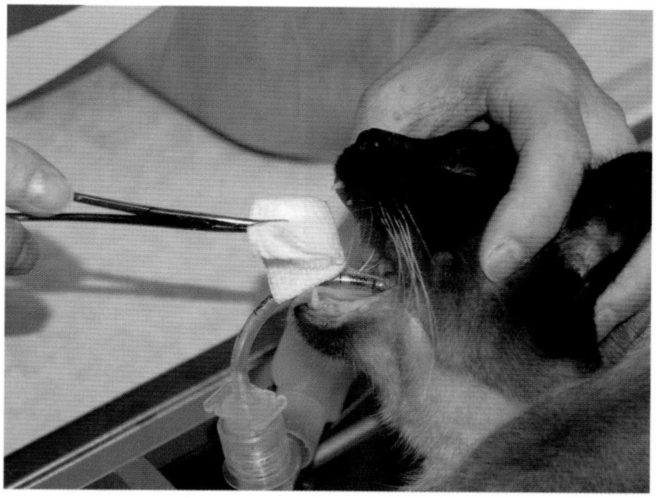

图305-3 用止血钳在咽部放置一块纱布

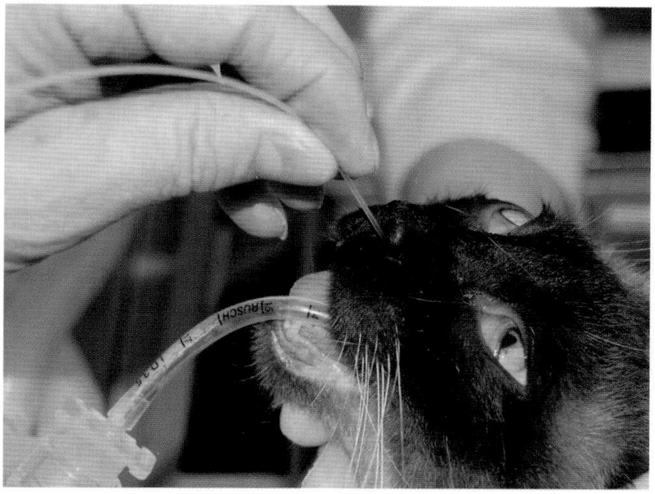

图305-4 3.5号导尿管约2cm进入鼻腔，用12～35mL灭菌盐水通过导管用力冲洗

注意事项

- 采用这种方法采集的样品其质量常常不及鼻腔穿刺，主要是因为可发生咽部的污染，因此影响细胞学、细菌培养及PCR检测结果。
- 这种方法也可用于除去鼻腔中的异物。

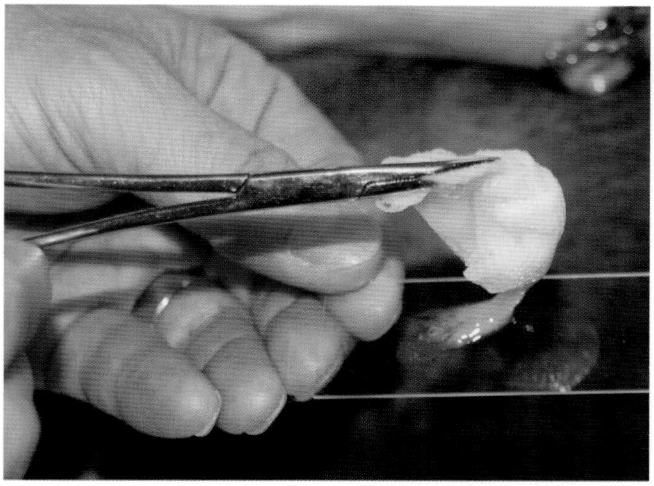

图305-5 将鼻腔冲洗材料滞留在纱布块上，样品用于细胞学检查、细菌培养及PCR检测

结果说明

鼻腔样品应由病理学实验室进行检查，但送检样品之前对样品的细胞性进行评价可确保获得较好的结果。多个商业兽医实验室可采用PCR检测对猫的呼吸道病毒进行检查。

结论

上述方法可用于诊断猫的慢性鼻腔疾病。在大多数的猫，获得高质量的细胞学样品可用于诊断及预后。细菌培养及PCR病毒检测在确定病因及指导治疗中具有重要作用。

第306章 幼猫尸体剖检
Necropsy of Kittens

Michele Fradin-Ferm

概述

很小且快要死亡的仔猫，由于症状不特异，通常可出现体温降低、不安、鸣叫、呼吸困难等症状，因此要做出确切诊断很困难。由于能采集的血样有限及采集血样困难，因此难以进行血液分析。如果合理进行尸体剖检，可通过观察大体病变及进行各种实验室分析而得出诊断。

尸体剖检对繁育人员极有帮助，因为他们通常希望了解在繁育种群中是否发生了传染性或遗传性疾病。大体剖检及样品采集可在兽医诊所进行，而兽医实验室则更希望接收器官样品而不是整个仔猫尸体。

应尽可能地进行仔猫的尸体剖检，以熟悉剖检过程及掌握正常仔猫的解剖特点。与成年猫相比，正常仔猫心脏和肝脏很明显。新生仔猫尸体在冷冻及解冻之后体腔中常常存在液体，这种情况并非病理性的或腹腔积病（见图306-1）。

了解清楚同一猫舍中其他仔猫发病或死亡的原因很重要，这样可更为特异性地选择合适的器官进行检查。进行尸体剖检时应获得猫主的书面同意，确定猫主是否需要保存尸体。如果需要，则应在尸体剖检结束后关闭体腔，除非必需，由于美容原因，应避免解剖头部。

尸体保存

剖检用的仔猫尸体必须要保存良好，快要死亡的仔猫可促使其死亡以获得新鲜的组织样品。尸体可在4℃冰箱保存达2d，由于冷冻可破坏大多数细胞组织，因此应避免冷冻尸体。

病史

应仔细记录母猫在妊娠期（如疫苗接种、营养、创伤及疾病）及分娩期（难产）所发生的变化，应详细记录仔猫的病史，包括仔猫的体重变化曲线、创伤史或发生事故的历史及同胞死亡的情况等。纯种仔猫死亡最常见的原因依年龄及种群所发生的变化见表306-1。

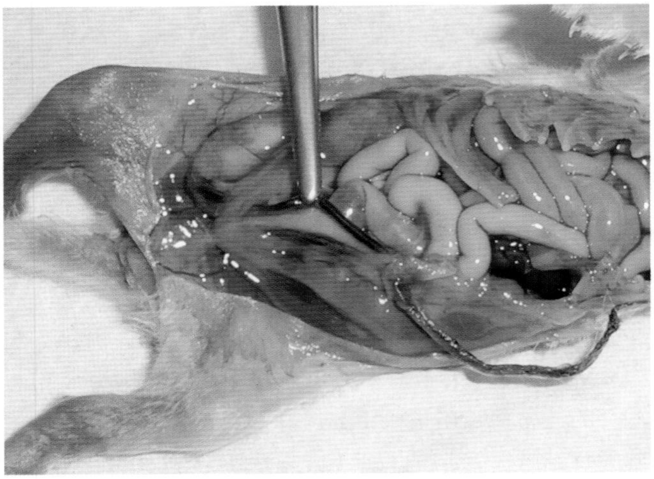

图306-1 仔猫死亡后冷冻及解冻后体腔中常常有液体，但这并不是腹腔积液或说明发生了疾病

方法

应系统有顺序地剖检，以免错过或忽视重要信息。

- 设备的使用：手术刀、钳子及剪刀通常就足以进行尸体剖检。由于仔猫头颅小，因此采用剪刀就能很容易地打开。应使用手套及口罩用于个人防护。在检查过程中应注意照相、记录及填写样品单。由于病猫体格较小，因此建议采用放大镜及良好的光照进行尸体剖检。对于体重在100g的仔猫尸体进行剖检要比3月龄以上体重1.5kg的仔猫更为困难。
- 大体检查：称重仔猫，照相并记录。检查是否有伤口（如皮肤撕裂、擦伤及注射位点）、疾病症状。包括鼻腔及眼睛分泌物，会阴部是否有腹泻物；肿胀、感染或炎症或脐炎；关节肿胀，脱水；黏膜颜色发生改变及解剖异常，如脑积水，腭裂（图306-2）；露脑畸形（exencephaly）；脐疝等。
- 剖检技术：仔猫仰卧，四肢伸直，足底朝向术者。从下颌开始做皮肤切口，一直延伸到肋弓右侧，然后到

表306-1　仔猫死亡的常见原因

围产期（头24h）	50%为外伤所引起（通常为难产）
频次=5.0%～8.2%	50%为先天性
新生期（1～14d）	先天性畸形
频次=5%	溶血性贫血（参见第150章）
头8d更为关键	母猫忽视
	细菌引起的传染病（即脐炎、皮肤伤口、咬伤、脓肿、腹膜炎或败血症）病毒性疾病（即疱疹病毒或杯状病毒）不太常见
断奶前（15～34d）	主要是由于母源抗体的丧失、断奶期失重、移入新的更大的环境而引起的病毒（即杯状病毒、疱疹病毒、细小病毒或冠状病毒）感染
断奶后期（35～112d）	心脏及神经性先天性异常可实施安乐死
死亡率高	细菌性肺炎；断奶期间不太常见的肠套叠（主要为东方猫品种）
	贫血（护理仔猫时有跳蚤）
	寄生虫病（即弓形虫病和肠道蠕虫）
	营养性疾病，罕见

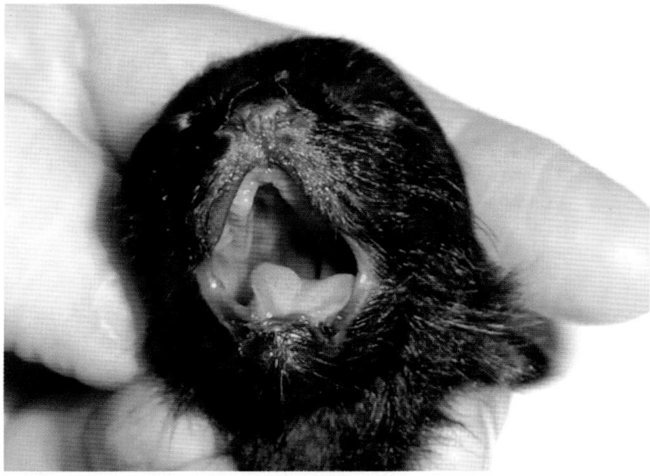

图306-2　腭裂为新生仔猫口腔内最常见的先天性异常

右腹胁部，向下到右腿，然后在脐下水平切开，切开右侧下颌骨，然后将舌、食管及气管一起移出到胸腔入口（见图306-3）。打开胸腔，记录其中的液体量，采集样品。打开腹腔，记录其中的液体量及采集样品。检查器官，断开所有连接，从舌到直肠除去所有器官（见图306-4）。摘除肾脏、膀胱、生殖道及肾上腺。最后切开所有器官，采集样品。

- 采样：在打开体腔前应准备好送检样品的瓶子或盒子。采样应系统有序地进行，应尽可能多地采集样品，这样可在随后确定首先需要送检的样品，确定保存需要进一步分析的样品。采集的样品应进行细胞学、组织学、细菌学、血清学及PCR检查。需要采样的器官见表306-2。

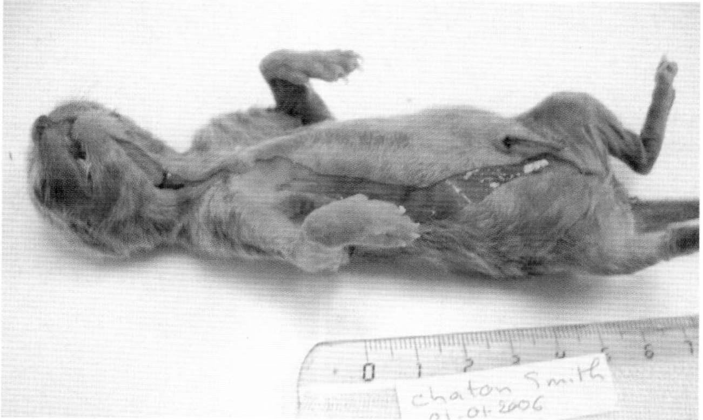

图306-3　图示为仔猫在进行尸体剖检时很大的皮肤切口

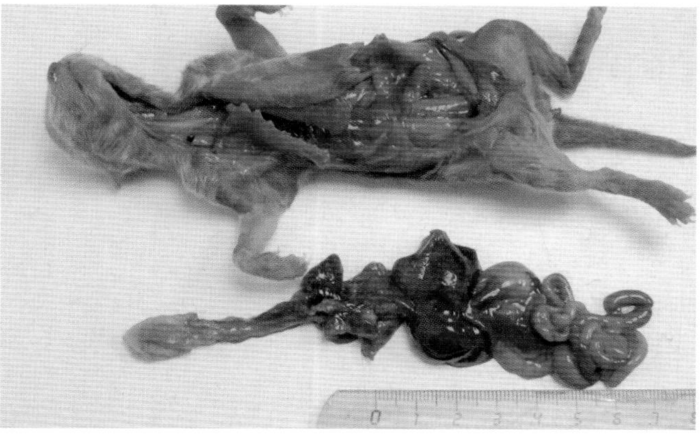

图306-4　完全移出的仔猫的器官

注意事项

- 尸体剖检有一些技术上的限制。有些器官由于太小而难以剖检。例如，心脏纵轴长为1.5cm，因此鉴别新生仔猫的心脏畸形很困难。将心脏通过福尔马林固定后解剖检查要比新鲜心脏更为容易。
- 关于送检样品的瓶子及保存方法，在开始剖检之前，应咨询实验室。
- 由于在新生仔猫，肺脏的大体损伤常常缺如，即使在发生肺炎时也是如此，因此应总是采集肺脏样品。

表306-2　应该采集的组织

肺脏、心脏及纵隔
胃、小肠及大肠
内部及外部淋巴结
肝脏、脾脏及肾脏
腹膜及肠系膜
大脑及眼睛
似乎正常的所有组织

- 与成年猫的尸体剖检相反，仔猫的尸体剖检所需时间短。

参考文献

Cave TA, Thompson H, Reid SWJ, et al. 2002. Kitten mortality in the UK: A retrospective analysis of 274 histopathological examinations (1986 to 2000). *Vet Rec.* 151(10):497–501.

Schlafer DH. 2008. Canine and feline abortion diagnostics. *Theriogenology.* 70(3):327–331.

第307章
神经系统检查
Neurologic Examination

Stephanie G. Gandy-Moody

概述

神经系统检查是诊断神经系统疾病，确定发病位点最为重要的诊断方法。虽然在有些病猫可能难以进行检查，但完整的检查通常可在15～20min内完成。

所需及建议使用的设备

- 反射锤或叩诊锤。
- 止血钳。
- 棉签。
- 食物（即罐装食品、干食品或美食）。
- 聚焦光束光源。
- 压舌器。
- 棉球。
- 激光笔。

方法

精神状态及运动

- 收集关于病猫的病史信息时，也可利用这段时间远距离观察病猫，应密切注意病猫在检查室内的反应方式及运动状况，了解病猫是否对其周围环境有意识，是否好奇、害怕或逃离。

脑神经检查

第一脑神经：嗅神经（olfactory nerve）

- 用于检查嗅觉。
- 检查时可将打开的罐装食品（即罐装猫食、金枪鱼或沙丁鱼）置于近鼻孔处，如果病猫可嗅闻到食物，则典型情况下会避开或嗅闻食物。这种反应可能很微妙，有时只是面部肌肉收缩，因此应仔细观察。
- 严重的鼻腔充血或感染可影响对这种试验结果的评价。
- 猫确实可存在有嗅觉异常，但很罕见。

第二脑神经：视神经（optic nerve）

- 检查视觉。
- 检查视觉的方法有三种。
    - 观察病猫在检查室内的走动。
    - 将一棉球吊于病猫的视野内或用激光笔吸引猫的注意。
    - 恐吓反应：快速将手朝着有问题的眼睛移动，但应小心不要触及胡须。检查猫是否有正常的眨眼反应（blinking response），这样不仅可检查视神经（传入途径），也可检查面神经，其对眨眼发射发挥作用（传出途径）。

第三脑神经：动眼神经（oculomotor nerve）

- 检查瞳孔收缩及眼球运动（oculomovement）。

相关定义

- 瞳孔放大（mydriasis）：比正常瞳孔大。
- 瞳孔缩小（miosis）：比正常瞳孔小（通常为双侧性，严重，大脑皮质疾病）。
- 瞳孔大小不等（anisocoria）：瞳孔在休止时大小不等。
- 霍纳氏综合征（Horner's Syndrome）：瞳孔缩小，上眼睑下垂，眼球内陷（enophthalmos），第三眼睑突出，头部侧面血管舒张。参见第99章。

瞳孔对光反射（pupillary light reflex）

- 采用亮光源，直接用光线照射一只眼睛，由于动眼神经引起瞳孔收缩，因此双侧瞳孔均应收缩。
- 直接反应：受刺激的眼睛收缩。
- 交感反应（consensual response）：对侧瞳孔收缩。

第三脑神经（动眼神经，oculomotor）、第四脑神经（滑车神经，trochlear）及第六脑神经（外展神经，abducens）

- 这三对脑神经由于共同发挥作用导致眼球运动，因此常同时检查。

- 为了检查动眼神经的机能，应观察病猫眼睛的位置，轻轻向侧面移动病猫的头部观察其眼睛。正常反应可引起病猫试图向前看，因此可引起病猫缓慢将眼睛移动到与运动相反的方向。随着头部持续向侧面移动，眼球会快速移动到头部运动的方向。眼外肌（extraocular muscles）（受前庭系统的影响）与这种反应有关，这种缓慢/快速的眼球移动称为诱导性前庭眼球震颤（induced vestibular nystagmus）。斜视（strabismus）为眼球从正常位置的偏移。如果在这部分神经发生损伤，以及发生由于提眼睑肌（levator palpebrae muscles）麻痹引起上眼睑下垂时，可出现向侧面或腹面斜视。

第四脑神经：滑车神经（trochlear nerve）

- 这对脑神经单独发生的病变极为罕见。
- 如果病猫这对脑神经发生异常，则垂直于瞳孔的背面可向侧面偏移。

第五脑神经：三叉神经（trigeminal nerve）

- 这对脑神经引起面部感觉和咀嚼肌的运动。
- 对此脑神经的三个分支必须分开进行检查。

眼支（ophthalmic branch）

- 通过检查眼睑反射及角膜反射评估，检查眼睑反射时，可触动中间眼角，病猫应快速闭眼；检查角膜反射时，触动角膜，眼球应缩回到眼眶内，病猫应能眨眼。这种反射对维持角膜上皮的正常极为重要。

上颌支（maxillary branch）

- 触动外鼻黏膜可进行检查。可先直接刺激三叉神经引起反射性肌肉运动（通过面神经），然后通过有意识的运动偏离开刺激。如果病猫三叉神经上颌支有损伤，则不会出现面部反射或不能有意识地对刺激发生反应。如果病猫发生前脑损伤，则反射能力可能完整，但对刺激不会出现有意识的反应。

下颌支（mandibular branch）

- 以三部分进行检查。
  - 用止血钳针刺下颌区上的皮肤，可引起病猫的头偏开。
  - 观察及触摸，检查颞肌及咬肌是否发生萎缩。
  - 打开口腔，检查下颌闭合情况及张力。
- 双侧性下颌神经发生疾病的猫可能下颌下垂，嘴不能闭合。
- 所有三个分支机能障碍（单侧性）可能与脑干外的损伤有关。

第六脑神经：外展神经（abducens nerve）

- 第六脑神经单独发生的病变少见。
- 病猫的眼球可能不能完全外展，也可能不能缩回到眼眶内，导致腹内侧斜视（ventromedialstrabismus）。应注意暹罗猫可能患有由先天性视觉投射途径异常（congenitally abnormally visual projection pathways）而引起的斜视。

第七脑神经：面神经（facial nerve）

- 该神经负责引起面部表情、味觉、流涎及与耳内皮肤感觉（skin sensation）有关的肌肉运动。
- 面神经损伤的病猫由于面部肌肉瘫痪或麻痹而导致面部不对称。
- 检查眼睑反射是检查病猫面神经运动机能的最好方法，如果有损伤，则病猫不能闭合睑裂（palpebral fissures）。
- 即使病猫视力正常，恐吓反应也可降低或缺如。
- 面神经的副交感神经机能主要与泪腺的分泌有关。
- 如果这一脑神经发生损伤，则病猫会出现干性角膜结膜炎（keratoconjunctivitis sicca，KCS） 或干眼的临床症状。
- 可通过触摸颊部黏膜检查唾液分泌。
- 检查味觉时，可采用浸有阿托品的棉签触及病猫的舌头，病猫应能分泌唾液及躲开刺激。

第八脑神经：前庭蜗神经（vestibulocochlear nerve）

- 与均衡、平衡及听觉有关。
- 前庭疾病的临床症状包括：
  - 共济失调。
  - 头部倾斜（通常直接朝向损伤侧）。
  - 眼球震颤。
  - 眼睛偏斜。
- 检查病猫的听觉时，可制造出噪声（如快速高声鼓掌），观察病猫对刺激的反应。

第九脑神经：舌咽神经（glossopharyngeal nerve）

- 与咽部感觉及第十对脑神经（迷走神经）引起的运动、流涎及味觉有关。
- 可将压舌器置于病猫咽的后面，病猫立即作呕，通过舌的背面推出压舌器。
- 如果病猫的这对脑神经有损伤，则会难以吞咽，咽部肌肉异常。

第十脑神经：迷走神经（vagus nerve）

- 与喉部感觉、喉部运动、流涎及其他自主机能有关。
- 为了检查迷走神经的机能，病猫应进行麻醉。可采用喉镜观察呼吸时杓状软骨的运动；正常反应可导致吸气时形成皱褶。

第十一脑神经：脊副神经（spinal accessory nerve）

- 为斜方肌提供运动神经支配。
- 如果该神经发生损伤，病猫会表现斜方肌萎缩，对头部侧面的被动运动的抵抗力降低，颈部向侧下弯向损伤侧。

第十二脑神经：舌下神经（hypoglossal nerve）

- 该神经负责舌头的运动。
- 触诊时舌头可能软弱或麻痹。
- 受影响一侧可能出现萎缩。

姿势反射（postural reflexes）

- 这是猫感觉肢体在空间的位置、与身体的关系及纠正异常体位的能力。
- 检查姿势反射可采用下列方法。

意识本体感受（conscious proprioception）

- 猫站立位，将一爪转动，使爪尖与桌面或地面接触，评估猫将爪恢复到正常位置的时间，所有四肢均可采用这种方法检查。
- 在正常猫，爪的位置应该立即得到纠正，如果延缓则说明有神经性疾病。

独轮车式运动（wheelbarrowing）

- 猫站立位，抬高病猫的前端或后端，以便重量置于后肢或前肢。检查前肢时，迫使猫将身体前移，检查后肢时，迫使猫向后移动。
- 这种检查方法，特别是在检查时同时固定及拉直头部时，有助于检查微妙的前肢轻度瘫痪。
- 正常猫，接触到桌面或地面的肢体可正常行走。

半站立及半行走（hemistanding and hemiwalking）

- 猫站立位，抓起同侧的前肢和后肢，首先检查猫是否能够用一侧前肢和后肢平衡站立，其次迫使猫向前或向侧面行走。
- 这种检查可确定运动皮质和脊髓机能的完整性。
- 正常猫可通过调整四肢的位置而达到平衡。

跳跃（hopping）

- 猫站立，将四肢中的3个由检查者抓在一起，将有问题的一肢留在桌面或地面上。
- 猫向前运动及向两侧运动时，正常反应是猫能用向下的肢跳跃，使体下的四肢支撑其体重。

脊髓反射及肌肉张力（spinal cord reflexes and muscle tone）

- 这种检查用于检查外周神经及每个神经起源的脊髓片段，在这种情况下，如果猫侧卧，则应检查肌肉张力。

前肢反射（thoracic limb reflexes）

二头肌反射（biceps refex）
- 肌皮（musculocutaneous）神经 C6–T1：
  - 猫侧卧时，将手指置于二头肌肌腱上，用反射锤敲打手指。二头肌腱位于肘部的前内侧面。正常反射可引起肘部发生轻微反射。

三头肌反射（triceps reflex）
- 桡神经（radial），C6–T2：
  - 猫侧卧时，将手指或拇指置于三头肌肌腱上，用反射锤轻轻敲打手指或拇指。三头肌肌腱位于鹰嘴（olecranon）近端。正常反应可导致肘部出现轻微反射。

桡侧腕伸肌反射（extensor carpi radialis reflex）
- 桡神经（radial，C6–T2）：
  - 猫侧卧，敲打肘部后的肌肉腹面，正常反应可引起腕部伸展。

回撤或弯曲反射（withdrawal or flexion reflex）
- 腋神经（axillary），C7–C8；肌皮神经（musculocutaneous），C6–T1；及正中和尺神经（median and ulnar），C7–T2：
  - 开始时轻捏（逐渐增加强度），观察病猫的反应，如大声喊叫，关顾四肢，或者面部表情或呼吸速度发生改变。

- 这种检查不需要大脑刺激，因此四肢的回撤并不能说明猫是否能有意识地感知刺激。

后肢反射（pelvic limb reflexes）

膝反射（patellar reflex）

- 股神经，L4–L6：
  - 猫侧卧，后肢松弛（半反射，semiflexed），用反射锤敲打膝韧带。
  - 这一方法是猫最为可靠的肌腱反射检查方法。
  - 正常反应：膝关节迅速伸展。

腓肠肌反射（gastrocnemius reflex）

- 胫神经（tibial），L7–S1，及一小部分来自L6的神经：
  - 猫侧卧，手指置于腓肠肌肌腱上，用反射锤敲打手指。
  - 正常反应：肘关节伸展。

胫前反射（cranial tibial reflex）

- 通常为腓神经（common peroneal），L6–L7，及一小部分来自S1的神经：
  - 猫侧卧，敲打胫骨后的肌肉腹面。
  - 正常反应：跗关节轻度弯曲。

回撤及屈曲反射（Withdrawal or Flexion Reflex）

- 坐骨神经（sciatic），L6–S1：
  - 开始时轻捏（缓慢增加强度），观察病猫的反应，如喊叫，关顾四肢或者面部表情及呼吸频率发生改变。
  - 这一检查方法不需要大脑刺激，因此四肢撤除并不意味着猫能自觉感知刺激。

其他脊髓反射

肛门反射（anal reflex）

- 阴部神经（pudendal），S1–S3：
  - 先用止血钳轻轻夹会阴区，如果不能引起反应，则轻轻增加捏的力量。
  - 肛门痉挛，从刺激区偏开（将尾巴压于肛门区），头转向刺激，病猫受到刺激后可表现咆哮或发生嘶嘶声。
  - 异常反应包括无反射（areflexia）或低反射（hypo-reflexia）。

皮层反射（panniculus reflex）

- 感觉：脊神经、运动神经、胸背神经（thoracodorsal nerve），C8–T2：
  - 从猫的腰荐区开始，轻轻用止血钳捏背中线上的皮肤，逐渐前移到胸腰区。
  - 正常反应为皮下肌肉组织在刺激点收缩（通常可启动双侧反应）。
  - 典型情况下病猫如果有颈胸部损伤，如臂神经丛断裂（brachial plexus avulsion）损伤时则不会出现反应。

排粪及排尿反射（defecation and micturition reflexes）

- 骨盆神经，S1–S3：
  - 重要的是应注意病猫能否自主排尿或排粪。

参考文献

August JR. Performing the neurological examination. In JR August, ed., *Consultations in Feline Internal Medicine*, 5th ed., pp. 449–461. St. Louis: Elsevier.

Braund KG. 1994. Neurological examination. In KG Braund, ed., *Clinical Syndromes in Veterinary Neurology*, 2nd ed., pp. 1–36. Philadelphia: Mosby.

Radostits OM, Mayhew IGJ, Houston DM. 2000. Clinical examination of the nervous system. In OM Radostits, IGJ Mayhew, DM Houston, eds., *Veterinary Clinical Examination and Diagnosis*, pp. 493–534. Philadelphia: Saunders.

第308章

胃管饲喂

Orogastric Tube Feeding

Gary D. Norsworthy

定义

胃管饲喂（orogastric tube feeding）是指将猫胃管通过口咽插入，向下通过食管进入胃而饲喂病猫的方法。可在注射器中吸入黏稠的奶昔样的食物，将注射器接到胃管上，通过管道推入胃内。采用这种方法饲喂可在数秒内投放大量的高质量食物。

适应证

- 胃管饲喂可用于住院治疗的厌食病猫，兽医技术人员很容易掌握这种技术，但不建议训练客户自行实施这种方法。
- 插胃管还适合投入钡制剂的胃肠系列检查，或投服活性炭用于治疗中毒病。

禁忌证

- 不能通过口服（nothing by mouth，NPO）药物治疗的任何疾病（如胃肠阻塞或破裂及急性胰腺炎）。
- 猫发生呼吸困难时（如严重的上呼吸道疾病、膈疝、胸膜渗出、肺水肿及肺炎）。
- 易怒的猫。

设备

- 18号软导尿管，长约40cm。这种质量的软管在DVM Solutions（www.dvmsolutions.com）及 Sovereign（Feeding Tube and Urethral Catheter）等公司均有出售。
- 注射器，接60mL导管（Monoject）。
- 猫用开口器（feline mouth speculum）：DVM Solutions产品（www.dvmsolutions.com）。
- 含高热量黏稠的食物，可用注射器注射。作者建议使用Maximum Calorie（The Iams Company，Dayton，OH）。应激或发病的猫如果体重为4kg，每24h大约需要这种食物100mL。开始投服时，第一天约30mL，1次或分2次投入；第二天45～50mL，分2次投入；第三天80～100mL，分2次投入。如果在饲喂后很快开始呕吐，则应减少饲喂量，每天的饲喂量也应减少。

方法

- 通常需要2人。一人保定猫，使猫的背中线垂直对着本人的胸部，同时食指置于腕部之间抓紧，抓住前肢，拇指抓住一腿，其他三指抓住另一腿。后肢由另外一只手以同样方式抓住，食指置于跗关节之间，握紧（见图308-1）。第二个人面对第一个人，左手抓住猫头部，右手置入开口器，插入胃管，连接注射器后推入食物（见图308-2）。约有10%的猫会挣扎或很强壮，因此需要第三个人抓稳病猫的头部和颈部以防止其头部脱离第二个人的控制。
- 如果要投服两个注射器的食物，两个注射器在开始投服前均应装好。
- 确定胃管插到胃内。可以通过观察未插入的胃管长度

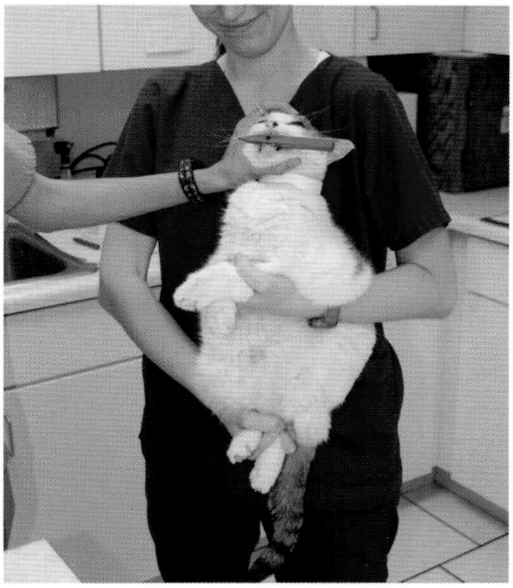

图308-1 第一位技术员保定猫，一只手垂直抓住前腿，另一只手抓住后腿

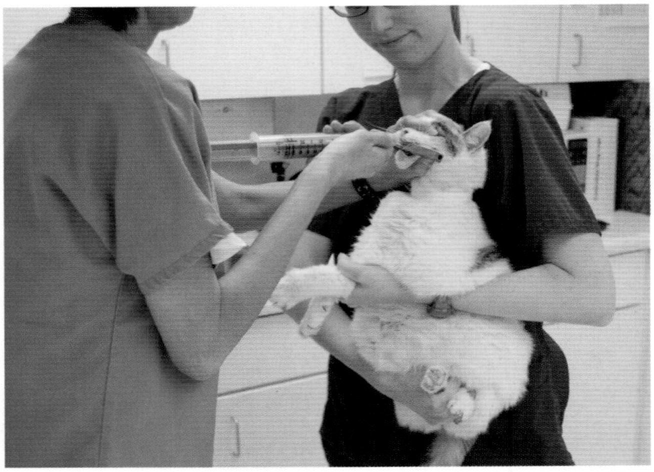

图308-2 第二位技术员置入开口器，将胃管插入胃，推空注射器

来确定胃管是否到达胃（而不是插到气管分叉处）。如果胃管插入胃中，则向外的及口内的部分胃管的总长度不会超过8cm。如果胃管进入气管，停止于气管分叉处，则会有16cm在口腔中。这些规则适合于4～5kg的猫。如果从最后一个肋骨到鼻子测量，猫的体格很大或很小则可根据情况确定管的长短。

- 如果胃管插入气管中，则猫不能发声。猫是否能发声，其实可以用于确定插管是否正确。
- 由第二个人连接注射器与胃管，注射器活塞底部对着自己胸骨，前倾身体可将活塞推入针管，完成食物的注入。要注意的是不要以回抽针筒的方式注射，因为这样可使胃管前端返回到食管，而食管不能容下60mL食物，因此会发生返流，导致吸入性肺炎。同时固定注射器与胃管的连接处，防止注射食物时胃管与注射器脱离。
- 去掉第一个注射器，再接上第二个，推入食物，这样可防止胃管脱出后再次插管。
- 撤去胃管，洗涤消毒，以备下次再用。
- 未注射的食物在冰箱保存，可储存长达5d的时间。重要的是在下次投服之前应将食物加热。因为冷的食物黏稠且流动性差，不易注射，同时还可引起呕吐。如果过热，可能会损害胃。

可能的并发症

- 胃管插入气管，及将食物注入肺脏可能会致死。易怒或挣扎的猫使得这种情况发生的概率增大。
- 呼吸窘迫的猫可由于恐慌及导致缺氧而死亡。
- 鼻腔阻塞的猫（即鼻炎及创伤），由于自然情况下猫为鼻孔呼吸，因此可导致恐慌。如果鼻腔不开放，则易发生恐慌。

参考文献

Norsworthy GD. 1991. Anorexia and force reeding. In GD Norsworthy, ed., *Feline Practice*, pp. 40–43. Philadelphia: JB Lippincott.

Norsworthy GD. 1991. Providing nutritional support for anorectic cats. *Vet Med*. 86:589–593.

第309章

聚合酶链式反应

Polymerase Chain Reaction Testing

Christian M. Leutenegger

简介

聚合酶链式反应（polymerase chain reaction，PCR）如果使用得当，对从业人员而言是一种极为有用的诊断工具。本章将介绍PCR检测的一些新的重要进展，特别是对传染病的检查上的主要用途，从而为从业人员提供一些指导及建议。

一般来说，兽医分子诊断可用于：（a）检查传染病；（b）诊断遗传病；（c）在DNA水平鉴定动物，包括身份鉴定、性别鉴定（主要是在鸟类）、遗传疾病检测及品种鉴定（主要为犬）。其他一些应用，如基因分型检测特定的疾病状态、传染病与非传染病情况的鉴别，或诊断癌症等，这些应用均与诊断应用接近，但目前尚未广泛应用。

传染病的诊断目前仍是宠物兽医临诊中PCR应用最重要的方面，试验方法种类很多，试验方案各大学及私人实验室之间差别很大。

聚合酶链式反应概述

简言之，PCR检测DNA，而DNA存在于所有生物。PCR是20世纪80年代诺贝尔奖得主实验室建立的方法，该方法的建立使得诊断技术发生了革命性的变化。PCR检测的主要意义在于这种方法中检测的是DNA。PCR可扩增微量DNA，从而产生很强烈的可检测信号。扩增是在DNA聚合酶作用下完成的。为了能使DNA聚合酶扩增特异性序列，可将两种合成的DNA片段（扩增引物）以扩增反应的启动子发挥作用。引物对某种生物已知的DNA序列具有特异性，例如对猫疱疹病毒（feline herpesvirus，FHV-1）特异性的探针。PCR反应除了两个引物及DNA聚合酶外，还包括合成DNA拷贝的基础材料，即核苷酸（A、T、G、C）以及缓冲体系。一旦准备齐全这些PCR试剂及从诊断样品提取的DNA，如果存在的FHV-1 DNA，在一定的退火温度条件下引物可以DNA结合，这样可使DNA聚合酶将引物延长，复制出包含了两个引物的原来的FHV-1 DNA延伸链。通过将这种所谓的PCR周期重复40次，FHV-1 DNA可复制2^{40}次（也称为指数扩增），产生1万亿拷贝的原FHV-1 DNA，因此即使用肉眼也可很容易检测到这种量的DNA（见图309-1）。

PCR与实时定量PCR

PCR有各种不同的形式。原来的PCR试验包括通过凝胶电泳可视化检查PCR产生的FHV-1 DNA拷贝。在此过程中，将FHV-1 DNA拷贝用荧光染料标记，以便在紫外灯照射下可以观察到。简言之，这一过程需要每个PCR反应管是开放的，这是因为PCR产物的量很大，因此在这一步骤中实验环境及随后的PCR反应可能有被气雾剂污染的风险。由此产生的PCR产物在后续采用传统的PCR处理很困难，可产生假阳性结果。因此实时PCR成了研究及许多人医和兽医分子诊断应用的金标准。

在实时PCR中，在每个PCR周期中测定PCR中积累的FHV-1 DNA拷贝，而不是像在传统的PCR一样，是在PCR结束时测定（见图309-2）。

这种简单的差别具有重要的实用价值：（a）消除了打开PCR反应管的需要，因此消除了随后处理PCR产物的风险。因此实时PCR也称为闭合管测定系统。（b）实时定量PCR测定是检测在开始PCR反应时存在的FHV-1 DNA。定量PCR可用于解释感染状态及样品是否在感染的急性期（高水平的FHV-1 DNA）或慢性期（低水平FHV-1DNA）采集的。此外，DNA定量分析也可用于评价特定诊断样品是否适合于进行PCR检测，可用于降低假阴性PCR结果的可能性。（c）第三个合成的DNA片段，也称为探针（TaqMan®），用荧光染料在每个末端标记，之后加入到实时PCR反应混合物中，这样可实时检测FHV-1 DNA拷贝。实时PCR反应系统中加入探针可增加分析的特异性及灵敏度，消除打开PCR反应管的需要。（d）实时定量PCR是在1996年建立的，具有一整套工具来使PCR过程标准化。特别是引物和探

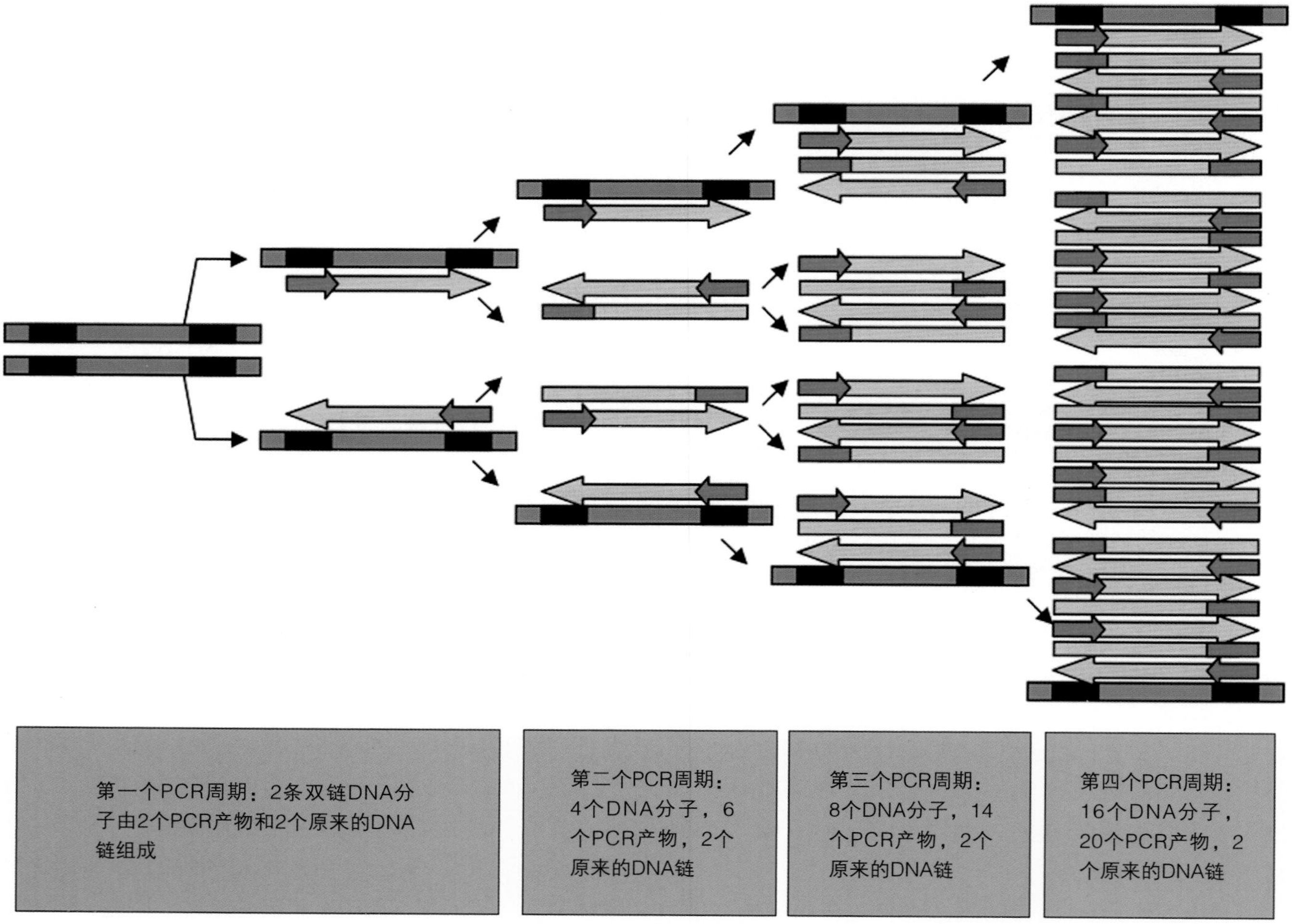
第一个PCR周期：2条双链DNA分子由2个PCR产物和2个原来的DNA链组成
第二个PCR周期：4个DNA分子，6个PCR产物，2个原来的DNA链
第三个PCR周期：8个DNA分子，14个PCR产物，2个原来的DNA链
第四个PCR周期：16个DNA分子，20个PCR产物，2个原来的DNA链

图309-1 聚合酶链式扩增反应。在聚合酶链式反应过程中，产物以指数方式聚集。如在正文所介绍，这些步骤组成每个反应周期，在经过几个扩增周期后， DNA分子主要为单股DNA片段，称为聚合酶链式反应产物。在所举例中，4个周期的聚合酶链式反应可产生32分子DNA产物（16个双股DNA分子，30次聚合酶链式反应产物及2个原来的DNA片段）。40次循环后如果聚合酶链式反应的效率为100%，则聚合酶链式反应产物总量在原来只有1个DNA分子开始聚合酶链式反应的情况下可超过10^{12}个或1万亿个

针的设计、实时PCR试验本身的验证、扩增条件、试剂稳定性、质量控制、一次性设备以及许多其他变量等也可以工业化标准预先确定。由于这种标准，实时定量PCR试验几乎以相同的方式平行进行，这对从业人员评价PCR试验的应用极为重要，也可在一般意义上评价分子诊断方法及对许多分子诊断实验室提供的检验方法进行评价，而在这类实验室许多PCR试验是以同一样品平行进行的。（e）实时定量PCR可以使得操作过程自动化，以便对许多不同的PCR靶标的大量样品进行分析，因此保证了高水平的均一性、精确性、准确性及可靠性。

诊断检查中PCR的意义

虽然抗体检测主要检查过去对传染源的暴露情况，而PCR则检测DNA，因此直接检查感染源；可证实是否发生感染（在大多数情况下）而不是证实曾经暴露。如果采用抗体检验进行流行病学筛查，其本身并不是一种诊断试验。反过来，PCR试验根据定义本身就是一种诊断性试验，最适合患病动物的诊断检查，以确诊是否存在严重的感染（定量）。PCR可用于基于临床症状、阳性血清学检查结果或其他实验室诊断等提出的推断性诊断的验证，而且应总是与这些诊断结合使用，而不是一种孤立的结果；任何一种试验均不能可靠地说明一种作用过程。

在感染的急性期，在仍然不能产生抗体的数天内就可检测到核酸。虽然母体或疫苗接种可诱导抗体水平，因此总能影响血清学检查，但作为一种规律，PCR则不能。此外，由于PCR能检测单个的DNA分子，PCR具有精细的分析灵敏度，因此使得许多应用具有极高的诊断灵敏度和特异性。由于PCR检测具有很高的分

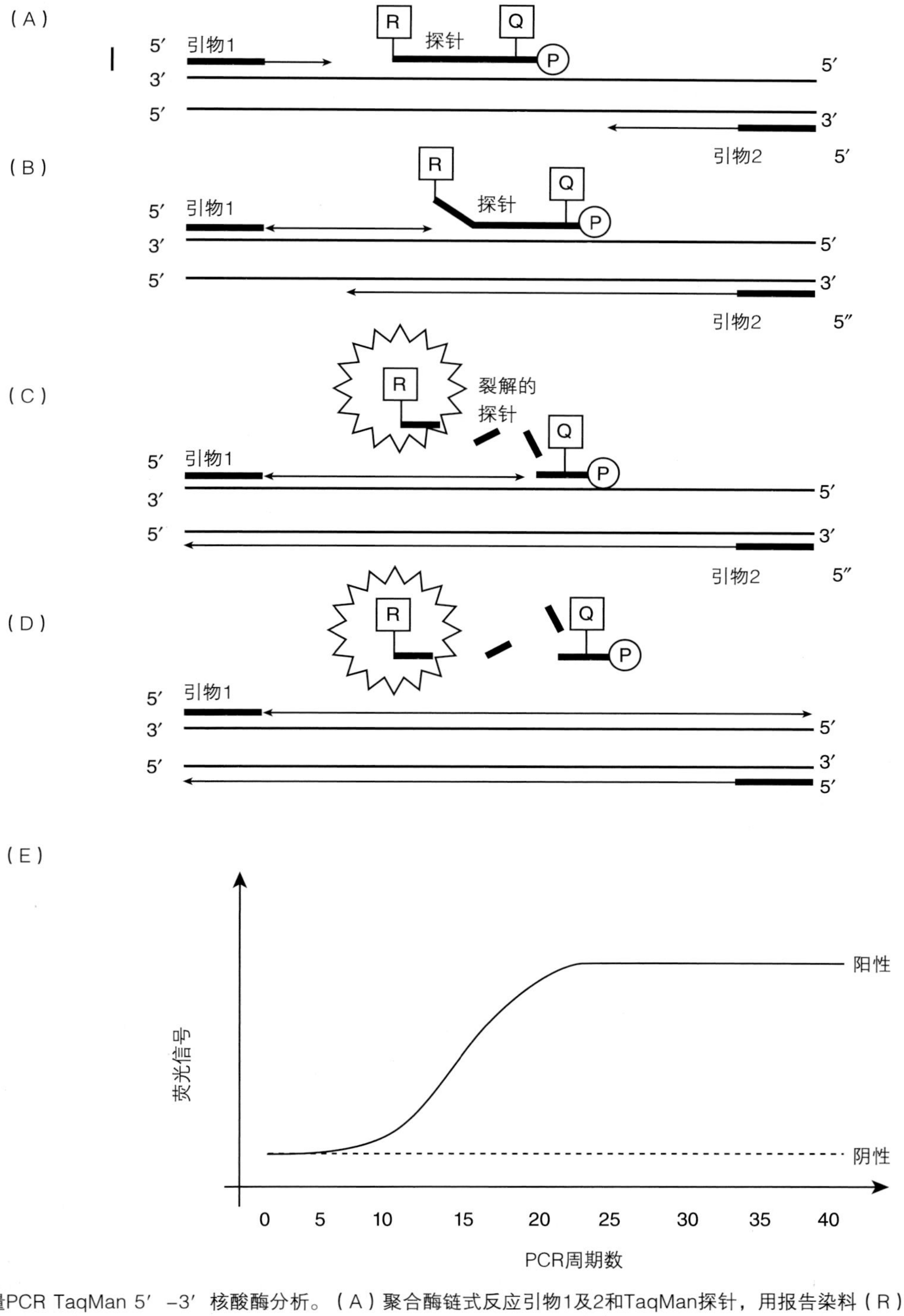

图309-2 实时定量PCR TaqMan 5′ –3′ 核酸酶分析。（A）聚合酶链式反应引物1及2和TaqMan探针，用报告染料（R）及淬火染料（Q）标记，可与DNA模板结合。3′ 磷酸基团（P）可阻止TaqMan探针的延长。（B）Taq DNA聚合酶的存在可使引物延长。（C）DNA聚合酶替换TaqMan探针。替换的探针被Taq DNA聚合酶裂解，导致报告染料的荧光强度相对增加。（D）新的聚合酶链式反应产物聚合完成。A～D表示一个聚合酶链式反应周期中所发生的事件。（E）表示实时聚合酶链式反应的40个周期中（40～45为标准周期数）的信号产生。在每个周期中，在CDC芯片中测定荧光强度，记录于计算机。如果荧光信号增加，基于计算机的运算法则可确定在哪些点信号可看作阳性。在聚合酶链式反应中信号超过阈值（周期阈值）时可记录为阳性

析灵敏度，因此能检测到慢性感染，如猫嗜血性支原体（hemotropic mycoplasma）和犬埃立克体（*Ehrlichia canis*）。因此，在检查健康动物时PCR也具有一定的作用。特别是输血时的血液供体，可通过检查排除虽然健康但已感染的动物用作供体。

从业人员指南：聚合酶链式反应诊断实验室的选择

作为没有PCR检查经验的从业人员，对有些问题的了解有助于其选用这种诊断工具。备选实验室可从5个方面提供关于其检查条件的相关信息。

聚合酶链式反应检测与核酸提取平台

如前所述，实时PCR比传统或常规的基于凝胶的PCR具有许多优点，因此实验室是否采用实时定量PCR，或是采用常规PCR这一问题极为重要，因为实时定量PCR更有可能更可靠、可重复、具有值得信赖的阳性或阴性结果，周转时间快，更为廉价。

应该询问的另外一个问题是核酸的提取是采用手工方法或者是采用自动化方法。一般来说，自动化提取系统获得的核酸质量更高，在提取过程中发生交叉污染的风险小，可获得更为稳定的结果，而且能大量消除人为误差。

样品采集及送检指南

诊断实验室可提供PCR样品采集及送检指南，这对确保从送检样品材料提取高质量的核酸（DNA及RNA）极为重要。如果由于样品采集及送检不当，则可造成核酸质量低下，分子诊断的可靠性就成问题。

聚合酶链式反应质量控制与质量保证

PCR质量控制及质量保证是PCR结果可靠性的重要组成部分，可包括（但不限于）以下几个方面：

质量控制

可以询问诊断实验室，对送检的样品将采用何种质量控制，是否能提供质量控制（quality controls）结果。分子诊断实验室日常采用的质量控制评述见表309-1。

表309-1　检查样品（传染源DNA及RNA）的质量控制

质量控制	目的
PCR阴性对照	验证PCR反应试剂中是否存在污染
PCR阳性对照	验证PCR反应对一段DNA产生阳性信号的性能
阴性提取对照	分析前对照，验证提交的诊断样品中存在可扩增的DNA，而且样品转运不会对DNA的质量产生不良影响
样品质量控制DNA	分析前对照，验证提交的样品中存在可扩增的RNA，而且样品的转运不会对RNA的质量产生不良的影响
内部阳性对照	正常情况下，随机合成的DNA片段可进入提取溶解液中，从而证实无PCR抑制因子及证实核酸提取的效率
环境污染对照	基于拭子的对照，从PCR实验室的各个部位采样，以证实无基于气溶胶的污染

实验室标准操作方法的使用

对所有诊断实验室是否采用标准操作程序（standard operating procedures，SOPs）的问题应进行确定，这一点极为重要，应该作为选择实验室的一个重要因素。

水平测试验证

兽医诊断实验室协会（Veterinary Laboratory Association，VLA）目前尚未对兽医分子诊断采用水平测试（proficiency testing）模块，但随着采用实时PCR的实验室增加，在不久的将来很有可能采用这种评价。虽然目前仍缺少水平测试模块，但就此问题进行询问可获得关于质量、完整性以及关于送检高价值样品的实验室的基本情况。

聚合酶链式反应评价及结果解释指南

PCR检查应提供阴性或阳性结果，同时应该包括解释性的评价。在有些情况下，实时定量PCR分析结果应包括定量分析结果。

对PCR检查结果提供咨询

关于实验室检查结果及分子诊断结果，应询问是否有兽医专家可以回答相关问题。对PCR结果的解释必须要结合其他实验室检测结果进行，同时应考虑临床症状，以便将其最大化地用于诊断检查。专家可通过综合性的分子检查的诊断流程解答这些问题。

对临床兽医的意义

对所有兽医学中的主流诊断方法而言，每种诊断试验都应在一定的时间框架内，以合理的价格提供有用的高质量信息。进行分子诊断的实验室在为高质量样品提供快速周转时间及可以承受的价格方面取得了极大的进步。由于实时定量PCR进展很快，传染病的兽医分子诊断及遗传应用也正逐渐成为一种常用的诊断工具，用于大多数的诊断中。由于传染病的发病率较高，对传染性微生物和病原的了解增多，改进序列分析技术，分子诊断方法的重要性将会明显增加。由于使用简单、可靠、安全，同时价格适中，这是许多执业兽医选择采用这类方法的主要理由。这种诊断方法也可在各种竞争日益加剧和兽医的份额逐渐减少的市场中为临床兽医提供极为有用的医疗解决方案并提高收益。

参考文献

Csako G. 2006. Present and future of rapid and/or high-throughput methods for nucleic acid testing. *Clin Chim Acta.* 363(1–2):6–31.

Harrus S, Waner T, Aizenberg I, et al. 1998. Amplification of ehrlichial DNA from dogs 34 months after infection with Ehrlichia canis. *J Clin Microbiol.* 36(1):73–76.

Hegarty BC, Vissotto de Paiva Diniz PP, et al. 2009. Clinical relevance of annual screening using a commercial enzyme-linked immunosorbent assay (SNAP 3Dx) for canine ehrlichiosis. *J Am Anim Hosp Assoc.* 45:118–124.

Holland PM, Abramson RD, Watson R, et al. 1991. Detection of specific polymerase chain reaction product by utilizing the 5%–3% exonuclease activity of *Thermus aquaticus* DNA polymerase. *Proc Natl Acad Sci* 88:7276–7280.

Kogan LR, McConnell SL, Schoenfeld-Tacher R. 2005. Response of a veterinary college to career development needs identified in the KPMG LLP study and the executive summary of the Brakke study: a combined MBA/DVM program, business certificate program, and curricular modifications. *J Am Vet Med Assoc.* 226(7):1070–1076.

Leutenegger CM. 2001. The real-time TaqMan PCR and applications in Veterinary Medicine. *Vet Sci Tomorrow*, Online Journal, Jan 1.

Liu YT. 2008. A technological update of molecular diagnostics for infectious diseases. *Infect Disord Drug Targets.* 8(3):183–188.

Mackay IM. 2004. Real-time PCR in the microbiology laboratory. *Clin Microbiol Infect.* 10(3):190–212.

Mapes S, Leutenegger CM, Pusterla N. 2008. Nucleic acid extraction methods for detection of EHV-1 from blood and nasopharyngeal secretions. *Vet Rec.* 162(26):857–859.

Pusterla N, Wilson WD, Conrad PA, et al. 2006. Cytokine gene signatures in neural tissue of horses with equine protozoal myeloencephalitis or equine herpes-1 myeloencephalopathy. *Vet Rec.* 159:341–346.

Saiki RK, Scharf S, Faloona F, et al. 1985. Enzymatic amplification of beta-globin genomic sequences and restriction site analysis for diagnosis of sickle cell anemia. *Science.* 230:1350–1354.

Sykes JE, Drazenovich NL, Ball LM, et al. 2007. Use of conventional and real-time PCR to determine the epidemiology of hemoplasma infections in anemic and non-anemic cats. *J Vet Intern Med.* 21(4):685–693.

Vögtlin A, Fraefel C, Albini S, et al. 2002. Quantification of feline herpesvirus-1 DNA in ocular fluid samples of clinically diseased cats by real-time TaqMan PCR. *J Clin Microbiol.* 40(2):519–523.

第310章
保定技术与器具
Restraint Techniques and Devices

Gary D. Norsworthy

概述

保定是诊治猫病的重要部分。虽然绝大多数的病猫很配合，易于接近、诊断和治疗，但有些病猫难以控制或易怒。对于这类猫只要采用合适的技术及保定器械一般可妥善保定，但可能会使其变得易怒。易怒的猫必须要事先进行保定，否则可能对兽医、员工及猫主人有一定危险。一般来说，大多数操作过程都需要进行麻醉。

难以控制的猫

定义

这类猫可以进行控制，但可变得易怒，它们通常发出嘶嘶声，但不喷吐。受到威胁时这些猫可双耳竖立，舌头扁平。这类猫通常不需镇静就可以诊治，见图231-1（A）。

方法及设备

- 用厚的浴巾包裹后检查。
- 侧卧，用浴巾包裹后可从中隐静脉采集血样。
- 用厚浴巾包裹，之后可从笼子中带出。
- 可从塑料盒将其倒入毛巾后包裹。
- 猫袋（cat bags）及猫口套（cat muzzles）比较有效。
- 采用颈圈常常能对猫进行安全处治。
- 如果猫试图藏匿在小盒子中，则可用浴巾盖住小盒子，从笼中将其提出。一旦出了笼子，大多数的猫可采用上述方法及设备处治。
- 装入软袋子的猫可用大浴巾进行处治。猫的头部必须要对着将要解开的袋子的末端，解开袋子顶部，用浴巾盖住猫，使不能运动。由助手用浴巾保定猫。袋子的末端解开，将麻醉面罩置于猫的面部以给予麻醉剂（见图310-1）。

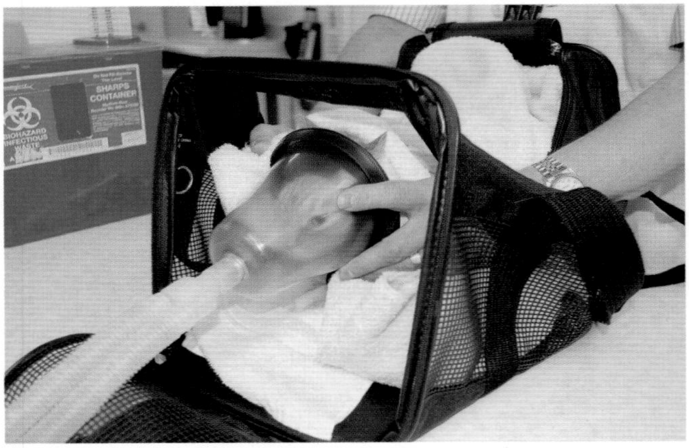

图310-1 软袋中的猫可用厚的浴巾，从袋的顶端开口进行处治。打开袋的末端，用麻醉面罩给予气体麻醉剂

易怒的猫

定义

这些猫是指不激怒就易于攻击的猫，它们常常为捕获的野猫、具有双重个性（在家合作，离开家后有攻击行为），或没有处治好的难以控制的猫。对这些猫进行控制时，从人道及员工安全考虑，需要镇静。

设备及方法

- 猫袋（cat bags）及口套不太实用，主要是由于这些设备不应用于易怒但对兽医、员工及畜主不会有严重风险的猫。
- 猫保定箱（Wild Child™，Veterinary Concepts，Spring Valley，WI）为一种塑料箱，具有可拆卸的门（见图310-2），作者将其用于下列情况：
  - 置于塑料运送箱中的猫（cats in plastic carriers）：将猫保定箱的门打开，打开袋子的前半部，当前半部从袋子中抬起时，将猫保定箱降低到比猫低，顶端向下，见图310-3（A）。当猫保定箱罩住猫后，将毛巾、报纸、木球、玩具或其他物体从袋子中除去，但应确定猫的尾巴和爪都在猫保定箱中以免发

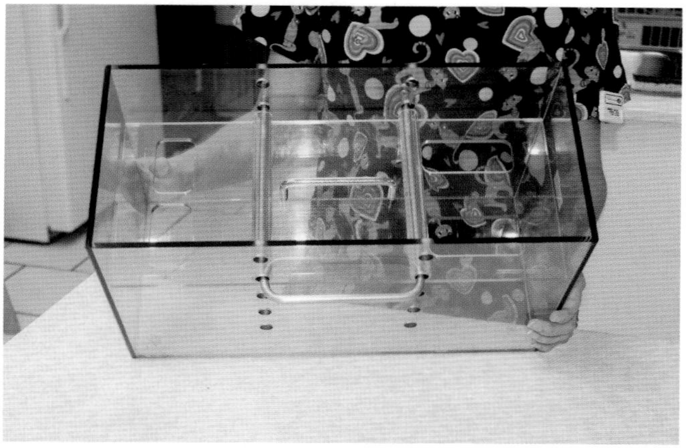

图310-2 猫保定箱（Wild Child™）为一种清洁的小箱子，具有可拆卸的盖子，有多个位点可以确保能适合猫的大小

生损伤，然后将袋子、猫和箱子转动180°，放置于桌面上，见图310-3（B）和310-3（C）。在将袋子底部抬高时，将Wild Child的门迅速滑动到位置，见图310-3（D）。将麻醉气体泵入箱内。

- 置于笼子中的猫：打开保定箱的门，将保定箱的开口面对猫。除了开口一侧外，保定箱的其他所有面均用毛巾覆盖。如有可能，应除去笼子中的食物、水碗、毛巾及猫沙盆。将保定箱置于笼子平面上，向着猫移动。用保定箱的门防止猫突然逃离，见图310-4（A）。之后将保定箱向着笼子的背部推进，诱使猫进入。此时，应除去覆盖的毛巾，将保定箱从笼子背部逐渐移开，使得其门能滑动到位，见图310-4（B）。除去毛巾后将保定箱转动以便其面朝上，插入固定栓，见图310-4（C）。将麻醉气体注入箱内。
- 猫在硬纸箱中（cats in cardboard carriers）：去掉门，将保定箱放在纸箱上，面朝下。打开纸箱门，用保定箱罩住猫，见图310-5（A）。将纸箱和保定箱一同转动180°，使保定箱底在桌面上，见图310-5（B）。快速除去纸箱，将Wild Child的门滑动到位后固定，见图310-5（C）。将麻醉气体泵入箱内。
- 猫在比保定箱小许多的盒子中：将盒子置于塑料袋

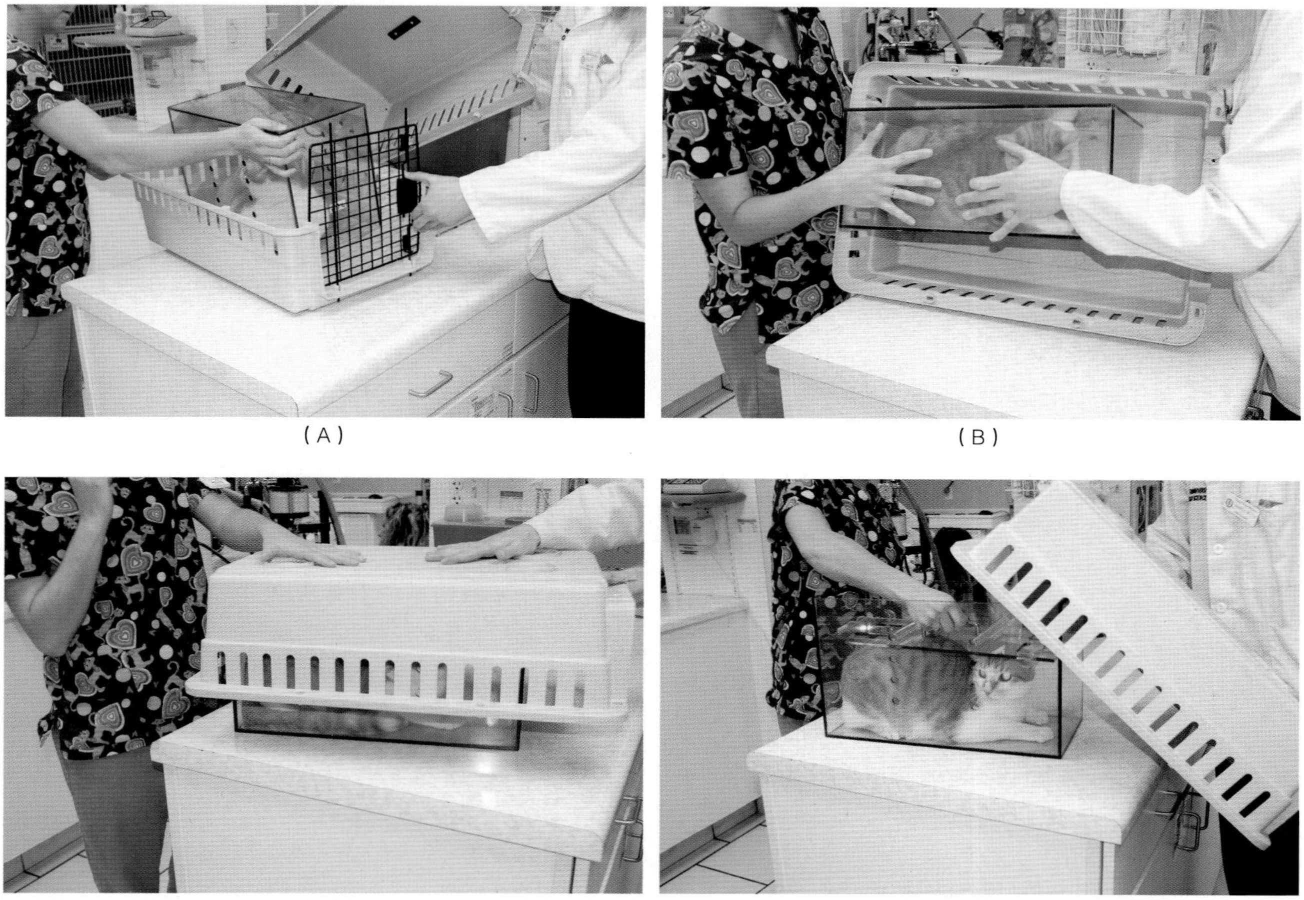

（A）（B）（C）（D）

图310-3 猫在塑料运送箱中。（A）当移开运送箱的上半部时，保定箱的顶部朝下，降低到比猫低。（B）和（C）运送箱、猫及保定箱转动180°，置于桌面上。（D）当运送箱的底部抬开时，迅速滑动保定箱的门且关闭

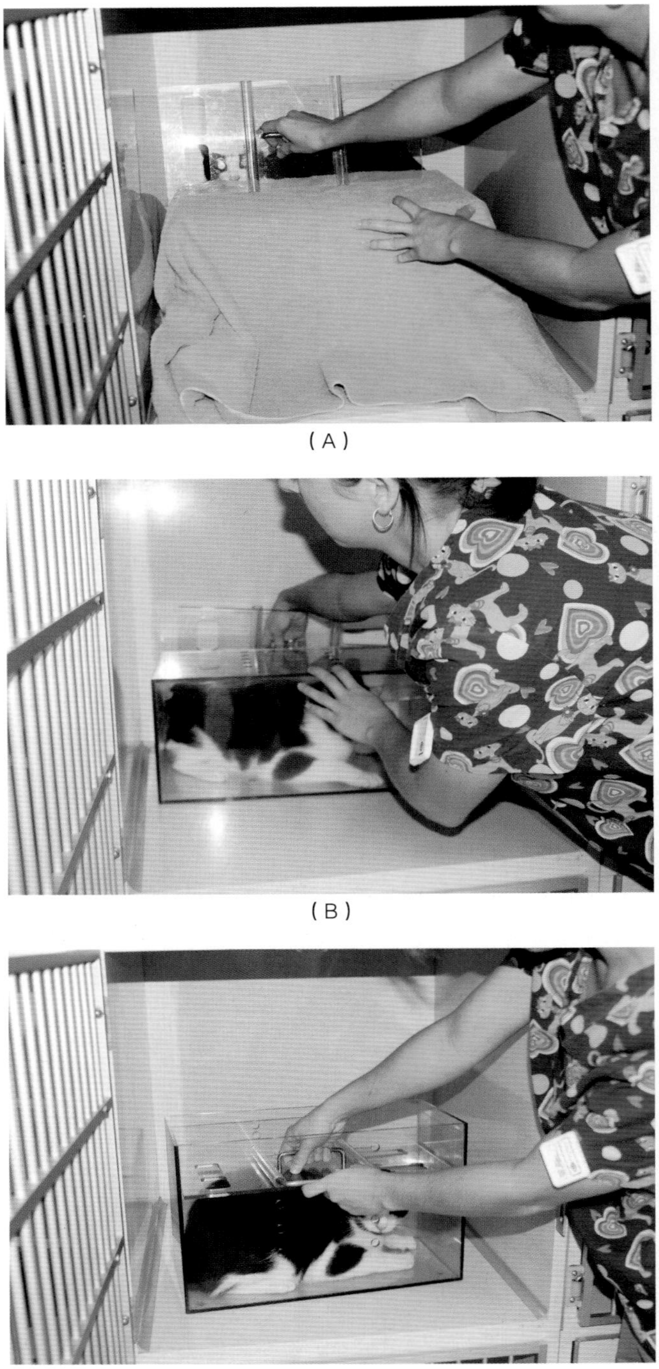

图310-4 猫在笼中。（A）将盖子打开，开口朝着猫，将保定箱置于和笼子在一个水平面上，向着猫移动。保定箱的门用于阻止猫从笼中逃离。用毛巾覆盖除开口外箱体的所有面以便猫将保定箱看作没有威胁的地方。（B）将保定箱对着装有猫的笼子的背部推进，除去毛巾，将保定箱移离笼子背部，以使其门能滑动到位。（C）将Wild Child转动，以便其面朝上。插上保险栓

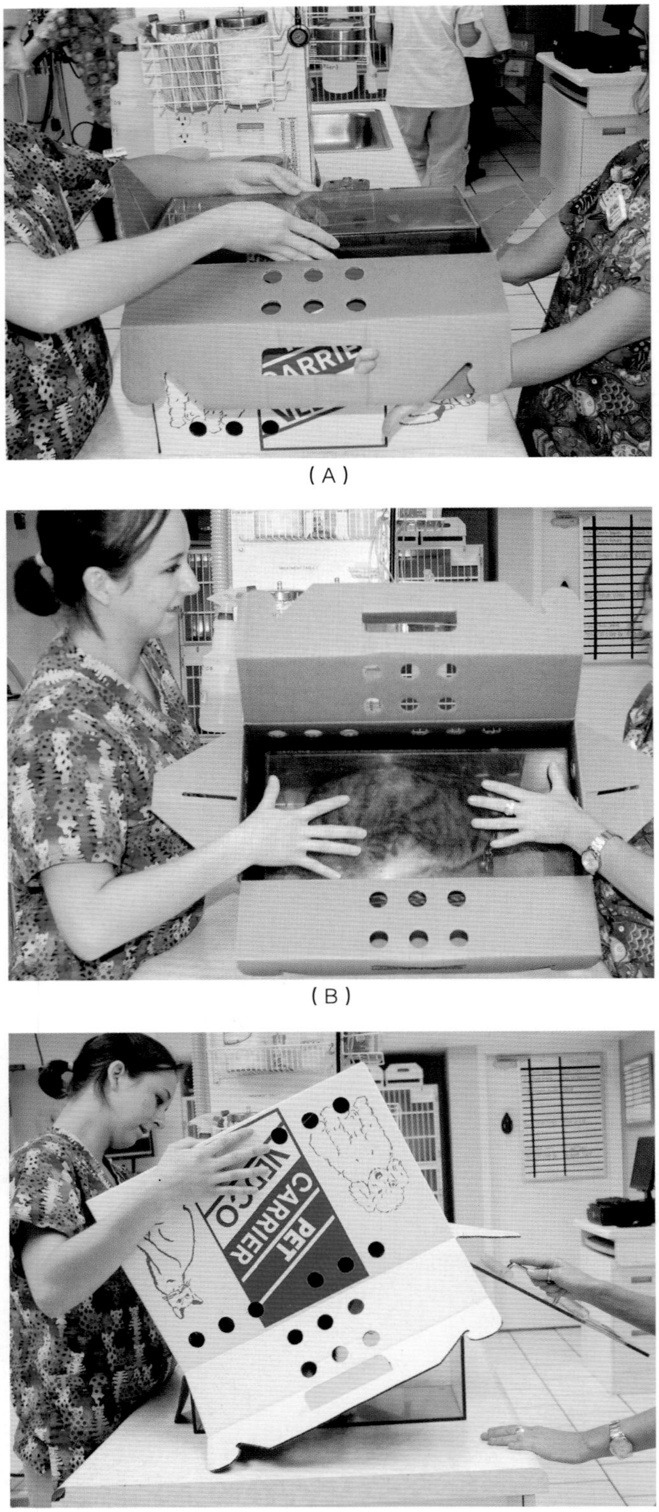

图310-5 猫在纸箱中。（A）除去保定箱的门，将其放在纸箱上，面朝下，打开纸箱门，将用保定箱罩住猫。（B）将纸箱及保定箱旋转180°，以便保定箱的底部置于桌面上。（C）除去纸箱，滑动保定箱的门并使其关闭

中，最好为清洁袋，将麻醉机的软管插入塑料袋的开口，通入麻醉气体。猫松弛后将其从盒子中取出，用麻醉面罩达到维持理想麻醉的水平。

捕捉网（Catch Net™，Jorgensen Laboratories，Loveland，CO）为一种紧密编织的网，上有把手，可通过拉动把手两端的绳而闭合开口。这种设备用于下列情况：

- 捕捉器中的猫（cats in humane traps）：首先用表310-1中的公式计算剂量，口服氯丙嗪及安定。将一端开口的3.5F×14cm公猫用导尿管插入猫的嘴中以注射药物，这种操作需要有耐心。由于药物的苦味，猫可能会流口水。处方剂量足以在5～10min内诱导轻微的镇静。出现镇静后将猫从捕捉器倒入捕捉网中，然后将其带到保定箱内，将麻醉气体注入箱内。应注意氯胺酮可引起角膜溃疡，必须要在控制下直接注入口中，不能喷洒到猫张开的口腔中。

表310-1　氯胺酮及安定的口服剂量*

小猫	0.15mL氯胺酮+0.3mL安定
中猫	0.20mL氯胺酮+0.4mL安定
大猫	0.25mL氯胺酮+0.5mL安定

*氯胺酮可引起角膜溃疡，必须要注入口腔而不能危害到眼睛。

结论

有许多设备可用于安全人道地处置具有进攻行为的猫。本章所介绍的设备是作者及其员工长期使用的很可靠的器械。无论选用何种设备及采用何种技术，人员安全和人道地处置猫是关键。猫的咬伤可能很疼，治疗可能很昂贵，因此必须在猫咬伤及能够帮助病猫之间权衡利弊。这些设备及技术可有助于两者之间的平衡。

参考文献

Norsworthy GD. 1993. Dealing with fractious feline patients. *Vet Med.* 88(11):1053–1060.

第311章
检验程序
Testing Procedures

Mitchell A. Crystal 和 Gary D. Norsworthy

血压测定

适应证

- 疑似患有高血压的猫，参见第107章。
- 甲状腺机能亢进的猫，参见第109章。
- 患有肾脏疾病的猫，参见第6章、第86章及第189章至第191章。
- 处于麻醉中的猫，参见第247章。
- 患有心脏病的猫，参见第56章、第108章、第110章及第192章。
- 由于高血压更常见于老龄猫，而且并发于许多疾病，也可为一种原发性疾病，因此是老龄猫日常必检项目。

目的

- 测定心脏收缩时的血压（最低要求）。
- 测定心脏收缩、心脏舒张及平均血压（首选）。

设备

- 采用动脉内传感器（直接）测定血压是血压测定的金标准，但直接读数在临床实践中并不实用。
- 间接测定血压的设备有两种：
  - 多普勒：建议采用的设备包括Vmed Technology（电话：1-866-373-9627）及Parks Medical（电话：1-800-547-6427）等研制的产品，这些产品只能可靠地测定收缩压，是为检查室设计制造的，在猫清醒及麻醉状态下均工作良好。
  - 示波器（Oscillometric）：专门为病猫设计的仪器有Cardell® 9401（Sharn Veterinary；电话：1-866-447-4276），petMAP™（Ramsey Medical；电话：800-231-6370）及Memo Diagnostic HDO™（S+B medVet；电话：1-866-373-9627），这些产品可测定心脏收缩压、舒张压及平均血压。Memo Diagnostic HDO™主要特点为采用高解析度的示波器（HDO）技术，可将一种扫描轨迹显示在计算机屏幕上，通过这种轨迹可检查每个读数的质量及可靠程度。

技术

- 应激会极大地影响猫的血压。下述措施有助于获得真实的数据：
  - 房间安静，远离犬或其他猫的视力或声音。
  - 猫主人在场。
  - 处治文雅。
  - 有足够的时间使猫安静和配合检查。
  - 在进行其他查体或操作之前测定血压。
  - 旋转血压计的袖口宽度为要包裹的身体某部位周长的30%～40%。
  - 将袖口舒适地置于下列部位之一测定。有些操作者喜欢在前肢测定，而有些则喜欢在尾部测定。
  - 肘后。
  - 飞节前。
  - 尾根部。
  - 采用示波器测定时，应将袖口的一部分（通常用箭头标识）置于动脉之上。
  - 调整猫的体位，以便心脏和血压探测传感器位于同一水平面。
- 采用多普勒仪测定时，将传感器置于下列位置之一的后边：
  - 最接近于腕骨垫。
  - 最接近于跗骨垫。
  - 尾巴腹面，距袖口约2cm。
- 有些多普勒仪需要在接触传感器的皮肤处剃毛。使用酒精和偶连胶时可不用剃毛。
- 测定血压时应多测定几次。如果头3个读数恒定（相差10%），然后求其平均数。否则，应再测定1～4次，剔除异常值，其余值求平均数。
- 如果采用Memo Diagnostic HDO™，则应剔除计算机

示踪时不具有钟形曲线（bell – shaped curve）的数值。这些数值通常与读数时猫的活动有关。

- 应间隔1min或以上测定读数。短时间内经常压迫动脉可引起动脉疲劳，降低血压读数。
- 如果对结果仍有疑问，则应在另一位置重复测定。
- 一般来说，间接血压测定可能会略低于真实的血压数据。

网织红细胞计数

适应证

可用于评估贫血时的骨髓造血机能。

目的

- 用于鉴别再生性贫血与非再生性贫血。兼有诊断、治疗及预后意义。

技术

- 在乙二胺四乙酸（EDTA）抗凝血中加入等量新鲜配制的亚甲蓝染液，混合均匀后放置10～20min。
- 采用血细胞比容管或紫色盖采血管。
- 将一滴染色后的血液置于显微镜载玻片上，做成血液涂片。
- 油镜检查血细胞（1000倍）。
- 如果聚集网织红细胞百分比大于0.5%，则表示骨髓对轻度贫血的反应正常，如果聚集网织红细胞更高，则可能发生了中度（2%）或严重的（4%）贫血。
- 如果贫血轻微，点状网织红细胞计数通常可以忽略，如果有存在，则说明为再生性反应。

福尔马林–乙醚沉淀技术

适应证

福尔马林–乙醚沉淀技术用于猫表现临床症状，或实验室检查结果表明有肝脏疾病，病猫生活在或临近肝片吸虫流行地区。

目的

- 从粪便样品检查肝片吸虫虫卵。

技术

- 将1g粪便悬浮在25mL生理盐水中，摇匀。
- 通过小孔筛过滤悬浮液。
- 以1500（rpm）离心5min。
- 弃去上清液。
- 将沉淀重新悬浮在7mL 10%福尔马林缓冲液中，摇匀，室温下放置10min。
- 在悬浮液顶部加入3mL冷乙醚。
- 将底部的沉淀重新悬浮在数滴盐水中，摇匀。
- 将悬浮液置于载玻片上，盖上盖玻片。
- 以100倍（低倍镜）检查。

葡萄糖曲线及果糖胺试验

适应证

- 监测糖尿病。
- 糖尿病管理评估。
- 糖尿病失调（diabetes mellitus dysregulation）检查。
- 排除或证实高血糖反弹。
- 检测和预防低血糖的糖尿病猫，因此种病猫在接受胰岛素的过程中易形成非胰岛素依赖糖尿病。

目的

葡萄糖曲线（glucose curve）

- 确定胰岛素作用的峰值时间。
- 确定胰岛素峰值作用的水平（血糖最低点）。
- 确定胰岛素作用的持续时间。

果糖胺（fructosamine）

- 检测1周内的平均调节值。

技术

- 注射胰岛素，正常饲喂。试验之前至少应制订完整的注射胰岛素及饲喂计划。
- 在每天两次用胰岛素治疗的猫，最后一次使用胰岛素后12h开始进行试验。对每天使用一次胰岛素进行治疗的猫，在最后一次用胰岛素后24h开始试验。
- 第一次采集的血样量应足以进行葡萄糖及血清果糖胺测定。
- 每隔2h测定一次葡萄糖，直到能够确定以下要求的结果：
  - 胰岛素作用的峰值时间。
  - 血糖最低值。
  - 葡萄糖是否升高或持续高于20mmol/L（350mg/dL）（胰岛素发挥作用）。
  - 葡萄糖最低值是否低于5.5mmol/L（100mg/dL）。

- 如果最低值低于3.3mmol/L（60mg/dL），则应关注因胰岛素剂量过高引起的高血糖反弹，但有些接受甘精胰岛素或地特胰岛素治疗的猫，可能在治疗后数小时血糖水平低于正常或轻度降低，因此无需降低胰岛素的剂量（关于甘精胰岛素及地特胰岛素使用的详细资料，可参见第52章及www.uq.edu.au/ccah/index.html?page=41544）。
- 虽然罕见，但如果对胰岛素发挥作用的持续时间有疑问，则需要测定24～48h的曲线；如果猫每隔12h采用胰岛素治疗，则测定8～10h的曲线就足够。

结果说明

- 如果葡萄糖水平低于3.3mmol/L（60mg/dL），则应降低胰岛素的剂量。参见"技术"部分的说明及参考文献。
- 如果已经排除并发病及胰岛素颉颃的原因，葡萄糖曲线测定时多个样品中葡萄糖水平高于20mmol/L（350mg/dL），或如果血清果糖胺水平表明调节机能不全，则增加胰岛素的剂量。
- 如果作用的持续时间不能在注射胰岛素的期间有效控制血糖，则增加胰岛素的注射频率或改换胰岛素的类型。
- 如果低血糖后鉴定到高血糖反弹（索莫奇效应，Somogyi Effect）（即低血糖后高血糖，采用胰岛素治疗的严重糖尿病病例，容易在午夜发生低血糖，主要是午夜时对抗激素，如肾上腺素、生长激素、糖皮质激素、胰高血糖素等增加，使血糖上升，但此时胰岛素分泌不足，不能维持正常血糖水平，由此产生高血糖——译注），则降低胰岛素的剂量。在采用甘精胰岛素或地特胰岛素治疗的猫，如果低血糖轻微，不表现临床症状，则可增加或积极监测而不调整胰岛素，这是因为有些猫在接受这些胰岛素治疗的最初数周会表现中等程度的胰岛素前高葡萄糖水平，对胰岛素发生良好反应的黎明现象（dawn phenomenon）［指糖尿病患者在夜间血糖控制尚可平稳，但黎明时分（清晨3—9时）由于各种激素间的不平衡，导致形成清晨血糖升高的状态——译注］。

注意事项

- 由于许多镇静剂对胰岛素有颉颃作用，因此勿用镇静剂镇静。
- 在新近诊断的非酮中毒性糖尿病病猫，可在开始时以0.25U/kg剂量的胰岛素进行治疗，这是保守剂量。
- 再治疗5d后（最好作为门诊病例治疗，或者如有必要，可以住院治疗），测定血液葡萄糖曲线。除非为了获得基础值以便以后进行比较，一般无需进行果糖胺试验。
- 如果开始时的血糖高于22mmol/L（400mg/dL），可增加胰岛素的剂量，葡萄糖曲线的测定要推迟5～7d，这样可避免进行多次毫无意义的葡萄糖曲线测定，而且如果客户的经费有限时则更有帮助作用。
- 血液葡萄糖测定可采用家用血糖计测定。测定结果最为准确的血糖计包括AlphaTrak™（Abbott Laboratories，Abbott Park，IL）及OneTouch Ultra2™（LifeScan Inc，Milpitas，CA）。应该注意的是，大多数血糖计的测定值低于真实血糖值，但AlphaTRAK（Abbott）则不会。
- 可通过耳缘静脉穿刺技术（采用少量样品时），或通过中央静脉插管技术（用于长期曲线测定或多个大剂量样品的采集）采集血样。
- 应结合临床症状解释血液葡萄糖曲线测定结果（如果恰当，血清果糖胺也是如此），主要是每天的结果可能有差异。
- 如果血清果糖胺浓度在33mmol/L（果糖胺的关键差异）以下变化，常因血糖控制改变以外的其他原因所引起，除非同时进行的血液葡萄糖曲线测定表明有其他因素。

碘海醇清除：肾功能检测

适应证

- 原因不明的多尿及多饮。
- 调查可能的肾功能不全。
- 仔细监测肾功能。

目的

- 确定肾小球滤过率（肾功能）。

技术

- 禁食12h；应经常供水。
- 记录体重变化。
- 静脉内插管。
- 以300mg/kg的剂量经导管快速注入碘海醇；精确记录注射时间。

- 在第2、3及4小时采集2～3mL血液至红盖血凝管；精确记录每次采样的时间；分离血清，置于塑料安瓿中，做好标记（即名称与时间）。
- 将冷藏或冷冻的样品送实验室，随同的记录单上表明病猫的身份鉴别、体重、碘海醇记录及采血时间。

结果的解释

- 数据低于参考值可证实肾机能不全。

注意事项

- 检测结果的验证和分析可在密歇根州立大学（Michigan State University）（电话：517-355-0281；送检表）进行。

T_3抑制试验

适应证

如果表现明显的甲状腺机能亢进（临床症状、可触及到甲状腺叶），但总T_4（TT_4）正常，则可进行T_3抑制试验（T_3 suppression test）。

方法

- 采集血清样品，冷冻保存。
- 每隔8h注射25μg碘塞罗宁钠（sodium liothyronine）（Cytomel®），共7次。
- 最后一次注射后2～4h再次采集血清样品。
- 两份血清样品送实验室检测TT_4和总T_3（TT_3）。

结果解释

- 正常猫及无甲状腺疾病的猫TT_4的产生被抑制，是试验前50%或以下。
- 甲状腺机能亢进的猫TT_4并不受到抑制，比试验前要高出50%。
- 可认为试验结果极为准确。
- 测定TT_3水平只能确认猫主人的主诉及药片的吸收，第二次的TT_3水平应明显高于基础值。
- 如果资金不允许此试验，则可省略TT_3值的测定，这是因为在对结果的解释中不涉及该值，但不能确定猫主的主诉或药物的吸收不足。

TRH 反应试验

适应证

- 如果有明显的甲状腺机能亢进（即临床症状及可触及到甲状腺叶），但TT_4正常，则应进行TRH反应试验（TRH response test）。

技术

- 以0.1mg/kg剂量静注TRH。
- 4h后采集血清，测定TT_4。

结果的解释

- 正常猫及无甲状腺疾病的猫血清TT_4可升高60%或以上。
- 甲状腺机能亢进的猫TT_4升高50%或以下。
- 升高50%～60%可看作临界线（无诊断价值）。

注意事项

- 在4h的试验期间可出现过渡性的不良反应，如流涎、呕吐、呼吸急促及排便。
- 结果高度准确。
- 与T_3测定相比，这种试验的优点是试验时间短，也不依赖于猫主的主诉。

毛发图像分析

适应证

- 毛发图像分析（trichogram）用于确定脱毛是否由于咀嚼、舔食或擦伤，或是由于毛发脱落所引起。

技术

- 在脱毛区采集毛样。
- 将毛样置于载玻片上的一滴矿物油中，应注意将末端放在一起。
- 用盖玻片盖住矿物油。
- 100倍下观察毛端。

结果解释

- 正常毛端为尖端突出。
- 由于咀嚼、舔食或擦伤断裂的毛末端较钝。
- 正常毛的近端是圆形，与断裂的毛易混淆，因此必须观察毛的末端。

硫酸锌粪便漂浮试验

适应证

硫酸锌粪便漂浮试验（zinc sulfate fecal flotation）用于疑感染贾第鞭毛虫病的猫，检查一个粪便样品时检出率约为77%，检查3～5d内采集的3个粪便样品时约为96%。

目的

- 检查贾第虫卵囊。
- 这种方法也可鉴定线虫类寄生虫［如钩虫、蛔虫、鞭虫及泡翼线虫（*Physaloptera*）］。

技术

- 将2g粪便与15mL 33%硫酸锌溶液混合。
- 将混合液通过滤茶器或粗棉布过滤到试管中。
- 用硫酸锌倒满试管。
- 1500rpm离心5min。
- 在试管口盖上盖玻片，4～5min。
- 将盖玻片置于载玻片上，检查卵囊。

准确性注意事项

近来对快速酶联免疫吸附测定（ELISA，即SNAP Giardia Test®，IDEXX Laboratories，Westbrook，ME）、实验室ELISA及免疫荧光显微镜检查的结果进行的比较研究表明，在检测贾第鞭毛虫时，SNAP试验的灵敏度及特异性明显比硫酸锌粪便漂浮试验高，PCR试验也可检测贾第鞭毛虫，其灵敏度及特异性也比硫酸锌粪便漂浮试验高。硫酸锌粪便漂浮试验的优点是能够检测到其他寄生虫。

参考文献

Cohen TA, Nelson RW. 2009. Evaluation of six portable blood glucose meters for measuring blood glucose concentration in dogs. *J Am Vet Med Assoc.* 235(3):276–280.

Tilley LP, Smith FWK, eds. 2009. *Blackwell's Five-Minute Veterinary Consult*, 4th ed. Ames, IA: Blackwell Publishing.

第312章
激光治疗技术的应用
Therapeutic Laser Applications

Ronald J. Riegel

作用机制及安全性

激光治疗主要有三个目的：（a）缓解疼痛；（b）减少炎症；（c）加速痊愈时间。激光治疗是基于光生物激发（photobiostimulation），主要依赖于获得治疗剂量的能量（单位是J/cm^2）。当剂量5～7J/cm^2时受损细胞可激发出临床反应。

有效的光生物激发依赖于功率、波长及治疗时间的正确组合。功率即释放能量的速度，以W（瓦特）表示。释放能量的多少以J（焦耳）表示。根据定义，1J=1W/s。

激光的波长以nm（纳米）表示。激光对细胞的生物作用与激光的波长有关。短波被表面吸收，长波不易被表面吸收，光能量可穿透组织到达深部。

治疗激光可以是连续能量输出，或脉冲式能量输出或两者均有。如果连续射出激光，则释放的能量等于功率与时间的乘积。当激光脉冲光子在短的预期时间内发射，每次发射之间有间歇，脉冲和频率是可以互换，用于描述同一事物的概念。

光生物激发是在细胞水平上发生的一种生化级联反应。光子可穿入单个靶细胞，刺激细胞膜及细胞器。线粒体是主要的光感受器。发色团（chromophores）为可吸收光的亚细胞器。在线粒体膜内，主要的光感受器为细胞色素C。当光子能刺激这些光感受器时，细胞色素C转化为细胞色素C氧化酶的速度增加，细胞呼吸速度加快，三磷酸腺苷（ATP）的合成增加。细胞内能量水平增高的生化级联反应，导致在组织内产生许多生理作用。三种主要的作用是：（a）局部及全身止痛；（b）减少炎性反应；（c）加速病猫自身细胞修复过程。

参与止痛的三种主要的光生化级联反应包括：（a）增加一氧化氮的产生及释放；（b）增加β-内啡肽水平；（c）增加缓激肽水平。导致降低炎性反应的光生化级联反应包括：（a）增加前列腺素合成；（b）线粒体膜钙、钠和钾浓度正常化；（c）刺激血管扩张；（d）减少白介素（IL-1）的产生。组织修复的加速是光生物激发作用的结果。通过穿入深部的光生物激发光子发挥作用的一个独特的特点是能真正促进及加速痊愈。主要的生理变化为白细胞及巨噬细胞浸润，激活成纤维细胞、成软骨细胞及成骨细胞。

激光治疗的安全性极为重要，因为在猫临诊中采用的激光治疗有两个主要的安全问题，即可对眼睛及真皮结构产生不良影响。使用时应一直佩戴制造商提供的护目镜，用厚的黑色毡保护病猫的眼睛。通过采用良好的技术减少对真皮的影响，确保病猫不使用任何对光敏感的药物。

操作指南

诱发慢性疼痛的疾病或引起体内深部组织解剖结构发生病变的疾病都可能比表面的或急性疾病更需要进行治疗。应积极采用激光治疗。激光治疗具有累积效应，每次激光治疗可在上次治疗的基础上叠加。典型的治疗方案包括在第一周隔天治疗1次，第二周治疗2次，此后每周1次或2次，直到痊愈。

世界激光治疗协会（World Association of Laser Therapy）及新近的文献中认为，在细胞水平刺激激光生化反应需要5～7J/cm^2的能量。毛发的颜色及数量、组织的密度、治疗部位的血循量及液体量等均可导致光子能在到达靶细胞之前被意外地吸收。因此，针对深部组织的剂量应增加。例如，对12.9cm^2 的表面面积进行光生物激发治疗疼痛，而加速腹壁伤后的愈合则需要的剂量为5J/cm^2，约为65J。对同一组织进行光生物激发治疗时，大剂量可缓解疼痛，而下泌尿道的炎症则需要的剂量为10J/cm^2，约为129J。

禁忌证

有多种情况必须避免使用激光治疗，包括：（a）眼睛暴露时；（b）直接用于妊娠猫的腹腔；（c）对正在出血的任何部位使用；（d）接受光敏药物治疗的任何动物；（e）用于仔猫的骨骺生长板；（f）直接用于患有心脏病动物的心脏区；（g）直接用于睾丸组织；（h）直接用于任何原发性或继发性肿瘤性病变。

适宜于激光的临床疾病

口腔

口腔炎，齿龈炎或牙周炎，拔牙后疼痛，嗜酸性粒细胞性肉芽肿，无痛性、嗜酸性或侵蚀性溃疡，猫痤疮及创伤等是接受激光治疗最常见的疾病。

鼻腔

当患有鼻炎、咽炎或鼻窦炎时，以大剂量激光治疗炎症引起高度充血的病猫时效果良好。

耳

最常用于耳炎（从外部治疗耳道）、耳血肿及冻伤。

肌肉骨骼系统

除有些肿瘤、代谢、遗传性、先天性或发育性疾病可能没有效果，大多数肌肉骨骼系统疾病对光生物激发有反应，这些疾病包括：

- 骨折修复或骨折不愈合。
- 创伤或伤口：刺激伤口的康复边缘，对涉及肌腱及骨的深部伤口采用大剂量治疗。
- 退行性及炎性关节炎，退行性关节疾病及椎间盘疾病：以8～10J/cm^{2}的剂量在3周内多个阶段进行治疗。可用于治疗任何因损伤继发引起其他区域的疼痛。在激光治疗的同时应做全关节范围内的被动活动。
- 神经肌肉疾病：创伤性神经病、获得性肌炎（如咬伤所引起）以及外周性糖尿病性神经疾病（peripheral diabetic neuropathies）均可出现良好反应。光生物激发应以6～8J/cm^{2}的剂量用于整个解剖区，同时采用积极的治疗方案，每周多次，治疗数周。
- 激光辅助康复（laser assisted rehabilitation）：光子疗法可用于治疗疼痛，改进活动能力及恢复力量，加速康复速度。由于对病猫难以提供有控制的运动练习，因此光生物激发治疗后无需再运动锻炼。损伤稳定后可实施激光治疗。对外科病例，在可手术前后都可实施激光治疗。如果以运动能力的恢复为目标，则可对大部分区域实施激光治疗，同时做被动的全关节活动范围的训练。
- 皮肤病：用表面剂量3～5J/cm^{2}进行治疗。对激光治疗有效果的疾病包括脓肿、蜂窝织炎、烧伤、过敏性皮炎、粟粒状皮炎及癣。治疗嗜酸性粒细胞肉芽肿可缓解疼痛及炎症，可增加局部血循，阻止血循嗜酸性粒细胞的增加，加速皮肤损伤的痊愈。
- 猫下泌尿道的疾病：光生物激发为治疗这类疾病的另一种方法。调整猫的体位，将后腿置于桌面，猫的上部妥善保定到桌面外，目的是将膀胱靠于腹部腹壁。在背部直接以10J/cm^{2}的剂量治疗。如果诊断早，积极采用激光每隔48h治疗一次，连续2周，可缓解本病，有些病例可能需要较长时间才能治愈本病。
- 术后治疗：例如，膀胱切开术。手术的适应证：通常具有尿结石，已经诱发了膀胱炎症，手术可缓解炎症。闭合切口前采用激光治疗可立即减少炎症，刺激再生性细胞，增加血流，缓解疼痛。

光生物激发的经济效益

激光治疗在猫的临床实践中的应用具有多个优点：（a）在猫病的治疗中，激光治疗是一种科学的治疗方法，可在细胞水平加速痊愈；（b）临床实践中是一种有效缓解疼痛的方法；（c）对非甾体激素抗炎药物及皮质类固醇不耐受的猫来说，激光治疗为一种实用的选择；（d）激光疗法是一种无风险或风险很小的增加收益的临床技术，也是临床实践中由额外服务获得额外收益的方法。

总结

在猫的临床中采用激光疗法是一种科学、安全、通用和有效的治疗方法，也是唯一能促使机体加速痊愈的方法，可使病猫快速康复，并且具有较高的生活质量。

参考文献

Amat A, Rigau J, Waynant RW, et al. 2005. Modification of the intrinsic fluorescence and biochemical behavior of ATP after irradiation with visible and near-infrared laser light. *J Photochem Photobiol*. 81: 26–32.

Anders JJ, Geuna S, Rochkind S. 2004. Phototherapy promotes regeneration and functional recovery of injured peripheral nerve. *Neurol Res*. 26:233–239.

Baxter GD. 1994. *Therapeutic Lasers Theory and Practice*. Philadelphia: Churchill Livingstone.

Bromiley MW. 1991. *Physiotherapy in Veterinary Medicine*. London: Blackwell Scientific.

Byrnes KR, Barna L, Chenault VM, et al. 2004. Photobiomodulation improves cutaneous wound healing in an animal model of type II diabetes. *Photomed Laser Surg*. 22:281–290.

Chow RT, Barnsley L. 2005. Systemic review of the literature of low-level laser therapy in the management of neck pain. *Lasers Surg Med*. 37:46–52.

Grossweiner LI. 2005. *The Science of Phototherapy: An Introduction*. Heidelberg: Springer Verlag.

第8篇

其他问题

Appendices

第313章 年龄估测

Age Approximation

Karen M. Lovelace

概述

描述病猫疾病症状的另外一个重要部分还包括年龄，其也是指导诊断、推荐治疗和预后的必要部分，因此估测病猫的年龄具有许多重要意义。年龄有助于区别正常解剖组织和病变组织。采用药物治疗时必须要考虑年龄，必须要根据年龄调整药物剂量及麻醉方案。年龄对采用各种诊断方法也有明显的影响，但在就诊时常常并不明确病猫的出生日期，因此必须大致估测其年龄，然而可用于估测猫年龄可以利用的信息不多。虽然有些客观数据可用来确定猫生长的不同年龄阶段，如生长板闭合时间、出牙时间、行为发育，但严格来说，这些信息都是经验性的，因此仍需进行研究来获取更为准确的关于猫的发育过程中所发生的各种变化。但迄今为止，本章中所介绍的各种信息只是一些有助于估测年龄的资料。

客观指标

出牙时间

出牙时间可用于区分成年猫和仔猫，用于仔猫生长期间年龄估测（见表313-1和图313-1）。

X线检查变化

生长板闭合时间可作为辅助工具，估测或证实2岁左右猫的实际年龄（见表313-2和表313-3）。

表313-1　猫的出牙时间

	乳齿（周）	永久齿（月）
切齿1	2～3	3.5～4
切齿2	3～4	3.5～4
切齿3	3～4	4～4.5
犬齿	3～4	4～5
前臼齿2	8	4.5～5
前臼齿3	4～5	5～6
前臼齿4	4～6	5.6
臼齿	N/A	4～5

引自 Dental Development. 1998. In *The Merck Veterinary Manual*，8th ed.， pp. 131 – 132. Philadelphia：Merck & Co.， Inc.

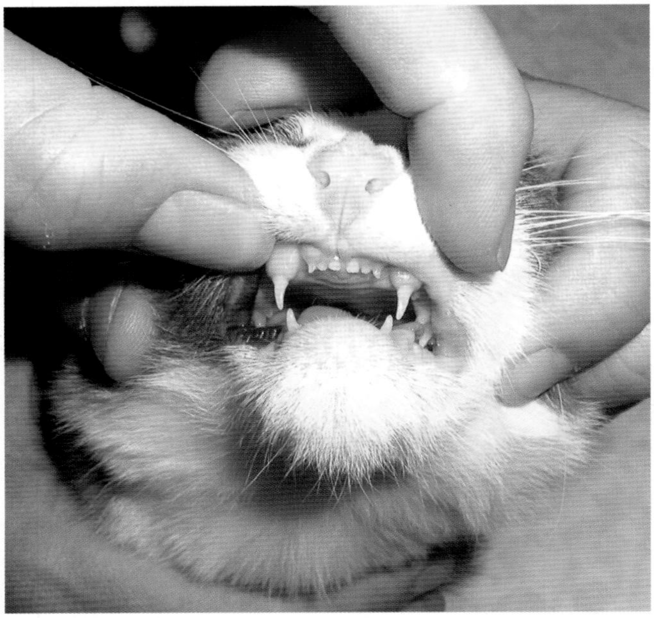

图313-1　第一对成年上切齿出现在3.5～4月龄，这一标准可用于确定仔猫最后一次免疫接种的时间

表313-2　X线检查生长板闭合时间估测年龄

肩胛骨	肩臼上结节（Supraglenoid tubercle）	3.5～4月龄
肱骨	近端骨骺	18～24月龄
	远端骨骺	4月龄
	髁状突(Condyles)	3.5月龄
	内侧髁（Medial epicondyle）	4月龄
	外侧髁（Lateral epicondyle）	3.5月龄
桡骨	近端骨骺	5～7月龄
	远端骨骺	14～22月龄
尺骨	鹰嘴结节（肘结节，Olecranon tubercle）	0～13月龄
	远端骨骺	14～25月龄
腕骨	副腕骨骨骺（Accessory carpal epiphysis）	4月龄
掌骨 II – V	远端骨骺	7～10月龄
趾骨 I 和 II	近端骨骺	4～5.5月龄

引自 Dyce KM， Sack WO， Wensing CG. 2002. *Textbook of Veterinary Anatomy*，3rd ed.， pp. 455. Philadelphia：Saunders.

表313-3　猫的骺板闭合日龄

骨	节段	日龄
肩胛骨	肩胛茎及喙突	112
肱骨	近端骨骺	547～730
	内髁及外侧髁（Medial and lateral condyles）	98
	中上髁（Medial epicondyle）	112～146
桡骨	近端	196
	远端	406～616
尺骨	近端 (鹰嘴突隆，tuberosity of olecranon)	266～364
	远端骨骺	406～700
腕骨	副腕骨骨垢（Accessory carpal bone epiphysis）	112～126
掌骨	远端骨骺（Distal epiphysis）Ⅱ—Ⅴ	203～280
指（趾）骨	近端：近端骨骺Ⅱ—Ⅴ	126～154
	中间：近端骨骺	112～140
籽骨		140
股骨	股骨头	210～280
（Sesamoid）	大转子	196～252
	小转子	238～308
	远端骨骺	378～532
胫骨	近端骨骺	350～352
	远端骨骺	280～364
腓骨	近端骨骺	378～504
	远端骨骺	280～392
跗骨	腓骨跗骨（Fibular tarsal）	210～364
跖骨（metatarsal）	远端骨骺（Distal epiphysis）Ⅱ－Ⅴ	224～308
趾骨	近端Ⅱ－Ⅴ	126～168
（phalanx）	中间Ⅱ－Ⅴ	126～154
籽骨	跖趾（metatarsophalangeal）	70～112
（sesamoid）	腓肠肌侧籽骨（lateral sesamoid in gastrocnemius muscle）	70～112
	腓肠肌内籽骨（medial sesamoid in gastrocnemius muscle）	154
	肌内膝后窝籽骨（popliteal sesamoid in muscle）	112～140

引自 CD Newton， DM Nunamaker. 1985. *Textbook of Small Animal Orthopedics*，pp. 1110 – 1111. Philadelphia：J.B. Lippincott.

行为发育

行为变化与相应的年龄范围的关系有助于预测和证实年龄，特别是在12月龄以下的猫（见表313-4）。

体重

猫出生后6月龄内，可利用体重预测健康仔猫的年龄。与本章中所介绍的其他因素相比，根据体重能够大致估测猫的周龄（见表313-5）。

图313-2　弥散性虹膜萎缩见于13岁的猫，这一过程常常可在12岁时开始，随着年龄的增加而更加明显

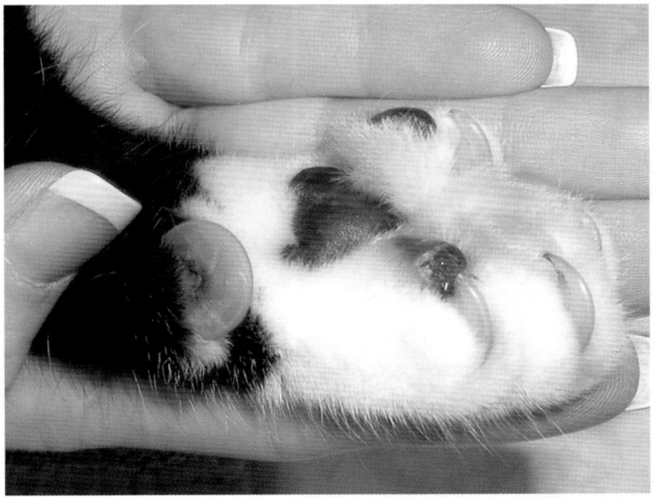

图313-3　指甲肥厚见于20岁的猫，可常常导致指甲生长进入趾垫

眼睛变化

- 老年性虹膜萎缩（senile iris atrophy）：老年性虹膜萎缩表现为虹膜瞳孔边缘及间隙不规则，呈线状或孔样表现。老年性虹膜萎缩在12岁时可观察到（见图313-2）。
- 晶状体核硬化（nuclear sclerosis）：核硬化（也称为晶状体硬化，lenticular sclerosis）是老年猫的一种正常现像。随着晶状体老化，新的晶状体细胞在外周生长，使老化的细胞向着中间移动，导致核心密度增加，这种情况在临床上表现为灰蓝色的模糊状，常

表313-4 猫的发育阶段

	社会活动	口	排泄	其他
出生到2周龄	社会活动很少	只饮奶	受母体刺激	第14天开始行走，睁眼
3～8周龄	开始有同群玩耍，与目标玩耍，奔跑，复杂的学习，攀登，抓擦及开始捕食	开始采食固体食物，采食乳汁量减少	开始排便，能控制排便，开始使用猫沙盆	眼睛颜色发生变化，开始整梳，猫可调节其自身的体温
9～16周龄	可因地位而发生冲突，社会交往达到高峰	采食固体食物	继续使用猫沙盆	广泛接触环境
17周龄～1岁	可服从老龄猫，但有可能敌对，如未去势则性成熟	无变化	可出现撒尿，但如果切除卵巢或去势后则发生的可能性不大	户外活动的猫可远离活动，而且活动时间延长
1～6岁	2～3岁时达到社会成熟，社会交往减少	代谢减慢，可出现增重	正常公猫尿味强烈	出现与社会成熟有关的攻击行为（即在猫间出现攻击、害怕、防卫、重新定位或与状态有关的攻击）
7岁以上	生理能力下降，可导致社会活动减少	食欲可发生改变	由于精神或身体老化（即衰老和关节炎）可出现排泄问题	睡眠-觉醒周期发生改变，认知机能障碍、疼痛及感觉降低，可导致鸣叫增加，恐惧症、惧怕、攻击或流浪

引自Overall KL，Rodan I. 2004. In *Feline Behavior Guidelines from the American Association of Feline Practitioners*，pp. 10–28.

表313-5 猫0～6月龄时近似体重

年龄	0-3周	1月龄	1.5月龄	2月龄	2.5月龄	3月龄
体重（lb）	<1.0	1.0	1.5	2.0	2.5	3.0
年龄（月龄）	3.5	4	4.5	5	5.5	6
体重（lb）	3.5	4.0	4.5	5.0	5.5	6.0

注：lb=453.6g。

常被误认为是白内障，有时也错误地称为老年性白内障。核硬化最早见于12岁左右。

皮肤变化

- 指甲肥厚（pachyonychia）：指甲肥厚见于10岁及以上的猫，是16岁以上的猫的标识性变化。指甲肥厚也可能与甲状腺机能亢进有关，这种疾病通常见于老龄猫（见图 313-3）。
- 毛发褪色（achromotrichia）：毛发褪色或白发（leukotrichia）是指面部及体表白色毛发的数量增加，这是一种正常的老龄化变化，在黑颜色的猫尤其明显，通常开始于12～14岁时（见图313-4）。

图313-4 在18岁的猫可见到明显的毛发褪色（白毛）

主观变化

猫一生的生活阶段可大致分为仔猫期（0～1岁）、成年期（1～6岁）、成熟/中年期（7～10岁）、老年期（11～14岁）及衰老期（15岁以上）。随着对猫的医学及行为的深入研究，猫的生活质量明显提高，生存时间明显延长。因此，人们将更多的注意力集中在随猫年龄增长而出现的特殊需要上，特别是老龄猫。猫在出生后一年内生长迅速，相当于18岁期间人的生长发育，但此后在3～5岁时生长减缓。因此，成熟、老年及衰老期猫应比其在幼年期接受更多的检查。虽然幼年期健康猫每年可检查一次，但老龄猫应每隔6个月进行一次体查及生化检查。

检查幼年期和健康猫时，重点应检查营养/肥胖、牙齿或行为；但检查老龄猫时，重点应该是体重变化，牙齿疾病，行为有关的认知或身体变化，骨关节炎疼痛，理毛行为，高血压的发病率、肾脏疾病、肿瘤，内分泌疾病、疼痛及生活质量评价等。年龄估测及生活阶段的相关知识有助于指导兽医为客户做出益于病猫健康的指导性建议。

参考文献

Newton, CD. 1985. Canine and feline epiphyseal plate closure and appearance of ossification centers. In CD Newton, DM Nunamaker, *Textbook of Small Animal Orthopedics*, pp. 1110–1111. Philadelphia: JB Lippincott.

Pittari J, Rodan I, Beekman G, et al. 2008. *American* Association of Feline Practitioners Senior Care Guidelines, http://catvets.com/uploads/PDF/2008SrCareGuidelinesFinal.pdf.

Dyce KM, Sack WO, Wensing CG. 2002. The forelimb of the carnivores. In KM Dyce, WO Sack, CG Wensing, *Textbook of Veterinary Anatomy*, 3rd ed., pp. 455. Philadelphia: WB Saunders.

Muylle, S. 2005. Dental development. In *The Merck Veterinary Manual*, 9th ed., pp. 137–140. Whitehouse Station, NJ: Merck & Co., Inc.

第314章
猫和犬的解剖差异
Anatomical Differences in Cats and Dogs

Clay Anderson 和 James E. Smallwood

概述

多年来，人们在许多方面都将猫看作“小狗”。虽然猫医学（feline medicine）的形成与发展已有30多年，但仍然存在许多错误的看法。本章将主要比较这两种动物在临床上明显的解剖学差异[1]。

临床上明显的解剖差异

- 一般来说，猫的四肢长骨（包括前肢及后肢）均比犬的更加平直，而且猫的腰椎椎体比犬较长。

  临床意义：这种差异可用于鉴定无标记的X线照片上的犬或猫。
- 猫的锁骨发育更好，在活猫可触摸到。

  临床意义：在猫肩部X线检查时，必须要识别并检查锁骨。
- 猫的肱骨具有一髁上孔（supracondylar foramen），肱动脉及正中神经在此通过。

  临床意义：猫的肱骨远端骨折时动脉和神经易于损伤。手术干预修复时必须要考虑这些重要结构在髁上孔通过的情况。
- 犬缺失，但猫有腕器（carpal organ），这是一种在前臂尾侧皮肤上形成的特化的感觉（触觉）器官。这种较硬的皮肤结节含有多种硬直触毛（stiff vibrissae）（类似于胡须，whiskers），与皮肤结节中灵敏的压力感受器（触觉）相连。

  临床意义：这种皮肤结节并非肿瘤，也不是皮肤病变。如果用钳子夹住前臂尾侧，则可在其上留下刻痕。参见第328章。
- 猫有比犬发达的肱桡肌（brachioradialis muscle）。

  临床意义：肱桡肌形成的皮下嵴可与头静脉相混淆，其位于该肌的中间面，在其中插入针头有痛感。
- 猫无项韧带。
- 犬食管肌层（tunica muscularis）全长均由骨骼肌组成，在猫随着食管从咽向贲门的延伸，出现从骨骼肌向平滑肌过渡的节段。在食管的后1/3平滑肌最为明显，大体上是从气管分叉处开始，一直到胃。这种变化在食管的透视中非常明显（见图314–1）。

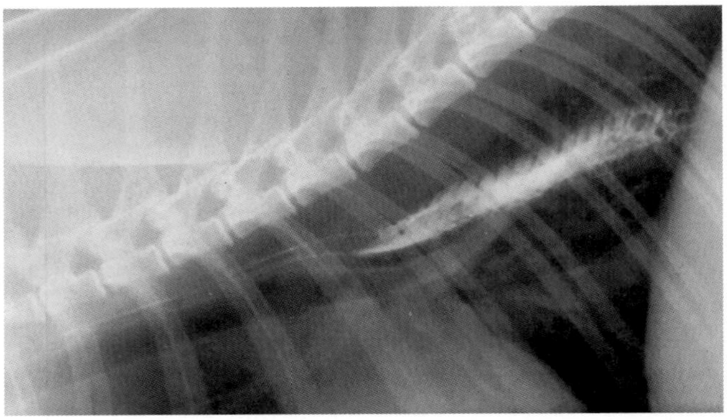

图314–1　钡餐透视，表示食管前段的骨骼肌和后段食道的平滑肌（图片由Merrilee Holland和Judith Hudson博士提供）

- 与犬相比，猫心脏在胸腔内位置略微靠后。猫心脏在胸壁的投射通常可认为是从第四肋间隙到第七肋骨水平位置。

  临床意义：如有必要，在猫进行心脏穿刺时，可在胸腔右侧肋骨软骨关节第五肋间隙的水平位置进行。
- 母猫被毛的颜色有斑点，或为玳瑁色，则可忽略检测，因为肯定是雌性，这是由于母猫被毛的颜色由两个X染色体来完成，但新生仔猫的性别鉴定对初学者来说可能具有挑战性。作者建议的“标点符号技术”如下：（a）抓住猫，腹部朝上，直接观察会阴部。（b）注意所观察到的情况。如果为“：”，则为公猫；如果为“！”，则为母猫；如果观察到的是“?”则留待以后鉴定。
- 猫的阴囊明显靠近会阴区域，而犬靠近腹股沟的位置。

  临床意义：对母猫实施卵巢摘除前应注意检查尾下，特别是长毛品种，常常会误将“夏洛特”（Charlotte）检查成“查尔斯（Charles）（公母混淆）。发生这种情况则会使人极为尴尬。

- 猫的膀胱具有狭长几乎呈管状的颈部，因此，膀胱体和膀胱尖位于腹腔的后腹部，即使膀胱排空时也是如此。猫没有膀胱骨盆部（pelvic bladder）。
- 公猫与其他哺乳动物一样，前列腺体部位于骨盆尿道开始处。
- 有时称猫没有“前列腺前尿道”（“pre prostatic” urethra）。
- 公猫的前列腺并不完全包围骨盆尿道，而且也不像犬那样随着年龄而明显增大。

  临床意义：前列腺炎在公猫发生率极低。
- 在性成熟的公猫，尿道球腺发达。

  尿道球腺的临床意义：在进行会阴尿道造口术时，尿道球腺是重要的标志结构，但在去势公猫，该腺体常常萎缩。
- 除龟头外，性成熟猫的阴茎游离部由许多高度角化朝向近端的阴茎棘状凸覆盖。与其他副性腺一样，这些阴茎棘突（penile spines）依赖于睾酮，去势后会萎缩。这种特点可用于确定猫是去势或是单侧性去势，或是隐睾（见图314-2）。
- 猫具有小的阴茎骨。

  临床意义：阴茎骨中不会滞留尿结石（Urethroliths），但尿道黏膜可以。
- 猫的阴门小，如果不接近分娩状态则外观不明显。与犬不同的是，母猫的阴门覆盖有毛，其腹侧连合为圆形，背侧连合为点状，因此，观察时呈“!”状结构。
- 公猫的阴茎与犬相比较小，与此相一致的是，母猫的阴蒂发育不良。阴蒂凹（fossa clitoridis）为阴门腹侧连合内存在的小面积凹处。与犬一样，阴蒂凹不应误认为是尿道的外部开口，该开口位于阴道前庭结合部（vaginovestibular junction）。

  临床意义：在母猫插入导尿管时应从阴蒂凹插入，而不是从位于更深位置的尿道外口插入，否则达不到预期的结果。
- 犬的隐静脉位置更靠近侧面浅表层，猫的这一静脉则更靠近中间浅表层，与犬相比相对较大。

  临床意义：猫的隐静脉穿刺时应更靠近中间。
- 猫鼓膜泡（tympanic bulla）被一永久性泡膜（septum bullae）分为小的背侧部和大的腹正中部。两部分之间经泡膜沟通。

  临床意义：医生不能细致检查背侧部时可引起鼓膜泡疾病的复发（即鼻咽部息肉）（见图248-7及图314-3）。

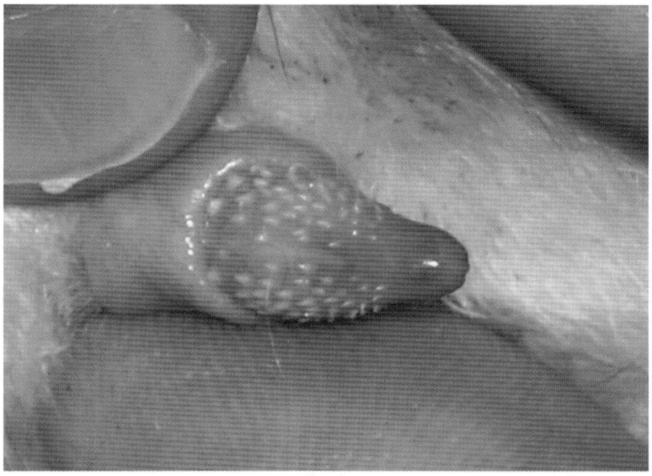

（A）

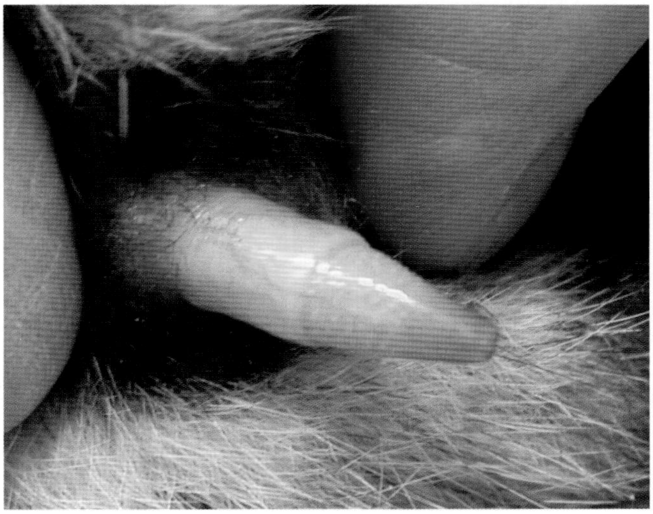

（B）

图314-2　（A）正常公猫的阴茎上有明显的棘状凸。一侧睾丸产生的睾酮就足以维持其状态，因此双侧隐睾的猫或单侧有睾丸的猫，即使睾丸在腹腔，阴茎上仍会出现这种突起。（B）双侧睾丸均除去后的公猫在阴茎上没有这种棘突（图片由Gary D. Norsworthy博士提供）

- 猫的永久齿齿式为：2（I3/3，C1/1，P3/2，M1/1）=30。
- 猫的乳齿齿式为：2（I3/3，C1/1，P3/2）=26。
- 猫唯一具有三个齿根的牙齿为上P4（109和209）。
- 猫的额窦不分为侧面、中间及喙部。
- 猫的上颌骨槽极小（几乎不存在）；但猫具有一蝶窦（sphenoid sinus），位于颅腔腹侧，而在犬则缺之。
- 猫瞳孔收缩后不呈圆形，但可形成一狭窄的背腹裂隙。

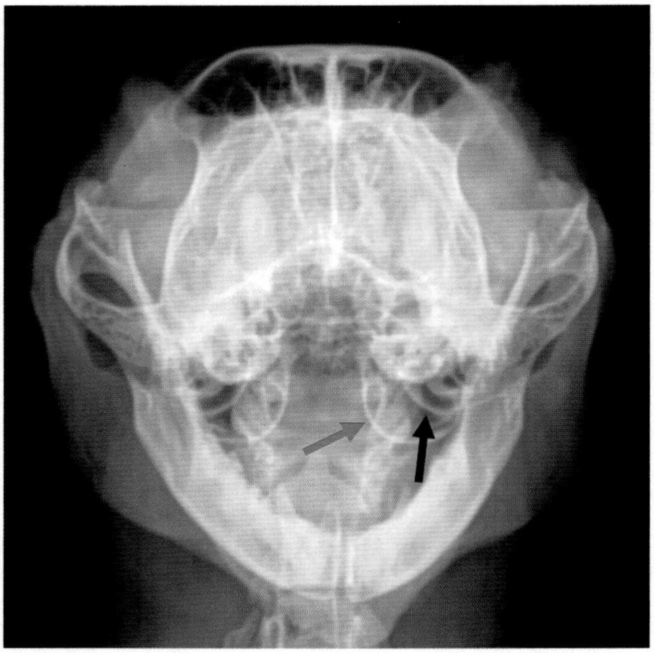

图314-3 鼓膜泡可被一永久性泡膜分为小的背侧部（黑色箭头）和大的腹正中部（红色箭头）（图片由Gary D. Norsworthy博士提供）

参考文献

1. Gary Norsworthy wishes to thank Dr. James E. Smallwood, one of his anatomy teachers in veterinary school, for allowing his original document, *Cats Are Not Small Dogs*, to be edited for *The Feline Patient*, 4th ed.

第315章

体表面积换算

Body Surface Area Conversion

Gary D. Norsworthy

猫体表面积换算

磅（1b）	千克（kg）	平方米（m^2）
1.1	0.5	0.063
2.2	1.0	0.100
4.4	2.0	0.159
6.6	3.0	0.208
8.8	4.0	0.252
11.0	5.0	0.292
13.2	6.0	0.330
15.4	7.0	0.366
17.6	8.0	0.400
19.8	9.0	0.433
22.0	10.0	0.464
24.2	11.0	0.494

注：这些数值与犬的略有不同，是根据下列公式计算的：BSA（m^2）=（$10 \times W^{2/3}$）/10^4。BSA，体表面积（body surface area）；m^2，平方米；W，体重（g）。

第316章
品种特异性疾病
Breed-Specific Diseases

James K. Olson

概述

对家猫先天性疾病的阐述目前仍不清楚，而且正在研究之中。诸多研究在各大陆、国家、州及不同品系之间差别很大。研究资金的短缺、研究报告的不统一，遗传品系在世界范围内的变异以及专业研究人员数量不足，均妨碍了目前对猫的遗传和发育的研究。先天性异常是指出生时就存在，包括结构、机能及代谢异常。目前报道的先天性疾病的发病率和死亡率是综合推测、医学研究及统计分析的结果。从一些研究结果可以看出，纯种猫先天性疾病要比家养的非纯种猫更高。一些易于引起混淆的术语，如遗传性（genetic）、先天性（congenital）及易染病体质（predisposition）在报告中很常见。短毛家猫和长毛家猫健康状况通常最佳，只有其与携带有遗传疾病的纯种猫杂交时，这些疾病性状可扩散到本地种群。对先天性疾病的发病率估计不足主要是由于未能将胎儿死亡及妊娠异常估计在内。此外，对繁育者或家庭所产的同窝仔猫发生的死亡研究及报道很少。目前人们正在积极对特定的纯种、研究用种群及特定疾病等开始进行研究，由此可获得关于低估了疾病的发病趋势及先天性疾病发病情况的可靠资料。目前，全球范围内在努力研究解决长期存在的猫的疾病问题，在美国有几个遗传研究项目正在进行之中（见表316-1）。

由于对猫先天性疾病的了解尚不完整，因此下面列出的品种（基因库，genetic pools）及疾病并不完全。随着研究的深入，有些疾病可能会消失，而可能会增加许多新的疾病。此外，随着对猫血型及其分布研究的深入，越来越多的猫出生时就可确定血型。下列资料中品种名称后为国家/地区及该品种形成的大致时间，这些资料见表316-2。

品种特异性疾病

- 阿比尼西亚猫（Abyssinian）（亚洲；约1860年）：先天性甲状腺机能减退、角膜坏死（corneal

表316-1　猫遗传病的研究地区

1. 加州大学戴维斯分校，兽医遗传学实验室（University of California at Davis，Veterinary Genetics Laboratory，VGL）
主持人/协调员：Leslie Lyons，PhD
目前进行的研究及试验：DNA分型，双亲确认；猫血型分型，研究AB型血型；被毛颜色研究，鼠灰色、巧克力色、肉桂色和颜色遗传效应；红细胞丙酮酸激酶缺乏症（PK缺乏）；肥厚型心肌病（Maine Coon Cat）；GM2神经节苷脂贮积病（gangliosidosis），仅限于缅甸猫，长毛家猫具有所有四种已知的突变；多囊性肾病（PKD1）；进行性视网膜萎缩（progressive retinal atrophy，PRA），阿比尼西亚猫、索马里猫及奥西猫；染色体核型分析。
2. 兽医遗传学实验室（Veterinary Genetics Laboratory），One Shields Avenue，Davis，CA 95616-8744，电话：（530）752-2211（办公室）；（530）752-3556（传真），http：www.vgl.ucdavis.edu/service/cat/index.html .
3. 华盛顿州立大学，兽医心脏病遗传实验室（Washington State University，Veterinary Cardiac Genetics Lab）
主持人/协调员：Kate Meurs，DVM
目前进行的研究及试验：肥厚型心肌病，布偶猫、挪威森林猫、美国短毛猫及斯芬克斯猫（Sphinx）。
兽医心脏病遗传实验室，华盛顿州立大学，兽医学院（Veterinary Cardiac Genetics Lab，Washington State University，College of Veterinary Medicine），PO Box 605，Pullman，WA99163，办公室电话：（509）335-6038，e-mail：vcgl@vetmed.wsu.edu
4. 宾夕法尼亚大学医学遗传学实验室（University of Pennsylvania，PennGen/Section of Medical Genetics）
主持人/协调员：Urs Giger，DVM
目前的研究及试验：胱氨酸尿症；红细胞渗透脆性试验（erythrocyte osmotic fragility test，OF）；红细胞生成素浓度；猫的血型鉴定；糖原贮积病（glycogenosis，GSD），挪威森林猫；染色体核型分析；甘露糖苷贮积症，波斯猫，短毛家猫；代谢筛选，所有品种；黏多糖病（mucopolysaccharidosis Ⅵ），暹罗猫，短毛家猫；黏多糖病Ⅶ，短毛家猫；红细胞研究，所有品种；血小板聚集研究，所有品种；多囊性肾病（PKD），波斯猫，所有品种；丙酮酸激酶（PK）缺乏症，阿比尼西亚猫、索马里猫、短毛家猫；血凝研究，所有品种；免疫缺陷时的白细胞研究，所有品种。
宾夕法尼亚大学兽医学院（University of Pennsylvania，School of Veterinary Medicine），Urs Giger博士，PennGen，3900 Delancey Street—Rm4013，Philadelphia，PA 19104，电话：（215）898-8894或（888）PENNGEN，e-mail：PennGen@vet.upenn.edu

（续表）

5. 德克萨斯农工大学DNA诊断实验室（DNA Diagnostics and Texas A & M University）
主持人/协调员：Gus Cothram，PhD & Melba Ketchum，DVM — 主任
目前的研究及试验：白化病，B型血型；黑化，缅甸猫（与色差有关的基因，巧克力棕色、肉桂红、淡色）；毛长；肥厚型心肌病（HCM），缅因猫及布偶猫；指纹鉴定；黏多糖贮积病（mucopolysaccharidosis MPSM）；Ⅰ型黏多糖贮积病（mucopolysaccharidosis MPSI）；亲子鉴定；多囊性肾病（PKD）；性别标志；暹罗猫品相标准。
DNA Diagnostics，Inc.，PO Box 455，Timpson，Tx 75975，（936）254-2228，http：//www. CatGENES. org or info@dnadiagnostics.com.

sequestrum）、家族性淀粉样变、猫感觉过敏综合征（feline hyperesthesia syndrome）、猫传染性腹膜炎（易染病体质）、齿龈炎、溶酶体贮积症（lysosomal storage disease）、重症肌无力、膝盖骨脱位（patellar luxation）、进行性视网膜萎缩（progressive retinal atrophy）（晚期开始）、进行性棒/锥变性和棒/锥发育不良（progressive rod/cone degeneration and rod/cone dysplasia）（早期开始）、神经性脱毛（psychogenic alopecia）、丙酮酸激酶缺乏（pyruvate kinase deficiency）、反应性全身性淀粉样变（reactive systemic amyloidosis）（肾脏、肝脏及胃肠道）、视网膜营养障碍（retinal dystrophy）、血栓栓塞。血型：美国86%为A型，14%为B型。

- 美国短毛猫（American Shorthair）（美国；约1904年）：肥厚型心肌病；多囊性肾病。血型：美国100%为A型。
- 巴厘猫（Balinese）（美国；约1940年）：猫端部黑化症（feline acromelanism）（为一种遗传性依赖于温度的异常色素沉积，色素主要沉积于猫的腿部、耳朵、尾部及面部，似乎并不造成严重的健康问题——译注）。血型：美国，大约100%为A型。
- 孟加拉猫（Bengal）（美国；约1963年）：腭裂、眼睑内翻、猫传染性腹膜炎（易染病体质），扁平胸（flat chest defect）、漏斗胸（pectus excavatum）、神经性脱毛（psychogenic alopecia）、视网膜萎缩（中期开始）、并指（趾）（syndactyly）、脐疝。血型：美国98%为A型，1%～2%为B/AB型。
- 波曼猫（Birman）（亚洲；约1919年）：腭裂、先天性白内障、先天性毛发稀疏（congenital hypotri-

表316-2　猫疾病的检查及筛查

临床疾病/综合征	易染病体质	试验/筛选
白内障	喜马拉雅猫	检眼
眼病（多种疾病）	所有品种，波斯猫、暹罗猫	检眼
神经节苷沉积症（gangliosidosis）（GM1/GM2）	克拉特猫（Korat）、暹罗猫	DNA检测
染色体基因检测	所有品种	核型分析
糖原贮积病（glycogenosis）（GSD）	挪威森林猫	DNA检测
髋骨发育不良（hip dysplasia）	缅因库恩猫、布偶猫、短毛家猫	X线检查
肥厚型心肌病（hypertrophic cardiomyopathy，HCM）	缅因库恩猫、布偶猫，所有品种	DNA检测，NT-proBNP，超声检查
新生仔猫溶血性贫血（Isoerythrolysis，neonatal）	杂交血型	配种前血型化验
甘露糖贮积症（mannosidosis）	波斯猫，短毛家猫	DNA检测
黏多糖贮积病（mucopolysaccharidosis）（MPS）VI型	暹罗猫，短毛家猫	DNA检测
黏多糖贮积病（MPS）VII型	短毛家猫	DNA检测
黏多糖贮积病（MPS）	所有品种	DNA检测
膝盖骨脱位	所有品种	X线检查
表型性疾病	所有品种	查体，实验室检查，影像检查
多囊性肾病（PKD）	波斯猫及相关品种，所有品种	DNA检测，超声检查
进行性视网膜萎缩（progressive retinal atrophy，PRA）	所有品种，波斯猫、孟加拉猫、索马里猫	检眼
丙酮酸激酶缺乏症（PK）	艾比尼西亚猫、索马里猫及奥西猫	DNA检测
脊椎肌肉萎缩（spinal muscular atrophy）	缅因库恩猫	DNA检测
鞘髓磷脂沉积症（sphingomyelinosis）	所有品种	组织化学检查
输血不相容（transfusion Incompatibility）	所有品种（A，B和AB）	血型分析

chosis）、先天性门体静脉短路（congenital portosystemic shunt）、角膜坏死（corneal sequestration）、远端轴突病（distal axonopathy）、脑脊髓炎（encephalomyelopathy）、猫传染性腹膜炎（易染病体质）、裂腹畸形、血友病B（hemophilia B）（IX因子缺乏）、中性粒细胞颗粒异常症（neutrophil granulation anomaly）、眼睛皮样囊肿（ocular dermoids）、肾机能不全、肾结石、海绵样变性（spongiform degeneration）、并指（趾）、尾尖坏死、先天性胸腺萎缩（thymic aplasia, tremors）（仔猫衰弱，"shaking kittens"）、脐疝。血型：美国84%为A型，16%为B型，AB型罕见。

- 英国短毛猫（British Shorthair）（英国；大约在19世纪后期）：血友病B（IX因子缺乏），进行性视网膜萎缩。血型：美国60%为A型，40%为B型。
- 缅甸猫（Burmese）［缅甸Myanmar [Burma]；约16世纪/20世纪早期］：鼻孔发生不全（agenesis of nares）、先天性耳聋、先天性毛发稀疏、先天性前庭病、角膜坏死、脆皮病（cutaneous asthenia）［埃-当氏综合征（Ehler-Danlos syndrome），也称四联症，关节松弛、皮肤弹性增加、皮脆弱，外伤后形成假性肿瘤，有先天遗传性——译注］、糖尿病（易感病体质）、心内膜纤维弹性组织增生（endocardial fibroelastosis）、猫白细胞抗原DRB限制性多态性（feline leukocyte antigen DRB restricted polymorphism）、猫肢端部黑化症（feline acromelanism）、扁平胸畸形（flat chest defect）、青光眼（原发性狭角青光眼，primary narrow angle glaucoma）、感觉过敏综合征（hyperesthesia syndrome）、高草酸盐尿病（hyperoxaluria）、低钾血症肌病（hypokalemia myopathy）、干性角膜结膜炎（keratoconjunctivitis sicca）、致死性面中部畸形（lethal midfacial malformation）、脑膜膨出（meningoencephalocele）、眼睛皮样囊肿（ocular dermoids）、漏斗胸、持久性心房停顿（persistent atrial standstill）；易发尿结石、第三眼睑软骨脱垂、尿结石、原发性心内膜纤维弹性组织增生、神经性脱毛、猫颌面疼痛综合征（feline orofacial pain syndrome，FOPS）。血型：美国100%为A型。
- 夏尔特猫（Chartreux）（法国；约14世纪）：髋骨发育不良、膝盖骨脱位。血型：美国100%为A型。
- 康沃尔猫（Cornish Rex）（英国；约1950年）：毛发卷曲（rexing）、难产、肌病、甲状腺机能减退、被毛稀疏、马拉瑟菌性皮炎、膝盖骨脱位、脐疝、维生素 K 依赖性凝血病。血型：美国66%为A型，34%为B型，AB型罕见。
- 德文雷克斯猫（Devon Rex）（英国；约1960年）：腭裂、被毛卷曲（rexing）、难产、扁平胸畸形、被毛稀疏、马拉瑟菌性皮炎、肌病、膝盖骨脱位、脐疝、维生素K依赖性多因子凝血病。血型：美国59%为A型，41%为B型，AB型罕见。
- 长毛家猫（Domestic Longhair）（欧亚大陆；最近100年）：基底细胞瘤、先天性门体分流、肥厚型心肌病、脆皮病（埃-当氏综合征）、溶酶体贮积病、多囊性肾病。血型：美国95%～99%为A型，1%～5%为B型，AB型罕见。
- 短毛家猫（Domestic Short Hair）（非洲/欧亚大陆；最近数千年）：组织残缺（coloboma）、先天性白内障、先天性甲状腺机能不全、先天性门体静脉短路、角膜坏死、耳聋（白猫蓝眼睛）、糖尿病（易患病体质）、脆皮病（埃-当氏综合征）、齿龈炎/牙周炎（开始于青年期）、海格曼（Hageman）因子（凝血因子XII）缺乏病、血友病A、血友病B（凝血因子 IX缺乏）、肥厚型心肌病，腹股沟疝、单纯性雀斑痣（lentigo simplex）、溶酶体贮藏病、球状细胞脑白质发育不良症（globoid cell leukodystrophy）、I型黏多糖贮积病（mucopolysaccharidosis I）、VI型黏多糖贮积病（mucopolysaccharidosis VI）、GM1和GM2型神经节苷脂贮积病（gangliosidosis）；鞘髓磷脂沉积病（sphingomyelinosis）、α甘露糖贮积病（alpha mannosidosis）、高铁血红蛋白还原酶缺乏症（methemoglobin reductase deficiency）、重症肌无力、神经轴性发育不良症（neuroaxonal dystrophy）、眼睛皮样囊肿（ocular dermoids）、佩-休二氏异常病（Pelger-Huet anomaly）（中性粒细胞不分叶，为遗传缺陷或见于贫血或白血病——译注）、持续性心房停顿、易发草酸钙尿结石/急性肾衰，卟啉症（porphyria）、进行性视网膜萎缩、神经性脱毛、丙酮酸激酶缺乏症、葡萄肿（staphyloma）、皮脂腺肿瘤、日光性皮炎、上眼睑发育不全、室中隔缺损。血型：美国如无杂交，绝大多数（95%～99%）为A型，1%～5%为B型，罕见AB型。

- 埃及猫（Egyptian Mau）（埃及；约1953年，但可能与数千年的家猫原型有关）：海绵状组织变性（spongiform degeneration）；脐疝。血型：美国100%为A型。
- 哈瓦那褐色猫（Havana Brown）（英国；约19世纪）：扁平胸畸形，易发芽生菌病（blastomycosis）。血型：美国100%为A型。
- 喜马拉雅猫或波斯猫（Himalayan or Persian）（美国，约1930年）：基底细胞瘤、先天性青光眼、先天性门体分流、角膜坏死、皮肤真菌病（dermatophytosis）（易发病体质）、脆皮病（埃–当氏综合征）、猫端部黑化症、猫传染性腹膜炎(易发病体质）、扁平胸畸形、感觉过敏综合征、先天性面部皮炎（idiopathic facial dermatitis）、泪小点发育不全（lacrimal punctual aplasia）、多发性皮上层囊肿（multiple epitrichial cysts）、多囊性肾病。易发草酸钙尿结石、神经性脱毛、全身性红斑狼疮（systemic lupus erythematosis）和脐疝。血型：美国93%为A型，7%为B型，AB型罕见。
- 克拉特猫（Korat）（泰国；约14世纪）：GM1和GM2型神经节苷脂贮积病。血型：美国>99%为A型。
- 缅因猫（Maine Coon）（美国；约19世纪60年代）：齿龈炎/牙周炎，早期开始，髋骨发育不良，家族性肥厚型心肌病、GM2和GM3型神经节苷脂沉积症，褶烂（intertrigo）（也称间擦疹或摩擦红斑，为发生在皱襞部位的皮肤急性炎症性疾患——译注）、层粘连蛋白α_2缺乏/相关肌肉萎缩症（muscular dystrophy）（肌病）、膝盖骨脱位、漏斗胸和多囊性肾病（PKD）。血型：美国95%为A型，5%为B型，AB型罕见。
- 马恩猫（Manx）（马恩岛，Isle of Man；1730年）：肛门闭锁（atresia ani）、角膜不透明/营养不良、大便失禁（fecal incontinence）、裂腹（gastroschisis）、巨结肠/便秘、直肠脱出、荐后发育不良（sacrocaudal dysgenesis）（尿失禁）、脊柱裂（spina bifida）/脊柱闭合不全（spinal dysraphism）。血型：美国95%为A型，5%为B型，AB型罕见。变异因杂交不同而不同。
- 曼基康猫（Munchkin）（美国；约1953）：腭裂、腹裂（gastroschisis）、脊柱前弯症（lordosis）、仔猫扁平胸及脐疝。血型：在美国，依品种发生突变而不同，大多数为A型。
- 挪威森林猫（Norwegian Forest Cat）（斯堪的纳维亚/挪威；约13世纪/1930）：腭裂、扁平胸畸形、IV型糖原贮积病（glycogen storage disease）。血型：美国100%为A型。
- 奥西猫（Ocicat）（美国，约1964年）：剑突外翻（everted xiphoid process）、扁平胸畸形、漏斗胸。血型：美国100%为 A型。
- 东方猫（Oriental）（泰国/英国；约19世纪）：淀粉样变、神经性脱毛。血型：美国100%为A型。
- 波斯猫（Persian）（波斯/英国；约16世纪30年代）：短头畸形综合征（brachycephalic syndrome）［例如鼻孔狭窄（stenotic nares）、软腭延长（elongated soft palate）、“面孔肮脏综合征（dirty face syndrome）”及咬合不正（malocclusion）］、切–东综合征（Chediak – Higashi syndrome）（蓝烟波斯，blue smoke Persians）（常染色体隐性遗传疾病，中性粒细胞机能缺陷，细胞内溶酶体贮积，色素缺乏，有出血倾向。因蓝烟波斯系的猫易发，特别是被毛为白色者易发——译注），慢性退行性角膜炎、眼组织缺损、先天性睑缘粘连（congenital ankyloblepharon）、先天性白内障、先天性心脏畸形［例如动脉导管未闭合（patent ductus arteriosis）、主动脉瓣狭窄、房室瓣膜发育不良（atrioventricular valve dysplasia）、肺动脉瓣狭窄（pulmonary stenosis）、先天性门体分流及先天性泪溢（congenital epiphora）］、巨结肠/便秘、角膜坏死、隐睾、皮肤基底细胞瘤、皮肤肥大细胞瘤、皮肤真菌病、难产、眼睑内翻（entropion）、皮上层囊肿（epitrichial cysts）(眼睑）、食道运动不足症（esophageal hypomotility）、猫内分泌性脱毛、猫感觉过敏综合征、猫破骨细胞再吸收性损伤（feline osteoclastic resorption lesions）（易发病体质）、神经节苷脂沉积症、胃肠腺癌、齿龈炎(过早开始增生，hyperplastic early onset）、青光眼、髋骨发育不良、脑积水、高草酸盐尿、肥厚型心肌病、被毛稀疏、先天性面部皮炎/脓皮病、泪腺发育不良（lacrimal punctual aplasia）、溶酶体贮藏病（甘露糖苷贮积症，mannosidosis）、马拉瑟菌病(眼周结痂，periocular crusting）、乳腺肿瘤、黏多糖病、眼球震颤（nystagmus）、膝盖骨脱位、漏斗胸、外周性假性囊肿（peripheral pseudocysts）、腹膜心包膈疝（peritoneopericardial diaphragmatic hernia）、多囊性肾病、多囊性肝病、原发性心内膜纤维组织增生（primary endocardial fibroelastosis）、原发性青光眼、下颌前突（prognathism）、进行性视网膜萎缩、幽门狭窄、皮脂腺肿瘤、皮脂溢（seborrhea）（原发性）、斜视（strabismus）、鞘髓磷脂沉积病（sphingomyelinosis）、全身性红斑狼疮及上眼睑发育不全等。血型：美国76%为A型，24%为B型，AB型罕见。

- 布偶猫（Ragdoll）（美国；约 1960年）：腭裂、眼睑缺损（eyelid coloboma）、猫传染性腹膜炎（易发病体质）、肥厚型心肌病、血栓栓塞。血型：美国92%为A型，8%为B/AB型。
- 雷克斯或塞柯尔克（Rex or Selkirk）（美国；约1987年）：被毛卷曲（Curling coat）（“雷克斯猫”，“rexing”）、猫传染性腹膜炎（易发病体质），被毛稀疏。血型：美国50%～70%为A型，30%～50%为B型，AB型罕见。
- 苏格兰折耳猫（Scottish Fold）（苏格兰；约1961年）：关节病（arthropathy）、骨营养不良（osteodystrophy）、变性关节病、耳软骨发育不良（cartilaginous ear defects）、多囊性肾病、下颌前突及严重的脊柱异常。血型：美国85%为A型，15%为B型，AB型罕见。
- 暹罗猫（Siamese）（泰国；最早约在14世纪，现代猫是在1960年）：卷曲综合征（Aguirre syndrome）（单侧性眼周色素沉着缺失，常与霍纳氏综合征、上呼吸道感染或眼睑疾病有关——译注）、哮喘、蜡样质灰褐质沉积（ceroid lipofuscinosis）、切-东综合征（Chediak-Higashi syndrome）、腭裂、先天性稀毛症（congenital hypotrichosis）、扩张型心肌病（dilated cardiomyopathy）、难产、心内膜纤维弹性组织增生症（endocardial fibroelastosis）、家族性高脂血症（familial hyperlipidemia）、猫端部黑化症（feline acromelanism）、猫耳廓脱毛（feline pinnal alopecia）、食物过敏（food hypersensitivity）、齿龈炎/牙周炎(青年期开始）、GM1和GM2神经节苷脂沉积症、半椎畸形脊柱侧突症（hemivertebra causing scoliosis）、脑积水、驼背（kyphosis）或脊柱前弯症、扭结尾（kinked tail）、血友病B（IX因子缺乏）、稀毛症、肥大细胞瘤、Ⅰ型黏多糖病贮积病、Ⅵ型黏多糖病贮积病、眼球震颤、动脉导管未闭合（patent ductus arteriosis）、眼周白发（leukotrichia）、腹膜心包膈疝（peritoneopericardial diaphragmatic hernia）、持续性心房停顿、卟啉症（porphyria）、神经性脱毛、进行性视网膜萎缩(PRA）、幽门狭窄、鞘髓磷脂沉积症、全身性红斑狼疮、尾巴吸入（tail sucking）、白癜风（vitiligo）。血型：美国100%为A型。
- 索马里猫（Somali）（美国/加拿大；约1960年）：进行性视网膜萎缩、丙酮酸激酶缺乏症、齿龈炎/牙周炎、脐疝。血型：美国80%～90%为A型，10%～20%为B/AB型。
- 斯芬克斯（Sphinx）（加拿大；1966年）：全身性脱毛症（alopecia universalis）、稀毛症、重症肌无力、痉挛（spasticity）。血型：美国80%～90%为A型，10%～20%为B型，AB型罕见。
- 东奇尼猫（Tonkinese）（美国/加拿大；约20世纪30年代）：腭裂，易发肾结石。血型：美国100%为A型。

参考文献

Bell J. 2005. *Genetic Counseling and Breeding Management of Hereditary Disorders*. Proceedings: Tufts Canine and Feline Breeding and Genetics Conference, September 30–October 1, 2005, Sturbridge, MA. www.vin.com/proceedings/proceedings.plx?CID=TUFTSBG2005&PID.

Bell J. 2009. *Ethical Breeding in the Age of Genetic Testing*. Proceedings: Tufts Canine and Feline Breeding and Genetics Conference, September 10–12, 2009, Sturbridge, MA. www.vin.com/proceedings/proceedings.plx?CID=TUFTSBG2009&PID.

Giger U. 2005. How to Recognize and Screen for Hereditary Diseases. Proceedings: Tufts Canine and Feline Breeding and Genetics Conference, September 30–October 1, 2005, Sturbridge, MA. www.vin.com/proceedings/proceedings.plx?CID=TUFTSBG2005&PID.

Little S. 2005. Congenital Defects of Kittens. Proceedings: Tufts Canine and Feline Breeding and Genetics Conference, September 30– October 1, 2005, Sturbridge, MA. http://www.vin.com/proceedings/proceedings.plx?CID=TUFTSBG2005&PID.

Lyons L. 2005. Feline Genetic Disorders and Genetic Testing Proceedings: Tufts Canine and Feline Breeding and Genetics Conference, September 30–October 1, 2005, Sturbridge, MA. www.vin.com/proceedings/proceedings.plx?CID=TUFTSBG2005&PID.

Lyons L. 2005. Genetic Relationships of Cat Breeds. Proceedings: Tufts Canine and Feline Breeding and Genetics Conference, September 30–October 1, 2005, Sturbridge, MA. www.vin.com/proceedings/proceedings.plx?CID=TUFTSBG2005&PID.

Lyons L. 2009. Feline Genomics and Complex Disease Studies Proceedings: Tufts Canine and Feline Breeding and Genetics Conference, September 10–12, 2009, Sturbridge, MA. www.vin.com/proceedings/proceedings.plx?CID=TUFTSBG2009&PID.

Vella C, Sheldon L, McGonale J, et al., eds. 1999. *Robinson's Genetics for Cat Breeders and Veterinarians*, 4th ed., Philadelphia: Elsevier.

Willoughby K. 2007. Paediatrics and inherited diseases, In EA Chandler, CJ Gaskell, RM Gaskell, eds., *Feline Medicine and Therapeutics*, 3rd ed., pp. 355–377. Ames, IA: Blackwell Publishing.

第317章

猫舍卫生

Cattery Hygiene

Suvi Pohjola-Stenroos

概述

饲养繁育用猫的房所称为猫舍（cattery），多种不同来源的猫如果在同一房子饲养，有时也可将其称为猫舍。将许多猫饲养在一起的目的各种各样，有些只是为了饲养，有些是为了救助，有些是为了繁育。用于救助的猫舍卫生不在本章进行介绍。

猫对多种传染病很敏感，如同一处饲养，则传染病扩散的风险很高。而且由于宿主、病原或环境等的改变，均可引发疾病。疾病的种群宿主因素（population host factors）包括密度、个体之间的接触及易感个体的比例。病原可包括与宿主共生但不引起疾病的病原、宿主抵抗力降低后引起宿主发病的机会性病原以及在普通宿主引起疾病的主要病原等。环境因素可通过病原（即消毒）或宿主（即噪声、应激或过度拥挤）相互作用以减少或增加疾病的发生。

控制猫舍卫生的主要目的是降低舍饲猫的总发病率，并为猫主提供控制和预防传染病的建议。猫主常常会询问："猫舍从何处得到这些传染病病原？"许多猫主并不了解流行病学，不能理解为何无症状的猫会成为其他猫的传染源。因此对他们而言，管理妥当和精心护理等专业化的建议是成功控制传染病必须考虑的。

猫舍卫生取决于三个因素：设施的设计、管理及猫的护理。许多繁育猫舍挪用私人住宅，这不是为养大量的猫而设计，也不适合于商业活动，因此建议读者根据本章所列出的"建议阅读文献"，查找有关猫舍设计的资料。

猫舍卫生管理的主要目的是尽量减少猫在传染源下暴露，尽量减少传染病病原传播，尽量减少传染病病原的接触面浓度。参见第322章及第329章。

猫舍内种群密度是减少暴露和传染病病原传播最为重要的因素，如果种群密度太大，猫可利用的空间太小，则因应激而引起疾病的发生增加。一般原则是，在基于家庭饲养的猫舍，每人可妥善护理大约10只猫。

应激的表现方式有多种，最为常见的是过度整梳、排便不当及尿液标记（尿液喷洒）。将大的种群分为舍饲小组饲喂可减少应激及疾病的传播。理想的分组方法是按繁育母猫与其仔猫、断奶仔猫、不带仔猫的成年母猫、成年公猫、新购买的猫及出现临床症状疾病的猫这样进行分组。理想条件下，每个分组应有自己的房间和设施。对上述各组每天的护理均应按上述顺序进行，以便患病猫在最后进行护理。猫舍各种传染病病原的传播特点见表317–1。

猫的年龄是影响疾病易感性的一个重要因素。一般来说，猫舍中仔猫数量最少时传染病的发生率最低，这是因为猫对传染病的抵抗力随着年龄增加而增加。仔猫年龄在12～16周龄以下，或者对猫传染性粒细胞缺乏症和猫呼吸道病毒至少未进行过两次免疫接种的仔猫，应与其他猫隔离饲养（其母亲除外）。在发生猫传染性腹膜炎（FIP）或执行上呼吸道感染控制计划的猫群，仔

表317–1　猫舍传染病病原传播的主要特点

传播类型	病原	暴露	预防
猫与猫之间的直接接触，嗅闻	传播病毒感染的风险很高	共用房间寄养、共用猫笼	每个猫分笼，养殖单元之间固体隔离
间接接触：眼、鼻、唾液、泪水、尿液、粪便	存活于干燥分泌物中的病原	清洗餐具表面，食物/水碗，垃圾箱，玩具，猫窝，访客	每个养殖单元分开清洗餐具；处理前后洗手；可能的话戴手套；遵从卫生措施；控制湿度、通风及温度；提供充足的清洁垃圾箱
气雾传播	喷嚏微滴中的病毒	在同一房间寄养，共用猫笼	采用足够高的固体隔离或分舍；养殖单元之间至少有120cm通道；提供充足的通风及温度

猫应在4～5周龄时断奶。

必须尽可能保持种群封闭。显然，一个户外/户内活动的猫传播疾病的风险要明显高于严格在户内活动的猫。猫舍中不应收留可以在户外自由游荡的猫。术语“封闭种群”（closed population）与术语“户内种群”（indoor population）完全不同。封闭意味着在整群全出之前不允许猫进出。

成年猫虽然可能为多种传染病病原的携带者，但可不表现症状。减少传染病病原进入猫舍最为实用的方法是隔离。所有将要进入猫舍的猫应至少隔离4～6周，在此期间应对这些猫进行彻底的查体，如果证实其没有疾病症状（如上呼吸道感染、腹泻及真菌病），猫白血病病毒（FeLV）及猫免疫缺陷病毒（FIV）试验检测为阴性，内寄生虫包括贾第鞭毛虫、隐孢子虫及三毛滴虫等原虫检测为阴性时方可解除隔离。繁育的猫体况应良好，检查未发现与品种有关的遗传病(如多囊性肾病、髋骨发育不全、肥厚型心肌病），同时应进行血型检测。

隔离间是猫舍中分隔的房间，在隔离间中猫不能与其他猫接触和共享空间。饲喂、环境卫生及舍内餐具等均不能从隔离间带出。可以假定认为，在隔离间中的猫携带有传染病，因此该房间在日常的清洁中应最后进行消毒。

需要特别注意的传染病病原

猫疱疹病毒、猫杯状病毒、猫传染性粒细胞缺乏症病毒（细小病毒感染）、FeLV、免疫缺陷病毒感染、FIP及肠道冠状病毒感染、狂犬病、亲衣原体及支气管炎博代氏菌（*Bordetella bronchiseptica*）均被列入欧洲猫病咨询委员会（European Advisory Board on Cat Diseases，ABCD）建议指南中。创建ABCD的主要目的是提供有证据的信息管理猫传染病。这些建议包括关于传染病病原、发病机制、临床症状、疫苗接种、免疫力、诊断、疾病管理和特定情况下的控制如猫舍等。参见第24章、第28章、第35章、第73章、第75章、第76章、第77章、第95章、第161章及第185章。

猫舍环境中需要特别注意皮肤真菌病、贾第鞭毛虫病及隐孢子虫病等，这些传染病病原在猫间具有高度的接触传染性，具有动物间传播的潜能，很容易长期污染环境。消除这些传染源需要时间及特别尽力。参见第44章、第48章及第83章。

近来的研究表明，隐孢子虫几乎完全限于1岁以下的猫，也有证据表明猫比犬排出更多的隐孢子虫卵，说明猫更有可能是人感染的传染源。免疫缺陷病人如获得性免疫缺陷综合征（AIDS）或化疗后感染可导致严重的症状。贾第鞭毛虫从猫传播给人比先前的认识更为常见。在近来对17例猫的研究中发现，6例（35%）可排出可传染给人的贾第鞭毛虫聚合体AI（giardial assemblage AI）。

对猫舍卫生研究的实际应用价值包括妥善处理猫沙盆，检查腹泻粪便及使用芬苯达唑为日常的驱虫药物等。参见第44章、第48章及第83章。

参考文献

American Association of Feline Practitioners. Practice Guideline, Feline Vaccines, www.catvets.com.

European Advisory Board on Cat Diseases, www.abcd-vets.org/guidelines.

Bessant C. 2007. Boarding cats suspected or known to be carrying infectious disease. *Fel Advis Bureau. Tisbury: Feline Advisory Bureau.* 45(1):26–27.

Pedersen NC. 1991. *Feline Husbandry*. Goleta, CA: American Veterinary Publications.

Villeneuve Alain. 2009. Giardia and Cryptosporidium as emerging infections in pets. *Vet Focus.* 19(1):42–45.

第318章

超声心动图表

Echocardiographic Tables

Larry P. Tilley 和 Francis W. K. Smith, Jr.

表318-1　未镇静健康成年缅因猫和健康成年家猫M型超声心动参数及体重，平均数 ± 标准差，范围及95%置信区间

参数	缅因猫（n=105）			家猫（n=79）		
	平均数 ± SD	范围	95%CI	平均数 ± SD	范围	95%CI
LVIDd（cm）	1.85 ± 0.21	1.21 ~ 2.33	1.81 ~ 1.89	1.5 ± 0.2	1.08 ~ 2.14	1.46 ~ 1.54
LVIDs（cm）	0.89 ± 0.2	0.5 ~ 1.45	0.85 ~ 0.93	0.72 ± 0.15	0.40 ~ 1.12	0.69 ~ 0.75
LVPWd（cm）	0.43 ± 0.06	0.28 ~ 0.59	0.42 ~ 0.44	0.41 ± 0.07	0.25 ~ 0.6	0.39 ~ 0.43
LVPWs（cm）	0.8 ± 0.11	0.54 ~ 1.07	0.78 ~ 0.82	0.68 ± 0.11	0.43 ~ 0.98	0.66 ~ 0.70
IVSd（cm）	0.4 ± 0.07	0.25 ~ 0.57	0.39 ~ 0.41	0.42 ± 0.07	0.3 ~ 0.6	0.40 ~ 0.44
IVSs（cm）	0.75 ± 0.13	0.49 ~ 1.04	0.72 ~ 0.78	0.67 ± 0.12	0.4 ~ 0.9	0.64 ~ 0.70
Ao（cm）	1.12 ± 0.13	0.81 ~ 1.57	1.09 ~ 1.15	0.95 ± 0.14	0.6 ~ 1.21	0.91 ~ 0.98
LADs(cm）	1.37 ± 0.17	1.03 ~ 1.76	1.34 ~ 1.40	1.17 ± 0.17	0.7 ~ 1.7	1.13 ~ 1.21
LA：Ao	1.23 ± 0.16	0.86 ~ 1.84	1.20 ~ 1.26	1.25 ± 0.18	0.88 ~ 1.79	1.21 ~ 1.29
%FS	51.85 ± 7.74	32.08 ~ 69.82	50.35 ~ 53.35	52.1 ± 7.11	40 ~ 66.7	50.51 ~ 53.69
体重（kg）	5.5 ± 1.33	2.72 ~ 8.39	5.24 ~ 5.76	4.7 ± 1.2	2.7 ~ 8.2	4.43 ~ 4.97

千克转化为磅时，值乘以2.2。

Ao，主动脉根部宽度（aortic root dimension）；CI，置信区间（confidence interval）；%FS，短轴缩短率（percentage fractional shortening）；IVSd，舒张期末室间隔厚度（interventricular septal thickness at end diastole）；IVSs，收缩期末室间隔厚度（interventricular septalthickness at end systole）；LA：Ao=左心房与主动脉根部宽度之比（left atrium-to-aortic root ratio）；LADs，收缩期末左心房径（left atrial dimension at end systole）；LVIDd，舒张期末左心室内径（left ventricular internal dimension at end diastole）；LVIDs，收缩期末左心室内径（left ventricular internal dimension at end systole）；LVPWd=舒张期末左心室后壁厚度（left ventricular posterior wall thickness at end diastole）；LVPWs=收缩期末左心室后壁厚度（left ventricular posterior wall thickness at endsystole）；SD，标准差（standard deviation）。

表格引自Droyer L，Lefbon BK，Rosenthal SL，et al. 2005. Measurement of M-mode echocardiographic parameters in healthy adult Maine Coon cats. J Am Vet MedAssoc. 226：735-736.

表318-2　成年缅因猫公猫及母猫M型超声心动参数，平均数 ± 标准差，范围及95%置信区间

参数	缅因猫公猫（ n = 46）			缅因猫母猫(n=59）		
	平均数 ± SD	范围	95% CI	平均数 ± SD	范围	95% CI
LVIDd（cm）	1.94 ± 0.18	1.67 ~ 2.26	1.89 ~ 2.0	1.79 ± 0.22	1.2 ~ 2.3	1.73 ~ 1.85
LVIDs（cm）	0.95 ± 0.18	0.61 ~ 1.43	0.89 ~ 1.01	0.85 ± 0.19	0.5 ~ 1.29	0.80 ~ 0.90
LVPWd（cm）	0.44 ± 0.06	0.29 ~ 0.59	0.42 ~ 0.46	0.41 ± 0.06	0.28 ~ 0.54	0.39 ~ 0.43
LVPWs（cm）	0.83 ± 0.1	0.62 ~ 1.07	0.80 ~ 0.86	0.77 ± 0.11	0.54 ~ 1.07	0.74 ~ 0.80
IVSd（cm）	0.42 ± 0.06	0.28 ~ 0.53	0.40 ~ 0.43	0.38 ± 0.07	0.25 ~ 0.57	0.36 ~ 0.40
IVSs（cm）	0.8 ± 0.12	0.57 ~ 1.04	0.76 ~ 0.83	0.72 ± 0.13	0.49 ~ 0.98	0.69 ~ 0.75
Ao（cm）	1.17 ± 0.12	0.97 ~ 1.57	1.14 ~ 1.21	1.08 ± 0.11	0.81 ~ 1.39	1.05 ~ 1.11
LADs(cm）	1.44 ± 0.14	1.15 ~ 1.76	1.40 ~ 1.48	1.32 ± 0.16	1.03 ~ 1.71	1.28 ~ 1.36
LA：Ao	1.24 ± 0.15	0.91 ~ 1.55	1.19 ~ 1.28	1.23 ± 0.16	0.86 ~ 1.84	1.19 ~ 1.27
%FS	51.12 ± 7.63	34.23 ~ 67.52	48.84 ~ 53.39	52.43 ± 7.84	32.08 ~ 69.82	50.39 ~ 54.47
Weight（kg）	6.47 ± 0.92	4.08 ~ 8.16	6.20 ~ 6.74	4.86 ± 1.17	2.72 ~ 8.39	4.56 ~ 5.16

Ao，主动脉根部宽度（aortic root dimension）；CI，置信区间（confidence interval）；%FS，短轴缩短率（percentage fractional shortening）；IVSd，舒张期末室间隔厚度（interventricular septal thickness at end diastole）；IVSs，收缩期末室间隔厚度（interventricular septalthickness at end systole）；LA：Ao=左心房与主动脉根部宽度之比（left atrium-to-aortic root ratio）；LADs，收缩期末左心房径（left atrial dimension at end systole）；LVIDd，舒张期末左心室内径（left ventricular internal dimension at end diastole）；LVIDs，收缩期末左心室内径（left ventricular internal dimension at end systole）；LVPWd=舒张期末左心室后壁厚度（left ventricular posterior wall thickness at end diastole）；LVPWs=收缩期末左心室后壁厚度（left ventricular posterior wall thickness at endsystole）；SD，标准差（standard deviation）。

表格引自Droyer L，Lefbon B K，Rosenthal S L，et al. 2005. Measurement of M-mode echocardiographic parameters in healthy adult Maine Coon cats. *J Am Vet MedAssoc*. 226：735-736.

表318-3　正常猫的超声心动值

参数	范围（未镇静）*（n=30）	范围（用氯胺酮镇静）†（n=30）
RVID d（mm）	2.7～9.4	1.2～7.5
LVID d（mm）	12.0～19.8	10.7～17.3
LVID s（mm）	5.2～10.8	4.9～11.6
SF（%）	39.0～61.0	30～60
LVPW d（mm）	2.2～4.4	2.1～4.5
LVPW s（mm）	5.4～8.1	—
IVS d（mm）	2.2～4.0	2.2～4.9
IVS s（mm）	4.7～7.0	—
LA（mm）	9.3～15.1	7.2～13.3
Ao（mm）	7.2～11.9	7.1～11.5
LA/Ao	0.95～1.65	0.73～1.64
EPSS（mm）	0.17～0.21	—
PEP(s）	—	0.024～0.058
LVET(s）	0.10～0.18	0.093～0.176
PEP/LVET	—	0.228～0.513
Vcf（circumf/s）	2.35～4.95	2.27～5.17

Ao，主动脉根（aortic root）（舒张期末）；EPSS，E峰向中隔分离（E point to septal separation）；IVSd，舒张期末室间隔（interventricular septum at end diastole）；IVSs，收缩期末室间隔（interventricular septum at end systole）；LA，左心房（left atrium）（收缩期）；LVET(s），左心室射血时间（left ventricular ejection time）（秒）；LVID d，舒张期末左心室内径（left ventricular internal dimension at end diastole）；LVIDs，收缩期末左心室内径（left ventricular internal dimension at end systole）；LVPWd，舒张期末左心室后壁（left ventricular posterior wall at end diastole）；LVPWs，收缩期末左心室后壁（left ventricular posterior wall at end systole）；PEP(s），射血前时间（pre-ejection period）（秒）；RVIDd，舒张期末右心室内径（right ventricular internaldimension at end diastole）；SF，短轴缩短率（shortening fraction）；Vcf（circumf/s），纤维周径缩短速度（velocity of circumferential fiber shortening）。

*数据引自 Jacobs G，Knight D H. 1985. M-mode echocardiographic measurements in nonanesthetized healthy cats：effects of body weight，heart rate，and other variables.*Am J Vet Res*. 46：1705.

†数据引自 Fox P R，Bond B R，Peterson M E. 1985. Echocardiographic reference values in healthy cats sedated with ketamine hydrochloride. *Am J Vet Res*. 46：1479.

第319章
心电图表
Electrocardiographic Tables

Larry P. Tilley 和 Francis W. K. Smith, Jr.

猫的正常心电图值

心率

- 范围：每分钟心跳120～240次*
- 平均：每分钟197次

心律

- 正常窦性心律
- 窦性心动过速（sinus tachycardia）（对兴奋的生理反应）

测定（导联Ⅱ，50mm/s，1cm=1mv）

- P波
  - 宽：最大，0.04sec（宽度2格，sec表示“秒”）
  - 高：最大，0.2mv（高度2格）
- P–R间隔
  - 宽：0.05～0.09sec（2.5～4.5格）
- QRS复合波
  - 宽：最大，0.04sec（2格）
  - R波高：最大，0.9mv（9格）
- S–T段
  - 无降低或升高
- T波
  - 可为正波、负波、双相波，大多数情况下为阳性
  - 最大波幅：0.3mv（3格）
- Q–T段
  - 宽：正常心率时为0.12～0.18sec（6～9格）（范围为0.07～0.20sec，3.5～10格）；因心率不同而有变化（心率越快，Q–T间隔越短；反之亦然）
- 心电轴（electrical axis）（正平面，frontal plane）
  - 0～160°（在许多猫无效）
- 心前区胸导联（precordial chest leads）
  - CV6LL（V2）：R波<1.0mv（10格）
  - CV6LU（V4）：R波不大于1.0mv（10格）
  - V10：T波为负波；R/Q<1.0mv

猫的心腔增大：心电图变化特点

右心房增大（right atrial enlargement）

- P波大于0.2mv（2格），通常细长而有峰。
- 有时存在Ta波，P波后的基线轻微降低，表明为心房复极化。

左心房增大

- P波持续时间大于0.04sec（2格）。在波增宽时，P波存在缺口为异常。

右心室增大

- 猫右心室增大的心电图标准尚不十分清楚。
- 严重的右心室增大可观察到与犬相同的心电图变化，最常观察到的心电图变化包括：
  - 导联Ⅰ、Ⅱ、Ⅲ和VF观察的S波［通常为0.5mv（5格）或更大］。
  - 正平面QRS复合波平均电轴大于+160°且为逆时针，特别是同一动物的系列心电图比较时更为明显。
  - 导联CV6LL和CV6LU S波明显。
  - 导联V10 T波为正波。

左心室增大

- 导联Ⅱ QRS复合波的R波超过0.9mv（9格），但在CV6LU或CV6LL，R波不应超过1.0mv或10格。在V10 R波幅超过Q波幅（R/Q>1.0）。
- QRS的最大宽度为0.04sec（2格）。
- 在主要QRS偏转相反方向发生S–T段位移，这是因S–T段下跌到T波（S–T凹陷）所引起。
- 复极化变化可引起T波幅度增加（通常在导联Ⅱ大于0.3mv或3格）。
- 可见正平面不到0°的平均心电轴偏差。

参考文献

Tilley LP, Smith FWK, Jr. 2008. Electrocardiography. In LP Tilley, FWK Smith, Jr., M Oyama, et al., eds., *Manual of Canine and Feline Cardiology*, 4th ed., pp. 49–77. St. Louis: Elsevier.

* 注意：如果振幅及平均心电轴测定（mean electrical axis determinations）要与标准参考值相比，则不应采用伏卧及左侧卧（与标准的右侧卧相比）。

第320章 野猫与流浪猫

Feral and Free-Roaming Cats

Christine L. Wilford

概述

野猫的诱捕—去势—放生（trap-neuter-return，TNR）计划在美国越来越流行，在这一计划中，兽医因施行绝育手术而发挥着极为关键的作用。本章主要介绍兽医在此项计划中的主要作用，包括镇静及处治方案、人文关怀、健康及生活方式的考虑、预防保健及疾病治疗等。关于该计划对野生动物及鸟类、环境的影响等内容不属于本章的介绍范围。

定义

关于野生（feral）的文字定义是指家养动物生活在野外状态，以家猫为例，野生是指猫未经人类驯化发生社会交流活动（unsocialized）。术语“野生”其实指的是一种特定的行为，而不是一种品种或遗传性状。同样，野马也可训练后用于骑乘，野猫也可在友好的环境下与人习惯相处；但这一过程常常需要数年的时间。同样，以前的家猫也可在没有与人接触时出现野化行为。

野猫与易怒的猫

自然情况下野猫对潜在的威胁会表现惧怕，会逃逸、藏匿、攀登、发嘶嘶声、啧吐、抓咬等自我防卫行为。由此，很难区别表现野化行为的流浪猫和表现易怒行为的宠物猫。可以想象，大多数易怒的病猫是由猫主人像对待流浪猫一样送来就诊。易怒的猫可表现野化行为，送入动物救护所的野化行为的猫由于难以适应作为宠物饲喂多被处死。

流浪猫

户外活动的猫一个更为准确的术语是游荡（free-roaming）。流浪猫是指不考虑其表现的行为的所有户外活动猫，这类猫包括有或无主，有或无社会活动，只是户外或户内/户外活动（见图320-1）。

利弊分析

疾病

科学研究发现，流浪猫并非传染性疾病的宿主，其传染病发病率与宠物猫相同。

生活质量与寿命

流浪猫不是典型的短命、生活悲惨。与其他物种一样，通过自然选择，有些仔猫在年纪很小时就死亡，而有些猫则能活到十多岁。

死亡的原因

流浪猫与生活在自然条件的其他猫一样，因同样的原因而死亡，这些原因包括疾病、创伤、捕食或其他自然原因。TNR反对者认为，由于猫的祖先为驯养动物，因此死于自然原因是不人道的。TNR支持者认为，严重疾病、受伤、老弱或患有其他疾病的流浪猫，应诱捕并且实施安乐死。

性情

健康的野猫没有恶意，不会无故攻击。当人接近时野猫可逃逸或藏匿。如果野猫处于绝境或受到约束时，它们为生存争斗而持续咬和抓并试图逃逸。

人类关怀

虽然人们喜欢关注流浪猫，但人们的关心对猫的生活质量而言并非必需。其实，强迫野猫在户内与人共同生活可能具有应激作用，甚至是非人道的。

动物遗弃

反对者坚持认为，将野猫放生到其生活的生境会构成动物遗弃（animal abandonment）。在现实中，遗弃动物是指将活动物遗弃在环境中而不为其提供生活资源或生活支持。在实施TNR的猫群中，回归到户外生活的猫

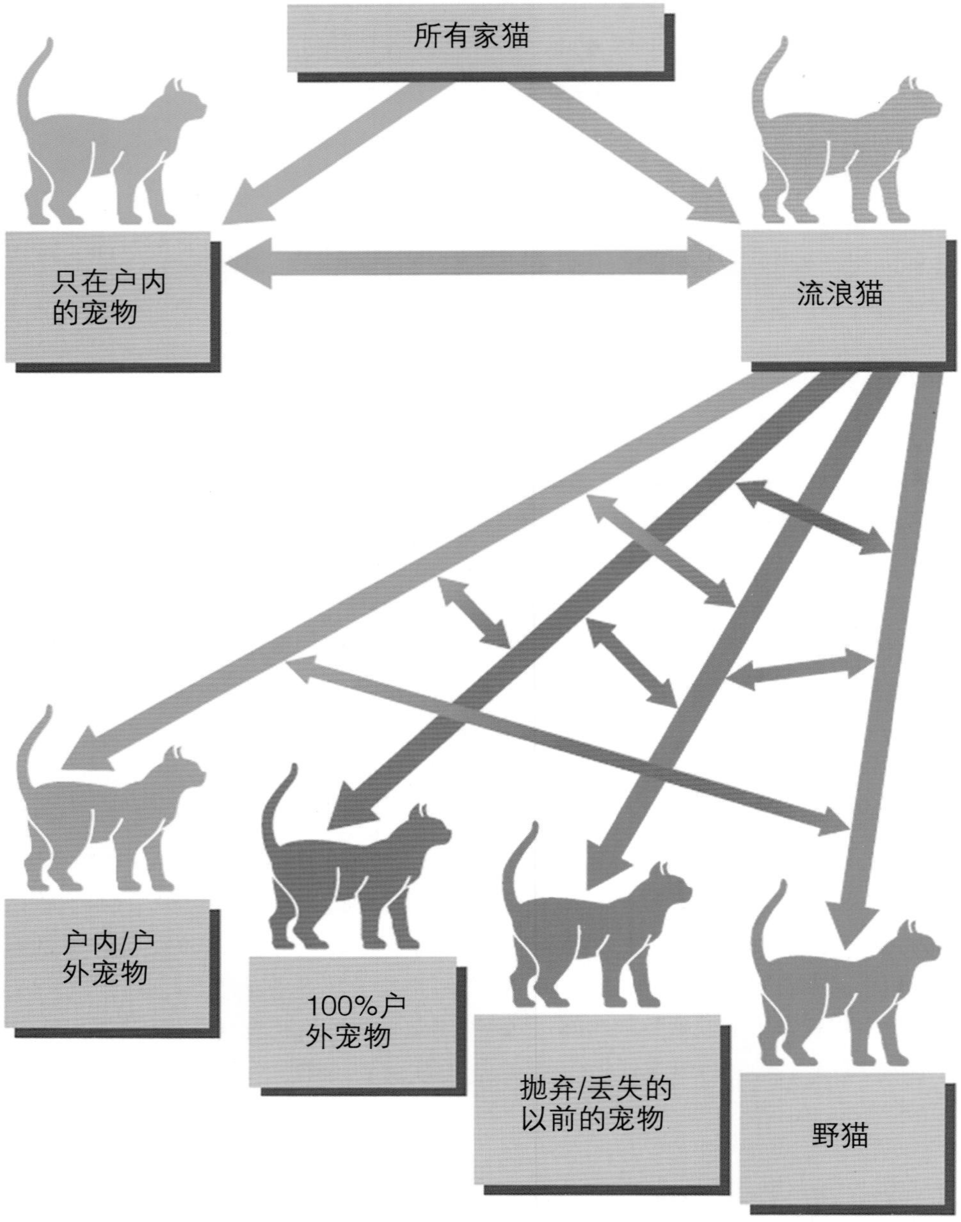

图320-1 一只家猫在不同环境中的动态变化图。其与人的社会性会随着环境的变化而变化（图片由Christine Wilford，DVM，和 Mary Ann Davis提供）

已经成功建立了生活的能力。

诱捕-去势-放生

美国实施诱捕-去势-放生（trap-neuter-return，TNR）计划前，英国已经实施了数年。TNR的基本原理在全世界相同。管理人员采用人道的动物诱捕笼诱捕流浪猫，对其进行一定的改变后回归到诱捕地。如果猫不能回归，如接近濒危动物种群或因拆除放置地物体等时，可重新选择地方放置而不是实施安乐死。在农场主想采用无毒方法控制啮齿类动物时，粮仓或农场是很好的放生地区。

在全世界，富有同情心的人们经常饲喂流浪猫及鸟类和野生动物。管理人员经常关注这些猫，有些管理人员可饲喂1～2只猫，有些则经常性地饲喂一大群的猫。除饲喂外，有些人则注重于为其他管理人员诱捕猫。

如果不对这些猫采取控制措施，它们可继续繁殖而使种群增大。采用TNR则可提供一种可接受的种群控制方法。普通民众不太欢迎和使用诱捕及杀灭计划。

TNR计划可减少疾病传播，促进增重，更为重要的是可以防止未计划的产仔。仔猫过多会占满庇护所空间，由于空间不足造成对一些已经收养的仔猫及成年猫实施安乐死而影响到营救。一项研究表明，85%有主猫能够改变习性，而只有2%的流浪猫改变习性，从而得出结论，进入庇护所的大多数仔猫是由流浪母猫所产或流浪公猫与未改造的有主人的母猫交配后所产。

TNR的公益活动（public benefit）包括流浪猫免疫接种狂犬病疫苗和减少一些令人讨厌的行为。通过繁殖控制计划减少进入庇护所的流浪猫数量及安乐死的数量可节约资金。

特别原则：野猫的处理

为了减少应激，提高效率，兽医在处理野猫时应遵从下列原则。

高质量的手术

虽然处理野猫的工作常常受到资金的限制，但手术仍应高质量的进行。对其他医疗问题，进行疾病分类是必需的，以考虑花费及实用性。

覆盖与安静

猫在诱捕、运送及恢复时必须要遮挡覆盖，遮挡覆盖后猫会感觉到更为安全，所经受的应激小，可减少麻醉的风险及增加安全性，工作人员对所有的猫都应保持安静和平静。

每次诱捕一只猫

管理人员必须要注意每次只能诱捕一只猫，但如果母猫与仔猫在一起，或同窝仔猫在一起共享温情和安全时除外。

接触性传染病

兽医人员为每个有外表症状的患有潜在传染病（如上呼吸道感染、皮肤真菌病及腹泻等）的猫可指定特定的登记和核查时间，设立进入、隔离及恢复区。

病猫选择

对流浪猫实施帮助的兽医可遇到各种年龄及体况的病猫。有些兽医仅限于接纳健康成年猫，而大多数兽医则可接受所有年龄及各种健康状况的猫。对流浪猫实施卵巢摘除或去势时不应因健康问题而延误。有些猫会因诱捕而变得聪明，难以再次诱捕；因此，可以认为只有一次改造它们的机会。

检查前的镇静

为了防止受伤及逃逸，野猫在完全镇静之前必须不与其接触。最好采用肌注麻醉药的方法，因为无需用手进行保定。如果诱捕的猫潜在发病，镇静后可能危及生命，则应确定是否冒镇静的风险或镇静而实施安乐死。偶然情况下，有经验的管理人员可成功地保定捕获的猫，直到其能更健康地实施麻醉。这种方法常常对患有严重的上呼吸道感染、腹泻及其他可以治疗的疾病的猫效果良好。

保定镇静

防止伤害及逃逸

安全操作极为重要。放开的猫可能极为恐惧，在仓皇逃跑时可能会造成破坏。这些猫可在墙壁上找到很小的缝隙，可逃越假的天花板，躲入器具后面，也有可能会夺门而逃。为了镇静安全和简单方便，因此应采用适宜的设备及技术对这类猫进行保定。

诱捕保定

用诱捕笼（live trap）诱捕时可简单安全地实施保定。猫留在诱捕笼中可消除逃逸的风险，防止其对人造成伤害，除非有人将手指放入诱捕笼中。

捕捉网

应准备好捕捉网以备猫在逃逸时使用。理想的捕捉网，如弗里曼笼网（Freeman cage net），可安全捕捉及进行肌注保定。渔网不合适也不安全。

肌内注射

安静时，许多诱捕笼中的猫会保持平静以进行肌内注射，特别是如果针头插入缓慢的情况下。由于麻醉刺痛（anesthetic stings），因此注射应快速。诱捕笼中的猫如果脱开针头，则应采用诱捕器将其再次完全保定在诱捕笼内。

诱导监控及并发症

注射后应密切监视，有些猫可能斜卧，颈部弯曲，这时需要调整其体位，以避免发生窒息。

麻醉的并发症最常见于诱导期。可发生呼吸骤停，通常可在数分钟后发生心跳骤停。如果呼吸骤停能得到及早发现，则病猫最容易抢救过来。如果强力刺激仍不能恢复呼吸，则按压胸腔数分钟和经面罩给氧常能奏效。有些病例可能需要用育亨宾颉颃麻醉。

麻醉

管理人员及临床工作者在实施镇静之前应检查每只猫的耳尖，如果耳朵有倾斜切面，则猫可能已经做过绝育而不应再实施镇静。

舒泰-氯胺酮-甲级噻嗪联合用药麻醉法

成百上千的流浪猫曾成功安全地采用舒泰-氯胺酮-甲级噻嗪法（Telazol®-Ketamine-Xylazine，TKX）进行过麻醉，这种麻醉剂混合物由一瓶舒泰（Telazol®），加入1mL甲苯噻嗪（100mg/mL）及4mL氯胺酮代替灭菌水组成。TKX相当便宜，作用迅速且可部分逆转，猫能很好地耐受。5～10min内可获得保定。对有些个体可给予阿托品或胃肠宁以治疗甲苯噻嗪引起的心动过缓。

采用其他麻醉药时，许多麻醉方案中采用丁丙诺啡在将猫镇静及称重后分开注射。

麻醉剂量

大多数麻醉方案简单地将猫划分为小猫（<2.3kg）、中等猫（2.3～4.5kg）或大猫（>4.5kg），分别采用0.15mL、0.25mL及0.30mL三种剂量麻醉。对较短时间的麻醉，每只猫采用0.12mL、0.20mL和0.25mL的小剂量进行麻醉。

额外麻醉

需要深度或持续时间更长的麻醉时，猫可额外肌注或静注TKX进行麻醉。也可采用气体麻醉剂经面罩或气管内插管麻醉。

核心服务项目

几种措施是处理流浪猫必须实施的。应记住TNR的主要目的是人道地防止猫意外产仔，另外卵巢摘除或去势利于术后猫的健康。

检查芯片

对所有猫均应检查是否有各种频率的芯片。大多数计划都将芯片作为一种宠物从属关系的证据，但有些管理人员在野生群也置入芯片。所有情况下，应立即联系置入芯片的猫主人。如果没有猫主人参与，则不应进行其他任何处置。

查体

查体应包括体重、一般体况、性别及检查外寄生虫，鉴定可见异常。

手术绝育

所有猫均应进行手术绝育，或证实以前是否绝育；如果病情严重，则或实施安乐死，或饲养治疗后再实施手术。不能将有繁殖能力的猫放回到其种群。

剪去耳尖、耳朵刺标记或耳朵切口

剪去耳尖（ear tipping）是流浪猫繁殖绝育的国际通用标准，而不等同于野猫。剪去耳尖也是出于对猫安全性的考虑。如果诱捕到剪去耳尖的猫，则应立即将其释放，以避免转运、关闭、镇静及可能实施手术（见图320-2）。

在有些行政管辖区的动物控制计划中，所有打去耳尖的猫均视为野猫，对这类猫应捕获或进行检查。为了保护猫，管理人员可采用耳朵刻痕或芯片的方法代替打去耳尖。

如果天气寒冷，冻伤可引起耳廓脱落，因此难以与故意切除的耳尖相区别。这些地区的TNR计划可选择耳朵刺标（ear tattoos）以便区别。耳朵切口（ear notches）由于容易与争斗引起的伤口混淆，因此很少使用。

免疫接种狂犬病疫苗

所有流浪猫均应采用3年期狂犬病疫苗进行免疫接种。虽然猫难以捕获进行强化免疫，但一次免疫接种就能保护病毒攻击达3年以上。兽医可通过采用每月增重1磅进行年龄估计来确定是否对仔猫进行免疫接种，或对所有仔猫进行免疫接种后送回群落。金丝雀痘疫苗可用于8周龄及以上的仔猫。

安乐死

对患有难以治愈疾病的病猫，应实施安乐死，除非猫能人道地过一种野生状态的生活（即采食、饮水、避免捕杀、自我防御及找到庇护所），否则不应放归。

额外镇痛

可肌注丁丙诺啡，其有效作用时间达8～12h，而且相对便宜。不建议采用布托啡诺，因为其作用持续时间短。由于猫的健康状况未知，因此禁用非甾体激素类抗炎药物。

可选服务项目

有些管理人员和兽医要求提供其他服务项目。反对实施这些项目的人认为，应限于卵巢摘除和去势，支持者则认为，每只猫应该接受各种服务，即使其益处是短暂的。

额外的服务项目包括检测逆转录病毒、检测内外寄生虫、免疫接种猫传染性粒细胞缺乏症病毒及呼吸道病毒疫苗、除去向内生长的多趾甲、治疗脓肿、截除受伤的尾巴、摘除破裂的眼球、拔除脓肿的牙齿及治疗撕裂伤及皮下注射液体或离子溶液等。只能采用改良的活FVRCP疫苗，因为这种疫苗可刺激快速免疫反应而无需再次强化。

耳尖剪切技术

无需无菌手术准备，但耳廓应清洁。将夹钳与耳朵基部平行放置于整个耳廓，夹钳前留下1cm以上的耳尖，成年猫剪除1cm的耳尖，青年猫则略少点。采用锐利的新刀片可造成出血，因此建议用剪刀。耳朵修剪钳（ear cropping scissors）同样可很好地剪除耳尖。可将耳夹留置到恢复，这通常需要15min左右，这样可促进止血。需要用纱布和烧灼控制出血情况则很少见（见图320-2）。

卵巢摘除术

基本条件

流浪猫的繁殖状况差别很大，包括繁殖周期各个阶段及妊娠，卵巢囊肿、子宫积脓及畸形。

腹中线疤痕

母猫腹腔腹中线疤痕很有可能是卵巢摘除后留下的疤痕，因此应进行手术探查确定是否有子宫或卵巢，这是唯一可靠的确定猫是否已实施过卵巢摘除术的方法。作者多次发现繁殖机能正常的猫，常常妊娠，但它具有其他兽医认为实施过卵巢摘除术后的瘢痕。

腹中线刺青

腹中线刺青（tattoo on ventral midline）可能说明猫已经实施过卵巢摘除手术，刺青可能为点状、线状、字母或数字，通常为黑色、蓝色或绿色。

切口闭合

流浪猫通常在实施手术当天便放归到群体，为了减少术后风险，应采用间断缝合的方法缝合腹壁。单十字缝合适合于缝合1cm或以下的切口。皮肤应采用可吸收缝线以表皮下方式缝合。应避免采用外缝合。

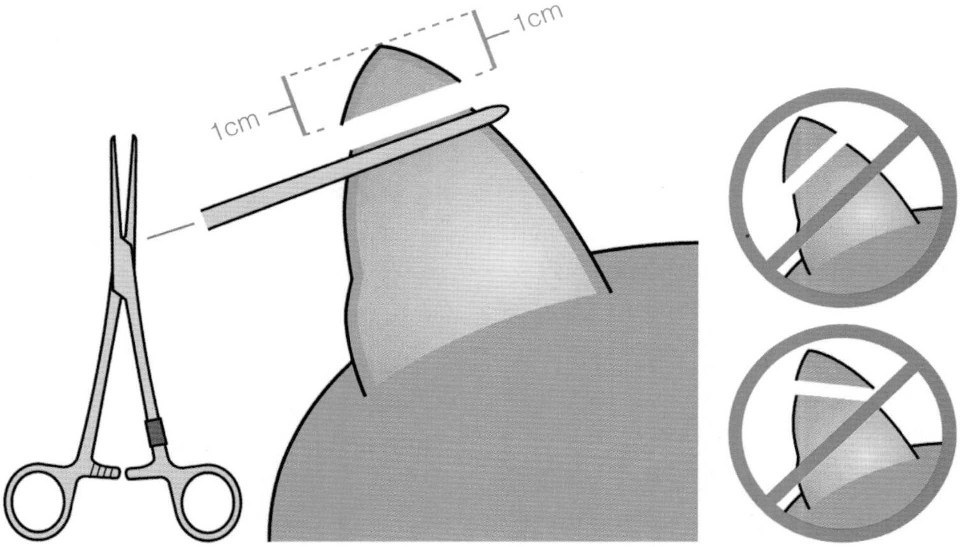

图320-2 耳朵打尖技术：用夹钳对称性除去1cm耳尖以产生明显、人为留下的耳尖，说明猫已经实施了手术绝育（图片由Christine Wilford，DVM和 Mary Ann Davis提供）

尽量减小切口

采用恰当的技术，可通过小的切口实施完全卵巢子宫切除术（ovariohysterectomy，OVH）以缩短麻醉和手术时间及减轻术后疼痛。小切口也能减小手术失败时腹壁伤口的裂开。选择切口位置时，应切断卵巢悬韧带以最好地暴露及结扎卵巢蒂，采用米勒打结（Miller’s knot）进行子宫断端结扎可用小切口获得高质量的手术。手术高效技术可参阅YouTube中的“Cat Spay in Five Minutes”。

腹侧手术方法

常规OVH的腹侧部手术是英国最常采用的手术方法，这一方法可明显减少切口裂开时的并发症并能避开泌乳母猫的乳腺。但其缺点是，如果发生手术并发症，可能仍需要在腹侧切口手术。

卵巢摘除术

欧洲的兽医人员传统上是以实施卵巢摘除术（ovariectomy）代替实施OVH。这种手术涉及面小、效率更高。研究证明猫摘除卵巢而留下子宫并不会增加风险。

妊娠猫

不考虑气候和纬度影响，对从最南端的夏威夷到最北端的西雅图的100000只猫的一项研究发现，3月和4月猫的妊娠率最高，而11月和12月最低。对妊娠早期的猫，实施OVH手术涉及面更大、费时更多，但通过出色的技术能安全实施。

特别注意止血

妊娠期子宫和韧带高度血管化，需要特别注意止血。建议对各个子宫动脉都进行结扎，避免刺穿子宫体，主要考虑其血管化增加及可能会出血。但环形结扎则会更为保险；结扎滑脱可导致致死性的出血。为了保险起见，有些医生采用米勒打结进行环形结扎。在妊娠足月的猫，阔韧带可大量出血，应密切注意。

胎儿安乐死

妊娠猫的胎儿可在手术过程中实施安乐死。建议在胎儿仍处于麻醉阶段时，从腹腔除去子宫将发育中的胎儿实施安乐死。

去势

除了个别例外猫，可直接实施去势手术。

体格大的公猫

体格大的公猫，睾丸鞘膜更厚，血管更多，因此去势时出血比体格小的年轻公猫更多。体格较大的公猫结扎鞘膜可减少渗漏并能防止恢复过程中阴囊中大血块的移位。

隐睾

1%～2%公猫为单侧性或双侧性隐睾（cryptorchidism）。检查性成熟的猫是否实施过去势或为双侧性隐睾的方法很简单。如果阴茎上存在棘突则猫正常，如果无棘突则说明猫已经去势（见图314-2）。

在单侧性隐睾的猫，应先摘除未下降的睾丸。如果睾丸未进入腹股沟，则需要实施腹腔探查。在近肾脏附近找到输精管的起点，向后沿着腹股沟寻找，通常可发现未下降的睾丸。睾丸发生不全的情况极为罕见。腹股沟管内的睾丸易于摘除。依切口大小，可采用手术胶或表皮下可吸收线缝合皮肤。

如果未发现未下降的睾丸，则不应摘除已下降的睾丸！留下下降的睾丸可便于将来医生能够判断应探查哪侧。此外，未摘除双侧睾丸之前也不应剪去耳尖。

恢复

通常可采用育亨宾逆转甲苯噻嗪的麻醉作用，但有些方案不用育亨宾以延长恢复时间或用于患有并发症的猫。

野猫术后恢复与宠物猫不同。野猫术后恢复应在陷阱或运送箱中而不是在医院的笼子中。每个笼子或陷阱中只能有一只猫，这样可防止偶然的窒息或产生的伤害。可在陷阱或笼子中放置大量软的可吸收的垫料，覆盖部分陷阱或笼子以减少刺激或应激，但增加了观察难度。

猫的头部应朝向陷阱或笼子的门口以便于观察。猫应侧卧，去尖的耳朵朝上以免出血。如有必要，可留置耳钳直到猫开始苏醒。

“R”：回归群落

大多数具有野生行为的猫在捕获时会产生应激，但在麻醉完全恢复前不应将其放归到群落。有些管理人员手术后将猫留置长达1周。虽然这样可便于观察及痊愈，但有些猫发生尿潴留、脱水、捕获期间不采食。术后去留问题必须要根据其特殊性进行选择。

安乐死与治疗

TNR计划中在合适的情况下采用安乐死，但对6个项目进行的大规模的研究中发现，TNR计划中的大多数猫相对健康，安乐死率不到 0.5%。确定是否实施安乐死并非十分清楚明了，基本原则是考虑猫能否以流浪的生活方式人道地生活。猫健康良好和有能力找到庇护所、采食及饮水，在特定的环境中自我防御，对此必须要做出准确的判断。

查体及判断性思考

决定是否实施安乐死应根据查体、有限的病史资料及判断性思考来决定。体况良好表明猫虽然异常，但能良好地生活。畸形、伤口、脓肿、牙齿疾病及痊愈的骨折常常会影响其他状况良好的猫。有些情况可能为过渡性的，如哺乳猫消瘦，可能在断奶后及OVH之后会恢复健康。

只根据一次逆转录病毒检测阳性结果就决定对体况良好的猫实施安乐死，由于许多因素及个体状况可影响检测的准确性，因此不建议这样的决定。

实施安乐死最常见的情况是消瘦、未痊愈的骨折、胸腔内疾病引起的呼吸困难（并非为上呼吸道感染）、严重的口腔炎及炎症影响到一只以上爪部的皮炎（pododermatitis）。

静脉注射安乐死

猫应在镇静恢复前实施静脉注射安乐死。如果猫未完全镇静，则可肌注麻醉剂，之后再实施静脉注射安乐死。对有意识状态的猫，不应实施腹腔或心脏内注射安乐死。

治疗捕获的野猫

对意识清醒表现野化行为的猫进行治疗，对猫和人可能均很危险。如果需要治疗，兽医应考虑与经验最为丰富、可靠及信任的管理人员协同工作。如果不能保证妥善护理，则安乐死可能是最佳的选择。

令人惊奇的是许多猫可采食添加到食物中的药物。拥挤的笼子或捕捉网可便于进行局部药物用药及药物注射，包括皮下输液，如果需要，可使用长效药物（即跳蚤控制药物及抗生素）。

猫舍应便于清洁、更换食物及水碗，且不能有猫逃逸或受伤的风险。捕获状态下应对所有生命攸关的机能进行密切监控。脱水同时饲喂干食物可能会增加产生新问题的风险，如结晶尿及尿路阻塞。最好采用罐装食品。镇静之前治疗有关疾病，摘除卵巢或去势可降低手术风险。

小结

人们饲养猫，猫会繁育，兽医对猫的种群控制有很大的影响。实施TNR计划的益处很大和价值很高。猫和人的安全及健康问题是计划获得成功的最为重要的因素。

参考文献

Association of Shelter Veterinarians Spay-Neuter Task Force. 2008. The Association of Shelter Veterinarians: veterinary medical care guidelines for spay-neuter programs. *J Am Vet Med Assoc.* 233(1):74–86.

Berkeley EP. 2004. *TNR: Past, Present, and Future: A History of the Trap-Neuter-Return Movement*. Washington DC: Alley Cat Allies.

Levy JK, Crawford PC. 2004. Humane strategies for controlling feral cat populations. *J Am Vet Med Assoc.* 225(9):1354–1360.

Levy JK, Wilford C. 2010. Feral cat management. In *Shelter Medicine for Veterinarians and Staff*. In Press. Ames, IA: Blackwell Publishing.

第321章 猫主的悲伤反应

Grief Responses by Cat Owners

Larry A. Norsworthy, Kacee Junco, Brooke Woodrow

前期研究概述

根据2007—2008年美国宠物产品生产者协会（American Pet Products Manufactures Association，APPMA）的统计，73%的美国家庭至少养有1只宠物，因此在美国每年有上百万的宠物主人会处理宠物死亡后的一些事务。宠物死亡后许多宠物主人很悲伤，其时间及严重程度各不相同。研究发现宠物依恋（pet attachment）是宠物死亡后表现悲伤最好的证据。人与宠物关系的许多方面可由Ainsworth（1991）、Hazan和Eifman（1999）提出的人的依恋标准（human attachment criteria）得到验证。宠物与人一样可提供陪伴，人缺乏依恋时宠物能够满足情感方面的需要。

Podberscek和Blackshaw（1994）认为："高度的宠物拥有感，对宠物的依恋以及更换死去的宠物均表明了动物对人有多么的重要。"因此，研究宠物主人在现有宠物死亡之前事先饲养新的宠物，或者在宠物死亡之后更换宠物的可能性均具有重要意义。在有些社区，人们习惯于宠物死亡之后立即更换宠物，或通过与家庭其他成员的沟通减少对死亡宠物的依赖性，这样可减轻宠物死后对宠物主人造成的影响。通常在宠物正常死亡时，如果将替代宠物巧妙地带回家中，一般可获得成功。家里不会显得那样空荡，重新又开始了熟悉的日常生活。哀痛时间的长短及强度可能与投入、宠物死亡前的经历、同事的反应及人的年龄有关。如果可预测宠物死亡时间，则在其死亡之前换养宠物很有益处。Stewart（1983）发现宠物死亡之后尽快换养新的宠物对宠物主人具有益处，但 Levinson（1981）认为宠物死亡后应延缓换养。此外，另一宠物的存在可能会缓解宠物死亡后的痛苦。例如，家里还有其他动物，某一宠物死亡后的哀痛通常不会很强烈，这可能是由于已有的责任感及存在的宠物需要日常护理。据观察，在原宠物死亡后任何时间换养宠物都不会感到背叛原宠物，但是，在丧失宠物的哀伤尚未过去，则会对换养新宠物存在犹豫。不换养宠物最常见的原因是宠物主人担心其仍会发生死亡。重要的是，应该认识到应激性悲伤可能会阻止宠物主人快速地换养新的宠物。此外，在宠物死亡之后，对宠物更依恋的人比对宠物不是很依恋的人不大可能换养新的宠物。虽然新宠物与以前的宠物不可能相同，但随着时间的延长也会建立宠物-人之间的依赖关系。

目前的研究

概述

作者在2009年从全美国6个猫兽医门诊招募7位男性和78位女性，从加拿大招聘1位女性进行调查研究，总共7个兽医门诊及85名人员参与了该项目。参加人员在宠物猫死亡后1周到1个月之内（由于变量及混杂因子的差别而有一定的差别），但大多数参与者是在猫死亡后2周接收到调查问卷。随后在猫死后3～6个月将数据包邮寄给合格的参与者。

本研究中采用下列措施进行评估：修改的宠物依恋调查（CENSHARE Pet Attachment Survey，CPAS）；亲密关系经历量表（Experiences in Close Relationship Scale，ECR）；丧失宠物悲伤问卷（Pet Bereavement Questionnaire，PBQ）；生活满意度量表（Satisfaction With Life Scale，SWLS）以及流行病学研究中心抑郁情绪量表（Center for Epidemiological Studies–Depressed Mood Scale，CES–D）等。

结果

结果表明，与猫有高度依恋关系的宠物主人在宠物死亡后1～4周（最常评估）压抑情绪表现很强，但在随后3～6个月随访时未能了解这种情绪。和猫更亲密地依恋的人，猫死亡后1～4周及3～6个月时，对生活的满意程度更低。高度依恋关系的宠物主人在猫死亡后1～4周及6个月时表现的悲伤更严重。对宠物猫依恋的程度可预测在猫死亡后开始和6个月时的悲伤程度。随着时间的推移，因猫死亡而悲伤的主人情绪压抑程度下降，即使在6个月后仍会表现悲伤，但悲伤程度降低。起始，沮丧、悲伤及内疚程度在独自生活的宠物主人比与家人共同生活的宠物主人表现更强烈。起始及其后3个月时，与家人共同生活的宠物主人对生活的满意程度高于独自生活的宠物主人。与老年人相比，年轻人在3个月时表现更内疚，6个月时表现更愤怒。

较低程度的成年依恋关系（poor adult attachment）与开始阶段强烈的宠物依恋有关，但在随后未对这种变化进行评估。特别是，焦虑和规避亲密以及成年人人际关系中的焦虑与高度的人–宠物关系中的亲密水平有关。猫死亡之后，较低程度的成年依恋关系与高水平的沉郁情绪和对生活的满意度低有关。次之，人际依恋关系中被抛弃的焦虑与猫死亡后悲伤和内疚程度有关。再次，猫主人在PBQ中呈高度悲伤时，可观察到高度的宠物依恋。此外，猫死亡后宠物主人愤怒程度的增加与高度的人–宠物依恋关系中的亲密程度有关。调查发现，较低程度的成年依恋关系与宠物死亡之后高度沉郁及对生活的不满意程度有关。总之，人际依恋关系差的猫主人对宠物的依恋程度高（见表321–1、表321–2和表321–3）。

在85个参与者中，40个表态他们将换养一只新的宠物，而37人表态他们将不再饲养宠物，8名未表态。在40个人中，16人计划在猫死亡后1年内养一只宠物，4人打算在原猫死亡1年以后再养宠物。

在85名参与者中，57人表示他们预测到了宠物的死亡，而26人表示他们未预测到宠物会死亡，2人未表态。在16个计划再次饲养宠物的人中，10人报道他们预测到了宠物的死亡，4人表示他们未能预测到宠物的死亡，2人未表态。

在接受随访调查的人中，16名合格的参与者表示在宠物猫死亡后或预测到宠物死亡后5个月内更换宠物，3名参与者表示在宠物死亡之前更换。4名表示在宠物猫死亡后1月内、4名在宠物猫死亡后2个月、2名在宠物死亡后3个月、1名在宠物死亡后4个月后、1名在宠物猫死亡后5个月再次饲养。

高程度的宠物依恋明显与宠物死亡之后的更换有关。悲伤程度与更换宠物关系并不明显。更换宠物的主人对死亡宠物的依恋程度比对新的宠物更高。据预测，这种情况可能会随着时间而变化。对死亡宠物依恋程度更高的宠物主人更倾向于更换新的宠物，而更换宠物的人与不换宠物的人悲伤程度没有明显差别。

表321–1　CPAS与ECR亚类的相关性

	ECR–规避	ECR–焦虑
CPAS–亲密行为	0.248*	0.373†
CPAS–维持关系	−0.050	0.128

结论：分析CPAS与ECR的相关性时，成人关系中亲密行为的规避表明，在已失去一只宠物的人表现出更亲密的人–宠物关系。

CPAS，CENSHARE Pet Attachment Survey；Experiences in Close Relationship Scale，ECR.

*$p<0.05$

†$p<0.01$

表321–2　ECR亚类与CES–D、SWLS和PBQ亚类之间的关系

	ECR–规避	ECR–焦虑
CES–D	0.403†	0.438†
SWLS	−0.463	0.381†
PBQ–悲伤	0.099	0.252*
PBQ–内疚	0.144	0.259*
PBQ–愤怒	0.084	0.146

结论：人际依恋关系差的宠物主人与宠物丧失后的深度忧郁和较低的生活满意度相关。此外，在人际关系中表现焦虑的宠物主人则在失去宠物之后表现得越悲伤和内疚。

CES–D，Center for Epidemiological Studies–Depressed Mood Scale；ECR，Experiencesin Close Relationship Scale；PBQ，Pet Bereavement Questionnaire；SWLS，SatisfactionWith Life Scale.

*$p<0.05$

†$p<0.01$

表321–3　根据资料获得的研究结果

CPAS亚类与CES–D、SWLS和PBQ亚类的关系
宠物主人对宠物的依恋程度越大则在宠物死亡后越悲伤。CPAS–亲密度分值高说明这些人在宠物死亡之后对生活的满意程度低
相对于CES–D、SWLS和PBQ的生活状况
单独生活的宠物主人与亲人一同生活的宠物主人相比，调研开始沉郁更为明显。单独生活的宠物主人更为悲伤及内疚。上述趋势与随访的时间无关
沉郁与生活满意程度
宠物死亡后宠物主人的沉郁程度明显增加，但对生活的满意程度并未明显降低
宠物依恋及丧失宠物后随时间的反应
失去宠物的宠物主人，如果对宠物的依恋程度高，则在调研开始沉郁程度高，但在随后的访问中未发现这种关系

CES–D，Center for Epidemiological Studies–Depressed Mood Scale；CPAS，CENSHARE Pet Attachment Survey；ECR，Experiences in Close Relationship Scale；PBQ，Pet Bereavement Questionnaire；SWLS，Satisfaction With Life Scale.

意义

宠物主人失去宠物之后感情倾诉对兽医很有益处。在宠物主人发现有关他们宠物生命结束的信息时，兽医能为他们提供帮助。兽医可在候诊室准备些搜索工具，使得宠物主能够了解宠物死亡后的一些基本资料。这些搜索工具可考虑宠物主人自身的一些风险因素，如他们对宠物的依恋程度，以前对宠物死亡后的反应，过去的悲伤经历，宠物主人的年龄，是否与亲人、其他宠物共同生活，是否有社会援助。这些搜索工具可帮助兽医为客户提供一些合理的建议，如更换宠物或寻求悲伤治疗。也可将小册子（如本章的有关资料）分发给近期死亡宠物的宠物主人，重点强调宠物死亡后他们可能出现的反应。这些小册子也可作为一种培训材料诠释宠物死亡后宠物主人感情和应激正常化方式。兽医可建议具有高程度宠物依恋的客户在宠物死亡之后更换宠物，但兽医也应清楚地说明更换宠物不一定会减少宠物死亡后的悲伤过程。

不仅宠物死亡有关的专业人员应关注，而且整个社会也应提高认识程度。许多宠物主人痛苦地认为，宠物死亡后得到朋友及家人的理解很少。随着对每年举行的国家宠物纪念日（National Pet Memorial Day）了解程度的增加，为社会团体向其成员提供了一个悼念、纪念或庆祝特殊宠物的机会。在这个困难时期家庭和朋友的支持有助于宠物主人从宠物死亡的阴影中恢复。关于宠物死亡的问题很有必要对公众进行培训。

最后，宠物主人应该清楚认识到宠物不仅为他们提供了快乐，而且宠物的死亡也对他们也提出了挑战。由于宠物生存时间的长短问题，大多数宠物主人都会经历宠物的死亡。如上所述，兽医可帮助宠物主人应对宠物死亡，并为他们提供必要的帮助。有些宠物主人可能不知道宠物死亡后可能出现的反应，宠物主人和将来的宠物主人可能希望了解并研究这一领域并以此应对宠物的死亡。选择更换宠物的宠物主人必须要清楚他们对新宠物和死亡宠物的依恋程度不同。根据本研究及其他研究结果，对宠物依恋程度很高的宠物主人应积极考虑在宠物预测死亡之前或死亡后尽快更换新的宠物。

参考文献

Ainsworth MS. 1991. Attachments and other affectional bonds across the lifecycle. In CM Parkes, J Stevenson-Hinde, P Marris, eds., *Attachment across the Life Cycle*, pp. 334–51. New York: Routledge.

Brown BH, Richards HC, Wilson CA. 1996. Pet bonding and pet bereavement among adolescents. *J Counsel Develop.* 74(5):5054–510.

Hazan C, Zeifman D. 1999. Pair bonds as attachments. In J Cassidy, PR Shaver, eds., *Handbook of Attachment*, pp. 336–354. New York: Guilford Press.

Levinson BM. 1981. Acute grief in animals. *Arch Found Thanatol.* 9(2):paper 11.

Podberscek AL, Blackshaw JK. 1994. The attachment of humans to pets and their reactions to death. *Canine Pract.* 19(5):16–19.

第322章

医院卫生

Hospital Hygiene

Suvi Pohjola-Stenroos

概述

医院卫生管理的主要目的是防止疾病传播。通过清洁和消毒措施确保干净、卫生和安全的病猫和兽医工作的环境。除了节约资金外，防止传染病的暴发也可加强客户对兽医健康护理队伍的认可和信任。

医院内发生的传染也称为院内传染（nosocomial infection），是指病猫在医院期间被感染疾病，在病猫出院后表现明显。这可能是由于大多数病猫是以门诊病例治疗或只是在医院停留时间很短，而大多数猫的传染病潜伏期为数天。

主要有两类疾病影响进院治疗的病猫，第一类为沙门氏菌、空肠弯曲杆菌、猫细小病毒、支气管博代氏菌、猫亲衣原体（*Chlamydophila felis*）、猫杯状病毒、猫疱疹病毒-1、狂犬病及鼠疫等引起的接触传染病，可从病猫传播到病猫，这类传染病可影响到病猫及健康猫、未暴露且未免疫接种保护的猫。第二类为细菌性病原所引起，这类病原存在于环境或是病猫的正常菌群，可在免疫缺陷的猫引起发病，或因干预措施如药物治疗、静脉内或尿道插管、支气管插管、牙病治疗或手术等得到传播。这些传染病是潜在的动物传染病。参见第329章。

动物传染病为动物性疾病，但可造成人类感染疾病。

预防措施，如猫的粪便检查及适宜的免疫接种计划，可减少院内感染的数量，因此对病猫的健康极为有益。

医院卫生政策

医院卫生政策是指与员工讨论后统一制定，并且在医院中执行的良好工作方案。医院员工对这些传染病传播途径的掌握和严格遵守医院卫生政策可有效防止交叉污染的发生及降低感染的风险。表322-1为建立医院卫生政策时应该考虑的风险因子、传染源及卫生水平。

表322-1　医院卫生政策中的风险、传染源及卫生水平

风险	传染源	卫生水平
很小	墙壁、屋顶、门、水槽	清洁、干燥
小	器械与猫干净的皮肤接触：听诊器、手电、绷带剪、剪刀刀片	清洁、干燥
中等	器械与猫的黏膜接触：温度计、插管、内镜、气管镜、感染病猫所用的器械。免疫抑制病猫所采用的器械。体表分泌物	消毒或一次性使用
明显	器械与损伤的黏膜或皮肤接触。器械穿入皮肤或黏膜：手术器械、针头、导管	灭菌

建立医院卫生政策的前提工作是卫生审查（hygiene audit），包括医院中污染区域的鉴定、工作习惯分析及医院中耐甲氧西林金黄色葡萄球菌（methicillin-resistant *Staphylococcus aureus*，MRSA）检测。审查之后可对现行的卫生措施在四个阶段进行改变：调整（justification）、培训（training）、采用（adopting）及测定（measuring）。现场会是很好的深入了解、陈述制度的机会，有助于员工采用合适的措施应对实践中发生的变化。

制定好的书面方案应该简单、简短，尽可能有效，在多个明显位置张贴。书面方案可按照目的分为四个部分：消毒剂、手的卫生、表面卫生及器械卫生。技术负责人或经理是监测政策执行情况，采取必要行动的最佳人选。

消毒剂

最佳的消毒剂应该有效、无毒、易于稀释、经济、无残留、无腐蚀性、无味，能够渗入感染材料，快速发挥作用。在医院选用这类产品之前应进行特定的效率检验。消毒并不能完全代替清洁，这是因为大多数消毒剂只是在清洁的表面才能有效发挥作用。表322-2为各类消毒剂的一般特点及质量。

表322-2　各种消毒剂的质量

类型	用途	有效性	注解
酒精类	器械、小的表面及手	细菌、真菌及亲脂性病毒	快速干燥
戊二醛	建筑物、车辆、器械及足部浸渍	病毒、细菌和真菌	对有机物的中和有抵抗性，无腐蚀性
碘	建筑物、车辆、器械及表面	病毒、细菌、真菌、孢子及支原体	低温下发挥作用，无腐蚀性
氧化剂	建筑物及水	病毒、细菌及真菌	低温下发挥作用
有机酸	建筑物、足部浸渍及水	病毒、细菌和真菌	低温下发挥作用
酚类	建筑物及器械	病毒、细菌、真菌、蠕虫、蠕虫虫卵及球虫	活性谱很广
季铵离子	建筑物、器械及表面	包囊性病毒、细菌及真菌	能有效控制细菌和真菌

手的卫生

大多数院内感染是由于不够重视手的卫生程度所引起。众所周知医疗保健人员，特别是医生，同样的还有兽医是很难记住清洗他们的手臂。研究表明，其实彻底洗手的人不到50%。

美国国家公共卫生兽医学会（U.S. National Association of State Public Health Veterinarians，NASPHV）关于手的卫生提出的建议是："应在检查每个病猫之前及之后洗手，与血液、体液、分泌物、排泄物或污染有这些液体的物件接触之后洗手；吃、喝、抽烟前洗手，使用厕所后洗手，清洗动物笼子或动物护理区后洗手，只要看到手弄脏后就洗手。如果未见手有明显的脏污，可采用乙醇胶代替洗手。指甲应剪短，磨光。"不要戴珠宝，因为它们可妨碍洗手。只要与高危材料接触，就要戴好一次性手套和穿防护服。

有效充分洗手的建议是：

- 用纸巾打开水龙头。
- 淋湿手臂。
- 从自动分配器上获取液体消毒肥皂。
- 仔细洗手，包括指甲，至少洗30s。
- 充分冲洗。
- 用纸巾擦干。
- 用纸巾关闭水龙头。

手潮湿会增加传递细菌的风险，因此擦干手是极为重要的。温干风机或新的喷气干风机可增加手上的细菌，而纸巾可减少细菌。喷气干风机也可将污染分散到数米的距离，因此可使员工吸入微生物。如有可能，包括手术室在内的房间，用打开及关闭水龙头与不应手直接接触，而应采用无触摸式龙头。

金黄色葡萄球菌

金黄色葡萄球菌（Methicillin-Resistant *Staphylococcus Aureus*，MRSA）是一种对β-内酰胺有抗性的金黄色葡萄球菌，β-内酰胺包括青霉素和头孢菌素。MRSA与难以治愈的感染有关，如伤口感染、尿路感染、肺炎、败血症及心内膜炎等。普通公众接触MRSA的比例尚不清楚，有些可携带这种细菌。健康个体也可携带MRSA而不表现发病症状，这种状态可持续数周到数年。多项研究表明，兽医中MRSA的定植率为10%～20%，这要比普通公众高。因此，猫从兽医人员接触MRSA的机会比其主人的可能性更大。

对员工日常进行MRSA检查并不实际，主要是暂时性污染的员工可能会检查不到。护工也不应拒绝护理感染有MRSA的病猫，但应熟悉MRSA的预防和控制。

MRSA的预防及感染控制策略包括严格手的卫生，这包括在病猫间用乙醇胶有规律地清洗手臂；用防水布覆盖所有断端、造成擦伤或损伤物，特别是手和前臂的创伤；患有慢性皮肤疾病时避免用力操作，与有可能感染的材料接触时应戴好手套、穿防护服、消毒手臂（scrubs），戴好帽子、口罩，甚至有可能出现烟雾时带眼睛防护装置，这样可减少交叉污染的风险。医院废弃物应该妥善处置。

表面卫生

医院各个区域的清洁程度是由感染风险、该区域执行的操作以及病猫的需要等因素所决定，其目的是消除污染而不是扩散污染。

表面卫生可通过正确组织清洁过程而达到。清洁时应从天花板向地面或从最清洁向最脏的区域进行。清洁的间隔时间应满足该区域目的的要求。

高危区包括手术室、牙医操作室、实验室、隔离间及笼子。清洁时可采用终端法，每天、每周或每月依据使用、风险及病猫而确定。彻底清洗（terminal cleaning）必须要在房间或笼子高度污染后再次开放使用前进行，清洁方法各种各样，但通常包括除去所有可拆卸部位，清洁天花板的照明及通风道表面，向下清洗所有表面一直到地面。从屋内移去所有物件进行灭菌消毒，之后再搬回。

表面清洁的规定包括：

- 病猫之间所有笼子必须彻底清洗消毒。
- 与猫直接接触的所有表面应该用消毒剂消毒10～15min，如有可能，应采用蒸汽消毒。
- 器械，如听诊器、刀片、剪刀及手电等在每次使用后如果怀疑有污染时，均应采用0.5%洗必泰溶液消毒。超声探头通常需要采用特殊的清洗液清洗。
- 猫笼、桌面、天平等应该在使用后立即消毒。
- 猫在诊疗期间不应转移猫笼。
- 主要的接触区、物品或病猫邻近的表面，或接触病猫后立即触碰的表面应该特别引起注意，这包括水龙头、猫笼的门、计算机键盘、天平、输液泵及门把手等。
- 来自生物的污染材料只有在采用消毒剂纸巾净化后才能丢弃。

器械卫生

在兽医实践的日常工作中也应注意器械卫生。重要的是应该向员工强调每次在器械清洁及消毒时必须要采用正确的操作方法，还需要强调的是在难以确定猫是否感染的情况下，唯一的方法是避免在医院内发生交叉感染，而其中的关键是确保每只猫都实施最佳的卫生措施。

器械清洁及消毒过程应该包括：

- 消毒前的处理：必须要正确放置使用之后的仪器及在消毒间的位置，这样可防止脏仪器与清洁仪器混淆。
- 消毒过程中的操作程序：必须遵从说明，记住按照说明操作高压灭菌器，经常检查高压灭菌器。
- 消毒后的处理：不要将经过消毒的器械与脏器械混淆。在标签上注明消毒日期。
- 手术过程中的处理：应采用无菌技术。
- 员工信息：重要的是所有员工应按照医院的条例培训。必须对手册及时进行更新，并且简单易于理解。
- 检查：例如采用适宜的检测或指标进行考核，定期检查卫生措施。

如果上述程序未能严格遵守，则不可能确保器械的无菌。

参考文献

American Association of Feline Practitioners. 2001. *Basic Guidelines for Judicious Therapeutic Use of Antimicrobials in Cats*, www.catvets.com/professionals/guidelines/publications/?Id=179

Lappin MR. 2001. Hospital biosecurity. In MR Lappin, ed., *Feline Internal Medicine Secrets*, pp. 407–410. Philadephia: Hanley & Belfuss, Inc.

Mayne T. 2006. MRSA in veterinary practice: What is your responsibility? Veterinary Management for Today. (6):17–19. Vision Online. Suffolk: AT Veterinary Systems.

Polton G, Elwood C. 2006. Wash your hands! Control of nosocomial infections. In Practice. 28:548–550. London: British Veterinary Association.

BC Centre for Disease Control. 2003. *A Guide to Selection and Use of Disinfectants*, www.bccdc.org/downloads/pdf/epid/reports/CDManual_DisinfectntSelectnGuidelines_sep2003_nov05-03.pdf.

www.catvets.com/uploads/PDF/antimicrobials.pdf

www.vmd.gov.uk/Publications/Antibiotic/antimicrob120707.pdf.

第323章
猫生活指南
Life Stage Guidelines

AAFP/AAHA

编者按

这些指南对确保猫接受应有的保健措施是极为重要的。《AAFP/AAHA猫生活指南》（AAFP/AAHA Feline Life Stage Guidelines）最早发表于美国动物医院协会杂志（Journal of the American Animal Hospital Association），经美国猫医生协会（American Association of Feline Practitioners）及美国动物医院协会（American Animal Hospital Association，aahanet.org）允许加入本书。关于AAHA的其他资料，可参阅aahanet.org.

美国猫兽医协会–美国动物医院协会（AAFP–AAHA）猫生活指南

Amy Hoyumpa Vogt，DVM，DABVP（Canine and Feline），指南共同主席

Ilona Rodan DVM，DABVP（Feline），指南共同主席
Marcus Brown，DVM

Scott Brown，VMD，PhD，DACVIM

C A Tony Buffington，DVM，PhD，DACVN

M J LaRue Forman，DVM，DACVIM

Jacqui Neilson，DVM，DACVB

Andrew Sparkes，BVetMed，PhD，DipECVIM，MRCVS

通信作者（共同主席）：A Hoyumpa Vogt，ahoyumpa@earthlink.net

I Rodan，care4cats@gmail.com

背景与目标

猫是美国最流行的宠物，但关于兽医对猫护理的统计资料仍不多见[1]。虽然对许多宠物主人而言猫是他们的家庭成员，但与犬相比，对猫的服务仍不周到。

2006年，宠物主人带犬去兽医就诊的次数要比猫多2倍，平均为2.3次/年，而猫为1.1次/年，兽医每年为犬看病的次数包括一次或数次（58%）要明显地多于猫（28%）[2]。猫主人常常认为“猫无需医疗护理”。产生这种误解的两个主要原因是，猫发病症状常常难以察觉以及人们认为猫常能自给自足[2]。兽医的作用之一是与猫主人建立联系，从而做好猫的终生健康护理工作。

本指南的主要目的是有证据地提供各生活阶段健康计划概要，以协助兽医人员为猫提供全面的、最好的健康护理。主要目的是提供：

- 为猫不同生活阶段提供最佳的健康护理建议。
- 促进兽医随访和增强客户–兽医临诊关系的实用建议和工具。
- 为获取其他信息资源提供基础。

生活阶段的划分

猫生活阶段的划分（年龄组）仍不十分确定，部分原因是每只猫及其身体系统的年龄变化速度不同，而这一过程受许多因素的影响。本指南采用一种比较方便的分类方法（参见下页的框图）。按照年龄分类有助于将主要注意力集中在不同年龄所发生的身体及行为变化上（如仔猫先天性畸形、青年猫肥胖的预防等）。但必须要注意的是，所有按年龄的分类都是沿着年龄的变化推断确定的，并非是绝对的。

AAFP及AAHA感谢该指南得到欧洲猫医生协会认可，感谢猫科动物咨询处生活保健计划协助建立指南。

	生活阶段	猫的年龄	相当于人的年龄
 虎猫　3月龄	仔猫 从出生到6月龄	0～1月龄	0～1岁
		2～3月龄	2～4岁
		4月龄	6～8岁
		6月龄	10岁
 小甜甜　13月龄	少年猫 7月龄到2岁	7月龄	12岁
		12月龄	15岁
		18月龄	21岁
		2岁	24岁
 露丝（Roise）　3岁	青年猫 3岁到6岁	3	28
		4	32
		5	36
		6	40
 尼莫（Nemo）　8岁	成年猫 7岁到10岁	7	44
		8	48
		9	52
		10	56
 乔治（George）　13岁	中年猫 11岁到14岁	11	60
		12	54
		13	68
		14	72
 月季（Chinarose）　16岁	老年猫 15岁以上	15	76
		16	80
		47	84
		18	88
		19	92
		20	96
		21	100
		22	104
		23	108
		24	112
		25	116

该指南参考猫科动物咨询处（Feline Advisory Bureau）建立的常规生活阶段划分法，近期出版的《AAFP高级护理指南》（AAFP Senior Care Guidelines）中也采用了这种划分方法[4,5]，从仔猫到老年猫将猫的生活阶段划分为6个年龄组。

卫生保健

本文在所有可能的地方都附上了有关的参考文献，以前发表的所有关于某一特定问题的指南也在相应的文本中作了引用。但读者应注意的是，由于缺乏依据年龄统计的发病率数据，指南编撰委员会的工作受到一定的限制，因此，为了有根据地实施猫的保健护理还需进行深入研究[3]。

入门指南：健康检查

为了让猫获得最佳的医疗保健，兽医必须要帮助猫主人了解和认识猫在各个生活阶段有规律地进行预防性护理的重要性。健康护理小组提供的信息是极为关键的，这种关键体现在第一次检查仔猫，并且因随后的访问而加强。对临床异常和行为改变的早期检查能够改善疾病管理和生活质量[5,6]。

检查的频率

委员会支持美国猫医生协会（American Association of Feline Practitioners，AAFP）和美国动物医院协会（American Animal Hospital Association，AAHA）关于所有猫每年至少应进行一次健康检查及咨询的建议。中年和老年猫以及具有医学和行为疾病的猫应该增加每年的检查次数。兽医及兽医组织建议对所有生活阶段的猫进行半年一次的健康检查，其理由是在短时间内健康状况可发生改变；病猫常常不表现患病的症状；应尽早检查病态的健康、体重变化、牙齿疾病等，尽早进行干预。此外，半年检查一次可以与猫主人就猫的行为和态度等变化进行更多的交流，同时可以培训猫主人掌握健康护理的知识。为了使猫的健康状况及寿命达到最优化，很有必要对检查的计划进行深入研究。

委员会成员认为，预防性兽医护理可以改善猫的生活质量，及早诊断疾病还能减少长期健康护理的费用。他们认为如果能改善猫的生活质量和实现疾病的早期诊断以及减少护理费用，猫主人会愿意寻求兽医的保健护理。加强客户交流和培训常规性的兽医护理知识对达到这一目标是极为重要的（图323-1）。

图323-1　对猫主人来说经常性地进行健康检查的益处并非即可回报，需要仔细解释（照片由Ilona Rodan提供）

猫主人不愿保健护理的主要原因可能是他们并不知道这样做的必要性，也许是兽医对必要性及益处的解释不清楚[7]。其他障碍包括兽医检查时猫的应激或害怕以及送猫去兽医检查时存在实际困难。克服这些障碍的建议参见文本框“克服兽医访问的障碍”。

病史收集

委员会的目的不是重申兽医检查的依据，只是想提供一份兽医人员的工作清单（见表323-1）。在文中相关地方，对猫的行为特点、营养及各种疾病的预防和诊断策略进行了详细说明。病史收集包括采用开放式问题（open-ended questioning）（如上次检查后猫的健康状况怎么样）等[8]。这种方法常与模板或如表323-1中所列清单同时进行，以保证不忽视重要的方面。

查体

查体时应特别注意以下几个方面：

- 远处观察猫，评估其呼吸、步态、姿势、力量、协调及视力。
- 上次检查后各参数的变化［体重、体况评分（BCS）、生命特征］。
- 表323-1中所列出的其他特征性的变化。

基础检查

虽然文献资料中关于基础检查的意义报道不多，但委员会认为有规律地进行健康检查及采集基础数据（minimum database，MDB；表323-2）具有很重要的意义，可以对疾病或临床及实验室监测参数的变化趋势进行早期预测，此外，还可以为以后检查时获得的数据解释提供基本依据。

特别是关于实验室监测的年龄及频率取决于许多因素[5, 18, 24]。在确定检查频率时一个需要考虑的方面是许多疾病的发病率随着年龄而增加。关于成年、中年及老年猫的管理指南可参见《AAFP高级指南》（AAFP Senior Guidelines）[5]。关于逆转录病毒监测可参见《AAFP逆转录病毒检测指南》（AAFP Retrovirus Testing Guidelines）[22]。血压的测定在《ACVIM指南》中有详细的介绍[25]。虽然关于甲状腺机能亢进开始的年龄有关发病率的研究不多，但委员会建议兽医应考虑在成年健康猫采用T_4检测。要提出更为合理的建议，仍需要进行更深入的研究以提供发病率的数据。

猫的身份鉴别（Identification）

一项研究表明，在寻找丢失猫的宠物主人中，41%的人认为他们的猫是户内活动的宠物[9]。美国人道协会（American Humane Association）的记录表明只有2%的丢失猫能从庇护所找到回家的路，这也是缺少标记或芯片身份识别的主要原因。无论其生活方式如何，准确鉴定所有的宠物猫可以增加丢失的猫回到其主人身边的可能性。健康检查是与宠物主人讨论鉴别猫的重要性的理想时间。应向宠物主人解释明显的特征（如颈圈和标签）和永久性的鉴别特征（如微芯片）能够解释和符合医学记录的鉴别特征和其他有关的事件。

营养与体重管理

饮食基础

能量和营养需要随着猫的生活阶段、食品灭菌状态（sterilization status）和活动强度而不同，因此，一般的饮食建议只是提醒，必须以维持理想体重和体况评分调整个体的采食量（图323-2）。

图323-2　必须要向猫主人强调经常检查体重及体况评分对所有年龄阶段的猫都是很重要的。体重的变化可以用百分比表示，或者以人用的失重/增重来表示（照片由Deb Givin提供）

表323-1 健康随访：讨论及活动项目

	一般/特殊讨论/活动细节讨论/所有年龄	特殊讨论/活动项目					
		仔猫（0～6M）	**少年猫**（7M～2Y）	**青年猫**（3～6Y）	**成年猫**（7～10Y）	**中年猫**（11～14Y）	**老年猫**（15+Y）
通用	培训/讨论： • 建议的兽医随访频率（建议的每年最少检查的次数） • 早期或不明显的疼痛或疾病症状：疾病预防及早期诊断的重要性 • 健康护理经费计划 • 灾难准备 • 房地产计划 • 微芯片示踪	讨论： • 品种 健康护理 易患病素质 • 爪的护理及去爪 • 先天性/遗传性疾病		这一年龄组的猫常常被忽视，如果能经常进行兽医护理，则具有很大的益处	对成年和中年猫的特殊管理可参见《AAFP高级护理指南》[5]及《AAH犬和猫的高级护理指南》[18]。		
行为和环境	询问： • 猫舍(户内/户外) • 捕猎活动 • 家里的孩子和其他宠物 • 环境条件（如玩具、抓擦塔) • 行为 • 旅行（地区性疾病）	• 证实有充足的资源配置及大量的玩具 • 教会一些指令（如过来，坐下等） • 能够适应乘车及兽医随访	• 随着成熟，猫间关系或社会关系可降低或恶化 • 能够继续训练，以便能操作嘴、耳及爪部	• 检查环境条件 • 教会一些技术以增加猫的活动（如找回猎物） • 鼓励目标及交互式玩耍，以此作为控制体重的一种策略	增加能接近对猫沙盆、床和食物的接受性	• 环境需要可发生改变（如发生骨关节炎时）：应确保能够接触到物品，易于接触猫沙盆、床和食物 • 培训客户，了解一些并非只有老龄猫才出现的行为变化	• 确保能接触到猫沙盆、床和食物 • 监测认知机能（发声/混淆），疼痛症状/骨关节炎 • 讨论生活质量
医疗/手术史 绝育	询问： • 以前的医疗/手术病史 • 药物使用情况 • 处方外用品（如添加剂、杀寄生虫药物、其他药物）	讨论： 绝育，包括不同年龄的优点及条件	• 绝育，如果以前未实施 • 讨论：建立基础检查，预测以后可能会发生的变化（体重、BCS、MDB等）	讨论成年后的基础检查，预测以后的变化（体重、BCS、MDB等）	监测一些细微的变化，如睡眠增加或活动减少 • 增加对活动、任何症状的持续时间或进展的观察	增加对活动、任何症状的持续时间或进展的观察	增加对肠道用药物及添加剂的检查
排泄	讨论： • 泌尿道健康状况及鼓励养成健康排尿习惯的方法 • 排泄习惯（频率、数量及质量），猫沙盆管理（数量、大小、位置、清洁等）	猫沙盆安置，清洁及正常排泄行为[10]。	证实猫沙盆大小要与猫的生长相匹配		检查猫沙盆大小及边缘高度，以便保证猫随着年龄的增长而容易使用	调整猫沙盆大小和高度及根据需要调整清洁措施	
营养及体重管理	• 讨论采食行为，日龄及饲喂建议 • 强调常规检查体重及BCS的重要性	• 通过饲喂使体况达到中等 • 讨论生长需要及健康的体重管理措施 • 引入各种食物风味/材质[19]	• 监测体重变化，通过饲喂使体况达到中等（绝育后对热量的需要减少，繁殖母猫对热量的需要增加）	饲喂达到中等体况，检查体重变化，根据情况改变食物摄入			饲喂达到中等体况，检查体重变化，根据情况改变食物摄入及BCS/体重的变化

（续表）

	一般/特殊讨论/活动细节讨论/所有年龄	特殊讨论/活动项目					
		仔猫（0～6M）	**少年猫**（7M～2Y）	**青年猫**（3～6Y）	**成年猫**（7～10Y）	**中年猫**（11～14Y）	**老年猫**（15+Y）
口腔健康*	• 讨论牙齿健康及家庭护理 • 监测及讨论牙齿疾病，预防性护理，牙病预防及治疗	培训/讨论 • 口腔处理，刷牙及换牙 • 永久齿出牙（时间及症状） 协调 • 所有脱落齿的护理及灭菌（同时进行麻醉）	——监测及讨论——			监测是否有口腔肿瘤，是否不能采食及由于牙齿疾病的疼痛而导致生活质量下降	
寄生虫控制	• 实验室评估生活质量 • 基于地域性流行评估发生的变化或不同的风险 • 讨论动物传染病风险。对流行地区所有猫的犬心丝虫病预防提出建议[20]	从3～9周龄开始，每隔2周驱虫，然后每月驱虫，直到6月龄 第一年检查粪便2～4次	依健康及生活状态，每年检查粪便1～4次	依健康及生活状态，每年检查粪便1～4次			
疫苗接种[21, 22]	核心疫苗： • 猫传染性粒细胞缺乏病毒 • 猫疱疹病毒[1] • 猫杯状病毒 • 狂犬病病毒 调整: 根据个体状况及州法律，权衡利弊、环境及参照本指南实施疫苗接种	由于对以后的生活状态未知，强烈建议在仔猫使用FeLV疫苗 彻底检查，连续进行疫苗接种	彻底检查，连续进行疫苗接种。检查疫苗接种史/病毒筛查情况	根据本指南继续使用核心疫苗。依据本指南说明进行风险评估及使用非核心疫苗			

*参见正文讨论。M=月龄，Y=岁，BCS=体况分值，MDB=基础数据。

克服兽医访问的障碍

委员会建议兽医团队努力使服务规范化，使猫和客户感觉到舒适，因此最好要了解猫的行为变化[10, 11]。下述几点有助于减少带猫到诊所遇到的困难。

当客户到达兽医门诊，健康护理团队应采取各种措施减少客户的困难和可能对猫造成的应激，尽可能地提供便利的条件[1, 2]。下述几点为客户及猫等待就诊时，为便于检查及诊疗提出的一些建议。

降低运送应激

- 使小猫能适应转运箱及旅行的社会生活：
  - –转运箱应置于室外，能进入室内。
  - –转运箱中有舒适的休息、采食及玩耍区域，为转运箱创制一个良好的环境。
  - –如果可行，如果猫去势或喜好旅行，应鼓励猫主人经常将猫带到有专门设施的车中，让猫积极体验。
- 旅行前减少喂食也可防止晕车，增加猫对诊所食物的兴趣，这便于采集血液。
- 使用能使猫镇静的合成信息素，在日常旅行或转运之前放入其熟悉的人的口袋中[13, 14]。
- 转运过程中可将箱子遮盖或藏起来（如将毯子盖在转运箱上）。

在诊所让猫舒适和客户满意

- 应为猫配置等待间，或直接进入检查室。
- 尽可能缩短等待时间。
- 在等待区域应有较高的平台，以便猫主人能将猫转运箱放在高处，避免受到犬的影响。
- 在环境中使用能使猫镇静的合成信息素[14]。

便于检查及治疗

- 配备对猫友好的检查室：
  - –室内及检查台温暖，表面不能太光滑，以免使猫滑倒。
  - –避免喧嚣的噪声或能模拟出嘶嘶声的环境声音（如窃窃私语）。
  - –用美味的食物/猫薄荷/玩具等转移猫的注意力或给予奖赏。
- 处治时采用最小约束：
  - –兽医检查猫时的技巧可参见《AAFP猫行为指南》（AAFP Feline Behavior Guidelines）[10]。
  - –获取病史信息时，可打开运送箱的顶部或门，以便猫能调整适应周围环境。理想条件下应使猫在检查期间尽可能待在运送箱的底部，这样可使猫适应检查人员及周围环境[15, 16]。
  - –可使猫的部分身体藏匿毛巾之下；如果需要其他保定，最好使用毛巾，而不是抓猫的后背。
  - –避免用眼睛直视猫。
  - –在检查期间应确定猫最为舒适的体位，如兽医的膝盖。
  - –使用镇静剂、麻醉剂或止痛药物时应减少应激和/或疼痛。
- 住院的猫应远离犬和其他猫的视线[17]。

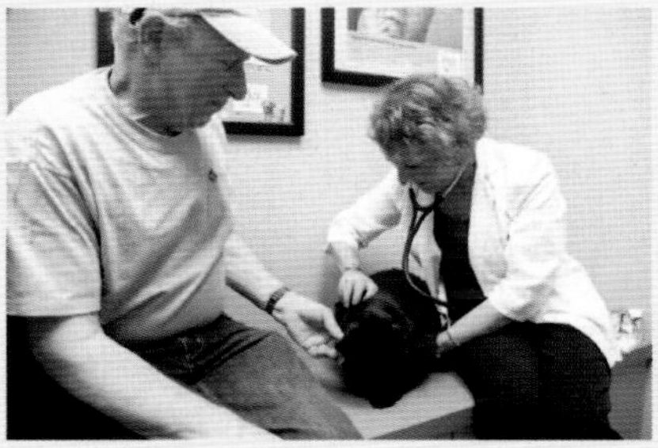

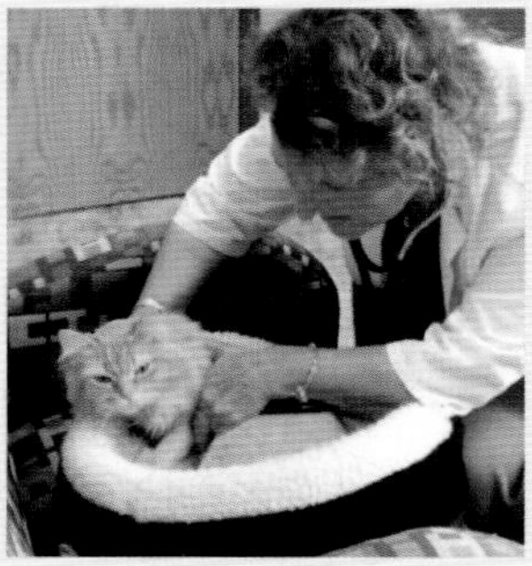

补充资料

AAFP 题为“谦恭地处治猫以防止害怕及疼痛”（Respectful handling of cats to prevent fear and pain）的公告参见www.catvets.com，也可参见本文的在线版：doi：10.1016/j.jfms.2009.12.006

猫日粮应含猫所需要的且是完全平衡的营养物质，这种日粮应该美味可口，易于消化。如果能满足这些标准，则猫日粮中营养成分的特定来源关系不大[26]。在所有生活阶段，罐装及干燥日粮均能满足所有生活阶段的健康需要[27]。如果日粮上有标签保证，说明日粮是采用饲喂试验进行了验证，可提供初步的证据，说明这种日粮是符合要求的。

委员会对已经发表，经同行评审的基于对客户所有的健康猫饲喂罐装或干日粮对健康的影响（包括对牙齿健康的影响）、提供各种日粮及始终提供一种日粮、饲喂高蛋白低碳水化合物或饲喂低热量及高纤维素的日粮、饲喂生日粮、提供日粮添加剂或草或植物等的研究结果，根据可以利用的数据，目前还不能提出上述何种饲喂方式更好的建议。

虽然人们对干日粮中碳水化合物的作用很关注，但现有的研究表明，住所和活动（其可能为动物福利的标志）[28]是预示健康状况的重要因子[29–32]。目前的研究结果并不支持食物中碳水化合物的含量有害，也不支持碳水化合物含量是一些疾病如肥胖或糖尿病的独立风险因子的观点[29, 33]。

至于家庭自制的日粮，兽医应该与客户讨论一些关于营养平衡、制备及饲喂原食物有关的风险以及采用猫专用的食物配方的优点等，如有需要，可让客户参阅其他一些资料（表323–3）。

喂养方式

各种饲喂方式均可维持客户饲养的猫处于良好健康状态，这些方法包括自由采食或规定饮食。除了监测摄食外，还应考虑以下因素：

- 通过水碗、水龙头和/或喷水器提供饮水可促进饮水量。如果想要增加水分的摄入，饲喂罐装食品可达到这个目的。
- 将食物放置在安静的区域，特别是对神经紧张或胆小的猫（如远离其他动物或可能间断地产生噪音的家用电器）更为适用。

改变饮食时需要考虑的因素

- 提供新日粮的量与之前饲喂日粮的量相当（相对于体积），根据需要调整初始量以维持中等体况。
- 提供新日粮时，应逐渐改变日粮以减少日粮改变引起猫胃肠道紊乱的风险。
- 将食物温热到体温，加入鱼/虾浆增加食物的适口性。

- 在觅食设备中给予干性食物（如食物团或拼盘）[35]，分散放置食物到分散的食物碗中以减缓采食，增加身心活动量。

体重管理

肥胖可发生于任何年龄的猫，但最常见于中年[32, 36]。可通过环境控制、增加运动量和减少采食量降低肥胖风险。基于湿度及脂肪含量，猫日粮的能量密度差别很大，而这有助于确定应该给猫饲喂多少食物。

表323–2 各年龄组基础检查

	仔猫/少年猫	青年猫	成年猫	中年猫/老年猫
CBC 血容、RBC、WBC、分类计数、细胞学、血小板	+/−	+/−	+	+
化学筛查 至少包括：TP、白蛋白、球蛋白、ALP、ALT、葡萄糖、BUN、肌酐、K^+、磷、Na^+、Ca^{2+}	+/−	+/−	+	+
尿液分析* 相对密度、尿沉渣、葡萄糖、酮体、胆红素、蛋白[23]	+/−	+/−	+	+
T_4*		+/−	+/−	+
血压*		+/−	+/−	+
逆转录病毒检测	+	+/−	+/−	+/−
粪便检查*	+	+	+	+

*，参见正文介绍。CBC=血常规；RBC=红细胞；WBC=白细胞；TP=总蛋白；ALP=碱性磷酸酶；ALT=丙氨酸氨基转移酶；BLU=血液尿素氮；T_4=甲状腺素。

表323-3 猫保健相关资料的网络资源

医学/牙齿护理		兽医/临床	客户/宠物主人
一般保健信息			
猫科动物咨询处（Feline Advisory Bureau，FAB）猫生活护理相关资料下载：			
Veterinary Handbook 兽医手册	www.fabcats.org/wellcat/publications/index.php	√	
Wellcat Log 好猫网	www.fabcats.org/wellcat/owners/index.php		√
Morris Animal Foundation ‘Happy Healthy Cat Campaign’ Morris猫基金会健康养猫	www.research4cats.org/		√
Veterinary Partner 兽医合作伙伴	www.veterinarypartner.com		√
CATalyst Council 猫情分析委员会	www.catalystcouncil.org/		√
AAHA Compliance Study7 猫主信息调查	www.aahanet.org	√	
Veterinary Information Network 兽医信息网	www.vin.com	√	
行为、环境及兽医遇到的情况			
Cornell Feline Health Center videos and health information 康乃尔猫健康中心	www.vet.cornell.edu/FHC/	√	√
The Ohio State University Indoor Cat Initiative 俄亥俄大学室内猫倡议	www.vet.osu.edu/indoorcat.htm	√	√
Humane Society of The United States-indoor cats 美国人道主义协会家猫部	www.hsus.org/pets/pet_care/cat_care/keeping_your_cat_happy_indoors.html	√	√
AAFP Feline Behavior Guidelines (also includes feeding tips) 猫行为指南	www.catvets.com/professionals/guidelines/publications/?Id=177	√	
FAB information and Cat Friendly Practice Scheme： 猫门诊计划			
The Cat Friendly Home 养猫必携	www.fabcats.org/behaviour/cat_friendly_home/info.html		√
Bringing Your Cat to the Vet 带爱猫去见兽医	www.fabcats.org/catfriendlypractice/leaflets/vets.pdf		√
Creating a Cat Friendly Practice, 如何建立好的猫诊所	Cat Friendly Practice 2 www.fabcats.org/catfriendlypractice/guides.html	√	
Dumb Friends League ‘Play with Your Cat’ 如何与爱猫互动	www.ddfl.org/behavior/catplay.pdf		√
营养与日粮			
Your Cat's Nutritional Needs-A Science-Based Guide for Pet Owners 猫营养需求	http://dels.nas.edu/dels/rpt_briefs/cat_nutrition_final.pdf		√
American College of Veterinary Nutrition-links to nutrition information websites 猫营养网站	www.acvn.org/site/view/58669_Links.pml;jsessionid=20s028q8i1ewt	√	
医学/牙齿护理			
AAFP Vaccination Guidelines 猫免疫指南	www.catvets.com/professionals/guidelines/publications/?Id=176	√	

（续表）

医学/牙齿护理		兽医/临床	客户/宠物主人
European Advisory Board on Cat Diseases (ABCD) infectious diseases guidelines 欧洲猫病专业委员会猫传染病指南	www.abcd-vets.org	√	
AAFP Zoonoses Guidelines 猫人兽共患病指南	www.catvets.com/professionals/guidelines/publications/?Id=181	√	
AAFP Retrovirus Testing Guidelines 猫反转录病毒检测指南	www.catvets.com/professionals/guidelines/publications/?Id=178	√	
AAFP Bartonella Panel Report 猫巴尔通体研究报告	www.catvets.com/professionals/guidelines/publications/?Id=175	√	
AAFP Senior Care Guidelines 老年猫指南	www.catvets.com/professionals/guidelines/publications/?Id=398	√	
AAHA Senior Care Guidelines for Dogs and Cats 老年犬猫生活指南	http://secure.aahanet.org/eweb/dynamicpage.aspx?site=resources&webcode=SeniorCareGuidelines	√	
AAHA Dental Care Guidelines for Dogs and Cats 犬猫牙科指南	http://secure.aahanet.org/eweb/dynamicpage.aspx?site=resources&webcode=DentalCareGuidelines	√	
Veterinary Oral Health Council 兽医牙科专业委员会	www.vohc.org/	√	√
AAHA - AAFP Pain Management Guidelines for Dogs & Cats 犬猫疼痛管理指南	www.aahanet.org/PublicDocuments/PainManagementGuidelines.pdf	√	
	www.catvets.com/professionals/guidelines/publications/?Id=174	√	
InternationalVeterinaryAcademy of Pain Management 国际兽医疼痛管理指南	www.ivapm.org	√	
Veterinary Anesthesia & Analgesia Support Group 兽医麻醉与镇痛支持小组	www.vasg.org	√	
寄生虫防治			
Companion Animal Parasite Council: 宠物寄生虫专业委员会			
Information for veterinary and medical professionals 兽医及人医专业人员信息网	www.capcvet.org	√	
Information for cat owners 猫王信息网	www.petsandparasites.org/cat-owners/		√
Centers for Disease Control and Prevention (CDC) zoonoses information 疾病预防控制中心人兽共患病信息网	www.cdc.gov/ncidod/dpd/animals.htm	√	
American Heartworm Society 美国心丝虫协会网	www.heartwormsociety.org/	√	√

补充资料

表中有超链接的网络资源可参见：doi:10.1016/j.jfms.2009.12.006

与客户讨论的技巧及主要内容包括：

- 根据不同生活阶段及体况（如消毒、户内饲养等）缓慢调整热量摄入（增减<10%）。
- 通过环境控制可增加活动量[35]。
- 采用低能日粮（减少脂肪，增加气体、纤维和/或湿度）。
- 改变饲喂策略。
- 调整为一餐一饲喂，控制每餐采食量。
- 引入觅食设施（见下）。
- 在放置食物的通道上设置一些障碍（如小门、抬高饲喂台）。

行为与环境

每个生活阶段需要讨论的行为及相关环境问题见表323-1。下面将详细说明这些要点，关于猫的正常行为及管理的建议，可参阅《AAFP猫行为指南》（AAFP Feline Behavior Guidelines）[10]。

所有年龄

- 提供丰富的设施。在整个房间设置藏匿位点，位置较高的休息位点、食物、水、抓擦塔及猫沙盆，特别是在户内饲养的猫及饲养多只猫的家庭更应该如此（图323-3）。
- 关于是否将猫只在户内或户内和户外环境结合饲养还存在争议（参见文本框“生活方式选择”[82]）。这些争论反映了地理位置及文化的差异以及养殖者的偏好[30，37-41]，也表明了提供适宜和刺激性的环境对猫的重要性[35]。

小猫

- 玩耍：小猫喜爱玩耍，大约在12周龄时猫间的社会性玩耍达到高峰[45]，之后目标性玩耍逐渐占主要地位。玩具可作为玩耍的组成部分，形成正常捕猎行为的发泄途径，有助于防止玩耍时的咬伤。
- 猫沙盆：猫沙盆的安置及清洁程度对猫的使用极为关键。虽然猫的个体偏好可能有一定差异，但大多数的

（C）

（A）

（B）

（D）

图323-3 猫随着生活阶段而对环境的需要发生改变，但环境控制及充分的设施配置仍是极为重要的方面。虽然玩耍及玩耍的内容是小猫和青年猫需要优先考虑的内容[（A）和（B）]，易于接近软床（C）及舒适的休息位点如沙发（D），则在中年及老年猫更为重要[图（A）、（B）和（D）由Deb Givin提供；（C）由Ilona Rodan提供]。

生活方式选择

- 户内（Indoor-only）：仅户内的生活方式可减少创伤及降低部分传染病的发生风险，延长寿命，但因动物福利下降和环境受限而增加了某些疾病发生的风险。因此适当的环境控制对维持猫的身心健康是必不可少的[10, 42–44]。
- 户内/户外：户内/户外的生活方式可为猫提供更为自然和刺激性的环境，但也可增加发生传染病与创伤的风险，捕食野生动物的机会增加。有监护或有控制的户外活动，如通过皮带牵引行走或采用围墙可在一定程度上减少因户外活动引起的风险，这也是AAFP等建议采用的方式[10, 40, 44]。

照片由Deb Givin提供

猫喜欢聚集使用猫沙盆[46]，可在便于接近而不是活动频繁的位点配制的猫沙盆。开始时，可为小猫同时配置各种猫沙盆以供其选择，这样有利于它们使用猫沙盆的个体偏好。有些猫可能反感有气味的猫沙盆[47]。

- 社交/处理：应尽可能使小猫及早逐渐适应主人计划在猫的生活阶段所采用各种生活方式（如孩子、犬、指甲剪、牙刷及毛刷、转运箱等），在此过程中可给予食物或其他适宜的奖赏，避免交互式的惩罚，因为这种惩罚可激发防御性攻击行为的发生。

少年猫

- 猫间关系：随着社会性玩耍的减少及个体单独活动的影响（自由活动的后代在1～2岁时离开家庭单元），此阶段可发生猫间的攻击行为。
- 猫沙盆的配置及清除：猫可因各种原因排斥猫沙盆，包括猫沙盆的类型、猫沙盆的清洁程度、样式及大小等。猫一般倾向于使用大的猫沙盆[48, 49]。
- 尿液标记：大多数正常猫及10%的去势猫可用尿液标记其领地[50]。这种行为的开始与性成熟时间一致。

成年猫与青年猫（adult and mature）

- 玩耍：减少玩耍活动可增加增重的敏感性。一项研究表明，每天3次，每次10～15min的活动可在一个月内不限制摄食时引起大约1%的减重[51]。

中年猫及老龄猫（senior and geriatric）

- 中年及老年猫表现行为的改变（如鸣叫、改变猫沙盆的使用）时应检查潜在的疾病问题[5]。

寄生虫

控制寄生虫对所有阶段的猫都很重要。预防措施包括动物和环境控制两个方面。伴侣动物寄生虫委员会（The Companion Animal Parasite Council，CAPC）指南包括了关于内外寄生虫预防、粪便检查等建议[20]。美国疾病控防中心（The United States Centers for Disease Control and Prevention）网站（见表323-3）也有关于许多人畜共患病的资料。需要讨论的内容见表323-1，一些特别需要注意的事项下面将详细介绍。

犬心丝虫：要点

- 虽然猫的发病率比犬低（犬的发病率为10%～15%），但户内外饲养的猫均有感染犬心丝虫的风险。
- 即使感染少量的成虫也可引起严重的疾病。
- 症状与犬不同，似乎无特异性。
- 结合抗原及抗体试验可增加准确诊断的可能性。
- 目前不建议在猫采用杀成虫药物，也无证据表明其可增加感染猫的成活率，成虫的死亡可能会危及生命。
- 每月预防是安全有效的方法。有些犬心丝虫预防措施也可控制其他寄生虫。

小猫

- 由于小猫出生前不会发生感染，因此，可在3周龄时开始每2周进行一次驱蛔预防。小猫可在8～9周龄开始接受每月一次的一般体内寄生虫预防[20]。

所有生活阶段

- 粪便检查可监测药物预防是否有效，并可诊断一些广谱预防难以防治的内寄生虫病。
- 在犬心丝虫流行区，所有生活阶段的猫均有发病风险[52]。“生活方式选择”文本框中列出了某些注意要点[82]；其他详细情况可参阅CAPC和美国犬心丝虫协会（American Heartworm Society）的网站（见表323-3）。

客户交流与资源

客户每次访问兽医时可能需要咨询许多问题，因此有效的交流对猫接受最佳的健康护理是极为关键的。除了兽医为客户收集的各种文献信息外，还有许多其他资源为兽医和客户提供帮助。网络可为宠物主人、兽医或两者提供导向性帮助。

表323-3列出了有关健康而不是疾病的信息，但不够详尽。这些指南（以后还要添加其他链接及材料以辅助培训客户）的在线版参见www.catvets.com/professionals/guidelines/publications/。

疫苗接种

表323-1不同生活阶段猫综合性健康计划优先考虑使用的疫苗。

关键点

- 指南主要目的是提供一种精确的模板，帮助兽医及其员工和客户改进预防性护理，提高猫的健康、福利及寿命。
- 为了促进各生活阶段猫的健康护理计划，这些指南提供了的各种有效资源。
- 兽医及其员工和宠物主之间的清楚交流可改善健康计划的执行力，增加健康护理计划的质量。
- 不同年龄阶段疾病发生率的准确数据有助于兽医从业人员确定日常健康检查的价值和理想的检查频率。

牙齿护理

虽然猫的口腔疾病极为常见[53]，但大多数猫主人并不清楚牙齿疾病可危及猫的健康和福利。《AAHA犬猫牙齿护理指南》（AAHA Dental Care Guidelines for Dogs and Cats）提供了详细的牙齿护理及牙齿信息的详细资料[54]，需要注意的几点如下：

- 猫在所有生活阶段均需要家庭及兽医进行牙齿护理（见表323-1）。
- 影响牙齿和/或口腔的疾病可引起疼痛，导致身体其他部位发生疾病。
- 对于牙齿健康的猫，建议每年至少检查一次[54]。
- 由于猫在发生口腔疾病时不表现明显的疼痛及不适的症状，因此应对客户进行培训[4]：

  –讨论猫主人可采用的措施，以维持或改进牙齿健康[55]，例如，在家采用食物诱使猫张开嘴巴进行口腔检查。虽然这种方法在小猫比较容易，但老龄猫也可通过互动和奖赏培训适应。

  –虽然有牙齿护理日粮、特定饮食和咀嚼片等，但并非总是有效，而且都不能替代兽医牙齿护理[56，57]。牙齿护理日粮和咀嚼片可能比较实用，也可能比每天刷牙更为实用，但目前仍缺乏关于这些方法的比较研究。美国兽医口腔健康委员会（Veterinary Oral Health Council in the USA）认为，在确定日粮在牙齿护理中的作用时必须要满足严格的标准[58]。

基于证据的全面健康

委员会的主要目的是为不同生活阶段的猫提供相关的健康指南，但这一目的并未完全实现，从业人员可通过更为深入的研究、合作和数据共享，提出更为准确的建议。关于不同年龄段疾病发生率的准确数据有助于从业人员确定日常健康检查的价值和理想的检查频率。同时我们必须要依据现有的数据、个人的知识和经验，帮助猫主人实现猫的终生健康护理。

致谢

AAFP和AAHA对勃林格，梅里亚，辉瑞动物保健和爱德仕为本指南的制定提供资助和承诺为兽医团体实现猫的健康护理项目提供帮助表示感谢。

参考文献

1. Flanigan J, Shepherd A, Majchrzak S, Kirkpatrick D, San Filippo M. US pet ownership & demographics sourcebook. Schaumburg, IL: American Veterinary Medical Association, 2007: 1–3.
2. Lue TW, Pantenburg DP, Crawford PM. Impact of the owner–pet and client–veterinarian bond on the care that pets receive. J Am Vet Med Assoc 2008; 232: 531–40.
3. AHRQ. US Preventive Services Task Force grade definitions. Rockville, MD: Agency for Healthcare Research and Quality, 2008. http://www.ahrq. gov/clinic/uspstf/grades.htm (accessed June 1 2009).
4. FAB. WellCat for life veterinary handbook. Tisbury, Wiltshire, UK: Feline Advisory Bureau, 2008: 5. Available at www.fabcats.org/wellcat/ publications/index.php.
5. Pittari, J, Rodan I, Beekman G, et al. American Association of Feline Practitioners' senior care guidelines. J Feline Med Surg 2009 11: 763–78. www.catvets.com/professionals/guidelines/publications/?Id=398 (accessed June 1, 2009).
6. Moffatt KS, Landsbery, GM. An investigation of the prevalence of clinical signs of cognitive dysfunction syndrome (CDS) in cats. J Am Anim Hosp Assoc 2003; 39: 512.
7. American Animal Hospital Association. The path to high-quality care: practical tips for improving compliance. ('AAHA compliance study'). American Animal Hospital Association, 2003. Compliance follow-up study, American Animal Hospital Association, 2009.
8. Silverman J, Kurtz S, Draper J. Skills for communicating with patients. 2nd edn. Oxford, UK: Radcliffe Publishing, 2005: 43.
9. Lord LK, Wittum TE, Ferketich AK, Funk JA, Rajala-Schultz PJ. Search and identification methods that owners use to find a lost cat. J Am Vet Med Assoc 2007; 230: 217–20.
10. Overall K, Rodan I, Beaver V, et al. Feline behavior guidelines from the American Association of Feline Practitioners, 2004. www.catvets.com/professionals/guidelines/publications/?Id=177 (accessed Aug 17, 2009).
11. Feline Advisory Bureau. Bringing your cat to the vet. Cat Friendly Practice literature. www.fabcats.org/catfriendlypractice/leaflets/vets.pdf (accessed June 15, 2009).
12. McMillan J. Maximizing quality of life in ill animals. J Am Anim Hosp Assoc 2003; 39: 227–35.
13. Griffith CA, Steigerwald ES, Buffington CA. Effects of a synthetic facial pheromone on behavior of cats. J Am Vet Med Assoc 2000; 217: 1154–56.
14. Pageat P, Gaultier E. Current research in canine and feline pheromones. Vet Clin North Am Small Anim Pract 2003; 33: 187–211.
15. Belew AM, Barlett T, Brown SA. Evaluation of the white-coat effect in cats. J Vet Intern Med 1999; 13: 134–42.
16. Sparkes AH, Caney SM, King MC, Gruffydd-Jones TJ. Inter- and intraindividual variation in Doppler ultrasonic indirect blood pressure measurements in healthy cats. J Vet Intern Med 1999; 13: 314–18.
17. McCobb EC, Patronek GJ, Marder A, Dinnage JD, Stone MS. Assessment of stress levels among cats in four animal shelters. J Am Vet Med Assoc 2005; 226: 548–555.
18. Epstein M, Kuehn N, Landsberg G. AAHA senior care guidelines for dogs and cats. J Am Anim Hosp Assoc 2005; 41: 81–91. http://secure.aahanet.org/eweb/dynamicpage.aspx?site=resources&webcode=SeniorCareGuidelines
19. Bradshaw JW. The evolutionary basis for the feeding behavior of domestic dogs (Canis familiaris) and cats (Felis catus). J Nutr 2006; 136 (suppl): 1927S–1931S.
20. Companion Animal Parasite Council. CAPC recommendations: controlling internal and external parasites in US dogs and cats, 2008 general guidelines. www.capcvet.org/recommendations/ guidelines (accessed June 15, 2009).
21. Richards JR, Elston TH, Ford RB, et al. The 2006 American Association of Feline Practitioners Feline Vaccine Advisory Panel report. J Am Vet Med Assoc 2006; 229: 1405–41. www.catvets.com/professionals/guidelines/publications/?Id=176
22. Levy J, Crawford C, Hartmann, K, et al. American Association of Feline Practitioners' feline retrovirus management guidelines. J Feline Med Surg 2008; 10: 300–16.
23. Lees GE, Brown SA, Elliott J, Grauer GF, Vaden SL. Assessment and management of proteinuria in dogs and cats. J Vet Intern Med 2005; 19: 377–85.
24. Richards J, Rodan I, Beekman G, et al. AAFP senior care guidelines for cats. 1st edn. 1998. www.catvets.com
25. Brown S, Atkins C, Bagley R, et al. American College of Veterinary Internal Medicine. Guidelines for the identification, evaluation, and management of systemic hypertension in dogs and cats. J Vet Intern Med 2007; 21: 542–58.
26. NRC. Nutrient requirements of dogs and cats. Washington, DC: National Academies Press, 2006.
27. Plantinga EA, Everts H, Kastelein AM, Beynen AC. Retrospective study of the survival of cats with acquired chronic renal insufficiency offered different commercial diets. Vet Rec 2005; 157: 185–87.
28. Yeates JW, Main DCJ. Assessment of positive welfare: a review. Vet J .2008; 175: 293–300.
29. Slingerland LI, Fazilova VV, Plantinga EA, Kooistra HS, Beynen AC. Indoor confinement and physical inactivity rather than the proportion of dry food are risk factors in the development of feline type 2 diabetes mellitus. Vet J 2009; 179: 247–53.
30. Buffington CAT. External and internal influences on disease risk in cats. J Am Vet Med Assoc 2002; 220: 994–1002.
31. Robertson ID. The influence of diet and other factors on owner-perceived obesity in privately owned cats from metropolitan Perth, Western Australia. Prev Vet Med 1999; 40: 75–85.
32. Scarlett JM, Donoghue S, Saidla J, Wills J. Overweight cats: prevalence and risk factors. Int J Obes 1994; 18 (suppl): S22–S28.
33. Backus RC, Cave NJ, Keisler DH. Gonadectomy and high dietary fat but not high dietary carbohydrate induce gains in body weight and fat of domestic cats. B J Nutr 2007; 98: 641–50.
34. Masserman JH. Experimental neuroses. Sci Am 1950; 182: 38–43.
35. Ellis S. Environmental enrichment. Practical strategies for improving feline welfare. J Feline Med Surg 2009; 11: 901–12.
36. Lund EM, Armstrong PJ, Kirk CA, Klausner JS. Prevalence and risk factors for obesity in adult cats from private US veterinary practices. Intern J Appl Res Vet Med 2005; 3: 88–96.
37. Rochlitz I. A review of the housing requirements of domestic cats (Felis silvestris catus) kept in the home. Appl Anim Behav Sci 2005; 93: 97–109.
38. Clancy EA, Moore AS, Bertone ER. Evaluation of cat and owner characteristics and their relationships to outdoor access of owned cats. J Am Vet Med Assoc 2003; 222: 1541–45.
39. Neville PF. An ethical viewpoint: the role of veterinarians and behaviourists in ensuring good husbandry for cats. J Feline Med Surg 2004; 6: 43–48.
40. Toribio JLM, Norris JM, White JD, Dhand NK, Hamilton SA, Malik R. Demographics and husbandry of pet cats living in Sydney, Australia: results of cross-sectional survey of pet ownership. J Feline Med Surg 2009; 11: 449–61.
41. Rochlitz I. The welfare of cats. Dortrecht: Springer, 2005.
42. AAFP. Statement on confinement of owned indoor cats – December 2007. www.catvets.com/professionals/guidelines/position/?Id=293 (accessed June 15 2009).
43. Heidenberger E. Housing conditions and behavioural problems of indoor cats as assessed by their owners. Appl Anim Beh Sci 1997; 52: 345–64.
44. Rochlitz I. Recommendations for the housing of cats in the home, in catteries and animal shelters, in laboratories and in veterinary surgeries. J Feline Med Surg 1999; 3: 181–91.
45. Caro TM. Predatory behaviour and social play in kittens. Behaviour 1981; 76: 1–24.
46. Borchelt PL. Cat elimination behavior problems. Vet Clin North Am

Small Anim Pract 1991; 21: 257–64.
47. Nielson J. Thinking outside the box: feline elimination. J Feline Med Surg 2004; 6: 5–11.
48. Neilson, JC. The latest scoop on litter. Vet Med 2009; 104: 140–44.
49. Horwitz DF. Behavioral and environmental factors associated with elimination behavior problems in cats: a retrospective study. Appl Anim Behav Sci 1997; 52: 129–37.
50. Hart BL, Barrett RE. Effects of castration on fighting, roaming and urine spraying in adult male cats. J Am Vet Med Assoc 1973; 163: 290–92.
51. Clarke DL, Wrigglesworth D, Holmes K, Hackett R, Michel K. Using environmental enrichment and feeding enrichment to facilitate feline weight loss. J Anim Physiol Anim Nutr (Berl) 2005; 89: 427.
52. Nelson CT, Seward RL, McCall JW. Guidelines for the diagnosis, treatment and prevention of heartworm (Dirofilaria immitis) infection in cats, 2007. www.heartwormsociety.org/veterinary-resources/feline-guidelines.html
53. Lommer MJ, Verstraete FJ. Radiographic patterns of periodontitis in cats: 147 cases (1998-1999). J Am Vet Med Assoc 2001; 218: 230–34.
54. Holstrom SE, Bellows J, Colmery B, et al. AAHA dental care guidelines for dogs and cats. J Am Anim Hosp Assoc 2005; 41: 1–7. http://secure.aahanet.org/eweb/dynamicpage.aspx?site=resources&webcode=DentalCareGuidelines
55. Ray JD, Jr, Eubanks DL. Dental homecare: teaching your clients to care for their pet's teeth. J Vet Dent 2009; 26: 57–60.
56. Logan EI. Dietary influences on periodontal health in dogs and cats. Vet Clin North Am Small Anim Pract 2006; 36: 1385–1401.
57. Harvey CE. Management of periodontal disease: understanding the options. Vet Clin North Am Small Anim Pract 2005; 35: 819–36.
58. Veterinary Oral Health Council. Protocols and submissions. http://www.vohc.org/protocol.htm (accessed Aug 17, 2009).

第324章 实验室正常指标

Normal Laboratory Values

Gary D. Norsworthy 和 Teija Kaarina Viita-aho

本章编辑列出了多种来源的正常值，应注意的是各个实验室及实验室间仪器的正常值可能不同，因此如果发生偏差，应检查实验室仪器或操作手册。

试验	正常值或正常范围	单位	正常值或正常范围	单位
血清化学				
A：G值	0.35～1.5	—	0.35～1.5	—
白蛋白	2.5～3.9	g/dL	25～39	g/L
碱性磷酸酶	6～102	IU/L	6～102	U/L
ALT（SGPT）	10～100	IU/L	10～100	U/L
AST（SGOT）	10～100	IU/L	10～100	U/L
碳酸氢盐	17～21	mEq/L	17～21	mmol/L
总胆红素	0.1～0.4	mg/dL	1.7～6.8	μmol/L
BUN	14～36	mg/dL	5～13	mmol/L
BUN：肌酐	4～33	—	4～33	—
钙	8.2～10.8	mg/dL	2.05～2.69	mmol/L
氯	104～128	Eq/L	104～128	mmol/L
胆固醇	75～220	mg/dL	1.94～5.68	mmol/L
肌酐	0.6～2.4	mg/dL	53～212	μmol/L
总CO_2	15～21	mEq/L	15～21	mmol/L
CPK	56～529	IU/L	56～529	U/L
GGT	1～10	IU/L	0.5～5	U/L
球蛋白	2.3～5.3	g/dL	23～53	g/L
葡萄糖	64～170	mg/dL	3.6～9.4	mmol/L
镁	1.5～2.5	mEq/L	0.62～1.03	mmol/L
Na：K值	32～41	—	32～41	—
计算出的渗透压	299～330	mOSm/kg	299～330	mmol/L
磷	2.4～8.2	mg/dL	0.77～2.65	mmol/L
钾	3.4～5.6	mEq/L	3.4～5.6	mmol/L
总蛋白	5.2～8.8	g/dL	52～88	g/L
钠	145～158	mEq/L	145～158	mmol/L
甘油三酯	25～160	mg/dL	0.28～1.81	mmol/L
血液学				
WBC	3.5～16	$10^3/mm^3$	3.5～16	$10^9/L$
RBC	5.92～9.93	$10^6/mm^3$	5.92～9.93	$10^{12}/L$
HBG	9.3～15.9	g/dL	93～159	g/L
HCT	29～48	%	29～48	%
MCV	37～61	μ^3	37～61	fl
MCH	11～21	pg	11～21	pg
MCHC	30～38	g/dL	300～380	g/L
中性粒细胞	35～75	%	35～75	%

（续表）

试验	正常值或正常范围	单位	正常值或正常范围	单位
绝对中性粒细胞	2500～8500	—	2500～8500	—
淋巴细胞	20～45	%	20～45	%
绝对淋巴细胞数	1200～8000	—	1200～8000	—
单核细胞	1～4	%	1～4	%
绝对单核细胞数	0～600	—	0～600	—
嗜酸性粒细胞	2～12	%	2～12	%
绝对嗜酸性粒细胞数	0～1000	—	0～1000	—
嗜碱性粒细胞	0～1	%	0～1	%
绝对嗜碱性粒细胞数	0～150	—	0～150	—
血小板	200～500	$10^3/mm^3$	200～500	$10^9/L$
网织红细胞计数	0.0～1.0	%	0.0～1.0	%
纠正的网织红细胞	0.0～1.0	%	0.0～1.0	%
绝对网织红细胞	0～50000	$/mm^3$	0～50000	$10^9/L$
其他				
前胆酸（bile acids，pre）	1.5～5.0	μg/L	3.7～12.3	μmol/L
后胆酸（bile acids，post）	7.5～15.0	μg/L	18.4～36.8	μmol/L
胆固醇（cortisol，resting）	1.0～5.0	μg/dL	27.6～138	nmol/L
ACTH刺激后胆固醇（cortisol，post-ACTH）	5.0～12.5	μg/dL	138～245	nmol/L
钴胺素（维生素B_{12}）	—	—	290～1499	ng/L
fTLI	—	—	12～82	μg/dL
fPLI	—	—	0.0～3.5	μg/dL
叶酸	9.7～21.6	μg/dL	9.7～21.6	μg/ml
果糖胺	190～400	μmol/L	190～400	μmol/L
基础胰岛素	35～200	pmol/L	35～200	pmol/L
总铁	68～215	μg/dL	12.5～39.52	μmol/L
雌性，乏情或前情期血清或血浆孕酮	<3.0	mmol/L	<0.3	nmol/L
雌性，间情期或妊娠期血清或血浆孕酮	50～220	mmol/L	5～22	nmol/L
胸腺，血清或血浆睾酮	1～20	nmol/L	0.3～6.1	ng/ml
总T3	40～150	mg/dL	1.2～3.8	nmol/L
总T_4	0.8～4.0	mg/dL	12～60	nmol/L
游离T_4	0.9～2.5	ng/dL	12～33	pmol/L
尿液分析				
相对密度	1.015～1.060		1.015～1.060	
pH	5.5～7.0		5.5～7.0	
蛋白	阴性		阴性	
葡萄糖	阴性		阴性	
酮体	阴性		阴性	
胆红素	阴性		阴性	
潜血	阴性		阴性	
WBC/HPF	0～3		0～3	
RBC/HPF	0～3		0～3	
结晶	无		无	
管形	0～3 透明管形		0～3 透明管形	
鳞状上皮/HPF	0～3		0～3	
细菌	无		无	
血凝试验				
前凝血时间	9～12	Sec	9～12	Sec
血浆蛋白	5.3～7.9	g/dL	53～79	g/L

（续表）

试验	正常值或正常范围	单位	正常值或正常范围	单位
APTT	18～22	Sec	18～22	Sec
纤维蛋白原	100～400	mg/dL	2.9～11.6	μmol/L
血管性血友病因子（Von Willebrand ' s）	70～180	%	70～180	%

ACTH，促肾上腺皮质激素（adrenocorticotropic hormone）；A：G，白蛋白与球蛋白比（albumin to globulin）；ALT，丙氨酸转氨酶（alanine transaminase）；APTT，活化部分促凝血酶原激酶时间（activated partial thromboplastin time）；AST，天冬氨酸转氨酶（aspartate aminotransferase）；BUN，血液尿素氮（blood urea nitrogen）；CO_2，二氧化碳（carbon dioxside）；CPK，肌酸磷酸激酶（creatine phosphokinase）；fTLI，猫胰蛋白酶样免疫活性（feline trypsin-like immunoreactivity）；fPLI，猫胰腺脂肪酶免疫活性（feline pancreatic lipase immunoreactivity）；GGT，γ-谷酰基转肽酶（gamma-glutamyl transpeptidase）；HBG，血红蛋白（hemoglobin）；HCT，血红蛋白容量（hematocrite）；HPF，高倍液体（high power field）；K，钾（potassium）；MCH，平均血细胞血红蛋白（mean corpuscular hemoglobin）；MCHC，红细胞平均血红蛋白浓度（mean corpuscularhemoglobin concentration）；MCV，红细胞平均容量（mean corpuscular volume）；NA，钠（sodium）；RBC，红细胞（red blood cell）；SGOT，血清谷氨酸草酰乙酸转氨酶（Serum glutamic oxaloacetic transaminase）；SGPT，血清谷氨酸-丙酮酸转氨酶（serum glutamic-pyruvictransaminase）；WBC，白细胞（white blood cell）。

第325章
妊娠、分娩与泌乳
Pregnancy，Parturition，and Lactation

Teija Kaarina Viita-aho

妊娠

概述

母猫在4～12月龄时达到初情期。初情期的开始与生长速度关系密切，母猫体重达到2.5kg（5.5lbs）之前很少发情。东方猫（Oriental cats）（即暹罗猫、缅甸猫及外来的短毛猫）性成熟要比其他品种早许多，而长毛及英国短毛猫直到1岁以后才性成熟。母猫为季节性多次发情的动物，但户内饲养的母猫可在全年表现发情症状。

猫为诱发排卵型动物，交配可引起垂体释放促黄体素（LH），诱导母猫排卵。排卵通常发生在交配后24～48h。一次交配可能不足以诱发排卵，因此在短时间内可多次交配以诱发足够的引起排卵所必需的LH释放。

猫的妊娠期平均为63～66d。仔猫存活至少需要妊娠60d以上。新生仔猫正常肺机能所必需的表面活性物质在妊娠62d时才出现。窝产仔数的增加可引起妊娠期缩短。妊娠期的长短在品种间有一定的差异。波斯猫的平均妊娠期为65d，而克里特猫（Korats）的妊娠期为63d。有些母猫在妊娠期可表现类似发情的行为。

妊娠期的激素变化

黄体在排卵后1～2d开始分泌孕酮，从第25～30d孕酮浓度增加，之后的妊娠期缓慢下降，分娩前降低到最低值。此外，从妊娠40d开始胎盘分泌孕酮。妊娠母猫的孕酮水平应大于2.5ng/mL（0.08nmol/L）。猫维持妊娠需要的血清孕酮水平高于1～2ng/mL（0.03～0.06nmol/L）。正常情况下，整个妊娠期孕酮水平的范围为15～90ng/mL（0.48～2.86mmol/L）。

猫从妊娠20d开始产生松弛素，可一直持续到妊娠结束。松弛素对软化骨盆周围的结缔组织发挥极为重要的作用，与孕酮协同维持子宫在妊娠期处于静止状态。

从妊娠30d开始产生前列腺素F2α，约在第45d达到高峰。分娩直前前列腺素的生成量明显增加，这种分泌增加在启动分娩中发挥重要作用。

促乳素水平在妊娠第35d时升高，分娩之前突然增加。促乳素对乳腺发育及泌乳的启动和维持发挥着重要作用。乳腺在分娩前的最后一周明显增大，分娩前24～48h通常可从乳腺挤出乳汁。

妊娠诊断

猫的妊娠通常可在妊娠第15d左右通过腹壁触诊就可确认，此时胎儿明显呈不连续的圆形，均匀分布。配种后3～4周通过触诊通常可成功地进行妊娠诊断，妊娠35d之后很难通过触诊确定单个胎儿，主要是由于胎儿互相并置生长，而且子宫中有胎盘。通常配种后5周开始腹部出现扩张。配种后3～4周乳房出现充血肿大，但假孕时也可发生这种变化，因此这种变化并非妊娠所特有的标志。

临床实践中诊断猫的妊娠可采用X线检查及超声检查两种成像检查方法。X线扫查通常可在妊娠25～30d时发现子宫增大。在妊娠36～45d时胎儿骨骼明显钙化，因此可用X线检查观察（见图325-1）。采用超声诊断时，在妊娠11～17d可观察到小的胎囊，妊娠15～23d时

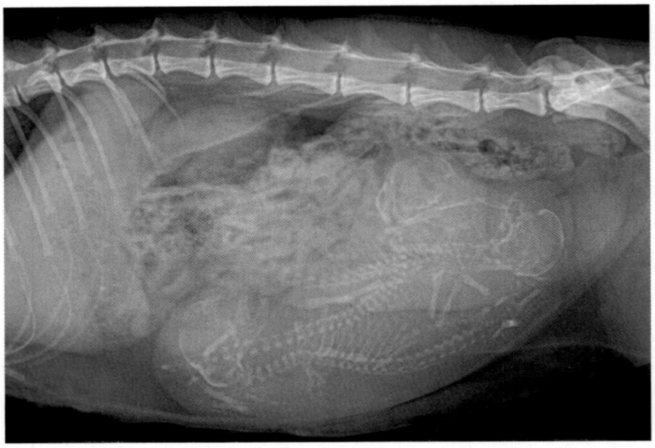

图325-1　妊娠36～45d时可以观察到胎儿骨骼钙化。图中妊娠近足月（图片由Gary D. Norsworthy博士提供）

小的胎囊附着到子宫壁，妊娠20～24d以后可观察到心跳（见图325-2）。因此超声检查可在X线检查前2周确诊妊娠。此外，采用超声检查可避免对新生仔猫不必要的放射性照射。

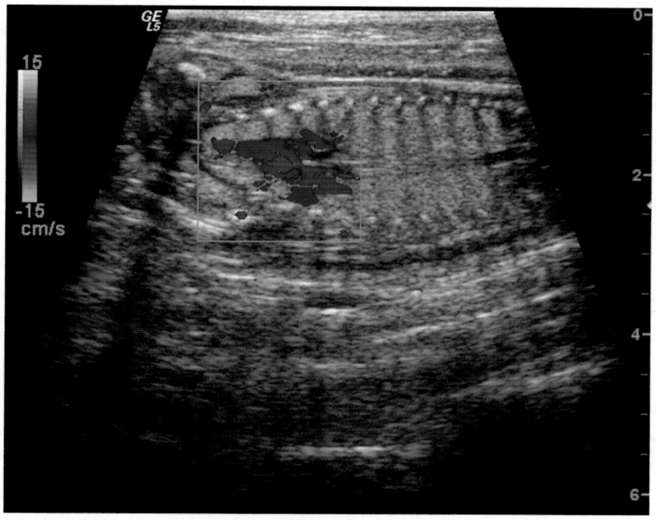

图325-2　妊娠20～24d之后可观察到胎儿心跳。彩色多普勒观察可观察到胎儿运动和血流（红色和蓝色）（图片由Gary D. Norsworthy博士提供）

妊娠期疾病

阴道分泌物

妊娠期出现阴道分泌物表明不正常，应怀疑发生了感染、流产或其他问题。

子宫捻转

子宫捻转在母猫罕见，通常发生于妊娠的后半期。单侧性子宫捻转更为常见，其发生的原因包括胎儿在子宫中的运动或母猫的运动。子宫角通常绕着其长轴旋转。捻转的程度有一定差别，高度捻转时临床症状更为严重。通常情况下，母猫表现病重、疼痛，通常有黏液样、血清样或出血性阴道分泌物。腹腔可扩张，如果子宫捻转发生在分娩之前，可引起难产，必须及时实施手术救治。

妊娠中断

妊娠中期流产

妊娠中期流产（midterm abortion）在猫的妊娠期不太常见，妊娠失败的原因可为传染病或非传染病。传染性病原包括细菌、病毒及原虫。布鲁氏菌、沙门氏菌、大肠杆菌、链球菌及猫支原体（*Mycoplasma felis*）为已知可引起猫流产的传染性病原，但因细菌感染引起猫妊娠失败病例则罕见。

猫白血病病毒（FeLV）感染与猫舍中流产的流行有关。猫免疫缺陷病毒（FIV）也可成为母猫妊娠中断的原因。有研究表明，猫肠道冠状病毒（feline enteric corona virus，FCoV）可引起母猫繁殖失败、流产及胎儿出生时死亡。猫疱疹病毒-1感染可引起流产及上呼吸道疾病。细小病毒感染或用改良的活疫苗接种，依妊娠阶段接触病毒的不同可引起流产或出生的仔猫患有小脑萎缩。刚地弓形虫为引起妊娠母猫发生神经性疾病及流产的原生动物寄生虫。跨胎盘感染可导致仔猫出生后很快死亡。

引起猫妊娠中断的非传染性原因包括黄体机能不健（hypoluteoidism）、染色体异常、日粮不当及给母猫使用有胚胎毒性的药物或营养成分。黄体机能不健时由于黄体机能不足，妊娠母猫血清孕酮浓度下降，可导致妊娠中断。引起流产的饮食原因包括严重的营养不良和牛磺酸缺乏。妊娠中断也可能是自发性的。

分娩

概述

新生仔猫生存力与分娩质量直接相关。难产在猫并非不常见；根据一项研究结果，15%猫出生需要有兽医助产，其中8%实施了剖宫产。据报道，暹罗猫及暹罗猫相关品种难产的风险比其他品种更高。参见第60章。

分娩前最后一周乳腺快速增大，产前24～48h可从乳腺中挤出乳汁。

分娩分期

分娩第一期开始于最早观察到腹壁收缩时，结束于第一只仔猫产出，持续时间平均为30～60min，通常不会超过2h。轻度努责及不适开始后30～60min转变为强力努责及明显不适，持续时间为5～10min。

分娩第II期是从第一只仔猫产出到最后一只仔猫产出的时间，这一期差别很大。每只仔猫产出后，母猫不表现明显的努责症状达30～120min，但通常仔猫产出的间隔时间不到1h。大多数猫的分娩过程中，第二期不到6h，但有时可超过24h。胎盘可在每个仔猫产出后排出，也可在仔猫全部产出后排出。

产后期正常的阴道分泌物为亮红色或微红色到绿色再到黑色，无味，数天到3周后会消失。

猫的平均窝产仔数为4只，交配次数与窝产仔数无关。同一窝中有不同父亲的仔猫称为同期复孕（superfecundation），这种现象在猫常见。猫的第一窝通常比以后各窝窝产仔数少。随着年龄的增长，窝产仔数也可降低。缅甸猫和暹罗猫及相关品种窝产仔数较多，而波斯猫、伯曼猫、阿比尼西亚猫和索马里猫则窝产仔数较少。大多数无品系的仔猫出生重为100～120g，而品系仔猫的出生重则依品种为80～140g。

泌乳

抗体的被动转移

泌乳最重要的机能之一是将母体抗体转移到仔猫，使仔猫能暂时性地抗御传染性疾病。仔猫被动获得的免疫球蛋白浓度受下列因素影响：（a）初乳中免疫球蛋白的含量；（b）摄入的初乳量；（c）摄食时间。免疫球蛋白的吸收在出生后18h完成，此后仔猫不能再吸收免疫球蛋白。母体免疫球蛋白G（IgG）是摄入初乳后获得的主要免疫球蛋白，其在血清中存在时间比其他免疫球蛋白长。被动获得的IgG浓度在4～6周龄时达到最低。

被动免疫失败（failure of passive transfer of immunity，FPTI）使仔猫易发生感染，导致发病及死亡，这种情况见于仔猫在肠道吸收停止前初乳摄入量不足。FPTI风险高的仔猫包括窝产仔数多的仔猫、体格小或孱弱的仔猫、孤儿猫或被遗弃的仔猫、产仔当天不能泌乳的母猫所产仔猫以及哺乳前为了避免发生新生仔猫溶血性贫血（neonatal isoerythrolysis，NI）而必须要移出的仔猫。有人认为，注射成年猫的血清能够改善未摄入初乳的仔猫IgG的不足，产生的血清IgG浓度与从出生一直到6周龄采食初乳的仔猫相当。每只仔猫在出生时可在腹腔内或皮下注射5mL血清，产后12h和24h重复2次，总共每只仔猫15mL。

可采用药理学方法诱导射乳或放乳。每隔2h注射催产素（每次0.25～1.0u SC，IM或IV），或者用胃复安（metoclopramide）（0.2mg/kg q12h PO或SC）可刺激促乳素的释放。这种疗法通常在24h内有效。

与泌乳有关的疾病

无乳

无乳（agalactia）是指不能产生乳汁，可为原发性（乳腺不发育）或继发性（不能泌乳）。继发性无乳比原发性更为常见。无乳可继发于早产、严重的应激、营养不良、并发症、子宫炎及乳腺炎。妊娠后期孕酮类药物的使用也可影响泌乳。治疗方法包括新生仔猫补充营养和鼓励吮吸乳头促进射乳，给母猫提供营养丰富的日粮和饮水，治疗所有潜在疾病。

子痫（产后缺钙）

子痫（eclampsia）由泌乳有关的低钙血症所引起，通常发生于泌乳高峰期哺乳窝产仔数多的母猫，但也可发生于分娩前。临床症状差别很大，包括昏睡、颤抖及肌纤维自发性收缩、面部瘙痒、厌食、孱弱及体温降低。诊断可根据病史、查体和低钙血症症状。但有些母猫血钙水平正常，却表现低血钙的临床症状，对治疗也有反应。常常经静脉输入钙制剂治疗，10%葡萄糖酸钙（0.5～1.5ml/kg）通常可以发挥效果，如果采用10%氯化钙，则剂量为0.15～0.5ml/kg。应仔细监测心率，如果发生心动过缓，则应停止给药。参见第60章。

新生仔猫溶血性贫血

B型血的猫可产生大量的抗A型血抗体，因此，B型血母猫所产的A型或AB型血的仔猫，如果摄入初乳，可发生新生猫溶血性贫血（neonatal lsoerythrolysis）。初乳中的抗A型血抗体可攻击仔猫的红细胞，导致血管内及血管外溶血。仔猫出生时健康，但摄入初乳后数小时内病情加重。临床症状包括突然死亡，不能哺乳，由于尿液中出现血红蛋白尿而呈红棕色，黏膜严重苍白或出现黄疸。许多病例为致死性的。如果仔猫能够生存，则7～14周龄时可发生尾巴或耳尖坏死。已知B型血相对比例较多的品种有波斯猫、德文卷毛猫、柯尼斯卷毛猫（Cornish Rex）、英国短毛猫和伯曼猫。B型血相对较少的品种包括暹罗猫和缅甸猫。新生仔猫溶血性贫血可通过限制仔猫出生后24h内摄食初乳而避免。参见第150章。

参考文献

Root Kustritz MV. 2006. Clinical management of pregnancy in cats. *Theriogenology.* 66:145–150.

Stabenfeldt GH, Pedersen NC. 1991. Reproduction and Reproductive Disorders. In NC Pedersen, ed., *Feline Husbandry*, pp. 129–162. Goleta, CA: American Veterinary Publications.

Levy JK, Crawford PC, Collante WR, et al. 2001. Use of adult cat serum to correct failure of passive transfer in kittens. *J Am Vet Med Assoc.* 219(10):1401–1405.

Sparkes AH, Rogers K, Henley WE, et al. 2006. A questionnaire-based study of gestation, parturition and neonatal mortality in pedigree breeding cats in the UK. *J Feline Med Surg.* 8:145–157.

第326章
猫的喘鸣（呼噜声）
Purring

Sharon Fooshee Grace

概述

无论体格大小，猫是哺乳动物中发声最大的动物之一。猫的发声类型主要有3种：嘴闭合发声［喘鸣或颤音（purr and trill）］；嘴张开，发声时逐渐闭合发声［喵喵（miaows or meows）］；嘴持续张开，处于一种相对恒定的位置［即咆哮、愤怒、嘶嘶、喷吐、尖叫等（growl，snarl，hiss，spit，shriek，and snarl）］。

喘鸣时嘴巴闭合，连续通过吸气及呼气发声，有趣的是，即使猫在发出其他声音时仍会喘鸣。猫喘鸣时各自具有独特的特点，主要表现在音调、音量及喘鸣的多少上。并非所有的喘鸣均可产生可听到的声音，但喘鸣产生的振动抱着猫时可感觉到，这是对猫有爱心的人众所周知的事实。

虽然绝大多数猫会发生喘鸣，但有些外来种的猫与家猫的喘鸣方式不同，例如，豹属（*Panthera*）的猫科动物只有在呼气时喘鸣而不像小的猫科动物在吸入空气时喘鸣。外来品种的猫能够咆哮，但没有喘鸣的声带，因此喘鸣时可产生一种咆哮/怒吠的混合声。有些大型猫科动物，如猎豹（cheetahs），其喘鸣声特别响亮。

猫喘鸣的原因

猫在许多情况下可发生喘鸣，特别是对其他猫或偏爱的人表达它们的感情时。因为喘鸣需要消耗能量，与心跳和呼吸频率增加有关，因此喘鸣的发生可能具有其生物学基础，但对喘鸣的特殊机能及对猫有何益处，目前还不十分清楚。

喘鸣可能是猫之间的社会交流或性交流的一种形式，最常发生于猫在满足时或放松时，因此早期的研究认为，喘鸣是猫表达友善的一种形式。猫喘鸣的情况包括认识友好的猫、困倦状态、打滚或摩擦、采食和有人陪伴玩耍时。

母猫在护理仔猫时可喘鸣。喘鸣可能是交流感觉良好和促进关系的一种表达方式。哺乳期间只有数日龄大小的仔猫就会喘鸣，随着仔猫的成熟，喘鸣可发生一些变化。3周龄时，喘鸣的强度增到可与其他仔猫打招呼的程度。

对猫不熟悉的人得知猫不仅在满意时喘鸣，而且在表达应激、疼痛及严重衰竭时也表现喘鸣，对这种现象很惊奇。有人提出理论认为，喘鸣可引起内啡肽或其他物质的释放，这些物质可引起安乐感或在猫发生情绪应激或生理不适时起到镇静作用。例如，母猫在分娩疼痛时可以喘鸣，临终前的病猫在死亡前有时喘鸣。

喘鸣也可用于与人的交流。安抚或爱抚猫时常常可激发猫发出喘鸣，这很有可能是猫满足程度的一种表示。

近来的研究发现，猫有一种很独特的“恳求喘鸣”（“solicitation purr”），这种喘鸣是在正常高声的喘鸣中含有一种不愉快的高频因素，如果含有一种低而激烈的喘鸣，则是一种号叫或喵叫声，说明是一种急迫的感觉。这种独特的喘鸣类型在参与这项研究的人很容易辨别，而与他们是否与猫熟悉无关。对这种很独特的喘鸣的真实目的还不清楚，但有人认为猫可利用这种发声寻求食物、引起注意或要求其他帮助。并非所有的猫能利用这种恳求喘鸣，但有些猫能很熟练地运用。

猫如何喘鸣

由于猫缺乏特异性地能产生声音的解剖学特征，因此对猫喘鸣的解释仍缺乏证实，许多仍为推测。传统的兽医文献中关于猫喘鸣的机制有多种假说。早期理论主要是研究声音的血管来源，有研究认为，主动脉血流紊乱可能与此有关，这是因为猫在弓腰时可造成血管弯曲形成血液涡流，从而产生声音。还有研究者认为，血液通过后腔静脉时发生的冲击可能是喘鸣声的来源。

目前的研究表明，神经振荡器（neural oscillator）（很有可能在大脑）向喉部肌肉发出非常快速而有节律的刺激是引起喘鸣的驱动力。声门以快速常规节律（为每秒25～30次）开闭引起声门内压力发生改变，这种改变的长度只有数毫秒。稳定吸气和呼气时气道中的压力波动可产生空气共振（air resonance），由此产生可听到为喘鸣时轻微的嗡嗡声或隆隆声。颈部或胸部（包括肋间肌和膈肌）的其他软组织结构可参与或改变基本声音。这些事件快速周期性地变化事实上在吸气和呼气时是相同的，因此产生连续的声音，使得猫在换气时发出喘鸣。

所有发生喘鸣的动物最为恒定的频率约为25Hz。在家猫，喘鸣发生的频率范围为25～150Hz。近来发现的恳求喘鸣峰值频率为220～520Hz。

喘鸣对健康是否有益

生物声学研究（即研究动物声音的频率、音高、响度和持续时间）表明，猫的喘鸣可能对人和猫具有康复作用。20～50Hz的声音频率能促进人体康复和缓解疼痛。而猫的喘鸣频率就是在这个范围之内，表明饲养宠物猫可减少应激，降低血压，延长老年人的寿命。因此，喘鸣确实对人的健康有益。虽然得出这种结论还为时过早，但对这种关系很值得进行研究。

虽然目前获得的证据还不够充分，但可以推测，与犬相比，喘鸣可能与猫的骨、关节及心血管疾病的较低发病率具有密切关系。

参考文献

Beaver BV. 1983. Purr-fect communication. *Vet Med Small An Clinic*. 78(1):41.

Beaver BV. 2003. Feline communicative behavior. In BV Beaver, ed., *Feline Behavior: A Guide for Veterinarians*, 2nd ed., pp. 100–126. Philadelphia: Saunders.

Crowell-Davis SL, Curtis TM, Knowles RJ. 2004. Social organization in the cat: A modern understanding. *J Feline Med Surg*. 6(1):19–28.

Friedmann E, Son H. 2009. The human-companion animal bond: How humans benefit. *Vet Clin North Am Small Anim Pract*. 39(2):293–326.

LeCouteur RA. 2009. Cats are not small dogs, The neurologist's perspective. *Feline Medicine Symposium Proceedings, University of California–Davis*.

McComb K, Taylor AM, Wilson C, et al. 2009. The cry embedded within the purr. *Curr Bio*. 19(13):R507–R508.

McCuistion WR. 1966. Feline purring and its dynamics. *Vet Med Small Anim Clinic*. 61(6):562–566.

Remmers JE, Gautier H. 1972. Neural and mechanical mechanisms of feline purring. *Respir Physiol*. 16(3):351–361.

第327章
肾脏移植
Renal Transplantation

Daniel A. Degner

概述

猫的慢性肾衰竭（chronic renal failure，CRF）为一种进行性的不可逆的疾病，通常在诊断结果确诊后数月或数年内因尿毒症死亡。总体来说，大约2%的猫在其一生中某个时间会被诊断为CRF。CRF为猫的一种常见病，特别常见于老龄猫。近年来的研究表明，10～15岁的猫10%～30%、15岁以上的猫32%以上被诊断为CRF，说明这种病是猫的一种常发病。患有轻度或中度CRF的猫可通过医学方法，通过改变饮食及其他对症治疗方法能够有效控制。但这些类型的治疗方法在严重CRF的猫常常难以奏效，肾移植则是成功治疗的方法之一。

采用具有免疫抑制作用的药物，如环孢霉素和强的松治疗时，猫与犬一样，对异体移植物不会产生很大排斥反应，猫红细胞上的主要组织相容性复合物（major histocompatibility complex）与肾脏内皮细胞上的相似，因此只需要进行受体-供体兼容性交叉匹配。采用这类供体受体匹配，罕见发生肾脏移植的超急性或急性排斥反应。猫的肾移植失败通常是由于慢性血管疾病引起，这种疾病可导致供应移植肾脏的动脉逐渐闭塞，但这一过程的发生通常需要数年。

慢性肾衰竭的定义

患CRF的猫血液尿素氮（BUN）及肌酐高于正常水平，尿液相对密度低于1.035，等渗尿的情况常见；但应该清楚认识到猫尿液相对密度并非像犬和人那样总能清楚地表明肾机能不全。能表明慢性肾脏疾病的临床症状包括失重、贫血及肾脏大小正常或略小。

受体的基本要求

受体应无潜在疾病

- 如果患有心肌病，则不应太严重。轻度到中等程度的心肌肥厚型变化可因肾脏诱导的高血压使得心脏负担加重而增加。
- 肾衰竭的猫由于血管紧张素失衡常发生高血压。高血压可导致术后期痉挛、视网膜脱落及其他严重问题。在手术之前应采用药物有效控制高血压。常常在施行肾移植后猫的血压会恢复正常，如果仍不正常，则应考虑摘除患病的肾脏。
- 糖尿病并非肾移植的绝对禁忌证，但可导致其他并发症，如泌尿道感染。
- 甲状腺机能亢进可影响许多机体系统，包括心脏、血压及肾机能和机体代谢；因此，在进行肾脏移植之前应采用药物控制治疗。完成肾移植后如果猫境况稳定，应考虑采用放射碘治疗。
- 肾结石并非肾移植所绝对禁忌，但可增加泌尿道感染或移植的肾脏中发生结石的风险，特别是如果结石是由肾外原因引起时更是如此。

总之，接受肾移植的猫应无上述疾病，但在猫主人和兽医的精心护理下，对肾移植病猫的其他疾病可进行有效防治。

候选受体应该无下述各种疾病

- 感染，如慢性并发性上呼吸道病毒感染、猫白血病病毒（FeLV）感染、猫免疫缺陷病毒感染、嗜血性支原体、弓形虫及尿路感染等，是进行肾脏移植时需要考虑的禁忌证。
- 尿路感染（urinary tract infection，UTI）或以前有UTIs复发的病史，由于这些猫在采用环孢霉素治疗引起免疫抑制时会很快发生UTI，导致肾盂肾炎及移植的肾脏机能不全，因此是进行肾脏移植的禁忌证。
- 患有炎症性肠病的猫由于超免疫而发生肾脏排斥的风险极高。
- 无肿瘤或癌前病变过程（preneoplastic process），因环孢霉素免疫抑制可导致肿瘤快速生长。
- 发生过肾脏淀粉样变，因移植的肾脏可发生淀粉样变，因此为禁忌证。

- 肾小球肾炎是一种可能毁灭移植肾脏的全身性疾病。

应注意已有的状况

已有的一些疾病不一定将猫排除在适合移植的候选受体之外。如果猫以前发生过上呼吸道病毒感染或有UTI的病史，则可用环孢霉素（血液水平应大于500ng/mL）治疗3周；如果猫发生感染，则不适合进行肾脏移植。复发慢性UTI的猫通常也不适合作为肾移植的候选受体。如果肾移植后UTI复发，则可能需要终生施行抗生素治疗。

受体应处于肾衰竭的代偿失调状态的早期。

受体猫如果失重不超过20%～30%，则较好，因为明显失重可能会发生多器官疾病（multiorgan disease）。但作者曾对失重30%～40%的病猫施行肾脏移植，发现其状态良好，但猫的麻醉及手术风险增加。

受体的术前检查

- 受体猫应首先进行血型化验，其血型应为 A型。如果受体不是A型血，则由于难以找到合适的供体，因此不建议实施肾移植。如果并非不可能，则应鉴定血型。
- 其他应该进行的检查包括：主要和次要的红细胞交叉匹配［major and minor red blood cell（RBC）cross-match］、血常规（CBC）、生化检查、尿液分析、T_4测定，尿液培养（只能通过膀胱穿刺采集，尿液培养前不能采用抗生素治疗）、FeLV/FIV试验、嗜血性支原体检测（PCR法）、PCR检测巴尔通体、弓形虫抗体测定、胸腔及腹腔X线检查、肾脏超声检查、眼底检查（检查是否有高血压）及多普勒血压测定（在未应激条件下重复测定）。应由有声望的兽医实验室进行血液及尿液检测而不是采用家用设备检测。

受体的手术准备

手术前肾移植受体要尽可能处于良好的营养状态，应有良好的营养计划。胃造口插管或食管造口插管对手术前提供充足的摄食极为重要（作者通常在肾移植手术时实施胃造口插管）。如有贫血，则至少应纠正压积红细胞（PCV）达到30%的水平。可注射红细胞生成素（100U/kg SC，每周3次，或每天100U/kg，连用5d，之后用药频率降低到每周3次）。重要的是采用这种药物时必须要检测PCV的变化。如果贫血的治疗效果不好或恶化，则说明病猫可能对红细胞生成素产生抗体，因此必须停药。补充B族复合维生素及铁有助于减缓这类病猫的症状。如果需要输血，可在手术前2～3d实施，但必须进行交叉匹配。应采用液体疗法降低氮血症。麻醉前应纠正电解质和酸碱平衡。应在手术前2d开始用环孢霉素实施免疫抑制疗法（2~ 5mg/kg q12h PO；由于该药有苦味，因此应用胶囊投服）。采用特殊的环孢霉素产品应由移植小组批准。应在手术当天采用强的松龙（0.25mg/kg q12h PO）强化。

肾脏供体

肾脏供体的血型必须要与受体相同。供体必须是成年健康、体格较大［4.5+kg的年轻猫（1～5岁）］，无FeLV、FIV、UTI、弓形虫病和主要器官的疾病。肾机能必须正常。供体肾脏超声影像检查应具有正常构象。移植的肾脏必须要有单独的肾动脉，因为肾脏的动脉血供应为节段性的。如果肾脏具有两个动脉，则结扎一个动脉血管可导致该部位的肾脏坏死。此外，每个肾动脉的直径通常都太小，难以实施显微吻合到主动脉；典型情况下肾动脉的直径为1.5mm。如果存在肾静脉，则结扎较小的静脉，将较大的静脉吻合到后腔静脉，因为肾脏的静脉引流系统并不是节段性的。

供体与受体的兼容性

猫红细胞主要组织相容复合物抗原与肾脏血管内皮上的相同，因此，传统上不采用组织分型鉴别合适的供体。为了确定供体与受体的兼容性，必须要进行主要和次要红细胞交叉配血试验。如果匹配试验兼容，一般不会发生急性排斥。因猫存在个体基因型抗体（idiotypic antibodies）而不与任何供体发生匹配的情况罕见。在这种情况下必须要进行其他试验，如混合淋巴细胞反应试验（mixed lymphocyte reaction test）以便进一步确定供体与受体的兼容性，但通常不需要。

供体的术前检查

在进行其他试验之前，应进行与受体的血型和红细胞匹配试验；如果供体匹配，则可进行一些其他试验包括CBC、生化检查、尿液分析、尿液培养FeLV/FIV、嗜血性支原体、肾脏超声检查及腹腔X线检查。所有血液及尿液试验都必须由有声望的兽医实验室进行，而不能用家用设备测定。

猫主人提供肾脏移植供体猫，对任何肾脏供体猫实施安乐死严重违背移植小组的政策。

可能的术后并发症

- 并发症常常与免疫抑制疗法有关。
- UTIs（最为常见）。
- 病毒性上呼吸道感染。
- 真菌感染。
- 高血压可能是环孢霉素的不良反应，可在手术后导致痉挛或失明。
- 由于输尿管阻塞导致肾盂积水（通常发生在术后3周内）。
- 移植肾脏的排斥。如果血循环孢霉素的含量太低（即低于100ng/mL），则在任何情况下可发生急性排斥；因此应重视客户的承诺和经常检测环孢霉素的水平。
- 发生溶血性尿毒症综合征（hemolytic uremic syndrome）时，可因红细胞溶解而发生进行性贫血和可能会出现黄疸。这种综合征的原因可能与环孢霉素有关，其能引起内皮损伤。CBC能够表明是否发生了血小板减少症、贫血和裂片细胞（schistocytes）；生化分析时乳酸脱氢酶含量升高。确诊可根据移植肾脏活检进行；其可出现肾小球微血栓。发生这种情况时预后不良。
- 肾脏清洁血液太快可发生抽搐，这种情况可致命。如前所述高血压可引起抽搐。

术后预期

作者实施的肾移植中90%以上的受体猫可生存通过围手术期，最长的生存时间为8年。如果猫生存超过6个月，则度过了危险期。大约40%的病猫可在术后6个月内死亡。如果移植病猫生存达到1年，而且此时肾脏指标仍然正常，则病猫存活数年的机会极大。作者得出的规律是，存活时间长的猫是主人术后精心护理，并采用药物治疗的结果。如果肾脏移植成功且机能正常，则受体猫会出现如下的临床及生化进展：（a）大多数移植的肾脏再灌注后数分钟内可产生尿液；（b）移植后24h内BUN及肌酐通常可比术前水平低（1/4～1/3）；（c）BUN、肌酐及磷的水平在术后2～5d内恢复到正常范围。住院期间由于静脉内液体疗法的利尿作用，因此尿液相对密度不会超过1.035。术后2～3周时，尿液应得到浓缩。正常食欲及整梳行为通常可在术后5～7d恢复。如果猫没有任何其他潜在疾病（即活动能力正常，体重和食欲正常），则恢复正常的生活能力。

术后监护

术后7d内

- 除了彻底查体外，应每天监测BUN、肌酐、葡萄糖、PCV、总固体（total solids，TS）、白蛋白和电解质，直到肾脏指标恢复正常，然后每2d或3d检查一次。
- 前3天用多普勒彩色血流仪检查肾脏灌注情况，然后在出院时再次检查，应评价肾脏灌注及检查是否有输尿管积水。测定肾脏大小，发生急性排斥的肾脏可能会增大。应在术后4周再次超声检查，以确定肾盂是否积水及肾脏灌注是否正常。
- 全血环孢霉素水平：可在第0天、第3天和出院时检查环孢霉素水平，如果环孢霉素水平不在预期范围内，则应加强监测频率。

出院到移植后12周（或直到环孢霉素水平稳定）

- 彻底查体（如果以前患有高血压时应包括多普勒血压测定和体重测定），生化检查、CBC、尿液分析、全血环孢霉素含量分析等均应每周测定一次。每月进行一次腹腔超声检查。
- 术后12周每周测定一次环孢霉素水平，之后6个月每月测定一次，然后逐渐减少到每隔3个月测定一次。第一个月血循环孢霉素水平必须要维持在500ng/mL以上，之后应维持在250ng/mL以上。

移植后12周

- 彻底查体（如果以前患有高血压，应包括多普勒血压测定和体重测定），生化检查，CBC，尿液分析及尿液培养（通过膀胱穿刺采集），腹腔超声检查和全血环孢霉素含量测定等。这种监测的频率逐渐减小到每隔3个月检测一次。

肾移植排斥

病猫在术后表现的任何疾病的症状都可能与器官排斥有关，这可能是由于环孢霉素水平不当所引起。猫主人、兽医及器官移植成员之间的联系是极为重要的，这些联系可确保移植成功。如果发生问题，可采用下列方案：

- 联系器官移植成员。
- 将病猫带回原医院或最近的能够护理移植病例的专业医院。

- 采集血样至少进行下列测定（如果离就诊中心不远）：BUN、肌酐、电解质、CBC、环孢霉素血循水平、尿液分析及尿液培养。
- 准备用下列方法治疗：环孢霉素（6mg/kg q12h IV）；强的松龙（4mg/kg IV q24h）；拜有利（Baytril®）（2.5mg/kg q12h IV）；氨苄青霉素20mg/kg IV q6h；静脉内输液。其他可根据移植小组的安排进行（应注意拜有利的剂量为>5mg/kg q24h时可以引起猫的视网膜发生问题，特别是肾脏机能受损的猫更易发生）。
- 准备将病猫送转诊中心医院。

费用

各肾脏移植单位间的费用不相同。一般来说，猫主人期望支付12000 ~ 16000美元进行供体和受体实施手术及术后住院费用。环孢霉素花费大约为每个月100美元，随访检查包括必需的血液化验，每次随访的花费为400 ~ 500美元。

总结

- 猫的慢性肾衰竭通常为进行性的且不可逆转。
- 肾移植是控制肾衰竭的可选方法。
- 肾脏移植可明显改善病猫的生活质量。

参考文献

Gregory CR. 1992. Renal transplantation for treatment of end-stage renal failure in cats. *J Am Vet Med Assoc.* 201:285–291.

Lulich JP. 1992. Status of renal transplantation in the 1990s. *Semin Vet Med and Surg Small Anim.* 7:813–186.

Gregory CR. 1993. Renal transplantation in cats. *Compend Contin Vet Educ.* 15:1325–1339.

Gregory CR. 1992. Renal transplantation in clinical veterinary medicine: In JD Bonagura, ed., *Kirk's Current Veterinary Therapy XI*, pp. 870–875. Philadelphia: WB Saunders Co.

Degner DA, Walshaw R, Rosenstein D. 1994. A new rapid technique for renal transplantation in the cat. *Proceedings of the Fifth Annual Research Day, Phi Zeta.*

Katayama M, McAnulty JF. 2002. Renal transplantation in cats: techniques, complications and immunosuppression. *Compend Contin Vet Educ.* 24(11):874–882.

第328章
触须
Vibrissae

Sharon Fooshee Grace

概述

猫的触须（vibrissae，whiskers）具有许多重要的机能。作为一种特化的触毛（tactile hairs），触须可用于感知环境及向猫的神经系统传递感知信息（channel sensory information）。触须有利于猫感知物体大小，是否存在未观察到或触及的物体。由于猫的触须常常可自由移动，因此其位置指示了猫对周围环境的一种外向的情绪和态度。

触须是称为“窦毛”（“ sinus hairs ”）的特化毛，这些毛刚硬，要比其他毛粗数倍，远端逐渐变细。生出触须的毛囊比其他毛囊更深更宽，每个毛囊至少有一个皮脂腺及多个横纹肌附着于其外层，使得触须能发生自主运动。这些毛囊中也含有内皮的血管窦。虽然触须本身不含有神经，但面部触须的毛囊血窦与丰富的三叉神经分支相连。

位置

头部有4套触须，前肢有1套（见图328-1）。最粗最长的触须为上唇的触须（mystacial whiskers），这些触须固定在两侧鼻口的结节或“触须垫”（whisker pads）上。虽然猫之间有一定的差别，但一般来说，猫有12套触须在每侧口鼻上排成4行。靠近背部的两行不依赖于下面的两行而独立活动，因此可提高测量周围环境时的准确度。第二行及第三行可能是最粗壮的触须。触须最粗最长数量最多，可产生并整合更多的感知信息。

眉须（superciliary vibrissae）位于每只眼睛上方，其主要作用可能是保护眼睛，受到刺激时可启动眨眼。同样，不是很发达的下颌须（mandibular whiskers ）位于下颌（颌下器官，submental organ）。每侧颊部有2个毛丛，每个毛丛有数根长毛，颊毛丛1（genal tuft one）位于每侧耳朵的基部，而颊毛丛2则直接位于颊毛丛1之下。颊毛丛2沿着下颌三角区分布，有些猫只有一个可见的颊毛丛。

图328-1　从上到下，箭头指示的为仔猫的眉须（superciliary）、颊毛丛（ genal tufts ）、触须及下颌须

腕部触须（carpal vibrissae）位于前肢后面，腕部直前，它们在结构上与其他触须完全相同，这些特殊的触须对邻近位置极为敏感，可能有助于攀登或捕获猎物。

在捕猎中的作用

家猫可在白天或晚上捕猎。触须完整的猫可忽略光源而能完全猎杀猎物。但在微弱的光线下没有这些触须的猫可误判猎物，会将其牙齿刺入猎物身体错误的部位。猫对其触须有特别的依赖性，虽然它们具有很强的距离认知能力，但对于附近的物体，例如小的啮齿类动物近在嘴边时，则视觉判断能力很差。因此，触须有助于测量近距离物体，通过精确的向右运动准确捕杀猎物颈后部是极为重要的。定时摄影（time-stop photography）发现，猫在攻击之前能完全将啮齿类动物包围在触须形成的像篮子一样的前向突起中。触须可持续在这个位置传递猎物的有关信息，直到猎物进入口内。因此，在捕猎过程中，通过触须获得的感知信息经过协调作为视觉信息传递到大脑。

定位

猫在愤怒或受到威胁时，触须朝着头的方向展开。在休息或与其他猫友好相处时触须会可变地保持在脸面外的中间位置，或沿着松弛时面颊的方向。捕猎时触须可暂时性地向前运动或丧失视力时永久性地朝向前方。丧失视力的猫（包括作者的一只猫）可随着时间触须的方向发生永久性的改变，一直保持向前的方向。可以认为，这种永久性的改变方向可提高失去视力的猫探知环境及避免撞到物体的能力。

品种变异

有些品种的猫，如无毛斯芬克斯猫（hairless Sphynx），触须可能很少或缺如。雷克斯相关品种以被毛卷曲而著名，其触须也可卷曲，有时没有触须。如有触须，则其触须常常易于断裂或有断裂的趋势。

缩短或缺失

健康的猫常常周期性地触须脱落，就像正常的脱毛一样。触须脱落后会再次长出，常常在数月内就被完全替换。在一些不太常见的情况下，母猫为仔猫整梳时可咬断仔猫的触须，这似乎并不引起任何损害，触须可很快得到替换。此外，猫在舍饲期间可梳理或咬掉其他猫的触须，但发生这种情况的原因还不清楚。咬掉其他猫的触须并非为猫相互梳理毛发时的常见行为，但可引起触须损失，因此这可能是一种无害的活动。据报道，偶然情况下猫可咬断自身的触须。

虽然脱毛并不是猫化疗时的一种常见不良反应，但化疗确实可引起触须损失，这在绝大多数情况下与抗肿瘤抗生素（antitumor antibiotics）如米托蒽醌和阿霉素有关（见图328-2）。触须通常（但并非总是）在停止治疗之后数周或数月内长出，但新的触须可能更为粗糙，与原来的触须颜色不同。

触须损失可能与面部瘙痒时损伤有关。面部皮肤病也可能造成触须损失，甚至在皮肤相对正常的情况下也会发生。众所周知，猫的分泌能力较强，皮肤发生广泛性瘙痒时也表现得相对正常。除抓伤外，有些表现瘙痒的猫只是用力舔皮肤。面部瘙痒的鉴别诊断方法包括但不限于耳螨、食物过敏、特异性反应、跳蚤过敏反应、蠕形螨病、猫疥癣（notoedric mange）、姬螯螨病（cheyletiellosis）、皮肤真菌病和马拉瑟霉菌感染等。基本的诊断方法包括耳部检查、皮肤刮屑检查、伍氏灯检查（Wood’s lamp examination）和皮肤真菌培养。

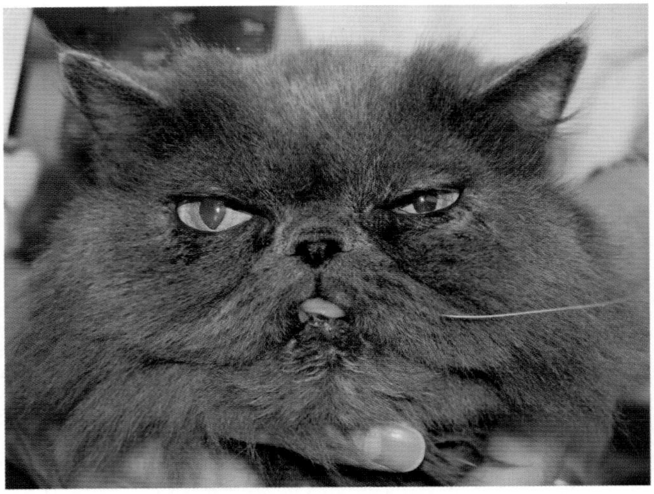

图328-2 猫使用阿霉素化疗而丧失了其大部分触须

实际考虑

如果给猫在很小的碗中提供食物或水，则触须可与碗的一侧接触，从而干扰或刺激猫，应对不愿采食或饮水的猫特别注意，尤其是在住院治疗期间。值得注意的是应为猫提供一个宽大的食物或饮水盘防止接触猫的触须。

参考文献

Friberg C. 2006. Feline facial dermatoses. *Vet Clin North Am Small Anim Pract*. 36(1):115–140.

LeCouteur RA. 2009. Cats are not small dogs. The neurologist’s perspective. *Feline Medicine Symposium Proceedings, University of California–Davis*.

Morris D. 1996. *Cat World: A Feline Encyclopedia*. London: Ebury Press.

第329章
人兽共患病
Zoonotic Diseases

Suvi Pohjola-Stenroos

概述

传染病（zoonotic diseases）是指人和其他脊椎动物包括猫共患和相互传染的疾病。人兽共患病病原从猫向人的传播可通过与猫的直接接触、与猫的分泌物或排泄物间接接触，或与动物污染的媒介如水、食物或污染物的接触而发生。猫和人之间的传染病病原也可因媒介或环境暴露而传染。

猫为人带来了许多欢乐和幸福时光，大多数猫是家庭成员和良好的伴侣，但有些猫如庇护所的猫、养殖场的猫及流浪猫等可形成另外的群体。

大多数人兽共患病可感染人，但健康的、无寄生虫感染和户内活动的猫不会传染疾病。人兽共患病感染免疫缺陷病人可能更为严重。获得动物性传染病的风险因子见表329–1。

人兽共患病的预防是兽医公共卫生，包括猫病防治的重要组成方面。兽医及其员工在维持人–猫交流中具有极为重要的作用，这种作用可通过增加对猫的动物性传染病病原的了解，包括如何识别、管理和防治等发挥作用。兽医人员也应该提供有关猫的人兽共患病对人影响的相关信息，与家庭医生合作共同研究疾病控制。一些猫的人兽共患病病原包括发生、分布、传播及猫和人的临床症状见表329–2。

诊断

对猫的一些人兽共患病的诊断措施见表329–3。各种人兽共患病学详细信息可参阅“建议阅读文献”。

治疗

人兽共患病的简要治疗方案见表329–4。但对某些传染病的治疗可能仍有争议。在开始采用任何方法治疗之前，关于什么时候开始治疗、治疗多长时间、接触过的猫是否应该治疗等，应仔细查阅有关文献。治疗还应包括环境净化和消除感染猫的病原以防止再次发生感染。关于这方面的详细情况可参阅第317章和第322章。关于兽医和宠物主人对猫的人兽共患病的管理建议见表329–5和表329–6。

表329–1　获得人兽共患病的风险因素

风险因子	风险群体	风险水平
免疫缺陷系统	患HIV的人	高
	化疗病人	高
	肿瘤患者	高
	炎症或免疫介导性疾病患者	高
	接收器官或骨髓移植者	高
	老人	高
	出生时先天性免疫缺陷病人	高
	孕妇	高
	脾切除病人	高
动物群密度高	庇护所或猫舍中的猫	增加
环境问题	流浪猫，庇护所中的猫及猫舍中的猫	增加
猫的行为问题，特别是有攻击行为的猫	人	增加
食物及水的卫生问题	拥挤环境中的动物和人	不同
旅行活动增加	未知环境中的动物和人	增加
职业	兽医人员、繁育人员及庇护所中的志愿者	相对低

表329-2 猫的人兽共患病病原：发生情况、分布、传播及临床症状

病原	人与猫	地理分布	传播	猫和人的临床症状
细菌				
炭疽杆菌（*Bacillus anthracis*）	在西方国家不常见	全球	产气，消化道、接触感染器官	猫：亚急性到慢性；颌及舌有棘刺状病变；嘴唇、头和喉咙肿胀 人：皮肤溃疡，有坏死中心，肺炎，出血性腹泻、吐血及脑膜炎
巴尔通体（*Bartonella* spp.）	存在跳蚤及虱的常见地区相对常见，从跳蚤传染给人的风险高	全球	猫咬伤、抓伤，通过跳蚤及虱传播	猫：亚临床型，眼色素层炎，发热，神经症状，齿龈炎 人：淋巴结病，发热，不适，杆状血管瘤病，杆状紫癜等
支气管败血波氏杆菌（*Bordetella bronciseptica*）	罕见	全球	产气	猫：亚临床型，咳嗽，上呼吸道肺炎（罕见） 人：免疫缺陷病人肺炎
伯氏疏螺旋体（*Borrelia burgdorferi*）	存在硬蜱的地区，共有媒介	全球	通过硬蜱（Ixodes spp.）	猫：亚临床型 人：皮疹，多发性关节炎，心肌炎，神经疾病
弯曲杆菌（*Campylobacter* spp.）	偶尔与猫的接触有关	全球	消化道	猫：亚临床型，胃肠炎 人：亚临床型，菌血症，胃肠炎，肌痛，关节痛，多发性神经根炎
犬咬嗜二氧化碳噬细胞菌（*Capnocytophaga canimorsus*）	极为罕见	全球	猫咬伤	猫：亚临床型 人：菌血症，角膜炎
土拉杆菌（*Francisella tularensis*）	猫罕见；猎人特别易感	全球	直接与感染器官接触，猫咬伤	猫：败血症，肺炎 人：溃疡淋巴结型（ulceroglandular）、淋巴结型（glandular）、眼腺型（oculoglandular）、肺炎型或伤寒型
螺杆菌（*Helicobacter* spp.）	虽然在人常见，但在猫罕见，可能发生人向动物的逆向传播	全球	消化道	猫：亚临床型，呕吐 人：亚临床型，胃溃疡
分支杆菌（*Mycobacterium* spp.）	西方国家不常见	全球	最常见从人（产气型）向动物传播（逆向动物传染病）	猫：主要为皮肤损伤 人：呼吸道疾病
猫支原体（*Mycoplasma felis*）	非常罕见，仅见2例与猫有关的病例	全球	猫咬伤	猫：慢性流脓，多发性关节炎 人：蜂窝织炎，多发性关节炎
败血性巴氏杆菌（*Pasturella multocida*）	时有发生，免疫抑制病人特别严重	全球	猫咬伤	猫：脓肿或蜂窝织炎 人：脓肿或蜂窝织炎
沙门氏菌（*Salmonella* spp.）	常见，与猫接触发生的感染罕见	全球	消化道	猫：亚临床型或复合型，大肠性腹泻，菌血症、流产 人：亚临床型，胃肠炎、脓肿
鼠疫耶尔森菌（*Yersinia pestis*）	见有发生，偶尔与猫有关	全球	多毛蚤，猫咬伤，与渗出液接触	猫：腹股沟腺炎、菌血症、肺炎 人：腹股沟腺炎、菌血症、肺炎
绦虫				
多房棘球绦虫（*Echinococcus multilocularis*）	西方国家不常见，并非完全与猫的接触有关	全球	消化道	猫：亚临床型 人：肝脏及肺脏疾病

（续表）

病原	人与猫	地理分布	传播	猫和人的临床症状
外寄生虫				
猫栉首蚤（*Ctenocephalides felis*），犬蚤（*Ctenocephalidescanis*）	常见	全球	直接或间接接触	无症状，皮肤损伤，瘙痒
姬螯螨（*Cheyletiella* spp.）	有发生	全球	接触	猫：无症状，皮屑，瘙痒 人：瘙痒
犬耳痒螨（*Otodectes cynotis*）	有发生	全球	接触	猫：无症状，外耳炎 人：瘙痒
人疥螨犬变种（*Sarcoptes scabiei var. canis*）	有发生	全球	接触	猫：瘙痒性皮肤病 人：瘙痒性皮肤病
真菌				
犬小孢子菌（*Microsporum canis*），须癣毛癣菌（*Trichophyton mentagrophytes*），表皮癣菌（*Epider-mophyton*）	相对常见	全球	皮肤接触	猫：亚临床，表皮皮肤病 人：表皮皮肤病
申克氏孢子丝菌（*Sporothrix schenkii*）	罕见	最常见于温暖环境	通过擦伤及咬伤的皮肤接触，环境污染物	猫：皮肤损伤管慢性流脓 人：皮肤损伤管慢性流脓
线虫				
钩虫（*Ancylostoma* spp.），狭头钩虫（*Unicinaria stenocephala*）	不常见	全球	消化道，皮肤接触	猫：亚临床型，出血性腹泻，失血性贫血 人：瘙痒性皮肤病（幼虫皮肤内迁移）
犬心丝虫（*Dirofilaria immitis*）	除共享带虫者外未见发生	地中海，非洲、亚洲及南美	蚊虫叮咬	猫：无症状，咳嗽、呕吐、突然死亡 人：亚临床型，肺肿
粪类圆线虫（*Strongyloides Stercoralis*）	罕见	全球，热带及亚热带地区流行	消化道，皮肤接触	猫：亚临床型，出血性腹泻 人：瘙痒性皮肤病，免疫缺陷病人传播的疾病
猫弓蛔虫（*Toxocara cati*）	不常见	全球	消化道	猫：亚临床，呕吐，孱弱 人：亚临床，咳嗽，眼睛疾病
原生动物				
隐孢子虫（*Cryptosporidium* spp.）	相对常见	全球	消化道	猫：亚临床或小肠性腹泻 人：亚临床或小肠性腹泻
贾第鞭毛虫（*Giardia* spp.）	相对常见	全球	消化道	猫：亚临床或小肠性腹泻 人：亚临床或小肠性腹泻
刚地弓形虫（*Toxoplasma gondii*）	不常见	全球	消化道，跨胎盘传播	猫：亚临床，发热、眼色素层炎、肌肉疼痛，肝脏炎症、胰腺炎 人：亚临床，淋巴结病，流产、死产及脑炎
立克次氏体和衣原体				
鹦鹉热衣原体（*Chlamydophila psittaci*）、猫衣原体（*Chlamydophila felis*）	见有发生	全球	产气性	猫：亚临床，结膜炎，上呼吸道症状 人：结膜炎
伯纳特氏立克次氏体（*Coxiella burnetii*）	极为罕见	未知	吸血性节肢动物，食入污染的材料，来自感染组织的气体	猫：亚临床，流产、死产 人：发热，肺炎，肌痛，淋巴结病，关节炎，肝炎，心内膜炎

（续表）

病原	人与猫	地理分布	传播	猫和人的临床症状
病毒				
痘病毒科（Poxviridae）正痘病毒属（*Orthopoxvirus*）	未知	全球，在斯堪的纳维亚小型啮齿类动物呈地方流行性	与感染皮肤接触	猫：局部溃疡性搔痒性皮肤损伤，轻度结膜炎 人：丘疹水泡性皮肤病（papulovesicular skin disea-se）
弹状病毒科（Rhabdoviridae）狂犬病病毒属（*Lyssavirus*）	西方国家不常见	除澳大利亚、冰岛、瑞典、挪威本土及英国外为全球分布	唾液，通常通过咬伤传播	猫：进行性中枢神经系统疾病 人：进行性中枢神经系统疾病

表329-3 猫的人兽共患病诊断方法

	病原	诊断
咬伤或抓伤 	1. 巴尔通体（*Bartonella* spp.） 2. 二氧化碳嗜纤维菌（*Capnocytophaga* spp.） 3. 猫支原体（*Mycoplasma felis*） 4. 巴氏杆菌（*Pasteurella* spp.） 5. 土拉杆菌（*Fransicella tularensis*） 6. 鼠疫耶尔森菌（*Yersinia pestis*） 7. 狂犬病	1. 免疫印迹检测，培养 2. PCR，培养 3. PCR 4. 培养 5. 培养 6. 细胞学检查两极杆菌，培养，血清检查，通知公共卫生官员 7. 血清学检查，动物接种，通知公共卫生官员
肠道病原 	1. 犬复孔绦虫（*Dipylidium caninum*） 2. 多房棘球绦虫（*Echinococcus multilocularis*） 3. 猫弓首线虫（*Toxocara cati*） 4. 钩虫（*Ancylostoma* spp.） 5. 狭头钩虫（*Ucinaria stenocephala*） 6. 粪类圆线虫（*S.stercoralis*） 7. 隐孢子虫（*Cryptosporidum* spp.） 8. 刚地弓形虫（*Toxoplasma gondii*） 9. 贾第鞭毛虫（*Giardia* spp.） 10. 沙门氏菌（*Salmonella* spp.） 11. 弯曲杆菌（*Campylobacter* spp.） 12. 大肠杆菌（*Escherichia coli*） 13. 螺杆菌（*Helicobacter* spp.）	1. 检查粪便中的片段或卵囊包 2. 粪便虫卵检查 3. 粪便虫卵检查 4. 腹泻、贫血、粪便虫卵检查 5. 贫血，粪便虫卵检查 6. 粪便复原幼虫 7. 粪便卵囊或粪便抗原检测 8. 粪便卵囊检查；血清学检查 9. 粪便卵囊或粪便抗原检查 10. 粪便培养 11. 粪便培养 12. 粪便培养 13. 粪便培养
分泌物及皮肤 	1. 犬小孢子菌（*Microsporum canis*） 2. 猫栉首蚤（*Ctenocephalides felis*） 3. 姬螯螨（*Cheyletiella* spp.） 4. 人疥螨（*Sarcoptes scabei*） 5. 猫背肛螨（*Notoedres cati*） 6. 申克氏孢子丝菌（*Sporotrix schenkii*） 7. 鼠疫耶尔森菌（*Yersinia pestis*）	1. 培养，镜检毛 2. 观察，检查跳蚤排泄物，跳蚤过敏症状 3. 检查毛发上的螨虫棘虫卵、带测试 4. 检查皮肤刮削上的螨虫 5. 检查皮肤刮削上的螨虫 6. 渗出物的细胞学检查，培养 7. 细胞学检查双极杆菌，培养，血清学检查，通知公共卫生官员
呼吸道 	1. 支气管炎博代氏菌（*Bordetella bronchiseptica*） 2. 葡萄球菌（*Staphylococcus* spp.） 3. 猫衣原体（*Chlamydophila felis*） 4. 伯纳特氏立克次氏体（*Coxiella burnetii*） 5. 土拉杆菌（*Francisella tularensis*） 6. 鼠疫耶尔森菌（*Yersinia pestis*）	1. 血清学检查，培养 2. 培养 3. PCR，培养 4. 培养 5. 检查蜱，培养，血清学检查 6. 细胞学检查双极杆菌，培养，血清学检查，通知公共卫生官员

（续表）

	病原	诊断
泌尿生殖道 	1. 伯纳特氏立克次氏体（*Coxiella burnetii*） 2. 问号钩端螺旋体（*Leptospira interrogans*）	1. 培养 2. 培养
媒传 	1. 犬心丝虫（*Dirofilaria immitis*） 2. 嗜吞噬细胞无形体（*Anaplasma phagocytophilum*） 3. 汉氏巴尔通体（*Bartonella henselae*） 4. 伯氏疏螺旋体（*Borrelia burgdorferi*） 5. 埃立克体（*Ehrlichia* spp.） 6. 猫立克次氏体（*Rickettsia felis*） 7. 土拉杆菌（*Francisella tularensis*）	1. 临床症状，检查微丝虫(罕见)，或检测血液中抗原或抗体 2. 镜检姬姆萨染色的血液涂片、血清学检查、PCR检查 3. 宿主查体检查跳蚤、血液培养、PCR检查，血清学检查 4. 血清学检查，PCR检查 5. 镜检姬姆萨染色血液涂片，血清学检查，PCR检查 6. 检查蜱，血清学检查 7. 培养，血清学检查

表329-4　猫的动物性传染病治疗

药物	剂量	微生物/寄生虫
阿莫西林	10～22mg/kg q12h PO	链球菌A组（*Streptococcus* group A）
阿莫西林-克拉维酸	15mg/kg q12h PO	巴尔通体（*Bartonella* spp.） 支气管炎博德特菌（*Bordetella bronchiseptica*） 多杀性巴氏杆菌（*Pasteurella multocida*）
氨苄青霉素	22mg/kg q8h IV	螺旋体（*Leptospira* spp）
阿奇霉素	7.5～10mg/kg q12～72h PO	隐孢子虫（*Cryptosporidium* spp.） 巴尔通体（*Bartonella* spp.）
克拉霉素	7.5mg/kg q12～24h PO	螺杆菌（*Helicobacter* spp.）
克林霉素	10～12mg/kg q12h PO	刚地弓形虫（*Toxoplasma gondii*）
强力霉素	5～10mg/kg q12～24h PO	嗜吞噬细胞无形体（*Anaplasma phagocytophilum*） 支气管炎博德特菌（*Bordetella bronchiseptica*） 巴尔通体（*Bartonella* spp.） 猫衣原体（*Chlamydophila felis*） 埃立克氏体（*Ehrlichia* spp.） 猫支原体（*Mycoplasma felis*）
恩诺沙星	5mg/kg q24h PO	巴尔通体（*Bartonella* spp.） 弯曲杆菌（*Campylobacter* spp.） 猫支原体（*Mycoplasma felis*） 鼠疫耶尔森菌（*Yersinia pestis*）
恩诺沙星	5mg/kg q24h SC or IV	沙门氏菌菌血症（*Salmonella* spp. bacteremia）
红霉素	10mg/kg q8h PO	巴尔通体（*Bartonella* spp.） 弯曲杆菌（*Campylobacter* spp.）
芬苯达唑	50mg/kg q24h PO	钩虫（*Ancylostoma* spp.） 贾第鞭毛虫（*Giardia* spp.） 粪类圆线虫（*Strongyloides stercoralis*） 猫弓蛔虫（*Toxocara cati*）
氟虫腈	7.5～15mg/kg局部0.25%喷洒及10%点状用药	蜱 跳蚤
氟虫腈-甲氧普烯（Fipronil-methoprene）	7.5～15mg/kg局部点状用药	蜱 跳蚤
氟康唑	每只猫50mg，q12～24h PO	皮肤真菌（dermatophytes） 申克氏孢子丝菌（*Sporotrix schenkii*）

（续表）

药物	剂量	微生物/寄生虫
灰黄霉素（Griseofulvin）（小剂型）	50mg/kg q24h PO	皮肤真菌（dermatophytes）
灰黄霉素（超小剂型）	5～10mg/kg q24h PO	皮肤真菌（dermatophytes）
吡虫啉（Imidacloprid）	10～20mg/kg局部点状用药	跳蚤
伊曲康唑（Itraconazole）	5mg/kg q12h PO连用4d，之后 5mg/kg q24h PO	皮肤真菌 申克氏孢子丝菌（*Sporotrix schenkii*）
伊维菌素（Ivermectin）	24μg/kg q30d PO	犬心丝虫（*Dirofilaria immitis*） 钩虫（*Ancylostoma*） 弯口钩虫（*Uncinaria*）
伊维菌素（Ivermectin）	200～300μg/kg q7d PO	姬螯螨（*Cheylietella*） 人疥螨（*Sarcoptes scabiei*）
石灰硫黄合剂药浴剂（Lime sulphur dip）	Dip q5～7d	皮肤真菌
氯芬奴隆（Lufenuron）	80～100mg/kg q14d PO 30mg/kg q30d PO 10mg/kg q180d SC	皮肤真菌 跳蚤
甲硝唑（Metronidazole）	25mg/kg q12h PO	痢疾阿米巴虫（*Entamoeba histolytica*） 贾第鞭毛虫（*Giardia* spp.）
咪康唑及2%氯己定	Dip q3～4d	皮肤真菌
米尔倍霉素（Milbecycin）	0.5～1.0mg/kg q30d PO	犬心丝虫（*Dirofilaria immitis*） 钩虫（*Ancylostoma* spp.） 猫弓蛔虫（*Toxocara cati*）
巴龙霉素（Paromomycin）	150mg/kg q12h PO连用5d	隐孢子虫（*Cryptosporidium* spp.）
吡喹酮（Praziquantel）	5mg/kg一次PO、SC或IM	犬复孔绦虫（*Dipylidium caninum*） 多房棘球绦虫（*Echinococcus multilocularis*）
噻嘧啶（Pyrantel）	20mg/kg一次 PO，3周后重复	钩虫（*Ancylostoma* spp.） 粪类圆线虫（*Strongyloides stercoralis*） 猫弓蛔虫（*Toxocara cati*）
噻嘧啶+比喹铜	72.6mg噻嘧啶和18.2mg吡喹酮；每只猫1片，PO	钩虫（*Ancylostoma* spp.） 猫弓蛔虫（*Toxocara cati*） 多节绦虫（Cestodes）
塞拉菌素	6mg/kg q30d局部用药	钩虫（*Ancylostoma* spp.） 猫弓蛔虫（*Toxocara cati*）
特比萘芬	20mg/kg q24-48h PO	皮肤真菌（dermatophytes）
泰乐菌素	10～15mg/kg q12h PO	隐孢子虫（*Cryptosporidium* spp.）

表329-5　对兽医人员处理猫的人兽共患病的建议

教育	兽医人员自身及职员应该熟悉人兽共患病
临床行动	与客户讨论养殖宠物猫的健康风险；帮助他们决定所需要的管理措施 如果诊断需要上报的动物传染病，应报告公共卫生管理机构 所有猫均应免疫接种狂犬病疫苗 仔猫在3、5、7及9月龄时常规注射抗寄生虫药物以控制线虫 在流行区，每月常规预防犬心丝虫 在多房棘球绦虫（*Echinococcus multilocularis*）流行地区，每月对户外活动的猫注射杀绦虫药物 至少每年检查一次胃肠道寄生虫 如有发生动物传染病的可能，则建议进行彻底的诊断检查 对腹泻1～2d的猫或免疫缺陷病人饲养的猫，应采取下了诊断措施: 1. 浮游法和显微镜检查卵囊、包囊棘虫卵。 2. 粪便湿涂片检查贾第鞭毛虫（*Giardia* spp.）及三毛滴虫（*Tritrichomonas* spp.）裂殖体。 3. 直肠细胞学检查弯曲杆菌感染时的白细胞及螺旋体（spirochetes）。 4. 间接荧光抗体（IFA）、抗原ELISA或抗酸染色筛查隐孢子虫。 5. 粪便培养检查沙门氏菌和弯曲杆菌。 控制跳蚤及蜱

（续表）

职业保健	处治过程中不要让客户保定猫，不要从运送箱中拉出猫 培训员工如何处理猫以免咬伤或抓伤 在诊疗所用猫的信息素镇静 在地方性流行区为所有接触猫的员工接种狂犬病疫苗 每2年检查一次接触猫的员工的狂犬病抗体 严格执行医院卫生政策

表329-6　对猫主人防止猫的人兽共患病的建议

收养新猫时 饮食	免疫机能低下者，应在收养新猫前咨询医生及兽医 最好从私人家庭收养临床上正常、无节肢动物寄生的成年猫 不要处理不熟悉的猫 隔离检疫新猫（免疫机能低下者饲养的猫），直至兽医完成查体及动物流行病风险评估完成 可考虑户内饲养猫以减少接触动物传染病病原的机会 只能饲喂烹饪的或商用饲料 防止猫饮用未经高温消毒的牛奶 防止猫捕食或食入猎物 烹饪人食用的肉类时应在80℃至少加热15min 处理肉时应戴手套，之后洗手 食用蔬菜前应清洗
整梳	应经常剪除猫的指甲 应根据需要为猫洗浴 应定期进行跳蚤及蜱的控制
卫生	避免处理不健康的猫，特别是患有胃肠道、呼吸道、皮肤、神经或繁殖疾病的猫 不要让猫饮用厕所中的水 处理猫后应洗手 每天清除猫的猫沙盆或环境中的粪便 如有可能，应避免免疫机能低下者清理猫的猫沙盆 如为免疫机能低下者，则在清理猫的猫沙盆时应戴手套，之后洗手 如有可能，猫的猫沙盆应衬里，用烫水及洗涤剂或清洁剂或蒸汽清洗装置洗涤猫的猫沙盆 打理花园时戴手套 盖上孩子的沙箱（children’s sandboxes）以避免户外猫的粪便污染 食用前过滤或煮沸来自环境的水 猫之间不要共享餐具 避免猫舔闻脸面 被猫咬伤后用大量的冷自来水立即洗涤伤口或抓伤部位，之后联系医生
兽医护理	每年至少让兽医检查一次猫，最好每年2次，所有新猫均由兽医检查 所有不健康的猫均应立即寻求兽医护理 接种流行疫苗，间隔适当时间接种狂犬病疫苗 定期检查猫的粪便中是否有寄生虫 检查猫(特别是户外活动的猫或新猫)是否有猫白血病病毒及猫免疫缺陷病毒

预后

动物传染病的预后取决于病原和猫的免疫能力。对肠道原虫感染而言，通常在感染猫粪便中长达数月均可观察到持续排出少量的卵囊。

参考文献

American Association Feline Practitioners, 2003. Report on Feline Zoonosis, www.catvets.com.

Michel R Lappin 2001. *Feline Internal Medicine Secrets*, Philadelphia: Hanley & Belfuss. Inc.

Safe Pet Guidelines. PAWS, Pet Are Wonderful Support, www.pawssf.org

Companion Animal Parasite Council, Controlling Internal and External Parasites in U.S. Dogs and Cats, www.capcvet.org

第9篇

药 物 手 册

Drug Formulary

第330章
药物手册
Drug Formulary

Gary D. Norsworthy, Linda Schmeltzer,
Sharon Fooshee Grace和 Mitchell A. Crystal

概述

药学理论的不断更新极大地促进了猫医学实践的发展，本章尽可能列出了各种药物的准确信息，但使用这些处方时，应该清楚一些重要的限制因素。

本章列出的大多数药物及剂量在美国并未得到核准，因此其剂量信息和使用适应证只是按指南列出，如果能够使用核准的兽药，我们不建议使用未核准药物。

本处方集中所列的许多药物其安全性及效率并未在猫进行过研究。处方集中所列的剂量及适应证收集自本书出版时的各种最新资料，而且这些资料之间常常并不一致。即使按本处方集指南用药，我们也对药物的不良反应及毒性作用不负任何责任。

在本处方集中，商品名只是作为例子列出，也可能还有其他商品名，但列出某种特定的商品名并不意味着我们主张这种商品比其他商品更好。

本表所列药物除非特别说明，均在美国可按处方购得。但许多猫不愿口服给药。由于大的药片及胶囊难以给药，因此建议采用小药片。采用猫用口服液较易实施，猫对用药基本无抵抗。人用液体配方常加有小孩喜欢但猫不喜欢的味道。如果采用口服液，每剂应为0.25 mL。

建议从业兽医采用药丸给药，主要是基于两个原因。首先以及最为明显的是培训客户，其次是评估客户是否具投服药丸的能力，应考虑客户的身体限制和病猫的抵抗程度。如果投服药片或胶囊可能失败，则应考虑选用其他方法。许多处方药丸可制成咀嚼片，具有能吸引猫的多种味道。即便如此，许多猫对这种给药仍有抵抗。经皮给药时可采用局部凝胶剂，这种凝胶剂含有能通过皮肤吸收且具有生物活性状态的药物。虽然几乎所有的药物均可装入经皮凝胶剂，但许多不能以具有活性的状态吸收。经过人的皮肤能有效吸收的药物可能不能通过猫的皮肤有效吸收。目前，人们正在研究确定何种药物适合于这种给药途径。如果要采用特殊的药物混合方式给药，应和熟悉经皮给药的药剂师磋商。

药物	作用	剂量及用药途径	制剂
乙酰吗喃（Acemannan）	免疫刺激因子，可刺激动物T细胞活动，用于治疗肿瘤。可刺激肿瘤坏死因子和其他细胞因子释放	腹膜内（1～2mg/kg）及病损部位注射（2mg），每周1次，治疗6周	专利制剂：10mg，注射剂
乙酰丙嗪（Acepromazine）（PromAce，许多非专利药物）	酚噻嗪类镇静剂，抑制多巴胺作为神经递质的作用	镇静：0.025～0.05mg/kg IM，SC，IV，或PO 前躯麻醉：0.05～0.1mg/kg SC	10mg及25mg片剂；10mg/mL注射剂
乙酸林格液（Acetated Ringer's solution）（Normosol）	等渗结晶液体溶液，用于液体替补或维持	每天40～50mL/kg，IV，SC，或腹膜内注射	静脉输液
乙酰唑胺（Acetazolamide）（迪阿莫克斯，Diamox）	碳酸酐酶抑制因子及利尿剂，用于降低眼内炎	10～25mg/kg q12h PO	250mg片剂
乙酰半胱氨酸（Acetylcysteine）（易咳净，Mucomyst）	降低分泌物的黏稠度。用作眼睛的溶黏液剂及支气管喷雾溶液。作为巯基基团的供体，可用于解毒（如醋氨酚中毒）	解毒：用5%葡萄糖配制成5%溶液：140mg/kg（负荷剂量）PO或IV，之后70mg/kg q4～6h PO或IV，连用5～7次 眼用：2%溶液，局部应用，q2h	10%及20%溶液

（续表）

药物	作用	剂量及用药途径	制剂
活性炭（Activated Charcoal）［Acta-Char，Charcodote，毒去完（Toxiban）、活性炭溶液（Actidose），非专利药物］	吸附剂，主要用于小肠吸附药物及毒素，防止其吸收	1～4g/kg PO（颗粒；混合为1g/5mL悬浮液）；6～12mL/kg（悬浮液）经胃管给药	47.5%颗粒剂；10.4%口服悬液；用70%山梨醇（硫酸钠）制成10%悬浮液，作为泻剂使用
无环鸟苷（Acyclovir）［阿昔洛韦、舒维疗（Zovirax）、热威热素］	眼用抗疱疹病毒药物	每只猫200mg q6～12h PO 对肝脏及骨髓可能有毒性	200mg胶囊；200mg/5mL口服悬液（香蕉风味）；5%眼科用软膏
阿来司酮（Aglepristone）	孕酮受体阻断剂。用于乳腺增生，可引起流产。用于非手术法治疗子宫积脓，如有感染可与抗生素合用	15mg/kg SC，连用2d或20mg/kg q7d SC；子宫积脓，第1、2、7和14天，每天10mg/kg	法国、挪威及瑞典为30mg/mL注射液（VIRBAC）
阿苯哒唑（Albendazole）（肠虫清，Valbazen）	苯并咪唑抗寄生虫药物，抑制寄生虫摄取葡萄糖	25～50mg/kg q24h PO，连用21d 贾第鞭毛虫：25mg/kg q12h，连用5d	113.6mg/mL悬浮液
沙丁胺醇（Albuterol）［柳丁氨醇（Proventil），喘乐宁，泛得林（Ventolin）］	β_2-肾上腺素激动剂，支气管扩张药物。刺激β_2受体舒张支气管平滑肌。也可抑制炎性介质，特别是肥大细胞炎性介质的释放	从附着于垫片上的面罩呼吸8～10次，之后向垫片两次吹入药物（每次90μg）；根据需要用于急性支气管痉挛时的支气管扩张	90μg气雾吸入剂
阿仑唑奈钠（Alendronate sodium）（Fosamax，福善美）	参见羟乙膦酸钠（etidronate disodium）	5～10mg q24h PO	5mg及10mg片剂
阿法沙龙（Alfaxalone）（Alfaxan）	麻醉诱导剂	1～5mg/kg IV以发挥作用	目前在美国尚无使用
别嘌呤醇［别嘌醇，异嘌呤醇（Allopurinol）、别嘌呤醇（Zyloprim）］	降低尿酸的产生（效率可疑）	10mg/kg q8h PO治疗3d后减少到10mg/kg q24h PO	100mg片剂
阿普唑仑（Alprazolam）	苯二氮类镇静药物，用于随地便溺、焦虑及猫之间的攻击行为的处治	每只猫0.125～0.25mg，q8～24h PO	0.25mg及0.5mg片剂
碳酸铝（Aluminum carbonate）（碱式碳酸铝凝胶制剂，Basaljel，非专利药物）及氢氧化铝（aluminumhydroxide）（Amphojel，安福杰耳，氢氧化铝凝胶），非专利类药物	磷酸盐结合剂，用于治疗高磷酸盐血症性肾病	30～90mg/kg，按q12h PO每天分配，与食物一同给药	碳酸铝在市场上不能购买，但可从药房配方中买到；320mg氢氧化铝凝胶粉、氢氧化铝有化学级的粉剂；每餐50mg/kg或每只猫1/4－1茶匙（www.spectrumchemical.com；产品编码：AL226）
氨基羟丁基卡拉霉素（Amikacin）、硫酸丁胺卡拉霉素（Amiglyde-V）	氨基糖苷类抗菌药物，抑制蛋白合成。参见庆大霉素	6.5mg/kg q8h IV，IM或SC或10mg/kg q12h IV、IM或SC，或20mg/kg q24h IV，IM或SC	50mg/mL及250mg/mL注射液
胺戊酰胺（Aminopentamide）（生特灵，氨戊酰胺，Centrine）	止泻及止吐药物，抗胆碱药物	0.1mg q8～12h IM，SC或PO	0.2mg片剂；0.5mg/mL注射剂
氨茶碱（Aminophylline）	支气管扩张药物，对猫的哮喘效果不佳	4.0～6.6mg/kg q12h PO或IM；2～5mg/kg q12h缓慢静注	100mg片剂；25mg/mL注射剂
阿米曲拉［双甲咪（Amitraz）、螨克（Mitaban）］	局部驱虫剂	稀释到50%的犬用浓度=每4加仑温水加入1瓶。淋浴后q7～4d喷洒；可降低血糖，应注意糖尿病	每瓶10.6mL，含19.9%注射液

（续表）

药物	作用	剂量及用药途径	制剂
阿密曲替林，阿米替林（Amitriptyline）（盐酸阿米替林，Elavil）	三环抗抑郁药物，用于治疗各种行为异常。通过抑制突触前神经终末摄取5－羟色胺发挥作用	控制行为：0.5～1.0 mg/kg PO q12～24h；可用药2–4周 膀胱炎：2.5～12.5mg/kg PO q24h，晚上给药（混合结果） 输尿管结石：1mg/kg q24h PO	10mg及25mg片剂
氨氯地平（Amlodipine）（络活喜，Norvasc）	钙通道阻断剂，抗高血压药物	0.625～1.25mg/猫q12～24h PO，调整以发挥作用	2.5mg、5mg及10mg片剂 为了准确定量，可能需要液体复方合剂
氯化铵（Ammonium chloride）（非专利药物）	尿液酸化剂	20mg/kg q12h（可增加至800mg；1/4～1/3茶匙），每天与饲料混合，调整尿液pH到理想水平	200mg及400mg片剂；每1/4茶匙200mg及400mg粉剂
羟氨苄青霉素（Amoxicillin）（阿莫西林片剂及其他商标）	β－内酰胺抗生素。抑制细菌细胞壁合成。具有广谱抗菌活性	10～40mg/kg q8～12h PO，IM或SC	50mg、100mg、150mg及200mg片剂；50mg/mL口服液
羟氨苄青霉素（阿莫西林）–克拉维酸（Amoxicillin–clavulanic acid）（Clavamox）	β－内酰胺抗生素及β－内酰胺酶抑制剂（克拉维酸）	62.5～125mg q12h PO或22mg/kg q12h PO	62.5mg及125mg片剂；62.5mg/mL悬浮液
两性霉素B（Amphotericin B）（两性霉素，Fungizone）	抗真菌药物，杀霉菌药物，用于全身性真菌感染（损伤真菌膜）	0.5mg/kg q48h IV；混合在5～20mL 5%葡萄糖中，5～15min后用药；最大累积剂量为4～8mg/kg，如果发生氮血症应减量。皮下给药法：配制两性霉素5mg/mL溶液，将计算好的剂量置入400mL 0.45%盐水+2.5%葡萄糖中。每周用药2～3次（总共3次剂量）。剂量：0.5～0.8mg/kg。详细见表43–1	50mg安瓿注射液
氨苄青霉素（Ampicillin）（Polyflex，氨苄青霉素，Omnipen）	β－内酰胺抗生素，参见羟氨苄青霉素	20～40mg/kg q8h PO；10～20mg/kg q6～8h IV，IM或SC（氨苄青霉素钠）	250mg或500mg胶囊；250mg/5mL口服悬浮液 250mg及500mg片剂，1g及2g注射剂
氨苄青霉素和青霉素烷砜钠（Ampicillin and Sulbactam）（优立新，Unasyn）	机制与羟氨苄青霉素－克拉维酸相同	10～20mg/kg q8h IV或IM	1.5g及3g粉剂
三水氨苄青霉素（Ampicillin trihydrate）（Polyflex）	β－内酰胺抗生素，抑制细胞壁合成	10～20mg/kg q12–24h IM或SC	10g及25g安瓿注射液
氨丙嘧吡啶（安普罗利，Amprolium）（安普罗，Amprol，Corid）	抗原虫药物。颉颃寄生虫中的维生素B_1，特别用于治疗小猫的球虫病	30mL9.6%安普罗利溶液加入到3.8L饮水中，连用7d；或110～220mg/kg q24h PO，加入饲料，连用7～12d，或300～400mg/kg q24h PO，加入饲料连用5d	9.6%（9.6g/100mL）口服液；2.5%碎片
阿扑吗啡（Apomorphine）	诱吐，在猫的作用可疑	0.04mg/kg IV 或0.08mg/kg IM或SC	不再有商品销售，但可通过复方获得
精氨酸（Arginine）	用于如肝脏脂沉积症等时的精氨酸缺乏	每只猫250mg，q24h PO	保健食品店有多种制剂
人工泪液（Artificial tears ointment）（潇莱威，Cellu-visc，I–Drop，羟丙甲纤维素滴眼液，Genteal）	角膜保护剂及润滑剂	q8～12h用于角膜	多种规格

（续表）

药物	作用	剂量及用药途径	制剂
l–天冬酰胺酶（l–Asparaginase）（Elspar，左旋门冬酰胺酶）	抗癌药物，用于淋巴瘤的治疗。消耗癌细胞的天冬酰胺及干扰蛋白合成	400 U/kg 或10000 U/m^{2}每周IM、SC或用于周期性化疗	每安瓿10000 IU注射液
阿司匹林（Aspirin）（许多非专利及品牌名称）［百服宁（Bufferin），Ascriptin］	非甾体类抗炎药；一般认为其作用是通过抑制前列腺素而发挥的。可作为镇痛、抗炎及抗血小板药物	抗炎：10～20mg/kg，q48～72h PO；抗血小板：5mg，40mg或81mg q48～72h PO；对剂量研究不多；应注意水杨酸中毒	81mg片剂可能需要复方片剂准确调整剂量
阿替诺尔（Atenolol）（天诺敏，Tenormin，非专利药物）	β–肾上腺素能阻断剂。对β1–受体有相对选择性。用于心律失常和心动过速	每只猫6.25～12.5mg，q12～24h	25mg及50mg片剂
阿托伐醌（Atovaquone）［（Mepron，甲丙氨酯、甲丁双脲、安宁、安乐神、眠尔通、氨甲丙二酯（弱安定药）］	抗原虫药物，用于猫胞裂虫病（Cytauxzoon felis）	15mg/kg q8h PO，连用10d	750mg/5mL口服液（柑橘味）
阿曲库铵（Atracurium，Tracurium）	神经肌肉阻滞剂（非去极化）。用于麻醉过程中或其他需要抑制肌肉收缩的情况下	起始剂量0.2mg/kg IV，之后每30min 0.15mg/kg 或以每分钟3～8μg/kg的剂量静脉灌注	10mg/mL注射液
阿托品（Atropine）（非专利药物）	抗副交感神经药物（阻止乙酰胆碱在毒蕈碱受体发挥作用），副交感神经阻断药物。主要用于麻醉或其他加快心率和降低呼吸频率及抑制胃肠道分泌物的辅助药物，也作为解毒药物用于有机磷中毒的解毒	0.02～0.05mg/kg q6～8h IV、IM，或SC；0.2～0.5mg/kg SC（根据需要，通常q6～8h）用于有机磷酸酯及氨基甲酰酯中毒；0.2～0.5mg/kg气管内用药用于心肺复苏；用于家族性自主神经异常（dysautonomia）：0.04mg/kg SC，检查是否有心动过速	0.4mg/mL及0.5mg/mL注射液
阿托品眼膏及眼药水（Atropine ophthalmic ointmentand drops）（非专利药物）	睫状肌麻痹剂，散瞳剂，用于眼色素层炎缓解疼痛	1～2滴或1/4加入药膏，q8～48h滴眼	1%眼科用膏剂及滴剂
硫代葡萄糖金（Aurothioglucose）（Solganol，硫代葡萄糖金制剂）	用于免疫介导性疾病及L–P齿龈炎/口腔炎	0.5～1.0mg/kg q7d IM直到缓解，之后q30d	目前无商品，必须制备成合剂
咪唑硫嘌呤（Azathioprine）（硫唑嘌呤，依木兰，Imuran）	免疫抑制药物，抑制T淋巴细胞机能，用于各种免疫介导疾病	0.2～0.3mg/kg q24～48h PO；谨慎使用	50mg片剂
阿奇霉素（Azithromycin）（Zithromax，希舒美）	氮杂内酯（Azalide）类抗生素，作用机制与大环内酯类（红霉素）相同，用于革兰氏阳性菌及胃螺旋菌	5～10mg/kg q24～48h PO；悬浮液只能用10d	每5mL口服液含100mg及200mg；1g粉剂包装，可能需要制备成片剂或液体合剂准确调整剂量
贝拉普利（Benazepril）（洛汀新，苯那普利，Lotensin）	血管紧张素转化酶抑制因子，详细参见依那普利。用于舒张血管，治疗心衰、全身性及肾性高血压	0.5～1.0mg/kg q24h PO	5mg及10mg片剂
苯甲酰过氧化氢（Benzoyl peroxide）	用于猫痤疮	用于下颌，q12h	5%胶体
倍他米松（Betamethasone）（β–美松，倍氟米松倍氟美松，倍他美松，Betasone，Celestone）	强效长效皮质类固醇药物，抗炎及免疫抑制效果比皮质醇高 30倍。用于炎症及免疫介导性疾病	0.1～0.2mg/kg q12～24h PO	0.6mg/mL注射液

（续表）

药物	作用	剂量及用药途径	制剂
氨甲酰甲胆碱（Bethanechol）（乌拉胆碱，Urecholine）	毒蕈碱能及胆碱能激动剂及拟副交感神经药物。刺激胃肠活动及膀胱	1.25～7.5mg q8～12h PO	5mg及10mg片剂
比马前列素（Bimataprost）（卢美根，Lumigan）	前列腺素类似物，用于降低眼内压，效率尚未证实	q30m 1滴，根据眼内压，需要时可重复局部用药	0.03%眼科用溶液
比沙可啶（Bisacodyl）（乐可舒泻药，Dulcolax Laxative）	轻泻剂/导泻剂，通过局部刺激胃肠道活力发挥作用	5mg q8～24h PO；每天1～3个10mg栓剂	5mg肠衣片或缓释片。10mg栓剂
碱式水杨酸铋（Bismuth subsalicylate）（Pepto-Bismol）及次碳酸铋	止泻剂及胃肠道保护剂。水杨酸盐的抗前列腺素作用有利于小肠炎的治疗。用于治疗螺杆菌病	每天1～3mL/kg（分剂量用药）PO；谨慎使用7d，水杨酸盐可能具有毒性；每3d勿超过10mL	262mg/15mL及525mg/mL口服悬浮液；262mg片剂
啤酒酵母（Brewer's yeast）	长期采用磺胺治疗时提供叶酸（维生素B_9）	100mg/kg q24h PO	许多非处方用药剂型可供选用
1%布林唑胺（Brinzolamide1%）（派立明，Azopt）	碳酸酐酶抑制剂，用于青光眼	q8～12h 1滴，局部用药	1%眼科用悬浮液
甲磺酸溴麦角环肽（Bromocriptine mesylate）	抗孕激素类药物，用于严重的乳腺增生	每只猫0.25mg，q24h PO，治疗5～7d	2.5mg片剂
布地缩松（Budesonide）	吸收缓慢的皮质类固醇药物，用于一定类型的炎性肠道疾病	每只猫1mg，q24h PO	在美国为吸入剂，加拿大为3mg片剂
丁哌卡因（Bupivacaine）（麻卡因，布比卡因，Marcaine）	局麻药物。通过阻滞钠通道抑制神经传导，其作用比利多卡因或其他局麻药物更持久及强烈	稀释成0.5%溶液；以1mL/5kg剂量进行硬膜外麻醉（效果可持续12h）	2.5mg/mL及5mg/mL注射液
丁丙诺啡（Buprenorphine）（丁丙诺啡，Temgesic）、布诺啡（Buprenex）	类阿片活性肽镇痛剂。部分μ-受体激动剂，κ-受体颉颃剂。效果比吗啡强25-50倍。从口腔黏膜吸收	0.005～0.01mg/kg q4～8h IV。0.005～0.4mg/kg q6～12h IM，SC，或经口腔黏膜给药	0.3mg/mL注射液
丁螺环酮（Buspirone）（Bu-Spar）	抗焦虑药物，其作用为阻止5-羟色胺释放。主要用于应激诱导的排泄不当	0.5～1.0mg/kg q12h PO；发挥理想作用可能需要2～4周的时间	5mg、10mg及15mg片剂
白消安（Busulfan）（My leran，马勒兰）	抗癌药物。双机能碱化剂；破坏肿瘤细胞DNA	3～4mg/m^2 q24h PO	2mg片剂
布托啡诺（Butorphanol）（Torbutrol，Torbugesic）	类阿片活性肽镇痛剂。κ-受体激动剂及弱μ-受体颉颃剂。用于围手术期镇痛，慢性疼痛及用做镇咳药	镇痛0.2～0.8mg/kg q4～12h SC，IM或IV止咳：0.5mg/kg q6～12h PO	1mg、5mg、10mg片剂；0.5mg/mL或10mg/mL注射液
骨化三醇（Calcitriol）［罗钙全（Rocaltrol）、钙纯（Calcijex）］	用于缺钙及低血钙相关的甲状旁腺机能减退。未明确能做维生素D添加剂。可增加小肠钙吸收	肾脏：2.5ng/kg q24h PO或9ng/kg q24h PO 低钙血症：15ng/kg q12h PO用药3d，之后5～15ng/kg q24h PO	0.25μg、0.5μg胶囊，1μg/mL口服液，为获得最好的结果，应组方以将剂量准确计算到0.25mL液体中
醋酸钙（Calcium acetate）（醋酸钙片，PhosLo）	磷酸盐结合剂，用于高磷酸盐血症性肾病	每只猫166mg（1/4片）q12h PO，与食物一同服用	667mg片剂及胶囊
碳酸钙（Calcium carbonate）[提特雷克（Titralac，Tums）、依帕卡定（Epakitin），非专利药物]	口服补钙，用于低血钙，用作解酸剂治疗胃酸过多症及胃肠溃疡；用作小肠磷酸盐结合剂，治疗高磷酸盐血症	磷酸盐结合剂：每天90～150mg/kg，以分开剂量PO 补钙：0.5～2g/d，分开剂量给药	500mg、750mg及1000mg咀嚼片；3.7%粉剂
氯化钙（Calcium chloride）（非专利药物，10%溶液）	钙补充剂。用于急性低血钙、急性高血钾或用作强心剂，治疗心脏电机械分离（electromechanical dissociation）	0.15～0.5mL/kg（5～15mg/kg）IV（缓慢）；如发生心动过缓则停用。不能SC给药。注意：效能比葡萄糖酸钙强3倍	10%（100mg/mL）溶液

（续表）

药物	作用	剂量及用药途径	制剂
柠檬酸钙（Calcium citrate）［枸橼酸钙片（Citracal）］，非处方用药	钙补充剂，用于低血钙，如甲状旁腺机能减退时	分剂量1～2g/d PO	枸橼酸钙定期片（Citracal regular）：每片含250mg钙+400IU Vit D
葡萄糖酸钙（Calcium gluconate）［葡萄糖酸钙（Kalcinate），非专利药物，10%溶液］	钙补充剂。用于急性低血钙及急性低血钾	0.2～1.5mL/kg（5～15mg/kg）IV（缓慢）；如发生心动过缓则停药。2～4mEq/d PO	100mg/mL（10%）注射液；保健食品店有各种口服液
乳酸钙（Calcium lactate）（非专利药物）	参见其他钙补充剂	0.5～1g/d PO（分剂量用药）	保健食品店有各种制剂
甲巯丙脯酸（Captopril）［卡托普利（Capoten）］	参见依那普利（enalapri）	3.12～6.25mg q8h PO	12.5mg、25mg和50mg片剂
羧苄青霉素［卡比西林（Carbenicillin）、治平霉素（Geopen，Pyopen）］	β-内酰胺抗生素。抑制细菌细胞壁合成。用于革兰氏阴性细菌（Pseudomonas）感染	40～50mg/kg（可达100mg/kg）q6～8h IV、IM、SC，或PO	目前已无商品可用
羧茚青霉素钠（卡茚西林钠，Carbenicillin indanyl sodium）（Geocillin）	与羧苄青霉素相同。用于尿路下段感染	10～20mg/kg q8h PO	382mg羧苄青霉素+118mg二氢茚基钠酯+23mg钠
卡比马唑（Carbimazole）（甲亢平，Neomercazole）	代谢为甲硫咪唑的抗甲状腺药物	5mg q12h PO	5mg及20mg片剂，美国无这种药物可用
控释甲亢平（Carbimazole，控释）（Vidalta）	代谢为甲硫咪唑的抗甲状腺药物	15mg q24h PO	10mg片剂
卡铂（Carboplatin）（伯尔定，Paraplatin，非专利药物）	中断肿瘤细胞的DNA 复制。用于各种癌症	每3～4周225～240mg/m^2 IV；可瘤腔内用药	10mg/mL注射液
L-肉碱（L-Carnitine）	用于肉碱缺乏。在改善失重时可有助于提高瘦肉比例	每只猫250～500mg，q24h PO	保健食品店有各种制剂
卡洛芬（Carprofen）（力莫敌，Rimadyl）	非甾体类抗炎药物	2～4mg/kg q24h IV，SC或IM，最多用药3d	25mg、75mg及100mg片剂
鼠李皮（Cascara sagrada）［品牌名称很多，如天然药物（Nature's Remedy）］	兴奋性导泻剂；刺激肠道活动。可用作缓泻剂	1～2mg/d	保健食品商店有各种制剂
蓖麻油（Castor oil）（非专利药物）	兴奋性导泻剂；刺激肠道活动。可用作缓泻剂	4～10mL/d PO	各种制剂
氯氨苄青霉素（Cefaclor）（头孢克洛，希刻劳，Ceclor）	第二代头孢菌素	7～13mg/kg q8h PO	250mg及500mg胶囊；125mg/5mL，187mg/5mL、250mg/5mL、375mg/5mL口服液
头孢羟氨苄（Cefadroxil）（Duricef）	第一代头孢菌素	尿路：22mg/kg q12～24h PO 子宫积脓、口腔炎、整形外科：22～35mg/kg q12h PO	50mg/mL口服液
头孢羟苄唑（Cefamandole）（猛多力，Mandol）	头孢菌素类抗生素	15mg/kg q4-6h IV或IM	1g及2g注射剂
唑啉头孢菌素（Cefazolin sodium），先锋霉素V（Ancef，Kefzol，非专利药物）	第一代头孢菌素	20～33mg/kg q4～8h IV，IM或SC	1g及10g注射剂
头孢吡肟（Cefepime）（马斯平，Maxipime）	第四代头孢菌素	50mg/kg q8h IV，IM	500mg、1g及2g注射剂
头孢克肟（Cefixime）（Suprax）	第三代头孢菌素	5～12.5mg/kg q12h PO	20mg/mL及40mg/mL口服液；400mg片剂
头孢美唑钠（Cefmetazole sodium）（头孢美唑钠粉针剂，Zefazone）	第二代头孢菌素	20mg/kg q6～12h IV	美国无商品供应

（续表）

药物	作用	剂量及用药途径	制剂
氨噻肟头孢菌素（Cefotaxime sodium）（凯福隆，Claforan）	第三代头孢菌素	20～80mg/kg q4～8h IV或IM	500mg，1g、2g及10g安瓿注射液
头孢替坦（Cefotetan）（头孢替坦二钠注射剂，Cefotan）	第二代头孢菌素	30mg/kg q8h IV，SC	1g、2g及10g安瓿注射液
头孢维星（Cefovecin）（Con venia）	第三代头孢菌素	8mg/kg q14d SC	80mg/mL注射液
头孢西丁；头孢甲氧霉素（Cefoxitin，Mefoxin）	第二代头孢菌素	25～30mg/kg q6～8h IV，IM或SC	1g、2g及10g安瓿注射液
普塞头孢泊肟（Cefpodoxime proxetil）（头孢泊肟酯片，Simplicef，Vantin）	第三代头孢菌素	5mg/kg q12h PO；10mg/kg q24h PO	100mg及200mg片剂；50mg/5mL及100mg/5mL口服液
头孢他啶（Ceftazidime）（Fortaz，Tazicef，Tazidime）	第三代头孢菌素	15～50mg/kg q6～12h IV或 IM	500mg，1g、2g及6g安瓿注射液
头孢塞夫（Ceftiofur）（Naxcel，Excenel）	第三代头孢菌素	2.2～4.4mg/kg q12～24h SC	50mg，1g及4g安瓿注射液
头孢曲松（Ceftriaxone）（罗氏芬，Rocephin）	第三代头孢菌素	15～50mg/kg q12～24h IV，IM 注意：最大剂量每次为1g	1g安瓿注射液
头孢氨苄（Cephalexin）（头孢氨苄，Keflex；头孢霉属，先锋霉素，Ceporex；非专利药物）	第一代头孢菌素	22～35mg/kg q6～8h PO	250mg及500mg片剂；125mg/5mL及 250mg/5mL口服悬浮液
头孢菌素（Cephalothin）（开弗林，Keflin）	第一代头孢菌素	22～44mg/kg q4～8h IV或IM	1g/50mL、2g/50mL及4g/50mL注射液 目前在美国无商品出售
头孢吡硫，吡硫头孢菌素；吡啶硫乙酰头孢菌素；先锋霉素Ⅷ；塞发吡令（Cephapirin）（Cefadyl）	第一代头孢菌素	10～40mg/kg q4～8h IV，IM或SC	1g安瓿注射液，在美国或加拿大无商品
塞发莱定；先锋霉素Ⅵ；环己烯胺头孢菌素（Cephradine）（Anspor，Velosef）	第一代头孢菌素	22mg/kg q6～8h IV、IM、SC或PO	250mg及500mg胶囊；125mg/5mL及500mg/5mL口服液
苯丁酸氮芥，瘤可宁（Chlorambucil）（Leukeran，非专利药物）	细胞毒素性烷基化药物。作用方式与环磷酰胺相似。用于治疗各种肿瘤及用于免疫抑制疗法	2～6mg/m²或0.1～0.2mg/kg q24h PO，连用5d，之后q48h或15mg/m² q24h，每3周用药1周，每周4d，或1.4mg/kg PO一次用药或间断用药，或20mg/m² q14d PO或每只猫2mg q1～3d，勿分开片剂	2mg片剂
棕榈酸氯霉素（Chloramphenicol palmitate）（氯霉素，Chloromycetin，非专利药物）	抗菌药。作用机制为通过结合到核糖体抑制蛋白合成。广谱	12.5～20mg/kg q12h PO	250mg及500mg和1g片剂及胶囊
琥珀酸钠氯霉素（Chloramp henicol sodiumsuccinate）（氯霉素，非专利药物）	氯霉素的注射剂型。肝脏将其转变为母药	12.5～50mg q12h IV或IM	100mg/mL注射剂
洗必泰擦片（Chlorhexidine wiping pads）（Douxo）	抗菌药	每天清洗局部1～3次	3%擦片
氯噻嗪（Chlorothiazide）（克尿塞，Diuril）	噻嗪类利尿药物。抑制肾小管远端钠的重吸收。作为利尿及抗高血压药物用于治疗含钙的尿结石	10～40mg/kg q12h PO	250mg及500mg片剂

（续表）

药物	作用	剂量及用药途径	制剂
马来酸氯曲米（Chlorpheniramine maleate）（扑尔敏，Chlor-trimeton，Phenetron，非专利药物）	抗组胺药物（H_1 阻断剂）。阻断组胺对受体的作用，同时直接具有抗炎作用	2～4mg q8～12h PO	4mg片剂
氯丙嗪（Chlorpromazine）（冬眠灵，Thorazine）	芬噻嗪类镇静剂/止吐药物。抑制多巴胺作为神经递质的作用，用于止吐、镇静及用作前躯麻醉剂	0.1～0.5mg/kg q6～12h IM或SC	10mg及25mg片剂；25mg/mL注射液
氯磺丙脲（Chlorpropamide）	加强加压素在肾小管的作用	每只猫40mg q24h PO可引起低血糖或肝毒性	100mg及250mg片剂
氯四环素（Chlortetracycline）（非专利药物）	四环素类抗菌药。抑制细菌蛋白合成。具有广谱作用的抑菌剂	25mg/kg q6～8h PO	102.4g/lb粉剂
西多福韦、昔多福韦（Cidoflvir，cidofovir）	眼科用抗病毒局部用药	q2～4h 2滴感染眼睛	0.5%眼科用溶液
甲氰咪胍、甲腈咪胺、西咪替丁（Cimetidine）[泰胃美（Tagamet），非专利药物（非处方用药及处方用药）]	组胺-2颉颃剂（H_2阻断剂）。阻断组胺对胃壁细胞的刺激作用，减少胃酸分泌	5～10mg/kg q6～8h IV，IM或PO（肾衰时，注射2.5～5mg/kg q12h IV或PO）	200mg、300mg、400mg及800mg片剂；60mg/mL口服液；150mg/mL及300mg/mL 50mL氯化钠溶液注射液
环丙沙星（Ciprofloxacin）（西普罗，Cipro）	氟喹诺酮类抗菌药。作用为抑制 DNA旋转酶及RNA合成。具有广谱抗菌活性	5～15mg/kg q12h PO或IV	250mg、500mg及750mg片剂；50mg/mL及100mg/mL口服液；10mg/mL片剂
西沙必利，普瑞博斯，优尼比利（Cisapride）[曾用作胃药，目前除在组方中使用外已不再使用；在加拿大称普瑞博思（Prepulsid）]	胃肠蠕动促进剂（Prokinetic agent）。刺激胃及小肠活动。用于胃逆流、胃轻瘫、肠梗阻、食道运动障碍及便秘	每只猫2.5～5.0mg q8～12h PO（曾使用过每只猫10mg q8h的剂量）。如果餐前用药，则应在餐前30min给药	已无商品，但可通过配方药店获得
克拉仙霉素（Clarithromycin）（克拉霉素，甲红霉素，Biaxin）	大环内酯类抗生素，参见红霉素	每只猫62.5mg q12～24h PO	250mg及500mg片剂；25mg/mL和50mg/mL口服液
氯马斯汀（Clemastine）（Tavist，Contact12-Hr Allergy）	抗组胺药物。H-1 组胺受体阻断剂。用于过敏症	0.34～0.68mg q12h PO	1.34mg及2.68mg片剂，0.134mg/mL糖浆
氯林可霉素，氯洁霉素，克林达霉素（Clindamycin）（安蒂溶液，Antirobe，Cleocin，Cleocin-T）	林可胺类抗菌药（作用与大环内酯类相似）。通过抑制细菌核糖体抑制细菌蛋白合成。主要针对革兰氏阳性细菌及厌氧菌的抑菌药物	葡萄球菌病或放线菌病：5.5mg/kg q12h PO或11mg/kg q24h PO厌氧菌：11mg/kg q12h PO或22mg/kg q24h PO 弓形虫病：12.5～25mg/kg q12h PO，连用4周 痤疮：局部q12h用于下颌	25mg/mL口服液；25mg、75mg及150mg片剂及胶囊，局部用药：10mg/g
氯苯齐明（Clofazimine）（氯苯吩嗪，Lamprene）	抗微生物药物，用于犬的麻风病。对麻风分支杆菌（Mycobacterium leprae）的杀菌作用缓慢	每只猫25～50mg q24～48h或8～10mg/kg q24h PO连用12周以上，与利福平或克拉霉素或两者合用	50mg胶囊
氯米帕明；氯丙咪嗪（Clomipramine）（Clomicalm[兽用]；安那芬尼，Anafranil[人用]）	三环抗抑郁药物。用于各种行为异常。通过抑制5-羟色胺的摄取发挥作用	每只猫2.5mg q24h PO或0.25～1mg/kg q24h PO	5mg、20mg、40mg及80mg片剂（兽用）；25mg、50mg及75mg片剂（人用）
氯硝西泮（Clonazepam）（氯硝西泮，Klonopin）	苯二氮类镇静剂。具有解痉、镇静作用，用于治疗某些行为异常	0.5mg/kg q8～12h PO	0.5mg、1mg及2mg片剂
氯吡格雷（Clopidogrel）（波立维，保栓通，Plavix）	抗血栓形成药物，用于猫的左心房肥大或有血栓形成病史时	18.75mg q24h PO	75mg片剂

（续表）

药物	作用	剂量及用药途径	制剂
氯拉卓酸（Clorazepate）（Tranxene，氯卓酸钾，氯氮卓二钾制剂的商品名）	苯二氮类药物。强化γ氨基丁酸在中枢神经系统的抑制作用。用于癫痫、镇静及某些行为异常	2mg/kg q12h PO	3.75mg、7.5mg、11.25mg及15mg片剂
氯唑西林，邻氯青霉素（Cloxacillin）（Cloxapen，Orbenin，Tegopen）	β-内酰胺抗生素。抑制细菌细胞壁合成。抗菌谱限于革兰氏阳性细菌，特别是葡萄球菌	20～40mg/kg q8h PO	250mg及500mg胶囊，美国无商品出售
维生素B_{12}（Cobalamin）（vitamin B_{12}）（非专利药物）	用于维生素B_{12}缺乏	参见维生素B_{12}	1000μg/mL、3000μg/mL及5000μg/mL
秋水仙碱（Colchicine）（非专利药物）	抗炎药物，减少纤维变性（特别是肝脏）及淀粉沉积（特别是肾脏）	0.01～0.03mg/kg q24h PO	0.6mg片剂
集落刺激因子（Colony-stimulating factor）（优保津，Neupogen，非格司亭，filgrastim）	刺激骨髓粒细胞发育。主要用于癌症化疗后血细胞再生	2.5μg/kg q12h SC	300μg/mL注射液
促肾上腺皮质激素（Corticotropin）（adrenocorticotropichormone）（合成促皮质素，Cortrosyn）	用于诊断检查肾上腺机能。刺激肾上腺皮质醇的正常合成	响应试验：采集促进肾上腺皮质激素用药前样品，测定皮质醇，注射0.125mg IV或IM水溶液，间隔30min及60min采集处理后样品测定皮质醇	0.25mg安瓿注射液
康仕健（Cosequin）（康仕健，Cosequin）	盐酸葡萄糖胺与硫酸软骨素的合剂。主要用于关节变性性疾病。也用于慢性膀胱炎治疗时替代GAG	每个胶囊每天可喷洒到4.536kg食品中，每天超过4.536kg的食品用2个以上胶囊	盐酸葡萄糖胺（Glucosamine Hydrochloride）125mg+硫酸软骨素钠（Sodium Chondroitin Sulfate）100mg+锰最少1mg
可玛琳（Cromolyn）（Cromolom）	眼科用抗组胺药物，用于过敏性结膜炎	q6～12h 1滴，局部用药	4%滴剂
环磷酰胺，癌得星，安道生（Cyclophosphamide）（Cytoxan，Neosar，非专利药物）	细胞毒素性药物。双机能烷基化药物。破坏碱基配对及抑制DNA和RNA合成。对肿瘤细胞及其他快速分裂的细胞具有细胞毒性。主要用于癌症化疗的辅助疗法及免疫抑制疗法的辅助疗法	抗肿瘤疗法：200～300mg/m^2，每3周一次；可与其他药物合用 免疫抑制疗法：6.25～12.5mg（50mg/m^2），每周4天，每天1次或q48h	25及50mg片剂；100、200及500mg及1和2g安瓿注射液
环孢霉素（Cyclosporine）（Atopica，新山地明，Neoral，山地明，Sandimmune）	免疫抑制药物。抑制T淋巴细胞	6mg/kg q12h IV，4～7mg/kg q24h PO或5～10mg/kg q12h PO［新山地明（Neoral）和环孢类（Atopica）生物可利用性更强，可降低剂量；可经血循环孢霉素水平评估；目标为200～250ng/mL］	10、25、50及100mg胶囊；50mg/mL注射液；100mg/mL 口服液
眼科用环孢菌素（Cyclosporin Ophthalmic），（环孢霉素，Optimmune，组方药物）	用于干性角膜结膜炎（keratoconjunctivitis sicca）及减少角膜炎时的血管形成和色素沉着	q12h 1滴，局部用药	环孢霉素：0.2%药膏，组方：通常使用2%溶液
赛庚啶，二苯环庚啶（Cyproheptadine）（盐酸赛庚啶，Periactin，非专利药物）	具有抗组胺及抗5-羟色胺的吩噻嗪类药物。用做食欲刺激剂（可能通过改变食欲中心5-羟色胺活性发挥作用）。可用于顽固性哮喘	刺激食欲：饲喂前5～20min 1～2mg PO；作用持续时间不到1h 哮喘：2～4mg q12h PO；反应持续4～7天，可产生困倦	4mg片剂

（续表）

药物	作用	剂量及用药途径	制剂
阿拉伯糖苷胞核嘧啶（Cytosine arabinoside）（Cytosar，非专利药物）	抗代谢抗癌药物。抑制DNA合成。用于淋巴瘤及白血病	200mg/m^2 SC；每个疗程或每1～3周重复用药	100mg和500mg，1g及2g粉剂
达替肝素（Dalteparin）（法安明，Fragmin）	小分子量肝素；高危血栓形成时的猫用抗血栓形成药物	100u/kg q12～24h SC	预先装好的注射器：2500～10 000IU/0.2mL 多次剂量安瓿：95 000IU/3.8或9.5mL
达那唑（Danazol）（Danocrine）	促性腺激素抑制因子，抑制促黄体素和促卵泡素及雌激素的合成。可减少免疫介导疾病中血小板和红细胞的破坏	5～10mg/kg q12h PO	50mg、100mg及200mg胶囊
丹曲洛林（Dantrolene）（丹曲林，Dantrium）	肌肉松弛剂。也用于恶性过高热及松弛尿道肌肉	0.5～2mg/kg q12h PO	25mg、50mg及100mg胶囊
氨苯砜，二氨二苯砜（Dapsone）（非专利药物）	抗菌药物，主要用于分支杆菌感染。主要用于由于免疫抑制特性所引起的皮肤病。有人认为该药物应禁用于猫	非分支杆菌性皮肤病：1.1mg/kg q8～12h PO 分支杆菌性皮肤病：8mg/kg q24h PO连用6周	25mg及100mg片剂
阿法贝泊汀，促红细胞生成素（Darbepoetin Alfa）（安然爱斯普，Aranesp）	红细胞生成刺激性蛋白，比阿法依泊汀（怡泼津，Epogen）半寿期更长	开始时每只猫每周6.25μg，然后q2～4w一次（注意检查血球容积，调整用药频率，使其低于典型的红细胞生成素用药，主要是由于阿法贝泊汀半衰期较长）	25μg/ 0.42mL；25μg/mL；40μg/ 0.4mL；40μg/mL；60μg/ 0.3mL安瓿注射液
关节胶囊（Dasuquin）	盐酸葡萄糖胺、硫酸软骨素及鳄梨树提取物（avocado extract）混合而成。主要用于变性性关节疾病。也用于慢性膀胱炎治疗时替代GAG	每天每胶囊用于4.536kg食物，每天食物超过4.536kg时用2个胶囊	盐酸葡萄糖胺125mg+硫酸软骨素钠100mg+鳄梨/大豆未皂化粉25mg
去铁敏（Deferoxamine）（去铁胺，Desferal）	络合剂，用于治疗急性铁中毒。也用于络合铝和促进其排出	10mg/kg q2h IV或IM连用2次，之后10mg/kg q8h连用24h	500mg及2g安瓿注射液
地美溴铵（Demecarium bromide）（Humorsol）	拟副交感神经药物，增加青光眼时液体的排出	q6～12h 1滴，局部用药	0.125%及0.25%水溶液；必需组方
醋酸去氨加压素（Desmopressin acetate）（DDAVP）	合成肽，类似于抗利尿激素用于糖尿病性尿崩症病猫的替代疗法	尿崩症：鼻内或结膜内2～4滴（2μg）q12～24h或每只猫2～5μg q12～24h SC	0.01%滴鼻液；0.1mg及500mg安瓿注射液
三甲级乙酸脱氧皮质酮（Desoxy corticosterone pivalate）（DOCP，Percorten-V）	用于肾机能不全（肾上腺皮质机能减退）的盐皮质激素（无糖皮质激素活性）	每25d 1.5～2.2 mg/kg IM	25mg/mL注射液
地塞米松（Dexamethasone）（Azium，非专利药物）	皮质类固醇。地塞米松的活力比皮质醇高30倍左右，具有多种抗炎作用。参见倍他米松（betamethasone）	抗炎：0.1～0.2mg/kg q12～24h IV、IM、SC或PO 休克、脊椎损伤及气喘发作：2.2～4.4mg/kg IV 免疫抑制：0.2～0.4mg/kg q12～24h IV、IM、SC或PO 小剂量地塞米松抑制试验（LDDST）：0.1mg/kg IV，分别在0h、4h及8h采样	2mg/mL注射剂
眼科用地塞米松（Dexamethasone ophthalmic）	用于眼科疾病的抗炎药物	q4～12h 1滴，局部用药	0.1%溶液
地塞米松磷酸钠（Dexamethasone sodiumphosphate）（Azium-SP，Decadron，非专利药物）	皮质激素。与地塞米松相同，但作用更快。用于休克和中枢神经系统损伤	2.2～4.4mg/kg IV	4mg/mL注射液

（续表）

药物	作用	剂量及用药途径	制剂
右旋糖苷（Dextran）（Dextran 40，Dextran70，Dextran75，非专利药物）	合成胶体，用于扩张血容量。大分子量液体替换。主要用于急性血容量减少、休克及低蛋白血症病猫的液体疗法	10～20mL/kg IV发挥作用（用于休克及血容量减少时通常超过2～4h；用于血液蛋白不足的病猫，通常超过18～24h）	500mL输液袋 Dextran40—低分子量右旋糖苷（low molecularweight dextran，LMD®）；平均分子量为40000 Dextran75平均分子量为75000 Dextran70平均分子量70000
美沙芬（Dextromethorphan）（苯海拉明醇剂，Benylin）	作用于中枢的止咳药物。与类阿片活性肽有相似的结构，但不影响阿片活性肽受体，可能直接作用于咳嗽受体	0.5～2mg/kg q6～8h PO（含于愈创甘油醚制剂中，根据右美沙芬计算剂量）	10mg片剂
5%葡萄糖溶液（5%葡萄糖溶液）（D5W）	用于低血糖及需要采用低钠液体静注的等渗溶液	25～50mL/kg 24h以上IV或IP用于利尿：1～5mL/min 20min以上	静脉注射液
10%或20%葡萄糖溶液（Dextrose solution，10%及/或20%）	用于等渗性利尿，也可用于5%葡萄糖难易控制的低血糖	24h以上，25～50mL/kg（10%）或以q6～12h IV缓慢用药	静脉注射液
50%葡萄糖溶液（Dextrose solution，50%）	用于突发性低血糖或高钾血症	低血糖：1～2min内1～2mL/kg以发挥作用，IV 高钾血：1g/kg IV，添加0.25～1U/kg普通胰岛素	静脉注射液
地西泮（Diazepam）（安定，Valium，非专利药物）	苯二氮类药物。作用于中枢神经系统的镇静剂。作用机制可能是通过γ-氨基丁酸受体介导的作用在中枢神经系统发挥作用。用于镇静、辅助麻醉及行为疾病的治疗。安定可代谢为去甲西泮（desmethyl diazepam，nordiazepam）及奥沙西泮（oxazepam）	前驱麻醉：0.5mg/kg IV 癫痫持续状态：0.5～1.0mg/kg IV，1mg/kg经直肠给药，可根据需要重复用药；可以2～5mg/h恒速灌注 刺激食欲：0.1～0.2mg/kg IV 行为：0.2～0.5mg/kg q12-24h PO 尿道外括约肌松弛：2.5mg q8～12h PO	2mg、5mg、10mg片剂；5mg/mL注射液
双氯非那胺、双氯璜酰胺、二氯磺胺、双氯苯二磺酰胺、二氯苯磺胺、二氯苯二磺胺、二氯磺酰胺（Dichlorphenamide）（二氯苯磺胺，Daranide）	碳酸酐酶抑制因子。利尿剂。其作用为抑制形成氢和碳酸氢盐离子的酶。可降低血浆碳酸氢盐浓度，产生全身性代谢性酸中毒及碱性利尿。主要用于青光眼	1～3mg/kg q8～12h PO	50mg片剂，为准确控制剂量，可能需要组方
双氯芬酸（Diclofenac）（扶他林，Voltaren）	非甾体类抗炎药物，可减少角膜炎及眼色素层炎的血管形成及炎症	q8～12h 1滴，局部用药	0.1%眼科用溶液
双氯青霉素，二氯苯甲异恶唑青霉素钠（Dicloxacillin）（双氯西林钠，Dynapen）	β-内酰胺抗生素，抑制细菌细胞壁合成抗菌谱限于革兰氏阳性细菌，特别是葡萄球菌	11～55mg/kg q8h PO	250mg及500mg胶囊
地高辛免疫抗原结合片段（Digo xin immune Fab）（地高辛特异性抗体片断，Digibind）	用于强心苷中毒	每毫克摄入的地高辛1.7mL；30min内缓慢给药	38mg/4mL安瓿注射剂
地高辛（Digoxin）（隆我心锭，Lanoxin，Cardoxin）	强心苷，用于β-阻断剂或钙通道阻断剂无效时或禁忌使用时的室上性心率加快，也可用于罕见的心肌衰弱病例（如扩张型心肌病）	0.008～0.01mg/kg（约为0.125 mg片剂的1/4）q48～72h PO；通过血清水平监测及调整剂量，可导致呕吐及厌食。由于其不良反应，因此并非猫使用的一线药物	0.125mg片剂

（续表）

药物	作用	剂量及用药途径	制剂
双氢速甾醇（Dihydrotachysterol）（二氢速甾醇，Hytakerol，DHT）	维生素D类似物，用于治疗低钙血症，特别是甲状旁腺机能减退有关的低钙血症。维生素D可促进钙的吸收及利用	急性治疗：开始时注射0.02 mg/kg，之后0.01～0.02mg/kg q24～48h PO；发挥最大作用的时间可达到1～7d	0.125mg、0.2mg及0.4mg片剂
地尔硫卓（Diltiazem）（硫氮酮，Cardizem）；地尔硫卓持续释放药物（Diltiazem sustained release）（Dilacor XR，Cardiazem CD）	钙通道阻断药物，通过阻断慢速通道阻止钙进入细胞内。可产生血管舒张及负性频率作用	地尔硫卓：1.75～2.4mg/kg q8h PO 地尔硫卓持续释放剂：10mg/kg q12～24h PO（通常为30 mg q12～24h PO）	120mg胶囊
茶苯海明（Dimenhydrinate）［乘晕宁（Dramamine），在加拿大称为Gravol］	抗组胺药物。参见氯苯吡胺	12.5mg q8h PO	50mg片剂及咀嚼片（橘子味）
二巯基丙醇（Dimercaprol）（BAL，BAL油剂）	螯合剂，用于铅、金及砷中毒	4mg/kg q4h IM共24h，q8h共24h，之后q12h共10d	100mg/mL注射液
二甲亚砜（Dimethyl sulfoxide）（DMSO）	在淀粉样变中用于稳定淀粉体及减少组织炎症，在猫的安全性未见报道	用无菌盐水将90%溶液按1∶4稀释；以80mg/kg SC3次/周剂量治疗	90%水溶液
醋酸二脒那秦，重氮氨苯脒（Diminazene aceturate）（贝尼尔，BerenilRTU）	芳香性联脒，可干扰核代谢；抑制DNA、RNA及蛋白合成和磷脂合成。用于猫胞裂虫病	2mg/kg IM或SC，后在3～7d内重复	70mg/mL注射液
氢氧化苯海拉明（Diphenhy dramin ehydrochloride）（苯那君，Benadryl，非专利药物）	H1 组胺受体颉颃剂	抗组胺：2～4mg/kg q6～12h IM，SC或PO 慢性有机磷酸酯中毒：2～4mg/kg q8h IM，2d后2～4mg/kg q8h PO治疗21d	50mg片剂；50mg/mL注射液 商用产品：12.5mg咀嚼片；25mg片剂及胶囊；2.5mg/mL配剂
苯乙哌啶，氰苯哌酯，氰苯哌酸乙酯（Diphenoxylate）（复方地芬诺酯，止泻宁，Lomotil）	阿片类兴奋剂，刺激小肠平滑肌分段。用于非特异性腹泻	0.05～0.1mg/kg q12h PO	2.5mg片剂
地匹福林；二叔戊酰肾上腺素（Dipivefrin）（Dipivalyl HCl，Propine）	拟交感类药物，用于降低青光眼时液体的产生	q6～8h 1滴，局部用药	0.1%眼科用溶液
双嘧达莫（Dipyridamole）（潘生丁，Persantine）	血小板抑制因子，作用机制与增加血小板中cAMP水平有关，其可降低血小板激活。主要用于防止血栓栓塞	4～10mg/kg q24h PO	25mg、50mg、75mg片剂
安乃近（Dipyrone）	解热药	25mg/kg q12～24h IM、SC或IV	已无商品，但可在组方药房获得
dl-甲硫氨酸（dl-methionine）	参见消旋蛋氨酸（racemethionine）		200mg及500mg片剂 500mg咀嚼片 1000mg/茶匙粉剂
氢氧化多巴酚丁胺（Dobutamine hydrochloride）（多巴酚丁胺，Dobutrex）	肾上腺素兴奋剂，通过作用于心肌β_1-受体刺激心肌。增加心脏收缩而不增加心率。用于治疗急性心衰	0.5～2.0μg/（kg·min） IV恒速灌注	12.5mg/mL注射液
多库酯钙（Docusate calcium）（Surfak，乐可舒粪便软化剂，Dulcolax Stool Softener，非专利药物，非处方药）	粪便软化剂（表面活性剂），主要作用为降低表面张力，以便使更多的水分能进入粪便	50mg q12～24h PO	有许多商品制剂
多库酯钠（Docusate sodium）（Colace，DSS，乐可舒粪便软化剂，Dulcolax Stool-Softener，非专利药物，非处方药）	参见多库酯钙	50mg q12～24h PO	100mg软胶囊，处方配制，有许多商品制剂

（续表）

药物	作用	剂量及用药途径	制剂
甲磺酸多拉司琼（Dolasetron mesylate）（多拉司琼，Anzemet）	5-羟色胺受体阻断剂；止吐剂。参见昂丹司琼	0.6～1.0mg/kg q12～24h PO或0.3～0.6mg/kg q12h PO，SC或IV	50mg及100mg片剂；20mg/mL注射液
潘立酮，丙派双酮，丙哌双苯醚酮，胃得灵，咪哌酮，哌双米酮，氯哌酮（Domperidone）（吗丁啉，Motilium）	活力改变剂（与胃复安相似）	2～5mg q12～24h PO	10mg片剂，在美国已无商品
氢氧化多巴胺（Dopamine hydrochloride）（盐酸多巴胺，Intropin）	肾上腺素激动剂，通过作用于心肌β_1-受体刺激心肌。不能用于急性心衰，主要是由于猫缺乏肾脏毛细血管多巴胺受体	阳性收缩力：2～10μg/（kg·min） IV恒速灌注 休克及心肺复苏：10～20μg/kg/min IV恒速灌注	40mg/mL、80mg/mL及160mg/mL注射液
多拉克汀，多拉霉素，多拉菌素（Doramectin）（通灭，Dectomax）	阿维菌素，抗寄生虫药物	0.6mg/kg（600μg/kg）q7d SC	10mg/mL注射液
多佐胺（Dorzolamide）（舒露瞳，舒净露，Trusopt）	碳酸酐酶抑制药，抗青光眼药	q6～8h 1滴，局部用药	2%眼科用溶液
多沙普仑（Doxapram ）（吗乙苯吡酮，多普兰，Dopram）	通过作用于颈动脉化学感受器，随后刺激呼吸中枢，刺激呼吸。用于治疗呼吸抑制或刺激术后麻醉后的呼吸恢复，也可增加心脏输出	5～10mg/kg IV；新生仔猫：1～5mg SC，舌下或经脐静脉给药	20mg/mL注射液
多柔比星，阿霉素（Doxorubicin）（亚德里亚霉素，Adriamycin，非专利药物）	抗癌药物，用于治疗各种肿瘤，包括淋巴瘤	1mg/kg或25mg/m^2 IV q21d在每个化疗方案中使用；用30mL 0.9%盐水稀释；15～30min内用药	2、10、20、50、150及200mg/mL安瓿注射液
脱氧土霉素（Doxycyline）（Vibramycin，强力霉素，非专利药物）	由四环素合成的抗生素，通过打断细菌蛋白的产生发挥作用，其作用对多种细菌有效	5～10 mg/kg q24h PO，之后用水防止对食管的刺激及防止狭窄	胶囊：40，50，75及100mg 片剂：50，75，100及150mg 悬浮液：25mg/茶匙 糖浆：50mg/茶匙 注射用粉剂：42.5，100及200mg
乙二胺四乙酸钙二钠（Edetate calcium disodium）（CaNa 2 EDTA）（乙二胺四乙酸钙二钠，calciu-mdisodium versenate）	螯合剂，用于治疗铅中毒，有时与二巯基丙醇（BAL）合用	25mg/kg q6h SC，IM或IV共2～5d（用5%葡萄糖稀释成10mg/mL溶液）	200mg/mL注射液
氯化腾喜龙（Edrophonium）（藤西隆Tensilon等）	胆碱酯酶抑制剂，短效药物，用于重症肌无力试验，也可用于逆转非去极化药物（溴化双哌雄双酯）引起的神经肌肉阻滞	0.1～0.2mg/kg IV	10mg/mL注射液
恩纳普利，乙丙脯氨酸，依那普利，苯丁酯脯酸，苯酯丙脯酸，悦宁定（Enalapril）（Enacard，Vasotec）	血管紧张肽转化酶抑制因子，抑制血管紧张肽Ⅰ转化为血管紧张肽Ⅱ。用于治疗高血压、充血性心衰及减少肾小球蛋白损失	0.5mg/kg q24h PO	1、2.5、5、10及20mg片剂
安氟醚（Enflurane）（乙氟醚，Ethrane）	吸入性麻醉剂	诱导：2%～3% 维持：1.5%～3%	吸入性溶液
恩康唑（Enilconazole）（Imaverol）	唑类抗真菌药物（只能局部用药）。与其他唑类药物一样，可抑制真菌膜的合成（麦角固醇）。对皮肤真菌特别有效	鼻腔曲霉菌病：10mg/kg q12h，徐徐滴入鼻窦治疗14d（10%溶液，用水50：50稀释） 表皮寄生菌：将10%溶液稀释为0.2%，间隔3～4d用该溶液洗涤病变部位3～4次	100mg/mL浓缩液 美国无该商品

（续表）

药物	作用	剂量及用药途径	制剂
依诺肝素（Enoxaparin）（克赛，Clexane，Lovenox）	抗凝剂，用于易患血栓栓塞的猫	1mg/kg q12～24h SC	100mg/mL预装刻度注射器，多剂量安瓿
恩氟沙星（Enrofloxacin）（拜有利，Baytril）	氟喹诺酮类抗菌药物，具有杀菌作用，活性谱广	2.5mg/kg q12h PO、IM或IV（或5mg/kg q24h），不能超过上述剂量	22.7mg片剂；22.7mg/mL注射液
麻黄硷，麻黄素（Ephedrine）（许多非专利药物）	肾上腺素激动剂，α－及$β_1$－肾上腺素受体（但不包括$β_2$－受体）激动剂。用作血管加压剂（如麻醉时），中枢神经系统刺激剂及治疗尿失禁（作用于膀胱括约肌）	尿失禁：每只猫2～4mg q8～12h PO 血管加压：0.75mg/kg IM或SC（根据需要可重复用药）	25mg/mL及50mg/mL注射剂
肾上腺素（Epinephrine）（Adrenaline，非专利药物）	肾上腺素激动剂，无选择性地刺激肾上腺素α－受体及β－受体，主要用于心肺骤停和过敏性休克的急症病例	心搏停止：0.2mg/kg IV或0.4 mg/kg气管内用药（用药前可用生理盐水稀释）。根据需要可q3～5min重复用药。1：1000溶液=1mg/mL 1：10000溶液=0.1mg/mL	1mg/mL（1：1000注射用溶液）
1%眼科用肾上腺素（Epinephrine Ophthalmic，1%）（Epitrate）	拟交感药物，用于青光眼时减少水分产生及脱垂的第三眼睑回缩	q6～8h 1滴，局部用药	可由组方药房获得
依西太尔（Epsiprantel）（Cestex）	抗绦虫药物（与吡喹酮类似）	2.75mg/kg PO	12.5mg和25mg片剂
钙化醇（Ergocalciferol）（维生素D_2）（Calciferol，Drisdol）	维生素D类似物，用于维生素D缺乏及治疗低钙血症，特别是与甲状旁腺机能减退相关的低钙血症。维生素D可促进钙的吸收及利用	初始剂量2000～6000U/kg q24h PO；维持剂量可降到1000～2000U/kg q1～7d PO；发挥最大效应的时间为5～21d	50000IU软凝胶胶囊，可能需要组方以精确控制剂量
红霉素（Erythromycin）（许多品牌，非专利药物）	大环内酯类抗生素，活性谱主要限于革兰氏阳性需氧菌。用于皮肤及呼吸道感染	10～20mg/kg q8～12h PO	100mg及250mg片剂
红细胞生成素（Erythropoietin）（阿法依泊汀，epoetin alfa；怡泼津，Epogen；普罗克里特，Procrit）	造血生长因子，能刺激红细胞生成。人重组红细胞生成素，用于治疗由于肾衰引起的非再生行贫血	100U/kg SC，每周3次直到压积细胞达到=30%，之后100U/kg SC，每周2次；监测压积细胞，调整用药间隔时间，直到维持PCV 30%～40%；如果在>2月以上，则应与补充铁合用	2000U/mL注射剂
环戊丙酸雌二醇（Estradiol cypionate）（ECP，Depo-Estradiol，非专利药物）	半合成雌激素，主要用于诱导流产	250μg IM，交配后40h～5d间用药	5mg/mL注射液
乙醇（Ethanol）	抑制乙醇脱氢酶，阻止分解乙二醇为有毒性的代谢产物。用于防冻剂中毒	将乙醇用5%葡萄糖稀释成20%溶液，5mL/kg IV q6h，治疗5～6次，然后q8h治疗3～4次	95%谷物乙醇商品为Everclear 20%溶液：从500mL盐水输液袋中抽取105mL，加入105mL乙醇配成
羟乙膦酸钠（Etidronate disodium）（Didronel-EHDP）	二碳酸盐类药物，用于骨质疏松症及高钙血症。可降低骨周转，抑制破骨细胞活性，阻止骨吸收，降低骨质疏松症发展速度	10mg/kg q24h PO	200mg片剂
依托咪酯（Etomidate）	诱导麻醉药物	0.5～2mg/kg IV直到发挥作用	2mg/mL安瓿注射液
依曲替酯（Etretinate）（体吉松，Tegison）	用于治疗先天性皮脂溢，促进表皮分化正常	2mg/kg q24h PO	10mg及25mg胶囊。美国及加拿大无该药品

（续表）

药物	作用	剂量及用药途径	制剂
安乐死注射液（Euthanasia solution）（Beuthanasia，Euthasol）	巴比妥酸盐加苯妥英钠，用于快速安乐死	4.536kg的猫1mL，IV	390mg戊巴比妥钠+50mg苯妥英钠/mL用于注射
泛西洛维（Famciclovir）（泛维尔，Famvir；维德思，Valtrex）	口服抗病毒药物，主要用于疱疹病毒感染	每只猫31.25～125mg，PO；平均体格的猫每只62.5mg，q12h PO；为获得更好反应，如有必要可加倍	125mg片剂
法莫替丁（Famotidine）（Pepcid）	H_2受体颉颃剂，抗酸。参见西咪替丁	0.5～1.0mg/kg q12–24h PO，SC或IV	10mg及20mg片剂，10mg/mL注射液
猫重组干扰素ω（Feline Recombinant Interferon Omega）	免疫刺激剂	1000000U/kg q48h SC，连用5次	专利产品，美国无商品
硫苯达唑，芬苯达唑，苯硫哒唑（Fenbendazole）（胖可求，Panacur，Safe–Guard）	苯并咪唑类抗寄生虫药物，参见阿苯达唑	25～50mg/kg q24h PO 3～5d；用药持续时间及是否需要重复治疗依治疗的寄生虫而不同	100mg/mL口服液
经皮芬太尼（Fentanyl，transdermal）（多瑞吉，Duragesic）	芬太尼贴剂，可维持芬太尼水平达72～108h。100 mg/h贴剂等于10 mg/kg 吗啡每隔4h小时IM	25μg贴剂q72～120h（每小时0.002～0.004mg/kg） 静注：0.001～0.005mg/kg 恒速灌注：每小时0.002～0.04mg/kg 恒速灌注：术后每小时0.005～0.01mg/kg	25μ/h贴剂 0.05mg/mL静注液，2mg、5mg、10mg、20mg及50mg安瓿 注意：如果小孩摄入贴剂可能会致死。猫在带着贴剂送回家中时必须要特别注意
硫酸亚铁（Ferrous sulfate）（许多非专利药物）	铁补充剂	50～100mg q24h PO	有许多商品制剂
非格司亭（Filgrastim）（优保津，Neupogen）	参见集落刺激因子（colony–stimulating factor）	参见colony–stimulating factor	300μg/mL注射液
9.7%氟虫腈（Fipronil 9.7%）；或（S）–11.8%甲氧普烯［（S）–methoprene 11.8%］（Frontline Plus）	驱虫剂，局部用药	8周龄以上所有体重，0.5mL安瓿q1m	局部用药液
黄酮哌酯（Flavoxate）	解痉药物，用于排尿困难	<4.5kg体重的猫：50mg q12h PO；>4.5kg体重时100mg q12h PO	100mg片剂
氟苯尼考（Florfenicol）（Nuflor）	氯霉素衍生物	22mg/kg q8h PO	300mg/mL注射液
氟康唑，大扶康（Fluconazole）（Diflucan）	唑类抗真菌药物，具有抑制真菌作用，用于全身真菌性及皮肤真菌病	5mg/kg q12h PO或30～50mg q12～24h PO	50mg片剂
氟胞嘧啶（Flucytosine）（Ancobon）	抗真菌药物，与其他抗真菌药物合用，治疗隐球菌病。其作用是穿入真菌细胞，转变为氟二氧嘧啶，其具有抗代谢药物的作用	25～50mg/kg q6～8h PO（最大剂量可达100mg/kg q12h PO）或每只猫250mg，q4～8h共1～9个月（小到正常体格的猫）	250mg及500mg胶囊
氟氢可的松（Fludrocortisone）（Florinef）	盐皮质激素。替代疗法用于治疗肾上腺萎缩或肾上腺机能不全。盐皮质激素活性比糖皮质激素活性高	0.05～0.1mg/kg q12h PO	0.1mg片剂
氟马西尼，氟甲泽宁，氟马泽尼（Flumazenil）（氟马西尼注射剂，Romazicon）	苯二氮受体颉颃剂，在人具有逆转苯二氮类药物的作用，在猫不常用	根据需要0.2mg IV（总剂量）	0.1mg/mL注射液
氟米松（Flumethasone）（Flucort）	强力的糖皮质激素类抗炎药物，效能为皮质醇的15倍。参见地塞米松	0.03～0.125mg q24h IV，IM，SC	0.5mg/mL注射液

（续表）

药物	作用	剂量及用药途径	制剂
氟尼辛葡胺，氟胺烟酸葡胺（Flunixin meglumine）（Banamine）	非甾体类抗炎药物，其作用为抑制合成前列腺素的环氧酶（COX），用于短期治疗疼痛及炎症	1.1mg/kg 一次IV、IM或SC	50mg/mL注射液
氟西汀，百忧解，盐酸氟西汀（Fluoxetine hydrochloride）（Prozac）	抗抑郁药物，用于治疗行为异常。选择性抑制5-羟色胺再摄取及降调节5-HT1受体	0.5～2mg q24h PO	咀嚼片：8mg、16mg、32mg及64mg（兽用） 片剂：10mg和20mg 胶囊：10mg、20mg及40mg 口服液：4mg/mL（薄荷味）
氟比洛芬；氟联苯丙酸（Flurbiprofen）（Ocufen）	非类固醇类抗炎药物，用于减少角膜炎时的血管扩张及炎症	q8～12h 1滴，局部用药	0.03%眼科用药液
丙酸氟替卡松（Fluticasone propionate）（氟替卡松，Flovent）	吸入性类固醇，主要用于哮喘，完全作用约需要10d	1每次吸入10μg，每天从垫片吸入2次，之后病猫通过面罩呼吸7～10次。如有必要，可用220μg的浓度	44μg，110μg及220μg/驱动气溶胶（actuationaerosol）
叶酸（Folate/Folinic acid/Folic Acid）（维生素B_9）	用于长期磺胺类药物治疗时的替代疗法	磺胺诱导的缺乏：每只猫1～2mg，q24h PO 过敏性肠病诱导的缺乏：5mg q24h PO	1mg片剂
甲吡唑（Fomepizole）（4-methylpyrazole）（Antizol-Vet）	用于乙二醇中毒	摄入后3h内125mg/kg，之后在初始剂量后12h、24h和36h分别以31.25mg/kg的剂量用药	1g/mL注射液
呋喃唑酮（Furazolidone）（痢特灵，Furoxone）	抗原虫类药物，特别用于贾第鞭毛虫，也可用于小肠细菌感染，不能用于全身治疗	8～20mg/kg q24h PO，共7～10d	100mg片剂；50mg/15mL口服液 在美国已无商品
速尿，速尿灵，利尿磺胺（Furosemide）（Lasix，非专利药物）	环型利尿剂，抑制亨利氏袢中钠和水的转运，可增加肾脏灌注及降低前负荷（preload）	0.5～4mg/kg q6～24h IV、IM、SC或PO（剂量低端用于维持）	12.5mg、20mg及40mg片剂；10mg/mL和50mg/mL注射剂；8mg/mL及10mg/mL口服液（樱桃味）
加巴喷丁（Gabapentin）（Neurontin，加巴喷丁）	解痉药物	初始剂量为5～10mg/kg q24h PO，3～5d后增加到5～20mg/kg q12h PO	100mg、300mg及400mg胶囊；600mg及800mg片剂；液体每5mL含250mg
吉非贝齐（Gemfibrozil）（吉非贝齐，Lopid；二甲苯氧庚酸制剂的商品名）	降低胆固醇药物	7.5mg/kg q12h PO	600mg片剂，可能需要配制成复方以调整剂量
庆大霉素（Gentamicin）（Gentocin）	氨基糖苷类抗生素，其作用是抑制细菌。具有杀菌作用，活性谱广（链球菌及厌氧菌除外）	2～4mg/kg q8～12h IV、IM或SC或9mg/kg q24h IV、IM或SC	5mg/mL及40mg/mL注射液
格列甲嗪（Glipizide）（Glucotrol）	磺酰脲类口服降血糖药物，用于治疗糖尿病，可增加胰岛素的分泌	0.25～0.75mg/kg q12h PO 常用剂量：2.5mg初始剂量，之后5mg q12h	5mg及10mg片剂
格列本脲（Glyburide）（优降糖，DiaBeta，Micronase，Glynase）	磺酰脲类口服降血糖药物，参见格列甲嗪	0.2mg/kg q24h PO	1.25mg、1.5mg及2.5mg片剂
丙三醇USP（GlycerinUSP）	口服时为渗透性利尿药，用于急性青光眼。具有腐烂味，最好通过胃管灌服，可引起呕吐	50%或70%溶液：1g/kg PO（最好胃管灌服），可在30min内重复用药一次	0.6g/mL溶液

（续表）

药物	作用	剂量及用药途径	制剂
格隆铵；胃长宁（Glycopyrrolate）（Robinul-V）	抗副交感类药物，其作用机制见阿托品，对中枢神经系统的作用比阿托品小，作用时间比阿托品长	0.01mg/kg IV，IM，或SC	0.2mg/mL注射液
硫代苹果酸金钠（Gold sodium thiomalate）（金硫代苹果酸钠注射剂，Aurolate；金硫基代丁二酸钠，Myochrysine）	用于自身免疫性疾病及淋巴细胞浆细胞性齿龈炎/口炎	第一周1～5mg IM，第二周2～10mg IM，之后1mg/kg q7d IM缓解症状，之后1mg/kg q30d IM	50mg/mL注射液
促性腺激素释放激素（Gonadorelin）（Gn-RH，LH-RH）（Factrel）	刺激LH及FSH的合成及释放，用于诱导黄体化	25～50μg一次IM	50μg/mL注射液
绒毛膜促性腺激素（Gonadotropin，chorionic）（人绒毛膜促性腺激素，human chorionicGonadotrophin）（Profasi，Pregnyl，非专利药物，APL）	人绒毛膜促性腺激素的作用与LH相同，用于诱导黄体化	250U一次IM	1000U/mL注射液
灰黄霉素（Griseofulvin）（microsize）（Fulvicin U/F）	抗真菌药物，可进入皮肤层抑制真菌分裂，只能用于皮肤真菌病	50mg/kg q24h PO，高脂肪食物饲喂	500mg片剂；125mg/5mL口服液（橙汁奶油味）
灰黄霉素（Griseofulvin ）（ultramicrosize）（Fulvicin P/G，Gris-PEG）	抗真菌药物，可进入皮肤层抑制真菌分裂，只能用于皮肤真菌	50mg/kg q24h PO ，高脂肪食物饲喂	125mg及250mg片剂
生长激素（Growth hormone）（HGH）	生长激素，用于生长激素缺乏	0.1U/kg，每周3次，SC或IM 4～6周	5mg/mL及10mg/mL注射液
肝素钠（Heparin sodium）［Liquaemin（美国），Hepalean（加拿大），非专利药物］	抗凝剂，可加强抗凝血酶III的作用，主要用于防止血栓形成（效果仍值得怀疑）	100～200U/kg IV负荷剂量，然后100～300U/kg q6～8h SC。小剂量预防：70U/kg q8～12h SC	1000U/mL注射液
低分子量肝素（Heparin，low molecular weight）（dalteparin）（法安明，Fragmin）	抗凝剂	100u/kg q12～24h SC	预装注射器：2500～10000IU/0.2mL 多剂量安瓿：95000IU/3.8・or 9.5mL
肼苯哒嗪，肼酞嗪（Hydralazine）（肼屈嗪，Apresoline）	血管舒张药物，降压药物，用于治疗充血性心衰。作用开始于1～2h，持续12h	2.5mg q12～24h PO	10mg、25mg、50mg及100mg片剂
二氢氯噻，双氢克尿塞（Hydrochlorothiazide）（HydroDIURIL，非专利药物）	噻嗪类利尿药，用于利尿及抗高血压。减少肾脏排出钙，用于治疗含钙的尿结石	1～4mg/kg q12h PO	12.5mg、25mg及50mg片剂；12.5mg胶囊
醋酸氢化可的松（Hydrocortisone acetate）（Cortef）	糖皮质激素抗炎药物，抗炎作用比泼尼松龙或地塞米松弱，盐皮质激素作用比泼尼松龙或地塞米松强	替代疗法：1～2mg/kg q12h PO 抗炎：2.5～5mg/kg q12h PO	5mg、10mg及20mg片剂
琥珀酸氢化可的松钠（Hydrocortisone sodiums uccinate）（Solu-Cortef）	与醋酸氢化可的松相同，但为一种作用快速的注射用药物	休克：50～150mg/kg IV 抗炎：5mg/kg q12h IV	100mg、250mg、500mg及1000mg/安瓿注射液
3%过氧化氢（Hydrogen peroxide，3%）	诱导呕吐	2～5mL/kg PO，不能超过15mL	3%溶液
1%羟化苯丙胺+0.25%托品酰胺（Hydroxyamphetamine 1%with tropicamide 0.25%）（Paremyd）	用于确定亨利氏综合征为节前或节后性	将1滴药液徐徐滴入每个眼睛	眼科用药液

（续表）

药物	作用	剂量及用药途径	制剂
羟乙基淀粉（Hydroxyethyl starch）（HES）（HES，Hetastarch，Hespan）	合成胶体血容量扩张剂（使用与葡萄糖相同）	10～20mL/kg 恒速灌注：12～24h以上IV 休克：5mL/kg 15min以上IV	6g/100mL+0.9%NaCL输液袋
羟基脲（Hydroxyurea）（Hydrea）	抗肿瘤药物，用于治疗肿瘤，真性红细胞增多（polycythemia vera）及由于右侧-左侧心脏短路引起的红细胞增多症	25mg/kg，每周3d，PO	500mg胶囊准确定量可能需要组方
去甲氧正定霉素，去甲氧基柔红霉素（Idarubicin）	口服蒽环霉素类药物，用于化疗	2mg q24h PO 3d，每21d重复用药	20mg安瓿用于配方
0.1%碘苷，疱疹净（Idoxuridine 0.1%）（组方药物）	局部眼科用抗病毒药物	q2～4h 2滴，之后有反应时降低用药频率，治疗至少1周	可通过组方药房获得
9.1%吡虫啉（Imidacloprid 9.1%）（Advantage）	局部用杀虫剂	4.1kg以下的猫：0.4mL安瓿，q1m；4.1～8.2kg的猫：0.8mL安瓿q1m	9.1%局部用溶液
咪达普利（Imidapril）	血管紧张肽转化酶抑制因子，用于治疗高血压	0.5mg/kg q12～24h PO	目前在美国未应用
二丙酸咪唑苯脲（Imidocarb dipropionate）（依咪多卡，双咪苯脲，双咪唑啉苯基脲 Imizol，Forray-65）	参见三氮咪，用于治疗裂虫病	2mg/kg IM，间隔3～7d重复用药（阿托品以0.05mg/kg SC预治疗以降低药物反应）	120mg/mL注射液
亚胺培南（Imipenem）（西司他丁，Primaxin）	β-内酰胺抗生素，具有广谱抗菌活性，参见阿莫西林，用于严重的多药物抗药性感染	3～10mg/kg q6～8h IV或IM	250mg或500mg安瓿注射液
丙咪嗪（Imipramine）（妥富脑，米帕明，Tofranil）	三环类抗抑郁药物，用于行为异常，包括强迫性-强制性异常（obsessive-compulsive disorders）	2～4mg/kg q12～24h PO	10mg、25mg及50mg片剂
咪喹莫特（Imiquimod）（艾特尔，乐得美，Aldara）	免疫反应调节因子，用于疱疹性皮炎	每周3次局部用药	5%乳剂
1%消炎痛（Indomethacin，1%）	非甾体类抗炎药物，用于角膜炎及眼色素层炎；减少血管化及炎症	q8～12h 1滴，局部用药	0.5%眼科用滴剂
甘精胰岛素（Insulin glargine）（来得时，Lantus）	胰岛素与葡萄糖利用有关的作用有多种。长效胰岛素用于治疗糖尿病	如果血液葡萄糖浓度>360mg/dL，初始剂量为0.5U/kg SC q12h；如果血糖浓度<360 mg/dL，则剂量为0.25U/kg SC q12。可根据临床症状、果糖胺水平及血糖浓度曲线调整剂量	100U/mL注射液
结晶胰岛素（Insulin，regular crystalline）	短效胰岛素，作用持续时间约2 h	酮酸中毒：初始剂量为0.2U/kg IM，之后以0.1U/kg q1h IM剂量治疗，直到血液葡萄糖浓度达到300mg/dL，然后以0.25～0.4U/kg q6h SC	100U/mL注射液
低精蛋白胰岛素（低精蛋白锌胰岛素，中性精蛋白锌胰岛素，中效胰岛素，Insulin，NPH isophane）	短效胰岛素，作用持续时间约2h	与慢胰岛素锌悬液（lente insulin）相同	100U/mL注射液
猪胰岛素锌悬浮液（Insulin，porcine insulin zincsuspension）（Vetsulin）	短效胰岛素，作用持续时间约2h	与慢胰岛素锌悬液相同	40U/mL注射液
胰岛素鱼精蛋白锌（Insulin，protamine zinc）（PZI）	短效胰岛素，作用持续时间约2h	慢胰岛素锌悬液	40U/mL注射液

（续表）

药物	作用	剂量及用药途径	制剂
干扰素（Interferon）（猫干扰素Ω，feline omegainterferon，VirbagenOmega）	猫源性干扰素，用于刺激免疫系统	以1Mu/kg q48h SC治疗5次，之后10000U口服治疗2月，因所治疗疾病不同而异	10Mu/安瓿，在欧洲及澳大利亚有本品，在美国无
碘化造影剂（Iodinated contrast agents）（MD-76R）	造影剂，用于静注或其他用途。不能用于脊髓X线造影	600～800mg碘/kg；MD-76RL：1.6～2.1mL/kg IV缓慢用药，不能鞘内用药（脊髓X线造影）	MD-76R：660mg泛影葡胺（Diatrizoatemeglumine）+100mg范影酸钠（Diatrizoate sodium）/mL（373.65mg碘/mL）
碘海醇（Iohexol）	用于脊髓X线造影的造影剂，静注或其他用途	0.45mL/kg以240 mg/mL的浓度静注或鞘内给药	180mg/mL、240mg/mL及300mg/mL
吐根糖浆（Ipecac syrup）（吐根，Ipecac）	催吐剂，用于急性治疗中毒，活性成分可能为吐根碱	2～6mL PO	口服糖浆
右旋糖酐铁（Iron dextran）	铁补充剂，用于长期接受红细胞生成素治疗的猫	每只猫50mg，q30d IM	50mg/mL、100mg/mL及200mg/mL注射液
异氟醚（Isoflurane）（AErrane）	吸入麻醉剂，参见氟烷	诱导：5%维持，1.5%～2.5%	99.9%液体吸入麻醉药
异丙基肾上腺素（Isoproterenol）（治喘宁，Isuprel）	肾上腺激动剂，刺激β1-及β2-两种肾上腺素受体，用于刺激心脏（增加收缩力量及变时作用），也用于松弛支气管平滑肌，用于急性治疗支气管狭窄	气喘发作：0.1～0.2mg q6h IV、IM或SC；或10μg/kg q6h IM或SC；或将1mg稀释到500mL 5%葡萄糖或林格氏液中，以IV 0.5～1mL/min（1～2μg/min）用药直到出现作用	0.02mg/mL及0.2mg/mL注射液
异维甲酸（Isotretinoin）（Accutane）	全身性类维生素A，用于严重的痤疮和其他炎性皮肤病	1～2mg/kg q24h PO	10mg、20mg、40mg胶囊及软胶囊
伊曲康唑（Itraconazole）（适扑诺，Sporanox）	唑类（三唑）抗真菌药物，用于皮肤真菌和全身性真菌	系统真菌：5mg/kg q12h PO 皮肤真菌：10mg/kg q24h PO	100mg胶囊及10mg/mL 口服液（樱桃或奶糖味）
伊维菌素（Ivermectin）（猫用犬新宝，Heartgard for cats，害获灭，Ivomec）	驱虫剂，通过强化抑制性神经递质γ氨基丁酸的作用而发挥作用 肺线虫：效果不如芬苯达唑	犬心丝虫预防：24μg/kg q30d PO；微丝蚴：50μg/kg PO或SC；背肛螨及姬螯螨：200μg/kg，每周1次，共4周；肺线虫：400μg/kg q14d PO，治疗2～4次。耳螨：300～400μg/kg q7～14d PO，SC，治疗3～5次。黄蝇：0.1 mg/kg q48h SC，治疗3次	55μg及165μg咀嚼片；2.7mg/mL及10mg/mL注射液；10mg/mL液体；1.87%膏剂
0.01%伊维菌素（Ivermectin）（Acarexx）	驱虫剂，用于4周龄及以上猫的耳螨	每个耳道1安瓿（0.5mL）；3～4周内可能需要重复用药	0.01%眼科用悬浮液
卡那霉素（Kanamycin）（Kantrim）	氨基糖苷类抗生素，参见庆大霉素及丁胺卡拉霉素	10mg/kg q12h IV，IM或SC	333mg/mL注射液
白陶土和果胶制剂（Kaopectate）（白陶土果胶，kaolin and pectin）（Kaopectate）	止泻剂，高岭土可吸收内毒素，果胶可保护小肠黏膜	1～2mL/kg q2～6h PO	90g果胶+2g白陶土/液量盎司
氯胺酮，克他命（Ketamine）（克太拉，Ketalar，Ketavet，Vetalar，非专利药物）	麻醉剂，其作用的确切机制还不清楚，但可能通过游离成分发挥作用。氯胺酮本身没有多少镇痛活性，在大多数猫可被迅速代谢而排出	1～5mg/kg IV或IM（建议附加镇静剂治疗）。恒速滴注：每小时0.6mg/kg用于麻醉。恒速灌注：每小时0.12mg/kg，连用24小时用于术后疼痛治疗	10mg/mL、50mg/mL及100mg/mL注射液
酮康唑，尼唑啦，霉康灵（Ketoconazole）（里素劳，Nizoral，非专利药物）	唑类（咪唑）抗真菌药物，其机制与其他唑类抗真菌药物相似。用于皮肤真菌病及全身真菌感染	5～10mg/kg q12～24h PO	200mg片剂

（续表）

药物	作用	剂量及用药途径	制剂
酮洛芬（Ketoprofen）（Orudis-KT）［非处方用药，片剂，酮保泰松，丁酮唑酮（Ketofen）（注射液）］	非甾体类抗炎药物，参见葡甲胺氟尼辛。在美国未批准使用	1～2mg/kg q24h PO（可使用3 d）；1～2mg/kg一次IV，IM或 SC	50mg及75mg片剂；100mg/mL 注射液 加拿大为5mg及20mg片剂
乳酸林格氏液	等渗液，用于替代或维持	维持：每天40～50mL/kg IV，SC或腹腔内给药	静脉内注射液
半乳糖苷果糖；乳果糖（Lactulose）（Chronulac，非专利药物）	通过在结肠的渗透作用引起轻泻，采用能通过降低结肠pH而降低血液氨的浓度，因此也可用于高氨血症（肝性脑病）	便秘：0.5～1.0mL/kg q8～12h PO以发挥作用 肝性脑病：2.5～5mL q8～12h PO或30%溶液保留灌肠，20～30mL/kg	10g/15mL溶液
碳酸镧（Lanthanum carbonate）（Renalzin）	磷结合因子	200mg（1mL/1pump）q12h 加入食物给药	定量泵配发器；200mg/mL 美国无该药品
拉坦前列素（Latanoprost）（适利达，舒而坦，Xalatan）	前列腺素类似物，用于降低眼内压，效率尚未证实	q30m 1滴，局部用药；根据需要经 IOP重复给药	0.005%眼科用溶液
亚叶酸（Leucovorin）（folinic acid）（亚叶酸钙制剂，Wellcovorin，非专利药物）	还原为叶酸，用于嘌呤和胸苷合成。可用于叶酸颉颃剂中毒的解毒	与甲氨蝶呤一同用药：3mg/m^2 IV、IM，或PO乙嘧啶中毒解毒：1mg/kg q24h PO	5mg及25mg片剂；10mg/mL及20mg/mL注射液
左咪唑，左旋（四）咪唑，左旋驱虫净（Levamisole）（Levasole，Tramisol，Ergamisol）	咪唑并噻唑（imidazothiazole）类杀寄生虫药物，作用机制为引起寄生虫的神经肌肉中毒	肺线虫：20～40mg/kg q48h PO治疗5次 胃线虫：5mg/kg 一次PO（2.5%溶液）	184mg（绵羊）及2.19g（牛）片剂。可能需要合剂以准确调整剂量，在美国尚无使用，在加拿大为 50mg片剂
左乙拉西坦（Levetiracetam）（开浦兰，Keppra）	解痉药物，用于加入到镇静安眠药中，仍在研究阶段	20mg/kg q8h PO	250mg片剂；100mg/mL口服液（葡萄味）
左布诺洛尔（Levobunolol）（Betoptic）	β-阻断剂，用于减少青光眼时液体的产生	q12h 1滴，局部用药	0.25%及0.5%眼科用溶液
左旋布比卡因（Levo-bupivacaine）	局部麻醉剂	可达1.5mg/kg	0.75%溶液
左旋多巴（Levodopa）（l-dopa）（Larodopa，l-dopa）	通过血脑屏障后转变为多巴胺。刺激中枢神经系统多巴胺受体，用于治疗肝性脑病	初始剂量6.8mg/kg PO，之后1.4mg/kg q6h PO	100mg胶囊 可能需要组方及准确控制剂量
左旋甲状腺素钠（Levothyroxine sodium）（Soloxine，Thyro-Tabs，Synthroid）	用于治疗猫甲状腺机能减退时的替补疗法，左旋甲状腺素钠为 T_4；可转变为有活性的T3	每天10～20μg/kg PO（通过监测调整剂量）	0.1mg、0.2mg及0.3mg片剂
利多卡因（Lidocaine）（赛罗卡因，Xylocaine）	局麻药。作用机制参见布比卡因。用于急性治疗心脏心律失常。I型心律失常。减少0期去极化，不影响传导。不能用于室上性心律不齐	0.25～0.75mg/kg IV，缓慢，或每分钟10～40μg/kg恒速灌注。硬膜外麻醉：4.4mg/kg 2%溶液。局部浸润麻醉：2～4mg/kg局部：可达0.8g	20mg/mL注射液2.5%丙胺卡因乳剂（EMLA cream）含2.5%利多卡因及2.5%普鲁卡因
林肯霉素（Lincomycin）（灵可信，林可辛，Lincocin）	林可胺（Lincosamide）类抗生素，作用机制与克拉霉素和红霉素相似，用于治疗脓皮病和其他软组织感染	15～25mg/kg q12h PO 脓皮病：曾采用10mg/kg q12h的低剂量	注射液：25mg/mL、100mg/mL、300mg/mL 口服液：50mg/mL 片剂：100mg、200mg、500mg；400mg/g可溶性粉
碘塞罗宁（Liothyronine）（Cytomel）	碘塞罗宁相当于T3，用于甲状腺试验	用于T3抑制试验，参见第311章	5μg、25μg及50μg片剂
环己亚硝脲（Lomustine）（CCNU，CeeNU）	具有细胞毒性的烷化剂，用于化疗	每4～6周50～60mg/m^2 PO，中等到大体格的猫每4～6周10 mg。	10mg、40mg、100mg胶囊

（续表）

药物	作用	剂量及用药途径	制剂
洛哌丁胺（Loperamide）（Imodium，易蒙停）	阿片类激动剂，刺激平滑肌分段收缩，用于急性腹泻	0.08～0.16mg/kg q12h PO	2mg胶囊及咀嚼片；1mg/5 mL口服液
劳拉西泮（Lorazepam）	苯二氮类药物，用于治疗喷洒尿液及焦虑和猫间攻击行为	每只猫0.125～0.25mg q12～24h PO	0.5mg片剂
氯芬奴隆（Lufenuron）（Program）	抗寄生虫药物，几丁质合成抑制因子，用于控制动物的跳蚤，抑制孵化的跳蚤发育	每30d 30mg/kg PO或每6个月10mg/kg SC	45mg、90mg、204.9mg及409.8mg片剂
L-赖氨酸（L-Lysine）（Enisyl等，非专利药物）	治疗疱疹病毒感染的氨基酸，可能在临床上并非有效	250～500mg q12～24h PO	250mg/1.25mL凝胶剂；250 mg/mL贴剂；250mg/茶匙粉剂；500mg片剂；50mg甜点剂
硫黄石灰浸渍液（Lyme sulfurdip）	局部用驱虫剂	按标签说明稀释，根据诊断每天浸渍	97.8%硫黄石灰浓缩液
T淋巴细胞免疫调节因子（Lymphocyte T-CellIm munom odulator）（Imulan）	免疫刺激剂	1mL（1μg）q7d SC治疗4周，之后根据需要q14d治疗2次	专利制剂
放线菌素D抗蛇毒素（Lyovac antivenin）	抗蛇毒素，用于黑寡妇毒蛛（Latrodectus spp.）	每安瓿与100mL盐水混合，30min内缓慢IV	安瓿，马源制剂
氯化镁（Magnesium chloride）	用于治疗低镁症	每天0.75～1.0mEq/kg，第一天恒速IV灌注，之后每天0.3～0.5 mEq/kg恒速IV灌注	非处方药
柠檬酸镁（Magnesium citrate）［Citroma，枸橼酸镁，CitroNesia（加拿大为Citro-Mag）］	盐类泻剂，用于便秘及小肠排空	2～4mL/kg q24h PO	160mg胶囊；200mg片剂；58.16mg/mL口服液（樱桃味）
氢氧化镁（Magnesium hydroxide）（氧化镁乳，Milk ofMagnesia）	与柠檬酸镁相同。氢氧化镁也用作口服抗酸剂，中和胃酸	抗酸：5～10mL q12～24h PO 泻剂：15～60mL q8～12h PO	80mg/mL及160mg/mL口服液（各种风味）
硫酸镁（Magnesium sulfate）（泻盐，Epsomsalts）	盐类泻药，用于便秘及一些手术之前的肠道清空	2～5g q24h PO	颗粒；普通制剂很多
20%甘露醇（Mannitol，20%）（甘露醇水溶液，Osmitrol，非专利药物）	高渗利尿剂，可增加血浆渗透压，从组织向血浆吸收液体。抗青光眼药物，用于治疗脑水肿及降低眼内压。甘露醇也可用于促进少尿型肾衰时尿液的产生，促进一些中毒时尿液排出	促进/维持尿流：1.25～5.0mL/kg IV，必要时重复q4～6h。青光眼或中枢神经系统水肿：7.5 mL/kg IV，15～20min给药，如有必要可在6h内重复。应经静脉内导管以1.0～1.5g/kg的剂量缓慢（15～20min以上）给药。如在30min内无效，则可再以该剂量重复一次	静注液体20%溶液
马坡沙星（马保沙星，Marbo floxacin）（Zeniquin）	氟喹诺酮类抗生素，作用机制与恩诺沙星和环丙沙星相同	2.75～5.55mg/kg q24h PO	25mg、50mg、100mg及200mg片剂
马罗匹坦（Maropitant）（Cerenia）	止吐药物；为一种神经激肽（NK1）受体颉颃剂，可在4个起始点终止呕吐	呕吐：1mg/kg q24h SC；2 mg/kg q24h PO 晕动病：8mg/kg PO	10mg/mL注射液；16mg/mL、24mg/mL、60mg/mL及160mg片剂
氯苯甲嗪（Meclizine）（Antivert，非专利药物）	止吐剂及抗组胺药物，用于治疗晕动病。	12.5mg q24h PO	12.5mg、25mg及50mg片剂
美托咪定（Medetomidine）	α_2-肾上腺素激动剂，具有一定的止痛作用	每小时1～2μg/kg，IV	1mg/mL浓度，在欧洲为10mg/mL浓缩液
醋酸甲羟孕酮（Medroxyprogesterone acetate）［注射液（Depo-Provera）］	孕激素，用于控制发情周期和一些行为异常	1.1～2.2mg/kg q7d SC或IM 行为异常：10～20mg/kg q30d SC或IM	150mg/mL及400mg/mL注射液

（续表）

药物	作用	剂量及用药途径	制剂
醋酸甲地孕酮（Megestrol acetate）（美可治，Megace）	参见醋酸甲羟孕酮	喷洒尿液：2.5～5mg q24h PO，治疗1周，之后减少为q7～14d1次或2次 软组织抗炎：2.5～5.0mg q24h PO，1周，之后减少为5mg q3～7d。抑制发情：5mg/d治疗3d，之后每周2.5～5mg治疗10周 注意：采用本药可引起临床型糖尿病转变为临界性糖尿病	5mg、20mg及40mg片剂；40mg/mL口服液美国无5mg制剂，可能需要组方来精确控制剂量
美洛昔康（Meloxicam ）（Metacam）	非甾体类抗炎药物，用于止痛及炎症治疗	0.3mg/kg SC一次每只猫每天0.1mg PO或SC；有人采用的剂量为0.05～0.1mg/kg q24～48h PO 注意：在美国只能用于皮下注射治疗猫的疼痛，可能具有肾脏毒性，在水化良好的猫只能采用最低剂量	5mg/mL注射液；1.5mg/mL口服液
美法仑，左旋溶肉瘤素，（左旋）苯丙氨酸氮芥（Melphalan）（Alkeran）	抗癌药物，烷基化药物，作用与环磷酰胺相似	1.5mg/m^{2}或0.1～0.2mg/kg q24h PO治疗7～10d（每隔3周重复或降低为q48h）	2mg片剂
盐酸麦佩里定，哌替啶，度冷丁（Meperidine）（杜冷丁，德美罗，Demerol）	合成阿片类激动剂，主要在μ－阿片受体发挥作用，75mg IM或300mg PO具有与10mg吗啡类似的活性	3～5mg/kg IV或IM（根据需要或每隔2～4h用药）	25mg/mL、50mg/mL、75mg/mL及100mg/mL注射液
马比佛卡因，甲哌卡因（Mepivacaine）（卡波卡因，Carbocaine）	局麻药物，参见布比卡因。与布比卡因相比，效果及作用持续时间中等	局部浸润：2～4mg/kg硬膜外麻醉：每分钟10mg（0.5mL 2%溶液）直到反射受到抑制或缺失	20mg/mL注射液
6–巯基嘌呤（6–Mercaptopurine）（巯基嘌呤，Purinethol）	抗癌药物，能抑制癌细胞中嘌呤合成的抗代谢药物	50mg/m^2 q24h PO以发挥作用，之后q48h或根据需要用药	50mg片剂
美罗培南（Meropenem）（Merrem）	用于抵抗感染，参见亚胺培南	10～20mg/kg q8～12h IV或SC	500mg及1g注射液
氰氟虫腙（Metaflumizone ）（猫用）	通过阻止昆虫钠通道门用于控制跳蚤	1安瓿q30d，可持续7周，用于成猫及8周龄以上仔猫	18.5%局部用溶液 体格小的猫：4kg 体格大的猫：4kg或以上
二羟苯基异丙氨基乙醇；间羟异丙肾上腺素（Metaproterenol）（Alupent，Metaprel）	β－肾上腺素激动剂，$β_2$–受体特异性，用于支气管扩张。参见沙丁胺醇	0.325～0.65mg/kg q4～6h PO	10mg及20 mg片剂 10mg/5mL糖浆（樱桃味）
美沙酮（Methadone）（Diskets，Dolophine，Methadose）	合成阿片类药物，用作止痛剂、止咳药及成瘾作用，用于阿片类药物治疗的病例	0.05～0.1mg/kg IV 0.1～0.5mg/kg IM或SC	5mg及10mg片剂 1mg/mL、2mg/mL及10mg/mL口服液 10mg/mL注射剂
美舍唑咪，甲醋唑胺（Methazolamide）（Neptazane）	碳酸酐酶抑制因子，比其他药物的利尿作用小。参见乙酰唑胺	2.5～10mg/kg q12h PO	25mg及50mg片剂
马尿酸六亚甲基四胺，马尿酸乌洛托品（Methenamine hippurate）			
（乌洛托品，Hiprex，Urex）	尿路防腐剂，在酸性尿液中转变为甲醛，对全身感染无效	250mg q12h PO	1g片剂

（续表）

药物	作用	剂量及用药途径	制剂
扁桃酸乌洛托品（Methenamine mandelate）（孟德立胺，Mandelamine）	尿路防腐剂，参见马尿酸乌洛托品	10～20mg/kg q8～12h PO	500mg及1g片剂
甲巯基咪唑，甲硫咪唑（Methimazole）（他巴唑，Tapazole；Felimazole，非专利药物）	抗甲状腺药物，用于甲状腺机能亢进，其作为甲状腺过氧化物酶的底物及降低碘整合到甲状腺素分子而发挥作用	2.5～5mg q12h PO治疗1～4周，直到TT_4恢复正常，之后根据TT_4水平以2.5～10mg q12h PO剂量用药	5mg及10mg片剂
美索巴莫（Methocarbamol）（Robaxin-V）	骨骼肌松弛剂，降低多突触反射，用于骨骼肌痉挛及除虫菊酯或拟除虫菊酯中毒	第1天，44mg/kg q8h PO，之后22～44mg/kg q8h PO；50～200mg/kg IV，不能超过每天300mg/kg的剂量或200mg/min的速度	500mg及750mg片剂 100mg/mL注射液
美索比妥（Methohexital）（Brevital）	巴比妥盐类麻醉剂，参见硫苯妥钠	3～6mg/kg IV（缓慢给药以发挥作用）	500mg及2.5g安瓿注射液
甲氨蝶呤，氨甲蝶呤，氨甲叶酸（Methotrexate）（MTX，Mexate，Folex，Rheumatrex，非专利药物）	抗癌药物，用于各种癌症、白血病及淋巴瘤 作用：抗代谢	2.5～5mg/m^2 q48h PO（剂量依赖于治疗方案）；0.5～0.8mg/kg IV，每隔1～3周	2.5mg、5mg、7.5mg、10mg及15mg片剂；5mg、20mg、50mg、100mg、200mg及250mg和1g安瓿注射液
美速克新命，甲氧胺（Methoxamine）（凡索昔，Vasoxyl）	肾上腺素激动剂，用于增加血压	200～250μg/kg IM或40～80μg/kg IV	20mg/mL注射液
0.1%亚甲基蓝（Methylene blue 0.1%）（非专利药物，新亚甲蓝，new methyleneblue）	用于高铁血红蛋白症，作用为还原剂，将高铁血红蛋白还原为血红蛋白	1.0～1.5mg/kg IV缓慢一次注射 注意：可能会引起海因茨体性溶血性贫血	10mg/mL注射液
甲基强的松龙、6-甲强的松龙、6-甲氢化泼尼松（Methylprednisolone）（甲强龙，Medrol）	糖皮质激素类抗炎药物，参见倍他米松	参见强的松龙的剂量，其效能比强的松龙大1.25倍	2mg、4mg、8mg、16mg、24mg及32mg片剂
醋酸甲强龙（Methylprednisolone acetate）（Depo-Medrol）	甲基强的松龙的药效持久型，可持续3～4周	每2～8周10～20mg SC或IM 结膜下用药：4～8mg	20mg/mL及40mg/mL注射液
琥珀酸甲强龙钠（Methylprednisolone sodiumsuccinate）（Solu-Medrol）	与甲强的松龙相似，但为水溶性；在需要静脉内大剂量治疗快速发挥作用时的急性治疗时使用，用于休克和中枢神经系统损伤	休克：1～2min 30mg/kg IV，如需要可以15mg/kg剂量间隔2～6h重复用药 中枢神经系统损伤：30mg/kg IV开始治疗，之后以2h间隔15 mg/kg IV，再以10mg/kg q4h IV治疗6次	125mg、500mg，1g及2g安瓿注射液
甲级睾酮（Methyltestosterone）（Android，非专利药物）	合成代谢的雄激素类药物，用于睾酮的替代疗法及刺激红血球生成	2.5～5mg q24～48h PO	10mg片剂
甲氧氯普胺，灭吐灵（Metoclopramide）[胃复安，Reglan，Maxolon（加拿大称灭吐灵，Maxeran）]	促进蠕动药物，作用于中枢的止吐药物。刺激胃肠道上段的活动，用于治疗胃轻瘫及呕吐	0.2～0.5mg/kg q6～12h SC或PO 恒速灌注：每小时0.01～0.02 mg/kg或每天1～2mg/kg	5mg及10mg片剂；1mg/mL口服液（香草味）；5mg/mL注射液
甲吡酮（Metopirone）（美替拉酮，Metyrapone）	用于肾上腺皮质机能亢进，减少11-脱氧抗毒素转变为可的松	65mg/kg q8～12h PO	250mg胶囊
酒石酸美托洛尔（Metoprolol tartrate）（美多心安，倍他乐克，甲氧乙心安，Lopressor）	肾上腺素受体阻滞药物，β1-肾上腺素受体阻滞剂，用于心率加快性心律失常（tachyarrhymias）及心率过缓	2～15mg q8h PO	50mg及100mg片剂

（续表）

药物	作用	剂量及用药途径	制剂
灭滴灵，甲硝哒唑（Metronidazole）（Flagyl，非专利药物）	抗菌及抗原虫药物，通过与细胞内的代谢产物反应打断DNA。对厌氧菌有特效，抗性罕见。能抗一些原虫，包括贾第鞭毛虫	厌氧菌：10～15mg/kg q12h PO 贾第鞭毛虫：20～25mg/kg q12h PO共7d 过敏性肠病：10～20mg/kg q12h治疗2～3周 痤疮：q12h用于下颌	250mg及500mg片剂，建议组方。500mg小瓶注射液。0.75%皮肤胶
咪达唑仑（Midazolam）（Versed）	苯二氮类药物，参见安定。麻醉辅助用药	0.1～0.25mg/kg IV或IM，或每小时0.1～0.3mg/kg IV恒速灌注	1mg/mL及5mg/mL注射液
0.1%米尔倍霉素（Milbemycin）（MilbeMite）	用于耳螨的抗寄生虫药物，用于4周龄及以上的猫	每个耳道1小瓶（0.5mL），可在3～4周内重复	0.1%耳用液体
米尔倍霉素肟（Milbemycin oxime）（Interceptor）	抗寄生虫药物，以γ氨基丁酸激动剂在中枢神经系统发挥作用。可用于犬心丝虫预防	犬心丝虫预防：2mg/kg q30d PO	2.3mg、5.75mg、11.5mg及2mg片剂
矿物油（Mineral oil）（非专利药物）	润滑性泻剂，可增加粪便水分含量，增加粪便通过，用于治疗嵌闭及便秘	10～25mL q12h；必须经胃管灌服。如果口服则易发生吸入/脂质肺炎	100%油剂
二甲胺四环素（Minocycline）（美满霉素，米诺环素，Minocin）	四环素类抗生素，与强力霉素相似	5～12.5mg/kg q12h PO	50mg、75mg及100mg片剂；10 mg/mL口服液
米氮平（Mirtazapine）（Remeron）	苯二氮类药物，作用于中枢神经系统的镇静剂，主要用作食欲刺激剂	刺激食欲：3.25mg/猫 q2～3d PO。如减少焦虑，可将剂量减至1.5mg q3d PO	7.5mg及15mg片剂
米托坦（Mitotane）（o，p'–DDD；解肾腺瘤，Lysodren）	肾上腺皮质细胞毒性药物，可抑制肾上腺皮质。用于肾上腺肿瘤及依赖于垂体的肾上腺皮质机能亢进。猫很少能发生作用，因此不建议使用	垂体依赖性肾上腺皮质机能亢进：每天50mg/kg PO（分剂量）治疗5～10d，之后25mg/kg PO每周2次 肾上腺肿瘤：每天50～75mg/kg共10d，然后25～40mg/kg每周2次 注意：通过促肾上腺皮质激素刺激试验评价反应及调整维持剂量	500mg片剂
米托蒽醌（Mitoxantrone）（Novantrone）	抗癌性抗生素，作用与阿霉素相似，用于肿瘤	6.5mg/m^2 q21d IV	2mg/mL注射液
孟鲁司特（Montelukast）（欣流，顺尔宁，Singulair）	白三烯抑制因子，用于气道疾病的抗炎药物	5.0～1.0mg/kg q24h PO	4mg及5mg咀嚼片；10mg片剂
吗啡（Morphine）（非专利药物）	阿片类激动剂及止痛剂，与神经μ–和γ–阿片受体结合，抑制参与疼痛刺激传导的神经递质释放	0.05mg/mL q1～4h IV 0.1～0.3mg/kg q4～6h IM	0.5mg/mL、1mg/mL、2mg/mL、5mg/mL、8mg/mL、10mg/mL、15mg/mL、20mg/mL、25mg/mL、30mg/mL及50mg/mL注射液
莫匹罗星（Mupirocin）（百多邦，Bactroban）	用于猫的痤疮	用于皮肤，q12～24h	2%软膏
纳布啡（Nalbuphine）（Nubain）	阿片类颉颃剂；作用持续时间可能比激动剂长，因此可能需要重复用药	0.5～1.5mg/kg IV，SC或IM	10mg/mL或20mg/mL，两种浓度均为10mL安瓿
纳洛芬，烯丙吗啡（Nalorphine）（纳伦，Nalline）	阿片类颉颃剂，参见纳洛酮	0.05～0.2mg/kg IM或SC	5mg/mL注射液

（续表）

药物	作用	剂量及用药途径	制剂
纳洛酮，烯丙羟吗啡酮（Naloxone）（Narcan）	阿片类颉颃剂，用于逆转阿片激动剂（如吗啡）的作用。纳洛酮可用于逆转镇静、麻醉及由于阿片引起的不良反应	0.01～0.04mg/kg IV，IM或SC	0.02mg/mL及0.4mg/mL注射液
环丙甲羟二羟吗啡酮（Naltrexone）（氨克生，Trexan）	阿片类颉颃剂，除作用时间长及经PO用药外其余与纳洛酮相似，用于治疗一些强迫性-强制性行为异常	行为异常：2.2mg/kg q12h PO	50mg片剂
癸酸诺龙（Nandrolone decanoate）（Deca-Durabolin）	合成代谢类固醇类药物，为睾酮的衍生物，用于逆转分解代谢的情况，可增加增重，增加肌肉及刺激红细胞生成	每周1mg/kg IM	100mg/mL及200mg/mL注射液
萘唑啉，鼻眼净（Naphazoline）（Naphcon-A）	眼科用抗组胺药物，用于过敏性结膜炎	q6～12h 1滴，局部用药	0.025%滴剂
新霉素（Neomycin）（Biosol）	氨基糖苷类抗生素，参见庆大霉素和阿米卡星。口服剂量时系统吸收很少	10～20mg/kg q6～12h PO	25mg/mL及250mg/mL口服液 500mg片剂
溴化新斯的明和甲级硫酸新斯的明（Neostigmine bromide and neostigmine methylsulfate）（新斯的明，Prostigmin，Stiglyn）	抗胆碱酯酶类药物。胆碱酯酶抑制剂，可抑制乙酰胆碱在突触水平的降解 抗重症肌无力药物 主要用于治疗重症肌无力或用作非去极化神经肌肉阻滞药物引起的神经肌肉阻滞的解毒剂	抗重症肌无力：每天2mg/kg，PO（分剂量用药以发挥作用）。根据需要可0.04mg/kg IM或SC 神经肌肉阻滞时的解毒：40μg/kg IV，IM，或SC 用于重症肌无力的辅助诊断：40μg/kg IM或20μg/kg IV 注意：如果发生类胆碱不良反应，可注射阿托品	溴化新斯的明：15mg片剂 甲硫酸新斯的明：0.5mg/mL及1mg/mL注射液
硝噻醋柳胺（Nitazoxanide）（硝唑尼特，Alinia）	用于隐孢子虫病；可引起呕吐及腹泻	25mg/kg q12h PO共28d	500mg片剂；100mg/5mL口服液（草莓味）
烯啶虫胺（Nitenpyram）（Capstar）	短效及快速作用（24～36h）的口服杀跳蚤成虫药物	每0.9～11.4kg 1片（11.4mg）PO；可每天重复用药	11.4mg及57mg片剂
呋喃妥英，呋喃咀啶（Nitrofurantoin）（呋喃丹啶，Furadantin，Macrodantin）	抗菌剂，尿路防腐剂，通过反应性代谢产物损伤DNA发挥作用	4mg/kg q8～12h PO	25mg、50mg及100mg胶囊；5mg/mL口服液（薄荷味）
呋喃西林（Nitrofurazone）	球虫预防药物	加入饮水（可达1g/2L）7d	4.59%可溶性粉
硝化甘油（Nitroglycerin）（硝脑，Nitrol，硝酸甘油，Nitrobid，Nitrostat）	硝酸盐。硝基血管扩张药物（舒张静脉）。在充血性心衰时或用于减小前负荷或降低肺脏性高血压	2～4mg（约0.5cm或1/4膏剂）局部q6～8h，药物作用持续时间为48h。用药时戴手套	约5mg/cm经皮膏剂
硝基咪唑（Nitroimidazole）	抗微生物药物，用于治疗三毛滴虫引起的腹泻	30～50mg/kg q12h治疗2周	目前在美国无商品
硝普盐（Nitroprusside）（硝普钠，Nitropress）	硝基类血管舒张药物，用于高血压发作。参见硝酸甘油	每分钟1～3μg/kg，IV恒速灌注	25mg/mL及50mg/mL注射液
尼扎替丁（Nizatidine）（Axid）	H_2受体颉颃剂，参见西咪替丁	2.5～5mg/kg q24h PO	75mg片剂；15mg/mL口服液（泡泡糖味）
诺氟沙星；氟哌酸（Norfloxacin）（Noroxin）	氟喹诺酮类抗菌药物，其作用与环丙沙星相似，但抗菌谱窄	22mg/kg q12h PO	400mg片剂
制霉菌素，制真菌素（Nystatin）（利霉菌素，Nystatin，米可定，Mycostatin）	用于念珠菌病	100000U q6h PO	100000U/mL口服液（樱桃-薄荷味）

（续表）

药物	作用	剂量及用药途径	制剂
醋酸奥曲肽（Octreotide acetate）（善得定，Sandostatin）	生长激素抑制素类似物，用于肢端肥大症及胰岛瘤以解决由于胸导管破裂引起的胸膜积水（乳糜胸）	10μg/kg q8h SC，2～3周；曾使用高达200μg q8h SC的剂量 乳糜胸：3～10μg/kg SC，每天4次， 4周	50μg，100μg，200μg，和500μg及1mg注射液
奥洛他定（Olopatadine）（Patanol）	眼科用抗组胺药物，用于过敏性结膜炎	1滴q6～12h，局部用药	0.1%溶液
Ω-3脂肪酸（EPA）	补充脂肪酸，用于皮肤病	依20碳5烯酸含量，5～10mg/kg q24h PO	各种浓度不同的专利制品
奥美拉唑（Omeprazole）（奥美拉唑，沃必唑，亚砜咪唑，洛赛克，渥主哌唑，奥咪拉唑，Prilosec）	质子泵阻滞剂，抑制胃酸分泌	0.7mg/kg q24h PO	10mg、20mg及40mg缓释胶囊；20mg缓释片剂
恩丹西酮（Ondansetron）（昂丹司琼，枢复宁，Zofran）	止吐药物，抑制5-羟色胺的作用（阻滞5-HT3受体）。主要用于抑制与化疗有关的呕吐	使用抗癌药物前30min 0.5～1.0mg/kg IV、IM、SC或PO 止吐：0.5～1.0mg/kg q6～12h IV，IM，SC或PO	4mg及8mg片剂；2mg/mL注射液；4mg/5mL口服液（草莓味）
奥比沙星（Orbifloxacin）（Orbax）	氟喹诺酮类抗生素	2.5～7.5mg/kg q24h PO	5.7mg、22.7mg及68mg片剂
奥美普林和磺胺二甲氧哒嗪（Ormetoprim and Sulfadimetho xine）（普利莫尔，Primor）	抗菌药物/抑菌药物，广谱抗菌剂及抗某些球虫	第一天27mg/kg PO，之后13.5mg/kg q24h	普利莫尔120：100mg 磺胺地托辛+20mg 奥美普林 普利莫尔240：200mg 磺胺地托辛+40mg 奥美普林
苯甲异噁唑青霉素（Oxacillin）（Prostaphlin，非专利药物）	β-内酰胺抗生素，抑制细菌细胞壁合成。抗菌谱限于革兰氏阳性细菌，特别是葡萄球菌	22～40mg/kg q8h PO	250mg/5mL口服液
去甲羟基安定，氯羟氧二氮草（Oxazepam）（舒宁，奥沙西泮，Serax）	苯二氮类药物，作用于中枢神经系统的镇静剂，用于安静及刺激食欲	刺激食欲：1.25mg～2.5mg PO 行为：0.2～1.0mg/kg q12～24h PO	10mg、15mg及30mg片剂
奥芬达唑；磺唑氨酯（Oxfendazole）（Synathic）	用于治疗猪盘头线虫（胃蠕虫）	10mg/kg q12h PO治疗5d	90.6mg/mL及225mg/mL膏剂
奥昔布宁（Oxybutynin）（Ditropan）	抗胆碱药物，抗平滑肌痉挛，用于逼尿肌反射亢进	0.5～1.25mg q12h PO	5mg片剂；5mg/5mL糖浆（樱桃味）
人造血液（Oxyglobin）（聚合牛血红蛋白，polymerized bovinehemoglobin）	血红蛋白谷氨酸基团（Hemoglobin glutamer）（牛）用作携氧液体，治疗贫血、休克及对乙酰氨基酚中毒等	5～15mL/kg IV；灌注速度每小时0.5～5mL/kg，以防止肺水肿	静脉输液包
氧甲唑啉，阿弗林，羟间唑啉（Oxymetazoline HCl）（AfrinPediatric Nasal Drops）	鼻用喷雾剂，用于充血，应注意可能会回弹（依赖性）	每个鼻腔1滴q24h	0.05%鼻腔喷雾剂
羟甲烯龙；康复龙（Oxymetholone）（Anadrol）	合成代谢类固醇，参见去甲睾酮	1～5mg/kg q24h PO	50mg片剂
羟吗啡酮（Oxymorphone）（盐酸羟氢吗啡酮，Numorphan）	阿片类兴奋剂，其作用与吗啡相似，但羟吗啡酮的作用比吗啡强10～15倍	根据需要0.05～0.2mg/kg IV，SC，或IM；重复用药可0.05～0.1mg/kg q1～2h 前躯麻醉：0.025～0.05mg/kg IM或SC	1mg/mL及1.5mg/mL注射液

（续表）

药物	作用	剂量及用药途径	制剂
土霉素，氧四环素，地霉素（Oxytetracycline）（土霉素，合霉素Terramycin）	四环素类抗生素，参见四环素	7.5～10mg/kg q12h IV；20mg/kg q12h PO	250mg片剂；100mg/mL及200mg/mL注射液
催产素（Oxytocin）[Pitocin，Synto-cinon（鼻腔用溶液），非专利药物]	刺激子宫肌收缩，用于诱导或维持正常分娩。不会增加产乳，但可刺激收缩，导致射乳	2.5～5.0U IM或IV；可每隔20～60min重复，总共3次 射乳：哺乳前5～10min鼻腔喷洒	10USP U/mL及20USP U/mL（USP，美国药典）
帕米膦酸二钠（Pamidronate sodium）（阿司达，Aredia）	双磷酸盐骨吸收抑制剂，用于高钙血症	根据血清钙水平的需要可2mg/kg q24h IV	3mg/mL、6mg/mL及9mg/mL注射液
胰脂肪酶（Pancrelipase）（胰酶制剂，Viokase，Pancrea-zyme）	胰酶，用于治疗胰腺外分泌机能不足，可提供脂肪酶、淀粉酶及蛋白酶	将1/2～1茶匙粉剂与食物混合，用于5kg体重。片剂只有压碎成粉剂后才有效	每茶匙（2.8g）含：脂肪酶71，400USP u+蛋白酶388，000USP u+淀粉酶460，000USP u+维生素A_1，000IU+维生素D3100 IU+维生素E10 IU
溴化双哌雄双酯（Pancuronium bromide）（巴夫龙，Pavu-lon）	非去极化神经肌肉阻滞剂，参见阿曲库铵（atricurium）	0.02～0.1mg/kg IV，或开始剂量为0.01mg/kg，之后按0.01 mg/kg剂量q30m增加剂量	1mg/mL及2mg/mL注射液
止痛剂（Paregoric）（矫味混合物）	止痛剂（阿片酊）用于腹泻，每5mL含有2mg吗啡	0.05～0.06mg/kg q12h PO	2mg/5mL配剂
巴龙霉素（Paromomycin）	氨基糖苷类抗生素，用于各种肠道病原	125～165mg/kg q24h PO；注意：据报道可引起急性肾衰及耳聋	250mg胶囊
氟苯哌苯醚，帕罗西丁（Paroxetine）（百可舒，赛乐特，Paxil）	选择性5-羟色胺再摄取抑制因子，用于行为异常	0.25～0.5mg/kg q24h PO	10mg片剂；2mg/mL口服液（橘子味）
d-青霉胺（d-Penicillamine）（青霉胺，Cuprimine，De-pen）	铅、铜、铁及汞的螯合剂，用于铜中毒及胱氨酸结石	10～15mg/kg q12h PO	125mg及250mg胶囊 250mg片剂
苄星青霉素G（Penicillin G ben-zathine）（Benza-Pen等）	所有苄星青霉素G均与普鲁卡因青霉素G合用	24000U/kg q48h IM 诺卡氏菌病：100000u/kg q24～48h IM	150000U/mL注射液
青霉素G钾及青霉素G钠（Penicillin G potassium andpenicillin G sodium）（许多品牌）	β-内酰胺类抗生素，参见阿莫西林。用于革兰氏阳性细菌及厌氧菌	20000～40000U/kg q6～8h IV或IM	各种浓度
普鲁卡因青霉素G（Penicillin G procaine）（非专利药物）	除了吸收缓慢外与其他青霉素G相同	20000～40000U/kg q12～24h IM	300000U/mL注射液
青霉素V钾（Penicillin V potassium）（Pen-Vee）	口服青霉素，其他与其他青霉素相同	10mg/kg q8h PO	250及500mg片剂；125mg/5mL及250mg/5mL口服悬浮液（水果风味）
镇痛新（Pentazocine）（镇痛新，Talwin-V）	合成类阿片止痛药物，部分激动剂（与丁丙诺啡相似）	2.2～3.3mg/kg q4～6h IV、IM或SC	30mg/mL注射液
戊唑辛，镇痛新（Pentobarbital）（耐波他，Nembutal，非专利药物）	短效巴比妥盐类麻醉剂及解痉药物，药效持续3～4h	10～30mg/kg IV以发挥作用	50mg/mL注射液
戊聚糖，多缩戊糖软膏（Pentosan polysulfate）（爱泌罗，Elmiron）	用于先天性膀胱炎或尿道炎	8～10mg/kg q12h PO	10mg胶囊
己酮可可碱（Pentoxifylline）（Trental）	甲基黄嘌呤，用于促进血液和淋巴流动	每只猫100mg q8～12h PO	400mg片剂

（续表）

药物	作用	剂量及用药途径	制剂
凡士林（Petrolatum）	润滑性泻药，用于巨结肠或毛球症	1～5mL/d PO	大量各种各样的制剂
苯巴比妥（Phenobarbital）（鲁米那，Luminal，非专利药物）	长效巴比妥酸盐，参见硫苯妥钠，主要用于解痉，强化γ氨基丁酸的抑制作用	2～3mg/kg q12h PO 癫痫持续状态：5～20mg/kg IV以发挥作用，或每小时2～4mg/kg恒速灌注	15mg、16.2mg、30mg、32.4mg、60mg、65mg及97.5mg片剂 20mg/5mL配剂；65mg/mL及130mg/mL注射液
苯氧苯扎明；苯氧苄胺，酚苄明（Phenoxybenzamine）（台苯齐林，Dibenzyline）	α_1-肾上腺素颉颃剂，主要用于松弛尿道平滑肌	每只猫2.5～7.5mg q12～24h PO，或0.5mg/kg q12h PO	10mg胶囊，为准确调整剂量，可能需要组方
苄胺唑啉，酚妥拉明（Phentolamine）（酚妥拉明，Regitine；加拿大称为Rogitine）	非选择性α肾上腺素阻断剂，血管扩张药物，主要用于高血压	0.02～0.1mg/kg IV	5mg/mL注射剂
苯肾上腺素（Phenylephrine）（Neo-Synephrine）	特异性肾上腺素激动剂，对α受体有特异性，如果具有节前或节后亨利氏综合征，则与甲氧胺相同	0.01mg/kg q15min IV；0.1 mg/kg q15min IM或AQ 亨利氏综合征：采用眼科制剂或将注射液用盐水按1∶10稀释，每个眼睛内滴入	10mg/mL注射液 2.5%眼科用溶液
苯丙醇胺（Phenylpropanolamine）	肾上腺素激动剂，用于增加尿道括约肌的张力	1.5～2mg/kg q12h PO	25mg及50mg咀嚼片；75mg定时释放胶囊
磷酸盐灌肠剂（Phosphate Enema）（Fleet）	禁用于猫（可导致严重的低钙血症）		
毒扁豆碱（Physostigmine）（Antilirium）	胆碱酯酶抑制剂，用于抗胆碱能药物中毒的解毒	0.02mg/kg q12h IV	1mg/mL注射液
匹鲁卡品，毛果芸香碱（Pilocarpine）	拟副交感神经药物，用于增加青光眼时及家族性自主神经异常时液体引流	1%或2%溶液：q6～12h 1滴，局部用药	1%、2%及4%眼科用溶液
匹莫苯丹，匹莫苯（Pimo benden）（Vetmedin）	增强肌肉收缩药物	0.1～0.3mg/kg q12h PO.	1.25mg及5.0mg片剂
品奥夫［PIND-ORF（Baypamune DC）］	免疫刺激剂	第一周1mL2次，然后每周1次，共6周，SC	目前在北美不采用
哌嗪、对二氮己环（Piperazine）（许多品牌）	抗寄生虫药物，主要用于蛔虫（蛔虫）	44～66mg/kg PO；2～3周重复用药	100mg片剂；有许多商用制剂可以使用
吡罗昔康（Piroxicam）（希普康，Feldene，非专利药物）	非甾体类抗炎药物，用于移行细胞癌、鼻腔腺癌及多发性关节炎，但反应有一定限制	0.2～0.3mg/kg q48h PO	10mg及20mg胶囊
普卡霉素（Plicamycin）（光神霉素，光辉霉素，mithramycin）（Mithracin）	抗癌药物，主要用于癌症及高钙血症	抗高钙血症：25μg/kg q24h IV（4h内缓慢给药）	2.5mg注射液
聚乙烯乙二醇电解质溶液（Polyethylene glycol electrolyte solution）（GoLYTELY）	盐类泻药，参见柠檬酸镁，用于手术前或诊断前的肠道排空	30mL/kg PO；2～6h内重复；味道令人不快，经胃管投服	口服悬浮液粉剂
聚丙烯免疫刺激剂（Polyprenyl Immunostimulant）	免疫刺激剂，用于治疗猫传染性腹膜炎的作用正在研究之中	3mg/kg每周2～3次，PO	专利制剂
多硫酸代黏多糖（Polysulfated）（glycosaminoglycan）（PSGAG）（Adequan）	大分子成分与健康关节的成分相似。软骨保护剂，可用于治疗慢性膀胱炎以重建GAG层	慢性膀胱炎：灌注100mg+2 mL生理盐水到空虚的膀胱，q7d，连用3d软骨保护：2mg/kg q3～7d IM	100mg/mL注射液
泊那珠利（Ponazuril）（Marquis）	据说可治疗球虫病	50～60mg/kg PO一次后27.5mg/kg治疗14～21d	15%口服膏剂，猫更适合于采用组方产品

（续表）

药物	作用	剂量及用药途径	制剂
泊沙康唑（Posaconazole）（Noxafil）	抗真菌药物	5mg/kg q24h PO	40mg/mL口服悬浮液（樱桃风味）
溴化钾（Potassium bromide）	作用机制尚不清楚，可能引起神经元超极化，用于慢性癫痫性疾病	由于不可逆转的肺炎/肺脏纤维化而禁用于猫	
氯化钾（Potassium chloride）（非专利药物）	钾补充剂，用于治疗低钾血症，通常加入到液体溶液中使用	0.5mEq钾/kg q24h PO静脉输液补充：10～40mEq/500mL液体，依血清钾浓度而确定；灌注速度不能超过每小时0.5 mEq/kg	8mEq及10mEq缓释片剂；2mEq/mL注射液
柠檬酸钾（Potassium citrate）（非专利药物，Urocit-K）	碱化尿液以防止草酸钙尿结石形成，可替换钾	50～100mg/kg q12h PO 降低尿液pH到7.5	540mg及1080mg片剂 300mg/5g勺状颗粒
葡萄糖酸钾（Potassium glu conate）（Kaon，Tumil-K，非专利药物）	与氯化钾相同	2～4mEq/d或0.5～1.5g/d	2mEq片剂
磷酸钾（Potassium phosphate）	用于由于糖尿病性酮酸中毒引起的低磷酸盐血症	在无钙液体中每小时每千克以0.03～0.12mmol磷酸盐给药	3mmol P/mL注射液
氯解磷定（Pralidoxime chloride）（2-PAM）（Protopam chlo-ride）	乙酰胆碱酯酶重活化剂，用于治疗有机磷酸脂中毒	10～20mg/kg q8～12h IV、IM或SC（初始剂量 IV缓慢给药或 IM）	1g小瓶注射液
吡喹酮（Praziquantel）（Dron-cit）	抗寄生虫药物，主要用于绦虫及肝片吸虫感染	5mg/kg IM或SC 猫<1.8kg：6.3mg/kg PO 猫>1.8kg：5mg/kg PO 肝片吸虫：20mg/kg q24h SC治疗3～5d 并殖吸虫：25mg/kg q8h PO，3d	23mg片剂；56.8mg/mL注射液
哌唑嗪（Prazosin）（脉宁平，Minipress）	α_1-肾上腺素阻滞剂，其松弛平滑肌的作用用于治疗机能性输尿管阻塞	0.5～1.0mg q8～12h PO	1mg、2mg及5mg胶囊
脱氢皮质（甾）醇（糖皮质激素，亦称氢化波尼松）（Pred-nisolone）（Delta-cortef等）	糖皮质激素抗炎药物，效能约为皮质醇的4倍	抗炎：1.0～2.0mg/kg q12～24h IV、IM、SC或PO初始治疗，之后降低为q48h免疫抑制：4.4～8.8mg/kg q24h IV、IM、SC或PO初始治疗，之后降低为q24～48h	5mg片剂；15mg/5mL糖浆（樱桃味）；50mg/mL注射剂 美国尚无注射剂
醋酸脱氢皮质（甾）醇（Pred nisolone acetate），或眼科用磷酸钠盐（sodium phosp-hateophthalmic）	用于眼科疾病的抗炎药物	q4～12h 1滴，局部用药	1%眼科用溶液
琥珀酸强的松龙钠（Prednisolone sodium succinate）（Solu-Delta-Cortef）	与强的松龙相同，但为水溶性；如果需要高的静脉压快速发挥作用时可用于急性治疗。可用于休克及中枢神经系统创伤，也可参见琥珀酸甲基强的松龙钠（methylpred nisolone sodium Succinate）	休克或急性气喘发作：15～30 mg/kg IV；4～6h内重复。中枢神经系统创伤：30mg/kg IV，之后2h以15mg/kg用药，再用10mg/kg q4h治疗6次	100mg/mL及500mg/10mL注射液
泼尼松；强的松（Prednisone）（参见泼尼松龙，predniso lone）	与强的松龙相同，但强的松在使用之后转变为强的松龙	与强的松龙相同	1mg、2.5mg、5mg、10mg及20mg片剂，1mg/mL糖浆（香草味）
普加巴林，普瑞巴林（Prega balin）（Lyrica）	γ氨基丁酸类似物，解痉作用	2-4mg/kg q8-12h PO	25mg、50mg、75mg、100mg、20mg及300mg胶囊

（续表）

药物	作用	剂量及用药途径	制剂
普里米酮，扑痫酮，去氧苯巴比妥（Primidone）［Mylepsin，Neurosyn（加拿大称为迈苏灵，Mysoline）］	解痉药物，扑米酮转变为苯甲基-丙二酰胺及苯巴比妥，两者均具有解痉作用，但其活性大部分（85%）可能为苯巴比妥发挥。详细参见苯巴比妥	8～10mg/kg q8～12h PO为初始剂量，然后调整剂量监测临床症状及血液巴比妥水平 注意：猫将扑米酮转变为巴比妥的能力低，因此导致神经毒性及肝脏毒性的风险增加。许多人认为在猫应禁用	50mg及250mg片剂
普里莫尔（Primor）	参见奥美普林及磺胺地托辛	普里莫尔120：5磅以上的猫：第1天=1/d；之后=2/d；5～10磅：第1天=2/d；之后=1/d。15磅以上的猫：第1天=3/d；之后=1.5/d	普里莫尔120：100mg磺胺地托辛+20mg奥美普林 普里莫尔240：200mg磺胺地托辛+40mg奥美普林 也有600mg及1200mg片剂
普鲁卡因（Procaine）	局麻药物	4～6mg/kg局部浸润麻醉	与5%肾上腺素配置成溶液
3%氨基酸+3%甘油的电解质溶液（Procalamine）	局部胃肠外营养液，含有3%氨基酸，3%甘油和3%电解质	每小时2～3mL/kg	1000mL静注液
普鲁氯嗪，氯吡嗪（Prochlorperazine）（康本赞，康帕嗪，Compazine）	吩噻嗪类药物，作用于中枢的多巴胺（D2）颉颃剂，用于镇静和呕吐	0.1～0.5mg/kg q6～12h IM、SC或PO	5mg及10mg片剂；5mg/mL糖浆（水果味）；5mg/mL注射液
普鲁米近，异丙嗪，抗胺荨（Promethazine）（非那根，Phenergan）	吩噻嗪类，具有强的抗组胺作用，用于过敏及止吐（晕动病）	0.2～0.4mg/kg q6～8h IV，IM或PO，最大剂量可达1mg/kg	12.5mg片剂；25mg/mL及50mg/mL注射液；6.25mg/5mL糖浆
溴化丙胺太林，普鲁本辛Propantheline bromide（Pro-Banthine）	抗胆碱药物，用于降低胃肠道及膀胱平滑肌收缩	每只猫5.0～7.5mg q24～72h PO	7.5mg及15mg片剂
痤疮丙酸杆菌（Propionibacterium acnes）（ImmunoRegulin，ImmunoVet）	免疫刺激剂	0.25～0.5mL，第一周每周2次，IV，然后q14d 16周	0.4mg/mL注射剂
丙酰丙嗪（Propionylpromazine）（Tranvet，Largon）	吩噻嗪类镇静剂，也具有止吐及抗组胺作用	1.1～4.4mg/kg q12～24h IM或SC	必须组方
异丙酚（丙泊酚）（Propofol）（PropoFlo，Rapinovet）	麻醉剂，用于诱导短期全身麻醉，作用机制尚不完全清楚，但可能与巴比妥相似	2～8mg/kg IV缓慢给药以发挥作用，恒速灌注：每小时0.1～0.6mg/kg；治疗痉挛时可将每小时剂量降低25%	10mg/mL注射液
心得安（Propranolol）（普萘洛尔，恩特来，Inderal）	β-肾上腺素受体阻滞剂，对$β_1$和$β_2$-受体无选择性。用于降低心率、心脏传导、血压及快速心律失常	0.4～1.2mg/kg（2.5～5.0mg）q8～12h PO	10mg、20mg及40mg片剂
丙基硫尿嘧啶（Propylthiouracil）（PTU）（非专利药物，Propyl-Thyracil）	抗甲状腺药物，参见甲硫咪唑。抑制T_4转变为T3	11mg/kg q12h PO	50mg片剂
前列腺素F2α（Prostaglandin F2α）（氨丁三醇地诺前列素，dinoprosttromethamine）（律特素，Lutalyse）	前列腺素诱导黄体溶解，曾用于治疗动物的开放性子宫积脓，用于引产的效果尚有疑问	子宫积脓：0.1mg/kg q12h SC 2天，之后0.2mg/kg q12h SC，直到子宫大小正常（约总共需要5～7d） 引产：0.5～1mg/kg IM q12h，注射2次	5mg安瓿注射液
欧车前（Psyllium）（美达施，Metamucil）	容量形成性泻药（Bulk-forming laxative），用于便秘及清空肠道，吸收水分及扩大到增加容积及湿度	每5～10kg体重1茶匙（加到每餐中）；糖尿病病猫可采用无糖美达施	有许多商用制剂

（续表）

药物	作用	剂量及用药途径	制剂
南瓜（Pumpkin，罐装）	在发生便秘的猫用作纤维来源	1～2茶匙q12～24h PO与食物一同服用	食品杂货店有售
扑酸噻嘧啶（Pyrantel pamoate）（滴滴苦，Nemex，酒石酸噻嘧啶，Strongid）	抗寄生虫药物，通过类胆碱作用阻止神经节神经传递	20mg/kg PO；每2～3周重复用药	2.27mg/mL、4.54mg/mL及50mg/mL口服悬浮液，22.7mg及113.5mg片剂
溴化吡啶斯的明（Pyridostigmine bromide）（美定隆，Mestinon，Regonol）	抗胆碱酯酶药物，除吡啶斯的明具有较长的作用持续期外与新斯的明相似	抗重症肌无力：0.02～0.04mg/kg q2h IV或0.5～3mg/kg q8～12h PO。解毒剂（类箭毒）：0.15～0.3mg/kg IM或IV	60mg/5mL糖浆（木莓味）；60mg片剂；5mg/mL注射液
乙嘧啶，息疟定（Pyrimethamine）（达拉匹林，Daraprim）	抗菌药，抗原虫药物，其抗原虫活性比抗菌活性强	0.5～1mg/kg q24h PO治疗14～28d	25mg片剂
消旋蛋氨酸（Racemethionine）（dl-蛋氨酸，dl-methionine）（非专利药物，片剂）	尿液酸化剂，用于降低尿液pH，也曾用于对乙酰氨基酚过量时的保护	1～1.5g PO	200mg及500mg片剂 500mg咀嚼片 1000mg/茶匙粉剂
雷米普利（Ramipril）	血管紧张肽转化酶抑制因子，用于高血压	0.25～0.375mg/kg q24h PO	1.25mg、2.5mg、5mg及10mg胶囊
雷尼替丁（Ranitidine）（善胃得，Zantac）	H_2颉颃剂，参见甲嗪咪呱；作用比其强4～10倍，作用持续时间更为持久	2.5mg/kg q12h IV；1～4mg/kg q12h PO	75mg片剂；25mg/mL注射液；15mg/mL口服糖浆（薄荷味）
利福平（Rifampin）（Rifadin）	抗菌药，作用谱包括葡萄球菌、分支杆菌和链球菌	10～15mg/kg q24h PO	150mg及300mg胶囊，可能需要组方以准确控制剂量
林格氏液（Ringer's solution）（非专利药物）	等渗透明液体，用于补充及维持体液	每天40～50mL/kg，IV，SC或腹腔内给药	静注液
罗硝唑（Ronidazole）	抗原虫药物；主要用于三毛滴虫	30mg/kg q12h PO	组方形成可口的口服液
芸香苷（Rutin）（非专利药物）	苯并吡喃酮类药物，用于乳糜胸	50～100mg/kg q8～12h PO	50mg及500mg片剂
S-腺苷-蛋氨酸（S-adenosyl-methionine）（SAMe）（丹诺士，Denosyl，Denamarin，非专利药物）	蛋氨酸的中间降解产物，在肝机能中发挥重要作用，包括甲基化、抗氧化及谷胱甘肽的产生等	体重5.5kg：空腹90mg q24h PO或180mg q24h，与食物一同PO；5.5～11.4kg的猫：空腹180mg q24h或360mg q24h PO，与食物一同服用	丹诺士：90mg片剂 Denamarin：90mg SAMe+9mg水飞蓟素A+B或225/24mg或425/35mg
水杨酸Salicylic acid pads（Stridex，非专利药物）	用于猫的痤疮	净化下颌q12h	2%水杨酸
马哈鱼降血钙素（Salmon calcitonin）	用于高钙血症或维生素D中毒；可降低血清钙水平	4～6IU/kg q3～12h SC或IM，直到血清钙正常后以4～20IU/kg q2～3w根据需要SC或IM	200IU/mL注射液
司拉克丁，塞拉菌素（Sela mectin）（Revolution）	局部抗寄生虫药物及犬心丝虫预防用药	体重2.3kg以下的猫：15mg安瓿q1m体重2.3～6.8kg：45mg 安瓿q1m（6～12mg/kg局部 q30d用于犬心丝虫预防）	每安瓿15mg及45mg局部用溶液
盐酸司来吉兰，盐酸丙炔苯丙胺，盐酸司立吉林（Selegiline Hydrochloride）（Deprenyl，Anipryl），非专利药物	抑制B型单胺氧化	1mg/kg q24h PO	1.25mg及5mg片剂
番泻叶（Senna）（Senokot）	泻药，通过局部刺激或通过与小肠黏膜的接触发挥作用	5mL q24h PO（糖浆）；1/2茶匙q24h与食物一同服用（颗粒剂）	8.8mg/5mL糖浆（水果味）；15mg/mL颗粒
司维拉姆（Sevalamer）（磷能解，Renagel）	磷酸盐结合剂	每只猫200mg q12h	400mg片剂
七氟醚（Sevoflurane）	吸入性麻醉剂	诱导：8% 维持：3%～6%以发挥作用	100%液体吸入剂

（续表）

药物	作用	剂量及用药途径	制剂
水飞蓟素，水飞蓟宾，西里马灵，益肝灵，利肝隆（Silybin/Milk Thistle）（Marin，Denamarin）	机能食品，用于治疗慢性及急性肝脏疾病、肝硬化及肝毒性	依猫的体格采用不同的片剂，1片可用于5.5kgBW的猫	Marin：50IU维生素E+9mg水飞蓟宾A+B Denamarin：90mgSAMe+9mg水飞蓟宾A+B
碳酸氢钠（Sodium bicarbonate）（非专利药物）	碱化剂，抗酸剂，用于全身性酸中毒或碱化尿液，可增加血浆及尿液碳酸氢盐浓度。可降低血清钾（减少膜外酸，引起酸从内向膜外间隙的移动，引起钾从膜外向膜内间隙的交换）	酸中毒：0.3x碳酸氢盐亏损x体重（kg）缓慢IV（碳酸氢盐亏损=理想碳酸氢盐－病猫碳酸氢盐）或0.5～1mEq/kg，缓慢IV。高钾血：与酸中毒相同 肾衰：10mg/kg q8～12h PO 碱化尿液：50mg/kg q8～12h PO（注意：1茶匙粉剂约为2g $NaHCO_3$）	1mEq/mL注射液（8.4%溶液）
氯化钠（Sodium chloride）（0.9%）（非专利药物）	等渗类晶体溶液，用于替换或维持体液	每天40～50mL/kg IV、SC或IP	静脉注射液
氯化钠（Sodium chloride）（7.5%）（非专利药物）	用于急性血容量过低或休克	2～8mL/kg IV 5min以上输入	静脉注射液
碘化钠（Sodium iodide）（20%）（Iodopen，非专利药物）	用于碘缺乏，也可用于孢子丝菌病	20mg/kg q12～24h PO	200mg/mL注射液，250mL安瓿 62.5mg/mL口服液
磷酸钠（Sodium phosphate）（通常为3mmol/mL）	用于由于糖尿病性酮酸中毒引起的低磷酸盐血症	每小时0.03～0.12mmol磷酸盐/kg的无钙溶液	注射液：每毫升含3mmol磷酸盐（99.1mg/dL磷）+4.4mEq钾，5mL，10mL，15mL，30mL及50mL安瓿
生长激素抑制素（Somatostatin）	参见奥曲肽（Octreotide）		50μg、100μg、200μg及500μg及1mg注射液
甲磺胺心定，心得怡（Sotalol）（索他洛尔，Betapace，非专利药物）	抗心律失常药物，为非特异性β_1-肾上腺素阻断剂及β_2-肾上腺素阻断剂（II类抗心律失常药物），其作用与心得安相似，也具有钾通道阻断活性，可延长再极化，因此降低自主活性及减缓AV节传导（III类抗心律失常药物）	1～2mg/kg q12h PO	80mg、120mg、160mg及240mg片剂
安体舒通，螺内酯，螺旋内酯甾酮（Spironolactone）（Aldactone）	贫钾性利尿剂；醛固酮颉颃剂，用于充血性心衰，也可用于由于肝脏疾病引起的腹水，如果发生面部皮炎则应停药	0.5～2.0mg/kg q24h PO	25mg片剂
司坦唑醇，羟甲雄烷吡唑；（Stanozolol）（康力龙，Winstrol-V）	合成代谢类固醇，参见诺龙	1mg q24h PO；25mg/周 IM	2mg片剂，必须要组方
葡萄球菌A蛋白（Staphylococcus protein A）（SPA）	免疫刺激剂	7.3μg/kg IP，每周2次，共8周，用于猫的白血病病毒感染	专利制剂
琥巯酸（诊断用药），二巯琥珀酸二巯丁二酸（Succimer）（Chemet）	重金属螯合剂（即铅、汞及砷中毒）	10mg/kg q8h PO治疗2周	100mg胶囊
胃溃宁（Sucralfate）［硫糖铝，Carafate（加拿大为Sulcrate）］	胃黏膜保护剂，抗溃疡药物，可与胃肠道溃疡组织结合，帮助溃疡痊愈，用于治疗或防止溃疡	0.25～1.0g q8～12h PO，悬浮液（片剂在水中碾碎） 悬浮液：100～200mg/kg q8～12h PO	1g片剂；1g/10mL口服悬浮液

（续表）

药物	作用	剂量及用药途径	制剂
柠檬酸舒芬太尼（Sufentanil citrate）（Sufenta）	阿片类激动剂，芬太尼衍生物的作用是通过μ－受体发挥的，其作用活性比芬太尼强5～7倍	2μg/kg IV，最大剂量可达5μg/kg	50μg/mL注射液
磺胺嘧啶（Sulfadiazine）（非专利药物）	与对氨基苯甲酸竞争细菌中合成二氢叶酸的酶，与甲氧苄胺嘧啶具有协同作用。抑菌剂	50mg/kg PO（速效剂量，loading dose），之后以25mg/kg q12h PO用药（参见甲氧苄胺嘧啶）	500mg片剂
磺胺地托辛；磺胺二甲氧哒嗪；磺胺间二甲氧（Sulfadimethoxine）（Albon，Bactrovet，非专利药物）	与对氨基苯甲酸竞争细菌中合成二氢叶酸的酶，与甲氧苄胺嘧啶具有协同作用。抑菌剂	50～60mg/kg PO（速效剂量），之后以27.5mg/kg q12h PO	250mg及500mg片剂；50mg/mL 口服悬浮液（奶油味）
磺胺甲嘧啶（Sulfamethazine）（Sulmet，许多其他品牌）	与对氨基苯甲酸竞争细菌中合成二氢叶酸的酶，与甲氧苄胺嘧啶具有协同作用。抑菌剂	100mg/kg PO（l速效剂量），之后按50mg/kg q12h PO用药	12.5%溶液；2.5g及5g片剂
磺胺甲恶唑；磺胺甲基异恶唑；新明磺；新诺明（Sulfamethoxazole）（Gantanol）	与对氨基苯甲酸竞争细菌中合成二氢叶酸的酶，与甲氧苄胺嘧啶具有协同作用。抑菌剂	100mg/kg PO（速效剂量），之后按50mg/kg q12h PO治疗	500mg片剂，在美国已无商品可用
柳氮磺胺吡啶；水杨酸偶氮磺胺吡啶（Sulfasalazine）（sulfapyridineand mesal amine）[Azulfidine，在加拿大为斯乐肠溶锭（Salazopyrin）]	磺胺类药物及抗炎药物，用于结肠炎。磺胺的作用不大；氨水杨酸具有抗炎作用	10～30mg/kg q12～24h PO	500mg片剂
磺胺二甲基异唑（Sulfisoxazole）（甘特里辛，Gantrisin）	与对氨基苯甲酸竞争细菌中合成二氢叶酸的酶，与甲氧苄胺嘧啶具有协同作用。抑菌剂。用于尿路感染	50mg/kg q8h PO	500mg/5mL悬浮液
超氧化物歧化酶（Superoxide dismutase）（Oxstrin）	用于猫免疫缺陷病毒及猫白血病病毒感染时的免疫刺激剂	q24h 1个胶囊PO	专利制剂
舒洛芬；噻丙吩（Suprofen）（Profenal）	局部用非甾体类抗炎药物，可减少角膜炎及眼色素层炎时的血管生成及炎症	q8～12h 1滴，局部用药	1%眼科用溶液
眼科用他克莫司（Tacrolimus Ophthalmic）	减少角膜炎时的血管化及色素沉着及用于干性角膜结膜炎	局部用药，q12h 1滴或1段	0.02%～0.03%溶液，应组方以获得这一浓度
牛磺酸（Taurine）（非专利药物）	用于牛磺酸缺乏时的营养补充	250～500mg q12～24h PO以发挥作用	250mg片剂
特比萘芬，氯化乙酰胆碱，三并萘芬，疗霉舒（Terbinafine）（疗霉舒，Lamisil）	合成的烯丙胺类抗真菌药物，用于有抗性的皮肤真菌病	30～40mg/kg q24h PO；注意可能需要3～5个月的治疗期	250mg片剂
间羟叔丁肾上腺素；间羟异丁肾上腺素，特布他林（Terbutaline）（Brethine，博利康尼，Bricanyl）	β－肾上腺素激动剂，$β_2$－特异性，主要用于支气管扩张，详细参见沙丁胺醇	0.1～0.2mg/kg q12h SC或IM；或0.325～0.625mg q12～24h PO	2.5mg及5mg片剂；1mg/mL注射剂 用生理盐水按1∶9稀释成0.1 mg/mL；给药0.5mL可达到0.01mg/kg的剂量
破伤风抗毒素（Tetanus antitoxin）	中和未结合的破伤风毒素	人用产品：500～1000IU IM 马产品：100～1000IU IM或SC；首先用0.1mL进行皮内试验筛查其过敏性，参见第208章	人：免疫球蛋白 马：破伤风抗血清

（续表）

药物	作用	剂量及用药途径	制剂
环戊丙酸睾酮（Testosterone cypionate）（Andro-Cyp，Andronate，Depo-Testosterone等）	睾酮酯，参见甲基睾酮。睾酮酯应肌内注射以避免首过效应（first-pass ffects）	每2～4周1～2mg/kg IM	100mg/mL及200mg/mL注射液
丙酸睾酮（Testosterone propionate）（Testex，Malogen）	睾酮注射液，参见甲基睾酮	每2～4周0.5～1mg/kg IM	100mg/mL注射液
四环素（Tetracycline）（盘霉素，Panmycin）	四环素类抗生素，通常具有杀菌作用，作用活性谱广，包括细菌、原生动物、血原体及埃里克体	15～20mg/kg q8h PO；4.4～11 mg/kg q8h IV或IM	250mg及500mg片剂；125mg/5mL口服液（木莓味）
茶碱（Theophylline）（许多品牌，非专利药物）	甲基黄嘌呤支气管扩张剂，对猫的哮喘作用不大	4mg/kg q8～12h PO	80mg/15mL酏剂（混合水果味）
茶碱，持续释放（Theophylline，sustained release）（Theo-Dur，Slo-BidGyrocaps）	与茶碱相同，也用于心房与心室阻滞	晚上25mg/kg q24h PO，或10 mg/kg q12h PO	100mg、200mg及300mg片剂及胶囊
涕必灵，噻苯咪唑（Thiabendazole）（Omnizole，Equizole）	苯并咪唑类驱虫剂，参见芬苯达唑及阿苯达唑	类圆线虫：125mg/kg q24h PO，连用3d	500mg咀嚼片
硫胺（Thiamine）（维生素 B_1）（Bewon等）	用于治疗硫胺素缺乏	每只猫25～50mg q24h IM或SC治疗3d。每只猫5～30mg q24h PO	200mg/mL及500mg/mL注射液 20mg（肠衣片）、50mg、100mg及250mg片剂
硫鸟嘌呤（Thioguanine）（6-TG）（非专利药物）	抗癌药物，能颉颃嘌呤类似物的代谢，抑制癌细胞DNA合成	25mg/m^2 q24h PO，治疗1～5d后根据需要按q30d重复	40mg片剂
硫喷妥钠（Thiopental sodium）（喷妥撒，Pentothal）	超短效巴比妥盐，主要用于诱导或用于持续10～15min的麻醉	5～12mg/kg IV以发挥作用	1g安瓿注射液
噻替派，三胺硫磷（Thiotepa）（非专利药物）	抗癌药物，氮芥莱型的烷化剂，用于各种肿瘤，特别是恶性渗出	每周或每天0.2～0.5mg/m^2，5～10d IM，腔内或肿瘤内给药	15mg安瓿注射液
甲状腺素释放激素（Thyroid-releasing hormone）（TRH，Thypinone）	在TT_4不升高时用于检查甲状腺机能亢进	采集TT_4基础值；以0.1mg/kg IV；间隔4h采集TRH后的TT_4样品	0.5mg/mL注射液在美国已不再使用
α-替卡西林；羟基噻吩青霉素（Ticarcillin）（Ticar，Ticillin）	β-内酰胺抗生素，作用与阿莫西林相似，抗菌谱与羧苄青霉素相同，用于革兰氏阴性菌，特别是伪单胞菌感染	33～60mg/kg q4～8h IV或IM	3g安瓿注射液
α-替卡西林与克拉维酸钾（Ticarcillin and clavulanate）（特美汀，Timentin）	与替卡西林相同，但加入克拉维酸以抑制细菌β-内酰胺酶及增加抗菌谱	与替卡西林相同（剂量根据替卡西林确定）	3g替卡西林+0.1g克拉维酸，安瓿注射液
替来他明与唑拉西泮（Tiletamine and zolazepam）（Telezol，Zoletil）	麻醉剂，他明（分离麻醉剂）与唑拉西泮（苯二氮类药物）合用，可产生短的麻醉持续时间（30min）	5～15mg/kg IM或1～5mg/kg IV 以发挥作用	两种药物各50mg/mL的注射液
马来酸噻吗洛尔（Timolol maleate）（Timoptic）	β-阻断剂，减少青光眼时液体的产生	q12h 1滴，局部用药	0.5%~4%眼科用溶液
马来酸噻吗洛尔+盐酸多佐胺（TimololmaleateDorzolamideHydrochloride）（可速普特，Cosopt）	β-阻断剂及碳酸酐酶抑制因子，可减少青光眼时的液体产生及增加液体流动	q8h 1滴，局部用药	0.5%噻吗洛尔+2%杜塞酰胺眼科溶液
托普霉素（Tobramycin）（妥布霉素，Nebcin）	氨基糖苷类抗菌药物，其作用机制及抗菌谱与阿米卡星和庆大霉素相似	2～4mg/kg q8h IV、IM或SC；或3～6mg/kg q12h IV、IM或SC	10mg/mL及40mg/mL注射液

（续表）

药物	作用	剂量及用药途径	制剂
托三嗪（Toltrazuril）（百球清，Baycox）	抗球虫抗寄生虫药物	15mg/kg q24h PO 3～6d	含5%或10%脱曲丽珠的口服悬浮液
反胺苯环醇（Tramadol）（曲马多，Ultram）	非DEA-控制的单胺再摄取抑制因子及阿片样止痛剂	2～4mg/kg q12h PO或12.5mg q12h PO	50mg片剂 注意：避免与对乙酰氨基酚组成合剂
曲伏前列素（Travoprost）（舒压坦，Travatan）	前列腺素类似物，用于降低青光眼时的眼内压，猫的效果尚未验证	q30m 1滴，局部用药，根据需要可在眼内重复用药	0.004%溶液
维生素A酸，视黄酸（Tretinoin）	用于猫痤疮的维生素A酸性形	用于下颌q12h	0.01%～0.25%膏剂或洗剂
去炎松，氟羟氢化泼尼松，氟羟泼尼松龙，氟羟强的松龙（Triamcinolone）（Aristocort，Genesis Spray，非专利药物）	糖皮质激素抗炎药物，详细参见β-美沙酮，效能与甲基强的松龙相当（约为皮质醇的5倍及强的松龙的1.25倍）	抗炎：0.5～1mg/kg q12～24h PO；逐渐减少剂量到0.5～1mg/kg q48h PO免疫抑制：2mg/kg q12～24h PO	0.5mg及1.5mg片剂；0.15%喷雾剂
丙酮化去炎松（Triamcinolone acetonide）（曲安西龙，Vetalog）	与去炎松相同，但IM、SC或病变位点注射后的悬浮液吸收缓慢	0.1～0.2mg/kg IM或SC；根据需要可在7～30d重复。病变位点注射：每隔2周，1.2～1.8mg（或直径每厘米的肿瘤1mg）结膜下注射：4～8mg	2mg/mL及6mg/mL注射液
盐酸三亚基四胺，三乙撑四胺（Trientine hydrochloride）（四次甲基二砜四胺，毒鼠强，tetraminetetrahydrochloride）（Syprine）	螯合剂，用于病猫不能耐受青霉胺时螯合铜	10～15mg/kg q12h PO	250mg胶囊
三氟胸苷（Trifluorothymidine）（曲氟尿苷，trifluridine）（Viroptic）	眼科局部用抗病毒药物	2滴q2～4h，然后减低使用频率，至少使用1周	1%眼科用溶液
三氟普马嗪（Triflupromazine）（Vesprin，三氟拉嗪，Stelazine）	酚噻嗪类药物，作用与其他酚噻嗪类似（参见乙酰丙嗪）；可能具有更强的抗毒蕈碱活性。止吐剂	0.1～0.3mg/kg q8～12h IM或PO	1mg、2mg、5mg及10mg片剂 10mg/mL口服液（香蕉味） 2mg/mL溶液，10mL安瓿
三碘甲状腺氨酸（Triiodothyronine）	参见碘塞罗宁		5μg、25μg及50μg片剂
酒石酸三甲泼拉嗪；酒石酸异丁嗪（Trimeprazine tar-trate）（Temaril[加拿大为Panectyl]）	具有组胺作用的酚噻嗪类药物（与异丙嗪相似）。用于治疗过敏及晕动病	0.5mg/kg q12h PO	5mg片剂
磺胺甲氧苄氨嘧啶，磺胺三甲氧苄二氨嘧啶（Trimethoprim sulfonamides）（磺胺嘧啶或新诺明，sulfadiazine orsulfamethoxazole）（Tribrissen，Septra，复方新诺明Bactrim等）	复合抗菌药物，其作用参见磺胺嘧啶。这种复合抗菌药物具有协同作用和很广的抗菌谱	15mg/kg q12h PO或30mg/kg q12～24h PO 弓形虫病：30mg/kg q12h PO，治疗28d 球虫病：体重低于4kg的猫15～30mg/kg q24h PO，治疗6d；4kg以上的猫30～60mg/kg q24h PO，治疗6d	甲氧苄氨嘧啶/磺胺嘧啶：40/200mg及80/400mg注射液；5/25mg，20/100mg，80/400mg及160/800mg片剂 甲氧苄氨嘧啶/磺胺甲恶唑：80/400mg及160/800mg片剂
苄吡二胺，吡苄明（Tripelennamine）（Pelamine，PBZ）	抗组胺H_1-阻断剂，作用与其他抗组胺类药物相似。参见氯苯吡胺	1mg/kg q12h PO	必须组方
托品酰胺，双星明，托品卡胺，托平酰胺，托吡卡胺，托平卡胺（Tropicamide）	局部眼科用麻醉剂	角膜1～2滴，1～2min后显效	1%眼科用溶液

（续表）

药物	作用	剂量及用药途径	制剂
泰乐菌素（Tylosin）（泰农，Tylan）	大环内酯类抗生素，用于隐孢子虫（Cryptosporidium parvum）和产气荚膜杆菌（Clostridium perfringens）引起的慢性腹泻	7～15mg/kg q8～12h PO	2.7g/茶粉剂
乌诺前列酮（Unoprostone）（地匹福林，Rescula）	前列腺素类似物，用于降低青光眼时的眼内压；效果尚未证实	q30m 1滴，局部用药，根据需要可在眼内重复用药	0.15%眼科用溶液 在美国已无商品可用
熊去氧胆酸（Ursodiol）（ursodeoxycholate）（乌素二酚，Actigall）	抗胆结石药物及增加胆汁流动药物，禁用于胆道阻塞		
万古霉素（Vancomycin）（万古霉素、稳可信，Vancocin，Vancoled）	抗菌药物，主要用于有抗性的葡萄球菌及粪肠球菌	12～15mg/kg q8h PO或IV注射	125mg及250mg子弹型胶囊剂（pulvule）；500mg，1g、5g及10g注射液
抗利尿素（Vasopressin）（ADH）（加压素，Pitressin）	水性抗利尿激素，用于中枢性尿崩症引起的多尿症，不能用于肾病引起的多尿	0.8U/kg IV，可间隔5min重复用药	20U/mL注射剂
盐酸戊脉安，盐酸异搏定（Verapamil hydrochloride）（Calan，异搏定，Isoptin）	钙通道阻断剂。通过阻止慢通道阻止钙进入细胞。可产生血管舒张及负变时性作用	1.1～2.9mg/kg q8h PO；0.05～0.15mg/kg（如果心肌机能正常可增加到10～30min 2 mg/kg）IV	40mg片剂；2.5mg/mL注射剂
长春碱（Vinblastine）（花碱，Velban）	与长春新碱相似，不能用于增加血小板的数量（可引起血小板减少）	1.5～2mg/m^2 IV（缓慢灌注）q7d或每次化疗时使用	10mg安瓿注射液
长春新碱（Vincristine）[On-covin，长春（新）碱，Vin-casar，非专利药物]	抗癌药物，通过结合到微管及抑制有丝分裂阻止癌细胞分裂。与化疗方案合用，也可增加机能性循环血小板的数量；用于血小板减少症	抗肿瘤：0.5～0.75mg/m^2 IV或0.05mg/kg，每周一次或每次化疗时使用。血小板减少症：0.5 mg/m^{2}或根据需要以0.02～0.03 mg/kg q7d IV用药	1mg/mL注射液，1mg，2mg和5mg安瓿
维生素A（VitaminA）（类维生素A，retinoids）（立可溶，Aquasol-A）	用于维生素A缺乏	625～800U/kg q24h SC	50000U/mL注射剂
维生素B_1（Vitamin B_1）	参见硫胺素		
维生素B_2（核黄素，riboflavin）（核黄素，Riboflavin）	用于维生素B_2缺乏	5～10mg q24h PO	50mg及100mg片剂
维生素B_{12}（Vitamin B_{12}）（钴胺素，cobalamin）	用于维生素B_{12}缺乏，包括贫血、胃肠道疾病、胰腺疾病及引起慢性厌食及失重的疾病	100～250mcg q7d SC，治疗6周后以100～250μg q14d治疗6周，之后q4周用药刺激食欲：1000～2000μg SC	1000μg/mL、3000μg/mL及10，000μg/mL注射剂
维生素C（Vitamin C）（抗坏血酸，ascorbic acid）	用于维生素C缺乏；用作尿液酸化剂时无效。用于降低高铁血红蛋白（对乙酰氨基酚中毒）	100～500mg q24h PO高铁血红蛋白血症：125mg/kg q6h PO，治疗6次；30mg/kg q6h IV治疗6次	250mg、500mg及1000mg片剂250mg/ml注射剂
维生素D（Vitamin D）	参见二氢速留醇和骨化三醇		
维生素E（Vitamin E）（α-tocopherol）（Aquasol E，非专利药物）	抗氧化剂。用于添加及治疗某些免疫介导的皮肤病、脂膜炎及脂肪组织炎	200～400U q12h PO 免疫介导的皮肤病：400～600U q12h PO	商用制剂种类很多

（续表）

药物	作用	剂量及用药途径	制剂
维生素K_1（Vitamin K_1）（phytonadione，植物甲萘醌；phytomenadione）［AquaMEPHYTON（注射液），Mephyton（片剂），Veta-K1（胶囊）］	用于抗凝剂（华法令及其他灭鼠剂）中毒及维生素K吸收异常（如肝病及胃肠道疾病）引起的凝血障碍	短效灭鼠剂：1mg/kg q24～48h IM、SC或PO治疗10～14d 长效灭鼠剂：5mg/kg SC；之后以2.5mg/kg q12h PO用药3～4周 维生素K吸收异常：2.5mg/kg SC一次，之后以1mg/kg q24h SC或PO。肝前活检：1mg/kg q12h治疗2次	2mg/mL及10mg/mL注射液；5mg、25mg及50mg片剂
伏立康唑（Voriconazole）（威反凡，Vfend）	抗真菌药物	10mg/kg q24h PO	50mg及200mg片剂；40mg/mL口服液（橘子风味）
杀鼠灵（Warfarin）（香豆素，可迈丁，Coumadin，非专利药物）	抗凝剂，消耗调节凝血因子产生的维生素K。用于血液凝固性过高的病例及用于防止血栓栓塞	血栓栓塞：0.05～0.5mg q24h PO；将剂量调整到凝血时间评估（维持前凝血时间为正常的1.5～2倍）	1mg、2mg、2.5mg、3mg、4mg、5mg、6mg、7.5mg及10mg片剂
甲苯噻嗪（Xylazine）（隆朋，Rompun）	α_2-肾上腺素激动剂，主要用于麻醉及止痛	镇静：1.1mg/kg IM；呕吐：0.4～0.5mg/kg IV	20mg/mL及100mg/mL注射液
育亨宾（Yohimbine）（Yobine）	α_2-肾上腺素颉颃剂，可用于逆转甲苯噻嗪或地托咪定的作用	0.11mg/kg IV或0.25～0.5mg/kg SC或IM	2mg/mL注射剂
扎鲁司特（Zafirlukast）（安可来，Accolate）	白三烯抑制因子，用于小气道疾病的抗炎	1～2mg/kg q12h PO	10mg及20mg片剂
齐多呋定（Zidovudine）（AZT）（立妥威，Retrovir）	抗病毒药，在人用于治疗AIDS，在猫实验上用于治疗猫白血病病毒及猫免疫缺陷病毒感染，但结果并不理想	5～15mg/kg q12h PO或SC（曾使用高达每天30mg/kg的剂量） 注意：可引起肌毒性（myelotoxity）、海因茨体贫血及黄疸	100mg胶囊；10mg/mL糖浆（草莓风味）；300mg片剂
唑尼沙胺（Zonisamide）（唑尼沙胺，Zonegran）	碳酸酐酶抑制剂，解痉药物	5～10mg/kg q12h PO	50mg及100mg胶囊

注：1. 表中所有单位大多数为国际单位，英制单位请读者换算成国际单位，如1磅（lb）=0.45kg，1加仑（us gal）=3.785L。
2. 此药物表为美国的药物表，作为中文翻译仅供国内读者参考。

附　录

附录1
英拉汉名词对照

A

Abdominocentesis，腹腔穿刺术
Abducens nerve，外展神经
Ablation，切除
Abortion，流产
Abscess/abscessation，脓肿/脓肿形成
Abyssinian，阿比尼西亚猫
Acetaminophen toxicosis，对乙酰氨基酚中毒
Amyloidiosis，淀粉样变
Acantholytic cells，棘状细胞
ACE-inhibitor，Angiotensin convertingenzyme-inhibitor，血管紧张肽转化抑制剂
Acemannan，乙酰吗喃
Acepromazine，乙酰丙嗪
Acetaldehyde，乙醛
Acetaminophen，对乙酰氨基酚
Acetate tape impression，醋酸纤维胶带压片
Acetazolamide，乙酰唑胺
Acetylcysteine，乙酰半胱氨酸
Acetylcholine receptor antibody titer，乙酰胆碱受体抗体效价
Acetylcholinesterase，乙酰胆碱酯酶
Acetylcystine，N-乙酰-L-半胱氨酸
Achromotrichia，毛发褪色
Acid-fast stain，抗酸染色
Acidosis，酸中毒
Acne，痤疮
Acantophisantarcticus，棘蛇
Acquired Fragile Skin Syndrome，获得性皮肤易碎综合征
Acromegaly，肢端肥大症
Acromelanism，端部黑化症
ACTH stimulation test，ACTH刺激试验
Activated partial tromboplastin time，活化部分凝血活酶时间
Actinic keratosis，光化性角化病
Actinomyces spp.，放线菌
Actinomycosis，放线菌病
Activated charcoal，活性炭
Acupuncture，针刺
Acute renal failure，急性肾衰
Acyclovir，阿昔洛韦
Addison' s disease，阿蒂森病
Adenocarcinoma，腺癌
Adipokines，脂肪因子
Adiponectin，脂联素
Adjuvant，佐剂
Adrenal disease，肾上腺疾病
Adrenal Function Testing，肾上腺机能试验
Adrenal tests，肾上腺检查
Aelurostrongylus abstrusus，隐蔽猫圆线虫
ACTH stimulation，ACTH刺激试验
Adrenalectomy，肾上腺切除术
Aelurostrongylus abstrusus，奥妙猫圆线虫
Aerophagia，吞气症
Age approximation，年龄估测
Aggregate reticulocytes，聚集网织红细胞
Aggression，攻击
Aglepristone，阿来司酮
Agkistrodon contortrix，铜头蛇
Agkistrodon piscivorus，棉口蝮蛇
Air bronchograms，空气支气管征，支气管气象
Albumin，白蛋白
Albuterol，沙丁胺醇
Alcohol dehydrogenase，乙醇脱氢酶
Alcoholization，醇化
Aldosterone，醛固酮
Alfaxolone，阿法沙龙
Alkalinization therapy，碱化疗法
Allergy testingintradermal，皮内过敏反应
Alloantibodies，同种抗体
Allograft rejection，同种异体移植排斥反应
Allopurinol，别嘌呤醇
Alopecia，对称性脱毛症
Alpha adrenergic agonist，α-肾上腺素激动剂
Alpha adrenergic antagonist，α-肾上腺素颉颃剂
Alpha naphthyl thiouria，α-奈基硫脲
Alpha2-agonist，α_2-激动剂
Alprazolam，阿普唑仑

Aluminum hydroxide，氢氧化铝
Alveolar ridge maintenance，牙槽嵴维持
Alzheimer' s disease，老年痴呆症
Amblyomma americanum，美洲钝眼蜱
American shorthair，美国短毛猫
Ameroid constrictor，缩窄器
Aminopentamide，胺戊酰胺
Amitraz，双甲脒
Amitriptyline，阿米替林
Amlodipine，氨氯地平
Ammonia，氨
Ammonia toxicity，氨中毒
Ammonium biurate calculus，重尿酸铵结石
Ammonium chloride，氯化铵
Amphimerus pseudofelineus，伪猫对体吸虫
Amphotericin-B，两性霉素 B
Amprolium，安普罗利，氨丙嘧吡啶
Amylin，糊精
Amyloid，淀粉体
Amyloid plaques，淀粉体斑
Amyloidogenic protein，淀粉体生成蛋白
Amyloidosis，淀粉样变性
Anal glands，肛腺
Anal reflex，肛门反射
Anal sac disease，肛囊腺疾病
Anal sacculectomy，肛囊全摘除
Anal sacculitis，肛囊炎
Analgesia，镇痛
Analgesic，镇痛剂
Anaphylaxis，过敏反应
Anaplasmataceae，无形小体科
Anaplasma spp.，无形体
Anaplasmosis，无形体病
Ancylostoma，钩虫
Ancylostoma braziliense，巴西钩口线虫
Ancylostoma tubaeforme，管形钩口线虫
Anemia，贫血
Anesthesia，麻醉
Anesthesia plane，麻醉平面
Angiocardiogram，心血管造影
Angioedema，血管性水肿
Angiogram，血管造影片
Angiography，血管造影术
Angiotensin Ⅱ，血管紧张肽Ⅱ
Angiotension converting enzyme inhibitor，血管紧张肽转化酶抑制因子
Anisocoria，瞳孔大小不等
Annealing temperature，退火温度
Anorexia，厌食
Ant sting，蚂蚁叮螫
Antacid，抗酸剂
Antegrade pyelogram，排泄性肾盂造影术
Antemortem Diagnosis，临死前诊断
Anterior cruciate ligament，前十字韧带
Anterioruveitis，前眼色素层炎
Anterior mediastinal mass，纵隔前肿块
Anthracycline，蒽环类抗生素
Anti-A-antibodies，抗A抗体
Anti-acetylcholine receptor antibody titer，抗乙酰胆碱受体效价
Anticholinergic drug，抗胆碱药物
Anticoagulant，抗凝剂
Anticonvulsant，解痉药物
Antiemetic，止吐剂
Antifreeze，防冻剂
Anti-leukotrienes，抗白三烯药物
Antinuclear antibody titer，抗核抗体效价
Antipyretic，解热药
Antithrombin Ⅲ level，抗凝血酶Ⅲ水平
Antivenin，抗蛇毒素
Anuria，无尿
Anxiety motivated elimination，焦虑激发性消除
Anxiolytics，抗焦虑药物
Aortic，主动脉的
Aortic aneurism，主动脉瘤
Aortic knob，主动脉结
Aortic valves，主动脉瓣
Apathetichyperthyroidism，淡漠型甲亢
Apexification，根尖诱导形成术
Apexogenesis，牙根尖发生
Apocrine hidrocystoma，顶浆分泌性汗腺囊瘤
Apoidea spp.，蜜蜂
Appetite stimulant，食欲刺激剂
Apudomas，胺前体摄取与脱羧细胞瘤
Aquamephyton，维生素K_1
Aqueocentesis，房水穿刺术
Aqueous flair，房水闪辉
Arachidonic acid，花生四烯酸
Arachnids，蛛形纲
Arginine，精氨酸
Arginine vasopressin，精氨酸加压素
Arrhythmia，心律不齐
Arterial pulse deficit，脉搏短缺失
Arteriovenous fistula，动静脉瘘
Arthopod-transmitted disease，节肢动物传播性疾病
Arthropathy，关节病

Arthrospores，分节孢子
Artificial corneal materials，人工角膜材料
Artificial tears ointment，人工泪液
Arytenoid lateralization，杓状软骨偏侧移位
Ascarids，蛔虫
Ascites，腹水
Ascorbic acid，抗坏血酸
Aspergillosis，曲霉菌病
Aspergillus fumigatus，烟曲霉
Aspergillus terreus，土曲霉
Aspergillus spp.，曲霉菌
Aspirin，阿司匹林
Aspirin toxicosis，阿司匹林中毒
Assisted standing，辅助站立
Asthma，哮喘
Asymmetric septal hypertrophy，不对称性中隔肥大
Ataxia，共济失调
Atelectasis，肺膨张不全
Atenolol，阿替洛尔
Atonic bladder，膀胱迟缓
Atopic dermatitis，特应性皮炎
Atopy，特异反应性
Atovaquone，阿托伐醌
Atracurium，阿曲库铵
Atrax robustus，悉尼漏斗网蛛
Atresia ani，肛门闭锁
Atrial fibrillation，心房颤动
Atrial flutter，心房扑动
Atrial premature complexes，APC，心房早搏，房性期前收缩
Atrial standstill，心房停顿
Atrial tachycardia，房性心动过速
Atrioventricular junction，房室连接
Atropine，阿托品
Atropine challenge test，阿托品攻击试验
Attachment to pet，宠物依恋
Attention seeking behavior，寻求关注行为
Atypical bacteria，非典型性细菌
Atypical mycobacteria，非典型性分支杆菌
Aujeszky disease，伪狂犬病
Aura，癫痫预兆
Aural hematoma，耳血肿
Auricle，心耳
Auricular cartilage，耳软骨
Aurothioglucose，金硫葡糖
Auscultation，听诊
Australian bat Lyssavirus，澳洲蝙蝠狂犬病病毒
Autoagglutination，自身凝集反应
Autoimmune，自身免疫
Autonomic polyneuropathy，自发性多神经病
AV block，AV阻滞
AV junctional escape rhythm，房室交界性逸搏节律
Azathioprine，硫唑嘌呤
Azithromycin，阿奇霉素

B

Babesia spp.，巴贝斯焦虫
Bacillary angiomatosis，细菌性血管瘤
Bacterial endocarditis，细菌性心内膜炎
Bacterial L-forms，L型杆菌
Baermann examination，贝尔曼漏斗检查法
Bain anesthesia system，贝恩麻醉法
Balanced anesthesia，平衡麻醉
Balinese，巴厘猫
Balloon catheter dilatation，气囊导管扩张
Balloon valvuloplasty，球囊瓣膜成形术
Barbiturates，巴比妥类药物
Barium，钡
Barotrauma，气压伤
Bartonella spp.，巴尔通体
Bartonellosis，巴尔通体病
Basal cell tumor，基底细胞瘤
Basal energy requirement，基础能量需要
Bat，蝙蝠
Bat feces，蝙蝠粪便
Bates body，贝茨体
Bee sting，蜜蜂蜇伤
Beetles，甲壳虫
Behavioral pharmaceuticals，行为药物
Benazepril，本拉普利
Bendiocarb，恶虫威
Bengal，孟加拉猫
Bentonite clay，膨润土
Benzodiazepines，苯二氮平类药物
Bereavement of pet loss，丧失宠物后的哀伤
Besnoitia spp.，皮肤型格罗比底亚虫
Beta-adrenergic blocker，β-肾上腺受体阻断剂
Bethanechol，氨甲酰甲胆碱
Biceps reflex，二头肌反射
Big kidney-little kidney syndrome，大肾脏-小肾脏综合征
Bile acids，胆酸
Biliary cyst，胆道囊肿
Biliary diversion surgery，胆囊分流术
Bilirubin，胆红素
Biliary sludge，胆泥淤积
Biofilm，生物膜

Bioterrorism，生物恐怖主义
Birman，缅甸猫
Bisacodyl，比沙可啶
Bite wounds，咬伤
Biventricular failure，双室心衰
Black snakes，黑蛇
Black widow spider，黑寡妇蜘蛛
Blastomyces dermatitidis，皮炎芽生菌
Blastomycosis，芽生菌病
Blephrospasm，眼睑痉挛
Blindness，失明
Blood collection，采血
Blood group system，血型系统
Blood hyperviscosity syndrome，血液黏滞性过高综合征
Blood pressure，血压
Blood transfusion，输血
Blood types，血型
Blood typing kits，血型测试剂盒
Blue–tail lizard，蓝尾蜥蜴
Bobcat，山猫
Body condition score，体况分值
Body surface area，体表面积
Bone marrow，骨髓
Bone marrow aspiration，骨髓穿刺
Bone matrix implant material，骨基质移植材料
Bony labyrinth，骨迷路
Bot fly，马蝇，胃蝇
Bordetella bronchiseptica，支气管炎博代氏菌
Bordetellosis，博代氏菌病
Bots，蝇蛆病
Bouginage，探条扩张术
Bovine spongiform encephalitis，牛海绵样脑病
Bowen's disease，鲍文病，癌前皮炎
Brachial plexus neuropathy，臂神经丛神经病
Brachioradialis muscle，肱桡肌
Brachycephalic cats，短头猫
Brachycephalic corneal disease，短头猫角膜疾病
Brachycephalic syndrome，短头综合征
Brachycephalism，短头畸形
Bradycardia，心动过缓
Bradyzoite，缓殖子
Breed–related disease，品种相关性疾病
Breed–specific diseases，品种特异性疾病
British shorthair，英国短毛猫
Brodifacoum，溴鼠灵
Bromadiolone，溴敌灵
Bromethalin，溴杀灵
Bronchial disease，支气管疾病
Bronchoalveolar lavage，支气管肺泡灌洗
Bronchoconstriction，支气管狭窄
Bronchodilators，支气管扩张药物
Bronchoscopy，支气管镜检
Brown mucous membranes，棕色黏膜
Brown recluse spider，褐隐毒蛛
Brown snakes，褐蛇
Brucella spp.，布鲁氏菌
Bruxing，咬合
Buboes，腹股沟淋巴结炎
Bubonic plague，黑死病
Buccostomatitis，颊口炎
Budesonide，布地奈德
Buffy coat prep，血沉棕色层制备
Bufo toad，蟾蜍
bulbar conjunctiva，球结膜
Bulbar dysfunction，延髓机能紊乱
Bulbourethral glands，尿道球腺
Bulla osteotomy，鼓膜泡骨切开术
Bulldog vascular clamp，短头血管钳
Bull's eye lesion，牛眼病变
Bumble bees，大黄蜂
Bundle branch block，束支阻滞
Buphthalmos，牛眼
Bupivacaine，布比卡因，丁哌卡因
Buprenorphine，丁丙诺啡
Burmese，缅甸猫
Burr cells，棘状细胞
Buspirone，丁螺环酮
Busulfan，白消安
Butorphanol，布托啡诺

C

Caffeine，咖啡因
Calcifying epithelial odontogenic tumor，钙化性上皮牙原性肿瘤
Calcinosiscircumscripta，局限性钙沉着
Calcipotriol，卡铂三醇
Calcitonin，降血钙素
Calcitriol，骨化三醇
Calcium oxalate，草酸钙
Calcium phosphate urolith，磷酸钙尿结石
Calculi，结石
Calculus，结石
Calculus index，结石指数
Calicivirus，杯状病毒
Call–Exner bodies，卡–埃二氏小体
Caloric requirements，热量需要

Campylobacteriosis，弯曲杆菌病
Cancer associated anorexia–cachexia syndrome，癌相关性厌食—恶病质综合征
Candidatus Mycoplasma haemominutum，微血支原体暂定种
Candidatus Mycoplasma turicensis，苏黎世支原体暂定种
Cannabis sativa，大麻
Capillaria aerophila，嗜气毛细线虫
Capillary refill time，CRT，毛细血管再充盈时间
Capnography，二氧化碳波形图
Capsular Imbrication，关节囊鳞状重叠
Capsulectomy，晶状体囊切除术
Captopril，甲巯丙脯酸
Carbamate toxicosis，氨基甲酸酯中毒
Carbenicillin indanyl sodium，羧苄青霉素钠，卡茚西林钠
Carbimazole，卡比马唑
Carbondioxide laser，CO2激光
Carboplatin，卡铂
Carcinoma，癌
Carcinoma in situ，原位癌
Carcinomatosis，癌扩散
Cardiac arrest，心跳骤停
Cardiac catheterization，心导管
Cardiac massage，心脏按摩
Cardiac output，心输出量
Cardiac remodeling，心脏重构
Cardiac silhouette，心廓
Cardiac tamponade，心压塞
Cardiocentesis，心脏穿刺术
cardiogenic shock，心源性休克
Cardiomyopathy，心肌病
Cardiopulmonary arrest，心肺骤停
Cardiopulmonary resuscitation，心肺复苏术
Carnitine，肉毒碱
Carpal organ，腕器
Carprofen，卡洛芬
Cartilaginous exostoses，软骨骨外生
Cascara sagrada，鼠李皮
Castration，去势
Cataract，白内障
Cat scratch disease，猫抓病
Catnip，猫薄荷
Cattery，猫舍
Cauda equina，脊髓圆锥
Caudal cruciate ligament，后十字韧带
Cauliflower ear，菜花耳
Cefaclor，氯氨苄青霉素
Cefadroxil，头孢羟氨苄
Cefamandole，头孢羟苄唑
Cefazolin sodium，唑啉头孢菌素
Cefixime，头孢克肟
Cefmetazole sodium，头孢美唑钠
Cefotaxime sodium，氨噻肟头孢菌素
Cefotetan，头孢替坦
Cefoxitin，头孢西丁；头孢甲氧霉素
Cefpodoxime，普塞头孢泊肟
Ceftazidime，头孢他啶
Ceftiofur，头孢塞夫
Ceftriaxone，头孢曲松
Celiogram，腹膜腔造影片
Celiography，腹膜腔造影术
Cellophane banding，玻璃纸包扎
Cellulitis，蜂窝织炎
Colectomy，结肠切除术
Central venous catheter，中央静脉导管
Central venous pressure，中心静脉压
Cephapirin，头孢吡硫，吡硫头孢菌素；吡啶硫乙酰头孢菌素；先锋霉素Ⅷ；塞发吡令
Cerebellar hypoplasia，小脑发育不全
Cerebrospinal fluid，脑脊液
Cerebrospinal fluid collection，脑脊液采集
Cerumenolytic，耵聍腺溶解剂
Ceruminous gland disease，耵聍腺疾病
Cervical line lesion，颈线病变
Cervical ventroflexion，颈部下弯
Cesarean section，剖宫产
Cestodes，多节绦虫
Chamber induction，麻醉室诱导麻醉
Chartreux，夏特尔猫
Chemoreceptor trigger zone，化学受体启动区
Chemosis，球结膜水肿
Chemotherapy，化疗
Chemotherapy agent，化疗药物
Chemotherapy protocol，化疗方案
Chemoreceptor trigger zone，化学受体启动区
Cherry eye，樱桃眼
Chest tube，胸导管
Chewing tobacco，嚼烟
Cheyletiella blakei，布氏姬螯螨
Cheyletiellosis，姬螯螨皮炎
Cheyne–Stokes respiratory pattern，潮式呼吸
Chlamydia psittaci，鹦鹉热衣原体
Chlamydophila felis，猫亲衣原体
Chlorambucil，瘤可宁
Chlorothiazide，氯噻嗪
Chlorpheniramine maleate，马来酸氯曲米
Chlorpromazine，氯丙嗪

Chlorpropamide，氯磺丙脲
Chlortetracycline，氯四环素
Cholangiocellularcarcinoma，胆管细胞癌
Cholangiohepatitis，胆管肝炎
Cholangitis/cholangiohepatitis，胆道炎/胆管肝炎
Cholecalciferol toxicosis，维生素D3中毒
Cholecystocentesis，胆囊穿刺术
Cholelith，胆结石
Cholelithiasis，胆石症
Cholinergic antagonist，胆碱能颉颃剂
Cholinergic drug，类胆碱药物
Cholinesterase activity，胆碱酯酶活性
Chondrosarcoma，软骨肉瘤
Chorioretinitis，脉络膜视网膜炎
Choroiditis，脉络膜炎
Chromium，铬
Chromoproteinuric nephropathy，色素蛋白尿性肾病
Chronic pancreatitis，慢性胰腺炎
Chronic renal disease，慢性肾病
Chronic renal failure，慢性肾衰
Chrysotherapy，金疗法
Chylothorax，乳糜胸
Chylous fluid，乳糜液
Cidofovir，西多福韦
Ciliaectopic，绒毛异位
Ciliary cyst，睫状体囊肿
Ciliary spas，睫状体痉挛
Cimetidine，甲腈咪胍
Ciprofloxacin，环丙沙星
Cirrhosis hepatic，肝硬化
Cisapride，西沙必利
Clarence River Snake，克拉伦斯河蛇
Clarithromycin，克拉仙霉素
Clavicle，锁骨
Cleft lip，唇裂
Cleft palate，腭裂
Clemastine，氯马斯汀
Clindamycin，氯林可霉素，氯洁霉素，克林达霉素
Clofazimine，氯法齐明
Clomipramine，氯丙眯嗪
Clonazepam，氯硝西泮
Clopidogrel，氯吡格雷
Clorazepate，氯拉卓酸
Closed population，密闭群
Clostridium botulinum，肉毒梭菌
Clostridium tetani，破伤风梭菌
Coagulation profile，凝血试验
Coagulopathy，凝血障碍
Cobalamin，钴胺素
Coccidioides immitis，粗球孢子菌
Coccidioidomycosis，球孢子菌病
Coccidiosis，球虫病
Cockroaches，蟑螂
Cocoa bean/powder，可可豆/可可粉
Cod liver oil，鱼肝油
Coenzyme Q10，辅酶Q10
Cognitive dysfunction，认知机能障碍
Colchicine，秋水仙碱
Cold therapy，冷疗
Colectomy，结肠切除术
Colloids，胶体
Colloid osmotic pressure，胶体渗透压
Coloboma，眼睑缺损
Colonoscopy，结肠镜检查
Colony-stimulating factor，集落刺激因子
Colopexy，结肠固定术
Colostrum，初乳
Colubridae，游蛇科
Colubroidea，新蛇超科，游蛇超科，新蛇下目
Combination Chemotherapy，组合化疗
Compulsive disorders，强制性疾病
Complete blood cell count，血常规
Congenital diseases，先天性疾病
Congestive heart failure，充血性心衰
Congo red stain，刚果红染色
Conjunctiva，结膜
Conjunctival pedical graft，结膜蒂移植
Conjunctivitis，结膜炎
Conn' s disease/syndrome，康恩氏综合征，高醛固酮血症
Conscious proprioception，意识本体感受
Consensual pupillary light reflex，交感瞳孔光反射
Constipation，便秘
Consumptive coagulopathy，消耗性凝血病
Contrast antegrade pyelography，造影剂排泄性肾盂造影术
Coombs' test，库姆氏试验，抗球蛋白试验
Copper colored iris，铜染虹膜
Copperhead snake，美洲蝮蛇
Cortriatriatum dexter，右侧三房心
Coral snake，珊瑚蛇
Cornea，角膜
Corneal reflex，角膜反射
Corneal-palpebral reflex，角膜-眼睑反射
Cornealsequestrum，角膜腐片
Cornish rex，柯尼斯卷毛猫，黄猫，康沃尔猫
Coronavirus titer，冠状病毒效价
Corticosteroids，皮质类固醇

Cosequin，康仕健（止痛药）
Costophrenic angle，肋膈角
Cosyntropin，促皮质素
Cottonmouth water moccasin snake，棉口美洲水蛇
Coumadin，香豆素
Coxa vara，髋内翻
Coyotes，土狼
Cramping syndromes，痛性痉挛综合征
Cranialcruciate ligament rupture，前十字韧带断裂
Cranial vena cava，前腔静脉
Cranial tibial reflex，前胫骨反射
Crayfish，小龙虾
Creatine kinase，肌酸激酶
Cribriform plate，筛状板
Crickets，蟋蟀
Cromolyn，可玛琳
Cross-matching，交叉配血型
Crotalus adamanteus，菱斑响尾蛇
Crown amputation，顶部截除术
Cryosurgery，冷冻手术
Cryotherapy，冷冻疗法
Cryptococcosis，隐球菌病
Cryptococcus gattii，隐球菌
Cryptococcus neoformans，新型隐球菌
Cryptorchidism，隐睾症
Cryptorchidism surgery，隐睾症手术
Cryptosporidiosis，隐孢子虫病
Cryptococcusneoformans，新型隐球菌
Cryptosporidiosis，隐孢子虫病
Cryptosporidium parvum，微小隐孢子虫
Cryptosporidium spp.，隐孢子虫
Crystalloids，类晶体液
Ctenocephalides felis，猫栉首蚤
Cushing' s disease，库兴氏症
Cutaneousasthenia，皮肤无力
Cutaneous keratinous cysts，皮肤角化囊肿
Cutaneous larval migrans，皮肤幼虫迁移
Cutaneous xanthomatosis，皮肤黄瘤病
Cuterebra spp.，黄蝇
Cuterebriasis，疽蝇病
Cyanoacrylate tissue glue，氰基丙烯盐黏合剂
Cyanocobalamin，氰钴维生素
Cyanosis，发绀
Cyclitis，睫状体炎
Cyclophosphamide，环磷酰胺，癌得星，安道生
Cyclophosphamide' cystitis，环磷酰胺膀胱炎
Cyclosporine，环孢霉素
Cyproheptadine，赛庚啶
Cystadenoma，囊腺瘤
Cystectomy，胆囊切除术
Cystocentesis，膀胱穿刺
Cystography，膀胱造影术
Cystoscopy，膀胱镜
Cystostomy，膀胱造口术
Cystotomy，膀胱切开术
Cytauxzoon felis，猫胞裂虫
Cytauxzoonosis，胞裂虫病
Cytochrome P450 oxidase system，细胞色素P450氧化酶系统
Cytokeratin，细胞角蛋白
Cytology，细胞学
Cytosine arabinoside，阿拉伯糖苷胞核嘧啶

D

Daltaparin，低分子量肝素
Danazol，达那唑
Dandruff，皮屑
Dantrolene，丹曲林
Dapsone，氨苯砜，二氨二苯砜
Darbepoetin alfa，阿法达贝泊汀
Dazzle reflex，眩光反射
Deafness，耳聋
Death Adder snake，致死毒蛇，棘蛇
Debulking，减积手术
Deciduous teeth，乳齿
Declawing，去爪
Defecation reflex，排便反射
Deferoxamine，去铁敏
Defibrillation，去心脏纤颤
Degenerative joint disease，退行性关节疾病
Degloving injury，套状撕脱伤
Dehydration，脱水
Delayed allergic reactions，迟缓型过敏反应
Dematophytic pseudomycetomas，皮真菌性假分支菌
Demecarium bromide，地美溴铵
Demodex canis，犬蠕形螨
Demodex cati，猫蠕形螨
Demodex gatoi，戈托伊蠕形螨
Demodicosis，蠕形螨病
Dendritic ulcer，树枝状溃疡
Dental charting，牙齿图
Deranged stifle，膝关节错位
Dermacentor variabilis，变异革蜱
Dermatohistopathology，皮肤组织病理学
Dermatophilosis，嗜皮菌病
Dermatophyte，皮真菌
Dermatophyte kerion，皮霉癣菌癣脓肿

Dermatophyte test media，皮肤真菌试验培养基
Dermatophytosis，皮真菌病
Descemet's membrane，角膜后弹力层，德斯密氏膜
Desensitization，脱敏
Desflurane，地氟烷
Desmopressin，去氨加压素
Desoxycorticosterone pivalate，三甲基乙酸去氧皮质酮
Detemir insulin，地特胰岛素
Detrusor atony，逼尿肌弛缓
Devon Rex，德文雷克斯猫
Dexamethasone suppression test，地塞米松抑制试验
Dexmedetomidine，右美托咪定
Dextrans，葡聚糖，右旋糖酐
Dextromethorphan，美沙芬
Diabetes insipidus，DI，尿崩症
Diabetes mellitus，糖尿病
Diabetic cataracts，糖尿病性白内障
Diabetic Foot Disease，糖尿病性趾病
Diabetic ketoacidosis，DKA，糖尿病性酮病
Diabetic nephropathy，糖尿病性肾病
Diabetic neuropathy，糖尿病性神经障碍
Diaphragmatic crus，膈脚
Diaphragmatic hernia，DH，膈疝
Diaphragmatic line，膈线
Diarrhea，腹泻
Diastema，间歇裂
Diastolic dysfunction，心脏舒张性机能紊乱
Diazepam，安定
Dichlorphenamide，双氯非那胺，双氯璜酰胺，二氯磺胺，双氯苯二磺酰胺，二氯苯磺胺，二氯苯二磺胺，二氯磺酰胺
Diclofenac，双氯芬酸
Dicloxacillin，双氯青霉素，二氯苯甲异恶唑青霉素钠
Diet，饮食
Diff-Quik stain，迪夫-快克染色法
Digibind immune fab，地高辛结合免疫片段Fab
Digital disease，趾病
Digoxin，地高辛
Dihydrotachysterol，双氢速甾醇
Dilated cardiomyopathy，扩张型心肌病
Diltiazem，地尔硫卓
Diminazene aceturate，醋酸二脒那秦，重氮氨苯脒
Dioctyl sodium sulfosuccinate，磺基丁二酸钠二辛酯
Diphacinone，敌鼠
Diphenoxylate，苯乙哌啶，氰苯哌酯，氰苯哌酸乙酯
Dipiuridae，长尾蛛科
Dipivefrin，地匹福林；二叔戊酰肾上腺素
Dipylidium caninum，犬复孔绦虫
Dipyridamole，双嘧达莫
Direct pupillary light reflex，直接瞳孔光反射
Dirofilariasis，犬心丝虫病
Dirofilaria immitis，犬心丝虫
Dirty face syndrome，脏脸综合征
Discoloration of tooth，牙齿变色
Discrete cells，离散细胞
Disease factors，疾病因子
Disease free interval times，无病间隔时间
Disinfectants，消毒剂
Displacement activities，替换活动
Disseminated intravascular coagulation，DIC，弥散性血管内凝血
Disseminated intravascular coagulopathy，弥散性静脉内凝血症
Distal axonopathy，远端轴突病
Distichia，双行睫
Distributive shock，分布性休克
Diuretic，利尿剂
Diverging strabismus，发散性斜视
Diverticulum，憩室
DL-methionine，DL-蛋氨酸
Dobutamine，多巴酚丁胺
Docusate calcium，多库酯钙
Docusate sodium，多库酯钠
Dog bites，犬咬伤
Dolasetron mesylate，甲磺酸多拉司琼
Domestic longhair，家养长毛猫
Domestic shorthair，家养短毛猫
Domperidone，潘立酮，丙派双酮，丙哌双苯醚酮，胃得灵，咪哌酮，哌双米酮，氯哌酮
Dopamine，多巴胺
Doppler，多普勒
Doramectin，多拉菌素
Dorzolamide，多佐胺
Doxapram，多沙普仑
Doxorubicin，阿霉素
Doxycyline，脱氧土霉素
Doxycycline，强力霉素
Drooling，流涎
Drug formulary，药物手册
Dynamic right ventricular obstruction，DRVO，动态右心室阻塞
Dysautonomia，自主神经机能异常
Dyscoria，瞳孔反应异常
Dysgerminoma，无性细胞瘤
Dysostosis，骨骼发育障碍
Dysphagia，吞咽困难

Dysphonia，发声困难
Dyspnea，呼吸困难
Dystocia，难产
Dystrophic calcification，营养不良性钙化
Dysuria，排尿困难

E

Ecchymosis，瘀斑
Echinococcus multilocularis，多房棘球绦虫
Echinocytes，棘状红细胞
Echocardiogram，超声心动图
Echocardiography，超声心动图
Echolaryngography，超声喉描记术
Eclampsia，子痫
Ectoparasites，外寄生虫
Ectopiccalcification，异位钙化
Ectopic cilia，异位睫毛
Edetate calcium disodium，乙二胺四乙酸钙二钠
Edrophonium chloride challenge，氯化滕喜龙试验
Effleurage，轻抚法
Egg basket，卵框
Egyptian Mau，埃及猫
Ehler-Danlos syndrome，埃-当综合征，皮肤弹性过度综合征
Ehrlichia，埃立克体
Ehrlichia phagocytophila，嗜嗜胞埃里希氏体
Ehrlichiosis，埃立克体病
Eicosapentanoic acid，二十碳五烯酸
Eisenmenger' s physiology，艾森门格综合征
Elapidae，眼镜蛇科
Electrical stimulation，电刺激
Electrocardiogram，心电图
Electrocardiography，心电图描记法
Electrocardiographic tables，心电图表
Electrodiagnostics，电诊断法
Electromyography，肌电图
Electroretinogram，视网膜电图
Electrotherapy，电疗法
Elongated soft palate，软腭伸长
Elongated tongue，舌延长
Embolectomy，栓子切除术
Emesis，催吐
Empyema，积脓症
Enalapril，依那普利
Encephalomyelitis，脑脊髓炎
Encephalopathy hepatic，肝性脑病
Endocarditis，心内膜炎
Endocrine deficiency alopecia，内分泌缺乏性脱毛
Endodontics，牙髓病
Endometrial hyperplasia，子宫内膜增生
Endophthalmitis，眼内炎
Endoscopy，内镜检查
Endotracheal intubation，气管插管术
Endotracheal tube，气管内导管
Enema，灌肠
Enflurane，安氟醚
Enilconazole，恩康唑
Enophthalmos，眼球内陷
Enoxaparin，依诺肝素
Enrichment broth，富营养肉汤
Enrofloxacin，恩诺沙星
Enterocolitis，小肠结肠炎
Entropion，眼睑内翻
Enucleation，眼球摘除术
Envenomizationarachnids，蛛形纲螫刺毒作用
Environmental enrichment，环境富集
Environmental tobacco smoke，环境性吸烟
Eosinophilia，嗜酸性粒细胞增多
Eosinophilicgranuloma，嗜酸性粒细胞性肉芽肿
Eosinophilic granuloma complex，嗜酸细胞性肉芽肿复合征
Eosinophilic keratitis，嗜酸细胞性角膜炎
Eosinophilicplaque，嗜酸性斑
Eperythrozoon，附红细胞体
Ephedrine，麻黄素
Epidermal collaret，表皮颈圈
Epidermal inclusion cysts，表皮包含囊肿
Epidural block，硬膜外阻滞
Epidurogram，硬膜外成像
Epilepsy，癫痫
Epileptic seizures，癫痫发作
Epinephrine，肾上腺素
Epiphora，泪溢
Episodic movement disorders，痫性痉挛综合征
Episioplasty，外阴成形术
Epistaxis，鼻出血
Epithelial cells，上皮细胞
EpitheliotropicT-cell lymphoma，嗜上皮性T细胞淋巴瘤
Epoetin alfa，阿法达依泊汀
Epsiprantel，依西太尔
Epulides，龈瘤
Epulis，龈瘤
Equine anti-tetanus serum，马抗破伤风血清
Ergocalciferol，麦角钙化醇
Erythropoietin，红细胞生成素
Escherichia coli，大肠杆菌
Esophageal diverticula，食道憩室

Esophagitis，食管炎
Esophagostomy，食管造口术
Esophagostomy tube，食管造口插管
Ethanol，乙醇
Ethylene glycol，乙二醇
Etidronate disodium，羟乙膦酸钠
Etiopathogenesis，病原致病机理
Etomidate，依托咪酯
Etretinate，依曲替酯
Eucoleus aerophila，嗜气优鞘线虫
European shorthair，欧洲短毛猫
Eustachian tube，咽鼓管
Euthanasia，安乐死
Euthyroid sick syndrome，甲状腺机能类正态综合征
Excessivegrooming，整梳过度
Excisional biopsy，切块活检
Excretory urogram，排泄性尿路造影片
Exenteration，脏器除去术
Exerciseintolerance，体力不支，运动不耐
Exfoliative dermatitis，表皮脱落性皮炎
Exfoliative skin disease，脱落性皮肤病
Exocrine pancreatic disease，胰腺外分泌疾病
Exodontia，拔牙术
Exophthalmos，眼球突出
Expiratory dyspnea，呼气性呼吸困难
Exploratory Celiotomy，剖腹探查
Extensor carpi radialis reflex，腕桡伸反射
External acoustic meatus，外耳道
Extracapsular stabilization，囊外稳定术
Extractions，拔牙
Extrahepatic bile duct obstruction，肝外胆管阻塞
Eyelid agenesis，眼睑发育不全
Eyelid diseases，眼睑疾病

F

Fading kitten syndrome，仔猫衰弱综合征
False pregnancy，假孕
Famciclovir，泛昔洛韦
Famotidine，法莫替丁
Fat binder，脂肪黏合剂
Fatty liver syndrome，脂肪肝综合征
FCoV titer，冠状病毒效价
Fecal flotation，粪便漂浮检查
Fecal proteolytic activity，粪便蛋白水解活性
Feeding tubes，饲管
Felicola subrotratus，猫虱，腹嘴住猫虱
Feline calicivirus，猫杯状病毒
Feline coronavirus group，猫冠状病毒组
Feline dental resorption，猫牙重吸收
Feline distemper，猫瘟热
Feline enteric coronavirus，猫肠道冠状病毒
Feline granulocytotropicanaplasmosis，猫粒细胞无形体病
Feline herpesvirus，猫疱疹病毒
Feline hypereosinophilic syndrome，FHS，猫嗜酸性粒细胞增多综合征
Feline idiopathic cystitis，猫先天性膀胱炎
Feline idiopathic vestibular syndrome，猫特发性前庭综合征
Feline immunodeficiency virus，猫免疫缺陷病毒
Feline indolent ulcer，猫无痛溃疡
Feline infectious anemia，猫传染性贫血
Feline infectious enteritis，猫传染性肠炎
Feline infectious peritonitis，猫传染性腹膜炎，
Feline infectious peritonitis virus，猫传染性腹膜炎病毒
Feline interferon，猫干扰素
Feline ischemic encephalopathy，猫缺血性脑病
Feline leukemia virus，猫白血病病毒
Feline lower urinary tract disease，猫下泌尿道疾病
Feline odontoclastic resorptive lesions，猫破牙细胞重吸收性病变
Feline oral resorptive lesions，猫口腔再吸收性病变
Feline pancreatic lipase immunoreactivity，猫胰腺脂肪酶免疫活性
Feline parvovirus，猫细小病毒
Feline plasma cell pododermatitis，猫浆细胞性爪部皮炎
Feline Recombinant InterferonOmega，猫重组干扰素 ω
Feline sarcoma virus，猫肉瘤病毒
Feline spongioform encephalopathy，猫海绵样脑病
Feline syncytial-forming virus，猫合胞体形成病毒
Feline triad disease，猫三体病
Feline trypsin-like immunoreactivity，猫胰蛋白酶样免疫活性
Fenbendazole，芬苯达唑
Fentanyl，芬太尼
Fenthion，倍硫磷
Feral cats，野猫
Ferguson reflex，弗格森反射
Fetal mummification，胎儿干尸化
Fever of unknown origin，不明原因发热
Fiberoptic examination，光纤检查
Fibrinolytic agent，纤维蛋白溶解剂
Fibroadenomatous mammary hyperplasia，纤维腺瘤样乳腺增生
Fibroepithelial hyperplasia，纤维上皮增生
Fibronectin，纤连蛋白
Fibrosing pleuritis，纤维性炎症性胸膜炎
Fiddle back spider，棕色遁蛛
Fight wound infection，争斗伤口感染

Filamentous bacteria，丝状细菌
Filgrastim，非格司亭
Filling defect，充盈缺损
Fine needle aspirate，细针穿刺
Fine needle biopsy，细针穿刺活检
Fire ants，火蚁
Fire ant sting，火蚁螫刺
Fish bone pattern of esophagus，鱼骨形食管
Fistula，瘘管
Flavoxate，黄酮哌酯
Flea allergy dermatitis，FAD，蚤咬过敏性皮炎，
Flea bite hypersensitivity，蚤咬伤性过敏
Flea hypersensitivity，跳蚤过敏症
Flexion reflex，弯曲反射
Florfenicol，氟苯尼考
Fluconazole，氟康唑
Flucytosine，氟胞嘧啶
Fluidrate，输液速度
Flukes，吸虫
Flumazenil，氟马西尼，氟甲泽宁，氟马泽尼
Flunixin meglumine，氟尼辛葡胺，氟胺烟酸葡胺
Fluorescein stain，荧光染色
Fluoride，氟化物
5-fluorocytosine，5-氟胞嘧啶
Fluoxetine，氟西汀
Flurbiprofen，氟比洛芬；氟联苯丙酸
Fluticasone，氟替卡松
Folate，叶酸
Folded-ear，折耳猫
Folic acid，叶酸
Fomepizole，甲吡唑
Food intolerance，食物不耐
Force feeding，强制饲喂
Foreign body，异物
Forelimb fracture，前肢骨折
Formalin，福尔马林
Formalin-ether sedimentation，福尔马林-乙醚沉淀
Formicidae spp.，蚂蚁
Fractional shortening，短轴缩短比例
Fractious cats，易怒猫
Fragile skin syndrome，皮肤脆弱综合征
Free roaming cats，流浪猫
Free T_4 test，游离T_4试验
Frontal sinus obliteration，额窦闭塞
Fructosamine，果糖胺
Fundic Examination，眼底检查
Funnel chest，漏斗胸
Furazolidone，呋喃唑酮
Furcation exposure，牙分叉暴露
Furosemide，呋喃苯胺酸，速尿，速尿灵，利尿磺胺
Furunculosis，疖病

G

Gabapentin，加巴贲丁
Gallop rhythm，奔马律
Gamma-aminobutyric acid，γ 氨基丁酸
Gangliosidosis，神经节苷脂沉积症
Gastritis，胃炎
Gastrocnemius reflex，腓肠肌反射
Gastroenteritis，肠胃炎
Gastroesophageal intussusception，胃食管套叠
Gastroesophageal reflux，胃食管返流
Gastrointestinal foreign body，胃肠异物
Gastrointestinal obstruction，胃肠阻塞
Gastropexy，胃固定术
Gastrostomy，胃造口术
Gastrostomy tube，胃造口插管
Gate control theory，门控理论
Gecko，壁虎
Genal tufts，颊毛丛
General anesthesia，全身麻醉
Genetic disease，遗传性疾病
Gemfibrozil，吉非贝齐
Gestation，妊娠
Giant cells，巨细胞
Giardiasis，贾第鞭毛虫病
Giardia duodenalis，十二指肠贾第鞭毛虫
Giardia intestinalis，肠贾第鞭毛虫
Giardia lamblia，兰氏贾第鞭毛虫
Giardia spp.，贾第鞭毛虫
Giemsa stain，姬姆萨染色
Gingival crevicular fluid，GCF，龈沟液
Gingival index，齿龈指数
Gingivitis，齿龈炎
Gingivitis-stomatitis-pharyngitis complex，齿龈炎—口炎—咽炎复合征
Glands of Moll，莫尔腺
Glands of Zeis，蔡斯氏腺，睑缘腺
Glargine insulin，甘精胰岛素
Glaucoma，青光眼
Glipizide，格列吡嗪
Globoidcell leukodystrophy，球状细胞脑白质营养不良
Glomerulonephritis，血管球性肾炎
Glomerulosclerosis，肾小球硬化症
Glossectomy，舌截除术
Glossopharyngeal nerve，舌咽神经

Glucose curve，葡萄糖曲线
Glucuronidation，葡萄糖醛酸化
Glutathione，谷胱甘肽
Glipizide，格列甲嗪
Glyburide，格列本脲
Glycopyrrolate，格隆铵；胃长宁
Glycosaminoglycan 黏多糖
Gold salts，金盐
Gold sodium thiomalate，硫代苹果酸金钠
Gomori's methenamine silver stain，六亚甲基四胺银染
Goniometer，眼房角测角仪
Gonioscopy，眼前房角镜检查
Gradual water deprivation test，渐进性绝水试验
Gram stain，革兰氏染色
Granulomatous meningitis，肉芽肿性脑膜炎
Granulosa cell tumor，粒细胞瘤
Gridding ulcer，网格状溃疡
Gridley's stain，格瑞德利氏染色
Grief response，悲伤反应
Griseofulvin，灰黄霉素
Grocott-Gomori methenamine silver stain，格-高二氏乌洛托品银染
Growth hormone，生长激素
Growth hormone assay，生长激素测定
Growth plate closure，生长板闭合
Gutta percha，杜仲胶

H

H2 blocker，H_2阻断剂
Haab's striae，哈布纹
Hair follicle tumor，毛囊肿瘤
Hairball，毛球症
Hairlip，唇腭裂
Halitosis，口臭
Hammondia hammondi，哈氏哈蒙得虫
Hard palate，硬腭
Havana Brown，哈瓦那褐色猫
Hartmann's solution，哈特曼液
Heartblock，心传导阻滞
Heart failure cell，心衰细胞
Heartworm，心丝虫
Heartworm associated respiratory disease，心丝虫相关呼吸疾病
Heat therapy，热疗法
Heimlich valve，海姆希利阀门
Heinz body，海因茨体
Heinz body hemolytic anemia，海因茨体溶血性贫血
Helicobacteracinonyx，猎豹螺杆菌
Helicobacter canis，犬螺杆菌
Helicobacter cinaedi，同性恋螺杆菌
Helicobacter felis，猫螺杆菌
Helicobacter fennelliae，芬纳尔螺杆菌
Helicobacter heilmannii，海尔曼螺杆菌
Helicobacter mustelae，伶鼬鼠螺杆菌
Helicobacter pametensis，帕美特螺杆菌
Helicobacter pylori，幽门螺杆菌
Helicobacter spp.，螺杆菌
Helicobacter suis，猪螺杆菌
Hemangioma，血管瘤
Hemangiopericytoma，血管外周细胞瘤
Hemangiosarcoma，血管肉瘤
Hematoidin crystals，橙色血晶
Hematoma，血肿
Hemingway cats，海明威猫
Hemistanding，单侧站立，半站立
Hemiwalking，单侧行走，半行走
Hemoabdomen，血腹，腹腔积血
Hemobartonellosis，血巴尔通体病
Hemodialysis，血液透析
Hemodynamics，血液动力学
Hemoglobinuria，血红蛋白尿
Hemolysis，溶血
Hemolytic anemia，溶血性贫血
Hemolytic uremic syndrome，溶血性尿毒症
Hemoperitoneum，腹膜腔积血
Hemoplasmosis，血原体病
Hemosiderin，血铁黄素
Hemosiderophage，含铁血黄素吞噬细胞
Hemothorax，血胸
Hematuria，血尿症
Hemosiderophages，吞铁血黄素吞噬细胞
Heparin，肝素
Hepaticdetoxification，肝脏解毒作用
Hepatic encephalopathy，肝性脑病
Hepatitis，肝炎
Hepatocellular leakage enzymes，肝细胞裂解酶
Hepatocellular carcinoma，肝细胞癌
Hepatocutaneous syndrome，肝性皮肤综合征，表皮坏死溶解性皮炎
Hepatomegaly，肝肿大
Hepatosplenomegaly，肝脾肿大
Herniorrhaphy，疝修复术
Herpes virus，疱疹病毒
Herpes virus dermatitis，疱疹病毒性皮炎
Herpetic ulcer，疱疹病毒性溃疡
Herringbone pattern esophagus，鱼骨状食管

Hetastarch，羟乙基淀粉
Hiatal hernia，食管裂孔疝
High anion gap metabolic acidosis，高阳离子间隙代谢性酸中毒
High dose dexamethasone suppression test，高剂量地塞米松抑制试验
High rise syndrome，高楼综合征
Highland Fold，苏格兰高地折耳猫
Himalayan，喜马拉雅猫
Hind limb fracture，后肢骨折
Hip dysplasia，髋关节发育不良
Histoplasma capsulatum，荚膜组织胞浆菌
Histoplasmosis，组织胞浆菌病
Honey bees，蜜蜂
Hookworms，钩虫
Hopping gait，跳跃步态
Hopping reflex，跳跃反射
Horner' s syndrome，霍纳氏综合征
Hornets，大黄蜂
Horse shoe kidney，马蹄肾
Hospital infection，医院感染
Hotz-Celcus，睑板部分切除术（用于暂时性治疗睑内翻）
House soiling，随地便溺
Human immunodeficiency virus，人免疫缺陷病毒
Human-pet bond，人-宠物依恋
Human tetanus immunoglobulin，人破伤风免疫球蛋白
Humoral hypercalcemia of malignancy，恶性体液性高钙血症
Hydralazine，肼曲嗪，肼苯哒嗪，肼酞嗪
Hydrocephalus，脑水肿
Hydrochlorothiazide，双氢克尿噻
Hydrocortisone sodiumsuccinate，琥珀酸氢化可的松钠
Hydrogen peroxide，过氧化氢
Hydromorphone，氢吗啡酮
Hydromyelia，脊髓积水
Hydronephrosis，肾盂积水
Hydrophiinae，海蛇亚科
Hydrotherapy，水疗法
Hydroureter，输尿管积水
Hydroxyamphetamine，羟基苯丙胺
Hydroxyethyl starches，羟乙基淀粉
Hydroxyurea，羟基脲
25-hydroxy vitamin D，25-羟维生素D
Hymenoptera，膜翅目
Hyperadrenocorticism，肾上腺皮质机能亢进
Hyperaldosteronism，高醛固酮血症
Hyperbaric oxygen，高压氧
Hypercalcemia，高钙血症
Hypercholesterolemia，高胆固醇血症
Hypereosinophilic syndrome，嗜酸性粒细胞增多综合征
Hyperkeratosis，角化过度
Hyperesthesia syndrome，感觉过敏综合征
Hyperestrogenism，雌激素过多
Hyperglobulinemia，高球蛋白血症
Hyperglycemia，高血糖
Hyperkalemia，高钾血症
Hypernatremia，高钠血症
Hypernatremia polymyopathy，高钠血症性多肌病
Hyperparathyroidism，甲状旁腺机能亢进
Hyperphosphatemia，高磷血症
Hyperproteinemia，高蛋白血症
Hypertension，高血压
Hypertensive cardiomyopathy，高血压性心肌病
Hypertensive choroidopathy，高血压性脉络膜病
hypertrophic cardiomyopathy，增生型心肌病
Hyperthermia，高热
Hyperthyroidism，甲状腺机能亢进
Hypertrophic osteopathy，境生性骨病
Hyperviscosity syndrome，黏滞性过高综合征
Hypervitaminosis A，维生素A过多症
Hypervitaminosis D，维生素D过多症
Hyphating fungi，分生孢子真菌
Hyphema，眼前房积血
Hypnotics，安眠药
Hypoadrenocorticism，肾上腺皮质机能减退
ACTH stimulation test，ACTH刺激试验
Hypoalbuminemia，低白蛋白血症
Hypocalcemia，低钙血症
Hypochloremic metabolic alkalosis，低氯性代谢性碱中毒
Hypocobalaminemia，维生素B12缺乏
Hypoglossal nerve，舌下神经
Hypoglycemia，低血糖
Hypokalemia，低钾血症
Hypokalemic nephropathy，低钾性肾病
Hypokalemic polymyopathy，低血钾性多肌病
Hypoluteoidism，黄体机能不健
Hypomagnesemia，低镁血症
Hypoparathyroidism，甲状旁腺机能减退
Hypophosphatemia，低磷血症
Hypopyon，眼前房积脓
Hypotension，低血压
Hypothyroidism，甲状腺机能减退
Hypovitaminosis E，维生素E缺乏
Hysterotomy，子宫切开术

I

Ibuprofen，布洛芬

Icterus，黄疸
Ictus，发作
Idarubicin，伊达比星
Idiopathic facial dermatitis of Persian cats，波斯猫特发性面部皮炎
Idiopathic megacolon，特发性巨结肠
Idiopathic polymyositis，特发性多肌炎
Idiopathic pulmonary fibrosis，特发性肺脏纤维化
Idiopathic ulcerative dermatitis，特发性溃疡性皮炎
Idiopathic vestibular syndrome，特发性前庭综合征
Idoxuridine，碘苷
Illinois sternal needle，伊利诺伊型胸骨针
Imaging，影像分析
Imidapril，咪达普利
Imidocarb dipropionate，二丙酸咪唑苯脲
Imipenem，亚胺培南
Imipramine，丙咪嗪
Imiquimod，咪喹莫特
immature cataract，未成熟白内障
immune-mediated hemolytic anemia，免疫介导性溶血性贫血
Immune-modulating agent，免疫调节药物
Immunodeficiency virus，免疫缺陷病毒
Immunoglobulin Light-Chain Associated Amyloidosis，免疫球蛋白轻链相关淀粉样变
Immunohistochemistry assay，免疫组化分析
Immunosuppression，免疫抑制
Immunosuppressive drugs，免疫抑制药物
Immunotherapy，免疫疗法
Impacted teeth，阻生齿
Inappropriate elimination，不当排便
Inappropriate urination，不当排尿
incipient cataract，初期白内障
incisional biopsy，切口活检
Incontinence fecal，排粪失禁
Indandione，茚满二酮
Indolent ulcer，无痛性溃疡
Induced ovulation，诱发排卵
Induced vestibular nystagmus，诱导性前庭眼球震颤
Infectious tracheobronchitis，传染性气管支气管炎
inferior prognathism，下颌前凸
Inflammatory bowel disease，炎性肠道疾病
Inflammatory liver disease，炎性肝脏疾病
Infrared tympanic membrane thermometer，红外线骨膜温度计
Inguinal ring，腹股沟环
Inhalant anesthetics，吸入麻醉
Injection-site sarcoma，注射位点肉瘤
Inland Taipan snake，内陆太攀蛇
Inner ear，内耳
Inspiratory dyspnea，吸入性呼吸困难
Insecticides，杀虫剂
Insulin，胰岛素
Insulin glargine，甘精胰岛素
Insulin-Like Growth Factor，胰岛素样生长因子
Intercat aggression，猫间攻击
Interferon，干扰素
Intermandibular space，下颌间隙
Intermediate cardiomyopathy，中间型心肌病
International normalized ratio，国际标准率
Interventricular septal defect，心室间隔缺损
Intervertertebral disc disease，椎间盘疾病
Intestinal lymphangiectasia，小肠淋巴管扩张症
Intestinal malassimilation，肠同化不良
Intoxication，中毒
Intracardiac thrombi，心脏内血栓
Intracavitary chemotherapy，腔内化疗
Intracellular fluid compartment，细胞间液体组成
Intracellular space，细胞间隙
Itraconazole，伊曲康唑
Intradermal allergy testing，皮肤过敏反应试验
Intralipid，脂肪乳剂
Intraocular lens，人工晶体
Intraocular neoplasia，眼内肿瘤
Intraocular pressure，眼内压
Intraosseous catheter，骨髓内导管
Intratracheal administration，气管内给药
Intravascular hemolysis，血管内溶血
Intravenous pyelogram，静脉内肾盂造影照片
Intrinsic factor，内在因子
Intussusception，肠套叠
Iodinated contrast agents，碘化造影剂
Iohexol clearance，碘海醇清除
Ionized calcium，离子钙
Ipecac，吐根
Iridiocyclitis，虹膜睫状体炎
IRIS classification，国际肾病协会分类系统
Iris atrophy，虹膜萎缩
Iritis，虹膜炎
iris constrictor muscles，虹膜缩肌
Iron deficiency，铁缺乏
Irritable bowel syndrome，肠道易激综合征
Ischemic encephalopathy，缺血性脑病
Isoflurane，异氟烷
Isoproterenol，异丙基肾上腺素
Isospora spp.，等孢子虫
Isotretinoin，异维甲酸

Itraconazole，伊曲康唑
Ivermectin，伊维菌素

J
Jaundice，黄疸
Jejunostomy，空肠造口术
Jejunostomy tube，空肠造口插管
Jugular blood collection，颈静脉采血
Jugular vein，颈静脉
juxtaglomerular apparatus，近肾小球器

K
Kangaroo posture，袋鼠样姿势
Kaopectate，白陶土和果胶制剂
Kappa agonist，κ 激动剂
Kennel cough，窝咳
Keratectomy，角膜切除术
Keratitic precipitates，角膜炎沉淀物
Keratitis，角膜炎
Keratoconjunctivitis sicca，干性角膜结膜炎
Ketamine，氯胺酮
Ketoacidosis，酮酸中毒
Ketoconazole，酮康唑
Ketoacidosis，酮病
Ketoprofen，酮洛芬
Ketonemia，酮血症
Ketonuria，酮尿
Key–Gaskell syndrome，巨食道综合征
Kidney failure，肾衰竭
Kidney insufficiency，肾机能不全
Kidney transplant，肾脏移植
Kindling phenomenon，兴奋现像
Korat，呵叻猫

L
Lacrimal duct flush，泪管冲洗
Lactated Ringer's solution，乳酸林格氏液
Lactation，泌乳
Lactulose，乳果糖
Lagophthalmos，睑裂闭合不全
Lanthanum carbonate，碳酸镧
Laryngeal paralysis，喉头麻痹
Latrodectism，毒蛛中毒
Latrodectus geometricus，几何寇蛛
Latrodectus mactans，黑寡妇
Larval migration，幼虫迁移
laryngeal saccule eversion，喉小囊外翻
Laryngeal disease，喉部疾病
Laryngeal mask，喉罩
Laryngopharyngoscopy，喉咽镜检查
Laryngoscopy，喉镜检查
L–asparaginase，L–天门冬酰胺酶
Latanoprost，拉坦前列素
Latent infection，潜伏感染
Lateral bulla osteotomy，侧面鼓膜大泡切开术
Lateral ear resection，侧耳切除术
Latrodectus hasselti，赤背寡妇蛛
Latrodectism，毒蛛中毒
Latrodectus spp.，寇蛛
Latrodectus geometricus，几何寇蛛
α–latrotoxin，α–蛛毒素
L–carnitine，L–肉毒碱
Left anterior fascicular block，左前束支传导阻滞
Left basilar systolic ejection–type murmu，左心底心脏收缩喷射样杂音
Left atrial enlargement，左心房扩大
Left ventricular concentric hypertrophy，左心室向心性肥大
Left ventricular enlargement，左心室扩大
Left ventricular hypertrophy，左心室肥大
Left ventricular outflow obstruction，左心室输出障碍
Leiomyoma，平滑肌瘤
Leiomyosarcoma，平滑肌肉瘤
Lens luxation，晶状体脱位
Lenticular sclerosis，晶状体硬化
Lentigo simplex，单纯性雀斑痣
Lentivirus，慢病毒
Leprosy，麻风
Leprosy syndromes，麻风病综合征
Leptin，瘦素
Leptospirosis，钩端螺旋体病
Leucovorin，亚叶酸
Leukemia virus，白血病病毒
Leukopenia，白细胞减少症
Leukotrichia，白发病
Levamisole，左咪唑，左旋(四)咪唑，左旋驱虫净
Levetiracetam，左乙拉西坦
Levobunolol，左布诺洛尔
Levodopa，左旋多巴
Levothyroxine sodium，左旋甲状腺素钠
L–form bacteria，L型细菌
Lidocaine，利多卡因
Ligamentum arteriosum，动脉韧带
Lily/Lilium spp. toxicosis，百合属植物中毒
Limbal blush，结膜角膜缘呈红色
Lime sulfur dip，硫黄石灰药浴
Linear foreign body，线性异物

Linear granuloma，线状肉芽肿
Lingual ulceration，舌溃疡
Liothyronine，碘塞罗宁
Lip avulsion，唇撕裂
Lipemia，脂血症
Lipoma，脂肪瘤
Liposarcoma，脂肪肉瘤
Lithrotripsy，碎石术
Litter aversion，猫沙盆厌恶
Litter box additives，猫沙盆敷料
Litter substrate，沙盆垫料
Lizard poisoning，蜥蜴中毒
Lobectomy，肝叶切除术
Local anesthetic block，局麻阻断
Local anesthetics，局麻药物
Location preference，位置偏好
Lomustine，环己亚硝脲
Longevity，寿命
Loperamide，洛哌丁胺
Low dose dexamethasone suppression test，低剂量地塞米松抑制试验
Low molecular weight heparin，小分子量肝素
Lower motor neuron，下运动神经元
Lower Sonoran life zone，下北美生物带
Lorazepam，劳拉西泮
Loxesceles，棕花蛛属
Loxesceles reclusa，褐隐毒蛛
Loxesceles spp.，斜蛛
Lufenuron，氯芬奴隆
Lumbosacral disease，腰荐疾病
Lumpectomy，乳房肿瘤切除术
Lung aspiration，肺脏穿刺
Lung digit syndrome，肺指端综合征
Lung fluke，肺吸虫
Lungworms，肺线虫
Luteinizing hormone，促黄体素
Luxating patella，髌骨脱位
Lymph nodedisease，淋巴结疾病
Lymphadenitis，淋巴结炎
Lymphadenopathy，淋巴结病
Lymphangiectasia，淋巴管扩张
Lymphangiosarcoma，淋巴管肉瘤
Lymphoblast，成淋巴细胞
Lymphocytic portal hepatitis，淋巴细胞性肝门肝炎，
Lymphocytic-plasmacytic-gingivitisstomatitis-pharyngitis complex，淋巴细胞性-浆细胞性—齿龈炎—口炎-咽炎复合症
Lymphoglandular bodies，淋巴腺小体
Lymphoma，淋巴瘤
Lymphopenia，淋巴细胞减少
Lymphoplasmacytic periductal inflammation，淋巴浆细胞性管周炎
Lymphoplasmacytic pododermatitis，淋巴浆细胞性爪部皮炎
Lymphosarcoma，淋巴肉瘤
Lyovac antivenin，放线菌素D抗蛇毒素
Lysine，赖氨酸
Lysosomal storage disease，溶酶体贮藏病

M

Machinery murmur，机械样杂音
Macrocyte，巨红细胞
Maculopapularrash，斑丘皮疹
Maggot，蝇蛆
Magnesium，镁
Maine coon，缅因猫
major palatine foramen，主腭孔
Malabsorption，吸收不良
Malassezia dermatitis，马拉色菌性皮炎
Malassezia pachydermatis，厚皮马拉色菌
Maldigestion，消化不良
Malignant criteria，恶变标准
Malnutrition，营养不良
Malocclusion，咬合不正
Mammary fibroepithelial hyperplasia，乳腺纤维上皮增生
Mammary glandadenocarcinoma，乳腺腺癌
Mammary hyperplasia，乳腺增生
Mandibular fracture，下颌骨折
Mandibular symphyseal separation，下颌连合分离
Mandibulectomy，下颌骨切除术
Mannitol，甘露醇
Mannosidosis，甘露糖苷储积症
Manx，马恩猫
Manx syndrome，马恩综合征
Marbofloxacin，麻氟沙星，马保沙星
Marijuana，大麻
Marking behavior，标记行为
Maropitant，马罗皮坦
Marsupialization of bladder，膀胱造袋术
Mask induction，面罩诱导麻醉
Massasauga snake，小响尾蛇
Mast cell tumor，肥大细胞瘤
Mastectomy，乳房切除术
Mastocythemia，肥大细胞增多症
Maxillectomy，上颌骨切除术
Mayer’s mucicarmine stain，迈尔黏蛋白卡红染色
Meclizine，氯苯甲嗪

Medetomidine，米地托咪定
Medial collateral ligament，中间侧韧带
Medial epicondyle，内侧髁
Mediastinal mass，纵隔肿块
Medium chain triglycerides，中链甘油三酯
Megacolon，巨结肠
Megaesophagus，巨食管
Megestrol acetate，醋酸甲地孕酮
Meibomian gland，睑板腺
Melanoma，黑素瘤
Melarsomine，美拉索明
Melena，黑粪症
Melittin，蜂毒肽
Meloxicam，美洛昔康
Melphalan，美法仑，左旋溶肉瘤素，(左旋)苯丙氨酸氮芥
Membrana nictitans，瞬膜
Membranous glomerulonephropathy，膜性肾小球肾病
Membranous labyrinth，膜迷路
Memory loss，失忆
Menace response，眨眼反射
Meningioma，脑膜瘤
Meningitis，脑膜炎
Meningocele，脑脊髓膜突出
Meperidine，哌替啶，杜冷丁
Mepivacaine，甲哌卡因，马比佛卡因
6 – Mercaptopurine，6–巯基嘌呤
Meropenem，美罗培南
Mesenchymal cells，间充质细胞
Mesothelioma，间皮瘤
Metabolic acidosis，代谢性酸中毒
Metabolic epidermal necrosis，代谢性表皮坏死
Metaflumizone，氰氟虫腙
Metaldehyde，聚乙醛
Metaldehyde intoxication，聚乙醛中毒
Metaproterenol，二羟苯基异丙氨基乙醇;间羟异丙肾上腺素
Metastrongyle，后圆线虫
Metered dose inhaler，定量吸入计
Methadone，美沙酮
Methazolamide，美舍唑咪，甲醋唑胺
Methemoglobinemia，高铁血红蛋白血症
Methemoglobinuria，高铁血红蛋白尿症
Methenamine hippurate，马尿酸六亚甲基四胺，马尿酸乌洛托品
Methenamine mandelate，扁桃酸乌洛托品
Methicillin–resistant *Staphylococcus aureus*，抗甲氧西林金黄色葡萄球菌
Methimazole，甲硫咪唑
Methocarbamol，美索巴莫
Methomyl，灭多威
Methoxamine，美速克新命，甲氧胺
Methotrexate，甲氨蝶呤
Methylene blue，亚甲蓝
Methylprednisolone，甲基强的松龙，6–甲强的松龙，6–甲氢化泼尼松
Methylprednisolone acetate，醋酸甲强龙
Methylprednisolone sodiumsuccinate，琥珀酸甲强龙钠
Methyltestosterone，甲级睾酮
Methylmalonic acid，甲基丙二酸
Methylxanthine，甲基黄嘌呤
4–methylpyrazole，4–甲基吡唑
Metoclopramide，胃复安
Metopirone，甲吡酮
Metoprolol tartrate，酒石酸美托洛尔
Metorchus conjunctus，连接次睾吸虫
Metronidazole，灭滴灵
Metyrapone，美替拉酮
Microchip，微芯片
Microhepatica，肝脏萎缩
Microsporum gypseum，石膏样小孢子菌
Microsporum spp.，小孢子菌
Microvascularangiopathy，微血管血管病
Microangiopathic hemolysis，DIC，微血管病性溶血
Micruroides euryxanthus，西部珊瑚蛇
Micrurus fulvius，金黄珊瑚蛇
Micrurus fulvius barbouri，南佛罗里达珊瑚蛇
Micrurus fulvius tenere，得克萨斯珊瑚蛇
Micturation，排尿
Micturation reflex，排尿反射
Midazolam，咪达唑仑
Middle ear，中耳
Mik blood group，mik血型
Milbemycin oxime，米尔倍霉素肟
Miliary dermatitis，柔粒状皮炎
Milk ejection，射乳
Milk letdown，放乳
Milk thistle，水飞蓟
Minocycline，二甲胺四环素
Miosis，有丝分裂
Mirror artifact，镜面伪像
Mirtazapine，米氮平
Mitotane，米托坦
Mitoxantrone，米托蒽醌
Mitral regurgitation，二尖瓣回流
Mitral valve dysplasia，MVD，二尖瓣发育不良
Mitral valve leaflet thickening，二尖瓣瓣膜肥厚
Mitten cat，连趾猫

Modified Hotz-Celsus，改良眶缘固定术
Molluscacide，软体动物杀灭剂
Monoamine oxidase inhibitors，单胺氧化酶抑制剂
Monorchidism，单侧隐睾
Monozoic cysts，单卵囊
Montelukast，孟鲁司特
Morphine，吗啡
Morgagnian cataract，莫尔加尼氏白内障
Morphine mania，吗啡狂躁症
Mott cell，莫托细胞
Mu antagonist，μ 颉颃剂
Mucogingival flap，黏膜齿龈瓣膜
Mucometra，子宫积液
Mucoperiosteum，硬腭黏骨膜
Mucopolysaccharidosis，黏多糖病
Mucosal laminapropria，黏膜固有层
Mulga snake，棕伊澳蛇
Multicentric squamous cell carcinoma insitu，多中心鳞状细胞原位癌
Multilobular osteochondrosarcoma，多小叶性骨软骨肉瘤
Multimodalanesthesia，多峰麻醉
Multiple myeloma，多发性骨髓瘤
Munchkin，曼基康猫
Mupiricin，莫匹罗星
Muscle relaxants，肌肉松弛剂
Muscle spasm，肌肉痉挛
Muscle weakness，肌肉衰弱
Mushy pad disease，浓粥样指垫病
Mutation，突变
Myalgia，肌肉疼痛
Myasthenia gravis，重症肌无力
Mycetoma，足分支菌病
Mycobacteria abscessus，脓肿分支杆菌
Mycobacteria chelonae，龟分支杆菌
Mycobacteria fortuitum，意外分支杆菌
Mycobacterium lepraemurium，鼠麻风分支杆菌
Mycobacteria smegmatis，包皮垢分支杆菌
Mycobacteria spp.，分支杆菌
Mycobacteriosis，分支杆菌病
Mycoplasma felis，猫支原体
Mycoplasma haemofelis，猫血支原体
Mycoplasma haemominutum，微血支原体
mycobacterial panniculitis，分支杆菌性脂膜炎
Mycosis fungoides，蕈样霉菌病
Mycosis，霉菌病
Mydriasis，瞳孔放大
Myelodysplasia，骨髓发育不良
Myeloproliferative neoplasia，骨髓及外骨髓增殖性肿瘤
Myelography，脊髓造影术
Myelosuppression，骨髓抑制
Myelography，脊髓造影术
Myiasis，蝇蛆病
Myocardial fibrosis，心肌纤维化
Myocarditis，心肌炎
Myoglobinemia，肌红蛋白血症
Myoglobinuria，肌红蛋白尿
Myonecrosis，肌肉坏死
Myosin binding protein C assay，肌浆球蛋白结合蛋白C分析
Myringotomy，骨膜切开术
Myxosarcoma，黏液肉瘤

N

N-acetyl-para-benzoquinoneimine，NAPQ1，对乙酰苯醌亚胺
Nail bed/fold dermatitis，甲床/皱褶皮炎
Nail overgrowth，甲过度生长
Nalbuphine，纳布啡
Nalorphine，纳洛芬，烯丙吗啡
Nalbuphine，纳布啡
Naloxone，纳洛酮
Nandrolone decanoate，癸酸诺龙
Naphazoline，萘唑啉，鼻眼净
Naproxen，萘普生
Nasal aspiration，鼻腔吸引术
Nasal botfly，鼻狂蝇
Nasal discharge，鼻腔分泌物
Nasal disease，鼻腔疾病
Nasal flushing，鼻腔冲洗
Nasal planectomy，鼻甲骨切除术
Nasal sampling，鼻腔采样
Nasoesophageal tube，鼻腔食道插管
Nasolacrimal duct system，鼻泪管系统
Nasopharyngeal disease，鼻咽部疾病
Nasopharyngoscopy，鼻咽镜检查
Naltrexone，环丙甲羟二羟吗啡酮
Nausea，恶心
Nebulization therapy，喷雾疗法
Neck lesions，颈部损伤
Necrolytic migratory erythema，坏死松解性游走红斑
Necropsy，尸体检查
Nematode，线虫
Neonatal isoerythrolysis，新生儿自身溶血病
Neoplasia，肿瘤
Neostigmine，新斯的明
Nepeta cataria，猫薄荷
Nepetalactone，荆芥内酯

Nepetalic acid，假荆芥酸
Nephrectomy，肾摘除术
Nephroblastoma，肾胚细胞瘤
Nephrolith，肾结石
Nephrostomy tube，肾造口插管
Nephrotic syndrome，肾病综合征
Nephrotomy，肾切开术
Nerve injury，神经损伤
Neurofibrosarcoma，神经纤维肉瘤
Neurogenic bladder，神经性膀胱机能障碍
neurologicdeficits，神经缺陷
Neurological examination，神经病检查
Neutering，去势
Neutropenia，中性粒细胞减少症
New methylene blue stain，新亚甲蓝染色液
Nicotine，尼古丁
Nicotinic post-synaptic acetylcholinereceptors，烟碱突触后乙酰胆碱受体
Nictitans prolapse，瞬膜脱出
Nictitans protrusion，瞬膜突出
Nictitating membrane，瞬膜
Nitazoxanide，硝唑尼特，硝噻醋柳胺
Nitenpyram，烯啶虫胺
Nitrofurantoin，呋喃妥英，呋喃咀啶
Nitrofurazone，呋喃西林
Nitroimidazole，硝基咪唑
Nitroprusside，硝普盐
Nitroglycerin，硝酸甘油
Nitrous oxide，一氧化氮
Nizatidine，尼扎替丁
Nocardia spp.，诺卡氏菌
Nocardiosis，诺卡氏菌病
Nodular sebaceoushyperplasia，结节性皮脂腺增生
Nonaspiration fine-needle biopsy，非抽吸性细针头活检
Noninsulindependent diabetes，非胰岛素依赖性糖尿病
Nonketotic hyperosmolar syndrome，非酮症性高渗综合征
Non-regenerative anemia，非再生性贫血
Non-selective angiography，非选择性血管造影术
Non-vital tooth，无活力牙
Nonsteroidal anti-infl ammatory drugs，非甾体类抗炎药
Norfloxacin，诺氟沙星; 氟哌酸
Normal laboratory values，正常实验室测定值
Norwegian Forest Cat，挪威森林猫
Nosectomy，鼻切除术
Nosocomial infection，医院内感染
Notechis scutatu，虎蛇
Notoedres cati，猫背肛螨
Nuchal ligament，项韧带
Nuclear scintigraphy，核闪烁扫描术
Nuclear sclerosis，核硬化
Nucleic acid extraction，核酸提取
Nystagmus，眼球震颤
Nystatin，制霉菌素，制真菌素

O

Obesity，肥胖
Obligate carnivore，专性食肉动物
Obstipation，顽固便秘
Ocicat，奥西猫
Octreotide，奥曲肽
Ocular larval migrans，眼内幼虫移行
Oculomotor nerve，动眼神经
Odontoclastic lesions，破齿质细胞性病变
Odontoclastic resorptive lesion，破齿质细胞性重吸收性病变
Odontogenic tumor，牙原性肿瘤
Oestrus ovis，羊狂蝇
Olecranon tubercle，鹰嘴结节
Olfactory nerve，嗅神经
Oliguric renal failure，少尿型肾衰
Oliguria，少尿
Olopatadine，奥洛他定
Ollulanus tricuspis，三尖盘头线虫
Omega-3 fatty acids，Ω-3脂肪酸
Omentalization，网膜覆盖
Omeprazole，奥美拉唑
Ondansetron，昂丹司琼，恩丹西酮
Onychectomy，甲切除术
CO_2 laser，CO_2激光
Oocyst，卵囊
Ophthalmic examination，眼科检查
Ophthalmoscopy，检眼镜检查
Opioids，阿片类药物
Opisthorcus tenuicollis，细颈后睾吸虫
Optic nerve，视神经
Orbicularis oculi muscle，眼轮匝肌
Orbifloxacin，奥比沙星
Organophosphate toxicosis，有机磷酸酯中毒
Organomegaly，脏器肿大
Oriental shorthair，东方短毛猫
Orogastric tube feeding，寇胃管饲喂
Oronasal fistula，口鼻瘘
Orthodontics，畸齿矫正
Orthopnea，端坐呼吸
Oscillometric blood pressure，示波性血压
Osmotic fragility，渗透脆性
Os penis，阴茎骨

Osteoarthritis，骨关节炎
Osteochondrodysplasia，骨软骨发育不良
Osteochondrosarcoma，骨软骨肉瘤
Osteomyelitis，骨髓炎
Osteopetrosis，骨硬化病
Osteosarcoma，骨肉瘤
Otitis externa，外耳炎
Otitis interna，内耳炎
Otitis media，中耳炎
Otoacariasis，耳螨病
Otobius megnini，梅格宁残喙蜱
Otodectes cyanotis，犬耳螨，耳痒螨
Otodemodicosis，蠕螨病
Otoscopic examination，耳镜检查
Ovariectomy，卵巢摘除术
Ovarian tumor，卵巢肿瘤
Ovariohysterectomy，卵巢子宫摘除术
Overall response rates，总有效率
Over-grooming，整梳过度
Overlapping "sandwich" flap，重叠型三明治皮瓣
Overriding aorta，跨主动脉
Ovulation，排卵
Oxalic acid，草酸
Oxacillin，苯甲异噁唑青霉素
Oxazepam，奥沙西泮，去甲羟基安定
Oxfendazole，奥芬达唑
Oxidative injury，氧化损伤
Oxybutynin，奥昔布宁
Oxfendazole，奥芬达唑; 磺唑氨酯
Oxygen therapy，氧气疗法
Oxyglobin，人造血
Oxymetholone，羟甲烯龙; 康复龙
Oxymorphone，羟吗啡酮
Oxypolygelatin starches，氧化聚明胶淀粉质食品
Oxytocin，催产素
Oxyuranus microlepidotus，太攀蛇
Oxyuranus scutellatus，铂膨蛇

P

Pachyonychia，甲肥厚
Pain，疼痛
Pain management，疼痛管理
Palatoglossitis，腭舌炎
Palpebra，眼睑
palpebral conjunctiva，睑结膜
Palpebrae superioris muscle，眼睑上肌
Palpebral reflex，眼睑反射
Pamidronate，帕米磷酸盐，帕米膦酸二钠
Pancreatic carcinoma，胰腺癌
Pancreatitis，胰腺炎
Pancrelipase，胰脂肪酶
Pancreatolithiasis，胰腺结石
Pancuronium，巴夫龙，双呱雄酯（神经肌肉阻断剂），溴化双哌雄双酯
Panleukopenia，猫泛白细胞减少症
Panniculitis，脂膜炎
Panniculus reflex，膜层反射
Papillary muscles，乳头肌
Papilledema，视神经乳头水肿
Papillomavirus，乳头瘤病毒
Paracetamol，扑热息痛
Parakeratosis，角化不全
Paragonimus kellicotti，猫肺并殖吸虫
Paramomycin，巴龙霉素
Paraneoplastic alopecia，癌旁脱毛症
Paraneoplasticpolycythemia，癌旁红血球增多症
Paraneoplastic syndrome，副肿瘤综合征
Parasystole，并行心律
Parenteral nutrition，胃肠外营养支持
Paresis forelimb，前肢轻瘫
Paromomycin，巴龙霉素
Paroxetine，帕罗西汀，氟苯哌苯醚
Partial mu agonist，局部μ受体激动剂
Parturition，分娩
Parvovirus，细小病毒
Passiverange of motion，被动运动范围
Pasturella multocida，败血性巴氏杆菌
Patch graft procedure，斑点移植法
Patellar luxation，膝盖骨脱位
Patellar reflex，膝反射
Patent ductus arteriosus，PDA，动脉导管未闭
Pathfinder，探测器
Pectus excavatum，漏斗胸
Pedical flap，带蒂皮瓣
Pediculosis，虱病
PEG tube，PEG管
Pemphigus foliaceous，落叶型天疱疮
Penicillium，青霉菌
Penile spines，阴茎棘状突起
Pentastarch，喷他淀粉
Pentazocine，镇痛新
Pentobarbital，戊唑辛，镇痛新
Pentosan polysulfate，戊聚糖，多缩戊糖软膏
Pentoxifylline，己酮可可碱
Periarticular periosteal reaction，关节周骨膜反应
Pericardectomy，心包切除术

Pericardial effusion，心包积液
Pericardiocentesis，心包穿刺术
Periesophagealneoplasia，食道周围肿瘤
Perinealdermatitis，会阴皮炎
Perineal urethrostomy，PU，会阴尿道造口术
Perinephric pseudocyst，肾周伪囊肿
Periodic acid-Schiff reaction stain，过碘酸-希夫氏反应染色
Periodontal Pocketing Index，PPI，牙周袋指数
Periodontal disease index，牙周病指数
Peritoneal dialysis，腹腔透析
Peritoneal effusion，腹腔渗出
Peritoneography，腹膜造影术
Peritoneopericardial hernia，心包囊横膈疝
Peritonitis，腹膜炎
Periuria，随地排尿
Perivulvar skin fold surgery，阴门周围皮肤褶手术
Permethrin，氯菊酯
Persianbrachycephalic syndrome，波斯猫短头综合征
Persian dirty face syndrome，波斯猫脏脸综合征
Persistent right aortic arch，持久性右主动脉弓
Persistent viremia，顽固性呕吐
Pertechnetate thyroid scan，高锝酸盐甲状腺筛查
Pethidine，哌替啶
Petrissage，揉捏法
Phacoemulsification，晶体乳化术
Phantom limb pain，幻肢痛感
Pharyngitis，咽炎
Phenobarbital，苯巴比妥
Phenol，苯酚
Phenoxybenzamine，酚苄明，苯氧苯扎明;苯氧苄胺
Phentolamine，苄胺唑啉，酚妥拉明
Phenylephrine，苯肾上腺素
Phenylpropanolamine，苯丙醇胺
Pheochromocytoma，嗜铬细胞瘤
Phlebotomy，静脉切开术
Phosphate binder，碳酸盐结合剂
Phosphate-containing enema，含磷灌肠剂
Photobiostimulation，光生物激发
Photodynamic therapy，光能疗法
Physaloptera spp.，泡翼线虫
Physical therapy，物理疗法
Physostigmine，毒扁豆碱
Pica，异食癖
Pickwickian syndrome，匹克威克综合征，肺换氧不良综合征
Pigmenturia，色素尿
Pilocarpine test，毛果芸香碱试验
Pilomatrixoma，毛基质瘤，甲床细胞瘤
Pimobendan，匹莫苯，匹莫苯丹
Pinna，耳廓
Piperazine，哌嗪，对二氮己环
Piroplasm，梨形虫
Piroxicam，吡罗昔康
Pit vipers，响尾蛇
Plague，瘟疫
Plant-induced olfactory behavior，植物诱导的嗅觉行为
Plant toxicities，植物毒性
Plaque，血小板
Plaque index，血小板指数，噬斑指数
Plasma cell，浆细胞
Plasma cell gingivitis-stomatitis-pharyngitis，浆细胞性齿龈炎—口炎—咽炎复合症
Plasma cell podo-dermatitis，浆细胞性足皮炎
Plasmacytoma，浆细胞瘤
Platynosomum concinnum，精美平体吸虫
Plesiotherapy，贴近疗法
Pleural effusion，胸腔积液
Pleural fluid analysis，胸腔积液分析
Pleurodesis，胸膜固定术
Pleuroperitoneal shunt，胸膜腹膜血管分流
Pleurovenous shunt，胸腔血管短路
Plicamycin，普卡霉素
Pneumocolography，气结肠造影
Pneumogastrography，胃充气造影术
Pneumomediastinum，纵隔积气
Pneumonitis，肺炎
Pneumoperitoneum，气腹
Pneumothorax，气胸
Pocket technique，囊袋技术
Pododermatitis，爪部皮炎
Poisoning，中毒
Poisonous plants，有毒植物
Polioencephalomalacia，脑脊髓灰质软化
Pollakiuria，尿频
Polyarthritis，多关节炎
Polychromasia，多色性
Polycystic kidney disease，多囊肾病
Polycythemia，红细胞增多症
Polydactylism，多趾畸形
Polydipsia/Polyuria，多饮/多尿
Polyethylene glycol electrolytesolution，聚乙烯乙二醇电解质溶液
Polymerase Chain Reaction Test，聚合酶链式反应检查
Polymyositis，多肌炎
Polyneuropathy，多神经障碍
Polyphagia，多食症

Polyphagic weight loss，多食性失重
Polypnea，呼吸急促
Polyprenyl immunostimulant，聚丙烯免疫增强剂
Polyps，息肉
Polyradiculoneuritis，多神经根神经炎
Polysulfated（glycosaminoglycan），多硫酸代黏多糖
Polyuria，多尿症
Ponazuril，泊那珠利
Portography，门脉造影术
Portosystemic shunt，门体静脉短路
Posaconazole，泊沙康唑
Positive inotropic agents，正性心力作用药物
Posterior paralysis，臀部麻痹
Postligation seizure syndrome，连接后抽搐综合征
Post-obstructive diuresis，阻塞后利尿
Postural reflexes，姿势反射
Potassium peroxymonosulfate，过硫酸钾
Prairie dogs，草原土拨鼠
Pralidoxine chloride，氯解磷定
Praziquantel，吡喹酮
Prazosin，哌唑嗪
Pre - excitationsyndrome，预激综合征
Prebiotics，益菌生
Prednisolone，脱氢皮质（甾）醇（糖皮质激素，亦称氢化波尼松）
Prednisone，泼尼松
Pregabalin，普加巴林
Pregnancy，妊娠
Prepubic (antepubic) urethrostomy，PPU，耻骨前尿道造口术
prerenal azotemia，肾前氮血症
Prepubic urethrostomy，会阴尿道造口术
Primary aldosteronism，原发性醛固酮增多症
Primary hyperparathyroidism，原发性甲状旁腺机能亢进
Primidone，普里米酮，扑痫酮，去氧苯巴比妥
Primitive bileducts，原胆管
Primor，普里莫尔
Prion，朊病毒
Prion diseases，朊病毒病
Probe，探针
Probing，探查
Probiotics，益生菌
Procaine，普鲁卡因
Prochlorperazine，丙氯拉嗪
Prodome，前驱症状
Progesterone，孕酮
Progestin，孕激素
Proglottid，节片
Prolactin，促乳素
Proliferative keratoconjunctivitis，增生性角膜结膜炎
Promethazine，普鲁米近，异丙嗪，抗胺荨
Propantheline，丙胺太林
Proparacaine，丙美卡因
Propantheline bromide，溴化丙胺太林，普鲁本辛
Propionibacterium acnes，痤疮丙酸杆菌
Propionylpromazine，丙酰丙嗪
Propofol，异丙酚，丙泊酚
Propranolol，心得安
Propylene glycol，丙二醇
Propylthiouracil，丙级硫尿嘧啶
Prostaglandin，前列腺素
Prostate，前列腺
Prostatitis，前列腺炎
Protamine zinc insulin，鱼精蛋白锌胰岛素
protein-losing nephropathies，蛋白损失性肾病
Protein-losingdermapathy，失蛋白性皮肤病
Protein-losing enteropathy，失蛋白性肠下垂
Proteins induced by vitamin K antagonism，维生素K颉颃剂诱导的蛋白
prozone effect，前带效应
Pruritic dermatitis，瘙痒性皮炎
Psychomotor epilepsy，精神运动性癫痫
Pruritus，瘙痒
Prussian blue stain，铁蓝染色
Pseudechis australis，棕伊澳蛇
Pseudochylous fluid，假乳糜液
Pseudocoprostasis，假性便秘症
Pseudocoprostasis，假积粪
Pseudonaja nuchalis，西部拟眼镜蛇
Pseudonaja textilis，东部拟眼镜蛇
Pseudopregnancy，假孕
Psychogenic alopecia，精神性脱毛
Psychogenic polydipsia，精神性多饮
Psychotropic medications，精神病治疗药物
Psyllium，车前草
Ptosis，上睑下垂
Ptyalism，流涎
pulmonary vascular overcirculation，肺静脉循环过度
Pulmonic stenosis，肺动脉瓣狭窄
Pulse deficit，脉搏缺失
Pulse oximeter，脉冲光电血氧计
Pumpkin，南瓜
punctate reticulocytes，点状网织红细胞
Pupillary light refl ex/response，瞳孔光反射/反应
Purring，猫喘鸣，呼噜
Pustules，脓包
P-waves，P-波

Pyelocentesis，肾盂穿刺术
Pyelography，肾盂造影术
Pyelolithotomy，肾盂结石切除术
Pyelonephritis，肾盂肾炎
Pyloric outflow obstruction，幽门输出阻塞
Pyoderma，脓皮病
Pyogranulomatous adenitis，脓性肉芽肿性淋巴腺炎
Pyogranulomatous lymphadenitis，脓性肉芽肿性淋巴腺炎
Pyogranulomatous reaction，脓性肉芽肿性反应
Pyometra，子宫积脓
Pyothorax，脓胸，胸膜腔积脓
Pyrantel pamoate，扑酸噻嘧啶
Pyrethrin toxicosis，除虫菊酯中毒
Pyrethroid toxicosis，莨菪烷中毒
Pyrexia，发热
Pyridostigmine，吡啶斯的明
Pyrimethamine，乙嘧啶，息疟定
Pyrkinje reflex，普金耶氏反射
Pythium spp.，腐霉菌

R

Rabbity gait，兔样步态
Rabies，狂犬病
Racemethionine，消旋蛋氨酸
Raccoon，浣熊
Radioactive iodine，放射性碘
Radiography，放射线照相术
Radioiodine，放射碘
Ragdoll，布偶猫
Ramipril，雷米普利
Range of motion，可移动范围
Ranitidine，雷尼替丁
Rapid urease test，快速脲酶试验
Rattlesnake，响尾蛇
Reactive amyloidiosis，反应性淀粉样变
Real-time PCR，实时PCR
Recreational drugs，消遣性药物
Rectal diseases，直肠疾病
Rectal perforation，直肠穿孔
rectovaginal fistula，直肠阴道瘘
Redback spider，赤背蜘蛛
Redirected behavior，转移性攻击行为
Red imported fire ants，红色引进火蚁
Re-expansion pulmonary edema，再膨胀性肺水肿
Refeeding injury，再饲喂性损伤
Refeeding syndrome，再饲喂综合征
Reflexdyssynergia，反射协同失调
Refraction artifacts，折射伪像
Regenerative anemia，再生性贫血
Regurgitation，返流
Rehabilitation，康复
Rehabilitation Therapy，康复疗法
Relaxin，松弛素
Renin，肾素
Renin angiotensin aldosterone system，肾素血管紧张素醛固酮系统
Renolith，肾石症
Renomegaly，肾肿大
Repetitive nerve stimulation，重复性神经刺激
Replacement of pet，宠物更换
Resistin，抵抗素
Respiratory infection，呼吸道感染
Respiratory stridor，呼吸性喘鸣
Restorations，修复术
Restraint devices，保定装置
Restraint techniques，保定技术
Restrictive cardiomyopathy，限制性心肌病
Resuscitation，复苏
Retained deciduous teeth，乳齿滞留
Retention cyst，潴留性囊肿
Reticulocyte count，网织红细胞计数
Reticulocytesaggregate，网织红细胞聚集
Retinal pigmented epithelium，RPE，视网膜色素上皮
Retinoic acid，视黄酸
Retrobulbar palpation，眼球后触诊
Retrograde hydropropulsion，上行性水冲洗
Retroillumination，眼后部光照术
Retroviral dermatitis，逆转录病毒性皮炎
Retrovirus，逆转录病毒
Reverberation artifact，混响伪影
Rex，雷克斯猫
Rhabdomyosarcoma，横纹肌肉瘤
Rhinitis，鼻炎
Rhinosinusitis，鼻窦炎
Rhinotomy，鼻切开术
Rhinotracheitis，鼻气管炎
Rickettsiaceae，立克次氏体科
Rickettsiales，立克次氏体目
Right atrial enlargement，右心房增大
Right sided heart failure，右侧心衰
Right-to-left shunt，右向左短路
Right ventricularenlargement，右心房增大
Ringer’s solution，林格氏液
Ringworm，皮肤癣菌病
Ripple back，纹状背
Risus sardonicus，挛笑

Rochalimaea spp.，罗刹利马体属
Rodenticide，灭鼠剂
Rodent ulcer，侵蚀性溃疡
Romanowsky-type stains，罗曼诺夫斯基型染色
Ronidazole，罗硝唑
Root canal filling，牙根管填充
Ropivacaine，罗哌卡因
Rosenthal needle，罗森塔尔针
Rouleaux formation，红细胞钱串形成
Roundworms，蛔虫
R protein，反应蛋白
Rumpy，无尾猫
Rumpyriser，短尾猫
Russian Blue，浅蓝色
Rust inhibitors，防锈剂
Rutin，芸香苷
R-wave amplitude increased，R波幅增加

S

Saddle thrombus，马鞍形血栓
S-adenosylmethionine，S-腺苷甲硫氨酸
Safety pin rods，曲别针销
Salicylate toxicosis，水杨酸中毒
Salicylicacid pads，水杨酸药棉块
Salmonella spp.，沙门氏菌
Salmonellosis，沙门氏菌病
SAMe，S-adenosylmethionine，S-腺苷甲硫氨酸
San Joaquin Valley，圣华金河谷
Saponification of fat，脂肪皂化
Sarcocystis spp.，肉孢子虫
Sarcoma，肉瘤
Sawhorse appearance，锯木架样外观
Scabies，疥疮
Schiotz tonometry，希厄式张力测定法
Schirmer tear test，泪液分泌试验
Schwannoma，神经鞘瘤，雪旺细胞瘤
Scintigraphy，闪烁扫描术
Scissor-type nail trimmer，剪刀型甲钳
Sclera，巩膜
Scottish Fold，苏格兰折耳猫
Scottish Fold osteochondrodysplasia，苏格兰折耳猫软骨发育不良
Scottish shorthair，苏格兰短毛猫
Seasonal waxing and waning dermatitis，季节性盛衰性皮炎
Seborrhea olesosa，油性皮脂溢
Secondary nephrogenic diabetes insipidus，继发性肾原性尿崩症
Second-time response rates，第二时间反应率
Sedation，镇静
Seizure，抽搐
Selamectin，塞拉菌素
Selective serotonin re-uptake inhibitors，选择性5-羟色胺重摄取抑制因子
Self antigens，自身抗原
Selegiline Hydrochloride，盐酸司来吉兰，盐酸丙炔苯丙胺，盐酸司立吉林
Semicircular canals，半规管
Senna，番泻叶
Senile iris atrophy，老龄虹膜萎缩
Senility，衰老
Sepsis，败血症
Sequestrum，死片
Seroma formation，血清肿形成
Serotonin syndrome，5-羟色胺综合征
Sertoli cell tumor，Sertoli细胞瘤
Serum alanineaminotransferase，血清丙氨酸转氨酶
Serum aspartate aminotransferase，血清天冬氨酸转氨酶
Serum cholinesterase activity，血清拟胆碱酯酶活性
Sevalamer，司维拉姆，磷能解
Sevoflurane，七氟烷，七氟醚
Shake and bake syndrome，现成熏烤综合征
Sheather's sugar solution，希塞糖溶液
Shock，休克
Siamese，暹罗猫
Silastic nasal septal button，硅胶鼻中隔扣
Silybin，水飞蓟素
Sinoatrial (SA) block，窦房阻滞
Sino-nasal infection，鼻窦感染
Sinus arrhythmia，窦性心律不齐
Sinus arrest，窦性停搏
Sinus bradycardia，窦性心动过缓
Sinus hairs，触须，窦毛
Sinus tachycardia，窦性心搏过速
Sinusitis，窦炎
Skin flaps，皮瓣
Skin fold dermatitis，皮肤皱褶皮炎
Skin fold pyoderma，皮肤皱褶脓皮病
Skin fragility，皮肤易碎
Skin grafting，皮肤移植
Skin parasites，皮肤寄生虫
Skin scraping，皮肤刮片
Skunks，臭鼬
Slidingbipedical flap，滑动性双蒂皮瓣
Slit beam，裂隙灯光
Small intestinal bacterial overgrowth，小肠细菌生长过度
Snake bite，蛇咬伤

Snuffling，鼻塞
Socialization period，社交期
Soft palate，软腭
Soft palate resection，软腭切除术
Solar radiation，太阳辐射
Solenopsins，火蚁素
Solenopsis richteri，黑火蚁
Solenopsis invicta，红火蚁
Solenopsis spp.，火家蚁
Somali，索马里猫
Somatomedin C，生长调节素C
Somogyi effect，苏木杰效应
Sotalol，甲磺胺心定，心得怡
Spacer，垫片
Spay scar，绝育（皮肤）瘢痕
Spherocyte，球形红细胞
Sphingomyelinase D，鞘磷脂酶D
Sphinx，斯芬克斯猫
Spider bite，蜘蛛咬伤
Spina bifida，脊柱裂
Spinal accessory nerve，脊附属神经
Spinal cord reflexes，脊髓反射
Spinal fracture，脊椎骨折
Spindle cell sarcoma，纺锤细胞肉瘤
Spiral-shaped bacteria，螺旋状细菌
Spirometra spp.，迭宫绦虫
Spironolactone，安体舒通
Splenomegaly，脾脏肿大
Spondylosis，椎体骨质增生
Sporothrix schenckii，申克孢子丝菌
Sporotrichosis，孢子丝菌病，侧孢菌病
Spraying behavior，喷洒行为
Squamous cell carcinoma，鳞状细胞癌
Squamous cell carcinoma in situ，原位鳞状细胞癌
Stanozolol，司坦唑醇，羟甲雄烷吡唑
Staphyloma，角膜葡萄肿
Status epilepticus，癫痫持续状态
Stenotic nares，鼻孔狭窄
Sternotomy，胸骨切开术
Stertorous breathing，打鼾呼吸
Stethoscope，听诊器
Stillbirth，死产
Stomach worms，胃线虫
Stomatitis，口腔炎
Strabismus，斜视
Stranguria，痛性尿淋漓
Streptococcus fecalis，粪链球菌
Streptococcus spp.，链球菌
Streptokinase，链激酶
Stress motivated elimination，应激激活排泄
Stridorous breathing，喘鸣式呼吸
Strychnine，士的宁
Stumpy，矮胖
Subcutaneous emphysema，皮下气肿
Subendocardial fibrosis，心内膜下纤维化
Submental organ，颏下器
Substrate preference，垫料偏好
Subtotal colectomy，不完全结肠切除术
Succimer，琥巯酸(诊断用药)，二巯琥珀酸二巯丁二酸
Sufentanil citrate，柠檬酸舒芬太尼
Sulcoplasty，骨槽成形术
Sulcus bleeding index，齿槽出血指数
Sulcus depth，齿槽深度
Sulfadimethoxine，磺胺地托辛；磺胺二甲氧哒嗪；磺胺间二甲氧
Sulfamethazine，磺胺甲嘧啶
Sulfamethoxazole，磺胺甲恶唑；磺胺甲基异恶唑；新明磺；新诺明
Sulfasalicylic acid turbidometric test，磺基水杨酸浊度测定
Sulfisoxazole，磺胺二甲基异唑
Sulfonylurea，磺酰脲
Sulfur granules，硫黄颗粒
Super-fecundation，异期复孕
Superficial necrolytic dermatitis，表皮坏死性皮炎
Superoxide dismutase，超氧化物歧化酶
Supracaudal tail gland，尾上腺
Supracondylar foramen，髁上孔
Supravalvular aorta，主动脉上瓣
Supravalvular stenosis，上瓣狭窄
Supraventricular arrhythmias，心室上心律不齐
Suprofen，舒洛芬；噻丙吩
Symblephron，睑球粘连
Synechia，虹膜粘连
Synovial cell sarcoma，滑液细胞肉瘤
Systemic fungal disease，全身性真菌疾病
Systemic hypertension，系统性高血压
Systemic lupuserythematosis，SLE，全身性红斑狼疮
Systolic anterior motion of mitral valve，二尖瓣收缩前动
Systolic anterior movement，心脏收缩前运动
Systolic murmur，心缩杂音

T

T3 suppression test，T3抑制试验
Tachyarrhythmia，快速性心律失常
Tachycardia，心动过速
Tachyzoite，速殖子

Tachypnea，呼吸急促
Taenia spp.，绦虫
Taipan snake，澳洲泰斑蛇
Tape impression，透明胶带粘贴压片
Tapetal reflex，毯层反射
Tapeworms，绦虫
Tarantula，狼蛛
Target organ damage，靶气管损伤
Tarsal plate，跗板，睑板
Tarsorrhaphy，睑缘缝合术
Taurine，牛磺酸
Technetium pertechnetate，高锝酸盐锝
Temporary tarsorrhaphy，暂时性睑缘缝合术
Temporomandibular joint disease，颞下颌关节疾病
Tenesmus，里急后重
Tension pneumothorax，高压性气胸
Tension relieving procedures，减张方法
Teratoma，畸胎瘤
Terbinafine，特比萘芬，氯化乙酰胆碱，三并萘芬，疗霉舒
Terbutaline，特布他林，间羟叔丁肾上腺素；间羟异丁肾上腺素
Testing procedures，检验程序
Tetrachlorvinphos，杀虫畏
tetrahydrocannabinol，THC，四氢大麻酚
T3 suppression test，T3抑制试验
TRH response test，TRH反应试验
Testosterone，睾酮
Testosterone cypionate，环戊丙酸睾酮
Tetanospasmin toxin，破伤风痉挛毒素
Tetanus，破伤风
Tetany，手足抽搐
Tetracaine，丁卡因
Tetracyclines，四环素
Tetralogy of Fallot，法洛四联症
Tetramizole，四米唑
Theobromine，可可碱
Theophylline，茶碱
Therapeutic exercise，治疗性锻炼
Therapeutic ultrasound，治疗性超声波
Therapy laser，激光疗法
Thermometer，温度计
Thermoregulatory set point，体温调节点
Thiabendazole，涕必灵，噻苯咪唑
Thiamine，硫胺素
Thiamine-responsive myopathy，硫胺素反应性肌病
Thiazide diuretic，噻嗪类利尿剂
Thioguanine，硫鸟嘌呤
Thiopental，硫喷妥钠
Thiotepa，噻替派，三胺硫磷
Third eyelid diseases，第三眼睑疾病
Third eyelid prolapse，第三眼睑脱垂
Thoracentesis，胸腔穿刺术
Thoracic drainage，胸腔引流
Thoracic limb reflexes，前肢反射
Thoracocentesis，胸腔穿刺术
Thoracostomy tube，胸廓造口插管
Thoracotomy，胸廓切开术
Thrombocytopenia，血小板减少
Thromboembolic disease，血栓栓塞性疾病
Thromboembolism，血栓栓塞
Thrombolectomy，血栓摘除术
Thrombolytic agent，溶血栓药物
Thrombus，血栓
Through-the-needle catheter，连针导管
Thumb cats，拇指猫
Thymoma，胸腺瘤
Thymoma-related dermatitis，胸腺瘤相关性皮炎
Thymus，胸腺
Thyroidadenocarcinoma，甲状腺腺癌
Thyroidectomy，甲状腺切除术
thyrotoxic cardiomyopathy，甲状腺毒性心肌病
T3 suppression test，T3抑制试验
TRH response test，TRH反应试验
Thyroidectomy，甲状腺切除术
Thyrotoxic cardiomyopathy，甲状腺毒性心肌病
Tibial compression test，胫骨挤压试验
Ticarcillin and clavulanate，α-替卡西林与克拉维酸钾
Tick-transmitted disease，蜱传病
Tiger Snake，虎蛇
Tiletamine，替拉他明（麻醉剂）
Timolol maleate，马来酸噻吗洛尔
Tissue cells，组织细胞
Tissue viability，组织活力
Tobacco products，烟叶产品
Tobramycin，托普霉素
Toe nail overgrowth，趾甲过度生长
Toltrazuril，托三嗪
Tomato soup discharge，番茄汤样分泌物
Tongue flap，舌状瓣
Tongue protrusion，舌伸出
Tonkinese，东奇尼猫
Tonometry，眼压计
Tonopen，眼压笔
Tonsillar eversion，扁桃体外翻
Tooth extraction，拔牙

Tooth resorption，牙再吸收
Torsion of uterus，子宫捻转
Torticollis，斜颈
Total body water，身体总水分
Total ear canal ablation，总耳道切除术
Total T_4 test，总T_4试验
Toxascaris leonine，狮弓首线虫
Toxicosis，中毒
Toxocara cati，猫弓蛔虫
Toxascaris leonina，狮弓蛔虫
Toxoplasma gondii，刚地弓形虫
Toxoplasmosis，弓形虫病
Tracheal disease，气管疾病
Tracheal wash，气管冲洗
Tracheostomy，气管造口术
Tramadol，反胺苯环醇，曲马多
Transdermal administration，经皮给药
Transfusion，输血
Transient viremia，一过性毒血症
Transitional cell carcinoma，移行细胞癌
Transpalatine nasal aspiration，穿鼻甲抽吸
Transport stress，运输应激
Transsphenoidal hypophysectomy，经蝶骨垂体切除术
Transthoracic pulmonary aspiration，经胸廓肺脏吸引术
Transtracheal wash，经气管冲洗
Trap-neuter-return program，诱捕-绝育-回归计划
Travoprost，曲伏前列素
tremorgenic mycotoxins，震颤原性霉菌毒素
Tremors，战栗
Triad disease，三体病
Triadan tooth numbering system，牙齿编码系统
Triaditis，三体病
Triamcinolone，丙酮化去炎松
Triceps reflex，三头肌反射
Trichiasis，倒睫症
Trichobezoar，毛球症
Trichoepithelioma，毛发上皮瘤
Trichogram，毛发图
Trichophyton mentagrophytes，须毛癣菌
Trichophyton spp.，毛癣菌
Trickle feeding，滴喂
Tricuspid dysplasia，三尖瓣发育不良
Tricuspid valve regurgitation，三尖瓣回流
Tricyclic antidepressants，三环抗抑郁药物
Trientine hydrochloride，盐酸三亚基四胺，三乙撑四胺，毒鼠强
Triflorothymidine，三氟胸苷
Triflupromazine，三氟普马嗪
Trigeminal nerve，三叉神经
Triglyceride，甘油三酯
Triiodothyronine，三碘甲状腺氨酸
Trilostane，曲洛司坦
Trimethoprim sulfonamides，磺胺甲氧苄氨嘧啶
Tripelennamine，苄吡二胺
Trismus，牙关紧闭
Tritrichomonas foetus，胎三毛滴虫
Tritrichomoniasis，三毛滴虫病
Trochlear nerve，滑车神经
Trochleoplasty，滑车成形术
Trombicula autumalis，秋恙螨
Tropicamide，托品酰胺
Trypsin-like immunoreactivity，胰蛋白酶样免疫活性
TSH stimulation test，TSH刺激试验
Tube cystostomy，膀胱造口术
Tunica muscularis，肌膜
Turbinate bones，鼻甲骨
Turbinectomy，鼻甲切除术
Twisty cat，扭曲猫
Tylosin，泰乐菌素
Tympanic bulla，鼓膜泡
Tympanic membrane，鼓膜

U

Ulcer，溃疡
Ultrasound diagnostic，超声诊断
Uncinaria，钩虫属
Uncinaria stenocephala，狭头刺口钩虫
Unclassified cardiomyopathy，原因不明性心脏病
Undercooked eggs，未煮熟蛋
Undercooked meat，未熟肉类
Unoprostone，乌诺前列酮
Upper motor neuron，上运动神经元
Upper respiratory infection，上呼吸道感染
Urea breath test，尿素呼气试验
Urease test，脲酶试验
Ureteral obstruction，输尿管阻塞
Ureterolith，输尿管结石
Ureterotomy，输尿管切开术
Urethral catheterization，尿道插管
Urethrogram，尿道造影
Urethrography，尿道造影术
Urethrolith，尿道结石
Urethroscopy，尿道镜
Urethrospasm，尿道痉挛
Urethrostomy，尿道造口术
Urinary acidifier，尿液酸化剂

Urine collection，尿液采集
urine specific gravity，USG，尿液相对密度
Uriniferous pseudocyst，输尿管伪囊肿
Urohydropropulsion，尿路冲洗碎石术
Urokinase，尿激酶
Urolith/urolithiasis，尿结石/尿石症
Urolith，尿石
Urolithiasis，尿结石
Ursodeoxycholic acid，熊去氧胆酸
Ursodiol，熊二醇
Urticating hairs，螯毛
Uterine torsion，子宫扭转
Uteroverdin，子宫绿素
Uveitis，葡萄膜炎

V

Vaccination，接种疫苗
Vagal stimulation，迷走神经刺激
Vagal tone，迷走神经张力
Vaginal discharge，阴道分泌物
Vagus nerve，迷走神经
Valruloplasty，瓣膜成形术
Valvular endocarditis，瓣膜性心内膜炎
Vancomycin，万古霉素
Vaporization，气雾疗法
Vascular ring anomaly，血管环异常
Vasopressin，加压素
Vasopressin response test，加压素反应试验
Ventral bulla osteotomy，腹侧骨膜泡切开术
Ventricular asystole，心室停搏
Ventricular escape rhythm，室性逸搏心律
Ventricular hypertrophy，心室肥大
Ventricular premature complexes，VPCs，心室早搏
Ventricular tachyarrhythmias，心室性心动过速心律不齐
Ventricular tachycardia，心室性心动过速
Verapamil hydrochloride，盐酸戊脉安，盐酸异搏定
Verminous pneumonia，蠕虫性肺炎
Vertebral spondylosis，椎关节强硬（骨质增生）
Vesicourachal diverticulum，膀胱脐尿管憩室
Vespoidea，胡蜂总科
Vestibular disease，前庭疾病
Vestibular syndrome，前庭综合征
Vestibulocochlear nerve，前庭蜗神经
Vibrissae，触须
Vinblastine，长春碱
Vincristine，长春新碱
Viperidae，蝰科
Viral dermatitis，病毒性皮炎
Viral quiescence，病毒静止期
Virulent systemic feline calicivirus，VS－FCV剧毒性系统性猫杯状病毒，强毒性全身性猫杯状病毒
Visceral bacillary peliosis，内脏杆状紫癜
Visceral larval migrans，内脏幼虫迁移
Viscoelastic，黏弹性
Visual-evoked potentials，视觉诱发电位
Vital tooth，活牙
Vitamin K responsive coagulopathy，维生素K反应性凝血障碍
Vocalization，发声，鸣叫
Vomeronasal organ，犁鼻器
Vomiting，呕吐
Voriconazole，伏立康唑

W

Walking dandruff，游走性皮屑
Wandering pacemaker，游走心律
Warfarin，华法林，杀鼠灵
Wasp sting，黄蜂刺伤
Water deprivation test，禁水试验
Wax plug，蜡样栓
Weakness，孱弱
Weight loss，失重
Wheal and flare test，皮肤小肿块及潮红试验
Wheel barrowing，独轮车行走
Wheeze，喘息
Whip Snake，鞭蛇
White coat effect/syndrome，白大褂效应/综合征
Withdrawal reflex，撤回反射
Wolbachia，沃尔巴克氏体
Wolff-Parkinson-White syndrome，沃尔夫-帕金森-怀特综合征
Wound healing，伤口愈合
Wright's stain，瑞氏染色

X

Xerostomia，口腔干燥
Xylazine，甲苯酸噻嗪

Y

Yellow jacket sting，小黄蜂蜇伤
Yersinia pestis，鼠疫耶尔森菌
Yersiniosis，耶尔森菌病
Yohimbine，育亨宾

Z

Zafirlukast，扎鲁司特
Ziehl-Neelsen acid fast stain，奇尼氏抗酸染色

Zidovudine，齐多呋定
Zinc phosphide，磷化锌
Zinc sulfate fecal flotation，硫酸锌粪便漂浮试验
Zolazepam，唑拉西泮
Zonisamide，唑尼沙胺
Zoonosis，人兽共患病

附录2
缩略语

2-PAM：pralidoxime chloride，氯化解磷定

5-FC：5-flurocytosine，5-氟胞嘧啶

A

ABCD：a airway，breathing，circulation，drugs，复苏步骤的气道、呼吸、循环及药物

ACE：angiotension-converting enzyme，血管紧张素转化酶

ACEi：angiotension-converting enzyme inhibitor，血管紧张素转化酶抑制剂

AChE:acetylcholinesterase，乙酰胆碱酯酶

ACL：activator cruciate ligament，十字韧带矫正器

ACT：activated clotting time，活化凝血时间

ACTH：adrenocorticotrophie hormone，促肾上腺皮质激素

A：G：albumin to globulin ratio，白蛋白：球蛋白

ALP：alkaline phosphatase，碱性磷酸酶

ALT：alanine transaminase，丙氨酸转氨酶

AMB：amphotericin B，两性霉素B

ANA：antinuclear antibody，抗核抗体

Ao：aortic root dimension，主动脉根径

AP：alkaline phospjatase，碱性磷酸酶

AP：anteriot to posterior，前后

APC：atrial premature complex，心房性早搏

APTT：activated partial thromboplastin time，活化部分凝血时间

ARA：alveolar ridge augmentation，牙槽嵴增加

ARF：acute renal failure，急性肾衰

ARM：alveolar ridge maintenance，齿槽嵴维持

ASH：asymmetric septal hypertrophy，非对称性间隔肥大

AST：aspartate transaminase，天门冬氨酸转氨酶

ATP：adenosine triphosphate，三磷酸腺苷

ATIII:antithorombin III，抗凝血酶III

AV：atrioventricular，房室

AZT：azidothymidine，叠氮胸苷

B

BAL：bronchioalveolar lavage，细支气管肺泡灌洗

bG：blood glucose，血糖

BIPS：barium impregnated polyethylene spheres，含钡小球

BMP：breaths per minute，每分钟呼吸次数

BSA：body surface area，体表面积

BSE：bovine spongiform encephalopathy，牛海绵状脑病

BUN：blood urea nitrogen，血液尿素氮

BW：body weight，体重

C

C：canine（tooth），犬齿

CBC：complete blood count，血常规

CCHC：cholangitis/cholangiohepatitis complex，胆道炎/胆管肝炎复合症

CCJ：costochondral junction，肋骨软骨结合部

CDC：Center for Disease Control，疾病防控中心

CEJ：cementoenamel junction，牙骨釉质界

CH：cholangiohepatitis，胆管肝炎

CHF：congestive heart failure，充血性心衰

CI：calculus index，结石指数

CI：confidence interval，置信区间

CKD，chronic kidney disease，慢性肾脏疾病

CLL：cervival line lesions，颈线损伤

CLO：Campylobacter-like organism，弯曲杆菌样微生物

CNS：central nevous system，中枢神经系统

CO_2：carbon dioxide，二氧化碳

COP：colloid osmotic pressure，胶体渗透压

COPA：cyclophosphamide，oncovin，prednisone，adriamycin，环磷酰胺、长春新碱、强的松、阿霉素

COX-2：cycloxygenase-2，环氧化酶-2

CPA：cardiopulmonary arrest，心肺骤停

CPDA：citrate phosphate dextrose adenine，柠檬酸磷酸右旋糖腺苷

CPK：creatine phosphokinase，磷酸肌酸激酶

CPGs：conjunctival pediclegraft，conjunctival pediclegraft，结膜蒂移植

CPR：cardiopulmonary resuscitation，心肺复苏术

CR：complete response，完全反应

CrCL：cranial cruciate ligament，前十字韧带

CRD：chronic renal disease，慢性肾病

CRF：chronic renal failure，慢性肾衰
CRI：constant rate infusion，恒速灌注
CRT：capillary refilltine，毛细血管再充盈时间
CRTZ：chemoreceptor trigger zone，化学受体启动区
CSD：cat scratch disease，猫抓病
CSF：cerebrospinal fluid，脑脊液
CT：computed tomography，计算机断层扫描
CVC：caudal vena ceva，后腔静脉
CVP：central venous pressure，中心静脉压

D

DCM：dilated cardiomyopathy，扩张型心肌病
DDAVP：desmopressin acetate，醋酸去氨加压素
DDX：differential diagnoses，鉴别诊断
DIC：disseminated intravascular coagulation，弥散性血管内凝血
DJD：degenerative joint disease，退行性关节病
DKA：diabetic ketoacidosis，糖尿病酮酸症
DLH：domestic long hair，家养长毛猫
DM：diabetes mellitus，糖尿病
DMH：domestic medium hair，家养中毛猫
DMSO：diemthyl sulfoxide，二甲亚砜
DNA：deoxyribonucleic acid，脱氧核糖核酸
DOCP：desoxycorticosterone pivalate，三甲基乙酸去氧皮质酮
DRVO：dynamic right ventricular obstruction，动态性右心室阻塞
DSH：domestic short hair，家养短毛猫
DSS：docusate sodium，多库酯钠
DTM：Dermatophyte Test Medium®，皮肤真菌试验培养液
DV：dorsoventral，背腹侧的
DX：diagnosis，诊断
DZ：disease，疾病

E

ECF：extracellular fluid，细胞外液
ECG：electrocardiogram，心电图
ECR：Experiences in Close Relationship Scale，亲密关系经历量表
EDTA：ethylenediamine telraacetic acid，乙二胺四乙酸
EEC：electroencephalogram，脑电图
EG：Ethylene glycol，乙二醇
EGC：eosinophilic granuloma complex，嗜酸细胞性肉芽肿复合征
EHBDO：extrahepatic bile duct Construction，肝外胆管重构
ELISA：enzyme-linked immunosorbent assay，酶联免疫吸附测定
EPA：eicosapentanoic acid，二十碳五烯酸
EPI，Exocrine pancreatic insuffi ciency，胰腺外分泌机能不足
EPSS：E-point septal separation，E峰向中隔分离
EPI：exocrine pancreatic insufficiency，胰腺外分泌机能不足
ET：endotracheal，气管内的
ETS：environmental tobacco smoke，环境性吸烟
E-tube：esophagostomy tube，食管造口插管

F

FA：fluorescent antibody，荧光抗体
FAD：flea allergy dermatitis，跳蚤过敏性皮炎
FAT：functional adrenocortical tumors，机能性肾上腺皮质瘤
FB：foreign body，异物
FDA：Food and Drug Administration，美国食品和药物管理局
FCoV：feline coronavirus，猫冠状病毒
FCV：feline calicivirus，猫杯状病毒
FCT：fibrous connective tissue，纤维结缔组织
FDR：feline dental resorption，猫牙重吸收
FE：furcation exposure，牙分叉暴露
FECV：feline enteric coronavirus，猫肠道冠状病毒
FeLV：feline leukemia virus，猫白血病病毒
FeSV：feline sarcoma virus，猫肉瘤病毒
FHS：feline hypereosiniphilic syndrome，猫嗜酸性粒细胞增多综合征
FHV-1：feline herpesvirus，猫疱疹病毒
FIC：feline idiopathic systitis，猫特发性膀胱炎
FIE：feline infectious enteritis（panleukopenia），猫传染性肠炎（泛白细胞减少症）
FIE：feline ischemic encephalopatrhy，猫缺血性脑病
FIP：feline infectious peritonitis，猫传染性腹膜炎
FIPV：feline infectious peritonitis virus，猫传热性腹膜炎病毒
FIV：feline immunodeficiency virus，猫免疫缺陷病毒
FLUTD，Feline lower urinary tract disease，猫下泌尿道疾病
FNB：fine needle biopsy，细针穿刺活检
FORL：feline odontoclastic resorptive lesion，猫牙质重吸收性损伤
fPLI：feline pancreatic lipase immuboreactivity，猫胰腺脂肪酶免疫活性
FPV：feline panleukopenia virus，猫传热性粒细胞缺乏症病毒
%FS，Percentage fractional shortening，短轴缩短百分比
FSA：fibrosarcoma，纤维肉瘤
FSH：feline hypereosinophilic syndrome，猫嗜酸性粒细胞增多综合征
fPLI：feline pancreatic lipase immunoreactivity，猫胰腺脂肪酶免疫活性

FS：fractional shortening，短轴缩短率
fT_4：free thyroxin，游离甲状腺素
fTLI：feline trypsin-like immunoreactivity，猫胰蛋白酶样免疫活性
FUO：fever of unknown origin，不明原因发热

G

GABA：gamma amibibutyric acid，γ-氨基丁酸
GAG：glycosaminoglycan，黏多糖
GCF：gingival crevicular fluid，龈沟液
GDV：Gastric Dilation/Volvulus，肠扩张/胃扭结
GFR：glomerular filtration rate，肾小球滤过率
GGT：gamma glutamyl transferase，γ谷酰胺转移酶
GGTP：gamma glutamyl transferase，γ-谷氨酰胺转移酶
GH：growth hormone，生长激素
GI：gastrointestinal，胃肠道
GI：gingival index，齿龈指数
GIS：gastrointestinal smooth muscle，胃肠平滑肌
GSP：gingivitis-stomatitis-pharyngitis，齿龈炎-口腔炎-咽炎
GSPC：gingivitis-stomatitis-pharyngitis complex，齿龈炎-口腔炎-咽炎复合征
GTR：guided tissue regeneration，定向组织再生
G-tube：gastrostomy tube，胃造口插管

H

HARD，Heartworm-Associated Respiratory Disease，犬心丝虫相关呼吸道疾病
H & E：hematoxylin and esosin，苏木精-伊红
Hb：hemoglobin，血红蛋白
HB：Heinz body，海因茨体
HBG：hemoglobin，血红蛋白
HBHA：Heinz body hemolytic anemia，海因茨体溶血性贫血
HCG：human chorinic gonadotropin，人绒毛膜促性腺激素
HCM：hypertrophic cardiomycopathy，肥厚型心肌病
HCO3：bicarbonate，碳酸氢盐
HCT：hematocrit，血比容
HDDST：high dose dexamethasone suppression test，大剂量地塞米松抑制试验
HES：hydroxyethyl starch，羟乙基淀粉
HHM：humoral hypercalcemis of malignancy，恶性体液性高钙血症
HL：hepatic lipidosis，肝脏脂肪沉积
HT：hyperthyroidism，甲状腺机能亢进
HT：hypertension，高血压
HPF：high power field，高倍视野

I

I：incisor，切齿
IA：inappropriate urination，排尿不当
IBD：inflammatory bowel disease，炎性肠病
IC：intercostals，肋间
iCa：ionized calcium，离子钙
ICF：intracellular fluid，细胞内液
ICP：intracranial pressure，颅内压
ICS：intercostals space，肋间隙
IDDM：insulin dependent diabetes melltitus，胰岛素依赖性糖尿病
IE：inappropriate elimination，排便不当
IFA：indirect fluorescent antibody，间接荧光抗体
IFA：immunofluorescence assay，免疫荧光分析
IgG：immunoglobulin G，免疫球蛋白G
IgM：immunoglobulin M，免疫球蛋白M
iLUTD：idiopathic lower urinary tract disease，特发性下泌尿道疾病
iFLUTD：idiopathic feline lower urinary tract disease，猫先天性下泌尿道疾病
IL：interleukin，白介素
IM：intramuscular，肌内
IMHA：Immune-mediated hemolytic anemia，免疫介导性溶血性贫血
IO：intrasseous，骨髓内
IOF：infraorbital foramen，眶下孔
IOP：intraocular pressure，眼内压
IPF：idiopathic pulmonary fibrosis，先天性肺脏纤维化
ISS：injection-sitesarcomas，注射位点肉瘤
IT：intracheal，气管内给
IU：inappropriate urination，排尿不当
IV：intracenous，静脉内
LVET（s）：left ventricular ejection time，左心室射血时间
IVS：interventricular septum，室间隔
IVSd：interventricular septal thickness at end diastole，舒张期末室间隔厚度
IVSs：nterventricular septalthickness at end systole，收缩期末室间隔厚度

J

J-tube：jejunostomy tube，空肠造口插管

K

K：potassium，钾
KBr：potassium bromide，溴化钾
kCal：kilocalorie，千卡
KCL：potassium chloride，氯化钾
KCS：keratoconjunctivitis sicca，干性角膜结膜炎

KP：keratitic precipitate，角膜沉淀物
kVp：kilovoltage，千伏

L

LA：local anesthetics，局部麻醉剂
LADs：left atrial dimension at end systole，收缩期末左心房径
LAT：latex agglutination test，乳胶凝集试验
LAU：left auricle，左心耳
LDDST：low dose dexamethasone suppression test，低剂量地塞米松抑制试验
LDH：lactate dehydrogenase，乳酸脱氢酶
LE：lupus erythematosis，红斑狼疮
LMA:Laryngeal mask airways，喉罩气道
LN：lymph node，淋巴结
LP：lymphocytic plasmacytic，淋巴细胞性浆细胞性
LPF：low power field，低倍视野
LPGSP：lymphocytic-plasmacytic-gingivitis-stomatitis-pharyngitis，淋巴细胞性浆细胞性齿龈炎-口炎-咽炎
LPH：lymphocytic portal hepatitis，淋巴细胞性肝门肝炎
LPS：lymphocytic plasmacytic stomatitis，淋巴细胞性浆细胞性口炎
LV：left ventricle，左心室
LVFW：left ventricular freewall，左心室游离壁
LVIDd：left ventricular internal dimension at end diastole，舒张期末左心室内径
LVIDs：left ventricular internal dimension at end systole，收缩期末左心室内径
LVOT：left ventricular outflow tract，左心室流出道
LVPWd：left ventricular posterior wall thickness at end diastole，舒张期末左心室后壁厚度
LVPWs：Left ventricular posterior wall thickness at endsystole，收缩期末左心室后壁厚度

M

mA：milliamps，毫安
MAC：minimal alveolar concentration，最小肺泡浓度
MCH：mean corpuscular hemoglobin，平均血细胞血红蛋白
MCHC：mean corpuscularhemoglobin concentration，平均血细胞血红蛋白浓度
MCT：mast cell tumor，肥大细胞瘤
MCT：medium chain triglyceride，中链甘油三酯
MCV：mean corpuscular volumes，平均红细胞大小
MDB：minimum data base，基础数据
MEMO：multimodal environmental modification，多模式环境改变
mg：milligram，毫克
MG：Myasthenia gravis，重症肌无力
MI：mirror image，镜像
mmHg：millimeters of mercury，毫米汞柱
MRI：magnetic resonance imaging，磁共振成像
MSCCIS：multicentric squanmius cell carcinoma in situ，多中心原位鳞状细胞瘤
MVD：mitral valve dysplasia，二尖瓣发育不良
MyBPC，myosin binding protein C，肌浆球蛋白结合蛋白C

N

NaCl：sodium chloride，氯化钠
$NaHCO_3$：sodium bicarbonate，碳酸氢钠
NAPCC：National Animal Posion Control Center，国家动物中毒控制中心
ng：nanogram，纳克
NI：neonatal isoerythrolysis，新生期溶血性贫血
NPO：nothing per os（nothing orally），禁食水
NSAID：non-steroidal antiflammatory drug，非甾体类抗炎药物

O

OCD：obsessive compulsive disorder，强迫性疾病
OD：once per day，每天一次
OP：organophosphate，有机磷
ORL：odontoclastic resorptive lesion，牙再吸收性损伤
OTC：over the counter，非处方用药

P

P：premolar，前臼齿
PBS：phosphate buffered saline，磷酸盐缓冲液
PCR：polymerase chain reaction，聚合酶链式反应
PCS：plasma cell stomatitis，浆细胞性口炎
PCV：packed cell volume，红细胞压积
PD：polydipsia，多饮
PDA：patent ductus arteriosis，动脉导管未闭
PDH：pituitary dependent hyperadrenocorticism，垂体依赖性肾上腺皮质机能亢进
PDI：periodontal disease index，牙周病指数
PDL：periodontal ligament，牙周韧带
PE：pemphigus erythematosis，红斑天疱疮
PE：pectus excavatum，漏斗胸
PEG：percutaneous endoscopic gastrostomy，经皮内镜胃造口术
PEP（s）：pre-ejection period，射血前时间
PI：plaque index，血小板指数
PIE：pulmonary infiltrates with eosinophils，肺脏嗜酸性粒细胞浸润
PIMs，pulmonary interstitial macrophages，肺脏间质巨噬细胞

PIVKA：proteins induced by Vitamin K，维生素K诱导蛋白
PKD：polycystic kidney disease，多囊性肾病
PLD：protein-losing dermatography，失蛋白性皮肤病
PLE：protein-losing enteropathy，失蛋白性肠下垂
PLN：protein-losing nephropathy，蛋白损失性肾病
PLI：pancreatic lipase immunoreactivity，胰腺脂肪酶免疫活性
PLN：protein-losing nephropathy，失蛋白性肾病
PLO：pleuronmic lecithin organogel，普朗尼克磷脂有机凝胶
PLR：papillary light reflex，瞳孔对光反射
PNS：paraneoplastic syndrome，副肿瘤综合征
PO：orally（L per os），口服
PP：polyphagia，多食
PP：periodontal pocket，牙周囊
PP：Periodontal pocket depth，牙周袋深度
PPDH：periotonepericardial diaphragmatic hernia，心包膈疝
PPI：Periodontal Pocketing Index，牙周袋指数
PPU：prepubic urethrostomy，耻骨前尿道造口术
PRN：as needed （L. pro re nata），根据需要
PROM：Passive range of motion，关节运动被动活动度
PS：pulmonic stenosis，肺动脉瓣狭窄
PSS：portosystemic shunt，门体静脉短路
PT：prothrombin time，前凝血酶时间
PTH：parathyroid hormone，甲状旁腺素
PTHrP：parathyroid hormone related protein，甲状旁腺激素相关蛋白
PTU：propylthiouracil，丙硫氧嘧啶
PU：perineal urethrostomy，会阴尿道造口术
PU/PD：polyuria and polydipsia，多尿/多饮
PV：pemphigus vulgaris，慢性天疱疮
PZI：protamine zinc insulin，鱼精蛋白锌胰岛素

R

RAA：rennin，angiotensin，aldosterone，肾素，血管紧张素，醛固酮
RAST：radioallergosorbent test，放射变应原吸附试验
RVID d ：right ventricular internal dimension at end diastole，舒张期末右心室内径
RBC：red blood cell ，红细胞
RCM：restrictive cardiomyopathy，限制性心肌病
RE：root exposure length，牙根暴露深度
RGM：Rapidly growing mycobacteria，快速生长分支杆菌
RL：resorptive lesion，再吸收性病变
RNA：ribonucleic acid ，核糖核酸
RPE：retinal pigmented epithelial ，视网膜色素沉着上皮
RV：right ventricle，右心室

S

s：time（in second），时间秒
SA：sinoatrial，窦房
SAM:systolic anterior motion，收缩期前向活动
SAMe：s-adenosylmethionine，S-腺苷甲硫氨酸
SBA：serum bile acids，血清胆酸
SBI：sulcus bleeding index，齿槽出血指数
SC：subcutaneous，皮下
SCC：squamous cell carcinoma，鳞状细胞癌
SD：standard deviation，标准差
SFOCD：Scottish Fold Osteochondrodysplasia，苏格兰折耳猫骨软骨发育不良
SG：specific gravity，相对密度
SGOT： Serum glutamic oxaloacetic transaminase，血清谷氨酸草酰乙酸转氨酶
SGPT：serum glutamic-pyruvictransaminase，血清谷氨酸-丙酮酸转氨酶
SIBO：small intestinal bacterial overgrowth，小肠细菌过度生长
SID：once per day，每天一次
SIRS：systemic inflammatory response syndrome，全身性炎性反应综合征
SLE：systemic lupus erythematosis，全身性红斑狼疮
SQ：Subcutaneous，皮下
SSA：sulfasalicylic acid，磺胺水杨酸
SSRI：selective serotonin re-uptake inhibitor，选择性5-羟色胺再吸收抑制因子

T

T_3：triiodothyronine，三碘甲腺原氨酸
T_4：thyroxine，甲状腺素
TBW：total body water，身体总水分
TCC：transitional cell carcinoma，移行细胞癌
TCO_2：total carbon dioxide，总二氧化碳
TD：transdermal，经皮
TECA：total ear canal ablation，总耳道切除术
TID：three times per day，每天3次
TLI：trypsin-like immunoreactivity，胰蛋白酶样免疫活性
TM：tympanic membrane，鼓膜
TMJ：temporomandibular joint，颞下颌关节
TMS：trimethoprin-sulfonamide，三甲氧苄二氨嘧啶
TNDX：tentative diagnosis，初步诊断
TNF：tumor necrosis factor，肿瘤坏死因子
TP：total protein，总蛋白
TSH：thyroid stimulating hormone，甲状腺刺激激素
Tsp：teaspoon，茶匙
TTA：topically applied antibiotics or anti-inflammatory，局部使用抗生素或抗炎药物

TT_4：total thyroxin，总甲状腺素
TTW：Transtracheal wash，气管冲洗

U

U：unit or international unit，单位或国际单位
UA：urinalysis，尿液分析
UDCA：ursodeoxycholic acid，熊去氧胆酸
UOP：urine output，尿产生量
UPC：urine protein to creatinine ratio，尿蛋白与肌酐比例
URI：upper respiratory disease，上呼吸道疾病
USB：universal serial bus，通用串联总线
USG：urine specific gravity，尿液相对密度
UTI：urinary tract infection，泌尿道感染

V

VAS：vaccine-associated sarcomas，疫苗相关肉瘤
VC：vomiting center，呕吐中心
Vcf（circumf/s）：velocity of circumferential fiber shortening，周纤维缩短速度
VD：ventrodorsal，腹背侧的
VPC：ventricular premature complex，室性早搏复合波
VSD：ventricular septal defect，室间隔缺损
VS-FCV：virulent systemic feline calicivirus，剧毒性全身性猫杯状病毒
VAS：caccine associated sarcoma，疫苗相关肉瘤

W

WL：weight loss，失重

索引

（按中文拼音排序）

T

W

X

Y

Z